PHYSIOLOGISCHE CHEMIE

EIN LEHR- UND HANDBUCH FÜR ÄRZTE BIOLOGEN UND CHEMIKER

HERVORGEGANGEN AUS DEM
LEHRBUCH DER PHYSIOLOGISCHEN CHEMIE
VON OLOF HAMMARSTEN

ERSTER BAND

HERAUSGEGEBEN VON
B. FLASCHENTRÄGER
ALEXANDRIA

UNTER MITWIRKUNG VON
E. LEHNARTZ
MÜNSTER / WESTF.

SPRINGER-VERLAG BERLIN HEIDELBERG GMBH 1951

DIE STOFFE

BEARBEITET VON

D. ACKERMANN · G. BLIX · H. BREDERECK · P. BRIGL † · A. BUTENANDT
K. FELIX · B. FLASCHENTRÄGER · F. FLURY † · K. FREUDENBERG
K. GEMEINHARDT · W. GRASSMANN · CHR. GRUNDMANN
F. HOLTZ · E. KLENK · F. KNOOP † · H. KRAUT · W. KUHN
H. MÜLLER · TH. PLOETZ · F. SCHNEIDER · G. SCHRAMM
W. SIEDEL · T. THUNBERG · J. TRUPKE · R. WEIDEN-
HAGEN · Ä. WEISCHER · K. ZEILE

MIT 93 TEXTABBILDUNGEN

SPRINGER-VERLAG BERLIN HEIDELBERG GMBH 1951

ISBN 978-3-642-86370-7   ISBN 978-3-642-86369-1 (eBook)
DOI 10.1007/978-3-642-86369-1

Vorwort.

Als OLOF HAMMARSTEN 1890 die erste deutsche Auflage (eine Übersetzung
der 2. schwedischen) seines Lehrbuches der Physiologischen Chemie erscheinen
ließ, war dies noch kein ausführliches Lehrbuch, ,,seine Aufgabe war nur die, den
Studierenden und Ärzten eine kurz gedrängte, soweit möglich objektiv gehaltene
Darstellung der Hauptergebnisse der physiologisch-chemischen Forschung, wie
auch der Hauptzüge der physiologisch-chemischen Untersuchungsmethoden zu
liefern". In der richtigen Erkenntnis, daß die Natur in den Stoffwechselerkran-
kungen für den Biochemiker oft bessere Versuchsanordnungen bietet, als sie im
Laboratorium erreicht werden können, wurden auch die wichtigsten pathologisch-
chemischen Tatsachen gewürdigt[1].

In 36 Jahren sind 11 Auflagen des Hammarstenschen Lehrbuches erschienen.
Sie spiegeln die Entwicklung der Physiologischen Chemie wieder und haben
gleichzeitig deren Werdegang maßgeblich beeinflußt; denn der ,,Hammarsten"
wurde in dieser Zeit zum Standardwerk der Physiologischen Chemie in der Welt-
literatur, zu einem nie irrenden Berater und einem streng auswählenden und
wertenden Richter der Ergebnisse der physiologisch-chemischen Forschung. Kein
Wunder, daß sich dabei der Umfang von 400 auf 800 Seiten, die Zahl der Mitarbeiter auf 4 vermehrte. Ich freue mich, daß von ihnen T. THUNBERG auch an
dieser Neubearbeitung mitwirken konnte.

1936 machte mir Dr. FERDINAND SPRINGER den Vorschlag, eine neue Auflage
des Werkes zu besorgen. Der zu bearbeitende Stoff war inzwischen unermeßlich
gewachsen, so daß eine Fortführung in früherer Anordnung unmöglich erschien.
Es war vielmehr neu zu planen und zu ordnen. Meinen verehrten Lehrern HEIN-
RICH WIELAND und KARL THOMAS schulde ich für wertvolle Ratschläge bei der
Aufstellung des Programms herzlichen Dank.

Das Ziel der Neubearbeitung war, dem Arzt, dem Biologen, dem Chemiker,
aber auch dem fortgeschrittenen Studierenden ein Buch in die Hand zu geben,
das ihm auf physiologisch-chemische Fragen rasch eine wohlbegründete Antwort
gibt, die auch durch Anführung der wichtigsten Originalliteratur belegt sein
sollte; auch Anregungen für die eigene Arbeit sollten zu finden sein.

Die großen Fortschritte sowohl in der Erforschung der chemischen Struktur
biologisch wichtiger Stoffe wie auch die zunehmende Erkenntnis über den Verlauf
biochemischer Reaktionen und ihre Zusammenhänge legte eine Aufteilung des
Stoffes auf zwei Bände nahe, von denen der erste Band im Sinne der klassischen
chemischen Systematik ,,Die Stoffe" abhandeln, der zweite Band, ,,Der Stoffwechsel", einer Darstellung der Dynamik des biochemischen Geschehens im
Einzelnen wie im Ganzen gewidmet sein sollte.

Für die Bearbeitung der einzelnen Kapitel wurden jeweils Forscher gewonnen,
die sich durch eigene experimentelle Arbeiten auf den betreffenden Gebieten einen
Namen gemacht hatten. Trotz der Vielzahl der Bearbeiter wurde eine einheitliche, geschlossene Darstellung angestrebt. Nicht immer wird in dem vorliegenden
1. Band eine ideale Erfüllung dieser Absicht gelungen sein; zu vielseitig ist der
Inhalt, zu ausgesprochen auch glücklicherweise die Individualität der Bearbeiter.

---

[1] Nachruf auf O. HAMMARSTEN von T. THUNBERG: Ergebn. Physiol. **35**, 1—31 (1933).

Doch glaubt der Herausgeber, daß das erstrebte Ziel dank der verständnisvollen Mitarbeit aller Autoren näherungsweise erreicht ist. Hier sei auch der tiefgründigen Beratung beim Isomeriekapitel durch KARL NÄGELI, Zürich, und bei den Redoxasen durch W. FRANKE, Köln, dankbar gedacht.

Besondere Sorgfalt wurde der Herstellung der Register gewidmet, da nur dann, wenn sie zuverlässig und ausführlich gehalten sind, die Informationsmöglichkeiten, die das Werk vermitteln will, ausgeschöpft werden können. Bis zum Jahre 1946 ist das Autorenregister von PAULA LAMBELET, Yverdon, das Sachregister von Dr. E. HÄNGGI, St. Gallen, bearbeitet worden. Für den Neudruck hat Frau Dipl. Ing. JULIANA TRUPKE, München, die mühevolle Arbeit der Registerbearbeitung übernommen.

Das Werk teilt das Schicksal eines großen Teils der literarischen Produktion in Deutschland in den letzten Kriegsjahren. Der erste Band stand im Frühjahr 1945 kurz vor der Fertigstellung, der zweite Band war bis auf 3 Beiträge abgesetzt, als in den letzten Tagen der Kriegshandlungen der gesamte Satz (2500 Seiten) vernichtet wurde. Es gelang lediglich, ein einziges vollständiges Exemplar vor der Vernichtung zu retten, an Hand dessen noch im Jahre 1945 die Neubearbeitung in Angriff genommen werden konnte. Allen, die mich bei dieser mühevollen Aufgabe unterstützt haben, bin ich zu größtem und herzlichstem Dank verpflichtet. Viele Mitarbeiter hatten Manuskripte, Arbeitsstätten, Bibliotheken und Mitarbeiter eingebüßt; die Beschaffung der ausländischen Literatur aus den Kriegsjahren bot oft unüberwindliche Schwierigkeiten; dennoch haben alle Mitarbeiter unter den schwierigsten Verhältnissen ihre Beiträge überarbeitet und ergänzt und die Anregungen des Herausgebers bereitwilligst berücksichtigt. Allen Kollegen, die mir durch Überlassung von Sonderdrucken die Literatursammlung und Kontrolle erleichterten, danke ich auch hier bestens.

Von den Mitarbeitern des ersten Bandes haben seine Fertigstellung nicht mehr erleben dürfen: PERCY BRIGL, FERDINAND FLURY, FRANZ KNOOP. Möge ihr Name auch in den Beiträgen zu diesem Band weiterleben.

Besonderen Dank schulde ich E. LEHNARTZ, der mich bei der Herausgabe dieses 1. Bandes seit Ende 1947 sehr tatkräftig und wirksamst unterstützt hat. Er wird für den 2. Band als Mitherausgeber zeichnen. Ohne die hochherzige Unterstützung, die mir Prof. Dr. OTTO BAYER und seine Mitarbeiter von den Bayer-Werken-Leverkusen durch Herstellung einer Photokopie des geretteten Exemplares gewährten, wäre die Neubearbeitung kaum möglich gewesen. Es sei ihnen auch hier herzlich dafür gedankt. Schließlich gedenke ich dankbar der treuen, zuverlässigen und unermüdlichen Arbeit meiner Laborantin PAULA LAMBELET, Yverdon, und meiner Sekretärinnen, insbesondere MARGRIT AMSLER, Zürich. Prof. LEHNARTZ dankt Dr. LENA FISCHER und EDITH OEBKE für ihre hingebungsvolle Hilfe bei der mühevollen Kontrolle der Literaturzitate, von denen allerdings ein kleiner Teil nicht überprüft werden konnte.

Alexandria, den 29. April 1951.

B. Flaschenträger.

Inhaltsverzeichnis.

Seite

A. **Einleitung.** Von F. KNOOP †, Tübingen 1

B. **Physikalisch-chemische Grundlagen biologischer Vorgänge.** Von W. KUHN, Basel .. 8

   I. Allgemeines über Atom- und Molekülbau sowie Radioaktivität und Röntgenstrahlen 10

   II. Äußere Elektronenhülle in Atomen und Molekülen 38

   III. Chemische Thermodynamik, chemisches Gleichgewicht. 92

   IV. Elektrische Potentiale, Elektrolyte 105

   V. Grenzflächen der Zelle und ihre Eigenschaften 125

   Va. Durchlässigkeit von Membranen und Membrangleichgewichte 125

   Vb. Oberflächenspannung 140

   VI. Kolloidaler Zustand 147

   VII. Die Zelle als physikalisch-chemisches System 170

C. **Die anorganischen und organischen Bau-, Betriebs- und Schlackenstoffe.** Einteilung der Stoffe. Zusammensetzung des Menschen. Von B. FLASCHENTRÄGER, Alexandria 173

   I. Wasser. Von F. HOLTZ, Halle 176

   II. Mineralstoffe. Von F. HOLTZ, Halle und B. FLASCHENTRÄGER, Alexandria 184

   III. Kohlenhydrate 255

      1. Zucker und Verwandte. Von P. BRIGL †, Berlin und TH. PLOETZ, Stockholm 255

      2. Polysaccharide. Von TH. PLOETZ, Stockholm und K. FREUDENBERG, Heidelberg 326

   IV. Fette und Lipoide (Lipide) 360

      1. Die eigentlichen Fette. Von E. KLENK, Köln 362

      2. Phosphatide. Von E. KLENK, Köln 372

      3. Zuckerhaltige Lipoide. Von E. KLENK, Köln 382

      4. Wachse und andere Fettgemengteile. Von E. KLENK, Köln 389

      5. Steroide. Von A. BUTENANDT, Tübingen u. G. SCHRAMM, Tübingen, .. 391

      6. Carotinoide. Von CHR. GRUNDMANN, Berlin 459

   V. Eiweißstoffe und ihre Abbaustufen 484

      1. Einleitung. Von W. GRASSMANN, Regensburg 485

      2. Aminosäuren und Peptide. Von W. GRASSMANN, Regensburg, F. SCHNEIDER, Braunschweig u. J. TRUPKE, München 489

      3. Eiweißstoffe. Von G. BLIX, Uppsala, K. FELIX, Frankfurt a. M., W. GRASSMANN, Regensburg u. J. TRUPKE, München 584

      4. Tierische Basen. Von D. ACKERMANN, Würzburg 777

   VI. Purin- und Pyrimidinverbindungen. Von H. BREDERECK, Stuttgart 796

      1. Purine 797

      2. Pyrimidine 813

      3. Vitamin B_1, Aneurin 817

      4. Pterine 819

      5. Nucleinsäuren 822

      6. Nucleinsäurespaltende Fermente (= Nucleasen) 840

   VII. Pyrrolfarbstoffe 845

      1. Blutfarbstoffe, Häminfermente und Zellhämine, natürliche Porphyrine. Von K. ZEILE, Ingelheim 849

Seite

2. Gallenfarbstoffe. Von W. SIEDEL, Frankfurt a. M. 909

3. Blattfarbstoffe. Von K. ZEILE, Ingelheim 946

4. Prodigiosin. Von K. ZEILE, Ingelheim 979

VIII. Enzyme 980

     1. Allgemeiner Teil. Von W. GRASSMANN, Regensburg u. J. TRUPKE, München   981

     2. Spezieller Teil. Von W. GRASSMANN, Regensburg, H. KRAUT, Dortmund, H. MÜLLER, Regensburg, TH. PLOETZ, Stockholm, T. THUNBERG, Lund, R. WEIDENHAGEN, Neuoffstein u. Ä. WEISCHER, Dortmund 1042

IX. Anhang: Tierische Gifte. Von F. FLURY †, Würzburg u. K. GEMEINHARDT, Berlin 1245

Namen- und Sachverzeichnis. Von J. TRUPKE, München 1257

A. Einleitung.

Von F. Knoop†[1].

Während die Anatomie das Studium der reinen Form auch am toten Wesen vornehmen kann, ist die Analyse der Funktion an das *Leben* gebunden. Dieses ist u. a. charakterisiert durch die Kontinuität der chemischen Bewegung, die, wenn ihr Beginn auch einstweilen das erste Rätsel aller Lebensforschung bleibt, jedenfalls doch von der ersten Zelle bis zum heute lebenden Einzelindividuum ununterbrochen bestanden hat. Den Chemismus dieser Reaktionsketten, mit denen sich Leben entwickelt hat und deren Unterbrechung tötet, behandelt die *physiologische Chemie. Die organische Chemie* wurde aufgebaut an Hand der Analyse der Verbindungen, die überall in der Natur durch Zellen gebildet werden und diese zusammensetzen. Sie isoliert daraus einheitliche chemische Stoffe und definiert sie durch ihre Konstitutionsformel, die nur der kürzeste Ausdruck aller ihrer chemischen Eigenschaften ist. Diese Bearbeitung aus dem Lebensvorgang herausgeholter, toter Substanzen ist nicht eigentlich physiologische Chemie. Denn Lebenserscheinungen werden auf diese Weise nicht unmittelbar erforscht. Aber die erfolgreiche Zerlegung von Organismen in die unendliche Mannigfaltigkeit ihrer chemischen Einzelbestandteile, eine chemische Anatomie ist die unentbehrliche Grundlage für die Analyse der sich an ihnen vollziehenden Bewegung. Die physiologische Seite dieser Chemie beginnt erst dort, wo sich im Gefolge der Konstitutionsaufklärung die Frage nach dem Auf- und Abbau dieser Stoffe und ihrer Wirkungsweise im Zellchemismus der Lebewesen anschließt. Eine Erforschung ihrer im Lebensvorgang stattfindenden Umformungen ist ja nicht möglich, ohne daß man sie auch losgelöst vom Leben genau kennt. Wo die organische Chemie nicht von sich aus diese Aufgabe zu Ende geführt hat, ergibt sich für den physiologischen Chemiker selbst die Pflicht, diese zu übernehmen. Und so mußten, zumal in der ersten Zeit der Entwicklung, und müssen noch heute vielfach rein konstitutionelle Arbeiten auch vom Physiologen geleistet werden.

Oft gestattet das Auffinden neuer Verbindungen im Tierkörper auf Grund ihrer Konstitution Schlüsse auf Beziehungen zu anderen Stoffen, die den Ablauf physiologischer Reaktionen zu erkennen erlauben, auch wenn man an diese selbst vorerst noch nicht heran kann.

So hielt Hofmeister in der Überzeugung, daß *Taurin* aus dem als Eiweißbaustein schon erkannten Cystin entstehen müsse, die damals gültige Konstitutionsformel für Cystein ($CH_3(SH)C(NH_2)COOH$) für falsch. Er konnte sie in seinem Institut richtigstellen und schloß nunmehr, daß sich in der Leber aus dem Eiweißbaustein der Gallensäurepaarling bilden müsse. Die Überführung, die zunächst im Reagensglas gelang, ließ sich dann auch im Tierversuch als physiologischer Vorgang erweisen. — Als Baumann 1895 uns Studenten in der Vorlesung mitteilte, er habe *Jod in der Schilddrüse* gefunden, erwähnte er sofort, die jodhaltige Substanz sei wahrscheinlich Träger der unbekannten Funktion dieser Drüse. Erst 20 Jahre später hat sie Kendall als das jodhaltige Thyroxin rein und krystallisiert erhalten.

---

[1] 20. 9. 1875 bis 2. 8. 1946. Siehe Thomas, K.: Franz Knoop zum Gedächtnis. H. **283**, 1 (1948).

Andererseits zeigt die *vergleichende chemische Analyse* derselben Organe in verschiedenen Tierklassen, daß der gleiche physiologische Effekt manchmal von verschiedenen Verbindungen erzielt wird: In der Muskulatur der Arthropoden tritt für das Phosphagen der Säuger die Argininphosphorsäure ein. Die zunächst rein chemische Feststellung führte zur Erkenntnis einer parallelen physiologischen Funktion. Ähnliches gilt wohl für die Funktionen von Cholesterin und Gallensäuren bei den Säugern und für die von Scymnol oder Squalen bei den Fischen. Von einer *vergleichenden physiologischen Chemie* ist sicher nicht weniger Wertvolles zu erwarten, als von der vergleichenden Anatomie. Ja, es ist mehr als wahrscheinlich, daß chemische Verschiedenheiten und solche der Form einander bedingen. Auch *phylogenetische Beziehungen* lassen sich an Hand analoger Reaktionen und chemischer Wirkungsträger verfolgen und Verwandtschaften in der aufsteigenden Tierreihe erkennen, zu denen morphologische Betrachtung allein nicht geführt hätte. Niemand sollte also die oft scheinbar „tote" Reagensglaschemie im Dienste biologischer Gesichtspunkte als unphysiologisch deshalb unterschätzen, weil sich ihr Wert für die Analyse von Lebenserscheinungen nicht sofort erkennen läßt[1].

Man teilt das *Arbeitsgebiet der physiologischen Chemie* gerne ein in eine *deskriptive* Biochemie, die die Kenntnis der Bausteine aller Zellen vermittelt, und eine *dynamische* [2,3], die nach unserer Definiation das eigentliche Gebiet des physiologischen Chemikers ist. Ein Lehrbuch unseres Faches muß beide Teile umfassen. Aber so, wie die modernen Anatomen ihre Formenlehre kaum interessant machen können, ohne immerfort auf die Beziehungen zur Funktion hinzuweisen, so wird auch in einem zusammenfassenden Buch der Inhalt für unsere Zwecke viel lebendiger, wenn wir von vorneherein die möglichen Wandlungen, die sich im Lebensvorgang an den chemischen Verbindungen vollziehen, mit ins Auge fassen. „Der Reiz liegt in der Bewegung." Und so lassen sich beide Teile für ein fruchtbares Studium niemals trennen. Auch der reine Chemiker wird bei seiner Arbeit stets diesen besonderen Reiz empfinden, der in der Frage nach dem Woher und Wohin seiner Objekte liegt.

Lebenserscheinungen auf der Erdoberfläche sind geknüpft an die ungemein große *Beweglichkeit der Kohlenstoffbindungen*. Infolge der Fähigkeit der C-Atome, untereinander in Verbindung zu treten, und durch Anlagerung besonders von Wasserstoff und Sauerstoff, eine schier unendliche Zahl von Stoffen zu bilden, vermögen sie in einer unübersehbaren Mannigfaltigkeit von Reaktionen Energiequanten zu binden oder freizusetzen und so die energetischen Vorgänge des Lebens in einer Feinheit einzustellen, die allein das Gleichmaß verstehen läßt, das CL. BERNARD[4] „la fixité du milieu intérieur" genannt hat und das beispielsweise in der Körpertemperatur des menschlichen Körpers jedem Laien bekannt ist. Das kann kein anderes Element. *Es ist in erster Linie der ewige Kampf zwischen dem Wasserstoff und dem Sauerstoff um* die *Affinitäten dieses Kohlenstoffes, der die Energiewanderungen in den Lebewesen bedingt*[5,6]. Siegt in diesem Kampf der Wasserstoff, so sind die Vorgänge endotherm und können demgemäß nur in Lebewesen stattfinden, die imstande sind, die von außen zufließende Strahlungsenergie der Sonne in chemische Spannkraft umzuformen: den Pflanzen, die zur Assimilation fähig sind. In dem Augenblick aber, wo diese

---

[1] KUHN, R.: Die Entdeckung physiologischer Wirkungen altbekannter Naturstoffe. Angew. Chem. **53**, 309 (1940). — [2] SCHÖNHEIMER, R.: The Dynamic State of Body Constituents. Boston 1942. — [3] KREBS, H. A.: Cyclic processes in living matter. Enzymologia **12**, 88 (1947). — [4] Zit. nach BARCROFT, J.: Biol. Reviews **7**, 24 (1932). — [5] KNOOP, F.: Naturwiss. **18**, 224 (1930). Science, N. Y. **71**, 1828 (1930). — [6] EDLBACHER, S.: Die chemodynamische Leistung der Zelle. Schweiz. med. Wschr. **1943**, 251. Das Ganzheitsproblem in der Biochemie. Exper. **2**, 7 (1946).

Energiequelle aussetzt, auch des Nachts oder im Winter, gewinnt der Sauerstoff einen Teil des Gebiets zurück, aus dem er verdrängt war; wir nennen das gewöhnlich Atmung. Stirbt gar die Pflanze, so wird nach einer kurzen Zeit des Ausgleichs das Energiegefälle rein exotherm: Langsam aber sicher wird alle in den Kohlenwasserstoffabkömmlingen gespeicherte Energie wieder frei. Der Übergang in CO_2 und H_2O bedeutet das Ende dieser Umsetzungen und zugleich die Rückkehr von C und H in das Gebiet des anorganischen Todes.

In diese Energiefreisetzung schiebt sich die ganze *Tierwelt* ein. Sie lebt von der durch die Pflanzen gespeicherten chemischen Spannkraft. Sie vermag durch ihre spezifischen Reagenzien diesen Vorgang so zu leiten, daß sie alle Leistungen ihrer Organismen aus dieser Kraftquelle bestreitet in einer so fein gesteuerten Abtönung, wie sie auch das kunstvollste Laboratorium nachzuahmen weit entfernt ist.

Erst nach dem Tode des Tieres spielt sich der Gesamtvorgang, wiederum nach einer kurzen Zeit des Ausgleichs, einheitlich in derselben Richtung ab, wie in der toten Pflanze. Aber im *lebenden* Tier verlaufen diese Reaktionen nicht nur exotherm. Sie sind, vielfach auch in der Zelle, umkehrbar und vermögen Synthesen zu vermitteln von selbst stark energiebindender Art; nicht deshalb, weil sie etwa doch in größerem Ausmaße Strahlungsenergie umformen könnten, sondern weil ihre Organisation sie in die Lage setzt, das Ergebnis eines exothermen Vorganges zu verwerten, um einen anderen endotherm zu gestalten, wenn auch aus thermodynamischen Gründen mit etwas geringerem Effekt. Einzelheiten dieser Reaktion kennen wir erst durch die Forschungen dieses Jahrhunderts.

Die *späte Entwicklung physiologisch-chemischer Erkenntnis* hatte vor BERZELIUS und WÖHLER ihren besonderen Grund in der Überzeugung, daß die Bildung der organischen Verbindungen nur durch Vermittlung einer besonderen *Lebenskraft*, der „vis vitalis", möglich wäre. Erst die *Synthese des Harnstoffs* (1823/24), die von Oxalsäure (1824), und die Erkenntnis ihrer Bedeutung durch WÖHLER im Jahre 1828 hat diese Vorstellung überwinden helfen[1]. Bald folgten zahlreiche andere Synthesen, die die Beschaffung vieler, uns sonst nur durch Pflanze und Tier zugänglicher Verbindungen auf neuen Wegen in Laboratorien und Fabriken ermöglichten. Blühende Industrien gründen sich heute auf den Forschungen, den Chemismus der Lebewesen dem Verständnis näherzubringen. Daß die Aufstellung des Gesetzes von der *Erhaltung der Kraft* durch ROBERT MAYER 1842 für eine besondere „vis vitalis" keinen Platz mehr ließ, half diese alten Vorstellungen endgültig aus der Welt schaffen. Demgemäß bleibt die physiologische Chemie zwar die Chemie der Lebewesen — den Kohlenstoff betreffend: *die natürliche organische Chemie*, die meist anders verläuft, wie die unserer Laboratorien, aber sie ist freigeworden von der Vorstellung, als stehe sie unter der Leitung einer besonderen, außerhalb des sonstigen chemisch-physikalischen Geschehens kommenden „Lebenskraft"[2].

Aber nur langsam wurde ein Einwand nach dem anderen überwunden. So stellte man früher *Tierreich und Pflanzenreich* beim Vergleich ihrer chemischen Leistungen einander gegenüber mit der Behauptung, im Tierkörper könnten *Synthesen* nicht stattfinden. Später erkannte man, daß mindestens Säureamidbindungen nach Art der Hippursäurebildung oder der Harnsäuresynthese im Vogel möglich sind, die mit geringer Wärmetönung einhergehen. Sehr zahlreiche andere Synthesen in Mensch und Tier sind seither bekanntgeworden. So haben die Physiologen schon lange festgestellt, daß Schweine, die mit Kartoffeln gemästet

---

[1] WOLTER, H.: Chem.-techn. Übers. **51**, 49 (1927). — WALDEN, P.: Angew. Chem. **41**, 52 (1928). — [2] MITTASCH, A.: Julius Robert Mayers Kausalbegriff. Angew. Chem. **53**, 113 (1940).

werden, offenbar aus Kohlenhydraten Fett bilden können und daß dabei ein stark energiespeichernder Vorgang sich abspielt. Die feineren Einzelheiten sind allerdings erst dem Verständnis näher gebracht, seitdem wir wissen, wie die umgekehrten Vorgänge des Abbaues und der Oxydation im Tierkörper verlaufen.

Früher hieß es, der Tierkörper könne keinen *anorganischen Stickstoff verwerten* — so unterscheide sich Tier- und Pflanzenreich. Auch das ist vor 30 Jahren als unrichtig erkannt[1] und jetzt durch die Untersuchungen mit isotopem ^{15}N-haltigem Ammoniak bestätigt worden. — Es ist auch nicht mehr richtig, zu behaupten, der Tierkörper könne *Strahlungsenergie* nicht umsetzen. Der Einfluß, den das Licht z. B. durch seine Umwandlung von Dehydrocholesterin in Vitamin D auf Mensch und Tier ausübt, ist von WINDAUS restlos aufgeklärt und damit ist auch diese alte Anschauung nicht mehr gültig. Vermutlich werden sich für den Tierkörper nützliche Lichteinwirkungen auch noch in anderen Fällen erweisen lassen. Aber das Gesamtbild, das wir uns von der belebten Natur als Ganzes machen, daß die *Strahlungsverwertung* zum großzügigsten Aufbau *nur im Pflanzenreich* möglich ist, und daß das Tierreich von den Ergebnissen dieser Synthese lebt, wird dadurch nicht geändert werden.

Wenn die Richtung der endothermen reversiblen Vorgänge im Tierkörper nach dem Tode alsbald zu Ende ist, so muß diese für den Zustand des Lebens besonders charakteristisch sein, und kein Versuch, das Leben von chemischen Gesichtspunkten aus zu definieren, kann an dieser ihrer Bedeutung vorübergehen[2]. — Ähnliches gilt aber auch für die Reaktionen des Abbaus. Auch er verläuft völlig anders als etwa die Energiefreisetzung im Ofen einer Wärmemaschine. Während hier bei der hohen Temperatur alle Moleküle so weitgehend aufgelockert sind, daß der Sauerstoff keinen Widerstand findet und Temperaturen entstehen, bei denen kein Leben möglich ist, verläuft der Abbau im Tierkörper stufenweise und bei annähernd konstanter Temperatur. Es ist unter besonders gewählten Bedingungen gelungen, diese Stufen einzeln zu bestimmen. Man hat dabei mehrfach Umsetzungen aufgefunden, die dem Laboratorium unbekannt waren, wie Einfluß der Phosphorsäure auf den Zuckerzerfall bei der Muskelaktion, die β-Oxydation der Fettsäuren und den reversiblen Aufbau der Aminosäuren — sie charakterisieren auch die Wege der Verbrennung als für den Lebensvorgang durchaus spezifisch. So lernte die reine Chemie aus der Tierchemie vielfach Wege und Methoden, die sie jetzt auch für ihre Zwecke nutzbringend anwendet. Zum Beispiel haben die Beobachtungen über die Verlangsamung aller Umsetzungen durch Kolloide in den Zellen den Laboratorien und selbst der Industrie großen Nutzen gebracht.

Die *Schwierigkeiten einer exakten physiologisch-chemischen Analyse* sind in erster Linie bedingt durch die Kompliziertheit des ganzen Milieus, in dem sich die Lebensvorgänge abspielen: der Zellen und ihrer Verbände. Ein Chemiker wählt sich selbst seine Arbeitsbedingungen für die Umsetzungen einiger weniger Verbindungen in vitro, dem Physiologen werden von vorneherein vom Tierkörper die Versuchsbedingungen in ganz anderem Umfange eingeschränkt. Dazu kommt die „biologische Streuung" der Ergebnisse. Nur selten kann der Physiologe, im Gegensatz zum Chemiker einfach größere Substanzmengen nehmen, wenn er einen Stoffwechselversuch anstellt. Deshalb haben die physiologischen Chemiker vielfach Methoden erdenken müssen, ohne die sie nicht weiter gekommen wären, und die nachher der ganzen Chemie zustatten kamen. So ist die *Mikroanalyse* von dem Physiologen PREGL geschaffen worden. Die quantitative Aminobestimmung, die HOFMEISTER und VAN SLYKE zum Studium von fermen-

---

[1] KNOOP, F.: H. **67**, 489 (1910). — [2] KNOOP, F.: Umkehrbarkeit physiologischer Reaktionen. Chemie **57**, 64—67 (1944). M. m. W. **1944**, 252.

tativen Verdauungsversuchen eingeführt haben, die feineren Wege, auf denen heute die Klinik die Schwankungen der Blutzuckermenge verfolgt — diese und viele andere Methoden, die heute kein Kliniker und kein Chemiker entbehren könnte, auszuarbeiten, war der physiologische Chemiker durch die Schwierigkeiten seiner Problemstellungen gezwungen.

Als letztes *Ziel der physiologischen Chemie* können wir die Aufstellung eines lückenlosen Schemas bezeichnen, in das alle Zwischenstufen[1] einzutragen sind, über die der Abbau vom Nährstoff zur Schlacke im Tierkörper, der Aufbau in der Pflanze und der Chemismus beider Richtungen in Pilzen, Bakterien usw. verläuft, und das zugleich die dazwischen liegenden Reaktionen erkennen läßt. Gesetzmäßigkeiten, die dabei aufgefunden sind, erlauben schon jetzt, eine große Anzahl Verbindungen des intermediären Stoffwechsels in dieses Schema einzutragen. Aber noch ist ihre Zahl verschwindend klein gegenüber der Mannigfaltigkeit des Möglichen, über die die Lebewesen verfügen. Und es wäre falsch, eine einmal festgestellte Reaktionsfolge als den allein gangbaren Weg anzusehen. Es gibt meist deren mehrere, so wie ja auch die Bedingungen in dem ewigen Wechsel, der das Leben kennzeichnet, ständig sich ändern. So kennen wir jetzt z. B. neben der β-Oxydation den ω-Angriff auf die Fettsäuren. Auch sind die Wege des Abbaus keineswegs nur die des Gesamtbildes, etwa einer geradlinig fortschreitenden Oxydation. Der Körper muß aus seinen Nährstoffen sich intermediär seine Werkstoffe: Fermente, Hormone u. a. herstellen in Reaktionen, die durchaus nicht in der Richtung einer allmählichen Energiefreisetzung liegen. Und viele seiner Umsetzungen sind, wie erwähnt, auch in der Zelle umkehrbar und dienen der Speicherung und dem Umbau einer Nährstoffart in eine andere dort, wo die gerade verfügbare Nahrungsform dem jeweiligen Bedürfnis des Organismus nicht voll entspricht.

Diesem Schema eines vorhersehenden Abbaues steht im *Pflanzenreich* oft wie ein Spiegelbild der ganze Chemismus seines Aufbaues gegenüber, und es wird sich sicherlich noch manches Mal (wie bei der Aminosäuresynthese) die Erkenntnis als fruchtbar erweisen, daß die sich dort abspielenden Vorgänge vielfach analog verlaufen und eine Umkehr des exothermischen Gefälles im Tierkörper darstellen. *Die beiden großen einander gegenüberstehenden Reiche ergänzen sich und sind für keinen Zweig der Lebensforschung voneinander zu trennen.*

Eine Besonderheit des biologischen Chemismus knüpft sich an seine spezifischen Reagenzien: *die Fermente.* Schon 1870 hat KARL LUDWIG weit vorausschauend erklärt, es könne sein, daß die physiologische Chemie einmal ein Teil der katalytischen Chemie werde. Das hat sich erfüllt, schon jetzt, da die ersten dieser das Leben bestimmenden Wirkstoffe isoliert und ihr Reaktionsmechanismus aufgeklärt ist. Ein glücklicher Zufall ist es, daß die Chemie der Fermente und die der *Vitamine* sich gleichzeitig und nebeneinander entwickelt hat — zunächst ohne jede wechselseitige Beziehung und dann plötzlich in mehreren Punkten erkennen lassend, daß es vielfach Vitamine sind, die als Coenzyme, als die wirksamen, an kolloide Eiweißträger gebundenen Gruppen, die Fermentleistungen mit bedingen und vermitteln.

Es hat lange gedauert, bis die Aufklärung über die Natur dieser Fermente den letzten Schlag gegen die alten vitalistischen Vorstellungen führen konnte. Daß die älteste technisch angewandte biochemische Reaktion, jene der Alkoholgärung, als Hefewirkung erkannt war, festigte anfangs die Überzeugung von der Gebundenheit derartiger Vorgänge an geformtes, „lebendes" Zellgut. Erst als E. v. BUCHNER 1897 zeigte, daß auch ein zellfreier Preßsaft aus der Hefe

---

[1] KREBS, H. A.: Cyclic processes in living matter. Enzymologia **12**, 88—100 (1947).

qualitativ dasselbe leistet, ja daß Leben zerstörende Lösungsmittel die wirksame Substanz sogar fällen konnten, ohne ihre Funktion zu vernichten, da mußte der Widerspruch endgültig fallen. Hier konnten sog. „Lebenserscheinungen" *in vitro* wiederholt werden durch einen Stoff, der nichts mehr von dem zeigte, was man bis dahin als für das Leben charakteristisch zu definieren gewohnt war. Inzwischen sind Fermente von SUMNER, NORTHROP, STANLEY u. a. krystallisiert erhalten worden und in den letzten Jahren konnte WARBURG, v. EULER, LOHMANN u. a. schließlich Konstitution und Reaktionsmechanismen auch solcher Fermente aufklären, die nicht die einfacheren Hydrolysen, sondern gerade die thermodynamisch bedeutungsvollen Oxydationen und Reduktionen katalysieren.

Diese Erkenntnisse hätten kaum gewonnen werden können, wenn nicht unsere *Anschauungen über die biologischen Oxydationen* inzwischen eine grundlegende Änderung durch die *Dehydrierungstheorie* WIELANDs erfahren hätten. Wenn man sich die alten Lehrbücher vor 1913, als WIELAND diese Theorie aufstellte, ansieht, so fingen sie fast alle mit der „Aktivierung des Sauerstoffs" an — das war begreiflich, denn als das auffälligste erschien der damaligen Zeit die Tatsache, daß der Sauerstoff unter den gemäßigten Bedingungen des Tierkörpers, besonders seiner niedrigen Temperatur, alle Nährstoffe anzugreifen und zu verbrennen vermag. Ihn mußte also der Lebensvorgang irgendwie reaktionsfähiger machen. Darin sah man das Haupträtsel der Lebenschemie.

Nach WIELAND[1] ist es aber zunächst der Wasserstoff, der aktiviert wird. Auch seine Übernahme vom Substrat leistet nicht direkt der Sauerstoff sondern den Wasserstoff übernehmende Wirkstoffe, z.B. aus der B-Vitaminklasse, von denen einige als Coenzyme der Dehydrasen in ihren Funktionen jetzt völlig aufgeklärt sind. Oxydationen, die wir in diesem Falle Dehydrierungen nennen, werden durch die Übernahme des aktivierten Wasserstoffes hauptsächlich auf die Doppelbindungen organischer Stoffe eingeleitet, besonders auf solche zwischen C und N, deren leichte Hydrierbarkeit im Organismus durch den Nachweis der tierphysiologischen Aminosäuresynthese erwiesen wurde. Erst am Ende einer oft langen Reihe von Zwischenacceptoren nimmt der Sauerstoff, dann auch durch eisenhaltige Katalysatoren nach WARBURG aktiviert, den Wasserstoff auf und bindet ihn endlich zu Wasser.

Wie haben sich diese Anschauungen in den letzten 30 Jahren geändert! Wir sehen in der WIELANDschen Auslegung und Zusammenfassung zahlloser Tatsachen aus dem Gebiete der Biochemie eine der größten und grundlegendsten Umwälzungen unserer biochemischen Anschauungen, deren Fruchtbarkeit für die Physiologie kaum durch eine andere Entdeckung der letzten Jahre übertroffen wird. Die meisten Fortschritte auf dem Gebiete biochemischer Wirkungsmechanismen fußen auf der Dehydrierungstheorie und den Ergebnissen der Fermentanalyse. Deshalb darf an dieser Stelle ein Hinweis auf die Bedeutung dieser Forschungsergebnisse nicht fehlen. Sie werden den Weg zu weiteren Fortschritten nicht weniger ebnen, als die großen Entdeckungen unseres Faches aus früheren Zeiten, und weisen in eine hoffnungsvolle Zukunft.

Zu solchen Hoffnungen berechtigen uns auch die gewaltigen Fortschritte, die im Gebiete der *Hormone und Vitamine* in diesen Jahren gemacht worden sind[2]. Wo die reine Morphologie kein Verständnis für Wesen und Zweck der Organe liefern konnte, denen direkte anatomische Beziehungen zum Gesamtorganismus fehlen, fand die chemische Analyse deren innere Sekretion, isolierte die Hormone und bestimmte Konstitution und Wirkung. — Dort, wo einseitige, ungenügend zusammengesetzte Nahrung zu schweren, oft tödlichen Störungen führte, ergab sich das Fehlen einer bis dahin ganz unbekannten Gruppe von

---

[1] WIELAND, H.: Über den Verlauf der biologischen Oxydation. Naturwiss. **34**, 111 (1947). — [2] BUTENANDT, A.: Die biologische Chemie im Dienste der Volksgesundheit. Berlin 1941.

Verbindungen, die heute chemisch definiert, großenteils sogar der Synthese zugänglich geworden sind und die „Mangelkrankheiten" zu überwinden erlaubt haben. — Diese Ergebnisse hat die engste *Zusammenarbeit von Klinik und Theorie* gezeitigt. Beide brauchen einander. Je genauer der Theoretiker die Einzelheiten des normalen Stoffwechsels erforscht, um so eher versteht der Kliniker seine Abnormitäten und findet den Weg, ihnen zu begegnen: so im Gebiet des Diabetes und der Gicht. Andererseits kann eine rein empirisch gefundene Therapie uns erst die Bedingungen erkennen lassen, die für die Gesunden erfüllt sein müssen — wie den Vitaminbedarf. Das war doch der Weg, auf dem die Gemeinschaftsarbeit von Ärzten, Physiologen und Chemikern zum Ziele führte und eine Gruppe von Stoffen kennen lehrte, die in Mengen wirken, die zum Teil weit unter allem liegen, was von den Medikamenten der Pharmakopoe bekannt ist.

In letzter Zeit aber ist die *Auffindung von weiteren Wirkstoffen* und ihrer Konstitution gelungen, die in noch viel kleineren Dosen wirksam sind, Quanten, mit denen man beim Erscheinen der letzten Auflage dieses Buches noch gar nicht rechnen konnte. Kögl hat *Auxine,* Stanley als erster *Virusarten* und Kuhn schließlich Reizstoffe *(Gamone, Termone)* isoliert, die dem Gebiete der Fortpflanzungsphysiologie zugehören und von denen nach den Untersuchungen des letzteren bereits Mengen von der Größenordnung eines Einzelmoleküls volle physiologische Wirkung erzielen: Das ist nunmehr die Grenze, die niemals unterschritten werden kann, und diese Befunde bedeuten wirklich einen Markstein in der Geschichte physiologisch-chemischer Forschung. Die Anwendung der *Isotopen zur Signierung zellvertrauter Verbindungen*[1] durch G. v. Hevesy, R. Schönheimer und D. Rittenberg, hat ein neues großes Forschungsgebiet für die Biochemie eröffnet und heute schon Fragen geklärt, die wir vor Jahren kaum zu stellen wagten. Sie verdient zur Klärung physiologischer und pathologischer Vorgänge das größte Interesse der Biologen und Ärzte.

Die ständig steigende Verwendung physikalischer Untersuchungsmethoden für organische Stoffe (Röntgenanalyse, Infrarotspektroskopie, Ultrazentrifuge, Elektrophoreseapparat, Elektronenmikroskopie, Photozelle, Molekulardestillation usw.) eröffnet immer neue bisher noch unbekannte Gebiete[2].

Man hat geglaubt, das Fach, dessen derzeitigen Stand dieses Buch darstellen will, anderen Gebieten der Physiologie unterordnen zu sollen. Nur ungenügende Übersicht über die Tatsachen kann solcher Unterschätzung Vorschub leisten. Wer die Ergebnisse der Wirkstofforschung verfolgt und miterlebt hat, wie Adrenalin, Acetylcholin, wie die Vitamine und andere Substanzen unsere Anschauungen auch in der Nerven- und Sinnesphysiologie modifiziert und einer tieferen Erkenntnis auf chemischer Basis zugeführt haben, wer die erstaunlichen Beobachtungen kennt, die chemische Einflüsse auf die Fortpflanzung, Entwicklung und Vererbung sowie feinste Abnormitäten im Tumorstoffwechsel aufgedeckt haben, der wird die chemische Seite physiologischen Erkennens eher als übergeordnet, ja oft als den Weg zur letzten Lösung biologischer Probleme ansehen müssen. Schon der Physiologe Starling erklärte 1906: „*Jedes physiologische Problem ist in letzter Linie auf ein chemisches zurückzuführen*"[3].

So wird auch dieses Lehrbuch dazu beitragen, unserem jungen Fache überall in der Welt schneller diejenige Stellung im Gebiet der Gesamtbiologie zuzuerkennen, die ihm seine Aufgaben und Ziele von vornherein zuweisen und die die reiche Fülle seiner Erfolge ihm für alle Zukunft längst gesichert hat.

---

[1] Schönheimer, R.: The Dynamic State of Body Constituents. Boston 1942. — [2] Robinson, R.: Nature **158**, 815 (1946). — [3] Zit. nach Heubner, W.: Kli. Wo. **1934 II**, 1633.

B. Physikalisch-chemische Grundlagen biologischer Vorgänge.

Von W. KUHN.

Inhaltsverzeichnis.

Seite

I. Allgemeines über Atom- und Molekülbau sowie Radioaktivität und Röntgenstrahlen 10
  1. Atommodell von RUTHERFORD und BOHR (1913) 11
  2. Kernmasse, Isotopie, Isotopentrennung 13
  3. Natürliche Radioaktivität 17
  4. Künstliche Kernumwandlung 20
  5. Biochemische Anwendungen von stabilen, sowie von radioaktiven Isotopen. . 28
  6. Röntgenstrahlen 34
II. Äußere Elektronenhülle in Atomen und Molekülen 38
  1. Beziehung der optischen Eigenschaften zu möglichen Zuständen des Moleküls 38
  2. Chromophore Gruppen 40
  3. Maßzahl der optischen Absorption 42
  4. Eigenschaften angeregter Moleküle 45
    a) Fluorescenz 45
    b) Energiezerstreuung durch Stöße 46
    c) Metastabile Zustände 46
    d) Phosphorescenz 46
    e) Photochemischer Zerfall. 47
    f) Quantenhafte Energieübertragung durch Stöße; photosensibilisierte Reaktionen 48
  5. Chemiluminescenz 49
  6. Gekoppelte chemische Reaktionen 50
  7. Assimilation 51
  8. Chemische Bindung 56
    a) Elektrovalente Bindung 57
    b) Kovalente Bindung 58
    c) Komplexbindung 60
    d) Nebenvalenzbindung 64
      α) Dipolkräfte und Dipol-Induktionskräfte 64
      β) Dispersionseffekt 65
      γ) Mesomerie 66
  9. Übersicht über verschiedene Isomeriefälle bei organischen Molekülen 69
    a) Bindungsisomerie (Strukturisomerie). 69
      α) Metamerie 70
      β) Tautomerie-Desmotropie 70
    b) Raumisomerie (Stereoisomerie) 73
      α) Spiegelbildisomerie = Enantiostereoisomerie 73
      β) Diastereo(iso)merie 74
      γ) Raumisomerie bei Molekülen mit Symmetrieebene 75
 10. Optische Aktivität 76
    a) Prinzip der Asymmetrie, Allgemeines 76
    b) Modellmäßige Bedeutung der optischen Aktivität 78
    c) Eigenschaften optischer Antipoden; Diastereomie 79
    d) Erzeugung optisch aktiver Stoffe und ihre biologische Bedeutung 79
      α) Racematspaltung 80
      β) Partiell asymmetrische Synthese 80
      γ) Absolute asymmetrische Synthese (Zufall, zirkulares Licht) 82
      δ) Biologische Bedeutung 83
    e) Drehungsvermögen diastereomerer Verbindungen. Optische Superposition 84
    f) Problem der absoluten und der relativen Konfiguration 85
    Kennzeichnung der relativen Konfiguration durch die Buchstaben d und l, bzw. durch die Buchstaben D und L 86

Seite

11. Konstellation, freie Drehbarkeit 88
12. Wesen der Dielektrizitätskonstante 89
    Elektrete 91

III. Chemische Thermodynamik, chemisches Gleichgewicht 92
  1. Erster Hauptsatz der Wärmetheorie 93
  2. Zweiter Hauptsatz der Wärmetheorie 93
  3. Gekoppelte Reaktionen 96
  4. Wärmetheorem von NERNST 96
  5. Reaktionen in Lösungen 97
  6. Gleichgewichtsbedingung 97
  7. Abhängigkeit der Gleichgewichtskonstanten von der Temperatur 98
  8. Abhängigkeit des Gleichgewichts vom Lösungsmittel; Verteilungsgesetz . . . 98
  9. Kinetische Deutung des Massenwirkungsgesetzes 100
 10. Katalyse 101
 11. Kinetik mehrmolekularer Reaktionen; stufenweise Reaktionen 102

IV. Elektrische Potentiale, Elektrolyte 105
  1. Ionenverteilung in verdünnten Lösungen starker Elektrolyte 106
  2. Aktivitätsfaktor (elektrostatischer Anteil) 109
  3. Gesetz von FARADAY 110
  4. Normalpotentiale 110
  5. Redoxpotentiale 111
  6. Aktivitäten von Nichtelektrolyten in Elektrolytlösungen (Salzeffekte) . . . 113
  7. Teilweise dissoziierte Elektrolyte 113
  8. Ionenprodukt des Wassers 116
    Neutralpunkt 116
  9. Säurebasentheorie von BRÖNSTED 116
 10. Stufenweise Dissoziation 117
 11. Ampholyte 118
 12. p_H-Bestimmungen 121
 13. Pufferlösungen 123
 14. Hydrolyse 124

V. Grenzflächen der Zelle und ihre Eigenschaften 125
Va. Durchlässigkeit von Membranen und Membrangleichgewichte . . . 126
  1. Semipermeable Membranen 125
    a) Poröse Membranen 127
    b) Membrandurchlässigkeit, bedingt durch besondere chemische Zusammen-
      setzung der Membran 127
    c) Semipermeabilität, bedingt durch elektrische Aufladung der Membran . . 128
  2. Elektrophorese und Elektroosmose 129
  3. Gleichgewichte an semipermeablen Membranen 130
    a) Osmotischer Druck 130
    b) Plasmolyse 133
    c) Dialyse 133
    d) Besondere durch die Semipermeabilität bewirkte Effekte 134
      Herstellung konzentrierter Lösungen aus verdünnten durch bloße Mem-
      branwirkung. Stofftrennungen und Stoffkonzentrierungen auf Grund
      eines Multiplikationsprinzips 135
    e) DONNAN-Gleichgewichte 137
    f) Membranpotential 138
    Dynamische Zustände an Membranen 139
Vb. Oberflächenspannung 140
  1. Definition 140
  2. Oberflächenaktivität: TRAUBEsche Regel, Emulsionen 141
  3. Adsorption oberflächenaktiver Stoffe in Grenzflächen: Formel von GIBBS . . 142
  4. Grenzflächenadsorption und Katalyse 146
  5. Polare Adsorption 147
  6. Austauschadsorption 147
VI. Kolloidaler Zustand 147
  1. Lyophobe Kolloide; Zerteilungsgrad, Koagulation, Peptisation, Sedimentation 149
  2. Teilchengröße bei lyophoben Kolloiden 151
    a) BROWNsche Bewegung 151
    b) Diffusion 152
    c) Beweglichkeit; Sedimentationsgeschwindigkeit 152
    d) Viscosität, Thixotropie, Synärese, Koacervation 153
    e) Strömungsdoppelbrechung 156

Seite

f) Schärfe von Röntgeninterferenzen 157
g) Übermikroskop 158
3. Lyophile Kolloide 159
a) Teilchengröße 159
b) Molekülgestalt 160
Beziehung der Molekülgestalt zur Kautschukelastizität 161
Gestaltänderung von Fadenmolekülen durch Ionisierung in Lösung; mögliche Beziehungen zur Muskelkontraktion 162
c) Viscosität von Fadenmoleküllösungen 163
d) Optische Eigenschaften; Betrag und Orientierung der Strömungsdoppelbrechung 165
e) Diffusionskonstante für Fadenmoleküle 166
f) Ultrazentrifuge 167
g) Strukturuntersuchung mit Hilfe von Röntgenstrahlen 168
4. Flüssige Krystalle 169
VII. Die Zelle als physikalisch-chemisches System 170

I. Allgemeines über Atom- und Molekülbau sowie Radioaktivität und Röntgenstrahlen.

Es ist ein gesichertes und in weiten Kreisen bekanntes Ergebnis der Atom- und Molekulartheorie, daß die *Moleküle* chemischer Stoffe aus *Atomen* aufgebaut sind[1].

Die Zusammensetzung der Moleküle aus Atomen bringt es mit sich, daß die physiologische Chemie, welche sich im wesentlichen mit Umsetzungen von Molekülen zu befassen hat, in vielen Fällen auf die Atomtheorie zurückgreifen muß, nämlich dann, wenn es sich darum handelt, die Beständigkeit und die Umsetzung der Moleküle mit den Kräften in Zusammenhang zu bringen, welche die Atome im Molekül zusammenhalten.

Abgesehen von der damit gegebenen Verknüpfung der physiologischen Chemie mit der Atomtheorie haben im Laufe der letzten Jahre die Eigenschaften der *Atome* und sogar die Eigenschaften der *Atomkerne* unmittelbare Bedeutung für die Physiologie erlangt. Es sei insbesondere auf die mit dem Atomaufbau eng verknüpften *Röntgenstrahlen* und auf die aus den Atomkernen stammenden *radioaktiven Strahlen* hingewiesen. Diese Strahlungen sind teils als Forschungsmittel, teils zur unmittelbaren Beeinflussung physiologischer Vorgänge (Therapie) von großer Bedeutung. Außerdem hat die Entdeckung *künstlicher radioaktiver Stoffe* neue Möglichkeiten zur Erforschung der Dynamik der Austauschvorgänge in Molekülen und der Transportprobleme im Organismus eröffnet (sog. *Tracer-Methode*, d. h. Indizierung mit radioaktiven oder anderen Isotopen).

Auf Grund dieser Tatsachen müssen wir den Aufbau der Atome, einschließlich der Entstehung der Röntgenstrahlen und darüber hinaus die natürliche und künstliche Umwandlung von Atomkernen mit zu den Grundlagen zählen, von denen die physiologische Chemie auszugehen hat. Aus diesem Grunde stellen wir allem weiteren einiges über den Aufbau der Atome sowie einiges über Radioaktivität voran.

Für den allgemeinen Überblick sei eine Anzahl Lehrbücher der theoretischen und praktischen Physik angegeben[2—11].

---

[1] Siehe z. B. PERRIN, J.: Die Atome (deutsch von A. LOTTERMOSER). Leipzig u. Dresden 1914.

Lehrbücher der theoretischen und praktischen Physik: 2—11. [2] WESTPHAL, W. H.: Lehrbuch der Physik. 12. Aufl. Berlin u. Heidelberg 1947. — [3] GRIMSEHL, E.: Lehrbuch der Physik zum Gebrauch beim Unterricht, neben akademischen Vorlesungen und zum Selbststudium. Neubearb. von R. TOMASCHECK, Bd. 1 Mechanik, Wärmelehre, Akustik, 12. Aufl.; Bd. 2 Elektromagnetisches Feld, Optik. 10. Aufl. Leipzig u. Berlin 1942. — [4] POHL, R. W.:

Ebenso sei auf allgemeine Darstellungen über das Weltbild der Physik, sowie die Beziehungen der Physik zur Biologie verwiesen[12-21].

1. Atommodell[22-33] von RUTHERFORD und BOHR (1913).

Das einzelne Atom eines jeden chemischen Elementes besteht erstens aus einem *Atomkern* und zweitens aus einer den Kern in weitem Abstande umgebenden *Elektronenanordnung*.

Bei allen Elementen besitzt der *Atomkern* eine *positive elektrische Ladung*. Außerdem ist praktisch die gesamte Masse des Atoms auf dem Kern konzentriert.

Der Atomkern des leichtesten Elementes, also der des Wasserstoffs, nimmt eine besondere Stellung ein. Er wird als *Proton* bezeichnet. Das Proton besitzt von allen Atomkernen nicht nur die kleinste Masse sondern auch die kleinste Ladung.

Die positive Ladung anderer Atomkerne wie z. B. der Atomkerne von Helium, Sauerstoff usw. ist stets ein *genau* ganzzahliges Vielfaches der Ladung des Wasserstoffatomkerns. Die Ladung eines Atomkerns, gemessen an der des Protons, ist also stets eine ganze Zahl. Sie wird als die *Kernladungszahl* oder *Ordnungszahl Z* manchmal auch als *Atomzahl* des betreffenden Elementes bezeichnet. In der Regel wird sie dem Symbol des Elementes links unten beigefügt; Beispiele: $_{13}Al$, $_{38}Sr$, $_{92}U$.

Nach außen hin wird die positive Ladung des Atomkerns ganz oder teilweise ausgeglichen durch die vorhin genannten negativ geladenen *Elektronen*, welche den Atomkern umgeben. Die Masse jedes Elektrons ist etwa 2000mal kleiner

Lehrbuch der Physik. Berlin. Bd. 1 Einführung in die Mechanik, Akustik und Wärmelehre. 7. und 8. Aufl., 1944; Bd. 2 Einführung in die Elektrizitätslehre. 10. u. 11. Aufl., 1944; Bd. 3 Einführung in die Optik. 7. u. 8. Aufl., 1948. — [5] RIEKE, E.: Lehrbuch der Physik. 2 Bde. 6. Aufl. Leipzig 1918. — [6] JOOS, G.: Lehrbuch der theoretischen Physik. 4. Aufl. Leipzig 1942. — [7] SCHÄFER, CLEMENS: Einführung in die theoretische Physik. Leipzig u. Berlin. Bd. 1 Mechanik materieller Punkte, Mechanik starrer Körper und Mechanik der Kontinua (Elastizität und Hydrodynamik). 1922. Bd. 2, Teil 1: Theorie der Wärme, molekularkinetische Theorie der Materie. 1921. — [8] KOHLRAUSCH, FR.: Praktische Physik zum Gebrauch für Unterricht, Forschung und Technik. Hrsg. von FRITZ HERMING, 18. Aufl., 2 Bde. Leipzig u. Berlin 1943. — [9] STRONG, J.: Procedures in Experimental Physics. New York 1945. — [10] CADY, W. G.: Piezoelectricity. An Introduction to the Theory and Applications of Electromechanical Phenomena in Crystals. New York u. London 1946. — [11] BRAINARD, J. G.: Ultra-high Frequency Techniques. New York 1944.

Literatur zum Weltbild der Physik: 12—21. [12] PLANCK, MAX: Das Weltbild der neuen Physik. 10. Aufl. Leipzig 1947. — [13] PLANCK, MAX: Sinn und Grenzen der exakten Naturwissenschaft. 2. Aufl. Leipzig 1947. — [14] WEIZSÄCKER, C. FR. v.: Zum Weltbild der Physik. Leipzig 1943. — [15] HEISENBERG, W.: Wandlungen in den Grundlagen der Naturwissenschaften. 6. Aufl. Leipzig 1945. — [16] SCHRÖDINGER, E.: What is Life? Cambridge 1944. Was ist Leben? Bern 1946. — [17] PLANCK, MAX: Religion und Naturwissenschaft. 10. Aufl. Leipzig 1947. — [18] PLANCK, MAX: Scheinprobleme der Wissenschaft. Leipzig 1946. — [19] BAVINK, B.: Ergebnisse und Probleme der Naturwissenschaften. 8. Aufl. Leipzig 1944 sowie Bern 1945. — [20] BAVINK, B.: Das Weltbild der heutigen Naturwissenschaften und seine Beziehung zu Philosophie und Religion. Iserlohn 1947. — [21] BERGMANN, G. v.: Das Weltbild des Arztes und die moderne Physik. Berlin 1943.

Zusammenfassende Darstellungen betr. Atombau: 22—33. [22] SOMMERFELD, A.: Atombau und Spektrallinien. 5. Aufl. Braunschweig 1931. — [23] WULF, TH.: Bausteine der Körperwelt. Verständl. Wissensch. 25. Berlin 1935. — [24] BAUER, H. A.: Grundlagen der Atomphysik. Wien 1938. — [25] HERZBERG, G.: Atomspektren und Atomstruktur. Einführung für Chemiker, Physiker und Physikochemiker. Wiss. Forsch.-Ber. 37. Dresden 1936. — [26] KUHN, H.: Atomspektren. Hand- u. Jb. chem. Physik 9/I (1934). — [27] FINKELNBURG, W., u. R. MECKE: Bandenspektren im sichtbaren und ultravioletten Gebiet. Hand- u. Jb. chem. Physik 9/II, 189—318 (1934). — [28] GROTRIAN, W.: Graphische Darstellung der Spektren von Atomen und Ionen mit ein, zwei und drei Valenzelektronen. Berlin 1928. — [29] BRIEGLEB, G.: Atome und Ionen. Hand- u. Jb. chem. Physik 2, I/7 (1940). — [30] BORN, MAX: Atomic Physics. 4. Aufl. London 1947. — [31] TOLANSKY, S.: Introduction to Atomic Physics. 2. Aufl. London, New York, Toronto 1945. — [32] JOHNSON, R. C.: Atomic Spectra. London 1944. — [33] SEMAT, H.: Atomic Physics. New York 1946.

als die eines Protons, und die Ladung ist dem Betrage nach gleich, dem Vorzeichen nach entgegengesetzt der Ladung eines Protons. Der Betrag der Ladung eines Protons (oder Elektrons) ist $\varepsilon = 4,77 \cdot 10^{-10}$ elektrostatische CGS-Einheiten.

Abmessungen des Atomkerns. Auf Grund von *Versuchen* über die Ablenkung von α-Strahlen oder Protonen durch die Atomkerne erhält man für den Kernradius, d. h. für den Abstand, bis zu welchem praktisch genommen das COULOMBsche Gesetz gilt:

$$R = 1,43 \cdot 10^{-13} \cdot A^{\frac{1}{3}} \text{ cm}, \tag{1}$$

wobei A das Atomgewicht des Elements bedeutet. Es folgt, daß das Volumen der Atomkerne $v = R^3 \, 4\pi/3$ ungefähr proportional dem Atomgewicht zunimmt bzw. daß die Massendichte ϱ im Kern nahezu unabhängig vom Atomgewicht ist. Es ist offenbar

$$\varrho = \frac{A}{6,02 \cdot 10^{23}} \frac{3}{4\pi \, R^3} \text{ ungefähr gleich } 1,35 \cdot 10^{14} \text{ g cm}^{-3}. \tag{2}$$

Die Abmessungen der den Kern umgebenden *Elektronenanordnung* sind von der Größenordnung 10^{-8} cm; diese Größe pflegt man als den *Atomradius* zu bezeichnen, weil bei Annäherung verschiedener Atome auf einen solchen Abstand Abstoßungs- bzw. Bindungskräfte usw. in Wirksamkeit treten. *Der Atomradius ist also rund 10000mal größer als der Radius des Atomkerns*; die Volumina verhalten sich rund wie $10^{12}:1$.

Bei *neutralen Atomen* ist die Anzahl der den Atomkern außen umgebenden Elektronen genau gleich der vorerwähnten Kernladungszahl Z. Die positive Kernladung ($Z \cdot \varepsilon$) wird dann durch die Z im Atom außen gebundenen Elektronen (Ladung gleich $-Z \cdot \varepsilon$) genau neutralisiert; Ergebnis: die *Summe der in einem neutralen Atom vorhandenen Ladungen ist exakt gleich Null.*

Wenn wir elektrisch neutrale Atome zu *Molekülen* zusammentreten lassen, so stellen wir fest, daß die entstehenden Moleküle ebenfalls elektrisch neutral sind. Wir verstehen das leicht auf Grund eines allgemeinen Gesetzes, welches aussagt, daß bei allen Vorgängen in der Natur die Summe der vorhandenen elektrischen Ladungen unverändert bleibt. Auch bei den radioaktiven Vorgängen wird sich dieses Gesetz als gültig erweisen.

Ionen. Sowohl bei den normalen (elektrisch neutralen) Atomen als auch bei den Molekülen beobachten wir aber bei gewissen Vorgängen eine Abtrennung von Elektronen (z. B. Abgabe von Elektronen an andere Atome oder Moleküle) oder auch eine Aufnahme überschüssiger Elektronen in den Atom- oder Molekülverband. Die so entstehenden elektrisch geladenen Atome oder Atomgruppen bezeichnen wir als *Ionen*, und zwar als *positive* oder *negative* Ionen, je nachdem die Gesamtladung eine positive oder negative ist.

Auf Grund des Erwähnten ist es verständlich, daß die *Ionenladung stets ein ganzzahliges Vielfaches der Elementarladung des Protons bzw. Elektrons ist.*

Die **Elektronen,** welche in einem Atom gebunden sind, befinden sich nicht alle in derselben Entfernung vom Atomkern. Die einzelnen Elektronen sind daher auch verschieden stark gebunden. Die Bindungsweise im einzelnen wird durch die elektrostatischen Gesetze (Anziehung ungleichnamiger, Abstoßung gleichnamiger Elektrizität usw.), darüber hinaus aber insbesondere durch die Gesetze der *Quantentheorie* (PLANCK) geregelt.

Diese Theorie führt zu dem Ergebnis (BOHR), daß der Elektronenaufbau eines Atoms (Beispiel Blei mit $Z = 82$) hinsichtlich der Bindungsenergie der verschiedenen Elektronen (oder auch hinsichtlich des Abstandes der Elektronen vom Atomkern) in verschiedene Gruppen oder Stufen eingeteilt werden kann.

Die dem Atomkern zunächst befindlichen Elektronen sind die sog. *K-Elektronen.* Sie sind am festesten gebunden, d. h. für diese Elektronen ist die Energie, welche aufgewendet werden muß, um sie vom Atom loszulösen, am größten. Die nächste Stufe sind die sog. *L-Elektronen.* Ihre Bindungsenergie ist bereits wesentlich kleiner als die der *K*-Elektronen. Im weiteren folgen dann die *M-, N-* usw. Elektronen. Die Bindungsenergie ist bei jeder Stufe kleiner als bei der vorhergehenden.

Die äußersten und damit am schwächsten gebundenen Elektronen jedes Atoms sind die sog. *Valenzelektronen.* Die Bezeichnung Valenzelektronen ist deshalb berechtigt, weil die Betätigung der chemischen Bindungskräfte hauptsächlich von diesen Elektronen herrührt. Auch die optischen Eigenschaften der Atome und Moleküle sind im wesentlichen durch die Art der Bindung der Valenzelektronen bedingt.

Da die Anzahl und die Bindungsart der in einem Atom vorhandenen Elektronen (einschließlich der Valenzelektronen) durch die Kernladungszahl Z eindeutig bestimmt ist, sind *die meisten physikalischen und die chemischen Eigenschaften eines Atoms durch die Kernladungszahl festgelegt.* Dagegen ist die Masse des Atomkerns auf Zahl und Bindungsweise der Elektronen ohne Einfluß.

2. Kernmasse, Isotopie (stabile Isotope) [1-3].

Es zeigt sich, daß die Kernmasse bei allen bekannten Atomen stets nahezu ein ganzzahliges Vielfaches der Masse eines Protons beträgt.

Allerdings findet man in vielen Fällen, daß die Masse nicht bei allen Atomen eines und desselben chemischen Elementes dieselbe ist.

Das gewöhnliche *Cadmium* besteht z. B. aus einem Gemisch von mehreren Atomarten, deren *Kernladungszahl übereinstimmt, deren Kernmasse aber verschieden ist*; die Kernmassen der Cd-Atome sind, gemessen am Gewicht eines Protons und in der Reihenfolge ihrer Häufigkeit aufgezählt, gleich 114, 112, 110, 113, 111 und 116. In entsprechender Weise finden wir im gewöhnlichen *Calcium* (Ca, $Z = 20$, mittleres Atomgewicht $= 40{,}07$), Atome mit den Gewichten 40, 44, 42 und 43 und im gewöhnlichen *Sauerstoff* (O, $Z = 8$) finden sich 99,8% Atome vom Gewicht 16; 0,16% vom Gewicht 18 und 0,03% vom Gewicht 17. Über kleine Abweichungen der Atomgewichte von der Ganzzahligkeit, die sog. Massendefekte, vgl. unten S. 26.

Solche Atome, deren Kernladungszahl übereinstimmt, deren Kernmasse aber sich um eine oder mehrere Einheiten unterscheidet, werden *Isotope* genannt.

Man hat anzunehmen, daß die Isotopie davon herrührt, daß in den Atomkernen neben *Protonen* eine unter Umständen verschieden große Zahl von *Neutronen* enthalten sind. Über die Neutronen, deren Masse ungefähr gleich der der Protonen ist, siehe unten S. 21. In einem Atomkern, dessen Ordnungszahl gleich Z und dessen Atomgewicht gleich A ist, befinden sich demnach Z Protonen und $A - Z$ Neutronen.

Die Atomkerne von Isotopen stimmen somit in der Zahl der im Kern vorkommenden Protonen überein, unterscheiden sich aber in bezug auf die Anzahl der Neutronen.

Bei stabilen Atomkernen kleiner Ordnungszahl ist ungefähr

$$A - Z = Z, \tag{3}$$

d. h. *die Zahl der Kernneutronen ist ungefähr gleich der Zahl der Kernprotonen* bzw. das Atomgewicht A etwa doppelt so groß wie die Ordnungszahl Z. Bei steigender Ordnungszahl nimmt die Zahl der Neutronen relativ stärker zu, so daß beispielsweise bei Bi ($Z = 83$; $A = 209$)

$$A - Z = 1{,}5\ Z \text{ ist, nämlich: } 126 = 1{,}5 \cdot 83$$

wird.

Da die angeführte Regel ungenau ist, kommt es vor, daß die Massenzahl A eines Elementes mit höherem Z mit der eines Elementes mit niedrigerem Z übereinstimmt. Beispiele

Cd-Isotop ($Z = 48$) mit $A = 113$ und In-Isotop ($Z = 49$) mit $A = 113$

oder

A-Isotop ($Z = 18$) mit $A = 40$ und Ca-Isotop ($Z = 20$) mit $A = 40$.

Zusammenfassendes über Isotopie: 1—3. [1] ASTON, F. W.: Mass Spectra and Isotopes. 2. Aufl. London 1942. — [2] MATTAUCH, J., u. A. FLAMMERSFELD: Isotopenbericht. Tabellarische Übersicht der Eigenschaften der Atomkerne soweit bis Ende 1948 bekannt. Tübingen 1949. — [3] ASTON, F. W., N. BOHR, O. HAHN, W. D. HARKINS, F. IOLIOT, R. S. MULLIKEN u. M. L. OLIPHANT: Internationale Tabelle der stabilen Isotopen. 6. Bericht der Atomgewichtskommission der Internationalen Union für Chemie. C. **1943** I, 1961. — Nature **150**, 515 (1943). — Ann. Chim. analyt. Chim. appl. (4) **24**, 182—184 (1942). — Siehe ferner die Literatur über Atombau S. 11 und insbesondere die über natürliche und künstliche Radioaktivität, S. 17 u. 20. Literatur über Anwendungen von Isotopen als Forschungsmittel in der Biologie, siehe S. 28 bis 33.

Elemente, welche in der Massenzahl übereinstimmen, sich aber in der Kernladungszahl unterscheiden, werden *Isobare* genannt.

Da bei isotopen Elementen die Kernladungszahl und damit auch die Zahl und Bindungsweise der Elektronen identisch ist, müssen die chemischen und physikalischen, einschließlich der optischen Eigenschaften von Isotopen einander außerordentlich ähnlich sein.

Die Unterschiede würden völlig verschwinden, wenn die in einem Molekül miteinander verbundenen Atome stilliegen würden. In Wirklichkeit aber führen die Atome sowohl im Krystallgitter wie in den z.B. im Gase frei schwebenden Molekülen *Schwingungen* um Gleichgewichtslagen aus. *Für die Frequenz dieser Schwingungen ist nicht nur die von den Elektronen bewirkte Bindungskraft, sondern auch die Größe der in Schwingung zu setzenden Masse wesentlich.* So kommt es, daß die aus verschiedenen Isotopen hergestellten Verbindungen sich doch in optischer Hinsicht (Lage der Absorptionsbanden) und auch in thermischer Beziehung etwas voneinander unterscheiden. Die Unterschiede sind zwar klein, können aber doch zur Trennung von Isotopengemischen benützt werden[1-3].

Beim *Wasserstoff* ist der Massenunterschied zwischen den beiden bekannten Isotopen [gewöhnlicher Wasserstoff mit Masse 1 (Proton) und „schwerer“ Wasserstoff mit Masse 2 (Deuteron)] gleich 100%. Das hat zur Folge, daß diese beiden Isotopen oder deren Verbindungen voneinander nicht nur optisch deutlich verschieden sind, sondern auch in chemischer Hinsicht, und zwar in solchem Maße, daß hier eine quantitative Trennung durch chemische Methoden (Elektrolyse, Destillation, chemische Reaktionsgeschwindigkeit, chemische Gleichgewichte) ziemlich leicht durchzuführen ist. Weiteres s. S. 16 u. 34.

Isotopentrennung[4,5].

Wie angedeutet, gilt die Tatsache, daß die physikalischen und chemischen Eigenschaften von Elementen und Verbindungen, welche isotope Atomarten enthalten, *verschieden sind, ganz allgemein.* Es ist wichtig, daß diese Verschiedenheit benützt werden kann, um Isotope voneinander zu trennen. Die Bereitstellung getrennter Isotoper ist einerseits für die Erforschung und Anwendung der Kernreaktionen von Bedeutung, andererseits für die Biologie aber wegen der Verwendung der Isotopen für die Untersuchung von Austausch- und Transportvorgängen, sowie von Reaktionsmechanismen nach der unten zu beschreibenden *Tracer-Methode.*

Einige mit Erfolg für Isotopentrennung verwendete Methoden seien daher nachstehend genannt:

a) Trennung im Massenspektrograph[6-9].

Auf Grund der Verschiedenheit der Massenzahl isotoper Elemente ist das Verhältnis e/m (Verhältnis von Ladung und Masse) von Ionen, welche isotope Atomarten enthalten, verschieden. Dieses Verhältnis ist anderseits entscheidend für die durch elektrische und magnetische Felder bewirkte Ablenkung von aus solchen Ionen gebildeten Korpuskularstrahlen. Durch Ausnützung der Verschiedenheit dieser Ablenkung läßt sich eine *vollständige Trennung* der Isotopen bewirken.

[1] KUHN, W., u. H. MARTIN: Photochemische Trennung von Isotopen. Z. physik. Chem. (B) **21**, 93 (1933). — [2] KUHN, W., H. MARTIN u. K. H. ELDAU: Z. physik. Chem. (B) **50**, 213 (1941). — [3] ZUBER, K.: Helv. physica Acta 8, 488 (1935); **9**, 285 (1936).

[4] Zusammenstellung siehe z. B. WALCHER, W.: Isotopentrennung. Ergebn. exakt. Naturwiss. **18**, 155—228 (1939). — [5] Siehe auch BRIEGLEB, G.: Hand- u. Jb. chem. Physik **2**/I a (1940) sowie die nachstehend bei den einzelnen Trennungsmethoden gegebenen Hinweise.

[6] ASTON, F. W.: Mass Spectra and Isotopes. 2. Aufl. London 1942. — [7] BLEAKNEY, W.: Physic. Rev. **34**, 157 (1929); **40**, 496 (1932). — [8] RITTENBERG, D., A. S. KESTON, F. ROSEBURY and R. SCHOENHEIMER: J. biol. Ch. **127**, 291 (1939). — [9] EWALD, HEINZ: Z. Naturforsch. **1**, 131 (1946) (Über den Massenspektrographen von MATTAUCH und HERZOG).

Die Bereitstellung größerer Mengen getrennter Isotopor nach dieser Methode ist
sehr mühsam.

Für die Biologie ist die Methode von höchster Bedeutung *als Mittel zur Analyse
von Isotopengemischen*, d. h. zur Feststellung des relativen Gehaltes der verschiedenen Isotopen in einem vorgelegten Gemisch, z. B. des Gehaltes ^{13}C zu ^{14}C
in einer organischen Verbindung.

b) Diffusion; Ionenwanderungsgeschwindigkeit.

Bei gegebener Temperatur ist bekanntlich die mittlere kinetische Energie $\frac{m}{2}\bar{v}^2$
unabhängig von der Masse, also für Teilchen verschiedener Masse gleich groß.
Infolgedessen ist die mittlere Translationsgeschwindigkeit $\bar{v}$ von Teilchen verschiedener Masse ungleich groß. In einem Isotopengemisch *besitzt das leichtere
Isotop die größere mittlere Geschwindigkeit* und daher *eine größere Diffusionskonstante* als das schwerere Isotop. Die Verschiedenheit kann zu einer Trennung
ausgenützt werden, wobei in geeigneten Fällen, insbesondere im Falle von Edel-
gasen, 100%ige Trennung möglich ist[1, 2].

Auch durch Diffusion in Flüssigkeiten sind teilweise Trennungen erzielt worden.

Ebenso läßt sich eine Trennung durch Ausnützung von Unterschieden *der
elektrischen Ionenwanderungsgeschwindigkeit*, die mit der Diffusionsgeschwindigkeit
eng zusammenhängt, erzielen[3-5].

c) Thermodiffusion.

Der Trennung durch Thermodiffusion liegt die Tatsache zugrunde, daß sich
die leichten und schweren Bestandteile eines Gases, in welchem ein Temperaturgefälle aufrechterhalten wird, je nach den Vorzeichen des Thermodiffusions-
koeffizienten relativ mehr auf der warmen oder kalten Seite des Gemisches anreichern. Es können auch nach dieser Methode vollständige Trennungen erzielt
werden[6-13].

d) Künstliche Schwerefelder.

Eine Trennung läßt sich auch durch künstliche Schwerefelder herbeiführen,
indem die schwereren Moleküle eines Gasgemisches in den untern bzw. äußern
Bezirken eines Schwerefeldes stärker als die leichteren Moleküle angereichert
werden[14-19].

e) Photochemische Trennung.

Sie ist bereits auf S. 14 erwähnt worden im Zusammenhang mit der Feststellung, daß die Schwingungsfrequenz verschieden ausfällt, wenn bei gleicher
Beschaffenheit der Bindungskräfte Teilchen verschiedener Masse um eine Ruhe-
lage Schwingungen ausführen.

[1] HERTZ, G.: Z. Physik **79**, 108 (1932); **91**, 810 (1934). Naturwiss. **20**, 493 (1932); **21**, 884
(1933). — [2] HARMSEN, H., G. HERTZ u. W. SCHÜTZ: Z. Physik **90**, 703 (1934). — [3] BREWER,
A. K., A. KEITH, S. L. MADORSKY, J. K. TAYLOR, V. H. DIBELER, P. BRADT, O. PARHAM,
R. J. BRILLEN and J. G. REID: J. Res. nat. Bur. Stand. **38**, 137 (1947). (Anreicherung von
^{41}K durch elektrische Wanderung in einer Gegenstromanordnung.)— [4] Siehe auch KLEMM, A.,
H. HINTERBERGER u. PH. HÖRNER: Z. Naturforsch. **2**a, 250 (1947). (Anreicherung von ^{7}Li
und ^{41}K durch elektrische Wanderung in geschmolzenen Chloriden.)— [5] KLEMM, A.: Z. Natur-
forschg **2**a, 9 (1947). (Anreicherung von ^{169}Ag durch Ionenwanderung in α-^{7}AgJ.) Ferner **2**a,
245 (1947); **3**a, 172 (1948). — [6] CLUSIUS, K., u. G. DICKEL: Naturwiss. **26**, 546 (1938); **27**, 148,
487 (1939). — [7] WALDMANN, L.: Naturwiss. **27**, 230 (1939). — [8] TAYLOR, H. S.: Nature **144**, 8
(1939). — [9] GRINTEN, W. VAN DER: Naturwiss. **27**, 317 (1939). — [10] GROTH, W.: Naturwiss.
27, 260 (1939). — [11] CLUSIUS, K., G. DICKEL u. E. BECKER: Naturwiss. **31**, 210 (1943). (Darstellung von $^{18}O_2$.)— [12] CLUSIUS, K.: Z. physik. Chem. (B) **44**, 397—473 (1939).— [13] FLEISCH-
MANN, R., u. H. JENSEN: Das Trennrohr. Ergebn. exakt. Naturwiss. **20**, 121—182 (1942). —
[14] MARTIN, H., u. W. KUHN: Z. physik. Chem. (A) **189**, 219—316 (1941). — [15] BEAMS, J. W.,
u. F. B. HAYNES: Physic. Rev. **49**, 644 (1936).— [16] BEAMS, J. W., and A. V. MASKET: Physic.
Rev. **51**, 384 (1937). — [17] BEAMS, J. W.: Rev. mod. Physics **10**, 245 (1938). — [18] BEAMS,
J. W., and C. SKARSTROM: Physic. Rev. **56**, 266 (1939). — [19] SKARSTROM, C., H. E. CARR
and J. W. BEAMS: Physic. Rev. **55**, 591 (1939).

Die hier maßgebende Erscheinung (Isotopeneffekt in Bandenspektren) wird, ähnlich wie die unter a) genannte Methode, häufig zur *Analyse* von Isotopengemischen benützt. Beispiel: Feststellung von ^{14}N neben ^{15}N; ^{18}O neben ^{16}O, ^{35}Cl neben ^{37}Cl (letzteres z. B. duich Untersuchung der Bandenspektren von $HgCl$).

f) Verschiedenheit chemischer Gleichgewichtskonstanten.

Die Verschiedenheit der chemischen Gleichgewichtskonstanten bei der Bildung chemischer, aus verschiedenen Isotopen aufgebauter Verbindungen hängt mit der besprochenen Verschiedenheit der Schwingungsfrequenzen eng zusammen.

Diesbezügliche Berechnungen sind insbesondere von UREY und Mitarbeitern durchgeführt worden[1-4].

Die Verschiedenheit der Gleichgewichtskonstanten kann einige Prozent betragen. Von besonderem Interesse ist die nach einem solchen Prinzip von UREY und Mitarbeitern[5-9] durchgeführte starke Anreicherung auf 70% des Stickstoffisotops ^{15}N, welches zu 0,37% im gewöhnlichen Stickstoff vorhanden ist. Es wurde in diesem Falle die Tatsache benützt, daß die Gleichgewichtskonstante für den Übergang

$$(NH_3)_{gas} + [H_2O]_{fl} = [OH^-] + [NH_4]^+ \text{ gelöst in konz. } NH_4NO_3$$

für den aus leichtem bzw. schwerem Stickstoff hergestellten Ammoniak etwas verschieden ist.

An dieser Stelle sei auch die Trennung durch *Elektrolyse* erwähnt, welche zur Entdeckung und zur ersten praktischen Reindarstellung des schweren Wasserstoffs geführt hat[10-13], welche aber auch in anderen Fällen zu Trennungseffekten Anlaß gibt[14, 15].

g) Verschiedenheit der Dampfdrucke und Siedepunkte (Destillation).

Mit der Verschiedenheit chemischer Gleichgewichtskonstanten ist die Verschiedenheit der Dampfdrucke bzw. der Siedepunkte isotoper Molekülarten eng verwandt. Es liegt beispielsweise der Siedepunkt unter Atmosphärendruck für schweres Wasser (D_2O) bei 101,4°C gegenüber 100°C bei gewöhnlichem Wasser[16,17]. In anderen Fällen ist der Unterschied bedeutend kleiner; er läßt sich durch Benützung geeigneter Fraktionierungsvorrichtungen[18] zu einer Anreicherung oder Trennung von Isotopen verwenden[19-21].

[1] UREY, H. C., and L. J. GREIFF: Am. Soc. **57**, 321 (1935). — [2] Siehe auch GLASSTONE, S.: Theoretical Chemistry, S. 398. New York 1944. — [3] SCHÄFER, K.: Angew. Chem. (A) **59**, 42—48 (1947). — [4] SUESS, H., u. H. JENSEN: Regeln über die Lage von Isotopenaustauschgleichgewichten. Naturwiss. **32**, 372 (1944). — [5] UREY, H. C., A. H. W. ATEN and A. S. KESTON: J. chem. Physics **4**, 622 (1936). — [6] UREY, H. C., M. FOX, J. R. HUFFMANN and H. G. THODE: Am. Soc. **59**, 1407 (1937). — [7] HUTCHINSON, C. A., D. W. STEWART and H. C. UREY: J. chem. Physics **8**, 532 (1940). — [8] STEWART, D. W. and K. COHEN: J. chem. Physics **8**, 904 (1940). — [9] THODE, H. G., H. C. UREY and J. E. GORHAM: J. chem. Physics **6**, 296 (1938). — THODE, H. G., and H. C. UREY: J. chem. Physics **7**, 34 (1939). — [10] WASHBURN, E. W., and H. C. UREY: Proc. nat. Acad. Sci. USA. **18**, 496 (1932). — [11] LEWIS, G. N.: Am. Soc. **55**, 1297 (1933). — [12] WASHBURN, E. W., E. R. SMITH and F. A. SMITH: J. Res. nat. Bur. Stand. **13**, 599 (1934). — [13] HOLLECK, L.: Z. Elektrochem. **44**, 11 (1938). — [14] Siehe z. B. HUTCHINSON, D. A.: J. chem. Physics **14**, 401 (1946). (Elektrolytische Trennung von K-Isotopen.) — [15] JOHNSTON, H. L.: Am. Soc. **57**, 484 (1935). (Elektrolytische Trennung von Sauerstoffisotopen.) — [16] KEESOM, W. H., u: J. HAANTJES: Physica, den Haag **2**, 981 (1935). — [17] UREY, H. C., F. G. BRICKWEDDE and G. M. MURPHY: Physic. Rev. **40**, 1 (1932). — [18] KUHN, W.: Helv. **25**, 252 (1942). — KUHN, W., u. K. RYFFEL: Helv. **26**, 1693 (1943). — [19] KUHN, W., u. H. KUHN: Anreicherung von ^{35}Cl und ^{37}Cl durch Destillation von Chloroform. Noch unveröffentlicht. — [20] KUHN, W., u. P. BAERTSCHI: Anreicherung von D_2O aus gewöhnlichem Wasser. Noch unveröffentlicht. — [21] DOSTROWSKY, E., E. D. HUGHES, u. D. R. LLEWELLYN: Anreicherung von D_2O aus gewöhnlichem Wasser. Nature **161**, 858 (1948).

Isotope hat man hiernach als chemisch und optisch sehr ähnliche, prinzipiell aber verschiedene Stoffe anzusehen. *Trotz dieser grundsätzlichen Verschiedenheit ist für das Folgende die an gänzliche chemische Identität grenzende Ähnlichkeit der Isotopen als das Wesentliche an der Isotopie anzusehen.*

Während somit Isotope sich in chemischer Hinsicht kaum unterscheiden, unterscheiden sie sich natürlich in allen den Eigenschaften, bei welchen der Atomkern sich ändert. Die Isotopen begegnen uns daher wieder bei der natürlichen und bei der künstlichen Radioaktivität.

3. Natürliche Radioaktivität[1-6].

Die natürliche Radioaktivität findet sich bei einer Anzahl von Elementen hohen Atomgewichts, insbesondere bei den Elementen, welche schwerer als Blei sind. Das bekannteste dieser radioaktiven Elemente ist das *Radium* ($Z = 88$).

Bei den Elementen, welche leichter als Blei sind, finden wir keine oder höchstens eine sehr schwache Radioaktivität. Ein Beispiel für ein leichtes und trotzdem radioaktives Element ist das *Kalium* ($Z = 19$), dessen Radioaktivität (β-Strahlung) von dem in kleiner Menge (0,012%) vorhandenen Isotop mit Atomgewicht 40 herrührt. Neben diesem radioaktiven Isotop enthält das gewöhnliche Kalium die beiden nicht radioaktiven Isotopen mit den Massenzahlen 39 (zu 93,38%) und 41 (zu 6,61%), entsprechend einem mittleren Atomgewicht des Kaliums von 39,096. Es ist nicht sicher, aber denkbar, daß die Radioaktivität des Kaliums für die physiologischen Vorgänge in den Organismen eine Bedeutung besitzt.

Weitere Fälle von natürlicher Radioaktivität bei relativ leichten Elementen sind Rb ($Z = 37$), das ein radioaktives Isotop (mit β-Strahlung) der Masse 87 enthält, ferner das Sm ($Z = 62$) mit einem Isotop der Masse $A = 148$, welches eine α-Strahlung besitzt und schließlich das Cp ($Z = 71$), welches ein β-strahlendes Isotop der Masse $A = 176$ enthält.

Die natürliche Radioaktivität rührt davon her, *daß die Atomkerne* der aktiven Elemente *von selbst eine Umwandlung erfahren,* wobei sie je nach der Art der Umwandlung charakteristische Strahlen, eben die radioaktiven Strahlen aussenden.

Da die natürliche Radioaktivität eine Eigenart der *Atomkerne* ist, so ist die Art der ausgesandten Strahlen und das Zeitgesetz, nach welchem die Ausstrahlung erfolgt, unabhängig vom Zustande der chemischen Bindung, in der das radioaktive Element vorliegt (die chemische Bindung läßt ja den Atomkern unbeeinflußt). Ebenso ist die radioaktive Ausstrahlung (vom absoluten Nullpunkt der Temperatur bis zu Temperaturen von einigen Tausend Grad Celsius) von der Temperatur gänzlich unabhängig.

Wir kennen bei der natürlichen Radioaktivität drei qualitativ verschiedene Arten von Strahlungen. Wir unterscheiden sie als α-, β- und γ-Strahlen.

Die α-**Strahlen** *sind Heliumatomkerne,* also Teilchen von der Masse 4 (4faches der Masse eines Protons) und der Ladung 2 (2faches der Ladung eines Protons). Diese Teilchen verlassen den Atomkern, von dem sie ausgesandt werden, mit großer Geschwindigkeit. Bei den α-Strahlen des Radiums beträgt die Geschwindigkeit beispielsweise $1,5 \cdot 10^9$ cm/sec, also $1/20$ der Lichtgeschwindigkeit. Auf dieser hohen Geschwindigkeit sowie auf ihrer

Zusammenfassende Darstellungen betr. natürliche Radioaktivität: 1—6. [1] HEVESY, G. v., u. F. PANETH: Lehrbuch der Radioaktivität. 2. Aufl. Leipzig 1931. — [2] FAJANS, K.: Radioaktivität und die neueste Entwicklung der Lehre von den chemischen Elementen. 4. Aufl. Braunschweig 1930. — [3] RUTHERFORD, E., J. CHADWICK and C. D. ELLIS: Radiations from Radioactive Substances. Cambridge 1930. — [4] RUTHERFORD, LORD: Radioaktivität und Atomtheorie. Naturwiss. 24, 675 (1936). — [5] HAISSINSKY, M.: Electrochimie des substances radioactives et des solutions extrèmement diluées. Paris 1946. — Vgl. ferner die Literatur über künstliche Kernumwandlung, S. 20. — [6] JAQUEROD, A.: Les atomes radioactifs naturels. Helv. physica Acta 15, 192 (1942).

elektrischen Ladung beruhen die Wirkungen der α-Strahlen in der Materie, durch die sie hindurchgeschickt werden. Es handelt sich primär darum, daß aus den von den α-Strahlen getroffenen Atomen und Molekülen Elektronen hinausgeworfen und später an fremde Moleküle angelagert werden.

Ein α-Teilchen aus Radium erzeugt auf seiner Bahn in Luft von seiner Aussendung an bis zu dem Zeitpunkt, in dem es sich totgelaufen hat, insgesamt etwa $1{,}5 \cdot 10^5$ Ionenpaare. Die in der getroffenen Substanz so gebildeten positiven und negativen Ionen haben neue, von den Eigenschaften neutraler Moleküle verschiedene chemische Eigenschaften. Es kommen daher unter Wirkung der α-Strahlen mannigfaltige chemische Reaktionen, welche von selbst niemals eintreten würden, in Gang. Bekannt sind die besonders starken, störenden Wirkungen, welche von den Radiumstrahlen auf wachsende Gewebszellen (Keimzellen, auch Geschwulstzellen) ausgeübt werden[1].

Mit der Erzeugung von Ionen hängt auch die Sichtbarmachung der Bahn der α-Teilchen (sowie auch die Sichtbarmachung der Bahn von Protonen und β-Teilchen) in der WILSON-schen Nebelkammer unmittelbar zusammen: die vom α-Teilchen beim Durchlaufen des Gases erzeugten Ionen bilden in dem in der WILSON-Kammer vorhandenen übersättigten Dampfe *Kondensationskeime*. Infolgedessen bilden sich längs der Bahn des Teilchens, und nur dort, *Wassertröpfchen*; die „Bahn" kann daher bei geeigneter Beleuchtung beobachtet bzw. photographiert werden. α-Teilchen, Protonen und β-Teilchen lassen sich durch die Anzahl der je Zentimeter Bahn erzeugten Ionen und damit durch die Dichte der in der WILSON-Kammer erzeugten Nebelspuren unterscheiden.

Auch bei der Messung der Intensität radioaktiver Strahlungen mit Hilfe der Ionisationskammer und beim Nachweis von Einzelteilchen mit Hilfe des GEIGER-MÜLLERschen Zählrohrs wird im wesentlichen die durch die Strahlen bewirkte Ionenbildung ausgenützt.

An Stelle der Geschwindigkeit kann zur Kennzeichnung der α-Strahlen auch die sog. *Reichweite* benutzt werden. Das ist die Dicke der Schicht (z. B. von Luft), welche ein α-Strahl durchlaufen muß, damit seine Geschwindigkeit so stark heruntergesetzt wird, daß er keine weiteren Elektronen aus den von ihm getroffenen Atomen oder Molekülen mehr heraus werfen kann. Die Reichweite der oben erwähnten α-Strahlen des Radiums beträgt in trockener Luft von Atmosphärendruck und bei $t = 15^0$ C $3{,}29$ cm; die größte bekannte Reichweite von α-Strahlen findet sich bei den α-Strahlen von ThC; sie beträgt $11{,}3$ cm in Luft; die Anfangsgeschwindigkeit dieser α-Teilchen ist $2{,}25 \cdot 10^9$ cm/sec.

Bei den radioaktiven β-**Strahlen** handelt es sich um *Elektronen*, welche von den Atomkernen der sog. β-aktiven Substanzen (Beispiel Radium E, $Z = 83$) ausgesandt werden. Es handelt sich also auch hier um *Corpuscularstrahlen*. Die Anfangsgeschwindigkeit der chnellsten von Ra E ausgesandten β-Strahlen beträgt etwa 95% der Lichtgeschwindigkeit.

Infolge ihrer Ladung und infolge der hohen Geschwindigkeit haben auch die β-Strahlen die Eigenschaft, Elektronen aus den Atomen oder Molekülen, denen sie begegnen, herauszuwerfen. Wegen der kleineren Ladung der β-Strahlen (nur *eine* elektrische Ladung anstatt zwei bei den α-Strahlen) ist die Wirkung der β-Strahlen etwas weniger intensiv als bei α-Strahlen. Dementsprechend ist die Reichweite von β-Strahlen größer als die von α-Strahlen gleicher Energie. Bei Radium E beträgt die Reichweite maximal etwa 4 m in Luft oder $0{,}17$ cm in Aluminium. *Im übrigen sind aber die durch β-Strahlen in der Materie hervorgebrachten Wirkungen ganz ähnlich denen der α-Strahlen.* In beiden Fällen besteht ja die eigentliche Wirkung darin, daß aus dem getroffenen Atom oder Molekül Elektronen hinausgeworfen werden.

Die dritte Strahlenart, welche bei den natürlichen radioaktiven Vorgängen auftritt, ist **die sog.** γ-**Strahlung.** Es handelt sich hier um eine *Wellenstrahlung* mit im allgemeinen sehr hoher Durchdringungsfähigkeit. Als elektromagnetische Wellenstrahlung sind die γ-Strahlen eng verwandt mit den Röntgenstrahlen und mit dem sichtbaren Lichte; es ist nur die Wellenlänge bei den γ-Strahlen kleiner als bei den Röntgenstrahlen und bei diesen wiederum kleiner als bei sichtbarem Lichte.

---

[1] COLWELL, A. H., and S. RUSS: Radium, X-rays and the Living Cell. 2. Aufl. London 1924. — LEA, D. E.: Actions of Radiations on Living Cells. Cambridge 1946. — HENSHAW, P. S.: Medical Physics. (Review on biological effects of radiations, S. 1352.) Chicago 1944. — HEVESY, G. v.: Rev. mod. Physics 17, 102 (1945). — LATARJET, R.: Rev. Congr. Biol. 5, Nr. 1 (1946). — Siehe auch die weitere Literatur über biologische Strahlenwirkungen Fußnote [1-8], S. 36; [25, 26] S. 44; [6-8] S. 45; [3-5] S. 47; [6-29] S. 48.

Die Wellenlänge der von Th C″ ausgesandten γ Strahlung beträgt beispielsweise $4{,}72 \cdot 10^{-11}$ cm. Die hohe Durchdringungsfähigkeit dieser Strahlen kommt z. B. dadurch zum Ausdruck, daß eine Schicht von etwa 1,7 cm Blei notwendig ist, um diese Strahlung auf die Hälfte ihrer ursprünglichen Intensität abzuschwächen. Bei Anwendung von Luft von Atmosphärendruck an Stelle von Blei würde diese „Halbwertschicht" etwa 150 m betragen.

Als elektromagnetische Wellenstrahlung hat die γ-Strahlung teilweise atomistischen Charakter (Lichtquanten). [Siehe unten S. 35, insbesondere dortige Gl. (19)] Es ist demgemäß die Energie, welche bei der Entstehung oder bei der Absorption eines γ-Strahles in Erscheinung tritt, gleich $E = h\nu = h \cdot c/\lambda$, wo c die Lichtgeschwindigkeit, h die PLANCKsche Konstante bedeutet (Zahlenwerte S. 35). Für das Beispiel der Th C″-γ-Strahlung haben wir als Energie des γ-Lichtquantes $E = 6{,}55 \cdot 10^{-27} \cdot 3 \cdot 10^{10}/4{,}72 \cdot 10^{-11} = 3{,}91 \cdot 10^{-6}$ Erg je Einzelteilchen oder $3{,}91 \cdot 10^{-6} \cdot 6{,}02 \cdot 10^{23} = 2{,}35 \cdot 10^{18}$ Erg je Mol $= 2{,}35 \cdot 10^{11}$ Joule je Mol $= 2{,}35 \cdot 10^{11} \cdot 0{,}239 = 5{,}62 \cdot 10^{10}$ cal/Mol $= 56\,200 \cdot 10^6$ cal/Mol. Dies ist ungefähr 10^6mal mehr als die Wärmetönung der Bildung eines Gramm-Moleküls Wasser aus elementarem Wasserstoff und Sauerstoff.

Anstatt die Energie eines γ-Quantes in Erg je Einzelteilchen oder in cal je Mol anzugeben, ist es vielfach üblich, die Energie eines γ-Quantes oder auch die Anfangsenergie eines β-Teilchens usw. in *Elektronenvolt* anzugeben. Ein Elektronenvolt (EV) ist die Energie, welche ein Elektron ($e = 4{,}77 \cdot 10^{10}$ elektrostatische Einheiten) erhält, wenn es ein Potential von einem Volt durchläuft ($1\ \mathrm{V} = 1/300$ elektrostatische Spannungseinheit). Es ist also

$$1\ \mathrm{EV} = 4{,}77 \cdot 10^{-10}\ \frac{1}{300} = 1{,}59 \cdot 10^{-12}\ \text{Erg je Einzelteilchen} = 9{,}66 \cdot 10^{11}\ \text{Erg je Mol}$$
$$= 2{,}307 \cdot 10^4\ \text{cal/Mol} = 23\,070\ \text{cal/Mol}. \tag{4}$$

Wir haben gesehen, daß die Energie eines Lichtquantes der ThC″-γ-Strahlung gleich $3{,}91 \cdot 10^{-6}$ Erg je Anzahl Teilchen war, also rund $10^6 \left(\text{genauer}\ \dfrac{3{,}91}{1{,}59} \cdot 10^6 = 2{,}46 \cdot 10^6 \right)$ mal größer als 1 EV. Dementsprechend pflegt man die Energie von γ-Quanten (sowie auch die Energie von β-Strahlen usw.) anstatt in Elektronenvolt (EV) in Millionenelektronenvolt (MEV) auszudrücken. Nach dem Gesagten ist die Energie eines Quantes der Th C″-γ-Strahlung gleich 2,46 MEV.

Bei einem β-Teilchen (Elektron), bei dem $v/c = 0{,}95$ ist, dessen Geschwindigkeit v also 95% der Lichtgeschwindigkeit beträgt (schnellste β-Strahlen von Ra E, s. oben), ist die kinetische Energie nach der Relativitätstheorie, wenn m_0 die Ruhmasse des Elektrons ($0{,}903 \cdot 10^{-27}$ g) bedeutet, gleich

$$E_{\text{kinet}} = m_0 c^2 \left[\frac{1}{\sqrt{1 - \dfrac{v^2}{c^2}}} - 1 \right] = 0{,}81 \cdot 10^{-6} \left[\frac{1}{\sqrt{1 - 0{,}95^2}} - 1 \right] = 1{,}78 \cdot 10^{-6}\ \text{Erg} \tag{5}$$

je Einzelteilchen entsprechend

$$E_{\text{kinet}} = \frac{1{,}78 \cdot 10^{-6}}{1{,}59 \cdot 10^{-6}}\ \text{MEV} = 1{,}12\ \text{MEV}. \tag{6}$$

Ganz allgemein ist

$1\ \mathrm{MEV} = 1{,}59 \cdot 10^{-6}$ Erg je Einzelteilchen $= 9{,}66 \cdot 10^{17}$ Erg je Mol $= 2{,}31 \cdot 10^{10}$ cal/Mol.

Die γ-Strahlen haben die Eigenschaft, aus Atomen oder Molekülen, denen sie begegnen, schnell bewegte Elektronen auszulösen, wobei bei vollständiger Absorption des γ-Quants die gesamte Energie des letzteren als kinetische Energie des ausgelösten Elektrons erscheint (Photoeffekt). Die γ-Strahlen von Th C″ können also Photoelektronen mit einer Energie von 2,46 MEV erzeugen. So erzeugte schnelle Elektronen werden ihrerseits die bei den β-Strahlen beschriebenen weiteren Wirkungen hervorbringen.

Die chemischen Vorgänge, welche durch γ-Strahlen ausgelöst werden, stimmen daher genau überein mit den Vorgängen, welche durch die β-Strahlen und durch die α-Strahlen hervorgerufen werden. Infolge der höheren Durchdringungsfähigkeit der γ-Strahlen sind aber ihre Wirkungen räumlich weniger begrenzt als bei den β- und α-Strahlen.

Für die radioaktiven Vorgänge sind noch 2 Dinge charakteristisch:

1. Bei allen diesen Vorgängen bleibt die elektrische Ladung *genau* und die Masse, welche an den Vorgängen beteiligt ist, mit sehr großer Annäherung[1] erhalten (*Verschiebungssätze von* FAJANS *und* SODDY). Diese Erhaltungsgesetze haben zur Folge, daß mit der Emission eines α-Teilchens aus einem Atomkern eine Abnahme der Ladung des verbleibenden Atomkerns um 2 Einheiten und eine Abnahme der Masse um 4 Einheiten verbunden ist. Man bringt das formelmäßig in der folgenden Weise zum Ausdruck (Beispiel Radium):

$$\tfrac{\text{Atomgewicht}}{\text{Ordnungszahl}}\ \text{Elementsymbol}\quad {}^{226}_{88}\text{Ra} \rightarrow {}^{4}_{2}\text{He} + {}^{222}_{88}\text{Ra}\ \text{Emanation}.$$

Es wird also an die Formelzeichen der Elemente die Kernladungszahl (gleich Ordnungszahl) links unten, das Atomgewicht (Masse) links oben angefügt[2].

Bei der Aussendung von β-*Strahlen* ändert sich (ebenfalls auf Grund der genannten Erhaltungsgesetze) die Masse des den Strahl emittierenden Atomkerns kaum. Dagegen nimmt hier die Kernladungszahl, da die β-Strahlenemission die Aussendung eines negativ geladenen Elektrons aus dem Atomkern bedeutet, um eine Einheit zu. Zum Beispiel:

$$ {}^{220}_{83}\text{Ra}\ E \rightarrow {}^{0}_{-1}\varepsilon + {}^{220}_{84}\text{Ra}\ F. $$

2. Eine sehr wesentliche Eigenschaft der radioaktiven Vorgange ist noch das *Zeitgesetz des radioaktiven Zerfalls*: Von einem Gramm Radium zerfällt in einer Zeit von 1590 Jahren die Hälfte der zu Anfang vorhandenen Atome. Dieser Zeitraum (1590 Jahre) wird daher als die sog. *Halbwertszeit* des Radiums bezeichnet. Nach einem weiteren Zeitraum von 1590 Jahren zerfällt dann wiederum die Hälfte des zu Anfang dieses zweiten Zeitraums vorhandenen Radiums usw. Das Zeitgesetz des radioaktiven Zerfalls ist also durch die Halbwertszeit völlig gekennzeichnet. Die Halbwertszeit ist für verschiedene radioaktive Vorgänge sehr verschieden. Es kommen Halbwertszeiten von vielen Millionen Jahren bis zu tausendstel Sekunden und weniger vor.

Die beiden hier genannten Gesetzmäßigkeiten, nämlich: Erhaltung der Ladung und der Masse, und: Zeitgesetz der radioaktiven Umwandlung, gelten auch bei der sog. künstlichen Radioaktivität.

4. Künstliche Kernumwandlung[3-44].

Eine künstliche Kernumwandlung kann bei allen Atomkernen herbeigeführt werden, wenn Korpuskeln passender Geschwindigkeit (in einigen Fällen auch γ-Strahlen) zur Einwirkung gebracht werden.

Es zeigt sich, daß bei der künstlichen Kernumwandlung *außer* den von der natürlichen Aktivität her bekannten α-, β- und γ-Strahlen *drei neue Arten von Strahlen*, und zwar neue Korpuskularstrahlen[45-47] vorkommen. Es handelt sich um die *Neutronen-*, die *Protonen-* und *Positronenstrahlen*[46].

---

[1] Betreffend sog. Massendefekte vgl. unten S. 26. — [2] Internationale Union für Chemie B. (A) **73**, 59 (1940). Angew. Chem. **61**, 310 (1945).

Zusammenfassende Darstellungen über künstliche Kernumwandlung: 3—47. [3] JOLIOT, F., et I. CURIE: Radioactivité artificielle. Paris 1935. (Actualités scientifiques et industrielles, Nr. 199). — [4] PHILIPP, K.: Kernspektren. Hand- u. Jb. chem. Physik **9**, Abschnitt 5, S. 185 bis 283. 1936. — [5] GAMOW, G.: Structure of Atomic Nuclei and Nuclear Transformations. 2. ed. of Constitution of Atomic Nuclei and Radioactivity. Oxford 1937. — [6] GAMOW, G.: Atomic Energy in Cosmic and Human Life. Fifty Years of Radioactivity. Cambridge 1947. — [7] DIEBNER, K., u. E. GRASSMANN: Künstliche Radioaktivität. Physik. Z. **37**, 359 (1936); **38**, 406 (1937); **39**, 469 (1938); **40**, 297 (1939). — DIEBNER, K., u. E. GRASSMANN: Künstliche Radioaktivität. Leipzig 1939. — [8] FEATHER, N.: Introduction to Nuclear Physics. London 1936. — [9] RASETTI, F.: Elements of Nuclear Physics. New York 1937. — [10] HANLE, W.: Künstliche Radioaktivität und ihre kernphysikalischen Grundlagen. Jena 1939. — [11] RIEZLER, WOLFG.: Einführung in die Kernphysik. 3. Aufl. Leipzig 1944. — [12] FLÜGGE, S.: Die Herstellung natürlich radioaktiver Elemente auf künstlichem Wege. Naturwiss. **29**, 462 (1941). —

Von diesen Strahlen sind insbesondere die Neutronen nicht nur als Produkt von Kernumwandlungen, sondern auch als Mittel für die Herbeiführung von Kernumwandlungen von großer Bedeutung. Wir geben, bevor wir zu allgemeinen Angaben über die künstliche Kernumwandlung übergehen, eine kurze Charakterisierung der *Neutronen-*, *Protonen-* und *Positronen*strahlen, sowie der für die Kernumwandlungen wichtigen, künstlich erzeugten *Deuteronenstrahlen*.

a) Die sog. **Neutronen** werden beispielsweise bei Bestrahlung mit α-Strahlen aus dem Atomkern von Beryllium ausgelöst (CHADWICK 1932). Die Neutronen sind Teilchen, welche ziemlich genau die Masse eines Protons (Wasserstoffatomkerns), jedoch *keine* elektrische Ladung besitzen. Man kann also das Neutron auffassen als ein Proton, welches ein Elektron in sich aufgenommen hat; ihm kommt hiernach die Masse 1 und die Kernladungszahl 0 zu (Formelzeichen $_0^1 n$). Die Entstehung von Neutronen bei der Bestrahlung von Beryllium mit α-Strahlen stellt sich in Formeln folgendermaßen dar:

$$_4^9\mathsf{Be} + {}_2^4\mathsf{He} = {}_0^1 n + {}_6^{12}\mathsf{C}\,. \tag{7}$$

Es entsteht also als Folge des Eintrittes eines α-Teilchens in den Atomkern des Berylliums ein Neutron und ein C-Atom.

Die Neutronen werden je nach dem Vorgange, bei welchem sie entstehen, mit größerer oder kleinerer Geschwindigkeit ausgesandt. Kennzeichnend für die Neutronen ist unter

---

[13] MATTAUCH, J.: Kernphysikalische Tabellen mit einer Einführung in die Kernphysik von S. FLÜGGE. Berlin 1942. — MATTAUCH, J.: Nuclear Physics Tables, with an Introduction to Nuclear Physics by S. FLÜGGE. London u. New York 1946. — [14] HEISENBERG, W.: Physik der Atomkerne. 8 Vorträge. Braunschweig 1943.— [15] SEABORG, G. T.: Table of Isotopes. Rev. mod. Physics **16**, 1 (1944). — [16] SEGRE, E.: Isotope Chart, issued by Los Alamos Scientific Laboratory. 1946. — [17] CORK, J. M.: Radioactivity and Nuclear Physics. London u. New York 1947. — [18] BETHE, H. A.: Elementary Nuclear Theory. New York u. London 1947. — [19] HAHN, O.: Künstliche neue Elemente. 2. Aufl. Berlin 1948.— [20] Smyth, H. D.: Atomic Energy for Military Purposes. Princeton 1945. — [21] POLLARD, E. C., and W. L. DAVIDSON: Applied Nuclear Physics. New York 1943. — [22] WEIZSÄCKER, C. F. v.: Die Atomkerne. Leipzig 1937. — [23] WEIZSÄCKER, C. F. v.: Neuere Modellvorstellungen über den Bau der Atomkerne. Naturwiss. **26**, 209, 225 (1938). — [24] ROSENFELD, L.: Nuclear Forces. New York 1948. — [25] FLEISCHMANN, R., u. W. BOTHE: Künstliche Kernumwandlung. Ergebn. exakt. Naturwiss. **13**, 1—56 (1934); **14**, 1—41 (1935). — [26] FLÜGGE, S., u. A. KREBS: Physik. Z. **36**, 466 (1935). (Künstliche Kernumwandlungen; vollständige Literatur.)— [27] FLÜGGE, S.: Die Herstellung natürlich radioaktiver Elemente auf künstlichem Wege. Naturwiss. **29**, 462 (1941). Das Isomerieproblem der Kernphysik. Physik. Z. **42**, 221—254 (1941). — [28] *Kernphysik:* Vorträge, gehalten am Physikalischen Institut der Eidgen. Technischen Hochschule Zürich, Sommer 1936. Herausgeg. von E. BRETSCHER. Berlin 1936. — [29] JORDAN, P.: Kernkräfte. Naturwiss. **25**, 273—279 (1937).— [30] JORDAN, P.: Fortschritte der Theorie der Atomkerne. Naturwiss. **24**, 209—216 (1936). — [31] SÜE, P.: J. Chim. physique, Physico-chim. biol. **38**, 31 (1941). [C. **1942** II, 1354.] — [32] JAQUEROD, A.: Helv. physica Acta **15**, 259 (1942). — [33] PAULI, W.: Meson Theory of Nuclear Forces. New York 1946. — [34] COCKROFT, J. D.: Peaceful applications of nuclear fission. Nature **160**, 451 (1947). — [35] SÜE, P.: Dix ans d'application de radioactivité artificielle. Paris 1948. — [36] FIERZ, M.: Über die Möglichkeiten und die Grenzen der heutigen Theorie der Atomkerne. Exper. **3**, 304 (1947). — [37] DIEBNER, K., L. HERRMANN u. E. GRASSMANN: Absorption und Streuung von Neutronen. Physik. Z. **43**, 440—465 (1942). — [38] HARRISON, G. R.: Atoms in action; The World of Creative Physics. 2. Aufl. London 1944. — [39] HELLER, EMIL: Natürliche und künstliche Radioaktivität. Schweiz. med. Wschr. **1947**, 542. — [40] BURK, R. E., and O. GRUMMITT: Frontiers in Chemistry, Bd. 3. Advances nuclear Chem. New York 1945. — [41] Announcement from Headquarters, Manhattan Project: Availability of isotopes. Science, N. Y. **103**, 697 (1946). — [42] SEABORG, GLENN T.: Artificial radioactivity. Science, N. Y. **105**, 349 (1947). — [43] DARWIN, CHARLES: Atomic energy: Sci. Prog. **34**, 449—465 (1946). — [44] POTTER, R. D.: The Atomic Revolution. New York 1946. — [45] Siehe z. B. auch FINKELNBURG, W.: Elementarteilchen. Angew. Chem. (A) **57**, 97 bis 104 (1947): — [46] Vgl. außerdem über das sog. **Mesotron** (negativ geladenes Teilchen von der Ladung eines Elektrons und der etwa 200fachen Masse eines Elektrons) WEISZ, P.: Naturwiss. **27**, 132 (1939). EULER, H., u. W. HEISENBERG: Theoretische Gesichtspunkte zur Deutung der kosmischen Strahlung. Ergebn. exakt. Naturwiss. **17**, 1—69 (1938). — [47] HEISENBERG, W.: Cosmic Radiation. New York 1946.

anderem ein großes *Durchdringungsvermögen*; da nämlich die Neutronen keine elektrische Ladung tragen, sind sie nicht oder kaum in der Lage, aus Atomen oder Molekülen, welchen sie auf ihrer Bahn begegnen, Elektronen herauszuwerfen. Sie verlieren daher auch keine Energie.

Aus eben diesem Grunde, also deswegen, weil sie keine Ladung haben, können die Neutronen relativ leicht in fremde Atomkerne eindringen. Durch das Einfangen eines Neutrons wird, wie man sich leicht überlegt, die Kernladungszahl des Atomkerns, welcher das Neutron einfängt, nicht geändert, wohl aber wird die Masse des betreffenden Atomkerns um eine Einheit vergrößert. Es entsteht also *durch den Einfang eines Neutrons ein schwereres Isotop* des betreffenden Atomkerns. In vielen Fällen sind die durch Neutroneneinfang ent· stehenden Isotopen instabil und zerfallen unter Aussendung elektrisch geladener Teilchen, welche im Gegensatz zu den Neutronen selbst beim Durchlaufen der Materie Ionen freisetzen und daher in der WILSON-Kammer oder mit andern Mitteln nachgewiesen werden können. Auf diesen, durch die Neutronen erzeugten Kernreaktionen beruht der Nachweis der Neutronen. Beispiel:

$$^{16}_{8}O + ^{1}_{0}n = ^{4}_{2}He + ^{13}_{6}C. \tag{8}$$

In diesem Falle erfolgt nach der Einfangung eines Neutrons durch das Sauerstoffatom die *Aussendung eines α-Strahles* unter Übergang des verbleibenden Atomkerns in ein stabiles Kohlenstoffisotop vom Atomgewicht 13.

b) Ein **Positron** ist ein Teilchen, welches die Masse eines Elektrons, aber eine positive Ladung vom absoluten Betrag der Elektronenladung ($4{,}77 \cdot 10^{-10}$ elektrostatische Einheiten), also die Ladung ε besitzt (Formelzeichen $\varepsilon_{+1}^{0}\varepsilon$).

Positronen werden beispielsweise ausgesandt vom Kohlenstoffisotop der Masse 11 (Formel $^{11}_{6}C$), welches eine Lebensdauer von etwa 20 min besitzt und welches seinerseits u. a. dadurch erhalten werden kann, daß man ein Proton durch das Borisotop $^{10}_{5}B$ absorbieren läßt.

Außer bei der Kernumwandlung entstehen Positronen noch durch Paarbildung (gleichzeitige Bildung eines positiven und eines gewöhnlichen Elektrons aus γ-Strahlen genügend hoher Frequenz. Formulierung:

$$h\nu \rightarrow {}_{+1}^{0}\varepsilon + {}_{-1}^{0} \quad \text{eventuell plus kinet. Energie} \tag{9}$$

[betreffs Konstante h s. Gl. (19) S. 35]. Freie Positronen existieren nur ganz kurze Zeit; sie verschwinden durch Umkehrung der soeben erwähnten Reaktion, also durch die Vereinigung mit einem Elektron unter Bildung eines γ-Strahls.

c) Die neben den Neutronen und Positronen erwähnten **Protonenstrahlen** sind Wasserstoffatomkerne von der Masse 1 und hoher Geschwindigkeit; Formelzeichen: $^{1}_{1}p$ für den H-Kern oder $^{1}_{1}H$ für das neutrale Atom (Kern plus Valenzelektron).

Das erste Beispiel für die Beobachtung von schnellen Protonen als Folge einer Kernreaktion ist gleichzeitig das erste Beispiel für eine künstlich herbeigeführte Kernumwandlung überhaupt: es ist die von E. RUTHERFORD[1] im Jahre 1919 beobachtete Aussendung eines Protons durch einen mit α-Strahlen beschossenen Stickstoffkern. Als Folge des Eindringens eines α-Teilchens in $^{14}_{7}N$ wird ein Proton emittiert unter Bildung des stabilen Sauerstoffisotops $^{17}_{8}O$; Reaktionsgleichung:

$$^{14}_{7}N + ^{4}_{2}\alpha = ^{1}_{1}p + ^{17}_{8}O. $$

Künstliche Protonenstrahlen. Ein Mittel von entscheidender praktischer Bedeutung für die Herbeiführung von künstlichen Kernumwandlungen ist die Erzeugung *künstlicher Protonenstrahlen*. Man erhält sie dadurch, daß man die durch eine elektrische Entladung in einer Wasserstoffatmosphäre gebildeten Protonen durch elektrische Felder beschleunigt (Hochspannungsanlagen[2], Cyclotron[3]).

[1] TIZZARD, H.: Nachruf auf E. RUTHERFORD. Soc. **1946**, 980—986. — [2] VAN DE GRAAFF, R. J.: Physic. Rev. **38**, 1919 (1931). — COCKROFT, J. D., and E. T. S. WALTON: Proc. R. Soc. London (A) **136**, 619 (1932). — [3] LIVINGSTON, M. S.: J. appl. Physics. **15**, 2, 128 (1944).— LAWRENCE, E. O. and M. S. LIVINGSTON: Physic. Rev. **40**, 19 (1932). — KURIE, F. N. D.: J. appl. Physics **9**, 631 (1938). — BAUMGARTNER, H., C. R. EXTERMANN, P. C. GUGELOT, P. PREISWERK u. P. SCHERRER: Die Cyclotronanlage der Eidgen. Technischen Hochschule Zürich. Exper. **1**, 69 (1945). — CRANE, H. R.: Techniques in nuclear physics, S. 43—62. Frontiers in Chem. Bd. 3 (Adv. nuclear Chem.) New York 1945.

d) Deuteronen-Strahlen (künstliche). In ähnlicher Weise wie durch eine elektrische Entladung in gewöhnlichem Wasserstoff Protonen freigesetzt werden, erhält man durch Entladung in Deuterium die *Deuteronen*, d. h. einfach geladene Wasserstoffatomkerne der Masse 2. Formel: ^2_1d für den Deuteriumkern oder ^2_1D für das neutrale Atom. Durch Beschleunigung dieser Teilchen im elektrischen Felde[1,2] erhält man ganz analog zu den Protonenstrahlen schnell bewegte Deuteronenstrahlen, welche für die Herbeiführung von Kernreaktionen wichtig sind.

Es ist klar, daß in den Hochspannungsapparaturen auch andere Teilchen als Protonen und Deuteronen auf hohe Geschwindigkeit gebracht und dann zur Herbeiführung von Kernreaktionen verwendet werden können.

Allgemeines über Kernreaktionen. Den Ablauf einer durch ein α-Teilchen, Proton, Deuteron oder Neutron bewirkten Kernreaktion stellen wir uns, indem wir etwa die Einwirkung eines Protons auf $^{27}_{13}Al$ als Beispiel nehmen, folgendermaßen vor : Bei der Annäherung des Protons an den Kern $^{27}_{13}Al$ wirken zunächst die COULOMBschen Abstoßungskräfte und zwar so lange, bis das betreffende Proton den bereits auf S. 11 Gl. (1) und (2) erwähnten Radius R des Al-Kerns erreicht hat. Die Tatsache, daß zur Erreichung dieses Abstandes R große Abstoßungskräfte zu überwinden sind, ist der Grund dafür, daß Protonen, Deuteronen und α-Teilchen nur dann, wenn sie mit großer Geschwindigkeit auf fremde Atomkerne losgeschossen werden, in solche Kerne eindringen und Kernreaktionen auslösen können, während die Neutronen wie schon erwähnt auch dann, wenn sie kleine Geschwindigkeiten besitzen, in fremde Kerne eindringen können. Im Innern des Kerns (bei Abständen, welche kleiner als R sind) wird die COULOMBsche Abstoßung durch die zwischen Protonen und Neutronen im Kerninnern wirkenden *Anziehungskräfte* übertroffen. Wenn daher das auftreffende Proton den Abstand R erreicht hat, wird es im getroffenen Kern absorbiert. Da Neutronen und Protonen im getroffenen Kern ungefähr homogen verteilt sind, etwa so wie die Wassermoleküle in einem Wassertropfen (Tröpfchenmodell des Atomkerns von N. BOHR), so wird die auf dem auftreffenden Proton etwa vorhandene überschüssige Energie sofort und ungefähr gleichmäßig auf die insgesamt vorhandenen Kernbestandteile aufgeteilt.

Da der Kernradius R ungefähr 10^{-12} bis 10^{-13} cm, die Geschwindigkeit auftreffender Protonen oder α-Strahlen beispielsweise etwa 10^9 cm je Sekunde beträgt (vgl. das Beispiel der α-Strahlen des Ra S. 17), so ist die für die Einfangung des auftreffenden Protons und die Bildung des Zwischenkerns benötigte Zeit sehr kurz, etwa von der Größenordnung 10^{-21} bis 10^{-22} sec.

Der durch Einfangen eines Protons durch $^{27}_{13}Al$ entstandene Zwischenkern besitzt eine um 1 erhöhte Ordnungszahl und eine ebenfalls um 1 erhöhte Massenzahl. Er wird überschüssige Energie enthalten, welche über die verschiedenen Kernbestandteile verteilt ist. Infolgedessen kann die Zusammensetzung des entstandenen Zwischenkerns hinsichtlich der Anzahl der darin vorhandenen Elementarbestandteile instabil sein. Es zeigt sich, daß eine erste Neuordnung *sehr rasch*, beispielsweise etwa innerhalb 10^{-10} bis 10^{-13} sec erfolgt. Im Beispiel des $^{27}_{13}Al$ besteht die sofortige Neuordnung in der Aussendung eines α-Teilchens. Man erhält daher

$$^{27}_{13}Al + ^1_1P = ^4_2\alpha + ^{24}_{12}Mg \, . \tag{10}$$

Es erfolgt also nach dem Eindringen des Protons in $^{27}_{13}Al$ die *sofortige* Emission eines α-Teilchens unter Übergang des verbleibenden Kerns in das stabile Mg-Isotop $^{24}_{12}Mg$. (Im gewöhnlichen Mg sind u. a. 77,4% $^{24}_{12}Mg$ enthalten.)

Anstatt eines α-Teilchens kann ein Kern, welcher ein Proton, Deuteron oder Neutron aufgenommen hat, auch andere Teilchen aussenden. Wie haben z. B. gesehen, daß $^{14}_7N$ nach Absorption eines α-Teilchens ein Proton aussendet unter Übergang in $^{17}_8O$. Ein weiteres Beispiel ist

$$^7_3Li + ^2_1d = ^1_0n + ^8_4Be \, . \tag{11}$$

Die Gleichung besagt, daß das Li-Isotop mit Massenzahl 7 nach Absorption eines Deuterons ein Neutron aussendet unter Übergang in ^8_4Be. Wir erinnern auch an die bereits besprochene Aussendung von Neutronen bei Bestrahlung von ^9_4Be mit α-Strahlen [Gl (7) S. 21].

In diesen Fällen, in welchen der durch Einfang einer Partikel gebildete Zwischenkern eine neue Partikel aussendet, tritt eventuell überschüssige Energie in Form von *kinetischer*

[1,2] s. [2,3] S. 22. — [3] BOHR, N.: Nature **137**, 344, 352 (1936).

Energie der ausgesendeten Partikel in Erscheinung; es werden also beispielsweise die bei einer Kernreaktion emittierten Neutronen usw. je nach der benützten Reaktion eine unter Umständen große kinetische Energie, d. h. eine *große Anfangsgeschwindigkeit* besitzen. Wir kommen auf diesen Punkt zurück.

In vielen Fällen kommt es, beispielsweise nach Absorption eines Protons durch einen Atomkern, nicht zur Emission einer Korpuskularstrahlung; das ist dann möglich, wenn der durch Absorption der Partikel gebildete Kern die Zusammensetzung eines stabilen Isotops besitzt. Ein Beispiel hierfür ist die Reaktion

$$^{13}_{6}C + {}^{1}_{1}P = {}^{14}_{7}N.$$

Die nach dem Einfangen des Protons im Zwischenkern vorhandene überschüssige Energie wird in diesem Falle in Form eines γ-Lichtquantes ausgesendet, so daß wir der Vollständigkeit halber schreiben müßten

$$^{13}_{6}C + {}^{1}_{1}P = \gamma + {}^{14}_{7}N. \tag{12}$$

Im Anschluß an das Einfangen einer Korpuskel durch einen Atomkern kommt es also hier zur *sofortigen* Emission *eines γ-Quantes*, aber keiner weiteren Korpuskel durch den kurzlebigen Zwischenkern.

Zur Abkürzung der Schreibweise pflegt man hinter das Symbol des getroffenen Kerns die Symbole des stoßenden und des entstehenden leichten Teilchens, in eine gemeinsame Klammer gesetzt, anzugeben, zum Schluß das Symbol des aus dem Zwischenkern gebildeten neuen Atomkerns. Die Schreibweise für die bisher besprochenen Kernreaktionen wäre demnach:

$$^{9}_{4}Be \ (\alpha, \ n) \ {}^{13}_{6}C; \quad {}^{14}_{7}N \ (\alpha, \ p) \ {}^{17}_{8}O; \quad {}^{27}_{13}Al \ (p, \ \alpha) \ {}^{24}_{12}Mg; \quad {}^{7}_{3}Li \ (d, \ n) \ {}^{8}_{4}Be; \quad {}^{13}_{6}C \ (p, \ \gamma) \ {}^{14}_{7}N.$$

Von größter Wichtigkeit ist die weitere Beobachtung, daß die durch solche (p, α), (n, γ), (d, n)- usw. Vorgänge gebildeten neuen Atomkerne in manchen Fällen unstabil sind und, mit endlicher mittlerer Lebensdauer β^- oder β^+-Teilchen, also gewöhnliche Elektronen oder Positronen (positiv geladene Teilchen mit Elektronenmasse) aussenden.

Ein wichtiger Fall dieser Art ist die Reaktion:

$$^{10}_{5}B \ (p, \ \gamma) \ {}^{11}_{6}C^{*}. \tag{13}$$

Durch Einfangen eines Protons durch $^{11}_{5}B$ und Aussendung eines γ-Strahles entsteht ein Kohlenstoffisotop mit Massenzahl 11. Dasselbe Ergebnis erhält man durch die Reaktion

$$^{10}_{5}B \ (d, \ n) \ {}^{11}_{6}C^{*}. \tag{14}$$

Dieses Kohlenstoffisotop ist *radioaktiv*. Es besitzt, unabhängig davon, durch welche der möglichen Reaktionen es gebildet wurde, eine Halbwertszeit $\tau_{\frac{1}{2}}$ von 20,35 min und geht unter Aussendung eines Positrons (β^+-Teilchen) in $^{11}_{5}B$ über. Reaktionsgleichung:

$$^{11}_{6}C^{*} = {}^{0}_{1}\varepsilon + {}^{11}_{5}B. \tag{15}$$

Die maximale Energie der ausgesendeten β^+-Teilchen ist 0,981 MEV.

Außer $^{11}_{6}C$ und den stabilen C-Isotopen ^{12}C und ^{13}C sind noch zwei weitere radioaktive Isotopen des Kohlenstoffes bekannt: $^{10}_{6}C$ mit einer Lebensdauer $\tau_{\frac{1}{2}} = 8{,}8$ sec und $^{14}_{6}C$ mit einer Lebensdauer von etwa 5000 Jahren.

Nachstehend sind die für die Biologie (Tracer-Methode) wichtigsten bisher bekannten radioaktiven Isotopen nebst den wichtigsten Reaktionen, durch welche sie erhalten werden können, angegeben (s. Tabelle 1.)

Man beachtet, daß ein großer Teil der für die Biologie wichtigen radioaktiven Isotopen durch Bestrahlung mit *Deuteronen* einerseits und durch Bestrahlung mit *Neutronen* anderseits gewonnen wird. Die weitaus ergiebigste Quelle für Bestrahlung mit Neutronen ist die Uransäule[1]. (Einiges darüber siehe unten.) Diese Neutronenquelle ist so ergiebig, daß radioaktive Isotopen in wägbaren Mengen hergestellt werden können. Die USA. Atomic Energy Commission hat einen Katalog mit Preisliste herausgegeben, in welchem die z. Z. bezieh-

---

[1] SMYTH, H. D.: Atomic Energy for Military Purposes. Princeton 1945.

Tabelle 1. Biologisch wichtige radioaktive Isotope.

Radioaktive Isotopen	Strahlung	Maximale Energie in MEV	$\tau_{\frac{1}{2}}$	Wichtige Bildungsreaktionen
$^{3}_{1}\text{H}*$	β^-	0,0145	31 a	$^{2}\text{H}(d,p)^{3}\text{H}$; $^{9}\text{Be}(d,2\alpha)^{3}\text{H}$
$^{11}_{6}\text{C}*$	β^+	0,981	20,35 min	$^{10}\text{B}(p,\gamma)^{11}\text{C}$; $^{10}\text{B}(d,n)^{11}\text{C}$
$^{14}_{6}\text{C}*$	β^-	0,16	5100 a	$^{13}\text{C}(d,p)^{14}\text{C}$; $^{14}\text{N}(n,p)^{14}\text{C}$
$^{18}_{9}\text{F}*$	β^+	0,7	2 h	$^{17}\text{O}(d,n)^{18}\text{F}$; $^{18}\text{O}(d,2n)^{18}\text{F}$; $^{20}\text{Ne}(d,\alpha)^{18}\text{F}$
$^{24}_{11}\text{Na}*$	β^-	1,39	14,8 h	$^{23}\text{Na}(n,\gamma)^{24}\text{Na}$; $^{23}\text{Na}(d,p)^{24}\text{Na}$
$^{27}_{12}\text{Mg}*$	β^-	1,8	10,2 min	$^{26}\text{Mg}(d,p)^{27}\text{Mg}$
$^{32}_{15}\text{P}*$	β^-	1,69	14,3 d	$^{32}\text{S}(n,p)^{32}\text{P}$; $^{35}\text{Cl}(n,\alpha)^{32}\text{P}$; $^{31}\text{P}(d,p)^{32}\text{P}$
$^{35}_{16}\text{S}*$	β^-	0,150	87,1 d	$^{37}\text{Cl}(d,\alpha)^{35}\text{S}$; $^{35}\text{Cl}(n,p)^{35}\text{S}$
$^{38}_{17}\text{Cl}*$	β^-	1,16; 2,80 u. 4.99	37 min	$^{37}\text{Cl}(n,p)^{38}\text{Cl}$; $^{37}\text{Cl}(d,p)^{38}\text{Cl}$
$^{42}_{19}\text{K}*$	β^-	3,5	12,4 h	$^{41}\text{K}(n,\gamma)^{42}\text{K}$; $^{42}\text{Ca}(n,p)^{42}\text{K}$; $^{45}\text{Sc}(n,\alpha)^{42}\text{K}$
$^{45}_{20}\text{Ca}*$	β	0,3	180 d	$^{44}\text{Ca}(n,\gamma)^{45}\text{Ca}$; $^{45}\text{Sc}(n,p)^{45}\text{Ca}$
$^{55}_{26}\text{Fe}*$	K-Einfang	0,0065	4 a	$^{55}\text{Mn}(d,2n)^{55}\text{Fe}$
$^{59}_{26}\text{Fe}*$	β^-	0,275 u. 0,46	47 d	$^{58}\text{Fe}(d,p)^{59}\text{Fe}$; $^{59}\text{Co}(n,p)^{59}\text{Fe}$
$^{82}_{35}\text{Br}*$	β^-	0,465	34 h	$^{81}\text{Br}(n,\gamma)^{82}\text{Br}$
$^{89}_{38}\text{Sr}*$	β^-	1,5	55 d	$^{88}\text{Sr}(n,p)^{89}\text{Sr}$; $^{88}\text{Sr}(d,p)^{89}\text{Sr}$
$^{128}_{53}\text{J}*$	β^-	1,05 u. 2,10	25 min	$^{127}\text{J}(n,\gamma)^{128}\text{J}$
$^{130}_{53}\text{J}*$	β^-	0,83	12,6 h	$^{130}\text{Te}(d,2n)^{130}\text{J}$; $^{133}\text{Cs}(n,\alpha)^{130}\text{J}$
$^{131}_{53}\text{J}*$	β^-	0,60	8,0 d	$^{130}\text{Te}(d,n)^{131}\text{J}$

baren Radioisotopen verzeichnet sind. Für den Bezug ist eine Bewilligung der Atomic Energy Commission einzuholen).

Die Bereitstellung der radioaktiven Isotopen in genügender Konzentration und Reinheit ist dann verhältnismäßig leicht, wenn das gewünschte radioaktive Isotop durch Umwandlung aus *einem Nachbarelement* erhalten wird. Im Beispiel $^{14}\text{N}(n,p)^{14}\text{C}$ ist es offenbar leicht, den durch Neutronenbestrahlung aus einer Stickstoffverbindung erhaltenen Kohlenstoff vom unverändert gebliebenen Stickstoff zu trennen. Eine solche Trennung stößt aber dann zunächst auf Schwierigkeiten, wenn das gewünschte radioaktive Isotop durch einen (n, γ)-Prozeß erzeugt wird. Beispiel: $^{127}\text{J}*(n,\gamma)^{128}\text{J}*$. Eine Darstellung von $^{128}\text{J}*$ gelingt in diesem Falle nach SZILARD und CHALMERS[2] dadurch, daß anstatt freiem Jod eine Jodverbindung, in diesem Falle Äthyljodid, der Neutronenbestrahlung ausgesetzt wird: Es wird ein Jodatom, welches ein Neutron einfängt, den Impuls des eingefangenen Neutrons aufnehmen und bei der Aussendung des γ-Strahls einen Rückstoß erfahren, so daß diese Jodatome und im wesentlichen nur diese aus der Verbindung ($\text{C}_2\text{H}_5\text{J}$) herausgeworfen werden:

$$\text{C}_2\text{H}_5{}^{127}\text{J} + {}^{1}_{0}n \rightarrow \text{C}_2\text{H}_5 + {}^{128}\text{J}*.$$

Die C_2H_5-Radikale werden sich rasch durch Umsetzung mit andern Molekülen in der Lösung zu stabilen Verbindungen umsetzen, die $\text{J}*$-Atome sich zu freiem J_2* vereinigen. Durch Reagenzien, welche mit freiem Jod, nicht aber mit in Äthyljodid gebundenem Jod reagieren, ist es alsdann möglich, das radioaktive Jod von dem unverändert gebliebenen Jod weitgehend zu trennen und auf diese Weise Präparate mit großer spezifischer Radioaktivität zu erhalten.

In Übertragung auf andere Fälle versteht man unter einem SZILARD-CHALMERS-Prozeß die durch eine Atomreaktion bewirkte Freisetzung eines in einer Verbindung gebundenen Atoms aus der Verbindung, verbunden mit der Möglichkeit, die freigesetzte Atomart nachher chemisch zu isolieren.

Zerfall schwerer Atomkerne (Uran und Transurane).

Während beim künstlichen Zerfall der Atomkerne von leichten Elementen ausschließlich eine Aussendung kleiner Partikeln wie He^{++}, H^+, Elektronen, Positronen und Neutronen

---

[1] S. a.: Radioaktive Isotope. H. **283**, 208 (1948). Liste der in Deutschland z. Z. käuflichen Isotopen. — [2] SZILARD, L., and F. A. CHALMERS: Nature **134**, 462 (1932).

stattfindet, beobachten wir bei den schweren Elementen wie Uran im Anschluß an die Einfangung eines Neutrons einen Zerfall in schwere Bruchstücke[1].

Einen solchen Zerfall erhält man beispielsweise bei Bestrahlung des Uranisotops $^{235}_{92}U$ mit Neutronen. ^{235}U ist im gewöhnlichen Uran zu 0,72% enthalten. Im Anschluß an den Einfang eines Neutrons zerfällt der sich offenbar bildende Zwischenkern $^{236}_{92}U$ sofort in relativ schwere Bruchstücke, wobei nebeneinander verschiedene Zerfallsmöglichkeiten verwirklicht werden. Es sind beispielsweise die folgenden Reaktionen beobachtet worden:

$$_{92}U \rightarrow {}_{35}Br + {}_{57}La \qquad _{92}U \rightarrow {}_{36}Kr + {}_{56}Ba$$
$$_{92}U \rightarrow {}_{37}Rb + {}_{55}Cs \qquad _{92}U \rightarrow {}_{38}Sr + {}_{54}Xe$$
$$_{92}U \rightarrow {}_{39}Y + {}_{52}J \qquad _{92}U \rightarrow {}_{40}Zr + {}_{53}Te$$

Da das Verhältnis der Zahl der im Kern vorhandenen Neutronen bei Uran größer ist als bei den Elementen mittleren Atomgewichts[2], bilden sich bei diesem Uranzerfall Isotopen, beispielsweise des Rb oder des Xe mit einer im Vergleich zum normalen Rb oder Xe *zu großen Neutronenzahl*; es sind Isotopen mit zu großer Massenzahl. Diese Kerne sind daher ihrerseits instabil; sie senden entweder β-Strahlen aus; Beispiel:

$$^{139}_{54}Xe \rightarrow {}^{139}_{55}Cs \rightarrow {}^{139}_{56}Ba \rightarrow {}^{139}_{57}La$$

oder sie entledigen sich der überschüssigen Neutronen durch *Neutronenemission*. Infolge der letzteren Reaktion werden im Anschluß an das Einfangen eines Neutrons durch ^{235}U mehrere, d. h. 2—3 Neutronen in Freiheit gesetzt, welche ihrerseits wieder ein ^{235}U zum Zerfall bringen können (Atombombe; Uranofen). Im Uranofen wird die Reaktion durch Abfangen von Neutronen durch andere Elemente gemäßigt. Der Uranofen stellt eine Neutronenquelle von solcher Ausgiebigkeit dar, daß künstlich radioaktive Elemente, die sich durch Neutronenbestrahlung darstellen lassen, in großer Zahl und in wägbaren Mengen gewonnen werden können.

Im Gegensatz zu ^{238}U erfährt $^{238}_{92}U$ im Anschluß an das Einfangen eines Neutrons eine zweimalige β-Umwandlung unter Übergang in die Transuranelemente[3] Neptunium und Plutonium:

$$^{238}_{92}U + n \rightarrow {}^{239}_{92}U \rightarrow \beta^- + {}^{239}_{93}Np \rightarrow \beta^- + {}^{239}_{94}Pu .$$

In analoger Weise sind bisher außer den Transuranelementen von der Kernladungszahl 93 und 94 auch die Elemente mit $Z = 95$ und 96 erhalten worden, nämlich $^{241}_{95}Am$ (Americium), $^{240}_{96}Cm$ (Curium) und $^{242}_{96}Cm$ (s. a. S. 193).

Beispiel: $\qquad ^{139}_{54}Xe \rightarrow {}^{139}_{55}Cs \rightarrow {}^{139}_{56}Ba \rightarrow {}^{139}_{57}La.$

Energie der radioaktiven Vorgänge, Massendefekte: Die Energiebeträge, welche bei den radioaktiven Umsetzungen zur Auswirkung gelangen, sind, wie wir bereits bei Besprechung der natürlichen Radioaktivität S. 17—19 gesehen haben, sehr groß. Wir sahen z. B., daß die Anfangsgeschwindigkeit der vom Radiumatom ausgesandten α-Teilchen ($1,5 \cdot 10^9$ cm/sec) einer kinetischen Energie von $7,5 \cdot 10^{-6}$ Erg je Einzelteilchen gleich $4,5 \cdot 10^{18}$ Erg je Mol gleich $1,1 \cdot 10^{11}$ cal je Mol oder 4,7 MEV entspricht. Man müßte 14000 kg Steinkohle mit Sauerstoff verbrennen, um die bei der α-Strahlung eines g-Atoms Ra auftretende Energiemenge als Verbrennungswärme zu erhalten. Die bei der künstlichen Kernumwandlung auftretenden Energiebeträge sind durchwegs von derselben Größenordnung (vgl. z. B. die Angaben über die Energie der β^+- und β^--Strahlen in Tabelle 1, S. 25).

Nach einem allgemeinen physikalischen Gesetz entspricht nun die Abgabe einer Energie ΔE aus einem Körper einer Verminderung der Masse desselben um den Betrag $\Delta m = \Delta E / c^2$ ($c = $ Lichtgeschwindigkeit $= 3 \cdot 10^{10}$ cm/sec). Da ein MEV einer Energie von $1,59 \cdot 10^{-6}$ Erg je Einzelteilchen oder $9,6 \cdot 10^{17}$ Erg/Mol entspricht, ist die Massenverminderung, welche

---

[1] Vgl. HAHN, O., u. F. STRASSMANN: Naturwiss. **27**, 11, 89, 163, 451, 529 (1939); **28**, 54 (1940); **30**, 245, 256, 324 (1942). — HAHN, O., F. STRASSMANN u. S. FLÜGGE: Naturwiss. **27**, 544 (1939). (Zerfall von Thorium.) — HAHN, O., u. F. STRASSMANN: Abh. Preuß. Akad. Wiss. physik.-math. Kl. **1939**, 3—20. — Naturwiss. **31**, 499 (1943). — HAHN, O., F. STRASSMANN u. W. SEELMANN-EGGEBERT: Z. Naturforsch. **1**, 545 (1946). — HAHN, O.: Naturwiss. **30**, 245 (1942). — [2] Vgl. die Bemerkungen im Anschluß an Gl. (3) S. 13. — [3] Über die Erweiterung des periodischen Systems durch die Transurane siehe z. B. STARKE, K.: Naturwiss. **34**, 69 (1947), s. a. S. 192.

eintritt, wenn ein Atom eine Energie von 1 MEV, z. B. in Form von Wärme abgibt, gleich $1{,}77 \cdot 10^{-27}$ g je Einzelteilchen oder $1{,}07 \cdot 10^{-3}$ g je Mol. Die Massenverminderung, welche eintritt, wenn jedes in einem g-Atom Radium (226 g) vorhandene Radiumatom ein α-Teilchen aussendet, ist somit $1{,}07 \cdot 10^{-3} \cdot 4{,}7 = 5 \cdot 10^{-3}$ g. Die Masse ($5 \cdot 10^{-3}$ g) wird also bei der α-Umwandlung eines Grammatoms Radium in kinetische Energie verwandelt; sie wird „zerstrahlt". Sie ist, wenn die Endprodukte auf Zimmertemperatur gekühlt bleiben, am Schlusse des Vorganges nicht mehr als wägbare Masse im Präparat vorhanden. Die Energie und damit die entsprechende Masse ist an die Umgebung weggegeben worden. Auf Grund dieser teilweisen *Verwandlung der wägbaren Masse in kinetische Energie* kann die Masse der bei der α-Umwandlung von 226 g Ra entstehenden Folgeprodukte (Radiumemanation $+$ He) zusammen nicht genau gleich 226 sein. Die Ganzzahligkeit der Atomgewichte (222 für Radiumemanation und 4 für He) ist also nur eine Näherung. Tatsächlich findet man bei genauester Untersuchung (Massenspektrograph; F. W. Aston), daß die *Gewichte der einzelnen Isotopen*, bezogen auf Sauerstoff gleich 16,000, *nur näherungsweise ganzzahlig* sind.

Die genauen Gewichte, bezogen auf das Sauerstoffisotop 16 gleich 16,000 gibt Tabelle 2 wieder.

Tabelle 2. Gewichte der Isotopen.

$^{1}_{0}n = 1{,}00893$	$^{3}_{2}\mathrm{He} = 3{,}01700$	$^{11}_{6}\mathrm{C} = 11{,}01495$	$^{15}_{7}\mathrm{N} = 15{,}00489$
$^{1}_{1}\mathrm{p} = 1{,}00758$	$^{4}_{2}\mathrm{He} = 4{,}00390$	$^{12}_{6}\mathrm{C} = 12{,}00382$	$^{15}_{8}\mathrm{O} = 15{,}0078$
$^{1}_{1}\mathrm{H} = 1{,}00812$	$^{7}_{3}\mathrm{Li} = 7{,}01822$	$^{13}_{6}\mathrm{C} = 13{,}00751$	$^{16}_{8}\mathrm{O} = 16{,}00000$
$^{2}_{1}\mathrm{H} = 2{,}01471$	$^{6}_{3}\mathrm{Li} = 6{,}01697$	$^{14}_{6}\mathrm{C} = 14{,}00767$	$^{17}_{8}\mathrm{O} = 17{,}00450$
$^{3}_{1}\mathrm{T} = 3{,}01702$	$^{10}_{6}\mathrm{C} = 10{,}0210$	$^{14}_{7}\mathrm{N} = 14{,}00751$	$^{18}_{8}\mathrm{O} = 18{,}0049$

Die Abweichung von der Ganzzahligkeit bezeichnet man als *Massendefekt.* Diese Massendefekte spielen bei der Betrachtung der natürlichen und insbesondere auch bei Betrachtung der künstlichen Atomumwandlungen eine sehr große Rolle. Wegen der erwähnten Äquivalenz von Energie und Masse und wegen der strengen Gültigkeit des Satzes von der Erhaltung der Energie muß nämlich bei jedem Vorgange die Gesamtmasse $m_{\text{Ausg.}}$ der Ausgangsprodukte $+$ {kinetische Energie $E_{\text{Ausg.}}$ der Ausgangsprodukte, geteilt durch c^2} gleich Gesamtmasse m_{End} der Endprodukte $+$ {kinetische Energie E_{End} der Endprodukte, geteilt durch c^2} sein; in Formeln:

$$m_{\text{Ausg.}} + \frac{E_{\text{Ausg.}}}{c^2} = m_{\text{End}} + \frac{E_{\text{End}}}{c^2}. \tag{16}$$

Eine genaue Kenntnis der Massendefekte der Ausgangs- und Endprodukte einer ins Auge gefaßten Kernreaktion gestattet daher, die für die Durchführung der Reaktion aufzuwendende kinetische Energie der Ausgangsprodukte bzw. die kinetische Energie der zu erwartenden Endprodukte rechnerisch zu bestimmen.

Zusammenfassend stellen wir fest, daß α-Teilchen, Protonen, Deuteronen oder Neutronen von Atomkernen, z. B. leichter Elemente eingefangen werden können; daß im Anschluß daran eine sofortige Kernumwandlung stattfindet und daß in vielen Fällen das Ergebnis hiervon ein Atomkern ist, welcher sich (z. B. unter Aussendung von β-Strahlen) nach den Gesetzen des radioaktiven Zerfalls (in bestimmter Halbwertszeit) in einen stabilen Atomkern umwandelt.

Der Umstand, daß es sich hier um radioaktive Isotope von für den Stoffwechsel des Organismus wichtigen Elementen, z. B. um radioaktive Isotope von Kohlenstoff, Natrium, Phosphor, Aluminium usw. handelt, und die ebenfalls besprochene Möglichkeit, gewöhnliche, stabile Isotope von einander zu trennen und die Isotopenzusammensetzung eines Präparates genau zu bestimmen, gestatten die Bearbeitung von biochemisch wichtigen Aufgaben, welche mit Hilfe der früher bekannten Mittel *nicht* gelöst werden konnten[1-29].

[1-29] s. S. 28.

5. Biochemische Anwendungen von stabilen, sowie von radioaktiven Isotopen[1-29]

Das Verfahren der *radioaktiven Indizierung* biochemischer Vorgänge mag am *Beispiel des Phosphors* erläutert werden. Es wurde schon S. 25, Tabelle 1 angegeben, daß ein β-Strahlen aussendendes Phosphorisotop, welches eine Halbwertszeit von 14,3 Tagen besitzt, durch die Reaktion $^{32}S\ (n,\ p)\ ^{32}P$ erhalten werden kann. Wird in einen Organismus eine Phosphorverbindung, welche dieses radioaktive Isotop enthält, eingeführt, so benehmen sich die radioaktiven Phosphoratome in chemischer Hinsicht genau so wie gewöhnliche Phosphoratome. Sie sind aber an jeder Stelle, an welche sie hingelangen, eben an ihrer Radioaktivität (Aussendung von β-Teilchen) zu erkennen. Man hat es auf diese Weise in der Hand, den Weg, den die Phosphorverbindung im Organismus einschlägt, zu verfolgen, indem man nach geeigneter Zeit die interessierenden Organe (Knochen, Zähne usw.) daraufhin untersucht, ob der radioaktive Phosphor dorthin gelangt ist.

Eine Möglichkeit, welche mit der eben besprochenen eng verwandt ist, ist die *Verfolgung der Einzelheiten chemischer, im Reagenzglas oder im Organismus verlaufender Reaktionen mit Hilfe der radioaktiven Isotopen*. Man kann z.B. feststellen, ob in einer Verbindung, welche etwa Phosphor enthält [Beispiel Adenosintriphosphorsäure; (ATP)], der in der Verbindung enthaltene Phosphor mit dem Phosphor,welcher in einer Kaliumphosphatlösung enthalten ist,

Zusammenstellung von mit Hilfe der natürlichen Radioaktivität lösbaren Problemen: 1—3. [1] Vgl. z. B. HEVESY, G. v., u. F. PANETH: Lehrbuch der Radioaktivität, insbesondere S. 164f. 2. Aufl. Leipzig 1931. — [2] HEVESY, G. v.: B. Z. **173**, 175 (1926). — [3] PANETH, F., u. W. BOTHE: Radioelemente als Indikatoren. Handb. Arb.-Meth. anorg. Chem. (STÄHLER) **2/2**. 1027 (1925).

Zusammenfassendes über Bearbeitung biochemischer Probleme mit Hilfe von stabilen, sowie von radioaktiven Isotopen: 4—29. [4] KAMEN, M. D.: Radioactive Tracers in Biology. New York 1948. — [5] KAMEN, M. D.: Use of isotopes in biochemical research. Fundamental aspects. Ann. Rev. **16**, 631—654 (1947). — [6] HEVESY, G. v.: Radioactive Indicators, their Application in Biochemistry, Animal Physiology, and Pathology. New York 1948. — [7] HEVESY, G. v.: The application of isotopic indicators in biological research. Enzymologia **5**, 138 (1938). — Radioactive phosphorus as indicator in biology. Nuovo Cimento **15**, 279 (1938). Application of radioactive indicators in biology. Ann. Rev. **9**, 641—662 (1940). — [8] HEVESY, G. v.: Adv. Enzymol. **7**, 11—214 (1947). — [9] SCHÖNHEIMER, R., and D. RITTENBERG: The study of intermediary metabolism of animals with the aid of isotopes. Physiol. Rev. **20**, 218—248 (1940). — [10] KURBATOW, J. D., and M. L. POOL: Radioactive isotopes for the study of trace elements in living organisms. Chem. Rev. **32**, 231—248 (1943). — [11] LOOFBOUROW, J. R.: Rev. mod. Physics **12**, 267 (1940). — [12] Conference on applied nuclear Physics. J. appl. Physics **13**, 1941. — [13] HAMILTON, J. G.: J. appl. Physics **12**, 440 (1941). — [14] KESTON, A. S.: Isotopes and their applications in biochemistry. Frontiers in Chem. Bd. 3 (Adv. nuclear Chem.) S. 1—18. 1945. — [15] SCHÖNHEIMER, R.: The Dynamic State of Body Constituents. 2. Aufl. Cambridge Mass. 1947. — [16] POPJAK, G.: The use of isotopes in biology. Sci. Progr. **36**, 239—261 (1948). — [17] SCHUBERT, GERH.: Künstliche radioaktive Substanzen im Dienste der Medizin. D. m. W. **1944**, 191; Kernphysik und Medizin. Göttingen 1947. — [18] BERNHARD, K.: Schweiz. med. Wschr. **1941**, 317. — [19] BREWER, A. K.: Isotope (C, O, N, P, Na) beim Studium des Pflanzenwachstums. J. chem. Educat. **18**, 217—221 (1941). — [20] RIEZLER, W.: Nachweis und Messung radioaktiver Isotoper bei Indikator-Untersuchungen. Angew. Chem. (A) **59**, 113—118 (1947). — [21] RITTENBERG, D., u. D. SHEMIN: Isotope technique in the study of intermediary metabolism. Green's Currents biochem. Res. 261—276. New York 1946. — [22] MATTAUCH, J.: Stabile Isotope, ihre Messung und ihre Verwendung. Angew. Chem. (A) **59**, 37—42 (1947). — [23] KORFF, S. A.: Electron and Nuclear Counters. 4. printing New York u. London 1948. — [24] MAIER-LEIBNITZ, H.: Geiger-Zähler. Z. Naturforsch. **1**, 243 (1946). — [25] ROEDER, F., u. R. REITER: Zählrohrmethode im medizinischen Forschungslaboratorium. Göttingen 1947. — [26] NIER, A. O.: Preparation and Measurement of Isotopic Tracers. Ann Arbor. Mich. 1946. — [27] LIBBY, W. F.: Measurements of radioactive tracers. Analyt. Chem. **19**, 2 (1947) (insbesondere $^{14}_{6}C$, $^{35}_{16}S$ u. $^{3}_{1}T$). — [28] MARTON, L., u. P. H. ABELSON: Science, N. Y. **106**, 69 (1947). Tracer Micrography (Nachweis der radioaktiven Elemente in Gewebeschnitten mit photographischer Emulsion). — [29] BRANSON, H.: The use of isotopes to determine the rate of a biochemical reaction. Science, N. Y. **106**, 404 (1947).

ausgetauscht wird oder nicht. In dem vorliegenden Fall würde man beispielsweise den in der Kaliumphosphatlösung enthaltenen Phosphor teilweise radioaktiv machen, um dann nach einiger Zeit nachzusehen, ob die radioaktiven Atome in die interessierende Verbindung (ATP) aufgenommen worden sind oder nicht. Man braucht zu diesem Zwecke nur die ATP von der Kaliumphosphatlösung abzutrennen und zu untersuchen, ob die ATP nun im Gegensatz zu vorher radioaktiven Phosphor enthält oder nicht. Im vorliegenden Fall zeigte sich, daß die beiden endständigen Phosphorsäuren der ATP rasch, die innerste nur langsam austauschen[1,2]. Je nach der Art der chemischen Bindung gibt es sehr verschiedene Austauschgeschwindigkeiten von Atomen. Ionogen gebundene Atome werden im allgemeinen sehr rasch ausgetauscht.

Mit Hilfe von radioaktiven Isotopen der verschiedenen Elemente ist nach dem geschilderten Prinzip die Ernährung und der Stoffwechsel von Pflanzen untersucht worden[3].

Mit Hilfe von $^{35}S*$ (β^--Strahler) ist insbesondere der Methioninstoffwechsel[4], sowie der Übergang von Cystein in Cystin, andererseits auch der Schwefelstoffwechsel von Pflanzen[5] (Umwandlung von Sulfaten in organische Schwefelverbindungen usw.) verfolgt worden.

Probleme ähnlicher Art sind die Verteilung des Ca im Organismus[6] (Untersuchung mit Hilfe von $^{45}Ca*$); ferner eine Messung der Zeit, welche erforderlich ist, um eine gleichmäßige Verteilung von Na^+-Ionen im Organismus zu erreichen[7], sowie eine Messung der Permeabilität der Blutkörperchen für Na^+-Ionen[7,8] (beides mit Hilfe von $^{24}Na*$); entsprechende Messung der Permeabilität von Blutkörperchen für K^+-Ionen[7] (mit Hilfe von $^{42}K*$), wobei sich zeigt, daß Na^+ rasch, K^+ langsam zwischen Blutkörperchen und Plasma ausgetauscht wird; Untersuchung des Eisenstoffwechsels[9] mit Hilfe von $^{59}Fe*$, die selektive Absorption von Jod in der Schilddrüse[10] (Benützung von $^{130}J*$ und $^{131}J*$), Aufnahme von Blei durch die Pflanze[11]. Rolle des Mg im Chlorophyll[12], Stoffwechsel von Mangan[13],

[1] KORZYBSKI, J., u. J. K. PARNAS: H. **225**, 195 (1938). — [2] Für eine *Übersicht über die Anwendung von radioaktivem Phosphor auf biochemische Probleme siehe*: HEVESY, G. v.: Ann. Rev. **9**, 641 (1940). Enzymologia **5**, 138 (1938). — LOWBEER, B. V. A., J. H. LAWRENCE and R. S. STONE: Über Phosphorstoffwechsel im Menschen. Radiology **39**, 573 (1942).— HEVESY, G. v., L. HAHN u. O. REBBE: Kgl. danske Vid. Selsk. biol. Medd. **14**, 3 (1939). — HEVESY, G. v., K. LINDERSTRÖM-LANG and C. OLSEN: Über Phosphortransport in Pflanzen. Nature **139**, 149 (1937). — HAHN, L., and G. v. HEVESY: Über langsamen Austausch von anorganischem Phosphor gegen in Nucleinsäuren gebundenen Phosphor. Nature **145**, 549 (1940). — CHAIKOFF, I.L.: Eine Übersicht über Phosphat-Stoffwechsel. Physiol. Rev. **22**, 1291 (1942). — [3] STOUT, P. R., and D. R. HOAGLAND: Amer. J. Bot. **26**, 320 (1939) (enthält u. a. Angaben über Aufwärtstransport und seitlichen Transport von Salzen in Pflanzen).— OVERSTREET, R., and T. C. BROYER: Proc. nat. Acad. Sci. USA. **26**, 16 (1940).— JENNY, H., R. OVERSTREET and A. D. AYERS: Soil Sci. **48**, 9 (1939). — ARNON, D. T., P. R. STOUT and F. SIPOS: Amer. J. Bot. **27**, 791 (1940). — OVERSTREET, R., T. C. BROYER, T. L. ISAACS and C. C. DELWICHE: Amer. J. Bot. **29**, 227 (1942). — [4] TARVER, H., and C. L. A. SCHMIDT: J. biol. Ch. **130**, 67 (1939); **146**, 69 (1942). — [5] THOMAS, M. V., R. H. HENDRICKS, L. C. BRYNER and G. R. HILL: Plant Physiol. **19**, 227 (1944). — [6] CAMPBELL, W. W., and D. M. GREENBERG: Proc. nat. Acad. Sci. U.S.A. **26**, 176 (1940). [7] HAHN, L., G. v. HEVESY and O. REBBE: Biochem. J. **33**, 7549 (1939). — HEVESY, G. v., u. L. HAHN: Kgl. danske Vid. Selsk. biol. Medd. **16**, 1 (1941). — [8] COHN, W. E., and E. T. COHN: Proc. Soc. exp. Biol. Med. **41**, 445 (1939). — [9] HAHN, P. F., W. F. BALE, HERTIG and G. H. WHIPPLE: J. exp. Med. **70**, 443 (1939); BALFOUR, P. F. HAHN, W. F. BALE, W. T. POMMERENKE and G. H. WHIPPLE: J. exp. Med. **76**, 15 (1942). — MILLER, L. L., and P. F. HAHN: J. biol. Ch. **134**, 585 (1940). — HAHN, P. F., J. F. ROSS, W. F. BALE and G. H. WHIPPLE: J. exp. Med. **75**, 221 (1942). — COPP, D. H., and D. M. GREENBERG: J. biol. Ch. **164**, 377, 389 (1946). — [10] CHAPMAN, E. M., and R. D. EVANS: J. amer. med. Ass. **131**, 86 (1946).— HAMILTON, J. G.: Amer. J. Physiol. **124**, 667 (1938). — HAMILTON, J. G., and M. H. SOLEY: Amer. J. Physiol. **127**, 557 (1939). HERTZ, S., A. ROBERTS and R. D. EVANS: Proc. Soc. exp. Biol. Med. **38**, 510 (1938). — [11] HEVESY, G. v.: Biochem. J. **17**, 439 (1939). — [12] RUBEN, S., A. W. FRENKEL and M. D. KAMEN: J. physic. Chem. **46**, 710 (1942). — [13] GREENBERG, D. M., and W. W. CAMPBELL: Proc. nat. Acad. Sci. USA. **26**, 448 (1940).

Fluor[1], Chlor[2] und Brom[3], sowie Verteilung von mit Brom radioaktiv indizierten Farbstoffen[4].

Von besonders großer Bedeutung für die Physiologische Chemie sind jedoch *Kohlenstoff* und *Wasserstoff*.

Verwendung von Isotopen des Kohlenstoffes. Wie bereits erwähnt, sind beim Kohlenstoff die beiden stabilen Isotopen $^{12}_6C$ und $^{13}_6C$ von Bedeutung; das erstere ist im gewöhnlichen Kohlenstoff mit 98,9, das zweite mit 1,1% vertreten. Von radioaktiven Isotopen sind von Bedeutung $^{11}_6C$ mit β^+-Strahlung, einer Lebensdauer von 20,35 min und $^{14}_6C$ mit β^--Strahlung und einer Lebensdauer von 5000 Jahren. Die beiden radioaktiven Isotopen haben für physiologische und physiologisch-chemische Untersuchungen weitgehende Verwendung gefunden[5].

Da der radioaktive Kohlenstoff, den man z. B. durch Bestrahlung von Bor-, Kohlenstoff- oder Stickstoffverbindungen im Cyclotron oder im Uranofen erhält, zunächst in Form von C^*O_2 vorliegt, besteht eine wichtige Aufgabe darin, den radioaktiven Kohlenstoff aus der Kohlensäure in organische Verbindungen überzuführen und zwar so, daß über den Ort, an welchem ein $^*C$ in der organischen Verbindung (Beispiel in Essigsäure oder in Zucker) vorliegt, Gewißheit herrscht. Eine große Zahl von Arbeiten ist diesem Problem gewidmet worden[6].

---

[1] YASAKI, T. and S. WATANABE: Nature **141**, 787 (1938). — [2] HAMILTON, J. G.: Amer. J. Physiol. **124**, 667 (1938). — [3] DAUDEL, P., S. NEUKOMM, E. LESEIN, L. HENRIET u. R. DAUDEL: Exper. **4**, 356 (1948). — [4] MOORE, F. D., and L. H. TOBIN: J. clin. Invest. **21**, 471 (1942); **22**, 161 (1943). — [5] Eine ausführliche Zusammenstellung über die Anwendung von ^{11}C und ^{14}C als Tracer siehe z. B. BUCHANAN, J. M., and A. B. HASTINGS: Physiol. Rev. **26**, 120 (1946) u. WOOD, H. G.: Physiol. Rev. **26**, 198 (1946). — Siehe auch die S. 28 zitierte allgemeine Literatur über biochemische Untersuchungen mit Hilfe von Isotopen, sowie REID, ALLEN, F., A. S. WEID and J. R. DUNNING: Analyt. Chem. **19**, 824 (1947) (Properties and measurement of Carbon 14). — DAUBEN, W. G., J. C. REID and P. E. YANKWICH: Analyt. Chem. **19**, 828 (1947) (Techniques in the use of Carbon 14). [6] Siehe z. B. CRANE, H. C., and T. LAURITZEN: Physic. Rev. **45**, 497 (1934) (Herstellung von $CH_3 \cdot C^*O \cdot COOH$). — CRAMER, R. D., and G. B. KISTIAKOWSKY: J. biol. Ch. **137**, 549 (1941) (Herstellung von $CH_3 \cdot CHOH \cdot C^*OOH$). — NASHINSKY, P., C. N. RICE, S. RUBEN and M. D. KAMEN: Am. Soc. **64**, 2299 (1942) (Herstellung von $CH_3 \cdot CH_2 \cdot C^*OOH$ und $CH_2OH \cdot CH_2 \cdot C^*OOH$). — VENNESLAND, B., A. K. SOLOMON, J. M. BUCHANAN, R. D. CRAMER and A. B. HASTINGS: J. biol. Ch. **142**, 371 (1942) (Herstellung von $CH_3 \cdot C^*HOH \cdot COOH$). — ALLEN, M. B., and S. RUBEN: Am. Soc. **64**, 948 (1942) [Herstellung von $HOO^*C \cdot CH_2 \cdot CH_2 \cdot C^*OOH$ und $HOO^*C \cdot CH:CH \cdot C^*OOH$ = Fumarsäure]. — TOLBUT, B. M.: Am. Soc. **69**, 1529 (1947) (Darstellung von C^*H_3OH aus BaC^*O_3). — TURNER, R. B.: Science, N. Y. **106**, 248 (1947) (Radioaktive Testosterone). Am. Soc. **69**, 726 (1947). — MURRAY, A., W. W. FORUNEN and W. LAUGHAM: Science, N. Y. **106**, 277 (1947) (Darstellung von Nikotinsäure:

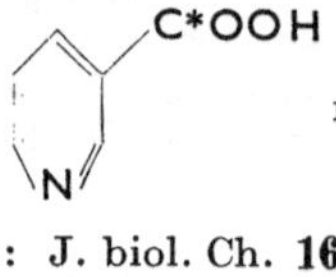

$$\text{Pyridin-}C^*OOH$$

mit ^{13}C und ^{14}C). — MELVILLE, D. B., J. R. RACHELE

and E. B. KELLER: J. biol. Ch. **169**, 419 (1947) (Synthese von Methionin, welches ^{14}C in der Methylgruppe enthält). — GROSSE, A. V., and S. WEINHOUSE: Radioactive hydrocarbons.

Science, N. Y. **104**, 402 (1946) $\Big($ Synthese von $CH_3 \cdot C^*OOH$ und $\text{Xylol-}C^*CH_3 \Big)$. —

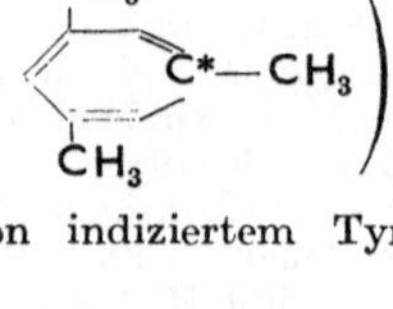

REID, J. C.: Science, N. Y. **105**, 208 (1947) (Synthese von indiziertem Tyrosin

$$HO-\text{C}_6H_4-C^*H_2 \cdot CH(NH_2) \cdot COOH\Big).$$

In einigen Fällen konnte auch C^*O_2 unmittelbar in physiologisch interessierende Versuche eingesetzt werden. So konnte durch Vergärung von Glucose durch Clostridium thermoaceticum in Gegenwart von radioaktiv indizierter Kohlensäure (C^*O_2) gezeigt werden[1], daß CO_2, obwohl die Menge dieses Stoffes bei der Vergärung der Glucose zu Essigsäure konstant bleibt, in großer Menge aus der Säurelösung aufgenommen und in die entstehende Essigsäure eingebaut wird. Ebenso konnte durch Bestrahlung von Chlorella in Gegenwart von C^*O_2 gezeigt werden, daß die ersten Produkte, welche sich bei der Kohlensäureassimilation der Pflanze aus der von der Pflanze aufgenommenen Kohlensäure bilden, nicht etwa Formaldehyd oder ähnliche Verbindungen, sondern Säuren ziemlich hohen Molekulargewichtes sind[2] (s. S. 55).

An Stelle einer Indizierung mit radioaktivem Kohlenstoff ($^{11}C^*$ oder $^{14}C^*$) kann auch eine Indizierung insbesondere mit dem stabilen $^{13}_{6}C$ vorgenommen werden. An Stelle der Radioaktivität benützt man hier dann den Massenspektrographen oder eine Dichtebestimmung als Mittel zur Feststellung der Isotopenzusammensetzung einer unter bestimmten Bedingungen entstandenen chemischen Verbindung. So ist sowohl mit Hilfe des stabilen ^{13}C[3], als auch mit Hilfe des kurzlebigen ^{11}C[4] festgestellt worden, daß lebende Zellen aus einer CO_2-Atmosphäre Kohlensäure aufnehmen, und zwar durch Bindung desselben an Brenztraubensäure unter Bildung von Oxalessigsäure:

$$CO_2 + CH_3 \cdot CO \cdot COOH \rightarrow COOH \quad CH_2 \cdot CO \cdot COOH. \tag{17}$$

Durch Versuche mit schwerem Kohlenstoff (^{13}C) konnte insbesondere gezeigt werden, daß höhere Fettsäuren im Organismus zu einem großen Teil aus Essigsäure, d. h. unter Verwendung von in Form von Essigsäure aufgenommenem Kohlenstoff aufgebaut werden[5].

Verwendung von Isotopen des Wasserstoffs. Neben dem im gewöhnlichen Wasserstoff häufigsten Isotopen ^1_1H existieren 2 Isotopen; das eine ist das stabile *Deuterium* mit Massenzahl 2: ^2_1D oder ^2_1H. Es ist im gewöhnlichen Wasserstoff zu 0,02% vorhanden. Das andere ist das auf künstlichem Wege, z.B. durch die Reaktion $^2_1H(d, p)^3_1H$ (Bombardierung von Deuterium mit Deuteronen) darstellbare[6] β-aktive Tritium: ^3_1H oder ^3_1T.

Beide Wasserstoffisotopen sind für die Entscheidung physiologischer Fragen weitgehend verwendet worden. Durch Bestrahlung von Chlorella in Gegenwart von T-haltigem Wasser ist beispielsweise gezeigt worden, daß kein Austausch von in Chlorophyll gebundenem Wasserstoff mit dem im H_2O der Lösung vorhandenen Wasserstoff stattfindet und daß daher das Chlorophyll kaum als H-Donator bei der Assimilation tätig sein kann[7], daß es also nicht in dem Sinne wirkt, daß es seinen Wasserstoff an CO_2 oder eine andere Verbindung abgeben und ihn anschließend unter Freisetzung von Sauerstoff aus Wasser wieder ersetzen würde.

Im übrigen sind die Verwendungsmöglichkeiten für T dieselben wie für das in den meisten Laboratorien leichter zugängliche D[8].

[1] BARKER, H. A., and M. D. KAMEN: Proc. nat. Acad. Sci. USA. **31**, 219 (1945). — BARKER, H. A., M. D. KAMEN and V. HAAS: Proc. nat. Acad. Sci. USA. **31**, 355 (1945). — [2] RUBEN, S., M. D. KAMEN, W. Z. HASSID and L. H. PERRY: Am. Soc. **61**, 661 (1939); **62**, 3443, 3450, 3451 (1940). Proc. nat. Acad. Sci. USA. **26**, 415 (1940). — [3] WOOD, H. G., WERKMANN, C. H., NIER, A. O. and HEMINGWAY :J. biol. Ch. **135**, 789 (1940). — [4] EVANS, E. A., and L. SLOTIN: J. biol. Ch. **135**, 789 (1940). — [5] RITTENBERG, D., and K. BLOCH: J. biol. Ch. **154**, 311 (1944). — [6] Siehe z. B. NIER, A. O.: Preparation and Measurement of Isotopic Tracers. Ann Arbor, Mich. 1946. — [7] NORRIS, T. H., S. RUBEN and M. B. ALLEN: Am. Soc. **64**, 3037 (1942). — [8] *Zusammenfassende Darstellungen über Deuterium:* FARKAS, A.: Orthohydrogen, Parahydrogen and Heavy Hydrogen. Cambridge 1935. — BONHOEFFER, K. F.: Fermentreaktionen in schwerem Wasser. Ergebn. Enzymforsch. **6**, 47—56 (1937).— ADICKES, F.: Organische Verbindungen mit schwerem Wasserstoff. Angew. Chem. **51**, 89 (1938). — INGOLD, C. K., u. C. L. WILSON: Austauschreaktionen zwischen leichtem und schwerem Wasserstoff. Z. Elektrochem. **44**, 62 (1938). Daselbst weitere Abhandlungen über Verbindungen mit schwerem Wasserstoff. Über das schwere Wasser berichtet hier kurz HOLTZ S. 182.

Der Umstand, daß leicht größere Mengen von D_2O (z. B. einige Gramm) in reinem Zustande zu erhalten sind, gibt tatsächlich die Möglichkeit, Austauschreaktionen, sowie die Verfolgung des Weges, den Wasserstoffverbindungen im Organismus einschlagen, durch gravimetrische Untersuchungen (Dichtebestimmung, Isotopenanalyse im Massenspektrograph) zu verfolgen, eine Möglichkeit, auf die vorhin, auf den Fall des Kohlenstoffs übertragen, bereits hingewiesen wurde.

Der Nachweis, daß Deuterium an eine bestimmte Stelle des Organismus oder in ein bestimmtes Molekül hineingekommen ist, wird hier anstatt durch den Nachweis einer Radioaktivität durch Bestimmung des Molekulargewichts oder der Dichte erbracht. Der Eintritt von Deuterium an Stelle von gewöhnlichem Wasserstoff erhöht ja ersichtlich das Molekulargewicht bzw. die Dichte einer gegebenen Verbindung.

Man hat z. B. festgestellt, daß die Wasserstoffatome von NH_3 sich beim Auflösen in Wasser fast augenblicklich mit den an Sauerstoff gebundenen Wasserstoffatomen des Wassers austauschen, daß hingegen ein Austausch zwischen den Wasserstoffatomen von Methan mit den Wasserstoffatomen von Wasser fast nicht eintritt. Im Methylalkohol (CH_3OH) wird der an Sauerstoff gebundene Wasserstoff rasch, der an C gebundene sehr langsam mit den H-Atomen des Wassers ausgetauscht.

In ähnlicher Weise wie bei den Kohlenstoffverbindungen entsteht auch bei den Wasserstoffverbindungen die präparative Aufgabe, den schweren Wasserstoff an bestimmten Stellen, an welchen er nachher nicht ausgetauscht wird, z. B. in Methylgruppen oder in bestimmten CH_2-Gruppen von Fettsäuren usw., einzubauen[1]. Es sei in diesem Zusammenhang erwähnt, daß bei Behandlung von Fettsäuren mit D_2SO_4 fast nur in α-Stellung zur Carboxylgruppe Deuterium eintritt, während in alkalischer D_2O-Lösung eine statistische Verteilung des in die Verbindung aufgenommenen D stattfindet[2]. Wichtig ist die schon erwähnte Tatsache, daß kovalent an Kohlenstoff gebundenes D oder T (in CD_3- und CD_2- Gruppen) im allgemeinen gegen Wasser nicht ausgetauscht wird (ausgenommen, wenn bei Gegenwart benachbarter CO-Gruppen eine Enolisierungsmöglichkeit vorliegt). Dies ist verschiedentlich benützt worden, um mit Hilfe von deuterium-markierten Kohlenstoffatomen die Reaktionsmöglichkeiten bestimmter *Kohlenstoff* enthaltender Gruppen (z. B. bestimmter CH_2-Gruppen) zu verfolgen. Wir erwähnen insbesondere die Untersuchungen von DU VIGNEAUD und Mitarbeitern über die Bedeutung der Methylgruppen des Methionins für im Organismus auftretende Methylierungen[3]. Sie wurden durchgeführt mit Hilfe von an der Methylgruppe deuteriertem Methionin ($CD_3 \cdot S \cdot CH_2 \cdot CH_2 \cdot CHNH_2 \cdot COOH$). Ähnliche Untersuchungen betreffen den Stoffwechsel von Sarkosin und Betain[4].

---

[1] Über die Darstellung von Deuteromethylalkohol aus CO und D_2 siehe z. B. DU VIGNEAUD, V., J. P. CHANDLER, M. COHN and G. B. BROWN: J. biol. Ch. **134**, 787 (1940); über Prolin, welches gleichzeitig mit D und ^{15}N indiziert ist:

$$
\begin{array}{c}
D_2C\text{——————}CD_2 \\
\big| \qquad\qquad \big| \qquad H \\
D_2C \qquad\qquad C\big<\!\!\begin{array}{c} \\ COOH\end{array} \\
\diagdown {}^{15}NH \diagup
\end{array}
$$

siehe STETTEN, M. R., and R. SCHOENHEIMER: J. biol. Ch. **153**, 115 (1944). — [2] HEYNINGEN, W. E. VAN, D. RITTENBERG and R. SCHOENHEIMER: J. biol. Ch. **125**, 495 (1938). — HEYNINGEN, W. E. VAN: J. biol. Ch. **123**, LV (1938). — [3] COHN, M., S. SIMMONS, J. P. CHANDLER and V. DU VIGNEAUD: J. biol. Ch. **162**, 343 (1946). — DU VIGNEAUD, V., M. COHN, J. P. CHANDLER and S. SIMMONS: J. biol. Ch. **140**, 625 (1941). — [4] DU VIGNEAUD, V., S. SIMMONS and M. COHN: J. biol. Ch. **166**, 47 (1946) (Stoffwechsel von Deuterosarcosin $CD_3\ {}^{15}NH\ CH_2$ $COOH$). — DU VIGNEAUD, V., S. SIMMONS, J. P. CHANDLER and M. COHN: J. biol. Ch. **165**, 639 (1946) (Investigation of the rôle of betaine in transmethylation in vitro). — DU VIGNEAUD, V., J. P. CHANDLER, S. SIMMONS, A. W. MOYER and M. COHN: J. biol. Ch. **164**, 603 (1946) (Stoffwechsel von Deuterodimethylaminoäthanol $(CH_2D)_2 : N \cdot CH_2 \cdot CH_2OH$).

Es sei ebenso erwähnt, daß mit durch Deuterium markierter Essigsäure ($D_3C \cdot COOH$) der Nachweis gebracht wurde, daß Cholesterin vom Organismus unter Verwendung von Essigsäure, nicht aber unter Verwendung von Bernsteinsäure, Propionsäure oder Buttersäure aufgebaut werden kann[1], ebenso unter Verwendung von (deutero)-Leucin, nicht aber unter Verwendung von (deutero)-Valin[2].

Mit Hilfe von durch Deuterium indizierten Fettsäuren wurde z. B. festgestellt, daß aufgenommenes Fett teilweise gespeichert, gleichzeitig aber gespeichertes Fett teilweise vom Organismus verbrannt wird[3].

Untersuchungen mit Hilfe von schwerem Stickstoff. Von Stickstoff sind keine radioaktiven Isotopen mit genügender Lebensdauer bekannt. Für eine Untersuchung des Stickstoffstoffwechsels mit Hilfe der Indizierung durch Isotope kommt daher nur der schwere Stickstoff ^{15}N in Frage. Er ist im gewöhnlichen Stickstoff zu 0,38% enthalten und kann z. B. durch chemischen Austausch zwischen Gasphase und konzentriertem Ammonnitrat in hoher Konzentration gewonnen werden (siehe Isotopentrennung S. 16). ^{15}N ist namentlich von RITTENBERG und Mitarbeitern zur Untersuchung des Verhaltens von Proteinen und Aminosäuren im Stoffwechsel verwendet worden[4].

Verwendung der Indizierung durch Isotopen zur quantitativen Analyse von Gemischen (Isotopenverdünnungsmethode) [5]. Neben Stoffwechselproblemen gibt die Methode der Indizierung mit Isotopen wertvolle Möglichkeiten für die quantitative Analyse von komplizierten, schwer trennbare Verbindungen enthaltenden Gemischen. Sie ist als *Isotopenverdünnungsmethode* (isotope dilution method) bezeichnet und hauptsächlich von RITTENBERG und dessen Mitarbeitern entwickelt worden. Das Prinzip mag an dem Beispiel erläutert werden, daß der Gehalt eines *Eiweißhydrolysates* an *Leucin* bestimmt werden soll. Die quantitative Bestimmung stößt bekanntlich deswegen auf Schwierigkeiten, weil Leucin von ähnlichen Begleitstoffen (Isoleucin usw.) schwer zu trennen ist. Die Isotopenverdünnungsmethode besteht nun darin, daß man dem Gemisch, welches beispielsweise 9 g Leucin enthalten möge, 1 g Deuteroleucin beimischt. Durch Krystallisation usw. kann man nun ein Leucinderivat aus dem Gemisch isolieren. Die Konzentration des in diesem Präparat enthaltenen Deuteriums wird gegenüber der Konzentration des Deuteriums in der zugesetzten Testsubstanz um genau einen Faktor 10 erniedrigt sein, unabhängig davon, ob bei den für die Herstellung des Präparates durchgeführten Krystallisationen viel oder wenig Leucin in den Mutterlaugen geblieben ist. Es genügt, unter Umständen nur einige Milligramm reines Leucin aus der indizierten Lösung zu isolieren, um durch Isotopenanalyse (Massenspektrograph oder Radioaktivität) den Verdünnungsfaktor und damit die ursprünglich in der Mischung vorhandene Leucinmenge festzustellen. Die Methode ist bisher insbesondere für Indizierungen mit D, C und N verwendet worden[5].

---

[1] BLOCH, K., and D. RITTENBERG: J. biol. Ch. **143**, 297 (1942). — [2] BLOCH, K., and D. RITTENBERG: J. biol. Ch. **155**, 255 (1944). — [3] SCHOENHEIMER, R., and D. RITTENBERG: J. biol. Ch. **121**, 248 (1937). Siehe auch Untersuchungen über Aufbau und Abbau von in der Nahrung verabreichter Palmitinsäure. — DE STETTEN, W., and R. SCHOENHEIMER: J. biol. Ch. **133**, 329 (1940). — [4] Eine Zusammenfassung über die Arbeiten mit ^{15}N siehe insbesondere RITTENBERG, D.: The metabolism of proteins and amino acids. Ann. Rev. **15**, 247ff. (1946). — Siehe auch TESAR, CH., and D. RITTENBERG: The metabolism of L-histidin (^{15}N im Imidazolring) J. biol. Ch. **170**, 35 (1947); sowie weitere Arbeiten von SCHOENHEIMER, R., D. RITTENBERG u. Mitarb.: J. biol Ch. **127**, 285, 291, 301, 315, 319, 329, 333 (1939); **128**, 603 (1939); **130**, 703 (1939); **131**, 111 (1939); **132**, 227 (1939); **134**, 653, 655 (1939); ferner die bereits zitierten Arbeiten von DU VIGNEAUD u. Mitarb., in welchen ebenfalls neben der Indizierung mit D teilweise eine Indizierung mit ^{15}N angewendet wurde. — [5] Siehe insbesondere RITTENBERG, D., and G. L. FOSTER: J. biol. Ch. **133**, 737 (1940). — GRAFF, S., D. RITTENBERG and G. L. FOSTER: J. biol. Ch. **133**, 745 (1940). — FOSTER, G. L.: J. biol. Ch. **159**, 431 (1945). — SHEMIN, D.: J. biol. Ch. **159**, 439 (1945).

Begrenzung der Tracer-Methode durch Unterschiede im chemischen Verhalten der Isotopen. Wie schon S. 16 erwähnt wurde, bedingt die Tatsache, daß die Massenzahlen der Isotopen verschieden sind, Änderungen im Zahlenwert der Gleichgewichtskonstanten, Reaktionsgeschwindigkeiten usw. der Isotopen. Die Unterschiede sind zwar klein, reichen aber wie wir sahen, zur Durchführung von praktischen Isotopentrennungen aus. Bei schweren Elementen ist der relative Unterschied zwischen den Isotopenmassen klein; bei Wasserstoff und Deuterium beträgt aber der Unterschied 100%, bei Wasserstoff und Tritium einen Faktor 3. Dies bedingt, daß ganz besonders die Einführung von D oder T an Stelle von H eine merkliche Verschiebung der Gleichgewichte und Reaktionsgeschwindigkeiten zur Folge haben kann, so daß sich die mit Isotopen indizierten Moleküle merklich anders als die normalen Moleküle verhalten können. Tatsächlich zeigt sich, daß z. B. die Einführung von Deuterium an Stelle von Wasserstoff die biochemischen Vorgänge in einzelnen Fällen nicht ganz ungestört läßt, wenigstens dann nicht, wenn die Menge von Deuterium, welche an Stelle von Wasserstoff eingeführt wird, beträchtlich ist. So hat G. N. LEWIS[1] festgestellt, daß Tabaksamen in reinem D_2O nicht keimen, daß sie in einem Gemisch aus 50% H_2O und 50% D_2O in 7 Tagen in der Entwicklung erst so weit gelangen, wie in reinem H_2O in 2 Tagen, daß aber in einem Gemisch von 10 oder 20% D_2O mit 90 bzw. 80% H_2O eine Entwicklungshemmung nicht mehr stattfindet.

Bei Einführung von Tritium an Stelle von $_1^1H$ in eine Verbindung ist die Möglichkeit von Verschiebungen der Gleichgewichte usw. noch größer als bei Ersatz durch Deuterium, so daß in diesem Falle besondere Vorsicht bei der biologischen Auswertung geboten ist.

Therapeutische Anwendungen der künstlichen Radioaktivität. Eine biologisch wichtige Anwendung der künstlichen Radioaktivität besteht darin, daß man an bestimmten Stellen des Organismus künstlich radioaktive Stoffe einführt, um dort die charakteristischen biologischen Wirkungen, insbesondere die wachstumshemmende Wirkung der radioaktiven Strahlung, auszulösen[2]. Eine solche Anwendung empfiehlt sich insbesondere bei Elementen wie Phosphor[3] oder Jod[4], welche von bestimmten Organen selektiv aufgenommen werden, der Phosphor in Knochen und wachsendem Gewebe, Jod in der Schilddrüse.

6. Röntgenstrahlen[5-12].

Die Röntgenstrahlung ist eine Wellenstrahlung ähnlich der sichtbaren Strahlung und ähnlich der im vorigen Abschnitt genannten γ-Strahlung der radioaktiven Stoffe.

[1] LEWIS, G. N.: Am. Soc. **55**, 3503 (1933). Weiteres vgl. HEVESY, G. v.: Der schwere Wasserstoff in der Biologie. Naturwiss. **23**, 775 (1935). — [2] Für eine Übersicht siehe z. B. HEVESY, G. v.: Rev. mod. Physics **17**, 102 (1945). — [3] Für eine Übersicht über die therapeutische Anwendung siehe z. B. REINHARD, E. H., C. V. MOORE, O. S. BIERBAUM and S. MOORE: J. Labor. clin. Med. **31**, 107 (1940). — LOWBEER, B. V. A., J. H. LAWRENCE and R. S. STONE: Radiology **39**, 573 (1942). — [4] Siehe z. B. HERTZ, S., and A. ROBERTS: J. amer. med. Ass. **131**, 81 (1946). — CHAPMAN, E. M., and R. D. EVANS: J. amer. med. Ass. **131**, 86 (1946).

Zusammenfassende Darstellungen über Röntgenstrahlen: 5—12. [5] SIEGBAHN, M.: Spektroskopie der Röntgenstrahlen, 2. Aufl. Berlin 1931. — [6] GREBE, L.: Röntgenspektra. Handb. Physik (GEIGER-SCHEEL) **21**, 329ff. (1929). — [7] BEHNKEN, H.: Röntgenstrahlen. Handb. Physik (GEIGER-SCHEEL) **19**, 308 bis 324 (1928). — [8] KIRCHNER, F.: Allgemeine Physik der Röntgenstrahlen. Handb. Exp.-Physik (WIEN-HARMS) 24/1, 1—535. 1930. — [9] LIECHTI, A.: Röntgenphysik. Berlin 1939. — [10] WISSHAK, F.: Röntgenstrahlen. Berlin 1943. [9] Sammlung GÖSCHEN, Bd. 950.) — [11] WORSNOP, B. L., and F. C. CHALKLIN: X-rays. London 1946. [12] COMPTON, A. H., and S. K. ALLISON: X-rays in Theory and Experiment. New York 1935.

Die Ausbreitung und die eventuellen Polarisationseigenschaften dieser Strahlungen sowie die Interferenzerscheinungen sind für alle diese Strahlen durch das Bild einer sich im Raum kontinuierlich ausbreitenden transversalen *Welle* zu beschreiben. Im Vakuum breiten sie sich alle mit einer von der Wellenlänge unabhängigen Geschwindigkeit $c = 3 \cdot 10^{10}$ cm/sec (Lichtgeschwindigkeit) aus.

Auf Grund hiervon ist die Wellenlänge λ dieser Strahlen verknüpft mit der Frequenz v durch die Beziehung

$$v = \frac{c}{\lambda} \qquad \lambda = \frac{c}{v} \tag{18}$$

c ist hierbei die vorhin genannte Lichtgeschwindigkeit.

Zu den *Röntgenstrahlen* rechnet man etwa diejenigen Wellen, deren *Wellenlänge zwischen 0,1 und 100mal 10^{-8} cm* liegt. Die Einheit von 10^{-8} cm wird als eine *Ångströmeinheit* (Å) bezeichnet, die Einheit von 10^{-11} cm als eine *X-Einheit*. Die Wellenlänge der Cu-K-α Strahlung beträgt z. B. $1{,}537396 \cdot 10^{-8}$ cm $= 1{,}537396$ Å oder $1537{,}396$ *X*-Einheiten.

Zum Vergleich sei erwähnt, daß die Wellenlänge des gelben Lichtes einer Natriumlampe gleich 5896 Å ist. Die Wellenlänge der Röntgenstrahlen ist also

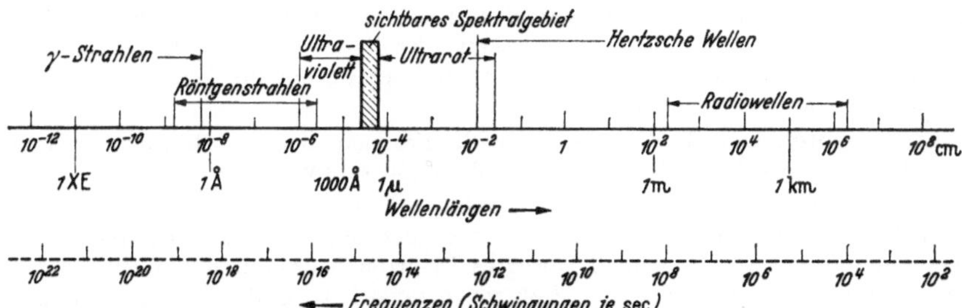

Abb. 1. Übersicht über Wellenlängen und zugehörige Frequenzen der verschiedenen elektromagnetischen Strahlungen.

und 1000mal kleiner als die Wellenlänge des sichtbaren Lichtes, oder auch: die Frequenz der Röntgenstrahlen ist rund 1000mal größer als die der sichtbaren Strahlen.

Zur Ermöglichung eines raschen Überblicks sind in Abb. 1 die Wellenlängen und die zugehörigen Frequenzen, die den verschiedenen Arten von elektromagnetischen Strahlen entsprechen, zusammengestellt.

Während die Ausbreitung aller dieser Lichtarten durch das Bild von *transversalen elektromagnetischen Wellen* zu beschreiben ist, kommt bei der Erzeugung dieser Strahlen aus anderen Energieformen (Lichtemission) und bei der Verwandlung von Licht in andere Energieformen (Lichtabsorption) ein wesentlich *atomistischer Charakter des Lichtes* zur Auswirkung (Lichtquanten)[1]. Dieser atomistische Charakter findet seinen Ausdruck in einem für alle diese Strahlungen gemeinsamen Gesetz, welches als das PLANCK-EINSTEIN*sche h v-Gesetz* bekannt ist.

Dieses Gesetz sagt aus, daß Licht von der Frequenz v bei seiner Emission sowie bei seiner Absorption stets in *Energiequanten* von der Größe

$$\varepsilon = hv \tag{19}$$

auftritt.

Die in dieser Gleichung vorkommende Größe h ist das PLANCK*sche Wirkungsquantum*. h ist also eine Naturkonstante und hat den Zahlenwert $6{,}55 \cdot 10^{-27}$ Erg $\cdot$ sec.

Aus diesem Gesetz und daraus, daß die Frequenz der Röntgenstrahlen etwa 1000mal größer ist als die der sichtbaren Strahlen, folgt zusammen, daß die *Energie eines Röntgen-*

---

[1] Siehe die Lehrbücher der Physik, die Darstellungen über Atombau; für spezielle Fragen der Strahlungstheorie insbesondere HEITLER, W.: The Quantum Theory of Radiation. 2. Aufl. London 1944. — DE BROGLIE, L.: Licht und Materie. 5. Aufl. Hamburg 1943.

strahlquants etwa 1000mal größer als die eines Lichtquants von sichtbarem Licht ist. Der einzelne Emissionsakt bei der Aussendung eines Röntgenstrahls stellt also die Aussendung eines viel größeren Energiebetrages dar als die Aussendung eines Quants von sichtbarem Lichte. Hiermit hängt es zusammen, daß die Aussendung von Röntgenstrahlen hauptsächlich von den zuinnerst, also von den besonders fest im Atom gebundenen Elektronen getätigt wird (K- und L-Elektronen bei den mittleren und schweren Elementen).

Erzeugung von Röntgenstrahlen. Die Aussendung eines sog. *charakteristischen Röntgenstrahls* durch ein Atom erfolgt insbesondere dann, wenn eines der innersten Elektronen (z. B. ein K-Elektron) aus dem Atom entfernt worden ist. In den üblichen Röntgenröhren wird dies, also die Herauswerfung von stark und nahe am Atomkern gebundenen Elektronen, dadurch herbeigeführt, daß man freie Elektronen von hoher Geschwindigkeit auf die Substanz, welche zur Emission von Röntgenstrahlen angeregt werden soll, auftreffen läßt. Die benötigte große Geschwindigkeit wiederum wird den stoßenden Elektronen dadurch erteilt, daß man sie ein hohes elektrisches Feld durchlaufen läßt. Dieses Feld muß für die Erregung der Kupfer-K-α-Strahlen mindestens $8{,}86 \cdot 10^3$ V, für die Erregung der Wolfram-K-α-Strahlen mindestens $69{,}3 \cdot 10^3$ V betragen.

Wenn durch die Beschießung mit so energiereichen Elektronen eines der inneren Elektronen der getroffenen Substanz (z. B. von Kupfer oder Wolfram) aus dem Atomverbande entfernt worden ist, so wird das herausgeworfene Elektron sofort bzw. innerhalb sehr kurzer Zeit durch eines der äußeren Elektronen ersetzt: Es findet also eine Reorganisation des Elektronenaufbaues des Atoms statt. Die diesem Vorgang entsprechende Energie liefert die Energie $h\nu$ des auszusendenden Röntgenstrahls.

Für die Elemente höher als Wasserstoff ist die Frequenz der sog. Röntgen-K-Strahlung proportional $(Z-1)^2$, wo Z die Kernladungszahl ist (MOSELEY).

Außer dieser charakteristischen Röntgenstrahlung, welche nur Strahlen ganz bestimmter Frequenz liefert, ist für viele Anwendungen die sog. *kontinuierliche Röntgenstrahlung* wichtig. Sie entsteht dadurch, daß ein schnell bewegtes Elektron beim Auftreffen auf ein fremdes Atom aus dem getroffenen Atom kein Elektron herauswirft, sondern selbst seine gesamte kinetische Energie oder einen Teil davon in Strahlung umsetzt (*Bremsstrahlung*).

Bei *der Absorption von Röntgenstrahlen durch die Materie* wird die den Lichtquanten der Röntgenstrahlen innewohnende Energie ($h\nu$) in Absorptionsprozessen quantenhaft auf die von den Röntgenstrahlen getroffene Materie übertragen. Das geschieht dadurch, daß z. B. ein Elektron der getroffenen Substanz die gesamte Energie eines Röntgenstrahlquants, deren Größe gleich $h\nu$ ist, erhält. Im Falle der Kupfer-K-α-Strahlung entspricht diese Energie einer Elektronengeschwindigkeit von etwa $5 \cdot 10^9$ cm/sec. Diese schnell bewegten Elektronen sind dann in der Lage, ähnlich wie die β-Strahlen der radioaktiven Substanzen, aus der Materie, durch welche sie hindurchgehen, weitere Elektronen in Freiheit zu setzen. Die durch Röntgenbestrahlung hervorgerufenen chemischen Veränderungen der Materie sind daher ganz ähnliche wie bei den radioaktiven γ-, β- und α-Strahlen[1-8]. (Anwendung: Röntgentherapie.)

Da diese Wirkungen, ob erwünscht oder nicht, an den Stellen auftreten, wo die Röntgenstrahlen zur Absorption gelangen, sei einiges über das *Absorptionsvermögen* verschiedener Stoffe für Röntgenstrahlen hinzugefügt. Das Absorptionsvermögen eines Stoffes wie z. B.

[1] COLWELL, H. A., and S. RUSS: Radium, X-Rays and the Living Cell. 2. Aufl. London 1924. — [2] JORDAN, P.: Biologische Strahlenwirkungen und Physik der Gene. Physik. Z. **39**, 345 (1938). — [3] RIEHL, N., N. W. TIMOFÉEFF-RESSOVSKY u. K. G. ZIMMER: Mechanismus der Wirkung ionisierender Strahlen auf biologische Elementareinheiten. Naturwiss. **29**, 625 (1941). — [4] RISSE, O.: Die physikalischen Grundlagen der chemischen Wirkungen des Lichts und der Röntgenstrahlen. Ergebn. Physiol. **30**, 242—293 (1930). — [5] STÜBBE, H.: Der gegenwärtige Stand der Strahlengenetik. Naturwiss. **25**, 483, 500 (1937). — [6] SCHINZ, H. R., W. BAENSCH u. E. FRIEDL: Lehrbuch der Röntgendiagnostik. 4. Aufl. 2 Bde. Leipzig 1939. — [7] SEITZ, L., u. H. WINTZ: Unsere Methode der Röntgentiefentherapie und ihre Erfolge. Strahlentherapie. 5. Sonderbd. Berlin u. Wien 1920. — [8] GROSSMANN, G.: Physikalische und technische Grundlagen der Röntgentherapie. Berlin 1925. Weitere Literatur über biologische Strahlenwirkungen siehe Zitate [6-29] S. 48.

Calciumcarbonat für Röntgenstrahlen hängt von der *Wellenlänge der Röntgenstrahlen* ab. Die Absorption ist um so kleiner, das Durchdringungsvermögen der Röntgenstrahlen also um so größer, je höher die Frequenz oder je kleiner die Wellenlänge der Röntgenstrahlen ist. Sehr durchdringende Röntgenstrahlen werden als hart, wenig durchdringende als weich bezeichnet.

Außer von der Frequenz hängt die Stärke der Absorption von der Natur der *absorbierenden Substanz* ab, und zwar ist die Absorption in der Regel um so größer, je höher das Atomgewicht der von den Strahlen getroffenen Substanzen ist. Von den im Organismus reichlich vorkommenden Substanzen sind Calcium und Phosphor sowie künstlich zugeführtes Jod und Barium, gelegentlich noch Silber oder Gold, diejenigen Stoffe, welche das höchste Atomgewicht besitzen und welche daher zu einer besonders starken Absorption der Röntgenstrahlen Anlaß geben. Diese Tatsache wird in der Röntgendiagnostik (Skelettschatten usw.) weitgehend verwendet.

Als *Beispiel* sei die Schichtdicke d von Aluminium und Blei angegeben, durch welche die Intensität von Röntgenstrahlen verschiedener Wellenlänge λ auf die Hälfte abgeschwächt wird. Sie beträgt für

	Aluminium	Blei
$\lambda = 0{,}1$ A°	$d = 16$ mm	$0{,}16$ mm
$0{,}2$ A°	$9{,}2$ mm	$0{,}13$ mm
$0{,}5$ A°	$1{,}3$ mm	$0{,}01$ mm
$0{,}7$ A°	$0{,}5$ mm	$0{,}004$ mm
$1{,}0$ A°	$0{,}17$ mm	
$1{,}5$ A°	$0{,}056$ mm	

Röntgenspektrum und chemische Bindung. Nach dem vorigen ist die Frequenz der charakteristischen Röntgenstrahlen eines Elements, dessen Kernladungszahl gleich Z ist, für $Z > 1$ näherungsweise proportional $(Z-1)^2$; sie hängt nur außerordentlich wenig von dem Zustande ab, in welchem sich die äußersten im Atom befindlichen Elektronen, die sog. Valenzelektronen befinden. Die Röntgenstrahlen können daher zur Beurteilung der Fragen, welche mit chemischen Valenzen usw. zusammenhängen, nur in beschränktem Maße benutzt werden[1-5].

Für die Beurteilung von Stoffen, welche in biochemischen Systemen vorkommen, haben dagegen die Röntgenstrahlen eine große Bedeutung als Hilfsmittel für die sog. *Strukturanalyse*[6-47]. Mit Hilfe der Röntgenstrahlen kann in krystallisierten Verbindungen die Lage der verschiedenen in der Verbindung vorkommenden Atome festgelegt werden. Das ist deshalb möglich, weil die Röntgenstrahlen nach dem vorigen eine Wellenlänge besitzen, die etwa von derselben

Zusammenfassende Darstellungen 1—4: [1] STINTZING, H.: Röntgenstrahlen und chemische Bindung. Ergebn. techn. Röntgenkde. **2**, 275—288 (1931). — [2] LINDH, A.: Handb. Exp.-Physik (WIEN-HARMS) 24/2, insbesondere Kap. 10 (Röntgenspektren und chemische Bindung). 1930. Über chemische Analyse mit Hilfe von Röntgenstrahlen siehe z. B. in BÖTTGER, W.: Physikalische Methoden der analytischen Chemie, Teil I. Spektroskopische und radiometrische Analyse. Leipzig 1933. — [3] MARK, H.: Chem. Analyse mit Röntgenstrahlen, S. 185. [4] EHRENBERG, R.: Radiometrische Methoden, S. 333. — [5] HEVESY, G. v.: Chemical Analysis by X-Rays and its Applications. New York 1932.
Zusammenfassende Literatur über Strukturanalyse mit Hilfe von Röntgenstrahlen: 6—47.
a) Allgemein: [6] MARK, H.: Die Verwendung der Röntgenstrahlen in Chemie und Technik. Leipzig 1926. Weiteres, insbesondere spezielle Anwendungen siehe auch die Literatur S. 158 u. 168. — [7] EWALD, P. P.: Krystalle und Röntgenstrahlen. Berlin 1923. — [8] OTT, H., u. K. F. HERZFELD: Strukturbestimmung mit Röntgeninterferenzen. Handb. Exp.-Physik (WIEN-HARMS) 7/2 (1928). — [9] HASSEL, O.: Kristallchemie. Dresden u. Leipzig 1934. — [10] BRAGG, W. H., u. W. L. BRAGG: X-Rays and Crystal Structure, 5. Aufl. London 1925. — [11] LAUE, M. v.: Röntgenstrahlinterferenzen, 2. Aufl. Leipzig 1948. — [12] HALLA, F., u. H. MARK: Leitfaden für die röntgenographische Untersuchung von Krystallen. Leipzig 1937. — [13] BIJVOET, J. M., N. H. KOLKMEIJER u. C. H. MacGILLAVRY: Röntgenanalyse von Krystallen. Berlin 1940. — [14] DAVEY, W. P.: A Study of Crystal Structure and its Applications. New York u. London 1934. — [15] HIRST, H.: X-Rays in Research and Industry, 2. Aufl. London 1947. — [16] BERNAL, J. D.: The past and future of X-ray crystallography. Soc. **1946**, 643—646. — [17] GUINIER, A.: Radiocristallographie. Paris 1945. — [18] BUNNY, C. W.: Chemical Crystallography. London 1946. — [19] BRANDENBERGER, E.: Röntgenographisch-analytische Chemie. Basel 1945. — [20] NIGGLI, P., u. E. BRANDENBERGER: Röntgenstrahlen

Größe ist wie die in chemischen Verbindungen und in Krystallen vorkommenden Atomabstände. Die Anwendung der Röntgenstrahlen für die Bestimmung von Krystallstrukturen, Faserstrukturen und Teilchengrößen wird daher unten bei Besprechung der kolloiden Systeme nochmals zu erwähnen sein (vgl. S. 158 u. 168).

II. Äußere Elektronenhülle in Atomen und Molekülen.

Wir haben schon mehrmals darauf hingewiesen, daß die chemischen Eigenschaften im wesentlichen von denjenigen Elektronen abhängen, welche zu äußerst und damit am lockersten im Atom oder Molekül gebunden sind. Auch für die optischen Eigenschaften von Atomen und Molekülen trifft etwas ähnliches zu, d. h. ihr Verhalten gegen sichtbares Licht, wird, wenn man von ganz speziellen Fällen (seltene Erden) absieht, fast nur durch die Bindungsweise der außen, lose gebundenen Valenzelektronen bestimmt.

1. Beziehungen der optischen Eigenschaften zu möglichen Zuständen des Moleküls.

Der Zustand, in welchem die Atome und Moleküle irgendwelcher Verbindungen (Beispiel: Chlor, Benzol, Fuchsin usw.) im allgemeinen bekannt sind, ist der

und Aufbau der Materie. Exper. 1, 283 (1945). — [21] BUERGER, M. J.: X-Ray Crystallography. London u. New York 1942. — [22] DOUGLAS, A. M. B., and J. N. KELLAR: X-ray crystallography. Nature 160, 29 (1947). — [23] SEITZ, F.: Modern Theory of Solids. New York 1940. — [24] BRAGG, W. L.: Atomic Structure of Minerals. New York 1937.

b) Mit besonderer Bezugnahme auf chemisch und biochemisch wichtige Substanzen: [25] MARK, H., u. H. PHILIPP: Die Struktur der Proteine im Lichte der Röntgenstrahlen. Naturwiss. 25, 119 (1937). — [26] MARK, H.: Allgemeine Grundlagen der hochpolymeren Chemie. Aus: Hochpolymere Chemie. Hrsg. MEYER, K. H., u. H. MARK. Bd. 1. Leipzig 1940. — [27] MEYER, K. H.: Die natürlichen und synthetischen, hochpolymeren Stoffe. Bd. 2 aus Hochpolymere Chemie. Hrsg. MEYER, K. H., u. H. MARK. Leipzig 1940. — [28] SPONSLER, O. L., and W. H. DORE: X-ray studies on the structure of compounds of biochemical interest. Ann. Rev. 5, 63—80 (1936). — [29] NIGGLI, P., u. E. BRANDENBERGER: Bedeutung röntgenographischer Kristallstrukturuntersuchungen für die Medizin. Acta radiol., Stockholm 15, 350—363 (1934). — [30] BRILL, R., u. F. HALLE: Anwendung röntgenographischer Methoden auf chemische Probleme. Angew. Chem. 48, 785 (1935). — [31] HALLE, F.: Röntgenoskopie organischer Gele. Kolloid-Z. 69, 324 (1934). Röntgenographische Messungen an orientiert kristallisierten Polymethylenverbindungen. Kolloid-Z. 56, 77 (1931). — [32] Über Strukturbestimmung an organischen Stoffen mit Hilfe von Röntgenstrahlen siehe auch GOLDSCHMIDT, ST.: Stereochemie. Hand- u. Jb. chem. Physik 4, 265—286 (1933). — [33] ADAM, N. K.: The Physics and Chemistry of Surfaces. S. 92—110. London 1930. — [34] MARK, H.: Freudenberg, Stereochemie S. 1—15, 83—132 (1933). — [35] ASTBURY, W. T.: Röntgenologische Untersuchung von Naturstoffen. Bamann-Myrbäck 1, 490 (1941). Röntgenologische Untersuchung von Proteinen. Bamann-Myrbäck 1, 498 (1941). — [36] ASTBURY, W. T.: X-ray studies of the structure of compounds of biological interest. Ann. Rev. 8, 113—132 (1939). — [37] DERKSEN, J. C.: Röntgenologische Untersuchung von hochpolymeren Kohlenhydraten. Bamann-Myrbäck 1, 527 (1941). — [38] WRIGHT, BARBARA A.: Low angle X-ray diffraction pattern of collagen. Nature 162, 23 (1948). — [39] RILEY, D. P.: Les rayons X et la structure des protéines cristallisées. Symposion sur les protéines, médecine et biologie, Nr. 5, S. 35. Lüttich und Paris 1947. — [40] LOISELEUR, J., et R. LATARJET: Bull. Soc. Chim. biol. 24, 172 (1942). — [41] FANKÜCHEN, I.: X-ray studies on compounds of biochemical interest. Ann. Rev. 14, 207—224 (1945). — [42] CROWFOOT, D.: X-ray cristallography and Sterol structure: Vitamins & Hormones 2, 409—461 (1944). — [43] ASTBURY, W. T., CH. E. DALGLIESH, S. E. DARMON and G. B. B. M. SUTHERLAND: Studies on the structure of synthetic polypeptides. Nature 162, 596—600 (1948). — [44] LONSDALE, K.: What chemistry owes to X-rays. Nature 159, 285 (1947). — [45] PIRENNE, M. H.: The Diffraction of X-Rays and Electrons by Free Molecules. Cambridge 1946. — [46] KRATKY, O.: Kleinwinkelstreuung der Röntgenstrahlen. Mh. Chem. 76, 325 (1947). — [47] KRATKY, O.: Low angle scattering in Polymers. J. polymer Sci. 3, 195 (1948). S. auch die Zitate S. 158 u. 168.

sog. *Grundzustand* der Atome und Moleküle. Im Grundzustand ist die Bindung der Elektronen so beschaffen, daß die Energie die kleinstmögliche ist. Außer dem Grundzustand gibt es indessen für jedes Atom bzw. für jedes Molekül eine Reihe von sog. *angeregten Zuständen*, welche sich vom Grundzustand durch eine erhöhte Energie unterscheiden[1-23].

Der *Unterschied zwischen Grundzustand und angeregtem Zustand* läßt sich weiter dadurch kennzeichnen, daß im angeregten Zustand die Bindung der Valenzelektronen zwar eine auf Grund der Quantenbedingungen *mögliche* ist, die entsprechende Gesamtenergie aber die Energie des Grundzustandes um einen bestimmten, für den angeregten Zustand kennzeichnenden, diskreten Wert übertrifft. Dabei ist zu sagen, daß ein gegebener angeregter Zustand sich vom Grundzustand desselben Moleküls zunächst nur durch eine andere Bindungsweise (andere Quantenzahlen) *einzelner* Elektronen unterscheidet, daß jedoch die Bindungsänderung *einzelner* Elektronen in gewissem Grade das ganze Molekül verändert. Im angeregten Molekül sind beispielsweise die normalen Abstände (C—C-Abstand usw.) und die Bindungsfestigkeit der sämtlichen Elektronen etwas geändert. Beim Übergang zum angeregten Zustande erfahren also einzelne Elektronen eine große, die übrigen eine kleine Änderung ihres Bindungszustandes. Sowohl die großen als auch diese kleinen Änderungen wirken sich energetisch aus und sie bestimmen zusammen den Energieunterschied zwischen dem Grundzustande und dem betrachteten angeregten Zustande des Moleküls.

Schließlich betonen wir nochmals, daß es für ein und dasselbe Molekül oder Atom im allgemeinen *viele verschiedene angeregte Zustände* gibt. Jedem von ihnen entspricht eine mögliche Bindungsweise der Valenzelektronen und ein jeder unterscheidet sich hinsichtlich der Energie vom Grundzustand um einen bestimmten, für ihn charakteristischen Betrag.

Allgemeines über optische Eigenschaften und stationäre Zustände von Atomen und Molekülen: 1—23.

a) Für Grundlagen, sowie Prinzipien der Quantentheorie siehe Lehrbücher der Physik und theoretischen Physik, außerdem Literaturzitate S. 11; ferner: [1] KRAMERS, H. A.: Die Grundlagen der Quantentheorie. Hand- u. Jb. chem. Physik. 1. Leipzig 1938. — [2] DIRAC, P. A. M.: The Principles of Quantum Mechanics. 3. Aufl. Oxford 1947. — [3] EYRING, H., J. WALTER and G. E. KIMBALL: Quantum Chemistry. 2. Aufl. New York u. London 1946. — [4] ROJANSKY, VL.: Introductory Quantum Mechanics. New York 1946. — [5] PAULING, L., and E. B. WILSON: Introduction to Quantum Mechanics. New York u. London 1935.

b) Für Atome siehe Literaturzitate [22-33], *S. 11, sowie z. B.* [6] KAYSER, H.: Tabelle der Hauptlinien der Linienspektren aller Elemente, 2. Aufl. von R. RITSCHL, Berlin 1939. — Handb. Spektroskop. (KAYSER) 5, 6, 7/I, 7/II, 7/III u. 8/I. — [7] LÖWE, F.: Atlas der Analysenlinien der wichtigsten Elemente, 2. Aufl. Dresden u. Leipzig 1936. — [8] GATTERER, A. u. Mitarb.: Atlas von Atomspektren. Specola Vaticana, città del Vaticano. Rom 1930. — [9] MEGGERS, W. F., and B. F. SCRIBNER: Index to the Literature on Spectrochemical Analysis 1920—1939, 2. Aufl. Philadelphia 1941. — [10] TOLANSKY, S.: High Resolution Spectroscopy. London 1947. Siehe ferner die Literatur über Spektralanalyse S. 44.

c) Für Moleküle: [11] SPONER, H.: Molekülspektren und ihre Anwendung auf chemische Probleme. 2 Tle. Berlin 1935/36. — [12] HERZBERG, G.: Molekülspektren und Molekülstruktur, I. Zweiatomige Moleküle. Wiss. Forsch.-Ber. 50. Dresden 1939. — [13] HERZBERG, G.: Molecular Spectra I. Diatomic Molecules. New York 1939. — [14] FINKELNBURG, W., u. R. MECKE: B. Bandenspektren im sichtbaren und ultravioletten Gebiet. Hand- u. Jb. chem. Physik. 9/II, 189—318 (1934). — [15] FRANCK, J., u..P. JORDAN: Anregung von Quantensprüngen durch Stöße. Strukt. Mater. Einzeldarst. 3. Berlin 1926. — [16] STUART, H. A.: Molekülstruktur. Bestimmung von Molekülstrukturen mit physikalischen Methoden. Strukt. Mater. Einzeldarst. 14. Berlin 1934. — [17] GEIB, H.: Atomreaktionen. Ergebn. exakt. Naturwiss. 15, 44—105 (1936). — [18] KREMANN, R.: Zusammenhänge zwischen physikalischen Eigenschaften und chemischer Konstitution; mitbearb. von M. PESTEMER, 2. Aufl. Dresden 1943. Siehe außerdem die Literatur über chemische Bindung S. 56. — [19] BOWEN, E. J.: The Chemical Aspects of Light. 2. Aufl. Oxford 1946.

Methodisches und Anwendungen: [20] KORTÜM, G., u. M. KORTÜM-SEILER: Bestimmung von Absorptionsspektren, Ramanspektren und Fluoreszenz. Bamann-Myrbäck 1, 546—578 (1941). — [21] SCHEIBE, G., u. A. RIVAS: Angew. Chem. 49, 443 (1936). — [22] SEITH, W., u. K. RUTHARDT: Chemische Spektralanalyse, 4. Aufl. Berlin 1949. — [23] BADUM, E., u. K. LEILICH: Angew. Chem. 50, 279 (1937). Siehe auch die Anmerkungen S. 42—46, S. 38. — Historisches über das Gesamtgebiet der Chemie s. Anmerkungen [13-16, 24], S. 69.

Die Übergangsmöglichkeit in angeregte Zustände steht nun mit der optischen Absorption und Emission der Atome und Moleküle nach der hv-Beziehung (19) in unmittelbarem Zusammenhang. Wir können nämlich ein Atom oder Molekül aus seinem Grundzustande dadurch in einen um den Betrag E energiereichern angeregten Zustand bringen, daß wir Licht von der Frequenz $v = E/h$, also ein Lichtquant von der Energie $E = hv$ [Gl. (19), S. 35] zur Absorption bringen. Umgekehrt kann beim Übergang aus einem energiereichern in einen energieärmeren Zustand ein Lichtquant von der Frequenz $v = E/h$ ausgestrahlt werden.

Auf diesen Prinzipien beruht einerseits die Absorption, anderseits die Emission von Licht durch Atom und Molekül.

Auf der Tatsache, daß die Energie der stationären Zustände scharf festgelegt ist und daß die Zahl dieser Zustände insbesondere bei den Atomen relativ beschränkt ist, beruht die Emission charakteristischer scharfer Linien durch die Atome der verschiedenen Elemente, falls diese beispielsweise durch eine elektrische Entladung angeregt werden. Diese Tatsache wird in der Spektralanalyse praktisch verwendet [1-2].

Die *Farbigkeit* von Verbindungen, d. h. die Tatsache, daß aus weißem Licht, in welchem alle Frequenzen vertreten sind, bestimmte Frequenzen (oder bestimmte Wellenlängen) herausabsorbiert werden, rührt also daher, daß das Molekül durch Absorption bestimmter hv-Beträge in einen *möglichen* angeregten Zustand gelangen kann, daß aber *anderen* (nicht absorbierbaren) hv-Beträgen *kein möglicher angeregter Zustand* entspricht.

Mit den Vorgängen, welche sich an die Überführung eines Moleküls in einen angeregten Zustand anschließen, also mit den Eigenschaften der angeregten Moleküle im weitesten Sinne befaßt sich die *Photochemie* und ein großer Teil der chemischen *Reaktionskinetik*. Wir kommen auf diese Eigenschaften zurück.

2. Chromophore Gruppen [3-7].

Es zeigt sich, daß Moleküle, welche eine gemeinsame charakteristische Gruppe tragen, oft nahezu übereinstimmende Absorptionsbanden besitzen. So haben alle Verbindungen, welche eine Carbonylgruppe ($>C=O$) enthalten, z. B. Formaldehyd, Acetaldehyd, Aceton, Methyläthylketon, Cyclopentanon, Campher usw., eine gemeinsame Absorptionsbande bei $\lambda = 2800$ Å. Die Bande verschwindet bei Elimination der CO-Gruppe aus irgendeinem dieser Moleküle. Man darf das dahin deuten, daß die CO-Gruppe in den genannten Verbindungen in erster Linie für das Auftreten der Absorptionsbande bei $\lambda = 2800$ Å verantwortlich ist. Eine solche Gruppe nennen wir eine *chromophore*, d. h. *farbgebende Gruppe*.

Literatur über Emissionsspektralanalyse: 1—2. [1] Die chemische Emissionsspektralanalyse, 3 Bde. Leipzig. (I: GERLACH, WA., u. E. SCHWEITZER: Grundlagen und Methoden. 1930. II: GERLACH, WA., u. WERN. GERLACH: Anwendungen in Medizin, Chemie und Mineralogie. 1933. III: GERLACH, WA., u. E. RIEDL: Tabellen zur quantitativen Analyse. 1936.) — [2] BÖTTGER, W.: Physikalische Methoden der analytischen Chemie, Teil I. Spektroskopische und radiometrische Analyse. Leipzig 1933: a) SCHEIBE, G.: Emissionsspektralanalyse, S. 1 und Absorptionsspektralanalyse, S. 140; b) MARK, H.: Chem. Analyse mit Röntgenstrahlen, S. 185; c) EHRENBERG, R.: Radiometrische Methoden, S. 333; Teil III, 1939; d) MARK, H.: Die chemische Analyse mit Röntgenstrahlen, Teil II, S. 114 bis 132; e) HENRICI, A., u. G. SCHEIBE: Chemische Spektralanalyse, S. 133—262; f) GOUBEAU, J.: Ramanspektralanalyse, S. 263—321; g) MÜLLER, FR.: Die photoelektrischen Methoden der Analyse, S. 322—388. Siehe ferner die Literatur S. 39 u. 44.

Allgemeine Betrachtungen über Chromophore: 3—7. [3] PESTEMER, M.: Zusammenhänge zwischen Chromophor- und Valenztheorien. Angew. Chem. **50**, 343—348 (1947). — [4] WIZINGER, R.: Organische Farbstoffe. Berlin u. Bonn 1933. — [5] HAUSSER, K. W., R. KUHN, A. SMAKULA u. K. H. KREUCHEN: Z. physik. Chem. (B) **29**, 363 (1935). — [6] KUHN, R.: Angew. Chem. **50**, 703 (1937). — [7] SMAKULA, A.: Angew. Chem. **47**, 657—665 (1934); ferner Fußnoten [1-3], S. 41. Methodisches sowie Zusammenstellung von Absorptionsspektren siehe S. 42.

Im Sinne der allgemeinen Betrachtungen, welche wir im vorstehenden Paragraphen mitgeteilt haben, dürfen wir uns im vorliegenden Beispiel vorstellen, daß bei Betätigung der Absorptionsbande $\lambda = 2800\,\text{Å}$ nur die in der CO-Gruppe vorhandenen Valenzelektronen eine wesentliche Änderung ihrer Bindungsart erfahren, während am Rest der Verbindung wenig geändert wird.

Wenn wir den Vorgang der Absorption oder Emission von Licht durch ein Molekül noch etwas eingehender beschreiben wollen, so stellen wir fest, daß der Übergang des Moleküls in einen neuen Zustand mit einer elektrischen Schwingung verbunden ist. Wenn wir vorher die Aussage machten, daß bei Betätigung der CO-Absorptionsbande bei $\lambda = 2800\,\text{Å}$ im wesentlichen nur die in der CO-Gruppe enthaltenen Valenzelektronen eine Änderung ihres Bindungszustandes erfahren, so entspricht das, wenn wir die dieser Absorptionsbande entsprechende elektrische Schwingung im Molekül beschreiben wollen, der Aussage, daß diese elektrische Schwingung in erster Näherung an der CO-Gruppe des Moleküls (allgemeiner an der chromophoren Stelle des Moleküls) lokalisiert ist. Darüber hinaus muß man sich vorstellen, daß diese Schwingung in bestimmter Weise zur CO-Verbindungslinie, also etwa parallel oder senkrecht zu dieser Richtung orientiert ist. Bei der genaueren Betrachtung ist es außerdem wesentlich, festzuhalten, daß bei dem Absorptionsprozeß auch die *Umgebung* der chromophoren Gruppe eine Änderung ihres Zustandes erfährt, und daß demgemäß die Lokalisierung der bei Betätigung der Absorptionsbande erfolgenden elektrischen Schwingung keine absolute ist. Beides, das Vorhandensein von Vorzugsrichtungen der elektrischen Vorgänge bei Betätigung von Absorptionsbanden und das Übergreifen dieser Vorgänge von der chromophoren Stelle auf die Nachbarschaft im Molekül wird weiter unten (S. 78) für das Verständnis der natürlichen optischen Aktivität wichtig sein.

In vielen Fällen treten als chromophore Gruppen an Stelle einfacher kleiner Gruppen, wie z. B. der CO-Gruppe, größere Gebilde, wie Pyrrolringe, Phenylreste oder Aggregate von solchen auf. Relativ einfach scheinen die Verhältnisse zu liegen bei Systemen, welche eine größere Zahl von zueinander konjugierten Doppelbindungen enthalten[1]. Es konnte von W. Kuhn[2] gezeigt werden, daß die Lage und Intensität der langwelligsten (und der weiteren) Absorptionsbanden von Polyenen, welche n konjugierte Doppelbindungen in linearer Anordnung enthalten, berechnet werden kann auf Grund eines einfachen Modells, bestehend aus n linear schwingenden miteinander gekoppelten Resonatoren. Es zeigt sich, daß im Fall der Polyene die Lage der langwelligsten (und intensivsten) Absorptionsbande des Systems gegeben ist durch

$$\lambda_1 = \frac{1{,}57 \cdot 10^3}{\sqrt{1 - 0{,}922 \cos \dfrac{\pi}{n+1}}}\,\text{Å}. \tag{20}$$

Bei Betätigung dieser Absorptionsbande ist das schwingende elektrische Moment in jedem Augenblick an sämtlichen n vorhandenen konjugierten Doppelbindungen gleich (parallel zur Molekülachse) gerichtet, so daß das ganze System gewissermaßen als einheitlicher, die Wellenlänge λ_1 absorbierender oder emittierender Chromophor betrachtet werden kann. Es ist infolge hiervon anzunehmen, daß gewisse Energieübertragungen durch solche Moleküle besonders leicht bewirkt werden können, indem ja bei Absorption eines Lichtquantes der Wellenlänge λ_1 die Energie $h\nu_1$ im ganzen System gleichzeitig gegenwärtig ist. Es ist möglich, daß dies für physiologische Wirkungen der Carotinoide von Bedeutung ist[3].

---

[1] Experimentelles über das Absorptionsspektrum solcher Verbindungen siehe Hausser, K. W., R. Kuhn, A. Smakula u. K. H. Kreuchen: Z. physik. Chem. (B) **29**, 363 (1935). — Kuhn, R.: Angew. Chem. **50**, 703 (1937). — Smakula, A.: Angew. Chem. **47**, 657—665 (1934). — Über die Absorption von Carotinoiden siehe auch Zechmeister, L.: Chem. Rev. **34**, 267 (1944). — [2] Kuhn, W.: Helv. **31**, 1780 (1948). — [3] Über Aggregate, die aus einer großen Anzahl einzelner Farbstoffmoleküle (bei in Wasser suspendierten Farbstoffen) gebildet werden und innerhalb deren die absorbierte Lichtenergie leicht an beliebige Stellen hinwandert, vgl. Scheibe, G., L. Kandler u. H. Ecker: Naturwiss. **25**, 75 (1937). — Scheibe, G.: Angew. Chem. **50**, 212 (1937); **51**, 19, 405 (1938). — Scheibe, G., A. Schöntag u. F. Katheder: Naturwiss. **27**, 499 (1939). — Scheibe, G., A. Schöntag, J. Kopske u. K. Henle: Z. wiss. Photogr. **38**, 1 (1939). — Scheibe, G.: Z. Elektrochem. **52**, 283 (1948).

Es ist noch hervorzuheben, daß die in Systemen mit konjugierter Doppelbindung zur Deutung der Formel (20) anzunehmende Koppelung sehr groß ist, so groß, daß eine Erhöhung des Zahlenwertes des Koppelungskoeffizienten um 10% genügen würde, um *eine freie Verschiebbarkeit der Elektronen in der Kettenrichtung* herbeizuführen. Eine freie Verschiebbarkeit der Elektronen in der Kettenrichtung scheint insbesondere bei den Cyaninfarbstoffen vorzuliegen. Nach H. KUHN[1] kann das Absorptionsspektrum solcher Verbindungen unter Verwendung des Bildes eines eindimensionalen Elektronengases berechnet werden. Für die Wellenlänge λ_1 des Maximums der ersten Absorptionsbande symmetrischer Cyaninfarbstoffe erhält man in solcher Weise

$$\lambda_1 = \frac{8\,m\,c}{h} \cdot \frac{L^2}{N+1}. \tag{21}$$

Dabei ist L die Länge der Polymethinkette, N die Anzahl der π-Elektronen, m die Elektronenmasse, c die Lichtgeschwindigkeit und h das PLANCKsche Wirkungsquantum. Für weitere quantenmechanische Ansätze zur Behandlung des Problems der Lichtabsorption organischer Moleküle, insbesondere die sog. *bond orbital* und die *molecular orbital*-Methode sei auf die Originalliteratur[2] sowie auf die einschlägigen Monographien und Lehrbücher verwiesen[3].

3. Maßzahl der optischen Absorption[4−49].

Als Maßzahl für die *Stärke der optischen Absorption* benutzen wir den sog. *molekularen Absorptionskoeffizienten*; wir bezeichnen ihn mit k. Ist k gegeben und ist die Konzentration einer Lösung in Gramm-Mol je Liter gleich C, so finden wir die Größe J/J_0, d.h. den Bruchteil des einfallenden Lichtes, der von einer Schicht von der Dicke d cm noch durchgelassen wird, aus der Beziehung:

$$\frac{J}{J_0} = 10^{-k\,c\,d} \qquad \text{oder} \qquad \log\frac{J_0}{J} = k\,c\,d. \tag{22}$$

In dieser Formel bedeutet demnach J_0 die einfallende, J die nach einer Schicht von der Länge d noch vorhandene (austretende) Lichtintensität. Der *Betrag*, den die Größe k bei organischen Verbindungen annimmt, ist maximal etwa gleich 10^4 bis 10^5, d.h. bei einer Schichtlänge von 1 cm ($d = 1$) schwächen diese Stoffe das Licht noch in Konzentrationen von 10^{-4} bis 10^{-5} Mol/Liter auf den zehnten Teil der einfallenden Intensität ab. k hängt, wie erwähnt wurde, von der Wellenlänge des Lichtes, welches für die Absorption benützt wird, ab. Die Ergebnisse werden meistens in Form von Kurven wiedergegeben; oftmals wird dabei $\log k$ anstatt k der graphischen Darstellung zugrunde gelegt (vgl. die Kurve 2 der Abb. 3. S. 77).

[1] KUHN, H.: Helv. **31**, 1441 (1948). J. chem. Physics **16**, 840 (1948). — [2] HÜCKEL, E.: Z. Physik **70**, 204 (1931). Z. Elektrochem. **43**, 752 (1937). — LENNARD-JONES, J. E.: Proc. R. Soc. London (A) **158**, 280, 297 (1937). — MULLIKEN, R. S.: J. chem. Physics **7**, 364, 570 (1939). — COULSON, C. A.: Proc. R. Soc. London (A) **164**, 383 (1938); **169**, 413 (1939). — FÖRSTER, T.: Z. physik. Chem. (B) **47**, 245 (1940).— HERZFELD, K. F.: J. chem. Physics **10**, 508 (1942). — SKLAR, A. L.: J. chem. Physics **10**, 521 (1942).— HERZFELD, K. F., and A. L. SKLAR: Rev. mod. Physics **14**, 294 (1942). — PAULING, L.: Proc. nat. Acad. Sci. USA. **25**, 577 (1939). — Qualitative Betrachtungen über das Zustandekommen der Absorption von Farbstoffen, siehe BURY, C. R.: Am. Soc. **57**, 2115 (1935) und insbesondere PAULING, L.: Kapitel 26 in Gilman, org. Chem. und Proc. nat. Acad. Sci. USA. **25**, 577 (1939) sowie LEWIS, G. N., and M. CALVIN: Chem. Rev. **25**, 273 (1939). — [3] Siehe die Zitate S. 11 u. 39, sowie die Literatur über chemische Bindung und Elektronentheorie S. 56.
Zusammenstellung von Absorptionsspektren chemischer Verbindungen: 4—49. [4] Landolt-Börnstein 2, 893 (1923); Erg.-Bd. 1, 432 (1927); Erg.-Bd. 2/2, 649 (1931); Erg.-Bd. 3/2, 1331 (1935). — [5] Int. crit. Tabl. 5, 326 (anorgan.); 359 (organ. Verbindungen); 326 Bibliographie. — [6] Siehe ferner SCHEIBE, G., u. W. FRÖMEL: Molekülspektren von Lösungen und Flüssigkeiten. Hand- u. Jb. chem. Physik 9, Abschnitt III/IV, S. 140—184 (1936). — [7] MOHLER, H.: Lösungsspektren mit Spektren der Vitamine, Hormone, des Lignins und der chemischen Kampfstoffe und Einführung in die Absorptionsspektrophotometrie. Jena 1937.

Die Absorptions- und Emissionsspektren von Molekülen bestehen, wie das Beispiel der Abb. 3 zeigt, aus verhältnismäßig breiten Banden, welche, insbesondere dann, wenn die Verbindungen im Dampfzustande untersucht werden, meistens in eine sehr große Anzahl von einzelnen Bändchen aufgeteilt sind (sog. Schwingungs- und Rotationsstruktur der Banden). Im Gegensatz hierzu finden

Methodisches, sowie Ergebnisse der Absorptionsspektroskopie. [8] KORTÜM, G., u. M. KORTÜM-SEILER: Bestimmung von Absorptionsspektren, Ramanspektren und Fluoreszenz. Bamann-Myrbäck 1, 546—578 (1941). — [9] SCHEIBE, G., u. A. RIVAS: Angew. Chem. 49, 443 (1936). — [10] SEITH, W., u. K. RUTHARDT: Chem. Spektralanalyse, 2. Aufl. Berlin 1941. [11] BADUM, E., u. K. LEILICH: Angew. Chem. 50, 279 (1937). — [12] KORTÜM, G.: Kolorimetrie und Spektralphotometrie (Anleitung für die chemische Laboratoriumspraxis, Bd. II), 2. Aufl. Berlin 1945. — [13] BRODE, WALLACE R·: Chemical Spectroscopy, 2. Aufl. New York 1943. — [14] SAWYER, R.: Experimental Spectroscopy. New York 1944. — [15] WEIGERT, F.: Optische Methoden der Chemie. Leipzig 1927. — [16] LÖWE, F.: Optische Messungen des Chemikers und des Mediziners. 3. Aufl. Dresden 1939. — [17] OSTWALD-LUTHER: Hand- und Hilfsbuch zur Ausführung physikalisch-chemischer Messungen. Hrsg. von C. DRUCKER, 5. Aufl. 1931. — [18] THIEL, A.: Absolutkolorimetrie. Berlin 1939. — [19] JUNG, G.: Arbeitsmethoden der Photochemie. Handb. Arb.Meth. anorg. Chem. II (STÄHLER) 2, S. 1477ff. (1928). — [20] SEWIG, R.: Objektive Photometrie und ihre Anwendung. Berlin 1928. — [21] FLEISCHER, R., u. H. TEICHMANN: Die lichtelektrische Zelle und ihre Herstellung. Dresden u. Leipzig 1932. [22] SIMON, H., u. R. SUHRMANN: Lichtelektrische Zellen und ihre Anwendung. Berlin 1932. [23] SOMMER, A.: Photoelectric Cells. London 1946. — [24] LANGE, B.: Die Photoelemente und ihre Anwendung. Leipzig 1936. — [25] KELLER, H., u. H. v. HALBAN: Lichtelektrische Extinktionsmessung. Helv. 27, 702 (1944). — [26] GIBB, T. R. P.: Optical Methods of Chemical Analysis. New York 1942. — [27] WINEHALL, A. N.: The Optical Properties of Organic Compounds. Madison 1943. — [28] SNELL, F. D., and C. T. SNELL: Colorimetric Methods of Analysis, Including some Turbidimetric and Nephelometric Methods, 3. Aufl. New York Bd. I. 1948; Bd. II, 1949. — [29] CASEY, R. S.: Spectrophotometry for Chemists. J. chem. Educat. 24, 446 (1947). — [30] GILLIS, J.: General review of the present position of quantitative spectrographic analysis. Analyt. chim. Acta, N. Y. 1, 38—49 (1947). — [31] MÜLLER, FR.: Die photoelektrischen Methoden der Analyse. Leipzig 1939. — [32] GEFFKEN, H., u. H. RICHTER: Die Photozelle in der Technik. 3. Aufl. Berlin 1939. — [33] BÖTTGER, W.: Physikalische Methoden der analytischen Chemie. Teil I. Spektroskopische und radiometrische Analyse. Leipzig 1933. a) SCHEIBE, G.: Emissionsspektralanalyse, S. 1 und Absorptionsspektralanalyse, S. 140; b) MARK, H.: Chem. Analyse mit Röntgenstrahlen, S. 185; c) EHRENBERG, R.: Radiometrische Methoden, S. 333 (1933). Teil III (1939); d) MARK, H.: Die chemische Analyse mit Röntgenstrahlen II. S. 114—132; e) HENRICI, A., u. G. SCHEIBE: Chemische Spektralanalyse, S. 133—262; f) GOUREAU, J.: RAMAN-Spektralanalyse, S. 263—321; g) MÜLLER, F.: Die photoelektrischen Methoden der Analyse, S. 322 bis 388. — [34] KORTÜM, G.: Lichtelektrische Spektrophotometrie. Angew. Chem. 50, 193 (1927). — [35] LANGE, B.: Kolorimetrische Analyse mit besonderer Berücksichtigung der lichtelektrischen Kolorimetrie. Berlin 1941. Kolorimetrie und Spektralphotometrie. Berlin 1942. — [36] GMELIN, P., u. H. SAUER: Optische Methoden. Chemie-Ingenieur 2/4 (Physik.-chem. Analyse im Betriebe), S. 109—222. Leipzig 1933. — [37] GMELIN, P.: Farbänderungen und Trübungen. Chemie-Ingenieur 2/4, S. 352—360. Leipzig 1933. — [33] JUZA, R., u. R. LANGHEIM: Kolorimetrie mit kolloiden Lösungen. Angew. Chem. 50, 255 (1937). — [39] HEILMEYER, L.: Medizinische Spektrophotometrie. Jena 1933. — [40] URBACH, C.: Stufenphotometrische Absorptionsbestimmungen in der medizinischen Chemie. Wien u. Leipzig 1932. — [41] THIEL, A.: Die neuere Entwicklung der colorimetrischen Methodik und verwandter Meßverfahren. B. 68, 1015 (1935). — [42] ALLPORT, N. L.: Colorimetric Analysis. London 1945. — [43] MAYER, FRITZ: The Chemistry of Natural Colouring Matters; the Constitution, Properties, and Biological Relations of the Important Natural Pigments. New York 1943. — Medizinische Anwendungen siehe [44] FISCHER, HANS, Zürich: Die physikalische Chemie in der gerichtlichen Medizin und in der Toxikologie mit spezieller Berücksichtigung der Spektrographie und der Fluorescenzmethoden. Zürich 1925. — [45] SCHUMM, O.: Die spektroskopische und spektrographische Untersuchung des Blutes. Handb. allg. Hämatol. (HIRSCHFELD-HITTMAIR), 2/1, 585—618 (1933). — [46] MOHLER, H.: Das Absorptionsspektrum der chemischen Bindung (mit kurzer Einführung in die Elektronentheorie der Chemie). Jena 1943. — [47] MORTON, R. A.: The Application of Absorption Spectra to the Study of Vitamines, Hormones and Coenzymes, 2. Aufl. Cambridge 1942. — [48] BRODE, W. R.: The Absorption Spectra of Vitamines, Hormones and enzymes. Adv. Enzymol. 4, 269—311 (1944). — [49] GERLACH, WE.: Medizinische Anwendungen der spektralanalytischen Methode. Forsch. u. Fortschr. 12, 102 (1936). Vgl. ferner die untenstehenden Zitate von S. 44—46.

wir bei Untersuchung von Atomen einzelne scharfe *Absorptionslinien*. Der Unterschied rührt daher, daß der Übergang in einen angeregten Zustand beim Atom ausschließlich eine Änderung der Elektronenbindung zur Folge hat, während bei den Molekülen noch eine Änderung der inneren Schwingungen und der Rotationen dazu kommt.

Die genannten mechanischen Schwingungen und die Molekularrotation geben für sich allein genommen zum Auftreten des *Infrarotspektrums* ($\lambda = 8000$ Å bis 100000 Å) Anlaß[1-7]. Außerdem werden die Eigenschaften dieser Schwingungen mit Hilfe der RAMAN-*Spektren* untersucht[8-12].

Beim RAMAN-*Effekt* handelt es sich um die Untersuchung der Wellenlänge des Streulichtes, welches wir an einer von einem primären Lichtstrahl getroffenen Substanz beobachten. Es zeigt sich nämlich, daß eine von einem primären Lichtstrahl getroffene Substanz einen Teil des einfallenden Lichtes nach der Seite (also in einer von der Richtung des Primärstrahls verschiedenen Richtung) streut. Wir beobachten das auch dann, wenn der Primärstrahl von der getroffenen Substanz nicht absorbiert wird, also beispielsweise bei Durchstrahlung von Methylalkohol mit grünem oder gelbem Lichte. Der größte Teil des Streulichtes besitzt genau dieselbe Frequenz ν_0 wie der Primärstrahl; ein kleiner Teil des Streulichtes aber, eben die „RAMAN-*Strahlung*", *besitzt eine vom Primärstrahl verschiedene Frequenz ν.*

Im allgemeinen ist ν kleiner als ν_0. Die Energie eines Quantes des gestreuten Lichtes ($h\nu$) ist dann um den Betrag $h(\nu_0 - \nu)$ kleiner als die Energie des auf das Molekül auftreffenden Lichtquantes. Der Unterschiedsbetrag $h(\nu_0 - \nu)$ wird dazu verwendet, um in dem getroffenen Molekül eine mechanische Schwingung anzuregen.

Durch Beobachtung der Frequenzdifferenzen $\nu_0 - \nu$ können wir also auf die im Molekül möglichen mechanischen Schwingungen schließen.

Für die physiologische Chemie ist es besonders wichtig, daß manche Moleküle starke und scharf ausgeprägte Absorptionsbanden besitzen. Dieser Umstand ermöglicht es nämlich, die optische Absorption zum Nachweis bestimmter Verbindungen zu benutzen[13-21].

Zusammenfassende Darstellung über Ultra- und Infrarotspektren: 1—7. [1] SCHAEFER, K., u. F. MATOSSI: Das ultrarote Spektrum. Berlin 1930. — [2] CZERNY, M., u. H. RÖDER: Fortschritte auf dem Gebiete der Ultrarottechnik. Ergebn. exakt. Naturwiss. 17, 80 (1938). — [3] MATOSSI, F.: Ergebnisse der Ultrarotforschung. Ergebn. exakt. Naturwiss. 17, 108—163 (1938). — [4] REINKOBER, O.: Die experimentellen Grundlagen der Ultrarotspektroskopie. Hand- u. Jb. chem. Physik 9/II, 1—42 (1934). — [5] TELLER, E.: Theorie der langwelligen Molekülspektren. Hand- u. Jb. chem. Physik 9/II, 43—160 (1934). Theorie der Krystallgitterspektren. Hand- u. Jb. chem. Physik 9/II, 161—188 (1934). — [6] MERKELBACH, O.: Die biologische Bedeutung der infraroten Strahlen. Suppl. I zu Helv. med. Acta 4, H. 3 (1937). — [7] HERZBERG, G.: Infrared and RAMAN-Spectra of Polyatomic Molecules. London u. New York 1945. **Zusammenfassendes über RAMAN-Effekt: 8—12.** [8] KOHLRAUSCH, K. W. F.: Der SMEKAL-RAMAN-Effekt. Berlin 1931; mit Erg.-Bd. 1931—1937 (1938). — Ferner [9] DADIEU, A.: Der RAMAN-Effekt und seine Anwendungen in der organischen Chemie. Angew. Chem. 43, 800 (1930); 49, 344 (1936). — [10] MATOSSI, F.: Der gegenwärtige Stand der RAMAN-Forschung. Naturwiss. 33, 100—108 (1946). — [11] GOUBEAU, J.: Die RAMAN-Spektren von Olefinen. Weinheim u. Berlin 1948. — [12] GOUBEAU, J.: RAMAN-Spektralanalyse. In Physik. Meth. analyt. Chem. (BÖTTGER): Teil 3, S. 263—321 (1939). **Über Spektralanalyse im allgemeinen (auch bei Atomen): 13—21.** [13] Vgl. z. B. SCHEIBE, G., u. A. RIVAS: Neue Methode der quantitativen Emissionsspektralanalyse, besonders als Mikromethode. Angew. Chem. 49, 443 (1936). — [14] SEITH, W., u. K. RUTHARDT: Chemische Spektralanalyse. Anleitung zur Erlernung und Ausführung von Spektralanalysen im chemischen Laboratorium, 4. Aufl. Berlin 1949. — [15] SCHEIBE, G.: Physikalische Methoden der analytischen Chemie. Teil I. Emissionsspektralanalyse, S. 1 und Absorptionsspektralanalyse, S. 140. — [16] BADUM, E., u. L. LEILICH: Beiträge zur quantitativen Spektralanalyse. Angew. Chem. 50, 279 (1937). — [17] GERLACH, WE.: Medizinische Anwendungen der spektralanalytischen Methode. Forsch. u. Fortschr. 12, 102 (1936). — [18] KAYSER, H.: Tabelle der

Im ultravioletten Spektralgebiet (λ etwa 2000 bis 4000 Å) hat dabei an die Stelle der visuellen Beobachtung die photographische oder lichtelektrische Aufnahme der Absorptionsspektren zu treten. Diese Methode hat z. B. bei der Auffindung vom antirachitischen Vitamin eine wichtige Rolle gespielt[22-26].

Auch die Farbreaktionen zum Nachweis organischer Verbindungen laufen im Grunde genommen darauf hinaus, daß der nachzuweisende Stoff in eine neue Verbindung, welche ein charakteristisches Absorptionsspektrum besitzt, übergeführt wird.

4. Eigenschaften angeregter Moleküle.

Wir haben gesehen, daß ein Molekül aus dem Grundzustand durch Absorption eines Lichtquants von der Frequenz v (Energie $E = h \cdot v$) in einen energiereicheren angeregten Zustand gelangen kann. Wir bemerken sogleich, daß es auch noch andere Möglichkeiten gibt, durch welche wir uns angeregte Moleküle verschaffen können. Die Energie kann beispielsweise durch Stöße zugeführt werden oder die angeregten Moleküle können im Laufe chemischer Reaktionen gebildet werden.

Es ist für das Verständnis einer großen Mannigfaltigkeit von Vorgängen grundlegend, zu wissen, daß zwar angeregte Moleküle in verschiedener Weise entstehen können, daß aber die *Eigenschaften* eines angeregten Moleküls nur vom Zustand abhängen und nicht von den Mitteln, mit deren Hilfe das Molekül in den betreffenden Zustand gebracht wurde.

Vorerst wollen wir uns aber denken, daß ein Molekül durch Absorption eines Lichtquants angeregt worden sei. Die Anregungsenergie ($h \cdot v$) kann dann in gänzlich verschiedener Weise weiter verwendet werden.

a) Fluorescenz [1-9].

Ein angeregtes Molekül kann die aufgenommene Energie sogleich ganz oder teilweise in Form von Licht wieder aussenden. Diesen Vorgang nennt man

Hauptlinien der Linienspektren aller Elemente, 2. Aufl., bearb. v. R. RITSCHL. Berlin 1939. — [19] LÖWE, F.: Optische Messungen des Chemikers und des Mediziners. Techn. Forschgs.-ber. 6., 3. Aufl. Dresden u. Leipzig 1939. — [20] LÖWE, F.: Atlas der Analysenlinien der wichtigsten Elemente. 2. Aufl. Dresden 1936. — [21] LUNDEGÅRDH, H.: Die quantitative Spektralanalyse der Elemente. Teil 2. Jena 1934. — [22] WINDAUS, A., R. POHL u. Mitarb.: Zusammenfassend bei POHL, R.: Naturwiss. 15, 433 (1927). — [23] Zusammenfassung betreffs weiterer Anwendungen vgl. z. B. RUDY, H.: Absorptionsspektren im Dienste der Vitamin-forschung. Naturwiss. 24, 497—505 (1936). Ebenso [24] MORTON, R. A.: The Application of Absorption Spectra to the Study of Vitamins and Hormones. London 1935. Vgl. ferner die Zitate über optische Absorption, insbesondere die Fußnoten [4-49], S. 42. Weiteres über biologisch wichtige Farberscheinungen siehe z. B. [25] GICKLHORN, J.: Entwicklung und gegenwärtiger Stand einiger Probleme und Ziele der Vitalfärbung. Ergebn. Physiol. 31, 338—420 (1931). — [26] HAUSMANN, W.: Über einige Beziehungen der natürlichen Pigmente zum Licht. Ergebn. Physiol. 16, 228—254 (1918).

Zusammenfassende Literatur über Fluorescenz sowie über deren Anwendung auf biochemische Probleme: 1—9. [1] PRINGSHEIM, P.: Fluorescenz und Phosphorescenz, 3. Aufl. Berlin 1928. — [2] POWELL, A. L.: Fundamentals of fluorescence. J. chem. Educat. 24, 423 (1947). — [3] CURIE, MAURICE: Fluorescence et Phosphorescence. Paris 1946. — DE MENT, J.: Fluorochemistry. Brooklyn 1945. — [4] HIRSCHLAFF, E.: Fluorescence et Phosphorescence. London 1947. — [5] FÖRSTER, TH.: Energiewanderung durch Fluorescenz. Naturwiss. 33, 166—175 (1946). Siehe ferner die Literatur über Phosphorescenz S. 46 und über Chemi-luminescenz S. 49. — [6] DHÉRÉ, CH.: Nachweis der biologisch wichtigen Körper durch Fluores-cenz nnd Fluorescenzspektren. Handb. biol. Arb.-Meth., Abt. II, Bd. 3, S. 3097—3306 (1934). L'étude spectroscopique et spectrographique des fluorescences biologiques. Ann. Physiol. Physicochim. biol. 8, 760 (1932). La fluorescence en biochimie. Paris 1937. (Coll. problèmes biologiques.) — [7] DANCKWORTT, P. W.: Luminescenz-Analyse im filtrierten ultravioletten Licht. 4. Aufl. Leipzig 1940. — [8] HAITINGER, M.: Fluorescenzanalyse in der Mikrochemie. Wie u. Leipzig 1937. Fluorescenzmikroskopie. Leipzig 1938. Forsch. u. Fortschr. 13, 281 (1937). — Fluorescenz der Porphyrine (Beitrag ZEILE), der Flavine (Bd. 2, Vitamine). — [9] MENT, J. DE.: Fluorescent Chemicals and their Applications. New York 1942.

Fluorescenz. Wenn die *ganze* Energie auf einmal als Lichtquant ausgesandt wird, ist (gemäß Beziehung 19) die Frequenz des vom Molekül ausgesandten Lichtes dieselbe wie die Frequenz des Lichtes, welches die Anregung des Moleküls bewirkt hat. Diesen Fall nennt man *Resonanzfluorescenz.* Wenn dagegen nur ein Teil der aufgenommenen Energie als Strahlung ausgesandt wird, oder wenn die Aussendung in mehreren Teilen, also *stufenweise* erfolgt, so ist das vom Molekül in der einzelnen Stufe ausgesandte Lichtquant kleiner als das zur Anregung des Moleküls verwendete Lichtquant. Gemäß Beziehung (19) (S. 35) heißt das, daß das Fluorescenzlicht im allgemeinen eine kleinere (jedenfalls nicht eine größere) Frequenz als das auf das Molekül eingestrahlte Licht besitzt. Das *Fluorescenzlicht ist längerwellig als das eingestrahlte Licht* (Regel von STOKES).

b) Energiezerstreuung durch Stöße.

Die aufgenommene Energie kann durch Stöße mit umgebenden Molekülen ganz oder teilweise in Wärme, also in ungeordnete thermische Energie verwandelt werden.

Es handelt sich hier um einen Spezialfall einer allgemeinen Erscheinung, auf welche wir noch zurückkommen werden, nämlich um die Umwandlung einer in geordneter Form zugeführten Energie in ungeordnete, thermische Energie. Vorgänge analoger Art finden wir bei fast allen physikalischen und chemischen Vorgängen. Sie bilden den Inhalt des unten zu besprechenden *zweiten Hauptsatzes der Wärmetheorie.*

c) Metastabile Zustände[1-2].

Es ist wichtig, daß es bei vielen Molekülen angeregte Zustände von besonderer Art gibt, nämlich solche, bei welchen der (dem Grundzustande gegenüber vorhandene) Energieüberschuß nicht durch Ausstrahlung weggegeben werden kann. Solche Zustände nennt man *metastabile angeregte Zustände.*

Nach einem allgemeinen Prinzip ist es nicht möglich, ein Molekül durch Lichtabsorption direkt aus dem Grundzustande in einen metastabilen Zustand zu bringen, denn wenn die Frequenz v absorbiert werden kann, so wird sie prinzipiell von dem entstehenden angeregten Molekül sogleich (innerhalb etwa 10^{-8} sec) auch wieder emittiert (Resonanzfluorescenz).

Auf *indirektem Wege* können aber metastabile angeregte Moleküle gebildet werden. Das ist insbesondere dadurch möglich, daß das z. B. durch Lichtabsorption entstehende angeregte Molekül zunächst *nur einen Teil* der aufgenommenen Energie abgibt, sei es durch Ausstrahlung, sei es durch Stöße mit umgebenden Molekülen. Der Rest ist dann die Energie des metastabilen angeregten Moleküls. Es ist wichtig, daß metastabile Moleküle ihre Energie oft recht lange aufbewahren können und daß sie diese Energie zu den unten zu besprechenden weiteren Reaktionen zur Verfügung stellen können. Metastabile angeregte Zustände sind sowohl bei komplizierten Molekülen (viele organische Farbstoffe) als auch bei einfachen Molekülen (z. B. Sauerstoff) und bei Atomen (z. B. Quecksilber) bekannt.

d) Phosphorescenz[3-7].

Metastabile Moleküle geben, wenn man sie ungestört läßt, ihre Energie nicht oder nur äußerst langsam in Form von Strahlung ab. Durch äußere Kraftfelder

Zusammenfassendes über metastabile Zustände siehe z. B. [1] FRANCK, J., u. P. JORDAN: Anregung von Quantensprüngen durch Stöße. Strukt. Mater. Einzeldarst. 3. Berlin 1926. — [2] PRINGSHEIM, P.: Fluorescenz und Phosphorescenz, 3. Aufl. Berlin 1928.

Zusammenfassendes über Phosphorescenz siehe [3] PRINGSHEIM, P.: Fluorescenz und Phosphorescenz, 3. Aufl. Berlin 1928. — [4] PRINGSHEIM, P., u. M. VOGEL: Luminescence of Liquids and Solids and its Practical Applications. New York 1946. — [5] CURIE, MAURICE: Fluorescence et Phosphorescence. Paris 1946. — [6] HIRSCHLAFF, E.: Fluorescence and Phos-

(Stöße mit anderen Molekülen) können sie indessen oft zu einer raschen Ausstrahlung veranlaßt werden; in vielen Fällen werden auch metastabile Moleküle durch Zusammenstöße mit anderen Molekülen *zum Übergang* in benachbarte, nicht mehr metastabile, d. h. rasch ausstrahlende Zustände veranlaßt.

In allen diesen Fällen kommt *eine Lichtausstrahlung zustande, welche zeitlich vom Zeitpunkte der Entstehung der angeregten Moleküle, z. B. vom Zeitpunkte der Lichtabsorption, weit getrennt liegt.* Diese Art von Lichtausstrahlung, d. h. das Nachleuchten von Substanzen nach Beendigung einer Bestrahlung nennt man *Phosphorescenz.*

e) Photochemischer Zerfall[1-7].

In vielen Fällen ist das durch Absorption eines Lichtquants (Energie $h \cdot v$) entstandene angeregte Molekül chemisch instabil. Es zerfällt dann in zwei oder mehrere Bruchstücke. Im allgemeinen haben diese Bruchstücke Radikaleigenschaften. Sie reagieren entweder miteinander (Rückvereinigung) oder mit Molekülen aus der Umgebung unter Bildung neuer, stabiler oder auch instabiler Verbindungen. Diese Reaktionen können bei besonderer Zusammensetzung des Systems, d. h. dann, wenn sich *viele* verschiedene stabile und instabile Verbindungen bilden, sehr mannigfaltig sein.

Wichtig sind insbesondere für das Verständnis vieler Vorgänge die sog. *Kettenreaktionen* (M. BODENSTEIN, J. A. CHRISTIANSEN). Sie treten bei unstabilen Systemen (Beispiel Chlorknallgas) auf und beruhen darauf, daß die nach Absorption eines Lichtquants und Zerfall des absorbierenden Moleküls entstehenden Molekülbruchstücke bei ihrer Reaktion mit intakten Molekülen des Gasgemisches zur Bildung von weiteren radikalartigen, d. h. unstabilen Molekülen oder Molekülbruchstücken Anlaß geben. In solchen Fällen zieht dann die Absorption eines Lichtquants die Reaktion nicht nur eines Moleküls, sondern vieler Moleküle nach sich[8]. (Daher der Name Kettenreaktion.)

Auch *metastabile Moleküle* können bei Zusammenstoß mit anderen Molekülen zum Zerfall oder zur Reaktion mit den stoßenden Molekülen gebracht werden.

Zu den biochemischen Erscheinungen, bei welchen photochemische Vorgänge eine entscheidende Rolle spielen, gehören außer den nachstehend besprochenen photosensibilisierten Reaktionen und der Assimilation die insbesondere bei Pflanzen bekannten Phototropieerscheinungen[9].

phorescence. London 1947. — [7] LENARD, PH.: Phosphorescenz, Bd. 2 der wissenschaftlichen Abhandlungen aus den Jahren 1886—1932. Hrsg. von L. WESCH. Leipzig 1943. Siehe ferner die Literatur über Fluorescenz S. 45, über Chemiluminescenz S. 49 und über photosensibilisierte Reaktionen S. 48.

Zusammenfassende Darstellungen über Photochemie: 1—7. [1] KISTIAKOWSKY, G. B.: Photochemical Processes. New York 1928. — [2] BONHOEFFER, K. F., u. P. HARTECK: Grundlagen der Photochemie. Leipzig u. Dresden 1933. — [3] FRANKENBURGER, W.: Neuere Ansichten über das Wesen photochemischer Prozesse und ihre Beziehungen zu biologischen Vorgängen. Strahlentherapie 47, 233—262 (1933). — [4] WASSINK, E. C.: Photochemische Probleme in der Biologie. Nederl. T. Natuurkde. 9, 74—85 (1942). — [5] ROLLETSON, G. K., and M. BURTON: Photochemistry and the Mechanism of Chemical Reactions. New York 1939.

Spezielle biochemische Anwendungen: [6] WEIGERT, F., u. M. NAKASHIMA: Farbentüchtigkeit künstlicher Netzhäute. Naturwiss. 17, 840 (1929). Z. physik. Chem. (B) 7, 25—69 (1930). — [7] REIN, H.: Neuere Arbeiten über die Lichtwirkung auf Farbstoffe. Angew. Chem. 47, 157 (1934).

[8] Nach HABER, F., u. R. WILLSTÄTTER [B. 64, 2844 (1931)] ist es wahrscheinlich, daß viele Oxydationsreaktionen bei organischen Stoffen Kettenreaktionen sind, und daß dabei das Radikal OH als Träger der Reaktionskette eine Rolle spielt. Siehe ferner die Literatur über lichtbiologische Wirkung S. 48. — [9] Allgemeines über Phototropie vgl. z. B. DU BUY, H. G., u. E. NUERNBERGK: Ergebn. Biol. 9, 358 (1932).

f) Quantenhafte Energieübertragung durch Stöße; photosensibilisierte Reaktionen.

Von großer Wichtigkeit ist es, daß ein angeregtes Molekül seine überschüssige Energie oder einen Teil davon auf ein fremdes Molekül beim Zusammenstoß übertragen kann. Es kann auf diese Weise die zunächst von einem ersten Molekül absorbierte Energie ganz oder teilweise auf ein fremdes Molekül übergeführt werden. Man beobachtet dann häufig, daß das fremde Molekül in dem energiereichen Zustand, in den es in solcher Weise gebracht wird, Licht emittiert, zerfällt oder chemisch aktiv ist. Es ist charakteristisch, daß hier der reagierende Stoff, dem die Energie des eingestrahlten Lichtes zugute kommt, das Licht gar nicht selbst absorbiert hat und daß umgekehrt der Stoff, welcher das einfallende Licht zunächst aufgenommen hat, an der schließlich erfolgenden chemischen Reaktion unbeteiligt ist. Es wird also ein *lichtunempfindlicher Stoff* durch die Gegenwart eines anderen, der das Licht absorbieren und die Energie übertragen kann, lichtempfindlich gemacht. Man spricht in einem solchen Falle von einer *photosensibilisierten Reaktion* oder auch *von photodynamischer Wirkung*. Einen Stoff, der die Lichtenergie absorbiert und weitergibt und welcher so ein zunächst nicht lichtempfindliches System lichtempfindlich macht, nennen wir einen *photochemischen Sensibilisator*.

Beispiel: Oxalsäure ist gegen sichtbares Licht nicht empfindlich, weil sie sichtbares Licht nicht absorbiert. Bei Zusatz von Uranylsalzen zu wäßrigen Oxalsäurelösungen tritt indessen bei Belichtung Zersetzung der Oxalsäure ein, ohne daß dabei die Uranylionen selbst eine Veränderung erfahren[1]. Die Oxalsäure wird also durch Uranylsalze gegen sichtbares Licht sensibilisiert.

Ein interessantes weiteres Beispiel ist die *sensibilisierte Oxydation von Leukofarbstoffen* (wie z.B. von Leukomalachitgrün zum Farbstoff Malachitgrün) durch Sauerstoff mit fluorescierenden Farbstoffen (z.B. Trypaflavin) als Sensibilisator. Von H. Kautsky und Mitarbeitern ist hier gezeigt worden[2-4], daß die Sensibilisierung auch stattfindet, wenn die Moleküle von Trypaflavin[5] und Leukomalachitgrün nicht zusammenkommen, sondern durch mikroskopische Strecken getrennt sind. (Adsorption von Leukomalachitgrün einerseits, von Trypaflavin andererseits an Kieselsäuregel; Mischung der beiden getrockneten Gelpulver und darauf folgende Bestrahlung unter vermindertem O_2-Druck.) Hier übernimmt der *molekulare Sauerstoff* beim Zusammenstoß mit optisch angeregten Trypaflavinmolekülen einen Teil von dessen Anregungsenergie. Sauerstoff geht dabei in einen metastabilen energiereichen Zustand über, diffundiert in diesem energiereicheren Zustande zu den benachbarten, mit Leukomalachitgrün beladenen Körnern hinüber und bewirkt dort eine Oxydation der Leukoverbindung, welche mit Leukoverbindung und Sauerstoff allein, also in Abwesenheit von Trypaflavin nicht stattfinden würde. Es ist wahrscheinlich, daß auch die durch fluorescierende Farbstoffe in Lösungen bewirkten sensibilisierten Photooxydationen von Methylenblau usw. durch einen ähnlichen Mechanismus, also ebenfalls unter Mitwirkung des metastabilen Sauerstoffs erfolgen (s. Assimilation S. 51).

Für die physiologische Chemie ist die Photosensibilisierung deswegen wichtig, weil sie bei den durch Licht bewirkten Krankheitserscheinungen eine Rolle spielt[6-29]. Es gibt nämlich gewisse Farbstoffe, welche, in die Blutbahn gebracht,

---

[1] Vgl. z.B. Büchi, P.: Z. physik. Chem. **111**, 269 (1924). — [2] Kautsky, H., H. de Bruijn, R. Neuwirth u. W. Baumeister: Photosensibilisierte Oxydation als Wirkung eines aktiven, metastabilen Zustandes des Sauerstoffmoleküls. B. **66**, 1588 (1933). — [3] Siehe auch Kautsky, H., u. G. Müller: Naturwiss. **29**, 150 (1941). (Fluoresczenzumwandlung durch Sauerstoff). — [4] Kautsky, H., u. H. Merkel: Phosphorescenz, Selbstauslöschung und Sensibilisationswirkung organischer Stoffe. Naturwiss. **27**, 195 (1939). — [5] Formel siehe Beilstein **22**, (650).

Zusammenfassendes über lichtbiologische Wirkung: 6—29.

a) Allgemeines. [6] Pincussen, L.: Der Einfluß der Strahlung auf die Zelle. Handb. Biochem. **2**, 739—770 (1925). Erg.-W. 1/B, 950 (1933). Die Beeinflussung des Stoffwechsels durch Strahlung. Handb. Biochem. **7**, 235—257 (1927). Erg.-W. **3**, 168—187 (1936)

im Dunkeln ohne Schaden vertragen werden, aber zu sehr schweren Schädigungen führen, wenn der Organismus dem Lichte ausgesetzt wird. Offenbar handelt es sich hier darum, daß bei Belichtung des den Farbstoff enthaltenden Organismus gewisse Reaktionen ausgelöst werden, welche bei Belichtung des Farbstoffs allein oder bei Belichtung des farbstofffreien Organismus allein nicht auftreten, also um eine typische photosensibilisierte Reaktion. (Siehe Porphyrine bei ZEILE-SIEDEL S. 891 ff.; Flavine Bd. 2, Vitamine; Carotinoide bei GRUNDMANN S. 459.)

5. Chemiluminescenz.

Viele Moleküle, insbesondere auch gewisse organische Verbindungen erhält man bei der Bildung aus den Ausgangsstoffen oft nicht sogleich als Moleküle im Grundzustande sondern als angeregte Moleküle, welche, dem Grundzustande gegenüber, eine erhöhte Energie in sich tragen. Es kommt dann vor, daß solche Moleküle einen Teil oder die gesamte überschüssige Energie als Strahlung aussenden. Die Frequenz der Strahlung entspricht natürlich gemäß der $h \cdot \nu$-Beziehung dem Energieunterschied zwischen dem energiereichen Zustand, in welchem die Moleküle zunächst gebildet werden und einem energieärmeren Zustande des Moleküls (beispielsweise dem Grundzustande des Moleküls), in welchen das Molekül bei der Strahlungsemission übergeht. Das Leuchten der Glühwürmchen und Leuchtbakterien ist nichts anderes als eine derartige Chemiluminescenz [1-6].

Biologische Lichtwirkungen, ihre physikalischen und chemischen Grundlagen. Ergebn. Physiol. **19**, 79—289 (1921). — [7] LEA, E.: Actions of Radiations on Living Cells. Cambridge 1946. — [8] WARREN, S.: The physiological effects of radiant energy. Ann. Rev. Physiol. **7**, 61—74 (1945). — [9] CLARK, J. H.: The biological effects of radiation. Ann. Rev. Physiol **1**, 21—40 (1939). — [10] ELLINGER, F. PH.: Biologic Fundamentals of Radiation Therapy. Amsterdam, New York u. London 1941. — [11] HENSHAW, P. S.: Medical Physics (Review of biological effects of radiations) S. 1352. Chicago 1944. — [12] HEVESY, G. v.: Rev. mod. Physics **17**, 102 (1945). — [13] LATARJET, R.: Rev. Congr. Biol. **5**, Nr. 1 (1946). — [14] MINDER, W., u. A. LIECHTI: Über den gegenwärtigen Stand des Hauptproblems der Strahlenbiologie. Exper. **1**, 298 (1945). — [15] TIMOFÉEFF-ROSSOWSKY, N. W.: Biophysik, Bd. I. Das Trefferprinzip in der Biologie. Leipzig 1947. — [16] ZIMMER, K. G.: Strahlungen, Wesen, Erzeugung und Mechanismus der biologischen Wirkung. Leipzig 1937. — [17] DU BUY, H. C., u. E. NUERNBERGK: Phototropismus und Wachstum der Pflanzen I. Ergebn. Biol. **10**, 207—322 (1934); **12**, 325—543 (1935). — [13] TAPPEINER, H. v.: Die photodynamische Erscheinung (Sensibilisierung durch fluorescierende Stoffe). Ergebn. Physiol. **8**, 698—741 (1909). — [19] BAUMGÄRTEL, T.: Über den Lichttod der Bakterien. Forsch. u. Fortschr. **12**, 104 (1936). — [20] VANNOTTI, A.: Porphyrine und Porphyrinkrankheiten. Berlin 1937.

b) Wirkung bestimmter Strahlungsarten. [21] MERKELBACH, O.: Die biologische Bedeutung der infraroten Strahlen. Suppl. I in Helv. med. Acta **4**, H. 3 (1937). — [22] HOLLAENDER, A.: Effects of ultraviolet radiation. Ann. Rev. Physiol. **8**, 1—16 (1946). — [23] VODAR, M.: Chim. et Industr. **69**, 62—69 (1943). — [24] BLUM, H. F.: Physiological and pathological effects of ultraviolet radiation. Ann. Rev. Physiol. **5**, 1—16 (1943). — [25] ELLIS, C., and A. A. WELLS: The Chemical Action of Ultraviolet Rays. 2. Aufl. New York 1941. — [26] SCHULZE, RUD.: Die biologisch wirksamen Komponenten des Strahlungsklimas. Naturwiss. **34**, 238 (1947). — [27] ELLINGER, F. PH.: Lichtbiologische Konstitutionsstudien. Forsch. u. Fortschr. **8**, 199 (1932). (Untersuchungen über Sonnenbrand-Empfindlichkeit.) — [28] HAUSMANN, W.: Forsch. u. Fortschr. **9**, 351 (1933). — [29] MEYER, A. E. A., u. E. O. SEITZ: Ultraviolette Strahlen. Ihre Erzeugung, Messung und Anwendung in Medizin, Biologie und Technik. Mit einem Geleitwort von B. RAJEWSKY. Berlin 1942.

Zusammenfassendes über Erzeugung von Licht durch Organismen: 1—6. [1] HARVEY, E. N.: Luciferin and luciferase, the luminescent substances of light giving animals in ALEXANDER, J.: Colloid Chemistry **2**, 395, New York u. London 1928; sowie Luciferase, the enzyme concerned in luminescence of living organisms. Ergebn. Enzymforsch. **4**, 365—379 (1935). — [2] HARVEY, E. N., u. R. S. ANDERSON: Luciferase. Bamann-Myrbäck **3**, 2495—2504. — [3] HARVEY, E. N.: Review of bioluminescence. Ann. Rev. **10**, 531—552 (1941). — [4] JOHNSON, F. H.: Bacterial luminescence. Adv. Enzymol. **7**, 215—264 (1947). — [5] MANGOLD, E.: Chemie der Lichtproduktion durch Organismen. Handb. Biochem. **2**, 433—441 (1925). —

Nach Untersuchungen, welche zuerst von GURWITCH[1,2] angestellt worden sind, soll mit der beim Wachstum erfolgenden Zellteilung (Mitose) eine Emission von Strahlung ($\lambda \sim 3000$ Å) verbunden sein (mitogenetische Strahlung). Es soll diese Strahlung die Fähigkeit haben, die Wachstumsgeschwindigkeit von Organismen, auf welche die Strahlung auftrifft, zu vergrößern. Eine kritische Sichtung der bis zum Jahre 1937 vorliegenden Beobachtungen durch W. GERLACH[3-5] lieferte das Ergebnis, daß das Vorhandensein einer mitogenetischen Strahlung bisher nicht sichergestellt ist.

6. Gekoppelte chemische Reaktionen.

Nach dem soeben Gesagten können wir angeregte, also energiereiche Moleküle als Zwischenprodukte im Laufe chemischer Reaktionen antreffen. Es steht nichts im Wege, daß diese Moleküle, anstatt ihre überschüssige Energie auszustrahlen (Chemiluminescenz), sie auf andere Moleküle, die sich in ihrer Nähe befinden, übertragen. Diese fremden Moleküle werden dadurch energiereich und erhalten die Möglichkeit, chemische Reaktionen einzugehen, welche sie normalerweise nicht eingehen würden.

Energetisch gesprochen läuft das darauf hinaus, daß die bei einer Reaktion I auftretende freie Energie dazu verwendet wird, eine Reaktion II, welche nicht von selbst, sondern nur unter Absorption von freier Energie verlaufen kann, in Gang zu bringen. Die endotherme bzw. endaffine Reaktion II erscheint dann mit der exothermen bzw. exaffinen Reaktion I *gekoppelt*. Die durch die Energie der Reaktion I gespeiste Reaktion II kann von der Reaktion I gänzlich verschieden sein.

Man braucht sich also nicht zu wundern, wenn beispielsweise die bei einer *Oxydation* freiwerdende Energie dazu verwendet wird, um eine nur mit Aufwendung großer Energie zu bewirkende *Reduktion* durchzuführen. Derartige Reaktionen sind in der Biochemie sehr häufig. (Übertragung von H an viele Verbindungen.) Die Voraussetzungen, unter denen die gekoppelten Reaktionen stattfinden, sind ebenso speziell und ebenso spezifisch wie viele der biochemischen Katalysen. Sie haben ganz spezielle Stoffkombinationen zur Voraussetzung, und es ist oftmals bei biochemischen Reaktionen nicht leicht zu sagen, ob eine gekoppelte Reaktion oder eine Katalyse (s. S. 100 u. 146) vorliegt.

Begrifflich können wir uns das Problem dieser Unterscheidung am Beispiel einer Reduktion klarmachen:

Wenn reine *Katalyse* vorliegt, so nimmt der als Katalysator wirkende Hilfsstoff an der Reaktion so teil, daß er am Schluß des Vorganges an Ort und Stelle unverändert wieder zu finden ist.

Im Falle einer *gekoppelten Reaktion* dagegen wird der Hilfsstoff beispielsweise oxydiert und die dabei auftretende freie Energie wird, wie oben beschrieben, zur Durchführung der Reduktion zur Verfügung gestellt. Der oxydierte Hilfsstoff kann dann an anderer Stelle, d. h. räumlich oder zeitlich getrennt, in einer weiteren Reaktion regeneriert werden, so daß sich der Hilfsstoff später wieder (ähnlich wie der Katalysator) in seinem ursprünglichen Zustande vorfindet. Man sieht, daß der Unterschied zwischen reiner Katalyse und gekoppelter Reaktion hier nur darin liegt, daß die Regenerierung des Hilfsstoffes im Falle der Katalyse *sofort an Ort und Stelle* erfolgt, während sie bei der gekoppelten Reaktion unter Umständen *später* oder *anderswo* bewirkt wird. Man erkennt, daß eine Entscheidung tatsächlich oft schwierig und in einzelnen Fällen vielleicht unmöglich sein wird.

[6] PRATJE, A.: Das Leuchten der Organismen. Ergebn. Physiol. **21**, 166—273 (1923); siehe auch Kapitel „Enzyme", Abschnitt „Dehydrasen" sowie die Literatur über Fluorescenz S. 45, Phosphorescenz S. 46, Photochemie S. 47, Chemiluminescenz S. 49.

[1] GURWITSCH, A.: Die mitogenetische Strahlung. Berlin 1932. — [2] STEMPELL, W.: Die unsichtbare Strahlung der Lebewesen. Jena 1932. — [3] GERLACH, W.: Naturwiss. **25**, 585 (1937); **27**, 60 (1939). — [4] HOLLAENDER, A., and W. D. CLAUS: Bull. nat. Res. Counc. Nr. 100 1937. — [5] MOISSEJEWA, M.: C. R. Acad. Sci. USRR. **30**, (N. S. 9) 356 (1941). [C. **1942**. II, 1354.]

7. Assimilation.

Einer der wichtigsten biochemischen Vorgänge ist die Assimilation (s. auch Bd. 2, Vergl. Physiol. Chem. Pflanzen). Bei diesem Vorgange absorbieren die Pflanzen das von der Sonne zugestrahlte Licht und sie verwenden die so erhaltene Energie, um die Kohlensäure, welche sie der Luft entnehmen, zu Glucose zu reduzieren. Der Gesamtvorgang wird durch die folgende Formel dargestellt:

$$6\ CO_2 + 6\ H_2O = C_6H_{12}O_6 + 6\ O_2 - 6 \cdot 112'000\ cal\ . \tag{23}$$

Man sieht, daß gemäß dieser Gleichung pro CO_2-Molekül, ein O-Atom abzuspalten und durch 2 Wasserstoffatome aus H_2O zu ersetzen ist (Reduktion zu Formaldehyd) und daß hierfür pro CO_2-Molekül eine Energie von 112'000 cal notwendig ist.

Durch O. WARBURG [1-4] ist festgestellt worden, daß unter optimalen Bedingungen für jedes Kohlensäuremolekül, welches in den Reduktionsprozeß Gl. (23) einbezogen wird, 4 bis 5 Lichtquanten notwendig sind. Gleichzeitig ist festgestellt worden, daß alle Wellenlängen des sichtbaren Lichtes bis etwa zu $\lambda = 7000$ Å (rotes Licht) für die Assimilation ausgenutzt werden können. Ein Lichtquant, dessen Wellenlänge gleich 7000 Å ist, besitzt nach (18) und (19) (S. 35) eine Energie $\varepsilon = h\nu = 2{,}81 \cdot 10^{-12}$ Erg. Wenn jedes Molekül in einem Grammolekül diese Energie aufnimmt, so entspricht dies 40500 cal/Mol*. Das 4fache hiervon ist 162000 cal. Dies ist ein Betrag, der nur um etwa 30% größer ist als die Energie von 112000 cal, welche thermochemisch für die Reduktion eines Grammoleküles Kohlensäure gefordert werden muß. Der Assimilationsvorgang verläuft also mit einer recht guten Verwertung der von der Pflanze absorbierten Lichtenergie.

Über die *Teilvorgänge*, welche beim Assimilationsprozeß auftreten, ist nur wenig bekannt. Über *den ersten* Vorgang herrscht noch Einigkeit, denn an den Anfang des Assimilationsvorganges ist unter allen Umständen die *Absorption* von einem oder mehreren *Lichtquanten* durch das in den Pflanzen vorhandene Chlorophyll zu setzen. Aber bereits beim nächsten Schritt, also bei der *Frage, was mit den absorbierten Lichtquanten nun geschehen soll*, in welcher Weise die absorbierte Energie vom Chlorophyll zur Kohlensäure gelangen soll, gehen die Meinungen gänzlich auseinander. Nach dem, was vorhin über die Übertragung von Anregungsenergie von einem absorbierenden Molekül auf ein fremdes Molekül gesagt wurde (photodynamische Wirkung), sind solche Energieübertragungen an sich nichts Unbekanntes. Die Schwierigkeit liegt in der Bestimmung der Art und Weise, *wie* diese Energie übertragen wird und *wie* die vier absorbierten Quanten schließlich auf ein und dasselbe CO_2-Molekül vereinigt werden.

Es besteht kein Zweifel darüber, daß der Vorgang in einer Anzahl von Stufen vor sich geht, und zwar in allermindestens *drei Teilprozessen*, von denen der erste etwa $^1/_{100}$ *sec*, ein zweiter etwa *1 sec* und der dritte etwa *5 min* bei $t = 25°$ C dauert. Wahrscheinlich spielen sich in Wirklichkeit noch viel mehr Teilprozesse ab. Die Existenz des ersten Vorganges erschließen wir aus Versuchen von

---

* Die Zahl der Einzelmoleküle in einem Mol Substanz ist $N_L = 6{,}06 \cdot 10^{23}$; die von einem Grammolekül insgesamt aufgenommene Energie ist daher gleich $6{,}06 \cdot 10^{23} \cdot 2{,}81 \cdot 10^{-12} = 1{,}70 \cdot 10^{12}$ Erg/Mol und dies ist, da eine cal gleich $4{,}18 \cdot 10^7$ Erg ist, gleich $4{,}05 \cdot 10^4 = 40500$ cal/Mol.

[1] WARBURG, O., u. E. NEGELEIN: B. Z. **110**, 66 (1920). Z. physik. Chem. **102**, 235 (1922); **106**, 191 (1923). — [2] WARBURG, O.: Über die katalytischen Wirkungen der lebendigen Substanz, S. 463. Berlin 1928. — [3] WARBURG, O.: Naturwiss. **33**, 122 (1946). — [4] WARBURG, O.: Kohlensäureassimilation I. Der Quantenbedarf der photochemischen Reduktion der Kohlensäure. Fiat Rev. **39**. Biochemie I, 201—210 (1947).

O. WARBURG[1], in welchen gezeigt wird, daß die Assimilationsausbeute bei intermittierender Bestrahlung (abwechselnde Bestrahlungs- und Dunkelperioden von je $1/100$ sec) etwa doppelt so groß ist wie für denselben Betrag an eingestrahlter Energie aber kontinuierlicher Beleuchtung (vgl. auch spätere Versuche von EMERSON und ARNOLD[2-4]). Es ist kennzeichnend, daß dieser *erste* und auch der sogleich zu besprechende *zweite Vorgang* (Dauer etwa 1 sec) *von der Gegenwart von Kohlensäure in weitem Maße unabhängig sind*, daß also in der ersten Zeit nach erfolgter Lichtabsorption Vorgänge sich abspielen, welche mit einer Übertragung der absorbierten Energie auf die Kohlensäure noch nichts zu tun haben. Der zweite genannte Vorgang von etwa einer Sekunde Dauer ergibt sich aus der noch zu besprechenden Fluorescenzanalyse (H. KAUTSKY). Auch dieser Vorgang ist wie gesagt noch von der Kohlensäure unabhängig. Erst bei den folgenden Reaktionen beginnt die Kohlensäure, sich umzusetzen.

Über die Stoffe, welche sich bei irgendeiner der Reaktionsstufen bilden, ist bis in die neueste Zeit nichts oder fast nichts bekannt. Hierüber sind bisher eine Reihe von *Hypothesen* aufgestellt worden. Es muß gesagt werden, daß solche Theorien zwar zum Teil den Anspruch erheben, den ganzen Assimilationsvorgang auf dem Papier zu konstruieren, daß aber dabei leider mit unbewiesenen Dingen notgedrungenermaßen großzügig verfahren wird. Die Großzügigkeit betrifft sowohl die Wahl der Zwischenprodukte im Reaktionsschema wie namentlich auch die Behandlung der verschiedenen Stoffe, mit denen das Chlorophyll in der lebenden Pflanze vergesellschaftet ist. Auf Grund unten zu besprechender Versuche von S. RUBEN und M. D. KAMEN, bei welchen Kohlensäure mit radioaktivem C in die Versuche eingesetzt wurde, lassen sich über die Natur der ersten Assimilationsprodukte immerhin einige Anhaltspunkte erhalten.

In den genannten Arbeiten von EMERSON und ARNOLD[5], sowie auch in Arbeiten von GAFFRON und WOHL[6-9] werden insbesondere für die *Assimilationstätigkeit des Chlorophylls* Wirkungseinheiten von über 1000 Molekülen Chlorophyll zugrunde gelegt. In diesen Wirkungseinheiten soll die Energie (4 Lichtquanten) absorbiert, gesammelt und in *einem* Akt auf ein im Chloroplasten an Stickstoff gebundenes CO_2 Molekül übertragen werden.

Annahmen wie die hier beschriebenen erhalten eine gewisse experimentelle Stütze durch Untersuchungen von G. SCHEIBE[10-12]. Dieser Autor zeigt nämlich, daß gewisse organische, in Wasser gelöste Farbstoffe sich zu großen, stark absorbierenden Aggregaten vereinigen können und daß die innerhalb dieser Aggregate an beliebiger Stelle absorbierte Energie mit Leichtigkeit an eine bestimmte Stelle des Gebildes gebracht und dort ausgenützt werden kann. Vgl. das S. 41 über das Streumoment räumlich stark ausgedehnter chromophorer Gruppen Gesagte.

Auf einige zum Teil in anderer Richtung liegende Arbeiten von R. WILLSTÄTTER, J. FRANCK u. a. soll an dieser Stelle aufmerksam gemacht werden[13-22].

[1] WARBURG, O.: B. Z. **100**, 230, insbesondere 266 (1919). Schwermetalle als Wirkungsgruppen von Fermenten. Berlin 1946. Letztes Kapitel: Quantenbedarf der Kohlensäureassimilation. — [2] EMERSON, R., and W. ARNOLD: J. gen. Physiol. **15**, 391 (1932); **16**, 191 (1932). — [3] Siehe auch EMERSON, R.: Ergebn. Enzymforsch. **5**, 305—347, insbesondere 316 (1936). — [4] EMERSON, R.: Photosynthesis. Ann. Rev. **6**, 535—556 (1937). — [5] EMERSON, R., and W. ARNOLD: J. gen. Physiol. **15**, 391 (1932); **16**, 191 (1932). — [6] GAFFRON, H.: Naturwiss. **23**, 528 (1935). — [7] GAFFRON, H., u. K. WOHL: Naturwiss. **24**, 81, 103 (1936). — [8] Vgl. ferner WEISS, J.: J. gen. Physiol. **20**, 501—509 (1937) sowie [9] RABINOWITCH, E., and J. WEISS: Nature **138**, 1098(1936). — [10] SCHEIBE, G.: Angew. Chem. **51**, 19, 405 (1938). — [11] SCHEIBE, G., A. SCHÖNTAG u. F. KATHEDER: Naturwiss. **27**, 499 (1939). — [12] SCHEIBE, G., A. SCHÖNTAG, J. KOPSKE u. K. HENLE: Z. wiss. Photogr. **38**, 1 (1939). — SCHEIBE, G.: Z. Elektrochem. **52**, 283 (1948). — [13] WILLSTÄTTER, R.: Naturwiss. **21**, 252 (1933). — [14] WILLSTÄTTER, R., u. A. STOLL: Untersuchungen über die Assimilation der Kohlensäure. Berlin 1918. — [15] FRANCK, J.: Naturwiss. **23**, 226 (1935). — [16] FRANCK, J., u. H. LEVI: Naturwiss. **23**, 229 (1935). Ein Teil der hier aufgestellten Hypothesen ist nach einer späteren Arbeit von [17] FRANCK, J., and R. W. WOOD: J. chem. Physics **4**, 551 (1936) wieder verlassen. Die Arbeiten befassen sich mit der von H. KAUTSKY untersuchten Fluorescenz des Chlorophylls (vgl. Text). Die Versuchsergebnisse

Von einer anderen Seite ist das Problem der ersten an die Lichtabsorption sich anschließenden Vorgänge von H. KAUTSKY in Angriff genommen worden[1,2]. Diese Untersuchungen befassen sich mit den Bedingungen, unter welchen am lebenden Blatt eine *Fluorescenz des Chlorophylls* zu beobachten ist. Es handelt sich bei der Chlorophyllfluorescenz um die Ausstrahlung roten Lichtes von den Wellenlängen $\lambda = 6300$ bis 6500 und 6600 bis 6900 Å, also von Licht, welches nach dem eingangs Gesagten vom Chlorophyll auch absorbiert und für die Durchführung der Assimilation verwendet werden kann bzw. verwendet werden könnte. Die zur Deutung der Versuche anzuwendende Schlußweise geht darauf hinaus, daß die Energie, welche von Chlorophyll in Form von Strahlung ausgesendet wird, offenbar für den Assimilationsvorgang verlorengeht. Genauer gesagt, werden wir aus dem Auftreten starker Fluorescenz schließen, daß die absorbierte Energie anschließend an den Absorptionsprozeß sogleich wieder verlorengeht, also an die Folgeprodukte der Assimilation nicht weitergegeben wird. Die Schlüsse können sich also vorzugsweise nur auf die allerersten Teilprozesse beziehen. Das Fehlen einer Fluorescenz deuten wir dahin, daß die ersten Teilvorgänge normal verlaufen. Dagegen bedeutet das Auftreten einer starken Fluorescenz, daß einer der ersten Teilvorgänge, in denen die Energie chemisch verwertet werden sollte, gestört ist. Tatsächlich zeigt die Fluorescenzbeobachtung, daß eine ganze Reihe von Faktoren, welche die Assimilation stören, wie z.B. eine Blausäurevergiftung, in ausgesprochenem Maße die Fluorescenz des Blattes steigern. Im Sinne der geschilderten Betrachtung heißt das, daß die Blausäure in eine der ersten Stufen des Gesamtvorganges eingreift, indem sie die Weitergabe der Energie vom Chlorophyll auf eine der Folgesubstanzen verbindet.

Ein Hauptpunkt der von H. KAUTSKY erhaltenen Ergebnisse ist die Beobachtung, daß die *Gegenwart von Sauerstoff notwendig* ist, damit die Fluorescenz des Chlorophylls im lebenden Blatte verhindert wird. Dies steht in Parallele dazu, daß nach Untersuchungen von WILLSTÄTTER und STOLL[3] auch tatsächlich die Gegenwart von wenigstens kleinen Mengen von Sauerstoff notwendig ist, damit

---

von H. KAUTSKY werden bestätigt, in einigen Punkten erweitert, jedoch anders als bei H. KAUTSKY, nämlich unter Einbeziehung leicht verschiebbarer Wasserstoffatome an mit Chlorophyll vergesellschafteter Substanzen gedeutet. — [18] FRANCK, J., and K. F. HERZFELD: J. chem. Physics **5**, 237 (1937). — FRANCK, J., and H. GAFFRON: Photosynthesis. Adv. Enzymol. **1**, 199—262 (1941). — [19] STOLL gibt eine ausführliche Übersicht über die chemischen Eigenschaften des Chlorophylls. Besonders hervorzuheben ist dabei der Nachweis eines durch Licht aktivierbaren, besonders leicht beweglichen Wasserstoffatoms im Chlorophyll. Es spielt eine große Rolle in dem von STOLL sowie in den von FRANCK aufgestellten Reaktionsschemata. — [20] STOLL, A.: Naturwiss. **20**, 955 (1932); **24**, 53 (1936). — STOLL, A., u. E. WIEDEMANN: Chlorophyll. In Fortschr. Chem. org. Naturstoffe **1**, 159—254 (1938). — [21] NIEL, C. B. VAN, et F. M. MULLER: Recu. Trav. bot. néerl. **28**, 245 (1931). — NIEL, C. B. VAN: The bacterial photosynthesis and their importance for the general problem of photosynthesis. Adv. Enzymol. **1**, 263—328 (1941). — CLIFTON, C. E.: Microbial assimilations. Adv. Enzymol. **6**, 269—308 (1946). — OCHOA, S.: Enzymatic mechanisms of carbon dioxide assimilation. Green's Currents biochem. Res. 1949, 165—185. — [22] NODDACK, W.: Untersuchungen über die Assimilation der Kohlensäure durch die grünen Pflanzen. I. Probleme der Assimilation. Z. physik. Chem. (A) **185**, 207 (1939). II. Assimilation und Lichtintensität. Z. physik. Chem. (A) **185**, 222 (1939). III. Lichtabsorption von Algensuspensionen. Z. physik. Chem. (A) **185**, 241 (1939). — NODDACK, W., u. CHL. KOPP: IV. Assimilation und Temperatur. Z. physik. Chem. (A) **187**, 79 (1940). — BENSON, H., and M. CALVIN: Science, N. Y. **105**, 648 (1947). Hier wird gezeigt, daß bei der Dunkelassimilation von Algen der Kohlenstoff von $^{14}CO_2$ in die CH_2-Gruppe von Bernsteinsäure eingebaut wird. — RABINOWITCH, E. I.: Photosynthesis and Related Processes, Bd. I. of Chemistry of Photosynthesis, Chemosynthesis, and Related Processes in Vitro and in Vivo. New York 1945. — FRENCH, C. S.: Photosynthesis. Ann. Rev. **15**, 397—416 (1946). — STILES, W.: Photosynthesis. Sci. Progr. **35**, 577—588 (1947).

[1] KAUTSKY, H.: B. Z. **274**, 423, 435 (1934); **277**, 250; **278**, 373 (1935). — [2] KAUTSKY, H., u. R. EBERLEIN: Naturwiss. **26**, 576 (1938). B. Z. **302**, 137 (1939). — [3] WILLSTÄTTER, R., u. A. STOLL: Untersuchungen über die Assimilation der Kohlensäure, Kap. 6. Berlin 1918.

die Assimilation vor sich gehen kann[1]. Durch bereits S. 48 erwähnte Versuche hat H. KAUTSKY mit seinen Mitarbeitern ferner gezeigt, daß Sauerstoff die Fähigkeit hat, Energie aus angeregten Molekülen zu übernehmen und dadurch in einen metastabilen Zustand überzugehen, ja daß der Sauerstoff diese Energie im metastabilen Zustand längere Zeit behalten und — wenigstens im gasförmigen Zustande — über mikroskopische Strecken transportieren kann. H. KAUTSKY hält es daher für wahrscheinlich, daß die Fähigkeit des Sauerstoffs, Energie aus angeregten Molekülen zu entnehmen und aufzuheben, mit der Tatsache, daß Sauerstoff für die Assimilation notwendig ist und mit der Tatsache, daß Sauerstoff die Fluorescenz des Chlorophylls, also die Wiederaussendung des absorbierten Lichtes durch das Chlorophyllmolekül verhindert, im Zusammenhang steht.

Wenn wir ein angeregtes Chlorophyllmolekül durch Ch^*, ein angeregtes Sauerstoffmolekül durch O_2^ε bezeichnen, so würden nach H. KAUTSKY die ersten beiden *Vorgäng des Assimilationsprozesses* die folgenden sein:

$$1.\ Ch + h\nu = Ch^*,$$
$$2.\ Ch^* + A \cdot O_2 = Ch + AO_2^\varepsilon.$$

A ist ein Molekül von Chlorophyll oder einer Chlorophyllbegleitsubstanz, an welche der Sauerstoff adsorptiv gebunden ist. Durch Beobachtung des zeitlichen Verlaufes der Chlorophyllfluorescenz in Abhängigkeit von der Gegenwart von Sauerstoff und anderen Substanzen ist von H. KAUTSKY der weitere Schluß gezogen worden, daß das angeregte Sauerstoffmolekül O_2^ε seine Energie an eine *Folgesubstanz* abgibt, welche im Dunkelzustande des Blattes nur in kleiner Konzentration vorliegt und erst im Laufe der Assimilation in größeren Mengen gebildet wird. (Stationäre Konzentration, gebildet im Laufe von etwa 5 min bei 25°C.) Über die Art dieser Folgesubstanzen kann nichts gesagt werden.

Es wird, wie bereits angedeutet wurde, über die hier dargestellten *Schlußfolgerungen noch diskutiert*. Sie haben, wie wir sahen, die ersten Vorgänge, welche sich an die Absorption des Lichtes anschließen, zum Gegenstand und es zeigte sich, daß dabei zwar *Sauerstoff*, jedoch noch nicht die *Kohlensäure* eine Rolle spielt. Über die Art und Weise, wie die Kohlensäure in den Assimilationsvorgang eingeschaltet wird, geben die Versuche keinen Aufschluß, mit Ausnahme der Aussage, daß die Kohlensäure *nicht* zu den Verbindungen gehört, welche unmittelbar anschließend an die Lichtabsorption des Chlorophylls ins Spiel kommen.

Diese Erkenntnisse werden zum Teil bestätigt und in anderer Richtung erweitert durch Untersuchungen von S. RUBEN, M. D. KAMEN und Mitarbeitern[2]. Bei ihren Versuchen wird Kohlensäure, welche an Stelle gewöhnlichen Kohlenstoffes das radioaktive Kohlenstoffisotop $^{11}_{6}C^*$ enthält, unter verschiedenen Bedingungen mit der Pflanze (in den meisten Versuchen ist es Chlorella) zusammengebracht.

Über die Herstellung des radioaktiven Kohlenstoffisotops $^{11}_{6}C^*$ durch Einwirkung von Deuterium auf Bor vgl. Gl. (14) S. 24. Die Lebensdauer dieses radioaktiven Kohlenstoffisotops beträgt etwa 21 min.

Es zeigt sich, daß mit der Atmung der Pflanze weder eine Kohlensäureaufnahme noch ein Kohlensäureaustausch verbunden ist, daß also die letzten Stufen des Atmungsvorganges, bei welchen die Kohlensäure in der Pflanze freigesetzt wird, nicht umkehrbar sind.

---

[1] Die allgemeine Richtigkeit hiervon wird von GAFFRON, H.: B. Z. **280**, 337 (1935). Naturwiss. **23**, 528 (1935) bestritten. Vgl. hierzu auch A. STOLL, zit. Betreffend weitere Einwände gegen die hier dargestellten von H. KAUTSKY gezogenen Schlüsse und betreffend anderweitige Vorschläge zur Deutung seiner Beobachtungen sei auf die vorstehend zitierte weitere Literatur (FRANCK, GRAFFON, EMERSON usw.) hingewiesen. — [2] RUBEN, S., W. Z. HASSID and M. D. KAMEN: Am. Soc. **61**, 661 (1939). — RUBEN, S., M. D. KAMEN and W. Z. HASSIL: Am. Soc. **62**, 3443 (1940). — RUBEN, S., M. D. KAMEN and L. H. PERRY: Am. Soc. **62**, 3450 (1940). — RUBEN, S., and M. D. KAMEN: Am. Soc. **62**, 3451 (1940). — RUBEN, S., A. W. FRENKEL and M. D. KAMEN: J. physic. Chem. **46**, 710 (1942).

Dagegen findet bei der *Dunkelassimilation* (Aufnahme von Kohlensäure ohne gleichzeitige Abgabe von Sauerstoff) ein Einbau von Kohlensäure in die in der Pflanze enthaltenen Kohlenstoffverbindungen statt. Die hierbei gebildeten, den aktiven Kohlenstoff enthaltenden Verbindungen sind praktisch vollständig wasserlöslich und aus der wäßrigen Lösung zu etwa 80% als organische Ba-, Ca- oder Pb-Salze ausfällbar. Beim Erhitzen dieser Niederschläge entstehen Ba-, Ca- oder Pb-Carbonate, welche ihrerseits wieder einen sehr großen Teil des radioaktiven Kohlenstoffes enthalten.

Werden die Pflanzen in Gegenwart der radioaktiven Kohlensäure *belichtet*, so schließen sich an die Dunkelaufnahme der Kohlensäure weitere Umsetzungen an. Die den radioaktiven Kohlenstoff enthaltenden organischen Verbindungen nehmen der Menge nach stark zu. Sie sind wiederum wasserlöslich, farblos und durch Ba-, Ca- oder Pb-Salze ausfällbar. Beim Erhitzen der Ausfällungen entstehen Ba-, Ca- oder Pb-Carbonate, welche aber im Gegensatz zu vorher nur noch geringe Teile des radioaktiven Kohlenstoffes enthalten.

Zur weiteren Kennzeichnung der mit und ohne Belichtung in der Pflanze entstehenden, den radioaktiven Kohlenstoff enthaltenden Verbindungen haben die Forscher weitere Versuche durchgeführt. Es zeigte sich, daß die in den ersten Teilvorgängen der Assimilation entstehenden Verbindungen durch organische Lösungsmittel (Äther, Benzin usw.) *nicht* aus der wäßrigen Lösung ausgezogen werden können, daß aber eine Extraktion mit organischen Lösungsmitteln möglich ist, wenn die Substanz benzoyliert wird. Daraus wird geschlossen, die gesuchte unbekannte Verbindung enthalte Hydroxylgruppen.

Aus Messungen der Diffusionsgeschwindigkeit und der Sedimentationsgeschwindigkeit in der Ultrazentrifuge wird weiter gefolgert, die wasserlösliche Substanz besitze ein Molekulargewicht von ungefähr 1000 (Molekulargewicht von Glucose = 180).

Mit Sicherheit konnte ferner festgestellt werden, daß die beim Belichten zunächst entstehende Verbindung nicht, *auch nicht spurenweise* Formaldehyd, Acetaldehyd, Eiweiß, Zucker, Stärke, Cellulose, eine Aminosäure, Essigsäure, Propionsäure, Ascorbinsäure, Citronensäure, Äpfelsäure, Fumarsäure, Maleinsäure, Bernsteinsäure, Oxalsäure, Weinsäure oder Hexosephosphorsäure ist.

Es wird auf Grund der Gesamtheit dieser Versuche vermutet, die Kohlensäure werde zunächst in einer Dunkelreaktion an eine hydroxylhaltige Substanz RH in reversibler Weise unter Bildung einer Carbonsäure gebunden: $RH + C^{*}O_2 \rightleftharpoons R \cdot C^{*}OOH$. ($C^{*}OOH$-Gruppe wegen Ausfällbarkeit mit Ba-Salz und Entstehen von radioaktivem $BaC^{*}O_3$ beim Erhitzen des Niederschlags; Hydroxylgehalt des Restes R wegen Reaktion der Verbindung mit Benzoylchlorid unter Bildung eines in organischen Lösungsmitteln löslichen Benzoats.)

Diese Reaktion wäre in Parallele zu setzen zur Addition von CO_2 an Pyrogallol:

$$\text{Pyrogallol} + CO_2 \rightarrow \text{Gallussäure}$$

unter Bildung von Gallussäure.

Die entstandene Verbindung $R \cdot C^{*}OOH$ würde dann unter Wirkung des Lichtes und des Chlorophylls reduziert zu $R \cdot C^{*}H_2OH$ gemäß der Bruttogleichung $R \cdot C^{*}OOH + H_2O \rightarrow R \cdot C^{*}H_2OH + O_2$.

Auf Grund des Hydroxylgehaltes und des hohen Molekulargewichts der wasserlöslichen, den radioaktiven Kohlenstoff enthaltenden Substanz wird vermutet, daß der Rest R eine polysaccharidartige Verbindung ist. Hiernach würde bei der Assimilation ein Polysaccharid aufgebaut und dieses würde anschließend zu Glucose usw. depolymerisiert.

Etwas Bestimmtes darüber, wie die vom Chlorophyll absorbierte Lichtenergie in die Vorgänge eingreifen soll, ist vorerst nicht anzugeben, so daß der Zusammenhang zwischen diesen Versuchen und den vorher geschilderten Versuchen über die Lichtabsorption und die daran anschließenden Luminescenzerscheinungen noch gesucht werden muß (Bd. 2, Vergl. Physiol. Chem. Pflanzen).

Im weiteren sei an die schon S. 31 zitierten Versuche von NORRIS, RUBEN und ALLEN[1] erinnert, bei welchen Chlorella in tritiumhaltigem Wasser bestrahlt wurde mit dem Ergebnis, daß bei der Assimilationstätigkeit *kein* im Chlorophyll enthaltener Wasserstoff gegen Tritium ausgetauscht wird. Es wurde daraus die Schlußfolgerung gezogen, daß die Hypothese unrichtig sein muß, wonach Chlorophyll ein bewegliches Wasserstoffatom an ein Zwischenprodukt der Assimilation abgeben und dasselbe nachher durch Reaktion mit H_2O unter Freisetzung von elementarem Sauerstoff wieder ersetzen würde.

8. Chemische Bindung[2-48].

Es hat sich gezeigt, daß man die Kräfte, welche den Zusammenhalt chemischer Bindungen bewirken, im wesentlichen in drei verschiedene Typen einteilen kann, die teilweise wieder in Unterabteilungen zerlegt werden.

[1] NORRIS, T. H., S. RUBEN and M. B. ALLEN: Am. Soc. **64**, 3037 (1942).

Zusammenfassende Darstellungen über chemische Bindung: 2—48. Siehe außerdem die Lehrbücher der Chemie, der organischen Chemie und physikalischen Chemie, ferner die Darstellungen der Reaktionskinetik, der Photochemie und Elektrochemie.

a) Darstellungen mit besonderer Berücksichtigung der elektrostatischen Effekte. [2] ARKEL, A. E. VAN, u. J. H. DE BOER: Chemische Bindung als elektrostatische Erscheinung. (Deutsch von L. u. W. KLEMM.) Leipzig 1931. — [3] BORN, M: Dynamik der Kristallgitter, 2. Aufl. Leipzig 1915. Atomtheorie des festen Zustandes 1923. Enzykl. math. Wiss. **5**, Teil 3, 529—781. Leipzig 1909. — [4] HERZFELD, K. F.: Gittertheorie der festen Körper. Handb. Exp.-Physik (WIEN-HARMS) **7**/II (1928). — [5] HECKMANN, G.: Gittertheorie der festen Körper. Ergebn. exakt. Naturwiss. **4**, 100—153 (1925).

b) Darstellungen mit besonderer Berücksichtigung der kovalenten Bindung; quantenmechanische Theorien. [6] PAULING, L., and E. B. WILSON: Introduction to Quantum Mechanics, with Applications to Chemistry. New York u. London 1935. — [7] HEITLER, W.: Quantentheorie und homöopolare chemische Bindung. Handb. Radiol. (MARX) **4**/2 (1934) (stark mathematisch). — [8] HELLMANN, H.: Einführung in die Quantenchemie. Leipzig u. Wien 1937. — [9] PAULING, L.: The Nature of the Chemical Bond and the Structure of Molecules and Crystals. 2. Aufl. New York 1948. — [10] DUNKEL, M., u. K. L. WOLF: Atom- und Molekularkräfte. In MÜLLER-POUILLETS Lehrbuch der Physik, Bd. 4/3, S. 579—666. 1933. — [11] PAULING, L.: General Chemistry. Pasadena 1944. — [12] PAULING, L.: The significance of resonance to the nature of the chemical bond and the structure of molecules. In Gilman, org. Chem. II, S. 1943 bis 1983. New York 1943. — [13] LEWIS, G. N.: Valence and the Structure of Atoms and Molecules. New York 1923. — [14] SIDGWICK, N. V.: Some Physical Properties of the Covalent Link in Chemistry. London 1933. — [15] SIDGWICK, N. V.: The Electronic Theory of Valency. London 1927. — [16] ROBINSON, R.: Versuch einer Elektronentheorie organisch-chemischer Reaktionen. Stuttgart 1932. — [17] SPEAKMAN, J. C.: An Introduction to the Modern Theory of Valency. London 1946. — [18] PALMER, W. G.: Valency, Classical and Modern. Cambridge 1945. — [19] RICE, O. K.: Electronic Structure and Chemical Binding. New York u. London 1940. — [20] JOHNSON, J. R.: Modern Electronic Concepts of Valence. In Gilman, org. Chem., II, S. 1821—1942. — [21] REMICK, A. E.: Electronic Interpretations of Organic Chemistry. New York 1943. — [22] WATSON, H. B.: Modern Theories of Organic Chemistry. 2. Aufl. Oxford 1941. — [23] BRANCH, G. F. K., and M. CALVIN: The Theory of Organic Chemistry. New York 1941. — [24] WHELAND, G. W.: Theory of Resonance and its Applications to Organic Chemistry. New York 1944. — [25] STOTT, R. W.: Electronic Theory and Chemical Reaction. London 1944. — [26] EISTERT, B.: Tautomerie und Mesomerie. Stuttgart 1938. — [27] BROOKER, L. G. S.: Resonance and organic chemistry. Frontiers in Chem. Bd. 3 (Adv. nuclear Chem.) S. 63 bis 136 (1945). — [28] RODEBUSH, W. H.: The hydrogen bond and its significance to chemistry. Frontiers in Chem. Bd. 3 (Adv. nuclear Chem.) S. 137—161 (1945). — [29] KALCKAR, H. A.: Mesomeric concepts in the biological sciences. Green's Currents biochem. Res. S. 222—240. — [30] BAKER, J. W.: Tautomerism. London

Eine erste Bindungsform ist die sog. *salzartige oder elektrovalente Bindung*, eine zweite die sog. *homöopolare oder kovalente Bindung.* Neben diesen beiden Bindungen, welche den größten Teil der normalen Valenzbetätigung decken und welche zusammen auch als *Hauptvalenzen* bezeichnet werden, unterscheidet man noch die sog. *Nebenvalenzbindungen.* Wenn auch die Nebenvalenzen, wie der Name andeutet, im allgemeinen etwas schwächere Bindungen als die Hauptvalenzen liefern, so bemerken wir doch sogleich, daß es unter den Hauptvalenzen auch sehr schwache, unter den Nebenvalenzen manchmal auch sehr intensive Bindungen gibt. *Eine strenge Trennung der verschiedenen Valenzarten, insbesondere etwa auf Grund der Bindungsintensität, ist nicht möglich.*

Zuerst werden wir uns mit der *Unterscheidung* der *salzartigen* oder *Ionenbindung von der kovalenten Bindung (Atombindung)* (genaue Definition S. 59/60) befassen. Die Unterscheidung ist nicht immer leicht und erfordert in den Grenzfällen eine sorgfältige Diskussion der verschiedenen Eigenschaften. Vor der eigentlichen Definition der Bindungsform werden wir daher sowohl bei der Ionenbindung als auch bei der Atombindung die Hauptmerkmale je an einem Hauptvertreter der Bindungsform klar machen.

a) Elektrovalente Bindung.

Die sog. **elektrovalente Bindung,** auch **salzartige Bindung** oder **Ionenbindung** genannt, findet sich besonders verbreitet im Bereiche der anorganischen Chemie (typische Salze). Ein Hauptvertreter ist z. B. das Kaliumchlorid. Als Haupteigenschaften dieser Verbindungsklasse nennen wir die folgenden:

1. Die Verbindungen bilden im festen Zustande die sog. *Ionengitter.* Im Beispiel des Kaliumchlorids ist das ein Gitter, welches aus positiv geladenen Kaliumionen und negativ geladenen Chlorionen aufgebaut ist.

2. Beim Auflösen in Wasser oder auch beim Schmelzen im homogenen Zustande *zerfallen* diese Ionengitter *in einfache Ionen,* im angegebenen Beispiel in positiv geladene Kalium- und negativ geladene Chlorionen. Infolge dieser elektrolytischen Dissoziation zeigen die wäßrigen Lösungen oder die geschmolzenen Substanzen eine beträchtliche *elektrische Leitfähigkeit.*

3. Die Verbindungen zeichnen sich durch *hohen Schmelzpunkt* und *hohen Siedepunkt* aus, eine Eigenschaft, welche mit dem Aufbau dieser festen Stoffe

1934. — [31] HAMMET, L. P.: Physical Organic Chemistry. New York u. London 1940. — [32] LUDER, W. F., and S. ZUFFANTI: The Electronic Theory of Acids and Bases. New York u. London 1946. — [33] FROMHERZ, H.: Die neueren Vorstellungen von der chemischen Bindung. Angew. Chem. **49,** 429—437 (1936). — [34] GRIMM, H. G.: Wesen und Bedeutung der chemischen Bindung. Angew. Chem. **53,** 288 (1940). — [35] INGOLD, C. K.: Principles of an electronic theory of organic reactions. Chem. Rev. **15,** 225 (1934). — [36] NÄGELI, C.: Grundriß der organischen Chemie. 15. Aufl., S. 7f. Leipzig 1938. — [37] KRONIG, R. DE L.: The Optical Basis of the Theory of Valency. London 1935. — [38] HARTMANN, H.: Ein einfaches Näherungsverfahren zur quantenmechanischen Behandlung der π-Elektronensysteme aromatischer Kohlenwasserstoffe I. Z. Naturforsch. **2a,** 259, 263 (1947).

c) Über Beziehungen der chemischen Bindung zu den magnetischen Eigenschaften. [39] SELWOOD, P. W.: Magnetochemistry. New York 1943. — [40] KLEMM, W.: Magnetochemie. Leipzig 1936. — [41] VAN VLECK, J. H.: Theory of Electric and Magnetic Susceptibilities. Oxford 1932.

d) Spezielles über Nebenvalenzen und Molekülverbindungen. [42] BRIEGLEB, G.: Zwischenmolekulare Kräfte und Molekülstruktur. Stuttgart 1937.

e) Über Bau und Zusammenhalt von Komplexverbindungen. [43] PFEIFFER, P.: Organische Molekülverbindungen. 2. Aufl. Stuttgart 1927. — [44] PFEIFFER, P.: Komplexverbindungen in Freudenberg, Stereochemie S. 1200ff. — [45] PFEIFFER, P.: Wesentliche Ergebnisse meiner komplexchemischen Untersuchungen. B. **77** (A), 59—73 (1944). — [46] KARRER, P.: Entstehung und Entwicklung der Koordinationslehre von A. WERNER. Vjschr. naturforsch. Ges. Zürich **89,** 1—16 (1944). — [47] WERNER, A.: Neuere Anschauungen auf dem Gebiete der anorganischen Chemie. 1. Aufl. 1905, 3. Aufl. Braunschweig. 1913. — [48] WEINLAND, R.: Einführung in die Chemie der Komplexverbindungen. Stuttgart 1919.

aus positiv und negativ geladenen Ionen sehr eng zusammenhängt: Die Kraft, die z. B. von einer positiven Ladung ausgeht, wirkt gleich stark nach allen Raumrichtungen. Von einer irgendwie räumlich orientierten Valenz und von einer Abgeschlossenheit der Bindung in sich selbst ist hier nicht die Rede. In der Tat ist im festen KCl jedes K^+-Ion in symmetrischer Weise von $6\,Cl^-$-Ionen umgeben und umgekehrt; es ist nicht möglich zu sagen, welches K^+-Ion zu welchem Cl^--Ion gehört. Aus dem Umstande, daß der Zusammenhalt zwischen den Bausteinen des Krystalls sich mit gleicher und großer Intensität von einem Ende des Krystalls zum anderen fortsetzt, erklärt sich der hohe Schmelzpunkt und Siedepunkt.

4. Als weiteres Kennzeichen fügen wir an, daß wir bei den elektrovalenten Verbindungen die Bildungsenergie aus den Elementen (Beispiel KCl aus gasförmigem K-Atom und Cl-Atom) berechnen können auf Grund elektrostatischer Betrachtungen (Abstände der geladenen Ionen im fertigen Krystall) und auf Grund der Ionisierungsenergien, d. h. im Beispiel derjenigen Energie, welche notwendig ist, um aus einem K-Atom ein Elektron zu entfernen und dem Chloratom anzufügen. (Gittertheorie von M. Born.)

b) Kovalente Bindung.

Die **kovalente Bindung**, auch **homöopolare Bindung** oder **Atombindung** genannt, ist insbesondere bei den sämtlichen C—C- und C—H-Bindungen der organischen Chemie, ebenso beispielsweise beim Methylchlorid (CH_3Cl), sowie beim Cl_2, N_2, O_2 usw. verwirklicht. Auch bei der wasserfreien Salzsäure (HCl) liegt, wie wir sehen werden, Atombindung vor.

Zur genauen Beschreibung der *kovalenten* Bindung muß man quantentheoretische Betrachtungen anwenden, in teilweiser Analogie zu den Betrachtungen, welche die stufenweise Bindung der Elektronen in einem Atom beschreiben. Es zeigt sich, daß für jede kovalente Bindung in der Regel zwei Elektronen notwendig sind. Bei den meisten kovalenten Bindungen werden diese Elektronen zu je einem von den beiden miteinander verbundenen Atomen geliefert. Als Beispiel wollen wir das Cl_2-Molekül etwas genauer betrachten:

$$\overset{++}{\underset{++}{{}^\pm_\pm Cl}}\;\oplus\;\overset{..}{\underset{..}{Cl:}}$$

Jedes Cl-Atom besitzt außer den beiden K-Elektronen (vgl. S. 12 und 36) je 7 äußere Elektronen; die äußeren Elektronen des einen Cl-Atoms sind durch Kreuze, die des anderen durch Punkte angedeutet. Die beiden durch einen gemeinsamen Kreis gekennzeichneten Elektronen sind die die Bindung besorgenden *Valenzelektronen*. Jedes dieser beiden Elektronen gehört im Zustande der Bindung gleich stark dem einen wie dem anderen Cl-Atom an. Man erkennt, daß hierdurch jedes der Cl-Atome seine äußerste Elektronenhülle auf 8 ergänzt hat (Oktett-Theorie[1, 2] von G. N. Lewis).

Die Elektronenverteilung im Cl_2-Molekül ist vollständig symmetrisch. Wir können nicht wie beim KCl einen positiv geladenen Molekülteil von einem negativ geladenen Molekülteil unterscheiden. Daher die Bezeichnung „homöopolare Bindung" ($\delta\mu o\iota o\varsigma =$ ähnlich).

Auf Grund der weitgehenden Symmetrie ist die homöopolare Bindung etwas in sich Abgeschlossenes; starke elektrische Felder sind in einiger Entfernung von einem derartigen Molekül nicht zu finden, im Gegensatz zum Ionenmolekül,

---

[1] Ausführliche Darstellung der Oktett-Theorie: Nägeli, Carl: Grundriß der organischen Chemie. 15. Aufl., S. 7ff. Leipzig 1938. — [2] Hückel, W.: Theoretische Grundlagen der organischen Chemie. 2. Aufl., Bd. 1, S. 20. Leipzig 1934.

welches auf weite Entfernungen starke elektrische Felder erzeugt. Eine Folge davon ist, daß *Kraftäußerungen bei kovalenten Verbindungen nach außen hin nur wenig in Erscheinung treten.* Die Moleküle dieser Verbindungen (Beispiel Cl_2 oder C_6H_6-Moleküle) bleiben aus diesem Grunde auch dann noch gut erkennbar und *in sich abgeschlossen*, wenn die Moleküle zu einem Krystall zusammengefügt werden. Betrachten wir den fertigen Krystall, so sind die Kräfte, welche das eigentliche Molekül zusammenhalten, groß, während *die Kräfte, welche benachbarte Moleküle aneinanderheften, klein sind. Dem entspricht es, daß die kovalenten Verbindungen leicht schmelzbar und leicht flüchtig sind.* (Unterschied gegenüber den Ionenverbindungen, welche schwer schmelzbar und schwer flüchtig sind.)

Die meisten kovalenten Verbindungen zeigen im geschmolzenen oder gelösten Zustande *keine elektrische Leitfähigkeit.* Ferner zeigt es sich, daß die Bildungswärmen aus den Elementen für die kovalenten Verbindungen auch nicht annähernd aus den Ionisierungswärmen der Atome und den Abständen der Molekülbestandteile im Krystall berechnet werden können. Es fehlen also den kovalenten Verbindungen die bei der Beschreibung der Ionenverbindungen (S. 57) unter Punkt 1—4 genannten Merkmale.

Die vollständige Symmetrie in der Verteilung der elektrischen Ladungen wie wir sie beim Cl_2-Molekül feststellen konnten, geht verloren, wenn wir anstatt Cl_2 die Verbindung CH_3Cl oder HCl betrachten. In der Tat können wir beobachten, daß diese Moleküle ein *Dipolmoment* besitzen, d.h. daß das eine Ende des Moleküls positiv, das andere negativ geladen ist. Um zu begründen, daß wir diese Verbindungen trotzdem als Atomverbindungen bezeichnen müssen, ist es notwendig, die Verteilung der elektrischen Ladung etwas genauer zu betrachten.

Wir wählen hierfür das *Beispiel des gasförmigen Chlorwasserstoffs.* Der Abstand der Schwerpunkte des Cl-Atoms und des H-Atoms in gasförmigem HCl beträgt etwa $l_0 = 1,28$ Å. Wenn in dieser Verbindung das Cl-Atom einfach negativ und das H-Atom einfach positiv geladen wäre, ohne daß die Ladungen sich im Molekül wesentlich deformieren würden, so wäre das Produkt: Ladung mal Abstand ($e \cdot l_0$) (man nennt dieses Produkt das *Dipolmoment μ des Moleküls*) gleich $4,77 \cdot 10^{-10} \cdot 1,28 \cdot 10^{-8} = 6,10 \cdot 10^{-18}$ el. stat. Einh. mal cm. Das bei gasförmigem HCl wirklich gefundene Dipolmoment beträgt aber nur $\mu = 1,03 \cdot 10^{-18} = e\,l_0 \cdot 0,17$. Es beträgt also bei dem im Dampfzustande kovalenten HCl nur 17% von $e \cdot l_0$. Mit anderen Worten: Das gasförmige HCl ist eine Verbindung, in welcher die Elektronenverteilung in erster Näherung in ähnlicher Weise wie beim Cl_2 beschrieben werden kann, bei welcher aber die völlige Symmetrie etwas gestört ist. Es sind nämlich die vom H-Atom einerseits, vom Cl-Atom andererseits auf die Elektronen ausgeübten Anziehungen etwas verschieden.

Vergleichen wir damit das KCl-Molekül, welches auch im Dampfzustande eine Ionenverbindung ist: Beim KCl-Dampf beträgt das Dipolmoment etwa 80% von dem aus e und l_0 berechneten idealen Dipolmoment. *Das KCl-Molekül als Ionenverbindung kommt also dem Zustande zweier im Abstande l_0 befindlicher Ionen nahe.* Der Umstand, daß das Dipolmoment auch im KCl nicht den vollen Betrag $e\,l_0$, sondern nur 80% davon ausmacht, rührt davon her, daß das positive K-Ion die Elektronenhülle des negativen Cl-Ions teilweise zu sich herüberzieht.

In ähnlicher Weise betragen die Dipolmomente im Dampf bei anderen Ionenverbindungen etwa 80%, bei Atomverbindungen höchstens 20% von dem aus e und dem Kernabstand l_0 berechneten Momente. Auf Grund dieses allgemeinen Befundes ist es möglich, eine *Einteilung der vorhandenen Hauptvalenzbindungen in Ionenbindungen und Atombindungen*, praktisch genommen, ohne Willkür vorzunehmen.

Danach tragen die **Ionenbindungen** folgendes Kennzeichen: *Die Molekülbestandteile bestehen aus elektrisch geladenen Ionen. Die Kräfte, welche die Teile zusammenhalten, sind die Anziehungskräfte, welche zwischen den entgegengesetzt* *geladenen Molekülteilen wirken. Das Dipolmoment, das wir am isolierten Molekül beobachten, beträgt wenigstens etwa 80% von el_0. Ein weiteres Kennzeichen besteht darin, daß das Molekül durch Anwendung einer mechanischen Kraft, welche dasselbe zerreißt, in normale geladene Ionen aufgespalten wird.*

Bei Molekülen mit **Atombindung** *erfolgt die Bindung dadurch, daß mehrere Elektronen (mindestens 2) den zwei zu verbindenden Atomen gleichzeitig angehören. Das Dipolmoment ist entweder Null oder höchstens 20% von el_0. Wenn solche Moleküle durch Anwendung mechanischer Kräfte zerrissen werden, entstehen in der Regel elektrisch ungeladene Atome oder Radikale.*

Zum Schlusse dieser Beschreibung weisen wir noch darauf hin, daß es auch Verbindungen gibt, welche einerseits *als Ionenverbindung, daneben aber auch als Atomverbindung* vorkommen können. Zu diesen Verbindungen gehört das obengenannte HCl, welches im Dampf- bzw. im wasserfreien, kondensierten Zustande eine Atomverbindung ist (Flüchtigkeit), welche aber in wäßriger Lösung ganz ausgezeichnet (fast ebenso vollständig wie KCl) in Ionen zerfällt. Wir haben uns vorzustellen, daß sich in der Flüssigkeit ein *Gleichgewicht* zwischen der als Atomverbindung und der als Ionenverbindung vorliegenden Substanz einstellt. In der wäßrigen Lösung wird dann der als Ionenverbindung vorliegende Anteil der Substanz gänzlich in die Ionen aufgespalten mit dem Ergebnis, daß ziemlich die gesamte vorhandene Substanz in die ionisierte Form übergeht.

Eine ähnliche Erscheinung beobachten wir beim AgCl: diese Substanz gibt im festen Zustande ein Ionengitter (NaCl-Gitter); im Dampfzustand aber haben wir ein Molekül mit Atombindung.

An Hand dieser beiden Beispiele, aber auch in allen weiteren Fällen, in denen ein gegebenes Molekül sowohl als Ionenmolekül wie auch als Atombindungsmolekül vorkommen kann, können wir feststellen, daß das Gleichgewicht zwischen den beiden möglichen Zustandsformen stets vom *Aggregatzustand* abhängt. Immer ist dabei in wäßriger Lösung die elektrovalente, im Dampfzustande die kovalente Molekülform begünstigt.

c) Komplexbindung[1].

Bevor wir einiges über die Bindungskräfte, welche wir in den Komplexverbindungen anzunehmen haben, anfügen, ist es günstig, über Aufbau und Eigenschaften der sog. Komplexverbindungen einiges in Erinnerung zu bringen. Zu diesem Zwecke geben wir zunächst die Formeln für einige besonders einfache und charakteristische Komplexverbindungen:

$[Co(NH_3)_6]Cl_3$	$[CoCl_2(NH_3)_4]Cl$	$[Ca(H_2O)_6]Cl_2$
Hexamminkobalt (III)- chlorid	Dichlorotetrammin- kobalt(III)-chlorid	Hexaquocalciumchlorid
$K[Ag(CN)_2]$	$[NH_4]Cl$	$K_2[HgJ_4]$
Kaliumdicyanoargentat[2] (= Kaliumsilbercyanid)	Ammoniumchlorid	Kaliumtetraquecksilber- (II)-jodid
$[Ag(NH_3)_2]OH$	$[Cu(NH_3)_4]SO_4$	$K_4[Fe(CN)_6]$
Diamminsilberhydroxyd[2] (= Silberammoniakat)	Tetramminkupfersulfat	Tetrakaliumhexacyano- ferrat[2] (früher Kalium- ferrocyanid genannt)

Bei allen diesen *Beispielen* ist es der in eckige Klammern gesetzte Teil des Moleküls, welcher uns veranlaßt, die Verbindung als Komplexverbindung zu

---

[1] Siehe insbesondere PFEIFFER, P.: Organische Molekülverbindungen. 2. Aufl. Stuttgart 1927. Komplexverbindungen in Freudenberg, Stereochemie S. 1200ff. — WEINLAND, R.: Einführung in die Chemie der Komplexverbindungen. Stuttgart 1919. — WERNER, A.: Neuere Anschauungen auf dem Gebiete der anorganischen Chemie. Braunschweig 1. Aufl. 1905, 3. Aufl. 1913. — [2] Nach internationaler Nomenklaturkommission. B. **73** (A), 65 (1940). Helv. **23**, 997 (1940). — REMY, H.: Chemie **55**, 267 (1942).

bezeichnen. Bei einer großen Zahl von Reaktionen, welche wir an diesen Verbindungen beobachten, verhält sich der eckige in Klammern gesetzte Teil des Moleküls als ein *Ganzes*, als ein Komplex. Beispielsweise beobachten wir in wäßriger Lösung Ionen wie $[Co(NH_3)_6]^{+++}$, $[CoCl_2(NH_3)_4]^+$, $[Ag(CN)_2]^-$, $[HgJ_4]^{--}$ usw. Diese Ionen geben als Ganzes ihre bestimmte analytische Reaktion (besonders bekannt beim Eisen(II)-cyanion $[Fe(CN)_6]^{++++}$), und sie bewegen sich, wenn wir an die Lösung ein elektrisches Feld anlegen, als Ganzes. In einer Kaliumsilbercyanidlösung bewegen sich also nicht Ag^+-Ionen wie in einer $AgNO_3$-Lösung, sondern negativ geladene $[Ag(CN)_2]^-$-Ionen. Unter anderem hat das den merkwürdigen Sachverhalt zur Folge, daß das in der Lösung enthaltene Silber in der $AgNO_3$-Lösung nach der Kathode, in der $K[Ag(CN)_2]$-Lösung nach der Anode wandert. Wir kommen auf solche Eigentümlichkeiten der Komplexverbindungen noch zurück.

Die *Systematik* und den Einblick in die Struktur der Komplexverbindungen verdanken wir in erster Linie den Arbeiten von A. WERNER[1]. Nach ihm sind z. B. die Ionen $[Co(NH_3)_6]^{+++}$ bzw. $[CoCl_2(NH_3)_4]^+$ so gebaut, daß das Co-Atom als *Zentralatom* im Mittelpunkt eines Oktaeders sitzt, während die $6\,NH_3$-Gruppen, bzw. die $2\,Cl$- und die $4\,NH_3$-Gruppen an den Ecken des Oktaeders sitzen. Die direkt an das Zentralatom gebundenen Gruppen bezeichnen wir als *in erster Sphäre* gebunden. Diese Gruppen bleiben auch beim Auflösen der Verbindung in Wasser an das Zentralatom gebunden. Das in erster Sphäre an das Co gebundene Chlor im $[CoCl_2(NH_3)_4]^+$ tritt also beispielsweise nicht als Cl-Ion in der Lösung auf. Die in *zweiter Sphäre* gebundenen Gruppen, also beispielsweise die $3\,Cl$ im $[Co(NH_3)_6]Cl_3$ treten dagegen in wäßriger Lösung als selbständige Ionen auf.

Wie man sich an Hand der Beispiele leicht überzeugt, können einzelne der in erster Sphäre gebundenen Gruppen fertige neutrale Moleküle sein wie NH_3 oder H_2O oder aber Substituenten wie Cl, CN, NO_2 usw., welche, wenn sie als Alkalisalze oder in den Komplexverbindungen in zweiter Sphäre vorkommen, auch frei bewegliche Ionen liefern.

Formal können wir *Größe und Vorzeichen der Ladung eines Komplexions* dadurch finden, daß wir das Zentralatom als ein seiner Wertigkeit entsprechend aufgeladenes Ion, die in erster Sphäre gebundenen ionogenen Substituenten als entsprechend aufgeladene Ionen, die nichtionogenen Substituenten dagegen als ungeladen ansehen. Sodann bilden wir die algebraische Summe der am Zentralatom und in erster Sphäre vorhandenen positiven und negativen Ladungen. Im $[CoCl_2(NH_3)_4]$ hätten wir danach drei positive Ladungen am Co-Atom, je zwei negative Ladungen an den in erster Sphäre gebundenen Cl-Atomen und demnach als Gesamtladung des Komplexions eine positive Ladung. Mit dieser formalen Abzählung darf man allerdings nicht die Vorstellung verbinden, daß die Bindung des Chlors ans Zentralatom im $[CoCl_2(NH_3)_4]$ tatsächlich eine Ionenbindung sei. In diesem Falle liegt vielmehr mit Sicherheit eine Atombindung vor. Ebenso werden wir sehen, daß auch für die Bindung der neutralen Moleküle ans Zentralatom, in vielen Fällen wenigstens, Atombindung anzunehmen ist.

Unabhängig von der Bindungsweise des Substituenten und unabhängig davon, ob der Substituent für die Abzählung der Gesamtladung des Komplexes mitzählt oder nicht, zeigt es sich, daß die Höchstzahl von koordinativ einwertigen Gruppen, welche an ein Zentralatom gebunden sein können, eine für ein Zentralatom charakteristische Größe ist. Man nennt diese Zahl die maximale *Koordinationszahl* des betreffenden Zentralatoms.

---

[1] WERNER, A.: Neuere Anschauungen auf dem Gebiete der anorganischen Chemie. Braunschweig 1. Aufl. 1905, 3. Aufl. 1913. Siehe auch: Zur Nomenklatur B. **73** (A), 65 (1940).

Für Co und Ca sowie für Mg, Zn, Cr, Ni und Fe ist die maximale Koordinationszahl gleich 6; für Silber ist sie gleich 2, für Kupfer und Quecksilber gleich 4, für Wasserstoff gleich 1; für einzelne Metalle kann die Koordinationszahl wechseln. So kennt man z. B. Platinverbindungen, in welchen die Koordinationszahl gleich 4, andere, in denen sie gleich 6 ist.

Für die physiologische Chemie ist es von großer Wichtigkeit, daß nicht nur einfache Moleküle wie H_2O oder NH_3 in erster Sphäre an das Metallatom gebunden sein können, sondern daß insbesondere die NH_2-Gruppe in Aminen und Aminosäuren, die NH-Gruppe im Pyrrol, der Stickstoff im Pyridin und die OH Gruppe in Oxyverbindungen dieselbe Funktion übernehmen können (z. B. Komplexbindung des Eisens im Blutfarbstoff und in Fermenthäminen, des Magnesiums im Chlorophyll, des Kupfers an die Weinsäure in der FEHLINGschen Lösung, von Metallen an Eiweiß).

Wenn die räumlichen Verhältnisse es zulassen, so können auch z. B. zwei im selben Molekül gebundene NH_2-Gruppen je eine Koordinationsstelle besetzen. Ein Beispiel hierfür ist das Äthylendiamin: $NH_2 \cdot CH_2 \cdot CH_2 \cdot NH_2$; je zwei NH_3-Moleküle in den Verbindungen $[Co(NH_3)_6]Cl_3$ und $[CoCl_2(NH_3)_4]Cl$ können beispielsweise durch ein Äthylendiamin (Abkürzung „en") ersetzt werden. In den genannten Beispielen erhalten wir dann die Verbindungen $[Co(en)_3]Cl_3$ bzw. $[CoCl_2(en)_2]Cl$. Das Äthylendiamin und ähnliche Verbindungen nennen wir aus diesem Grunde *koordinativ zweiwertig*. Ein weiteres Beispiel für eine koordinativ zweiwertige Verbindung ist die Oxalsäure (Abkürzung „ox") z. B. in der Verbindung $K_3[Co(ox)_3]$.

Während das Äthylendiamin als fertiges Molekül für die Abzählung der am Komplexion zu erwartenden Ionenladung keinen Beitrag liefert, ist die Oxalsäure auch in bezug auf die Abzählung der am Ion zu erwartenden Ladungen zweiwertig. In noch anderen Fällen, wie z. B. bei der Bindung von Kupfer an Weinsäure (FEHLINGsche Lösung) oder von Kupfer an Aminosäuren besetzt das herangebrachte Molekül (Weinsäure bzw. Aminosäure) zwei Koordinationsstellen am Zentralatom in solcher Weise, daß die von der Carboxylgruppe herrührende Bindung als ionogene Bindung zählt, während die R OH- bzw. die R NH₂-Gruppen in ähnlicher Weise wie H_2O oder NH_3 als fertige neutrale Moleküle zählt.

Die Mannigfaltigkeit von Komplexverbindungen, welche sich im Organismus bilden kann, ist natürlich sehr groß; *jedoch hat, wie die Beispiele zeigten, jede einzelne Komplexverbindung ihren ganz bestimmten Bau und es würde unberechtigt sein, unter Komplexverbindungen etwas nicht näher Definiertes zu verstehen.* Das würde genau so unberechtigt sein, wie wenn man den Bau der organischen Moleküle auf Grund der großen Mannigfaltigkeit organischer Verbindungen als wenig definiert ansehen wollte.

Wir fügen zum Schlusse dieses Abschnittes noch einige *Bemerkungen an über die Bindung*, welche in den Komplexverbindungen die in erster Sphäre gebundenen Substituenten ans Zentralatom knüpft. Wir haben bereits bemerkt, daß die Bindung des Cl in $[CoCl_2(NH_3)_4]^+$ als Atombindung anzusehen ist. Daher befassen wir uns jetzt nur noch mit der Bindung der fertigen neutralen Moleküle (z. B. des NH_3) ans Zentralatom.

Um die Verhältnisse so einfach wie möglich zu haben, betrachten wir zuerst die Bildung des Ammoniumions $[NH_4]^+$. Wir erhalten dieses Ion, indem wir an ein (koordinativ einwertiges) H^+-Ion ein fertiges NH_3-Molekül in erster Sphäre anlagern: $NH_3 + H^+ = [NH_4]^+$.

Der Vorteil, den uns dieses Beispiel bietet, liegt darin, daß wir über die Verteilung und Bindungsverhältnisse der Valenzelektronen vor und nach Herstellung des NH_4-Ions einen genauen Überblick geben können. Wir können insbesondere feststellen, daß im Ausgangsprodukt, dem neutralen NH_3-Molekül, 2 Valenzelektronen vorhanden sind, welche noch nicht für eine chemische Bindung beansprucht sind:

$$
\begin{array}{c}
\text{H} \\[-2pt]
\cdot\cdot \\[-4pt]
:\text{N}:\text{H} \\[-4pt]
\cdot\cdot \\[-2pt]
\text{H}
\end{array}
$$

Wenn wir an dieses Molekül ein H^+ Ion, also ein Proton, welches selbst keine Elektronen mitbringt, anlagern, so vermitteln die im NH_3-Molekül chemisch nicht beanspruchten beiden Elektronen die Bindung des hinzutretenden Protons, denn wir erhalten das Ammoniumion:

$$H^+ + \; :\!\overset{\cdot\cdot}{\underset{\cdot\cdot}{N}}\!:\!H \; = \; \left[H:\overset{\cdot\cdot}{\underset{\cdot\cdot}{N}}:H \right]^+ \tag{24}$$

In diesem fertigen Ion ist jedes der 4 Protonen an das N-Atom in gleicher Weise, nämlich je durch Vermittlung eines Elektronenpaares gebunden und es kann kein Zweifel sein, daß es sich in allen 4 Fällen um normale Atombindungen (kovalente Bindungen) handelt. Jedes H ist im Ammoniumion an das N durch 2 Elektronen gebunden, welche dem N-Atom und dem betreffenden H-Atom in ungefähr gleicher Weise angehören. Nur ist der Gesamtkomplex positiv geladen. Wir deuten das dadurch an, daß wir eine eckige Klammer um den Komplex $[NH_4]$ setzen und daß wir die elektrische Ladung des ganzen Gebildes durch das außerhalb der Klammer angefügte $+$-Zeichen kenntlich machen. Das innerhalb der eckigen Klammer befindliche Gebilde ist etwas in sich Abgeschlossenes und es hat keinen Sinn, einen bestimmten Teil dieses Gebildes als Sitz der positiven Ladung anzunehmen.

Wir können auf Grund des Gesagten die *Komplexbindung des* NH_3 an ein H^+-Ion kennzeichnen als eine Atombindung, in welcher die beiden für die Herstellung der Bindung notwendigen Elektronen vom NH_3-Molekül, also von einem und demselben Molekül stammen ($=$ semipolare Bindung in der angelsächsischen Literatur), während bei der gewöhnlichen Atombindung (im Cl_2 usw.) die beiden für die Bindung notwendigen Elektronen je von einem der beiden zu verbindenden Teile beigesteuert werden.

Den kovalenten Charakter der NH-Bindung im NH_4^+-Ion können wir in etwas anderer Weise auch dadurch klarmachen, daß wir zunächst durch Wegnahme eines Elektrons aus NH_3 ein NH_3^+-Ion bilden (Formel I):

$$H:\overset{\overset{\textstyle H}{\cdot\cdot}}{\underset{\cdot\cdot}{N}}\!\cdot \quad \text{(I)} \qquad H \quad \text{(II)}$$

Wir erhalten hieraus das NH_4^+ dadurch, daß das NH_3^+ mit einem H-Atom (Formel II) eine gewöhnliche kovalente Bindung eingeht (zu welcher sowohl das NH_3^+ wie das H-Atom je ein Elektron beiträgt):

$$H:\overset{\overset{\textstyle H}{\cdot\cdot}}{\underset{\cdot\cdot}{N}}\!\cdot \; + \; \cdot H \; = \; H:\overset{\overset{\textstyle H}{\cdot\cdot}}{\underset{\cdot\cdot}{N}}:H$$

In ähnlicher Weise wie wir die Anlagerung eines NH_3-Moleküls an ein H^+-Ion beschrieben haben, können wir nun auch die *Anlagerung mehrerer* NH_3-*Moleküle* an z. B. ein Co^{+++}-Ion beschreiben. Es bleibt bei der Anlagerung der elektrisch neutralen NH_3-Moleküle die Ladungszahl des Gebildes unverändert, aber die Ladungsverteilung innerhalb des Gebildes ist nach der Entstehung der Komplexverbindung weniger lokalisiert als vorher. Es steht nichts dagegen, das $[Co(NH_3)_6]^{+++}$-Ion als Ammoniumion zu betrachten, bei welchem das Co^{+++}-Zentral-Ion an die Stelle des H^+-Ions im Ammoniumion getreten ist.

In der Literatur wird vielfach die soeben besprochene Bindung fertiger, elektrisch neutraler Moleküle wie NH_3 an ein Zentralatom als *Nebenvalenzbindung* bezeichnet. Nach dem Gesagten ist es nicht möglich, einen solchen Begriff gegen den der normalen Atombindung auf Grund allgemeiner Betrachtungen abzugrenzen. Es gibt gewisse Fälle, in denen man auf Grund sorgfältiger Untersuchungen insbesondere der magnetischen Eigenschaften Aussagen über die Elektronen-Bindungsverhältnisse im Zentralatom und in den daran gebundenen Substituenten machen kann. Es zeigt sich dabei, daß die Bindung in einigen Fällen am besten durch eine Anziehung des fertigen Moleküls vom Zentralatom (ohne Änderung der Elektronen-Quantenzahlen bei Zusammenführung der Reaktionspartner) beschrieben wird. In diesen Fällen wird man dann wirklich von einer Nebenvalenz sprechen können, wenn wir die *Neben-valenz definieren als eine Bindung, bei deren Entstehung keinerlei Änderung der Quantenzahlen der in den Reaktionspartnern vorhandenen Elektronen vorkommt.*

Unterscheidungen und insbesondere Spekulationen solcher Art sind für das Verständnis des tatsächlichen Verhaltens der Komplexverbindungen unwesentlich. Wesentlich ist, daß zwischen dem Zentralatom und den in erster Sphäre gebundenen Substituenten Kräfte wirksam sind, welche das ganze Gebilde zu einem Komplex mit eigenen Eigenschaften zusammenhalten. Die Beständigkeit dieser Komplexe und die Individualität ihrer Eigenschaften ist der Grund dafür, daß z. B. in einer Lösung von Kaliumsilbercyanid die üblichen Reaktionen auf Ag^+ bzw. auf hydratisierte Ag^+-Ionen (wie z. B. die Ausfällung mit Cl-Ionen) ausbleiben, daß aus FEHLINGscher Lösung (Cu^{++}-Tartrat mit überschüssigem Alkali) kein $Cu(OH)_2$ ausfällt, daß aus $[HgJ_4]K_2$ bei Zusatz von Alkali kein HgO ausfällt usw. Allgemein gesprochen besteht eine der auffälligsten Folgen der Komplexbildung darin, daß wir die Reaktionen, welche wir an den getrennt in Wasser gelösten Bestandteilen beobachten, nicht oder schlecht erhalten, wenn die Komponenten sich zu Komplexverbindungen vereinigt haben. Diese Tatsache ist aber in nicht höherem Maße erstaunlich als z. B. die, daß wir das Chlor aus Chlorbenzol mit Hilfe von $AgNO_3$ nicht oder schlecht herausholen können.

Wenn wir Reaktionen auf Einzelbestandteile von Komplexverbindungen bei Anwendung geeigneter Reagentien trotzdem erhalten, wenn wir z. B. aus Kaliumsilbercyanid-Lösungen Silbersulfid mit Hilfe von H_2S ausfällen können, so liegt es daran, daß — wie jede andere Verbindung — auch jede Komplexverbindung nur unvollständig (unter Bildung eines *Gleichgewichts*) aus den Bestandteilen gebildet wird, und daß daher die Verbindung sich zersetzen muß, wenn eine der Komponenten, aus denen die Verbindung aufgebaut ist, aus dem Reaktionsgemisch praktisch vollständig entfernt wird.

d) Die Nebenvalenzbindung.

Außer den besprochenen Hauptvalenzbindungen (von denen die zuletzt besprochene Komplexbindung manchmal bereits nicht mehr als Hauptvalenz angesehen wird) ist für das Verhalten der Stoffe die sog. **Nebenvalenz** von Wichtigkeit.

Als Hauptmerkmal haben wir angegeben, daß wir beim Zusammenführen von 2 Reaktionspartnern, welche eine Nebenvalenzbindung miteinander eingehen, wohl eine mit dem Abstand stetig sich ändernde Kraftwirkung, aber keinerlei diskontinuierliche Änderung der Elektronenverteilung, *keine Änderung der Quantenzahlen der vorhandenen Elektronen*, beobachten. Solche Nebenvalenzbindungen liegen insbesondere vor bei den sog. organischen **Molekülverbindungen** (z. B. Benzol plus Trinitrobenzol; $AlCl_3$ plus Benzol usw.). Diese Nebenvalenzkräfte, auch zwischenmolekulare Kräfte oder VAN DER WAALSsche Kräfte genannt, haben wir auch als Ursache anzusehen für die *Kondensation von Dämpfen zu Flüssigkeiten*, für den *Zusammenhalt von Molekülen in Krystallen* (z. B. Naphthalinkrystallen), in vielen Fällen auch für die *Adsorption von Gasen an Oberflächen* und für die *Löslichkeit von Stoffen ineinander*. Auch diese Kräfte lassen sich wieder in Gruppen einteilen.

α) **Dipolkräfte und Dipol-Induktionskräfte.** Bei vielen Verbindungen, auch bei durchaus kovalenten Verbindungen wie CH_3Cl, $C_6H_5NO_2$ usw., sind, wie wir sahen, die Elektronen etwas ungleichmäßig verteilt, so daß, obwohl die Gesamtladung des Moleküls gleich Null ist, der eine Molekülteil dem anderen Molekülteil gegenüber elektrisch geladen ist (CH_3 positiv gegen Cl usw.). Wir nannten diese Moleküle Dipolmoleküle und kennzeichneten sie durch die Größe des *Dipolmomentes* (vgl. S. 59). Bei diesen Dipolmolekülen, in welchen der Schwerpunkt der positiven und der negativen Ladungen nicht zusammenfällt, entsteht ein großer Teil der Nebenvalenzkräfte durch die elektrostatische Wirkung der Dipolmoleküle aufeinander. Das positive Ende des einen $C_6H_5NO_2$-Moleküls zieht beispielsweise den negativ geladenen Teil eines anderen Dipolmoleküls an, während es den positiv geladenen Teil eines anderen Moleküls abstößt. Das erste Molekül sucht also das zweite, das in seine Nähe gelangt, zu orientieren. Befindet sich das positive und negative Ende des zweiten Moleküls nicht in gleicher Entfernung vom z. B. positiven Ende des ersten Moleküls, so sind die Kräfte, welche vom positiven Teil des ersten Moleküls auf den positiven bzw. negativen Teil des zweiten Moleküls ausgeübt werden, im Betrage voneinander verschieden; d. h. es ergibt sich bei passender Orientierung eine Anziehung zwischen den beiden Molekülen. Mit anderen Worten: *die Dipole erzeugen elektrische Felder, in welchen die Nachbarmoleküle angezogen und orientiert werden* (sog. Elektrostatischer Effekt).

Außerdem stellen wir fest, daß jedes Atom oder Molekül, welches in das von einem Dipolmolekül erzeugte elektrische Feld hineingebracht wird, in diesem Felde in Abhängigkeit von seiner Orientierung eine gewisse Verzerrung erfährt *(Induktionseffekt)*. Auch der Induktionseffekt führt im Mittel zu *einer gegenseitigen Anziehung von Dipol- und anderen Molekülen*, unter Umständen sogar zu Anlagerungsverbindungen unter bestimmter Orientierung der Moleküle gegeneinander (s. auch S. 91).

β) Neben diesen elektrostatischen Wirkungen ist von sehr großer Wichtigkeit der sog. **Dispersionseffekt.** Es handelt sich um eine nur quantenmechanisch ganz genau zu erfassende Wechselwirkung zwischen Atomen oder Molekülen, eine Wechselwirkung, deren Intensität in erster Näherung proportional dem *Refraktionsvermögen* der einzelnen, in Wechselwirkung tretenden Partner ist. Daher der Name Dispersionseffekt.

Auch die Disperionswechselwirkung liefert eine allgemeine *Anziehung der Moleküle*, welche sich gegebenenfalls zu den Dipoleffekten addiert. Die Kondensation der Edelgase und beispielsweise des Benzols beruht auf den Disperionskräften. Auch diese Kräfte können natürlich eine gegenseitige Orientierung der Moleküle zur Folge haben. Ganz allgemein gilt daher, daß auch durch die Wirkung von Nebenvalenzen (Dipol-, Dipolinduktions- und Dispersionskräften) chemische Verbindungen entstehen können, die man im allgemeinen als *Molekülverbindungen*[1] bezeichnet.

Es ist schwer zu sagen, welcher von den beschriebenen *Verbindungstypen für die physiologische Chemie* der wichtigste ist. Im allgemeinen, insbesondere bei Verbindungen mit mehr oder weniger kolloidalen Eigenschaften, wird man die Bindungsarten als *gleichzeitig nebeneinander bestehend* anzusetzen haben, wenn man zu einem Verständnis der tatsächlichen Eigenschaften kommen will. So schließt der Umstand, daß z. B. die $COOH$-Gruppe eines Farbstoffmoleküls etwa mit einer NH_2-Gruppe eines hochmolekularen Eiweißmoleküls salzartig gebunden ist, nicht aus, daß der Rest des Farbstoffmoleküls durch Nebenvalenzen oder durch Komplexbindung ans Eiweiß geknüpft ist. Wenn die beiden miteinander verbundenen Partner groß genug sind, so sind die Eigenschaften der entstehenden Verbindung durch die Nebenvalenzwirkungen mindestens ebenso weitgehend beherrscht wie durch die hauptvalenzmäßige (salzartige oder komplexe) Verknüpfung. Das rührt davon her, daß die von den

---

[1] Vgl. hier BUTENANDT-SCHRAMM: Choleinsäuren, S. 411 und HÜCKEL, W.: Theoretische Grundlagen der organischen Chemie. 2. Aufl., Bd. 1, S. 78—103. Leipzig 1934.

Molekülteilen ausgehenden *Nebenvalenzwirkungen sich auf der ganzen Berührungs-fläche der miteinander verbundenen Moleküle summieren,* während die haupt-valenzmäßige Verknüpfung in dem angegebenen Beispiel nur einmal vorkommt.

Besondere Bedeutung der kovalenten Bindung in der organischen Chemie[1-13] Wenn die Nebenvalenzen mit oder ohne das Hinzutreten von Hauptvalenz-bindungen für das feinere Verhalten, insbesondere der hochmolekularen Stoffe, ausschlaggebende Bedeutung haben, so wollen wir andererseits zum Abschlusse dieser Betrachtungen nicht versäumen, auf die besondere Bedeutung der *ko-valenten* Bindung für die organische Strukturchemie hinzuweisen. Es ist nämlich festzustellen, daß die kovalente Bindung für sich genommen die *Struktur (Bin-dungsisomerie, Raumisomerie) der organischen Verbindungen* vollständig erklärt. Eine bisher nicht erwähnte Eigentümlichkeit der kovalenten Bindung ist dabei *die Festlegung der Valenzrichtung im Raum.*

Diese Eigenschaft steht mit dem modellmäßigen Zustandekommen der Kova-lenz in enger Beziehung; es sind ja *ganz bestimmte Elektronen* jedes Atoms, welche bei Betätigung der Kovalenz in Funktion treten und es ist *jede Kovalenz etwas in sich Abgeschlossenes*, im Gegensatz zur Elektrovalenz, bei welcher es nur auf das Vorhandensein entgegengesetzter Ionenladungen ankommt, ohne daß dabei ein-zelne Richtungen oder einzelne bestimmte Elektronen ausgezeichnet wären.

γ) **Mesomerie:** Für das Verständnis einer Reihe von wichtigen Eigenschaften und von Besonderheiten von aromatischen oder diesen nahestehenden Verbin-dungen hat sich der Begriff der *Mesomerie* bzw. die *Superposition mesomerer Zu-stände* im Molekül als grundlegend erwiesen[14]. Die Superposition mesomerer Zustände leitet einerseits zu der im nächsten Paragraphen zu behandelnden *Isomerie* organischer Moleküle über und bedeutet gleichzeitig zu einem gewissen Grade das *Ende der Beschreibbarkeit der chemischen Bindung durch die klassische Valenzlehre.*

Ein besonders einfaches Beispiel, an Hand dessen der Begriff entwickelt werden kann, ist der Fall des Benzols; indem wir Einfachbindungen durch einen einfachen, Doppelbindungen durch 2 Striche kennzeichnen, erhalten wir für das Benzol die beiden Schreibweisen I und II. Sie unterscheiden sich durch die

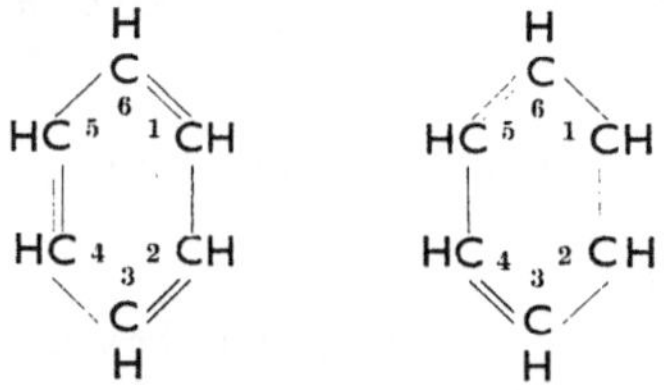

I	II
H C HC⁵ ⁶ ¹CH HC⁴ ₃ ²CH C H	H C HC⁵ ⁶ ¹CH HC⁴ ₃ ²CH C H

Lage der Doppelbindungen (Beispiel: Doppelbindungen zwischen den Kohlen-stoffatomen 6 und 1 in I, Einfachbindung zwischen denselben Kohlenstoffatomen

Als Lehrbücher welche das Gesamtgebiet der organischen Chemie behandeln, beispielsweise:
[1] KARRER, P.: Lehrbuch der organischen Chemie. 10. Aufl. Stuttgart sowie Zürich 1948. —
[2] NÄGELI, KARL: Grundriß der organischen Chemie. 15. Aufl. Leipzig 1938. — [3] HÜCKEL, W.: Theoretische Grundlagen der organischen Chemie. Leipzig. 4. Aufl., Bd. 1, 1944; 3. Aufl., Bd. 2, 1944. — [4] MEYER-JACOBSON: Lehrbuch der organischen Chemie. Berlin u. Leipzig 1913—1929. [5] SCHLENK, W., u. F. BERGMANN: Ausführliches Lehrbuch der organischen Chemie. Leipzig u. Wien 1932. — [6] HAMMET, L.P.: Physical Organic Chemistry. New York u. London 1940. [7] GILMAN, H.: Organic Chemistry. New York. Bd. 1, 2. Aufl., 6. Neudruck 1948; Bd. 2, 2. Aufl., 5. Neudruck 1947. — [8] PAULING, L.: General Chemistry. Pasadena 1944. — [9] BRANCH, G. E. K., and M. CALVIN: The Theory of Organic Chemistry. New York 1941. — [10] SCHMIDT, JUL., and H. G. RULE: Textbook of Organic Chemistry. S. 55. London u. Edinburgh 1947. [11] HÜCKEL, W.: Lehrbuch der Chemie. 3. Aufl., Teil 1 Anorganische Chemie; Teil 2 Organische

in II). Im übrigen ist aber die Anzahl von Einfach- und Doppelbindungen sowie deren relative Anordnung und die Energie der beiden Zustände I und II *genau identisch*. Es liegt im Sinne der Quantentheorie eine *Entartung* vor. Die beiden Zustände werden als *mesomere Formen* bezeichnet. Man erkennt, daß sich die beiden Formen nur durch die Elektronenanordnung (welche in erster Näherung durch die Lage der Einfach- und Doppelbindungen veranschaulicht wird) unterscheiden. Dieselbe Unterscheidung ist nicht nur beim Benzol sondern auch bei Benzolderivaten (Toluol, Xylol usw.) möglich, gegebenenfalls mit dem Unterschied, daß die mesomeren Formen nicht ganz, sondern *nur ungefähr* energetisch gleichwertig sind.

Nach der Wellenmechanik tritt nun bei Vorliegen solcher mesomerer Formen eine *Überlagerung der möglichen Formen* (genauer gesagt eine Überlagerung der Ψ-Funktionen) ein. Wenn Ψ_I, Ψ_{II}, ..., Ψ_s mögliche mesomere Formen eines in bezug auf die Anordnung der Atomkerne festgelegten Moleküls sind, so ist die die Elektronenverteilung im Molekül tatsächlich beschreibende Ψ-Funktion gleich

$$\Psi = a_I \Psi_I + a_{II}\Psi_{II} + \cdots + a_s \Psi_s, \tag{25}$$

wobei a_I, a_{II} ... a_s Konstanten sind. Im mesomeren Zustande Ψ_I ist die Elektronendichte durch Ψ_I^2, im zweiten durch Ψ_{II}^2 usw. und in den durch Überlagerung entstehenden Zuständen durch Ψ^2 gegeben. Da nach Formel (25) Ψ^2 nicht gleich $a_I \Psi_I^2 + a_{II} \Psi_{II}^2 \ldots a_s \Psi_s^2$ ist, so ist auch die Elektronendichte an einer bestimmten Stelle des Moleküls im resultierenden Zustande nicht einfach gleich der Summe von Elektronendichten in den mesomeren Zuständen, sonderr mehr oder weniger stark hiervon verschieden.

Der vom Molekül in Wirklichkeit angenommene Zustand ist dadurch ausgezeichnet, daß in der durch Überlagerung der mesomeren Formen gemäß Gl. (25) entstehenden Elektronenverteilung *die kleinstmögliche Energie* herauskommt. Bei dem durch Überlagerung der beiden Formen I und II des Benzols entstehenden resultierenden Zustande ist $a_I = a_{II}$, d.h. es sind die beiden Formen I und II gleich stark im resultierenden Zustande, welcher auch als *Resonanzzustand* bezeichnet wird, beteiligt. Ähnliches trifft beispielsweise für die beiden mesomeren Formen des Kations des Cyaninfarbstoffes

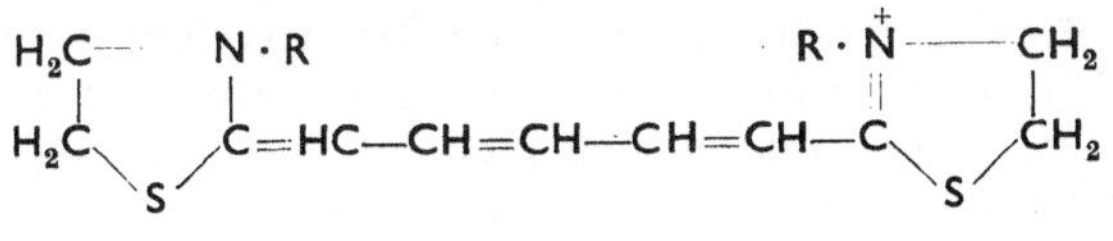

und

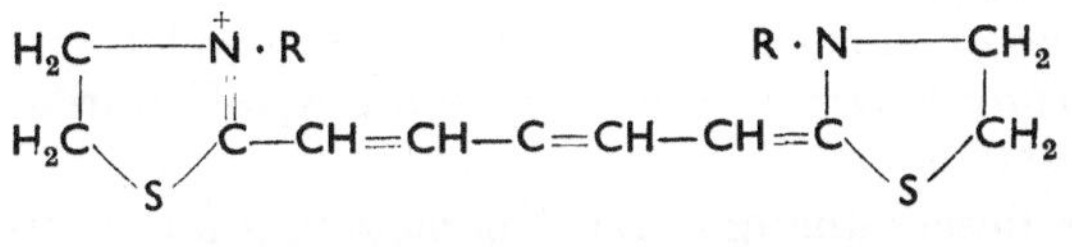

zu. Es ist infolgedessen in der Resonanzform des Benzols keine Lokalisierung der Doppelbindungen mehr möglich, ebensowenig wie in der Kohlenstoffkette, welche die beiden Kerne im Cyaninfarbstoffion verbindet. Tatsächlich zeigt auch die Untersuchung von Benzol und Benzolderivaten mit Hilfe von Röntgenstrahlen, daß alle im Benzol vorkommenden C—C-Abstände gleich groß sind, nämlich je

Chemie. Leipzig 1943. — [12] MÜLLER, EUGEN: Neuere Anschauungen der organischen Chemie. Leipzig 1940. — [13] FREUDENBERG, K.: Organische Chemie. 6. Aufl. Heidelberg 1948. — [14] Literatur siehe die Darstellungen über chemische Bindung, insbesondere die S. 56 unter b) angegebene Literatur.

gleich 1,39 Å; wogegen der $C=C$-Abstand in Äthylen gleich 1,33 Å und der $C—C$-Abstand in aliphatischen Verbindungen gleich 1,54 Å beträgt. Die Gleichheit aller Kohlenstoffbindungen im Benzol wird nach einem Vorschlag von CH. K. INGOLD durch die Schreibweise III zum Ausdruck gebracht:

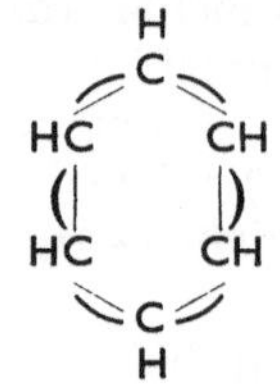

$$
\begin{array}{c}
\text{H} \\
\text{C} \\
\text{HC} \qquad \text{CH} \\
(| \qquad |) \\
\text{HC} \qquad \text{CH} \\
\text{C} \\
\text{H}
\end{array}
$$

III

Weitere Angaben über Mesomerie s. S. 72 im Zusammenhang mit der Beschreibung der *Desmotropie.*

Die Mesomerie spielt namentlich für das Verständnis des physikalischen und chemischen Verhaltens *aromatischer* Verbindungen, einschließlich deren Farbigkeit eine große Rolle.

Eine Erscheinung, welche mit der Mesomerie teilweise zusammenhängt und für das Verhalten *hydroxylhaltiger* Verbindungen von Bedeutung ist, sind die sog. *Wasserstoffbrücken*[1]. Eine solche Brücke bildet sich beispielsweise aus, wenn der Hydroxylwasserstoff einer Verbindung R_1OH in die räumliche Nähe etwa des Ketonsauerstoffs einer Verbindung $R_2=O$, allgemein in die Nähe eines Atoms, welches ein freies Elektronenpaar enthält ($—Cl$, $=NH$ usw.), gelangt (Formelbilder IV und V). Die beiden das Wasserstoffatom an den Hydroxyl-

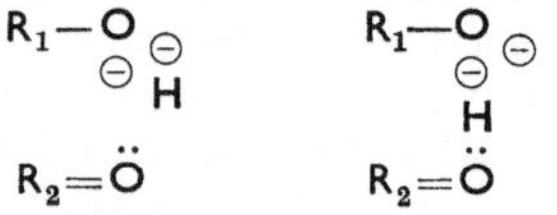

$$
\begin{array}{cc}
R_1—O & R_1—O \\
\ominus \ \ominus \ H & \ominus \ \ominus \\
& H \\
R_2=\ddot{O} & R_2=\ddot{O} \\
\text{IV} & \text{V}
\end{array}
$$

sauerstoff bindenden Elektronen sind in Formel IV durch in Kreise gesetzte ($—$)-Zeichen, zwei der im Ketonsauerstoff befindlichen freien Elektronen durch Punkte bezeichnet. Man erhält also die Anordnung IV. In dieser Anordnung ist das Wasserstoffatom positiv gegen den Hydroxylsauerstoff geladen. Es kann nun die Elektronenanordnung in IV unter Erhaltung der Lage der Atomschwerpunkte in eine davon energetisch nicht allzu verschiedene Anordnung V übergehen, bei welcher das Wasserstoffatom an den Ketonsauerstoff gebunden erscheint; besser gesagt, es bildet sich durch Überlagerung der den Zuständen IV und V entsprechenden Ψ-Funktionen ein Zustand aus, welcher keinem der beiden Grenzzustände mehr genau entspricht und in welchem offenbar eine Bindung der Gruppierung R_1OH an die Verbindung $R_2=O$ durch eine Wasserstoffbrücke stattgefunden hat.

An Stelle einer Beschreibung durch Überlagerung mesomerer Zustände kann der Sachverhalt auch dahin formuliert werden, daß der Wasserstoff in der Gruppierung R_1OH deutlich positiv geladen ist und daß dieses Proton, wenn es in die Nähe der Gruppe $R_2=O$ gelangt, die Elektronenhülle des Sauerstoffs deformiert,

---

[1] Siehe die S. 56 unter b) angegebene Literatur sowie z. B. NOWACKI, W.: Techn.-Industr. u. Schweiz. Chem. Ztg. **1943** Nr. 3/4. Ferner HÜCKEL, W.: Theoretische Grundlagen der organischen Chemie. 3. Aufl. Leipzig 1941. Insbesondere Bd. 2, S. 225ff. — HUGGINS, M. L.: Hydrogen bridges in organic compounds. J. org. Chem. 1, 407—456 (1936). — RODEBUSCH, W. H.: The hydrogen bond and its significance to chemistry. Frontiers in Chem. Bd. 3 (Adv. nuclear Chem.) S. 137—161. New York 1945.

indem es dieselbe teilweise zu sich hinüberzieht. Auch in dieser Weise ist offenbar die Entstehung einer Bindung zwischen den beiden Bestandteilen R_1OH und R_2O durch die „Wasserstoffbrücke" verständlich.

9. Übersicht über verschiedene Isomeriefälle bei organischen Molekülen[1-12].

Die gegenseitige Verknüpfung der Atome ohne Rücksicht auf deren Lage im Raum wird als chemische *Konstitution* oder *Struktur* einer Verbindung bezeichnet, während die *Konfiguration* die *räumliche Anordnung* der Atome und Atomgruppen angibt. Bei gleicher Bruttozusammensetzung können die Verbindungen nach Struktur und Konfiguration verschieden sein. Man nennt sie dann „isomer" (ἰσομερής aus gleichen Teilen zusammengesetzt) und spricht einerseits von *bindungsisomeren* oder *strukturisomeren*, andererseits von *raumisomeren* oder *stereoisomeren* Verbindungen. Mit den Bindungsisomerien (Strukturisomerien) befaßt sich die Strukturchemie, mit der Raumisomerie oder Stereoisomerie die *Stereochemie*.

Der Isomeriebegriff wurde durch J. BERZELIUS (1830) geprägt[13-16], und später von L. PASTEUR (1848), VAN'T HOFF[17] (1874) und A. WERNER[18] (1904) in bezug auf die Stereoisomerie weiter entwickelt[13-16, 19] (siehe auch S. 73 u. 76). Alle Fragen der Isomerie sind in neuerer Zeit von MEYER-JACOBSON[20], FREUDENBERG[3] und HÜCKEL[21] behandelt worden. Eine Einführung in die Lehre von der Isomerie organischer Verbindungen geben SCHLENK und BERGMANN[22, 23]. Im übrigen finden sich die Angaben über Isomerie meist recht verstreut. Hier sei daher das Wichtigste kurz zusammengestellt.

a) Die Bindungsisomerie (Strukturisomerie)[24].

Strukturisomer nennen wir Verbindungen mit gleicher Bruttozusammensetzung, deren Atome verschiedenartig verkettet sind. Es ist für strukturisomere Verbindungen kennzeichnend, daß wir von einem Isomeren zum andern

Zusammenfassende Darstellungen über Isomerie: 1—12. [1] MÜLLER, EUGEN: Neuere Anschauungen der organischen Chemie. S. 39—51. Berlin 1940. — [2] HÜCKEL, W.: Theoretische Grundlagen der organischen Chemie. Bd. 1, 4. Aufl. Leipzig 1940; Bd. 2, 3. Aufl., 1941. — [3] Freudenberg, Stereochemie, insbesondere die Abschnitte a) EBEL, F.: Tetraedertheorie, S. 525—552. b) Die Isomerieerscheinungen, S. 553—661. c) FREUDENBERG, K.: Konfigurative Zusammenhänge optisch aktiver Verbindungen, S. 662—720. d) WASSERMANN, A.: Geometrisch isomere Äthylenkörper, S. 748. e) BROCKMANN, H.: Das biologische Verhalten stereoisomerer Verbindungen, S. 921—963, dort „Geruch und Geschmack", S. 956 u. 958. — [4] GOLDSCHMIDT, ST.: Stereochemie. Hand- u. Jb. chem. Physik 4 (1933). — [5] WITTIG, G.: Stereochemie. Leipzig 1930. — [6] BERGMANN, E. D.: Isomerism and Isomerisation of Organic Compounds. New York 1948. — [7] HILLEMANN, H.: Molekulare Asymmetrie. Angew. Chem. 50, 435—447 (1937). — [8] KUHN, R.: Molekulare Asymmetrie in Freudenberg, Stereochemie, S. 802—824f. — [9] STUART, H. A.: Molekülstruktur. Berlin 1934. — [10] SHRINER, R. L., R. ADAMS and C. S. MARVEL, Stereoisomerism in Gilman, org. Chem. I, S. 214—488. — [11] WALDEN, P.: 50 Jahre stereochemischer Lehre und Forschung. B. 58, 237 (1925). — [12] NIGGLI, P.: Grundlagen der Stereochemie. Basel 1945.

[13] LIPPMANN, E. O. v.: Zeittafeln zur Geschichte der organischen Chemie. S. 19. Berlin 1921. — [14] GRAEBE, C.: Geschichte der organischen Chemie. Bd. 1, S. 53. Berlin 1920. — [15] WALDEN, P.: Geschichte der organischen Chemie seit 1880. S. 199ff. Berlin 1941. — [16] FIERZ-DAVID, H. E.: Die Entwicklungsgeschichte der Chemie. Basel 1945. — [17] HOFF, J. H. VAN'T: Die Lagerung der Atome im Raume, bearb. von F. HERRMANN. Braunschweig 1877. — [18] WERNER, A.: Lehrbuch der Stereochemie. Jena 1904. — [19] HJELT, E.: Geschichte der organischen Chemie. S. 333. Braunschweig 1916. — [20] Meyer-Jacobson, Bd. 1, Teil 1, S. 83—124. — [21] HÜCKEL, W.: Theoretische Grundlagen der organischen Chemie. 2. Aufl., Bd. 1, S. 26f, 129f. Leipzig 1934. — [22] SCHLENCK, W., u. E. BERGMANN: Ausführliches Lehrbuch der organischen Chemie. Bd. 1, S. 1. Leipzig u. Wien 1932. Ebenso z. B. [23] SHRINER, R. L., A. ADAMS and C. S. MARVEL in Gilman, Org. Chem. I. S. 214—488. — [24] Zur Geschichte der Struktur-Isomerie siehe HJELT, E.: Geschichte der organischen Chemie. S. 265f. Braunschweig 1916.

nur dann gelangen können, wenn wir einzelne Hauptvalenzen lösen und nach Umgruppierung der Atome bzw. Atomgruppen, aber mit Hilfe derselben Atome, das neue Isomere bilden.

α) Metamerie.

Die häufigste Strukturisomerie ist die Metamerie, wesentlich seltener die Desmotropie und Tautomerie.

Den Ausdruck „*Metamerie*" (gleiche Bruttoformel bei gleichem Molekulargewicht) schuf man zur Unterscheidung von „Polymerie" (gleiche Zusammensetzung bei verschiedenem Molekulargewicht). Die Bedeutung des Begriffes Metamerie hat schon mehrmals gewechselt (SCHLENCK-BERGMANN). Von Metamerie sprechen wir heute dann, wenn entweder die in der Verbindung enthaltenen Kohlenstoffatome zu verschieden gebauten Kohlenstoffskeletten zusammengefügt sind oder wenn gleiche Atome oder Atomgruppen an verschiedenen Stellen eines gegebenen Kohlenstoffskelettes gebunden sind:

1. Kettenisomerie. Bei kettenisomeren Verbindungen ist das Kohlenstoffskelett nicht gleichartig aufgebaut, z. B. unverzweigt und verzweigt: n-Butan, iso-Butan; Norleucin, Leucin und Isoleucin; Ergosterin und Vitamin D_2; 7-Dehydrocholesterin und Vitamin D_3.

2. Ortsisomerie oder Stellungsisomerie an aliphatischen C*-Ketten. a) Primäre, sekundäre und tertiäre Alkohole.* Sie unterscheiden sich durch die verschiedene Lagerung der OH-Gruppe.

b) Aldehyde und Ketone (Carbonylgruppe verschieden gelagert), z. B. Propionaldehyd und Aceton; Glucose und Fructose.

c) α- und β-Aminosäuren (NH$_2$-Gruppe verschieden gelagert), z. B. α- und β-Alanin.

d) Halogenalkane (Halogen verschieden gelagert), z. B. 1-Brompropan und 2-Brompropan.

3. Ortsisomerie an aromatischen, alicyclischen und heterocyclischen Verbindungen.

a) o,m,p-Isomerie bei Disubstitutionsprodukten des Benzols, z. B. Brenzkatechin (1,2), Resorcin (1,3) und Hydrochinon (1,4).

b) v,s,a-Isomere bei Trisubstitutionsprodukten des Benzols, z. B. Pyrogallol (1,2,3 = vicinal), Phloroglucin (1,3,5 = symmetrisch) und Oxyhydrochinon (1,2,4 = asymmetrisch).

c) Stellung der Substituenten bei mehrcyclischen Verbindungen, z. B. kondensierten Ringsystemen, Purinen, Pyrimidinen (s. BREDERECK S. 798 ff.), Methylalloxazinen, den Verwandten von Vitamin B_1 und B_2 (s. Bd. 2, Vitamine), den Porphyrinen (s. ZEILE S. 859 ff.), den cancerogenen Substanzen (s. Bd. 2, Fortpflanzung).

4. Ringisomerie bei cyclischen Verbindungen. a) Verschiedene Ringweite, z. B. Cyclohexan und Methylcyclopentan, Furanosen (5-Ring), Pyranosen (6-Ring) (s. BRIGL-PLOETZ S. 264).

b) Verschiedene Verknüpfung der Ringe bei kondensierten Ringsystemen, z. B. Phenanthren, Anthracen; Lage der Ringe bei Steroiden, s. S. 405 ff.

5. Metamerie im engeren Sinne. Mehrwertige Elemente sind mit verschiedenen Radikalen verknüpft, z. B. der Sauerstoff in isomeren Alkoholen und Äthern (Äthanol und Methyläther u. a.).

β) Tautomerie — Desmotropie [1-5].

Als **Tautomerie** (LAAR 1885) bezeichnet der Chemiker die Eigenschaft gewisser Verbindungen, chemisch im Sinne zweier oder mehrerer strukturverschiedener, also isomerer Formen („tautomer") zu reagieren, z. B.:

$$\text{I a)} \quad \underset{\overset{\|}{O}}{R\text{—}C}\text{—}CH_2\text{—}CO\text{—}R' \; \rightleftarrows \; \underset{\overset{|}{O\text{—}H}}{R\text{—}C}\text{=}CH\text{—}CO\text{—}R' \quad \text{(I b)}$$

(keto-Acetessigester)   (enol-Acetessigester)

$$\text{(II a)} \quad \underset{\text{(Nitril)}}{R\text{—}C\equiv N} \; \rightleftarrows \; \underset{\text{(Isonitril)}}{R\text{—}N=C} \quad \text{(II b)}$$

$$\text{(III a)} \quad H_3C\text{—}CHBr\text{—}CH=CH_2 \; \rightleftarrows \; H_3C\text{—}CH=CH\text{—}CH_2Br \quad \text{(III b)}$$

(2- bzw. 1-Butylenbromid)

---

[1] Vgl. z. B. BAKER, J. W.: Tautomerism. London 1934. — [2] LOWRY, T. M.: Chem. Rev. **4**, 231 (1927). — [3] Schmidt, Jul., Textb. org. Chem. S. 55. — [4] EISTERT, B.: Tautomerie und Mesomerie. Stuttgart 1938. — [5] EISTERT, B.: Chemismus und Konstitution. Bd. 1. Stuttgart 1948. — Weitere Literatur S. 56.

Unter geeigneten besonderen Bedingungen lassen sich häufig die isomeren Formen a und b der Verbindungen I—III für sich isolieren, während sie sich unter normalen Bedingungen unter Einstellung eines dynamischen Gleichgewichtes ineinander umwandeln (A. BUTLEROW 1877), [allelotropes [1] Gemisch (L. KNORR 1896); Gleichgewichtsisomerie (SCHAUM 1898), dynamische Isomerie (LAPWORTH 1899) [2]]. Hierbei kann das Gleichgewicht weitgehend zugunsten eines der Isomeren verlagert sein (Pseudomerie, LAAR 1896) und es kann sich freiwillig oder nur unter dem Einfluß von Katalysatoren einstellen.

Die *Tautomerie* ist hiernach zu kennzeichnen als der Fall, daß an sich Metamerie vorliegt, daß sich aber die metameren Formen mit beträchtlicher Geschwindigkeit ineinander umwandeln.

Die Folge dieser Umwandlungsmöglichkeit ist nämlich, daß diejenige Form, welche etwa durch eine chemische Reaktion aufgebraucht wird, aus der anderen Form, welche zunächst nicht reagiert, immer wieder nachgebildet wird. Infolgedessen kann dann tatsächlich die gesamte Substanz einmal im Sinne der einen, ein anderes Mal im Sinne einer anderen Strukturformel reagieren.

Man ist heute geneigt, solche mit ziemlich großer Geschwindigkeit sich einstellende Gleichgewichte in allen den Fällen anzunehmen, in welchen die isomeren Abkömmlinge auseinander durch Wanderung eines Wasserstoffatoms entstehen.

Desmotropie. In etwas willkürlicher Weise faßt man gewisse Spezialfälle der Tautomerie, nämlich den Spezialfall, daß sie durch den Platzwechsel eines *Wasserstoffatoms* oder eines *Wasserstoffkerns* (Prototropie, LOWRY 1923) oder durch den Platzwechsel eines *Anions* (Beispiel III; Anionotropie) bedingt ist, unter der Bezeichnung *Desmotropie* zusammen (P. JACOBSON 1888). Die einzelnen Isomeren des allelotropen Gemisches bezeichnet man in diesem Falle auch als die desmotropen Formen der tautomer reagierenden Substanz ($\delta\dot{\varepsilon}\sigma\mu o\varsigma$ = Band; $\tau\varrho\dot{\varepsilon}\pi\varepsilon\iota\nu$ = verändern).

Wird die Desmotropie insbesondere durch Wanderung eines *Anions* hervorgebracht (*Anionotropie*, Formel III), so spricht man auch von *Allylumlagerung*, weil das die Allylgruppe auszeichnende System von Bindungen die Anordnung wechselt.

Da desmotrope Verbindungen durch Wanderung *eines* Bestandteiles auseinander entstehen, so versteht man, daß besondere Verhältnisse dann eintreten werden, wenn wir das auswechselbare Ion aus dem Molekül entfernen.

Im Falle des Acetessigesters erhalten wir so aus der Keto- und Enolform I a und I b die Anionen IV a und IV b:

$$\left[H_3C-\underset{\overset{\|}{O}}{C}-\overset{(-)}{C}H-COOCH_3 \right]^{-} \quad (IV\,a) \qquad und \qquad \left[H_3C-\underset{\overset{|}{O(-)}}{C}=CH-COOCH_3 \right]^{-} \quad (IV\,b)$$

Im Falle des Butylenbromids erhalten wir entsprechend durch Abspaltung eines Br-Ions die Kationen V a und V b:

$$\left[H_3C-\underset{(+)}{C}H-CH=CH_2 \right]^{+} \quad (V\,a) \qquad und \qquad \left[H_3C-CH=CH-\overset{(+)}{C}H_2 \right]^{+} \quad (V\,b)$$

Man erkennt aus diesen Formeln, daß diese Verbindungen genau wie die beiden S. 66 besprochenen Formeln des Benzols *ohne Verlagerung von Atomen ausschließlich durch Wanderung von Elektronen innerhalb des Moleküls auseinander hervorgehen können.* Es zeigt sich weiter, daß eine solche Elektronenwanderung im Molekül und damit *der Übergang der Formen a und b ineinander außerordentlich rasch erfolgt.* Die Wellenmechanik zeigt, daß in solchen Fällen die beiden Grenzzustände, welchen beinahe die gleiche Energie zukommt, miteinander in Wechselwirkung treten und daß sich ein mittlerer „mesomerer" Zustand

<hr>

[1] $\dot{\alpha}\lambda\lambda\eta\lambda\acute{o}\tau\varrho o\pi o\varsigma$ ineinander übergehend. — [2] Meyer-Jacobson, 1/1, 122f.

ausbildet (CH. K. INGOLD 1933)[1]. Dieser Zustand liegt zwischen den beiden *Elektronenisomeren* oder *elektromeren* Grenzzuständen (ARNDT 1936). Der Übergang in diesen Zwischenzustand oder Grundzustand (ARNDT) aus den elektromeren Grenzzuständen erfolgt wie wir ebenfalls schon S. 66 am Falle des Benzols erläutert haben, unter Freiwerden von Energie (Resonanzenergie = Energie der Mesomerie = Sonderanteil der Energie). Den mesomeren Zustand beschreibt man mit den Symbolen INGOLDS z. B. durch die Formeln IVc und Vc:

$$\left. H_3C-C\!\!\frown\!\!\overset{(-)}{C}-COOCH_3 \atop \underset{(-\cdot)}{O}\quad H \right\} \text{(IVc)} \qquad\qquad H_3C-CH\!\!\frown\!\!CH\!\!\frown\!\!CH_2 \atop \quad\;(+)\qquad\;(+) \text{(Vc)}$$

In dieser „*Elektronenformel*" ist jeder Strich einem Bindungs-Elektronenpaar gleichzusetzen; gekrümmte Striche symbolisieren Elektronenpaare, die sich irgendwo zwischen den durch die Endpunkte gekennzeichneten Lagen befinden[2].

Die in der Formel IVc durch einen eingeklammerten Strich gekennzeichnete negative Ladung der zur Mesomerie befähigten Anionen verteilt sich so auf zwei (oder mehrere) Atome und damit auch auf deren Reaktionsfähigkeit als Basen.

Da hiernach die durch Abspaltung des auswechselbaren Bestandteils desmotroper Verbindungen entstehender Ionen IVa und IVb, bzw. Va und Vb in *einen und denselben mesomeren Zustand* (IVc bzw. Vc) übergehen, so erkennt man, daß desmotrope Verbindungen durch die Eigenschaft der *Synionie* ausgezeichnet sind (PRÉVOST 1931), d. h. durch die Identität der Ionen, die aus den desmotropen Formen dann entstehen, wenn wir das auswechselbare Ion aus dem Molekül entfernen.

Das Gemeinsame aller desmotropen Formen einer tautomer reagierenden Verbindung ist also deren Synionie. Diese wird bedingt durch die Mesomerie der den Anionen der einzelnen Desmotropen entsprechenden fiktiven Grenzzustände der Elektronenkonfiguration.

Es sei zum Schluß nochmals darauf hingewiesen, daß die Mesomerie (Ausbildung eines Zwischenzustandes aus Grenzzuständen, die auseinander durch Wanderung von Elektronen im Molekül hervorgehen) *nicht nur bei Ionen, sondern,* wie wir S. 66—68 am Beispiel des Benzols gesehen haben, *auch bei elektrisch neutralen Molekülen von Bedeutung ist.*

Als *Einteilung der desmotropen Verbindungen* sei die von RICHTER[3] gewählt und nach Möglichkeit mit Beispielen aus der Biochemie belegt:

1. Oxy-oxo-Desmotropie.

a) Keto-enol-Desmotropie: $—CO—CH_2 \rightleftarrows —C(OH)=CH—$.

Zum Beispiel: Acetessigsäure $CH_3 \cdot CO \cdot CH_2 \cdot COOH \rightleftarrows CH_3C(OH):CH \cdot COOH$, und Brenztraubensäure $CH_3 \cdot CO \cdot COOH \rightleftarrows CH_2=C(OH) \cdot COOH$.

b) Oxo-cyclo-Desmotropie der Zucker, wobei Ketten- und Ringstruktur sich im Gleichgewicht finden, die allgemeiner als Ring-Doppelbindungs-Desmotropie erkannt ist.

Zum Beispiel: Gleichgewicht der Pyranose- und Furanose-Formen mit den ringgeöffneten Aldehydformen.

---

[1] Siehe auch EISTERT, B.: Über den Mesomeriebegriff in der organischen Chemie. Angew. Chem. **52**, 353 (1939). Tautomerie und Mesomerie, Gleichgewicht und Resonanz. Stuttgart 1938 (Sammlung chem. u. chem.-techn. Vortr. N. F. H. 40) sowie [5], S. 70. — [2] Vgl. z. B. INGOLD, CH. K.: Chem. Rev. **15**, 225 (1934). — NÄGELI, C.: Grundriß der organischen Chemie. 16. Aufl. Leipzig 1941. — [3] RICHTER, FR.: Kurze Anleitung zur Orientierung in BEILSTEINS Handbuch der organischen Chemie. S. 18. Berlin 1936.

2. Amino-imino-Desmotropie oder Enamin-ketimid-Desmotropie.

Analog der Keto-enol-Desmotropie, indem man OH durch NH_2 und $:O$ durch $:NH$ ersetzt: $-CR=C(NH_2)- \rightleftarrows -CHR-C(:NH)-$.

Zum Beispiel: $CH_3 \cdot C(NH_2):CH \cdot CO_2 \cdot C_2H_5 \rightleftarrows CH_3 \cdot C(:NH) \cdot CH_2 \cdot CO_2 \cdot C_2H_5$.

Aminocrotonsäureester

Lactam $\rightleftarrows$ Lactim: $-(CO)-NH- \rightleftarrows -C(OH)=N-$.

Zum Beispiel: bei der Harnsäure, bei Oxypurinen, Oxypyrimidinen u. a.

3. Nitroso-isonitroso-Desmotropie.

$$R_1 \cdot CH \cdot (NO) \cdot R_2 \rightleftarrows R_1 \cdot C(:NOH) \cdot R_2.$$

4. Azo-hydrazo-Desmotropie.

$$\begin{array}{ccc} R_1 \cdot CH \cdot R_3 & & R_1 \cdot C \cdot R_3 \\ \cdot & \rightleftarrows & \cdot \cdot \\ N:NR_2 & & N \cdot NHR_2 \end{array}$$

b) Raumisomerie (Stereoisomerie)[1].

α) Spiegelbildisomerie = Enantiostereo(iso)merie.

Die räumlichen Entfernungen zwischen den einzelnen Atomen und Atomgruppen sind bei diesen Isomeren zwar gleich, ihre Moleküle besitzen aber *keine Symmetrieebene*. Sie können durch keine Drehung zur Deckung gebracht werden; sie verhalten sich wie Bild und Spiegelbild, oder, was auf dasselbe herauskommt, wie eine rechte Hand zur linken Hand = Enantiomorphie (ἐνάντιος = gegenüberstehend).

Die am stärksten hervortretende Eigenschaft dieser Art von Verbindungen besteht darin, daß sie unabhängig vom Aggregatzustand (also — im Gegensatz z. B. zum Quarz — auch in Lösung oder in gasförmigem Zustand) die Polarisationsebene des Lichtes drehen (*„optische Aktivität"*), und zwar jeweils um den gleichen Betrag, aber in entgegengesetzter Richtung.

Die optischen Antipoden werden nach ihrer Konfiguration als D- und L-Formen[2] und nach ihrer Drehung als (+) bzw. d- und (—) bzw. l-Formen unterschieden (d und l von dextrogyr und lävogyr). Äquimolekulare, nicht drehende Gemenge der optischen Antipoden können als Gemisch oder als Verbindung enantiomorpher Moleküle (Doppelsalze, Molekülverbindung) vorliegen. Man nennt sie dann Racemat, Racemverbindung oder D-L-Form (siehe BRIGL-PLOETZ S. 263).

Die D- und L-Verbindungen stimmen in ihrem Verhalten gegen nicht optisch aktive chemische Agentien. ebenso in den meisten physikalischen Eigenschaften überein. Unterschiede im Verhalten der D- und L-Verbindungen finden sich insbesondere bei den krystallographischen, optischen und biologischen Eigenschaften. Ihre biologischen Eigenschaften werden durch ihr Verhalten gegen andere optisch aktive Verbindungen, z.B. Fermente, bestimmt. So ist z.B. D-Adrenalin 15mal weniger wirksam als L-Adrenalin[3].

Die Asymmetrie der Moleküle kann zurückgeführt werden auf:

1. Das Vorhandensein asymmetrischer C-Atome (Näheres S. 76).

Hierher gehören alle Verbindungen mit einem oder mehreren asymmetrischen, optisch aktiven C-Atomen, zum Beispiel D- und L-Glycerinaldehyd, D- und L-Milchsäure, die D- und L-Formen der einfachen Zucker, der Glykoside und der Ascorbinsäure, die natürlichen

---

[1] Siehe die S. 69 angegebene Literatur, insbesondere [2-8]. — [2] Betr. Benutzung der Buchstaben D und L zur Kennzeichnung der *relativen Konfiguration* und der Buchstaben d und l zur Kennzeichnung des Drehsinnes vgl. S. 86/87, 262 u. 504. — [3] ABDERHALDEN, E., u. FRANZ MÜLLER: H. **58**, 185 (1908/09).

Aminosäuren, Adrenalin und andere. Da diese Art von Isomerie in der physiologischen Chemie eine besonders große Rolle spielt, werden wir uns mit den Eigenschaften optisch aktiver Verbindungen sogleich näher befassen (s. S. 76).

2. **Molekülasymmetrie**, d. h. auf das Fehlen von Symmetrieebenen bei Abwesenheit asymmetrischer C-Atome[1].

Beispiele: D- und L-*Inosit* als Sonderfall der Hexaoxy-cyclohexane (S. 75 unter γ2) (siehe BRIGL - PLOETZ S. 316); *Behinderungsasymmetrie*[2]) (= Atropisomerie, α = nicht, $\tau\varrho\acute{\epsilon}\pi\epsilon\iota\nu$ = wenden, z. B. in jedem Ring unsymmetrisch substituierte Biphenyle, Phenylnaphthyle, N-Phenyl-pyrrole usw. als Sonderfall von S. 75 unter γ3a; *Allene*[3] und ihnen entsprechende Verbindungen, wie 1,4-Methyl-cyclohexyliden-essigsäure; *Spirane*[1,2]; *asymmetrisch gebaute anorganische*[4] *Moleküle* (Kobaltiake, Ammoniumsalze, Sulfinsäuren, Sulfoxyde usw.). Siehe auch S. 76.

β) Diastereo(iso)merie[5] (auch geometrische Isomerie genannt) [6].

Diastereomerie tritt dann auf, wenn wir ein optisch aktives Molekül oder Radikal mit einem zweiten, ebenfalls optisch aktiven Molekül oder Radikal vereinigen.

Diastereomere Moleküle sind z. B. die Chloräpfelsäuren:

```
       COOH                          COOH
        |                             |
  H—*C—Cl           und        Cl—*C—H
        |                             |
  H—*C—OH                      H—*C—OH
        |                             |
       COOH                          COOH
```

oder die Salze aus L-Äpfelsäure und D-Phenyläthylamin bzw. von L-Äpfelsäure und L-Phenyläthylamin.

Man erkennt, daß beispielsweise in den Chloräpfelsäuren Atome und Atomgruppen in *strukturidentischer Verbindung vorliegen*, daß aber diese Atome und Atomgruppen (z. B. die Gruppe Cl von der Gruppe OH) *in den beiden diastereomeren Verbindungen ungleichen Abstand besitzen*. Solche Isomeren unterscheiden sich dementsprechend in ihren physikalischen, chemischen und biologischen Eigenschaften[7].

Diastereomere Moleküle enthalten also zwei oder mehrere asymmetrische Zentren. Die Isomeren sind optisch aktiv, aber keine Spiegelbilder voneinander, nicht *enantiomorph*. Über das Drehungsvermögen von diastereomeren Verbindungen siehe S. 84.

Hierher gehören z. B. von den Hexosen u. a. Glucose und Galaktose, von den Pentosen u. a. Ribose und Xylose; die α- und β-Formen der Zucker und der Glykoside, Oxy-aminosäuren u. a.

Von **Epimerie** spricht man, wenn 2 Verbindungen mit mehr als zwei asymmetrischen C-Atomen sich nur in der Konfiguration eines derselben unterscheiden. Dies ist ein Sonderfall der Diastereomerie. Ursprünglich hat man diesen Ausdruck nur auf die verschiedene Lage der OH-Gruppe am C-Atom 2 der Zucker, z. B. Glucose und Mannose; Arabinose und Ribose, angewendet. Heute aber gebraucht man ihn allgemeiner auch bei dem die OH-Gruppe tragenden, asymmetrischen, „epi"-C-Atom des Cholesterins und der übrigen Stereoide (siehe BUTENANDT-SCHRAMM S. 405).

---

[1] HILLEMANN, H.: Molekulare Asymmetrie. Angew. Chem. **50**, 435—447 (1937). Ferner Kapitel über molekulare Asymmetrie in Gilman, org. Chem. II, S. 343ff.— [2] Schlenk-Bergmann, Lehrb. org. Chem. **1**, 535. — [3] Schlenk-Bergmann, Lehrb. org. Chem. **1**, 70. — Karrer, Lehrb. org. Chem., S. 717. — [4] WERNER, A.: Neuere Anschauungen auf dem Gebiete der anorganischen Chemie. 3. Aufl. Braunschweig 1913. — Freudenberg, Stereochemie. — [5] $\delta\iota\grave{\alpha}$ = im Abstand. — [6] Schlenk-Bergmann, Lehrb. org. Chem. **2**, 804. — [7] Für eine Zusammenstellung der Unterschiede der Eigenschaften diastereomerer Verbindungen siehe z. B. KUHN, W.: Ergeb. Enzymforsch. **5**, 1—48 (1936), sowie Handb. Enzymol. (NORDWEIDENHAGEN) S. 187—219.

γ) Raumisomerie bei Molekülen mit Symmetrieebene.

Die Moleküle besitzen Symmetrieebenen, sind also nicht optisch aktiv, asymmetrische C-Atome fehlen (cis-trans-Isomerie).

1. **Stereoisomerie bei Vorliegen mehrfacher Bindungen in acyclischen Verbindungen.**

α) $\begin{array}{c} R \\ R' \end{array}\!\!>\!C\!=\!C\!<\!\!\begin{array}{c} R'' \\ R''' \end{array}$ *Äthylenisomerie.*
Beispiele: Ölsäuren, Elaidinsäure, Fumar- und Maleinsäure.

β) $\begin{array}{c} R \\ R \end{array}\!\!>\!C\!=\!N\!<\!\!\begin{array}{c} R'' \\ \end{array}$ *cis-trans- oder syn- und anti-Isomerie.*
Beispiele: Oxime, Imide, SCHIFFsche Basen (z. B. Oktopin S. 790).

γ) $R \cdot N = N - R'$ *cis-trans- oder syn- und anti-Formen der Diazoverbindungen.*
Diazo- und Azokörper.

2. **cis-trans-Isomerie bei nicht aromatischen, cyclischen Systemen.** Bei *cyclisch gebauten Verbindungen* unterscheidet man die verschiedenartigen Stereoisomeren als cis- und trans-Formen, je nachdem sich die an den C-Atomen des Ringes sitzenden Substituenten auf derselben oder auf der entgegengesetzten Seite der Ringebene befinden.

Beispiele: Dioxy- und Polyoxy-cycloalkane mit Ausnahme des Inosits. Dekahydronaphthaline[1], Steroide (siehe BUTENANDT-SCHRAMM S. 405).

In vielen Fällen ist diese *cis-trans-Isomerie* mit dem Auftreten eines oder mehrerer asymmetrischer C-Atome oder asymmetrischer Zentren verknüpft und gibt dann Anlaß zu der bereits in den Abschnitten α und β genannten optischen Aktivität bzw. zu der mit ihr zusammenhängenden Diastereomerie *(relative Asymmetrie)* (A. v. BAYER).

Beispiele: cis- und trans-Hexahydro-Terephthalsäure (I), alle 8 Hexaoxy-cyclohexane mit Ausnahme des optisch aktiven Inosits (vgl. S. 74, 316).

In solchen Verbindungen sind die „*relativ asymmetrischen*" C-*Atome* des Ringes voneinander auf beiden Wegen durch den Ring durch je eine gleiche Anzahl strukturell gleichartiger Ringglieder getrennt.

$$\text{(I)}$$

3. **Konstellationsisomerie** (Stereoisomerie, die durch Drehung von Molekülteilen um Achsen beschränkter Drehbarkeit verursacht wird). Siehe auch S. 88.

a) *Behinderungsisomerie*[2], *Atropisomerie (Rotationsisomerie)*. Für die an benachbarten, miteinander verbundenen Atomen befindlichen Substituenten gibt es oft mehrere energetisch fast gleichwertige Lagen, deren wechselseitiger Übergang durch Drehung um eine Achse beschränkter Drehbarkeit bewirkt werden kann, eine Drehung, die aber durch mehr oder weniger hohe „Energieberge" (Aktivierungsenergien) behindert ist. Von sog. „*freier Drehbarkeit*" spricht man dann, wenn die Drehungsbehinderung schon durch die mittlere Energie der Temperaturbewegung überwunden wird, so daß — wenigstens bei gewöhnlicher Temperatur — an keine Isolierung der einzelnen Isomeren zu denken ist. Beispiele: $Cl \cdot CH_2 \cdot CH_2 \cdot Cl$; $J \cdot CH_2 \cdot CH_2 \cdot J$; Weinsäure u. a.

Auskunft über das Vorliegen von Rotationsisomerie gibt das RAMAN-*Spektrum* und, sofern polare Gruppen vorliegen, besonders die *Bestimmung des Dipolmomentes* in seiner Abhängigkeit von der Temperatur.

Wachsende Behinderung führt schließlich zur Aufhebung der Drehbarkeit und damit zur Isolierbarkeit der raumisomeren Verbindungen.

b) *Die Behinderung der Drehung um die einfache Bindung* kann durch *Ringschluß* (Sessel- und Wannenform beim Cyclohexan), VAN DER WAALsche *Kräfte*

---

[1] Schlenk-Bergmann, Lehrb. org. Chem. **2**, 809. — [2] MÜLLER, EUGEN: Neuere Anschauungen der organischen Chemie. S. 39—51. Berlin 1940.

bei Makromolekülen (Kohlenhydrate, Eiweiß) oder durch *mechanische Kräfte* (Streckung von Muskelfibrillen, des Kautschuks oder einer Kunstfaser) verursacht werden.

c) Eine besondere Rolle spielt die Konstellationsisomerie bei *hochpolymeren Substanzen* wie Kautschuk usw., bei welchen die auf Grund der *freien Drehbarkeit* erlaubten Formen eine ungeheuer große Mannigfaltigkeit besitzen *(Knäuelformen)*. Man kann in diesem Falle die Wahrscheinlichkeit dafür angeben, bestimmte Moleküle in einem gegebenen Augenblick in dieser oder jener erlaubten, durch äußere Parameter (äußere Knäuelabmessungen) gekennzeichneten Konstellation anzutreffen (Näheres S. 160 ff).

Im folgenden befassen wir uns mit der den spiegelbildisomeren und den diastereoisomeren Verbindungen eigentümlichen optischen Aktivität.

10. Optische Aktivität.

a) Prinzip der Asymmetrie; Allgemeines[1-8].

Wie erwähnt, finden wir optisches Drehungsvermögen stets nur bei Verbindungen, bei denen ein herausgegriffenes Molekül von seinem Spiegelbild verschieden ist (PASTEUR 1848). Optisch aktiv sind die Moleküle, die mit ihrem Spiegelbilde durch Translation und Drehung im Raum nicht zur Deckung gebracht werden können. Stoffe solcher Art finden wir sowohl unter den anorganischen wie unter den organischen Verbindungen.

Bei einem großen Teil der aktiven organischen Verbindungen, z. B. bei der Milchsäure

$$
\begin{array}{c}
\mathsf{COOH} \\
| \\
\mathsf{H\!-\!\!-C^*\!\!-\!OH} \\
| \\
\mathsf{CH_3}
\end{array}
$$

können wir eine bestimmte Stelle des Moleküls als *Asymmetriezentrum* bezeichnen; es ist das in vorstehender Formel mit einem Stern versehene sog. „*asymmetrische* C-*Atom*" (LE BEL und VAN'T HOFF 1874)[9]. Unter einem asymmetrischen C-Atom verstehen wir also ein C-Atom, an welches vier voneinander verschiedene Substituenten gebunden sind. Was die räumliche Anordnung betrifft, so hat man sich das C-Atom in der Mitte, die 4 Substituenten an den Ecken eines regulären oder verzerrten Tetraeders zu denken (vgl. Abb. 5a u. 5b S. 85). Man überzeugt sich leicht, daß Verbindungen, welche ein oder mehrere asymmetrische C-Atome enthalten, mit ihren Spiegelbildern tatsächlich nicht zur Deckung gebracht werden können, also optisch aktiv sein müssen. (Über spezifische Drehung siehe auch BRIGL-PLOETZ S. 259.)

Im Laufe der Zeit ist indessen eine große Anzahl optisch aktiver auch organischer Verbindungen bekanntgeworden, in welchen *kein asymmetrisches* C-*Atom*

Zusammenfassende Darstellungen über optische Aktivität: 1—8. [1] Freudenberg, Stereochemie, insbesondere die Abschnitte: [2] KUHN, W.: Theorie und Grundgesetze der optischen Aktivität, S. 317—434. — [3] EBEL, F.: Die Isomerieerscheinungen, S. 553—661. — [4] FREUDENBERG, K.: Konfigurative Zusammenhänge optisch aktiver Verbindungen, S. 662—720. — [5] KUHN, R.: Molekulare Asymmetrie, S. 802—824. — [6] KUHN, W., u. K. FREUDENBERG: Natürliche Drehung der Polarisationsebene des Lichtes. Hand- u. Jb. chem. Physik 8, Abschn. III (1932). — [7] LOWRY, T. M.: Optical Rotatory Power. London, New York u. Toronto 1935. Siehe ferner entsprechenden Abschnitt von GOLDSCHMIDT, ST.: Stereochemie. Hand- u. Jb. chem. Physik 4 (1933) u. WITTIG, G.: Stereochemie. Leipzig 1930. — [8] FREUDENBERG, K.: Regeln auf dem Gebiete der optischen Drehung und ihre Anwendung in der Konstitutions- und Konfigurationsforschung. B. **66**, 177 (1933).

[9] HJELT, E. v.: Geschichte der organischen Chemie. S. 333 ff. Braunschweig 1916.

vorkommt. Es handelt sich um die Verbindungen mit sog. *Molekulasymmetrie*[1]. Gleichgültig, ob es sich um anorganische oder organische Verbindungen und gleichgültig, ob es sich um Verbindungen mit. oder ohne asymmetrisches C-Atom handelt, können wir über das optische Verhalten eine *Anzahl allgemeiner Feststellungen* machen:

α) Das Drehungsvermögen eines herausgegriffenen Moleküls ist stets gleich groß und entgegengesetzt zum Drehungsvermögen seines Spiegelbildes. Von den beiden Formen einer aktiven Verbindung ist also stets die eine rechts-, die andere linksdrehend. Infolgedessen werden die beiden Formen auch als *optische Antipoden* einer Verbindung bezeichnet (z. B. Rechts- und Linksmandelsäure usw.).

β) Das Drehungsvermögen aller optisch aktiven Verbindungen hängt stark von der *Wellenlänge* ab und hat

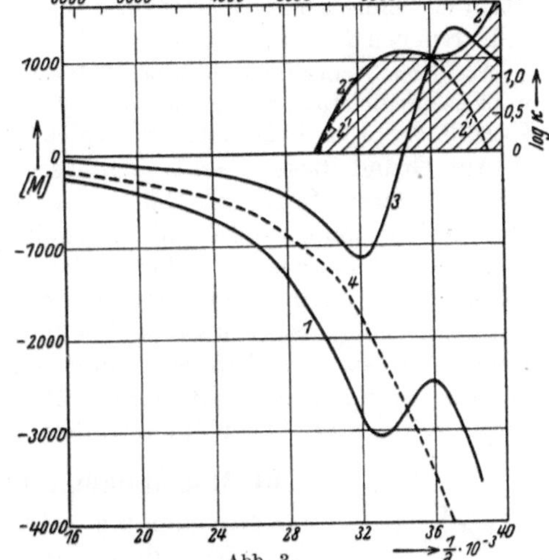

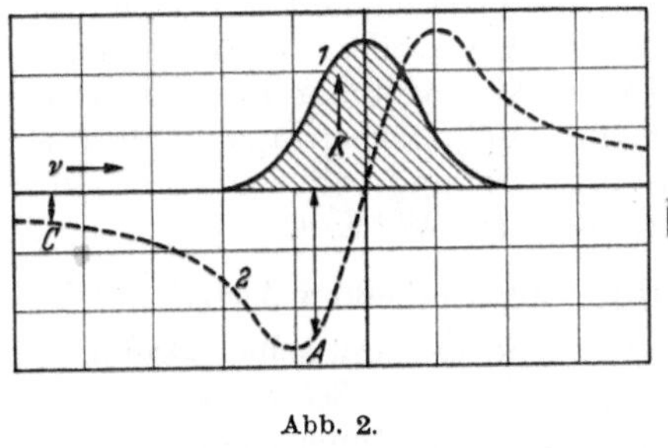

Abb. 2.

Abb. 2. Drehungsbeitrag einer Absorptionsbande innerhalb und außerhalb des Absorptionsgebietes. Kurve *1*. Absorption. Kurve *2*. Der der Absorptionsbande *1* zugehörige Drehungsbeitrag [α].

Abb. 3. Absorption und optische Drehung von Azidopropionsäure-dimethylamid in Äther. *1* Beobachtete molekulare Drehung (*M*). *2* Beobachtete Absorption (Logarithmus des Absorptionskoeffizienten *k*). *3* Drehungsbeitrag der „N₃"-Absorptionsbande (Kurve *2*,) berechnet. *4* Differenz von Kurve *1* und *3*; Bedeutung: Beobachtete Drehung, abzüglich des Drehungsbeitrages der „N₃"-Absorptionsbande.

im allgemeinen im *Bereich der Absorptionsbanden der Verbindung einen charakteristischen, anomalen Verlauf* (Cotton-*Effekt*) (Abb. 2 u. 3).

Auf die Diskussion dieses Effektes geht fast alles, was wir heute über die optische Aktivität aussagen können, zurück[2-5].

Es zeigt sich erstens, daß die als Cotton-Effekt bezeichnete Drehungsanomalie (Abb. 2) mit der Existenz der Absorptionsbande und gewissen modellmäßigen Eigenschaften derselben (vgl. unten) direkt verknüpft ist. Man ist berechtigt, zu sagen, *daß die Drehungsanomalie durch die Absorptionsbande direkt hervorgerufen wird.*

[1] Zusammenfassendes hierüber siehe z. B. Hillemann, H.: Molekulare Asymmetrie. Angew. Chem. **50**, 435—447 (1937). — Gilman, org. Chem. II, S. 366ff. — Kuhn, R. in Freudenberg, Stereochemie, S. 803ff.
Zusammenfassendes über optische Drehung und chemische Konstitution: 2—5. [2] Vgl. Kuhn, W.: Einfachste Grundlagen und Gesetze der optischen Drehung. B. **66**, 166 (1933).— [3] Freudenberg, K.: Regeln auf dem Gebiete der optischen Drehung und ihre Anwendung in der Konstitutions- und Konfigurationsforschung. B. **66**, 177 (1933). — [4] Freudenberg, K., u. H. Biller: Über die Gültigkeit der Regeln des optischen Drehungsvermögens. A. **510**, 230—240 (1934). — [5] Jaeger, F. M.: Bull. Soc. chim. France **4**, 1201—1220 (1937). Siehe ferner die S. 76 aufgeführten Zusammenfassungen, insbesondere die Fußnoten Nr. [2], [4, 6-8], sowie die Fußnoten Nr. [2, 3] und [9] S. 78.

Es zeigt sich zweitens, daß die durch eine Bande bewirkte Drehungsanomalie zwar im Bereiche der Absorptionsbande dem Betrage nach am größten ist (Beispiel Punkt *A* der Abb. 2), daß *aber auch außerhalb des Absorptionsbereiches Drehungseffekte übrigbleiben, welche quantitativ auf die betrachtete Absorptionsbande zurückgeführt werden können* (Beispiel Punkt *C* der Abb. 2). Man kann also vom Drehungsbeitrag einer Absorptionsbande auch außerhalb des Absorptionsgebietes sprechen.

Es zeigt sich dann drittens, daß das *Drehungsvermögen* einer Verbindung, beispielsweise im gelben Licht, quantitativ dargestellt werden kann *als Summe der Drehungsbeiträge*, welche für die betreffende Wellenlänge (z. B. gelbes Licht) von den einzelnen Absorptionsbanden der Verbindung beigesteuert werden (z. B. Kurven 1, 3 und 4, Abb. 3).

Aus Abb. 3 entnimmt man beispielsweise, daß 23% der in gelbem Lichte bei Acidopropiousäuredimethylamid gemessenen Drehung durch die N_3-Absorptionsbande (Beitrag Kurve 3 der Abb. 3) beigesteuert werden [1].

Auf Grund dieser Sachlage müssen wir auf die *Absorptionsbanden der Verbindung*, deren Lage im Spektrum und deren optisch aktive Eigenschaften zurückgehen, wenn wir die Abhängigkeit des optischen Drehungsvermögens von der Wellenlänge diskutieren wollen, oder wenn wir die Abhängigkeit des Drehungsvermögens von der chemischen Konstitution verstehen wollen. Praktisch ist es von Bedeutung, daß schwache, im nahen Ultraviolett oder gar im Sichtbaren gelegene Absorptionsbanden schon sehr starke Drehungsbeiträge liefern, so daß die Drehung im Sichtbaren oft durch die Drehungsbeiträge einer oder zweier schwacher Absorptionsbanden beherrscht wird (W. KUHN).

b) Modellmäßige Bedeutung der optischen Aktivität [2-9].

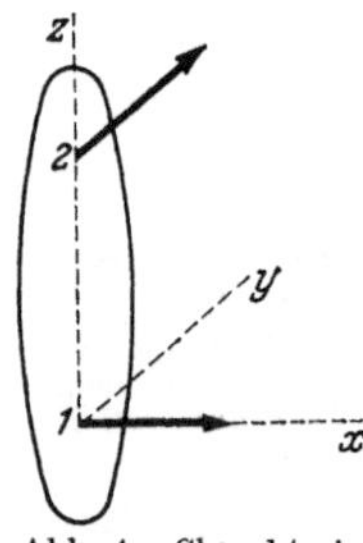

Abb. 4. Charakteristische Schwingungsform von einfachster optisch aktiver Absorptionsbande.

Modellmäßig geht die Tatsache des optischen Drehungsvermögens darauf zurück, daß die *optischen Schwingungen*, d. h. die elektrischen Verschiebungen, die im Innern der Moleküle vor sich gehen, wenn eine optische Absorption stattfindet, *nicht an einzelnen Punkten des Moleküls*, d. h. nicht an den eng begrenzten chromophoren Stellen der Moleküle *lokalisiert* bleiben, sondern daß sie von der chromophoren Stelle auf die Nachbarteile des Moleküls übergreifen (C. W. OSEEN, M. BORN, W. KUHN; vgl. auch die Ausführungen S. 41). Die einfachste optisch aktive Schwingung wäre z. B. eine solche, bei welcher am Punkt 1 des Moleküls eine Elektrizitätsverschiebung von links nach rechts erfolgt, während am Punkt 2 des Moleküls eine Elektrizitätsverschiebung von vorn nach hinten vor sich geht [10] (Abb. 4). Im allgemeinen werden sich die bei Betätigung einer Absorptionsbande in einem

---

[1] Zahlenmäßigen Nachweis dieser Feststellung siehe KUHN, W., u. E. BRAUN: Z. physik. Chem. (B) 8, 281, insbesondere S. 296 (1930).

Zusammenfassendes über modellmäßige Bedeutung der optischen Aktivität: 2—9. [2] KUHN, W.: Theorie und Grundgesetze der optischen Aktivität in Freudenberg, Stereochemie, S. 317—434. — [3] KUHN, W., u. K. FREUDENBERG: Natürliche Drehung der Polarisationsebene des Lichtes. Hand- u. Jb. chem. Physik 8, Abschn. III (1932). — [4] KUHN, W.: Modellmäßige Bedeutung der optischen Aktivität. Naturwiss. 19, 854 (1931). — [5] KUHN, W.: Das Problem der absoluten Konfiguration optisch aktiver Stoffe. Naturwiss. 26, 289, 305 (1938). — [6] LOWRY, T. M.: Optical Rotatory Power. London 1935. — [7] GOLDSCHMIDT, ST.: Stereochemie. Handb. u. Jb. chem. Physik. 4 (1923). — [8] WITTIG, G.: Stereochemie. Leipzig 1930. — [9] FREUDENBERG, K.: B. 66, 177 (1933).

[10] KUHN, W.: Z. physik. Chem. (B) 4, 14 (1929). — HÜCKEL, E.: Die Theorien der natürlichen optischen Aktivität gasförmiger und flüssiger isotroper Stoffe. Z. Elektrochem. 50, 13—34 (1944). — KAUZMANN, W. J., J. E. WALTER and H. EYRING: Theories of optical rotatory power. Chem. Rev. 26, 339—407 (1940). — CONDON, E. U.: Theories of optical rotatory power. Rev. mod. Physics 9, 432—457 (1937).

Molekül eintretenden Elektrizitätsverschiebungen nicht auf zwei in je einem Punkte stattfindende Verschiebungen beschränken. Das tatsächliche Schwingungsbild wird komplizierter sein. Die Schwingung muß aber, wenn sie optisch aktiv sein soll, wenigstens in einzelnen Teilen den in Abb. 4 angedeuteten Charakter besitzen.

c) Eigenschaften optischer Antipoden; Diastereomerie.

Da die Rechtsform einer optisch aktiven Verbindung sich zur Linksform derselben Verbindung (Beispiel Rechts- zu Linksmandelsäure) wie Bild und Spiegelbild verhält, so ändern sich die Bestandteile und die Abstände, welche in der Rechtsform anzutreffen sind, beim Übergang zur Linksform in keiner Weise. Auf Grund dieser Tatsache verstehen wir, daß die Eigenschaften optischer Antipoden gegenüber den meisten chemischen Reagentien (z. B. gegenüber HNO_3, HCl, Brom usw.) vollständig gleich sind und wir verstehen, daß die *Bildungsenergien* und die *Gleichgewichtskonstanten* für die Bildung optischer Antipoden aus inaktivem Ausgangsmaterial für die beiden Antipoden *völlig übereinstimmen*. Ebenso verstehen wir, daß der *Schmelzpunkt*, der *Siedepunkt*, die *Löslichkeit* in inaktiven Lösungsmitteln und *weitere skalare Eigenschaften* bei den optischen Antipoden *genau übereinstimmen*.

Die Gleichartigkeit im chemischen und physikalischen Verhalten von Rechts- und Linksform einer optisch aktiven Verbindung hört indessen auf, wenn wir optisch aktive Verbindungen mit anderen optisch aktiven Verbindungen zusammenbringen. Wenn ich beispielsweise den rechtsdrehenden Antipoden $\mathfrak{A}_r$ der Verbindung $\mathfrak{A}$ einmal mit dem rechtsdrehenden Antipoden $\mathfrak{C}_r$ der Verbindung $\mathfrak{C}$, ein anderes Mal mit dem linksdrehenden Antipoden $\mathfrak{C}_l$ zusammenbringe, so erhalte ich die Kombinationen $\mathfrak{A}_r \mathfrak{C}_r$ und $\mathfrak{A}_r \mathfrak{C}_l$. *Diese Kombinationen sind nicht mehr Spiegelbilder voneinander*, denn das Spiegelbild von $\mathfrak{A}_r \mathfrak{C}_r$ heißt $\mathfrak{A}_l \mathfrak{C}_l$ und nicht $\mathfrak{A}_r \mathfrak{C}_l$. Die Kombinationen $\mathfrak{A}_r \mathfrak{C}_r$ und $\mathfrak{A}_r \mathfrak{C}_l$ *heißen diastereomer. Diastereomere sind in derselben Weise voneinander verschieden wie die Kombination von zwei rechten Händen einerseits und die Kombination einer rechten mit einer linken Hand andererseits.* Gruppen, die sich in $\mathfrak{A}_r \mathfrak{C}_r$ benachbart liegen, sind in $\mathfrak{A}_r \mathfrak{C}_l$ voneinander weit getrennt und umgekehrt. Infolgedessen unterscheiden diastereomere Verbindungen sich in allen Eigenschaften (Energie, Farbe, Löslichkeit, chemisches, enzymchemisches und damit auch biologisches Verhalten usw.) [1].

d) Erzeugung optisch aktiver Stoffe und ihre biologische Bedeutung [2-11].

Die Unterschiede zwischen Diastereomeren sind von großer Wichtigkeit sowohl für das Verständnis der Reaktion des Organismus auf optisch aktive Substanzen, welche wir von außen an ihn heranbringen, als auch für die Erzeugung optisch aktiver Aufbausubstanzen durch den Organismus selbst. Um das zu verstehen, brauchen wir nur kurz auf die entscheidende Rolle hinzuweisen, welche die diastereomeren Verbindungen spielen, wenn wir eine *Racemat-Trennung* unter Benutzung eines optisch aktiven Hilfsstoffes oder eine *asymmetrische Synthese* mit Hilfe eines optisch aktiven Katalysators durchführen:

---

[1] Eine Zusammenstellung siehe bei KUHN, W.: Optische Spezifität von Enzymen. Ergebn. Enzymforsch. 5, 1—48 (1936); sowie KUHN, W.: Handb. Enzymol. (NORD-WEIDENHAGEN), S. 187—219.

Zusammenfassendes über asymmetrische Synthese und deren biologische Bedeutung: 2—11.

[2] McKENZIE, A.: Asymmetric synthesis. Ergebn. Enzymforsch. 5, 49—78 (1936). — [3] RITCHIE, P. D.: Asymmetric Synthesis and Asymmetric Induction. Oxford 1933. — RITCHIE, P. D.: Recent views in asymmetric synthesis and related processes. Adv. Enzymol. 7, 65—110 (1947). — [4] BAMANN, E.: Über das Asymmterieproblem in der Biochemie. Arch.

α) **Racemat-Trennung.** Unter einem Racemat verstehen wir ein Gemisch aus gleichen Teilen des rechts- und des linksdrehenden Antipoden einer Verbindung (z. B. gleiche Teile Rechts- und Linksmandelsäure). Ein Racemat erhalten wir stets, wenn wir eine Verbindung wie Mandelsäure ohne Zuhilfenahme optisch aktiver Hilfsstoffe auf chemischem Wege synthetisieren. Die im Racemat nebeneinander vorhandenen Antipoden können wir durch gewöhnliche chemische Mittel voneinander nicht trennen, weil, wie wir sahen, die beiden Antipoden mit gewöhnlichen chemischen Reagentien gleich schnell reagieren.

Eine *Trennung* der in *racemischer Mandelsäure*[1] vorhandenen Antipoden können wir aber beispielsweise dadurch erreichen, daß wir die wäßrige Lösung mit linksdrehendem Phenyläthylamin ($C_6H_5 \cdot CH(NH_2) \cdot CH_3$) versetzen. Das Salz der rechtsdrehenden Mandelsäure mit dem linksdrehenden Phenyläthylamin ist schwerer löslich als das in der Lösung sich gleichfalls bildende Salz von linksdrehender Mandelsäure mit dem linksdrehenden Phenyläthylamin. Das schwerer lösliche Salz fällt daher zuerst aus; es kann durch Umkristallisieren rein erhalten werden, und durch Freimachen der Säure aus dem Salz kann reine Rechtsmandelsäure gewonnen werden. Der zur Racematspaltung verwendete aktive Hilfsstoff, das Phenyläthylamin, wird dabei zurückgewonnen. Es kann in einem neuen Ansatz zur Spaltung einer weiteren Menge Mandelsäure oder zur Spaltung anderer als Racemate vorliegender Säuren, z. B. zur Spaltung von racemischer Äpfelsäure, verwendet werden. Die so erhaltenen aktiven Säuren können ihrerseits wieder zur Spaltung von racemischen Basen usw. verwendet werden.

Außer der in diesem Beispiel verwendeten Verschiedenheit der Löslichkeit diastereomerer Salze können auch andere Unterschiede diastereomerer Verbindungen zur Racematspaltung gebraucht werden (z. B. die verschiedene Veresterungsgeschwindigkeit der Rechts- und Linksform einer Säure mit einem aktiven Alkohol, die Verschiedenheit der Gleichgewichtskonstanten für solche Veresterungen, die verschiedene Löslichkeit der Antipoden in einem optisch aktiven Lösungsmittel).

β) **Partiell asymmetrische Synthese.** In allen diesen Fällen ist die physikalische und chemische Verschiedenheit der entstehenden diastereomeren Verbindungen für den Erfolg der Racematspaltung ausschlaggebend. Dasselbe trifft, wie wir sogleich sehen werden, auch für die Bildung optisch aktiver Stoffe aus inaktiven Ausgangsstoffen unter Zuhilfenahme von *optisch aktiven Katalysatoren* zu[2]. Wir besprechen diesen Fall, weil er für die Entstehung optisch aktiver Stoffe im Organismus besonders wichtig ist. Die Enzyme sind nämlich optisch aktive Katalysatoren. Um der Vorstellung einen Anhaltspunkt zu geben, nehmen wir an, daß wir D- bzw. L-Mandelsäurenitril aus Benzaldehyd und HCN mit Hilfe eines Katalysators herstellen. Die Reaktionsgleichung ist:

$$C_6H_5CHO + HCN = C_6H_5 \cdot CH(OH)(CN).$$

Pharmazie **269**, 356—367 (1931). — [5] BROCKMANN, H.: Das biologische Verhalten stereoisomerer Verbindungen. In Freudenberg, Stereochemie, S. 921—961 — [6] KUHN, W., u. E. KNOPF: Darstellung optisch aktiver Stoffe mit Hilfe von Licht. Z. physik. Chem. (B) **7**, 292 (1930). — [7] KUHN, W.: Optische Spezifität von Enzymen. Ergebn. Enzymforsch. **5**, 1—48 (1936). — [8] KUHN, W.: Katalytische Erzeugung optisch aktiver Stoffe und chemische Notwendigkeit eines einseitigen Ablaufs biochemischer Vorgänge. Angew. Chem. **49**, 215 (1936). — [9] KUHN, W.: Optische Aktivität und Begrenztheit der Lebensdauer. Forsch. u. Fortschr. **14**, 91 (1938). Z. Altersforsch. **1**, 325 (1939). Handb. Enzymol. (NORD-WEIDENHAGEN), S. 187—219 (1940). — [10] GAUSE, G. FR.: Optical Activity and Living Matter. Normandy, Mo. Biodynamica. 1941. — Ferner[11] The relation of optical form to biological activity in the amino-acid series. Biochem. Soc. Symp. Nr. 1 (1948) (Beiträge von A. C. CHIBNALL, H. A. KREBS, G. R. TRISTRAM, H. N. RYDON, T. S. WORK, F. BERGEL, H. LEHMANN, G. M. HILLS, M. V. TRACEY).

[1] Methodisches siehe Gattermann-Wieland, 33. Aufl., S. 207. 1948. — [2] Erster Nachweis durch Modellversuche: FAJANS, K.: Z. physik. Chem. **73**, 25 (1910). — BREDIG, G., u. K. FAJANS: B. **41**, 752 (1908).

Nach dem Gesagten ist die Energie im Ausgangszustande und die Energie im Endzustande je dieselbe, gleichgültig ob wir aus den Ausgangsstoffen reines D- oder reines L-Nitril synthetisieren. Bei Anwendung eines aktiven Katalysators erkennen wir indessen, daß die Energiegleichheit nur im Ausgangszustand $C_6H_5 \cdot CHO + HCN$ und im Endzustand der Synthese (D- bzw. L-Nitril) verwirklicht ist und daß die Zwischenstufen bei der Synthese des D- bzw. L-Nitrils verschieden sein werden[1]. Da der Katalysator am Reaktionsverlauf intermediär beteiligt ist, erkennen wir nämlich, daß Anlagerungsverbindungen des aktiven Katalysators an die bei der Reaktion auftretenden (ebenfalls aktiven) Zwischenverbindungen vorkommen müssen. Diese Anlagerungsverbindungen sind diastereomer verschieden, wenn wir uns denken, daß wir mit Hilfe eines gegebenen aktiven Katalysators einmal D- und einmal L-Nitril herstellen. Da die diastereomeren Anlagerungsverbindungen chemisch und physikalisch voneinander verschieden sind, sind sie auch in bezug auf Bildungsgeschwindigkeit und Geschwindigkeit der Weiterreaktion voneinander verschieden. Wir verstehen damit, daß auch die Gesamtreaktionsgeschwindigkeit bei der Bildung des D- und L-Nitrils verschieden ist. Das heißt: der optisch aktive Katalysator ist in der Lage, die Bildung des einen der optischen Antipoden aus dem inaktiven Ausgangsmaterial selektiv zu beschleunigen.

In der Biochemie nennt man diese Erscheinung die *optische Spezifität von Katalysatoren*, insbesondere *die optische Spezifität der Fermente*[2].

Charakteristisch sowohl für die Racematspaltung als auch für die katalytische Erzeugung optisch aktiver Stoffe aus inaktiven Ausgangsstoffen ist, wie wir sahen, die Benutzung einer aktiven Hilfssubstanz sowie die Bildung und Wiedertrennung von diastereomeren Verbindungen. Die Hilfssubstanz kann nach erfolgter Benutzung in allen Fällen wiedergewonnen werden. Wenn wir optisch aktive Katalysatoren benutzen, erfolgt die jeweilige Freisetzung der benutzten Hilfssubstanz von selbst, in anderen Fällen (z. B. bei der Racemattrennung durch Salzbildung) kann sie durch geeignete chemische Operationen vorgenommen werden. Mit Hilfe einer gegebenen Menge der optisch aktiven Hilfssubstanz können daher nach den angedeuteten Methoden beliebig viele optisch aktive Substanzen in beliebiger Menge hergestellt werden. Im Organismus kommen sowohl Racemattrennungen als auch Synthesen optisch aktiver Verbindungen aus inaktiven Ausgangsstoffen in großer Zahl vor. Sie sind alle zu verstehen auf Grund der Tatsache, daß der Organismus selbst optisch aktive Aufbausubstanzen besitzt und über optisch aktive Katalysatoren verfügt.

Wie oben vorweggenommen wurde, verstehen wir auf Grund der Diastereomerie auch die ebenfalls bekannte Tatsache, daß der *Organismus sich gegenüber optisch aktiven Verbindungen, welche von außen an ihn herangebracht werden, verschieden verhält*[3]. Ich erinnere z. B. daran, daß linksdrehendes Alanin Bakterien auf chemotaktischem Wege 100 bis 1000mal stärker anlockt als rechtsdrehendes Alanin, daß rechtsdrehendes Leucin stark süß, linksdrehendes Leucin dagegen fade und schwach bitter schmeckt. Um sich diese Verschiedenheiten zu erklären, braucht man sich nur daran zu erinnern, daß der Organismus optisch aktive Stoffe als Aufbausubstanz enthält, daß also auch in den Sinnesorganen und überall optisch aktive Stoffe eine wesentliche Rolle spielen und daß die L- bzw. D-Form eines herangebrachten Stoffes mit den in den Sinnes-

---

[1] Ausführliche Darstellung siehe KUHN, W.: Optische Spezifität von Enzymen. Ergebn. Enzymforsch. **5**, 1—48 (1936); insbesondere Abb. 1, S. 16, daselbst. — [2] KUHN, W.: Optische Spezifität von Enzymen in Handb. Enzymol. (NORD-WEIDENHAGEN) **1**, 187—219 (1940). [3] Ausführliches hierüber vgl. z. B. BROCKMANN, H.: Freudenberg, Stereochemie, S. 921—961; ferner BAMANN, E.: Über das Asymmetrieproblem in der Biochemie. Arch. Pharmazie **269**, 356—367 (1931).

organen usw. vorhandenen aktiven Verbindungen diastereomer verschiedene Reaktionsprodukte liefert. Über die Notwendigkeit des Auftretens unerwünschter Antipoden beim Altern des Individuums siehe W. KUHN[1]; siehe auch S. 171.

γ) **Absolute asymmetrische Synthese**[2, 3]. Die vorstehend beschriebenen Methoden zur Trennung von Racematen oder zur Synthese von optisch aktiven Verbindungen erforderten die Benutzung von bereits vorhandenen optisch aktiven Stoffen. In den lebenden Organismen sind die Voraussetzungen für eine Verwertung dieser Methode dauernd gegeben, weil die lebenden Organismen optisch aktive Aufbausubstanzen enthalten. Sie werden von Generation zu Generation fortvererbt. Ohne eine einmalige Vorgabe einer kleinen Menge optisch aktiven Materials kann aber nach diesen Methoden kein optisch aktiver Stoff erzeugt werden. Wichtig ist daher die Frage, auf welche Weise *erstmals* optisch aktive Substanz für Lebensvorgänge zur Verfügung gestellt wurde. Die Frage nach der erstmaligen Beschaffung einer optisch aktiven Substanz bezeichnet man auch als das *Problem der absoluten asymmetrischen Synthese,* das Problem der Darstellung optisch aktiver Stoffe ohne Benutzung bereits vorhandener optisch aktiver Hilfsstoffe.

Für die Beantwortung dieser Frage stehen sich zwei Möglichkeiten gegenüber:

1. Zufall,

2. Entstehung optisch aktiver Stoffe durch zirkularpolarisiertes Licht.

Bei der *Entstehung optisch aktiver Stoffe durch Zufall* kann man einerseits daran denken, daß bei Betrachtung einer kleinen Menge optisch aktiver Stoffe die beiden Antipoden in nicht genau gleicher Menge anzutreffen sind. Im Extremfalle der Betrachtung nur eines einzigen Moleküls (z. B. Mandelsäure) muß ja das Molekül entweder die Rechts- oder die Linksform haben. Man müßte dann annehmen, daß das erste Kleinlebewesen *zufällig* eine bestimmte optisch aktive Substanz enthielt und daß von da aus letzten Endes die ganze Organismenwelt mit optisch aktiven Aufbausubstanzen versorgt wurde.

Eine andere Abart derselben Hypothese ist die Bemerkung, daß durch *Krystallisation aus einem Racemat die Krystalle des Rechtsantipoden und des Linksantipoden getrennt auskrystallisieren können.* Eine solche Racemattrennung ist erstmals von PASTEUR durchgeführt worden. Bei der Krystallisation von racemischem Na-Ammoniumtartrat scheiden sich die Rechts- und Linkskrystalle in enantiomorphen Formen aus und können durch mechanisches Auslesen voneinander getrennt werden. Man könnte daher annehmen, daß auf solche Weise lokal und *zufällig* optisch aktive Substanz zum Aufbau eines ersten lebenden Organismus zur Verfügung gestellt wurde. Das Gemeinsame an den verschiedenen Abarten dieser Hypothese liegt darin, daß die Auswahl des für den Aufbau der Organismen tatsächlich verwendeten Antipoden eine *zufällige* war (Windstoßtheorie von PASTEUR).

Entstehung durch zirkulares Licht. Nach früheren vergeblichen Versuchen konnte erstmals im Jahre 1929 bis 1930 gezeigt werden, daß man durch Bestrahlung von Racematen mit zirkularpolarisiertem Licht optisch aktive Stoffe erhalten kann[4]. Zirkulares Licht ist nun in der Natur weit verbreitet und nach A. BYK[5] läßt sich sogar begründen, daß links- und rechtszirkulares Licht durchschnittlich nicht gleich häufig anzutreffen ist. Es ist infolgedessen möglich, daß beim ersten Auftreten eines lebenden Organismus von den möglichen optisch aktiven

---

[1] KUHN, W.: Z. Altersforsch. 1, 325 (1939). — [2] KUHN, W., u. E. KNOPF: Darstellung optisch aktiver Stoffe mit Hilfe von Licht. Z. physik. Chem. (B) 7, 292 (1930). — [3] KUHN, W.: Optische Spezifität von Enzymen. Ergebn. Enzymforsch. 5, 1—48 (1936). — [4] KUHN, W., u. E. BRAUN: Naturwiss. 17, 227 (1929). — KUHN, W., u. E. KNOPF: Naturwiss. 18, 183 (1930). Z. physik. Chem. (B) 7, 292 (1930). — [5] BYK, A.: Z. physik. Chem. 49, 641 (1904).

Stoffen ein *bestimmter* Antipode vorzugsweise zur Verwendung gelangte und daß jene Auswahl für den Aufbau der späteren bestimmend wirkte.

Mit irgendwelcher Bestimmtheit läßt sich diese Frage nicht beantworten. Für den derzeitigen Ablauf des organischen Geschehens ist sie ohne Bedeutung, weil im jetzt lebenden Organismus die Beschaffung der weiter benötigten optisch aktiven Aufbausubstanzen unter Zuhilfenahme der bereits vorhandenen aktiven Aufbausubstanzen erfolgt.

δ) **Biologische Bedeutung.** Der Aufbau und die Verwendung optisch aktiver Substanzen durch den Organismus stellt vom chemisch-präparativen sowie auch vom thermodynamischen Standpunkte aus eine Komplizierung dar; die Darstellung von Racematen ist präparativ viel leichter als die Darstellung reiner optischer Antipoden. Zudem ist die Racemisierung eines einmal erzeugten optischen Antipoden ein von selbst verlaufender Vorgang, zu dessen Verhütung oder Herabsetzung besondere Vorkehrungen notwendig sind. Jedenfalls ist die Herstellung und Verwendung optisch aktiver Substanzen im Organismus bemerkenswert und erstaunlich. Betrachten wir die Tatsache, daß wichtigste Verbindungen, wie z. B. die Glucose und die Aminosäuren, in praktisch reiner optisch aktiver Form verwendet werden, in Verbindung mit der weiteren Tatsache, daß die Verwendung optisch aktiver Stoffe zum Auftreten *diastereomerer Verbindungen* und damit zu besonderen Effekten führt, welche bei Verwendung von Racematen nicht auftreten würden, so darf wohl der Schluß gezogen werden, *daß die Verwendung reiner optisch aktiver Stoffe für den ungestörten Ablauf der Lebensvorgänge bzw. für die dafür benötigten physikalischen und chemischen Effekte eine stoffliche, physikalisch-chemische Notwendigkeit ist.*

Die kinetischen und thermodynamischen Bedingungen, unter denen eine Synthese reiner optisch aktiver Substanzen geleistet werden kann und die Bedingungen, unter denen der Reinheitsgrad wenigstens zeitweise aufrechterhalten werden kann, sind insbesondere von W. Kuhn genauer untersucht worden. Es zeigt sich, daß die vom Organismus vollbrachte Synthese reiner optisch aktiver Stoffe aus inaktiven Ausgangsmaterien eine Leistung ist, welche zwar kinetisch und thermodynamisch in Ordnung ist, die aber nur bei Erschöpfung sämtlicher kinetischer und thermodynamischer Möglichkeiten, also gewissermaßen mit Anstrengung, verwirklicht werden kann.

Unter anderem zeigt sich

1. daß der Organismus für eine jeweils sofortige Weiterverarbeitung der von ihm auf katalytischem Wege erzeugten optisch aktiven Stoffe und damit für einen *dauernden einseitig gerichteten Umsatz* seiner Körpersubstanz Sorge tragen muß, wenn die optische Reinheit der dargestellten aktiven Substanzen nicht in einer nichtgutzumachenden Weise geschädigt werden soll, und

2. daß der Reinheitsgrad der optisch aktiven Aufbausubstanz trotz der Vorkehrungen, welche seine Erhaltung bezwecken, nicht auf unbeschränkte Zeit aufrechterhalten werden kann, daß *also der Reinheitsgrad zwangsläufig eine gewisse Alterung erfährt.*

Es ist leicht einzusehen, daß damit das Problem der optischen Aktivität über seinen engeren Rahmen hinaus eine allgemeinere Bedeutung erhält: wir kommen mit der Frage nach den Gründen *für das Einsinnige und Einmalige, welches allen Lebensvorgängen anhaftet,* sowie mit dem Problem des Alterns des Individuums in Berührung[1].

---

[1] Kuhn, W.: Ergebn. Enzymforsch. 5, 1—48 (1936). — Angew. Chem. 49, 215 (1936), weiteres siehe unten S. 171.

In den Jahren 1939ff. erschien eine Anzahl Arbeiten von Kögl und Mitarbeitern[1], nach welchen im Tumor-Eiweiß neben der üblichen L-Form auch die D-Form *der Glutaminsäure* vorkommt und wonach die Malignität der Tumoren mit dem Vorkommen der unerwünschten Antipoden im Zusammenhang stehen soll. Dem experimentellen Befund ist von verschiedener Seite widersprochen worden[2].

Dagegen ist von K. Weil und W. Kuhn eine Methode entwickelt worden, um in Eiweißhydrolysaten D-Leucin, welches neben dem natürlichen L-Leucin in Mengen von 0,5% vorhanden ist, *in Substanz zu isolieren*. Nach dieser Methode wurden in Roßhaarproben verschiedener Herkunft beispielsweise 1,6%, 0% und 3,3% D-Leucin (bezogen auf L-Leucin) nachgewiesen[3]. Ein Zusammenhang zwischen Gehalt an D-Leucin und Alter der Individuen ist (bei Zuziehung weiterer noch nicht veröffentlichter Messungen von K. Vogler und W. Kuhn) noch nicht sichergestellt.

e) Drehungsvermögen diastereomerer Verbindungen, optische Superposition.

Da die diastereomeren Verbindungen nach dem Vorstehenden eine so große Bedeutung für die Biologie besitzen, mag nachstehend noch einiges über das Drehungsvermögen diastereomerer Verbindungen beigefügt werden. Wir erhalten, wie angeführt wurde, diastereomere Verbindungen dadurch, daß wir beispielsweise den L-Antipoden einer Verbindung A mit dem L- bzw. D-Antipoden einer Verbindung B zu einem Molekül vereinigen.

Wenn wir dabei die optische Drehung der Komponenten A_l, B_l und B_d je mit $[-\alpha]$, $[-\beta]$ und $[+\beta]$ bezeichnen, so würde für den Fall, daß die zwischen A und B einzugehende Bindung die Drehungsbeiträge nicht beeinflußt, die Drehung der Kombination $A_l B_l$ gegeben sein durch $[-\alpha] + [-\beta]$, die Drehung der Kombination $A_l B_d$ durch $[-\alpha] + [+\beta]$. Diese Erwartung oder diesen Fall, daß sich die Drehung additiv aus den Drehungen der Komponenten zusammensetzt, nennt man *optische Superposition*.

Dieser Fall ist nie genau verwirklicht, und die Abweichungen geben einen Einblick in die durch die Bindung bewirkte Wechselwirkung[4].

In vielen Fällen, insbesondere bei den *Kohlenhydraten* (Brigl-Ploetz S. 262ff.), kommen in ein und demselben Molekül nicht nur zwei, sondern mehr asymmetrische C-Atome vor. An jedem einzelnen asymmetrischen C-Atom kann dann eine L- oder D-Konfiguration vorhanden sein. Die Zahl von diastereomeren Verbindungen, welche ein und derselben Bruttoformel des Moleküls entsprechen, ist dann selbstverständlich wesentlich vergrößert. (Wenn n asymmetrische C-Atome in einem Molekül vereinigt sind, so ist die Zahl der Diastereomeren gleich 2^n; je zwei davon sind dabei Spiegelbilder voneinander.) *Epimere* Verbindungen nennen wir bei den Kohlenhydraten solche Verbindungen, bei denen sämtliche

[1] Kögl, F.: Kli. Wo. **1939** I, 801. Exper. **5**, 173 (1949). — Kögl, F., u. H. Erxleben: H. **258**, 57, 154 (1939). Naturwiss. **27**, 486 (1939). — Kögl, F., H. Erxleben u. A. M. Akkermann: H. **261**, 141 (1939). — Kögl, F., H. Erxleben u. G. J. van Veersen: H. **277**, 251 (1943). — Kögl, F., H. Herken u. H. Erxleben: H. **264**, 108, 220 (1940). — [2] Chibnall, A. C., M. W. Rees, E. F. Williams and E. Boyland: Biochem. J. **34**, 285 (1940). — Wieland, Th., u. W. Paul: B. **77**, 34 (1944). — Rittenberg, D., and D. Shemin: Ann. Rev. **15**, 260 (1946). — Tristram, G. R.: Biochem. Soc. Symp. No. 1, S. 33—39 (1948). — [3] Weil, K., u. W. Kuhn: Helv. **27**, 1648 (1944). — [4] Eine eingehende Diskussion siehe Freudenberg, K., u. W. Kuhn: B. **64**, 703 (1931). — Kuhn, W.: Theorie u. Grundgesetze der optischen Aktivität, S. 317—434 in Freudenberg, Stereochemie. — Kuhn, W., u. K. Freudenberg: Hand- u. Jb. chem. Physik 8, Abschn. III (1932). — Kuhn, W.: B. **66**, 166 (1933). — Freudenberg, K.: B. **66**, 177 (1933). — Freudenberg, K., u. H. Biller: A. **510**, 230—240 (1934).

C-Atome bis auf eines gleich konfiguriert sind. Speziell bei den *Monosacchariden* spricht man von Epimerie, wenn das dem Carbonyl benachbarte C-Atom umgestellt ist (s. auch S. 74, 262).

f) Problem der absoluten und der relativen Konfiguration.

Wir haben S. 76 gesehen, daß die optischen Antipoden einer Verbindung sich zueinander wie Bild und Spiegelbild verhalten und daß wir daher den rechtsdrehenden Glycerinaldehyd (s. unten Formel I), in welchem wir die Gruppen H, OH, CH$_2$OH und CHO mit a, b, c und d bezeichnen, entweder der Abb. 5a oder 5b zuordnen müssen. Deckt sich der rechtsdrehende Aldehyd mit der Abb. 5a, so deckt sich der linksdrehende Aldehyd mit Abb. 5b und umgekehrt. Die Beseitigung dieses „entweder oder", d. h. die Frage nach der tatsächlichen Zuordnung, ist das *Problem der absoluten Konfiguration.* Wir werden sehen, daß wir mit großer Wahrscheinlichkeit den rechtsdrehenden Glycerinaldehyd der Abb. 5a zuordnen können.

Unabhängig davon, ob eine Bestimmung der absoluten Konfiguration sich durchführen läßt oder nicht, können wir — in vielen Fällen wenigstens — Bestimmtes über die sog. *relative Konfiguration* aussagen. Um diese Aussagen und die dabei benutzte Ausdrucksweise verständlich zu machen, erwähne ich folgendes:

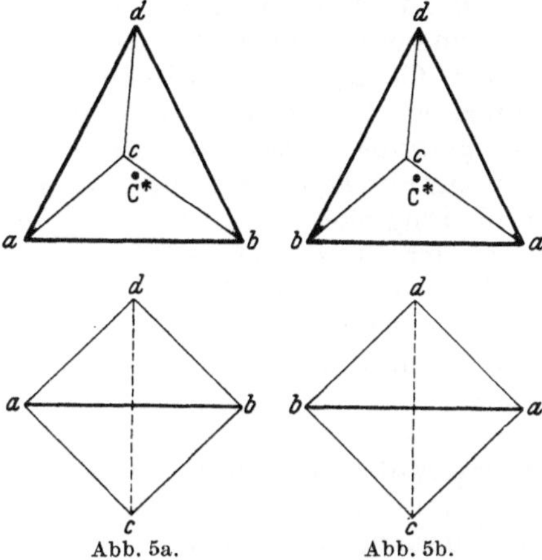

Abb. 5a. Abb. 5b.

Abb. 5a u. b. Anordnung der Substituenten *a, b, c* und *d* an den Ecken eines regulären oder verzerrten Tetraeders mit einem asymmetrischen C-Atom (C*) im Mittelpunkt des Tetraeders. Im unteren Teil von Abb. 5a u. b ist das asymmetrische C-Atom weggelassen und es ist das Modell um die Richtung *a—b* als Achse so gedreht, daß die Verbindungslinie zwischen den Stubstituenten *c* und *d* senkrecht steht. Die Substituenten *c* und *d* sind dann hinter, die Substituenten *a* und *b* vor der Papierebene zu denken.

1. Nach einem Vorschlag von Emil Fischer[1] geben wir dem rechtsdrehenden sog. D-Glycerinaldehyd[2] die Formel (I), dem linksdrehenden sog. L-Aldehyd die Formel (II).

$$
\begin{array}{ccc}
& \text{CHO} & \qquad\qquad \text{CHO}\\
& | & \qquad\qquad | \\
\text{(I)} \quad \text{H—C*—OH} & & \text{(II)} \quad \text{HO—C*—H}\\
& | & \qquad\qquad | \\
& \text{CH}_2\text{OH} & \qquad\qquad \text{CH}_2\text{OH}
\end{array}
$$

Das ist eine Festsetzung, die wir genau so gut auch anders hätten machen können, welche wir aber für den Glycerinaldehyd und, wie wir sogleich sehen werden, für eine große Zahl weiterer Verbindungen für verbindlich erklären.

2. Es ist in vielen Fällen möglich, an den Gruppen OH, CH$_2$OH und CHO des Glycerinaldehyds chemische Veränderungen vorzunehmen (z. B. Oxydation von CHO zu COOH), ohne daß die Verknüpfung der chemisch geänderten Gruppe mit dem asymmetrischen C-Atom auch nur vorübergehend gelöst wird. Wüßten wir nun, daß der D-Glycerinaldehyd dem räumlichen Modell Abb. 5a zuzuordnen ist, so könnten wir die analoge Aussage für die aus dem D-Glycerinaldehyd ohne Änderung am asymmetrischen C-Atom entstandene Verbindung ebenfalls machen. Diese Kenntnis nennen wir die *Kenntnis der relativen Konfiguration.*

<hr>

[1] Fischer, E.: B. **24**, 2683 (1891). — [2] Über die Verwendung der Buchstaben D und L zur Kennzeichnung der relativen Konfiguration siehe unten S. 86, 262.

3. Wir bringen diese Kenntnis im ebenen Formelbild in folgender Weise zum Ausdruck: Wir geben einer optisch aktiven Verbindung $HC^* \cdot (X) \cdot (R_1)(R_2)$ die Formel

$$\begin{array}{c} R_1 \\ | \\ H - C^* - X, \\ | \\ R_2 \end{array}$$

wenn die Verbindung (also der bestimmte Antipode) dadurch in rechtsdrehenden Glycerinaldehyd übergeht, daß der Substituent R_1 unter Erhaltung der Anordnung in CHO, der Substituent R_2 gleichzeitig in CH_2OH und X in OH übergeführt wird. *Durch die Schreibweise im ebenen Formelbild deuten wir also die Konfiguration relativ zum Glycerinaldehyd an.*

WALDEN*sche Umkehrung.* Wenn wir am Glycerinaldehyd oder einer anderen Verbindung eine chemische Umsetzung in solcher Weise erfolgen lassen, daß bei einem der Substituenten die Verknüpfung mit dem asymmetrischen C-Atom vorübergehend oder bleibend gelöst wird (direkte Substitution am aktiven C-Atom), so tritt in vielen Fällen eine sog. WALDEN*sche Umkehrung* ein. Das heißt, bei solchen Umsetzungen geht die Kenntnis der relativen Konfiguration verloren[1].

Anstatt durch das chemische Verfahren können wir in solchen Fällen oftmals durch physikalische Methoden Kenntnis über die relative Konfiguration erhalten. Auf Grund eines sehr umfangreichen Tatsachenmaterials[2] geben wir beispielsweise den nachfolgenden optisch aktiven Verbindungen die folgenden Konfigurationsformeln:

$$\begin{array}{ccccc}
CH_3 & COOH & COOH & COOH & COOH \\
| & | & | & | & | \\
H-C^*-OH & H-C^*-OH & H-C^*-N_3 & H-C^*-NH_2 & H-C^*-NH_2 \\
| & | & | & | & | \\
C_2H_5 & CH_3 & CH_3 & CH_3 & CH_2 \\
 & & & & | \\
 & & & & COOH \\
(+) & (-) & (+) & (-) & (-)
\end{array}$$

Kennzeichnung der relativen Konfiguration durch die Buchstaben d und l (Bezeichnung nach WOHL *und* FREUDENBERG*) bzw. durch die Buchstaben* D *und* L *(neue Bezeichnung).*

A. WOHL und K. FREUDENBERG[3] haben im Jahre 1923 vorgeschlagen, alle in α-Stellung substituierten Aldehyde und Säuren (insbesondere alle α-Oxysäuren, α-Aminosäuren und α-halogen-substituierten Säuren) dann als Verbindungen der d-Reihe zu bezeichnen, wenn die räumliche Anordnung der Substituenten analog ist zu der des rechtsdrehenden oder d-Glycerinaldehyds. Alle diese zum d-Glycerinaldehyd analog konfigurierten Verbindungen werden gemäß diesem Vorschlage als d-*Verbindungen* bezeichnet, unabhängig davon, ob die betreffenden Verbindungen nach rechts (+) oder nach links (—) drehen. Um darüber, daß der Buchstabe d bzw. l die Konfiguration relativ zum Glycerinaldehyd und nicht das Drehungsvorzeichen angibt, keinen Zweifel zu lassen, fügen wir, nach dem Vorschlage von WOHL und FREUDENBERG, außer der Bezeichnung d und l noch das Drehungsvorzeichen (+) oder (—) bei Nennung der Verbindung hinzu. Beispiel: *d*(—)-Asparaginsäure, d. i. der negativ (nach links) drehende, zum d-Glycerinaldehyd analog konfigurierte Antipode der Asparaginsäure.

---

[1] Siehe z. B. HUGHES, E. D.: The Walden inversion. Sci. Progr. **34**, 516—542 (1946).
[2] Ausführliche Übersicht vgl. z. B. Freudenberg, Stereochemie, S. 662ff. — [3] WOHL, A., u. K. FREUDENBERG: B. **56**, 309 (1923).

Der Vorschlag hat, infolge schlechter Einhaltung des von FREUDENBERG und WOHL gemachten Vorschlages, zu Verwechslungen geführt: einzelne Autoren haben die Buchstaben d und l *ohne Beifügung des Drehungsvorzeichens* der Verbindung zur Angabe der relativen Konfiguration verwendet, während andere dieselben Buchstaben zur Kennzeichnung der Drehungsrichtung der Antipoden verwendeten.

Ein in der neueren Literatur weitgehend übernommener Vorschlag[1] geht dahin, die Konfiguration relativ zum Glycerinaldehyd durch Voransetzen eines klein gedruckten D bzw. L anzugeben. Eine Angabe des Drehungsvorzeichens ist in diesem Falle überflüssig. Der zum d-Glycerinaldehyd analog konfigurierte (linksdrehende) Antipode der Asparaginsäure z. B. ist hiernach als D-Asparaginsäure zu bezeichnen.

Die *relative Konfiguration* ist insbesondere für fast sämtliche *Kohlenhydrate* und für die *Aminosäuren* festgestellt. Ein besonders interessantes Ergebnis dabei ist die Feststellung, daß die sämtlichen in den natürlichen Eiweißstoffen vorkommenden α-Aminosäuren ähnlich zueinander konfiguriert sind und der L-Reihe angehören. Es ist wahrscheinlich, daß die übereinstimmende Konfiguration dieser Verbindungen auf eine ähnliche Entstehungsweise im Organismus zurückzuführen ist.

Auf Grund neuerer Untersuchungen[2] ist es wahrscheinlich, daß wir den rechtsdrehenden Glycerinaldehyd dem räumlichen Modell Abb. 5a zuordnen müssen, wenn wir die Substituenten H, OH, CH_2OH und CHO im Glycerinaldehyd mit a, b, c und d bezeichnen. Das bedeutet, daß wir von dem dem D-Glycerinaldehyd konventionell erteilten Formelbild

$$\begin{array}{c} CHO \\ | \\ H-C^*-OH \\ | \\ CH_2OH \end{array}$$

dadurch zum tatsächlichen räumlichen Modell (Tetraedermodell) übergehen müssen, daß wir die Substituenten H und OH relativ zum asymmetrischen C-Atom gegen den Beschauer zu aus der Papierebene herausheben. Wir bringen das unter Weglassung des asymmetrischen C-Atoms durch die folgende Schreibweise zum Ausdruck:

$$\begin{array}{c} CHO \\ H———OH \\ CH_2OH \end{array}$$

Auf Grund dessen, was vorhin über die relative Konfiguration gesagt wurde, überträgt sich dieselbe Vorschrift auf alle Verbindungen, deren Konfiguration relativ zum Glycerinaldehyd festgelegt ist. Für die vorhin genannten Verbindungen erhalten wir also beispielsweise die räumlich eindeutigen Formeln:

$$\begin{array}{ccccc}
CH_3 & COOH & COOH & COOH & COOH \\
H———OH & H———OH & H———N_3 & H———NH_2 & H———NH_2 \\
C_2H_5 & CH_3 & CH_3 & CH_3 & CH_2 \\
 & & & & COOH \\
(+) & (-) & (+) & (-) & (-)
\end{array}$$

In allen diesen Verbindungen sind die mit punktierten Geraden verbundenen Substituenten *hinter*, die horizontal nebeneinander erscheinenden Substituenten

---

[1] VICKERY, H. B.: J. biol. Ch. **169**, 237 (1947). Biochem. J. **42**, 1 (1947). — [2] KUHN, W.: Z. physik. Chem. (B) **31**, 23 (1935). Naturwiss. **26**, 289, 305 (1938). — ROMETSCH, R., . W. KUHN: Helv. **29**, 1483 (1946). — Siehe auch die Literaturzit. S. 78.

(in der Formel durch eine ausgezogene Horizontale verbunden) *vor* der Papierebene zu denken. Zu den weiteren Verbindungen, deren genaues räumliches Modell damit ebenfalls festgelegt ist, gehören beispielsweise noch die D-Glucose (I), ebenso die sämtlichen weiteren Zucker, die Mandelsäure (II) und weitere Verbindungen.

$$
(\mathrm{I}) \quad
\begin{array}{c}
\mathrm{CHO} \\
\mathrm{H}\!-\!\!-\!\!-\!\mathrm{OH} \\
\mathrm{HO}\!-\!\!-\!\!-\!\mathrm{H} \\
\mathrm{H}\!-\!\!-\!\!-\!\mathrm{OH} \\
\mathrm{H}\!-\!\!-\!\!-\!\mathrm{OH} \\
\mathrm{CH_2OH}
\end{array}
\qquad\qquad
(\mathrm{II}) \quad
\begin{array}{c}
\mathrm{COOH} \\
\mathrm{H}\!-\!\!-\!\mathrm{OH} \\
\mathrm{C_6H_5} \\
(-)
\end{array}
$$

Beim Übergang zum räumlichen Modell sind also in den EMIL FISCHER*schen Projektionsformeln die horizontal neben dem asymmetrischen C-Atom stehenden Substituenten in Richtung nach dem Beschauer zu aus der Papierebene herauszunehmen.* Eine derartige Vorschrift ist, um eine vorläufige Festsetzung zu haben, schon von E. FISCHER (zit. S. 85) gegeben worden. Die Festsetzung erfolgte im Jahre 1891 in voller Klarheit darüber, daß es sich um eine *willkürliche* Maßnahme handelte und daß die Wahrscheinlichkeit, das Richtige zu treffen, genau gleich 50% war. Nach der vorstehenden Betrachtung ist vorerst kein Grund vorhanden, daran etwas zu ändern.

11. Konstellation, freie Drehbarkeit.

Wie schon S. 75/76 erwähnt, ist neben den Struktur- und Konfigurationsformeln für das Verhalten von chemischen Verbindungen in wichtigen Fällen die sog. *Konstellation* der Moleküle in Betracht zu ziehen. Die verschiedenen Konstellationen eines Moleküls gehen in der Weise auseinander hervor, daß ohne Lösung einzelner Bindungen nur unter Benutzung der mehr oder weniger vollkommenen *freien Drehbarkeit* verschiedene gegenseitige Orientierungen der Molekülbestandteile und damit auch verschiedene Gestalten des Gesamtmoleküls hervorgebracht werden[1].

Stabile Isomere dieser Art sind z. B. die sog. *cis-trans-Isomeren.* Beispiel: Fumarsäure und Maleinsäure, sowie cis- und trans-Dichloräthylen:

$$
\begin{array}{c}
\mathrm{Cl}\diagdown \quad \diagup\mathrm{Cl} \\
\quad\ \ \mathrm{C}\!=\!\mathrm{C} \\
\mathrm{H}\diagup \quad \diagdown\mathrm{H} \\
\text{cis}
\end{array}
\qquad\qquad
\begin{array}{c}
\mathrm{Cl}\diagdown \quad \diagup\mathrm{H} \\
\quad\ \ \mathrm{C}\!=\!\mathrm{C} \\
\mathrm{H}\diagup \quad \diagdown\mathrm{Cl} \\
\text{trans}
\end{array}
$$

Solche Isomeren unterscheiden sich in allen physikalischen und chemischen Eigenschaften (z. B. Ringschlußmöglichkeit bei Maleinsäure, Fehlen derselben bei Fumarsäure; großes Dipolmoment bei cis-, kleines bei trans-Dichloräthylen). Die Stabilität der cis-trans-Isomeren beruht auf dem Fehlen einer freien Drehbarkeit der $\mathrm{C}\!=\!\mathrm{C}$-Doppelbindung.

Konstellationsisomere spielen aber auch da eine Rolle, wo infolge gut entwickelter freier Drehbarkeit die einzelnen Konstellationen dauernd wechseln. In solcher Weise können wir z. B. ein Molekül von Hexan ebensogut in eine

---

[1] Die Bezeichnung „*Konstellationsisomerie*" ist im Jahre 1933 von F. EBEL eingeführt worden (EBEL, F. in Freudenberg, Stereochemie, S. 535 unten u. S. 825), und zwar mit der Beschränkung, daß von Konstellationsisomerie nur dann gesprochen werden soll, wenn die in Frage stehenden Isomeren durch Drehung um *eine Einfachbindung als Achse* auseinander hervorgehen. Da es bei Systemen mit konjugierten Doppelbindungen infolge des Mesomerieeffekts (s. S. 66) oft nicht möglich ist, Einfachbindungen und Doppelbindungen zu unterscheiden, ist der Begriff Konstellationsisomerie von W. KUHN and H. KUHN [(J. Colloid Sci. 3, 12 (1948)] auf alle die Fälle erweitert worden, bei welchen die Isomeren durch *Drehung um irgendeine Kernverbindungslinie als Achse* ineinander übergeführt werden.

nahezu ringförmige wie in eine nahezu gestreckte Form bringen, ohne auch nur eine einzige Bindung zu lösen, oder in einen Spannungszustand zu bringen (Abb. 6a u. 6b). Die *ringförmige Konstellation* ermöglicht die bekanntlich so leicht erfolgende Bildung von *Sechserringen*, während die ebenfalls mögliche *gestreckte Konstellation* des Hexans und ähnlicher Moleküle die Tatsache der *Krystallisation* von Paraffin usw. erklärt.

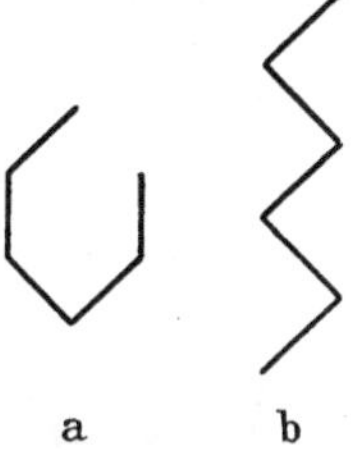

a   b

Abb. 6a u. b. Ringform und Zickzackform des Hexan-Moleküls.

Fettsäuren krystallisieren beispielsweise in solcher Weise, daß die Paraffinketten zu geraden zickzackförmigen Gebilden ausgerichtet werden[1]. Eine Ausrichtung von Paraffinketten kommt auch in anderen Fällen in Frage, sobald Richtungskräfte vorhanden sind, so z. B. bei Adsorption an Oberflächen (S. 142).

Die Verschiedenheit der Konstellationsmöglichkeiten ist grundlegend für das Zustandekommen der reversiblen Elastizität im *Kautschuk* [2-5] (s. auch S. 161) und für die reversible Elastizität einzelner Körperorgane (Beispiel Nackenband). Sehr wahrscheinlich ist sie auch wesentlich für das Zustandekommen der *Muskelkontraktion* [6].

12. Wesen der Dielektrizitätskonstante [7-18].

Die Dielektrizitätskonstante ist eine Maßzahl, welche recht eng zusammenhängt mit dem elektrischen Aufbau der Atome und Moleküle. Die übliche Definition der Dielektrizitätskonstante geht aus von der Größe der elektrischen Feldkraft $\mathfrak{E}$, welche zwischen zwei Kondensatorplatten 1 und 2 besteht (Abb. 7), wenn der Abstand der Platten gleich d cm ist und wenn je qcm auf der einen Platte die elektrische Ladung $+\sigma$, auf der anderen Platte die Ladung $-\sigma$ vorhanden ist. Wenn der Zwischenraum zwischen den Platten von Materie frei ist (also im Vakuum $D = 1$), so ist die Feldstärke gleich $4\pi\sigma$; ist aber der Zwischenraum mit einem Medium, welches die *Dielektrizitätskonstante D* besitzt, ausgefüllt, so ist die Feldstärke gleich $\dfrac{4\pi\sigma}{D}$. *Die Konstante D ist also der Faktor, um den bei gegebener Ladung der Platten die Feldstärke erniedrigt wird, wenn der zunächst leere Raum zwischen den Platten durch die untersuchte Substanz gefüllt wird.*

Was für Ladungen gilt, welche sich auf Kondensatorplatten befinden, gilt auch für Ladungen, die sich frei in einem Medium befinden, in welchem die Dielektrizitätskonstante D

---

[1] Literatur s z. B. Fußnoten [1-3] S. 143. — [2] KUHN, W.: Kolloid-Z. **76**, 258 (1936). Angew. Chem. **49**, 858 (1936); **51**, 640 (1938). Exper. **1**, 6 (1945). Siehe auch [3] MEYER, K. H., u. C. FERRI: Helv. **18**, 570 (1935); ebenso [4] GUTH, E., u. H. MARK: Mh. Chem. **65**, 93 (1934). [5] ALFREY, T.: Mechanical Behaviour of High Polymers. New York 1948. — [6] KUHN, W.: Reversible Dehnung und Kontraktion bei Änderung der Ionisation eines Netzwerks polyvalenter Fadenmolekülionen. Exper. **5**, 318 (1949).

Zusammenfassende Literatur über Dielektrizitätskonstanten: 7—18. [7] DEBYE, P.: Polare Molekeln. Leipzig 1929. — [8] WOLF, K. L., u. O. FUCHS: Stereochemie in Freudenberg, Stereochemie S. 191, sowie Hand- u. Jb. chem. Physik **6**, I B (1935). — [9] DEBYE, P.: Leipziger Vorträge. Dipolmoment und chemische Struktur. Leipzig 1929. — [10] STUART, H. A.: Molekülstruktur. Berlin 1934. (Enthält neben der Diskussion der Dielektrizitätskonstanten auch die Diskussion weiterer, insbesondere optischer Moleküleigenschaften.) — [11] MÜLLER, F. H.: Dielektrische Verluste im Zusammenhang mit dem polaren Aufbau der Materie. Ergebn. exakt. Naturwiss. **17**, 164—228 (1938). — [12] KOURTSCHATOV, I. V.: Le champ moléculaire dans les diéléctriques. Paris 1936. — [13] BUSCH, G.: Über SEIGNETTE-Elektrika. Helv. physica Acta **11**, 269 (1938). — [14] SCHERRER, P.: Zusammenfassung über SEIGNETTE-Elektrizität. Z. Elektrochem. **45**, 171 (1939). — [15] VAN VLECK, I. H.: Theory of Electric and Magnetic Susceptibility. Oxford 1932.

Experimentelles über Messung der Dielektrizitätskonstante: [16] BLÜH, O.: Physik. Z. **27**, 226 (1926). — SACK, H.: Ergebn. exakt. Naturwiss. **8**, 307 (1928). — [17] MOHLER, H.: Helv. **20**, 1447 (1937). — [1] EBERT, L., u. E. WALDSCHMIDT: Ein Überlagerungsgerät für die Messung von Dielektrizitätskonstanten im chemischen Laboratorium. Chem. Fabrik **7**, 180 (1934).

herrscht. Da nun beispielsweise D in Wasser gleich 80, in Benzol gleich 2,3 ist, so ist die Kraft, mit der sich zwei entgegengesetzt geladene Ionen in wäßriger Lösung anziehen, 80/2,3, d. h. etwa 30mal kleiner als in benzolischer Lösung. Das ist der Grund dafür, daß *elektrolytische Dissoziation* ganz allgemein in Lösungsmitteln mit großer Dielektrizitätskonstante zu beobachten ist, nicht dagegen in Lösungsmitteln mit kleiner Dielektrizitätskonstante. Die Dielektrizitätskonstante hat somit einen sehr großen Einfluß auf den Zustand, in welchem ein gegebener Stoff anzutreffen ist (ob vorzugsweise elektrolytisch dissoziiert oder nicht).

Kohlensäure wird beispielsweise im Fettgewebe praktisch genommen in nicht ionisierter Form vorliegen, während sie in wäßriger Phase bei $p_H = 7\text{—}9$ fast ausschließlich als Carbonation oder als Bicarbonation anzutreffen ist.

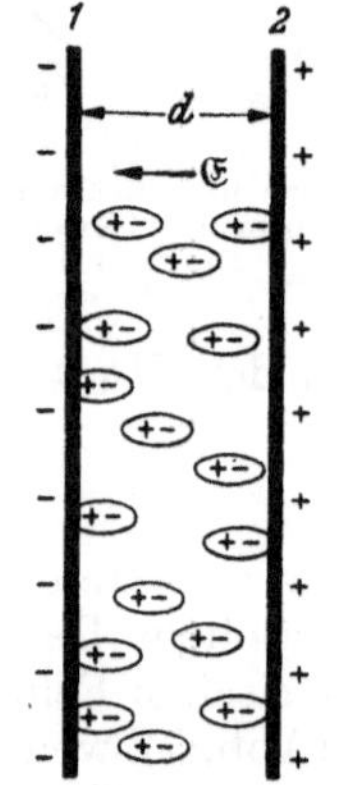

Abb. 7. Moleküle (Ovale) im elektrischen Feld zwischen Kondensatorplatten *1* und *2*. Durch Induktion und Dipolorientierung werden in jedem einzelnen Molekül die positiven Ladungen nach links, die negativen nach rechts verschoben.

Solche Unterschiede können natürlich für Geschwindigkeit und Richtung chemischer Reaktionen ausschlaggebend sein. (Vgl. auch weiter unten S. 99 über den Einfluß des Lösungsmittels auf die Lage von Gleichgewichten.)

Für alle Substanzen ist D größer als 1 (Vakuum = 1), bei Gasen allerdings nur sehr wenig, bei Flüssigkeiten dagegen oft sehr erheblich (Benzol 2,3; C_2H_5OH 26; H_2O 80).

Modellmäßig gesehen wird die Beeinflussung der Feldkraft durch die im Zwischenraum d (Abb. 7) zwischen den Platten befindlichen Moleküle dadurch hervorgebracht, daß die Moleküle unter der Wirkung des herrschenden elektrischen Feldes selbst eine gewisse Beeinflussung und gegebenenfalls eine Orientierung erfahren:

1. Da die Moleküle aus positiv geladenen Atomkernen und negativen Elektronen bestehen, werden in dem elektrischen Felde die Atomkerne nach der einen, die Elektronen nach der entgegengesetzten Richtung gezogen. Das Molekül erfährt eine *elektrische Deformation*. Der Schwerpunkt der positiven Ladungen erfährt gegenüber dem Schwerpunkt der negativen Ladungen im Molekül eine Verschiebung. Wenn diese Ladungsschwerpunkte im normalen Molekül übereinstimmten (fehlendes Dipolmoment; Beispiel Benzol), so stimmen sie beim deformierten, im elektrischen Felde befindlichen Molekül nicht mehr überein, d. h. *es wird durch das äußere elektrische Feld im Molekül ein Dipolmoment induziert* (Ovale in Abb. 7). Diese Eigenschaft der Moleküle, in einem äußeren elektrischen Felde selbst ein elektrisches Moment anzunehmen, nennt man die *Polarisierbarkeit* der Moleküle. Sie ist von der Temperatur kaum abhängig und wird im wesentlichen durch die Molekularrefraktion $R = \dfrac{n^2 - 1}{n^2 + 2} \cdot \dfrac{M}{d}$ gemessen.

(M Molgewicht, d Dichte, n Brechungsindex.)

2. Wenn die Moleküle wie etwa HCl oder Nitrobenzol ($C_6H_5 \cdot NO_2$) von vornherein ein Dipolmoment besitzen, so wird das positive Ende des Moleküls in der einen, das negative in der anderen Richtung gezogen. Es wird vom äußeren Felde auf das Molekül ein Drehmoment ausgeübt und das Molekül wird dadurch veranlaßt, *sich in die Feldrichtung einzustellen* (Ovale in Abb. 7). Dabei wird es durch die Stöße der umgebenden Moleküle gestört. Der Dipol-Orientierungseffekt ist daher *von der Temperatur abhängig*. Er kann experimentell von dem erst besprochenen (temperaturunabhängigen) Induktionseffekt durch Feststellung der Temperaturabhängigkeit der Dielektrizitätskonstante getrennt werden.

Sowohl die unter 1 wie die unter 2 genannten Vorgänge haben zur Folge, daß die in den Molekülen enthaltenen positiven Ladungen in Abb. 7 im Mittel etwas mehr nach links, die negativen etwas mehr nach rechts gelangen. (Ovale in Abb. 7.) Während dann in der Mitte des Dielektrikums keine Raumladungen auftreten, erkennt man, daß an der Grenzfläche gegen die Metallplatten in der Substanz links eine positive, rechts eine negative elektrische Ladung auftritt, also eine Ladung, deren Vorzeichen entgegengesetzt ist zur Ladung, welche sich auf der Metallplatte befindet. Man erkennt, daß durch die Wirkung dieser zusätzlich auftretenden Oberflächenladungen die Feldstärke im Innern des Mediums zwischen den beiden Platten erniedrigt wird.

Die Untersuchung der Dielektrizitätskonstanten ist deswegen von Wichtigkeit, weil sie die Verschiebbarkeit der Ladungen im Molekül (Polarisierbarkeit) und die Größe eines eventuell vorhandenen Dipolmomentes des Moleküls zu messen gestattet. Die Beobachtung des Dipolmomentes wiederum ist wichtig, wenn man sich mit den Feinheiten der *Wechselwirkungen zwischen Molekülen*, insbesondere mit der Bildung von Molekülverbindungen (Zwischenprodukte bei chemischen Reaktionen!) befassen will. Ein großer Teil der sog. *Nebenvalenzkräfte* ist nämlich auf die Anziehungs- und Abstoßungskräfte, die von Dipolmolekülen ausgehen, zurückzuführen (vgl. S. 65).

Auch die *Kondensierbarkeit von Dämpfen* und die *Löslichkeit von Flüssigkeiten ineinander* sind Erscheinungen, welche, wie teilweise schon S. 64 erwähnt wurde, von den Nebenvalenzkräften und damit in hohem Maße von den Dipoleigenschaften der Moleküle abhängen.

Wenn wir beispielsweise die Tatsache verstehen wollen, daß *Hexan in Wasser sehr wenig löslich* ist, so müssen wir bedenken, daß die Wassermoleküle infolge ihres starken Dipols (große Dielektrizitätskonstante!) sehr große Anziehungskräfte aufeinander ausüben, während ähnliche Kräfte zwischen Wassermolekülen einerseits und Hexanmolekülen andererseits nicht auftreten. Wenn wir daher in flüssigem Wasser einige Wassermoleküle durch Hexan ersetzen wollen, so müssen wir, um Platz zu schaffen, zuerst die Wassermoleküle entgegen den Anziehungskräften voneinander trennen und dieser Energieaufwand wird nur schlecht kompensiert durch den Energiegewinn, welcher mit dem Einbringen von Hexan in die entstandenen Lücken verbunden ist (vgl. auch die Bemerkung über Aussalzen S. 113).

Wir verstehen also, daß Stoffe mit kleinem Dipolmoment (kleine Dielektrizitätskonstante) in Flüssigkeiten, welche ein großes Dipolmoment besitzen (große Dielektrizitätskonstante) im allgemeinen wenig löslich sind. (Schlechte Löslichkeit organischer Stoffe in Wasser, bessere Löslichkeit in organischen Lösungsmitteln). Um die Löslichkeitsverhältnisse im einzelnen zu überblicken, muß man allerdings beachten, daß nach dem S. 65 Gesagten die Dipolkräfte (welche für die Größe der Dielektrizitätskonstante wesentlich sind) nur einen Teil der Nebenvalenzkräfte bedingen. Ein weiterer Teil der Nebenvalenzkräfte wird durch die Dispersionswechselwirkung (vgl. S. 65) vermittelt. Die Mitberücksichtigung ist für genauere Betrachtungen wichtig und verschiebt das Gesamtbild oft erheblich[1].

Elektrete. Es sei noch darauf hingewiesen, daß es bei passenden Mischungen von Dielektriken (Harze und Wachse) möglich ist, die oben beschriebene Einstellung von Dipolmolekülen in die Feldrichtung festzuhalten: Es entsteht ein *permanent polarisierter Zustand*, wenn man solche Medien in geschmolzenem Zustand ins elektrische Feld bringt und dort erstarren läßt (Bezeichnung *Elektrete = Körper mit permanentem elektrischem Moment*, analog zu Magneten = Körper mit permanentem magnetischem Moment)[2]. Auch bei Seignette-Salz und einigen anderen einheitlichen festen Stoffen ist eine spontane Elektrisierung (in makroskopischen Bereichen) festgestellt worden. Die Gesetzmäßigkeiten, welche diesen Effekt beherrschen, sind streng analog zu den entsprechenden CURIEschen Gesetzen, welche die Abhängigkeit der Suszeptibilität ferromagnetischer Stoffe von der Temperatur beschreiben (CURIE-Punkt usw.)[3].

---

[1] ARKEL, A. E. VAN, u. J. H. DE BOER: Chemische Bindung als elektrostatische Erscheinung. Deutsch von L. u. W. KLEMM. Leipzig 1931. — BRIEGLEB, G.: Zwischenmolekulare Kräfte und Molekülstruktur. Stuttgart 1937, sowie die weitere Literatur über chemische Bindung S. 56. — [2] EGUCHI, M.: Philos. Mag. **49**, 178 (1925). — [3] BUSCH, G.: Helv. physica Acta **11**, 269 (1933). — SCHERRER, P.: Z. Elektrochem. **45**, 171 (1939).

III. Chemische Thermodynamik, chemisches Gleichgewicht[1-37].

Wenn wir die Eigenschaften chemischer Verbindungen und deren Entstehung aus den Elementen genau verstehen wollen, so müssen wir nach dem Vorigen eine genaue Kenntnis haben über alle Elektronenbindungen in Atomen und Molekülen, über die räumlichen Eigenschaften dieser Bindungen, über ihre Festigkeit usw. Ganz unabhängig von diesen Vorstellungen gibt es aber eine Reihe von Gesetzen, deren Gültigkeit *vom Zutreffen der speziellen Vorstellungen unabhängig* ist. Es sind das die *Gesetze der chemischen Thermodynamik*. Es handelt sich insbesondere um den *ersten und zweiten Hauptsatz der Wärmetheorie* und um das *Wärmetheorem von* NERNST. Dem 2. Hauptsatze werden wir für die biochemischen Betrachtungen besonders große Bedeutung beizumessen haben.

Da, wie betont, die Aussagen der Thermodynamik unabhängig sind von bestimmten Vorstellungen über das Zustandekommen von Bindungen usw.,

Literatur über chemisches Gleichgewicht. Zusammenfassende Darstellungen und Einführung: 1—37.

a) Lehrbücher der physikalischen Chemie: [1] KUHN, W.: Physikalische Chemie. Leipzig 1938. 3. Aufl. Basel 1947. 4. Aufl. Heidelberg 1948. — [2] EUCKEN, A.: Grundriß der physikalischen Chemie, 6. Aufl. Leipzig 1948. — [3] EUCKEN, A.: Lehrbuch der Chemischen Physik. 1. Aufl. Leipzig 1930; 2. Aufl., Bd. 1, 1938. Die korpuskularen Bausteine der Materie, Bd. 2, Teilbd. 1, 1943. Makrozustand der Materie. Allgemeine Grundlagen, Gase. Bd. 2, Teilbd. 2, 1944. Kondensierte Phasen und heterogene Systeme. — [4] NERNST, W.: Theoretische Chemie, 11.—16. Aufl. Stuttgart 1926. — [5] EGGERT, J., u. L. HOCK: Lehrbuch der physikalischen Chemie, 7. Aufl. Zürich 1948. — [6] ULICH, H.: Kurzes Lehrbuch der physikalischen Chemie, 4. Aufl. Leipzig 1942. — [7] LANGE, JÖRN: Einführung in die physikalische Chemie. Wien 1942. — [8] WOLF, K. L.: Theoretische Chemie. Eine Einführung vom Standpunkt einer gestalthaften Atomlehre, 3 Teile. Leipzig 1943. — [9] GLASSTONE, S.: Textbook of Physical Chemistry. New York 1943. — [10] GLASSTONE, S.: Theoretical Chemistry. New York 1944. London 1947. — [11] NOYES, A. A., and M. S. SHERRILL: A Course of Study in Chemical Principles, 2. Aufl. New York 1938. — [12] WEST, E. S.: Physical Chemistry for Students of Biochemistry and Medicine. London 1943. — [13] TAYLOR, H. S., and S. GLASSTONE: A Treatise of Physical Chemistry. 3. Aufl., Bd. 1, Atomistics and Thermodynamics. New York 1945. — [14] FINDLAY, ALEX.: Introduction to Physical Chemistry, 2. Aufl. London u. New York: Melbourne, Sydney 1946. — [15] WEISSBERGER, A.: Physical Methods of Organic Chemistry. New York 1946. — [16] JOHLIN, J. M.: An Introduction to Physical Biochemistry. New York 1941. — [17] HAMMETT, L. P.: Physical Organic Chemistry. New York u. London 1940. — [18] HOEBER, R.: Physical Chemistry of Cells and Tissues. Philadelphia, Toronto u. London 1945. Ins Deutsche übersetzt von W. WILLBRANDT u. R. STÄMPFLI. Bern 1947. — [19] KRUYT, H. R.: Einführung in die physikalische Chemie und Kolloidchemie. Leipzig 1926. — [20] MÜLLER, F. G.: Theoretische Kapitel aus der allgemeinen Chemie; eine kurze Einführung in die wichtigsten chemischen Gesetze. 4. Aufl., 2 Bde. Zürich 1944. — [21] CLARK, W. M.: Topics in Physical Chemistry. Baltimore 1948.

b) Spezielle Bearbeitungen der Thermochemie und Thermodynamik: [22] PLANCK, M.: Vorlesungen über Thermodynamik. 8. Aufl. Berlin 1927. — [23] LEWIS, G. N., and M. RANDALL: Thermodynamics. New York 1923. — [24] BUTLER, J. A. V.: Chemical Thermodynamics. 4. Aufl. London 1946. — [25] PORTER, A. W.: Thermodynamics. 3. Aufl. London 1946. — [26] DODGE, B. F.: Chemical Engineering Thermodynamics. London u. New York. 1944. — [27] EPSTEIN, P. S.: Textbook of Thermodynamics. New York 1937. — [28] KORTÜM, G.: Einführung in die chemische Thermodynamik. Göttingen 1949. — [29] ROTH, W. A.: Thermochemie. 2. Aufl., Bd. 1057, Sammlung GÖSCHEN. 1947. — [30] PARKS, G. S., and H. M. HUFFMANN: Free Energies of Some Organic Compounds. Amer. chem. Soc. Monogr. Ser. No 60. — [31] BORSOOK, H.: Reversible and reversed enzymatic reactions. Ergebn. Enzymforsch. **4**, 1 (1935). — [32] STERN, K.: Pflanzenthermodynamik. Berlin 1933. — [33] FULMER, E. I.: The thermodynamics of cell reactions. Ergebn. Enzymforsch. **1**, 1—20 (1932). — [34] BALDWIN, ERNEST: Dynamic aspects of Biochemistry. Cambridge 1947. — [35] HENNINGWAY, A. H.: Physiological effects of heat and cold. Ann. Rev. Physiol. **7**, 163—180 (1945).

c) Thermodynamik unter spezieller Betonung der Statistik: [36] TOLMAN: Principles of Statistical Mechanics. London 1938. — [37] FOWLER, R. H.: Statistical Mechanics. Cambridge 1936. — Siehe auch die Literatur über Reaktionskinetik S. 100.

gelten die Aussagen unter anderem für alle in den voranstehenden Abschnitten besprochenen Verbindungen und deren Umsetzungen (Hauptvalenzverbindungen, Nebenvalenzverbindungen, photochemische Umsetzungen usw.). Einen Teil jener Erscheinungen werden wir daher im folgenden wieder in Erinnerung bringen.

1. Erster Hauptsatz der Wärmetheorie.

Der erste Hauptsatz der Wärmetheorie ist gleichbedeutend mit dem *Prinzip der Erhaltung der Energie*[1] (I. R. MAYER 1842). Er sagt aus, daß wir Energie weder zerstören noch aus Nichts erzeugen können. Bei allen chemischen oder physikalischen Vorgängen kommt vielmehr nur eine *Verwandlung* einer Energieform in andere Energieformen in Frage.

Die *Energieformen*, welche bei biochemischen Vorgängen in Erscheinung treten, sind die Formen der *Wärmeenergie*, der *mechanischen Energie* (Druck-Volumen-Arbeit, Muskelarbeit) und nur in geringerem Maße die strahlende Energie und die elektrische Energie.

Eine Folge des ersten Hauptsatzes besteht z. B. darin, daß beim Vorgange der Verbrennung einer Substanz im Organismus nur die dabei freiwerdende Gesamtenergie fest gegeben ist, daß sich aber der Anteil, welcher in Form von Wärmeenergie einerseits, in Form von mechanischer Energie andererseits auftritt, innerhalb weiter Grenzen ändern kann. Mit diesen Grenzen wird sich der zweite Hauptsatz der Wärmetheorie befassen.

Eine Vorrichtung, welche eine Durchbrechung des ersten Hauptsatzes der Wärmetheorie ermöglichen würde, bezeichnet man vielfach als ein sog. *Perpetuum mobile erster Art*. Eine solche Vorrichtung würde uns nämlich gestatten, die zum Antriebe einer Kraftmaschine erforderliche Energie aus dem Nichts zu erschaffen. Es wäre dann möglich, eine Kraftmaschine kostenlos für unbeschränkte Zeit laufen zu lassen. Der erste Hauptsatz der Wärmetheorie verneint die Möglichkeit eines Perpetuum mobile erster Art.

2. Zweiter Hauptsatz der Wärmetheorie.

Dem zweiten Hauptsatze der Wärmetheorie gibt man im allgemeinen die nachstehenden, mit Bezug auf den allgemeinsten Ausdruck bereits etwas spezialisierten Formulierungen.

a) *Eine Wärmemenge q wandert nicht von selbst von einer tieferen Temperatur T_1 nach einer höheren Temperatur T_2.* Wenn ich also einen kalten Körper (Temperatur T_1) mit einem warmen Körper (Temperatur T_2) in Berührung bringe, so ist es ausgeschlossen, daß der kalte Körper Wärmeenergie an den heißeren Körper abgibt, wiewohl ein solcher Vorgang nach dem ersten Hauptsatze der Wärmetheorie (Prinzip der Erhaltung der Energie) nicht verboten wäre.

b) *Es ist unmöglich, einen isothermen und umkehrbaren Kreisprozeß zu finden, bei welchem ausschließlich Wärmeenergie aus einem Wärmebad (Temperatur T_1) entnommen und nach außen in Form von mechanischer Energie zur Verfügung gestellt würde,* wiewohl auch dieser Vorgang nach dem ersten Hauptsatze der Wärmetheorie nicht verboten wäre.

Eine Vorrichtung, welche eine Durchbrechung dieser Aussage ermöglichen würde, nennt man *Perpetuum mobile zweiter Art*; wenn wir uns nämlich eine solche Vorrichtung bauen könnten, so brauchten wir sie z. B. nur in den Ozean zu setzen: sie würde uns dann ermöglichen, die mechanische Energie, welche beispielsweise zum Antrieb eines Schnelldampfers erforderlich ist, dem Ozean selbst zu entnehmen, wobei der letztere sich in dem Maße, als wir ihm Energie entziehen, etwas abkühlen würde. Da die Wärmemengen, welche

---

[1] PLANK, R.: Naturwiss. **30**, 285 (1942).

wir dem Ozean entziehen könnten, ohne daß eine merkliche Abkühlung desselben einträte, praktisch genommen unbeschränkt sind, würde uns die gedachte Vorrichtung gestatten, eine Kraftmaschine ohne Kosten auf unendliche Zeit in Betrieb zu halten (daher der Name Perpetuum mobile zweiter Art). Der zweite Hauptsatz der Wärmetheorie verneint die Möglichkeit eines Perpetuum mobile zweiter Art.

Man kann zeigen, daß die beiden soeben unter a) und b) gegebenen besonderen Formulierungen des zweiten Hauptsatzes der Wärmetheorie, wenn sie auch äußerlich ganz verschieden aussehen, im Grunde genommen miteinander gleichwertig sind[1]. Sie sind gleichwertig in dem Sinne, daß eine Durchbrechung von a) auch eine Änderung von b) ermöglicht und umgekehrt. Die Gleichwertigkeit zeigt sich auch darin, daß wir jede der Formulierungen als Sonderfall einer allgemeineren Fassung des zweiten Hauptsatzes erhalten können[1].

Für die biochemischen Anwendungen ist die unter b) gegebene Formulierung besonders wichtig; das wird schon daraus klar, daß die Schreibweise b) eine Aussage liefert über Vorgänge, welche sich bei konstanter Temperatur abspielen und daß andererseits die biochemischen Vorgänge in ihrer überwiegenden Mehrzahl auch bei konstanter Temperatur ablaufen.

Für die biochemischen Anwendungen selbst ist es notwendig, von der Aussage b), welche sich auf Kreisvorgänge bezieht, zu Aussagen überzugehen, welche sich auf offene, d. h. auf Nichtkreisprozesse beziehen. Tatsächlich sind ja die biochemischen Vorgänge keine Kreisprozesse, sondern gerichtete Umsetzungen, bei welchen beispielsweise chemische Synthesen geleistet werden oder bei welchen chemische in mechanische Energie umgesetzt wird. Für solche Vorgänge erhalten wir auf Grund von b) die nachfolgenden Aussagen; wir teilen sie im Ergebnis mit und verweisen hinsichtlich der strengen Herleitung aus b) auf die Literatur[1].

Wenn wir einen chemischen Vorgang, beispielsweise eine Reaktion in einer Lösung bei konstanter Temperatur ablaufen lassen, so können wir bei passenden Versuchsbedingungen an Stelle oder neben einer Wärmeentwicklung einen Teil der Reaktionsenergie in Form von mechanischer oder elektrischer Energie erhalten. Einen Teil der Energie erhalten wir also in Form von geordneter Energie (mechanische Energie oder elektrische Energie), im Gegensatz zu der ungeordneten Wärmeenergie. Die wichtige Aussage, die wir auf Grund von b) erhalten, *besagt dann, daß die Menge an geordneter (mechanischer oder elektrischer) Energie, welche nach außen abgegeben werden kann, einen bestimmten, für die betreffende Reaktion kennzeichnenden Betrag besitzt. Dieser Betrag kann erreicht, aber niemals überschritten werden.* Erreicht wird er dann, wenn der Vorgang isotherm und reversibel geführt wird.

Beispiel: Als Beispiel betrachten wir die Verbrennung eines Mols Glucose mit Sauerstoff von Atmosphärendruck zu flüssigem Wasser und CO_2 von Atmosphärendruck bei $t = 18°C$ nach der Gleichung $C_6H_{12}O_6 + 6 O_2 = 6 H_2O + 6 CO_2$. Wenn wir diese Verbrennung in der calorimetrischen Bombe ausführen, so erhalten wir eine Energie von insgesamt 673700 cal in Form von Wärme.

Führen wir dagegen die Reaktion bei 18°C *reversibel* aus, so erhalten wir in Form von geordneter (elektrischer oder mechanischer) Energie das Äquivalent von 689000 cal. Es ist lehrreich und wichtig, festzustellen, daß dieser Betrag (689000 cal) mit der Verbrennungswärme (673700 cal) *nicht* übereinstimmt. Bei der reversiblen Verbrennung müssen wir dem System eine Energie von 15300 cal in Form von Wärme zuführen, damit die Summe der zugeführten Energien (15300—689000 = —673700) den Betrag von —673700 cal ergibt. Wenn wir die Verbrennung von Glucose isotherm, jedoch in teilweise irreversibler Weise vornehmen, so können wir es beispielsweise erreichen, daß 230000 cal in Form von geordneter (mechanischer oder elektrischer) Energie und 243700 cal in Form von Wärmeenergie, zusammen also wiederum 673700 cal, abgegeben werden. Immer ist also die nach außen abgegebene Gesamtenergie (Wärme plus geordnete Energie) gleich 673700 cal.

---

[1] Genauer Nachweis siehe z.B. KUHN, W.: Physikalische Chemie. S. 86ff. Leipzig 1942.

Die Aufteilung in Wärme und in geordnete Energie ist also für einzelne Fälle verschieden, und zwar in solcher Weise, daß bei der reversiblen Führung des Vorganges ein Maximum an geordneter Energie (im Beispiel 689000 cal) nach außen abgegeben wird. Der Umstand, daß bei nicht idealer Leitung des Vorganges die nach außen abgegebene geordnete Energie ab- und dafür das Ausmaß an abgegebener Wärmeenergie zunimmt, entspricht dem schon S. 46 erwähnten, dem 2. Hauptsatz zugrunde liegenden Prinzip einer allgemeinen *Tendenz zum Übergang von geordneter in ungeordnete Energie.*

Von diesem Gesichtspunkte betrachtet, erhalten wir ein *Maß für die Vollkommenheit eines Vorganges,* wenn wir die im idealen Falle *mögliche* Abgabe von geordneter Energie vergleichen mit der beim Vorgange *tatsächlich* auftretenden geordneten Energie. Als Beispiel hierfür können wir die *Arbeitsleistung des Muskels* betrachten. Sie wird bekanntlich letzten Endes durch die Verbrennung von Glucose ermöglicht und wir könnten also im idealen Falle je Mol verbrannter Glucose eine mechanische Energie von 689000 cal erwarten. In Wirklichkeit ist die vom Muskel je Mol verbrannter Glucose geleistete Arbeit nur etwa 30% hiervon; d. h. es ist der *Nutzeffekt* bei der Erzeugung von mechanischer Energie durch den Muskel etwa gleich 30%. Das ist etwa derselbe Nutzeffekt, wie wir ihn bei den besten Wärmekraftmaschinen erzielen können.

Während bei dem vorgenannten Beispiel der *Verbrennung von Glucose* geordnete Energie (mechanische oder elektrische) *nach außen* abgegeben werden konnte, gibt es natürlich auch andere Vorgänge, bei welchen mechanische Energie *zugeführt* werden muß, damit der Vorgang stattfinden kann.

Wenn wir beispielsweise bei einer Temperatur von 500° C 3 Mol Wasserstoff und 1 Mol Stickstoff je von Atmosphärendruck zu 2 Mol NH_3 von Atmosphärendruck umsetzen wollen, so muß eine mechanische Energie von 20150 cal zugeführt und Wärmeenergie im Betrage von 42990 cal dem System entnommen werden. Insgesamt werden also bei dem Vorgang 22840 cal (gleich 42990 minus 20150) nach außen abgegeben.

In einem solchen Falle liefert der 2. Hauptsatz der Wärmetheorie die Aussage, daß wir, um den Vorgang durchzuführen, sehr wohl mehr, aber nie weniger mechanische Energie aufwenden können. Im Falle der *Ammoniaksynthese* bei 500° C könnten wir also sehr wohl 30000 cal an geordneter Energie zuführen und gleichzeitig 52840 cal in Form von Wärme nach außen abfließen lassen (die insgesamt entnommene Energie wäre dann wiederum gleich 52840—30000 = 22840 cal). Auch in diesen Zahlen äußert sich, wie man leicht sieht, das Bestreben, geordnete Energie in ungeordnete überzuführen.

Wenn wir von Sonderfällen, wie etwa von der Erzeugung von mechanischer Energie durch den Muskel, absehen, so können wir feststellen, daß *bei den biochemischen Reaktionen in der Regel keine geordnete, d. h. mechanische oder elektrische Energie zugeführt oder entnommen wird.* Für solche Fälle, insbesondere etwa für eine auf konstantem Volumen gehaltene Lösung, nehmen dann die vorhin beschriebenen Aussagen des 2. Hauptsatzes etwa die nachstehende Form an:

In einer auf konstantem Volumen gehaltenen Lösung ist eine ins Auge gefaßte chemische Umsetzung dann und nur dann möglich, wenn bei reversibler Führung der Umsetzung geordnete Energie nach außen abgegeben werden könnte.

Wenn nämlich bei der reversiblen Umsetzung beispielsweise 10000 cal als geordnete Energie nach außen abgegeben werden könnten, so bedeutet es eine im Sinne des 2. Hauptsatzes mögliche Maßnahme, wenn dieser Betrag anstatt in geordneter in ungeordneter Form entnommen wird. Ist dagegen bei der reversiblen Umsetzung eine Zufuhr von 10000 cal in Form von geordneter Energie notwendig, so ist es nach demselben Grundsatz nicht möglich, die Zufuhr von geordneter durch eine von ungeordneter Energie zu ersetzen.

Aus diesem Grunde bezeichnen wir den Betrag an geordneter Energie, welcher bei reversibler Führung einer ins Auge gefaßten Reaktion nach außen abgegeben werden könnte, als die *Triebkraft* oder die *Affinität* oder auch als die *freie Energie* der Reaktion. *Eine Reaktion ist also im geschlossenen Gefäß möglich, wenn die Affinität positiv, nicht aber, wenn sie negativ ist.* Gleichgewicht haben wir in dem Grenzfalle, daß die Affinität gleich 0 ist. In diesem Falle ist ein Umsatz sowohl in der einen wie in der anderen Richtung möglich.

Das vorstehende Kriterium für die Möglichkeit eines ins Auge gefaßten Umsatzes gilt selbstverständlich nicht nur für eine gegebene Gesamtreaktion sondern auch für jede Zwischenstufe einer mannigfaltig zusammengesetzten Reaktion.

In einer auf konstantem Volumen gehaltenen Lösung kann also jede Reaktion oder Zwischenreaktion dann und nur dann verlaufen, wenn bei reversibler Führung des entsprechenden Vorganges oder Teilvorganges mechanische, geordnete Energie nach außen abgegeben werden könnte.

3. Gekoppelte Reaktionen[1].

Es ist indessen wichtig, festzustellen, daß oft und besonders oft in der Biochemie die positive Affinität (freie Energie) eines ersten Vorganges dazu verwendet wird, einen zweiten Vorgang, dessen Affinität an sich negativ ist, zu ermöglichen. Das ist dann möglich, wenn die beim ersten Vorgang zur Verfügung gestellte mechanische Energie größer ist als der Bedarf an mechanischer Energie, welcher beim zweiten Vorgang auftritt. In solchem Falle lassen sich ja die beiden Vorgänge zu einem Gesamtvorgang mit der Affinität $A_1 - A_2$ zusammensetzen. Wir kommen damit auf die bereits S. 50 besprochenen gekoppelten Reaktionen zurück. Der größte Teil der im Organismus vorkommenden Reaktionen läßt sich unter diesem Gesichtspunkte betrachten: die bei der Verbrennung von Zucker und ähnlicher Verbindungen eigentlich zur Verfügung stehende mechanische Energie (Affinität oder freie Energie) wird schrittweise über eine riesige Zahl von Reaktionsstufen und Zwischenverbindungen für Synthesen usw. ausgenutzt. *Das geschieht in solcher Weise, daß bei jedem Reaktionsschritte ein nur kleiner Teil der ursprünglich als mechanische Energie entnehmbaren Energie in Wärme verwandelt wird, mit dem Ergebnis, daß zum Schlusse die gesamte Energie als Wärme vorliegt.*

4. Wärmetheorem von NERNST.

Wie im vorigen mehrmals betont wurde, dürfen wir den Bedarf an mechanischer Energie mit dem Bedarf an Gesamtenergie nicht verwechseln. Die beiden Größen sind im allgemeinen voneinander verschieden. *Dabei können wir nur den Bedarf an Gesamtenergie mit Hilfe calorimetrischer Messungen finden, nicht aber den Bedarf an mechanischer Energie.* Der letztere muß also getrennt in besonderen Versuchen (Messung chemischer Gleichgewichte, s. unten) bestimmt werden. Eine Lücke hierin füllt das Wärmetheorem von NERNST aus. Nach diesem Theorem ist für Reaktionen zwischen festen Stoffen in der Nähe des absoluten Nullpunktes $A_{rev} = U$, d. h. für diesen speziellen Fall ist der Bedarf an mechanischer (geordneter) Energie A_{rev} gleich der Gesamtenergie des Vorgangs. Die Beziehungen zwischen A_{rev} und U bei höheren Temperaturen, sowie die entsprechenden Beziehungen für Gasreaktionen und Reaktionen in Lösungen lassen sich hieraus mit Hilfe des 1. und 2. Hauptsatzes rechnerisch finden, wenn die Molwärmen der beteiligten Stoffe vom absoluten Nullpunkt

---

[1] Vgl. GRASSMANN-TRUPKE, Enzyme.

an bis zu den interessierenden Temperaturen bekannt sind. Was diese Berechnungen selbst betrifft, darf auf die Literatur verwiesen werden[1].

5. Reaktionen in Lösungen.

Wenn in einem Gase oder in einer verdünnten Lösung eine Reaktion vor sich gehen kann nach dem Schema

$$n_1 A_1 + n_2 A_2 + n_3 A_3 + \cdots = n_1' A_1' + n_2' A_2' + n_3' A_3' \tag{26}$$

und wenn die Ausgangsprodukte in den Konzentrationen $c_1, c_2, c_3, \ldots$, die Endprodukte in den Konzentrationen $c_1', c_2', c_3' \ldots$ vorgegeben sind, so entspricht einem Umsatze im Sinne von links nach rechts in Gleichung (26) ein ganz bestimmter Bedarf an mechanischer Energie. Er hängt von den Konzentrationen $c_1, c_2, \ldots, c_1', c_2' \ldots$ ab und beträgt (nach van't Hoff):

$$A_{\text{rev}} = RT \left[\ln \frac{c_1'^{n_1'} c_2'^{n_2'} \cdots}{c_1^{n_1} c_2^{n_2} \cdots} - \ln K_c \right] . \tag{27}$$

Die Größe K_c ist die sog. *Gleichgewichtskonstante*, R die Gaskonstante, T die abs. Temperatur.

6. Gleichgewichtsbedingung.

Nach dem vorstehend Mitgeteilten herrscht in einer auf konstantem Volumen gehaltenen Lösung hinsichtlich einer ins Auge gefaßten chemischen Reaktion dann und nur dann Gleichgewicht, wenn A_{rev} gleich 0 ist. Auf Grund der Beziehung (27) ist daher in der Lösung hinsichtlich der Reaktion (26) Gleichgewicht vorhanden, wenn die Konzentrationen der Reaktionsausgangs- und Endprodukte die Bedingung erfüllen:

$$\frac{c_1'^{n_1'} c_2'^{n_2'} \cdots}{c_1^{n_1} c_2 \cdots} = K_c . \tag{28}$$

Eine wichtige Tatsache besteht dabei darin, daß die Gleichgewichtskonstante K_c für jede Reaktion einen bestimmten *endlichen* Wert besitzt. Bei einzelnen Reaktionen kann K_c einen großen Wert besitzen; für die Vereinigung von Wasserstoff mit Chlor zu Chlorwasserstoff ist z. B. bei $t = 25°\text{C}$ $K_c = 10^{34{,}2}$. *Als Folge davon können im Gleichgewichtszustande einzelne der Konzentrationen der Ausgangs- oder Endprodukte einer Reaktion sehr große oder sehr kleine Werte, aber niemals den Wert Null oder Unendlich annehmen.* Mit anderen Worten bedeutet das:

a) daß keine Reaktion vollständig verläuft, und

b) daß wir bei passender Wahl der Konzentrationen eine jede Reaktion sowohl im einen als auch im umgekehrten Sinne ablaufen lassen können.

Für die physiologische Chemie ist die Tatsache sehr wichtig, daß eine Gleichgewichtsbedingung von der Art, wie sie durch Gl. (28) beschrieben wird, für *jede* in verdünnter Lösung oder im Dampfzustande verlaufende Reaktion gilt, und daß die Gleichgewichtskonstante in einem gegebenen Lösungsmittel ihren festen Wert behält, *gleichgültig, in wievielen Stufen die Reaktion verläuft und gleichgültig, welche Katalysatoren (Fermente usw.) bei der Reaktion verwendet werden.*

Als einen weiteren wichtigen Hinweis fügen wir noch an, daß die Beziehungen (27) und (28) nur für verdünnte Lösungen und Gase streng gelten. In konzentrierten Lösungen sind, wie unten noch besprochen wird, an Stelle der Konzentrationen die Aktivitäten der Reaktionsteilnehmer zu setzen (vgl. S. 109 und 113).

---

[1] Siehe z.B. Kuhn, W.: Physikalische Chemie. 4. Aufl. S. 276. Heidelberg 1948.

7. Abhängigkeit der Gleichgewichtskonstanten von der Temperatur[1].

Die Gleichgewichtskonstante K_c [Gl. (28)] hängt in allen Fällen von der Temperatur ab. Es gilt hierbei die Beziehung:

$$\frac{\partial \ln K_c}{\partial T} = \frac{U}{R T^2}. \tag{29}$$

Es ist hierbei R die Gaskonstante, T die absolute Temperatur und U die Energiemenge, welche man dem System zuführen muß, wenn je 1 Grammolekül der Ausgangsstoffe gemäß Formel (26) bei konstanter Temperatur und bei konstantem Volumen der Lösung oder des Gasgemisches in die Endprodukte umgesetzt wird. — U wird gewöhnlich als die *Energietönung* der Reaktion (26) bezeichnet.

In vielen Fällen wird die Beziehung (29) dazu benützt, um aus der Abhängigkeit der Gleichgewichtskonstanten K_c von der Temperatur den Energiebedarf U der Reaktion zu bestimmen. Diesen Weg wählt man insbesondere dann, wenn es sich, wie oft bei organischen Reaktionen, um kleine Energietönungen handelt und um Reaktionen, welche langsam und unvollständig verlaufen. Selbstverständlich kann aber U in vielen Fällen auch direkt calorimetrisch oder indirekt aus Verbrennungswärmen usw. bestimmt werden.

Wir weisen noch darauf hin, daß *nach dem Gesagten Energiebedarf und Affinität stets klar auseinanderzuhalten sind;* es gibt zur Abgabe von mechanischer Energie fähige Vorgänge, die endotherm und solche, die exotherm sind. Es gibt tatsächlich auch in der Biochemie viele Reaktionen (z. B. ein Teil der Umsetzungen im Muskel), bei welchen die Gleichgewichtskonstante K_c so liegt, daß freiwillig und praktisch quantitativ eine Bildung der unter Wärmeabsorption, also endotherm, entstehenden Endprodukte aus den Ausgangsstoffen erfolgt.

Für physiologische Anwendungen ist es weiter wichtig, zu wissen, daß die Gleichgewichtskonstanten oft von der Natur des Lösungsmittels stark abhängen.

8. Abhängigkeit des Gleichgewichts vom Lösungsmittel; Verteilungsgesetz.

Einen gewissen Einblick in diese Abhängigkeit erhalten wir durch den sog. *Verteilungssatz* (W. NERNST). Er besagt folgendes: Wenn ein Stoff (z. B. Bernsteinsäure) Gelegenheit hat, sich zwischen 2 Lösungsmitteln (z. B. Wasser und Äther) zu verteilen, so gilt im Gleichgewicht für jede Molekülart des gelösten Stoffes (z. B. für die nicht in Ionen gespaltenen, monomolekular gelösten Anteile der Bernsteinsäure) das Gesetz, daß das Verhältnis der Konzentrationen $\dfrac{C_{L_2}}{C_{L_1}}$, in welchen die Molekülart im Lösungsmittel 2 bzw. im Lösungsmittel 1 zu finden ist, gleich einer Konstante k ist. Der Wert dieser Konstanten, der sog. *Verteilungskoeffizient* ist, z. B. bei der Verteilung von Bernsteinsäure zwischen Wasser und Äther bei $t = 15^0$ C gleich $k = \dfrac{C_{\text{Äther}}}{C_{\text{Wasser}}} = 0{,}18$.

Wir wollen nun annehmen, daß wir die Verteilungskoeffizienten sämtlicher Reaktionsausgangsprodukte (k_1, k_2, $k_3 \ldots$) und Reaktionsendprodukte (k_1', k_2', $k_3' \ldots$) der Gl. (26) kennen. Wenn wir dann im ersten Lösungsmittel hinsichtlich der Reaktion (26) chemisches Gleichgewicht herstellen, und wenn wir gleichzeitig

---

[1] Zusammenfassendes: MAAS, TH. A.: Temperaturabhängigkeit der Lebensvorgänge. Handb. Biochem. Erg.-W. 1 B, 647—668 (1933). — KANITZ, A.: Temperaturabhängigkeit der Lebensvorgänge, RGT-Regel. Handb. Biochem. 2, 200—221 (1925).

noch hinsichtlich der Verteilung jedes einzelnen Stoffes Gleichgewicht mit dem zweiten Lösungsmittel (z. B. Äther) herstellen, so sind die Konzentrationen im zweiten Lösungsmittel aus denen im ersten völlig bestimmt. Da im ersten Lösungsmittel chemisches Gleichgewicht herrscht, muß das auch im zweiten Lösungsmittel (z. B. Äther) der Fall sein. *Daher können wir die Gleichgewichtskonstante K_{L_2} im Lösungsmittel 2 aus der Gleichgewichtskonstante K_{L_1} im Lösungsmittel 1 und aus den Verteilungskoeffizienten berechnen.* Es ergibt sich für die Reaktion (26):

$$K_{L_2} = K_{L_1} \cdot \frac{k_1'^{\,n_1'} k_2'^{\,n_2'} \ldots}{k_1^{n_1} k_2^{n_2} \ldots} . \tag{30}$$

Man erkennt, daß der Zahlenwert der Gleichgewichtskonstante vom Lösungsmittel abhängen *muß*, je nach der Größe der für Ausgangs- und Endprodukte gültigen Verteilungskoeffizienten.

Es sei nochmals betont, daß der Verteilungskoeffizient *immer für eine einzelne Molekülart gilt.* Assoziiert oder dissoziiert ein Stoff teilweise in Lösung, so gilt der Verteilungssatz einzeln für jede der entstehenden Molekülarten, also getrennt für die monomolekular und für die bimolekular gelöste Substanz und auch getrennt für die etwa aus einem Molekül wie Bernsteinsäure in der Lösung gebildeten Ionen. Für die Ionen ist ganz allgemein zu sagen, daß der Verteilungskoeffizient zwischen Wasser und organischem Lösungsmittel sehr klein ist, d. h., daß er ungeheuer stark zugunsten des Wassers liegt; die Ionen sind also im organischen Lösungsmittel praktisch unlöslich. Auf Grund der Beziehung (30) ist diese Aussage gleichbedeutend mit der bekannten Tatsache, daß die elektrolytische Dissoziation gelöster Verbindungen in organischen Lösungsmitteln außerordentlich klein ist. Wenn K_{L_1} in Gl. (30) die Dissoziationskonstante in Wasser und K_{L_2} die im organischen Lösungsmittel ist, so folgt ja tatsächlich aus der Kleinheit der Verteilungskoeffizienten der Ionen k_1', $k_2' \ldots$ ein kleiner Zahlenwert von K_{L_2} im Vergleich zu K_{L_1}.

Ich erwähne die Abhängigkeit der Gleichgewichtskonstanten vom Lösungsmittel, weil man verstehen muß, *daß die Lage von Gleichgewichten in lipoiden mit der in wäßrigen Systemen durchaus nicht übereinzustimmen braucht.*

Wenn wir die *Reaktionsbedingungen in wäßriger Phase mit denen in lipoider Phase vergleichen* wollen, so werden wir in vielen Fällen außerdem noch daran denken müssen, daß gleichzeitig mit dem betrachteten chemischen Gleichgewicht noch andere, unter Umständen schnell sich einstellende chemische Gleichgewichte einhergehen und daß diese anderen Gleichgewichte die für die betrachtete Reaktion einzusetzenden Konzentrationen ändern können.

Wenn wir z. B. die Veresterung von Buttersäure mit Amylalkohol betrachten, so werden wir nicht nur beachten müssen, daß die Gleichgewichtskonstante $K_c = \dfrac{C_{\text{Ester}} \cdot C_{\text{H}_2\text{O}}}{C_{\text{Alk.}} \cdot C_{\text{Sre}}}$ in Wasser einerseits, in der Lipoidphase andererseits, verschieden ist, wir werden vielmehr auch beachten müssen, daß unter C_{Sre} die Konzentration an *undissoziierter Säure* zu verstehen ist, daß in der lipoiden Phase praktisch genommen die gesamte vorhandene Säure tatsächlich in undissoziierter Form vorliegt, während in der wäßrigen Phase ein Teil der vorhandenen Säure in Ionen gespalten ist. Für die wäßrige Phase gilt also noch: $K_{\text{Diss}} = \dfrac{C_{\text{Sre}^-} \cdot C_{\text{H}^+}}{C_{\text{Sre}}}$, wo K_{Diss} die Säure-Dissoziationskonstante ist (vgl. unten S. 114). Nur das aus dieser Gleichung sich ergebende C_{Sre} ist in die vorher erwähnte Gleichung für das Veresterungsgleichgewicht einzusetzen. Wenn man dies zu der vorerwähnten Lösungsmittel-Abhängigkeit der Größe K_c selbst hinzufügt, so erkennt man, daß die *Voraussetzungen für die Bildung bestimmter Verbindungen tatsächlich in wäßrigen und lipoiden Lösungen gänzlich verschieden sein können.*

7*

Bei physiologischen Systemen hat man weiter zu bedenken, *daß jedem Stoff in jedem Lösungsmittel im allgemeinen verschiedene Reaktionsmöglichkeiten offenstehen* und daß der tatsächlich erfolgende Umsatz *nicht nur von der Lage der Gleichgewichte, sondern auch von der absoluten Größe der Geschwindigkeitskonstanten abhängt. Irgendein Nebengleichgewicht kann sich also im einen Lösungsmittel rasch genug einstellen, so daß sein Einfluß auf die Konzentration eines Reaktionsteilnehmers zu berücksichtigen ist, während dasselbe Nebengleichgewicht im anderen Lösungsmittel auf Grund zu langsamer Einstellung unberücksichtigt bleiben darf.*

Es ist nicht schwer, auf Grund solcher Gesichtspunkte eine ungeheure Zahl sehr spezieller Effekte vorauszusehen.

9. Kinetische Deutung des Massenwirkungsgesetzes.

Die Gleichgewichtsbeziehung (28) S. 97 kann, wie bemerkt, *ohne Benutzung kinetischer Vorstellungen* auf thermodynamischem Wege *streng* begründet werden. Kinetisch ergibt sich die Begründung anschaulich, aber weniger streng, auf folgendem Wege [GULDBERG und WAAGE (1867)]:

1 Bei der Reaktion (26), S. 97, betrachten wir im *Gleichgewichtszustande* die beiden *Teilreaktionen:* Umsetzung im Sinne von links nach rechts und Umsetzung im Sinne von rechts nach links. Diese beiden Teilreaktionen werden als voneinander unabhängig betrachtet, und sie müssen im Gleichgewichtszustande gleich schnell verlaufen, damit der Gesamtumsatz 0 wird.

2. Die Geschwindigkeit der ersten Teilreaktion ist gleich

$$v = -\,n_1\,\frac{d\,c_1}{dt} = k_1\,c_1^{n_1} \cdot c_2^{n_2} \cdot c_3^{n_3} \cdots \tag{31}$$

k_1 nennen wir die *Geschwindigkeitskonstante* der ersten Teilreaktion. Die Geschwindigkeit des Umsatzes von links nach rechts ist also gleich dem Produkt der Geschwindigkeitskonstanten k_1 mit dem Produkt der Konzentrationen der Ausgangsstoffe, unabhängig von der Konzentration der Endprodukte (in verdünnter Lösung oder im Gaszustande).

Der Ansatz (31) ist deshalb *einleuchtend*, weil die Zahl der Zusammenstöße, welche n_1 Moleküle A_1 mit n_2 Molekülen $A_2\ldots$ zusammenführen, proportional dem Produkte $c_1^{n_1} \cdot c_2^{n_2}\ldots$ ist. In einem einfachen Falle, etwa bei der Reaktion $H_2 + Cl_2 = 2\,HCl$ sieht man in der Tat sofort, daß die Anzahl von Zusammenstößen von H_2-Molekülen mit Cl_2-Molekülen proportional dem Produkte C_{H_2} mal C_{Cl_2} ist.

3. Da die *Rückreaktion* [Umsatz im Sinne von rechts nach links in Gl.(26)] unabhängig von der Reaktion (31) sein soll, ergibt sich für diese zweite Reaktion analog zu (31)

$$v' = k_1 \cdot c_1^{\,n_1'} \cdot c_2'^{\,n_2'} \cdots \tag{31a}$$

Die Gleichsetzung $v = v'$ für den Gleichgewichtszustand ergibt dann sofort:

$$K_c = \frac{c_1'^{\,n_1'} \cdot c_2^{\,n_2'} \cdot c_3'^{\,n_3'} \cdots}{c_1^{\,n_1} \cdot c_2^{\,n_2} \cdot c_3^{\,n_3} \cdots} = \frac{k_1}{k_1'}. \tag{32}$$

Die Gleichgewichtskonstante K_c ist also gleich dem Verhältnis der Geschwindigkeitskonstanten k_1 und k_1' der Reaktion (31) und der dazu inversen Reaktion (31a).

10. Katalyse[1—31].

Es ist wichtig, festzustellen, daß die Geschwindigkeitskoeffizienten bei vielen physiologisch wichtigen Reaktionen normalerweise sehr klein sind, daß aber

Zusammenfassendes über Reaktionsgeschwindigkeit und Katalyse: 1—31.

a) Einführung: [1] Die S. 92 unter Ziffer 1—20 erwähnten Lehrbücher.

b) Ältere Arbeiten und Geschichtliches: [2] BREDIG, G.: Die Elemente der chemischen Kinetik mit besonderer Berücksichtigung der Katalyse und der Fermentwirkung. Ergebn. Physiol. 1/1, 134—212 (1902). — [3] MITTASCH, A., u. E. THEIS: Von DAVY und DÖBEREINER bis DEACON. Ein halbes Jahrhundert Grenzflächenkatalyse. Berlin 1932. — MITTASCH, A.: Kurze Geschichte der Katalyse in Praxis und Theorie. Berlin 1939.

durch gewisse Katalysatoren, welche öfters außerordentlich spezifisch wirken,
die Geschwindigkeiten um ein hohes Vielfaches gesteigert werden. Ein *idealer
Katalysator* ist ein Stoff, welcher, ohne selbst bei der Reaktion eine bleibende
Änderung zu erfahren, ohne also in die Bilanz der Ausgangs- und Endprodukte
einzugehen, die Geschwindigkeit einer chemischen Umsetzung vergrößert (WI. OST-
WALD 1891, G. BREDIG 1903). Es ist klar, daß der Katalysator, um überhaupt
eine Wirkung auszuüben, mit dem Reaktionsgut irgendeine (adsorptive oder
stöchiometrische) Verbindung eingehen muß. Wesentlich für die Katalyse ist,
daß der Katalysator aus der Bindung mit dem Reaktionsgut am Ende der Reaktion selbsttätig wieder befreit wird. Die Wirkung des Katalysators besteht
also darin, daß er zur Bildung irgendwelcher Zwischenverbindungen, welche sich
rasch umsetzen, Anlaß gibt.

Da der ideale Katalysator durch die Reaktion nicht in merklichem Maße
verändert wird, muß auf Grund thermodynamischer Betrachtungen die Bedingung erfüllt sein, *daß der Zahlenwert der Gleichgewichtskonstante K_c einer
Reaktion und daher die Lage des Gleichgewichts durch den Katalysator nicht
beeinflußt wird.* Im Sinne der gegebenen kinetischen Betrachtung [Gl. (32)]
bedeutet dies, *daß ein Katalysator, welcher die Geschwindigkeitskonstante k_1* [Um-
setzung von links nach rechts in Gl. (26)] um beispielsweise den 10fachen Betrag
*vergrößert, die Geschwindigkeitskonstante k_1' der inversen Reaktion um denselben
Faktor vergrößert.*

Die Forderung gilt *genau* für Gase und sehr verdünnte Lösungen und für
sehr kleine Mengen des Katalysators. Für mittlere Mengen des Katalysators
gilt die Forderung ebenfalls streng, wenn man die etwa an den Katalysator

. *c) Neuere Zusammenfassungen:* [4] HINSHELWOOD, C. N.: Reaktionskinetik gasförmiger
Systeme. (Deutsch von E. PIETSCH und G. WILCKE.) Leipzig 1928. The Kinetics of Chemical
Change in Gaseous Systems. Oxford 1933. — [5] SKRABAL, A.: Homogenkinetik. Dresden u.
Leipzig 1941.— [6] DANIELS: Chemical Kinetics. Ithaca 1938. — [7] GLASSTONE, S., K. J. LAIDLER
and H. EYRING: The Theory of Rate Processes. New York u. London 1941. — [8] MOELWYN-
HUGHES, E. A.: The Kinetics of Reactions in Solutions. Oxford 1933. — [9] SCHUMACHER, H. J.:
Chemische Gasreaktionen. (Die chemische Reaktion Bd. 3.) Dresden 1938. — [10] JOST, W.:
Diffusion und chemische Reaktion in festen Stoffen. (Die chemische Reaktion Bd. 2.) Dresden
1937. — [11] SCHWAB, G. M.: Katalyse vom Standpunkt der chemischen Kinetik. Berlin 1931.—
[12] Handb. Katalyse (SCHWAB) Bd. I. Allgemeines und Gaskatalyse. Berlin 1941; Bd. II.
Katalyse in Lösungen (1940); Bd. III. Biokatalyse (1941). — [13] Bamann-Myrbäck 1—4.
Leipzig 1941. — [14] SABATIER, P.: Die Katalyse in der organischen Chemie. (Deutsch von
B. FINKELSTEIN; mitbearbeitet von H. HÄUBNER.) 2. Aufl. Leipzig 1927. — [15] BREDIG, G.:
Katalyse. Enzykl. techn. Chem. (ULLMANN). 1. Aufl., Bd. 6, S. 665. 1915. — [16] FRANKEN-
BURGER, W. u. DÜRR: Katalyse. Enzykl. techn. Chem. (ULLMANN). 2. Aufl. Bd. 6, S. 436
bis 491. 1930. — [17] BERKMAN, S., T. C. MORELL and G. EGLOFF: Catalysis, Inorganic and
Organic. New York 1946. — [18] LOHSEY, H. W.: Catalytic Chemistry. New York, Brooklyn
1945. — [19] GRIFFITH, R. H.: The Mechanism of Contact Catalysis. 2. Aufl. London 1946.
d) Anwendungen auf die Biologie: [20] MITTASCH, A.: Über Katalyse und Katalysatoren
in Chemie und Biologie. Berlin 1936. — [21] MITTASCH, A.: Über katalytische Verursachung
im physiologischen Geschehen. Naturwiss. **23**, 361—369 (1935). Über katalytische Verursachung im biologischen Geschehen. Berlin 1935. — [22] LANGENBECK, W.: Die organischen
Katalysatoren und ihre Beziehungen zu den Fermenten. 2. Aufl. Berlin, Göttingen, Heidelberg 1949. — [23] FRANKENBURGER, W.: Katalytische Umsetzungen in homogenen und
enzymatischen Systemen. Leipzig 1937. — [24] FRANKENBURGER, W.: Die Fermentreaktionen
unter dem Gesichtspunkt der heterogenen Katalyse. Ergebn. Enzymforsch. **3**, 1—22 (1934).—
[25] BORSOOK, H.: Reversible and reversed enzymatic reactions. Ergebn. Enzymforsch. **4**,
1—41 (1935). — [26] STERN, ERNST: Physikalische Chemie der Fermente, Reaktionsgeschwindigkeit, Katalyse. Handb. Biochem. **2**, 111—199 (1925). — [27] STERN, K.: Pflanzenthermodynamik. Berlin 1933. — [28] JOSEPHSON, K.: Physikalische Chemie der Fermente. Handb.
Biochem. Erg.-W. **1** B, 669—695 (1933). — [29] MOELWYN-HUGHES, E. A.: The kinetics of
enzyme reactions. Ergebn. Enzymforsch. **6**, 23—46 (1937). — [30] FULMER, E. I.: The
thermodynamics of cell reactions. Ergebn. Enzymforsch. **1**, 1—20 (1932). — [31] Siehe
ferner die Fußnoten von S. 79 und 80; siehe auch GRASSMANN, W.: Enzyme, S. 988ff.

gebundenen (z. B. adsorbierten) Anteile des Reaktionsgutes als aus dem homogenen System entfernt betrachtet und die so entfernten Anteile bei der Ermittlung der freien Konzentrationen c_1, c_2, ... c_1', c_2', ... usw. nicht mitrechnet.

Die wohlbekannte Tatsache, daß sowohl bei biochemischen Reaktionen als auch bei technischen Katalysen das präparative Ergebnis in höchstem Maße von der *Natur der angewandten Katalysatoren* (Fermente!) abhängt, steht mit der Tatsache, daß der Zahlenwert der Gleichgewichtskonstante durch Katalysatoren nicht geändert wird, keineswegs in Widerspruch. Die genannte Tatsache erklärt sich vielmehr in der folgenden Weise: die gegebenen Ausgangsstoffe können an sich unter Bildung gänzlich verschiedener Endprodukte reagieren und die Gleichgewichtskonstanten können für mehrere dieser Reaktionen so liegen, daß bei Einstellung des betreffenden Gleichgewichts die Ausgangsstoffe praktisch genommen verschwinden müssen. Die Wirkung eines Katalysators besteht dann darin, daß er eine bestimmte unter den thermodynamisch möglichen Reaktionen mit einer großen Geschwindigkeit (betreffend Einstellung des Gleichgewichts) ausstattet. Das hat, wenn die Einstellung der übrigen Gleichgewichte verschwindend langsam bleibt, zur Folge, daß präparativ nur *die* Endprodukte sich bilden, welche bei der vom Katalysator beschleunigten Reaktion entstehen.

Weiteres über Grenzflächenadsorption und Katalyse s. S. 146.

11. Kinetik mehrmolekularer Reaktionen; stufenweise Reaktionen [1].

Man hat es häufig in der Hand, die Geschwindigkeiten v_1 oder v_1' der Umsetzungen im Sinne von links nach rechts oder von rechts nach links in Gl. (26) einzeln zu bestimmen. Dabei findet man oft, daß die Geschwindigkeit, z. B. der Reaktion (26) in ihrer Abhängigkeit von den Konzentrationen c_1, c_2, ... der Ausgangsstoffe, *nicht* durch die Gl. (31) gegeben wird. Das ist insbesondere dann nicht der Fall, wenn die Summe $n_1 + n_2 + n_3 + \ldots$ größer als 2 oder 3 ist.

Das hat man in der Weise zu deuten, daß die Reaktion *nicht in einem Akte* beim Zusammenstoß von n_1 Molekülen A_1 mit n_2 Molekülen A_2 usw. abläuft, sondern daß z. B. ein einziges Molekül A_1 mit *einem* Molekül A_3 reagiert und dabei ein Zwischenprodukt liefert, welches dann mit A_2 weiter reagiert usw.

Die Gesamtreaktion setzt sich also oft aus mehreren hintereinander verlaufenden Folgereaktionen zusammen. *In solchen Fällen wird die tatsächlich beobachtete Geschwindigkeit durch die am langsamsten erfolgende Zwischenreaktion bestimmt. Dies gilt für alle, also auch für sämtliche biologische Reaktionen.* Auf Grund kinetischer Messungen kann man darum in vielen Fällen auf den Mechanismus komplizierter verlaufender Reaktionen Rückschlüsse ziehen. Je nach den angewandten Konzentrationsverhältnissen usw. kann nämlich bald die eine, bald die andere Zwischenreaktion die langsamste und damit die maßgebende sein.

Die in den Zwischenreaktionen auftretenden Zwischenprodukte sind in einzelnen Fällen äußerst reaktionsfähige Moleküle, welche durch besondere Vorkehrungen abgefangen oder isoliert werden können, in andern Fällen auch einzelne Atome oder Radikale [2].

Reaktionsordnung. Unter einer **Reaktion erster Ordnung** verstehen wir eine Reaktion, deren Geschwindigkeit proportional der ersten Potenz der Konzentration nur *eines* der Reaktionsteilnehmer ist.

Beispiele für eine solche Reaktion sind die *Verseifung von Methylacetat in salzsaurer Lösung* (Reaktionsgleichung: $CH_3COOCH_3 + H_2O = CH_3COOH + CH_3OH$), ebenso die

---

[1] Für die Theorie der chemischen Kinetik vgl. die zitierten Lehrbücher; für die klassische Theorie der chemischen Kinetik homogener Systeme insbesondere SKRABAL, A.: Homogenkinetik. Dresden 1941. — [2] *Literatur über das Verhalten von Atomen und Radikalen:* GEIB, K. H.: Atomreaktionen. Ergebn. exakt. Naturwiss. **15**, 44—1C5 (1936). — BACHMANN, W. E.: Free radicals. In Gilman, org. Chem. I, 581. — WATERS, W. A.: Some recent developments in the chemistry of free radicals. Soc. **1946**, 409—415. — STEACIE, E. W. R.: Atomic and Free Radical Reactions. New York u. London 1946.

Rohrzuckerinversion (Spaltung von Rohrzucker in Glucose + Fructose) in saurer Lösung und, um noch eine Gasreaktion zu nennen, die Zersetzung von Diäthyläther nach der Reaktionsgleichung $C_2H_5OC_2H_5 \rightarrow CO + 2\,CH_4 + \frac{1}{2}\,C_2H_4$ bei Temperaturen von 400—600° C.

Das Kennzeichen einer Reaktion erster Ordnung besteht darin, daß für die Zeitabhängigkeit der Konzentration c des sich umsetzenden Stoffes (Methylacetat bzw. Rohrzucker bzw. Diäthyläther) das Gesetz gilt:

$$\frac{dc}{dt} = -kc, \text{ oder integriert: } c = c_0\,e^{-kt}, \tag{33}$$

wenn c_0 die zur Zeit $t = 0$ vorhandene Konzentration des Stoffes ist. k ist dann die *Geschwindigkeitskonstante* der Reaktion.

Das bekannteste *Beispiel für eine Reaktion erster Ordnung* ist die *radioaktive Umwandlung*, z. B. von Radium, Uran usw. Das Gesetz für einen Reaktionsverlauf erster Ordnung gilt hier mit großer Strenge. Hier rührt die Gültigkeit dieses Gesetzes davon her, daß dem Atom, z. B. des Radiums, eine bestimmte *Zerfallswahrscheinlichkeit* innewohnt, und daß diese Zerfallswahrscheinlichkeit unabhängig davon ist, wie lange das betreffende Atom schon existiert hat (Die Zerfallswahrscheinlichkeit ist bei dem Atom des Radiums so groß oder· so klein, daß in einem Jahre stets genau der $4,38 \cdot 10^{-4}$te Teil der vorhandenen Atome zerfällt.) Wir pflegen einen solchen Vorgang, weil er tatsächlich unter *allen* Versuchsbedingungen nur von der Konzentration einer *einzigen* Substanz (in diesem Falle des Radiums) abhängt, als eine *monomolekulare Reaktion* zu bezeichnen.

| Unter den obengenannten chemischen Reaktionen erster Ordnung ist die *Verseifung von Methylacetat* in saurer Lösung, obgleich sie kinetisch von der ersten Ordnung ist, *keine monomolekulare Reaktion*. Die Reaktion ist mindestens bimolekular, indem ja für den eigentlichen Vorgang 2 Moleküle, nämlich Essigester und Wasser, notwendig sind. Tatsächlich würden wir, wenn wir die Reaktion nicht in Gegenwart eines großen Überschusses an Wasser durchführen würden, finden, daß die Reaktionsgeschwindigkeit außer von der Konzentration des Essigesters auch von der Konzentration des Wassers abhängt. Die Verseifung des Essigesters in saurer Lösung ist also nur infolge der speziell gewählten Versuchsbedingungen (großer Überschuß an Wasser) kinetisch eine Reaktion erster Ordnung. Der Elementarvorgang, welcher sich bei der Umsetzung abspielt, ist ein mindestens bimolekularer Vorgang.

Aus dem Gesagten erkennen wir, daß wir durch die Feststellung „Reaktion erster Ordnung" lediglich die Tatsache zum Ausdruck bringen, daß unter den betreffenden Reaktionsbedingungen der Reaktionsverlauf *formal* durch die Gleichung $c = c_0 e^{-kt}$ beschrieben werden kann und daß diese Aussage streng unterschieden werden muß von der Feststellung „monomolekulare Reaktion" oder „bimolekulare Reaktion", denn diese letztere Feststellung bezieht sich auf den bei der Reaktion tatsächlich eintretenden *Elementarvorgang*.

Unter einer **Reaktion zweiter Ordnung** verstehen wir eine Reaktion, deren Geschwindigkeit, kinetisch gemessen, insgesamt proportional der zweiten Potenz vorhandener Reaktionsteilnehmer ist. Es ist z. B. die *Verseifung von Methylacetat* mit einer äquivalenten Menge an $NaOH$ eine Reaktion, welche sowohl hinsichtlich des Methylacetats als auch hinsichtlich der $NaOH$ von der ersten Ordnung, insgesamt also von der zweiten Ordnung ist. Die zeitliche Änderung der Esterkonzentration ist hier gegeben durch

$$\frac{dC_{\text{Ester}}}{dt} = -k \cdot C_{\text{Ester}} \cdot C_{\text{NaOH}}.$$

Die Verseifung des Methylacetats mit einem sehr großen Überschuß an $NaOH$ würde, wie man leicht erkennt, wieder eine Reaktion erster Ordnung sein, weil dann während der gesamten Reaktion die Konzentration an $NaOH$ sich nur unmerklich ändern würde. Die Größe $k \cdot C_{\text{NaOH}}$ in vorstehender Gleichung würde dann gleich einer neuen Konstante k' sein.

Wir sehen auch an diesem Beispiel, daß die kinetisch festzustellende Gesamt-Reaktionsordnung wie auch die hinsichtlich einzelner Reaktionsteilnehmer festzustellende Ordnung weitgehend von den *Versuchsbedingungen* (Mengenverhältnisse der Reaktionsteilnehmer usw.) abhängen kann und daß es durchaus sinnvoll ist, die Begriffe Reaktion erster, zweiter Ordnung usw. von den auf die Elementarvorgänge bezüglichen Begriffen monomolekulare Reaktion, bimolekulare Reaktion usw. zu trennen[1].

Die Feststellung der kinetischen Reaktionsordnung bei verschiedenen Mengenverhältnissen der Reaktionsteilnehmer ist auch für die Aufklärung von *Fermentreaktionen*[2] von grundlegender Bedeutung. Der Umstand, daß wir es hier mit katalytischen Reaktionen zu tun haben, hat für die Kinetik einige Besonderheiten zur Folge, welche leicht verständlich sind, auf welche wir aber doch kurz hinweisen wollen. Es handelt sich insbesondere darum, daß jeweils nur der an das Ferment gebundene Teil der Ausgangsstoffe oder gewisser Zwischenprodukte tatsächlich reagiert. Das entspricht natürlich der Tatsache, daß die Reaktionen ohne Gegenwart des Fermentes überhaupt praktisch genommen ausbleiben würden. Viele Besonderheiten in der Kinetik der Fermentreaktion gehen dann darauf zurück, daß der an das Ferment tatsächlich gebundene Anteil der reaktionsfähigen Stoffe einerseits von der Konzentration des Fermentes und der des reaktionsfähigen Stoffes abhängt, andererseits aber auch davon, daß in vielen Fällen ein Teil des Fermentes durch anderweitig vorhandene Stoffe (nicht reagierende Begleitstoffe oder Endprodukte) „belegt" ist.

Im Anschluß an die Feststellung, daß wir eine chemische Reaktion fast stets in eine Anzahl von Teilreaktionen zerlegen müssen, wollen wir noch anfügen, wie die weiter oben über chemisches Gleichgewicht und über Katalyse gemachten Aussagen auf die einzelnen Reaktionsstufen zu übertragen sind.

Das Ergebnis lautet: im Gleichgewichtszustande muß nicht nur hinsichtlich der Gesamtreaktion, sondern auch hinsichtlich jeder einzelnen Zwischenreaktion Gleichgewicht bestehen derart, daß jede einzelne Zwischenreaktion im Sinne von links nach rechts und im inversen Sinne gleich schnell verläuft. Die Gültigkeit der Gleichgewichtsbedingung (28) (S. 97) für die Gesamtreaktion wird dadurch nicht gestört. *Im wirklichen Gleichgewichtszustande ist also sowohl hinsichtlich der Gesamtreaktion als auch der Zwischenreaktionen Gleichgewicht vorhanden.*

Was die Katalyse betrifft, so zeigt sich, daß auch die Katalysatoren in der Regel ganz bestimmte Zwischenreaktionen beschleunigen und die Thermodynamik zeigt analog zu oben, *daß ein Katalysator stets die Zwischenreaktion, welche er beschleunigt, in dem einen und im inversen Sinne um den gleichen Faktor beschleunigen muß.*

Zum Schlusse dieses Abschnittes sei noch auf die Abhängigkeit der Geschwindigkeitskonstanten von der *Temperatur* hingewiesen. Im allgemeinen steigt die Geschwindigkeit bei Erhöhung der Temperatur um 10° etwa auf das Doppelte (R.G.T.-Regel von van't Hoff). Die Deutung dieser Regel beruht darauf, daß die Reaktionspartner beim Zusammenstoß noch im Besitze einer Energie *(Anregungsenergie)* sein müssen, damit der Zusammenstoß zu einer Reaktion führt.

---

[1] Betrachtungen über die Abhängigkeit der Geschwindigkeitskonstanten vom chemischen Bau der Moleküle; vgl. außer der bereits angegebenen Literatur z. B. Hückel, W.: Theoretische Grundlagen der organischen Chemie. 2. Aufl., Bd. 2. Leipzig 1935. — [2] Stern, E.: Handb. Biochem. **2**, 111—199 (1925). — Josephson, K.: Handb. Biochem. Erg.-W. 1 B, 669—695 (1933). — Moelwyn-Hughes, E. A.: Ergebn. Enzymforsch. **6**, 23—46 (1937).

Aus einer genauen Bestimmung des Temperaturkoeffizienten kann darum auf die für die Wirksamkeit eines Zusammenstoßes erforderliche *Anregungsenergie* geschlossen werden.

IV. Elektrische Potentiale. Elektrolyte[1—38].

Bei vielen biologisch wichtigen Reaktionen, besonders bei Reaktionen in wäßriger Lösung, überlagert sich den eigentlichen chemischen Vorgängen eine

a) Die Lehrbücher (Fußnoten S. 92), sowie [1] FALKENHAGEN, H.: Elektrolyte. Leipzig 1932. — [2] FALKENHAGEN, H.: Struktur elektrolytischer Lösungen. Ergebn. exakt. Naturwiss. **14**, 130—200 (1935). — [3] KORTÜM, G.: Elektrolytlösungen. Bd. V von Physik u. Chemie, Anwend. Einzeldarst. Leipzig 1941. — [4] KORTÜM, G.: Lehrbuch der Elektrochemie. Wiesbaden 1948. — [5] HÜCKEL, E.: Theorie der Elektrolyte. Ergebn. exakt. Naturwiss. **3**, 199, 276 (1924). — [6] EBERT, L.: Leitfähigkeit in flüssigen Elektrolyten. Handb. Exp.-Physik **12**/1, 173—289 (1932). — [7] TUBANDT, C.: Leitfähigkeit und Überführungszahlen in flüssigen und festen Elektrolyten. Handb. Exp.-Physik (WIEN-HARMS) **12**/1, 383—469 (1932). — [8] FOERSTER, F.: Elektrochemie wässeriger Lösungen. 2. Aufl. Leipzig 1915. — [9] LE BLANC, M.: Lehrbuch der Elektrochemie. 11.—12. Aufl. Leipzig 1925. — [10] MacINNES, D. A.: Principles of Electrochemistry. New York 1939. — [11] HAMMET, L. P.: Solution of Electrolytes. 2. Aufl. New York 1936. — [12] HARNED, H. S., and B. B. OWEN: The Physical Chemistry of Electrolytic Solutions. New York 1943. — [13] CHEIGHTON, H., u. W. A. KÖHLER: Principles and Applications of Electrochemistry. Bd. 1 Principles, Bd. 2 Applications. 2. Aufl. London 1947. — [14] FICHTER, F.: Organische Elektrochemie. (Die chemische Reaktion Bd. 6.) Dresden u. Leipzig 1942. — [15] RITTER, FRANZ: Korrosionstabellen metallischer Werkstoffe, geordnet nach angreifenden Stoffen. Wien 1937.

b) Methodisches über Elektrolyte: [16] OSTWALD, W., u. R. LUTHER: Hand- und Hilfsbuch zur Ausführung physiko-chemischer Messungen. 5. Aufl. Hrsgb. C. DRUCKER. Leipzig 1931. Siehe insbes. Messung der E.M.K. S. 548; Wasserstoffelektroden S. 562; Chinhydronelektrode S. 568. — [17] MÜLLER, ERICH: Elektrochemisches Praktikum. 6. Aufl. Dresden 1942. — [18] MICHAELIS, L.: Praktikum der physikalischen Chemie, insbesonders der Kolloidchemie für Mediziner und Biologen. 4. Aufl. Berlin 1930.

c) Spezielle Methoden, Anwendungen auf die analytische Chemie, Polarographie: [19] HOHN, H.: Chemische Analysen mit dem Polarographen. Berlin 1937. — [20] HEYROWSKY, J.: Polarographie. Wien 1941. — [21] Physikalische Methoden der analytischen Chemie. Hrsg. v. W. BÖTTGER. Teil II: Leitfähigkeit, Elektroanalyse und Polarographie (bearb. v. G. JANDER, O. PFUNDT, K. SANDERS, W. BÖTTGER, J. HEYROWSKY). Leipzig 1936. Teil III: Chromatographie, Verdampfungsanalyse, Spektroskopie, Konduktometrie, Polarographie, Potentiometrie (bearb. von denselben Autoren wie Teil II). Leipzig 1939. — [22] JANDER, G., u. O. PFUNDT: Die konduktometrische Maßanalyse und andere Anwendungen der Leitfähigkeitsmessung auf chemische Probleme unter besonderer Berücksichtigung der visuellen Methode. Stuttgart 1945. — [23] MÜLLER, O. H.: The Polarographic Method of Analysis. Easton, Pa. 1947. — [24] BENNEWITZ, K.: Zur Entwicklung der Polarographie. Naturwiss. **31**, 268 (1943). — [25] Society of Public Analysts and other Analytical Chemists. Symposium on Polarography and Symposium on Chromatography. Cambridge 1946. — [26] KOLTHOFF, I. M., N. H. FURMAN u. H. A. LAITINEN: Potentiometric Titrations. 3. Aufl. New York 1947. — [27] KOLTHOFF, I. M.: Der Gebrauch von Farbenindikatoren. 2. Aufl., enthält auch Angaben über Herstellung von Pufferlösungen. Berlin 1923. — [28] KOLTHOFF, I. M.: Konduktometrische Titrationen. Dresden u. Leipzig 1923. — [29] KOLTHOFF, I. M.: Säure-Basen-Indikatoren. 4. Aufl. Berlin 1932. — [30] Handb. biol. Arb.-Meth., Abt. III, Teil A/1, insbesondere FODOR, A.: Pufferlösungen S. 475, 1928. Abt. III, Teil A/2, insbesondere Abschnitt v. I. M. KOLTHOFF über Pufferlösungen, S. 1443ff. 1930. — [31] GMELIN, P., u. J. KRÖNERT: Messung elektrischer Konstanten. Chemie-Ingenieur: Physikalisch-chemische Analyse im Betriebe, Bd. 2, Teil 4, S. 223—293. 1933.

d) Allgemeine Anwendung auf die Biologie: [32] HÖBER, R.: Physikalische Chemie der Zelle und der Gewebe. 6. Aufl. Leipzig 1926. — [33] HÖBER, R.: Physical Chemistry of Cells and Tissues. Philadelphia, Toronto, London 1945. Ins Deutsche übersetzt v. W. WILLBRANDT u. R. STÄMPFLI. Bern 1947. — [34] DARROW, D. C.: Tissue, water and electrolyte. Ann. Rev. Physiol. **6**, 95—122 (1944). — [35] PAULI, WO., u. E. VALKÓ: Kolloidchemie der Eiweißkörper. Dresden 1933. — [36] COHN, E. J.: Physikalische Chemie der Eiweißkörper. Ergebn. Physiol. **33**, 782—882 (1931). — [37] HANDOVSKY, H.: Ionenlehre, DONNAN-Gleichgewichte. Handb. Biochem. Erg.-W. 1 B, 601—612 (1933). — [38] THOMAS, PIERRE: Manuel de Biochimie. Kap. 10, S. 124—148. Paris 1936. — Siehe auch Anmerkungen auf S. 111 u. 121.

elektrolytische Dissoziation einzelner Molekülarten in Ionen. Der Umstand, daß die Ionen elektrisch geladen sind, hat spezielle Verhältnisse zur Folge, welchen man durch eine elektrostatische Betrachtung Rechnung tragen kann. Nachdem wir im vorigen Abschnitt die chemischen Gleichgewichte zwischen elektrisch nicht geladenen Molekülen bzw. Atomen behandelt haben, ist es günstig, bevor wir zur Überlagerung chemischer und elektrolytischer Vorgänge übergehen, einiges vorauszuschicken über das durch die Ionenladung bedingte Verhalten von Lösungen starker Elektrolyte.

1. Ionenverteilung in verdünnten Lösungen starker Elektrolyte[1].

Die Moleküle von sog. starken Elektrolyten wie Kochsalz, Kaliumchlorid, Salzsäure, Ammoniumchlorid usw. sind in verdünnter wäßriger Lösung, z. B. in Lösungen, die schwächer als $n/10$ sind, vollständig in Ionen dissoziiert. Beim Beispiel des Kaliumchlorids teilt sich die gelöste Substanz auf in positiv geladene Kaliumionen und negativ geladene Chlorionen.

Da gleichnamige Elektrizitäten sich abstoßen und ungleichnamige sich anziehen, erkennen wir, daß zwischen diesen Ionen Kraftwirkungen stattfinden müssen. K^+-Ionen und Cl^--Ionen werden einander anziehen, dagegen werden die K^+-Ionen ihresgleichen und ebenso die Cl^--Ionen ihresgleichen abstoßen. Die Folge hiervon ist, daß die Verteilung der Ionen in einer Lösung durchaus abweicht von der Verteilung, welche man vorfinden müßte, wenn die Ionen nicht elektrisch geladen wären. Die ungleichmäßige Verteilung bezieht sich einerseits auf die Verteilung der positiven und negativen Ionen in der Umgebung z. B. eines Kaliumions, andererseits aber auch auf die Verteilung positiver und negativer Ionen z. B. in der Umgebung einer Metallelektrode, welche in den Elektrolyten getaucht wird und welche ein bestimmtes Potential gegen den Elektrolyten besitzt. Auch die Verteilung der Ionen in der Umgegend eines kolloiden Teilchens, welches eine elektrische Ladung besitzt, gehorcht den jetzt anzuwendenden Gesetzen.

Der Fall ist besonders einfach, wenn wir ein *kolloides Teilchen oder eine Metallplatte* betrachten, welche gegen den Elektrolyten ein bestimmtes Potential besitzt. Das Potential sei z. B. ψ_0. Dieses bedeutet, daß man, um die elektrische Ladung $+e$ im Innern der Flüssigkeit aus dem Unendlichen an die Oberfläche des Metalls zu bringen, eine Arbeit $e \cdot \psi_0$ leisten muß. Wir können, um den Fall zu präzisieren, annehmen, daß ψ_0 positiv sei, daß also das Metall positiv gegen die Lösung aufgeladen sei. Es können dann positive Ionen (Ladung $+\varepsilon$) aus dem Innern der Lösung nur dann an die Oberfläche der Metallelektrode gelangen, wenn eine Energie $\psi_0 \cdot \varepsilon$ zur Verfügung gestellt wird. Umgekehrt können negative Ionen (Ladung $-\varepsilon$) sehr wohl in die Nähe der Metallelektrode gelangen. In der Tat haben wir die Arbeit $-\varepsilon \cdot \psi_0$ zuzuführen, oder wir gewinnen die Arbeit $+\varepsilon\psi_0$, wenn wir ein Ion von der Ladung $-\varepsilon$ in der Lösung aus großer Entfernung an die Oberfläche des Metalls heranbringen. Wenn man die Temperaturbewegung vernachlässigen würde, so müßten sogar die negativen Ladungen vollständig bis an die Metallelektrode (bzw. bis an das Kolloidteilchen) herankommen und dort bleiben, und zwar in solcher Anzahl, daß die positive, auf der Metallelektrode bzw. auf dem Kolloidteilchen befindliche elektrische Ladung genau neutralisiert würde. Positive Ladungen könnten dagegen überhaupt nicht in die Nähe der Elektrode kommen. Die Wärmebewegung der Ionen in einer

---

[1] Siehe die S. 92 zitierten Lehrbücher der Physikalischen Chemie, sowie die vorstehend unter a) zitierten Darstellungen (insbesondere Nr. 1—5).

Flüssigkeit hat indessen zur Folge, daß die negativen Ionen auf der positiv geladenen Metallfläche nicht haftenbleiben und daß umgekehrt positive Ionen trotz der Abstoßung, welche sie von seiten der positiven Fläche erfahren, doch in die Nähe derselben gelangen können. *Die Konkurrenz zwischen Temperatureinfluß und elektrischen Kräften führt zu einem Kompromiß mit dem Ergebnis, daß die negativen Ladungen zwar nicht ganz an der Metallfläche haftenbleiben, daß sie aber in der Nähe der positiv geladenen Metall- oder Kolloidteilchenoberfläche häufiger sind als positive Ionen. Es entsteht so in der Nähe einer positiv geladenen Wand eine* im Durchschnitt *negative Ionenwolke* und entsprechend würde in der Nähe einer negativ geladenen Fläche eine positive Ionenwolke entstehen.

Die *Abmessungen dieser Ionenwolken* hängen von der Zusammensetzung des Elektrolyten ab. Wenn z. B. die Konzentration der Lösung c Grammolekül KCl je Liter beträgt und wenn wir die Konzentrationen der Cl^--Ionen und K^+-Ionen mit c_{Cl^-} und c_{K^+}, die Elementarladung des Ions mit ε bezeichnen, so finden wir, daß c_{Cl^-} und c_{K^+} in der Nähe der Metalloberfläche (Potential ψ_0) nicht gleich groß sind, indem der Unterschied $c_{Cl^-} - c_{K^+}$ im Abstande x cm von der Metalloberfläche gleich:

$$c_{Cl^-} - c_{K^+} = c\, \frac{2\,\varepsilon\,\psi_0}{k\,T}\, e^{-\varkappa x} \qquad (34)$$

ist mit

$$\frac{1}{\varkappa} = \lambda = \sqrt{\frac{D\,k\,T \cdot 1000}{8\,\pi\,N_L\,\varepsilon^2} \cdot \frac{1}{\sqrt{c}}}. \qquad (35)$$

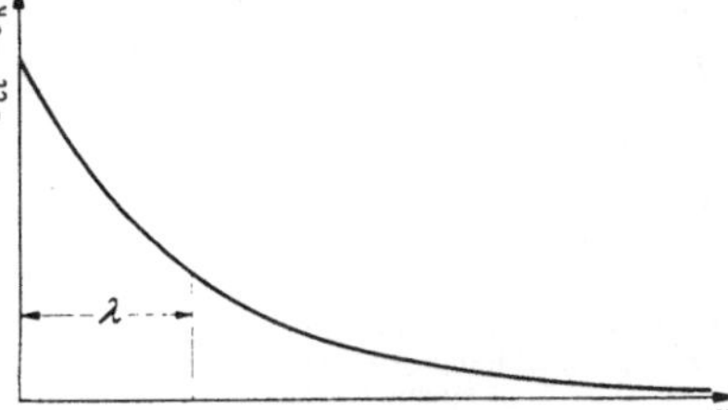

Abb. 8. Differenz der Konzentration von negativ und positiv geladenen Ionen ($c_{Cl^-} - c_{K^+}$) in der Nähe einer positiv geladenen Wand in Abhängigkeit vom Abstande x von der Wand. λ ist aus Gl. (35 bzw. 39) (S. 107 u. 108) zu entnehmen.

k ist die BOLTZMANNsche Konstante (gleich $1{,}37 \cdot 10^{-16}$, N_L die LOSCHMIDTsche Zahl je Mol (gleich $6{,}06 \cdot 10^{23}$), T die absolute Temperatur und D die Dielektrizitätskonstante. Wir entnehmen aus (34), daß die Differenz ($c_{Cl^-} - c_{K^+}$), welche wir *als Dichte der Ionenatmosphäre* bezeichnen können, für $x = 0$ am größten ist und daß sie nach außen zu exponentiell abnimmt (Abb. 8). Der Abstand x, innerhalb dessen die Dichte der Ionenatmosphäre auf den e-ten Teil des Wertes herabsinkt, den sie bei $x = 0$ besitzt, ist gleich λ [Gl. (35)]. Für eine KCl-Lösung in Wasser und bei $T = 300°$ abs. ist

$$\lambda \sim \frac{3{,}08 \cdot 10^{-3}}{\sqrt{c}}\ \text{cm} . \qquad (36)$$

Die lineare Abmessung der Ionenatmosphäre in der Umgebung einer Metallelektrode oder eines Kolloidteilchens ist also in einer n/100 KCl-Lösung etwa gleich 30 Å.

Diese Ionenverteilung muß in vielen Fällen, insbesondere auch bei kolloidchemischen Problemen, berücksichtigt werden.

Bei mehrwertigen Elektrolyten ist in Gl. (35 bzw. 36) die Größe $\sqrt{c}$ durch $\sqrt{\frac{1}{2}\sum z_i^2\, c_i}$ zu ersetzen, wenn c_i die Konzentration einer Ionengattung, z_i deren Wertigkeit bedeutet. Das Zeichen $\sum$ bedeutet, daß über alle Ionensorten, die in der Lösung vorkommen, zu summieren ist.

Wenn wir im Innern einer Elektrolytlösung die Ionenverteilung etwa in der *Umgebung eines* hervorgehobenen *Kaliumions* betrachten, so werden wir etwas Ähnliches feststellen wie vorhin bei der Ionenverteilung in der Umgebung einer aufgeladenen Metallfläche: da die negativen Ionen durch das hervorgehobene Kaliumion angezogen, positive Ionen dagegen abgestoßen werden, finden wir im Durchschnitt in der Umgebung des Kaliumions mehr Chlorionen als weitere Kaliumionen. *Das Kaliumion ist in der Lösung einem Chlorion im Mittel stärker benachbart als einem weiteren Kaliumion.*

Wenn wir um das hervorgehobene K-Ion im Abstande r eine Kugelschale von der Dicke dr legen und die Anzahl der in dieser Kugelschale befindlichen Cl-Ionen mit dz_{Cl}, die der K-Ionen mit dz_K bezeichnen, so finden wir, daß

$$dz_{Cl} - dz_K = \text{const} \cdot r\, e^{-\varkappa r}\, dr = \text{const}\, r\, e^{-\frac{r}{\lambda}}\, dr \tag{37}$$

ist, wo $\lambda = \dfrac{1}{\varkappa}$ die in Gl. (35) angegebene Größe ist. Die Größe $\dfrac{dz_{Cl} - dz_K}{dr}$ ist in Abb. 9 graphisch dargestellt. Man entnimmt ihr das Ergebnis, daß die Neutralisation eines K-Ions durch die Cl-Ionen im Durchschnitt in dem durch (35) beschriebenen Abstande λ erfolgt. Die Größe λ gibt also auch hier wieder die „Dicke der Ionenatmosphäre" an.

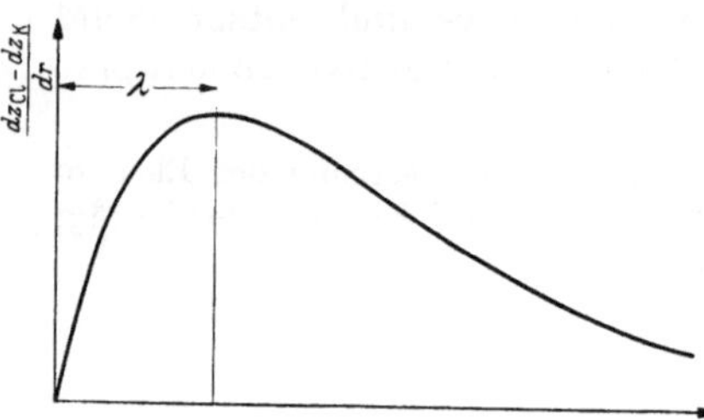

Abb. 9. KCl-Lösung. Differenz der Zahl von Cl⁻-Ionen und K⁺-Ionen in einer Kugelschale von der Dicke dr, geteilt durch die Dicke dr (= Differenz der Zahl der Cl⁻-Ionen und der K⁺-Ionen in einer Kugelschale von der Dicke $dr = 1$) in Abhängigkeit vom Abstande r von einem K⁺-Ion.

Verallgemeinerung: Bei Elektrolytlösungen, welche nicht nur ein einziges in ein einwertiges Anion und ein einwertiges Kation zerfallendes Salz enthalten, sondern ein Gemisch von einer Mehrzahl von Ionen, welche verschiedene Wertigkeiten (z_1, $z_2 \ldots z_i$) besitzen können, sind die vorstehenden Ausdrücke, wie schon angedeutet wurde, zu verallgemeinern. Enthält ein Elektrolyt nebeneinander die Konzentrationen c_1, $c_2 \ldots c_i$ an Ionen der Wertigkeiten z_1, $z_2 \ldots z_i$, wobei die Wertigkeit z für positive Ionen positiv, für negative Ionen negativ gerechnet sei), so tritt an Stelle von (34) die Aussage, daß die Ladungsdichte ϱ, d. h. die Anzahl positiver minus die Anzahl negativer Ladungen je Kubikzentimeter der Lösung, multipliziert mit ε, im Abstande x von der Metalloberfläche gegeben ist durch

$$\varrho = -\frac{\varepsilon N_L}{1000} \left(\sum c_i z_i{}^2 \right) \frac{\varepsilon \psi_0}{k\,T}\, e^{-\varkappa x}, \tag{38}$$

wobei

$$\varkappa = \frac{1}{\lambda} = \frac{4\,\pi\,N_L\,\varepsilon^2}{1000\,D\,k\,T} \sum c_i z_i{}^2. \tag{39}$$

Wenn wir im Abstande r von einem hervorgehobenen Ion eine Kugelschale von der Dicke dr legen, so ist auch im allgemeinen Falle im Mittel die in der Kugelschale befindliche Ladung durch den Ausdruck (37) gegeben, wobei die Konstante von Größe und Vorzeichen des betrachteten Ions abhängt und wobei für λ der in (39) angegebene Wert einzusetzen ist. Hieraus, sowie aus (38) und (39) erkennt man, daß die Art und Weise, wie sich die Ionen in einer Elektrolytlösung verteilen, weitgehend durch den Parameter λ bzw., wenn wir Lösungen verschiedener Konzentrationen und Zusammensetzung betrachten, durch die Größe

$$\sum c_i z_i{}^2 \tag{40}$$

bestimmt ist. Für Lösungen, bei welchen $\sum c_i z_i{}^2$ übereinstimmt, ist λ und demgemäß die Ionenverteilung gemäß Abb. 8 und 9 identisch. Es ist verständlich, daß solche Lösungen auch in weiteren praktischen Eigenschaften (Aktivitätskoeffizienten usw.) weitgehend übereinstimmen. Die in (40) angegebene Größe $\sum c_i z_i{}^2$ hat man daher als *Ionenstärke der Lösung (ionic strength)* bezeichnet. Sie ist der zum Vergleich verschieden zusammengesetzter Lösungen maßgebende Parameter.

Die *Verteilung der Ionen* in einer Elektrolytlösung, z. B. in einer KCl-Lösung, ist nach dem Vorstehenden nicht ganz frei, entspricht andererseits auch nicht einer vollständigen Molekülbildung. Je größer allerdings $\sqrt{c}$ $\left(\text{oder besser } \sqrt{\dfrac{1}{2} \sum c_i z_i^2} \right)$ und je kleiner D ist, desto stärker tritt die ordnende Wirkung der Ionenkräfte hervor. Der Zustand schwankt also je nach Konzentration und Ladung der Ionen und je nach dem Lösungsmittel zwischen fast vollständiger Unordnung und weitgehender Ordnung.

Dieser Zwischenzustand wirkt sich in einer Reihe von *Eigenschaften der Elektrolytlösungen* aus. Wir erwähnen vor allem den *osmotischen Druck* und das Verhalten von Ionen bei der Teilnahme an chemischen Gleichgewichten. Der osmotische Druck wird in einem unten folgenden Abschnitt (S. 130) näher behandelt; über die chemischen Gleichgewichte soll dagegen sogleich einiges mitgeteilt werden.

2. Aktivitätsfaktor (elektrostatischer Anteil).

Durch die Anziehung, welche Ionen einer bestimmten Sorte, beispielsweise die Cl-Ionen durch entgegengesetzt geladene Ionen in einer verdünnten Elektrolytlösung erfahren, werden die Ionen an der Teilnahme an chemischen Gleichgewichten etwas behindert. Die Behinderung ist dabei um so stärker, je größer die auf das Ion wirkenden elektrischen Kräfte sind, d. h. je kleiner λ ist oder je größer die Konzentration und die Ionenwertigkeit und je kleiner die Dielektrizitätskonstante ist [Gl. (35 u. 39)]. Diese elektrostatische Behinderung wirkt sich dahin aus, daß die Zahl, die man für die Konzentration des Ions bei der Berechnung eines chemischen Gleichgewichts in das Massenwirkungsgesetz einzusetzen hat, kleiner ist als die analytisch feststellbare Konzentration des Ions.

Wir tragen dem rein formell dadurch Rechnung, daß wir in das Massenwirkungsgesetz [Gl. (28), S. 97] an Stelle der analytisch bestimmten Bruttokonzentration c des Ions das Produkt der Konzentration c mit dem Aktivitätsfaktor f_a setzen. Dieses Produkt nennen wir die *Ionenaktivität* a; in Formeln:

$$a = c \cdot f_a. \tag{41}$$

Der Aktivitätsfaktor f_a ist bei unendlich großer Verdünnung definitionsmäßig gleich 1 (weil dann keine Behinderung stattfindet). In Lösungen endlicher Konzentration (Beispiel n/100 oder n/10) ist f_a stets kleiner als 1, und zwar gilt in erster Näherung für ein Ion, dem wir den Index 1 erteilen und welches die Wertigkeit z_1 besitzt:

$$\ln f_a = - \frac{1}{2} \frac{\varepsilon^2 z_1^2 \varkappa}{D K T}. \tag{42}$$

$\varkappa$ ist wieder die aus Gl. (35) bzw. (39) bestimmte Größe.

Für genügend verdünnte Lösungen von Gesamtkonzentrationen kleiner als etwa $\frac{1}{100}$ Mol/l kann man auf Grund von (42) und für eine Temperatur von 18° C auch setzen:

$$f_a = 1 - 0,814\, z_1^2 \cdot \sqrt{\textstyle\sum c_1 z_1^2}. \tag{42a}$$

Man sieht, wie der Aktivitätskoeffizient in sehr verdünnter Lösung vom Quadrat der Wertigkeit des betrachteten Ions [von z_1^2], *sonst aber nur von der Ionenstärke der Lösung abhängt* Für eine n/10-KCl-Lösung bei $t = 25°$ C ist f_a für das K-Ion und für das Cl-Ion übereinstimmend gleich 0,793[1].

Bei den nachfolgenden Betrachtungen chemischer Gleichgewichte oder chemischer Umsetzungen in Elektrolytlösungen werden wir stets an Stelle der Konzentrationen der einzelnen Ionensorten die *Ionenaktivität*, also das in Gl. (41) angegebene Produkt aus Konzentration und Aktivitätsfaktor setzen.

In Lösungen mit $c > 0,1$ wird der Unterschied zwischen Ionenkonzentration und Aktivität nicht nur durch die geschilderte elektrostatische Wirkung verursacht. Ohne auf diese Verhältnisse näher einzugehen, sei bemerkt, daß f_a in konzentrierten Lösungen auch größer als 1 sein kann, ja häufig sehr große Werte annimmt und für Ionen gleicher elektrischer Ladung *sehr* verschieden sein kann.

---

[1] Zusammenstellung siehe Landolt-Börnstein **3**/3, 2139.

3. Gesetz von FARADAY.

Wenn durch eine Elektrolytlösung ein elektrischer Strom hindurchgeschickt wird, so ist der Stromdurchgang an den Elektroden, d. h. an der Stelle, an der der Strom aus dem Metall in den Elektrolyten oder aus dem Elektrolyten ins Metall übertritt, von einer elektrochemischen Reaktion begleitet. Diese Reaktion besteht stets darin, daß entweder neutrale Atome oder Moleküle zu Ionen aufgeladen werden oder daß die in der Lösung bereits vorhandenen Ionen eine Änderung ihres Ladungszustandes erfahren, indem sie z. B. zu neutralen Atomen oder Molekülen entladen werden. Die Größe des in diesem Sinne erfolgenden Umsatzes ist durch das Gesetz von FARADAY (1883) gegeben: Beim Durchgang von 96500 Coulomb (C) (= Amp.-sec) erfährt insgesamt ein Grammolekül einer einwertigen Substanz (z. B. 107,88 g Silber) eine Änderung des Ladungszustandes. Der Durchtritt von 96500 Coulomb bewirkt also z. B. an der Anode den Übergang von einem g-Atom Silber (107,88 g) aus dem metallischen, elektrisch nicht geladenen Zustand in einwertig positiv geladene Ag^+-Ionen. Der Sinn der Ladungsänderung ist an der Anode, d. h. da, wo der positive Strom in den Elektrolyten eintritt, entgegengesetzt zu dem an der Kathode, d. h. an der Stelle, an der der positive elektrische Strom den Elektrolyten verläßt. Wenn darum die Elektrolytlösung an der Anode und an der Kathode *dieselbe Zusammensetzung* besitzt, so sind die chemischen Vorgänge an der Anode und an der Kathode mit entgegengesetztem Vorzeichen dieselben. Beispiel: Auflösung von metallischem Silber an der Anode, Ausscheidung von metallischem Silber an der Kathode.

Wenn dagegen die *Zusammensetzung* der Lösung an der Anode und an der Kathode *verschieden* ist, so sind auch die Vorgänge, welche den Stromdurchgang begleiten, an der Anode nicht mit entgegengesetztem Vorzeichen dieselben wie an der Kathode, und der Stromdurchgang ist dann von einer bleibenden chemischen Änderung in dem System begleitet.

Dieselbe chemische Änderung kann, wie man durch eine *chemisch-thermodynamische Betrachtung* zeigen kann, auch auf andere Weise als mit Hilfe des elektrischen Stroms isotherm und umkehrbar vorgenommen werden. Auf Grund des zweiten Hauptsatzes der Wärmetheorie fordern wir dann, daß die Arbeitsleistung des elektrischen Stromes gleich sein muß der Arbeitsleistung, durch welche die chemische Änderung auf dem anderen Wege bewirkt werden kann. Die quantitative Durchführung dieser Betrachtung erklärt die Tatsache, daß jede Metallelektrode, welche in eine Lösung eingetaucht wird, gegen die Lösung eine Potentialdifferenz annimmt, welche von der Zusammensetzung der Metallelektrode einerseits und von der Zusammensetzung der Elektrolytlösung andererseits abhängt[1-3].

4. Normalpotentiale.

Von besonderer Bedeutung ist der Fall, daß eine Metallelektrode in eine Elektrolytlösung taucht, in welcher die aus dem Metall gebildeten Ionen in

[1] Ausführlich bei KUHN, W.: Physikalische Chemie. 4. Aufl. Heidelberg 1948, sowie in den weiteren Lehrbüchern unter Fußnoten [2-20], S. 92; siehe ferner [2] HÜCKEL, E.: Ergebn. exakt. Naturwiss. 3, 199—276 (1924). — FALKENHAGEN, H.: Ergebn. exakt. Naturwiss. 14, 130—200 (1935). — EBERT, L.: Handb. Exp.-Physik (WIEN-HARMS) 12/1, 173—289 (1932). — FOERSTER, F.: Elektrochemie wässeriger Lösungen. 2. Aufl. Leipzig 1915. — LE BLANC, M.: Lehrbuch der Elektrochemie. 11.—12. Aufl. Leipzig 1925. — [3] MICHAELIS, L.: Ionenlehre (Ionengleichgewichte, Erzeugung von elektrischen Potentialdifferenzen durch Ionen). Handb. Biochem. 2, 1—29 (1925).

einer bestimmten Aktivität a [Gl. (41)] vorhanden sind. Das Potential des Metalls gegen die Lösung ist dann:

$$E = E_0 + 0{,}4343 \frac{RT}{nF} \log a. \tag{43}$$

Die Größe F ist die FARADAYsche Konstante (96540), R die Gaskonstante, n die Wertigkeit der umgesetzten Substanz (1 im Falle von Silber) und a die besprochene Ionenaktivität der Lösung. Wenn die Potentiale E in Volt gemessen werden, hat der Zahlenfaktor $0{,}4343 \cdot \frac{RT}{F}$ für $T = 273° = 18°$ C den Wert 0,0577.

Wir entnehmen aus (43), daß das Potential des Metalls um so positiver ist, je konzentrierter die Lösung, d. h. je größer a ist. Die Größe E_0 ist, wie man aus der Formel entnimmt, dasjenige Potential, welches die Metallelektrode gegenüber einer Lösung besitzt, in welcher $a = 1$ ist. Diese Größe wird als das *Normalpotential* bezeichnet.

Meistens gibt man die Potentiale in der Weise an, daß man das Potential der *Normal-Wasserstoff-Elektrode* gleich Null setzt. Die *Normal-Wasserstoff-Elektrode* ist eine mit Wasserstoff von Atmosphärendruck bespülte Platinelektrode in Berührung mit einer Lösung, welche Wasserstoffionen in der Aktivität $a_H = 1$ enthält. Das Potential einer Platinelektrode, welche mit Wasserstoff von Atmosphärendruck bespült wird, gegenüber einer Lösung, welche Wasserstoffionen in der Aktivität a_H enthält, ist infolgedessen gleich:

$$E_H = 0 + 0{,}0577 \cdot \log a_H. \tag{44}$$

Die Größe $-\log a_H$ wird zur Abkürzung, weil sie sehr oft vorkommt, mit p_H bezeichnet.

Beispiel einer Berechnung: In einer Lösung mit a_H (ungefähr gleich c_{H^+}) gleich $5 \cdot 10^{-3}$ ist
$$p_H = -\log a_H = -\log (5 \cdot 10^{-3}) = -[\log 5 - 3 \cdot \log 10]$$
$$= -\log 5 + 3 \log 10 = -0{,}699 + 3 = 2{,}301.$$

Auf die Methoden zur Bestimmung von p_H werden wir unten kurz zurückkommen.

5. Redoxpotentiale[1-6].

Es gibt Stoffe, welche, in Wasser aufgelöst, eine Änderung ihrer elektrischen Aufladung erfahren können; Beispiel: Übergang von 2-fach in 3-fach positiv geladene Eisenionen. Wenn der elektrische Strom etwa von einer Platinelektrode in eine solche Lösung übertritt, so zeigt es sich, daß der gelöste Stoff (in dem Beispiel das zweiwertige Eisenion) eine Erhöhung der Anzahl der auf dem Molekül oder Ion befindlichen positiven Ladungen erfährt. Der mit dem Übertritt des Stromes aus der Platinelektrode in die Lösung verbundene elektrochemische Vorgang besteht somit in diesem Falle nicht in der Bildung von Platinionen aus Platinmetall oder umgekehrt, sondern lediglich in einer Übertragung elektrischer Ladungen auf den in der Lösung vorhandenen Stoff (in dem Beispiel auf das Eisenion). Da die vom Strom geleistete elektrische Arbeit auch hier gleich sein muß der mechanischen Arbeit, durch welche dieselbe chemische Änderung auf z. B. osmotischem Wege bewirkt werden kann, so verstehen wir,

---

[1] Zusammenfassende Literatur: Die S. 92 (1—20) sowie S. 105 u. 121 angegebene Literatur; ferner: [2] MICHAELIS, L.: Oxydations-Reduktionspotentiale. 2. Aufl. Berlin 1935.— [3] WURMSER, R.: Signification des potentiels d'oxydoréduction pour les réactions enzymatiques. Ergebn. Enzymforsch. 1, 21—36 (1932).— [4] TIZZANO, DI. A.: Le potenziale di ossidoriduzione e le sue applicazioni in batteriologia ed in igiene. Exper. 2, 86—99 (1946). — [5] HUYBRECHTS, M.: Le p_H et sa mesure. Les potentiels d'oxydoréduction. 4. Aufl. Paris 1947.— *Experimentelles*: [6] OSTWALD, W., u. R. LUTHER: Hand- und Hilfsbuch zur Ausführung physico-chemischer Messungen. Hrsg. C. DRUCKER, 5. Aufl. Leipzig 1931. — Siehe hier THUNBERG, S. 1242 ff.

daß das Potential der Platinelektrode gegen eine solche Lösung ausschließlich von der Konzentration (bzw. Aktivität) des in Lösung befindlichen Stoffes (z. B. Eisenion) abhängt. Wir sind zu der Aussage berechtigt, daß der gelöste Stoff (z. B. Eisenion) der Platinelektrode ein bestimmtes elektrisches Potential gegenüber der Lösung erteilt. In diesem Falle ist also das Potential des Platins gegen die Lösung einzig und allein durch den Gehalt der Lösung an $Fe^{\cdot\cdot}$- und $Fe^{\cdot\cdot\cdot}$-Ionen bestimmt, allgemein durch diejenigen Stoffe, welche beim Stromdurchgang eine Änderung ihrer Ladung erfahren und nicht etwa durch die Konzentration an Platinionen, deren Menge hier beim Stromdurchgang, wie schon gesagt, gar nicht verändert wird. Das Potential, welches eine Platinelektrode in unserem Beispiel annimmt, ist, bezogen auf die Normalwasserstoffelektrode, gleich:

$$E = E_0 + 0{,}0577 \log \frac{a_3}{a_2}.$$

a_2 ist dabei die Aktivität der $Fe^{\cdot\cdot}$, a_3 die Aktivität der $Fe^{\cdot\cdot\cdot}$-Ionen. Als *Normalpotential* E_0 bezeichnen wir in diesem Falle das auf die H_2-Elektrode bezogene Potential der Pt-Elektrode in einer Lösung, welche $Fe^{\cdot\cdot}$- und $Fe^{\cdot\cdot\cdot}$-Ionen je in der Aktivität 1 enthält. Solche Potentiale bezeichnen wir im allgemeinen als *Redoxpotentiale* (BREDIG-LUTHER 1898[1]); denn der Vorgang, welcher sich beim Stromdurchgang abspielt und dessen Arbeitsleistung für die Größe der auftretenden elektrischen Spannung maßgebend ist, ist ein Reduktions-Oxydationsvorgang. Den Übergang eines 2-wertigen Eisenions in ein 3-wertiges müssen wir ja als einen Oxydationsvorgang, das Umgekehrte als einen Reduktionsvorgang bezeichnen.

Neben dieser Art von Redoxpotentialen, bei denen der Stromdurchgang lediglich eine Änderung der Ladungsgröße eines Ions zur Folge hat, gibt es andere Vorgänge, bei welchen die entstehenden Ionen oder neutralen Atome in den Lösungen gleichzeitig mit der Aufnahme oder Abgabe elektrischer Ladungen eine weitere Änderung erfahren. Ein solcher Fall liegt z. B. bei der *Chinhydronelektrode* vor. In diesem Falle besteht z. B. an der Kathode der Vorgang darin, daß 2 Wasserstoffionen entladen werden und daß die so entstehenden H-Atome sich an das in der Lösung vorhandene Chinon anlagern unter Bildung von Hydrochinon. In Formeln:

$$O=\langle\!\!\!\!\bigcirc\!\!\!\!\rangle=O + 2\,H^{\cdot} + 2\ominus \;=\; HO\langle\!\!\!\!\bigcirc\!\!\!\!\rangle OH\,. \tag{45}$$

Da diese Reaktion sich bei Durchgang von *zwei* Äquivalenten Strom (2mal 96500 Coul.) abspielt, ist in diesem Falle das Potential einer in die Lösung eingetauchten Platinelektrode gleich

$$E = E_0 + \frac{0{,}0577}{2} \log \cdot \frac{a_{Ch} \cdot a_H^2}{a_{HCh}}\,. \tag{46}$$

a_{Ch} und a_{HCh} sind dabei die Aktivitäten von Chinon bzw. Hydrochinon in der Lösung.

Wir sehen, daß das Potential der Elektrode gegen die Lösung in diesem Falle außer von den Konzentrationen des Oxydationsmittels (Chinon) und des Reduktionsmittels (Hydrochinon) auch noch von der Aktivität a_H der Wasserstoffionen abhängt.

Durch eine Messung von E können wir hier, wenn die Aktivitäten des Oxydationsmittels und Reduktionsmittels bekannt sind (oder wenn $a_{Ch} = a_{HCh}$ gemacht wird: Chinhydron), die Wasserstoffionenaktivität bestimmen. Wenn $a_{Ch} = a_{HCh}$ gemacht wird, erhalten wir nämlich an Stelle von (46):

$$E = E_0 + \frac{0{,}0577}{2} \cdot \log a_H^2 = E_0 + 0{,}0577 \log a_H\,. \tag{46a}$$

[1] BREDIG, G.: Z. Elektrochem. 4, 514, 544 (1898).

Wir entnehmen dieser Gleichung die Möglichkeit, durch Messung von E eine Bestimmung der Wasserstoffionenaktivität a_H durchzuführen.

Wenn umgekehrt die Wasserstoffionenaktivität a_H bekannt ist, so können wir auf Grund von Gl. (46) das Verhältnis der Aktivitäten von Oxydationsmittel und Reduktionsmitteln feststellen. Das *Normalpotential* ist in diesem Falle das Potential einer Pt-Elektrode gegen eine Lösung, in der die Aktivitäten von Wasserstoff, von Oxydationsmittel und Reduktionsmittel alle je gleich 1 sind.

6. Aktivitäten von Nichtelektrolyten in Elektrolytlösungen. (Salzeffekte.)

Es wurde oben darauf hingewiesen, daß die Aktivitätsfaktoren in verdünnten Elektrolytlösungen in der Regel kleiner als 1 sind. Diese Aussage gilt im wesentlichen nur für Ionen, insbesondere für die kleinen anorganischen Ionen. In Elektrolytlösungen sind aber unter Umständen auch gelöste Stoffe vorhanden, welche keine Ioneneigenschaften besitzen. Ein Beispiel dieser Art ist das vorhin erwähnte Chinon und Hydrochinon. Auch auf diese Stoffe haben die in der Lösung befindlichen Elektrolyte einen Einfluß. Dem kann dadurch Rechnung getragen werden, daß auch für diese Stoffe in das Massenwirkungsgesetz an Stelle der Konzentrationen die Aktivitäten der betreffenden Molekülsorten eingesetzt werden. Die Aktivität eines Stoffes (z. B. Chinon) ist auch hier wieder definiert als das Produkt aus der Konzentration des Stoffes (Chinon) und dem für diese Molekülsorte gültigen Aktivitätskoeffizienten f_a, also $a_{Ch} = c_{Ch} \cdot f_a$. Der Aktivitätskoeffizient für organische Stoffe, welche in Wasser gelöst sind, ist bei Gegenwart von Elektrolyten im allgemeinen größer als 1. Dies entspricht der Tatsache, daß viele Nichtelektrolyte, wie z. B. Farbstoffmoleküle, oder auch das erwähnte Chinon, durch die Wirkung von Elektrolyten *ausgesalzen*, in einzelnen Fällen aber auch erst recht in Lösung gebracht, also gewissermaßen eingesalzen werden. Es ist bekannt, daß solche Aussalzwirkungen in biologischen Systemen, welche Eiweiß enthalten, eine große Rolle spielen. Es ist also insbesondere bei feineren Betrachtungen auf die Aktivitätskoeffizienten Rücksicht zu nehmen. In der vorstehenden Formel (46) für das Potential der Chinhydronelektrode ist dies bereits vorsorglich geschehen.

7. Teilweise dissoziierte Elektrolyte.

Wir erwähnten S. 106/108, daß die sog. *starken* Elektrolyte wie KCl in verdünnter wäßriger Lösung praktisch vollständig in die Ionen gespalten sind und daß gewisse Eigentümlichkeiten dieser Lösungen durch die elektrostatische Anziehung der in Lösung befindlichen Ionen erklärt werden müssen.

Bei den wäßrigen Lösungen der sog. *schwachen* Elektrolyte finden wir eine unvollständige elektrolytische Dissoziation.

Schwache Säuren wie die Essigsäure sind in wäßrigen Lösungen nur teilweise in Ionen zerfallen. Ein Teil der Säure bleibt undissoziiert.

Wir können das Verhalten solcher Lösungen überblicken, wenn wir die teilweise Dissoziation in die Ionen als *ein chemisches Gleichgewicht* betrachten, *für welches das Massenwirkungsgesetz gilt*, und wenn wir berücksichtigen, daß zwischen den in solcher Weise entstandenen Ionen die im vorstehenden beschriebenen elektrostatischen Wirkungen auftreten.

Der Umstand, daß es sich um Gleichgewichte handelt, tritt im folgenden äußerlich darin in Erscheinung, daß wir eine Gleichgewichtskonstante, die sog. Dissoziationskonstante K_s einführen werden und der Umstand, daß es sich um Ionenlösungen handelt, darin, daß wir Aktivitäten an Stelle von Konzentrationen in die Gleichgewichtsformeln einsetzen werden.

Wir betrachten etwa den Vorgang der Dissoziation einer schwachen Säure in die Ionen:

Beispiel:
$$SH \rightarrow S^- \qquad + H^+$$
$$CH_3 \cdot COOH \rightarrow CH_3 \cdot COO^- + H^+ \tag{47}$$

Wenn wir auf diesen Vorgang das Massenwirkungsgesetz [Gl. (28), S. 97] anwenden, so würden wir zunächst setzen: $c_{H^+} \cdot c_{S^-} = K \cdot c_{SH}$, wo K die Gleichgewichtskonstante ist. Wir verbessern diesen Ansatz dadurch, daß wir an Stelle der Konzentrationen in diesem Ausdruck die Aktivitäten einführen, wobei beispielsweise die Aktivität $a_{H^+} = fa \cdot c_{H^+}$ ist [Gl. (41), S. 109]. Die den Vorgang der Dissoziation in die Ionen beherrschende Gleichgewichtskonstante bezeichnen wir gleichzeitig mit K_s (Dissoziationskonstante) und erhalten in solcher Weise für die Dissoziation eines schwachen Elektrolyten die (strenge) Beziehung:

Beispiel:
$$a_{H^+} \cdot a_{S^-} = K_s \cdot a_{SH} . \tag{48}$$
$$a_{H^+} \cdot a_{CH_3 \cdot COO^-} = K_s \, a_{CH_3 \cdot COOH} . \tag{48a}$$

Bei sehr verdünnten Lösungen kann man natürlich auch hier Konzentrationen und Aktivitäten als gleich betrachten. [In unendlich verdünnter Lösung sind ja die Aktivitätskoeffizienten nach Gl. (42a), S. 109 gleich 1.]

Dissoziationsgrad. Wenn wir [nach Gl. (41), S. 109] $a_{H^+} = c_{H^+} \cdot f_{H^+}$ setzen usw., so erhalten wir an Stelle von Gl. (48):

$$c_{H^+} \cdot c_{S^-} = K_S \cdot \frac{f_{SH}}{f_{H^+} \cdot f_{S^-}} c_{SH} . \tag{49}$$

Wenn wir die insgesamt in die Lösung gebrachte Säuremenge mit c_0 bezeichnen (gleichgültig, ob sie nachher in dissoziierter oder in undissoziierter Form vorliegt), so bezeichnen wir als *Dissoziationsgrad* α die Größe $\frac{c_{S^-}}{c_0}$. *Der Dissoziationsgrad ist also der in ionisierter Form vorliegende Bruchteil der insgesamt vorhandenen Säure.* Da nach Definition $c_0 = c_{S^-} + c_{SH}$ sein muß, haben wir also $c_{S^-} = \alpha \cdot c_0$ und $c_{SH} = c_0 - c_{S^-} = c_0 (1 - \alpha)$. Wenn wir das in die Beziehung (49) einsetzen, so erhalten wir offenbar:

$$c_{H^+} \cdot \alpha = K_S \frac{f_{SH}}{f_{H^+} \cdot f_{S^-}} \cdot (1 - \alpha)$$

oder

$$\frac{\alpha}{1 - \alpha} = K_S \frac{f_{SH}}{f_{H^+} \cdot f_{S^-}} \cdot \frac{1}{c_{H^+}} . \tag{50}$$

Sind außer der betrachteten Säure (z. B. Essigsäure) keine weiteren Elektrolyte vorhanden, welche die Wasserstoffionenkonzentration beeinflussen könnten, so ist $c_{H^+} = c_{S^-} = \alpha \cdot c_0$. Wenn wir das in die Beziehung (50) einsetzen und die α enthaltenden Glieder auf die linke Seite der Gleichung nehmen, so erhalten wir:

$$\frac{\alpha^2}{1 - \alpha} = K_S \frac{f_{SH}}{f_{H^+} \cdot f_{S^-}} \cdot \frac{1}{c_0} . \tag{51}$$

Dies ist (wenn man noch für sehr verdünnte Lösungen die Aktivitätskoeffizienten gleich 1 setzt) das bekannte OSTWALDsche *Verdünnungsgesetz*. Es gibt die Abhängigkeit des Dissoziationsgrades einer in Wasser gelösten Säure von der Verdünnung an. Das Gesetz ist an einer großen Zahl von schwachen und mittelstarken Säuren mit großer Genauigkeit bestätigt worden. Bei genaueren Angaben ist zu berücksichtigen, daß die in (51) vorkommenden Aktivitätskoeffizienten bei endlichen Konzentrationen von 1 verschieden sind.

Sind in der Lösung neben der betrachteten Säure (z. B. neben Essigsäure) noch andere Elektrolyte (z. B. HCl, Eiweiß, Kohlensäure usw.) vorhanden, so ist die Wasserstoffionenkonzentration bzw. die Wasserstoffionenaktivität außer durch den Dissoziationsgrad der Essigsäure auch noch durch die Menge und die Art der übrigen Elektrolyte mitbestimmt. Die Größe c_{H^+} bzw. $a_{H^+} = c_{H^+} \cdot f_{H^+}$ wird jedoch für eine gegebene Lösung stets einen bestimmten Wert haben. Den Dissoziationsgrad der vorgegebenen Säure (z. B. Essigsäure) in diesem Medium erhalten wir dann aus (50), wenn wir für $c_{H^+} \cdot f_{H^+}$ die Wasserstoffionenaktivität der vorgegebenen Lösung einsetzen.

Wir erhalten in dieser Weise zur Bestimmung des Dissoziationsgrades einer Säure in einer Lösung, deren $a_{H^+} = c_{H^+} \cdot f_{H^+}$ vorgegeben ist, die Beziehung:

$$\frac{a}{1-a} = K_{\mathrm{S}} \frac{f_{SH}}{f_{S^-}} \cdot \frac{1}{a_{H^+}}. \tag{52}$$

Es besteht hiernach ein umkehrbar eindeutiger Zusammenhang zwischen der Wasserstoffionenaktivität a_{H^+} der Lösung und dem Dissoziationsgrad α, den eine gegebene Säure in der Lösung be- sitzt. Kennen wir a_{H^+} und die Säuredissoziationskonstante K_S, so können wir auf Grund von (52) α berechnen.

Der Zusammenhang zwischen α und a_{H^+} bzw. der Zusammenhang zwischen α und p_H ($= -\log a_{H^+}$) ist in Abb. 10 für 2 Fälle graphisch dargestellt (unter der Voraussetzung, daß $\frac{f_{SH}}{f_{S^-}}$ gleich 1 gesetzt werden kann). Die Abbildung leistet natürlich dasselbe wie die Formel (52), deren Inhalt sie wiedergibt. Das heißt wir können den Dissozia-

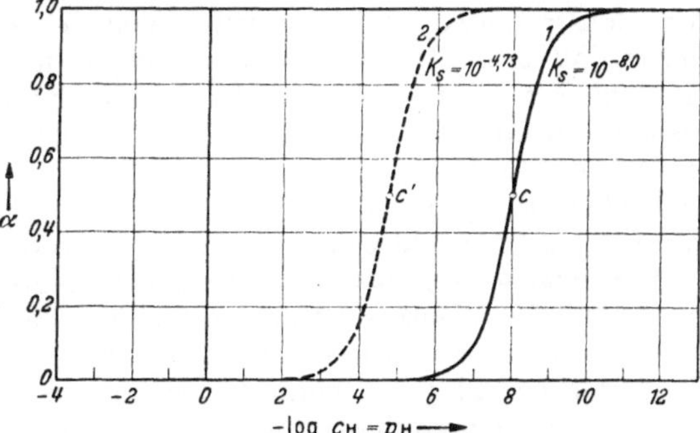

Abb. 10. Dissoziationsgrad α einer Säure in Abhängigkeit vom p_H der Lösung. Kurve *1*: Für eine Säure mit $-\log K_S = 8$ ($K_S = 10^{-8}$). Kurve *2*: Für eine Säure mit $-\log K_S = 4{,}73$ ($K_S = 10^{-4,73} = 1{,}85 \cdot 10^{-5}$; Beispiel der Essigsäure).

tionsgrad α einer Säure (z. B. eines Indicators) finden, wenn wir die Dissoziationskonstante der Säure und das p_H der Lösung kennen oder wir können das p_H einer Lösung finden, wenn wir K_S und den Dissoziationsgrad der in Lösung befindlichen Substanz kennen. Wir werden auf die Abb. 10 zurückgreifen, wenn wir (S. 122) die Methode der p_H-Bestimmung mit Hilfe von Indicatoren und (S. 123) die Herstellung von Pufferlösungen mit Hilfe teilweise dissoziierter Säuren besprechen.

Auf einen besonderen Punkt weisen wir jetzt schon hin, nämlich darauf, daß α gleich 1/2 ist, wenn $K_S = a_{H^+}$ (oder $p_H = -\log a_{H^+} = -\log K_S$) ist. [In diesem Falle haben wir nämlich auf Grund der Gl. (52): $\alpha = 1 - \alpha$ oder $2\alpha = 1$ oder $\alpha = 1/2$.] Dieser Punkt (die Mitte der S-förmigen Kurve) ist in Abb. 10 durch C bzw. durch C' bezeichnet worden. An diesem Punkte verläuft die α-Kurve am steilsten, d. h. an diesem Punkt hat eine kleine Änderung im p_H eine große Änderung im Dissoziationsgrad α (z. B. eines in der Flüssigkeit gelösten Indicators) zur Folge. An diesem Punkte hat eine gegebene Änderung im Dissoziationsgrad α (einer als Puffer verwendeten teilweise dissoziierten Säure) die kleinste Änderung im p_H zur Folge. Der Punkt C ist der Umschlagspunkt des Indicators, dessen Säuredissoziationskonstante gleich K_S ist und der Punkt maximaler Pufferungskapazität einer Säure, deren Dissoziationskonstante gleich K_S ist.

Die Größe K_S in [Gl. (48)] ist die sog. *Säuredissoziationskonstante.* Sie beträgt z. B. bei Essigsäure $K_S = 1{,}85 \cdot 10^{-5}$ bei $t = 25°$ C.

Man entnimmt daraus, daß in einer Essigsäurelösung, welche 10^{-4} normal ist, nur etwa 35% der Essigsäure in Ionen gespalten sind, und daraus folgt weiter, daß die Wasserstoffionenaktivität einer solchen Lösung etwa gleich $0{,}35 \cdot 10^{-4}$ ist. (In so verdünnten Lösungen kann $a_{\mathrm{H}} = c_{\mathrm{H}}$ gesetzt werden.)

Wenn wir für die sehr verdünnte Lösung die Aktivitätskoeffizienten $f_{\mathrm{SH}} = f_{\mathrm{H}^+} = f_{\mathrm{S}^-} = 1$ setzen, so haben wir nämlich nach (51), wenn wir dort $c_0 = 10^{-4}$ setzen: $\dfrac{a^2}{1-a} = \dfrac{1{,}85 \cdot 10^{-5}}{10^{-4}}$ $= 0{,}185$. (Auflösen nach α ergibt $\alpha = 0{,}35$. Infolgedessen wird dann $c_{\mathrm{H}^+} = a \cdot c_0 = 0{,}35 \cdot 10^{-4}$ und das ist, da wir $f_{\mathrm{H}^+} = 1$ setzen konnten, auch gleich a_{H^+} ($= c_{\mathrm{H}^+} \cdot f_{\mathrm{H}^+}$) $= 0{,}35 \cdot 10^{-4}$.

Die Wasserstoffionenaktivität einer 10^{-4} normalen HCl-Lösung wäre, da die Salzsäure vollständig dissoziiert ist, $a_{\mathrm{H}} = 10^{-4}$. Die *aktuelle Acidität* (a_{H}-Wert) der Salzsäurelösung ist also größer als die der Essigsäurelösung.

Trotzdem eine 10^{-4} normale Salzsäure und 10^{-4} normale Essigsäure nicht dieselben aktuellen Aciditäten besitzen, sind zur Neutralisierung gleiche Mengen von NaOH notwendig. Das rührt von der sog. *potentiellen Acidität* her, d. h. davon, daß im Laufe der Neutralisierung, d. h. bei sukzessiver Zugabe von NaOH, die zunächst undissoziiert vorliegenden Anteile der Essigsäure auch in Ionen gespalten werden. Die Lösung wird erst alkalisch, wenn bei Zugabe von weiterer NaOH praktisch genommen keine H-Ionen aus undissoziierter Essigsäure mehr nachgeliefert werden können, d. h. wenn der Vorgang der Spaltung der Essigsäure in Ionen praktisch vollständig geworden ist.

Die *aktuelle Acidität* ist nach dem Gesagten die tatsächlich in einer Lösung anzutreffende Wasserstoffionenaktivität, die *potentielle Acidität* dagegen die je Volumeneinheit vorhandene Menge Wasserstoff, der zunächst in gebundener Form vorliegt und der beim Übergang zur neutralen Lösung (allgemein beim Übergang zu einem bestimmten p_{H}) als H^+-Ion frei wird.

8. Ionenprodukt des Wassers.

Bei genauerer Betrachtung zeigt sich, daß auch in einer neutralen oder sogar in einer alkalischen Lösung die Wasserstoffionenaktivität nicht gleich Null wird, sondern einen endlichen Wert behält. Dies ergibt sich aus dem Gleichgewicht der Spaltung des Wassers in H^+- und OH^--Ionen. Es gilt für diesen Vorgang:

$$a_{\mathrm{H}^+} \cdot a_{\mathrm{OH}^-} = K_{\mathrm{W}}. \qquad (53)$$

Die Größe K_{W} nennen wir das *Ionenprodukt des Wassers*. Es hat bei 25° C den Wert $K_{\mathrm{W}} = 1{,}008 \cdot 10^{-14}$. Die Größe hängt stark von der Temperatur ab und ist z. B. bei $t = 20°$ C gleich $0{,}681 \cdot 10^{-14}$, bei $t = 50°$ C gleich $5{,}476 \cdot 10^{-14}$.

Neutralpunkt. Wir nennen eine Lösung sauer, wenn $a_{\mathrm{H}^+} > a_{\mathrm{OH}^-}$; alkalisch, wenn $a_{\mathrm{H}^+} < a_{\mathrm{OH}^-}$ und neutral, wenn $a_{\mathrm{H}^+} = a_{\mathrm{OH}^-}$ ist. Für $t = 25°$ C ist am Neutralpunkt $a_{\mathrm{H}^+} = a_{\mathrm{OH}^-} = 10^{-7}$ Mol/l.

Es ist klar, daß wir auf Grund der Gl. (53) die Hydroxylionenaktivität einer Lösung angeben können, wenn die Wasserstoffionenaktivität der Lösung bekannt ist und umgekehrt. Man pflegt daher den sauren oder alkalischen Charakter einer Lösung durch Angabe nur *einer* dieser Größen, und zwar meistens durch Angabe von a_{H^+} bzw. von $-\log \cdot a_{\mathrm{H}^+} = p_{\mathrm{H}}$ zu kennzeichnen.

9. Säure-Basentheorie von Brönsted[1].

Eine Parallele dazu, daß wir den sauren oder alkalischen Charakter einer Lösung durch Angabe der H-Ionenaktivität allein schon erschöpfend kennzeichnen können, findet sich

[1] Brönsted, J. N.: B. **61**, 2049 (1928); Chem. Rev. **5**, 238 (1928). — Über Anwendung in der analyt. Chemie s. z. B.: Charlot, G.: Analyt. chim. Acta, N. Y. **1**, 59 (1947). — Charlot, G., J. P. Wolff and S. Lacroix: Analyt. chim. Acta, N. Y. **1**, 73 (1947).

darin, daß wir auch die Baseneigenschaften, z. B. von Ammoniak usw., durch eine Säure-dissoziationskonstante (des Ammoniumions) kennzeichnen können, *daß wir also auch die Baseneigenschaften auf die Gl. (48) zurückführen können.* Um die Zusammenhänge klarzumachen, geben wir zunächst die früher übliche Kennzeichnung von basischen Eigenschaften, z. B. von NH_3, durch Angabe der Basenkonstante: Auf Grund des Vorganges der Basendissoziation:

$$NH_3 + H_2O \rightarrow NH_4^+ + OH^- \tag{54}$$

setzen wir

$$a_{NH_4^+} \cdot a_{OH^-} = K_B \cdot a_{NH_3}, \tag{55}$$

indem die Aktivität a_{H_2O}, welche auf der rechten Seite von (55) noch stehen sollte, für verdünnte wäßrige Lösungen praktisch konstant ist und somit in die Konstante K_B hineingenommen werden kann. Die Größe K_B in (55) nennen wir die *Basen-Dissoziationskonstante.*

Anstatt nun die Hydroxyl-Ionenkonzentration in einer Ammoniaklösung nach (55) auf Grund der Aktivitäten a_{NH_3}, $a_{NH_4^+}$ und der Konstante K_B zu bestimmen, können wir auch das NH_4^+-Ion als Säure auffassen; denn es kann ja nach der Reaktion

$$NH_4^+ \rightarrow H^+ + NH_3$$

ein H^+-Ion abspalten.

Daß die *Säure* NH_4^+ eine positive Ladung trägt, ist ja für die Analogie zu dem Vorgang der Dissoziation der Essigsäure [Gl. (47), S. 114] gleichgültig. Wir könnten anstatt (47) allgemeiner schreiben

$$(SH)^n \rightarrow (S)^{n-1} + H^+, \tag{56}$$

wo die Zeichen n und $n-1$ andeuten, daß sich auf dem einen Molekül (SH) n, auf dem anderen $(n-1)$ positive Ladungen befinden.

n kann auch negativ sein, wenn es sich z. B. um die Abdissoziation eines zweiten Wasserstoffions aus dem bereits einfach ionisierten Molekül der Oxalsäure handelt:

$$\begin{array}{ccc} COO^- & & COO^- \\ | & \rightarrow & | \\ COOH & & COO^- \end{array} + H^+.$$

Hier wäre $n = -1$, $n - 1 = -2$ in Gl. (56).

Für die Abspaltung eines Protons aus dem NH_4^+-Ion haben wir auf Grund dieser Betrachtungen und auf Grund der Beziehung (48):

$$a_{H^+} \cdot a_{NH_3} = K_S \cdot a_{NH_4^+}, \tag{57}$$

wo K_S die *Säuredissoziationskonstante des* NH_4^+-*Ions* bedeutet.

Einen quantitativen Zusammenhang zwischen der in (55) definierten Basenkonstante K_B des NH_3 und der in (57) definierten Säurekonstante des NH_4^+ finden wir, wenn wir a_{OH^-} in (55) durch $\dfrac{K_W}{a_{H^+}}$ aus (53) ersetzen. Es ist nämlich:

$$a_{NH_4^+} \cdot \frac{K_W}{a_{H^+}} = K_B \cdot a_{NH_3} \quad \text{oder} \quad a_{H^+} \cdot a_{NH_3} = \frac{K_W}{K_B} \cdot a_{NH_4^+}.$$

Der Vergleich mit (57) zeigt jetzt, *daß die Säurekonstante* K_S *des Ammoniumions einfach gleich ist dem Ionenprodukt* K_W *des Wassers geteilt durch die „Basenkonstante"* K_B *des* NH_3.

In Formeln:
$$K_S = \frac{K_W}{K_B}.$$

Die Angabe von K_S für NH_4^+ leistet dasselbe wie die Angabe von K_B für NH_3. Alles, was die Abhängigkeit der Acidität wäßriger Lösungen von der Gegenwart gelöster Stoffe betrifft, kann überblickt werden, wenn für alle Stoffe (neutrale Moleküle, positiv oder negativ geladene Ionen), aus welchen H-Ionen abgespalten werden können, die Säuredissoziationskonstanten angegeben werden. *Die Benutzung eines von der Säuredissoziationskonstante unabhängigen Begriffs der Basendissoziationskonstante kann dann entbehrt werden* (Brönsted).

10. Stufenweise Dissoziation.

Von stufenweiser Dissoziation sprechen wir dann, wenn aus einem Molekül stufenweise nacheinander mehrere H-Ionen oder OH-Ionen abgespalten werden.

Als Beispiel hierfür haben wir oben die Oxalsäure erwähnt. Wir hätten auch den Schwefelwasserstoff (H_2S) nennen können. Für jede einzelne Dissoziationsstufe ist eine besondere Säuredissoziationskonstante maßgebend. So beträgt z. B. beim Schwefelwasserstoff und $t = 18°$ C die erste Säuredissoziationskonstante (für den Vorgang: $H_2S \rightarrow HS^- + H^+$) $K_1 = 9,1 \cdot 10^{-8}$; die zweite Dissoziationskonstante (für den Vorgang $SH^- \rightarrow S^{--} + H^+$) $K_2 = 1,1 \cdot 10^{-12}$.

Einige weitere Beispiele[1] sind in nachfolgender Tabelle 3 (für $t = 25°$ C) zusammengestellt:

Tabelle 3. Erste und folgende Dissoziationskonstanten mehrbasischer Säuren.

		K_1	K_2	K_3
Malonsäure	$HOOC \cdot CH_2 \cdot COOH$	$1,5 \cdot 10^{-3}$	$2,0 \cdot 10^{-6}$	—
Maleinsäure . . .	$HOOC \cdot CH{:}CH \cdot COOH$ cis	$1,42 \cdot 10^{-2}$	$8,6 \cdot 10^{-7}$	—
Fumarsäure . . .	$HOOC \cdot CH{:}CH \cdot COOH$ trans	$9,5 \cdot 10^{-3}$	$4,8 \cdot 10^{-5}$	—
meso-Weinsäure .	$HOOC \cdot CHOH \cdot CHOH \cdot COOH$	$0,6 \cdot 10^{-3}$	$1,53 \cdot 10^{-5}$	—
D-Weinsäure . . .	$HOOC \cdot CHOH \cdot CHOH \cdot COOH$	$1,04 \cdot 10^{-3}$	$4,55 \cdot 10^{-5}$	—
Kohlensäure . . .	H_2CO_3; HCO_3^-; CO_3^{--}	$4,31 \cdot 10^{-7}$	$6 \cdot 10^{-11}$	—
Citronensäure . .	$HOOC \cdot CH_2 \cdot C(OH) \cdot CH_2 \cdot COOH$ $COOH$	$8,2 \cdot 10^{-4}$	$3,2 \cdot 10^{-5}$	$7 \cdot 10^{-7}$
Phosphorsäure[2] . .	H_3PO_4; $H_2PO_4^-$; HPO_4^{--};	$7,52 \cdot 10^{-3}$	$6,23 \cdot 10^{-8}$	$1,3 \cdot 10^{-12}$
Bernsteinsäure . .	$HOOC \cdot CH_2 \cdot CH_2 \cdot COOH$	$6,6 \cdot 10^{-5}$	$4 \cdot 10^{-6}$	
Asparaginsäure[3] .	$HOOC \cdot CH_2 \cdot CH(NH)_2 \cdot COOH$	$1,7 \cdot 10^{-4}$	$4,9 \cdot 10^{-11}$	$K_{\text{Bas.}}$ $1,17 \cdot 10^{-13}$

Die zweite Säuredissoziationskonstante ist stets kleiner als die erste. Das beruht z. B. beim Schwefelwasserstoff darauf, daß die negative Ladung des SH^--Ions die Entfernung eines weiteren H^+-Ions aus demselben Molekül erschwert. Ganz allgemein gibt es also elektrische Wirkungen, durch welche die auf einem Ion vorhandenen elektrischen Ladungen den Vorgang einer weiteren Ladungsänderung des Ions hemmen oder begünstigen.

11. Ampholyte.

Bei vielen physiologischen Vorgängen treten Substanzen auf, welche je nach den Werten der Wasserstoffionenaktivität der Lösung sowohl positiv wie negativ geladene Ionen bilden können (Amphotere Elektrolyte; G. BREDIG 1899). Zu diesen Stoffen gehören insbesondere die Eiweißstoffe. Unter Umständen können diese Stoffe nicht nur eine positive *oder* eine negative Ladung, sondern *gleichzeitig* an einem Molekülteil eine positive, an einem anderen eine negative Ladung haben; d. h. sie können als *Zwitterionen* auftreten. Ein Molekül von Glykokoll ($H_2N \cdot CH_2 \cdot COOH$) geht z. B. dadurch in ein Zwitterion über, daß es an der Carboxylgruppe ein Wasserstoffion abspaltet, an der NH_2-Gruppe dagegen eines angliedert: ($^+H_3N \cdot CH_2 \cdot COO^-$); allgemein: $H_2N \cdot R \cdot COOH \rightarrow {}^+NH_3 \cdot R \cdot COO^-$.

Die Ampholyte sind im einfachsten Falle durch *drei Dissoziationskonstanten* gekennzeichnet. Die eine bezieht sich (z. B. beim Glykokoll) auf die Abspaltung eines Wasserstoffions von der positiv geladenen Aminogruppe in [$^+H_3N \cdot CH_2 \cdot COOH$], eine andere auf die Abspaltung eines Wasserstoffions von der zunächst elektrisch neutralen COOH-Gruppe in [$H_2N \cdot CH_2 \cdot COOH$]. Die dritte Dissoziationskonstante schließlich bezieht sich auf die Abspaltung des H^+-Ions aus

---

[1] Siehe Landolt-Börnstein 2, 1123ff. 1923. — [2] Vgl. hier HOLTZ-FLASCHENTRÄGER: Mineralstoffe. S. 238. — [3] $t = 0°$ C.

der Carboxylgruppe des positiv geladenen [$^+H_3N \cdot CH_2 \cdot COOH$]. — Diese dritte Konstante entspricht also.dem Vorgang, welcher zur Bildung des vorhin erwähnten Zwitterions führt. Bei den aliphatischen Aminocarbonsäuren liegen die Konstanten (von welchen die dritte, also die letztgenannte, allerdings nur geschätzt werden kann), so, daß in Wasser mehr als 99% der Moleküle, für welche die Ladungssumme gleich Null ist, in Form von Zwitterionen vorliegen. Bei den aromatischen Aminocarbonsäuren finden sich in Wasser die beiden Formen $R \cdot (NH_3^+)CH \cdot COO^-$ (Zwitterion) und $R \cdot (NH_2)CH \cdot COOH$ (ungeladenes Molekül) in vergleichbarer Menge vor[1], in Alkohol dagegen überwiegt weitaus die letztere (ungeladene) Form.

In einer wäßrigen Lösung, deren Wasserstoffionenaktivität $a_H = 10^{-3,5}$ ist (sauer), liegen etwa 10% des Glykokolls in Form von $^+H_3N \cdot CH_2 \cdot COOH$-Kationen, in einer Lösung, deren $a_H = 10^{-8,5}$ ist (alkalisch), etwa 10% in Form von $H_2N \cdot CH_2 \cdot COO^-$-Anionen, der Rest in beiden Fällen hauptsächlich in Form von Zwitterionen vor. Je nach der Wasserstoffionenaktivität können wir es also erreichen, daß in einer Glykokollösung neben Zwitterionen mehr positiv oder mehr negativ geladene Ionen vorhanden sind. Bei einer bestimmten H-Ionenaktivität ist die Menge von Molekülen, welche eine einseitig positive Ladung tragen, gleich der Menge von Molekülen, welche eine einseitig negative Ladung tragen. Bei dieser Wasserstoffionenaktivität sind also die Moleküle des gelösten Stoffes *im Mittel* nicht elektrisch geladen. (Die Zwitterionen und die Moleküle wie $NH_2 \cdot CH_2 \cdot COOH$ sind tatsächlich ungeladen; daneben kommen noch die einseitig positiv bzw. negativ geladenen Moleküle in je gleicher Anzahl vor.) Man nennt diesen Punkt den **isoelektrischen Punkt** der betreffenden Lösung (L. MICHAELIS).

Es ist klar, daß die Zufügung von Glykokoll zu einer Lösung, deren Wasserstoffionenaktivität dem isoelektrischen Punkte entspricht, ohne Einfluß auf die Wasserstoffionenaktivität dieser Lösung ist, während die Zufügung von Glykokoll zu einer Lösung, deren Wasserstoffionenaktivität von der isoelektrischen verschieden ist, eine mehr oder weniger große Verschiebung der Wasserstoffionenaktivität der Lösung herbeiführt.

Da Zwitterionen insgesamt die Ladung Null tragen, geben sie in wäßriger Lösung *keinen Beitrag zur elektrischen Leitfähigkeit.* Im elektrischen Felde wird ja die positive Ladung in der Feldrichtung, die negative dagegen gleich stark in entgegengesetzter Richtung gezogen. Wenn ein Transport des Zwitterions als Ganzes dabei nicht stattfinden kann, so erkennt man andererseits sofort, daß eine *Orientierung des durch das Zwitterion gebildeten Dipols eintreten wird* (eben deswegen, weil das eine Ende nach der einen, das andere nach der entgegengesetzten Richtung gezogen wird). Die Folge dieser Orientierung im elektrischen Felde ist eine *Heraufsetzung der Dielektrizitätskonstante der Zwitterionenlösung gegenüber der Dielektrizitätskonstante des reinen Wassers*[2]. Die Orientierung und damit die Heraufsetzung der Dielektrizitätskonstanten ist um so stärker, je größer das durch das Zwitterion gebildete Dipolmoment ist, d. h. je weiter die positiv geladene NH_3- und die negativ geladene COO^--Gruppe im vorgegebenen Molekül getrennt sind (Beispiel: $H_3^+N \cdot (CH_2)_6 \cdot COO^-$). Es sind eine Reihe von Substanzen dargestellt worden, bei welchen der Abstand der NH_3^+ von der COO^--Gruppe sich stetig vergrößert. Es wurde dann die Heraufsetzung der Dielektrizitätskonstanten in Abhängigkeit von diesem Abstande experimentell untersucht.

---

[1] BJERRUM, N.: Z. physik. Chem. **104**, 147 (1923). — BJERRUM, N., u. A. UNMACK: Kgl. danske Vid. Selsk. math.-fysiske Medd. **9**, 5 (1929). — EBERT, L.: Z. physik. Chem. **121**, 385 (1926). — KOLTHOFF, I. M.: Recu. Trav. chim. Pays-Bas **44**, 68 (1925). — [2] DEVOTO, G.: Gazz. chim. ital. **60**, 530 (1930); **61**, 897 (1931); **63**, 247 (1933). Z. Elektrochem. **40**, 490 (1934). — WYMAN, J., and T. L. MCMEEKIN: Am. Soc. **55**, 908 (1933).

Es zeigt sich dabei, daß man die Beobachtungen auch zahlenmäßig verstehen kann, wenn man annimmt, daß die Moleküle (Kohlenstoffketten in $^+H_3N \cdot (CH_2)_n \cdot COO^-$) nicht gestreckt sind, sondern daß alle möglichen, auf Grund der Valenzwinkelung und der freien Drehbarkeit der $C-C$-Bindung denkbar Konstellationen entsprechend ihrer statistischen Wahrscheinlichkeit nebeneinander vorkommen[1] *(statistische Knäuelung)*. Man kann dabei sogar die elektrostatische Anziehung der positiv und negativ geladenen Molekülenden berücksichtigen und erhält so eine weitere Vertiefung der Erkenntnisse über die tatsächliche Gestalt der Zwitterionen in Lösung[2].

Solche Betrachtungen gelten natürlich zunächst nur *für sehr verdünnte Lösungen*, wo jedes Zwitterion von den übrigen ungestört für sich existiert. In konzentrierter Lösung und namentlich beim Zusammentritt zu Krystallen werden entweder im einzelnen Molekül oder zwischen entsprechenden Teilen benachbarter Moleküle die elektrischen Ladungen abgesättigt in dem Sinne, daß positiv und negativ geladene Teile einander räumlich nahekommen. Es wird eine gegenseitige Kompensation der Dipolmomente herbeigeführt.

Wie die Ladungsverteilung und die Aggregate, welche sich in konzentrierten Lösungen oder im krystallisierten Zustande bilden, beschaffen sind, läßt sich nur sehr schwer entscheiden. Die aus Wasser als Trihydrat krystallisierte Damasceninsäure (I) wird von R. KUHN als krystallisiertes Zwitterion bezeichnet[3]. Diese Aussage stützt sich aber nur auf die Beobachtung, daß das Trihydrat sowie die wäßrige, sicherlich Zwitterionen enthaltende Lösung fluorescieren, während die wasserfreie Substanz im krystallisierten Zustande oder in organischen Lösungsmitteln gelöst nicht fluoresciert.

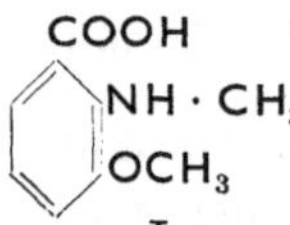

COOH
NH·CH₃
OCH₃
I

Der *isoelektrische Punkt* läßt sich nicht nur definieren und messen bei einfachen Molekülen wie Glykokoll, sondern auch bei komplizierteren Molekülen wie den hochmolekularen *Eiweißstoffen*[4-8] oder sogar bei *Kolloidlösungen* irgendwelcher Art. Die isoelektrische Eigenschaft besteht stets darin, daß die Zahlen der positiven und negativen, auf einem Teilchen befindlichen Ladungen einander im Mittel gleich sind. Selbstverständlich trifft auch bei den komplizierten Stoffen die Aussage zu, daß diejenigen individuellen Teilchen, welche genau gleich viel positive und negative Ladungen tragen, im elektrischen Felde nicht wandern.

Sowohl bei kleinen wie bei großen Molekülen oder Kolloidteilchen darf man daraus, daß die Teilchenladung *im Mittel* verschwindet, nicht den Schluß ziehen, daß die Teilchen überhaupt ungeladen seien. Es wird sogar die Regel sein, daß die Teilchen auch am isoelektrischen Punkte stellenweise Ladungen auf sich tragen (Zwitterionen!) und daß nur diese Ladungen von einem Bezirk des Moleküls zum anderen das Vorzeichen wechseln. Das gilt insbesondere für kompliziertere Eiweißstoffe.

Der isoelektrische Punkt ist für verschiedene Eiweißsorten verschieden und für sie charakteristisch. Er liegt z. B. für Serumglobulin bei $p_H = 5,4$, für Eieralbumin bei $p_H = 4,7$ und für Hämoglobin bei $p_H = 6,8$. (s. GRASSMANN-TRUPKE, Tabelle 105, S. 623.)

---

[1] KUHN, W., u. H. MARTIN: B. **67**, 1526 (1934). — [2] KUHN, W.: Z. physik. Chem. (A) **175**, 1 (1935). — [3] KUHN, R., I. HAUSSER u. W. BRYDOWNA: B. **68**, 2386 (1935). — KUHN, R.: Forsch. u. Fortschr. **12**, 325 (1936).

Zusammenfassende Literatur siehe [4] HÖBER, R.: Physikalische Chemie der Zelle und der Gewebe. 6. Aufl. Leipzig 1926. — HÖBER, R.: Physical Chemistry of Cells and Tissues. Philadelphia, Toronto, London 1945. Ins Deutsche übersetzt von W. WILLBRANDT u. R. STÄMPFLI. Bern 1947. — [5] COHN, E. J.: Chemical, physiological, and immunological properties of blood derivatives. Exper. **3**, 125 (1947). — [6] COHN, E. J., and J. T. EDSALL: Proteins, Aminoacids and Peptides as Ions and Dipolar Ions. New York 1943. Siehe auch Literatur über Elektrophorese S. 129. — [7] PAULI, Wo., u. E. VALKÓ: Kolloidchemie der Eiweißkörper. Dresden 1933. — [8] COHN, E. J.: Die Physikalische Chemie der Eiweißkörper. Ergebn. Physiol. **33**, 782—882 (1931).

12. p$_H$-Bestimmungen[1-23].

Da mit dem Wechsel der Wasserstoffionenaktivität unter anderem der Ladungssinn verschiedener Eiweißstoffe starken Änderungen unterworfen ist, ist die Bestimmung der Wasserstoffionenaktivität bei biochemischen Problemen oft sehr wichtig. Wir geben daher im nachstehenden einige kurze Angaben über die wichtigsten Verfahren der p$_H$-Bestimmung.

a) *Messung der elektromotorischen Kraft.* Sie ist die genaueste und zuverlässigste Methode und wird als Eichung für alle übrigen Methoden zugrunde gelegt. Man mißt das Potential, welches eine mit Wasserstoff von Atmosphärendruck bespülte ·in die Lösung getauchte Platinelektrode annimmt. Gewöhnlich mißt man dieses Potential gegen eine n/10-Calomelelektrode als Bezugselektrode. Die *Fehlergrenze* bei dieser Methode ist ungefähr $\varDelta$ p$_H$ = $\pm ^1/_{100}$ bis $^1/_{1000}$.

b) Neben diesem Verfahren, welches *die* Definition des p$_H$ überhaupt liefert, gibt es weitere Methoden, deren Genauigkeit mehr oder weniger nachsteht, welche aber für praktische Zwecke wegen ihrer größeren Einfachheit häufig benutzt werden. Etwas einfacher als die Bestimmung des Potentials gegen eine wasserstoffbespülte Platinelektrode ist die Messung *des Potentials der Chinhydronelektrode.* Das Potential eines Platinbleches, welches in eine Lösung taucht, die gleiche Mengen von Chinon und Hydrochinon enthält, ist durch die Gl. (46), S. 112 gegeben. Aus dem an der Chinhydronelektrode gemessenen Potential kann also auf die Wasserstoffionenaktivität der Lösung geschlossen werden. Voraussetzung dafür, daß die Potentialdifferenz unmittelbar den richtigen p$_H$-Wert liefert, ist, daß die Aktivitäten von Chinon $a_{Ch} = c_{Ch} \cdot f_{Ch}$ und Hydrochinon $a_{HCh} = c_{HCh} \cdot f_{HCh}$ dieselben sind. Da beim Auflösen von Chinhydron nur die *Konzentrationen* von Chinon und Hydrochinon identisch werden ($c_{Ch} = c_{HCh}$), läuft die erwähnte Voraussetzung darauf hinaus, daß die *Aktivitätskoeffizienten* von Chinon f_{Ch} und Hydrochinon f_{HCh} gleich groß seien. Diese Voraussetzung ist im allgemeinen nur in salzarmen Lösungen richtig. *Fehlergrenze* ungefähr $\varDelta$ p$_H$ = $\pm ^1/_{100}$.

Fehlermöglichkeiten bei der elektromotorischen Methode (a und b) sind insbesondere gegeben durch die *Diffusionspotentiale*, welche auftreten, wenn Elektrolytlösungen ungleicher

Zusammenfassende Literatur sowie biologische Anwendungen der pH-Bestimmung: 1—23.
[1] CLARK, W. M.: The Determination of Hydrogen Ions. 3. Aufl. London 1928. — [2] Handb. biol. Arb.-Meth. Abt. III, Teil A/1 (1928) (insbesondere FODOR, A.: Pufferlösungen, S. 475), Abt. III, Teil A/2 (1930) (insbesondere Abschnitt von I. M. KOLTHOFF über Pufferlösungen, S. 1443ff.). — [3] KOLTHOFF, I. M.: Der Gebrauch von Farbenindikatoren. 2. Aufl. Berlin 1923 (enthält auch Angaben über Herstellung von Pufferlösungen). — [4] KOLTHOFF, I. M.: Die kolorimetrische und potentiometrische p$_H$-Bestimmung. Berlin 1932. — [5] KOLTHOFF, I. M.: Säure-Basen-Indikatoren. 4. Aufl. von „Der Gebrauch von Farbenindikatoren". Berlin 1932. — [6] KOLTHOFF, I. M.: Acid-base Indicators (translated by CH. ROSENBLUM). New York 1937. — [7] KOLTHOFF, I. M., N. H. FURMAN and H. A. LAITINEN: Potentiometric Titrations. 3. Aufl. New York 1947. — [8] KOLTHOFF, I. M., and V. A. STENGER: Volumetric Analysis. New York. Bd. I, 1942; Bd. II, 1947. — [9] MÜLLER, ERICH: Die elektrometrische (potentiometrische) Maßanalyse. 6. Aufl. Dresden u. Leipzig 1942. — [10] MISLOWITZER, E.: Die Bestimmung der Wasserstoffionenkonzentration von Flüssigkeiten. Berlin 1928. — [11] SÖRENSEN, S. P. L.: Über die Messung und Bedeutung der Wasserstoffionenkonzentration bei biologischen Prozessen. Ergebn. Physiol. **12**, 393—532 (1912). — [12] JÖRGENSEN, H.: Die Bestimmung der Wasserstoffionenkonzentration (p$_H$) und deren Bedeutung für Technik und Landwirtschaft. Dresden 1935 (Wiss. Forsch.-Ber. **34**). — [13] LEHMANN, G.: Die Wasserstoffionenmessung. 3. Aufl. Leipzig 1948. — [14] SPEK, J.: Das p$_H$ in der lebenden Zelle. Ergebn. Enzymforsch. **6**, 1—22 (1937). — [15] MICHAELIS, L.: Die Wasserstoffionenkonzentration. 2. Aufl. Berlin 1923 (Neudruck 1927). — [16] HUYBRECHTS, M.: Le p$_H$ et sa mesure. Les potentiels d'oxydoréduction, lr_H. 4. Aufl. Liège 1945. — [17] BRITTON, H. T. S.: Hydrogen Ions. 3. Aufl., Bd. 2, London 1942. — [18] KORDATZKI, W.: Taschenbuch der praktischen p$_H$-Messung für wissenschaftliche Laboratorien und technische Betriebe. 3. Aufl. München 1938. — [19] LECOMTE DU NOÜY, R.: Méthodes physiques en biologie et en médecine. S. 97—125. Paris 1933. — [20] WULFF, PETER: Die Glaselektrode und ihre Anwendung. Bamann-Myrbäck **1**, 425—443. — [21] DOLE, M.: The Glasselectrode, Method, Applications and Theory. New York 1941. — [22] DUSPIVA, F.: H. **241**, 168 (1936) (p$_H$-Bestimmungen an physiologischen Objekten, z. B. am Darminhalt der Wachs- und Kleidermottenlarve). — [23] Weitere Literatur S. 105 u. Bd. 2, Die Reaktion der Gewebe.

Zusammensetzung aneinandergrenzen. Kunstgriffe zu ihrer Vermeidung (z. B. Zwischenschaltung von konz. KNO_3-Lösungen) sind bekannt. Für die Einzelheiten wird auf die Literatur verwiesen[1].

c) Eine weitere wichtige Methode ist die Methode der p_H-*Bestimmung mit Hilfe von Indicatoren*. Die Farbe, welche ein Indicator in einer Lösung annimmt, ist nämlich vom p_H abhängig. Indicatoren sind Farbsäuren oder Farbbasen, deren Ionen und undissoziierte Moleküle verschieden farbig sind. Es hängt von der Wasserstoffionenaktivität der Lösungen und von den Dissoziationskonstanten der als Indicator benutzten Farbstoffe ab, ein wie großer Anteil der Farbstoffmoleküle sich in den verschiedenen Ionisationszuständen befindet. Aus dem Farbton, den eine mit dem Indicator versetzte Lösung annimmt, kann daher auf die Menge der Farbstoffmoleküle, welche sich in den verschiedenen Ionisationszuständen befinden, und von da wieder auf das p_H der Lösung geschlossen werden. Man pflegt den Farbton der unbekannten Lösung mit dem Farbton, den Lösungen von bekannter Wasserstoffionenaktivität mit demselben Indicator annehmen, zu vergleichen und schließt auf diesem Wege auf das p_H der unbekannten Lösung.

Auch für die Indicatorenmethode ist hervorzuheben, daß die Ergebnisse davon abhängen, ob in den verglichenen Lösungen die Aktivitätskoeffizienten für die Farbstoffionen verschiedenen Vorzeichens und für die undissoziierten Farbstoffmoleküle identisch sind oder nicht. In den meisten Fällen sind die Aktivitätskoeffizienten etwas verschieden. Sie hängen sowohl vom Salzgehalt der Lösungen ab als auch in vielen Fällen vom Gehalt der Lösungen an Eiweißstoffen. Man unterscheidet daher den *Salzfehler* und den *Eiweißfehler* der verschiedenen Indicatoren. Es ist im Laufe der Zeit ziemlich weitgehend gelungen, Indicatoren ausfindig zu machen, bei welchen sowohl der Salzfehler als auch der Eiweißfehler klein ist.

Die *Fehlergrenze* ist bei dieser Methode $\Delta p_H = \pm 0,1$ bis $0,01$.

d) H^+-*Ionenkatalyse*. In manchen Fällen gibt auch die katalytisch-chemische Wirkung der H^+-Ionen eine gute Möglichkeit zur Messung der H^+-Ionenkonzentration. Beispiel: H^+-Ionenkatalyse bei der Rohrzuckerinversion und bei der N_2-Abspaltung aus Diazoessigester[2].

Die nachstehende Tabelle 4 gibt eine Übersicht über durchschnittliche p_H-Werte in einigen biochemisch wichtigen Flüssigkeiten.

Tabelle 4. Durchschnittliche p_H-Werte
in verschiedenen biologisch wichtigen Flüssigkeiten[3].

Nahrungsmittel	PH	Körperflüssigkeiten	PH
Milch	6,6—7,6	Speichel	6,6 —7—8
Milch, nach Stunden	4,9	Speichel, Tagesrhythmen	6,85—7,65
Ziegenmilch	6,5	Magensaft, Säuglinge	5 —3
Ziegenmilch, völlig gesäuert	3,9	Magensaft, Erwachsene	2,5 —1,5
Molke	1,6—2,56	Duodenalsaft	3,2 —7
Fleisch	6,8	Darm	7 —8
Kartoffel	6,0—9,4	Harn	6 —7
Kohl	5,9	Vaginalsekret	4,2 —5,8
Apfelsaft	3,7—5,6	Schweiß	3 —3,6
Tomatensaft	4,3	Säuremantel der Haut	5,5
Citronensaft	2,2	Blut	7,3 —7,45
Wein	2,8—3,8	Liquor	7,35—7,55
		Gewebssaft, normal	7,1 —7,42
Muskel (Ratte)[4]	7,55	Seröse Ergüsse	6,98—7,1
Muskel (Frosch, ruhend)[4]	7,2	Eitriges Exsudat	6,6 —6,9
		Akuter Absceßeiter	6 —6,4

[1] Vgl. z. B. OSTWALD-LUTHER, 5. Aufl., S. 578ff. Leipzig 1931. Weiteres siehe z.B. SILLÉN, L. G.: Zur Theorie der Diffusionspotentiale. Physik. Z. **40**, 466—473 (1939). — [2] Vgl. z. B. HOLMBERG, B.: Z. physik. Chem. **62**, 726 (1908). — BREDIG, G., u. K. SIEBENMANN: J. prakt. Chem. [2] **116**, 118 (1927). — DUBOUX, M., et J. FROMMELT: J. Chim. physique **24**, 245 (1927). — DUBOUX, M., u. R. FAVRE: Helv. **19**, 1177 (1936). — [3] Nach einem Referat aus HINZE, A., u. H. GILLMEISTER: Therap. Ber. 18/3, 68 (1941). Dort Literatur. — [4] Siehe hier Bd. 2. Muskel.

13. Pufferlösungen.

Für viele Versuche ist es wichtig, Lösungen von bestimmtem p_H mit großer Genauigkeit, guter Reproduzierbarkeit und möglichst geringer Empfindlichkeit gegen Verdünnung oder Verunreinigungen (besonders saure oder basische) bereitzustellen. Je nach der Art und der Konzentration der Stoffe, welche zur Herstellung einer solchen Lösung benutzt werden, ist die Empfindlichkeit des entstehenden p_H gegen kleine Fehler bei der Herstellung und gegen Zufälligkeiten äußerer Einflüsse sehr verschieden. Eine Lösung, deren p_H gegen äußere Einflüsse und kleine Zusätze sehr empfindlich ist, nennen wir eine schlecht gepufferte Lösung; eine Lösung, deren Empfindlichkeit sehr klein ist, nennen wir eine gut gepufferte Lösung oder eine Lösung mit großer **Pufferkapazität.**

Beispiel. Dem im vorstehenden (S. 116 oben) erwähnten Beispiel von reiner Salzsäure entnehmen wir, daß eine 10^{-4} normale Salzsäure ein p_H von der Größe 4,0 besitzt und man überlegt sich leicht, daß dieses p_H durch Zusatz von 0,1 ccm n/10 $NaOH$ auf 10 ccm Lösung verändert wird auf $p_H = 11,0$. Diese Lösung ist äußerst schlecht, so gut wie gar nicht gepuffert.

Berechnung des Beispiels: Haben wir nämlich 10 cm³ einer 10^{-4} n-HCl-Lösung, so enthält 1 cm³ der Lösung $\dfrac{1}{1000} \cdot 10^{-4} = 10^{-7}$ Mol HCl. 10 cm³ der Lösung enthalten also 10^{-6} Mol HCl.

Setzen wir hierzu 0,1 cm³ einer n/10 $NaOH$, so bedeutet das einen Zusatz von $\dfrac{0,1}{1000} \cdot \dfrac{1}{10}$ $= 10^{-5}$ Mol $NaOH$. Diese Menge an $NaOH$ übertrifft das in der vorgelegten Säurelösung vorhandene HCl um das Zehnfache. Die Lösung wird also durch den $NaOH$-Zusatz gewissermaßen schon übertitriert; es entsteht eine Lösung, welche praktisch genommen 10^{-5} Mol freie $NaOH$ in 10 cm³ oder 10^{-3} Mol/l enthält. In dieser Lösung ist $C_{OH^-} = 10^{-3}$; wegen $C_{H^+} \cdot C_{OH^-} = 10^{-14}$ bedeutet das $C_{H^+} = \dfrac{10^{-14}}{10^{-3}} = 10^{-11}$; $p_H = 11$.

Vergleichen wir damit eine Lösung, welche 1/10 Mol Essigsäure $+$ 1/10 Mol Natriumacetat im Liter enthält. Diese Lösung besitzt auf Grund der Dissoziationskonstanten der Essigsäure (S. 115) und des Ionenproduktes des Wassers (S. 116), wenn wir die Aktivitätskoeffizienten für eine erste Abschätzung gleich 1 setzen, ein p_H von 4,73. Zusatz von 0,1 ccm n/10 $NaOH$ auf 10 ccm der Lösung verschiebt das p_H, wie man sich leicht überlegt, nur um 0,01 Einheiten (auf 4,74). (Bei Berücksichtigung der Aktivitätskoeffizienten ergibt sich für diese Lösungen $p_H = 4,6$ statt 4,7.) Derselbe Zusatz von $NaOH$ (0,1 cm³ auf 10 cm³ Lösung) bewirkt also in der HCl-Lösung eine Verschiebung des p_H um 7,0, in der anderen um 0,01 Einheiten. Die Natriumacetat-Essigsäurelösung ist im Verhältnis zu der verdünnten Salzsäure *gut* gepuffert.

Berechnung des Beispiels: 1. In der Lösung, welche 1/10 Mol Essigsäure $+$ 1/10 Mol Na-Acetat im Liter enthält, ist

$$C_{CH_3COO^-} + C_{CH_3COOH} = \frac{2}{10} ; \tag{a}$$

Da Na-Acetat praktisch genommen vollständig in die Ionen gespalten ist, haben wir

$$C_{Na^+} = \frac{1}{10} . \tag{b}$$

Als Ionengleichgewichte in der Lösung haben wir:

$$C_{H^+} \cdot C_{OH^-} = 10^{-14} \tag{c}$$

und

$$C_{H^+} \cdot C_{CH_3COO^-} = 1,85 \cdot 10^{-5} \cdot C_{CH_3COOH} . \tag{d}$$

Da die Lösung als Ganzes elektrisch neutral sein muß, muß in der Volumeneinheit die Zahl der positiven Ionen gleich der Zahl der negativen Ionen sein:

$$C_{H^+} + C_{Na^+} = C_{CH_3COO^-} + C_{OH^-} . \tag{e}$$

Das sind 5 Gleichungen, mit deren Hilfe die Unbekannten $C_{CH_3COO^-}$, C_{CH_3COOH}, C_{Na^+}, C_{H^+} und C_{OH^-} *genau* berechnet werden können. Im vorliegenden Fall läßt sich aber die Berechnung etwas abkürzen: Da C_{OH^-} und C_{H^+} beide sehr klein sind (wie sich zeigen wird), entnehmen wir aus der Beziehung (e), daß $C_{CH_3COO^-}$ praktisch genommen gleich 1/10 (gleich C_{Na^+}) ist. Aus (a) folgt dann, daß auch C_{CH_3COOH} gleich 1/10 ist. Das Einsetzen von C_{CH_3COOH} und $C_{CH_3COO^-}$ in Gl. (d) gibt dann sofort $C_{H^+} = 1{,}85 \cdot 10^{-5}$; $p_H = -\log C_{H^+} = 5 - \log 1{,}85 = 5 - 0{,}27 = 4{,}73$.

2. Wenn wir zu 10 cm³ der vorbeschriebenen Lösung 0,1 cm³ n/10 NaOH oder auf 1 Liter der Lösung $100 \cdot 0{,}1$ cm³ $= 10$ cm³ n/10 NaOH $= 10^{-3}$ Mol NaOH hinzufügen, so erhalten wir anstatt der vorstehenden Gl. (a) bis (d):

$$C_{CH_3COO^-} + C_{CH_3COOH} = \frac{2}{10} \tag{a'}$$

$$C_{Na^+} = \frac{1}{10} + 10^{-3} = \frac{1 + 0{,}01}{10} \tag{b'}$$

$$C_{H^+} \cdot C_{OH^-} = 10^{-14} \tag{c'}$$

$$C_{H^+} \cdot C_{CH_3COO^-} = 1{,}85 \cdot 10^{-5} \cdot C_{CH_3COOH} \tag{d'}$$

$$C_{H^+} + C_{Na^+} = C_{CH_3COO^-} + C_{OH^-} \tag{e'}$$

Bei der Ausrechnung sind dieselben Vereinfachungen zulässig wie vorhin. — Wir erhalten daher aus (e'): $C_{CH_3COO^-} = \dfrac{1 + 0{,}01}{10}$, hieraus durch Einsetzen in (a'): $C_{CH_3COOH} = \dfrac{1 - 0{,}01}{10}$ und aus diesen beiden Werten durch Einsetzen in (d'): $C_{H^+} = 1{,}85 \cdot 10^{-5} \dfrac{1 - 0{,}01}{1 + 0{,}01} = 1{,}85 \cdot 10^{-5} (1 - 0{,}02)$ oder $p_H = -\log C_{H^+} = 5 - \log 1{,}85 - \log 0{,}98 = 4{,}73 - 9{,}99 + 10{,}00 = 4{,}74$. Die Bedingungen (c) bzw. (c') (Ionenprodukt des Wassers) hätten wir in der vorstehenden Berechnung weglassen können, weil wir die Größe C_{OH^-}, die sich aus (c) berechnen ließe, wegen der Kleinheit von C_{OH^-} in der Auswertung [Gl. (e)] vernachlässigt haben. Wir haben die Gl. (c) trotzdem mit angeschrieben, weil sie bei einer ganz strengen Berechnung zu berücksichtigen wäre und weil wir sie im nächsten Abschnitt (Hydrolyse) tatsächlich werden berücksichtigen müssen.

Allgemein sind Pufferlösungen dadurch ausgezeichnet, daß sie verhältnismäßig große Mengen an gelösten, teilweise dissoziierten Elektrolyten enthalten und daß das Dissoziationsgleichgewicht der Mischung durch kleine Mengen von H⁺, OH⁻ usw. nur wenig geändert wird. Ein Zusatz an fremden Substanzen wie HCl, NaOH usw. ändert also die tatsächliche Wasserstoffionenaktivität nur wenig.

Da das *p_H im Organismus* auf die Wirksamkeit von Enzymen sowie auf die Stabilität und den Zustand von Kolloiden von entscheidendem Einfluß ist, ist es wichtig, daß das p_H im Blut und in den verschiedenen Geweben auf dem jeweils geeigneten Werte gehalten wird. Die Pufferwirkung, welche notwendig ist, um bei kleinen Schwankungen in der Zusammensetzung eine Rückwirkung auf das p_H zu vermeiden, wird zum größten Teil durch die *Eiweißstoffe*, zum Teil auch durch die vorhandene Kohlensäure *(Hydrogencarbonate!)* hervorgebracht.

14. Hydrolyse.

Wenn das Neutralsalz einer schwachen Säure, wie z. B. Natriumacetat, in Wasser gelöst wird, so findet im Anschluß an die Dissoziation dieses Salzes in Natriumionen und Acetationen eine teilweise Verbindung der H⁺-Ionen des Wassers mit den Acetationen und damit eine teilweise Überführung der Essigsäureionen in undissoziierte Essigsäure statt. Dieser Vorgang wird *als Hydrolyse des Natriumacetats* bezeichnet. In der Lösung müssen nämlich neben der praktisch vollständigen Aufspaltung des Na-Acetats in die Ionen noch andere Gleichgewichtsbedingungen erfüllt sein, und zwar in dem vorliegenden Fall die beiden Gleichgewichtsbedingungen für die Reaktion: $CH_3 \cdot COOH \leftrightarrows CH_3 \cdot COO^- + H^+$ (Dissoziation der Essigsäure) und $C_{H^+} \cdot C_{OH^-} = K_w$ (Ionenprodukt des Wassers). Die Zahlenwerte der Gleichgewichtskonstanten für diese beiden Reaktionen sind [im Anschluß an Formel (50), S. 114, und (53), S. 116] angegeben worden. Auf Grund jener Zahlen, sowie auf Grund der Bedingung, daß die Zahl der je Kubikzentimeter der Lösung enthaltenen negativen und positiven Ionen gleich groß sein muß, also auf Grund der Bedingung $C_{H^+} + C_{Na^+} = C_{CH_3 \cdot COO^-} + C_{OH^-}$ findet man, daß in einer n/10 Natriumacetatlösung, bei 20° C, ein kleiner Teil der Essigsäureionen (etwa $7 \cdot 10^{-6}$ Mol/l) durch Bindung von H^+-Ionen in undissoziierte Essigsäure übergehen. Infolgedessen wird die H-Ionenkonzentration der Lösung kleiner sein als die OH-Ionenkonzentration. Es ist a_{H^+} etwa gleich $1,4 \cdot 10^{-9}$ und $a_{OH^-} = 7,4 \cdot 10^{-6}$. Die Lösung von Natriumacetat in Wasser reagiert somit alkalisch.

Ganz allgemein besteht der *Vorgang der Hydrolyse* darin, daß die Ionen H^+ bzw. OH^- des Wassers sich an die Ionen, welche sich bei der Dissoziation eines Salzes in Wasser zunächst bilden, anlagern. Dieser Vorgang spielt, wie man leicht erkennt, immer dann eine Rolle, wenn die Säuredissoziationskonstanten der den Anionen eines Salzes entsprechenden Säuren oder die Basenkonstanten der den Kationen entsprechenden Hydroxylverbindungen klein sind (Salze schwacher Säuren oder schwacher Basen).

Zum Abschluß dieses Abschnittes weisen wir darauf hin, daß sich den in diesem Abschnitt beschriebenen Ionengleichgewichten in der Biochemie in weitgehendem Maße die *Oberflächeneffekte* (Adsorption, Oberflächenspannung, Beeinflussung des kolloiden Zustandes durch diese Effekte) überlagern. Diese zusätzlichen Effekte bringen die individuellen Eigenschaften der Ionen (Unterschied zwischen K^+- und Na^+-Ion usw.) zur Geltung. Beispiel: Die Verteilung der Ionen in der Umgebung eines elektrisch geladenen kolloiden Teilchens wird durch die S. 106 und 107 beschriebene elektrostatische Wirkung erfaßt; sie hängt im wesentlichen nur von den Wertigkeiten und Konzentrationen der vorhandenen Ionen ab. *Die Aufladung der kolloiden Teilchen selbst aber wird durch Adsorption der Ionen an die Teilchenoberfläche hervorgebracht und bei dieser Adsorption spielen außer den Wertigkeiten und Konzentrationen die individuellen Ioneneigenschaften eine entscheidende Rolle* (HOFMEISTERsche Reihe usw.).

V. Grenzflächen der Zelle und ihre Eigenschaften.

Va. Durchlässigkeit von Membranen und Membrangleichgewichte[1—20].

Es gibt eine große Anzahl von Erscheinungen, welche für die Physiologie von entscheidender Wichtigkeit sind und welche davon herrühren, daß es *Mem-*

Zusammenfassende Darstellungen über Durchlässigkeit von Membranen und Membrangleichgewichte: 1—20. [1] GELLHORN, E.: Das Permeabilitätsproblem. Berlin 1929 (Monogr. Physiol. Pfl. u. Tiere 16). — [2] DAVSON, H., and J. F. DANIELLI: The Permeability of Natural Membranes. Cambridge 1943.— [3] BROOKS, S. C.: Permeability. Ann. Rev. Physiol. 7, 1—34 (1945). Permeability and enzymatic reactions. Adv. Enzymol. 7, 1—34 (1947). — [4] WILBRANDT, W.: Permeability. Ann. Rev. Physiol. 9, 581—604 (1947). — [5] KRIJGSMAN, B. J.: Neuere Ansichten über die Permeabilität von nichtlebenden und lebenden Membranen. Ergebn. Biol. 9, 292—357 (1932). — [6] HÖBER, R.: Membranen als Modelle physiologischer Objekte (Permeabilität und Salzaufnahme). Naturwiss. 24, 196 (1936). — HÖBER, R.: Permeability. Ann. Rev. 1, 1—20 (1932); 2, 1—14 (1933). — [8] HÖBER, R.: Einige neuere Untersuchungen über Bau und Bedeutung der Zelloberfläche und über die Natur des Erregungsvorganges. Naturwiss. 34, 144—148 (1947). — [9] JACOBS, M. H.: Diffusion processes. Ergebn. Biol. 12,

branen gibt, welche einzelne Stoffe rasch und gut, andere dagegen nur langsam oder fast gar nicht durchlassen. Um einige Erscheinungen zu nennen, weise ich auf die Resorption bei der Verdauung, auf den Stofftransport von Zelle zu Zelle, insbesondere auf die Sauerstoffzufuhr zu den lebenden Zellen und auf die Sekretionstätigkeit der verschiedenen Organe hin.

Trotzdem es sich hier um eine Grundfrage der Physiologie handelt, müssen wir feststellen, daß gerade in den wichtigsten Fällen eine befriedigende Lösung des Membranproblems noch nicht gegeben werden kann und daß bisherige Modellversuche meistens nur angenäherte und rohe Analogieversuche darstellen. Die Schwierigkeit des Problems wird zu einem großen Teil daher rühren, daß die Durchlässigkeit von Membranen sowohl von physikalischen Faktoren (Porosität) als auch von chemischen Eigenschaften (physikalische Löslichkeit von Stoffen, bedingt durch die chemische Zusammensetzung) wie von der elektrischen Aufladung der Membranen (Abspaltung leichter Ionen aus hochmolekularen Stoffen) abhängt und daß alle diese Eigenschaften nebeneinander teils in gleichlaufendem Sinne, teils in antagonistischem Sinne zeitliche Veränderungen erfahren können. Es wird die Aufgabe des Nachstehenden sein, diese Ursachen getrennt voneinander aufzuzeigen. Es ist sicher, daß sie eine grundlegende Bedeutung haben, daß aber bei ihrer Anwendung auf biologische Ergebnisse wegen der Mannigfaltigkeit des Möglichen große Vorsicht geboten ist.

In den nachstehenden Abschnitten behandeln wir nacheinander: die einzelnen Umstände, welche die Durchlässigkeit oder Undurchlässigkeit von Membranen bedingen können, dann kurz die sog. Elektrophorese und schließlich die Gleichgewichtserscheinungen, welche wir beobachten, wenn Lösungen verschiedener Zusammensetzung, durch semipermeable Membranen getrennt aneinander grenzen. Dieser letzte Abschnitt wird insbesondere den osmotischen Druck und die elektrischen Erscheinungen (Membranpotential) umfassen.

Wir beginnen mit der Feststellung einiger einfacher Tatsachen.

1. Semipermeable Membranen[1].

Wie eingangs bemerkt, gibt es Membranen, welche — im Idealfalle betrachtet — den einen Stoff durchlassen, den anderen dagegen zurückhalten. Solche Membranen werden allgemein als *semipermeable* oder *auswählend durchlässige* Membranen bezeichnet (PFEFFER 1877; TRAUBE 1867).

Es ist leicht, Fälle anzugeben, bei welchen eine Membran, welche in eine Lösung getaucht ist, das *Lösungsmittel* durchläßt, den gelösten Stoff dagegen zurückhält. Beispiel: Eine Ferrocyankupfermembran ist für Wasser durchlässig, für Rohrzucker dagegen, welcher in Wasser gelöst ist, undurchlässig[2].

---

1 (1935). — [10] JACOBS, M. H.: Permeability. Ann. Rev. **4**, 1—16 (1935). — [11] JACOBS, M. H.: The permeability of the erythrocytes. Ergebn. Biol. **7**, 1—55 (1931). — [12] COLLANDER, R.: Permeability. Ann. Rev. **6**, 1—18 (1937). — [13] LEUTHARDT, F.: Permeabilität. Med. Kolloidlehre, S. 70—113 (1935). — [14] ZANGGER, H.: Über Membranen und Membranfunktionen. Ergebn. Physiol. **7**, 99—160 (1908). — [15] KROGH, A.: Tierische Membranen. Angew. Chem. **50**, 588 (1937). — [16] Referate aus Trans. Faraday Soc. **33**, 912 (1937). Daselbst S. 912—1070 allgemeine Diskussion weiterer Autoren über die Eigenschaften natürlicher und künstlicher Membranen. — [17] OSTERHOUT, W. J. V.: Permeability in large plant cells and in models. Ergebn. Physiol. **35**, 967—1021 (1933). — [18] HAMBURGER, H. J.: Die zunehmende Bedeutung der Permeabilitätsprobleme für Physiologie und Pathologie. Ergebn. Physiol. **23**, 77—138 (1924). — [19] SUMNER, C., BROOKS and M. MOLDENHAUER-BROOKS: The Permeability of Living Cells. Protoplasma Monogr., Bd. 19. Berlin 1941. — [20] Siehe auch weitere Literatur S. 128, 129 u. 133.

[1] Zusammenfassende Literatur siehe Fußnoten [1-19] (S. 125). — [2] Quantitative Versuche hierüber vgl. z. B. COLLANDER, R.: Kolloidchem. Beih. **19**, 72 (1924); **20**, 273 (1925).

Es ist aber auch leicht, Fälle anzugeben, bei welchen die Membran den *gelösten Stoff* frei durchtreten läßt und dafür das Lösungsmittel gänzlich zurückhält. Beispiel: Eine Membran aus Palladiumblech läßt Wasserstoff, welcher in Wasser gelöst ist, frei diffundieren, ist aber für das Wasser nicht durchlässig, oder ein zweites Beispiel: Eine Kautschukmembran läßt Benzol, welches in Wasser gelöst ist, hindurchtreten, nicht aber das Wasser.

Je nachdem, ob die Membran für das Lösungsmittel oder für den gelösten Stoff durchlässig ist, und je nachdem, ob die gelösten Stoffe elektrisch neutrale Moleküle wie Rohrzucker oder aber elektrisch geladene Ionen sind, und schließlich je nachdem, ob die Membran selbst ein elektrisch geladenes Gebilde ist oder nicht, können die Verhältnisse und die Erscheinungen sehr vielgestaltig sein.

Voraussetzung für die Durchlässigkeit einer Membran für einen bestimmten Stoff ist offenbar, daß die Membran erstens den betreffenden Stoff in irgendeiner Form *aufnimmt* und daß zweitens der Stoff in der Membran eine gewisse *Beweglichkeit* besitzt, so daß er auf der anderen Seite der Membran wieder abgegeben werden kann.

a) Poröse Membranen.

Ein Teil der Durchlässigkeitsverhältnisse kann verstanden werden auf Grund der Annahme, daß z. B. eine Kollodium- oder Gelatinemembran ein *poröses Gebilde* ist, daß also die Membran von einer Reihe von Kanälen durchzogen ist, welche eine bestimmte mittlere Porenweite besitzen. Die Entscheidung darüber, ob die Membran für einen herausgegriffenen Stoff (Beispiel Kongorot) durchlässig ist oder nicht, hängt hier davon ab, ob die Porenweite der Membran größer oder kleiner ist als der Durchmesser der betrachteten (z. B. Kongorot-) Teilchen. Die meisten Wirkungen der gewöhnlichen Filter, dann insbesondere die der *Kolloidfilter* und *Ultrakolloidfilter*[1] können wir auf Grund dieser Betrachtungsweise, also auf Grund der Porenweite, überblicken. So beruht die Wirkung der eben genannten Ultrakolloidfilter tatsächlich auf der Möglichkeit, die Porenweite z. B. bei Membranen aus Kollodium oder Cellophan derart zu verkleinern, daß Moleküle mittleren Molekulargewichtes wie Benzophenon[2] oder Rohrzucker[3] so gut wie vollkommen zurückgehalten werden, während kleinere Moleküle wie Harnstoff[4] noch leicht durch die Membran hindurchgelassen werden. In diesen Fällen richtet sich die Undurchlässigkeit der Membran im großen und ganzen recht genau nach dem *Moleküldurchmesser* bzw., was auf dasselbe hinausläuft, nach der *Molekularrefraktion* der betrachteten Verbindung.

b) Membrandurchlässigkeit,
bedingt durch besondere chemische Zusammensetzung der Membran.

Wie die eingangs angegebenen Beispiele zeigen, gibt es aber auch semipermeable Membranen, deren Wirksamkeit grundsätzlich *nicht* auf Grund der Porenweite der Membran verstanden werden kann, sondern für deren Verständnis speziellere Betrachtungen angestellt werden müssen. So wird die *Durchlässigkeit* einer Kautschukmembran für Benzol und die *Undurchlässigkeit derselben Membran* für Wasser dadurch bedingt sein, daß das Benzol im Kautschuk eine gewisse *Löslichkeit* besitzt und daß das im Kautschuk gelöste Benzol in dieser Substanz verhältnismäßig frei diffundieren kann, daß aber eine ähnliche Löslichkeit für Wasser nicht vorhanden ist. In diesem Falle ist der Grund

---

Vgl. hierzu noch [1] AUGSBERGER, A.: Ultrafiltration und Kompensationsdialyse. Ergebn. Physiol. **24**, 618—647 (1925) sowie DUCLAUX, J.: Leçons de chimie physique appliquée à la biologie professés au Collège de France. Ultrafiltration. Partie théorique et applications. Paris 1946. — [2] Mol.-Gew. 182,1. — [3] Mol.-Gew. 342,2. — [4] Mol.-Gew. 60.

der Permeabilität der Membran für den einen Stoff eine *auf molekularen Kräften (Löslichkeiten)* begründete Verwandtschaft der beiden Stoffe. Auch bei biologischen Systemen ist die für gewisse organische Stoffe festgestellte große Durchlässigkeit dadurch zu begründen, daß die z. B. wesentlich aus Eiweiß und Cellulose bestehende tierische oder pflanzliche Membran gewisse organische Stoffe wie Cholesterin u. dgl. enthält (Lipoidtheorie[1]). Die Möglichkeit einer derartigen spezifischen Steigerung der Membrandurchlässigkeit für gewisse Stoffe durch Zusätze zu den die Membran aufbauenden Substanzen ist durch eine Reihe von Modellversuchen nachgewiesen worden[2].

Neben Ursachen, welche die allgemeine Löslichkeit beeinflussen, sind in vielen Fällen noch *spezifische Verhältnisse* und Stoffanordnungen in den natürlichen Membranen anzunehmen. So ist z. B. nachgewiesen worden, daß unter bestimmten Bedingungen die Glomerulusmembran der Nieren für Milchzucker (Glucose + Galaktose) durchlässig, für das nur halb so große Molekül Glucose dagegen undurchlässig ist. Auch eine *stereochemische Spezifität* in den Durchlässigkeiten ist oft in ausgesprochenem Maße vorhanden (Beispiel: verschiedene Durchlässigkeit für α- und β-Galaktose). Auch diese Spezifitäten dürften sich durch die Art und Weise der Aufnahme der Stoffe in die Membran und durch die Beweglichkeit dieser Stoffe in den Membranen deuten lassen[3].

Auf Grund der S. 79 gegebenen Ausführungen ist es klar, daß wir den Unterschied in der Aufnahme der D- und L-Form einer optisch aktiven Verbindung damit in Zusammenhang bringen müssen, daß diastereomere Verbindungen entstehen, wenn wir einmal die D-Form ein anderes Mal die L-Form der Verbindung mit den in der Membran enthaltenen optisch aktiven Stoffen zusammenbringen. Die optische Spezifität der Membrandurchlässigkeit ist also auf Tatsachen zurückzuführen, welche analog sind zu der S. 80 erwähnten Feststellung, daß rechtsdrehende Mandelsäure mit linksdrehendem Phenetylamin ein schwerer lösliches Salz bildet als linksdrehende Mandelsäure mit linksdrehendem Phenetylamin.

Eine ausführlichere Zusammenstellung über die Verschiedenheit diastereomerer Verbindungen siehe bei W. Kuhn[3].

c) Semipermeabilität
bedingt durch elektrische Aufladung der Membran.

Besondere Verhältnisse wiederum treten auf, wenn Membranen elektrisch geladen sind und wenn die Stoffe, nach deren Durchlässigkeit gefragt wird, ebenfalls elektrische Ladungen tragen. Fast alle Membranen, welche in wäßrige Lösungen getaucht sind, erweisen sich als elektrisch mehr oder weniger gegen die Flüssigkeit geladen. Eine einfache Betrachtung zeigt nun folgendes: Wenn eine Membran negativ geladen ist, so werden sich positive Ionen (Kationen) in den Poren der Membran aufhalten können, negative Ionen (Anionen) dagegen nicht oder nur in beschränktem Maße. Eine negativ geladene Membran wird also für Kationen durchlässig sein, dagegen nicht für die Anionen, welche ja nicht in die Membran hineingelangen, also auch nicht auf der Gegenseite von der Membran abgegeben werden können. Aus dem gleichen Grunde muß eine positiv geladene Membran bevorzugt für Anionen (negativ geladene Ionen) durchlässig sein. Die Tatsache einer solchen selektiven Durchlässigkeit von elektrisch geladenen Membranen, und zwar einer Durchlässigkeit, welche sich nach dem Vorzeichen der Ionen-

---

[1] Overton, E:. Vjschr. naturforsch. Ges. Zürich **44**, 88 (1899). Studien über die Narkose. Jena 1901. — [2] Literatur siehe z. B. Gellhorn, E.: Das Permeabilitätsproblem. Berlin 1929, insbesondere S. 36; ferner: Davson, H., and J. F. Danielli: The Permeability of Natural Membranes. Cambridge 1943. — [3] Kuhn, W.: Ergebn. Enzymforsch. **5**, 1 (1936), sowie Handb. Enzymol. (Nord-Weidenhagen), Bd. 1, S. 187—219. Leipzig 1940.

ladung richtet, ist von MICHAELIS[1] sowie von MOND und HOFFMANN[2] nachgewiesen worden.

Unter physiologischen Bedingungen wird eine Regulierung sowohl der Porengröße als auch eine Regulierung der chemischen Durchlässigkeit (Löslichkeiten) als auch der elektrischen Eigenschaften in Betracht zu ziehen sein. Die Regulierung wird in weitem Maße durch einen chemischen Aufbau und Abbau der Membran oder einzelner Bestandteile derselben erfolgen, teilweise unter Benutzung der für die einzelnen Reaktionen spezifischen Enzyme.

2. Elektrophorese und Elektroosmose[3—10].

Die *Elektrophorese* und *Elektroosmose* sind Transporterscheinungen, welche wir an kolloiden Lösungen bzw. an Membranen beim Anlegen eines elektrischen Feldes beobachten und welche mit der elektrischen Aufladung der Kolloide bzw. der Membranen zusammenhängen. Die Erscheinungen werden auch gemeinsam als *elektrokinetische Erscheinungen* bezeichnet.

Bei der *Elektrophorese* (früher auch oft als *Kataphorese* bezeichnet) handelt es sich darum, daß die in einem Sol befindlichen kolloiden Teilchen beim Anlegen eines elektrischen Feldes ähnlich wie die Ionen in einer Elektrolytlösung wandern. Je nachdem die Teilchen positiv oder negativ geladen sind, erfolgt die Wanderung in Richtung nach der Kathode oder nach der Anode. Außerdem ist die Wanderungsgeschwindigkeit je nach dem Betrage der Aufladung, sowie nach Form und Größe der Teilchen verschieden. Gemische, beispielsweise von Proteinen, können infolgedessen in Kataphoreseapparaten in die Bestandteile zerlegt werden. Die Elektrophorese kann z. B. bei vielen Kolloiden wie $Fe(OH)_3$ oder As_2S_3 unmittelbar von außen beobachtet werden. Bei nicht gefärbten Stoffen, wie z. B. bei Proteinen, kann die Wanderung der Teilchen dadurch sichtbar gemacht werden, daß eine rasche Änderung des Brechungsindex an der Stelle auftritt, an welcher die die Teilchen enthaltende Lösung an von Teilchen freies Lösungsmittel grenzt. Diese Grenze verschiebt sich, wenn die Teilchen wandern; sie kann durch die Ablenkung eines in der Grenzschicht laufenden Lichtstrahls sichtbar gemacht werden (Schlieren-Methode). Auch unter dem Mikroskop ist die elektrophoretische Wanderung elektrisch geladener Kolloidteilchen untersucht worden[10]. Bei Besprechung der Kolloide werden wir wieder auf diese Erscheinung verweisen. Sie ist insbesondere für die Bestimmung des isoelektrischen Punktes bei Eiweiß und anderen Kolloiden von Bedeutung. Am isoelektrischen Punkte ist nämlich die Elektrophorese gleich Null.

Bei der *Elektroosmose* (auch *Elektroendosmose* genannt) handelt es sich darum, daß Wasser oder wäßrige Lösungen beim Anlegen eines elektrischen Feldes

---

[1] MICHAELIS, L., u. SH. DOKAN: B. Z. **162**, 258 (1925). — MICHAELIS, L., u. A. FUJITA: B.Z. **158**, 28 (1925); **161**, 47 (1925); **164**, 23 (1925). — [2] MOND, R., u. F. HOFFMANN: Pflügers Arch. **220**, 194 (1928).

Zusammenfassendes über Elektrophorese und Elektroosmose: 3—10. Siehe [3] PRAUSNITZ, P. H., u. J. REITSTÖTTER: Elektrophorese, Elektroosmose und Elektrodialyse in Flüssigkeiten. (Wiss. Forsch.-Ber. **24**). Dresden 1931 — [4] THEORELL, H.: Kataphoreseapparat. B.Z. **278**, 291 (1935). — [5] TISELIUS, A.: Electrophoresis methods for the isolation and characterisation of biologically important substances. 3rd. Int. Congr. Microbiol., New York 1939. — [6] WIEDEMANN, E.: Elektrophorese. Exper. **3**, 341—353 (1947) (Sammelreferat). — [7] ABRAMSON, H. A., L. S. MOYER and M. H. GORIN: Electrophoresis of proteins and the chemistry of cell surfaces. New York 1942. — [8] LABHART, H., u. H. STAUB: Helv. **30**, 1954 (1948) (Angaben über einen Mikroelektrophorese-Apparat, welcher die Trennung der Bluteiweißfraktionen aus 0,06 cm³ Blutserum gestattet). — [9] COHN, E. J.: Chemical, physiological and immunological properties and clinical uses of blood derivatives. Exper. **3**, 125 (1947). — [10] Siehe z. B. GRINTEN, K. v. D.: Adsorption und Kataphorese. J. Chim. physique **23**, 209—237 (1926).

durch Membranen, Capillaren oder Capillarsysteme hindurch transportiert werden. Bei *positiv* geladenen Membranen erfolgt die Beförderung von Lösungsmittel in Richtung nach der *Anode*, bei *negativ* geladenen Membranen in Richtung nach der *Kathode*. Um diesen Effekt einschließlich seiner Abhängigkeit vom Ladungssinn der Membran zu verstehen, machen wir uns klar, daß in den Poren einer positiv geladenen Membran im wesentlichen negative Ionen vorhanden sind, in den Poren einer negativ geladenen Membran dagegen positive Ionen. Da beim Anlegen eines elektrischen Feldes die Membran samt den an ihr haftenden Ladungen in Ruhe bleibt, so verstehen wir, daß der Stromtransport im Falle einer positiv geladenen Membran durch negative, im Falle einer negativen Membran durch positive Ionen bewirkt wird. Um jetzt noch den Lösungsmitteltransport zu begreifen, müssen wir uns nur klar machen, daß die Ionen bei ihrer Wanderung das an ihnen haftende Wasser mit sich führen. Daraus ergibt sich ja: In einer positiven Membran, in welcher der Stromtransport durch die negativen Ionen besorgt wird, wandert das Wasser mit den negativen Ionen nach der Anode, während es in einer negativen Membran mit den positiven Ionen nach der Kathode wandert.

Es ist wichtig, darauf hinzuweisen, daß eine aus Eiweiß bestehende Membran auf der sauren Seite vom isoelektrischen Punkte des betreffenden Eiweißes eine positive Membran, auf der alkalischen Seite vom isoelektrischen Punkte dagegen eine negative Membran ist.

Auf der sauren Seite ist die elektrolytische Dissoziation der $COOH$-Gruppen zurückgedrängt und die Membran wirkt dann gewissermaßen als positives Ammoniumion $[H_3NR]^+$ mit riesengroßem Rest R; auf der alkalischen Seite sind die $COOH$-Gruppen zu COO^-- Gruppen geworden, während die Ammoniumgruppen zu nicht elektrisch geladenen RNH_2- Gruppen geworden sind; die Membran wirkt dann gewissermaßen als $RCOO^-$-Ion mit unbeweglichem, riesengroßem Rest R.

3. Gleichgewichte an semipermeablen Membranen.

Eine große Reihe von elektrischen Erscheinungen sowie von Druck- und Saugwirkungen sind durch die beschriebenen Durchlässigkeitsverhältnisse bedingt.

a) Osmotischer Druck[1].

Wir wollen annehmen, daß wir ein Gefäß mit Hilfe einer Membran in 2 Räume teilen und daß wir den einen dieser Räume mit reinem Lösungsmittel (Beispiel Wasser), den anderen dagegen mit einer Lösung (Beispiel Rohrzucker in Wasser) füllen. Die Membran sei für das Lösungsmittel (Wasser) durchlässig, nicht aber für den gelösten Stoff.

Wir werden in solchem Falle beobachten, daß die Lösung durch die Membran, welche ja das Lösungsmittel durchläßt, Lösungsmittel anzieht, mit dem offensichtlichen Ergebnis, daß die Lösung dadurch verdünnt wird. Indessen

---

Zusammenfassende Darstellungen über osmotischen Druck: [1] KUHN, W.: Physikalische Chemie. 4. Aufl. Heidelberg 1948. — NERNST, W.: Theoretische Chemie. 11.—15. Aufl., S. 518ff. Stuttgart 1926. — EUCKEN, A.: Lehrbuch der chemischen Physik. 2. Aufl., Bd. 1. Leipzig 1930. — EUCKEN, A.: Grundriß der physikalischen Chemie. 6. Aufl. Leipzig 1948. — EGGERT, J., u. L. HOCK: Lehrbuch der physikalischen Chemie. 7. Aufl. Zürich 1948. — KRUYT, H. R.: Einführung in die physikalische Chemie und Kolloidchemie. Leipzig 1926.— HÖBER, R.: Physikalische Chemie der Zelle und der Gewebe. 6. Aufl. Leipzig 1926. — HOEBER, R.: Physical chemistry of cells and tissues. Philadelphia, Toronto u. London 1945. Ins Deutsche übersetzt von W. WILLBRANDT u. R. STÄMPFLI. Bern 1947. — Literatur über kolloid-osmotischen Druck s. S. 180ff., sowie Bd. 2 die Kapitel: Wasserhaushalt; Blut; Vgl. Physiol. chem. Tiere sowie Pflanzen.

zeigt es sich, daß wir den Übertritt von Lösungsmittel durch die Membran hindurch verhindern können, wenn wir in dem Raume, in welchem die Lösung untergebracht ist, einen Überdruck P anbringen. Wenn wir den auf Seite der Lösung angewendeten Überdruck groß genug machen, können wir es sogar erreichen, daß durch die Membran hindurch Lösungsmittel aus der Lösung ausgepreßt wird, selbstverständlich mit dem Ergebnis, daß dadurch die Lösung konzentrierter wird.

Als osmotischen Druck P der Lösung gegenüber dem Lösungsmittel bezeichnen wir den Überdruck, welchen wir in dem mit der Lösung gefüllten Raum ausüben müssen, damit durch die Membran hindurch gerade kein Lösungsmittel in der einen oder anderen Richtung hindurchtritt oder mit etwas anderen Worten: *der osmotische Druck ist der Druck, den wir auf die Lösung ausüben müssen, damit zwischen Lösung und Lösungsmittel hinsichtlich des Übertrittes von Lösungsmittel Gleichgewicht herrscht.*

Die beschriebene Erscheinung, wonach eine Lösung durch eine semipermeable Membran hindurch Lösungsmittel anzieht, und daß dieser Übertritt verhindert wird, wenn auf die Lösung (nicht aber auf das Lösungsmittel) ein Überdruck, eben der osmotische Druck, ausgeübt wird, ist zuerst im Jahre 1877 von Pfeffer nachgewiesen worden. Sein Versuchsobjekt waren Lösungen von Rohrzucker, welche durch Ferrocyankupfermembranen [= Kupfer-(II)-hexacyanoferrat] von reinem Lösungsmittel, d. h. Wasser, getrennt waren.

Größe des osmotischen Druckes. In einer verdünnten Lösung der Konzentration c Mol/l ist die Größe des osmotischen Druckes P gleich dem Druck, welchen die gelöste Substanz ausüben würde, wenn sie in derselben Konzentration (c Mol/l) ohne Gegenwart von Lösungsmittel als Dampf vorhanden wäre (van't Hoff 1877); also:

$$P = c\,\frac{22,4}{273} \cdot T = c \cdot RT \,. \tag{58}$$

(R = Gaskonstante, T = absolute Temperatur). Bei physiologischen Flüssigkeiten, wie z. B. bei Blut, ist die Größe c in Gl. (58) etwa gleich $^1/_3$ zu setzen. Infolgedessen ist der osmotische Druck des Blutes (gegenüber reinem Wasser) etwa gleich 7 Atm.

Tabelle 5. Osmotischer Druck im Blutserum und Harn.

	$\varDelta$	at
Blutserum	0,55—0,60	7,5—8,1
Harn, normal	1,3—1,7—2,6	15,6—22—31
Harn, pathologisch	0,08—3,5	1,6—42

Beziehung des osmotischen Druckes zur Dampfdruckerniedrigung.

Für viele Zwecke ist es günstig, den osmotischen Druck als eine Folge der Dampfdruckerniedrigung einer z. B. wäßrigen Lösung durch den gelösten Stoff (Beispiel Rohrzucker) zu betrachten.

Wir erkennen insbesondere folgendes: Da die Lösung einen kleineren Dampfdruck als das Lösungsmittel besitzt, wird ein Überdestillieren von Lösungsmittel in Richtung vom reinen Lösungsmittel nach der Lösung stattfinden, wenn bei gegebener Temperatur Lösung und Lösungsmittel etwa unter einer gemeinsamen Glasglocke in getrennten Behältern nebeneinander gestellt werden. Das Überdestillieren auf dem Wege über den Dampfraum ist streng in Parallele zu setzen zum Übertritt des Lösungsmittels durch eine für das Lösungsmittel durchlässige Membran; es darf sogar der Durchtritt von Lösungsmittel durch die Membran als Folge der Dampfdruckerniedrigung der Lösung betrachtet werden, und man kann zeigen, daß ein Durchtritt von Lösungsmittel durch die Membran so lange stattfinden muß, wie der Dampfdruck der Lösung kleiner als der des Lösungsmittels ist.

Wenn wir vorhin sahen, daß die unter einen Druck P gesetzte Lösung mit dem Lösungsmittel im Gleichgewicht steht, so bedeutet dies demnach, daß die unter den Druck P gesetzte Lösung denselben Dampfdruck wie das nicht unter Druck gesetzte Lösungsmittel besitzt.

Tatsächlich kann man zeigen, daß der Dampfdruck einer Flüssigkeit steigt, wenn man den auf der Flüssigkeit lastenden Druck erhöht; d. h. es kann dadurch, daß der äußere Druck über der Lösung erhöht wird, der Dampfdruck der Lösung so weit gesteigert werden, daß er gleich dem Dampfdruck des Lösungsmittels wird. *In diesem Sinne ist der osmotische Druck der Lösung gleich dem äußeren Druck, unter den wir die Lösung setzen müssen, damit die durch den gelösten Stoff bewirkte Dampfdruckerniedrigung gerade rückgängig gemacht wird.*

Zur Vervollständigung der Übersicht erwähnen wir noch, daß außer dem osmotischen Druck auch die Siedepunkterhöhung und die Gefrierpunkterniedrigung von Lösungen als Folge der Dampfdruckerniedrigung betrachtet werden können und daß darum alle diese Erscheinungen eng miteinander zusammenhängen. Aus diesem Grunde werden die Erscheinungen des osmotischen Druckes, der Dampfdruckerniedrigung, der Siedepunkterhöhung und der Gefrierpunkterniedrigung oft gemeinsam unter dem Namen „Osmotische Erscheinungen" zusammengefaßt.

Zahlenwerte: Als Beispiel sei angegeben, daß das Blutserum des Menschen eine Gefrierpunktserniedrigung $\varDelta = -0{,}55-0{,}58$ besitzt und bei 20° C einen osmotischen Druck $P = 7{,}1-7{,}5$ Atm.; die Gefrierpunktserniedrigung des Harns ist $\varDelta = 1{,}3-2{,}6$, im Mittel $\varDelta = 1{,}7$, der osmotische Druck bei 20° C 15,7—33 Atm., im Mittel 22 Atm.

Zwischen dem bei der absoluten Temperatur beobachteten osmotischen Druck P und der Gefrierpunktserniedrigung $\varDelta$ einer wäßrigen Lösung besteht die Beziehung

$$P = \frac{\varDelta}{1{,}86} \cdot 22{,}4 \, \frac{T}{273} \; \text{Atm.} \tag{59}$$

oder, bei 18° C:

$$P = \varDelta \cdot 12{,}8 \; \text{Atm.} \tag{60}$$

Löst man a Gramm einer Substanz, deren Molgewicht gleich M ist, in 1000 g Lösungsmittel, dessen Dichte gleich ϱ_0 sei, so ist offenbar

$$c = \frac{10 \cdot a}{M} \, \frac{1}{\varrho_0} \; \text{Mol je Liter.}$$

Durch Einsetzen in (58) und Auflösen nach M ergibt sich daraus

$$M = RT \cdot \frac{a}{\varrho_0 \cdot P} \, . \tag{61}$$

In ähnlicher Weise gilt für die Gefrierpunktserniedrigung

$$\varDelta = E \cdot \frac{a}{M} \; \text{oder} \; M = a \cdot \frac{E}{\varDelta} \, , \tag{62}$$

wenn E die sog. molekulare Gefrierpunktserniedrigung bedeutet. E ist gleich 1,86° für Wasser.

Eine zu (62) analoge Beziehung gilt für die Siedepunktserhöhung.

(62) und (61) können dazu benützt werden, um aus der Gefrierpunktserniedrigung $\varDelta$ oder aus dem osmotischen Druck P das Molekulargewicht M einer Substanz zu bestimmen.

Die Methode der Gefrierpunktserniedrigung eignet sich gut für kleine und mittlere Molgewichte der zu messenden Stoffe, nicht aber für hochmolekulare Stoffe. Für $a = 10$ und $M = 100$ in Wasser (1%ige Lösung eines Stoffes vom Molgewicht 100) wird ja nach (62) $\varDelta = 0{,}186$; für dieselbe Konzentration, aber $M = 100000$ dagegen, wird $\varDelta = 1{,}86 \cdot 10^{-4}$; in diesem Falle, in welchem offenbar die Gefrierpunktserniedrigung versagt, ist der osmotische Druck noch immer groß genug, um gemessen zu werden. Für $a = 10$, $M = 10^5$, $\varrho_0 = 1$ wird nämlich nach (61) $P = 10^{-4} \cdot RT$ oder für $T = 291°$ abs (für 18° C): $P = 2{,}38 \cdot 10^{-3}$ Atm. entsprechend 2,4 cm Wassersäule. Es sind in neuerer Zeit Apparate entwickelt worden, um solche Drucke rasch und sicher zu messen[1].

In Ergänzung zu Beziehung (58) bemerken wir, daß bei gleichzeitiger Gegenwart von mehreren gelösten Stoffen an Stelle der Größe c die Summe der molaren Konzentration der gelösten Fremdstoffe zu setzen ist. Dies ist unter anderem bei Lösungen von starken Elektrolyten (Beispiel KCl) zu berücksichtigen. Hier findet ja eine praktisch vollständige Dissoziation in die Ionen (K^+ und Cl^-) statt und das hat zur Folge, daß die Gesamtkonzentration an gelösten Fremdstoffen doppelt so groß ist wie die molare Konzentration an eingebrachtem KCl, in Formeln:

$$P = \sum c \cdot RT \, . \tag{63}$$

Bei genauerer Betrachtung muß der so berechnete osmotische Druck wegen der elektrostatischen Beeinflussung der Ionen noch mit dem osmotischen Koeffizienten f_0 multipliziert

---

[1] Siehe z. B. MEYER, K. H., u. C. G. BOISSONNAS: Helv. **23**, 430 (1940). — GEE, G.: Adv. Colloid Sci. **2**, 152 (1946). — CARTER, S. R., and B. R. RECORD: Soc. **1939**, 660. — FLORY, P. J.: Amer. Soc. **65**, 375 (1943). — FUOSS, R. M., and D. J. MEAD: J. chem. Physics **47**, 59 (1943).

werden[1]. Für n/10 KCl ist z. B. $f_0 = 0{,}93$; d. h. der osmotische Druck dieser Lösung beträgt
93 % des bei völliger Dissoziation und bei Vernachlässigung der elektrostatischen Wirkungen
zu erwartenden Druckes. Es gilt also anstatt (63):

$$P = \sum c \cdot f_0 \cdot R\,T. \tag{63a}$$

Da die Gefrierpunktserniedrigung Δ nach (59) stets proportional zum osmotischen Druck P
ist, hat die Multiplikation des osmotischen Druckes mit einem Faktor f_0 auch die Multiplikation der Gefrierpunktserniedrigung Δ mit *demselben* Faktor zur Folge. Es ist aus analogen
Gründen der osmotische Koeffizient für den osmotischen Druck, die Gefrierpunktserniedrigung, die Siedepunktserhöhung und die relative Dampfdruckerniedrigung derselbe.

Über den osmotischen Druck von gelösten *hochpolymeren Stoffen* s. S. 159.

b) Plasmolyse.

Wenn wir durch eine für Wasser, nicht aber für die gelösten Stoffe durchlässige Membran eine konzentrierte und eine verdünnte Lösung miteinander
in Berührung bringen und dabei das Volumen der verdünnten Lösung konstant halten, so zieht nach dem Vorigen die konzentrierte Lösung Wasser aus
der verdünnten Lösung an. Es entsteht dadurch in der verdünnten Lösung
ein Unterdruck, unter Umständen sogar ein Vakuum. Diesen Fall beobachtet
man, wenn Zellen in konzentrierte Lösungen von Salzen usw. gebracht werden
(Beispiel: Blutkörperchen im Harn). Der durch das Absaugen von Wasser
aus der Zelle erzeugte Unterdruck im Zellinnern äußert sich in der Weise, daß
das Zellplasma sein Volumen verkleinert, indem die Zelle schrumpft oder indem
das Plasma sich von der Zellwand unter Bildung von Hohlräumen loslöst. Diesen
Vorgang nennt man Plasmolyse.

c) Dialyse.

Trennt man Lösung und Lösungsmittel voneinander durch eine Membran,
welche nur den gelösten Stoff, nicht aber das Lösungsmittel durchläßt, so wird
offenbar der gelöste Stoff so lange durch die Membran in das reine Lösungsmittel hinüberdiffundieren, bis die Konzentration des gelösten Stoffes rechts
und links von der Membran dieselbe geworden ist. Wenn das Lösungsmittel
genügend oft erneuert wird, ist es also möglich, den durch die Membran diffundierenden Stoff aus der Lösung vollständig zu entfernen (Dialyse[2]).

Wenn eine Membran sowohl für das Lösungsmittel wie für den gelösten Stoff
durchlässig ist (z. B. eine Kollodiummembran, welche eine kochsalzhaltige
Lösung von reinem Wasser trennt, so werden die im vorigen besprochenen
Vorgänge, nämlich das Eindringen von Wasser durch die Membran in die Lösung
und der Austritt von Kochsalz durch die Membran aus der Lösung ins reine
Wasser, sich überlagern. Auch hier können wir offenbar die Lösung dadurch
praktisch genommen vollständig von dem gelösten Stoff, Kochsalz, befreien, daß
wir das auf der einen Seite der Membran befindliche Lösungsmittel genügend oft
erneuern (Dialyse).

Enthält die Lösung außer dem NaCl noch einen Stoff wie etwa kolloides
Silber, so kann, wie leicht verständlich, durch eine Membran, welche NaCl und
Wasser, nicht aber das kolloide Silber hindurchtreten läßt, die Lösung praktisch
vollkommen vom NaCl befreit werden. Die Dialyse ist also wichtig für die Herstellung von kolloiden Lösungen, welche von niedrigmolekularen Begleitstoffen
frei sind.

---

[1] Zusammenstellung von Zahlenwerten vgl. Landolt-Börnstein, Erg.-Bd. 3/3, 2672 (1935).
[2] **Methodisches über Dialyse:** vgl. z. B. FREUNDLICH, H.: Capillarchemie. 4. Aufl., Bd. II,
S. 13, 725—737. Leipzig 1932. — BETHE, A., H. BETHE u. Y. TERADA: Z. physik. Chem.
112, 250 (1924). — COLLANDER, R.: Kolloid-Beih. **19**, 72 (1924). — BJERRUM, N., u. E. MANE-
GOLD: Kolloid-Z. **42**, 97 (1927); **43**, 5 (1927). — MANEGOLD, E.: Kolloid-Z. **49**, 372 (1929). —
ULMANN, M.: Molekülgrößenbestimmungen hochpolymerer Naturstoffe. Dresden u. Leipzig 1936 (Wiss. Forsch.-Ber. **39**).

Besondere, im vorigen bereits angedeutete Effekte treten bei der Diffusion von Elektrolyten auf, wenn die Porenwandung der Membran, durch welche die Dialyse stattfindet, *elektrisch geladen* ist, sowie dann, wenn der Durchtritt der Ionen durch die Membran durch Anlegen eines elektrischen Feldes beeinflußt, z. B. gefördert wird *(Elektrodialyse)*. Es ist mit Hilfe der Elektrodialyse auch möglich, Serumeiweißstoffe zu fraktionieren, sowie Serum völlig zu entsalzen, ohne daß Eiweiß ausfällt[1].

d) Besondere, durch die Semipermeabilität bewirkte Effekte.

Zwei Lösungen, von denen jede so viel von einem oder mehreren Stoffen gelöst enthält, daß die osmotischen Drucke der beiden Lösungen einander gleich sind, werden als *isotonische Lösungen* bezeichnet. Wenn wir zwei derartige Lösungen miteinander in Berührung bringen durch eine Membran, welche für das Lösungsmittel durchlässig, für die gelösten Stoffe aber undurchlässig ist, so wird zwischen den beiden Lösungen Gleichgewicht sein, d. h. es wird Wasser durch die Membran weder in der einen noch in der anderen Richtung hindurchtreten.

Wir setzen nun den *Fall, daß zwei isotonische Lösungen* gegeben seien, wovon die eine z. B. *Harnstoff*, die andere etwa *Rohrzucker* (in gleicher molarer Konzentration) enthalten möge, und wir wollen diese beiden Lösungen miteinander in Berührung bringen durch eine Membran, welche für Wasser und Harnstoff durchlässig, für Rohrzucker dagegen undurchlässig ist. Es wird zunächst nach dem vorhin Gesagten Wasser weder in der einen noch in der anderen Richtung durch die Membran hindurchtreten. Wohl aber wird sofort Harnstoff, für den ja die Membran durchlässig ist, aus der Harnstofflösung in die Rohrzuckerlösung eindringen. Der Rohrzucker dagegen tritt durch die Membran nicht hindurch. Nach einiger Zeit werden die Lösungen, welche zunächst isotonisch gewesen sind, nicht mehr isotonisch sein, indem nun die Rohrzuckerlösung außer ihrer ursprünglichen Rohrzuckerkonzentration auch noch Harnstoff enthält, während von der Harnstofflösung ein Teil des in ihr gelösten Harnstoffes an die Rohrzuckerlösung abgegeben wurde. Es wird also nach einiger Zeit die auf der Rohrzuckerseite befindliche Lösung hypertonisch werden, d. h. einen größeren osmotischen Druck besitzen als die mit ihr in Berührung stehende Harnstofflösung. Die Lösung auf der Rohrzuckerseite wird aber dann durch die Membran hindurch auch Wasser aus der Harnstofflösung ansaugen und schließlich, verglichen mit der Harnstofflösung, einen höheren Druck auf ihre Gefäßwand ausüben. Wenn die Harnstofflösung zunächst etwas konzentrierter als die Rohrzuckerlösung ist, so kann man nach dem vorigen leicht den Fall konstruieren, daß zunächst die Rohrzuckerlösung Wasser an die Harnstofflösung abgibt, daß aber nach einiger Zeit, wenn Harnstoff in die Rohrzuckerlösung eingedrungen ist, umgekehrt die Lösung auf der Rohrzuckerseite wieder Wasser aus der Harnstofflösung anzieht, daß also die Richtung der Bewegung, welche das Wasser ausführt, nach einiger Zeit das Vorzeichen wechselt.

Erscheinungen solcher Art sind an Zellpräparaten in verschiedenen Fällen beobachtet worden (Beobachtung des zeitlichen Verlaufs der Plasmolyse). Solche Messungen (Zeitverlauf, eventuell Umkehr der Plasmolyse) können dazu verwendet werden, um festzustellen, ob eine gegebene Zellwand für einen Stoff mehr oder weniger *rasch* durchlässig ist.

Wir besprechen an dieser Stelle einen weiteren Effekt, welcher mit Hilfe von halbdurchlässigen Membranen hervorgebracht werden kann, wenn verdünnte Lösungen in geeigneter

---

[1] BECK, W.: Exper. **3**, 495 (1947). — PAULI, W. O.: Helv. **25**, 137 (1942). — DHÉRÉ, J.: Helv. **27**, 1079 (1944).

Weise mit Membransystemen zusammengebracht werden. Es handelt sich um eine Herstellung konzentrierter Lösungen aus verdünnten durch bloße Membranwirkung.

Von W. Kuhn und K. Ryffel[1] ist gezeigt worden, durch geeignete Verwendung von Membranen konzentrierte Lösungen aus verdünnten ohne Druckbeanspruchung der Membran herzustellen, ausschließlich auf Grund der freiwilligen Stoffwanderung durch semipermeable Membranen. Es gelang z. B. durch Verwendung einer 0,1 n-Phenollösung, einer 0,1 n-Rohrzuckerlösung, unter Benützung einer phenoldurchlässigen Membran (Kautschuk) und einer wasserdurchlässigen Membran (Kupfer-Ferrocyanid) ohne Druckanwendung 0,35 n Rohrzuckerlösungen zu erhalten.

Das Prinzip sei an Hand von Abb. 11 kurz erläutert: W ist die eben erwähnte, für Wasser durchlässige, P die für Phenol durchlässige Membran. Bei A tritt die Rohrzuckerlösung der Konzentration C_0 (Beispiel 0,1 n) ein, strömt an der Membran W vorbei nach G_1, sodann an der Membran P vorbei nach G_2, von da an der andern Seite der Membran W entlang nach B. Bei E tritt 0,1 n Phenollösung ein, strömt an der Membran P vorbei nach F. Die von G_1 nach G_2 längs

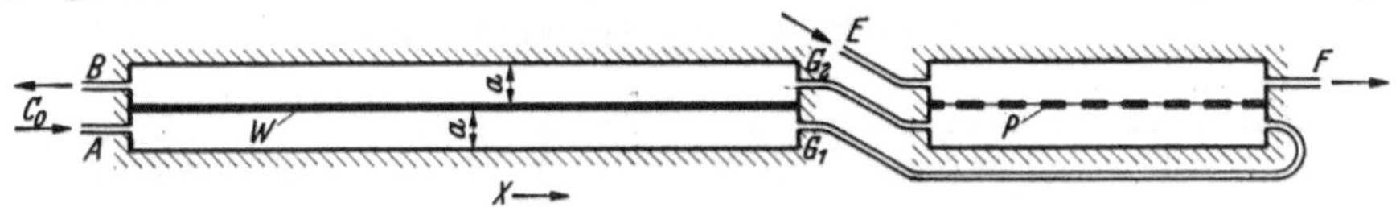

Abb. 11. Herstellung einer konzentrierten Rohrzuckerlösung aus einer verdünnten durch Membranwirkung maximale Konzentration bei G_1.

der Membran P strömende Rohrzuckerlösung nimmt, da P für Phenol durchlässig, für Wasser aber undurchlässig ist, aus der von E nach F fließenden Phenollösung Phenol in solcher Weise auf, daß die bei G_2 ankommende Rohrzuckerlösung im Maximum außer 0,1 Mol Rohrzucker noch 0,1 Mol Phenol enthält. Die bei G_2 befindliche Lösung ist somit *hypertonisch* gegenüber der bei G_1 befindlichen, kein Phenol enthaltenden Rohrzuckerlösung; infolgedessen wird G_2 durch die wasserdurchlässige Membran W hindurch Wasser anziehen, so daß die Rohrzuckerkonzentration der bei G_1 befindlichen Lösung zunimmt. Auch diese belädt sich auf dem Wege von G_1 nach G_2 mit Phenol, so daß nachher bei G_2 eine Lösung auftritt, welche eine Rohrzuckerkonzentration, die größer als C_0 ist, und dazu noch die vorher besprochene Phenolkonzentration besitzt. Man erkennt, daß die Rohrzuckerkonzentration bei G_1 in dieser Weise, *ohne daß Druck angewandt und ohne daß mehr als 0,1 normale Lösungen ins Spiel kommen*, auf grundsätzlich beliebige Beträge gesteigert werden kann.

Allgemeines über Stofftrennungen und Stoffkonzentrierungen auf Grund eines Multiplikationsprinzips. Die besprochene Herstellung von konzentrierten Lösungen aus verdünnten durch bloße Membranwirkung stellt einen Spezialfall eines von W. Kuhn und H. Martin formulierten allgemeinen Multiplikationsprinzips[2] zur Stofftrennung und Stoffkonzentrierung dar. Es ist sicher, daß das allgemeine Prinzip an vielen Stellen im Organismus verwendet wird. Das Wesentliche sei daher nachstehend zusammengefaßt:

Wir betrachten ein homogenes oder auch heterogenes, in der x-Richtung (Abb. 12) lang gestrecktes System. In diesem System sollen sich unter bestimmten stationär aufrecht erhaltbaren Bedingungen und in der zunächst ruhenden Substanzmenge quer zur Längsrichtung des Systems Konzentrationsunterschiede

[1] Kuhn, W., u. K. Ryffel: Herstellung konzentrierter Lösungen aus verdünnten durch bloße Membranwirkung; ein Modellversuch zur Funktion der Niere. H. **276**, 145 (1942). —
[2] Kuhn, W., u. H. Martin: Z. physik. Chem. (A) **189**, 317 (1941).

ausbilden, etwa in dem Sinne, daß an den um den Abstand $a/2$ (Abb. 12) voneinander entfernten Punkten B_1 und B_2 ein Unterschied $1 + \delta$ in der relativen Konzentration eines Bestandteils auftritt.

Im Falle der Vorrichtung Abb. 11 bildeten sich Unterschiede in der Zuckerkonzentration zwischen den Räumen $A—G_1$ und $B—G_2$ aus, wenn in $B—G_2$ außer Zucker etwas Phenol enthalten war. In einer Zentrifuge können Konzentrationsunterschiede durch ein Schwerefeld, in einem Medium mit Temperaturgefälle Konzentrationsunterschiede durch Thermodiffusion herbeigeführt werden. Bei physiologischen Objekten können Konzentrationsunterschiede quer zur Längsrichtung des Systems beispielsweise p_H-Unterschiede sein oder Konzentrationsunterschiede, die durch p_H-Differenzen oder irgendwelche andere Einflüsse hervorgerufen werden. Wir nehmen an, daß diese Konzentrationsunterschiede in der zur Längsrichtung des Systems senkrechten Richtung überall, also auch in den Punkten B_1' und B_2' bzw. B_1'' und B_2'' der Abb. 12 vorhanden sind. [Zwischen der Punktreihe B_1, B_1', B_1'' usw. und der Punktreihe B_2, B_2', B_2'' kann sich dabei eine Membran befinden (wie im Beispiel der Abb. 11) oder auch nicht (wie im Beispiel des Vorhandenseins eines Schwerefeldes oder eines Temperaturgefälles).]

In allen solchen Fällen (immer wenn Konzentrationsunterschiede quer zur Längsrichtung in der beschriebenen Weise verwirklicht sind) lassen sich die zu-

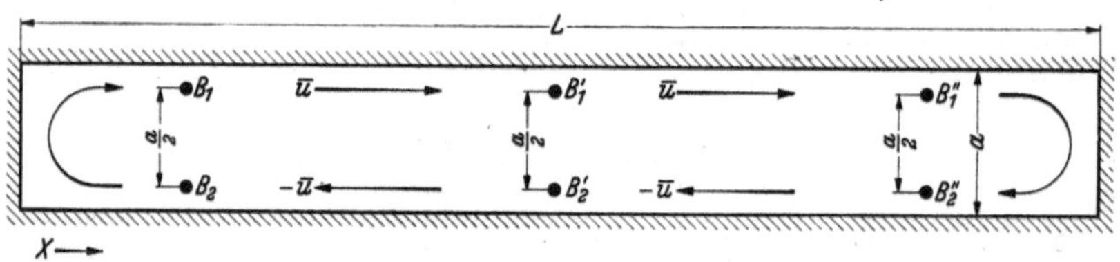

Abb. 12 Multiplikation von Trenneffekten. Eine kleine Differenz der im ruhenden System bei B_1 und B_2 bzw. B_1' und B_2' bzw. B_1'' und B_2'' auftretenden Konzentrationen läßt sich in hohem Maße vervielfältigen, wenn im System eine durch die Pfeile angedeutete Translation hervorgebracht wird.

nächst in der Querrichtung vorhandenen Konzentrationsunterschiede *um ein sehr großes Vielfaches dadurch steigern*, daß die Punkte B_1, B_1', B_1'' in Abb. 12 mit ihrer gesamten Umgebung durch Konvektion nach rechts, die Punkte B_2, B_2', B_2'' mit ihrer Umgebung nach links befördert werden, während an den Enden (links und rechts in der Abb. 12) eine Strömungsumkehr bewirkt wird. Durch diese Konvektionsströmung in der Längsrichtung wird der zunächst vorhandene Konzentrationsunterschied $(1 + \delta)$ vervielfältigt. Es ist die Vervielfältigung dann am größten, wenn die Geschwindigkeit $\bar{u}_0$ des Stofftransportes (Konvektion) den Betrag

$$\bar{u}_0 = \frac{2\,D}{a} \tag{64}$$

besitzt. Dabei ist D die Diffusionskonstante des anzureichernden Stoffes, $a/2$ der Abstand der Punkte B_1, B_2 bzw. B_1', B_2' in Abb. 12. Ist ferner die Abmessung des Systems in der Längsrichtung des Systems (x-Richtung der Abb. 12) gleich L, so kann die zunächst quer zur Längsrichtung vorhandene Konzentrationsdifferenz durch die Wirkung der besagten Strömung vom Betrage $(1 + \delta)$ auf $(1 + \delta)^n$ gesteigert werden, wo n die Zahl der durch die Multiplikation erreichten Trennstufen gleich

$$n = \frac{L}{a\,\sqrt{2}} \quad \text{ist.} \tag{64a}$$

Es ist, wie gesagt, wahrscheinlich, daß dieses Multiplikationsprinzip außer in der Nierenfunktion in sehr vielen weiteren Lebenserscheinungen verwertet ist und eine große Rolle spielt.

e) Donnan-Gleichgewichte[1-4].

Die Verhältnisse, welche auftreten, wenn eine Membran für eine bestimmte Ionenart undurchlässig, für eine oder mehrere andere Ionenarten dagegen durchlässig ist, sind vor allem von F. G. Donnan (1911) untersucht worden. Wir nehmen etwa den *Fall* an, daß ein Stoff XCl in der Konzentration c_1 sich in einer Lösung links der Membran (Abb. 13) befindet. Die Membran sei für das Ion X^+ undurchlässig, dagegen sei sie für die Chlorionen durchlässig. Auf der rechten Seite der Membran befinde sich z. B. eine NaCl-*Lösung* in der Konzentration c. Die Membran sei außer für die Chlorionen auch für die Natriumionen durchlässig.

Es wird in diesem Falle ein Teil des Natriumchlorids durch die Membran auf die linke Seite hinübertreten. *Nach Erreichung des Gleichgewichtszustandes* ist links die Konzentration an XCl die gleiche geblieben wie vorher; sie ist also gleich c_1; die Konzentration an NaCl dagegen sei jetzt links der Membran gleich c_1' und rechts der Membran gleich c_2 (Abb. 13). Da es sich um einen Gleichgewichtszustand hinsichtlich des Durchtritts von NaCl durch die Membran handeln soll, so müssen wir verlangen, daß die osmotische Arbeit, welche mit dem Durchtritt eines Na^+- *und* eines Cl^--Ions durch die Membran etwa von links nach rechts (in Abb. 13) verbunden ist, zusammen gleich Null sei. Da die Konzentration der Natriumionen links der Membran gleich c_1', rechts der Membran gleich c_2 und die Konzentration der Chlorionen links gleich $c_1 + c_1'$, rechts gleich c_2 ist,

Membran

$$(c_1)\; X^+ \qquad Cl^- \atop (c_1+c_1') \qquad \Bigg| \qquad Na^+ \quad Cl^-$$
$$(c_1')\; Na^+ \qquad\qquad\qquad Bigg| \qquad (c_2) \quad (c_2)$$

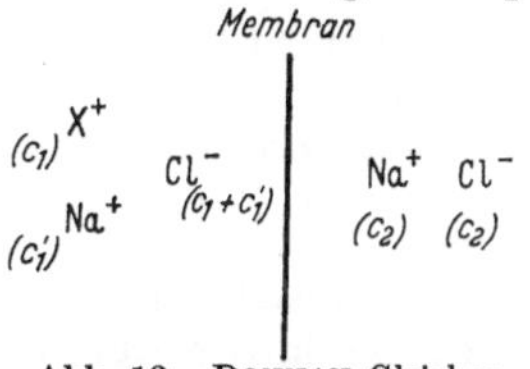

Abb. 13. Donnan-Gleichgewicht an einer Membran, die für das Ion X^+ undurchlässig, für die Ionen Cl^- und Na^+ durchlässig ist.

so ist die mit dem Übertritt eines Na-Ions verbundene Arbeit gleich $R\,T \ln \dfrac{c_1'}{c_2}$, die mit dem Übertritt eines Cl-Ions verbundene Arbeit gleich $R\,T \ln \dfrac{c_1+c_1'}{c_2}$.

(R ist hierbei wieder die Gaskonstante $= 1{,}985$ cal/Grad; T die absolute Temperatur.)

Hierzu käme, wenn an der Membran ein Potentialsprung stattgefunden hat, ein „elektrisches Glied". Das elektrische Glied für Na^+ ist jedoch mit entgegengesetztem Vorzeichen gleich dem elektrischen Glied für Cl^-; die elektrischen Glieder heben sich daher bei Betrachtung des Durchtritts von NaCl gegenseitig weg.

Da die Summe dieser beiden Arbeiten gleich Null sein soll (Gleichgewicht bezüglich Durchtritt von NaCl), so erhalten wir sofort: $R\,T\left(\ln \dfrac{c_1'}{c_2} + \ln \dfrac{c_1+c_1'}{c_2}\right) = 0$ oder $\ln \dfrac{c_1'}{c_2} \cdot \dfrac{c_1+c_1'}{c_2} = \ln 1$ oder

$$c_1'\,(c_1 + c_1') = c_2^2. \tag{65}$$

Diese Bedingung ist offenbar gleichbedeutend damit, daß das Produkt der Konzentrationen von Natriumionen und Chlorionen rechts der Membran gleich dem Produkt der Konzentrationen von Natriumionen und Chlorionen links der Membran sei.

In Übertragung auf den allgemeinen Fall ergibt sich, daß das Produkt der Konzentrationen irgendeines Ionenpaares, für welches die Membran durchlässig ist, für die Lösung links der Membran und rechts der Membran übereinstimmen muß.

Siehe insbesondere [1] Donnan, F. G.: Membrangleichgewichte. Kolloid-Z. **61**, 160—167 (1932). Z. physik. Chem. (A) **168**, 369—380 (1934). Z. Elektrochem. **17**, 572 (1911). Chem. Rev. **1**, 73 (1925). — Donnan, F. G., u. E. A. Guggenheim: Z. physik. Chem. (A) **162**, 346—360 (1932). — [2] Bolam, T. R.: Die Donnan-Gleichgewichte und ihre Anwendung auf chemische, physiologische und technische Prozesse. Dresden 1934. — [3] Elöd, E.: Wissenschaftliche Erkenntnis und deren praktische Anwendung auf die saure Wollfärbung. Melliand Textilber. **17**, 67—69 (1936). — [4] Elöd, E., u. E. Silva: Z. physik. Chem. (A) **137**, 142 (1928).

Falls die Konzentration XCl [c_1 in Gl. (65)] groß und die Konzentration c_2 an NaCl rechts der Membran klein ist ($c_1 \gg c_2$), so ergibt sich aus Gl. (65), daß die Konzentration c_1' an NaCl links der Membran gleich $c_1' = c_2 \cdot \dfrac{c_2}{c_1 + c_1'}$ ungefähr gleich $c_2 \cdot \dfrac{c_2}{c_1}$ wird. Es wird also die NaCl-Konzentration c_1' links der Membran durch den Stoff XCl (großes c_1) erniedrigt (Na links $= c_1'$ wird viel kleiner als Na rechts $= c_2$). Es hat offenbar der Stoff XCl den Übertritt von NaCl von der rechten auf die linke Seite der Membran praktisch genommen verhindert.

In dem Fall, daß c_2 groß gegenüber c_1 ist ($c_2 \gg c_1$), ergibt sich dagegen, daß die Konzentrationen c_2 und c_1' einander praktisch genommen gleich werden.

Der Stoff XCl mit dem nichtdiffundierenden Ion X, z. B. Eiweiß, verhindert also für den Fall, daß die Konzentration an NaCl rechts der Membran klein ist, praktisch völlig die Anwesenheit von NaCl links der Membran; er verhindert aber diese Anwesenheit praktisch genommen nicht, wenn die Konzentration von NaCl rechts der Membran groß gegenüber der Konzentration von XCl ist.

Es kommt oft vor, daß die Membran und die Lösung XCl, welche wir in Abb. 13 als Lösung links der Membran gezeichnet haben, praktisch genommen miteinander identisch sind, daß also die Membransubstanz selber mit dem nichtdiffundierenden Ion X^+ gleichzusetzen ist. Dieser Fall ist ganz besonders bei Eiweißstoffen verwirklicht. Die „Konzentration an X^+" ist dann die Zahl der je Volumeneinheit vorkommenden, nicht diffusionsfähigen Ionenladungen. Es übernimmt in diesem Falle die Oberfläche der Membran die Rolle der in der Abb. 13 eingezeichneten trennenden Wand. In diesem Falle regelt das DONNAN-Gleichgewicht die Gleichgewichtsbedingungen z. B. für das Eindringen von NaCl in gequollene Gelatine, Seide usw.

Es ist darauf hinzuweisen, daß die beschriebenen Verhältnisse nur gültig sind unter der Voraussetzung, daß rechts und links der Membran die Gesetze der verdünnten Lösungen angewendet werden dürfen. Der Anwendungsbereich kann aber dadurch weitgehend erweitert werden, daß in den vorstehenden Beziehungen, insbesondere in Gl. (65), an Stelle der Konzentrationen die Aktivitäten gesetzt werden.

f) Membranpotential.

Es läßt sich leicht zeigen, daß zwischen der Lösung links der Membran und rechts der Membran in Abb. 13 eine *Potentialdifferenz* vorhanden sein muß (siehe die Bemerkung im Kleindruck S. 137). Das ergibt sich daraus, daß nicht nur hinsichtlich des Durchtrittes von NaCl, sondern auch hinsichtlich des Durchtrittes von Na^+-Ionen für sich und von Cl^--Ionen für sich Gleichgewicht zu fordern ist. Dies aber besagt, daß die *elektrische + osmotische* Gesamtarbeit bei der Überführung z. B. eines Natriumions von der linken nach der rechten Seite der Membran zusammen gleich Null sein muß. (Es muß ja hinsichtlich des Übertrittes des einzelnen Ions Gleichgewicht bestehen.)

Die elektrische Arbeit für die Hinüberschaffung eines Gramm-Mols eines einwertigen, positiven Ions von der rechten Seite der Membran nach der linken Seite ist gleich $+ F \cdot \psi$, wenn F die FARADAYsche Konstante, ψ das Potential ist; die osmotische Arbeit ist nach dem vorigen Abschnitt gleich $RT \cdot \ln \dfrac{c_1'}{c_2}$, die Summe also gleich $F\psi + RT \ln \dfrac{c_1'}{c_2}$. Für den Übertritt eines Gramm-Mols Chlorionen ist die Gesamtarbeit unter Berücksichtigung der *negativen* Ladung der Cl^--Ionen analog gleich $- F \cdot \psi + RT \cdot \ln \cdot \dfrac{c_1 + c_1'}{c_2}$. Da nach Gl. (65) $\dfrac{c_1'}{c_2} = \dfrac{c_2}{c_1 + c_1'}$ ist, gibt die Nullsetzung der Gesamtarbeit für das Na-Ion und für das Cl-Ion je dasselbe, nämlich:

$$\psi = \text{Membranpotential} = \frac{RT}{F} \ln \frac{c_1 + c_1'}{c_2} \cdot \tag{66}$$

Wir hatten nun im Anschluß an Gl. (65), S. 137 gesehen, daß für kleine Werte von c_2 die Größe c'_1 gegen c_1 zu vernachlässigen ist. Demgemäß wird der Betrag des Membranpotentials um so größer, je größer die Konzentration c_1 an XCl links der Membran und um so größer, je kleiner die Konzentration c_2 an NaCl rechts der Membran ist.

Für große Werte von c_2 (NaCl rechts der Membran) und kleine Werte von c_1 wurde c'_1 ungefähr gleich c_2. In diesem Falle wird also das Membranpotential klein.

Zusammenfassend haben wir somit die beiden Grenzfälle:

1. Aus einer sehr verdünnten NaCl-Lösung wird NaCl fast quantitativ von der linken Seite der Abb. 13 ferngehalten. Das Membranpotential ist hier erheblich.

2. Wenn die NaCl-Konzentration rechts der Membran groß ist, so stellt sich im Gleichgewicht praktisch dieselbe NaCl-Konzentration links und rechts der Membran ein; das Membranpotential ist hier verschwindend klein.

Die *biologische Bedeutung der Membranpotentiale* liegt einerseits darin, daß durch Hintereinanderschaltung ganz erhebliche Potentialdifferenzen (wie z. B. im elektrischen Organ gewisser Fische) erzeugt werden können, dann aber hauptsächlich darin, daß infolge dieser Potentiale die Oberfläche der Membran oder Kolloidteilchen gegen die sie umgebende Lösung elektrisch aufgeladen wird. Das Letztere hat wieder zur Folge, daß die Adsorption fremder Stoffe an der Membran, die elektrolytische Dissoziation daselbst, und auch die Wirksamkeit von Enzymen in entscheidender Weise beeinflußt wird.

Dynamische Zustände an Membranen. Wir haben im vorigen im wesentlichen die *Gleichgewichtszustände* beschrieben, die wir beobachten können, wenn wir Lösungen verschiedener Zusammensetzung mittels halbdurchlässiger Membranen miteinander in Berührung bringen. Nur ausnahmsweise haben wir von den *Bewegungen* der Materie gesprochen, welche unter solchen Bedingungen auftreten. Wir haben aber alle Ursache, den Vorgängen, welche sich *vor* Erreichung eines thermodynamischen Gleichgewichtszustandes abspielen, bei den physiologischen Objekten alle Aufmerksamkeit zu schenken. Solche Bewegungen der Materie sind uns im vorigen insbesondere bei der Plasmolyse begegnet. Wir sahen am Beispiel einer für Wasser und Harnstoff durchlässigen, für Rohrzucker undurchlässigen Membran, welche eine Harnstofflösung von einer zunächst etwas konzentrierteren Rohrzuckerlösung trennt, daß die Bewegung des Wassers zunächst in Richtung der Harnstofflösung nach der Rohrzuckerlösung, später aber in umgekehrter Richtung erfolgt. Die Richtung, in welcher das Wasser sich bewegt, ist stets so beschaffen, daß die Lösung, welche insgesamt mehr Mole gelösten Stoffes enthält, Wasser aus der Lösung, welche weniger gelösten Stoff enthält, anzieht.

Was uns an dieser Tatsache im Augenblick besonders interessiert, ist die Feststellung, daß in einer Membran, die an 2 Lösungen verschiedener Zusammensetzung grenzt, ein dauernder *Stofftransport* stattfindet. Im Falle der wasserdurchlässigen Membran, welche an nicht isotonische Lösungen grenzt, würde es sich um einen einseitig durch die Membran hindurch erfolgenden *Wasserstrom* handeln. Wir wollen jetzt zeigen, daß ein solcher in ganz einfacher Weise erzeugter Stofftransport zu weiteren Folgerungen, insbesondere zu einer einseitig gerichteten Membrandurchlässigkeit Anlaß geben muß. Hierzu nehmen wir einmal an, daß der (auf osmotischem Wege hervorgebrachte) gerichtete Wassertransport von links nach rechts in der Membran erfolge und daß der Wasserstrom im Innern der Membran die Geschwindigkeit u cm/sec besitze. Nehmen wir ferner an, daß rechts der Membran ein diffusionsfähiger Stoff, sagen wir Galaktose, in kleiner Konzentration vorhanden sei, daß aber die Diffusionsgeschwindigkeit dieses Stoffes kleiner als die Strömungsgeschwindigkeit u des Wassers in den Capillaren der Membran sei. Wir erkennen dann, daß dieser gelöste Stoff (Galaktose) auch dann, wenn die Membran an sich für ihn durchlässig wäre, nicht gegen den Wasserstrom durch die Membran hindurchdiffundieren kann, daß aber sehr wohl ein Eindringen der Galaktose *mit* dem Wasserstrom von links nach rechts durch die Membran hindurch stattfinden kann. Mit anderen Worten: die Membran, in welcher ein einseitig gerichteter Wasserstrom fließt, ist für einen bestimmten Stoff (Beispiel Galaktose) nur von *einer* Seite her durchlässig, während sie für einen schneller diffundierenden Stoff von *beiden* Seiten durchlässig ist.

Was an diesem Beispiel verallgemeinert werden kann, ist die Feststellung, daß ein an einer Membran erfolgender einseitiger Materietransport dazu benutzt werden kann, um für die Dauer dieses Materietransportes für einen zweiten vorhandenen Stoff eine einseitige Durchlässigkeit der Membran zustande zu bringen.

Mit einer im Laufe der Zeit erfolgenden Umkehr des ersten Materietransportes (wie am Beispiel der Rohrzucker- und Harnstofflösungen beschrieben), kann sich auch die Richtung der Membrandurchlässigkeit für den zweiten vorhandenen Stoff umkehren.

Einseitige Membrandurchlässigkeit ist tatsächlich an vielen physiologischen Objekten beobachtet worden (Beispiel Froschhaut), und sie ist für die physiologischen Vorgänge von außerordentlich großer Bedeutung. *Die einseitige Durchlässigkeit bleibt aber, wie an Hand des vorstehenden Beispiels verständlich sein dürfte, nur so lange bestehen, als der die Einseitigkeit veranlassende erste Vorgang in der Membran tatsächlich stattfindet.* Mit dem einseitig gerichteten ersten Vorgang hört auch die einseitige Membrandurchlässigkeit für den zweiten Stoff auf. In Übereinstimmung damit findet man, daß z. B. nur die *frische* Froschhaut einseitig durchlässig ist. Sobald der die Einseitigkeit veranlassende stoffliche Vorgang in der isolierten Froschhaut zum Abschluß gekommen ist, hört auch die einseitige Durchlässigkeit auf[1]. Siehe auch S. 172.

Vb. Oberflächenspannung[2—16].

1. Definition.

Um die Oberfläche einer Flüssigkeit oder eines festen Körpers um 1 cm² zu vergrößern, ist eine bestimmte Arbeitsleistung notwendig; diese Arbeitsleistung nennt man spezifische, freie Oberflächenenergie σ oder kürzer die *Ober-*

---

[1] LEUTHARDT, F., u. A. ZELLER: Pflügers Arch. **234**, 369 (1934).

Zusammenfassende Darstellungen über Oberflächenspannung: 2—16. [2] ADAM, N. K.: The Physics and Chemistry of Surfaces. 3. Aufl. London 1941. — [3] MOULTON, F. R.: Surface Chemistry. Washington 1943. — [4] LONDON, F.: Surface chemistry. The Amer. Association for the Advancement of Science. No. 21, S. 141. 1943.— [5] BIKERMAN, J. J.: Surface Chemistry for Industrial Research. New York 1947. — [6] JUST, E. E.: The Biology of the Cell Surface. Philadelphia 1939. — [7] LANGMUIR, I.: The role of attractive and repulsive forces in the formation of tactoids, thixo-tropic gels, protein crystals and coacervates. J. chem. Physics **6**, 873—896 (1938). — [8] LANGMUIR, I., u. V. J. SCHÄFER: Chem. Rev. **24**, 181 (1939). — [9] VOLMER, M.: Kinetik der Phasenbildung. (Die chemische Reaktion, Bd. 4.) Dresden 1939. — [10] MARCELIN, A.: Oberflächenlösung: zweidimensionale Flüssigkeiten und monomolekulare Schichten. (Deutsch von R. KÖHLER.) Dresden u. Leipzig 1933.— [11] BAKKER, G.: Kapillarität und Oberflächenspannung. Handb. Exp.-Physik (WIEN-HARMS) **6**, 1—453 (1928). — [12] HERČIK, F.: Oberflächenspannung in der Biologie und Medizin. Dresden 1934 (Wiss. Forsch. Ber. **32**). — [13] HANDOVSKY, H.: Oberflächenerscheinungen. Handb. Biochem. **2**, 30—39 (1925); Erg.-W. 1B, 624—634 (1933). — [14] TRAUBE, J.: Theorie des Haftdrucks. Handb. Biochem. **2**, 40—47 (1925). — Vgl. ferner die unter Kolloidchemie S. 147 genannte Literatur. — [15] Physikalische Chemie der Grenzflächenvorgänge. Tagungsheft d. Deutschen Bunsengesellschaft 43. Hauptvers. Breslau Juni 1938; Z. Elektrochem. **44**, 455—619 (1938). — [16] FRENKEL, J.: Kinetic Theory of Liquids. Oxford 1946.

flächenspannung [1]. Umgekehrt kann bei einer Verkleinerung der Oberfläche eine freie Energie von der Größe σ Erg je cm² nach außen abgegeben werden. In dieser Tatsache sehen wir den Grund dafür, daß die Oberfläche einer Flüssigkeit stets ein Bestreben zeigt, sich auf ein Minimum zu verkleinern und aus diesem Grunde besitzen Tropfen einer Flüssigkeit, welche in einer anderen Flüssigkeit schweben, Kugelgestalt (z. B. Öltropfen in Wasser). Die Kugel ist nämlich derjenige Körper, der bei gegebenem Gesamtvolumen die kleinste Oberfläche besitzt. Die Oberflächenspannung oder besser die für eine Oberflächenvergrößerung von 1 cm² zu leistende Arbeit beträgt z. B. für Benzol 28,9, für Quecksilber etwa 476 und für reines Wasser bei 20° C 72,8 Erg.

2. Oberflächenaktivität; TRAUBEsche Regel.

Viele Stoffe haben die Eigenschaft, die Oberflächenspannung von Flüssigkeiten, in welchen sie gelöst werden, zu erniedrigen. So wird die Oberflächenspannung von Wasser gegen Luft schon durch kleine Mengen von freien Fettsäuren, Harzen usw. sehr stark erniedrigt (z. B. Nonylsäure in Wasser; s. unten). Die Eigenschaft von Verbindungen, die Oberflächenspannung einer Flüssigkeit, insbesondere von Wasser, zu erniedrigen, nennt man *Oberflächenaktivität*. Von TRAUBE ist die Regel festgestellt worden, daß diese Tendenz, also die Oberflächenaktivität, stark und regelmäßig mit dem Ansteigen in einer homologen Reihe zunimmt. Es wird z. B. die Oberflächenspannung von Wasser gegen Luft durch Fettsäuren erniedrigt, und zwar bei gleicher molarer Konzentration in stark zunehmendem Maße von der Ameisensäure über die Essigsäure, Propionsäure, Buttersäure usw. zur Stearinsäure.

Über die Grenzfläche von Wasser z. B. gegen Äther, oder von Wasser gegen Quecksilber, oder von Wasser gegen einen festen Stoff wie Silber, ist Ähnliches zu sagen wie über die Grenzfläche von Wasser gegen Luft.

Stets erfordert die Vergrößerung der Grenzfläche eine bestimmte Arbeitsleistung, welche gleich der Grenzflächenspannung gesetzt wird. Auch die Grenzflächenenergie von *Flüssigkeiten gegeneinander*, z. B. von Äther gegen Quecksilber, kann durch oberflächenaktive Stoffe erniedrigt werden, wobei natürlich die Stärke dieser Grenzflächenaktivität von den Eigenschaften sowohl der aufgelösten Stoffe (z. B. Fettsäuren) wie von den Eigenschaften der aneinander grenzenden Flüssigkeiten abhängt [2].

Im allgemeinen kann man sagen, daß Stoffe ineinander (z. B. Öl in Wasser) um so leichter *emulgierbar* sind, je kleiner die Grenzflächenspannung zwischen den zu emulgierenden Stoffen ist. Bei der *Verdauung* und *Resorption* spielen solche Vorgänge eine Rolle. Wie dieses Beispiel zeigt, sind gerade bei den physiologischen Vorgängen nicht nur die meist untersuchten Grenzflächenenergien von Flüssigkeiten gegen Luft, sondern auch die Grenzflächenenergien von Flüssigkeiten gegen Flüssigkeiten oder von Flüssigkeiten gegen feste Stoffe wichtig. Einige Bemerkungen darüber, wie man sich die Wirkung oberflächenaktiver Stoffe modellmäßig klarmachen kann, geben wir nachstehend im Anschluß an die Formel von GIBBS.

---

[1] HOLTZ: Wasser, S. 178. — KRÜGER, DEODATA: Bestimmung der Oberflächenspannung in Bamann-Myrbäck 1, 956—966 (1941). — [2] Über die Gültigkeit der TRAUBEschen Regel für die Grenzfläche flüssig-flüssig vgl.: BOAS-TRAUBE, S., u. M. VOLMER: Z. physik. Chem. (A) 178, 323 (1937). Daselbst auch Hinweise auf biochemische Anwendungen. — [3] CLAYTON, S. W.: Die Theorie der Emulsionen und der Emulgierung. Berlin 1924. — [4] CLAYTON, W.: The Theory of Emulsions and their Technical Treatment. 5. Aufl. London 1948. — [5] BENNETT, H.: Practical Emulsions. 2. Aufl. Brooklyn u. London 1947. — [6] SUTHEIM, G. M.: Introduction to Emulsions. Brooklyn 1946. — [7] PHILIPP, C. v.: Technisch verwendbare Emulsionen auf Grund der deutschen und ausländischen Patentliteratur bearbeitet. Bd. II. Technische

3. Adsorption oberflächenaktiver Stoffe in Grenzflächen [1—4]; Formel von GIBBS.

Die vorhin besprochene Erniedrigung der Grenzflächenspannung, z. B. von Wasser gegen Luft (oder von Äther gegen Quecksilber) ist mit einer *Anreicherung des grenzflächenaktiven Stoffes* in der Grenzfläche Wasser/Luft (bzw. Äther/Quecksilber) verbunden, also mit einer Adsorption des grenzflächenaktiven Stoffes in der Grenzfläche.

Die Größe der Oberflächenspannungserniedrigung ist nach GIBBS durch das folgende, thermodynamisch begründete *Gesetz* gegeben[5]. Wenn a die je cm² der Oberfläche, z. B. von Wasser, adsorbierte Menge des gelösten Stoffes bedeutet, c die Konzentration des gelösten Stoffes im Innern der Flüssigkeit und σ die Oberflächenspannung (S. 125 und 140) so gilt:

$$a = -\frac{c}{RT}\frac{\partial\sigma}{\partial c}. \tag{67}$$

Man entnimmt aus dieser Formel, daß in allen Fällen, in welchen $\dfrac{\partial\sigma}{\partial c}$ negativ ist, d. h. in welchen eine *Erniedrigung* der Oberflächenspannung bei steigender Konzentration c der Lösung stattfindet, eine positive *Adsorption der gelösten Stoffe in der Oberfläche eintreten muß*. Diese Formel ist qualitativ und quantitativ bestätigt worden.

Die Gültigkeit der Gl. (67) ist als thermodynamische Beziehung *unabhängig von modellmäßigen Vorstellungen*, was aber nicht hindert, daß Vorstellungen zur Begründung von Gl. (67) gebildet werden können und fruchtbar sind.

Ein *Beispiel*, in welchem solche modellmäßige Betrachtungen recht schöne Erfolge gebracht haben, ist die Erniedrigung der *Oberflächenspannung von Wasser* durch die vorhin erwähnten *Fettsäuren*.

Um von der Größe der vorkommenden Effekte einen Begriff zu geben, erwähnen wir, daß die Oberflächenspannung einer 0,005%igen Lösung von Nonylsäure in Wasser etwa den Betrag 54 hat an Stelle des Wertes 72,8 für reines Wasser. Infolgedessen ist nach Gl. (67) eine Anreicherung der Fettsäure in der Oberfläche des Wassers zu fordern. Daß eine solche Anreicherung tatsächlich stattfindet, ist hier modellmäßig und qualitativ in folgender Weise zu verstehen: Die Fettsäure besitzt eine in Wasser gut lösliche Endgruppe, nämlich die Gruppe COOH neben einer in Wasser unlöslichen Paraffingruppe. Die Oberflächenspannung der Flüssigkeit gegen Luft erniedrigt sich wesentlich, da die aus dem Wasser herausragenden Paraffinreste für sich genommen eine *kleine* Oberflächenspannung ergeben.

Die Oberflächenspannung von Hexan gegen Luft beträgt z. B. 18,43 Erg/cm² bei $t = 18°$C gegenüber 72,8 Erg/cm² bei reinem Wasser gegen Luft.

Hinausgehend über die Tatsache einer Adsorption der Fettsäure in der Wasseroberfläche hat sich hier zeigen lassen, daß *die in der Oberfläche angereicherten Moleküle eine Orientierung erfahren* in solcher Weise, daß die Carboxylgruppe aller Fettsäuremoleküle der Wasseroberfläche zugekehrt ist, während die Paraffinreste aus der Lösung herausragen. Es zeigt sich sogar, daß die

Emulsionen in verschiedenen Industriezweigen, ihre Herstellung und Verwendung. 2. Aufl. Berlin 1943. — [8] LANGE, O.: Technik der Emulsionen. Berlin 1929. — [9] BERKMAN, S., and G. EGLOFF: Emulsions and Foams. New York 1941. — [10] EGLOFF, G., and S. BERKMAN: Emulsions, Physics and Chemistry. New York 1942. S. a. die allgemeine Literatur über Oberflächenspannung (S. 140) sowie über Grenzflächenadsorption, Chromatographie usw. (S. 144).
  [1] S. die allgemeine Literatur über Oberflächenspannung (S. 140), über Emulsionen (S. 141), über Chromatographie (S. 144), Katalyse (S. 100) sowie [2] BRUNAUER, ST.: The Adsorption of Gases and Vapours. Bd. 1. Physical Adsorption. London 1945. — [3] LEDOUX, E.: Vapour Adsorption. Brooklyn 1945. — [4] McBAIN, J. W.: The Sorption of Gases and Vapours by Solids. London 1932. — [5] S. z. B. KUHN, W.: Physikalische Chemie. 4. Aufl., S. 332ff. Heidelberg 1948.

Paraffinketten sich im Grenzfalle der nahezu gesättigten Lösung in der Wasseroberfläche dicht aneinanderlegen, und daß sie sich unter der Wirkung der dann auftretenden richtenden Kräfte zu geraden Zickzackketten ausrichten. Es hat sich ferner zeigen lassen, daß die Zahl der Fettsäuremoleküle, welche je cm^2 der Oberfläche Platz finden, von der Länge des Paraffinrestes unabhängig ist. Diese Anzahl ist nämlich einzig durch die Größe des der Wasseroberfläche zugewandten „Kopfes" der Fettsäuremoleküle, der Carboxylgruppe, bestimmt[1-3].

Auch in anderen Fällen von Grenzflächenadsorption werden ähnliche Überlegungen als Erklärung in Frage kommen, z. B. bei der *emulgierenden Wirkung von Seifen* (Seifen sind Alkalisalze von Fettsäuren): Der Paraffinrest der Seife benetzt die in Berührung mit der Lösung befindlichen organischen Stoffe (Fette usw.), während die COOH-Gruppe oder COO$^-$-Gruppe der Seife, wie vorhin beschrieben, eine vom Wasser gut benetzbare Gruppe liefert. Dadurch, daß die Seifenmoleküle sich mit ihrer Paraffingruppe an den organischen (zu emulgierenden) Stoff heften, während sie gleichzeitig ihre COOH-Gruppe dem Wasser zuwenden, entsteht ein Gebilde, dessen Grenzflächenenergie gegen das Wasser außerordentlich klein ist, während der organische Stoff (Schmutz) vor der Adsorption der Seife eine große Grenzflächenenergie gegen Wasser gehabt hatte. Wie wir schon bemerkt haben, bedeutet aber die Herabsetzung der Grenzflächenenergie eine Erhöhung der Emulgierbarkeit, nämlich eine Verringerung der Arbeitsleistung, welche mit einer Vergrößerung der Grenzfläche (Erhöhung des Dispersitätsgrades) verbunden ist. Wir verstehen somit modellmäßig, wie und warum der organische Stoff durch die Seife emulgierbar in Wasser gemacht wird. Wir können sagen, daß der organische Stoff durch die adsorbierten Seifenmoleküle gewissermaßen ins Wasser hineingezogen wird. Die Wirkung geht so weit, daß an sich wasserunlösliche Stoffe wie Naphthalin usw. durch Fettalkohole bis zu einem gewissen Grade eine echte Wasserlöslichkeit erhalten. Den gallensauren Salzen dürfte bei der Verdauung und Resorption der Fette eine ähnliche Wirkung zukommen (vgl. Bd. 2, Resorption).

Die Grenzflächenenergie von *festen Stoffen* gegen Luft oder gegen Flüssigkeiten läßt sich nur in wenigen Fällen wirklich messen. (In bestimmten Fällen läßt sich die Oberflächenspannung eines festen Stoffes gegen eine Flüssigkeit aus dem Winkel bestimmen, unter dem sich ein auf die Fläche gebrachter Flüssigkeitstropfen an die feste Grenzfläche anschließt.) Wichtig ist aber, daß auch in diesem Falle die Grenzflächenenergie fest-flüssig stets einen bestimmten Wert besitzt und wesentlich ist, *daß die Adsorption von in Flüssigkeiten gelösten Stoffen an feste Stoffe (Adsorptionsmittel) unter folgendem Gesetz betrachtet werden darf: Eine Adsorption des gelösten Stoffes an der Grenzfläche findet dann und nur dann statt, wenn die Grenzflächenenergie fest-flüssig durch die Adsorption des gelösten Stoffes an die Oberfläche des festen Stoffes erniedrigt wird.* Die Formel von Gibbs darf auf diesen Fall unverändert übertragen werden. σ (S. 142) erhält in diesem Falle die Bedeutung der Grenzflächenenergie des gegebenenfalls mit der adsorbierten Substanz behafteten festen Stoffes (Adsorptionskohle[4-7] usw.) gegen die Lösung.

Die Adsorption gelöster Verbindungen an Grenzflächen flüssig-flüssig oder an Grenzflächen flüssig-fest spielt *bei den physiologischen Vorgängen* unmittelbar eine große Rolle (Adsorption an Eiweiß usw.; Bindung von Enzymen an die

---

[1] Vgl. Adam, N. K.: Proc. R. Soc. London (A) **99**, 336 (1921); **126**, 366 (1930). — [2] Langmuir, I.: Am. Soc. **39**, 1848 (1917). — [3] Katz, J. R., u. P. J. P. Samwel: A. **472**, 241 (1929). — [4] Bailleul, G., W. Herbert u. E. Reisemann: Aktive Kohle und ihre Verwendung in der chemischen Industrie. 2. Aufl. Stuttgart 1937. — [5] Mantell, C. L.: Adsorption. London 1946. — [6] Mantell, C. L.: Industrial Carbon; its Elemental, Adsorptive, and Manufactored Forms. 2. Aufl. New York u. London 1946. — [7] Kufferath, A.: Fette u. Seifen **51**, 286 (1944).

Oberfläche von Kolloiden). Daneben spielt sie als Forschungsmittel und in der Technik eine große Rolle. An erster Stelle nennen wir die *chromatographische Analyse*[1-14] nach TSWETT. Sie beruht darauf, daß beim Durchfiltrieren einer Lösung durch eine längere Schicht eines Absorptionsmittels (Beispiel Tonerdehydrat) die stärker adsorbierbaren Bestandteile zuerst, d. h. zuoberst in der Säule, die weniger adsorbierbaren Bestandteile später, d. h. weiter unten in der Säule vom Adsorptionsmittel festgehalten werden. Nach dem Durchfiltrieren des Gemisches erhält man somit verschiedene Zonen, welche mechanisch voneinander getrennt werden können und von denen jede nur *einen* Bestandteil des ursprünglichen Gemisches enthält. Die Zonen lassen sich, wenn die Komponenten des Gemisches verschieden gefärbt sind, an der Farbe erkennen (deshalb der Name Chromatographie). Bei farblosen Substanzen kann an die Stelle der Beobachtung der Farbe eine Bestimmung des Refraktometerwertes oder eine Beobachtung der Fluorescenz bei Bestrahlung mit ultraviolettem Lichte treten[15].

An dieser Stelle sei auch die wichtige Feststellung erwähnt, daß eine Stofftrennung, insbesondere eine Trennung der Aminosäuren mit Hilfe von *Filtrierpapier* bewirkt werden kann. Man läßt die mit Zusätzen versehene wäßrige Lösung capillar von einer Seite her ins Filtrierpapier eindringen, anschließend eine zweite mit andern Zusätzen versehene Lösung unter 90° zur erstgenannten Richtung ebenfalls capillar eindringen mit dem Ergebnis, daß nachher jede der Komponenten (jede Aminosäure) an einer bestimmten, durch Testversuche ermittelten Stelle vorzufinden ist[16].

Als weitere Anwendung der Grenzflächenadsorption erwähnen wir die Verwendung von *Schaum zur Trennung von Gemischen* nach SCHÜTZ, sowie die Flotationsverfahren bei der Aufbereitung von Erzen.

Die *Adsorption* (und damit auch die Erniedrigung der Grenzflächenspannung zwischen den aneinandergrenzenden Phasen) ist in vielen Fällen *streng selektiv*. Schon spiegelbildisomere Verbindungen werden, wenn das Adsorptionsmittel selbst optisch aktiv ist, ungleich stark adsorbiert. (Beispiel: Optisch aktive Farbstoffe an Wolle.) Diese Tatsache hat Bedeutung für die Reaktion optischer

Zusammenfassende Literatur über Chromatographie: 1—14. [1] ZECHMEISTER, L., u. L. v. CHOLNOKY: Die chromatographische Adsorptionsmethode. 2. Aufl. Berlin 1938. — [2] ZECHMEISTER, L., u. L. CHOLNOKY: Principles and practice of chromatography. Translated from 2nd german ed. by A. L. BACHARACH and F. A. ROBINSON. New York 1941. — [3] DHÉRÉ, CHARLES: Tswett, Michel: La création de l'analyse chromatographique par adsorption. Sa vie, ses travaux sur les pigments chlorophylliens. Candollea 1943. — [4] HESSE, GERH.: Adsorptionsmethoden im chemischen Laboratorium mit besonderer Berücksichtigung der chromatographischen Adsorptionsanalyse (TSWETT-Analyse). Berlin 1943. — [5] BÖTTGER, W.: Die physikalischen Methoden der analytischen Chemie. Teil 3. 1939. — VETTER, H.: Das chromatographische Adsorptionsverfahren und seine Anwendung in der organischen Chemie. S. 1—59. — SCHWAB, G. M.: Chromatographische Methoden in der anorganischen Chemie. S. 60—73. — [6] HESSE, G.: Chromatographische Analyse und ihre Anwendung. Angew. Chem. **49**, 315 (1936). — [7] STRAIN, H. H.: Chromatographic Adsorption Analysis. Chemical analysis, Bd. II. New York 1942. — [8] WILLIAMS, TR. I.: An Introduction to Chromatography. London, Glasgow u. Bombay 1946. — [9] HOPF, P. P.: Chromatographic „spot"tests. Soc. **1946**, 785. — [10] FERENYI, J.: Die Filtration mit aktivierten Kieselguren. Stuttgart 1941. — [11] BERSIN, TH., u. HANS GEORG MEYER: Über Austauschadsorption von nichtwäßrigen Lösungen. Chemie **57**, 117 (1944). — Society of public analysts and other analytical chemists: Symposium on Polarography and Symposium on Chromatography. Cambridge 1946. — [12] MÜLLER, P. B.: Helv. **26**, 1945 (1943). -- [13] GRUNDMANN, CHR.: Chromatographie und verwandte Methoden in der Enzymchemie. Bamann-Myrbäck **2**, 1452—1466 (1941). — Vgl. GRUNDMANN: Carotinoide, S. 460. — [14] Methodisches über Adsorptionsverfahren siehe auch KRCZIL, F.: Adsorptionstechnik. Dresden 1935.

[15] Siehe z. B. CLAESSON, STIG: Nature **159**, 708 (1947). — BROCKMANN, H., u. F. VOLPERS: Naturwiss. **33**, 58 (1947). — BROCKMANN, H.: Neuere Ergebnisse auf dem Gebiete der chromatographischen Adsorption. Angew. Chem. (A) **59**, 199 (1947). — [16] MARTIN, A. J. P., and R.L.M. SYNGE: Biochem. J. **35**, 1358 (1941). — MARTIN, A. J. P.: Endeavour **6**, 21 (1947).

Antipoden an biochemischen Katalysatoren. Modellmäßig erklärt sich die Selektivität der Adsorption daraus, daß bei der Adsorption des gelösten Stoffes an eine Oberfläche die sämtlichen Feinheiten (geometrische Struktur des adsorbierten Moleküls wie auch der Oberfläche; Größe und genaue gegenseitige Lagerung von Dipolmomenten; Ionenladungen usw.) bedeutungsvoll sind.

Ausbreitung von Flüssigkeiten auf Oberflächen (Spreitung) [1]. In enger Beziehung zur Grenzflächenspannung und zur Beeinflussung derselben durch oberflächenaktive Stoffe steht die bekannte Erscheinung der *Ausbreitung von Flüssigkeiten auf anderen Flüssigkeiten* (z. B. Öltropfen auf Wasser).

Die Entscheidung darüber, ob eine Ausbreitung des Öltropfens auf der Wasseroberfläche stattfindet, hängt von insgesamt 3 Grenzflächenspannungen ab: 1. von der Grenzflächenspannung $\sigma_{\text{Wasser-Luft}}$, 2. von der Grenzflächenspannung $\sigma_{\text{Öl-Luft}}$ und 3. von der Grenzflächenspannung $\sigma_{\text{Öl-Wasser}}$. *Die Ausbreitung findet dann und nur dann statt, wenn:*

$$\sigma_{\text{Öl, Wasser}} + \sigma_{\text{Öl, Luft}} \quad \text{kleiner ist als} \quad \sigma_{\text{Wasser, Luft}} \cdot \qquad (68)$$

Im Falle von Ölsäure haben wir z. B. bei 18° C:

$\sigma_{\text{Ölsäure, Wasser}} = 15{,}6$ Erg/cm^2; $\sigma_{\text{Ölsäure, Luft}} = 32{,}50$ Erg/cm^2; $\sigma_{\text{Wasser, Luft}} = 72{,}8$ Erg/cm^2. Ölsäure breitet sich auf Wasser aus; in der Tat ist $15{,}6 + 32{,}5 = 48{,}1$, also kleiner als 72,8.

Als Grund für diese Ausbreitung und zum Verständnis des gegebenen Kriteriums stellen wir folgendes fest: Wenn der auf dem Wasser liegende Öltropfen sich um 1 cm^2 ausbreitet, so vergrößert sich die Grenzfläche Öl-Wasser sowie die Grenzfläche Öl-Luft je um 1 cm^2; die hierfür aufzuwendende Energie ist $\sigma_{\text{Öl, Wasser}} + \sigma_{\text{Öl, Luft}}$. Gleichzeitig damit verschwindet 1 cm^2 der Grenzfläche Wasser-Luft, und das ist ein Vorgang, bei welchem ein Energiebetrag $\sigma_{\text{Wasser, Luft}}$ nach außen abgegeben werden kann. Die Gesamtbilanz für die Ausbreitung des Öltropfens um 1 cm^2 besteht also darin, daß eine mechanische Energie vom Betrage $\sigma_{\text{Wasser, Luft}} - \sigma_{\text{Öl, Wasser}} - \sigma_{\text{Öl, Luft}}$ nach außen zur Verfügung gestellt werden kann. Wenn diese nach außen abgebbare Energie positiv (der Bedarf an mechanischer Energie negativ) ist, so kann die Ausbreitung erfolgen, andernfalls erfolgt sie nicht freiwillig (2. Hauptsatz der Wärmetheorie, vgl. S. 95).

Einfluß gelöster Stoffe. Bei Beurteilung der Frage, ob eine Ausbreitung des Öles auf Wasser stattfindet, ist es wichtig, zu beachten, daß sowohl $\sigma_{\text{Öl, Wasser}}$ als auch $\sigma_{\text{Wasser, Luft}}$ und (in geringerem Maße) auch $\sigma_{\text{Öl, Luft}}$ durch Stoffe, welche im Öl bzw. im Wasser gelöst sind, beeinflußt werden kann.

Beispiel. Auf unreinen Wasseroberflächen breitet sich ein gegebenes Öl, welches sich auf reinem Wasser gut ausbreitet, nicht oder schlecht aus. *Ferner:* Reines Paraffinöl breitet sich auf Wasser nicht aus, weil $\sigma_{\text{Paraffinöl, Wasser}} + \sigma_{\text{Paraffinöl, Luft}}$ etwa gleich 74 Erg/cm^2 ist und damit größer als $\sigma_{\text{Wasser, Luft}}$. Versetzen wir aber das Paraffinöl mit Ölsäure, oder lösen wir etwas Mastix darin auf, so breitet sich das (verunreinigte) Paraffinöl ausgezeichnet auf Wasser aus. Durch den Zusatz zum Öl ist nämlich $\sigma_{\text{Öl, Wasser}}$ heruntergesetzt worden.

Auch bei der *Ausbreitung von Flüssigkeiten auf festen Stoffen* gelten analoge Betrachtungen. Wenn ein z. B. unter Wasser liegender fester Körper mit einem ebenfalls unter Wasser befindlichen Öltropfen in Berührung gebracht wird, so wird sich der Öltropfen auf dem festen Körper ausbreiten und denselben umhüllen, falls $\sigma_{\text{Öl, fest}} + \sigma_{\text{Öl, Wasser}}$ kleiner ist als $\sigma_{\text{fest, Wasser}}$ (denn wenn das Öl unter Wasser sich auf dem unter Wasser befindlichen festen Körper um 1 cm^2 aus-

---

[1] Siehe die allgemeine Literatur über Grenzflächenspannung; für Anwendungen auf Probleme der Eiweißchemie siehe außerdem: Bull, H. B.: Spread monolayers of protein. Adv. Protein Chem. **3**, 95—121 (1947). — Rothen, A.: Films of protein in biological processes. Adv. Protein Chem. **3**, 123—137 (1947).

breitet, so nimmt die Grenzfläche Öl-Wasser sowie die Grenzfläche Öl-fest je um 1 cm² zu, die Grenzfläche fest-Wasser aber um 1 cm² ab, und wir leisten dann die Arbeit $\sigma_{Öl,\,fest} + \sigma_{Öl,\,Wasser} - \sigma_{fest,\,Wasser}$). Auch hier ist bei der Frage, ob die Ausbreitung stattfindet oder nicht, zu berücksichtigen, daß sowohl $\sigma_{Öl,\,fest}$ als auch $\sigma_{Öl,\,Wasser}$ sowie $\sigma_{fest,\,Wasser}$ von den Stoffen abhängig ist, welche gegebenenfalls im Öl oder im Wasser oder im festen Körper gelöst sind.

Diese Tatsachen sind in der Biologie von großer praktischer Bedeutung, insbesondere z. B. bei der *Nahrungsaufnahme durch Amöben.* Man kann geradezu Modellversuche machen[1], bei welchen ein Öltropfen einen festen Körper, mit dem er in Berührung kommt, zunächst umhüllt und bei welchen der feste Körper später, nachdem ihm einzelne Stoffe (Nahrungsstoffe) entzogen sind, wieder ausgestoßen wird.

4. Grenzflächenadsorption und Katalyse.

Die Adsorption eines Stoffes an einer Oberfläche[2] hat in vielen Fällen nicht nur eine bestimmte Lagerung des adsorbierten Moleküls in der Oberfläche zur Folge. Manchmal ist mit der Adsorption auch eine Veränderung der im Molekül vorkommenden Abstände und damit eine Änderung weiterer Eigenschaften des Moleküls verknüpft. In neuerer Zeit ist in vielen Fällen eine Änderung der optischen Absorption von adsorbierten Molekülen nachgewiesen worden[3].

Es ist oft und sicherlich mit Recht darauf hingewiesen worden, daß die Veränderungen, welche die Moleküle bei der Adsorption an einer Oberfläche erfahren, mit der *Grenzflächenkatalyse* zusammenhängen, d. h. mit der in den Grenzflächen beobachteten Vergrößerung der Geschwindigkeit chemischer Umsetzungen. Es darf aber an dieser Stelle wiederholt werden, *daß kein Katalysator, auch kein Grenzflächenkatalysator, die Fähigkeit besitzt, in dem an den Katalysator grenzenden Raum (Gas- oder Flüssigkeitsvolumen) eine Veränderung der Lage eines chemischen Gleichgewichts herbeizuführen.* Die an den Katalysator selbst gebundenen Ausgangs-, Zwischen- und Endprodukte mögen sich dabei noch so sehr von dem normalen, d. h. nicht an die Oberfläche gebundenen Zustande unterscheiden. *Zwischen den Konzentrationen der nicht an den Katalysator gebundenen Anteile der Reaktionsausgangs- und Endprodukte bestehen die Gleichgewichtsbedingungen des Massenwirkungsgesetzes mit einer vom Katalysator nicht beeinflußten Gleichgewichtskonstanten* K_c [Gl. (28), S. 97].

Ausgenommen hiervon wären Fälle, in welchen bei der Betätigung des Katalysators eine *bleibende Veränderung* der Beschaffenheit *der Oberfläche* eintritt. Eine solche bleibende Änderung kann nämlich mit einer Energieänderung verknüpft sein und diese Energieänderung kann durch Übertragung der Energie auf die reagierenden Moleküle (vgl. S. 50) für die Durchführung einer chemischen Reaktion, welche ohne die Energiezufuhr nicht möglich wäre, verwendet werden. Bei der Beurteilung der hier gegebenenfalls zu erwartenden Effekte ist zu beachten, daß die mit einer Änderung der Oberflächenstruktur des Katalysators verbundene Energieabgabe nur *einmal* zur Verfügung steht, daß aber das durch Katalysatoren herbeigeführte *Gleichgewicht* stets ein *dynamisches,* d. h. immer sich erneuern-

---

[1] RHUMBLER, L.: Methodik der Nachahmung von Lebensvorgängen durch physik. Konstellationen. Handb. biol. Arb.-Meth., Abt. V, Teil 3 A., 219—440 (1923); insbesondere S. 276 bis 290. Anorganisch-organismische Grenzfragen des Lebens. „Das Lebensproblem im Lichte der modernen Forschung." Hrsg. DRIESCH, H., u. H. WOLTERECK, S. 17—78, insbesondere S. 49. Leipzig 1931. — [2] Siehe Literaturzitate S. 140 und (für den speziellen Fall der Adsorption von Gasen und Dämpfen) S. 142; ebenso die Literatur über Chromatographie S. 144.— [3] Vgl. insbesondere DE BOER, J. H.: Z. physik. Chem. (B.) 18, 49 (1932) (daselbst frühere Literatur). — DE BOER, J. H., u. J. F. H. CUSTERS: Z. physik. Chem. (B) 21, 208 (1933); 25, 238 (1934). — Vgl. auch die S. 41 zitierten Arbeiten von G. SCHEIBE u. Mitarbeitern betreffs Absorptionsspektren von großen Aggregaten, die durch Zusammenlagerung von Farbstoffmolekülen gebildet werden.

des ist. Die Durchführung dieses Gedankens führt zu dem Ergebnis, daß die mit einer Strukturänderung der Kontaktsubstanz verbundenen Änderungen eines chemischen Gleichgewichts höchstens ganz vorübergehende sein können und daß sie in den meisten Fällen belanglos sind[1].

5. Polare Adsorption.

Besondere Verhältnisse treten dann ein, *wenn elektrisch geladene Ionen an eine Oberfläche adsorbiert werden.* Es nimmt dann die Oberfläche eine elektrische Ladung an, deren Vorzeichen mit dem Vorzeichen des adsorbierten Ions übereinstimmt.

Anstatt durch selektive Adsorption einer Ionenart kann eine elektrische Aufladung einer Oberfläche auch *durch elektrolytische Dissoziation eines hochmolekularen salzartigen Stoffes,* von dem das eine Ion an der Oberfläche zurückbehalten wird, zustande kommen. Beispiel: Abspaltung von $H^{\cdot}$-Ionen aus Eiweißstoffen.

Bei solchen elektrisch geladenen Oberflächen treten selbstverständlich besondere selektive Effekte auf. Ionen von anderen Salzen, welche in der an eine solche Oberfläche grenzenden Lösung enthalten sind, werden *je nach ihrem Ladungssinn* von der Oberfläche angezogen und sodann je nach Ladungssinn *und* chemischen Eigenschaften adsorbiert.

Darüber, daß hier Hauptvalenzbindungen (Salzbildung) und Nebenvalenzbindungen als *nebeneinander* wirkend anzusehen sind, vgl. das oben S. 65 und das S. 125 Gesagte.

Die Verteilung von Ionen in der Nähe solcher elektrisch geladener Grenzflächen ist bei Auseinandersetzung der Elektrolyttheorie (S. 107) angegeben worden. Weitere Gesetze, insbesondere betreffend das Potential von gequollenen Membranen gegen Elektrolytlösungen sind in Zusammenhang mit den DONNANschen Gleichgewichten (S. 137) besprochen worden.

6. Austauschadsorption.

Eine Kohlenoberfläche, welche z. B. mit Traubenzucker beladen ist und nun mit einer Lösung, welche Essigsäure enthält, in Berührung gebracht wird, gibt sehr rasch den Traubenzucker an die Lösung ab, indem der Zucker von der Oberfläche durch die Essigsäure verdrängt wird[2]. Man spricht in einem solchen Falle von *Austauschadsorption.* Es ist durch Anwendung der Austauschadsorption oft möglich, kleine Mengen adsorbierter Stoffe aus einer Oberfläche herauszuholen, welche auf andere Weise nur schwer herauszubekommen wären (sog. Eluieren von Adsorbaten). In ausgedehntem Maße findet Austauschadsorption auch bei Elektrolyten statt; Beispiel: Verdrängung von Na-Ionen durch Ca-Ionen bei Zeolithen (Permutitverfahren zur Entkalkung von Wasser). Zum Teil spielen solche Vorgänge auch bei der im vorigen Abschnitt S. 144 erwähnten *chromatographischen Analyse* sowie bei einer großen Zahl biochemischer Vorgänge[3] eine Rolle.

VI. Kolloidaler Zustand[4—47].

Der kolloide Zustand ist durch den Aufteilungsgrad (z. B. Größe von Gasblasen, Tropfengröße von Flüssigkeiten, Korngröße von festen Stoffen) gekennzeichnet.

---

[1] Vgl. KUHN, W.: Optische Spezifität von Enzymen. Ergebn. Enzymforsch. 5, 1—48, insbesondere S. 36ff. (1936). Vgl. jedoch die Bemerkung oben (S. 50). — [2] RONA, P., u. K. v. TÓTH: B.Z. 64, 290 (1914). — [3] Siehe z.B. BERSIN, TH.: Die Bedeutung der Austauschadsorption für das biochemische Geschehen. Naturwiss. 33, 108 (1946).

Zusammenfassende Darstellungen über Kolloide: 4—47.

a) Gesamtgebiet. [4] FREUNDLICH, H.: Kapillarchemie. 4. Aufl. Leipzig 1930. — [5] OSTWALD, WO.: Die Welt der vernachlässigten Dimensionen. 11. Aufl. Dresden u. Leipzig 1937.—

Zu den Kolloiden rechnen wir im allgemeinen die Verteilungen, bei welchen die Abmessungen von Blasen, Tropfen oder Körnern in der Größenordnung von 10—10000 Ångström (Å) ($= 10^{-7}$ bis 10^{-4} cm oder 1—1000 $\mu\mu$) liegen. Je nachdem das Suspensionsmittel, in welchem die Stoffe verteilt sind, ein Gas, eine Flüssigkeit oder ein fester Stoff ist, haben wir es mit sog. Aerosolen (Staub, Rauch usw.), mit kolloidalen Lösungen, mit Schaum oder auch mit festen Systemen (Beispiel kolloidale Einschlüsse in Krystallen) zu tun. Allgemein wird der Stoff, welcher in hoher Zerteilung vorliegt, als *Suspensoid* bezeichnet, der Stoff, in welchen das Suspensoid zerteilt ist, als *Suspensionsmittel*

[6] ZSIGMONDY, R.: Kolloidchemie. I. Allgemeiner Teil. Innere Struktur der Primärteilchen (Methode DEBYE-SCHERRER), 5. Aufl., S. 76—80. Leipzig 1925. II. Spezieller Teil. Leipzig 1927. — [7] DUCLAUX, J.: Les colloides. Paris 1929. — [8] BECHHOLD, H.: Einführung in die Lehre von den Kolloiden. Dresden u. Leipzig 1934. — [9] ALEXANDER, J.: Colloid Chemistry, Theoretical and Applied. Bd. 1—5. New York u. London 1926—44. — [10] HARTMANN, ROB.: Colloid Chemistry. London 1941. — [11] KUHN, ALFRED: Kolloidchemisches Taschenbuch. 2. Aufl. Leipzig 1944. — [12] LOTTERMOSER, A.: Kurze Einführung in die Kolloidchemie unter besonderer Berücksichtigung der anorganischen Kolloide. Dresden u. Leipzig 1944. — [13] BANCROFF, W. D.: Applied Colloid Chemistry. General Theory, 3. Aufl. New York 1932. — [14] WEISER, H. B.: Colloid Chemistry; a Textbook. 3. print. New York u. London 1946. — [15] KRUYT, H. R., and H. S. VAN KLOOSTER: Colloids. A Textbook, 3. Aufl. New York 1947. — [16] Advances in Colloid Science: Inaug. by E. O. Kraemer. New York Bd. 1, 1942; Bd. 2, 1946.

b) Mit besonderer Berücksichtigung der organischen Kolloide (Makromoleküle). [17] STAUDINGER, H.: Organische Kolloidchemie. 2. Aufl. Braunschweig 1941. — [18] STAUDINGER, H: Die hochmolekularen organischen Verbindungen. Berlin 1932. — [19] FISCHER, M. H., u. M. O. HOOKER: The Lyophilic Colloids. Springfield, Ill. 1933. — [20] Frontiers in Chemistry: Ed. R. E. Burk and O. Grummitt, Bd. 1. The Chemistry of Large Molecules. New York 1943. — [21] MARK, H.: High Polymers. A Series of Monographs on the Chemistry, Physics, and Technology of High Polymer Substandes. Bd. II. Physical Chemistry of High Polymeric Systems. Translated by K. SINCLAIR. Revised by J. E. WOODS. New York 1940. — [22] HERZOG, R. O., H. HOFFMANN u. O. KRATKY: Hochmolekulare Verbindungen. Handb. Biochem. Erg.-Bd., S. 1—62. 1930. — [23] MEYER, K. H., u. H. MARK: Der Aufbau der hochpolymeren organischen Naturstoffe. Leipzig 1930. — [24] EIRICH, F., u. H. MARK: Hochmolekulare Stoffe in Lösung. Ergebn. exakt. Naturwiss. **15**, 1 (1936). — [25] MARK, H.: Allgemeine Grundlagen der hochpolymeren Chemie. Leipzig 1940. — [26] MEYER, K. H.: Die natürlichen und synthetischen hochpolymeren Stoffe. (Bd. 1 bzw. Bd. 2 der Hochpolymere Chemie. Hrsg. von K. H. MEYER u. H. MARK.) Leipzig 1940. — [27] ULMANN, M.: Molekülgrößenbestimmungen hochpolymerer Naturstoffe. Wiss. Forsch.-Ber. **39**. Dresden u. Leipzig (1936). — Siehe auch die Literatur über lyophile Kolloide, S. 159.

c) Methodisches. [28] OSTWALD, WO., P. WOLSKI u. A. KUHN: Kleines Praktikum der Kolloidchemie. 8. Aufl. Dresden u. Leipzig 1935. — [29] ERRERA, J.: The Specific Inductive Capacity of Substances in the Colloidal State. Colloid Chemistry von J. ALEXANDER, Bd. 1, No 27. New York 1926. — [30] LIESEGANG, R. E.: Chemische Reaktionen in Gallerten. Dresden u. Leipzig 1924. — [31] AMBRONN, H., u. A. FREY: Das Polarisationsmikroskop. Seine Anwendung in der Kolloidforschung und in der Färberei. Leipzig 1926. — [32] HAUSER, E. A., and F. E. LYNN: Experiments in Colloid Chemistry. New York 1941. — [33] HOLMES, H. N.: Laboratory Manual of Colloid Chemistry. 3. Aufl. New York 1934.

d) Beziehung zur Biologie. [34] BECHOLD, H.: Die Kolloide in Biologie und Medizin, 5. Aufl. Dresden u. Leipzig 1929. — [35] DEGKWITZ, R.: Lipoide und Ionen. Wiss. Forsch.-Ber. **31**, 1933, [36] LAMPERT, H.: Thrombose und Embolie in kolloidchemischer Betrachtung. Med. Kolloidlehre. **1935**, 435—468. — [37] LIESEGANG, R. E.: Biologische Kolloidchemie. Wiss. Forsch.-Ber. **20**. Dresden u. Leipzig (1928). — [38] LIESEGANG, R.: Kolloidfibel für Mediziner. 3. Aufl. Dresden u. Leipzig 1944. — [39] PAULI, WO., u. E. VALKÓ: Kolloidchemie der Eiweißkörper. Dresden u. Leipzig 1933. — [40] LOEB, J.: Die Eiweißkörper. (Übersetzt von VAN EWEYK.) Berlin 1924. — [41] COHN, E. J., and J. T. EDSALL: Proteins, Amino acids, and Peptides as Ions and Dipolar Ions. New York 1943. — [42] LEPESCHKIN, W. W.: Kolloidchemie des Protoplasmas. Wiss. Forsch.-Ber. **47**. Dresden u. Leipzig (1938). — [43] Med. Kolloidlehre: Hrsg. von LICHTWITZ, L., R. E. LIESEGANG u. K. SPIRO. Dresden u. Leipzig 1935. — [44] ALEXANDER, J.: The Colloid Chemistry, insbesondere Bd. 2. New York 1928. 4. Aufl. New York 1937. Enthält Aufsätze verschiedener Autoren über Anwendung der Kolloidchemie auf biochemische Probleme. Ebenso Bd. 5. Theory and Methods; Biology and Medicine. 1944. — [45] HANDOVSKY, H.: Der kolloide Zustand. Handb. Biochemie **2**, 48—110 (1925); Erg.-W. 1 B, 634—646 (1933). — [46] STAUDINGER, H.: Makromolekulare Chemie und Biologie. Basel 1947.

und das aus Suspensoid und Suspensionsmittel zusammen gebildete System als *die kolloide Suspension*. In der Physiologie sind naturgemäß die Kolloide, bei welchen das Suspensionsmittel eine Flüssigkeit ist, weitaus vorherrschend. Solche „kolloide" Verteilungen können in verschiedener Weise erhalten werden.

Es gibt unter den kolloiden Lösungen insbesondere *zwei Gruppen von Solen*[1], welche sich in ihren Eigenschaften stark voneinander unterscheiden und welche darum meistens gesondert betrachtet werden, wenn auch zugestanden werden muß, daß Übergänge zwischen den extremen Typen vorkommen.

Die eine Gruppe dieser Stoffe sind die sog. *lyophoben Kolloide* wie Silber, Arsensulfid oder Eisenhydroxyd. Die andere Gruppe sind die sog. *lyophilen Kolloide*, meistens hochmolekulare Verbindungen, deren Zusammenhalt durch Hauptvalenzketten oder Hauptvalenznetze verursacht wird und deren Aufbau eine echte Löslichkeit in dem betreffenden Lösungsmittel begünstigt.

1. Lyophobe Kolloide[2].

Bei den lyophoben Kolloiden handelt es sich, wie man an Hand der angegebenen Beispiele [Silber, As_2S_3, $Fe(OH)_3$] feststellen kann, um Stoffe, welche *im Dispersionsmittel unlöslich* sind. Es ist ferner für diese Klasse von Kolloiden kennzeichnend, daß z. B. die Dichte eines Silberteilchens in einer kolloidalen Silberlösung sehr annähernd gleich ist der *Dichte* eines ausgedehnten kompakten Silberstückes. Solche Teilchen sind ferner gegen das Dispersionsmittel (z. B. Wasser), durch eine scharf definierte Trennungsfläche abgegrenzt. Der Übergang aus der Lösung zum Teilchen ist also völlig scharf. Auch der *Brechungsindex* ändert sich an der Trennungsfläche der Teilchen gegen das Dispersionsmittel sprungweise.

Als Folge des hohen **Zerteilungsgrades** zeichnen sich die kolloiden Suspensionen (Suspensoide) vor den grob dispersen Suspensionen sehr wesentlich dadurch aus, daß die *Größe der Grenzfläche* zwischen kolloider Substanz und Dispersionsmittel, z. B. zwischen Silber und Wasser, *sehr erheblich* ist. Es ist leicht abzuschätzen, daß 1 cm³ Silber, welcher in 10^{18} Würfel von je 10^{-6} cm Kantenlänge aufgeteilt ist, etwa 600 m² Oberfläche bietet. Es ist auf Grund dieser starken Oberflächenentwicklung verständlich, daß alles, was vorhin über die Grenzflächen und deren Eigenschaften gesagt wurde, bei den kolloiden Lösungen sehr zur Auswirkung kommt[3]. Beispiel: Verwendung kolloider Stoffe bei der Grenzflächenkatalyse.

Zerteilungsarbeit. Es ist aus dem vorhin erwähnten Beispiel ersichtlich, daß die Verwandlung etwa eines Gramm-Moleküls kompakten Silbers in kolloidalverteiltes Silber eine sehr starke Vergrößerung der Grenzfläche von Silber gegen das Dispersionsmittel (z. B. Wasser) erfordert, und es ist klar, daß für diese Zerteilung ein großer Arbeitsbetrag aufzuwenden ist.

Die Oberflächenspannung bzw. die *Arbeit*, welche zur *Vergrößerung der Oberfläche von Silber* um 1 cm² aufzuwenden ist, beträgt für geschmolzenes Silber bei 970° C etwa 800 Erg/cm². Bei tiefer Temperatur ist bei allen Stoffen die Oberflächenenergie größer als bei hoher Temperatur. Wenn wir für $t = 20°$ C roh schätzungsweise die Oberflächenspannung des Silbers gegen Wasser gleich 1000 Erg/cm² setzen, so ergibt sich, daß zur Überführung eines Grammatoms Silber (das ist 107,9 g oder etwa 10 cm³, denn 1 cm³ Silber wiegt 10,47g)

---

[1] Vgl. z. B. STAUDINGER, H.: Über die Einteilung der Kolloide. B. **68**, 1682 (1935). — [2] Vgl. hierzu beispielsweise ZSIGMONDY, R., u. P. A. THIESSEN: Das kolloide Gold. Leipzig 1925. — JOEL, E.: Das kolloide Gold in Biologie und Medizin. Leipzig 1925. — [3] Biochemische Betrachtungen solcher Art siehe z. B. BENNHOLD, H.: Über Transportprobleme im tierischen Organismus. Kli. Wo. 11, 2057 (1932). — Ebenso F. SCHMIDT-LABAUME: Die Öl-in-Wasser-Emulsion. Lanettewachs N und Cetiol in der Hauttherapie. Leipzig 1943.

in eine kolloide Verteilung (Würfel von 10^{-6} an Kantenlänge) eine Arbeit von $6 \cdot 10^{10}$ Erg zu leisten ist. Das entspricht einer Energiezufuhr von 1400 cal/Mol.

Umgekehrt wird klar, daß mit einer **Koagulation** der kolloiden Silberlösung, d. h. mit einer Zusammenfügung der Teilchen zu größeren Gebilden, eine *Verringerung der Oberfläche* und damit die Möglichkeit einer Abgabe von freier Energie nach außen verbunden ist. Daraus ergibt sich, daß *ein lyophobes Kolloid ein thermodynamisch unstabiles Gebilde* ist. Die Überführung des koagulierten Kolloids in die kolloide Verteilung erfordert eine Zufuhr von freier Energie. Umgekehrt ist das Koagulieren des Kolloids ein von selbst verlaufender Vorgang. Die Stabilität der lyophoben Kolloide ist eine vorübergehende. Die Aufrechterhaltung des kolloiden Zustandes ist bei lyophoben Kolloiden nur möglich, wenn die Koagulationsgeschwindigkeit aus irgendwelchen Gründen klein wird.

Zu den Einflüssen, welche die Koagulationsgeschwindigkeit, z. B. eines Silbersols, verringern, gehört vor allem die **elektrische Aufladung der Teilchen.** Die Silberteilchen des kolloiden Sols sind in der Regel durch Adsorption von Ionen aus der Lösung, in welcher sie verteilt (gelöst) sind, elektrisch geladen. Die Neutralisation der auf den Kolloidteilchen befindlichen Ladung erfolgt in einem gewissen Abstand vom Kolloidteilchen in der Lösung, und zwar durch Ionen entgegengesetzten Ladungssinnes. Diese umgebenden Ionen erzeugen in der Nähe, z. B. des Silberteilchens, eine zur Teilchenladung entgegengesetzt geladene Ionenatmosphäre, deren weitere Eigenschaften (Abhängigkeit von der Konzentration der Lösung) auf S. 108 beschrieben wurden.

Wir erinnern z. B. daran, daß die *elektrische Neutralisation* der auf den Kolloidteilchen befindlichen Ladung, roh gesprochen, in einer das Teilchen umgebenden Schicht von der Dichte λ erfolgt. λ war durch Gl. (35 bzw. 39) (S. 107/108) gegeben. Wenn die Elektrolytkonzentration c klein ist, so wird λ groß, d. h. der elektrostatische Ausgleich der Teilchenladung erfolgt dann erst in großem Abstande vom Kolloidteilchen. In solchem Falle, also *bei sehr kleinem Elektrolytgehalt* der Lösung, stoßen sich zwei Silberteilchen, welche sich einander nähern, *schon von weitem* elektrostatisch ab. Es kann somit eine Berührung der Teilchen und daran anschließend eine *Koagulation nicht oder nur schwer* stattfinden.

Wird der *Elektrolytgehalt der Lösung* (Konzentration c) *zu groß*, dann sinkt nach Formel (35) die Abmessung der Ionenatmosphäre, d. h. die elektrische *Neutralisierung* der Ladung des Silberteilchens findet nun *sehr nahe am Silberteilchen* statt. Die Teilchen stoßen sich nicht mehr von weitem ab; sie können eher miteinander zur Berührung kommen; die *Lösung koaguliert.*

Durch *Zusatz von Ionen*, deren Ladungssinn dem des Kolloidteilchens entgegengerichtet ist, welche aber stark an Oberflächen adsorbiert werden (insbesondere mehrwertige Ionen wie Al^{+++}, SO_4^{--} usw.), kann die Ladung der Kolloidteilchen verringert werden. Wenn ein derartiger Zusatz zu einer Kolloidlösung gerade hinreicht, um die effektive Aufladung der Teilchen auf Null herunterzusetzen, so werden die Teilchen *isoelektrisch* (vgl. S. 119), d. h. neutral oder frei von Ladung. In diesem Falle tritt bei *lyophoben Kolloiden stets Koagulation* ein[1].

Die weitgehende *Entfernung aller Elektrolyte* aus einer kolloiden Lösung, z. B. aus einer Silberlösung, hat zur Folge, daß auch die in der Teilchenoberfläche zunächst adsorbierten Ionen, welche dem Silberteilchen eine Ladung erteilten, entfernt werden. *In allzu verdünnter Elektrolytlösung wird also das Teilchen ebenfalls isoelektrisch und die Lösung koaguliert.*

Lyophobe Kolloide sind somit nur unter bestimmten Bedingungen, bei welchen die Koagulationsgeschwindigkeit klein ist, haltbar. Für viele Fälle ist es wichtig,

---

[1] Genaueres siehe z. B. OSTWALD, WO.: Neuere Ergebnisse und Anschauungen über die Elektrolytkoagulation hydrophober Sole. Kolloid-Z. **88,** 1 (1939).

daß die Haltbarkeit lyophober Kolloide erhöht werden kann durch Zusatz von lyophilen Kolloiden. Beispiel: Gelatinezusatz zu Silbersolen. Solche lyophile Kolloide, welche die Stabilität von unstabilen lyophoben Kolloiden erhöhen, werden als **Schutzkolloide** bezeichnet.

Peptisation. Die Beeinflussung der elektrischen Ladung und die Wirkung von Schutzkolloiden kann so weit gehen, daß bereits ausgeflockte hydrophobe Sole durch Zusatz gewisser Stoffe (sog. Peptisationsmittel) wieder in kolloide Lösung gebracht werden können. In vielen Fällen genügt sogar ein Auswaschen des für die Fällung des Kolloids verwendeten Fällungsmittels durch Wasser, um das ausgeflockte Kolloid wieder in Lösung zu bringen (Peptisation durch Auswaschen mit Wasser).

Das Peptisieren dürfte im wesentlichen darauf beruhen, daß die Ladung der Kolloidteilchen vergrößert wird, indem entweder das Fällungsmittel entfernt wird oder indem der zugesetzte Stoff sich als elektrisch geladenes Ion an das Kolloidteilchen anheftet. Auch unter dem Gesichtspunkte einer Erniedrigung der Grenzflächenspannung des Suspensoids gegen das Dispersionsmittel läßt sich die Peptisation betrachten. Je kleiner nämlich die Grenzflächenspannung des zu dispergierenden Stoffes gegen das Dispersionsmittel ist, desto leichter kann die Dispergierung (Peptisation) erfolgen. Vgl. hierzu die Ausführungen S. 149/150.

Über Peptisation sowie Ausfällung von Kolloiden durch **Ultraschall,** sowie Beeinflussung chemischer und biochemischer Vorgänge vgl. entsprechende Zusammenfassungen [1-5].

2. Teilchengröße und Teilchengestalt bei lyophoben Kolloiden.

a) BROWNsche Bewegung.

Eine der wichtigsten Methoden zur Bestimmung der Teilchengröße in lyophoben Kolloiden ist die Beobachtung der BROWNschen *Bewegung.* [Erstmals beobachtet von R. BROWN (1827).] Es ist wichtig, daß diese Methode auch auf Teilchen angewendet werden kann, deren Durchmesser kleiner ist als die Wellenlänge des sichtbaren Lichtes (also kleiner als etwa 5000 Å) und welche daher nicht direkt im Mikroskop beobachtet werden können.

Diese Teilchen werden im *Ultramikroskop* [8-11] durch seitlich einfallendes Licht beleuchtet. Sie zerstreuen dieses Licht, wenn die optische Polarisierbarkeit (Brechungsindex) des Teilchens von dem des Suspensionsmittels genügend verschieden ist. Für einen in das Mikroskop hineinschauenden Beobachter erscheint dabei das Teilchen auf dunklem Grunde *selbst leuchtend,* denn es sendet ja Strahlen ins Mikroskop und wird dadurch wahrnehmbar.

Die *Bestimmung der Teilchengröße* aus der BROWNschen Bewegung erfolgt auf Grund der EINSTEIN-SMOLUCHOWSKIschen Formel (1906). Es gilt danach:

$$(\overline{\Delta x})^2 = \frac{kT}{3\pi\eta r}\cdot t. \tag{69}$$

Literatur über Ultraschall: 1—7. [1] HIEDEMANN, E.: Grundlagen und Ergebnisse der Ultraschallforschung. Berlin 1939. Ultraschall. Ergebn. exakt. Naturwiss. **14,** 201—263 (1935). — [2] SCHMID, G.: Ultraschall und chemische Forschung. Angew. Chem. **49,** 117 (1936). Z. Elektrochemie **44,** 728 (1938). — [3] GROSSMANN, E.: Ultraakustik. Leipzig 1934. — [4] BERGMANN, L.: Der Ultraschall und seine Anwendung in Wissenschaft und Technik. 3. Aufl. Berlin 1943. — [5] CHRÉTIEN, H.: Le monde invisible et mystérieux des ondes, Bd. IV.: Les sons, les ultrasons, les infra-sons. Paris 1942. — [6] GOHR, H., u. TH. WEDEKIND: Der Ultraschall in der Medizin. Kli. Wo. **1940,** 25—29. — [7] MENDE, H.: Die biologische Wirkung des Ultraschalls. Mikrokosmos **35,** 110 (1942).
Literatur über Ultramikroskopie: 8—11. [8] FREUNDLICH, H.: Capillarchemie, Bd. II, S. 35—40. Leipzig 1932. — [9] SCHIRMANN, M. A.: Handb. biol. Arb.-Meth. Abt. II, Teil 2, 775—816 (1928). — [10] PÉTERFI, T.: Methodik der wiss. Biologie, Bd. I, S. 417—458. Berlin 1928. — [11] HEIMSTÄDT, O.: Apparate und Arbeitsmethoden der Ultramikroskopie und Dunkelfeldbeleuchtung. Handb. mikroskop. Techn., Teil 5. 1915.

Dabei ist Δx der Weg, den das Teilchen während einer Zeit t im Mittel in der x-Richtung zurücklegt. η ist die innere Reibung des Suspensionsmittels, r der Teilchenradius, k die S. 107 erwähnte BOLTZMANNsche Konstante $= 1{,}37 \cdot 10^{-16}$ und T die absolute Temperatur

b) Diffusion.

Mit der Bestimmung der Teilchengröße durch BROWNsche Bewegung eng verwandt, im Grunde genommen sogar identisch ist die *Bestimmung der Teilchengröße durch Diffusion.*

Ist in einer Lösung ein Konzentrationsgefälle von der Größe dc/dx etwa in der x-Richtung vorhanden und bezeichnet D die Diffusionskonstante, so gilt nach dem FICKschen Gesetz für die Anzahl dn/dt von Teilchen, welche je Sekunde durch 1 cm² einer Fläche, deren Normale in der x-Richtung liegt, hindurchdiffundieren, der Ausdruck:

$$\frac{dn}{dt} = -D\frac{dc}{dx} \tag{70}$$

Die Diffusionskonstante D hängt mit dem in Gl. (69) definierten, in einer Zeit t erreichten mittleren Verschiebungsquadrat $\overline{(\Delta x)^2}$ dadurch zusammen, daß ganz allgemein gilt:

$$\overline{(\Delta x)^2} = 2\,D \cdot t. \tag{71}$$

Für kugelförmige Teilchen gilt somit [wegen (69) und (71)]:

$$D = \frac{kT}{6\pi\,\eta\,r}. \tag{72}$$

Es kann also auch aus der Diffusionskonstante D der Radius kugelförmiger Teilchen bestimmt werden.

Für ein Rotationsellipsoid mit den Halbachsen a (in Richtung der Rotationsachse) und b (Richtungen senkrecht zur Rotationsachse) gilt (wenn über die verschiedenen Orientierungen gemittelt wird) anstatt (72):

$$D = \frac{kT}{12\,\pi\,\eta\,a}\;\frac{1}{\sqrt{1-\dfrac{b^2}{a^2}}}\;\ln\frac{1+\sqrt{1-\dfrac{b^2}{a^2}}}{1-\sqrt{1-\dfrac{b^2}{a^2}}}. \tag{73}$$

c) Beweglichkeit; Sedimentationsgeschwindigkeit.

Für kugelförmige Teilchen von der Dichte ϱ und vom Radius r, welche in einem Dispersionsmittel von der Dichte ϱ_0 und der Viskosität η suspendiert sind, ist die Geschwindigkeit u des Absinkens in cm/sec nach dem Gesetz von STOKES gleich

$$u = \frac{2}{9}\,\frac{r^2}{\eta}\,g\,(\varrho - \varrho_0). \tag{74}$$

g ist dabei die Erdbeschleunigung ($= 981$ cm/sec²). Weiteres über Sedimentationsgeschwindigkeit bei Zentrifugieren vgl. S. 167. Die Sedimentation spielt in der Physiologie, insbesondere bei der Senkungsreaktion der Blutkörperchen eine Rolle[1].

In Wirklichkeit hängt die Sedimentationsgeschwindigkeit mit der bereits besprochenen *Diffusion* bzw. mit der daraus folgenden *Beweglichkeit* der Teilchen

---

[1] Vgl. z. B. WESTERGREEN, A.: Die Senkungsreaktion. Allgemein klinische Ergebnisse, Praktische Bedeutung bei der Tuberkulose. Ergebn. inn. Med. **26**, 577—732 (1924). — DOMARUS, A. v.: Die Blutkörperchensenkungsreaktion. Klin. Fortbildung **4**, 379—420 (1937). — CAFFIER, P.: Blutkörperchensenkungsgeschwindigkeit in Geburtshilfe und Gynäkologie. Klin. Fortbildung **4**, 421—425 (1937). — Siehe auch Bd. 2, Blut.

eng zusammen. Unter der *Beweglichkeit* μ verstehen wir die Translationsgeschwindigkeit, welche das Teilchen in der Flüssigkeit unter Wirkung der Kraft 1 Dyn erhält. Sie hängt mit der Diffusionskonstante D zusammen auf Grund der allgemeingültigen Beziehung

$$D = \mu \cdot kT \quad \text{oder} \quad \mu = \frac{D}{kT}. \tag{75}$$

Die Beweglichkeit μ oder Geschwindigkeit unter Wirkung der Kraft 1 Dyn ist daher für ein kugelförmiges Teilchen vom Radius r [wegen (72)] gleich

$$\mu = \frac{1}{6\pi\eta r}. \tag{76}$$

Das Volumen des kugelförmigen Teilchens ist $\frac{4\pi}{3} r^3$; die auf das Teilchen in der Flüssigkeit in Richtung des Schwerefeldes (g) wirkende Kraft ist daher $\frac{4\pi}{3} r^3 (\varrho - \varrho_0) g$; die Sedimentationsgeschwindigkeit u erhalten wir, indem wir diese Kraft mit der Beweglichkeit μ (Gl. 76) multiplizieren. Für kugelförmige Teilchen erhält man so direkt den in Gl. (74) angegebenen Ausdruck.

Die *Sedimentationskonstante* s_0 definiert man als $s_0 = u/g$; es ist dies die Sedimentationsgeschwindigkeit, welche in einem Schwerefeld $g = 1$ Dyn/gramm auftreten würde. Für Kugeln in einem Medium der Viscosität η hat man als Sedimentationskonstante:

$$s_0 = \frac{2}{9} \frac{r^2}{\eta} (\varrho - \varrho_0). \tag{77}$$

Für langgestreckte Rotationsellipsoide, gleichgültig, ob die Rotationsachse ($2a$) größer oder kleiner als die Querachse ($2b$) ist, erhält man in analoger Weise:

$$s_0 = \frac{b^2}{9\eta} (\varrho - \varrho_0) \frac{1}{\sqrt{1 - \frac{b^2}{a^2}}} \ln \frac{1 + \sqrt{1 - \frac{b^2}{a^2}}}{1 - \sqrt{1 - \frac{b^2}{a^2}}}. \tag{78}$$

d) Viscosität[1-8].

Bei lyophoben Kolloiden, sowie auch bei einem Teil der lyophilen Kolloide z. B. bei Eiweißstoffen, ist die Bestimmung der Viscosität ein wichtiges Hilfsmittel für die Bestimmung der *Teilchenform*. Die Methoden und die quantitativen Beziehungen, nach welchen die Versuche auszuwerten sind, sind dieselben bei allen den Kolloiden, bei welchen die in Lösung befindlichen Teilchen eine *bestimmte* Form, z. B. die einer Kugel oder die eines langgestreckten Ellipsoids besitzen.

Besondere (andere) Beziehungen gelten, wie wir S. 163 zeigen werden, für sog. *Fadenmoleküle mit statistischer Knäuelgestalt*.

Bevor wir die Bestimmung der Größe und Form von Kugeln und Ellipsoiden oder Stäbchen mit Hilfe von Viscositätsmessungen beschreiben, wollen wir einiges über Definition und Messung der Viscosität vorausschicken:

<hr>

Allgemeines über Viscosität 1—8: [1] HATSCHEK, E.: Die Viskosität der Flüssigkeiten. Dresden u. Leipzig 1929. — [2] SCOTT BLAIR, G. W.: Einführung in die technische Fließkunde (Deutsch von H. KAUFFMANN). Dresden u. Leipzig 1940. — [3] HOUWINK, R: Elastizität, Plastizität und Struktur der Materie. Dresden u. Leipzig 1938. — [4] KUHN, W.: Elastizität und Viskosität hochpolymerer Verbindungen. Angew. Chem. **52**, 289 (1939).— [5] PHILIPPOFF, W.: Viskosität der Kolloide. Handb. Kolloidwiss. (Wo. OSTWALD) **9** (1942). — [6] MOHR, R.: Spezifische Viskosität. Bamann-Myrbäck **1**, 646—658. — [7] LAUFFER, M. A.: Viscosimetry in biochemical in vestigations. Green's Currents biochem. Res. 241—260. — [8] UBBELOHDE, LEO: Zur Viskosimetrie, 4. u. 5. Aufl. Beil. Viskosität-Temperatur-Blätter. Leipz g 1943. Anhang: Umwandlungstabellen für Viskositätszahlen.— Siehe auch Beitrag HOLTZ: Wasser, S. 178. — Viskosität von Blut s. Bd. 2.

Definition. Ist in einer Flüssigkeit eine Strömung vorhanden, so daß 2 Schichten im Abstand von 1 cm voneinander einen Geschwindigkeitsunterschied von 1 cm/sec aufweisen, so bezeichnen wir die auf 1 cm² der langsamer bewegten Schicht in der Strömungsrichtung wirkende Kraft (in Dyn gemessen) als die *innere Reibung* oder Viscosität η der Flüssigkeit.

Als Methode zur *Messung der inneren Reibung*[1] benützt man nur verhältnismäßig selten eine Vorrichtung, bei welcher die bei der Definition der inneren Reibung beschriebenen Voraussetzungen verwirklicht sind (COUETTE-Apparat). Meistens benützt man anstatt dessen die *Durchflußgeschwindigkeit einer Flüssigkeit durch eine Capillare* (Viscosimeter von OSTWALD). Zur Auswertung so gegebener Meßergebnisse wird die POISEUILLEsche Formel benutzt. Sie lautet:

$$\eta = \frac{\pi}{8} \frac{\varrho\, g\, h\, r^4\, t}{V \cdot l}\,, \tag{79}$$

wenn ϱ die Dichte der Flüssigkeit, g die Erdbeschleunigung, h die Fallhöhe, r den Radius der Capillare, t die Durchflußzeit, V das in der Zeit t durchfließende Volumen und l die Länge der Capillare bedeutet.

Es zeigt sich nun, daß durch Auflösen eines Stoffes in einem Lösungsmittel die Viscosität geändert wird. Wenn wir diese Änderung quantitativ zum Ausdruck bringen wollen, so können wir etwa folgendermaßen vorgehen:

Wir bezeichnen die Viscosität der Lösung mit η, die Viscosität des Lösungsmittels mit η_0 und bezeichnen den relativen Unterschied dieser beiden Größen, also die Größe $\dfrac{\eta - \eta_0}{\eta_0}$ als die *spezifische Viscosität* η_{sp} der Lösung. Nach einer Formel von EINSTEIN[2] gilt für Suspensionen kugelförmiger Teilchen:

$$\frac{\eta - \eta_0}{\eta_0} = 2{,}5 \cdot \varphi_0\,, \tag{80}$$

wenn φ_0 das Volumen der in 1 cm³ der Lösung suspendierten Kugeln bedeutet (s. auch S. 159). Die Formel ist von BANCELIN nachgeprüft und mit der Erfahrung annähernd in Übereinstimmung gefunden worden.

Viscosität von Suspensionen nichtkugeliger Teilchen. Für Suspensionen von Ellipsoiden ist die Viscosität größer. Schreiben wir zur Abkürzung für das Achsenverhältnis $\dfrac{a}{b} = p$, so gilt für sehr langgestreckte Ellipsoide ($p \gg 1$) und für kleines Strömungsgefälle an Stelle von (80):

$$\frac{\eta - \eta_0}{\eta_0} = \varphi \left[1{,}6 + \frac{p^2}{5} \left(\frac{1}{3\left(\ln 2p - \dfrac{3}{2}\right)} + \frac{1}{-\dfrac{1}{2} + \ln 2p} \right) \right] \tag{81}$$

und für stark abgeplattete Scheibchen ($p \ll 1$), ebenfalls für kleines Strömungsgefälle

$$\frac{\eta - \eta_0}{\eta_0} = \varphi \left[\frac{4}{9} + \frac{32}{15\,\pi\, p} \right]. \tag{82}$$

Für langgestreckte Ellipsoide (Stäbchen) und *mittleres* Strömungsgefälle γ wird[3] anstatt (81)

$$\frac{\eta - \eta_0}{\eta_0} = \varphi \left[1{,}6 + \frac{p^2}{5} \left(\frac{1}{3\,(\ln 2p - \frac{3}{2})} + \frac{1}{-\frac{1}{2} + \ln 2p} \right) \right] \left\{ 1 - \frac{1{,}09}{2}\, \frac{\gamma^2\, \eta_0^2\, a^6}{k^2\, T^2}\, \frac{\left(\dfrac{4\,\pi}{3}\right)^3}{[2\ln 2p - 1]^2} \right\}. \tag{83}$$

---

[1] Methodisches siehe OSTWALD-LUTHER, 5. Aufl., S. 306—314. 1931, sowie z. B. vorstehende Zitate Nr. 6 u. 8. — [2] EINSTEIN, A.: Ann. Physik (4) **17**, 549 (1905); **19**, 371 (1906); **34**, 591 (1911). — [3] KUHN, W., u. H. KUHN: Helv. **28**, 97 (1945). Graphische Darstellung siehe dortige Abb. 10 u. 11, S. 126.

Man entnimmt hieraus die Feststellung, daß die spezifische Viscosität einer Lösung bei gegebener Konzentration (gegebenem φ) und gegebener Teilchenform (gegebenem p) mit steigendem Strömungsgefälle *abnimmt*, daß also die Viscosität bei Anwendung eines größeren Strömungsgefälles kleiner ausfällt als bei derselben Lösung bei kleiner Strömungsgeschwindigkeit. Das gilt nicht nur für langgestreckte Ellipsoide (nicht nur für Stäbchen, Gleichung 83), sondern auch für abgeplattete Ellipsoide (für Scheibchen).

Für die Formeln und für eine graphische Darstellung der Werte von η_{sp} für beliebige Werte sowohl des Achsenverhältnisses p als auch des Strömungsgefälles γ sei auf die Originalarbeiten verwiesen[1].

Die Abhängigkeit der Viscosität vom Betrage des Strömungsgefälles wird im allgemeinen als *Strukturviscosität* bezeichnet, und zwar deswegen, weil eine solche Abhängigkeit zuerst bei relativ konzentrierten Lösungen gefunden wurde, bei denen eine Assoziation zwischen den in Lösung befindlichen Teilchen eintritt. Die bei einer verdünnten Lösung nach Gl. (83) auftretende „Strukturviscosität“ hat mit Assoziationserscheinungen nichts zu tun. Sie tritt auch in unendlich verdünnten Lösungen auf. Wegen der beim Übergang zu höherer Konzentration eintretenden Komplikation ist eine Bestimmung der Teilchengestalt mit Hilfe der Gl. (80) bis (83) nur statthaft, wenn die Messungen tatsächlich an sehr verdünnten Lösungen ausgeführt werden.

Beim *Übergang zu konzentrierten Lösungen*, z. B. bei konzentrierten Lösungen von Eisenhydroxyd, treten, wie wir angedeutet haben, infolge *Assoziation* zwischen den in der Lösung befindlichen Teilchen besondere Komplikationen auf. Wenn durch die Assoziation fadenförmige oder netzartige Gebilde aufgebaut werden, so *steigt* vor allem die Viscosität mehr als proportional der Konzentration der Lösung zu hohem Betrage an. Überdies werden in der Regel die durch Assoziation entstandenen Gebilde schon durch schwache Kräfte, oftmals schon durch die in rasch strömenden Flüssigkeiten auftretenden Strömungskräfte zerstört. Eine solche Bildung von Assoziaten und die Zerreißung derselben durch die Strömungskräfte äußert sich vor allem darin, daß die Viscosität der Lösungen mit steigender Strömungsgeschwindigkeit stark abnimmt, indem die Assoziate im rascher strömenden Sol im Durchschnitt kleiner sind als im langsam strömenden Sol. Es ist dieser an konzentrierteren Lösungen auftretende Effekt, welcher mit voller Berechtigung als **Strukturviscosität** bezeichnet wird.

Die Strukturviscosität ist nicht auf die lyophoben Kolloide beschränkt, sondern sie kommt auch bei konzentrierten Lösungen an vielen lyophilen Kolloiden vor. Sie hat wohl auch dort den gleichen Grund, nämlich eine mehr oder weniger rasch erfolgende Zusammenlagerung einzelner Teilchen zu größeren, durch die Strömungskräfte zerreißbaren Gebilden.

Unter Umständen ist es möglich, daß ein Sol durch netzartige Assoziation der einzelnen Teilchen sogar zu einem **Gel** erstarrt. Oftmals können dann die die Gelteilchen zusammenhaltenden Kräfte durch Schütteln überwunden werden, so daß das Gel durch Schütteln sich verflüssigt. Es gibt Sole (Beispiele: Baumwollgelb in Wasser; Eisenhydroxydsole), bei denen diese Verflüssigung und die Wiederverfestigung zum Gel beim Stehen oft wiederholt werden kann. Man nennt diese Erscheinung **Thixotropie** oder *Sol-Gel-Umwandlung*[2]. Die Thixotropie ist offenbar mit der vorhin besprochenen Strukturviscosität nahe verwandt. Beides beruht ja auf einer im Laufe der Zeit stets wieder erfolgenden *Bildung zerreißbarer Aggregate*.

---

[1] Siehe [3] S. 154. — [2] Zusammenfassung vgl. FREUNDLICH, H.: Thixotropy. Paris 1935 (Actualités Sci. et industr. No. 267.)

Wiederum mit diesen Erscheinungen verwandt ist die sog. **Synärese.** Es handelt sich um die, insbesondere bei thixotropen Gelen beobachtete Erscheinung, daß ein erstarrtes Gel sich unter Auspressen von fast reinem Lösungsmittel in sich selbst zusammenzieht (z. B. beim Gerinnen von Milch, Blut). Offenbar handelt es sich um eine Erscheinung, welche als Zwischenstufe der Ausflockung betrachtet werden kann. Sie ist, ebenso wie die Thixotropie und die Strukturviscosität, auf eine Bildung und langsame weitere Veränderung von Aggregaten in den Solen und Gelen zurückzuführen. Auch der Befund, daß Niederschläge sich im Laufe der Zeit zusammenballen und dabei ihre Struktur, die Teilchengröße und das Reaktionsvermögen ändern, gehört hierher[1].

Bei flüssigen Solen kann man ähnliche Erscheinungen beobachten, insbesondere bei lyophilen Solen, welche durch Salzzusatz (Aussalzen des gelösten Stoffes) dem Ausflocken nahegebracht sind. Man kann dann feststellen, daß die Lösung sich in eine an lyophilem Kolloid reiche und in eine an lyophilem Kolloid arme Phase trennt. Man nennt diese Erscheinung **Koacervation**[2]. Sie ist wohl in Parallele zu stellen zu der bekannten Tatsache, daß z. B. bei Zusatz von $NaCl$ zu einem Äthylalkohol-Wassergemisch die Bildung einer an Äthylalkohol reichen und einer an Äthylalkohol ärmeren Phase auftritt.

Von besonderem Interesse ist ferner die Beobachtung, daß in der an Kolloid reichen Phase unter Umständen eine gegenseitige Ordnung der Teilchen eintreten kann. Das geschieht besonders dann, wenn die Teilchen des gelösten Kolloids stark anisotrop sind. Die Ordnung gibt sich dann durch Doppelbrechung zu erkennen. Äußerlich erkennt man sie schon daran, daß die an Kolloid reiche Phase sich *nicht* in Form runder Tropfen, sondern z. B. in Form scharfkantiger Linsen ausscheidet (sog. *Taktosole*; H. ZOCHER).

e) Strömungsdoppelbrechung.

Eine *Bestimmung von Teilchenform und Teilchengröße*, insbesondere eine Bestimmung der Längsabmessungen von kolloiden, in einer Lösung suspendierten Teilchen ergibt sich aus der Strömungsdoppelbrechung[3]. Wenn nämlich längliche Teilchen in eine strömende Flüssigkeit gebracht werden, so werden die Längsachsen der Teilchen in dem Strömungsfelde orientiert.

Bei kleinen Strömungsgeschwindigkeiten erfolgt die *Teilchenorientierung* unter 45° zur Strömungsrichtung, bei großer Strömungsgeschwindigkeit dagegen parallel zur Strömungsrichtung. Was als eine kleine und was als eine große Strömungsgeschwindigkeit in diesem Sinne anzusehen ist, hängt von der Viscosität des Suspensionsmittels und von den Abmessungen der Teilchen ab. Aus den Strömungsgeschwindigkeiten, welche erforderlich sind, um z. B. eine Teilchenorientierung unter 30° zur Strömungsrichtung hervorzubringen, kann man daher auf die *absoluten Abmessungen* der Teilchen Schlüsse ziehen.

Wenn z. B. für die Herbeiführung eines Orientierungswinkels von 30° ein Strömungsgefälle γ notwendig ist (Geschwindigkeitsunterschied zweier Flüssigkeitsschichten im Ab-

---

[1] Beispiel für Anwendung auf Biochemie siehe z. B. LAMPERT, H.: Thrombose und Embolie in kolloidchemischer Betrachtung. Med. Kolloidlehre **1935**, 435—468. — [2] Beispiel für Anwendung auf Biochemie siehe z. B. DE KUTHY, A.: Sur le rôle de la coacervation dans la formation des calcules biliaires. J. Chim. physique **33**, 180—182 (1936). — ASCHOFF, L.: Die kolloidchemische Struktur der Gallensteine. Kolloid-Z. **89**, 107 (1939). — [3] KUHN, W.: Kolloid-Z. **62**, 269 (1933). Z. physik. Chem. (A) **161**, 1, 427 (1932). Vgl. für einen Teil der Betrachtung auch BOEDER, P.: Z. Physik **75**, 258 (1932). — HALLER, W.: Kolloid-Z. **61**, 26 (1932). — Siehe auch z. B. SNELLMANN, O., u. V. BJÖRNSTAHL: Einige Untersuchungen über Strömungsdoppelbrechung. Kolloid-Beih. **52**, 403—466 (1941).

stand von 1 cm voneinander gleich γ), so ist die dritte Potenz der Teilchenlänge s (bei langgestreckten Teilchen) zu bestimmen aus der Beziehung

$$s^3 = \frac{19{,}2}{\pi} \frac{kT}{\eta_0 \gamma} \tag{84}$$

($\eta_0 = $ Viscosität, $k = $ BOLTZMANNsche Konstante, $T = $ absolute Temperatur.)

Für die Bestimmung der Teilchenlänge s aus der *Orientierung der Strömungsdoppelbrechung* können wir anstatt der Beziehung (84) auch die in dieser Beziehung implizite verwendete, von W. KUHN und H. KUHN eingeführte *Orientierungszahl* benützen[1]. Ist der Winkel, den die Orientierung der Strömungsdoppelbrechung mit der Strömungsrichtung einschließt, gleich $\frac{\pi}{4} - \omega$ bzw. ω die Abweichung der Orientierung der Strömungsdoppelbrechung von der bei schwachem Strömungsgefälle beobachteten 45°-Stellung, so gilt bei endlichem Strömungsgefälle γ die Beziehung

$$\left(\frac{\omega}{\eta_0 \gamma} \right)_{\text{limes } \eta_0 \gamma = 0} = \frac{\pi}{64} \frac{s^3}{kT} . \tag{85}$$

Die für kleines aber endliches Strömungsgefälle von γ unabhängige Größe $\left(\dfrac{\omega}{\eta_0 \gamma} \right)$ ist als *Orientierungszahl* bezeichnet worden. Sie kann, da alle in diesen Parameter eingehenden Größen gemessen werden können, experimentell bestimmt werden. Die Auflösung von (85) nach s^3 gibt zur Bestimmung der dritten Potenz der Teilchenlänge s für langgestreckte Teilchen an Stelle von (84):

$$s^3 = \left(\frac{\omega}{\eta_0 \gamma} \right) \cdot kT \frac{64}{\pi} . \tag{86}$$

Die Beziehung ist mit (84) praktisch genommen identisch; bei einem in (84) angenommenen Orientierungswinkel von 30° gegen die Strömungsrichtung ist nämlich $\omega = 15°$ oder, im Bogenmaß ausgedrückt, $\omega = 15 \cdot \dfrac{2\pi}{360}$ und das gibt, in (86) eingesetzt, fast genau den Ausdruck (84); eine kleine Differenz rührt davon her, daß in (86) für $\omega/\eta_0\gamma$ der Limes des Quotienten für ganz kleine Werte von ω und von $\eta_0\gamma$ einzusetzen ist und daß $\omega = 15 \cdot \dfrac{2\pi}{360}$ dem Limes $\omega = 0$ bzw. dem Limes $\eta_0\gamma = 0$ nicht mehr genau entspricht.

f) Schärfe von Röntgeninterferenzen.

Eine weitere Methode zur Bestimmung der Teilchengröße besteht in der Messung der Schärfe von Röntgeninterferenzen.

Eine selektive Reflexion eines monochromatischen Röntgenstrahls (Wellenlänge λ) findet an einem Krystall, bei welchem identische mit Atomen belegte Ebenen sich in einem Abstande d vorfinden (Abb. 14) dann statt, wenn der Winkel ϑ in Abb. 14 die Bedingung erfüllt:

$$\sin \vartheta = \frac{n\lambda}{2d} . \tag{87}$$

n durchläuft die Reihe der ganzen Zahlen, kann also gleich 1, 2, 3 usw. sein. Diese LAUEsche *Reflexionsbedingung* rührt von folgendem her: Die einzelnen Atome des Krystallgitters senden, wenn sie von den Röntgenstrahlen getroffen werden, Sekundärstrahlen (Kugelwellen) aus. Da die Atome im Krystall geordnet sind und da sie alle von derselben einfallenden Welle zur Aussendung von Sekundärwellen veranlaßt werden, so verstärken sich die Sekundärstrahlen

---

[1] KUHN, W., u. H. KUHN: Helv. **26**, 1394 (1943).

in bestimmten Richtungen durch Interferenz. Eine solche Richtung ist die durch Beziehung (87) gekennzeichnete. Die Reflexionsbedingung (87) findet also ihre Begründung darin, daß die von den verschiedenen Ebenen des Krystallgitters (Abb. 14) ausgehenden sekundären Wellen sich *alle* in der Richtung ϑ verstärken, während sie sich in anderen Richtungen gegenseitig vernichten. Je größer die Anzahl von Ebenen in dem Krystall (Abb. 14) ist, welche zur Verstärkung des Lichtstrahls in der Richtung ϑ und zur Vernichtung in benachbarten Richtungen beitragen, desto schärfer wird sich das Intensitätsmaximum für die Reflexion in der Richtung ϑ ausbilden. Es ist daher aus der Schärfe der Interferenzmaxima wenigstens näherungsweise möglich, auf die Anzahl der in einem Teilchen vorhandenen regelmäßig geordneten Atome, also auf die Kristallitgröße zu schließen[1].

Bei nicht isotropen (= anisotropen) Teilchen, d. h. bei solchen Teilchen, deren Längs- und Querabmessungen ungleich sind, kann in ähnlicher Weise auf die Größe der Quer- und Längsabmessungen geschlossen werden. Bei natürlich vorkommenden Aggregaten kleiner orientierter Teilchen kann nach der Röntgenmethode sowohl die Orientierungsrichtung festgestellt wie die Abmessung des einzelnen Teilchens parallel und quer zur Orientierungsrichtung bestimmt werden *(Faserdiagramme)*, vgl. S. 168.

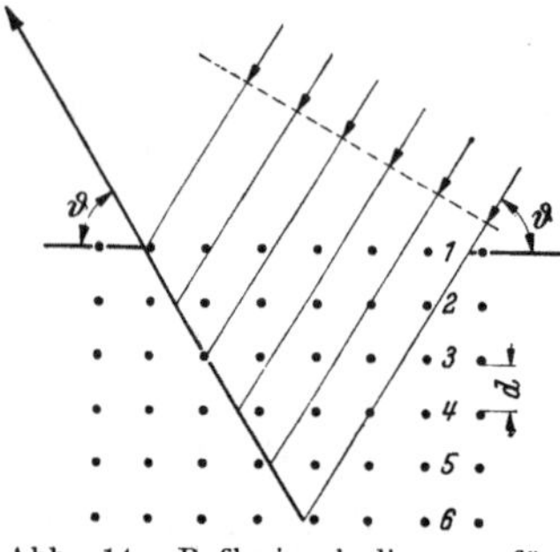

Abb. 14. Reflexionsbedingung für Röntgenstrahlen. Die von den verschiedenen Krystallgitterebenen ausgehenden Sekundärwellen müssen *alle* zur Intensität des reflektierten Strahls beitragen.

g) Übermikroskop[2].

Als weitere Methode nennen wir hier die Methode der Bestimmung von Teilchenform und Teilchengröße mit Hilfe des *Elektronenmikroskopes* oder Übermikroskopes. Die Methode beruht darauf, daß die Elektronen nicht nur die bekannte Korpuskeleigenschaft besitzen, sondern, daß sie sich bei ihrer Ausbreitung wie Wellen benehmen (DE BROGLIE-Wellen). Je nach der Ge-

---

[1] Über die Grenze dieser Methode siehe z. B. NIGGLI, P., u. E. BRANDENBERGER: Acta radiol., Stockholm 15, 350 (1934). — Über Bestimmung von Krystallitgrößen aus der Verbreiterung von Röntgeninterferenzen siehe z. B. SCHERRER, P.: Nachr. Ges. Wiss. Göttingen 1918, 98. — BRILL, R.: Z. Kristallogr. 68, 387 (1928). — ZSIGMONDY, R.: Kolloidchemie. 5. Aufl. Leipzig 1925. — LAUE, M. v.: Z. Kristallogr. 64 (B), 115 (1926). — BRAGG, W. H., and W. L. BRAGG: The Crystalline State. Bd. 1, S. 189. London 1933. — BRILL, R., u. H. PELZER: Z. Kristallogr. 72, 398 (1929); 74, 148 (1930). — Ähnliche Arbeiten mit Benützung von Elektroneninterferenzen vgl. MONGAN, CH.: Helv. physica Acta 5, 341 (1932). — EISENHUT, O., u. E. KAUPP: Z. Elektrochem. 37, 466 (1931). — BRILL, R.: Kolloid-Z. 69, 301 (1934). Z. Kristallogr. 87, 275 (1934). — SCHOON, TH., u. R. HAUL: Bestimmung von Kristallitgrößen aus der Verbreiterung von Elektroneninterferenzen. Z. physik. Chem. (B) 44, 109 (1939). — JONES, F. W.: Proc. R. Soc. London (A) 166, 16 (1938). Siehe ferner die Literatur von S. 168, insbesondere Fußnote [5-12].

[2] Literatur über Elektronenmikroskop: BORRIES, B. v., u. E. RUSKA: Naturwiss. 27, 281 (1939). — RUSKA, H.: Naturwiss. 27, 287 (1939). D. m. W. 1941, 281. — KAUSCHE, G. A., E. PFANKUCH u. H. RUSKA: Naturwiss. 27, 292 (1939). — BORRIES, B. v., u. E. RUSKA: Naturwiss. 27, 577 (1939). — BRÜCHE, E., u. A. SCHERZER: Geometrische Elektronenoptik. Berlin 1941. — BRÜCHE, E.: Elektronengeräte. Berlin 1941. — ARDENNE, M. v.: Elektronenübermikroskopie. Berlin 1940. — RAMSAUER, K.: Das freie Elektron in Physik und Technik. Berlin 1940. — RAMSAUER, K.: Elektronenmikroskopie. 3. Aufl. Berlin 1943. Berichte über die Arbeiten des A.E.G.-Forschungsinstituts. 1930—1942. — SCOTT, R. A.: Electron microscopy. Sci. Progr. 35, 638—651 (1947). — GABOR, D.: The Electron Microscope. London 1944. — ZWORYKIN, V. K. u. Mitarb.: Electron Optics and the Electron Microscope. London 1946. — BURTON, E F., u. W. H. KOHL: The Electron Microscope. An Introduction to its Fundamental Principles and Applications. New York 1946.

schwindigkeit der Elektronen kann die Wellenlänge der ihnen entsprechenden DE BROGLIE-Wellen wesentlich kürzer sein als die Wellenlänge des sichtbaren Lichtes. Aus diesem Grunde kann mit diesem Hilfsmittel die Struktur und Gestalt von Teilchen untersucht werden, welche sich infolge ihrer Kleinheit der Untersuchung mit sichtbarem Lichte entziehen.

3. Lyophile Kolloide [1-11].
a) Die Teilchengröße

eines lyophilen Kolloides (Beispiel: Kautschuk in Benzol oder Eiweiß in Wasser) beruht nicht auf einer bloß mechanischen Zerteilung, sondern auf einer *echten* Löslichkeit des kolloidgelösten Stoffes in dem Dispersionsmittel, sowie auf der Tatsache, daß solche lyophilen Kolloide im chemischen Sinne Riesenmoleküle darstellen (Makromoleküle; H. STAUDINGER). Es handelt sich um Moleküle, deren Molekulargewicht einige Tausend bis einige Millionen betragen kann. Der Zusammenhalt solcher Moleküle wird durch die chemischen Valenzen, und zwar durch Hauptvalenzen herbeigeführt. Die Verknüpfung erfolgt in solcher Weise, daß die Molekülbestandteile zu langen Ketten (sog. Hauptvalenzketten) verbunden werden (Beispiel Kautschuk, Eiweiß, Cellulose) oder auch zu weitmaschigen räumlichen Gebilden (Hauptvalenznetze). Die *Molekülgröße* [2-11] ist in diesem Falle durch den chemischen Bau des Moleküls, durch die Anzahl und Anordnung der Hauptvalenzen gegeben (H. STAUDINGER; K. H. MEYER, H. MARK).

Zur Bestimmung der Molekülgröße eignet sich unter anderem der *osmotische Druck*, über dessen Bestimmung bereits S. 130 das Wesentliche mitgeteilt wurde.

Es sei noch hinzugefügt, daß der osmotische Druck von Lösungen hochpolymerer Stoffe schon bei Konzentrationen, die wenig mehr als 1% betragen, hinter dem durch Gl. (58), S. 131 gegebenen Betrag ($P = c \cdot RT$) zurückbleibt. Es hängt dies mit der Tatsache zusammen, daß bei der Verdünnung einer Lösung nicht nur der Verteilungszustand des gelösten Stoffes, sondern auch der des Lösungsmittels eine Änderung erfährt und daß beide Änderungen bei der Berechnung der Zustandswahrscheinlichkeit berücksichtigt werden müssen. Es zeigt sich, daß infolgedessen der osmotische Druck P einer Lösung, vom Volumenbruch x (Volumenbruch x = Volumen des gelösten Stoffes geteilt durch Volumen des Lösungsmittels plus Volumen des gelösten Stoffes), sowie von den Molvolumina φ_l des Lösungsmittels und φ_f des gelösten Stoffes folgendermaßen abhängt:

$$P = \frac{RT}{\varphi_l}\left[\ln\frac{1}{1-x} - x\frac{\varphi_f - \varphi_l}{\varphi_f}\right] \tag{88}$$

eine Beziehung, die nur für *sehr* kleine Werte von x in die Beziehung (58) übergeht.

---

[1] Vgl. die S. 147 zitierten Bücher, sowie [2] FISCHER, M. H., and M. O. HOOKER: The Lyophilic Colloids. London 1934. — [3] FISCHER, M. H.: Kolloidchemie der Wasserbindung. 2. Aufl., 2 Bde. Dresden 1927/28. — [4] STAUDINGER, H.: Über die makromolekulare Chemie. Angew. Chem. **49**, 801 (1936). — [5] KUHN, W.: Elastizität und Viskosität hochpolymerer Verbindungen. Angew. Chem. **52**, 289 (1939). — [6] ALFREY, T.: Mechanical Behaviour of High Polymers. New York 1948. — [7] KUHN, W., O. KÜNZLE u. A. PREISSMANN: Relaxationszeitspektrum, Elastizität und Viscosität von Kautschuk. Helv. **30**, 307, 464 (1947). — [8] KUHN, W., u. O. KÜNZLE: Experimentelle Bestimmung der dynamischen Viskosität und Elastizität sowie des Relaxationszeitspektrums von Kautschuk. Helv. **30**, 839 (1947). — [9] NORD, F. F.: Beziehungen zwischen Tieftemperaturforschung und Kolloidchemie. Naturwiss. **24**, 481—486 (1936). — [10] WYK, A. J. VAN DER: Struktur der hochmolekularen Verbindungen. Handb. Biochem. Erg.-W. 1, A 288—304 (1933). — [11] MARK, H.: Physik und Chemie der Cellulose. Berlin 1932.

Weitere Möglichkeiten zur Bestimmung des Molgewichts geben die unten zu besprechenden Messungen der *Sedimentationsgeschwindigkeit* und des *Sedimentationsgleichgewichts* in der Ultrazentrifuge, die Bestimmung der *Diffusionskonstante*, die *Viscosität*, die Größe und Orientierung der *Strömungsdoppelbrechung* sowie eine Kombination von Viscositätszahl und Orientierungszahl, sowie die *Lichtzerstreuung*.

b) Molekülgestalt.

Die Gestalt, welche die Moleküle (hochpolymerer Stoff) in Lösung annehmen, hängt nicht ausschließlich von den Hauptvalenzen des Moleküls ab. Es sind

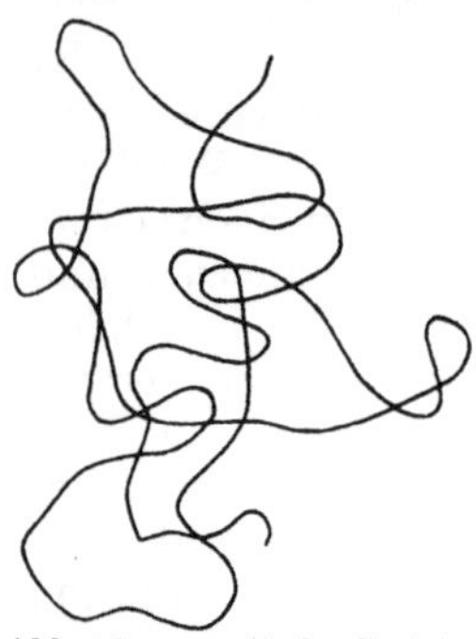

Abb. 15. Statistische Gestalt fadenförmiger Moleküle in Lösungen. Die wahrscheinlichste Gestalt ist die eines sehr lose gebauten Knäuels. Die Zwischenräume zwischen den einzelnen Teilen des in der Abb. beispielsweise gezeichneten Moleküls sind durch Lösungsmittel bzw. durch Teile anderer Fadenmoleküle ausgefüllt zu denken.

vielmehr, zumal bei Kettenmolekülen wie Kautschuk, Polystyrol, Cellulosederivaten, Stärke, Glykogen usw. infolge der *freien Drehbarkeit* der Kohlenstoffbindungen sehr viele energetisch gleichwertige Molekülgestalten, sog. *Konstellationen* (vgl. den Abschnitt Molekülkonstellation S. 76 u. 88) möglich. Die Beschaffenheit der tatsächlichen oder häufigsten Molekülkonstellationen hängt dann mit ab von den Nebenvalenzkräften, welche die einzelnen Molekülteile aufeinander ausüben und von den Kräften, welche von den Molekülteilen auf das Lösungsmittel ausgeübt werden. Da die Kräfte, welche die Assoziation des Moleküls mit sich selbst bewirken, durchaus individueller Natur sind, kann eine für *alle* hochmolekularen Stoffe gültige Aussage über die Molekülform nicht gegeben werden.

Ziemlich häufig tritt allerdings der Fall auf, daß die Nebenvalenzen nicht zu einer sehr starken Assoziation des gelösten Moleküls in sich selbst führen. In diesem Falle können bei Kettenmolekülen (Kettengliederzahl Z) durchaus inhaltvolle Aussagen über die wahrscheinlichste Molekülkonstellation (S. 76) gemacht werden: Das Molekül nimmt in solchem Falle die Gestalt eines lockeren Knäuels, die sog. *statistische Knäuelgestalt* an (Abb. 15). Um dies näher zu beschreiben, führen wir nach W. Kuhn das sog. *statistische Fadenelement* ein[1]. Es ist dies ein aus s monomeren Resten zusammengesetztes Fadenstück, welches im Mittel eine Länge A_m besitzen wird und welches, wenn wir dem Faden entlang vom Anfangspunkt nach dem Endpunkt gehen, die Eigenschaft hat, daß die Fortschreitungsrichtung in einem gegebenen Fadenelement von den Fortschreitungsrichtungen in den benachbarten statistischen Fadenelementen unabhängig ist. Für s und A kann ein Vorzugswert s_m und A_m gefunden werden[2] mit der Eigenschaft, daß

$$A_m = s_m \cdot b \tag{89}$$

ist, wenn b die in der Kettenrichtung gemessene Länge eines monomeren Restes bedeutet. Die Gestalt des aus Z monomeren Resten bestehenden Fadens wird dann beschrieben durch ein aus

$$N_m = \frac{Z}{s_m} \tag{90}$$

statistischen Fadenelementen der Länge A_m bestehendes Gebilde, dessen (dem Modell entlang gemessene) Länge

$$L = N_m A_m = Z \cdot b \tag{91}$$

---

[1] Kuhn, W.: Kolloid. Z. **68**, 2 (1934). — [2] Kuhn, W., u. H. Kuhn: Helv. **26**, 1394 (1943).

ist, in solcher Weise, daß L mit der Länge des gestreckt gedachten Molekül-
fadens übereinstimmt.

Auf Grund einer statistischen Betrachtung lassen sich jetzt alle Fragen
betreffend die Häufigkeit, mit welcher die verschiedenen Molekülformen anzutreffen sind, beantworten, insbesondere die Frage nach der Wahrscheinlichkeit
$W(h)\,dh$ dafür, daß der Fadenanfangspunkt vom Endpunkt einen zwischen h
und $h + dh$ liegenden Abstand besitzt.

Es gilt in erster Näherung[1, 2]

$$W\,(h)\,d\,h = \sqrt{\frac{3}{2\,N_m\,A_m{}^2}}\,\frac{4}{\sqrt{\pi}}\,e^{-\frac{3\,h^2}{2\,N_m\,A_m{}^2}}\cdot h^2\,dh\,. \tag{92}$$

Auf Grund dieser *Verteilungsfunktion* gilt für das *mittlere Abstandsquadrat* $\bar h^2$
der Fadenenden die einfache Beziehung

$$\bar h^2 = N_m\,A_m{}^2\,. \tag{93}$$

Um einen Begriff von den ungefähren Abmessungen, welche in praktischen
Fällen vorkommen, zu geben, erwähnen wir, daß beispielsweise für Polystyrol
(Molgewicht des Grundmoleküls gleich 104) die Größe $s_m = 14$; $b = 2,53 \cdot 10^{-8}$ cm,
$A_m = 35 \cdot 10^{-8}$ cm ist[3]. Demgemäß wäre für ein Molekül vom Polymerisationsgrade $Z = 10^4$ ($M \sim 10^6$) die Länge des völlig gestreckten Fadens gleich $L =$
$2,5 \cdot 10^{-4}$ cm; demgegenüber ist $\sqrt{\bar h^2} = \sqrt{\dfrac{Z}{s_m}} \cdot A_m = 0,94 \cdot 10^{-5}$ cm, während der
Kugelradius r, den wir erhalten, wenn sich das Molekül zu einem Tröpfchen von
der Dichte $\varrho = 0,9\ g$ cm^{-3} zusammenziehen würde, gleich $r = 0,76 \cdot 10^{-6}$ cm wäre.
Der mittlere Abstand zwischen den Fadenenden ist also etwa 25mal kleiner
als der Abstand der Enden im völlig gestreckten Faden und etwa 22mal größer
als der Radius des zu einem Tröpfchen kondensierten Teilchens. Das Volumen
des Knäuels ist rund 1000mal größer als das des kondensierten Teilchens. Man
hat sich also das statistisch gestaltete Molekül als *ein sehr lose gebautes Gebilde*
(Abb. 15) vorzustellen.

Es zeigt sich, daß der Zustand eines Fadenmoleküls durch den Parameter h
(Abstand zwischen den Endpunkten) weitgehend festgelegt ist und daß die
praktischen Eigenschaften der Lösung, insbesondere Viscosität und Strömungsdoppelbrechung auf Grund der Verteilungsfunktion für h bzw. durch N_m und A_m
sowie schließlich durch die Dicke d_h des Fadens weitgehend festgelegt sind.

Beziehung der Molekülgestalt zur Kautschukelastizität[4-10]. Es zeigt sich, daß
auch die *Hochelastizität* von Kautschuk und ähnlichen Stoffen mit der statistischen
Gestalt der Moleküle bzw. der Netzbogen in diesen Stoffen in Zusammenhang
steht.

[1] Siehe [1] S. 160. — [2] Für eine genauere Verteilungsfunktion siehe KUHN, W., u. F. GRÜN:
Kolloid. Z. 101, 248 (1942). — [3] Zahlenwerte von s_m, A_m und b-Werten für andere Faden-
moleküle siehe KUHN, W., u. H. KUHN: Helv. 26, 1394 (1943), insbes. S. 1450. — [4] KUHN, W.:
Beziehungen zwischen Molekülgröße, statistischer Molekülgestalt und elastischen Eigen-
schaften hochpolymerer Stoffe. Kolloid. Z. 76, 258 (1936). Für das Qualitative siehe auch
WÖHLISCH, E.: Verh. physik.-med. Ges. Würzburg, N. F. 51, 53 (1926) und MEYER, K. H.,
u. C. FERRI: Helv. 18, 570 (1935), sowie GUTH, E., u. H. MARK: Mh. Chem. 65, 93 (1934).
Für eine Zusammenfassung siehe KUHN, W.: Statistisches Problem der Gestalt fadenförmiger
Moleküle in Lösung. Exper. 1, 6 (1945). — ALFREY, T.: Mechanical Behaviour of High
Polymers. New York 1948. Für neuere Arbeiten siehe z. B. [5] WALL, F. T.: J. chem. Physics
10, 132, 485 (1942). — [6] TRELOAR, R. L. G.: Trans. Faraday Soc. 38, 293 (1942); 40, 109
(1944). — [7] KUHN, W., u. F. GRÜN: J. polymer Sci. 1, 183 (1946). — [8] KUHN, W.: J. polymer
Sci. 1, 380 (1946). — [9] KUHN, W., O. KÜNZLE u. A. PREISSMANN: Relaxationszeitspektrum,
Elastizität und Viskosität von Kautschuk. Helv. 30, 307, 464 (1947). — [10] KUHN, W., u.
O. KÜNZLE: Experimentelle Bestimmung der dynamischen Viskosität und Elastizität, sowie
des Relaxationszeitspektrums von Kautschuk. Helv. 30, 839 (1947).

Wir stellen uns vor, daß im nicht vulkanisierten Kautschuk Moleküle mit statistischer Gestalt vorliegen (ungefähr wie Abb. 16), wobei die losen Knäuel sich gegenseitig durchdringen und dauernd ihre Gestalt ändern. Beim Vulkanisieren des Kautschuks werden Kettenglieder, welche verschiedenen Molekülen angehörten, miteinander verknüpft (Schwefelbrücken), so daß diese Verknüpfungspunkte nicht oder kaum mehr eine BROWNsche Bewegung ausführen können. Die zwischen solchen Vulkanisierungspunkten liegenden Kettenstücke, welche

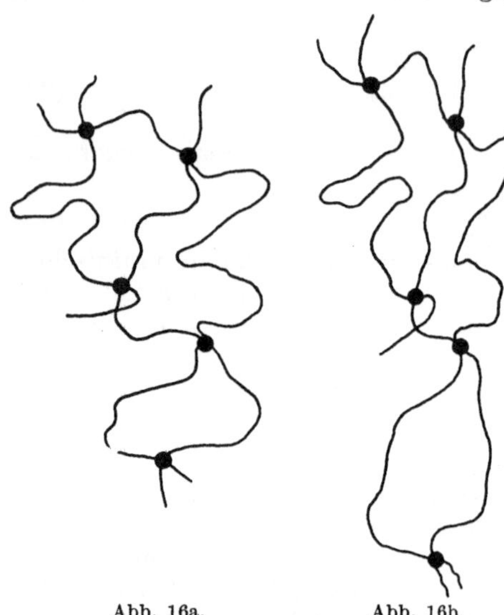

wir als *Netzbogen* bezeichnen und deren mittleres Molgewicht gleich M_f sei, haben offenbar im nicht gedehnten vulkanisierten Präparat die statistische Gestalt (Abb. 16a). Wird der Versuchskörper einer Dehnung unterworfen, so werden die Vulkanisierungspunkte die Bewegung der sie umgebenden Masse mitmachen, ähnlich etwa wie Sandkörner, welche wir uns in der Masse verteilt denken. Es erfolgt dann eine Orientierung und, besonders in der Dehnungsrichtung, *eine Verlängerung des Abstandes* zwischen benachbarten Vulkanisierungspunkten, eine *Streckung der Netzbogen* (Abb. 16b). Würden wir die Vulkanisierungspunkte lösen, so würden die Netzbogen aus der gestreckten Form (Abb. 16b) in die normale Verteilung (Abb. 16a) zurückkehren. Die rein kinetische Tendenz zur Rückkehr aus der unwahrscheinlichen Gestalt (16b) in die wahrscheinliche Gestalt (16a) ist die Ursache für die Rückstellkraft im gedehnten

Abb. 16a.   Abb. 16b.

Abb. 16a. Herausgegriffene Netzbogen im ungedehnten Kautschuk mit einer der statistisch häufigsten Knäuelgestalt entsprechenden Konstellation. b. Dieselben Netzbogen, nachdem das Kautschukstück gedehnt worden ist. Die Konstellation der Netzbogen entspricht jetzt nicht mehr dem statistisch häufigsten Molekülgebilde.

Kautschuk. Quantitativ ergibt sich, daß die Spannung σ je cm² des gedehnten Versuchskörpers in einer Kautschukprobe, welche die Dichte ϱ besitzt und welche auf das αfache ihrer ursprünglichen Länge gedehnt wurde, gleich ist

$$\sigma = \frac{7}{3}\frac{R\,T\,\varrho}{M_f}\left(\alpha^2 - \frac{1}{\alpha}\right) \simeq 7\,\frac{R\,T\,\varrho}{M_f}\,(\alpha - 1) \tag{94}$$

bzw.

$$\sigma = \frac{R\,T\,\varrho}{M_f}\left(\alpha^2 - \frac{1}{\alpha}\right) \simeq 3\,\frac{R\,T\,\varrho}{M_f}\,(\alpha - 1)\,. \tag{94a}$$

Es gilt dabei die Beziehung (94), wenn bei Bestimmung des Netzbogengewichts M_f nur die in der Substanz vorhandenen chemischen Vulkanisierungspunkte berücksichtigt werden, (94a) dagegen, wenn neben der Festlegung der Gestalt eines Netzbogens durch die beiden ihn begrenzenden chemischen Vulkanisierungspunkte auch die teilweise physikalische Festlegung durch fremde, in der Nachbarschaft befindliche Vulkanisierungspunkte berücksichtigt wird. (⁸, S. 161).

Gestaltänderung von Fadenmolekülen in Lösung durch elektrische Aufladung (Ionisierung); mögliche Beziehungen zur Muskelkontraktion. An Lösungen von Polymethylacrylsäure in Wasser konnte gezeigt werden[1], daß das undissoziierte

---

[1] KUHN, W., O. KÜNZLE u. A. KATCHALSKY: Verhalten polyvalenter Fadenmolekülionen in Lösung. Helv. **31**, 1994 (1948).

Molekül in wäßriger Lösung (z. B. bei $p_H = 4$) die statistische Knäuelgestalt besitzt, daß aber bei Zusatz von Alkali zur verdünnten Lösung eine Entknäuelung stattfindet. Sie wird dadurch herbeigeführt, daß die bei der Ionisation entstehenden auf dem Faden verankerten COO^--Gruppen einander elektrostatisch abstoßen. Zugabe von 0,5 cm³ n-NaOH zu einer Lösung, welche Polymethylacrylsäure vom Polymerisationsgrade $Z = 650$ in einer Konzentration von $\dfrac{1}{800}$ Grundmol je Liter enthält, genügt, um die Fadenmoleküle aus der statistischen Gestalt in praktisch völlig gestreckte Fäden überzuführen. Bei dieser Streckung ändert sich der Abstand zwischen den Fadenenden ungefähr um einen Faktor 20. Bei Zugabe von Säure zur genannten Lösung findet eine freiwillige Rückkehr der Fäden aus der gestreckten in die geknäuelte Form statt, ein Vorgang, welcher experimentell mehrmals wiederholt und welcher auch rechnerisch quantitativ behandelt werden kann.

Es gelingt, die Streckung und Kontraktion der Molekülfäden bei der elektrischen Aufladung und Entladung auf makroskopische Systeme zu übertragen und eine Art Muskelkontraktionsmodell zu erhalten. Ein solches Modell entsteht nach W. KUHN[1], wenn man Fäden aus Polymethylacrylsäure, welche etwas Glycerin und Schwefelsäure enthalten, im gedehnten Zustande erhitzt. Solche Fäden quellen anisotrop in Wasser und zeigen dann die Eigenschaft, sich reversibel bei Zugabe von Alkali zu dehnen und bei Zugabe von Säure zu kontrahieren. Ein ähnliches System, welches bei Zugabe von Alkali quillt und bei Zugabe von Säure entquillt, erhält man nach A. KATCHALSKY[2] durch Copolymerisation von Acrylsäure mit kleinen Mengen von Divinylbenzol.

c) Viscosität von Fadenmoleküllösungen[3].

Man kann zeigen, daß das von einem Fadenmolekül gebildete statistische Knäuel in einer strömenden Lösung eine *Translation* des Molekülschwerpunktes erfährt und daß sich dieser Translation eine *Rotation* (Umwirbelung) des Vektors h überlagert, *wobei diese Rotation von einer periodischen Dehnung und Kompression des Abstandes h begleitet ist.*

Im übrigen zeigt sich, daß das statistische Knäuel im Falle *kleinen Polymeri-sationsgrades* bei der Translation oder Rotation in der Lösung in allen Teilen vom umgebenden Lösungsmittel *frei durchspült ist*, während beim Übergang zu *hohem* Polymerisationsgrade eine steigende Menge von Lösungsmittel im Innern des Knäuels *immobilisiert* wird. Tatsächlich bildet das Molekül bei kleinem Polymerisationsgrade einen nur mäßig gekrümmten Faden, während es bei hohem Polymerisationsgrade stark in sich selbst verschlungen ist.

Der bei steigendem Z erfolgende allmähliche Übergang vom völlig durchspülten zum undurchspülten Knäuel konnte auf Grund eines Ähnlichkeitsprinzips mit Hilfe von Modellversuchen festgestellt und quantitativ durch eine

---

[1] KUHN, W. Exper. **5**, 318 (1949). — [2] KATCHALSKY, A.: Exper. **5**, 319 (1949). — [3] KUHN, W., u. H. KUHN: Helv. **26**, 1394 (1943); **28**, 97, 1533 (1945); **29**, 71, 609, 830 (1946); **30**, 1233 (1947). — KUHN, W.: Statistisches Problem der Gestalt fadenförmiger Moleküle in Lösung. Exper. **1**, 6 (1945). — KUHN, W.: Exper. **3**, 315 (1945). — PHILIPPOFF, W.: Viskosität der Kolloide. Handb. Kolloidwiss. (Wo. OSTWALD) **9** (1942). — PATAT, S.: Viskositätsprobleme bei hochpolymeren Stoffen. Angew. Chem. **57**, 95 (1948). — KUHN, W., u. H. KUHN: Diffusion, Sedimentation und Viskosität bei Lösungen verzweigter Fadenmolekel. Helv. **30**, 1233 (1947). — KUHN, W., u. H. KUHN: Steifheit von Fadenmolekülen und deren Bestimmung aus Viskosität und Strömungsdoppelbrechung verdünnter Lösungen. Chimia, Aarau **2**, 173 (1948). J. colloid Sci. **3**, 11 (1948). — STAUDINGER, H.: Die hochmolekularen organischen Verbindungen. Berlin 1932 sowie die weitere, S. 148 u. 159 zitierte Literatur.

Formel wiedergegeben werden[1]. Wenn c die Konzentration in Grundmol je Liter und N_L die LOSCHMIDTsche Zahl je Mol bedeutet, gilt auf Grund dieser Untersuchungen für die Größe η_{sp}/c:

$$\frac{\eta_{sp}}{c} = \frac{A_m\,b^2}{48}\,\frac{N_L}{10^3}\,\frac{Z}{-0{,}05 + 0{,}12\log^{10}\dfrac{A_m}{d_h} + 0{,}037\sqrt{\dfrac{b\,Z}{A_m}}} \tag{95}$$

Bei kleinen Werten von Z ist das mit $\sqrt{Z}$ proportionale Glied im Nenner rechts in dieser Gleichung zu vernachlässigen. In diesem Falle wird $\dfrac{\eta_{sp}}{c}$ proportional mit dem Polymerisationsgrade Z oder in einer polymer homologen Reihe proportional mit dem Molgewicht M, also $\dfrac{\eta_{sp}}{c} = \text{const.}\ M$ (für kleine Werte von M), eine Beziehung, welche empirisch von H. STAUDINGER gefunden wurde, die aber,

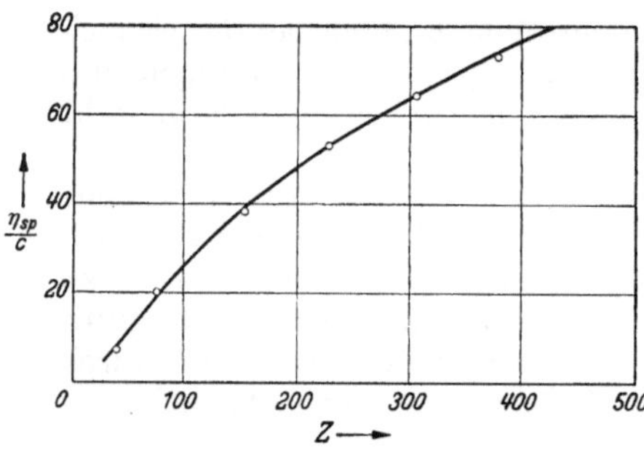

Abb. 17. Abhängigkeit der Viscositätszahl η_{sp}/c vom Polymerisationsgrade Z für Nitrozellulose in Aceton. Nach H. MOSIMANN, Helv. **26**, 1 (1943).

wie wir sehen, nicht in den Bereich sehr hoher Polymerisationsgrade extrapoliert werden darf. Bei hohem Wert von Z sind die im Nenner der vorigen Gleichung von Z freien Glieder gegen das mit $\sqrt{Z}$ proportionale Glied zu vernachlässigen. Es wird dann (für große Werte von Z):

$$\frac{\eta_{sp}}{c} = \text{konst.}\sqrt{M}\ \text{(für große Werte von}\ M\text{)}. \tag{95a}$$

Ein solcher Übergang von einer Proportionalität mit M zu einer Proportionalität mit $\sqrt{M}$ in einer polymer homologen Reihe ist tatsächlich von vielen Autoren beobachtet worden[2] (Abb. 17). Auf Grund der angegebenen Formel kann, wenn A_m, b und d_h bekannt sind, der Polymerisationsgrad Z oder das Molgewicht M durch Messung der Viscosität bestimmt werden.

Es ist allerdings wesentlich, daß bei solchen Schlüssen, aus der Viscosität auf die Molekülgröße nur Viscositätsdaten verwendet werden, welche *an sehr verdünnten Lösungen* gewonnen sind. Im Bereiche höherer Konzentrationen treten zwischen den einzelnen Makromolekülen Kräfte auf, welche zu weiteren Assoziationen und damit zu einer zusätzlichen Erhöhung der Viscosität führen. (Vgl. insbesondere das S. 155 über die Strukturviscosität Gesagte.) Aus der Viscosität konzentrierter Lösungen darf auf die Beschaffenheit der einzelnen Moleküle nicht mehr geschlossen werden.

Die konzentrierten Lösungen sind trotzdem, gerade im Hinblick auf biologische Probleme, in hohem Maße der Untersuchung wert[3]. Die Deutung solcher Messungen ist aber besonders schwierig, weil sich hier die Eigenschaften der isolierten Moleküle mit den durch die Assoziation bewirkten Eigenschaften überlagern.

d) Optische Eigenschaften von Fadenmoleküllösungen.

Die optischen Eigenschaften des einzelnen Fadenmoleküls, welches in Lösung die statistische Gestalt besitzt, lassen sich durch direkte Beobachtungen am Einzelteilchen nicht feststellen. Da nämlich das Fadenmolekül in der Lösung

---

[1] KUHN, H.: Habilitationsschrift Basel, 1946. — KUHN, W., u. H. KUHN: Helv. **30**, 1233 (1947). — [2] Vgl. z. B. MOSIMANN, H.: Helv. **26**, 61 (1943). — OSTWALD, Wo.: Kolloid-Z. **106**, 1 (1944).— SOOKNE, A. M., and M. HARRIS: Industr. engng. Chem. **37**, 475 (1945).— FLORY, P. J.: Am. Soc. **65**, 372 (1943). — [3] Vgl. z. B. HARTLEY, G. S.: Ionenaggregationen in Lösungen von Salzen mit langen Paraffinketten. Kolloid-Z. **88**, 22 (1939).

ein sehr loses Knäuel bildet, besteht das Knäuel zu einem sehr großen Teil aus Lösungsmittel und es ist dementsprechend der Kontrast zwischen Teilchen und Lösung gering, außerdem der Übergang zwischen Teilchen und Lösung sozusagen verwischt. Zudem finden dauernd Änderungen der Gestalt des Fadens durch Drehungen der Molekülbestandteile gegeneinander um Achsen beschränkt freier Drehbarkeit statt. Bei Polystyrol vom Polymerisationsgrad $Z = 1000$ in Cyclohexanon z. B. beträgt die Zeit, innerhalb deren der Abstand h sich um 100% ändert, nur etwa 10^{-4} sec.

Rückschlüsse können in diesem Falle aus der Strömungsdoppelbrechung sowie aus der Lichtzerstreuung und aus dem Polarisationsgrade des Streulichtes gezogen werden.

α) Betrag der Strömungsdoppelbrechung.

Für den Betrag der Strömungsdoppelbrechung ergibt sich:

$$\left[\frac{n_1 - n_2}{\gamma\,\eta_0\,c}\right]_{\text{limes}\,\gamma\,\eta_0\,=\,0} = \frac{(n_0^2 + 2)^2}{6\,n_0}\,\frac{4\,\pi}{3}\,\frac{2}{5}\,\frac{A_m\,b^2}{48}\,\frac{N_L}{10^3\,k\,T}\,\frac{Z\,(\alpha_1 - \alpha_2)}{-0,05 + 0,12\,\log^{10}\dfrac{A_m}{d_h} + 0,037\,\sqrt{\dfrac{bZ}{A_m}}}\,. \tag{96}$$

Dabei ist $n_1 - n_2$ die Differenz der beiden Hauptbrechungsindices der strömenden Lösung, γ das Strömungsgefälle, n_0 der Brechungsindex des Lösungsmittels und α_1 und α_2 die Polarisierbarkeit des statistischen Fadenelementes parallel bzw. senkrecht zur Achse A_m des Fadenelementes. Man sieht, daß der in der Gleichung rechtsstehende Ausdruck bei gegebenem Z von der Konzentration und vom angewendeten Strömungsgefälle unabhängig ist. Er ist als *Strömungsdoppelbrechungszahl* der betreffenden Substanz bezeichnet worden[1]. Nach der gegebenen Gleichung und nach dem bei der Viscosität Gesagten nimmt die Strömungsdoppelbrechungszahl in einer polymer homologen Reihe bei niedrigem Polymerisationsgrade annähernd proportional mit Z, bei höherem Polymerisationsgrade annähernd proportional $\sqrt{Z}$ zu. Auch diese Beziehung ist an der Erfahrung bestätigt worden.

In der in der Formel vorkommenden Differenz $\alpha_1 - \alpha_2$ steckt neben der Eigendoppelbrechung des statistischen Fadenelementes auch die sog. Stäbchendoppelbrechung, so daß $\alpha_1 - \alpha_2$, was zur Orientierung des Lesers bemerkt sei, im allgemeinen vom Lösungsmittel mit abhängt.

β) Orientierung der Strömungsdoppelbrechung.

Es zeigt sich, daß auch bei Fadenmolekülen die Orientierung der Strömungsdoppelbrechung bei schwachem Strömungsgefälle zunächst einen Winkel von $45°$ mit der Strömungsrichtung bildet und bei größerem Strömungsgefälle γ allmählich in eine Orientierung parallel zur Strömungsrichtung übergeht. Ist bei einem mittleren Strömungsgefälle der Winkel, den die Orientierung der Doppelbrechung mit der $45°$-Richtung (mit der Winkelhalbierenden zwischen Strömungsrichtung und Strömungsgefälle) bildet, gleich ω, so gilt, wenn die Drehbarkeit um die im Molekülfaden vorhandenen Valenzrichtungen als Achsen gut und somit der Faden sehr weich ist:

$$\left(\frac{\omega}{\gamma\,\eta_0}\right)_{\text{limes}\,\gamma\,\eta_0\,=\,0} = \frac{1}{2}\,\frac{A_m\,b^2}{48\,k\,T}\,\frac{Z^2}{-0,05 + 0,12\,\log^{10}\dfrac{A_m}{d_h} + 0,037\,\sqrt{\dfrac{bZ}{A_m}}} \tag{97a}$$

(weiche Knäuel)

[1] KUHN, W., u. H. KUHN: Helv. **26**, 1394 (1943).

Bei Fäden, welche zwar statistisch geknäuelt sind, die einmal angenommene
Form aber infolge schlechter Drehbarkeit lange beibehalten (statistisch geknäuelte,
aber dabei *starre* Moleküle) wäre entsprechend

$$\left(\frac{\omega}{\gamma\,\eta_0}\right)_{\text{limes}\,\gamma\,\eta_0\,=\,0} = \frac{3}{2}\,\frac{A_m\,b^2}{48\,h\,T}\,\frac{Z^2}{-0{,}05 + 0{,}12\log_{10}\dfrac{A_m}{d_h} + 0{,}037\sqrt{\dfrac{bZ}{A_m}}}\,. \tag{97b}$$

(starre Knäuel)

Die Größe $\left(\dfrac{\omega}{\gamma\,\eta_0}\right)$, die, wie wir sehen, in einer polymer homologen Reihe
erst mit Z^2, dann mit $Z^{\frac{3}{2}}$ zunimmt, ist als *Orientierungszahl* bezeichnet worden[1].

γ) Kombination von Orientierungszahl und Viscositätszahl.

Indem wir die Orientierungszahl (Gl. 97a und b) durch die Viscositätszahl
[Gl. (95)] teilen, erhalten wir für statistisch geknäuelte und gleichzeitig in
bezug auf die Gestalt leicht bewegliche (sehr weiche) Fadenmoleküle

$$\frac{\omega}{\gamma\,\eta_0}\,\frac{c}{\eta_{sp}} = \frac{10^3}{2\,R\,T}\cdot Z \tag{98a}$$

(weiche Knäuel)

und für statistisch geknäuelte, aber dabei starre Moleküle

$$\frac{\omega}{\gamma\,\eta_0}\,\frac{c}{\eta_{sp}} = \frac{3\cdot 10^3}{2\,R\,T}\,Z\,. \tag{98b}$$

(starre Knäuel)

*Es läßt sich somit durch Kombination der direkt meßbaren Orientierungszahl
mit der ebenfalls direkt meßbaren Viscositätszahl der Polymerisationsgrad einer
gegebenen Substanz bestimmen*, wobei der Zahlenfaktor sich relativ wenig ändert,
wenn das statistisch geknäuelte Fadenmolekül einmal als leicht beweglich (weich),
ein andermal als starr betrachtet wird.

δ) Intensität und Polarisationsgrad des Streulichts.

Auch durch Beobachtung der Intensität und des Polarisationsgrades des
Streulichtes lassen sich Feststellungen über Polymerisationsgrad und Gestalt
von gelösten Fadenmolekülen erhalten[2].

e) Diffusionskonstanten für Fadenmoleküle.

Bei statistisch geknäuelten Fadenmolekülen vom Polymerisationsgrad Z
gilt, wenn wieder η_0 die Viscosität des Einbettungsmediums, b die Länge des
monomeren Restes (in der Kettenrichtung gemessen), A_m die Länge des statistischen Vorzugselementes, d_h dessen hydrodynamische Dicke darstellt:

$$D = \frac{kT}{\eta_0\,b}\,\frac{1}{Z}\left[0{,}02 + 0{,}16\log_{10}\frac{A_m}{d_h} + 0{,}1\sqrt{\frac{bZ}{A_m}}\right]. \tag{99}$$

Nach dieser Beziehung ist

$$D\cdot Z = a_d + b_d\cdot\sqrt{Z}\,, \tag{99a}$$

wobei a_d und b_d Konstanten bedeuten, deren Zahlenwert auf Grund der Beziehung (99) aus den für das Fadenmolekül charakteristischen Parametern

---

[1] Siehe [1], S. 165. — [2] Siehe z. B. KUHN, H.: Gestalt und Größe gelöster Fadenmoleküle
aus Streulichtdepolarisationsmessungen. Helv. **29**, 432 (1946). Ferner: DOTY, P.: J. polymer
Sci. **3**, 750 (1948). — DOTY, P., and R. S. STEIN: J. polymer Sci. **3**, 763 (1948). — DEBYE,
P.: J. appl. Physics **15**, 338 (1944).

bestimmt werden kann. Auch diese Beziehung findet sich an der Erfahrung bestätigt.

f) Ultrazentrifuge[1-10].

Eine besonders interessante Methode zur Untersuchung sowohl lyophober als auch lyophiler Kolloide ist deren Beobachtung in der Ultrazentrifuge. Unter den lyophilen Kolloiden sind nach dieser Methode insbesondere die Eiweißstoffe untersucht worden [2-7].

Die vollständige Beobachtung umfaßt im wesentlichen zwei verschiedene Messungen. Wir bestimmen erstens das *Sedimentationsgleichgewicht*, welches sich bei langem Zentrifugieren einer Lösung ausbildet.

Wenn ϱ die Dichte der Teilchensubstanz, r der Radius des einzelnen *als kugelförmig angenommenen* Teilchens ist, ϱ_0 die Dichte des Lösungsmittels und v die Umlauffrequenz (Umdrehungen je Sekunde) der Zentrifuge, so ist das Verhältnis $n_1 : n_2$ der Anzahl von Teilchen, welche je Kubikzentimeter im Abstande a_1 bzw. a_2 von der Zentrifugenachse zu finden sind:

$$n_1 : n_2 = e^{-\frac{8\,\pi^3}{3}\,v^2\,r^3\,(\varrho - \varrho_0)\,(a_1^2 - a_2^2)\,\frac{1}{k\,T}}. \tag{100}$$

Dabei ist noch T die absolute Temperatur und k die BOLTZMANNsche Konstante (gleich $1{,}37 \cdot 10^{-16}$ Erg/Grad). Durch diese Messung bestimmen wir im wesentlichen die Größe $r^3 \cdot (\varrho - \varrho_0)$.

Die zweite mit der Zentrifuge festzustellende Größe ist die *Sedimentations geschwindigkeit*.

Die Geschwindigkeit u des Absinkens eines Teilchens (in cm/sec) ist im Abstande a_1 von der Zentrifugenachse gleich:

$$u = \frac{8}{9}\,\frac{\pi^2\,v^2\,a_1}{\eta}\,r^2\,(\varrho - \varrho_0)\,; \tag{101}$$

η ist dabei die innere Reibung des Dispersionsmittels. Auch hier ist angenommen, daß es sich um kugelförmige Teilchen handelt[11]. Durch diese zweite Messung bestimmen wir im wesentlichen $r^2\,(\varrho - \varrho_0)$. Wenn ϱ, die Dichte der Teilchensubstanz, mit der Dichte der getrockneten Substanz gleichgesetzt wird, so läßt sich aus jeder der genannten Bestimmungen der Teilchenradius r berechnen.

SVEDBERG findet bei den meisten Eiweißstoffen, daß die nach den beiden Methoden bestimmten r-Werte miteinander übereinstimmen und schließt daraus, daß die Eiweißmoleküle tatsächlich in Lösung kompakte Kugeln sind mit einer Dichte, welche ungefähr der von gewöhnlichem Eiweiß entspricht. Wenn auf

---

Zusammenfassendes über Ultrazentrifuge: 1—10. [1] SVEDBERG, THE: Über Sedimentationsgeschwindigkeit und Sedimentationsgleichgewichte in der Ultrazentrifuge, Molekülgrößenbestimmung, siehe Kolloid-Z. **36**, 53 (1925); **51**, 10 (1930). Nature **128**, 999 (1931). Trans. Faraday Soc. **26**, 740 (1930). B. **67** (A), 117 (1934). Handb. biol. Arb. meth. Abt. III, Teil B, 679—720 (1929). — [2] The Svedberg 1884—1944, eine Festschrift zu seinem 60. Geburtstag. Hrsg. von TISELIUS, A. u. a. Uppsala 1944. — [3] SVEDBERG, THE, u. K. O, PEDERSEN: Die Ultrazentrifuge; Theorie, Konstruktion und Ergebnisse. Handb. Kolloidwiss. (WO. OSTWALD) 7, 1940. — [4] PEDERSEN, K. O.: Ultracentrifugal Studies on Serum and Serum Fractions. Uppsala 1945. — [5] COHN, E. J., and J. T. EDSALL: Proteins, Amino Acids and Peptides as Ions and Dipolar Ions. New York 1943. — [6] BEAMS, J. W.: Rev. mod. Physics 10, 245 (1938) sowie Scie. in Progr. Ser. 2, 232ff. 1940. (Zusammenfassendes über Ultrazentrifugierung, einschließlich Ergebnisse an Proteinen.) — Ferner [7] WYCKOFF, R. W. G.: Die Isolierung hochmolekularer Eiweißstoffe mit der Ultrazentrifuge. Naturwiss. **25**, 481 (1937) (behandelt insbesondere Virusarten). — [8] Vgl. auch POLSON, A.: Über die Berechnung der Gestalt von Proteinmolekülen. Kolloid-Z. 88, 51 (1939). — [9] LAMM, O.: Ultrazentrifugierung und Diffusion als Methoden zur Untersuchung des Molekularzustandes in Lösung. Bamann-Myrbäck 1, 659—699. — [10] Für Sedimentationsgeschwindigkeit verzweigter und unverzweigter statistisch gestalteter Fadenmoleküle. Siehe [3] S. 163, insbesondere Helv. **30**, 1233 (1947).

diese Weise Teilchenradius und Teilchendichte ϱ bestimmt sind, so ist bekanntermaßen auch das Teilchengewicht, in diesem Falle das *Molekulargewicht des Eiweißmoleküls* zu berechnen. SVEDBERG findet, daß die Molekulargewichte der sämtlichen von ihm untersuchten Eiweißstoffe ganzzahlige Vielfache von 17600 sind (vgl. GRASSMANN-TRUPKE, S. 639).

Das erwähnte Ergebnis, die Eiweißmoleküle seien annähernd kompakt und annähernd kugelförmig, stimmt recht gut mit deren Viscosität in sehr verdünnter Lösung überein. Aus dieser kann man gemäß Gl. (80), S. 154, berechnen, daß das Volumen, das von 1 g der gelösten Substanz in der Lösung eingenommen wird, wenigstens einigermaßen dem Volumen der Trockensubstanz gleichkommt.

Diese *Eiweißstoffe* verhalten sich also, wenigstens *in sehr verdünnter Lösung*, annähernd so *wie lyophobe Kolloide*; d. h. die Teilchen erweisen sich als verhältnismäßig wenig gequollen.

Erst bei konzentrierteren Lösungen kommen auch bei den Eiweißstoffen Assoziationen und als Folge hiervon höhere Viscositäten zustande. Es ist also gerade bei diesen Stoffen wichtig, daß Rückschlüsse auf Einzelmoleküle nur gezogen werden aus Messungen, die an *äußerst verdünnten* Lösungen angestellt sind.

g) Strukturuntersuchung mit Hilfe von Röntgenstrahlen [1-12].

Auch bei lyophilen Kolloiden sind durch Untersuchung konzentrierter Lösungen sowie durch Untersuchung der lösungsmittelfreien Substanzen Aufschlüsse mit Hilfe von Röntgenstrahlen zu erhalten. Es zeigt sich dabei, daß viele physiologisch wichtige Stoffe in ihrem natürlichen Vorkommen aus Makromolekülen aufgebaut sind, derart, daß eine Ordnung der Moleküllängsachsen, unter Umständen sogar eine weitere Ordnung der längsgerichteten Moleküle zu kleinen Krystalliten vorliegt (Faserdiagramme, R. O. HERZOG, P. SCHERRER). Solche Strukturen sind sowohl bei Cellulose und deren Derivaten als auch bei vielen Eiweißstoffen, z. B. Haar, Wolle, Sehnen, Seidenfibroin usw. festgestellt worden [13]. Je nachdem, ob die Orientierung sich auf eine Parallelrichtung der Längsachsen beschränkt oder ob eine weitere Orientierung zu dreidimensional ausgebildeten kleinen Krystalliten vorliegt, erhalten wir bei Durchstrahlung der Präparate senkrecht zur Faserachse Interferenzstriche oder einzelne Interferenzpunkte auf einem zylindrischen, konzentrisch zur Faserachse angeordneten Film und je nach den Ausmaßen der Längs- und Querausdehnung der Teilchen sind die auftretenden Interferenzstriche oder Interferenzpunkte diffus oder scharf ausgebildet [14].

---

[1] MEYER, K. H., u. H. MARK: Der Aufbau der hochpolymeren organischen Naturstoffe. Leipzig 1930. — [2] WYK, A. J. VAN DER: Struktur der hochmolekularen Verbindungen. Handb. Biochem. Erg.-W. 1 A, 288—304 (1933). — [3] MARK, H.: Physik und Chemie der Cellulose. Berlin 1932. — [4] HERZOG, R. O., H. HOFFMANN u. O. KRATKY: Hochmolekulare Verbindungen. Handb. Biochem. Erg.-Bd. 1—62, 1930. — [5] GUINIER, A.: Radiocristallographie. Paris 1945. — [6] WRIGHT, BARBARA, A.: Low angle X-ray diffraction pattern of collagen. Nature **162**, 23 (1948).— [7] RILEY, D. P.: Les rayons X et la structure des protéines cristallisées. Symposion sur les protéines, médecine et biologie, No 5, S. 35. Liège et Paris 1947. — [8] FANKUCHEN, I.: X-ray studies on compounds of biochemical interest. Ann. Rev. **14**, 207—224 (1945).— [9] ASTBURY, W. T., CH. E. DALGLIESH, S. E. DARMON and G. B. B. M. SUTHERLAND: Studies on the structure of synthetic polypeptides. Nature **162**, 596—600 (1948). — [10] PIRENNE, M. H.: The Diffraction of X-Rays and Electrons by Free Molecules. Cambridge 1946. —[11] KRATKY, O: Kleinwinkelstreuung der Röntgenstrahlen. Mh. Chem. **76**, 325 (1947).— [12] KRATKY, O.: Low Angle Scattering in Polymers. J. polymer Sci. **3**, 195 (1948); vgl. auch die Fußnoten von S. 158.

[13] Zusammenstellung der Ergebnisse bei Eiweißstoffen siehe MARK, H., u. H. PHILIPP: Die Struktur der Proteine im Lichte der Röntgenstrahlen. Naturwiss. **25**, 119 (1937) siehe auch [7]. — [14] Siehe hierzu auch die S. 158 u. S. 38 angegebene Literatur.

4. Flüssige Krystalle[1—3].

Bei der Strömungsdoppelbrechung sind uns Medien begegnet, an welchen eine teilweise Orientierung anisotroper Teilchen zu beobachten ist. In diesem Falle war die Orientierung durch äußere Kräfte (Strömungskräfte) erzwungen und die Orientierung hört dort auf, sobald die äußere Einwirkung aufhört.

Neben solchen Fällen gibt es aber auch Orientierungen, und zwar Orientierungen in homogener Phase, welche *nicht zu einer vollständigen Orientierung* der einzelnen Teilchen führt, wie wir sie in den festen Krystallen kennen, sondern nur zu einer *teilweisen Orientierung*. Es handelt sich um die sog. *flüssigen Krystalle*. Flüssig krystalline Phasen beobachten wir bei vielen künstlichen organischen Verbindungen, wie z. B. beim Azoxyphenetol*, dann aber insbesondere bei den Seifen (Beispiel Kaliumoleat). Unter Wirkung der zwischenmolekularen Kräfte findet in den flüssigen Krystallen eine Ausrichtung der Moleküle entweder in einer oder in zwei Dimensionen statt.

Falls die *Ausrichtung* nur *in einer Richtung* stattfindet, so haben wir uns vorzustellen, daß in der flüssig krystallinen Phase nur die Moleküllängsachsen parallel zueinander gerichtet sind, daß aber die Moleküle parallel zur Längsachse aneinander abgleiten und sich auch quer zur Längsachse gegeneinander verschieben und daß sie sich um die Längsachse beliebig drehen können (sog. *nematische Phasen*, $\nu\tilde{\eta}\mu\alpha$ = Faden).

Falls die *Ausrichtung in zwei Raumrichtungen* erfolgt (sog. *smektische Phasen*, $\sigma\mu\tilde{\eta}\gamma\mu\alpha$ = Seife), so haben wir uns vorzustellen, daß z. B. die Moleküle ebenfalls mit der Längsachse parallel zueinander gerichtet sind, daß sie sich aber dabei in ihrer Längsrichtung nicht beliebig gegeneinander verschieben können, wohl aber quer zur Längsrichtung.

Wenn schließlich auch noch die Bewegungsmöglichkeit quer zur Längsrichtung aufhört, so haben wir den *Übergang zum fest-krystallinen Zustand*.

Es ist charakteristisch, daß bei einzelnen Substanzen sowohl ein echt flüssiger Zustand (völlige Unordnung) als auch ein nematischer sowie ein smektischer und ein fest-krystalliner Zustand beobachtet wird und daß der Übergang von einem Zustand in einen anderen bei einer ganz bestimmten Temperatur reversibel und mit einer bestimmten meßbaren Wärmetönung erfolgt.

Flüssig-krystalline Zustände dürften *bei vielen biochemischen Vorgängen* (bei lipoiden Phasen, Eiweiß) eine große Rolle spielen. Doppelbrechungserscheinungen, überhaupt Orientierungseffekte sind in der Tat an physiologischen Objekten in sehr großer Zahl beobachtet worden; doch ist es nicht immer leicht, festzustellen, ob es sich um mechanisch hervorgebrachte Orientierungen, um orientierte Adsorption oder um in sich stabile flüssig krystalline Gebilde handelt.

Zusammenfassende Darstellungen: 1—3. Zusammenfassendes siehe z. B. [1] LEHMANN, O.: Die Lehre von den flüssigen Kristallen und ihre Beziehung zu den Problemen der Biologie. Ergebn. Physiol. **16**, 255—509 (1918); ferner insbesondere die Aufsätze von FRIEDEL, G. u. E. FRIEDEL, G. FOEX, C. W. OSEEN, H. ZOCHER, D. VORLÄNDER, L. S. ORNSTEIN, K. HERRMANN u. A. H. KRUMMACHER, W. KAST, WO. OSTWALD, V. FRÉEDERICKSZ u. V. ZOLINA, R. SCHENK; Diskussionsbemerkungen von FOEX, G., P. P. EWALD u. R. SCHENK: Z. Kristallogr. (A) **79**, 1—347 (1931). — [2] VORLÄNDER, D.: Kristallinischflüssige Substanzen. Stuttgart 1908. — [3] SCHENK, R.: Kristallinische Flüssigkeiten und flüssige Krystalle. Leipzig 1905.

* Formel: $HO-\langle\ \rangle-N=N-\langle\ \rangle-OC_2H_5$.

VII. Die Zelle als physikalisch-chemisches System[1—18].

Die sämtlichen im vorstehenden besprochenen Einzelbetrachtungen sind bei einer Diskussion der Vorgänge an lebenden Zellen miteinander zu vereinigen. Der Wasserhaushalt, der Salzaustausch sowie die Ernährung, Sekretions- und Resorptionserscheinungen werden von der Durchlässigkeit und Undurchlässigkeit der Zellwand und von Konzentrationsverhältnissen inner- und außerhalb der Zelle abhängen. Die Verhältnisse werden je nach den speziellen Zellfunktionen sehr verschieden liegen. Bei Gestaltänderungen dürften Oberflächeneigenschaften zusammen mit allem was die Oberflächeneigenschaften beeinflußt, von Wichtigkeit sein usw. Es würde also alles, was an Einzelerscheinungen aufgezählt wurde, nebeneinander zu stellen sein[19].

Als besondere Eigenart der biochemischen Vorgänge im lebenden Organismus kommt eine Tatsache hinzu, welche gewöhnlich als einfache Eigenschaft des biologischen Geschehens hingenommen wird und deren enger Zusammenhang mit der Biochemie bisher erst in einzelnen Fällen erkannt worden ist. Es handelt sich um die bekannte Tatsache des *einseitigen Ablaufes des biochemischen Geschehens*, also um die Tatsache, daß die Organismen, im Mittel wenigstens. wachsen und daß sie ihre Entwicklungsstadien in einer bestimmten Reihenfolge durchlaufen.

Wie sich vor einiger Zeit hat zeigen lassen[20], braucht diese biologische Tatsache nicht erst durch Betrachtungen teleologischer Art begründet zu werden. *Der einsinnige Ablauf des biochemischen Geschehens scheint vielmehr eine chemische Notwendigkeit zu sein.*

Literatur über das Gesamtgebiet der physikalisch-chemischen Grundlagen biochemischer Vorgänge. Zusammenfassende Darstellungen: 1—18. [1] HAMMARSTEN, O.: Lehrbuch der physiologischen Chemie. 11. Aufl. München 1926. — [2] BAYLISS, W. M.: Grundriß der allgemeinen Physiologie. (Übersetzt von L. MAASS und E. J. LESSER). Berlin 1926. — [3] STARLING, E. H., C. L. EVANS and H. HARTRIDGE: Principles of Human Physiology. 9. Aufl. London 1945. — [4] ABDERHALDEN, E.: Lehrbuch der physiologischen Chemie. 26. Aufl. Basel 1948. — [5] LEHNARTZ, E.: Einführung in die chemische Physiologie. 9. Aufl. Berlin 1949. — [6] HÄBLER, C.: Physiko-chemische Medizin (nach H. SCHADE). Dresden u. Leipzig 1939. — [7] SCHADE, H.: Die physikalische Chemie in der inneren Medizin. 3. Aufl. Dresden u. Leipzig 1923. — [8] BEUTNER, R.: Physical Chemistry of Living Tissues and Life Processes. London 1933. — [9] HARROW, B., and C. SHERWIN: Textbook of Biochemistry. Philadelphia u. London 1935. — [10] BÜNNING, E.: Physikalisch-chemische Grundlagen der biologischen Vorgänge. Fortschr. Bot. 5, 131—152 (1936); 6, 104—124 (1936); 7, 159 (1937). — [11] BÜNNING, E., K. MOTHES u. F. WETTSTEIN: Lehrbuch der Pflanzenphysiologie. In 3 Bänden. Berlin 1939. Bd. 1. Physiologie des Stoffwechsels. Von K. M. MOTHES; Bd. 2. Physiologie des Wachstums und der Bewegungen. Von E. BÜNNING. 1939. Bd. 3. Physiologie der Entwicklung. Von F. v. WETTSTEIN. — [12] SEIFRITZ, W.: The physical properties of protoplasma. Ann. Rev. Physiol. 7, 35—60 (1945). — [13] SEIFRITZ, W.: Properties of protoplasma. Adv. Enzymol. 7, 35 1947. — [14] TAYLOR, C. V.: Physical properties of protoplasma. Ann. Rev. Physiol. 5, 17—34 (1943). — [15] MONNÉ, L.: Struktur und Funktionszusammenhang des Zytoplasmas. Exper. 2, 153 (1946). — [16] HÄBLER, C.: Physikalisch-chemische Probleme in der Chirurgie. Berlin 1930. Vgl. ferner die Fußnoten in voranstehenden Abschnitten, insbesondere [12—21] S. 11; [1] S. 18; [4—29] S. 28; [1—8] S. 36; [25—47] S. 48; [1—9] S. 45; [6—29] S. 48; [2—11] S. 79; [29—34] S. 92; [20—30] S. 101; [32—38] S. 105; [1—22] S. 121; [1—19] S. 125; [3—10] S. 129; [1—3] S. 137; [1] S. 146; [34—46] S. 148.

Methodisches: [17] ABDERHALDEN, E.: Handb. biol. Arb.-Meth., Abt. II: Physik. Meth., 4 Bde. (1925—34); Abt. III: Physik.-chem. Meth., 3 Bde (1928—29). — [18] THOMAS, P.: Manuel de Biochimie. Paris 1936.

[19] Eingehendes darüber vgl. z. B. CHAMBERS, R.: The living cell. In Textbook of Biochemistry. Hrsg. HARROW, B., and C. P. SHERWIN: S. 17—39. Philadelphia u. London 1935. — [20] KUHN, W.: Optische Spezifität von Enzymen. Ergebn. Enzymforsch. 5, 1—48, insbesondere S. 47 (1936). Angew. Chem. 49, 215—219 (1936). Optische Aktivität und Begrenztheit der Lebensdauer. Forsch. u. Fortschr. 14, 91 (1938). Abschnitt Optische Spezifität von Enzymen in Handb. Enzymol. (NORD-WEIDENHAGEN) 1, 187—219. Z. Altersforsch. 1, 325 (1939).

Zwingend richtig ist das jedenfalls dann, wenn wir die *Verwendung reiner, optisch aktiver Aufbausubstanzen als eine für den normalen Ablauf der Lebensvorgänge notwendige Bedingung* ansehen. Das an dem Beweise Wesentliche ergibt sich durch eine Vervollständigung der S. 81 über die katalytische Erzeugung optisch aktiver Stoffe geschilderten Überlegungen. S. 81 zeigten wir, daß es zwar durchaus möglich ist, mit Hilfe von optisch aktiven Katalysatoren aus inaktivem Ausgangsmaterial optisch aktive Stoffe aufzubauen.

Die genauere kinetische und thermodynamische Analyse des Vorgangs zeigt aber, daß die bei einer katalytischen Synthese bewirkte optische Aktivität nur eine vorübergehende Erscheinung ist: *Derselbe Katalysator, welcher zunächst die Entstehung der optischen Aktivität vermittelt hat, bringt die optische Aktivität selbst wieder zum Verschwinden, wenn er mit dem Substrat genügend lange in Berührung bleibt.* Daraus ergibt sich aber die Richtigkeit der vorhin aufgestellten Behauptung, nämlich: Wenn die vom Organismus katalytisch dargestellte optisch aktive Substanz ihren Reinheitsgrad nicht verlieren soll, so muß der Organismus für eine jeweils sofortige Weiterverarbeitung der erzeugten optisch aktiven Stoffe und damit für einen dauernden, einseitig gerichteten Umsatz seiner Körpersubstanz Sorge tragen. Die optisch aktiven Stoffe, welche im Organismus erzeugt werden, dürfen nicht an Ort und Stelle beliebig lange in Berührung mit dem Katalysator, an welchem sie erzeugt wurden, liegenbleiben, sondern sie müssen von dieser Stelle weggeführt werden. Damit müssen offenbar auch alle weiteren Vorgänge, durchschnittlich wenigstens, in einheitlichem Sinne ablaufen, damit nicht nur die Darstellung optisch aktiver Stoffe, sondern auch die Erhaltung ihres Reinheitsgrades gewährleistet werden kann. Die Aufrechterhaltung der optischen Aktivität im Organismus erfordert einen einsinnigen Ablauf des organischen Geschehens und verträgt keinen Dornröschenschlaf.

Der genaue Vergleich zwischen den im Organismus getroffenen Maßnahmen und den kinetisch-thermodynamischen Möglichkeiten zeigt, daß im Organismus tatsächlich alle Mittel, welche den Verlust des optischen Reinheitsgrades hinauszuzögern geeignet sind, in erstaunlich vollkommenem Maße ausgenutzt sind. Das ist eine Feststellung, welche uns darin bekräftigt, daß die *Erzeugung und Erhaltung der optischen Aktivität zu den Lebensfragen der Organismen* gehört.

Es zeigt sich indessen weiter, daß auch bei Ausnutzung aller Möglichkeiten, welche das Auftreten unerwünschter optischer Antipoden im Organismus hinauszögern können, im Laufe der Zeit eine Schwächung des optischen Reinheitsgrades eintreten muß. Es muß also unter allen Umständen ein Altern des Reinheitsgrades der optisch aktiven Aufbausubstanz im Laufe des Lebens eines Individuums stattfinden. Wenn es keine weitere Todesursache geben würde, so wäre infolgedessen doch eine begrenzte Lebensdauer des Individuums zu fordern, wenn man das Postulat zum Ausgangspunkt nimmt, daß eine geordnete Abwicklung der Lebensvorgänge nur dann erfolgen kann, wenn der Reinheitsgrad der verwendeten optisch aktiven Stoffe sich innerhalb einer für die einzelnen Stoffe charakteristischen Grenze hält.

Es zeigt sich, daß sogar eine bekannte weitere Gesetzmäßigkeit unter diesem Gesichtspunkt gedeutet und verstanden werden kann, nämlich die Gesetzmäßigkeit, wonach die Individuen von Arten, welche den Reifezustand rasch erreichen, eine kurze, die Individuen von Arten, welche lange Zeit brauchen, um erwachsen zu werden, eine lange Gesamtlebensdauer besitzen.

Im übrigen ist es wahrscheinlich, daß die Forderung der Aufrechterhaltung der optischen Aktivität im Organismus nur *einer* der Gründe ist, warum ein Dornröschenschlaf im biochemischen Geschehen lebender Organismen nicht vorkommen kann. Wir erwähnten z. B. S. 140, daß die einseitige Durchlässigkeit von Membranen an *Vorgänge in der Membran*, nicht nur an die Struktur der Membran geknüpft ist und daß die Einseitigkeit mit der Erreichung des Gleichgewichts, d. h. mit dem Aufhören des die Einseitigkeit erzeugenden Vorgangs, verlorengehen muß. Tatsächlich sind zwischen dem *Verhalten von lebenden und toten Zellen* weitere sehr tiefgreifende Unterschiede vorhanden.

In ähnlicher Weise läßt sich an der für die Physiologie ebenfalls wichtigen, S. 135 besprochenen *Herstellung von konzentrierten Lösungen aus verdünnten durch bloße Membranwirkung* feststellen, daß die Vorrichtung grundsätzlich nur dann die geforderte Leistung schafft, wenn der Flüssigkeitsstrom oder die Flüssigkeitsströme die ihnen zukommenden Teile mit einer Geschwindigkeit, *die nicht unter eine untere Grenze absinken darf*, in der vorgeschriebenen Richtung durchströmen. Es ist wahrscheinlich, daß überall das Wesentliche darin liegt, daß ein Teil der in den lebenden Zellen sich abspielenden Vorgänge sich nicht bis zu dem bei langer Versuchsdauer zu erwartenden Endzustande abwickelt, sondern daß durch Stofftransport usw. einzelne Vorgänge, wie z. B. chemische Reaktionen, abgebrochen werden, *bevor* der thermodynamische Endzustand erreicht ist. *Die einzelnen Vorgänge werden sich also im lebenden Organismus stets in der Richtung abspielen, in welcher ein thermodynamischer Gleichgewichtszustand erreicht würde, aber es scheint für das Ganze äußerst wesentlich zu sein, daß der Endzustand, wenigstens in gewissen einzelnen Teilreaktionen, nicht wirklich erreicht wird.*

C. Die anorganischen und organischen Bau-, Betriebs- und Schlackenstoffe.

Inhaltsverzeichnis. Seite

Einteilung der Stoffe. Zusammensetzung des Menschen. Von B. FLASCHENTRÄGER . 173
  I. Wasser. Von F. HOLTZ 176
  II. Mineralstoffe. Von F. HOLTZ u. B. FLASCHENTRÄGER 184
  III. Kohlenhydrate. 255
    1. Zucker und Verwandte. Von P. BRIGL† u. TH. PLOETZ 255
    2. Polysaccharide. Von TH. PLOETZ u. K. FREUDENBERG 326
  IV. Fette und Lipoide (Lipide) 360
    1. Die eigentlichen Fette. Von E. KLENK 362
    2. Phosphatide. Von E. KLENK 372
    3. Zuckerhaltige Lipoide. Von E. KLENK 382
    4. Wachse und andere Fettgemengteile. Von E. KLENK 389
    5. Steroide. Von A. BUTENANDT u. G. SCHRAMM 391
    6. Carotinoide. Von CHR. GRUNDMANN 459
  V. Eiweißstoffe und ihre Abbaustufen. 484
    1. Einleitung. Von W. GRASSMANN 485
    2. Aminosäuren und Peptide. Von W. GRASSMANN, F. SCHNEIDER u. J. TRUPKE 489
    3. Eiweißstoffe. Von G. BLIX, K. FELIX, W. GRASSMANN u. J. TRUPKE . . . 584
    4. Tierische Basen. Von D. ACKERMANN 777
  VI. Purin- und Pyrimidinverbindungen. Von H. BREDERECK. 796
    1. Purine. 797
    2. Pyrimidine 813
    3. Vitamin B_1, Aneurin. 817
    4. Pterine 819
    5. Nucleinsäuren 822
    6. Nucleinsäurespaltende Fermente (= Nucleasen) 840
  VII. Pyrrolfarbstoffe 845
    1. Blutfarbstoffe, Häminfermente und Zellhämine, natürliche Porphyrine. Von
      K. ZEILE 849
    2. Gallenfarbstoffe. Von W. SIEDEL 909
    3. Blattfarbstoffe. Von K. ZEILE 946
    4. Prodigiosin. Von K. ZEILE 979
  VIII. Enzyme 980
    1. Allgemeiner Teil. Von W. GRASSMANN u. J. TRUPKE 981
    2. Spezieller Teil. Von W. GRASSMANN, H. KRAUT, H. MÜLLER, TH. PLOETZ,
      T. THUNBERG, R. WEIDENHAGEN u. Ä. WEISCHER 1042
  IX. Anhang: Tierische Gifte. Von F. FLURY † u. K. GEMEINHARDT 1245

Einteilung der Stoffe.

Von B. FLASCHENTRÄGER.

Entsprechend ihrer biologischen Funktion bilden die *Baustoffe* Teile und Inhaltsstoffe der Zellen. Die *Betriebstoffe,* zu denen wir die *Energie-* und *Heizstoffe,* die *Schlackenstoffe* und die *Wirkstoffe* zählen, liefern durch ihre Umsetzungen die lebensnotwendigen Energieformen (chemische, kinetische, thermische, strahlende, elektrische). Sie schaffen mit den Baustoffen die optimalen Grenzflächen, steuern als Wirkstoffe, insbesondere als Fermente oder Teile von Fermentsystemen, die chemischen Reaktionen nach Richtung und Geschwindigkeit und sind als Hormone und Vitamine Träger der humoralen Regulation der im einzelnen noch meist unbekannten biologischen Vorgänge. Das sinnvolle Zusammenspiel der Umsetzungen und Zustände aller Verbindungen bildet die Grundlage der Lebensvorgänge. Es muß hervorgehoben werden, daß jedes Leben, jeder Lebensvorgang und daher auch jede biologische Funktion eines Stoffes zeitbedingt ist und eine endgültige Trennung der Funktionen der Stoffe in Bau- und Betriebstoffe nicht möglich ist. Je nach den Anforderungen des Lebens können die Aufgaben wechseln. Zum Beispiel ist die Phosphorsäure im Knochen Baustein, in der Co-Carboxylase Teil eines Wirkstoffes, im Phosphagen sogar an der Freisetzung von Energie unmittelbar beteiligt; Aminosäuren sind im Eiweiß Bausteine der Zellen und in den Fermenten Teile von Wirkstoffen. Die Fette und Lipoide beeinflussen als Baustoffe die Zellstrukturen und dienen jeweils als Heizstoffe und Ausgangsmaterial für Wirkstoffe. Stoffe, die für den späteren Bedarf im Körper gestapelt werden, heißen auch *Speicherstoffe* (Depotstoffe), wie Fett, Glykogen, Wasser, gewisse Mineralstoffe (S. 207), Vitamine (A, B, C), Hormone (Thyroxin). Für die Insekten, wie Bienen, ist z. B. der Zucker im Magen ein Depot als Energiestoff für den Muskel. Als unnütz für den Bedarf abgelagerte Stoffe wie Urat, arteriosklerotische Ablagerungen, Atherome, Eisensalze, heißen *Ablagerungsstoffe*. Am besten bezeichnet man diese Stoffe nach ihrer Funktion als physiologische oder pathologische Speicherstoffe. Die funktionelle Einteilung läßt sich aber doch gut mit der bewährten Systematik aller chemischen Verbindungen vereinigen und betont immer wieder das dynamische, zeitlich bedingte Geschehen gegenüber der analytischen Feststellung einer „statischen chemischen Anatomie" der Stoffe.

Voraussetzung für die Erforschung der Lebensvorgänge ist außer der Kenntnis des anatomischen Aufbaues auch die qualitative und quantitative chemische Analyse des ganzen Lebewesens sowie seiner Einzelteile. Dieses Augenblicksbild muß durch Untersuchungen ergänzt werden, die uns über die qualitativen und quantitativen stofflichen Veränderungen während der Lebensvorgänge unterrichten. Solche biochemischen Forschungen gründen sich auf die Chemie und Physik der einzelnen Körperbausteine. Deshalb wird hier zunächst eine Beschreibung aller derjenigen chemischen Verbindungen gebracht, die innerhalb der Tier- und Pflanzenwelt eine Rolle spielen.

Alle Tiere und Pflanzen enthalten als Bausteine vorwiegend Wasser, Mineralstoffe, Kohlenhydrate, Fettstoffe und Eiweiß. Die quantitative Verteilung[1] weist große Verschiedenheiten je nach Art, Organ und Funktionszustand auf. Der *Wassergehalt* von Tier und Pflanze beträgt durchschnittlich 60—80%. Der *Mineralgehalt* schwankt zwischen 1 und 5%. In den Tieren herrscht das *Eiweiß* vor; in den Pflanzen stehen *Kohlenhydrate* als Gerüst- und Reservestoffe an erster Stelle.

Zusammensetzung des Menschen [1—6].

Tabelle 6[1].

	Wasser %	Eiweiß %	Fett %	Kohlenhydrate %	Asche %	Summe %
Neugeborenes[4]	66—68	12	7	0,6	3	95,6
Erwachsener[3, 5]	58—65	15	10	0,6	5	95,6

Diese Zahlen können nur die ungefähren Mengenverhältnisse angeben, da die physiologische Schwankungsbreite sehr groß ist.

---

[1] Zusammengestellt nach VIERORDT, H: Anatomische, physiologische und physikalische Daten und Tabellen. 3. Aufl., S. 378ff. Jena 1906. — [2] ARON, H.: Handb. Biochem.

Zur Beurteilung der Verteilung dieser Stoffe sei die Organverteilung des Menschen[1] angeführt:

Tabelle 7. Organverteilung beim Menschen[5, 7-9].

	%		%
Muskeln	40	Lungen	2
Skelet (davon 4% Knochenmark)	17	Magen, Darm	2
Haut (etwa 8%) und Unterhautfett-		Nieren	0,5
gewebe	18	Herz	0,5
Blut	8	Milz	0,25
Leber	2,5	Übrige Organe und Ausgleich	7,25
Gehirn	2		

7, 154 (1927). — ARON, H., u. K. KLINKE: Handb. Biochem., Erg.-W. 3, 75 (1936). —
[3] RUBNER, M.: Zusammensetzung der Organismen. Handb. Physiol. 5, 17—21 (1928). —
[4] KLINKE, K.: Biol. Daten (BROCK) 3, 128 (1939). — [5] MITTCHELL, H. H., T. S. HAMILTON, F. R. STEGGERDA and H. W. BEAN: J. biol. Ch. 158, 628 (1945) fanden beim Erwachsenen 68% H_2O, 12,5% Ätherextrakt, 14% Rohprotein, 4,8% Asche, 1,6% Ca, 0,77% P auf 7,8% Haut, 14,8% Skelet, 31,6% quergestreifte Muskeln, 2,5% Hirn u. Rückenmark, 3,4% Leber, 0,7% Herz, 4,1% Lunge, 0,18% Milz, 0,5% Nieren, 0,16% Pankreas, 2% Verdauungstrakt, 13,6% Fettgewebe, 3,8% verbleibende Gewebsflüssigkeit, 13,5% feste Stoffe.—
[6] IOB, V., and W. W. SWANSON: Amer. J. Dis.Children 47, 302 (1934). — Vgl. CAMERER, W. jr., mit analytischen Beiträgen von Dr. SÖLDNER u. Dr. HERZOG: Z. Biol. 43, 1 (1902).
[7] Organgewichte des Menschen siehe: LEERS, O.: Gerichtsärztliche Untersuchungen. Berlin 1913. — [8] HEGGLIN, R.: Über Organvolumen und Organgewicht. Z. Konstitut.-Lehre 18, 110 (1935). Diss. med. Zürich 1934. — [9] Nach Analysen von BISCHOFF 1863, zit. von VOIT, C. v.: In Handb. Physiol. (HERMANN) 6/1, 345 ff. (1881).

I. Wasser [1—17].

Ἄριστον μὲν ὕδωρ.
Pindar. Olymp. I, 1, 468 v. Chr.

Von F. Holtz.

Inhaltsverzeichnis.

Seite

1. Allgemeine biologische Bedeutung des Wassers 176
2. Wasserbestimmung in biologischem Material 176
3. Physikalische Eigenschaften des Wassers 177
   a) Konstanten 177
   b) Elektrische Eigenschaften 179
   c) Wasser als Lösungsmittel 179
   d) Der osmotische Druck. 180
   e) Quellungsdruck 181
   f) Onkotischer Druck 181
4. Die chemischen Eigenschaften des Wassers, „Schweres" Wasser 182
5. Natürliche Wässer 183
6. Wasserdampf 183

1. Allgemeine biologische Bedeutung des Wassers. Ohne Wasser ist Leben unmöglich. Sämtliche chemischen Reaktionen der Lebewesen verlaufen in wäßriger Lösung. Wasser dient dem lebenden Organismus als Transportmittel für gelöste Substanzen (Nährstoffe, Hormone, Stoffwechsel-Endprodukte). Durch Verdunstung von Wasser gibt der Körper überschüssige Wärmemengen ab. Wie eine Warmwasserheizung verteilt bei höheren Tieren das Wasser des Blutstroms die allerorts gebildete Wärme gleichmäßig im ganzen Körper. Der Wassergehalt der Organe ist verschieden und schwankt je nach den gesunden oder krankhaften Lebensvorgängen.

2. Wasserbestimmung in biologischem Material [5,6]**.** Die Wasserbestimmung im biologischen Material ist nicht immer leicht auszuführen. Ihre Auswertung hängt von einer Reihe von Umständen ab, was bei der Beurteilung der Angaben im Schrifttum zu berücksichtigen ist.

Sie geschieht meist durch Wägen der frischen Substanz in einem geschlossenen Wägegefäß, anschließend *Trocknung bei höherer Temperatur*, oft in Gegenwart von Trocknungsmitteln ($CaCl_2$, H_2SO_4, P_2O_5) und unter Benutzung eines Vakuums. Hierbei sind als *etwaige Fehlerquellen* zu berücksichtigen: der Wassergehalt von organischem Material schwankt sehr, je nach Vorbehandlung des betreffenden lebenden Organismus. Durch reichliche Wasserzufuhr oder durch Durstperioden wird der Wassergehalt der verschiedenen Organe in sehr wechselndem Maße beeinflußt. Die Angabe des Wassergehaltes von organischem Material bedarf daher stets einer zusätzlichen *Angabe über die Vorperiode*. Durstende *Tiere* (z. B. Kaninchen) können im Magen-Darmkanal während mehrerer Tage noch reichlich

Zusammenfassende Darstellungen über Wasser: 1—17. *Chemie des Wassers:* [1] Gmelin-Kraut: Wasser 1, Abt. 1, 94—124 (1907). — [2] Abegg, Wasser 2, Abt. 1, 62—87 (1908). — [3] Gmelin, System Nr. 2, Wasserstoff (1927). — [4] Handb. Lebensm.-Chem. (Bömer u. a.) Wasser und Luft. Bd. 8, 3 Teile (1939—40). — [5] Tillmans, J., u. P. Hirsch: Wasser. Handb. Lebensm.-Chem. (Bömer u. a.) 1, 96—116 (1933). — [6] Bömer, A., u. R. Grau: Chemische Methoden. Wasser. Handb. Lebensm.-Chem. (Bömer u. a.) 2/2, 537—564 (1935). — [7] Mason, W. P., and A. M. Buswell: Examination of Water. 6. Aufl. New York 1931. — [8] Suckling, E. V.: The Examination of Natural Water Supplies. 5. Aufl. London 1946. — [9] Arbeitsgruppe für Wasserchemie des Vereins Deutscher Chemiker Stoof, H. (Obmann), u. L. W. Haase (Bearbeiter): Einheitsverfahren der physikalischen und chemischen Wasseruntersuchung. Berlin 1940. — [10] H.-Th. 770, 870, 922.

Biologisches: [11] Bayliss, W. M.: Grundriß der allgemeinen Physiologie. 3. engl. Aufl. übersetzt von Mass, L., u. E. J. Lesser. Kap. VIII: Die Eigenschaften und die physiologische Funktion des Wassers, S. 273—298. Berlin 1926. — [12] Gortner, R. A.: The role of water in the structure and properties of protoplasm. Ann. Rev. 1, 21—54 (1932). — [13] Gortner, R. A.: Water in its biochemical relationships. Ann. Rev. 3, 1—22 (1934). — [14] Vgl. Bd. 2, Wasserstoffwechsel. — [15] Über schweres Wasser siehe S. 31 u. 182. — [16] Shohl, Mineral Metabolism, S. 15. — [17] Domarus, A.: Methodik der Blutuntersuchung. S. 201. Berlin 1921.

Wasser im Futterbrei beherbergen. — Ruhe und Bewegung, Nahrungsaufnahme, Außentemperatur beeinflussen den Wasserhaushalt. Wechselnde Blutmenge, regionäre Verschiedenheiten im gleichen *Organ* (z. B. in den verschiedenen Leberlappen) erschweren genaue Angaben über den Wassergehalt. — Bei der Bestimmung des *Wassergehaltes im Blut*[1] kann durch Veränderung der Erythrocytenzahlen (Speicherung der Erythrocyten in Leber und Milz) eine wesentliche Schwankung des Wassergehaltes eintreten.

Feste Substanzen und Gewebestücke müssen vor der Trocknung möglichst weitgehend zerkleinert werden, da sonst nach Bildung einer äußeren harten, trockenen Kruste im Inneren Feuchtigkeit zurückgehalten wird. Vor und bei der Zerkleinerung sind die Gewebepartikel von fremdem Gewebe mechanisch zu trennen (z.B. ist von der Haut das Unterhautfettgewebe sorgfältig loszulösen).

Zuweilen ist eine *Trocknung mit Aceton* zweckmäßig. Das fein zerschnittene und gewogene Material wird wiederholt mit wasserfreiem Aceton ausgezogen und anschließend im Vakuum bei 40—50° C getrocknet. Aus dem Acetonrückstand gewinnt man das Gewicht der mit Aceton extrahierten Stoffe.

Beim *Eindampfen eiweißhaltiger Flüssigkeiten* dampft man zunächst bei niederer Temperatur (50—60°) oder über Schwefelsäure im Vakuum bei Zimmertemperatur ein, um Schäumen zu verhindern. Vielfach genügt es bei derartigen Flüssigkeiten, sie im Vakuum über Schwefelsäure vor und über P_2O_5 + festem KOH nachzutrocknen. — Manches organische Material, z.B. Milch, bräunt sich beim Trocknen bei 100° C (in der Milch infolge Zersetzung des Milchzuckers). Diese Bräunung spielt für die Wasserbestimmung praktisch kaum eine Rolle. Manche Substanzen zersetzen sich beim Erwärmen über 120° und verflüchtigen sich hierbei zum Teil (z. B. Harnstoff im Harn). Man muß daher bei Trocknung solcher Substanzen höhere Temperaturen vermeiden; 100° werden im allgemeinen für die Wasserbestimmung vertragen. Andererseits halten z. B. manche Samen bei 110° über Schwefelsäure noch 5% Wasser fest.

Will man sehr schonend vorgehen, so läßt man eine genau abgemessene Menge des Substrates *gefrieren* (z.B. in flüssiger Kohlensäure), pulverisiert anschließend und trocknet sodann das Pulver in einen mit P_2O_5 + festem KOH beschickten Vakuumexsiccator (Hochvakuum). Unter diesen Bedingungen geht das Wasser direkt aus dem festen in den dampfförmigen Aggregatzustand über. Nach BEHRENS[2] kann man auf diese Weise Tiere, Pflanzen oder Organe unter Erhalt der ursprünglichen Form trocknen[3]. — Sehr rasch und schonend lassen sich Wasserbestimmungen mit dem Destillationsverfahren[4] durchführen: die zerteilte, gewogene Substanz wird in einer mit Wasser nicht mischbaren Flüssigkeit erhitzt und im Destillat wird die Menge des abdestillierten Wassers in einem Meßrohr bestimmt. Maßanalytische Wasserbestimmung kann auf dem Wege der Verseifung u. a. von Zimtsäurechlorid oder Naphthyloxychlorphosphin durch Titration des freigemachten Chlorwasserstoffs unter Ermittlung des Bleichwertes durchgeführt werden.

3. Physikalische Eigenschaften. *a) Konstanten.* Wasser ist eine geruch- und geschmacklose, durchsichtige Flüssigkeit, die in Schichten von über 6 bis 8 m blau gefärbt erscheint. —
Das Wasser hat von allen Flüssigkeiten — mit Ausnahme der geschmolzenen Metalle — bezogen auf das Molekulargewicht, die *höchste Dichte*[5]. Die maximale Dichte des Wassers liegt bei +4° C. Bei 100° C und 760 mm Quecksilberdruck geht Wasser in den dampfförmigen Zustand über. Der *Siedepunkt* (Sdp.) oder Kochpunkt (Kp.)[6, 7] ist abhängig vom Luftdruck: Bei 700 mm Quecksilber 97,71°, bei 730 mm Hg 98,88°, bei 780 mg

Tabelle 8. Spezifisches Gewicht des Wassers (*d*) bei:

Temp.	d	Temp.	d
0,0°	0,99987	20,0°	0,99823
3,945°	1,00000	40,0°	0,99224
8,0°	0,99988	100,0°	0,95838.
12,0°	0,99953		

[1] Siehe [17] S. 176. — [2] BEHRENS, M.: H. **209**, 61 (1932). Handb. biol. Arb.-Meth. Abt. V, Teil 10, 1364 (1938). — [3] BRADISH, C. J., C. M. BRAIN and A. S. McFARLANE: Vacuum sublimation of ice in bulk. Nature **159**, 28 (1947). — [4] BÖMER, A., u. R. GRAU: Handb. Lebensmittelchem. (BÖMER u. a.) **2**, 553 (1935). — [5] HARMS, HELMUT: Die Dichte flüssiger und fester Stoffe. Braunschweig 1941. — [6] Kp. des Wassers bei verschiedenen Drucken und Barometerständen vgl. Landolt-Börnstein **2**, 1320 u. 1321 (1923) u. HANSEN, C. J.: Houben-Weyl **1**, 779 (1921). — [7] LINDNER, J., u. G. ZIENERT: Mikrochemie **31**, 254 (1943).

Hg 100,73° C. — Bei 0° und 760 mm Hg verwandelt sich Wasser unter Volumenzunahme
in Eis. Vielleicht bildet das Wasser im Eis durch Assoziation ein Trihydrol[1,2]. Der *Gefrierpunkt* des Wassers liegt infolge seiner Assoziation relativ hoch; andere Verbindungen entsprechender Zusammensetzung schmelzen bei wesentlich tieferen Temperaturen (z.B. H_2S bei
—83°, N_2O bei —102°). Je höher der Luftdruck, desto niedriger ist der Gefrierpunkt; er
sinkt für jede Atmosphäre Druckzunahme um 0,0075° C. — Wasser verbraucht zur Erwärmung große Wärmemengen. Die *spezifische Wärme* des Wassers ist diejenige Wärmemenge,
die nötig ist, um 1 g Wasser von 14,5° auf 15,5° C zu erwärmen = Grammcalorie = cal
Kilogrammcalorie = kcal (Cal) = 1000 cal (z. B. Alkohol 0,545, Eis 0,505, Eisen 0,113,
Olivenöl 0,47, Ammoniak bei 40° 1,05 cal). Die hohe spezifische Wärme des Wassers bildet
eine Grundlage für die Konstanz der Körpertemperatur bei Arbeit und bei schwankender
Außentemperatur, kurz für den Wärmehaushalt aller Lebewesen (Golfstrom, Meeresklima). —
Die *Schmelzwärme* von Eis beträgt 79,67 cal, d. h. um 1 g Eis von 0° in Wasser von
0° zu verwandeln, sind 79,67 cal nötig (Hg 2,8, Blei 5,9, Eisen 23, Wachs 42 cal). Die hohe
Schmelzwärme des Eises ermöglicht das Leben in einer Umwelt unter 0° und regelt
den Wärmehaushalt im Winter. Die *Verdampfungswärme des Wassers* ist außerordentlich
hoch, sie beträgt 536 cal/g, d. h. um 1 g Wasser von 100° in Dampf von 100° C
zu verwandeln, sind 536 cal nötig (Alkohol 209, Kohlensäure 56, Quecksilber 62 cal/g).
Die hohe Verdampfungswärme des Wassers gibt die Grundlage für die physikalische
Wärmeregulation beim Menschen und läßt uns die Schwere der Verbrühungen mit
Wasserdampf verstehen.

Wasser ist somit von allen Flüssigkeiten am besten geeignet, als Wärme-
speicher zu dienen, da große Wärmemengen beim Erwärmen oder Verdampfen
gebunden werden (latente Wärme).

Das *Wärmeleitvermögen* ist groß, wenn man von Metallen und nichtmetallischen
Krystallen absieht.

Tabelle 9. Absolutes Wärmeleitvermögen des Wassers in g-cal/sec:

Kupfer . . .	0,92	Schiefer . .	0,00081
Quarzglas . .	0,0033	Fett	0,00081
Wasser . . .	0,0012	Luft	0,000056.

Jede Flüssigkeit besitzt die Eigenschaft, eine möglichst kleine Oberfläche,
im Idealfall Kugelform, zu bilden. Dieses Bestreben, die *Oberflächenspannung*[3],
ist beim Quecksilber außerordentlich groß, z. B. gegen Luft: Quecksilber 436,
$H_2O = 75$, Glycerin = 60, Äthylalkohol = 22, Olivenöl gegen Luft 38, gegen
Wasser 21 mg/cm. Die Oberflächenspannung des Wassers wird verkleinert durch
den Zusatz von Kolloiden. Sie beträgt im *Blutserum* 66,5 und im ikterischen
Serum 55,5. Gelangt eine Flüssigkeitssäule mit hoher Oberflächenspannung in
eine Capillare, so setzt sie der Einengung ihres Strömungsquerschnittes einen
hohen Widerstand entgegen. Blutserum geht infolge seiner niedrigeren Oberflächenspannung leichter durch Capillaren hindurch als Wasser, trotz seiner
höheren *Viscosität* (inneren Reibung) (Viscosität von Wasser 1, von Serum 1,6
bis 2,1, von Blut 4,0—5,5, Olivenöl 87, Glycerin 300). Die Viscosität der Flüssigkeiten des Tier- und Pflanzenreiches ist bedingt durch die Kolloidkonzentration,
die Teilchengröße der Kolloide und ihre Hydratation. Leukocyten nehmen in
Flüssigkeiten mit hoher Oberflächenspannung Kugelform an. Sinkt die Oberflächenspannung sehr, z. B. im ikterischen Serum, so können Zellen ihre Grenzflächen verlieren und sich auflösen (Cytolyse). Fetttropfen in der Blutbahn
können zur Embolie führen, da sie infolge ihrer hohen Oberflächenspannung sich
nicht fein verteilen und im Capillargebiet steckenbleiben.

---

[1] HOFMANN, K. A.: Lehrbuch der anorganischen Experimentalchemie. S. 57. Braunschweig 1918. — [2] TAMANN, G.: Z. anorg. Chem. **235**, 49 (1937). Forsch. u. Fortschr. **14**, 66
(1938). — [3] s. a. KUHN, S. 140.

b) Elektrische Eigenschaften. Wasser ist praktisch kaum dissoziiert (S. 116). Auf 10 Millionen Liter Wasser fallen nur 17 g OH^- und 1 g $H^{\cdot}$. Infolgedessen leitet reines Wasser den Strom fast nicht (*Leitfähigkeit* von Wasser 0,00125, Eisen 0,16, Benzol 0,00033).

Die *Dielektrizitätskonstante* des Wassers[1-3] (DK.) ist sehr hoch: Wasser 81, Methylalkohol 35, Glimmer 8, Glas 3 bis 7, Gummi 2,8, Luft 1). Daher ist die elektrolytische Dissoziation von Salzen im Wasser groß. Wasser besitzt ein hohes Ionisationsvermögen. Durch Auflösung bestimmter Stoffe im Wasser (Zwitterionen, Aminosäuren) wird die Dielektrizitätskonstante des Wassers noch weiter bis über 115 vergrößert, und damit wächst das Ionisationsvermögen noch stärker, so daß auch schwache Säuren relativ stark ionisieren. Für *Blutserum* beträgt die Dielektrizitätskonstante etwa 85,5 (KELLER[1]). *Man kann also nicht ohne weiteres von der Dissoziation eines Elektrolyten in reinem Wasser auf seine Dissoziation in biologischen Flüssigkeiten schließen.* Die einzelnen Ionen werden von einem isolierenden, polarisierenden Wassermantel umgeben (Hydratationswasser). Über das Absorptionsspektrum des Wassers im Ultraviolett[4].

c) Wasser als Lösungsmittel. Wasser ist ein sehr gutes Lösungsmittel, da sich sehr viele anorganische und organische Substanzen in ihm lösen[5]. Organische Verbindungen sind im allgemeinen wasserlöslich, wenn die Moleküle nicht zu groß sind und hydrophile (—OH, —COOH, —NH_2) Gruppen enthalten. Dadurch werden sie „wasserähnlich".

Die *Löslichkeit* der chemischen Verbindungen *in reinem Wasser* ist für die Biochemie nur von geringer Bedeutung, da die tierischen und pflanzlichen Säfte infolge ihrer besonderen Zusammensetzung ein erhöhtes Lösungsvermögen besitzen und fast stets mehr gelöst enthalten, als der Löslichkeit in reinem Wasser entspricht.

Tabelle 10. Löslichkeit einiger Gase in reinem Wasser.

1 Liter Wasser löst bei	cm^3 Gas in 1 l Wasser bei				
	0°	10°	20°	30°	40°
Luft	28,85	22,84	18,68	15,64	14,19
Sauerstoff	40,22	38,02	31,02	26,08	23,40
Stickstoff	23,59	18,61	15,45	13,42	12,52
Kohlenoxyd . . .	35,37	28,16	23,19	19,98	17,75
Kohlendioxyd . .	1713	1194	878	665	530
Wasserstoff . . .	21,48	19,55	18,19	16,99	16,44
Methan	55,63	41,77	33,08	27,62	23,69

Die *Kolloide*, die sich in fast jeder tierischen und pflanzlichen Flüssigkeit finden (z. B. auch im normalen Menschenharn bis 0,1%), sind von großem *Einfluß auf das Lösungsvermögen der biologischen Flüssigkeiten.* Einerseits binden die Kolloide einen Teil des Wassers durch Hydratation (*„nichtlösender Raum"*). Das zur Lösung zur Verfügung stehende Wasser wird somit eingeschränkt (vgl. aber S. 181). Andererseits konzentrieren die Kolloide zahlreiche zu lösende Substanzen an ihrer *Oberfläche*, adsorbieren sie und vergrößern damit scheinbar ihre Löslichkeit erheblich. Endlich vermögen sie als *Schutzkolloide* in übersättigten Lösungen die gelösten Substanzen vor dem Ausfallen zu schützen und in Kolloidform in Lösung zu halten.

---

[1] KELLER, RUD.: B.Z. **136**, 165 (1923). — [2] Bestimmung von D. K. nach EBERT, L.: Angew. Chem. **47**, 305 (1934).— [3] Über Ionenprodukt des Wassers siehe W. KUHN, S. 116.— [4] HAAS, E.: B.Z. **282**, 224 (1935). — [5] DARROW, D.: Tissue water and electrolyte. Ann. Rev. Physiol. **6**, 95—112 (1944). — [6] Landolt-Börnstein 1, 763ff. (1923).

Die Löslichkeit wird ferner erhöht durch Anwesenheit hydrotroper Substanzen (Harnstoff, Hippursäure, gallensaure Salze[1-3], Lecithin usw.): so steigert ein Zusatz von 3% Harnstoff die Löslichkeit des Calciumoxalats in Wasser auf das Doppelte. Andere organische Verbindungen (besonders Desoxycholsäure) vermögen mit wasserunlöslichen Stoffen (z. B. Neutralfett) wasserlösliche Molekülverbindungen zu bilden[4]. Manche wasserunlöslichen Verbindungen bleiben in den kolloidalen Körpersäften auf dem Wege zur Niederschlagsbildung stehen als winzige, flüssige Tröpfchen (Harnsäure, Calciumoxalat) (tropfige Entmischung), so daß keine Fällung sichtbar wird.

d) Der *osmotische Druck* (W. KUHN, S. 130) der biologischen Flüssigkeiten hängt von der Temperatur, chemischen Natur der Lösung, vor allem dem Gehalt an Salzen und organischen Substanzen (Zucker, Harnstoff usw.) ab. Die Kolloide haben kaum einen Einfluß auf den osmotischen Druck, da ihre Teilchenkonzentration infolge ihrer Teilchengröße ($1—100\ \mu\mu$) verschwindend klein ist. Dem osmotischen Druck, der dem Druck von Gasen entspricht und demzufolge gegen die Wandungen der Gefäße gerichtet ist, steht der *Binnendruck*[5] *der Flüssigkeiten* gegenüber, bedingt durch die gegenseitige Anziehung der einzelnen Flüssigkeitsmoleküle. Da der Binnendruck im Wasser etwa 12000 Atm. je m^2 beträgt, tritt ihm gegenüber der osmotische Druck nicht in Erscheinung: für gesättigte wäßrige Lösungen kann der osmotische Druck 200 Atm. erreichen. Im menschlichen *Blutserum* beträgt er 7,5—8,1 Atm., entsprechend einer Gefrierpunktdepression $\varDelta = 0{,}55$ bis $0{,}58°$ C. $1°\ \varDelta$ entspricht etwa 12 Atm. oder etwa 9100 mm Hg.

Im Gegensatz zu den echten Lösungen sind die *biologischen* Lösungen (heterogene, zweiphasige) Flüssigkeiten. Sie bestehen aus einer echten Lösung und den in ihr kolloidalen Teilchen, die als hydrophile Kolloide gelöst oder im gequollenen gallertartigen Zustand als feste Teilchen (Gele) oder als Flüssigkeitskugeln in der wäßrigen Lösung schwimmen. Die Oberfläche Flüssigkeit gegen Kolloid ist außerordentlich groß; sie wird um so größer, je feiner das Kolloid verteilt, je höher seine Dispersität ist. Die Oberflächenspannung macht Kolloide instabil, da durch Zusammenfließen der einzelnen kolloidalen Teile sich die Oberfläche verkleinern kann. Stabilisierend wirken auf die Kolloide alle Stoffe, die die innere Reibung (Viscosität) der Dispersionsflüssigkeit erhöhen (z. B. Zucker), ferner Substanzen, die die einzelnen kolloidalen Teilchen mit einem Schutzmantel umhüllen (z. B. Eiweiß). Wesentlich für die Stabilität des Kolloids ist die gleichsinnige elektrische Ladung der einzelnen kolloidalen Teilchen, durch die sie sich gegenseitig abstoßen. (Näheres siehe W. KUHN, S. 149f.)

Das Kolloid hat das Bestreben, zu quellen und in seine *Micellen* Wasser einzulagern. Dieses Bestreben, Wasser an sich zu bringen, wird als **kolloidosmotischer** Druck[6] bezeichnet. Er beträgt für eine 5%ige Gelatine 23 mm Hg, für 5%ige Gummilösung 12 mm Hg, für 3%ige Stärke 2 mm Hg (siehe Bd. 2, Wasserstoffwechsel). Er ist um so stärker, je höher das Quellungsvermögen der Kolloide ist, und hängt somit von dem Gehalt der betreffenden Flüssigkeiten an Salzen (HOFMEISTERsche Reihe, S. 125 u. 205) und H·-Ionen ab.

---

[1] SEIDELL, A.: Solubilities of Inorganic and Metallorganic Compounds. 3. Aufl., Bd. 1. New York 1940. Solubilities of Organic Compounds. 3. Aufl., Bd. 2. New York 1941. — [2] WIELAND, H., u. H. SORGE: H. **97**, 1 (1916). — [3] LETTRÉ, H., u. H. H. INHOFFEN: Über Sterine, Gallensäuren und verwandte Naturstoffe. Das Choleinsäureprinzip, S. 143—147. Stuttgart 1936. — [4] Vgl. W. KUHN: Molekülverbindungen, S. 64. — [5] GRIMSEHLs Lehrbuch der Physik, 8. Aufl. Hrsg. von R. TOMASCHEK, Bd. 1, 284. Leipzig u. Berlin 1933. 12. Aufl. 1942. — [6] Die folgenden Definitionen gibt NETTER, Kiel.

e) Quellungsdruck. Der Druck, mit dem ein quellbarer Körper sich bei Wasserangebot gegen Widerstände ausdehnt, wird Quellungsdruck genannt. Er ist gleich dem Druck, durch den aus dem quellenden Körper gerade noch das erste Wasser abgepreßt werden kann. Sein Wert kann bis zu 20000 Atm. betragen. Er spielt eine Rolle beim Keimen von Samen und Wachstum von Zellen.

Der Quellungsdruck[1] ist ein Maß für das Hydratationsbestreben der Teilchen, das sie auf Grund ihrer elektropolaren Eigenschaften besitzen. Er hängt also von der Art des Stoffpaares (Lösungsmittel-Gelöstes), von der Dissoziation des Gelösten, von der Feldbeeinflussung durch Fremdionen (Salze) und von der Veränderung der Dielektrizitätskonstanten ab. Dieser Quellungsdruck oder *Solvatationsdruck* steigt *nicht* linear mit der Teilchenkonzentration, sondern mit einem Exponenten der Konzentration, der häufig um 2 liegt.

Der *kolloidosmotische Druck* ist der von den Micellen oder den hochmolekularen Stoffen ausgeübte osmotische Druck, d. h. der Anteil dieser Teilchen an der kinetischen Gesamtenergie der gelösten Teilchen. Nur freie translatorisch sich bewegende Teilchen üben diesen Druck aus, der proportional der Teilchenmenge je Lösungsvolumen und proportional der Temperatur ist.

f) Onkotischer Druck. Da sich Quellungsdruck und kolloidosmotischer Druck im Wasseranziehungsbestreben des Kolloids äußern und dieses als ein Maß für diese Drucke genommen werden muß, gibt es bei gelösten Kolloiden keine einfache Methode, um beide getrennt voneinander zu messen. Mißt man im Osmomoter das Druckgleichgewicht zwischen H_2O außen und der Kolloidlösung, so ist in dem so gemessenen kolloidosmotischen Druck auch ein Anteil des Quellungsdruckes mitenthalten. Dieser Druck, *kolloidosmotischer Druck + Quellungsdruck*, osmometrisch und unter gegebenen Bedingungen gemessen, wird der **onkotische Druck**[2] genannt. In diesem Druck überwiegt der Hydratationsanteil um so mehr, je höher die Konzentration wird. *Im Normalserum ist die Eiweißkonzentration noch so gering, daß der wesentlich größere Teil des onkotischen Druckes der kolloidosmotische Druck ist.*

Das Durchschnittsmolekulargewicht der Serumeiweiße mag 70000 betragen, ihre Konzentration im Blutserum 8%, dann ist ihre molare Konzentration m/880; hierzu gehört ein osmotischer Druck bei 20° von $\sim$ 245 m Wassersäule: 880 = $\sim$ 28 cm H_2O*. Es werden gefunden etwa 30 bis 35 cm H_2O. Dabei ist zu bemerken, daß wegen der starken osmotischen Wirkung auch geringerer Mengen von nicht diffusiblen Stoffen mit relativ kleinem Molekulargewicht das Molekulargewicht der Eiweiße reichlich hoch angegeben ist und daß der „nichtlösende Raum" nicht mehr vernachlässigt werden darf. Beides wirkt im Sinne einer Erhöhung des berechneten Wertes.

Bei höherer Konzentration hat die disperse Phase einen nicht zu vernachlässigenden Anteil am Gesamtvolumen. Dieser Anteil wird als *nichtlösender Raum*[3] deswegen bezeichnet, weil er nicht als Lösungsraum für die gelösten Stoffe einschließlich Kolloide in Betracht kommt. Es wird daher der osmotische Druck dieser Teilchen größer, als nach der Volumennormalität zu erwarten ist.

Die feste Bindung des Wassers durch die Kolloide kann das Ausfrieren dieses Wassers bei Abkühlung unter 0° verhindern. Nur hierdurch ist das *Überwintern vieler Tiere* bei Temperaturen unter 0° C möglich. Beim Einfrieren von Tieren trennt sich das Wasser zum Teil von den Eiweißsubstanzen, an die es durch Quellung gebunden ist, und sammelt sich z. B. zwischen den Muskelfasern, so daß kleine, eisgefüllte Hohlräume entstehen. Je tiefer die Temperatur, je mehr Wasser scheidet sich vom Eiweiß ab, z. B. bei —5° 68%, bei —10° 80% des gesamten Wassergehaltes[4]. Das ausgefrorene Wasser schließt etwa 10% lösliche Eiweißstoffe neben Salzen, Farbstoffen ein. Es wird beim Auftauen von dem Zelleiweiß wieder aufgesogen.

---

* Der osmotische Druck einer 1-molaren Lösung eines undissoziierten Stoffes beträgt, bei 0° und 76 cm Hg, 22,4 Atm. und erhöht sich bei jedem Grad Temperaturanstieg um 1/273 (1 Atm. = 760 mm Hg = 10,3 m Wassersäule).

[1] FARKAS, G. v.: Der Kolloiddruck des Blutes in Bennhold-Kylin-Rusznyak, S. 147. [2] Zur Nomenklatur vgl. Fußnote[6], Seite 180. — [3] Siehe S. 179. — [4] Zahlen für Fleisch bei KALLERT, E.: Vorratspfl. u. Lebensm.-Forsch. **1**, 20 (1930). — Vgl. BIRDSEY: Angew. Chem. **46**, 341 (1933).

4. Die chemischen Eigenschaften des Wassers[1] treten im Lebensgeschehen zunächst kaum hervor. Es ist eine chemisch wenig aktive Verbindung, daher sehr geeignet als indifferentes Lösungs- und Transportmittel. Und doch ist das Wasser bei allen chemischen Umsetzungen im Organismus irgendwie grundlegend beteiligt. Es sei hier außer auf seine elektrolytische Dissoziation mit ihrem Einfluß auf die Ionenbildung, auf das dauernde Entstehen und Vergehen von Wasser in allen Lebewesen hingewiesen, z. B. bei allen Oxydationsvorgängen, bei der Knüpfung von Ester-, Säureamid-, Glykosid- und Anhydridbindungen sowie sein Einbau durch Hydrolyse und anderen Wasseranlagerungen (Hydratation, Hydratisierung). Die Wasserbildung (Knallgasreaktion[2]) stellt die energiereichste chemische Reaktion je Grammatom dar:

$$2\,H + \tfrac{1}{2}\,O_2 + H_2O \text{ (flüssig)} + 68{,}38 \text{ k/cal.}$$

„Schweres" Wasser. An der *Zusammensetzung des Wassers* beteiligen sich außer dem Molekül H_2O eine Reihe anderer Moleküle, welche die Isotopen[3] des Wasserstoffes (^2H, ^3H) und Sauerstoffes (^{17}O, ^{18}O) enthalten[4]. Isotop ^2H wird meist als Deuterium (D) bezeichnet. Gewöhnliches Wasser setzt sich aus 18 verschiedenen Molekülarten zusammen ($^1H_2{}^{16}O = 99{,}7\%$; $^1H_2{}^{18}O = 0{,}2\%$; $^1H_2{}^{17}O = 0{,}04\%$; $^1HD^{16}O = 0{,}035\%$ usw.)[4]. Da die Molekülarten unterschiedliche Molekulargewichte besitzen und in etwas wechselnder Menge in verschiedenen Wässern enthalten sind, so weisen die letzteren Dichteunterschiede[5] auf:

Tabelle 11.

Dichteunterschiede von 1 cm³ reinem Wasser verschiedener Herkunft,
bezogen auf Ozeanwasser:

aus Schnee . . . $-3{,}8\,\gamma$	aus dem Ozean . 0
„ Flüssen . . . $-1{,}5\,\gamma$	„ Pflanzen . . $+0{,}2\,\gamma$
„ Tieren . . . $-0{,}3\,\gamma$	„ Mineralien . $+1{,}5\,\gamma$.

Je leichter ein Isotop, desto leichter verdampft es selbst und seine Verbindung. Es wird also in erster Linie $^1H_2{}^{16}O$ verdampfen, während sich die schwereren Isotopen im Rückstand (z. B. in den Pflanzen, in den Mutterlaugen der Mineralien) anreichern.

Deuterium wird als Indicator beim Studium intermediärer Stoffwechselvorgänge benutzt, indem man chemische Verbindungen durch Ersatz von Wasserstoffatomen durch D kenntlich macht und sie sodann verfüttert[6-8]. Dabei ist zu berücksichtigen, daß Deuterium nicht stets an gleicher Stelle haftenbleibt; es tritt vielmehr häufig ein Austausch von Deuterium gegen gewöhnlichen Wasserstoff aus anderen Molekülen ein. Besonders leicht ausgetauscht wird Deuterium von den Gruppen: $-COOH$, $-OH$, $-NH_2$, $-CHO$.

Es ist gelungen, $D_2{}^{16}O$ in hohem Reinheitsgrad darzustellen. Diese Verbindung wird als *schweres Wasser* bezeichnet. Es siedet bei 101,42° und gefriert bei $+3{,}8°$; seine größte Dichte beträgt 1,11 bei 2,6° C.

Geringe Konzentrationen von schwerem Wasser in gewöhnlichem Wasser stören die Lebensfunktionen nicht, ja das schwere Wasser wird sogar fest eingebaut. Höhere Konzentrationen (über 30%) verlangsamen die Reaktionen[8], wohl weil D infolge seiner doppelten Kernmasse träger reagiert als ^1H. Höchste Konzentrationen vernichten das Leben[7, 9]. *Eine*

---

[1] TILLMANS, J., u. P. HIRSCH: Wasser. Handb. Lebensmittelchem. (BÖMER u. a.) **1**, S. 96 bis 116, insbesondere 96 u. 101 (1933). — [2] ROTH, W. A.: Houben-Weyl **1**, 940 (1921). — Dissoziation des Wassers, vgl. W. KUHN, S. 116. — [3] Über Isotope, vgl. W. KUHN, S. 13ff. — [4] RIESENFELD, E. H., u. T. L. CHANG: Naturwiss. **24**, 616 (1936). — HARTECK, P.: Z. Elektrochem. **44**, 3 (1938). — [5] FARKAS, L.: Naturwiss. **22**, 614, 640 (1934). — [6] HEVESY, G. v.: Naturwiss. **23**, 775 (1935). — [7] DUNGERN, M. v.: Z. Biol. **97**, 187 (1936). — [8] DONATELLI, L.: Arch. ital. Sci. farmacol. **7**, 201 (1938). — S. a. W. KUHN S. 31. — [9] BONHOEFFER, K. F.: Fermentreaktionen in schwerem Wasser. Ergebn. Enzymforsch. **6**, 47—56 (1937). — Bamann-Myrbäck **2**, 1540 (1940).

biologische Bedeutung kommt dem schweren Wasser anscheinend nicht zu. Über D als Index biologischer Verbindungen siehe W. KUHN, S. 31 und Fußnote [1].

5. Natürliche Wässer [2-12]. Natürliches Wasser ist nie rein: *Regenwasser* enthält Staub, Bakterien [10-14]; CO_2, H_2O_2, Luft; „*reines*" *Fluß- und Quellwasser* daneben Salze (auf 10000 Teile Wasser im allgemeinen 1 bis 20 Teile feste Stoffe [13]). Das braune Wasser mancher Bäche ist meist durch humusartige Substanzen gefärbt. *Mineralwässer* sind besonders reich an gelösten Substanzen. Je nach Vorherrschen des einen oder anderen Stoffes spricht man von Säuerlingen (CO_2), alkalischen Wässern (Carbonate), Solwässern ($NaCl$), Bitterwässern (Mg), Stahlwässern (Fe), Schwefelwässern (H_2S). Naturgemäß zeigt *Meerwasser* einen relativ hohen *Gehalt* an fast allen Mineralien neben organischen Substanzen [14]. (Vgl. Abschnitt Mineralstoffe, S. 203.)

6. Wasserdampf. Außer dem Wasser in flüssiger Form spielt die *Luftfeuchtigkeit* [15] für Tiere und Pflanzen eine wichtige Rolle. Nicht die absolute Feuchtigkeit, sondern die *relative Feuchtigkeit* ist für die Lebensprozesse wesentlich. Denn es besteht für die meisten Tiere und Pflanzen die Notwendigkeit, Wasser in Dampfform an die umgebende Luft abzugeben, die daher nicht mit Wasserdampf gesättigt sein darf, wenn die Lebensprozesse optimal verlaufen sollen.

Der Wert der *absoluten Feuchtigkeit* (= Dampfdruck in mm Hg bei bestimmten Temperaturen) ist nahezu ebenso groß wie die Anzahl g Wasser in 1 m³ Luft bei diesem Druck. Die Wasserdampfsättigung der Luft gibt für verschiedene Temperaturen die folgende Tabelle 12 (relative Feuchtigkeit 100%):

Tabelle 12. Wasserdampfsättigung der Luft (mg/m³).

0° C	. . . 4,8	20° C	. . . 17,3
10° C	. . . 9,4	30° C	. . . 31,8

Unter *relativer Feuchtigkeit* versteht man das Verhältnis der in der Luft wirklich vorhandenen Dampfmenge (absolute Feuchtigkeit) zu der Dampfmenge bei Sättigung und gleicher Temperatur. Z. B. absolute Feuchtigkeit bei 20° sei 12,8 g/m³; maximale Sättigung bei 20° ist 17,3 g/m³. Dann ist $\dfrac{12,8}{17,3} = 0,74 = 74\%$ relative Feuchtigkeit bei 20° C. Die relative Feuchtigkeit schwankt z. B. in Deutschland zwischen 60 und 95%.

---

[1] DIRSCHERL, W.: Die Bedeutung von Isotopenreaktionen für die physiologische Chemie. Z. Elektrochem. **47**, 705—716 (1941). — [2] WEIDNER, H.: Taschenbuch der Trinkwasser-Untersuchung. Unter Mitwirkung von FR. KONRICH u. M. RÖDIGER, 2. Aufl. Leipzig: 1943. — [3] SIERP, F.: Trink- und Brauchwasser. Handb. Lebensmittelchem. (BÖMER u. a.) 8/1, 1—208 (1939). Untersuchung und Beurteilung des Wassers. Handb. Lebensmittelchem. (BÖMER u.a.) 8/2, 1—486 (1940). — [4] SPLITTGERBER, A., u. E. NOLTE: Untersuchung des Wassers. Handb. biol. Arb.-Meth. Abt. IV, Teil 15 (1—589) (1931). — [5] SPLITTGERBER, A.: Wasserenthärtung. Normungsblatt 424. Chem. Fabrik **8**, 421 (1935). — [6] HÖLL, K.: Wasseruntersuchungen. Dresden u. Leipzig 1943. — [7] Einheitsverfahren der physikalischen und chemischen Wasseruntersuchung. Hrsg. Fachgruppe für Wasserchemie. Ver. Dtsch. Chemiker. Berlin 1936. — [8] PRESCOTT, S. C., CH.-E. A. WINSLOW and M. H. MCCRADY: Water Bacteriology. 6. Aufl. New York 1946. — [9] WARD, H. B., and G. C. WHIPPLE: Freshwater Biology. New York 1918. — [10] NEEDHAM, J. G.: A Guide of the Study of Freshwater Biology. London 1947. — [11] RYAN, W. J.: Water Treatment and Purification. 2. Aufl., S. 14. New York u. London 1946. — [12] WHIPPLE, G. C., u. G. FAIR: The Microscopy of Drinking Water. 4. Aufl. New York 1927. — [13] HARRASSOWITZ, H.: Z. prakt. Geol. **52**, 45 (1944). — [14] RUDOLPH, W.: Nahrung und Rohstoff aus dem Meer. Stuttgart 1946. — [15] GRIMSEHLS Lehrbuch der Physik, 8. Aufl. Hrsg. von R. TOMASCHEK, Bd. 1, S. 484. Leipzig u. Berlin 1933.

II. Mineralstoffe.

Von F. HOLTZ und B. FLASCHENTRÄGER.

Inhaltsverzeichnis.

Seite
1. Allgemeine Biochemie der Mineralstoffe 185
   a) Begriffsbestimmung 185
   b) Die allgemeine Bedeutung der Mineralstoffe. Bioelemente 187
   c) Erforschung der Chemie des Mineralstoffwechsels 188
      α) Quantitative chemische Analyse 188
      β) Bilanzversuch und die physiologisch-chemische Analyse 189
      γ) Mineralstoffanalysen in biologischen Substraten 189
      δ) Serien- und Mikroanalysen 189
      ε) Fehlerquellen und Kontrollösungen 190
      ζ) Fehlerbreite 190
   d) Allgemeines Vorkommen der Elemente und die Spurenelemente 190
   e) Die Elementarbestandteile der Lebewesen und der Erdrinde 191
      α) Bei Pflanzen 191
      β) Bei Tieren und Menschen 194
      γ) Vorkommen und Vergleich der Elemente in der Erdrinde und in den Lebewesen 194
      δ) Die Systematik der Bioelemente 196
      ε) Zustand und Bindung der Bioelemente 196
   f) Mineralien als Nährstoffe und Heilmittel 197
      α) Nährlösungen und Salzgemische 197
      β) Mineralstoffgehalt der Nahrungsmittel 202
      γ) Natürliche mineralhaltige Wässer 202
         1. Mineralwässer 202
         2. Moorbäder 203
         3. Meerwasser 203
         4. Leitungswasser 204
   g) Eigenschaften der Ionen und Ursache ihrer physiologischen Wirksamkeit . . . 204
      α) Spannungsreihe 204
      β) Wertigkeit 204
      γ) Wirkung auf Kolloide 205
      δ) Wirkungsformen der Metalle 205
      ε) Metallkomplexe als Hilfsstoffe von Fermentsystemen 205
      ζ) Gegenspiel der Ionen 206
      η) Säure-Basen-Gleichgewicht 206
   h) Speicherungs- und Ablagerungsformen der Mineralstoffe im Körper 207
   i) Bestand und Verteilung der Mineralstoffe im Körper 207
2. Spezieller Teil: Biochemie der einzelnen Elemente 209
   a) Allgemeines 209
   b) Die Metalle 210
      α) Der Wasserstoff 210
      β) Die Elemente der 1. Gruppe: Die Alkalimetalle 211
         Lithium S. 211. — Natrium S. 211. — Kalium S. 211. — Rubidium
         S. 213. — Caesium S. 213.
      γ) Die Elemente der 2. Gruppe: Die Erdalkalimetalle 213
         Beryllium S. 213. — Magnesium S. 214. — Calcium S. 214. — Strontium-
         Barium S. 215. — Radium S. 215.
      δ) Die Elemente der 3. Gruppe (Sc, Y, La, Ac) und die Metalle der 13. Gruppe
         (Al, Ga, In, Tl): Die Erdmetalle und seltenen Erden 215
         Aluminium S. 215. — Die übrigen Erdmetalle S. 216.
      ε) Die Elemente der 4. Gruppe: Ti, Zr, Hf, Th 216
      ζ) Die Elemente der 5. Gruppe: V, Nb, Ta, Pa 217
      η) Die Elemente der 6. Gruppe: Cr, Mo, W, U 217
      ϑ) Die Elemente der 7. Gruppe: Mn, Ma, Re 218
      ι) Aus der 8. bis 10. Gruppe: Die Eisengruppe 219
         Eisen S. 219. — Kobalt und Nickel S. 223.
      $\varkappa$) Aus der 8. bis 10. Gruppe: Die Platinmetalle: Ru, Rh, Pd, Os, Ir, Pt 223

Seite

λ) Die Elemente der 11. Gruppe: Cu, Ag, Au 223
    Kupfer S. 223. — Silber und Gold S. 226.

μ) Die Elemente der 12. Gruppe: Zn, Cd, Hg 226
    Zink S. 226. — Cadmium S. 228. — Quecksilber S. 228.

ν) Die Metalle der 14. Gruppe: Ge, Sn, Pb 230
    Germanium S. 230. — Zinn S. 230. — Blei S. 231.

o) Die Metalle der 15. Gruppe: Sb, Bi 232

c) Die Nichtmetalle 232

α) Aus der 13. Gruppe: Das Bor 232

β) Die Nichtmetalle der 14. Gruppe: C, Si 232
    Kohlenstoff S. 232. — Silicium S. 234.

γ) Die Nichtmetalle der 15. Gruppe: N, P, As 236
    Stickstoff S. 236. — Phosphor S. 238. — Arsen S. 241.

δ) Die Nichtmetalle der 16. Gruppe: O, S, Se, Te 243
    Sauerstoff S. 243. — Schwefel S. 243. — Selen, Tellur S. 246.

ε) Die Elemente der 17. Gruppe: Die Halogene: F, Cl, Br, J 246
    Fluor S. 246. — Chlor S. 248. — Brom S. 249. — Jod S. 251.

ζ) Die Elemente der 18. Gruppe: Die Edelgase: He, Ne, Ar, Kr, H, Rn 254

3. Schluß 254

1. Allgemeine Biochemie der Mineralstoffe[1—56].

a) Begriffsbestimmung.

Zu den anorganischen Bau- und Betriebsstoffen werden neben ihrer Hauptmenge, dem Wasser, die Mineralstoffe („Mineralien") gerechnet. Man versteht

Zusammenfassende Darstellungen über Mineralstoffe: 1—56.

Einige Lehrbücher der anorganischen Chemie: [1] REMSENS Einleitung in das Studium der Chemie. Neu bearb. und neu hrsg. von H. REIHLEN, 14. Aufl. Dresden u. Leipzig 1947. — [2] REMY, H.: Grundriß der anorganischen Chemie. 2. Aufl. Leipzig 1947. — [3] REMY, H.: Lehrbuch der anorganischen Chemie. 2 Bde. Leipzig. Bd. 1, 4. Aufl. 1943; Bd. 2, 2. u. 3. Aufl. 1942. — [4] HOLLEMANN, A. F.: Lehrbuch der Chemie. Teil 1 Anorganische Chemie. 24. u. 25. Aufl. Neubearb. von E. WIBERG. Berlin 1947. — [5] SCHWARZENBACH, G.: Allgemeine und anorganische Chemie. 3. Aufl. Stuttgart 1948. — [6] BJERRUM, N.: Kurzes Lehrbuch der anorganischen Chemie. Aus dem Dänischen übersetzt und deutsch hrsg. von L. EBERT. Berlin 1933. — [7] JANDER, G., u. H. SPANDAU: Kurzes Lehrbuch der anorganischen Chemie. 4. Aufl. Berlin 1949. — [8] SMITH-D'ANS: Einführung in die allgemeine und anorganische Chemie auf elementarer Grundlage. 12. Aufl. Bearbeitet von J. D'ANS. Karlsruhe 1949. — [9] LEIPERT, TH., u. J. MATULA: Lehrbuch der anorganischen Chemie für Mediziner. 2. Aufl. Wien 1943. — [10] HOFMANN, K. A., u. U. R. HOFMANN: Anorganische Chemie. 12. Aufl. Braunschweig 1948. — [11] HÜCKEL, W.: Lehrbuch der Chemie. Teil 1 Anorganische Chemie. 3. Aufl. 1943. — [12] EMELEUS, H. J., u. J. S. ANDERSON: Ergebnisse und Probleme der modernen anorganischen Chemie. Berlin 1940. — Modern Aspects of Inorganic Chemistry, 5. Aufl. London 1947. — [13] KLEMM, W.: Über einige neuere Ergebnisse der anorganischen Chemie. Chemie **56**, 1 (1943). — [14] KLEMM, W.: Anorganische Chemie. 6. Aufl. Berlin 1944. — [15] MAYNARD, J. L., and C. M. SNEED: General Anorganic Chemistry. London 1944. — [16] EPHRAIMS Inorganic Chemistry, von P. C. L. THORNE and E. R. ROBERTS. 5. Aufl. London 1948. — [17] PARTINGTON, J. R.: General and Inorganic Chemistry for University Students. London 1949 — [18] RULE, H. G.: Textbook of Inorganic Chemistry. London 1945/46. — [19] HOPFF, H.: Grundriß der anorganischen Chemie, 8. Aufl. München 1943. — [20] RIESENFELD, E. H.: Lehrbuch der anorganischen Chemie, 3. Aufl. Zürich 1943. — [21] FERNELIUS, W. C.: Inorganic Syntheses. Bd. 1 u. 2. New York u. London 1946. —

Handbücher der anorganischen Chemie: [22] GMELINS Handbuch der anorganischen Chemie. Hier zit. als „Gmelin". 8. Aufl. 70 Systemnummern und Sonderbände. Berlin. Erscheint seit 1924. — [23] Handb. anorg. Chem. (ABEGG), 6 Bde. Leipzig. Erscheint seit 1908. — [24] Handb. anorg. Chem. (GMELIN-KRAUT). 7. Aufl., 6 Bde in 14 Teilen. Hrsgb. von C. FRIEDHEIM u. F. PETERS. Heidelberg 1907—32.

Lehrbücher der analytischen Chemie: [25] BÖTTGER, W.: Qualitative Analyse und ihre wissenschaftliche Begründung. 4.—7. Aufl. Leipzig 1925. — [26] TREADWELL, F. P.: Kurzes Lehrbuch der analytischen Chemie. 2 Bde. Hrsgb. von W. D. TREADWELL. Bd. 1 Qualitative Analyse. 21. Aufl. Wien 1948. Bd. 2 Quantitative Analyse. 11. Aufl. 16. unveränderter Abdruck Wien 1946. — [27] TREADWELL, F. P., u. V. MEYER: Tabellen zur qualitativen Analyse,

darunter gewöhnlich alle anorganischen Verbindungen der Lebewesen, auch
wenn sie im Zellstoffwechsel nur kurze Zeit als solche vorliegen oder zeitweise
organische Bindungen eingehen. Eine Abgrenzung gegen die organischen Stoffe
ist nur unter Berücksichtigung dieser zeitlich begrenzten Bindung und Funktion
möglich. Im Mineralstoffwechsel verfolgt man Herkunft und Schicksal der anorganischen Verbindungen von der Aufnahme bis zur Ausscheidung aus dem Körper.

Was ist Asche? Durch die *Analyse der Asche* (etwa des Rückstandes nach einer trockenen
oder feuchten Verbrennung[1]) werden die Mineralstoffe nicht immer voll erfaßt, da bei
diesem Vorgehen ein großer Teil selbst der anorganischen Bestandteile chemisch verändert
wird. Oxydative und reduktive Veränderungen treten bei der Veraschung ein. Carbonate,
Sulfate, Phosphate, Sulfide, Cyanide, Jodide, Jodate u. a. werden aus organischen Verbindungen neu gebildet. Glühverluste, z. B. von Alkalichloriden, von Phosphor können
ein falsches Bild vom Vorkommen der Elemente liefern, kurz, die Zusammensetzung der
Asche sagt nicht alles aus über die Natur der anorganischen Bestandteile der Zelle.

16. unveränderte Aufl. Wien 1942. — [28] HECHT, FR., u. J. DONAU: Anorganische Mikro-
gewichtsanalyse. Berlin 1940. — [29] FEIGL, F.: Qualitative Analyse mit Hilfe von Tüpfel-
reaktionen. 3. Aufl. Leipzig 1938. Qualitative Analysis by Spot Tests, Inorganic and Organic Applications. 3. completely revised, English edition translated by R. E. OESPER
New York u. Amsterdam 1947. — [30] PRODINGER, W.: Organische Fällungsmittel in der
quantitativen Analyse. 2. Aufl. Stuttgart 1939. — PRODINGER, W.: Organic Reagents used
in Quantitative Anorganic Analysis. Translated by ST. HOLMES. New York 1940. — [31] SEITH,
W., u. K. RUTHARDT: Chemische Spektralanalyse. 3. verbesserte Aufl. Berlin 1944. —
[32] DANCKWORTT, P. W.: Luminiscenz-Analyse im filtrierten ultravioletten Licht. 4. Aufl.
Leipzig 1940. — [33] BILTZ, H.: Experimentelle Einführung in die anorganische Chemie. 36.
bis 41. Aufl. Hrsgb. W. KLEMM u. W. FISCHER. Berlin 1946.

Handbücher der analytischen Chemie: [34] Handb. Arb.-Meth. anorg. Chem. (STÄHLER),
4 Bde. Berlin 1913—25. — [35] Handb. analyt. Chem. (FRESENIUS-JANDER). 3 Teile je
8 Bde. Berlin 1940. — Bisher erschienen: 2. Teil: Bd. Ia: Li, Na, K, NH₃, Rb, Cs; Bd. IIIa:
B, Al, Ga, In, Tl, Sc, Y, Yb, Seltene Erden (La-Cp); Bd. VI: O, S, Se, Te, Cr, Mo, W, U. 3. Teil:
Bd. Ia: Li, Na, K, NH₃, Rb, Cs; Bd. IIa: Be, Mg, Ca, Sr, Ba, Ra u. Isotope; Bd. IIb: Zn,
Cd, Hg; Bd. III: B, Al, Ga, In, Tl, Sc, Y und seltene Erden (La-Cp), Actinium und Mesothor;
Bd. VIIIa: He, Ar, Ne, Kr, X, Radon und Isotope. — [3⁵] Handb. biol. Arb.-Meth. Abt. I, Teil 1
u. 3 (1921—25). — [37] CUMMING, A. G., and A. K. SYDNEY: A Textbook of Quantitative Chemical
Analysis. 9. Aufl. London 1945. — [38] KOLTHOFF-SANDELL: Textbook of Quantitative
Inorganic Analysis. New York 1943. — [39] KOLTHOFF, I. M., and V. A. STENGER: Volumetric
Analysis. Bd. I, Theoretical Fundamentals. 2. Aufl. New York 1942. Bd. II, Acid-Base,
Precipitation and Complex Formation. 1947. — [40] YOST, D. M., and H. RUSSEL jr.: Systematic
Inorganic Chemistry of the Fifth and Sixth Groups Non-metallic Elements. London 1946.

Bücher für klinisch-chemische Untersuchungen: [41] H.-Th.: Vorkommen, Darstellung,
Eigenschaften und Nachweis der aus dem Tierkörper gewonnenen Mineralstoffe, S. 34—49.
1924. — [42] HINSBERG, K., u. K. LANG: Medizinische Chemie. Berlin u. Wien 1938. — [43] HALL-
MANN, L.: Klinische Chemie und Mikroskopie, 5. Aufl. Stuttgart 1948. — [44] Chemiker-
Taschenbuch I—III. Chemikerkalender. Hrsgb. von I. KOPPEL, 60. Aufl. Berlin 1937. —
[45] D'ANS, J., u. E. LAX: Taschenbuch für Chemiker und Physiker. 2. berichtigte Aufl.
Berlin, Göttingen u. Heidelberg 1949. — [46] PETERS-VAN SLYKE: Quantitative Clinical
Chemistry. Bd. 2. Methods, S. 717—906. London 1932. — [47] HARRISON, G. A.: Chemical
Methods in Clinical Medicine. 3. Aufl. London 1947. — [48] HAWK, PH. B., B. L. OSER and
W. H. SUMMERSON: Practical Physiological Chemistry. 12. Aufl. Philadelphia u. Toronto
1947. — [49] KIRK, P. L.: The Application of Microchemistry to Biochemical Analysis. Ann.
Rev. 9, 593—61 (1940). Dort Literaturangaben zur Bestimmung von Mg, Ca, P, Fe, Pb, Zn,
Cl, J. As. — [50] SANDELL, E. B.: Colorimetric Methods for the Determination of Traces of
Metals. Bd. 3, Chemical Analysis. New York 1944.

Mineralstoffe: [51] Siehe auch zusammenfassende Darstellungen im Beitrag HOLTZ: Mineralstoffwechsel, Bd. 2. — [52] HEUBNER, W.: Der Mineralbestand des Körpers. Handb. Physiol. 1/2, 1419—1508 (1931). — [53] LINTZEL, W.: Mineralstoffe. Handb. Mangold 1, 184 bis
222 (1929). — [54] TILLMANNS, J., u. R. STROHECKER: Anorganische Bestandteile (Mineralstoffe).
Handb. Lebensmittelchem. (BÖMER u. a.) 1, 657—677 (1933). — [55] ARON, H., u. K. KLINKE:
Die Bioelemente (außer Jod). Handb. Biochem. Erg.-W. 1/A, 1—13 (1933). — [56] Shohl,
Mineral Metabolism. New York 1939.

[1] H.-Th. S. 649ff.

Ein Teil der Mineralstoffe wird physiologisch im Zellstoffwechsel erst durch Abbau organischer Verbindungen gebildet und erscheint als Schlacke im Harn oder Kot. Umgekehrt können anorganische Stoffe von der Zelle zu organischen aufgebaut werden, z. B. als PO_4-, SO_4-Ester, Jod im Thyroxin, Eisen im Hämoglobin, Cytochrom. Sofern also eine Verbindung von Anfang an oder im Verlaufe des Stoffwechsels als anorganische im Tier- oder Pflanzenkörper auftritt, gehört sie in den Bereich der Mineralstoffe und des Mineralstoffwechsels.

b) Die allgemeine Bedeutung der Mineralstoffe

für Pflanzen und Tiere ist erst in den letzten Jahrzehnten genügend beachtet worden. Vor 100 Jahren hat LIEBIG [1] festgestellt, daß zur Ernährung der Pflanzen und Tiere auch Mineralstoffe erforderlich sind [2]. Man hat in ihnen *zunächst nur Bausteine* gesehen, bis die Versuche der Physiologen an überlebenden Organen die Wichtigkeit einzelner Elemente für die Erhaltung der normalen Funktion bewiesen und dabei gleichzeitig zeigen konnten, welch großen Einfluß die Konzentration der einzelnen Elemente sowohl absolut sowie auch relativ in bezug auf die Konzentration der anderen Elemente besitzt. Die Verfeinerung der Analysen, Ernährungsversuche mit künstlich zusammengesetzten Nahrungsgemischen und der Ausbau biochemischer Untersuchungen führten zu neuen Erkenntnissen auf dem Gebiete des Mineralstoffwechsels. Die Zahl der als lebensnotwendig erkannten Elemente wuchs ständig. Doch sind immer noch unsere Kenntnisse über Stoffwechsel und Funktion der einzelnen Elemente recht unbefriedigend.

Die Mineralstoffe dienen einerseits zum *Aufbau des Körpers*, besonders der festen Gerüstbestandteile im Tier- und zum Teil auch Pflanzenreich, zum anderen zur *Regelung des Stoffwechsels:* Regelung der Wasserstoffionenkonzentration, des osmotischen Druckes, des Quellungszustandes der Kolloide, ferner zu Aufgaben, die denjenigen der Vitamine und Hormone ähneln, besonders zur katalytischen Beschleunigung von chemischen Umsetzungen, zur Aktivierung von Fermenten usw. Mit Hilfe der stabilen und radioaktiven isotopen Elemente hat man schon jetzt tiefe Einblicke in den Mineralstoffwechsel erhalten [3].

Bioelemente. *Wann ist ein Element lebenswichtig?* Lebenswichtig sind solche Elemente, bei deren Mangel ein normales Gedeihen auf die Dauer nicht möglich ist. Sie seien „Bioelemente" genannt, um auszudrücken, daß sie in der belebten Welt im Gegensatz zur unbelebten eine Rolle spielen [4]. Die Grenze zwischen den lebensnotwendigen, der Gesundheit förderlichen und den wohl ganz entbehrlichen Elementen im Körper ist ebenso schwer zu ziehen wie zwischen den Begriffen gesund und krank. Eine Reihe von Elementen lassen sich leicht als unentbehrliche Bauelemente der Zellen erkennen; andere, die nur in sehr kleinen Mengen vorliegen, könnte man als zur Gesundheit notwendig bezeichnen, während eine besondere biologische Aufgabe für viele, in kleinster Menge vorhandene Elemente (Spurenelemente) vielleicht gar nicht besteht, bis heute jedenfalls noch unbekannt ist. Die Erforschung der Bedeutung der Elemente hat man auf verschiedenen Wegen versucht, bei Pflanzen, besonders mit der „Wasserkultur" und mit Zusatzlösungen [5]. Einige Elemente besitzen für Pflanzen und

---

[1] LIEBIG, J.: Die organische Chemie in ihrer Anwendung auf Agrikultur und Physiologie. S. 85—105. Braunschweig 1840. — SCHEFFER, F.: Agrikulturchemie. Teil A, Boden. Stuttgart 1937. [Samml. chem. u. chem.-techn. Vortr. (2) Heft 35.] — [2] LIEBEN, F.: Geschichte der physiologischen Chemie. S. 631ff. Leipzig u. Wien 1935. — [3] KAMEN, M. D.: Radioactive Tracers in Biology. An Introduction to Tracer Methodology. 2. Aufl. New York 1948. Dort sind alle biologisch wichtigen radioaktiven Elemente behandelt. — [4] ARON, H., u. K. KLINKE: Handb. Biochem. Erg.-W. 1/A, 1 (1933). — FREY-WYSSLING, A.: Naturwiss. **23**, 767 (1935).— [5] NOACK, K.: Angew. Chem. **49**, 673 (1936).

Tiere (z. B. Na, Cl, Si) oder auch nur innerhalb der Klassen (z. B. Si, Cu) und der Entwicklung (z. B. Ca, P, Fe) der einzelnen Lebewesen etwas unterschiedlichen Wert. Die Bedeutung der einzelnen Elemente kann also innerhalb der belebten Welt recht verschieden sein.

Die *Förderung des Wachstums* durch Zusatz eines bestimmten Mineralstoffes ist noch nicht für seine biologische Bedeutung beweisend. Denn es kann sich um einen einfachen pharmakologischen Reizvorgang handeln. Wenn aber ein Lebewesen einen bestimmten Mineralstoff in erheblich höherer Konzentration speichert, als er in der Umgebungsflüssigkeit oder der Nahrung enthalten ist, so ist dies schon eher im Sinne einer gewissen biologischen Aufgabe der gespeicherten Stoffe für das betreffende Lebewesen zu werten. Allerdings kann die Speicherung auch durch physikalisch-chemische Vorgänge bedingt sein. Man denke an die eben erwähnten Ballaststoffe von Pflanzen und an mehr zufällig durch Resorption aufgenommene Verbindungen.

Die *oligodynamische Wirkung bestimmter* Metalle sei in diesem Zusammenhang genannt. Reines Wasser löst von metallischem Silber 2γ-%. Lebende Algen nehmen aus dieser Lösung Silber auf und reichern sie an bis zu 5 mg-% Ag der trockenen Leibessubstanz. Durch diese hohe Silberkonzentration kommt es dann zu Absterbeerscheinungen[1]. Sicherlich spielt bei solchen Vorgängen die Oberflächenspannung eine Rolle; denn man beobachtet auch eine Anreicherung des Ag an den Glaswänden des Gefäßes.

Der *Beweis für die physiologische Bedeutung einer Verbindung* ist erst erbracht, wenn es gelingt, durch ihren Entzug aus der Nahrung *Ausfallserscheinungen* zu erzeugen, die nur durch ihren Zusatz beseitigt werden können. Derartige Versuche sind sehr schwer durchzuführen, da kleinste Spuren der Elemente, wie schon erwähnt, allgegenwärtig und für die normale Funktion des Körpers häufig ausreichend sind. Die erforderliche Reinigung der Futtermittel bzw. der Nährlösungen bis zur völligen Freiheit von diesen Substanzen und ohne Schädigung anderer notwendiger Begleitstoffe ist sehr schwierig. Die physiologische Bedeutung eines Elementes, das ein regelmäßiger Bestandteil der Lebewesen ist, wird wahrscheinlich gemacht, wenn dieses Element *bestimmte Vorgänge* im Körper *spezifisch auslöst* und beschleunigt, seien diese nun noch nicht im einzelnen übersehbar oder schon als einfache chemische Reaktionen zu verstehen. Meist wird dann das in Spuren wirksame Element als *Teil eines Fermentes oder Fermentsystemes* nachgewiesen werden können[2,3]. Allerdings kommt es vor, daß ein Element für einen Organismus nur unter ganz bestimmten Lebensumständen erforderlich ist: Molybdän ist für Azotobacter nur dann erforderlich, wenn der Stickstoffbedarf aus der Luft gedeckt werden muß, jedoch nicht, wenn Ammoniumsalze usw. zur Verfügung stehen[4]. Wird Aspergillus auf Glycerin als einziger Kohlenstoffquelle gezüchtet, so soll Scandium unbedingt erforderlich sein[5].

c) Erforschung der Chemie des Mineralstoffwechsels.

α) Quantitative chemische Analyse[6,7].

Grundlage jeder Untersuchung über Mineralstoffwechsel ist die quantitative chemische Analyse. Zunächst ist rein „chemisch-anatomisch" die *Zusammensetzung* des betreffenden Lebewesens oder später des betreffenden Organes

[1] FREUNDLICH, H., u. K. SÖLLNER: B.Z. **203**, 3 (1928).— [2] FLASCHENTRÄGER, B.: Schweiz. med. Wschr. **1941** I, 949. — GREEN, D. E.: Adv. Enzymol. **1**, 177—198. 1941. — [3] WARBURG, O.: Schwermetalle als Wirkungsgruppen von Fermenten, 2. Aufl. Berlin 1946.— [4] STEINBERG, R. A.: J. agric. Res. **59**, 731, 749 (1939). — [5] BORTELS, H.: Arch. Mikrobiol. **1**, 333 (1930). — [6] SLYKE, D. D. van: Quantitative Analysis. In Green's Currents biochem. Res., S. 109—121. (Dort zusammenfassende Literatur über Methoden.) — [7] D'ANS u. LAX: Taschenbuch für Chemiker und Physiker. 2. Aufl. Berlin, Göttingen, Heidelberg 1949.

qualitativ und quantitativ zu untersuchen. Als Ausgangsstoff der Analysenberechnung kann das *Frischgewicht* des Lebewesens oder Organes dienen. Wie wir aber gesehen haben, ist der Wassergehalt der einzelnen Organe zum Teil sehr großen physiologischen Schwankungen unterworfen, und man hat daher vielfach sich von den Wasserschwankungen durch Benutzung des *Trockengewichtes* unabhängig gemacht. Allerdings ist oft gerade für Betrachtungen des Mineralstoffwechsels auch die Wasserkonzentration bedeutungsvoll, da Wasserhaushalt und Mineralhaushalt aufs engste gekoppelt sind. Wichtige Aufschlüsse kann auch die Bestimmung des Aschegehaltes und die genaue *Aschenanalyse* geben. Allerdings entspricht die Zusammensetzung der Asche, wie erwähnt, nur begrenzt der Mineralzusammensetzung des Organs. *Eine vollständige Analyse der Mineralzusammensetzung soll Wasser und Aschegehalt des Substrates enthalten, nach Möglichkeit auch kurze Angaben über das Analyseverfahren und den Zustand des betreffenden Lebewesens bei der Entnahme des Analysengutes* (Ernährung, Wasserzufuhr, Ruhe oder Arbeit, Schwangerschaft usw.).

Die Werte sollen im allgemeinen einheitlich in mg Element oder in Milliäquivalenten je 100 g (nicht je Kilogramm) frisches Organ angegeben werden. Es geht heute nicht mehr an z.B. Werte für P als P_2O_5, für S als SO_4 für Na als Na_2O oder Ca als CaO oder „Kalk" zu berechnen, wenn man den Vergleich der Werte ermöglichen will.

β) Der Bilanzversuch und die „physiologisch-chemische" Analyse

sind noch wichtiger als die „anatomisch-chemische" Analyse, die nur ein Augenblicksbild gibt. Es soll die Änderung des Mineralbestandes mit der Zeit und unter besonderen Bedingungen untersucht werden, z. B. die Änderung der Calciumkonzentration im Blut sowie der Ca-Ausscheidung durch die Nieren nach Injektion von Nebenschilddrüsenhormon.

γ) Die Mineralstoffanalysen in biologischen Substraten

verursachen besondere Schwierigkeiten und erfordern oft allein schon wegen der Mengenverhältnisse[1] eigene Analysengänge. Die Mineralstoffe finden sich fast stets in kleinen Mengen eingebettet in eine gewaltige Masse organischer Substanzen (Eiweiß, Fette, Kohlenhydrate). Diese organischen Verbindungen müssen im Analysengang meist durch „*trockne*" oder „*feuchte Veraschung*" (Oxydation) beseitigt werden. Zuweilen ist es möglich, direkt in einem flüssigen Substrat in Gegenwart der organischen Verbindungen die Analyse durchzuführen oder durch quantitative Extraktion die Mineralien von dem organischen Ballast zu befreien. Eine weitere Schwierigkeit liegt in der Tatsache, daß oft nur sehr *geringe Mengen Substrat* zur Verfügung stehen, dazu noch mit einem sehr geringen Prozentsatz an der zu analysierenden Substanz (1 cm³ Blutserum enthält z. B. nur 20 γ Mg und 1 γ Fe). Endlich findet sich in der Asche ein Teil der Mineralien nur in sehr geringer Menge oder sogar nur in Spuren (Verhältnis von Na:K:Mg im Blutserum wie 150:10:1[2]. Mit monochromatischen Röntgenstrahlen soll es gelingen in Gewebsschnitten Elemente mit der Atomzahl über 6 quantitativ in Mengen von 10^{-10} bis 10^{-11} mit einem Fehler von 10% zu bestimmen[3].

δ) Serien- und Mikroanalysen.

Quantitative physiologisch-chemische Untersuchungen machen oft *Serienanalysen* erforderlich, die sich nur mit einfachen Analysenverfahren durchführen lassen. Besonders für derartige Untersuchungen im Blut ist eine eigene *Mikroanalyse* geschaffen[4]. Im Hinblick auf ihre ausreichende Genauigkeit, auf den geringen Verbrauch an Chemikalien,

---

[1] BERG, RAGNAR: Kontrolle des Mineralstoffwechsels. Leipzig 1930. — [2] SANDELE, E. B.: Colorimetric Determination of Traces of Metals. New York 1944. — [3] ENGSTRÖM, A.: Nature **158**, 664 (1946). — [4] s. z. B. 42–50 S. 186.

auf die Geschwindigkeit, mit der sich alle mikroanalytischen Maßnahmen durchführen lassen, und endlich auch in Rücksicht auf den geringen Raumbedarf der Apparaturen findet diese oft auch dort zweckmäßig Anwendung, wo im Reihenversuch vielleicht auch Makroanalysen benutzt werden könnten.

ε) Fehlerquellen und Kontrollösungen.

Die Schwierigkeit der Mineralanalysen in biologischen Substraten wird leicht unterschätzt. Die *Fehlerquellen* sind bei Mikroanalysen so zahlreich und so schwer vermeidbar, daß nur durch dauernde Kontrollen die unbedingt zu fordernde absolute Zuverlässigkeit der quantitativen Analysen gewährleistet wird. Oft fehlt den Analytikern die Fähigkeit, geeignete Kontrollen anzusetzen. Dies sind Gründe für die Tatsache, daß ein großer Teil der veröffentlichten Analysen (besonders aus klinischen Laboratorien) ganz unzuverlässig und irreführend ist. Werden Serienmikroanalysen ausgeführt (z. B. Cl im Harn, Ca im Blutserum), so müssen täglich *Vergleichslösungen* von bekanntem Gehalt mitanalysiert werden, die durch Auflösen abgewogener Mengen analysenreiner Substanzen hergestellt sind. Da organische Substanzen den Analysengang beeinflussen, sollen Kontrollanalysen auch organische Verbindungen in entsprechend hoher Konzentration enthalten.

Von jedem Substrat sind nach Möglichkeit zwei Ansätze zur Analyse zu bringen. Die Übereinstimmung mehrerer Analysen beweist die gleichmäßige Arbeitsweise des Analytikers, nicht aber die Richtigkeit der Analyse. *Die kritische Beurteilung einer Analyse* ist mindestens so wichtig wie ihre Durchführung.

ζ) Fehlerbreite.

Angaben über den Gehalt eines biologischen Substrates an einem Element oder an einer chemischen Verbindung sollen erkennen lassen, mit welcher Genauigkeit die betreffende Analyse ausgeführt wurde. Die vorletzte Stelle der Zahlenangabe muß absolute Genauigkeit besitzen. Es ist z. B. unrichtig, als Analysenergebnis einer Blutcalciumbestimmung 11,45 mg-% (statt 11,5 mg-%) anzugeben, da die *Fehlerbreite* der Analyse nicht kleiner als etwa $\pm 0,2$ mg-% ist. Die Angaben über den Gehalt der Organe, Körperflüssigkeiten usw. an bestimmten Stoffen sollen nach Möglichkeit die Grenzen der als noch normal zu bezeichnenden Werte angeben, z. B. für Ca-Gehalt des Blutserums 9,5 bis 11,0 mg-%. Leider wird diese Forderung im Schrifttum fast nirgends erfüllt.

d) Allgemeines Vorkommen der Elemente und die Spurenelemente.

Durch die Verfeinerung der Analysenverfahren sind im Tier- und Pflanzenkörper zahlreiche Elemente in kleinsten Mengen aufgefunden worden. Man nennt sie *Spurenelemente*, ohne damit über ihre Aufgabe als Bioelemente etwas auszusagen. Sind nun diese Spurenelemente zufällig im Körper anwesend, weil sie sich gerade auch in der Nahrung fanden ? Oder kommt ihnen eine physiologische Bedeutung zu ? Heute kann man mit entsprechend empfindlichen Nachweisverfahren jedes Element nahezu in allen Mineralien der anorganischen Welt feststellen[1]. Unter der „*Allgegenwart der Elemente*" versteht NODDACK[2] das Vorkommen aller chemischen Elemente in allen irdischen Substanzen, also auch in allen Lebewesen. Für die Analyse des Chemikers ist der Begriff der „*Vorkommenswahrscheinlichkeit*" bedeutsamer, d. h. die Angaben über das Vorhandensein eines Elementes in Mengen etwa oberhalb 0,01 g-%. Entscheidend ist aber für die biochemische Analyse nicht nur die Menge eines Elementes,

---

[1] Über einen Index der Arbeiten über spektrographische Analyse s. Nature **160**, 563 (1947). — [2] NODDACK, I.: Angew. Chem. **49**, 835 (1936).

sondern vor allem seine Wirkung in Pflanze und Tier. Daher gilt es häufig, einen Stoff noch mit den empfindlichsten Mitteln der Spurensuche aufzufinden, während andere schon weit oberhalb ihrer Vorkommenswahrscheinlichkeit unwesentlich erscheinen[1].

Das regelmäßige Vorkommen eines Elementes in allen untersuchten Lebewesen ist noch kein Beweis für dessen physiologische Bedeutung, da bei der weiten Verbreitung eines derartigen Stoffes seine Aufnahme in den Körper selbstverständlich ist. Tier und Pflanze scheinen nicht imstande zu sein, selektiv bestimmte Mineralbestandteile, soweit sie gut wasserlöslich sind, von der Resorption auszuschließen.

So dürfte z.B. das Al, das aus jedem Boden in die Pflanze, insbesondere von Lycopodiaceen aufgenommen wird, für Tiere und Pflanzen ohne biologische Bedeutung sein. Gleiches gilt für das Na und das Cl bei den Halophyten und für das Si bei vielen Monocotyledonen. Die in größerer Menge sich vorfindenden, aber für das Gedeihen der Pflanzen unwesentlichen Verbindungen werden ,,*Ballaststoffe*'' genannt[2].

Andererseits dürfte es auch für die Pflanze nicht gleichgültig sein, ob ein Element als Ion oder Komplex gebunden im Boden vorliegt[3].

e) Die Elementarbestandteile der Lebewesen und der Erdrinde.

Die belebte Welt wird nur mit einer kleinen Zahl von Bioelementen aufgebaut, gemessen an den auf der Erde vorkommenden 96 Elementen, von denen etwa 90 den Chemikern genau bekannt sind (vgl. Tab. 13 ,,Periodisches System der Elemente''). Die analytischen Angaben des Schrifttums über die zahlenmäßige Verteilung der Elemente bei ganzen Lebewesen können nur ungefähre sein. Denn neuere Gesamtanalysen von Menschen, Tieren, ja auch von Pflanzen fehlen meist oder lassen sich nur bedingt auswerten. Dagegen sind einzelne Elemente in Organen häufig nach den verschiedensten Überlegungen und Vorbedingungen aufgesucht und quantitativ bestimmt worden. Die hier gegebene elementare Zusammensetzung berücksichtigt die Ergebnisse der Vollanalysen des Schrifttums und versucht die regelmäßig aufgefundenen Elemente nach ihrer biologischen Bedeutung zu ordnen, etwa als Bau-, Betriebs- und Wirkstoffe sowie als lebensnotwendige, gesundheitswichtige bis zu denen, deren Aufgabe im Körper noch unbekannt ist und deren kleinste Spuren sich wegen der ,,Allgegenwart'' der Elemente einer biologischen Auswertung entziehen.

α) Bei Pflanzen[4, 5].

fand man zunächst 10 stets vorhandene Elemente:

$$\text{H, O, C, N, P, S, K, Mg, Ca, Fe.}$$

Sie erwiesen sich auch in der Wasserkultur zur Entwicklung der Pflanzen notwendig. Später erkannte man in Feldbauversuchen weitere 5 Elemente noch in kleinsten Mengen für das Gedeihen wichtig, nämlich: B, Si, Mn, Cu, Zn.

Schließlich stellte man fest, daß in der Wasserkultur noch weitere 12 Elemente das Wachstum anregen:

$$\text{Li, Na, Al, Ti, Mo, Co, Ni, Sn, F, Cl, Br, J,}$$

so daß im ganzen 27 Elemente sich nicht nur in den Pflanzen finden, sondern auch mehr oder weniger für die Ernährung der Pflanzen bedeutungsvoll sind.

---

[1] KENT, N. L., and R. A. McCANCE: Biochem. J. **35**, 837 (1941). — [2] FREY-WYSSLING, A.: Naturwiss. **23**, 767 (1935). — [3] BREMSER, J. M., P. J. G. MANN, S. G. HEINTZE and H. LEES: Nature **158**, 790 (1946). — [4] SCHEFFER, FR.: Agrikulturchemie. Teil B, Pflanzenernährung. Stuttgart 1938. [Samml. chem. u. chem.-techn. Vortr. (2) Heft 35 (1938).]. — [5] BORESCH, K.: Gehalt der Pflanzen an Mineralstoffen. In Tab. biol. period. **IV** (X), 315 (1935).

Tabelle 13. **Periodisches System der Elemente nach A. WERNER, P. PFEIFFER**[1-19].

Gruppen	1	2	3	4	5	6	7	8	9	10	11	12	13	14	15	16	17	18
O-Wertigkeit	I	II	III	IV	V	VI	VII	VIII	VIII	VIII	I	II	III	IV	V	VI	VII	VIII
H-Wertigkeit	I	II	III	IV	III	II	I	0	0	0	I	II	III	IV	III	II	I	0

Perioden und Zahl der Elemente	Alkali-metalle	Erd-alkali-metalle	Erd-metalle	Übrige Leicht- und Schwermetalle (Eisen- u. Platinmetalle)									B-Gruppe	C-Gruppe	N-Gruppe	O-Gruppe	Halogen-gruppe	Edelgase
I. Periode $2 = 2 \times 1^2$	1 H 1,0080																	2 He 4,003
II. Periode $8 = 2 \times 2^2$	3 Li 6,940	4 Be 9,013⁹											5 B 10,82,	6 C 12,010	7 N 14,008	8 O 16,000	9 F 19,00	10 Ne 20,183
III. Periode $8 = 2 \times 2^2$	11 Na 22,997	12 Mg 24,32											Erd-metalle 13 Al 26,97	14 Si 28,06	15 P 30,98	16 S 32,06	17 Cl 35,457	18 Ar 39,944
IV. Periode $18 = 2 \times 3^2$	19 K 39,096	20 Ca 40,08	21 Sc 45,10	22 Ti 47,90	23 V 50,95	24 Cr 52,01	25 Mn 54,93	26 Fe 55,85	27 Co 58,94	28 Ni 58,69	29 Cu 63,57	30 Zn 65,38	31 Ga 69,72	32 Ge 72,60	33 As 74,91	34 Se 78,96	35 Br 79,916	36 Kr 83.7
V. Periode $18 = 2 \times 3^2$	37 Rb 85.48	38 Sr 87,63	39 Y 88,92	40 Zr 91,22	41 Nb 92,91	42 Mo 95,95	43 Tc 99	44 Ru 101,7	45 Rh 102,91	46 Pd 106,7	47 Ag 107,880	48 Cd 112,41	49 In 114,76	50 Sn 118,70	51 Sb 121,76	52 Te 127,61	53 J 126,92	54 X 131.3
VI. Periode $32 = 2 \times 4^2$	55 Cs 132,91	56 Ba 137,36	57 La* 138,92	72 Hf 178,6	73 Ta 180,88	74 W 183,92	75 Re 186,31	76 Os 190,2	77 Ir 193,1	78 Pt 195,23	79 Au 197,2	80 Hg 200,61	81 Tl 204,39	82 Pb 207,21	83 Bi 209,00	84 Po 210	85 At 211	86 Rn 222
VII. Periode	87 Fr 223	88 Ra 226,05	89 Ac (227,04)	90 Th 232,12	91 Pa 231	92 U 238,07	93 Np 237	94 Pu 239	95 Am 241	96 Cm 242	97 Bk 244	98	99	100	101	102	103	

Metalle (Gruppen 1–12) — Metalloide (Gruppen 13–18)

* 14 *seltene Erden:*

58 Ce	59 Pr	60 Nd	61 Pm	62 Sm	63 Eu	64 Gd	65 Tb	66 Dy	67 Ho	68 Er	69 Tm	70 Yb	71 Lu
140,13	140,92	144,27	147	150,43	152,0	156,9	159,2	162,46	164,94	167,2	169,4	173,04	174,99

→ Grenze der Metalle und Mettalloide

Pa Protactinium[7]; Tl Thallium; Rn Radon (Emanation); Pm Promethium (früher Il Ilinium)[15]; Tm Thulium; Atomgewichte für Po und Ac sind berechnet[8,9], 43 Technetium Tc (früher Ma) und 61 Promethium Pm, sind bisher nur röntgenspektrographisch nachgewiesen[15]. Der Nachweis von 85 Astaton At (früher Eka Jod) und 87 Francium Fr (früher Eka Caesium)[14] ist unsicher. Halbwertszeit für Element 85 beträgt 7,5 h. Über 87 Francium (21 min)[16] u. s. Angew. Chem. 54, 203 (1941). Die Elemente mit den Ordnungszahlen 93—97. Np = Neptunium, Pu = Plutonium, Am = Americium, Cm = Curium, Bk = Berkelium, werden Transurane genannt[20,21]. Bis 1940 waren diese noch fast ganz unbekannt. Heute haben sie für die Gewinnung der Atomenergie große Bedeutung[14—21].

Die Ordnungszahlen *(kursiv)* geben die elektrischen Elementarquanten (Atomkernladungen und Elektronenzahl Z) an. Atomgewicht $A = 2 Z$. — Die Periodenzahl (nach Bohr) ist identisch mit der Hauptquantenzahl der äußersten Elektronen.

Lebensnotwendige Elemente für *Pflanzen* (——)   Gesundheitsgünstig für *Pflanzen* (······)
für *Tiere* (▬▬)   für die *Tiere* (∿∿∿)

Tabelle ergänzt nach der Atomgewichtstabelle 1942, B. 76 (A), 37 (1943), dem Chemiker-Taschenbuch. Begründ. Rudolf Biedermann. Hrsg. I. Koppel, 60. Aufl., 3. Teil, S. 13. 1937 und Angew. Chem. 62, 104 (1950).

Abgrenzung der „biologischen" Elemente, die in Organismen gefunden wurden, gegen die übrigen nach Fearon[5]. Daß die biologischen Elemente eine zusammenhängende Fläche im periodischen System der Elemente bedecken und die Begrenzungslinie das periodische System in eine obere und untere Hälfte teilt, wird erklärt durch die Tatsache, daß sich die Aufnahmefähigkeit der Pflanzen für die Elemente einer Gruppe kontinuierlich mit steigendem Atomgewicht, also mit wachsender Periode des periodischen Systems, verschlechtert. Wenn nun eine Pflanze bei der Nahrungsaufnahme das Element der x. Periode einer Gruppe von dem x + 2. Element nicht unterscheiden kann, so daß beide noch aufgenommen werden, so wird dies auch für das x + 1. Element gelten, so daß also keine Lücken in der Fläche der biologischen Elemente auftreten können.

[1] Werner, A.: Neuere Anschauungen auf dem Gebiete der anorganischen Chemie. 3. Aufl., S. 7. Braunschweig 1913. — [2] Antropoff, A. v.: Angew. Chem. 39, 722 (1926). — [3] Schultze, Hans: Über ein neues periodisches System der Elemente. Naturwiss. 32, 58 (1944). — [4] Antropoff, A. v., u. M. v. Stackelberg: Atlas der physikalischen und anorganischen Chemie. Berlin 1929. — [5] Noddack, J.: Angew. Chem. 47, 301 (1934). — [6] Fearon, W. R.: An Introduction to Biochemistry. 3. Aufl. London 1946. Sci. Proc. R. Dublin. Soc. 20, 531 (1933). — [7] Starke, Kurt: Naturwiss. 30, 577 (1942). — [8] Protoactinium und seine Isotopen. Gmelin-System Nr. 51 (1942). — [9] Polonium-Isotope. Gmelin-System Nr. 52 (1941). — [10] Weeks, M. E.: Discovery of the Elements. 4. Aufl. Eaton, Pa. — [11] Keesom, W. H.: Helium. Amsterdam 1942. — [12] Feather, N.: The number of the elements. Proc. R. Soc. London (A) 62, 211 (1946). — [13] Über Elemente 43 und 75 siehe auch Druce, G.: Nature 159, 205 (1947). — [14] Paneth, F. A.: The making of the missing chemical elements. Nature 159, 8 (1947). — [15] Yast, D. M., H. Russel jun. and C. S. Garner: The Rare Earth Elements and their Compounds. New York 1947. — [16] Perey, Marguerite: 11. Int. Congr. Pure Chem. London 1947. Abstract No. 191/2. — [17] Schofield, M.: Fifty years of the inert gases. Sci. Progr. 36, 66 (1948). — [18] Neue Elemente: siehe kurzes Referat Angew. Chem. (A.) 59, 61 (1947). — [19] Hahn, Otto: Künstliche neue Elemente. Vom Unwägbaren zum Wägbaren. 2. Aufl. Weinheim. Berlin 1948. — [20] Smith J. W.: Sci. Progr. 36, 273 (1948). — [21] Seaborg, Gl. T., and E. Segrè: Nature 159, 863 (1947).

Der Rest von Elementen, den man bisher des weiteren in Pflanzen nachweisen konnte, ist in seiner Wirkung noch ganz unbekannt. Ja es ist fraglich, ob eine solche überhaupt besteht. Es sind das:

V, Hg, Pb und wohl noch andere,

die je nach der Empfindlichkeit des analytischen Nachweises aufgespürt werden könnten.

β) Bei Tier und Mensch

fand man bis jetzt 16 *lebensnotwendige Elemente:*

H, O, C, N, P, Ca, S, Cl, J, Na, K, Mg, Fe, Cu, Zn, Mn, Co.

Davon machen die ersten sechs etwa 98,5% der gesamten Körpermasse aus. Alle übrigen Elemente sind in den restlichen 1,5% enthalten. Man bemerkt, daß Na, Cl, J bei den Pflanzen zunächst nicht genannt sind, da dort ihre Wirkung im Vergleich zu der bei Tieren stark zurücksteht. Sechs weitere Elemente

V, Mo, Ni, Si, F, Br

findet man zwar regelmäßig im Körper und hält sie für die Gesundheit irgendwie von Einfluß, ohne zunächst Näheres über die Funktion aussagen zu können. Von einer großen Zahl der übrigen Spurenelemente, die man ebenfalls immer in Organen des Menschen nachweisen kann, ist die Bedeutung gänzlich unerforscht. Es seien hier *10 Elemente* angeführt: Li, Rb, Sr, Al, Ti, Ag, Hg, Sn, Pb, As.

Mit diesen 33 Elementen ist das Vorkommen weiterer noch nicht erschöpft. So fand man[1] bei allen Tieren außer diesen obigen 33 noch Ba, bei anderen zum Teil noch Be, Y, La, Zr, Cd, Ti, Sb, Bi.

Aus 6 kg Rinderknochen konnten 3 mg gewonnen werden, in denen nach Abtrennung von Ca, Al, Si, Ti, Mn, Fe, Cu, Pb auf röntgenspektroskopischem Wege die Linien von Sc, Y, La, Ce, Nd, Gd, Dy nachgewiesen wurden. Die Mengen an *seltenen Erden* in der Knochenasche sind rund 100mal weniger häufig als in der Erdrinde[2]. Spektralanalyse der Spurenelemente des Blutes[3].

γ) Vorkommen und Vergleich der Elemente in der Erdrinde und in den Lebewesen.

Das Vorkommen der Elemente in der Erdrinde und in Lebewesen läßt sich in den Tabellen 14 und 15 vergleichen. Es fällt auf, daß alle am Aufbau des Pflanzen- und Tierleibes beteiligten Elemente besonders reichlich in der Erdrinde zur Verfügung stehen. Wenig oder gar nicht dazu verwendet werden: Al, Ti, Ba, Cr, Zr, Ni und die diesen in Tabelle 14 folgen. Die Aufnahme der Elemente aus dem Erdboden durch die Wurzeln der Pflanzen scheint von dem Atomgewicht beeinflußt zu werden. Ein großer Teil der schwersten Elemente, also derjenigen Elemente, die in den höchsten Perioden des periodischen Systems stehen, findet man überhaupt nicht in Organismen (vgl. S. 13, Anm. zur Tabelle des periodischen Systems). Nahe verwandte Stoffe, wie z. B. Mn, Fe, Co und Ni, die benachbart in einer Periode stehen, haben im Erdboden und Tierkörper etwa die relativ gleiche Konzentration (siehe auch S. 203 unter Meerwasser).

Elementaranalysen eines erwachsenen Menschen haben HACKH[4] und VERNADSKY[5] angegeben. Es kann sich dabei nur um eine ungefähre quantitative

[1] RUSOFF, L. L., and L. W. GADDUM: J. Nutrit. 15, 169 (1938). — [2] LUX, H.: Angew. Chem. 51, 191 (1938). — [3] WOLFF, HANNS: B. Z. 318, 430 (1948). — [4] HACKH, J. W. D.: J. gen. Physiol. 1, 429 (1919). — [5] VERNADSKY, W. J.: Cr. 179, 1215 (1924).

Tabelle 14. Massenhäufigkeit aller Elemente in der Erdrinde nach V. M. GOLDSCHMIDT[1,2].

(g je Tonne Erdkruste, nach Häufigkeit geordnet und nach I. u. W. NODDACK[3] ergänzt.)

1. O	494000	16. Sr	420	38. Ga	15	61. Se	0,6
2. Si	276000	17. Ba	390	39. Th	11	62. Cd	0,5
3. Al	88200	18. Rb	310	40. Ge	7	63. Hg	0,5
4. Fe	51000	19. N	300	41. Cs	7	64. J	0,3
5. Ca	36300	20. F	270	42. Sm	6,5	65. Tm	0,3
6. Na	28300	21. Cr	200	43. Gd	6,3	66. Tl	0,3
7. K	25900	22. Zr	190	44. Be	6,0	67. Bi	0,2
8. Mg	21000	23. V	100	45. Br	6,0	68. Ag	0,1
9. H	8800	24. Cu	100	46. Pr	5,6	69. In	0,1
10. Ti	6300	25. Ni	100	47. As	5,0	70. Ru	0,05
11. Mn	930	26. W	69	48. Sc	5,0	71. Os	0,05
12. C	870	27. Li	65	49. Dy	4,3	72. Ta	0,012
13. P	786	28. Ce	44	50. U	4,0	73. Pd	0,01
14. S	500	29. Zn	40	51. Ar	3,6	74. Te	0,01
15. Cl	480	30. Co	40	52. Hf	3,2	75. Ne	0,005
		31. Sn	40	53. B	3,0	76. Pt	0,005
		32. Y	31	54. Yb	2,6	77. Au	0,005
		33. Nd	24	55. Er	2,4	78. He	0,0042
		34. La	19	56. Ho	1,2	79. Ma	0,001
		35. Pb	16	57. Sb	1,0	80. Rh	0,001
		36. Nb	15	58. Eu	1,0	81. Re	0,001
		37. Mo	15	59. Tb	1,0	82. Ir	0,001
				60. Cp	0,7	83. Kr	0,0002
						84. Xe	0,000024

Lebensnotwendig für Pflanzen- ——, für Tierwelt ▬.
Gesundheitsgünstig für Pflanzen- ······, für Tierwelt ∿∿.

Tabelle 15. Elementarzusammensetzung des erwachsenen Menschen (etwa 70 kg).

	1.	O	63	%		44	kg	O
	2.	C	20	%		14	kg	C
	3.	H	10	%		7	kg	H
	4.	N	3	%	98,5%	2,1	kg	N
	5.	Ca	1,5	%		1	kg	Ca
Mengenelemente	6.	P	1	%		0,7	kg	P
	7.	K	0,25	%		0,17	kg	K
	8.	S	0,2	%		0,14	kg	S
	9.	Cl	0,1	%		0,07	kg	Cl
	10.	Na	0,1	%		0,07	kg	Na
	11.	Mg	0,04	%		0,03	kg	Mg
	12.	Fe[4]	0,004	%		0,003	kg	Fe
Spurenelemente	13.	Cu[5]	0,0005	%		0,0003	kg	Cu
	14.	Mn[5]	0,0002	%		0,0001	kg	Mn
	15.	J	0,00004	%		0,00003	kg	J

und andere Spurenelemente.

[1] GOLDSCHMIDT, V. M.: Soc. **1937 I**, 655 [siehe Handb. Heffter, Erg.-W. 7, 1 (1938)]. — [2] SUESS, H. E.: Die kosmische Häufigkeit der Elemente. Exper. **5**, 266 (1949). — [3] NODDACK, I., u. W. NODDACK: Angew. Chem. **49**, 1 (1936). — [4] LINTZEL, W.: Handb. Mangold **3**, 334 (1931). — [5] SHELDON, J. H., and HUGH RAMAGE: Biochem. J. **25**, 1608 (1931).

Zusammensetzung[1-3] handeln, die abgerundet das prozentuale Verhältnis der einzelnen Elemente einigermaßen erkennen lassen.

δ) Die Systematik der Bioelemente.

Bau- und Betriebsstoffe. Man sieht, daß allein die ersten 6 Elemente schon 98,5% der gesamten Leibesmasse ausmachen und der Rest rasch zu kleinsten Spuren absinkt. Die Elemente O, C, H, N, P, S stellen die einfachsten *Bausteine* aller Lebewesen dar, indem sich aus ihnen die organischen Verbindungen zusammensetzen, die für den Aufbau des Pflanzen- und Tierleibes und für dessen Energiebeschaffung erforderlich sind. Ca, Mg sind in Verbindung mit PO_4''' und CO_3''-Ionen die Baustoffe, die den Stützgerüsten und Schutzhüllen (Skelet, Rückenschild, Schale) vieler Tiere Härte und Festigkeit geben. Eine ähnliche Aufgabe hat Si im Skelet der Infusorien, Diatomeen und verschiedener Schwämme ferner in peripheren Zellwänden der Gräser und Schachtelhalme. Die Asche der letzteren enthält bis zu 97% Kieselsäure[4]. Den Elementen Na, K und Cl fällt die Aufgabe zu, den osmotischen Druck in den Körperflüssigkeiten und in den Zellen aufrechtzuerhalten (vgl. aber auch die osmotische Aufgabe des Harnstoffes bei den Selachiern).

Weil den genannten Elementen eine wesentliche Aufgabe bei der Formung des Körpers zukommt, werden sie von E. F. TERROINE als ,,*éléments plastiques*'' *(formende Elemente),* von FLASCHENTRÄGER auch als ,,*Mengenelemente*'' bezeichnet. Ihnen gegenüber sind die *Spurenelemente* (= trace elements[5, 6], = minor elements[6], = microéléments), die im Körper besondere Aufgaben ausüben als Regler der Lebensvorgänge, im gleichen Sinne etwa wie die Vitamine und Hormone. Mit diesen haben sie gemeinsam, daß sie in kleinsten Mengen ihre Wirkung entfalten. Die Spurenelemente als Katalysatoren zu bezeichnen, drückt nur unsere Unwissenheit aus, solange wir nicht das Substrat und den Angriffspunkt des Katalysators kennen[7].

Auch den ,,formenden'' Elementen, den *Baustoffen,* kommen physiologische Bedeutungen verschiedenster Art zu (vgl. die Bedeutung des Ca für die Blutgerinnung, für die Nerventätigkeit, für die Aktivierung des Trypsins). Unter den *Spurenelementen*[8] treten F, Si, J und Br an einzelnen Stellen in größerer Konzentration auf: F manchmal im Zahnschmelz, J als Jodeiweißverbindung in den hornigen Achsenskeleten bestimmter Korallen (bis zu 8% Jod in der Trockensubstanz)[9], Si in Gerüstsubstanzen. Auch Br findet sich in der Trockensubstanz der Skelete bestimmter Medusenarten bis zu 4%. Die Grenzen zwischen formenden und Spuren-Elementen sind also nicht scharf zu ziehen.

Da die Funktionen aller Elemente in den Organismen wechseln können, scheint uns die Einteilung nach dem mengenmäßigen Vorkommen im Körper zwanglos. Wir rechnen daher die 11 Elemente der Tabelle 15 O, C, H, N, Ca, P, K, S, Cl, Na, Mg zu den ,,*Mengenelementen*'', die übrigen zu den *Spurenelementen.*

ε) Zustand und Bindung der Bioelemente.

Sämtliche Elemente treten im Körper zunächst in elektrisch geladener Form, als *Ionen,* auf. Ihre besonderen Aufgaben erfüllen sie zum Teil als freie

---

[1] Klinke, Mineralstoffwechsel S. 42ff. — [2] Berg, Spurenelemente S. 1. — [3] Shohl, Mineral Metabolism S. 20. — [4] BOTTAZZI, F.: Handb. Winterstein 1/1, 60ff. (1925). — [5] Bibliography of the Literature on the Minor Elements and their Relation to Plant and Animal Nutrition. Zusammengestellt und veröffentlicht durch das Chilean Nitrate Educational Bureau, Inc. New York. 4. Aufl. New York 1948. — [6] STILES, W.: Trace Elements in Plants and Animals. Cambridge 1946. — [7] WARBURG, O.: Schwermetalle als Wirkungsgruppen von Fermenten. 2. Aufl. Berlin 1948. — [8] SCHARRER, K.: Forsch. u. Fortschr. 20, 60 (1944). — [9] DRECHSEL, E.: Z. Biol. 33, 85 (1896). — MÖRNER, C. TH.: H. 88, 138 (1913).

Ionen in wäßriger Lösung. Hier ist ihre Konzentration im kolloidgebundenen Wasser die gleiche wie im freien Wasser (gemäß Dampfdruckbestimmung[1]). Zum Teil bilden sie als Bau- und Speicherstoffe (Depotstoffe) *unlösliche Verbindungen* mit anderen Ionen (Calciumphosphat im Knochen) oder mit Sauerstoff (SiO_2, Fe_2O_3). Durch Bildung *komplexer Salze*, intramicellaren Einschluß in organische Riesenmoleküle (Stärke) und echte *organisch-chemische Bindung* (S im Cystin) werden sie für besondere Aufgaben umgewandelt. *Mit Eiweiß* gehen Alkali- und andere Metalle salzartige Verbindungen ein, die nicht ultrafiltrabel sind, aber sich leicht aufspalten, dem Massenwirkungsgesetz folgend (vgl. unter Ca S. 214). Eiweißstoffe können infolge ihrer koordinativ ungesättigten Gruppen leicht lockere Metallkomplexe bilden. Es braucht hierbei aber nicht immer ein stöchiometrisches Verhältnis zwischen Eiweiß und Metall zu bestehen, wie wir es z. B. beim Hepato- und Hämocuprein finden.

f) Mineralien als Nährstoffe und Heilmittel.

α) Nährlösungen und Salzgemische.

Tier und Mensch nehmen die erforderlichen Mineralstoffe mit der Nahrung und mit dem Trinkwasser auf, während die Pflanze sie mit der Flüssigkeit aus dem Boden oder aus dem umgebenden Wasser aufsaugt. Zum Teil wird von Tieren instinktiv auch freies Mineral verzehrt (Kochsalzaufnahme durch Pflanzenfresser, Eischalen durch Hühner). Über den Gehalt der verschiedenen Nahrungsmittel und Nährlösungen an Mineralstoffen siehe Tabellen 16—19.

Tabelle 16. Nährlösungen für Pflanzen[2-4].

Nach SACHS[5,6]:		Nach MAZÉ[7]:	
KNO_3	1 g	$CaCO_3$	1,5 g
$NaCl$	0,5 g	$NaNO_3$	0,5 g
$CaSO_4 \cdot 2 H_2O$	0,5 g	K_2HPO_4	0,5 g
$MgSO_4 \cdot 7 H_2O$	0,4 g	$MgSO_4 \cdot 7 H_2O$	0,1 g
$Ca(H_2PO_4)_2 \cdot H_2O$	0,5 g	$FeSO_4 \cdot 7 H_2O$	0,05 g
$FeCl_3$	Spuren	K_2SiO_0	0,02 g
Wasser	ad 1000 cm³	$ZnCl_2$	0,02 g
		$MnCl_2 \cdot 4 H_2O$	0,02 g
		$Na_2B_4O_7 \cdot 10 H_2O$	4,00 mg
		KJ	4,00 mg
		Wasser	ad 1000 cm³

Bodenacidität. Für das Gedeihen vieler Pflanzen ist der Säuregehalt des Bodens bedeutungsvoll. Man unterscheidet folgende Formen der Bodenacidität[8]:

Aktive Acidität: durch freie Säure (z.B. H_2SO_4) und saure Salze (z.B. saure Sulfate).

„Hydrolytische" Acidität: Salze starker Basen und schwacher Säuren werden hydrolytisch gespalten; ein Teil der Basen bindet sich an andere Bodenbestandteile.

Austauschacidität: kolloidale Al- und Fe-Ionen aus Zeolithen des Bodens treten im Austausch an die Säuren von Neutralsalzen und bilden Salze, die infolge Hydrolyse und Dissoziation sauer reagieren.

[1] NEUHAUSEN, B. S.: J. biol. Ch. **51**, 435 (1922). — [2] LONG, H. C., and W. E. BRENCHLEY: Suppression of Weeds by Fertilizers and Chemicals. 2. Aufl. London 1947. — [3] WEIR, W. W.: Productive Soils. Rev. Ed. Philadelphia u. London 1947. — [4] TURNER, W. I., and V. M. HENRY: Growing Plants in Nutrient Solutions. New York 1939. — [5] Zit. nach GRAFE, V.: Handb. biol. Arb.-Meth. Abt. XI, Teil 2, 523 (1924). — [6] Lehrbuch der Botanik. 23. u. 24. Aufl., bearbeitet von H. FITTING, R. HARDER, W. SCHUMACHER u. F. FIRBAS. Jena 1947. — [7] MAZÉ, P.: Ann. Inst. Pasteur **33**, 139 (1919). — [8] KAPPEN, H.: Die Bodenacidität. Nach agrikultur-chemischen Gesichtspunkten dargestellt. Berlin 1929.

Tabelle 17. Nährlösungen für überlebende Organe von Säugetieren[1,2].

a) Nach Tyrode[3]:

Stammlösung A:

NaCl . . . . 20,0 %
KCl . . . . 0,5 %
$CaCl_2$ . . . . 0,5 %
$MgCl_2$ 0,25%

Stammlösung B:

$NaHCO_3$ . . . . 5,0 %
NaH_2PO_4 . . . . 0,25%

(= 0,32 g $NaH_2PO_4 \cdot 2\ H_2O$) ad 100 cm³
(= 0,53 g $MgCl_2 \cdot 6\ H_2O$ ad 100 cm³) (vielfach wird die Lösung nur mit 0,025% $MgCl_2$ angesetzt — z. B. für isolierten Darm).
80 cm³ Lösung A Aq. dest. ad 1000 cm³
40 „ „ B „ „ „ 1000 „
Beide Lösungen mischen und 2 g Glucose zufügen.

b) Nach Göthlin:

NaCl . . . . 6,5 g
KCl . . . . 0,1 g
$CaCl_2$ . . . . 0,065 g
$NaHCO_3$ . . . . 1,0 g
Na_2HPO_4 . . . . 0,009 g
(0,023 g $Na_2HPO_4 \cdot 12\ H_2O$)
NaH_2PO_4 . . . . 0,008 g
(0,01 g $NaH_2PO_4 \cdot 2\ H_2O$) Wasser ad 1000 cm³.

[1] Bei Herstellung von Lösungen für niedere Tiere usw. kann im allgemeinen dieselbe Relation der Salze gewählt werden, doch muß die Gesamtkonzentration dem osmotischen Druck der betreffenden Tierart angepaßt werden. — [2] DITTLER, R.: Zusammensetzung und Herstellung der wichtigsten Nährlösungen für Versuche an überlebenden Organen. Handb. biol. Arb.-Meth., Abt. V, Teil 1, 379—432 (1930). — BROCK, N., u. H. DRUCKREY: Über die Bedeutung der RINGER-Lösung. A. e. P. P. **198**, 644 (1941). — [3] Landois-Rosemann S. 102.

Tabelle 18. Zusammensetzung der wichtigsten Nahrungsmittel[1-4].

100 g Nahrungsmittel	Ca-lorien	Wasser %	Eiweiß %	Fett %	Kohlen-hydrat %	Na mg-%	K mg-%	Mg mg-%	Ca^3 mg-%	Fe mg-%	Cl mg-%	I^3 mg-%	S mg-%
Tierische Nahrungsmittel:													
Fleisch, mager	120	75	20	4	0,6	40—80	300—400	20	5—13	5	40	130—250	250
„ mittelfett . . .	160	70	20	8	0,5	50	250	15	5—13	5	50	130—250	350
Schinken, geräuchert .	340	50	25	25	0	1500	550	20	20	0,3	2200	120	250
Kalbsleber	120	70	20	4	3	80	200	50	5—30?	20	90	200—300	5
Huhn (Fleisch)	120	70	20	5	0	100	460	40	etwa 10	8	85	150—250	290
Hühnerei (*ohne* Schale).	140	70	10	10	0,5—1	150	150	10	60—100	1	130	150—300	250
Schellfisch (Fleisch) . .	70	80	15	0,3	0	100	320	25	14—30	5	240	120—200	220
Milch und Milchprodukte:													
Frauenmilch	70	90	2	4	7	10—20	50—80	1—6	20—50	0,1—0,2	40—70	15—30	10—20
Ziegenmilch	70	90	4	4	5	80	140	13	100—230	1	100	100—150	40

Kuhmilch	70	90	4	4	5	80—90	125—160	10—20	100—130	0,7	80—110	80—100	20—40
,, , Magermilch.	40	90	4	0,8	4	55	190	15	110—130	5	110	90—100	10
Buttermilch	40	90	4	0,7	4	65	145	15	105	12	100	90	5
Colostrum (Kuh)	110	75	15	4	2	30	45	20	390	0,3	170	180	2
Butter (Kuh)	760	15	0,8	85	0,5—1,0	320	50	4	10—20	1	420	15—30	100
Hartkäse	460	30	25	40	2	860	220	55	500—1500	13	1200	300—1000	250

Vegetabilische Nahrungsmittel:

Haferflocken	370	10	15	5	65	60	330	80	30—70	30	125	180—460	165
Maizena, Maisstärke	370	10	0,5	0,1	90	15	130	20—25	10—25	6	40	60—70	70
Graubrot	245	40	8	0,3	50	220	100	7	10—60	10	340	90—330	70
Weißbrot, fein	270	35	5	0,5	60	370	120	30	30—50	2	450	100—250	130
Kartoffeln, *geschält*	90	75	2	0,2	20	20	530	20	4—15	2	50	30—80	115
Kohlrabi	35	90	3	0,2	5	50	320	45	20—70	25	55	40—100	40
Mohrrüben (Karotten)	45	90	1	0,3	10	120	220	20	30—60	5	35	30—60	20
Steckrüben (Kohlrüben)	20	95	0,8	0,1	4	15	400	25	20—65	6	55	40—55	50
Weißkohl	25	90	2	0,2	4	30	460	25	25—60	6	35	27—94	65
Kopfsalat	15	95	1,4	0,3	2	60	310	40	30—100	30	80	30—80	15
Tomaten (Fleisch)	25	95	1	0,2	4	130	300	10	10—40	15	70	20—40	20
Zwiebeln	44	90	1	0,1	100	25	120	7	20—40	1	25	20—110	75
Grüne Brechbohnen, frisch	65	80	6	0,4	10	20	300	15	30	0,6	30	30	45
Weiße Bohnen	300	15	25	2,0	50	25	1000	130	50—200	10	55	300—500	40
Linsen	340	12	27	2,0	55	180	500	25 ?	50—80	25	85	260	260
Champignon	35	90	5	0,2	4	70	220	2	3	3	25	30	50
Äpfel	60	85	0,4	0	15	10	50	3	3—15	0,5	1,5	5—15	15
Pflaume (ohne Kerne)	75	80	0,8	0	17	10	250	15	15	3	1,5	25	4
Banane (ohne Schale)	100	74	1,3	0	23	55	350	30	15—20	20	120	40	30
Apfelsine (ohne Schale)	60	85	0,8	0	13	4	450	30	10—40	15	4	20—40	15
Johannisbeere, rot	45	84	1	0	8	0,7	105	5	10—30	0,05	4	10—40	25
Haselnüsse (*ohne* Schale)	680	7	20	60	7	20	600	140	280	35	65	320	200
Bier (Schankbier)	45	91	0,8	0	5	20	80	10	6	1	10	30	4

[1] BERG, R.: Die Nahrungs- und Genußmittel, ihre Zusammensetzung und ihr Einfluß auf die Gesundheit, mit besonderer Berücksichtigung der Aschebestandteile. 5. Aufl. Dresden 1929. — [2] McCANCE, R. A., u. E. M. WIDDOWSON: The chemical composition of foods. 2. Aufl. London 1946. — [3] HOLTZ, F.: B. Z. 315, 345 (1943). — [4] Handbuch der Nährwertkontrolle. Tabellenbd. Hrsg. von W. ZIEGELMAYER. Berlin 1946.

Tabelle 19. Salzgemische für
Säugetierdiäten.

a) OSBORNE u. MENDEL[1]

$CaCO_3$ . . . . 134,8 g
Na_2CO_3 . . . . 34,2 g
H_3PO_4 . . . . 103,2 g
H_2SO_4 . . . . 9,2 g
Citronensäure $\cdot$ $1^1/_2$ H_2O . . . . 111,1 g
Eisen-(III)-citrat $\cdot$ $^1/_2$ H_2O . . . 6,34 g
KJ. . . . . 0,02 g
NaF. . . . . 0,248 g
$KAl(SO_4)_2 \cdot 12\ H_2O$ . . . . . . 0,0245 g
$MgCO_3$ . . . . 24,2 g
K_2CO_3 . . . . 141,3 g
HCl. . . . . 53,4 g
$MnSO_4$ . . . . 0,079 g

b) HOLTZ

Lösung I:

$Na_2SO_4 \cdot 10\ H_2O$ . . . . 32 g
KOH . . . . 45 g
NaOH . . . . 16 g
KJ. . . . . 0,16 g
Wasser ad 1000 cm³.

Lösung II:

$MgCl_2 \cdot 6\ H_2O$ . . . . 20,3 g
$Ca(H_2PO_4)_2 \cdot H_2O$ . . . . 114,0 g
$FeCl_3$ . . . . 1,0 g
HCl (38%, s = 1,19) . . . . . 20,0 cm³
Wasser ad 2000 cm³;
zum Futter 1 Volumen Lösung I und 2 Volumina Lösung II zusetzen.

c) STEENBOCK-Mischung 32[2]:

NaCl . . . . 0,202 g
$MgSO_4$ anhydr. . . . . 0,311 g
$Na_2HPO_4 \cdot 12\ H_2O$ . . . . 0,526 g
K_2HPO_4. . . . . 1,115 g
$Ca(H_2PO_4)_2 \cdot H_2O$ . . . . . . 1,116 g
Ca-Lactat . . . . 0,289 g
Eisen-(III)-citrat . . . . 0,138 g

[1] OSBORNE, TH. B., and L. B. MENDEL: J. biol. Ch. **34**, 131 (1918). — BOMSKOV, CHR.: Methodik der Vitaminforschung. S. 22. Leipzig 1935. — [2] STEENBOCK, H., and E. G. GROSS: J. biol. Ch. **40**, 501 (1919).

Tabelle 20. Zusammensetzung der Wässer einiger typischer Mineralquellen[1-7].
Die Zusammensetzung der Wässer unterliegt bei manchen Mineralquellen verhältnismäßig großen Schwankungen, während bei anderen Quellen die Analysenzahlen über Jahrzehnte sehr konstant blieben[3-5].
Die für die Art der Quellen entscheidenden Ionen sind fett gedruckt.

Art der Quelle	Beispiele	Temperatur °C	mg je 100 g Wasser									
			Na	K	Mg	Ca	Fe	Cl	SO_4	HCO'_3	CO_2	
Einfache kalte Quellen (Akratopegen) < 0,1 g-% CO_2 und Salz	Lauchstädt	10	6,2	1,1	4,9	9,9	2,3	2,9	38	23	33,2	
Einfache warme Quellen (Akratothermen, Wildbäder) < 0,1 g-% CO_2 und Salz	Wildbad/Schwarzwald (Eberhardtsbrunnen)	35	15,3	0,6	0,3	3,8	0,02	14,3	3,3	26	2,9	
	Bad Ragaz (Kt. St. Gallen)	36,8	2,93	0,4	1,6	5,5	0,01	3,5	3,0	23,6	0,7 *	* Emanation 0,76 MACH-Einheiten[4]

Einfache Säuerlinge < 0,1 g-% CO_2 < 0,1 g-% Salz	Brückenau/Rhön (Wernarzer Sprudel)	10,3	0,68	0,6	1,0	0,9	0,12	0,9	0,7	8,3	248	
Erdige Säuerlinge > 0,1 g-% CO_2 und Salz ($Ca^{··}$, HCO_3')	Wildungen (Helenenquelle)	11,5	68	1,8	25	38	0,6	62	3,4	200	228	
Alkalische Quellen > 0,1 g-% Salz($Na^·$, HCO_3')	Fachingen	11,3	81	3,9	7.	14	0,3	21,5	5,4	256	223	
Kochsalzquellen (muriatische Quellen) > 0,1 g-% NaCl	Nauheim (gr. Solsprudel)	29,9	867	31	11	130	1,2	1522	3,8	192	581	
	Karlsbad (Mühlbrunn)	52,2	169	9,6	4,5	13	0,13	60	164	216	72	
	Thale, Hubertusbader Brunnen	11,5	810	23	2,3	560	8,1	2210	5,2	25	9	
Bitterquellen < 0,1 g-% Salz ($Mg^{··}$, SO_4'')	Mergentheim (Karlsquelle)	9,8	464	5,6	36,5	66,3	0,4	575	396	135	96	
E senquellen > 1 mg-% Fe	Pyrmont (Helenenquelle)	12,7	9,8	0,7	11,8	57	1,9	11,3	110	108	276	
Schwefelquellen S oder H_2S	Baden/Niederösterreich (Marienquelle)	4,8	19	1	7,2	28,1	—	30,2	71	30	3	H_2S 0,92% S_2O_3'' 0,4%
Jodquelle J	Bad Hall/Steyer (Margarethenquelle)	11,3	760	2,8	9,3	20	0,02	1230	—	23	—	4,3 mg-% J

[1] FRESENIUS, R., mit W. DICK u. W. M. HARTMANN: Charakteristik, Untersuchung und Beurteilung der Mineralwässer. Handb. Lebensmittelchem. (BÖMER u.a.) 8, Teil 3, 1—190 (1941).— [2] VOGT, H.: Lehrbuch der Bäder- und Klimaheilkunde. Berlin 1940. — [3] Werbeschriften der einzelnen Kurorte. — Großdeutschlands Heilbäder, Seebäder usw. nach dem Stande vom 1. 4. 1939 des Reichsfremdenverkehrsverbandes. — [4] Die Kurorte der Schweiz, Heilquellen, klimatische Kurorte und Sanatorien. Schweizerisches Bäderbuch. Hrsgb. im Auftrage der Schweizerischen Ges. f. Balneologie und Klimatologie von MORY, E., H. KELLER und J. WEBER, 4. Aufl. Zürich 1930. — [5] KIONKA, H.: Untersuchung und Wertbestimmung von Mineralwässern und Mineralquellen. Handb. biol. Arb.-Meth. Abt. IV, Teil 8 II, 1927—2142 (1928). — [6] TREADWELL, W.D.: Schweiz. med. Wschr. 73, 944 (1943). — [7] SCHEMINZKY, F.: Kurorte und Heilquellenkunde. Wien 1948. Bd. 1. WINDISCHBAUER, A.: Die Heilkräfte von Bad Gastein. Wien 1948.

β) Mineralstoffgehalt der Nahrungsmittel[1-5].

Alle Mineralstoffe werden vom Menschen mit der Nahrung und mit dem Trinkwasser[6] aufgenommen. Ausreichende Analysen über den Mineralbestand der mundfertigen Nahrung liegen nicht vor. Aus der vorhergehenden Tabelle 18, S. 198 kann man die Menge einzelner Elemente wenigstens ungefähr errechnen.

Die Analysenzahlen der Tabelle 18 beziehen sich auf 100 g Frischgewicht des Nahrungsmittels, und zwar nur auf den eßbaren Anteil (z. B. auf Nüsse ohne Schale). Die Durchsicht der Analysenwerte sowie analytische Stichproben ergaben sehr große Unterschiede der Analysenangaben. Die Zahlen sind daher nur Näherungswerte. Zweckmäßig vergleicht man die verwandten Nahrungsmittel und schließt aus ihrem Vergleich auf die Größenordnung des absoluten Wertes. Bei Beurteilung derartiger Tabellen muß berücksichtigt werden, daß die analytische Zusammensetzung der Nahrungsmittel zum Teil erheblichen Schwankungen unterworfen ist, je nach Düngung des Bodens, Alter des Tieres usw.

Anmerkung: Herr Prof. Ragnar Berg, Dresden, hatte die Freundlichkeit, diese Tabellen durchzusehen.

γ) Natürliche mineralhaltige Wässer.

1. Als *Mineralwässer* bezeichnet man Wässer aus Quellen mit hohem Gehalt an gelösten Mineralien, ferner auch Wässer, die geringe Mengen seltener Stoffe, z. B. radioaktive Elemente, enthalten, oder deren Temperatur höher ist als die der Umgebung. Mineralwässer enthalten die Mineralstoffe zum Großteil in Form von Ionen, zum Teil als Komplexionen. Gase können adsorbiert oder infolge des hohen Druckes, unter dem die Mineralwässer gewöhnlich im Erdinneren stehen, in Lösung gegangen sein. Im letzteren Falle entweichen sie blasenförmig beim Zutagetreten des Wassers. Jedes Mineralwasser enthält stets eine große Zahl von Elementen in sehr wechselnden Mengen. Man unterscheidet die einzelnen Mineralquellen nach den therapeutisch vorherrschenden Elementen (s. Tabelle 20).

Die angeführten Mineralwässer enthalten außerdem stets zahlreiche andere Elemente in wechselnder Menge. So findet sich z. B. in vielen Quellen CH_4, besonders in den Jodquellen, ferner N_2, O_2, HBO_3'', $HSiO_3'$, HPO_4'', $Mn^{..}$, $Al^{...}$, $Sr^{..}$, $NH_4^{.}$, $Br^{.}$.

Die Gruppen der Tabelle 20 lassen sich wie folgt weiter unterteilen: sind als Anionen besonders Hydrogencarbonate, als Kationen Alkali- und Erdalkaliionen vorhanden, so spricht man von *alkalisch-muriatischen* und *alkalisch-erdigen Quellen*. Als *Solquellen* bezeichnet man kochsalzhaltige Wässer, die mehr als 1500 mg-% $NaCl$ enthalten. In *Bitterwässern* ist der Gehalt an Kochsalz oft wesentlich größer als der Gehalt an SO_4''; jedoch sind die SO_4''-Ionen bestimmend für die pharmakologische Wirksamkeit des Wassers. Das gleiche gilt für *Eisen- und Jodwässer*, in denen die pharmakologisch wichtigen Ionen $Fe^{..}$ und J' gegenüber den anderen Ionen mengenmäßig sehr im Hintergrunde stehen. Eisenquellen mit hohem SO_4''-Gehalt werden als *Vitriolquellen* (Levico mit 0,13% Fe), die mit hohem HCO_3'-Gehalt als *Stahlquellen* bezeichnet.

Knett[7] gibt eine neue Bezeichnung für die verschiedenen Mineralwässer an, doch erscheint diese so umständlich, daß sie kaum Aussicht haben wird, sich einzubürgern.

Die Kochsalzkonzentration in den natürlich vorkommenden Wässern ist sehr unterschiedlich, siehe Tabelle 21.

---

[1] Berg, R.: Die Nahrungs- und Genußmittel, ihre Zusammensetzung und ihr Einfluß auf die Gesundheit, mit besonderer Berücksichtigung der Aschebestandteile. 5. Aufl. Dresden 1929. — [2] Tillmanns, J., u. R. Strohecker: Anorganische Bestandteile (Mineralstoffe). Handb. Lebensmittelchemie (Bömer u. a.), 1, 657—677 (1933). — [3] Schall, H.: Nahrungsmitteltabelle. 12. Aufl. Leipzig 1939. — [4] McCance, R. A., and E. M. Widdowson: The Chemical Composition of Foods. 2. Ed. London 1942. — [5] Sherman. H. G.: Calcium and Phosphorus in Foods and Nutrition. S. 91—103. New York 1947. — [6] Siehe hier Holtz, Wasser S. 183. — [7] Österreichisches Bäderbuch. Wien 1928.

Die *therapeutische Bedeutung* der Mineralwässer ist groß. In ihrem Wesen ist sie noch nicht völlig geklart. Zum Teil ist sie sicherlich bedingt durch die

Tabelle 21. Salzgehalt natürlicher Wässer.

Akratische Wässer	< 0,1 g-% NaCl	Bitterwässer	6—9 g-% NaCl
Schwache Solbäder	1—2 g-% NaCl	Wasser des Toten Meeres	25 g-% NaCl
Moorbäder	3—4 g-% NaCl	Jodhaltiges Salzwasser im	
Starke Solbäder	5—6 g-% NaCl	Naphthagebiet	30 g-% NaCl

physiologisch-chemische *Wirkung einzelner Mineralien*, z. B. $NaCl$: schleimverflüssigend; *Sulfate:* galletreibend; $MgSO_4$: abführend. Andererseits sind verstärkte Mineralisation, Demineralisation, Umstimmung der Körperreaktion und Transmineralisation, d. h. Veränderung des Mengenverhältnisses der einzelnen Mineralstoffe zueinander, neben der einfachen Spülwirkung wichtige Faktoren der Mineralwassertherapie.

Frisches Quellwasser und *Flaschenabfüllungen* haben nicht die gleiche therapeutische Wirkung: durch das Aufbewahren des Mineralwassers ändert sich die Ionisation. Der Gehalt an Radiumemanation und CO_2 vermindert sich. Die Kolloide (Hydroxyde) altern (= Vergrößerung der Teilchen). Eisen-(II)-carbonatwässer zersetzen sich unter Oxydation und Abscheidung von Eisen-(III)-hydroxyd; hierbei verlieren sie ihre „katalytische Kraft". Mineralwässer werden außer zu Trinkzwecken auch für Badekuren verwandt.

2. *Moorbäder* [1]. Ein Mineralbad mit hohem Gehalt an organischen, zum Teil gerbenden Stoffen und sehr schlechter Wärmeleitfähigkeit ist das Moorbad. Zur Bereitung von Moorbädern wird Moorboden an der Luft getrocknet; er verwittert hierbei, seine Reaktion

Tabelle 22.
Die verwitterte *Pyrmonter Moorerde* enthält, getrocknet bei 120°, auf 1000 g:

Quarzsand	280 g	Schwefelkies	12 g
Salz (NaCl)	200 g	Wachs	10 g
Humussäure	190 g	Ammoniak	0,5 g
Humin	79 g		

wird sauer (Bildung von H_2SO_4). 1 kg verwittertes, getrocknetes Moor enthält über 400 g wasserlösliche Bestandteile. Zur Herstellung der Moorbäder werden 1000 g Moorerde mit 70 bis 500 Liter Wasser oder Mineralwasser gemischt.

3. *Meerwasser.* Im gewissen Sinne ist auch das Meerwasser zu den Mineralwässern zu rechnen. Es unterscheidet sich durch seinen Gehalt an organischen kolloidalen Stoffen sowie an kleinsten Lebewesen von den natürlichen Quellwässern.

Die *Zusammensetzung des Meerwassers* [2] ähnelt in dem

Tabelle 23. Vergleich von Meerwasser mit Serum und Zellsaft.

	Meerwasser (nach H. WATTENBERG) %	Menschliches Blutserum %	Zellsaft der Meerespflanze Valonia %
Na·	1,08	0,32	0,21
K·	0,04	0,02	2,01
Mg··	0,13	0,003	Spuren
Ca··	0,04	0,01	0,06
Cl·	1,93	0,37	2,12
SO_4''	0,27	0,004	0,0005

Verhältnis der einzelnen Kationenkonzentrationen zueinander etwa der Zusammensetzung des menschlichen Blutserums. Allerdings ist das Meerwasser relativ sehr reich an Mg.

BUNGE und später MacCALLUM haben die Hypothese aufgestellt, daß das Mengenver-

---

[1] SOUCI, S. W.: Charakteristik, Untersuchung und Beurteilung der Peloide (Torfe, Schlamme, Erden). Handb. Lebensmittelchem. (BÖMER u. a.) 8, Teil 3, 191—307 (1941). (Nach H. WATTENBERG). — [2] VOGT, H.: Die Meerwasser-Trinkkur. Abhandlungen aus dem Gebiet der Bäder- und Klimaheilkunde. Hrsgb. H. VOGT u. K. KNOCH, Heft 1. Hauptsalzbestandteile nach H. WATTENBERG, S. 12. Berlin 1938.

hältnis der einzelnen Kationen in den Leibesflüssigkeiten der Tiere ein Relikt aus der Urmeereszeit sei. Den hohen Mg-Gehalt hält MacCallum für kein Gegenargument, da in der Kambiumzeit das Meerwasser arm an Mg war. Das Ganze ist eine unbewiesene Behauptung (siehe hier Bd. 2, Vergleichende phyiologische Chemie der Tiere).

Die Gesamtsalzkonzentration des Meerwassers schwankt für die verschiedenen Meere; nördlicher Atlantischer Ozean 3,8 g-%; Nordsee 3,4—3,5 g-%; Ostsee 0,7—2,4 g-%.

Tabelle 24. Vorschrift für künstliches Meerwasser (Berliner Aquarium):

Auf 100 m³ Süßwasser:

| 2816 kg $NaCl$ | 550 kg $MgCl_2 \cdot 6\ H_2O$ | 25 kg $NaHCO_3$ |
| 65 kg KCl | 692 kg $MgSO_4 \cdot 7\ H_2O$ | |

Nach Auflösen dieser Salze Zusatz von 122 kg $CaCl_2$, ferner von 100 g KJ und 100 g $NaBr$.

Das Transportwasser der Sendungen wird in das künstliche Meerwasser hineingeschüttet. Vielfach wird auch eingedampftes Büsumerseesalz oder reines Meerwasser für Aquarien verwendet.

4. *Das Leitungswasser* unserer Wasserversorgung enthält Mineralien in nicht unbeträchtlichen Mengen: Die Calciumkonzentration im Wasser: 0,71 g Ca in 100 l H_2O entspricht 1 deutschen Härtegrad; mittelhartes Wasser hat 8—12, hartes Wasser bis zu 30 Härtegraden[1]. Das Ca in hartem Wasser findet sich entweder zusammen mit SO_4'' (permanent hartes Wasser) oder mit HCO_3' temporär hartes Wasser, aus dem beim Kochen $CaCO_3$ ausfällt. (Näheres s. S. 183.)

g) Eigenschaften der Ionen und Ursachen ihrer physiologischen Wirksamkeit.

α) Spannungsreihe.

Nach ihrer Neigung, in den ionisierten Zustand überzugehen, lassen sich die Kationen und Anionen in einer bestimmten Reihenfolge (VOLTA*sche Spannungsreihe*) anordnen. Die linksstehenden Elemente besitzen höhere Elektroaffinität und lassen sich leichter oxydieren als die rechts danebenstehenden Kationen:

$$K\ Na\ Ca\ Mg\ Al\ Mn\ Zn\ Fe\ Ni\ Sn\ Pb\ H\ Cu\ Ag\ Au.$$

Elektroaffinität der Anionen (Oxydierbarkeit wächst nach rechts):

$$F\ Cl\ OH\ Br\ J\ S.$$

Infolge ihrer geringen Elektroaffinität verursachen metallisches Ag und Au in der Augenkammer keine Störung, während Cu und Hg zu starken Entzündungen führen[2]. Kolloidales Au wird von Reticulocyten gespeichert; kolloidales Cu löst sich nach der Speicherung und zerstört die Reticulocyten[3].

β) Wertigkeit.

Der Übergang von 2-wertigen in 3-wertige Ionen und umgekehrt spielt im biologischen Oxydationsvorgang oft eine wesentliche Rolle. Zu beachten ist, daß die Beständigkeit einer Wertigkeitsform sich durch Anlagerung von organischen Verbindungen sowie durch Komplexbildung verändern kann, z. B. $Fe'' \rightarrow Fe'''$ aber Fe''' (im Hexacyanoeisenkomplex) $\rightarrow Fe''$

Zweiwertige Metallionen (Mn'', Fe'', Cu'') führen schwerer zur Eiweißgerinnung als die höherwertigen. Ganz allgemein schwindet mit zunehmender Wertigkeit des Metalles die neutrale Reaktion seines Salzes[4], indem die Wirkung der

---

[1] Normungsblätter. Chem. Fabrik **8**, 422 (1935). — [2] Jancsó, N. v.: Kli. Wo. **1931 I**, 537. — [3] Hasskó, A.: Z. ges. exp. Med. **86**, 759 (1933). — [4] Heubner, W.: Verh. dtsch. Ges. inn. Med. **45**, 270 (1933).

elektrolytischen Dissoziation mehr und mehr von dem der Hydrolyse abgelöst wird[1]: $Fe^{...}$ wirkt in wäßriger Lösung saurer als $Fe^{..}$; das Hydroxyd des $Mn^{......}$ ist eine ausgesprochene Säure (MnO_4').

γ) Wirkung auf Kolloide.

Die verschiedenen Anionen und Kationen üben eine biologisch wichtige, unterschiedliche Wirkung auf den *Quellungszustand* der Kolloide aus. Nichtelektrolyte haben nur einen geringen oder gar keinen Einfluß auf die Quellung. Nach dem Grade ihrer kolloidchemischen Wirkung sind die Ionen in der HOF-MEISTER*schen Reihe* geordnet:

$$Fe^{..}, Cu^{..}, Ca^{..}, Mg^{..}, Na^{.}, K^{.} \text{ und } PO_4''', SO_4'', J', Br', Cl'.$$

Je weiter links ein Ion steht, desto mehr verringert es den Dispersitätsgrad, wirkt entwässernd, ausfällend. Im Zusammenhang mit der HOFMEISTERschen Reihe steht die *Diffusionsgeschwindigkeit* der einzelnen Ionen und damit ihre Resorbierbarkeit:

$$Mg^{..} < Ca^{..} < Na^{.} < K^{.} \text{ und } PO_4''' < SO_4'' < NO_3' < Br' < Cl'.$$

Für die Entfaltung der kolloidchemischen Wirkung ist eine hinreichende *Konzentration* der Ionen erforderlich. Nach HÖBER bildet die *Wirkung auf die Kolloide die wichtigste Grundlage für das theoretische Verständnis der Alkali- und Erdalkaliwirkung.*

δ) Wirkungsformen der Metalle.

Metalle können ihre Wirkung im Körper nur in oxydierter Form entfalten. Die Hauptmenge der Schwermetalle wirkt nicht als *Ion*, sondern als *Hydrat* oder *Komplexion*. Die Komplexionen entstehen durch Bindung elektronegativer und neutraler Atomgruppen: H_2O, NH_3, Thioverbindungen, Basen, Harnstoff, Aminosäuren, Peptide, Eiweiß (siehe W. KUHN S. 60ff.).

Die *Verbindungstypen* derartiger Komplexe geben die folgenden Formeln wieder, in denen Metall als Me, ein 1-wertiger Säurerest als Sre, eine Aminosäure als Am und Eiweiß als $HOOC \cdot R \cdot NH_2$ bezeichnet ist[2,3].

$$[Me \cdot Sre_x \cdot Am_y], \quad [Me \cdot O \cdot CO \cdot R \cdot NH_2] \text{ und } [Sre \cdot NH_2 \cdot R \cdot COO].$$

Auch $NaCl$ wird in derartige Komplexe eingebaut. Wenn man $FeCl_3$ auflöst, so entsteht ein Gemisch von Säure und komplexen Eisen-(III)-hydroxyden, z. B. $[Fe(H_4O_2)_5Cl]^{..}$. Bei der Gewebsreaktion finden sich keine Eisen-(III)-ionen (s. Bd. 2, Die Reaktion der Gewebe). Selbst $Ag^{.}$ kommt, mit Ausnahme der reinen $AgCl$-Lösungen, nur als Komplex in Lösung vor.

Durch die Komplexbindung kann die Wirkung des betreffenden Metallions qualitativ und quantitativ geändert werden. *So ist Fe im Hämin 1000mal, in der Katalase 10 Milliarden mal so wirksam bezüglich der Wasserstoffperoxydzersetzung wie anorganisches $Fe^{..}$*[4].

ε) Metallkomplexe als Hilfsteile von Fermentsystemen.

Nach dem Verfahren von WARBURG lassen sich vorgebildete Metallkomplexe des Eisens durch die außerordentliche Komplexaffinität der Blausäure nachweisen. Besonders wichtig sind die leicht oxydierbaren Metallkomplexe für die Sauerstoffübertragung: So die Übertragung des Luftsauerstoffes durch einen Metallkomplex auf $-SH$ (z. B. Cystein, Glutathion) unter Bildung von $-S-S-$ Bindung und gleichzeitiger Bildung des reduzierten Metallkomplexes[4,5] im Verlauf von fermentativ gesteuerten Umsetzungen.

[1] Siehe [4] S. 204. — [2] PAULI, W., u. M. SCHÖN: B. Z. **153**, 253 (1924). — [3] PFEIFFER, P., u. J. v. MODELSKI: H. **85**, 1 (1913). — PFEIFFER, P., u. O. ANGERN: H. **135**, 16 (1924).— [4] ZEILE, K.: Naturwiss. **29**, 167 (1941). — [5] MICHAELIS, L.: Amer. J. Physiol. **90**, 450 (1929). — [6] MICHAELIS, L., and S. YAMAGUCHI: J. biol. Ch. **84**, 777 (1929).

ξ) Gegenspiel der Ionen.

Sowohl für Pflanze wie Tier besteht ein gewisses Wechselspiel bestimmter Ionen im Sinne des Antagonismus[1]. Zuviel Ca im Boden kann zum K-Mangel der Pflanzen führen mit allen Folgen. Mg wird durch Ca „entgiftet"[2]. K und Ca kompensieren ihre Wirkung am Herzen, die jede für sich zu schweren funktionellen Störungen führen würde. Vermehrte Ca-Zufuhr steigert den P-Bedarf des Tierkörpers usw. Im Sinne der Kolloidchemie ist die reine Lösung jedes einzigen Salzes für Zellen „giftig", indem sie entweder die Zellmembran, das Protoplasma zu sehr auflockert, ja verflüssigt, oder abdichtet, koaguliert. Erst ein „*äquilibriertes*" *Salzgemisch* ist der Zelle unschädlich und zuträglich[3].

Formeln zur Ionenwirkung. LOEB versuchte, das Zusammenspiel der Ionen für die Aufrechterhaltung der Nerven-Muskelerregbarkeit formelmäßig zu erfassen: Vergrößerung des LOEBschen Quotienten $\dfrac{Na + K}{Ca + Mg}$ (normal $= 27{,}6$) ist gleichbedeutend mit Steigerung der Erregbarkeit. GYÖRGY gibt die qualitative Formel[4] $\dfrac{K,\ \text{Phosphate},\ OH}{Mg,\ Ca,\ H}$, indem er den LOEBschen Quotienten und die Formel von RONA und TAKAHASHI vereinigt. Letztere soll den Grad der Calciumionisation, der der Erregbarkeit umgekehrt proportional sein soll, wiedergeben[5]: $Ca^{\cdot\cdot} = k\ \dfrac{H^{\cdot}}{HCO_3'}$.

Diese Formeln haben aber nur geringen Wert, da sie den Befunden nur beschränkt gerecht werden (Überventilationstetanie tritt auf bei normalen Ca-Mengen im Serum und tiefer Hypophosphatämie); die Vorstellungen über die Calciumfraktionen im Serum erwiesen sich als falsch (s. S. 215 u. Bd. 2, Blut).

Das Gegenspiel der Ionen ist auf engbegrenzte Gebiete beschränkt; meist übt jedes Element seine *spezifische* Wirkung unabhängig von den anderen Elementen aus.

η) Säure-Basengleichgewicht.

Von großer Wichtigkeit ist die Verteilung der Anionen und Kationen für die Aufrechterhaltung des Säure-Basengleichgewichtes[6] (vgl. Bd. 2, Säurebasengleichgewicht des Blutes). Für das Serum, das in seiner Zusammensetzung für alle Wirbeltiere einigermaßen gleichartig ist, gelten folgende Werte:

Tabelle 25. **Saure und basische Äquivalente im menschlichen Blutserum nach HEUBNER**[7].

	Saure Valenzen			Basische Valenzen	
	mg-%	mg Äquivalent/l		mg-%	mg Äquivalent/l
$Cl^{\cdot}$	370	104	$Na^{\cdot}$	320	139
HCO_3'	170	28	$K^{\cdot}$	20	5
HPO_4''	10	2	$Ca^{\cdot\cdot}$	11	5
SO_4''	4	1	$Mg^{\cdot\cdot}$	3	2
		-135			$+151$

[1] WOOLLEY, D. W.: Some aspects of biochemical antagonism. In Green's Currents biochem. Res. S. 357—377. — [2] Löw, O.: Fühlings landwirtsch. Ztg. **58**, 355 (1909). Flora, Jena **92**, 489 (1903). — MEYER: Kalk- und Magnesiadüngung. S. 48. Dresden 1920. — [3] SCHADE, H.: Die physikalische Chemie in der inneren Medizin. Dresden u. Leipzig 1921. — HÄBLER, C.: Physiko-chemische Medizin nach H. SCHADE. Dresden u. Leipzig 1939. — [4] GYÖRGY, P.: Jber. Kinderheilkde. (3) **52**, 145 (1923). Kli. Wo. **1922** I, 1399. — STEPP, W., u. P. GYÖRGY: Avitaminosen. S. 326. Berlin 1927. — [5] RONA, P., u. D. TAKAHASHI: B. Z. **49**, 370 (1913). — [6] MEYER, R. J., u. W. SCHULZ: Angew. Chem. **38**, 203 (1925). — [7] HEUBNER, W.: Ammonium. Handb. Physiol. **16**/2, 1464 (1931).

Die basischen Äquivalente überwiegen somit die sauren um 10—25 Milliäquivalente im Liter Serum. Ob die Absättigung der restlichen Basen durch Eiweiß erfolgt, ist umstritten[1]. In eiweißarmen Flüssigkeiten fehlt der Basenüberschuß[1]: zum Beispiel in Ultrafiltraten, Liquor, Kammerwasser.

Tabelle 26. Saure und basische Äquivalente in eiweißfreien Gewebsflüssigkeiten[2].

Saure Valenzen			Basische Valenzen		
	mg-%	mg Äquivalent/l		mg-%	mg Äquivalent/l
Cl'	420	118	$Na\cdot$	320	139
HCO_3'	170	28	$K\cdot$	20	5
HPO_4''	5	1	$Ca\cdot\cdot$	1	1
SO_4''	3	1	$Mg\cdot\cdot$	5	3
		— 148			+ 148

h) Speicherungs- und Ablagerungsformen der Mineralstoffe im Körper.

Der Körper verfügt für sämtliche Mineralien über Gebiete, in denen diese bei Überangebot gespeichert werden können, um bei Mangel mobilisiert zu werden. Die Stapelung erfolgt meist in Form einer schwer löslichen Verbindung. Zum Teil sind wir über die Anreicherungsweise noch nicht unterrichtet. Es ist oft nicht leicht zu entscheiden, ob es sich um eine physiologische Stapelung (Speicherung) oder um eine nicht mehr zu beseitigende pathologische Anhäufung (Ablagerung) handelt (s. S. 174). Wie z. B. das Eisen und Kupfer in der Leber gespeichert wird, ist noch ungeklärt. Es ist nicht anzunehmen, daß es in derselben Form vorliegt wie bei Hämosiderose, vielleicht als Ferritin. Wahrscheinlich finden sich viele Schwermetalle in lockerer Komplexbindung an Eiweiß gekoppelt in irgendwelchen Zellen (Reticuloendothel?) gestapelt (vgl. das Hämocuprein, S. 224).

Ein echter Mineralspeicher ist der Knochen, in dem $Ca\cdot\cdot$ und PO_4''' als Hydroxylapatit abgelagert sind.

Manche, meist körperfremde Metalle werden in Sulfide verwandelt und in dieser sehr schwer löslichen und dadurch biologisch unwirksamen Form abgelagert (z. B. Ag_2S und CuS in der DESCEMETschen Membran, PbS im Bleisaum, Ag_2S bei Argyrie, auch FeS bei Pseudomelanose[3]).

Die Micellen der Kolloide schließen oft erhebliche Mengen der Mineralien ein. Die Fixation dieser Mineralstoffe ist sehr fest, ohne daß stöchiometrische Beziehungen erkennbar sind[4]. An der Oberfläche der Kolloide sind ferner noch „ladende" Ionen gebunden, denen in nächster Nachbarschaft „kompensierende" Ionen entgegenstehen. — Endlich werden Metalle in organische komplexe Ionen eingebaut (s. oben).

i) Bestand und Verteilung der Mineralstoffe im Körper.

Der *Aschegehalt* (Mineralbestand) des menschlichen Körpers beträgt 4 bis 5% des Lebendgewichtes; hiervon entstammen etwa $^4/_5$ dem Skelet (Aschegehalt 25%) und $^1/_{10}$ den Muskeln (Aschegehalt 0,7—1,5%).

[1] MOND, R: Pflügers Arch. **199**, 187 (1923). — MOND, R., u. H. NETTER: Pflügers Arch. **207**, 515 (1925). — [2] Siehe Fußnote [7] S. 206. — [3] TIMM, F.: Zellmikrochemie der Schwermetallgifte. S. 22f. Med. Habil.-Schrift. Leipzig 1932. — [4] WINTGEN, R.: Z. physik. Chem. **103**, 238 (1922). — WINTGEN, R., u. M. BILTZ: Z. physik. Chem. **107**, 403 (1923). — WINTGEN, R., u. H. LÖWENTHAL: Z. physik. Chem. **109**, 378 (1924).

Tabelle 27. Mineralkonzentrationen im Säugetierkörper (Mensch) in mg-%.

	Blut		Liquor	Magensaft	Milch		Knochen	Knorpel[1] vom Kalb
	Serum	Körper-chen*			Frau	Kuh		
K	15—26	300—430	5—12—15	30	50—80	150	300	}200—402
Na . . .	300—350	25—120	280—320	25	10—20	40—60	600	
Mg . . .	1,8—2,8	1—6	2—4	0,5	4	10—20	100	7,5—16
Ca . . .	9,5—11,0[1]**	< 3	4—6	0,2	20—50	120—130	25000	18—25
Fe . . .	♂ 0,120 ♀ 0,090	60—100			0,15	0,07		
P	12—16	50—60	1,5— 2,0[4]	0,3[4] †	12	100	11500	3,5—7,5
S				0,5[4] †		31[4]		
SO$_4$ . . .	0,9—1,5[4]							
Cl . .	320—400	160—250	400—600	600	40—70	80—120	400	46—53

	Muskel		Leber	Haut	Tagesbedarf eines Menschen von etwa 70 kg	Tagesbedarf[2] von Kindern/kg
	Skelet-	Herz-				
K	300—400	200—300	400	30—140	2—4 g	
Na . . .	40—90	80—100	60	50—190	4—5 g	
Mg . . .	10—30	15—25	9—22	7—18	0,5 g	
Ca . . .	5—20	15—20	5—25	10—30	1—2 g	40—50 mg Ca
Fe. . . .	2—60	5—10	3—100		5—15 mg	Säugling tgl. 0,2 mg Fe
P	200—300	230	300		1,2—4,0 g	60—70 mg P
S	208					
Cl. . . .	40—80	100—170	100—210	100—500	2—3 g	

* *Blutkörperchen* von Hund, Katze 20 bis 25 mg-% K, 220 bis 240 mg-% Na; von Pferd, Schwein, Kaninchen 280 bis 440 mg-% K, Spuren bis 100 mg-% Na; von Rind, Schaf, Ziege 55 bis 65 mg-% K, 175 bis 210 mg-% Na.

** Kaninchenserum enthält 12 bis 17 mg-% Ca.

† Hund.

Der Mineralbestand des menschlichen Körpers hat — ebenso wie der Wasserbestand — *eine gewisse Schwankungsbreite,* die für die verschiedenen Elemente sehr unterschiedlich ist. Er ist abhängig von einer Reihe von Umständen, unter denen das Angebot in der Nahrung an erster Stelle steht. Durch sie können auch örtliche Verschiedenheiten, besonders bei den Spurenelementen mitbedingt sein. Man muß die normale Schwankungsbreite kennen, um die Grenze des Krankhaften beurteilen zu können, die wohl individuell etwas schwankt (Tab. 27). Die *Mineralzusammensetzung der verschiedenen Säugetiere* ist recht gleichartig mit wenigen Ausnahmen (z. B. Kaliumgehalt der Blutkörperchen). Siehe Tabelle 27: Mineralkonzentration.

Während im Tierreich der Mineralgehalt der einzelnen Organe, weitgehend unabhängig von der Ernährung, im allgemeinen in engen Grenzen schwankt, finden wir im Pflanzenreich eine große Abhängigkeit der Mineralzusammensetzung von äußeren Umstände. So können z. B. 8 bis 60% des gesamten Aschegehaltes eines Blattes in 6 bis 10 h durch die Blattoberfläche abgegeben werden (z. B. bei Regen[3]). Heu, Körnerfrüchte von kalkarmen Böden haben einen relativ niedrigen Calciumgehalt.

[1] Logan, M. A.: J. biol. Ch. 110, 375 bes. 386 (1935). — [2] Daniels, A. L., M. K. Hutton, E. M. Knott, O. E. Wright and M. Forman: J. Nutrit. 10, 373 (1935). — Daniels, A. L., M. K. Hutton, O. E. Wright, G. J. Everson and F. Scoular: J. Nutrit. 9, 191 (1935). — [3] Gradmann, H.: Naturwiss. 23, 148 (1935). — [4] D'Ans-Lax, S. 1744—1747.

Tabelle 28. Mineralstoffe in Pflanzenteilen[1].
(g-$^0/_0$ in der Asche.)

	g-% Asche in Trockensubstanz	K	Na	Mg	Ca	Fe	Si	P	S	Cl
Roggenkörner . . .	2	27	1,1	6,8	2,1	0,9	0,6	21,0	0,5	0,5
Roggenkörnerstroh .	4	23	1,3	1,9	5,9	1,4	23,0	2,9	1,7	2,2
Kartoffelknollen . .	4	50	2,2	3,0	2,1	0,8	0,9	7,3	2,6	3,5
Weintraube, Beere .	5	47	1,1	2,5	7,7	0,3	1,3	6,8	2,2	1,5
Tabakblätter . . .	17	24	2,4	4,3	26,0	1,4	2,7	6,4	2,4	6,7
Baumwollfaser . .	1	30	10,0	3,2	13,0	0,4	1,0	4,7	2,4	7,6
Fichtenholz	0,2	16	1,0	6,8	24,0	1,0	1,3	0,9	1,1	0,1

2. Spezieller Teil: Biochemie der einzelnen Elemente.
a) Allgemeines.

Der folgende Abschnitt behandelt vor allem Form und Menge des Vorkommens der einzelnen Elemente im biologischen Material. Das Methodische ist entsprechend der Anlage des Buches nur im Grundsätzlichen und in einigen Literaturhinweisen angeführt. Die physikalischen und chemischen Eigenschaften der anorganischen Verbindungen werden als bekannt vorausgesetzt. Sie sind in den Lehr- und Handbüchern der anorganischen Chemie ausführlich beschrieben. Das soll aber nicht heißen, daß für den Biochemiker hier die Arbeiten abgeschlossen sind. Das Gegenteil ist der Fall. Dieses Feld ist bisher noch zu wenig von berufener Seite bearbeitet worden. Es gilt nicht nur die *analytischen Verfahren* zu verfeinern, um auch kleinste Mengen sicher, rasch und mit einfachen Mitteln in Reihenversuchen zu erfassen. Neben der Entwicklung brauchbarer, analytischer Verfahren und der folgerichtigen Auswertung von Reihenanalysen rückt die *Frage nach dem chemischen Bau der Verbindungen der Bioelemente* in den Geweben und Körperflüssigkeiten immer mehr in den Vordergrund. Wir wissen heute schon, daß die Bioelemente in die verschiedensten chemischen Verbindungen eintreten können, deren Natur meistens noch unbekannt ist. Die Wirkung der Spurenelemente ist erst dann zu verstehen, wenn aufgeklärt wird, in welcher Weise sie als Hilfsstoffe innerhalb bestimmter Fermentreaktionen tätig sind[2]. Wie ist z. B. das Eisen in die Fermenthämine eingebaut und wie kommt es dort zur Wirkung? Wie sind die gespeicherten und die abgelagerten Mn-, Fe-, Cu-, Zn-Verbindungen aufgebaut? In welcher Form werden die aus der Darmwand stammenden, im Kot vorkommenden, unlöslichen Verbindungen, z. B. das Calciumphosphat und die „Eisenoxyde", abgeschieden? Das sind nur einige bis heute noch ungelöste chemische Fragen.

Angaben über die Konzentration. Die Konzentration eines Elementes in einer Körperflüssigkeit wird meist in mg-% angegeben, z. B. 9,6 mg-% Ca im Serum; das bedeutet: 100 cm³ der betreffenden Flüssigkeit enthalten 9,6 mg Calcium. Bei festen Substraten beziehen sich alle Angaben stets auf Gewicht. Da die Körperflüssigkeiten in ihrer Dichte meist wenig vom Wasser abweichen, da andererseits die physiologische Schwankungsbreite sowie die Fehlerbreite der Analysenverfahren nicht klein sind, so kann fast stets vernachlässigt werden, daß die Angaben für Konzentration in Flüssigkeiten meist auf Volumen,

---

[1] Siehe auch Czapek, Biochem. Pflanzen, Bd. 2, S. 327—541. — LINTZEL, W.: Mineralstoffe. Handb. Mangold 1, 184—222 (1929). — TILLMANS, J., u. R. STROHECKER: Handb. Lebensmittelchem. (BÖMER u. a.) 1, 657—677 (1933). — [2] LUNDEGÅRDH, H.: Planta, Berlin 29, 419 (1939). — BÜNNING, E.: Naturwiss. 28, 784 (1940). — MASCHMANN, E.: Naturwiss. 28, 780 (1940).

die in festen Stoffen auf Gewicht bezogen werden. In der ärztlichen Literatur hat sich der Ausdruck „Spiegel" für die Konzentration im Blut bzw. Blutserum eingebürgert, z. B. Serum-Calciumspiegel 9,6 mg-%. Er ist irreführend und daher abzulehnen.

Die Einteilung der Elemente folgt in diesem Kapitel am besten der bewährten chemischen Systematik nach den Gruppen des periodischen Systems. Im Kapitel Mineralstoffwechsel (s. Bd. 2) wird das mengenmäßige Vorkommen der Elemente entsprechend berücksichtigt.

Für die Benennung anorganischer Verbindungen [1] sind Richtlinien [2] erschienen. Es wäre sehr wünschenswert, wenn auch die Ärzte- und Apothekerschaft diese neue Nomenklatur übernehmen würde. Die Unhaltbarkeit des jetzigen Zustandes ergibt sich schon aus einem Beispiel: Kochsalz heißt nach der chemischen Nomenklatur Natriumchlorid, während die Pharmazie den Ausdruck Natrium chloratum benutzt. Nun bezeichnet aber Natriumchlorat das sehr giftige $NaClO_3$, so daß Verwechslungen leicht möglich sind, besonders wenn man Natrium chloratum abkürzt. — Aus der neuen Nomenklatur einige wichtige Beispiele:

$NaHCO_3$ (früher saures, kohlensaures Natron, Natriumbicarbonat) = Natriumhydrogencarbonat.

NaH_2PO_4 (früher primäres Natriumphosphat) = Natriumdihydrogenphosphat.

$Cd(OH)Cl$ (früher Cadmiumchlorid) = Cadmium hydroxydchlorid.

$CaCl_2 \cdot 6\,H_2O$ (früher krystallwasserhaltiges Chlorcalcium) = Calciumchloridhexahydrat.

$CuCl$ (früher Kupferchlorür oder salzsaures Kupferoxydul) = Kupfer(I)-chlorid: die römische Zahl hinter dem Element bedeutet die Wertigkeit (Ladung, Ionisierungszustand). Siehe W. KUHN, S. 20.

b) Die Metalle.

α) Der Wasserstoff (H).

Der Wasserstoff nimmt im periodischen System der Elemente eine Sonderstellung ein, da er bei Abgabe eines Elektrons als H-Ion Metall-Eigenschaften ähnlich den Alkalimetallen, und nach Aufnahme eines Elektrons in den Hydriden Eigenschaften der Nichtmetalle wie die Halogene zeigt.

In *molekularer Form* (H_2) findet er sich bei bakteriellen Zersetzungen im Darm (s. Bd. 2. Physiologische Chemie des Kotes) und unter Umständen bei Herbivoren auch in den Atemgasen [3]. Zur quantitativen Bestimmung wird der gasförmige Wasserstoff zu Wasser verbrannt und aus der Volumenverminderung seine Menge berechnet [4].

In den organischen Verbindungen ist der Wasserstoff verschieden fest gebunden. Er kann von Fermenten in spezifischer Weise übertragen werden (s. THUNBERG S. 1178 ff.). Seine Mobilisierbarkeit findet im Redoxpotential einen zahlenmäßigen Ausdruck (siehe THUNBERG S. 1242 ff. und W. KUHN S. 111). Die Analyse des Wasserstoffes in organischen Verbindungen erfolgt meist gemeinsam mit der des Kohlenstoffes [5]. Von den Verbindungen des Wasserstoffes soll das *Wasserstoffsuperoxyd* [6] erwähnt werden. Es kommt in Spuren im frischen Harn und Speichel und vielleicht in allen Geweben vor [7]. Sein Nachweis spielt in der Dehydrierungstheorie von H. WIELAND eine wichtige Rolle [8]. Daher hat

---

[1] REMY, H.: Chemie, **55**, 267—272 (1942). — [2] JORISSEN, W. P., H. BASSETT, A. DAMIENS, F. FICHTER u. H. REMY: B. **73** (A), 65 (1940). Helv. **23**, 997 (1940). — [3] H.-Th. S. 934 u. 940. — Gmelin, System Nr. 2, Wasserstoff (1927). — [4] BAYER, FRITZ: Gasanalyse, 2. Aufl., S. 136. Stuttgart 1941; s. a. MOSER, LUDWIG: Reindarstellung von Gasen. Stuttgart 1920. — [5] Pregl-Roth S. 18. — [6] MACHU, W.: Das Wasserstoffperoxyd und die Perverbindungen. Wien 1937. — KAUSCH, O.: Das Wasserstoffsuperoxyd. Eigenschaften. Herstellung und Verwendung. Halle 1938. — [7] H.-Th. S. 683 u. 893. — [8] FRANKE, W.: Handb. Enzymol. (NORD-WEIDENHAGEN) **2**, 716, 766.

man die quantitative Bestimmung von H_2O_2 auch für biologisches Material ausgearbeitet[1]. Wasserstoffsuperoxyd ist ein starkes Enzymgift[2].

Seit der Isolierung des *Schweren Wasserstoffisotopen*, des Deuteriums, im Jahre 1933 durch UREY[3] ist eine ganze Reihe von Untersuchungen über das Schwere Wasser (siehe HOLTZ, Wasser S. 182, W. KUHN S. 32) ausgeführt und sind zahlreiche D-haltige Verbindungen hergestellt worden[4, 5]. Über Bestimmung von Schwerem Wasserstoff siehe W. KUHN S. 32.

β) Die Elemente der 1. Gruppe.

Die Alkalimetalle: Li, Na, K, Rb, Cs.

Lithium[6] (Li) ist für Pflanze und Tier Spurenelement, wahrscheinlich nur als Mitläufer von Na und K.

Nachweis und Bestimmung erfolgt auf spektralanalytischem Wege[7-10]. Lithiumsulfat ist nicht hygroskopisch und bei 700° noch nicht flüchtig.

Vorkommen. Es findet sich im Wasser, in vielen Pflanzen[11] und auch im Tierkörper[7]. In der Tabakasche sind 0,5 g-% Li enthalten. Verhältnismäßig viel enthält die Lunge vom Menschen (Einatmung durch Staub?) und Kalb, dann Leber und etwas weniger die Milz[12, 13]. — (Li im Stoffwechsel, siehe Bd. 2.)

Natrium[14] (Na) kommt in allen tierischen Geweben und besonders in den Körpersäften vor (s. Tabelle 29, S. 212). Na im Blut s. Bd. 2, Blut. Im Muskel kommen etwa 80 mg-% Na oder für einen 70 kg schweren Menschen mit 40% Muskeln 22,4 g Na vor (s. Bd. 2, Muskel). Das Na liegt ausschließlich in ionisierter Form vor[15]. Speicherung ohne Wasserbindung von Na· in Form von Kochsalz, vielleicht auch allein, ist beobachtet[16] (Na-Stoffwechsel siehe Bd. 2).

Bestimmung[17-19]. Fällung mit Kaliumpyroantimoniat in kalter, alkoholischer Lösung und jodometrische Bestimmung des Sb im Niederschlag. Na- und K-Bestimmung mit dem Flammenphotometer nach PERKIN-ELMER im Blut[20], als Na-Zn-Uranylacetat[21].

Kalium[22] (K). Wie das Na, so ist auch das K in den Körperflüssigkeiten wahrscheinlich völlig ionisiert[23]. Allerdings kann K·, wohl auch Na·, an Eiweiß gebunden werden, und zwar bei normaler Blutreaktion in der Größenordnung

[1] WIELAND, H., u. B. ROSENFELD: A. **477**, 32, bes. 72 (1939). — WIELAND, H., u. T. F. MACRAE: A. **483**, 217 (1930). — WIELAND, H., u. H. J. PISTOR: A. **522**, 116 (1936). — SCHALES, O.: B. **71**, 447 (1938). — [2] DIXON, M.: Biochem. J. **19**, 507 (1925). — [3] UREY, H. C., F. G. BRICKWEDDE, and G. M. MURPHY: Physic. Rev. **39**, 164; **40**, 1 (1932). — [4] HARTECK, P.: Z. Elektrochem. **44**, 3 (1938). — [5] ERLENMEYER, H.: Z. Elektrochem. **44**, 8 (1938). — INGOLD, K., u. CH. L. WILSON: Z. Elektrochem. **44**, 62 (1938). — ADICKES, F.: Angew. Chem. **51**, 89 (1938). — [6] Gmelin, System Nr. 20, Lithium (1927). — [7] HERRMANN, E.: Pflügers Arch. **109**, 26 (1905). — [8] H.-Th. S. 36. — [9] Hecht-Donau S. 234. — [10] Handb. analyt. Chem. (FRESENIUS-JANDER) Teil **3**, Ia (1940). — [11] LINTZEL, W.: Handb. Mangold Bd. **1**, 192 (1929). — [12] LINTZEL, W.: Handb. Mangold **3**, 256 (1931). — [13] Scharrer, Spurenelemente S. 117, 120 (dort Schrifttum). Z. Pfl.-Ernähr. Düng. Bodenkde. **45**, 83 (1939). — [14] Gmelin, System Nr. 21, Natrium (1928). — [15] AUGSBERGER, A.: Ergebn. Physiol. **24**, 618—647 (1925). — QUAGLIARIELLO, G.: Amer. J. Physiol. **90**, 481 (1929). — [16] ROMINGER, E., u. H. MEYER: Z. Kinderheilk. **47**, 721 (1929). Arch. Kinderheilkde. **80**, 195 (1927); **81**, 176 (1927). — [17] LINDERSTRØM-LANG, K.: C. R. Lab. Carlsberg **21**, 111 (1936). — Hinsberg-Lang S. 4. — [18] HEGEDÜS, M.: Z. analyt. Chem. **107**, 166 (1936). — Hallmann S. 424 u. 456. — [19] JENDRASSIK, L., u. L. DZIOBEK: B. Z. **287**, 262 (1936). — JENDRASSIK, L., u. M. HALASZ: B. Z. **298**, 74 (1938). — Handb. analyt. Chem. (FRESENIUS-JANDER) Teil **3**, Ia (1940). — [20] MAVINIS, T. P., E. E. MUIRHEAD, F. JONES and J. M. HILL: J. Labor. clin. Med. **32**, 1208 (1947). — HALD, P. M.: J. biol. Ch. **167**, 499 (1947). — [21] KATHEN, H., u. K. LANG: B. Z. **318**, 425 (1948). — [22] Gmelin, System Nr. 22, Kalium (1938). Anhang-Bd. Die Salze der ozeanischen Ablagerungen und ihre Lösungen. 1942. — [23] HÖBER, R.: Physikalische Chemie der Zelle und Gewebe. 5. Aufl., 1. Hälfte. Leipzig 1922. — HÖBER, R.: Physical Chemistry of Cells and Tissues. Philadelphia 1945. Ins Deutsche übersetzt von W. WILBRANDT u. R. STÄMPFLI. Bern 1947. — CALLISON, W. E.: J. biol. Ch. **90**, 665 (1931).

von etwa 1% des gesamten K-Gehaltes[1]. Für den Muskel werden von manchen Forschern verschiedenartig gebundene Fraktionen angenommen[2]. In Glykokolllösungen[3] geht K˙ eine Adsorptionsverbindung ein, nicht aber das Na˙. Es ist sehr schwierig, über den Ionisationszustand des K˙ in den Geweben und Gewebsflüssigkeiten experimentell ein klares Bild zu erhalten: Ultrafiltrationen, Leitfähigkeitsmessungen, Dialyseversuche geben unterschiedliche Werte, die zum Teil aus methodischen Gründen anfechtbar sind.

Tabelle 29. Alkalimetalle in Pflanze.
(mg auf 100 g Trockensubstanz.)

	K mg	Na mg	K/Na g
Erbsensamen	1000	20	50
Roggenkorn.	600	20	30
Weintraube (Beere)	3000	60	50

Von allen im Körper vorkommenden Metallen besitzt ausschließlich das K, und zwar das Isotop ^{40}K, Radioaktivität, es sendet β- und γ-Strahlen aus. Das Isotop reichert sich nicht im Körper an[4], es ist sogar im menschlichen Körper zu 1—2% weniger enthalten als in käuflichen K-Salzen[6], seine Massenhäufigkeit[5] ist 0,012%, gegenüber 93,44% ^{39}K und 6,55% ^{41}K.

Tabelle 30.

100 g Trockensubstanz von	Wurzeln	Blätter
Zuckerrübe . . .	0,9% K	2,1% K
Kartoffel	2,4% K	3,7% K

Bestimmung[7,8,9,10]. Fällung mit Natriumhexanitrokobaltiat (III), $Na_3[Co(NO_2)_6]$ (früher Na-Kobaltinitrit genannt[1]).Die salpetrige Säure des KNa-hexanitrokobaltiat wird in schwefelsaurer Lösung mit Permanganat oxydiert. Zur Bestimmung im Blutserum kann man K fast spezifisch als Salz des Dipikrylamins Di-(2,4,6-trinitrophenyl)-amin $[(NO_2)_3 \cdot C_6H_2 \cdot NH \cdot C_6H_2(NO_2)_3]$ fällen[12].

Vorkommen in Pflanzen. Während der Tierkörper Na und K etwa in gleichen Mengen besitzt, überwiegt in der Pflanze das K beträchtlich.

$^1/_3$ bis $^3/_4$ des Mineralbestandes der pflanzlichen Knollen besteht aus K. Unter allen Teilen der Pflanzen sind die Blätter am K-reichsten.

Dabei kann der K-Gehalt der Blätter erheblich schwanken, in den Tabakblättern z.B. um 300%. Vielleicht hängt der hohe K-Gehalt mit der Tatsache zusammen, daß ohne K keine Bildung von Kohlenhydraten in der Pflanze stattfindet.

Vorkommen bei Tier und Mensch. Im Tierkörper ist das K besonders in den Zellen enthalten, während die Flüssigkeiten K-arm sind (im Pankreassaft

[1] MOND, R.: Pflügers Arch. 199, 187 (1923). — SLYKE, D. D. VAN, A. B. HASTINGS, A. HILLER and J. SENDROY, jr.: J. biol. Ch. 79, 769 (1928). — CONWAY, E. J.: Nature 147, 574 (1941). — [2] NEUSCHLOSZ, S. M.: Pflügers Arch. 219, 159 (1928). — [3] KATSU, Y.: J. Biophysics, Tokyo 2, 133, 151 (1927). — ERNST, E., u. L. SCHEFFER: Pflügers Arch. 220, 655 (1928). — [4] POHLMANN, J.: Pflügers Arch. 240, 377 (1938). — [5] HAHN, O., S. FLÜGGE u. J. MATTAUCH: B. 73 (A), 1, bes. 10 (1940). — [6] FENN, W.O., W. F. BALE and L. J. MULLINS: J. gen. Physiol. 25, 345 (1941). — [7] LEULIER, A.: Bull. Soc. Chim. biol. 15, 158 (1933). — HARINGTON, C. R.: Biochem. J. 35, 545 (1941). — [8] CIMERMAN, CH., u. C. J. RZYMOWSKA: Mikrochem. 20, 129 (1936). — [9] SOBEL, A. E., and B. KRAMER: J. biol. Ch. 100, 561 (1933). — FISCHER, HANS (Zürich): Schweiz. med. Wschr. 1941 I, 173. — CUMINGS, J. N.: Biochem. J. 33, 642 (1939). — H.-Th. S. 35. — Hallmann S. 418, 455. — Hinsberg-Lang S. 7—13.— Handb. analyt. Chem. (FRESENIUS-JANDER) Teil 3, Ia (1940). — [10] RIEBEN, W. K.: Über die Kaliumbestimmung in biologischer Substanz. Basel 1947. — [11] Neue Bezeichnungsweise: Siehe B. 70 (A), 65 (1940). — [12] HARINGTON, C. R.: Biochem. J. 35, 545 (1941).

Na:K = 10:1, im Blutserum 15:1, im Muskel 1:5). K ist das Alkali der Gewebe. Nur die Milch[1] zeigt als einzige Körperflüssigkeit einen höheren K- als Na-Gehalt:

Tabelle 31. K- und Na-Gehalt der Milch.

Frauenmilch	. . .	50 mg-% K,	15 mg-% Na.
Kuhmilch	. . .	150 mg-% K,	45 mg-% Na.
Blutserum	. . .	20 mg-% K,	320 mg-% Na.

Die Angaben über den K-*Gehalt der Gewebe*, besonders auch der Blutkörperchen[2], schwanken erheblich von Tierart zu Tierart (vgl. Tabelle 27, S. 208). Die Analysen verschiedener Analytiker stimmen sehr wenig miteinander überein. ABELIN findet in frischen Rattenlebern 448 mg-% K; davon gehen 50 bis 170 mg-% K in den Aceton-Ätherauszug[3]. — (K-Stoffwechsel s. Bd. 2).

Rubidium[4] (**Rb**). Spurenelement (s. S. 194). Rb ist schwach radioaktiv. Mit neueren analytischen Verfahren ist Rb von BERTRAND in allen untersuchten Pflanzen aufgefunden worden[5, 6]. Seine *Bestimmung* erfolgt spektralanalytisch nach Abscheidung als Rubidiumhexachloroplatinat $Rb_2 (PtCl_6)$, als Rubidiumsulfat[7]. Die Asche der Zuckerrübe soll bis zu 0,2% Rubidium enthalten[8]. Beim Menschen soll Rb in Spuren unter 0,0016 bis 0,006% weiter verbreitet als Mangan und fast ebenso allgemein wie Kupfer sein. Besonders kommt es vor in Mn-armen Geweben, am meisten im Herz und gestreiften Muskel. Es fehlt im Serum und im Knochen von Erwachsenen[9, 13]. In der Leber des Menschen fand LUNDEGÅRDH[10] als Mittel von 300 Analysen 1,4 mg-% des Frischgewichtes. — (Rb im Stoffwechsel s. Bd. 2.)

Isotopes Rb. Künstliches radioaktives Rb hat eine Halbwertszeit von 18 Tagen gegenüber der von künstlichem radioaktivem Kalium ^{42}K mit 12,4 h[11]. Rb˙ ist daher für biologische Versuche geeigneter als K˙ .

Caesium[12] (**Cs**) ist Spurenelement und ist im Gegensatz zum Rb von LUNDEGÅRDH in der Leber des Menschen nicht nachgewiesen worden. Es soll mit dem Rb im Harn gefunden worden sein[13].

Bestimmung[14]. Stoffwechsel s. Bd. 2, Mineralstoffwechsel.

γ) Die Elemente der 2. Gruppe.

Die Erdalkalimetalle: Be, Mg, Ca, Sr, Ba, Ra.

Beryllium[15] (**Be**) ist in Spuren im Knochen gefunden worden (s. S. 194). Beryllium wird von Pflanzen, die auf berylliumreichen Böden wachsen, in größeren Mengen aufgenommen. So kann der Berylliumgehalt in der Asche von Weizen auf 2% steigen[16]. Beryllium kann weder ein anderes Element funktionell vertreten, noch ist ihm irgendeine Aufgabe im Organismus nachgewiesen. Es dürfte nur ein Mitläufer von Magnesium und Calcium sein[17].

---

[1] LINTZEL gibt in Bd. 2, Milch, für Frauenmilch 71 bis 84 mg-% K und 15 bis 20 mg-% Na an, für Kuhmilch 100 bis 166 mg-% K und 35 bis 127 mg% Na. — [2] FISCHER, HANS (Zürich): Schweiz. med. Wschr. **1941** I, 173. — [3] ABELIN, J.: Helv. **24**, 611 (1941). — [4] Gmelin, System Nr. 24, Rubidium (1937). — [5] BERTRAND, G., et D. BERTRAND: Ann. Inst. Pasteur **72**, 416, 472 (1946). — [6] Scharrer, Spurenelemente S. 145. — ROTH, H.: Mikrochem. **21**, 227 (1937). — Hecht-Donau S. 237. — Handb. analyt. Chem. (FRESENIUS-JANDER) Teil **3**, Ia (1940). — [8] LIPPMANN, E. O. v.: B. **21**, 3492 (1888). — [9] SHELDON, J. H., and H. RAMAGE: Biochem. J. **25**, 1608 (1931). — [10] LUNDEGÅRDH, H.: Naturwiss. **22**, 572 (1934). — [11] MATTAUCH, J.: Kernphysikalische Tabellen. Mit einer Einführung in die Kernphysik von S. FLÜGGE. Berlin 1942. — FLÜGGE, S., u. J. MATTAUCH: B. **76** (A), 1 (1943). — HELMHOLZ, A. C., CH. PECHER and P. R. STOUT: Physic. Rev. (2) **59**, 902 (1941). — [12] Gmelin, System Nr. 25, Caesium (1938). — [13] LINTZEL, W.: Handb. Mangold **3**, 256 (1931). — [14] ROTH, H.: Mikrochem. **21**, 227 (1937). — Handb. analyt. Chem. (FRESENIUS-JANDER) Teil **3**, Bd. Ia (1940). — [15] Gmelin, System Nr. 26, Beryllium (1930). — HYSLOP, F. L., E. PALMES, W. C. ALFORD, A. R. MONACO and L. T. FAIRHALL: The Toxicology of Beryllium. Washington 1943. — [16] Scharrer, Spurenelemente S. 20. — [17] JAVILLIER, M.: Cr. **156**, 406 (1913).

Magnesium[1] **(Mg)** ist ein ausgesprochen basisches Metall, das in organische Moleküle aufgenommen wird. Das Mg liegt als Ion oder, z. B. im Chlorophyll, in organischer Bindung vor.

Bestimmung[2-9]. In dem durch Oxalatfällung vom Ca befreiten Subs rat wird $Mg^{..}$ als NH_4MgPO_4 gefällt und die Menge des P im Niederschlag bestimmt (siehe unter P). Zur Erfassung kleinster Mengen werden Komplexverbindungen von Mg mit o-Oxychinolin (= Oxin)[4,5], und 1,2,5,8-Tetraoxyanthrachinon (= Alizarinbordeaux)[6] verwendet.

Vorkommen. Mg kommt in allen Zellen vor, und zwar mengenmäßig etwa wie das Kalium mit Ausnahme des Knochens (s. Tabelle 27, S. 208). Reichlich ist es gewöhnlich im Harn, auch im Kot vorhanden, oft als NH_4MgPO_4 in Krystallen und Konkrementen[10]. (Mg-Stoffwechsel siehe Bd. 2.)

Calcium[11] **(Ca).** Im ärztlichen Schrifttum hat sich fälschlicherweise für Calcium die Bezeichnung Kalk eingebürgert. Kalk im eigentlichen Sinne ist ausschließlich gebrannter und gelöschter Kalk (CaO und $Ca(OH)_2$); vielfach wird auch Calciumcarbonat als Kalk bezeichnet.

Es ist unbekannt, in welcher Form das Ca in den Körperzellen vorliegt. — Auf Grund theoretischer Berechnungen über die Löslichkeitsverhältnisse der Ca-Salze im Blutplasma sowie auf Grund von Ultrafiltrationsversuchen kam man zur Überzeugung, daß im Blutplasma mindestens 3 scharf zu unterscheidende Calciumfraktionen[12] vorliegen: das kolloidale, eiweißgebundene Calcium (etwa 50%), das ultrafiltrable, ionisierte Ca und das ultrafiltrable, nicht ionisierte Ca; die letztere Fraktion sollte nicht dissoziierende Ca-Verbindungen von der Art des Ca-Citrates enthalten. Alle Versuche, diese letztere Fraktion experimentell nachzuweisen, dürfen als gescheitert angesehen werden.

Ein überlebendes Froschherz reagiert nur auf freie Ca-Ionen. Es ist gelungen, mit Hilfe des Froschherzens eine quantitative Klärung der *Zustandsform des Ca im Blutserum* zu finden[13]: das ionisierte Calcium im Blutplasma steht im Gleichgewicht mit dem Eiweiß, in dem sich eine leicht und rasch aufspaltbare Ca-Eiweißverbindung bildet, die nicht ultrafiltrabel ist.

Dieser Vorgang entspricht den Formeln:

$$K = \frac{[Ca^{..}] \cdot [Protein'']}{[Ca\text{-Protein}]}$$

$$p[Ca^{..}] + p[Protein''] - p[Ca\text{-Protein}] = p \cdot K_{Ca\text{-(Protein)}} = 2{,}22)$$

(p = negativer Logarithmus; K = Dissoziationskonstante der Ca-Proteinverbindung.

Vom physiologischen Standpunkt betrachtet, haben wir es also im Blutserum letzten Endes nur mit Ca-Ionen zu tun, die zum Teil eine lockere Bindung mit dem Eiweiß des Serums eingehen. Säuerung des Serums (z. B. durch Sättigung mit CO_2) vergrößert den Anteil des ionisierten Ca.

Es hat sich erwiesen, daß für sämtliche medizinische und physiologische Zwecke die Bestimmung des Gesamt-Ca-Gehaltes im Blutserum ausreichend ist und die fraktionierte Analyse der Ca-Bestandteile keinerlei Vorteile für die

[1] Gmelin, System Nr. 27, A u. B, Magnesium (1937—1939). — [2] H.-Th. S. 37. — [3] Hallmann S. 422, 456. — [4] Hinsberg-Lang S. 15. — MILLER, CHR., and J. C. MCLENNAN: Soc. **1940**, 656. — [5] CRUESS-CALLAGHAN, G.: Biochem. J. **29**, 1081 (1935). — HOAGLAND, CH. L.: J. biol. Ch. **136**, 553 (1940). — NIELSEN, J. P.: Ind. engng. Chem. analyt. Ed. **11**, 649 (1939). — [6] BERG, RICHARD: Das o-Oxychinolin „Oxin". Stuttgart 1935. (Die chemische Analyse, Bd. 34.) — [7] HAHN, FR. L.: Mikrochem. PREGL-Festschrift **1929**, 127. — FLEISCHHACKER, H., u. G. SCHEIDERER: Dtsch. Z. Nervenheilkde. **128**, 270 (1932). — [8] Handb. analyt. Chem. (FRESENIUS-JANDER) Teil **3**, II a (1940). — [9] Hecht-Donau S. 220. — [10] s. a. KÜHNAU, J.: Meerwassertrinkkur und Mineralstoffwechsel. In H. VOGT: Die Meerwasser-Trinkkur. S. 41—48. Berlin 1938. — [11] H.-Th. S. 37. — Gmelin, System Nr. 28, Calcium in Vorbereitung. — [12] HARNAPP, G. O.: Kli. Wo. **1938** II, 1731. — [13] MCLEAN, F. C., B. O. BARNES and A. B. HASTINGS: Amer. J. Physiol. **113**, 141 (1935). — HASTINGS, A. B., F. C. MCLEAN, L. EICHELBERGER, J. L. HALL and E. DA COSTA: J. biol. Ch. **107**, 351 (1934).

wissenschaftliche oder ärztliche Erkenntnis bringt. Wahrscheinlich haben wir auch bei anderen Kationen, die zum Teil in nicht ultrafiltrabler Form vorliegen, ähnliche Verhältnisse.

Bestimmung[1]. Fällung mit Oxalat, Auswaschen des Niederschlages und Titration des Oxalates mit Permanganat in schwefelsaurer Lösung. Ca-Bestimmung in Nahrungsmitteln[2].

Vorkommen. Das Skelet (Knochen und Zähne) enthält 99,3% des gesamten Calcium im Körper[3]. Ca-Bedarf des Menschen ist 0,5 g Ca je Tag und Person[4]. Über die chemische Natur der *Calciumphosphat-Verbindung im Knochen* vgl. Kapitel Knochen Bd. 2. Vorkommen des Ca im Blut siehe Tabelle 27, S. 208 und Bd. 2, Blut; im Muskel s. Bd. 2, Muskel. Ca- und P-Gehalt unserer Nahrung[5] und von wachsenden Ratten[6]. — (Ca-Stoffwechsel siehe Bd. 2.)

Strontium[7] (Sr) und **Barium**[8] (Ba) kommen in der belebten Welt nur in Spuren vor. Sr findet sich in Muscheln[9].

Zuckerrüben reichern sich bei Düngung mit strontiumhaltigem Kalkschlamm mit Strontium an, so daß man 17 mg% Strontium in der Trockensubstanz findet. Kleinste Mengen von Sr lassen sich in allen menschlichen Organen neben dem Ca nachweisen[10]. Das Skelet der Acanthariden, einer ziemlich umfangreichen Radiolariengruppe besteht zum größten Teil aus krystallisiertem Strontiumsulfat, obgleich das Meerwasser nur Spuren von ihm enthält[8]. Ba findet sich in der Retina[11], nicht im Knochen, nur selten in Gallensteinen und Kot. Über die Form des Vorkommens ist nichts bekannt[12]. — (Sr und Ba im Stoffwechsel siehe Bd. 2.)

Radium[13] (Ra) spielt nur als radioaktives Heilmittel eine biologische Rolle (s. W. KUHN S. 17ff.). In Milz und Leber fand man 10^{-4} mg-% Ra[14]. Radiumemanation *(Radon = Rn)* wirkt auf weiße Mäuse in Dosen von $1 \cdot 10^{-8}$ bis $2 \cdot 10^{-8}$ Curie/cm³ Luft toxisch. In starker Verdünnung $1,16 \cdot 10^{-9}$ Curie/cm³ bewirkt Rn bei weißen Mäusen Lungentumoren[15].

δ) Die Elemente der 3. Gruppe: Sc, Y, La, Ac, und die Metalle der 13. Gruppe: Al, Ga, In, Ti.

Die Erdmetalle und seltenen Erden.

Aluminium[16] (Al) begleitet in der Fällungsanalyse hartnäckig das Eisen und war früher für manche falsche Fe-Analyse verantwortlich. Als schwache Basen sind die Salze des Al bei der Reaktion des Tierkörpers nicht beständig und zersetzen sich unter Bildung von meist unlöslichen Hydroxyden und komplexen Al-Verbindungen.

---

[1] STARY, Z.: Mikrochem. **9**, 477 (1931). — Handb. analyt. Chem. (FRESENIUS-JANDER) Teil **3**, IIa (1940). Dort Anhang: Bestimmung des Ca im biologischen Material. — Hecht-Donau S. 221. — Hinsberg-Lang S. 13. — Hallmann S. 389, 453. — SIWE, ST. A.: B. Z. **278**, 442 (1935). — HOLTZ, FR., H. GISSEL u. E. ROSSMANN: Dtsch. Z. Chir. **242**, 521, bes. 527 (1934). — WAELSCH, H., u. SIG. KITTEL: H. **255**, 36, bes. 39 (1938). Bestimmung von Ca in Nahrungsmitteln. — [2] KNIPHORST, L. C. E.: Chem. Weekbl. **42**, 54, 66 (1946). — [3] BESSEY, O. A., C. G. KING, E. J. QUINN and H. C. SHERMAN: J. biol. Ch. **111**, 115 (1935). — [4] KRAUT, H., u. H. WECKER: B. Z. **318**, 495 (1948). — [5] HOLTZ, F.: B. Z. **315**, 345 (1943). — [6] HOLTZ, F., H. POPPER u. L. SILBERMANN: B. Z. **318**, 149 (1947). — [7] Gmelin, System Nr. 29, Strontium (1931). — [8] Gmelin, System Nr. 30, Barium (1932). — Zit. nach SCHMIDT, W. J.: Die Bausteine des Tierkörpers in polarisiertem Licht. Bonn 1924. — [9] DONNAN, F. G.: Nature **153**, 192 (1944). — [10] Zit. nach SCHMIDT, W. J.: Die Bausteine des Tierkörpers im polarisierten Licht. Bonn 1924. — LUNDEGÅRDH, H.: Naturwiss. **22**, 572 (1934). — [11] SCOTT, G. H., and B. CANAGA, jr.: Proc. Soc. exp. Biol. Med. **44**, 555 (1940). — [12] GERLACH, W., u. R. MÜLLER: Virchows Arch. **294**, 210 (1934). — [13] Gmelin, System Nr. 31, Radium (1928). — [14] HOFFMANN, JOS.: H. **273**, 115 (1942). — [15] RAJEWSKY, B., A. SCHRAUB u. G. KAHLAU: Naturwiss. **31**, 170 (1943). — [16] Gmelin, System Nr. 35 A u. B, Aluminium (1934 bis 1935).

Tabelle 32. Aluminiumgehalt in normalen Organen.
(mg-% frisches Organ.)

	Mensch[1]	Hund[2]		Mensch[1]	Hund[2]
Blut	0,2	0,2	Lunge		0,3
Leber. . . .	0,17—1,2*	0,33	Herz	0,22	0,22
Galle	0,07		Muskel. . . .		0,25
Niere	0,1—0,3	0,4	Gehirn. . . .	0,2	0

* LUNDEGÅRDH[3] gibt als Mittel von 300 Analysen 3 mg-% Al an.

Bestimmung. Al wird durch Oxin als gelbe krystalline komplexe Verbindung $Al(C_9H\,ON)_3$ gefällt und gewogen[4] oder mit Eriochromcyanin[5], einem Triphenylmethanfarbstoff, colorimetrisch bestimmt[6].

Vorkommen. Al ist weit verbreitet im Boden. Einzelne Pflanzen[7], wie Lycopodien, einige Baumfarne und Bact. Crenothrix können Al in größerer Menge speichern. Die Asche von Lycopodium alpinum enthält 11,8% Al (33,5% Al_2O_3), Lycopodium clavatum 5,4% Al (15,2% Al_2O_3). Andere Aschen haben sehr viel weniger oder gar kein Al. — Das Vorkommen von Al bei Mensch und Tier beträgt nur Bruchteile von mg-%. Nach R. BERG ist die Leber, nach MEUNIER[8] das Pankreas das Al-reichste Organ. (Al im Stoffwechsel siehe Bd. 2.)

Die übrigen Erdmetalle[9]. *Scandium* (Sc), *Yttrium* (Y) *und Lanthan* (La), *die seltenen Erden (siehe Tabelle 13, S. 192) und Gallium* (Ga)[10], *Indium*[11] (In) *und Thallium*[12] (Tl) *sind bisher nur teilweise und vereinzelt in Spuren in der belebten Welt nachgewiesen worden*[13] (s. S. 195). Das Thallium wirkt stark giftig[12, 14—16]. Es stört u. a. den P-Stoffwechsel und bedingt Thalliumrachitis[17]. Als lebensnotwendig gilt es nicht. Bestimmung von Tl als Thallochromat[18]. Über die Bedeutung des Scandiums für Aspergillus zur Glycerinverwertung siehe S. 188. — *Actinium*[19].

ε) Die Elemente der 4. Gruppe.

Titan (Ti)[20, 21], **Zirkonium** (Zr)[20, 21], **Hafnium** (Hf)[22] und **Thorium** (Th). Bisher hat man sie gar nicht oder nur in Spuren bei Pflanzen, noch seltener bei Tier und Mensch gefunden[23].

Titan[24] kommt als Begleiter des Silicium in allen Kulturböden und Pflanzen, also auch in Nahrungs- und Futtermitteln[25] vor. Ti (als $TiSO_4$ und TiO_2) wirkt im Wasserversuch auf das Wurzelwachstum der Gerste fördernd[26]. BERG hat es wiederholt auch in tierischen Organen gefunden. Die Leber soll das titanreichste Organ sein (0,05 bis 0,06 mg-% im frischen Organ[27]).

Bestimmung des Titan[28]. Weitere Untersuchungen fehlen[29].

[1] MYERS, V., and J. W. MULL: J. biol. Ch. **78**, 605 (1928). — MYERS, V. C., and D. B. MORRISON: J. biol. Ch. **78**, 615 (1928). — [2] WÜHRER, J.: B. Z. **265**, 169 (1933). — [3] LUNDEGÅRDH, H.: Naturwiss. **22**, 572 (1934). — [4] Hecht-Donau S. 207, 279. — Handb. analyt. Chem. (FRESENIUS-JANDER) Teil **2**, III (1941) u. Teil **3**, III (1944). — [5] Beilstein **11**, 323. — [6] ALTEN, F., B. WANDROWSKI u. E. HILLE: Angew. Chem. **48**, 273 (1935). — [7] Scharrer, Spurenelemente S. 7. — LINTZEL, W.: Handb. Mangold 1, 202 (1929). — [8] MEUNIER, P.: Cr. **203**, 891 (1936). — [9] STEIDLE, H.: Seltene Erdmetalle. Handb. Heffter **3/4**, 2189 bis 2213 (1935). — Gmelin, System Nr. 39, Seltene Erden (1938). — DE MENT, J., and H. C. DAKE: Rare Elements. New York 1946. — [10] Gmelin, System Nr. 36, Gallium (1936). — Scharrer, Spurenelemente S. 87. — EINECKE, E.: Das Gallium. Leipzig 1937. — [11] Gmelin, System Nr. 37, Indium (1936). — [12] Scharrer, Spurenelemente S. 155 — Gmelin, System Nr. 38, Thallium (1940). — [13] LUX, H.: Angew. Chem. **51**, 191 (1938). — [14] HESSE, E.: Thallium, Indium, Gallium. Handb. Heffter **3/3**, 2177—2188 (1934). — [15] Berg, Spurenelemente S. 20. — [16] LINTZEL, W.: Handb. Mangold 1, 203 (1929). — [17] ROMINGER, E., H. MEYER u. C. BOMSKOV: Z. ges. exp. Med. **78**, 272 (1931). — [18] Hecht-Donau S. 209. — [19] Gmelin, System Nr. 40, Actinium und Isotope ($MsTh_2$). 1942. — [20] Scharrer, Spurenelemente S. 156, 172. — [21] LENDLE, L.: Titanium und Zirkonium. Handb. Heffter **3/3**, 1553—1559 (1934). — [22] Gmelin, System Nr. 43, Hafnium (1941). — [23] LENDLE, L.: Titanium, Zirkonium. Handb. Heffter **3/3**, 1553—1559 (1934). — [24] Berg, Spurenelemente S. 31. — [25] LINTZEL, W.: Handb. Mangold 1, 205 (1929). — [26] GERICKE, S.: Prakt. Bl. Pfl.-Bau u. Pfl.-Schutz 18, Heft 3/4 (1940/41). — [27] LINTZEL, W.: Handb. Mangold 3, 299 (1931). — [28] Hecht-Donau S. 217—220. — [29] S. a. Handb. Heffter **3/3** (1934).

Das **Thorium** spielt als Röntgenkontrastmittel eine Rolle und kann sich in Milz, Leber und Knochenmark besonders ablagern[1]. *Bestimmung* des Thorium[2].

ξ) Die Elemente der 5. Gruppe.

Vanadium (V), Niob (Nb), Tantal (Ta), Protactinium (Pa).

Mit Ausnahme von **Vanadium** sind sie nicht bei Pflanze und Tier festgestellt worden[3]. *Vanadiumbestimmung* als Pentoxyd[4] und mit Phenanthrolin[5] (Formel S. 221). Blaues V_2O_4 wird mit $KMnO_4$ zu V_2O_5 oxydiert.

Vorkommen. Vanadium wird von Aszidien gespeichert; es findet sich in ihren Blutkörperchen in einem braunen Farbstoff, der keinen Sauerstoff aufnehmen und abgeben kann[6] (siehe auch Bd. 2, Vergl. physiolog. Chemie der Tiere). 1911 isolierte HENZE[7] aus der Blutasche von Phallusia und Ascidia mentula u. a. Vanadinsäure (V_2O_2). Vanadium dürfte in diesen Blutkörperchen, die 3% freie Schwefelsäure[8] enthalten, in der 3-wertigen Form vorliegen[9, 10]. HENZE glaubt, die Vanadinverbindung habe „Oxydationen zu vermitteln". TREIBS[11] fand in bituminösen Schiefern, Erdölen und in einigen Kohlenarten das Vanadinsalz von Desoxophyllerythroätioporphyrin, einem Abkömmling des Blattfarbstoffes. — (V im Stoffwechsel siehe Bd. 2).

η) Die Elemente der 6. Gruppe.

Chrom (Cr), Molybdän (Mo), Wolfram (W) und Uran (U).

Chrom[12] und *Wolfram*[13] sind bisher nur bei Pflanzen, *Uran* auch bei Tier und Mensch z. B. in der Rinderleber in Spuren aufgefunden worden[14]. U wird als Uran-oxychinolat[15] gravimetrisch oder durch Fluorescenz[21] bestimmt. Süßwasseralgen nehmen aus natürlichen Lösungen, die 10^{-6} g U je Liter enthalten, U auf[16].

Tabelle 33. Vorkommen von Uran (mg je 100 g Substanz).

	Mensch[17, 18]	Rind[19, 22]		Mensch[17, 18]	Rind[19, 22]
Blut	$4 \cdot 10^{-5}$	$1,6 \cdot 10^{-8}$ [22]	Samenblasen .	$2,7 - 3,6 \cdot 10^{-2}$	
Großhirn . . .	$1,9 \cdot 10^{-4}$		Ovar	$3,3 \cdot 10^{-2}$	
Hypophyse . .	$1,36 \cdot 10^{-1}$		Nieren . . .	$1,6 \cdot 10^{-2}$	
Muskel		$4 \cdot 10^{-6}$ [22]	Nebennieren .	$2,06 \cdot 10^{-2}$	
Leber	$4,7 \cdot 10^{-2}$*	$8 \cdot 10^{-3}$	Harn	$1,2 \cdot 10^{-6}$	
Pankreas . . .	$7,5 \cdot 10^{-4}$		Faeces . . .	$4 \cdot 10^{-5}$	
Milz	$0,3$*	$8,9 \cdot 10^{-3}$	Knochen[22] . .	$4,8 \cdot 10^{-4}$	$1,3 \cdot 10^{-3}$
Schilddrüse . .	$0,5$*$;4,5 \cdot 10^{-2}$**		Zahnsubstanz[22]		$2,75 \cdot 10^{-6}$
Prostata . . .	$4 \cdot 10^{-2}$**				

* Vom Embryo. ** Von Erwachsenen.

Huhn[18] enthält im Blut $2 \cdot 10^{-2}$ mg-% U, in Eierschalen[18] $2 \cdot 10^{-4}$ mg-% U; Hefe[20, 21] $1,98 \cdot 10^{-4}$ mg-% U; Kokon-Seide[19] $0,78$ mg-% U; Trinkwasser[18] $1,64 \cdot 10^{-4}$ (Prag) und $9,1 \cdot 10^{-4}$ (Wien) mg-% U; Mineralwasser[18] $1,2 - 9,3 \cdot 10^{-3}$.

[1] BARKAN, G., u. FR. KIENAST: Kli. Wo. **1935** I, 896. — GERLACH, WA., u. WE. GERLACH: Die chemische Emissionsspektralanalyse, II. Teil, S. 124. Leipzig 1933. — [2] Hecht-Donau S. 210—215. — JÜSTEL, B.: Chemie **56**, 157 (1943). — [3] LENDLE, L.: Metalle der Erdsäuren: Vanadium, Niobium und Tantal. Handb. Heffter 3/3, 1535—1552 (1934). — Scharrer, Spurenelemente S. 158. — LINTZEL, W.: Handb. Mangold **3**, 310 (1931). — [4] Hecht-Donau S. 204. — [5] COLE, S. S., and CH. A. KUMINS: Bull. amer. ceram. Soc. **20**, 329 (1941) [C. **1943** I, 1085]. — [6] HENZE, M.: H. **79**, 215 (1912). — [7] HENZE, M.: H. **72**, 494 (1911). — [8] HENZE, M.: H. **86**, 345 (1913). — [9] HENZE, M.: H. **79**, 215 (1912). — [10] HENZE, M.: H. **86**, 340 (1913). — [11] TREIBS, A.: Angew. Chem. **49**, 682 (1936). — Fischer-Orth, Pyrrolchemie II/1, S. 610. — [12] EICHLER, O.: Chrom. Handb. Heffter 3/3, 1503—34 (1934). — Scharrer, Spurenelemente S. 82. — [13] PULEWKA, P.: Molybdän und Wolfram. Handb. Heffter 3/4, 2214 bis 2248 (1935). — Gmelin, System Nr. 54, Wolfram (1933). — Scharrer, Spurenelemente, S. 161. — [14] ZIPF, K.: Uran. Handb. Heffter 3/5 in Vorbereitung. — Gmelin, System Nr. 55. Uran (1936). — [15] Hecht-Donau S. 205. — [16] HOFFMANN, Jos.: Naturwiss. **29**,

Nach diesen Untersuchungen kommt Uran in Spuren ubiquitär vor und seine Bestimmung sowie seine radioaktiven Wirkungen verdienen auch von anderer Seite Beachtung. Wilson und Smales[1] fanden bei Leuten, die mit Uranylacetat arbeiteten, in deren Harn $2—10\,\gamma$ U im Liter Harn $(= 2^{-4}—1^{-3}$ mg $U/100$ cm³)[1].

Molybdän[2, 3]**(Mb).** Über das Molybdän als Spurenelement ist mancherlei bekannt (s. a. S. 194).

Bestimmung. Mo wird aus einer Alkalicarbonatschmelze mit Quecksilber(I)-nitrat gefällt und als Trioxyd MoO_3 gewogen[4].

Vorkommen von Mo *bei Pflanzen.* Verschiedene Pflanzen sind imstande, Mo anzureichern. In der Spaltalge Anabaena, die endophytisch (symbiotisch?) in dem Wasserfarn Anolla lebt, findet sich 0,11 mg-% Mo (gegenüber 0,9 γ-% im Umgebungswasser)[5-8]. Anolla wächst schlecht ohne Mo und bildet dann spaltalgenfreie Pflanzen[6, 8]. Hülsenfrüchte enthalten 0,2 bis 0,9 mg-%[9]. Azetobacter braucht Mo zur Stickstoffbindung[2, 5-8], (S. 188) und vielleicht Aspergillusarten zur Reduktion von Nitraten[8]. In diesem Zusammenhang ist es bemerkenswert, daß Mo auch geeignet ist, als Katalysator für die technische Ammoniaksynthese zu dienen. — Auf gärfähigem Substrat werden Pilzdecken (auch Hefe) bei Zusatz von MoO_4'' blau (Bildung niedriger Mo-Oxyde).

Vorkommen von Mo *bei Tieren.* Fische speichern Mo. Besonders reich sind Leber und Milz. Die Leber des Kabeljau enthält 0,012 mg-%, der Schellfisch 0,003 mg-% Mo seines Körpers[10].

ϑ) Die Elemente der 7. Gruppe.

Mangan (Mn), Technetium (Tc) früher Masurium (Ma), Rhenium (Re).

Masurium[11] und *Rhenium*[12] sind in der Pflanzen- und Tierwelt unbekannt, wohl weil sie im Erdboden nur in allerkleinsten Mengen vorhanden und dort erst kürzlich entdeckt worden sind. Um so mehr und früher erkannte man die Bedeutung des **Mangans** für alle Lebewesen[13, 14].

Die Bestimmung des Mn erfolgt meistens colorimetrisch als Permanganat[15-18]. Berg hält jedoch das gewichtsanalytische Verfahren für genauer[19].

Isotope radioaktive Mangane sind ^{52}Mn (Halbwertszeit 6,5 Tage), ^{54}Mn (310 Tage), ^{56}Mn (2—6 h).

Vorkommen[20]. Mangan kommt wie Fe und Al in fast allen Böden und Quellen vor und daher auch überall in der belebten Welt. Durch die Arbeiten von Bertrand und seiner Schule ist das Mangan in allen pflanzlichen Organen (0,1 bis

403 (1941). — [17] Hoffmann, Jos.: B. Z. **315**, 26 (1943). — [18] Hoffmann, Jos.: B. Z. **313**, 377 (1943). — [19] Hoffmann, Jos.: H. **273**, 115 (1942); **276**, 275 (1942). — [20] Hoffmann, Jos., u. R. Gařzuly-Janke: B. Z. **313**, 372 (1943). — [21] Hoffmann, Jos.: B.Z. **311**, 311 (1942). U in Kleinhirn, Rückenmark und Drüsensubstanz, und Herz: Hoffmann, Jos.: B. Z. **315**, 362 (1943) in Nagelsubstanz, Vogelfedern, Schafwolle, Frauenhaar: Hoffmann, Jos.: H. **279**, 120 (1943). — [22] Hoffmann, Jos.: Wien. tierärztl. Mschr. **28**, 561 (1941).

[1] Wilson, H. M., and A. H. Smales: Nature **158**, 590 (1946). — [2] Pulewka, P.: Molybdän und Wolfram. Handb. Heffter **3**/4, 2214—48 (1935). — Gmelin, System Nr. 53, Molybdän (1935). — [3] Scharrer Spurenelemente S. 136. — [4] Hecht-Donau S. 130. — [5] Birch-Hirschfeld, L.: Arch. Mikrobiol. **3**, 341 (1932). — [6] Bortels, H.: Arch. Mikrobiol. **1**, 333 (1930); 8, 1 (1937). — [7] Bortels, H.: Ber. dtsch. bot. Ges. **56**, 153 (1938). — [8] Steinberg, R. A.: J. agric. Res. **55**, 891 (1937). — [9] Ter Meulen, H.: Rec. Trav. chim. Pays-Bas **51**, 549 (1932). — [10] Ter Meulen, H.: Rec. Trav. chim. Pays-Bas. **51**, 549 (1932). — [11] Gmelin, System Nr. 69, Masurium (1941). — [12] Gmelin, System Nr. 70, Rhenium (1941). — [13] Born, H. J., H. A. Timofeeff-Ressovsky u. P. M. Wolf: Naturwiss. **31**, 246 (1943). — [14] Dorff, P.: Eisen und Mangan im Kreislauf der Natur, S. 219—264. Den Haag 1938. — [15] Bertrand, G., et F. Medigreceanu: Bull. Soc. chim. France **11**, 857 (1912); **13**, 18 (1913). — [16] Reimann, C. K., and A. S. Minot: J. biol. Ch. **42**, 329 (1920). — [17] Skinner, J. T., and W. H. Peterson: J. biol. Ch. **88**, 347 (1930). — Wiese, A. C., and B. C. Johnson: J. biol. Ch. **127**, 203 (1939). — Hinsberg-Lang S. 42. — [18] Szebelledy, L., u. M. Bartfay: Z. analyt. Chem. **106**, 408 (1936). — [19] Berg, Spurenelemente S. 13. — S. a. Hecht-Donau S. 272. — Handb. analyt. Chem. (Fresenius-Jander) Teil **3**, VIIb, in Vorbereitung. — [20] H.-Th. S. 39. — Gmelin, System Nr. 56, Mangan in Vorbereitung. — Berg, Spurenelemente S. 11. —

2 mg-%[1]), besonders in den arbeitenden Teilen, wie Blättern, Sprossen, Blüten und Samen festgestellt worden. Die Asche von Gewürznelken ist z. B. wegen ihres Gehaltes an Alkalimanganat tiefblau gefärbt. Im Roggenkorn ist viel, im Mehl[2] sehr wenig Mn. Ausführliches Schrifttum über das Vorkommen von Mn in *Pflanzen* und *Nahrungsmitteln*[3] siehe bei SCHARRER[20] und BERG[20].

Vorkommen bei Tier und Mensch. Auch hier liegt eine Fülle von Untersuchungen vor. BERTRAND u. a. fanden Mn in allen tierischen und menschlichen frischen Organen (0,03 mg-%), sowie in Körperflüssigkeiten[2, 5]. Bei *Wirbeltieren* etwa 0,8 mg Mn je Kilogramm Trockenmasse. Es wird angereichert in der Leber wie das Cu. In 40 Liter Meerwasser wurde keine Spur Mo gefunden. — (Mo im Stoffwechsel s. Bd. 2.). Am meisten Mn enthält der Uterus, besonders in der Schwangerschaft, dann folgen die Leber und die Nieren; ärmer sind Muskeln, Nerven und Lunge. Als $KMnO_4$ injiziertes radioaktives Mn (Halbwertszeit 2—6 h) reichert sich bei Ratten in der Leber an[6]. Die graue Hirnrinde ist Mn-reicher als das weiße Mark. In den Fortpflanzungsorganen und in Hühnereiern ist viel Mn vorhanden[7]. Sehr wenig Mn findet sich in der Kuhmilch (4—12 γ-% Mn)[7], etwas mehr in der Frauenmilch. Nach Arbeiten aus dem ehemaligen Reichsgesundheitsamt von ROST ist nur $^1/_{100}$ der von R. BERG gefundenen Mengen in der Kuhmilch vorhanden[8]. Das Neugeborene bekommt mit dem Fe und Cu auch einen Mn-Vorrat für das erste Lebensjahr mit. Im Harn des Menschen sollen etwa 2 γ-% Mn, nach BERG oft 10mal mehr als Fe enthalten sein[9, 10]. Die analytischen Mn-Werte des Schrifttums weichen noch etwas voneinander ab[11]. — (Mn im Stoffwechsel s. Bd. 2.)

Tabelle 34. Mangangehalt menschlicher und tierischer Organe.

(mg-% des frischen Organs.)

	Mensch[12]		Mensch[12]
Blut[9]	0,002—0,013	Muskel	0,046
Thymus	0,11—0,35	Leber	0,09—0,17—0,4
Niere	0,06—0,17	Galle	0,03—0,11
Nebenniere	0,32	Harn	± 0,002
Lunge	0,15		
Herz	0,3 0,4	Pferdeblut	0,115

ι) **Aus der 8. bis 10. Gruppe. Die Eisengruppe: Eisen, Kobalt, Nickel.**

Eisen[13] (Fe). *Zustand des Fe im Körper.* Nur ein geringer Teil des Eisens findet sich im Tierkörper in ionisierter Form, und zwar als 2- und auch als

Scharrer, Spurenelemente S. 120. — Shohl, Mineral Metabolism, S. 243. — MANN, P. J. G., and J. H. QUASTEL: Mn-metabolism in soils. Nature **158**, 154 (1946).

[1] Siehe Fußnote[20] S. 218. — [2] BERTRAND, G.: Angew. Chem. **44**, 917 (1931).— [3] BRUÈRE, P.: Cr. **198**, 504 (1934). — [4] Bestimmung von Mn in Nahrungsmitteln: KNIPHORST, L. C. E.: Chem. Weekbl. **42**, 311 (1946). — [5] BERTRAND, D.: Bull. Soc. Chim. biol. **25**, 157 (1943).— [6] Siehe Fußnote[19] S. 218. — [7] SKINNER, J. T., W. H. PETERSON u. H. STEENBOCK: B. Z. **250**, 392 (1932). — [8] BÜTTNER, G., u. A. MIERMEISTER: Z. Unters. Lebensm. **65**, 644 (1933).— [9] McCRACKAN, R. F., and E. PASSAMANECK: Arch. Path. Labor. Med. **1**, 585 (1926). — [10] Berg, Spurenelemente S. 13. — [11] WOLFF, HANNS: H. **318**, 521 (1948) fand mit emissionsspektrographischen Verfahren beim Menschen 0,10—0,30 γ-% Mn, bei Männern im Mittel 0,17 γ-%, Frauen 0,15 γ-%. Fehler ± 10%. — [12] Zitiert nach Scharrer, Spurenelemente S. 135 und Shohl, Mineral metabolism S. 243. — BERTRAND, G., et F. MEDIGRECEANU: Ann. Inst. Pasteur **26**, 1013—1029 (1912). Cr. **154**, 941, 1450 (1912). — ABDERHALDEN, E., u. P. MÖLLER: H. **176**, 95 (1928). — REIMANN, C. K., and A. S. MINOT: J. biol. Ch. **42**, 329 (1920).— SKINNER, J. T., and W. H. PETERSON: J. biol. Ch. **88**, 347 (1930). — BRÜCKMANN, G., and S. G. ZONDEK: Biochem. J. **33**, 1845 (1939). — [13] Gmelin, System Nr. 59, A—G, Eisen (1929—1941). — BAUDISCH, O.: Aktives Eisen. Handb. Biochem. Erg.-W. I B., S. 749—754 (1933).

3-wertiges Eisen. Das übrige Eisen ist zum Teil in organische Moleküle komplex eingebaut (z. B. Hämoglobin, in die Fermenthämine: Cytochrom$_c$, Peroxydase, Katalase S. 866ff.). Zum anderen Teil wird es, wohl in Form von Adsorptionsverbindungen mit organischen Verbindungen vorkommen[2-5]. 3-wertiges Fe ist wesentlich weniger basisch als 2-wertiges. Es fällt Serumeiweiß sehr viel leichter als 2-wertiges. Auf histologischem Wege gelingt der Nachweis von Eisen durch Kaliumhexacyanoferrat und Salzsäure als Berliner Blau nicht stets. Locker gebundenes Eisen (z. B. im Ferritin, Hämatogen, s. S. 747) reagiert mit Ammoniumsulfid erst nach langer Einwirkung. Locker und festgebundenes „komplexes" Fe sind keineswegs identisch mit anorganischem und organischem Eisen! Der Eintritt der mikrochemischen Reaktion hängt auch von der Konzentration des Eisens ab. Für die Leber muß die Konzentration über 50 mg-% Fe von der Trockensubstanz betragen. Das histologisch nicht nachweisbare Eisen wird als „maskiertes Fe" bezeichnet[6-8]. Hierzu gehört das Eisen, welches bei der Gallenfarbstoffbildung aus Hämoglobin abgespalten wird. Das Eisen des Hämoglobins und das aller Fermenthämine ist nicht als Fe-Ion nachweisbar. Nur im Hirn gibt biologisch-aktives Fe eine Farbreaktion. Die „Maskierung" des Eisens in Eiweißstoffen und Nucleinsäuren ist nach F. G. FISCHER[9] sehr wahrscheinlich auf eine Bildung komplexer, auch in saurer Lösung wenig dissoziierter Eisen(III)-Salze mit der organisch gebundenen Phosphorsäure zurückzuführen. Auch *Reserveeisen* gibt nicht immer Ionenreaktionen[10]. Durch Vorbehandlung mit H_2O_2 können bestimmte Anteile nachweisbar werden[11]. Aus diesen Tatsachen geht hervor, daß der histologische Eisenionennachweis wenig Nutzen bringt, uns im Gegenteil leicht irreführen kann.

Fe-*Bestimmung*[12-18]. 1. Nach Zerstörung der organischen Verbindungen mit $KMnO_4$ wird das Eisen mit HBr als Fe··· in Freiheit gesetzt und als Fe-Rhodanat colorimetriert.

2. Durch die Oxydation mit $HNO_3 + H_2SO_4$ gewonnene Aschelösung wird mit einer schwefelsauren Lösung von $ZnSO_4 + Na_2HPO_4$ versetzt. Beim Alkalisieren mit NH_4OH fällt zusammen mit Zinkammoniumphosphat das gesamte Fe··· aus. Nach Lösung in HCl werden aus KJ durch Fe··· äquivalente Mengen J freigemacht, die mit Thiosulfat titriert werden.

3. HEILMEYER[13, 14] zieht den obigen Verfahren die colorimetrische Fe-Bestimmung als o-Phenanthrolin-Eisen(II) oder α,α -Dipyridyleisen(II) vor. Blindwert 6 bis 10 γ-%. Mit Phenanthrolin kann man Eisen(II) in Gäransätzen abfangen[15] und in Bäckerhefe auch in Gegenwart großer PO_4-Mengen noch 0,3 γ mit 4 % Meßfehler bestimmen[18].

[1] WIECHOWSKI, W.: Verh. dtsch. Ges. inn. Med. **1924**, S. 6—17. — [2] STARKENSTEIN, E.: Kli. Wo. **1928** I, 217. — [3] STARKENSTEIN, E., u. H. WEDEN: Kli. Wo. **1928** I, 1220. — [4] Über einen FeCu-Nucleoproteinkomplex: SAHA, K. C., and B. C. GUHA: Nature **148**, 595 (1941). — [5] DORFF, P.: Eisen und Mangan im Kreislauf der Natur, S. 219 bis 264. Den Haag 1938. — WARBURG, OTTO: Schwermetalle als Wirkungsgruppen von Fermenten. 2. Aufl. Berlin 1948. — [6] NISSEN, R.: Z. ges. exp. Med. **28**, 193 (1922). — MACALLUM, A. B.: Ergebn. Physiol. **7**, 565 (1908). — [7] SCHMIDT, M. B.: Virchows Arch. **115**, 397 (1889). — [8] HUECK, W.: Beitr. path. Anat. **54**, 68 (1912). — [9] FISCHER, F. G., u. K. HULTZSCH: B. Z. **299**, 104 (1938). — [10] TARTAKOWSKY, S.: Pflügers Arch. **101**, 423 (1901). — [11] OSTERTAG, B.: Zbl. Neurol. Psychiat. **41**, 21 (1925). Zbl. Path. **67**, 161 (1937). — [12] H.-Th. S. 38. — [13] HEILMEYER, L., u. K. PLÖTNER: Das Serumeisen und die Eisenmangelkrankheit. S. 2—16. Methodik der Serumeisenbestimmung. Jena 1937. — [14] HEILMEYER, L., W. KEIDERLING u. G. STÜWE: Kupfer und Eisen als körpereigene Wirkstoffe und ihre Bedeutung beim Krankheitsgeschehen, S. 16: Bestimmung von Fe im Serum. Jena 1941. — ALBERS, H.: Eisen bei Mutter und Kind. Leipzig 1941. — [15] ZUCKERKANDL F., u. L. MESSINER-KLEBERMASS: B. Z. **261**, 55 (1933). — [16] Hinsberg-Lang S. 23—30. — Hallmann S. 405, 453. — Hecht-Donau S. 188ff. — [17] STARY, Z.: Mikrochem. **12**, 355 (1933). (Zusammenfassung über Fe-Bestimmungen). — [18] BOREI, H.: B. Z. **314**, 359 (1943).

Freies und Gesamt-Fe im Gewebe kann nach Veraschen mit HNO_3 mittels Phenanthrolin bestimmt werden [1]. Eisen in Nahrungsmitteln [2].

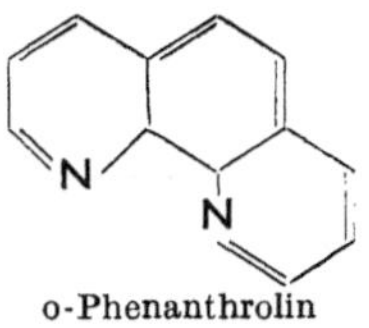

o-Phenanthrolin α,α'-Dipyridyl

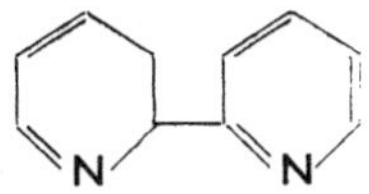

Vorkommen. Das Fe kommt in sämtlichen pflanzlichen und tierischen Zellen vor, wenn auch in sehr geringen Mengen [3]: es gehört zu den Spurenelementen. — (s. Bd. 2 Fe-Stoffwechsel, sowie Blut. Eisen in grünen Blättern [4]).

Tabelle 35. Mittlerer Eisen-Gehalt in Organen von 13 Kindern im Alter von 1—4 Jahren.

	mg-% Fe		mg-% Fe
Blut	50,0	Darm	⎫ 5,8
Milz	15,5	Lymphdrüse	⎬
Leber	12,0	Thymus	⎭
Herz	⎱ 7,5	Pankreas	5,3
Lunge	⎰	Schilddrüse	⎫ 5,0
Magen	7,1	Muskel	⎬
Niere	6,2	Hoden	⎭
Nebenniere	⎱ 6,0	Uterus	4,8
Gehirn	⎰	Haut	⎫
		Hypophyse	⎬ 4,0
		Blase	⎭

Der Gesamteisengehalt des menschlichen Körpers beträgt etwa 5,5 g. Hiervon sind 3 g in den roten Blutkörperchen enthalten als Sauerstoffüberträger. Auf das Myoglobineisen, das im Dienste der Sauerstoffübertragung vom Blut auf die Muskelzelle steht, dürfte 0,5 g entfallen; auf das Funktions- oder Fermenteisen (z.B. im WARBURGschen Atmungsferment), in den Peroxydasen und Katalasen etwa 1 g. Der Rest von 1 g und mehr liegt als Depot- oder Reserveeisen vor.

Fe *im Blut.* Der Gehalt des *Hämoglobin* an Fe beträgt 0,3 bis 0,4%, im Mittel 0,339% Fe. Hierdurch erklärt sich der hohe Fe-Gehalt der Blutkörperchen mit etwa 0,1%. Für 900 g zirkulierendes Gesamthämoglobin eines 70 kg schweren Menschen sind das 2,7 bis 3,6 g Fe, davon werden 24,4 mg im Tag durch Hb-Abbau frei [5]. Allerdings sind 5 bis 10% des Körperchen-Fe kein Hämoglobin. Dieser Eisenteil läßt sich durch Pepsin und Salzsäure abspalten, so daß er chemisch nachweisbar wird. Das *Serumeisen* schwankt beim Kind und Erwachsenen in einer gewissen Breite [6] (Mann 0,12 mg-%, Frau 0,9 mg-% $\pm$ 30%), außerdem je nach Alter [7]. Der *gesamte* Fe-*Gehalt* im Blut beträgt bei gesunden Männern 52 mg-%, bei Frauen 46 mg-% [8]. — (Fe im Liquor 0,032 mg-%) [9].

Einzelne Fe-*Verbindungen.* Über den Bau von Hämoglobin siehe S. 853ff., von *Fermenthäminen* S. 866ff. und *Verdohämochromogen* siehe S. 922 sowie Bd. 2, Blut. Ein *Eisenproteid Ferritin* ist von LAUFBERGER [10] aus der Milz krystallin erhalten und jetzt von R. KUHN [11], von L. MICHAELIS [12] und von

[1] LEDERER, J., A. BAILIÈRE et F. VAN DAMME: Arch. inter. Pharmacodyn. Thérap. **73**, 54 (1946). — [2] KNIPHORST, L. C. E.: Chem. Weekbl. **42**, 311 (1942). — [3] VANNOTTI, A., u. A. DELACHAUX: Schweiz. med. Wschr. **71**, 319 (1941). — [4] HILL, R., and H. LEHMANN: Biochem. J. **35**, 1190 (1941). — [5] GREENBERG, G. R., and M. M. WINTROPE: J. biol. Ch. **165**, 397 (1946). — DRABKING, D. L.: Amer. J. med. Sci. **209**, 268 (1945). — [6] Siehe [14] S. 220 — [7] THOENES, F.: Kli. Wo. **1933** II, 1686. — [8] HELMER, O. M., and CH. P. EMERSON, jr.: J. biol. Ch. **104**, 157 (1934). — [9] VONKENNEL, J., u. TH. TILLING: Kli. Wo. **1940**, 177. — [10] LAUFBERGER, V.: Bull. Soc. Chim. biol. **19**, 1575 (1937). — [11] KUHN, R., N. A. SÖRENSEN u. L. BIRKOFER: B. **73** (B), 823 (1940). — [12] MICHAELIS, L.: Ferritin and apoferritin. Adv. Protein Chem. **3**, 53—66 (1947).

Tabelle 36. Der Eisengehalt einiger Nahrungsmittel[1].

Art	Gesamt-Fe mg-%[*]	Heraus-lösbares Fe nach HEILMEYER γ-%	Art	Gesamt-Fe mg-%[*]	Heraus-lösbares Fe nach HEILMEYER γ-%
Schweinefleisch roh, ge-kocht, gebraten . . .	2,79	121—124	Spinat, gekocht	—	80
Rindfleisch	4,89	—	Tomate, roh	16,00	99
Leber, gebraten	29,98	1926	Möhre, gekocht	5,17	31
Leberwurst	—	406	Kopfsalat	38,40	56
Blutwurst	—	356	Vollkornbrot	11,80	207
Mettwurst	—	116	Pumpernickel	17,48	245
Kartoffel, roh	1,75	112	Reis	2,78	11
Kartoffel, gekocht . . .	—	32	Weißbrot	2,09	192
Wirsing, gekocht	1,18	131	Nudeln	2,90	14
Weißkraut, roh	5,78	21	Milch	0,14	15
Weißkraut, gekocht . .	—	16	Frauenmilch	0,35	18
Sauerkraut, roh	—	137	Butter	1,40	48
Sauerkraut, gekocht . .	—	231	Käse (fett)	13,20	30
Spinat, roh	39,10	294	Eigelb.	4,00	96
			Eiweiß	0,21	21

[*] Mittelwerte verschiedener Untersucher.

GRANICK[2, 4-6] näher untersucht worden. Die Darstellung gelang aus der Milz von Pferd, Hund, Schakal, nicht aber von Meerschweinchen, Kaninchen, Katze und Wal. Von menschlichen Organen sind Milz, Leber, rotes Knochenmark und Niere[2] geprüft worden. Das Ferritin dürfte dem amorphen Ferratin[3] nahestehen. Ferritin ist eine der eisenreichsten organischen Verbindungen des Tierkörpers (20 bis 24,4% Fe). Das Speicherungsvermögen der Milz für Eisen wird so verständlich. Die Verbindung hat keine Fermenteigenschaften, wohl weil das Eisen seinen Valenzzustand im Ferritin nicht ohne Abspaltung verändern kann. Der eisenfreie Anteil wird Apoferritin genannt[4]. Ferritin ist kein Kunstprodukt, sondern eine unter physiologischen Bedingungen entstandene Verbindung[4]. Es hat die Eigenschaften eines Antigens[5]. Es dient als Eisenquelle für die Bildung von Hämoglobin[6] und als Eisenspeicher für abgebautes Hämoglobin[6]. Radioaktives Eisen wird von anämischen Hunden in wenigen Tagen zu 80% als Ferritin in der Leber, nur sehr wenig in der Milz gespeichert[6, 7].

Der chemischen Aufklärung harren noch *Hämatogen, Hämosiderin* und die Fe-Pigmente bei *Hämochromatose.*

Hämatogen wurde von RUNGE (1884) aus Eidottern hergestellt und dürfte eine organische Fe-Verbindung (Nucleoproteid) darstellen[8]. *Hämosiderine* (E. NEUMANN, 1888)[9] sind körnige braune Massen, in denen das Fe oft leicht nachweisbar ist, aber nicht in jeder Phase. Hämosiderin bildet sich in Blutergüssen, im Knochenmark des Sternalpunktates[10], ferner bei der Verarbeitung abgefangener, roter Blutkörperchen durch die Milz. Nach BEHRENS[11] enthält Hämosiderin aus Pferdemilz 36% Fe als Eisenhydroxyd. Davon verschieden sind die histologisch nachweisbaren, „eisenhaltigen Granula", die Eiweiß und etwas Calciumphosphat enthalten.

[1] Siehe[10] S. 221. — [2] GRANICK, S.: J. biol. Ch. 149, 157 (1943). — [3] SCHMIEDEBERG, O.: A. e. P. P. 33, 101 (1894). — [4] GRANICK, S., and L. MICHAELIS: Science, N.Y. 95, 439 (1942). — [5] GRANICK, S.: J. biol. Ch. 149, 157 (1943). — [6] GRANICK, S., and P. F. HAHN: J. biol. Ch. 155, 661 (1944). — [7] HAHN, P. F.: Adv. biol. med. Physics 1, 288 (1948). — [8] SALKOWSKI, E.: H. 59, 19 (1909). — FISCHER, F. G., u. K. HULTZSCH: B. Z. 299, 104 (1938). — [9] HUECK, W.: Die pathologische Pigmentierung. Handb. allg. Path. (KREHL-MARCHAND) 3/II, 323—371 (1921). — [10] RATH, CH. E., and C. A. FINCH: J. Lab. clin. Med. 33, 81 (1948). — [11] BEHRENS, M., u. TH. ASHER: H. 220, 97 (1933).

Bei der *Hämochromatose* (v. RECKLINGHAUSEN, 1889)[1] sehen wir braune Fe-Ablagerungen im Gewebe und in den Parenchymzellen der Drüsen, in der Milz, Haut, Leber usw., oft verbunden mit Eiweißstoffwechselstörungen[2] (Störung des Hämoglobinabbaues ?).

Cobalt[3] **(Co) und Nickel (Ni)**[4] kommen weit verbreitet im Boden und im Wasser, und daher auch in allen Pflanzen und tierischen Organen vor.

Bestimmung. *Cobalt* kann auf verschiedenen Wegen als Pyrophosphat, Anthranilat, mit α-Nitroso-β-naphthol und als metallisches Co, das *Nickel* als Dimethylglyoxim und metallisches Ni zur Wägung gebracht werden[5]. Die Farbreaktion auf Ni mit Dimethylglyoxim ist nach BERG sehr unzuverlässig[6].

In Kulturböden fand man durchschnittlich 0,1 mg-% Co und 0,4 mg-% Ni, in Vegetabilien 0,02 bis 0,3 mg-% Co und 0,01 bis 2,0 mg-% Ni, also fast immer wesentlich weniger Co als Ni[6]. Von den tierischen Organen ist besonders reich an Ni die Leber[7]; auch im Pankreas, Muskel, Knochen[8], Eidotter ist Ni vorhanden. Einen hohen Co-Gehalt zeigt der Thymus. — (Co und Ni im Stoffwechsel s. Bd. 2.)

Das Vitamin B_{12} ist eine Co-Komplexverbindung mit 4% Co[9].

$\varkappa$) Aus der 8. bis 10. Gruppe. Die Platinmetalle: Ruthenium (Ru), Rhodium (Rh), Palladium (Pd), Osmium (Os), Iridium (Ir), Platin (Pt).

Diese Elemente[10] sind bisher in der lebenden Welt auch nicht in nennenswerten Spuren aufgefunden worden. Ihre Verbindungen dienen als Reagentien, z. B. zur Reindarstellung von Basen, als Katalysatoren zu Hydrierungen und wie das flüchtige und giftige Osmiumtetroxyd OsO_4 zum histologischen Nachweis von Fetten[11]. Dabei reagiert es mit den ungesättigten Fettsäuren unter Bildung von schwarzem Osmiumdioxyd OsO_2. Über *Bestimmung der Platinmetalle* siehe u. a. [12].

Eine biologische Rolle spielen die Platinmetalle nicht[13].

λ) Die Elemente der 11. Gruppe: Kupfer, Silber, Gold.

Kupfer (Cu)[14].

Das Kupfer kommt als Spurenelement in allen Organen von Pflanze und Tier vor, wenn auch in verschiedenen Mengen[15, 16]. Die *Form der* Cu-*Verbindungen* ist noch wenig erforscht. Gefunden ist das Cu *als Ion und in organischer Bindung* im Tierkörper[17]. Je nach dem Redoxpotential kann das Cu im Gewebe 2- oder 1-wertig sein. In den *Hämocyaninen*[17] verschiedener Mollusken findet man den gleichen Cu-Wert, nämlich 0,25% Cu ($\pm$0,01%), in den von Arthropoden 0,18% Cu[18]. Andere Metalle kommen in den Hämocyaninen nicht vor[19].

---

[1] Siehe [7] S. 222. — [2] EPPINGER H.: Verh. dtsch. path. Ges. **1921**, 43. — HENKE, F., u. O. LUBARSCH: Milz, Knochenmark. Handb. path. Anat. Histol. (HENKE-LUBARSCH) 1/II, 631 (1927). — [3] Gmelin, System Nr. 58, A, B, Cobalt (1930—1932). — [4] Gmelin, System Nr. 57. Nickel in Vorbereitung. — [5] Hecht-Donau S. 192 u. 190. — [6] Berg, Spurenelemente S. 18. — [7] BERTRAND, G., et M. MÂCHEBOEUF: Cr. **180**, 1380 u. 1993 (1925).— [8] MARTINI, A.: Mikrochem., N. F. **2**, 41 (1930). — [9] RICKES, E. L., L. BRINK, G. KONIÚSKY, F. R. WOOD, T. R. and K. FOLKERS: Science **108**, 396 (1948). — [10] Gmelin, System Nr. 63, Ruthenium (1938); Nr. 64, Rhodium (1938); Nr. 65, Palladium (1941/42); Nr. 66, Osmium (1939); Nr. 67, Iridium (1939); Nr. 68, A—C, Platin (1938—40). — [11] RIES, E.: Grundriß der Histophysiologie. Allgemeine Methoden, Bd. 2 der Probleme der Biologie. Hrsgb. von E. RIES und K. WETZEL. Leipzig 1938. — CRIEGEE, R.: Angew. Chem. **51**, 519 (1938). — [12] Hecht-Donau S. 184—188.— [13] SCHLOSSMANN, H.: Platin und die Metalle der Platingruppe. Handb. Heffter 3/3, 2165—2176 (1934). — [14] ELVEHJEM, C. A.: The biological significance of copper and its relation to iron metabolism. Physiol. Rev. **15**, 471—507 (1935) — [15] H.-Th. S. 40; siehe auch S. 191ff. — [16] HEILMEYER, L., W. KEIDERLING u. G. STÜWE: Kupfer und Eisen als körpereigene Wirkstoffe und ihre Bedeutung beim Krankheitsgeschehen. (S. 21 Cu-Bestimmung). Jena 1941. — Siehe auch EDEN, A., and H. H. GREEN: Biochem. J. **34**, 1202 (1940). — [17] DAWSON, C. R., and M. F. MALLETTE: The copper proteins. Adv. Protein Chem. **2**, 179—248 (1945). — [18] HERNLER, F., u. E. PHILIPPI: H. **216**, 110 (1933). — [19] GATTERER, A., u. E. PHILIPPI: H. **216**, 120 (1933).

Über den Einbau des Cu im Hämocyanin ist nichts bekannt. Es gehört nicht zu Verwandten des Blutfarbstoffes (s. Bd. 2 Vergleich. physiol. Chem. der Tiere), obgleich es den Sauerstoff wie diese zu transportieren hat. Es ist venös farblos und arteriell blau. Das Cu kann bei p_H 2,5 aus Hämocyanin herausgespalten werden[1]. — Als Cu-Proteine sind erkannt: Hämocuprein, Hepatocuprein, ein Milchkupferprotein, ein Eisenkupferprotein aus Fischmuskel, und aus Vaccinia[2] sowie aus den cytoplasmatischen Granula verschiedener Zellen[2]. — Das gesamte Cu *im Blut* des Menschen scheint an Albumine gebunden zu sein (I. MANN und D. KEILIN, zit. nach [3]). Durch Säurezusatz kann die sehr lockere Bindung von Cu im Serum und in den Blutkörperchen leicht gelöst werden. Nach Trichloressigsäurefällung enthält das Filtrat das gesamte Kupfer als Ion[4,5]. — Im *Turacin* (Farbstoff aus Vogelfedern) liegt das Cu-Komplexsalz des Koproporphyrin vor[6] (s. S. 894 ff.). — Die *Polyphenoloxydase* (= Tyrosinase) ist ein Cu-Proteid[7,8], ebenso Laccase und Ascorbinsäureoxydase. Aus dem Pilz Lactarius piperatus wurde ein Cu-haltiges Eiweiß mit Tyrosinasewirkung isoliert[9]. — (Cu-Stoffwechsel s. Bd. 2).

Hämocuprein und *Hepatocuprein* sind kupferhaltige Proteide mit einem Kupfergehalt von 0,34%, denen wahrscheinlich keine biologische Bedeutung zukommt (Stapelformen des Kupfers?)[10].

Eine *Bestimmung von Kupfer* im Blut, die 0,05 γ Cu in 1 cm³ Blut noch sicher erfaßt, hat HEILMEYER[3] angegeben. Er empfiehlt das Na-diäthyldithiocarbamat $(C_2H)_2 : N \cdot C(:S)$. SNa von CALLAN und HENDERSON, das ein goldgelbes in Amylalkohol lösliches, photometrierbares Salz gibt. Grenzkonzentration 1:48 Millionen oder 0,021 γ/cm³; Fehlergrenze $\pm 15\%$. Cu-Mikrobestimmung mit o-Dianisidin (3,3-Dimethoxy-4,4-diaminodiphenyl)[11]. — Radioaktives Kupfer ^{64}Cu siehe [12]. Cu-Carbonyl[13].

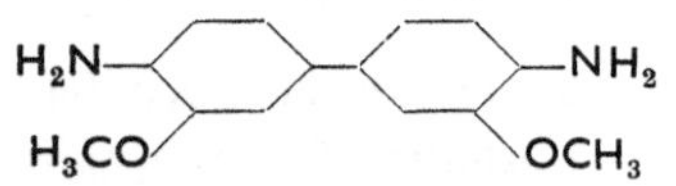

$$H_2N-\!\!\left\langle\;\right\rangle\!\!-\!\!\left\langle\;\right\rangle\!\!-NH_2$$
$$H_3CO \qquad\qquad\qquad OCH_3$$

Das Kupfer in Milch und Milchprodukten wird nach SPACU mit Pyridin und Ammoniumrhodanid in die schwer in Wasser lösliche Komplexverbindung $[Cu(C_5H_5N)_2]\,(CNS)_2$ übergeführt und in Chloroform als grüne Lösung colorimetriert[14]. Um Cu in der Leber zu bestimmen, wird es nach Veraschung durch Elektrolyse niedergeschlagen, mit m-Benzamidosemicarbazid (Kryogenin) umgesetzt und der Farbstoff gemessen[15]. Cu-Bestimmung mit Dithizon[16] = Diphenylthiocarbazon $C_6H_5 \cdot NH \cdot (CS) \cdot N{:}N \cdot C_6H_5$.

WARBURG benützt zur Kupferbestimmung die Autoxydation von Cystin bei Gegenwart von Kupfer unter Ausschaltung des Eisens durch Natriumpyrophosphat; auch lose an Eiweiß gebundenes Cu wird durch diese Methode erfaßt ohne vorherige Zerstörung der organischen Substanz [7]. Die Intensität der Färbung von Sporen der Konidien geht innerhalb eines gewissen Bereiches der vorhandenen Kupfermenge parallel. Auf dieser Tatsache baute MULDER eine biologische Methode zur Bestimmung des verwertbaren Kupfers in Böden aus[18].

---

[1] ROCHE, J.: Arch. Physique biol. **7**, 207 (1930). — [2] Siehe [17] S. 223. — [3] Siehe [16] S. 223. — [4] WARBURG, O., u. H. A. KREBS: B. Z. **190**, 143 (1927). — [5] BOYDEN, RUTH, and V. R. POTTER: J. biol. Ch. **122**, 285 (1937/38). — [6] RIMINGTON, CL.: Proc. R. Soc. London **127** (B), 106 (1939). — KUBOWITZ, F.: B. Z. **296**, 443 (1938); **299**, 32 (1938). — ALLEN, T. H., and J. H. BODINE: Science, N. Y. **94**, 443 (1941). — [8] WARBURG, O.: Schwermetalle als Wirkungsgruppen von Fermenten. 2. Aufl. (S. 150—156 Phenoloxydasen) Berlin 1948. — [9] DALTON, H. R., and J. M. NELSON: Am. Soc. **60**, 3085 (1938). — [10] MANN, T., and D. KEILIN: Proc. R. Soc. London (B) **126**, 303 (1938). — [11] LORIENTE, E., and J. CASES: Nature **159**, 470 (1947). — [12] MAZIA, D., and L. J. MULLINS: Nature **147**, 642 (1941). — DREHMANN, U.: Naturwiss. **32**, 159 (1944). — SCHUBERT, GERHARD: D. m. W. **1946**, 25. — [13] KÖROSY, F.: Nature **160**, 21 (1947). — [14] KRENN, J.: Mikrochem. **23**, 149 (1937). — [15] Hinsberg-Lang S. 30—35. — Siehe auch Hecht-Donau S. 155—163. — GERLACH, WA., u. WE. GERLACH: Die chemische Emissionsspektralanalyse. II. Teil, S. 105. Leipzig 1933. — [16] FISCHER, HELLMUTH: Angew. Chem. **46**, 442 (1933); **42**, 1025 (1929). — SCHONK, C. H.: Chem. Weekbl. **42**, 295 (1946). — [17] WARBURG, O.: B. Z. **187**, 255 (1927). — [18] MULDER, E. G.: Arch. Mikrobiol. **10**, 72 (1939).

Die vorliegende Tabelle gibt eine Zusammenstellung über das *Vorkommen des Cu beim Menschen.*

Tabelle 37. Organisches Kupfer beim Erwachsenen und Neugeborenen
nach GERLACH .

Organ	Mittleres Organgewicht beim		mg-% Cu im feuchten Organ, Mittel- und Grenzwerte beim		Gesamt Cu-Gehalt (mg) in Organen beim	
	Erwachsenen in g	Neugeborenen in g	Erwachsenen	Neugeborenen	Erwachsenen	Neugeborenen
Muskeln. . . .	28000	770	0,1—**0,3**—0,6		84	
Skelet	11500	420	0,1—**0,3**—0,6		34,5	
Leber.	1800	140	0,3—**0,75**—1,3	1,5—6,8—25	13,5	9,5
Blut	6000	250	0,1		6	
Serum	3000	125	0,08—0,1—0,13	.	3	
Blutkörperchen	3000	125	0,1		3	
Gehirn	1400	380	0,1—**0,3**—0,6		4,2	
Lungen	900	54	0,25	0,37	2,25	0,2
Herz	300	23	0,1—**0,3**—0,6		0,9	
Nieren . . .	300	23	0,3		0,89	
Pankreas . . .	98	3,5	0,1—**0,3**—0,6		0,29	
Milz	160	10	0,01—**0,18**—1,0	0,38	0,23	0,04
Augen	27	7,5	0,04—1,7	0,02—2,8		

Im ganzen enthält der Körper des Erwachsenen[2] etwa 150 mg Cu. Nach älteren[3,4] und neuesten Untersuchungen von HEILMEYER[1] ist der Cu-*Wert im Blut* von Mann und Frau gleich hoch, ebenso der von Gesamtblutplasma, Serum und Blutkörperchen. Die Werte im Schrifttum sind sonst sehr schwankend wegen des ungenügenden Ausbaues der Verfahren. Die Blut-Cu-Werte zeigen auch unter den verschiedensten physiologischen Bedingungen geringe und gesetzlose Schwankungen; in der Schwangerschaft ist der Cu-Gehalt im Blut beträchtlich bis auf 0,28 mg-% erhöht[5]. NEUWELER[6] findet im Serum von Schwangeren 0,195 bis 0,36 mg-% Cu, von Nichtschwangeren 0,122 bis 0,133 mg-% Cu. Nabelvenenblut enthält 30% mehr Cu als das Nabelarterienblut. Bei Blutungs- und Eisenmangelanämien ist der Cu-Wert nicht erhöht, wohl aber bei allen Infektionskrankheiten, malignen Tumoren, auch bei Schizophrenie, manisch-depressivem Irresein und Epilepsie, Schilddrüsenerkrankung mit Steigerung des Grundumsatzes. Vermehrt ist das Serum-Cu bei Lebercirrhosen und Ikterus. — Auch im Schmelz der Zähne ist Cu nachgewiesen[7], und neben Zn, Mn und Fe auch in Gallensteinen[8] des Menschen.

[1] Zit. nach HEILMEYER, L., W. KEIDERLING u. G. STÜWE: Kupfer und Eisen als körpereigene Wirkstoffe und ihre Bedeutung beim Krankheitsgeschehen. S. 15. Jena 1941 und zum Teil ergänzt. S. a. noch folgende Zitate BORTELS, H.: B. Z. 182, 301, 348 (1927). — WREDE, F.: H. 210, 125 (1932). — FLINN, F. B., and W. C. v. GLAHN: J. exp. Med. 49, 5 (1929). — SCHOENHEIMER, R., u. F. OSHIMA: H. 180, 249 (1929). — ZANDA, G. B.: Biochim. Terap. sperim. 11, 7 (1924), Arch. ital. Biol. 74, 184 (1925). — [2] BRÜCKEMANN, G., and S. G. ZONDEK: Biochem. J. 33, 1845 (1939). — CHOU, T. P., and W. H. ADOLPH: Biochem. J. 29, 476 (1935). — [3] WARBURG, O., u. H. A. KREBS: B. Z. 190, 143 (1927). — KREBS, H. A.: Kli. Wo. 1928, 584. — WARBURG, O.: B. Z. 187, 255 (1927). — [4] ABDERHALDEN, E., u. P. MÖLLER: H. 176, 95 (1928). — [5] KING, E. J., and M. DOLAN: Canad. med. Ass. J. 31, 21 (1934). — KING, E. J., and H. STANTIAL: Biochem. J. 27, 990 (1933). — S. a. HEILMEYER, L., W. KEIDERLING u. G. STÜWE, Kupfer und Eisen als körpereigene Wirkstoffe und ihre Bedeutung beim Krankheitsgeschehen. Jena 1941. — [6] NEUWELER, W.: Klin. Wschr. 1942, 521. Z. Vit.-Forsch. 16, 1 (1945). — [7] TIEDE, E., u. H. CHOMSE: B. 67, 1992 (1934). — [8] SCHÖNHEIMER, R., u. W. HERKEL: Kli. Wo. 1931 I, 345.

Vogelblutserum soll nur 0,008 (Taube), 0,04 (Huhn) mg-% Cu enthalten. In allen daraufhin untersuchten Nahrungsmitteln, im Trinkwasser ist Kupfer in kleinsten Mengen gefunden worden, im Meerwasser[1] fand man $0-0,7-3\,\gamma$-% Cu. Cu bei Wirbeltieren[2].

Tabelle 38. Kupfer-Gehalt in Nahrungsmitteln[3-5].

	In 100 g frischem Organ			In 100 g frischem Organ	
	g H_2O	mg Cu		g H_2O	mg Cu
Rind, Leber	72	2,15	Huhn, rote Muskeln .	67	0,41
Rind, Lunge.	80	0,22	Huhn, weiße Muskeln	77	0,27
Rind, Gehirn	83	0,21	Eigelb	49	0,4
Rind, Haut	81	0,16	Kuhmilch[6, 7] . . .	87	0,015−0,05
Rind, Milz.	77	0,14	Ziegenmilch[8]		0,01−0,028
Rind, Niere	81	0,11	Frauenmilch[8] . . .		0,025−0,06
Rind, Pankreas . . .	80	0,08	Weizenmehl[9]		Spuren
Rind, Muskel	75	0,08	Weizenkleie(trocken)		1,6
Kalb, Leber	73	4,41	Fische[5]		0,25
Kalb, Muskel	72	0,23	Auster[5, 10]		3,1
Kalb, Gehirn	77	0,18	Gemüse[5]		0,1−0,3
Schwein, Muskel . . .	72	0,23	Fleisch[5]		0,1
Hammel, Leber . . .	—	0,6−1,8			
Hammel, Niere . . .	—	0,2−0,8			

Silber (Ag) und **Gold (Au).** Silber soll in menschlichen Geweben nur in Spuren unter 0,001% vorkommen. Die Argyrie ist nicht auf metallisches Silber, sondern auf Silbersulfidablagerungen nach Zufuhr größerer Mengen Ag während längerer Zeit zurückzuführen[11]. Regelmäßig wird es in der Schilddrüse und in den Mandeln, unregelmäßig in allen übrigen Organen gefunden[12]. Über das normale Vorkommen von Gold[13] in Lebewesen ist bisher nichts bekanntgeworden. Auriasis (= Chrysiasis = Chrysocyanose) = metallisches Au im Corium, Papillarkörper und in den Gefäßendothelien kann nach großen Goldmedikationen auftreten[14]. — (Ag und Au im Stoffwechsel siehe Bd. 2.)

Bestimmung. Spektrographisch kann Silber mit dem Hochfrequenzfunken sehr leicht nachgewiesen werden. Bei sonst nicht feststellbarer Argyrosis fanden es die beiden GERLACHs in kleinsten Gewebsstückchen sehr rasch. Analog kann das *Gold* qualitativ und quantitativ nach Goldtherapie in Organen bestimmt werden[15].

μ) Die Elemente der 12. Gruppe: Zink, Cadmium und Quecksilber.

Zink (Zn). Von dieser Gruppe ist bisher allein das Zink als normaler Zellbestandteil, und zwar in allen bisher untersuchten Organismen aufgefunden worden[16]. Zink bildet mit Mineralsäuren und organischen Säuren lösliche und unlösliche Salze. Als schwer löslich seien hier erwähnt das Hydroxyd, Carbonat, Phosphat und die Zn-Salze höherer Fettsäuren. Metallisches Zn löst sich in

---

[1] BARNES, H., and K. A. PYEFINCH: Nature **160**, 17 (1947). — [2] BERTRAND, D.: Bull. Soc. Chim. biol. **25**, 197 (1943).— [3] LINDOW, C. W., C. A. ELVEHJEM and W. H. PETERSON: J. biol. Ch. **82**, 465 (1929). — [4] Siehe auch LINTZEL, W.: Handb. Mangold 3, 258 (1931).— [5] Shohl, Mineral Metabolism S. 238.— [6] ELVEHJEM, C. A., H. STEENBOCK and E. B. HART: J. biol. Ch. **83**, 27 (1929). — [7] KREEN, J.: Mikrochem. **23**, 149 (1938). — [8] SLUITER, E.: Ned. T. Geneeskde. **1931 II**, 5106 [Ber. Physiol **66**, 414 (1932)]. — [9] LINTZEL, W.: Handb. Mangold 1, 193 (1929). — [10] LEVINE, H., R. E. REMINGTON and F. B. CULP: J. Nutrit. 4, 469 (1931). — [11] HEUBNER, W.: Kolloid.-Z. **89**, 110 (1939). — [12] SHELDON, J. H., and H. RAMAGE: Biochem. J. **25**, 1608 (1931). — [13] BERTRAND, G.: Cr. **194**, 409 (1932). — Berg, Spurenelemente S. 28. — [14] HADORN, W.: Schweiz. med. Wschr. **76**, 49, 1266 (1946). — [15] GERLACH, WA., u. WE. GERLACH: Die chemische Emissionsspektralanalyse, Teil 2, Ag-Nachweis S. 89; Au-Nachweis S. 94. Leipzig 1933. — [16] H.-Th. S. 38. — Gmelin, System Nr. 32, Zink (1924).

säurehaltigen Lebensmitteln und macht sie genußuntauglich und schädlich. Es wird daher vor Verwendung verzinkter Gefäße in der Küche eindringlich gewarnt[1]. Im Blut und Gewebe ist Zink zum Teil fest gebunden[2-4].

Radioaktives $^{63}_{30}$ Zn mit einer Halbwertszeit von 38,3 min. ist mittels Cyclotron aus Kupfer darstellbar und als ZnS an Mäuse und Patienten injiziert worden[5].

Ein Zinkproteid ist die Kohlensäureanhydratase[6].

Die *Bestimmung* erfolgt mit Oxin oder noch besser mit Dithizon[7], ferner als Calciumzinkat[8], auf jodometrischem Wege[9] als $K_2Zn_3[Fe(CN)_6]_2$.

Vorkommen. Zink kommt überall im Boden[10] in Mengen von etwa 2,8 mg-% vor und daher auch in allen *Pflanzen*[11, 12]. Je nach dem Zn-Gehalt des Bodens (z. B. Galmeiböden) kann die Zn-Menge verschieden groß sein. Die Angaben schwanken daher. Am reichsten sind grüne Blätter, Blüten und Samen[13]. Pflanzenasche[11] enthält etwa 0,3 bis 0,6% Zn. Erbsen und Bohnen enthalten 8 bis 8,5 γ Zn je Samen[14]. Nach BERG[11] ist in unseren Nahrungsmitteln der Zn-Gehalt größer als der an Mn, nach SCHWAIBOLD[15] auch höher als der von Cu. Für Frischgemüse, Kartoffeln, Hülsenfrüchte und Obst werden Zn-Werte von 0,2 bis 1 mg-% und darüber genannt. BERG[16] gibt für grüne Bohnen und Spinat bis zu 20 mg-% Zn an. Bäckerhefe (luftgetrocknet) enthält 30 mg-%[17]. Zur Beurteilung der Nahrungsmittel sollte eben nicht nur das Analysenverfahren, sondern auch ihre Herkunft, d. h. unter Umständen auch die Bodenanalyse, bei Organen der Fett- und Wassergehalt[18], angeführt werden.

Bei *Tieren* sind die Fortpflanzungsorgane[19], Retina und Aderhaut[20] am Zn-reichsten[21]. Systematische Zn-Untersuchungen am Menschen fehlen. Zn kommt in den Augen von Knochenfischen[22] reichlich vor.

Tabelle 39. Vorkommen von Zink.
(mg-% des Frischgewichtes.)

Meerestiere[23]	0,1—0,4—0,6	Hoden (Mensch)[21]	16—32
Zähne (Mensch)[24]	20	Prostata (Mensch)[21]	47—53
Leber (Mensch)[25-27]	4—15	Muskelfleisch (Pferd, Rind)[19]	4,7—5,1
Pankreas (Mensch)[28]	1,8—3,0	Blut (Mensch)[28, 30, 31]	0,5—0,6—1,4
Muskeln, Milz (Mensch)[27]	4—5	Plasma (Mensch)	0,3—0,7
Haare (Mensch)[27]	15	Blut (Säugetiere)	0,4—0,7
Knochen (Mensch)[27]	10	Blut (Pferde)[28]	0,2
Hypophyse[29]	22	Serum (Pferde)[28]	0,1

Während Meerwasser 0,3 bis 0,4 mg-% Zn enthält, finden sich in den Weichteilen der Austern, z. B. Gryphaea, 15 bis 70 mg-% Zn[32]. Im Leitungswasser sind etwa 2,3 mg Zn vorhanden. Tierisches Gewebe enthält im Mittel 0,5 mg-% Zn.

[1] Ref. Angew. Chem. **46**, 786 (1933). — [2] EISENBRAND, J., u. M. SIENZ: H. **268**, 1 (1941). — SCHWAIBOLD, J., u. A. LESMÜLLER: B. Z. **300**, 331 (1939). — TODD, W. R., and C. A. ELVEHJEM: J. biol. Ch. **96**, 609 (1932). — [3] Hecht-Donau S. 198—203. — [4] GERLACH, WA., u. WE. GERLACH: Die chemische Emissionsspektralanalyse, Teil 2. S. 177. Leipzig 1933. — [5] MÜLLER, J. H.: Exper. **1**, 199 (1945). — [6] KEILIN, D., and T. MANN: Nature **144**, 442 (1939). — MAIN, E. R., and A. LOCKE: J. biol. Ch. **143**, 729 (1942). S. a. Bd. 2, Atmungsfunktion des Blutes. — [7] FISCHER, HELLMUT, u. G. LEOPOLDI: Z. analyt. Chem. **107**, 241 (1936). — SCHWAIBOLD, J., u. A. LESMÜLLER: B. Z. **297**, 324 (1938); **300**, 331 (1939). — EISENBRAND, J., u. M. SIENZ: H. **268**, 1 (1941). — HORVAI, L.: B. Z. **308**, 301 (1941). — KORTÜM, G., u. B. FINCKH: Chemie **57**, 73 (1944). — [8] BERTRAND, G.: Cr. **115**, 939, 1028 (1892). — [9] SAHYUN, M., and R. F. FELDKAMP: J. biol. Ch. **116**, 555 (1936). — [10] McHARGUE, J. S.: J. agric. Res. **30**, 193 (1925). — [11] Berg, Spurenelemente S. 11. — [12] Scharrer, Spurenelemente S. 163. — [13] BERTRAND, G., et B. BENZON: Cr. **187**, 1098 (1928). — [14] REED, H. S.: J. agric. Res.

Im Hühnerei sitzt das Zn im Eigelb[1, 2]. Alle Phosphatid- und nucleoproteidreichen Organe sollen auch Zn-reich sein[3]. Im Dorschlebertran und im Insulin[4] ist Zn nachgewiesen. Das Zn dürfte im Insulin an die COOH- und NH_2-Gruppen von Aminosäuren gebunden sein[5]. Die Milch[6, 7] ist am Anfang der Lactation als Colostrum am Zn-reichsten. Gegen Ende der Stillperiode enthält Frauenmilch etwa 0,2 mg-% (0,14 bis 0,21 mg-%) Kuhmilch 0,3 bis 0,36, Ziegenmilch 0,26 bis 0,46 mg-% Zn. — Die Zn-Werte schwanken von einigen Zehnteln bis mehreren Zehnern mg-% in den frischen Organen[8]. Der menschliche Körper enthält in den Muskeln nach Rost[9] etwa 1,5 g Zn. — (Zn im Stoffwechsel s. Bd. 2.)

Cadmium (Cd). Cadmium ist bisher nur selten in Pflanzen, Tier und Mensch nachgewiesen worden. In der Agrikulturchemie hat es zwar eine gewisse Beachtung als Pflanzengift und in einigen Fällen als wachstumsanregendes Element gefunden. Es gilt aber weder für Pflanzen noch für Tiere als lebenswichtiges Element[10-12]. Im Körper wird es nicht gespeichert[12, 13]. Es wurde in fast allen Seetieren nachgewiesen. In der Leber eines Herzkranken fand man 0,38 mg-% Cd, in der Niere eines an Pb-Vergiftung Gestorbenen 3,3 mg-% Cd. Zn war dabei in 5- bis 6 mal höherer Konzentration als Cd vorhanden[14].

Tabelle 40. Vorkommen von Quecksilber.

Mensch	STOCK	SZÉP [17]
Blut	0,7 γ-%	7,8—34,6 γ-%
Harn	0,01—0,1 γ-%	0—0,072 γ-%

Quecksilber (Hg). A. Stock[15] hat das *Vorkommen* des Quecksilbers im menschlichen Körper und in seiner Umgebung gründlich untersucht. In den zusammenfassenden Berichten über Spurenelemente wird Hg noch nicht beschrieben. Doch hat Stock einwandfrei das ubiquitäre Auftreten von kleinsten Hg-Mengen festgestellt. „Hg befindet sich wie in den meisten natürlichen tierischen und pflanzlichen Stoffen auch allgemein im menschlichen Körper in der Größenordnung 10^{-9} bis 10^{-8}, d. h. 0,1 bis 1 γ 100 g" (von frischen Organen)[16].

Quecksilberdampf, also *metallisches* Hg, wird bei Berührung mit Luft und Wasser oxydiert[18], besonders leicht in Gegenwart von Blut[19]. In der Lunge wird daher Hg-Dampf

64, 635 (1942). — [15] Schwaibold, J., u. G. Nagel: Vorratspfl. u. Lebensm.-Forsch. **2**, 231 (1939). — [1] Berg, R.: B. Z. **165**, 461, 462 (1925). — [17] Siehe Fußnote [9] S. 227. — [18] Eisenbrand, J., u. M. Sienz: H. **268**, 1 (1941). — Schwaibold, J., u. A. Lesmüller: B. Z. **300**, 331 (1939). — Todd, W. R., and C. A. Elvehjem: J. biol. Ch. **96**, 609 (1932). — [19] Rost, E.: Ber. dtsch. pharmaz. Ges. **29**, 549 (1919). — [20] Leiner, A., u. G. Leiner: Naturwiss. **29**, 763 (1941). — [21] Dutoit, P., et Chr. Zbinden: Cr. **190**, 172 (1930). — [22] Leiner, M., u. G. Leiner: Biol. Zbl. **62**, 119 (1942). — [23] Severy, H. W.: J. biol. Ch. **55**, 79 (1923). — [24] Cruickshank, D. B.: Brit. dental J. **63**, 395 (1937). — [25] Rost, E., u. A. Weitzel: Arb. Reichsgesundh.-Amt. **51**, 494 (1919). — [26] Lundegårdh, H.: Naturwiss. **22**, 572 (1934). — [27] Lutz, R. E.: J. industr. Hyg. **8**, 177 (1926). — [28] Eisenbrand, J., u. M. Sienz: H. **268**, 1, bes. S. 22 (1941). — Horvai, L.: B. Z. **308**, 301 (1941). — [29] Simakow, P. V.: Bull. Biol. Méd. exp. URSS. **4**, 435 (1937). — [30] Lutz, R. E.: J. industr. Hyg. **8**, 177 (1926). S. a. Bd. 2, Blut. — [31] Bassoni, B.: Arch. Sci. biol., Napoli **20**, 515 (1934). — Burstein, A.: B. Z. **216**, 449 (1929). — [32] Bertrand, G.: Ann. Inst. Pasteur **62**, 571 (1939).

[1] Birckner, V.: J. biol. Ch. **38**, 191 (1919). — [2] Roffo, A. H., u. A. Lassere: Bol. Inst. Med. exp. **1**, 616 (1925) [Ber. Physiol. **36**, 122 (1926)]. — [3] Delezenne, C., et A. de Gramont: Ann. Inst. Pasteur **33**, 68 (1919). — [4] Scott, D. A., and A. M. Fisher: Biochem. J. **29**, 1048 (1935). — Eisenbrand, J., u. F. Wegel: H. **268**, 26 (1941). — [5] Bassoni, B.: Arch. Sci. biol., Napoli **20**, 515 (1934). — Burstein, A. I.: B. Z. **216**, 449 (1929). — [6] Koga, A.: Keijo J. Med. **5**, 106 (1934). [Ber. Physiol. **82**, 590 (1935).] — [7] Lutz, R. E.: J. industr. Hyg. **8**, 177 (1926). — [8] Eisenbrand, J., u. M. Sienz: H. **268**, 1, bes. S. 22 (1941). — Horvai, L.: B. Z. **308**, 301 (1941). — [9] Rost, E.: Ber. dtsch. pharmaz. Ges. **29**, 549 (1919). — [10] Berg, Spurenelemente S. 17. — Gmelin, System Nr. 33, Cadmium (1925). — [11] Scharrer, Spurenelemente S. 92—94. — [12] Blume, W.: Cadmium. Handb. Heffter 3/3, 1890—1908 (1934). — [13] Johns, C. O., A. J. Finks, and C. L. Alsberg: J. Pharmacol. exp. Therap. **21**, 59 (1923). — [14] Malyuga, D. P.: C. R. Acad. Sci. URSS **31** (N. S. 9), 145 (1941) [C. **1942** I, 3219]. — [15] Gmelin, System Nr. 34, Quecksilber, in Vorbereitung. — Stock, A.: Angew. Chem. **39**, 461 (1926). — Stock, A., u. Fr. Cucuel: Angew. Chem. **47**, 641 (1934). — [16] Stock, A.: B. Z. **316**, 108 (1943/44). — Stock, A., u. Fr. Cucuel: Naturwiss. **22**, 390 (1934). — [17] Szép, Ö.: B. Z. **307**, 79 (1940). — [18] Stock, A.: Z. anorg. Chem. **217**, 241 (1934). — [19] Voit, K.: A. **104**, 341 (1857).

als Ion gebunden und in lösliche Eiweißverbindungen übergeführt. Gewebe enthalten daher das Hg chemisch gebunden, nicht als Metall. Da Organe das Hg verschieden festhalten, sind mehrere Hg-Verbindungen im Tierkörper denkbar. Hg''-Ion fällt Eiweiß und ist ein Fermentgift, Hg'-Ion nicht[1]. — (Hg im Stoffwechsel siehe Bd. 2.)

Tabelle 41. Vorkommen von Quecksilber im menschlichen Körper nach STOCK[2]. (γ Hg/100 g frisches Organ in () analysierte Organmenge ; 0 = kein Hg gefunden, — = keine Analyse.)

	I	II	III	IV	V	VI	VII	VIII	IX	X	XI
	A. Hg-Fremde						B. Amalgamträger usw.				
	28jähr. Lackierer, Leuchtgasvergiftung	15jähr. Klempnerlehrling, Verkehrsunfall	18jähr. Verkäuferin, Sturz aus dem Fenster	26jähr. Arbeiter Verkehrsunfall	25jähr. Zimmermann, Verkehrsunfall	29jähr. kaufm. Angestellter, Veronalvergiftung	24jähr. Hausangestellte, Salzsäurevergiftung	37jähr. Ehefrau Ertrinken	31jähr. Maler, Betriebsunfall	60jähr. Betriebsführer, Schlafmittelvergiftung	21jähr. Ehefrau, Leuchtgasvergiftung
1. Blut (25 g)	0,4	0,4	0,2	—	—	3,1	3,1	0,6	0,7	0,1	—
2. Niere (40 g)	4,0	4,6	3,0	8,2	7,6	10,2	513,0	36,9	14,1	72,8	16,7
3. Hypophyse (1 g)	13,3	6,1	—	—	4,0	8,1	23,2	—	13,0	158,0	4,0
4. Großhirnrinde (40 g)	0,8	0,2	0,1	0,3	0,7	0,9	1,5	56,3	10,8	2,3	0,9
5. Großhirnbasis (40 g)	0,9	0,4	0,2	—	—	0,4	1,3	—	8,0	1,7	—
6. Kleinhirn (40 g)	0,6	0,4	0,2	0,3	0,7	3,0	1,4	118,0	15,8	1,9	1,0
7. Stammknoten (40 g)	0,6	0,4	0,2	0,3	0,7	0,4	1,1	34,8	6,0	2,3	0,6
8. Verlängertes Mark (10 g)	1,1	0,4	0	—	—	0,8	2,0	51,5	26,3	0,5	—
9. Riechlappen (0,6 g)	—	3,1	8,7	1,9	0,6	—	48,0	22,4	19,1	—	13,2
10. Rückenmark (7 g)	0,5	0,1	0,1	0,6	0,6	1,7	1,4	13,7	4,3	0,9	2,2
11. Lymphdrüsen (2 g)	1,8	0,4	2,1	0,1	0	0	6,9	16,0	12,0	1,8	0,6
12. Schilddrüse (20 g)	1,8	0,5	0,5	0,9	0,7	9,4	3,0	6,5	5,8	35,4	2,9
13. Weicher Gaumen (10 g)	0,7	0,4	1,2	—	—	1,2	5,3	0,9	1,2	3,6	—
14. Epiphyse (0,9 g)	—	—	—	0,4	0	—	—	—	—	—	—
15. Ohrspeicheldrüse (10 g)	—	—	—	0,4	0	—	—	—	—	—	3,4
16. Halsmandeln (10 g)	—	—	—	1,0	0,9	—	—	—	—	—	4,4
17. Nebenniere (10 g)	—	—	0,9	0,2	4,6	1,3	16,1	0,2	0,9	5,3	4,3
18. Leber (40 g)	1,2	4,7	0,6	2,5	4,2	11,8	46,0	6,1	8,7	8,1	11,5
19. Milz (40 g)	0,4	0,5	0,3	—	—	0,5	5,4	1,2	0,9	2,1	—
20. Lunge (40 g)	0,9	0,7	0,5	—	—	0,9	4,9	1,2	2,0	1,6	—
21. Herz (40 g)	0,7	0,4	0,1	0,3	0,5	1,2	5,5	1,6	0,9	2,2	4,7
22. Magen (40 g)	1,9	0,5	0,1	—	—	—	4,6	—	1,0	3,5	—.
23. Dickdarm (20 g)	—	—	—	—	—	—	—	—	—	7,8
24. Appendix (5 g)	0,4	1,1	—	—	—	1,0	23,4	2,2	0,6	1,3	—
25. Galle und Gallenblase (10 g)	—	—	—	1,0	2,1	—	—	1,3	—	—	3,7
26. Hoden und Eierstock (10 g)	—	—	—	0,1	0,5	—	—	0	—	—	0,1
27. Muskel (40 g)	0,5	0,3	0,3	0,1	0,5	0,6	—	0,8	0,5	1,2	1,5
28. Fett (10 g)	1,8	—	—	—	—	0,5	47,8	0,4	1,4	—	—
29. Kopfhaar (5 g)	—	—	4,9	—	—	—	—	21,6	—	—	—

Früher fanden STOCK und SZÉP zum Teil noch höhere Werte[2, 3].

[1] HEUBNER, W.: Quecksilber. Handb. Heffter 3/5 in Vorbereitung. — ZANGGER, H.: Handb. inn. Med. (BERGMANN-STÄHELIN) 4/2, 1567 (1927). — [2] STOCK, A.: B. Z. **304**, 73 (1940). — BODNÁR, J., Ö. SZÉP u. B. WESZPRÉMY: B. Z. **302**, 384 (1939). — [3] STOCK, A., u. FR. CUCUEL: B. **67**, 122 (1934). — STOCK, A.: Angew. Chem. **39**, 461 (1926).

Über radioaktive Hg-Isotope vgl.[1].

Die Bestimmung des Hg[2]. Das Hg wird aus Harn und menschlichen Organen durch Oxydation mit Cl_2 oder $KClO_3$ und HCl in $HgCl_2$ übergeführt, elektrolytisch auf einen Cu-Draht abgeschieden, vom Cu abdestilliert und unter dem Mikroskop als Kügelchen ausgemessen. $HgCl_2$ ist in wäßriger, nicht aber in salzsaurer Lösung flüchtig. Glas- und Quarzgefäße nehmen Hg aus sehr verdünnten $HgCl_2$-Lösungen langsam auf, so daß beim Stehenlassen Verluste vorgetäuscht werden. 0,1 bis 1000 γ Hg und auch weniger können in 500 cm³ Harn und 1 bis etwa 30 g Organ gut bestimmt werden. Das spektroskopische Verfahren ist wegen der großen Flüchtigkeit von Hg weniger zuverlässig. Hg-Bestimmung in Blut und Geweben[3].

Die Grenze der normalen Hg-Menge in der Niere liegt nach STOCK bei etwa 10 γ/100 g. Die Nierenrinde (9,4 γ-%) ist Hg-reicher als das Mark (5,7 γ-%). Pankreas enthält 0,3, Haut 0,6, Knorpel 0,6, Knochen 1,3, Knochenmark 1,9 γ-% Hg; Gallensteine 1,1 γ-%; Frauenhaar, gewaschen und entfettet 30 bis 274 γ-%; Staub, je nach Rußgehalt, etwa 30 bis 120 γ-%, Ruß 350 bis 2800 γ-% Hg.

Die Niere ist das Hauptspeicherorgan für Hg, auch die Hypophyse scheint Hg anzureichern; nicht dagegen Milz, Leber und Lunge; wenig Hg enthalten die Muskeln (siehe Tabelle 41). Bei Hg-Vergiftung fand man im Harn 13,0 γ-% Hg[4].

Atmosphärische Luft enthält nur Spuren Hg (unter 0,01 γ/m³); Aufenthalt in einer Luft mit wenigen γ Hg/m³ soll nach Monaten, mit 15 γ Hg/m³ schon nach einigen Wochen zu Erscheinungen der chronischen Hg-Vergiftung[5] führen. Nach anderen[6] sollen erst Mengen über 100 γ Hg je Kubikmeter Luft schädlich wirken. Über 70 γ Hg/m³ fand man kaum in normaler Laborluft. Durch Streuen von Jodkohle können Hg-Dämpfe aus Hg-haltiger Luft gebunden werden[7].

ν) Die Metalle der 14. Gruppe: Germanium (Ge), Zinn (Sn), Blei (Pb).

Das **Germanium**[8] das CLEMENS WINKLER 1886 entdeckte, ist noch nicht in Lebewesen aufgefunden worden. Germanium, als GeO_2 gelöst gegeben, soll beim Menschen Blutfarbstoffbildung und Zunahme der roten Blutkörperchen steigern[9].

Das **Zinn**[10] hat man bei Pflanzen auf Sn-reichen Böden und auch bei Tieren festgestellt. — *Bestimmung von Zinn*[11].

Tabelle 42. Vorkommen von Zinn nach BERTRAND[12].

Rind, Pferd, Hammel	mg-% des Frischgewichtes	Rind, Pferd, Hammel	mg-% des Frischgewichtes
Magen	0,04—0,16	Milz	0,24—0,31
Dickdarm	0,07—0,09	Dünndarm	0,28—0,37
Lunge	0,1 —0,2	Pankreas	0,30—0,39
Niere	0,11—0,18	Leber	0,21—0,37
Blut	0,12—0,16	Haut	0,62—0,95
Herz	0,15—0,24	Zungenmuskel	1,22—1,64
Muskel	0,15—0,19	Zungenschleimhaut	1,86—2,61
Gehirn	0,24—0,30		

MISK[13] fand Sn in der menschlichen Leber, im Magen, in der Niere, Lunge und im Gehirn.

Das Sn(II)-Ion beeinflußt Fermentumsetzungen und wirkt vielleicht deshalb giftig[14]. Eine biologische Funktion des Zinns ist nicht erkennbar. Von dem Sn der Nahrung (12 bis

[1] WU, C. S., u. G. FRIEDLÄNDER: Physic. Rev. [2] **60**, 747 (1941). — [2] STOCK, A., u. N. NEUENSCHWANDER-LEMMER: B. **71**, 550 (1938). S. a. Hecht-Donau S. 165—170. S. a. Hinsberg-Lang S. 40. — Hg-Bestimmung im Harn: HUBBARD, D. M.: Industr. engng. Chem., analyt. Ed. **12**, 768 (1940). — [3] KOZELKA, L.: Industr. engng. Chem. (II) **19**, 494 (1947). — [4] BLEULER, M.: Schweiz. med. Wschr. **74**, 923 (1944). — [5] Siehe [3] S. 229. — [6] SHEPHERD, M., S. SCHUHMANN, R. H. FLINN, J. W. HOUGH and P. A. NEAL: J. Res. nat. Ber. Stand. **26**, 357 (1941). — [7] STOCK, A.: Angew. Chem. **47**, 64 (1934). — [8] Gmelin, System Nr. 45, Germanium (1931). — [9] SCHWARZ, ROB., u. H. SCHOLZ: B. **74**, 1676 (1941). — [10] Scharrer, Spurenelemente S. 171. — [11] Hecht-Donau S. 178. — [12] BERTRAND, G., et V. CIUREA: Cr. **192**, 990 (1931). — [13] MISK, E.: Cr. **176**, 138 (1923). — [14] SCHÜBEL, K.: Zinn, Handb. Heffter 3/3, 1560—1574 (1934).

14 mg in der Woche) werden von gesunden Personen 50 bis 80% im Harn ausgeschieden, fast der ganze Rest im Kot; injiziertes Sn gelangt vorwiegend in den Harn[1].

Blei(Pb)[2, 3]. Infolge seiner Fähigkeit schwerlösliche Verbindungen zu bilden, kann sich das Blei leicht in Geweben anreichern. Seine Giftwirkung ist vielfach untersucht und umfassend beschrieben worden[2]. Das Pb(II)-Ion wirkt fällend auf Phosphat- und Sulfation, Eiweiß, höhere Fettsäuren, Urat, nucleinsaure Salze u. a. m.

Die Pb-*Bestimmung*[4] erfolgt meist nach feuchter Veraschung und Anreicherung als Sulfid colorimetrisch mit Dithizon[5] als $[C_6H_5NH(CS) \cdot N:N \cdot C_6H_5]_2Pb$. Zur Ausfällung wird auch die Komplexverbindung von Pb und Na-diäthyl-dithiocarbamat $(C_2H_5)_2 \cdot N \cdot (CS) \cdot SNa$ verwendet[6]. Die polarographische Bestimmung von Blei in Nahrungsmitteln ist einfach auch in Gegenwart von Zinn. Sie verlangt keine vorhergehende Abtrennung des Bleies[7].

Vorkommen. Das Blei[8] ist in kleinen Mengen weit verbreitet im Boden[9] (20 bis 26 mg-% der Trockensubstanz) und im Wasser. Im menschlichen und tierischen Körper sind etwa 0,1 mg-% Pb dauernd vorhanden[10]. Bei Gesunden fand man im Nüchternblut 0,08 bis 0,1 mg-% Pb. Als kritischer Wert gilt 0,1 mg-% Pb, höhere Werte sind pathologisch[11]. Andere[12] geben als Normalwert 0,055 (0,04 bis 0,07) mg-% Pb an. Bei Pb-Vergiftung braucht der Pb-Gehalt weder im Blut noch im Harn und Kot erhöht zu sein[13]. Über die normalen Pb-Mengen im Harn und Kot werden recht schwankende Angaben im Schrifttum gemacht. Nach BEHRENS und TAEGER ist eine Bleiausscheidung von 0,025 bis 0,03 mg im Liter Harn nicht mehr normal, nach anderen[12] noch 0,05 mg Pb im Tag. Bei Bleiarbeitern wurden viel höhere Werte (16 bis 230 mg-% Pb)[14] gefunden. Durch den Kot werden im Tag ohne klinische Erscheinungen etwa 0,125 bis 1 mg, im Mittel etwa 0,5 mg Pb, nach anderen 0,22 mg Pb, ausgeschieden[13]. In der Frauenmilch „bleifremder" Frauen fand man[15] Spuren bis 0,018 mg-% Pb. Bleigehalt der Haare 1,9 mg-% bei Frauen, 1,5 mg 100 g bei Männern, Grenz- und Mittelwerte: 0,5—1,7—4,0 mg/100 g Haare. Pb wird in den Haaren abgelagert. — (Pb im Stoffwechsel siehe Bd. 2.) Der Bleigehalt in Harnsteinen ist etwa wie der in den Röhrenknochen (1,3 bis 29 mg-%), in Gallensteinen 0,3 bis 65 mg-% Pb. Gallenblasengalle vom Menschen[16] enthält 8—38—97 γ Pb je 100 cm³. Die röntgenographische Bestimmung von Pb in Knochensubstanz ist möglich[17]. Über toxisch-organische Pb-Verbindungen[18].

Tabelle 43. Vorkommen von Blei beim Menschen[12].
(mg-% frisches Organ.)

	Mittelwerte von Pb-freien Erwachsenen	Mittelwerte von 4 Feten 7—8 Monate		Mittelwerte von Pb-freien Erwachsenen	Mittelwerte von 4 Feten 7—8 Monate
Leber	0,17	0,07	Rippe* . . .	0,85	
Niere	0,13	0,06	Wirbel	0,71	
Gehirn	0,05	0,017	Femur		0,17
Milz	0,17				

* Bei Blutvergiftung 11,7 mg-%·

[1] KENT, N. L., and R. A. McCANCE: Biochem. J. **35**, 877 (1941). — [2] FLURY, F.: Blei. Handb. Heffter 3/3, 1575—1889 (1934). — Gmelin, System Nr. 47, Blei, in Vorbereitung. — [3] Scharrer, Spurenelemente S. 21—25. — LINTZEL, W.: Handb. Mangold 1, 205 (1929); **3**, 296—299 (1931). — [4] Hinsberg-Lang S. 35—40. — Hallmann S. 452. — Hecht-Donau S. 150.— GERLACH, WA., u. WE. GERLACH: Die chemische Emissionsspektralanalyse, 2. Teil, S. 120. Wien 1933. — KRINGSTAD, H.: Angew. Chem. **48**, 536 (1935). — [5] BEHRENS, B., u. H. TAEGER: Z. ges. exp. Med. **96**, 282 (1935). — KENCH, J. E.: Biochem. J. **34**, 1245 (1940). — TAEGER, H., u. F. SCHMITT: Z. ges. exp. Med. **100**, 717 (1937). — FISCHER, HELMUT, u. GRETE LEOPOLDI: Angew. Chem. **47**, 90 (1934). — [6] TOMPSETT, S. L., and A. B. ANDERSON: Biochem. J. **29**, 1851 (1935). — KENCH, J. E.: Biochem. J. **34**, 1245 (1940). — [7] JONES, F. R., and D. M. BRASHER: Analyst **72**, 423 (1947). — [8] Scharrer, Spurenelemente S. 21—25. — LINTZEL, W.: Handb. Mangold 1, 205 (1929); **3**, 296—299 (1931). — [9] BERTRAND, G., et Y. OKADA: Cr. **196**, 826 (1933). — [10] BERTRAND, G., et V. CIUREA: Cr. **192**, 990 (1931). — BÜLL, H.: B. Z. **230**, 299 (1931).— BARTH, E.: Virchows Arch. **281**, 146 (1931). — [11] TAEGER, H., u. F. SCHMITT: Kli. Wo. **1938** I, 319. — CANTAROW, A., and M. TRUMPER: Lead Poisoning. Baltimore 1944. — [12] TOMPSETT, S. L., and A. B.

o) Die Metalle der 15. Gruppe: Antimon (Sb), Wismut (Bi).

Antimon[1-4] und Wismut[5-6] sind bisher im Boden und in den Pflanzen nicht oder nur vereinzelt nachgewiesen worden. Über das normale Vorkommen bei Menschen ist nichts bekannt. Bestimmung von Antimon im organischen Material[4].

c) Die Nichtmetalle.

α) Aus der 13. Gruppe: Das Bor.

Das Bor[7] (B) kommt in außerordentlich geringen Mengen in fast allen Kulturböden, ebenso allgemein auch bei Pflanzen und Tieren[8-11] vor.

Auf Böden gleicher Zusammensetzung betrug der B-Gehalt, bezogen auf Trockensubstanz, im Getreide 0,2 bis 0,5 mg-%, im Spinat 1,0 mg-%, in Karotten 2,5 mg-%, in Leguminosen 3,5 bis 7,0 mg-%, in Zuckerrüben 7,6 mg-%, im Mohn 9,5 mg-% B[12]. Andere fanden analog im Getreide (Gerste, Weizen, Roggen) nur 0,01 bis 0,03 mg-% B, in Kartoffeln, Erbsen, Bohnen und Tomaten bis 1,8 mg-% der Trockensubstanz. — BERTRAND[12] gibt für Mais 0,5, Spinat 1,0, Erbsen 2,2, Mohrrüben 2,5, Bohnen 4,3, Radieschen 6,4, Runkelrübe 8,0, Löwenzahn 9,3 und Mohn 9,5 mg-% B in der Trockensubstanz an. Keimling und Sproßspitze enthalten relativ viel B (8,2 bis 13,2 mg-%)[13].

Im frischen Muskel von Kaninchen wurden 14 γ-%, im Pferdeblut 1,4 γ-% B gefunden[11].

Bestimmung. 0,1 γ Borsäure (= 0,02 γ B) geben mit Alizarin S (Dioxyanthrachinonsulfosäure) im gefilterten ultravioletten Licht noch eine rosenrote Färbung[15]. Nach Veraschen kann das B auch in organischen B-Verbindungen über Borsäuremethylester quantitativ bestimmt werden[16].

β) Die Nichtmetalle der 14. Gruppe: Kohlenstoff und Silicium.

Kohlenstoff[17] (C). Von den körpervertrauten C-*Verbindungen* können mit wenigen Ausnahmen fast alle leicht in das oxydative Endprodukt, die *Kohlensäure*[17], umgewandelt werden; notwendig dazu ist das Vorhandensein geeigneter Fermente. Kohlensäure in Atmosphäre und Meer[18]. Das Verhalten der Kohlensäure und ihrer löslichen Salze, der Hydrogencarbonate (HCO_3'), wird ausführlich in dem Kapitel Säure-Basengleichgewicht des Blutes (Bd. 2) behandelt. Siehe dort auch Bestimmung von CO_2. Das Vorkommen der „Bicarbonate" in Körperflüssigkeiten und Geweben hat SHOHL[19] zusammengestellt. Die unlöslichen Calcium- und Magnesiumcarbonate kommen im Harnsediment oder

ANDERSON: Biochem. J. **29**, 1851 (1935). — KENCH, J. E.: Biochem. J. **34**, 1245 (1940). — [13] Zit. nach REINERT-WERNER, J.: Diss. med. Basel (1939). — Siehe auch TAEGER, H.: Ergebn. inn. Med. **54**, 459—526 (1938). — [14] KRAUT, H., u. M. WEBER.: B. Z. **317**, 133 (1944). — [15] KASAHARA, M., u. SHIN-ICHI NOSU: Jb. Kinderheilkde. **145**, 78 (1935). — [16] ANDERSON, A. B.: Biochem. J. **39**, 58 (1945). — [17] MÜLLER, MARCEL: Helv. **30**, 2069 (1947). — [18] McCOMBIE, H., and B. C. SOUNDERS: Nature **159**, 491 (1947).

[1] Gmelin, System Nr. 18, Antimon (1942 u. 1943). — [2] Scharrer, Spurenelemente S. 14. — [3] OELKERS, H. A.: Antimon und seine Verbindungen. Handb. Heffter Erg.-W. **3**, 198 bis 252 (1937). — [4] OTTO, J. S.: 16. Rep. Dir. vet. Res. S.-Afr. S. 329 (1930) [Ber. Physiol. **60**, 360 (1931)]. — [5] Scharrer, Spurenelemente S. 160. — Gmelin, System Nr. 19, Wismut (1927). — [6] FORST, A. W.: Wismut. Handb. Heffter 3/4, 2249—2730 (1935). — [7] Gmelin, System Nr. 13, Bor (1926). — [8] BERTRAND, G., et H. AGULHON: Cr. **155**, 248 (1912). — BERTRAND, G.: Ann. agronom., Paris (N. S.) 11, 1 (1941); [C. **1942 II**, 54]. — BERTRAND, G., et L. SILBERSTEIN: Cr. **214**, 41 (1942). — [9] TERLIKOWSKI, F., u. B. NOWICKI: Zit. nach Scharrer, Spurenelemente S. 25—80. — [10] Scharrer, Spurenelemente S. 25—80 (353 Arbeiten zit.). — [11] LINTZEL, W.: Handb. Mangold 1, 203 (1920); **3**, 293 (1931). — [12] BERTRAND, G., et H. L. DE WAAL: Ann. Inst. Pasteur **57**, 121 (1936). Cr. **202**, 605 (1936). S. a. Scharrer, Spurenelemente S. 74. — [13] BERTRAND, G., et L. SILBERSTEIN: Cr. **214**, 41 (1942). — [14] BERTRAND, G., et H. AGULHON: Cr. **155**, 248 (1912). — [15] SZEBELLÉDY, L., u. ST. TANAY: Z. analyt. Chem. **107**, 26 (1936). — [16] ROTH, HUBERT: Angew. Chem. **50**, 593 (1937). — [17] LOEWY, A.: Kohlensäure. Handb. Heffter 1, 73—121 (1923). — [18] BUCH, KURT: Forsch. u. Fortschr. 18, 216 (1942). — [19] Shohl, Mineral Metabolism S. 130.

als Konkremente vor (s. Bd. 2, Niere und Harn). *Freies* CO_2 findet sich im Harn[1] zu etwa 4,2 Vol.-%. In dem anorganischen Skeletanteil des Wirbeltierknochens sind 4,9 g-% CO_3, in dem des Menschen 5,72 g-% CO_3, enthalten[2] (s. Bd. 2, Mineralstoffwechsel). Auch Eiweiß und Aminosäuren können Kohlensäure in Form der Carbaminoverbindungen ($HO-CO-NH-R$) binden[3] (s. GRASSMANN-SCHNEIDER-TRUPKE S. 515).

Die *Bestimmung des Kohlenstoffes*[4] in tierischen Flüssigkeiten hat man zur Klärung von Stoffwechselfragen herangezogen. Der *Restkohlenstoff* des Blutes erfaßt, ähnlich dem Rest-N, die nach der Enteiweißung im Filtrat verbleibenden C-haltigen Stoffe. Er beträgt beim gesunden Erwachsenen etwa 185 mg-% C (siehe Bd. 2, Blut). Als *Gesamtkohlenstoffgehalt*[5] des normalen menschlichen Liquors fand man 82 bis 102 bis 135 mg-% C.

Stabile Isotope ^{12}C (Häufigkeit 98,9%) und ^{13}C (Häufigkeit 1,1%). Herstellung von ^{13}C durch thermische Diffusion[6]. Radioaktive Isotope des Kohlenstoffes[7, 8] sind ^{10}C, ^{11}C (Halbwertszeit 21,3 min) und ^{14}C, siehe Zitat[9].

Kohlenoxyd[10] (CO) findet man normalerweise auch nicht in Spuren im Blut (s. Bd. 2 die Kapitel „Blut" und „Atmungsfunktion des Blutes"). CO dürfte nur von außen über die Lunge in den Körper gelangen. CO-bildende chemische Vorgänge bei Organismen sind nicht bekannt. CO wirkt hemmend auf Fermente, z. B. auf das Atmungsferment von WARBURG[11] und auf ein Kupferproteid, die Kartoffeloxydase[12], und zwar durch Komplexbildung mit Fe oder Cu. CO-Bestimmung mit Jodpentoxyd[13].

Ablagerungen von Kohle beobachtet man bei der Anthrakosis[14] in der Lunge und ihren Lymphdrüsen. Dabei handelt es sich um keine einheitlichen C-Verbindungen, ihre Umsetzungen im Gewebe sind unbekannt. Nur im Laboratorium kennt man die außerordentlichen Adsorptionskräfte der Kohle[15].

Die *Blausäure*[16] (HCN) ist für den Tierkörper ein Zellgift. Nachweis in der Leiche[17]. Bei Pflanzen hat jedoch der Cyanidrest wohl ganz bestimmte Aufgaben, z.B. im Amygdalin (S. 271). Das *Cyanidion* (CN^-) wirkt auf Fermente[18] zum Teil aktivierend, wie z. B. auf Phosphatase, Urease, Papain, Kathepsin, Carboxylase; zum Teil hemmend wie auf die Fermenthämine Katalase, Peroxydase, die Cu-Proteide, Indophenoloxydase, Kartoffeloxydase und auf Diaminoxydase, Histaminase, Dipeptidase und Formicodehydrase. Mit Hg- und Cu-Salzen vergiftete Fermente werden durch Cyanidbindung enthemmt[19].

Das *Rhodanion*[16] entsteht leicht durch Einwirken von Cyanion auf Sulfid[20] $CN^- + S_n^= \rightarrow SCN^- + S_{(n-1)}^=$. Es wird bei den Schwefelverbindungen beschrieben (S. 246).

---

[1] Klinke, Mineralstoffwechsel S. 61. — [2] KLEMENT, R.: Naturwiss. **26**, 145 (1938); B. **69**, 2232 (1936). — [3] H.-Th. S. 224. — [4] Gmelin, System Nr. 14, Kohlenstoff in Vorbereitung. — Hinsberg-Lang S. 121 bis 126. — [5] CLAUDATUS, J.: H. **215**, 10 (1933). — [6] NIER, A. O., u. J. BARDEEN: J. chem. Physics **9**, 690 (1941). — [7] FLAMMERSFELD: Chemie **55**, 263 (1942). — [8] VENNESLAND, B.: Nitrogen and Carbon Isotopes. Adv. biol. medic. Physics **1**, 46 (1948). — [9] s. a. KAMEN, M. D.: Radioactive Tracers in Biology. An Introduction to Tracer Methodology, 2. Aufl. S. 148 u. 168. New York 1948. — [10] BOCK, J.: Kohlenoxyd. Handb. Heffter 1, 1—72 (1923). — [11] WARBURG, O.: B. Z. **177**, 471 (1926).— [12] KARWAT, E.: Chemie **56**, 272 (1943). — [13] KUBOWITZ, F.: B. Z. **293**, 308 (1937). — [14] Lehrb. inn. Med. (ASSMANN u. a.) 4. Aufl. **1**, 551 (1939). — Atmungswege und Lungen. Handb. path. Anat. Histol. (HENKE-LUBARSCH) 3/2 (1930). — H.-Th. S. 436, Kohle im Sputum S. 898. — [15] BAILLEUL, G., W. HERBERT u. E. REISEMANN: Aktive Kohle und ihre Verwendung in der chemischen Industrie. 2. Aufl. Stuttgart 1937. — [16] HUNT, REID: Cyanwasserstoff, Nitrilglucoside, Nitrile. Rhodanwasserstoff, Isocyanide. Handb. Heffter 1, 702—832 (1923).— [17] WEHRLI, S.: Helv. **25**, 1432 (1942). — [18] BERSIN, TH.: Handb. Enzymol. (NORD-WEIDENHAGEN) 1, 157, 163, 170. — [19] BERSIN, TH.: Handb. Enzymol. (NORD-WEIDENHAGEN) **1**, 175. — [20] BÖTTGER, W.: Qualitative Analyse. 4.—7. Aufl. S. 367. Leipzig 1925.

Silicium[1] **(Si).** Von den Si-Verbindungen sind bisher bei Pflanzen und Tieren nur die Kieselsäure und ihre Salze, insbesondere das Ca-Salz aufgefunden worden. Die Kieselsäure H_2SiO_3, gehört zu den weitest verbreiteten Mineralien. Sie liegt in der Natur als Anhydrid, SiO_2 vor, krystallin findet sie sich als Quarz. In dieser Form erscheint sie in Säuren und Alkalien zunächst als unlöslich. Wird jedoch das Anhydrid außerordentlich fein gepulvert, so löst es sich in alkalischen Flüssigkeiten restlos auf. Es ist daher verständlich, daß die Pflanze die fein verteilte Kieselsäure im Boden in lösliche Form überführen kann, daß sich ferner infolge der Alkalität der Körpersäfte der eingeatmete Quarzstaub in der Lunge, die mit der Nahrung zugeführten Silicate im Darm, zu lösen vermögen. Im Ochsenblut sollen organische Si-Verbindungen vorkommen, die sich im alkoholischen Auszug anreichern[2].

Versetzt man Alkalisilicatlösungen vorsichtig mit Säuren, so bilden sich in diesen Säuresole, die stets etwa 7 mg-% SiO_2 oder 3,3 mg-% Si in krystalloider Form enthalten. Wird dieser krystalloide Anteil entfernt, so entsteht er im allgemeinen innerhalb von 1 h wieder neu.

Si-Bestimmung[3-5]. Die quantitative, gravimetrische Bestimmung der Kieselsäure stößt auf große Schwierigkeiten, weil Kieselsäure auch als stark geglühtes Anhydrid stets eine gewisse Löslichkeit behält, andererseits die verschiedenen Lösungen der Kieselsäure immer mehr oder weniger große Mengen kolloidaler Kieselsäure enthalten. Kraut ist der Auffassung, daß die quantitativen Angaben im biologischen Schrifttum über den Kieselsäuregehalt keine absoluten Werte darstellen, sondern höchstens die Größenordnung des Kieselsäuregehaltes angeben. Zum Vergleich mit anderen Elementen gibt man an Stelle von SiO_2 besser die Si-Werte an, zumal es sich im Körper um wasserhaltige SiO_2-Verbindungen und Silicate handelt.

Prinzip der Si-Bestimmung. Da sich das übliche Vorgehen der chemischen Analyse wegen der kleinen Si-Mengen im biologischen Material nicht eignet, sind dafür besondere Verfahren entwickelt worden: Kraut[3] verascht das Substrat (z B. 5 cm³ Blut) mit Salpetersäure und Schwefelsäure auf nassem Wege. Nach Bestimmung der Sulfataschenmenge wird die Asche mit Flußsäure behandelt und hierdurch die Kieselsäure entfernt. Anschließend erneute Veraschung. Aus der Differenz der Aschengewichte bestimmt Kraut mit $\pm 2\%$ Fehler den Kieselsäuregehalt. King[4] befreit das Substrat von Phosphat und Eisen und bestimmt anschließend die Kieselsäure auf colorimetrischem Wege mit Ammoniummolybdat und Aminonaphtholsulfosäure, indem er die blaue Farbe des Kieselsäuremolybdänkomplexes (1 SiO_2 + 12 MoO_3) unmittelbar oder nach Umsetzen mit 3 Mol Pyramidon gegen die gleiche Färbung verschiedener Kieselsäurelösungen von bekanntem Gehalt auswertet. Frank[6] findet die Werte von Kraut zu hoch. Neuerdings kommt Kraut[7] zu der Überzeugung, daß eine gravimetrische Kieselsäurebestimmung im Blut unmöglich ist, wenn man nicht mit Blutmengen von 200 bis 300 cm³ arbeitet. Kraut verwendet daher das colorimetrische Mikroverfahren von Urbach[8] und findet in 100 cm³ Blut von gesunden Menschen 0 bis 1,1 mg Kieselsäure, also Werte, die sich mit den Angaben von Lematte und Kahane[9] gut decken.

Bodnár und Török[10] veraschen 50 bis 250 mg Organpulver oder Blut mit KNa-Carbonat, führen das mit HCl gelöste Eisen durch KCN und Citronensäure in wasserlösliche Komplexform über und fällen das Phosphat als NH_4MgPO_4 aus; auf 1 g Organ, Blut kommen etwa

[1] Gmelin, System Nr. 15, Silicium in Vorbereitung. — [2] Holzapfel, L., u. D. Kerner-Esser: Naturwiss. **31**, 386 (1943). — [3] Kraut, H.: H. **194**, 81 (1931). — [4] King, E. J., and M. Dolan: Canad. med. Ass. J. **31**, 21 (1934). — King, E. J., u. J. L. Watson: Mikrochem. **20**, 49 (1936). — King, E. J.: Biochem. J. **33**, 944 (1939). — [5] Hinsberg-Lang S. 93—96. — Siehe auch Hecht-Donau S. 244. — Groves, A. W.: Silicate Analysis. New York 1937. — [6] Frank, H., u. G. Gerstel: H. **253**, 225 (1938). — [7] Kraut, H., u. Martha Weber: H. **275**, 127 (1942). — [8] Urbach, C.: Mikrochem. **14**, 189 (1934). — [9] Lematte, L., et E. Kahane: Cr. **196**, 575 (1933). — [10] Bodnár, J., u. T. Török: H. **261**, 257 (1939).

70 bis 500 γ P, 30 bis 500 γ Fe und 5 bis 100 γ Si. Die Kieselsäure bestimmen sie nach Reduktion des Siliciummolybdänkomplexes durch Hydrochinon und Natriumsulfit mit Hilfe des lichtelektrischen Photometers von LANGE-ROTH. Die Bestimmung dauert 2 h, die Fehlergrenze beträgt $\pm 5\%$ Si. Si kann auch mit Hexamethylentetramin als Silicomolybdatverbindung $[\mathrm{Si}(\mathrm{Mo_2O_7})_6]$ $\mathrm{H_8}$ (Hex.)$_4$ + $4\mathrm{H_2O}$ gefällt werden[1].

Vorkommen. Die Kieselsäure kommt in allen Lebewesen vor[2]. Ob sie bei den Si-armen Organismen lebensnotwendig ist oder nur als zufälliger Bestandteil des Körpers auftritt, bedingt durch ihr Vorkommen überall im Boden, ist bis heute noch nicht festgestellt. Vielen Pflanzen und Tieren dient Kieselsäure als *Gerüstsubstanz*: sie findet sich u. a. angereichert im Schachtelhalm, Stroh der Getreidearten, in den Diatomeen, den Kieselsäureschwämmen.

Kieselgur (Bergmehl, Infusorienerde) besteht ganz oder zum größten Teil aus den kieseligen Panzern abgestorbener Diatomeen und wird benutzt zu den verschiedensten industriellen und Laboratoriumszwecken, u. a. auch als Adsorptionsmittel[3], auch als Wärmeisoliermittel, ferner als Terra silicea (meist als Bestandteil von Zinkpasten) zur Hautaustrocknung bei Hautkrankheiten, ferner bei physiologisch-chemischen Arbeiten zur Umwandlung von klebrigen Schmieren (z. B. Hefeextrakten) in leicht extrahierbare Pulver.

Tabelle 44. Vorkommen von Silicium in Pflanzen.

Asche von	Si g-%	SiO$_2$ g-%
Hefe	0,56	1,2
Weizenstroh	32,0	68,0
Schachtelhalm	37,6	80,0

In *Pflanzenaschen* ist zum Teil sehr viel Si vorhanden. Si im Brot[4]. Von *tierischen Geweben* gehört das *Bindegewebe* zu den Si-reichsten, so daß die Kieselsäuremenge vom Bindegewebegehalt abzuhängen scheint[5]. Die Asche aller untersuchten Organe enthält zwischen 0,047 bis 0,235 g-% Si (0,1 bis 0,5 g-% SiO$_2$). Wichtig ist, daß sich schon im fetalen Gewebe Si findet. Das Si *des Blutes* hat KRAUT[6] eingehend untersucht. Er bezieht den SiO$_2$-Gehalt nicht auf das Gesamtblut oder Serum, sondern auf die Blutasche und findet dort 2,2 g-% SiO$_2$ (1,0 g-% Si). Nach den offenbar auch recht zuverlässigen Angaben von KING[7-9] liegen die Si-Werte im Blut um 0,5 mg-%. Die Meinungen über den wirklichen normalen Si-Gehalt sind also noch sehr geteilt, so daß wir einen allgemein anerkannten Wert nicht angeben können. Im Blut von Tuberkulösen ist nach KRAUT[10] durchschnittlich etwas mehr Si vorhanden. Die Si-Werte im Blut von Gesunden und Silicosekranken sind meist gleich hoch[9], nach RICHTER[11] etwa 7 mg-% Si).

Wenn der *Kieselsäuregehalt von Seewasser* (etwa 0,9 mg-%$_{00}$ SiO$_2$ = 0,42 mg-%$_{00}$ Si) auf etwa das 10fache angereichert wird, so wachsen Diatomeen wesentlich üppiger unter Speicherung von SiO$_2$. Der SiO$_2$-Gehalt des Seewassers sinkt infolge dieser Speicherung ab. Hat er einen Wert von etwa 0,15 mg-%$_{00}$ SiO$_2$ erreicht, so degenerieren die Diatomeen[12].

[1] DUVAL, C.: Analyt. chim. Acta, N. Y. **1**, 33 (1947). — [2] H.-Th. S. 47. — Berg, Spurenelemente S. 30. — [3] FERÉNYI, J.: Die Filtration mit aktivierten Kieselguren. Ein Berater für die Praxis. Stuttgart 1941. (Samml. chem. und chem.-techn. Vortr. N. F., H. 46.) — [4] BERG, R.: B. Z. **254**, 329 (1932). — [5] SCHULZ, HUGO: Pflügers Arch. **84**, 67 (1901); **89**, 112 (1902). — [6] KRAUT, H.: H. **194**, 81 (1931). — [7] KING, E. J., and M. DOLAN: Canad. med. Ass. J. **31**, 21 (1934). — [8] KING, J. E., u. J. L. WATSON: Mikrochem. **20**, 49 (1936). — [9] KING, E. J.: Biochem. J. **33**, 944 (1939). — [10] KRAUT, H.: H. **194**, 81 (1931). — [11] RICHTER, CLARA: Arbeitsschutz **1939**, 141 [C. **1939 I**, 4656]. — [12] KING, E. J., and V. DAVIDSON: Biochem. J. **27**, 1015 (1933).

Tabelle 45. Vorkommen von Silicium bei Mensch und Tier (vgl. auch S. 195 u. 196).

Trockensubstanz von	Si mg-%	SiO_2 mg-%
Lungen (Mensch)[1], normale	230—**570**—1540	500—**1200**—3300
,, ,, bei Silicose	230—**510**—3100	500—**1100**—6700
Normale Lymphdrüsen der Lungen (Mensch)[1]	230—**560**—1540	500—**1200**—3300
Sehnen[2]	2,8	6
Milz (Mensch)[1]	240	520
Gallerte der Nabelschnur[3]	11,7—18,6	25—40
Schilddrüse (Mensch)[4]	4	8
Kröpfigen Schilddrüsen (Mensch)[4]	< 18,6	43
Fetalem Gewebe von Kalb, Maus	1,88—10,3	4—22
Blut (Mensch)[5,6]	4,7—**7,5**—14	10—**16**—30
,, ,, [7]	1,77	3,15
,, ,, [1]	0,14—0,8	0,3—1,7
,, ,, [8]	0,27—0,85	0,6—1,8
Blut (Pferd)[1]	0,56	1,2
Blut (Kaninchen)[9]	6,6—15	14—32
Harn (Mensch)[1]	0,4—1,1	0,85—2,3

γ) Die Nichtmetalle der 15. Gruppe: Stickstoff, Phosphor und Arsen.

Stickstoff[10] (N). Stickstoff findet sich in den Organismen fast ausschließlich gebunden in organischen Verbindungen, im Eiweiß und seinen Abkömmlingen, zum geringen Teil auch in den Kohlenhydraten und Lipoiden. Überwiegend liegt der Stickstoff in seiner tiefsten Reduktionsstufe, dem Ammoniak[11], in Form von Aminoverbindungen vor. Daneben kommt auch verschiedentlich ringförmig gebundener N vor, der zum Teil die Fähigkeit hat, wechselweise von der 3-wertigen in die 5-wertige Stufe überzugehen (BREDERECK S. 832). Anorganischer Stickstoff wird als Schlacke, und zwar als Ammonsalz ausgeschieden.

Tabelle 46. Stickstoff-Verbindungen in den Organismen.

I. Anorganische:

NH_4' Ammonsalze; $NH_2 \cdot COO^-$ Carbaminsalze,
NOO^- Nitrite (Spuren), NO_2O^- Nitrate (Spuren),
CN^- Cyanide (Spuren), (Nitrilglykoside),
SCN^- Rhodanide (Spuren),
(H_2NOH Hydroxylamin als Zwischenstufe, vgl. Mineral-Stoffwechsel Bd. 2).

II. Organische:

a) Abkömmlinge des Ammoniaks:

1. Aminosäuren, Eiweiß (GRASSMANN-TRUPKE S. 493ff), Säureamide (Asparagin, Glutamin, Nicotinsäureamid); Aminozucker (BRIGL-PLOETZ S. 295ff), Glykoproteide (BLIX S. 751), Sphingosinverbindungen (Sphingomyeline, Cerebroside) (KLENK S. 378 u. 382).

[1] KING, E. J.: Biochem. J. **33**, 944 (1939). — KING, E. J., u. J. L. WATSON: Mikrochemie **20**, 49 (1936). s. a. Hecht-Donau S. 244. — [2] SCHULZ, H.: Pflügers Arch. **84**, 67 (1901). — [3] SCHULZ, H.: Pflügers Arch. **144**, 346 (1912). — [4] SCHULZ, H.: B. Z. **46**, 376 (1912). — [5] GONNERMANN, M.: H. **99**, 257 (1917); **111**, 32 (1920). — [6] KRAUT, H.: H. **194**, 81 (1931). — [7] FRANK, H., u. G. GERSTEL: H. **253**, 225 (1938). — [8] Hinsberg-Lang S. 96. — [9] BALDUS, M.: Med. Welt **7**, 201 (1937). — [10] Gmelin, System Nr. 4, Stickstoff (1936). — SIDGWICK, N. V.: The Organic Chemistry of Nitrogen. New Edition by Taylor, T. W. J., and W. Baker. Oxford 1937. — [11] Gmelin, System Nr. 23, Ammonium (1936).

2. Proteinogene Amine: (Putrescin, Cadaverin, Histamin, Tyramin u. a. (ACKERMANN S. 791ff.), Sperminbasen (ACKERMANN S. 795), Colamin (KLENK S. 375), Taurin (GRASSMANN-SCHNEIDER-TRUPKE S. 533).

3. Methylierte Basen und Betaine, Methylamin, Adrenalin, Trimethylamin, Trimethylaminoxyd, Cholin, Neurin u. a. (ACKERMANN S. 783ff).

4. Harnstoff, Ureide, Carbaminoverbindungen (Citrullin) u. a. (ACKERMANN S. 791).

5. Guanidoverbindungen: Kreatin, Kreatinin, Agmatin, Arcain, Oktopin u. a. (ACKERMANN S. 789).

b) Verbindungen mit ringförmig gebundenem Stickstoff:

1. Pyrrolverbindungen:
   Blatt-, Blut- und Gallenfarbstoffe, Porphyrine, Fermenthämine (ZEILE u. SIEDEL S. 845ff). Indol, Skatol (ACKERMANN S. 794), Indoxyl-, Indolyl-essigsäure, Heteroauxin Bd. 2, Chem.e und Biologie der Phytohormone.

2. Pyridinverbindungen:
   Nicotinsäure, Pyridinproteide, Co-Dehydrogenasen (BREDERECK S. 831). Adermin Bd. 2, Vitamine.

3. Purine und Pyrimidine:
   Nucleinsäuren und Abkömmlinge, Pterine, Aneurin, Flavine (BREDERECK S. 798ff). Imidazole: Histidin, Carnosin, Anserin, Ergothionein (ACKERMANN S. 788).

4. Chinolinverbindungen: Kynurensäure, Kynurenin (GRASSMANN-SCHNEIDER-TRUPKE S. 544).

5. Alloxazinringverbindungen: Flavine (Bd. 2, Vitamine).

6. Thiazolringverbindungen: Aneurin (BREDERECK S. 817 u. Bd. 2. Vitamine).

Isotoper N. Der Stickstoff kommt als ^{14}N mit Massenhäufigkeit 99,62% und als ^{15}N mit Massenhäufigkeit 0,38% vor[1]. Radioaktiver Stickstoff mit Massenzahl 13 (^{13}N) hat eine Halbwertszeit von nur 10,5 min[2], während ^{15}N beständig ist. Daher ist ^{13}N kaum für Stoffwechselversuche brauchbar. Reindarstellung[3] von ^{14}N und ^{15}N.

Gesamt-N und Rest-N. Bei Untersuchungen über den N-Stoffwechsel wird fast allgemein die organische Verbindung mit konzentrierter Schwefelsäure nach KJELDAHL[4-7] feucht verascht, in Ammonsalz überführt und das Ammoniak nach Destillation titriert. Die so im Harn oder Kot oder Blut ermittelten Stickstoffwerte nennt man „*Gesamt-N*", die zahlenmäßig gleiche N-Ein- und -Ausfuhr „N-Gleichgewicht" (s. Bd. 2, Gesamtstoffwechsel und Ernährung). Der „*Rest-N*" umfaßt die nach der Enteiweißung im Filtrat verbleibenden löslichen N-Anteile[4] (Bd. 2, Blut). Zahllos sind die Vorschläge zur Vervollkommnung des Verfahrens[5]. (Über N-Stoffwechsel: s. Bd. 2, Mineralstoffwechsel.)

Einzelne N-Verbindungen. Ammoniak. Gehalt im Blut 0,004 bis 0,1 mg% je nach Methode[4, 6, 7]; im Harn nach FOLIN 0,6 bis 0,8 g je Tag[8], Bestimmung in Pflanzen[9], im Wasser[10], für mikroenzymatische Untersuchungen[11]. (Bestimmung von NH_3 im Harn, Blut und Gewebe[12].)

Ammoniakvorkommen. In kleinen Mengen im Magen-Darminhalt und Harn; in Spuren im Blut, Milch und Organen, vermehrt bei Fäulnis im Harn, Blut, Eiter und Organen[13]. Ammoniakbestimmung mit NESSLERS Reagens[14].

[1] HAHN, O., S. FLÜGGE u. J. MATTAUCH: B. **73** (A), 1 (1940). — [2] BURRIS, R. H.: Science, N. Y. **94**, 238 (1941). — [3] CLUSIUS, K., G. DICKEL u. E. BECKER: Naturwiss. **31**, 210 (1943). — [4] Hallmann S. 347 u. 438. — [5] H.-Th. S. 49, 675. — Pregl-Roth 4. Aufl., S. 105ff. — [6] Hinsberg-Lang S. 373—383. Vgl. Bd. 2, Blut. — [7] PARNAS, J. K.: B. Z. **274**, 158 (1934). — CONWAY, E. J.: Biochem. J. **29**, 2755 (1935). — [8] Hallmann S. 349 u. 377. — [9] PRJANISCHNIKOW, D. N., u. A. A. SCHMUCK: Handb. Pfl.-Analyse (KLEIN) **2**, 88—98 (1932). — [10] H.-Th. S. 48. — KUISEL, H. F.: Helv. **18**, 178 (1935). — [11] LINDERSTRØM-LANG, K., u. H. HOLTER: H. **220**, 5 (1933). — [12] RUŽDIĆ, J., u. W. HURKA: B. Z. **316**, 38 (1943/44).— CONWAY, E. J.: Micro-diffusion Analysis and Volumetric Error. S. 21. London 1939. — [13] H.-Th. S. 48. — KUISEL, H. F.: Helv. **18**, 178 (1935). — STREHLER, E.: Schweiz. med. Wschr. **73**, 1492 (1943). — [14] GEIGER, ERNST: Helv. **25**, 1453 (1942).

Nitrit und Nitrat. Das *Vorkommen von Nitrit* im Speichel, Magensaft, Milch und Harn ist noch wenig geklärt[1]. Es fehlen hierfür noch allgemein anerkannte Bestimmungsverfahren[2]. Bestimmung von Nitrat und Nitrit im Harn und Blut mit Diphenylbenzidin und Schwefelsäure, Erfassungsgrenze 0,3 γ Nitrat je cm^3; von Nitrat im tierischen Gewebe[4, 5]. Im Speichel soll Nitrit vorkommen, nicht dagegen in speichelfreiem Magensaft, Milch und frischem Harn, wohl aber in bakteriell zersetztem Harn[1]. Auch das Nitrit des Speichels könnte bakteriellen Ursprungs sein, so daß bisher Nitrit nirgends im Tierkörper sicher nachgewiesen worden ist. *Nitrate* werden mit der Nahrung in sehr kleinen Mengen aufgenommen und wieder ausgeschieden. Nitrat wird im Tierkörper nicht gebildet, nach Aufnahme vielleicht zum Teil verändert[5]. Pflanzen (Meeresalgen, engl. Raygras Lolium perenne [bis 12,7% des Gesamt-N] u. a.) können Nitrat speichern[6]. Zusammensetzung von Chilesalpeter[7].

Phosphor (P). (P-Stoffwechsel Bd. 2.) Phosphor kommt im Körper ausschließlich in 5-wertiger Form als Phosphat, selten auch als Pyrophosphat vor.

Zum Teil ist er als freies Phosphation, zum Teil als PO_4-Ester oder Amid eingebaut in organische Verbindungen. Über Vorkommen[8] von P beim Menschen siehe auch Tabelle 27 S. 208.

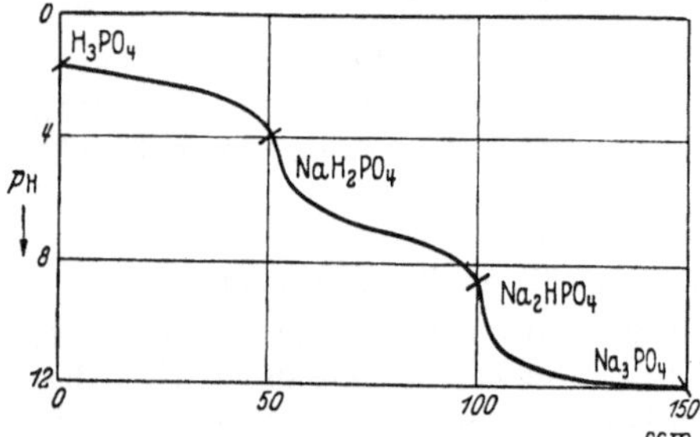

Abb. 18. Titrationskurve von 50 cm³ ¹/₁₀ Mol H₃PO₄ mit einer ¹/₁₀ n NaOH. Dissoziationskonstanten der Phosphorsäure (vgl. hier W. KUHN S. 118).

Verbindungen der Phosphorsäure[9, 10].

I. Anorganische Verbindungen. Unter den *Salzen der Orthophosphorsäure* spielen besonders das *primäre und sekundäre Alkaliphosphat* eine Rolle.

Primäres Alkaliphosphat (NaH_2PO_4) reagiert gegen Phenolphthalein schwach sauer, sekundäres (Na_2HPO_4) schwach alkalisch und tertiäres (Na_3PO_4) stark alkalisch infolge Hydrolyse des Salzes einer starken Base und einer schwachen Säure (vgl. Abb. 18).

$$\frac{[H^\cdot]\,[H_2PO_4']}{[H_3PO_4]} = 7,52 \cdot 10^{-3} = K_1$$

$$\frac{[H^\cdot]\,[HPO_4'']}{[H_2PO_4']} = 6,23 \cdot 10^{-8} = K_2$$

$$\frac{[H^\cdot]\,[PO_4''']}{[HPO_4'']} = 1,3 \cdot 10^{-12} = K_3$$

$$PO_4''' = \frac{[\text{Gesamt-}PO_4] \cdot K_1 \cdot K_2 \cdot K_3}{[H^\cdot]^3 + K_1[H^\cdot]^2 + K_1 K_2[H^\cdot] + K_1 \cdot K_2 \cdot K_3}$$

Während die Reaktion der Körpersäfte nie ausreicht, um das Entstehen des tertiären Alkaliphosphates zu ermöglichen, bildet das primäre und sekundäre

[1] VARADY, J., u. G. SZÁNTÓ: Kli. Wo. **1940**, 200. — [2] H.-Th. S. 896. — Hinsberg-Lang S. 96. — GOOTZ, R., u. H. TUNGER: H. **233**, 67 (1935). — CUSHNY, A. R.: Die Nitritgruppe. Handb. Heffter 1, 833—859 (1923). — [3] WHELAN, M.: J. biol. Ch. **86**, 189 (1930).— [4] WHELAN, M.: J. Lab. clin. Med. **20**, 755 (1935). — [5] WHELAN, M.: Biochem. J. **29**, 782 (1935). — [6] SUNESON, S. H.: H. **204**, 81 (1932). — RAUTERBERG, E., u. E. KNIPPENBERG: Bodenkde. u. Pflanzenernähr. **13**, 194 (1939). — CHIBNALL, A. C., and E. J. MILLER: J. biol. Ch. **90**, 189 (1931).— [7] SHIVE, J. W.: New Jersey agric. exp. Stat.: Bull. 603 (1936).— [8] Siehe [13] S. 237. — [9] KALCKAR, H. M.: The chemistry and metabolism of the compounds of phosphorus. Ann. Rev. **14**, 283—308 (1945). — [10] UMBREIT, W. W.: Phosphorus compounds. Ann. Rev. **16**, 105 (1947).

Phosphat ein wichtiges Puffergemisch im Körper, um die Reaktion der Gewebsflüssigkeiten aufrechtzuhalten, entgegen den physiologisch bedingten ständigen Angriffen auf die normale Reaktionslage. Primäres und sekundäres Phosphat sind in erster Linie verantwortlich für die H-Ionenkonzentration im Harn. Von den Calciumsalzen finden wir den Hydroxylapatit $Ca_9 (PO_4)_6 \cdot Ca (OH)_2$ in den Knochen und das *tertiäre Calciumphosphat* als Hauptbestandteil der Knochenasche. Tertiäres Calciumphosphat enthält — ebenso wie das tertiäre Natriumphosphat — basische Äquivalente. Ablagerung von tertiärem Calciumphosphat bedeutet somit Entzug von Basen; Mobilisierung von Calciumphosphat ist gleichbedeutend mit der Heranschaffung von Alkali. *Salze* der *Pyrophosphorsäure* finden sich im Blut, Muskel, Hefezellen u. a.

II. Organische Verbindungen[1].

1. Phosphorsäure ist esterartig gebunden:

a) in Phospholipoiden: Lecithinen, Kephalinen, Acetalphosphatiden, Sphingomyelinen.

b) in Kohlenhydraten: phosphorylierte Kohlenhydrate sind wichtige Intermediärstufen des Kohlenhydratstoffwechsels:

Hexose- und Triosemono- und -diphosphorsäuren, z. B. Glycerinaldehyd- und Dioxyacetonphosphorsäuren, 2- und 3-Phosphoglycerinsäuren, 2,3-Diphosphoglycerinsäure, α-Glycerinphosphorsäuren, Phosphobrenztraubensäure, Acylphosphate (s. BRIGL-PLOETZ S. 298 ff.); Bindung von Phosphorsäure an Ribose, und Desoxyribose (s. BREDERECK, S. 822ff sowie Bd. 2, Kohlenhydrat-Stoffwechsel).

c) In Eiweiß und Eiweißbruchstücken:

In den Zellkernen (Nucleoproteiden), in Phosphoproteiden, z. B. im Casein, Nucleinsäuren, Adenosinphosphorsäure, Adenosinpyrophosphorsäure (s. BREDERECK S. 828 ff.). In bebrüteter Bäckerhefe werden große Mengen Metaphosphat aus Nucleinsäuren frei[2].

d) Im Vitamin B_2: Laktoflavinphosphorsäureester (s. Bd. 2, Vitamine).

e) In Co-Fermenten: in den Co-Dehydrasen, der Co-Carboxylase, dem gelben Ferment (s. BREDERECK S. 831ff. und [4].

2. Phosphorsäure ist anhydridartig gebunden: in Pyrophosphorsäure und ihren Derivaten, im Acetylphosphat $CH_3 \cdot COO \cdot PO_3H_2$ (dies spielt als Zwischenprodukt eine große Rolle im Stoffwechsel[3, 4]), vielleicht auch das Dibenzoylphosphat[5].

3. Phosphorsäure ist säureamidartig gebunden: in Kreatinphosphorsäure, Argininphosphorsäure (s. a. P-haltige Verbindungen im Kapitel Muskel, Bd. 2).

Postmortal wird aus manchen dieser Verbindungen rasch Phosphat abgespalten, so daß der anorganische P-Wert ansteigt und leicht Trugschlüsse bei Auswertung der Analysen entstehen.

P-Bestimmung[6-10]. Fällung in salpetersaurer Lösung als Salz einer Heteropolysäure[11], der 1-Phosphor-12-molybdänsäure, als Ammonium-dodekamolybdato-phosphat $(NH_4)_3PO_4 \cdot 12\ MoO_3 \cdot 6\ H_2O$ oder Strychninmolybdatophosphat. Der Niederschlag wird

[1] H.-Th. S. 46. — HEUBNER, W.: Handb. Physiol 16, Teil II/2, 1433 (1931). — Gmelin System Nr. 16, Phosphor in Vorbereitung. — UMBREIT, W. W.: Ann. Rev. 16, 105 (1947). — LIPMANN, F., and N. O. KAPLAN: Ann. Rev. 18, 267 (1949). — [2] SCHMIDT, G., L. HECHT and S. J. THANNHAUSER: J. biol. Ch. 166, 775 (1946). — [3] LIPMANN, FR.: Acetylphosphate. Adv. Enzymol. 6, 231 (1946). — LIPPMANN, F., and C. TUTTLE: J. biol. Ch. 153, 571 (1944). — [4] KALCKAR, H. M.: Aspects of the biological function of phosphates in enzymatic synthesis. Nature 160, 143 (1947). — [5] CHANTFRENNE, H.: Nature 160, 603 (1947). — [6] H.-Th. S. 46. — [7] Hallmann S. 426—437. — [8] Hinsberg-Lang S. 46—79. — ALLEN, R. J. L.: Biochem. J. 34, 865 (1940). — [9] Hecht-Donau S. 251—257. — Pregl-Roth S. 156. — [10] BAMANN, E., u. M. MEISENHEIMER: Nachweis der phosphatischen Wirksamkeit. Bamann-Myrbäck 2, 1605—1619; dort auch Zusammenstellung über Bestimmungen der Phosphorsäure. — BOREI, H.: B. Z. 314, 351 (1943). — FONTAINE, T. D.: Industr. engng. Chem. (II) 14, 77 (1942). — BRANISHOLZ, G.: Helv. 30, 2028 (1947). — [11] JAHR, K. F.: Naturwiss. 29, 505, 528 (1941).

am besten gewogen oder man reduziert die Molybdänsäure mit Eisen(II)-cyanid und colorimetriert die auftretende grüne Farbe. Die analytischen Angaben sollten als mg P, nicht als PO_4 oder P_2O_5 erfolgen. P-Bestimmung in Lipoidextrakten[1] Photometrische PO_4-Bestimmung[2].

Radioaktiver Phosphor ^{32}P wird in neuester Zeit in steigendem Maße für chemische und biologische Untersuchungen verwendet[3-7]. 10^{-10} g $(= 0,0001\gamma)$ des isotopen [32]P können noch im Stoffwechsel verfolgt werden, ohne daß die physiologischen Grenzen der P-Konzentration verändert zu werden brauchen (weiteres darüber bei P-Stoffwechsel [Bd. 2] u. W. Kuhn, S. 28).

[32]P besitzt eine Halbwertszeit von 14,5 Tagen[8].

Vorkommen. Der *Körper des erwachsenen Menschen* enthält etwa 0,5 kg P; hiervon sind 65% im Skelet eingebaut; die restlichen 35% finden sich in den Weichteilen.

Für Untersuchungen über den intermediären Phosphatstoffwechsel, ferner für die Verfolgung des Umsatzes verschiedener organischer und anorganischer Verbindungen im Körper ist es von Wichtigkeit, das quantitative Verhältnis von P zu anderen Elementen des Körpers zu kennen. Man ist bei Kenntnis dieser Werte in der Lage, durch Analysen von Harn und Kot auf seine verschiedenen Bestandteile, die Herkunft des ausgeschiedenen P festzustellen, ob er z.B. aus den Knochen oder aus den weichen Geweben stammt. Im Knochen P:Ca = 4 bis 9 (Mittel 5); Ca:P = 1,9; Weichteile des Menschen N:P = 17,4; in Pflanzen N:P = 1 bis 2.

P im Blut. Im *Blutserum* finden sich nach Zerstörung der organischen Stoffe z. B. durch Kochen mit konzentrierter Schwefelsäure im ganzen etwa 12 bis 16 mg-% GesamtP-(siehe Bd. 2, Blut). Hiervon sind durchschnittlich 5 mg-% in Trichloressigsäure löslich [säurelöslicher P (= anorganischer P + Ester-P)]. Durch direkte Fällung mit Strychnin-molybdänsäure nach Embden, oder mit Magnesiamixtur, lassen sich aus dem Serum des erwachsenen Menschen etwa 3,5 mg-% *ionisierter* P (= anorganischer P) ausfällen (beim Kinde 5 mg-%, bei jungen Ratten 10 mg-%). Die Differenz zwischen säurelöslichem und ionisiertem P wird als Ester-P (oder als Rest-P) bezeichnet. In der Ester-P-Fraktion sind enthalten Verbindungen von der Art der Triosephosphorsäure (Hexose-phosphorsäuren, Nucleotidphosphorsäure), aber auch des amidartig gebundenen Phosphagen-P. Extrahiert man die Trichloressigsäurefällung im Serum mit organischen Lösungsmitteln, verdampft das organische Lösungsmittel und zerstört die organischen Stoffe im Rückstand mit H_2SO_4, so erhält man einen Wert von etwa 7 mg-% für den *Lipoid*-P. Schaaf[9] gibt für Serum vom Menschen als wahrscheinlichen Mittelwert 8,8 mg-%, vom Rind 3,8 mg-% an. In dieser Fraktion findet sich das Lecithin usw. Die Differenz zwischen dem nicht säurelöslichen P und dem Lipoid-P gibt den Wert für den *Eiweiß*-P an; es ist aber nicht gesagt, daß in dieser Fraktion ausschließlich an Eiweiß gebundener P vorliegt. — Durch Erhöhung der Calciummenge im Blutserum vermindert sich die *Ultrafiltrierbarkeit des* P im Blutserum[10].

Tabelle 47. Einfluß von Ca auf P im Blutserum.

mg-% Ca	mg-% P	Davon ultrafiltrabel %
9,4	9,7	100
10,0	10,6	95
16,0	9,7	34
32,2	9,5	5

Der ultrafiltrable Phosphor deckt sich nicht ganz mit dem ionisierten + Ester-P. Das Verhältnis von sekundärem zu primärem Phosphat beträgt bei Serumreaktion etwa 3 bis 9.

In einem *Plasma* von p_H 7 liegen etwa 80% des gesamten Phosphats als HPO_4'' und 20% H_2PO_4' vor.

[1] Sperry, W. M.: Industr. engng. Chem. (II) 14, 88 (1942). — [2] Kortüm, G., M. Kortüm-Seiler u. B. Finckh: Chemie 58, 37 (1945). — [3] Maier-Leibnitz, H.: Angew. Chem. 51, 545 (1938). — [4] Enders, C.: Angew. Chem. 53, 28 (1940). — [5] Hevesy, G.: Ann. Rev. 9, 642 (1940). — Wolf, P. M., u. H. J. Born: Chem. Ztg. 65, 405 (1941). — [6] Hevesy, G.: J. chem. Soc. 1939, 1273. Nucleic acid metabolism. Adv. biol. med. Physics 1, 409 (1948). — [7] Roeder, F.: Naturwiss. 33, 111 (1946). — [8] Siehe auch Kamen, M. D.: Radioactive Tracers in Biology. An Introduction to Tracer Methodology. S. 184. New York 1948. — [9] Schaaf, F.: Kli. Wo. 1935 II, 1609. — [10] Grollmann, A.: J. biol. Ch. 72, 565 (1927).

Die *Blutkörperchen* (siehe Bd. 2, Blut) enthalten etwa 1,5 mg-% P als anorganisches Phosphat; meist werden höhere Werte gefunden infolge Hydrolyse von Phosphorsäureestern. Außerdem: 50 bis 55 mg-% säurelöslicher P, 10 bis 15 mg-% P in verseifbaren P-Verbindungen.

Die 0,1 bis 0,15% säurelöslicher P im frischen *Froschmuskel* setzen sich zusammen aus etwa 15% anorganischem P, 10% Kohlenhydratmonophosphat, 35% Adenylpyrophosphat, 40% Kreatinphosphat.

Zum Vergleich seien die Werte in Tabelle 48 zusammengestellt[1].

Tabelle 48. Phosphor im Blut des Menschen (mg-%).

	Gesamtblut		Serum, Plasma		Blutkörperchen	
	Erwachsener	Kind	Erwachsener	Kind	Erwachsener	Kind
1. Gesamt-P	30—38—50		7—13—15		60	
2. Anorganischer P (ionisierter PO_4—P)	2—3—5	4—5—5,5	2—3—5	4—5—5,5	1,5—4,5	
3. Ester-P (= Rest-P)[2]	22		0,3—1,5—2	4—5—7	50	
4. Lipoid-P	7—10—14		8	3—10	17	
5. Eiweiß-P			0,5	0,5—4		

Der Gehalt des Blutes an den einzelnen P-Fraktionen ist sehr großen physiologischen und pathologischen Schwankungen unterworfen.

Arsen (As)[3]. Arsen findet sich regelmäßig im Boden und daher auch in allen pflanzlichen und tierischen Organen. Ob es dort eine physiologische Aufgabe zu erfüllen hat, ist unbekannt. Wesentlich für die biologische Wirkung ist die Oxydationsstufe des As und die Löslichkeit seiner Verbindungen.

Radioaktives $^{76}_{33}$As (H.W.Z. 27 h) gibt β- und γ-Strahlen ab[4]. Es ist für biologische Versuche als *AsCl$_3$ oder Na$_3$*AsO$_3$ geeignet[5].

Arsenbestimmung[6-9]. As-Nachweis meist im Apparat nach MARSH. Nach Zerstörung der organischen Substanz mit Natriumchlorat und Salzsäure wird As mit schwammigem Zinn zu AsH$_3$ reduziert, durch Erhitzen ein Arsenspiegel erzeugt, dieser mit Jodmonochlorid gelöst und das freigesetzte Jod mit Jodatlösung titriert. In einigen Gramm Untersuchungssubstanz können noch 5 γ As bis auf einige Zehntel γ As genau, frei von Antimon, mit + 3,7 und — 3,4% Fehler innerhalb 3 h bestimmt werden[6]. Man achte auf As-haltige Gläser[7]. Polarographische As-Bestimmung im biologischen Material mit Erfassungsbereich von 1 γ bis 1 mg AsO$_3$[10].

As-Vorkommen. Aus dem Kulturboden, der etwa 1,1 mg-% As enthält, gelangt das Arsen in alle unsere Nahrungsmittel, in Mengen von etwa 50 γ in 100 g Trockensubstanz[11,12]. Je nach dem As-Gehalt im Boden und Luft können die As-Werte stark schwanken. Zum Beispiel fand man[12] im trockenen Heu aus der Umgebung eines Hüttenwerkes 0,117 g-% As. Man bedenke, daß zur Schädlingsbekämpfung jährlich viele tausend Tonnen von Arsenpräparaten — Calcium-, Kupfer- und Bleiarsenat ($Pb_3(AsO_4)_2$) — verstreut werden[13]. Die Analysenangaben des Schrifttums sind nicht einheitlich, sie sollten die Umweltbedingungen mit erwähnen. Über flüchtige durch Bakterien erzeugte As-Verbindungen[14].

[1] Siehe auch Hallmann S. 347. — FEIGL, J.: B. Z. **112**, 47 (1920). — [2] „Other forms of phosphoric acids." — [3] Gmelin, System Nr. 17, Arsen, in Vorbereitung. — [4] PHILIPP, K., u. F. REHBEIN: Naturwiss. **31**, 235 (1943). — [5] SÜE, P.: J. Chim. physique Physicochim. biol. **40**, 17 (1943) [C. **1943** II, 1862]. — [6] SZÉP, Ö.: H. **267**, 29 (1941).— BODNÁR, J., Ö. SZÉP u. V. CIELESZKY: H. **264**, 1 (1940). — LOCKEMANN, G.: Angew. Chem. **18**, 416, 491 (1905). — [7] LOCKEMANN, G.: Z. analyt. Chem. **103**, 81 (1935). Angew. Chem. **49**, 252 (1936). — [8] Pregl-Roth S. 163—167. — Hecht-Donau S. 171—174. — [9] Hinsberg-Lang S. 97—100.— Hallmann S. 451, nur Literaturangaben. — HUBBARD, D. M.: Industr. engng. Chem., analyt. Ed. **13**, 915 (1941). — SANDELL, E. B.: Industr. engng. Chem., analyt. Ed. **14**, 82 (1942). — LEVVY, A.: Biochem. J. **37**, 598 (1943). — [10] BAMBACH, K.: Industr. engng. Chem. analyt. Ed. **14**, 265 (1942). — [11] FELLENBERG, TH. v.: B. Z. **218**, 300 (1930). — [12] GROSSFELD, J.: Naturwiss. **19**, 1028 (1931).— LINTZEL, W.: Handb. Mangold 1, 210 (1929). — [13] KLAGES, A.: Angew. Chem. **45**, 367 (1932). — [14] CHALLENGER, F.: Sci. Progr. **35**, 396 (1947).

Tabelle 49. Arsen-Gehalt in Lebensmitteln[1,2].

	γ As in 100 g frischer bzw. lufttrockener Substanz		γ As in 100 g frischer bzw. lufttrockener Substanz
Kuhmilch	2,3	Zwiebeln	2,0
Butter, Honig	0	Weißwein (la Côte)	0,85
Rahm	2,0	Helles Bier	1,6
Hühnerei	13,0	Schokolade	16,0
Eiweiß	7,3	Langusten	410
Dotter	23,6	Heringsfleisch	380
Reis	16,0	Dorschmehl (trocken)	1550
Weizen	13,8	Lebertran	70
Erbsen, gelbe	13,5	Felchenfleisch (Vierwald-	
Mais	2,5	stättersee)	11
Kartoffeln	0,8	Meerwasser	1,5
Birnen, Äpfel	1,2—3,6	Regenwasser[1,2]	0,17—0,56
Salate	2—4,6		

GAUTIER[3] hat 1896 als erster und später BERTRAND[4] auf die allgemeine Verbreitung von As (etwa in 0,1 mg-%) in tierischen und menschlichen Organen hingewiesen. Beide sehen im As einen normalen und wesentlichen Zellbestandteil. Ein eindeutiger Beweis für diese Vermutung steht noch aus. Menschliche Uterusschleimhaut enthält 4545 γ-% gegenüber 58,8 γ-% As im Blut[5].

Fetale Gewebe sind As-frei, während die Placenta relativ viel Arsen enthält[6]. Auch in die Milch soll kein Arsen übergehen, sofern nur kleine Mengen aufgenommen werden[7]. Diese Befunde könnte man so deuten, daß As für Fetus und Neugeborene nicht notwendig ist. In welcher Form das Arsen im Körper abgelagert wird, ist unerforscht, trotzdem man den verschiedensten Arsenverbindungen und ihren pharmakologischen Wirkungen größte Beachtung entgegenbringt.

Tabelle 50. Arsen-Gehalt in normalen Organen des Menschen[8-11].
(γ-% des frischen Organs.)

	Erwachsene	Neugeborene	Bemerkungen
Leber	11*	6	* Andere[6] geben 200 γ-% an
Niere	10,5	7,8	
Milz	8,7		
Herz	10	4,8	
Lunge	9,5		
Schilddrüse	13		
Gehirn	11		
Knochen	8,8		
Haut	9,7		
Haare	9,7**		** Andere[9] geben 24 bis 30 γ-% an
Nägel	17***		*** Andere[10] geben 265 γ-% As an
Blut	8,3		
Harn (Tagesmenge)	10,4****		**** BANG[12] fand 500 γ

[1] Siehe [11] S. 241. — [2] Siehe [12] S. 241. — [3] GAUTIER, A.: Ann. Chim. Physique [5] 8, 384 (1876). H. 36, 391 (1902). Cr. 170, 261 (1920). — [4] BERTRAND, G.: Ann. Inst. Pasteur 16, 553 (1902). Cr. 134, 1434 (1902). — [5] GUTHMANN, H., u. K. H. HENRICH: Arch. Gynäkol. 172, 380 (1941). — [6] BAGCHI, K. N., and H. D. GANGULY: Ind. med. Gaz. 72, 477 (1937) [C. 1938 II, 1980]. — [7] FORBES, E. B., J. A. SCHULZ, C. H. HUNT, A. R. WINTER and R. F. REMLER: J. biol. Ch. 52, 281 (1922). — [8] BILLETER, O., u. E. MARFURT: Helv. 6, 780 (1923). — [9] ITALLIE, L. VAN: Pharmac. Weekbl. 69, 1134 (1932) [C. 1932 II, 3754]. — SCHWARZ, L., u. W. DECKERT: Arch. Hygiene 129, 276 (1943). — [10] SZÉP, Ö.: H. 267, 29 (1941). — [11] LINTZEL, W.: Handb. Mangold 3, 309 (1931). — BANG, I.: B. Z. 165, 364, 377 (1925). — [12] BANG, I.: B. Z. 165, 364, 377 (1925).

d) Die Nichtmetalle der 16. Gruppe: Sauerstoff, Schwefel, Selen und Tellur.

Der Sauerstoff (O)[1, 2]. Der Sauerstoff kommt in der Erdrinde und im Tierkörper mit etwa 63% weitaus in größter Menge vor. In weitem Abstand folgt dort der Kohlenstoff mit 20% (s. Tabellen 14 u. 15, S. 195). Dies erklärt sich aus dem Vorkommen des O im Wasser und in fast allen übrigen Verbindungen.

Bestimmung des Sauerstoffs. Sie wird für Gaswechselversuche durchgeführt, wobei O_2 meist von alkalischer Pyrogallollösung absorbiert wird[3, 4]. Zur Ermittlung des Sauerstoffes in organischen Verbindungen hat UNTERZAUCHER[5] ein Verfahren angegeben. Die schärfste Probe auf O_2-Abwesenheit, z. B. in Stickstoff, gelingt nach H. KAUTSKY und H. THIELE, bzw. BEYERINCK-HARVEY mit Leuchtbakterien; im Dunkeln darf nicht das geringste Licht mehr zu sehen sein[6]. O-Bestimmung ohne Jod[6, 7].

Von *Sauerstoff-Isotopen*[8] sind bekannt ^{16}O, ^{17}O und ^{18}O mit einer Häufigkeit von 99,76, 0,04 und 0,20%. Der isotope ^{18}O ist wegen seiner Kostbarkeit bisher kaum für biologische Versuche verwendet worden (siehe O-Stoffwechsel, Bd. 2, Mineralstoffwechsel). Seine Reindarstellung ist jetzt gelungen[9].

Schwefel (S). Die Schwefelverbindungen[10-12] aller Lebewesen leiten sich vom reduzierten 2-wertigen und vom oxydierten 6-wertigen Schwefel ab.

Verbindungen des Schwefels in den Lebewesen.

I. Abkömmlinge des reduzierten, 2-wertigen Schwefels.

1. H_2S, frei und als Sulfid (z. B. im Bleisaum, bei Argyrie).

2. Derivate des Thioschwefels[13]: Thioalkohole oder Merkaptane R—S—H (Cystein, Glutathion, Ergothionein). Oxydationsprodukte der Thioalkohole: Dialkyldisulfide R—S—S—R (Cystin). Isoamylthiol im Sekret von Skunks[14]. Thioäther R—S—R_1 (Diäthylsulfid[15], Methionin, Lanthionin[16], Cytochrome[17]),

$$\text{Thiazolabkömmlinge} \qquad \begin{array}{c} N\text{------}CH \\ {}^{3}\| \qquad {}^{4}\| \\ {}^{2} \qquad {}^{5} \\ C \diagdown \quad \diagup CH \\ {}_{1}S \end{array} \qquad \text{(Vitamin } B_1\text{)}.$$

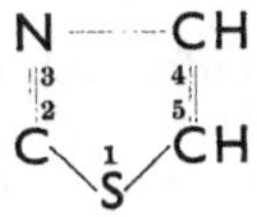

3. Rhodanwasserstoffsäure und Rhodanide: wahrscheinlich in erster Linie als Thiocyansäure H—S—C≡N, weniger als Isothiocyansäure S=C=N—H, Ester der Rhodanwasserstoffsäure: Isothiocyansäureester oder Senföle:

$$R\text{—}N{=}C{=}S \qquad\qquad R\text{—}N{=}C\underset{O\text{—}X}{\overset{S\text{—}R_1}{\diagdown\diagup}}$$

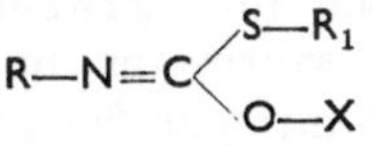

[1] Gmelin, System Nr. 3, Sauerstoff, in Vorbereitung. — [2] LASCHIN, M.: Der Sauerstoff. Seine Gewinnung und seine Anwendung in der Industrie. 3. Aufl., Halle 1943. — [3] BAYER, FRITZ: Gasanalyse. 2. Aufl., S. 58—72. Stuttgart 1941. — LEITHE, W.: Chemie **56**, 235 (1943); **57**, 74 (1944). — [4] UMBREIT, W. W., BURRIS, R. H., and J. F. STAUFFER: Manometric Techniques and Related Methods for the Study of Tissue Metabolism. 2. Aufl., Minneapolis 1949. — [5] UNTERZAUCHER, J.: B. **73**, 391 (1940). — [6] Zit. nach FISCHER, H., A. TREIBS u. K. ZEILE: H. **195**, 10 (1931). — [7] SZABÓ, Z.: Naturwiss. **32**, 41 (1944). — [8] HAHN, O.: B. **68** (A), 1 (1935). — HALL, W. H., and H. L. JOHNSTON: Am. Soc. **57**, 1515 (1935). — HUFFMAN, J. R., and H. C. UREY: Industr. engng. Chem. **29**, 531 (1937). — SCHOENHEIMER, R, and D. RITTENBERG: Physiol. Rev. **20**, 218 (1940). — [9] CLUSIUS, K., G. DICKEL u. E. BECKER: Naturwiss. **31**, 210 (1943). — [10] H.-Th. S. 44. — Gmelin, System Nr. 9, Schwefel, Teil A. Lfg. 1 Geschichtliches 1942. — SCHÖBERL, A.: Angew. Chem. **53**, 227 (1940). — [11] LUGG, W. H.: The chemistry and metabolism of the compounds of sulfur. Ann. Rev. **14**, 263 (1945). — [12] FROMAGEOT, F.: Oxidation of organic sulfur in animals. Adv. Enzymol. **7**, 369 (1947). — [13] BERSIN, TH.: Thiole und Disulfide. Bamann-Myrbäck 1, 422—431. — WREDE, F.: Thioglucosidase. Bamann-Myrbäck 2, 1835—1836. — [14] BLACKBURN, S., and F. CHALLENGER: Soc. **1938**, 1872. — CHALLENGER, F.: Sci. Progr. **35**, 405 (1947). — [15] CHRISTOMANOS, A. A.: H. **217**, 177 (1933). — [16] HORN, M. J., D. B. JONES and S. J. RINGEL: J. biol. Ch. **138**, 141 (1941). — DU VIGNEAUD, V., and G. B. BROWN: J. biol. Ch. **138**, 151 (1941). — [17] BARENSTEIN, H. D.: J. biol. Ch. **97**, 669 (1932).

II. Abkömmlinge des oxydierten 6-wertigen Schwefels.

1. *Sulfation* und seine löslichen (Na_2SO_4, K_2SO_4, $(NH_4)_2SO_4$, $MgSO_4$) und unlöslichen Salze (z. B. $CaSO_4$ als „Gipskrystalle" im Harn). Saure Salze der Schwefelsäure sind im Tierkörper wegen ihrer stark sauren Reaktion kaum möglich.

2. Schwefelsäureester [1]: „Gepaarte" Schwefelsäuren $R—O—SO_2—OH$. Saure Esterschwefelsäuren, fälschlich oft auch als „Ätherschwefelsäuren" bezeichnet [Kresol-, Phenol-, Indoxyl-, Skatoxyl-Schwefelsäuren (s. Bd. 2, Entgiftung), ferner Chondroitinschwefelsäure, Mucoitinschwefelsäure, Heparin, Agar-Agar (BLIX S. 752ff.), Sulfatide (KLENK S. 387)].

3. Sulfone $R—SO_2—R_1$ (Dimethylsulfon [2]).

4. Sulfonsäuren $R—SO_2—OH$ (Taurin, Taurocholsäure) [1].

S-Bestimmung [3-8]. Die Bestimmung erfolgt nach Überführung in Sulfatschwefel.

1. Der Schwefel kann als $BaSO_4$ gewogen werden; jedoch ist beim Auswaschen des Niederschlages Vorsicht geboten wegen der bei kleinen Mengen sich bemerkbar machenden Löslichkeit des $BaSO_4$. — Quantitative Mikrobestimmung des S durch Schmelzen mit Kalium [9].

2. Die Sulfate werden mit Benzidin ausgefällt [4]. Den Niederschlag erhitzt man in Wasser bis zum Sieden und titriert mit Lauge und Phenolphthalein (Benzidinsulfat reagiert sauer infolge Hydrolyse).

3. Bestimmungen in Gewebsschnitten mittels Röntgenstrahlenabsorptionsspektrographie [5].

Isotoper Schwefel [10]. Der radioaktive ^{35}S hat eine Halbwertszeit von 88 Tagen [11]. Bisher wurde radioaktives Glutathion durch wachsende Hefe auf Nährboden mit radioaktivem Na-Sulfat erhalten [12]. In Methionin konnte mit Hilfe von radioaktivem Benzylmercaptan ^{35}S eingebaut werden [13] (siehe S-Stoffwechsel, Bd. 2, Mineralstoffwechsel).

Vorkommen. *Im Blutserum* findet sich der S als Sulfation und im Serumeiweiß in organischer Bindung. Die S-Werte des Schrifttums schwanken und sind unsicher. Für Gesamtblut werden 120 mg-% angegeben.

Entsprechend dem Reststickstoff wird der im enteiweißten Blutserum enthaltene Schwefel als *Rest*-S bezeichnet. Etwa 3 bis 5 mg-% des Rest-S im menschlichen Serum (Gesamtrest-S 20 bis 50 mg-% S) sind ultrafiltrabel. Bei Beurteilung dieser Analysen muß erwogen werden, ob nicht im Analysengang leicht spaltbare Schwefelsäureester in Sulfat übergehen (siehe Bd. 2, Blut).

Im Harn sind 3 S-Fraktionen bekannt: Anorganische Sulfate (A-Schwefelsäure oder Sulfat-S) 60 bis 90% des Gesamtschwefels je nach Aufnahme von wenig oder viel Eiweiß, Esterschwefelsäuren (B-Schwefelsäure, gepaarte Schwefelsäure oder Ester-S) 5 bis 15%, Neutralschwefel oder Neutral-S (organischer S 5 bis 25%). Bei N-armer Nahrung sinkt der Sulfat-S absolut und relativ, da er aus Eiweiß stammt.

[1] SUTER, CH. M.: Organic Chemistry of Sulfur, Tetracovalent Sulfur Compounds. New York 1944.— [2] RUZICKA, L., M. W. GOLDBERG u. H. MEISTER: Helv. **23**, 559 (1940). — [3] Hinsberg-Lang S. 79—89. — Hallmann S. 457. — [4] Bürger, K.: Angew. Chem. **54**, 392 (1941); Chemie **57**, 25 (1944). — Pregl-Roth S. 142. — SCHÖBERL, A.: Angew. Chem. **50**, 334 (1937). — Hecht-Donau S. 257—260. — McKITTRICK, D. S, and C. L. A. SCHMIDT: Arch. Biochem. **6**, 411 (1945). — [5] ENGSTRÖM, H., u. B. LINDSTRÖM: Exper. **3**, 191 (1947). — [6] H.-Th. S. 669 (Gesamt-S), S. 690 (Harn-S). — [7] BERSIN, TH.: Thiole und Disulfide. Bamann-Myrbäck 1, S. 422—431. — [8] SODA, T.: Sulfatasen. Bamann-Myrbäck 2, 1695—1703. — [9] VIRTUE, R. W., and H. B. LEWIS: J. biol. Ch. **104**, 59 (1934).— [10] HAHN, O., S. FLÜGGE u. J. MATTAUCH: B. **73** (A), 1 (1940). Helv. **23**, 994 (1940). — [11] Siehe auch: KAMEN, M. D.: Radioactive Tracers in Biology. An Introduction to Tracer Methodology. 2.Aufl. S. 201. New York 1948. — [12] FRANKLIN, R. G.: Science, N. Y. **89**, 298 (1939).— [13] TARVER, H., and C. L. A. SCHMIDT: J. biol. Ch. **130**, 67 (1939).

Tabelle 51. Schwefel in menschlichen Organen, Körperflüssigkeiten und Ausscheidungen.

	Blut mg-%		Liquor mg-%	Milch mg-%		Harn g im Tag	Kot g im Tag	Muskel mg-%
	Serum, Plasma	Blutkörperchen		Frau	Kuh			
Gesamt-S	70[1]	190		8—20[2] 3,6[3]	27—44 31[3]	0,3 u. 1,5[4]*	0,44[5]	208
Rest-S	20—50							
SO$_4$-—S	3—5[6] 0,7—2,0[7]	1,6[8]	0,2—1,3[9]	0,5—1,4[2]	3—4[2]	0,18—1,3[4]		
Ester-S	0,5—0,2							
Neutral-S	5				1,6—2[2]	0,07—0,08[4]		
Rhodan-S	0,1—0,2[10]							0,05—0,06[11]

* Wert bei geringer und großer Eiweißaufnahme.

Einzelne S-Verbindungen.

Schwefelsäure. In geringer Menge kommt Sulfation vor im Wasser[12], in allen Geweben und Körperflüssigkeiten[13], freie Schwefelsäure im Speicheldrüsensekret von Schnecken, in den Blutkörperchen und in den Blasenzellen des Mantels von Ascidien[14].

Thiosulfat. Ist aus Hunde- und Katzenharn isoliert worden, aber vielleicht ist es bei der Aufarbeitung aus Cystin entstanden[15]. Um das Vorkommen von Thiosulfat sicher zu beweisen, sind neue Arbeiten nötig.

Schwefelwasserstoff wird bei der Fäulnis von Eiweiß durch bakterielle Zersetzung im Darm, bei Eiterungen, Bronchiektasie u. a. gebildet. H_2S wird aus Cystein leicht mit Lauge abgespalten. Die enzymatischen Teilvorgänge, die zur Freisetzung von H_2S führen, sind noch ungeklärt. Das Auftreten von schwerlöslichen Sulfiden ist den Ärzten seit langem bekannt, z. B. von FeS bei Pseudomelanose im Darm, PbS als Bleisaum bei Bleivergiftung, AgS als Argyrosis bei Ablagerung von Silbersalzen[16]. Die H_2S-Abspaltung aus Eiweiß erfolgt sehr leicht, wie das Auftreten von FeS beim Hartkochen eines Hühnereies beweist. Der aus dem denaturierten Eiweiß stammende H_2S setzt sich mit den Fe-Ionen des Dotters um. Zur Bestimmung von Sulfhydrylgruppen in Eiweißstoffen werden 2,6-Dichlorphenol-indophenol und das Doppelradikal Porphyrindin (I)

$$\text{(I)}\quad \begin{array}{c} CH_3 \\ | \\ H_3C-C-N \\ | \quad\ \ \diagdown\!\!{}^{O} \\ HN=C-N \diagup \\ \quad\ H \end{array} C=N-N=C \begin{array}{c} O \\ {}^{O}\!\!\diagup\quad CH_3 \\ N-C-CH_3 \\ | \\ N-C=NH \\ H \end{array}$$

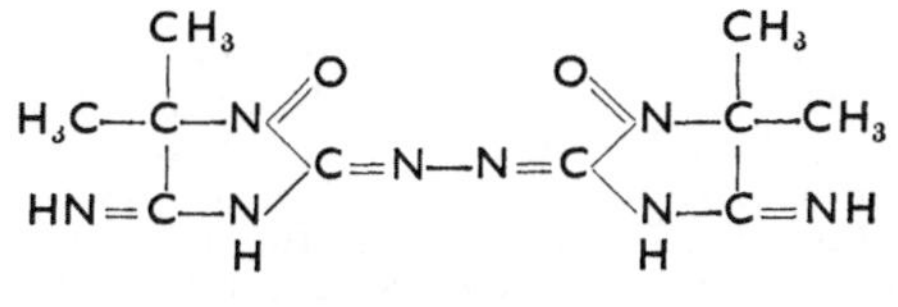

empfohlen[17].

---

[1] Siehe Bd. 2, Blut. — [2] Siehe Bd. 2, Milch, — [3] Cox, W. M., jr., and A. J. MUELLER: J. Nutrit. 13, 249 (1937). Zit. nach Shohl, Mineral Metabolism, S. 73. — [4] FOLIN, O.: Amer. J. Physiol. 13, 66 (1905). Zit. nach Shohl, Mineral. Metabolism, S. 200 — [5] WENDT, G. v.: Skand. Arch. Physiol. 17, 211 (1905). — [6] Hallmann S. 347. — [7] Bd. 2, Blut gibt 1 bis 1,8 mg-%. — Hinsberg-Lang S. 81 geben 0,7 bis 2,0 mg-% an. — [8] Bd. 2, Blut. — [9] Siehe Bd. 2, Liquor. — [10] LANG, K.: B. Z. 262, 14 (1933). — [11] BRODIE, B. B., and M. H. FRIEDEMANN, J. biol. Ch. 120, 511 (1937). — [12] KUISEL, H. F.: Helv. 18, 332 (1935). Handb. Lebensm.-Chem. (BÖMER u. a.) 8, Teil 1—3 (1939—1941). — [13] H.-Th. S. 44. — [14] HENZE, M.: H. 86, 345 (1913). — [15] H.-Th. S. 45. — [16] POHL, J.: Schwefelwasserstoff, Sulfide, Selen und Tellur. Handb. Heffter 3/1, 433—436 (1927). — [17] KUHN, RICH., u. P. DESNUELLE: H. 251, 14 (1938). Siehe auch Naturwiss. 22, 808 (1934).

Rhodanwasserstoffsäure in freier Form findet sich relativ reichlich im Zwiebelsaft.

Rhodanide finden sich wohl in allen Organen des tierischen Organismus; besonders reich ist der Speichel (bei Männern etwa 8 mg-%, bei Frauen weniger). Bei Gastritis soll die Konzentration im Magensaft besonders hoch sein (13 bis 16 mg-%). Ihre Herkunft sowie die Zusammenhänge zwischen dem Rhodanidgehalt des Blutserums und des Speichels sind nicht bekannt. Ob das Rhodanid der Leber „entgiftete" Blausäure und Schwefelwasserstoff durch die Tätigkeit der „Rhodanese" darstellt, etwa: $HCN + Na_2S_2O_3 \rightarrow NaSCN + NaHSO_3$, bedarf weiterer Klärung[1]. Rhodanese kommt am meisten in Niere und Leber, dagegen nicht im Muskel und Blut vor[1, 2]. Bezogen auf die Cyanid-Konzentration gehorcht die Reaktion nicht der SCHÜTZschen Regel[2] (siehe auch Bd. 2, Abwehrreaktionen des Organismus. 1. Entgiftung).

Tabelle 52. Rhodangehalt von Körperflüssigkeiten in mg-%.

Speichel	4—10—30
Magensaft	3— 5—8
Harn	2— 4—8
Blutserum	0,07—0,12—0,2
Galle	0,1—0,2

In neuerer Zeit hat man den organischen Rhodaniden erhöhte chemische Beachtung geschenkt und freies Rhodan $(SCN)_2$ zur Rhodanometrie der ungesättigten Fette verwendet[3]. — Rhodanidbestimmung siehe Fußnote[4].

Selen[5] **(Se)** und **Tellur**[6] **(Te)**. Beide Elemente finden sich normalerweise nicht bei Pflanzen und Tieren. Die Bestimmung von Selen in kleinen Mengen hat zeitweise zu falschen biologischen Überlegungen geführt[7]. Es kann als elementares **Se** zur Wägung gebracht werden[8]. Selen- und Tellur-Mikrobestimmung[9]. Aus dem Boden im Getreide angereichert, scheint das Selen an Eiweiß gebunden zu werden[10]. Im normalen Harn[10, 11] 1 bis 25 γ-% Se. Näheres über **Se** und **Te** im Stoffwechsel s. Bd. 2 und F. CHALLENGER[12]. Mikrobestimmung von Se[13]. Erfassungsgrenze 0,01 mg Se mit 1 bis 2% Genauigkeit.

ε) Die Elemente der 17. Gruppe: Die Halogene: F, Cl, Br, J.

Von den Halogenen ist nur das Chloridion in größerer Menge im Tierkörper vorhanden, F, Br und J werden zu den Spurenelementen gezählt.

Fluor (F)[14]. Das Fluor ist auf der Erde weit verbreitet; es beträgt etwa 0,08% der Erdrinde, das ist nach neuesten Angaben[15, 16] etwas mehr als Cl. Meerwasser enthält sehr kleine F-Konzentrationen (etwa 0,1 mg-% F); Mineralquellen, besonders warme, relativ mehr, einige Zehntel mg-% F; Trinkwasser[17] nur Spuren (14 bis 29 γ-%). Schon 0,1 mg-% F im Trinkwasser wirkt schädlich. Vom

---

[1] BAUMANN, E. J., D. B. SPRINSON and N. METZGER: J. biol. Ch. **105**, 269 (1934).— STUBER, B., u. K. LANG: Dtsch. Arch. klin. Med. **176**, 213 (1933). — LANG, K.: B. Z. **263**, 262 (1933). — LOCKEMANN, G., u. W. ULRICH: B. Z. **243**, 158 (1931). — [2] COSBY, E. L., and J. B. SUMNER: Arch. Biochem. **7**, 457 (1945). — [3] KAUFMANN, H. P.: Angew. Chem. **54**, 168, 195 (1941). — [4] HARTNER, F.: Mikrochem. **16**, 141 (1935). — [5] Gmelin, System Nr. 10, Selen (1942). — [6] Gmelin, System Nr. 11, Tellur (1940). — WAITKINS, G. R., A. E. BEARSE, R. SHUTT: Chem. Trade J. chem. Engrs. **111**, 249 (1942) [C. **1943** I, 2576]. — [7] FRITSCH, R.: H. **109**, 186 (1920). — [8] Hecht-Donau S. 181. — ALBER, H. K., and J. HARAND: J. Franklin Inst. **228**, 243 (1939). — [9] HECHT, FR., u. L. JOHN: Z. anorg. Chem. **251**, 14 (1943). — [10] FRANKE, K. W., and E. P. PAINTER: Cereal Chem. **13**, 67 (1936). — [11] STERNER, J. H., and V. LIDFELDT: J. biol. Ch. **140**, CXXVI (1941). — [12] CHALLENGER, F.: Sci. Progr. **35**, 400 (1947). — [13] DOLIQUE, R., J. GIRAUX et S. ROCA: Bull. Soc. chim. France, Mém. [5] **10**, 49 (1943) [C. **1943** II, 1903]. — [14] EINECKE, E.: Angew. Chem. **50**, 859 (1937).— Gmelin, System Nr. 5, Fluor (1926).— BOCKEMÜLLER, W.: Organische Fluorverbindungen. Stuttgart 1936. — RUFF, O.: Vom Fluor und seinen Verbindungen. B. **69** (A), 181—194 (1936).— [15] GOLDSCHMIDT, V. M.: Soc. **1937** I, 655. — [16] ROHOLM, K.: Fluor und Fluorverbindungen. Handb. Heffter, Erg.-W. **7**, 1—62 (1938). (Lit. bis Ende 1937.) — [17] KRAFT, K., u. R. MAY: H. **246**, 233 (1937). — Siehe auch [9] S. 247.

Flußspat (CaF_2) lösen sich in Wasser etwa 1,6 mg-% CaF_2 oder 0,8 mg-% F. Sehr schwer löslich ist der Eisenkryolith Na_3FeF_6. Aus dem Boden gelangt das Fluor in die Pflanzen und von da in alle tierischen Organe[1,2].

Radioaktives Fluor. [18]F hat eine Halbwertszeit von 112 min und ist zu Stoffwechselversuchen verwendet worden[3]

Fluorbestimmung[4,5-8]. In Gegenwart von $NaOH$ oder gebranntem Kalk kann die organische Substanz verascht werden[6]. Das Fluor wird als SiF_4 oder besser als H_2SiF_6 im Dampfstrom überdestilliert und mit einer Lösung von Zirkonoxychlorid und Purpurin gegen eine Testlösung titriert[4]. Im übrigen sind Methoden zur Bestimmung des Fluors als Anlagerungsverbindung[9] von LaF_3 an $La(CH_3 COO)_3$ und ein elektrometrisches Verfahren[10] bekannt. Colorimetrisch kann Fluor mittels des Zirkon-Alizarinfarblackes bestimmt werden[11]. Die Analysenwerte im Schrifttum beruhen als auf verschiedenen Verfahren[5]. Die Werte von KRAFT gelten als zu hoch[7,8]. F-Bestimmung in der Kost[12].

Vorkommen von Fluor. In der Trockenmasse von *Pflanzen*[13] fand man 0,36 bis 14 mg-% F, in den tierischen Geweben[14] einige Zehntel bis wenige mg. Chinesischer Tee soll einen relativ hohen F-Gehalt aufweisen, und dies soll als Ursache für die häufige Fleckigkeit der Zähne in China in Frage kommen[15].

Im normalen menschlichen *Blut oder Serum* kommen vor: 100 bis 120 γ-% F, im Blutkuchen 45 γ-%. Bei Basedow und Thyreotoxikose sind die F-Werte im Serum 50 bis 80 γ-%[16]. *Kuhmilch*[17] enthält 5 bis 14 bis 25 γ-% F. Fluorwerte von *Organen* hat ROHOLM zusammengestellt[18]. Sie bedürfen zum Teil der experimentellen Nachprüfung. Nur die neuesten Werte seien daher angeführt.

Tabelle 53. Fluor in normalen menschlichen Organen[18].

(berechnet auf Trockensubstanz.)

Milz	1,8 mg-%
Niere	1,1 mg-%
Herz	0,8 mg-%
Lunge	0,7 mg-%
Leber	0,5 mg-% *
Blut[7]	27—74 γ-%
Blut[8]	35—145 γ-%

* Die Leber eines normalen Rindes enthielt 19 γ-% F, die eines fluorkranken 45 γ-%[19].

Am häufigsten hat man den F-Gehalt der *Knochen* und *Zähne* untersucht und Schwankungen zwischen 20 bis 590 mg-% F in der Asche[20] gefunden. Bei erhöhtem Angebot reichert sich F in Knochen und Zähnen an. Es gelangt dann auch in die Milch und passiert die Placenta. Ob die Haut, die Haare besondere Ablagerungsorte für Fluor sind, ist noch ungeklärt.

Der höhere F-Gehalt der Knochen von Meerestieren gegenüber den Landtieren wurde durch die relativ hohen F-Mengen im Meerwasser erklärt. F ersetzt im Hydroxylapatit $Ca_{10}(PO_4)_6 \cdot (OH)_2$ der Knochen und Zähne das OH unter

[1] Siehe [16] S. 246. — [2] H.-Th. S. 43. — Scharrer, Spurenelemente S. 84—87. — LINTZEL, W.: Handb. Mangold 1, 214 (1929). — [3] VOLKER, J. F., R. F. SOGNAES and B. G. BIBBY: Amer. J. Physiol. 132, 707 (1941). — [4] Siehe [17] S. 246. — [5] Hinsberg-Lang S. 43—46. — HAGEN, S. K.: Mikrochem. 15, 313 (1934). — [6] BOCKEMÜLLER, W.: Z. analyt. Chem. 91, 81 (1932). — [7] HARTMANN, H., E. CHYTREK u. R. AMMON: H. 265, 52 (1940). — [8] WULLE, H.: H. 260, 169 (1939). — ARMSTRONG, W. D.: J. biol. Ch. 140, V (1941). — [9] McCLURE, F. J.: Fluorides in Food and Drinking-Water; a Comparison of Effects of Water Ingested versus Food Ingested Sodium Fluoride. Washington 1939. — Angew. Chem. 38, 203 (1925). — [10] BROSSET, C., u. B. GUSTAVER: Svensk kem. T. 54, 185 (1942). — [11] RICHTER, F.: Z. analyt. Chem. 24, 161 (1942). — [12] McCLENDON, J. F., and WM. C. FOSTER: Industr. engng. Chem.. analyt. Ed. 13, 280 (1941). — [13] GAUTIER, A., et P. CLAUSMANN: Cr. 162, 105 (1916). — [14] ROHOLM, K.: Kli. Wo. 1936 II, 1425. — [15] REID, E.: Chin. J. Physiol. 10, 259 (1936) [C. 1936 II, 1196]. — LOCKWOOD, H. C.: Analyst 62, 775 (1937). — [16] KRAFT, K., u. R. MAY: H. 246, 233 (1937). — [17] PHILLIPS, P. H., and E. B. HART: J. biol. Ch. 105, 123 (1934). — [18] ROHOLM, K.: Handb. Heffter, Erg.-W. 7, S. 14. — [19] DANCKWORTT, P. W.: H. 268, 190 (1941). — [20] KLEMENT, R.: B. 68, 2012 (1935). Angew. Chem. 48, 400 (1935).

Mischkrystallbildung bei Meerestieren stärker als bei Landtieren, ganz besonders aber in fossilen Knochen. Die Härte des Zahnschmelzes hat mit dem F-Gehalt nichts zu tun, sondern wird durch den Mangel an organischer Substanz gegenüber dem Zahnbein erklärt. Dabei bilden sich größere Krystallite des Hydroxylapatits aus, deren dichtere Packung die größere Härte bedingt.

Tabelle 54. Fluorgehalt der anorganischen Knochenmasse oder Glühasche von Knochen und Zähnen[1].
(Knochen ergibt zwischen 30 und 55% Glühasche.)

Landsäugetiere . . .	19—70 mg-% F	Süßwasserfische . . .	22—45 mg-% F
Meeressäugetiere . . .	240—830 mg-% F	Seefische	43—1080 mg-% F
Landvögel	39—220 mg-% F	Fossile Knochen . . .	2,3—2,8 g-% F
Meervögel	110—630 mg-% F	(Apatit	2,7 g-% F)

Die von KLEMENT angegebenen F-Werte stimmen mit denen anderer neuerer Bearbeiter, die 10 bis 100 mg-% F in der Knochenasche angeben, überein. ROHOLM[2] fand in der Asche menschlicher Rippen 48 bis 200 mg-% F, in der von verschiedenen Tierknochen 18 bis 80 mg-% F und vom menschlichen Zahnbein 30 mg-% F, von isoliertem Schmelz 4,4 bis 5,7 mg-% F. Für menschliche Zähne geben BOWES und MURRAY[3] 25 mg-% F an, bezogen auf trockenes Dentin mit 71% Asche und trockenes Email mit 95,4% Asche, und zwar bestimmt mit der Zirkon-Alizarinmethode von CASARES[4]. DANCKWORTT[5] arbeitet nach dem Verfahren von KRAFT und MAY: Normalfluorgehalt von frischen Knochen und Zähnen gesunder Rinder 44,3 mg-% F, eines menschlichen Weisheitszahnes 10,6 mg-% F. Bei chronischer Fluorvergiftung ist der F-Gehalt der Knochen und Zähne auf das 5—10fache gesteigert. — Organische Fluorverbindungen, z. B. Diisopropylfluorphosphorsäureester, wirken als Inhibitoren auf Enzyme[6]. Über F im Stoffwechsel Bd. 2.

Chlor. (Cl). Das Element Cl kommt in Lebewesen nur in Form des Cl-Anions vor. Im Gras fand TH. V. FELLENBERG auch ätherlösliche Cl-Verbindungen. Ein Teil des Cl liegt im Organismus als frei bewegliches Cl′ vor[7]. Daneben kann das Cl in offenbar nicht ionisierter Form als „Speicherchlorid" gelagert werden (Adsorption an Eiweiß, entionisierte Bindung bei niedriger Dielektrizitätskonstante?)[8]. In glykokollreichen Lösungen entsteht eine Adsorptionsverbindung mit Cl′, wodurch sich die Ultrafiltrierbarkeit des Cl vermindert[9]. Eine echte chemische Cl-Verbindung mit Eiweiß konnte in Organismen bisher nicht nachgewiesen werden. Im Stoffwechsel werden Cl′ und Na· meist als Kochsalz gewertet. Doch muß betont werden, daß man die Wege und Aufgaben des Cl-Ion im Körper nicht mit denen des Kochsalzes gleichsetzen kann! Denn es kann Cl′ z. B. ohne Anwesenheit von Na· gespeichert werden.

Bestimmung[9-16]. Polarographische Cl-Bestimmung[14]. Fällung des Cl′ mit salpetersaurer $AgNO_3$-Lösung von bekannter Konzentration. Titration des nicht verbrauchten Ag· mit KSCN und Fe··· als Indicator.[15, 16].

Vom Chlor sind 2 stabile *Isotopen* mit der Massenzahl 35 und 37 und einer Häufigkeit von 75,4 und 24,6% bekannt[17]. ^{35}Cl kommt also etwa 3mal mehr

[1] Siehe [20] S. 247. — [2] ROHOLM, K.: Kli. Wo. **1936 II**, 1425. — [3] BOWES, J. H., and M. M. MURRAY: Biochem. J. **29**, 2721 (1935). — [4] CASARES, J., u. R. CASARES: An. Soc. esp. Física Quim. **28**, 1159 (1930) [C. **1931 I**, 501]. — [5] DANCKWORTT, P. W.: H. **268**, 187 (1941). — [6] SAUNDERS, B. C.: Toxic properties of ω-fluorocarboxylic acids and derivatives. Nature **160**, 179 (1947). — [7] H.-Th. S. 42. — Gmelin, System Nr. 6, Chlor (1927).— [8] KATS , Y.: J. Biophysics, Tokyo **2**, 151 (1927). — [9] LINDERSTRØM-LANG, K., A. H. PALMER u. H. HULTÈR: H. **231**, 226 (1935). C. R. Lab. Carlsberg (II) **21**, 1 (1935).— [10] COLLIER, V. jr.: J. biol. Ch. **115**, 239 (1936). — [11] Hallmann S. 391, 453. — [12] Hinsberg-Lang S. 46. — [13] Hecht-Donau S. 238—241. — Pregl-Roth S. 115. — BÜRGER, KARL: Angew. Chem. **54**, 479 (1941).— [14] SCHÖNHOLZER, G.: Exper. **1**, 158 (1945). — [15] HAUSDORF, G.: B. Z. **318**, 63 (1948).— [16] KUSCHINSKY, G., u. H. LANGECKER: B. Z. **318**, 164 (1948). — [17] HAHN, O., S. FLÜGG)E u. J. MATTAUCH: B. **73** (A), 10 (1940).

vor als ^{37}Cl. Daneben gibt es zwei radioaktive (*) Cl mit Massenzahl 36* und 38*[1]. Durch Bestrahlen mit langsamen Neutronen wird ein Gemisch von radioaktivem Chlor erzeugt; aus 100 mg Radium als Chlorid mit Berylliumpulver wird z. B. Radiochlor von kurzer Halbwertszeit in unwägbarer Menge erhalten[2].

Vorkommen. Im menschlichen Körper sind 15 bis 25 g Cl als leicht angreifbarer Vorrat enthalten. Je jünger der Organismus, desto Cl-reicher ist er:

Tabelle 55.

Chlorgehalt des Menschen.

Feten	0,27 g-% Cl
Neugeborene	0,15—0,19 g-% Cl
Erwachsene	0,14 g-% Cl

Die *Muskeln* des Menschen enthalten etwa 40 bis 80 mg-% Cl (siehe Bd. 2, Muskel). Da der Muskel aber zu etwa 3 bis 11% aus chloridreichem Blut besteht, so verbleiben nur noch 20 bis 60 mg-% Cl für das blutfreie Muskelgewebe. Wahrscheinlich finden sich diese Cl-Mengen ausschließlich in der Intercellularflüssigkeit und nicht im Muskelplasma. Im *Blut* verteilt sich das Cl' auf die Körperchen und auf das Serum; es vermag bei wechselnder Acidität zwischen den beiden Blutbestandteilen hin und her zu wandern; es folgt dabei angenähert dem DONNANschen Verteilungsgesetz (KUHN S. 137). Der Cl'-Gehalt der Blutkörperchen beträgt 40 bis 50% der Cl'-Konzentration im Serum, bei Acidose bis zu 60% (siehe auch Bd. 2, Blut). Wird Blut mit Kohlensäure gesättigt, so reichert sich das Cl' in den Erythrocyten an.

Als Beispiel seien zwei Versuche[3] angeführt (Tabelle 56), in denen ein Teil einer Blutprobe von Menschen mit O_2, ein anderer Teil mit CO_2 gesättigt wurde; anschließend Bestimmung des Cl-Gehaltes im Serum und in Erythrocyten.

Tabelle 56. Chlor-Gehalt im „arteriellen" und „venösen" Blut des Menschen.

	Serum		*Erythrocyten*	
	mit O_2 gesättigt mg-%	mit CO_2 gesättigt mg-%	mit O_2 gesättigt mg-%	mit CO_2 gesättigt mg-%
HCO_3'	40,9	178,2	33,1	43,0
Cl'	426,0	312,2	95,0	147,0
HCO_3'	35,0	112,0	11,6	17,2
Cl'	475,0	419,0	113,0	148,0

Arterielles Plasma des Menschen enthält 1,3% Cl mehr als venöses.

Brom (Br). Das Brom[4-6] kommt, wenn auch in geringer Menge, weit verbreitet, im Meerwasser[7] (etwa 6 mg-%), Boden und Quellen und daher auch in allen Pflanzen und Tieren vor. Im Tierkörper beträgt seine Konzentration als Ion und in organischer Bindung etwa $^1/_{500}$ bis $^1/_{1000}$ derjenigen des Chlors. Die bisherigen Br-Untersuchungen über die Biologie des „physiologischen" Broms kranken am Mangel zuverlässiger Bestimmungen. Die Angaben des Schrifttums sind daher nur bedingt auszuwerten[8].

[1] FLÜGGE, S., u. J. MATTAUCH: Physik. Z. **42**, 1 (1941). — [2] ERBACHER, O., u. K. PHILIPP: Z. physik. Chem. (A) **176**, 169 (1936). — [3] HUMMEL, B.: Z. ges. exp. Med. **97**, 99 (1935). — [4] H.-Th. S. 43. — [5] Gmelin, System Nr. 7, Brom (1931). — [6] WATTENBERG, H.: Angew. Chem. **51**, 261 (1938). — [7] Vgl. WULFF, A.: Tabl. biol. per. **4**, 541 (1927). — [8] HOLTZ, FR., u. CHR. ROGGENBAU: Kli. Wo. **1933 II**, 1410. — MEIER, C. A., u. W. SCHLIENTZ: Kli. Wo. **1936 II**, 1845.

Tabelle 57. Vorkommen von Chlor im Körper.

	Mensch mg-% Cl	*Hund* mg-% Cl	*Rind* mg-% Cl
Gesamtblut	275—310[1]	290—310[1]	
Serum, Plasma	320—370—400[1,2]	379—396[2]	369[3]
Blutkörperchen	150—210[1]		
Liquor	430[2]	412—449[2]	404[2]
Muskel	40—70—80[4]		
Milch	37—55		80—144[5]
Harn	6—10 g-Tag[6]		

Br-Bestimmung[7-11]. Blut oder Harn werden mit Chromschwefelsäure verascht, die freiwerdenden Halogene (Cl_2, Br_2) in alkalischer Lösung gebunden, Bromid und Hypobromit mit unterchloriger Säure zu Bromat oxydiert und dieses jodometrisch bestimmt[7]. Man kann auch die mit **KOH** versetzte Asche wiederholt mit Alkohol ausziehen, im Extrakt **KBr** und **KJ** mit rauchender Salpetersäure zerlegen, das Jod mit $CHCl_3$ ausschütteln und das Br_2 mit Chlorwasser titrieren[9].

Vorkommen. In neueren Arbeiten[8] ist festgestellt worden, daß die **Br**-Werte des Blutes je nach den örtlichen Verhältnissen um 180 bis 270% schwanken

Tabelle 58. Örtlich verschiedene normale Bromwerte in Körperflüssigkeiten[8].
(mg-%).

	Wien	Budapest	Debrecen
Normales menschliches Blut[8] (s. a.[7,10])	0,16—**0,3**—0,40	0,37—**0,54**—0,8	0,79—**1,1**—1,45
Kälberblut[8]	—	3,61	17,12
Rinderblut[8]	0,76	—	—
Schweineblut[8]	—	1,04	8,62
Menschlicher Speichel[12]	0,02—0,7		
Menschlicher Harn[8]	0,42	0,71	1,94
Trinkwasser[8]	0,002	0,004	0,012
Kuhmilch[8]	0,23—0,49	0,64	1,55

können. In **Br**-reichen Gegenden sind auch hohe Blut-**Br**-Werte zu erwarten. Daneben kommen aber örtlich nicht bedingte **Br**-Schwankungen bis 900% vor. Das große Stapelungsvermögen des Körpers, z. B. auch der Blutkörperchen, dürfte die Ursache für diese Befunde sein. Ohne Berücksichtigung der Blut-**Br**-Werte Gesunder, ihrer Kost und Umwelt, lassen sich „erhöhte" **Br**-Zahlen in einzelnen Organen oder bei Krankheiten nicht zu irgendwelchen Schlußfolgerungen verwenden, auch wenn die Analysen technisch einwandfrei ausgeführt sind. Neue planmäßige Arbeiten sind hier nötig.

---

[1] Bd. 2, Blut. — [2] Bd. 2, Liquor. — [3] Bd. 2, Milch. — [4] Bd. 2, Muskel. — [5] Bd. 2, Milch. — [6] Hallmann S. 349. — [7] LEIPERT, TH., u. O. WATZLAWEK: H. **226**, 108 (1934). B. Z. **280**, 434 (1935). — LEIPERT, TH.: Das Brom. Seine Biochemie und mikroanalytische Bestimmung. Sammelreferat. Mikrochim. Acta **3**, 147—163 (1938). — BEHRMAN, S., D. BRINTON and R. G. L. WALLER: Biochem. J. **35**, 967 (1941). — [8] STRAUB, JÁNOS: B. Z. **303**, 398 (1940). — [9] STOLL, A., u. B. BRENKEN: B. Z. **268**, 229 (1934). — [10] Hinsberg-Lang S. 51—58. — Hallmann S. 453 (nur Literaturangaben). — [11] Hecht-Donau S. 238. — Pregl-Roth S. 114 u. 133. — [12] VITTE, G.: Cr. **124**, 1227 (1937).

Der Br-Gehalt der Hypophyse eines Hundes[1,2] soll bei 12 bis 30 mg-% Br liegen, der seiner anderen Organe nur zwischen 0,07 bis 5 mg-%. Nachprüfung dieser Befunde und Ausdehnung auf menschliche Organe ist wünschenswert. Brom und Schilddrüse[3].

Organische Bromverbindungen. Der rotviolette 6,6'-Dibromindigo ist identisch mit dem antiken Purpur, der aus der Purpurschnecke gewonnen wurde[4]. MÖRNER[5] isolierte aus dem Achsenskelet von Korallenarten (Gorgoniaceen) die Bromgorgosäure (3,5-Dibromtyrosin). Schon vorher fand HUNDESHAGEN[6] im Spongin organisch gebundenes Brom, nachdem 1828 zum erstenmal Brom in Schwämmen festgestellt worden war[7]. Ferner hat man das Dibromtyrosin als steten Begleiter der Jodgorgosäure im Spongin erkannt und zum erstenmal daraus isoliert[8]. Es wird für die Biologie des Broms wichtig sein, zu erfahren, ob auch in der Schilddrüse neben der Jodgorgosäure die Bromverbindung immer enthalten ist. Reines Dijodtyrosin aus Schwämmen ist erst jetzt dargestellt worden. Bisher hat man ein schwer trennbares Gemenge von 4 bis 5 Mol Dibromtyrosin und 1 Mol Dijodtyrosin in Händen gehabt[8]. — Radioaktives Brom wurde in α-Brom-α-phenyl-β, β-diphenyläthylen — einer oestrogenen Substanz — verwendet, um deren Wanderung im Körper zu studieren[9].

Jod (J). In der Natur kommt Jod weit verbreitet, aber nur in geringen Konzentrationen vor[10-15]. In der Erdrinde ist es von allen Bioelementen am spärlichsten vorhanden. Es findet sich im Meerwasser zu 0,2 mg-%, und zwar wohl nur in organischer Bindung. Chilesalpeter enthält bis zu 0,1 g-% J als jodsaure Salze. Im Boden, selbst im Urgestein, in Quellen, in der Luft, überall kann Jod nachgewiesen werden[15]. Die Hauptmenge des J im Handel stammte aus den südamerikanischen Salpeterfabriken. Chilesalpeter enthält 18,6 mg-% J[16]. Neuerdings wird J auch aus Hochofenflugstaub (Gehalt 0,001—0,2% J) gewonnen[17]. In der belebten Natur kommt Jod als Jodid, Jodat und in organischer Bindung vor. 5 isotope radioaktive Jod sind beschrieben[18,20] (siehe dort auch seine biologische Verwendung): ^{124}J (4 Tage); ^{126}J (13 Tage); ^{128}J (25 Min.)[19]; ^{130}J (12,5 h); ^{131}J (8 Tage).

Geschichtliches. Aus der Asche von Seetangen, dem „Kelp", isolierte 1811 B. COURTOIS das Jod. Kurz darauf, angeregt durch den Genfer Arzt W. C. COINDET (1820), gewann es J. DUMAS aus Schwämmen. Von ihm stammt die

[1] BERTRAND, G., et H. AGULHON: Cr. **155**, 248 (1912); **156**, 732 (1913). — LABAT, A.: Cr. **156**, 255 (1913). — [2] BERNHARDT, H., u. H. UCKO: B. Z. **170**, 459 (1926). — [3] BAUMANN E. J., D. B. SPRINSON and D. MARINE: J. biol. Ch. **140**, XII (1941). — [4] FRIEDLÄNDER, P.: B. **42**, 765 (1909). — [5] MÖRNER, C. TH.: H. **88**, 138 (1913). — [6] HUNDESHAGEN, F.: Angew. Chem. **9**, 473 (1895). — [7] JONAS: J. Chim. méd. **4**, 383 (1828). [Zit. nach D. ACKERMANN u. E. MÜLLER: H. **269**, 146 (1941).] — [8] ACKERMANN, D., u. E. MÜLLER: H. **269**, 146 (1941). — [9] BUU-HOÏ, NG. PH., M. BERGER, P. DAUDEL and R. DAUDEL: 17. Int. physiol. Congr. Abstr. and Communications, S. 365. Oxford 1947.
Zusammenfassende Darstellungen über Jod: 10—15. [10] H.-Th. S. 42. — [11] Gmelin, System Nr. 8, Jod (1931—1933). — [12] Scharrer, Spurenelemente S. 89—92. — SCHARRER, K.: Chemie und Biochemie des Jods. Stuttgart 1928. Handb. Biochem., Erg.-W. 1/A, 14—20; Erg.-Bd. S. 282—308. — [13] Berg, Spurenelemente S. 36—51 (1940). — [14] LINTZEL, W.: Handb. Mangold 1, 215—217 (1929). — [15] FELLENBERG, TH. V.: Das Vorkommen, der Kreislauf und der Stoffwechsel des Jods. Ergebn. Physiol **25**, 176 (1926).
[16] SHIVE, J. W.: New Jersey agric. exp. Stat. Bull. 603, S. 7. 1936. — [17] MIDDEL, W.: Chemie **55**, 239 (1942). — [18] MALLET, L., and H. LECAMUS: J. Radiol. **25**, 136 (1943). Siehe auch Tabelle 1, S. 88. — [19] SÜE, P.: J. Chim. physique Physico-chim. biol. **38**, 123 (1941) [C. **1942 II**, 413]. — [20] LIVINGOOD, J. J., and G. T. SEABORG: Physical Rev. **54**, 775 (1938), siehe auch S. 25 und Tabelle 13. S. 192.

Jodtinktur, die Jodjodkalilösung[1]. In der Asche des organischen Anteils von Schwämmen, den man später „Spongin" nannte, in Korallen, in tropischen und subtropischen Spongienarten fand man in der Folge beträchtliche Mengen Jod. Getrocknete Badeschwämme enthalten etwa 1,5% Jod. Die Entdeckung von Jod in der Schilddrüse durch BAUMANN[2] (1846*—1896†) im Jahr 1895 sicherte das „normale Vorkommen des Jods im Tierkörper" und war der erste Schritt zur chemischen Isolierung eines Hormons[3]. Fast gleichzeitig isolierte DRECHSEL[4] (1843*—1897†) aus Korallen nach Barythydrolyse neben Tyrosin, die „Jodgorgosäure", die später HENZE[5] wieder fand und die WHEELER[6] durch Synthese als 3,5-Dijodtyrosin aufklärte. KENDALL[7] stellte 1915 aus Schweineschilddrüsen das „Thyroxin" krystallin dar, dessen Konstitutionsermittlung und Synthese 1926 HARINGTON[8] gelang. Damit ist das organisch gebundene Jod als wesentlicher Träger der Schilddrüsenwirkung sicher festgestellt worden in Bestätigung der Arbeiten von E. BAUMANN und der von A. OSWALD über das Thyreoglobulin (1899).

Formen des J-Vorkommens. Jod ist im Körper außer in den Jodiden gebunden an Eiweiß, Fett und an höhere Kohlenhydrate, ferner in einigen niedrigmolekularen Verbindungen (Jodgorgosäure und Thyroxin).

Jodfraktionen. Wird ein wäßriger Extrakt mit Äther oder Chloroform ausgeschüttelt, so geht in das organische Lösungsmittel das *Lipoidjod*. Durch Behandeln des organischen Substrates (z. B. Blut) mit Alkohol werden die Eiweißstoffe ausgefällt. Aus dem Eiweißniederschlag lassen sich mit kalter, verdünnter Salzsäure schwer lösliche Erdalkalijodate und Kohlenhydratjod (aus Cellulose usw.) extrahieren, so daß das *eiweißgebundene Jod* zurückbleibt. Die alkohollösliche Fraktion enthält neben Jodid auch Teile der Lipoidfraktion. Anorganisches Jodid wird durch Zusatz von Nitrit in schwach essigsaurer Lösung zu molekularem Jod oxydiert und kann als solches dann mit Chloroform ausgeschüttelt werden. Jodidionen bilden in schwach salzsaurer Lösung mit Palladiumchlorür ein sehr schwer lösliches Salz; außer Jodanionen werden nur noch Cyanide gefällt.

Der Einbau von Jod in organische Verbindungen. Es ist denkbar, daß die Jodide in der Zelle vorübergehend in freies Jod verwandelt werden, das dann in organische Verbindungen eingebaut wird. Durch Einwirken von großen Mengen Jod auf tyrosinhaltiges Eiweiß (Casein, Serumeiweiß, Seidenfibroin, Edestin) in Gegenwart von Hydrogencarbonat bei 37° C werden Jodproteine mit Schilddrüsenwirkung erhalten, aus denen nunmehr Thyroxin, Di- und Monojodtyrosin krystallin und rein isoliert werden konnten[9, 10]. Aus Dijodtyrosin entstehen nach Zusatz von 1 Äquivalent 0,2 n Natronlauge und 1 bis 2 Wochen langer steriler Bebrütung u. a. geringe Mengen von Thyroxin. Damit ist bewiesen, daß Thyroxin unter physiologischen Bedingungen aus Dijodtyrosin gebildet wird, und zwar spontan ohne Mitwirkung von Enzymen. Wahrscheinlich wird Jod als Hypojodit abgespalten und wirkt als Oxyd auf Tyrosin ein[11]. Der Aufbau des Thyroxins braucht daher nicht an die Schilddrüse gebunden zu sein, wenn er auch physiologisch dort erfolgt.

[1] LIEBEN, FR.: Geschichte der Physiol. Chemie, S. 70ff. Leipzig u. Wien 1935. — [2] BAUMANN, E.: H. **21**, 319 (1896). — Nachruf von KOSSEL, A.: B. **30**, 3197 (1897). — [3] Walden, Geschichte org. Chem. S. 756. — [4] DRECHSEL, E.: Z. Biol. **33**, 85, bes. 101 (1895). — [5] HENZE, M.: H. **38**, 60 (1903); 51, 64 (1907). — [6] WHEELER, H. L., and G. S. JAMIESON: Amer. chem. J. **33**, 365 (1905). — [7] KENDALL, E. C.: J. biol. Ch. **20**, 501 (1915); **39**, 125 (1919). — [8] HARINGTON, C. R.: Biochem. J. **20**, 293, 300 (1926). The biochemistry of the thyroid. Ergebn. Physiol. **37**, 210—244 (1935). Chemistry of the iodine compounds of the thyroid. Fortschr. Chem. org. Naturstoffe 2, 103 (1939). — [9] ABELIN, I., u. A. FLORIN: A. e. P. P. **171**, 443 (1933). — [10] LUDWIG, W., u. P. v. MUTZENBECHER: H. **258**, 195 (1939). — REINEKE, E. P.: Thyroactive iodinated proteins. Vitamins & Hormones 4, 207 (1946). — [11] MUTZENBECHER, P. v.: H. **261**, 253 (1939).

Jodbestimmung[1-7].

Da die Konzentration des Jods in der belebten Natur meist sehr niedrig ist (in der Größenordnung von 10 bis 100 γ-%), stößt die quantitative Analyse auf große Schwierigkeiten. Es ist daher verständlich, daß die Angaben über den Gehalt an Jod, besonders bei geringer Ausgangsmenge an Untersuchungsmaterial (z. B. menschliches Blut), sehr schwanken und mehr oder weniger nur die Größenordnung wiedergeben, also keinen Anspruch auf absolute Genauigkeit haben. FELLENBERG[2] hat 1923 erstmals ein relativ zuverlässiges Mikroverfahren für die Jodbestimmung angegeben.

Jodbestimmung in Rattenschilddrüsen[8], in organischen Verbindungen[9] neben C und H.

Zur quantitativen Mikrojodbestimmung nach LEIPERT[1] wird die organische Substanz mit Chromschwefelsäure in Gegenwart von Cerisulfat zerstört. Dabei werden Chlor und Brom frei und destillieren ab, das Jod wird zu Jodat oxydiert und bleibt zurück. Sind Cl_2 und Br_2 entfernt, wird das Jodat mit arseniger Säure reduziert, als J_2 abdestilliert, mit Brom wieder in Jodat übergeführt und jodometrisch mit Thiosulfat bestimmt. Die *trockene* Veraschung gibt geringe Verluste und dauert länger als die feuchte Veraschung, das Bromid wird auch als Br_2 entfernt. Eine Beurteilung der Verfahren siehe HINSBERG und LANG[5].

Jodvorkommen. Der Jodgehalt der *Luft*[10] ist etwa 0,4 γ m³, der Seeluft etwa 10mal höher. Quellwasser[11] (Schweiz) enthält 0,07 γ-%; Regenwasser[11] (Holland) 0,5 γ-% J.

Der *Jodgehalt der Nahrungsmittel*[12] ist abhängig von dem Jodgehalt des Untergrundes, dem diese Nahrungsmittel entstammen. So sind beispielsweise in 100 g *Eiern* aus Bayern 5,4 γ Jod, aus Italien 1,2 γ Jod, in 100 g Schweinefett aus Bayern 12,0 γ Jod, aus Amerika 1,7 γ Jod vorhanden. Im Mittel werden für ein Hühnerei in Budapest 1,4 γ (= 2,4 γ-%) J angegeben[13]. Nach jodhaltigem Futter wird die Jodmenge der Eier 120mal höher. *Kuhmilch* zeigt schwankenden J-Gehalt je nach Fütterung und Weidegang der Kühe 1,6 bis 15 γ-% J; im Mittel werden 4 bis 7 γ-% J genannt[14]. Seepflanzen enthalten 0,01 bis 0,08% J.

Im Körper des ausgewachsenen *Menschen* finden sich etwa 25 mg Jod, von denen 24% = 6 mg in der Schilddrüse (Gewicht 30 bis 50 g) enthalten sind[15]. Ovar, Hypophyse und Thymus enthalten etwa 3 bis 6 mg Jod auf 100 g Trockensubstanz, während sich in der Schilddrüse 50 mg auf 100 g Trockenrückstand finden. Muskeln[16] enthalten 5 bis 15 γ-% J. Das ist relativ zu den Drüsen wenig, bei 40 kg Muskel sind es aber doch etwa 2 bis 6 mg J.

[1] LEIPERT, TH.: B. Z. **270**, 452 (1934); **261**, 436 (1933). — TAUROG, A., and I. L. CHAIKOFF: J. biol. Ch. **163**, 313, 323 (1946). — [2] FELLENBERG, TH. v., u. G. LUNDE: B. Z. **175**, 162 (1926). — [3] LUNDE, G., K. CLOSS u. J. BÖE: Mikrochem. „PREGL-Festschrift", S. 272 (1929). — [4] ABELIN, I.: Z. analyt. Chem. **97**, 367—381 (1934), Sammelreferat. — [5] Hinsberg-Lang S. 58—64. — Hallmann S. 455 (nur Literaturangaben). — [6] Pregl - Roth S. 139 bis 142. — Hecht-Donau S. 239. — [7] DOERY, H. M.: Biochem. J. **36**, 519 (1942). — [8] KOENIG, V. L., and R. G. GUSTAVSON: Arch. Biochem. **7**, 41 (1945). — [9] LACOURT, A., et A. M. TIMMERMANS: Analyt. chim. Acta, N. Y. **1**, 140 (1947). — [10] BLEYER, B., J. SCHWAIBOLD u. B. HARDER: B. Z. **251**, 87 (1932). — CAUER, H.: Das Jod der Luft, sein chemisches Verhalten und seine bioklimatische Bedeutung. Berlin 1933. — CAUER, H.: Angew. Chem. **45**, 384 (1932). — [11] FELLENBERG, TH. v.: Ergebn. Physiol. **25**, 250 (1926). B. Z. **139**, 371; **142**, 246 (1923); **224**, 170 (1930). — LINTZEL, W.: Handb. Mangold **1**, 216 (1929). — [12] ROMAN, W.: Tab. biol. period. **7**, 300 (1931). — [13] JASCHIK, A., u. J. KIESELBACH: Z. Unters. Lebensm. **62**, 572 (1931). — [14] LINTZEL, W.: Handb. Mangold **3**, 325 (1931). — ORR, J. O., u. I. LEITCH: Zit. nach Shohl, Mineral Metabolism S. 233. — [15] SCHARRER, K.: Handb. Biochem., Erg.-Bd., S. 297 (1930). — DE QUERVAIN, F.: Schilddrüsenpathologie mit besonderer Berücksichtigung des endemischen Kretinismus. Jena 1926. — SALTER, W. T.: Fluctuations in body iodine. Physiol. Rev. **20**, 345 (1940). — [16] FELLENBERG, TH. v.: B. Z. **174**, 355 (1926).

Der *Gehalt des menschlichen Blutes* an J dürfte zwischen 8 bis **13** bis 30 γ-% liegen[1, 2, 5]. Hiervon sollen 1 bis 3 γ-% lipoidlöslich sein[6] (s. auch Bd. 2, Blut).

Die Unsicherheit der Jodanalysen geben nachfolgende Angaben über den normalen Blutjodwert wieder, die einer Zusammenstellung v. FELLENBERGS entnommen[6] sind.

Tabelle 59. Jodgehalt des Blutes.

LEIPERT[7]	13 ± 4 γ-%
LÜCKER, Hamburg: Saure Verbrennung nach PFEIFFER	9 γ-%
PFEIFFER[8], Bonn: 1. Saure Verbrennung nach PFEIFFER	70 γ-%
2. Alkalische trockene Veraschung	24 γ-%
v. FELLENBERG, Bern: Geschlossene Verbrennung	22 γ-%
STURM, Jena: Offene Veraschung nach FELLENBERG	13 γ-%
Offene Veraschung nach STURM	12 γ-%
SZASC, Altschmecks: Im Blutextrakt[9] . . . . . 21 γ-%	
In den Verbrennungsgasen[10] . 15 γ-%	36 γ-%

ξ) Die Elemente der 18. Gruppe: Die Edelgase He, Ne, Ar, Kr, X, Rn.

Die Edelgase[11-14] sind chemisch und biologisch indifferente Gase. Sie sind nur als Verdünnungsmittel, z. B. Helium[13], zur Füllung von Pneumothorax verwendet worden. Radioaktives Helium in Gewebsflüssigkeiten gestattet mit genaueren radiographischen und photoelektrischen Verfahren die Messung der Umrisse des Herzens. Lediglich die Emanation, das aus Radium entstehende Gas Rn, wirkt auf Organismen ein.

3. Schluß.

Die obigen Darstellungen mögen zeigen, daß die Kenntnis der chemischen Eigenschaften der Elemente und ihrer Verbindungen, insbesondere ihrer Menge und der Form des Vorkommens, erst eine Grundlage für das Verständnis der Biologie der Stoffe schafft. Besondere Beachtung verdient die Spurenanalyse von Feten und Neugeborenen, weil diese wohl noch keine Ballaststoffe enthalten und von Organen in ihren verschiedenen Funktionszuständen. Die vergleichende Betrachtung der chemischen Zusammensetzung von Pflanze und Tier in ihren verschiedenen Entwicklungsphasen scheint geeignet zu sein, tiefer in die biologische Funktion der Stoffe einzudringen. Die Bereitstellung geeigneter Bestimmungsmethoden ist dafür die erste Voraussetzung. Die stabilen und radioaktiven Isotopen[15] müssen in immer größerem Umfang für die Erforschung auch des Mineralstoffwechsels herangezogen werden.

[1] FELLENBERG, TH. v., u. G. LUNDE: B. Z. **175**, 162 (1926). — LEIPERT, TH.: B. Z. **270**, 452 (1934). — [2] STURM, A.: Z. ges. exp. Med. **74**, 555 (1930). — [3] SCHNEIDER, E., u. E. WIDMANN: Dtsch. Z. Chir. **231**, 305 (1931). — [4] VEIL, W. H., u. A. STURM: Dtsch. Arch. klin. Med. **147**, 166 (1925). — [5] LUNDE, G., u. TH. v. FELLENBERG: Z. anorg. Chem. **165**, 225 (1927). — [6] Siehe [9] S. 253. — [7] LEIPERT, TH.: B. Z. **293**, 99 (1937). — [8] PFEIFFER, C., M. MÖBIUS u. K. POHL: A. e. P. P. **181**, 444 (1936). — [9] RONA, P., u. D. TAKAHASHI: B. Z. **49**, 370 (1913). — [10] PAULI, WO., u. M. SCHÖN: B. Z. **153**, 253 (1924). — [11] Gmelin, System Nr. 1, Edelgase (1926). — Abegg 4/3 Teil 1.: Die Edelgase (1928). — [12] Nature **160**, 249 (1947). Bericht über 17. Int. Physiol. Tag. Oxford 1947. — [13] KEESOM, W. H.: Helium. Amsterdam, London, New York 1942. — [14] SCHOFIELD, M.: Fifty years of the inert Gases. Sci. Progr. **1948**. — [15] LAWRENCE, E. O.: The new frontiers in the atom. Science, N. Y. **94**, 221 (1941).

III. Kohlenhydrate.

1. Zucker und Verwandte.

Von P. BRIGL, † 24. 4. 1945 und TH. PLOETZ.

Motto: Für das Studium der chemischen Prozesse im
Tier- und Pflanzenkörper ist nächst den Eiweißkörpern keine Gruppe von Kohlenstoffverbindungen so wichtig, wie die Kohlenhydrate, und als Nahrungsmittel nehmen sie
unstreitig die erste Stelle ein.

EMIL FISCHER[1].

Inhaltsverzeichnis.

Seite

a) Allgemeines 257

  α) Definition 257

  β) Geschichtliches 258

  γ) Vorkommen und allgemeine Bedeutung 258

  δ) Einteilung. 258

b) Monosaccharide 259

  α) Allgemeines 259

    1. Physikalische Eigenschaften 259

    2. Der Bau der Zucker 261

      Konfiguration S. 261. — Bezifferung und Schreibweise S. 261. — Epimere
Zucker S. 262. — Anzahl der Zucker S. 262. — Die Struktur der wichtigsten
Zucker S. 263. — Pyranose- und Furanoseformen. Ringisomerie S. 264. —
α- und β-Formen, Mutarotation S. 264. — Oxo-Cyklodesmotropie S. 265. —
Formelbilder der Zucker S. 266.

    3. Die Glykosidbindung, Glykoside 268

      Bauprinzip S. 268. — Darstellung S. 268. — Eigenschaften S. 269. — Vor-
kommen und einzelne Glykoside S. 269.

    4. Esterbindungen der Zucker 272

  β) Allgemeine chemische Eigenschaften der Zucker 273

    1. Einfluß von Alkalien. Epimerisierung 273

      Umwandlung von Zuckern S. 273. — Wirkung von Ammoniak S. 274. —
Wirkung stärkerer Alkalien S. 274. — MOOREsche Zuckerprobe S. 274.

    2. Oxydation der Zucker und die auf ihr beruhenden Reduktionsproben 275

      TROMMERsche Probe S. 275. — FEHLINGsche Probe S. 275. — TOLLENSsche
Probe S. 276. — BÖTTGER-ALMÉN-NYLANDERsche Probe S. 276.

    3. Phenylhydrazinproben 276

    4. Verhalten der Zucker gegen Säuren. Farbreaktionen 277

      Probe nach MOLISCH S. 278. — Probe nach SELIWANOFF S. 278. — Quanti-
tative Bestimmung der Pentosen nach TOLLENS S. 278.

  γ) Pentosen 279

    1. Allgemeines. 279

      Vorkommen und Bedeutung S. 279. — Eigenschaften S. 280.

    2. Einzelne Pentosen. 280

      a) Arabinosen S. 280. — b) D-Ribose S. 281. — c) Thyminose S. 282. —
d) Xylose S. 282. — e) L(+)-Xylo-ketose S. 282. — f) L-Rhamnose S. 283. —
g) Streptonose S. 284.

  δ) Hexosen 284

    1. Allgemeines. 284

      Synthesen S. 285.

    2. Einzelne Hexosen 286

      a) D-Glucose, Traubenzucker S. 286. — b) D-Mannose S. 288. — c) D-Galaktose
S. 289. — d) D-Fructose S. 290. — e) L-Sorbose S. 291. — f) Glutose S. 292.

  ε) Biologisches Verhalten der Pentosen und Hexosen 292

    Allgemeines S. 292. — Alkoholische Gärung S. 292. — Glykolyse S. 294. —
Andere Gärungen S. 294.

---

[1] FISCHER E.: B. **23**, 2114 (1890).

Seite

c) Verwandte der Zucker 295
  α) Aminozucker 295
    1. D-Glucosamin 295
    2. L-Glucosamin 297
    3. Chondrosamin 298
  β) Säuren der C_3-Reihe 298
    1. Milchsäuren 298
    2. Brenztraubensäure 300
    3. Phosphobrenztraubensäure 301
    4. Phosphoglycerinsäuren 301
    5. Triose-phosphorsäuren 303
    6. Phospho-glycerylphosphat. Acylphosphate 303
    7. α-Glycerin-phosphorsäure. 304
  γ) Hexose-Phosphorsäuren 304
    1. Hexose-diphosphorsäure 304
    2. Hexose-monophosphorsäuren: NEUBERG-, ROBISON-, EMBDEN- und CORI-Ester 306
  δ) Uronsäuren und Vitamin C 307
    1. Vorkommen und Bau 307
    2. Glucuronsäure 308
        Geschichtliches und Vorkommen S. 308. — Darstellung S. 309. — Freie
      Säure und Salze S. 310. — Glucuron S. 310. — Verhalten im Tierkörper S. 310.
      Nachweis S. 310.
    3. Vitamin C, Ascorbinsäure 311
        Geschichtliches S. 311. — Konstitution S. 312. — Synthese S. 313. —
      Konstitution und Wirkung S. 313. — Eigenschaften S. 314. — Citrin S. 314.
  ε) Inosit und andere Cyclite 315
        Allgemeines S. 315. — Mesoinosit S. 316. — Scyllit S. 318. — Mytilit S. 318. —
      Streptidin S. 318.
d) Oligosaccharide 318
  α) Disaccharide. 318
    1. Allgemeines 318
      Bausteine S. 318. — Vorkommen S. 320.
    2. Einzelne Disaccharide 320
        a) Saccharose S. 320. — b) Trehalose S. 321. — c) Maltose S. 322. — d) Lac-
      tose S. 323. — e) Gentiobiose S. 324. — f) Cellobiose S. 324. — g) Scillabiose
      S. 324. — h) Melibiose S. 324. — i) Vicianose S. 324. — k) Primverose S. 324. —
      l) Rutinose S. 325. — m) Robinobiose S. 325. — n) Turanose S. 325. — o) La-
      minaribiose S. 325. — p) 3-Galaktosido-L-arabinose. S. 325. — q) Sophorose
      S. 325. — r) 4(?)-Glucuronido-glucuronsäure S. 325. — s) 4-Glucuronido-xylose
      S. 325. — t) 2-Galakturonido-L-rhamnose. S. 325.
  β) Trisaccharide 325
        a) Melezitose S. 325. — b) Raffinose S. 325. — c) Planteose S. 325. — d) Gen-
      tianose S. 325. — e) Labiose S. 326. — f) Robinose S. 326. — g) Manninotriose
      S. 326.
  γ) Tetrasaccharide 326
        a) Stachyose S. 326.
  δ) Pentasaccharide 326
        a) Verbascose S. 326.

Zusammenfassende Darstellungen über Kohlenhydrate[1–46]:

Monographien: [1] PIGMAN, W. W., and R. M. GOEPP: Chemistry of the Carbohydrates. New York 1948. — [2] ELSNER, H.: Grundriß der Kohlenhydrat-Chemie. Berlin 1941. — [3] BELL, D. J.: Introduction to Carbohydrate Biochemistry. 2. Aufl. London 1948. — [4] FREUDENBERG, K.: Organische Chemie. 6. Aufl. Heidelberg 1948. — [5] MICHEEL, F.: Chemie der Zucker und Polysaccharide. Leipzig 1939. Dort auch Zusammenstellung der Lehr- und Handbücher über K.H. in der Folge zitiert: Micheel. — Chemistry of the Sugars and the Polysaccharides. By F. MICHEEL. Translated by R. C. HOCKETT. New York 1945. — [6] TOLLENS-ELSNER: Kurzes Handbuch der Kohlenhydrate. 4. Aufl. von Dr. HORST ELSNER. Leipzig 1935; in der Folge zitiert: Tollens-Elsner. — [7] BERNHAUER, K.: Grundzüge der Chemie und Biochemie der Zuckerarten. Berlin 1933. — [8] BERNHAUER, K.: Die oxydativen Gärungen. Berlin 1932. — [9] HAWORTH, W. N.: The Constitution of Sugars. London 1929. Die Konstitution der Kohlenhydrate, übersetzt von W. E. HAGENBUCH. Dresden 1932. — [10] CRAMER, M.: Les sucres et leur dérivés. Paris 1927. — [11] PRINGSHEIM, H.: The Chemistry of the Monosaccharides and of the Polysaccharides. New York 1932. — [12] VOGEL, H., u. A. GEORG: Tabellen der Zucker und ihrer Derivate. Berlin 1931.

a) Allgemeines[1-46].

α) Definition.

Als Kohlenhydrate bezeichnet man eine Gruppe von Verbindungen, deren Zusammengehörigkeit aus der Analogie ihres chemischen Baues hervorgeht. Allerdings ist diese Analogie nicht so weitgehend, wie man aus dem Sammelnamen ableiten könnte. Die 1844 von C. SCHMIDT[47] geprägte Bezeichnung „Kohlenhydrate" (*nicht* Kohlehydrate) besagt ja, daß die Verbindungen dieser Gruppe die Summenformel $C_x(H_2O)_y$ besitzen. Dies trifft aber nicht immer zu. Man kennt einerseits Verbindungen, die zwar die geforderte Summenformel besitzen, aber nicht zu den Kohlenhydraten gerechnet werden (z. B. Essigsäure, Milchsäure, Phloroglucin), während andererseits Stoffe, die einwandfrei zu den Kohlenhydraten gehören, eine andere Summenformel besitzen (z. B. Desoxyzucker.

Die ebenfalls zu den Kohlenhydraten zählenden Aminozucker enthalten außerdem noch Stickstoff.

Handbücher: [13] Beilstein 31. Kohlenhydrate. Teil I: Monosaccharide und Oligosaccharide. (1938). Literatur bis 1. 1. 1920 und teilweise später berücksichtigt. Dort auch Buchliteratur. — [14] ZEMPLÉN, G.: Die einfachen Zuckerarten usw. Biochem. Handlex. **13**, 250—817 (1931). — [15] LÜDTKE, M., u. C. NEUBERG: Alloiomorphe Zucker (am-Zucker). Handb. Biochem. Erg. Bd., 117—132 (1930). — [16] KARRER, P.: Kohlenhydrate. Handb. Lebensm.-Chem. (BÖMER u. a.) **1**, 373—465 (1933). — [17] Vgl. auch Handb. Pfl.-Analyse (KLEIN) **2** (1932); **3** (1932).

Methodisches: [18] VAN DER HAAR, W.: Anleitung zum Nachweis, zur Trennung und Bestimmung der reinen und aus Glucosiden usw. erhaltenen Monosaccharide und Aldehydsäuren. Berlin 1920. — [19] ZEMPLÉN, G.: Darstellung der natürlichen Kohlenhydrate und Glucoside. Handb. biol. Arb.-Meth. Abt. I, Teil 5, S. 263—351 (1922). — [20] BRIGL, P., u. H. GRÜNER: Methoden zur Erforschung der Konstitution von Kohlenhydraten. Handb. biol. Arb.-Meth. Abt. I, Teil 11, 1425—1532 (1936). — [21] HIRST, E. L., u. S. PEAT: Die biologisch wichtigen Kohlenhydrate und Glykoside. Bamann-Myrbäck **1**, 116—134.

Kürzere neuere Zusammenfassungen: [22] PIGMAN, W. W., and M. L. WOLFROM: Adv. Carbohydrate Chem. **1**, (1945); **2**, (1946); **3**, (1948). — [23] OHLE, H.: Die Chemie der Monosaccharide und der Glykolyse. Ergebn. Physiol. **33**, 558—701 (1931). — [24] OHLE, H.: Zucker und Derivate. Handb. Biochem. Erg.-W. 1A, 88—106 (1933). — [25] Fortschritte der physiologischen Chemie seit 1929. I. Naturstoffe: OHLE, H.: 1. Kohlenhydrate. Angew. Chem. **47**, 247 (1934). — [26] HAUROWITZ, F.: Fortschritte der Biochemie, Teil III (1931—1938). Kohlenhydrate, Uronsäuren, Vitamin C, S. 65—71. Dresden u. Leipzig 1938. Fortschritte der Biochemie 1938—1947. Kohlenhydrate S. 29—46. Basel u. New York 1948. — Siehe auch die zusammenfassenden Darstellungen: The chemistry of the carbohydrates and glycosides in Ann. Rev.: [27] LEVENE, P. A., and A. L. RAYMOND: **1**, 213 (1932); **2**, 31 (1933). — [28] IRVINE, J. C., and G. J. ROBERTSON: **4**, 59 (1935). — [29] HAWORTH, W. N., and E. L. HIRST: **5**, 81 (1936); **6**, 99 (1937). — [30] ARMSTRONG, E. F.: **7**, 51 (1938). — [31] ISBELL, H. S.: **9**, 65 (1940); **12**, 205 (1943). — [32] NORMAN, A. G.: **10**, 65 (1941). — The chemistry of carbohydrates in Ann. Rev.: [33] HASSID, W. Z. **13**, 59 (1944). — [34] HURD, CH. D.: **14**, 91 (1945). — [35] PERCIVAL, E. G. V.: **16**, 55 (1947). — [36] PRINS, A. D., and R. W. JEANLOZ: **17**, 67 (1948). — [37] BELL, D. J.: **18**, 87 (1949). — [38] PEAT, S.: Plant carbohydrates. Ann. Rev. **15**, 75 (1946). — [39] HUDSON, C. S.: The Fischer cyanohydrin syntheses and the configuration of higher-carbon sugars and alcohols. Adv. Carbohydrate Chem. **1**, 1 (1945). — [40] RICHTMYER, N. K.: The altrose group of substances. Adv. Carbohydrate Chem. **1**, 37 (1945). — [41] PACSU, E.: Carbohydrate orthoesters. Adv. Carbohydrate Chem. **1**, 77 (1945). — [42] Über Polysaccharide siehe PLOETZ-FREUDENBERG, S. 326. — [43] Über Kohlenhydratstoffwechsel siehe Bd. 2, und [44] SOSKIN, S., and R. LEVINE: Carbohydrate Metabolism. Chicago u. London 1946. — [45] WOLFROM, M. L.: Carbohydrates I; RAYMOND, A. L.: Carbohydrates II. In Gilman, org. Chem. II, S. 1532 u. 1605. — [46] Petersvan Slyke, 2. Aufl. Bd. 1. Carbohydrates S. 97 (1946). — [47] SCHMIDT, C.: A. **51**, 29 bes . 30 (1844).

β) Geschichtliches.

Unsere Kenntnisse vom chemischen Bau der Kohlenhydrate sind durch KILIANI[1], vor allem durch EMIL FISCHER[2] und seine Schüler begründet und wesentlich bereichert worden, von denen FREUDENBERG, HELFERICH und ZEMPLÉN genannt seien. Hierzu sind noch die Ergebnisse der britischen Schule gekommen, nach IRVINE vor allem von HAWORTH[3] und seinen Mitarbeitern. Näheres über Geschichte der Kohlenhydrate siehe LIPPMANN[4] und LIEBEN[5].

γ) Vorkommen und allgemeine Bedeutung.

Die Kohlenhydrate sind die von der Natur im größten Umfang produzierten organischen Verbindungen. Sie entstehen in den Pflanzen im Verlauf des Assimilationsvorganges und häufen sich als einfache Zucker, vor allem aber als polymere Anhydride derselben, an. Von letzteren sind Stärke und Cellulose bei weitem die wichtigsten. Ähnlich wie das Eiweiß die Hauptmasse der festen Teile in den tierischen Geweben bildet (beim Menschen etwa 10%), sind die Kohlenhydrate der Hauptteil in der Trockensubstanz der Pflanze und damit auch der Nahrung von Pflanzen- und Allesfressern. Trotzdem kommen Kohlenhydrate im Tierkörper verhältnismäßig nur spärlich vor (beim Menschen etwa 0,6%), weil sie nach erfolgter Spaltung und Resorption teils verbrennen, teils tiefgreifende Umformungen etwa zu Fett oder gewissen Eiweißbausteinen erfahren. Im wesentlichen handelt es sich also bei den Kohlenhydraten um *Substanzen des Pflanzenreiches*. Als *Nahrungsbestandteile*[6], *Inhaltsstoffe von Drogen*, als Glykoside, insbesondere aber als *Bau-* und *Betriebsstoffe* der Zelle sind jedoch einige wenige Zucker von ausschlaggebender biologischer Bedeutung. Jede pflanzliche und tierische Zelle enthält Kohlenhydrate. Ohne sie ist ein Leben nicht möglich.

Bei Mensch und Tier hat man bisher folgende Kohlenhydrate gefunden:

Monosaccharide: Arabinose, Ribose, Desoxyribose, Xyloketose, Glucose, Fructose, Galaktose, Hexose- und Triosephosphorsäuren.

Disaccharide: Maltose, Lactose.

Polysaccharide: Glykogen.

Aminozucker: Glucosamin, Galaktosamin.

Verwandte der Zucker: Mesoinosit, Ascorbinsäure (Vitamin C).

δ) Einteilung.

Die zu den Kohlenhydraten gehörenden Verbindungen lassen sich in folgende Gruppen einteilen:

1. Monosaccharide. Man versteht darunter solche Kohlenhydrate, die durch einfache Hydrolyse nicht noch weiter in kleinere Zuckerbausteine zerlegt werden können. Man nennt sie auch einfache Zucker.

2. Oligosaccharide. Diese zerfallen bei der Hydrolyse in eine geringe Anzahl (gleicher oder verschiedener) Monosaccharide. Nach der Zahl dieser Bausteine spricht man dann von Di-, Tri-, Tetrasacchariden usw. Die Verknüpfung der einfachen Zucker zu Oligosacchariden erfolgt unter Wasseraustritt. Die Oligosaccharide sind noch gut wasserlöslich und krystallisierbar.

---

[1] KILIANI, H.: Mein Leben und Werk. J. chem. Educat. **9**, 1908 (1932). — [2] FISCHER, E.: Untersuchungen über Kohlenhydrate und Fermente, hrsgb. E. FISCHER, Bd. 1, S. 1884—1908. Berlin 1909. Untersuchungen über Kohlenhydrate und Fermente, hrsgb. M. BERGMANN, Bd. 2, S. 1908—1919. Berlin 1922. — [3] HAWORTH, W. N.: B. **65** (A), 43 (1932). — [4] LIPPMANN, E. O. v.: Geschichte des Zuckers. 2. Aufl. Berlin 1929. — [5] LIEBEN, F.: Geschichte der Physiologischen Chemie. S. 460f. Leipzig u. Wien 1935. — [6] SCHALL, H.: Nahrungsmitteltabelle. 12. Aufl., S. 13ff. Leipzig 1939.

Die Bezeichnung „Oligosaccharide" geht auf einen Vorschlag von Helferich[1] zurück. Als obere Grenze der Oligosaccharide gilt das Hexasaccharid.

3. Polysaccharide. Diese sind hochmolekulare Verbindungen, die durch Fortführung des bei den Oligosacchariden gekennzeichneten Bauprinzips entstanden
sind. Ihre Eigenschaften sind von denen der Mono- und Oligosaccharide deutlich verschieden. Sie werden deshalb im folgenden Kapitel gesondert behandelt.

Die Monosaccharide können definiert werden als Carbonyl- oder Oxover-
bindungen mehrwertiger, mindestens 3-wertiger aliphatischer Alkohole. Man
hängt die Endung „ose" an den Wortstamm an, der die Herkunft und sonstige
Eigenschaften des Zuckers näher bezeichnet, nach E. Fischer[2]: z. B. Glucose,
Fructose, Mannose. Eine *weitere Unterteilung* dieser Verbindungen ist unter
verschiedenen Gesichtspunkten möglich. Man trifft sie

1. nach der Zahl der O-Atome[3]. Zum Beispiel O_4 = Tetrosen (Threose,
Desoxyribose); O_5 = Pentosen (Xylose, Methylpentosen); O_6 = Hexosen. Jedoch
ist man hierin nicht immer ganz folgerichtig. Die 1890 von E. Fischer vorgenommene Einteilung nach der Zahl der C-Atome[4] hat man heute als weniger
zweckmäßig verlassen.

2. nach der Stellung und Zahl der Oxogruppen. Aldosen, wenn eine Aldehydgruppe, Ketosen, wenn eine Ketogruppe vorliegt. Di-carbonylverbindungen.

3. nach konfigurativen Gesichtspunkten, d. h. der räumlichen Lage einzelner Atome und Atomgruppen. Zum Beispiel D- und L-Form, α- und β-Form.
Pyranosen, Furanosen.

b) Monosaccharide.

α) Allgemeines.

1. Physikalische Eigenschaften.

Die einfachen Zucker zeigen in ihrem physikalischen Verhalten große Ähnlichkeit. Sie sind *farb- und geruchlose* Verbindungen. Ihr *süßer Geschmack* wird
mit der Häufung der OH-Gruppen im Molekül ebenso wie bei Glykol, Glycerin,
den Pentiten und Hexiten in Zusammenhang gebracht. Entscheidend dafür
dürfte außerdem der gesamte Bau des Moleküls sein. Als süßester Zucker gilt
die D-Fructose[5]. Näheres über die Ursache des Geschmackes ist unbekannt.

Die Monosaccharide *lösen* sich gut in Wasser, in Alkoholen um so schwerer,
je höher deren C-Zahl ist. Die meisten organischen Lösungsmittel Äther,
Benzol, Chloroform lösen nicht, wohl aber Pyridin und Dioxan.

Zur Unterscheidung der Zucker sind von physikalischen Daten brauchbar
der Schmelzpunkt und die spez. Drehung. Der *Schmelzpunkt* (F.) liegt infolge
der zahlreichen OH-Gruppen im Zuckermolekül recht hoch und ist meist schon
ein Zersetzungspunkt, so daß zur Kennzeichnung mehr die F. der Zuckerderi-
vate herangezogen werden. Praktisch viel wichtiger ist das *Verhalten im polarisierten Licht*[6].

Unter *spez. Drehung* $[\alpha]_n^t$, versteht man den Winkel, um den die Ebene des polarisierten
Lichtes von 1 g Substanz, z. B. Zucker, in 1 cm³ Lösung von $t°$, gemessen im 1 dm langen
Rohr, gedreht wird. Sie ist in verdünnten Lösungen für jede Verbindung, wenn Wellenlänge des Lichtes (n), Temperatur der Lösung (t) und Lösungsmittel gegeben sind, von
der Konzentration nur wenig abhängig. Daher kann man für jede optisch-aktive Verbindung aus verschieden konzentrierten Lösungen die spez. Drehung als konstanten und

---

[1] Helferich, B., E. Bohn u. S. Winkler: B. **63**, 989, bes. S. 991 (1930). — [2] Fischer,
E.: B. **23**, 930, bes. S. 934 (1890). — [3] Beilstein **31**, 2. — [4] Fischer, E.: B. **23**, 930,
bes. S. 934 (1890). — [5] Walton, C. F.: Int. crit. Tabl. **1**, 357 (1926). — [6] Browne,
C. A., and F. W. Zerban: Physical and Chemical Methods of Sugar Analysis. 3. Aufl.
London 1946.

charakteristischen Wert feststellen oder bei bekannter spez. Drehung [α] die Konzentration berechnen. Man spricht von Rechtsdrehung, wenn, vom Beobachter gesehen, die Drehung der Polarisationsebene im Sinne des Uhrzeigers erfolgt.

Die Drehung eines frisch aufgelösten Zuckers hat häufig anfänglich einen anderen Wert als nach einiger Zeit: Erscheinung der *Mutarotation*, S. 264. Angegeben wird die sich einstellende Enddrehung (S. 262).

Gewöhnlich untersucht man bei Zimmertemperatur ($t = 20°$) im Natriumlicht oder der D-Linie des Spektrums. Ist α die abgelesene Drehung, l die Rohrlänge in dm und $g =$ Gramm Substanz, $V = cm^3$ Lösung, so ist die spez. Drehung $[α]_D^t = \dfrac{α \cdot V}{g \cdot l}$ Grade. Zur Bestimmung der spez. Drehung wiegt man die Substanz in ein leeres Meßkölbchen, dessen enger Hals eine oder besser mehrere Marken trägt und füllt bis zu einem genau zu messenden Volumen auf. Ist der Prozentgehalt der Lösung ($p =$ Gramm Substanz in 100 g Lösungsmittel) bekannt, nicht aber das Volumen der Lösung, so bestimmt man ihr spez. Gewicht (d).

Es ist dann $[α]_n^t = \dfrac{α \cdot 100}{p \cdot d \cdot l}$ G ade. Zuckerbestimmung im Harn (siehe Bd. 2, Niere und Harn).

Aus $[α]_D^t = \dfrac{α \cdot 100}{l \cdot c}$ berechnet man $c = \dfrac{α \cdot 100}{l \cdot [α]_D} = \dfrac{α \cdot 100}{1,89 \cdot 52,8} = α$. Wenn also nur Glucose ermittelt werden soll, wählt man die Länge (l) des Polarimeterrohres gleich 1,89 dm, so daß die abgelesene Drehung α gleich der Konzentration c wird.

Anbei nach BEILSTEIN einige Werte der spez. Drehung (Enddrehung):

Tabelle 60. Spez. Drehung einiger Zucker.

D-Glucose	$[α]_D^{20}$: + 52,7°		D-(—)-Ribose	$[α]_D^{20}$: — 23,7°
α-D-Glucose	$[α]_D^{20}$: + 112,2°		L-(+)-Arabinose	$[α]_D^{20}$: + 105,4°
β-D-Glucose	$[α]_D^{20}$: + 18,7°		Rohrzucker	$[α]_D^{20}$: + 66,5°
D-(—)-Fructose	$[α]_D^{20}$: — 92,1°		Invertzucker	$[α]_D^{20}$: — 20,1°
D-Galaktose	$[α]_D^{20}$: + 81,7°		Milchzucker	$[α]_D^{20}$: + 55,0°

Die *Unterscheidung der Zucker* auf Grund ihrer physikalischen Eigenschaften ist besonders erschwert durch deren hohe Wasserlöslichkeit und die starken Krystallisationsverzögerungen, die Zucker erfahren, sobald andere Begleitstoffe oder Gemische mehrerer Zucker vorliegen. Infolgedessen wurde erst dann ein schneller Fortschritt und eine Ordnung in der Zuckerchemie erzielt, als EMIL FISCHER beim Studium der chemischen Umsetzungen der Zucker auf Reaktionen stieß, die zu schwerlöslichen und besser charakterisierbaren Derivaten führten, insbesondere nach Auffindung des Phenylhydrazins und seiner Verbindungen mit den Zuckern. Durch chemische Umwandlung der Zucker in schon bekannte Verbindungen gewann man Einblick in den Bau des Zuckermoleküls.

Mit Hilfe der *chromatographischen Analyse*[1] gelingt es, Gemische von Pentosen und Hexosen oder methylierten Zuckern aus Polysacchariden qualitativ und quantitativ zu bestimmen. Einwage etwa 1 mg, Genauigkeit ±5 %. Filterpapierstreifen[2] werden als Absorptionssäulen benutzt, die Schichten der verschiedenen Zucker zuerst mit ammoniakalischem Silbernitrat festgestellt, dann getrennt extrahiert und mit SOMOGYIs Mikrokupferreagens[3] oder als Formaldehyd nach Oxydation mit Perjodsäure colorimetrisch[4] gegen Testsubstanzen bestimmt.

Die rot gefärbten p-Phenylazobenzoyl(„azoyl")ester vieler Zucker eignen sich für die chromatographische Trennung an Al-Oxyd und ähnlichen Adsorptionsmitteln[5].

[1] FLOOD, A. E., E. L. HIRST and J. K. N. JONES: Nature **160**, 86 (1947). — CONSDEN, R., A. H. GORDEN and A. J. P. MARTIN: Biochem. J. **38**, 224 (1944). — HAWTHORNE, J. R.: Nature **160**, 714 (1947). — [2] PARTRIDGE, S. M.: Nature **158**, 270 (1946). — [3] SOMOGYI, M.: J. biol. Ch. **160**, 61 (1945). — [4] DESNUELLE, P., S. ANTONIN et M. NAUDET: Bull. Soc. Chim. biol. **26**, 1168 (1944). — [5] REICH, W. S.: Biochem. J. **33**, 1000 (1939). — COLEMANN, G. H., D. E. REES, R. L. SUNDBERG and C. M. McCLOSKEY: Am. Soc. **67**, 381 (1945).

2. Der Bau der Zucker.

Aus den Ergebnissen der Reduktion mit Jodwasserstoffsäure sowie durch Auf- und Abbauversuche weiß man, daß, mit drei Ausnahmen (Apiose, Hamamelose, Streptonose), alle bekannten Zucker eine unverzweigte C-Kette besitzen. Gelinde Reduktion mit nascierendem oder katalytisch erregtem Wasserstoff führt die Monosaccharide in mehrwertige Alkohole über. Umgekehrt sind diese Alkohole durch vorsichtige Oxydation wieder in Zucker überführbar, wobei aber jeweils Aldosen und Ketosen nebeneinander entstehen. Weitere Oxydation liefert erst Mono-, dann Dicarbonsäuren, jedoch können nur Aldosen Dicarbonsäuren von gleicher C-Zahl liefern.

Konfiguration (siehe auch W. KUHN, S. 85). Entsprechend den konfigurativen Unterschieden der Zucker selbst unterscheiden sich auch die zugehörigen Alkohole durch die räumliche Anordnung der OH-Gruppen.

Als einfachste Zucker gelten die *Triosen*, also der Glycerinaldehyd (1) bei den Aldosen, das Dioxyaceton (II) bei den Ketosen. Beide liefern bei der Reduktion Glycerin (III):

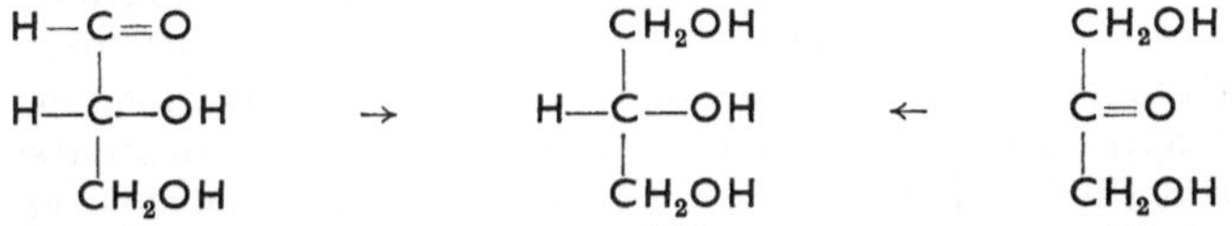

$$
\begin{array}{ccccc}
H-C=O & & CH_2OH & & CH_2OH \\
| & & | & & | \\
H-C-OH & \rightarrow & H-C-OH & \leftarrow & C=O \\
| & & | & & | \\
CH_2OH & & CH_2OH & & CH_2OH \\
I & & III & & II
\end{array}
$$

Im Gegensatz zu II und III enthält I ein optisch aktives C-Atom und kann dadurch in zwei stereoisomeren Formen auftreten. Es gibt einen D- und einen L-Glycerinaldehyd, von denen der eine die Ebene des polarisierten Lichtes nach rechts, der andere sie links dreht. Beide verhalten sich wie Bild und Spiegelbild, sind also spiegelbild- oder enantioisomer. Die chemischen und physikalischen Eigenschaften dieser Bild- und Spiegelbildverbindungen sind gleich, z. B. Schmelzpunkt, spez. Gewicht, Brechungsvermögen usw., mit Ausnahme derjenigen Eigenschaften, welche durch das andere Krystallgitter bedingt sind. Die spezifische Drehung ist genau gleich hoch, jedoch im Vorzeichen entgegengesetzt (rechts [+], links [—]). Über Raumisomerie siehe hier auch W. KUHN, S. 73.

Bezifferung und Schreibweise[1]. Um die einzelnen C-Atome eines Zuckers näher zu bezeichnen, werden sie, anfangend bei der Aldehydgruppe, durchnumeriert:

$$
\begin{array}{ll}
CH_2OH \cdot CHOH \cdot CHOH \cdot CHOH \cdot CHOH \cdot CHO & \text{oder} \\
\;6\qquad\; 5\qquad\;\; 4\qquad\;\; 3\qquad\;\; 2\qquad\;\; 1 &
\end{array}
$$

$$
\begin{array}{l}
1\;\; CHO \\
\;\;\;| \\
2\;\; CHOH \\
\;\;\;| \\
3\;\; CHOH \\
\;\;\;| \\
4\;\; CHOH \\
\;\;\;| \\
5\;\; CHOH \\
\;\;\;| \\
6\;\; CH_2OH
\end{array}
$$

Das Formelbild eines Zuckers schreibt man auf Grund eines Vorschlages von WOHL und FREUDENBERG[2] stets so, daß die Aldehydgruppe oder allgemein die Oxogruppe rechts oder oben steht. Dabei ist das Tetraeder des asymmetrischen

---

[1] HUDSON, C. S.: Historical aspects of Emil Fischers fundamental conventions for writing stereoformulas in a plane. Adv. Carbohydrate Chem. **3**, 1 (1948). — [2] WOHL, A., u. K. FREUDENBERG: B. **56**, 309 (1923). — Beilstein **31**, 5.

C-Atoms so zu stellen, daß OH- und H-Gruppe aus der Ebene des Papiers nach
vorne zu liegen kommen. (Näheres s. W. KUHN, S. 87.) Der D-Glycerinaldehyd ist in der bekannten Projektionsformel von FISCHER zunächst willkürlich
als Rechtsform (s. untenstehende Formel) festgelegt. Dann kann man jeden
höheren Zucker genetisch mit dem Glycerinaldehyd verknüpfen, indem man
entweder an die Aldehydgruppe des Glycerinaldehyds neue Kohlenstoffatome
anfügt oder einen höheren Zucker von seiner Aldehydgruppe aus abbaut.

$$
\begin{array}{ccc}
& \text{H} & & & \text{CHO} \\
& | & & & | \\
\text{HOH}_2\text{C}-\text{C}-\text{CHO} & \quad\text{oder}\quad & \text{H}-\text{C}-\text{OH} \\
& | & & & | \\
& \text{OH} & & & \text{H}_2\text{COH}
\end{array}
$$

D- *und* L-*Formen.* Man bezeichnet heute nach ROSANOFF-WOHL-FREUDEN-
BERG allgemein einen Zucker dann als D-Zucker[1], wenn er genetisch mit dem
D-Glycerinaldehyd zusammenhängt, d. h. also, wenn *das am weitesten von der
Aldehydgruppe entfernte asymmetrische* C-*Atom* in der Projektionsformel *seine*
OH-*Gruppe rechts* (bzw. bei waagrechter Schreibweise unten) *trägt.* Sitzt diese
OH-Gruppe dagegen links, dann kann man sich den betreffenden Zucker vom
L-Glycerinaldehyd abgeleitet denken, und bezeichnet ihn dementsprechend als
L-Zucker[1]. Die Buchstaben D und L (früher d und l), die sich von dextrogyr
(rechtsdrehend) und laevogyr (linksdrehend) herleiten, haben also mit der tat-
sächlichen Drehungsrichtung nichts zu tun. Die beobachtete Drehungsrichtung
wird vielmehr durch ein zusätzliches (+)- oder (—)-Zeichen angegeben, wobei
(+) = Rechts- und (—) = Linksdrehung bedeutet. Deckt sich die beobachtete
Drehung mit dem sterischen Vorzeichen, so wird nur dieses angegeben. Es
bedeutet also D-Glucose, daß diese (natürlich vorkommende) Glucose am C_5
die Anordnung des D-Glycerinaldehyds aufweist und nach rechts dreht, während
die D-(—)-Arabinose zwar zur D-Reihe gehört, aber links dreht.

Es ist dies ein anderes Einteilungsprinzip, als ursprünglich von E. FISCHER vorgeschlagen wurde, der jeden Zucker, der experimentell mit der D-Glucose verknüpft war,
als D-Zucker bezeichnete. Praktisch beschränkt sich die *Abweichung von der* FISCHERschen
Bezeichnung und Umbenennung jedoch auf Threose, Xylose, Gulose, Idose, Sorbose und
ihre Antipoden[1] und auf die Milchsäure (S. 298). Bei diesen Zuckern ist also darauf zu
achten, ob es sich bei Literaturangaben um alte oder neue Bezeichnungen handelt, z. B.
die natürlich vorkommende Xylose, die im älteren Schrifttum l-Xylose genannt wird, heißt
jetzt D-Xylose !

Epimere Zucker. Aldosen, die sich durch die Konfiguration am C_2, also
dem der Aldehydgruppe benachbart stehenden C-Atom, unterscheiden, bezeichnet man heute allgemein als „epimer"[2], z. B. D-Glucose und D-Mannose.
Die Epimerie erscheint hier als Sonderfall der Diastereoisomerie (siehe auch
W. KUHN, S. 74 u. 79).

Anzahl der Zucker. Wenn man die C-Kette des Glycerinaldehyds um 1 C
verlängert, so gelangt man in die Reihe der C_4-Zucker, der *Tetrosen.* Das neu
hinzugekommene C, das ebenfalls mit H und OH substituiert ist, ist optisch
aktiv und kann daher in zwei verschiedenen Formen auftreten. Da der Glycerinaldehyd selbst auch in zwei verschiedenen Formen existiert, ergeben sich folgende
sterische Möglichkeiten:

---

[1] Beilstein **31**, 6. — Biochem. J. **42**, 1 (1948). — VICKERY, H. B.: J. biol. Ch. **169**, 237
(1947). — Siehe auch W. KUHN, S. 86. — [2] VOTOCEK, H.: B. **44**, 360 (1911). — Ihre Formelbilder siehe Tollens-Elsner: Tafel zu S. 10 am Schluß des Buches.

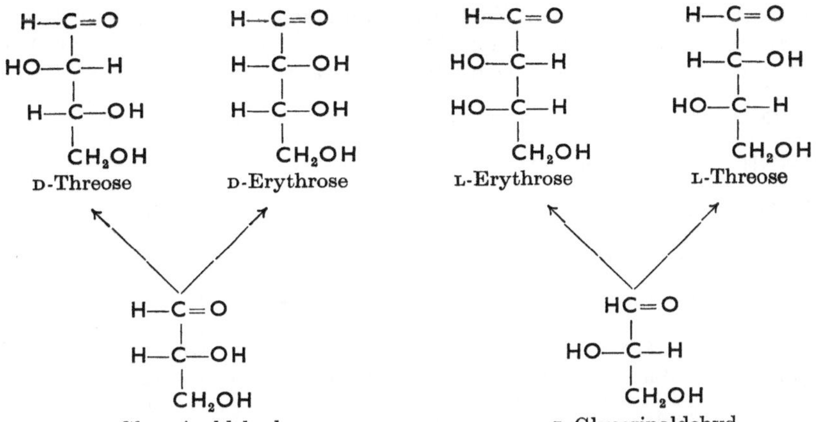

$$
\begin{array}{cccc}
\text{H—C=O} & \text{H—C=O} & \text{H—C=O} & \text{H—C=O} \\
\text{HO—C—H} & \text{H—C—OH} & \text{HO—C—H} & \text{H—C—OH} \\
\text{H—C—OH} & \text{H—C—OH} & \text{HO—C—H} & \text{HO—C—H} \\
\text{CH}_2\text{OH} & \text{CH}_2\text{OH} & \text{CH}_2\text{OH} & \text{CH}_2\text{OH} \\
\text{D-Threose} & \text{D-Erythrose} & \text{L-Erythrose} & \text{L-Threose}
\end{array}
$$

$$
\begin{array}{cc}
\text{H—C=O} & \text{HC=O} \\
\text{H—C—OH} & \text{HO—C—H} \\
\text{CH}_2\text{OH} & \text{CH}_2\text{OH} \\
\text{D-Glycerinaldehyd} & \text{L-Glycerinaldehyd}
\end{array}
$$

Es sind also vier verschiedene Tetrosen entstanden, von denen je zwei zueinander enantioisomer sind. Das neu hinzugekommene asymmetrische C-Atom hat somit zu einer Verdoppelung der Isomerenzahl geführt. Entsprechendes gilt bei der Fortsetzung des Aufbaues zu den *Pentosen* und *Hexosen*. Nach VAN'T HOFF sind von einem Molekül, das n asymmetrische C-Atome enthält, 2^n Isomere möglich. Die Aldopentosen treten somit in $2^3 = 8$, die Aldohexosen in $2^4 = 16$ isomeren Formen auf. Nur jeweils die Hälfte dieser Formen ist aber mit verschiedenen Namen zu versehen, da ja immer zwei Isomere D- und L-Formen desselben Zuckers sind.

Jeder dieser Zucker kann schließlich noch als optisch inaktives Racemat auftreten (D,L-Form), in welchem sich die Drehungsbeiträge gleicher Anteile D- und L-Form kompensieren.

Die Struktur der wichtigsten Zucker. Die Formeln der vier möglichen Aldotetrosen sind bereits oben angegeben. In der *Pentosenreihe* gibt es, wie erwähnt, 8 Aldopentosen und noch 4 Ketopentosen. Als wichtigste seien angeführt:

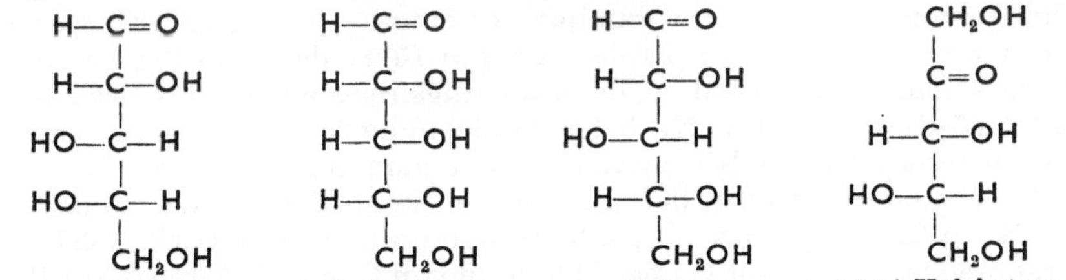

$$
\begin{array}{cccc}
\text{H—C=O} & \text{H—C=O} & \text{H—C=O} & \text{CH}_2\text{OH} \\
\text{H—C—OH} & \text{H—C—OH} & \text{H—C—OH} & \text{C=O} \\
\text{HO—C—H} & \text{H—C—OH} & \text{HO—C—H} & \text{H—C—OH} \\
\text{HO—C—H} & \text{H—C—OH} & \text{H—C—OH} & \text{HO—C—H} \\
\text{CH}_2\text{OH} & \text{CH}_2\text{OH} & \text{CH}_2\text{OH} & \text{CH}_2\text{OH} \\
\text{L(+)-Arabinose} & \text{D(—)-Ribose} & \text{D-Xylose} & \text{L(+)-Xyloketose}
\end{array}
$$

Die *Reihe der Hexosen* weist 16 Aldosen und 8 Ketosen auf. Die wichtigsten sind:

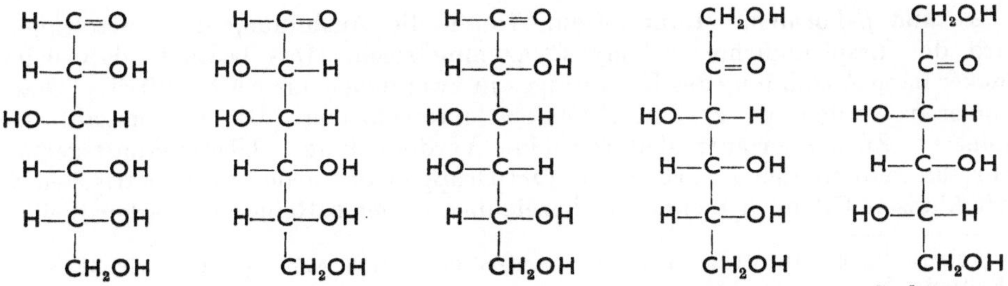

$$
\begin{array}{ccccc}
\text{H—C=O} & \text{H—C=O} & \text{H—C=O} & \text{CH}_2\text{OH} & \text{CH}_2\text{OH} \\
\text{H—C—OH} & \text{HO—C—H} & \text{H—C—OH} & \text{C=O} & \text{C=O} \\
\text{HO—C—H} & \text{HO—C—H} & \text{HO—C—H} & \text{HO—C—H} & \text{HO—C—H} \\
\text{H—C—OH} & \text{H—C—OH} & \text{HO—C—H} & \text{H—C—OH} & \text{H—C—OH} \\
\text{H—C—OH} & \text{H—C—OH} & \text{H—C—OH} & \text{H—C—OH} & \text{HO—C—H} \\
\text{CH}_2\text{OH} & \text{CH}_2\text{OH} & \text{CH}_2\text{OH} & \text{CH}_2\text{OH} & \text{CH}_2\text{OH} \\
\text{D-Glucose} & \text{D-Mannose} & \text{D-Galaktose} & \text{D(—)-Fructose} & \text{L-Sorbose}
\end{array}
$$

Eine Reihe von natürlichen Zuckern unterscheidet sich von den bisher besprochenen dadurch, daß in ihrem Molekül eine oder mehrere OH-Gruppen durch H ersetzt sind. Von diesen *Desoxyzuckern* seien angeführt:

$$
\begin{array}{cccccc}
H-C=O & H-C=O & H-C=O & & H-C=O & H-C=O \\
H-C-OH & H-C-OH & H-C-OH & H-C=O & CH_2 & CH_2 \\
H-C-OH & HO-C-H & HO-C-H & CH_2 & H-C-OH & H-C-O-CH_3 \\
HO-C-H & HO-C-H & H-C-OH & H-C-OH & H-C-OH & H-C-OH \\
HO-C-H & H-C-OH & H-C-OH & H-C-OH & H-C-OH & H-C-OH \\
CH_3 & CH_3 & CH_3 & CH_2OH & CH_3 & CH_3
\end{array}
$$

L(+)-Rhamnose (Pentose)	D-Fucose (= Rhodeose) (Pentose)	D-Glucomethylose D-Chinovose (Pentose)	Thyminose (Tetrose)	Digitoxose[1] (Tetrose)	Cymarose (Tetrose)

Es hat sich eingeführt, als *Desoxyzucker* im engeren Sinn nur jene zu bezeichnen, in denen eine sekundäre OH-Gruppe durch H ersetzt ist, während die am endständigen, primären OH reduzierten Zucker als *Methylzucker* zusammengefaßt werden.

Pyranose- und Furanoseformen[2]. Ringisomerie (siehe auch W. KUHN, S. 70). Nach den bisher entwickelten Formeln sind die Zucker als Aldehyde oder Ketone aufzufassen. Wenn man aber mit irgendeiner charakteristischen Reaktion[2] diese funktionellen Gruppen nachzuweisen sucht (z. B. die Aldehydgruppe mit Fuchsin-H_2SO_3), so gelingt dies nicht. Auch fehlen den wäßrigen Zuckerlösungen gewisse, für Oxogruppen typische Absorptionsbanden[2] im UV. Auch das Verhalten im polarisierten Licht, die Mutarotation (s. unten) und die Existenz von weiteren Isomeren (α- und β-Formen) führten zu der Vorstellung, daß die CO-Gruppe mit einer OH-Gruppe des eigenen Zuckermoleküls unter Bildung eines Halbacetals reagiert. In Analogie zum Lacton spricht man von einer *Lactolbildung.* Durch die Lactolbildung werden 2 C-Atome der Zuckerkette über ein O-Atom miteinander verknüpft: es entsteht ein Ring. Entsprechend den Spannungsverhältnissen in solchen Ringen führt der freiwillig verlaufende Vorgang fast immer zur Ausbildung des spannungsfreiesten Systems, des 6-Ringes, seltener zum 5-Ring (h-Form). Nach der Bezeichnung der diesen Ringen zugrunde liegenden heterocyclischen Ringsysteme nennt man solche Zucker dann *Pyranosen oder Furanosen*, wobei der abgekürzte Name der Zucker vorangestellt wird, z. B. D-Gluco-pyranose, D-Galakto-pyranose (HAWORTH[3], 1927). Bei Aldopyranosen ist also C_1 mit C_5, bei Aldofuranosen C_1 mit C_4 durch die O-Brücke verknüpft. Die Lage der O-Brücke kann man auch dadurch angeben, daß man die Nummer der verbundenen C-Atome in spitzer Klammer anfügt (z. B. D-Glucose $\langle 1,5 \rangle$).

α- und β-Formen. Mutarotation. Durch die Ausbildung des Lactolringes wird das ursprüngliche Carbonyl-C asymmetrisch. Das bedingt, daß jeder Zucker nach Ausbildung des Lactolringes in zwei neuen Isomeren auftritt. Diese Isomeren werden als α- und β-*Formen* unterschieden. Die Gesamtzahl der isomeren Zucker erfährt dadurch eine Verdoppelung. Übereinkunftsgemäß schreibt man in den α-Formen die OH-Gruppen des neuen asymmetrischen C (bei Aldosen C_1) nach rechts und bezeichnet in der D-Reihe das stärker rechts-

---

[1] Beilstein, **31**, 19. Siehe auch BUTENANDT-SCHRAMM S. 417. — [2] Beilstein **31**, 8. — [3] Beilstein **31**, 5.

drehende Isomere des betreffenden Zuckers als α-Form[1]. Die Stabilität der Konfiguration an diesem neuen asymmetrischen C-Atom ist wesentlich geringer als bei den übrigen, wenigstens so lange die OH-Gruppe nicht irgendwie substituiert ist. In wäßriger Lösung stellt sich z. B. bei allen reduzierenden Zuckern ein Gleichgewicht zwischen α- und β-Formen ein. Man erkennt dies an der Änderung der spezifischen Drehung, welche die wäßrige Lösung eines krystallisierten Zuckers kurz nach ihrer Herstellung zeigt. Bei schwach alkalischer Reaktion, z. B. auf Zusatz von einem Tropfen Ammoniak oder in der Wärme (durch Aufkochen) wird das Gleichgewicht rasch erreicht[2]. Die Drehungsänderung vom Anfang bis zum Stillstand nach erreichtem Gleichgewicht nennt man *Mutarotation*. (Neben der α-β-Umlagerung können aber auch noch andere Strukturänderungen an der Drehungsänderung beteiligt sein.) Man nimmt an, daß die Umwandlung über die offene Carbonylform der Zucker als Zwischenzustand verläuft, obgleich, wie schon erwähnt, ein Nachweis der Carbonylform in wäßriger Lösung nicht gelingt. Mit der Quecksilber-Tropfelektrode können in neutralen, wäßrigen Zuckerlösungen geringe Anteile einer reduzierbaren Zuckerform nachgewiesen werden[3]. (Bei Glucose 0,024 Mol.%; bei Ribose sogar 8,5 Mol-%). Es dürfte sich hier um die offene Aldehydform oder um ihr Hydrat handeln. Da die Mutarotationsgeschwindigkeit der einzelnen Zucker parallel geht mit dem mengenmäßigen Anteil dieser reduzierbaren Form, so spricht dies sehr für die obengenannte Auffassung, daß die Mutarotation über die Aldehydform verläuft.

Oxo-Cyklodesmotropie (siehe auch W. KUHN S. 72). Die Annahme, daß im Gleichgewichtszustand gelöster Zucker auch die offene Carbonylform eine Rolle spielen kann, gewinnt an Wahrscheinlichkeit aus der Tatsache, daß es gelingt, aus saurer Lösung Derivate der offenen Carbonylform der Zucker zu isolieren. Aldosen reagieren in stark salzsaurer Lösung mit Merkaptanen zu Merkaptalen, die echten Acetalen analog sind.

Auch in der offenen Aldehydform der Zucker kann, ähnlich wie bei der Cykloform, das C_1 optisch aktiv werden. Nämlich dann, wenn der Aldehyd in seiner Hydratform vorliegt und die beiden OH-Gruppen verschieden substituiert sind. Auch für diesen Fall ist es neuerdings gelungen, α- und β-Isomere zu unterscheiden[4].

$$
\begin{array}{ccc}
\text{OAc} & & \text{Cl} \\
| & & | \\
\text{H---C---Cl} & \rightleftarrows & \text{H---C---OAc} \\
| & & | \\
\text{R} & & \text{R}
\end{array}
$$

Man bezeichnet die offene Aldehydform der Zucker auch als „al"-Form. Unter Oxo-Cyklodesmotropie versteht man die Tautomerie zwischen al-Form und Lactolform eines Zuckers.

Aus energetischen Betrachtungen folgt, daß bei Aldosen im festen Zustand die Halbacetalform stark bevorzugt ist, während bei Ketosen die offene und die Ringform gleichen Energiegehalt besitzen[5].

---

[1] HUDSON, C. S.: Am. Soc. **31**, 66 (1909). — HANN, R. M., and N. K. RICHTMYER: C. S. Hudson Collected Papers. Vol. 1. 1946. Vol. 2. 1948. New York. — [2] In schwerem Wasser (H_2O^{18}) erfolgt dabei Austausch eines O, vermutlich des glykosidischen. — TITANI, T., u. K. GOTO: Proc. Imp. Acad., Tokyo **15**, 298 (1939). — [3] CANTOR, S. M., and Q. P. PENISTON: Am. Soc. **62**, 2113 (1940). — [4] WOLFROM, M. L., and R. L. BROWN: Am. Soc. **63**, 1246 (1941). — WOLFROM, M. L., M. KONIGSBERG and F. B. MOODY: Am. Soc. **62**, 2343 (1940). — DIMLER, R. J., and K. P. LINK: Am. Soc. **62**, 1216 (1940). — [5] HÜNIG, S.: Z. Elektrochem. **51**, 41 (1945).

Isomere Formen eines Zuckers.

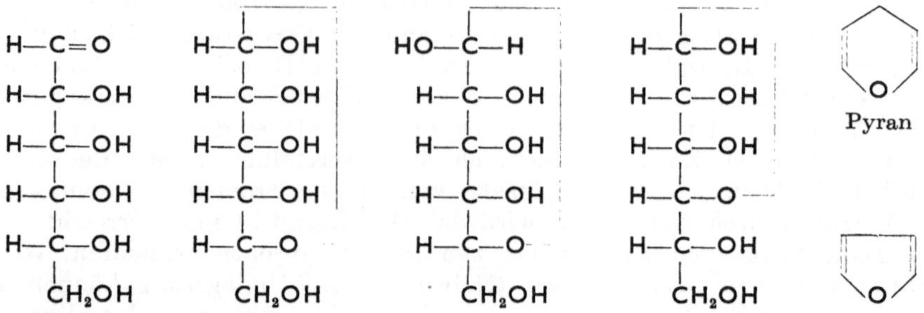

al-Hexose	Hexo-pyranose α-Form	Hexo-pyranose β-Form	Hexo-furanose α-Form	Pyran / Furan

Formelbilder der Zucker. In diesem Buche werden die Zuckerformeln nach der von K. Freudenberg[1] empfohlenen Schreibweise gebracht. Eine Schreibweise, welche die wirkliche Lage der einzelnen Substituenten an den C-Atomen, insbesondere die verschiedenen Konstellationen[2] der Ketten und Ringe berücksichtigt, stellt sie nicht dar. Gleichwohl genügen die Freudenbergschen Formeln dem praktischen Gebrauch[3].

Gebräuchlichste Schreibweise der Zucker.

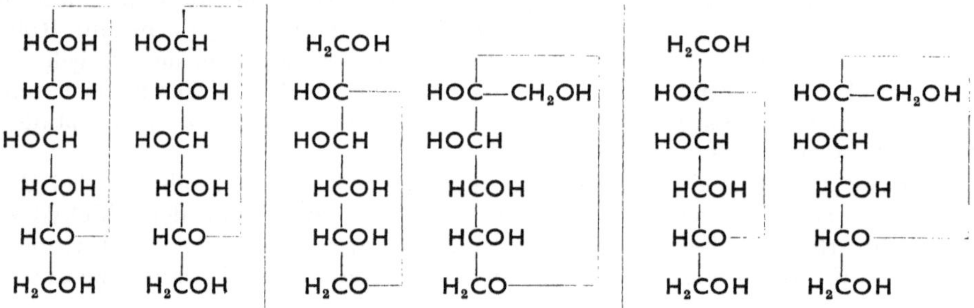

α-D-	β-D-	α-D-	β-D-	α-D-	β-D-
Gluco-pyranose		Fructo-pyranose		Fructo-furanose	

---

[1] Freudenberg, K.: B. 76, 77 (A) (1943). — [2] Vgl. auch W. Kuhn, S. 75. —

[3] Zur klaren Herausstellung der konfigurativen Unterschiede der einzelnen Zucker sowie als Gedächtnisstütze bewähren sich einfache, von Th. Ploetz vorgeschlagene Symbole. Diese sind für die einzelnen Zucker charakteristische Figuren, die dadurch zustande kommen, daß man sich in der Aldehydform der Zuckerformel die sekundären OH-Gruppen durch Punkte ersetzt denkt und nun diese Punkte fortlaufend durch Gerade verbindet. Die entstehende Figur ist leicht im Gedächtnis zu behalten:

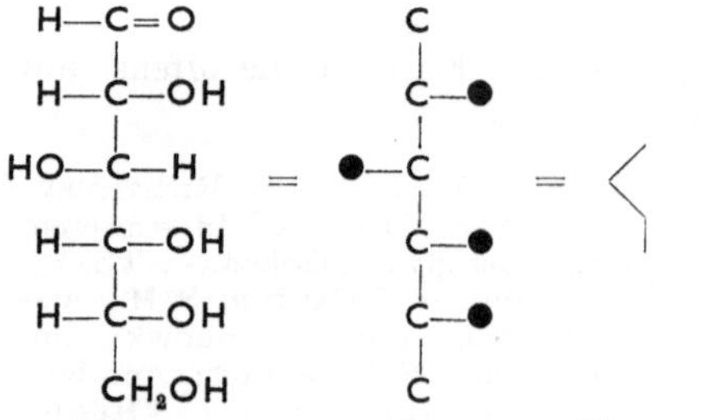

D-Glucose = D-Glucose

Analog entstehen z. B. folgende Bilder:

L-Glucose   D-Mannose   D-Galaktose

D-Xylose   D-Arabinose

Bei raumsparender *waagerechter Schreibweise*[1] steht die Oxogruppe stets rechts.

$$\alpha\text{-D-Gluco-pyranose} \qquad \beta\text{-D-Gluco-pyranose}$$

$$\alpha\text{-D-Fructo-pyranose} \qquad \beta\text{-D-Fructo-pyranose}$$

$$\alpha\text{-D-Fructo-furanose} \qquad \beta\text{-D-Fructo-furanose}$$

Formeln nach BOESEKEN[2], HAWORTH[3]. BOESEKEN zuerst und nach ihm in verstärktem Maße HAWORTH haben an Stelle der Ketten räumliche Projektionsformeln entwickelt. Man denkt sich den Heterocyclus waagerecht zur Papierebene gelegt, die dick gezeichnete Kante nach vorn und die dicken Striche nach oben. Die räumliche Lagerung der OH- bzw. H-Gruppen und ihre etwaige Verknüpfung kommt dadurch noch klarer zum

$$\alpha\text{-D-Gluco-pyranose} \qquad \alpha\text{-L-Gluco-pyranose}$$

$$\beta\text{-D-Fructo-furanose}$$

Ausdruck. Eine wirkliche Beschreibung der tatsächlich möglichen Zuckerformeln gibt auch die HAWORTHsche Schreibweise nicht[1], wenn sie auch als die bisher genaueste bezeichnet werden kann. Aus Gründen der Platzersparnis wird sie hier nicht regelmäßig bevorzugt, zumal die Kettenformeln auch für den Geübten leichter übersehbar sind.

---

[1] Beilstein **31**, 5. — [2] BOESEKEN, J.: B. **46**, 2612 (1913). — [3] HAWORTH, W. N.: The Constitution of Sugars. London 1929. Die Konstitution der Kohlenhydrate, übersetzt von W. E. HAGENBUCH. Dresden 1932.

3. Die Glykosidbindung. Glykoside[1-6].

Bauprinzip. Die verschiedenen alkoholischen OH-Gruppen eines Zuckers sind in ihrer chemischen Reaktionsfähigkeit nicht gleichwertig. Das durch die Nachbarschaft der Ätherbrücke aufgelockerte OH, in Aldosen also das OH am C_1, in Ketosen am C_2, zeichnet sich durch eine besondere Reaktionsfähigkeit aus. Es kann mit anderen alkoholischen oder phenolischen OH-Gruppen unter Wasseraustritt zu ätherartigen Verbindungen, den Glykosiden, zusammentreten. Diese besonders reaktionsfähige OH-Gruppe der Zucker wird daher als die glykosidische bezeichnet.

In den Glykosiden ist die Konfiguration am glykosidischen OH stabil. Sie zeigen keine Mutarotation[7]. α- und β-Glykoside sind beständige und gut isolierbare Verbindungen.

Den in den Glykosiden mit dem Zucker verknüpften Paarling nennt man das *Aglykon*. Ist dieser Paarling wieder ein Zucker, so ist das entstandene Glykosid ein Disaccharid. Durch Fortsetzung dieser Zuckerverknüpfung gelangt man zu den Oligo- und Polysacchariden. Aus praktischen Gründen der Systematik rechnet man aber diese Produkte nicht zu den eigentlichen Glykosiden. *Glykoside* sind also nur solche Verbindungen, in denen das Aglykon tatsächlich ein Nicht-zucker ist. Neben diesem allgemeinen Namen werden die einzelnen Vertreter auch nach dem betreffenden Zucker bezeichnet. Glykoside der Glucose heißen also Glucoside, der Galaktose Galaktoside usw.

Als N-Glykoside bezeichnet man eine Gruppe von Verbindungen, die man sich aus Zuckern und primären oder sekundären Aminen unter Wasseraustritt entstanden denken kann. An die Stelle des Äthersauerstoffes tritt also hier ein N-Atom. Vertreter dieser Gruppe spielen in der Natur eine wichtige Rolle.

Darstellung. Die Glykoside entstehen aus den Komponenten meist in Gegenwart saurer Katalysatoren oder H_2O entziehender Mittel. Häufig bedient man sich für ihre Synthese der Acetohalogenzucker. Letztere entstehen z. B. aus den vollständig acetylierten Zuckern beim Behandeln mit Halogenwasserstoffsäure, wodurch der Acetylrest am glykosidischen OH durch Halogen ausgetauscht wird. Aus Pentacetylglucose und HBr entsteht so Acetobromglucose[8], die in Gegenwart eines HBr-bindenden Stoffes mit einem Aglykon zum acetylierten Glucosid zusammentritt. Die so entstandene Glucosidbindung hat β-Konfiguration[9]. Durch besondere Katalysatoren oder sorgfältig ermittelte Reaktionsbedingungen kann in vielen Fällen auch die Synthese von α-Glykosiden erreicht werden.

In der Natur entstehen die Glykoside auf enzymatischem Weg. Auch in vitro sind solche Synthesen gelungen[10, 11].

Zusammenfassende Darstellungen über Glykoside: 1—6. [1] RIJN, J. J. L. van, u. H. DIETERLE: Die Glykoside. 2. Aufl. Berlin 1931. — [2] TILLMANS, F., u. P. HIRSCH: Die Glykoside. Handb. Lebensm.-Chem. (BÖMER u. a.) 1, 465—510 (1933). — [3] ARMSTRONG, E. F., and K. F. ARMSTRONG: The Glycosides. London, New York, Toronto 1931. — [4] MERZ, KURT: Neuere Arbeiten auf dem Glykosidgebiet. Halle 1941. — [5] ELDERFIELD, R. C.: The carbohydrate components of the cardiac glycosides: Adv. Carbohydrate Chem. 1, 147 (1945). — WEEVERS, TH.: De Alkaloiden en Glukosiden der Planten. Gorinchem 1943. — [6] Siehe auch die Literatur über Kohlenhydrate, S. 256.

[7] Micheel S. 219. — [8] Darstellung: Gattermann-Wieland, 27. Aufl., S. 386 (1940). — [9] Über die Synthese von α-Glucosiden vgl. SCHLUBACH, H. H.: B. **59**, 840 (1926). — SCHLUBACH, H. H., P. STADLER u. I. WOLF: B. **61**, 287 (1928). — SCHLUBACH, H. H., u. R. GILBERT: B. **63**, 2292 (1930). — ZEMPLÉN, G.: B. **62**, 990 (1929). — [10] BOURQUELOT, E.: Ann. Chim. [9] **3**, 287; [9] **4**, 310 (1915); [9] **7**, 153 (1917). — [11] ZEMPLÉN, G.: Neuere Richtungen der Glykosidsynthese. Fortschr. Chem. org. Naturstoffe 1, 123 (1938). — ELSNER, H.: Synthetische Glykoside. Bamann-Myrbäck 1, 154—165. — RABATÉ, J.: Gewinnung natürlicher Heteroside. Bamann-Myrbäck 1, 135—153.

Eigenschaften. Die Glykoside sind gut krystallisierte, häufig wasserlösliche Verbindungen. Sie sind unspezifisch durch Erhitzen mit Säuren, spezifisch durch

$$
\begin{array}{ccc}
\text{HCBr} & \text{HCOCH}_3 & \text{CH}_3\text{OCH} \\
\text{HCOOC}\cdot\text{CH}_3 & \text{HCOH} & \text{HCOH} \\
\text{CH}_3\cdot\text{COOCH} & \text{HOCH} & \text{HOCH} \\
\text{HCOOC}\cdot\text{CH}_3 & \text{HCOH} & \text{HCOH} \\
\text{HCO} & \text{HCO} & \text{HCO} \\
\text{H}_2\text{COOC}\cdot\text{CH}_3 & \text{H}_2\text{COH} & \text{H}_2\text{COH} \\
\text{Aceto-brom-glucose} & \alpha\text{-} & \beta\text{-} \\
 & & \text{Methylglucosid}
\end{array}
$$

Fermente spaltbar (vgl. PLOETZ-WEIDENHAGEN, S. 1043ff.). Letztere kommen reichlich in niederen und höheren Pflanzen[1], vereinzelt aber auch im Tierreich, etwa im Darmsaft, vor. Die fermentative Spaltbarkeit ist abhängig von der Natur des Zuckers sowie von der Konfiguration der glykosidischen Verknüpfung (z. B. werden α-Glucoside durch Hefe, β-Glucoside durch Süßmandelemulsin gespalten). Umfang und Schnelligkeit der Spaltung werden von der Natur des Aglykons beeinflußt[2].

Glykoside von furanoiden Zuckern sind durch Säuren besonders leicht spaltbar, während die N-Glykoside sich häufig durch schwierige Hydrolysierbarkeit auszeichnen.

Vorkommen und einzelne Glykoside. Die Glykoside sind in der Natur besonders im Pflanzenreich weit verbreitet. Am häufigsten sind die β-Glucoside (α-Glucoside scheinen nicht vorzukommen[3]). Auch Glykoside von Disacchariden spielen eine große Rolle. Zahlreiche wichtige natürliche Wirkstoffe, Heilmittel und Gifte sind Glykoside. Im einzelnen muß hier auf die zitierte Literatur verwiesen werden.

Nur einige Beispiele seien angeführt. Nach der Art des Aglykons teilt man die Glykoside in verschiedene Gruppen ein. Zu den *Phenol*glykosiden gehören z. B. das *Arbutin*, das *Salicin* und das *Phlorrhizin*[4] aus den Wurzeln des Apfel-

$$
\begin{array}{l}
\text{HO}-\!\!\!\bigcirc\!\!\!-\text{CH}_2-\text{CH}_2-\text{C}=\text{O} \\
\end{array}
$$

Phlorrhizin
$(\text{C}_{21}\text{H}_{24}\text{O}_{10})$

---

[1] FREY-WYSSLING, A.: Zur Physiologie der pflanzlichen Glykoside. Naturwiss. **30**, 500 (1942). — [2] HELFERICH, B.: Die Spezifität des Emulsins. Ergebn. Enzymforsch. **2**, 74 (1933). Emulsin. Ergebn. Enzymforsch. **7**, 83 (1938). — [3] KOLLE, F., u. T. HJERLOW: Das rechtsdrehende Phillyrin aus Forsythia suspensa und Olea fragans ist vielleicht ein α-Glucosid. Pharmazeut. Zbl. **71**, 705 (1930). — [4] Karrer, Lehrb. org. Chem., 10. Aufl., S. 567. 1948. — Beilstein **31**, 231. — ZEMPLÉN, G., u. R. BOGNÁR: B. **75**, 1040 (1942). — WOODCOCK, D.: Isolation of phloridzin from apple seeds. Nature **159**, 100 (1947).

baums, dessen Verabreichung zur Ausscheidung von D-Glucose im Harn führt, was nach LUNDSGAARD auf eine Hemmung der Nierenphosphatase zurückzuführen ist [1].

In neuester Zeit sind einige Glykoside als Sexualwirkstoffe bekanntgeworden [2]. An der einzelligen Grünalge Chlamydomonas wurde nachgewiesen, daß die Ausprägung der primären Geschlechtsmerkmale sowie die Kopulationsvorgänge durch spezifische Stoffe gesteuert werden.

Rutin das Rutinoseglykosid des Quercetins (s. S. 325), ist ein kopulationsverhindernder Wirkstoff. Das Anthocyanglykosid *Päonin* ist ein geschlechtsspezifischer Inhaltsstoff der männlichen Gameten von Chlamydomonas (vgl. Bd. 2, Physiol. Chemie der Inneren Sekretion).

Rutin

Päonin

Rutinose
(6-β-L-Rhamnosido-glucose)

Zu den Phenolglykosiden zählen auch einige *Glucuronide*, die für den tierischen Stoffwechsel von Interesse sind. Unter Glucuroniden versteht man Glykoside, die als Zuckerkomponente Glucuronsäure besitzen. Die Verknüpfung mit dem Aglykon ist analog den Glykosiden. D-Glucuronsäure ist ein normales Stoffwechselprodukt (vgl. S. 308 und Bd. 2: Entgiftung sowie Niere und Harn), das vom Organismus zur Entgiftung von Phenolen herangezogen wird. Das Produkt dieser Abwehrreaktion sind die Glucuronide z. B. Phenol-β-D-glucuronid [3], Borneol-D-glucuronid und der Farbstoff Indisch-Gelb, die Euxanthinsäure aus dem Harn von mit Mangoblättern gefütterten Kühen. Sie besitzt folgende Konstitution [4]:

β-D-Glucuronsäure
($C_6H_{10}O_7$)

Euxanthinsäure
($C_{19}H_{16}O_{10}$)

<hr>

[1] RABATÉ, J., et J. COURTOIS: C. R. Soc. Biol. **134**, 468 (1940). Bull. Soc. Chim. biol. **23**, 184, 190 (1941). — [2] KUHN, R., u. J. Löw: B. **81**, 363 (1948). — [3] Beilstein **31**, 272. — [4] ROBERTSON, A., and R. B. WATERS: Soc. **1931**, 1709.

Die Entstehung der Glucuronide aus Glucosiden durch nachträgliche Oxydation ist unwahrscheinlich, da verfüttertes Phenol-β-D-glucosid vom Organismus nicht oxydiert wird[1]. Die Glucuronsäure wird vielmehr wahrscheinlich aus C_3-Stücken aufgebaut[2].

Sehr weit verbreitet ist die Gruppe der *Flavon*-[3] und *Anthocyan*-Glykoside[4]. Zu letzteren gehören die meisten Blütenfarbstoffe. Die *Anthrachinon*glykoside[5] stellen ebenfalls wichtige Farb- und Wirkstoffe. Der bekannteste Vertreter ist hier der Krappfarbstoff, die Ruberythrinsäure. Das *Indol*-Glykosid Indican ist die natürliche Vorstufe des Indigo[6]. Die Herzgifte aus Digitalis- und Strophantusarten sind Glykoside von *Sterin*derivaten[7]. Unter den Zuckerkomponenten findet man hier die Desoxyzucker Digitoxose, Cymarose und Digitalose (S. 283). Auch andere Steringlykoside ohne Herzgifteigenschaften sind bekannt. Eine ziemlich komplexe Gruppe von Glykosiden bilden die hämolytisch wirkenden *Saponine*[8]. Nach der Art ihres Aglykons werden sie in verschiedene Gruppen unterteilt. Eine davon ist den Herzgift-Glykosiden verwandt. Eine Gruppe von Glykosiden liefert bei der Hydrolyse neben Zucker und Aglykon noch ein Mol *Blausäure*[9]. Sie werden auf Grund dieser Eigenschaft zusammengefaßt. Der bekannteste Vertreter ist das *Amygdalin*. Durch Emulsin nicht spaltbar ist die Gruppe der *Senföl*glykoside[10]. Diese Nichtspaltbarkeit beruht darauf, daß hier die Zucker nicht über einen Äthersauerstoff, sondern über Schwefel mit dem Aglykon verknüpft sind. Diese Glykoside können also als Derivate von Thiozuckern aufgefaßt werden[11]. Der bekannteste Vertreter ist das Sinigrin oder myrosinsaure Kalium aus schwarzem Senfsamen. Es zerfällt bei der Hydrolyse in Allylsenföl, $KHSO_4$ und Glucose.

$$CH_2 = CH-CH_2-N = C\begin{cases} O-SO_3K \\ S-C_6H_{11}O_5 \end{cases}$$

Sinigrin
$(C_{10}H_{16}O_9NS_2K)$

Die *Cerebroside und Ganglioside* des Gehirn- und Nervengewebes sind D-Galaktoside und D-Glucoside des Sphingosins und somit ebenfalls zu den Glykosiden zu rechnen (vgl. KLENK, S. 382ff.).

N-Glykoside sind die im Pflanzen- und Tierreich gleich wichtigen Nucleoside, Nucleotide und Nucleinsäuren (vgl. BREDEREK, S. 828ff.). Die häufigste Zuckerkomponente ist hier die D-Ribofuranose. Spezifisch für die Thymusnucleinsäure ist die 2-Desoxy-D-ribose, die Thyminose.

---

[1] PRYDE, J., and R. T. WILLIAMS: Biochem. J. **30**, 794 (1936). — [2] LIPSCHITZ, W. L., and E. BUEDING: J. biol. Ch. **129**, 333 (1939). — [3] Beilstein **31**, 251. — Micheel S. 362. — Karrer, Lehrb. org. Chem., 10. Aufl. S. 585 (1948). — Über Flavyliumsalze. LINK, K. P.: In Gilman, org. Chem., II, S. 1331. — MAYER, FR.: Flavone. Handb. Lebensm.-Chem. (BÖMER u. a.) **1**, 603—615 (1933). — [4] Beilstein **31**, 251, dort zusammenfassende Literatur. — MAYER FR.: Anthocyane. Handb. Lebensm.-Chem. (BÖMER u. a.) **1**, 615—621 (1933). — LINK, K. P.: In Gilman, org. Chem., II, S. 1316. — [5] Karrer, Lehrb. org. Chem. 10. Aufl. S. 624. (1948). — MAYER, FR.: Anthrachinonfarbstoffe. Handb. Lebensm.-Chem. (BÖMER u. a.) **1**, 591 (1933). — [6] Karrer, Lehrb. org. Chem., 10. Aufl., S. 599 (1948). — MAYER, FR.: Handb. Lebensm.-Chem. (BÖMER u. a.) **1**, 633 (1933). — Über Indican s. Beilstein **31**, 258. — Über Harnindican, Beilstein **21**, 71 (213). — Über Indigo s. Beilstein **24**, 417 (370). — [7] Siehe Beitrag BUTENANDT-SCHRAMM: Steroide, S. 416. — Über Digitoxose siehe Beilstein **31**, 19. — [8] Siehe BUTENANDT-SCHRAMM, S. 414. — [9] Micheel S. 339, 363. — Beilstein **31**, 197, 400. — [10] WREDE, FR.: Thioglykoside. Bamann-Myrbäck **1**, 166—172. — [11] RAYMOND, A. L.: Thio- and selenosugars. Adv. Carbohydrate Chem. **1**, 129 (1945).

Verwandt mit den N-Glykosiden ist das *Vitamin B_2 = Lactoflavin*. In ihm ist der Zuckerrest, die D-Ribose, zum zugehörigen Alkohol, dem D-Ribit oder

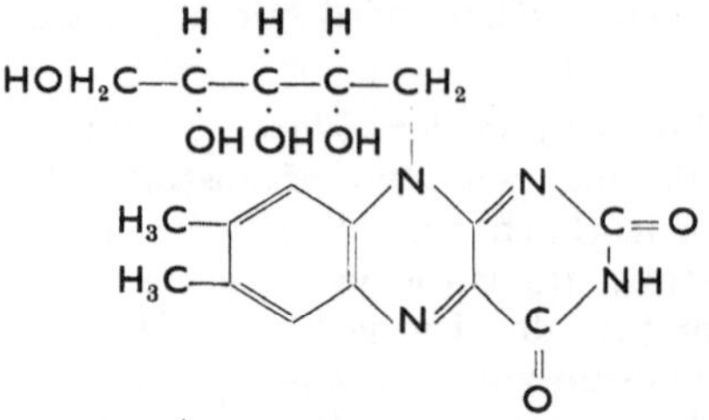

$$\underset{\displaystyle \text{OH OH OH}}{HOH_2C-\overset{\displaystyle H}{C}-\overset{\displaystyle H}{C}-\overset{\displaystyle H}{C}-CH_2}$$

Lactoflavin
($C_{17}H_{20}O_6N_4$)

Adonit, reduziert[1]. Lactoflavin ist auch ein Bestandteil der „Flavinenzyme", die an Atmung und Gärung beteiligt sind[2].

4. Esterbindungen der Zucker.

Ebenso wie bei der Verätherung zeigen die einzelnen OH-Gruppen eines Zuckers auch bei der Umsetzung mit Säuren unterschiedliche Reaktionsfähigkeit. Am raschesten reagiert in diesem Fall die primäre Alkoholgruppe (bei Hexosen am C_6-Atom), doch sind auch alle übrigen Hydroxyle veresterbar. Die teilweise, sowie auch die völlig veresterten Zucker spielen in der Synthese der Zucker eine große Rolle[3]. Beide Arten von Estern kommen auch in der Natur vor. Völlig veresterte Zucker finden sich z.B. bei den Gerbstoffen[4]. So besteht das chinesische Tannin in der Hauptsache aus Penta-m-digalloylglucose. Eine ganz besondere Rolle im Zuckerstoffwechsel spielen die H_3PO_4-Ester (vgl. S. 301ff. u. Bd. 2, Kohlenhydratstoffwechsel). Bei der Gärung sowie bei der Glykolyse treten die Hexosen und die aus ihnen entstehenden Triosen intermediär als H_3PO_4-Ester auf (s. Bd. 2, Kohlenhydratstoffwechsel).

Neuerdings sind zahlreiche Fettsäureester von Zuckern dargestellt worden[5].

Auch die bei den Glykosiden genannten Nucleinsäuren und das Flavinenzym sind Zucker-H_3PO_4-Ester.

H_2SO_4-Ester der Zucker sind Bestandteile der Glyko-proteide (vgl. BLIX, S. 752ff.). Zu den Zuckerestern organischer Säuren gehört das Carotinoidglykosid Crocin, das unter anderem in den Geschlechtsorganen höherer Pflanzen (Crocus) vorkommt. Es ist als ein für die Kopulationsvorgänge (Geißelwachstum) der Alge Chlamydomonas verantwortlicher Stoff erkannt worden (vgl. Bd. 2, Physiol. Chemie der Inneren Sekretion).

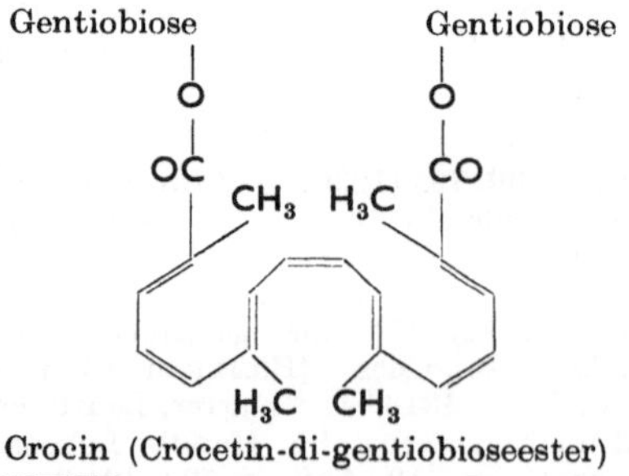

Crocin (Crocetin-di-gentiobioseester)

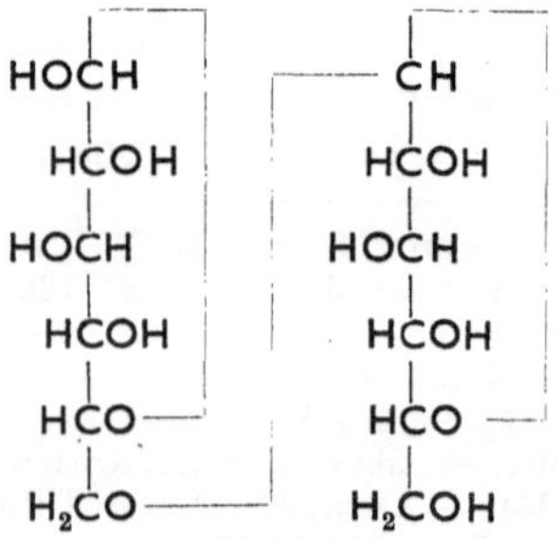

Gentiobiose

---

[1] KARRER, P., K. SCHÖPP, F. BENZ u. K. PFAEHLER: B. 68, 216 (1935). Helv. 18, 69 (1935). — KUHN, R., u. F. WEYGAND: B. 70, 769 (1937). — KARRER, P., B. BECKER, F. BENZ, P. FREI, H. SALOMON u. K. SCHÖPP: Helv. 18, 1435 (1935). — KUHN, R., u. R. STRÖBELE: B. 70, 747, 773 (1937). — [2] THEORELL, H.: B. Z. 275, 344 (1935). — [3] Micheel S. 119ff. — [4] FREUDENBERG, K.: Tannin, Cellulose, Lignin. Berlin 1933. — [5] CARSON, C. F. jr., and W. D. MACLAY: Am. Soc. 66, 1609 (1944).

β) Allgemeine chemische Eigenschaften der Zucker.

Es werden hier vor allem solche Reaktionen angeführt, die dem Verständnis der biologischen Umwandlungen oder zum Nachweis der Zucker dienen können. Im übrigen sei auf die zusammenfassenden Darstellungen (S. 256) über die Chemie der Zucker verwiesen.

1. Einfluß von Alkalien. Epimerisierung.

Umwandlung von Zuckern. Im Zusammenhang mit der Fähigkeit des Organismus zur Verwertung verschiedener Zucker als Glykogenbildner interessiert die Umwandlung der Zucker bei schwach alkalischer Reaktion[1]. Ebenso wie wenig Alkali wirken auch Carbonate, Bleihydroxyd und Pyridin[2]. Glucose, Fructose und Mannose verwandeln sich wechselseitig ineinander durch konfigurative Umwandlung am C_2-Atom. Die Umsetzung unter dem Einfluß dieser Agenzien kann jedoch noch weitergehen. Zunächst entsteht jedoch ein Gemisch der drei genannten Zucker. Man erklärt den Vorgang meist[3] durch das vorübergehende Auftreten einer Enolgruppierung am C_1- und C_2-Atom:

$$
\begin{array}{ccccccccc}
\text{CHO} & & \text{CHOH} & & \text{CHO} & & \text{CHOH} & & \text{CH}_2\text{OH} \\
| & & \parallel & & | & & \parallel & & | \\
\text{HOCH} & & \text{COH} & & \text{CHOH} & & \text{COH} & & \text{CO} \\
| & & | & & | & & | & & | \\
\text{HOCH} & \longleftarrow & \text{HOCH} & \longleftarrow & \text{HOCH} & \longrightarrow & \text{HOCH} & \longrightarrow & \text{HOCH} \\
| & & | & & | & & | & & | \\
\text{CHOH} & & \text{CHOH} & & \text{CHOH} & & \text{CHOH} & & \text{CHOH} \\
| & & | & & | & & | & & | \\
\text{CHOH} & & \text{CHOH} & & \text{CHOH} & & \text{CHOH} & & \text{CHOH} \\
| & & | & & | & & | & & | \\
\text{CH}_2\text{OH} & & \text{CH}_2\text{OH} & & \text{CH}_2\text{OH} & & \text{CH}_2\text{OH} & & \text{CH}_2\text{OH}
\end{array}
$$

Diese Hypothese hat an Wahrscheinlichkeit gewonnen, seitdem man eine solche Dienolgruppe auch in einem nahe verwandten Naturstoff, der Ascorbinsäure, (S. 311) gefunden hat. Auch die Bildung weiterer Nebenprodukte bei der Epimerisierungsreaktion läßt sich durch diese Auffassung des Reaktionsmechanismus leicht verständlich machen. Denn von der C_2-Ketohexose kann natürlich die Enolisierung auf das C_3 übergreifen. Zwar hat man noch keine C_3-Ketose isoliert, doch ist die Entstehung der D-Psicose (= D-Allulose, unterscheidet sich von der Fructose nur durch die Konfiguration am C_3), welche sich im Epimerisierungsgemisch der D-Glucose findet, nur auf diese Weise zu erklären.

Die Einwirkung von schwachem Alkali auf Aldosen ist ein wichtiger Weg zur präparativen Darstellung der entsprechenden Ketosen.

Ein reiner Konfigurationswechsel am C_2, ohne Ketosebildung, läßt sich erreichen, wenn man statt der Aldosen die Aldonsäuren in Pyridin erhitzt.

Ein Übergang verschiedener Zuckerarten ineinander kommt auch im Tierkörper vor. L- und D, L-Mannose gehen im Kaninchen in die entsprechenden Glucosen unmittelbar über[4]. Auch die Bildung von Galaktose und Milchzucker in der Milchdrüse aus der Glucose des Blutes sei hier erwähnt. In neuerer Zeit wurden Zuckerumwandlungen auch im sauren Medium beobachtet. So soll bei p_H 4 unter dem katalytischen Einfluß der Anionen schwacher Säuren Fructose aus Glucose entstehen[5].

---

[1] LOBRY DE BRUYN, C. A., et W. A. VAN EKENSTEIN: Recu. Trav. chim. Pays-Bas **14**, 203 (1895); **15**, 92 (1896). — [2] DANILOW, S., E. VENUS-DANILOWA u. P. SCHANTAROWITSCH: B. **63**, 2269 (1930). — [3] KUSIN, A.: B. **69**, 1041 (1936) (dort Schrifttum). — [4] NEUBERG, C., u. P. MAYER: H. **37**, 530 (1902/03). — [5] ASCHMARIN, P. A., u. A. D. BRAUN: Bull. Biol. Méd. exp. URSS **4**, 365 (1937) [C. **1939 II**, 415].

Eine besondere Wirkung hat **Ammoniak.** Kleine Mengen beschleunigen die *Mutarotation,* größere in Methylalkohol bewirken Austausch des Hydroxyls am C_1-Atom gegen eine Aminogruppe[1], die allerdings, im Gegensatz zum Glucosamin leicht durch Säuren wieder abgespalten wird. Läßt man aber Ammoniak sehr energisch einwirken, so kann man zu Imidazolderivaten kommen. Ammoniak-Zinkhydroxyd gibt mit Glucose in großer Menge Methylimidazol[2]. Sehr viel rascher arbeitet man mit ammoniakalischer Kupfersulfatlösung und Zusatz von Formaldehyd, wobei Oxymethylimidazol[3] in recht guter Ausbeute entsteht. Durch diese Synthesen ist eine genetische Beziehung der Kohlenhydrate zum ·Histidin und den Purinstoffen wahrscheinlich geworden.

Zunächst wird wohl die Hexose, ähnlich wie bei der Gärung, in zwei Mole Triosen zerschlagen, die dann entweder bei der Synthese nach KNOOP-WINDAUS in Methylglyoxal umgelagert oder nach WEIDENHAGEN durch Oxydation zum Oxymethylglyoxal nach folgender Reaktion sofort abgefangen werden:

$$C_6H_{12}O_6 = 2\ CH_2OH \cdot CHOH \cdot CHO$$

$$CH_2OH \cdot CHOH \cdot CHO + {}^1/_2O_2 = CH_2OH \cdot CO \cdot CHO + H_2O$$

$$\begin{array}{ccccccc}
CHO & & & & CH{-}{-}N & & \\
| & & H_2NH & & \| & \diagdown & \\
CO & + & & + CH_2O \longrightarrow & & \hspace{-1em}CH + 3\ H_2O \\
| & & H_2NH & & C{-}{-}NH & \diagup & \\
CH_2OH & & & & | & & \\
& & & & CH_2OH & &
\end{array}$$

V. HARTELIUS und N. NIELSEN[4] fanden, daß beim Erwärmen von Zucker mit Ammoniak oder von Ammoniumtartrat ein als Hefewuchsstoff wirksames Reaktionsprodukt entsteht. Die chemische Natur dieses Produkts ist noch unbekannt. Nach C. ENDERS könnte es sich um β-Alanin handeln, das aus Methylglyoxal und Ammoniak unter analogen Bedingungen entsteht[5]. Das Methylglyoxal fand C. ENDERS als Stabilisierungsprodukt einer unbekannten Triose X, die mit den Zuckern in saurer, neutraler und alkalischer Lösung in echtem, thermodynamischem Gleichgewicht stehen soll[6].

In **stärker alkalischen** Zuckerlösungen treten mehrere sehr charakteristische Umsetzungen ein, auf denen eine ganze Reihe von sog. Zuckerreaktionen beruht. Sie sind deswegen hier im Zusammenhang besprochen. Es handelt sich vielfach um Reaktionen, die an sich für alle Aldehyde zutreffen, jedoch sind größere Mengen freier Aldehyde einfachen Baues, wie etwa Form- oder Acetaldehyd in der belebten Natur in der Regel nicht anzutreffen, so daß die jetzt zu nennenden Umsetzungen bei deutlichem Eintreten als Zuckernachweise zu werten sind.

Zuckerprobe nach MOORE. Versetzt man die Lösung eines reduzierenden Zuckers mit etwa einem Viertel des Volumens an starker Kali- oder Natronlauge und erwärmt, so wird die Lösung erst gelb[7], dann orange, darauf gelbbraun und zuletzt dunkelbraun. Sie riecht gleichzeitig auch schwach nach Caramel, ein Geruch, der beim Ansäuern noch stärker wird. Es erfolgt wahrscheinlich dabei primär eine Spaltung in Triosen, die ihrerseits dann noch mannigfache Umwandlungen erleiden. Man kann bis zu 53% Milchsäure beobachten neben anderen Oxyverbindungen. Auch bei den folgenden Zuckerreaktionen, soweit

---

[1] LOBRY DE BRUYN, C. A., et F. H. VAN LEENT: Recu. Trav. chim. Pays-Bas 14, 134 (1895). — [2] WINDAUS, A., u. F. KNOOP: B. 38, 1166 (1905). — [3] WEIDENHAGEN, R., R. HERRMANN u. H. WEGNER: B. 70, 570 (1937). — [4] HARTELIUS, V., u. N. NIELSEN: B.Z. 307, 333 (1940/41). C. R. Lab. Carlsberg (I) 23, 155 (1941). — [5] ENDERS, C.: Naturwiss. 31, 209 (1943). — [6] ENDERS, C., u. R. MARQUARDT: Naturwiss. 29, 46 (1941). — ENDERS, C.: B.Z. 312, 349 (1942); 313, 265 (1943). — ENDERS, C., u. S. SIGURDSSON: Naturwiss. 31, 92 (1943). — [7] Über die quantitative Auswertung dieser Reaktion zur Harnzuckerbestimmung vgl. ALTHAUSEN, A. J.: Sowjetruss. ärztl. Z. 44, 786 (1940) [C. 1942 I, 394].

sie sich in stärker alkalischer Lösung abspielen, ist nach neueren Anschauungen das Auftreten der Triosen als Zwischenverbindung anzunehmen[1].

2. Oxydation der Zucker und die auf ihr beruhenden Reduktionsproben.

Die Zucker reduzieren in alkalischer Lösung mehrere Metalloxyde, wie Kupferoxyd, Wismutoxyd, Quecksilber- und Silberoxyd. Hierauf gründen sich einige wichtige Zuckerreaktionen, die natürlich für die einzelnen Zucker nicht spezifisch sind.

Bei der **Zuckerprobe nach Trommer** macht man die Lösung deutlich alkalisch und setzt tropfenweise so lange verdünntes Kupfersulfat zu, wie sich die zuerst entstehende Fällung noch beim Umschütteln mit tiefblauer Farbe löst und schließlich eine sehr kleine Menge Hydroxyd gerade ungelöst bleibt. Man erhitzt langsam bis zum Sieden; schon vor dem Kochen scheidet sich ein gelbroter bis roter Niederschlag ab, bedingt durch Reduktion des gelösten Kupfer(II)-hydroxyds bzw. Kupfer(II)-oxyds zu Kupfer(I)-hydroxyd oder Kupfer(I)-oxyd: $2\,CuO = Cu_2O + O$. 1 Mol Zucker kann über 5 Mole Kupfer(II)-oxyd reduzieren. Dabei tritt auch metallisches Kupfer[2] auf. Fehler können dadurch auftreten, daß bei Anwesenheit von zu wenig Kupfer sich der Zucker vorwiegend mit dem Alkali umsetzt, also die Mooresche Zuckerprobe mit ihrer von gelb nach schwarzbraun sich vertiefende Färbung auftritt, die den Farbumschlag der Kupferlösung undeutlich macht. Nimmt man andererseits zuviel Kupferreagens, so daß eine größere Menge $Cu(OH)_2$ nicht mehr gelöst wird, so kann das ausgefallene bläuliche Kupfer(II)-hydroxyd beim Erhitzen in schwarzbraunes wasserärmeres Hydrat oder schwarzes Kupfer(II)-oxyd übergehen und den gewünschten Farbumschlag verdecken. (Vgl. Bd. 2, Niere und Harn.)

Zuckerprobe nach Fehling. Diese Nachteile vermeidet das sog. Fehlingsche Reagens, bei dem das Kupfer(II)-hydroxyd von weinsauren Salzen in Lösung gehalten wird. Da die fertige Mischung sich nicht hält, vermischt man kurz vor Gebrauch eine Lösung I (173 g Seignettesalz und 53 g $NaOH$ [1,3 norm] im Liter Wasser) mit Lösung II (34,65 g krystallisiertes $CuSO_4 \cdot 10\,H_2O$ im Liter Wasser). Die tiefblaue Lösung muß beim Kochen unverändert bleiben. Sobald jedoch in Gegenwart eines reduzierenden Zuckers bis zum Sieden erhitzt wird, fällt rotes Kupfer(I)-oxyd aus. *Fructose* reagiert schon bei niederer Temperatur als Glucose.

Es sind vielfache Verbesserungen der Fehlingschen Lösung vorgeschlagen worden. Die Probe ist auch zur quantitativen Bestimmung von Zucker in Blut[3] oder Harn[4] geeignet, indem die Menge des gebildeten Kupfer(I)-oxyds durch Wägung, Titration[5] oder colorimetrisch[6] bestimmt wird. Da zwischen Zucker und Kupfer(I)-oxyd keine stöchiometrische Beziehung besteht, müssen zur Umrechnung besondere Tabellen verwendet werden. Auch die bei der Reduktion

---

[1] Fischler, F.: H. **165**, 53 (1927). — Bernhauer, K.: B.Z. **210**, 175 (1929). — [2] Gebhardt, F.: Kli. Wo. **1933** I, 828. — [3] Vgl. Bd. 2, Blut. — [4] Vgl. Bd. 2, Niere und Harn. — [5] Am gebräuchlichsten ist hier die Methode von Bertrand, G.: Bull. Soc. chim. France (3) **35**, 1293 (1906). — Vgl. hierzu Tollens-Elsner S. 93 ff. — Swerschkow, I. W.: Lab.-Praxis (russ.) **16**, 27 (1941) [C. **1942** II, 2826]. — Vergleich mehrerer Methoden bei Jackson, R. F., and E. J. McDonald: J. Res. nat. Bur. Stand. **27**, 237 (1941). — [6] Zum Beispiel Folin, O, and H. Wu: J. biol. Ch. **41**, 367 (1920). — Folin, O.: J. biol. Ch. **67**, 357 (1926); **82**, 83 (1929). — Tollens-Elsner S. 202. — An neueren Arbeiten: Fiorentino, M., and G. Ginaettasio: J. Lab. clin. Med. **25**, 866 (1940). — Milton, R. F.: Analyst **67**, 183 (1942).

eintretende Farbaufhellung der FEHLINGschen Lösung kann zur Zuckerbestimmung herangezogen werden[1].

Störend bei der Probe nach FEHLING wirken große Mengen von Ammonsalzen. Das gebildete *Ammoniak* hält Kupfer(I)-oxyd in Lösung, kann jedoch durch etwas längeres Erhitzen vertrieben werden. Aus dem gleichen Grund stört auch *Eiweiß*, es muß daher vorher durch Ausflocken in schwach saurer Lösung entfernt werden (s. auch S. 601). Schließlich sind Zucker nicht die einzigen auf „Fehling" reduzierend wirkenden Substanzen. Von physiologisch wichtigen Verbindungen, die gleichfalls reduzieren, sind vor allem *Harnsäure* und *Kreatinin* zu nennen, jedoch können die kleinen, in der Norm im Harn vorhandenen Mengen bei längerem Kochen zwar eine Entfärbung von FEHLINGscher Lösung bewirken, es kommt aber noch nicht zur Ausscheidung von Kupfer(I)-oxyd.

TOLLENSsche Probe. Die TOLLENSsche Silberlösung enthält als Zucker oxydierendes Oxyd, das Silberoxyd. Zu einer 1%igen Silbernitratlösung wird Alkali zur Fällung des Silberoxyds zugesetzt und dann soviel Ammoniak, bis eine klare Lösung entsteht. Das Reagens muß frisch bereitet sein und darf nicht längere Zeit stehenbleiben, da sich sonst explosibles Knallsilber bilden kann. Bei Gegenwart von Zucker scheidet sich Silber schon in der Kälte, rascher beim vorsichtigen Erwärmen meist in Form des Silberspiegels ab.

BÖTTGER-ALMÉN-NYLANDERsche Probe. Die von BÖTTGER-ALMÉN angegebene, von NYLANDER unwesentlich abgeänderte Lösung, deren wirksamer Bestandteil Wismuthydroxyd ist, sei hier noch angeführt. Man löst 4 g Seignettesalz in 100 g Natronlauge von 10% und digeriert 2 g basisches Wismutnitrat [$Bi(OH)_2NO_3$, Bismutum subnitricum] damit auf dem Wasserbad, bis ein möglichst großer Teil davon gelöst ist. Setzt man nun zur filtrierten Lösung etwa das 10fache einer Zuckerlösung und kocht ungefähr 2 min, so färbt sich die Lösung allmählich über gelbbraun zuletzt fast schwarz und läßt einen schwarzen Bodensatz von Wismut entstehen.

Zur *quantitativen Zuckerbestimmung*[2-8] in Blut und Harn wird das Mikroverfahren von HAGEDORN-JENSEN[2] viel verwendet. Siehe auch S. 288.

3. Proben mit Phenylhydrazinen nach E. FISCHER[9].

Auch mit organischen Basen können die Zucker Verbindungen eingehen. Es reagiert hier die ganze Reihe von Stoffen, die als Aldehydreagenzien bekannt sind. Praktisch bei weitem am wichtigsten ist die Umsetzung mit *Phenylhydrazin*[10] und substituierten Phenylhydrazinen, da man hier zu schwerlöslichen, gut krystallisierenden Verbindungen kommen kann, die für die Ausscheidung von Zuckern auch aus Gemischen brauchbar sind.

Die Reaktion verläuft in 2 Phasen. Zuerst bildet sich ein *Hydrazon* (I). Diese Hydrazone bilden sich mit Phenylhydrazin in Alkohol oder Phenylhydrazinacetat beim Stehen in der Kälte, jedoch ist die Mehrzahl der Zuckerhydrazone recht leicht löslich. Eine Ausnahme ist das Phenylhydrazon der Mannose. In den meisten Fällen arbeitet man daher

---

[1] ILLARI, G.: Ann. Chim. appl., Roma **31**, 119 (1941). — MAGGIORDOMO, G.: Ann. Chim. appl., Roma **30**, 256 (1940). — [2] HAGEDORN, H. C., u. B. N. JENSEN: B.Z. **135**, 46 (1923); **137**, 92 (1923). — [3] FUJITA, A., u. D. IWATAKE: B. Z. **242**, 43 (1931). — [4] Hallmann S. 383. — [5] Hinsberg-Lang S. 168 ff. — [6] BARRENSCHEEN, H. K., u. J. PANY: Bestimmung von Kohlenhydraten. (Die allgemeinen Methoden.) Bamann-Myrbäck **1**, 1059—1079. — [7] HAUGAARD, G.: Kolorimetrische Zuckerbestimmungen. Bamann-Myrbäck **1**, 1080—1089. — MILTON, R. F.: Analyst **67**, 183 (1942). — [8] BENEDICT, St. R., and E. OSTERBERG: J. biol. Ch. **48**, 51 (1921). — Vgl. Tollens-Elsner S. 205. — BENEDICT, St. R.: J. biol. Ch. **76**, 457 (1928). — FOLIN, O.: J. biol. Ch. **77**, 421 (1928). — BENEDICT, St. R., and E. B. NEWTON: J. biol. Ch. **82**, 5 (1929). — [9] PERCIVAL, E. G. V.: The Structure and reactivity of the hydrazone and osazone derivatives of the sugars. Adv. Carbohydrate Chem. **3**, 23 (1948). — [10] WIELAND, H.: Die Hydrazine. Stuttgart 1913. — Gattermann-Wieland: Darstellung und Reinigung von Phenylhydrazin, S. 294. (1940). — BRINTZINGER, H., K. PFANNSTIEL u. J. JANECKE: Chemie **56**, 233 (1943).

in wäßrig-essigsaurer Lösung mit einem Überschuß an Phenylhydrazin und erwärmt im Wasserbad. Dann gehen die zuerst auftretenden Hydrazone in die *Osazone* (II) über:

$$\begin{array}{ccc}
HCO + H_2N \cdot NH \cdot C_6H_5 & HC = N \cdot NH \cdot C_6H_5 & HC = N \cdot NH \cdot C_6H_5 \\
| & | & | \\
CHOH & CHOH + 2\,H_2N \cdot NH \cdot C_6H_5 & C = N \cdot NH \cdot C_6H_5 + NH_3 \\
| & | & | \quad\quad\quad + NH_2 \\
CHOH & CHOH & CHOH \quad\quad | \\
| \quad\longrightarrow & | \quad\longrightarrow & | \quad\quad\quad C_6H_5 \\
CHOH & CHOH & CHOH \\
| & | & | \quad\quad\quad + H_2O \\
CHOH & CHOH & CHOH \\
| & | & | \\
CH_2OH & CH_2OH & CH_2OH \\
& \text{(I) Hydrazon} & \text{(II) Osazon}
\end{array}$$

Es tritt also zu der Hydrazongruppe am C_1-Atom noch eine weitere am C_2-Atom ein. Der Wasserstoff wird dabei allerdings nicht als solcher frei, sondern verwandelt ein drittes Mol Phenylhydrazin in Ammoniak und Anilin[1].

Da die Asymmetrie am C_2-Atom aufgehoben wird, sind die Osazone von Glucose und Mannose identisch. Auch Fructose bildet das gleiche Osazon, da hier das zweite Mol Phenylhydrazin an das C_1-Atom tritt. Dagegen sind Osazone, bei denen die Anordnungen an den übrigen Atomen C_3 bis C_5 verschieden sind, in Krystallform, Schmelzpunkt (am wenigsten charakteristisch, weil Zersetzungspunkt), Löslichkeit und Drehung voneinander zu unterscheiden. Ein gutes Lösungsmittel für die Polarisation ist ein Gemisch von je 6 cm³ absolutem Alkohol und 4 cm³ reinem Pyridin[2].

Phenylosazon von Glucose, Mannose, Fructose, Glucosamin F. 205°, von Galaktose F. 188°.

Die *Osazone* sind intensiv gelbgefärbte Krystalle, häufig zu Büscheln zusammengetretene Nadeln, schwerlöslich in Wasser, soweit es sich um Osazone von Hexosen handelt.

Die *Osazone der Pentosen,* aber auch die von *Disacchariden* sind in der Wärme besser wasserlöslich. Von organischen Lösungsmitteln lösen Pyridin und Alkohol. Bei leichter löslichen Osazonen kann auch die Darstellung von Osazonen substituierter Phenylhydrazine in Frage kommen, wie des p-Bromphenylhydrazins bei der Arabinose. Methylphenylhydrazin reagiert bei kurzem Erhitzen in alkoholischer Lösung nur mit Ketosen wie Fructose (siehe dort), nicht mit Aldosen.

Abspaltung des Hydrazins aus den Osazonen durch starke Salzsäure oder schonender durch Benz- oder Formaldehyd führt zu den *Osonen,* die am C_1- und C_2-Atom je eine Carbonylgruppe tragen. Sie sind in der Hand von E. FISCHER wichtig geworden zur Verwandlung von Aldosen in Ketosen, die durch Reduktion der Osone entstehen, neuerdings auch als Zwischenprodukte bei der Synthese von Verbindungen der Ascorbinsäuregruppe.

4. Verhalten der Zucker gegen Säuren. Farbreaktionen.

Durch sehr energische Einwirkung von Säuren in der Hitze werden die Zucker schließlich unter Verkohlung ganz zerstört, jedoch sind bei Milderung der Bedingungen gut definierte Zwischenverbindungen zu isolieren oder wenigstens durch Farbreaktionen nachzuweisen. Zudem ist die Empfindlichkeit der Monosaccharide gegen Säuren deutlich abgestuft, je nachdem es sich um Pentosen oder Hexosen, Aldosen oder Ketosen handelt. Primär entstehen unter Abspaltung von Wasser Substanzen von Aldehydcharakter, meist Abkömmlinge des Furfurols oder dieses selber.

---

[1] Eine neue Theorie der Osazonbildung bringt WEYGAND, F.: B. **73**, 1284 (1940). —
[2] NEUBERG, C.: B. **32**, 3384 (1899), u. zw. S. 3386.

Zum Beispiel geben *Hexosen* beim Kochen mit Salzsäure vom spez. Gewicht 1,09 bis 1,10 (konz. Salzsäure: Wasser = 1:1) Lävulinsäure[1] (I)

$$(I) \quad CH_3-CO-CH_2-CH_2-COOH ,$$

und zwar die Ketosen viel rascher als die Aldosen. Zwischenprodukt ist Oxymethylfurfurol[2] (III), *Pentosen* geben unter gleichen Bedingungen Furfurol[3] (II), Methylpentosen Methylfurfurole[4]. Hierauf beruhen einige weitere Farbreaktionen der Zucker.

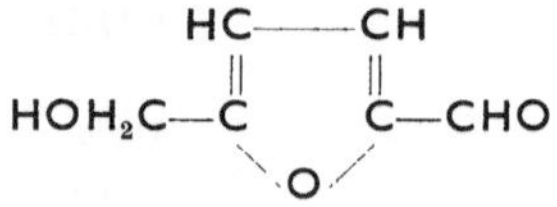

Die **Probe nach MOLISCH**[5] ist typisch für die Kohlenhydrate. Glucosamin gibt sie nicht. Die auf Zucker zu prüfende Lösung wird mit einem Tropfen einer 10%-igen alkoholischen Lösung von α-Naphthol (IV) versetzt. Unterschichtet man jetzt langsam mit 1 cm³ konz. Schwefelsäure, so bildet sich in der Berührungsfläche ein rotvioletter Ring. Im Spektroskop ist ein Streifen zwischen D und E zu sehen[6].

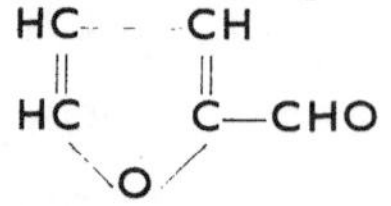

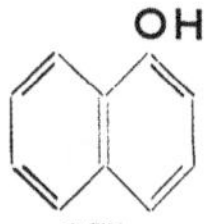

Bei Ketohexosen geht der Übergang in Oxymethylfurfurol besonders leicht, schon unter Bedingungen, bei denen Aldohexosen noch nicht merklich reagieren. Darauf beruht die

Probe nach SELIWANOFF[7] zum Nachweis der *Ketosen*, etwa der Fructose neben Glucose. Zu einer wäßrigen Lösung des unbekannten Zuckers setzt man soviel Salzsäure, daß der Gehalt an HCl 12% beträgt, fügt einige Kryställchen von Resorcin hinzu und läßt nicht mehr als 20 sec kochen. Die Lösung wird bei Gegenwart von Fructose tiefrot, dann setzt sich ein Niederschlag ab, der in Alkohol mit schön roter Färbung löslich ist. Zweckmäßig untersucht man den Farbstoff auch spektroskopisch; es muß ein Absorptionsstreifen im Blau auftreten.

Für die Prüfung auf Ketosen wird statt des *Resorcins* (V) auch *Naphthoresorcin* (VI) empfohlen[8]; die Flüssigkeit wird tiefer purpurviolett als bei der Probe nach SELIWANOFF.

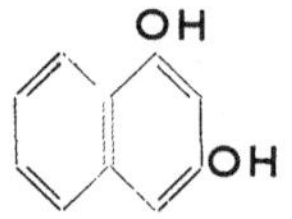

Schließlich gibt auch Diphenylamin in stark salzsaurer Lösung mit Fructose eine starke Blaufärbung[9], die sich nach MARTIN[10] zur quantitativen Bestimmung von Fructose neben Glucose ausnutzen läßt.

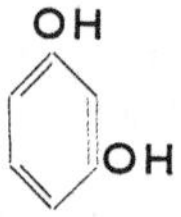

Quantitative Bestimmung von Pentosen. Darauf, daß die Pentosen und auch Hexuronsäuren Furfurol geben, hat TOLLENS[11] eine quantitative Bestimmung von Pentosen in Polysacchariden aufgebaut, indem er diese mit starker Salzsäure durch Erhitzen hydrolysierte und das gebildete Furfurol gleichzeitig überdestillierte. Es kann im Destillat mit Phloroglucin (VII) als blaugrünes Phloroglucid ausgefällt und bestimmt werden.

Farbreaktionen der Pentosen. Setzt man[12] aber das Phloroglucin der salzsauren Lösung der Pentose zu, so wird der Zucker schon in einem früheren, nicht näher bekannten Stadium der Umwandlung von Phloroglucin abgefangen. Es entsteht eine für Pentosen typische Rotfärbung, die sich mit Amylalkohol ausschütteln läßt und dann einen Spektralstreifen zwischen D und E zeigt[13]. Empfehlenswerter ist noch die entsprechende Probe mit Salzsäure und *Orcin* (VIII)[14]. Beim Erhitzen wechselt die Farbe von rötlichblau zu blaugrün und

[1] WEHMER, C., u. B. TOLLENS: A. **243**, 314 (1888). — Beilstein **3**, 671 (235) [430]. — Darstellung von Lävulinsäure. Org. Syntheses **1**, 328 (1932). — PLOETZ, TH.: Naturwiss. **29**, 707 (1941). — [2] EKENSTEIN, W. A. VAN, u. J. J. BLANKSMA: B. **43**, 2355 (1910). — PUMMERER, R., u. W. GUMP: B. **56**, 999 (1923). — [3] STONE, W. E., u. B. TOLLENS: A. **249**, 227 (1888). — Gattermann-Wieland: Darstellung und Eigenschaften, S. 382 (1940). — [4] WIDTSOE, J. A., u. B. TOLLENS: B. **33**, 146 (1900). — [5] MOLISCH, H.: Mh. Chem. **7**, 198 (1886). — BREDERECK, H.: Verlauf der MOLISCH-Reaktion. B. **64**, 2856 (1931); **65**, 1110 (1932). — [6] PINOFF, E.: B. **38**, 3308 (1905). — [7] SELIWANOFF, TH.: B. **20**, 181 (1887). — [8] TOLLENS, B., u. F. RORIVE: B. **41**, 1783 (1908). — [9] IHL, A.: Chem.-Ztg. **9**, 231 (1885). — Beilstein **31**, 332. — [10] MARTIN, R. W.: H. **259**, 62 (1939). — [11] MANN, F., M. KRÜGER, u. B. TOLLENS: Angew. Chem. **10**, 33 (1896), u. zw. S. 43. — [12] WHEELER, H. J., u. B. TOLLENS: A. **254**, 329 (1889). — [13] PINOFF, E.: B. **38**, 766 (1905). — [14] ALLEN, E. W., u. B. TOLLENS: A. **260**, 306 (1890). — BIAL, M.: B.Z. **3**, 323 (1907). — Siehe auch S. 279. — McRARY, W. L., and M. C. SLATTERY: Arch. Biochem. **6**, 151 (1945). — BROWN, A. H.: Arch. Biochem. **11**, 269 (1946).

im Spektroskop erscheint ein Absorptionsstreifen zwischen C und D, der auch erhalten
bleibt, wenn man den gebildeten Farbstoff vorher mit Amylalkohol aufnimmt. (Vgl. Glu-
curonsäurebestimmung, S. 311.) Die Fällung des Furfurols zum Zweck seiner quantitativen
Bestimmung kann vorteilhaft statt mit
Phloroglucin mit Barbitur- oder Thiobarbi-
tursäure vorgenommen werden. Besonders
einfach ist die bromometrische Titration.
Furfurol wird dabei zu Oxyfurfurol oxydiert[1].

Über die quantitative *Bestimmung der Pentosen* bzw. des Furfurols liegt bereits eine umfangreiche Literatur vor, auf die hier nur verwiesen werden kann[2, 3].

Durch J. TILLMANS und K. PHILIPPI[4] ist die Färbung, die Orcin beim Erwärmen mit
Kohlenhydraten, jedoch nicht mit Glucosamin, in stark schwefelsaurer Lösung gibt, zu
einer Bestimmung des *Kohlenhydratgehaltes von Eiweißkörpern* benutzt worden. MARG.
SÖRENSEN[5] hat durch Verfolg der Kurven der Farbtönung darauf eine Bestimmung der Art
und Menge der gebundenen Zucker aufgebaut.

γ) Pentosen.

(C$_5$H$_{10}$O$_5$ [M.G. 150,08]; 39,98% C; 6,72% H; 53,30% O.)

1. Allgemeines.

Vorkommen, Bedeutung. Die Pentosen sind meist nicht als freie Verbindungen in der Natur gefunden worden, sie sind aber besonders *im Pflanzenreich* recht verbreitet in Form von Polysacchariden, den Pentosanen[6]. Sie
dienen dort als Bausteine in der Gerüstsubstanz, wo sie die Cellulose begleiten.
In gewissen Gummiarten, also in Ausscheidungen und in Pektinen, sowie in
Nucleinsäuren[7], Nucleoproteiden und Vitamin B$_2$ sind sie vorhanden und werden
bei geeigneter Hydrolyse frei. Mit der pflanzlichen Nahrung werden sie von
Mensch und Tier reichlich aufgenommen. Neben den eigentlichen Pentosen
kommen auch *Methylpentosen* vor, z. B. die in manchen Glykosiden beobachtete
L-Rhamnose, die sich durch die Methylgruppe (C$_6$-Atom) von der L-Mannose
unterscheidet. Auch die Methyläther solcher Methylzucker werden in der Natur
angetroffen. In Glykosiden der Digitalisgruppe finden sich z. B. die Digitalose,
eine 3-Methyl-D-fucose[8]. In derselben Glykosidklasse finden sich auch noch
mehrere, zum Teil ebenfalls mit CH$_3$OH verätherte Desoxymethylpentosen, so
die Digitoxose, die Diginose[9] u. a. Die Cymarose (s. S. 283) liegt in einem
Herzgift aus kanadischem Hanf vor. Besonderes Interesse verdient schließlich
die Desoxyribose Thyminose aus Thymusnucleinsäure.

Im *Tierreich* sind die Pentosen zuerst von SALKOWSKI und Mitarbeitern[10]
im *Harn* gelegentlich gefunden worden. Solche Fälle von Pentosurie sind immer
wieder beobachtet[11] worden, ohne daß die genaue Quelle dieser Harnpentose
angegeben werden konnte.

---

[1] HUGHES, E. E., and S. F. ACREE: J. Res. nat. Bur. Stand. **24**, 175 (1940). — [2] Vgl.
z. B. C. KULLGREN u. H. TYDÉN: Über die Bestimmung von Pentosanen. Ing. Vet. Akad.
Handl. Nr. 94 (1929) [C. **1930 II**, 3177]. — POWELL, W. J., and H. WHITTAKER: J. Soc.
chem. Industr. **43**, T. 35—36 (1924). — MEJBAUM, W.: H. **258**, 117 (1939). — [3] JAYME, G.,
u. P. SARTEN: Naturwiss. **28**, 822 (1940). B.Z. **308**, 109; **310**, 1 (1941); **312**, 78 (1942). —
[4] TILLMANS, J., u. K. PHILIPPI: B. Z. **215**, 36 (1929). — [5] SÖRENSEN, MARG., u. G. HAUGAARD:
B.Z. **260**, 247 (1933). — [6] Vgl. Beitrag PLOETZ-FREUDENBERG: Polysaccharide S. 348. —
KARRER, P.: Handb. Lebensm.-Chem. (BÖMER u. a.) **1**, 452 (1933). — [7] TIPSON, R. ST.:
The chemistry of the nucleic acids. Adv. Carbohydrate Chem. **1**, 193 (1945). — [8] SCHMIDT,
O. TH., W. MAYER u. A. DISTELMAIER: Naturwiss. **31**, 247 (1943). — [9] SHOPPEE, C. W., u.
T. REICHSTEIN: Helv. **25**, 1611 (1942). — [10] SALKOWSKI, E., u. M. JASTROWITZ: Zbl. med.
Wiss. **30**, 337 (1892). — SALKOWSKI, E.: Zbl. med. Wiss. **30**, 592 (1892). H. **27**, 507 (1899). —
[11] BARSZCZEWSKI, C.: Jber. Fortschr. Tierchem. **27**, 733 (1897).

Freie Pentosen *in der Nahrung gegeben*, werden vom Menschen, selbst bei kleinen Mengen, zu erheblichen Prozentsätzen (40 bis 50%) im Harn wieder ausgeschieden[1], der Rest wird verbrannt und kann deshalb andere Kohlenhydrate sparen. Noch ausgeprägter ist, schon nach älteren, auch neuerdings[2] wieder bestätigten Versuchen, die Sparwirkung von verfütterten Pentosanen besonders beim Pflanzenfresser. Vermutlich werden, wie bei der Verwertung der Cellulose, die Bakterien des Magen-Darmtractus hierbei mitwirken. Verfütterte Pentosane, etwa Xylan, können gleiche Fett- und Glykogenansätze bewirken wie entsprechende Mengen verdauter Cellulose.

$$\begin{array}{cc}
\text{CH(OH)} & \text{CH(OH)} \\
| & | \\
\text{HCOH} & \text{HCOH} \\
| & | \\
\text{HCOH} & \text{HCOH} \\
| & | \\
\text{HOCH} & \text{HOCH} \\
| & | \\
\text{OCH} & \text{OCH} \\
| & | \\
\text{CH}_3 & \text{H}_2\text{COH} \\
\text{L-Rhamnose} & \text{L-Mannose}
\end{array}$$

Die im Pflanzenreich vorkommenden Pentosen wie *Arabinose* und *Xylose* sind Aldosen, die Harnpentose hat sich neuerdings als *Xyloketose* erwiesen, wenn auch in einigen länger zurückliegenden Arbeiten der Zucker als D, L-Arabinose (s. S. 281) identifiziert erscheint.

Eigenschaften. In ihrem *chemischen Verhalten* stimmen die Pentosen mit den Hexosen in all den Umsetzungen überein, die sie als Oxyaldehyde gemeinsam haben. Sie reduzieren FEHLINGsche Lösung und die anderen oben als Zuckerreagenzien angeführten Metalloxyde, bilden mit Phenylhydrazin Hydrazone und Osazone, jedoch sind die letzteren löslicher als die Osazone der Hexosen. Die Pentosazone sind aber zur Unterscheidung von Hexosazonen geeignet, weil ihre elementare Zusammensetzung eine andere ist.

Zur *präparativen Darstellung* eignet sich in einigen Fällen die Destillation der Diacetonpentosen[3].

Zur *Unterscheidung der Pentosen von Hexosen* kann vor allem ihre Neigung dienen, mit starken Säuren Furfurol zu bilden. Man muß sich jedoch vor einer Verwechslung mit Uronsäuren hüten (s. S. 311). Eine weitere Unterscheidungsmöglichkeit beruht auf der Unfähigkeit der Pentosen, mit Hefe zu vergären. Man kann so aus Gemischen von Pentosen mit viel Hexosen die letzteren entfernen. Sonstige Mikroorganismen, wie etwa Fäulnisbakterien, können jedoch Pentosen leicht zersetzen. Auch die Wildhefe Torula utilis kann die Pentosen zum Aufbau ihrer Körpersubstanz verwerten, wovon man heute in der „biologischen Eiweißsynthese" (aus Holzhydrolysaten) Gebrauch macht[4].

2. Einzelne Pentosen.

a) Arabinosen[5]. Die Arabinose ist eines der wenigen Beispiele dafür, daß in der Natur nicht nur eine Form eines Zuckers, sondern auch sein Spiegelbild

$$\begin{array}{ccccc}
\text{CH(OH)} & \text{CH(OH)} & \text{CH(OH)} & \text{CH(OH)} & \\
| & | & | & | & \\
\text{HOCH} & \text{HCOH} & \text{HCOH} & \text{HOCH} & \text{HOC} \cdot \text{CH}_2\text{OH} \\
| & | & | & | & | \\
\text{HCOH} & \text{HOCH} & \text{HCOH} & \text{HCOH} & \text{HCOH} \\
| & | & | & | & | \\
\text{HCOH} & \text{HOCH} & \text{HCOH} & \text{HOCH} & \text{HOCH} \\
| & | & | & | & | \\
\text{H}_2\text{CO} & \text{H}_2\text{CO} & \text{H}_2\text{CO} & \text{H}_2\text{CO} & \text{H}_2\text{CO} \\
\text{D-Arabinose} & \text{L-Arabinose} & \text{D-Ribose} & \text{L-Xylose} & \text{L-Xylo-ketose}
\end{array}$$

[1] GRAFE, E.: Kli. Wo. **1932 II**, 1742. — [2] IWATA, H.: Bull. agr. chem. Soc. Jap. **7**, 33 (1931) [C. **1932 I**, 1392]. Bull. agr. chem. Soc. Jap. **8**, 93 (1932) [C. **1933 I**, 3591]. — [3] FREUDENBERG, K., H. MOLTER u. G. DIETRICH: B. **80**, 53 (1947). — [4] FINK, H., u. JOS. KREBS: B.Z. **299**, 1 (1938). — FINK, H., R. LECHNER u. JOS. KREBS: B.Z. **299**, 28 (1938). — [5] Beilstein **31**, 32.

vorkommt. Am häufigsten ist die sterisch mit der D-Galaktose verwandte L(+)-*Arabinose* anzutreffen, die in Gummiarten, Schleimstoffen, Pektinen und vielen anderen Stellen verankert ist, sehr viel seltener die D(—)-*Arabinose*, in Glykosiden der Aloingruppe[1], aber auch in einer Lipoidverbindung der Tuberkelbacillen[2]. Die Arabinose ist auch gelegentlich als Harnbestandteil beschrieben worden. Nach Genuß von gewissen Früchten, wie Pflaumen in größeren Mengen, soll es sich um L(+)-Arabinose[3], in anderen Fällen um D, L-Arabinose[4] gehandelt haben.

L(+)-*Arabinose*, früher als β-l-Arabinose bezeichnet, wird durch saure Hydrolyse von Zuckerrübenschnitzeln, Kirschgummi oder Gummi arabicum hergestellt. Sie krystallisiert in rhombischen Prismen, F. 160°. Die Drehung ist in wäßriger Lösung nach anfänglich höheren Werten bei $[\alpha]_D^{20}$: + 104,6° im Gleichgewicht. Umwandlung von Arabinose in Xylose[5].

Das Phenylosazon der Arabinose schmilzt bei 166°, das p-Bromphenylosazon bei 185°.

Die D(—)-*Arabinose* (= β-d-Arabinose)[6] entspricht, abgesehen von ihrer entgegengesetzten Drehung, physikalisch völlig der L-Form. Man gewinnt sie aus Glucose durch Abbau von C_1 her, etwa nach ZEMPLÉN und KISS[7].

Die D-L-*Arabinose* ist eine krystallisierte, rein süß schmeckende Substanz vom F. 163,5° bis 164,5°, ihr Osazon hat F. 166 bis 168°. Zur Isolierung und Identifizierung ist geeignet[8] das Diphenylhydrazon, F. 206°, unlöslich in kaltem Wasser und Alkohol, leicht löslich in Pyridin. Sie ist nach NEUBERG und WOHLGEMUTH die Harnpentose (s. S. 280).

b) D(—)-Ribose[9]. Die D-Ribose ist Baustein vieler Nucleotide[10] wie der Inosinsäure, Guanyl- und Hefenucleinsäure, sowie der entsprechenden phosphorsäurefreien Nucleoside, wie Guanosin, Adenosin, Cytidin und Uridin, ferner nach WARBURG und EULER der Adenosin enthaltenden Co-Fermente[11, 12]. Die Pentose ist hierin glykosidisch in der Furanoseform[9, 13], an den Purin- oder Pyrimidinkern gebunden. — Zuerst wurde die D-Ribose synthetisch durch VAN EKENSTEIN und BLANKSMA[14] nach einem von FISCHER und PILOTY[15] für die L-Form ausgearbeiteten Verfahren erhalten. Sie unterscheidet sich konfigurativ von der Arabinose nur durch die Stellung der OH-Gruppe am C_2-Atom, sie ist also mit ihr epimer.

Die krystallisierte D-Ribose besteht aus farblosen, sehr hygroskopischen Platten, die nach LEVENE bei 86 bis 87° schmelzen, nach VAN EKENSTEIN und BLANKSMA[14] bei 95° $[\alpha]_D$: — 23,7° in Wasser. Das Osazon ist identisch mit dem Osazon der Arabinose, F 163°. Besonders charakteristisch ist nach J. v. BRAUN[16] zur Abscheidung und Erkennung neben anderen Pentosen das Diphenylmethan-dimethyl-dihydrazon R: N · N(CH$_3$) · C$_6$H$_4$ · CH$_2$ · C$_6$H$_4$ · N(CH$_3$) · N: R vom F. 141 bis 142° (R bedeutet den Riboserest). Tetraacetyl-ribose[17].

Ribosekonfiguration besitzt auch sehr wahrscheinlich die *Thiomethylpentose*, welche von SUZUKI[18] sowie von LEVENE[19] als Adenylthiomethylpentose aus Hefe isoliert wurde. In diesem Zucker ist eine OH-Gruppe durch SH ersetzt und letzteres mit CH$_3$OH veräthert. Sitz der SCH$_3$-Gruppe ist das C$_5$-Atom der Pentose[20]. Die Adenylthiomethylpentose entspricht somit wahrscheinlich der Muskeladenylsäure, wobei an Stelle von -OPO$_3$H$_2$ hier -SCH$_3$ getreten ist.

[1] Tollens-Elsner S. 120. — [2] CHARGAFF, E., u. R. J. ANDERSON: H. **191**, 172 (1930). — TYABJI, A.: Zbl. Bakteriol. (I) **118**, 241 (1935). — [3] BARSZCZEWSKI, C.: Jber. Fortschr. Tierchem. **26**, 733 (1897). — [4] NEUBERG, C., u. J. WOHLGEMUTH: H. **35**, 31 (1902). — [5] HONEYMAN, J.: Soc. **1946**, 990. — [6] Darstellung: Org. Syntheses **20**, 14 (1940). — [7] ZEMPLÉN, G., u. D. KISS: B. **60**, 165 (1927). — [8] NEUBERG, C.: B. **33**, 2243 (1900). — [9] Beilstein **31**, 21.— [10] Vgl. BREDERECK S. 828. — [11] Vgl. S. 832 u. Bd. 2, Kohlenhydratstoffwechsel. — [12] EULER, H. v., P. KARRER u. E. USTERI: Helv. **25**, 323 (1942). — [13] BREDERECK, H.: B. **65**, 1830 (1932); **66**, 198 (1933). — [14] EKENSTEIN, W. A. VAN, u. J. J. BLANKSMA: Chem. Weekbl. **10**, 664 (1913). — [15] FISCHER, E., u. O. PILOTY: B. **24**, 4214 (1891). — [16] BRAUN, J. v.: B. **46**, 3949 (1913). — [17] BREDERECK, H., u. EVA HOEPFNER: B. **81**, 51 (1948). — [18] SUZUKI, U., S. ODAKE u. T. MORI: B.Z. **154**, 278 (1924). — SUZUKI, U., u. T. MORI: B.Z. **162**, 413 (1925).— [19] LEVENE, P. A.: J. biol. Ch. **59**, 465 (1924). — LEVENE, P. A., and H. SOBOTKA: J. biol. Ch. **65**, 551 (1925). — [20] WENDT, G.: H. **272**, 152 (1942).

c) Thyminose, $C_5H_{10}O_4$, wahrscheinlich 2-Desoxy-D-ribose[1].

Sie wäre, als Tetrose, eigentlich in einem Sonderkapitel zu behandeln. Wegen des nahen Zusammenhangs mit der Ribose wird sie hier beschrieben. Siehe auch BREDEREK S. 827.

H—C=O
|
CH₂
|
H—C—OH
|
H—C—OH
|
CH₂OH

Thyminose

Thyminose wird der in der Thymus-Nucleinsäure enthaltene Zucker genannt. Man hat ihn lange Zeit für eine Hexose gehalten, besonders weil die Säurehydrolyse der Thymonucleinsäure Lävulinsäure ergab, jedoch gelang es nicht, den offenbar sehr empfindlichen Zucker in freier Form zu fassen. Erst LEVENE und Mitarbeitern[2] glückte zunächst die Isolierung der entsprechenden Nucleoside und dann auch des Zuckers selber. In größerem Maßstab hat ihn W. KLEIN rein erhalten. Die Beschreibung seiner Eigenschaften durch KLEIN[3] weicht erheblich von der älteren Schilderung ab. Nach LEVENE handelt es sich um die 2-Desoxy-D-ribose. Säuren bilden Lävulinsäure. Die Aldehydgruppe ist mit Jod titrierbar. Der Zucker bildet ein Phenylhydrazon, aber kein Osazon.

Die Thyminose, aus Alkohol in farblosen Krystalldrüsen erhältlich, sintert ab 75° und schmilzt scharf bei 90°. Die optische Drehung in Wasser beträgt $[\alpha]_D = -58°$. Keine Mutarotation. Ihr Benzylphenylhydrazon hat F. 128° und $[\alpha]_D^{25} = -17,5°$ in Pyridin.

d) Xylose.

Die D-Xylose (Konstitutionsformel S. 263), in der älteren Literatur meist, was zu beachten ist, als l-Xylose bezeichnet, hat sich, seit sie zuerst von FR. KOCH[4] isoliert wurde, als weit verbreitet im Pflanzenreich in Form von Polysacchariden, den Xylanen, erwiesen.

Sie krystallisiert gut, schmeckt etwa gleich süß wie Glucose, schmilzt bei 145 bis 148°, dreht, in Wasser gelöst, zuerst stark nach rechts, im Gleichgewicht jedoch ist die spez. Drehung nur noch $[\alpha]_D$: $+10°$. Das Phenylosazon schmilzt bei 161 bis 163° und dreht links. Charakteristischer sind einige Hydrazone wie das Diphenylhydrazon[5], F. 107 bis 108° und das m-Nitrophenylhydrazon[6], F. 163°. Zur Identifizierung am geeignetsten ist Oxydation mit Brom bei Gegenwart von Cadmiumcarbonat und Isolierung der gebildeten D-Xylonsäure als Cadmiumdoppelsalz $[(C_5H_9O_6)_2Cd \cdot CdBr_2, 2\ H_2O]$, das die spez. Drehung $[\alpha]_D$: $+8,8°$ in Wasser hat. Xylonsäure aus Xylose bildet sich auch durch Bacterium xylinum[7]. Energische Oxydation mit Salpetersäure führt zur Dicarbonsäure, der optisch inaktiven Trioxyglutarsäure $HOOC \cdot CHOH \cdot CHOH \cdot CHOH \cdot COOH$ vom F. 152°. Xylosebestimmung[8].

e) L(+)-Xylo-ketose.

Diese Ketose, die ebenso zur L-Xylose gehört, wie die Fructose zur Glucose, wurde in verschiedenen Fällen von Pentosurie als die in Frage kommende *Harnpentose* identifiziert[9]. Ob das für ältere Fälle, wo der Zucker als D-L-Arabinose angesprochen wurde, auch zutrifft, ist nicht mehr nachprüfbar.

Durch Epimerisierung der L-Xylose wurde die L-Xyloketose künstlich hergestellt[10]. Die Synthese des Antipoden, der D(—)-Xyloketose, gelang O. TH. SCHMIDT[11].

Die L-Xylo-ketose wurde isoliert[9] als p-Brom-phenyl-hydrazon, das bei 130 bis 131° schmilzt und sich bei 165° zersetzt. Der daraus durch Formaldehyd regenerierte Zucker

[1] Über die Darstellung von Desoxyzuckern vgl. JEANLOZ, R., D. A. PRINS u. T. REICHSTEIN: Exper. 1, 336 (1945). — [2] LEVENE, P. A., and E. S. LONDON: J. biol. Ch. 81, 711; 83, 793 (1929). — LEVENE, P. A., and T. MORI: J. biol Ch. 83, 803 (1929). — LEVENE, P. A., L. A. MIKESKA and T. MORI: J. biol. Ch. 85, 785 (1930). — [3] KLEIN, W.: H. 255, 82, bes. 84 (1938). — [4] KOCH, FR.: B. 20, Ref. 145 (1887). — [5] MÜTHER, A., u. B. TOLLENS: B. 37, 311 (1904). — [6] HAAR, W. VAN DER: Anleitung zum Nachweis, zur Trennung und Bestimmung der reinen und aus Glucosiden usw. erhaltenen Monosaccharide. und Aldehydsäuren. Berlin 1920. — [7] BERTRAND, G.: Bull. Soc. chim. France (3) 15, 592 (1896); 19, 999 (1898). — [8] KUHN, R., u. I. LÖW: B. 80, 406 (1947). — [9] LEVENE, P. A., and F. B. LA FORGE: J. biol. Ch. 18, 319 (1914). — GREENWALD, I.: J. biol. Ch. 88, 1 (1930); 91, 731 (1931). — BÁLINT, P.: B.Z. 274, 305 (1934). — [10] VARGHA, L. V.: B. 68, 18 (1935). — [11] SCHMIDT, O. TH., u. R. TREIBER: B. 66, 1765 (1933).

hat in wäßriger Lösung eine spez. Drehung von $+34{,}8°$. Das Phenylosazon dreht rechts und schmilzt bei 161 bis 163°, identisch mit dem Osazon der L-Xylose. Zur Unterscheidung von Aldosen ist die Eigenschaft brauchbar, durch 0,5% Wasserstoffperoxyd in 2 min so oxydiert zu werden, daß kein Reduktionsvermögen mehr nachweisbar ist [1]. Quantitative Bestimmung [2].

f) L-**Rhamnose** ist eine Methylpentose (Formel s. S. 280), wie E. FISCHER [3] unter Festlegung der Konfiguration bewies. Nach der Entdeckung durch RIGAUD [4] in vielen Rhamnaceen hatte man sie auf Grund ihrer Bruttoformel $C_6H_{14}O_6 = C_6H_{12}O_5 \cdot 1\ H_2O$ für einen Hexit gehalten. Rhamnose kommt als Glykosid vor in vielen Pflanzenfarbstoffen, besonders gebunden an Flavone wie im Citrin (S. 314), in Quercitrin oder den Anthocyanen. Obgleich mit Pflanzennahrung häufig aufgenommen, scheint sie als L-Zucker im Körper noch schlechter ausnutzbar als L-Arabinose [5]. Sie erscheint unverändert im Harn. Hefe greift nicht an, dagegen gewisse Paratyphusstämme, was bakteriologisch genutzt wird [6].

α-Rhamnose krystallisiert mit 1 Krystallwasser F. 93 bis 94°, $[\alpha]_D = +9°$ nach anfänglicher Linksdrehung, das Phenylosazon hat F. 182° und $[\alpha]_D^{20} = +94°$ in Pyridin.

$$
\begin{array}{llll}
\text{CH(OH)} & \text{CH(OH)} & \text{CH(OH)} & \text{CH(OH)} \\
\text{CH}_2 & \text{HCOH} & \text{CH}_2 & \text{CH}_2 \\
\text{H}_3\text{COCH} & \text{H}_3\text{COCH} & \text{HCOH} & \text{HCOCH}_3 \\
\text{HOCH} & \text{HOCH} & \text{HCOH} & \text{HCOH} \\
\text{HCO} & \text{HCO} & \text{HCO} & \text{HCO} \\
\text{CH}_3 & \text{CH}_3 & \text{CH}_3 & \text{CH}_3 \\
\textit{Diginose} & \textit{Digitalose} & \textit{Digitoxose} & \textit{Cymarose}
\end{array}
$$

$$
\begin{array}{lll}
\text{CH(OH)} & \text{CH(OH)} & \text{CH(OH)} \\
\text{CH}_2 & \text{HCCH} & \text{HCOH} \\
\text{HCOCH}_3 & \text{HCOCH}_3 & \text{HCOH} \\
\text{HOCH} & \text{HOCH} & \text{HCOH} \\
\text{OCH} & \text{OCH} & \text{OCH} \\
\text{CH}_3 & \text{CH}_3 & \text{CH}_3 \\
\textit{Oleandrose} & \textit{Thevetose} & \textit{Sarmentose}
\end{array}
$$

In Digitalis-glykosiden findet sich eine Anzahl verschiedener Desoxyzucker. *Digitalose* erwies sich als 3-Methyl-D-fucose (Fucose = 6-Desoxy-D-galaktose). *Digitoxose* wurde als 2,6-Di-desoxy-D-allose identifiziert und *Cymarose* als der 3-Methyläther der Digitoxose. Alle drei Desoxyzucker konnten synthetisiert werden [7]. L-*Fucose* findet sich unter anderem

[1] ENKLEWITZ, M.: J. biol. Ch. **116**, 47 (1936). — [2] BREDDY, L. J., and J. K. N. JONES: Soc. **1945**, 738. — [3] FISCHER, E., u. J. TAFEL: B. **20**, 1091 (1887); **21**, 2173 (1888). — [4] RIGAUD, L.: A. **90**, 283 (1854). — [5] McCANCE, R. A., and K. MADDERS: Biochem. J. **24**, 795 (1930). — ZLATAROFF, A.: H. **97**, 28 (1916). — [6] KNORR, M.: Zbl. Bakteriol. (I) **101**, 482 (1927). — [7] Digitalose: SCHMIDT, O. TH., u. E. WERNICKE: A. **558**, 70 (1947); **556**, 179 (1944). Naturwiss. **33**, 58 (1946). — REBER, F., u. T. REICHSTEIN: Helv. **29**, 343 (1946). — Digitoxose: ISELIN, B., u. T. REICHSTEIN: Helv. **27**, 1203 (1944). — GUT, M., u. D. A. PRINS: Helv. **30**, 1223 (1947). — D-Cymarose: PRINS, D. A.: Helv. **29**, 378 (1946).

in Strophantus-glykosiden[1]. Von der ebenfalls in herzwirksamen Glykosiden aufgefundenen *Oleandrose* wurde der Antipode synthetisiert, womit gesichert ist, daß Oleandrose 2,6-Di-desoxy-3-methyl-L-glucose ist[2]. Die im Thevetin und anderen herzwirksamen Glykosiden enthaltene *Thevetose*[3] wurde als 3-Methyläther der L-Glucomethylose erkannt und dieser Befund durch die Synthese des Zuckers gesichert. Der 3-Methyläther der 2-Desoxy-D-fucose, *Diginose*[4], wurde im Diginin, einem unwirksamen Begleitglucosid aus Digitalis purpurea aufgefunden. Die Diginose wurde auch synthetisiert. Der Zuckerbestandteil des herzwirksamen Glucosids Sarmentosid-A konnte als L-*Talomethylose*[5] aufgeklärt und synthetisiert werden.

$$
\begin{array}{cc}
\text{CHO} & \text{CHO} \\
| & | \\
\text{HCOH} & \text{HOCH} \\
| & | \\
\text{OHC—COH} & \text{HOC—CHO} \\
| & | \\
\text{HOCH} & \text{HOCH} \\
| & | \\
\text{CH}_3 & \text{CH}_3 \\
\text{(a)} & \text{(b)}
\end{array}
$$

g) Streptonose. Von den drei bisher bekanntgewordenen natürlichen Zuckern mit verzweigter Kohlenstoffkette kommt der zuletzt entdeckten Streptonose, einem Bestandteil des Streptomycins[6] besonderes physiologisches Interesse zu. Das bisherige experimentelle Material läßt noch die Wahl zwischen den Formeln a und b[7]. Im Streptomycin liegt die Streptonose als 1,4-Furanose vor.

δ) Hexosen.

$(C_6H_{12}O_6$ [M.G. 180,10] 39,98% C; 6,72% H; 53,30% O.)

1. Allgemeines.

Zu dieser Gruppe gehören die wichtigsten und am besten bekannten einfachen Zuckerarten. Die große Mehrzahl der schon länger in Pflanze und Tier

$$
\begin{array}{cccc}
\text{CH(OH)} & \text{CH(OH)} & \text{CH}_2\text{OH} & \text{CH(OH)} \\
| & | & | & | \\
\text{HCOH} & \text{HOCH} & \text{C(OH)} & \text{HCOH} \\
| & | & | & | \\
\text{HOCH} & \text{HOCH} & \text{HOCH} & \text{HOCH} \\
| & | & | & | \\
\text{HCOH} & \text{HCOH} & \text{HCOH} & \text{HOCH} \\
| & | & | & | \\
\text{HCO—} & \text{HCO—} & \text{HCOH} & \text{HCO—} \\
| & | & | & | \\
\text{H}_2\text{COH} & \text{H}_2\text{COH} & \text{H}_2\text{CO—} & \text{H}_2\text{COH} \\
\text{D-Glucose} & \text{D-Mannose} & \text{D-Fructose} & \text{D-Galaktose}
\end{array}
$$

$$
\begin{array}{cccc}
\text{CH(OH)} & \text{H}_2\text{COH} & \text{CH(OH)} & \text{CH(OH)} \\
| & | & | & | \\
\text{HOCH} & \text{C(OH)} & \text{HOCH} & \text{HCOH} \\
| & | & | & | \\
\text{HOCH} & \text{HOCH} & \text{HOCH} & \text{HOCH} \\
| & | & | & | \\
\text{HCOH} & \text{HCOH} & \text{HOCH} & \text{HCOH} \\
| & | & | & | \\
\text{—OCH} & \text{HOCH} & \text{HCO—} & \text{—OCH} \\
| & | & | & | \\
\text{H}_2\text{COH} & \text{H}_2\text{CO—} & \text{H}_2\text{COH} & \text{H}_2\text{CO} \\
\text{L-Gulose} & \text{L-Sorbose} & \text{D-Talose} & \text{L(+)-Idose}
\end{array}
$$

[1] SCHMUTZ, J., u. T. REICHSTEIN: Pharmaceut. Acta Helv. **22**, 167 (1947). — [2] VISCHER, E., u. T. REICHSTEIN: Helv. **27**, 1332 (1944). — [3] BLINDENBACHER, F., u. T. REICHSTEIN: Helv. **31**, 1669 (1948). — [4] TAMM, CH., u. T. REICHSTEIN: Helv. **31**, 1630 (1948). — [5] SCHMUTZ, J.: Helv. **31**, 1719 (1948). — [6] Siehe S. 297. — [7] BRINK, N. G., F. A. KUEHL, E. H. FLYNN and K. FOLKERS: Am. Soc. **68**, 2405 (1946). — FRIED, J., D. E. WALZ and O. WINTERSTEINER: Am. Soc. **68**, 2746 (1946).

bekannten Kohlenhydrate ist aus Hexosen aufgebaut und ergibt, ebenso wie viele Glykoside bei der hydrolytischen Aufspaltung: Glucose, Fructose, Mannose oder Galaktose. In viel geringerem Umfang kommen auch freie Monosaccharide, wie Glucose und Fructose, vor. Einzelne Hexosen sind bisher nur künstlich aus anderen Hexosen gewonnen worden, z. B. Gulose und Talose. Auf die Unterschiede zwischen Aldosen und Ketosen wurde schon hingewiesen. Zur ersten Gruppe gehören alle eben genannten Hexosen außer der Fructose, zu der noch als zweite, wichtige Ketose die durch bestimmte Bakterien gebildete L-Sorbose kommt.

Synthesen. Die meisten und wichtigsten Synthesen von Monosacchariden stammen von EMIL FISCHER und seinen Schülern. Sie haben über die Zuordnung der Zucker in stereochemischer Hinsicht und die Zusammenhänge zwischen den einzelnen Reihen eindeutige Klarheit gebracht. Auf diesen Ergebnissen beruhen die heutigen Zuckerformeln. Die genaueren Beweise dafür müssen in Sonderwerken über Kohlenhydrate[1] nachgelesen werden. Dagegen interessieren hier die Synthesen von Hexosen, die über die möglichen Wege des biochemischen Aufbaues etwas aussagen. Im Zusammenhang mit der, heute jedoch nicht mehr haltbaren, Hypothese von BAEYER[2], daß Formaldehyd das erste *Assimilationsprodukt* der Pflanze sei, sind die Zuckersynthesen von Wichtigkeit, die vom Formaldehyd ausgehen. (Zur Assimilation vgl. auch W. KUHN, S. 51ff.).

BUTLEROW[3] erhielt bei der Behandlung von Trioxymethylen, einem Trimeren des Formaldehyds, mit Kalkwasser einen schwach süß schmeckenden Syrup, *Methylenitan*. Von viel größerer Bedeutung waren indessen die Versuche von O. LOEW[4], der zu einem reineren Produkt kam, das sich als ein Gemisch verschiedener Zucker erwies, von LOEW *Formose* genannt. E. FISCHER[5] bewies, daß darin D, L-Fructose, isolierbar als Osazon enthalten war. Später sind noch zwei weitere Ketosen, eine Araboketose[6, 7] und eine Hexose, die Sorbose[8] aufgefunden worden, alle naturgemäß in ihrer Racemform.

Die Erklärung dafür, daß von den möglichen Zuckern nur eine gewisse Auswahl entsteht, ist wohl in sterischen Gründen zu suchen. Die Reaktion dürfte so vor sich gehen, daß sich zunächst niedere Oxyaldehyde und Oxyketone, wie Glykolaldehyd, Glycerinaldehyd und *Dioxyaceton* bilden, die in dem Gemisch auch von EULER[7] nachgewiesen wurden. Die genannten Oxyaldehyde kondensieren miteinander und mit dem Dioxyaceton, so daß Pentosen und Hexosen entstehen. Aus der Tatsache, daß von diesen Produkten nur Vertreter der Ketosenreihe isoliert werden konnten, kann man jedoch keine Rückschlüsse auf den Reaktionsverlauf ziehen, da durch die Gegenwart der Alkaliionen Epimerisierung möglich ist (s. S. 273).

$$
\begin{array}{ccc}
\begin{array}{l}CH_2OH \\ | \\ CO \\ | \\ CH_2OH \\ | \\ CHO \\ | \\ CH_2OH\end{array}
&\longrightarrow&
\begin{array}{l}CH_2OH \\ | \\ CO \\ | \\ CHOH \\ | \\ CHOH \\ | \\ CH_2OH\end{array}
\qquad\qquad
\begin{array}{l}CH_2OH \\ | \\ CO \\ | \\ CH_2OH \\ | \\ CHO \\ | \\ CHOH \\ | \\ CH_2OH\end{array}
&\longrightarrow&
\begin{array}{l}CH_2OH \\ | \\ CO \\ | \\ CHOH \\ | \\ CHOH \\ | \\ CHOH \\ | \\ CH_2OH\end{array}
\end{array}
$$

Ein ähnliches Zuckergemisch, *Acrose* genannt, erhielt E. FISCHER[9], wenn er von Acroleindibromid $BrH_2C \cdot CHBr \cdot CHO$ oder von dem durch Brom oxydierten Glycerin ausging. In beiden Fällen entsteht Glycerinaldehyd, der in alkalischem Medium weiter Dioxyaceton

[1] Vgl. S. 256. — [2] BAEYER, A.: B. **3**, 63 (1870). — [3] BUTLEROW, A.: A. **120**, 295 (1861). — [4] LOEW, O.: J. prakt. Chem. (2) **33**, 321 (1886). — [5] FISCHER, E.: B. **21**, 988 (1888). — FISCHER, E., u. F. PASSMORE: B. **22**, 359 (1889). — [6] NEUBERG, C.: B. **35**, 2632 (1902). — [7] EULER, H., u. A. EULER: B. **39**, 45 (1906). — [8] KÜSTER, W., u. F. SCHOBER: H. **141**, 110 (1924). — [9] FISCHER, E., u. J. TAFEL: B. **20**, 3385 (1887). — FISCHER, E.: B. **23**, 386 (1890).

gibt. E. Schmitz[1] hat gezeigt, daß aus dem Acetal des D,L-Glycerinaldehyds, neben der
D,L-Fructose, die schon Fischer identifizierte, auch D,L-Sorbose entsteht. Hermann Otto
Fischer[2] konnte dann die Befunde seines Vaters noch insofern vervollständigen, als er
bei der alkalischen Kupplung von D-Glycerinaldehyd D-Fructose und D-Sorbose erhielt.

D-Fructose als einziges Reaktionsprodukt entsteht, wenn D-Glycerinaldehyd mit
Dioxyaceton in Gegenwart eines asymmetrischen Katalysators (Ferment Aldolase aus Hefe)
kondensiert[3].

Macht man die naheliegende Annahme, daß bei der *Kondensation* des Formaldehyds in der Natur schon die Bildung des Glycerinaldehyds *asymmetrisch*
geleitet ist, so wäre die Entstehung der D-Fructose leicht verständlich und damit
auch die der anderen mit ihr genetisch zusammenhängenden Hexosen wie Glucose
und Mannose. E. Fischer hat diesen Zusammenhang experimentell auf etwas
größerem Umwege bewiesen. Er benutzte die erhöhte Beweglichkeit der α-stän-
digen Hydroxylgruppe in den Zuckermonocarbonsäuren und das teilweise Um-
klappen zu epimeren Formen beim Erhitzen mit Chinolin. So wurde Glucon-
säure mit Mannonsäure verknüpft und, da die Säuren zu den entsprechenden
Zuckern reduzierbar sind, auch Mannose und Glucose. Die Pentosen entstehen
in der Natur wahrscheinlich erst indirekt aus Hexosen (S. 348).

Es ist allerdings noch keineswegs sichergestellt, ob bei der Assimilation als
primäres Kondensationsprodukt ein Monosaccharid (eventuell Glucose) entsteht. Auch die primäre Bildung eines Di- oder eines Polysaccharids wird diskutiert[4].

In einem Modellversuch mit anorganischen Katalysatoren erhielt Baly[5]
aus CO_2 bei Belichtung eine polysaccharidartige Substanz.

2. Einzelne Hexosen.

a) D-Glucose[6], Traubenzucker, früher auch Dextrose und Harnzucker genannt,
kommt reichlich im Traubensaft und häufig zugleich mit der D-Fructose in
der Natur wie in Honig, süßen Früchten, im Zellsaft, Samen, Wurzeln usw.
vor. Bei Mensch und Tier findet sich Glucose im Darmkanal während der Verdauung, ferner in geringen für den Organismus aber sehr wichtigen Mengen
in Blut und Lymphe, spurenweise auch in anderen tierischen Flüssigkeiten und
Geweben. Im Harn kommt Glucose unter normalen Umständen nur spurenweise,
bei Diabetes dagegen in reichlicher Menge vor. Glucose entsteht auch durch
hydrolytische Spaltung von Stärke, Dextrin, Cellulose und anderen zusammengesetzten Kohlenhydraten, sowie der Glucoside und der Ganglioside. Die *Rolle
der Glucose in der Zelle*, ihre Umformung in höhere Kohlenhydrate wie Glykogen oder in Fette, die Möglichkeit ihres Entstehens aus manchen Eiweißbausteinen oder, stark umstritten, aus Fett wird später beim Stoffwechsel[7]
zu erörtern sein.

Die D-Glucose ist krystallwasserhaltig und krystallwasserfrei bekannt. Das Monohydrat, Warzen aus kleinen Blättchen oder Täfelchen, ist unterhalb 50° stabil und schmilzt
etwa bei 81°. Beim Auskrystallisieren aus heißer Lösung oder aus wasserfreiem Alkohol
erhält man die wasserfreie Form als feine Nadeln oder Prismen vom F. 146°. Es handelt
sich hierbei um die hoch, anfänglich etwa + 113° drehende α-*Glucose*. Auch die β-Form ist

---

[1] Schmitz, E.: B. **46**, 2327 (1913). — [2] Fischer, H. O. L., u. E. Baer: Helv. **19**, 519
(1936). — Fischer, H. O. L., E. Baer, H. Pollock u. H. Nidecker: Helv. **20**, 1213
(1937). — [3] Meyerhof, O., K. Lohmann u. P. Schuster: B.Z. **286**, 319 (1936). — [4] Micheel
S. 187. — [5] Baly, E. C. C.: Proc. R. Soc. London (A) **172**, 445 (1939). — [6] Beilstein **31**,
83. — Zemplén, G.: Biochem. Handlex. **10**, 397ff. (1923). — Gattermann-Wieland: Darstellung aus Rohrzucker, 27. Aufl., S. 384. 1940. — [7] Bd. 2, Kohlenhydratstoffwechsel.

bekannt. F. 148 bis 150°. Sie zeigt eine anfängliche Rechtsdrehung von etwa + 10° und wird am einfachsten aus einer Pyridinlösung erhalten[1].

Über ihren Schmelzpunkt erhitzt, gibt die Glucose Wasser ab und geht in Anhydride von der Formel $C_6H_{10}O_5$ über. Die β-Glucose[2] gibt das 1-6-Anhydrid, das *Laevoglucosan*, die α-Glucose[3] ein *Glucosan* von noch ungeklärter Struktur[4].

Die Glucose ist in Wasser gut löslich. Die Lösung, weniger süß als Rohrzucker entsprechender Konzentration, zeigt starke Mutarotation, und zwar, falls wie üblich von α-Glucose ausgegangen wird, fallende Drehung. Nach Erreichung des Gleichgewichts $[\alpha]_D^{20}$: + 52,7°. Von anderen Lösungsmitteln löst Äthylakohol nur in der Hitze gut, sofern er etwas Wasser enthält, absolutes Äthanol löst selbst bei Siedetemperatur nur 1,42 g in 100 cm³. Besser lösen Methanol, Essigester und Pyridin. Bei allen steigt die Lösungskraft mit dem Wassergehalt.

Durch die Gegenwart von Salzen kann die Löslichkeit der Glucose verändert werden, da sie vielfach mit ihnen Verbindungen eingeht. Am leichtesten erhältlich ist eine solche mit Kochsalz von der Zusammensetzung $(C_6H_{12}O_6)_2 \cdot NaCl \cdot H_2O$, große, ungefärbte sechsseitige Doppelpyramiden oder Rhomboeder. Aus alkoholischer Lösung sind auch Doppelverbindungen mit Kaliumhydroxyd und Äthylat zu bekommen, die jedoch wenig beständig sind. In wäßriger Lösung bewirken Alkalien die schon S. 273 erwähnten Umsetzungen.

Reaktion von RUBNER. Von Bleizucker wird die Glucose nicht, dagegen ziemlich vollständig von ammoniakalischem Bleiacetat gefällt. Beim Erwärmen färbt sich der Niederschlag fleischfarben bis rosarot.

Zum *Nachweis der Glucose* in Lösungen wird man zuerst einige der schon geschilderten Zuckerreaktionen (S. 274ff.) benutzen, das Verhalten im polarisierten Licht studieren und dann eine Abscheidung in Form eines geeigneten Derivats anstreben.

Von Osazonen ist brauchbar das Phenylosazon, F. 204 bis 205° nach Umkrystallisieren aus Wasser-Alkohol, jedoch schwankt der Zersetzungspunkt je nach der Art des Erhitzens. Das Osazon ist nach HAMILTON[5] bei Zugabe von Bisulfit gut erhältlich. Das Osazon dreht links. Das gleiche gilt für das bei 222° schmelzende p-Bromphenylosazon. Diese Osazone gestatten aber keine Unterscheidung von Fructose und Mannose. *Hydrazone*[6] sind zwar in größerer Zahl beschrieben worden, doch befinden sich darunter keine besonders schwerlöslichen und für Glucose charakteristischen.

Empfohlen ist von TOLLENS und GANS[7] die Oxydation mit Salpetersäure (d = 1,15) zur *Zuckersäure*[8] und deren Abscheidung als saures Kaliumsalz und Überführung in das neutrale Silbersalz. Etwa vorhandene Galaktose kann vorher als schwerlösliche *Schleimsäure*[9] abgetrennt werden. Die Zuckersäureprobe wird aber auch von Glucuronsäure gegeben. Schließlich kann auch die *Vergärbarkeit durch Hefe* nachgeprüft werden.

Fehlerquellen. Bei den meisten Zuckerreaktionen ist wesentlich, daß kein Eiweiß oder keine höheren Eiweißspaltprodukte in der Lösung vorhanden sind. So kann z. B. bei der Probe nach TROMMER oder FEHLING dadurch Kupfer(I)-oxyd in Lösung gehalten werden[10], ebenso auch durch viel Ammonsalze, wodurch

---

[1] Präparative Darstellung von β-Glucose: HUDSON, C. S., and J. K. DALE: Am. Soc. **39**, 323 (1917). — BEHREND, R.: A. **353**, 106 (1907). — LEVENE, P. A.: J. biol. Ch. **57**, 329 (1923). WHISTLER, R. L., and B. F. BUCHANAN: J. biol. Ch. **125**, 557 (1938). — RASMUSSEN, W.: Dansk T. Farmaci **13**, 273 (1939) [C. **1940** I, 550]. — [2] KARRER, P.: Helv. **3**, 258 (1920). — [3] GÉLIS, A.: J. prakt. Chem. **80**, 181 (1860). Cr. **51**, 331 (1860). — [4] Vgl. Micheel S. 157. — [5] HAMILTON, R. H. jr.: Am. Soc. **56**, 487 (1934). — [6] NEUBERG, C., u. B. REWALD: Biochem. Handlex. **2**, 334 (1911). — ZEMPLÉN, G. 8, 172 (1914). — Beilstein **31**, 350. — [7] GANS, R., u. B. TOLLENS: A. **249**, 215 (1888). — [8] Beilstein **3**, 577 (201) [377]. — [9] Beilstein **3**, 581 (201) [380]. — [10] NEUBERG, C., u. E. SIMON: B. **60**, 817 (1927). — SØRENSEN, S. P. L., u. L. LORBER: B. **60**, 999 (1927).

schon manche Fehlschlüsse gezogen worden sind[1] (s. auch S. 276). Häufig müssen die Zucker vor ihrer Bestimmung erst durch Säureeinwirkung in Freiheit gesetzt werden. Hierdurch können aber leicht Fehler entstehen, da die Zucker mit Aminosäuren unter Huminbildung reagieren und dadurch sowohl Zucker als auch Aminosäuren der Bestimmung entzogen werden[2].

Die **quantitative Bestimmung der Glucose** und anderer Hexosen ist meist auf den qualitativen Reduktionsproben, etwa nach FEHLING, aufgebaut. Die Verfahren werden bei Blut und Harn (s. Bd. 2) genauer geschildert. (Vgl. auch S. 276). Auch colorimetrische Methoden werden hier häufig angewandt[3]. Eine besondere *Bestimmung der Aldosen neben Ketosen* haben R. WILLSTÄTTER und G. SCHUDEL[4] ausgearbeitet. Es wird vielfach eine von AUERBACH und BODLÄNDER[5] vorgeschlagene Ausführungsform benutzt. Die Methode beruht auf der Tatsache, daß unter vorsichtigen Bedingungen, in schwach soda-alkalischer Lösung nur Aldosen durch 1 Mol Jod zu den entsprechenden Carbonsäuren oxydierbar sind, während Ketosen nicht reagieren.

$$CH_2OH \cdot (CHOH)_4 \cdot CHO + H_2O + J_2 = CH_2OH \cdot (CHOH)_4 \cdot COOH + 2\ HJ.$$

Wegen der genaueren Durchführung der Reaktion muß auf die Originalarbeiten verwiesen werden[6]. Die Mikrobestimmung nach WILLSTÄTTER und SCHUDEL siehe[7]. Bestimmung von Glucose und anderen Hexosen durch Reduktion von Kupfersalz[8].

Über Trennung von Hexosen und Pentosen mittels Filterpapierchromatogramm siehe S. 260.

b) D-Mannose[9]. Diese Aldose wurde zuerst synthetisch, neben D-Fructose bei vorsichtiger Oxydation von Mannit erhalten[10]. Erst später beobachtete man ihr Vorkommen in Form von Mannanen, hochmolekularen Polysacchariden, in Pflanzenteilen, wie dem Salep oder in den Steinzellen mancher Früchte. Man isoliert sie am besten durch Hydrolyse solcher Mannane, etwa aus Steinnuß[11], in Form ihres schwerlöslichen Phenylhydrazons, das durch Benz- oder Formaldehyd in den freien, gut krystallisierenden Zucker verwandelt wird. Man hat D-Mannose auch aus dem Lipoidanteil von Tuberkelbakterien[12], sowie aus Blutplasma[13] von Pferd und Hund, ferner aus dem Albumin[14] des Hühnereies isoliert.

Der Tierkörper verwertet Mannose viel schlechter als Glucose (andere Konfiguration an C_2!) und der geringe resorbierte Mannoseanteil bewirkt eine geringere Glykogenspeicherung als entsprechende Glucosemengen.

Die Mannose, F. 132°, spez. Enddrehung in Wasser $[\alpha]_D$: $+ 14{,}2°$, nach anfänglicher Linksdrehung, ähnelt in ihren Löslichkeitsverhältnissen sehr der Glucose. Da Glucose und Mannose epimer sind, sind ihre Osazone identisch, die Hydrazone verschieden. Das recht schwer lösliche Phenylhydrazon bildet sich schon beim kurzen Stehen der Zuckerlösung bei Zimmertemperatur mit Phenylhydrazin in schwach essigsaurer Lösung. F. 188 bis 190°. Auch eine ganze Reihe weiterer, substituierter Phenylhydrazine gibt schwerlösliche Mannose-hydrazone.

---

[1] PRINGSHEIM, H., u. M. WINTER: B.Z. **177**, 406 (1926). B. **60**, 278 (1927). — [2] Vgl. z.B. KIESEL, A., u. J. KIRJANOWA: Biochimia, Moskau **6**, 280 (1941) [C. **1942 II**, 50]. — [3] Bei der Methode nach BENEDICT und OSTERBERG wird z. B. die mit Pikrinsäure und Alkali entstehende Braunfärbung colorimetrisch gemessen: BENEDICT, S. R., u. E. OSTERBERG: J. biol. Ch. **48**, 51 (1921). — [4] WILLSTÄTTER, R., u. G. SCHUDEL: B. **51**, 780 (1918). — [5] AUERBACH, FR., u. E. BODLÄNDER: Angew. Chem. **36**, 602 (1923). — [6] Vgl. dazu die Untersuchungen von K. MYRBÄCK 1939—1942. — [7] LINDERSTRØM-LANG, K., u. H. HOLTER: C. R. Lab. Carlsberg (II) **19**, Nr. 14 (1933). — [8] SOMOGYI, M.: J. biol. Ch. **117**, 771 (1937). — [9] Beilstein **31**, 284. — [10] GORUP-BESANEZ, E. v.: A. **118**, 259 (1861). — DAFERT, F. W.: B. **17**, 227 (1884). — [11] ISBELL, H. S.: J. Res. nat. Bur. Stand. **26**, 47 (1941). — [12] MAXIM, M.: B.Z. **223**, 404 (1930). — ANDERSON, R. J., and A. G. RENFREW: Am. Soc. **52**, 1252 (1930). — LUDEWIG, ST., u. R. J. ANDERSON: H. **211**, 103 (1932). — ANDERSON, R. J., and N. UYEI: J. biol. Ch. **97**, 617 (1934). — HOOPER, FL., A. G. RENFREW and T. B. JOHNSON: Amer. Rev. Tbc. **29**, 66 (1934). — CHARGAFF, E.: H. **217**, 115 (1933). — CHARGAFF, E., and W. SCHAEFER: J. biol. Ch. **112**, 393 (1936). — [13] DISCHE, Z.: B.Z. **201**, 74 (1928). — BIERRY, H.: C. R. Soc. Biol. **100**, 229 (1929). — [14] SØRENSEN, M.: B.Z. **269**, 271 (1934). C. R. Lab. Carlsberg **21**, 120 (1930).

Mit $CaCl_2$ liefert Mannose eine leicht krystallisierende Verbindung $C_6H_{12}O_6 \cdot CaCl_2 \cdot 4\,H_2O$, in welcher der Zucker wahrscheinlich furanoid vorliegt.

c) **D-Galaktose**[1] wird, wie zuerst PASTEUR[2], zeigte, am einfachsten durch hydrolytische Spaltung des Milchzuckers[3] gewonnen. Sie kommt als Baustein in vielen polymeren Kohlenhydraten, besonders Gummiarten und Schleimstoffen vor. Freie krystallisierte Galaktose wurde in Efeubeeren gefunden. In kohlenhydrathaltigen Eiweißstoffen[4] findet sie sich häufiger neben Mannose. Galaktose enthalten auch, wie THIERFELDER[5] nachwies, die Cerebroside. Im Harn kann sie nach Überbelastung des Körpers mit Galaktose auftreten[6], was zu einer Leberfunktionsprüfung benutzt wird (FIESSINGER).

Wie die Glucose kommt auch die Galaktose hauptsächlich als hochdrehende α-Form vor, die in wäßriger Lösung einem Gleichgewicht der α- und β-Formen zustrebt. Auch hier gibt es neben wasserfreien Krystallen aus Alkohol mit F. 166° noch ein Monohydrat mit F. 118 bis 120°. Die spez. Drehung einer wäßrigen, im Gleichgewicht befindlichen Lösung beträgt $[\alpha]^D$: + 81,7°, anfänglich etwa + 140°.

Mit vielen *Hefen*, besonders Unterhefen kann die Galaktose langsam, aber vollständig vergären[7], nicht aber, was für physiologische Untersuchungen wichtig ist, mit Bierhefe, Saccharomyces Pombe[8] und S. apiculatus[9] und verschiedenen anderen Oberhefen.

Der Geschmack der Galaktose ist süß, er erreicht jedoch nur etwa $1/3$ der Süßkraft des Rohrzuckers.

Im *Verhalten*[6] *bei Mensch und Tier* unterscheidet sich die Galaktose in quantitativer Hinsicht deutlich von der Glucose. Die Verhältnisse sind allerdings durch Wechselbeziehungen zwischen diesen beiden Zuckern etwas unübersichtlich. Galaktose wird im Darm rasch resorbiert und, bis zu einer bestimmten Grenze, als normales Glykogen in der Leber gestapelt, ein Überschuß wird verbrannt oder unverändert im Harn ausgeschieden.

In *chemischer Hinsicht* reagiert die Galaktose als normale Aldose, ihre Reduktionskraft ist etwas geringer als die der Glucose. Der sterische Unterschied der Galaktose von der Glucose (an C_4) äußert sich in der größeren Neigung der Galaktose die furanoide Ringform zu bilden.

Bei der *Bestimmung nach* BERTRAND liefern 20 mg Galaktose 37,9 mg Cu, 50 mg Galaktose 91,2 mg Cu in Form von Cu_2O. Die entsprechenden Zahlen für Glucose lauten: 40,1 mg und 95,4 mg.

Identifizierung als Galaktose-o-tolylhydrazon[10]. Von charakteristischen *Derivaten* sind ferner zu nennen das β-Naphthylhydrazon[11] und das Benzoyl-dihydromethylindol-hydrazon[12], sowie das

Benzoyl-dihydro-methylindol.

Phenylosazon. Letzteres kann allerdings in zwei verschiedenen Modifikationen auftreten mit dem F. 182 bis 186°[13] und F. 201°. LEVENE und LA FORGE[14] geben für das Osazon in einem Gemisch aus Pyridin-Alkohol (6:4) eine schwache Rechtsdrehung an von

---

[1] Beilstein **31**, 295. — [2] PASTEUR, L.: Cr. **42**, 347 (1856). — [3] Gattermann-Wieland: Darstellung aus Milchzucker. S. 389 (1940). — [4] Zusammenstellung über Vorkommen von Kohlenhydraten in Eiweißkörpern bei SØRENSEN, M., u. G. HAUGAARD: B.Z. **260**, 247 (1933). — [5] THIERFELDER, H.: H. **43**, 21 (1904). — LOENING, H., u. H. THIERFELDER: H. **77**, 202 (1912). — RIESSER, O., u. H. THIERFELDER: H. **77**, 508 (1912). — [6] DEUEL, H. J. jr.: The intermediary metabolism of fructose and galactose. Physiol. Rev. **16**, 173—215 (1936). — [7] FISCHER, E., u. H. THIERFELDER: B. **27**, 2031 (1894). — [8] KLUYVER, A. J.: Diss. Delft 1914. Zit. nach Tollens-Elsner S. 336. — [9] VOIT, FR.: Z. Biol. **29**, 147 (1892). — CREMER, M.: Z. Biol. **31**, 189 (1895). — [10] KUHN, R., u. I. LÖW: B. **80**, 406 (1947). — [11] HILGER, A., u. S. ROTHENFUSSER: B. **35**, 1841, 4444 (1902). — [12] BRAUN, J. v.: B. **47**, 492 (1914); **49**, 1266 (1916). — [13] FISCHER, E.: B. **17**, 582 (1884); **20**, 826 (1887); **41**, 76 (1908). — [14] LEVENE, P. A., and F. B. LA FORGE: J. biol. Ch. **20**, 429 (1915).

anfänglich $[\alpha]_D$: $+ 0,73$ zu $+ 0,34°$, während in Eisessig keine Drehung zu beobachten ist. Das Osazon ist sehr schwer löslich in Wasser, dagegen verhältnismäßig gut in heißem Alkohol.

Bei der *Probe mit Salzsäure und Phloroglucin* gibt die Galaktose eine ähnliche Färbung wie die Pentosen, jedoch erscheint bei der Spektraluntersuchung keine Absorptionsbande. Bei der *Oxydation* gibt Galaktose zuerst Galaktonsäure, bei stärkerer Einwirkung etwa von Salpetersäure aber die sehr schwer lösliche Schleimsäure[1], die deshalb zum Nachweis von Galaktose auch in Gemischen und Polysacchariden geeignet ist. Ein in der Natur häufiger auftretendes Oxydationsprodukt ist die *Galakturonsäure*[2], mit der Carboxylgruppe am C_6-Atom. Das Reduktionsprodukt, der *Dulcit*[3], ist ebenfalls im Pflanzenreich beobachtet worden.

Auch die L-Galaktose kommt natürlich vor, z. B. in Agar-Agar[4]. Ferner wurde sie als Bestandteil eines tierischen Galaktogens neuerdings nachgewiesen[5].

d) D(—)-Fructose[6], Fruchtzucker, auch Lävulose genannt, kommt, wie schon oben hervorgehoben wurde, zusammen mit Glucose sehr verbreitet im Pflanzenreich vor. Sie ist süßer als Rohrzucker und somit die süßeste bisher bekannte Zuckerart. Das Gemisch äquivalenter Teile von Glucose und Fructose, das bei der unter Drehungsumkehrung (Inversion) erfolgenden Hydrolyse von Rohrzucker entsteht, nennt man *Invertzucker*. Auch im Honig ist dieses Gemisch enthalten. Die beiden Zucker hängen biologisch sehr eng zusammen, da sie wechselseitig ineinander übergehen können. Erwähnt wurde schon die rein chemische Umwandlung durch Alkali (S. 273). Bei der Gärung und im Muskel entsteht aus Glucose Fructosediphosphorsäure (S. 304). Infolgedessen kann Fructose bei Mensch und Tier die Glucose als Kohlenhydratquelle weitgehend ersetzen[7]. Der Diabetiker verträgt Fructose besser als Glucose. Gelegentlich hat man Fructose im Harn, in einigen Fällen auch im Blut und Exsudaten von Menschen finden können.

Gewonnen wird Fructose durch vorsichtige Säurehydrolyse von Fructosanen, von denen Inulin am leichtesten zugänglich ist.

Die Fructose krystallisiert aus Alkohol verhältnismäßig schwer in derben Krusten oder Warzen, die etwas hygroskopisch sind und bei 102 bis 104° schmelzen. Aus Wasser kann man Hydrate erhalten. Die Fructose löst sich in den gleichen Mitteln wie die Glucose, nur etwas leichter.

Die *krystallisierte Fructose* liegt nach HAWORTH[8] in der Form der β-Fructopyranose (S. 266) vor. In Wasser bei D-Licht ist die spez. Drehung anfangs $[\alpha]_D$: $— 130°$, um im Gleichgewicht auf $—92,4°$ herunterzugehen. *In Sacchariden*, die Fructose als Baustein enthalten, ist aber Fructo-furanose (h-Form) enthalten, wahrscheinlich als β-Form[9], sowohl im Rohrzucker (HAWORTH[10]) wie in Inulin und anderen höheren Fructosanen (SCHLUBACH[11]). Im Laboratorium sind aber auch Derivate der eigentlichen Ketoform mit offener Kette erhältlich. Für die Fructose des Rohrzuckers berechnet HUDSON[12] aus den Anfangswerten

---

[1] Beilstein **3**, 581 (201) [380]. — [2] Beilstein **3**, (306). — [3] Beilstein **1**, 544 (286) [612]. — [4] PERCIVAL, E. G. V., and T. G. H. THOMSON: Soc. **1942**, 750 und frühere Arbeiten. — [5] BELL, D. J., and E. BALDWIN: Nature **146**, 559 (1940). — [6] Beilstein **31**, 321. — [7] Über den intermediären Stoffwechsel der Fructose vgl. DEUEL, H. J. jr.: Physiol. Rev. **16**, 173 (1936). — [8] HAWORTH, W. N.: Zusammenfass. Vortrag. B. **65** (A), 52 (1932). — [9] SCHLUBACH, H. H., u. G. RAUCHALLES: B. **58**, 1842 (1925). — Vgl. BERNER, E.: B. **66**, 1078 (1933). — [10] HAWORTH, W. N.: B. **65** (A), 52 (1932). — [11] SCHLUBACH, H. H., H. KNOOP u. M. Y. LIU: A. **504**, 30 (1933). — SCHLUBACH, H. H., u. W. LOOP: A. **523**, 130 (1936). — [12] HUDSON, C. S.: Am. Soc. **31**, 655 (1909).

bei der Spaltung durch Invertin eine spez. Drehung von $[\alpha]_D$: + 17°. Zur *Isolierung der Fructose* kann ihre Eigenschaft benutzt werden, mit Kalk Saccharate zu geben, die schwerer löslich sind als die der Glucose. Von Bleizucker oder Bleiessig wird sie nicht gefällt.

Die *üblichen Zuckerreaktionen*, z. B. die Reduktionsproben, fallen bei Fructose positiv aus, da 1,2-Oxyketone ganz allgemein reduzierend wirken, im Gegensatz zu nichtsubstituierten Ketonen. FEHLINGsche Lösung wird bei etwas niedrigerer Temperatur reduziert als durch Glucose, jedoch im quantitativen Endwert etwas schwächer, im Verhältnis 95:100 nach BERTRAND. Nicht oxydierbar ist Fructose durch Jod beim Verfahren nach WILLSTÄTTER-SCHUDEL (vgl. S. 288).

Die *Osazonprobe* ist gleichfalls positiv, das Osazon ist mit denen der Glucose und Mannose identisch. Ein Unterschied besteht nach NEUBERG[1] im Verhalten zu asymmetrischem Methylphenylhydrazin, das nur mit Fructose ein bei 158 bis 160° schmelzendes Osazon gibt, dagegen nicht mit Aldosen, wenn man nicht länger als 10 min im Wasserbad erwärmt. In Pyridin-Alkohol (4:6) ist die spez. Drehung des Osazons +83,3°. R. OFNER[2] sieht den Beweis für die Gegenwart von Fructose nur dann als erbracht, wenn das gelbe Osazon spätestens nach 5 h Stehen bei Zimmertemperatur ohne Erhitzen auftritt, da bei stärkerer Einwirkung auch Glucose reagiert.

Fructose-Mikrobestimmung[3].

Zur *Unterscheidung der Fructose von Aldosen* hat man auch ihre erhöhte *Empfindlichkeit gegen Säuren* ausgenutzt in Form der Resorcinprobe von SELIWANOFF oder der Naphthoresorcinprobe von TOLLENS und RORIVE (S. 278).

Durch Hefe ist Fructose leicht vergärbar.

e) L-Sorbose[4] (früher d-Sorbose genannt) ist bisher nur in bestimmten Pflanzensäften beobachtet worden, wie in dem der Vogelbeeren, die eine besondere Art der Gärung durchlaufen hatten. Es handelt sich um die Umwandlung ursprünglich vorhandenen Sorbits durch Sorbosebakterien, ein Vorgang, der zur Gewinnung von Sorbose auch mit Reinkulturen in sorbithaltigen Nährböden durchführbar ist, wie BERTRAND[5] feststellte. In chemischer Hinsicht handelt es sich um die Oxydation des 6-wertigen Alkohols Sorbit am C_5-Atom zur Ketose, wenn man den Sorbit als Derivat der D-Glucose schreibt. Infolgedessen hat man auch die Sorbose ursprünglich als D-Form bezeichnet. Nimmt man aber die neuere Nomenklatur als Grundlage, so ist Sorbose umgekehrt so zu schreiben (s. S. 284), daß die Ketogruppe am Kohlenstoff 2 erscheint. Dann hat sie am C_5-Atom die L-Konfiguration, daher L-Sorbose.

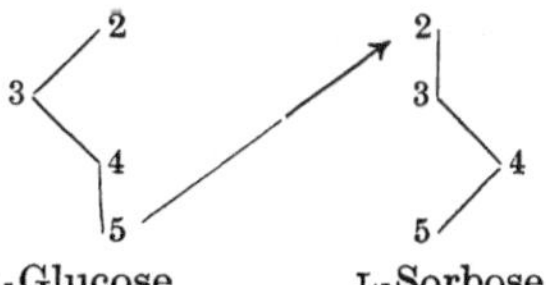

Die früher ziemlich unwichtige Sorbose ist neuerdings bedeutsamer geworden, da von ihr ein einfacher Weg zur Ascorbinsäure, dem Vitamin C führt (s. S. 311).

L-Sorbose ist verhältnismäßig leicht in gut ausgebildeten farblosen, rhombischen Krystallen vom F. 159 bis 161° zu erhalten[6], die in Wasser eine spez. Drehung von $[\alpha]_D$: — 43,1° ohne erkennbare Mutarotation zeigen. Sorbose gibt die Reaktionen der Ketosen (S. 277), jedoch ist das Methylphenylosazon nicht krystallisiert[7]. Das Phenylosazon, identisch mit dem der L-Glucose und L-Idose (S. 284), hat F. 164° und ist linksdrehend.

[1] NEUBERG, C.: B. **35**, 959 (1902); **37**, 4616 (1904). — [2] OFNER, R.: B. **37**, 3362 (1904). Mh. Chem. **25**, 1153 (1904); **26**, 1165 (1905). — [3] MANN, T.: Biochem. J. **40**, 481 (1946). — [4] Beilstein **31**, 346. — [5] BERTRAND, G.: Bull. Soc. chim. France (3) **15**, 627 (1896). Ann. Chim. Physique (8) **3**, 230 (1904). Wegen Einzelheiten der Methodik vgl. SCHLUBACH, H. H., u. J. VORWERK: B. **66**, 1251 (1933). — MAURER, K., u. B. SCHIEDT: B.Z. **271**, 61 (1934). — WELLS, P. A., J. J. STUBBS, L. B. LOCKWOOD and E. T. ROE: Industr. engng. Chem. (I) **29**, 1385 (1937). — WELLS, P. A., L. B. LOCKWOOD, J. J. STUBBS, E. T. ROE, N. PORGES and E. A. GASTROCK: Industr. engng. Chem. (I) **31**, 1518 (1939). — [6] SMITH, R. H., u. B. TOLLENS: B. **33**, 1285 (1900). — [7] NEUBERG, C.: B. **35**, 959 (1902).

Von der Fructose unterscheidet sich L-Sorbose durch die Nichtvergärbarkeit mit Hefe[1] und Nichtfällbarkeit mit $Ca(OH)_2$[2]. Vom gesunden Erwachsenen wird von 20 bis 100 g gegessener Sorbose nur etwa 12% wieder im Harn ausgeschieden[3].

f) Glutose[4].

ε) Biologisches Verhalten der Pentosen und Hexosen.

Allgemeines. In biologischer Hinsicht sind die Pentosen den Hexosen an Wichtigkeit weit unterlegen. Schon in der Pflanze entstehen die Pentosen wahrscheinlich nicht unmittelbar bei der Assimilation, sondern erst durch Abbau von Hexosen, und zwar vom C_6 aus. Glucose kann zuerst in Glucuronsäure, und diese unter Verlust von CO_2 in D-Xylose übergehen. Die letztere Phase ist durch Säuren[5] und Fäulnisbakterien durchführbar[6].

$$
\begin{array}{ccccc}
\text{CHO} & & \text{CHO} & & \text{CHO} \\
| & & | & & | \\
\text{HCOH} & & \text{HCOH} & & \text{HCOH} \\
| & & | & & | \\
\text{HOCH} & \longrightarrow & \text{HOCH} & \longrightarrow & \text{HOCH} \\
| & & | & & | \\
\text{HCOH} & & \text{HCOH} & & \text{HCOH} \\
| & & | & & | \\
\text{HCOH} & & \text{HCOH} & & \text{H}_2\text{COH} \\
| & & | & & \\
\text{H}_2\text{COH} & & \text{COOH} & & \\
\text{D-Glucose} & & \text{D-Glucuronsäure} & & \text{D-Xylose}
\end{array}
$$

Die Rolle der Pentosen *im Tierkörper* ist abgesehen davon, daß sie Bausteine der Nucleinsäuren sind, nicht ganz klar. Die Pentosane sind, wie allerdings meist nur mit pentosanreichen Futterstoffen geprüft ist, vom Pflanzenfresser gut ausnutzbar (vgl. S. 280).

Die Hexosen stehen nicht nur im Mittelpunkt des Assimilationsprozesses (W. KUHN S. 51 und Bd. 2, Vgl. Physiol. Chemie der Pflanzen) und damit der Bildung aller organischen Verbindungen in der höheren Pflanze; sie dienen auch als Nährstoff für viele niederen und höheren Organismen, insbesondere für Mensch und Tier. Ihre Umwandlungsmöglichkeiten sind sehr mannigfaltig. Sie können als höheres Kohlenhydrat, wie Stärke oder Glykogen, gestapelt werden oder zunächst in kleinere Bruchstücke zerschlagen und in verschiedenartiger Weise wieder zusammengefügt werden. Es entstehen daraus Fette und Eiweiß. Es bilden sich aus Aldosen die verschiedensten Säuren, wie Milchsäure im Muskel oder in der Milch, Essig- oder Buttersäure durch bestimmte Bakterien, Alkohol und Kohlendioxyd bei der Hefegärung. So mannigfach diese Umwandlungen auch sind, so hat sich doch bei näherem Studium der Zwischenreaktionen ergeben, daß die Natur in allen näher untersuchten Fällen nach einem sehr ähnlichen Schema verfährt und die Abweichungen erst in verhältnismäßig späten Phasen eingeschaltet sind. Auch das Verschwinden von Zucker aus Blut oder Organen, die Glykolyse (s. S. 294) hängt hiermit eng zusammen. Infolgedessen ist die genauere Verfolgung der Hefegärung sehr aufschlußreich auch für das Verständnis der Vorgänge im Muskel und Organen geworden, soweit daran Kohlenhydrate beteiligt sind. Fortschritte in der Erkenntnis auf dem einen Gebiet haben immer auch befruchtend auf die anderen verwandten Gebiete gewirkt.

Alkoholische Gärung[7-10]. Der alkoholischen Gärung durch Hefe sind in erster Linie einige Hexosen wie Glucose, Fructose und Mannose und einige daraus

[1] FISCHER, E., u. H. THIERFELDER: B. **27**, 2031 (1894). — [2] Siehe Note [6] Seite 291. — [3] GRIESHABER, H.: Z. klin. Med. **129**, 412, 423 (1936). — [4] SATTLER, L.: Glutose and the unfermentable reducing substances in cane molasses. Adv. Carbohydrate Chem. **3**, 113 (1948). — [5] FRANKEN, H.: B.Z. **250**, 53 (1932). — [6] SALKOWSKI, E., u. C. NEUBERG: H. **36**, 261 (1902); **37**, 464 (1903). — [7] LEIBOWITZ, J, u. S. HESTRIN: Alcoholic fermentation of the oligosaccharides. Adv. Enzymol. **5**, 87 (1945). — [8] BARRON, E. S. G.: Mechanism of carbohydrate metabolism. Adv. Enzymol. **3**, 149 (1943). — [9] KREBS, H. A.: The intermediary stages in the biological oxidation of carbohydrate. Adv. Enzymol. **3**, 191 (1943). — [10] CRUESS, W. V.: The role of microorganisms and enzymes in wine making. Adv. Enzymol. **3**, 349 (1943).

aufgebaute Disaccharide, soweit sie α-Glucoside sind, zugänglich. Unterhefen können auch Galaktose vergären, jedoch langsamer, dagegen nicht Lactose. Besondere Heferassen, die eine Lactase enthalten, vergären auch Milchzucker. Es werden stets nur die D-Formen der Monosaccharide vergoren, die L-Formen vergären nicht, daher auch nicht die Sorbose, so daß man durch Gärung aus racemischen Gemischen die D-Form entfernen und die L-Form übrigbehalten kann. Die Triosen D-Glycerinaldehyd und Dioxyaceton vergären gleichfalls, rasch vor allem in Form ihrer Phosphorsäureester (s. unten).

An der Aufklärung des Mechanismus der Gärung sind derartig viele Forscher beteiligt, daß es ganz unmöglich ist, in einer kurzen Zusammenfassung der Ergebnisse ihnen allen gerecht zu werden, es muß genügen, wenn einzelne besonders wichtige Phasen festgehalten werden. Am Beginn der neueren Forschung steht die wichtige Beobachtung von E. BUCHNER[1], daß die Gärung durch zellfreien Hefepreßsaft hervorgerufen wird, also rein enzymatisch ist, bedingt durch das Fermentgemisch *Zymase*. Durch Untersuchungen[2] der Nebenprodukte kam er zu dem Schluß, daß die Endgleichung

$$C_6H_{12}O_6 = 2\,C_2H_5OH + 2\,CO_2$$

nur durch Ineinandergreifen zahlreicher Zwischenreaktionen zustande käme, bei denen eine Zerschlagung der Kette aus 6 C-Atomen in Bruchstücke von 3 C-Atomen eine Hauptrolle neben dem Wandern von Wasserstoff und Sauerstoff spielt. Die nächste entscheidende Beobachtung war dann die von HARDEN und YOUNG[3], daß im Preßsaft neben einem kolloidalen Fermentanteil ein dialysierfähiger, kochbeständiger, die *Co-Zymase*, für die Gärung notwendig sei; ferner daß auch *Phosphate* eine wichtige Rolle spielen. Das von HARDEN und YOUNG isolierte Hexosediphosphat, dem später noch Monophosphorsäureester von Glucose, Mannose und Fructose an die Seite traten, spielt im heutigen Gärschema eine wichtige Rolle. Die Wirkung der Co-Zymase und ihre chemische Natur hat in unermüdlicher Arbeit H. VON EULER[4, 5] mit MYRBÄCK und anderen Mitarbeitern aufgeklärt. Eine weitere wichtige Beobachtung machten CONNSTEIN und LÜDECKE[6]: in Gegenwart von Sulfit bilden sich bei der Hefegärung als Hauptprodukte *Glycerin* und Acetaldehyd. NEUBERG[7] untersuchte diese während des ersten Weltkrieges geheim gehaltene Reaktion näher. Er sah im Acetaldehyd ein normales Zwischenglied der alkoholischen Gärung, das sonst zum Alkohol reduziert, aber durch das Sulfit „abgefangen" werde. Als Vorstufe dieses Acetaldehyds fand er[8] die Brenztraubensäure. Sie wird durch die Carboxylase[8], in Kohlendioxyd und Acetaldehyd gespalten. Die weiteren Vorstufen, etwa Methylglyoxal und ähnliche erwiesen sich als hypothetisch, da es nicht gelang, sie zunächst mit ähnlicher Geschwindigkeit zu vergären, wie der natürliche Gärvorgang abläuft. Hier setzten dann die Forschungen[9] von O. MEYERHOF, K. LOHMANN und Mitarbeitern in Heidelberg ein, die durch geeignete Ausschaltung einzelner Teilreaktionen zeigten, daß es vor allem *Phosphorsäureester* sind, die ständig sich bilden und weiter zerfallen, wobei nach LOHMANN das *Adenylsäuresystem* entscheidend eingreift[10]. (Näheres über Gärung s. Bd. 2, Kohlenhydratstoffwechsel.)

[1] BUCHNER, E.: B. **30**, 117 (1897). — [2] BUCHNER, E., u. J. MEISENHEIMER: B. **37**, 417 (1904); **38**, 620 (1905); **39**, 3201 (1906). — [3] HARDEN, A., and W. J. YOUNG: Proc. chem. Soc. **21**, 189 (1905). — HARDEN, A., and W. J. YOUNG: Proc. R. Soc. London (B) **77**, 405 (1906). — SMEDLEY-MACLEAN, I.: Nachruf auf A. HARDEN 1865—1940. Biochem. J. **35**, 1071 (1941). — [4] EULER, H. v.: Zusammenfassung. Angew. Chem. **50**, 607 (1937). — [5] EULER, H. v., u. F. SCHLENK: H. **246**, 64 (1937). — [6] CONNSTEIN, W., u. K. LÜDECKE: B. **52**, 1385 (1919). — [7] NEUBERG, C., u. E. REINFURTH: B.Z. **89**, 365 (1918); **92**, 234 (1918); B. **52**, 1677 (1919). — NEUBERG, C., u. J. HIRSCH: B.Z. **98**, 141 (1919). — [8] NEUBERG, C., u. L. KARCZAG: B.Z. **36**, 68 (1911). — [9] MEYERHOF, O., u. W. KIESSLING: B.Z. **281**, 249, 266 (1935). — [10] LOHMANN, K.: B.Z. **233**, 460 (1931); **237**, 445 (1931); **271**, 264 (1934).

Einzelne Stufen der alkoholischen Gärung. Das **Schema** ist in groben Zügen folgendes (wobei Ps den Phosphorsäurerest bezeichnet):

$$\text{Hexose-diphosphat} \rightleftharpoons 2 \text{ Triose-monophosphat}$$

A. Anfangsstadium:

2 Ps—OCH$_2$—CHOH—CHO
Glycerinaldehyd-phosphorsäure

H$_2$ → Ps—OCH$_2$—CHOH—CH$_2$OH
Glycerin-phosphorsäure

O → Ps—OCH$_2$—CHOH—COOH
3-Phospho-glycerinsäure

B. Stationäres Stadium:

Triose-phosphorsäure $\xrightarrow{\text{O}}$ Ps—OCH$_2$—CHOH—COOH → HOCH$_2$—CH—COOH $\xrightarrow{-H_2O}$
3-Phospho-glycerinsäure

|
OPs
2-Phospho-glycerinsäure

CH$_2$=C—COOH
|
OPs
Phospo-brenz-
traubensäure(enol-)

→ H$_3$PO$_4$

→ CH$_3$—CHO $\xrightarrow{H_2}$ CH$_3$—CH$_2$OH
Acetaldehyd — Äthylalkohol

→ CO$_2$

Glykolyse. Was hier für die alkoholische Gärung als Schema sich bewährt, kann nun auch dazu dienen, viele *andere biologische Umwandlungen* der Zucker zu erklären. Bei der *Milchsäurebildung* im Muskel, auf die in Bd. 2, Kapitel „Muskel", eingegangen wird, beim Verschwinden von Kohlenhydraten aus Blut und Organen, bei der Glykolyse ist der Vorgang bis zur Bildung der Brenztraubensäure derselbe[1]. Dann aber fehlt die Wirkung der Carboxylase. Es wird nicht Kohlendioxyd abgespalten, sondern es erfolgt die Reduktion der Ketosäure zur Milchsäure. Als Beleg für den gleichartigen Verlauf der übrigen Phasen ist die Isolierung der gleichen Zwischenverbindungen aus Muskel durch EMBDEN und seine Schule zu nennen, z. B. der Hexose-diphosphorsäure, der Hexose-monophosphorsäure, des Lactacidogens[2], der Glycerinsäure-phosphorsäure[3]. Bei der Säurebildung durch verschiedene Bakterien hat man durch das Abfangverfahren auch Acetaldehyd nachweisen können[4, 5].

Andere Gärungen[6]. Von weiteren biologischen Umwandlungen[4] der Zucker ist noch die durch *Essigbakterien* zu nennen, die anscheinend nach gleicher Art erfolgt, nur daß der zuletzt gebildete Acetaldehyd nicht reduziert, sondern zu Essigsäure oxydiert wird. Auch das Auftreten von *Buttersäure* ist verständlich, wenn man an die Fähigkeit des Acetaldehyds zur Aldolbildung denkt. Berücksichtigt man weiter die Möglichkeit der Bildung von längeren Kohlenstoffketten aus Acetaldehyd nach gleichem Prinzip, so wäre damit, allerdings noch als Hypothese, eine Erklärung für die Bildung von Fettsäuren mit gerader C-Atomzahl beim Übergang von Kohlenhydraten in Fett gegeben. Die in Frage kommenden Wege sind ausführlich von H. FINK[7] besprochen.

[1] Vgl. MEYERHOF, O., u. W. KIESSLING: B.Z. **283**, 83 (1936). — [2] EMBDEN, G., u. M. ZIMMERMANN: H. **141**, 225 (1924); **167**, 114 (1927). — [3] Vgl. Nachruf auf EMBDEN, G.: H. **230**, 1 (1934). — [4] NEUBERG, C., u. F. F. NORD: B.Z. **96**, 133 (1919). — [5] Über die verschiedenen Gärformen, vgl. NEUBERG, C.: Chem. Ztg. **44**, 9, 18 (1920). — [6] McNAIR, J. B.: The Analysis of Fermentation Acids. The Qualitative and Quantitative Estimation of Formic, Acetic, Propionic, Butyric and Lactic Acids in Biological Material such as Food, Vegetable Products, Silage, Honey, Wine, Alcohols, Vinegar, Esters, Sour Milk, Cheese, Blood, Urine and Feces. Los Angeles 1947. s. a. DEUEL, A. J. jr., and M. G. MOREHOUSE: The interrelation of carbohydrate and fat metabolism. Adv. Carbohydrate Chem. **2**, 119 (1946). — [7] FINK, H., H. HAEHN u. W. HOERBURGER: Chem. Ztg. **61**, 690, 723, 744 (1937).

Ähnlich wie die Zucker, so werden auch ihre Reduktionsprodukte, die Zuckeralkohole, von vielen Mikroorganismen verwertet und umgewandelt[1] Hefe greift jedoch nicht an. Diese Vorgänge finden zum Teil auch präparative Anwendung. So z. B. die Oxydation von D-Sorbit aus Glucose in L-Sorbose durch Essigbakterien[2].

c) Verwandte der Zucker.

α) Aminozucker[3-9].

Während die Hauptgerüstsubstanz der höheren Pflanze Cellulose ist, findet man bei Pilzen, aber auch im Tierreich, in den Panzern der Crustaceen und Insekten, selbst bei Würmern und Weichtieren eine andere, stickstoffhaltige Substanz, die als *Chitin*[10] bezeichnet wird. Bei der Hydrolyse mit starker Salzsäure liefert dieses neben Essigsäure das so zuerst von LEDDERHOSE[11] 1876 dargestellte *Glucosamin*. Es war dies der erste Vertreter der Aminozucker, die sich von einer Aldohexose dadurch unterscheiden, daß am C_2-Atom das Hydroxyl durch die primäre Aminogruppe ersetzt ist. Als zweiter Aminozucker ist wesentlich später von SCHMIEDEBERG[12] noch das Chondrosamin aufgefunden worden.

1. D-Glucosamin,

auch Chitosamin[13], $C_6H_{13}O_5N$, ist durch KARRER[14] und PFEIFFER[15] als ein Derivat der Glucose sicher erkannt. Es hätte auch ein Abkömmling der Mannose sein können.

Die von FISCHER und LEUCHS[16] ausgeführte Synthese gibt darüber keine Auskunft. Nach dem Schema der Aminosäuresynthese wurde an den nächst niederen Aldehyd, hier Arabinose, Blausäure und Ammoniak angelagert und die entstehende 2-Amino-gluconsäure zum Aldehyd reduziert. Es kann hierbei ebensogut eine 2-Aminoglucose wie 2-Aminomannose entstehen.

Glucosamin ist außer im Chitin in den letzten Jahrzehnten auch häufiger als Baustein in vielen Mucinstoffen und Glykoproteiden (s. BLIX S. 758), manchmal zusammen mit eigentlichen, stickstofffreien Zuckern gefunden worden. Es wird am einfachsten nach LEDDERHOSE[11] aus Chitin etwa aus Hummer- oder Krebsschalen durch Erhitzen mit starker Salzsäure dargestellt.

Die *freie Base*, welche in Nadeln krystallisiert, ist in Wasser mit alkalischer Reaktion leicht löslich und zersetzt sich rasch. Viel beständiger sind ihre Salze, vor allem das charakteristische *salzsaure Salz*, farblose, luftbeständige Krystalldrusen, in Wasser leicht, in Alkohol schwer, in Äther gar nicht löslich. Die Lösung in Wasser ist rechtsdrehend, im Endwert $[\alpha]_D$: $+ 72,6°$, mit jedoch wechselndem Anfangswert, da das Salz ein Gemisch einer α-Form mit einer β-Form ist, das durch fraktionierte Krystallisation trennbar ist[17].

---

[1] DOZOIS, K. P., C. J. CARR and J. C. KRANTZ jr.: J. Bacteriology **36**, 599 (1938). — [2] PELOUZE, J.: Ann. Chim. (3) **35**, 222 (1852).

Zusammenfassende Darstellungen über Aminozucker: 3—9. [3] SCHLUBACH, H. H., u. J. VORWERK: B. **66**, 1251 (1933). — [4] Micheel S. 178. — [5] ZEMPLÉN, G.: Biochem. Handlex. **13**, 818—848 (1931). — [6] LINHARDT, K.: N-haltige Kohlenhydrate. Handb. Biochem. **1**, 542—554 (1924). — [7] OHLE, H.: Aminozucker, Chitin, Handb. Biochem. Erg.-W. 1/A, 159—161 (1933). — [8] LEVENE, P. A.: Hexosamines their derivates and mucins and mucoids. London 1922 (Rockefeller Inst. med. Res. 1922, Nr. 18.). — [9] STACEY, M.: The chemistry of mucopolysaccharides and mucoproteins. Adv. Carbohydrate Chem. **2**, 161 (1946).

[10] Vgl. PLOETZ-FREUDENBERG, Polysaccharide S. 348. — [11] LEDDERHOSE, G.: B. **9**, 1200 (1876); H. **2**, 213 (1878); **4**, 139 (1880). — [12] SCHMIEDEBERG, O.: A.e.P.P. **28**, 355 (1891). — [13] Micheel S. 178ff. — Beilstein **31**, 167. — [14] KARRER, P., u. J. MAYER: Helv. **20**, 407 (1937). — [15] PFEIFFER, P., u. W. CHRISTELEIT: H. **247**, 262 (1937); vgl. auch CUTLER, W. O., and S. PEAT: Soc. **1939**, 782. — [16] FISCHER, E., u. H. LEUCHS: B. **35**, 3790 (1902); **36**, 24 (1903). — [17] IRVINE, J. C., and J. C. EARL: Soc. **1922**, 2370.

Auch das *freie Glucosamin* ist neuerdings in den isomeren α- und β-Formen erhalten worden[1], durch Behandeln von α-Glucosamin-HCl mit Tri- bzw. Diäthylamin. α-Glucosamin $[\alpha]_D$: $+ 100°$, F. 88°; β-Glucosamin: $[\alpha]_D$: $+ 14°$. F. 110 bis 111°.

Glucosamin wirkt reduzierend wie die Glucose und gibt dasselbe Osazon, gärt jedoch nicht mit Hefe und gibt nicht die Zuckerprobe nach MOLISCH (S. 278). Von Bakterien greifen die gleichen an[2], die auch Glucose vergären. Der Warmblüterorganismus reagiert auf Glucosamingaben ähnlich wie auf Glucosegaben[3].

In alkalischer Lösung gibt Glucosamin mit Phenylisocyanat $C_6H_5 \cdot N{:}C{:}O$ eine schwerlösliche Verbindung, die beim Erwärmen in Essigsäure 1 H_2O verliert und in das Hydantoin $C_{13}H_{16}N_2O_5$ vom F. 210° übergeht[4]. Die Verbindung ist zum *Nachweis* des Glucosamins auch in einem Eiweißhydrolysat geeignet, da die Additionsprodukte der Aminosäuren erst bei saurer Reaktion ausfallen. Zur Isolierung kleiner Mengen (10—30 mg) sollen sich die 2-Oxynaphthylidenverbindungen von Glucosamin und Chondrosamin eignen[5].

Beim Einleiten von Keten[6] in eine Lösung von Glucosamin-chlorhydrat in schwacher Natronlauge bis zur kongosauren Reaktion entsteht das N-*Acetylglucosamin*, identisch mit einem Produkt, das KARRER[7] durch Schneckenfermente aus Chitin abspalten konnte. Es ist danach, wie schon ältere rein chemische Spaltversuche ergaben, Glucosamin in Form seiner Acetylverbindung im Chitin enthalten. Das gleiche trifft offenbar für die Bindung im Eiweiß[8] zu, da hier die Farbreaktion nach EHRLICH[9] positiv verläuft[10], die nur N-Acetylglucosamin, dagegen nicht freies Glucosamin gibt. Analog verhält sich auch die Chondroitinschwefelsäure.

Reaktion nach P. EHRLICH[9, 11]. Man erwärmt dazu die fragliche Substanz, nach vorhergehender Behandlung mit Alkali, mit einer salzsauren Lösung von Dimethylaminobenzaldehyd, $(CH_3)_2N \cdot C_6H_4 \cdot CHO$, worauf eine prachtvoll rote Farbe auftritt. Indolderivate reagieren jedoch auch mit dem Reagens.

Glucosamin ist durch Oxydation, etwa mit Brom[12] oder besser mit HgO, in die *Glucosaminsäure* zu verwandeln, deren Synthese aus Arabinose schon erwähnt wurde. Salpetrige Säure läßt jene in *Chitarsäure* $C_6H_{10}O_2 = 2,5$-Anhydro-D-gluconsäure übergehen[13]. Glucosamin ergibt bei gleicher Behandlung *Chitose*[14] $C_6H_{10}O_5 = 2,5$-Anhydro-D-Mannose[13]. Es wird also nicht nur NH_2 gegen OH ausgetauscht, sondern nach WALDENscher Umkehrung noch 1 Mol Wasser abgespalten.

Oxydation des Glucosamins mit Salpetersäure liefert nicht Zuckersäure, sondern die sog. *Isozuckersäure* $C_6H_8O_7$ und *Norisozuckersäure* $C_6H_{10}O_8$[15]. Die letztere ist als Bleisalz abtrennbar und hat ein in Wasser schwer lösliches Cinchonin- und Chininsalz, das zur Erkennung von Glucosamin benutzt werden kann[16].

[1] WESTPHAL, O., u. H. HOLZMANN: B. **75**, 1274 (1942). — [2] ABDERHALDEN, E., u. A. FODOR: H. **87**, 214 (1913). — MEYER, K.: B.Z. **58**, 415 (1914). — NOBLE, W. C. jr., and F. E. D. KNACKE: J. Bacteriology **15**, 55 (1928). — [3] YVOSITAKE, M.: J. Biochem. **30**, 423, 439 (1936). — [4] STEUDEL, H.: H. **34**, 353 (1901/02). — [5] JOLLES, Z. E., and W. T. J. MORGAN: Biochem. J. **34**, 1183 (1940). — [6] BERGMANN, M.: DRP 453577 Kl. 120 vom 21. 7. 1925, ausgeg. 10. 12. 1927. [C. **1928** I, 2663]. — [7] KARRER, P., u. A. HOFMANN: Helv. **12**, 616 (1929). — KARRER, P., u G. v. FRANÇOIS: Helv. **12**, 986 (1929). — [8] FÜRTH, O., H. HERRMANN u. R. SCHOLL: B.Z. **271**, 395 (1934). — [9] EHRLICH, P.: Med. Woche **1901**, Nr. 15. Zit. nach LEO LANGSTEIN: Die Bildung von Kohlenhydraten aus Eiweiß. Ergebn. Physiol. 1/1, 63—109 (1902). — [10] PRÖSCHER, F.: H. **31**, 520 (1900/01). — [11] MÜLLER, FR.: Z. Biol. **42**, 468, bes. 561 (1901). — ORGLER, A., u. C. NEUBERG: H. **37**, 407, bes. 424 (1902/03). — [12] FISCHER, E., u. F. TIEMANN: B. **27**, 138 (1894). — [13] PEAT, ST.: The chemistry of anhydrosugars. Adv. Carbohydrate Chem. **2**, 37 (1946). — [14] LEDDERHOSE, G.: H. **4**, 139, 154 (1880). B. **13**, 821 (1880). — Micheel S. 179. — [15] TIEMANN, F., u. R. HAARMANN: B. **19**, 1257 (1886). — TIEMANN, F.: B. **17**, 246 (1884); **27**, 118 (1894). — [16] NEUBERG, C., u. H. WOLFF: B. **34**, 3845 (1901). Beispiel einer Isolierung aus Seidenleim. — ABDERHALDEN, E., u. O. ZUMSTEIN: H. **207**, 141 (1932).

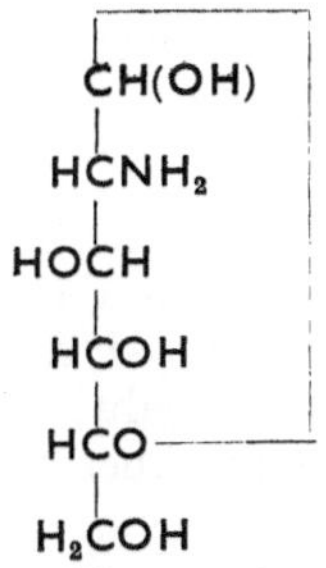

$$\begin{array}{ccc}
\text{D-Glucosamin} & \text{D-Glucosamin-} & \text{Chitarsäure} \\
\text{(Chitosamin)} & \text{säure} & \\[1em]
\text{Chitose} & \text{D-Zuckersäure} & \text{Isozuckersäure}
\end{array}$$

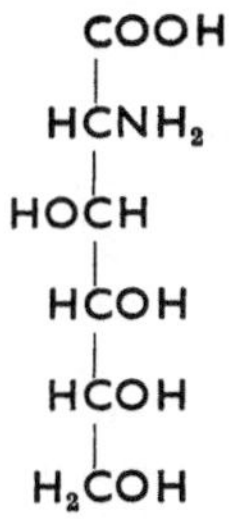

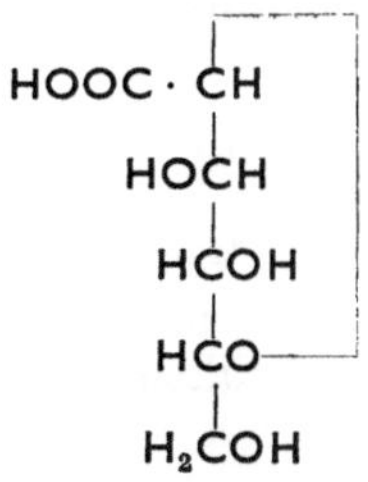

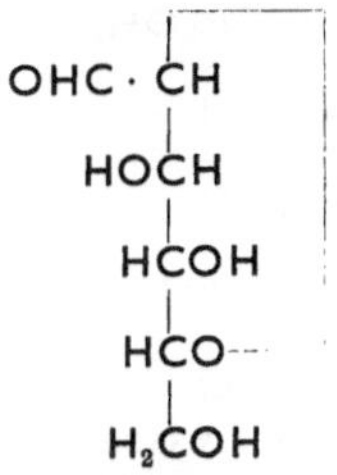

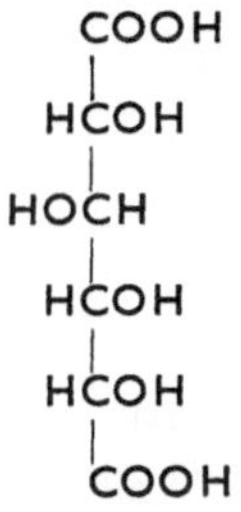

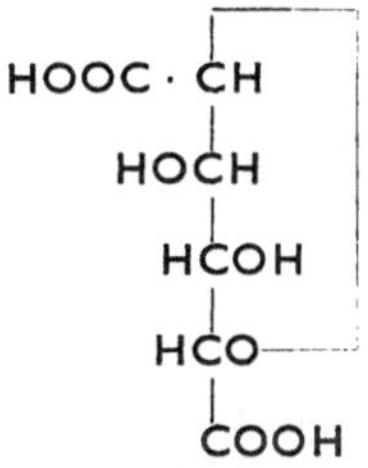

2. L-Glucosamin.

Die L-Form des gewöhnlichen Glucosamins wurde als Bestandteil des Antibioticums *Streptomycin* aufgefunden[1], und zwar in Form des N-Methyl-Derivates. Dieses bildet, zusammen mit der eigenartigen Streptonose[2], ein α-verknüpftes[3] Disaccharid Streptobiosamin, welches wieder α-glykosidisch an dem Aglykon Streptidin (= 1,3-Diguanidino-2,4,5,6-tetraoxycyclohexan) (s. S. 318) hängt.

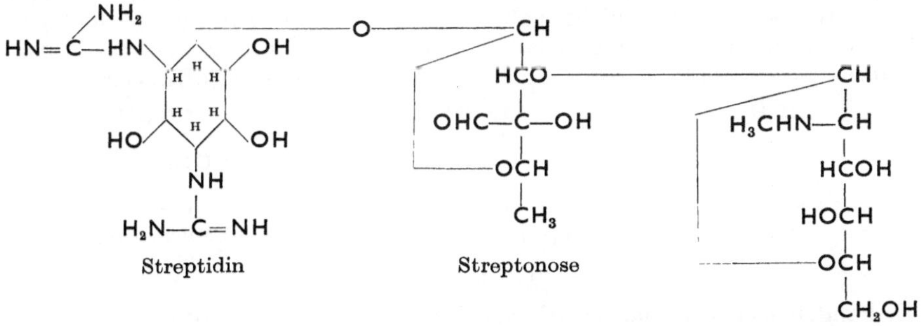

Streptidin   Streptonose   N-Methyl-L-glucosamin

Streptobiosamin

Streptomycin

Aus L-Arabinose, Methylamin und Blausäure wurde N-Methyl-L-glucosamin synthetisch hergestellt[4].

[1] KUEHL, F. A. jr., u. Mitarb.: s. [4]. — LEMIEUX, R. U., and M. L. WOLFROM: Adv. Carbohydrate Chem. **3**, 337 (1948). — [2] Siehe S. 284. — [3] LEMIEUX, R. U., C. W. DeWALT and M. L. WOLFROM: Am. Soc. **69**, 1838 (1947). — [4] KUEHL, F. A. jr., E. H. FLYNN, F. W. HOLLY, R. MOZINGO and K. FOLKERS: Am. Soc. **68**, 546 (1946). — WOLFROM, M. L., A. THOMPSON and J. R. HOOPER: Am. Soc. **68**, 2343 (1946).

Ein weniger wirksames Streptomycin B unterscheidet sich vom gewöhnlichen Streptomycin durch den Mehrgehalt eines Moleküls D-Mannose[1].

3. Chondrosamin.

Dieses bei der Hydrolyse der Chondroitinschwefelsäure von SCHMIEDEBERG[2] erhaltene Hexosamin ist *2-Aminogalaktose*[3]. Dafür spricht das optische Verhalten von Derivaten[4]. Die erste Synthese[5], die, in Anlehnung an die Glucosaminsynthese von FISCHER und LEUCHS, von der D-Lyxose ausgeht, läßt noch die epimere Struktur der Aminotalose offen. Neuerdings konnte aber die Galaktosekonfiguration eindeutig bewiesen werden[6].

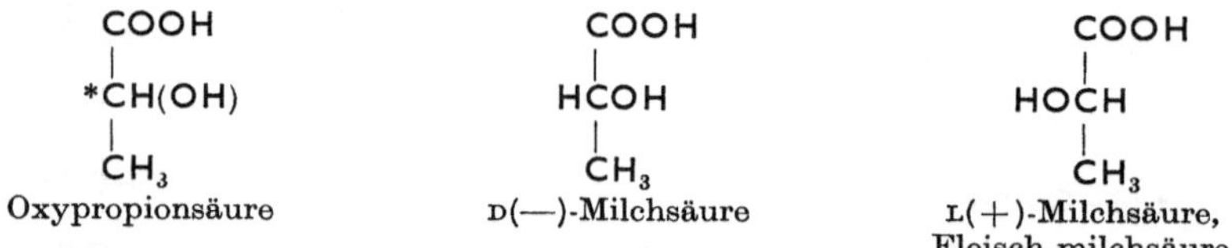

Das salzsaure Salz, das gut krystallisiert, ist zur Unterscheidung von Glucosamin-HCl brauchbar, da die langen prismatischen Nadeln schon bei 182° schmelzen, nicht nur in Wasser, sondern auch in Alkohol von 80% löslich sind und eine spez. Drehung (Gleichgewicht) von [α]: + 93° haben[7]. Das Osazon ist identisch mit Galaktosazon (s. S. 289).

Als Galaktosamin haben noch SCHULZ und DITTHORN[8] einen Aminozucker beschrieben, den sie in einem Glykoproteid der Eiweißdrüse des Frosches auffanden.

β) Säuren der C₃-Reihe.

Obgleich die Milchsäuren ebenso wie die Brenztraubensäure rein chemisch mit den Kohlenhydraten nicht näher verwandt sind, hängen sie biologisch doch so eng damit zusammen, daß eine kurze Schilderung hier als Anhang gerechtfertigt erscheint[9]. (Siehe auch Bd. 2, Kohlenhydratstoffwechsel.)

1. Milchsäuren.

Es handelt sich bei dem natürlichen Vorkommen nur um die α-Oxypropionsäuren. Da das mittlere Kohlenstoffatom asymmetrisch ist, ist eine D-, eine L- und eine D,L-Form möglich.

[1] FRIED, J., and H. STAVELY: Am. Soc. **69**, 1549 (1947). — [2] SCHMIEDEBERG, O.: A.e.P.P. **28**, 355 (1891). — [3] Beilstein **31**, 311. — Beweis der Pyranstruktur: LEVENE, P. A.: J. biol. Ch. **137**, 29 (1941). — [4] FREUDENBERG, K.: S.-B. heidelberg. Akad. Wiss. **1931**, Nr. 9, 3. — KARRER, P., u. J. MAYER: Helv. **20**, 407 (1937). — [5] LEVENE, P. A.: J. biol. Ch. **26**, 143 (1916); **31**, 609 (1917). — [6] JAMES, S. P., F. SMITH, M. STACEY and L. F. WIGGINS: Soc. **1946**, 629. — [7] LEVENE, P. A.: J. biol. Ch. **57**, 337 (1923). — [8] SCHULZ, F. N., u. F. D. DITTHORN: H. **29**, 373 (1900); **32**, 428 (1901). — [9] Schrifttum bis 1934 vgl. APPEL, H.: Die Dreikohlenstoff-Zucker und ihre biologische Bedeutung. Stuttgart 1934. (In Samml. chem. u. chem.-techn. Vortr. N. F. H. 23.) — Älteres Schrifttum auch bei BUCHNER, E., u. J. MEISENHEIMER: A. **349**, 125 (1906). — NEUBERG, C., u. M. KOBEL: Z. angew. Chem. **38**, 761 (1925).

Gärungsmilchsäure oder D,L-Milchsäure[1] entsteht bei Umwandlungen von Zuckern durch Milchsäurebaktcrien, wie sie in saurer Milch, in gesäuerten Lebens- und Futtermitteln, wie Sauerkraut, sauren Bohnen, Silofutter auftreten.

Die *Milchsäure des Muskels* ist nach der neuen Nomenklatur (S. 262) L(+)-Milchsäure

$$CH_3-\overset{\displaystyle OH}{\underset{\displaystyle H}{C}}-COOH,$$

Fleischmilchsäure[2], auch Paramilchsäure[3] genannt. Früher wurde sie wegen der Rechtsdrehung als d-Milchsäure bezeichnet. Diese Bezeichnung sollte verlassen werden.

Die D(—)-*Milchsäure*[4], das ist die früher l-Milchsäure genannte Säure, bildet sich aus Zucker nur durch ganz spezielle, verhältnismäßig seltene Bakterien (SCHARDINGER[3]), darunter auch einige pathogene, oder sie bleibt übrig, wenn D,L-Säure im Nährboden Bac. acidi lactici als Kohlenstoffquelle gereicht wird.

Die aktiven Milchsäuren sind auch aus der Racemform durch geeignete Alkaloide, wie Chinin oder Morphin[5], gewinnbar.

Die Milchsäuren, in ganz reinem Zustand krystallisierte Massen, von denen die Racemform bei 18°, die aktiven Formen bei 26° schmelzen, sind für gewöhnlich nur als farbloser oder schwach gelblicher Sirup von stark saurer Reaktion bekannt, der sich in allen Verhältnissen mit Wasser, Alkohol und Äther mischt. Äther entzieht aber einer wäßrigen Lösung die Milchsäure nur bei wiederholter oder langdauernden Extraktion vollständig. Mit Wasserdämpfen ist Milchsäure nicht flüchtig.

Die *Fleischmilchsäure* dreht nur schwach nach rechts, bei stärkeren Konzentrationen etwas ansteigend, bei 1,5% ist $[\alpha]_D^{21}$: + 2,61°. Komplexbildung mit Ammoniummolybdat erhöht die Drehung stark[6].

Infolge dieser Drehung hat man die *Fleischmilchsäure* früher Rechtsmilchsäure genannt. Seitdem aber durch FREUDENBERG[7] ihre oben angegebene Konfiguration bekannt ist, muß sie, wie zuerst WOHL[8] betonte, als L(+)-*Milchsäure* bezeichnet werden. In ihren Salzen ist sie übrigens wirklich linksdrehend, am stärksten das Lithiumsalz, mit einer spez. Drehung von $[\alpha]_D$: —11,7 bis —13,1° je nach Konzentration.

Von den *Salzen der Milchsäuren* sind die Alkalisalze leichtlöslich, am besten krystallisiert noch das Lithiumsalz, auch die Barium- und Bleisalze sind gut löslich, im Gegensatz zur Bernsteinsäure. Analysiert werden meist die bei 100° C im Vakuum konstant getrockneten Zn- oder Ca-Salze.

Zur *Unterscheidung der Fleischmilchsäure von der racemischen Gärungsmilchsäure* sind neben dem optischen Verhalten die gut krystallisierenden Calcium- und Zinksalze geeignet, die in Löslichkeit und Krystallwassergehalt verschieden sind (vgl. Tabelle 61, S. 300).

Zur *quantitativen Erfassung der Milchsäure* in biologischen Flüssigkeiten und Geweben ist eine Reihe von Methoden ausgearbeitet (siehe Bd. 2. Muskel). Neben mancherlei colorimetrischen Verfahren hat sich in vielen Laboratorien eine Arbeitsweise bewährt, die an eine Arbeit von FÜRTH und CHARNASS[9] anknüpft und besonders durch FRIEDEMANN und Mitarbeiter weiterentwickelt wurde. Das Prinzip ist: Oxydation der Milchsäure durch Kaliumpermanganat bei Gegenwart von Manganosulfat zu Acetaldehyd. Dieser

---

[1] Beilstein **3**, 268 (102) [192]. — [2] Beilstein **3**, 261 (99) [182]. — [3] SCHARDINGER, F.: Mh. Chem. **11**, 551 (1890). — [4] Beilstein **3**, 266 (101) [186]. — [5] Über Salze der Milchsäuren vgl. H.-Th. S. 85, 86. — [6] Über optisches Verhalten von Derivaten vgl. PATTERSON, T. S., and A. LAWSON: Soc. **1929**, 2042. — [7] FREUDENBERG, K.: B. **47**, 2027 (1914). — [8] WOHL, A., u. R. SCHELLENBERG: B. **55**, 1404 (1922). — [9] FÜRTH, O., u. D. CHARNASS: B.Z. **26**, 199 (1910).

Tabelle 61. Löslichkeit und Zusammensetzung von milchsauren Salzen.

Salze	Formel	Löslich		Enthaltend				
		bei °C	in Teilen Wasser	% Krystallwasser	% C	% H	% O	%
Milchsaures Zink . . .	$(C_3H_5O_3)_2 \cdot Zn$ (M.G. 245,50)				29,57	4,13	39,43	26,86 Zn
D,L-milchsaures Zn . .	$(C_3H_5O_3)_2Zn \cdot 3\ H_2O$	14—15	58—63	18,18				
Fleischmilchsaures Zn	$(C_3H_5O_3)_2Zn \cdot 2\ H_2O$	14—15	17,5	12,9				
Milchsaures Calcium .	$(C_3H_5O_3)_2Ca$ (M.G. 220,20)				35,00	4,62	44,00	18,37 Ca
D,L-milchsaures Ca . .	$(C_3H_5O_3)_2Ca \cdot 5\ H_2O$		9,5	29,22				
L(+)-milchsaures Ca .	$(C_3H_5O_3)_2Ca \cdot 4$ oder 4,5 H_2O		12,4	24,83 oder 26,21				

wird abdestilliert, an Bisulfit gebunden und das nicht verbrauchte Bisulfit zurücktitriert. Bestimmung im Apparat von LIEB[1]. Weitere Schilderungen der Verfahren siehe bei LEHNARTZ[2] und FRIEDEMANN[3].

2. Brenztraubensäure[4].

$CH_3 \cdot CO \cdot CHOOH$, α-Ketopropionsäure, im biologischen Geschehen aber wohl meist in der Enolform $CH_2 = C(OH)—CHOOH$, als α-Oxy-acrylsäure auftretend, wie neben anderen Beobachtungen[5] aus der Isolierung der Phosphobrenztraubensäure (S. 301) hervorgeht. Nachdem Brenztraubensäure als Zwischenglied des biologischen Abbaues der Kohlenhydrate schon länger in Erwägung gezogen worden war, erhielt diese Anschauung eine gewichtige Stütze durch die gleichzeitig von NEUBAUER und FROMHERZ[6] und NEUBERG[7] festgestellte Vergärbarkeit der Brenztraubensäure. NEUBERG baute sie dann auch in sein *Gärschema* ein. Hierzu war er um so mehr berechtigt, als er einmal zeigte[8], daß einerseits die Carboxylase Brenztraubensäure zu Acetaldehyd spaltet,

$$CH_3 \cdot CO \cdot COOH = CH_3 \cdot CHO + CO_2$$

andererseits der Acetaldehyd abfangbar war. Es hat aber noch ziemliche Zeit gedauert, bis es gelang, Brenztraubensäure selbst bei biologischen Umsetzungen zu fassen, gerade wegen der raschen Weiterverarbeitung im ungestörten Fermentsystem. Es ist dies, nachdem ältere Behauptungen anderer Forscher meist nicht bestätigt werden konnten, wohl für die Milchsäuregärung zuerst KOSTYTSCHEW und Mitarbeitern[9] gelungen, für die eigentliche *alkoholische Gärung durch Hefe* NEUBERG und KOBEL[10]. A. HAHN[11] beobachtete sie dann auch *im Muskel*, wobei sie sich aus zugesetzter Milchsäure oder Fructosediphosphorsäure bildete. Die Brenztraubensäure des *Muskels* und der Gewebe kann an-

[1] LIEB, H., u. M. K. ZACHERL: H. **211**, 211 (1932); **231**, 88 (1935). — LAUERSEN, F., u. H. WAHLLÄNDER: B.Z. **298**, 273 (1938). — [2] LEHNARTZ, E.: H. **179**, 1 (1928). — [3] FRIEDEMANN, T. E., and J. B. GRAESER: J. biol. Ch. **100**, 291 (1933). Ausführlich referiert in Z. analyt. Chem. **104**, 449 (1936). — [4] Beilstein **3**, 608 (217) [393]. — Darstellung: Org. Syntheses Sammelbd. **1**, 462 (1932). — [5] NEUBERG, I. ST.: B. Z. **219**, 165 (1930). — STOTZ, E.: Pyruvate metabolism. Adv. Enzymol. **5**, 129 (1945). — [6] NEUBAUER, O., u. K. FROMHERZ: H. **70**, 326 (1910/11). — [7] NEUBERG, C., u. A. HILDESHEIMER: B.Z. **31**, 170 (1911). — [8] NEUBERG, C.: B. **55**, 3624 (Zusammenfassung) (1922). — [9] KOSTYTSCHEW, S., u. S. SOLDATENKOV: H. **168**, 124 (1927). — KOSTYTSCHEW, S., W. GWALADSE u. P. ELIASBERG: H. **188**, 127 (1930). — [10] NEUBERG, C., u. M. KOBEL: B.Z. **210**, 473 (1929); **216**, 493 (1929). — Vgl. auch ELIASBERG, P.: H. **189**, 254 (1930). — GRAB, M. v.: B.Z. **123**, 69 (1921) hatte mit Naphthylamin die Brenztraubensäure im Kondensationsprodukt abfangen können. — [11] HAHN, A., u. E. FISCHBACH: Z. Biol. **89**, 149 (1929). — HAHN, A., u. W. HAARMANN: Z. Biol. **90**, 231 (1930).

schließend mancherlei Umwandlungen[1] erleiden. (Näheres s. Bd. 2, Kohlenhydratstoffwechsel.) Erwähnt sei nur, daß neben der Einbeziehung in den Ab- und Aufbau der Kohlenhydrate auch noch *Beziehungen zum Alanin*[2] und zu *Bernsteinsäure* bestehen. Brenztraubensäure kann durch Dehydrierung über nicht näher bekannte Zwischenglieder in Bernsteinsäure übergehen[3].

Brenztraubensäure ist am leichtesten zugänglich durch Wasserabspaltung aus Weinsäuren oder Glycerinsäure unter dem Einfluß von Kaliumhydrogensulfat bei höherer Temperatur. Sie ist meist nur als schwach gelbliche Flüssigkeit bekannt vom S.P. 61° bei 12 mm Druck, leicht löslich in Wasser und organischen Lösungsmitteln. In ganz reiner Form kann man sie in Krystallen vom F. 13,5° erhalten. Sie reagiert mit FEHLINGscher Lösung, ammoniakalischem Silbernitrat und einer ganzen Reihe von Ketonreagenzien.

Zum *Nachweis* in biologischen Flüssigkeiten hat man vor allem das Phenylhydrazon[4] benutzt: $H_3C \cdot C:(N \cdot NH \cdot C_6H_5) \cdot COOH$, F. 192°, und das 2,4-Dinitro-phenylhydrazon[5], $C_9H_8N_4O_6$, F. 216°, das auch eine quantitative colorimetrische Bestimmung gestattet[6] sowie das Semicarbazon[7, 4] $CH_3 \cdot C(:N \cdot NH \cdot CO \cdot NH_2) \cdot COOH$, und für das Methylglyoxal das Disemicarbazon[8] $(CH_3 \cdot C:(N \cdot NH \cdot CO \cdot NH_2) \cdot C:(N \cdot NH \cdot CO \cdot NH_2)$.

3. Phospho-brenztraubensäure[4].

Diese Säure, genauer der *Enolbrenztraubensäure-phosphorsäureester*, ist die biologische Vorstufe der Brenztraubensäure. Sie wurde zuerst von LOHMANN und MEYERHOF[9] im co-fermentfreien Muskelextrakt aufgefunden und in ihrer biologischen Rolle[10-13] als Zwischenglied von Phospho-glycerinsäure und Brenztraubensäure aufgeklärt. Synthetisch hat sie KIESSLING[14] erhalten. (Vgl. Bd. 2, Kohlenhydratstoffwechsel.)

Zu fassen ist die Säure als krystallisiertes Silber-Barium-Doppelsalz $C_3H_2O_4PAgBa$ $\cdot 2 H_2O$. Die Säure ist dadurch charakterisiert, daß sie ihre Phosphorsäure in n-HCl nur langsam bei 100° abgibt (Halbwertszeit 9 min), sofort dagegen durch Behandlung mit Quecksilbersalzen oder alkalischem Hypojodit, wobei gleichzeitig Jodoform auftritt.

$$\begin{array}{ccc}
CH_2 & CH_2 & CH_3 \\
\| & \| & | \\
C\!-\!OPO_3H_2 \quad \text{oder} & C\,\diagdown\,O & H{*}C\!-\!OPO_3H_2 \\
| & |\,\diagup & | \\
COOH & C\!-\!OPO_3H_2 & COOH
\end{array}$$

Phosphobrenztraubensäure   Phosphomilchsäure

Bei enzymatischer Abspaltung der Phosphorsäure kann die Phosphorsäure andere Verbindungen phosphorylieren, z. B. Kreatin im Kaninchenmuskel oder Arginin im Krebsmuskel[15]. Bei der Hydrierung mit katalytisch erregtem Wasserstoff bildet sich Phosphomilchsäure.

4. Phospho-glycerinsäuren = Glycerinsäure-phosphorsäuren.

Die 2-Phospho-glycerinsäure $H\dot{O}CH_2 \cdot CHO(PO_3H_2) \cdot COOH$ ist die direkte Vorstufe der ebengenannten Phosphobrenztraubensäure. Sie steht ihrerseits wieder in enzymatischem Gleichgewicht mit der *Glycerinsäure-3-Phosphorsäure* (MEYERHOF und KIESSLING[16]). (Siehe Bd. 2, Kohlenhydratstoffwechsel.)

[1] Vgl. MEYERHOF, O., u. D. McEACHERN: B.Z. **260**, 417 (1933). — [2] KREBS, H. A.: H. **217**, 191, 215 (1933). — NEBER, M.: H. **234**, 83 (1935). — [3] TOENNIESSEN, E., u. E. BRINKMANN: H. **187**, 137 (1930). — ANNAU, E., u. I. MAHR: H. **247**, 248 (1937). — [4] HAHN, A.: Einführung in die physiologisch-chemischen Arbeitsmethoden. S. 48. Stuttgart 1936. — HAHN, A., u. H. NIEMER: Z. Biol. **95**, 169 (1934). — HAHN, A., H. NIEMER u. ILSE FISCHBACH: Z. Biol. **97**, 582 (1936). — [5] NEUBERG, C., u. M. KOBEL: B.Z. **216**, 493 (1929). — [6] CASE, E. M.: Biochem. J. **26**, 753 (1932). — [7] KOSTYTSCHEW, S., u. S. SOLDATENKOV: H. **168**, 124 (1927). — [8] KOSTYTSCHEW, S., u. S. SOLDATENKOV: H. **168**, 128 (1927). — [9] LOHMANN, K., u. O. MEYERHOF: B.Z. **273**, 60 (1934). — [10] MEYERHOF, O., u. W. KIESSLING: B.Z. **276**, 239 (1935); **281**, 249 (1935). — [11] LEHMANN, H.: B.Z. **281**, 271 (1935). — Vgl. Bd. 2, Kohlenhydratstoffwechsel. — [12] MEYERHOF, O., u. W. SCHULZ: B.Z. **281**, 292 (1935). — [13] OHLMEYER, P.: B.Z. **287**, 212 (1936). — [14] KIESSLING, W.: B. **68**, 597 (1935); **69**, 2331 (1936). — [15] LEHMANN, H.: B.Z. **281**, 271 (1935). — [16] MEYERHOF, O., und W. KIESSLING: B.Z. **276**, 239, bes. 244 (1935).

Im *Muskel*[1] wurde 1933 eine Phospho-glycerinsäure — scharf auseinanderzuhalten von der ja viel länger bekannten Glycerin-phosphorsäure $CH_2OH \cdot CHOH \cdot CH_2 \cdot O \cdot PO_3H_2$ — zuerst von EMBDEN, DEUTICKE und KRAFT aufgefunden, und zwar in optisch aktiver, linksdrehender Form. Nachdem die Substanz auch synthetisch von KIESSLING[2] einwandfrei zugänglich gemacht war, erwiesen die Arbeiten von MEYERHOF und KIESSLING, daß es sich um ein Gemisch von hauptsächlich *3-Phospho-glycerinsäure* mit wenig entgegengesetzt drehender *2-Phospho-glycerinsäure* handelte. In einem Gäransatz wurde eine Phospho-glycerinsäure zuerst von R. NILSSON[3] beschrieben, dem sich bald bestätigende Funde anderer Forscher[4] anschlossen. Die sichere Einordnung in das Gärschema und in die Glykolyse verdanken wir MEYERHOF und EMBDEN[5], auf deren Ergebnisse schon oben im Zusammenhang eingegangen wurde.

Zur *Isolierung der Phospho-glycerinsäuren* erwiesen sich die sauren Bariumsalze $C_3H_2O_7PBa \cdot 3\,H_2O$ brauchbar, von denen das der 3-Phospho-säure leichter krystallisiert. Zu unterscheiden sind die Säuren vor allem auf Grund ihres optischen Verhaltens. Die 3-Phospho-glycerinsäure dreht als freie Säure $[\alpha]_D^{21}$: $-14{,}5°$, die 2-Phospho-glycerinsäure $[\alpha]_D^{20}$: $+24{,}3°$. Dadurch ist der Nachweis des enzymatischen wechselseitigen Übergangs leicht zu führen (MEYERHOF und KIESSLING). Durch Säuren, etwa HCl sind sie nur schwer spaltbar. Das Präparat von EMBDEN, DEUTICKE und KRAFT lieferte bei der Hydrolyse neben Phosphorsäure $D(-)$-Glycerinsäure[6]. Aller Wahrscheinlichkeit nach gehört der Phosphorsäureester der gleichen Reihe an, da bei dieser Abspaltung am endständigen Kohlenstoff keine WALDENsche Umkehrung (W. KUHN S. 86) erwartet werden kann. Die Spaltung in Pflanze und Tier erfolgt leicht über Phosphobrenztraubensäure[7].

COOH
|
HCOH
|
CO₂OH
D(—)-Glycerinsäure

2, 3-Diphospho-glycerinsäure ist in ihrer linksdrehenden Form zuerst von GREENWALD[8] aus Blut isoliert worden. Nachdem die Monophospho-glycerinsäure in ihrer Bedeutung erkannt war, hat man auch das Diphosphat unter bestimmten Bedingungen sowohl bei Gäransätzen wie im Muskel gefunden.

Es scheint aber nur einem, in der Norm mindestens unwichtigen *Nebenweg* seine Entstehung zu verdanken. (Siehe Bd. 2, Kohlenhydratstoffwechsel.)

Zur *Darstellung* geht man am besten nach JOST[9] von Pferdeblut aus und isoliert es als krystallisiertes Brucinsalz. Die von GREENWALD benutzten Blei- und Bariumsalze sind amorph. Neben einem mit überschüssigem Baryt erhaltenen Pentabariumsalz $(C_3H_3P_2O_{10})_2Ba_5 \cdot 3\,H_2O$ ist noch ein im schwach sauren Medium ausfällbares Salz $(C_3H_5P_2O_{10})_2Ba_3 \cdot H_2O$ bekannt. Die daraus gewonnene *freie Säure* ist ein hygroskopischer Sirup, der schwache Linksdrehung ($[\alpha]_D$: $-2{,}29$ bis $-4{,}45°$ sind angegeben) zeigt und sich mit Natronlauge als 5-basische Säure titrieren läßt. Bei tagelangem Sieden mit 5%iger Schwefelsäure wird der Ester zu 2 Molen Phosphorsäure und Glycerinsäure (GREENWALD, JOST) aufgespalten, bei kürzerer Einwirkung ist ein Gemisch der beiden natürlichen, optisch aktiven Monophospho-glycerinsäuren zu erhalten

COOH
|
HCOPO₃H₂
|
CH₂OPO₃H₂
2,3-Diphospho-glycerinsäure

(MEYERHOF und KIESSLING[10]). Phosphatasen spalten Phosphorsäure ab[11], Organsäfte, aber auch Hefe liefern Brenztraubensäure[12], Erythrocyten spalten nur sehr langsam.

[1] EMBDEN, G., H. J. DEUTICKE u. G. KRAFT: Kli. Wo. **1933** I, 213. H. **230**, 12 (1934). — [2] KIESSLING, W.: B. **68**, 243 (1935). — VOGT, M.: B.Z. **211**, 1 (1929). — [3] NILSSON, R.: Ark. Kemi, Mineral. Geol. **10** A, Nr. 7, 1—135, bes. 121 (1930). — [4] NEUBERG, C., u. M. KOBEL: B.Z. **260**, 241 (1933); **263**, 219 (1933); **264**, 456 (1933). — LEHNARTZ, E.: H. **230**, 90 (1934). — [5] EMBDEN, G., H. J. DEUTICKE u. G. KRAFT: H. **230**, 12 (1934). — EMBDEN, G., u. H. J. DEUTICKE: H. **230**, 29, 50 (1934). — EMBDEN, G., u. TH. ICKES: H. **230**, 63 (1934). — EMBDEN, G., u. H. JOST: H. **230**, 69 (1934). — LEHNARTZ, E.: H. **230**, 90 (1934). — JOST, H.: H. **230**, 96 (1934). — [6] Beilstein **3**, (141) [262]. — [7] LOHMANN, K., u. O. MEYERHOF: B.Z. **273**, 60 (1934). — EMBDEN, G.: Siehe Fußnoten [1] u. [5]. — NEUBERG, C., u. M. KOBEL: B.Z. **272**, 457 (1934). — BARRENSCHEEN, H. K., G. LORBER u. W. MEERAUS: B.Z. **278**, 386 (1935). — [8] GREENWALD, I.: J. biol. Ch. **63**, 339 (1925). — [9] JOST, H.: H. **165**, 171 (1927). — [10] MEYERHOF, O., u. W. KIESSLING: B.Z. **276**, 239 (1935). — [11] KOBAYASHI, H.: J. Biochem. **11**, 173 (1929). — [12] SCHUCHARDT, W., u. A. VERCELLONE: B.Z. **272**, 435 (1934); **275**, 261 (1934).

5. Triosephosphorsäuren[1].

Obgleich die bisher gefundenen Zwischenglieder des biologischen Zuckerabbaues den Phosphoglycerinaldehyd als Vorstufe der Phosphoglycerinsäure erwarten lassen und man sogar bei synthetischem D,L-3-Phosphoglycerinaldehyd eine Vergärbarkeit der D-Form beobachtet hat[2], konnte zunächst durch MEYERHOF und LOHMANN[3] beim Abbau von Hexosediphosphat durch Muskelextrakt nur **Dioxyacetonphosphorsäure** entdeckt und isoliert werden. Andererseits ist bekannt[4], daß synthetische **Glycerinaldehydphosphorsäure** durch Muskelextrakt in Dioxyacetonphosphorsäure übergeht. Durch Abfangen des Aldehyds mit Bisulfit gelang es dann MEYERHOF[5], die Glycerinaldehyd-3-phosphorsäure in einer Ausbeute von 55—70% zu isolieren. Im Reaktionsgemisch macht der Aldehyd normalerweise nur 1,1% der gesamten Triose aus.

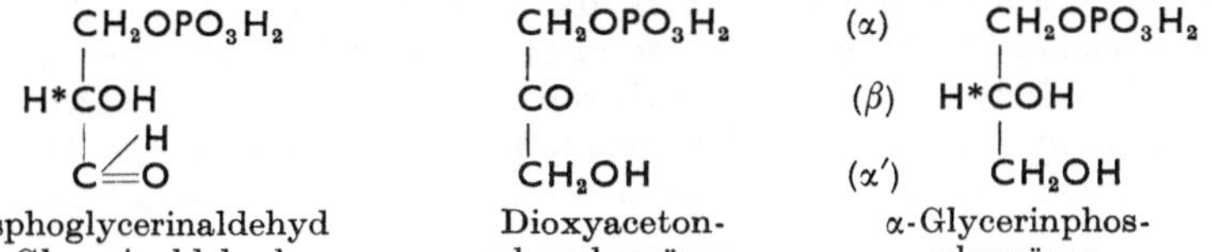

$$CH_2OPO_3H_2 \qquad CH_2OPO_3H_2 \qquad (\alpha) \qquad CH_2OPO_3H_2$$
$$H{*}COH \qquad\qquad CO \qquad\qquad\quad (\beta) \quad H{*}COH$$
$$C{\Large<}_O^H \qquad\qquad CH_2OH \qquad\quad (\alpha') \qquad CH_2OH$$

Phosphoglycerinaldehyd   Dioxyaceton-   α-Glycerinphos-

(= Glycerinaldehyd-   phosphorsäure   phorsäure

3-phosphorsäure)

Der *Hauptunterschied der beiden Formen* ist der, daß nur die **Glycerinaldehydphosphorsäure** in schwach alkalischem Medium durch Jod zur Carbonsäure, nämlich Phosphoglycerinsäure oxydierbar ist. Deren Phosphorsäure ist durch Alkali schwer abspaltbar, während Dioxyacetonphosphorsäure auch nach der, übrigens nur schwachen Jodeinwirkung Phosphorsäure oder wie man sagt „leicht abspaltbaren Phosphor" abgibt. Im übrigen ist die natürliche Verbindung mit der von KIESSLING[6] synthetisch erhaltenen identisch.

Mit deuteriumhaltigen Glycerinaldehyd und Dioxyaceton konnte gezeigt werden, daß sich beide Verbindungen als Vorläufer für Glykogen bei Ratten verschieden verhalten[7].

Dioxyacetonphosphorsäure ist faßbar als **Ba**- und **Ca**-Salz. Sie ist schon in neutraler Lösung wenig beständig und wird durch n-**HCl** bei 100° in Phosphorsäure und Methylglyoxal $CH_3 \cdot CO \cdot CHO$ gespalten, durch Alkali in Phosphat und Milchsäure. Vergärbar ist sie zu 100%. Im Muskel besteht ein enzymatisch, durch die sog. Zymohexase einstellbares Gleichgewicht mit Hexose-diphosphorsäure (MEYERHOF und LOHMANN). Durch das Ferment Aldolase erfolgt Aldolkondensation mit Acet- und Glycerinaldehyd[8].

6. Phospho-glyceryl-phosphat. Acylphosphate[9].

Als erstes Produkt der enzymatischen Oxydation der Phosphotriose wird eine sehr labile Verbindung von Aldehydgruppe und Phosphorsäure gebildet, die dann zum sog. Acylphosphat oxydiert wird[10].

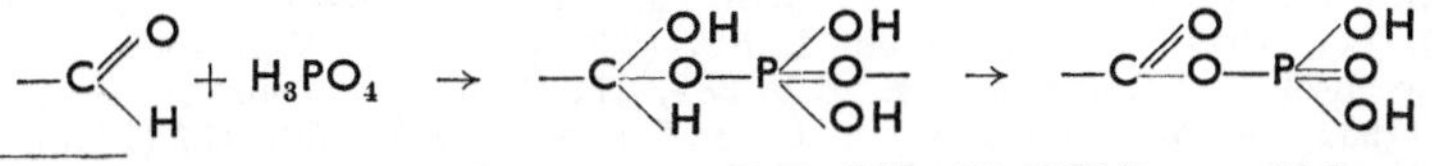

$$-C{\Large<}_H^O + H_3PO_4 \;\rightarrow\; -C{\Large<}_H^{OH}\!\!{\Large<}_{O-}^{O-}\!\!P{\Large<}_{OH}^{OH} \;\rightarrow\; -C{\Large<}^O\!\!-O-P{\Large<}_{OH}^{OH}$$

---

[1] Vgl. MEYERHOF, O., u. W. KIESSLING: B.Z. **283**, 83 (1936). — Siehe auch Bd. 2, Kohlenhydratstoffwechsel. — [2] SMYTHE, C. V., u. W. GERISCHER: B.Z. **260**, 414 (1933). — [3] MEYERHOF, O., u. K. LOHMANN: B.Z. **271**, 89 (1934); **273**, 73, 413 (1934). — [4] MEYERHOF, O., u. W. KIESSLING: B.Z. **279**, 40 (1935). — [5] MEYERHOF, O.: Bull. Soc. Chim. biol. **20**, 1033 (1938); **21**, 965 (1939/40). — [6] KIESSLNG, W.: B. **67**, 869 (1934). — [7] STETTEN, D., and B. V. KLEIN: J. biol. Ch. **165**, 157 (1947). — [8] MEYERHOF, O., K. LOHMANN u. PH. SCHUSTER: B.Z. **286**, 301, 319 (1936). — [9] LIPMANN, F.: Adv. Enzymol. **6**, 231 (1946). — [10] WARBURG, O., u. W. CHRISTIAN: B.Z. **303**, 40 (1939/40). — NEGELEIN, E., u. H. BRÖMEL: B.Z. **303**, 132 (1939/40).

Phosphoglycerinaldehyd geht so in Phosphoglycerylphosphat über, wobei Diphosphonucleotid als Wasserstoff-Acceptor dient.

LIPMANN[1] fand ein anderes Acylphosphat, das bei der enzymatischen Oxydation von Brenztraubensäure gebildet wird:

$$CH_3 \cdot CO \cdot COOH + H_3PO_4 \rightarrow CH_3{-}C{\lessgtr}^{O}{-}O{-}P{\lessgtr}^{OH}_{OH}{=}O + 2\,H^+ + CO_2.$$

Das entstandene *Acetylphosphat* ist ein sehr wirksamer PO_4-Donator und vermag Adenosindiphosphat zu Adenosintriphosphat zu phosphorylieren.

Allen Acylphosphaten gemeinsam ist die sehr energiereiche PO_4-Bindung[2].

7. α-Glycerin-phosphorsäure[3]

würde an sich auch hierher gehören, da sie sich nicht nur im Anfangsstadium der alkoholischen Gärung bildet, sondern auch neben Phospho-glycerinsäure[4] aus Muskel isolierbar ist[5]. Die Substanz wird bei den Phosphatiden, wo sie schon viel länger beobachtet ist, behandelt. (Vgl. KLENK S. 375.) Synthese der biologischen L-Glycerin-α-phosphorsäure durch H. O. L. FISCHER[6].

γ) Hexose-Phosphorsäuren.

Die Phosphorylierung, d. h. Veresterung mit Phosphorsäure bereitet Gärung der Hexosen oder Glykolyse vor[7]. Nach Versuchen von STEPANOW[8] an Fructose bewirkt die Phosphorylierung nämlich eine Steigerung der Reaktionsfähigkeit der Zucker. Dies wird gedeutet durch eine Verlagerung des in Lösung vorhandenen Isomeren-Gleichgewichts nach der Seite der reaktionsfähigeren Oxoform. Erwähnt sei, daß durch Phosphorylierung auch die Resorption von Zuckern im Darm beeinflußt wird[9]. Der nahe Zusammenhang zwischen Hexose-diphosphorsäure und Triose-monophosphorsäure ist schon bei der Dioxyaceton-phosphorsäure (s. oben) erwähnt worden. Es bleibt deshalb hier die Schilderung der einzelnen Vertreter übrig.

Über Methoden der Phosphorylierung mit Dibenzyl-phosphoroxychlorid siehe [10].

1. Hexose-diphosphorsäure.

Am längsten bekannt[11] und nach heutigen Anschauungen auch am wichtigsten ist die *Hexose-diphosphorsäure*. Sie ist mit ziemlicher Sicherheit auf Grund von Abbaureaktionen als Fructose-1,6-diphosphorsäure (I) erkannt und wird nach ihren Entdeckern als HARDEN-YOUNG-*Ester* bezeichnet. Gefunden wurde sie im Hefepreßsaft, dem gärfähige Hexosen[11] oder Triosen[12] und Phosphat zugesetzt waren. Eine dafnit völlig identische Substanz fand EMBDEN[13] im Muskelpreßsaft nach Fluoridzusatz. Die dafür zuerst gewählte Bezeichnung „Lactacidogen" wurde später auf ein Monophosphat[14], den EMBDEN-*Ester* (s. S. 306) übertragen,

[1] LIPMANN, F., and L. C. TUTTLE: J. biol. Ch. **153**, 571 (1944). — [2] KALCKAR, H. M.: Nature **160**, 143 (1947). — [3] Beilstein 1, 517 (274) [592]. — Vgl. auch Bd. 2, Kohlenhydratstoffwechsel. — [4] LEHMANN, H.: B.Z. **281**, 271 (1935). — [5] EMBDEN, G., u. TH. ICKES: H. **230**, 63 (1934). — MEYERHOF, O., u. D. McEACHERN: B.Z. **260**, 417 (1933). — MEYERHOF, O., u. W. KIESSLING: B. Z. **264**, 40 (1933). — [6] FISCHER, H. O. L., u. E. BAER: Naturwiss. **25**, 589 (1937). — BAER, E., and H. O. L. FISCHER: J. biol. Ch. **128**, 491 (1939). — [7] Vgl. auch Bd. 2, Kohlenhydratstoffwechsel. — [8] STEPANOW, A. W., u. B. N. STEPANENKO: Biochimia, Moskau **5**, 567 (1940) [C. **1941** II, 339]. — [9] MATHIEU, FR.: B.Z. **276**, 49 (1935). — [10] ATHERTON, F. R., H. T. OPENSHAW and A. R. TODD: Soc. **1945**, 382. — [11] HARDEN, A., and W. J. YOUNG: Proc. chem. Soc. **21**, 189 (1905). B.Z. **32**, 173 (1911) Lit. — [12] LEBEDEW, A. v.: B. **44**, 2932 (1911). — LEBEDEW, A. v., u. N. GRIAZNOFF: B. **45**, 3256 (1912). — [13] EMBDEN, G., u. M. ZIMMERMANN: H. **141**, 225 (1924) Lit. — [14] EMBDEN, G., u. M. ZIMMERMANN: H. **167**, 114 (1927).

weil aus frischem Muskel nur der letztere isolierbar war. Das neuere Schrifttum läßt deshalb den Namen Lactacidogen beiseite und spricht lieber von Hexosediphosphat oder HARDEN-YOUNG-Ester und EMBDEN-Ester.

Der HARDEN-YOUNG-Ester $C_6H_{10}O_6(PO_3H_2)_2$, am besten mit Hilfe von Trockenhefe darstellbar[1], ist als Calciumsalz, „Candiolin" genannt, auch technisch erhältlich. Die Konstitution ergibt sich aus dem Abbau durch Oxalsäure, wobei Fructose faßbar ist; die Stellung des einen Phosphorsäurerestes am C_1-Atom durch seine Verdrängung bei der Osazonbildung; die des zweiten bei der Spaltung des vollständig methylierten Esters[2].

$$HOC \cdot CH_2OPO_3H_2$$
$$HOCH$$
$$HCOH$$
$$HCO\text{———}$$
$$H_2COPO_3H_2$$
$$(I)$$

Die *freie Säure* hat eine spez. Drehung von etwa $[\alpha]_D$: $+3{,}6°$. Von Derivaten haben charakteristische Eigenschaften das Ba-Salz $C_6H_{10}O_6(PO_3Ba)_2$ und das entsprechende mit 1 Mol H_2O krystallisierende Ca-Salz (YOUNG[3]) die beim Erwärmen der kalt gesättigten Lösungen als körnige Massen ausfallen. EMBDEN[4] benutzt ein krystallisiertes Brucinsalz. Daneben ist auch das Osazon $C_{24}H_{31}O_7N_6P$, F. 152° brauchbar. Es ist das Phenylhydrazinsalz eines Monophospho-glucosazons (v. LEBEDEW[5]).

$$C_6H_5 \cdot NH \cdot N{:}CH \cdot C{:}(N \cdot NH \cdot C_6H_5) \cdot (CHOH)_3 \cdot CH_2 \cdot O \cdot PO_3H_2 \cdot H_2N \cdot NH \cdot C_6H_5.$$

Die *biologische Rolle* des Hexosediphosphats wird so aufgefaßt, daß sich erst Monophosphate bilden, die bei ungestörtem Ablauf in Diphosphat sich verwandeln, und zwar nur etwa in dem gleichen Umfang wie letzteres unter Zerreißen der C-Kette in Phosphotriose sich umformt. Nur durch Ausschaltung je eines der Teilsysteme der tätigen Fermente kann man eines der Zwischenprodukte fassen (Bd. 2, Kohlenhydratstoffwechsel).

1936 entdeckten CORI und CORI[6] die enzymatische Bildung von α-Glucose-1-phosphorsäure aus Glykogen und Phosphat. Es ist dies die erste Phosphato- oder Phosphorolyse, d. h. eine Aufspaltung unter Einbau von Phosphorsäure an Stelle von Wasser (Hydrolyse). Der Ersatz von H_2O durch H_3PO_4 bedingt einen großen thermodynamischen Unterschied. Die hydrolytische Zerlegung der Polysaccharide ist praktisch irreversibel, während die Phosphorolyse der Polysaccharide leicht umkehrbar ist. Für die Synthese von Polysacchariden[7] sind zur Einleitung der Reaktion kleine Mengen Glykogen nötig. CORI, CORI u. GREEN[8] fassen die Synthese von Polysacchariden aus Glucose-1-phosphorsäure als eine Verlängerung der vorhandenen Maltoseketten auf. Die krystalline Muskel-Phosphorylase bildet in Anwesenheit von Glykogen amyloseähnliche Polysaccharide mit langen nicht verzweigten Ketten.

Glucose-1-phosphat $+$ End(terminal)glucose $\rightleftarrows$ Maltosidbindung $+$ Phosphat. Wie man sieht, wird in dieser CORI-Gleichung für Glykosidsynthesen die Aldehydgruppe der Glucose mit der endständigen Glucosegruppe in 4-Stellung verknüpft unter Freiwerden von Phosphat.

Es gelingt auch, *auf rein chemischem oder fermentativem Wege* eine Phosphorsäuregruppe aus dem Diphosphat abzuspalten. Vorsichtiges Erwärmen mit n-Salzsäure führt zur 6-Phospho-fructose, ebenso wirken Schimmelpilze und abgeschwächte Hefe (NEUBERG[9]). Es ist dieser NEUBERG-Ester jedoch nicht

---

[1] NEUBERG, C., E. FÄRBER, A. LEVITE u. E. SCHWENK: B.Z. **83**, 244 (1917). — [2] MORGAN, W. TH., and R. ROBISON: Biochem. J. **22**, 1270 (1928). — LEVENE, P. A., and A. L. RAYMOND: J. biol. Ch. **80**, 633 (1928). — [3] YOUNG, W. J.: B.Z. **32**, 177 (1911). — [4] EMBDEN, G., u. M. ZIMMERMANN: H. **167**, 114 (1927). — JEPHCOTT, C. M., and R. ROBISON: Biochem. J. **28**, 1844 (1934). — [5] LEBEDEW, A. v.: B.Z. **20**, 114 (1909); **28**, 213 (1910). — [6] CORI, C. F., and G. T. CORI: Proc. Soc. exp. Biol. Med. **34**, 702 (1936). — [7] Vgl. PLOETZ-FREUDENBERG, S. 341. — [8] CORI, C. F., G. T. CORI and A. A. GREEN: J. biol. Ch. **151**, 39 (1943). — [9] NEUBERG, C.: B.Z. **88**, 432 (1918).

der einzige Monoester geblieben. Es sind mehrere solche beschrieben. Sie alle stellen wohl keine ganz einheitlichen chemischen Individuen dar, sondern sind Gemische, in denen höchstens eine Form stark angereichert ist. Man bezeichnet sie meistens nach ihren Entdeckern.

2. Hexose-monophosphorsäuren.

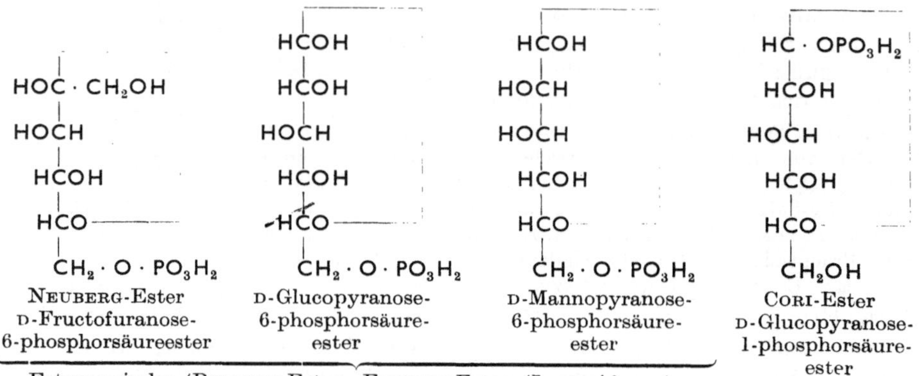

Estergemische (ROBISON-Ester, EMBDEN-Ester (Lactacidogen))

Bisher sind folgende Hexosemonophosphorsäuren näher beschrieben[1]:

NEUBERG-*Ester*, dessen Entstehung aus HARDEN-YOUNG-Ester eben erwähnt wurde, bildet sich auch bei der Gärung[2,3]. Enthält hauptsächlich Fructose als D-Fructose-6-phosphorsäureester. Bei der Oxydation mit HJO_4 verhält sich dieser Ester überraschenderweise so, als läge der Zucker in offener Kettenform vor[3].

ROBISON-*Ester*, Gemisch von etwa 3 Teilen D-Glucose-6-phosphat und 1 Teil D-Fructose-6-phosphat[4]. Er bildet sich aus HARDEN-YOUNG-Ester, unter dem Einfluß von Phosphatasen[5]. Aufgefunden wurde er in Gärsätzen[6] und wird zweckmäßig dargestellt[7,8], indem man zu Hefemacerationssaft nach LEBEDEW Zucker und langsam Phosphat zusetzt. Aldosen sind darin vorherrschend, der Hauptvertreter ist *6-Phosphoglucose*, auch wenn man von Fructose oder Rohrzucker ausgeht. Daneben scheint Phosphomannose und NEUBERG-Ester vorhanden zu sein[4]. Als geringe Beimengung ist auch ein Ketoheptosederivat wahrscheinlich gemacht worden[9]. Unter bestimmten Umständen ist auch eine Monophosphotrehalose beobachtet worden[10]. Muskelextrakt verwandelt ROBISON- wie NEUBERG-Ester in gleiche Teile Milchsäure und Hexosediphosphat (MEYERHOF und LOHMANN[11]).

EMBDEN-*Ester* (Lactacidogen). Er wurde von EMBDEN und MARG. ZIMMERMANN[12] aus frischen Kaninchenmuskel isoliert und unterscheidet sich nicht nur vom NEUBERG-Ester (LOHMANN[13]), sondern auch vom ROBISON-Ester (EMBDEN).

[1] Vgl. Bd. 2, Kohlenhydratstoffwechsel. — [2] ROBISON, R., and W. T. J. MORGAN: Biochem. J. 24, 119 (1930). — ROBISON, R.: Biochem. J. 26, 2191 (1932). — JEPHCOTT, C.M., and R. ROBISON: Biochem. J. 28, 1844 (1934). — [3] COURTOIS, J., et M. RAMET: Bull. Soc. chim. France, Mém. [5] 11, 100 (1944). — [4] Beilstein 31, 102. — [5] ROBISON, R., and E. J. KING: Biochem. J. 25, 323 (1931). — [6] HARDEN, A., and R. ROBISON: Proc. chem. Soc. 30, 16 (1914). — [7] NEUBERG, C., u. J. LEIBOWITZ: B. Z. 184, 489 (1927). — [8] ROBISON, R.: Biochem. J. 16, 809 (1922). — LEVENE, P. A., and A. L. RAYMOND: J. biol. Ch. 89, 479 (1930); 91, 751 (1931); 92, 757 (1931). — [9] ROBISON, R., M. G. MACFARLANE and A. TAZELAAR: Nature 142, 114 (1938). — [10] ROBISON, R., and W. T. MORGAN: Biochem. J. 22, 1277 (1928). — [11] MEYERHOF, O., u. K. LOHMANN: B.Z. 185, 117 (1927). — [12] EMBDEN, G., u. M. ZIMMERMANN: H. 167, 114 (1927). — [13] LOHMANN, K.: B.Z. 262, 137 (1933).

EMBDEN und ZIMMERMANN fanden nach Reinigung über Brucin- und Bariumsalz 92,4—94,4% Reduktion nach WILLSTÄTTER-SCHUDEL[1]. Dialysierter Muskelextrakt verwandelt NEUBERG-Ester sehr rasch in den EMBDEN-Ester (LOHMANN[2]).

CORI-*Ester* ist D-Glucopyranose-1-phosphat. Er entsteht neben HARDEN-YOUNG- und EMBDEN-Ester bei der Glykolyse. Isoliert wurde er erstmals 1936 von CORI und CORI[3] aus Froschmuskel. Seine Konstitution erscheint, trotz entgegenstehender Befunde[4], durch Synthese von WOLFROM und PLETCHER[5] bewiesen. Er liegt in β-Form vor[6]. CORI-Ester mit ^{32}P erlaubt den Weg des Phosphations im Körper zu verfolgen[7].

Aus dem bei der Glykogenolyse der Leber entstehenden Hexosephosphorsäureestergemisch wurde weiterhin *Fructose-1-phosphorsäure*[8] isoliert und als Brucinsalz ($[\alpha]_D$: —39,2°) identifiziert[9]. Dieser Ester ist für die Linksdrehung des Estergemisches verantwortlich.

Die Galaktose-1-phosphorsäure wurde nach Galaktosezufuhr an Ratten und an Kaninchen[10] neben Glucose-1-phosphat von KOSTERLITZ[9] aus Leber isoliert. Synthesen, Dibrucinsalz und Ba-Salz[9].

Eigenschaften. Die *Monophosphohexosen* haben wenig charakteristische Derivate. Die Bleifällung ist vom Reinheitsgrad abhängig, die Ba- oder Ca-Salze sind in Wasser gut löslich und fallen erst durch Alkohol aus. Beim EMBDEN-Ester ist ein krystallisiertes Brucinsalz beschrieben, ebenso beim NEUBERG-ESTER. Mit Phenylhydrazin gibt der NEUBERG-Ester das gleiche Osazon wie der HARDEN-YOUNG-Ester. Unterscheidbar sind sie durch ihre spez. Drehung, das Verhalten gegen Jod bei der Titration nach WILLSTÄTTER-SCHUDEL (S. 288) und die Schnelligkeit der Abspaltung von Phosphorsäure durch Salzsäure. Zusammenstellung und Vergleich der Eigenschaften bei MEYERHOF und LOHMANN[10], sowie LOHMANN[11].

Hexokinase (siehe auch Kohlenhydratstoffwechsel) ist ein noch zum Teil unbekanntes Enzymgemisch. Es wirkt als Monophosphatase, bei der Bildung der ersten Hexosemonophosphorsäuren aus Glucose und Fructose. In Gegenwart von Adenosintriphosphorsäure bildet sich durch das Enzym Glucose-6-phosphorsäure (EMBDEN-ROBINSON-Ester), die in Fructose-6-phosphorsäure (NEUBERG-Ester) umgewandelt wird, dann noch einmal phosphoryliert und schließlich in die C_3-Bruchstücke zerlegt wird. Glucose-6-phosphorsäure kann auch aus Glucose-1-phosphorsäure (CORI-Ester) entstehen oder in sie übergehen.

δ) Uronsäuren und Vitamin C.

1. Vorkommen und Bau.

In den Pflanzen findet man in gebundener Form neben den eigentlichen Zuckern auch Uronsäuren. Sie unterscheiden sich von den Hexosen dadurch, daß die endständige primäre Alkoholgruppe in ein Carboxyl verwandelt ist. Ihre allgemeine Formel ist: $COOH \cdot CHOH \cdot CHOH \cdot CHOH \cdot CHOH \cdot CHO$, wobei auch hier die Aldehydgruppe pyranoid oder furoid im Ring gebunden

[1] Siehe [12] S. 306. — [2] Siehe [13] S. 306. — [3] CORI, C. F., and G. T. CORI: Proc. Soc. exp. Biol. Med. **34**, 702 (1936). — CORI, G. T., and C. F. CORI: Proc. Soc. exp. Biol. Med. **36**, 119 (1937). — [4] ZERVAS, L.: Naturwiss. **27**, 317 (1939). — [5] WOLFROM, M. L., and D. E. PLETCHER: Am. Soc. **63**, 1050 (1941). — [6] WOLFROM, M. L., C. S. SMITH, D. E. PLETCHER and A. E. BROWN: Am. Soc. **64**, 23 (1942). — [7] McCREADY, R. M., and W. Z. HASSID: Am. Soc. **66**, 560 (1944). — GREENBERG, D. M., and M. S. MOHAMED: Proc. Soc. exp. Biol. Med. **57**, 203 (1944). — [8] KOSTERLITZ, H. W.: Biochem. J. **33**, 1087 (1939). — TANKÓ, B., and R. ROBISON: Biochem. J. **29**, 961 (1935). — [9] KOSTERLITZ, H. W., and CAROLINE M. RITCHIE: Biochem. J. **37**, 181, 618 (1943). — PANY, J.: H. **272**, 273 (1942). — [10] KOSTERLITZ, H. W.: J. Physiol., London **93**, P 34 (1938). Biochem. J. **31**, 2217 (1937). — MEYERHOF, O., u. K. LOHMANN: B.Z. **185**, 117 (1927). — [11] LOHMANN, K.: B.Z. **262**, 137 (1933).

ist. Vertreten sind Glucuron-, Mannuron- und noch häufiger Galakturonsäure[1, 2], die sich von der Glucose, Mannose bzw. Galaktose sterisch ableiten. Daß diese Uronsäuren durch CO_2-Abspaltung Pentosen liefern können, Glucuronsäure die D-Xylose, Galakturonsäure die L-Arabinose, wurde schon S. 292 erwähnt. Für das Tier ist die Glucuronsäure als normaler oder anormaler Futterbestandteil wichtig. Ferner können manche im Futter enthaltenen Stoffe im Harn als gepaarte Glucuronsäuren (s. Bd. 2, Entgiftung) ausgeschieden werden[3]. Nach FLASCHENTRÄGER[4] sind die Uronsäuren aber nicht nur Stoffwechselendprodukt. D-Glucuron- und D-Galakturonsäure können vielmehr im menschlichen Organismus zu 2,5-Furandicarbonsäure abgebaut werden. Damit ist nicht nur die Furanringbildung im Körper erstmalig nachgewiesen, sondern auch ein neuer physiologischer Zuckerabbauweg erkannt. Ein weites Verbreitungsgebiet besitzt die Glucuronsäure als Bestandteil der sog. Mucopolysaccharide. Im Pflanzenreich treffen wir sie im Gummi arabicum und in Saponinen.

D-Mannuronsäure bildet den einzigen Bestandteil der Alginsäure, die als Polysaccharid der Braunalgen von Bedeutung ist. D-Galakturonsäure ist der Hauptbestandteil der im Pflanzenreich weit verbreiteten Pektinstoffe. Aber auch in Pflanzenschleimen und Bakterienpolysacchariden ist sie anzutreffen.

Neben diesen *Aldehydcarbonsäuren* hat man, von den Zuckern ausgehend, auch *Ketocarbonsäuren* erhalten können.

Ein Beispiel ist die *Glucosonsäure*. Durch Abspaltung des Phenylhydrazins aus Glucosazon erhält man erst Glucoson $CH_2OH \cdot CHOH \cdot CHOH \cdot CHOH \cdot CO \cdot CHO$ und durch dessen Oxydation dann $CH_2OH \cdot CHOH \cdot CHOH \cdot CHOH \cdot CO \cdot COOH$, die Glucosonsäure.

Uronsäuren lassen sich auch darstellen durch Oxydation geeigneter Derivate von Ketosen, die nur noch am C_1 die freie primäre Alkoholgruppe tragen (OHLE[5]) Diese „Oson"säuren galten lange Zeit als eigenartige Kunstprodukte, bis die chemische Untersuchung des Vitamins C den engen Zusammenhang mit der Osonsäure aus der L-Gulose bzw. -Sorbose ergab. Es ist daher hier auch der geeignete Ort zur Besprechung der chemischen Eigenschaften des Vitamins C, während seine biologischen in anderem Zusammenhang gebracht werden (s. Bd. 2, Vitamine).

2. D-Glucuronsäure[6], $C_6H_{10}O_7$.

Geschichtliches und Vorkommen. Nachdem im Laboratorium von HOPPE-SEYLER bei der Verfolgung des Schicksals des Chlorals $CCl_3 \cdot CHO$ im Tierkörper von v. MERING und MUSCULUS[7] die Urochloralsäure im Harn aufgefunden war, wurden Verbindungen ähnlichen Baues von verschiedenen Forschern nach Verfütterung körperfremder Substanzen, z. B. Campher[8] oder o-Nitrotoluol[9] beobachtet. Später haben sich vor allem hydroaromatische Stoffe, wie Menthol oder Borneol[10] zur Bildung solcher gepaarten Glucuronsäuren als sehr geeignet erwiesen. Die Isolierung der Glucuronsäure oder vielmehr ihres Anhydrids, des Glucurons $C_6H_8O_6$ gelang aus diesen Verbindungen zuerst SCHMIEDEBERG und MEYER[11] bei der Spaltung der Campherglucuronsäure. Es handelt sich bei

---

[1] Vgl. FREUDENBERG-PLOETZ: Polysaccharide, S. 351/2. — [2] Präparative Darstellung aus Pektin, siehe bei MOTTERN, H. H., and H. L. COLE: Am. Soc. **61**, 2701 (1939). — MANVILLE, I. A., F. J. REITHEL and P. M. YAMADA: Am. Soc. **61**, 2973 (1939). — PIGMAN, W. W.: J. Res. nat. Bur. Stand. **25**, 301 (1940). — [3] Vgl. Bd. 2, Niere und Harn. — [4] FLASCHENTRÄGER, B., B. CAGIANUT u. F. MEIER: Helv. **28**, 1489 (1945). — CAGIANUT, B.: Schweiz. med. Wschr. **76**, 559 (1946). — [5] OHLE, H.: B. **58**, 2577 (1925); **60**, 1168 (1927). — [6] NORD, F. F.: Nachweis und Darstellung. Handb. biol. Arb.-Meth. Abt. I, Teil 5, 1065—1084 (1922). — [7] MERING, J. v., u. F. MUSCULUS: B. **8**, 662 (1875). — [8] WIEDEMANN, C.: A.e.P.P. **6**, 230 (1877). — [9] JAFFÉ, M.: H. **2**, 47 (1878). — [10] FROMM, E., u. P. CLEMENS: H. **34**, 385, 391 (1902). — Vgl. auch Bd. 2, Entgiftung. — [11] SCHMIEDEBERG, O., u. H. MEYER: H. **3**, 422 (1879).

den gepaarten Säuren, zu deren Auffindung ihre starke Linksdrehung beigetragen hat, um die glykosidische Verknüpfung der Aldehydgruppe der Glucuronsäure mit einem Alkohol. Dabei wird entweder eine in der verfütterten Verbindung schon enthaltene Hydroxylgruppe benutzt (Menthol, Borneol) oder ein Hydroxyl durch Oxydation (Campher, o-Nitro-toluol) oder Reduktion (Chloral) neu gebildet. (Näheres s. Bd. 2, Entgiftung.) Die Bildung der gepaarten Säure erfolgt, wie schon nach älteren Beobachtungen wahrscheinlich war[1], hauptsächlich, wenn nicht ausschließlich in der Leber[2]. Eine kleine Menge gepaarter Glucuronsäure ist als normales Stoffwechselprodukt im Harn zu finden[3]. Der Vorgang stellt einen der Wege des Körpers dar, Substanzen harnfähig zu machen und zu entgiften. So kann im Darm durch Eiweißfäulnis gebildetes Phenol und Indol (als Indoxyl) „gepaart" abgefangen werden. Im Urochrom verknüpft z. B. die Glucuronsäure das Indoxyl mit dem Eiweiß[4]. (Über Entgiftung siehe Bd. 2, Entgiftung.)

Neben diesem Vorkommen ist Glucuronsäure auch noch im Blut[5] gefunden worden, angeblich auch in der Galle; ferner ist sie ein Bestandteil der Chondroitinschwefelsäure[6] und gewisser Mucoitinschwefelsäuren[7], z. B. D-Glucuronsäure im Heparin[8] (siehe BLIX, S. 755). Schließlich sei erwähnt, daß sie auch in Polysacchariden verschiedener Bakterien vorkommt[9].

Darstellung. Die Glucuronsäure ist aus einer gepaarten Säure durch saure Hydrolyse zu gewinnen. Solange die gelbe Malerfarbe „Jaune indien" Handelsware war, wurde die darin enthaltene Euxanthinsäure gern benutzt (SPIEGEL[10], THIERFELDER[11]), später sind Menthol-[12] und vor allem Borneolglucuronsäure[13] empfohlen worden. Neuerdings ist auch eine zur Darstellung brauchbare *Synthese* von ZERVAS[14] angegeben worden, welche die Monoaceton-3,5-benzalglucose von BRIGL und GRÜNER[15] zum Ausgangspunkt nimmt, deren freie primäre Alkoholgruppe am C_6 sich leicht zum Carboxyl oxydieren läßt. Die ältere Synthese von FISCHER und PILOTY[16] durch Reduktion des Zuckersäurelactons ist zur Darstellung größerer Mengen nicht geeignet. Auch durch elektrolytische Oxydation der Glucose[17] oder aus 1,2,3,4-Tetraacetylglucose mit $KMnO_4$[18] ist die Uronsäure in etwa 20 % Ausbeute erhältlich. Besonders vorteilhaft scheint die Oxydation von α-Methylglucosid mit NO_2 in Chloroform zu α-Methylglucuronid zu verlaufen[19].

Die *Konfiguration der Glucuronsäure* ergibt sich aus ihrer Oxydation zu Zuckersäure (SCHMIEDEBERG), die sie als Glucoseabkömmling charakterisiert, durch die Reduktion zur L-Gulonsäure (THIERFELDER), die die Stellung der Aldehydgruppe am C_1 beweist und durch die erwähnten Synthesen.

---

[1] EMBDEN, G.: Hofmeisters Beitr. 2, 591 (1902). — [2] HEMINGWAY, A., J. PRYDE and R. T. WILLIAMS: Biochem. J. 28, 136 (1934). — Vgl. auch Bd. 2, Leber und Galle. — [3] MAYER, P., u. C. NEUBERG: H. 29, 256 (1900). — BÉNECH, J.: C. R. Soc. Biol. 87, 345 (1922). — STAMMERS, A. D.: Trans. R. Soc. S. Afr. 13, 337 (1926) [C. 1927 II, 277]. — Vgl. Bd. 2, Niere und Harn. — [4] RANGIER, M., et P. DE TRAVERSE: Cr. 208, 1345 (1939). — [5] MAYER, P.: H. 32, 518 (1901). — STEPP, W.: H. 107, 264 (1919). — FASHENA, G. J., and H. A. STIFF: J. biol. Ch. 137, 21 (1941). — [6] SCHMIEDEBERG, O.: A.e.P.P. 28, 355 (1891). — [7] LEVENE, P. A., and F. B. LA FORGE: J. biol. Ch. 15, 69 (1913). — LEVENE, P. A., and J. LÓPEZ-SUÁREZ: J. biol. Ch. 36, 105 (1918). — WOLFROM, M. L., and F. A. H. RICE: Am. Soc. 69, 1833 (1947). — [8] WOLFROM, M. L., and F. A. H. RICE: Am. Soc. 68, 523 (1946). — [9] HEIDELBERGER, M., and W. F. GOEBEL: J. biol. Ch. 74, 613 (1927). — GOEBEL, F. W.: J. biol. Ch. 74, 619 (1927). — HOPKINS, E. W., W. H. PETERSON and E. B. FRED: Am. Soc. 53, 306 (1931). — [10] SPIEGEL, A.: B. 15, 1964 (1882). — [11] THIERFELDER, H.: H. 11, 388 (1887); 13, 275 (1889); 15, 71 (1891). — [12] NEUBERG, C., u. S. LACHMANN: B.Z. 24, 416 (1910). — BANG, I.: B.Z. 32, 443 (1911). — EHRLICH, F., u. K. REHORST: B. 58, 1989 (1925). — WILLIAMS, R. T.: Biochem. J. 32, 1849 (1938). — [13] QUICK, A. J.: J. biol. Ch. 74, 331 (1927). — [14] ZERVAS, L., u. P. SESSLER: B. 66, 1326 (1933). — [15] BRIGL, P., u. H. GRÜNER: B. 65, 1428 (1932). — [16] FISCHER, E., u. O. PILOTY: B. 24, 521 (1891). — [17] LEUTGOEB, R. A., and H. HEINRICH: Am. Soc. 61, 870 (1939). — [18] STACEY, M.: Soc. 1939, 1529. — [19] MAURER, K., u. G. DREFAHL: B. 75, 1489 (1942).

Freie Säure und Salze. Die Glucuronsäure $C_6H_{10}O_7$ war lange Zeit nur in Lösungen bekannt. Erst F. EHRLICH[1] gelang ihre *Krystallisation* durch sehr vorsichtige Spaltung von Mentholglucuronsäure. Sie schmilzt bei 154°, hat in Wasser eine von $[\alpha]_D: +11,7°$ bis $+36,3°$ ansteigende Drehung, schmeckt sauer (eine 0,02 n-Lösung zeigt bei 0° C ein p_H 2,5 bis 2,8) und reduziert FEHLINGsche Lösung erst beim Kochen. Die linksdrehende gepaarte Säure geht also durch Spaltung in die rechtsdrehende freie Säure über. Die Beschreibung

(1)	CH(OH)	CH(OH)	H_2COH
(2)	HCOH	HCOH	HCOH
(3)	HOCH	CH	HOCH
(4)	HCOH	HCOH	HCOH
(5)	HCO———	HCO———	HCOH
(6)	COOH	——OCO	COOH
	D-Glucuronsäure	Glucuron	L-Gulonsäure

von Salzen ist bei THIERFELDER[2], NEUBERG[3] und EHRLICH[1] zu finden. Das Cinchoninsalz[1] krystallisiert besonders gut. EHRLICH empfiehlt zur Charakterisierung die leicht krystallisierende Säure, die selbst aus komplizierten Gemischen gewinnbar ist.

Glucuron. In Krystallen bekannt ist sehr viel länger (SCHMIEDEBERG und MEYER[4]) das Glucuron, $C_6H_8O_6$, das Anhydrid oder Lacton der Säure. Es bildet sich teilweise beim Erhitzen der wäßrigen Lösung der Säure und krystallisiert langsam aus. F. 175 bis 178° $[\alpha]_D: +19,2°$, ohne Mutarotation in Wasser. Es reduziert wie Glucose, gärt aber nicht.

(1)	CH(OH)	COOH	COOH
(2)	HCOH	HCOH	HCOH
(3)	HOCH	HOCH	HOCH
(4)	HCOH	HCOH	HCOH
(5)	HCO———	HCOH	HCOH
(6)	H_2COH	COOH	H_2COH
	D-Glucose	D-Zuckersäure	D-Gluconsäure

Verhalten im Tierkörper. Im Organismus wird Glucuronsäure nur wenig angegriffen und im Harn wieder ausgeschieden[5].

Zum **Nachweis der Glucuronsäure** hat man *Phenylhydrazin* heranzuziehen versucht[6-8], jedoch sind die Verhältnisse dadurch schwierig, daß sowohl die Carboxyl- als auch die Aldehydgruppe reagieren kann. Die letztere kann je nach Ansatz wechselnd Hydrazon oder Osazon ergeben. Geeigneter scheint das p-Brom-phenylhydrazin, das bei Einhaltung ganz bestimmter Bedingungen ein auch in Alkohol sehr schwer lösliches Osazon gibt[9]. Es hat, in Alkohol-Pyridingemisch gelöst, die hohe spez. Drehung von $[\alpha]_D: -369°$.

[1] EHRLICH, F., u. K. REHORST: B. 58, 1989 (1925); 62, 628 (1929). — [2] THIERFELDER, H.: H. 11, 388 (1887); 13, 275 (1889); 15, 71 (1891). — [3] NEUBERG, C.: B. 33, 3315 (1900). — [4] SCHMIEDEBERG, O., u. H. MEYER: H. 3, 422 (1879). — [5] HÜRTHLE, R.: B. Z. 181, 105 (1927). — [6] THIERFELDER, H.: H. 11, 388 (1887). — [7] NEUBERG, C., u. W. NEIMANN: H. 44, 97 (1905). — [8] BERGMANN, M., u. W. W. WOLFF: B. 56, 1060 (1923). — LEVVY, G. A.: Nature 160, 54 (1947). — [9] NEUBERG, C.: B. 32, 2395, 3384 (1899).

Zum Nachweis ist auch eine Eigenschaft der Glucuronsäure brauchbar, die sie aber mit anderen Uronsäuren und Osonsäuren teilt, nämlich beim *Erhitzen mit stärkeren Säuren*[1] über Zwischenstufen in CO_2 und Furfurol zu zerfallen:

$$C_6H_{10}O_7 = CO_2 + C_5H_4O_2 + 3\,H_2O.$$

Infolgedessen sind die Pentosereaktionen (S. 278/9) mit Phloroglucin, Orcin und Naphthoresorcin[2] in salzsaurer Lösung positiv. Allerdings verläuft mit Naphthoresorcin die Probe bei Glucuronsäure anders als bei Pentosen[3], da das Kondensationsprodukt sich mit blauer bis roter Farbe (bei Harn) in Äther oder besser Benzol[4] löst und einen Absorptionsstreifen bei D zeigt. TOLLENS[9] empfiehlt daher diese Probe zum Nachweis von Glucuronsäure auch in gebundener Form, z. B. in gepaarten Säuren.

Zu einer **quantitativen Bestimmung** kann man die obige Zerfallsgleichung ausgestalten, indem man das gebildete Furfurol oder das abgespaltene Kohlendioxyd bestimmt (TOLLENS[5,6]). Es lassen sich auch die Farbreaktionen[7] z. B. mit Naphthoresorcin[8] zur Bestimmung verwenden.

D-*Mannuronsäure* kann als α-Methyl-mannuronid durch Oxydation von Methylmannosid mit Hypobromit gewonnen und als Brucinsalz isoliert[9] oder durch Hydrolyse der schon erwähnten Alginsäure[10] gewonnen werden.

D-*Galakturonsäure* kann bequem aus 1,2—3,4-Diacetongalaktose durch Oxydation mit $KMnO_4$ gewonnen werden[11]. Aus ihrem polymeren Naturprodukt, den Pektinen, gewinnt man sie am besten durch schonende enzymatische Hydrolyse[12].

Über die D-Galakturonsäure führt ein interessanter Reaktionsweg[13], welcher erlaubt, die D-Galaktose in ihren Antipoden, die L-Galaktose umzuwandeln. Der Weg lautet: D-Galaktose → D-Galakturonsäure → (Reduktion der CHO-Gruppe mit Na-Amalgam zu CH_2OH) → L-Galaktonsäure → L-Galaktose. Bei allen Zuckern, von welchen sich optisch inaktive zweibasische Säuren ableiten, führt der analoge Weg zum optischen Antipoden.

3. Vitamin C, L(+)-Ascorbinsäure.

($C_6H_8O_6$ [M. G. 174,06] 40,89% C; 4,58% H; 54,53% O.)

Vgl. auch Bd. 2, Vitamine und HIRST[14].

Geschichtliches. 1925 hat BEZSSONOFF ein antiskorbutisch wirksames, krystallines Präparat aus Kohl gewonnen[15]. SZENT-GYÖRGYI[16] isolierte 1927 aus Nebennieren des Rindes, aber auch aus Pflanzen wie Orangen und Kohl eine reine, krystallisierte Substanz, die sehr stark reduzierend wirkt. Da sie analog dem Glucuron zusammengesetzt ist, wurde sie anfänglich als „*Hexuronsäure*" bezeichnet. Zuerst wurde ihre wichtige Rolle bei der

---

[1] Vgl. Allgemeines Verhalten der Zucker gegen Säuren, S. 277. — [2] TOLLENS, B., u. F. RORIVE: B. **41**, 1783 (1908). — [3] TOLLENS, B.: B. **41**, 1788 (1908). — [4] NEUBERG, C., u. S. SANEYOSHI: B.Z. **36**, 56 (1911). — [5] LEFÈVRE, K. U., u. B. TOLLENS: B. **40**, 4517 (1907). — [6] McREADY, R. M., H. A. SWENSON and W. D. MACLAY: Industr. engng. Chem. (I) **18**, 290 (1946). — [7] SCHEFF, G.: B.Z. **183**, 341 (1927). — [8] HANSON, S. W. F., G. T. MILLS and R. T. WILLIAMS: Biochem. J. **38**, 274 (1944). — [9] JACKSON, E. L., and C. S. HUDSON: Am. Soc. **59**, 994 (1937). — [10] NELSON, W. L., and L. H. CRETCHER: Am. Soc. **54**, 3409 (1932). — MIYAKE, S., and K. HAYASHI: J. Soc. trop. Agric. Taihoku **11**, 95, 204 (1939). — [11] OHLE, H., u. G. BEREND: B. **58**, 2585 (1925). — NIEMANN, C., and K. P. LINK: J. biol. Ch. **104**, 195, 743 (1934). — [12] EHRLICH, F.: Handb. biol. Arb.Meth. Abt. I, Teil 11/2, 1617 (1936). — ISBELL, H. S., and H. L. FRUSH: J. Res. nat. Bur. Stand. **32**, 77 (1944); **33**, 389 (1944). — [13] Lit. siehe bei ISBELL, H. S.: J. Res. nat. Bur. Stand. **33**, 45 (1944).

Zusammenfassende Darstellungen über Vitamin C. [14] HIRST, E. L.: The structure and synthesis of vitamin C (ascorbic acid) and its analogues. Fortschr. Chem. org. Naturstoffe, **2**, 132—159 (1939). — SMITH, F.: Analogs of ascorbic acid. Adv. Carbohydrate Chem. **2**, 79 (1946).

[15] BEZSSONOFF, N.: Cr. **180**, 970 (1925). — [16] SZENT-GYÖRGYI, A. v.: Nature **119**, 782 (1927). Biochem. J. **22**, 1387 (1928).

Pflanzenatmung erkannt[1]. 1931 kam dann SZENT-GYÖRGYI[2], 4 Jahre nach der Isolierung der reinen Substanz, zu der überraschenden Feststellung, daß in ihr das lange gesuchte Vitamin C vorlag, wie Tierversuche einwandfrei ergaben. Später hat man sie aus vielen Materialien, die Vitamin C enthalten, isoliert, so Citrone, Hagebutte, Paprika, aber auch aus vielen tierischen Organen, darunter auch aus dem Auge[3]. In gewissem Unfang sind tierische Organe (Tonsillen) auch zur Synthese der Ascorbinsäure befähigt[4].

Die Bezeichnung Ascorbinsäure ist nicht sehr glücklich, da man es tatsächlich mit dem Lacton einer Säure zu tun hat. Der Name betont ihre deutlich sauren Eigenschaften, die durch die Gegenwart zweier enolischer Hydroxyle am C_2 und C_3 verursacht sind.

Konstitution. Die Ascorbinsäure ist als das Lacton einer enolisierten 2-(oder 3)-Keto-hexonsäure aufzufassen. Die beiden Enolhydroxyle bedingen nicht nur den sauren Charakter, sondern auch die Reduktionswirkung. Ascorbinsäure

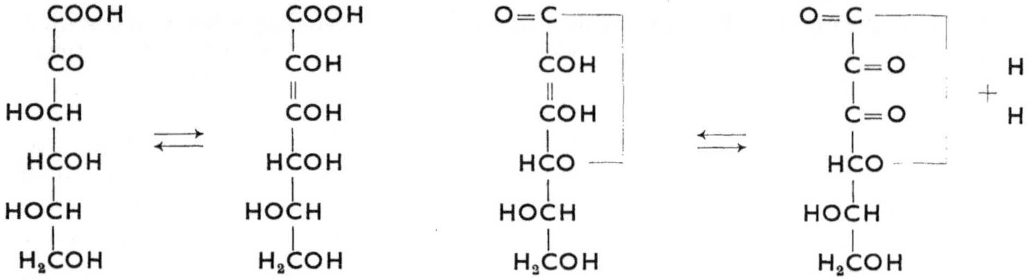

$$
\begin{array}{cccc}
\text{COOH} & \text{COOH} & \text{O=C---} & \text{O=C---} \\
| & | & | & | \\
\text{CO} & \text{COH} & \text{COH} & \text{C=O}\qquad\text{H} \\
| & \| & \| & | \qquad\quad + \\
\text{HOCH} & \text{COH} & \text{COH} & \text{C=O}\qquad\text{H} \\
| & | & | & | \\
\text{HCOH} & \text{HCOH} & \text{HCO---} & \text{HCO---} \\
| & | & | & | \\
\text{HOCH} & \text{HOCH} & \text{HOCH} & \text{HOCH} \\
| & | & | & | \\
\text{H}_2\text{COH} & \text{H}_2\text{COH} & \text{H}_2\text{COH} & \text{H}_2\text{COH}
\end{array}
$$

Ketoform	Enolform	L-(+)-*Ascorbinsäure*	Dehydro-L-ascorbinsäure
2-Keto-L-Gulonsäure		(Lacton der Enol- 2-Keto-L-Gulonsäure) (Vitamin C)	(Diketogulonsäure-lacton)

verliert leicht 2 H-Atome unter Bildung des entsprechenden 2,3-Diketo-säure-lactons, das unter dem Einfluß von Reduktionsmitteln, auch Geweben, wieder in Ascorbinsäure zurückverwandelt werden kann. Es greift also Ascorbinsäure — und darauf beruht mindestens ein Teil ihrer biologischen Wirksamkeit — energisch in das Redoxsystem der Zelle ein.

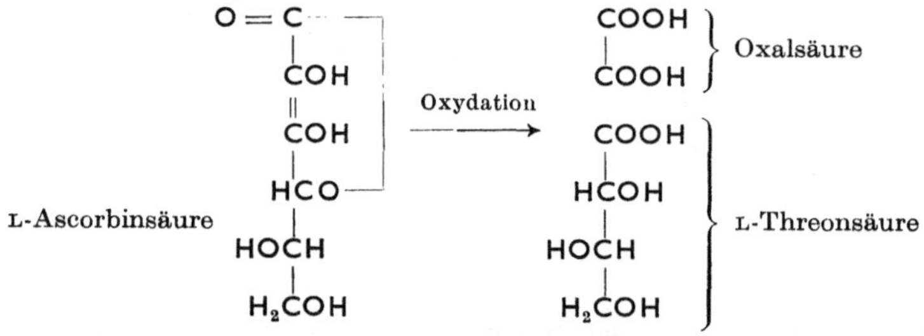

$$
\begin{array}{ccc}
\text{O=C---} & & \text{COOH} \\
| & & | \quad\Big\}\ \text{Oxalsäure} \\
\text{COH} & & \text{COOH} \\
\| & \xrightarrow{\ \text{Oxydation}\ } & \\
\text{COH} & & \text{COOH} \\
| & & | \\
\text{HCO---} & & \text{HCOH} \\
| & & | \quad\Big\}\ \text{L-Threonsäure} \\
\text{HOCH} & & \text{HOCH} \\
| & & | \\
\text{H}_2\text{COH} & & \text{H}_2\text{COH}
\end{array}
$$

L-Ascorbinsäure

Die *Aufklärung der Konstitution*[5] verdanken wir in erster Linie zwei Arbeitskreisen, in Birmingham[6] und in Göttingen[7]. Es wurden 4 Hydroxyle nachgewiesen, von denen zwei, die am C_5 und C_6, rein alkoholisch, zwei, die am C_2 und C_3 aber stärker sauer, „enolisch" waren. Letztere waren z. B. durch Diazomethan methylierbar. Nach geeigneter Besetzung der gesamten Hydroxyle ließ sich die Ascorbinsäure am Ort der Doppelbindung zwischen C_2 und C_3 aufspalten. Das

[1] SZENT-GYÖRGYI, A. v.: J. biol. Ch. **90**, 385 (1931). — [2] SZENT-GYÖRGYI, A. v.: D. m. W. **1932** I, 852. — SVIRBELY, J. L., and A. v. SZENT-GYÖRGYI: Nature **129**, 690 (1932). — [3] Näheres bei Stepp-Kühnau-Schroeder, Vitamine S. 276—324 (1944). — [4] Vgl. z. B. MEYER, HANS-HEINRICH: Kli. Wo. **1939** I, 704. — [5] Zusammenfassung bei BRIGL, P., u. H. GRÜNER: Methoden zur Erforschung der Konstitution von Kohlenhydraten. Handb. biol. Arb.-Meth. Abt. I, Teil 11/2 1458 (1936). — [6] HIRST, E. L., E. G. V. PERCIVAL and F. SMITH: Nature **131**, 617 (1933). — HERBERT, R. W., E. L. HIRST, E. G. V. PERCIVAL, R. J. W. REYNOLDS and F. SMITH: Soc. **1933**, 1270. — [7] MICHEEL, F., u. K. KRAFT: H. **215**, 215 (1933); **216**, 233 (1933).

eine Oxydationsprodukt war Oxalsäure, das andere ein Derivat der L-Threonsäure, also neben einer Säure mit 2 eine andere mit 4 C-Atomen. Aus der Konfiguration der Threonsäure ergab sich dann auch ohne weiteres für die Ascorbinsäure die räumliche Anordnung von C_4 und C_5. Am C_2- oder C_3-Atom spielt die Konfiguration keine Rolle, da beim Übergang einer Oxyketosäure in die Enolform eine Racemisierung erfolgt.

Synthese. Infolge dieser Racemisierung kann die Synthese von jeder Ketosäure ausgehen, die an den C_4- und C_5-Atomen die richtige Konfiguration enthält. Die erste geglückte Synthese von HAWORTH und HIRST[1] ging von der sehr schwer

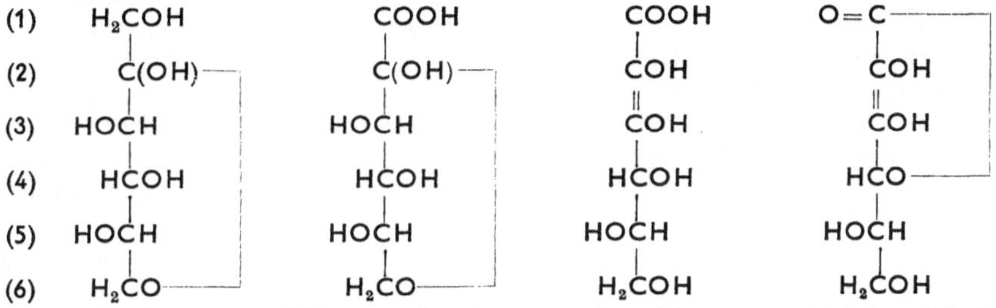

(1)	H_2COH	COOH	COOH	O=C
(2)	C(OH)	C(OH)	COH	COH
(3)	HOCH	HOCH	COH	COH
(4)	HCOH	HCOH	HCOH	HCO
(5)	HOCH	HOCH	HOCH	HOCH
(6)	H_2CO	H_2CO	H_2COH	H_2COH
	L-Sorbose	2-Keto-L-gulonsäure	ψ-Ascorbinsäure	L-(+)-Ascorbinsäure (Vitamin C)

zugänglichen L-Xylose aus, an welche die Carboxylgruppe mit Hilfe der Cyanhydrinsynthese angefügt wurde. Wesentlich einfacher ist die Synthese von REICHSTEIN[2], die unter Benutzung der durch die obengenannten Forscher geschaffenen Unterlagen Sorbose (S. 291) als Ausgangsmaterial verwendet. Nach Abdeckung der übrigen Hydroxyle durch Aceton wird die primäre Alkoholgruppe am C_1 zu Carboxyl oxydiert. Die gebildete Osonsäure gibt in schwach saurer Lösung erhitzt das Lacton, identisch mit natürlicher L-Ascorbinsäure, sowohl in chemischer wie biologischer Hinsicht.

Eine weitere interessante Synthese stammt von HELFERICH und PETERS[3]. Die C_6-Kette der Ascorbinsäure wird hier aus einer C_4- und einer C_2-Komponente aufgebaut, nämlich aus L-Threose (s. S. 263) und Glyoxylsäureester (OCH · COOR). Die Kondensation (beider Aldehydgruppen) vollzieht sich in alkalischem Medium unter sorgfältigem O_2-Ausschluß in Gegenwart von HCN und führt in glatter Reaktion in einer Stufe zur Ascorbinsäure.

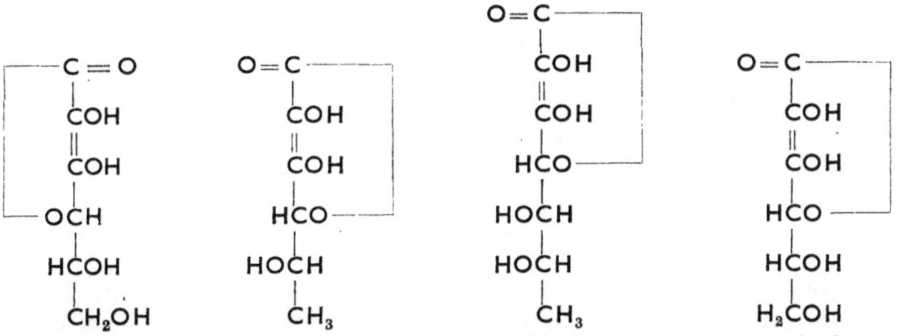

C=O	O=C	O=C	O=C
COH	COH	COH	COH
COH	COH	COH	COH
OCH	HCO	HCO	HCO
HCOH	HOCH	HOCH	HCOH
CH_2OH	CH_3	CH_3	H_2COH
D-Ascorbinsäure	6-Desoxy-L-ascorbinsäure	L-Rhamno-ascorbinsäure	D-Arabo-ascorbinsäure

Konstitution und Wirkung. Schon kleine Abänderungen in der Konfiguration machen die Ascorbinsäure unwirksam gegen Skorbut. D-Ascorbinsäure ist

---

[1] AULT, R. G., D. K. BAIRD, H. C. CARRINGTON, W. N. HAWORTH, R. W. HERBERT, E. L. HIRST, E. G. V. PERCIVAL, F. SMITH and M. STACEY: Soc. **1933**, 1419. — [2] REICHSTEIN, T., u. A. GRÜSSNER: Helv. **17**, 311 (1934). — [3] HELFERICH, B., u. O. PETERS: B. **70**, 465 (1937).

völlig wirkungslos, nur die 6-Desoxy-L-ascorbinsäure[1], sowie die sog. Rhamno-ascorbinsäure[2] und die D-Arabo-ascorbinsäure[3] sollen ähnliche, wenn auch verminderte Wirksamkeit zeigen. (Näheres siehe Bd. 2, Vitamine.)

Eigenschaften. Das Vitamin C, aus Äther-Alkohol umkrystallisiert, schmilzt unter Zersetzung bei 190 bis 192°. In Wasser, worin es gut löslich ist, läßt es sich, mit Phenolphthalein als Indicator, als einbasische Säure titrieren. Milde Oxydationsmittel nehmen die 2 Wasserstoffe der beiden Enolhydroxyle heraus, z. B. neutrale Silbernitratlösung oder Permanganat in der Kälte. Daher kann Ascorbinsäure, was sogar schon für rein chemische Zwecke ausgenutzt worden ist (KUHN[4]), als Reduktionsmittel dienen. Bei der durch Cu-Salze katalysierten aeroben Oxydation von Ascorbinsäure[5] bildet sich H_2O_2.

TILLMANS[6] hat die rasche Entfärbung von 2,6-Dichlorphenol-indophenol zu einer *Bestimmung von Vitamin C* in Pflanzenauszügen benutzt (siehe Bd. 2, Vitamine).

Die Anfangsdrehung in Wasser beträgt $[\alpha]_D$: $+23°$, steigt dann im Verlauf von 3 Tagen bis $+31°$, um langsam bis 0° zu fallen. In Methylalkohol ist die Drehung höher $[\alpha]_D$: $+50°$.

Weiteres über Zusammenhänge zwischen Konstitution und Wirksamkeit, Bestimmung im Tierversuch, physikalische und chemische Bestimmung und Biologie von Ascorbinsäure siehe Bd. 2, Vitamine.

Citrin. Im Vergleich mit Citronensaft oder Paprikapräparaten besitzt krystallisierte Ascorbinsäure nur geringe blutungsverhindernde Wirkung. In den

Hesperidin ($=$ Hesperetin-1-[L-rhamnosido-D-glucosid])
($C_{28}H_{34}O_{16}$)

Eriodictyol-L-rhamnosid
($C_{21}H_{22}O_{10}$)

Naturprodukten muß also noch ein weiterer Faktor enthalten sein, den man, wegen seiner offensichtlichen Beeinflussung der Capillarpermeabilität als „Vitamin P", oder, da seine Vitaminnatur noch unsicher ist, besser als Citrin

[1] MÜLLER, H., u. T. REICHSTEIN: Helv. **21**, 273 (1938). — [2] REICHSTEIN, T., L. SCHWARZ u. A. GRÜSSNER: Helv. **18**, 353 (1935). — [3] REICHSTEIN, T., A. GRÜSSNER u. R. OPPENAUER: Helv. **17**, 510 (1934). — DALMER, O., u. TH. MOLL: H. **222**, 116 (1933). — [4] KUHN, R., u. F. WEYGAND: B. **69**, 1969 (1936). — [5] MAPSON, L. W.: Biochem. J. **39**, 228 (1945). — [6] TILLMANS, J., u. P. HIRSCH: B.Z. **250**, 314 (1932). — TILLMANS, J., P. HIRSCH u. R. VAUBEL: Z. Unters. Lebensm. **65**, 145 (1933).

bezeichnet. Die Isolierung des Citrins gelang Szent Györgyi[1]. Er erkannte das Citrin als isomorphes Gemisch zweier Flavanonglykoside, dem Hesperidin (= Hesperetin-rutinosid) und dem Eriodictyol-glykosid, dessen Zuckerkomponente von Mager[2] als Rhamnose aufgeklärt wurde.

ε) Inosit und andere Cyclite[3-11]*.

Allgemeines. Obgleich der Inosit die Formel $C_6H_{12}O_6$ hat, gehört er und seine Verwandten nach seinem chemischen Bau nicht zu den Kohlenhydraten. Er leitet sich, wie Maquenne[11] bewies, vom Cyclohexan C_6H_{12} ab und ist dessen Hexaoxyderivat $C_6H_6(OH)_6$, wie am deutlichsten aus seiner Synthese[12] durch Hydrierung des Hexaoxybenzols hervorgeht. Dementsprechend verlaufen auch die Reduktionsproben der Zucker bei ihm negativ.

Inosit und Kohlenhydratstoffwechsel. Andererseits kann er gelegentlich im biologischen Geschehen wie Zucker angegriffen werden. So wird berichtet, daß Kaninchen aus Inosit D,L-Milchsäure bilden[13]. Auch Bac. lact. aerogenes verwandelt Inosit in Milchsäure neben Bernsteinsäure und Acetaldehyd[14]. Glucose kann für Inosit eine Muttersubstanz sein. Dafür spricht die Beobachtung, daß in ein Hühnerei eingespritzter Zucker zu einer nachfolgenden Vermehrung des Inosits führt[15]. Umgekehrt soll bei Hund und Ratte, die durch Phlorrhizin diabetisch gemacht wurden, zugegebener Inosit als Glucose ausgeschieden werden[16]. Es bestehen also mancherlei Wechselbeziehungen zwischen Zuckern und Inosit. Daher ist eine Besprechung hier gerechtfertigt. Allerdings ist noch ganz unbekannt, ob in einer dieser Umwandlungen ein in der Norm in größerem Umfang beschrittener Weg vorliegt[17].

Über die *biologische Rolle des Inosits im Tierkörper* läßt sich noch nichts aussagen, obgleich seine Verbreitung im Tier[18], z.B. in Inositlecithinen[19], dafür spricht, daß er besondere Funktionen hat. In Tuberkelbakterien hat man Inosit als Baustein von Polysacchariden gefunden (Anderson[20]).

Für die höhere *Pflanze* hat man in dem Vorkommen von Phosphorsäureestern des Inosits einen Hinweis auf seine Rolle im Phosphorstoffwechsel gesehen. Man hat hier nicht nur den Hexaphosphorsäureester gefunden, als Ca-Mg-Salz,

[1] Rusznyák, St., and A. Szent-Györgyi: Nature **138**, 27 (1936). — Bruckner, V., and A. Szent-Györgyi: Nature **138**, 1057 (1936). — Szent-Györgyi, A.: H. **255**, 126 (1938). — [2] Mager, A.: H. **274**, 109 (1942). —
Zusammenfassende Darstellungen über Inosite: 3—11. [3] Beilstein **6**, 1192 (587) [1157]. — [4] Zemplén, G.: Biochem. Handlex. **13**, 849—854 (1931). — [5] Stix, W.: Methodisches. Handb. biol. Arb.-Meth. Abt. I, Teil 6, 777—785 (1925). — [6] Ohle, H.: Handb. Biochem. **1**, 109—126 (1924). — [7] Needham, J.: Ergebn. Physiol. **25**, 1—45 (1926). — [8] Kühnau, J.: Handb. Biochem. Erg.-W. **3**, 1135—1136 (1936). — [9] Ploetz, Th.: Chemie **56**, 231 (1943). — [10] Fletcher, H. G. jr.: Adv. Carbohydrate Chem. **3**, 45 (1948). — [11] Fleury, P., et P. Balatre: Les Inositols. Paris 1947.
[11] Maquenne, L.: Cr. **104**, 225, 297, 1719 (1887). — [12] Wieland, H., u. R. S. Wishart: B. **47**, 2082 (1914). — [13] Mayer, P.: B.Z. **9**, 533 (1908). — [14] Hewitt, J. A., and D. B. Steabben: Biochem. J. **15**, 665 (1921). — Kumagawa, H.: B.Z. **131**, 157 (1922). — [15] Needham, J.: Biochem. J. **18**, 1371 (1924). — [16] Greenwald, I., and M. L. Weiss: J. biol. Ch. **31**, 1 (1917). — Stetten, M. R., and D. Stetten: J. biol. Ch. **164**, 85 (1946). — [17] Fischer, H. O. L.: Harvey Lect., Ser. **40**, 156 (1944/45). — [18] Stix, W.: Handb. biol. Arb.-Meth. Abt. I, Teil 6, S. 777 (1925). — Needham, J.: Ergebn. Physiol. **25**, 1 (1926). — [19] Folch, J., and D. W. Wolley: J. biol. Ch. **142**, 963 (1942). — Folch, J.: J. biol. Ch. **146**, 35 (1942). — Burmaster, Ch. F.: J. biol. Ch. **165**, 577 (1946). — [20] Du Mont, H., u. R. J. Anderson: H. **211**, 97 (1932). — Ludewig, St., u. R. J. Anderson: H. **211**, 103 (1932). — Anderson, R. J., and N. Uyei: J. biol. Ch. **97**, 617 (1932).
* Für die Durchsicht des Inosit-Kapitels danken wir Herrn Prof. Dr. A. Posternak, Lausanne.

das *Phytin*[1], sondern auch eine ganze Reihe phosphorärmerer Ester, bis herunter zum Monophosphat[2], die durch besondere pflanzliche Phosphatasen aus Phytin entstehen[3]. Andererseits fördert Inosit als *Bios I* das Hefewachstum[4].

Isomere Inosite. Von einem Hexaoxy-cyclohexan sind 8 verschiedene Formen denkbar, dadurch bedingt, daß, ebene Lagerung des Kohlenstoffsechsringes vorausgesetzt, die Hydroxylgruppen auf der gleichen Seite der Ringebene (cis-Stellung) oder auf verschiedenen Seiten (Transstellung) sitzen können[5]. Nur in *einem* Fall, wenn die Hydroxyle an den Kohlenstoffen 1, 2 und 4 in Cisstellung, die übrigen Hydroxyle auf der anderen Seite stehen, ist keine Symmetrieebene vorhanden. Dieser Körper kann daher durch Molekülasymmetrie optisch aktiv sein. Er wird als D-*Inosit* im Pflanzenreich besonders als Methyläther gefunden, ebenso der L-*Inosit*. Der Konfigurationsbeweis wurde von TH. POSTERNAK erbracht[6]. Daneben findet sich häufiger auch ein Pentaoxy-cyclohexan, der D-*Quercit*[7], der, abgesehen vom Fehlen einer Hydroxylgruppe, analog gebaut ist[8], im *Viburnit* liegt ein weiterer Penta-oxy-cyclohexan vor[9]. Die übrigen

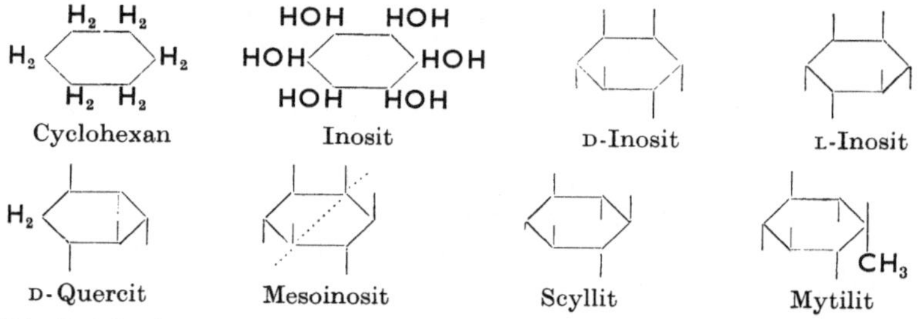

Die Striche deuten OH-Gruppen an, die H-Atome sind nicht eingezeichnet.

Hexaoxy-cyclohexane sind optisch inaktiv. Zu ihnen gehört der verbreitetste Inosit, der *Meso-inosit*, auch gelegentlich i-Inosit oder, nach seinem Vorkommen in grünen Bohnen, Phaseolus vulgaris, auch *Phaseomannit*[10] genannt. Ein anderer inaktiver Inosit ist der seltener beobachtete *Scyllit*. Der *Mytilit* dagegen ist nicht, wie man ursprünglich vermutete[11], ein Pentaoxy-cyclohexan, sondern enthält[12, 13] neben 6 Hydroxylen noch eine Methylgruppe an Stelle eines Wasserstoffes. Es konnte gezeigt werden, daß im Mytilit ein Methylscyllit vorliegt[14].

Mesoinosit, inaktiver nicht spaltbarer Inosit[10], $C_6H_6(OH)_6 \cdot H_2O$. Gefunden wurde er zuerst im Muskelgewebe durch SCHERER[15]. Man hat ihn dann in vielen Organen wie Leber, Milz, Niere, Nebenniere, Lunge, Gehirn[16], Hoden, in Leukocyten, im pathologischen und spurenweise auch normalen Harn gefunden. Im Harn scheint er in Fällen, die mit starker Durchspülung der Gewebe verbunden sind, vermehrt zu sein. Rattengewebe vermag Inosit zu oxydieren[17]. Da er

---

[1] KOBEL, M., u. C. NEUBERG: Phytin. Handb. Pfl.-Analyse (KLEIN) 2/1, 569—574 (1932). — WEHMER, C., W. THIES u. M. HADDERS: Systematische Verbreitung und Vorkommen von Phytin. Handb. Pfl.-Analyse (KLEIN) 2/1, 577 (1932). — [2] KLENK, E., u. R. SAKAI: H. 258, 33 (1939). — [3] POSTERNAK, S., u. TH. POSTERNAK: Helv. 12, 1165 (1929). Cr. 188, 1296 (1929). — Über Phytase siehe KRAUT-WEISCHER: Esterasen S. 1091. — [4] KÖGL, F., u. W. VAN HASSELT: H. 242, 74 (1936). Vgl. auch Bd. 2, Phytohormone. — SCHOPFER, W. H.: Exper. 1, 183 (1945). — [5] Die einzelnen Formen siehe Micheel S. 326. — [6] POSTERNAK, TH.: Helv. 19, 1007 (1936). — [7] Beilstein 6, 1186 (584) [1151]. — [8] POSTERNAK, TH.: Helv. 15, 948 (1932). — [9] POSTERNAK, Th.: Helv. 33, 350 (1950). — [10] Beilstein 6, 1194 (588) [1158]. — [11] JANSEN, B. C. P.: H. 85, 231 (1913). — [12] ACKERMANN, D.: B. 54, 1938 (1921). Z. Biol. 80, 193 (1924). — [13] DANIEL, R. J., and W. DORAN: Biochem. J. 20, 676 (1926). — [14] POSTERNAK, TH.: Helv. 27, 457 (1944). — [15] SCHERER, J.: A. 73, 322 (1850). — [16] Vgl. Bd. 2, Gehirn und Nerven. — [17] DAS, N., u. B. C. GUHA: H. 231, 157 (1935).

auch in vielen Pflanzen enthalten ist, kommt er auch mit pflanzlicher Nahrung in den Körper, und zwar sowohl als freier Inosit wie an Phosphorsäure gebunden als **Phytin**. Tierische Phosphatasen (siehe KRAUT-WEISCHER, S. 1091) sind zur Abspaltung von Phosphorsäure aus letzterem befähigt (STARKENSTEIN[1]). In den roten Blutkörperchen der Vögel wurde Inosithexaphosphat gefunden[2]. Die Menge an Inosit im Tierkörper ist beim jungen Tier größer als beim älteren[1]. Da aber auch bei inositfreier Kost ständig Inosit im Harn ausgeschieden wird, ist der Tierkörper offenbar zur Synthese von Inosit befähigt. Leberverfettung und Cholesterinanhäufung in der Leber werden durch Inosit verhindert[3]. Inositfrei ernährte Mäuse verlieren die Haare; dieser Haarausfall (Alopecie) wird durch Zusatz von Inosit zur Nahrung geheilt[4]. Für Pflanzen ist Mesoinosit ein Wuchsstoff[5]. Mesoinosit kann im Tierkörper in Glucose übergehen, seine Isomeren jedoch kaum.[6]

Der Nachweis der Konfiguration des Mesoinosits wurde ziemlich gleichzeitig durch G. DANGSCHAT sowie TH. POSTERNAK[7] erbracht, und zwar durch oxydative Sprengung des Rings. Es entsteht dabei eine C_6-Dicarbonsäure, die Idozuckersäure, aus deren Konfiguration auf den Bau des Mesoinosits rückgeschlossen werden kann.

Eigenschaften. Der Mesoinosit krystallisiert in großen, farblosen Rhomboedern des monoklinen Systems, oder weniger rein, in blumenkohlartig gruppierten feinen Krystallen. Das Krystallwasser entweicht langsam schon an der Luft, rascher bei 110°. Getrockneter Inosit, der undurchsichtig milchweiß aussieht, schmilzt bei 225°. Er löst sich in 7,5 Teilen Wasser bei Zimmertemperatur, in absolutem Alkohol und Äther ist er unlöslich. Er löst als mehrwertiger Alkohol Kupferhydroxyd bei alkalischer Reaktion, reduziert es aber nicht. Seine Bleiverbindung fällt beim Sieden mit basischem Bleiacetat, nicht mit Bleizucker, worauf die Abtrennung aus Gewebsextrakten aufzubauen ist.

Mit Hefe ist er nicht vergärbar, wohl aber, wie schon erwähnt, durch bestimmte Bakterien. Acetobacter suboxydans[8] oxydiert eine sekundäre Alkoholgruppe zur Ketogruppe. Es entsteht eine, durch ihr Reduktionsvermögen den

Zuckern ähnelnde „Inosose". Bei Reduktion liefert sie Mesoinosit neben Scyllit.[9] Eine andere Inosose erhält man durch Oxydation mit Salpetersäure[10]. Pseudomonas Beijerincki bildet mit Inosit in einem synthetischen Nährboden Tetraoxy-p-benzochinon[11].

Mit verschiedenen Säuren gibt Mesoinosit Hexa-acylverbindungen, so beim Erwärmen mit Acetylchlorid auf 50° ein bei 212° schmelzendes, aber schon von 200° ab sublimierendes Hexa-acetat, das *zur Identifizierung* geeignet ist.

---

[1] STARKENSTEIN, E.: Z. exp. Path. Therap. **5**, 378 (1908). B.Z. **30**, 56 (1910). — [2] RAPOPORT, S.: J. biol. Ch. **135**, 403 (1940). — [3] GAVIN, G., and E. W. McHENRY: J. biol. Ch. **139**, 485 (1941). — [4] WOOLLEY, D. W.: J. biol. Ch. **139**, 29 (1941). — [5] SCHOPFER, W. H.: Exper. **1**, 186 (1946). Helv. **27**, 468 (1944). — Siehe auch Bd. 2, Vitamine. — [6] STETTEN, M. R., and D. STETTEN jr.: J. biol. Ch. **164**, 85 (1946). — [7] DANGSCHAT, G.: Naturwiss. **30**, 146 (1942). — POSTERNAK, TH.: Helv. **25**, 746 (1942). — [8] KLUYVER, A. J., u. A. G. J. BOEZAARDT: Recu. Trav. chim. Pays.-Bas. **58**, 956 (1936). — CHARGAFF, E., and B. MAGASANIC: J. biol. Ch. **165**, 379 (1946). — [9] POSTERNAK, TH.: Helv. **25**, 746 (1942). — [10] POSTERNAK, TH.: Helv. **19**, 1333 (1936). — [11] KLUYVER, A., T. HOF and A. G. J. BOEZAARDT: Enzymol. **8**, 257 (1939). —

Zum *Nachweis* wird aber meist die schon von SCHERER[1] beobachtete Oxydierbarkeit des Inosits (I) zur Rhodizonsäure (II) benutzt, die aber nur mit reinem Inosit einwandfrei verläuft. Zudem ist der Ausfall der Probe sehr von der Art des Erhitzens abhängig.

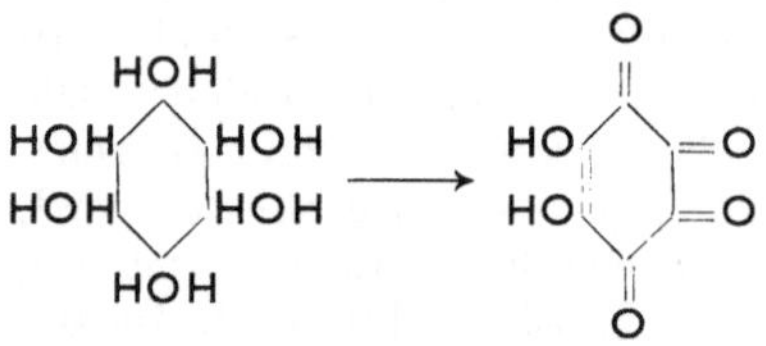

Bei der *Probe nach* SCHERER dampft man Inosit mit Salpetersäure auf einem Platinblech fast zur Trockne, setzt zum erkalteten Rückstand etwas Ammoniak und 1 Tropfen 10% Calciumchloridlösung und dampft vorsichtig zur Trockne. Rosarote Färbung zeigt Inosit an. Eine Modifikation ist von SALKOWSKI[2] angegeben. GALLOIS[3] empfiehlt Eindampfen von Inosit mit Mercurinitratlösung, wobei ein zuerst gelber, dann rot werdender Rückstand auftreten muß. Prinzipiell anders oxydieren FISCHLER und KÜRTEN[4], die erst mit wenig Bariumsuperoxyd, dann mit Natriumsuperoxyd und wenig Wasser vermischen und eindampfen. Der Rückstand von gelboliver Farbe wird nach Erkalten vorsichtig vom Rande her mit wenig konzentrierter Schwefelsäure in Berührung gebracht, worauf starke Rotfärbung auftritt. Die Probe soll mit 10 mg oder weniger angestellt werden, dann aber sowohl bei Inosit wie Phytin sehr sicher verlaufen. Quantitative Bestimmung von Inosit in *tierischen Geweben*[5].

Scyllit[6] $C_6H_6(OH)_6$, ohne Krystallwasser. Er wurde in den Organen von Plagiostomen von STAEDELER und FRERICHS[7] entdeckt, von J. MÜLLER[8], der besonders mit Haifischleber arbeitete, näher untersucht und als stereoisomerer Inosit charakterisiert. Er ist auch im Pflanzenreich gelegentlich, z. B. in Cocosblättern[8] und Blüten von *Dogwood* (Cornus florida[9]) gefunden worden. Er ist erheblich schwerer löslich als Meso-inosit (in Wasser 1:100), schmilzt höher, über 240°, etwa bei 350°. Sein Hexaacetat[3] schmilzt bei 291°.

Mytilit[10], $C_7H_{14}O_6 \cdot 2\,H_2O$ oder $CH_3 \cdot H_6H_5(OH)_6 \cdot 2\,H_2O$. Zuerst von JANSEN entdeckt im Muskel der Miesmuschel, Mytilus edulis, von ACKERMANN unabhängig davon genauer untersucht. Seine Resultate wurden von DANIEL und DORAN bestätigt[11]. Er schmilzt bei 272°, ist nur noch zu 0,43% bei 24° in Wasser löslich. Er gibt ein bei 180 bis 181° schmelzendes Hexaacetat. Die Probe von SCHERER ist schwach positiv, die von GALLOIS negativ.

Streptidin[12]. Ein interessantes Analogon zu den natürlichen Aminozuckern bildet das Streptidin, welches als Derivat eines Diamino-inosits aufgefaßt werden kann. Es ist ein 1,3-Diguanidino-2,4,5,6-tetraoxycyclohexan, dessen sterische Anordnung noch ungeklärt ist[13]. Zusammen mit dem Disaccharid Streptobiosamin bildet es das Streptomycinmolekül, dessen „Aglykon" es also darstellt.

d) Oligosaccharide.

α) Disaccharide[14].

$(C_{12}H_{22}O_{11}$ [M.G. 342,176]. 42,08% C; 6,48% H; 51,44% O.)

1. Allgemeines.

Bausteine. Die Disaccharide können als Glykoside (s. S. 268) aufgefaßt werden, in welchen an die Stelle des Aglykons ein zweiter Zucker getreten ist. Die Verknüpfung zweier Zucker erfolgt also ätherartig, glykosidisch. Dadurch, daß der als „Aglykon" fungierende zweite Zucker mehrere, zur Verknüpfung geeignete OH-Gruppen aufweist, können aus zwei Zuckermolekeln mehrere ver-

[1] SCHERER, J.: A. 81, 375 (1855). — [2] SALKOWSKI, E.: H. 69, 479 (1910). — [3] GALLOIS, M.: Z. analyt. Chem. 4, 264 (1865). — [4] FISCHLER, F., u. F. H. KÜRTEN: B. Z. 254, 138 (1932). — [5] PLATT, B. S., and G. E. GLOCK: Biochem. J. 37, 709 (1943). — [6] Beilstein 6, 1197 (592) [1160]. — [7] STAEDELER, G., u. F. J. FRERICHS: J. prakt. Chem. 73, 48 (1858). — [8] MÜLLER, J.: B. 40, 1821 (1907). Soc. 1912, 2383. — [9] HANN, R. M., and C. E. SANDO: J. biol. Ch. 68, 399 (1926). — [10] Beilstein 6, (592) [1161]. — [11] DANIEL, R. J., and W. DORAN: Biochem. J. 20, 676 (1926). — POSTERNAK, TH.: Helv. 27, 457 (1944). — [12] Siehe S. 297. — [13] PECK, R. L., C. E. HOFFHINE jr., E. W. PEEL, R. P. GRABER, F. W. HOLLY, R. MOZINGO and K. FOLKERS: Am. Soc. 68, 776 (1946). — [14] Beilstein 31, 371. — Micheel S. 238—272. — ZEMPLÉN, G.: Neuere Richtungen der Oligosaccharid-Synthese. Fortschr. Chem. org. Naturstoffe 2, 160 (1939).

schiedene Disaccharide aufgebaut werden. Nach der Art dieser Verknüpfung unterscheidet man zwei Arten von Disacchariden:

1. Solche, in denen die glykosidische OH-Gruppe des einen Zuckers mit der glykosidischen Gruppe des nächsten Zuckers unter Wasseraustritt verknüpft ist. Diese Disaccharide besitzen keine freie glykosidische OH-Gruppe mehr und sind daher ohne Reduktionsvermögen.

Die wichtigsten Vertreter dieser Disaccharidgruppe sind die Saccharose (= Rohrzucker) und die Trehalose.

Infolge der Isomeriemöglichkeiten der glykosidischen OH-Gruppe (s. S. 264) können zwei Zucker bei Verknüpfung der glykosidischen OH-Gruppen drei verschiedene Disaccharide bilden. Die Verknüpfung kann nämlich unter α—α, α—β oder β—β erfolgen, wobei z. B. unter α—α zu verstehen ist, daß die glykosidischen OH-Gruppen der beiden verknüpften Zucker α-Konfiguration besitzen.

2. Solche, in denen die glykosidische OH-Gruppe des einen Zuckers mit einer alkoholischen OH-Gruppe des zweiten Zuckers unter Wasseraustritt reagiert. Bei diesen Disacchariden ist. also die glykosidische OH-Gruppe des zweiten Zuckers und damit auch deren reduzierende Wirkung erhalten. Auf die Gewichtseinheit bezogen reduzieren natürlich solche Disaccharide nur etwa halb so stark wie Monosaccharide. Im Gegensatz zu den Disacchariden des Trehalosetyps sind sie auch zur Osazonbildung befähigt.

Die wichtigsten Disaccharide dieses Typs sind Maltose, Lactose (= Milchzucker) und Cellobiose.

Da für die Verknüpfung zweier Monosaccharide zu reduzierenden Disacchariden die verschiedenen alkoholischen OH-Gruppen des zweiten Zuckers zur Verfügung stehen, können hier aus nur zwei Zuckern mehrere verschiedene Disaccharide aufgebaut werden.

Hinzu kommt, daß jede Verknüpfung infolge der α—β-Isomerie des an der Bindung beteiligten glykosidischen OH nochmals zu zwei verschiedenen Disacchariden führt. So bestehen z. B. Maltose und Cellobiose aus je 2 Molekülen Glucose, wobei die glykosidische OH-Gruppe der einen mit der C_4-OH-Gruppe der zweiten Glucose verknüpft ist. In der Maltose besitzt aber die glykosidische OH-Gruppe der ersten Glucose α-, in der Cellobiose β-Konfiguration. Infolge der noch freien glykosidischen OH-Gruppe des zweiten Zuckers kann außerdem jedes Dissaccharid dieser Gruppe noch in α- und β-Form auftreten.

Eine weitere Isomeriemöglichkeit, die für beide Disaccharidgruppen gilt, besteht schließlich darin, daß in den verknüpften Monosacchariden die Lactolringe verschiedene Spannweiten besitzen und dadurch verschiedene Disaccharide entstehen. Fälle dieser Art sind aber bis jetzt nicht bekanntgeworden. In den natürlichen Disacchariden liegen vielmehr die Zucker immer in der Pyranoseform vor, mit Ausnahme der Saccharose, in der die Fructose furanoid ist (s. S. 320).

Bezüglich der Konstitutionsermittlung und Synthese der Disaccharide muß auf die Spezialwerke[1] verwiesen werden. Erwähnt sei nur, daß die Frage, ob α- oder β-Verknüpfung vorliegt, meist leicht durch die fermentative Spaltbarkeit beantwortet werden kann (vgl. PLOETZ-WEIDENHAGEN S. 1046). Die Synthese der Disaccharide bedient sich vielfach ähnlicher Methoden wie die Glykosidsynthese (vgl. S. 268).

---

[1] Vgl. Tollens-Elsner S. 416ff. — BRIGL, P., u. H. GRÜNER: Methoden zur Erforschung der Konstitution von Kohlenhydraten. Handb. biol. Arb.-Meth. Abt. I, Teil 11/2, 1471 (1936).

Vorkommen. Von den Disacchariden kommen einzelne, wie Saccharose, Trehalose oder Lactose, in der Natur frei vor. Andere sind nur in gebundener Form, besonders als Bestandteile von Glykosiden, beobachtet worden. Einige wie z. B. die Cellobiose, sind nur durch den enzymatischen Abbau von Polysacchariden erhältlich. Cellobiose entsteht so beim Abbau des Polysaccharids Cellulose neben Glucose und höheren Sacchariden.

Im folgenden soll nur eine Auswahl von Disacchariden näher besprochen werden.

2. Einzelne Disaccharide.

a) Saccharose, *Rohrzucker*[1-5]. 2-α-Glucosido-fructofuranosid, $C_{12}H_{22}O_{11}$. Der Rohrzucker ist im Pflanzenreich sehr verbreitet. In größeren Mengen findet er sich in den Stengeln der Zuckerhirse und des Zuckerrohrs, der Zuckerrübe und anderen Rüben, dem Stamm einiger Palmen und Ahornarten, stets im Saft gelöst. Er wird industriell[6] in großer Reinheit dargestellt. Heute ist er ein wichtiges Nahrungs- und Genußmittel. Wegen Einzelheiten muß auf die zahlreichen Spezialwerke verwiesen werden. Weltverbrauch[6] 1931/32 26 Mill. t. Eine Synthese des Rohrzuckers auf chemischem Wege ist, trotz zahlreicher Versuche, bis heute noch nicht geglückt. Die Reaktionen weichen immer aus in die Bildung von Saccharose-Isomeren (α—α, β—β oder β—α) und die Bildung der Saccharose (α—β) unterbleibt.

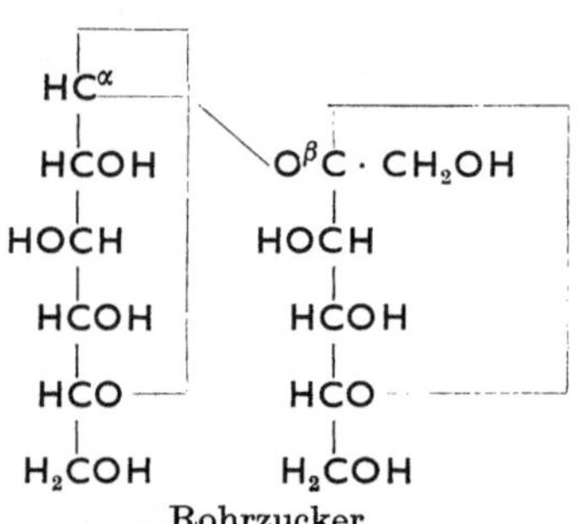

Rohrzucker
(1)-Glucosido-(2)-fructosid

Die biochemische Synthese des Rohrzuckers ist jedoch in mehreren Fällen geglückt. Das rohrzuckerspaltende Ferment Invertase kann, in Gegenwart von Phosphorylase und H_3PO_4 auch umgekehrt Rohrzucker aus dem Invertzuckergemisch aufbauen[7]. HASSID und Mitarbeiter[8] konnten als erste synthetische Saccharose in krystallinem Zustand erhalten. Sie gewannen aus Pseudomonas saccharophila ein Enzym, mit welchem die Reaktion Saccharose + Phosphat ⇄ α-Glucose-1-phosphat + Fructose auch in aufbauender Richtung erfolgreich verwirklicht werden konnte. (Vgl. Stärkesynthese S. 341.)

Eigenschaften. Der Rohrzucker krystallisiert in zwei verschiedenen Modifikationen, von denen die stabilere bei 184 bis 185° schmilzt. Beim Umkrystallisieren aus Methylalkohol wandelt sie sich in eine zweite Modifikation vom F. 169 bis 170° um. Oberhalb des Schmelzpunktes tritt rasch Zersetzung und Bräunung, Caramelbildung, ein. In Wasser löst er sich gut, bei 0° zu 64,2%, bei höherer Temperatur besser, bei 100° zu 83%. Der Rohrzucker hat in Wasser eine spez. Drehung von $[\alpha]_D^{20}$: +66,5°. Die Drehung ist von der Konzentration

[1] Micheel S. 245 u. 370. — Tollens-Elsner S. 477. — [2] Beilstein **31**, 424. — [3] LIPPMANN, E. O. v.: Geschichte des Zuckers. 2. Aufl. Berlin 1929. — [4] GROSSFELD, J.: Zucker und Zuckerwaren. Handb. Lebensm.-Chem. (BÖMER u. a.) **5**, 380—500 (1938). — [5] BARTELS, W.: Honig und Kunsthonig. Handb. Lebensm.-Chem. (BÖMER u. a.) **5**, 298—361 (1938). — THALER, HELM.: Fermente im Honig. Bamann-Myrbäck **3**, 2854—2864. — PEAT, S.: Ann. Rev. **15**, 86 (1946). — HURD, CH. D.: Ann. Rev. **14**, 93 (1945). — SPENCER, G. L., and G. P. MEODE: Cane Sugar Handbook. 8. Aufl. New York 1945. — HANN, R. M., and N. K. RICHTMYER: Collected Papers of C. H. HUDSON, Bd. 1. 1946. — [6] SCHMIDT, ALBRECHT: Die industrielle Chemie. S. 634. Berlin u. Leipzig 1934. (2. Aufl. in Gemeinschaft mit K. FISCHBECK. Berlin 1943.) — [7] OPARIN, A., u. A. KURSSANOW: B. Z. **239**, 1 (1931). — [8] DOUDOROFF, M., N. KAPLAN and W. Z. HASSID: J. biol. Ch. **148**, 67 (1943). — HASSID, W. Z., M. DOUDOROFF and H. A. BARKER: Am. Soc. **66**, 1416 (1944). — DOUDOROFF, M.: J. biol. Ch. **151**, 351 (1943). — HASSID, W. Z., M. DOUDOROFF, H. A. BARKER and W. H. DORE: Am. Soc. **67**, 1394 (1945).

wenig abhängig, kann jedoch durch andere inaktive Stoffe wesentlich beeinflußt werden. Mutarotation tritt nicht auf, da seine Konstitution keine Umwandlung einer α-Form in eine β-Form oder umgekehrt zuläßt.

Durch Röntgenuntersuchung (C. A. BEEVERS) ist jetzt die Stereochemie der Saccharose vollständig geklärt. Der Pyranosering hat Sesselform, der Furanrosering ist nicht planar[1].

Die MOOREsche *Zuckerprobe* und die gewöhnliche *Reduktionsprobe* verläuft beim Rohrzucker negativ. Bei lange fortgesetztem Sieden reduziert er jedoch alkalische Kupferlösungen infolge beginnender Zersetzung. Auch gegen *starkes Alkali* ist er nicht beständig und liefert Milchsäure. Ebenso ist er gegen essigsaures *Phenylhydrazin* nur anfänglich indifferent und bildet damit Glucosazon in dem Maße wie er gespalten wird. Spezifisch für Rohrzucker und die Saccharosegruppierung enthaltende Oligosacchäride ist die Grünfärbung mit alkalischer Diazouracillösung[2].

Gegen *Säuren* ist der Rohrzucker, in Abhängigkeit von deren Wasserstoffionenkonzentration, sehr unbeständig. Seine Hydrolyse nennt man „Inversion", weil aus dem stark rechtsdrehenden Rohrzucker ein schwach linksdrehendes Gemisch gleicher Teile Glucose und Fructose = „Invertzucker" wird. Nicht korrekt spricht man gelegentlich auch bei der Hydrolyse anderer Saccharide von Inversion, bei denen diese Drehungsumkehrung nicht erfolgt. Stärkere Säuren führen anschließend an die Hydrolyse eine Zerstörung vor allem des empfindlichen Fruchtzuckers herbei, so daß Rohrzucker durch konzentrierte Schwefelsäure, aber auch Oxalsäure bei Wasserbadtemperatur geschwärzt wird. Die Hydrolyse des Rohrzuckers kann aber auch fermentativ[3] durchgeführt werden durch Invertin[4] (Saccharase), ein in der Natur weit verbreitetes Enzym (s. PLOETZ-WEIDENHAGEN S. 1050). Daß wirklich α-Glucose abgespalten wird, hat HUDSON[5] aus der Anfangsdrehung bei der Inversion errechnet. (Über die Spaltung von der Seite der Fructose s. PLOETZ-WEIDENHAGEN S. 1052.)

Die *Bestimmungsmethoden für Rohrzucker* beruhen auf dem optischen Verhalten vor und nach der Inversion, sowie auf der fehlenden Reduktion vor der Inversion und ihrem Auftreten nach der durch Säuren oder Fermente erfolgten Hydrolyse[6].

b) Trehalose, höchstwahrscheinlich α-Glucosido-α-glucosid[7], hat ihren Namen vom Vorkommen in der Trehalamanna[8], das im Kokon des Rüsselkäfers, Larinus maculatus, enthalten ist. Zuerst wurde sie Mycose genannt[9], als Stoffwechselprodukt niederer Pilze wie Mutterkorn oder Brandpilzen aufgefunden; sie findet sich aber auch in höheren Pilzen[10] wie Steinpilz oder Fingerhut, andererseits auch in Bakterien, so denen der Lepra[11]. Im Fett der Tuberkelbacillen vertritt die Trehalose die Stelle des Glycerins[12]. In der Hefe kann sie sich bei deren Autolyse[13, 14] unter dem Einfluß von Toluol als Phosphorsäureester anhäufen.

Trehalose
α-Glucosido-α-glucosid

[1] Exper. **2**, 378 (1946). Ref. W. NOWACKI. — [2] RAYBIN, H.: Am. Soc. **59**, 1402 (1937). — [3] Gattermann-Wieland S. 384 (1940). — [4] SCHLUBACH, H. H., u. H. E. BARTELS: A. **541**, 76 (1939). — [5] HUDSON, C. S.: Am. Soc. **30**, 1160 (1908); **31**, 655 (1909). — [6] H.-Th. S. 122. — Schweizerisches Lebensmittelbuch. 4. Aufl., S. 166. Bern 1937. — BROWNE, C. A., and F. W. ZERBAN: Physical and Chemical Methods of Sugar Analysis. 3. ed. New York 1941. — [7] VEIBEL, ST.: Trehalase. Bamann-Myrbäck **2**, 1796—1799. — [8] BERTHELOT, M.: Ann. Chim. Phys. (3) **55**, 269—295 (bes. 272, 291) (1859). — [9] WIGGERS, H. A. L.: A. **1**, 174 (1832). — MITSCHERLICH, E.: J. prakt. Chem. (1) **73**, 65 (1858). — [10] BOURQUELOT, E.: Bull. Soc. chim. France [3] **5**, 788 (1891); [3] **11**, 353 (1894). — WINTERSTEIN, E.: B. **26**, 3094 (1893). — [11] NEWMAN, M. S., u. R. J. ANDERSON: H. **220**, 1 (1933). — [12] ANDERSON, R. J., R. E. REEVES and J. A. CROWDER: J. biol. Ch. **121**, 669 (1937). — BLOCH, H. u. H. SÜLLMANN: Exper. **1**, 94 (1945). — [13] ROBISON, R., and W. TH. J. MORGAN: Biochem. J. **22**, 1277 (1928). — [14] BOYLAND, E.: Biochem. J. **23**, 219 (1929).

Ihre Konstitution ergibt sich daraus, daß sie nicht reduziert, und bei energischer Hydrolyse in 2 Mole Glucose zerfällt. Nach dem Gesetz der optischen Superposition (W. Kuhn, S. 84) ergibt sich, daß beide Glucosereste in α-Konfiguration in den 1-Stellungen miteinander verknüpft sind. Daher die sehr hohe Rechtsdrehung der Trehalose. Dazu stimmt auch die verhältnismäßig schwierige Aufspaltung durch Säuren, die bei α-Glucosiden merklich langsamer als bei β-Glucosiden vor sich geht. Trehalose muß mit 20% Salzsäure 2 min lang gekocht werden oder 4 h mit 4%iger Schwefelsäure, um aufgespalten zu werden. Nicht zu dieser Konfiguration will passen, daß typisch auf α-Glucoside eingestellte Fermente wie das der Hefe Trehalose nicht angreifen[1]. Es bedarf dazu spezieller Fermente, wie sie im Steinpilz enthalten sind. Ein Trehalose spaltendes Ferment ist im Emulsin und Gerstenmalz gefunden, auch Blut und Dünndarmsekret spalten. Fusarium lini B. vergärt Trehalose rascher als Glucose[2].

Trehalose, $C_{12}H_{22}O_{11} \cdot 2\,H_2O$, krystallisiert gut, schmilzt im Krystallwasser bei 97°, wasserfrei bei 203°. Hefe vergärt nicht. $[\alpha]_D^{20} = +178{,}3°$ (H_2O, c = 7).

c) Maltose[3], Malzzucker, 4-α-Glucosido-glucose. $C_{12}H_{22}O_{11}$. Die Konstitution wurde 1927 von Haworth geklärt. Maltose entsteht bei der Hydrolyse von gequollener Stärke oder Glykogen durch Amylasen, die unter anderem in gekeimter Gerste, dem Malz, im Pankreassaft und manchen Speichelarten vorkommen. Durch geeignete Spaltung lassen sich Maltosederivate auch auf rein chemischem Wege aus Stärke erhalten[4], während die übliche Säurehydrolyse über Zwischenstufen weiter bis zur Glucose geht. Maltose wird technisch in großem Umfange durch Verzuckerung von Stärke gewonnen. Die süßen Maischen sind Ausgangspunkt für Spiritusfabrikation, sowie Bier- und Branntweinherstellung.

Maltose ist krystallisiert nur als Monohydrat bekannt, das wenig über 100° schmilzt. Sie ist gut löslich in Wasser und Alkohol, in letzterem aber etwas schwerer als Glucose. Von dieser unterscheidet sie sich zunächst schon durch die viel höhere spez. Drehung. Für das Hydrat berechnet, dreht sie[5] in Wasser anfänglich $[\alpha]_D^{20}$: $+112{,}5°$, steigend bis 130,8°, sie liegt also zunächst in der β-Form vor.

```
  CH(OH)
    |
  HCOH
    |
  HOCH
    |
  HCO ———
    |        |
  HCO ——— HC^α ———
    |         |       |
  H₂COH     HCOH      |
              |       |
            HOCH      |
              |       |
            HCOH      |
              |       |
            HCO ——————
              |
            H₂COH
```

Maltose
(1)-α-Glucosido-(4)-glucose

Maltose gibt die üblichen Zuckerreaktionen und kann colorimetrisch mit Dinitrosalicylsäure in alkalischer Lösung quantitativ bestimmt werden[6].

Ihr Phenylosazon $C_{24}H_{32}O_9N_4$, F. 206° $[\alpha]_D$: $+75°$ in Alkohol und Pyridin, ist leichter löslich als Glucosazon in Wasser und Aceton, so daß man durch Aceton Maltosazon und Glucosazon trennen kann. Die Reduktionsproben verlaufen positiv, jedoch mit geringerer Intensität.

Gespalten wird Maltose durch Säuren, jedoch wesentlich langsamer als Rohrzucker. Zur vollständigen Spaltung ist 3stündiges Kochen mit 3%iger Schwefelsäure erforderlich. Ferner spaltet Maltase. Da Maltase auf α-Glucoside wirkt, ergibt sich hieraus die α-glucosidische Bindung. Maltose ist durch Hefe

[1] Myrbäck, K.: Svensk kem. T. **51**, 36 (1939). — [2] O'Connor, R. C.: Biochem. J. **34**, 1008 (1940). — [3] Beilstein **31**, 386. — Tollens-Elsner S. 444. — H.-Th. S. 123. — [4] Karrer, P.: Helv. **6**, 407 (1923). — [5] Hudson, C. S., u. E. Yanovski: Am. Soc. **39**, 1013 (1917). — Schliephacke, G.: A. **377**, 164 (1911) (Lit.). — [6] Noelting, G.: Thèse. Genève 1947.

leicht vergärbar. Eigenartigerweise scheint hierzu die vorherige Spaltung durch Maltase nicht erforderlich zu sein[1].

d) Lactose, Milchzucker[2], 4-β-Galaktosido-glucose, $C_{12}H_{22}O_{11}$. Lactose entsteht in der Milchdrüse der Säugetiere. Von ihr wird daher noch bei der Milch die Rede sein (siehe Bd. 2, Milch). Hier sollen nur ihre chemischen Eigenschaften behandelt werden. Außer in der Milch ist Lactose auch im Harn von Wöchnerinnen und im Kuhharn kurz vor und nach der Geburt gefunden worden, sowie bei Milchstauungen. Auch bei Einnahme größerer Mengen von Milchzucker tritt er im Harn auf (siehe Bd. 2, Niere und Harn, Toleranzgrenze siehe Bd. 2, Kohlenhydratstoffwechsel). Gewonnen wird Lactose aus Milch[3]. Man entfernt zuerst durch Lab das Casein, dann durch Koagulieren die übrigen Eiweißkörper und dampft die enteiweißten Molken ein. Im Pflanzenreich ist die Lactose noch nicht nachgewiesen worden.

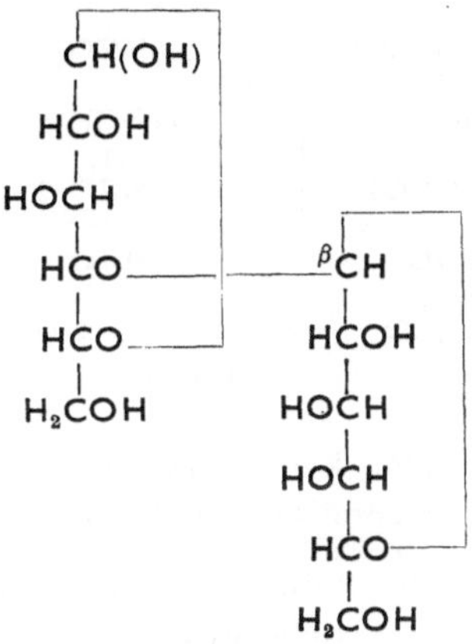

Aus Wasser krystallisiert unterhalb 93,5° die übliche Form des Milchzuckers, das Monohydrat der α-Form, die man durch vorsichtiges Entwässern auch in die wasserfreie α-Form verwandeln kann, F. 202°. Oberhalb 93,5° scheidet sich aber aus Wasser die β-Lactose, F. 252°, ohne Krystallwasser aus[4,5]. Hier soll im folgenden immer nur von dem α-Hydrat die Rede sein.

Der Milchzucker löst sich in 6 Teilen kaltem und 2,5 Teilen siedendem Wasser, er schmeckt nur schwach süß. In Äther und absolutem Alkohol löst er sich nicht. Seine wäßrige Lösung, die anfänglich viel höher dreht, ist im Gleichgewicht bei $[\alpha]_D$ +52,5°.

Auch Lactose gibt die üblichen Zuckerreaktionen.

Lactose
(1)-β-Galaktosido-(4)-Glucose

Die Reduktionsproben sind positiv. Das erst beim Erkalten herauskommende *Phenylosazon* beginnt schon bei 200° zu schmelzen, ist jedoch erst bei 210 bis 212° völlig zerflossen. Zur Unterscheidung von anderen Osazonen kann das Fehlen einer erkennbaren Drehung des Osazons in Alkohol-Pyridin (6:4) dienen.

Die fermentative Spaltung des Milchzuckers wird bei PLOETZ-WEIDENHAGEN, S. 1056, besprochen. Reine Hefen vergären Lactose nicht, Säuren spalten in Galaktose und Glucose. Nimmt man zur Spaltung starke Salpetersäure, so wird die Galaktose zur sehr schwer löslichen Schleimsäure oxydiert, was zum Nachweis brauchbar ist.

In der Frauenmilch haben M. POLONOVSKI und A. LESPAGNOL[6] neben Lactose noch zwei in Methanol leichter lösliche Disaccharide aufgefunden, die *Allolactose* und *Gynolactose*.

Die *Allolactose* $C_{12}H_{22}O_{11}$ hat F. 165°, $[\alpha]_D^{15}$ = +25° in Wasser. Ihr Phenylosazon hat F. 175 bis 177° und dreht stark links in Pyridin. Nach ihren Spaltprodukten und dem Vergleich mit einem synthetischen Produkt von HELFERICH[7] ist die Allolactose wahrscheinlich die 6-β-Galaktosido-glucose.

Die *Gynolaktose* $C_{12}H_{22}O_{11}$, F. 285°, $[\alpha]_D$ = —12° krystallisiert nur aus Methanol. Auch sie ist eine Galaktosido-glucose von nicht näher bekanntem Bau.

---

[1] WILLSTÄTTER, R., u. E. BAMANN: H. **151**, 242 (1926); **152**, 202 (1926). — LEIBOWITZ, J., u. S. HESTRIN: Enzymologia **6**, 15 (1939). — [2] Beilstein **31**, 407. — Tollens-Elsner S. 464. — [3] Gattermann-Wieland: Darstellung aus Milch, S. 387 (1940). — H.-Th. S. 125. — DE BUIGNE, J.: Rev. Prod. chim. **44**, 309 (1942) [C. **1942** II, 467]. — [4] HUDSON, C. S.: Am. Soc. **30**, bes. 1767, 1775 (1908). — [5] GILLIS, J.: Recu. Trav. chim. Pays-Bas **39**, 88, 677 (1920). — [6] POLONOVSKI, M., et A. LESPAGNOL: Bull. Soc. Chim. biol. **12**, 1170 (1930). — Zusammenfassung POLONOVSKI, M.: Lait **12**, 738 (1932). — POLONOVSKI, M., et A. LESPAGNOL: Bull. Soc. Chim. biol. **15**, 320 (1933). — [7] HELFERICH, B., u. G. SPARMBERG: B. **66**, 806 (1933).

e) Gentiobiose, 6-β-Glucosido-glucose. Dieses Disaccharid, zu dessen Darstellung man am bequemsten von seinem Glykosid Amygdalin ausgeht[1], hat in neuester Zeit besonderes Interesse gewonnen. Es hat sich nämlich gezeigt, daß die Gentiobiose, insbesondere in Form des gelben Safranfarbstoffes *Crocin*, in dem 2 Moleküle Gentiobiose mit Crocetin verestert vorliegen, entscheidende Bedeutung für die Regulation der Befruchtungsvorgänge bei einer Grünalge besitzt (siehe Bd. 2, Physiol. Chem. der Inneren Sekretion und GRUNDMANN, S. 479).

Erstmalig dargestellt wurde die Gentiobiose von E. BOURQUELOT und H. HÉRISSEY[2] durch partielle Spaltung des aus Enzianwurzeln erhältlichen Trisaccharids Gentianose, das beim Behandeln mit verdünnter H_2SO_4 in Fructose $+$ Gentiobiose zerlegt wird. Auch enzymatisch ist diese Spaltung durchführbar[3]. Neben dem Trisaccharid kommt die Gentiobiose in den Enzianwurzeln auch frei vor. Den Konstitutionsbeweis durch Synthese erbrachten HELFERICH und Mitarbeiter[4].

```
HOCH        ───βCH
 |             |
HCOH         HCOH
 |             |
HOCH         HOCH
 |             |
HCOH         HCOH
 |             |
HCO──        HCO──
 |             |
H₂CO ──       H₂COH
        Gentiobiose
```

Man kennt sowohl die α- als auch die β-Form in krystallisiertem Zustand[5]:

α-Form (aus Methanol) $[\alpha]_D^{20} = + 31{,}0° \rightarrow + 9{,}6°$ (Wasser).

β-Form (aus 90%igem Äthanol) $[\alpha]_D^{20} = - 11{,}0° \rightarrow + 9{,}6°$ (Wasser). F. = 190 bis 195°. Das Phenylosazon schmilzt bei 179 bis 180°. $[\alpha]_D^{20} = - 72{,}2° \rightarrow - 44{,}4°$.

f) Cellobiose[6], 4-β-Glucosido-glucose, kommt in der Natur in freiem Zustand nicht vor. Als Bauelement der Cellulose und des Lichenins ist sie jedoch von großer theoretischer Bedeutung.

Zur Darstellung des Disaccharids bedient man sich des acetolytischen Abbaues der Cellulose, der unter günstigen Bedingungen[7] die gut krystallisierende Octacetylcellobiose in reichlicher Ausbeute liefert[8].

Octacetylcellobiose $[\alpha]_D^{20} + 42°(CHCl_3)$. F. = 220 bis 222°.

Cellobiose (β-Form) $[\alpha]_D^{20} + 34{,}6°$ (H_2O). F. = 225°.

Cellobiose und Glucose erzeugen im Rattenorganismus Muskel- und Leberglykogen in äquivalenten Mengen[9].

In der Natur sind noch eine Anzahl weiterer Oligosaccharide aufgefunden worden, die aber hier nicht ausführlicher behandelt werden sollen. Die wichtigeren sind im folgenden kurz zusammengestellt.

Reine Kunstprodukte wurden nicht berücksichtigt.

g) Scillabiose[10], 4-Glucosido-L-rhamnose. Im Meerzwiebelglykosid Scillaren-A.

h) Melibiose[11, 12], 6-α-Galaktosido-glucose. In Pflanzenexsudaten sowie als Bestandteil des Trisaccharids Raffinose.

i) Vicianose[13], 6-α-L-Arabinosido-glucose. Im Wickenglykosid Vicianin.

k) Primverose[13], 6-β-Xylosido-glucose. Als Ruberythrinsäure (= Alizarin-primverosid) im Krappfarbstoff. Ferner in vielen anderen pflanzlichen Glykosiden.

---

[1] BERGMANN, M., u. W. FREUDENBERG: B. **62**, 2783 (1929). — Synthese: GILBERT, V. E., F. SMITH and M. STACEY: Soc. **1946**, 622. — [2] BOURQUELOT, E., et H. HÉRISSEY: Cr. **132**, 571 (1900). Bull. Soc. chim. France [3] **29**, 363 (1903). — [3] BIERRY, H.: B.Z. **44**, 441 (1912). — [4] HELFERICH, B., K. BÄUERLEIN u. F. WIEGAND: A. **447**, 27 (1926). — HELFERICH, B., u. W. KLEIN: A. **450**, 219 (1926). — [5] BOURQUELOT, E., H. HÉRISSEY et J. COIRRÉ: Cr. **157**, 732 (1913). — [6] Beilstein **31**, 380. — [7] BRAUN, G.: Org. Syntheses **17**, 34, 36 (1937). — [8] Vgl. PLOETZ-FREUDENBERG S. 329. — [9] VANIMAN, C. E., and H. J. DEUEL: J. biol. Chem. **152**, 565 (1944). — [10] ZEMPLÉN, G.: Chem. Abstr. **33**, 4202 (1939). — [11] Beilstein **31**, 421. — [12] HUDSON C. S., and T. S. HARDING: Am. Soc. **37**, 2734 (1915). — [13] Siehe MCCLOSKEY, C. M., and G. H. COLEMAN: Am. Soc. **65**, 1778 (1943).

l) Rutinose [1,2], 6-β-L-Rhamnosido-glucose. Im Rautenglykosid Rutin. (Formel s. S. 270).

m) Robinobiose [2], 6-β-L-Rhamnosido-galaktose. Im Glykosid Robinin der unechten Akazie, Bestandteil des Trisaccharids Robinose.

n) Turanose [3], 3-α-Glucosido-fructose. Bestandteil des Trisaccharids Melezitose.

o) Laminaribiose [4], 3-β-Glucosido-glucose. Bauelement des Braunalgen-Polysaccharids Laminarin.

p) 3-Galaktosido-L-arabinose [5] aus Gummi arabicum.

q) Sophorose [6], 2-β-Glucosido-glucose. Aus Sophora-flavonolosid.

r) 4(?)-Glucuronido-glucuronsäure [7]. Im Süßholz-glykosid Glycyrrhizin.

s) 4-Glucuronido-xylose [8] und

t) 2-Galakturonido-L-rhamnose [9] aus Pflanzenschleimen.

β) Trisaccharide.

a) Melezitose [10] besteht aus 2 Mol Glucose und 1 Mol Fructose. Vorsichtige Säurespaltung liefert Glucose und Turanose (s. oben). Da das Trisaccharid nicht reduziert, muß die abgespaltene Glucose am C_1 mit der reduzierenden Gruppe der Fructose (C_2) verknüpft gewesen sein. Man nimmt an, daß diese Verknüpfung sterisch der Saccharose (s. oben) entspricht, obwohl die Melezitose von Invertase nicht angegriffen wird (Behinderung des Enzyms durch Substitution der Fructose an C_3).

Die Melezitose findet sich im Manna der Lärche und anderer Bäume und in süßen Ausscheidungen vieler Pflanzen, wie dem Honigtau von Linden und Pappeln. In trockenen Jahren mit ungenügender Nektarbildung kann Bienenhonig beträchtliche Mengen Melezitose enthalten, da die Bienen dann diese Ausscheidungen sammeln, das Trisaccharid aber nicht verdauen können.

b) Raffinose [11] besteht aus je 1 Mol Fructose, Glucose und Galaktose. Das Trisaccharid reduziert nicht. Da durch vorsichtige Säurespaltung oder durch Einwirkung von Invertase Fructose und Melibiose (s. oben), durch Spaltung mit α-Galaktosidase (im Emulsin) dagegen Galaktose und Saccharose gebildet werden, ist die Konstitution der Raffinose damit festgelegt.

Die Raffinose findet sich in vielen Pflanzen und kann aus australischem Eucalyptus-Manna oder aus Baumwollsamen gewonnen werden. In kleiner Menge ist sie in den Zuckerrüben (nicht im Zuckerrohr) enthalten und reichert sich bei der Zuckergewinnung in der Melasse an.

c) Planteose [12] ist ein Isomeres der Raffinose. Sie wurde in Wegericharten (Plantago) gefunden.

d) Gentianose [13] besteht aus 2 Mol Glucose und 1 Mol Fructose. Gentianose besitzt kein Reduktionsvermögen.

Schwache Säurewirkung oder Invertase spalten das Molekül in Fructose und Gentiobiose (s. oben), während Emulsin in Glucose und Saccharose zerlegt. Aus diesen Befunden ergibt sich zwangsläufig die Konstitution der Gentianose.

Der Zucker findet sich in den Wurzeln von Enziangewächsen.

[1] Beilstein **31**, 376. — [2] ZEMPLÉN, G., u. A. GÉRECS: B. **71**, 2520 (1938). — [3] HUDSON, C. S.: Adv. Carbohydrate Chem. **2**, 1 (1946). — [4] BARRY, V. C.: Sci. Proc. R. Dublin Soc. **22**, 423 (1941). — [5] SMITH, F.: Soc. **1939**, 744. — [6] GAKHOKIDZE, A. M.: J. gen. Chem. (USSR) **11**, 117 (1941) [Chem. Abstr. **35**, 5467 (1941)]. — [7] VOSS, W., u. J. PFIRSCHKE: B. **70**, 132 (1937). — [8] NISHIDA, K., and H. HASHIMA: J. agric. chem. Soc. Jap. **13**, 660 (1937) [Chem. Abstr. **32**, 4142 (1938)]. — [9] TIPSON, R. S., C. C. CHRISTMAN and P. A. LEVENE: J. biol. Ch. **128**, 609 (1939). — [10] HUDSON, C. S.: Adv. Carbohydrate Chem. **2**, 1 (1946). — Beilstein **31**, 466. — [11] Beilstein **31**, 462. — [12] WATTIEZ, N., et M. HANS: Bull Acad. R. Méd. Belg. **8**, 386 (1943). — [13] Beilstein **31**, 461.

e) Labiose[1] besteht aus 2 Mol Fructose und 1 Mol Galaktose. Die Struktur des in Eremostachys labiosa aufgefundenen Trisaccharids ist noch nicht aufgeklärt.

f) Robinose[2] besteht aus 2 Mol L-Rhamnose und 1 Mol Galaktose. Sie. wurde durch enzymatische Spaltung des Glykosids Robinin gewonnen.

g) Manninotriose[3] besteht aus 1 Mol Glucose und 2 Mol Galaktose.. Sie wurde aus Eschen-Manna gewonnen.

γ) Tetrasaccharide.

Stachyose[3] besteht aus 2 Mol Galaktose, 1 Mol Glucose und 1 Mol Fructose.

α-galaktosidasefreie Invertasepräparate spalten in Manninotriose (s. oben) und Fructose. Durch Hydrolyse des permethylierten Tetrasaccharids wurde seine Konstitution festgelegt: α-Galaktosido-1.6-α-galaktosido-1,4-α-glucosido-1,2-β-fructose. Stachyose findet sich im Pflanzenreich häufig in Gemeinschaft mit Raffinose und Saccharose.

δ) Pentasaccharide.

Verbascose[4] ist α-Galaktosido-1,6-stachyose. (Also eine Stachyose, an deren Galaktose-Ende eine weitere Galaktose angehängt ist.)

Der Zucker findet sich in verschiedenen Wollkrautarten.

2. Polysaccharide[5—21].

Von TH. PLOETZ und K. FREUDENBERG.

Inhaltsverzeichnis.

Seite

a) Die Grundlagen, entwickelt an Cellulose und Stärke 327
   α) Die Kettenmoleküle 327
   β) Die Einheitlichkeit der Kettenbindungen 328
   γ) Die Kettenlänge 330
   δ) Strukturanalyse der Cellulose mit Röntgenstrahlen 331
   ε) Lösungszustand, Form und Größe des Polysaccharid-Moleküls oder -Teilchens . . 331
b) Die einzelnen Polysaccharide 332
   α) Aus *einer* Monoseart bestehende (einheitliche) Polysaccharide 332
     1. Polysaccharide (ausschließlich) aus Glucose 332
       a) Cellulose S. 332.—Vorkommen, Darstellung S. 332. —Eigenschaften S. 333.—
       Abbau S. 334. — b) Lichenin 334. — c) Stärke 335. — Vorkommen, Morpho-
       logie S. 335. — Trennung von Amylose und Amylopektin S. 336. — Konsti-
       tution S. 337. — Die Reaktion der Stärke mit Jod S. 338. — Molekulargewicht
       der Stärke S. 339. — Enzymatischer Abbau (und Synthese) der Stärke S. 340.—
       d) Glykogen S. 342. — e) Hefeglucosan S. 343 — f) Andere Glucosane S. 343.

[1] STREPKOV, S. M.: J. gen. Chem. (USSR.) **9**, 1489 (1939). — [2] ZEMPLÉN, G., u. A. GERECS: B. **71**, 774, 2520 (1938). — [3] ADAMS, M., N. K. RICHTMYER and C. S. HUDSON: Am. Soc. **65**, 1369 (1943). — [4] MURAKAMI, S.: Proc. Imp. Acad., Tokyo **16**, 12 (1940). — **Zusammenfassende Darstellungen über Polysaccharide: 5—21.** Vgl. [5] BRIGL-PLOETZ: Kohlenhydrate S. 256, l. c. [1—46]. [6] STAUDINGER, H.: Die hochmolekularen organischen Verbindungen. Kautschuk und Cellulose. Berlin 1932. — [7] BURK, R. E., and O. GRUMMIT: The Chemistry of Large Molecules. (Frontiers in Chemistry, Bd. 1) New York 1943. — [8] BERNHAUER, K.: Grundzüge der Chemie und Biochemie der Zuckerarten. Berlin 1933. — [9] FREUDENBERG, K.: Tannin, Cellulose, Lignin. Berlin 1933. — [10] TOLLENS-ELSNER: Kurzes Handbuch der Kohlenhydrate 4. Aufl. von Dr. HORST ELSNER. Leipzig 1935, in der Folge zit.: „Tollens-Elsner“. — [11] SÄCHTLING, H.: Hochpolymere organische Naturstoffe. Braunschweig 1935. — [12] NORMAN, A. G.: The Biochemistry of Cellulose, the Polyuronides, Lignin etc. Oxford 1937. — [13] MARSH, I. T., and F. C. WOOD: An Introduction to the Chemistry of Cellulose. 3. Aufl. London 1945. — [14] OTT, E.: Cellulose and Cellulose Derivatives. New York 1943. — [15] HÄGGLUND, E.: Holzchemie. 2. Aufl. Leipzig 1939. Chemistry of Wood. New York 1949. — [16] MICHEEL, F.: Chemie der Zucker und Polysaccharide. Leipzig 1939, in der Folge zit.: „Micheel“. — [17] MEYER, K. H., u. H. MARK: Hochpolymere Chemie. Bd. II, Leipzig 1940. — Natural and Synthetic High Polymers. By K. H. MEYER. Translated by L. E. R. PICKEN. New York 1942. — [18] ELSNER, H.: Grundriß der Kohlenhydrat-Chemie. Berlin 1941. — [19] FREUDENBERG, K.: Beiträge zur Chemie der Kohlenhydrate. B. **76** (A), 71 (1943). — [20] HEUSER, E.: The Chemistry of Cellulose. New York 1944. — [21] PEAT, S.: Ann. Rev. **15**, 75 (1946).

Seite
2. Polysaccharide (ausschließlich) aus Fructose 343
    a) Allgemeines S. 343. — b) Inulingruppe S. 344. — c) Phleingruppe S. 345. —
    d) Irisin S. 346.
3. Polysaccharide (ausschließlich) aus Mannose 346
    a) Mannan S. 346. — b) Manno-carolose S. 346. — c) Hefemannan S. 347.
4. Polysaccharide (ausschließlich) aus Galaktose. 347
    a) Galakto-carolose S. 347. — b) Galaktogen S. 347. — c) Galaktane S. 347. —
    d) Galaktane unbekannten Baues S. 347.
5. Polysaccharide (ausschließlich) aus Arabinose 348
    a) L-Araban S. 348. — b) Genese der Pentosane S. 348.
6. Polysaccharide (ausschließlich) aus Aminoglucose (Glucosamin) 348
    Chitin S. 348.
β) Aus *verschiedenen* Zuckerarten bestehende (gemischte) Polysaccharide 350
  1. Gemischte Polysaccharide ohne Uronsäure 350
    a) Xylan und Arabo-xylan S. 350. — b) Galakto-araban und -mannan
    S. 350. — c) Gluco-mannan S. 350. — d) Caruban S. 351. — e) Varianose
    S. 351. — f) Galuteose S. 351.
  2. Teilweise aus Uronsäure bestehende Polysaccharide 351
    a) Pflanzengummi S. 351. — Gummi arabicum S. 351. — b) Pflanzenschleime
    S. 352.
  3. Aus Uronsäure bestehende Polysaccharide 352
    Alginsäure und Pektinstoffe S. 352.
γ) Polysaccharid-Mineralsäureester 354
  1. Agar 354
  2. Fucoidin 355
  3. Caragheenschleim 355
δ) Serologisch-spezifische Polysaccharide 355
    Spezifische Polysaccharide der Bakterien S. 355. — Spezifische Polysaccharide
    der Blutgruppen S. 358.

a) Die Grundlagen, entwickelt an Cellulose und Stärke.
α) Die Kettenmoleküle.

EMIL FISCHER[1] hat 1893 erkannt, daß die Polysaccharidbindung mit der Glykosidbindung übereinstimmt und bald darauf ausgesprochen[2], daß in den Polysacchariden die Zuckereinheiten auf dieselbe Art zusammengefügt sind wie in den Di- und Trisacchariden, die heute zur Untergruppe der Oligosaccharide[3] gezählt werden. Nachdem die Acetalbindung der Glykoside und Oligosaccharide erkannt war (B. TOLLENS, E. FISCHER), wurde die Vorstellung einer acetalartigen Verknüpfung vieler hintereinander geschalteter Monoseeinheiten auf die Polysaccharide übertragen. Eine erste, vorläufige Kettenformel der Cellulose hat B. TOLLENS[4] aufgestellt. Er hat — allerdings ohne Beweise — eine gleichartige Bindung von Glied zu Glied angenommen. Auch den Gedanken der langen, zum Ring geschlossenen Kette hat er erörtert. Die Vorstellung einer sehr langen offenen Kette hat 1915 J. BÖESEKEN für die Cellulose an Hand des Acetylgehaltes der acetylierten Cellodextrine und der Acetylcellulose entwickelt[5].

Diese *ältere Polysaccharidchemie* stützt sich auf folgende Feststellungen:

1. Cellulose und Stärke sind nur aus Glucose zusammengesetzt.

2. Bei der Hydrolyse bildet sich von den Polysacchariden bis zu den Monosen eine stetige Folge von Abbauprodukten, die sämtlich der Formel $(C_6H_{12}O_6)_n - (n-1)\,H_2O$ entsprechen. In den Polysacchariden, in denen n groß ist, vereinfacht sich die Formel zu $(C_6H_{10}O_5)_n$.

---

[1] FISCHER, E.: B. **26**, 2400 (1893). — [2] Vgl. FISCHER, E.: Untersuchungen über Kohlenhydrate und Fermente. S. 96. Berlin 1909. — [3] HELFERICH, B., E. BOHN u. S. WINKLER: B. **63**, 989 (1930). — [4] TOLLENS, B.: Kurzes Handbuch der Kohlenhydrate, Bd. 2. Breslau 1895. Hier wird die Bezeichnung „Kette" gebraucht. — [5] BÖESEKEN, J., J. C. v. D. BERG et A. H. KERSTJENS: Recu. Trav. chim. Pays-Bas **35**, 320 (1915/16).

3. Entsprechendes gilt für die Acetate. Die Zahl der Acetylgruppen je Monoseeinheit steigt von 3 im Polysaccharid stetig an bis zu 5 in der Monose.

4. Ein Teil der Polysaccharidbindungen ist von derselben Art wie die Bindung im zugehörigen Disaccharid (Cellobiose bei der Cellulose, Maltose bei der Stärke). In der Cellulose, die 40% Cellobiose liefert, sind mindestens 20% aller Bindungen von der Art der Cellobiosebindung. In der Stärke, die mit Enzymen gegen 90% Maltose bilden kann, stimmt mindestens etwa die Hälfte aller Bindungen mit der Maltosebindung überein.

In den Jahren vor und nach 1920 wurde die Entwicklung unterbrochen durch den Versuch, die Konstitution der Polysaccharide durch kleine Einheiten wie Bioseanhydride (Biosane) zu erklären. Diese Auffassung hat von vornherein mit den oben angeführten Tatsachen im Widerspruch gestanden und ist heute aufgegeben.

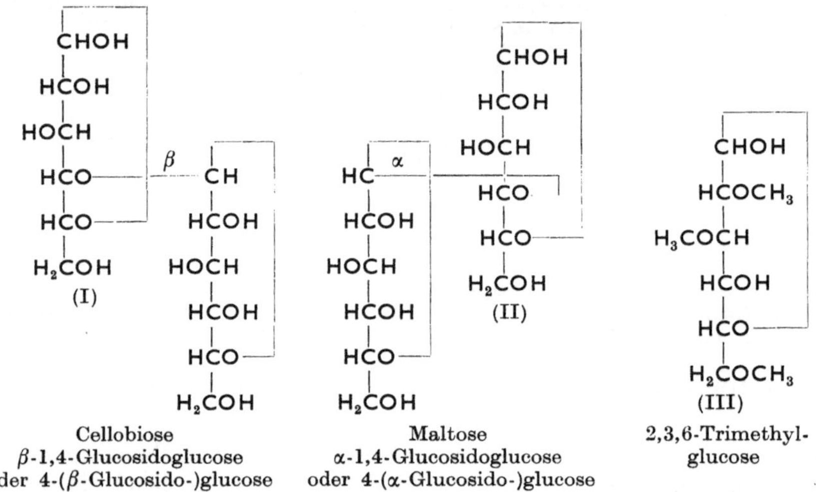

Cellobiose
β-1,4-Glucosidoglucose
oder 4-(β-Glucosido-)glucose

Maltose
α-1,4-Glucosidoglucose
oder 4-(α-Glucosido-)glucose

2,3,6-Trimethyl-
glucose

Wie diese Bindungen beschaffen sind, wurde 1926 von W. N. HAWORTH und seinen Mitarbeitern durch die Aufklärung der Konstitution der beiden Disaccharide gezeigt[1]. Mit diesem Konstitutionsbeweis, sowie mit der Beantwortung der Frage nach der Einheitlichkeit und Länge der Ketten, ferner mit der Krystallographie der gewachsenen Cellulose setzt die neuere Polysaccharidchemie ein. Die Untersuchung des Lösungszustandes schließt sich an.

β) Die Einheitlichkeit der Kettenbindungen.

Die Trimethyläther der beiden Polysaccharide liefern bei der Hydrolyse dieselbe 2,3,6-Trimethylglucose in hoher Ausbeute (Cellulose 90%[2], Stärke 80%[3]). Heute kann als festgestellt gelten, daß unter Berücksichtigung unvermeidlicher Verluste die vollständig durchmethylierte Cellulose der Ramie und Baumwolle zwischen 90 und 95%, die Kartoffelstärke etwa 90% der theoretisch zu erwartenden Menge dieses Spaltstückes liefern[4]. Bei weitem die Hauptmenge aller Einheiten kann daher in diesen beiden Polysacchariden nur in den folgenden 4 Anordnungen (IV—VII) vorliegen.

[1] HAWORTH, W. N.: The Constitution of Sugars. London 1929. — [2] IRVINE, J. C., and E. L. HIRST: Soc. 923, 529. — [3] HAWORTH, W. N., E. L. HIRST and J. I. WEBB: Soc. 1928, 2681. — [4] HESS, K., u. F. NEUMANN: B. 70, 728 (1937). — FREUDENBERG, K., u. H. BOPPEL: B. 71, 2505 (1938). — FREUDENBERG, K., E. PLANKENHORN u. H. BOPPEL: B. 71, 2435 (1938).

Ob diese Formen abwechseln oder ob in der Cellulose und Stärke jeweils nur eine von ihnen vorkommt, ist folgendermaßen entschieden worden.

Bei der *Acetolyse* der Cellulose entstehen im ganzen etwas mehr als 60% Cellobioseacetat, von denen 20% während der Reaktion wieder zerstört werden. Etwa 70% sind zu erwarten, wenn alle Bindungen *von der gleichen Art* sind[1]. Für den Abbau der Stärke mit Acetylbromid gilt das gleiche[2].

β—CH	HC—α	β—CH	HC—α
HCOH	HCOH	HCOH	HCOH
HOCH	HOCH	HOCH	HOCH
HCO—	HCO—	HCO—	HCO—
HCO—	HCO—	HCO—	HCO—
H_2COH	H_2COH	H_2COH	H_2COH
(IV)	(V)	(VI)	(VII)
β-Pyranosan (Schema der Cellulose)	α-Pyranosan (Schema der Stärke)	β-Furanosan	α-Furanosan

Die *Kinetik* des Abbaues der Cellulose und ihrer Oligosaccharide sowie der Stärke ist durch die Annahme ganz überwiegend gleichmäßiger Bindungen, und zwar nur durch diese Annahme, in sehr befriedigender Weise zu erklären[3]. Insbesondere sind Furanosidglieder (VI und VII) sowie alternierende α- und β-Bindungen auszuschließen.

Die *molekulare Drehung* der Cellulose und Stärke nebst der ihrer Oligosaccharide unterliegt einem einfachen Gesetz[4]:

$$[M]_n = [M]_2 + (n-2)\,[M]_m.$$

$[M]_n$ ist die molekulare Drehung des n-Saccharids; $[M]_2$ die des Disaccharids, $[M]_m$ die der einzelnen Mittelstücke, von denen jedes n-Saccharid $n-2$ besitzt (Cellotriose eines, Tetraose zwei usw.). Für das Polysaccharid mit sehr großem n wird $[M]_n = n \cdot [M]_m$; $[M]_n/n$, die molekulare Drehung der Monoseeinheit des Polysaccharids wird $= [M]_m$, der Drehung der Mittelstücke der zugehörigen Oligosaccharide.

Diese Gesetzmäßigkeit ist nur erklärbar, wenn 2 Bedingungen erfüllt sind. Die erste ist die Gültigkeit des Prinzips der optischen Superposition. Nachdem gefunden war[5], daß dieses Prinzip unter den Entfernungssatz der optischen Drehung fällt, war seine Anwendbarkeit im vorliegenden Falle zu erwarten. Die zweite Bedingung ist die überwiegend vorherrschende Gleichartigkeit aller Bausteine des betreffenden Polysaccharids in konstitutiver wie auch konfigurativer Hinsicht. Die Gleichmäßigkeit der überwiegenden Mehrzahl der Bindungen ist damit bewiesen.

Natürlich haben diese Messungen eine Grenze, an der ihre Genauigkeit aufhört. Für die Cellulose kann gesagt werden, daß höchstens *eine* fremde Bindungsart auf 100 bis 200 Cellobiosebindungen vorkommen kann. Bei der Stärke

[1] FREUDENBERG, K.: B. **54**, 767 (1921). — FREUDENBERG, K., u. E. BRAUN: A. **460**, 288 (1928). — FREUDENBERG, K., u. K. SOFF, B. **66**, 19 (1933). — [2] FREUDENBERG, K., u. K. SOFF: B. **69**, 1252 (1936); **70**, 264 (1937). — [3] FREUDENBERG, K., W. KUHN, W. DÜRR, F. BOLZ u. G. STEINBRUNN: B. **63**, 1510 (1930). — FREUDENBERG, K., u. W. KUHN: B. **65**, 484 (1932). — FREUDENBERG, K., u. K. SOFF: B. **66**, 19 (1933). — FREUDENBERG, K., u. G. BLOMQVIST: B. **68**, 2070 (1935). — FREUDENBERG, K., G. BLOMQVIST, L. EWALD u. K. SOFF: B. **69**, 1258 (1936). — Übersicht: FREUDENBERG, K.: B. **76** (A), 71 (1943). — [4] FREUDENBERG, K., K. FRIEDRICH u. ILSE BUMANN: A. **494**, 41 (1932). — [5] FREUDENBERG, K., u. W. KUHN: B. **64**, 713 (1931). — FREUDENBERG, K.: B. **76** (A), 71 (1943).

ist aus verschiedenen Gründen der Beweis weniger streng, er erlaubt jedoch in Übereinstimmung mit anderen Feststellungen, daß unter 25 Maltosebindungen höchstens eine andere vorhanden sein kann, die aber die α-Bindung eines Pyranosids sein müßte. Durch verschiedene neuere Arbeiten[1] ist wahrscheinlich geworden, daß native Baumwollcellulose auf etwa 500 Glucoseeinheiten eine wesentlich schneller spaltbare Fremdbindung enthält.

Somit ist die Konstitution und Konfiguration der Cellulose und Stärke in erster Annäherung durch die vielfache Wiederholung der Kettenglieder IV bzw. V (S. 329) auszudrücken.

In dieses Bild passen die im Laufe der Zeit aufgefundenen *Oligosaccharide*. Die *Cellotriose* und *Cellotetraose* sowie ein weiteres Abbauprodukt der Cellulose (wahrscheinlich Pentaose) sind krystallisiert erhalten worden[2]. Auch ihre Acetyl- und Methylderivate krystallisieren. Die Methylcellotriose ist auch synthetisch bereitet worden, und zwar auf eine Weise, durch die bewiesen ist, daß ihre beiden Bindungen der β-Reihe angehören[3]. Von der Maltosereihe sind bekannt die destillierbaren Methylderivate der *Maltotriose* und *Maltotetraose*[4], sowie die krystallisierende *Maltohexaose*, die auf enzymatischem Wege aus Stärke gewonnen wurde[5]. Diese Oligosaccharide fügen sich mit ihren sämtlichen Eigenschaften an dem ihnen zukommenden Platze zwischen Disaccharid und Polysaccharid ein.

γ) Die Kettenlänge.

Methylierte Cellobiose oder Maltose liefern bei der Hydrolyse die Hälfte, methyliertes Trisaccharid ein Drittel der Einheiten an Tetramethylglucose. Ein methyliertes n-Saccharid liefert $1/n$ der Einheiten in dieser Form. Macht man die Annahme, daß unverzweigte Ketten vorliegen, so ist *die Menge der Tetramethylglucose ein Maß für die Kettenlänge.* Tatsächlich hat man zunächst der Cellulose auf Grund solcher Messungen die Kettenlänge von 200, der Stärke die von 25 bis 30 Glucoseeinheiten zugesprochen.

Neuerdings hat sich gezeigt, daß aus methylierter *Baumwolle*[6] gar keine Tetramethylglucose, aus *Ramie*[7] keine oder nur 0,05% Tetramethylglucose[8] isoliert werden können. *Entweder beziffert sich die Kettenlänge auf Tausende von Einheiten* (nach G. V. Schulz und E. Husemann besteht native Baumwolle oder Ramie aus etwa 3200 Glucoseeinheiten), *oder die Übertragung der Vorstellung von den Oligosacchariden auf die Polysaccharide ist in diesem Punkte nicht angängig.* In vielen Fällen, z. B. bei den *Fructosanen*, ist von H. Schlubach erwiesen, daß die Endgruppen seitlich angegliederten Einheiten angehören, also durch Verzweigung der Hauptkette entstehen. Hier bedeutet die als „Kettenlänge" errechnete Zahl lediglich das Verhältnis der Gesamtzahl der Kettenglieder zu den Endgliedern. Bei der *Kartoffelstärke* beträgt diese Größe etwa 25 Einheiten[9].

Eine äußerst unbeständige Carboxylgruppe, die E. Schmidt[10] auf etwa 100 Einheiten der Cellulose findet, braucht ebensowenig eine Beziehung zur Kettenlänge zu haben.

---

[1] Schulz, G. V., u. E. Husemann: Z. Naturforsch. **1**, 268 (1946). — [2] Willstätter, R., u. L. Zechmeister: B. **62**, 722 (1929). — Zechmeister, L., u. G. Tóth: B. **64**, 857 (1931). — Zechmeister, L., H. Mark u. G. Tóth: B. **66**, 269 (1933). — Staudinger, H., u. E. O. Leupold: B. **67**, 479 (1934). — [3] Freudenberg, K.: Naturwiss. **17**, 959 (1929). — Freudenberg, K., u. K. Friedrich: Naturwiss. **18**, 1114 (1930). — Freudenberg, K., u. W. Nagai: A. **494**, 63 (1932). — [4] Freudenberg, K., K. Friedrich u. I. Bumann: A. **494**, 41 (1932). — [5] Waldschmidt-Leitz, E., u. M. Reichel: H. **223**, 76 (1934). — [6] Hess, K., u. F. Neumann: B. **70**, 728 (1937). — [7] Freudenberg, K., u. E. Braun: A. **460**, 288 (1928). — [8] Freudenberg, K., u. E. Plankenhorn: Naturwiss. **26**, 124 (1938). — [9] Haworth, W. N., E. L. Hirst and J. I. Webb: Soc. **1928**, 2681. — Freudenberg, K., u. H. Boppel: B. **71**, 2505 (1938). — [10] Schmidt, E., W. Jandebeur, M. Hecker, R. Schnegg u. M. Atterer: B. **69**, 366 (1936).

δ) Strukturanalyse der Cellulose mit Röntgenstrahlen[1].

M. Polanyi[2] hat aus den 1921 vorliegenden Messungen, insbesondere von R. O. Herzog und W. Janke, den Schluß gezogen, daß sich im krystallographischen Elementarkörper der gewachsenen *Cellulose* 4 Glucoseanhydrideinheiten befinden. Diese können nach Polanyi entweder als geschlossene Moleküle (2 Biosane oder 1 Tetraosan) oder als Ausschnitte aus Ketten vorliegen, die durch den Elementarkörper laufen. Die letztere Vorstellung stand mit der unmittelbar zuvor wahrscheinlich gemachten[3] *gleichmäßigen Kette* in Einklang. Das erste auf dieser Grundlage konstruierte Gittermodell, das zugleich der Pyranoseformel von Haworth und den Atomabständen der beiden Bragg Rechnung trägt, stammt von O. L. Sponsler und W. H. Dore[4]; es ist seither von vielen Forschern (K. H. Meyer, H. Mark[5], R. K. Andress u. a.) verbessert und verfeinert worden und steht heute in vollem Einklang mit der Vorstellung gleichmäßiger Ketten, die in geordneten Bereichen nebeneinander liegen.

ε) Lösungszustand, Form und Größe des Polysaccharid-Moleküls oder -Teilchens.

Die Cellulose nimmt unter den Polysacchariden eine besondere Stellung ein, weil sie der mengenmäßig bedeutendste organische Rohstoff ist, über den die Menschheit verfügt und weil die außergewöhnlichen mechanischen Eigenschaften zu einer Betrachtung nicht nur des Molekülbaues selbst, sondern auch der Anordnung der Moleküle untereinander Anlaß geben. Bei den anderen Polysacchariden kann sich die Betrachtung im wesentlichen auf den Molekülbau beschränken.

Die weitaus größte Menge der künstlichen Fasern wird durch Umformung der kurzfaserigen *Holzcellulose* (Faserlänge von der Größenordnung 1 mm) in beliebig lange Fäden erzeugt. Der Erfolg hängt von der Beherrschung der Cellulose im gelösten, gequollenen und festen Zustande ab. Am besten erforscht sind die beiden Grenzzustände: die sehr verdünnte Lösung und die natürliche Faser.

Zur Untersuchung der gelösten Polysaccharide dienen die Ultrazentrifuge und Vorrichtungen zur Messung der Diffusion, der Strömungsdoppelbrechung, des osmotischen Druckes und der Viscosität. Aus dem Vergleich der Ergebnisse verschiedenster Untersuchungsverfahren kann schließlich ein Bild gewonnen werden[6]. *Die einzelnen Moleküle der Cellulose* bestehen aus Tausenden (Baumwolle) oder hunderten (verarbeitete Cellulose) von Glucoseeinheiten. Niemals sind in einer Probe die Moleküle gleich groß und es gelingt auch durch Fraktionierung nur Anreicherung von Molekülen gleicher Größenordnung zu erzielen. Infolge der ziemlich einheitlichen Kettenlänge nativer Cellulose und der periodisch darin eingebauten Lockerstellen (s. oben) kann man durch bestimmte, vorsichtige Abbaumethoden allerdings zu Präparaten gelangen, deren Kettenlänge wesentlich einheitlicher ist, als bei völliger Gleichberechtigung aller Bindungen zu erwarten wäre. Nicht nur der Durchschnitts-Polymerisationsgrad, sondern auch der Umfang der Streuung um den Mittelwert ist für die Erscheinung maßgebend. Bei Fadenmolekülen, wie Cellulose, sind bei ein und derselben Probe die Erscheinungen der Viscosität vorwiegend von den großen Stücken beherrscht, während bei anderen Untersuchungsverfahren das Mittel oder die

---

[1] Vgl. Beitrag Kuhn, W.: Röntgenstrahlen S. 157, Strukturanalyse S. 168. — [2] Polanyi, M.: Naturwiss. **9**, 337 (1921). — [3] Freudenberg, K.: B. **54**, 767 (1921). — [4] Sponsler, O. L.: J. gen. Physiol. **9**, 677 (1926). — Sponsler, O. L., and W. H. Dore: Colloid Symp. Monogr. **4**, 174 (1926). — [5] Kratky, O., u. H. Mark: Anwendung physikalischer Methoden zur Erforschung von Naturstoffen. Fortschr. Chem. org. Naturstoffe 1, 255—351 (1938). (Messungen an Cellulose, Stärke, Glykogen, Inulin). — [6] Svedberg, The: Cellulose-Chem. **21**, 57 (1943).

kleineren Stücke maßgebend sind. Damit sind die Schwierigkeiten, übereinstimmende Ergebnisse zu erhalten, angedeutet.

In sehr verdünnter Lösung sind kleine Cellulosestücke gestreckt, größere geschlängelt oder geknäuelt[1] anzunehmen. In der gewachsenen Cellulose, z. B. der Baumwolle, verzahnen sich neben- und übereinanderliegende Kettenmoleküle dank ihrer Hydroxyle (Wasserstoffbindungen) zu geordneten Bereichen. Ein und dasselbe Kettenmolekül kann an mehreren Bereichen (Krystalliten) teilnehmen, auf den dazwischenliegenden Strecken ist es verdreht oder gewunden und daher in keiner geordneten Beziehung zu den Nachbarketten. Stränge von sehr vielen Kettenmolekülen bilden eine *Fibrille*. Die geordneten Bezirke oder Krystallite liegen im wesentlichen in der Fibrillenachse. Viele Fibrillen, die meistens schraubenartig, und zwar abwechselnd rechts und links um die Faserachse laufen, bilden die *Faser*[2].

Der *Hauptbestandteil der Stärke*, das *Amylopektin*, besitzt wegen der Verzweigung seiner Kette die Gestalt eines Ellipsoids. Neben dem Amylopektin kommt in der Stärke *in geringerer Menge* die unverzweigte kettenbildende *Amylose* vor. Auch diese Stärkebestandteile haben außerordentlich hohe mittlere Molekulargewichte.

Nach dieser Übersicht über die beiden typischen Polysaccharide Cellulose und Stärke werden die einzelnen Polysaccharide behandelt.

b) Die einzelnen Polysaccharide.
α) Aus einer Monoseart bestehende (einheitliche) Polysaccharide.

1. Polysaccharide (ausschließlich) aus Glucose.

a) Cellulose[3]. Die allgemeine Konstitutionsformel dieses Polysaccharids ist im vorangehenden Abschnitt abgeleitet (Formel IV, S. 329).

Vorkommen. Cellulose ist die wichtigste Gerüstsubstanz der Pflanzen. In Mikroorganismen kommt sie nur vereinzelt vor, so in der Zellhaut von Acetobacter xylinum (und A. xylinoides), das auf Hexosen wächst[4]. Cellulose fehlt in Sproßpilzen, findet sich dagegen in Algen und Flechten[5]. Im Tierreich enthalten die Mäntel der Tunikaten das Polysaccharid[6] (Tunicin.)

Trockenes Holz enthält etwa 40% Cellulose. Nahezu rein und leicht vollends zu reinigen finden wir sie in den Samenfäden vieler Pflanzen, insbesondere des Baumwollstrauches. Alle pflanzlichen Fasern bestehen aus Cellulose, die mehr oder weniger mit anderen Polysacchariden und sonstigen organischen Stoffen vermengt sind. Die Reinigung beruht auf der Unlöslichkeit der Cellulose in organischen Lösungsmitteln, in Wasser, Laugen und verdünnten Säuren.

Darstellung. Watte ist nicht ganz unveränderte, 98 bis 99%ige Baumwollcellulose. Aus dem Holz, insbesondere der Fichte, wird Cellulose in gewaltigen Mengen gewonnen (Welterzeugung jährlich über 10 Millionen Tonnen[7]. Die Cellulose des Holzes ist eingebettet in Kittsubstanzen. Diese bestehen zum Teil aus leichter hydrolysierbaren Polysacchariden, in denen außer Glucose,

---

[1] Vgl. dagegen KUHN, W.: Exper. **3**, 315 (1947). — [2] Fasermodelle sind abgebildet von SCARTH, W. G., R. D. GIBBS and J. D. SPIER: Trans. R. Soc. Canada (V) [3] **23**, 269 (1929). Vgl. FREUDENBERG, K.: Tannin, Cellulose, Lignin. S. 142. Berlin 1933, sowie von ANDERSON, D. B. and TH. KERR: J. industr. engng. Chem. **30**, 48 (1938). — [3] Literatur über Cellulose s. S. 326, [6-21]. — [4] BROWN, A. J.: Soc. **1886**, 432. — Neuere Bearbeiter BARSHA, J., and H. HIBBERT: Canad. J. Res. **10**, 170 (1934), [C. **1934 II**, 229]. — [5] ASAHINA, Y.: Flechtenstoffe. Fortschr. Chem. org. Naturstoffe **2**, 27—60 (1939). — [6] SCHMIDT, C.: A. **54**, 318 (1845). — SCHÄFER: A. **160**, 312 (1871). — Neuere Literatur. HESS, K.: Die Chemie der Cellulose und ihrer Begleiter. S. 8. Leipzig 1928. — [7] SCHMIDT, ALB.: Die industrielle Chemie. S. 545. Berlin-Leipzig 1934.

Mannose, Xylose und Arabinose auch Uronsäure enthalten ist. Man nennt sie *Hemicellulosen*. Ein anderer Teil der Kittsubstanz ist das *Lignin*[1,2], das der Klasse der phenolartigen Verbindungen angehört. Um die Holzcellulose *(Zellstoff)* freizulegen, benutzt man mehrere Verfahren: Kochen mit Laugen und Alkalisulfid, mit saurem schwefligsaurem Salz, vorsichtiges Erwärmen mit Salpetersäure. In allen Fällen bleibt die unlösliche Cellulose zurück.

Die Cellulose verschiedener Pflanzen zeigt keine deutlichen Unterschiede in bezug auf die molekulare Struktur. Dagegen zeigen Präparate verschiedener Herkunft Unterschiede in der Lagerung der Kettenmoleküle zueinander, indem diese mehr oder weniger ausgerichtet und geregelt nebeneinander liegen können[3-5].

Eigenschaften. Cellulose ist ohne nachweisbare Veränderung nur in sehr wenigen und außergewöhnlichen *Lösungsmitteln* löslich. Hierhin gehören heiße konzentrierte Lösungen von Calciumrhodanid (P. P. v. WEIMARN) und starke heiße wäßrige Lösungen von gewissen quartären Ammoniumbasen und Aminoxyden (TH. LIESER). Beim Erkalten bilden diese Lösungen ein Gel, aus dem das Salz oder die Ammoniumbase durch Dialyse entfernt werden kann. Die Cellulose bleibt alsdann als äußerst voluminöse Gallerte zurück. Dialysiert man die Lösung in Ammoniumbasen gegen wäßriges Alkali, so wird eine viscose alkalische Celluloselösung erhalten (LIESER).

Alle übrigen Verfahren zum Auflösen der Cellulose beruhen auf chemischen Eingriffen. Starke kalte Lösungen von Kupferoxydammoniak lösen Cellulose unter Bildung einer Komplexverbindung[6] (SCHWEITZERs *Lösung*[7]). Durch verdünnte Säuren wird die Cellulose wieder ausgefällt. Gegenüber dem ursprünglichen Stoff enthält dieses Produkt schwer zu entfernendes Wasser. Außerdem ist eine Verkleinerung des Moleküls (der Kettenlänge) schwer zu vermeiden. Hieran ist vorwiegend Oxydation schuld. Dasselbe gilt für die aus ,,Viscoselösung" regenerierte Cellulose. Beim *Viscoseverfahren* wird Cellulose mit starkem Alkali und alsdann mit Schwefelkohlenstoff behandelt. Hierbei bildet etwa jeder zweite Glucoserest am Hydroxyl 6 eine Xanthogenatgruppe.

$$\overset{\displaystyle H}{\underset{\displaystyle H}{-C}}OH + NaOH + CS_2 \rightarrow \overset{\displaystyle H}{\underset{\displaystyle H}{-C}}OC\underset{\diagdown S}{\overset{\diagup SNa}{<}} + H_2O\,.$$

Durch diese Salzbildung geht die Cellulose in eine hochviscose Lösung über. Verdünnte Säuren zerlegen diese Verbindung und fällen die Cellulose aus. Wenn die Lösung aus feinen Düsen in Säure gepreßt wird, bildet sich eine Kunstfaser, indem die Kettenmoleküle durch die Strömung ausgerichtet werden und sich über gewisse Strecken des Moleküls hin gegenseitig verzahnen wie die Bänder eines Reißverschlusses.

Bei anderen Umsetzungen reagiert die Cellulose permutoid (d. h. ohne sich zu lösen; sie reagiert ,,durch")[8]. Durch Einwirkung eines Gemisches von Salpetersäure mit Schwefelsäure, Phosphorsäure oder Überchlorsäure entsteht *Nitrocellulose*, die bis zu 3 Salpetersäureestergruppen je Glucoseeinheit enthält. Aus Baumwolle hergestellte Nitrocellulose heißt *Schießbaumwolle*. Sie besitzt noch

[1] FREUDENBERG, K.: Lignin. Fortschr. Chem. org. Naturstoffe 2, 1—26 (1939). — FREUDENBERG, K.: Tannin, Cellulose, Lignin. Berlin 1933. — [2] HIBBERT, H.: Lignin. Ann. Rev. 11, 183 (1942). — FREUDENBERG, K.: Svensk. kem. T. 55, 201 (1943). — [3] SÄCHTLING, H.: Hochpolymere organische Naturstoffe. Braunschweig 1935. — [4] HERMANS, P. H.: Contribution to the Physics of Cellulose Fibres. New York-Amsterdam 1946. — [5] COMPTON, J.: The molecular constitution of cellulose. Adv. Carbohydrate Chem. 3, 185 (1948). — [6] Eine ähnliche Rolle spielt das Kupfer in der FEHLINGschen Lösung gegenüber der Weinsäure. Siehe BRIGL-PLOETZ S. 275. — [7] MERCKs Reagenzienverzeichnis. 9. Aufl. S. 546. Darmstadt 1939. — [8] FORDYCE, CH. R.: Adv. Carbohydrate Chem. 1, 309 (1945).

die Faserstruktur. Nitrocellulose wird in der Schieß- und Sprengtechnik[1] in gewaltigen Mengen verwendet. Sie löst sich in verschiedenen organischen Lösungsmitteln. Beim Verdunsten dieser Lösungen bleibt sie als Film zurück.

Essigsäureanhydrid bildet in Gegenwart von Katalysatoren (z. B. wenig Schwefelsäure, Chlorzink, Perchlorsäure) *Acetylcellulose.* Man kann je Glucoseeinheit 3 oder auch weniger Acetylgruppen einführen. Auch diese Produkte lösen sich in verschiedenen organischen Flüssigkeiten. · Die beim Verdunsten hinterbleibenden Filme sind schwer brennbar. Die Lösungen dienen als Lacke.

Abbau der Cellulose. Von kalter, wäßriger 41%iger Salzsäure wird Cellulose gelöst und rasch hydrolysiert („verzuckert", R. WILLSTÄTTER); hierauf beruht ein Holzverzuckerungsverfahren (FR. BERGIUS, E. HÄGGLUND). Kalte 66%ige Schwefelsäure löst gleichfalls und verzuckert langsam aber vollständig. Sehr verdünnte Schwefelsäure (0,5%) verzuckert rasch bei 170° (H. SCHOLLER).

Cellulasen. Die Wirbeltiere verfügen über keine die Cellulose abbauenden Fermente. Den teilweisen Abbau, den die fein verteilte Cellulose der Blätter und des Grases dennoch insbesondere bei den Wiederkäuern erleidet, besorgen die im Verdauungstrakt anwesenden *Mikroorganismen.* Eine Anzahl *wirbelloser Tiere* ist imstande, Cellulose zu verdauen (z. B. Schnecken); andere wie Termiten bedienen sich gleichfalls der Mikroorganismen. Schimmelpilze enthalten eine spezifische Polyglucosidase[2], „welche die native Cellulose sowie hoch- und höhermolekulare Abbaustoffe spaltet, während die normale β-Glucosidase nur β-Glucoseketten bis zu 6 Gliedern hinauf spaltet"[3].

Der Abbau der Cellulose durch gewisse Mikroorganismen und Pilze führt zu weiteren Umwandlungsstoffen wie niederen Fettsäuren und Methan. Dieses im Faulschlamm auftretende Sumpfgas entstammt hauptsächlich der Cellulose. Bei den meisten Fäulnisvorgängen wird die Cellulose als Kohlendioxyd an die Atmosphäre zurückgegeben, ein Vorgang von entscheidender Bedeutung für den Haushalt der Natur, da auf diese Weise der in ungeheuren Mengen als Cellulose festgelegte Kohlenstoff seinem Kreislauf zurückgegeben wird (siehe Bd. 2, Vgl. Physiol. Chemie der Pflanzen).

b) Lichenin ist ein Bestandteil der Zellwand verschiedener Flechten[4]. Es löst sich in heißem Wasser, aus dem es sich beim Ausfrieren abscheidet. Mit Jod gibt es keine Färbung. Aus dem Ergebnis des sauren und des enzymatischen Abbaues, welch letzterer 96% Glucose liefert[5], geht hervor, daß es ganz oder zumindest zum größten Teil aus Glucose besteht. Für einen Teil der Verknüpfungen ist die *Cellobiosebindung* erwiesen, da bei der Hydrolyse geringe Mengen dieses Disaccharids erhalten werden. Bei fermentativer Spaltung mit cellobiasefreien Enzymen wurde bis zu 100% Cellobiose erhalten[6]. Die Hydrolyse des Methyllichenins ergibt hauptsächlich 2,3,6-Trimethylglucose sowie eine geringe Menge Tetramethylglucose (0,8%), die bei Annahme einer geraden Kette auf eine Länge derselben von etwa 120 Glucoseeinheiten schließen läßt[7]. Die Löslichkeitseigenschaften sowie die Drehwerte des Lichenins (und seiner Derivate) verbieten jedoch den Schluß, daß es sich einfach um eine niederpolymere Cellulose

[1] SCHMIDT, A.: Industrielle Chemie. S. 644. Berlin-Leipzig 1934. — Siehe auch HASKINS, J. F.: Adv. Carbohydrate Chem. **2**, 279 (1946). — [2] GRASSMANN, W., L. ZECHMEISTER, G. TÓTH u. R. STADLER: A. **503**, 167 (1933). — [3] Zitiert nach einer Übersicht von WEIDENHAGEN, W.: Angew. Chem. **47**, 454 (1934). — s. PLOETZ-WEIDENHAGEN S. 1046. — *Älteres Schrifttum:* [4] HESS, K.: Die Chemie der Cellulose und ihrer Begleiter. Leipzig 1928. — [5] KARRER, P., u. M. STAUB: Helv. **7**, 518 (1924). — [6] PRINGSHEIM, H., u. W. KUSENACK: H. **137**, 265 (1924). — GRASSMANN, W., u. H. RUBENBAUER: M. m. W. **1931 II**, 1818. — [7] HESS, K., u. L. W. LAURIDSEN: B. **73**, 115 (1940).

handelt. Auch das Röntgendiagramm weicht von dem der Cellulose ab[1]. K. H. MEYER und P. GÜRTLER[2] konnten zeigen, daß die unterschiedlichen Eigenschaften von Cellulose und Lichenin in der verschiedenen Art der Kettenverknüpfung begründet sind. Die Licheninkette enthält nämlich neben den β-1,4-Bindungen noch 27% 1,3-Verknüpfungen, wie aus der Isolierung von 2,4,6-Trimethylglucose aus den Spaltprodukten des Methyl-Lichenins hervorgeht.

Das in kaltem Wasser lösliche Isolichenin[3] wurde in mehrere Polysaccharid-Individuen zerlegt.

c) Stärke[4-14]. In erster Näherung ist die Stärke das α-Isomere der Cellulose. Wie diese besteht sie ausschließlich aus Glucosebausteinen. Die Mehrzahl ihrer Einheiten (von 100 etwa 90) entspricht der Formel V, S. 329. Bei der Hydrolyse der methylierten Kartoffelstärke treffen auf je 25 Spaltzucker eine 2,3,4,6-Tetramethylglucose und eine 2,3-Dimethylglucose. Da letztere die Anwesenheit von Verzweigungen beweist, gibt die Menge der ersteren keinen Aufschluß über die Molekülgröße. Es hat sich gezeigt, daß die Kartoffelstärke kein einheitliches Polysaccharid ist, sondern daß sie aus 2 Arten von Polysacchariden besteht, von welchen die „Amylose" aus unverzweigten α-1,4-verknüpften Glucoseketten (Formel V, S. 329) besteht, während das „Amylopektin", bei gleichem Verknüpfungsprinzip noch Verzweigungsstellen aufweist, an welchen Seitenketten am C_6 der Glucosen der Hauptkette angeheftet sind. Das Mischungsverhältnis dieser beiden Polysaccharide ist je nach der Herkunft der Stärke verschieden.

Tabelle 62. Amylosegehalt verschiedener Stärkearten[15].

Stärke	% Amylose
Klebreis	} 0
Wachsmais	
Tapioka	} 17
Reis	
Mais	21
Kartoffel	22
Weizen	24
Sago	27
Lilienknolle	34
(wrinkle-seeded) Erbsen[16]	75

Die Kenntnis des Amylose:Amylopektin-Verhältnisses kann daher Aufschluß über die Herkunft einer Stärkeart geben. Allerdings kann sich dieses Verhältnis auch innerhalb der Teile einer einzelnen Pflanze stark verschieben[17].

Weitere Eigenschaften müssen somit für die Identifizierung einer Stärkesorte herangezogen werden: Größe und Gestalt des Stärkekorns, Quellungsverhalten, Jodfärbung, Polarisation und Verkleisterungstemperatur[7].

Vorkommen, Morphologie. Die Stärke entsteht durch den Assimilationsprozeß (siehe W. KUHN, S. 51, Bd. 2, Vgl. Physiol. Chemie der Pflanzen) aus CO_2

---

[1] HERZOG, R. O., u. H. W. GONELL: H. **141**, 66 (1924). — Von dem Diagramm umgefällter Cellulose ist es allerdings nicht zu unterscheiden. OTT, E.: Helv. **9**, 31 (1926). — [2] MEYER, K. H., et P. GÜRTLER: Helv. **30**, 751 (1947); **31**, 100 (1948). — [3] MEYER, K. H., et P. GÜRTLER: Helv. **30**, 761 (1947).

Zusammenfassende Darstellungen über Stärke: 4—14. [4] SAMEC, M.: Kolloidchemie der Stärke. Dresden 1927. — [5] MEYER, K. H., u. P. BERNFELD: Melliand Textilber. **29**, 165 (1948). — [6] RADLEY, J. A.: Starch and its Derivates. 2. Aufl. London 1943. — [7] KERR, R. W.: Chemistry and Industry of Starch. Starch Sugars and Related Compounds. New York 1944. — [8] SAMEC, M., u. M. BLINC: Die neuere Entwicklung der Kolloidchemie und der Stärke. Dresden-Leipzig 1941. — [9] HAWORTH, W. N.: J. Soc. chem. Ind. **53**, 1059 (1934). Soc. **1946**, 543. — [10] FREUDENBERG, K.: Chem.-Ztg. **60**, 853 (1936). — [11] PEAT, S.: Starch. Ann. Rev. **15**, 75 (1946). — [12] s. a. BRIGL-PLOETZ S. 322. — [13] KERMACK, W. O.: Sci. Progr. **34**, 778 (1946). — [14] MYRBÄCK, K.: Stärke und Glykogen. SVEDBERG-Festschrift S. 474. Uppsala 1944.

[15] BATES, F. L., D. FRENCH and R. E. RUNDLE: Am. Soc. **65**, 142 (1943). — [16] NIELSEN, J. P., and P. C. GLEASON: Industr. engng. Chem., analyt. Edit. **17**, 131 (1945). — [17] MEYER, K. H., et P. HEINRICH: Helv. **25**, 1639 (1942).

und Wasser unter Mitwirkung von Chlorophyll und Licht. Sie ist das wichtigste pflanzliche Reservematerial. Am Bildungsort (Blatt) wird sie jedoch nicht in größerer Menge gestapelt, sondern enzymatisch zu Glucose abgebaut, welche in die·Wurzeln und Samen geleitet wird. Dort wird die Stärke resynthetisiert und in Form unlöslicher Körner gespeichert.

Größe (0,002 bis 0,15 mm) und Gestalt dieser Stärkekörner sind verschieden und für die betreffenden Pflanzen charakteristisch. In den Körnern ist die Stärke in Form konzentrischer Schichten angeordnet, innerhalb derer die Stärkemoleküle durch krystalline Bereiche teilweise geordnet vorliegen[1] (Polarisationsmikroskop). Nach FREY-WYSSLING[2] ist die Doppelbrechung des Stärkekorns keine Eigendoppelbrechung, sondern muß als Spannungsdoppelbrechung gedeutet werden. Die Röntgendiagramme zeigen, daß die Orientierung der nativen Stärke bei weitem nicht den Orientierungsgrad der Cellulosefaser erreicht[3]. Umgefällte Stärkepräparate können andere Orientierungsverhältnisse aufweisen (S. 339).

Die Stärkekörner enthalten meist kleine Mengen von Fremdsubstanzen wie Fettsäuren, Phosphorsäure u. a. Von diesen kommt aber nur die H_3PO_4 in echter chemischer Bindung mit der Stärke vor (am C_6 der Glucose) und auch nur in Wurzelstärken (z. B. Kartoffel)[4]. In allen anderen Fällen sind die Beimengungen durch physikalische Methoden entfernbar.

Das in kaltem Wasser unlösliche Stärkekorn quillt in heißem Wasser stark auf und bildet schließlich einen Kleister. Obwohl die native Stärke von Amylasen nur schwierig angegriffen wird, ist eine besondere Hautsubstanz des Korns nicht anzunehmen[5]. Das Amylopektin, der auch in heißem Wasser nur unvollständig lösliche Bestandteil der Stärke, ist für die Kleisterbildung verantwortlich.

Die sog. ,,lösliche Stärke'' des Handels ist durch Veränderungen, insbesondere des Amylopektins, entstanden. (Druckerhitzung mit Wasser, Behandlung mit Säuren, Erhitzen mit Glycerin.)

In gewissen Salzlösungen, in verdünnter Lauge sowie in einigen organischen Medien (Formamid, Ameisensäure) löst sich die Stärke ganz auf.

Trennung von Amylose und Amylopektin. Zur Zerlegung der Stärke in chemisch einheitliche Polysaccharide sind eine große Zahl von Methoden in der Literatur vorgeschlagen worden. Im Lichte der neueren Erkenntnisse über den Bau dieser Polysaccharide ist aber ein großer Teil dieser Verfahren wertlos, da er mit Sicherheit nicht zu dem angestrebten Ergebnis führt. Als zweckmäßigster Weg gilt heute ein Vorschlag von SCHOCH[6]: Entfettete Stärke wird mit 50 Teilen Wasser und 5 Teilen Butanol (oder Cyclohexanol, oder Amylalkohol) 2 h auf 109° erhitzt. Nach Zusatz von 2 Teilen Isoamylalkohol fällt die Amylose beim Abkühlen als krystalline Butanoladditionsverbindung aus. Amylopektin wird anschließend mit Alkohol gefällt.

Auch durch Wasser allein kann eine Trennung der Stärkebestandteile erreicht werden, wenn durch wiederholte Behandlung (bei 70 bis 80°) die Amylose heraus-

---

[1] MEYER, A.: Untersuchungen über die Stärkekörner. Jena 1895. Vgl. auch das Buch von SAMEC, M.: l. c. S. 335. Ferner die zusammenfassende Untersuchung von BADENHUIZEN, N. P., jr.: Protoplasma 28, 293 (1937); Recu. Trav. bot. néerl. 35, 559 (1938). — FREY-WYSSLING, A.: Submikroskopische Morphologie des Protoplasmas und seiner Derivate. Berlin 1938. Submicroscopic Morphology of Protoplasma and its Derivatives. New York, Amsterdam, London, Brüssel 1948. — SPAICH, H.: Ber. schweiz. bot. Ges. 52, 175 (1942). — [2] FREY-WYSSLING, A.: Naturwiss. 28, 78 (1940). — [3] Siehe KERR, R. W.: l. c. S. 335. — [4] POSTERNAK, T.: Helv. 18, 1351 (1935). — [5] SCHOEN, M.: Bull. Soc. Chim. biol. 12, 1033 (1830). — BALLS, A. K., and S. SCHWIMMER: J. biol. Ch. 156, 203 (1944). — [6] SCHOCH, T. J.: Am. Soc. 64, 2957 (1942). Adv. Carboydrate Chem. 1, 247 (1945). —

gelöst wird[1]. Durch Assoziation scheidet sich diese dann allmählich aus der gewonnenen Lösung ab (Alterung).

Konstitution. Wie eingangs erwähnt, kann die Stärke als das α-Isomere der Cellulose betrachtet werden. Dies gilt aber nur für den *Amylose*-Anteil. Auf dem üblichen Wege über das methylierte Polysaccharid konnte gezeigt werden, daß Amylose keine Verzweigungsstellen besitzt. Mais-Amylose ergab 0,3% Tetramethylglucose, was einer Kettenlänge von 300 Einheiten entspricht[2]. Daß nur 1,4-Verknüpfung vorliegt, folgt aus der ausschließlichen Isolierung von 2,3,6-Trimethylglucose. Die Ausschließlichkeit der α-Verknüpfung folgt aus kinetischen und optischen Daten[3] sowie aus dem Verhalten gegen Enzyme[4].

Die unter den Spaltzuckern der Methylstärke vorhandenen 3,8 bis 4,6% 2,3-Dimethylglucose[5], die von Verzweigungsstellen herrühren, sind also ganz auf das Konto des *Amylopektins* zu setzen. Dieses muß somit ein ziemlich stark verzweigtes Molekül besitzen, ein Schluß, den STAUDINGER[6] schon vor der Isolierung der 2,3-Dimethylglucose gezogen hat auf Grund des viscosimetrischen Verhaltens der Stärke und aus der Endgruppenzahl. Die Glucose der Verzweigungsstelle trägt an C_4 und C_6 je einen weiteren Glucoserest. Daß die Seitenketten nur an C_6 angehängt sind und nicht etwa auch an C_2 oder C_3 wurde durch das Ergebnis der HJO_4-Oxydation ebenfalls bestätigt[7].

Die Verzweigungsstelle im Amylopektin, dargestellt in der Schreibweise von E. FISCHER u. J. BÖESEKEN:

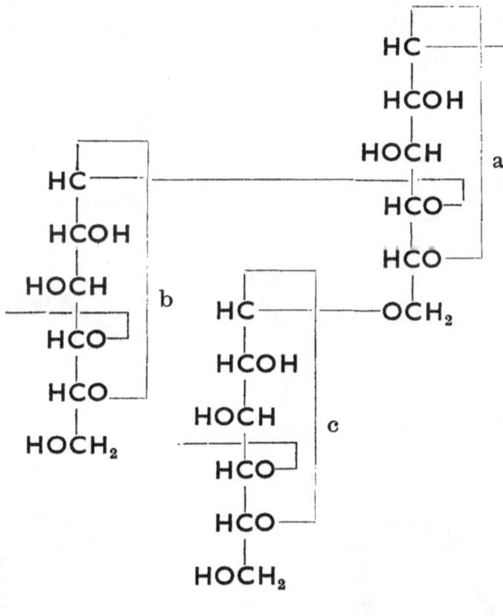

Das vorliegende Material erlaubt noch keine endgültige Aussage über den Bau des Amylopektinmoleküls. Mit einiger Wahrscheinlichkeit ausschalten läßt sich das Bild einer langen Hauptkette, der seitlich kürzere, unverzweigte

---

[1] MEYER, K. H., W. BRENTANO et P. BERNFELD: Helv. **23**, 845 (1940). — [2] MEYER, K. H., M. WERTHEIM et P. BERNFELD: Helv. **23**, 865 (1940). — [3] Siehe S. 329/30. — [4] Siehe PLOETZ-WEIDENHAGEN S. 1058ff. — [5] FREUDENBERG, K., u. H. BOPPEL: B. **73**, 609 (1940). — [6] STAUDINGER, H., u. H. EILERS: B. **69**, 819 (1936). Vgl. STAUDINGER, H., u. E. HUSEMANN: A. **527**, 195 (1937). — [7] HALSALL, T. G., E. L. HIRST, J. K. N. JONES and A. ROUDIER: Nature **160**, 899 (1947).

Ketten anhängen[1]. Zwischen den beiden, in folgenden Abbildungen schematisch dargestellten Möglichkeiten läßt sich jedoch eine Entscheidung noch nicht treffen.

Die Tatsache, daß Amylopektin sich in Fraktionen sehr verschiedenen Verzweigungsgrades aufteilen läßt, spricht sehr für einen Bau nach Abb. 20.

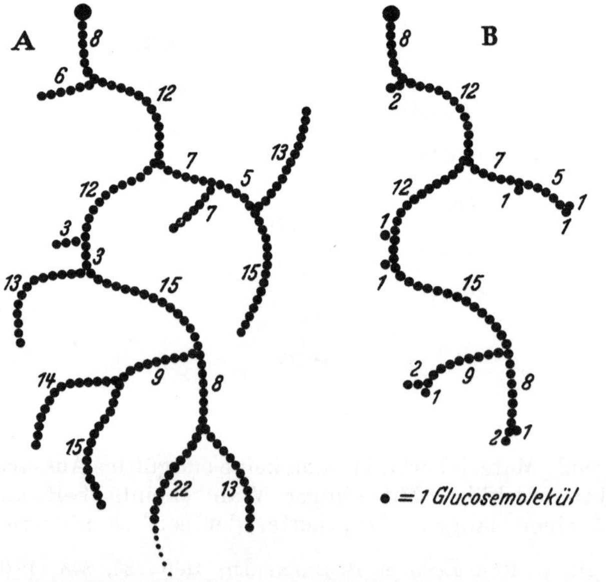

Reaktion der Stärke mit Jod. Stärkelösungen werden durch Jod intensiv blau bis violett gefärbt. Amylose wird rein blau, Amylopektinfraktionen (hergestellt durch Adsorption an Baumwolle) färben sich, je nach ihrem Verzweigungsgrad, blau bis violett bis rot, jedoch mit geringerer Farbintensität. Hierauf, und auf

Abb. 19. Modell eines Amylopektinmoleküls (A) von 200 Einheiten (jeder Punkt eine Glucoseeinheit) mit einem Aldehydende (dicker Punkt), 9 Verzweigungen, 10 Endstücken (5 Mol.-% Tetramethylglucose). Die Zahlen bedeuten die Anzahl der Glucoseeinheiten eines jeden Kettenabschnittes. Der β-amylatische Abbau würde 54% Maltose ergeben und das danebenstehende Grenzdextrin (B) mit 92 Einheiten hinterlassen.

---

[1] MEYER, K. H., P. GÜRTLER and P. BERNFELD: Nature **160**, 900 (1947).

der größeren Affinität, die Amylose zu Jod besitzt, beruhen 2 Methoden zur Bestimmung des Amylose-Amylopektin-Verhältnisses in Stärkelösungen[1].

Nach K. H. MEYER[2] ist die Verbindung von Jod und Stärke ein micellares Aggregat aus mehreren Amylose- und Aminopektinmolekülen mit mehreren Jodmolekülen. Andere Kolloide zeigen ein ähnliches Verhalten gegen Jod[3]. Die Frage, warum gerade Stärke und ihr verwandte Stoffe die Affinität zu Jod haben, läßt sich noch nicht beantworten. Wenn man eine schnecken- oder schraubenförmige Windung der Polysaccharidkette annimmt, so erhält man im Innern des Zylinders eine Anhäufung von H-Atomen, die diese Jodaffinität hervorrufen könnte[5]. Dieser von HANES[6] stammende Strukturvorschlag, der auch bei Enzymreaktionen der Stärke eine Rolle spielt[5], hat durch Röntgenuntersuchungen eine Bestätigung gefunden. Alkoholgefällte Stärke (= V-Modifikation) besitzt nach ihrem Röntgendiagramm Schneckenstruktur[7]. Der Amylose-Jod-Komplex enthält je Windung 1 Atom Jod eingeschlossen[8].

Die Jodfärbung ist an eine gewisse Molekülgröße gebunden. Beim Stärkeabbau mit β-Amylase (s. S. 340) verschwindet die Jodreaktion daher nur langsam, beim α-Amylaseabbau dagegen schnell. Die SCHARDINGER-Dextrine (s. S. 341) geben braunrote, Glykogen (s. S. 342) braunrote bis violette Jodfärbungen.

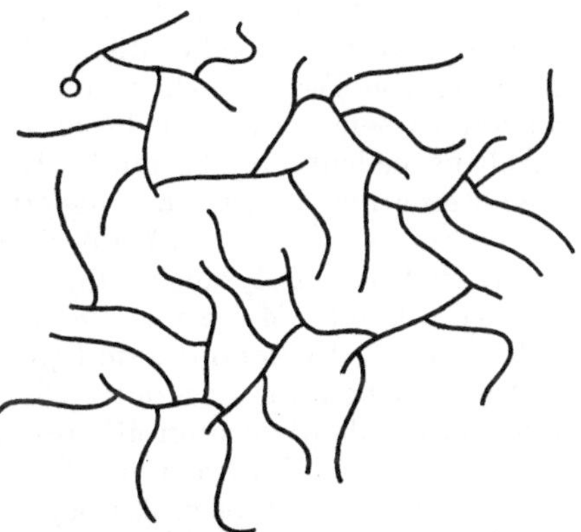

Abb. 20. Modell eines Amylopektinmoleküls aus kurzen Ketten gleicher bzw. ähnlicherLänge (MEYER-MYRBÄCK[4]). Die Zahl der Verknüpfungsstellen je Kette wird in unserer Abbildung zusätzlich als beliebig angenommen.

Molekulargewicht der Stärke. Ähnlich wie bei der Cellulose, so steht auch bei der Stärke der Messung des Molekulargewichtes (MG) die Schwierigkeit im Wege, Lösungen des Polysaccharids herzustellen, in welchen die Moleküle noch keinen Abbau erlitten haben. Hinzu kommt bei der Stärke die Neigung der Lösungen zur „Alterung", d. h. zu einer Assoziation der gelösten Moleküle.

Die Ergebnisse zahlreicher physikalischer und chemischer Methoden zeigen jedoch eindeutig, daß die MG von Amylose und Amylopektin in weiten Grenzen schwanken, und zwar nicht nur mit der Herkunft der Stärke, sondern auch innerhalb derselben Stärkesorte. So zeigt z. B.[9] Maisamylose MG zwischen 40000 und 340000, was Polymerisationsgraden zwischen 250 und 2100 entspricht. Das zugehörige Amylopektin besitzt einen Durchschnittspolymerisationsgrad von 280, ist aber ebenfalls molekularuneinheitlich. Die Polymerisationsgrade der entsprechenden Kartoffelstärkefraktionen betragen: Amylose 200 bis 700; Amylopektin 1100.

Physikalische Methoden ergeben zum Teil noch wesentlich höhere MG.

Es ist von großem Interesse, daß diese Methoden, soweit sie auch Aussagen über die *Gestalt* der gelösten Teilchen zulassen (Viscosität, Diffusion,

[1] MCCREADY, R. M., and W. Z. HASSID: Am. Soc. 65, 1154 (1943). — BATES, F. L., D. FRENCH and R. E. RUNDLE: Am. Soc. 65, 142 (1943). — [2] MEYER, K. H., et P. BERNFELD: Helv. 24, 389 (1941). — [3] BARGER, G., and F. J. EATON: Soc. 1924, 2407. — [4] MYRBÄCK, K.: Svensk. kem. T. 57, 60 (1944). — [5] FREUDENBERG, K., E. SCHAAF, G. DUMPERT u. T. PLOETZ: Naturwiss. 27, 850 (1939). — [6] HANES, C. S.: New Phytologist 36, 101, 189 (1937). — [7] RUNDLE, R. E., L. DAASCH and D. FRENCH: Am. Soc. 66, 130 (1944). — [8] RUNDLE, R. E., J. F. FOSTER and R. R. BALDWIN: Am. Soc. 66, 2116 (1944). — [9] MEYER, K. H., G. NOELTING et P. BERNFELD: Exper. 3, 370 (1947). Helv. 31, 103 (1948).

Ultrazentrifuge) ergeben haben, daß gelöste Amylosemoleküle[1] eine spiralig gekrümmte Gestalt haben (s. oben).

Enzymatischer Abbau der Stärke[2, 3]. Für den enzymatischen Abbau der Stärke stehen in der Natur eine Reihe von Fermenten zur Verfügung, welche diesen Abbau auf verschiedenen Wegen bewerkstelligen und zu verschiedenen Endprodukten führen.

1. Die *Hydrolyse*[4], also die Spaltung unter Einbau von Wasser. Die Fermente welche diesen Abbau katalysieren, heißen *Amylasen* und sind in der Natur weit verbreitet. Die Malzamylasen haben große technische Bedeutung.

Man unterscheidet 2 Amylasetypen:

α-*Amylase* (Dextrinogen-A.) spaltet Bindungen im Inneren des Stärkemoleküls, und zwar bevorzugt solche, die weit von den Kettenenden entfernt sind. Die Abspaltung von Bruchstücken aus ungefähr 6 Glucoseeinheiten scheint hierbei bevorzugt zu sein[5], weil bei dieser Länge der Spaltstücke die Geschwindigkeit des Abbaus bedeutend abnimmt. Randbindungen (in Nähe der Kettenenden) werden wesentlich langsamer angegriffen, Maltose überhaupt nicht.

Der α-amylatische Angriff auf Stärke führt demnach zu einem raschen Zusammenbruch des Polysaccharidmoleküls (Verflüssigung), die Jodfärbung verschwindet schnell. Mit abnehmender Kettenlänge der Bruchstücke verzögert sich der Abbau. Er kommt zum Stillstand, wenn nur noch Maltose und Glucose (aus Bruchstücken mit ungerader Gliederzahl) sowie die Verzweigungsstellen des Amylopektins als nicht angreifbares Trisaccharid vorliegen. Aus Amylose entstehen etwa 87% Maltose und 13% Glucose.

β-*Amylase* (Saccharogen-A.) beginnt demgegenüber ihren Abbau am Kettenende eines Polysaccharids[6] und spaltet von hier Maltose um Maltose ab. Maltose wird nicht angegriffen. Amylose wird somit vollständig in Maltose zerlegt[7], während bei Amylopektin etwa 40% als „Grenzdextrin" (Abb. 19 B) zurückbleiben[8]. Da dieses Grenzdextrin noch blaue Jodfärbung zeigt, kommt beim β-amylatischen Abbau der Stärke die Jodfärbung nicht zum Verschwinden.

Wenn (wie im Malz) beide Fermente zusammenwirken, sorgt die α-Amylase dafür, daß durch Aufspaltung zwischen den Verzweigungsstellen der β-Amylase immer wieder neue Angriffsstellen (Kettenenden) geboten werden.

Die Malzamylasen werden durch ihre verschiedene Säure- und Hitzebeständigkeit voneinander getrennt[9].

2. Die *Phosphorolyse*, d. h. die Spaltung der Stärke unter Einbau von Phosphorsäure an Stelle von Wasser. Ein Enzym, welches diese Reaktion katalysiert, wurde zuerst in tierischen Geweben gefunden[10]. Glykogen (s. S. 342) wird zu Glucose-1-phosphat (= Cori-Ester) abgebaut.

Ähnliche Fermente wurden auch im Pflanzenreich aufgefunden, und es wurde festgestellt, daß die Reaktion auch in umgekehrter Richtung katalysiert wird, daß also mit Hilfe der Phosphorylase die

[1] DOMBROW, B. A., and C. O. BECKMANN: J. physic. Chem. **51**, 107 (1947). — [2] Vgl. PLOETZ-WEIDENHAGEN S. 1058 ff. — [3] MYRBÄCK, K.: Products of the enzymatic degradation of starch and glycogen. Adv. Carbohydrate Chem. **3**, 251 (1930). — [4] SAMEC, M., u. E. WALDSCHMIDT-LEITZ: H. **203**, 16 (1931). — MEYER, K. H., M. WERTHEIM et P. BERNFELD: Helv. **23**, 865 (1940). — MEYER, K. H., et P. BERNFELD: Helv. **24**, 359 E (1941); **25**, 399 (1942). — MYRBÄCK, K., u. K. AHLBORG: B.Z. **307**, 69 (1940/41). — [5] MYRBÄCK, K.: J. prakt. Chem. [2] **162**, 39 (1943). — [6] OHLSSON, E.: H. **189**, 17 (1930). — FREUDENBERG, K., W. KUHN, W. DÜRR, F. BOLZ u. G. STEINBRUNN: B. **63**, 1510 (1930). — SAMEC, M., u. E. WALDSCHMIDT-LEITZ: H. **203**, 16 (1931). — BERNFELD, P., et P. GÜRTLER: Helv. **31**, 106 (1948). — [8] Z. B.: BLOM, J., A. BAK u. B. BRAAE: H. **241**, 273 (1936). — [9] OHLSSON, E.: H. **189**, 17 (1930). — BLOM, J., A. BAK u. B. BRAAE: H. **250**, 104 (1937). — KNEEN, E., R. M. SANDSTEDT and C. M. HOLLENBECK: Cereal Chem. **20**, 399 (1943). — [10] CORI, C. F., S. P. COLOWICK and G. T. CORI: J. biol. Ch. **121**, 465 (1937).

Synthese von Stärke und Glykogen[1] aus Glucose-1-phosphat durchgeführt werden kann. Von der Herkunft des Enzyms hängt es ab, ob die Synthese zu einem unverzweigten oder zu einem verzweigten Polysaccharid führt. Phosphorylase aus Muskel oder Kartoffel synthetisiert z. B. Amylose, während Fermente aus Leber, Herz, Hirn oder Hefe zu glykogen- bzw. amylopektinähnlichen Produkten führen.

Das mit Muskelphosphorylase synthetisierte Polysaccharid ähnelt in seiner Jodfärbung, seinen „Alterungs"erscheinungen, seinem Verhalten gegen Amylase und in seinem Röntgendiagramm weitgehend der natürlichen Amylose.

Um die Polysaccharidsynthese aus Glucose-1-phosphat in Gang zu bringen, ist es notwendig, daß eine Spur Polysaccharid in der Reaktionsflüssigkeit vorhanden ist[2]. Dieser Initialkatalysator ist um so wirksamer, je reicher an Endgruppen er ist[3]. Es hat sich gezeigt, daß das Ferment, an diese vorgegebenen Endgruppen anknüpfend, unverzweigte Amyloseketten aufbaut. Diese Ketten wachsen nicht ins Uferlose, sondern enden bei einer Größenordnung von 200 Gliedern. Kurze Initialketten sind daher zweckmäßiger als lange. Gibt man schon eine natürliche Amylose von der Kettenlänge 200 als Initialkatalysator zu, so werden deren Ketten nur um etwa 10% verlängert.

Aus Herz, Leber und Kartoffeln wurde ein Fermentprotein isoliert, welches die Muskelphosphorylase veranlaßt, ein verzweigtes Polysaccharid zu synthetisieren[4]. Dieses Protein scheint also für die Herstellung der erforderlichen 1,6-Verknüpfungen verantwortlich zu sein. Jede auf diese Weise gebildete Verzweigungsstelle bildet ein „Kettenende", an welchem die Phosphorylase dann in der geschilderten Weise weiterbaut.

3. Die *Umglucosidierung*, d. h. die Spaltung der Polysaccharidkette, gefolgt von einer Wiederverknüpfung. Durch eine solche Reaktionsfolge ist wohl die Bildung der „SCHARDINGER-*Dextrine*"[5] zu erklären[6], die durch die Fermente des Bac. macerans aus Stärke gebildet werden. Es sind dies nicht reduzierende, gut krystallisierende Verbindungen, die in Ausbeuten bis zu 60%, aus Amylose sogar bis 70% gewonnen werden[7].

Die Konstitutionsermittlung[8] hat ergeben, daß es sich um ringförmige Produkte handelt. Das „α-Dextrin" $(C_6H_{10}O_5)_6$ ist ein Hexaosan, in dem 6 Glucoseeinheiten durch 6 Maltosebindungen zum Ring geschlossen sind. Das „β-Dextrin"

[1] SCHÄFFNER, A., u. H. SPECHT: Naturwiss. **26**, 494 (1938). — KIESSLING, W.: Naturwiss. **27**, 129 (1939). B. Z. **302**, 50 (1939). — CORI, C. F., G. SCHMIDT and G. T. CORI: Science, N. Y. **89**, 464 (1939). — OSTERN, P., and E. HOLMES: Nature **144**, 34 (1939). — HANES, C. S.: Proc. R. Soc. London (B) **128**, 421 (1940); **129**, 174 (1940). — Vgl. PARNAS, J. K.: Glykogenolyse. Handb. Enzymol. (NORD-WEIDENHAGEN) **2**, 902 (1940). — HASSID, W. Z.: Biol. Rev. **18**, 311 (1943). — HAWORTH, W. N.: Proc. R. Soc. London (A) **186**, 1 (1946). — HASSID, W. Z., G. T. CORI and R. M. McCREADY: J. biol. Ch. **148**, 89 (1943). — BEAR, R. S., and C. F. CORI: J. biol. Ch. **140**, 111 (1941). — HAWORTH, W. N., S. PEAT and E. J. BOURNE: Nature **154**, 236 (1944). — MEYER, K. H., et P. BERNFELD: Helv. **25**, 399, 404 (1942). — [2] GREEN, D. E., and P. K. STUMPF: J. biol. Ch. **142**, 355 (1942). — [3] CORI, G. T., M. A. SWANSON and C. F. CORI: Fed. Proc. **4**, 234 (1945). — HIDY, P. H., and H. G. DAY: J. biol. Ch. **152**, 477 (1944); **160**, 273 (1945). — SOMERS, C. F., and E. SISLER: J. biol. Ch. **152**, 479 (1944). — KUZIN, A. M., u. V. J. IVANOV: Biochimia, Moskau **10**, 37 (1945). — [4] BOURNE, E. J., and S. PEAT: Soc. **1945**, 877. — [5] SCHARDINGER, F.: Z. Unters. Nahr.-Genußm. **6**, 865 (1903). — [6] FREUDENBERG, K., E. SCHAAF, G. DUMPERT u. T. PLOETZ: Naturwiss. **27**, 850 (1939). — [7] McCLENAHAN, W. S., E. B. TILDEN and C. S. HUDSON: Am. Soc. **64**, 2139 (1942). — KERR, R. W.: Am. Soc. **64**, 3044 (1942). — SAMEC, M.: B. **75**, 1758 (1942). — WILSON, E. J., T. J. SCHOCH and C. S. HUDSON: Am. Soc. **65**, 1380 (1943). — [8] FREUDENBERG, K., u. H. BOPPEL: B. **73**, 609 (1940). — FREUDENBERG, K., E. PLANKENHORN u. H. KNAUBER: A. **558**, 1 (1947). — FRENCH, D., and R. E. RUNDLE: Am. Soc. **64**, 1651 (1942). — GRUENHUT, N. S., M. L. CUSHING and G. V. CAESAR: Am. Soc. **70**, 424 (1948).

ist der analoge 7-gliedrige Ring. Das „γ-Dextrin" ist das entsprechende Cyclo-octa-glucan $(\alpha$—$1,4)$[1].

Die schon mehrfach erwähnte schraubenförmige Struktur der Stärke würde die Bildung dieser Dextrine in besonders zwangloser Weise deuten lassen[2]

d) Glykogen[3] übernimmt im Tierreich als Reservekohlenhydrat die Rolle der Stärke im Pflanzenreich. Man trifft das Glykogen aber nicht nur in sämtlichen Klassen des Tierreichs, sondern auch bei Pilzen, Hefe und Bakterien. Neuerdings sind in höheren Pflanzen Stärkefraktionen aufgefunden worden, die an der Grenze zwischen Amylopektin und Glykogen stehen[4].

Der tierische Organismus speichert das Glykogen vor allem in den Muskeln und in der Leber. Es wird aber nicht wie die Stärke in Partikelchen abgelagert, sondern bleibt im ganzen Protoplasma verteilt. Ein Teil des Glykogens ist mit heißem Wasser ausziehbar. Der Auffassung WILLSTÄTTERS[5], daß der unlösliche Anteil als Protein-Symplex vorliege, wird neuerdings widersprochen[6].

Zur *Isolierung des Glykogens* zerstört man die Begleitsubstanzen mit heißem Alkali, gegen welches Glykogen stabil ist. Mit kaltem Wasser bildet das Polysaccharid eine opalisierende Pseudolösung, aus welcher durch Ultrazentrifugierung[7] 70 bis 80% (je nach der Herkunft) der Substanz abgetrennt werden können. Elektrodialyse führt zu dem gleichen Ergebnis[8]. Reines Glykogen ist praktisch P-frei. In Abhängigkeit vom Verzweigungsgrad färben sich die Präparate mit Jod violett bis rot[9] (vgl. Amylopektin).

Die Konstitutionsermittlung ergibt, daß sich das Glykogen vom Amylopektin nur durch seinen höheren Verzweigungsgrad unterscheidet. Während in der Stärke auf je etwa 25 Glucoseeinheiten eine Endgruppe trifft (entsprechende Angaben über Amylopektinpräparate verschiedenen Verzweigungsgrades liegen noch nicht vor), unterscheidet man beim Glykogen bisher 2 Typen: Eines mit einer Endgruppe auf je 18 Einheiten und eines mit einer Endgruppe auf je 12 Einheiten[10].

Die mit physikalischen Methoden ermittelten MG bewegen sich zwischen 4 bis $14 \cdot 10^5$, was also Polymerisationsgraden bis 80 000 entsprechen würde[11]. Mit einer chemischen Methode (welche eine reduzierende Aldehydgruppe je Molekül voraussetzt) wurde das MG des gesamten Leberglykogens zu $2,9 \cdot 10^5$, das des löslichen Anteils (10%) zu $9,5 \cdot 10^4$ gefunden[12].

Die frühere Auffassung, daß die Glykogenteilchen in Lösung kugelige Gestalt besitzen, kann nicht aufrechterhalten werden. Insbesondere das Diffusionsverhalten zeigt, daß flache Ellipsoide vorliegen müssen mit einem Achsenverhältnis von 1:11 bis 1:18.

Glykogen wird von denselben Enzymen angegriffen wie Stärke, und der Abbau führt zu den gleichen Produkten. Da der stärkere Verzweigungsgrad wesentlich kürzere Kettenstücke zur Folge hat, kommt natürlich der β-amylatische Abbau früher zum Stillstand (bei 20—47% Abbau). Die enzymatische Glykogensynthese wurde schon beschrieben (s. S. 341).

[1] FREUDENBERG, K., u. Fr. CRAMER: Z. Naturforsch. 3b, 464 (1949). — [2] s.[6] S. 341. — [3] MEYER, K. H.: Adv. Enzymol. 3, 108 (1943). — [4] HASSID, W. Z., and R. M. McCREADY: Am. Soc. 63, 1632 (1941). — SUMNER, J. B., and G. F. SOMERS: Arch. Biochem. 4, 7 (1944).— [5] WILLSTÄTTER, R., u. M. ROHDEWALD: H. 225, 103 (1934). — [6] MEYER, K. H., et R. JEANLOZ: Helv. 26, 1784 (1943).— [7] LORING, H. S., and J. G. PIERCE: J. biol. Ch. 148, 35 (1943).— [8] SAMEC, M., et V. ISAJEVIČ: Cr. 176, 1419 (1923). — JEANLOZ, R.: Helv. 27, 1501 (1944). — [9] MEYER, K. H.: Adv. Enzymol. 3, 108 (1943). — [10] HAWORTH, W. N., E. L. HIRST and F. SMITH: Soc. 1939, 1914. — [11] BRIDGMAN, W. B.: Am. Soc. 64, 2349 (1942). — MEYER, K. H., et R. JEANLOZ: Helv. 26, 1784 (1943). — CHARGAFF, E., and D. H. MOORE: J. biol. Ch. 155, 493 (1944). — HUSEMANN, E., u. H. RUSKA: Naturwiss. 28, 534 (1940). — [12] MEYER, K. H., G. NOELTING et P. BERNFELD: Exper. 3, 370 (1947).

Über Glykogenbestimmung in Organen s. STAUDINGER[1], im Mais s. MORRIS[2]. Glykogenstoffwechsel s. Bd. 2, Kohlenhydratstoffwechsel.

e) Hefeglucosan[3]. Nach Entfernung des alkalilöslischen Hefegummis (Hefemannan, S. 347) bleibt als Membranbestandteil der Hefe ein in heißem Wasser unlösliches Polysaccharid zurück, das nach der Methylierung und Hydrolyse 2,4,6-Trimethylglucose liefert. Die Verknüpfungsstelle ist daher das Hydroxyl 3, die Glucose ist als Pyranose vorhanden[4]. Über die Konfiguration am Kohlenstoffatom 1 läßt sich vermuten, daß β-Anordnung vorliegt. Aus dem Verhalten gegen Perjodsäure folgt, daß auf 28 Glucoseeinheiten 1 Endgruppe trifft[5]. Dieses Hefeglucosan hat, wenigstens im Grundriß, die nebenstehende Formel. Analog gebaut ist das aus rund 16 Glucosegliedern bestehende *Laminarin*[6].

$$\begin{array}{c} \overline{}\\ -CH\\ |\\ HCOH\\ |\\ -OCH\\ |\\ HCOH\\ |\\ HCO\underline{}\\ |\\ H_2COH \end{array}$$

f) Andere Glucosane. Der auf. Baumwurzeln wachsende ostasiatische Pilz Pachyma Hoelen Rumphius enthält neben anderen Polysacchariden das Gemisch des nur aus Glucose bestehenden α- *und* β-*Pachymans*. Von diesen ist das letztere genauer untersucht[7]. Es steht in seinen Eigenschaften zwischen Cellulose und Stärke. Eine *Hemicellulose der Weizenkleie* soll fast ausschließlich aus Glucose bestehen[8]. Ein Glucosan mit 1,6-Verknüpfung wurde aus Gerstenwurzeln isoliert[9]. Als *Luteinsäure* mit Malonsäure verestert erhält man das Polysaccharid *Luteose*[10] aus der Kulturflüssigkeit von Penicillium luteum Zukal, das auf allen gewöhnlichen Zuckerarten wächst. Es besteht aus β-1,6-verknüpften Glucoseresten. Eine Endgruppe konnte nicht festgestellt werden. Ein aus Glucose bestehendes *Polysaccharid mit 9 bis 10 Einheiten* erhielten W. Z. HASSID und W. L. CHANDLER, als sie eine Bakterienkultur auf Mannit züchteten[11]. Eine Anzahl weiterer, stark rechtsdrehender Glucosane wurde erhalten bei der Einwirkung verschiedener Bakterien (vor allem Leuconostoc-Arten), bzw. Enzyme auf Saccharose. Die Untersuchung ergab, daß es sich dabei um teils verzweigte, teils unverzweigte Glucosane handelt, in denen die 1,6-Verknüpfung vorherrscht[12]. Als dextranbildende Bakterien wurden bisher bekannt: Leuconostoc mesenteroides, L. dextranicus, Mikrococcus viscosus, M. gelatinogenus, Bac. gummosus, B. panis viscosus.

2. Polysaccharide (ausschließlich) aus Fructose[13,14].

a) Allgemeines. Eine Reihe von Fructosanen sind aus Pflanzen isoliert und vor allem durch Arbeiten von H. H. SCHLUBACH[13] zum Teil auch in ihrer Konstitution aufgeklärt worden. Eine Anzahl anderer Fructosane wurde bei der Einwirkung verschiedener Bakterien auf Saccharose oder Raffinose erhalten[15].

[1] STAUDINGER, HJ.: H. **275**, 122 (1942). Makromol. Chem. **2**, 88 (1948). — [2] MORRIS, D. L.: J. biol. Ch. **166**, 199 (1946). — [3] ZECHMEISTER, L., u. G. TÓTH: B.Z. **270**, 309 (1934). — [4] BARRY, V. C., T. DILLON and W. McGETTRICK: Soc. **1942**, 183. — HASSID, W. Z., M. A. JOSLYN and R. M. McCREADY: Am. Soc. **63**, 295 (1941). — [5] BARRY, V. C., and T. DILLON: Proc. R. irish Acad. **49** B, 177 (1943). — [6] BARRY, V. C.: Soc. **1942**, 578. — [7] TAKEDA, K.: Mem. Tottori agric. Coll. **3**, 1 (1935) [C. **1936** I, 2371]. — [8] NORMAN, A. G.: The Biochemistry of Cellulose, the Polyuronides, Lignin etc. London 1937. — [9] HASSID, W. Z.: Am. Soc. **61**, 1223 (1939). — [10] ANDERSON, C. G., W. N. HAWORTH, H. RAISTRICK and M. STACEY: Biochem. J. **33**, 272 (1939). — [11] HASSID, W. Z., and W. L. CHANDLER: J. biol. Ch. **117**, 203 (1937). — [12] STACEY, M., and F. R. YOUD: Biochem. J. **32**, 1943 (1938). — PEAT, S., E. SCHLÜCHTERER and M. STACEY: Soc. **1939**, 581. — DAKER, W. D., and M. STACEY: Soc. **1939**, 585. — COLIN, H., et H. BELVAL: Bull. Ass. Chim. **56**, 481 (1939). Cr. **210**, 517 (1940). — HASSID, W. Z., and H. A. BARKER: J. biol. Ch. **134**, 163 (1940). — HEHRE, E. I., and JOHN Y. SUGG: J. exp. Med. **75**, 339 (1942). — STACEY, M.: Nature 149, 639 (1942).
Zusammenfassende Darstellungen: [13] SCHLUBACH, H. H., u. O. K. SINH: A. **544**, 111 (1940). — [14] McDONALD, EMMA J.: Adv. Carbohydrate Chem. **2**, 253 (1946).
[15] HARRISON, F. C., H. L. A. TARR and H. HIBBERT: Canad. J. Res. **3**, 449 (1930). — HIBBERT, H., and R. S. TIPSON: Am. Soc. **52**, 2582 (1930). — HIBBERT, H., R. S. TIPSON and F. BRAUNS: Canad. J. Res. **4**, 221 (1931). — OERSKOV, J.: Zbl. Bakteriol (I) **119**, 88 (1930); (I) **120**, 310 (1931); (II) **98**, 344 (1938). Int. Congr. Microbiol. **2**, London S. 14 (1936). — OERSKOV, J., u. K. A. POULSEN: Zbl. Bakteriol. (I) **120**, 125 (1931). — VEIBEL, ST.: Biochem. J. **32**, 1949 (1938). — CHALLINOR, S. W., W. N. HAWORTH and E. L. HIRST: Soc. **1934**, 676.

Soweit über diese Stoffe gesicherte Ergebnisse vorliegen, ergibt sich folgendes Bild: Allen Fructosanen gemeinsam ist das fehlende Reduktionsvermögen. SCHLUBACH nimmt daher an, daß allen eine zum Ring geschlossene Fructosankette zugrunde liegt. Die Mannigfaltigkeit der Vertreter dieser Gruppe beruht auf 3 Variationsmöglichkeiten:

1. können die den Ring bildenden *Fructosen auf verschiedene Weise* miteinander *verknüpft* sein. Die bisher aufgeklärten Vertreter lassen sich danach in 2 Gruppen einteilen: a) solche Fructosane, bei denen die *Ringglieder 2—6 verknüpft* sind *(Phleingruppe)*, b) solche, bei denen *2—1 Verknüpfung* vorliegt *(Inulingruppe)*;

2. kann die *Zahl der Ringglieder* verschieden groß sein und

3. können die Ringe durch angehängte Fructosereste einen verschieden hohen *Verzweigungsgrad* aufweisen.

Das bisher vorliegende Material läßt einen Zusammenhang zwischen 2. und 3. erkennen in dem Sinn, daß mit *zunehmendem Verzweigungsgrad* die Molekülgröße und damit *die Größe des Ringes abnimmt*.

b) Inulingruppe. Inulin[1] ist der am einfachsten gebaute Vertreter der 2—1 verknüpften Fructosane. Das Molekül soll aus einem unverzweigten Ring von 30 Fructoseeinheiten bestehen. Es besitzt kein Reduktionsvermögen[2]. Bei der Hydrolyse des methylierten Inulins erhält man ausschließlich 3,4,6-Trimethylfructose. HAWORTH, HIRST und PERCIVAL[3] sowie IRVINE und MONTGOMERY[4] fanden daneben noch geringe Mengen Tetramethylfructose, was auf eine offene Kette schließen ließ. Nach SCHLUBACH und SINH[5] erhält man jedoch bei reinsten Präparaten und vorsichtiger Methylierung und Spaltung keine Tetramethylfructose.

$$
\begin{array}{ll}
\text{HOC—CH}_2\text{OH} & \text{—OC—CH}_2\text{O—} \\
\text{H}_3\text{COCH} & \text{HOCH} \\
\text{HCOCH}_3 & \text{HCOH} \\
\text{HCO} & \text{HCO} \\
\text{H}_2\text{COCH}_3 & \text{H}_2\text{COH} \\
\text{3,4,6-Trimethyl-} & \text{Inulineinheit} \\
\text{fructose} &
\end{array}
$$

Eigenschaften. Inulin färbt sich nicht mit Jod. Es ist in warmem Wasser leicht, in kaltem schwer löslich. Beim Erwärmen mit Alkoholen, Glycerin usw. tritt wie bei der Stärke Alkoholyse ein (E. BERNER), die lange für eine „Depolymerisation" gehalten wurde. Verdünnte Säuren spalten Inulin mit einer ähnlichen Geschwindigkeit wie den Rohrzucker, also mit einer mittleren Geschwindigkeits„konstanten", die etwa 1000mal größer ist als bei der Stärke. Die Halbwertszeit des Zerfalls mit verdünnten Säuren wird von H. KNOOP zur Kennzeichnung des Inulins und der anderen Polyfructosane verwendet[6].

Inulin wird von vermutlich derselben *β-Fructofuranase*, der Invertase, gespalten, die den Rohrzucker zerlegt[7].

Vorkommen. Inulin ist ein in den unterirdischen Organen vieler Pflanzen verbreiteter Reservestoff. Besonders reichlich findet man es in Compositen (Dahlienknollen, Inula, Sonnenblumenarten, z. B. Topinambur), aus denen es meist dargestellt wird.

[1] Übersicht Tollens-Elsner, zit. S. 326. — [2] SCHLUBACH, H. H., u. H. KNOOP: A. **497**, 208 (1932). — SCHLUBACH, H. H., u. H. SCHMIDT: A. **520**, 43 (1935). — [3] HAWORTH, W. N., E. L. HIRST and E. G. V. PERCIVAL: Soc. **1932**, 2384. — [4] IRVINE, J. C., and T. N. MONTGOMERY: Am. Soc. **55**, 1988 (1933). — [5] SCHLUBACH, H. H., u. O. K. SINH: A. **544**, 101, bes. 105 (1940). — [6] KNOOP, H.: A. **520**, 34 (1935). — [7] Siehe PLOETZ-WEIDENHAGEN S. 1050.

Eine Anzahl weiterer Fructosane[1] besitzt mehr oder weniger verzweigte Moleküle, die durch Anhängung von Fructoseresten an einen 2—1 verknüpften Fructosanring gekennzeichnet sind. Sie sind in der folgenden Tabelle zusammengestellt:

Tabelle 63. Eigenschaften einiger Fructosane I.

	$[\alpha]_D^{20}$	$[\alpha]$ des Acetats	Anzahl Fructosen im Molekül	Trimethyl-fructose %
Inulin	—40,2	—37,2	30	100
Asparagosin	—32,4	—20,1	10 (?)	80
Sinistrin	—44,5	—23,5	15	60
Graminin	—40,0	— 7,2	10	50

c) Phleingruppe. Phlein, ein Fructosan aus Phleum pratense[2] ist der einfachste Vertreter der 2—6 verknüpften Fructosane. Wie das Inulin besitzt es einen unverzweigten Ring. Die Hydrolyse des Methylprodukts liefert 1,3,4-Trimethylfructose.

$$
\begin{array}{ll}
HOC{-}CH_2OCH_3 & {-}OC{-}CH_2OH \\
H_3COCH & HOCH \\
HCOCH_3 & HCOH \\
HCO & HCO \\
H_2COH & H_2CO{-} \\
\text{1,3,4-Trimethylfructose} & \text{Phleineinheit}
\end{array}
$$

Weitere 2—6 verknüpfte Fructosane[1] sind bekannt. Zu ihnen gehört auch das bakteriell erzeugte **Lävan.** Gemeinsam ist den Vertretern dieser Gruppe, daß ihre Acetate, im Gegensatz zu denen der Inulingruppe, rechtsdrehend sind.

Tabelle 64. Eigenschaften einiger Fructosane II.

	$[\alpha]_D^{20}$	$[\alpha]$ des Acetats	Anzahl Fructosen im Molekül	Trimethyl-fructose %
Phlein	—50,0	+20,7	16	100
Lävan	—45,3	+21	10	80
Poain	—41	+23	—	—
Secalin	—37,6	+ 3,0	4	50

Die Bildung des Bakterienlävans konnte neuerdings auch mit sterilen Enzympräparaten durchgeführt werden[3]. Sie gelingt, ebenso wie bei den Bakterien selbst, nur mit Oligosacchariden, in welchen eine endständige D-Fructofuranose enthalten ist (Saccharose, Raffinose). Mit freier Fructose oder mit anderen Kohlenhydraten erfolgt keine Synthese. Die Gegenwart von H_3PO_4 erscheint für die Reaktion belanglos. Die Synthese des Lävans wickelt sich so ab, daß aus dem Oligosaccharid die endständige Fructose abgespalten wird. Die hierdurch gewonnene Energie wird benützt, um einen Teil der abgespaltenen Fructosereste

---

[1] Siehe Fußnote [13] S. 343. — [2] EKSTRAND, A. G., u. C. J. JOHANSON: B. **21**, 594 (1888). — [3] HESTRIN, S., S. AVINERI-SHAPIRO and M. ASCHNER: Biochem. J. **37**, 450 (1943). — HEHRE, E. J.: Proc. Soc. exp. Biol. Med. **58**, 219 (1945).

glykosidisch zu verknüpfen[1]. Ähnlich wie bei der Bildung der SCHARDINGER-Dextrine (s. S. 341) liegt also im Endeffekt eine „Umglykosidierung" vor[2]. Allerdings besteht auch eine weitgehende Analogie zu den Prozessen der Saccharose- (s. S. 320) oder Stärke- (s. S. 341) Synthese. Bei der Umglykosidierung tritt nur ein Zuckerrest an die Stelle der H_3PO_4 in jenen Oligo- oder Polysaccharidsynthesen, welche von Zuckerphosphaten ausgehen.

Die Bakterienlävane besitzen immunologisches Interesse[3].

Als lävanbildend wurden bisher folgende Bakterien bekannt: Clostridium gelatigenosum, Semiclostridium commune, Bacillus laevaniformans, B. lactis, B. megatherium, B. mesentericus, B. subtilis, B. vulgatus, B. panis, B. ruminatus, Pseudomonas pruni, P. prunicola, Bact. eucalypti.

Neben diesen Vertretern sind **noch weitere** pflanzliche und bakterielle **Fructosane** isoliert worden, deren Struktur zum Teil noch unbekannt, zum Teil der der genannten Gruppen nicht einzuordnen ist.

d) Das Irisin[4] nimmt eine Sonderstellung ein; sein Methyläther liefert bei der Hydrolyse je 50% Di- und Tetramethylfructose. In diesem, aus 20 Fructosen bestehenden Molekül trägt also jedes Ringglied auch eine Fructose als Seitenkette. Falls, wie SCHLUBACH[5] annimmt, der isolierte Spaltzucker eine 3,6-Dimethylfructose ist, so liegt hier 2,4-Verknüpfung vor, also ein neuer Fructosantyp.

3. Polysaccharide (ausschließlich) aus Mannose.

a) Mannan. Polysaccharide, die Mannose enthalten, sind häufig. Nur in wenigen Fällen sind jedoch Mannane frei von Polysacchariden anderer Zucker hergestellt und untersucht worden. In den *Steinnüssen*[6] von Phytelephas makrocarpa, deren Späne in der Knopfdrechslerei abfallen, befinden sich 2 Mannane. *Mannan A* ist in verdünnter Lauge, *B* in Kupferoxydammoniak löslich[7]. Eine zweite Quelle für Mannan sind die Tubera Salep genannten Knollen einheimischer Orchideen. Das *Salepmannan* erinnert durch seine Löslichkeit in Wasser und Quellbarkeit an Stärke. Von Malzauszug wird es zu Mannose aufgespalten. Es hat sich ergeben[8], daß alle 3 Mannane in chemischer Hinsicht, vor allem bezüglich der Methylderivate und ihrer Spaltstücke innerhalb der Versuchsfehler übereinstimmen und daß auch ihre Drehung (—35° bis —45°) sehr ähnlich ist. Sie sind als unverzweigte, 1—4 verknüpfte Mannopyranoseketten aufzufassen. Aus dem optischen Verhalten der Präparate kann man auf β-Verknüpfung schließen[9], so daß eine weitgehende Analogie mit Cellulose besteht. Die Wasserlöslichkeit des Salepmannans wird auf die Gegenwart geringer Mengen Acetylgruppen zurückgeführt[10]. Aus der chemischen Endgruppenbestimmung ergeben sich für die 3 Mannane Polymerisationsgrade zwischen 60 und 80, während die viscosimetrisch ermittelten Werte wesentlich höher liegen.

Ein dem Mannan A sehr ähnliches und vielleicht mit ihm identisches Mannan ($[\alpha]_D$: —45°) befindet sich unter den „Hemicellulosen" der Fichte[11]. Es wurde auch aus Sulfitablauge isoliert. Fichten- und Kiefernholz enthalten bis zu 17% dieses Polysaccharids.

b) Manno-carolose. Von den geschilderten Mannanen unterscheidet sich ein von W. N. HAWORTH, H. RAISTRICK und M. STACEY[12] untersuchtes Polysaccharid, die Mannocarolose, die neben anderen von Penicillium Charlesii G. SCHMITH auf Glucosenahrung gebildet wird. Dieses Polysaccharid besteht nur aus Mannose und scheint kein sehr hohes Molekulargewicht zu besitzen (8 bis 9 Einheiten). Ihm liegt Mannopyranose in α-Bindung zugrunde. $[\alpha]_D$ in Wasser: $+ 66°$.

[1] AVINERO-SHAPIRO, S., and S. HESTRIN: Biochem. J. **39**, 167 (1945). — [2] DOUDOROFF, M., and R. O'NEAL: J. biol. Ch. **159**, 585 (1945). — [3] HEHRE, E. J., D. S. GENGHOF and J. M. NEILL: J. Immunol. **51**, 5 (1945). — [4] Siehe Fußnote [13] S. 343. — [5] SCHLUBACH, H. H., H. KNOOP u. M. LIU: A. **504**, 30 (1933). — [6] REISS, R.: B. **22**, 609 (1889). — [7] LÜDTKE, M.: A. **456**, 201 (1927). — KLAGES, F.: A. **509**, 159 (1934); **512**, 185 (1934). — [8] KLAGES, F., u. R. NIEMANN: A. **523**, 224 (1936). — [9] KLAGES, F., u. R. MAURENBRECHER: A. **535**, 175 (1938). — [10] HUSEMANN, E.: J. prakt. Chem. **155**, 241 (1940). — [11] HESS, K., u. M. LÜDTKE: A. **466**, 18 (1928). — [12] HAWORTH, W. N., H. RAISTRICK, and M. STACEY: Biochem. J. **29**, 612 (1935).

Die gallertigen Kapseln des Bodenbacillus Krzemieniewski sollen aus einem Mannan bestehen, welches aus L-Mannose aufgebaut ist[1].

c) Hefe-mannan[2]. Ein wichtiger Bestandteil des Hefegummis besteht aus einem Mannan. Es ist ein in Wasser leichtlösliches Pulver, das FEHLINGsche Lösung nicht reduziert und durch Jod nicht gefärbt wird. $[\alpha]_D$ in Wasser: $+89°$. Die Hydrolyse ergibt ausschließlich Mannose. Das Molekül besteht aus 200 bis 400 Mannosen[3]. Die Drehung läßt darauf schließen, daß vorwiegend α-Pyranosen vorliegen. Aus dem Methylierungsversuch geht hervor, daß das Polysaccharid verzweigt ist und daß an der Verknüpfung die Hydroxyle 2, 3 und 6 im Verhältnis $3:1:2$ beteiligt sind. Das kleinste Bauelement besteht also aus 6 Mannose-einheiten. Von diesen liegen 2 als Endgruppen vor. Die Wasserlöslichkeit soll, wie beim Salepmannan, durch Acetylgruppen bewirkt sein.

Dieses Mannan ist in Sproßpilzen weit verbreitet, fehlt jedoch in Hyphen-pilzen[4]. In der Hefe scheint es nicht frei, sondern als Symplex mit Eiweiß oder Lipoiden vorzuliegen.

4. Polysaccharide (ausschließlich) aus Galaktose.

a) Galakto-carolose entsteht aus Glucose neben der oben beschriebenen Mannocarolose. HAWORTH, RAISTRICK und STACEY[5] untersuchten auch dieses Polysaccharid und fanden, daß es mit einer Molekülgröße von 9 bis 10 Galak-tosen gerade an der Grenze zu den Oligosacchariden steht. Da die Spaltung des Methylderivats 2,3,6-Trimethylgalaktose und 2,3,5,6-Tetramethylgalaktose liefert, müssen die endständigen Galaktoseglieder furanoid sein. Die leichte Hydro-lysierbarkeit des Polysaccharids läßt aber den Schluß zu, daß auch die mittel-ständigen Glieder demselben Ringtyp angehören. Es liegt also eine 1—5 ver-knüpfte Galaktofuranosekette vor.

b) Galaktogen. In der Eiweißdrüse der Weinbergschnecke hat O. HAMMARSTEN ein aus Galaktose bestehendes Polysaccharid entdeckt. Es wird von Glykogen durch Fällung mit Kupferlösung abgetrennt. Bei der Hydrolyse des Trimethyl-galaktogens entstehen eine Tetramethylgalaktose und eine Dimethylgalaktose nach SCHLUBACH und LOOP[6] im Verhältnis $1:1$, nach BELL und BALDWIN[7], im Verhältnis $3:4$. Letztere konnten auch zeigen, daß im Galaktogen auf 6 D-Galaktosen 1 L-Galaktose trifft, welche damit erstmals im Tierreich gefunden wurde. Die L-Galaktose des Galaktogens ist endständig.

c) Galaktane finden sich auch *als ständige Begleiter der Pektine* (s. S. 352). In den Samen von Lupinus albus tritt dieses Galaktan mengenmäßig in den Vordergrund und konnte hieraus rein dargestellt werden[8]. Die Hydrolyse des Methylkörpers lieferte 2,3,6-Trimethyl-D-galaktose neben einer geringen Menge 2,3,4,6-Tetramethylgalaktose. Da aus Drehwert und Hydrolysengeschwindigkeit auf β-Konfiguration und pyranoide Ringform geschlossen werden kann, ist das Galaktan als Kette von β—1,4-verknüpften Galaktopyranoseresten aufzufassen[9].

d) Galaktane unbekannten Baues finden sich in verschiedenen Pflanzen[10], besonders in Algen. Auch aus Rinderlunge wurde ein Galaktan isoliert[11].

---

[1] KLECZKOWSKI, A., et P. WIERZCHOWSKI: Soil Sci. **49**, 193 (1940). — [2] SALKOWSKI, E.: B. **27**, 497, 925 (1894). H. **69**, 470 (1910). — SEVAG, M. G., C. CATTANEO u. L. MAIWEG: A. **519**, 111 (1935). — ZECHMEISTER, L., u. G. TÓTH: B.Z. **270**, 309 (1934); **284**, 133 (1936). — [3] HAWORTH, W. N., R. L. HEATH and S. PEAT: Soc. **1941**, 833. — [4] GARZULY-JANKE, R.: Zbl. Bakteriol. (II) **102**, 361 (1940). J. prakt. Chem. **156**, 45 (1940). — [5] HAWORTH, W. N., H. RAISTRICK and M. STACEY: Biochem. J. **31**, 640 (1937). — [6] SCHLUBACH, H. H., u. W. LOOP: A. **532**, 228 (1937). — [7] BELL, D. J., and E. BALDWIN: Soc. **1941**, 125. — [8] SCHULZE, E., u. E. STEIGER: B. **20**, 290 (1887). — [9] HIRST, E. L.: Soc. **1942**, 70. — [10] BUSTON, H. W.: Biochem. J. **29**, 196 (1935). — DILLON, T., and P. O'COLLA: Nature **145**, 749 (1940). — MURAKAMI, S.: Acta phytochem., Tokyo **11**, 201 (1940) [C. **1941** I, 2812]. — [11] WOLFROM, M. L., D. J. WEISBLAT and J. V. KARABINOS: Arch. Biochem. **14**, 1 (1947).

Als galaktanbildende Bakterien wurden bisher bekannt: Bact. atherstonei, Bact. sacchari, Rhizobium limosospongiae.

5. Polysaccharide (ausschließlich) aus Arabinose.

a) L-Araban ist ein regelmäßiger Begleiter des Pektins, von dem es durch seine Löslichkeit in 70%igem Alkohol abtrennbar ist[1]. Das leicht hydrolysierbare Material liefert bei der Hydrolyse nur L-Arabinose. Die methylierten Arabane aus Erdnuß, Apfel und Citrone geben bei der Spaltung äquimolekulare Mengen von 2,3,5-Trimethylarabinose, 2,3-Dimethyl- und Monomethylarabinose[2]. Drehwert und Hydrolysengeschwindigkeit lassen auf α-Verknüpfung und furanoide Ringform schließen. Das Polysaccharid besitzt also verzweigten Bau. Seine genaue Konstitution kann aber aus diesen Ergebnissen noch nicht abgeleitet werden.

b) Zur Genese der Pentosane. Die Tatsache, daß die D-Xylose immer in Gesellschaft der D-Glucose und die L-Arabinose immer neben D-Galaktose vorkommen, ist zweifellos dahingehend zu deuten, daß diese Pentosen aus den entsprechenden Hexosen über die Hexuronsäuren durch Decarboxylierung der letzteren gebildet werden. Diese Vorstellung hat man meist stillschweigend auch auf die Polysaccharide übertragen. Das Xylan des Holzes z. B. sollte also direkt aus Cellulose durch Oxydation an den C_6-Atomen und durch Decarboxylierung entstehen. Diese Vorstellung hat viel an Wahrscheinlichkeit verloren, seit man weiß, daß die Xylankette (s. S. 350) endständig noch einen anderen Zucker, nämlich Arabinose, trägt.

In den Pektinsubstanzen (s. S. 352), die immer Galaktan, Polygalakturonsäure und L-Araban nebeneinander enthalten, erschien dieser Übergang besonders augenfällig dargetan. Die Konstitutionsermittlung dieser 3 Polysaccharide ergab jedoch, daß diese Theorie nicht aufrechterhalten werden kann:

Das Galaktan, die vermeintliche Muttersubstanz, besitzt eine Kette von β—1,4-verknüpften Galaktopyranoseresten. Die Polygalakturonsäurekette ist dagegen α-verknüpft, das L-Araban schließlich besitzt verzweigten Bau und seine Glieder enthalten einen furanoiden Laktolring. Keines dieser Polysaccharide kann also aus den anderen auf direktem Wege entstanden sein und man muß heute annehmen, daß der Übergang Hexosan-Polyhexuronsäure-Pentosan in jeder Stufe über eine vollständige Hydrolyse und Resynthese aus den Einzelzuckern vor sich geht[3].

6. Polysaccharide (ausschließlich) aus Aminoglucose (Glucosamin).

Chitin[4]. Wie die Cellulose, ein typisches Produkt höherer Pflanzen, nur in primitiven Tierarten (Phallusia) auftritt, so wird auch das Chitin, ein charakteristischer Inhaltsstoff des Tierreichs, nie in höheren Pflanzen vorgefunden, sondern nur in Pilzen, Mucorineen, Basidiomyceten, Oidium, Mycelhefen (nicht in Oomyceten und Bakterien), die auf einer niedrigeren Stufe der Differenzierung stehengeblieben sind. Die entwicklungsgeschichtliche Bedeutung solcher Befunde ist einleuchtend[4].

Chitin ist die Gerüstsubstanz von Krebsen, Insekten, Weichtieren, Würmern. Tierische und pflanzliche Chitinpräparate stimmen überein in der Zusammen-

---

[1] EHRLICH, F., u. R. HAENSEL: Cellulose-Chem. **17**, 1 (1936); hierzu auch COLIN, H.: Bull. Ass. Chim. **52**, 95, 625 (1935). [C. **1936 I**, 208, 2644]. Publ. Inst. belge améliorat. betterave **3**, 145, 247 (1935) [C. **1936 I**, 208, 1331]. — FINK, H., u. F. JUST: Wschr. Brauerei **52**, 341, 349, 362 (1935). — [2] HIRST, E. L., and J. K. N. JONES: Soc. **1938**, 496; **1939**, 452, 454. — BEAVEN, G. H., E. L. HIRST and J. K. N. JONES: Soc. **1939**, 1865. — [3] HIRST, E. L.: Soc. **1942**, 70.

Zusammenfassendes: [4] ZECHMEISTER, L., u. G. TÓTH: Chitin und seine Spaltprodukte. Fortschr. Chem. org. Naturstoffe **2**, 212—247 (1939).

setzung, Drehung, den Abbauprodukten[1] und dem Röntgendiagramm[2]. Unterschiede sind noch nicht wahrgenommen worden[3].

Über ein neueres Darstellungsverfahren siehe bei M. Schmidt[4].

Chitin ist der Cellulose außerordentlich ähnlich. Seine Isolierung beruht auf der Unlöslichkeit in verdünnten Säuren und Alkalien sowie organischen Lösungsmitteln. Von Cellulose unterscheidet es sich durch die Unlöslichkeit in Kupferoxyd-Ammoniak.

Es ist äußerlich amorph, gibt aber ein sehr schönes Röntgendiagramm[5]. In der Faserachse tritt die Periode von 10,46 Å auf (Cellulose 10,2 Å). Sie entspricht einem Ausschnitt von 2 diagonal gelagerten Acetylglucosaminresten in einer fortlaufenden gestreckten Kette. Jede zweite der nebeneinanderliegenden Ketten ist gegenläufig (vgl. Cellulose S. 332).

Chitin ist in kalter konzentrierter Salzsäure löslich; die spezifische Drehung steigt durch fortschreitende Hydrolyse vom Anfangswert —14,7° zum Endwert +56° des Acetylglucosamins. Daraus geht die β-*Konfiguration* am C_1 des Glucosamins hervor, die im Einklang steht mit dem fermentativen Abbau der Chitindextrine, die von einem neben der β-Glucosidase vorhandenen Fermentkomplex des rohen Emulsins gespalten werden[6]. Auch hier werden wie bei der fermentativen Cellulosespaltung Polysaccharasen neben Oligosaccharasen festgestellt (S. 334 und Ploetz-Weidenhagen S. 1066). Chitin selbst wird von Aspergillus-Auszügen sowie von den Verdauungsfermenten der Weinbergschnecke gespalten. Dabei entsteht Acetylglucosamin[7].

Bei der Acetylose läßt sich krystallisierte Octacetylchitobiose fassen[8]; aus den Spaltstücken der Hydrolyse mit Salzsäure konnten neben Acetylglucosamin Chitobiose und -triose krystallin abgeschieden werden[9].

CH(OH)	—CH	—CH
HCNH$_2$	HCNH$_2$	HCNH·COCH$_3$
HOCH	HOCH	HOCH
HCO—	HCOH	HCO—
HCO—	HCO—	HCO—
H$_2$COH	H$_2$COH	H$_2$COH
Chitobiose		Chitin

Die Konstitutionsermittlung der *Chitobiose* hat ergeben, daß 1—4 Verknüpfung vorliegt. Daraus ergibt sich die Konstitution des Chitins.

Hierbei wird die unbewiesene, aber wegen der Übereinstimmung mit der Cellulose sehr wahrscheinliche Annahme gemacht, daß die Bindungen von Kettenglied zu Kettenglied in weiten Grenzen von derselben Art sind. Die Kettenlänge dürfte von der gleichen Größenordnung wie die der Holzcellulose sein[10].

Mit starker Kalilauge wird unter teilweiser Zertrümmerung der Ketten und Abspaltung des größeren Teiles der Acetylgruppen „*Chitosan*" gebildet[11], das mit starker Salzsäure

[1] Diehl, J. M.: Chem. Weekbl. **33**, 36 (1936). — [2] Iterson, G. van jr., K. H. Meyer et W. Lotmar: Recu. Trav. chim. Pays-Bas **55**, 61 (1936). — Heyn, A. N. J.: Nature **137**, 277 (1936). — [3] Zechmeister, L., u. G. Tóth: H. **223**, 53 (1934). — [4] Schmidt, M.: Arch. Mikrobiol. **7**, 241 (1936). — [5] Neueste Vermessung: Meyer, K. H., u. G. W. Pankow: Helv. **18**, 589 (1935). — [6] Grassmann, W., L. Zechmeister, R. Bender u. G. Tóth: B. **67**, 1 (1934). — [7] Karrer, P., u. A. Hofmann: Helv. **12**, 616 (1929); ferner Fußnote[4], S. 348. — [8] Bergmann, M., L. Zervas u. E. Silberkweit: B. **64**, 2436 (1931). — [9] Zechmeister, L., u. G. Tóth: B. **65**, 161 (1932). — [10] Meyer, K. H., u. H. Wehrli: Helv. **20**, 353 (1937). — [11] Gilson, E.: Bull. Soc. chim. France (3) **11**, 1099 (1894). Neuere Arbeit: Karrer, P., u. S. M. White: Helv. **13**, 1105 (1930).

oder verdünnter Schwefel- oder Chromsäure krystallisierte Salze bildet (Nachweis des Chitins).

Als letztes der einheitlichen Polysaccharide müßte hier das **Pektin** behandelt werden. Dieser Naturstoff soll jedoch im Zusammenhang mit den übrigen uronsäurehaltigen Polysacchariden besprochen werden, die zu den gemischten zählen (S. 352).

β) Aus verschiedenen Zuckerarten bestehende (gemischte) Polysaccharide.

Zu dieser Gruppe gehört die Mehrzahl jener pflanzlichen Polysaccharide, die unter den Bezeichnungen Hemicellulosen, Pflanzengummi, Pflanzenschleime und Pektinstoffe bekannt sind[1,2]. Auch die polysaccharidischen Anteile der Glykoproteide sowie die serologisch-spezifischen Polysaccharide müßten hier besprochen werden. Die zu den Glykoproteiden gehörenden Zuckerarten werden in dem von G. BLIX verfaßten Abschnitt (S. 752) behandelt, während die serologisch wirksamen Polysaccharide in einem gesonderten Kapitel am Schlusse dieser Abhandlung (S. 355) beschrieben werden.

1. Gemischte Polysaccharide ohne Uronsäure.

a) Xylan und Araboxylan[3]. Gestützt auf die Vorarbeiten von B. TOLLENS und anderen haben W. N. HAWORTH und seine Mitarbeiter neuerdings das „Xylan" aus Esparto untersucht (Gerüsthemicellulose).

Es ist hierin etwa im Verhältnis 1:2 mit Cellulose vermengt, von der es durch heißes Alkali, in dem es löslich ist, abgetrennt wird. Esparto-Xylan reduziert FEHLINGsche Lösung nicht, löst sich nicht in kaltem Wasser, leicht dagegen in verdünnter Lauge, in der die spezifische Drehung —109,5° beträgt. Mineralsäure zerlegt es in viel Xylose und wenig Arabinose.

HAWORTH und seine Mitarbeiter nehmen an, daß Ketten von etwa 18 Xyloseresten vorliegen, die über das Hydroxyl 4 miteinander verbunden und durch eine Arabinose (Arabofuranose) abgeschlossen sind.

Besondere Sorgfalt wurde auf den Nachweis verwendet, daß der Arabinoseanteil nicht aus einer Beimengung stammt, sondern mit der Xylose verbunden ist.

Nach diesen Ergebnissen ist zu bezweifeln, daß die übrigen viel weniger gut untersuchten Xylane nur aus Xylose bestehen. Solche Xylane sind in verholzten Zellen sehr verbreitet. Im Buchenholz werden 16%, im Weizenstroh 25% Xylan angegeben. Koniferenholz ist arm an Xylan.

Im Verdauungssaft der Weinbergschnecke und in keimenden Gerstenkörnern finden sich xylanspaltende Fermente. Das Polysaccharid wird vom Tierkörper teilweise verwertet[4].

b) Galakto-araban und -mannan. Ein Polysaccharid, das vorwiegend aus Galaktose und etwa $^{1}/_{7}$ Arabinose besteht, findet sich im Lärchenholz[5]. Ein Araban, das wenig Galaktose enthält, findet sich im Traganthgummi[6]. Ein *Galaktomannan* (2:1) kommt in Luzernesamen vor[7]. Ein ähnliches Produkt wurde aus Kleesamen isoliert[8].

c) Glucomannan. Ein nicht zu den Hemicellulosen zu rechnendes gemischtes Polysaccharid ist das Glucomannan oder Konjacmannan aus den in Chochinchina als Nahrungsmittel dienenden Knollen von Amorphophallus Rivieri (= A. Konjac). Es besteht aus Glucose und Mannose (1:2). K. NISHIDA und H. HASHIMA[9] haben durch Acetolyse das

---

[1] NORMAN, A. G.: The Biochemistry of Cellulose, the Polyuronides, Lignin etc. London 1937. — [2] MANTELL, C. L.: The Water Soluble Gums. New York u. London 1947. — [3] HAMPTON, H. A., W. N. HAWORTH and E. L. HIRST: Soc. **1929**, 1739. — HAWORTH, W. N., and E. G. V. PERCIVAL: Soc. **1931**, 2850. — HAWORTH, W. N., E. L. HIRST and E. OLIVER: Soc. **1934**, 1917. — BYWATER, R. A. S., W. N. HAWORTH, E. L. HIRST and S. PEAT: Soc. **1937**, 1983. — [4] FÜRTH, O., u. P. ENGEL: B.Z. **237**, 159 (1931). — [5] Buch von A. G. NORMAN, (s. Fußnote [1] S. 72). — Vgl. auch MIYAMA, R.: J. Dept. Agric. Kyushu **4**, 195 (1935). — OWENS, H. S.: Am. Soc. **62**, 930 (1940). — WHITE, E. V.: Am. Soc. **63**, 2871 (1941); **64**, 302 (1942). — [6] JAMES, S. P., and F. SMITH: Soc. **1945**, 749. — [7] MAY, F., u. A. S. SCHULZ: Z. Biol. **97**, 201 (1936). — [8] HÉRISSEY, H.: Cr. **130**, 1719 (1900). — [9] NISHIDA, K., u. H. HASHIMA: J. Dept. Agric. Kyushu **2**, 277 (1930) [C. **1931 I**, 295] Bull. agric. chem. Soc. Jap. **8**, 54 (1932) [C. **1932 II**, 2633].

Acetat eines Trisaccharids und daraus das Trisaccharid selbst krystallin erhalten und aufgeklärt. Es handelt sich um eine Mannosido-mannosido-glucose, in der zwei 1—6 Bindungen vorliegen

d) Das **Caruban** aus Johannisbrot scheint neben Glucose und Mannose noch etwas Galaktose zu enthalten[1].

e) **Varianose**[2], ein von Penicillium varians synthetisiertes Polysaccharid besteht aus 6 bis 8 β-1,4-verknüpften Galaktopyranoseresten, mit einer Glucose am Kettenende und mit einer L-Altrose oder D-Idose am reduzierenden Ende.

f) **Galuteose,** ein Begleiter der Luteose (s. S. 343) besteht aus Galaktose und Mannose. Arabo-galaktane werden von folgenden Bakterien synthetisiert: Bact. acaciae, Bact. metarabinum, Bact. pararabinum.

2. Teilweise aus Uronsäure bestehende Polysaccharide.

In vielen Fällen lassen sich 2 Arten von Hemicellulosen, die Uronsäure enthalten, unterscheiden: 1. Solche *(Glucosereihe)*, die D-Glucose (oft fehlend), D-Glucuronsäure (wenig) und D-Xylose (viel) enthalten; 2. solche *(Galaktosereihe)*, die aus D-Galaktose (viel), D-Galakturonsäure (weniger), L-Arabinose (oft fehlend) bestehen. Mannuronsäure ist bisher nur in Algen angetroffen worden.

Zur Glucosereihe gehören die *Hemicellulosen* der Maiskolben, der Hüllen der Baumwollsamen, der Haferhüllen, des Fichtenholzes.

a) Die **Pflanzengummi**[3] sind klebrige Exsudate und häufig pathologischen Ursprungs. Sie wurden besonders aus Leguminosen und Rosaceen isoliert. Es sind komplexe Polysaccharide aus Hexosen, Hexuronsäuren, Pentosen und Methylpentosen. Die COOH-Gruppen sind gewöhnlich als Ca- oder Mg-Salze abgesättigt.

Soweit die bisher gewonnenen Erkenntnisse allgemeine Aussagen erlauben, läßt sich feststellen, daß die Polysaccharide aus verzweigten Ketten bestehen, wobei Galaktose, bevorzugt in der pyranoiden Form, meist durch 1,3- oder 1,6-Verknüpfung in die Hauptkette eingebaut ist. Gemeinsam ist ihnen ferner, daß als Uronsäure nur Glucuronsäure vorkommt[4], mit Galaktose oder Mannose eine Aldobionsäure bildend, die ihrerseits mit 2 Galaktoseresten verknüpft ist. Arabofuranose und Xylopyranose finden sich in den Seitenketten.

Zur Konstitutionsermittlung bedient man sich mit Vorteil der ,,Autohydrolyse'' der freien, sauren Polysaccharide. Dieser milde Abbau entfernt zunächst die Arabofuranose und andere, mit ihr in den Seitenketten verknüpfte Zucker und legt so schrittweise immer einfachere Molekülteile frei, die dann durch Methylierung und Hydrolyse in der üblichen Weise untersucht werden können. Die bisherigen Kenntnisse über die Zusammensetzung der Pflanzengummi sind nach HIRST[5] in nachstehender Tabelle 65, S. 352, zusammengefaßt.

Bei dem aus tropischen Akazien stammenden **Gummi arabicum**[6] (Mol-Gew.[7] etwa 300000) gelang so bereits eine weitgehende Einschränkung der zahlreichen möglichen Formelbilder. Das Polysaccharid besteht aus Glucuronsäure, Galaktose, Arabinose und Rhamnose im Verhältnis 1:3:2:1. Unter den Abbauprodukten konnte β-6-Glucuronosido-D-galaktose krystallisiert gewonnen und durch Synthese sichergestellt werden[8]. Für einen durch Autohydrolyse

[1] VAN EKENSTEIN, A.: Cr. **125**, 719 (1897/98). — BOURQUELOT, E., et H. HÉRISSEY: Cr. **129**, 228, 391 (1899). — LEW, B. W., and R. A. GORTNER: Arch. Biochem. 1, 325 (1943). — [2] HAWORTH, W. N., H. RAISTRICK and M. STACEY: Biochem. J. **29**, 2668 (1935). — [3] JONES, J. K. N., and F. SMITH: Adv. Carbohydrate Chem. 4 (1949). — [4] Eine Ausnahme siehe bei ANDERSON, E., and L. SANDS: Industr. engng. Chem. **17**, 1257 (1925). Am. Soc. **48**, 3172 (1926). — [5] HIRST, E. L.: Soc. **1942**, 70. — [6] Zusammenfassende Darstellung, siehe HIRST, E. L.: Soc. **1942**, 74. — [7] SÄVERBORN, S.: SVEDBERG-Festschrift S. 508, Uppsala 1944. — [8] CHALLINOR, S. W., W. N. HAWORTH and E. L. HIRST: Soc. **1931**, 258. — HOTCHKISS, R. D., and W. F. GOEBEL: Am. Soc. **58**, 858 (1936). — JACKSON, J., and F. SMITH: Soc. **1940**, 74.

Tabelle 65. Zusammensetzung der Baueinheiten der Pflanzengummi.[1]

Gummi	D-Glucuronsäure (oder OCH_3-Derivat)	D-Galaktose	D-Mannose	L-Arabinose	D-Xylose	L-Rhamnose
Arabicum	1	3	0	2	0	1
Damascenerpflaume .	1	2	1	3	etwa 3%	0
Kirsche	1	2	1	6	etwa 3%	0
Eierpflaume	2	6	0	7	1	0
Purpurpflaume . . .	1	3	0	3 (?)	1 (?)	0
Mandelbaum	1	3	0	4	2	0
Citrone	+	+	0	+	0	0
Orange	+	+	0	+	0	0
Grape-Frucht	+	+	0	+	0	0
Gallen	+	+	0	+	0	+
Mezquite (Grasart) . .	D-Galakturonsäure	+	0	+	0	—

gewonnenen Grundkörper [2] aus 9 Galaktosen und 3 Glucuronsäureresten konnten die Konstitutionsmöglichkeiten auf 2 eingeschränkt werden.

Eine elektroosmotisch gereinigte Lösung des Polysaccharids kann unter Umständen als Blutersatz dienen. Bei der Katze soll so bis 70% des Blutes ersetzbar sein [3].

b) Auch eine Anzahl der aus zahlreichen Samenarten isolierten **Pflanzenschleime** [4] gehört in diese Körperklasse und weist große Ähnlichkeit mit den besprochenen Exsudaten auf. Andere sind dagegen uronsäurefreie, gemischte Polysaccharide. Gemeinsam ist allen, daß sie mit Eiweißstoffen verknüpft zu sein scheinen. Eine ungewöhnliche Aldobionsäure, nämlich Galakturonosido-2-rhamnose ist in den Schleimen aus Ulmus fulva, Kirsche, Flachs und Leinsamen sowie im DAMSON-Gummi eingebaut [4].

3. Aus Uronsäure bestehende Polysaccharide [5].

Die alkalilösliche, mit Säuren ausfällbare, höchst quellfähige **Alginsäure** aus Braunalgen [6] besteht ganz aus 1—4 verknüpfter β-D-Mannuronsäure [7].

Ähnlich wie Pektin (s. unten) vergesellschaftet mit Arabanen und Galaktanen vorkommt, so findet sich die Alginsäure (Meeresalgen enthalten kein Pektin!) gemeinsam mit Polysacchariden aus L-Rhamnose und L-Fucose [8].

Pektinstoffe [9] sind der Hauptbestandteil des embryonalen Gewebes höher organisierter Pflanzen (Meristem) und finden sich später in der Mittellamelle des Dauergewebes. Die Anschauung, daß sie hier bei der Verholzung zugunsten des Lignins verschwinden, ist aufgegeben. Früchte enthalten erhebliche Mengen

---

[1] HIRST, E. L.: Soc. **1942**, 70. — [2] SMITH, F.: Soc. **1939**, 1724. — [3] UEKI, R.: A. e. P. P. **104**, 239 (1924). — Siehe S. 350. — [4] TIPSON, R. S., C. C. CHRISTMAN and P. A. LEVENE: J. biol. Ch. **128**, 609 (1939). — GILL, R. E., E. L. HIRST and J. K. N. JONES: Soc. **1939**, 1469. — [5] ANDERSON, E., and L. SANDS: Adv. Carbohydrate Chem. 1, 322 (1945). — [6] PRINGSHEIM, E. G.: Pure Culture of Algae. Their Preparation and Maintenance. Cambridge 1946. — [7] HIRST, E. L., J. K. N. JONES and W. O. JONES: Soc. **1939**, 1880. — LUCAS, H. J., and W. T. STEWART: Am. Soc. **62**, 1792 (1940). — [8] PLANT, M. M. T., and E. D. JOHNSON: Nature **147**, 391 (1941). — LUNDE, G.: Papir-J. **28**, 147 (1940).
Zusammenfassungen über Pektin: [9] RIPA, R.: Die Pektinstoffe. Braunschweig 1937. — ZEMPLÉN, G.: Pektinstoffe. Biochem. Handlex. **13**, 41—51 (1931). — EHRLICH, F.: Pektin. Handb. biol. Arb.-Meth., Abt. I, Teil 11/2, 1503 (1936). — NORMAN, A. G.: The Biochemistry of Cellulose, the Polyuronides, Lignin etc. London 1937. — ANDERSON, E.: J. biol. Ch. **165**, 233 (1946). — HIRST, E. L., and J. K. N. JONES: Adv. Carbohydrate Chem. 2, 235 (1946). — PALLMANN, and H. DEUEL: Chimia, Aarau 1, 27 (1947). — HENGLEIN, F. A.: Makromol. Chem. 1, 70 (1947).

von Pektinstoffen. Die technische Darstellung geht von Citronen, Zuckerruben oder Äpfeln aus.

In unreifen Früchten liegt das Pektin in wasserunlöslicher Form *(Protopektin)* vor. Bei der Fruchtreife wird es durch ein Ferment[1] *(Protopektinase)*[2] in wasserlösliches Pektin übergeführt. Pektin wird von der in Pflanzen sehr verbreiteten *Pektinmethoxylase* (eine Esterase) in unlösliche Pektinsäure bzw. deren Ca-Salz verwandelt. Alle diese Pektinstoffe werden durch *Pektinase*[3] in die einfachen Zuckerbausteine aufgespalten.

Das wasserlösliche Ca-haltige Pektin bildet zwischen p_H 2,7 und 3,2 in Gegenwart von Alkohol oder Glycerin oder Zucker ein steifes Gel. Die günstigste Konzentration der Zuckerlösung ist 68%. 1 g Pektin vermag unter diesen Bedingungen bis zu 750 g Zuckerlösung zu gelieren. Die Güte der Pektinpräparate wird nach der Menge der Zuckerlösung beurteilt, die von 1 g des Präparates in ein Gel von bestimmten Eigenschaften verwandelt werden kann. Das Gelierungsvermögen hängt von der Unversehrtheit des Pektins bzw. dem Grad seines Abbaues ab. Über die Viscosität von Pektinstoffen, besonders von Na-Pektaten[4].

Das technische Pektin ist ein Gemisch verschiedener Polysaccharide, von denen 3 Hauptbestandteile, ein Araban (s. S. 348), ein Galaktan (s. S. 347) und eine Polygalakturonsäure in allen Pektinpräparaten, allerdings in wechselndem Mengenverhältnis, wiederkehren.

F. EHRLICH[5] und M. L. SUAREZ[6] haben als Hauptbestandteil des Pektins die D-Galakturonsäure[7] erkannt. Der erstgenannte hat in der Folgezeit die Grundlagen der Pektinchemie geschaffen. Unter Pektin ist dabei die, von den begleitenden Polysacchariden nur schwierig abzutrennende Polygalakturonsäure zu verstehen. Die Carboxylgruppen dieser Polysäure sind in wechselndem Umfang (9 bis 12% CH_3OH) mit Methylalkohol verestert sowie mit Metallionen abgesättigt (0,6 bis 8,9% Asche).

Nach neueren Ergebnissen[8] ist es wahrscheinlich, daß in den natürlichen Pektinstoffen die Polygalakturonsäure mit den begleitenden Arabanen und Galaktanen verestert ist.

NANJI, PATON und LING[9] haben im Grundkörper ringförmige Gebilde aus 6 Gliedern angenommen, von denen 4 aus Galakturonsäure und je 1 aus Galaktose und Arabinose bestehen sollten. EHRLICH legt einen Ring von 4 Galakturonsäureeinheiten zugrunde. Später haben BAUR und LINK[10] sowie MYERS und BAKER[11] größere Molekulargewichte bewiesen und kettenförmige Gebilde angenommen. Die Baueinheit des Pektins besteht danach aus 8 Galakturonsäureresten, von deren COOH-Gruppen 7 mit Methanol verestert sind und eine gegen Ca und Mg abgesättigt ist. Außerdem sind 2 Acetylgruppen vorhanden. Das Pektin ist in kaltem Wasser löslich, rechtsdrehend und reduziert FEHLINGsche Lösung nicht. Präparate verschiedener Herkunft stimmen in ihren analytischen Daten gut überein.

In der Ultrazentrifuge zeigen Fruchtpektine[12] Molekulargewicht zwischen 25000 bis 50000, während die osmotisch und viscosimetrisch ermittelten Daten[13] bei 100000 bis 200000 liegen.

---

[1] EHRLICH, F.: Enzymologia **3**, 185 (1937). — [2] Von EHRLICH, F., als eigenes Ferment bestritten. Die hier verwendete Nomenklatur schließt sich an NORMAN an. — [3] Siehe Beitrag PLOETZ-WEIDENHAGEN S. 1067. — [4] DEUEL, H., u. F. WEBER: Helv. **28**, 1089 (1945). — [5] EHRLICH, F.: Chem. Ztg. **41**, 197 (1917). — [6] SUAREZ, M. L.: Chem. Ztg. **41**, 87 (1917). — [7] Siehe S. 311. — [8] SPEISER, R., C. R. EDDY and C. H. HILLS: J. physical Chem. **49**, 563 (1945). — [9] NANJI, D. R., F. J. PATON and A. R. LING: J. Soc. chem. Ind. **44**, 253 (1925). — [10] BAUR, L., and K. P. LINK: J. biol. Ch. **109**, 293 (1935). — [11] MYERS, P. B., and G. L. BAKER: Bull. Delaware agric. exp. Stat. **187**, 3 (1934) [Chem. Abstr. **28**, 6871 (1934)]. — [12] SVEDBERG, TH., and N. GRALÉN: Nature **142**, 261 (1938). — [13] BOCK, H., u. R. EINSELE: J. prakt. Chem. [2] **155**, 225 (1940). Vgl. dagegen OWENS. H. S., H. LOTZKAR, T. H. SCHULTZ and W. D. MACLAY: Am. Soc. **68**, 1628 (1946).

Durch Verseifung der Estergruppen entsteht die methoxylfreie *Pektinsäure*. Die sauren Zwischenstufen zwischen Pektin und Pektinsäure sowie die Pektinsäure selbst finden sich als Ca- und Mg-Salze neben dem Pektin häufig in Pflanzen. Pektinsaures Ca-Mg ist unlöslich.

$$\begin{array}{ccc}
\text{HCOH} & \quad & \text{HCO} \\
\cdot\,\text{HCOCH}_3 & & \text{HCOH} \\
\text{CH}_3\text{OCH} & & \text{HOCH} \\
\text{HOCH} & & -\text{OCH} \\
\text{HCO} & & \text{HCO} \\
\text{COOH} & & \text{COOH} \\
\text{2,3-Dimethyl-} & & \text{Baueinheit} \\
\text{galakturonsäure} & & \text{der Pektinsäure}
\end{array}$$

Durch Methylierung der Pektinsäure[1] bzw. eines teilweise abgebauten Materials[2] wird ein Methylprodukt erhalten, das bei der Hydrolyse ausschließlich 2,3-Dimethylgalakturonsäure liefert. Trotzdem dieses Spaltprodukt in der furanoiden Form isoliert wurde, geht aus der schwierigen Spaltbarkeit des Methylkörpers hervor, daß in ihm nur pyranoide Reste verknüpft sein können[3]. Die Ringverschiebung vollzieht sich erst bei der Aufarbeitung. Da aus der hohen Rechtsdrehung α-Verknüpfung folgt, ergibt sich für die Pektinsäure die Konstitution einer pyranoiden, α—1,4-verknüpften Polygalakturonsäure.

γ) Polysaccharid-Mineralsäureester.

Esterartig gebundene *Phosphorsäure* findet sich in der Stärke (S. 335) vor. Die Menge dieser Mineralsäure beträgt jedoch nur Bruchteile von Prozenten, so daß sie auf das physikalische Verhalten der Polysaccharide keinen maßgebenden Einfluß ausüben. Anders die esterartig gebundene *Schwefelsäure* in gewissen Polysacchariden aus Seealgen[4].

Eine Galaktan-schwefelsäure, in der jeder Galaktosebaustein aus C_6 mit H_2SO_4 verestert ist, fand HASSID[5] in der Meeralge Joidea laminaroides.

1. Agar[6], ein aus Rotalgen (Rhodophyceae) gewinnbares Galaktan, besitzt praktische Bedeutung durch seine Fähigkeit, steife Gele zu bilden, die als Boden für die Kultur von Mikroorganismen verwendet werden.

Agar ist das Ca- oder Mg-Salz des H_2SO_4-Esters eines Galaktosepolysaccharids[7] (S-Gehalt etwa 1%). Die Hydrolyse[8] liefert D- und L-Galaktose im Verhältnis 15:2.

Als es vor einigen Jahren gelang, den S-Gehalt des Agars durch Reinigung fast völlig zu beseitigen, glaubte man, den Agar aus der Liste der Polysaccharid-H_2SO_4-Ester streichen zu können[9]. Inzwischen hat sich aber gezeigt, daß die Hydrolyse von methyliertem Agar neben 2,4,6-Trimethyl-D-galaktose noch 2-Methyl-3,6-anhydro-L-galaktose liefert[10]. Dieses Anhydroderivat ist als Sekundärprodukt anzusehen, da Methyl-galaktosid-6-sulfat unter analogen Bedingungen das gleiche Produkt liefert[11]. Damit ist neben der Existenz zugleich auch der Ort der H_2SO_4-Gruppe wahrscheinlich gemacht. Die Ausbeute an Anhydrozucker ist allerdings größer als der H_2SO_4-Menge im Agar entspricht. Ein Teil der L-Galaktose liegt also vielleicht bereits im Agar als Anhydrozucker vor.

Als wahrscheinlichster Bau des Agarmoleküls[8, 10] gilt eine 1,3-verknüpfte D-Galaktosekette, welche endständig eine 1,4-verknüpfte L-Galaktoseeinheit trägt, die ihrerseits am C_6 mit H_2SO_4 verestert ist.

[1] LUCKETT, S., and F. SMITH: Soc. **1940**, 1106, 1114, 1506. — [2] HIRST, E. L.: Soc. **1942**, 70. — BEAVEN, G. H., and J. K. N. JONES: Chem. & Industr. 58, 363 (1939). — LUCKETT, S., and F. SMITH: Soc. **1940**, 1506. — [3] Vgl. dagegen LEVENE, P. A., G. M. MEYER and M. KUNA: Science, N. Y. **89**, 370 (1939). — [4] LUNDE, G., E. HEEN u. E. ÖY: H. **247**, 189 (1937). — [5] HASSID, W. Z.: Am. Soc. **55**, 4163 (1933); **57**, 2046 (1935). — [6] PIRIE, N. W.: Biochem. J. **30**, 369 (1936). — [7] HOFFMANN, W. F., and R. A. GORTNER: J. biol. Ch. **65**, 371 (1925). — [8] FORBES, I. A., and E. G. V. PERCIVAL: Soc. **1939**, 1844. — [9] PERCIVAL, E. G. V., and J. BUCHANAN: Nature **145**, 1020 (1940). — [10] JONES, W. G. M., and S. PEAT: Soc. **1942**, 225. — [11] PERCIVAL, E. G. V., and T. G. H. THOMSON: Soc. **1942**, 750. — PERCIVAL, E. G. V.: Nature **154**, 673 (1944).

Ein solches Molekül kann bei Methylierung und Spaltung keinen Tetramethylzucker liefern, was dem experimentellen Befund entspricht. Die C-Atome 2 und 3 der endständigen L-Galaktose müssen irgendwie blockiert sein, da das Agarmolekül von Perjodsäure nicht oxydiert wird[1]. Die Kettenlänge beträgt mindestens 140 Einheiten.

Daß eine 1,3-verknüpfte D-Galaktosekette endständig eine 4-verknüpfte L-Galaktose trägt, wird verständlich, wenn man annimmt, daß zunächst nur eine 1,3-verknüpfte D-Galaktosekette vorgelegen hat. Wird nun durch Oxydoreduktion im endständigen Zucker dieser Kette die Funktion von C_1 und C_6 vertauscht, so ist dieser Zucker dadurch in eine 4-verknüpfte L-Galaktoseeinheit umgewandelt:

$$
\begin{array}{ccccc}
\overset{\displaystyle H}{HOC-OSO_3H} & & \overset{\displaystyle H}{HC-OSO_3H} & & HC=O \\
| & & | & & | \\
HCOH & & HCOH & & HOCH \\
| & & | & & | \\
Gal-O-CH & \xrightarrow[\text{Red. an } C_1]{\text{Ox. an } C_6} & Gal-O-CH & = & HCOH \\
| & & | & & | \\
HOCH & & HOCH & & HC-O-Gal \\
| & & | & & | \\
HCOH & & HCOH & & HOCH \\
| & & | & & | \\
CH_2OH & & HC=O & & H_2C-OSO_3H
\end{array}
$$

3-verknüpfte D-Galaktose-1-H_2SO_4 4-verknüpfte L-Galaktose-6-H_2SO_4

2. Das von H. KYLIN[2] aus Seealgen isolierte **Fucoidin** ist der saure Schwefelsäureester eines Polysaccharids, das hauptsächlich aus der Methylpentose L-Fucose besteht. Durchschnittlich enthält jede Fucoseanhydrideinheit eine gegen Natrium abgesättigte Schwefelsäureestergruppe (LUNDE, HEEN und ÖY).

3. Caragheenschleim wird aus der Rotalge Chondrus crispus durch Extraktion mit heißem Wasser gewonnen[3]. Auch hier liegen saure Schwefelsäureester vor, die teils frei, teils gegen Kalium und Calcium abgesättigt sind. Als Zuckeranteil sind Fructose, Galaktose (50%)[4], Glucose und eine Pentose erkannt worden, sowie 3 bis 4% 2-Keto-D-gluconsäure, die damit erstmals in einem Polysaccharid angetroffen wurde[5].

Im Tierreich kommen Mineralsäureester in der Mucoitin- und Chondroitinschwefelsäure vor (BLIX, S. 752 u. 760ff.). Auch das Heparin, die gerinnungshemmende Substanz des Blutes, gehört hierzu (BLIX, S. 755). Künstliche Polysaccharidschwefelsäureester zeigen gleichfalls Heparinwirkung[6]. Näheres siehe Fußnote[7].

δ) Serologisch-spezifische Polysaccharide [8-21].

Spezifische Polysaccharide der Bakterien. DOCHEZ und AVERY[22] fanden 1917 in dem Filtrat einer Pneumokokkenkultur einen serologisch aktiven Stoff,

---

[1] BARRY, V. C., T. DILLON and W. McGETTRICK: Soc. **1942**, 183. — [2] KYLIN, H.: H. **83**, 171 (1913). — BIRD, G. M., and P. HAAS: Biochem. J. **25**, 403 (1931). — [3] BUTLER, M. R.: Biochem. J. **28**, 759 (1934); **29**, 1025 (1935). — [4] PERCIVAL, E. G. V., and J. BUCHANAN: Nature **145**, 1020 (1940). — [5] YOUNG, E. G., and F. A. H. RICE: J. biol. Ch. **164**, 35 (1946). — [6] JORPES, J. E.: Heparin in the Treatment of Thrombosis. 2. Aufl. London, New York u. Toronto 1946. — KARRER, P., H. KOENIG u. E. USTERI: Helv. **26**, 1296 (1943). — LEGLER, R. G.: Helv. **26**, 1512, 1673 (1943).

Zusammenfassende Darstellungen über serologisch-spezifische Polysaccharide: 8—21.
[8] AVERY, O. T.: Naturwiss. **21**, 777 (1933). — [9] HEIDELBERGER, M., F. E. KENDALL and H. W. SCHERP: J. exp. Med. **64**, 559 (1936). — [10] HIRST, E. L., and S. PEAT: Ann. Rep. Progr. Chem. **33**, 245 (1936). — [11] MORGAN, W. T. J.: J. Soc. chem. Industr. **55**, 284 (1936). — [12] HEIDELBERGER, M.: Science, N.Y. **84**, 498 (1936). — [13] LANDSTEINER, K.: Die Spezifität der serologischen Reaktionen. Berlin 1933. — [14] Immunochemistry in Ann. Rev.: HEIDELBERGER, M.: **2**, 503—520 (1933). — [15] CHASE, M. W., and K. LANDSTEINER: **8**, 579—610 (1939). — [16] HAWORTH, W. N., and M. STACEY: **17**, 97 (1948). — [17] MIKULASZEK, E.: Bakterielle Polysaccharide. Ergebn. Hyg. **17**, 415 (1935). — [18] RUDY, H.: Angew. Chem. **50**, 137 (1937). — [19] KUSIN, A. M.: Fortschr. Chem. (russ.) **9**, 780 (1940). Siehe auch Bd. 2, Immunochemie. — [20] EVANS, T. H., and H. HIBBERT: Bacterial polysaccharides. Adv. Carbohydrate Chem. **2**, 204 (1946). — [21] GALE, E. F.: The Chemical Activities of Bacteria. 2. ed. New York 1948. — [22] DOCHEZ, A. R., and O. T. AVERY: J. exp. Med. **26**, 477 (1917).

der keine Eiweißreaktionen gab. 1923 wurde dieser Stoff von HEIDELBERGER und AVERY[1] isoliert und als Polysaccharid erkannt.

Solche „spezifischen Polysaccharide" wurden in der Folgezeit in zahlreichen Mikroorganismen, sowie auch in höher organisierten Tieren und beim Menschen gefunden (siehe auch Glykoproteide, BLIX S. 757).

Die isolierten Polysaccharide reagieren spezifisch mit dem zugehörigen Antikörper, sind aber selbst nicht imstande, die Bildung eines Antikörpers zu veranlassen. Sie sind „Haptene", die nur in Verbindung mit Eiweiß oder einem anderen geeigneten kolloidalen Träger zur Antikörperbildung befähigt sind. In den natürlichen Antigenen sind dieselben Polysaccharide entweder mit Eiweiß oder mit Lipoiden als Träger verbunden.

Die chemischen Kenntnisse über diese Substanzen sind noch nicht sehr umfangreich, was mit den Schwierigkeiten, größere Substanzmengen darzustellen, zusammenhängt. Am besten untersucht sind die Polysaccharide der *Pneumokokken*. Auf Grund ihres serologischen Verhaltens unterscheidet man von diesen Bakterien mehrere Typen, deren Unterschiede im chemischen Bau ihrer spezifischen Polysaccharide begründet sind. Virulente Pneumokokken besitzen Kapseln, die aus dem spezifischen Polysaccharid bestehen.

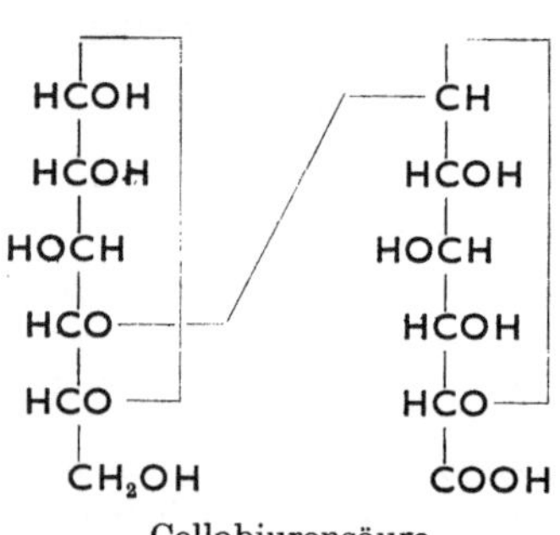

Cellobiuronsäure

Die Kapselpolysaccharide der meisten Pneumokokkentypen sind N-frei[2]. Das Polysaccharid des Types III besteht aus *Glucose und Glucuronsäure* im Verhältnis 1:1. Beim Abbau ist ein krystallisiertes Disaccharid, das aus diesen beiden Bestandteilen besteht, erhalten und als Cellobiuronsäure = 4—β-Glucuronosidoglucose identifiziert worden[3, 4]. Das Polysaccharid ist also polymere Cellobiuronsäure. Dieselbe Aldobionsäure erhält man auch beim Abbau des Polysaccharids vom Typ VIII. Doch ergibt sich hier ein Verhältnis Glucose zu Glucuronsäure = 7:2, so daß neben 2 Aldobionsäuren auch noch 5 Glucosen in das Polysaccharidmolekül eingebaut sind. Im Polysaccharid des Types II findet man neben viel Glucose nur noch wenig Uronsäure.

Die spezifischen Polysaccharide der Pneumokokkentypen I, IV, V, XII und XXV enthalten auch Stickstoff, was auf die Gegenwart von *Aminozuckern* zurückzuführen ist. Den höchsten N-Gehalt besitzt das Typ IV-Saccharid, das nur aus acetylierten Aminozuckern aufgebaut zu sein scheint und somit an Chitin erinnert. Das Typ I-Polysaccharid enthält je Mol Acetyl-aminozucker auch 1 Mol Galakturonsäure und das Typ XIV-Polysaccharid enthält auf ein Acetylglucosamin 3 Galaktosen[5].

Das Typ I-Polysaccharid nimmt serologisch eine Sonderstellung ein, indem es für sich, also ohne Verbindung mit Eiweiß, zur aktiven Immunisation fähig ist[6]. Es ließ sich zeigen, daß die Antigeneigenschaft hierbei an die Unversehrtheit der Acetylgruppen gebunden ist[7, 8].

[1] HEIDELBERGER, M., and O. T. AVERY: J. exp. Med. 38, 73 (1923). — [2] BROWN, R.: J. Immunol. 37, 445 (1939). — [3] HEIDELBERGER, M., and W. F. GOEBEL: J. biol. Ch. 70, 613 (1926); 74, 613 (1927). — [4] REEVES, R. E., and W. F. GOEBEL: J. biol. Ch. 139, 511 (1941). — [5] GOEBEL, W. F., P. B. BEESON and CH. L. HOAGLAND: J. biol. Ch. 129, 455 (1939). — [6] ZOZAYA, J., and J. CLARK: Proc. Soc. exp. Biol. Med. 30, 44 (1932). — [7] AVERY, O. T., and W. F. GOEBEL: J. exp. Med. 58, 731 (1933). — [8] PAPPENHEIMER, A. M. jr., and J. F. ENDERS: Proc. Soc. exp. Biol. Med. 31, 37 (1933). — ENDERS, J. F., and CH. J. WU: J. exp. Med. 60, 127 (1934). —

Die Polysaccharide der Pneumokokkentypen XXVIII und XXXII enthalten außerdem größere Mengen *Phosphor*.

Neben den Pneumokokkentypen wurden spezifische Polysaccharide inzwischen noch in einer großen Anzahl von Bakterien aufgefunden. Gesicherte chemische Aussagen sind aber in den wenigsten Fällen möglich.

Die 3 Typen der *Bac. pneumoniae Friedländer* liefern spezifische Polysaccharide, die alle Glucose neben einer Aldobionsäure enthalten[1]. Das spezifische Polysaccharid von *Bac. dysenteriae Shiga*[2] enthält Acetylhexosamin und Hexose im molekularen Verhältnis 1:4, das aus *Milzbrandbakterien*[3] besteht zu 68% aus Glucosamin und Galaktose. Das spezifische Polysaccharid aus *Bac. typhosum* Ty_2 liefert 83% reduzierende Zucker, die sich aus 40% Glucose, 21% Mannose und 17% Galaktose zusammensetzen. Abspaltung der 3% Acetylgruppen führt zu keiner Änderung der serologischen Eigenschaften. Aus dem Verhalten in der Ultrazentrifuge[4] errechnet sich ein Molekulargewicht von etwa 10000.

46% Mannose, 8% D-Arabinose und Inosit wurden im Hydrolysat des spezifischen Polysaccharids aus *Bac. Calmette-Guérin* gefunden[5]. Dieselben Bestandteile finden sich auch in Polysacchariden aus *Tuberkelbacillen*[6]. So enthält nach ANDERSON[7] ein Polysaccharid aus Tuberkelbacillen Mannose und Inosit. TAKEDA und OHTA[8] vergleichen aktive Polysaccharide aus Tuberkelbacillen und den Kulturfiltraten und finden als Bestandteile wechselnde Mengen Mannose und Glucose, jedoch keine Pentosen. Der Arbeitskreis von HEIDELBERGER[9] untersuchte dagegen aktive und inaktive Tuberkelpolysaccharide und fand an Zuckerbestandteilen Arabinose und Mannose. Bei Präparaten aus einem bovinen Stamm scheint die serologische Aktivität sogar an die Gegenwart von Pentose gebunden zu sein. Auch die Polysaccharide aus einem Vogelstamm zeigten in den Pentose enthaltenden Fraktionen die höchste serologische Aktivität[10].

Pentosen wurden auch gefunden in spezifischen Polysacchariden aus *Haemophilus influencae, Typ B*[11] und *Tetanusbakterien*[12], in beiden Fällen begleitet von Glucuronsäure. Das spezifische Polysaccharid von *Cholera vibrio, W 080* enthält neben Arabinose und Glucuronsäure noch Galaktose[13]. Ein Polysaccharid aus *Leprosebakterien* besteht sogar mindestens zur Hälfte aus Arabinose neben 1% Galaktose[14].

Polysaccharide, die in ihren serologischen Eigenschaften verwandt sind mit den bisher Genannten, wurden in neuerer Zeit auch aus *verschiedenen anderen Quellen* erhalten: z. B. aus nicht pathogenen Bakterien, aus höheren Pflanzen (Gummi arabicum[15], Pektin[16], Rohrzuckerhandelspräparaten[17]), aus Blutplasma, Synovial-

[1] HEIDELBERGER, M., W. F. GOEBEL and O. T. AVERY: J. exp. Med. **42**, 701 (1925). — GOEBEL, W. F., and O. T. AVERY: J. exp. Med. **46**, 601 (1927). — [2] MORGAN, W. T. J.: Biochem. J. **30**, 909 (1936). — MORGAN, W. T. J., and S. M. PARTRIDGE: Biochem. J. **34**, 169 (1940). — [3] IVÁNOVICS, G.: Z. Immun.-Forsch. **97**, 402 (1940). — [4] FREEMAN, G. G., and J. ST. L. PHILPOT: Biochem. J. **36**, 340, 355 (1942). — [5] CHARGAFF, E., and W. SCHAEFER: J. biol. Ch. **112**, 393 (1935/36). — [6] STACEY, M., and P. W. KENT: The polysaccharides of mycobacterium tuberculosis. Adv. Carbohydrate Chem. **3**, 311 (1948). — [7] DU MONT, H., u. R. J. ANDERSON: H. **211**, 97 (1932). — ANDERSON, R. J., R. L. PECK and M. M. CREIGHTON: J. biol. Ch. **136**, 211 (1940). — LUDEWIG, ST., u. R. J. ANDERSON: H. **211**, 103 (1932). — [8] TAKEDA, Y., u. T. OHTA: H. **262**, 171 (1939/40). — [9] HEIDELBERGER, M., and A. E. O. MENZEL: J. biol. Ch. **118**, 79 (1937). — [10] KARJALA, S. A., and M. HEIDELBERGER: J. biol. Ch. **137**, 189 (1941). — [11] DINGLE, J. H., and L. D. FOTHERGILL: J. Immunol. **37**, 53 (1939). — [12] SORCE, G.: Sperimentale **94**, 558 (1940). — [13] LINTON, R. W., D. L. SHRIVASTAVA and B. N. MITRA: Ind. J. med. Res. **22**, 309 (1934). — [14] ANDERSON, R. J., and M. M. CREIGHTON: J. biol. Ch. **131**, 549 (1939). — [15] HEIDELBERGER, M., O. T. AVERY and W. F. GOEBEL: J. exp. Med. **49**, 847 (1929). — [16] ROTHSCHILD, H.: Enzymologia **5**, 329 (1939). — [17] NEILL, J. M., E. J. HEHRE, J. Y. SUGG and E. JAFFE: J. exp. Med. **70**, 427 (1939).

und Geschwulstflüssigkeit. Sie sind also, wenn auch in geringen Mengen auftretend, außerordentlich weit verbreitet. Die von Bodenbakterien erzeugten Polysaccharide erscheinen von Bedeutung für den Feuchtigkeitshaushalt der Böden[1].

Die spezifischen Polysaccharide der Pneumokokkenkapseln werden von den üblichen *Carbohydrasen* pflanzlicher und tierischer Herkunft nicht angegriffen. Dubos[2] gelang jedoch die Isolierung von Bodenbakterien, deren Fermente die Pneumokokkenpolysaccharide der Typen I, II, III, V, VII und VIII spezifisch hydrolysieren. Die enzymatische Spezifität ist dabei in einigen Fällen noch strenger als die serologische, indem z. B. die Polysaccharide vom Typ III und VIII, die sich auf Grund ihrer chemischen Ähnlichkeit (s. oben) serologisch qualitativ gleich verhalten (d. h. Kreuzreaktion geben), enzymatisch von 2 verschiedenen Enzymen abgebaut werden. Dies ist verständlich, da man aus Versuchen mit synthetischen Antigenen weiß, daß über die Spezifität des Antigens die räumliche Konfiguration derjenigen Molekülteile der Polysaccharide, die eine stark polare Gruppe tragen und vom kolloidalen Träger am weitesten entfernt sind, entscheidet. Die enzymatische Angreifbarkeit hängt dagegen nicht nur von den exponierten Molekülteilen, sondern von der gesamten Konstitution und Konfiguration des Polysaccharidmoleküls ab.

Spezifische Polysaccharide der Blutgruppen[3, 15] (s. Bd. 2, Immunochemie, Blix, Glykoproteide S. 765; Bd. 2, Blut). Die für die Blutgruppenzugehörigkeit eines Menschen verantwortlichen Substanzen befinden sich in unlöslichem Zustand in den Erythrocyten und können mit verdünntem Alkohol in Lösung gebracht werden. Die meisten Menschen besitzen diese Substanzen aber auch in wasserlöslicher Form in verschiedenen Gewebsflüssigkeiten und Sekreten.

Als Ausgangsmaterial für die Isolierung der gruppenspezifischen Substanzen dienten, neben den erwähnten Erythrocyten[4], Urin[5], Speichel[6], Magensaft[7], Sperma[8] und Ovarialcysten-Flüssigkeit[9]. Auch im tierischen Pepsin[10], in Peptonen[11] und im Pferdespeichel[12] wird eine Substanz angetroffen, die sich serologisch wie der menschliche A-Faktor verhält.

Die Gegenwart der A-Substanz läßt sich noch in einer Verdünnung $1:10^{10}$ durch Hämolysehemmung nachweisen[13].

Da die wirksamen Substanzen immer von großen Mengen inaktiver Begleitsubstanzen von sehr ähnlicher chemischer Zusammensetzung umgeben sind, ist ihre Reinigung sehr schwierig. Chemische Unterschiede zwischen Präparaten verschiedener Herkunft sind nicht feststellbar.

Stark angereicherte Präparate[14] (bezogen auf Hämolysehemmung) enthalten 35 bis 40% Galaktose und 40 bis 43% N-Acetylglucosamin, Abspaltung der

[1] Haworth, W. N., F. W. Pinkard and M. Stacey: Nature 158, 836 (1946). — [2] Dubos, R. J.: Ergebn. Enzymforsch. 8, 135—148 (1939) (Zusammenfassende Darstellung). — [3] Morgan, W. T. J.: Exper. 3, 257 (1947). — [4] Bray, H. G., H. Henry and M. Stacey: Biochem. J. 40, 124 (1946). — [5] Yosida, K.-I.: Z. ges. exp. Med. 63, 331 (1928). — [6] Brahn, B., u. F. Schiff: Kli. Wo. 1929 II, 1523; siehe auch Bd. 2, Physiol. Chemie der Verdauung. — [7] Witebski, E., and N. C. Klendshoj: J. exp. Med. 72, 663 (1940); 73, 655 (1941). — [8] Freudenberg, K., H. Molter u. H. Walch: S.-B. heidelberg. Akad. Wiss. Nr. 9 (1940). — [9] King, H. K., and W. T. J. Morgan: Biochem. J. 38, X (1944). — [10] Brahn, B., F. Schiff u. F. Weinmann: Kli. Wo. 1932 II, 1592. — Schiff, F.: D. m. W. 1933 I, 200. — Landsteiner, K., and W. M. Chase: J. exp. Med. 63, 813 (1936). — [11] Schiff, F., u. G. Weiler: B.Z. 235, 454 (1931). — Brahn, B., u. F. Schiff: Zbl. Bakteriol. (I) 98, 91 (1930). — Freudenberg, K., O. Westphal u. Ph. Groenewoud: Naturwiss. 24, 522 (1936). — [12] Landsteiner, K.: Science, N. Y. 76, 351 (1932). J. exp. Med. 63, 185 (1936). — [13] Freudenberg, K., O. Westphal, G. Marriott, P. Groenewoud u. H. Molter: S.-B. heidelberg. Akad. Wiss. Nr. 1 (1938). — Freudenberg, K., u. H. Eichel: A. 510, 240 (1934); 518, 97 (1935). — [14] Freudenberg, K., H. Walch u. H. Molter: Naturwiss. 30, 87 (1942). — [15] Bray, H. G., and M. Stacey: Ad. Carbohydrate Chem. 4 (1949).

Acetylgruppen macht die Substanz unwirksam. Durch Reacetylierung kehrt die Wirksamkeit zurück. Die Substanz enthält 6% N, der zum Teil Aminosäuren angehört. Von diesen wurde Threonin krystallisiert. Ein auf besonders schonendem Wege dargestelltes, einheitliches und sehr reines Präparat des gesamten A-Faktors[1] enthielt 53% reduzierenden Zucker, 32—34% Hexosamine, 4,6 bis 4,8% Amino-N und 2,4 bis 2,6% Aminosäure-N. Durch Methylierung und nachfolgende Hydrolyse konnten aus dem Polysaccharidanteil eines A-Präparates folgende Spaltzucker identifiziert[2] werden: 2,3,4,6-Tetramethyl-mannose, 2,3,4,6-Tetramethyl-galaktose, 3,4,6-Trimethyl-N-acetyl-glucosamin, 2,3,4-Trimethyl-L-fucose. Die Alkalibehandlung bei der Methylierung bewirkt einen weitgehenden Zusammenbruch des Polysaccharidmoleküls.

Eine Reihe von Enzymen wurde aufgefunden[3], welche den Abbau der Polysaccharide bewirken. Das Enzym aus Clostridium Welchii wurde am genauesten studiert. Durch Erhitzen konnte eine Inaktivierung der auf Faktor A und B ansprechenden Enzyme erreicht werden, während der Enzymanteil, welcher den Faktor O angreift, ungeschädigt blieb[4].

Polysaccharide ohne A-Wirksamkeit, die Galaktose und Glucosamin enthalten, finden sich auch im Harn der Menschen der *Gruppe 0*. Die *Gruppe B* (Menschenharn) besitzt gleichfalls einen Faktor, der zu den Polysacchariden zählt und dem A-Polysaccharid außerordentlich ähnlich ist.

Das *Forssman-Antigen* hat man bis jetzt noch nicht von A-wirksamer Substanz abtrennen können. Es enthält wahrscheinlich Galaktose und Acetylglucosamin in Verbindung mit Fettsäuren (Phosphatidgruppe[5]). Möglicherweise verdankt es die A-Wirksamkeit dem zuckerartigen Teil seines Moleküls.

Es scheint daher, daß zwischen den Polysacchariden der Bakterienhüllen, der Blutgruppen und dem Polysaccharidanteil der Glykoproteide eine nicht nur oberflächliche Beziehung besteht[6].

---

[1] MORGAN, W. T. J., H. K. KING and R. A. KEKWICK: Biochem. J. **37**, 640 (1943). — [2] Siehe Fußnote [4] S. 358. — [3] SCHIFF, F., u. G. WEILER: B.Z. **239**, 489 (1931). — MATSON, G. A., and E. O. BRADY: J. Immunol. **30**, 445 (1936). — THAYSEN, A. C.: J. Bacteriol. **38**, 355 (1939). — SCHIFF, F.: Kli. Wo. **1935 I**, 750. — FREUDENBERG, K. u. H. MOLTER: S.-B. heidelberg. Akad. Wiss. Nr. 99 (1939) — [4] MORGAN, W. T. J.: Nature **158**, 759 (1946). — [5] IVÁNOVICS, G.: Z. Immun.-Forsch. **08**, 373 (1940). — [6] BRUNIUS, E.: Chemical Studies on the True Forssman Hapten etc. Stockholm 1936.

IV. Fette und Lipoide (Lipide[1-13]).

Von A. Butenandt, Chr. Grundmann, E. Klenk und G. Schramm.

Inhaltsverzeichnis.   Seite

Allgemeines, Geschichtliches. Von E. Klenk 360
  1. Die eigentlichen Fette. Von E. Klenk 362
  2. Phosphatide. Von E. Klenk 372
  3. Zuckerhaltige Lipoide. Von E. Klenk 382
  4. Wachse und andere Fettgemengteile. Von E. Klenk 389
  5. Steroide (Sterine, Gallensäuren und verwandte Stoffe). Von A. Butenandt u.
     G. Schramm 391
  6. Carotinoide. Von Chr. Grundmann 459

Allgemeines.

Die Fette und die als Lipoide bezeichneten anderen fettartigen Stoffe sind im Tier- und Pflanzenreich weit verbreitet. Während das eigentliche Fett vorzugsweise als *Reservestoff* von sehr hohem Caloriengehalt dient und als solcher beim Menschen und überhaupt bei den Warmblütern in großen Mengen abgelagert werden kann, sind viele andere fettartige Stoffe wesentliche Protoplasmabestandteile, welchen unter anderem auch eine besondere *struktur- und membranbildende Funktion* und damit eine hohe Bedeutung für die Zellpermeabilität zukommen dürfte. Bei seiner weiten Verbreitung in tierischen und pflanzlichen Produkten gehört das Fett zusammen mit den Eiweißstoffen und den Kohlenhydraten zu den *Hauptnahrungsstoffen* des Menschen.

Die Fette unterscheiden sich grundlegend von den Eiweißstoffen und den Kohlenhydraten durch ihre *Unlöslichkeit in Wasser*, ihre Löslichkeit in Äther und in vielen anderen organischen Lösungsmitteln. Diese Unlöslichkeit und Unbenetzbarkeit mit Wasser erleichtert offensichtlich die Ablagerung und Speicherung des Fettes in den Zellen und ermöglicht so die Ausbildung von Fettgewebe mit seinem überaus hohen Fettgehalt (der Bauchspeck des Schweins enthält 76,7 bis 88,4% Fett). Die als allgemeine Protoplasmabestandteile gekennzeichneten *Lipoide* zeigen dagegen ihrer anderen Funktion entsprechend mehr

Zusammenfassende Darstellungen über Fette und Lipoide: 1—13. [1] Chemie und Technologie der Fette und Fettprodukte. Hrsgb. H. Schönfeld, Bd. 1. Wien 1936. — [2] Grün, Ad., u. W. Halden: Analyse der Fette und Wachse. Bd. 1 u. 2. Berlin 1925 u. 1929. — [3] Bull, H. B.: The Biochemistry of the Lipids. London 1937. — [4] Thierfelder, H., u. E. Klenk: Die Chemie der Cerebroside und Phosphatide. Berlin 1930. — [5] MacLean, H., and I. Smedley MacLean: Lecithin and Allied Substances. The Lipins. Neue Aufl. London 1927. — [6] Leathes, J. B., and H. S. Raper: The Fats. 2. Aufl. London 1925. — [7] Fette und Öle. Handb. Lebensmittelchem. (Bömer u. a.) 4 (1939). — [8] Lipoide, Säuren, Cyclosen. Handb. biol. Arb.-Meth. Abt. 1, Teil 6 (1925). — [9] Hilditch, T. P.: The component glycerides of vegetable fats. Fortschr. Chem. org. Naturstoffe 1, 24—52 (1938). — Hilditch, T. P.: The Chemical Constitution of Natural Fats 2. Aufl. New York 1947, Neudruck London 1949. — [10] Ann. Rev.: The chemistry of the acyclic constitutions of natural fats and oils. Anderson, R. J.: 1, 89—108 (1932). — Anderson, R. J., and L. F. Salisbury: 8, 133—154 (1939). — Chargaff, E.: 4, 79—92 (1935). — Jamieson, G. S.: 7, 77—98 (1938). — Hilditch, T. P.: 5, 101—161 (1936); 11, 77—102 (1942). — The chemistry of the lipins. Kirk, E.: 9, 115—134 (1940). — Klenk, E., and K. Schuwirth: 6, 115—138 (1937). — Smedley-MacLean, I.: 3, 77—86 (1934). — Longenecker, H. E., and B. F. Daubert: 14, 113—144 (1945). — Brown, J. B.: The chemistry of the lipids. 15, 93—118 (1946). — Folch-Pi, J., and W. M. Sperry: 17, 147—168 (1948). — Lovern, J. A.: 18, 97—114 (1949). — Piskur, M. M., and H. W. Schultz: The chemistry and metabolism of the lipids. 16, 79—104 (1947). — [11] Peters-van Slyke Bd. 1, 2. Aufl., S. 373—628. — [12] Jamieson, G. S.: Vegetable Fats and Oils. 2. Aufl. New York 1943. — [13] Balley, A. E.: Industrial Oil and Fat Products. New York 1945. —

oder weniger stark ausgeprägte *hydrophile Eigenschaften*, ohne daß dadurch jedoch die ihrer Fettnatur entsprechende Löslichkeit in organischen Lösungsmitteln verlorengeht.

Einteilung. Wie bei den anderen Klassen von Naturprodukten zeigt sich auch bei den Fettstoffen eine große Mannigfaltigkeit. Auf Grund ihres chemischen Aufbaues kann folgende Unterteilung vorgenommen werden:

1. **Eigentliche Fette.**
2. **Phosphatide.**
   a) Glycerinphosphatide (Lecithine, Kephaline, Acetalphosphatide und Phosphatidsäuren).
   b) Sphingomyeline.
   Anhang: Bakterienphosphatide.
3. **Zuckerhaltige Lipoide.**
   a) Cerebroside.
      α) Cerebro-galaktoside (Cerebron, Kerasin, Nervon und Oxynervon).
      β) Cerebro-glucoside.
   b) Schwefelsäureester der Cerebroside (Sulfatide).
   c) Ganglioside.
4. **Wachse und andere Fettgemengteile.**
   a) Wachsester.
   b) Kohlenwasserstoffe.
   c) Glycerinäther.
5. **Steroide.**
6. **Carotinoide.**

Geschichtliches.

Die chemische Erforschung der Fette begann mit Scheeles *Entdeckung des Glycerins* als Bestandteil des Olivenöls im Jahre 1783. Nachdem durch Lavoisier, der Olivenöl als Kohlenwasserstoff erklärt hatte, ein gewisser Rückschlag eingetreten war, führten die Arbeiten von Chevreul[1] (1811—1823) zur Aufklärung des Verseifungsvorgangs. Glycerin und Fettsäuren wurden als die dabei auftretenden Spaltprodukte richtig erkannt. Chevreul trennte die Fette zahlreicher Tiere in einen festen und flüssigen Anteil und nannte den ersten Stearin und den letzten Olein. Er ist auch der Entdecker einer Reihe der wichtigsten höheren Fettsäuren [*Stearinsäure* (1823) *und Ölsäure* (1823)], sowie der für das Butterfett charakteristischen niederen Fettsäuren (*Buttersäure, Capronsäure* und *Caprinsäure*). Seine Margarinsäure wurde später von Heintz (1852) als Gemisch von Palmitin- und Stearinsäure erkannt. Die *Palmitinsäure* wurde von Fremy[2] (1840) entdeckt, der sie aus Palmöl isolierte.

Auf das Vorkommen von *phosphorhaltigen Fettstoffen* haben zuerst die Untersuchungen von Vauquelin[3] (1812) hingewiesen, der sie aus Gehirn isolierte. Die eigentliche Chemie dieser Stoffe beginnt aber erst mit der Entdeckung des Lecithins im Eigelb durch Gobley[4] (1845—1858). Gobley machte auch bereits auf das Vorkommen dieser Substanz im Gehirn, Blut, Galle usw. aufmerksam. Als Spaltstücke stellte er Fettsäuren (Margarinsäure und Ölsäure) und *Glycerinphosphorsäure* fest. Die letztere wurde bei dieser Gelegenheit erstmals in der Natur aufgefunden. Der Nachweis des *Cholins* als weiteres wichtiges Lecithinspaltstück geschah erst durch Diaconow[5] (1867/68), einen Schüler Hoppe-Seylers. Diaconow stellte auch als erster die im wesentlichen richtige *Konstitutionsformel des Lecithins* auf. Von überaus großer Fruchtbarkeit erwiesen sich die zunächst in ihrer Bedeutung völlig verkannten Untersuchungen des deutschen Arztes Thudichum[6] (1874—1901) über

---

[1] Chevreul, M. E.: Recherches chimiques sur les corps gras d'origine animal. Paris 1823. — [2] Fremy, E.: A. **36**, 44 (1840). — [3] Vauquelin, L. N.: Ann. Chim. **81**, 37 (1812). Biographie von Vauquelin siehe Bloch, M.: Das Buch der großen Chemiker von G. Bugge, Bd. I, S. 356—368. 1929. — [4] Gobley, M.: J. Pharmacie Chim. (3) ab Bd. 9ff. bis Bd. 33 (1845—1858). — [5] Diaconow, C.: Hoppe-Seylers med.-chem. Unters. **2**, 221 (1867); **3**, 405 (1868). Zbl. med. Wiss. **6**, 2, 97, 434 (1868). — [6] Thudichum, J. L. W.: Die chemische Konstitution des Gehirns des Menschen und der Tiere. Tübingen 1901. — Lieben, F.: Geschichte der physiologischen Chemie. S. 547. Leipzig u. Wien 1935. (Biographie von Thudichum.)

die Fettstoffe des Gehirns. Ihm verdanken wir die *Entdeckung des Kephalins, des Sphingomyelins* und der *Cerebroside*. Wenn er auch zweifellos die Substanzen noch in keineswegs reinem Zustand in Händen hatte, so erkannte er ihre wahre Natur doch mit erstaunlicher Sicherheit. Von THUDICHUM ist auch der Name *Phosphatide* eingeführt worden. Die Auffindung des Aminoäthylalkohols *(Colamin)* als zweitem Stickstoffträger in Phosphatidpräparaten geht auf TRIER[1] (1911) zurück, der die Base neben dem Cholin in einem pflanzlichen Lecithin und im Eigelblecithin des Handels feststellte. Daß es sich hier um ein Spaltstück des *Kephalins* handelt, wurde kurz darauf von BAUMANN[2] (1913) bewiesen. Erst in neuester Zeit ist von verschiedenen Seiten unabhängig voneinander gezeigt worden, daß das Gemisch der ätherlöslichen Organphosphatide außer Cholin und Colamin als drittes stickstoffhaltiges Spaltstück noch Serin enthält (S. 527).

1. Die eigentlichen Fette.

Von E. KLENK.

Inhaltsverzeichnis.

Seite

Glycerin 362
Das Unverseifbare der Fette 363
Fettsäuren 363
    Gesättigte Fettsäuren S. 363. — Ungesättigte Fettsäuren S. 364. — Fettsäuren
    anderer Art S. 365. — Eigenschaften S. 368. — Methodisches S. 369.
Die natürlichen Glyceride 370
Verderben von Fett 372

$$\begin{array}{l} CH_2\!-\!O\!-\!CO\!-\!R \\[2pt] |\\[2pt] CH\ \!-\!O\!-\!CO\!-\!R \\[2pt] |\\[2pt] CH_2\!-\!O\!-\!CO\!-\!R \end{array}$$

Die Fette sind Glycerinester von höheren Fettsäuren, wie das schon von CHEVREUL in seinen grundlegenden Arbeiten über Fette festgestellt worden ist. Dementsprechend lassen sich die Fette durch Lösen der Esterbindung unter Einlagerung von Wasser (Hydrolyse) in Glycerin und Fettsäuren aufspalten.

Die hydrolytische Aufspaltung[3] kann erfolgen durch Einwirkung von überhitztem Wasserdampf, durch Kochen mit wäßriger oder noch schneller mit alkoholischer Lauge, durch die sog. TWITCHELL- oder Kontaktspaltung, wo gewisse starke organische Säuren mit hohem Emulsionsvermögen als Spaltmittel Verwendung finden, und schließlich vor allem auch durch Fermente (siehe Lipasen S. 1071).

Glycerin[4, 5], $C_3H_8O_3$ oder $CH_2OH\!-\!CHOH\!-\!CH_2OH$.

Farblose, süß schmeckende und stark hygroskopische Flüssigkeit, die in jedem Verhältnis mit Wasser, Alkohol und Aceton mischbar ist. Das völlig reine Glycerin erstarrt langsam in der Kälte unter Bildung von rhombischen Krystallen. F. 20°. Kp_{10}: 162 bis 163°; $D^{15,7} = 1,2594$. Glycerin geht beim Erhitzen mit Kaliumhydrogensulfat ($KHSO_4$) in Acrolein $CH_2\!=\!CH\!-\!CHO$ über, das durch seinen scharfen Geruch erkennbar ist. Auch die Fette geben diese Acroleinreaktion. (Isolierung von Glycerin aus Fett[6]; Mikro-Glycerinbestimmung[7].)

Als einfachster dreiwertiger Alkohol steht das Glycerin den Zuckern sehr nahe und bildet sich aus ihnen auch in kleineren Mengen bei der alkoholischen Gärung, die unter bestimmten Versuchsbedingungen so geleitet werden kann, daß das Glycerin zu einem der Hauptprodukte der Reaktion wird.

Im Stoffwechsel der höheren Tiere kann Glycerin ebenfalls aus Zucker entstehen.

[1] TRIER, G.: H. **73**, 383 (1911); **76**, 496 (1911/12). — [2] BAUMANN, A.: B.Z. **54**, 30 (1913). — [3] HILDITCH, T. P.: In Schönfeld, Chem. u. Techn. Fette, Bd. 1, S. 316. 1936. — Gattermann-Wieland: 27. Aufl., S. 155. 1940. — [4] Beilstein: **1**, 502 (266) [575]. — [5] LEFFINGWELL, G., and M. LESSER: Glycerin. Brooklyn 1945. — [6] SHUKOFF, A. A., u. P. J. SCHESTAKOFF: Z. angew. Chem. **8**, 294 (1905). — [7] BLIX, G.: Microchim. Acta, Wien **1**, 75 (1937).

Das **Unverseifbare der Fette** besteht aus Sterinen (S. 393ff.) und Kohlenwasserstoffen [Carotinoiden (S. 459ff.) und in seltenen Fällen aus Squalen (S. 390 u. 481)]. Die Menge des Unverseifbaren beträgt etwa 0,1 bis 5%, im Mittel etwa 0,3%. In einzelnen Leberölen von Fischen kann der Wert aber sehr hoch sein (S. 390).

Die Fettsäuren[1]. Die überaus große Zahl der in den natürlichen Fetten vorkommenden Fettsäuren zeichnet sich — mit Ausnahme der im Delphintran anzutreffenden Isovaleriansäure und einiger in Bakterienfetten aufgefundenen „gesättigten flüssigen" Fettsäuren — dadurch aus, daß sie eine normale, *unverzweigte Kohlenstoffkette mit paariger Gliederzahl* besitzt. Fast alle natürlichen Fette enthalten neben den gesättigten auch ungesättigte Fettsäuren, und zwar sind in den tierischen Speicherfetten und auch in den Pflanzenfetten die letzteren ihrer Menge nach meist vorherrschend.

Während den *gesättigten Fettsäuren* die allgemeine *Formel* $C_n H_{2n} O_2$ zukommt, hat man bei den *ungesättigten Fettsäuren* je nach dem Grad der Ungesättigtheit solche vom Typ $C_n H_{2n-2} O_2$, $C_n H_{2n-4} O_2$, $C_n H_{2n-6} O_2$ usw. zu unterscheiden. Die Ungesättigtheit ist in der Regel auf die Anwesenheit von einer oder mehreren Äthylenbindungen zurückzuführen. Doch sind auch Säuren mit Acetylenbindungen bekannt (Taririnsäure, S. 368).

Folgende gut charakterisierten *Fettsäuren* sind bis jetzt *in den natürlichen tierischen Fetten* nachgewiesen worden (Fettsäuren pflanzlichen Ursprungs sind eingeklammert):

Tabelle 66.

I. Gesättigte Fettsäuren $C_n H_{2n} O_2$.

				Schmelzpunkt F. °	Siedepunkt Kp. °
C_4	Buttersäure	n-Butansäure	$C_4 H_8 O_2$	—8	163
C_5	Isovaleriansäure		$C_5 H_{10} O_2$	—51	174
C_6	Capronsäure	n-Hexansäure	$C_6 H_{12} O_2$	—1,5	205
C_8	Caprylsäure	n-Octansäure	$C_8 H_{16} O_2$	16	237
C_{10}	Caprinsäure	n-Decansäure	$C_{10} H_{20} O_2$	31,3	269
C_{12}	Laurinsäure	n-Dodecansäure	$C_{12} H_{24} O_2$	43,5	102 (Kp_1)*
C_{14}	Myristinsäure[2]	n-Tetradecansäure	$C_{14} H_{28} O_2$	53,8	122 ,,
C_{16}	Palmitinsäure a)	n-Hexadecansäure	$C_{16} H_{32} O_2$	62,5	139 ,,
C_{18}	Stearinsäure b)	n-Octadecansäure	$C_{18} H_{36} O_2$	69,6	160 ,,
C_{20}	Arachinsäure	n-Eicosansäure	$C_{20} H_{40} O_2$	76,1—76,3	205 ,,
C_{22}	Behensäure	n-Docosansäure	$C_{22} H_{44} O_2$	80,3—80,7	
C_{24}	Lignocerinsäure c)	n-Tetracosansäure	$C_{24} H_{48} O_2$	84,5—84,9	

a) $C_{16} H_{32} O_2$ (256,26) 74,92% C; 12,59% H; 12,49% O. b) $C_{18} C_{36} O_2$ (284,29) 75,89% C; 12,77% H; 11,25% O. c) $C_{24} H_{48} O_2$ (368,38) 78,18% C; 13,13% H; 8,69% O.

* Kp_1 = Kochpunkt bei 1 mm Druck.

Von diesen Fettsäuren findet man regelmäßig in tierischen und pflanzlichen Fetten die *Palmitinsäure,* die *Stearinsäure* und die *Ölsäure.* Im *Depotfett der Warmblüter* machen diese drei C_{16}- und C_{18}-Säuren in der Regel über 90% der Gesamtfettsäuren aus. Hinzu kommen vielfach noch kleinere Mengen Linolsäure und Palmitoleinsäure. Im *Milchfett der Säuger* dagegen finden sich neben

---

[1] Beilstein: **2,** 5 (3) [3]. — Markley, K. S.: Fatty Acids, their Chemistry and Physical Properties. New York u. London 1947. — Bloor, W. A.: Biochemistry of the Fatty Acids, and their Compounds, the Lipids. New York 1947. — Lennartz, Th. A.: Angew. Chem. (A) **59,** 10, 49 (1947). — Nolte, F.: Angew. Chem. (A) **59,** 24 (1947). — Wachs, W., u. J. Reitstötter: Angew. Chem. (B) **60,** 61 (1948). — Hilditch, T. P.: Soc. **1948,** 243. — [2] Darst.: Org. Syntheses Sammelbd. **1,** 371 (1932).

Tabelle 66 (Fortsetzung).

II. Ungesättigte Fettsäuren.

Säuren $C_n H_{2n-2} O_2$, 1 F (Zeichen für Doppelbindung).

				Schmelzpunkt F. °	Siedepunkt Kp. °
C_{10}		Δ^9-Decensäure *	$C_{10}H_{18}O_2$	(flüssig)	142 (Kp_4)
C_{12}		Dodecensäure	$C_{12}H_{22}O_2$	,,	
C_{14}		Δ^5-Tetradecensäure	$C_{14}H_{26}O_2$	,,	
	Myristoleinsäure	Δ^9-Tetradecensäure	$C_{14}H_{26}O_2$	,,	
C_{16}	Palmitoleinsäure [1]	Δ^9-Hexadecensäure	$C_{16}H_{30}O_2$	—1	
C_{18}	Ölsäure ** †	Δ^9-Octadecensäure	$C_{18}H_{34}O_2$	12 bzw. 17	163—165 (Kp_1)
	(Petroselinsäure)	Δ^6-Octadecensäure	$C_{18}H_{34}O_2$	30	
C_{20}	Gadoleinsäure	Δ^9-Eicosensäure	$C_{20}H_{38}O_2$	25	
C_{22}	(Erucasäure)	Δ^{13}-Docosensäure	$C_{22}H_{42}O_2$	33,5	
	Cetoleinsäure	Δ^{11}-Docosensäure	$C_{22}H_{42}O_2$		
C_{24}	Nervonsäure	Δ^{15}-Tetracosensäure	$C_{24}H_{46}O_2$	41,2	
C_{26}	(Ximensäure) [2]	Δ^{17}-Hexacosensäure	$C_{26}H_{50}O_2$	45—45,5	

* $\Delta^9 =$ Lage der Doppelbindung zwischen C_9 und C_{10}.

** $C_{18}H_{34}O_2$ (282,27) 76,52% C; 12,14% H; 11,34% O; J.Z. $= 89,91$.

† Eine der Ölsäure isomere Fettsäure (Δ^{11}-Octadecensäure) ist die Vaccensäure (vaccenic acid) aus Sommerbutter. Sie wirkt auf Ratten wachstumsfördernd [3].

Säuren $C_n H_{2n-4} O_2$, 2 F.

C_{18}	Linolsäure	$\Delta^{9,12}$-Octadecadiensäure	$C_{18}H_{32}O_2$	(flüssig)	218° (Kp_{14})

Säuren $C_n H_{2n-6} O_2$, 3 F.

C_{18}	Linolensäure	$\Delta^{9,12,5}$-Octadecatriensäure	$C_{18}H_{30}O_2$	(flüssig)	
		$\Delta^{6,9,2}$-Octadecatriensäure	$C_{18}H_{30}O_2$	(flüssig)	
	(Eläostearinsäure)	$\Delta^{9,\,,3}$-Octadecatriensäure	$C_{18}H_{30}O_2$	48—49°	235° (Kp_{12})

Hochungesättigte Fettsäuren.

C_{20}	Arachidonsäure (s. S. 366)	Eicosatetraensäure	$C_{20}H_{32}O_2$	(flüssig)	
C_{22}	Clupanodonsäure	Docosapentaensäure	$C_{22}H_{34}O_2$	(flüssig)	

C_{16}- und C_{18}-Säuren vor allem noch die niedrigeren Homologen, und zwar sämtliche gesättigten paarigen Säuren bis herab zur Buttersäure (Bd. 2, Milch). Von äußerst komplizierter Zusammensetzung ist das Fettsäuregemisch der *Kaltblüterfette*, insbesondere das der Seetieröle. Muskelfette und Lebertrane der Seefische haben, soweit sie der Hauptsache nach aus Triglyceriden

[1] FIEDLER, H.: Fette u. Seifen **46**, 453 (1939). — [2] PUNTAMBEKAR, S. V., and S. KRISHNA: J. ind. chem. Soc. **14**, 268 (1937). — BOEKENOOGEN, H. A.: Fette und Seifen **46**, 717 (1939).— [3] BOER, J., B. C. P. JANSEN and A. KENTIE: Nature **158**, 201 (1946). J. Nutrit., Baltimore **33**, 339 (1947). — BOER, J., B. C. P. JANSEN, A. KENTIE and H. W. KNOL: J. Nutrit., Baltimore **33**, 359 (1947). Siehe jedoch DEUEL, H. J., S. M. GREENBERG, E. E. STAUB, D. JUE, C. M. GOODING and C. F. BROWN: J. Nutrit., Baltimore **35**, 301 (1948). — EULER, B. v., u. H. v. EULER: Z. Vit.-, Horm.-, Fermentforsch. **1**, 474 (1948).

bestehen, ähnliche Zusammensetzung. Hier findet man C_{14}-, C_{16}-, C_{18}-, C_{20}- und C_{22}-Säuren nebeneinander[1]. Dabei steigt mit zunehmender Kohlenstoffzahl die Ungesättigtheit der Fettsäuren an, so daß unter den C_{18}-, C_{20}- und C_{22}-Säuren praktisch nur noch ungesättigte sind und unter den C_{20}- und C_{22}-Säuren hochungesättigte von der Art der Clupanodonsäure vorherrschen[2]. Diese letzten sind sehr wahrscheinlich auch die Träger des typischen Trangeruchs. Die Fette der übrigen Kaltblüter nehmen in dieser Hinsicht eine Mittelstellung ein zwischen den Seetierölen und dem Depotfett der Warmblüter[3].

Man kann so heute im Hinblick auf die Zusammensetzung des Fettsäuregemisches drei Haupttypen von *tierischen Fetten*, soweit sie der Hauptsache nach aus Triglyceriden bestehen, unterscheiden. Die Tabelle 67 bringt die genaue Zusammensetzung von je einem Hauptvertreter der drei Typen.

Menschenfett unterscheidet sich in seiner Zusammensetzung, soweit aus den spärlichen Angaben[4] im Schrifttum ersichtlich, nicht von dem Säugetierfett (94,6% Gesamtfettsäure, 26,6% gesättigte Fettsäuren, und zwar 20% Palmitinsäure bzw. 5% Stearinsäure, 63,6% ungesättigte Fettsäuren, und zwar vorwiegend Ölsäure, 0,3 bis 0,5% Linolsäure bzw. 0,3% hochungesättigte C_{20}- und C_{22}-Säuren.

Tabelle 67. Fettsäuren von tierischen Fetten in % der Gesamtfettsäuren.

	Milchfett vom Rinde[5] Fettsäuren		Schweinefett[6] Fettsäuren		Dorschlebertran[2] Fettsäuren	
	gesättigt	ungesättigt	gesättigt	ungesättigt	gesättigt	ungesättigt a)
C_4	3,1—3,9					
C_6	1,3—1,9					
C_8	0,7—1,6					
C_{10}	1,8—3,1					
C_{12}	2,3—4,3					
C_{14}	6,9—11		0,7—1,8		3,5—6	Spur — 0,5
C_{16}	22—29		25—28		6,5—10	15,5—20 (2)
C_{18}	6,5—15	36—47 b)	8,5—13	60—65 b)	Spur — 0,5	25—31 (3)
C_{20}	0,4—1,0					26—32 (6)
C_{22}						10—14 (7)

a) Die in Klammer gesetzten Zahlen zeigen an, wieviel H-Atome zur völligen Hydrierung von jeder Fettsäuregruppe je Molekül gebraucht werden und sind so ein Maß für den mittleren Grad der Ungesättigtheit. b) Vorwiegend Ölsäure, wenig Linolsäure (etwa 4%).

In den *Pflanzenfetten* kommen als besonders weit verbreitete Fettsäuren zu der Palmitin-, Stearin- und Ölsäure noch Linol- und Linolensäure hinzu. Vor allem in den flüssigen Pflanzenfetten gehören die beiden letzteren neben der Ölsäure zu den Hauptbestandteilen.

So enthält das *Olivenöl* 70 bis 85% Ölsäure und 4 bis 12% Linolsäure; das *Leinöl* 2 bis 19% Ölsäure, 23 bis 70% Linolsäure und 18 bis 50% Linolensäure; *Erdnußöl* 53 bis 72% Ölsäure und 13 bis 27% Linolsäure; das Öl der Sojabohnen 26 bis 34% Ölsäure, 52 bis

[1] Bull, H.: B. **39**, 3570 (1906). — [2] Guha, K. D.. T. P. Hilditch and J. A. Lovern: Biochem. J. 24, 266 (1930). — Hilditch, T. P.: In Schönfeld: Chem. Techn. Fette, Bd. 1, S. 92. — [3] Klenk, E.: H. **221**, 264 (1933); **232**, 47 (1935). — Klenk, E., F. Ditt u. W. Diebold: H. **232**, 54 (1935). — [4] Jäckle, H.: H. **36**, 53 (1902). — Wagner, O.: B. Z. 174, 412 (1926). — Eckstein, H. C.: J. biol. Ch. 64, 797 (1925). — Cramer, D. L., and J. B. Brown: J. biol. Ch. **151**, 427 (1943). — [5] Hilditch, T. P., and E. E. Jones: Analyst 54, 75 (1929). — Hilditch, T. P., and J. J. Sleightholme: Biochem. J. 24, 1098 (1930). — Dean, H. K., and T. P. Hilditch: Biochem. J. **27**, 889 (1933). — [6] Ellis, N. R., and J. H. Zeller: J. biol. Ch. **89**, 185 (1930). — Ellis, N. R., and H. S. Isbell: J. biol. Ch. **69**, 239 (1926).

59% Linolsäure und 2 bis 6% Linolensäure. Wegen der Bedeutung der Linolsäure als essentielle Fettsäure sei noch ihr Gehalt in einigen natürlichen Ölen angegeben[1]: Mohnöl 63,8%, Gurkensamenöl 60,9%, Sonnenblumenöl 60,9%, Walnußöl 51,1%, Haselnußöl 10,6%, Bäckerhefefett 4 bis 6%, Rindertalg 4,4 bis 5,6%, Palmkernfett 3,5% Linolsäure. Im Maisöl[2] sind u. a. 56% Linolensäure, 30% Ölsäure, 1,7% höher molekulare Säuren mit über 18-C-Atomen.

Die hochungesättigten C_{20}- und C_{22}-Säuren der tierischen Fette werden in den Pflanzenfetten nicht angetroffen. Das Vorkommen von nennenswerten Mengen anderer Fettsäuren als die obengenannten ist auf einzelne Pflanzenfamilien beschränkt.

So enthalten die Samenfette der *Cruciferae* etwa 50% Erucasäure $C_{22}H_{42}O_2$. Die Samenfette der *Palmae* etwa 50 % Laurin- und 20 % Myristinsäure, neben noch niedrigeren Homologen.

Zu den *essentiellen Fettsäuren* gehören vor allem Linolsäure, Arachidonsäure und Clupanodonsäure. Die Wirkung der Linolensäure ist erheblich schwächer.

Die chemische Konstitution der ungesättigten Fettsäuren. In der Ölsäure, der wichtigsten der ungesättigten Fettsäuren, liegt die Äthylenbindung in der Mitte der Kohlenstoffkette entsprechend der Formel:

$$CH_3—(CH_2)_7—CH = CH—(CH_2)_7—COOH.$$

Die Lage der doppelten Bindung bestimmte man durch die Überführung in die Ketosäure, BECKMANNsche Umlagerung der daraus dargestellten Oxime und Spaltung des Umlagerungsproduktes. Ölsäure lieferte auf diese Weise[3] Nonan- (= Pelargon)-säure[4] $CH_3 \cdot (CH_2)_7 \cdot COOH$ und 9-Aminononansäure $H_2N \cdot (CH_2)_8 \cdot COOH$, außerdem Octylamin $CH_3 \cdot (CH_2)_6 \cdot CH_2 \cdot NH_2$ und Sebacinsäure $COOH \cdot (CH_2)_8 \cdot COOH$. Neuer, wesentlich besser und auch für mehrfach ungesättigte Fettsäuren anwendbar ist das Ozonisationsverfahren[5]. Die Spaltung des Ozonids der Ölsäure führt zu Nonylaldehyd $CH_3 \cdot (CH_2)_7 \cdot CHO$ und dem Halbaldehyd der Azelainsäure $CHO \cdot (CH_2)_7 \cdot COOH$ bzw. zu Nonansäure und Azelainsäure $COOH \cdot (CH_2)_7 \cdot COOH$. In sehr vielen anderen der natürlichen ungesättigten Fettsäuren finden sich ebenfalls wenigstens eine der für die Ölsäure charakteristischen beiden Gruppierungen $CH_3 \cdot (CH_2)_7 \cdot CH:$ oder $:CH \cdot (CH_2)_7 \cdot COOH$, wie dies aus den nachstehenden Konstitutionsformeln hervorgeht.

Säuren mit der Gruppierung $:CH \cdot (CH_2)_7 \cdot COOH$

Δ^9-Decensäure $C_{10}H_{18}O_2$	$CH_2:CH \cdot (CH_2)_7 \cdot COOH$
Myristoleinsäure $C_{14}H_{26}O_2$	$CH_3 \cdot (CH_2)_3 \cdot CH:CH \cdot (CH_2)_7 \cdot COOH$
Palmitoleinsäure $C_{16}H_{30}O_2$	$CH_3 \cdot (CH_2)_5 \cdot CH:CH \cdot (CH_2)_7 \cdot COOH$
Gadoleinsäure $C_{20}H_{38}O_2$	$CH_3 \cdot (CH_2)_9 \cdot CH:CH \cdot (CH_2)_7 \cdot COOH$
Linolsäure $C_{18}H_{32}O_2$ (2 F)	$CH_3 \cdot (CH_2)_4 \cdot CH:CH \cdot CH_2 \cdot CH:CH \cdot (CH_2)_7 \cdot COOH$
Linolensäure $C_{18}H_{30}O_2$ (3 F)	

$$CH_3 \cdot CH_2 \cdot CH:CH \cdot CH_2 \cdot CH:CH \cdot CH_2 \cdot CH:CH \cdot (CH_2)_7 \cdot COOH$$

Säuren mit der Gruppierung $CH_3 \cdot (CH_2)_7 \cdot CH:$

Δ^5-Tetradecensäure $C_{14}H_{26}O_2$	$CH_3 \cdot (CH_2)_7 \cdot CH:CH \cdot (CH_2)_3 \cdot COOH$
Δ n-Eicosensäure $C_{20}H_{38}O_2$	$CH_3 \cdot (CH_2)_7 \cdot CH:CH \cdot (CH_2)_9 \cdot COOH$
Erucasäure $C_{22}H_{42}O_2$	$CH_3 \cdot (CH_2)_7 \cdot CH:CH \cdot (CH_2)_{11} \cdot COOH$
Nervonsäure $C_{24}H_{46}O_2$	$CH_3 \cdot (CH_2)_7 \cdot CH:CH \cdot (CH_2)_{13} \cdot COOH$

Die Konstitution der in den Fischölen vorkommenden hochungesättigten C_{20}- und C_{22}-Säuren ist noch wenig geklärt. Die Arachidonsäure $C_{20}H_{32}O_2$ soll

[1] KAUFMANN, H. P.: Fette u. Seifen **51**, 215 (1944). — [2] BAUR, F. J. jr., and J. B. BROWN: Am. Soc. **67**, 1899 (1945). — [3] BARUCH, J.: B. **27**, 172 (1894). — [4] Org. Syntheses **16**, 60 (1936). — [5] HARRIES, C., u. H. TÜRK: B. **38**, 1630 (1905). — HARRIES, C.: B. **39**, 3728 (1906). — HARRIES, C., K. LANGFELD, C. THIEME, H. TÜRK u. V. WEISS: A. **343**, 354 (1905).

eine $\Delta^{5,\,8,\,11,\,14}$-n-Eicosatetraensäure[1] sein. Der *Clupanodonsäure* soll die Formel einer $\Delta^{4,\,8,\,12,\,15,\,19}$n-Docosapentaensäure[2]

$$CH_3 \cdot CH_2 \cdot CH:CH \cdot (CH_2)_2 \cdot CH:CH \cdot CH_2 \cdot CH:CH \cdot (CH_2)_2 \cdot CH:CH \cdot (CH_2)_2 \cdot CH:CH \cdot (CH_2)_2 \cdot COOH$$

zukommen.

Die *Ölsäure* lagert sich bei der Einwirkung von salpetriger Säure oder anderen Agenzien in eine höherschmelzende Form (*Elaidinsäure*, F. 44°) um. Diese feste Elaidinsäure unterscheidet sich formelmäßig von der Ölsäure nur durch die stereochemische Konfiguration. Vgl. W. KUHN S. 75.

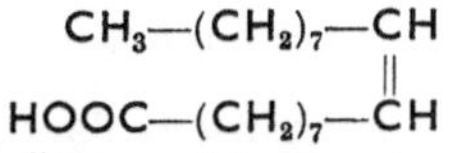

$$CH_3-(CH_2)_7-CH$$
$$\|$$
$$HOOC-(CH_2)_7-CH$$
Ölsäure (cis-Form)

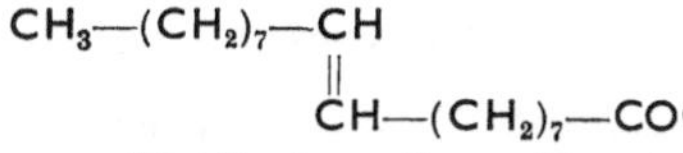

$$CH_3-(CH_2)_7-CH$$
$$\|$$
$$CH-(CH_2)_7-COOH$$
Elaidinsäure (trans-Form)

Eine ähnliche Umlagerung erleiden auch alle anderen natürlichen ungesättigten Fettsäuren mit einer Äthylenbindung.

Bei den mehrfach ungesättigten Fettsäuren steigt die Zahl dieser möglichen stereochemischen Isomeren mit der Zahl der vorhandenen Äthylenbindungen sehr stark an. Für die *Linolsäure* z. B. kommen schon vier verschiedene Formeln in Betracht.

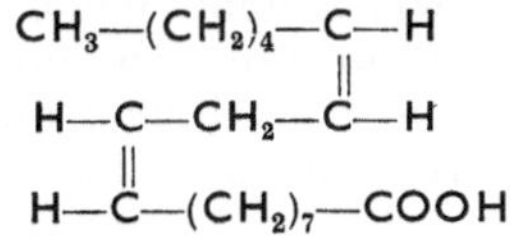

$$CH_3-(CH_2)_4-C-H$$
$$\|$$
$$H-C-CH_2-C-H$$
$$\|$$
$$H-C-(CH_2)_7-COOH$$
9 cis—12 cis-Form

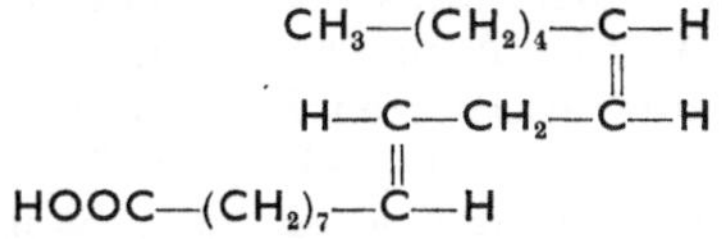

$$CH_3-(CH_2)_4-C-H$$
$$\|$$
$$H-C-CH_2-C-H$$
$$\|$$
$$HOOC-(CH_2)_7-C-H$$
9 trans—12 cis-Form

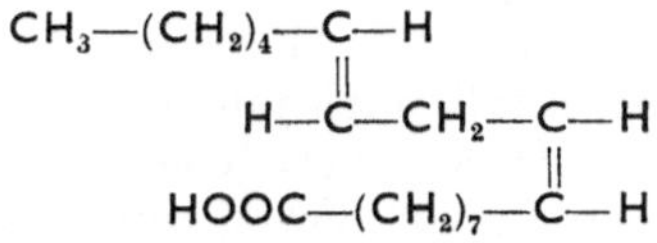

$$CH_3-(CH_2)_4-C-H$$
$$\|$$
$$H-C-CH_2-C-H$$
$$\|$$
$$HOOC-(CH_2)_7-C-H$$
9 cis—12 trans-Form

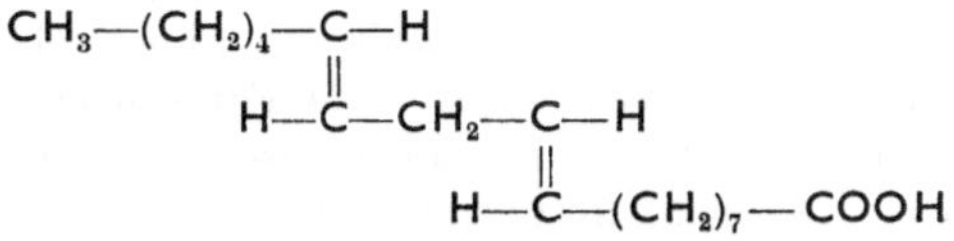

$$CH_3-(CH_2)_4-C-H$$
$$\|$$
$$H-C-CH_2-C-H$$
$$\|$$
$$H-C-(CH_2)_7-COOH$$
9 trans—12 trans-Form

In der *natürlichen Linolsäure* scheint ein Gemisch von mindestens zwei dieser Isomeren vorzuliegen (α- und β-Linolsäure). Die α-*Linolsäure* gibt bei der Bromierung ein krystallisiertes Tetrabromid $C_{18}H_{32}Br_4O_2$, F. 114,5°. Das Tetrabromid der β-*Linolsäure* ist flüssig. Die beiden Isomeren lassen sich durch Umkrystallisieren aus Petroläther trennen, in welchem das erste schwerlöslich, das zweite leichtlöslich ist.

Fettsäuren anderer Art. In wenigen Ausnahmefällen finden sich in natürlichen Glyceriden auch Fettsäuren, die keiner der obengenannten homologen Reihe angehören.

So enthält der *Japantalg*[3] eine oder mehrere Dicarbonsäuren $C_x H_{2x}(COOH)_2$, z. B. $C_{19}H_{38}(COOH)_2$ und $C_{21}H_{42}(COOH)_2$. Das *Ricinusöl* enthält eine ungesättigte Oxysäure, die Ricinolsäure[4] oder 12-Oxy-Δ^9-Octadecensäure $C_{18}H_{34}O_3$ (F. 4 bis 5°; $[\alpha]_D = +6{,}7°$) in Mengen von 80% der Gesamtfettsäuren.

---

[1] DOLBY, D. E., L. CH. A. NUNN and I. SMEDLEY-MACLEAN: Biochem. J. **34**, 1422 (1940). — MOWRY, D. T., W. R. BRODE and J. B. BROWN: J. biol. Ch. **142**, 679 (1942). — ARCUS, C. L., and I. SMEDLEY-MACLEAN: Biochem. J. **37**, 1 (1943). — SHINOWARA, G. Y., and J. B. BROWN: J. biol. Ch. **134**, 331 (1940). — [2] TOYAMA, Y., and T. TSUCHIYA: Bull. chem. Soc. Jap. **10**, 301 (1935). — [3] GEITEL, A. C., u. G. VAN DER WANT: J. prakt. Chem. **61**, 151 (1900). — SCHAAL, R.: B. **40**, 4784 (1907). — FLASCHENTRÄGER, B., u. F. HALLE: H. **190**, 120 (1930). — [4] BEILSTEIN: **3**, 385 (137) [258].

Cyclische ungesättigte Fettsäuren finden sich in dem als Lepraheilmittel verwendeten *Chaulmoograöl*[1] und anderen ähnlichen Ölen der Hydnocarpusarten. Hierher gehört: die Chaulmoograsäure[2] $C_{18}H_{32}O_2$ (F. 68°; $[\alpha]_D = +56°$ in Chloroform), die Hydnocarpussäure[2] $C_{16}H_{28}O_2$ (F. 59—60°; $[\alpha]_D = +68°$ in Chloroform), die Gorlinsäure[3] $C_{18}H_{30}O_2$ (flüssig: $[\alpha]_D = +50°$). Die letzte unterscheidet sich von der Chaulmoograsäure dadurch, daß sie noch eine zweite Äthylenbindung enthält.

$$\begin{array}{c}CH{=}CH \\ | \quad\quad \rangle\, CH{-}(CH_2)_{12}{-}COOH \\ CH_2{-}CH_2\end{array}$$
Chaulmoograsäure

$$\begin{array}{c}CH{=}CH \\ | \quad\quad \rangle\, CH{-}(CH_2)_{10}{-}COOH \\ CH_2{-}CH_2\end{array}$$
Hydnocarpussäure

Die Chaulmoograsäure wird in der Lepra-[4] und Tuberkulose[5]-Therapie verwendet. Die Cyclopentendoppelbindung in der Chaulmoograsäure ist für die Wirkung dieser Säure auf Tuberkulose- und Leprabacillen nicht wesentlich[6]. Die Synthese der Chaulmoograsäure ist gelungen[7].

Weiter ist in einem pflanzlichen Samenfett eine Säure der Acetylenreihe, die Taririnsäure[8] oder Δ^6-Octadecinsäure $C_{18}H_{32}O_2$ (F. 50,5°) aufgefunden worden.

$$CH_3{-}(CH_2)_{10}{-}C \equiv C{-}(CH_2)_4{-}COOH.$$

Eigenschaften. Die *Löslichkeit der Fettsäuren* entspricht der der Fette. Mit Ausnahme der Buttersäure sind sie unlöslich in Wasser, löslich dagegen in Äther, Aceton, Alkohol und anderen organischen Lösungsmitteln. Die höheren Glieder der gesättigten Fettsäuren lassen sich aus Aceton und Alkohol umkrystallisieren. Die ungesättigten Fettsäuren sind wesentlich leichter löslich als die entsprechenden gesättigten Säuren.

Im Gegensatz zu den freien Säuren sind die *Alkalisalze* in Äther unlöslich. Sie bilden aber kolloidale, stark schäumende wäßrige Lösungen *(Seifenlösungen)*, die infolge weitgehender hydrolytischer Dissoziation der Salze deutlich alkalisch reagieren. Die Fettsäuren lassen sich deshalb auch nur in alkoholischer Lösung mit alkoholischer Lauge titrieren. Diese oberflächenaktiven Alkalisalze wirken stark fördernd auf die Emulgierung von Fetten und Ölen in Wasser.

Die fettsauren *Salze der Erdalkalimetalle und der Schwermetalle* sind in Wasser unlöslich. Die Alkaliseifen wandeln sich infolgedessen bei Gegenwart von anderen Metallsalzen leicht in unlösliche Metallsalze um (Mg- und Ca-,,Seifen'' im Stuhl, Fällung von Seifenlösungen mit hartem Wasser).

Die *gesättigten Fettsäuren* gehören zu jenen organischen Stoffen, die der Einwirkung von chemischen Mitteln gegenüber besonders resistent sind. Vor allem sind sie, trotz ihrer leichten Verbrennbarkeit im Organismus, dem Angriff von Oxydationsmitteln nur schwer zugänglich. Im Gegensatz dazu sind die ungesättigten Fettsäuren mehr oder weniger labile, insbesondere auch leicht oxydable Substanzen. Sie zersetzen sich bereits unter der Einwirkung des Luftsauerstoffes. Dies gilt in erhöhtem Maße für die mehrfach ungesättigten Fettsäuren, bei welchen noch eine Neigung zur Polymerisation hinzukommt.

[1] Schlossberger, H.: Chaulmoograöl und Verwandtes. Handb. Heffter, Erg.-W. 5, 1—127 (1937). — [2] Power, F. B., and M. Barrowcliff: Soc. **1905**, 884, 895. — Gornall, F. H., and F. B. Power: Soc. **1904**, 845. — Barrowcliff, M., and F. B. Power: Soc. **91**, 557, 563 (1907). — [3] Wrenshall, R., and A. L. Dean: U. S. Publ. Health Serv. Bull. **141**, 12 (1924). — André, E., et D. Jouatte: Bull. Soc. chim. France (4) **43**, 347 (1928). — [4] Burschkies, C., u. C. Scholten: Naturwiss. **31**, 591 (1943). — [5] Barry, V. C.: Nature **158**, 863 (1946). — [6] Prigge, R.: Naturwiss. **32**, 83 (1944). — Buu-Hoï, Ng. Ph. u. P. Cagniant: Naturwiss. **32**, 83 (1944). Bull. Soc. chim. France [5] **9**, 107 (1942); **10**, 135 (1943). — Burschkies, C. H.: Naturwiss. **32**, 84 (1944). — [8] Arnaud, A.: Cr. **114**, 79 (1892).

Die höher ungesättigten Fettsäuren dürften die Oxydation der weniger gesättigten Fettsäuren steigern, da Linolsäuremethylester die Autoxydation von Ölsäuremethylester fördert[1].

Die *ungesättigten Fettsäuren*[2] lassen sich durch katalytische Anlagerung von Wasserstoff in die entsprechenden gesättigten Säuren überführen. Besonders wichtig ist aber ihre Fähigkeit als ungesättigte Verbindungen Halogen, vor allem Brom, zu addieren.

$$-CH = CH- \xrightarrow{Br_2} -CHBr-CHBr-$$

Die mehrfach ungesättigten Fettsäuren liefern hierbei schwerlösliche, feste und meist krystallisierte bromhaltige Verbindungen, die sich zur Abtrennung und Identifizierung der Säuren gut eignen[3].

Tabelle 68. Bromverbindungen ungesättigter Fettsäuren.

			Bromverbindung			
					Löslichkeit	
			F.	Petroläther	Äther	Benzol
Ölsäure ...	Dibromid a)	$C_{18}H_{34}O_2Br_2$	29°	löslich	löslich	löslich
Linolsäure ..	Tetrabromid b)	$C_{18}H_{32}O_2Br_4$	114°	schwerlöslich	löslich	löslich
Linolensäure .	Hexabromid c)	$C_{18}H_{30}O_2Br_6$	181°	unlöslich	unlöslich	schwerlöslich
Arachidonsäure	Octabromid d)	$C_{20}H_{32}O_2Br_8$	über 200° *	unlöslich	unlöslich	unlöslich
Clupanodonsäure ...	Decabromid	$C_{22}H_{34}O_2Br_{10}$	über 200° **	unlöslich	unlöslich	unlöslich

* Unter Zersetzung. ** Verkohlt ohne zu schmelzen.

a) $C_{18}H_{34}O_2Br_2$ (442,11) 48,86% C; 7,75% H; 36,15% Br; 7,24% O.
b) $C_{18}H_{32}O_2Br_4$ (599,94) 36,00% C; 5,38% H; 53,28% Br; 5,34% O.
c) $C_{18}H_{30}O_2Br_6$ (757,76) 28,51% C; 3,99% H; 63,28% Br; 4,22% O.
d) $C_{20}H_{32}O_2Br_8$ (943,62) 25,43% C; 3,42% H; 67,76% Br; 3,30% O.

Neben diesen festen, schwerlöslichen Bromverbindungen bilden sich aber auch noch beträchtliche Mengen leichter lösliche, flüssige Bromverbindungen, die wahrscheinlich aus einem Gemisch von verschiedenen stereomeren Formen bestehen.

Weitere Derivate, die sich zur Identifizierung der ungesättigten Fettsäuren eignen, sind die *Polyoxysäuren*[4], die man in allerdings nur geringer Ausbeute durch vorsichtige Oxydation mit Kaliumpermanganat in schwach alkalischer Lösung erhält. Ölsäure gibt eine 9,10-Dioxystearinsäure vom F. 132°. Aus Ricinusöl wurde 9,10-Dioxystearinsäure mit F. 141° isoliert, die als eine innerlich kompensierte, daher nicht drehende, optisch-aktive n-Dioxystearinsäure aufgefaßt wird[5].

Methodisches. Die Trennung eines aus natürlichen Fetten gewonnenen Fettsäuregemisches in die Einzelbestandteile macht meist erhebliche experimentelle Schwierigkeiten[6]. Eine annähernde Trennung von gesättigten und ungesättigten (festen und flüssigen) Fettsäuren läßt sich mit Hilfe der verschiedenen *Löslichkeit der Bleisalze* in Äther oder Alkohol erzielen

[1] GUNSTONE, F. D., and T. P. HILDITCH: Soc. **1946**, 1022. — BERGSTRÖM, S., and R. T. HOLMAN: Adv. Enzymol 8, 425 (1948). — [2] PRICE, C. C.: Mechanism of Reactions of Carbon-Carbon Double Bounds. New York 1946. — [3] GRÜN, A., u. W. HALDEN: Analyse der Fette und Wachse. Bd. 1, S. 238. 1925. — [4] GRÜN, A., u. W. HALDEN: Analyse der Fette und Wachse. Bd. 1, S. 236. 1925. — [5] KING, G.: Soc. **1942**, 387. — [6] GORBACH, G.: Fette u. Seifen **51**, 94 (1944).

(Methoden von Varrentrapp[1] und von Twitchell[2]). Linolsäure, Linolensäure und andere mehrfach ungesättigte Fettsäuren lassen sich in Form ihrer *Bromkörper* zur Abscheidung bringen und können auf diese Weise von den einfach ungesättigten Fettsäuren abgetrennt und näher charakterisiert werden. Die Trennung von Säuren mit verschiedener Kohlenstoffzahl endlich gelingt am besten durch fraktionierte *Destillation* der freien Säuren bzw. deren Methyl- oder Äthylester unter stark vermindertem Druck.

Die natürlichen Glyceride. Zur näheren Charakterisierung der Fette dient eine Reihe verschiedener *Kennzahlen*[3]. Die wichtigsten davon seien hier aufgeführt:

Säurezahl (S.Z.) = mg KOH, welche zum Neutralisieren der in 1 g Fett enthaltenen freien Säuren gebraucht werden.

Verseifungszahl (V.Z.) = mg KOH, welche zum Neutralisieren der in 1 g Fett enthaltenen freien und gebundenen Säuren gebraucht werden.

Esterzahl (E.Z.) = mg KOH, welche die in 1 g Fett in Form von Estern vorhandenen Säuren zum Neutralisieren verbrauchen. In Fetten, die keine freien Fettsäuren enthalten, ist demnach Esterzahl = Verseifungszahl.

Jodzahl (J.Z.). Sie gibt an, wieviel Halogen, berechnet auf Prozente Jod, an das Fett angelagert wird. Die Addition von Jod selbst erfolgt nur langsam und unvollständig. Die älteren Bestimmungsmethoden beruhen auf der Addition von JCl (Methode von Hübl), die neueren auf der Addition von Brom (Methode von Rosenmund und Kuhnhenn[4]).

Rhodanzahl[5]. Sie entspricht der Jodzahl, nur daß hier an Stelle von Halogen Rhodan $(CNS)_2$ angelagert wird. Hierbei nimmt jedoch im Gegensatz zu der Halogenaddition die Linolsäure, wie die Ölsäure, nur 1 Rhodanmolekül, die Linolensäure nur 2 Moleküle auf. In Verbindung mit der Jodzahl dient die Rhodanzahl zur Berechnung des Öl-, Linol- und Linolensäuregehaltes eines aus diesen 3 Komponenten bestehenden Fettsäuregemisches. Doch wird die Zuverlässigkeit dieses Verfahrens angezweifelt[6].

Von Glycerin leiten sich, je nachdem eine, zwei oder alle drei Hydroxylgruppen verestert sind, 3 Arten von Glyceriden ab, *Mono-, Di- und Triglyceride*.

$$
\begin{array}{llll}
\alpha & CH_2O\!-\!CO\!-\!R & CH_2O\!-\!CO\!-\!R & CH_2O\!-\!CO\!-\!R \\
\beta   & CHOH   & CHO\!-\!CO\!-\!R & CHO\!-\!CO\!-\!R \\
\alpha' & CH_2OH   & CH_2OH   & CH_2O\!-\!CO\!-\!R \\
        & \text{Monoglycerid} & \text{Diglycerid} & \text{Triglycerid}
\end{array}
$$

In den natürlichen Fetten handelt es sich in der Hauptsache um Gemische von verschiedenartigen Triglyceriden. Mono- und Diglyceride kommen, wenn überhaupt, so doch nur in sehr kleinen Mengen vor. Dabei enthalten die einzelnen Triglyceride meist zwei bzw. drei verschiedene Säurereste im Molekül. *Einsäurige Triglyceride*, wie Tripalmitin, Tristearin* und Triolein** machen in der Regel nur einen sehr kleinen Teil des Glyceridgemisches eines natürlichen Fettes aus. Der Hauptteil besteht vielmehr aus Triglyceriden, die im Molekül sowohl ungesättigte wie auch gesättigte Fettsäuren enthalten.

---

* $C_{57}H_{110}O_6$ (890,88) 76,78% C; 12,45% H; 10,77% O; V.Z. = 188,6.
** $C_{57}H_{104}O_6$ (884,83) 77,30% C; 11,85% H; 10,85% O; V.Z. = 190,2; J.Z. = 86,06.

[1] Varrentrapp, F.: A. **35**, 196 (1840). — [2] Twitchell, E.: J. industr. engng. Chem. **13**, 806 (1921). — [3] Deutsche Einheitsmethoden. Stuttgart 1930. Deutsche Einheitsmethoden zur Untersuchung von Fetten, Fettprodukten und verwandten Stoffen. Abt. 1: Seifen und Seifenerzeugnisse. Stuttgart 1950. — Official and Tentative Methods of the American Oil Chemists' Society. 2. Aufl. Chicago 1946. — Kaufmann, H. P.: Fette u. Seifen **46**, 499 (1939). — Kaufmann, H. P., u. H.-J. Heinz: Fette u. Seifen **51**, 258 (1944). — Grün, A., u. W. Halden: Analyse der Fette und Wachse. Bd. 1, S. 140. 1925. — [4] Rosenmund, K. W., u. W. Kuhnhenn: Z. Unters. Nahr.-Genußm. **46**, 154 (1923). — [5] Kaufmann, H. P.: Arch. Pharmazie **263**, 675 (1926). — Kaufmann, H. P., u. M. Keller: Angew. Chem. **42**, 20, 73 (1929). — [6] Smith, J. A. B., and A. C. Chibnall: Biochem. J. **26**, 218 (1932).

In jenen *mehrsaurigen Triglyceriden,* bei welchen die α- und α'-Stellungen durch zwei verschiedene Säurereste besetzt sind, ist das β-C-Atom asymmetrisch. Es muß mit großer Wahrscheinlichkeit angenommen werden, daß auch die natürlichen Fette derartige asymmetrische Triglyceride enthalten.

Jedoch ist eine *optische Aktivität* bei ihnen noch nicht beobachtet worden, sofern in dem betreffenden Fett optisch aktive Fettsäuren oder optisch aktive Beimengungen anderer Art (Cholesterin) fehlen. Auch synthetisch dargestellte, einheitliche und optisch reine Glyceride zeigen nur äußerst geringe spezifische Drehwerte[1].

Die Fette sind bei Zimmertemperatur *teils fest, teils flüssig,* und zwar ist das Fett der Warmblüter meist fest, das der Kaltblüter dagegen in der Regel flüssig. Dieser Unterschied im Schmelzpunkt ist im wesentlichen auf den verschiedenen Gehalt an festen und flüssigen bzw. an gesättigten und ungesättigten Fettsäuren zurückzuführen. Die Pflanzenöle und die flüssigen Kaltblüterfette zeichnen sich durch einen niedrigen Gehalt an gesättigten Fettsäuren aus. Er ist sehr viel niedriger als der der festen Warmblüterfette. So enthält der flüssige Dorschlebertran nur etwa 15% gesättigte und 85% ungesättigte Fettsäuren, während der durch seinen hohen Schmelzpunkt (F. 44 bis 55°) ausgezeichnete Hammeltalg 50 bis 60% gesättigte und 40 bis 50% ungesättigte Fettsäuren enthält. Dement-

Tabelle 69. Fette aus verschiedenen Körperteilen des Schweines[2].

	Jodzahl	Gesättigte Fettsäuren in % des Gesamtfettes
Äußere Speckschicht	72,6	33,9
Innere Speckschicht	64,6	42,9
Netzfett	59,0	51,0

sprechend ist auch die Jodzahl der festen Fette wesentlich niedriger als die der flüssigen (Hammeltalg J.Z. 31 bis 46; Lebertran J.Z. 140 bis 180).

Gewisse Unterschiede in Jodzahl und Zusammensetzung der Fettsäuren machen sich auch bei einem Vergleich des aus verschiedenen Körperpartien eines und desselben Tieres stammenden Speicherfettes bemerkbar.

In der Nähe der Peripherie kommt es zur Stapelung von Fetten mit höherer Jodzahl und niedrigerem Gehalt an gesättigten Fettsäuren als im Innern des Körpers. Demnach ist offenbar die am Ort der Deponierung herrschende Temperatur ein wesentlicher Faktor, der die Zusammensetzung des Depotfettes beeinflußt. Höhere Temperaturen dürften die Ablagerung von gesättigten Fettsäuren begünstigen. Darauf muß, zum mindesten teilweise, auch der Unterschied in der Zusammensetzung von Kalt- und Warmblüterfetten zurückgeführt werden[3].

Die Verhältnisse liegen ähnlich wie im *Pflanzenreich.* Wir wissen, und es liegen darüber heute schon umfangreiche Untersuchungen[4] vor, daß die aus kälteren Zonen stammenden pflanzlichen Fette immer eine höhere Jodzahl zeigen als die entsprechenden Fette aus einer wärmeren Zone.

Zweifellos wird die *Natur des Depotfettes* aber auch noch durch viele andere Faktoren beeinflußt. *Jede Tierart bildet das für sie charakteristische Depotfett.* Seine Zusammensetzung wird durch die dem Nahrungsfett eigentümlichen

---

[1] ABDERHALDEN, E., u. E. EICHWALD: B. **47**, 1856, 2880 (1914); **48**, 113, 1847 (1915). — BERGMANN, M.: H. **137**, 27 (1924). — BERGMANN, M., u. S. SABETAY: H. **137**, 47 (1924). — [2] BANKS, A., and T. P. HILDITCH: Biochem. J. **26**, 298 (1932). — [3] KLENK, E., F. DITT u. W. DIEBOLD: H. **232**, 54 (1935). — [4] IVANOW, S., u. N. W. KUROTSCHKINA: Chem. Umsch. **36**, 305 (1929). — IVANOW, S.: Chem. Umsch. **36**, 308 (1929). — IVANOW, S., u. A. J. MAGNITOWA: Chem. Umsch. **36**, 322 (1929). — IVANOW, S., u. Z. P. ALISSOWA: Chem. Umsch. **36**, 401 (1929). — IVANOW, S., A. P. SALTSCHINKIN u. A. S. WOROBJEW: Chem. Umsch. **37**, 349 (1930). — IVANOW, S.: Chem. Umsch. **38**, 53 (1931). — IVANOW, S., u. S. B. RESNIKOWA: Chem. Umsch. **38**, 301 (1931). — IVANOW, S., u. A. F. JICHAREWA: Chem. Umsch. **39**, 33 (1932). — IVANOW, S.: Chem. Umsch. **39**, 173 (1932).

Fettsäuren nur innerhalb gewisser Grenzen verändert. Von besonders komplizierter Zusammensetzung sind offenbar die Fette der niederen Lebewesen. Mit dem Übergang zu den höher entwickelten Formen macht sich eine Vereinfachung in der Zusammensetzung des Speicherfettes bemerkbar[1].

Verderben von Fett. Beim längeren Lagern sind die Fette verhältnismäßig leicht dem Verderben ausgesetzt. Die Fette werden ranzig. Dieser Vorgang kann verschiedene Ursachen haben. Eine der Hauptursachen ist die Einwirkung von Luftsauerstoff auf die ungesättigten Fettsäuren, wobei eine große Zahl der verschiedensten Zersetzungsprodukte[2] u. a. Heptylaldehyd und Nonylaldehyd entstehen. Diese beiden Aldehyde werden heute als die Hauptträger der Merkmale der Verdorbenheit angesehen. Die Bildung derselben scheint auf dem Wege über die durch Anlagerung von *Luftsauerstoff* an die Äthylenbindung der ungesättigten Fettsäuren entstehenden Peroxyde zu erfolgen. Der Prozeß wird durch *Licht* stark beschleunigt. Analytisch kann dieses *autoxydative Verderben* eines Fettes u. a. mit Hilfe der Kreisreaktion[3] erfaßt werden, die auf der Gegenwart des Epihydrinaldehyds in dem verdorbenen Fett beruht. Autoxydation der Methylester, von Öl-, Linol-, und Linolensäure[4] erfolgt bei 20° im Verhältnis 1:12:25.

Eine zweite Art des Fettverderbens ist auf den Einfluß von *Mikroorganismen* (Schimmelpilze) zurückzuführen. Hierbei entstehen aus den gesättigten Fettsäuren durch β-Oxydation und nachfolgende Decarboxylierung die den betreffenden Fettsäuren entsprechenden *Methylketone*[5].

$$R{-}CH_2{-}CH_2{-}COOH \rightarrow R{-}CO{-}CH_2{-}COOH \rightarrow R{-}CO{-}CH_3.$$

Da diesem Ketonabbau nur Myristinsäure $C_{14}H_{28}O_2$ und deren niedere Homologen unterliegen, nicht dagegen die höheren Fettsäuren, wie Palmitinsäure, Stearinsäure und Ölsäure, so sind nur jene Fette, welche diese niederen Fettsäuren enthalten (Cocosfett und Butterfett) dem Angriff der Schimmelpilze leicht zugänglich. Bei der Reifung mancher Käsesorten (Roquefort, Gorgonzola, Camembert) wird durch Einimpfen der Schimmelpilze der Ketonabbau bewußt herbeigeführt. Die hierbei aus dem Milchfett entstehenden Methylketone geben der Käsesorte ihren charakteristischen Geruch und Geschmack (s. Bd. 2, Kapitel „Milch"). Um ein Fett vom Verderben zu schützen, müssen daher Sauerstoff, Licht und Feuchtigkeit ausgeschaltet werden. Heute kennt man schon eine Reihe von sog. Antioxydantien, chemischen Stoffen, die eine Oxydation durch Luftsauerstoff hemmen[6].

2. Phosphatide.

Inhaltsverzeichnis.

Seite

a) Glycerinphosphatide 373
   α) Lecithine und Kephaline 373
      Die Fettsäuren S. 374. — Glycerinphosphorsäure S. 375. — Cholin S. 375. — Aminoäthylalkohol S. 375.
   β) Phosphatidsäuren oder Diglyceridphosphorsäuren 377
   γ) Acetalphosphatide 378
b) Sphingomyeline 378
      Fettsäuren S. 380. — Sphingosin S. 380.
c) Andere Phosphatide S. 381. — d) Anhang: Bakterienphosphatide S. 381.

---

[1] HILDITCH, T. P., and J. A. LOVERN: Nature **137**, 478 (1936). — [2] TÄUFEL, K., u. J. MÜLLER: B.Z. **219**, 341 (1930). — [3] TÄUFEL, K., u. F. K. RUSSOW: Z. Unters. Lebensmittel **65**, 540 (1933). — [4] GUNSTONE, F. D., and T. P. HILDITCH: Soc. **1945**, 836. — [5] STÄRKLE, M.: B. Z. **151**, 371 (1924). — [6] MATTIL, H. A.: Antioxidants. Ann. Rev. **16**, 177, 182 (1947).

Die Phosphatide[1] sind fettartige Substanzen, die außer den Elementen Kohlenstoff, Wasserstoff und Sauerstoff als charakteristisches Element noch Phosphor enthalten. Meist ist als weiteres Element auch noch Stickstoff vorhanden. Stickstofffreie Phosphatide hat man bis jetzt nur im Pflanzenreich angetroffen.

Phosphatide findet man regelmäßig in allen Organen. Stark angereichert sind sie vor allem im Gehirn und Nervengewebe. Auch das Eigelb enthält sie in reichlicheren Mengen.

Es mag hier noch als interessante Tatsache vermerkt werden, daß der Phosphatidgehalt der Muskeln mit der Dauerleistungsfähigkeit zunimmt. Er ist im Herzmuskel am höchsten und in den weniger aktiven Oberschenkel- und Nackenmuskeln kleiner als in den aktiven Kau- und Zwerchfellmuskeln[2].

Tabelle 70. Phosphatidgehalt (auf frische Substanz bezogen) der Organe verschiedener Tierklassen. (Kalt- und Warmblüter.)

	Phosphatid-P %	Phosphatid * %
Gehirn . . .	0,15—0,24	3,75—6,00
Rückenmark	0,25—0,43	6,25—10,75
Muskel . .	0,023—0,093	0,58—2,33
Herz . . .	0,049—0,136	1,23—3,40
Lunge . . .	0,033—0,107	0,83—2,68
Leber . . .	0,04—0,196	1,0—4,90
Niere . . .	0,04—0,157	1,0—3,93
Hoden . . .	0,04—0,15	1,0—3,75
Milz . . .	0,003—0,09	0,08—2,25
Nebenniere .	0,06—0,09	1,50—2,25

* Aus den Phosphatid-P-Werten durch Multiplikation mit 100/4 erhalten.

a) Glycerinphosphatide.

Eine größere Gruppe von Phosphatiden steht ihrem chemischen Aufbau nach in sehr naher Beziehung zu den eigentlichen Fetten. Da sie wie diese Glycerin als charakteristischen Baustein enthalten, so werden sie zweckmäßig als Glycerinphosphatide bezeichnet. Die bekanntesten Vertreter dieser Gruppe sind die Lecithine[3] und Kephaline. Bei den Kephalinen hat man neben der alten Colaminform offenbar noch eine Serinform zu unterscheiden.

α) Lecithine und Kephaline.

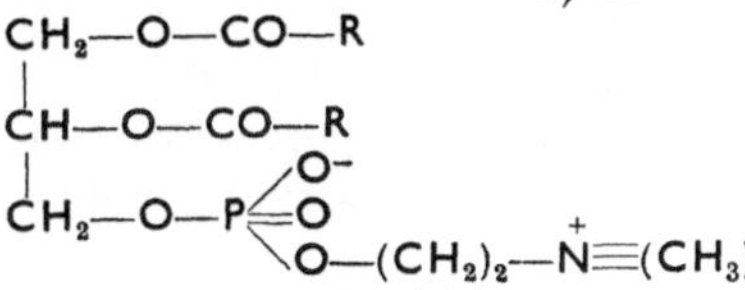

$$CH_2-O-CO-R$$
$$CH-O-CO-R$$
$$CH_2-O-P{<}^{O^-}_{O-(CH_2)_2-\overset{+}{N}{\equiv}(CH_3)_3}$$

α-Lecithine

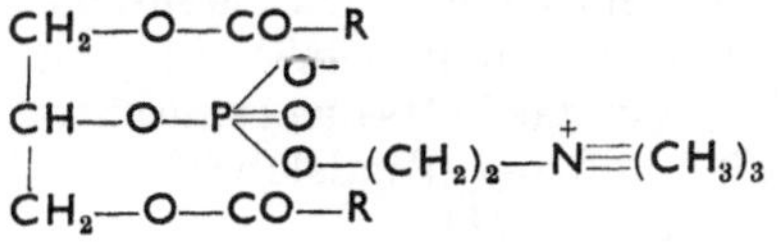

$$CH_2-O-CO-R$$
$$CH-O-P{<}^{O^-}_{O-(CH_2)_2-\overset{+}{N}{\equiv}(CH_3)_3}$$
$$CH_2-O-CO-R$$

β-Lecithine

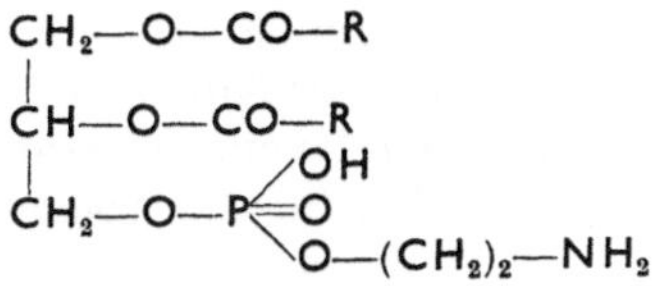

$$CH_2-O-CO-R$$
$$CH-O-CO-R$$
$$CH_2-O-P{<}^{OH}_{O-(CH_2)_2-NH_2}$$

α-Kephaline (Colaminform)

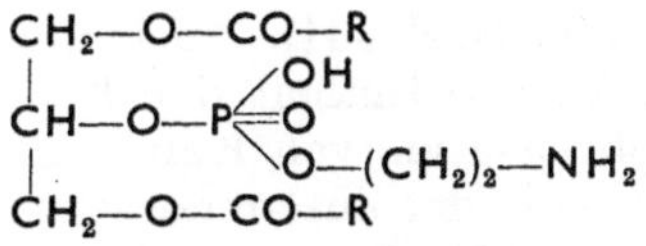

$$CH_2-O-CO-R$$
$$CH-O-P{<}^{OH}_{O-(CH_2)_2-NH_2}$$
$$CH_2-O-CO-R$$

β-Kephaline (Colaminform)

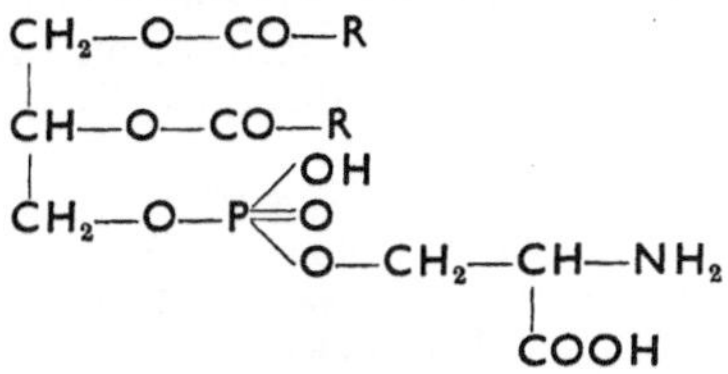

$$CH_2-O-CO-R$$
$$CH-O-CO-R$$
$$CH_2-O-P{<}^{OH}_{O-CH_2-CH-NH_2}$$
$$COOH$$

α-Kephaline (Serinform)

$$CH_2-O-CO-R$$
$$CH-O-P{<}^{OH}_{O-CH_2-CH-NH_2}$$
$$CH_2-O-CO-R$$
$$COOH$$

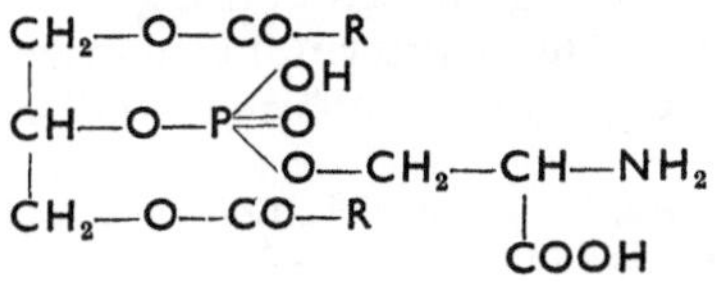

β-Kephaline (Serinform)

[1] Über Chemie und Technologie der Phosphatide siehe FIEDLER, H.: Fette u. Seifen 46, 454 (1939). — [2] BLOOR, W. R.: J. biol. Ch. 72, 327 (1927). — [3] KUNZE, R., u. H. C. BUER: Lecithin. Berlin 1941.

Wie in den Fetten handelt es sich um Glycerinester von höheren Fettsäuren. Sie leiten sich von Diglyceriden ab, in welchen die freie Hydroxylgruppe des Glycerins noch verestert ist mit Phosphorsäure. An der Phosphorsäure sitzt dann in esterartiger Bindung eine stickstoffhaltige Base, die in den Lecithinen das Cholin, in den Kephalinen dagegen der Aminoäthylalkohol (Colamin) bzw. die Aminosäure Serin ist. Nach dem heutigen Stand unserer Kenntnisse kann diese Konstitution jedoch nur für die Lecithine als völlig gesichert gelten. Bei der hydrolytischen Spaltung mit Säuren oder Laugen erhält man neben den Fettsäuren und der stickstoffhaltigen Base als drittes Spaltstück die Glycerinphosphorsäure.

Tabelle 71. Verteilung der Fettsäuren in Phosphatiden aus Menschengehirn und Rindsleber.
In % der Gesamtfettsäuren.

	Aus Menschengehirn Fettsäuren		Aus Rindsleber Fettsäuren	
	fest	flüssig	fest	flüssig
C_{16}	8	2[a]	12,5	5[a]
C_{18}	21	40 (2)[b]	27	27 (3)[b]
C_{20}		9 (5)		18 (6)
C_{22}		20 (8)		10,5 (8)

a) Vorwiegend Palmitinsäure. — b) Die in Klammern gesetzten Zahlen zeigen an, wieviel H-Atome zur völligen Hydrierung von jeder Fettsäuregruppe je Molekül annähernd gebraucht werden. Sie sind also ein Maß für den mittleren Grad der Ungesättigtheit.

Die Fettsäuren. Soweit bis jetzt bekannt, sind die Fettsäuren der Lecithine und Kephaline nicht wesentlich voneinander verschieden. Es handelt sich um ein sehr kompliziert zusammengesetztes Gemisch von gesättigten und ungesättigten Fettsäuren. Neben den für das Depotfett so charakteristischen C_{16}- und C_{18}-Säuren, also Palmitin-, Stearin- und Ölsäure, finden sich auch regelmäßig noch ungesättigte C_{20}- und C_{22}-Säuren, unter welchen hochungesättigte Fettsäuren von der Art der Arachidonsäure[1] ($C_{20}H_{32}O_2$) und der Clupanodonsäure[2, 3, 4] ($C_{22}H_{34}O_2$) vorherrschen. Neben diesen offenbar in allen tierischen Glycerinphosphatiden regelmäßig vorkommenden Fettsäuren sind noch nachgewiesen worden: Linolsäure in den Glycerinphosphatiden der Rindsleber[3], Gadoleinsäure ($C_{20}H_{38}O_2$) in den Glycerinphosphatiden des Menschengehirns[2] und sowohl Linol- als auch wahrscheinlich Linolensäure in den Glycerinphosphatiden des Rinderherzmuskels[5]. Für das Fettsäuregemisch aus den Glycerinphosphatiden des Menschengehirns[2, 6] und der Rindsleber[3] ist obenstehende Zusammensetzung gefunden worden (Tabelle 71).

Das Fettsäuregemisch gleicht in seiner Zusammensetzung weitgehend dem der Fischtrane (s. S. 364). Auch hier gilt die Regel, daß mit zunehmender Kettenlänge die Ungesättigtheit der Fettsäuren ansteigt. Das Fettsäuregemisch der Glycerinphosphatide von Kalt- und Warmblüterlebern zeigt keine wesentlichen Unterschiede in der Zusammensetzung im Gegensatz zu den für das Speicherfett geltenden Verhältnissen[7].

Die ungesättigten C_{20}- und C_{22}-Säuren sind *nur in den tierischen Phosphatiden* vorhanden. Die Glycerinphosphatide pflanzlicher Herkunft enthalten ausschießlich C_{16}- und C_{18}-Säuren, und zwar Palmitinsäure, Stearinsäure, Ölsäure,

[1] HARTLEY, P.: J. Physiol., London 38, 353 (1909). — LEVENE, P. A., and H. S. SIMMS: J. biol. Ch. 48, 185 (1921); 51, 285 (1922). — [2] KLENK, E.: H. 206, 25 (1932). — [3] KLENK, E., u. O. v. SCHOENEBECK: H. 209, 112 (1932). — [4] KLENK, E.: H. 192, 217 (1930). — KLENK, E., u. O. v. SCHOENEBECK: H. 194, 191 (1931). — SUEYOSHI, Y., and T. FURUKUBO: J. Biochem. 13, 177 (1931). — PAGE, I. H., u. H. RUDY: H. 205, 115 (1932). — BROWN, J. B.: J. biol. Ch. 97, 183 (1932). — [5] KLENK, E., u. F. DITT: H. 226, 213 (1934). — [6] KLENK, E.: H. 200, 51 (1931). — [7] KLENK, E.: H. 232, 47 (1935). — KLENK, E., F. DITT u. W. DIEBOLD: H. 232, 54 (1935).

Linolsäure und Linolensäure. In den Hefephosphatiden wurden auch ungesättigte C_{16}-Säuren nachgewiesen [1].

Glycerinphosphorsäure [2].

$$CH_2OH—CHOH—CH_2OPO_3H_2 \ (\alpha\text{-Form}): \qquad CH_2OH—CHO(PO_3H_2)—CH_2OH \ (\beta\text{-Form}).$$

Die freie Säure ist eine sirupöse Flüssigkeit. Gewonnen wird die Säure als festes Barium- oder Calciumsalz, das jeweils in Wasser löslich und aus der wäßrigen Lösung mit Alkohol fällbar ist. S. auch S. 304.

Die aus den Phosphatiden gewonnene Glycerinphosphorsäure ist in der Regel ein Gemisch der α- und β-Form [3]. Woraus sich ergibt, daß man α- und β-Lecithine und ebenso α- und β-Kephaline zu unterscheiden hat.

Die Abtrennung der β-Form gelingt durch Versetzen der wäßrigen Lösung des Bariumsalzes mit Bariumnitrat, wobei die β-Form als schwerlösliches krystallisiertes Doppelsalz von der Formel $(C_3H_7O_6PBa)_2 \cdot Ba(NO_3)_2$ ausfällt.

In Phosphatiden verschiedener Herkunft wurde auf diesem Wege die β-Form *vorherrschend* gefunden. Die früher vielfach festgestellte *optische Aktivität* der Barium- und Calciumsalze scheint auf die Anwesenheit von Verunreinigungen und weniger auf das Vorhandensein einer optisch aktiven α-Form zurückzuführen zu sein, denn die spezifische Drehung des Bariumsalzes einer optisch einheitlichen Glycerin-α-phosphorsäure ist *gleich Null*.

Die Glycerinphosphorsäure ist mit Säuren, besonders aber mit Laugen schwierig in die Komponenten aufzuspalten. Dagegen gelingt die Spaltung leicht mittels Fermenten (Phosphatasen), die in Knorpel und Knochen, in der Darmschleimhaut, aber auch in vielen anderen Organen vorkommen [4] (KRAUT-WEISCHER S. 1089).

Cholin [5] $CH_2OH—CH_2N(CH_3)_3OH$ (Biologie des Cholins vgl. auch Bd. 2, Kap. „Physiologische Chemie der inneren Sekrete" und Kap. „Vitamine"). Die freie Base ist hygroskopisch und wenig beständig. Sie zerfällt beim Erhitzen in Trimethylamin, Äthylenoxyd und Wasser. Beständiger sind die Salze, so das Chlorid $(C_5H_{14}NO)Cl$. Zur Identifizierung geeignet sind die krystallisierten Doppelsalze $(C_5H_{14}NO) \cdot AuCl_4$, F. 265° *); $(C_5H_{14}NO)_2 \cdot PtCl_6$, F. 213 bis 242° **). Für die Isolierung und Bestimmung ist neuerdings auch das Reineckat empfohlen worden [6].

Aus den Phosphatiden ist das Cholin sehr leicht abspaltbar. In alkoholischer Lösung bewirken schon Spuren von Salzsäure eine merkbare Abspaltung der Base.

Aminoäthylalkohol, Colamin [7]. $CH_2OH—CH_2NH_2$. Der Aminostickstoff ist nach VAN SLYKE bestimmbar. Man kann durch eine derartige Bestimmung Cholin- und Colamin-N voneinander unterscheiden. Jedoch ist zu berücksichtigen, daß Phosphatidhydrolysate

---

* (M.G. 443,15) 13,54% C; 3,18% H; 3,16% N; 3,61% O; 44,50% Au; 32,01% Cl.
** (M.G. 616,212) 19,47% C; 4,58% H; 4,54% N; 5,19% O; 31,70% Pt; 34,5% Cl.
[1] LEVENE, P. A., and J. P. ROLF: J. biol. Ch. **62**, 759 (1925); **65**, 545 (1925); **68**, 285 (1926). — DAUBNEY, C. G., and I. SMEDLEY-MACLEAN: Biochem. J. **21**, 373 (1927). — NEWMAN, M. S., and R. J. ANDERSON: J. biol. Ch. **102**, 229 (1933). — [2] Beilstein: **1**, 517 (274, 275) [592, 594]. — [3] BAILLY, O.: Cr. **160**, 395 (1915). — KARRER, P., and H. SALOMON: Helv. **9**, 3 (1926). — [4] GROSSER, P., u. J. HUSLER: B.Z. **39**, 1 (1912). — PLIMMER, R. H. A.: Biochem. J. **7**, 43 (1913). — ROBISON, R.: Biochem. J. **17**, 286 (1923). — ROBISON, R., and K. M. SOAMES: Biochem. J. **18**, 740 (1924). — [5] Beilstein: **4**, 277 (425) [720]. — Handb. Biochem. **1**, 198 (1924). — PFANKUCH, E.: Houben, Heilstoffchemie, 2. Abt., 1/2, 1097—1150. — GADDUM, J. H.: Choline and allied substances. Ann. Rev. **4**, 311—330 (1935). — BEST, C. H., and J. H. RIDOUT: Choline as dietary factor. Ann. Rev. **8**, 349—370 (1939). — JUKES, Th. H.: Choline. Ann. Rev. **16**, 193 (1947). — [6] KAPFHAMMER, J., u. C. BISCHOFF: H. **191**, 179 (1930). — ENTENMAN, C., A. TAUROG and I. L. CHAIKOFF: J. biol. Ch. **155**, 19 (1944). — MARENZI, A. D., and C. E. GARDINI: J. biol. Ch. **147**, 363 (1943). — BEATTIE, F. J. R.: Biochem. J. **30**, 1554 (1936). — [7] Beilstein: **4**, 274 (424) [717]. — PFANKUCH, E.: Houben, Heilstoffchemie, 2. Abt., 1/2, 1095.

in der Regel außer Cholin und Colamin noch Serin enthalten, dessen Stickstoff nach VAN SLYKE ebenfalls mitbestimmt wird. Freies Colamin ist im Vakuum bei höherer Temperatur flüchtig. Darauf gründet sich eine wertvolle Mikrobestimmung in den Phosphatiden[1]. Zur Identifizierung und Isolierung eignet sich das Pikrolonat $C_2H_7NO \cdot C_{10}H_8N_4O_5$*, welches die einzige schwer lösliche Verbindung der Base ist. F. 225° unter Zersetzung. Die Base gibt mit Goldchlorid ein krystallisiertes Doppelsalz $C_2H_7NO \cdot HAuCl_4$. F. 190°.

Die *natürlichen Lecithine und Kephaline* sind ebenso wie die natürlichen Fette durchweg *Gemische*, die sich nicht nur durch die Natur der darin vorkommenden Glycerinphosphorsäuren, sondern vor allem auch durch die Natur der Fettsäuren voneinander unterscheiden. Sie bilden in allen Organen den Hauptteil der Phosphatide. Immer sind beide Gruppen nebeneinander vorhanden, wobei im Eigelb und in der Leber die Lecithine, im Gehirn und den Muskeln offenbar die Kephaline vorherrschen. Die Abtrennung der Lecithine und Kephaline voneinander, also die Gewinnung von kephalinfreien Lecithinen einerseits und von lecithinfreien Kephalinen andererseits, ist eine sehr schwierige Aufgabe. Während uns heute bereits gute präparative Verfahren[2] zur Darstellung von Lecithin zur Verfügung stehen, sind die Methoden zur Darstellung von lecithinfreiem Kephalin wenig befriedigend. Die Darstellung eines analysenreinen Kephalins, und zwar der alten Colaminform ist offensichtlich noch nicht gelungen. Neuere Untersuchungen[3] lassen darauf schließen, daß sämtliche bisher dargestellten Kephalinpräparate neben dem Colamin als weiteres stickstoffhaltiges Spaltstück noch Serin enthielten. In Anbetracht der anzunehmenden engen genetischen Beziehung zwischen den beiden Stickstoffverbindungen kommt diesen Feststellungen eine besondere Bedeutung zu. Alles spricht dafür, daß neben dem colaminhaltigen Kephalin sehr häufig noch ein, diesem in seinen Eigenschaften und seiner Zusammensetzung sehr ähnliches, serinhaltiges Phosphatid vorkommt. Über die Isolierung dieser Serinform des Kephalins ist vor kurzem[4] berichtet worden. Im Kalbshirn ist Inosit-phosphatid der Hauptbestandteil der β-Kephalinfraktion, und Serinphosphatid und Kephalin der Hauptbestandteil der α-Kephalinfraktion[5].

Die Lecithine sind löslich in Äther und Alkohol, unlöslich in Aceton, die Kephaline (Gemisch von colamin- und serinhaltigen Phosphatiden) löslich in Äther, schwer löslich in Alkohol und unlöslich in Aceton. Doch wird die Löslichkeit durch Beimengung von anderen Lipoiden stark beeinflußt.

Auf Grund dieser Löslichkeitsverhältnisse erfolgt a ch ihre *Darstellung aus den Organen*[6]. Man erhält sie aus ihrer ätherischen Lösung durch Fällung mit Aceton als plastische, wachsartige Massen, die stark hygroskopisch und nach dem Trocknen mehr oder weniger leicht pulverisierbar sind. Durch diese Acetonfällung wird die Abtrennung von Fett und Cholesterin ermöglicht. Infolge ihres Gehaltes an hochungesättigten Fettsäuren sind die Glycerinphosphatide *sehr sauerstoffempfindlich*. Durch die oxydierende Wirkung von Luftsauerstoff nehmen die an und für sich farblosen Substanzen sehr leicht eine gelbe bis dunkelbraune Farbe an. Mit Cadmiumchlorid liefern sowohl die Lecithine als auch die Kephaline eine lockere Additionsverbindung. Die Darstellung von reinem kephalinfreiem Lecithin erfolgt auf dem Wege über dieses Lecithincadmiumchlorid. In Benzol oder ätherisch-alkoholischer Lösung reagiert Lecithin gegen

---

* (M.G. 325,16) 44,29% C; 4,65% H; 21,54% N; 29,52% O.

[1] BLIX, G.: B.Z. **305**, 129 (1940). — [2] LEVENE, P. A., and J. P. ROLF: J. biol. Ch. **72**, 587 (1927), siehe auch Fußnote [6]. — [3] FOLCH, J., and H. A. SCHNEIDER: J. biol. Ch. **137**, 51 (1941). — SCHUWIRTH, K.: H. **270**, I (1941). — CHARGAFF, E., and M. ZIFF: J. biol. Ch. **140**, 927 (1941). — [4] FOLCH, J.: J. biol. Ch. **139**, 973 (1941); **146**, 35 (1942); **174**, 439 (1948). — [5] BURMASTER, C. F.: J. biol. Ch. **165**, 565, 577 (1946). — [6] THIERFELDER, H., u. E. KLENK: Die Chemie der Cerobroside und Phosphatide. Berlin 1930.

Phenolphthalein neutral, Kephalin (Gemisch von colamin- und serinhaltigem Phosphatid) verhält sich dagegen wie eine einbasische Säure[1].

Synthetische Lecithine und Kephaline sind schon nach verschiedenen Verfahren[2] gewonnen worden. Die bis jetzt dargestellten Produkte unterscheiden sich von den natürlichen dadurch, daß sie nur gesättigte Fettsäuren enthalten. Ein diesem synthetischen Lecithin sehr ähnliches Lecithinpräparat (Dipalmitolecithin) konnte aus Gehirn und anderen Organen gewonnen werden[3]. Es zeichnet sich wie die synthetischen Verbindungen durch seine Unlöslichkeit in Äther aus.

Lecithinspaltende Fermente *(Lecithasen)* hat man in fast allen Organen angetroffen[4]. Einzelheiten über die Art der Aufspaltung sind noch nicht bekannt (KRAUT-WEISCHER, S.1080). Die Schlangengifte (Kobragift) enthalten ein Ferment

$$\begin{array}{l} CH_2\!-\!O\!-\!CO\!-\!R \\ | \quad\quad\quad /O^- \\ CH\!-\!O\!-\!P\!\!\Leftarrow\!\!O \\ | \quad\quad\quad \backslash O\!-\!(CH_2)_2\!-\!\overset{+}{N}\!\equiv\!(CH_3)_3 \\ CH_2OH \end{array} \qquad \begin{array}{l} CH_2\!-\!O\!-\!CO\!-\!R \\ | \quad\quad\quad /OH \\ CH\!-\!O\!-\!P\!\!\Leftarrow\!\!O \\ | \quad\quad\quad \backslash O\!-\!(CH_2)_2\!-\!NH_2 \\ CH_2OH \end{array}$$

β-Lysolecithin   β-Lysokephalin

besonderer Art, das sowohl aus Lecithin wie Kephalin einen der beiden Fettsäurereste hydrolytisch abzuspalten vermag, wobei als Reaktionsprodukt die durch ihre starke hämolytische Wirkung charakterisierten Lysocithine *(Lysolecithin und Lysokephalin)* auftreten.

Die bis jetzt gewonnenen Lysocithine enthalten ausschließlich gesättigte Fettsäuren (Palmitinsäure und Stearinsäure[5]).

Eine Lecithase, die Lecithin unter Abspaltung von Cholin-phosphorsäure in Diglycerid überführt, wurde in Toxinlösungen des Gasbranderregers (Cl. WELCHII) aufgefunden[6].

β) Phosphatidsäuren oder Diglyceridphosphorsäuren[7]:

$$\begin{array}{l} CH_2\!-\!O\!-\!CO\!-\!R \\ | \\ CH\!-\!O\!-\!CO\!-\!R \\ | \quad\quad\quad /OH \\ CH_2\!-\!O\!-\!P\!\!\Leftarrow\!\!O \\ \quad\quad\quad\quad \backslash OH \end{array} \qquad \begin{array}{l} CH_2\!-\!O\!-\!CO\!-\!R \\ | \quad\quad\quad\quad /OH \\ CH\!-\!O\!-\!P\!\!\Leftarrow\!\!O \\ | \quad\quad\quad\quad \backslash OH \\ CH_2\!-\!O\!-\!CO\!-\!R \end{array}$$

α-Diglyceridphosphorsäure   β-Diglyceridphosphorsäure

Die Phosphatidsäuren sind die einzigen bis jetzt bekannten stickstofffreien Phosphatide. Sie wurden erstmals aus Kohlblättern gewonnen, scheinen aber auch in anderen grünen Blättern vorzukommen und entstehen aus Lecithin und Kephalin durch ein in den Blättern vorhandenes Ferment. Es besteht die Möglichkeit, daß diese Art von Phosphatiden als partielle Spaltprodukte der Lecithine und Kephaline auch im Tierreich auftreten. Doch ist ein Beweis dafür noch nicht erbracht.

[1] RUDY, H., u. J. H. PAGE: H. **193**, 251 (1930). — [2] GRÜN, A., u. R. LIMPÄCHER: B. **59**, 1350 (1926); **60**, 147, 151 (1927). — KABASHIMA, I., and B. SUZUKI: Proc. Imp. Acad., Tokyo 8, 492 (1932). — [3] MERZ, W.: H. **196**, 10 (1931). — THANNHAUSER, S. J., J. BENOTTI and N. F. BONCODDO: J. biol. Ch. **166**, 669 (1946). — THANNHAUSER, S. J., and N. F. BONCODDO: J. biol. Ch. **172**, 135 (1948). — [4] PORTER, A. E.: Biochem. J. **10**, 523 (1916). — KAY, H. D.: Biochem. J. **20**, 791 (1926). — [5] KYES, P.: B.Z. **4**, 99 (1907). — DELEZENNE, C., et E. FOURNEAU: Bull. Soc. chim. France [4] **15**, 421 (1914). — LEVENE, P. A., J. P. ROLF and H. S. SIMMS: J. biol. Ch. **58**, 859 (1924). — [6] MACFARLANE, M. G., and B. C. J. G. KNIGHT: Biochem. J. **35**, 884 (1941). — [7] CHIBNALL, A. C., and H. J. CHANNON: Biochem. J. **21**, 233, 479 (1927); **23**, 176 (1929). — CHANNON, H. J., and A. C. CHIBNALL: Biochem. J. **21**, 1112 (1927). — HANAHAN, D. J., and I. L. CHAIKOFF: J. biol. Ch. **172**, 191 (1948).

Die bei der Spaltung freiwerdenden Fettsäuren stimmen mit den der pflanzlichen Fette überein. Nachgewiesen wurden: Palmitinsäure, Stearinsäure, Linolsäure und Linolensäure.

γ) Acetalphosphatide[1].

Diese neue Gruppe von Glycerinphosphatiden enthält an Stelle der höheren Fettsäuren die diesen entsprechenden Aldehyde, unter welchen bis jetzt Palmitin- und Stearinaldehyd, sowie ein ungesättigter Aldehyd $C_{18}H_{34}O$ festgestellt wurden. Die weiteren Bausteine sind Glycerinphosphorsäure und Aminoäthylalkohol. Es handelt sich also offenbar um Phosphatide, die den Kephalinen nahestehen, so daß für sie nebenstehende Formel angenommen werden kann (Synthese der Acetalphosphatide[2]).

Darüber, ob auch die den Lecithinen entsprechenden Acetalphosphatide vorkommen, ist noch nichts bekannt. Die Acetalphosphatide finden sich in den ätherlöslichen Phosphatiden vieler Organe, gemeinsam mit den Lecithinen und Kephalinen, reichlichere Mengen in den Gehirn- und Muskelphosphatiden, geringere Mengen in den Leberphosphatiden und im Eierlecithin.

Die Acetalphosphatide sind gegenüber Alkalien verhältnismäßig beständig. Sie lassen sich deshalb von den begleitenden Esterphosphatiden durch alkalische Verseifung der letzteren abtrennen. Dagegen handelt es sich um sehr säureempfindliche Substanzen. Schon durch verdünnte Essigsäure wird der Aldehyd unter Bildung des Glycerinphosphorsäure-colaminesters abgespalten. Auch Sublimat wirkt in derselben Weise.

b) Sphingomyeline.

Die Sphingomyeline sind durch das Verhältnis $P:N = 1:2$ gekennzeichnet. Sie können als die einzigen heute bekannten Vertreter der *Diaminophosphatide* angesehen werden (zu den *Monoaminophosphatiden* mit dem Verhältnis $P:N = 1:1$ gehören die Lecithine, Kephaline und Acetalphosphatide).

* Es ist nicht bekannt, ob die Phosphorsäure mit der primären oder mit der sekundären Alkoholgruppe des Sphingosins verestert ist. Zur Struktur der Sphingomyeline[3].

Sphingomyeline hat man bis jetzt *nur im Tierreich* angetroffen. In reichlicheren Mengen kommen sie im Gehirn und Nervengewebe vor. Sie konnten in kleineren Mengen aber auch in allen anderen Organen, soweit darauf

[1] FEULGEN, R., K. IMHÄUSER u. M. BEHRENS: H. **180**, 161 (1929). — FEULGEN, R., u. TH. BERSIN: H. **260**, 217 (1939). — KLENK, E.,: H. **281**, 25 (1944); **282**, 18 (1945). — [2] BERSIN, TH., H. G. MOLDTMANN, H. NAFZIGER, B. MARCHAND u. W. LEOPOLD: H. **269**, 241 (1941). — [3] RENNKAMP, F.: H. **284**, 215 (1949).

untersucht, nachgewiesen werden[1]. Bei einer der menschlichen Speicherkrankheiten, der NIEMANN-PICKschen Erkrankung, werden Sphingomyeline in zahlreichen Organen, insbesondere in der Milz, der Leber und dem Gehirn intracellulär abgelagert und so stark angereichert, daß der Sphingomyelingehalt auf über 23% des Trockenorgans ansteigt[2].

Über *Fermente*, die Sphingomyeline anzugreifen vermögen, ist bis jetzt nur wenig bekannt. In verschiedenen Organen scheint ein Ferment vorzukommen, das die Phosphorsäure abspaltet[3]. Als Produkt dieser Fermentreaktion kann das in Milz, Leber und Lunge in kleineren Mengen vorkommende Lignocerylsphingosin angesehen werden[4]. Auch das Vorkommen eines anderen partiellen Spaltproduktes des Sphingomyelins — des Cholinesters der Sphingosinphosphorsäure — in Nieren, Gehirn und Leber konnte vor kurzem sehr wahrscheinlich gemacht werden[5].

Die Sphingomyeline sind löslich in Alkohol, besonders leicht in Methylalkohol, sehr schwer löslich in Äther und Aceton. Die Substanz läßt sich aus heißem Pyridin umkrystallisieren. Sie fällt aus der Pyridinlösung in kleinen Sphärolithen aus, die deutlich Doppelbrechung zeigen. F. 196 bis 198°; $[\alpha]_D = +4,99$ bis $+8,73°$. Es gibt eine in Alkohol schwer lösliche Chlorcadmiumverbindung und ein Reineckat. Als Reineckat soll das Sphingomyelin auch in den Organen quantitativ bestimmbar sein[6]. Man fand so im Hirn von Menschen 5,5 bis 6,8, Hund 4 bis 6, Katzen 4,5 bis 6% des Trockengewichtes Sphingomyelin[7]. Aus Rinderlunge wurde Palmityl- und Lignocerylsphingomyelin isoliert[8].

Die *Darstellung des Sphingomyelins*[9] aus den Organen gründet sich auf seine Schwerlöslichkeit in Äther, wodurch es sich von dem Hauptteil der übrigen Phosphatide abtrennen läßt. Die Gewinnung von reinen Sphingomyelinpräparaten, die frei sind von andersartigen Beimengungen und die das richtige Verhältnis P:N = 1:2 besitzen, war noch bis vor kurzem eine schwierige Aufgabe. Zur Darstellung größerer Mengen Sphingomyelin muß von Gehirn ausgegangen werden.

Aus der Differenz des Gesamt-P der Phospholipide und des P der verseifbaren Anteile erhält THANNHAUSER [0] die Menge des Sphingomyelin-P (s. Tabelle 72, S. 330).

Bei der *vollständigen Spaltung* der Sphingomyeline treten in äquimolekularen Mengen Fettsäure, Sphingosin, Cholin und Phosphorsäure auf. Als partielle Spaltprodukte wurden Cholinphosphorsäure und der Cholinester von Sphingosinphosphorsäure erhalten, in Übereinstimmung mit der obigen Konstitutionsformel (F. RENNKAMP[11]). Das behauptete Vorkommen[12] von Sphingomyelinen, die im Molekül zwei Fettsäurereste enthalten, von welchen der eine esterartig mit dem Sphingosin verbunden sein soll, ist experimentell ungenügend gestützt. Manches spricht dafür, daß diese Versuche mit noch nicht völlig lecithinfreiem Sphingomyelin durchgeführt wurden.

---

[1] Beilstein **3/4** (448). — ROSENHEIM, O., and M. C. TEBB: J. Physiol., London **38**, LI (1909). — LEVENE, P. A.: J. biol. Ch. **24**, 69 (1916). — WALZ, E.: H. **166**, 223 (1927). — KLENK, E.: H. **221**, 67 (1933). — [2] KLENK, E.: H. **229**, 151 (1934); **235**, 24 (1935). — [3] ROSSI, A.: H. **231**, 115 (1935). — [4] THANNHAUSER, S. J., u. E. FRÄNKEL: H. **203**, 183 (1931). — FRÄNKEL, E., u. F. BIELSCHOWSKY: H. **213**, 58 (1932). — TROPP, C., u. V. WIEDERSHEIM: H. **222**, 39 (1933). — TROPP, C.: H. **237**, 178 (1935). — [5] BOOTH, F. J., and T. H. MILROY: J. Physiol., London **84**, 32 P (1935). — BOOTH, F. J.: Biochem. J. **29**, 2071 (1935). — SMYTH, D. H.: Biochem. J. **29**, 2067 (1935). — [6] THANNHAUSER, S. J., and P. SETZ: J. biol. Ch. **116**, 527, 533 (1936). — THANNHAUSER, S. J., u. J. BENOTTI: H. **253**, 217 (1938). — [7] HACK, M. H.: J. biol. Ch. **166**, 455 (1946). — [8] THANNHAUSER, J. S., J. BENOTTI and N. F. BONCODDO: J. biol. Ch. **166**, 677 (1946). — [9] LEVENE, P. A.: J. biol. Ch. 18, 453 (1914). — MERZ, W.: H. **193**, 59 (1930). — KLENK, E., u. F. RENNKAMP: H. **267**, 145 (1941). — [10] SCHMIDT, GERH., J. BENOTTI, B. HERSHMAN and S. J. THANNHAUSER: J. biol. Ch. **166**, 505 (1946). — [11] MERZ, W.: H. **193**, 59 (1930). — RENNKAMP, F.: H. **284**, 215 (1949). — THANNHAUSER, S. J., and N. F. BONCODDO: J. biol. Ch. **172**, 141 (1948). — [12] THANNHAUSER, S. J., and M. REICHEL: J. biol. Ch. **135**, 1 (1940).

Tabelle 72. **P-Wert der Monophosphatide und des Sphingomyelins in verschiedenen Geweben.**

Tier	Gewebe	mg P je 100 g frisches Gewebe		Sphingomyelin P·100 Gesamtlipid P
		Monophosphatid	Sphingomyelin	
Mensch . .	Plasma	8,7	1,4	14,2
Rind	Pankreas	102,5	4,2	3,8
	Hirn, graue S.	158	12	7,6
	Hirn, weiße S.	295	93	31,2
Katze . . .	Hirn	173	55	24,4
	N. Ischiadicus	177	149	46,3
Ratte. . . .	Hirn	223	11	5,0
	N. Ischiadicus	260	69	21,7
	Leber	145,4	1,7	1,2
	Niere	119	20	14,3
	Lunge	76,5	12,2	13,8
	Herz	87,6	4,8	5,2
	Milz	80,8	14,0	14,2

Die Fettsäuren. Genauer untersucht sind bis jetzt nur die Fettsäuren der Gehirn-[1], Leber-[2], Milz-, Lungen-[3] und Herzsphingomyeline[4]. Das Gehirnsphingomyelin enthält vor allem Stearinsäure, neben kleineren Mengen Lignocerinsäure*, Nervonsäure $C_{24}H_{46}O_2$ (s. S. 384) und n-Hexacosensäure. Im *Leber-und Milzsphingomyelin* sind Palmitinsäure, Stearinsäure und Lignocerinsäure in etwa gleich großen Mengen aufgefunden worden. Dasselbe gilt für das *Herzsphingomyelin*, nur daß hier die Palmitinsäure ganz oder wenigstens nahezu fehlte. Aus dem Auftreten von mehr als einer Fettsäure muß geschlossen werden, daß in allen Fällen ein Gemisch von verschiedenen Sphingomyelinen vorgelegen hatte; so muß das Leber- und Milzsphingomyelin z. B. als ein Gemisch von Palmito-, Stearo- und Lignocerosphingomyelin angesehen werden. Die Annahme, daß es sich hier um Polydiaminophosphatide handelt[2], besteht nicht zu Recht[3]. Ein annähernd reines Stearosphingomyelin wurde aus dem *Gehirn* eines Falles von NIEMANN-PICKscher Krankheit gewonnen[5]. Aus Rinderlunge wurde Palmito- und Lignocero-sphingomyelin isoliert[3].

Sphingosin[6] $C_{18}H_{37}O_2N$ oder $CH_3 \cdot (CH_2)_{12} \cdot CH:CH \cdot CHOH \cdot CHNH_2 \cdot CH_2OH$. Die Base wurde von THUDICHUM erstmals als Spaltprodukt der Cerebroside gewonnen. Näheres über ihre biologische Bedeutung ist nicht bekannt.

Sie krystallisiert aus Äther und Petroläther in Nadeln. Löslich in Alkohol, Äther und Aceton, unlöslich in Wasser. Aus der alkoholischen Lösung fällt sie mit alkoholischer Schwefelsäure als schwerlösliches Sulfat $(C_{18}H_{37}O_2N)_2 \cdot H_2SO_4$. F. 240 bis 250° unter Zersetzung. Das Salz kann in zwei verschiedenen Formen (α- und β-Form) auftreten[7]. Die β-Form entsteht aus der α-Form beim Kochen mit wenig Schwefelsäure enthaltendem Alkohol und unterscheidet sich von der α-Form durch geringere Löslichkeit im Alkohol, kleinere Hydrierungsgeschwindigkeit und verschiedene Fluorescenz im ultravioletten Licht. Triacetylsphingosin $C_{18}H_{34}O_2N(CH_3 \cdot CO)_3$. F. 102 bis 102,5°. Die Ozonspaltung des Sphingosins bzw. des Triacetylsphingosins führt zu Myristinsäure und einer Amino-dioxybuttersäure, in welcher sich die NH_2-Gruppe offenbar nicht wie angenommen in α-, sondern in β-Stellung befindet[8]. Nach CARTER u. Mitarbeitern ist das N-Benzoyldihydrosphingosin

---

* $C_{24}H_{49}O_2$ (M.G. 368,384) 78,18% C; 13,13% H; 8,69% O.

[1] Siehe Fußnote [11] S. 379. — [2] FRÄNKEL, E., F. BIELSCHOWSKY u. S. J. THANNHAUSER: H. **218**, 1 (1933). — [3] THANNHAUSER, S. J., u. J. BENOTTI: H. **253**, 217 (1938). — THANNHAUSER, S. J., J. BENOTTI and N. F. BONCODDO: J. biol. Ch. **166**, 677 (1946). — [4] KLENK, E.: H. **221**, 67 (1933). — [5] KLENK, E.: H. **235**, 24 (1935). — [6] Beilstein: **3/4** (448) [757]. — [7] NIEMANN, C.: Am. Soc. **63**, 1763 (1941). — [8] KLENK, E.: H. **185**, 169 (1929). — KLENK, E., u. W. DIEBOLD: H. **198**, 25 (1931).

nicht mit HJO_4 oxydierbar und daher kein 1,2-Glykol, sondern da es ein cyclisches Acetal gibt, ein 1,3-Glykol. Die NH_2-Gruppe dürfte demnach am C-Atom 2 stehen[1].

c) Andere Phosphatide.

Im Schrifttum wird noch über zahlreiche andere, als chemische Individuen angesprochene, Phosphatide berichtet. Die meisten von ihnen haben sich als *Gemische* der obengenannten Phosphatide unter sich oder mit anderen Stoffen herausgestellt. Das bekannteste und meist umstrittene Phosphatid dieser Art ist das von LIEBREICH[2] in HOPPE-SEYLERS Institut (1865) aus Gehirn gewonnene *Protagon*. LIEBREICH hat es für die Muttersubstanz der meisten anderen typischen Gehirnstoffe gehalten. Der alte Streit darüber, ob es sich um eine einheitliche chemische Verbindung oder um ein Gemisch handelt, muß heute im letzten Sinne als entschieden gelten. Das Protagon ist im wesentlichen ein *Gemisch von Cerebrosiden und Sphingomyelinen*. Dasselbe gilt auch für das aus Rindernieren gewonnene sog. *Carnaubon*[3].

In dem aus Herzmuskel dargestellten *Cuorin* liegt ein stark verunreinigtes Kephalin vor[4], ebenso wie in dem *Jecorin* aus Pferde- und Delphinleber[5].

Neuerdings ist das Vorkommen von Inositphosphatiden in Sojabohnen[6] und Gehirn[7] nachgewiesen oder zum mindesten sehr wahrscheinlich gemacht worden.

d) Anhang: Bakterienphosphatide[8].

Eine Sonderstellung nehmen allerdings, soweit ersichtlich, die Bakterienphosphatide ein. Sämtliche bis jetzt aus Bakterien isolierten Präparate sind Substanzgemische von wahrscheinlich sehr mannigfacher Art. Über die chemische Konstitution der einzelnen Bestandteile lassen sich noch keinerlei Angaben machen. Sie enthalten neben den Fettsäuren als regelmäßig vorkommendes Spaltprodukt einen Kohlenhydratanteil, der bei den Phosphatiden wechselnden Ursprungs verschieden ist. Glycerinphosphorsäure wird als Spaltprodukt ebenfalls angetroffen. Doch ist in vielen Fällen ein großer Teil des ursprünglich im Phosphatid vorhandenen Phosphors an das Kohlenhydrat gebunden. Auch die stickstoffhaltigen basischen Spaltprodukte sind von anderer Art als die der tierischen Phosphatide. Cholin und Aminoäthylalkohol können ganz fehlen oder machen nur einen kleinen Teil des Gesamtstickstoffes aus. Die eingehender untersuchten *Phosphatide der Tuberkelbacillen* enthalten fast ihren gesamten Stickstoff in Form von Ammoniak. Im übrigen ist in diesem Spezialfall der Stickstoffgehalt so gering, daß man hier mit der Anwesenheit von stickstofffreien Phosphatiden rechnen muß.

Mit dieser Sonderstellung der Bakterienphosphatide hängt offensichtlich auch die eigenartige Natur des *Neutralfettes der säurefesten Bakterien* zusammen. In diesen sind die Fettsäuren nicht mit Glycerin, sondern mit anderen wasserlöslichen Alkoholen oder Kohlenhydraten verestert. Das *Fett der menschlichen Tuberkelbacillen* enthält statt des Glycerins das Disaccharid *Trehalose*[9] (siehe BRIGL-PLOETZ, S. 321).

[1] CARTER, H. E., F. J. GLICK, W. P. NORRIS and G. E. PHILLIPS: J. biol. Ch. **142**, 449 (1942); **170**, 285 (1947). — [2] LIEBREICH, O.: A. **134**, 29 (1865). — [3] DUNHAM, E. K., u. C. A. JACOBSON: H. **64**, 302 (1910). — ROSENHEIM, O., and H. MACLEAN: Biochem. J. **9**, 103 (1915). — [4] ERLANDSEN, A.: H. **51**, 71 (1907). — MACLEAN, H., and W. J. GRIFFITH: Biochem. J. **14**, 615 (1920). — [5] DRECHSEL, E.: J. prakt. Chem. **33**, 425 (1886). Z. Biol. **33**, 85 (1896). — FRANK, A.: B. Z. **50**, 273 (1913). — [6] KLENK, E. u. R. SAKAI: H. **258**, 33 (1939). — [7] FOLCH, J., and D. W. WOOLLEY: J. biol. Ch. **142**, 963 (1942). — FOLCH, J.: J. biol. Ch. **146**, 35 (1942). — BURMASTER, C. F.: J. biol. Ch. **165**, 371 (1946). — [8] Vgl. Bd. 2, Biochemie der Mikroorganismen. — ANDERSON, R. J.: J. biol. Ch. **74**, 537 (1927), und zahlreiche andere Arbeiten in den folgenden Bänden; siehe auch ANDERSON, R. J.: Physiol. Rev. **12**, 166 (1932). — ANDERSON, R. J.: The chemistry of the lipoids of the tubercle bacillus and certain other microorganisms. Fortschr. Chem. org. Naturstoffe **3**, 145—202 (1939). — ROULET, F., u. M. BRENNER: Die Chemie des Tuberkelbacillus. Zbl. Tuberk.-Forsch. **56**, 193—227 (1943). — [9] ANDERSON, R. J., and M. S. NEWMAN: J. biol. Ch. **101**, 499 (1933).

Die genaue Untersuchung der Tuberkelbacillenlipoide führte kürzlich zur Auffindung einer *neuen Gruppe von gesättigten Fettsäuren*, die sich von den entsprechenden Säuren der Normalreihe durch ihren auffallend niedrigen Schmelzpunkt und teilweise durch ihre optische Aktivität unterscheiden[1]. Sie wurden in verschiedenen Lipoidfraktionen der Tuberkelbacillen angetroffen, so auch in der Phosphatidfraktion. Isoliert wurde die *Tuberculostearinsäure* $C_{19}H_{38}O_2$, F. 14 bis 15° und die *Phthisische Säure* (Phthionsäure) (phthioic acid) $C_{26}H_{52}O_2$, F. 28°. Diese letzte Säure ist optisch aktiv $[\alpha]_D = + 11{,}96°$. Sie bildet bei der Injektion typisches tuberkulöses Gewebe[2]. Den Säuren liegt eine verzweigte Kohlenstoffkette zugrunde; so wird der Tuberculostearinsäure die Formel einer 10-Methylstearinsäure $CH_3 \cdot (CH_2)_7 \cdot CH \cdot (CH_2)_8 \cdot COOH$ zugeschrieben[3].

$$CH_3$$

Phthionsäure soll 3:13:19-Trimethyltricosansäure sein[4]. Die Erforschung der Tuberkulose-Fettsäuren ist wegen der spezifischen Bildung von tuberkulösem Gewebe durch diese und durch synthetisch gewonnene verwandte Fettsäuren bedeutungsvoll geworden[4]. Timothybacillus[5] enthält eine zweibasische höhere Fettsäure von annähernder Formel $C_{70}H_{38}O_6$. Aus dem Wachs des bovinen Tuberkulosebacillus wurde Tetracosansäure isoliert[6].

3. Zuckerhaltige Lipoide.

Inhaltsverzeichnis.

Seite

a) Cerebroside 382
   α) Cerebro-Galaktoside 383
      Cerebron (Phrenosin) S. 385. — Kerasin S. 386. — Nervon S. 386. — Oxynervon S. 387.
   β) Cerebro-Glucoside 387
b) Schwefelsäureester der Cerebroside (Sulfatide) S. 387. — c) Ganglioside S. 388.

a) Cerebroside.

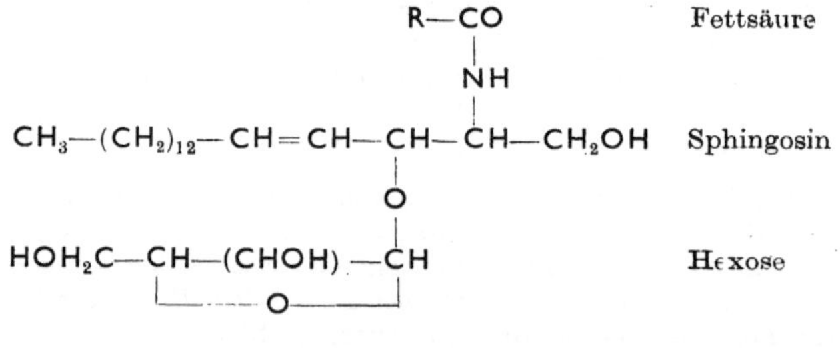

<pre>
            R—CO   Fettsäure
             |
             NH
             |
CH₃—(CH₂)₁₂— CH=CH—CH—CH—CH₂OH   Sphingosin
                         |
                         O
                         |
HOH₂C—CH—(CHOH) —CH   Hexose
      |___________O________|
</pre>

Unsere ersten Kenntnisse über die Cerebroside gehen auf THUDICHUM (1874) zurück, der sie aus Gehirn isolierte und auch bereits ihren Aufbau aus je einem Molekül Fettsäure, Sphingosin und einer Hexose richtig erkannte[7]. Die Hexose der Gehirncerebroside ist, wie schon THUDICHUM vermutete und THIERFELDER[8] endgültig bewiesen hat, identisch mit Galaktose. Aber auch das Vorkommen

---

[1] ANDERSON, R. J.: J. biol. Ch. **83**, 169 (1929). — ANDERSON, R. J., and E. CHARGAFF: J. biol. Ch. **85**, 77 (1929). — [2] CHARGAFF, E., and M. LEVENE: J. biol. Ch. **124**, 195 (1938). — [3] SPIELMAN, M. A.: J. biol. Ch. **106**, 87 (1934). — DUBOS, R. J.: Exper. **3**, 45 (1947). — [4] ROBISON, ROB.: Nature **158**, 815 (1946). — [5] PECK, R. L., and R. J. ANDERSON: J. biol. Ch. **140**, 89 (1941). — [6] STÄLLBERG-STENHAGEN, ST., and E. STENHAGEN: J. biol. Ch. **165**, 599 (1946). — [7] THUDICHUM, J. L. W.: Fußnote[6], S. 361. — [8] THIERFELDER, H.: H. **14**, 209 (189

von Cerebrosiden, die Glucose an Stelle von Galaktose enthalten, muß heute als sichergestellt gelten[1]. Man hat so Cerebro-galaktoside und Cerebro-glucoside zu unterscheiden. Außerdem scheinen neben den einfachen Cerebrosiden, welche die 3 Spaltstücke im äquimolekularen Verhältnis enthalten, zuweilen auch Cerebroside mit höherem Zuckergehalt vorzukommen (Fettsäure:Sphingosin: Hexose = 1:1:2)[2]. Ihrem chemischen Aufbau nach sind die Cerebroside mit den Sphingomyelinen nahe verwandt.

Cerebroside finden sich in nennenswerten Mengen (etwa 2,9% des Frischbzw. 11% des Trockenorgans) nur im Gehirn und Nervengewebe, wo sie vor allem in der Marksubstanz enthalten sind. Nachgewiesen wurden sie aber auch schon in vielen anderen Organen. Ein aus Rindermilz gewonnenes Cerebrosidpräparat war in seinen Eigenschaften dem Gehirnkerasin sehr ähnlich[3], jedoch dürfte ein Gemisch von Cerebro-galaktosiden und -glucosiden vorgelegen haben[2]. Bei einer menschlichen Speicherkrankheit, dem *Morbus Gaucher*, kommt es zu einer sehr starken Anreicherung von Cerebrosiden in Milz und Leber[4]. Es handelt sich entweder um das Cerebro-galaktosid Kerasin oder häufiger noch um ein kerasinähnliches Cerebro-glucosid[5].

Das Vorkommen von *Cerebrosiden im Pflanzenreich* ist noch sehr *zweifelhaft*. Nur das Cerebrin der Hefe könnte als Säureamid der α-Oxyhexacosansäure $C_{26}H_{52}O_3$ mit einem noch nicht näher bekannten höhermolekularen Aminoalkohol, und damit als Verbindung von der Art des weiter unten erwähnten Cerebronyl- oder Lignoceryl-sphingosins, den Cerebrosiden nahestehen[6].

Cerebroside sind schwer verdauliche Substanzen. Mit der Nahrung zugeführt werden sie der Hauptsache nach unverändert im Kot wieder ausgeschieden[7], obgleich in den Verdauungssäften cerebrosidspaltende Fermente vorkommen sollen[8]. Bei der intravenösen Injektion von Cerebrosiden werden dieselben unter ähnlichen Erscheinungen wie bei der GAUCHER-Krankheit in Milz und Leber gespeichert[9].

α) *Cerebro-galaktoside.*

Hierher gehören vor allem die Cerebroside des Gehirns und der Nervensubstanz. Da sie erst im entwickelten Gehirn auftreten und ihre Menge mit dem Alter zunimmt[10], hat man guten Grund anzunehmen, daß sie vorwiegend in den Markscheiden der Fasersubstanz lokalisiert sind. Man kennt heute 4 verschiedene Cerebroside dieser Art: Cerebron (Phrenosin), Kerasin, Nervon und Oxynervon. Die drei ersten sind bereits in reinem oder doch wenigstens annähernd reinem Zustand isoliert. Die Isolierung des Oxynervons steht noch aus, doch muß seine Existenz als sichergestellt gelten. Im Gehirn[11] sind sämtliche 4 Cerebroside nebeneinander vorhanden, und zwar in dem ungefähren Verhältnis Cerebron: Nervon:Oxynervon:Kerasin = 46:18:14:10.

[1] HALLIDAY, N., H. H. J. DEUEL jr., L. J. TRAGERMAN and W. E. WARD: J. biol. Ch. **132**, 171 (1940). — KLENK, E.: H. **267**, 128 (1941). — [2] KLENK, E., u. F. RENNKAMP: H. **273**, 253 (1942). — [3] WALZ, E.: H. **166**, 210 (1927). — [4] LIEB, H.: H. **140**, 305 (1924); **170**, 60 (1927). — LIEB, H., u. M. MLADENOVIC: H. **181**, 208 (1929). — [5] LIEB, H.: H. **271**, 211 (1941). — KLENK, E., u. F. RENNKAMP: H. **272**, 280 (1942). — [6] REINDEL, F.: A. **480**, 76 (1930). — [7] BEUMER, H., u. H. FASOLD: Z. ges. exp. Med. **90**, 661 (1933). — [8] ABDERHALDEN, E., u. E. SCHWAB: Fermentforsch. **14**, 54 (1933). — THANNHAUSER, S. J., and M. REICHEL: J. biol. Ch. **113**, 311 (1936). — [9] BEUMER, H., u. H. FASOLD: Z. ges. exp. Med. **90**, 661 (1933). — KIMMELSTIEL, P., u. E. LAAS: Beitr. pathol. Anat. **93**, 417 (1934). — KLENK, E., u. A. GÖBEL: Dtsch. Z. Verdauungs- u. Stoffw.-Krankh. **1**, 51 (1938). — [10] MACARTHUR, C. G., and E. A. DOISY: J. comp. Neurol. **30**, 445 (1919). — SCHUWIRTH, K.: H. **263**, 25 (1940). — [11] KLENK, E.: H. **166**, 268 (1927).

Die Fettsäuren. Die einzelnen Gehirn-Cerebroside unterscheiden sich nur durch die Natur der Fettsäuren. Bis jetzt ist das Vorkommen von mindestens vier verschiedenen Fettsäuren nachgewiesen:

Lignocerinsäure (Kerasinsäure [1]) oder n-Tetracosansäure $C_{24}H_{48}O_2$, F. 84,5 bis 84,9°;

Cerebronsäure [2] oder α-Oxy-n-Tetracosansäure $C_{24}H_{48}O_3$, F. 100 bis 101°;

Nervonsäure [3] oder Δ [15]n-Tetracosensäure $C_{24}H_{46}O_2$, F. 40 bis 41°;

α-Oxynervonsäure [4] oder α-Oxy-Δ [15]n-Tetracosensäure $C_{24}H_{46}O_3$, F. 65°:

$$C_{24}H_{48}O_2 \qquad CH_3-(CH_2)_{22}-COOH$$
$$C_{24}H_{48}O_3 \qquad CH_3-(CH_2)_{21}-CHOH-COOH$$
$$C_{24}H_{46}O_2 \qquad CH_3-(CH_2)_7-CH=CH-(CH_2)_{13}-COOH$$
$$C_{24}H_{46}O_3 \qquad CH_3-(CH_2)_7-CH=CH-(CH_2)_{12}-CHOH-COOH$$

Aus den Namen ergibt sich bereits, welchen der vier Cerebroside jede einzelne Säure jeweils zugehört. Alle vier Fettsäuren lassen sich gegenseitig ineinander überführen. Das Hydrierungsprodukt der Nervonsäure ist identisch mit Lignocerinsäure und das der Oxynervonsäure ist identisch mit Cerebronsäure. Schließlich geht die Cerebronsäure durch Reduktion der Hydroxylgruppe in Lignocerinsäure über. Die ungesättigten Fettsäuren gehören jener Reihe an, welche die charakteristische Gruppierung $CH_3-(CH_2)_7-CH=$ enthalten (s. S. 366).

Die beiden Oxysäuren sind die für die Cerebroside besonders eigentümlichen Fettsäuren. Man hat sie sonst noch nirgends in der Natur angetroffen. Lignocerinsäure und Nervonsäure dagegen sind in ihrem Vorkommen nicht ausschließlich auf die Cerebroside beschränkt. Als Spaltprodukt der Sphingomyeline wurden sie bereits erwähnt (s. S. 380). Außerdem findet sich die Lignocerinsäure noch in manchen Pflanzenfetten und eine mit der Nervonsäure identische Fettsäure (Selach-oleinsäure [5]) in Leberölen von Haifischen.

Die Frage, ob neben diesen 4 Hauptfettsäuren auch noch andere Säuren in den Cerebrosiden auftreten, ist noch nicht völlig geklärt. Immerhin sind Tatsachen bekannt, die in diesem Sinne gedeutet werden können. Der niedrige Schmelzpunkt der aus Cerebrosiden anfallenden Lignocerinsäure von nur 81°, gegenüber 84,5 bis 84,9° der reinen Säure, weist auf gewisse Verunreinigungen mit anderen Säuren hin. Röntgenspektrographische Untersuchungen haben gezeigt, daß die Verunreinigung aus Behensäure $C_{22}H_{44}O_2$ und Hexacosansäure $C_{26}H_{52}O_2$ besteht, die in Mengen von etwa 10% der Lignocerinsäure beigemengt sind [6]. Die Annahme, daß auch die Cerebronsäure in ähnlicher Weise durch höhere und niedere Homologe ($C_{22}H_{44}O_3$ und $C_{26}H_{52}O_3$) verunreinigt ist, kann noch nicht als genügend begründet angesehen werden [7]. Jedenfalls aber müßten in diesem Fall die Beimengungen noch wesentlich geringer sein als bei der Lignocerinsäure. Schließlich ließ sich in dem Fettsäuregemisch von Gehirncerebrosiden vor kurzem eine n-Hexacosensäure $C_{26}H_{50}O_2$ in kleineren Mengen (etwa 3% der Gesamtfettsäuren) nachweisen [8, 9].

Vergleicht man die Fettsäuren der Cerebroside mit denen der Phosphatide und des Depotfettes bei den höheren Tieren (siehe die folgende Tabelle), so ergibt

---

[1] THIERFELDER, H.: H. **85**, 35 (1913). — LEVENE, P. A.: J. biol. Ch. **15**, 359 (1913). — ROSENHEIM, O.: Biochem. J. **10**, 142 (1916). — [2] THIERFELDER, H.: H. **43**, 21 (1904). — KLENK, E.: H. **174**, 214 (1928); **179**, 312 (1928). — KLENK, E., u. W. DIEBOLD: H. **215**, 79 (1933). — [3] KLENK, E.: H. **145**, 244 (1925); **157**, 283 (1926); **166**, 287 (1927). — [4] KLENK, E.: H. **157**, 291 (1926); **174**, 214 (1928). — [5] TSUJIMOTO, M.: Z. dtsch Öl- u. Fettindustr. **46**, 385 (1926). J. Soc. chem. Industr., Tokyo, Suppl. **30**, 868 (1927). — [6] CHIBNALL, A. C., S. H. PIPER and E. F. WILLIAMS: Biochem. J. **30**, 100 (1936). — MÜLLER, AD.: B. **72**, 615 (1939). — [7] KLENK, E., u. L. CLARENZ: H. **257**, 268 (1939). — KLENK, E., and F. DITT: J. biol. Ch. **111**, 749 (1935). — [8] KLENK, E., u. E. SCHUMANN: H. **272**, 177 (1942). — [9] KLENK, E., u. F. LEUPOLD: H. **281**, 208 (1944).

Tabelle 73. Überblick über die Fettsäuren der Cerebroside,
der Phosphatide und des Depotfettes
bei den landbewohnenden Warmblütern.

Sphingomyeline Cerebroside	C_{24}	Lignocerinsäure	$C_{24}H_{48}O_2$
		Nervonsäure	$C_{24}H_{46}O_2$
		Oxynervonsäure	$C_{24}H_{46}O_3$
		Cerebronsäure	$C_{24}H_{48}O_3$
	C_{22}	Clupanodonsäure	$C_{22}H_{34}O_2$
	C_{20}	Arachidonsäure	$C_{20}H_{32}O_2$
		Gadoleinsäure	$C_{20}H_{38}O_2$
Glycerinphospatide Depotfett	C_{18}	Stearinsäure	$C_{18}H_{36}O_2$
		Ölsäure	$C_{18}H_{34}O_2$
		Linolsäure	$C_{18}H_{32}O_2$
	C_{16}	Palmitinsäure	$C_{16}H_{32}O_2$

sich die bemerkenswerte Feststellung, daß man hier eine ununterbrochene
Reihe von C_{24}-, C_{22}-, C_{20}-, C_{18}- und C_{16}-Säuren antrifft, die wohl alle im Stoffwechsel in naher Beziehung zueinander stehen. Insbesondere sind Beziehungen
zwischen den C_{24}-Säuren der Cerebroside und Sphingomyeline und den ungesättigten C_{22}- und C_{20}-Säuren der Glycerinphosphatide anzunehmen. Andererseits führt auch eine Brücke von den Glycerinphosphatiden zu dem Depotfett[1].
Die bei den bereits erwähnten Lipoidspeicherkrankheiten starke Anreicherung
von Cerebrosiden und Sphingomyelinen in zahlreichen Organen spricht ebenfalls dafür, daß ihnen eine gewisse Rolle als Zwischenprodukt im allgemeinen
Fettstoffwechsel zukommt.

Cerebron (Phrenosin) $C_{48}H_{93}O_9N$. Bei der hydrolytischen Spaltung entstehen
Cerebronsäure, Sphingosin und Galaktose in äquimolekularen Mengen nach
folgender Gleichung:

$$C_{48}H_{93}O_9N + 2 H_2O = C_{24}H_{48}O_3 + C_{18}H_{37}O_2N + C_6H_{12}O_6.$$

Das Cerebron, welches das von allen Cerebrosiden am leichtesten darstellbare
Cerebrosid ist[2], wurde von THIERFELDER[3] als erstes Cerebrosid, das alle Merkmale einer chemisch-einheitlichen Substanz besaß, aus Gehirn gewonnen. Der
Name Phrenosin, der für die Substanz vor allem im englischen Schrifttum
ebenfalls gebraucht wird, stammt von THUDICHUM. Doch war THUDICHUMs
Phrenosin noch stark kerasinhaltig, denn die Fettsäure (Neurostearinsäure)
des THUDICHUMschen Cerebrosidpräparats ist, wie erst kürzlich[4] gezeigt wurde,
ein Gemisch von Cerebron- und Lignocerinsäure.

Die Verbindung ist unlöslich in Wasser, in Äther und Petroläther, löslich
in heißem und wenig löslich in kaltem Alkohol, ebenso in Eisessig, Essigester
und Aceton. F. 212 bis 215°, jedoch schon bei etwa 130° in den flüssigkrystalli-
nischen Zustand übergehend. Aus konzentrierter Pyridinlösung krystallisiert
sie in Sphärolithen, die bei der Untersuchung im Polarisationsmikroskop ein
charakteristisches Verhalten zeigen (Gipsplattenprobe[5]). Sie geht beim längeren
Erhitzen mit einer zum völligen Lösen unzureichenden Menge Methylalkohol
in cholesterinähnliche Krystalle über[6]. Die Substanz ist rechtsdrehend $[\alpha]_D =$
$+ 6,3$ bis $+ 10,4°$ (in 75% Chloroform-Methylalkohol bei 40 bis 50° C).

---

[1] KLENK, E., F. DITT u. W. DIEBOLD: H. **232**, 54 (1935). — [2] KLENK, E., u. F. LEUPOLD:
H. **281**, 208 (1944). — [3] WÖRNER, E., u. H. THIERFELDER: H. **30**, 542 (1900). — THIER-
FELDER, H.: H. **43**, 21 (1904). — [4] CHIBNALL, A. C., S. H. PIPER and E. F. WILLIAMS:
Biochem. J. **30**, 100 (1936). — [5] ROSENHEIM, O.: Biochem. J. **8**, 110 (1914). — [6] WÖRNER,
E., u. H. THIERFELDER: H. **30**, 542 (1900). — THIERFELDER, H.: H. **43**, 21 (1904).

Bei der unvollständigen Spaltung entsteht aus Cerebron durch Abspaltung der Fettsäure das *Galaktosido-sphingosin* $C_{24}H_{47}O_7N$ (THUDICHUMs Psychosin) oder durch Abspaltung der Galaktose das *Cerebronyl-N-sphingosin* $C_{42}H_{83}O_4N$ (THUDICHUMs Ästhesin).

Das *Galaktosido-sphingosin* besitzt basische Eigenschaften. Es enthält eine freie Aminogruppe und fällt aus alkoholischer Lösung mit alkoholischer Schwefelsäure als schwerlösliches Sulfat $C_{24}H_{47}O_7N \cdot 1/2\ H_2SO_4$ aus. Das Salz ist in Wasser leichtlöslich und bildet stark schäumende wäßrige Lösungen. F. 225° unter Zersetzung nach vorhergegangenem Sintern. $[\alpha]_D = -16{,}6°$ (in Pyridin). *Cerebronyl-N-sphingosin.* F. 83 bis 84°. Schwerlöslich in Äther, Aceton und Alkohol, löst sich darin aber beim Erwärmen[1, 2].

Auf Grund dieser beiden Spaltstücke ist die amidartige Bindung zwischen Fettsäure und Sphingosin, sowie die glykosidische Bindung zwischen Sphingosin und Galaktose sichergestellt.

Kerasin $C_{48}H_{93}O_8N$. Bei der hydrolytischen Spaltung entstehen Lignocerinsäure, Sphingosin und Galaktose in äquimolekularen Mengen nach der Gleichung:

$$C_{48}H_{93}O_8N + 2\ H_2O = C_{24}H_{48}O_2 + C_{18}H_{37}O_2N + C_6H_{12}O_6.$$

Die Substanz wurde von THUDICHUM unter den Gehirncerebrosiden aufgefunden. Die Darstellung von cerebronfreiem Kerasin gelang jedoch erst ROSENHEIM[3].

Die Löslichkeit der Substanz entspricht der des Cerebrons, nur daß sie in den meisten Lösungsmitteln etwas leichter löslich ist als letzteres. Aus der alkoholischen Lösung scheidet sie sich zum Unterschied von Cerebron in Form einer zusammenhängenden Gallerte ab. F. 180° unter vorherigem Übergang in den flüssig krystallinen Zustand. Kerasin ist im Gegensatz zum Cerebron linksdrehend. $[\alpha]_D = -2{,}74°$ bis $-3{,}78°$ (für Gehirnkerasin in Pyridin). Bei der Gipsplattenprobe zeigt das Kerasin ebenfalls ein dem Cerebron entgegengesetztes Verhalten.

Da alle Cerebroside bei der Spaltung eine noch unreine Lignocerinsäure vom F. 80 bis 81° ergeben haben, dürfte völlig reines Kerasin bis jetzt noch nicht dargestellt worden sein.

Eine *Teilsynthese des Kerasins*[4] aus Galaktosido-sphingosin und Lignocerylchlorid führte zu einem Produkt, das mit dem natürlichen Kerasin aus Gehirn identisch war. Womit bewiesen ist, daß das Kerasin die dem Cerebron entsprechende Konstitution besitzt. Eine als partielles Spaltprodukt von Kerasin aufzufassende Substanz, das *Lignoceryl-sphingosin* $C_{42}H_{83}O_3N$, F. 94,5—96° wurde zuerst von THIERFELDER[5] aus Gehirn ohne vorhergegangene Hydrolyse isoliert. Später wurde es auch in vielen anderen Organen wie Milz, Leber und Lunge[6] aufgefunden.

Nervon $C_{48}H_{91}O_8N$. Bei der hydrolytischen Spaltung entstehen äquimolekulare Mengen Nervonsäure, Sphingosin und Galaktose nach der Gleichung:

$$C_{48}H_{91}O_8N + 2\ H_2O = C_{24}H_{46}O_2 + C_{18}H_{37}O_2N + C_6H_{12}O_6.$$

Dieses Cerebrosid ist erst sehr viel später als Cerebron und Kerasin unter den Gehirncerebrosiden aufgefunden worden[7, 8]. In allen Eigenschaften gleicht die Substanz weitgehend dem Kerasin.

Aus methylakoholischer Lösung scheidet sie sich in charakteristischer Weise in zu großen Rosetten vereinigten feinen Nädelchen ab, welche die ganze Flüssigkeit als zusammenhängende Masse durchsetzen. F. 180° unter vorherigem Übergang in den flüssig-krystallinischen

[1] KLENK, E.: H. **153**, 74 (1926). — [2] KLENK, E., u. R. HÄRLE: H. **178**, 221 (1928). — [3] ROSENHEIM, O.: Biochem. J. **7**, 604 (1913); **8**, 110 (1914). — [4] KLENK, E., u. R. HÄRLE: H. **189**, 243 (1930). — [5] THIERFELDER, H.: H. **89**, 236 (1914). — [6] THANNHAUSER, S. J., u. F. FRÄNKEL: H. **203**, 183 (1931). — FRÄNKEL, E., u. F. BIELSCHOWSKY: H. **213**, 58 (1932). — TROPP, C., u. V. WIEDERSHEIM: H. **222**, 39 (1933). — TROPP, C.: H. **237**, 178 (1935). — [7] KLENK, E.: H. **145**, 244 (1925(; **157**, 283 (1926); **166**, 287 (1927). — [8] KLENK, E., u. R. HÄRLE: H. **178**, 221 (1928).

Zustand. Das Nervon ist ebenso wie das Kerasin linksdrehend. $[\alpha]_D = -4{,}33°$ (in Pyridin). Es unterscheidet sich von Kerasin vor allem durch die höhere Jodzahl (Nervon J.Z. 62,7; Kerasin J.Z. 31,3).

Das *Tetrahydronervon* ist identisch mit dem Dihydrokerasin[1], womit auch für das Nervon die den anderen Cerebrosiden entsprechende Konstitution bewiesen ist.

Oxynervon $C_{48}H_{91}O_9N$. Das Cerebrosid ist bis jetzt noch nicht isoliert worden. Seine Existenz ergibt sich aber auf Grund des Vorkommens der α-Oxynervonsäure in ·Cerebrosidfraktionen des Gehirns[2]. Es muß angenommen werden, daß die Substanz ebenso wie die anderen Cerebroside aufgebaut ist und bei der Spaltung je ein Molekül α-Oxynervonsäure, Sphingosin und Galaktose liefert, entsprechend der Gleichung:

$$C_{48}H_{91}O_9N + 2\,H_2O = C_{24}H_{46}O_3 + C_{18}H_{37}O_2N + C_6H_{12}O_6.$$

β) Cerebro-glucoside[3].

Sie finden sich bei der GAUCHER-Krankheit als Speichersubstanz der „GAUCHER-Zellen" in vielen Organen, vor allem in Milz und Leber, woraus sie in Mengen von über 10% des Trockenorgans gewonnen werden können. Nachgewiesen ist das Vorhandensein von zwei verschiedenen Cerebrosiden dieser Art, und zwar von Behenyl-sphingosin-glucosid und Lignoceryl-sphingosinglucosid, deren Aufbau sich aus folgenden Gleichungen ergibt:

$$C_{46}H_{89}O_8N + 2\,H_2O = C_{22}H_{44}O_2 + C_{18}H_{37}O_2N + C_6H_{12}O_6.$$
$$C_{48}H_{93}O_8N + 2\,H_2O = C_{24}H_{48}O_2 + C_{18}H_{37}O_2N + C_6H_{12}O_6.$$

Die Reindarstellung der beiden Verbindungen steht noch aus. Das aus den GAUCHER-Organen erhaltene Cerebrosidgemisch ist in seinen Eigenschaften dem Kerasin zum Verwechseln ähnlich, vor allem auch in der besonderen Art der Krystallisation aus methylalkoholischer Lösung. Es zeigt aber eine merkbar stärkere Linksdrehung als Kerasin: $[\alpha]_D^{20} = -10{,}66°$ (in Pyridin).

Im Gemisch mit Cerebrogalaktosiden sind Cerebroglucoside außerdem in der normalen Milz (Rind) festgestellt worden[4].

b) Schwefelsäureester der Cerebroside (Sulfatide).

Als Sulfatide wurden von THUDICHUM[5] schwefelhaltige Lipoide bezeichnet, die aus Gehirn erhalten worden sind. Über diese Stoffe war bis vor kurzem

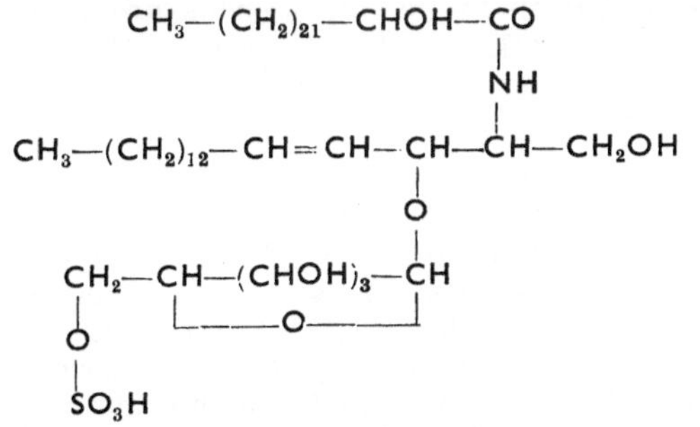

$$
\begin{array}{ll}
CH_3-(CH_2)_{21}-CHOH-CO & \text{Cerebronsäure} \\
\quad\quad\quad\quad\quad\quad\quad\quad | & \\
\quad\quad\quad\quad\quad\quad\quad NH & \\
\quad\quad\quad\quad\quad\quad\quad\; | & \\
CH_3-(CH_2)_{12}-CH=CH-CH-CH-CH_2OH & \text{Sphingosin} \\
\quad\quad\quad\quad\quad\quad\quad\quad\quad | & \\
\quad\quad\quad\quad\quad\quad\quad\quad\; O & \\
\quad\quad\quad\quad\quad\quad\quad\quad\; | & \\
CH_2-CH-(CHOH)_3-CH & \text{Galaktose} \\
\;\; |\quad\quad\quad\;\; |\_\_\_\_O\_\_\_| & \\
\;\; O & \\
\;\; | & \\
\; SO_3H & \text{Schwefelsäure}
\end{array}
$$

nur wenig bekannt. Neuere Untersuchungen[6] haben gezeigt, daß man es hier mit Schwefelsäureestern von Cerebrosiden zu tun hat. Isoliert wurde die Cerebron-

---

[1] KLENK, E., u. R. HÄRLE: H. **189**, 243 (1930). — [2] KLENK, E.: H. **157**, 291 (1926); **174**, 214 (1928). — [3] AGHION, H.: La Maladie de Gaucher dans l'Enfance (forme cardio-rénale). Thèse de médecine. Paris 1934. — HALLIDAY, N., H. J. DEUEL jr., L. J. TRAGERMAN and W. F. WARD: J. biol. Ch. **132**, 171 (1940). — KLENK, E.: H. **267**, 128 (1941). — KLENK, E., u. F. RENNKAMP: H. **272**, 280 (1942). — [4] KLENK, E., u. F. RENNKAMP: H. **273**, 253 (1942). — [5] THUDICHUM, J. L. W.: Die chemische Konstitution des Gehirns des Menschen und der Tiere. Tübingen 1901. — [6] BLIX, G.: H. **219**, 82 (1933).

schwefelsäure bzw. ihr Kaliumsalz. Darin ist die Schwefelsäure wahrscheinlich mit einer der freien Hydroxylgruppen des Galaktoserestes, etwa der vorstehenden Formel entsprechend, verestert.

Es ist anzunehmen, daß auch die anderen Cerebroside im Gehirn zum Teil in derselben Weise mit Schwefelsäure verestert sind und daß diese Schwefelsäureester etwa $1/4$ bis $1/5$ der gesamten Gehirncerebroside ausmachen.

c) Ganglioside.

Die Ganglioside sind phosphorfreie, zuckerhaltige Lipoide von sauren Eigenschaften, die als eigentümliches Spaltstück Neuraminsäure enthalten. Sie wurden erst vor kurzem[1] aus Gehirn dargestellt und finden sich offenbar ausschließlich oder vorwiegend in den Ganglienzellen, am reichlichsten in denen der Hirnrinde. Bei der infantilen amaurotischen Idiotie vom Typ TAY-SACHS reichern sie sich im Gehirn sehr stark an[2], so daß die bei dieser Krankheit in den Ganglien- und Gliazellen feststellbaren Lipoidablagerungen in der Hauptsache aus Gangliosiden bestehen dürften. In wesentlich kleineren Mengen als im Gehirn kommen sie in der Milz[3] und wahrscheinlich auch in anderen Organen vor.

Als Spaltstücke treten außer Neuraminsäure noch Fettsäuren (Stearinsäure und höhere Homologen), Sphingosin oder eine sphingosinähnliche Base und Hexosen (Galaktose und Glucose) auf. Manches spricht dafür, daß sich unter den als Spaltprodukten auftretenden Zucker auch noch eine Aminohexose befindet[4].

Neuraminsäure[5] (wahrscheinlich $C_{10}H_{19}O_9N$). Dargestellt wurde sie bis jetzt nur in Form ihrer Methoxylverbindung $C_{11}H_{21}O_9N$, einer Aminosäure von ausgesprochenen sauren Eigenschaften. Farblose Krystalle. Verkohlt bei 200°, ohne zu schmelzen. Leicht löslich in Wasser, schwer löslich in Methylalkohol, unlöslich in Äthylalkohol und Äther. $[\alpha]_D^{20} = -54,91°$ (in Wasser). Die Substanz ist alkalibeständig, dagegen säureempfindlich. Beim Erhitzen mit verdünnten Mineralsäuren erfolgt rasch Zersetzung unter Abscheidung von schwarzen Huminsubstanzen. Sie gibt die Orcinreaktion nach BIAL mit roter Farbe. Diese Reaktion eignet sich zur quantitativen Bestimmung der Neuraminsäure bzw. der Ganglioside im Nervengewebe[6]. Nähere Einzelheiten über die chemische Konstitution sind noch nicht bekannt. Die freie Neuraminsäure ist vielleicht eine den Kohlenhydraten nahestehende Aminosäure mit reaktionsfähiger, zur Glykosidbildung befähigten Carbonylgruppe.

Ein chemisch einheitliches Gangliosid ist noch nicht dargestellt worden. Auf Grund der vorliegenden Befunde ist jedoch folgender Molekülaufbau aus den Spaltstücken anzunehmen, wobei an Stelle von Stearinsäure eine andere Säure (Behensäure, Lignocerinsäure), an Stelle von Galaktose noch Glucose treten kann.

$$C_{18}H_{36}O_2 \; + \; C_{18}H_{37}O_2N \; + \; C_{10}H_{19}O_9N \; + \; 3\,C_6H_{12}O_6 \; = \; C_{64}H_{118}O_{26}N_2 \; + \; 5\,H_2O$$

Stearinsäure Sphingosin Neuraminsäure Hexose Stearyl-gangliosid

Im Nervengewebe scheint in der Hauptsache Stearyl-gangliosid vorzukommen. Die aus Milz gewonnene Verbindung entsprach ihrer chemischen Zusammensetzung nach einem Gemisch von Behenyl- und Lignoceryl-gangliosid.

Weiße in kleinen Sphärolythen krystallisierende Substanz. Zersetzungspunkt über 200°, ohne vorher zu schmelzen. $[\alpha]_D^{20} = -2,79°$ bis $-3,59°$. Sie löst sich im Gegensatz zu den meisten anderen Lipoiden in Wasser unter Bildung von klaren, kolloidalen Lösungen. Leicht löslich in Gemischen von Benzol-Alkohol oder Chloroform-Alkohol, ebenso in Pyridin und in Eisessig, schwerer löslich in Methyl- und Äthylalkohol, unlöslich in Essigester, Aceton und Äther.

Ihrer chemischen Natur nach dürften die Ganglioside sowohl den Cerebrosiden als auch den Sphingomyelinen nahestehen.

[1] KLENK, E.: H. **273**, 76 (1942). — [2] KLENK, E.: H. **262**, 128 (1939/40); **267**, 128 (1941). — [3] KLENK, E., u. F. RENNKAMP: H. **273**, 253 (1942). — [4] BLIX, G.: Skand. Arch. Physiol. **80**, 46 (1938). — BRANTE, G.: Upsala Läkarefören. Förh. N. F. **53**, 301 (1948). — [5] KLENK, E.: H. **268**, 50 (1941); vgl. auch KLENK, E.: H. **273**, 76 (1942). — [6] KLENK, E., u. H. LANGERBEINS: H. **270**, 185 (1941).

4. Wachse und andere Fettgemengteile.

Inhaltsverzeichnis.

a) Wachse S. 389. — b) Kohlenwasserstoffe S. 390. — Squalen S. 390. — Andere Kohlenwasserstoffe S. 390. — c) Glycerinäther S. 390.

a) Wachse.

$$R_1\text{—CO—O—CH}_2\text{—}R_2.$$

Sie enthalten ebenso wie die eigentlichen Fette nur die Elemente Kohlenstoff, Wasserstoff und Sauerstoff und unterscheiden sich von den letzten dadurch, daß als Baustein kein Glycerin, sondern statt dessen höhere Alkohole vorkommen. Die Wachse sind Ester dieser höheren Alkohole mit höheren Fettsäuren. Während die eigentlichen Fette als Reserve- und Brennstoffe in den Zellen gestapelt werden, dienen die Wachse in der Regel dem Schutze der Epidermis, deren Ausscheidungsprodukte sie sind. Allerdings trifft man im Tierreich zuweilen auch auf Depotfette, die zu einem wesentlichen Teil aus Wachsester bestehen (Kopftran des Pottwals und Döglingtran).

Die *Wachsalkohole* leiten sich fast durchweg von den natürlichen Fettsäuren in der Weise ab, daß in den letzten die —COOH-Gruppe durch CH_2OH ersetzt ist. Es handelt sich also vorwiegend um primäre einwertige Alkohole mit unverzweigter Kohlenstoffkette und wahrscheinlich auch gerader Gliederzahl. Zu den häufiger vorkommenden Alkoholen gehören: *Cetylalkohol* oder n-Hexadecanol[*] F. 49,3°; *Stearinalkohol* oder n-Octadecanol $C_{18}H_{38}O$, F. 58°; *Oleinalkohol* oder Δ^9-*n-Octadecenol* $C_{18}H_{36}O$, F. 2 bis 3°. Aber auch die höheren gesättigten Alkohole von C_{20} bis C_{36} sind sehr weit verbreitet. Ihre Natur im einzelnen genau festzulegen, macht große Schwierigkeiten. Cetylalkohol wird von der Darmschleimhaut ausgeschieden und findet sich in den Faeces der Säugetiere und eventuell auch von neugeborenen Kindern[1].

In den aus verschiedenen Wachsarten gewonnenen Alkoholen wie Cerylalkohol ($C_{26}H_{54}O$?), Myricylalkohol ($C_{30}H_{62}O$?) und Melissylalkohol[2]($C_{31}H_{64}O$) scheinen fast immer Gemische von zwei oder mehr Alkoholen vorzuliegen. Aus dem Wachsalkohol der Tuberkelbacillen, dem *Phthiocerol*, leitet sich ein Kohlenwasserstoff, das *Phthioceran* ab, das ein 4-Methyl-tritriacontan oder 4-Methyl-tetratriacontan ist, wie das Infrarotspektrum erkennen läßt[3].

Ein Ketonalkohol wurde im *Coccerin*, dem Wachs der Cochenilleschildlaus, festgestellt. Es handelt sich um 15-Keto-n-tetratriacontanol $C_{34}H_{68}O_2 = CH_3 \cdot (CH_2)_{18} \cdot CO \cdot (CH_2)_{13} \cdot CH_2OH$, F. 100,5 bis 100,7°.

Die *Fettsäuren der Wachse* sind teils dieselben wie in den eigentlichen Fetten, teils sind es gesättigte Fettsäuren von sehr hohem Molekulargewicht. Von den letzten ist die Cerotinsäure oder n-Hexacosansäure $C_{26}H_{52}O_2$, F. 87,7—87,9° am weitesten verbreitet. Sie liegt aber in den Wachsen immer im Gemisch mit höheren und niederen Homologen vor[4]. Eine Ketosäure, und zwar die 13-Keto-n-dotriacontansäure $C_{32}H_{62}O_3 = CH_3 \cdot (CH_2)_{18} \cdot CO \cdot (CH_2)_{11} \cdot COOH$ (F. 104,5 bis 105°) ist zusammen mit dem obenerwähnten Ketoalkohol aus Coccerin isoliert worden[5].

Was die *Wachsester selbst* betrifft, so sind darin nicht selten Alkohol und Fettsäuren von derselben Kohlenstoffzahl. So ist das als fester Bestandteil

---

[*] $C_{16}H_{34}O$ (M.G. 242,27) 79,25% C; 14,15% H; 6,60% O.

[1] SCHÖNHEIMER, R., and G. HILGETAG: J. biol. Ch. **105**, 73 (1934). — [2] Beilstein **1**, 432, (222), [472]. — [3] STÄLLBERG-STENHAGEN, S., E. STENHAGEN, N. SHEPPARD, G. B. B. M. SUTHERLAND and A. WALSH: Nature **160**, 580 (1947). — [4] CHIBNALL, A. C., S. H. PIPER, A. POLLARD, E. F. WILLIAMS and P. N. SAHAI: Biochem. J. **28**, 2189 (1934). — [5] CHIBNALL, A. C., A. L. LATNER, E. F. WILLIAMS and C. A. AYRE: Biochem. J. **28**, 313 (1934).

aus dem Öl der Kopfhöhlen des Spermwals sich abscheidende Walrat in der Hauptsache der Palmitinsäureester des Cetylalkohols $CH_3 \cdot (CH_2)_{14} \cdot CO \cdot O \cdot CH_2 \cdot (CH_2)_{14} \cdot CH_3$, das *Bürzeldrüsenwachs* der Vögel in der Hauptsache der Ölsäureester des Stearinalkohols[1] $CH_3 \cdot (CH_2)_7 \cdot CH:CH \cdot (CH_2)_7 \cdot CO \cdot O \cdot CH_2 \cdot (CH_2)_{16} \cdot CH_3$. Dasselbe scheint auch für einige der *Insektenwachse* zu gelten. Als Hauptbestandteil des von einer Schildlausart stammenden chinesischen Wachses z. B. wird der Cerotinsäureester des Cerylalkohols $CH_3 \cdot (CH_2)_{24} \cdot CO \cdot O \cdot CH_2 \cdot (CH_2)_{24} \cdot CH_3$ angegeben[2]. Allerdings dürfte hier keine einheitliche Substanz vorgelegen haben. Das *Bienenwachs* enthält als Hauptbestandteile freie Cerotinsäure im Gemisch mit höheren und niederen Homologen und den Palmitinsäureester des Melissinalkohols. Da Melissinalkohol ein Gemisch von geradzahligen Alkoholen C_{24} bis C_{34} ist, so besitzen also hier die Alkoholanteile eine etwa doppelt so lange Kohlenstoffkette wie die Säure.

Über *Pflanzenwachse* siehe[3]; über *Carotinoide* siehe GRUNDMANN S. 459 ff.

b) Kohlenwasserstoffe.
Squalen[4] (Spinacen) $C_{30}H_{50}$.

Dieser hochungesättigte Kohlenwasserstoff ist ein Bestandteil der Leberöle vieler Haifisch- und Rochenarten, in welcher er bis zu 90% des Öles ausmachen kann. Näheres über Chemie des Squalen siehe GRUNDMANN S. 481.

Über Vorkommen von Squalen in Oliven- und Weizenkeimlings-, Soja-, Lein-, Erdnuß-, Walöl (frisch), Dorschlebertran (roh) und Hefefett siehe [5].

Andere Kohlenwasserstoffe. Ein *Kohlenwasserstoff* $C_{18}H_{38}$ (Kp:296°, flüssig) kommt in kleineren Mengen fast in allen squalenhaltigen *Leberölen* vor. In den Lebern von Warmblütern (Schweineleber) hat man kleine Mengen eines hochmolekularen Kohlenwasserstoffes ($C_{45}H_{76}$ oder $C_{50}H_{84}$) von der Art des Squalens angetroffen[6]

Hochmolekulare Paraffinkohlenwasserstoffe sind in pflanzlichen und tierischen Wachsen enthalten. *n-Nonacosan* $C_{29}H_{60}$ (F. 63,4 bis 63,6°) fand sich in vielen Blattwachsen[7], *n-Hentriacontan* $C_{31}H_{64}$ (F. 68 bis 68,5°) und niedere Homologe im Bienenwachs[8]. Diese Wachsparaffine unterscheiden sich von den Wachsestern und primären Wachsalkoholen dadurch, daß sie eine ungerade C-Zahl besitzen. Vieles spricht dafür, daß sie aus den paarigen Säuren durch Decarboxylierung entstehen[9].

c) Glycerinäther[10].

Chimylalkohol (D-α-Hexadecyl-glyceryl-äther) $C_{19}H_{40}O_3$ oder $CH_3 \cdot (CH_2)_{14} \cdot CH_2 \cdot O \cdot CH_2 \cdot CHOH \cdot CH_2OH$. F. 60,5 bis 61,5°. Die Substanz ist der Glycerinäther des Cetylalkohols.

Batylalkohol (D-α-Octadecyl-glyceryl-äther) $C_{21}H_{44}O_3$ oder $CH_3 \cdot (CH_2)_{16} \cdot CH_2 \cdot O \cdot CH_2 \cdot CHOH \cdot CH_2OH$. F. 70 bis 71°. $[\alpha]_D = + 2,6°$ (in Chloroform). Die Substanz ist der Glycerinäther des Stearinalkohols.

Selachylalkohol $C_{21}H_{42}O_3$ oder $CH_3 \cdot (CH_2)_7 \cdot CH:CH \cdot (CH_2)_7 \cdot CH_2 \cdot O \cdot CH_2 \cdot CHOH \cdot CH_2OH$, flüssig (F. von synth. D, L-n-Selachylalkohol 48,5 und 49,5°)[11]. $Kp_5 : 242°$. Die Substanz ist der Glycerinäther des Oleinalkohols. Das Hydrierungsprodukt ist mit dem Batylalkohol identisch.

[1] RÖHMANN, F.: Hofmeisters Beitr. 5, 110 (1904). — [2] HENRIQUES, R.: B. 30, 1415 (1897). — [3] KAUFMANN, H. P.: Fette und Wachse. Handb. Pfl.-Analyse (KLEIN) 2/1, 590 bis 676 (1932). — [4] TSUJIMOTO, M.: J. Soc. chem. Industr., Tokyo 9, 953 (1906); 20, 953, 1069 (1917); 21, 1015 (1918). — [5] TÄUFEL, K., u. W. HEIMANN: B.Z. 306, 123 (1940). — [6] CHANNON, H. J., J. DEVINE and J. V. LOACH: Biochem. J. 28, 2012 (1934). — [7] CHANNON, H. J., and A. C. CHIBNALL: Biochem J. 23, 168 (1929). — SAHAI, P. N., and A. C. CHIBNALL: Biochem. J. 26, 403 (1932). — [8] GASCARD, A.: Ann. Chim. (9) 15, 332 (1921). — GASCARD, A., and G. DAMOY: Cr. 177, 1222, 1442 (1923). — [9] CHIBNALL, A. C., and S. H. PIPER: Biochem. J. 28, 2209 (1934). — [10] TSUJIMOTO, M., u. Y. TOYAMA: Chem. Umsch. 29, 27, 35, 43 (1922). — TOYAMA, Y.: Chem. Umsch. 29, 237, 245 (1922); 31, 13, 61, 153 (1924); 32, 113 (1925). — HEILBRON, I. M., and W. M. OWENS: Soc. 1928, 942. — DAVIES, W. H., J. M. HEILBRON and W. E. JONES: Soc. 1933, 165; 1934, 1232. — [11] BAER, F., L. J. RUBIN and H. O. L. FISCHER: J. biol. Ch. 155, 447 (1944).

Die 3 Alkohole sind aus dem Unverseifbaren von Haifisch- und Rochenleber-
ölen erhalten worden. Sie sind immer nebeneinander vorhanden, und zwar
herrscht der Selachylalkohol meist vor, Chimylalkohol tritt nur selten in größeren
Mengen auf. Auch bei Wirbellosen wurden sie nachgewiesen[1]. Wahrscheinlich
sind sie im ursprünglichen Fett mit höheren Fettsäuren verestert[2]. Batyl- und
Chimylalkohol wurden kürzlich auch noch aus arteriosklerotischen Aorten des
Menschen[3], aus Schweinemilz[4], aus Stier- und Schweinetestes[5], aus Hypophysen-
vorderlappen der Rinder[6], aus gelbem Knochenmark der Rinder[7] isoliert.

5. Die Steroide[8-23].
(Sterine, Gallensäuren und verwandte Stoffe.)
Von A. BUTENANDT und G. SCHRAMM.

Inhaltsverzeichnis.

Seite

Allgemeines. 392
  a) Die Sterine 393
    α) Zoosterine 393
      1. Cholesterin S. 393. — 2. Über die Biologie des Cholesterins S. 396. —
      3. Dihydrocholesterin und Koprosterin S. 398. — 4. 7-Dehydro-cholesterin S. 399.
      5. Weitere natürliche Cholesterinderivate S. 399. — 6. Sterine niederer Tiere S. 400.
    β) Phytosterine. 400
      1. Stigmasterin S. 400. — 2. Sitosterin S. 401. — 3. Weitere pflanzliche Sterine
      S. 401. — 4. Steroidalkaloide S. 402. — 5. Biologie der Pflanzensterine S. 403.
    γ) Mycosterine 403
      Ergosterin S. 403. — Zymosterin S. 405.
    δ) Zur Stereochemie der Steroide 405
  b) Die Gallensäuren 407
    α) Cholansäurederivate 407
      1. Cholsäure S. 407. — 2. Desoxycholsäure S. 408. — 3. Hyodesoxycholsäure
      S. 408. — 4. Chenodesoxycholsäure und Ursodesoxycholsäure S. 408. —
      5. Lithocholsäure S. 409. — 6. Die Konstitution der Gallensäuren S. 409.
    β) Weitere Steroide der Galle 410
      1. Biologisches Vorkommen der Gallensäuren S. 411. — 2. Über die Biologie der
      Gallensäuren S. 412.
  c) Die Saponine 414
  d) Die pflanzlichen Herzgifte 416

[1] TSUJIMOTO, M.: J. Soc. chem. Ind., Tokyo B **30**, 227 (1927); B **32**, 362 (1929). —
HÜCKEL, W.: Adolf Windaus' Bedeutung für die theoretische organische Chemie. Angew.
Chem. **59** (A), 185 (1947). — [2] ANDRÉ, E., et A. BLOCH: Cr. **195**, 627 (1932). — [3] HARDEGG,
E., L. RUZICKA u. E. TAGMANN: Helv. **26**, 2205 (1943). — [4] PRELOG, V., L. RUZICKA u.
P. STEIN: Helv. **26**, 2222 (1943). — [5] PRELOG, V., L. RUZICKA u. F. STEINMANN: Helv. **27**,
674 (1944). — [6] PRELOG, V., u. H. C. BEYERMAN: Helv. **28**, 350 (1945). Exper. **1**, 64
(1945). — [7] HOLMES, H. N., R. E. CORBET, W. B. GEIGER, N. KORNBLUM and W. ALEXANDER:
Am. Soc. **63**, 2607 (1941).
    Zusammenfassende Darstellungen: 8—23. [8] LETTRÉ, H., u. H. H. INHOFFEN: Über Sterine,
Gallensäuren und verwandte Naturstoffe. Stuttgart 1936. — [9] STRAIN, W. H.: The Steroids.
In Gilman, org. Chem. II, 1344 (1943). — [10] ELSEVIERS Encycl. org. Chem. **14** (1940). —
[11] FIESER, L. F., and MARY FIESER: Natural Products Related to Phenanthrene. 3. Aufl.
New York 1949. — [12] SOBOTKA, H.: The Chemistry of the Steroids. Baltimore 1938. —
[13] HEILBRON, J. M., and F. S. SPRING: Recent advances in the chemistry of the sterols, in
Fortschr. Chem. org. Naturstoffe **1**, 53—98 (1938). — [14] WINDAUS, A.: The chemistry of
the sterols, bile acids and other cyclic constituents of natural fats and oils. Ann. Rev. **1**,
109—134 (1932). — [15] ROSENHEIM, O., and H. KING: Ann. Rev. **3**, 87—110 (1934). —
[16] SCHÖNHEIMER, R., and E. A. EVANS jr.: Ann. Rev. **6**, 139—162 (1937). — [17] BUTE-
NANDT, A.: Neue Probleme der biologischen Chemie. Angew. Chem. **51**, 617 (1938). Naturwiss.
30, 4 (1942). — [18] HEILBRON, I. M., and E. R. H. JONES: The chemistry of the sterols.
Ann. Rev. **9**, 135—172 (1940). — [19] SHOPPEE, C. W.: The chemistry of steroids. Ann.
Rev. **11**, 103—150 (1942). — [20] PINCUS, GR.: The steroid hormones. Green's Currents biochem.
Res. 305—320. — [21] REICHSTEIN, T., and H. REICHSTEIN: Ann. Rev. **15**, 155 (1946). —
[22] SCHELVEN, TH. VAN: Steroid Chains as Component of Protein and Carbohydrate Molecules.
Amsterdam 1946. — [23] SARETT, L. H., and E. S. WALLIS: Ann. Rev. **16**, 655 (1947).

Seite
  e) Die Krötengifte. 420
  f) Die Keimdrüsenhormone, Sexogene 420
     α) Follikelhormone, Oestrogene. (Die Oestrongruppe) 421
         1. Chemische Konstitution der Oestrongruppe S. 421. — 2. Oestron (Theelin,
         α-Follikelhormon) S. 425. — 3. Oestriol (Follikelhormonhydrat, Theelol) S. 425.
         4. Oestradiol (Dihydrofollikelhormon) S. 426. — 5. Equilin S. 426. — 6. Equi-
         lenin S. 426. — 7. Hippulin und Dihydroequilenin S. 426. — 8. Biologischer
         Nachweis des Follikelhormons S. 427. — 9. Biologie des Follikelhormons S. 429.
     β) Das Progesteron. Gestagene. (Corpus luteum-Hormon) 431
     γ) Testikelhormone, Androgene. (Die Androsterongruppe) 437
         1. Androsteron S. 438. — 2. Dehydroandrosteron S. 439. — 3. Weitere
         Androstanderivate aus dem Harn S. 440. — 4. Testosteron S. 440. — 5. Adreno-
         steron S. 442. — 6. Biologischer Nachweis des Testikelhormons S. 442. —
         7. Biologie des Testikelhormons S. 444. — 8. Beziehungen des Testikelhormons
         zum Follikelhormon S. 445.
  g) Die Corticosterongruppe. (Die Steroide der Nebennierenrinde) 446
     α) Die $C_{21}O_5$-Gruppe 448
     β) Die $C_{21}O_4$-Gruppe 449
     γ) Die $C_{21}O_3$-Gruppe 451
     δ) Über die Biologie der Corticosterongruppe 452
  h) Die D-Vitamine 454
     α) Vitamin D_2 (Calciferol) 454
     β) Vitamin D_3, D_4 und D_5 456
     γ) Zur Biologie der D-Vitamine. 457

Allgemeines.

Im Gebiet der Naturstoffe nahmen die *Sterine* lange Zeit hindurch eine
Sonderstellung ein, da sie sich in keine der bekannten Stoffklassen der Biochemie
zwanglos einfügen ließen. Mit der fortschreitenden
Erkenntnis ihres molekularen Aufbaues konnten
jedoch immer mehr Beziehungen zu neuen oder in
ihrer Konstitution bisher unbekannten Naturstoffen
aufgedeckt werden, so daß heute die Zusammenfassung aller Sterinderivate in einer besonderen
Stoffklasse gerechtfertigt ist. Für diese wurde in
der englischen Literatur[1] der Ausdruck „steroids"
eingeführt; diesem Vorschlag entsprechend hat sich
im deutschen Schrifttum der in Analogie zu den
Lipoiden gebildete Name „Steroide" eingebürgert.

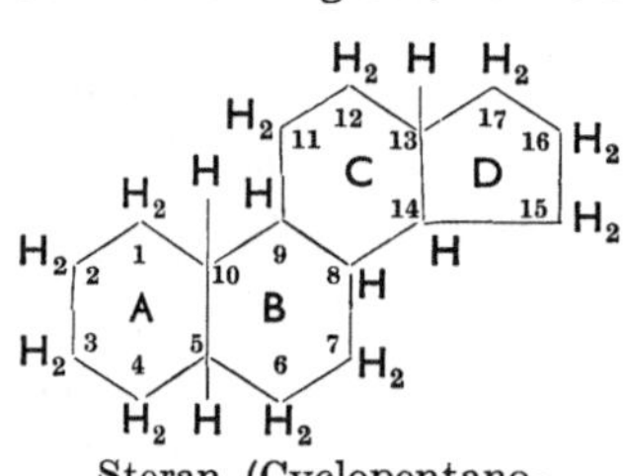

Steran (Cyclopentano-
perhydrophenanthren)
$(C_{17}H_{28})$

Die Steroide sind Stoffe, die sich vom Ringsystem des *Sterans (Cyclopentano-*
perhydrophenanthrens) ableiten. Bei fast allen Steroiden wurde bisher am C_3 eine
Hydroxyl- oder Oxogruppe und eine Substitution am C_{17} nachgewiesen. Außerdem befinden sich an den C-Atomen 10 und 13 fast immer Methylgruppen.

Die konstitutionellen Übergänge zwischen den einzelnen Vertretern der Steroide sind fließend. Doch lassen sich folgende Naturstoffgruppen unterscheiden:

  1. Die *Sterine.*
  2. Die *Gallensäuren.*
  3. Die *pflanzlichen Steroidglykoside* (neutrale *Saponine* und *Herzgifte*).
  4. Die *Krötengifte.*
  5. Die *Keimdrüsenhormone (Oestrongruppe, Progesteron, Androsterongruppe).*
  6. Die *Nebennierenrindenhormone (Corticosterongruppe).*
  7. Die *D-Vitamine.*

Für die Zugehörigkeit zu der einen oder anderen Gruppe ist besonders die Art der
Substitution am Kohlenstoffatom 17 maßgeblich. Da über den *biogenetischen Zusammenhang*
zwischen den einzelnen Steroidklassen nicht immer Sicheres bekannt ist, stellt die gegebene
Einteilung zunächst eine der Konstitution entsprechende schematische Gruppierung dar.

---

[1] CALLOW, R. K., and F. G. YOUNG: Proc. R. Soc. London (A) **157**, 194 (1936).

a) Die Sterine.

Alle natürlich vorkommenden Sterine sind *Alkohole*, die sich vom Steran durch Eintritt einer Hydroxylgruppe am C_3 und quartärer Methylgruppen am C_{10} und C_{13} ableiten; am C_{17} tragen sie außerdem eine längere verzweigte aliphatische Seitenkette von 8 bis 10 Kohlenstoffatomen.

Nach ihrer Herkunft werden die Sterine eingeteilt in tierische Sterine *(Zoosterine)*, pflanzliche Sterine *(Phytosterine)* und Pilzsterine *(Mycosterine)*. Die Sterine sind als primäre Bestandteile in allen tierischen und pflanzlichen Zellen nachgewiesen; *sie fehlen* dagegen *in fast allen Bakterien*[1]. Die einzige Bakterienart, in der bisher bedeutende Mengen an Sterinen gefunden wurden, ist *Azobacter chroococcum*[2].

α) Zoosterine.

1. Cholesterin $C_{27}H_{46}O$* $= 3(\beta)$-Oxy-cholesten $(\varDelta^{5,\,6})$; BC, CD trans[3]. Das Cholesterin wurde gegen Ende des 18. Jahrhunderts in menschlichen Gallensteinen aufgefunden, die bis zu 98% Cholesterin enthalten können[4]. Da es in seinen Löslichkeitsverhältnissen den Fetten ähnelt, nannte CHEVREUL den Stoff „Cholestearin" = Gallenfett.

Eigenschaften. Cholesterin krystallisiert aus wasserfreien Lösungsmitteln in Nadeln, aus wasserhaltigem Alkohol in rhombischen Tafeln, die 1 Mol Krystallwasser enthalten. Nach dem Trocknen schmilzt das Cholesterin bei 148,5° (korr.). Es ist optisch aktiv $[\alpha]_D$: $-31,12°$ (in ätherischer Lösung). Dichte: 1,052 bis 1,053. Cholesterin ist unlöslich in Wasser, Alkali und Säure, leichtlöslich dagegen in Schwefelkohlenstoff, Pyridin, Chloroform, Benzol und Äther. Schwerer löslich ist es in Petroläther, Aceton, Alkohol und Eisessig. Zu einem gewissen Grade löst es sich in den Alkalisalzen von Fett- und Gallensäuren.

Nachweis. Bei nicht zu geringen Materialmengen ist die Reindarstellung über das schwerlösliche *Dibromid* und die Charakterisierung des Cholesterins durch seine physikalischen Konstanten angebracht. Zum Nachweis kleiner Cholesterinmengen und zur quantitativen Bestimmung wird meist die *Fällung mit Digitonin* in 90%iger alkoholischer Lösung angewandt (A. WINDAUS). Die *quantitative Bestimmung* kann gravimetrisch erfolgen; die Digitonidmenge, mit 0,25 multipliziert, ergibt das vorhandene Cholesterin[5]. Von SCHÖNHEIMER und SPERRY[6] wurde eine Mikromethode zur Ermittlung von freiem und verestertem Cholesterin im Serum ausgearbeitet, die auf einer colorimetrischen Bestimmung des als Digitonid gefällten Cholesterins beruht. Die Digitonidmenge kann auch nephelometrisch gemessen werden[7]. Die schwerlösliche Additionsverbindung des Cholesterins mit Digitonin kann am einfachsten durch Lösen in Pyridin und Fällung mit Äther wieder in die Komponenten zerlegt werden[8,9]. Die Bildung von Addukten mit Digitonin wird von einer ganzen Reihe von Steroiden gegeben, insbesondere von Steroiden mit Oxygruppe in $3[\beta]$-Stellung[9]. Weiterhin läßt sich das Cholesterin colorimetrisch auf Grund der LIEBERMANN-BURCHARDschen (s. unten) oder der BERNOULLIschen Farbreaktion mit Acetylchlorid und Zinkchlorid quantitativ bestimmen[10]. Die beste titrimetrische Methode beruht auf der Hämolyse von Blutkörperchen durch eine eingestellte Digitoninlösung und ihrer Hemmung durch Cholesterin (J. SCHMIDT-THOMÉ und H. AUGUSTIN[11-13]). Das freie und veresterte Cholesterin kann auch ohne Digitoninfällung und Verseifung nach dem Adsorptionsverfahren von W. TRAPPE[14] bestimmt werden.

---

* $C_{27}H_{46}O$ (M.G. 386,36) 83,86% C; 12% H; 4,14% O.

[1] Auch in Tbc.-Bacillen. ANDERSON, R. F., R. SCHÖNHEIMER, J. A. CROWDER u. F. H. STODOLA: H. **237**, 40 (1935). — [2] SIFFERD, R. H., u. R. J. ANDERSON: H. **239**, 270 (1936). — [3] Zur stereochemischen Nomenklatur s. S. 405. — [4] WALTON, J.: Brit. med. J. **1945 II**, 593. — [5] WINDAUS, A.: B. **42**, 238 (1909). — MÜHLBOCK, O., u. C. KAUFMANN: B.Z. **233**, 222 (1931). — [6] SCHÖNHEIMER, R.. and W. M. SPERRY: J. biol. Ch. **106**, 745 (1934). — [7] MÜHLBOCK, O., C. KAUFMANN u. H. WOLFF: B.Z. **246**, 229 (1932). — [8] SCHÖNHEIMER, R., u. H. DAM: H. **215**, 59 (1933). — [9] STRAIN, W. H.: In Gilman, org. Chem. II, 1455 (1943). — KRUCKENBERG, W.: H. **283**, 68 (1948). — [10] GÖRTZ, S.: B.Z. **273**, 396 (1934). — [11] SCHMIDT-THOMÉ, J., u. H. AUGUSTIN: H. **275**, 190 (1942). — KRUCKENBERG, W.: H. **283**, 68 (1948). — [12] SCHMIDT-THOMÉ, J., G. SCHETTLER u. H. GOEBEL: H. **283**, 63 (1948). — [13] GLEISS, J., u. K. HINSBERG: H. **284**, 158 (1949). — [14] TRAPPE, W.: H. **273**, 177 (1942).

Zum *qualitativen Nachweis* des Cholesterins werden viele *Farbreaktionen* beschrieben, die zum Teil sehr empfindlich sind; jedoch müssen gegen ihre ausschließliche Benutzung Bedenken erhoben werden, da diese Reaktionen von einer großen Anzahl von Sterinen und Sterinderivaten und auch manchen Harzsäuren und Terpenen gegeben und leicht durch Verunreinigungen gestört und verdeckt werden.

Beispiele: 1. SALKOWSKI-Reaktion. Man löst Cholesterin in Chloroform und fügt das gleiche Volumen konzentrierte Schwefelsäure hinzu. Die Chloroformlösung färbt sich blutrot und wird allmählich purpurrot, während die Schwefelsäure grün fluoresciert.

2. LIEBERMANN-BURCHARD-Reaktion. Versetzt man eine Lösung von Cholesterin in Chloroform unter Kühlung tropfenweise mit Essigsäureanhydrid und konzentrierter Schwefelsäure, so wird die Lösung erst rosenrot, dann violett, blau und schließlich dunkelgrün.

Cholestan
($C_{27}H_{48}$)

Die Konstitution des Cholesterins. Die Konstitutionsermittlung des Cholesterins erforderte einen Zeitraum von etwa 30 Jahren. Das wichtigste experimentelle Material lieferten die Arbeiten von WINDAUS, WIELAND und DIELS; bei der Aufstellung der endgültigen Formel ist ROSENHEIM und KING ein wesentliches Verdienst zuzusprechen [1]. Da die Strukturermittlung des Cholesterins die Grundlage unserer Kenntnisse über den Bau der gesamten Stoffklasse der Steroide bildet, sei in großen Zügen gezeigt, wie man sich Einsicht in das Ringgefüge dieser Substanz verschafft hat. Cholesterin hat die *Summenformel* $C_{27}H_{46}O$. Schon frühzeitig wurde erkannt, daß das Sauerstoffatom in Form einer sekundären *Alkoholgruppe* vorliegt, von der sich eine große Anzahl von *Cholesterinestern* ableiten (*Cholesterinacetat*, F. 114°). Durch gelinde Oxydation

γ-Methyl-
cyclopenteno-
phenanthren
($C_{18}H_{16}$)

kann die Hydroxyl- in eine Carbonylgruppe abgewandelt werden; dabei wandert die Doppelbindung (siehe unten) in die α,β-Stellung zur Carbonylgruppe (*Cholestenon*, F. 79 bis 80°). Durch Oxydation in alkalischer Lösung geht Cholesterin in eine Dicarbonsäure über. Daraus folgt, daß die Hydroxylgruppe an einem Ring steht. Durch Addition von Brom, Halogenwasserstoff, Wasserstoff und anderen charakteristischen Reagenzien konnte das Vorhandensein einer *Doppelbindung* nachgewiesen werden. Durch Absättigung der Doppelbindung und Entfernung der Hydroxylgruppe erhielt man den Grundkohlenwasserstoff des Sterins, das *Cholestan* $C_{27}H_{48}$, dem nach unserem heutigen Wissen obenstehende Struktur zukommt.

Da das Cholestan gegenüber einem Paraffinkohlenwasserstoff einen Mindergehalt von 8 Wasserstoffatomen aufweist, konnte man auf das Vorhandensein von 4 *hydrierten Ringen* im Sterinskelett schließen. WINDAUS[2] faßte bei der Oxydation des Cholesterins *Methyl-iso-hexylketon* $C_8H_{16}O = CH_3 \cdot CO \cdot (CH_2)_3 \cdot CH \cdot (CH_3) \cdot CH_3$. Daraus folgt, daß im Cholesterin eine Seitenkette von 8 Kohlenstoffatomen vorhanden sein muß. RUZICKA[3] hat später auch das 2. Spaltstück dieser Oxydation in Gestalt des 19 Kohlenstoffatome enthaltenden tetracyclischen Ketons näher untersucht. Über die Anordnung und die Gliederung der Kohlenstoffringe im Sterinskelett hat die Dehydrierung mit Selen

---

[1] WIELAND, H., u. E. DANE: H. **210**, 268 (1932). — CROWFOOT, D.: X-ray crystallography and sterol structure. Vitamins & Hormones **2**, 409 (1944). — [2] WINDAUS, A., u. C. RESAU: B. **46**, 1246 (1913). — [3] RUZICKA, L., M. W. GOLDBERG u. H. BRÜNGGER: Helv. **17**, 1389 (1934). — MEYSTRE, CH., u. K. MIESCHER: Helv. **28**, 1497 (1945).

Auskunft gegeben, die als charakteristisches Produkt einen Kohlenwasserstoff $C_{18}H_{16}$ liefert (DIELS[1]). Die Konstitution dieses Stoffes als *γ-Methylcyclopenteno-phenanthren* wurde auf synthetischem Wege einwandfrei bewiesen[2]. Da dieses Dehydrierungsprodukt späterhin aus vielen mit den Sterinen verwandten Stoffen erhalten wurde, gilt seine Bildung als Beweis für den Sterincharakter eines Stoffes.

Aus der Konstitution des Dehydrierungsproduktes folgt in Übereinstimmung mit vielen systematischen Abbaureaktionen, daß von den vier vorliegenden Ringen drei als 6-Ringe phenanthrenartig verknüpft sind, und daß mit einem der 6-Ringe ein 5-Ring kondensiert ist. Aus zahlreichen Arbeiten[4] über den Feinbau des Cholesterinmoleküls folgt mit Sicherheit, daß die Hydroxylgruppe sich im Ring A und die Doppelbindung im benachbarten Ring B in $β,γ$-Stellung zu dieser Hydroxylgruppe befindet. Die Stellung der Methylgruppen und der Seitenkette wurde durch

systematischen Abbau des Cholesterins (und der Gallensäuren) ermittelt. Wir dürfen heute die obenstehende Strukturformel des Cholesterins als weitgehend gesichert annehmen. Da das Cholesterin 8 Asymmetriecentren enthält, sind $2^8 = 256$ Isomere möglich, von denen nur ein kleiner Teil bekannt ist. Die sterischen Verhältnisse beim Cholesterin werden auf S. 405 näher erläutert.

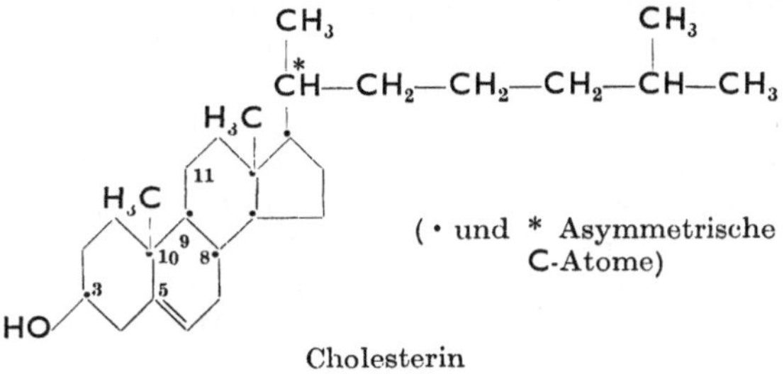

Die Arbeiten zur chemischen Synthese von Cholesterin und seinen Verwandten sind schon so weit fortgeschritten, daß ein tricyclisches Produkt in ein Abbauprodukt der Desoxycholsäuren und des Cholesterins umgewandelt werden konnte. Der Weg für die Gesamtsynthese des Cholesterins ist damit vorgezeichnet[3].

Vorkommen. Das Cholesterin findet sich in der tierischen Zelle *in freier Form und als Fettsäureester.* Über den ungefähren Gehalt einiger Organe an Cholesterin unterrichtet Tabelle 74[4].

Tabelle 74. Cholesteringehalt einiger Organe in %.

Organ	Cholesterin
Gesamtmenschenhirn (trocken)	~10
Rinde (feucht)	1,15
Weiße Substanz (feucht)	2,47
Brücke und verlängertes Mark (feucht) .	4,03
Nebenniere (trocken)[5]	3
Menschengalle (feucht)	0,06—0,16
Menschenserum	0,1—0,2
Thymus (Kalb), trocken	0,53
Lunge (Kalb), trocken	1,09
Pankreas (Kalb), trocken	4,3
Milz (Kalb), trocken	1,97

Besonders reich an Cholesterin sind einige Fischöle, wie Haifischtran, der 4 bis 5,3% Cholesterin enthält. 1 Liter Menschenblut enthält 1,67 bis 2,35 g

[1] DIELS, O., W. GÄDKE u. P. KÖRDING: A. **459**, 1 (1927). — DIELS, O., u. A. KARSTENS: A. **478**, 129 (1930). — DIELS, O., u. H.-F. RICKERT: B. **68**, 267 (1935). — [2] HARPER, S. H., G. A. R. KON and F. C. J. RUZICKA: Soc. **1934**, 124. — BERGMANN, E., u. H. HILLEMANN: B. **66**, 1302 (1933). — [3] CORNFORTH, J. W., and R. ROBINSON: Nature **160**, 737 (1947). Soc. **1946**, 676. — REICH, H., u. TH. REICHSTEIN: Helv. **26**, 2102 (1943); **28**, 863, 892 (1945). — [4] Siehe LETTRÉ-INHOFFEN, S. 391[8]. — [5] Nach Pflanzenölfütterung haben weiße Ratten einen wesentlich höheren Cholesteringehalt (5,7%) in den Nebennieren als nach Fettfütterung (2,6%). — ABELIN, I.: Exper. **2**, 105 (1946).

Cholesterin, von dem etwa 33,5% als Ester vorliegen[1]. Rote Blutkörperchen enthalten 0,11% in freier Form und 0,043% als Ester, Leukocyten 0,52% freies Cholesterin und 0,0013% Ester. Im Gehirn liegt fast nur freies Cholesterin vor, im Serum der Tiere ist das Verhältnis von freiem Cholesterin zu seinen Estern individuell verschieden, aber normalerweise konstant; bei den Säugetieren überwiegt der Estergehalt; das Verhältnis von freiem zu gebundenem Cholesterin ist beim Menschen 1:2 bis 1:3, Kaninchen 1:1,7, Hund 1:2,5, Kalb 1:2,9, Pferd 1:3,3 und beim Katzenhai 0,33:1. Von den epidermalen Gebilden (Haaren, Nägeln, Federn, Hörnern) werden besonders Cholesterinester ausgeschieden, die reichlich im Hautfett vorhanden sind. Eine auffallende Anreicherung an Cholesterinestern neben einem Gesamtanstieg an Cholesterin findet in einigen pathologischen Fällen statt. Die doppelbrechenden Substanzen in verfetteten Organen stellen Cholesterinester dar, die von WINDAUS[2] als Oleate und Palmitate identifiziert werden konnten (Cholesterinlinolenat[3]). So fand er in einer verfetteten Niere 0,74% Cholesterin und 1,05% Ester gegenüber einem Normalgehalt von 0,103% an freiem Sterin und 0,032% Ester. Ähnliche Verhältnisse wurden bei Tumoren, Cystenflüssigkeiten und im Eiter gefunden. Bei Arteriosklerose nimmt in den Wandungen der Aorten das Gesamtcholesterin stark zu. Der größte Teil ist verestert[4]; normale Aorten enthalten 25% freies Cholesterin und 13,8% Ester, arteriosklerotisch veränderte dagegen 22,55% freies Cholesterin und 62,8% Ester. Der *Ester* scheint demnach die *Depotform des Cholesterins* zu sein.

2. Über die Biologie des Cholesterins[5]. *Bildung.* Der Tierkörper vermag Cholesterin zu synthetisieren. Bilanzversuche an verschiedenen Säugetieren und am Menschen führten zu dem Ergebnis, daß die Cholesterinausscheidung die Zufuhr übertrifft. Mit cholesterinarmer Kost gefütterte Hunde enthielten doppelt so viel Cholesterin wie die Kontrolltiere, die 8 Tage nach der Geburt getötet wurden; die Cholesterinmenge war 30mal so groß als die mit der Nahrung aufgenommene Menge. Bilanzversuche an der legenden Henne führten zu dem Ergebnis, daß die Gesamtmenge des Cholesterins in den Eiern durch Synthese entsteht (SCHÖNHEIMER[6]). Über die Bildungsstätte des Cholesterins ist nichts Sicheres bekannt. Unter aeroben Bedingungen synthetisieren Rattenleberschnitte in Gegenwart von D_2O und Deuteroacetat, das ^{13}C in der Carboxylgruppe enthält, Cholesterin welches D und ^{13}C enthält. Die Leber kann also Cholesterin herstellen. Wahrscheinlich besitzen auch andere Organe diese Fähigkeit; ein besonders reichliches Vorkommen von Cholesterin in Milz und Nebennierenrinde kann aber auch durch Speicherung erklärt werden[7].

Ebensowenig herrscht Klarheit über das *Ausgangsmaterial*. Sowohl nach Zufuhr von Eiweiß als auch der von Fett oder Kohlenhydraten läßt sich eine Cholesterinzunahme feststellen[8]. Da bei Kohlenhydratzufuhr der Cholesteringehalt parallel mit dem Fettgehalt ansteigt, wäre die nebeneinander laufende Bildung aus einer gemeinsamen Quelle möglich. Eine von WINDAUS geäußerte Hypothese nimmt die Ölsäure als Ausgangsprodukt an. Diese Ansicht findet ihre Stütze in der erhöhten Cholesterinbildung nach Zufuhr von Ölsäure, doch ist auch hier wieder

---

[1] BLOOR, W. R., and A. KNUDSON: J. biol. Ch. **29**, 7 (1917). — [2] WINDAUS, A.: H. **65**, 110 (1910). — [3] FRONT, J. S., and B. F. DAUBERT: Am. Soc. **67**, 1509 (1945). — [4] SCHÖNHEIMER, R.: H. **160**, 61 (1926); **177**, 143 (1928). — [5] KÜHNAU, J.: Stoffwechsel der Sterine. Handb. Biochem. Erg.-W. **3**, 1122—1131 (1936). — SCHALLY, A. O.: Der Cholesterinstoffwechsel mit besonderer Berücksichtigung der Hypocholesterinämien. Ergebn. inn. Med. **50**, 480 (1936). — Siehe auch Bd. 2, Leber und Galle. — [6] SCHÖNHEIMER, R.: H. **185**, 119 (1929). — [7] BLOCH, K., E. BOREK and D. RITTENBERG: J. biol. Ch. **162**, 441 (1946). — [8] KNAUER, H.: H. **176**, 151 (1928).

ein Abbau der Fettsäure in kleine Moleküle und die Synthese aus niedermolekularen Bausteinen nicht ausgeschlossen. Für die Synthese der Sterine aus verhältnismäßig kleinen Bausteinen sprechen die Versuche, bei denen sich die biologische Cholesterinbildung in einem stark deuteriumhaltigen Organismus vollzieht. Bei der Veratmung von Trideuteroessigsäure durch Hefe wurde im Gesamtfett 14,3 Mol-Prozent D_2, im Unverseifbaren 31,0% D_2 gefunden[1]. Hieraus läßt sich schließen, daß die Sterine der Hefe unmittelbar aus Essigsäure gebildet werden und nicht durch Umbau der Fettsäuren entstehen. D. RITTENBERG und R. SCHÖNHEIMER[2] untersuchten das Cholesterin von Mäusen, deren Körperflüssigkeit 1,7% D_2O enthielt. Das Cholesterin enthielt 0,78% D_2. Da bei Cholesterin selbst kein Austausch von H_2 gegen D_2 stattfindet, muß der Einbau des D_2 während der Entstehung vor sich gegangen sein. Die einfachste Erklärung ist auch hier die Annahme einer Synthese aus niedermolekularen Bausteinen, die zahlreiche austauschbare H-Atome enthalten. Nach REICHSTEIN kämen hierfür Triosen in Betracht (s. S. 452).

Resorption. Neben der Synthese des Cholesterins kann auch eine Resorption aus der Nahrung stattfinden; Cholesterin ist das einzige leicht resorbierbare Sterin[3]. Dihydrocholesterin, Koprosterin, Pflanzensterine und Ergosterin werden vom Magen-Darmkanal nicht resorbiert. Im Unterhautbindegewebe deponiertes Cholesterin wird verestert und resorbiert, Sitosterin aus Pflanzen dagegen wie ein Fremdkörper behandelt[4]. Bei der Resorption wird das Cholesterin vielleicht teilweise in Ester übergeführt, die später wieder zerlegt werden. Bei besonders großen Gaben von Cholesterin steigt der Cholesteringehalt des Blutes und es kommt schließlich zu Ablagerungen in den Geweben. H. DAM[5] fand bei Hühnern nach Cholesterinverfütterung einen erhöhten Gehalt in den Eiern. Der tierische Organismus scheint nicht auf die Cholesterinzufuhr angewiesen zu sein. Hierfür spricht das Verhalten der Herbivoren, die in ihrer Nahrung ausschließlich nicht resorbierbare pflanzliche Sterine zu sich nehmen. Im Hungerzustand mobilisiert der Organismus die Cholesterinvorräte der Gewebe, so daß der normale Gehalt des Blutes zunächst aufrechterhalten wird. Bei längerer Unterernährung mit lipoidarmer Kost sinkt dagegen der Cholesteringehalt stark ab. Bei Mäusen kann nach Zufuhr großer Cholesterinmengen neben der Ablagerung auch ein Abbau des Cholesterins stattfinden[6]. Derselbe Befund wurde auch beim Menschen in einem besonderen Fall von Hypercholesterinämie erhoben.

Ausscheidung. Ein Teil der Cholesterinausscheidung erfolgt über die Galle. Im Durchschnitt werden 0,7 bis 0,2 g in 24 h ausgeschieden und in den Darm übergeführt, wo es zum Teil wieder resorbiert werden kann. Bei Tieren mit Gallenfistel ist ebenfalls Cholesterin in den Faeces zu finden, so daß Cholesterin auch direkt in den Dickdarm ausgeschieden wird[7]. Große Mengen Cholesterin werden auch durch die Haut ausgeschieden, etwa 0,108 bis 0,316 g je Tag. Im Harn finden sich nur sehr geringe Mengen, je Tag scheidet der erwachsene Mensch nur etwa 0,75 bis 1 mg im Harn aus[8].

Funktion. Die Bedeutung des Cholesterins für den Organismus ist noch sehr umstritten. Eine wichtige Funktion scheint das Cholesterin im Blut zu besitzen: Einige Toxine wirken bei Anwesenheit von Lecithin hämolysierend. Das

[1] SONDERHOFF, R., u. H. THOMAS: A. **530**, 195 (1937). — [2] RITTENBERG, D., and R. SCHÖNHEIMER: J. biol. Ch. **121**, 235 (1937). — [3] SCHÖNHEIMER, R.: H. **180**, 1 (1929). — BASHOUR, J. T., and L. BAUMAN: J. biol. Ch. **121**, 1 (1937). — [4] SCHÖNHEIMER, R., u. D. YUASA: H. **180**, 19 (1929). — [5] DAM, H.: B.Z. **194**, 188 (1928). — [6] SCHÖNHEIMER, R., and F. BREUSCH: J. biol. Ch. **103**, 439 (1933). — [7] BÜRGER, M., u. H. D. OETER: H. **182**, 141 (1929); **184**, 257 (1929). — [8] BUTENANDT, A., u. H. DANNENBAUM: H. **248**, 151 (1937).

Cholesterin hat die Fähigkeit, die Blutkörperchen vor der Einwirkung dieser Toxine zu schützen. Dieser Schutz könnte durch Adsorptionsverdrängung erfolgen. Ein anderer Mechanismus der Schutzwirkung wurde von WINDAUS aufgefunden. der zeigte, daß das Cholesterin mit den hämolytisch wirkenden Saponinen unwirksame Komplexverbindungen bildet. Das Cholesterin scheint weiterhin eine wichtige Rolle einzunehmen bei der Resorption und dem Transport der Fettsäuren im Körper (BLOOR[1], H. SOBOTKA[2], SCHRAMM und WOLFF[3]) (s. a. S. 1088, sowie Bd. 2, Resorption). Die *Cholesterinester* dienen anscheinend dem Schutze der äußeren Haut; dafür spricht der Befund, daß im Hautfett 24% Cholesterin, im subcutanen Fettgewebe jedoch nur 0,24% vorhanden sind. Eine wichtige Rolle spielen die Cholesterinester bei der menschlichen Arteriosklerose (ASCHOFF[4]), denn durch Zufuhr von großen Cholesterinmengen gelingt es, in den Organen Ablagerungen zu erzeugen, die dem Bilde der menschlichen Arteriosklerose ähneln. In vielfacher Hinsicht ist versucht worden, den Cholesterin- und Cholesterinestergehalt des Blutes für diagnostische Zwecke heranzuziehen. Bei den geringen Kenntnissen über die Bedeutung dieses wichtigen Körperbestandteiles ist es erklärlich, daß bisher wenig Erfolge erzielt wurden. Es ist bekannt, daß in der Schwangerschaft vom 3. Monat an eine Vermehrung des Blutcholesterins nachweisbar ist. Ein über die Norm hinausgehender Gehalt des Blutes wurde auch *in einigen pathologischen Fällen* nachgewiesen (Nephrose, Diabetes und zum Teil bei Arteriosklerose). Bei infektiösen Erkrankungen und Unterernährung kommen unterdurchschnittliche Cholesterinwerte vor. Im allgemeinen scheint das Verhältnis des gebundenen zum freien Cholesterin für die Diagnose bedeutungsvoller zu sein als Schwankungen des Gesamtcholesterinwertes. So wird bei Leberschädigungen meist nur ein geringer Gehalt an gebundenem Cholesterin gefunden. Cholesterin kann im Organismus *Muttersubstanz* für Steroide mit geringerer Zahl an C-Atomen sein (s. S. 412, 413) und hat großes technisches Interesse gewonnen als *Ausgangsmaterial für die Synthese der Keimdrüsen- und Nebennierenrinden-Hormone*, sowie des *Vitamins* D_3 (s. S. 424, 433f., 440ff., 452, 456).

3. Dihydrocholesterin und Koprosterin*. Im Organismus der Wirbeltiere hat man außer Cholesterin *Dihydrocholesterin* (*Cholestanol*) [3(β)-Oxy-allo-cholestan; AB,

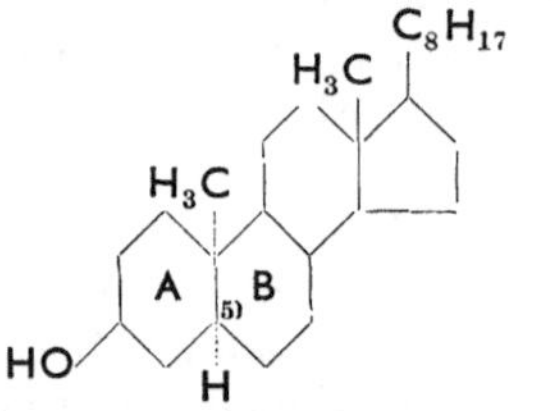

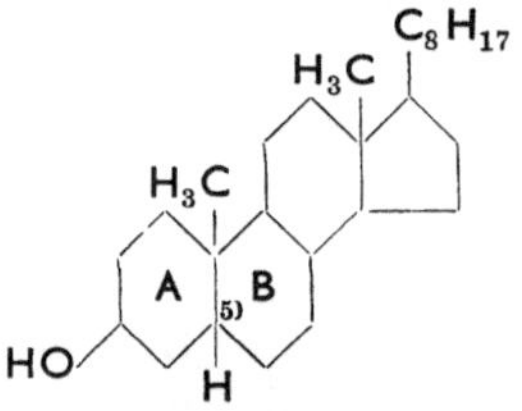

BC, CD trans] und *Koprosterin* [3-β-Oxy-cholestan; ABcis, BC, CD trans] auffinden können. Dieses sind Isomere der Formel $C_{27}H_{48}O$. Sie entstehen durch Anlagerung von Wasserstoff an die Doppelbindung des Cholesterins. Hierbei wird ein neues Asymmetriezentrum am C_5 gebildet, das zur Entstehung von Raumisomeren Veranlassung ist: Bei der „cis-Verbindung" (Koprosterin) liegen beide Ringverknüpfungen von Ring A auf derselben Seite der Ringebene B; bei der

---

* $C_{27}H_{48}O$ (M.G. 388,37) 83,43% C; 12,46% H; 4,12% O.

[1] BLOOR, W. R.: J. biol. Ch. **49**, 201 (1921). — [2] SOBOTKA, H.: Naturwiss. **18**, 619 (1930).— [3] SCHRAMM, G., u. A. WOLFF: H. **263**, 61 (1940). — [4] ASCHOFF, L.: Verh. dtsch. path. Ges. **10**, 166 (1906). — WACKER, L., u. W. HUECK: M. m. W. **1913 II**, 2097.

,,trans-Verbindung" (Dihydrocholesterin) liegen sie auf entgegengesetzten Seiten der Ringebene B. Zur Bezeichnung der sterischen Konfiguration s. S. 405.

Für beide Stoffe ist im Organismus das Cholesterin die Muttersubstanz. Das *Koprosterin* entsteht aus Cholesterin durch bakterielle Fäulnis im Darm und wird daher im Kot aufgefunden; als Zwischenprodukt ist hierbei das Cholestenon (S. 394) anzunehmen [1], das auch in vitro das Ausgangsmaterial für die Darstellung des Koprosterins auf dem Wege der katalytischen Hydrierung bildet.

Eigenschaften. Koprosterin krystallisiert aus verdünntem Alkohol oder Aceton in langen Nadeln vom F. 101 bis 102°. $[\alpha]_D = +23{,}5°$. Es bildet ein Additionsprodukt mit Digitonin, das aber leichter löslich ist als das vom Cholesterin. Die LIEBERMANN-BURCHARD-Reaktion (S. 394) ist schwächer als beim Cholesterin.

Das *Dihydrocholesterin* ist ein ständiger Begleiter des Organcholesterins. Es ist das einzige bisher bekannte, sicher ohne Mitwirkung von Mikroorganismen im Organismus entstehende biologische Umwandlungsprodukt des Cholesterins, denn da es nicht resorbierbar ist, muß die Hydrierung auf bisher unbekanntem Wege im Organismus stattfinden. Die mangelnde Resorbierbarkeit bedingt auch seine Anreicherung gegenüber dem Cholesterin im Kot. In einer 14 Jahre alten Darmschlinge eines operierten Hundes fand sich reines Dihydrocholesterin, da das begleitende Cholesterin restlos resorbiert war [2].

Eigenschaften. Dihydrocholesterin (Cholestanol) krystallisiert aus Alkohol in Blättchen vom F. 141 bis 142°. $[\alpha]_D = +28{,}2°$. Mit Digitonin bildet es eine schwerlösliche Additionsverbindung. Es liefert keine Farbreaktion nach LIEBERMANN-BURCHARD (S. 394).

4. 7-Dehydrocholesterin* (*Provitamin D_3*). Das 7-Dehydrocholesterin wurde zunächst auf chemischem Wege aus Cholesterin dargestellt [3]. Später gelang es, diesen Stoff aus Schweineschwarten in chemisch reiner Form zu isolieren [4]. Durch Bestrahlung mit ultraviolettem Licht geht das 7-Dehydrocholesterin in das antirachitische *Vitamin D_3* über (s. S. 456). Es kann daher als ,,*Provitamin D_3*" bezeichnet werden.

Eigenschaften. F. 142 bis 143°, $[\alpha]_D = -113{,}6°$. Es gibt mit Digitonin eine schwerlösliche Verbindung. Sein Absorptionsspektrum im Ultravioletten stimmt mit dem des Ergosterins (s. S. 403) überein, es kann zu seinem Nachweis dienen.

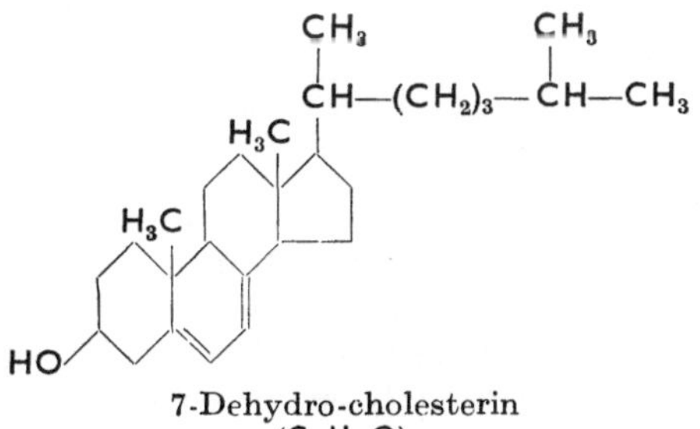

Nach den bisherigen Befunden scheint das 7-Dehydrocholesterin das *antirachitische Provitamin des Wirbeltierorganismus* zu sein, in anderen Tierklassen dagegen ist Ergosterin und möglicherweise auch 7-Dehydrositosterin die Vorstufe der D-Vitamine (siehe Bd. 2, Vitamine). Es findet sich besonders reichlich in der Haut, während die übrigen Organe arm daran sind. Außerdem wurde es bei den Mollusken, z.B. der Wellhornschnecke, aufgefunden.

7-Dehydro-cholesterin
($C_{27}H_{44}O$)

5. Weitere natürliche Cholesterinderivate. Als Begleitsubstanzen des Cholesterins finden sich im Organismus in kleiner Menge Umwandlungsprodukte des Cholesterins, die meist in 6- oder 7-Stellung oxydiert sind oder sich durch Wasserabspaltung aus solchen Produkten herleiten. Aus 370 g arteriosklerotischen

---

* $C_{27}H_{44}O$ (M.G. 384, 34) 84,30% C; 11,54% H; 4,16% O.

[1] SCHÖNHEIMER, R., D. RITTENBERG and M. GRAFF: J. biol. Ch. **111**, 183 (1935). — [2] BOEHM, R.: B.Z. **33**, 474 (1911). — [3] WINDAUS, A., H. LETTRÉ u. FR. SCHENK: A. **520**, 98 (1935). — [4] WINDAUS, A., u. F. BOCK: H. **245**, 168 (1937).

menschlichem Aorten wurden 127 g Unverseifbares isoliert. Dieser Anteil bestand zu 71% aus Cholesterin, dem etwa 5 bis 6% Dihydrocholesterin beigemischt waren, 1,2% $\Delta^{3,5}$-*Cholestadien-on-(7)*, 0,02% $\Delta^{4,6}$-*Cholestadien-on-(3)*, 0,065% *Cholestantriol-(3β, 5.6 trans)* und 0,065% 7 *(β)*-Oxycholesterin[1]. Aus dem Unverseifbaren von Schweinemilz isolierte man neben viel Cholesterin Δ^5-*Cholestendiol-(3β, 7α)*, Δ^4-*Cholestendiol-(3β, 6)*, *Cholestanol-(3β)-on-(6)*, $\Delta^{3,5}$-*Cholestadien-on-(7)*, $\Delta^{4,6}$-*Cholestadien-on-(3)* und andere nicht näher erkannte Steroide[2]. In Schweinetestes[3] fand sich neben *Cholestenon, Cholestandion-(3,6)*, *7-Oxo-Cholesterin* ebenfalls $\Delta^{3,5}$-Cholestadienon-(7).

6. Sterine niederer Tiere. Auch im Organismus der Wirbellosen findet sich Cholesterin. So wurde es in verschiedenen Mollusken, Arthropoden, Würmern, Anthozoen und Protozoen nachgewiesen. Bemerkenswerterweise konnte W. Bergmann[4] zeigen, daß sich bei marinen Wirbellosen Sterine finden, die den pflanzlichen Sterinen nahestehen. So wurde aus Austern Muscheln und Schwämmen das doppelt ungesättigte *Chalinasterin* $C_{28}H_{46}O$ (wahrscheinlich identisch mit *Ostreasterin*) isoliert, das durch Hydrierung in Campesterin (siehe S. 401) übergeht. Aus Seeanemonen wurde ebenfalls ein doppelt ungesättigtes Sterin $C_{27}H_{45}O$ isoliert, das Klenk und Diebold[5] *Aktiniasterin* nannten. Aus Schwämmen konnten weitere Sterine gewonnen werden (*Neospongosterin* $C_{28}H_{48}O$, *Poriferasterin* $C_{29}H_{48}O$, *Clionasterin* $C_{29}H_{50}O$).

β) Phytosterine.

1. Stigmasterin * $= \Delta^{5(6),\,22}$-Cholestadien-3 *(β)* ol-24-äthyl;   BC, CD trans. Stigmasterin ist fast das einzige sicher einheitlich dargestellte Pflanzensterin. Es ist ein doppelt ungesättigter Alkohol der Formel $C_{29}H_{48}O$ und unterscheidet sich vom Cholesterin allein durch den Bau der Seitenkette am C_{17}. Die Stellung

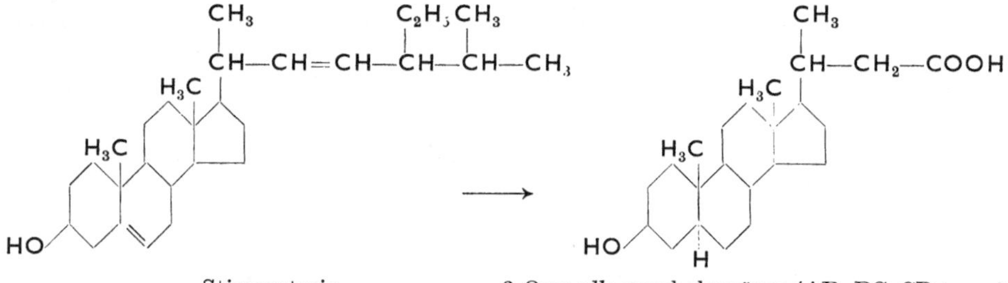

Stigmasterin
($C_{29}H_{48}O$)   →   3-Oxy-*allo*-norcholansäure (AB, BC, CD trans)
($C_{23}H_{38}O_3$)

der OH-Gruppe und der ringständigen Doppelbindung ist die gleiche wie beim Cholesterin, die zweite Doppelbindung liegt zwischen C_{22} und C_{23} in der Seitenkette. Der Konstitutionsbeweis für das Stigmasterin wurde durch Verknüpfung mit dem Cholesterin geführt. Da diese Methodik auch für andere Steroide Bedeutung besitzt, sei sie in ihren Grundzügen erörtert:

Im Stigmasterin wurden die Doppelbindungen abgesättigt und die Hydroxylgruppe durch Acetylierung vor dem chemischen Angriff geschützt. Durch anschließende Oxydation mit Chromsäure gelingt die Verkürzung der Seitenkette um 6 C-Atome zur acetylierten *3-Oxy-allo-norcholansäure*[6]. Diese Säure läßt

---

* $C_{29}H_{48}O$ (M.G. 412,37) 84,39% C; 11,73% H; 3,88% O.

[1] Schönheimer, R.: H. **160**, 61 (1926); **177**, 143 (1928). — [2] Prelog, V., L. Ruzicka u. P. Stein: Helv. **26**, 2222 (1943). — [3] Prelog, V., E. Tagmann, S. Lieberman u. L. Ruzicka: Helv. **30**, 1080 (1947). — [4] Bergmann, W.: J. biol. Ch. **104**, 317, 553 (1934). J. org. Chem. **6**, 452 (1941); **7**, 341, 428 (1942); **10**, 570, 587 (1945); **12**, 67 (1947). — [5] Klenk, E., u. W. Diebold: H. **236**, 141 (1935). — [6] Die Vorsilbe „allo" zeigt an, daß die Ringe A und B in trans-Stellung (nach Art des Dihydro-cholesterins, S. 398, 405) miteinander verknüpft sind.

sich auch aus Cholesterin durch oxydativen Abbau erhalten. Damit ist die Übereinstimmung des Ringsystems zwischen dem Stigmasterin und Cholesterin bewiesen (FERNHOLZ[1]). Durch weitere Arbeiten[2] wurde nun die Gestalt der bei der Oxydation verloren gegangenen Seitenkette und die Lage der Doppelbindungen in der durch das Formelbild wiedergegebenen Struktur festgelegt.

Eigenschaften, Nachweis und Vorkommen. Das Stigmasterin (F. 174° $[\alpha]_D = -45°$) ist in seinem chemischen Verhalten dem Cholesterin sehr ähnlich. Es bildet ebenfalls mit Digitonin eine schwerlösliche Molekülverbindung. Zur Abtrennung von anderen pflanzlichen Sterinen wird das sehr schwer lösliche Tetrabromadditionsprodukt benutzt. Im Rohphytosterin der Sojabohne ist es zu 25% enthalten. Reich an Stigmasterin ist auch das Öl der Calabarbohne. Manche Phytosterine erwiesen sich dagegen als frei von Stigmasterin. Stigmasterin erlangte große Bedeutung als Ausgangsmaterial für die Synthese von Progesteron (S. 432) und Desoxy-corticosteron (S. 451).

2. **Sitosterin**[*]. Im „Sitosterin" der Pflanze liegt ein Gemisch nahe verwandter Sterine vor; der Komplex dieser Sitosterine besteht aus mindestens 5 verschiedenen ungesättigten Stoffen[3] und enthält meist gleichzeitig noch gesättigte Sterine. Für eine der Komponenten, das *β-Sitosterin* $C_{29}H_{50}O$ wurde die Struktur eines 22-Dihydro-stigmasterins bewiesen[4]; mit ihm identisch ist das *Cinchol* genannte Sterin der Chinarinde[5]. *γ-Sitosterin* ist das C_{24}-Epimere des β-Sitosterins[4]. *α₁- und α₃-Sitosterin* sind Isomere der Formel $C_{29}H_{48}O$; sie enthalten beide 2 nicht konjugierte Doppelbindungen. *α₂-Sitosterin* ist möglicherweise ein Homologes der Formel $C_{30}H_{50}O$.

3. **Weitere pflanzliche Sterine.** Die Reindarstellung und Charakterisierung der pflanzlichen Sterine ist sehr schwierig, da sie fast ausnahmslos als Gemische nahe verwandter Stoffe vorliegen. Es wurden daher vielfach Stoffe beschrieben die sich später als Gemisch bekannter Sterine erwiesen.

Von den eingehender charakterisierten Stoffen sei das *Campesterin*[6] erwähnt. Dieses ist ein 24-Methyl-cholesterin, besitzt also das gleiche Kohlenstoffgerüst wie Ergosterin (S. 403), hat aber am C_{24} eine sterisch entgegengesetzte Konfiguration. Durch Hydrierung von *Brassicasterin*, einem aus Kohl isolierten $\Delta^{5,22}$-Ergostadienol-(3), erhält man ein 24-epimeres Campesterin[6]. Brassicasterin besitzt am C_{24} die gleiche sterische Konfiguration wie Ergosterin.

Aus Spinat bzw. aus Alfalfa wurden 4 isomere α-, β-, γ- und δ-*Spinasterine* isoliert. Diese gehen alle bei der Reduktion unter isomerisierenden Bedingungen in $\Delta^{8(14)}$-Stigmastenol-(3) über, besitzen also das gleiche Kohlenstoffgerüst wie dieses. α-Spinasterin ist ein $\Delta^{7(8),22}$ Stigmastadienol-(3β)[7]; die übrigen Spinasterine unterscheiden sich von ihm möglicherweise nur in der Lage der Doppelbindung in der Seitenkette. Das aus Algen isolierte *Fucosterin* $C_{29}H_{48}O$ sieht HEILBRON[8] als charakteristisch für die Familie der Braunalgen an. Es ist ein doppelt ungesättigter Alkohol, der durch Hydrierung in Tetrahydrostigmasterin (Stigmastanol) übergeht, also nahe verwandt mit dem Sterin der Phanerogamen ist. Die Doppelbindungen liegen wahrscheinlich in $\Delta^{5(6),24(28)}$.

4. **Steroidalkaloide.** Die Steroidalkoloide sind Verbindungen, die durch Angliederung N-haltiger Ringe an das Steroidgerüst entstehen. Sie kommen in

---

[*] $C_{29}H_{50}O$ (M.G. 414,39) 83,98% C; 12,16% H; 3,86% O.

[1] FERNHOLZ, E.: A. **507**, 128 (1933); **508**, 215 (1934). — FERNHOLZ, E., u. P. N. CHAKRAVORTY: B. **67**, 2021 (1934). — [2] GUITERAS, A.: H. **214**, 89 (1933). — [3] WALLIS, E. S., and E. FERNHOLZ: Am. Soc. **58**, 2446 (1936). — BERNSTEIN, S, and E. S. WALLIS: Am. Soc. **61**, 1903, 2308 (1939). — [4] DIRSCHERL, W., u. H. NAHM: B. **76**, 635 (1943) A. **555**, 57 (1943); **558**, 231 (1947). — [5] DIRSCHERL, W.: H. **235**, 1 (1935); **237**, 268 (1935); **257**, 239 (1938). — [6] FERNHOLZ, E., and W. RUIGH: Am. Soc. **63**, 1157 (1941). — [7] STAVELY, H. E., and G. N. BOLLENBACK: Am. Soc. **65**, 1600 (1943). — [8] HEILBRON, J. M., R. F. PHIPERS and H. R. WRIGHT: Soc. **1934**, 1572.

Solanum- und Veratrumarten meist als Glykoside vor. Einige der bisher bekanntgewordenen Verbindungen sind in folgender Tabelle zusammengestellt:

Tabelle 75. Steroidalkaloide.

Name	Formel	Aglykon	Zuckeranteil
Solanin-t(Solatunin) aus Solanum tuberos. „ „ lycopersic.	$C_{45}H_{73}O_{15}N$	Solanidin-t (Solatubin) $C_{27}H_{43}ON$	1 Glucose, 1 Galaktose, 1 Rhamnose
Solanin-s(Solasonin) aus Sol. sodomaeum „ „ xanthocarpum „ „ aviculare	$C_{45}H_{73}O_{46}N$	Solanidin-s (Solasodin) $C_{27}H_{43}O_2N$	
Solanin-d (Demissin) aus Sol. demissum	$C_{50}H_{83}O_{29}N$	Dihydrosolanidin-t $C_{27}H_{45}ON$	2 Glucose, 1 Galaktose, 1 Xylose
Solangustin aus Sol. angustifolium	$C_{33}H_{53}O_7N$	Solangustidin $C_{27}H_{43}O_2N$	Glucose
Solauricin aus Sol. auriculatum	$C_{45}H_{73}O_{16}N$	Solauricidin $C_{27}H_{43}O_2N$	1 Glucose, 1 Galaktose, 1 Rhamnose
Veratrosin aus Veratrum album	$C_{33}H_{49}O_7N$	Veratramin $C_{27}H_{39}O_2N$ Rubijervin $C_{27}H_{43}O_2N$	Glucose

Das *Solanin*[1] zerfällt bei der Hydrolyse in je 1 Molekül Glucose, Galaktose, Rhamnose und Solanidin-t. Das Aglykon besitzt das gleiche Kohlenstoffgerüst wie das Cholesterin[2]. Durch Eintritt eines tertiären Stickstoffatoms entstehen in der Seitenkette 2 stickstoffhaltige Ringe, wie folgende Strukturformel zeigt:

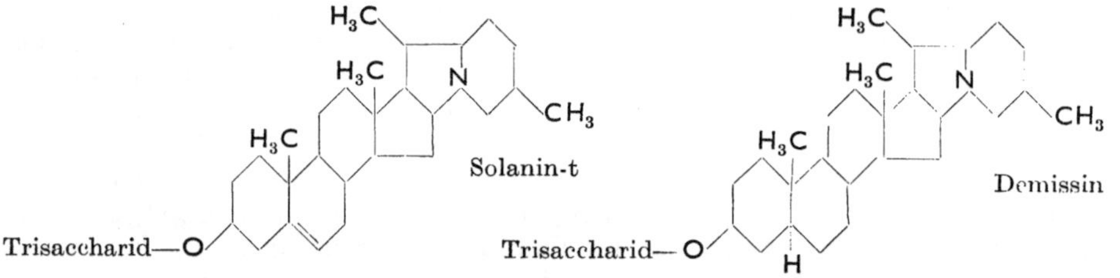

Aus Blättern der Wildkartoffel wurde das *Demissin* (Solanin-d) isoliert (R. KUHN und J. LÖW[3]). Dieses besteht aus 2 Molekülen Glucose, 1 Molekül Galaktose, 1 Molekül Xylose und 5,6-Dihydrosolanidin-t. Die Verbindung schützt die Blätter von Kartoffeln gegen den Fraß durch Larven des Kartoffelkäfers. *Solanin-s*[4] enthält die gleichen Zuckerreste wie Solanin-t. Das Aglykon unterscheidet sich vom Solanidin-t wahrscheinlich nur dadurch, daß in ihm das

[1] SOLTYS, A., u. K. WALLENFELS: B. 69. 811 (1936). — ROCHELMEYER, W.: Arch. Pharmazie 274, 543 (1936). — [2] PRELOG, V., u. S. SZPILFOGEL: Helv. 27, 390 (1944). — UHLE, F.C., and W.A. JACOBS: J. biol. Ch. 160, 243 (1945). — [3] KUHN, R., u. I. LÖW: B. 80, 406 (1947). — KUHN, R., u. A. GAUHE: Z. Naturforsch. 2b, 407 (1947). — [4] ROCHELMEYER, W.: Arch. Pharmazie 274, 543 (1936); 275, 336 (1937). — BELL, R. C., and L. H. BRIGGS: Soc. 1942, 1. — BRIGGS, L. H., R. P. Newbold and N. E. STACE: Soc. 1942, 3.

N-Atom quartär ist und eine Doppelbindung von ihm ausgeht. *Solanyustin* und *Solauricin* stehen dem Solanin-s sehr nahe. In Solanum pseudocapsicum wurden 2 weitere Alkaloide dieser Gruppe aufgefunden, die aber nicht an Zucker gebunden sind, das *Solanocapsin* und *Solanocapsidin*[1]. Ihre Konstitution ist noch nicht endgültig gesichert.

Rubijervin $C_{27}H_{43}O_2N$ ist nach Hydrolyse aus Veratrum album isoliert worden, frei kommt es in Veratrum viride vor. Es ist ein Mono-oxy-solanidin-t und ist eins der in zahlreichen Vertretern vorkommenden *Veratrum-Alkaloide*[2], zu denen *Jervin* $C_{27}H_{39}O_3N$, *Germin* $C_{27}H_{43}O_8N$, *Veratramin* $C_{27}H_{39}O_2N$, *Cevin* $C_{27}H_{43}O_8N$, *Protoverin* $C_{27}H_{43}O_9N$ u. a. gehören, deren Konstitution noch nicht völlig abgeklärt ist; sie sind ebenfalls zu den Steroidalkaloiden zu rechnen.

5. Über die Biologie der Pflanzensterine. Die biologische Bedeutung der Phytosterine für die Pflanze ist noch ungeklärt. Neben freien unveresterten Sterinen finden sich auch *Stigmasterin- und Sitosteringlykoside*. Die pflanzlichen Sterine werden vom tierischen Darm nicht resorbiert. Ihre Veresterung durch Pankreasenzyme verläuft wesentlich langsamer als beim Cholesterin[3]. Bei der außerordentlich nahen chemischen Verwandtschaft mit dem Cholesterin ist diese Spezifität der Resorption bemerkenswert.

γ) Mycosterine.

Die Pilze enthalten eine Gruppe von Sterinen, die sich weder bei den Phanerogamen noch im Tierreich finden. Von ihnen ist allein das Ergosterin in seiner Konstitution geklärt.

Ergosterin* $= \Delta^{5,\,7,\,22}$-Cholestatrien-3(β)-ol-24-methyl; CD trans. Die Bedeutung des Ergosterins liegt darin, daß es ein Provitamin D darstellt, das durch Bestrahlung mit ultraviolettem Licht in einen antirachitisch wirksamen Stoff übergeht (s. Vitamin D_2, S. 455).

Die Konstitution des Ergosterins. Der Aufbau des Moleküls wurde vor allem durch Arbeiten von WINDAUS geklärt und führte zu folgendem Formelbild:

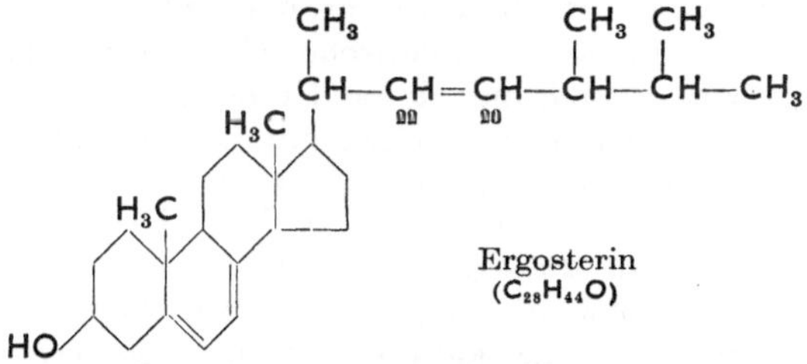

Ergosterin
$(C_{28}H_{44}O)$

Ergosterin ist ein *dreifach* ungesättigter *Alkohol*. Der Nachweis des Sterinringsystems und der Stellung der OH-Gruppe wurde durch oxydativen Abbau[4] des perhydrierten Ergosterins erbracht, der zu der S. 400 erwähnten *3-Oxy-allo-norcholansäure* führte. Der Bau der Seitenkette wurde durch Behandlung des Ergosterins mit Ozon geklärt, dabei entsteht unter Aufspaltung einer zwischen C_{22} und C_{23} gelegenen Doppelbindung der *Methyl-isopropyl-acetaldehyd*[5]. Die beiden anderen Doppelbindungen sind ringständig und miteinander konjugiert, was durch Dienaddition mit Maleinsäureanhydrid und durch das Absorptionsspektrum im ultravioletten Licht bewiesen wurde. Als Ergebnis eingehender

---

* $C_{28}H_{44}O$ (M.G. 396,34) 84,78% C; 11,19% H; 4,04% O.

[1] BARGER, G., and H. L. FRÄNKEL-CONRAT: Soc. **1936**, 1537. — ROCHELMEYER, W.: Arch. Pharmazie **282**, 92 (1945). — [2] Zusammenfassg: s. Fußnote [11], S. 391. — [3] SCHRAMM, G., u. A. WOLFF: H. **263**, 73 (1940). — [4] FERNHOLZ, E., u. P. N. CHAKRAVORTY: B. **67**, 2021 (1934). — [5] REINDEL, F., u. H. KIPPHAN: A **493**, 181 (1932).

Untersuchungen ist ihre Lage im Ring B als sicher anzusehen. Durch Verlagerung der Doppelbindungen und sterische Umlagerung der Hydroxylgruppe ließen sich zahlreiche *Isomere des Ergosterins* darstellen. Interessant ist die über mehrere Zwischenstufen verlaufende Bildung des partiell aromatischen *Neoergosterins* und dessen Dehydrierung zu einem *Naphtholderivat*[1], dem oestruserregende Wirkung zukommt:

Neo-ergosterin ($C_{27}H_{40}O$) $\longrightarrow$ Naphtholderivat ($C_{27}H_{36}O$)

Eigenschaften und Nachweis. Ergosterin (F. 163°, $[\alpha]_D$ in Chloroform $= -132°$) krystallisiert aus Alkohol in Blättchen mit 1 Molekül Krystallwasser, aus wasserfreien Lösungsmitteln in Nadeln. Das Ultraviolettabsorptionsspektrum zeigt charakteristische Banden bei 260, 269, 281 und 293 mμ. Auf der Messung der Intensität der Banden beruht eine sehr exakte und empfindliche Methode zur quantitativen Bestimmung des Ergosterins. Als gravimetrische Bestimmungsmethode eignet sich die Fällung mit Digitonin. Zum qualitativen und quantitativen Nachweis werden ferner eine Reihe von Farbreaktionen beschrieben. Ergosterin liefert eine „umgekehrte" SALKOWSKI-*Reaktion* (s. S. 394). Löst man Ergosterin in Chloroform und setzt konzentrierte Schwefelsäure hinzu, so färbt sich die Säure tiefrot, während das Chloroform im Gegensatz zum Cholesterin und Sitosterin farblos bleibt. Bei der LIEBERMANN-BURCHARD-*Probe* (S. 394) färbt sich die Lösung sehr rasch über rot, blauviolett, stahlblau, blaugrün bis grün. Diese Reaktion ist auch zur quantitativen Bestimmung geeignet[2]. Eine andere colorimetrische Bestimmung beruht auf der Rotfärbung mit Trichloressigsäure[3]. (Weitere Farbreaktionen siehe Fußnote [8] S. 391.)

Vorkommen. Ergosterin wurde in einer großen Anzahl von Pilzen sowie in Pilzharzen[4], Flechten, im Mutterkorn, in Aspergillus oryzae, Fischeri und Sydowi nachgewiesen. Für seine technische Gewinnung ist besonders sein Vorkommen *in Hefe* von Bedeutung, deren Ergosteringehalt von den Kulturbedingungen abhängig ist. Die Hefe vermag mit Glucose oder anderen Kohlenhydraten als einziger Kohlenstoffquelle Ergosterin zu synthetisieren, wobei der Ergosteringehalt einem Gesamtanstieg an Lipoiden parallel geht[5]. Diese Tatsache spricht dafür, daß die Sterinbildung sich wahrscheinlich aus dem Kohlenhydrat-Fett-Stoffwechsel abzweigt. Ergosterin findet sich auch *im Tierreich*. Im Gegensatz zum Säugetier kann das Huhn Ergosterin aus der Nahrung aufnehmen und im Ei ablagern[6]. Einige *Wirbellose* enthalten beträchtliche Mengen Ergosterin, so z. B. der Regenwurm und die rote Wegschnecke. Über die Bedeutung des Ergosterins als Provitamin s. S. 455 und Bd. 2, Vitamine.

Ergosterin wird im Mutterkorn und in der Hefe stets von einer kleinen Menge *5-Dihydroergosterin* begleitet[7]. Als weitere Nebenstoffe werden noch eine große Anzahl von Sterinen beschrieben, deren Zusammensetzung und Einheitlichkeit aber zum Teil unsicher ist. *Fungisterin* des Mutterkorns ist identisch mit Δ^7-Ergostenol[8].

[1] HONIGMANN, H.: A. **511**, 292 (1934). — [2] HEIDUSCHKA, A., u. H. LINDNER: H. **181**, 15 (1929). — [3] ROSENHEIM, O.: Biochem. J. **23**, 49 (1929) — [4] Auch als Palmitat und Peroxyd isoliert. WIELAND, P., u. V. PRELOG: Helv. **30**, 1028 (1947). — [5] SOBOTKA, M., W. HALDEN u. F. BILGER: H. **234**, 1 (1935). — [6] WINDAUS, A., u. O. STANGE: H. **244**, 218 (1936). — [7] WINDAUS, A., J. GAEDE, J. KÖSER u. G. STEIN: A. **483**, 17 (1930). — [8] WIELAND, H., u. G. COUTELLE: A. **548**, 270 (1941). — WIELAND, H., u. W. BENEND: A. **554**, 1 (1943).

Weiterhin ist bemerkenswert, daß in der Hefe neben dem Ergosterin auch ein mit Cholesterin nahe verwandter Stoff vorkommt: das *Zymosterin* ($C_{27}H_{43}OH$) konnte durch Hydrierung in Cholestanol übergeführt werden. Es ist ein $\Delta^{8\,(9),\,24\,(25)}$-Cholestadienol[1].

δ) Zur Stereochemie der Steroide[2].

Als Bezugssystem für die Bezeichnung der sterischen Konfiguration wird bei den Steroiden die Projektionsebene des Vierringsystems gewählt. Es wurde festgelegt, daß die Methylgruppe am C_{10} beim Cholesterin aus dieser Ebene nach oben ragen soll. Alle weiteren räumlichen Anordnungen werden dann relativ zu dieser Richtung angegeben. Es ist üblich, diejenige räumliche Anordnung, bei der der Substituent auf der entgegengesetzten Seite der Ringebene wie die Methylgruppe am C_{10}, also *unterhalb* der Projektionsebene liegt, mit α oder *trans* zu bezeichnen und dies gegebenenfalls formelmäßig durch einen gestrichelten Bindungsstrich anzudeuten. Liegt der Substituent *oberhalb* der Ringebene, also in cis-Stellung zur Methylgruppe, so wird dieses als β-Stellung bezeichnet und der Bindungsstrich ausgezogen. In einzelnen Fällen, z. B. bei den C_3- und C_5-Isomeren, sind daneben auch noch ältere Bezeichnungen gebräuchlich.

β-(*n*)-Cholestanol
(allo; AB, BC, CD trans-)

β-(*n*)-Koprostanol (Koprosterin)
(AB cis; BC, CD trans-)

α-(*epi*)-Cholestanol
(allo; AB, BC, CD trans-)

α-(*epi*)-Koprostanol (*epi*-Koprosterin)
(AB cis-; BC, CD trans-)

Die Benennung der einzelnen Ringe ergibt sich aus der obenstehenden Formel. Die Ringe A, B, C und D bilden beim *Cholestanol* nicht nur in der Projektion, sondern auch in Wirklichkeit eine ziemlich ebene Fläche, da sie alle in trans-Stellung miteinander verknüpft sind. Beim *Koprosterin* und den *Gallensäuren* sind hingegen die Ringe A und B in cis-Stellung miteinander verbunden. Die Ringe B und C weisen in allen natürlichen Steroiden trans-Verknüpfung auf. Die Ringe C und D sind im allgemeinen trans-ständig, nur in der Gruppe der Herzgifte tritt cis-Stellung auf. Die Art der Ringverknüpfung wird formelmäßig dadurch zum Ausdruck gebracht, daß an dem Verknüpfungspunkt der

---

[1] HEATH-BROWN, B., J. M. HEILBRON and E. R. H. JONES: Soc. **1940**, 1482. — [2] Zusammenfassung über die Stereochemie der Steroide: HEUSNER, A.: Angew. Chem. **63**, 59 (1951). — FIESER, L. F., and M. FIESER: s. Fußnote [11], S. 391.

Bindungsstrich zu dem H-Atom, welches auf der entgegengesetzten Seite der Projektionsebene wie der Ringansatz liegt, entweder ausgezogen oder gestrichelt wird.

Die Festlegung der sterischen Konfiguration bei den Steroiden stützt sich sowohl auf chemische Reaktionen als auch auf Röntgenuntersuchungen am Cholesteryljodid[1]. Die räumliche Festlegung ist oft recht schwierig, und die obige Cholestanol-Formel ist daher nur als wahrscheinlichste Konfiguration anzusehen.

Für die Chemie der natürlichen Sterine ist die räumliche Anordnung am C_3 und C_5 von besonderer Bedeutung. Sie ist daher durch die umstehende Gegenüberstellung verdeutlicht.

Steroisomerie am C_3: Die Hydroxylgruppe im Cholesterin ist nach Versuchen von FIESER und RUZICKA[2] als β-ständig, also in cis-Stellung zur Methylgruppe am C_{10} anzunehmen. KENDALL[3] gelang ein indirekter Beweis durch Festlegung der 3-ständigen Hydroxylgruppe in der Desoxycholsäure, die in diesem Falle die entgegengesetzte α-Stellung aufweist.

Die dem Cholesterin entsprechende β-Stellung des Hydroxyls am C_3 wird auch als *normal* (n) oder *transoid* (t) bezeichnet. Natürliche Steroide, deren Hydroxylgruppe am C_3 die „normale" β-Stellung aufweist, zeichnen sich dadurch aus, daß sie eine schwerlösliche Additionsverbindung mit Digitonin geben. Verbindungen mit der entgegengesetzten α-Stellung am C_3 werden auch als *epi*-Verbindungen bezeichnet.

Steroisomerie am C_5: Wie bereits erwähnt wurde, tritt die Isomerie am C_5 bei den Steroiden häufig auf. Ein Beispiel hierfür bilden die beiden Dihydrocholesterine *Cholestanol* und *Koprosterin* (S. 398). Im Cholestanol liegt eine trans-Verknüpfung der Ringe A und B vor, d. h., daß die Methylgruppe am C_{10} und das Wasserstoffatom am C_5 sich ebenfalls zueinander in trans-Stellung befinden. Diese Verbindungen werden zur „trans-Reihe" zusammengefaßt und im allgemeinen mit dem Präfix *allo-* bezeichnet, z. B. *allo*-Cholansäure (s. S. 400). Verbindungen, die sich sterisch vom Koprostan ableiten, in dem die Ringe A und B nach Art des cis-Dekalins miteinander verknüpft sind, werden zur „cis-Reihe" zusammengefaßt und im allgemeinen nicht besonders benannt, z. B. Cholansäure.

Steroisomerien an anderen C-Atomen: Isomerien am C_8, C_9, und C_{10} sind bei den natürlichen Steroiden nicht beobachtet. Nur bei der photochemischen Umwandlung des Ergosterins (s. S. 456) werden auch die Asymmetriezentren an C_9 und C_{10} in Mitleidenschaft gezogen.

Auch hinsichtlich der sterischen Anordnung am C_{13} und C_{14} stimmen die meisten Steroide überein. Nur bei den Herzgiften, die am C_{14} substituiert sind, kommen Abweichungen vor. Die Methylgruppe an C_{13} hat ebenfalls β-Konfiguration.

Am C_{17} haben die natürlichen Steroide im allgemeinen die gleiche, und zwar wahrscheinlich die β-Konfiguration der Seitenkette. Die Isomerisierung zu der enantiomorphen 17α-Form kann aber in vitro oft leicht ausgeführt werden. Bei den herzgifthaltigen Pflanzen sind *Enzyme* bekannt, die diese Isomerisierung zu den „Alloaglykonen" bewirken.

Die natürlichen biologisch wirksamen 17-Oxy-Steroide wie „α"-Oestradiol (s. S. 426) und Testosteron (s. S. 440) haben wahrscheinlich ebenfalls β-Konfiguration am C_{17}.

Auch Isomerien an den Asymmetriezentren der Seitenkette sind bekannt. So sind in der Gruppe der Kröten- und Herzgifte synthetisch Steroide gewonnen

[1] CARLISLE, C. H., and J. CROWFOOT: Proc. R. Soc. London (A) **184**, 64 (1945). — [2] RUZICKA, L., H. BRÜNGER, E. EICHENBERGER u. J. MEYER: Helv. **17**, 1407 (1934). — [3] MATTOX, V. R., R. B. TURNER, L. L. ENGEL, B. F. McKENZIE, W. F. McGUCKIN and E. C. KENDALL: J. biol. Ch. **164**, 569 (1946). — BUSER, W.: Helv. **30**, 1379 (1947).

worden, die sich durch ihre Konfiguration am C_{20} unterscheiden. Die natürlichen Steroide scheinen am C_{20} alle die gleiche Konfiguration zu besitzen. Am C_{24} ist das *Campesterin* (s. S. 401) epimer zum 22,23-*Dihydro-Brassicasterin*, auch β- und γ-*Sitosterin* (s. S. 401) unterscheiden sich lediglich durch die sterische Anordnung am C_{24}.

Durch Eintritt weiterer Substituenten z. B. am C_7, C_{11}, C_{12} usw. entstehen bei einer Reihe von Steroiden noch zusätzliche Asymmetriezentren. Auch hier wird die räumliche Anordnung stets zur Lage der Methylgruppe am C_{10} in Beziehung gebracht und durch die entsprechenden Präfixe α und β gekennzeichnet.

Der schlüssige Beweis für die angegebenen Konfigurationen ist nicht immer leicht zu führen. Es ist daher möglich, daß mit dem Fortschritt unserer Erkenntnisse in einigen Fällen die bisherigen Bezeichnungen vertauscht werden müssen.

b) Die Gallensäuren[1-5].

Die Gallensäuren sind Oxycarbonsäuren, die mit Glykokoll und Taurin gekuppelt als Natriumsalze in der Gallenflüssigkeit der Wirbeltiere vorkommen.

Weitaus die meisten Gallensäuren leiten sich durch Eintritt einer oder mehrerer Hydroxylgruppen von einer gemeinsamen Stammsubstanz, der *Cholansäure** ab, in der die 17-ständige Alkylseitenkette der Sterine in einen Carbonsäurerest aus 5 Kohlenstoffatomen mit endständigem Carboxyl abgewandelt ist. Die Ringe A und B sind bei den Gallensäuren in cis-Stellung miteinander verknüpft, im übrigen liegt trans-Verbindung wie bei den Sterinen vor. Im folgenden sind die wichtigsten Gallensäuren aufgeführt, die sich von der Cholansäure ableiten.

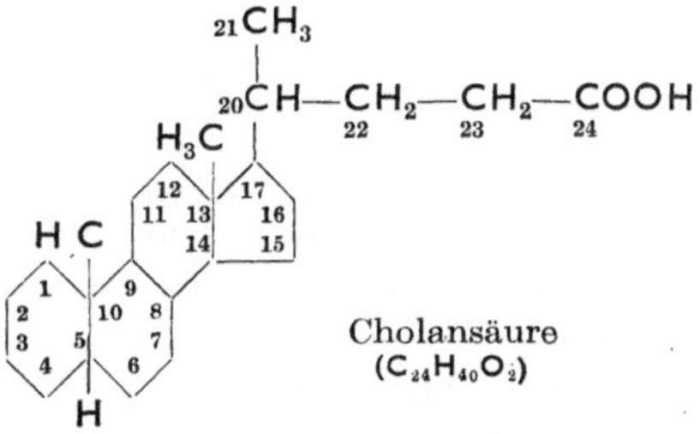

α) Cholansäurederivate.

1. Die **Cholsäure**** ($C_{24}H_{40}O_5$) (AB cis, BC, CD trans) ist eine 3(α),7(α),12(α)-*Trioxycholansäure*, die Hydroxylgruppen haben also die sterisch entgegengesetzte Konfiguration wie beim Cholesterin. Sie stellt die Hauptgallensäure der Rinder- und Menschengalle dar und findet sich auch in der Galle vieler anderer Wirbeltiere. Die Verbindungen der Cholsäure mit Taurin und Glykokoll werden als *Tauro-* bzw. *Glykocholsäure* bezeichnet. Durch Verseifen wird sie aus diesen in freier Form erhalten.

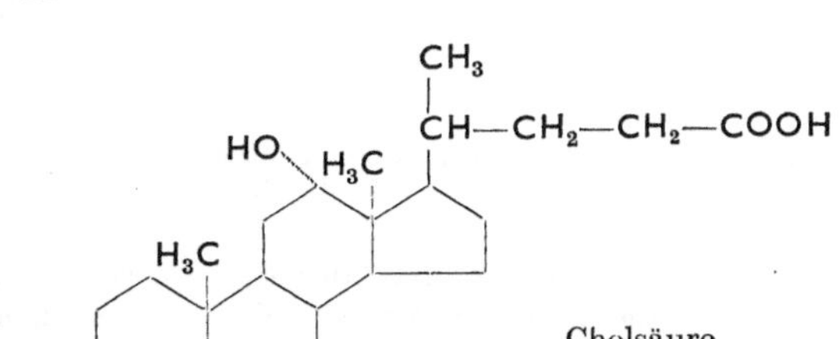

Die Cholsäure krystallisiert aus Alkohol in Tetraedern mit 1 Molekül Krystallalkohol; F. 196 bis 198° $[\alpha]_D = +31,55°$. Sie ist schwer löslich in Wasser und leicht löslich in Eisessig. Zum *Nachweis* der Cholsäure werden eine Anzahl *Farbreaktionen* angegeben:

---

* $C_{24}H_{40}O_2$ (M.G. 360,31) 79,93% C; 11,19% H; 8,88% O.

** $C_{24}H_{40}O_5$ (M.G. 408,31) 70,53% C; 9,87% H; 19,59% O.

Zusammenfassende Darstellungen: 1—5. [1] Shimizu, T.: Über die Chemie und Physiologie der Gallensäuren. Okayama 1935. — [2] Sobotka, H.: Chem. Rev. **15**, 311 (1934). — [3] Lettré, H., u. H. H. Inhoffen: Über Sterine, Gallensäuren und verwandte Naturstoffe. Stuttgart 1936. — [4] Dane, E.: Naturwiss. **30**, 333 (1942). — [5] Schenk, M.: Pharmazie **2**, 433 (1947).

α) *Jodreaktion nach* MYLIUS. 0,02 g Cholsäure werden in 0,5 g Alkohol gelöst und mit 1 cm³ n/10 Jodlösung versetzt. Beim vorsichtigen Verdünnen mit Wasser erstarrt die Flüssigkeit zu einem Krystallbrei von Nadeln, die im durchfallenden Licht blaue Färbung zeigen.

β) *Reaktion nach* HAMMARSTEN. Pulverisierte Cholsäure wird in 25%iger Salzsäure eingetragen. Es tritt zunächst Violettfärbung auf, die in Grün und Gelb übergeht.

γ) *Fluorescenzreaktion.* In konzentrierter Schwefelsäure löst sich Cholsäure zu einer rotgelben Flüssigkeit, die grüne Fluorescenz zeigt.

δ) *Reaktion nach* PETTENKOFER. Eine wäßrige Lösung von Cholsäure wird mit wenig 10%iger Rohrzuckerlösung gemischt und tropfenweise mit konzentrierter Schwefelsäure unter Umschütteln versetzt. Es tritt eine kirschrote Färbung auf, die bald in Purpurrot und bei langem Stehen der Lösung in Blaurot übergeht. Nach UDRANSZKY kann man an Stelle von Rohrzuckerlösung auch Furfurol benutzen. Die PETTENKOFER-Reaktion ist bei Steroiden positiv, die eine OH-Gruppe am C_7 tragen oder leicht in solche Verbindung übergehen können[1].

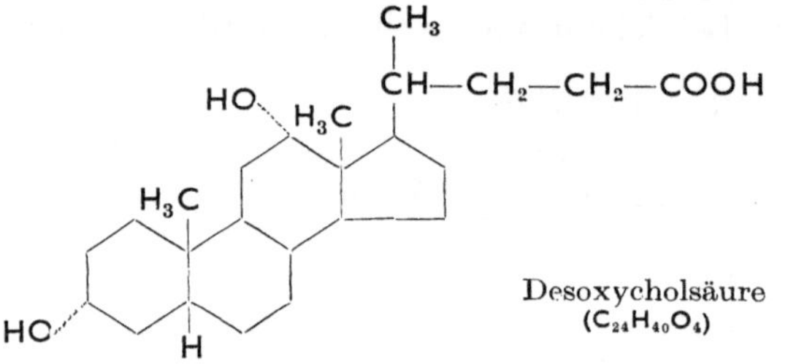

Desoxycholsäure
($C_{24}H_{40}O_4$)

Die Cholsäure bildet den Hauptbestandteil der Gallensäurefraktion der Rinder- und Menschengalle. Aus 1 kg Rindergalle lassen sich etwa 30 bis 60 g Cholsäure darstellen[2].

2. Die **Desoxycholsäure*** ist um eine Hydroxylgruppe ärmer als Cholsäure: $C_{24}H_{40}O_4$. Sie ist eine *3(α),12(α)-Dioxy-cholansäure*[3], die ebenfalls aus Rinder- und Menschengalle isoliert wurde. Ihre Abtrennung von Cholsäure erfolgt über das in Alkohol leicht lösliche Bariumsalz. Auch eine chromatographische Trennung von Chol- und Desoxycholsäure-ester über $MgCO_3$ ist möglich[4].

F. der Säure 172°; $[α]_D$ in Alkohol $= + 57,08°$. Sie zeigt nicht mehr die MYLIUSsche Jodreaktion (s. oben). Darstellung[5].

Bei der Desoxycholsäure haben die C_3—OH-Gruppe[6] und die C_{12}—OH-Gruppe[7] α-Konfiguration. Da die Cholsäure durch Entfernung der C_7—OH-Gruppe in Desoxycholsäure überführbar ist, hat die C_{12}—OH-Gruppe dort dieselbe räumliche Anordnung. Die Seitenkette am C_{17}-Atom ist in β-Stellung[7].

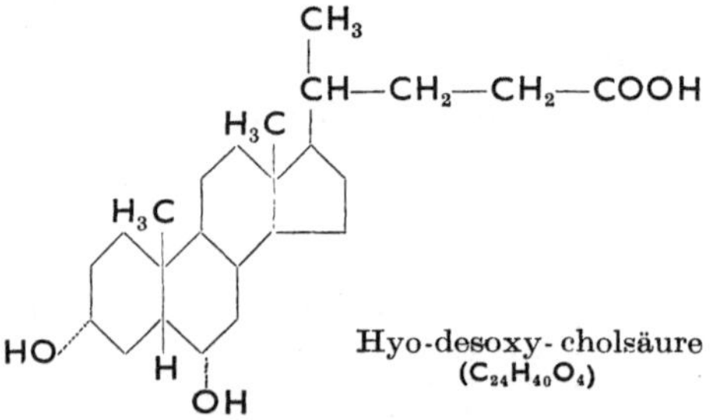

Hyo-desoxy- cholsäure
($C_{24}H_{40}O_4$)

3. Die **Hyodesoxycholsäure*** ist eine *3(α), 6(α)-Dioxycholansäure*; sie wird als Glykohyodesoxycholsäure in der Schweinegalle gefunden. Durch energische Verseifung läßt sich daraus die freie Säure gewinnen[8].

Hyodesoxycholsäure krystallisiert in 4-seitigen Blättchen vom F. 196 bis 197°. Die Säure gibt die PETTENKOFERsche Reaktion (s. oben).

4. Die **Chenodesoxycholsäure***, die auch als „Anthropodesoxycholsäure" bezeichnet wird, ist eine *3(α)7(α)-Dioxycholansäure*. Diese Säure wurde aus

---

* $C_{24}H_{40}O_4$ (M.G. 392,31) 73,41% C; 10,27% H; 16,31% O.

[1] KERR, G. W., and W. HOEHN: Arch. Biochem. 4, 155 (1944). — [2] Gattermann-Wieland S. 407. 1940. — REICHSTEIN, T., u. M. SORKIN: Helv. 25, 797 (1942). — [3] Zitiert nach MIESCHER, K.: Exper. 2, 244 (1946). — [4] SILBERMAN, H., and S. SILBERMAN-MARTYNCEWA: J. biol. Ch. 165, 359 (1946). — [5] Gattermann-Wieland S. 407. 1940. — REICHSTEIN, T., u. M. SORKIN: Helv. 25, 797 (1942). — [6] MATTOX, V. R., R. B. TURNER, L. L. ENGEL, B. F. McKENZIE, W. F. McGUCKIN and E. C. KENDALL: J. biol. Ch. 164, 569 (1946). — [7] GALLAGHER, T. F., and W. P. LONG: J. biol. Ch. 162, 495 (1946). — REICHSTEIN, T., and H. REICH: Ann. Rev. 15, 162 (1946). — [8] GALLAGHER, T. F., and J. R. XENOS: J. biol. Ch. 165, 365 (1946).

Gänse- und Hühnergalle isoliert und scheint für den Vogelorganismus charakteristisch zu sein. In der menschlichen Galle tritt sie mengenmäßig gegenüber der Cholsäure und Desoxycholsäure zurück.

F. 140°; $[\alpha]_D$ in Alkohol $= + 11,1°$. Bei der Farbreaktion nach LIEBERMANN-BURCHARD (S. 394) bildet sie eine tief braunrote Färbung, die allmählich in Braunoliv übergeht. Am C_7 epimer zur Chenodesoxycholsäure ist die *Ursodesoxycholsäure* aus Eisbärengalle. Diese ist also eine $3(\alpha),7(\beta)$-Dioxycholansäure [1].

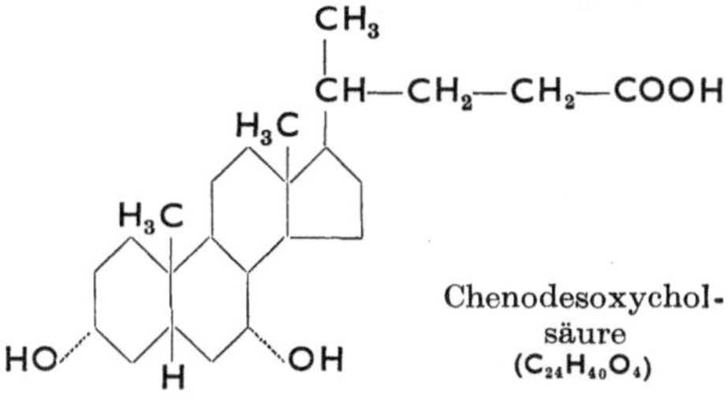

Chenodesoxycholsäure
$(C_{24}H_{40}O_4)$

5. Die **Lithocholsäure** [*] ist eine $3(\alpha)$-*Oxycholansäure*. Sie wurde zuerst aus Rindergallensteinen isoliert, läßt sich jedoch auch durch Hydrolyse der Rindergalle gewinnen, in der sie in untergeordneter Menge vorkommt.

Aus 100 kg Rindergalle lassen sich 5 bis 6 kg Cholsäure, 600 bis 800 g Desoxycholsäure, aber nur 1 bis 2 g Lithocholsäure gewinnen. Cholsäure läßt sich sehr gut in Lithocholsäure überführen [2].

Lithocholsäure läßt sich durch ihre geringere Acidität, leichtere Löslichkeit in Äther und die Schwerlöslichkeit ihres Bariumsalzes von den beiden anderen Gallensäuren abtrennen. Sie krystallisiert aus Alkohol in Blättchen vom F. 185 bis 186°, $[\alpha]_D$ in Alkohol $= + 230,7°$. Sie ist in Alkohol und Eisessig leicht löslich und gibt die PETTENKOFERsche Probe und die Fluorescenzreaktion, aber nicht die Jodreaktion (s. S. 408).

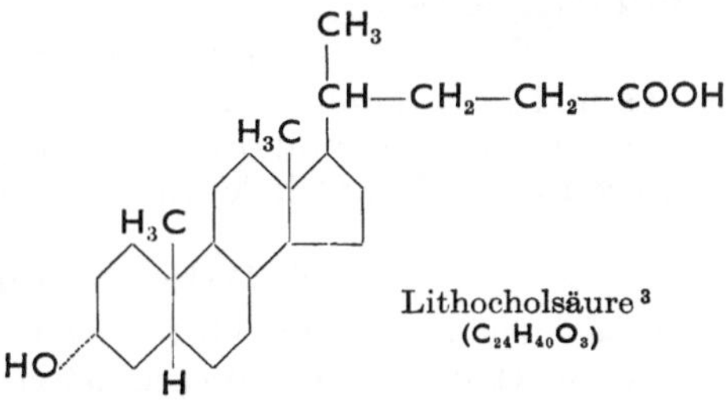

Neben diesen *Oxy*cholansäuren ließen sich aus Gallenflüssigkeiten auch einige der entsprechenden *Oxo*-Verbindungen isolieren. So wurde in Rindergalle

Lithocholsäure [3]
$(C_{24}H_{40}O_3)$

auch die *12-Oxo-3(α)-oxy-cholansäure* und in Schweinegalle die *6-Oxo-3-oxy-allocholansäure* aufgefunden. Über die bakterielle Oxydation der Cholsäure zur *3,7-Dioxy-12-oxocholansäure* s. [3].

6. **Die Konstitution der Gallensäuren.** Alle aufgeführten Gallensäuren lassen sich durch Oxydation mit Chromsäure in ihre entsprechenden Ketosäuren („Dehydrogallensäuren") überführen. Durch Reduktion nach CLEMMENSEN entsteht aus diesen die Cholansäure (S. 407). Die Konstitution der Cholansäure wurde durch ihre Verknüpfung mit den Sterinen sichergestellt (WINDAUS [4]): Durch oxydativen Abbau der Seitenkette geht Koprostan, der Grundkohlenwasserstoff des Koprosterins (S. 398), in Cholansäure über. Damit ist die nahe Verwandtschaft der wichtigen Stoffklassen der Sterine und Gallensäuren bewiesen. Durch diesen 1919 durchgeführten Übergang ist es möglich geworden, alle an den Gallensäuren gewonnenen Erfahrungen auf die Chemie der Sterine zu übertragen und umgekehrt. Die Konstitutionsaufklärung der einzelnen Gallensäuren erfolgte im wesentlichen durch die Arbeiten H. WIELANDs. Der Nachweis für die Stellung der Hydroxylgruppen wurde zumeist durch oxydativen Abbau und nähere Untersuchung der entstehenden Oxydationsprodukte erbracht. In einzelnen Fällen konnte durch den Eintritt eines Ringschlusses zwischen der Seitenkette und dem Steroidskelett auf die Stellung der Hydroxylgruppe

---

[*] $C_{24}H_{40}O_3$ (M.G. 376,31) 76,53% C; 10,71% H; 12,76% O.
[1] KAZIRO, K.: H. **197**, 206 (1931). — IWASAKI, T.: H. **244**, 181 (1936). — [2] HEUSSER, H., u. H. WUTHIER: Helv. **30**, 2165 (1947). — [3] SCHMIDT, L. H., and M. H. GREEN: J. biol. Ch. **140**, CXI (1941). — [4] WINDAUS, A., u. K. NEUKIRCHEN: B. **52**, 1915 (1919).

geschlossen werden. Als Beispiel dafür möge der Beweis für das Vorliegen einer Hydroxylgruppe in der Desoxycholsäure am C_{12} dienen:

12-Oxo-cholansäure
$(C_{24}H_{38}O_3)$

Dehydro-norcholen
$(C_{23}H_{36})$

Methyl-cholanthren*
$(C_{21}H_{16})$

Desoxycholsäure (S. 408) läßt sich in eine Mono-oxo-cholansäure überführen[1], die durch innermolekulare Kondensation unter Abspaltung von H_2O und CO_2 in *Dehydro-norcholen* übergeht. Dies ist mit Selen zum *Methylcholanthren* dehydrierbar, dessen Konstitution von Cook und Fieser[2] durch Synthese bewiesen wurde. *Das Methylcholanthren hat großes physiologisches Interesse, da in ihm einer der wirksamsten krebserzeugenden Stoffe* vorliegt. Nach einer Vorstellung von Kennaway, Dodds und Cook könnte das Auftreten von Krebs durch anormalen Abbau von Gallensäuren oder verwandten Verbindungen zu einer krebserregenden Substanz vom *Typus* des Methylcholanthrens bedingt sein[3].

β) Weitere Steroide der Galle.

Neben den oben angeführten Gallensäuren sind noch eine Reihe weiterer Säuren aus Galle isoliert worden, deren Konstitution zum Teil noch unsicher ist.

„β"-Phocae-cholsäure
$(C_{24}H_{40}O_5)$

Aus der Galle des Walrosses und verschiedener Seehunde wurde die „α"- und „β"-*Phocaecholsäure*[4,5] isoliert. Für die „β"-Säure wurde die Formel $C_{24}H_{40}O_5$ ermittelt; sie ist also mit Cholsäure isomer und enthält wie diese 3 OH-Gruppen. Für eine Hydroxylgruppe wurde von Windaus die Stellung am C_{23} ermittelt, für die beiden anderen ist die 3- und die 7-Stellung wahrscheinlich. Da das Vorliegen des Cholansäuregrundskelettes sicher bewiesen ist, wäre sie also als 3,7,23-Tri-oxycholansäure anzusprechen.

Geringer sind unsere Kenntnisse über die *Bufo-desoxycholsäure*[6] aus der Galle einer japanischen Kröte, die sich von einer Bufo-cholansäure ableitet, über die *Nutriacholsäure*[7] aus der Galle des Sumpfbibers und über die „α"- und „β"-*Lago-desoxycholsäure*[8] aus der Galle des Kaninchens.

---

* $C_{21}H_{16}$ (M.G. 268,12) 93,98% C; 6,01% H.

[1] Wieland, H., u. O. Schlichting: H. **150**, 273 (1925). — Wieland, H., u. V. Wiedersheim: H. **186**, 229 (1930). — Wieland, H., u. E. Dane: H. **219**, 243 (1933). — [2] Cook, J. W., and G. A. D. Haslewood: Soc. **1934**, 428. — Fieser, L. F., and A. M. Seligman: Am. Soc. **58**, 2482 (1936). — [3] Butenandt, A.: Angew. Chem. **53**, 345 (1940). Chem. Ztg. **1950**, 1. — [4] Hammarsten, O.: H. **61**, 454 (1909); **68**, 109 (1910). — [5] Windaus, A., u. A. van Schoor: H. **173**, 312 (1928). — [6] Okamura, T.: J. Biochem. **11**, 103 (1929) [C. **1930 I**, 1310]. — [7] Brigl, P., u. O. Benedict: H. **220**, 106 (1933). — [8] Kishi, S.: H. **238**, 210 (1936).

Für das Problem der *biologischen Entstehung der Gallensäuren* ist sehr bedeutungsvoll, daß aus Gallenflüssigkeiten eine Reihe von Steroiden isoliert wurden, die nach der Art ihrers Grundskelettes eine gewisse Mittelstellung zwischen den Sterinen und den Gallensäuren einnehmen. Besonders gut ist das von HAMMARSTEN in der Haifischgalle aufgefundene *Scymnol* [*] von der Zusammensetzung $C_{27}H_{46}O_5$ untersucht. WINDAUS[1] und TSCHESCHE[2] zeigten, daß es sich

$$CH_3$$
$$CH-CH_2-CH_2-CH-C \big\langle {CH_2 \cdot OH \atop CH_3}$$

Scymnol
($C_{27}H_{46}O_5$)

um einen 4-wertigen Alkohol handelt, der ein weiteres Sauerstoffatom brückenförmig gebunden enthält. Wie schon die Summenformel zeigt, ist die Seitenkette des Cholesterins unverkürzt vorhanden. Die wiedergegebene Strukturformel bedarf im einzelnen noch der Sicherung.

Neben dem gut untersuchten Scymnol sind aus verschiedenen Gallenflüssigkeiten noch einige weitere Stoffe isoliert worden, die nach der Länge und dem Oxydationsgrad der Seitenkette ebenfalls zwischen den Sterinen und Gallensäuren einzureihen sind. WIELAND[3] isolierte

Pentaoxy-bufostan
($C_{28}H_{50}O_5$)

aus Rindergalle die *Sterocholsäure* von der wahrscheinlichen Zusammensetzung $C_{28}H_{46}O_5$. In der Krötengalle wurde als Säure mit 28 Kohlenstoffatomen die *Trioxy-bufosterocholensäure* $C_{28}H_{46}O_5$, in Fischgalle eine *Tetraoxy-norstero-cholansäure* $C_{27}H_{46}O_6$ aufgefunden[4]. Mit dem α-Scymnol sind die Gallenalkohole *Tetraoxynorbufostan* $C_{27}H_{48}O_4$ und *Pentaoxybufostan* $C_{28}H_{50}O_5$ (Formel s. oben) aus Krötengalle verwandt[5].

1. Biologisches Vorkommen der Gallensäuren. Die Gallensäuren liegen nicht in freier Form im Organismus vor. Nur bei einem Fall von menschlicher Gallenfistel mit biliärer Cirrhose der Leber konnte aus der Galle eine große Menge von freier Gallensäure isoliert werden[6].

Die gepaarten Gallensäuren. Die Verbindungen der Gallensäuren mit dem Glykokoll und Taurin werden als gepaarte Gallensäuren bezeichnet, von denen man eine große Anzahl kennt. Für die *Tauro-* und *Glykocholsäure*[7] konnte eine säureamidartige Verknüpfung der Komponenten bewiesen werden. Bei anderen gepaarten Gallensäuren scheinen dagegen andersartige Bindungen vorzukommen.

---

[*] $C_{27}H_{46}O_5$ (M.G. 450,36) 71,94% C; 10,29% H; 17,76% O.

[1] WINDAUS, A., W. BERGMANN u. G. KÖNIG: H. **189**, 148 (1930). — [2] TSCHESCHE, R.: H. **203**, 263 (1931). — [3] WIELAND, H., u. S. KISHI: H. **214**, 47 (1933). — [4] SHIMIZU, T., u. T. ODA: H. **227**, 74 (1934). — OHTA, K.: H. **259**, 53 (1939). — ISAKA, H.: H. **266**, 117 (1940). — [5] KAZUNO, T.: H. **266**, 11 (1940). — [6] SCHÖNHEIMER, R., E. ANDREWS u. L. HRDINA: H. **208**, 182 (1932). — [7] Darstellung: Gattermann-Wieland S. 406. 1940.

Die Choleinsäuren. Im Jahre 1855 isolierte LATSCHINOFF aus Rindergalle eine Verbindung, die er als „Choleinsäure" bezeichnete und für ein Isomeres der Desoxycholsäure hielt. WIELAND zeigte, daß die Choleinsäure eine Molekülverbindung aus 8 Molekülen Desoxycholsäure mit 1 Molekül Fettsäure darstellt. Die nähere Untersuchung ergab, daß in solchen Additionsverbindungen ein allgemeines Aufbauprinzip vorliegt: Durch Variation der Fettsäurekomponente konnten WIELAND und RHEINBOLDT[1] eine große Anzahl derartiger „Choleinsäuren" darstellen. Um die als Koordinationszentrum wirkende Fettsäure können je nach der Kettenlänge der Zentralmolekel 1, 2, 3, 4, 6 oder 8 Moleküle Desoxycholsäure gelagert sein. Analog gebaute Koordinationsverbindungen[2] wurden auch aus anderen organischen Verbindungen mit Desoxycholsäure gewonnen; so z. B. mit Campher (Cadechol), Phenol, Cholesterin usw. Die Fähigkeit zur Bildung derartiger Molekülverbindungen kommt außer der Desoxycholsäure der *Apocholsäure* ($3,12(\alpha)$-Dioxy-$\Delta^{8(14)}$-cholensäure) und den Salzen der Taurodesoxycholsäure zu, wie die Isolierung von Glyko- und Taurocholeinsäure bewiesen hat. Die biologische und pharmakologische Bedeutung der Choleinsäuren beruht darauf, daß ihre Salze in Wasser leichtlösliche Verbindungen darstellen.

2. Über die Biologie der Gallensäuren[3]. Von größter biologischer Bedeutung ist der Befund, daß die Natriumsalze der Gallensäuren und die Gallenflüssigkeit selbst (wohl aus ähnlichen Gründen wie sie der Choleinsäurebildung zugrunde liegen) *wasserunlösliche Stoffe in echte Lösungen überzuführen vermögen.* So konnte z. B. VON EULER[4] zeigen, daß Carotin durch Zusatz von Natriumsalzen der Gallensäuren in wäßrige Lösung zu bringen ist. Auch die *Aktivierung der Lipasen* (s. KRAUT, S. 1074) durch gallensaure Salze dürfte mit der Erhöhung der Löslichkeit der Fette zusammenhängen. *Die mit der Wasserlöslichkeit verbundene Erleichterung der Resorption der wasserunlöslichen Nahrungsstoffe darf als die wichtigste biologische Funktion der Gallensäuren gelten.* In einer Reihe von Arbeiten konnte ein Einfluß der Gallensäuren auf den Kohlenhydratstoffwechsel im Sinne einer Förderung der Glykogenbildung festgestellt werden[5]. Erwähnenswert ist weiterhin die hämolytische Wirkung der Gallensäuren[6].

Biologische Bildung der Gallensäuren. Eine Entstehungsmöglichkeit der Gallensäuren im Organismus wäre durch oxydativen Abbau des Cholesterins denkbar. Es wäre anzunehmen, daß zunächst mehrere Sauerstoffatome in das Sterinmolekül eintreten, so daß Substanzen vom Typus des Scymnols (s. S. 411, 413) und der Tetraoxy-nor-sterocholansäure (s. S. 411) entstehen, die unter Verlust von 3 Kohlenstoffatomen der Seitenkette in Stoffe mit dem Grundskelett der Cholansäure übergehen. Durch anschließende Reduktion würden dann die eigentlichen Gallensäuren wie die Cholsäure, Desoxycholsäure und Lithocholsäure entstehen. Für eine solche „reduktive Stufe" konnten K. YAMASAKI und K. KYOGOKU[7] Anhaltspunkte liefern: Sie zeigten, daß z. B. Oxocholansäuren im Krötenorganismus zu Oxycholansäuren reduziert werden und betrachten daher die S. 409 erwähnten, aus Galle gewonnenen Oxocholansäuren als Zwischenprodukte der Gallensäuresynthese aus Cholesterin. Es ist sicher, daß ein Übergang von Cholesterin zu Cholsäure im Organismus stattfinden kann, denn nach Verabfolgung von Deuterocholesterin (s. S. 397) erhält man D-haltige Cholsäure[8]

[1] RHEINBOLDT, H.: A. **451**, 256 (1927). — RHEINBOLDT, H., O. König u. R. OTTEN: A. **473**, 249 (1929). — BUU-HOÏ, NG. PH.: H. **278**, 230 (1943). — BUU-HOÏ, NG. PH., u. P. CAGNIANT: H. **279**, 76 (1943). — [2] Vgl. W. KUHN S. 64. — [3] KÜHNAU, J.: Stoffwechsel der Gallensäuren. Handb. Biochem. Erg.-W. **3**, 1131—1135 (1936). — Siehe auch Bd. 2, Leber und Galle. — [4] EULER, H. VON, u. E. KLUSSMANN: H. **219**, 215 (1933). — [5] FUZIWARA, K.: B.Z. **265**, 76 (1933). — TAKATA, H.: B.Z. **265**, 80 (1933). — [6] Vgl. Cytolyse: Bd. 2, Blut. — [7] YAMASAKI, K., u. K. KYOGOKU: H. **233**, 29 (1935); **235**, 43 (1935). — [8] BLOCH, K., B. N. BERG and D. RITTENBERG: J. biol. Ch. **149**, 511 (1943).

(vgl. S. 414). Bei Verabfolgen von Deuterocholesterin fand man bei der Frau weiterhin D-haltiges Pregnandiolglucuronat (s. S. 432 u. 435).

Es scheint daher im Organismus ein Abbaumechanismus möglich zu sein, der durch oxydative Veränderung der Seitenkette von den Sterinen bis zu den Keimdrüsenhormonen führt, bei denen die Seitenkette völlig verschwunden ist:

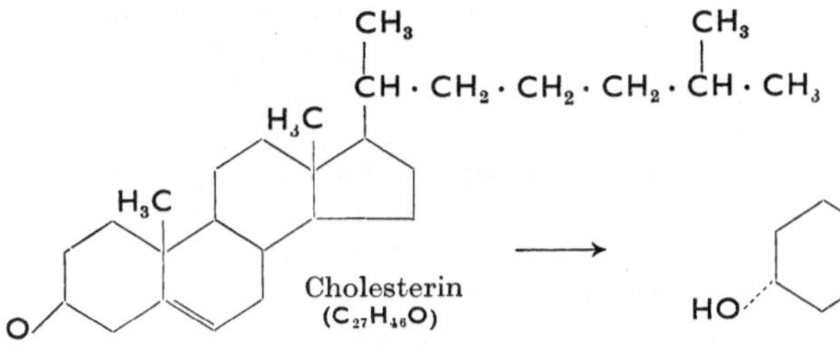

CH_3 $\dot{C}H \cdot CH_2 \cdot CH_2 \cdot CH_2 \cdot \dot{C}H \cdot CH_3$

Cholesterin
($C_{27}H_{46}O$)

$\longrightarrow$

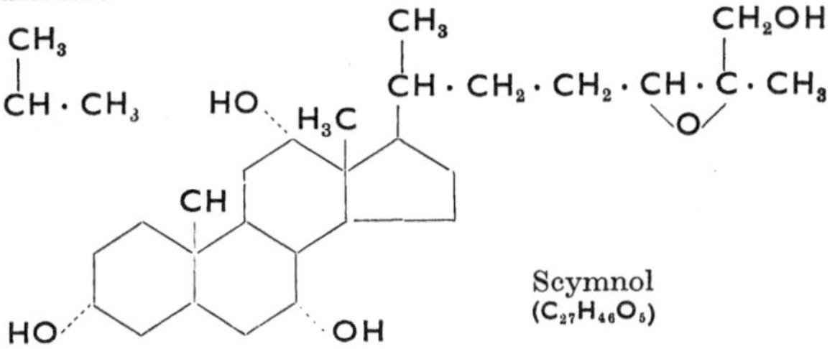

CH_3 CH_2OH $\dot{C}H \cdot CH_2 \cdot CH_2 \cdot CH \cdot \dot{C} \cdot CH_3$

Scymnol
($C_{27}H_{46}O_5$)

$\longrightarrow$

CH_3 $\dot{C}H{-}CH_2{-}CH_2{-}COOH$

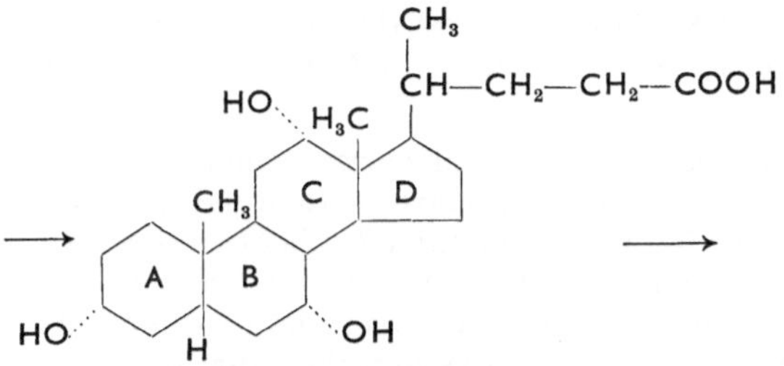

Cholsäure (als Gallensäuretypus)
($C_{24}H_{40}O_5$)

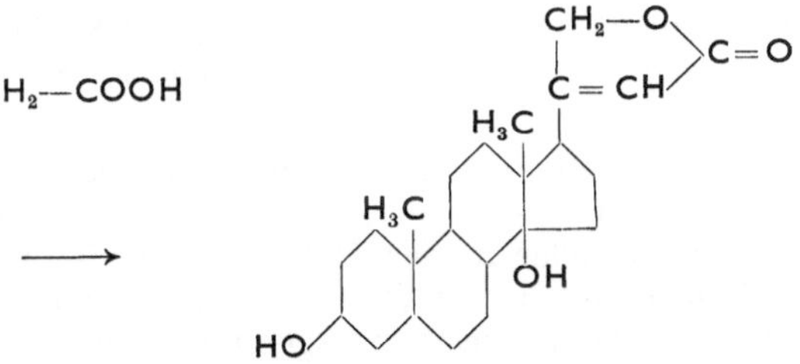

$\longrightarrow$

Digitoxigenin (als Herzgifttypus)
($C_{23}H_{34}O_4$)

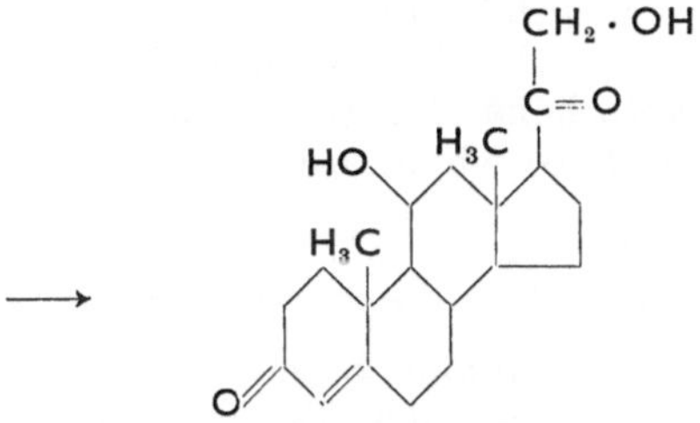

$\longrightarrow$

$CH_2 \cdot OH$ $\dot{C}{=}O$

Corticosteron
(als Typ der Nebennereninhaltsstoffe)
($C_{21}H_{30}O_4$)

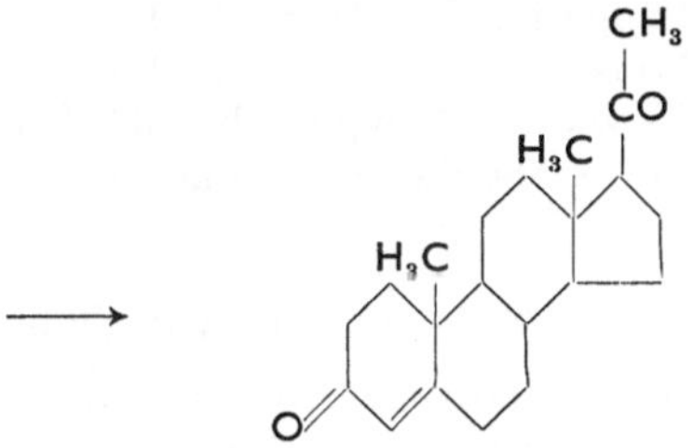

$\longrightarrow$

CH_3 $\dot{C}O$

Progesteron
(Corpus luteum-Hormon)
($C_{21}H_{30}O_2$)

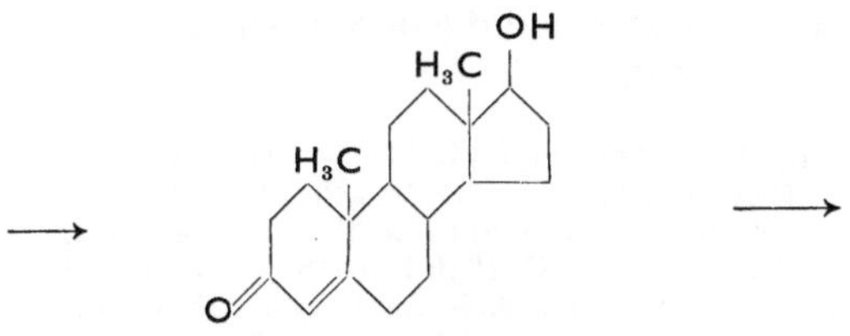

$\longrightarrow$

Testosteron (Hodenhormon)
($C_{19}H_{28}O_2$)

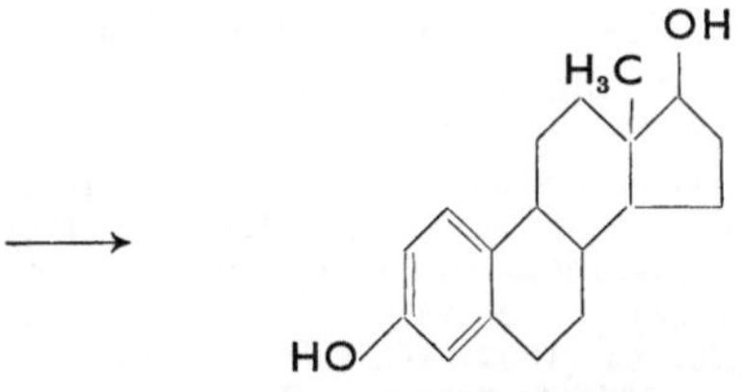

$\longrightarrow$

Oestradiol (Follikelhormon)
($C_{18}H_{24}O_2$)

Ob dieser Weg zur Bildung aller niedermolekularen Sterine im Tier- und Pflanzenorganismus beschritten wird, ist unsicher. Es ist vorstellbar, daß die Entstehung einzelner Steroide nebeneinander aus niedermolekularen Bausteinen erfolgt, oder daß das oben angegebene Schema teilweise in umgekehrter Richtung durchlaufen wird (vgl. S. 452).

Im tierischen Organismus konnte nach *Zufuhr von Cholesterin, Cholesterinestern oder Scymnol* per os oder subcutan *keine* Mehrausscheidung an Gallensäuren erreicht werden. Nach *Verabreichung von Koprosterin*, das derselben sterischen Reihe wie die Gallensäuren angehört, oder durch Substanzen, die in vitro leicht in Koprosterin übergehen, konnte zwar eine Steigerung der Ausscheidung beobachtet werden, jedoch war die Mehrausscheidung an Gallensäuren weit größer als die zugeführte Sterinmenge. Versuche an einem *Hund mit Gallenfistel* ergaben, daß dieser bei exogener Zufuhr von 7,67 g Sterin in 59 Tagen 72 g Cholsäure ausschied[1]. Die gleichzeitig im Kot auftretende Menge Sterin war dabei noch größer als die exogene Zufuhr. Eine eindeutige Entscheidung über die Möglichkeit der Entstehung von Gallensäuren aus Cholesterin konnte erst nach Verwendung von markiertem Cholesterin erzielt werden. Nach intravenöser Verabfolgung von Cholesterin, das 4,2% Deuterium enthielt, an einen Hund mit einer Anastomose zwischen Gallenblase und Nierenbecken konnte aus dem Harn des Hundes eine Cholsäure isoliert werden, aus deren Deuteriumgehalt hervorgeht, daß sie zu mindestens $^2/_3$ durch Abbau des verabfolgten Cholesterins entstanden ist[2]. *Damit ist der Übergang von Cholesterin in Gallensäure in vivo nachgewiesen.*

Ketogallensäuren werden im Tierkörper und von Mikroorganismen teilweise reduziert und als Oxy-keto- bzw. Oxy-gallensäuren im Harn, manchmal auch nur in der Galle oder in der Bakteriennährlösung vorgefunden[3]. *Dehydrocholsäure* (Decholin) wird in der Therapie zur Anregung der Gallenbildung (Cholereticum) und des Gallenflusses (Cholagogum) verwendet. Ihre Umwandlung im menschlichen Körper ist unbekannt. Im Kaninchen geht sie in Desoxycholsäure über, wobei die Reduktion der Ketogruppe am C_7 zu CH_2 erfolgt. *Dehydrodesoxycholsäure* wird zur Desoxycholsäure reduziert. Je nach Lebewesen, ob Bakterien[4], Amphibien[5] oder Säugetiere[6], erfolgt die Reduktion an den einzelnen C-Atomen in verschiedener Weise[7]. — *Cholsäure* wird im Darm von Meerschweinchen durch Alkaligenes faecalis zerstört[8], wohl über 3,7-Dioxy-12-ketocholansäure[9]. Kaninchen[3]- und Meerschweinchenlebern können Cholsäure zu Desoxycholsäure umwandeln.

c) Die Saponine[10-12].

Die *neutralen Saponine* (gelegentlich auch als Sapotoxine bezeichnet) sind eine Gruppe *glykosidischer Naturstoffe*, die ihren Namen der Fähigkeit verdanken, beim Schütteln in wäßriger Lösung einen dauerhaften Schaum zu liefern. Durch Abspaltung der Zuckerreste entstehen aus ihnen die zuckerfreien *Genine* (Aglykone). Es gelang, diese Genine ebenfalls in die Klasse der Steroide einzuordnen. Die am besten untersuchten Vertreter und die daraus entstehenden Genine sind in folgender Tabelle 76 zusammengestellt.

[1] THANNHAUSER, S. J.: Dtsch. Arch. klin. Med. **141**, 290 (1923). — ENDERLEN, E., S. J. THANNHAUSER u. M. JENKE: Kli. Wo. **1926 II**, 2340. A.e.P.P. **130**, 292 (1928). — [2] BLOCH, K., B. N. BERG and D. RITTENBERG: J. biol. Ch. **149**, 511 (1943). — [3] KIM, CH. H.: H. **255**, 267 (1938). — [4] MORI, T.: J. Biochem. **29**, 87 (1939) [C. **1940 I**, 1048]. — FUKUI, T.: J. Biochem. **25**, 61 (1937) [C. **1939 I**, 4782]. — [5] IMAI, I.: Arb. med. Fak. Okayama **5**, 369 (1938) [C. **1940 I**, 81]. — FUKUI, T., and S. ISHIDA: J. Biochem. **26**, 319 (1937) [C. **1939 II**, 2105]. — [6] MORI, T.: J. Biochem. **31**, 463 (1940) [C. **1941 II**, 633]. — [7] SASAKI, T.: J. Biochem. **32**, 81, 87 (1940) [C. **1941 II**, 1412]. — [8] SCHMIDT, L. H., and H. B. HUGHES: J. biol. Ch. **143**, 771 (1942). — [9] SCHMIDT, L. H., and M. H. GREEN: J. biol. Ch. **140**, CXI (1941).

Zusammenfassende Darstellungen über Sapogenine: 10—12. [10] TSCHESCHE, R.: Ergebn. Physiol. **38**, 31 (1936). Angew. Chem. **48**, 569 (1935). Fortschr. Chem. org. Naturstoffe 4, 1 (1945). — [11] KOFLER, L.: Die Saponine. Wien 1927. — [12] SIMONSEN, J. L., and L. N. OWEN: The Terpenes. 2. Aufl., Bd. 1. Cambridge 1947.

Tabelle 76. Übersicht über die wichtigsten Saponine.

Saponin	Vorkommen	Genin	Summenformel des Genins	Zuckeranteil
Digitonin $C_{56}H_{92}O_{29}$	Digitalis purpurea „ lanata	Digitogenin	$C_{27}H_{44}O_5$	2 Glucose 2 Galaktose 1 Xylose
Gitonin $C_{50}H_{82}O_{23}$	Digitalis purpurea „ germanicum	Gitogenin	$C_{27}H_{44}O_4$	3 Galaktose 1 Pentose
Tigonin $C_{56}H_{92}O_{27}$	Digitalis purpurea „ lanata	Tigogenin	$C_{27}H_{44}O_3$	2 Glucose 2 Galaktose 1 Xylose
Sarsasaponin $C_{45}H_{74}O_{17}$	Radix Sarsaparillae	Sarsasapogenin	$C_{27}H_{44}O_3$	2 Glucose 1 Rhamnose
Trillarin $C_{39}H_{64}O_{13}$	Trillium erectum	Diosgenin	$C_{27}H_{42}O_3$	2 Glucose
Dioscin	Dioscorea Tokoro	Diosgenin	$C_{27}H_{42}O_3$	Rhamnose (?)

Neben den neutralen Saponinen, die sich von Geninen mit 27 Kohlenstoffatomen und dem Kohlenstoffgerüst des Cholesterins ableiten, gibt es eine Gruppe von vorwiegend *sauren* Saponinen, die ein Aglykon mit 30 Kohlenstoffatomen besitzen und nicht zu den Steroiden, sondern zur Klasse der Triterpene[1] gehören.

Konstitution. Der Nachweis des Sterinringsystems für die neutralen Saponine gelang JACOBS[2] durch die Darstellung des γ-Methyl-cyclopenteno-phenanthrens (S. 394) aus Gitogenin und Sarsasapogenin durch Erhitzen mit Selen. Da nach TSCHESCHE[3] Digitogenin und Tigogenin chemisch mit Gitogenin zu verknüpfen sind, ist für diese Sapogenine das gleiche Ringsystem bewiesen. Die Zugehörigkeit zur Klasse der Steroide wurde weiterhin gestützt durch die Darstellung identischer Abbauprodukte aus Sapogeninen und Gallensäuren[4], sowie durch den Abbau von Sapogeninen *(Diosgenin, Sarsasapogenin)* zu Progesteron und anderen Pregnanderivaten (s. S. 434)[5]. Nach WINDAUS sind die Sapogenine als biologische Oxydationsprodukte des Cholesterins aufzufassen; sie tragen mehrere Hydroxylgruppen im Ringsystem und am C_{17} eine charakteristische Gruppierung aus einem Pyran- und einem Furanring, die durch eine acetalisierte Ketogruppe spiranartig verknüpft sind. Als Prototypen dieser Verbindungsklasse seien die Formeln von *Tigogenin* und *Sarsasapogenin* wiedergegeben:

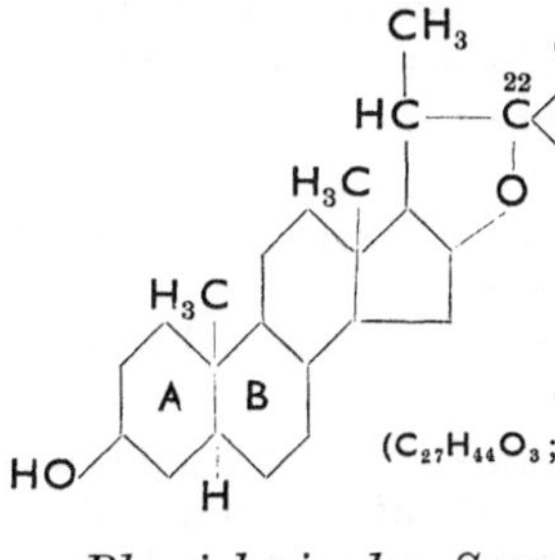

Tigogenin
($C_{27}H_{44}O_3$; A/B trans; C_{22} „iso“)

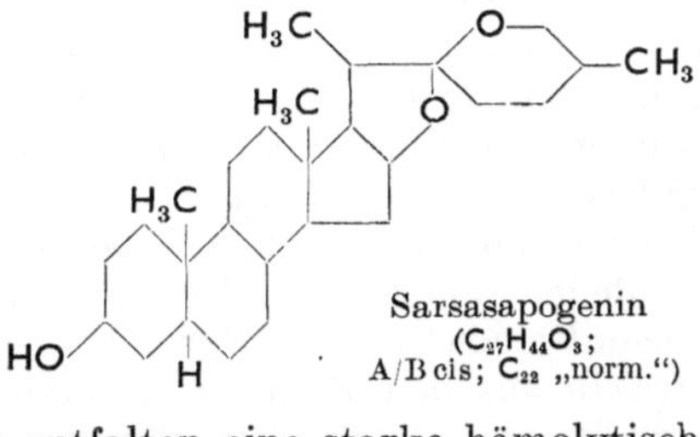

Sarsasapogenin
($C_{27}H_{44}O_3$; A/B cis; C_{22} „norm.“)

Physiologie der Saponine. Die Saponine entfalten eine starke hämolytische Aktivität und lösen auch in großer Verdünnung die roten Blutkörperchen auf[6]. Da ihre Wirkung per os sehr gering ist, ist anzunehmen, daß sie vom Magen-Darmkanal nicht resorbiert werden. Einmal in die Blutbahn gebracht, wirken

---

[1] RUZICKA, L.: Angew. Chem. **51**, 5 (1938). — JACOBS, W. A., and R. C. ELDERFIELD: Ann. Rev. **7**, 449 (1938). — [2] JACOBS, W. A., and J. C. E. SIMPSON: J. biol. Ch. **105**, 501 (1934). Am. Soc. **56**, 1424 (1934). — [3] TSCHESCHE, R.: B. **68**, 1090 (1935). — [4] TSCHESCHE, R., u. A. HAGEDORN: B. **68**, 1412 (1935). — [5] MARKER, R. E.: Am. Soc. **69**, 2395 (1947). — [6] Vgl. Cytolyse, Bd. 2, Blut.

sie als schwere Gifte. Von primitiven Völkern werden sie zum Fischfang verwendet. Der Geschmack ist bitter; im trockenen Zustand entfalten sie eine starke Reizwirkung auf die Schleimhäute. Gegenüber den nahe verwandten Herzgiften (s. unten) haben sie keine spezifische Wirkung auf das Herz.

Einzelne Vertreter. *Digitonin*[1] ist das Hauptsaponin der Digitalissamen. Das Digitonin des Handels enthält wechselnde Mengen an Gitonin und anderen Saponinen in etwa folgendem Verhältnis: 70 bis 80% Digitonin, 10 bis 20% Gitonin und 5 bis 15% Nebensaponine. Die Reindarstellung ist schwierig und kann über eine Additionsverbindung mit Amylalkohol erfolgen. Auch mit anderen Alkoholen, Phenolen und Thiophenolen erhält man krystallisierte Addukte. Bei der sauren Hydrolyse zerfällt das Digitonin in Digitogenin, 2 Mol Galaktose, 2 Mol Glucose und 1 Mol Xylose nach der Gleichung[1]:

$$C_{56}H_{92}O_{29} + 5\,H_2O = C_{27}H_{44}O_5 + 4\,C_6H_{12}O_6 + C_5H_{10}O_5.$$

Gitonin findet sich neben Digitonin in Digitalissamen, auch in Digitalinum germanicum. Bei der Hydrolyse wird es in Gitogenin, 3 Mol Galaktose und 1 Mol Pentose zerlegt. Gitogenin kommt in Digitalisblättern auch in freier Form vor, wo es durch enzymatische Spaltung aus Gitonin entstanden ist.

Tigonin ist in Digitalis purpurea nur in sehr kleiner Menge vorhanden. JACOBS gelang es, das entsprechende Genin Tigogenin durch fraktionierte Krystallisation aus rohem Gitogenin zu erhalten. In großer Menge findet es sich in Digitalis lanata, wo es außerdem frei von Gitonin vorkommt.

Eine Zusammenstellung von einigen näher charakterisierten Sapogenine ist in folgender Tabelle gegeben:

Tabelle 77. Näher charakterisierte Sapogenine.

Name	Formel	Konstitution (s. Formeltypen S. 415)		
Tigogenin . . .	$C_{27}H_{44}O_3$	$3\,\beta$-OH	A/B trans	C_{22} iso
Gitogenin . . .	$C_{27}H_{44}O_4$	2, 3-(OH)$_2$	A/B trans	C_{22} iso
Digitogenin . .	$C_{27}H_{44}O_5$	2, 3, 15 (?)-(OH)$_3$	A/B trans	C_{22} iso
Chlorogenin . .	$C_{27}H_{44}O_4$	$2\,\beta, 6\,\alpha$-(OH)$_2$	A/B trans	C_{22} iso
Lilagenin . . .	$C_{27}H_{42}O_4$	2, 3-(OH)$_2$	Δ^5 Doppelbindung	C_{22} norm.
Diosgenin . . .	$C_{27}H_{42}O_3$	$3\,\beta$-OH	Δ^5 Doppelbindung	C_{22} iso
Smilagenin . .	$C_{27}H_{44}O_3$	$3\,\beta$-OH	A/B cis	C_{22} iso
Sarsasapogenin	$C_{27}H_{44}O_3$	$3\,\beta$-OH	A/B cis	C_{22} norm.

d) Die pflanzlichen Herzgifte[2-4].

Die Saponine werden in den Pflanzen von einer Gruppe von Glykosiden begleitet, die sich durch ihre starke Wirkung auf die Herztätigkeit auszeichnen. Schon frühzeitig wurde von WINDAUS[5] auf die chemische Verwandtschaft dieser weitverbreiteten Stoffklasse mit den Sterinen hingewiesen. Die Herzgifte finden sich vor allem in den *Apocynaceen* und *Scrophulariaceen*, ferner in den *Ranunculariaceen* und *Liliaceen:* von den bei uns heimischen Pflanzen sind besonders der Fingerhut *(Digitalis purpurea)* und das Maiglöckchen *(Convallaria majalis)* zu nennen. Mit den pflanzlichen Herzgiften sind auch die in ihrer Wirkung digitalisähnlichen *Krötengifte* (S. 420) nahe verwandt. Alle bisher aufgefundenen pflanzlichen Herzgifte sind *Glykoside*[6].

Die Reindarstellung der Glykoside bereitet große Schwierigkeiten, da die Extrakte aus den Pflanzen außerordentlich komplizierte Gemische darstellen, die auch noch verschiedene Saponine enthalten. Die wichtigsten und am besten untersuchten Herzgifte sind in folgender Tabelle zusammengestellt:

[1] KILIANI, H.: B. **59**, 2462 (1926).

Zusammenfassende Darstellung: 2—4. [2] LENDLE, L.: Digitaliskörper und verwandte herzwirksame Glykoside (Digitaloide). Handb. Heffter, Erg.-W. **1**, 11—241 (1935). — [3] WEESE, H.: Digitalis. Leipzig 1936. — [4] TSCHESCHE, R.: Angew. Chem. (A) **59**, 224 (1947). — [5] WINDAUS, A., u. L. HERMANNS: B. **48**, 991 (1915). — [6] STOLL, A.: Szillarenase, Digilanidase, Digipurpidase, Strophanthobiase. Bamann-Myrbäck **2**, 1800—1817.

Tabelle 78. Wichtige pflanzliche Herzgifte.

Name	Genin	Formel	Zuckerrest		
Digilanid B . . .	Gitoxigenin	$C_{23}H_{34}O_5$	3 Mol Digitoxose[1,7]	Glucose	Acetyl
Purpureaglucosid B	,,		,,	,,	—
Gitoxin	,,		,,	—	—
Digilanid A . . .	Digitoxigenin	$C_{23}H_{34}O_4$	,,	Glucose	Acetyl
Purpureaglucosid A	,,		,,	,,	—
Digitoxin	,,		,,	—	—
Somalin	,,		Cymarose[1]	—	—
Digilanid C . . .	Digoxigenin	$C_{23}H_{34}O_5$	3 Mol Digitoxose	Glucose	Acetyl
Digoxin	,,		,,	—	—
K-Strophantosid .	Strophanthidin	$C_{23}H_{32}O_6$	Cymarose[1]	2 Mol Glucose	—
K-Strophanthin β .	,,		,,	1 Mol Glucose	—
Cymarin	,,		,,	—	—
Convallatoxin. . .	,,		Rhamnose[1]	—	—
Sarmentocymarin .	Sarmentogenin	$C_{23}H_{34}O_5$	Sarmentose[2]	—	—
Periplocymarin . .	Periplogenin	$C_{23}H_{34}O_5$	Cymarose	—	—
Periplocin	,,		,,	Glucose	—
Uzarin	Uzarigenin	$C_{23}H_{34}O_4$	—	2 Mol Glucose	—
Ouabain	Ouabagenin	$C_{23}H_{34}O_8$	Rhamnose[1]	—	—
Cerberin	Cerberigenin	$C_{23}H_{34}O_4$	Cerberose*	—	—
Oleandrin	Oleandrigenin	$C_{23}H_{33}O_5 \cdot$ COCH$_3$	Oleandrose[2]	—	—
Desacetyloleandrin	Gitoxigenin	$C_{23}H_{34}O_5$	,,	—	—
Origidin	Dianhydrogi-toxigenin	$C_{23}H_{30}O_3$	2,6 Desoxyhexose	Glucose	—
Scillaren A	Scillaridin A	$C_{24}H_{30}O_3$	Rhamnose	Glucose	—
Scillirosid	nicht isoliert		—	,,	Acetyl

* $C_7H_{14}O_5$.

Saure Hydrolyse ergibt die zuckerfreien *Genine*[3]. Schonende Extraktion der Blätter von Digitalis purpurea liefert das *Purpureaglucosid B*[4], das sich stufenweise bis zu seinem spezifischen Genin, dem *Gitoxigenin*[5], abbauen läßt. In Digitalis lanata fand STOLL[6] ein Acetylderivat des Purpureaglucosids B, das *Digilanid B*. Auch die entsprechenden Derivate des *Digitoxigenins*[5] und des *Digoxigenins* wurden aufgefunden. Ein wichtiges Genin ist das *Strophanthidin*, das zahlreichen Glykosiden der Strophanthusarten zukommt. In den Wurzeln von Apocyaneum cannabinum ist dieses Aglykon gebunden an Cymarose, einem 3-Methyläther der Digitoxose[7]. Digitoxose läßt sich synthetisch darstellen[8]. In Strophanthus Kombe ist ein Gemisch verschiedener Glykoside vorhanden, das als *K-Strophanthin* bezeichnet wird. Den Hauptanteil bildet das *K-Strophantosid* (STOLL), weitere Bestandteile sind das *K-Strophanthin* β[9] und *Cymarin*. Samen von Strophanthus gratus enthalten das *Ouabain*, dessen Genin in seiner Konstitution noch nicht völlig geklärt ist. Es dient, da besonders leicht darstellbar als Standardsubstanz für die Prüfung der Herzgifte. *Oleandrin* und *Desacetyl-oleandrin*, begleitet von den nichtherzwirksamen *Neriantin* und *Adynerin*,

<hr>

[1] Siehe S. 264. — [2] Siehe S. 283. — [3] EDERFIELD, RH.: The carbohydrats components of the cardiac glycosides. Adv. Carbohydrate Chem. **1**, 147—173 (1945). — [4] STOLL, A., u. W. KREIS: Helv. **16**, 1049, 1390 (1933). — [5] HUNZIKER, F., u. T. REICHSTEIN: Exper. **1**, 90 (1945). Helv. **28**, 1472 (1945). — [6] STOLL, A.: The cardiac glycosides. London 1937. — [7] Beilstein **31**, 19. — [8] GUT, M., u. D. A. PRINS: Helv. **30**, 1223 (1947). — [9] JACOBS, W. A., and A. HOFFMANN: J. biol Ch. **69**, 153 (1926); **67**, 609 (1926).

wurden aus den Blättern von Nerium oleander isoliert. *Convallatoxin* findet sich in den Blättern des Maiglöckchens (Convallaria majalis). Die Synthese von β-d-Glucosiden aus den Agluconen Strophanthidin[1], Digitoxigenin[2], Digoxigenin[2] und Periplogenin[2] ist gelungen.

Konstitution der pflanzlichen Herzgiftgenine der C_{23}-*Reihe.* Die außerordentlich mühsame Konstitutionsermittlung der 23 Kohlenstoffatome enthaltenden Herzgiftgenine ist namentlich Jacobs und Tschesche zu verdanken. Den ersten Hinweis für das Vorliegen des Steroidringsystems in den Herzgiften lieferte die Darstellung des Methyl-cyclo-pentenophenanthrens (S. 394) aus einem Derivat des Uzarigenins durch Tschesche[3] und aus Strophanthidin durch Jacobs[4]. Durch oxydativen Abbau von Herzgiftderivaten gelangte man dann zu bekannten Stoffen der Gallensäurereihe. Der Bautypus pflanzlicher Herzgifte geht aus folgenden Strukturformeln hervor[5]:

Für fast alle Herzgifte ist der Legalsche Test charakteristisch: Rotfärbung mit Nitroprussidnatrium und Alkali. Er beruht auf der charakteristischen Atomgruppierung der Seitenkette, die als α, β-ungesättigtes Lacton erkannt wurde[7, 8]. Bei Absättigung der Doppelbindung tritt keine Rotfärbung mehr auf, gleichzeitig verschwindet auch die physiologische Wirksamkeit fast vollständig.

Wie aus den oben gegebenen Strukturbildern hervorgeht, unterscheiden sich die Herzgiftgenine untereinander durch Anzahl und Stellung der Hydroxylgruppen am Ringsystem. In den Herzgiften der C_{23}-Reihe ist die Seitenkette des Cholesterins nach Verkürzung um 4 C Atome in einen ungesättigten Laktonring verwandelt. Die OH-Gruppen im *Digitoxigenin* und *Gitoxigenin* haben in C_3-Stellung und in C_{14}-Stellung β-Konfiguration[9]. In den natürlichen herzwirksamen Aglykonen steht sowohl die Lactonseitenkette am C_{17} als auch die OH-Gruppe in C_{14} in cis-Stellung zum Methyl am C_{13}, also in β-Stellung. Die Ringe CD haben daher bei den herzwirksamen Aglykonen cis-Verknüpfung, während sie bei allen natürlichen Steroiden der Sterin-, Gallensäure- und Hormon-Reihe in trans-Stellung sich befinden.

Periplogenin ist eine 3 β-, 5 β-, 14 β-Trioxy-, 17 β-Verbindung.

[1] Uhle, F. C., and R. C. Elderfield: J. org. Chem. 8, 162 (1943). — [2] Elderfield, R. C., F. C. Uhle and J. Fried: Am. Soc. 69, 2235 (1947). — [3] Tschesche, R., u. H. Knick: H. 222, 58 (1933). — [4] Elderfield, R. C., and W. A. Jacobs: Science, N. Y. 79, 279 (1934). J. biol. Ch. 107, 143 (1934). — [5] Strain, W. H.: in Gilman, org. Chem. II, 1431. — [6] Speiser, F., u. T. Reichstein: Exper. 3, 323 (1947). Helv. 30, 2143 (1947). — [7] Paist, W. D., E. R. Blout, F. C. Uhle u. R. C. Elderfield: J. org. Chem. 6, 273 (1941). — [8] Ruzicka, L., Pl. A. Plattner u. A. Fürst: Helv. 24, 167 (1941). — Plattner, Pl. A., L. Ruzicka, H. Heusser u. E. Angliken: Helv. 30, 1073 (1947). — [9] Hunziker, F., u. T. Reichstein: Exper. 1, 90 (1945). — Ruzicka, L., Pl. A. Plattner, H. Heusser u. Kd. Meier: Helv. 30. 1342 (1947).

Strophanthidin hat den gleichen strukturellen Aufbau wie Periplogenin, nur an Stelle der CH_3-Gruppe am C_{10} eine Aldehydgruppe[1].

Ouabagenin trägt am C_{10} eine Oxymethylgruppe und enthält weitere Hydroxyle (wahrscheinlich in 1, 3, 5, 11 und 14).

Cerberigenin ist ein Isomeres des Digitoxigenins; da es eine Additionsverbindung mit Digitonin liefert, wird das Hydroxyl am C_3 ebenfalls β-ständig sein. *Oleandrigenin* ist ein 16-Acetylgitoxigenin. Von Digitoxigenin lassen sich die meisten anderen Genine in einfacher Weise ableiten; so können

Digoxigenin als 12 β-Oxy-3 epi-digitoxigenin,   *Periplogenin* als 5 β-Oxy-digitoxigenin,
Gitoxigenin als 16 β-Oxy-digitoxigenin,   *Sarmentogenin* als 11 α-Oxy-digitoxigenin

bezeichnet werden. Das *Uzarigenin* ist ein Isomeres des Digitoxigenins und unterscheidet sich von diesem durch eine trans-Verknüpfung der Ringe A und B; da es in freier Form nicht bekannt ist, sondern nach Hydrolyse des Uzarins als *Anhydro-uzarigenin* anfällt, ist es noch nicht sicher, ob die zweite Hydroxylgruppe am C_{14} steht[2].

In den herzgiftführenden Pflanzen finden sich Enzyme, die eine Isomerisierung der Glykoside im Geninanteil bewirken, wodurch auch die Herzwirksamkeit zum Verschwinden kommt. Diese *Allo-aglukone* unterscheiden sich von den wirksamen Formen durch eine Isomerie am C_{17}; die Seitenkette ist hier α-ständig.

Herzgifte der C_{24}-Reihe. Neben Herzgiftglykosiden, deren Aglykon 23 C-Atome enthält, sind noch einige Vertreter mit 24 C-Atomen bekanntgeworden. Von diesen ist das bisher wichtigste das *Scillaren A* aus der weißen Meerzwiebel. Diesem Glykosid kommt nach STOLL und RENZ[3] folgende Konstitutionsformel zu:

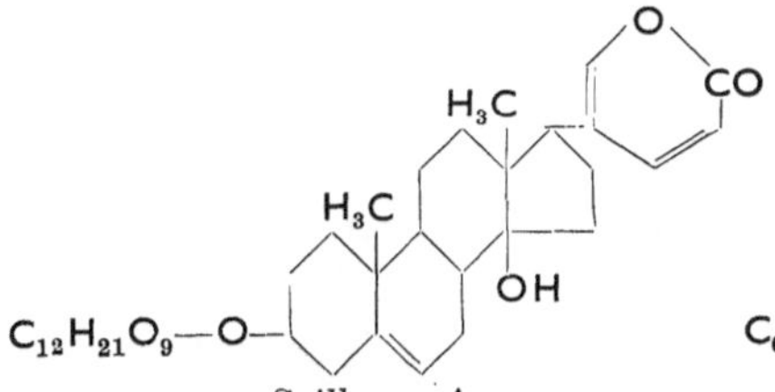

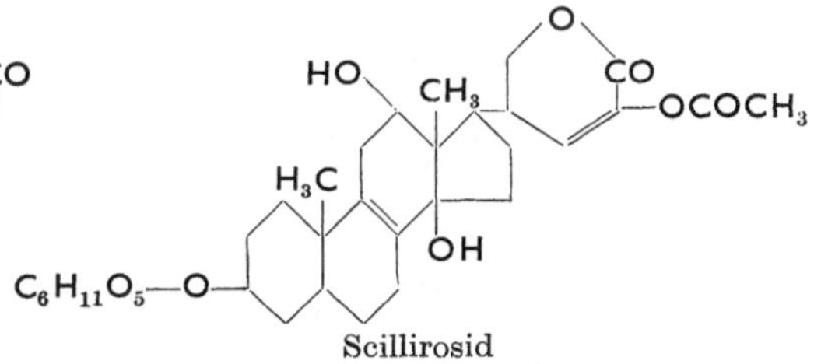

Die Seitenkette ist gegenüber dem Cholesterin um 3 C-Atome verkürzt und zu einem sechsgliedrigen Lactonring geschlossen. Bei der Hydrolyse geht das Scillaren in das *Scillaridin* über, das gegenüber dem eigentlichen Aglykon eine Hydroxylgruppe verloren hat. Derartige Wasserabspaltungen werden bei der Hydrolyse der Herzgiftglykoside häufig beobachtet.

Aus der roten Meerzwiebel, die auch als Rattengift Verwendung findet, wurde von STOLL und RENZ[4] das Glykosid *Scillirosid* gewonnen. Sein Aglykon zeigt eine Besonderheit durch das Auftreten einer acetylierten Enolgruppe im Lactonring[5] (s. obenstehende Formel).

Tabelle 79. Physiologische Wirksamkeit einiger Herzgifte.

	Katzeneinheit mg/kg	Frosch kleinste, Herzstillstand bewirkende Dosis mg/kg	Katze Erbrechen bewirkende Dosis mg/kg
Ouabain	0,12	0,00050	0,060
Cymarin	0,13	0,00060	0,080
Digoxin	0,22	0,00250	0,075
Digitoxin. . . .	0,33	0,00800	0,150
Uzarin.	5,08	1,5	0,350

Physiologie der Herzgifte. Die physiologische Wirkung der Herzgifte besteht in einer Beschleunigung der Systole, einer Erhöhung des Spannungsmaximums und einer beschleunigten Erschlaffung in der Diastole; die Frequenz wird nicht

---

[1] PLATTNER, PL. A., A. SEGRE u. O. ERNST: Helv. **30**, 1432 (1947). — HEUSSER, H., u. H. WOTHIER: Helv. **30**, 1460 (1947). — [2] Siehe Fußnote [8] S. 418. — [3] STOLL, A., u. J. RENZ: Helv. **24**, 1380 (1941). — [4] STOLL, A., u. J. RENZ: Helv. **25**, 43, 377 (1942). — [5] STOLL, A., J. RENZ u. A. HELFENSTEIN: Helv. **26**, 648 (1943).

verändert. Bei Überschreitung der letalen Dosis kommt es zum Herzstillstand in der Systole. Daneben finden sich häufig noch Wirkungen auf die glatte Muskulatur und die Diurese, die weniger von dem glykosidischen Teil als von der Art des Aglykons abhängig sind. Von besonderer physiologischer Bedeutung ist die ungesättigte Lactongruppe in der Seitenkette, deren Absättigung zu einem starken Absinken der Wirksamkeit führt. Zur quantitativen Bestimmung der Wirkung wird die letale Dosis an der Katze oder am Frosch bestimmt. Als weiterer Test kann die brechreizerregende Wirkung der Herzgifte bei Tauben oder Katzen dienen, doch gehen diese Werte nicht mit den anderen parallel (Tabelle 79).

e) Krötengifte [1,2].

In den Hautsekreten der Kröte finden sich Giftstoffe, die den pflanzlichen Herzgiften sehr nahe verwandt sind (s. a. S. 1254). Fast jede Krötenart bildet ein spezifisches Gift, so daß eine große Anzahl von Krötengiften bekannt ist. Man unterscheidet zwischen *Bufotoxinen* und *Bufaginen* (Bufogeninen). Die Bufotoxine sind als *Suberylarginin*derivate der Bufagine aufzufassen, die Stelle der Zuckerkomponenten bei den pflanzlichen Herzgiften vertritt also hier das Derivat einer Aminosäure. Die meisten Bufagine enthalten ein 4-Ringsystem aus 24 Kohlenstoffatomen. Für das *Cinobufagin* wurde von R. TSCHESCHE und

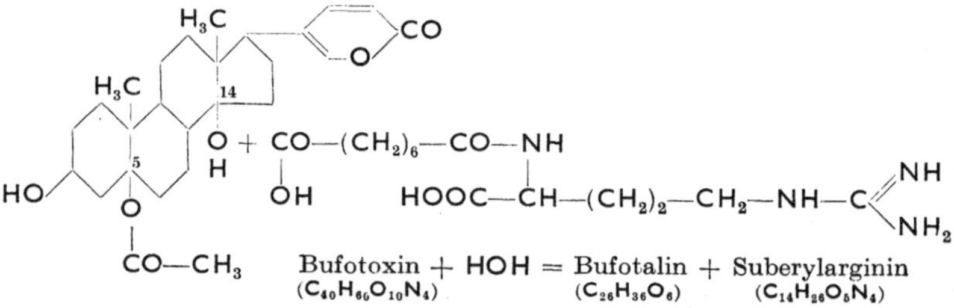

$$\text{Bufotoxin} + \text{HOH} = \text{Bufotalin} + \text{Suberylarginin}$$
$$(C_{40}H_{66}O_{10}N_4) \qquad (C_{26}H_{36}O_6) \qquad (C_{14}H_{26}O_5N_4)$$

OFFE [3] die Zugehörigkeit zu den Steroiden durch die Darstellung des Methylcyclo-pentenophenanthrens (S. 394) bewiesen. Am besten untersucht ist das *Bufotalin*, das Genin des Giftes der europäischen Kröte, für das ebenfalls das Sterinringsystem sichergestellt wurde. Die Arbeiten von WIELAND [4] und seinen Mitarbeitern haben bisher zu der obenstehenden Konstitutionsformel geführt. Die Seitenkette hat hier also dieselbe Form wie bei den pflanzlichen Herzgiften der C_{24}-Reihe. Der Suberylargininrest greift wahrscheinlich am C_{14}-Hydroxyl ein.

f) Die Keimdrüsenhormone. Sexogene [5-9].

In den Keimdrüsen der Wirbeltiere werden Stoffe bereitet, die in verhältnismäßig kleiner Menge notwendig sind, damit das in dem Chromosomenbestand seiner Zellen genetisch festgelegte Geschlecht sich zur Reife entwickeln kann und die Genitalorgane ihre normale Funktion erfüllen können. Diese *geschlechtsprägenden* Stoffe werden als *Sexualhormone* oder nach ihrem Entstehungsort als *Keimdrüsenhormone* bezeichnet.

Zusammenfassende Darstellungen über Krötengifte: 1—2. [1] BEHRINGER, HANS: Chemie **56**, 83, 105 (1943). Forsch. u. Fortschr. **20**, 58 (1944). — [2] TSCHESCHE, R.: s. Fußnote [4] S. 416. [3] TSCHESCHE, R., u. H. A. OFFE: B. **68**, 1998 (1935). — [4] WIELAND, H., u. F. VOCKE: A. **481**, 215 (1930). — WIELAND, H., G. HESSE u. H. MEYER: A. **493**, 272 (1932). — WIELAND, H., u. G. HESSE: A. **517**, 22 (1935). — TSCHESCHE, R., u. H. A. OFFE: B. **68**, 1998 (1935).
Zusammenfassende Darstellungen: 5—9. [5] BUTENANDT, A.: Naturwiss. **24**, 529, 545 (1936); **30**, 4 (1942). — [6] PARKES, A. S., and C. W. EMMENS: Effects of androgens and oestrogens on birds. Vitamins & Hormones **2**, 361 (1944). — [7] MIESCHER, K.: Exper. **2**, 237 (1946); **5**, 1 (1949). — [8] MIESCHER, K.: Rec. Progr. Hormone Res. **3**, 47 (1949). — [9] JONES, R. N.: The characterisation of sterol hormones by ultraviolet and infrared spectroscopy. Receut Progr. Hormone Res. **2**, 3 (1948).

Nach unserem heutigen Wissen werden beim Säugetier und beim Menschen 3 Typen von Keimdrüsenhormonen mit prinzipiell unterschiedlicher Wirkung bereitet: 2 Ovarialhormone im weiblichen Körper, die nach ihrem wichtigsten Entstehungsort als „*Follikelhormon*" und als „*Corpus luteum-Hormon*" bezeichnet werden, und ein männliches Keimdrüsenhormon, das „*Testikelhormon*". Jedes dieser Hormone ist in reiner krystallisierter Form aus natürlichem Material isoliert, ihre chemische Konstitution ist vollständig aufgeklärt. Die historische Entwicklung in der Reindarstellung der ersten Vertreter der 3 verschiedenen Hormon*typen* ist aus folgender Zusammenstellung ersichtlich:

Tabelle 80. Isolierung der ersten krystallisierten Keimdrüsenhormon-Typen.

Jahr	Hormon	Ausgangsmaterial	Autor
1929	Follikelhormon Oestron	Schwangerenharn	E. A. DOISY; A. BUTENANDT
1931	Testikelhormon Androsteron	Männerharn	BUTENANDT und TSCHERNING
1934	Corpus luteum-Hormon Progesteron	Schweineovarien	BUTENANDT und U. WESTPHAL; SLOTTA und FELS; ALLEN und WINTERSTEINER

Die chemische Untersuchung ergab, daß alle 3 Wirkstofftypen untereinander aufs nächste verwandt sind. Die Keimdrüsenhormone leiten sich sämtlich von demselben Grundskelett ab und sind als Derivate des Cyclo-pentano-perhydro-phenanthrens in die Klasse der Steroide einzureihen.

α) Follikelhormone. Oestrogene. (Die Oestrongruppe[1-6].)

Dem physiologisch eindeutig definierten Begriff „Follikelhormon" steht eine ganze *Gruppe* chemisch reiner Verbindungen gegenüber, die durch ihr qualitativ gleichartiges biologisches Verhalten und durch ihr Vorkommen im Organismus diese Bezeichnung in Anspruch nehmen können. Nach dem zuerst aufgefundenen Vertreter dieser Verbindungen werden sie zur *Oestrongruppe* zusammengefaßt. Über die *wichtigsten* aus natürlichem Material isolierten hormonal wirksamen Stoffe dieser Gruppe gibt die Tabelle 81 einen Überblick. Von ihnen sind *Oestron*, *Oestriol* und *Oestradiol* in den hormonalen Produktionsstätten selbst aufgefunden worden (S. 425/426); die übrigen wurden nur aus Harn dargestellt und sind möglicherweise lediglich Ausscheidungsprodukte.

Tabelle 81. Übersicht über die wichtigsten Vertreter der Oestrongruppe.

Name	Formel	Smp. Grad	$[\alpha]_D$ Grad	Physiologische Wirksamkeit in ME/g (vgl. S. 427)
Oestron	$C_{18}H_{22}O_2$	254—259	+ 156	10 000 000
Oestriol	$C_{18}H_{24}O_3$	280	+ 30	75 000
„α"-Oestradiol	$C_{18}H_{24}O_2$	178	+ 78	20 000 000
Equilin	$C_{18}H_{20}O_2$	240	+ 308	400 000—1 300 000
Equilenin	$C_{18}H_{18}O_2$	259	+ 87	600 000—1 200 000

1. Chemische Konstitution der Oestrongruppe. Alle in der Natur vorkommenden Vertreter der Oestrongruppe enthalten ein *Steroidskelett*, in dem mindestens ein Ring *aromatischen Charakter* trägt. Der gesättigte Grundkohlenwasserstoff der

Zusammenfassende Darstellungen: 1—6. [1] BUTENANDT, A.: Untersuchungen über das weibliche Sexualhormon. Berlin 1931. (Abh. Ges. Wiss. Göttingen. Math.-physik. Kl. III. F., H. 2). — [2] STÖRMER, I., u. U. WESTPHAL: Ergebn. Physiol. **35**, 318—341 (1933). — [3] SCHMIDT-THOMÉ, J.: Ergebn. Physiol. **39**, 192 (1937). — [4] MARRIAN, G. F.: Ergebn. Vit.- u. Hormonforsch. **1**, 419 (1938). — [5] BERBLINGER, W., C. CLAUBERG u. E. J. KRAUS: Die Bedeutung der inneren Sekretion für die Frauenheilkunde. Handb. Gynäkol. (STÖCKEL) **9**, 965 (1936). — [6] FRIEDGOOD, H. B., and J. B. GARST: The identification and quantitative microdetermination of oestrogens by ultraviolet absorption spectrophotometry. Recent Progr. Hormone Res. **2**, 31 (1948).

Oestrongruppe wird als Oestran bezeichnet. In der 3-Stellung tragen die Vertreter der Oestrongruppe eine *phenolische* OH-*Gruppe* und am entgegengesetzten Ende des Moleküls findet sich eine zweite Sauerstoff-Funktion:

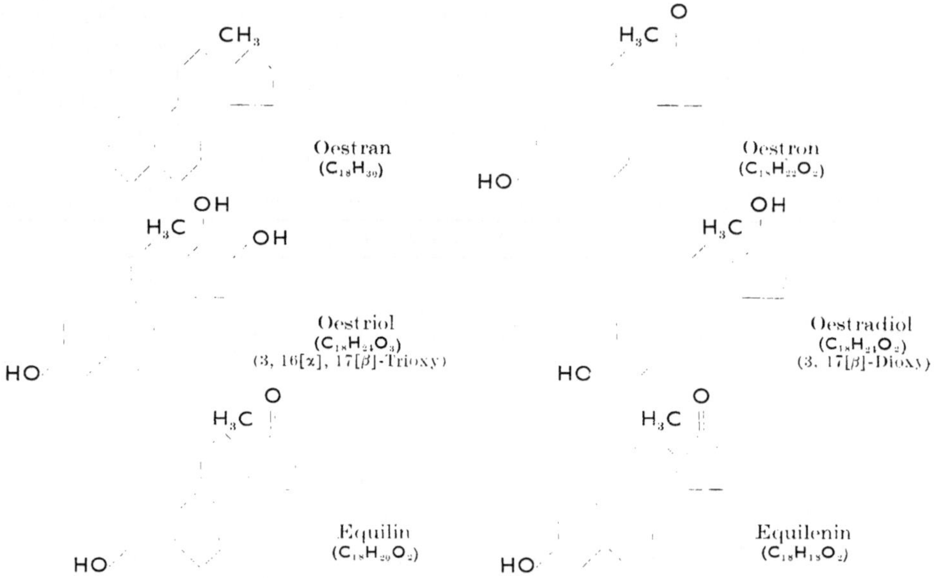

Oestran
($C_{18}H_{30}$)

Oestron
($C_{18}H_{22}O_2$)

Oestriol
($C_{18}H_{24}O_3$)
(3, 16[α], 17[β]-Trioxy)

Oestradiol
($C_{18}H_{24}O_2$)
(3, 17[β]-Dioxy)

Equilin
($C_{18}H_{20}O_2$)

Equilenin
($C_{18}H_{18}O_2$)

Der erste Einblick in das den natürlichen Vertretern der Oestrongruppe zugrunde liegende Vierringsystem wurde durch A. BUTENANDT, H. A. WEIDLICH und H. W. THOMPSON[1] durch den übersichtlichen Abbau des Oestriols zu den synthetisch zugänglichen *1.2-Dimethyl-phenanthrol-(7)* und *1.2-Dimethyl-phenanthren* gewonnen:

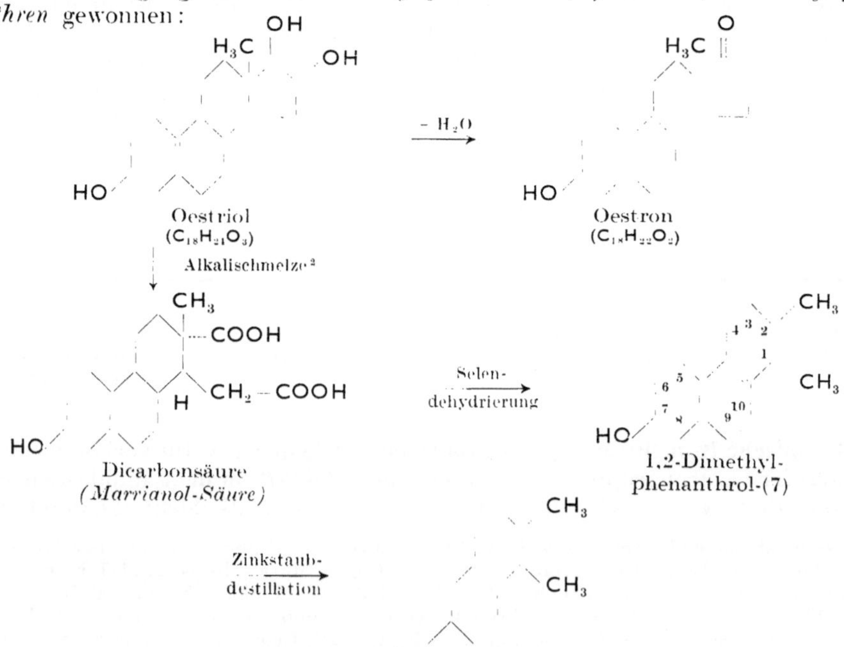

Oestriol
($C_{18}H_{24}O_3$)

$- H_2O \longrightarrow$

Oestron
($C_{18}H_{22}O_2$)

Alkalischmelze[2]

Dicarbonsäure
(Marrianol-Säure)

Selen-
dehydrierung $\longrightarrow$

1.2-Dimethyl-
phenanthrol-(7)

Zinkstaub-
destillation $\longrightarrow$

1.2-Dimethyl-phenanthren

[1] BUTENANDT, A., H. A. WEIDLICH u. H. THOMPSON: B. **66**, 601 (1933). — [2] MARRIAN, G. F., and G. A. D. HASLEWOOD: J. Soc. chem. Industr. **51**, 277 T (1932).

Dieser Abbau ist von COOK[1] und Mitarbeitern durch Überführung von Oestron, Oestradiol und Equilenin in Derivate des Cyclo-penteno-phenanthrens ergänzt worden. 1939 gewann BACHMANN[2,3] das mit Oestron nahe verwandte Equilenin aus einem von BUTENANDT und SCHRAMM[4] früher dargestellten Oxotetrahydrophenanthrol und synthetisierte damit erstmalig ein natürliches, optisch aktives Steroid. Diese Synthese[5] verläuft über viele Zwischenstufen; die wichtigsten sind hier wiedergegeben:

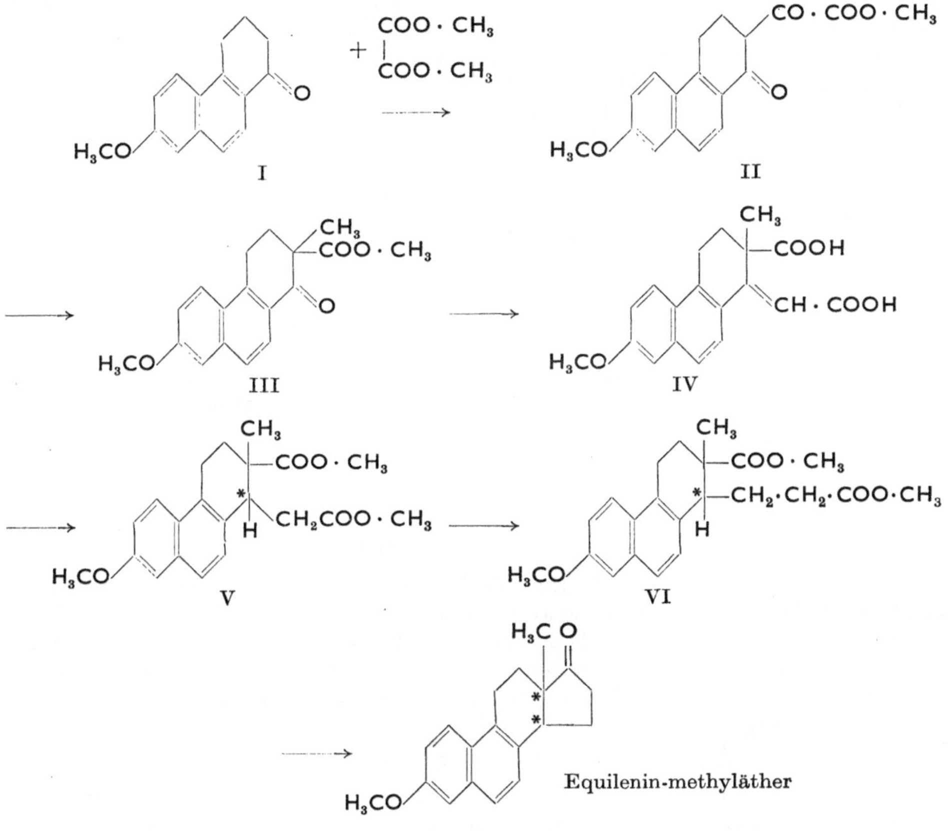

Der Methyläther des Phenanthrols (I) wird mit Oxalester und Natriummethylat kondensiert. Das gebildete Glyoxalat (II) verliert beim Erhitzen mit Glaspulver 1 Molekül CO, und durch anschließende Umsetzung mit Na und JCH_3 gelingt die Einführung der angulären Methylgruppe (III). Zur Bildung des fünfgliedrigen Ringes wird die Oxogruppe mit Bromessigester und Zink in Reaktion gebracht (REFORMATZKY). Aus der intermediär entstehenden Oxysäure erhält man durch Wasserabspaltung eine ungesättigte Dicarbonsäure (IV). Bei ihrer Hydrierung treten zwei raumisomere Säuren (V) auf, die sich nur in der Anordnung am C* voneinander unterscheiden (cis-trans-Isomerie). Sie werden getrennt der weiteren Reaktionsfolge unterworfen; die eine (wahrscheinlich die trans-Säure) liefert nach der Verlängerung der Seitenkette um ein Kohlenstoffatom (VI) und Ringschluß durch intramolekulare Esterkondensation als Endprodukt DL-Equilenin, die andere das DL-,,Iso-equilenin". Durch Spaltung in die optischen Antipoden wurden die vier möglichen Isomeren

<hr>

[1] COHEN, A., J. W. COOK and C. L. HEWETT: Soc. 1935, 445. — [2] BACHMANN, W. E., W. COLE and A. L. WILDS: Am. Soc. 61, 974 (1939); 62, 824 (1940). — [3] BACHMANN, W. E., S. KUSHNER and A. C. STEVENSON: Am. Soc. 64, 974 (1942.) — [4] BUTENANDT, A., u. G. SCHRAMM: B. 68, 2083 (1935). — Neuere Methode: STORK, G.: Am. Soc. 69, 576, 2936 (1947). — [5] Über eine zweite Equilenin-Synthese aus gleichem Ausgangsmaterial s. JOHNSON, W. S., J. W. PETERSEN and C. D. GUTSCHE: Am. Soc. 67, 2274 (1945); 69, 2942 (1947).

gewonnen, die sich voneinander durch die räumliche Anordnung an den zwei mit * bezeichneten Asymmetriezentren des Fünfringes unterscheiden. Das D-Equilenin ist in allen Eigenschaften identisch mit dem natürlichen Wirkstoff.

Später gelang es ANNER und MIESCHER[1], ausgehend vom 1-Oxo-2-methyl-7-methoxy-oktahydrophenanthren-2-carbonsäureester[2], nach ähnlichem Prinzip auch das Oestron vollsynthetisch herzustellen.

Auf dem Wege des Abbaues gelang es INHOFFEN[3] das Oestron mit dem Chole-sterin zu verknüpfen. Aus Cholesterin ist das Androstanolon (I) durch oxydativen Abbau leicht zugänglich. Dieses wird durch Bromierung in das 2,4-Dibromid (II) übergeführt, aus dem durch Bromwasserstoffabspaltung ein zweifach ungesättigtes Keton (III) entsteht. Diese Verbindung spaltet beim Erhitzen die Methylgruppe ab und geht in Oestron über:

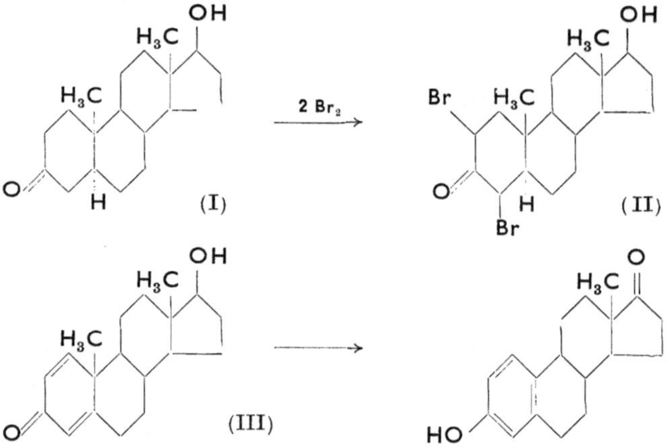

Oestron

DOISY und Mitarbeiter erhielten 1933 durch Schmelzen von Oestron mit KOH eine einbasische Säure, die später HEER und MIESCHER als 1-Äthyl-2-methyl-7-oxy-octahydrophenanthren-2-carbonsäure (IV) erkannten und *Doisynolsäure* nannten[4]. Aus Equilenin erhielten sie u. a. die Säure (V) als Tetrahydrophenanthrenderivat, dessen 7-Methoxyprodukt als (VI) „*Fenocyclin*" und hoch-

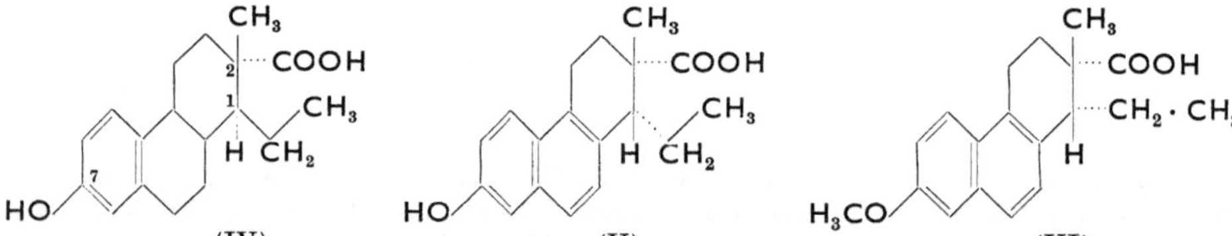

wirksame oestrogene Substanz im Handel ist[5]. — 7-Methoxy-(1-cis)-bisdehydro-doisynolsäure (VI) zeigt in Dosen von 3 bis 4 γ/100 g Ratte Gleichheit des Uteruswachstums mit nicht kastrierten Kontrollen; höhere Konzentrationen bewirken übernormalen Gewichtsanstieg des Uterus[6]. Auch das synthetisch bereitete am C_1 epimere *cis*-Derivat der Doisynolsäure IV („*cis-Doisynolsäure A*") ist hoch aktiv und wahrscheinlich die bisher höchstwirksame oestrogene Verbindung dieser Reihe[1].

[1] ANNER, G., u. R. MIESCHER: Exper. 4, 25 (1948). Helv. 30, 1422 (1947). — MIESCHER, K.: Exper. 5, 1 (1949). — [2] ROBINSON, R., and J. WALKER: Soc. 1938, 183. — [3] INHOFFEN, H. H.: Angew. Chem. 53, 471 (1940). — INHOFFEN, H. H., u. G. ZÜHLSDORFF: B. 74, 1911 (1941). — [4] JOHNSON, A. W.: Sci. Progr. 35, 139, 511 (1947). — [5] JOËL, C. A.: Schweiz. med. Wschr. 76, 2616 (1946). — [6] MEIER, R., u. E. TSCHOPP: Exper. 2, 141 (1946). — MIESCHER, K.: Helv. 27, 1153 (1944). — HEER, J., J. R. BILLETER u. K. MIESCHER: Helv. 28, 1342 (1945). — ANNER, G., u. K. MIESCHER: Exper. 3, 279 (1947).

2. Oestron (Theelin, α-Follikelhormon) $C_{18}H_{22}O_2 = \Delta^{1,3,5(10)}$. Oestratrien-3-ol-17-on.
Chemische Eigenschaften. Das Oestron enthält neben der phenolischen Gruppe am C_3 eine Ketogruppe am C_{17}. Oestron geht durch Bestrahlung mit ultraviolettem Licht der Wellenlänge 313 mμ in **Lumioestron** (= 13 Epioestron) über[1], ebenso Androsteron in Lumiandrosteron (S. 438). Die Ringe C und D haben in diesen „Lumiderivaten" cis-Stellung, C_{13} epi-Stellung. Beide Verbindungen sind daher biologisch unwirksam.

Zur chemischen Charakterisierung des Oestrons dient neben den in der Tabelle 81, S. 421 angeführten Werten seine spezifische Lichtabsorption bei 280 bis 285 mμ. Es krystallisiert aus Essigester oder Alkohol in kleinen rhombischen Blättchen oder monoklinen langen Nadeln. In seinen *Löslichkeitsverhältnissen* zeigt es ausgesprochenen Lipoidcharakter. Es ist ziemlich leicht löslich in Alkohol, Aceton, Chloroform und Benzol, schwer löslich in Essigester und Äther und sehr schwer löslich in Petroläther. In Wasser ist es nur zu 0,0015% löslich. Auf Grund seines schwach sauren Hydroxyls ist es in Alkali löslich, dagegen nicht in Alkalicarbonat. Es liefert keine Farbreaktion nach LIEBERMANN-BURCHARD (S. 394) oder mit Eisenchlorid. Aus konzentrierten Lösungen kann es über eine *Molekülverbindung mit Chinolin* gereinigt werden, die durch verdünnte Salzsäure leicht wieder zerlegt wird. *Acetat,* F. 125,5°; *Benzoat,* F. 217,5°; *Semicarbazon,* F. 258°.

Nachweis. Zum exakten Nachweis des Oestrons ist seine Isolierung und Charakterisierung notwendig. In stärker konzentrierten Lösungen, z. B. im Schwangerenharn, wurde eine von KOBER angegebene colorimetrische Bestimmungsmethode von COHEN und MARRIAN[2] mit Erfolg angewendet. Eine allgemeine Methode zur *Gewinnung des Oestrons* aus natürlichem Material besteht nicht. Zur Abtrennung der lipoiden Begleitstoffe haben sich besonders Entmischungsmethoden mit Lösungsmitteln bewährt. Weitere Reinigung unter Ausnutzung der schwach sauren oder Ketoneigenschaften (vgl. BUTENANDT[3], DOISY[3], GIRARD[4]). Zur Reindarstellung von Steroidketonen bewährt sich vor allem das GIRARD-Reagens T (Hydrochlorid des Betainhydrazids). Durch Umsetzung der Ketone mit diesem

$$\left[\begin{matrix}CH_3\\ CH_3 \\ CH_3\end{matrix}\!\!>\!N\!-\!CH_2\!-\!CO\cdot NH\cdot NH_2\right]^+ Cl^-$$

Hydrazinderivat erhält man eine basische, wasserlösliche Verbindung, die leicht von den Nichtketonen abgetrennt und dann wieder gespalten werden kann[4].

Im Harn findet sich das Oestron in einer gebundenen Form, in der es wahrscheinlich als Salz eines Schwefelsäureesters vorliegt[5].

Über den *biologischen Nachweis* siehe S. 427. Wegen der großen Vielfalt der Stoffe mit Follikelhormonwirkung kann aus dem positiven Ausfall der Testversuche nie auf das Vorhandensein eines bestimmten Vertreters der Oestrongruppe geschlossen werden.

Oestron wurde in chemisch reiner Form isoliert aus Schwangerenharn, Ovarien, Placenta[6], Nebennieren[7], Harn trächtiger Stuten und aus Hoden und Harn des Hengstes. Durch Isolierung aus *Palmkernextrakten* wurde auch das Vorhandensein im Pflanzenreich gesichert. Zur Darstellung von Oestron eignet sich am besten die Isolierung aus Stutenharn. Aus 100 Liter Stutenharn können bis zu 1 g krystallisiertes Oestron gewonnen werden.

3. Oestriol (Follikelhormonhydrat, Theelol), $C_{18}H_{24}O_3 = \Delta^{1,3,5(10)}$-Oestratrien-3,16($\alpha$),17($\beta$)-triol. Kurz nach der Entdeckung des Oestrons isolierte G. F. MARRIAN[8] 1930 aus Schwangerenharn das Oestriol. Neben der phenolischen OH-Gruppe enthält der Wirkstoff zwei alkoholische Hydroxylgruppen am C_{17} und C_{16}. Durch Wasserabspaltung unter energischen Bedingungen gelang es A. BUTENANDT Oestriol in Oestron überzuführen.

---

[1] BUTENANDT, A., u. L. POSCHMANN: B. **77**, 392, 394 (1944). — [2] COHEN, S. L., and G. F. MARRIAN: Biochem. J. **28**, 1603 (1934). — [3] Siehe Fußnote [1] S. 421. — [4] GIRARD, A., u. G. SANDULESCO: Helv. **19**, 1095 (1936). — [5] SCHACHTER, B., and G. F. MARRIAN: Proc. Soc. exp. Biol. Med. **35**, 222 (1936). J. biol. Ch. **126**, 663 (1938). — BUTENANDT, A., u. H. HOFSTETTER: H. **259**, 222 (1939). — [6] WESTERFELD, W. W., D. W. MacCORQUODALE, S. A. THAYER and E. A. DOISY: J. biol. Ch. **126**, 181, 195 (1938). — [7] BEALL, D.: Nature **144**, 76 (1939). — [8] MARRIAN, G. F.: Biochem. J. **24**, 435 (1930).

Umgekehrt kann auf synthetischem Wege Oestriol aus Oestron hergestellt werden[1].

Das Oestriol zeigt ebenfalls ein Absorptionsspektrum mit einem Maximum bei 280 bis 285 mμ. Der saure Charakter ist gegenüber dem Oestron verstärkt. Es löst sich schon in der Kälte in verdünntem Alkali und läßt sich aus dieser Lösung im Gegensatz zum Oestron nicht mit Äther extrahieren. *Triacetat*, F. 126°.

Das Oestriol wurde außer im Schwangerenharn auch in der *Placenta* und in *Weidenkätzchen* nachgewiesen. Im *Harn* findet sich das *Oestriolglucuronid*, F. 193 bis 197°, leicht löslich in Wasser, Aceton, Alkohol, Butanol und Essigester, unlöslich in Äther, Benzol und Chloroform. Durch Säure oder enzymatische Spaltung wird daraus Oestriol in Freiheit gesetzt.

4. Oestradiol (Dihydro-Follikelhormon) $C_{18}H_{24}O_2 = \Delta^{1,3,5(10)}$-Oestratrien-3,17($\beta$)-diol. Durch Reduktion der Ketogruppe des Oestrons entstehen 2 epimere Diole, die sich durch die räumliche Stellung am C_{17} unterscheiden. Einige Jahre nach der chemischen Darstellung aus Oestron durch SCHWENK und HILDEBRANDT[2] wurde das bei 175 bis 176° schmelzende Isomere („α"-Oestradiol) von WINTERSTEINER, SCHWENK und WHITMAN[3] im Harn trächtiger Stuten, von DOISY und Mitarbeitern[4] im Schweineovar, in menschlicher Placenta und im Schwangerenharn, von BEALL[5] im Hengsthoden aufgefunden. Im „α"-Oestradiol befindet sich das Hydroxyl am C_{17} in β-Stellung, also in cis-Stellung zum Methyl am C_{13}.

„α"-Oestradiol ist durch ein bei 191 bis 192° schmelzendes *Monobenzoat* und ein *Diacetat*, F. 125 bis 126° charakterisiert. Es ist der im Brunsttest (S. 427) am wirksamsten befundene natürliche Oestrusstoff.

Das 17-epimere „β"-Oestradiol hat nur eine sehr schwache physiologische Wirksamkeit. F. 216 bis 218°[6].

Von A. GIRARD und seinen Mitarbeitern wurden aus Stutenharn neben dem Oestron weitere interessante höher ungesättigte Wirkstoffe aufgefunden:

5. Equilin $C_{18}H_{20}O_2 = \Delta^{1,3,5(10),7}$-Oestratetraen-3ol-17on. Equilin ist in allen Lösungsmitteln etwas leichter löslich als Oestron und krystallisiert in farblosen Blättchen. Es enthält eine Doppelbindung mehr als das Oestron. Da es etwa das gleiche Absorptionsmaximum wie Oestron zeigt, steht diese nicht in Konjugation zum benzoiden System. Durch Dehydrierung mit Palladium gelangte DIRSCHERL zum Equilenin. Konstitutionsformel S. 422.

6. Equilenin $C_{18}H_{18}O_2 = \Delta^{1,3,5(10),6,8(9)}$-Oestrapentaen-3ol-17on. Equilenin ist ebenfalls ein Oxyketon, das um 2 Wasserstoffatome ärmer ist als das Equilin. Die 5 Doppelbindungen bilden ein Naphthalinsystem. Equilenin ist eine stärkere Säure als die übrigen Vertreter der Oestrongruppe und ist in organischen Lösungsmitteln leicht löslich. Im Gegensatz zum Oestron liefert es ein schwerlösliches *Pikrat*, das zu seiner Abtrennung benutzt werden kann. Beim Erhitzen auf 255° färbt es sich rot. Auf dieser Tatsache beruht eine colorimetrische Bestimmungsmethode. Formel S. 422. *3-Desoxyequilenin* wurde aus dem Harn trächtiger Stuten[7] isoliert.

7. Hippulin und Dihydroequilenin $C_{18}H_{20}O_2$. Als weiterer Wirkstoff aus Stutenharn wurde von GIRARD das Hippulin aufgefunden. Es ist mit dem Equilin isomer und unterscheidet sich von diesem wahrscheinlich durch die Lage einer Doppelbindung; sein Vorkommen ist später jedoch nicht wieder bestätigt worden.

Im Verlaufe der Trächtigkeit nimmt im Stutenharn der Gehalt an den höher ungesättigten Wirkstoffen zu. Zuerst tritt Oestron auf, dann Equilin und schließlich Equilenin. Im Harn schwangerer Frauen sind die höher ungesättigten Oestronderivate nicht nachgewiesen.

[1] BUTENANDT, A., u. E.-L. SCHÄFFLER: Z. Naturforsch. **1**, 82 (1946). — HUFFMAN, M.N and M. H. LOTT: Am. Soc. **69**, 1835 (1947). J. biol. Ch. **172**, 325 (1948). — [2] SCHWENK, E u. F. HILDEBRANDT: Naturwiss. **20**, 658 (1932). — [3] WINTERSTEINER, O., E. SCHWENK and B. WHITMAN: Proc. Soc. exp. Biol. Med. **32**, 1087 (1935). — [4] MacCORQUODALE, D. W., S. A. THAYER and E. A. DOISY: J. biol. Ch. **115**, 435 (1936). — HUFFMAN, M.N., S.A.THAIER and E. A. DOISY: J. biol. Ch. **133**, 567 (1940). — HUFFMAN, M. N., D. W. MacCORQUODALE, S. A. THAYER, E. A. DOISY, G. V. SMITH and O. W. SMITH: J. biol. Ch. **134**, 591 (1940). — [5] BEALL, D.: Biochem. J. **34**, 1293 (1940). — [6] BUTENANDT, A., u. C. GOERGENS: H. **248**, 129 (1933). — [7] PRELOG, K., and F. FÜHRER: Helv. **28**, 583 (1945).

Von E. Schwenk und F. Hildebrandt (1932) wurde im Stutenharn außerdem ein mit *δ-Follikelhormon* bezeichneter Wirkstoff aufgefunden. Dieses stellt ein bei 226° schmelzendes Stoffgemisch dar, aus dem sich ein einheitlicher Stoff vom F. 215 bis 217° und der Zusammensetzung $C_{18}H_{20}O_2$ isolieren ließ, dem die Konstitution eines *Dihydroequilenins* zukommt, da das bei 203 bis 205° schmelzende *Monobenzoat* bei der Oxydation das Monobenzoat des Equilenins liefert[1].

8. Biologischer Nachweis des Follikelhormons[2]. Zum biologischen Nachweis eines Vertreters der Oestrongruppe läßt sich im Prinzip jede der verschiedenartigen physiologischen Wirkungen dieser Stoffe verwenden. Zum quantitativen Vergleich

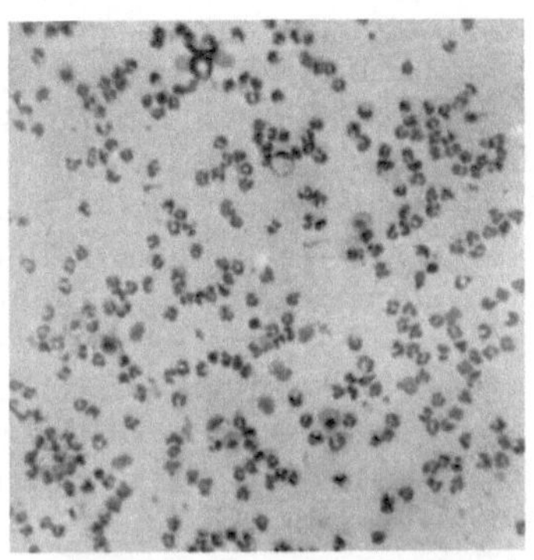

Abb. 21. Dioestrus, Ruhestadium.

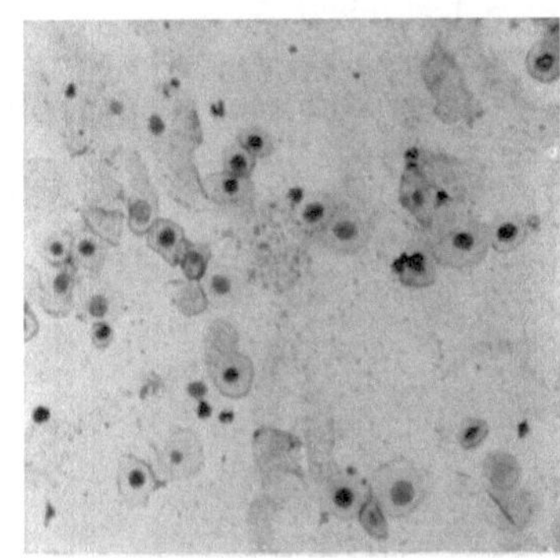

Abb. 22. Prooestrus, Vorbrunst.

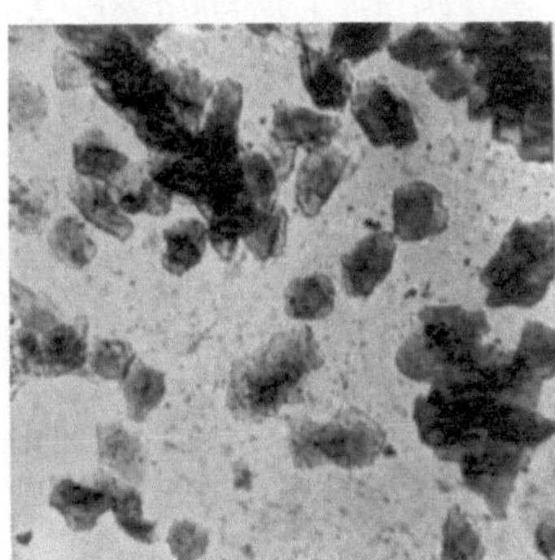

Abb. 23. Oestrus, Vollbrunst oder Schollenstadium.

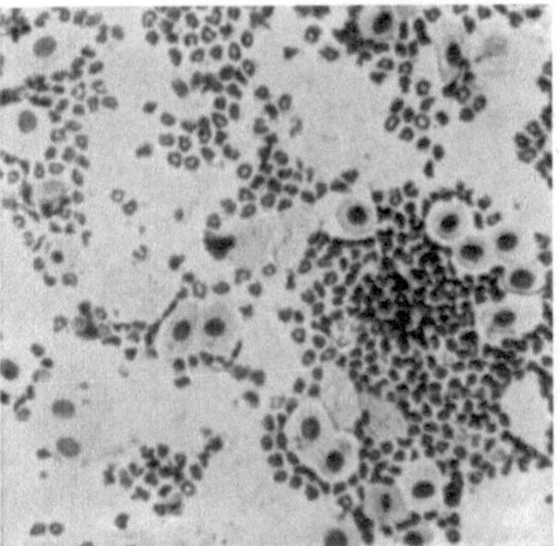

Abb. 24. Metoestrus, Nachbrunst.

Abb. 21—24. Vaginal-Abstrichbilder von einem Nagetier während eines Cyclus.

der einzelnen Wirkstoffe eignen sich aber nur einzelne spezifische Wirkungen, die meßbar sind und sich nicht über einen zu langen Zeitraum erstrecken.

1. *Test nach* E. Allen *und* E. A. Doisy. Der Test beruht auf der Auslösung des Brunstcyclus am kastrierten weiblichen Nagetier. Der Eintritt der Vollbrunst äußert sich bei dieser Tierklasse durch eine charakteristische Verhornung des Scheidenepithels. Die zu prüfende Substanzmenge wird in 0,1 cm³ Sesamöllösung kastrierten weiblichen Mäusen subcutan verabreicht. Der Eintritt der Vollbrunstreaktion nach 40 bis 80 h äußert sich im histologischen Bild des Scheidenabstriches durch das vollständige Verschwinden von Leukocyten und Epithelzellen und durch das Auftreten kernloser Schollen (s. Abb. 21 bis 24). Zur Methodik siehe A. Butenandt und E. von Ziegner[3]. Als Mäuseeinheit

---

[1] Wintersteiner, O., E. Schwenk, H. Hirschmann and B. Whitman: Am. Soc. **58**, 2652 (1936). — Wintersteiner, O., and H. Hirschmann: J. biol. Ch. **119**, CVII (1937). —
[2] Burrows, H.: Biological Actions of Sex Hormones. 2. Aufl. Cambridge 1949. —
[3] Butenandt, A., u. E. v. Ziegner: H. **188**, 1 (1930).

(ME.) bzw. Ratteneinheit (RE.) wird diejenige Substanzmenge bezeichnet, die die Vollbrunstreaktion an der Maus bzw. Ratte gerade noch auszulösen vermag. Bei genügender Anzahl von Versuchstieren (6 bis 8 je Dosis) liegt die Fehlergrenze der ermittelten Einheit etwa bei 20%. Wegen der unterschiedlichen Reaktionsbereitschaft der Tiere und wegen der Abhängigkeit von der Methodik ist im allgemeinen ein Vergleich der von verschiedenen Arbeitskreisen ermittelten Werte unsicher. Um diese Einflüsse möglichst auszuschalten, wurde von der Standardisierungskommission des Völkerbundes als internationale Einheit für das Follikelhormon die physiologische Wirksamkeit von $0{,}1\,\gamma$ eines Standardpräparates festgelegt.

2. Test nach E. A. DOISY *und* J. M. CURTIS[1]. Er beruht auf dem vorzeitigen Eintritt der *Vaginalöffnung an infantilen Ratten* bei der Behandlung mit Follikelhormon. 18 bis 20 Tage alten Ratten wird der zu prüfende Wirkstoff über 3 Tage subcutan injiziert. Als Einheit gilt die Substanzmenge, die innerhalb

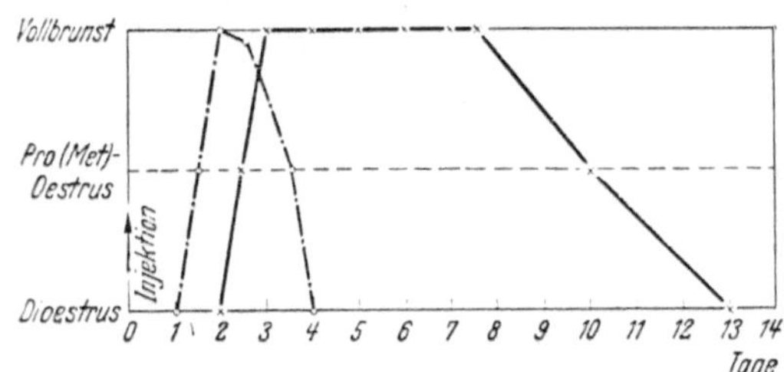

Abb. 25. Wirkungskurven.
—·—. nach Injektion von 1 ME Oestron
— ·· — „ „ „ 1 ME Oestronbenzoat.
(Nach A. BUTENANDT und J. STÖRMER.)

von 6 bis 8 Tagen eine Öffnung der Vagina mit anschließender Vollbrunst hervorruft. In diesem Test ist Oestriol viel wirksamer als Oestron. Der Wert für Oestriol wird mit 4000 RE je mg und für Oestron mit 1000 RE je mg angegeben.

3. Test am Vogelgefieder. Auch die Wirkung des Oestrons auf die Verweiblichung des Gefieders geeigneter Hühnerrassen kann zur Auswertung benutzt werden[2].

Die für die einzelnen Wirkstoffe ermittelten physiologischen Wirksamkeiten im ALLEN-DOISY-Test sind in der Tabelle 81, S. 421 zusammengestellt; die dort wiedergegebenen Wirksamkeitszahlen wurden durch Verabfolgung der Hormone in öliger Lösung bei einmaliger Injektion ermittelt.

Die Werte sind stark von der Art der Applikation abhängig. Bei vaginaler Instillation werden bis zu 10mal höhere Werte gefunden und nach intraperitonealer Verabfolgung[3] wurden bei einigen oestrogenen Stoffen sogar um viele Zehnerpotenzen höhere Werte gegenüber der subcutanen Injektion ermittelt. Durch perorale Gaben läßt sich ebenfalls eine positive Reaktion erzielen, gute perorale Wirkung zeigen z. B. das Oestriol und dessen Glucuronid, sowie einige künstlich dargestellte Hormonderivate, z. B. die Doisynolsäuren (S. 424) und das *17α-Äthinyl-oestradiol*[4], die therapeutische Bedeutung besitzen. Auch percutan in Salbenform lassen sich — vor allem örtlich begrenzte — Wirkungen erzielen. Durch Unterteilung der injizierten Dosen wird der Wirkungswert erhöht und das Stadium der Vollbrunst verlängert. Dieselbe protrahierte Wirkung wird noch deutlicher hervorgerufen durch Verabreichung von im Organismus spaltbaren Derivaten der Oestrongruppe, z.B. von *Estern*, unter denen sich das *3-Benzoat* besonders bewährt hat („Estereffekt" nach A. BUTENANDT), s. Abb. 25. W. SCHOELLER, M. DOHRN und W. HOHLWEG[5] konnten durch einmalige Verabreichung von 10000 ME Oestronbenzoat am Pavianweibchen die gleiche Wirkung erzielen wie mit 8maliger Injektion von je 10000 ME Oestron.

Mit Hilfe des ALLEN-DOISY-Testes wurde das *Vorkommen* oestrogener Stoffe in tierischem und pflanzlichem Material untersucht. Bei den Vertretern aller Tierklassen, von den Wirbeltieren bis zu den Protozoen, wurden brunsterregende

[1] CURTIS, J.M., and E.A.DOISY: J. biol. Ch. **91**, 647 (1931). — [2] PARKES. A. S.: Biochem. J. **31**, 579 (1937). — [3] PINCUS, G., and N. T. WERTHESSEN: Science, N. Y. **84**, 45 (1936). — [4] INHOFFEN, H. H., W. LOGEMANN, W. HOHLWEG u. A. SERINI: B **71**. 1024 (1938). — [5] SCHÖLLER, W., M. DOHRN u. W. HOHLWEG: Arch. Gynäk. **150**, 126 (1932).

Stoffe nachgewiesen. Im Pflanzenreich wurden in vielen Keimlingen, Blüten und Früchten brunstauslösende Stoffe gefunden, ebenso in bituminösen Substanzen, Torf, Braunkohle, Steinkohle und Erdöl. Ihre Identität mit den tierischen Wirkstoffen ist jedoch nicht erwiesen, abgesehen von der bereits S. 425/426 angegebenen Isolierung von Oestron und Oestriol aus pflanzlichem Material[1].

Spezifität der Follikelhormonwirkung. Bei der vielseitigen Wirkung des Follikelhormons wäre naheliegend, daß diese streng spezifisch an eine bestimmte Atomkonfiguration geknüpft ist. Durch das Auftreten einer ganzen Gruppe von Brunststoffen wird bereits die Auffassung einer strengen Spezifität eines Hormons widerlegt, doch kann bei den Follikelhormonen nicht einmal von einer Gruppenspezifität die Rede sein. Durch chemische Abwandlung des Androsterons (S. 438) wurde eine große Anzahl von Stoffen mit Follikelhormonwirkung dargestellt. Bei diesen Derivaten ist eine gewisse chemische Verwandtschaft noch erkennbar, man kennt aber auch eine Reihe synthetisch dargestellter Stoffe, meist aromatischen Charakters, die im Brunsttest ebenfalls positive Ergebnisse liefern. So sind von J. W. Cook und E. C. Dodds Derivate des Dibenzanthracens und Styrols als wirksam befunden worden[2,3]. Bei diesen Stoffen ist ein chemischer Zusammenhang mit dem Oestron nicht mehr erkennbar, jedoch steht das ,,*Stilboestrol*" (I) dem natürlichen Hormon in der quantitativen Wirkung nicht nach[4]. Eine Reihe anderer Stoffe, die zu dem ,,Stilboestrol in naher Beziehung stehen, weisen ebenfalls eine sehr hohe oestrogene Wirkung auf (Salzer[5]). Stilboestrol regt die Abgabe von Gonadotropin des Hypophysenvorderlappens an. Es steigert bei Schwangeren die Ausscheidung von Pregnandiol[6,7].

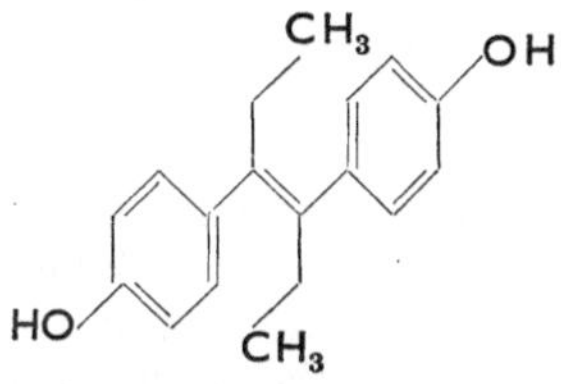

9. Biologie des Follikelhormons. Im tierischen Organismus fallen dem Follikelhormon sowohl wichtige morphologische Aufgaben bei der Entwicklung des Individuums als auch funktionserhaltende Wirkungen im Leben des geschlechtsreifen Tieres und Menschen zu.

Bildung und Ausscheidung. Die *Bildungsstätte* des Follikelhormons im geschlechtsreifen weiblichen Organismus ist das *Ovarium.* In der Follikelflüssigkeit finden sich besonders reichlich brunsterregende Stoffe, von denen das *Oestradiol* direkt aus dem Liquor folliculi isoliert wurde[8]. Es ist daher naheliegend, hier den Entstehungsort des Hormons zu vermuten; in Übereinstimmung hiermit tritt bei persistierendem Follikel Dauerbrunst auf. Nach Entfernung des Liquors und der Corpora lutea wurde im Ovar allerdings noch ein Rest an biologisch wirksamer Substanz gefunden, die nach ihrem physiologischen Verhalten wahrscheinlich Oestron darstellt. Während der Schwangerschaft übernimmt die *Placenta* die Produktion der zusätzlich benötigten Hormonmengen[9]. Während im Harn geschlechtsreifer Frauen nur 50 bis 300 ME/l nachzuweisen sind, steigt die Ausscheidung in den letzten Monaten der Gravidität bis auf 10000 ME je Liter. Der Harn trächtiger Stuten kann sogar bis zu 100000 ME und mehr je Liter enthalten. Der Hormonspiegel im Blut und im Harn der Frau zeigt periodische Schwankungen im Verlaufe der Menstruationszyklen; die höchsten Werte werden im Intermenstruum, zur Zeit der Ovulation, gefunden.

[1] Ali Hassan, and M. H. A. El Wafa: Nature **159**, 409 (1947). — [2] Siehe Fußnote [2] S. 421. — Smith, A. E. W.: Soc. **1946**, 572. — Lacassagne, A., Ng. Ph. Buu-Hoï, L. Corre, J. Lecocq et R. Royer: Exper. **2**, 70 (1946). — [3] Richtzenhain, H., u. Margot Meyer-Delius: B. **81**, 81 (1948). — [4] Dodds, E. C., L. Goldberg, W. Lawson and R. Robinson: Nature **141**, 247 (1938). — Dodds, E. C., and W. Lawson: Proc. R. Soc. London (B) **125**, 222 (1938). — Wessely, F. v.: Angew. Chem. **53**, 197 (1940); vgl. hier Bd. 2, Fortpflanzung und Wachstum. — [5] Salzer, W.: H. **274**, 39 (1942). — [6] Smith, O. W., and G. V. S. Smith: Proc. Soc. exp. Biol. Med. **57**, 198 (1944). — [7] Smith, O. W., G. V. S. Smith and D. Hurwitz: Amer. J. Obstetr. Gynec. **51**, 411 (1946). — [8] MacCorquodale, D. W., S. A. Thayer and E. A. Doisy: J. biol. Ch. **115**, 435 (1936). — [9] Zondek, B., and F. Sulman: Vitamins & Hormones **3**, 297 (1945).

Die *Ausscheidung* der Follikelhormone im Harn erfolgt bis zu 99% in gebundener Form; Oestriol ist dabei an *Glucuronsäure*, Oestron wahrscheinlich an *Schwefelsäure* gebunden. Kurz vor Eintritt der Wehen läßt sich bei der Frau eine hohe Ausscheidung von *freiem* Oestriol und Oestron beobachten. Da hohe intravenöse Gaben von Follikelhormon den graviden Uterus gegen Oxytocin empfindlich machen[1], ist anzunehmen, daß dieser Erscheinung eine Bedeutung für die Geburtseinleitung zukommt[2]. Auch im Serum der trächtigen Stute wurde das Follikelhormon in gebundener, wenig wirksamer Form nachgewiesen[3].

Das Follikelhormon als morphogenetisches Hormon. Nach Injektion von Follikelhormon in den Allantoissack des *Hühnereies* am 4. Tag der Bebrütung treten nur Tiere mit weiblichem Habitus auf. Bei den genetischen Männchen waren die rudimentären weiblichen Genitalanlagen stark entwickelt[4, 5]. Beim *infantilen weiblichen Säugetier* bewirkt das Follikelhormon Frühreife und Entwicklung aller sekundären Geschlechtsmerkmale wie Uterus, Vagina und Brustdrüse. Am *kastrierten* Tier wird die Genitalatrophie aufgehoben und die Geschlechtsorgane können zu einem über die Norm hinausgehenden Größenwachstum angeregt werden. Daß am kastrierten *hypophysenlosen* Kaninchen ebenfalls ein Wachstum der Brustdrüse hervorgerufen wird, beweist, daß diese Wirkung nicht über die Hypophyse erfolgt[6]. Auch auf den *männlichen Organismus* wirkt das Follikelhormon formgebend ein: Es hemmt das normale Wachstum der Keimdrüsen bei juvenilen Tieren, und nach Zufuhr hoher Hormondosen erfolgt auch am geschlechtsreifen Tier Rückbildung der Hoden und Wachstum der Brustdrüsen. Da das Follikelhormon stets auch im männlichen Organismus sich findet, ist anzunehmen, daß dem weiblichen Prägungsstoff auch eine Bedeutung für den männlichen Organismus zukommt. Es hat den Anschein, als ob das Hormon besonders die Organe mesodermalen Ursprunges des Genitaltraktes beeinflußt, die genetisch Teilen des weiblichen Traktes entsprechen. Nach H. Burrows[7] nimmt die Empfindlichkeit verschiedener Organe gegen oestrogene Stoffe in folgender Reihenfolge ab: Rudimentäre Zellen, koagulierende Drüsen, Samenblasen, Prostata.

Follikelhormon als funktionelles Hormon. Das Follikelhormon ist notwendig für den normalen Ablauf der *Brunst-* und *Menstruationscyclen* und der *Schwangerschaft*. Es tritt hierbei in enge Wechselbeziehungen mit dem zweiten weiblichen Ovarialhormon, dem Progesteron, und den gonadotropen Hormonen des Hypophysenvorderlappens. Bei den cyclischen Vorgängen im weiblichen Organismus fällt dem Follikelhormon besonders der Aufbau der Uterusschleimhaut im Sinne der *Proliferation* zu. Die Umbildung der Proliferationsphase zur anschließenden Sekretionsphase erfolgt dann unter dem Einfluß des Progesterons[8] (S. 431).

Die Bedeutung des Follikelhormons für die Einleitung und den normalen Ablauf der Schwangerschaft ergibt sich durch seine Wirkung auf das *Wachstum* und die *Durchblutung des Uterus*; es bewirkt auch eine starke *Auflockerung der Symphysenverbindung*[9]. Die während der Schwangerschaft zu beobachtende

---

[1] Druckrey, H., u. H. Bachmann: D. m. W. **1937** II, 1156. — [2] Cohen, S. L., G. F. Marrian and M. Watson: Lancet **228**, 674 (1935). — Marrian, G. F., and W. H. Newton: J. Physiol., London **84**, 133 (1935). — [3] Mühlbock, O.: H. **250**, 139 (1937). — [4] Dantschakoff, W.: Ergebn. Physiol. **40**, 101 (1938). — [5] Willier, B. H., T. F. Gallagher and F. C. Koch: Physiol. Zool. **10**, 101 (1937). — [6] Asdell, S. A., and H. R. Seidenstein: Proc. Soc. exp. Biol. Med. **32**, 931 (1935). — [7] Burrows, H.: J. Path. Bacteriology **41**, 423 (1935). — [8] Vgl. hier Bd. 2, Fortpflanzung und Wachstum. — [9] Burrows, H.: J. Physiol., London **85**, 159 (1935).

Anregung des *Calciumstoffwechsels* könnte nach O. RIDDLE[1] ebenfalls auf die Wirkung des Follikelhormons zurückgeführt werden; jedoch wird die Bedeutung des Follikelhormons für den Ca-Stoffwechsel von anderen Autoren bestritten. Der Einfluß des Follikelhormons auf die *Milchsekretion* ist vielfach untersucht worden:

Das im mütterlichen Blut bis zur Geburt der Placenta in großen Mengen vorhandene Follikelhormon scheint einen hormonalen Sperrmechanismus gegen den Eintritt der Lactation zu bilden. In der Therapie kann durch Zufuhr von Follikelhormon die Milchsekretion vorübergehend vermindert werden[2].

Es zeigte sich, daß die Brustdrüse infantiler weiblicher oder männlicher Kaninchen zuerst durch die Verabreichung oestrogener Stoffe entwickelt werden muß, bevor das lactotrope Hormon der Hypophyse eine Milchsekretion bewirken kann[3,4]. Über die Wirkung des Follikelhormons auf das übrige inkretorische System ist noch wenig Sicheres bekannt. Es wirkt stimulierend auf die Bildung des luteinisierenden Faktors des gonadotropen Hormons der Hypophyse[5,6], wie umgekehrt unter dem Einfluß des follikelbildenden Faktors der Hypophyse das Wachstum der Follikel angeregt wird.

Zahlreiche Untersuchungen[7-11] beschäftigen sich mit der Frage, wieweit durch Überdosierung mit Follikelhormon hervorgerufene übersteigerte physiologische Wachstumsvorgänge und innersekretorische Störungen zur Krebsentstehung beitragen können. Es zeigt sich, daß Überdosierung Stimulierung des Wachstums, jedoch kein autonomes, ohne weitere Stimulierung fortbestehendes Wachstum hervorruft. Für die Entstehung von Brustkrebs ist das Follikelhormon nur *einer* der notwendigen Faktoren, da es nur die Manifestierung einer schon vorhandenen Anlage bewirken kann. Vergleiche die ausführliche Zusammenfassung von H. FRIEDRICH-FREKSA[12], Sexualhormone und Entstehung bösartiger Geschwülste.

Im pflanzlichen Organismus kommt dem Follikelhormon anscheinend eine wachstumsfördernde Funktion zu[13,14]. Eine spezifische Anregung der Blüten- und Fruchtbildung[15] ist umstritten. Auch Stilboestrol soll als pflanzlicher Wuchsstoff wirken[16].

β) Das Progesteron. Gestagene. (Corpus luteum-Hormon[17,18]).

Im Unterschied zum Follikelhormon und Testikelhormon ist bisher nur ein natürlicher vorkommender Stoff mit den physiologischen Wirkungen des Corpus luteum-Hormons aufgefunden worden: das *Progesteron*. Der Wirkstoff wurde unabhängig voneinander von 4 Arbeitskreisen in krystallisierter Form dargestellt[19-22].

[1] RIDDLE, O., and L. B. DOTTI: Science, N. Y. **84**, 557 (1936). — [2] ALBRECHT, H.: M. m. W. **89**, 724 (1942). — [3] GARDNER,W. U., E. T. GOMEZ and C. W. TURNER: Amer. J. Physiol. **112**, 673 (1935). — [4] EMMENS, C. W., and A. S. PARKES: Vitamins & Hormones **5**, 233 (1947). — [5] HOHLWEG, W.: Kli. Wo. **1934** I, 92. — [6] Siehe Fußnote [9] S. 429. — [7] LACASSAGNE, A.: Z. Krebsforsch. **45**, 39, 44 (1936). — [8] CRAMER, W., and E. S. HORNING: Lancet **1936** I, 247, 1056. — [9] KAUFMANN, C., u. E. STEINKAMM: Arch. Gynäkol. **162**, 553 (1936). Z. Geburtsh. **114**, 382 (1937). — KAUFMANN, C., H. A. MÜLLER, A. BUTENANDT u. H. FRIEDRICH-FREKSA: Z. Krebsforsch. **56**, 482 (1949). — [10] GARDNER, W. U.: Recent Progr. Hormone Res. **1**, 217 (1947). — [11] NATHANSON, J. T.: Receut Progr. Hormone Res. **1**, 261 (1947). — [12] FRIEDRICH-FREKSA, H.: Ber. Gynäk. Geburtsh. **40**, 225 (1940). Geburtsh. u. Frauenheilkde. **3**, 199 (1941). — [13] KÖGL, F., u. A. J. HAAGEN-SMIT: H. **243**, 209 (1936). — [14] ZOLLIKOFER, CLARA: Biol. Zbl. **67**, 101 (1948). — [15] SCHOELLER, W., u. H. GOEBEL: B.Z. **278**, 298 (1935). — [16] ZOLLIKOFER, CL.: Schweiz. Z.Biochem. **1**, 81 (1941/2).
Zusammenfassende Darstellungen: 17—18. [17] WESTPHAL, U.: Ergebn. Physiol. **37**, 273 (1935). — [18] Siehe Fußnote [5] S. 421.
[19] BUTENANDT, A., U. WESTPHAL u. W. HOHLWEG: H. **227**, 84 (1934). — [20] SLOTTA, K. H., H. RUSCHIG u. E. FELS: B. **67**, 1270, 1624 (1934). — [21] WINTERSTEINER, O., and W. M. ALLEN: J. biol. Ch. **107**, 321 (1934). — [22] HARTMANN, M., u. A. WETTSTEIN: Helv. **17**, 878, 1365 (1934).

Chemische Eigenschaften. Progesteron ist ein *einfach ungesättigtes Diketon* der Formel $C_{21}H_{30}O_2$.

Es krystallisiert in zwei polymorphen Modifikationen vom F. 128,5° (α-Progesteron) und vom F. 122° (β-Progesteron), die beide dieselbe physiologische Aktivität besitzen. Es besitzt ein selektives Absorptionsmaximum bei 250 mμ; $[\alpha]_D = +200°$. Das *Dioxim* krystallisiert aus verdünntem Alkohol mit einem F. von 243°.

Konstitution des Progesterons. Die Verknüpfung des Progesterons mit einem bekannten Sterinderivat und damit der Konstitutionsbeweis wurde von A. BUTE-NANDT und J. SCHMIDT-THOMÉ[1] auf Grund einer naheliegenden Arbeitshypothese erbracht. Von G. F. MARRIAN und von A. BUTENANDT war im Schwangeren-harn ein physiologisch unwirksames Steroid mit ebenfalls 21 Kohlenstoffatomen aufgefunden: das *Pregnandiol* $C_{21}H_{36}O_2$ von der unten angegebenen Konsti-tution[2] [3(α)-,20(a)-Dioxypregnan[3]]. Man konnte annehmen, daß das Pregnandiol die hydrierte Ausscheidungsform des in der Gravidität produ-zierten Hormons sei und ein naher chemischer Zusammenhang bestünde. Die *Umwandlung des Pregnandiols in Progesteron* glückte auf folgendem Wege: Durch Oxydation wurden die beiden Hydroxylgruppen in Ketogruppen über-geführt. Durch Bromsubstitution am C_4 und nachfolgende Abspaltung von Bromwasserstoff gelang es, die für Progesteron charakteristische Doppelbindung in 4,5-Stellung einzuführen:

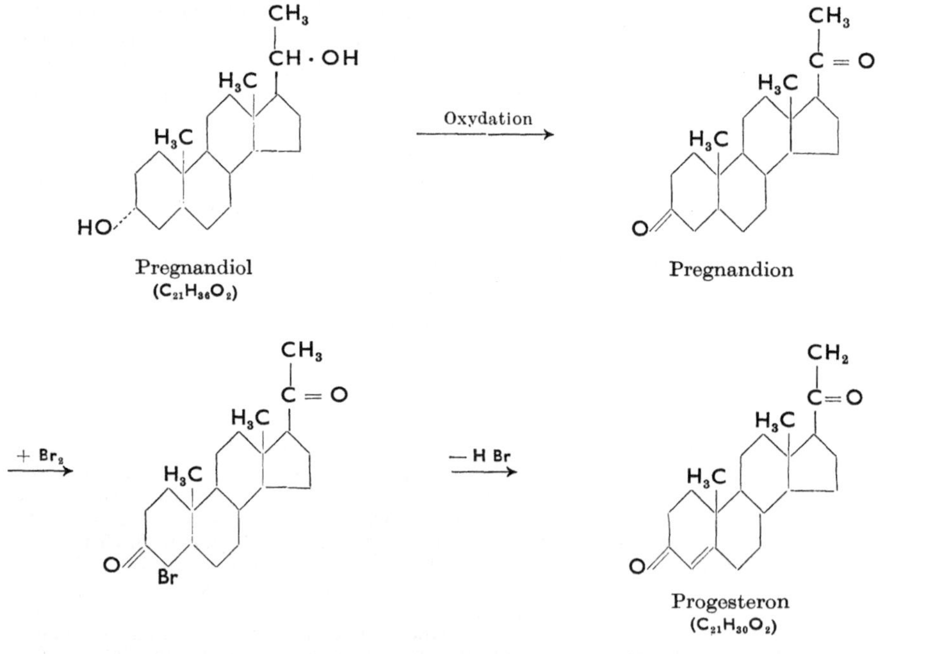

Pregnandiol
$(C_{21}H_{36}O_2)$

Pregnandion

Progesteron
$(C_{21}H_{30}O_2)$

Damit war die Formel des Progesterons bereits weitgehend gesichert; in allen Einzelheiten wurde sie durch die *Darstellung aus Stigmasterin* bewiesen[4]. Die von FERNHOLZ aus Stigmasterin gewonnene *Oxy-bisnorcholensäure* wurde in das

[1] BUTENANDT, A., u. J. SCHMIDT-THOMÉ: B. **67**, 1901 (1934). — [2] BUTENANDT, A.: B. **63**, 659 (1930); **64**, 2529 (1931). — [3] MARKER, R. E., and E. J. LAWSON: Am. Soc. **61**, 588 (1939).— [4] BUTENANDT, A., U. WESTPHAL u. H. COBLER: B. **67**, 1611, 2085 (1934). — FERNHOLZ, E.: B. **67**, 2027 (1934). A. **507**, 128 (1933).

Pregnenolon übergeführt, das durch Oxydation und Verlagerung der Doppelbindung in das Corpus luteum-Hormon übergeht:

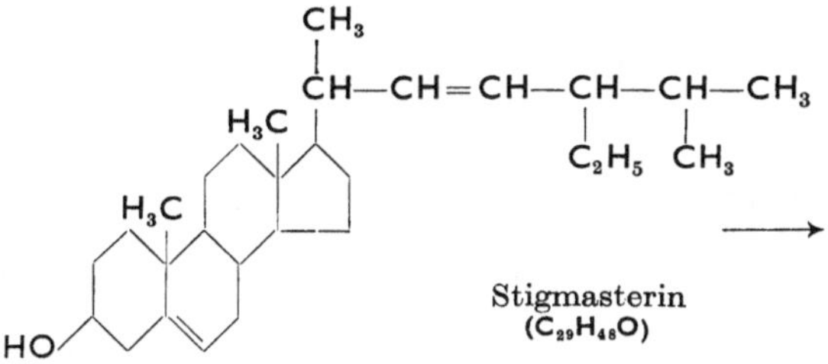

$$CH_3$$
$$CH—CH=CH—CH—CH—CH_3$$
$$C_2H_5 \quad CH_3$$

Stigmasterin
$(C_{29}H_{48}O)$

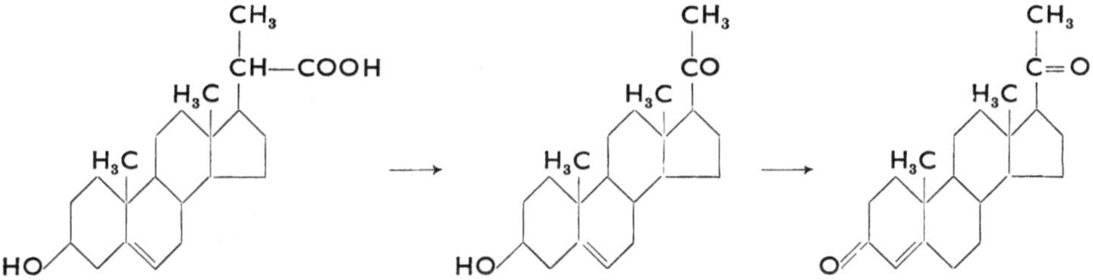

Oxy-bisnorcholensäure
$(C_{22}H_{34}O_3)$

Pregnenolon
$(C_{21}H_{32}O_2)$

Progesteron
$(C_{21}H_{30}O_2)$

Das Grundgerüst ist also das Pregnan bzw. das C_5 isomere Allopregnan.

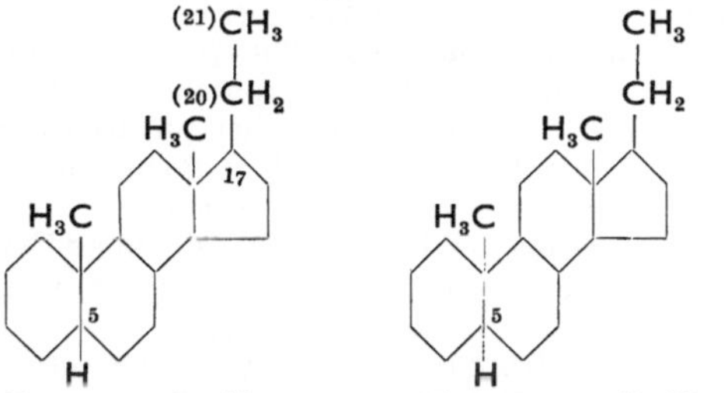

Pregnan $(C_{21}H_{36})$

Allopregnan $(C_{21}H_{36})$

Das Progesteron kann auch aus *Cholesterin* gewonnen werden, indem dieses zunächst zum *Dehydroandrosteron* (s. S. 439) abgebaut wird. Das *Dehydroandrosteron* wird in sein Cyanhydrin übergeführt, dessen Wasserabspaltungsprodukt sich mit Methylmagnesiumbromid in das $\Delta^{5,16}$-Pregnadien-ol-(3)-on-(20) abwandeln läßt. Durch Hydrierung der Δ^{16}-ständigen Doppelbindung und Überführung der 3ständigen Hydroxylgruppe in eine Ketogruppe entsteht unter gleichzeitiger Verlagerung der restlichen Doppelbindung Progesteron (BUTENANDT und SCHMIDT-THOMÉ[1]):

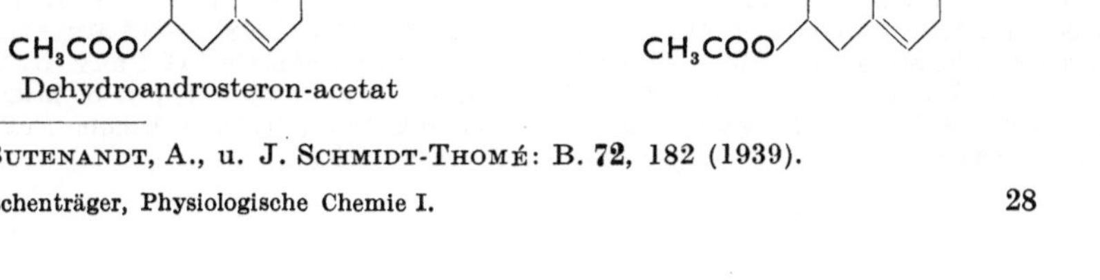

Dehydroandrosteron-acetat

---

[1] BUTENANDT, A., u. J. SCHMIDT-THOMÉ: B. **72**, 182 (1939).

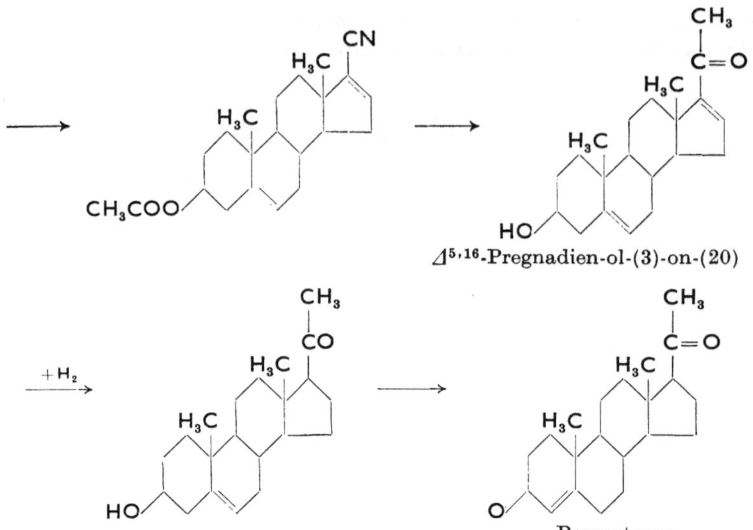

$\Delta^{5,16}$-Pregnadien-ol-(3)-on-(20)

Progesteron

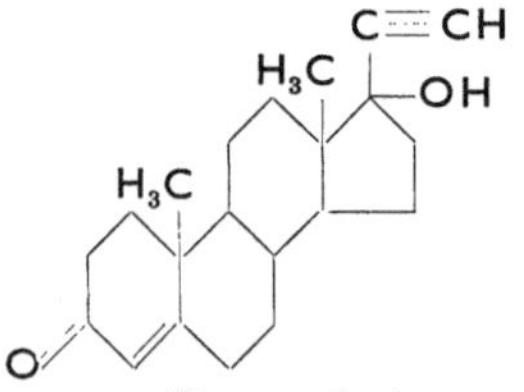

Pregneninolon
($C_{21}H_{28}O_2$)

Wird an das Dehydroandrosteron Acetylen angelagert und die 3-ständige Hydroxylgruppe wiederum oxydiert, so gelangt man zum *Pregneninolon* (17(α)-Äthinyl-testosteron) (INHOFFEN und HOHLWEG[1]).

Die Verbindung erwies sich als per os wirksames Gelbkörperhormon, das sich klinisch gut bewährt hat („Proluton C")[2]. Während das Progesteron noch mit 60 mg *per os* im CLAUBERG-Test (S. 436) vollkommen unwirksam ist, lieferten 4 mg Pregneninolon unter gleichen Bedingungen ein eindeutig positives Ergebnis. Das künstlich bereitete $\Delta^{11(12)}$-*Dehydroprogesteron* ist überraschenderweise im CLAUBERG-Test (S. 436) bei Injektion etwa dreimal wirksamer als das natürliche Progesteron; es ist das bisher wirksamste Gestagen[3].

MIESCHER und Mitarbeiter fanden, daß Progesteron auch aus Δ^5-3(β)-Oxycholensäure hergestellt werden kann[4,5,6]. Ein einfacher präparativer Weg eröffnete sich auch durch Abbau geeigneter Sapogenine, z. B. des *Diosgenins* und *Sarsasapogenins* (s. S. 415)[7].

Darstellung. Die Reindarstellung des Corpus luteum-Hormons erfolgte aus den Ovarien bzw. aus den daraus isolierten Gelbkörpern von Schweinen oder Rindern. Aus 100 kg Schweineovarien lassen sich etwa 50 mg reines Hormon gewinnen.

Isolierung durch Extraktion mit Äther und Ausfällen der Ballaststoffe mit Aceton. Entfernung weiterer Nebenprodukte durch Verdünnen der methylalkoholischen Lösung mit Wasser. Es folgen Entmischungsverfahren, Adsorptionsmethoden, Hochvakuumdestillation oder Fällungen mit Ketonreagenzien[8]. Da die Isolierung des Corpus luteum-Hormons aus natürlichem Material außerordentlich mühsam und kostspielig ist, kommt für die Darstellung nur die Synthese aus Sterinderivaten nach einer der oben beschriebenen Methoden in Betracht.

Natürliche Pregnanderivate: Das Corpus luteum-Hormon wird bis in die höchst wirksamen Fraktionen hinein von einer inaktiven Substanz vom F. 194° und der Zusammensetzung $C_{21}H_{34}O_2$ begleitet, die sich als *allo-Pregnanol-3(β)-on-20* erwies[9]. Neben

[1] INHOFFEN, H. H., u. W. HOHLWEG: Naturwiss. **26**, 96 (1938). — [2] Vgl. Referate von SCHRÖDER, R.: D. m. W. **1941 II**, 1167, 1205. — KAUFMANN, C.: D. m. W. **1941 II**, 1171. — [3] MEYSTRE, CH., E. TSCHOPP u. A. WETTSTEIN: Helv. **31**, 1463 (1948). — [4] MEYSTRE, CH., A. WETTSTEIN u. K. MIESCHER: Helv. **30**, 1022 (1947). — [5] MEYSTRE, CH., H. FREY, R. NEHER, A. WETTSTEIN u. K. MIESCHER: Helv. **29**, 627 (1946). — [6] BILLETER, J. R., u. K. MIESCHER: Helv. **30**, 1409 (1947). — [7] MARKER, R. E.: Am. Soc. **69**, 2395 (1947). — [8] Siehe Fußnote [17] S. 431. — [9] BUTENANDT, A., u. L. MAMOLI: B. **67**, 1897 (1934).

dem bereits oben erwähnten *Pregnandiol* wurden im Harn noch eine Reihe anderer Pregnanderivate aufgefunden[1,2], die in Tabelle 82 zusammengefaßt sind.

Aus Schweinetestes wurden außer den Verbindungen 5 und 6 auch Δ^5-*Pregnenol-(3β)-on-20* isoliert[3]. (Weitere Pregnane in der Nebenniere: s. Steroide der Nebennierenrinde, S. 446.)

Es ist anzunehmen, daß die im Harn aufgefundenen Stoffe im wesentlichen durch Hydrierung des Progesterons entstanden sind und Ausscheidungsformen des Corpus luteum-Hormons darstellen. Hierfür spricht auch die Tatsache, daß das *Pregnandiol in Form seines Glucuronids* immer dann im Harn auftritt, wenn im Körper besonders reiche Mengen an Progesteron erzeugt werden[4]. Es ist anzunehmen, daß sich durch systematische Pregnandiolbestimmungen für die Klinik wertvolle Erfahrungen über den Progesteronhaushalt ergeben[5]. Für die biologische Hydrierung des Progesterons zum Pregnandiol ist der Uterus nicht notwendig, da dieser Übergang auch im uteruslosen weiblichen und im männlichen Tier erfolgt (U. WESTPHAL[6]).

Desoxycorticosteron (s. S. 451) geht ebenfalls bei weiblichen und männlichen Kaninchen in Pregnandiolglucuronid über. Es ist daher möglich, daß ein Teil der Harnpregnanderivate Umwandlungsprodukte der Nebennierensteroide darstellen. Bei dem $\Delta^{2 \text{ oder } 3}$-Stoff kann es sich auch um ein Kunstprodukt handeln, das durch die Aufarbeitung entstanden ist.

Tabelle 82. Pregnanderivate aus dem Harn.

Nr.	Name	Summenformel
1	Pregnandiol-(3α, 20)	$C_{21}H_{36}O_2$
2	Pregnandiol-(3α, 17α)-on-20	$C_{21}H_{34}O_3$
3	Pregnanol-(3α)-on-20	$C_{21}H_{34}O_2$
4	Pregnandion-3,20	$C_{21}H_{32}O_2$
5	Allopregnanol-(3α)-on-20	$C_{21}H_{34}O_2$
6	Allopregnanol-(3β)-on-20	$C_{21}H_{34}O_2$
7	17-Isopregnanol-(3α)-on-20	$C_{21}H_{34}O_2$
8	Allopregnandion-3,20	$C_{21}H_{32}O_2$
9	Allopregnandiol-(3α-6)-on-20	$C_{21}H_{34}O_3$
10	Δ^2 oder ^{3}-Allopregnenon-20	$C_{21}H_{32}O$

Während der Schwangerschaft ist auch die *Placenta* zur Bildung von Gelbkörperhormon befähigt, in der es biologisch nachgewiesen wurde. Dies erklärt, daß bei manchen Tieren nach Entfernung des Corpus luteum graviditatis die auf die Gegenwart von Progesteron angewiesene (vgl. Bd. 2, Fortpflanzung und Vererbung) Schwangerschaft keine Unterbrechung erfährt. Progesteron wurde auch aus Nebennieren isoliert (s. S. 452[7]). Auch im *Blasenmolengewebe* konnten geringe Mengen von Corpus luteum-Hormon nachgewiesen werden.

Biologischer Nachweis des Corpus luteum-Hormons. Die physiologischen Wirkungen des Corpus luteum-Hormons sind bei weitem nicht so vielseitig und umfassend wie die des Follikelhormons. Für die Bedeutung als morphogenetisches Hormon liegen bisher keine Anhaltspunkte vor, dagegen ist es von entscheidender Bedeutung für die Schwangerschaftsvorbereitung und ihre Erhaltung. Auf dieser physiologischen Eigenschaft baut sich auch der *biologische Nachweis* auf.

CORNER-ALLEN-*Test*[8]. Es werden für den Test geschlechtsreife weibliche Kaninchen im Brunststadium verwandt. Man läßt sie belegen und entfernt 14 bis 18 h später, nach soeben erfolgtem Follikelsprung, die Ovarien. Die Uterusschleimhaut befindet sich unter der Wirkung des bis zum Follikelsprung gebildeten Follikelhormons im höchsten Stadium der Proliferation. Die zu prüfende Substanz wird über 5 Tage verteilt in Öllösung subcutan injiziert. Am 6. Versuchstage werden die Tiere getötet, und die biologische Wirksamkeit wird im histologischen Schnitt des Uterus ermittelt. Ist die Substanz wirksam, so hat ein Umbau des zellreichen hohen Epithels in ein stark zerklüftetes, lockeres, an Sekret und

---

[1] MARKER, R. E.: Am. Soc. **60**, 1725 (1938). — [2] LIEBERMANN, S., K. DOBRINER, B. R. HILL, L. F. FIESER and C. P. RHOADS: J. biol. Ch. **172**, 263 (1948). — [3] PRELOG, V., E. TAGMANN, S. LIEBERMANN u. L. RUZICKA: Helv. **30**, 1080 (1947). — [4] VENNING, E. H., and J. S. BROWNE: Canad. med. Ass. J. **36**, 83 (1937). — VENNING, E.: J. biol. Ch. **119**, 473 (1937). — SUTHERLAND, E. S., and G. F. MARRIAN: Biochem. J. **41**, 193 (1947). — [5] WEIL, P. G.: Science, N. Y. **87**, 72 (1938). — WESTPHAL, U.: H. **281**, 14 (1944). — [6] WESTPHAL, U.: H. **273**, 1 (1942). Naturwiss. **28**, 465 (1940); **29**, 782 (1941). — [7] BEALL, D., and T. REICHSTEIN: Nature **142**, 479 (1938). — [8] CORNER, G. W., and W. M. ALLEN: Amer. J. Physiol. **88**, 326 (1929).

Glykogen reiches Gewebe stattgefunden. Die kleinste Menge an Substanz, die imstande ist, die Umwandlung der Schleimhaut hervorzurufen, wird als Kanincheneinheit (KE) bezeichnet. Sie beträgt für Progesteron 0,6 bis 1 mg.

CLAUBERG-*Test*. Um den Test einfacher zu gestalten, arbeitet C. CLAUBERG[1] mit *infantilen* Kaninchen, deren Uterus durch 8tägige subcutane Verabreichung von je 10 Mäuseeinheiten (ME) Follikelhormon in die Proliferationsphase gebracht wird und daraufhin dasselbe Bild zeigt wie bei einem reifen Kaninchen, das zum ersten Male in die Brunst kommt. Innerhalb von 9 Tagen wird dann die Substanz injiziert und die histologische Auswertung vorgenommen.

Nach W. HOHLWEG[2] läßt sich der Aufbau der Proliferationsphase bereits in 6 Tagen durch Verabreichung von je 25 ME Follikelhormon erzielen. Nach 1tägiger Ruhepause wird der Wirkstoff, über 5 Tage verteilt, zugeführt. Auf diese Weise läßt sich der Test in 2 Arbeitswochen ausführen.

Die KE nach C. CLAUBERG liegt bei etwa 0,5 bis 0,75 mg Progesteron. Das Gewichtsverhältnis der CORNER-Einheit zur CLAUBERG-Einheit beträgt also höchstens 2:1. Als internationale Einheit für das Corpus luteum-Hormon ist von der Standardisierungskommission des Völkerbundes die spezifische Uterusschleimhautwirkung von 1 mg des bei 122° schmelzenden β-Progesterons angenommen worden. Der Vergleich muß im Tierversuch nach G. W. CORNER oder C. CLAUBERG erfolgen.

Biologie des Corpus luteum-Hormons. Die charakteristische Wirkung des Progesterons auf die Uterusschleimhaut ist als Vorbereitung für die Nidation des befruchteten Eies zu deuten. Am Meerschweinchen und anderen Tieren wurde gezeigt, daß die unter dem Einfluß des Corpus luteum stehende Schleimhaut auf einen Fremdkörperreiz mit einer decidualen Wucherung reagiert[3]. Es liegt nahe, hier einen sinnvollen Mechanismus zum Festhalten des befruchteten Eies zu vermuten. Am Kaninchen ließ sich beweisen, daß auch die Umhüllung des Eies mit einem Eiweißmantel, die vom Tubenepithel aus erfolgt, an die Gegenwart des Gelbkörperhormons gebunden ist[4]. Tritt keine Befruchtung ein, so wird bei der Frau die Schleimhaut bis zur Basalis im Vorgange der Menstruation abgestoßen. Der Verlauf des *Menstruationscyclus* der Frau wird durch das Zusammenwirken von Follikelhormon und Corpus luteum-Hormon bestimmt. Bei einer beiderseitig kastrierten Frau mit völlig athrophierter Uterusschleimhaut trat nach Zufuhr von etwa 320000 ME Oestradiolbenzoat und 90 KE Progesteron 24 h nach der letzten Progesteroninjektion eine echte menstruelle Blutung ein[5].

Dem Corpus luteum-Hormon kommt außerdem eine Funktion zur *Ruhigstellung des Uterus* zu. Versuche bei der Frau kurz nach der Geburt zeigen, daß Progesteron die Oxytocinreaktion von 1 cm³ Pituitrin verhindert. Auch am überlebenden Kaninchenuterus wird die Hypophysinreaktion durch Corpus luteum-Hormon unterdrückt[6]. Es besteht ein Antagonismus zum Follikelhormon, das auf den Uterus motilitätserregend wirkt. 5 KE Corpus luteum-Hormon genügen, um die Wirkung von 1000 RE Follikelhormon zu unterbinden.

Weiterhin wird dem Progesteron eine *Hemmung der Follikelreifung und Ovulation* zugeschrieben. Dies würde die Tatsache erklären, daß beim Bestehen des Gelbkörpers der Follikelsprung unterbleibt und während der Schwangerschaft im allgemeinen keine Ovulation stattfindet. Auch eine Wirkung auf die Brustdrüse im Sinne einer Umwandlung des durch Follikelhormon aufgebauten glandulären Epithels zu einem der Schwangerschaftsmamma entsprechenden Zellbild wird berichtet[7].

---

[1] CLAUBERG, C.: Kli. Wo. **1930 II**, 2004; **1931 II**, 1949. — [2] Siehe Fußnote[19], S. 431. — [3] LOEB, L.: Zbl. Physiol. **22**, 498 (1908); **23**, 73 (1909). — [4] WESTMANN, A.: Zbl. Gynäkol. **55**, 130 (1931). — [5] KAUFMANN, C.: Kli. Wo. **1933 I**, 217; **1933 II**, 1557. — [6] KNAUS, H.: Kli. Wo. **1930 I**, 838; **1931 I**, 742. — [7] FREUD, J., u. S. E. DE JONGH: Acta brev. neerl. Physiol. **5**, 47 (1935).

γ) Testikelhormone; Androgene. (Die Androsterongruppe[1-3].)

Schon frühzeitig wurde auf die innersekretorische Tätigkeit der männlichen Keimdrüsen aufmerksam gemacht (Hunter 1792, Berthold 1849). Aber erst gegen Ende des 19. Jahrhunderts setzte die planmäßige Untersuchung ein. Brown-Séquard, Pézard und Steinach bestätigten durch zahlreiche Tierversuche die älteren Befunde und schufen die Grundlagen für biologische Nachweisreaktionen.

Tabelle 83. Vertreter der Androsterongruppe und einige ihrer natürlich
vorkommenden Abkömmlinge.

Systematischer Name	Gewöhnlicher Name	Herkunft
Δ^4-Androstenol-(17β)-on-3	Testosteron	Hengst und Bullentestes
Δ^{16}-Androstenol-(3α)		Schweinetestes
Δ^{16}-Androstenol-(3β)		Schweinetestes
Δ^4-Androstentrion-3, 11, 17	Adrenosteron	Nebennierenrinde
Δ^4-Androstendion-3, 17		,,
Androstandiol-$(3\beta, 11\beta)$-on-17		,,
Androstanol-(3α)-on-17	Androsteron	Harn
Δ^5-Androstenol-(3β)-on-17	Dehydroandrosteron	,,
Androstanol-(3β)-on-17	Isoandrosteron	,,
Aetiocholanol-(3α)-on-17		,,
Androstandion-3, 17		,,
Δ^4-Androstendion-3, 17		,,
Androstanon-(3)		,,
Δ^5-Androstentriol-$(3\beta, 16, 17)$		,,
$\Delta^{4,\,11}$-Androstadienon-(3)		,,
Δ^{16}-Androstenon-(3)		,,
Δ^5-Androstendiol-$(3\beta, 17\alpha)$		,,
$\Delta^{2\,\text{oder}\,3}$-Androstenon-17		,,
$\Delta^{3,\,5}$-Androstadienon-17		,,
Androstandiol-$(3\alpha, 11\beta)$-on-17		,,
$\Delta^{11}(?)$-Androstenol-(3α)-on-17		,,
$\Delta^{6(11)}$-Androstenol-(3α)-on-17		,,
$\Delta^{9(11)}$-Aetiocholenol-(3α)-on-17		,,
Aetiocholanol-(3α)-dion-11, 17		,,

Auf der Suche nach dem „männlichen Sexualhormon" stieß man wieder auf eine Gruppe nahe verwandter Stoffe, die diesen Namen auf Grund ihrer physiologischen Wirksamkeit für sich in Anspruch nehmen können. Gegenüber dem Follikelhormon scheint aber die Wirkung des männlichen Hormons spezifischer zu sein. Alle bisher bekannten männlichen Wirkstoffe leiten sich von dem Ringsystem des Cyclopentano-perhydro-phenanthrens ab. Nach dem von A. Butenandt und K. Tscherning (1931) erstmalig isolierten Vertreter dieser Stoffklasse, dem *Androsteron*, werden die natürlich vorkommenden Steroide mit Testikelhormonwirkung zur *Androsterongruppe* zusammengefaßt. In der englischen Literatur ist hierfür auch der Name „Androgene" üblich. Die wichtigsten Vertreter dieser Gruppe sind mit einigen ihrer aus natürlichem Ausgangsmaterial isolierten Derivate in Tabelle 83 zusammengestellt.

Zusammenfassende Darstellungen: 1—3. [1] Dannenbaum, H.: Ergebn. Physiol. 38, 796 (1936). — [2] Tscherning, K.: Angew. Chem. 49, 11 (1936). — [3] Goldberg, M. W.: Ergebn. Vit.- u. Hormonforsch. 1, 371 (1938). Siehe auch Bd. 2, Kapitel: Fortpflanzung und Vererbung sowie Physiol. Chemie der inneren Sekrete.

Eine androgene Wirksamkeit besitzen auch *17(β)-Oxyprogesteron* und *Δ5-Pregnenol-(3β)-on-20* aus Nebenniere. Das letztere zeigt nur eine spermatogene Wirkung bei hypophysektomierten Nagetieren, wirkt aber nicht im Hahnenkammtest.

Von den in Tabelle 83 aufgeführten Stoffen besitzt das *Testosteron*, das aus männlichen Keimdrüsen isoliert wurde, die höchste Wirksamkeit. In ihm liegt nach unserem heutigen Wissen wahrscheinlich das eigentliche Testikelhormon vor. Wegen ihrer leichteren Zugänglichkeit wurden aber zunächst die wirksamen Bestandteile des Harnes isoliert und aus ihnen die Konstitution des Testosterons abgeleitet:

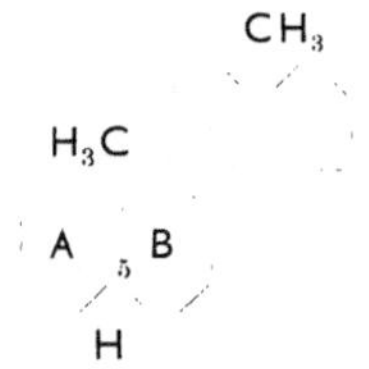

CH₃

H₃C

A B

H

Androstan

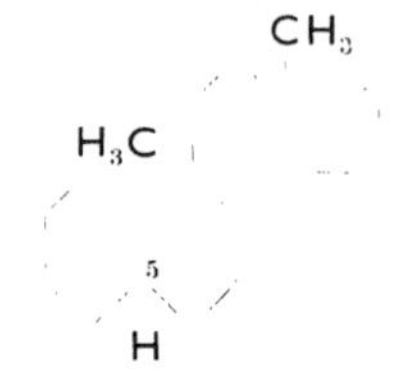

CH₃

H₃C

5

H

Aetiocholan

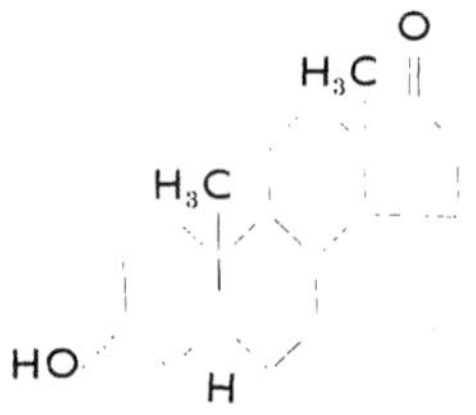

O

H₃C

H₃C

HO H

Androsteron
($C_{19}H_{30}O_2$)

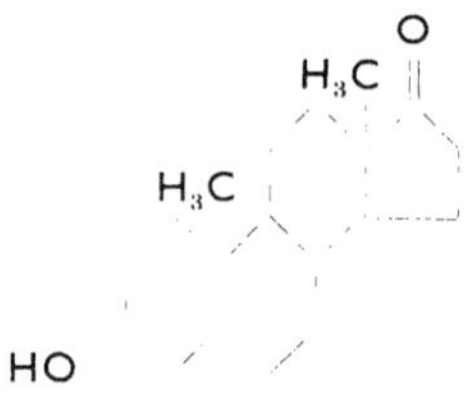

O

H₃C

H₃C

HO

Dehydroandrosteron
($C_{19}H_{28}O_2$)

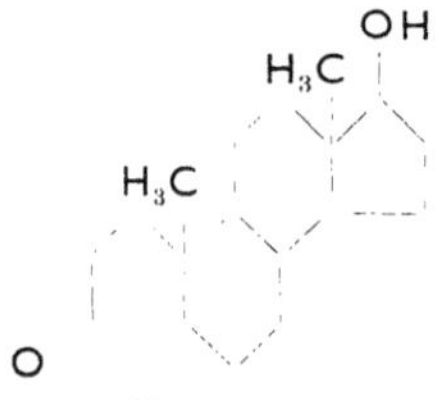

OH

H₃C

H₃C

O

Testosteron
($C_{19}H_{28}O_2$)

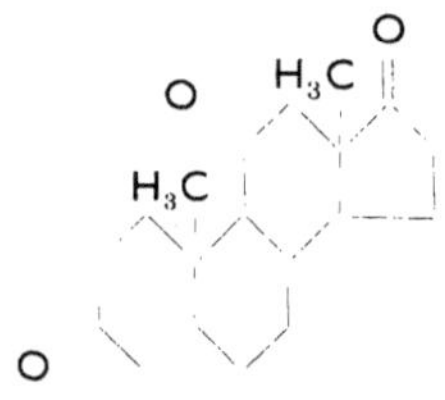

O

O H₃C

H₃C

O

Adrenosteron
($C_{19}H_{24}O_3$)

1. Androsteron [= Androstan-3(α)-ol-17-on-(AB-trans)]. Androsteron wurde 1931 von BUTENANDT und TSCHERNING aus Männerharn isoliert (s. S. 421); es ist ein gesättigtes Oxyketon von der Zusammensetzung $C_{19}H_{30}O_2$.

Acetat, F. 159 bis 161°; *Oxim*, F. 216°. Der Männerharn enthält etwa 1 bis 2 mg Androsteron im Liter, daraus kann durch saure Extraktion mit Chloroform, Entfernung der Ballaststoffe durch saure und alkalische Verseifung, Wasserdampfdestillation, Entmischungsverfahren der neutrale, nicht flüchtige Wirkstoff angereichert und schließlich über das Oxim gereinigt werden. Auf diese Weise lassen sich aus 1000 Liter Harn etwa 150 mg Androsteron gewinnen, die etwa 6 bis 7% der gesamten physiologischen Aktivität entsprechen.

Konstitution. Die Konstitutionsformel des Androsterons wurde von BUTENANDT[1] aufgestellt, der das Androsteron als gesättigtes tetracyclisches Oxyketon erkannte. Auf Grund der ermittelten Eigenschaften lag es nahe, ihm das gleiche Vierringsystem wie dem Follikelhormon und den Sterinen zuzuteilen. Dieser Zusammenhang wurde durch die im Formelschema S. 439 wiedergegebene Darstellung des Androsterons durch oxydativen Abbau des *epi*-Dihydrocholesterins von L. RUZICKA[2] bestätigt, der damit auch die sterische Konfiguration des Wirkstoffes bestimmte, über die aus den analytischen Arbeiten keine Anhaltspunkte vorlagen. Eine ergiebige Methode zur Darstellung von epi-Dihydrocholesterin geht über das 3(α)-, 5-Dioxy-cholestan[3]. Der Grundkohlenwasserstoff des Androsterons heißt *Androstan*. Der systematische Name des Androsterons ist also *3(α)-(= „epi")-Oxy-androstanon-(17)*. In ihm sind also die Ringe A und B wie beim Cholestan in trans-Verknüpfung. Einige Derivate der Androgene leiten sich von Ätiocholan ab, in dem A und B cisständig sind.

[1] BUTENANDT, A., u. K. TSCHERNING: H. **229**, 167, 185 (1934). — BUTENANDT, A., u. H. DANNENBAUM: H. **229**, 192 (1934). — [2] RUZICKA, L., M. W. GOLDBERG u. H. BRÜNGGER: Helv. **17**, 1389 (1934). — RUZICKA, L., M. W. GOLDBERG, J. MEYER, H. BRÜNGGER u. E. EICHENBERGER: Helv. **17**, 1395 (1934). — RUZICKA, L., H. BRÜNGGER, E. EICHENBERGER u. J. MEYER: Helv. **17**, 1407 (1934). — [3] PLATTNER, P. A., A. FÜRST, F. KOLLER, W. LANG: Helv. **31**, 1455 (1948).

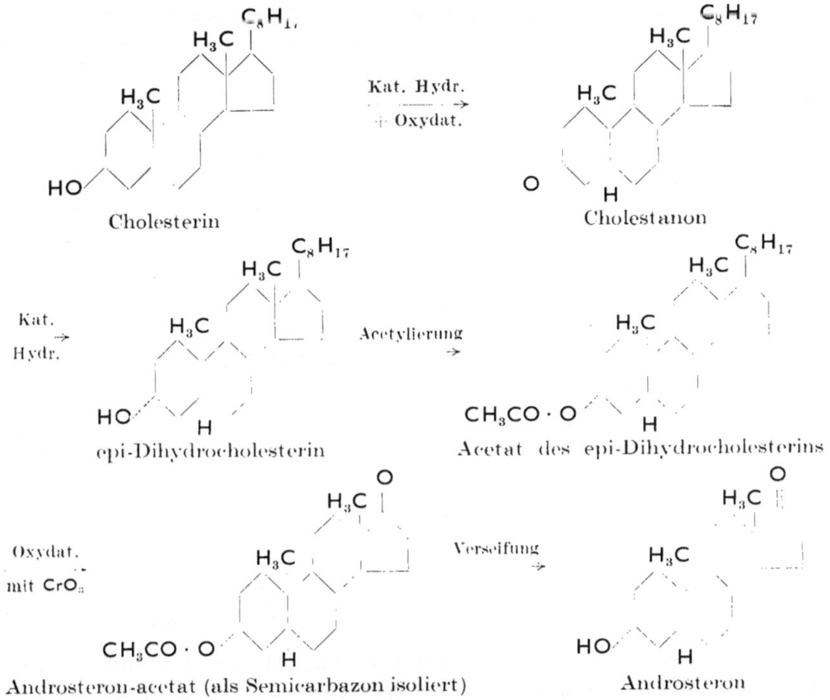

Kat. Hydr.
→
+ Oxydat.

Cholesterin

Cholestanon

Kat.
→
Hydr.

Acetylierung
→

HO
H
epi-Dihydrocholesterin

CH₃CO · O
H
Acetat des epi-Dihydrocholesterins

Oxydat.
mit CrO₃

Verseifung
→

CH₃CO · O
H
Androsteron-acetat (als Semicarbazon isoliert)

HO
H
Androsteron

2. Dehydroandrosteron (=Dehydro-*epi*-androsteron), $\Delta^{5(6)}$ Androstenon-3(β)-ol-17-on. Dehydroandrosteron wurde von A. BUTENANDT und H. DANNENBAUM[1] neben dem Androsteron aus Männerharn isoliert. Es stellt ein ungesättigtes Oxyketon der Zusammensetzung $C_{19}H_{28}O_2$ dar.

Acetat, F. 171 bis 172°; *Benzoat*, F. 248 bis 251°; *Oxim* F. 188 bis 199°. Im Harn finden sich etwa 200 mg Dehydroandrosteron im hl. Aus den alkalisch verseiften Neutralteilen läßt es sich mit Digitonin ausfällen. Die weitere Reinigung erfolgt über das Semicarbazon und das Acetat.

Konstitution. Die Verknüpfung des Dehydroandrosterons mit dem Androsteron gelang durch Hydrierung und anschließende Verseifung des Dehydroandrosteryl-chlorids:

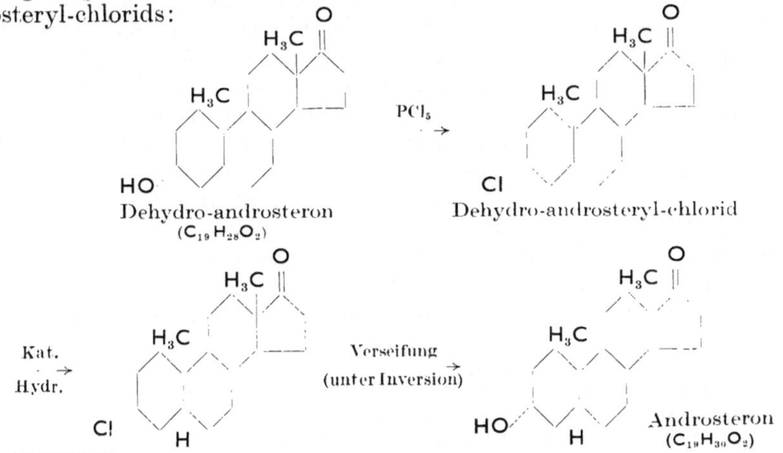

PCl₅
→

HO
Dehydro-androsteron
($C_{19}H_{28}O_2$)

Cl
Dehydro-androsteryl-chlorid

Kat.
→
Hydr.

Verseifung
→
(unter Inversion)

Cl
H

HO
H
Androsteron
($C_{19}H_{30}O_2$)

[1] BUTENANDT, A., u. H. DANNENBAUM: H. **229**, 192 (1934). — BUTENANDT, A., H. DANNENBAUM, G. HANISCH u. H. KUDSZUS: H. **237**, 57 (1935).

Die *Darstellung durch oxydativen Abbau des Cholesterins* gelang zuerst SCHOELLER. SERINI und GEHRKE[1,2]: Die Doppelbindung des Cholesterins wird zunächst durch Addition von Brom gegen die Einwirkung des Oxydationsmittels geschützt und nach der Oxydation durch Entfernung der Bromatome regeneriert. Danach ist Dehydroandrosteron mit Sicherheit als Δ^5-3(β)-Oxy-androstenon-(17) anzusprechen und systematisch korrekter als „Dehydro-*epi*-androsteron" zu bezeichnen.

C₈H₁₇
H₃C
H₃C
H₃CCO · O
Cholesterin-acetat
2 Br
C₈H₁₇
H₃C
H₃C
H₃CCO · O
Br
Br
O
H₃C
H₃C
Oxydat.
Zn: Eisessig
H₃CCO · O
Br
Br
O
H₃C
H₃C
H₃CCO · O
Dehydro-androsteron-acetat

Das auf diesem Wege aus Cholesterin dargestellte Dehydro-Androsteron ist zum *Ausgangsmaterial für die technische Synthese des Oestrons* (S. 424), *des Progesterons* (S. 433), *des Testosterons* (S. 441) und *des Desoxy-corticosterons* (S. 451) geworden und hat dadurch eine hohe Bedeutung erlangt[3].

3. Weitere Androstanderivate aus dem Harn. Die meisten in Tabelle 83 aufgeführten Androstanderivate dürften in enger Beziehung zum Stoffwechsel der Androgene stehen. Es zeigte sich, daß nach oraler oder intramuskulärer Verabfolgung von Testosteron eine vermehrte Ausscheidung von 17-Keto-Steroiden im Harn erfolgt. Die in der 11-Stellung substituierten oder dehydrierten Derivate sind hingegen wahrscheinlich Endprodukte aus dem Stoffwechsel der Nebennierensteroide. Ein anderer Teil der Verbindungen muß als Kunstprodukt angesehen werden, die im Laufe der Aufarbeitung entstehen. Dieses gilt z. B. für die Δ^3-Stoffe. Es ist bekannt, daß *Androsteronsulfat*, das im Harn vorliegt, bei der Behandlung mit Salzsäure ungesättigte Steroide liefert. Ein ähnliches Kunstprodukt ist auch das von BUTENANDT und DANNENBAUM[4] isolierte *3-Chlor-Δ^5-androstenon 17*.

Im allgemeinen sind die im Harn aufgefundenen Stoffe Hydrierungsprodukte des Testosterons. Diketone kommen nur in geringer Menge vor. Die entstehenden Alkohole werden vor allem mit Schwefelsäure verestert und hierdurch harnfähig gemacht. Man fand, daß ein Teil der Harnsteroide sich durch einen charakteristischen Geruch auszeichnet. So haben z. B. das Androstanon-3 und Δ^2-Androstenon-17 einen deutlichen „Harngeruch"[5].

4. Testosteron, Δ^4-Androsten-3 on-17(β)-ol. Testosteron wurde von DAVID, LAQUEUR und Mitarbeitern[6] 1935 aus *Stierhoden* dargestellt. Zu seiner Auffindung führte das von Androsteron verschiedene physiologische und chemische Verhalten

---

[1] Siehe Fußnote [1], S. 437. — [2] SCHOELLER, W., A. SERINI u. M. GEHRKE: Naturwiss. **23**, 337 (1935). — SERINI, A., u. W. LOGEMANN: B. **71**, 1362 (1938). — SERINI, A.. W. LOGEMANN u. W. HILDEBRAND: B. **72**, 391 (1939). — [3] DODDS E. C.: Possibilities in the realm of synthetic oestrogens. Vitamins & Hormones **3**, 229 (1945). — [4] BUTENANDT. A., u. H. DANNENBAUM: H. **229**, 192 (1934). — [5] PRELOG, V., L. RUZICKA, P. MEISTER u. P. WIELAND: Helv. **28**, 618 (1945). — [6] DAVID, K., E. DINGEMANSE, J. FREUD u. E. LAQUEUR: H. **233**, 281 (1935).

des Hodenextraktes. Aus 100 kg Hoden konnten etwa 10 mg Testosteron gewonnen werden. Testosteron wurde als α,β-ungesättigtes Oxyketon der Zusammensetzung $C_{19}H_{28}O_2$ erkannt.

Acetat, F. 138°; *Oxim,* F. 215°. Es zeigt das für α,β-ungesättigte Ketone charakteristische Absorptionsmaximum von 238 bis 240 mμ.

Die *Konstitution des Testosterons* ergab sich durch Verknüpfung mit Dehydroandrosteron, da beide bei der Oxydation das Δ^4-Androstendion-(3,17) liefern:

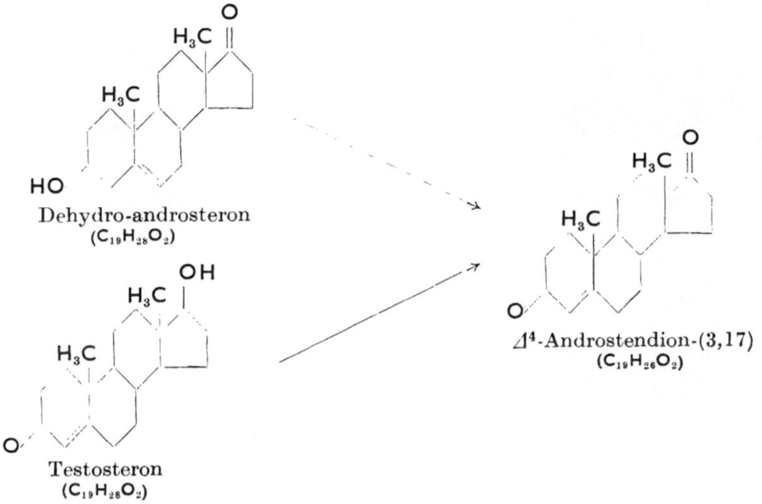

Dehydro-androsteron
($C_{19}H_{28}O_2$)

Testosteron
($C_{19}H_{28}O_2$)

Δ^4-Androstendion-(3,17)
($C_{19}H_{26}O_2$)

Die Strukturformel wurde durch die gleichzeitig von Butenandt[1] und Ruzicka[2] durchgeführte *Synthese* aus Dehydroandrosteron bestätigt, das seinerseits aus Cholesterin zugänglich ist (S. 440):

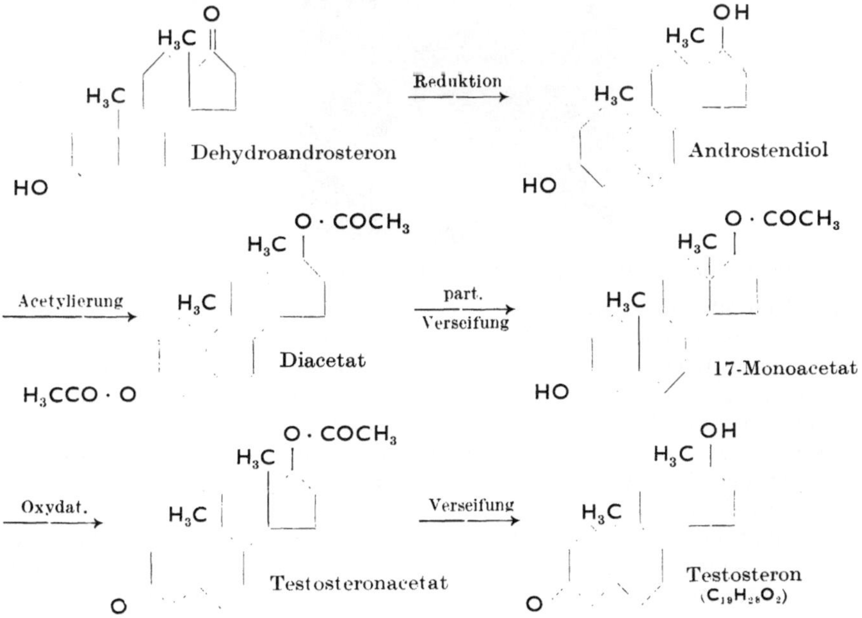

Dehydroandrosteron

Reduktion

Androstendiol

Acetylierung

Diacetat

part.
Verseifung

17-Monoacetat

Oxydat.

Testosteronacetat

Verseifung

Testosteron
($C_{19}H_{28}O_2$)

---

[1] Butenandt, A., u. G. Hanisch: H. **237**, 89 (1935). — [2] Ruzicka, L., u. A. Wettstein: Helv. **18**, 1264 (1935).

Von L. MAMOLI[1] wurde auch eine einfache rein enzymatische Darstellung des
Testosterons aus Dehydroandrosteron durch bakterielle Oxydation und anschließende Hydrierung mit gärender Hefe beschrieben.

5. Adrenosteron. Bei der Isolierung der Nebennierenrindenhormone (S. 446) erhielt T. REICHSTEIN[2] eine Anzahl Begleitstoffe, unter denen sich das *Adrenosteron*
befindet. Es ist ein ungesättigtes Oxydiketon der Zusammensetzung $C_{19}H_{24}O_3$.

Abb. 26. Normaler Hahn der weißen Leghornrasse.

Abb. 27. Kapaun der weißen Leghornrasse;
Versuchstier.

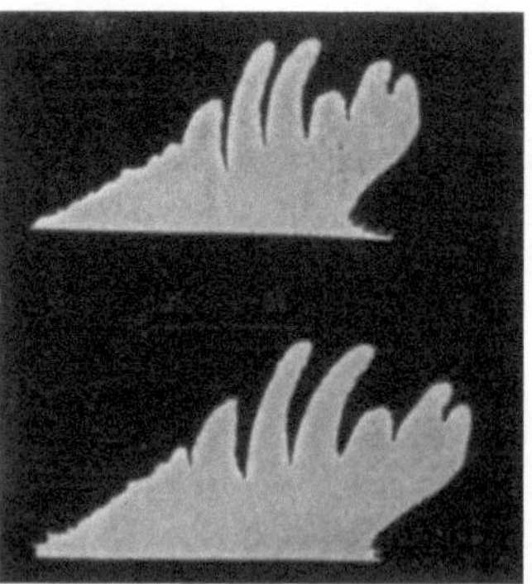

Abb. 28. Kammwachstum unter Hormonwirkung. Messung am Kammschattenbild.

Seine Konstitution (vgl. S. 438) wurde insbesondere durch eine Überführung
in Androstanon gesichert. Es zeigt eine 5mal schwächere Wirkung als Androsteron. Das Auftreten dieses männlichen Wirkstoffes in der Nebenniere ist
besonders interessant im Hinblick auf die bei Nebennierentumoren auftretenden
Störungen der Sexualvorgänge. Es wird begleitet von einer Anzahl anderer
Androstanderivate, die teils keine androgene Wirksamkeit besitzen (s. Tabelle 83).

6. Biologischer Nachweis des Testikelhormons. Die Vertreter der Androsterongruppe besitzen keine für ihre Erkennung hinreichend spezifische chemische
oder physikalische Eigenschaft. Die Zahl der biologischen Teste und ihrer Modifikationen ist sehr groß[3]. Bei der Isolierung der Wirkstoffe hat sich vor allem
der von GALLAGHER und KOCH ausgearbeitete Hahnenkammtest bewährt.

---

[1] MAMOLI, L.: B. **71**, 2278 (1938). — [2] REICHSTEIN, T.: Helv. **19**, 223 (1936). — [3] Siehe
Fußnote[1], S. 437.

1. Der Hahnenkammtest. Werden junge Hähnchen kastriert, so bleibt der Kamm unentwickelt; er wird nach Hormonzufuhr proportional der verabfolgten Menge zum Wachstum angeregt (s. Abb. 26 bis 28)[1,2].

Als Einheit kann z. B. diejenige Menge bezeichnet werden, die in 1 cm^3 Sesamöl gelöst, an 2 aufeinanderfolgenden Tagen injiziert, bei 3 Tieren am 3. und 4. Versuchstage ein durchschnittliches Wachstum der Kammfläche um 20% hervorbringt[1]. Die Definition der Einheit ist in verschiedenen Arbeitskreisen sehr unterschiedlich. Nach FUSSGÄNGER wird das Flächenwachstum nach dem *Aufpinseln* der Öllösung auf den Kamm bestimmt. Besondere Einflüsse auf das Kammwachstum haben das Licht und Art und Menge des Injektionsmediums[1]. — 1 H.K.E. (Hahnenkammeinheit) $= 15\,\gamma$ Testosteron[3].

Große Bedeutung kommt den Testverfahren zu, die auf der unter Hormonwirkung erfolgenden *Entwicklung des Genitaltraktes*, insbesondere der *Vesiculardrüse*, am Nagetier beruhen, da sie auf wichtigen natürlichen Funktionen der männlichen Prägungsstoffe aufbauen.

2. Der Vesiculardrüsentest (LOEWE und VOSS; GALLAGHER und MOORE[4]). Am infantilen oder kastrierten Nagetier sind die Samenblasen nur schwach entwickelt. Die Drüsenlumina sind eng, die Epithelzellen kubisch und mit runden Kernen ausgestattet; Sekret fehlt. Unter dem Einfluß von Testikelhormon weiten sich die Drüsenlumina und das Epithel wird aus großen zylindrischen Zellen mit vielen Granula und länglichen Kernen gebildet.

Die einzelnen Stadien der Entwicklung lassen sich in reproduzierbarer Weise in die Stufen 1 bis 5 einteilen. Als Einheit nach LOEWE und VOSS gilt die Stoffmenge, die binnen 3 Tagen injiziert, auf die Drüsen kastrierter Mäuse eine mittelstarke Wirkung (Stufe 3) ausübt.

Der Test wurde von BUTENANDT und TSCHERNING[5] abgeändert. Als Einheit wurde die Menge definiert, die an 7 aufeinanderfolgenden Tagen täglich einmal injiziert, an der infantilen, 4 Wochen alten Ratte eine mittelstarke Wirkung auf die Samenblase zeigt (vgl. Abb. 29—32 als Beispiel einer solchen Hormonwirkung[6]). Andere Autoren begnügen sich mit der Feststellung der Gewichtszunahme der Drüse nach Hormongaben.

Für die Wirkstoffe der Androsterongruppe ergaben sich die in Tabelle 84 zusammengestellten Werte der physiologischen Wirksamkeit in den einzelnen Testen.

Durch *Veresterung* läßt sich wie beim Follikelhormon die Aktivität im Sinne einer protrahierten Wirkung erhöhen (s. S. 428). Von den dargestellten Estern hat das *Testosteronpropionat*[7] besondere Bedeutung für die klinische Anwendung erhalten.

Tabelle 84: **Physiologische Wirksamkeit von Androgenen.**

	Kammtest (Kapaun) γ	FUSSGÄNGER-test (Kapaun) γ	Vesiculardrüsentest (Ratte) γ
Androsteron	100	1	1000
Dehydroandrosteron .	300	6	3000
Testosteron	15	1	100
Adrenosteron	500	3,5	—
Δ^4-Androstendion 3,17	100	2	500

Mit Hilfe des biologischen Testes wurde in der Natur das *Vorkommen männlicher Prägungsstoffe* vielfach nachgewiesen. Außer in den Hoden, Nebenhoden, Blut und Harn zahlreicher männlicher Säugetiere wurden in den *Nebennieren* beider Geschlechter und *im Harn normaler Frauen* Stoffe mit männlicher Wirkung aufgefunden. *Im Pflanzenreich* sollen Wirkstoffe vom Testikelhormontypus in den männlichen Blüten der Weide und Birke vorkommen.

---

[1] BUTENANDT, A., u. K. TSCHERNING: H. **229**, 167 (1934). — [2] PARKES, A. S., and C. W. EMMENS: Effect of androgens and oestrogens on birds. Vitamins and Hormones **2**, 361 (1944). — [3] Vgl. TAGMANN, E., V. PRELOG u. L. RUZICKA: Helv. **29**, 441 (1946), Fußnote [4]. — [4] Siehe LETTRÉ, H., u. H. H. INHOFFEN: Über Sterine, Gallensäuren und verwandte Stoffe, S. 235. Stuttgart 1936. — [5] BUTENANDT, A., u. K. TSCHERNING: H. **229**, 167 (1934). — [6] BUTENANDT, A., u. H. KUDSZUS: H. **237**, 75 (1935). — [7] MIESCHER, K., H. KÄGI, C. SCHOLZ, A. WETTSTEIN u. E. TSCHOPP: B.Z. **294**, 39 (1937).

Chemischer Nachweis und quantitative Bestimmung der männlichen Keimdrüsenhormone und der 17-Ketosteroide im Harn mit m-Dinitrobenzol und Kalilauge[1] oder polarographisch nach Kondensation mit GIRARD-Reagens (S. 425)[2]. Farbreaktion auf Dehydroandrosteron mit konzentrierter Schwefelsäure und Wasser[3].

7. Biologie des Testikelhormons. Das Testikelhormon erfüllt im männlichen Organismus die Aufgaben, die im weiblichen Körper dem Follikelhormon zufallen. Wie dieses wirkt es als Prägungsstoff *(morphogenetisches Hormon)* und als *funktionserhaltendes Hormon* des geschlechtsreifen männlichen Organismus.

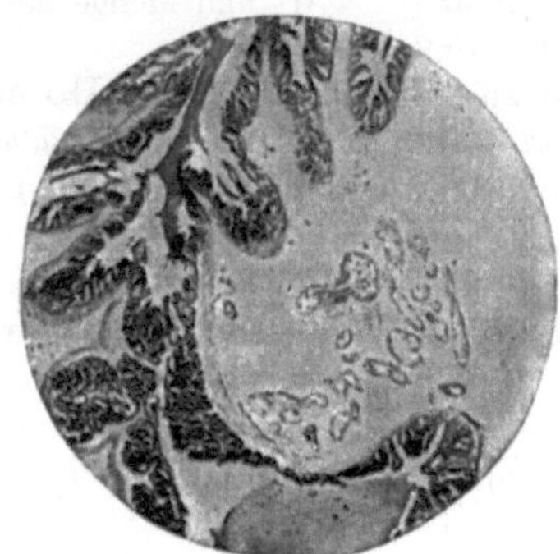

Abb. 29. 20fache Vergrößerung.

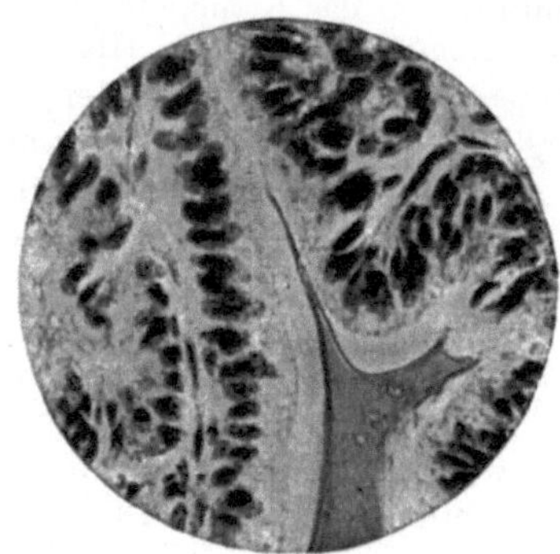

Abb. 30. 700fache Vergrößerung.

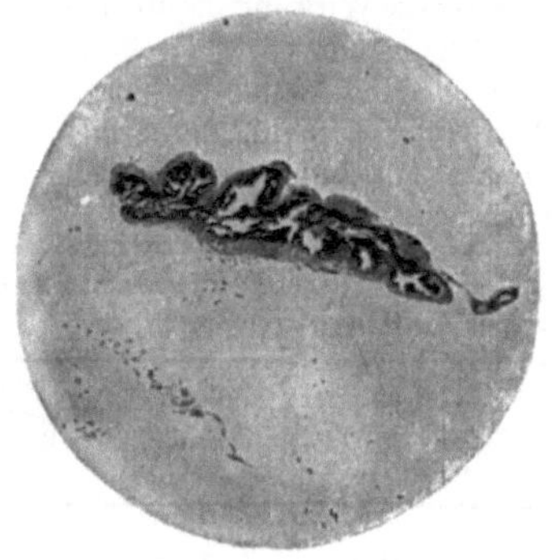

Abb. 31. 20fache Vergrößerung.

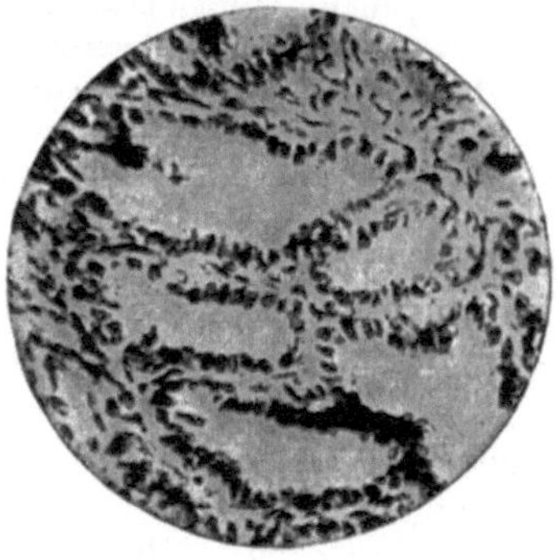

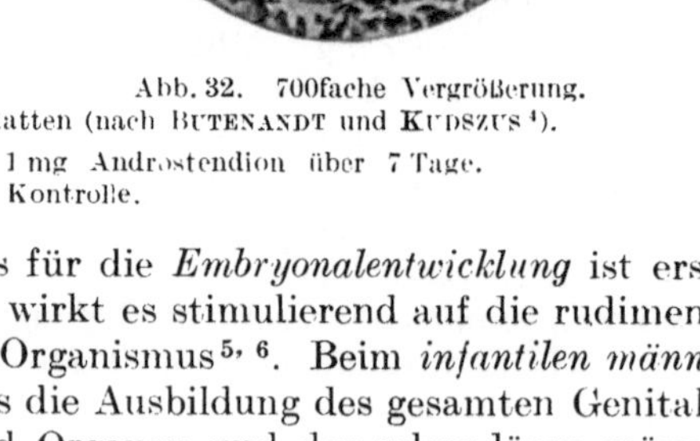

Abb. 32. 700fache Vergrößerung.

Schnitte durch die Vesiculardrüse infantiler Ratten (nach BUTENANDT und KUDSZUS [4]).
Abb. 29—30. Nach Behandlung mit 1 mg Androstendion über 7 Tage.
Abb. 31—32. Kontrolle.

Über die Bedeutung des Testikelhormons für die *Embryonalentwicklung* ist erst wenig bekannt. Bei Säugetierembryonen wirkt es stimulierend auf die rudimentären männlichen Organe des weiblichen Organismus[5, 6]. Beim *infantilen männlichen* Tier und beim *Kastraten* bewirkt es die Ausbildung des gesamten Genitalapparates mit seinen Anhangsdrüsen und Organen und der sekundären männlichen Geschlechtsmerkmale. Als *Bildungsstätte* für das Testikelhormon im geschlechtsreifen Organismus gelten die interstitiellen LEIDIGschen Zellen[7], deren endokrine Tätigkeit auch nach Erlöschen der Samenproduktion weitergeht[5].

[1] ZIMMERMANN, WILH.: H. **245**, 47 (1936). Vitamine u. Hormone **5**, 1, 124, 152, 170, 237, 260 und 276 (1944). — [2] WOLFE, J. K., E. B. HERSHBERG and L. F. FIESER: J. biol. Ch. **136**, 653 (1940); **140**, 215 (1941). — [3] DIRSCHERL, W., u. F. ZILLIKEN: Naturwiss. **31**, 349 (1943). — [4] BUTENANDT, A., u. H. KUDSZUS: H. **237**, 75 (1935) u. zwar Tafel IV. — [5] STEINACH, E.: Wien. klin. Wschr. **1936** I. 164, 196. — [6] DANTSCHAKOFF, W.: Ergebn. Physiol. **40**, 101 (1938). — [7] v. MÖLLENDORF: Lehrb. Histol., S. 393, Abb. 390, 25. Aufl. Jena 1945.

Im weiblichen Organismus läßt sich eine dem Follikelhormon entgegengesetzte Wirkung beobachten, die sich in einer Hemmung des Brunstcyclus und Verlust der Konzeptionsfähigkeit äußert. Das Testikelhormon wird vom Hoden in kontinuierlichem Strom abgegeben, da es zur Erhaltung der funktionellen Leistung dauernd notwendig ist; einen besonderen Einfluß übt es auf die Spermienmotilität und Beschaffenheit des Vesiculardrüsensekretes aus[1, 2].

8. Beziehungen des Testikelhormons zum Follikelhormon. Es ist experimentell gelungen, weibliche Prägungsstoffe in männliche umzuwandeln. Durch Hydrierung des Oestrons entstehen neutrale Diole, denen eine männliche Wirksamkeit zukommt[3]. Ebenso gelang es, durch Veränderung des Androsteronmoleküls Stoffe mit oestrogenen Eigenschaften zu erhalten: wird z. B. in das Testosteron in die 6-Stellung eine Oxogruppe eingeführt, so verschwindet die männliche Wirksamkeit und es tritt eine brunsterregende Wirkung im ALLEN-DOISY-Test auf[4]. Ebenso wird aus dem Androsteron ein hochwirksamer Oestrusstoff, wenn die Hydroxylgruppe am C_3 durch eine Carboxylgruppe ersetzt wird[5]:

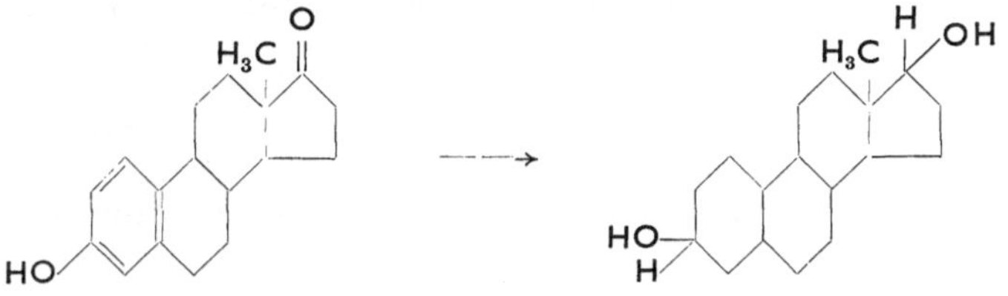

Oestron, ♀
$(C_{18}H_{22}O_2)$

Octahydrooestron, ♂
$(C_{18}H_{30}O_2)$

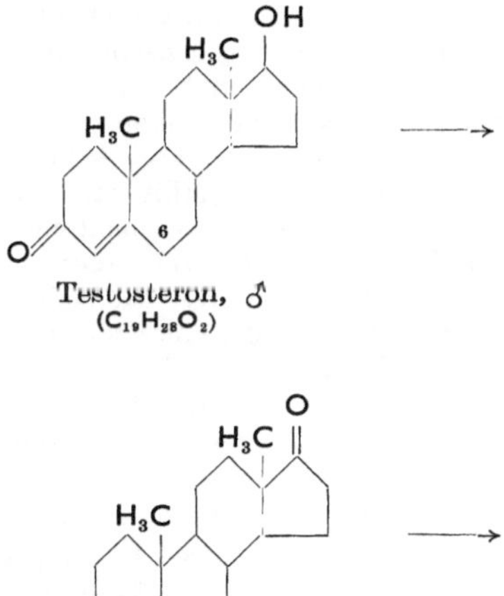

Testosteron, ♂
$(C_{19}H_{28}O_2)$

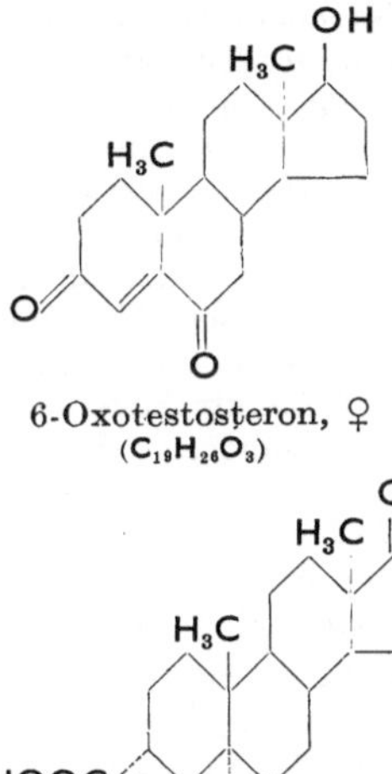

6-Oxotestosteron, ♀
$(C_{19}H_{26}O_3)$

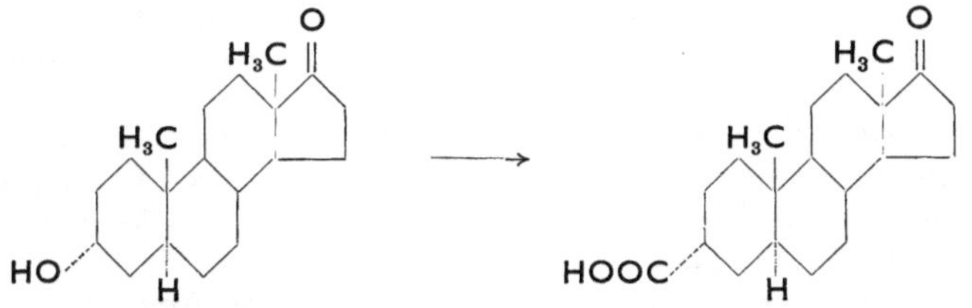

Androsteron, ♂
$(C_{19}H_{30}O_2)$

Androstanon-3-carbonsäure, ♀

Besonders interessant ist das Δ^5-*Androstendiol-3(β), 17(β)*, das männliche und weibliche Wirkungen etwa gleichermaßen in sich vereinigt[6]:

[1] HELLER, C. G., and W. O. MADDOCK: The clinical use of testosterone in the male. Vitamins & Hormones **5**, 393 (1947). — [2] CARTER, ANNE C., E. J. COHEN and E. SHORR: The use of androgens in women. Vitamins & Hormones **5**, 317 (1947). — [3] SCHOELLER, W., E. SCHWENK u. F. HILDEBRANDT: Naturwiss. **21**, 286 (1933). — DIRSCHERL, W., J. KRAUS u. H. E. VOSS: H. **241**, 1 (1936). — [4] BUTENANDT, A., u. B. RIEGEL: B. **69**, 1163 (1936). — [5] MARKER, R. E., O. KAMM, T. S. OAKWOOD and J. E. LAUCIUS: Am. Soc. **58**, 1948 (1936). — [6] BUTENANDT, A.: Naturwiss. **24**, 15 (1936). — BUTENANDT, A., u. H. FRIEDRICH-FRESKA: Biol. Zbl. **62**, 318 (1942).

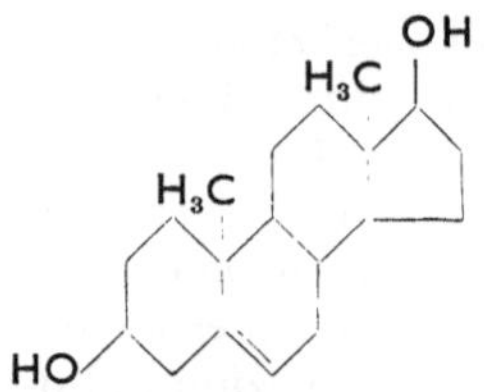

Androstendiol, ♀, ♂,
$(C_{19}H_{30}O_2)$

Ein *bisexueller Charakter* findet sich aber auch bei hochwirksamen männlichen Prägungsstoffen ungesättigten Charakters angedeutet, wie z. B. beim Testosteron und Dehydroandrosteron, so daß sich ein allmählicher Übergang von rein männlichen zu weiblichen Prägungsstoffen feststellen läßt[1]. *Es ist noch unbewiesen, ob Übergänge von der Androsterongruppe in die Oestrongruppe im Organismus stattfinden, aber die Möglichkeit der biologischen Synthese der weiblichen Wirkungsstoffe aus Androsteronderivaten ist nicht ausgeschlossen.* Diese Tatsache hat vielleicht für die *Genese der Keimdrüsenhormone* Bedeutung; es ist möglich, daß Dehydrierung und Methanabspaltung aus den Vertretern der Androsterongruppe Oestron entstehen lassen, das dann bisweilen noch weiter bis zum Equilenin dehydriert wird. Durch eine solche genetische Verknüpfung von Testikel- und Follikelhormon könnte das reichliche Vorkommen von Oestron im Hengstharn erklärt werden[2].

g) Die Corticosterongruppe.
(Die Steroide der Nebennierenrinde[3-8].)

Historisches. Nachdem von ROGOFF und STEWART, SWINGLE und PFIFFNER, HARTMANN und BROWNELL in den Jahren 1929 bis 1930 das Vorhandensein eines Hormons der Nebennierenrinde sichergestellt war, wurden an verschiedenen Stellen Versuche zur Isolierung dieses Wirkstoffes in reiner Form unternommen, insbesondere durch die Arbeiten von REICHSTEIN, KENDALL, SWINGLE und WINTERSTEINER. Die Aufarbeitung großer Mengen Nebennieren führte zur Darstellung von etwa 28 krystallisierten Substanzen, die in die Gruppe der Steroide einzuordnen sind. Nur wenige dieser Verbindungen besitzen die hormonale Wirksamkeit des Nebennierenrindenhormons *Cortin*. KENDALL berichtete bereits 1934 über die Darstellung eines wirksamen Krystallisates, das sich später aber als Gemisch erwies. 1937 konnte REICHSTEIN über die Gewinnung eines reinen krystallisierten Stoffes von hoher physiologischer Aktivität berichten. Er wurde von ihm *Corticosteron* genannt. Etwas später fand auch KENDALL das Corticosteron unter den aus der Nebenniere isolierten Begleitstoffen. Außer Corticosteron sind noch fünf weitere reine Stoffe mit Cortinwirksamkeit isoliert worden.

Die Steroide der Nebenniere sind nahe miteinander verwandt. Sie leiten sich größtenteils von dem Kohlenstoffgerüst des *Pregnans* $C_{21}H_{36}$ ab, das auch dem Progesteron zugrunde liegt. Einige Steroide der C_{19}-Reihe wurden schon früher erwähnt (s. S. 437, 442).

Die Steroide der Nebenniere lassen sich nach der Anzahl der Sauerstoffatome in verschiedene Gruppen einteilen. Über die wichtigsten der bisher näher charakterisierten Verbindungen gibt die Tabelle 85 eine Übersicht.

---

[1] BUTENANDT, A.: Bull. Soc. Chim. biol. **19**, 1477 (1937). — [2] PINCUS, G., and W. H. PERLMAN: The intermediate metabolism of the sex hormones. Vitamins & Hormones **1**, 294 (1943).
Zusammenfassende Darstellungen: 3—8. [3] REICHSTEIN, T.: Ergebn. Vit.- u. Horm.-Forsch. **1**, 334 (1938). — [4] PFIFFNER, J. J.: The adrenal cortical hormones: Adv. Enzymol. **2**, 325 (1942). — [5] REICHSTEIN, T., u. C. W. SHOPPE: Vitamins & Hormones **1**, 345 (1943). — [6] HEARD, R. D. H.: The chemistry and metabolism of the adrenal cortical glands. Pincus-Thimann, Hormones Bd. 1, S. 549. — [7] NOBLE, R. L.: Physiology of the adrenal cortex. Pincus-Thimann Hormones, Bd. 2, S. 65. — [8] GALLAGHER, T. F.: Some advances in the partial synthesis of adrenal cortical steroids. Recent Progr. Hormone Res. **1**, 83 (1947).

Tabelle 85. Steroide der Nebennierenrinde.

Name	Formel	F.°	$[\alpha]_D^\circ$	Wirksamkeit im EVERSE-DE FREMERY-Test (vgl. S. 453)
$C_{21}O_5$-Gruppe:				
allo-Pregnan-pentol-[3(β),11(β),17(α),20,21]	$C_{21}H_{36}O_5$	221—222	+ 16	—
allo-Pregnan-tetrol-[3(β),11(β),17(α),21]-on-(20)	$C_{21}H_{34}O_5$	253—256	+ 69,8	—
allo-Pregnan-triol-[3(β),17(α),21-]dion-(11,20)	$C_{21}H_{32}O_5$	236—238	+ 66	—
Δ^4-Pregnen-tetrol-[11(β),17(α),20,21]-on-(3)	$C_{21}H_{32}O_5$	125 (Zers.)	+ 87	—
17 Oxy-corticosteron =				
Δ^4-Pregnen-triol-[11(β),17(α),21]-dion-(3,20)	$C_{21}H_{30}O_5$	207—210 (Zers.)	+ 167,2	1,5—3 mg
KENDALL's CpE *(Cortison)* =				
Δ^4-Pregnen-diol-[17(α),21]-trion-(3,11,20)	$C_{21}H_{28}O_5$	215 (Zers.)	+ 209	2 mg
$C_{21}O_4$-Gruppe:				
allo-Pregnan-tetrol-[3(β),17(α),20,21]	$C_{21}H_{36}O_4$		— 1	—
allo-Pregnan-triol-[3(β),17(α),21]-on-(20)	$C_{21}H_{34}O_4$	230—239	+ 48	—
allo-Pregnan-triol-[3(β),11(β),21]-on-(20)	$C_{21}H_{34}O_4$	204	—	—
allo-Pregnan-diol-[3(β),21]-dion-(11,20)	$C_{21}H_{32}O_4$	189—191	+ 93,8	—
Corticosteron =				
Δ^4-Pregnen-diol-[11(β),21]-dion-(3,20)	$C_{21}H_{30}O_4$	180—182	+ 223	0,5—1 mg
17-Oxy-desoxycorticosteron =				
Δ^4-Pregnen-diol-[17(α),21] dion-(3,20)	$C_{21}H_{30}O_4$	200—206	—	1 mg
Dehydrocorticosteron =				
Δ^4-Pregnen-ol-(21)-trion-(3,11,20)	$C_{21}H_{28}O_4$	177—180	+ 299[1]	Etwas schwächer als Corticosteron
$C_{21}O_3$-Gruppe:				
allo-Pregnan-triol-[3(β),17(α),20] Subst. J	$C_{21}H_{36}O_3$	217—218	— 7,9	—
allo-Pregnan-triol-[3(β),17(α),20] Subst. O	$C_{21}H_{36}O_3$	223	— 12,5	—
allo-Pregnan-diol[3(β),17(α)]-on-(20)	$C_{21}H_{34}O_3$	266	+ 30,6	—
Desoxycorticosteron = 21-Oxyprogesteron =				
Δ^4-Pregnen-ol-(21)-dion-(3,20)	$C_{21}H_{30}O_3$	141—142	+ 178	0,04 mg (als Acetat)

[1] $[\alpha]_{546}.$

In der Nebenniere sind bis jetzt 28 Steroide mit bekannter Struktur gefunden worden[1]. Davon sind 6 lebenserhaltend bei nebennierenektomierten Tieren (s. Tabelle 85, S. 447).

Hydroxylgruppen in Stellung 3 und 11 sind β-orientiert, die in Stellung 17 sind nahezu sicher α-orientiert. REICHSTEIN gelang die Synthese von allen 6 wirksamen Steroiden. Für die Aktivität sind wesentlich: eine 3-Keto-Δ^4-Gruppe zusammen mit einer Seitenkette $CO \cdot CH_2OH$ in 17- und β-Stellung. Die Wirksamkeit im Kohlenhydrat- und Eiweißstoffwechsel (S. 454) ist an das O-Atom in Stellung C_{11} entweder als CO oder als β-orientierte OH-Gruppe gebunden. Im *amorphen* Rückstand sind noch etwa 90 % der gesamten wirksamen Substanzen enthalten, wahrscheinlich handelt es sich um labile Verbindungen mit 5 O-Atomen.

α) Die $C_{21}O_5$-Gruppe.

1. allo-Pregnan-pentol-[3(β),11(β),17(α),20,21]. Diese Substanz wurde von allen beteiligten Arbeitskreisen isoliert. WINTERSTEINER und PFIFFNER bezeichneten sie als „Compound A", REICHSTEIN als „Substanz A" und KENDALL und Mitarbeiter als „Compound D". Wegen der großen Zahl der Hydroxylgruppen ist diese Verbindung ziemlich wasserlöslich. Sie zeigt keine reduzierenden Eigenschaften.

Konstitution. Da sich die Konstitution der übrigen Nebennierenstoffe durch ihre Beziehungen zum *allo*-Pregnan-pentol ergeben, sei hier kurz das Ergebnis der Konstitutionsermittlung dieser Verbindung zusammengefaßt. Den Nachweis für die Zugehörigkeit zur Steroidklasse erbrachte REICHSTEIN[2] auf folgendem Wege:

Bei der Behandlung des *allo*-Pregnan-pentols mit Chromsäure geht dieses in ein *Triketon* $C_{19}H_{26}O_3$ über, aus dem nach Entfernung der Carbonylgruppen das *Androstan* $C_{19}H_{32}$, der Grundkohlenwasserstoff der männlichen Keimdrüsenhormone, erhalten wurde. Durch die Darstellung eines Penta-acetates wurde das Vorliegen von 5-Hydroxylgruppen bewiesen. Bei der Behandlung mit Perjodsäure oder Bleitetraacetat wurde unter Abspaltung von Formaldehyd das Dioxyketon $C_{19}H_{30}O_3$ erhalten. Damit waren 3 Hydroxyle in der Seitenkette festgelegt. Ein weiteres Hydroxyl wurde in der bei allen Steroiden besetzten 3-Stellung angenommen. Hierfür spricht die gute Digitoninfällbarkeit der

---

[1] Bericht über die Tagung der Society of Endocrinology: Nature **159**, 765 (1947). —
[2] REICHSTEIN: Siehe Fußnote [5] S. 446.

Verbindung. Die 5. Hydroxylgruppe und die daraus entstehende Oxo-gruppe sind außerordentlich reaktionsträge und lassen sich schwer nachweisen. Nach den Erfahrungen der Sterinchemie spricht dies sehr für die 11-Stellung des Hydroxyls.

2. *allo-Pregnan-tetrol-[3(β),11(β),17(α),21]-on-20*. Diese Verbindung wurde zuerst von WINTERSTEINER und PFIFFNER aufgefunden („Compound D"). Sie ist identisch mit „Substanz C" von REICHSTEIN und wurde auch von KENDALL isoliert („Compound C"). Das Kohlenstoffgrundskelet der Verbindung ergab sich durch den Abbau zum Triketon $C_{19}H_{26}O_3$ (s. oben). Da die Substanz reduzierende Eigenschaften zeigt, kann die Ketogruppe nur in der Seitenkette stehen.

3. *allo-Pregnan-triol-[3(β),17(α),21]-dion-(11,20)*. Die Verbindung wurde von REICHSTEIN („Substanz D") und von KENDALL („Compound G") dargestellt. Sie ähnelt in allen ihren Eigenschaften sehr dem *allo*-Pregnan-tetrolon, von dem die Verbindung nur schwer zu trennen ist.

4. *Δ⁴-Pregnen-tetrol-[11(β),17(α),20,21]-on-(3)*. Diese Verbindung wurde von REICHSTEIN isoliert und als „Substanz E" bezeichnet. Sie ist die wasserlöslichste Verbindung dieser Gruppe. Das Absorptionsspektrum zeigt das für α,β-ungesättigte Ketone charakteristische Maximum bei 240 mμ. Der oxydative Abbau führt zu einem ungesättigten Triketon, dem *Adrenosteron* (s. S. 442).

5. *Δ⁴-Pregnen-triol-[11(β),17(α),21]-dion-(3,20)* = *17-Oxy-corticosteron*. (REICHSTEIN, „Substanz M") und

6. *Δ⁴-Pregnen-diol-[17(α),21]-trion-(3,11,20)* (WINTERSTEINER und PFIFFNER, KENDALLS „Compound E", REICHSTEINS „Substanz Fa") sind wiederum einander sehr ähnlich. Beide Substanzen reduzieren alkalische Silberlösung. Der Chromsäureabbau liefert *Adrenosteron* (S. 442). Die Oxydation der Seitenkette mit Bleitetraacetat führt in einem Falle zu einem Oxy-diketon, in dem anderen Falle zum Adrenosteron. Hierdurch ist die Zuordnung der entsprechenden Formelbilder möglich. *Beide Stoffe sind cortinwirksam;* der letztere (KENDALLS Compound E) gewinnt steigende Bedeutung als Mittel zur Behandlung von verschiedenen Formen der Arthritis und erhielt den Namen *Cortison*. Erste Synthesen von SARETT[1].

Über weitere Glieder der $C_{21}O_5$-Gruppe und über Konfigurationsbestimmungen[2].

β) Die $C_{21}O_4$-Gruppe.

1. *allo-Pregnan-tetrol-[3(β),17(α),20,21]*. Die „Substanz K" gehört zu einer der von REICHSTEIN aufgefundenen Verbindungen, denen das Hydroxyl am C_{11} fehlt. Die Isolierung und Trennung von den „Substanzen O und J" (S. 451) gelang durch chromatographische Analyse der Acetate und vorsichtige Verseifung der Ester.

2. *allo-Pregnan-triol-[3(β),17(α),21]-on-(20)*. Die von REICHSTEIN als „Substanz P" bezeichnete Verbindung stellt das 20-Dehydro-derivat des vorstehenden Tetrols dar.

3. *allo-Pregnan-triol-[3(β),11(β),21]-on-(20)*. Diese Verbindung wurde von REICHSTEIN ebenfalls nach der Acetatmethode isoliert und mit „Substanz R" bezeichnet.

4. *Corticosteron*. *Δ⁴-Pregnen-diol-[11(β),21]-dion-3,20*. Das Corticosteron wurde zuerst von REICHSTEIN dargestellt, später wurde die Verbindung auch von KENDALL in reiner Form isoliert („Compound B").

Corticosteron gehört neben dem Desoxy-corticosteron (s. S. 451) zu den bisher wirksamsten Vertretern der Nebennierensteroide.

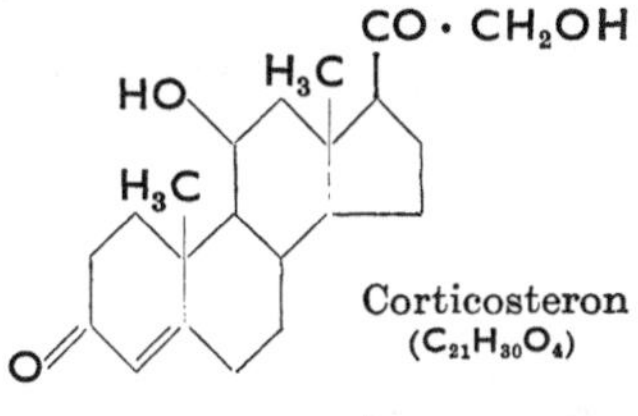

Es reduziert alkalische Silberlösung in der Kälte und zeigt im Ultraviolett ein Absorptionsmaximum bei 240 mμ.

CO · CH₂OH
H₃C
HO
H₃C
O

Corticosteron
($C_{21}H_{30}O_4$)

Konstitution. REICHSTEIN erbrachte den Beweis für das Kohlenstoffgerüst des Corticosterons durch die Umwandlung in *allo*-Pregnan, den Grundkohlenwasserstoff des Progesterons, nachdem vorher bereits von KENDALL der Strukturtyp des Corticosterons angegeben worden war. Die Funktion der Sauerstoffatome ergab sich aus den reduzierenden Eigenschaften,

---

[1] SARETT, L. H.: J. biol. Ch. **162**, 601 (1946). Am. Soc. **70**, 1454 (1948). — [2] EUW, J. v., u. T. REICHSTEIN: Helv. **25**, 988 (1942).

die auf eine Ketolkonfiguration in der Seitenkette schließen lassen, und aus
weiteren Abbaureaktionen. Das Absorptionsspektrum spricht für eine α,β-unge-
sättigte Ketogruppe in der 3-Stellung. Das vierte Sauerstoffatom ist in der
11-Stellung anzunehmen. Eine Teilsynthese des Corticosterons, die seine Konstitution sichert, ist von REICHSTEIN[1] durchgeführt worden.

5. 11-Dehydro-corticosteron = Δ^4-Pregnen-ol-(21)-trion-(3,11,20). Diese Verbindung
wurde von KENDALL („Compound H") und von REICHSTEIN („Substanz N") aus der Nebenniere isoliert und kann auch durch Oxydation der 11ständigen Hydroxylgruppe aus Corticosteron dargestellt werden. *Auch diese Substanz ist cortinwirksam.* Die Art der Substitution
am C_{11} ist für die physiologische Wirksamkeit nicht wesentlich. Teilsynthese des Dehydro-
corticosterons nach REICHSTEIN[1, 2].

Zur Teilsynthese[3] von 11-Dehydro-corticosteron geht man von Desoxycholsäure (I)
aus, die über 10 Stufen in 3α-Acetoxy-11-oxo-cholansäuremethylester (II) übergeführt
wird. Durch Umsetzung mit Phenylmagnesiumbromid, Wasserabspaltung und Reacetylierung erhält man Δ^{23}-3α-Acetoxy-11-oxo-24,24-diphenylcholen (III). Dieses wird mit

N-Bromsuccinimid am C_{22} bromiert, mit Pyridin HBr abgespalten, mit Pottasche die
Acetylgruppe entfernt und zum Diketon [$\Delta^{20,23}$-3,11-Dioxo-24,24-diphenyl-choladien (IV)]
oxydiert. Oxydation mit CrO_3 und Einbau der Doppelbindung in C_4 führt zum 11-Oxo-
progesteron (V)[4]. Der Einbau von OH in C_{21} und die C_4-Doppelbindung führt zum

[1] EUW, J. v., A. LARDON u. T. REICHSTEIN: Helv. **27**, 1287 (1944). — [2] LARDON, A., u.
T. REICHSTEIN: Helv. **26**, 747 (1943); **27**, 821 (1944). — [3] WETTSTEIN, A., u. CH. MEYSTRE:
Helv. **30**, 1262 (1947). — [4] HEGNER, P., u. T. REICHSTEIN: Helv. **26**, 721 (1943).

11-Dehydrocorticosteronacetat (VI)[1]. Damit ist eine einfache Teilsynthese des klinisch wichtigen Nebennierenhormons gelungen[2, 3].

6. Δ^4 - Pregnen-diol - [17(α),21] - dion - (3,20) = 17-Oxy-desoxycorticosteron. Diese von REICHSTEIN mit „S" bezeichnete Substanz ist ebenfalls cortinwirksam.

γ) Die $C_{21}O_3$-Gruppe.

1. allo-Pregnan-triol[3(β),17(α),20] („J"). Diacetat, F. 162°.

2. allo-Pregnan-triol-[3(β),17(α),20] („O"). Diacetat, F. 250°. Von REICHSTEIN wurden aus der Nebenniere zwei stereoisomere allo-Pregnan-triole isoliert, die sich durch die sterische Anordnung der Hydroxyle am C_{20} unterscheiden. Sie wurden als „Substanz J und O" bezeichnet. Eine Substanz gleicher Zusammensetzung, die sich lediglich durch epi-Stellung des am C_3 befindlichen Hydroxyls unterscheidet, wurde aus dem Harn weiblicher Patienten mit einem adrenogenitalen Syndrom isoliert[4].

3. allo-Pregnan-diol-[3(β),17(α)]-on-(20). Die von REICHSTEIN mit „L" bezeichnete Verbindung ist wahrscheinlich identisch mit „Compound G" von WINTERSTEINER und PFIFFNER.

4. Desoxy-corticosteron (21-Oxy - progesteron, Δ^4 - Pregnen - ol-(21)-dion(3,20), $C_{21}H_{30}O_3$). Das Desoxycorticosteron scheint im Überlebenstest der bisher wirksamste Vertreter der Corticosterongruppe zu sein. In Form seines Acetates übertrifft es das Corticosteron in seiner Wirksamkeit an der Ratte um das 10fache (vgl. Tabelle 85, S. 447). Es besitzt auch eine gewisse Progesteronwirkung, die wohl darauf beruht, daß es im Organismus zu Progesteron reduziert wird[5].

Desoxycorticosteron wurde von STEIGER und REICHSTEIN[6] zuerst synthetisch aus Stigmasterin dargestellt und war daher in seiner Konstitution vollständig bekannt, bevor es von REICHSTEIN in der Nebennierenrinde aufgefunden wurde.

Zu seiner Darstellung wurde das Stigmasterin zur Δ^5-3-Oxy-ätiocholensäure abgebaut. Das Acetat dieser Säure wurde über das Säurechlorid in das entsprechende Diazoketon-acetat umgewandelt. Durch vorsichtige alkalische Verseifung wurde der Acetatrest am C_3 abgespalten, durch vorsichtiges Erwärmen mit Eisessig die Diazogruppe durch die acetylierte Hydroxylgruppe ersetzt und das so erhaltene partiell acetylierte Dioxyketon in Desoxycorticosteron übergeführt:

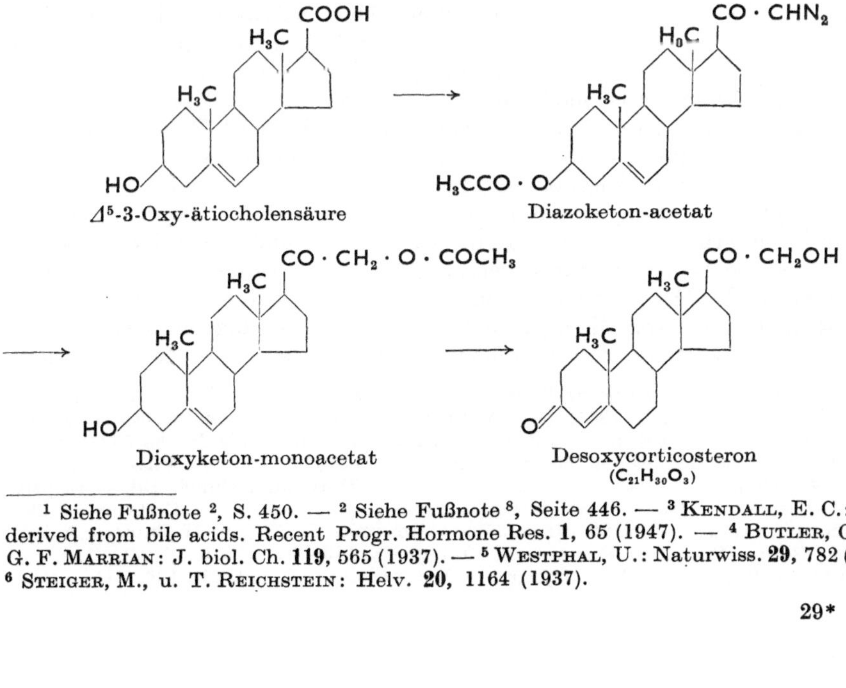

Δ^5-3-Oxy-ätiocholensäure

Diazoketon-acetat

Dioxyketon-monoacetat

Desoxycorticosteron
($C_{21}H_{30}O_3$)

---

[1] Siehe Fußnote [2], S. 450. — [2] Siehe Fußnote [8], Seite 446. — [3] KENDALL, E. C.: Steroids derived from bile acids. Recent Progr. Hormone Res. 1, 65 (1947). — [4] BUTLER, G. C., and G. F. MARRIAN: J. biol. Ch. 119, 565 (1937). — [5] WESTPHAL, U.: Naturwiss. 29, 782 (1941). — [6] STEIGER, M., u. T. REICHSTEIN: Helv. 20, 1164 (1937).

Die Δ^5-Oxy-ätiocholensäure ist auch aus Dehydro-androsteron zugänglich[1]; damit wurde ein Weg zur *Darstellung des Desoxy-corticosterons aus Cholesterin* eröffnet (s. S. 440). Über eine weitere Darstellungsart berichten auch Ch. Meystre und Wettstein[2]. Durch Abbau von 3,12 substituierten Gallensäuren gelangte man fernerhin zu 12-Oxo-pregnanderivaten[3].

Die Verbindungen der $C_{21}O_3$-Gruppe bilden ein Bindeglied zwischen der Corticosterongruppe und dem Progesteron und seinen biologischen Umwandlungsprodukten. Da von Beall und Reichstein das Progesteron ebenfalls in der Nebennierenrinde aufgefunden wurde, ergibt sich eine lückenlose Reihe von der sauerstoffreichen $C_{21}O_5$-Gruppe zur $C_{21}O_2$-Gruppe des Corpus luteum-Hormons.

Darstellung des Corticosterons und seiner Begleitstoffe. Die Gewinnung des Corticosterons und seiner Begleitstoffe geschieht durch alkoholische Extraktion der Nebennieren. Lösungsmitteltrennungen und Entfernung des Adrenalins durch Adsorption an Permutit. Zur weiteren Trennung der Begleitstoffe wurde eine Umsetzung mit Ketonreagenzien benutzt. Die Konzentration der Steroide in der Nebenniere ist außerordentlich gering: aus 1000 kg Nebenniere wurden von den verschiedenen Substanzen nur Bruchteile eines Grammes erhalten.

Die Bestimmung des Corticosterons[4] gelingt mit Phosphomolybdänsäure auf kolorimetrischem Wege.

δ) Über die Biologie der Corticosterongruppe[5, 6, 7].

Bildung. Die Auffindung der sauerstoffreichen Steroide in der Nebenniere hat Reichstein[8] zu einer *Hypothese über die Biogenese der Steroide* geführt. Da die Steroide aus kleineren Bausteinen gebildet werden (S. 397) und das Gerüst der Sterine in einzelne Dreierketten zerlegbar ist (s. Abb. 33), schien es denkbar, daß *Triosen* Ausgangsmaterialien für die Steroidsynthese darstellen; die sauerstoffreicheren Steroide sollten danach Vorstufen der sauerstoffärmeren sein. Stoffwechselversuche mit Isotopen haben diese Auffassung jedoch widerlegt und gezeigt, daß Acetatreste für den Aufbau des Cholesterins verwandt werden können[9].

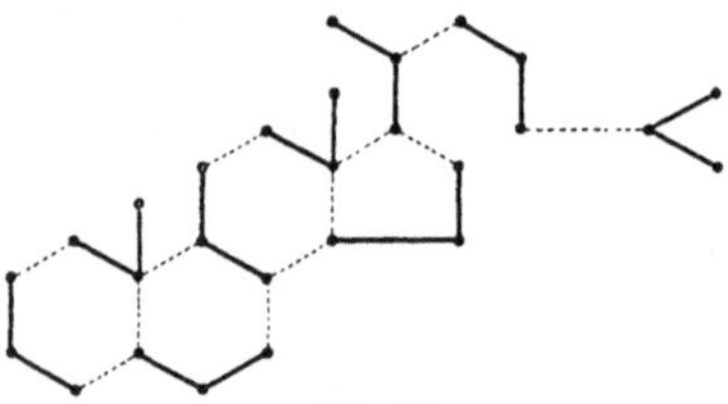

Abb. 33.

Funktion. Die Ausfallserscheinungen nach Entfernung der Nebennierenrinde sind sehr vielgestaltig und führen in kurzer Zeit zum Tode. Das Hauptsymptom ist nach Swingle die Störung des Wasserhaushaltes, die zu einem großen Verlust an Blutflüssigkeit führt (vgl. Bd. 2, Wasserhaushalt). Der Plasmaverlust kann bis zu 40% betragen. Bei nebennierenlosen Hunden führt schon ein geringer Aderlaß zu schwerster Gliederschwäche. Der Verlust an Flüssigkeit wird nicht durch erhöhte Ausscheidung bedingt, sondern kommt durch den erhöhten Abstrom in die Gewebe zustande. Mit der Abnahme des Blutvolumens geht eine Blutdrucksenkung und eine Erhöhung der Viscosität des Blutes parallel. Die Konzentration der im Blut gelösten Stoffe erleidet große Verschiebungen. Im allgemeinen findet eine Erhöhung des Gehaltes an Cholesterin, Acetonkörpern, des Serumeiweiß und insbesondere des Reststick-

[1] Butenandt, A., u. J. Schmidt-Thomé: B. **71**, 1487 (1938). — [2] Meystre, Ch., u. A. Wettstein: Helv. **30**, 1236 (1947). — [3] Meystre, Ch., u. A. Wettstein: Exper. **3**, 185 (1948). Helv. **30**, 1037, 1256 (1947). — [4] Staudinger, H., u. M. Schmeisser: H. **283**, 54 (1948). — [5] Reichstein, T.: Chemie des Cortins und seiner Begleitstoffe. Ergebn. Vit.- u. Horm.-Forsch. **1**, 334 (1938). — [6] Bomskov, Ch.: Methodik der Hormonforschung. Bd. 1. Leipzig 1937. — [7] Thaddea, S.: Die Nebennierenrinde. Leipzig 1936. Forsch. u. Fortschr. **17**, 288 (1941). — [8] Reichstein, T.: Helv. **20**, 978 (1937). — [9] Sonderhoff, R., und H. Thomas: A **530**, 195 (1937). — Bloch, K., and D. Rittenberg: J. biol. Ch. **143**, 297; **145**, 625 (1942); **159**, 45; **160**, 417 (1945). — Bloch, K., E. Borek and D. Rittenberg: J. biol. Ch. **162**, 411 (1946).

stoffes statt. Auch eine Erhöhung des Calciumspiegels wird beobachtet. Erniedrigt sind dagegen der Blutzucker und der Kochsalzgehalt. Die Kochsalzausscheidung im Harn nimmt in den ersten Tagen nach der Exstirpation nicht zu, steigt dann aber stark an. Durch Zufuhr von großen Kochsalzmengen gelingt es, die Überlebensdauer zu beeinflussen. Auch bei Menschen mit Nebennierenschäden hat man mit Kochsalzlösung günstige Erfolge erzielt[1]. Äußerlich ist eine Muskelschwäche besonders auffällig, die sich in einer raschen Ermüdbarkeit äußert. Weiterhin treten nach Entfernung der Nebenniere allgemeine Stoffwechselstörungen auf, insbesondere ist die Glucose-, Fett- und Cholesterinresorption aus dem Darm gestört. Beim Menschen führt der Ausfall der Rindenfunktion zur ADDISONschen Krankheit[2]. Hierbei werden im wesentlichen dieselben Ausfallserscheinungen wie im Tierexperiment beobachtet, ihr besonderes Symptom ist eine starke Pigmentablagerung in der Haut. Bei der Mannigfaltigkeit der Ausfallserscheinungen ist es schwer zu entscheiden, worin die primäre Störung besteht und welche Symptome nur sekundärer Art sind. Nach VERZÁR[3] kommt dem Cortin eine wichtige Funktion bei den Phosphorylierungsvorgängen im Organismus zu. Die Resorptionsstörungen sind danach auf den Ausfall der normalen Phosphorylierung in der Darmwand zurückzuführen. Für diese Erklärung der Cortinwirkung spricht besonders, daß nebennierenlose Tiere nicht imstande sind, Lactoflavin zu phosphorylieren und in der Leber zu speichern, bei Cortinzufuhr aber diese Fähigkeit wiedererlangen. Auch andere Phosphorylierungsvorgänge sind gestört[4].

Biologischer Nachweis[5]. Zur quantitativen biologischen Bestimmung des Cortins sind verschiedene der beschriebenen physiologischen Wirkungen benutzt worden. Häufig wird der Überlebenstest an solchen Tieren angewendet, bei denen die vollständige Entfernung der Nebennierenrinde besonders gut gelingt.

1. Im *Hundetest* nach PFIFFNER und SWINGLE[6] wird als eine „Hundeeinheit" die täglich benötigte Hormondosis je Kilogramm Körpergewicht definiert, die einen nebennierenlosen Hund 7 bis 10 Tage bei normalen Stoffwechselfunktionen am Leben erhält. Als Kriterium der beginnenden Ausfallserscheinungen wird neben den äußeren Symptomen besonders die Erhöhung des Reststickstoffes im Blut benutzt. Der Test ist von äußeren Bedingungen, wie dem Salzgehalt der Nahrung, abhängig.

2. Die in Tabelle 85, S. 447, angegebenen Werte beziehen sich auf einen von EVERSE und DE FREMERY[7] angegebenen Test, bei dem die *Behebung der Muskelschwäche* an Ratten als Testreaktion dient:

Die Hinterbeinmuskeln der narkotisierten Ratte werden elektrisch gereizt und der Ausschlag wird registriert. Während beim normalen Tier der 1. bis 4. Ausschlag ziemlich gleichmäßig ist, sinkt beim nebennierenlosen Tier nach der zunächst normalen ersten Zuckung die Arbeitsfähigkeit rasch ab. Der Test ist von Narkosetiefe, Reizstärke und Federspannung abhängig.

3. Die Muskelermüdbarkeit kann auch im *Schwimmtest*[8] geprüft werden. Normale Ratten vermögen sich mit einer Belastung von 2 g 30 bis 60 min über Wasser zu halten, nebennierenlose Tiere nur 3 bis 15 min.

---

[1] Siehe Bd. 2 Wasserstoffwechsel, — [2] Lehrb. inn. Med. (ASSMANN u. a.) **2**, 273, Abb. 23. 6./7. Aufl. (1949). — [3] VERZÁR, F.: Die Funktion der Nebennierenrinde. Basel 1939. Vitamine u. Hormone **1**, 85 (1941). — LASZT, L., u. F. VERZÁR: B.Z. **292**, 159 (1937). — [4] KUTSCHER, W., u. H. WÜST: H. **273**, 235 (1942). — [5] THAYER, S. A.: Bioassay of animal hormones. Vitamins & Hormones **4**, 311 (1946). — [6] PFIFFNER, J. J., W. W. SWINGLE and H. M. VARS: J. biol. Ch. **104**, 701 (1934). — [7] EVERSE, J. W. R., et P. DE FREMERY: Acta brev. neerl. Physiol. **2**, 152 (1932). — [8] GAARENSTROM, J. H., L. WATERMAN et E. LAQUEUR: Acta brev. neerl. Physiol. **7**, 10 (1937).

4. Die geringe *Resistenz nebennierenloser Tiere gegen Glucose* kann ebenfalls als Testreaktion benutzt werden[1]. Bei der Verfütterung von 5 cm³ 50%iger Glucoselösung gehen nebennierenlose Ratten innerhalb 5 h ein. Bei vorheriger subcutaner Injektion von 0,2 mg Corticosteron bleiben die Tiere am Leben. Die Brenztraubensäurewerte im Blut[2] sinken bei Ratten nach Nebennierenexstirpation etwa auf die Hälfte von 2,4 mg-% auf 1,1 mg-%, ähnlich dem Blutzucker (81 mg bzw. 57 mg Glucose).

Die bisher bekannten krystallinisch wirksamen Steroide aus Nebennierenrinde zeigen verschiedenes Verhalten in den einzelnen Testen. Wie bereits erwähnt, ist die Wirksamkeit im Kohlenhydrat- und Eiweißstoffwechsel bevorzugt an die Anwesenheit der O-Funktion am C_{11} (und C_{17}) gebunden, während Desoxycorticosteron vor allem den NaCl-Haushalt beeinflußt.

h) Die D-Vitamine [3-6].

Während die bisher besprochenen Steroide sich von den Sterinen durch stufenweise Verkürzung der Seitenkette ableiten lassen, wird beim Übergang zum *Vitamin D* das Ringsystem selbst charakteristisch verändert.

Historisches[5]. Im Jahre 1906 wurde von HOPKINS erstmalig die Vermutung ausgesprochen, daß die Ursache der Rachitis auf dem Mangel der Nahrung an einem lebenswichtigen Stoff beruhe. Die Richtigkeit dieser Hypothese wurde vor allem von MELLANBY durch den Tierversuch bestätigt. Versuche zur Isolierung des Vitamins schlugen zunächst fehl. Die Darstellung des ersten antirachitisch wirksamen Krystallisates gelang auf einem Umweg. 1922 war von RAZINSKY auf die Möglichkeit eines Zusammenhanges zwischen dem Mangel an Sonnenlicht und der Rachitis hingewiesen worden. Der Berliner Arzt HULDSCHINSKY konnte diesen Zusammenhang durch umfangreiche klinische Arbeiten belegen. HESS und STEENBOCK fanden dann, daß die Bestrahlung der Nahrungsmittel die direkte Bestrahlung der Patienten ersetzen konnte. 1926 wurde dann im Ergosterin von POHL, WINDAUS, HESS, ROSENHEIM und WEBSTER ein Provitamin D aufgefunden, das durch Bestrahlung mit ultraviolettem Licht in einen antirachitischen Wirkstoff überging. Aus dem durch die Lichteinwirkung entstehenden Stoffgemisch gelang es dann WINDAUS und seinen Mitarbeitern, zunächst ein ,,*Vitamin D_1*" zu erhalten, das sich als Additionsverbindung des eigentlichen antirachitischen Wirkstoffes, des ,,*Vitamins D_2*", mit dem inaktiven *Lumisterin* (S. 455) herausstellte. Gleichzeitig wurde auch von englischen Autoren ein antirachitisch wirksames Krystallisat erhalten, das sie ,,*Calciferol*" nannten. Dieser Name wird in England heute für das Vitamin D_2 benutzt. Durch Vergleich der physiologischen Eigenschaften von Vitamin-D-Präparaten aus Lebertran mit dem krystallisierten Vitamin D_2 konnte man schließen, daß der im Tran vorliegende natürliche Wirkstoff nicht mit dem Vitamin D_2 identisch sein konnte. Die systematische Aufarbeitung von Fischleberöl durch selektive Adsorption durch BROCKMANN führte dann zur Isolierung des ,,*Vitamins D_3*", dessen Konstitution von WINDAUS durch die Darstellung aus *7-Dehydro-cholesterin* (S. 399) sichergestellt wurde. Durch Bestrahlung von 22-Dihydro-ergosterin wird ein Dihydrovitamin erhalten, das als ,,*Vitamin D_4*" bezeichnet wird, und aus 7-Dehydro-sitosterin erhält man das ,,*Vitamin D_5*".

α) Vitamin D_2 (Calciferol).

Eigenschaften. Vitamin D_2 hat die Zusammensetzung $C_{28}H_{44}O$.

Es krystallisiert aus Aceton in langen Prismen vom F. 115 bis 116°; $[\alpha]_D$ in Benzin = + 35,5°, in Alkohol = + 103°.

[1] LASZT, L., u. F. VERZÁR: B.Z. **285**, 356 (1936); **292**, 159 (1937). — [2] SCHMIDT, H. W.: B.Z. **310**, 225 (1942).

Zusammenfassende Darstellungen: 3—6. [3] BROCKMANN, H.: Ergebn. Physiol. **40**, 292 (1938). Ergebn. Vit.- u. Horm.-Forsch. **2**, 55 (1939). — [4] ROMINGER, E.: Ergebn. Vit.- u. Horm.-Forsch. **2**, 104 (1939). Vgl. hier Bd. 2, Vitamine. — [5] DE RUDDER, R.: Naturwiss. **33**, 302 (1946). — [6] BERNUTH, F. v.: Fiat Rev. **76**, Kinderheilkunde. S. 73.

Es ist in allen Lipoidlösungsmitteln leichtlöslich, aber unlöslich in Wasser. Im Ultra-violett zeigt es ein Absorptionsmaximum bei 265 mμ. Die Farbreaktionen sind weniger ausgeprägt als beim Ergosterin. Ein charakteristisches Derivat, das sich auch zu seiner Abscheidung eignet, ist das *3,5-Dinitrobenzoat* vom F. 148 bis 149°. Das reine Vitamin ist gegen Luftsauerstoff recht stabil. Beim Erhitzen unter Luftabschluß auf 180° verliert es seine Wirksamkeit und wird in die Pyrovitamine (S. 456) umgewandelt.

Konstitution. Das Vitamin D_2 ist mit Ergosterin isomer (s. S. 403). Wie die quantitative katalytische Hydrierung bewies, enthält es aber eine Doppelbindung mehr. Es liegt demnach ein 4fach ungesättigter tricyclischer Stoff vor. WINDAUS und THIELE[1] sowie HEILBRON[2] gelang es, den ersten Einblick in seine Konstitution zu gewinnen. Sie zeigten, daß eine Aufsprengung des Ringes B des Ergosterins zwischen den Kohlenstoffatomen 9 und 10 stattgefunden hat. Durch oxydativen Abbau konnten ein gesättigtes Keton $C_{19}H_{32}O$ und ein ungesättigter Aldehyd $C_{21}H_{34}O$ gewonnen werden[3]:

$$CH_3-CH-CH=CH-CH-CH-CH_3$$

Vitamin D_2 (Calciferol)
($C_{28}H_{44}O$)

Keton
($C_{19}H_{32}O$)

Aldehyd
($C_{21}H_{34}O$)

Darstellung. Wird *Ergosterin* mit dem Lichte des Magnesiumfunkens bestrahlt, so erleidet es eine weitgehende chemische Veränderung. Es entsteht ein Gemisch aus mindestens 6 verschiedenen Stoffen. In mühsamer Arbeit gelang es in erster Linie WINDAUS und seinen Mitarbeitern, aus diesem Gemisch eine Reihe definierter reiner Stoffe zu gewinnen und ihre Konstitution sowie die Reihenfolge, ihrer Entstehung weitgehend zu klären. Hierbei ergab sich folgende photochemische Umwandlungsreihe:

Ergosterin → Lumisterin → Tachysterin → Vitamin D_2 → Toxisterin → Suprasterin I ↘ Suprasterin II.

Die Krystallisation des Vitamins D_2 aus diesem Stoffgemisch gelingt nach Abscheidung des unveränderten Ergosterins als Digitonid und Entfernung des Tachysterins durch Addition an Citraconsäure-anhydrid.

Die photochemische Umwandlung des Ergosterins. Die erste Umwandlungsstufe des Ergosterins ist das *Lumisterin*, in dem das Ringskelett des Ergosterins noch erhalten ist, wie seine Dehydrierung zum γ-Methyl-cyclopenteno-phenanthren (s. S. 354) zeigt. Lumisterin unterscheidet sich vom Ergosterin durch

[1] WINDAUS, A., u. W. THIELE: A. **521**, 160 (1936). — WINDAUS, A., u. W. GRUNDMANN: A. **524**, 295 (1936). — [2] HEILBRON, I. M., R. N. JONES, K. M. SAMANT and F. S. SPRING: Soc. **1936**, 905. — [3] DIMROTH, K.: Angew. Chem. (A) **59**, 215 (1947).

die sterische Anordnung der Substituenten am C_{10} und vielleicht auch C_9 (siehe unten). Bei dem nächsten Umwandlungsprodukt, dem *Tachysterin*, ist bereits der Ring B geöffnet. Es unterscheidet sich von dem Vitamin D durch die Lage der 4. Doppelbindung am C_{10}. Die Endprodukte der Bestrahlung bilden die Suprasterine. Im *Suprasterin I* sind nur 3 Doppelbindungen vorhanden, so daß hier wieder 4 Ringe vorliegen müssen, doch hat keine Rückbildung des ursprünglichen Sterinskeletts stattgefunden. Es ist möglich, daß seine Entstehung aus dem Vitamin D über das *Toxisterin* führt. Im *Suprasterin II* ist

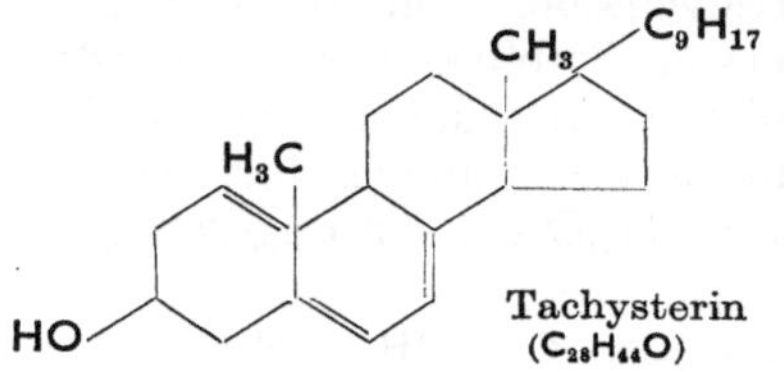

Tachysterin
($C_{28}H_{44}O$)

die Rückbildung des 4. Ringes noch unsicher. Derivate des Tachysterins und des Toxisterins haben sich als Therapeutica gegen postoperative Tetanie bewährt, da sie den Calciumgehalt des Blutes stark erhöhen[1]. Es handelt sich vor allem um das Dihydrotachysterin (AT 10)[2].

Die Pyrovitamine. Beim Erhitzen des Vitamins D_2 bilden sich 2 stereoisomere Pyrovitamine, das *Pyrocalciferol* und das *Isopyrocalciferol*. Das Iso-pyrocalciferol gibt bei der Dehydrierung mit Mercuriacetat das gleiche 9,11-Dehydroderivat wie Ergosterin. Es unterscheidet sich also von diesem nur durch die sterische Anordnung am C_9. Das Pyrocalciferol liefert das gleiche 9-Dehydroderivat wie Lumisterin. Diese beiden Verbindungen besitzen also am C_{10} eine dem Ergosterin entgegengesetzte Anordnung der Substituenten und unterscheiden sich untereinander ebenfalls durch eine Epimerie[3] am C_9.

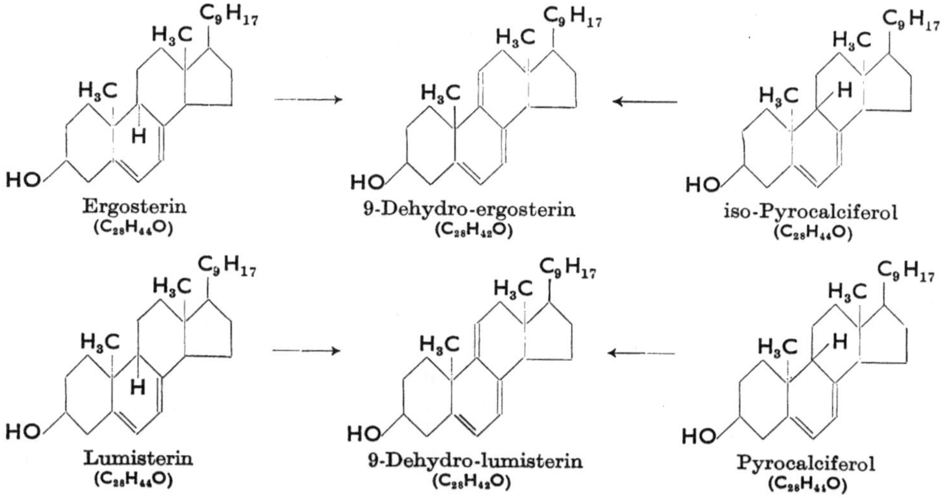

Ergosterin
($C_{28}H_{44}O$)

9-Dehydro-ergosterin
($C_{28}H_{42}O$)

iso-Pyrocalciferol
($C_{28}H_{44}O$)

Lumisterin
($C_{28}H_{44}O$)

9-Dehydro-lumisterin
($C_{28}H_{42}O$)

Pyrocalciferol
($C_{28}H_{44}O$)

β) Vitamin D_3, D_4 und D_5.

Für die überraschend leichte photochemische Lösung der Kohlenstoffbindungen zwischen C_9 und C_{10} im Ergosterin ist die Lockerung dieser Bindung durch das kondensierte System von Doppelbindungen im Ring B verantwortlich zu machen. Verschiedene andere Steroide, die die gleiche Lage der Doppelbindungen im Ringsystem aufweisen, sich aber vom Ergosterin in der Seitenkette unterscheiden, unterliegen der gleichen photochemischen Spaltung.

Vitamin D_3. Das 7-Dehydro-cholesterin (s. S. 399) ergibt bei der Bestrahlung ein Gemisch verschiedener Umwandlungsprodukte, aus dem ein antirachitisch

[1] HOLTZ, F.: Med. Klinik **1935**, Nr. 26. — HOLTZ, F., u. F. KRAMER: Naturwiss. **24**, 177 (1936). — [2] I.G. Farbenindustrie (Erfinder OTTO LINSERT) D.R.P. 730017 Kl. 120 [C. **1943** I, 1696]. — [3] WINDAUS, A., u. K. DIMROTH: B. **70**, 376 (1937).

wirksamer Stoff isoliert wurde, der in allen chemischen und physiologischen Eigenschaften mit dem aus tierischen Fetten und Ölen gewonnenen Vitamin übereinstimmte[1]. Er wurde als *Vitamin D_3* bezeichnet.

Eigenschaften. Vitamin D_3 krystallisiert in farblosen Nadeln vom F. 82 bis 84°; $[\alpha]_D$ in Aceton $= + 83°$. Dinitrobenzoat, F. 129°. Die Lage und Höhe der Adsorptionsbande stimmt mit der des Vitamin D_2 überein.

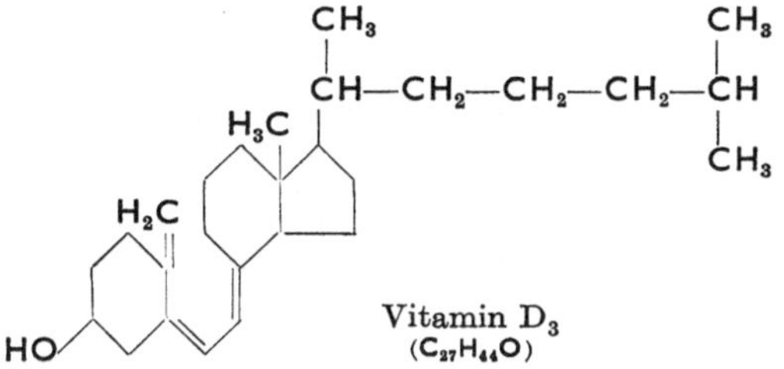

$$CH_3-CH-CH_2-CH_2-CH_2-CH(CH_3)-CH_3$$

Vitamin D_3
$(C_{27}H_{44}O)$

Vitamin D_4 $(C_{28}H_{46}O)$. Durch Absättigung der Doppelbindung in der Seitenkette des Ergosterins entsteht ein 22-Dihydro-ergosterin. Bei der Bestrahlung erhält man ein entsprechendes 22-Dihydro-Vitamin D_2, das als *Vitamin D_4* bezeichnet wird.

Eigenschaften. Vitamin D_4 hat einen Schmelzpunkt von 107 bis 108°, $[\alpha]_D = + 89,3°$ (in Aceton). Dinitrobenzoat, F. 135 bis 136°. Das Absorptionsspektrum ist vom Spektrum der übrigen D-Vitamine nicht zu unterscheiden.

Vitamin D_5. Aus den pflanzlichen Sterinen wurden ebenfalls 7-Dehydroderivate hergestellt. Während das 7-Dehydro-stigmasterin trotz seiner nahen Verwandtschaft zum Ergosterin bei der Bestrahlung keinen antirachitisch wirksamen Stoff ergibt, wurde aus *7-Dehydro-sitosterin* das Vitamin D_5 erhalten.

Die Bestrahlungsprodukte des seitenkettenlosen *7-Dehydro-androstendiols* zeigen ebenfalls keine antirachitische Wirksamkeit[2].

γ) Zur Biologie der D-Vitamine[3].

Über das Vorkommen von antirachitischem Vitamin. Der Hauptfundort für das antirachitische Vitamin sind die tierischen Fette und Öle. Besonders reichlich kommt das Vitamin in den Leberölen des Dorsches, des Thunfisches und einiger anderer Knochenfische vor. Der handelsübliche Lebertran enthält im Durchschnitt 2 mg Vitamin im Kilogramm (0,2 bis 2,0 klinische Einheiten je Gramm). Die Nahrungsmittel sind verhältnismäßig arm an Vitamin. Die Butter enthält 0,02 bis 0,1 klinische Einheiten (s. unten) je Gramm. Pflanzliche Öle sind im unbestrahlten Zustande meist völlig unwirksam und zeigen erst nach der Bestrahlung antirachitische Wirkung. In ihnen muß also ein Provitamin D vorliegen. Grüne Pflanzenteile und Gemüse enthalten so gut wie gar kein Vitamin oder Provitamin. Die Frage, welches der bekannten D-Vitamine der antirachitischen Wirksamkeit der verschiedenen Naturprodukte zugrunde liegt, wurde in einzelnen Fällen durch die präparative Darstellung entschieden. BROCKMANN[4] konnte zeigen, daß im Leberöl des Heilbuttes, des japanischen Bluefin-Thun und des Schwertfisches Vitamin D_3 vorliegt. Andere D-Vitamine sind bisher

---

[1] BROCKMANN, H.: H. **241**, 104 (1936); **245**, 96 (1937). — BROCKMANN, H., u. Y. H. CHEN: H. **241**, 129 (1936). — BROCKMANN, H., u. A. BUSSE: H. **256**, 252 (1938). — HENBEST, H. B., E. R. H. JONES, A. E. BIDE, R. W. PREVERS and P. A. WILKINSON: Nature **158**, 169 (1946). — [2] DIMROTH, K., u. J. PALAND: B. **72**, 187 (1939). — [3] Siehe auch Bd. 2 Vitamine. — [4] BROCKMANN, H.: H. **241**, 104 (1936); **245**, 96 (1937). — BROCKMANN, H., u. A. BUSSE: H. **256**, 252 (1938).

noch nicht aus natürlichem Material isoliert, doch ist das Vorkommen, insbesondere von D_2, sehr wahrscheinlich. Dafür spricht der hohe Gehalt an Ergosterin (Provitamin D_2) mancher Tiere.

Vorkommen von Provitamin D. Provitamin D findet sich in den Organen der *Säugetiere* nur in geringem Maße, in größerer Menge dagegen wurde es in der Haut gefunden. Das Rohsterin verschiedener Herkunft zeigte folgenden Provitamingehalt:

Tabelle 86. Provitamin D-Gehalt verschiedener Organe in Prozent.

Rinderhirn	0,016	Säuglingshaut	0,15
Kalbslunge	0,025	Menschenhaut	0,43
Kalbshirn	0,032	Schweinehaut	2,9 bis 5,9
Kuhhaut	0,18	Rattenhaut	1,5 bis 2,4
Kalbshaut	0,68		

Der Provitamingehalt der *Wirbellosen* kann sehr hoch sein. So enthält das Rohsterin der roten Wegschnecke 19 bis 25% Provitamin D_2, der Wellhornschnecke 17 bis 28% Provitamin D_3 und des Regenwurms 22% Provitamin D_2.

Nachweis der D-Vitamine. Zum chemischen Nachweis von D-Vitamin wurde von BROCKMANN[1] eine *colorimetrische Methode* ausgearbeitet, die auf einer Gelbfärbung mit Antimontrichlorid beruht. Kleine Mengen von Vitamin A stören hierbei nicht. Für kleine D-Vitaminmengen ist man allerdings weiterhin auf den *biologischen Test* angewiesen; er beruht auf der Heilung (therapeutische Methode) oder Verhütung (prophylaktische Methode) einer experimentell erzeugten Rachitis.

Junge Tiere werden mit einer Kost gefüttert, die außer Vitamin D alle notwendigen Bestandteile enthält. Die am häufigsten benutzte rachitogene Diät ist von McCOLLUM angegeben: 33% Weizen, 33% Mais, 15% Weizenkleber, 15% Gelatine, 3% $CaCO_3$ und 1% $NaCl$. Bei der therapeutischen Methode wird der Grad der Heilung durch die Breite der an der Epiphysengrenze abgelagerten Calciumphosphatschicht am herauspräparierten Knochen (Tibia oder Femur) bestimmt. Die Calciumphosphatschicht wird durch Tränken mit Silbernitrat und Belichtung sichtbar gemacht („Line-Test"). An Stelle der Untersuchung des präparierten Knochens kann auch die Röntgenuntersuchung des Kniegelenkes treten (Röntgen-Methode). Bei der prophylaktischen Methode wird die Substanzmenge bestimmt, die genügt, um 80% der Versuchstiere vor Rachitis zu schützen. Zur Diagnose kann hier die Röntgenaufnahme des Kniegelenks oder die Knochenaschebestimmung der Versuchstiere dienen. Um subjektive Fehlerquellen möglichst auszuschalten, wird bei jedem Test eine Serie von Versuchstieren mit einem *Standardpräparat* gefüttert. Als solches ist eine Lösung von bestrahltem Ergosterin in Olivenöl festgelegt worden. 1 mg dieser Lösung ist die *internationale Einheit* (1. i. E $= 0,025\,\gamma$ Vitamin D_2 oder $0,1\,\gamma$ bestrahltes, krystallisiertes Ergosterin). Eine *klinische Einheit* beträgt etwa das 14fache der internationalen Einheit und entspricht etwa dem Bedarf eines Kindes je Tag.

Für die D-Vitamine ergaben sich die in Tabelle 87 wiedergegebenen Werte der physiologischen Wirkung.

Über die Herkunft der D-Vitamine. Über die Art der Entstehung der Provitamine bzw. der Vitamine herrscht noch wenig Klarheit. Das Vorhandensein in der Leber des Dorsches, eines tieflebenden Fisches, macht die photochemische Bildung aus 7-Dehydro-cholesterin unmöglich. Das Vorkommen wird durch ungewöhnliches Speicherungsvermögen der Fische erklärt. Demnach müßte das Vitamin aus der Nahrung aufgenommen sein. Als Vitaminquelle käme das Zooplankton in Betracht, das verhältnismäßig reich an D-Vitamin sein soll. Eine rein chemische Bildung ohne Mitwirkung des Lichtes im Organismus der Fische ist nicht wahrscheinlich.

---

[1] BROCKMANN, H., u. Y. H. CHEN: H. **241**, 129 (1936).

Wirkungsweise. Die hauptsächlichste Bedeutung der D-Vitamine liegt in der Steuerung des Phosphat- und Calciumstoffwechsels. Sie steigern die Aufnahme von Calcium und Phosphat aus dem Darm und regeln das Gleichgewicht zwischen diesen beiden. Vor Beginn der klinischen Erscheinungen der Rachitis ist eine starke Ausschwemmung von Phosphat im Harn nachweisbar. Die Störung des Calciumhaushaltes macht sich besonders in der Zusammensetzung der Knochen bemerkbar. Der Aschegehalt der Knochen gesunder Ratten beträgt im Alter von 3 Wochen 62%. Rachitische Tiere weisen dagegen nach 6 Wochen nur einen Wert von 26% auf. Bei Überdosierung

Tabelle 87. Physiologische Wirksamkeit der D-Vitamine.

Schutztest i. E. /mg.

Vitamin	Ratte	Kücken
D_2	40000	80
D_3	40000	5000
D_4	20—30000	1000
D_5	etwa 1300	etwa 2,6

finden in den Organen Kalkablagerungen statt, die allmählich durch Kreislaufstörungen zum Tode führen. Das Verhältnis der therapeutischen zur toxischen Dosis beträgt beim Vitamin D_2 1:3500, bei den übrigen Bestrahlungsprodukten des Ergosterins findet sich keine antirachitische Wirkung, sondern nur eine hohe toxische Wirkung. Weiteres siehe Bd. 2, Vitamine.

6. Carotinoide [1—11].

Von CHR. GRUNDMANN.

Inhaltsverzeichnis.

Seite

a) Allgemeines 459
    Eigenschaften S. 460. — Geschichtliches S. 461. — Einteilung S. 461. — Isolierung, Trennung, Bestimmung S. 461. — Bedeutung für die Pflanze S. 463. — Tabelle der wichtigsten Carotinoidfarbstoffe S. 464. — Bedeutung für die Tierwelt S. 470. — Resorption S. 470. — Speicherung S. 471.
b) Einzelne Carotinoide 472
    Carotine S. 472. — Kryptoxanthin S. 475. — Zeaxanthin S. 476. — Xanthophyll (Lutein) S. 476. — Astaxanthin und Astacin S. 477. — Crocetin S. 479. — c) Vitamin A S. 479. — d) Squalen S. 481.

a) Allgemeines.

Die *Carotinoide* oder *Carotinfarbstoffe* sind im Pflanzen- und Tierreich weit verbreitete, hellgelbe bis violettrote, stickstofffreie Verbindungen. Ihr Kohlenstoffgerüst kann man sich wie das der Terpene aus *Isopren* [$CH_2 = C(CH_3) — CH = CH_2$]-*Resten* aufgebaut vorstellen. Ihre Farbe (s. chromophore Gruppen S. 40) verdanken sie längeren offenen Ketten von konjugierten Doppelbindungen $—CH = C(CH_3) — CH = CH — CH = C(CH_3) — CH = CH—$. Sie gehören daher zur Klasse der *Polyenfarbstoffe* (R. KUHN 1927). Einige Carotinoide finden sich in der Natur als Ester von Fettsäuren (Farbwachse). Im Crocin, dem Farbstoff

---

Zusammenfassende Darstellungen: 1—11. [1] Literatur bis zum Jahre 1934 einschließlich: Beilstein 30, 81ff.

Historisches: [2] PALMER, L. S.: Carotinoids and Related Pigments. Amer. chem. Soc. Monogr. Ser. 9, New York 1922.

Monographien: [3] KARRER, P., u. E. JUCKER: Carotinoide. Basel 1948. — [4] ZECHMEISTER, L.: Carotinoide. Monogr. Physiol. Pfl. u. Tiere 31, Berlin 1934. — [5] STRAIN, H. H.: Leaf Xanthophylls. Washington 1938.

Kürzere zusammenfassende Darstellungen: [6] BIELIG, H.-J.: Naturfarbstoffe. I. Fiat Rev. 39. Biochemie, Bd. 1. S. 67—108. 1947. — [7] HURD, CH. D.: Carotinoids. Ann. Rev. 14, 91 (1945). — [8] FOX, D. L.: Carotinoid and indolic biochromes of animals. Ann. Rev. 16, 443 (1947). — [9] KUHN, R.: Angew. Chem. 50, 703 (1937). — [10] ZECHMEISTER, L.: Die Carotinoide im tierischen Stoffwechsel. Ergebn. Physiol. 39, 117 (1937). — [11] LEDERER, E.: Biochemistry of the natural pigments. Ann. Rev. 17, 495 (1948).

des Safrans, liegt eine Carotinoidcarbonsäure als wasserlösliches Glykosid vor. Die Farbstoffe des Hummers und anderer Crustaceen sind Eiweißverbindungen von Carotinoiden (s. auch Bd. 2, Kap. Auge und Tränen). Vorwiegend finden sie sich aber in freier, ungebundener Form ohne Paarung an Eiweiß oder Zucker als fettlösliche Farbstoffe (*Lipochrome*, KRUKENBERG 1882; *Carotinoide*, TSWETT 1911).

Eigenschaften. Infolge ihrer zahlreichen Doppelbindungen sind die meisten *Carotinoide sehr empfindlich gegen Sauerstoff.* Sie fallen, namentlich in nicht ganz reinem Zustand, rasch der *Autoxydation* anheim, wobei Farbe und Krystallisationsfähigkeit verlorengehen. Recht beständig gegen Autoxydation sind manche Carotinoidcarbonsäuren. Die allgemein vorhandene Empfindlichkeit gegen Säuren tritt namentlich bei den *Phytoxanthinen* hervor, die Sauerstoff epoxydartig gebunden enthalten. Diese isomerisieren sich schon durch Spuren schwacher Säuren zu furanoiden Oxyden[1], so daß mitunter Zweifel bestehen können, ob ein isolierter Farbstoff dieser Art schon als solcher in der Pflanze vorlag. Mit *konzentrierter Schwefelsäure sowie mit Antimontrichlorid in Chloroform geben alle Carotinfarbstoffe eine dunkelblaue Farbreaktion.* Diese ist aber nicht streng spezifisch, denn auch andersartige Polyene, mehrkernige aromatische Kohlenwasserstoffe usw. geben dieselbe oder eine ähnliche Färbung[2].

Alle Carotinoide besitzen ein charakteristisches *Absorptionsspektrum* im grünen bis blauen Spektralbereich, das in den meisten Fällen *drei ausgeprägte Absorptionsbanden* (gelegentlich allerdings auch nur eine diffuse breite Bande) aufweist. Die Lage der Banden ist abhängig vom Lösungsmittel, wird dagegen von Begleitstoffen (Autoxydationsprodukten, Sterinen u. a.) nicht merkbar beeinflußt, so daß sich das Absorptionsspektrum vorzüglich zur Kennzeichnung der einzelnen Farbstoffe eignet.

Noch charakteristischer ist das Verhalten bei der *chromatographischen Adsorptionsanalyse*, die eine Ausnützung feinster Konstitutionsunterschiede zur Trennung gestattet. Eine erschöpfende Darstellung dieses Verfahrens, auch für die Anwendung auf andere Körperklassen, gibt das ausgezeichnete Buch von L. ZECHMEISTER[3]. Da fast alle Ausgangsstoffe Gemische von Carotinoiden enthalten, ist die *Chromatographie* heute sowohl zum Nachweis wie zur Reindarstellung das Mittel der Wahl.

Das Prinzip dieses 1906 von dem russischen Botaniker TSWETT[4] erfundenen Verfahrens beruht auf der Filtration einer Lösung des Farbstoffgemisches in einem geeigneten Lösungsmittel durch eine senkrecht stehende, mit einem Adsorptionsmittel (Al_2O_3, $CaCO_3$, $Ca(OH)_2$ u. a.) gefüllte Säule. Hierbei ordnen sich die einzelnen Farbstoffkomponenten gemäß ihren Affinitäten zum Adsorptionsmittel in verschiedenen, meist scharf voneinander getrennten Bezirken der Säule an. Das so entstandene Chromatogramm läßt sich „entwickeln", d. h. durch Nachwaschen mit einem geeigneten Lösungsmittel lassen sich die einzelnen gefärbten Zonen noch weiter auseinanderziehen. Schließlich wird das Chromatogramm mechanisch zerlegt und aus den einzelnen Bezirken der adsorbierte Farbstoff mit einem geeigneten Lösungsmittel (meist Alkohol) eluiert. Der Identitätsbeweis zweier Carotinoide läßt sich mit

---

[1] KARRER, P., u. E. JUCKER: Helv. **28**, 300, 427, 471, 717, 1143 (1945); **30**, 1774 (1947). — KARRER, P.: Helv. **28**, 474 (1945). — KARRER, P., E. JUCKER, J. RUTSCHMANN u. K. STEINLIN: Helv. **28**, 1146 (1945). — KARRER, P., E. JUCKER u. J. RUTSCHMANN: Helv. **28**, 1156 (1945). — KARRER, P., E. JUCKER u. K. STEINLIN: Helv. **30**, 531 (1947). — [2] Zum Beispiel Dodekapentaenal: KUHN, R., u. CH. GRUNDMANN: B. **70**, 1318 (1937). — Kondensationsprodukte aus β-Ionon: VOGEL, H., u. M. STOHL: B. **66**, 1066 (1933). — Cholestadienol: DANE, E., u. YU WANG: H. 248, I (1937). — [3] ZECHMEISTER, L., u. L. VON CHOLNOKY: Die Chromatographische Adsorptionsanalyse. 2. Aufl. Wien 1938. — BROCKMANN, H.: Die chromatographische Adsorption. In: Neuere Methoden der präparativen organischen Chemie. I, S. 547—570. 2. Aufl. Berlin 1944. — HESSE, G.: Adsorptionsmethoden im chemischen Laboratorium. Berlin 1943. — [4] TSWETT, M.: Ber. dtsch. bot. Ges. **24**, 384 (1906).

aller Schärfe dadurch führen, daß ein künstliches Gemisch der fraglichen Farbstoffe sich unter Anwendung verschiedener Lösungsmittel und verschiedener Adsorbentien nicht mehr zerlegen läßt *(Mischchromatogramm)* (s. W. KUHN, S. 144).

Geschichtliches. Die Erforschung der Carotinoide geht auf WACKENRODER[1] zurück, der 1831 aus der Mohrrübe (Daucus carota, daher der Name der Körperklasse) das Carotin isolierte und auf BERZELIUS, der sich 1837 mit den gelben Farbstoffen des Herbstlaubes beschäftigte. In die Jahre 1906—13 fallen die Arbeiten R. WILLSTAETTERS, der erstmalig einige Carotinoide rein darstellte und ihre Bruttoformel ermittelte. 1927 bewies L. ZECHMEISTER durch die katalytische Hydrierung des Carotins die stark ungesättigte, im wesentlichen aliphatische Natur dieser Farbstoffklasse. Die folgenden Jahre brachten hauptsächlich durch die Arbeiten von P. KARRER, R. KUHN und L. ZECHMEISTER die Aufklärung der chemischen Konstitution der wichtigsten Vertreter, sowie durch Verfeinerung der Trennungsmethoden die Auffindung einer großen Zahl neuer Carotinfarbstoffe. In den letzten 10 Jahren sind vornehmlich P. KARRER zahlreiche Teilsynthesen von Carotinfarbstoffen geglückt. Die Totalsynthese des natürlich vorkommenden β-Carotins ist 1950 H. INHOFFEN gelungen[2]. Die Wachstumswirkung des Carotins entdeckten H. v. EULER und P. KARRER 1928, seine biologische Umwandlung in Vitamin A stellte T. MOORE 1930 fest. Damit waren die engen chemischen Beziehungen der Carotinoide zu diesem Vitamin gegeben. 1931 gelang P. KARRER die Darstellung nahezu reiner Präparate und die Konstitutionsermittlung; krystallisiertes Vitamin A erhielt erstmalig H. N. HOLMES 1937. Die Synthese gelang 1946 verschiedenen Arbeitskreisen nahezu gleichzeitig (s. S. 480).

Einteilung. Nachdem heute die Mehrzahl der Carotinoide in ihrer Konstitution genügend gesichert sind, ist eine Einteilung nach chemischen Gesichtspunkten möglich. Hiernach kann man unterscheiden:

1. eine Gruppe von *Farbstoffen mit 40 C-Atomen im Molekül* (= 8 Isoprenreste);

2. eine Gruppe von *Farbstoffen mit weniger als 40 C-Atomen im Molekül*, vorwiegend Carotinoidcarbonsäuren. Diese sind nach einer Hypothese von R. KUHN[3] wahrscheinlich als physiologische *Abbauprodukte* der Carotinoidfarbstoffe mit 40 C-Atomen aufzufassen.

Die Gruppe 1 läßt sich unterteilen in:

a) *Kohlenwasserstoffe* mit den Carotinen als wichtigsten Vertretern;

b) *sauerstoffhaltige Farbstoffe*, die je nach der Funktion des Sauerstoffes unterschieden werden in *Oxy-, Oxo-* und *Oxy-Oxo-Verbindungen*, sowie *Oxido-Verbindungen* mit heterocyclisch gebundenem Sauerstoff[4]. Die ein- und mehrwertigen Polyenalkohole, die die überwiegende Mehrzahl der Vertreter dieser Gruppe darstellen, faßt man unter dem Namen *Phytoxanthine*[5] zusammen.

Isolierung, Trennung und Bestimmung. Die Isolierung von Carotinoiden aus pflanzlichem oder tierischem Material bereitet dem Unerfahrenen im Hinblick auf die oben erwähnte Labilität dieser Verbindungen oft größere Schwierigkeiten. Es muß deshalb bezüglich der Einzelheiten auf die Originalliteratur bzw. auf die eingangs dieses Kapitels genannten zusammenfassenden Monographien verwiesen werden. Im allgemeinen wird man das Ausgangsmaterial zunächst in möglichst schonender Weise entwässern und dann mit einem Lösungsmittel (besonders geeignet sind Benzol, Schwefelkohlenstoff, Alkohol, Methanol und Aceton) erschöpfend extrahieren. Ein hiervon abweichendes neuartiges Verfahren stellt der Aufschluß des Ausgangsmaterials durch Einwirkung von Invertseifen

---

[1] WACKENRODER, K.: Geigers Mag. Pharmazie **33**, 144 (1831). — [2] INHOFFEN, H. H., F. BOHLMANN u. H. POMMER: Chem. Ztg. **74**, 285 (1950). — INHOFFEN, H. H., H. POMMER u. F. BOHLMANN: Chem. Ztg. **74**, 309 (1950). A. **569**, 237 (1950). — [3] KUHN, R.: Forsch. u. Fortschr. **9**, 387, 426 (1933). — [4] KARRER, P.: Fortschr. Chem. org. Naturstoffe **5**, 1 (1948). — [5] Nach R. KUHN wird für diese Körperklasse auch die Sammelbezeichnung *Xanthophylle* gebraucht.

dar[1]. Die so erhaltenen Extrakte sind stets Gemische von Carotinoidfarbstoffen, die noch dazu mehr oder weniger verunreinigt sind mit anderen lipoidlöslichen Naturstoffen (z. B. Fetten, Sterinen, farblosen Kohlenwasserstoffen u. ä.).

Eine erste Trennung erreicht man durch Verteilung zwischen Benzin (Petroläther) und wäßrigem Methanol (90 bis 95%ig). Dabei bleiben die Kohlenwasserstoffe in der oberen Schicht, während die Phytoxanthine je nach ihrem Sauerstoffgehalt mehr oder weniger leicht in die alkoholische Schicht hinuntergehen (Phasenprobe). Die Benzinschicht enthält neben den Kohlenwasserstoffen noch etwa vorhandene Phytoxanthinester. Durch gelinde alkalische Verseifung und neuerliche Verteilung zwischen Benzin-Methanol gelingt die Trennung. So erreicht man zunächst eine Aufteilung des Gesamtpigments in *Kohlenwasserstoffe*,

Tabelle 88. Farbwerte bezogen auf Azobenzol.

Bei Farbgleichheit mit der Standardlösung (Schichtdicke 10 mm, Hellige-Mikrocolorimeter) enthalten die Lösungen in Benzin (Kp : 70 bis 80°) die angegebenen Farbstoffmengen.

Standard	Farbstoff	mg in 1 cm³ Benzin
145 mg Azobenzol in 100 cm³ 96% Äthanol	α-Carotin	0,00235
	β-Carotin	0,00235
	Kryptoxanthin	0,00242
	Lutein	0,00252
	Zeaxanthin	0,00252
	Taraxanthin	0,0027
	Violaxanthin	0,0027
1450 mg Azobenzol in 100 cm³ 96% Äthanol	Lycopin	0,0078
	Capsanthin	0,0095

freie und *veresterte Phytoxanthine*. Die weitere Zerlegung dieser drei Fraktionen und die schließliche Isolierung der einzelnen Farbstoffe wird in den meisten Fällen chromatographisch erfolgen.

Einen *mikroanalytischen Trennungsgang*, der mit geringsten Mengen Ausgangsmaterial, wie sie etwa in einem einzigen Blütenblatt vorkommen, die Bestimmung der wichtigsten Carotinoide gestattet, haben R. KUHN und H. BROCKMANN[2] beschrieben. Die Bestimmung der Carotinoide geschieht dabei colorimetrisch gegen eine Azobenzol-Standardlösung. Tabelle 88 gibt die Farbwerte für einige häufiger vorkommende Carotinfarbstoffe.

Auch photometrisch lassen sich Carotinfarbstoffe bestimmen[3]. Eine weitere Mikromethode, besonders für die Bestimmung des Carotingehaltes im Blut mit Mengen von 0,5 bis 1 cm³ Serum, haben W. HALDEN und G. K. UNGER[4] angegeben.

Für die *Identifizierung eines Carotinoids* ist das *Absorptionsspektrum*, neben dem chromatographischen Verhalten, am besten geeignet, da es durch die Gegenwart von Verunreinigungen kaum beeinflußt wird. Im Gegensatz dazu sind Löslichkeitsverhältnisse, Krystallform, Schmelzpunkt und optische Aktivität weitgehend vom Reinheitsgrad der Substanzen abhängig.

Die dargelegten Methoden haben bisher zur Entdeckung von mehr als 60 verschiedenen Carotinoiden geführt. Es kann aber kein Zweifel bestehen, daß damit die Zahl der in der Natur vorkommenden Farbstoffe bei weitem noch nicht erschöpft ist.

---

[1] KUHN, R., u. H.-J. BIELIG: B. **73**, 1080 (1940). — [2] KUHN, R., u. H. BROCKMANN: H. **206**, 41 (1932). — [3] LUND, A.: Vitamine u. Hormone **1**, 175 (1941). — PETERSON, W. J.: Industr. engng. Chem. (II) **13**, 212 (1941). — [4] HALDEN, W., u. G. K. UNGER: Mikrochemie, Molisch-Festschr. **1936**, S. 194.

Die folgende Tabelle 89 gibt eine Übersicht über die *natürlich vorkommenden Carotinoidfarbstoffe*, soweit sie bisher krystallisiert erhalten werden konnten. Es ist aber durchaus möglich, daß sich noch einige, namentlich der im letzten Teil der Tabelle aufgeführten Farbstoffe mit bereits bekannten identisch bzw. als nicht einheitlich erweisen werden.

Bedeutung für die Pflanze. Über die *Bildungsweise von Carotinoidfarbstoffen* in den Pflanzen liegen zur Zeit durch experimentelle Befunde nur ungenügend gestützte Hypothesen vor. Es erscheint deshalb verfrüht, darauf einzugehen. Immerhin erhellt die Bedeutung der Carotinoide schon aus der Tatsache, daß sich Vertreter dieser Körperklasse in allen Pflanzenfamilien von den Einzellern an aufwärts vorfinden. Sicher ist, daß sie nicht nur Blüten- und Fruchtfarbstoffe schlechthin sind. Dagegen spricht unter anderem das Vorkommen von Carotinfarbstoffen in unterirdischen Pflanzenteilen (Mohrrübe) und vor allem ihr regelmäßiges Vorkommen in den grünen assimilierenden Blättern als *Begleiter des Chlorophylls*. Diese Tatsache hat schon früh die Vermutung nahegelegt (R. WILL-STÄTTER), daß auch diese Farbstoffe irgendwie am Assimilationsvorgang beteiligt seien, doch hat sich trotz zahlreicher Arbeiten eine aktive Beteiligung an diesen Vorgängen nicht beweisen lassen (S. 51f.). A. VIRTANEN[1] hat aus der Beobachtung, daß der höchste Carotingehalt und das kräftigste Wachstum der Pflanzen zeitlich zusammenfallen, den Schluß gezogen, daß dem Carotin in der Pflanze die Rolle eines *Wachstumshormons* zukommt. Beim herbstlichen Vergilben der Blätter bilden sich Carotinoidester[2].

Nach E. BÜNNING[3] soll den Carotinoiden ganz allgemein eine besondere Bedeutung bei der Aufnahme von Lichtreizen durch die Pflanze zukommen. Für den Fall des *positiven Phototropismus* scheint die Rolle der Carotinfarbstoffe geklärt. Sie sollen als *Sensibilisatoren* bei der Lichtinaktivierung der pflanzlichen Zellstreckungshormone wirken. Die Auxine werden nur durch ultraviolettes Licht zerstört, bei Gegenwart von Carotinoiden wirkt dagegen schon blaues und violettes Licht, insbesondere aus jenen Wellenlängenbezirken, in denen das Carotin seine Hauptabsorptionsbanden hat (s. Abb. 34, S. 473). Wie F. KÖGL und Mitarbeiter gezeigt haben, geht das Auxin-α-Lacton dabei in das physiologisch völlig inaktive Lumiauxin-α-Lacton über. Bei einseitiger Belichtung werden die Wuchsstoffe nur in den dem Licht zugewandten Zellen geschädigt, diese bleiben im Wachstum im Vergleich zu den im Schatten liegenden Zellen zurück, was im Endeffekt zu einer Orientierung des betreffenden Pflanzenteiles gegen die Lichtquelle hin führt[4].

Gewisse Carotinoide sind als *pflanzliche Sexualstoffe* durch F. MÖWUS und R. KUHN[5] erkannt worden. Die Untersuchung der Vorgänge bei der Kopulation der Gameten von Grünalgen der Gattung Chlamydomonas hat gezeigt, daß dieser Vorgang in 3 Phasen abläuft, für deren Auslösung jeweils bestimmte Carotinoidfarbstoffe verantwortlich sind. Es handelt sich dabei um das Glykosid Crocin und um die Dimethylester des cis- und trans-Crocetins (s. S. 479). Die Wirksamkeit dieser pflanzlichen Sexualstoffe ist eine ungeheure: Gemische von cis- und trans-Crocetindimethylester wirken noch in einer Verdünnung von 1:33 Milliarden. Das Crocin ist sogar noch in einer Verdünnung von 1:250 Billionen nachzuweisen. Das bedeutet, daß schon ein einziges Molekül Crocin auf eine Zelle genügt, um die Reaktion auszulösen (vgl. dazu Bd. 2, Innere Sekretion).

[1] VIRTANEN, A., S. v. HAUSEN u. S. SAASTAMOINEN: B.Z. **267**, 179 (1933). — [2] SEYBOLD, A.: Bot. Arch. **44**, 551 (1943). — [3] BÜNNING, E.: Forsch. u. Fortschr. **14**, 56 (1938). Planta, Berlin **26**, 719 (1937); **27**, 148, 583 (1937). — [4] KÖGL, F., u. G. Z. SCHURINGA: H. **280**, 148 (1944).— ERXLEBEN, H.: Angew. Chem. **51**, 172 (1938). — [5] MÖWUS, F.: Jb. Bot. **86**, 753 (1938). Forsch. u. Fortschr. **15**, 39 (1939). — KUHN, R., F. MÖWUS u. D. JERCHEL: B. **71**, 1541 (1938).

Tabelle 89. Carotinoidfarbstoffe.

Name	Bruttoformel	Funktionelle Gruppen	Zahl der Doppelbindungen	Schmelzpunkt F.	Spektrum in CS_2 Absorptionsmaxima in mμ			Bemerkungen	Isoliert aus bzw. wichtigstes Vorkommen in
Kohlenwasserstoffe.									
Lycopin[1]	$C_{40}H_{56}$	—	13	175	548	507,5	477		Tomaten, Hagebutten, Früchten von Solanum dulcamara und Tamus communis
Prolycopin[2]	$C_{40}H_{56}$	—	13	111	500,5	469,5	440	cis (?) Isomeres des Lycopins	Tomaten (bestimmte Varietäten)
γ-Carotin[3]	$C_{40}H_{56}$	—	12	178	533,5	496	463	Provitamin A	Roh-carotin (0,1%) Aprikose, Hagebutte
Pro-γ-Carotin[4]	$C_{40}H_{56}$	—	12	118—119	493,5	460,5		cis-trans Isomeres des γ-Carotins, Provitamin A	Früchten von Butia capitata (Palme)
β-Carotin[5]	$C_{40}H_{56}$	—	11	187	521	485	450	Provitamin A	allen grünen Pflanzenteilen, Mohrrüben
α-Carotin[6]	$C_{40}H_{56}$	—	11	187	509	477	445	Provitamin A [α] + 385	gemeinsam mit β-Carotin, Palmöl
Oxy-Verbindungen.									
Lycoxanthin[7]	$C_{40}H_{56}O$	1 OH	13	168	546	506	472		Früchten von Solanum dulcamara
Celaxanthin[8]	$C_{40}H_{54}O$	1 OH	13	209—210	562	521	487		Früchten von Celastrus scandeus
Rubixanthin[9]	$C_{40}H_{56}O$	1 OH	12	160	533	494	461		Hagebutten
Gazaniaxanthin[10]	$C_{40}H_{58}O$	1 OH	11	133—134	531	494,5	461		Blüten von Gazania rigens
Kryptoxanthin[11]	$C_{40}H_{56}O$	1 OH	11	168	519	483	452	Provitamin A	Physalis-Arten, Mais, Paprika
Lycophyll[12]	$C_{40}H_{56}O_2$	2 OH	13	179	546	506	472		Früchten von Solanum dulcamara

Eschscholtzxanthin[13] .	$C_{40}H_{56}O_2$	2 OH	12	185—186	536	502	475	$[\alpha] + 225°$	Blüten von Eschscholtzia californica
Zeaxanthin[14]	$C_{40}H_{56}O_2$	2 OH	11	216	519	483	452		Mais, Physalis-Arten
Xanthophyll (Lutein)[15]	$C_{40}H_{56}O_2$	2 OH	11	195	508	475	445	$[\alpha] + 165°$	allen grünen Pflanzenteilen, Blüten von Tagetes-Arten, Corpus luteum

Oxo- und Oxy-oxo-Verbindungen.

Myxoxanthin[16]	$C_{40}H_{54}O$	1 CO	12	168—169	1 Bande Max. 488	Provitamin A	Oszillatoria rubescens (Rotalge)
Aphanin[17]	$C_{40}H_{54}O$	1 CO	11	180	533,5 494	Provitamin A	Aphanizomenon flos-aquae (Blaualge)
Rhodoxanthin[18] . . .	$C_{40}H_{56}O_2$	2 CO	12	219	564 525 491		Früchten von Taxus baccata (Eibe)
Astacin[19]	$C_{40}H_{48}O_4$	4 CO	11	228	1 Bande Max. 510	Entsteht vermutlich meist erst bei der Aufarbeitung aus Astaxanthin	Astacus gammarus u. a. Crustaceen; Haematococcus pluvialis (Grünalge)

[1] KARRER, P., A. HELFENSTEIN, B. PIEPER u. A. WETTSTEIN: Helv. 14, 435 (1931). — KUHN, R., u. CH. GRUNDMANN: B. 65, 898, 1880 (1932). — [2] LE ROSEN, A. L., and L. ZECHMEISTER: Am. Soc. 64, 1075 (1942). — [3] KUHN, R., u. H. BROCKMANN: B. 66, 407 (1933). — BROCKMANN, H.: H. 216, 45 (1933). — [4] ZECHMEISTER, L., and W. A. SCHROEDER: Am. Soc. 64, 1173 (1942). — [5] KUHN, R., u. E. LEDERER: B. 64, 1349 (1931). — KARRER, P., u. L. MORF: Helv. 14, 1033 (1931). — KUHN, R., u. H. BROCKMANN: A. 516, 95 (1935). — [6] KUHN, R., u. E. LEDERER: B. 64, 1349 (1931). — KARRER, P., A. HELFENSTEIN, H. WEHRLI, B. PIEPER u. R. MORF: Helv. 14, 614 (1931). — KARRER, P., u. O. WALKER: Helv. 16, 641 (1933). — KUHN, R., u. H. BROCKMANN: H. 200, 255 (1931). — [7] ZECHMEISTER, L., u. L. v. CHOLNOKY: B. 69, 422 (1936). — [8] LE ROSEN, A. L., and L. ZECHMEISTER: Arch. Biochem. 1, 17 (1943). — [9] KUHN, R., u. CH. GRUNDMANN: B. 67, 339, 1133 (1934). — [10] SCHOEN, K.: Biochem. J. 32, 1566 (1938). — ZECHMEISTER, L., and W. A. SCHROEDER: Am. Soc. 65, 1535 (1943). — [11] KUHN, R., u. CH. GRUNDMANN: B. 66, 1746 (1933). — [12] ZECHMEISTER, L., u. L. v. CHOLNOKY: B. 69, 422 (1936). — [13] STRAIN, H. H.: J. biol. Ch. 123, 425 (1938). — [14] KARRER, P., H. WEHRLI u. A. HELFENSTEIN: Helv. 13, 268 (1930). — KARRER, P., R. MORF, E. v. KRAUSS u. A. ZUBRYS: Helv. 15, 490 (1932). — KUHN, R., u. CH. GRUNDMANN: B. 67, 593 (1934). — [15] KARRER, P., H. WEHRLI u. A. HELFENSTEIN: Helv. 13, 268 (1930). — KARRER, P., A. HELFENSTEIN, H. WEHRLI u. A. WETTSTEIN: Helv. 13, 1084 (1930). — KARRER, P., A. HELFENSTEIN, H. WEHRLI, B. PIEPER u. R. MORF: Helv. 14, 614 (1931). — NILSSON, R., u. P. KARRER: Helv. 14, 843 (1931). — KARRER, P., A. ZUBRYS u. R. MORF: Helv. 16, 977 (1933). — [16] HEILBRON, I. M., and B. LYTHGOE: Soc. 1936, 1376. — RUTSCHMANN, J.: Helv. 27, 1691 (1944). — [17] TISCHER, J.: H. 251, 109 (1938); 260, 257 (1939). — [18] KUHN, R., u. H. BROCKMANN: B. 66, 828 (1933). — [19] KUHN, R., u. E. LEDERER: B. 66, 488 (1933). — KARRER, P., u. F. BENZ: Helv. 17, 412 (1934). — KARRER, P., u. L. LOEWE: Helv. 17, 745 (1934). — KARRER, P., L. LOEWE u. H. HUEBNER: 18, 96 (1935). — KARRER, P., u. H. HUEBNER: Helv. 19, 479 (1936). — ZECHMEISTER, L., u. L. v. CHOLNOKY: A. 530, 291 (1937).

Tabelle 89. (Fortsetzung.)

Name	Bruttoformel	Funktionelle Gruppen	Zahl der Doppel-bindungen	Schmelz-punkt F.	Spektrum in CS. Absorptionsmaxima in $m\mu$			Bemerkungen	Isoliert aus bzw. wichtigstes Vorkommen in
β-Citraurin[20]	$C_{30}H_{40}O_2$	1 OH 1 CO	9	147	525	490	457		Fruchtschalen von Citrus aurantium (Orange)
Rhodoviolascin[21] . .	$C_{42}H_{60}O_2$	2 CH_3—O—C =	13	218	573,5	534	496		Purpurbakterien
Capsanthin[22]	$C_{40}H_{58}O_3$	2 OH 1 CO	10	176	542	503		$[\alpha] + 36°$	Früchten von Capsicum annuum (Paprika)
Capsorubin[22]	$C_{40}H_{60}O_4$	2 OH 2 CO	9	201	541,5	503	468		Früchten von Capsicum annuum (Paprika)
Astaxanthin[23]	$C_{40}H_{52}O_4$	2 OH 2 CO	11	216	1 Bande Max. 495				Astacus gammarus u. a. Crustaceen, Haematococcus pluvialis (Grünalge)
Myxoxanthophyll[24] .	$C_{40}H_{56}O_7$	6 OH 1 CO	10	182	526	489	458	$[\alpha] - 255°$	Oszillatoria rubescens (Alge)

Oxido-Verbindungen.

Name	Bruttoformel	Funktionelle Gruppen	Zahl der Doppel-bindungen	Schmelz-punkt F.	Spektrum in CS. Absorptionsmaxima in $m\mu$			Bemerkungen	Isoliert aus bzw. wichtigstes Vorkommen in
α-Carotinmonoepoxyd[25]	$C_{40}H_{56}O$	1—O—(1.2.)*	10	175	503	471		Provitamin A	Blüten von Tragopogon pratensis, Ranunculus acer
Flavochrom[25]	$C_{40}H_{56}O$	1—O—(1.4.)	10	189	482	451			Blüten von Ranunculus acer und Tragopogon pratensis
Citroxanthin[26] (Mutatochrom) . .	$C_{40}H_{56}O$	1—O—(1.4.)	10	167	489,5	459		Provitamin A	Fruchtschalen von Citrus aurantium (Orange)
Rubichrom[27]	$C_{40}H_{56}O_2$	1 OH 1—O—(1.4.)	11	154	506	476			Blüten von Tagetes patula,
Antheraxanthin[28] . .	$C_{40}H_{56}O_3$	2 OH 1—O—(1.2.)	10	205—207	510	478			Staubbeuteln von Lilium tigrinum
Xanthophyllepoxyd[29] (Eloxanthin)	$C_{40}H_{56}O_3$	2 OH 1—O—(1.2.)	10	192	501,5	472		$[\alpha] + 225°$	grünen Blättern

Flavoxanthin[30] . . .	$C_{40}H_{56}O_3$	2 OH 1—O—(1.4.)	10	184	479	449		$[\alpha] + 190°$	Blüten von Ranunculus acer, Taraxacum officinale
Chrysanthemaxanthin[30]	$C_{40}H_{56}O_3$	2 OH 1—O—(1.4.)	10	184—185	479	449		$[\alpha] + 180$ bis $190°$	Blüten von Winterastern
Violaxanthin[31]	$C_{40}H_{56}O_4$	2 OH 2—O—(1.2.)	9	200	501	470	440	$[\alpha] + 35°$	Blüten von Viola tricolor (Stiefmütterchen)
Auroxanthin[32]	$C_{40}H_{56}O_4$	2 OH 2—O—(1.4.)	9	203	454	423			Blüten von Viola tricolor (Stiefmütterchen)
Trollixanthin[33]	$C_{40}H_{56}O_4$	3 OH 1—O—(1.2.)	10	143	501	473			Blüten von Trollius europaeus (Trollblume)
Trollichrom[33]	$C_{40}H_{56}O_4$	3 OH 1—O—(1.4.)	10	206—208	479	450			Blüten von Trollius europaeus (Trollblume)
Carbonsäuren.									
Torularhodin[34] . . .	$C_{37}H_{48}O_2$	1 COOH	12	201—203	582	541	502		Torula rubra (rote Hefe)
Bixin[35]	$C_{25}H_{30}O_4$	1 COOH 3 1 COOCH	9	198	523,5	489	457	Labile (cis ?) Form	Samen von Bixa orellana
trans-Crocetin[36] . . .	$C_{20}H_{24}O_4$	2 COOH	7	285	482	443		Stabile Form	Narben von Crocus sativus (Safran)

* 1 Epoxydbindung in 1.2-Stellung.

[20] ZECHMEISTER, L., u. P. TUZSON: B. **69**, 1878 (1936); **70**, 1966 (1937). — [21] KARRER, P., u. U. SOLMSSEN: Helv. **18**, 25, 1306 (1935); **19**, 3 (1936). — KARRER, P., U. SOLMSSEN u. H. KÖNIG: Helv. **19**, 1019 (1936); **21**, 454 (1938). — KARRER, P., u. H. KÖNIG: Helv. **23**, 460 (1940). — [22] ZECHMEISTER, L., u. L. v. CHOLNOKY: A. **454**, 54 (1927); **509**, 269 (1934); **516**, 30 (1935). — [23] KUHN, R., u. N. A. SOERENSEN: B. **71**, 1879 (1938). — [24] KARRER, P., u. J. RUTSCHMANN: Helv. **27**, 1691 (1944). — [25] KARRER, P., E. JUCKER, J. RUTSCHMANN u. K. STEINLIN: Helv. **28**, 1146 (1945). — [26] KARRER, P., u. E. JUCKER: Helv. **27**, 1695 (1945); **30**, 536 (1947). — [27] KARRER, P., E. JUCKER u. K. STEINLIN: Helv. **30**, 531 (1947). — [28] KARRER, P., u. A. OSWALD: Helv. **18**, 1303 (1935). — KARRER, P., u. E. JUCKER, Helv. **28**, 300 (1945). — [29] KARRER, P., E. KRAUSE-VOITH u. K. STEINLIN: Helv. **31**, 113 (1948). — KARRER, P., u. J. RUTSCHMANN: Helv. **28**, 1526 (1945). — [30] KARRER, P., u. E. JUCKER: Helv. **26**, 626 (1943); **28**, 300 (1945). — KUHN, R., u. H. BROCKMANN: H. **213**, 192 (1932). — [31] KUHN, R., u. A. WINTERSTEIN: B. **64**, 326 (1931). — KARRER, P., u. E. JUCKER: Helv. **28**, 300 (1945). — [32] KARRER, P., u. J. RUTSCHMANN: Helv. **25**, 1624 (1942). — KARRER, P., u. E. JUCKER; Helv. **28**, 300 (1945). — [33] KARRER, P., u. E. JUCKER: Helv. **29**, 1539 (1946). — KARRER, P., u. E. KRAUSE-VOITH: Helv. **30**, 1772 (1947). — [34] KARRER, P., u. J. RUTSCHMANN: Helv. **26**, 2109 (1943); **28**, 795 (1945); **29**, 355 (1946). — [35] KUHN, R., u. L. EHMANN: Helv. **12**, 904 (1929). — KUHN, R., u. A. WINTERSTEIN: B. **65**, 646 (1932). — KARRER, P., P. BENZ, R. MORF, H. RAUDNITZ, M. STOLL u. T. TAKAHASHI: Helv. **15**, 1218, 1399 (1932). — [36] KARRER, P., u. H. SALOMON: Helv. **10**, 397 (1927); **11**, 513 (1928). — KUHN, R., A. WINTERSTEIN u. W. WIEGAND: Helv. **11**, 716 (1928). — KUHN, R., A. WINTERSTEIN u. L. KARLOWITZ: Helv. **12**, 646 (1929). — KUHN, R., u. A. WINTERSTEIN: B. **66**, 209 (1933).

Tabelle 89. Fortsetzung.

Name	Bruttoformel	Funktionelle Gruppen	Zahl der Doppel-bindungen	Schmelz-punkt F.	Spektrum in CS_2 Absorptionsmaxima in $m\mu$			Bemerkungen	Isoliert aus bzw. wichtigstes Vorkommen in
cis-Crocetin[37]	$C_{20}H_{24}O_4$	2 COOH	7	Dimethyl-ester 141	471	442		Labile Form	Narben von Crocus sativus (Safran)
Azafrin[38]	$C_{27}H_{38}O_4$	2 OH 1 COOH	7	212	486	457			Wurzeln von Escobedia-Arten

Verbindungen noch ungeklärter Struktur.

Name	Bruttoformel	Funktionelle Gruppen	Zahl der Doppel-bindungen	Schmelz-punkt F.	Spektrum in CS_2 Absorptionsmaxima in $m\mu$			Bemerkungen	Isoliert aus bzw. wichtigstes Vorkommen in
Rhodopin[21]	$C_{40}H_{56}O \pm H_2$		12	171	547	508	478		Purpurbakterien
Rhodovibrin[21]	$C_{40}H_{56}O_2 \pm H_2$			168	556	517			Purpurbakterien
Rhodopurpurin[21]	$C_{40}H_{56} \pm H_2$			161—162	550	511	479		Purpurbakterien
Flavorhodin[21]				111—113	503	472	441		Purpurbakterien
Aphanicin[7]		CO	12	195	533	494		Provitamin A	Aphanizomenon flos-aquae (Blaualge)
Flavacin[7]				155	490	457	424		Aphanizomenon flos-aquae (Blaualge)
Aphanizophyll[7]		OH CO		172—173	531 (in Pyridin)	494	462		Aphanizomenon flos-aquae (Blaualge)
Fucoxanthin[39]	$C_{40}H_{56}O_6 \pm H_2$	4 — 6 OH	10	166—168	510	477	445		Fucus vesciculosus (Braunalge)
Petaloxanthin[40]	$C_{40}H_{56}O_3 \pm H_2$			211—212	514,5	481			Blüten von Cucurbita pepo (Kürbis)
Sarcinaxanthin[41]				149—150	499	466,5	436		Sarcina lutea

Taraxanthin[42]	$C_{40}H_{56}O_4$	3—4 OH	11	185—186	501	469	441	$[\alpha] + 200°$	Blüten von Taraxacum officinale (Löwenzahn)
Echinenon[43]	$C_{40}H_{58}O \pm H_2$	CO		178—179	1 Bande Max. 488			Provitamin A	Strongylocentrus lividus (Seeigel)
Pectenoxanthin[44] . .	$C_{40}H_{54}O_3 \pm H_2$	2 OH	11	182	518	488	454		Pecten maximum (Muschel)
Pentaxanthin[43] . . .	$C_{40}H_{56}O_5 \pm H_2$	3 OH	11	209—210	506	474	444		Strongylocentrus lividus (Seeigel)
Sulcatoxanthin[45] . . .	$C_{40}H_{52}O_8$			110—130	516	482	450		Anemonia sulcata (Seeanemone)
Cynthiaxanthin[46] . .				188—190	517	483	450		Halocynthia papillosa (Ascidie)
Torulin[47]				185	565	525	491		Torula rubra (rote Hefe)
Leprotin[48]	$C_{40}H_{54}$		12	198—200	517	479	447		Lepra-Bakterien
Hämatoxanthin[49] . .				205	1 Bande Max. 513				Haematococcus pluvialis (Grünalge)
Neoxanthin[50]	$C_{40}H_{56}O_4$			143—145	493	463		$[\alpha] + 32$ bis 36°	grünen Laubblättern
Mytiloxanthin[51] . . .				140—144	1 Bande Max. 500				Mytilus californianus (Muschel)
Violerythrin[45]				191—192	625	576	540	Zugehörigkeit zur Carotinoidreihe noch fraglich	Actinia equina (Seeanemone, als Ester (Actinioerythrin)

[37] KUHN, R., u. A. WINTERSTEIN: B. 66, 209 (1933); 67, 344 (1934). — [38] KUHN, R., A. WINTERSTEIN u. H. ROTH: B. 64, 333 (1931). — KUHN, R., u. A. DEUTSCH: B. 66, 883 (1933). — [39] HEILBRON, I. M., and R. F. PHIPERS: Biochem. J. 29, 1369 (1935). — [40] ZECHMEISTER, L., T. BÉRES u. E. UJHELYI: B. 69, 573 (1936). — [41] TAKEDA, Y., u. T. OHTA: H. 268, I—II (1941). — [42] KUHN, R., u. E. LEDERER: H. 200, 108 (1931). — [43] LEDERER, E.: Cr. 201, 300 (1935). — [44] LEDERER, E.: C. R. Soc. Biol. 116, 150 (1934); 117, 411 (1934). — [45] HEILBRON, I. M., H. JACKSON and R. N. JONES: Biochem. J. 29, 1384 (1935). — [46] LEDERER, E.: C.R. Soc. Biol. 116, 150 (1934); 117, 1086 (1934). — [47] LEDERER, E.: Cr. 197, 1694 (1933). C. R. Soc. Biol. 117, 1083 (1934). Bull. Soc. Chim. biol. 20, 554 (1938). — [48] GRUNDMANN, CH., u. Y. TAKEDA: Naturwiss. 25, 27 (1937). — TAKEDA, Y., u. T. OHTA: H. 258, 6 (1939); 267, 171 (1941). — [49] TISCHER, J.: H. 250, 147 (1937). — [50] STRAIN, H. H.: Leaf Xanthophylls. Washington 1938. — [51] SCHEER, B. T.: J. biol. Ch. 136, 275 (1940).

Nachdem neuere Untersuchungen von P. KARRER ergeben haben, daß verschiedene Carotinoidepoxyde in den Pflanzen weit verbreitet sind, wurde die Vermutung ausgesprochen, daß diese Verbindungen beim *Sauerstofftransport* bzw. bei *Oxydationsreaktionen* in der Zelle eine Rolle spielen[1].

Bedeutung für die Tierwelt. Die Bedeutung der Carotinoidfarbstoffe für das Tierreich liegt zunächst in der Tatsache, daß eine ganze Reihe von ihnen als *Provitamine A* fungieren können (s. Bd. 2, Vitamine). Im Zusammenhang hiermit steht auch die Rolle, die gewisse Carotinoidfarbstoffe bzw. ihre Umwandlungsprodukte bei den *Sehvorgängen* im Auge spielen[2]. Die chemischen Zusammenhänge zwischen dem *Sehpurpur* und seinen Folgeprodukten wie die ganze Natur dieser hochempfindlichen Farbstoffe ist noch wenig geklärt[3] (s. auch Retinin S. 481). Wahrscheinlich handelt es sich hier um Chromoproteide (s. Bd. 2, Auge und Tränen). Darüber hinaus ist die Rolle der Carotinoide im Tierreich noch nicht genügend geklärt, doch spricht die ungewöhnliche Anhäufung namentlich gewisser Phytoxanthine, die keine Provitamine A sind, an gewissen Stellen des Körpers, besonders in den Geschlechtsorganen niederer wie höherer Tiere, dafür, daß hier noch unerkannte Zusammenhänge vorliegen. *Der Tierkörper ist*, soweit heute bekannt, *unfähig zur Erzeugung von Carotinfarbstoffen* aus einer farblosen Vorstufe und somit auf die Pflanzen angewiesen. Selbst Raubtiere beziehen ihre Carotinoide letzten Endes aus vegetabilischen Quellen, während gewissen Seetieren das Phytoplankton zur Verfügung steht.

Das *Vorkommen von Carotinoiden beim Menschen* hängt somit in erster Linie von der jeweiligen Zusammensetzung der Nahrung ab. Untersuchungen über den Carotinoidstoffwechsel haben gezeigt, daß der Carotinoidgehalt des Serums Gesunder einen konstanten Wert hat, der sich auch durch eine extrem carotinreiche Nahrung nicht wesentlich erhöhen läßt. Bei Erkrankungen mit Störung der Fettresorption, sowie bei der BASEDOWschen Krankheit, finden sich abnorm niedrige Carotinwerte, während beim Diabetes sehr hohe Carotinwerte beobachtet wurden, nach K. H. WAGNER und Mitarbeitern[4] 1,3 bis 28,2 mg-%.

Resorption: Untersuchungen über den *Carotinoidstoffwechsel*[5] liegen nur bei Säugetieren und Vögeln vor. Von den mit der Nahrung aufgenommenen Carotinoiden passiert bei höheren Tieren nur ein sehr geringer Teil die Darmwand. Vom *Menschen* werden bei fettfreier Diät aus zerkauten rohen und gekochten Mohrrüben 2 bis 5%, aus fein geriebenen rohen Mohrrüben 15 bis 36% des vorhandenen Carotins resorbiert. Der Hauptteil geht mit den Faeces verloren. In Öl gelöst werden 30 bis 50% resorbiert[6]. Eine genaue Lipochrombilanz ist bisher nur für das *Pferd* aufgestellt worden[7]; etwa 80% des verfütterten Carotins und 60% der Phytoxanthine fanden sich im Kot unverändert wieder. Wenn man noch berücksichtigt, daß ein beträchtlicher Anteil namentlich der so säureempfindlichen Polyenalkohole durch chemische Einwirkung im Verdauungstrakt zerstört worden ist, so kann die unversehrt resorbierte Menge an Carotinoiden kaum mehr als 10% betragen. Für die Ratte wird angegeben, daß maximal 8% des verfütterten β-Carotins resorbiert werden[8].

[1] KARRER, P., E. JUCKER, J. RUTSCHMANN u. K. STEINLIN: Helv. **28**, 1149 (1945). — [2] WALD, G.: Nature **139**, 1017 (1937). The photoreceptor function of the carotenoids and vitamin A. Vitamins & Hormones 1, 195 (1943). — WALD, G., and H. ZUSSMANN: Nature **140**, 197 (1937). — [3] STUDNITZ, G. v.: Naturwiss. **29**, 65 (1941). — [4] WAGNER, K. H., L. GÜNTHER u. H. SCHMALFUSS: Vitamine u. Hormone **4**, 142 (1943). — [5] ZECHMEISTER, L., u. P. TUZSON: Naturwiss. **23**, 680 (1935). — [6] VIRTANEN, A. I., u. M. KREULA: H. **270**, 141 (1941). — KREULA, H.: Biochem. J. **41**, 169 (1947). — WITH, T. K.: Absorption, Metabolism and Storage of Vitamine A and Carotene. Kopenhagen u. London 1940. — [7] ZECHMEISTER, L., u. P. TUZSON: H. **226**, 255 (1934). — [8] BROCKMANN, H., u. M. L. TECKLENBURG: H. **221**, 117 (1933).

Aus diesen Untersuchungen geht hervor, daß die Aufnahmefähigkeit für Carotinoide außerordentlich stark von dem gleichzeitigen Angebot geeigneter Fette in genügender Menge abhängig ist. Die höheren Tiere scheinen überdies für die Resorption von Carotinoiden eine ausgeprägte *Selektivität* zu besitzen. Wie L. Zechmeister in Übereinstimmung mit älteren Beobachtungen Palmers zeigen konnte, bevorzugen *Vögel* (Gans, Huhn) die sauerstoffhaltigen Farbstoffe, während von pflanzenfressenden *Säugetieren* nahezu ausschließlich Kohlenwasserstoffe aufgenommen werden[1]. Übereinstimmend damit finden sich im Kot dieser Säugetiere Polyenalkohole in relativ großen Mengen[2]. Nach den vorliegenden Untersuchungen scheint der *Mensch* eine solche ausgeprägte Spezifität der Resorption nicht zu besitzen; sowohl im Serum wie im Depotfett finden sich Kohlenwasserstoffe (Carotin, Lycopin) wie auch Polyenalkohole (Xanthophyll, Zeaxanthin)[3].

Hervorzuheben ist, daß im Tierkörper die *Speicherung der Carotinfarbstoffe* durchaus nicht nur auf das Depotfett beschränkt bleibt. Die *Leber* ist bei Wirbeltieren immer relativ reich an Carotinoiden[4], was durchaus verständlich ist. Der Gehalt der Leber an Polyenfarbstoffen schwankt aber je nach der Tierart außerordentlich, gilt doch für den Gesamtlipochromgehalt der Leber das Verhältnis: Frosch:Mensch:Schwein $= 300:10:1,5$. Als sehr carotinoidreich haben sich auch die *Nebennieren* erwiesen[5], aus 1 kg Rindernebennieren konnten 0,3 g Carotin isoliert werden, das sowohl in der Rinde wie im Mark vorkommt. Aus dem *Corpus luteum* der Kuh wurde schon frühzeitig reines Carotin gewonnen[6]. Das Corpus luteum enthält übrigens keine Spur „Lutein" (Xanthophyll). Nach H. v. Euler, B. Zondek und E. Klussmann[7] ist im Corpus luteum der Kuh nur β-Carotin vorhanden. Die *Corpora rubra* gehören zu den polyenreichsten Säugetierorganen, sie enthalten nämlich 0,12% Carotin, also etwa 20mal soviel wie der Gelbkörper[8].

Die schon erwähnte spezifische Bevorzugung der Phytoxanthine bei der Resorption durch den Organismus der *Vögel* bestätigt sich auch bei der Ablagerung von Polyenfarbstoffen im *Eidotter* wie im *Gefieder*[9]. Weder die Kohlenwasserstoffe (Lycopin, α-, β-, γ-Carotin) noch die mehr als 2 O-Atome enthaltenden Phytoxanthine sind zur Ablagerung im Organismus geeignet. Nur die Phytoxanthine, die zwei Hydroxylgruppen besitzen (Xanthophyll, Zeaxanthin, Capsanthin) werden als Dotterfarbstoffe und Federpigmentbildner verwendet.

Der *Dotterfarbstoff der Vögel* besteht also überwiegend aus Gemischen von Lutein und Zeaxanthin (ausnahmsweise kommen auch Capsanthin und unbekannte Zersetzungsprodukte vor). Der Gehalt an den einzelnen Komponenten schwankt mit der Zusammensetzung der Nahrung.

Die gelben *Federfarbstoffe der Vögel*[10] scheinen dagegen zum überwiegenden Teil, sofern sie überhaupt den Polyenfarbstoffen zuzurechnen sind, aus Umwandlungsprodukten unbekannter Natur zu bestehen, die aus den aufgenommenen Phytoxanthinen entstehen. Diese unter dem Namen *Picofulvin*, „*Kanarien-Xanthophyll*" und anderen beschriebenen Farbstoffe ähneln in ihrem Verhalten sehr den aus Phytoxanthin-epoxyden durch gelinde Säureeinwirkung erhaltenen furanoiden Oxyden[11]. Daneben finden sich aber auch häufig

---

[1] Zechmeister, L., u. P. Tuzson: H. **225**, 189 (1934). Ark. Kemi, Mineral. Geol. **11**B, No 2 (1932). — [2] Karrer, P., u. A. Helfenstein: Helv. **13**, 86 (1930). — [3] Zechmeister, L., u. P. Tuzson: H. . **231**, 259 (1935). — [4] Zechmeister, L., u. P. Tuzson: H. **239**, 147 (1936).— [5] Bailly, O., u. R. Netter: Cr. **193**, 961 (1931). — [6] Escher, H.: H. **83**, 198 (1913). — [7] Euler, H. v., B. Zondek u. E. Klussmann: C. **1933** I, 801. — [8] Kuhn, R., u. H. Brockmann: H. **206**, 41 (1932). — [9] Brockmann, H., u. O. Völker: H. **224**, 193 (1934), da auch die ältere Literatur. — [10] Vgl. dazu Völker, O.: J. Ornithol., Leipzig **84**, 618 (1936); **85**, 136 (1937). — [11] Siehe Tabelle 89 auf S. 464—469.

noch unverändertes Xanthophyll und Zeaxanthin. Analoges gilt für die gelben bis roten Farbstoffe anderer gefärbter Epidermalgebilde (Schnäbel, Tarsalhäute). Besonders bemerkenswert scheint das Vorkommen von Astaxanthin, einem sonst fast ausschließlich in Meeresbewohnern aufgefundenen Carotinoid, in den roten Papillen der Augenfelder (,,Rosen") des Jagdfasans[1].

Bei den *wirbellosen Tieren* findet man im Gegensatz zu den höheren Tieren, die die Carotinfarbstoffe der Nahrung überwiegend unverändert ablagern, eine große Anzahl spezifischer Farbstoffe (vgl. Tabelle 89), die durch meist relativ geringfügige Eingriffe in das Molekül aus den von der Pflanzenwelt zur Verfügung gestellten Typen hervorzugehen scheinen. In den Crustaceen namentlich ist das *Astaxanthin* sehr verbreitet. Bei allen niederen Tieren ist das gehäufte Auftreten von Carotinfarbstoffen in den *Geschlechtsorganen* besonders auffällig. Für Astaxanthin konnte neuerdings der Beweis der *Gynogamonwirkung* bei der Regenbogenforelle erbracht werden[2].

b) Einzelne Carotinoide.

Von der großen Zahl der bekannten Carotinoidfarbstoffe sind hier vor allem die wichtigsten Provitamine A, daneben einige typische Vertreter der übrigen Verbindungsklassen behandelt, wegen der übrigen sei auf die Literaturzitate der Tabelle 89 verwiesen.

Carotine. Das bis 1931 als einheitlich geltende Carotin konnte chromatographisch in *drei isomere Kohlenwasserstoffe* $C_{40}H_{56}$ zerlegt werden[3]. Von diesen bildet das β-Carotin in allen bisher untersuchten Vorkommen den Hauptanteil. Der Gehalt an α-Carotin kann zwischen 40% (Palmkernöl) und Spuren (Carotin aus grünen Blättern) liegen. Das γ-Carotin bildet, wenn überhaupt vorhanden, stets nur einen ganz untergeordneten Bestandteil des Gemisches. Die physikalischen Eigenschaften des Carotins schwanken infolgedessen je nach der Zusammensetzung. Zur Darstellung von ,,Mischcarotin" sind Mohrrüben und Palmkernöl am geeignetsten. In Gräsern und Klee kommen 200 bis 450 mg Carotin je 1 kg Trockensubstanz vor, junges Gras enthält 350 bis 400 mg/kg. Der Gehalt der Mohrrübe an Carotin wechselt stark. Aus 40 verschiedenen Proben wurden zwischen 360 bis 1320 mg/kg Trockensubstanz erhalten, im Durchschnitt 700 mg[4]. Zur Extraktion aus Mohrrüben wird besonders Tetrahydro-furan empfohlen[5]. β-*Carotin* findet sich nahezu frei von seinen Isomeren in grünen Blättern und Spinat. Zur Darstellung von α-*Carotin* eignet sich das Carotingemisch aus Mohrrüben gut, das 10 bis 20% enthält. Noch ergiebiger ist Palmölcarotin, das bis zu 40% aus dem α-Isomeren besteht[6]. Reines α-Carotin läßt sich nur chromatographisch darstellen, am besten mit Calciumhydroxyd als Adsorbens[7]. Eine ergiebige Quelle für γ-Carotin ist noch nicht gefunden worden; relativ reich daran sind Hagebutten und Aprikosen. Das Handelscarotin (F. Hoffmann-La Roche) enthält etwa 15% α-, 85% β- und 0,1% γ-Carotin. Die Reindarstellung des γ-Carotins ist nur auf chromatographischem Wege möglich.

β-Carotin. $C_{40}H_{56}$.

Eigenschaften. Aus Benzol-Methanol tiefrote, sechseckige Blättchen mit stahlblauem Metallglanz (s. Abb. 35) F. 187° (korr.), gut löslich in warmem Schwefelkohlenstoff, Chloroform, Benzol, mäßig löslich in Petroläther, Äther, sehr schwer löslich in Alkoholen.

[1] Siehe S. 471, Zitat 9. — [2] HARTMANN, M., F. Graf v. MEDEM, R. KUHN u. H. J. BIELIG: Z. Naturforsch. **2** b, 330 (1947). — [3] KUHN, R., u. E. LEDERER: B. **64**. 1349 (1931). — KUHN, R.. u. H. BROCKMANN: B. **66**. 407 (1933). — [4] LUND, A.: Vitamine u. Hormone **5**. 28 (1944). — [5] BIELIG, H. J.: B. **77**. 431 (1944). — [6] KUHN, R.. u. H. BROCKMANN: H. **200**, 255 (1931). — [7] KARRER, P.. u. O. WALKER: Helv. **16**, 641 (1933).

Darstellung von reinem β-Carotin[1]. Optisch inaktiv. Absorptions banden (siehe auch Abb. 34); 484, 452, 424 mμ in Benzin (Kp: 70 bis 80°); 497, 466 mμ inChloroform; 486, 453 mμ in Alkohol. Mit Antimontrichlorid in Chloroform. Blaufärbung, die Lösung zeigt ein Absorptionsmaximum bei 590 mμ (Unterschied von α-Carotin und Vitamin A).

Konstitution. Die Bruttoformel $C_{40}H_{56}$ ist schon für das Isomerengemisch von R. WILLSTAETTER[2] festgelegt worden. Da die katalytische Hydrierung 11 Doppelbindungen anzeigt, liegen zwei Ringsysteme vor. Die Konstitution wurde durch Abbau mit Kaliumpermanganat und Ozon ermittelt. Als wichtigstes Spaltstück wurde dabei *Geronsäure* erhalten, die in gleicher Ausbeute auch aus *β-Ionon* entsteht. Die von P. KARRER[3] aufgestellte Formel trägt diesen Befunden Rechnung; durch den systematischen Abbau des β-Carotins mit Chromsäure[4] ist sie bewiesen (Totalsynthese; INHOFFEN)[5].

Durch Aufspaltung in der Mitte des Moleküls (zwischen C_{20} und C_{21}) und Anlagerung von je einem Molekül Wasser an die beiden Reste entstehen aus einem Molekül β-Carotin 2 Moleküle *Vitamin A* (s. S. 474). Diese Reaktion, die sich im Organismus vollzieht, in vitro nachzuahmen, ist noch nicht gelungen (s. Bd. 2, Vitamine).

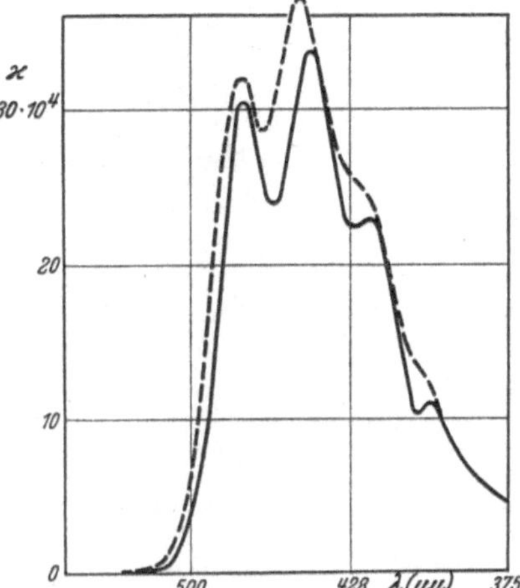

Abb. 34. Absorptionskurven von α-Carotin (ausgezogen) und β-Carotin (gestrichelt) in Hexan (KUHN).

Kürzlich ist aber im Leberöl von Walen das *Kitol,* möglicherweise ein Zwischenprodukt dieser Reaktion, aufgefunden worden, das durch die Anlagerung von 2 Hydroxylgruppen an die mittelständige Doppelbindung des β-Carotins entstanden sein dürfte. Kitol ist eine schwach gelbliche krystallisierte Verbindung, F. 88 bis 90°. als Provitamin A wirksam[6].

α-Carotin. $C_{40}H_{56}$.

Eigenschaften: Aus Benzol-Methanol violettrote zugespitzte, flache Prismen, die vielfach zu Drusen vereinigt sind. F. 187° (korr.). Die Löslichkeit ist der des β-Carotins ähnlich, aber besser. α-Carotin ist optisch aktiv: $[\alpha]^{18°}_{643,5} = 385°$ (Benzol). Der Drehungswert ist stark von der Wellenlänge des angewandten Lichtes abhängig. Absorptionsbanden: 478, 447,5, 421 mμ in Benzin (Kp. 70 bis 80°); 489, 458 mμ in Chloroform; mit Antimontrichlorid in Chloroform Blaufärbung; die Lösung hat eine Bande bei 542 mμ (Unterschied von β-Carotin und Vitamin A).

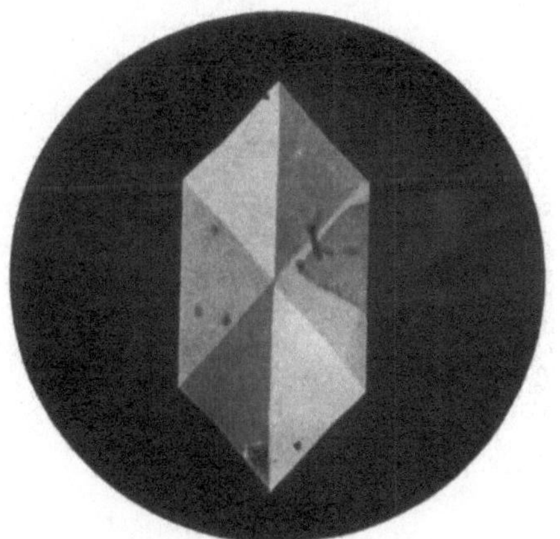

Abb. 35. β-Carotin (aus Benzol-Methanol, 225fach, zwischen gekreuzten Nicols).

[1] DEVINE, J., R. E. HUNTER and N. E. WILLIAMS: Biochem. J. **39**, 5 (1945). — [2] WILLSTAETTER, R. u. W. MIEG: A.**355**, 1 (1907). — [3] KARRER, P., u. H. HELFENSTEIN: Helv. **12**, 1142 (1929).—KARRER, P., A. HELFENSTEIN, H. WEHRLI u. A. WETTSTEIN: **13**, 1084 (1930). — KARRER, P., u. R. MORF: **14**, 1033 (1931). — [4] KUHN, R., u. H. BROCKMANN: A. **516**, 95 (1935). — [5] Siehe Fußnote [2] S. 461. — [6] CLOUGH, F. B., H. M. KASCHER, C. D. ROBESON and J. G. BAXTER: Science, N. Y. **105**, 436 (1947).

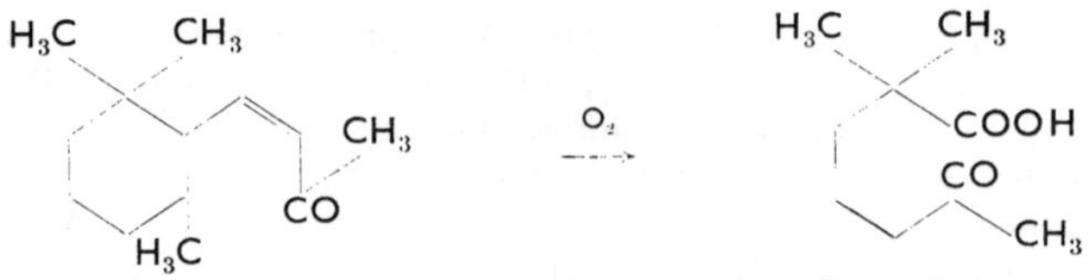

β-Ionon → Geronsäure

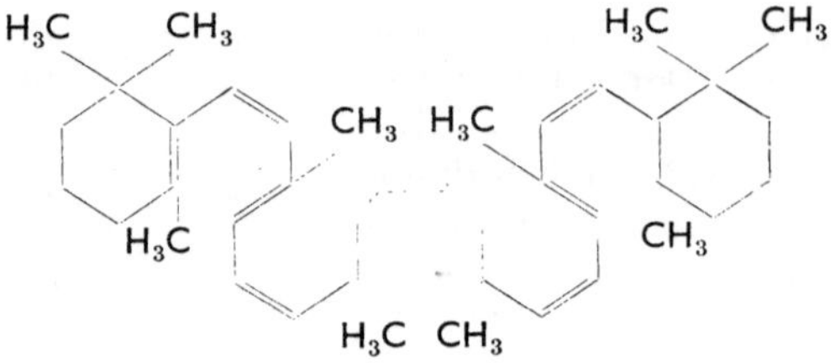

β-Carotin
$C_{40}H_{56}$

↓

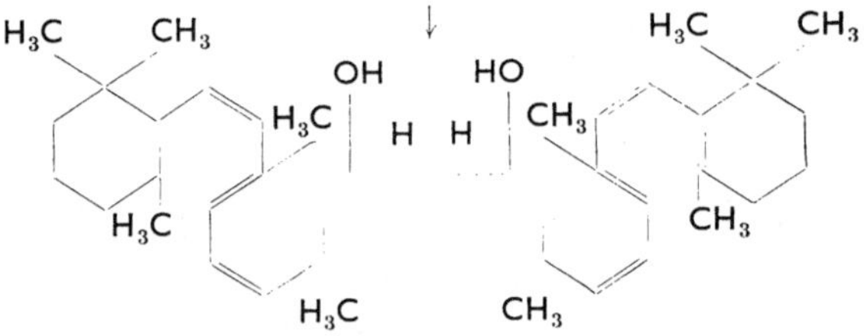

Kitol
$C_{40}H_{58}O_2$

↓

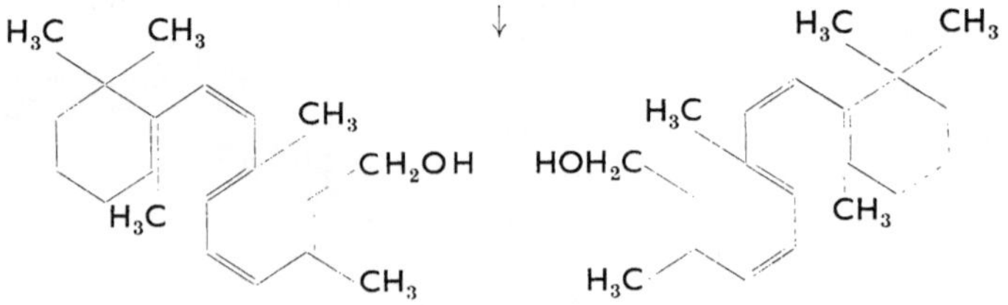

2 Vitamin A
$C_{20}H_{30}O$

Konstitution. α-Carotin hat wie β-Carotin 11 Doppelbindungen. Der Ozon-abbau[1] ergab neben *Geronsäure* auch *Isogeronsäure*. wodurch die folgende Struktur bewiesen wird.

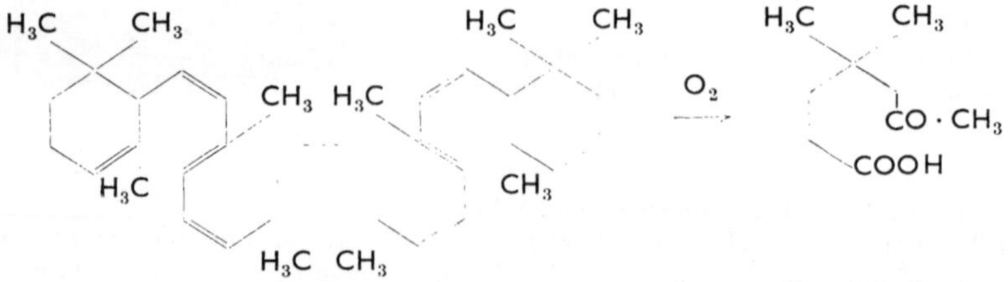

α-Carotin
$C_{40}H_{56}$

Isogeronsäure

Als Provitamin A ist α-Carotin nur halb so wirksam wie β-Carotin in Über-einstimmung mit der Formel. die nur die Entstehung von 1 Mol Vitamin A aus 1 Mol α-Carotin (der rechten Hälfte) möglich erscheinen läßt.

[1] KARRER, P., R. MORF u. O. WALKER: Helv. **16**. 975 (1933).

Durch Behandlung mit Natriumäthylat in alkoholischer Lösung läßt sich
α-Carotin teilweise unter Wanderung einer Doppelbindung in β-Carotin umlagern[1].

γ-Carotin. $C_{40}H_{56}$.

Eigenschaften. Aus Benzol-Methanol derbe, dunkelrote Prismen mit bläulichem Oberflächenglanz. F. 178° (korr.) optisch inaktiv. Absorptionsbanden: 495, 462, 431 mμ in
Benzin: 508,5, 475, 446 mμ in Chloroform: 510, 477, 447 mμ in Benzol.

Konstitution. γ-Carotin enthält im Gegensatz zu α- und β-Carotin 12 Doppelbindungen und daher nur ein Ringsystem. Der Ozonabbau liefert 1 Mol Aceton.
Aus diesen Tatsachen ist die Formel abgeleitet[2]:

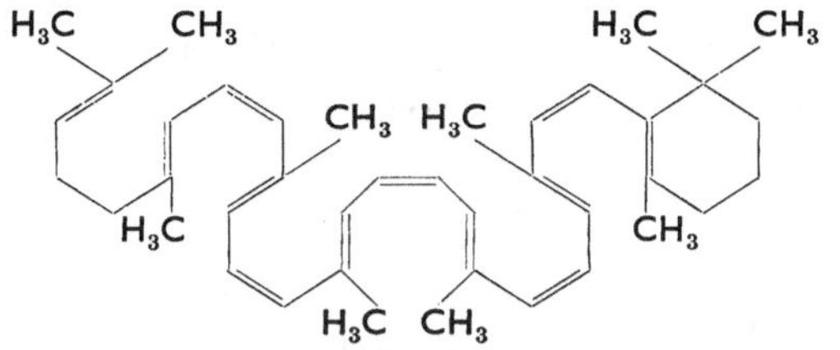

γ-Carotin
$C_{40}H_{56}$

Diese läßt die Bildung von 1 Mol Vitamin A aus 1 Mol γ-Carotin zu. Hiermit
stimmt die biologische Wirksamkeit überein, die gleich der des α-Carotins ist.

Kryptoxanthin, $C_{40}H_{56}O$. Kryptoxanthin wurde infolge seiner Ähnlichkeit
mit dem β-Carotin früher übersehen. Erst durch Anwendung der Chromatographie
ist es isoliert worden, danach haben sich zahlreiche Vorkommen von „Carotin“
als Kryptoxanthin erwiesen. Zur Darstellung eignen sich am besten Physalis-
kelche, ferner gelber Mais, Paprika, Mandarinen und Orangen.

Eigenschaften. Aus Benzol-Methanol schmetterlingsartig verwachsene Prismen von
kupferroter Farbe und lebhaftem Metallglanz. Die Krystalle enthalten $1/2$ Mol Krystall-
Methanol. F. 169° (korr.). Optisch inaktiv. Absorptionsbanden 497, 463, 433 mμ in
Chloroform; 485,5, 452, 424 mμ in Benzin (Kp: 70 bis 80°); 486, 452, 424 mμ in absolutem
Alkohol. Die Antimontrichloridreaktion gleicht der des β-Carotins. Einen eindeutigen
Unterschied gegenüber den Carotinen zeigt das Kryptoxanthin bei der Verteilung zwischen
Benzin und 95%igem Methanol, wobei es deutlich in die untere Schicht geht.

Konstitution. Das Sauerstoffatom gehört zu einer Hydroxylgruppe, die
Hydrierung zeigt 11 Doppelbindungen an. In Anbetracht der spektroskopischen
Übereinstimmung mit β-Carotin und der Provitamin A- Wirkung haben R. Kuhn
und Ch. Grundmann für Kryptoxanthin folgende Formel[3] vorgeschlagen:

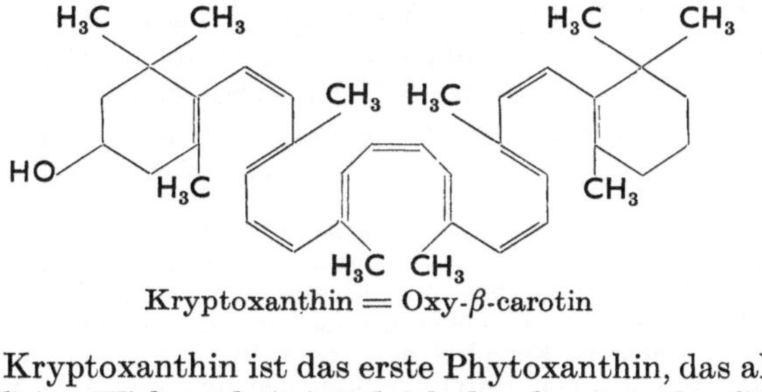

Kryptoxanthin = Oxy-β-carotin

Biologisches. Kryptoxanthin ist das erste Phytoxanthin, das als Provitamin A
erkannt wurde. Seine Wirksamkeit ist gleich der des α- und γ-Carotins, da auch

---

[1] Karrer, P., u. R. Jucker: Helv. **30**, 266 (1947). — [2] Kuhn, R., u. H. Brockmann: B.
66, 407 (1933). — [3] Kuhn, R., u. Ch. Grundmann: B. **66**, 1746 (1933).

hier nur die rechte Hälfte des Moleküls Vitamin A bilden kann, wie generell nach allen bisherigen Befunden die *Provitamin A-Wirkung von mindestens einem unsubstituierten β-Iononring abhängig ist.* Neben β-Carotin ist wohl Kryptoxanthin das für die menschliche Ernährung bedeutsamste Provitamin A, da verschiedene wichtige Nahrungsmittel (vgl. auch Bd. 2, Vitamine) ausschließlich ihm ihre biologische Vitamin A-Wirksamkeit verdanken.

Zeaxanthin, $C_{40}H_{56}O_2$. Zeaxanthin wurde 1931 von P. KARRER[1] aus gelbem Mais isoliert, läßt sich aber ergiebiger aus anderen Ausgangsmaterialien gewinnen, da es namentlich in Samen- und Fruchthäuten weit verbreitet, zum Teil in Form von Fettsäureestern, vorkommt. Zur Darstellung größerer Mengen eignen sich die orangegelben Kelchblätter der Judenkirsche (Physalis alkekengi und Physalis franchetti), die als „chinesische Papierlaternen" bekannt sind[2].

Eigenschaften. Aus Benzol-Methanol braunstichig-rote, schwach metall-glänzende, langgestreckte Blättchen, die etwa 2 Mol Krystall-Methanol enthalten, das beim Trocknen im Hochvakuum nur langsam abgegeben wird. F. 216° (korr.). Reine Präparate sind optisch inaktiv. Absorptionsbanden: 494, 462, 429 mμ in Chloroform; 483,5, 451 mμ in Benzin (Kp: 70 bis 80°); 483, 451,5, 423,5 mμ in absolutem Alkohol. Die Löslichkeit unterscheidet Zeaxanthin grundsätzlich von den Carotinen: in Benzin, Äther, Schwefelkohlenstoff ist es schlecht löslich, besser in Benzol, Chloroform, leicht löslich in Methanol, Äthylalkohol und Essigester. Kennzeichnend für Zeaxanthin ist die Verteilung zwischen Benzin und 90%igem Methanol, wobei, falls nicht zu konzentrierte Lösungen verwendet werden, aller Farbstoff sofort in die untere Schicht geht (Unterschied von Kryptoxanthin).

Konstitution. Die beiden Sauerstoffatome gehören 2 Hydroxylgruppen an, die katalytische Hydrierung ergibt 11 Doppelbindungen. Beim oxydativen Abbau mit Kaliumpermanganat läßt sich als größeres Bruchstück nur *α,α-Dimethyl-bernsteinsäure*

$$HOOC-C(CH_3)_2-CH_2-COOH$$

isolieren[3]. Aus Rhodoxanthin ist Zeaxanthin teilsynthetisch erhalten worden[4]. Hierdurch ist die Stellung der Hydroxylgruppen im Sinne der folgenden Formel erhärtet:

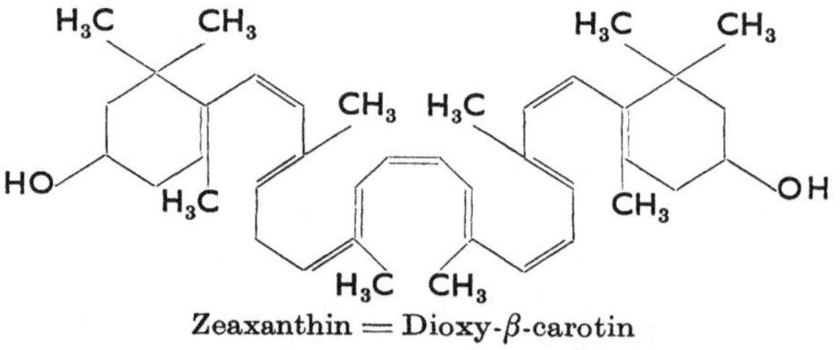

Zeaxanthin = Dioxy-β-carotin

Xanthophyll (Lutein), $C_{40}H_{56}O_2$[5]. Xanthophyll ist wohl neben den Carotinen der am weitesten verbreitete Polyenfarbstoff, da er sich in allen grünen Pflanzenteilen und in vielen gelben Blüten findet. Er wurde zuerst von R. WILLSTÄTTER und H. ESCHER[6] aus Eidottern rein dargestellt und als Lutein bezeichnet. Die in der älteren Literatur als „Xanthophyll" beschriebenen Präparate bestehen

[1] KARRER, P., H. WEHRLI u. A. HELFENSTEIN: Helv. **13**, 268 (1930). — [2] KUHN, R., u. CH. GRUNDMANN: B. **67**, 596 (1934). — [3] KARRER, P., A. HELFENSTEIN, H. WEHRLI, B. PIEPER u. R. MORF: Helv. **14**, 614 (1931). — [4] KARRER, P., u. U. SOLMSSEN: Helv. **18**, 477 (1935). — [5] In der Literatur herrscht keine Einheitlichkeit bezüglich der Benennung dieser Verbindung, indem verschiedene Forscher nach dem Vorgang von R. KUHN die von WILLSTAETTER eingeführte Bezeichnung Lutein gebrauchen und die Bezeichnung Xanthophyll nur noch als Sammelbegriff für die hydroxylhaltigen Carotinoide verwenden, die hier nach dem Vorschlag von P. KARRER als Phytoxanthine bezeichnet werden. — [6] WILLSTAETTER, R., u. H. ESCHER: H. **76**, 214 (1912).

meist aus einem Gemisch von überwiegend Lutein mit Zeaxanthin und anderen sauerstoffhaltigen Carotinfarbstoffen. P. KARRER hat jüngst gezeigt, daß neben Xanthophyll auch Xanthophyll-epoxyd in allen grünen Pflanzenteilen weit verbreitet ist und bis zu 40% der insgesamt vorhandenen Phytoxanthine ausmachen kann[1].

Zur Darstellung von reinem Xanthophyll sind am besten die gelben Studentenblumen (Tagetes grandiflora und verwandte Arten) geeignet, da sie nur geringe Mengen von anderen Polyenfarbstoffen enthalten[2].

Eigenschaften. Aus Methanol prachtvolle, stahlblau pleochroitisch glänzende flache Prismen, die an den Enden oft „schwalbenschwanzförmig" eingekerbt sind. Neben dieser etwa 1 Mol Krystall-Methanol enthaltenden Modifikation kann man durch rasches Abkühlen oder Umkrystallisieren aus Benzol-Benzin eine ockergelbe krystallalkohol-freie Modifikation erhalten, die sich durch schwaches Erwärmen mit Methanol in die erstgenannte Form umlagern läßt. F. 195° (korr.) Lutein ist optisch aktiv: $[\alpha]_{Cd} = + 160°$ (Chloroform); $[\alpha]_{Cd} = + 145°$ (Essigester). Luteinpräparate sind außerordentlich säureempfindlich, schon Spuren mittelstarker organischer Säuren bewirken Veränderungen, die sich im Ansteigen des Drehungsvermögens und Absinken des Schmelzpunktes äußern[2]. Absorptionsspektrum: 486, 455, 424 mμ in Chloroform; 477,5, 447,5 mμ in Benzin (Kp: 70 bis 80°); 476, 446,5, 420 mμ in absolutem Alkohol. Die Löslichkeit ist ein wenig besser als die des Zeaxanthins, im Verhalten bei der Verteilung zwischen Benzin und 90%igem Methanol unterscheiden sich die beiden Isomeren nicht.

Konstitution. Xanthophyll enthält 11 Doppelbindungen und 2 Hydroxylgruppen. Der oxydative Abbau liefert dieselben Bruchstücke, wie beim Zeaxanthin; durch Behandeln mit Natriumäthylat in alkoholischer Lösung läßt es sich teilweise in Zeaxanthin umlagern[3]. Durch Behandeln mit Phtalomonopersäure läßt es sich zu Xanthophyll-epoxyd oxydieren[4]. In Analogie zum α-Carotin, dem es im Absorptionsspektrum und optischer Aktivität entspricht, hat P. KARRER[5] für Xanthophyll die folgende Formel vorgeschlagen:

Xanthophyll (Lutein) = Dioxy-α-carotin

Xanthophyll-epoxyd

Astaxanthin, $C_{40}H_{52}O_4$ und Astacin $C_{40}H_{48}O_4$. Astaxanthin ist der native Polyenfarbstoff des Hummers (Astacus gammarus L.) und wurde 1938 von

[1] KARRER, P., E. KRAUSE-VOITH u. K. STEINLIN: Helv. **31**, 113 (1948). — [2] KUHN, R., A. WINTERSTEIN u. E. LEDERER: H. **197**, 141 (1931). — [3] KARRER, P., u. E. JUCKER: Helv. **30**, 266 (1947). — [4] KARRER, P., u. E. JUCKER: Helv. **28**, 300 (1945). — [5] KARRER, P., A. ZUBRYS u. R. MORF: Helv. **16**, 977 (1933).

R. Kuhn und N. A. Sörensen[1] isoliert. In alkalischer Lösung ist der Farbstoff außerordentlich sauerstoffempfindlich und oxydiert sich zu einem 4 H-Atome ärmeren Produkt, dem *Astacin* $C_{40}H_{48}O_4$, das bereits 1933 durch R. Kuhn und E. Lederer[2] aus dem Hummer erhalten wurde. Aus zahlreichen anderen Crustaceen und sonstigen Süßwasser- und Meerestieren ist infolge der bei der Isolierung angewandten alkalischen Verseifung ohne strengen Luftausschluß nur Astacin erhalten worden, so daß die Frage noch nicht endgültig geklärt ist, ob Astacin überhaupt nur ein Kunstprodukt ist oder sich gelegentlich auch als solches in der Natur findet. In allen den Fällen, in denen allerdings die Sauerstoffempfindlichkeit des Astaxanthins in alkalischer Lösung beachtet wurde, konnte nur dieses isoliert werden. Bemerkenswert ist, daß das Astaxanthin im Hummer in drei verschiedenen Formen vorkommt. Im *Panzer* findet sich ein *braunschwarzes Chromoproteid*, das durch Säuren oder Hitze in Eiweiß und freies Astaxanthin gespalten wird. Hierauf beruht die bekannte Rotfärbung vieler Crustaceen beim Kochen. In den *Eiern* liegt ein *grünes Chromoproteid (Ovoverdin)* vor, das ebenfalls bei der Zerlegung durch Säuren oder Hitze freies Astaxanthin liefert, in der *Hypodermis* endlich findet sich als *Lipochrom* ein Farbstoff, der aus Gemischen von verschiedenen *Fettsäureestern des Astaxanthins* besteht. Zur Darstellung eignen sich am besten möglichst frische Hummereier. J. Tischer hat gezeigt, daß Astaxanthin in seinem Vorkommen nicht nur auf das Tierreich beschränkt ist, indem er den Farbstoff (in Form von Astacin) auch aus Grünalgen isolieren konnte[3].

Eigenschaften. Aus wäßrigem Pyridin in der Durchsicht braunrote Täfelchen mit starkem blauschwarzem Oberflächenglanz, F. 215,5 bis 216° (Zersetzung). Optisch inaktiv. Das Absorptionsspektrum zeigt bei visueller Beobachtung im Gegensatz zu den meisten anderen Carotinfarbstoffen nur eine breit verwaschene Bande mit einem Maximum bei etwa 495 mμ. Astaxanthin ist fast unlöslich in Benzin, Petroläther, besser löslich in Aceton, gut in Chloroform und Pyridin. Bei der Verteilung zwischen Benzin und 90%igem

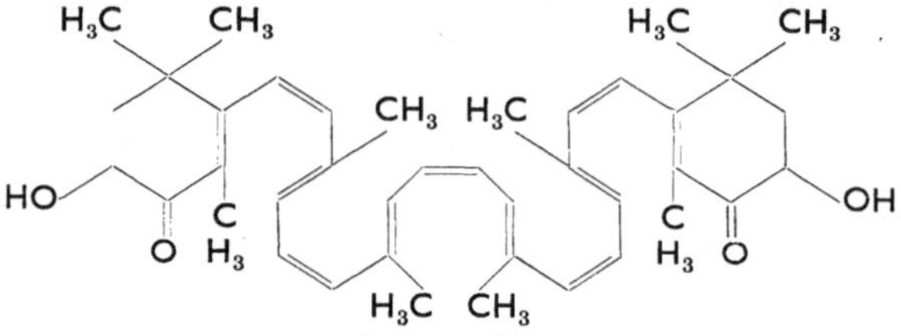

Astaxanthin

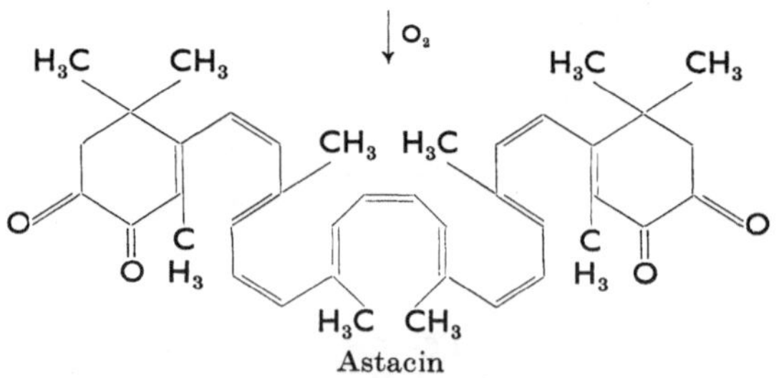

$\downarrow O_2$

Astacin

Methanol geht der Farbstoff in die untere Schicht. Charakteristisch ist das Verhalten beim Behandeln einer Pyridinlösung mit Kalilauge unter strengstem Luftausschluß; es entsteht eine tiefblaue Lösung, die bei Luftzutritt nach rot umschlägt.

[1] Kuhn, R., u. N. A. Soerensen: B. **71**, 1879 (1938). — Kuhn, R., J. Stene u. N. A. Soerensen: B. **72**, 1688 (1939). — [2] Kuhn, R., u. E. Lederer: B. **66**, 488 (1933). — [3] Tischer, J.: H. **250**, 147 (1937); **252**, 225 (1938). — Kuhn, R., J. Stene u. N. A. Sörensen: B. **72**, 1688 (1939).

Konstitution. Astaxanthin ist ein doppeltes α-Ketol, in alkalischer Lösung oxydiert es sich unter Verbrauch von genau 2 O-Atomen zum Astacin, dem entsprechenden Tetraketon. Die Konstitution des Astacins ist durch P. KARRER[1] ermittelt worden. Der oxydative Abbau ergibt *Dimethylmalonsäure* $HOOC—C(CH_3)_2—COOH$; die katalytische Hydrierung zeigt 13 Doppelbindungen an (davon 2 durch Enolisierung gebildet). Die 1,2-Stellung der Ketogruppen wurde durch Kondensation mit o-Phenylendiamin bewiesen.

Crocetin, $C_{20}H_{24}O_4$. Crocetin ist der Farbstoff des Safrans, der aus den getrockneten Narben von Crocus sativus besteht. Im Safran findet sich das Crocetin in Form eines *wasserlöslichen* Glykosids, des *Crocins* (Formel s. Bd. 2 im Kapitel „Innere Sekretion"). Das Crocin ist der *Digentiobioseester* (BRIGL-PLÖTZ, S. 324) einer Polyendicarbonsäure, des Crocetins. Die Zuckerreste des Crocins werden durch Alkali außerordentlich rasch abgespalten, wobei in wäßrigem Medium quantitativ Crocetin entsteht, während bei Gegenwart von Alkoholen Umesterung zu den entsprechenden Crocetinestern eintritt. Im Safran kommen *zwei stereoisomere Formen* des Crocetins vor[2], die als *stabiles Crocetin* (trans-Form) und *labiles Crocetin* (cis-Form) unterschieden werden. Das cis-Crocetin lagert sich im Licht außerordentlich leicht irreversibel in *trans-Crocetin* um.

Eigenschaften. *trans-Crocetin,* aus Pyridin prachtvoll scharlachrote glänzende Blätter, die Krystallpyridin enthalten. F. 285°. Unlöslich in Wasser und den meisten organischen Solventien mit Ausnahme von Pyridin. Löslich in verdünnter Natronlauge mit gelber Farbe.

trans-Crocetin-dimethylester. Aus Chloroform-Methanol reguläre sechsseitige orangerote Platten. F. 222° (korr.). Sehr schwer löslich in Benzin und Methanol, besser in Aceton, Benzol und Essigester, gut in Chloroform. Absorptionsbanden: 451, 425 mμ in Benzin (Kp: 70 bis 80°) 463, 435 mμ in Chloroform.

cis-Crocetin-dimethylester, rechteckige, langgestreckte rein gelbe Täfelchen aus Methanol. F. 141°. Etwa 20mal besser löslich in Methanol als die trans-Form, mäßig löslich in Benzin, besser in Äther, sehr leicht in Essigester und Aceton. Absorptionsbanden: 445, 422 mμ; in Benzin (Kp: 70 bis 80°); 458, 433 mμ in Chloroform. *cis-Crocetin* selbst ist noch unbekannt.

Konstitution. Die katalytische Hydrierung führt unter Aufnahme von 7 Mol Wasserstoff zu einer gesättigten aliphatischen Dicarbonsäure, deren Konstitution

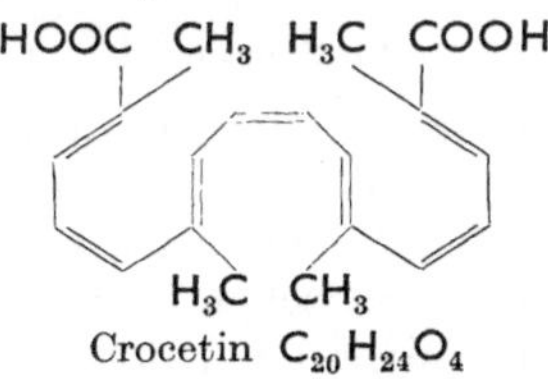

durch Totalsynthese bewiesen wurde[3]. Die Lage und Zahl der cis-Doppelbindungen im labilen Crocetin ist noch unbekannt.

c) Vitamin A (Axerophthol) $C_{20}H_{30}O$.

(Vgl. Bd. 2, Vitamine: Geschichtliches, Ausfallserscheinungen, Wirkungsweise, Vorkommen, Provitamine A, Konstitution und Wirkung, quantitative Bestimmung nach biologischen und chemischen Methoden, klinische Anwendung.)

[1] KARRER, P., u. L. LOEWE: Helv. **17**, 745 (1934). — KARRER, P., L. LOEWE u. H. HUEBNER: Helv. **18**, 96 (1935). — KARRER, P., u. H. HUEBNER: Helv. **19**, 479 (1936). — [2] KUHN, R., u. A. WINTERSTEIN: B. **66**, 209 (1933). — KUHN, R., u. F. MOEWUS: B. **73**, 559 (1940). — [3] KARRER, P., F. BENZ u. M. STOLL: Helv. **16**, 297 (1933).

Darstellung. Vitamin A wurde schon 1911 entdeckt, die Isolierung gelang zuerst aus Fischleberölen. Reindarstellung und Konstitutionsermittlung führten KARRER und HEILBRON 1931—32 durch[1]. Als Ausgangsmaterial dient der unverseifbare Anteil des Trans. Durch Ausfrieren der Hexanlösung lassen sich Begleitstoffe (Sterine) abtrennen und durch chromatographische Adsorption oder fraktionierte Hochvakuumdestillation gewinnt man etwa 80- bis 90%ige Präparate. Ausgehend von sehr hochwertigen Leberölen wurde das Vitamin A zuerst von H. W. HOLMES[2] unter Vermeidung von Chromatographie und Destillation allein durch fraktioniertes Ausfrieren schließlich krystallisiert erhalten.

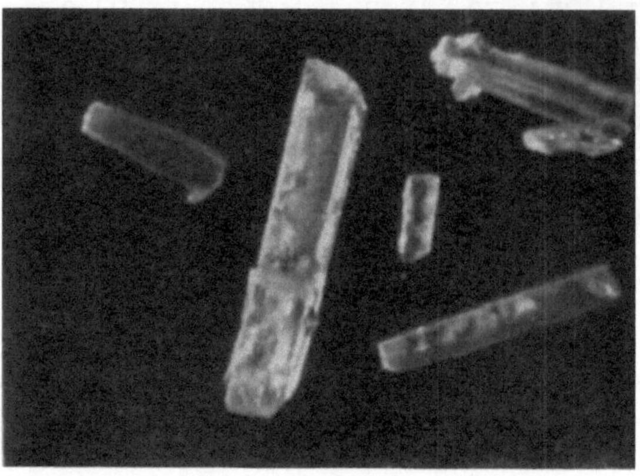

Abb. 36. Synthetischer Vitamin A-Alkohol, F. = 60 bis 62.

Versuche zur Synthese des Vitamin A wurden seit 1931 von verschiedenen Autoren unternommen. 1946 gelang verschiedenen Arbeitsgruppen fast gleichzeitig die Synthese des *Vitamin A-Methyläthers*, der *Vitamin A-Säure*[3] und schließlich auch des *Vitamin A* selbst[4].

Eigenschaften. Das reine Vitamin A krystallisiert in schwachgelben Prismen (siehe Abb. 36), die bei 62 bis 64° schmelzen. In den gebräuchlichen organischen Lösungsmitteln ist es bei Zimmertemperatur sehr leicht löslich. Im Hochvakuum bei 10^{-5} mm Hg destilliert es bei 137 bis 138° nahezu unzersetzt. Das Absorptionsspektrum zeigt im Ultravioletten ein charakteristisches Maximum bei 328 mμ. Der molekulare Extinktionskoeffizient beträgt 60000. Diesen hohen Wert findet man aber nur für ganz reine Präparate bei Ausführung der Messung unmittelbar nach Herstellung der Lösung.

In der Literatur findet man an Stelle des molekularen Extinktionskoeffizienten häufig den Wert $E_{1\,cm}^{1\,\%} = \log \dfrac{I}{I}$ angegeben. $E_{1\,cm}^{1\,\%} = \log \dfrac{I}{I}$, für eine Schichtdicke von 1 cm und 1%ige Lösung. I = Intensität des einfallenden, I = austretenden Lichtes (s. S. 42).

Das Vitamin A ist sehr empfindlich gegen Luftsauerstoff und Oxydationsmittel, auch von Mineralsäuren wird es geschädigt. Zum Nachweis und zur Bestimmung[5] von Vitamin A sind die biologischen Verfahren immer noch die zuverlässigsten. Die physikalisch-chemischen Verfahren gründen sich teils auf die Farbreaktion des Vitamins mit Antimontrichlorid. CARR-PRICE-Reaktion, teils

[1] KARRER, P., R. MORF u. K. SCHOEPP: Helv. **14**, 1036, 1431 (1931). — KARRER P. u. R. MORF: **16**, 625 (1933). — HEILBRON, I. M., R. N. HESLOP, R. A. MORTON, E. T. WEBSTER, J. L. REA and J. C. DRUMMOND: Biochem. J. **26**, 1178 (1932). — [2] HOLMES, H. N., and R. CORBET: Science, N. Y. **85**, 103 (1937). Am. Soc. **59**, 2042 (1937). — [3] ARENS, J. F., and D. A. VAN DORP: Nature **157**, 190 (1946); **160**, 189 (1947). Rec. Trav. chim. Pays-Bas. **65**, 338 (1946). — KARRER, P,. E. JUCKER u. E. SCHICK: Helv. **29**, 704 (1946). — ISLER, O., W. HUBER, A. RONCO u. M. KOFLER: Exper. **2**, 31 (1946). Festschrift E. BARELL. Basel 1946, S. 31. Helv. **30**, 1911 (1947). — MILAS, N. A.: Science, N. Y. **103**, 581 (1946). — MILAS, N. A., E. SAKAL, J. T. PLATI, J. T. RIVERS, J. K. GLADDING, F. X. GROSSI, Z. WEISS, M. A. CAMPBELL and H. F. WRIGHT: Am. Soc. **70**, 1597 (1948). — [4] ISLER, O., W. HUBER, A. RONCO u. M. KOFLER: Helv. **30**, 1911 (1947). — [5] Vgl. dazu Med. Res. Council Reports on Biological Standards, 4: The Standardisation and Estimation of Vitamin A. London 1936. — GRIDGEMAN, N. T.: The Estimation of Vitamin A. London 1945.

auf die direkte Messung der Ultraviolett-Absorption bei 328 mμ, wobei die vorherige chromatographische Abtrennung von Carotinen und Vitamin D notwendig ist[1] .(Näheres s. Bd. 2, Vitamine).

Zur Identifikation geeignet sind:
der *Antrachinon-β-carbonsäureester* (gelbe Platten vom F. 124°); der *β-Naphthoesäureester* (schwachgelbe glänzende Plättchen vom F. 74 bis 75°); *p-Phenylazobenzoesäureester* (orangegelbe Plättchen vom F. 79 bis 80°)[2].

Diese Ester, die biologisch aktiv sind, lassen sich leicht zum freien Vitamin zurückverseifen. Auch der (synthetisch erhaltene) Vitamin A-methyläther und die Vitamin A-säure besitzen auffallenderweise nahezu dieselbe biologische Aktivität wie der freie Alkohol, wobei zumindest für die Säure sichergestellt ist, daß sie nicht in vivo in Vitamin A übergeht.

Konstitution. Vitamin A hat die Bruttoformel $C_{20}H_{30}O$. Die Hydrierung ergibt 5 Doppelbindungen, der Sauerstoff gehört einer alkoholischen Hydroxylgruppe an. Beim Ozonabbau wurde *Geronsäure* (s. S. 474) erhalten und schließlich durch die Synthese der Perhydroverbindung die Struktur im Sinne der von P. KARRER[3] aufgestellten Formel bewiesen. Die *Synthese von Vitamin A* nach dem Verfahren von O. ISLER und Mitarbeitern[4] nimmt, ausgehend vom *β-Ionon*, folgenden Verlauf (s. Formeln S. 482):

Neo-Vitamin A. Neo-Vitamin A ist ein *cis-Isomeres* (an der ersten Doppelbindung nach der Hydroxylgruppe) des *Vitamin A*, das aus Fischleberöl isoliert wurde[5]. Gelbe Nadeln vom F. 58 bis 60°, λ-max 328 mμ. Der *Anthrachinon-β-carbonsäureester* (rote Krystalle vom F. 134 bis 136°) läßt sich mit Jod reversibel in das entsprechende Derivat des Vitamin A umlagern.

Vitamin A_2 findet sich neben Vitamin A in Fischleberölen[6]. Besonders reich scheinen die Leberöle von Süßwasserfischen daran zu sein. Vitamin A_2 enthält eine Doppelbindung mehr als Vitamin A, seine chemische Konstitution ist im übrigen noch nicht völlig geklärt[7].

Retinin$_1$, eine Komponente des Sehfarbstoffes (Bd. 2, Auge und Tränen) ist der dem *Vitamin A* entsprechende Aldehyd.

Retinin$_2$ ist der dem *Vitamin A_2* entsprechende Aldehyd[8].

Hepaxanthin, identisch mit dem sog. „574-Chromogen", wird von P. KARRER[9] als *Epoxyd des Vitamin A* aufgefaßt, die Stellung der Oxido-Brücke ist noch unsicher.

d) Squalen. $C_{30}H_{50}$.

Obwohl nicht eigentlich den Carotinoiden zugehörig, soll doch dieser Kohlenwasserstoff hier besprochen werden, da er durch seine chemische Konstitution eine gewisse Verwandtschaft mit den Carotinoiden verrät. Wie diese besteht er aus zwei symmetrischen Hälften von linear aneinandergefügten Isoprenresten (6 Mol). Zum Unterschied von den Polyenfarbstoffen sind diese aber nicht durchgehend dehydriert, so daß kein farbgebendes System zustande kommt. Dadurch aber gerade und durch seine Molekülgröße (30 C-Atome) steht das Squalen andererseits in Beziehung zu den Sterinen, die daraus durch Cyclisierungsvorgänge entstehen könnten[10].

[1] MÜLLER, P. B.: Helv. **27**, 443 (1944); **30**, 1172 (1947). — [2] ROBESON, C. D., and J. G. BAXTER: Am. Soc. **69**, 139 (1947). — HAMANO, S.: Sci. Pap. physic. chem. Res., Tokyo **28**, 69 (1935) [C. **1936** I, 2383]. — [3] KARRER, P., R. MORF u. K. SCHOEPP: Helv. **14**, 1036, 1431 (1931). — [4] Siehe Fußnote [6] S. 480. — [5] ROBESON, C. D., and J. G. BAXTER: Am. Soc. **69**, 136 (1947). — [6] GILLAM, A. E., J. M. HEILBRON, W. E. JONES and E. LEDERER: Biochem. J. **32**, 405 (1938). — [7] MORTON, R. A., M. K. SALAH and A. L. STUBBS: Nature **159**, 744 (1947). — Vgl. auch KARRER, P., u. E. BRETSCHER: Helv. **26**, 1758 (1943). — [8] MORTON, R. A., and T. W. GOODWIN: Nature **153**, 405 (1944). — HAWKINS, E., G. E., and R. F. HUNTER: Biochem. J. **38**, 34 (1944). Nature **153**, 194 (1944). — BALL, S., T. W. GOODWIN and R. A. MORTON: Biochem. J. **40**, LIX (1946). — [9] KARRER, P., u. E. JUCKER: Helv. **28**, 717 (1945); **30**, 559 (1947). — [10] MINOVICI, S.: Bull. Soc. Chim. biol. **17**, 369 (1935).

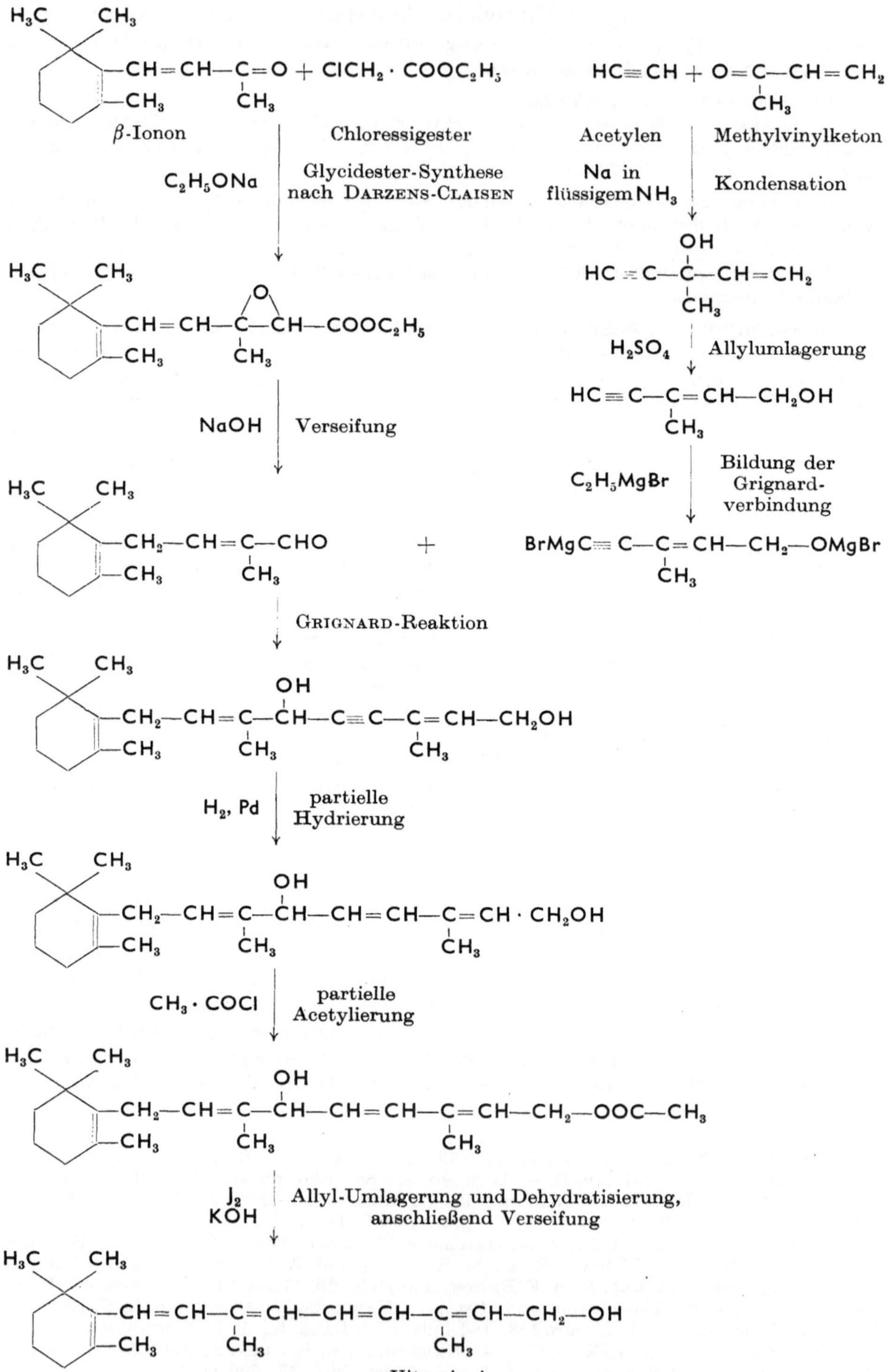

β-Ionon $\quad$ + $\quad$ ClCH$_2$ · COOC$_2$H$_5$ $\qquad\qquad$ HC≡CH + O=C—CH=CH$_2$ ($\overset{|}{\text{CH}_3}$)

β-Ionon $\qquad\qquad$ Chloressigester $\qquad$ Acetylen $\qquad$ Methylvinylketon

C$_2$H$_5$ONa $\qquad$ Glycidester-Synthese nach DARZENS-CLAISEN $\qquad$ Na in flüssigem NH$_3$ $\qquad$ Kondensation

HC≡C—$\overset{\text{OH}}{\underset{\text{CH}_3}{\text{C}}}$—CH=CH$_2$

H$_2$SO$_4$ $\quad$ Allylumlagerung

HC≡C—$\overset{}{\underset{\text{CH}_3}{\text{C}}}$=CH—CH$_2$OH

C$_2$H$_5$MgBr $\quad$ Bildung der Grignard-verbindung

BrMgC≡C—$\overset{}{\underset{\text{CH}_3}{\text{C}}}$=CH—CH$_2$—OMgBr

NaOH $\quad$ Verseifung

+

GRIGNARD-Reaktion

H$_2$, Pd $\quad$ partielle Hydrierung

CH$_3$ · COCl $\quad$ partielle Acetylierung

J$_2$, KOH $\quad$ Allyl-Umlagerung und Dehydratisierung, anschließend Verseifung

Vitamin A.

Vorkommen. Squalen findet sich reichlich im Leberöl der Haifische, namentlich in Squalus mitsukurii, Deania eglantina und Cetorhinus maximus, wo es von M. Tsujimoto[1] entdeckt wurde. In neueren Untersuchungen wurden Squalen oder ihm sehr ähnliche Kohlenwasserstoffe außer in zahlreichen anderen Fischen noch nachgewiesen in Säugetierlebern[2], im Fett aus Ovarial-Dermoidcysten[3] und im Hefefett[4]. Es scheint also viel weiter verbreitet zu sein als ursprünglich angenommen, fehlt jedoch im Depotfett, im Blutfett und im Leberfett von Feten und Erwachsenen[3]. In den Ovarial-Dermoidcysten soll es auf pathologischem Wege durch eine Fehlleitung des Fettstoffwechsels entstanden sein.

Eigenschaften. Farb- und geruchloses Öl, Kp_{10}: 262 bis 264°, $Kp_{0,55}$: 235 bis 237°; $D_4^{15} = 0{,}8587$; $n_D^{20} = 1{,}4965$. Leicht löslich in Äther, Petroläther, Tetrachlorkohlenstoff und Aceton, wenig löslich in kaltem Alkohol und Eisessig. Charakteristisch ist das *Hexahydrochlorid* $C_{30}H_{56}Cl_6$, weiße, glänzende, rhombische Blättchen, die aus einem Gemisch von 2 Isomeren vom F. 143 bis 145° und 113 bis 114° bestehen, welche sich durch Umkrystallisieren aus heißem Aceton leicht trennen lassen. Es addiert 6 Mol Brom unter Bildung eines *Dodekabromids* $C_{30}H_{50}Br_{12}$.

Konstitution. Die Konstitution des Squalens ist bewiesen durch die Synthese aus 2 Mol Farnesylbromid mit Magnesium[5].

Farnesyl-bromid + Mg

Squalen
$C_{30}H_{50}$

[1] Tsujimoto, M.: J. industr. engng. Chem. **8**, 881 (1916); **9**, 1098 (1917). — [2] Channon, H.: Biochem. J. **20**, 400 (1926). — Thannhauser, S. J., u. F. Fromm: H. **187**, 173 (1930). — [3] Dimter, A.: H. **208**, 59 (1932); **270**, 247 (1941). — [4] Täufel, K., H. Thaler u. H. Schreyegg: Fettchem. Umschau **43**, 26 (1936). — [5] Karrer, P., u. A. Helfenstein: Helv. **14**, 78 (1931).

V. Eiweißstoffe und ihre Abbaustufen[1—30]

Von D. Ackermann, G. Blix, K. Felix, W. Grassmann, F. Schneider und J. Trupke.

Inhaltsverzeichnis.

　　　　　　　　　　　　　　　　　　　　　　　　　　　　　　　　　Seite
1. Einleitung. Von W. Grassmann 485
2. Aminosäuren und Peptide. Von W. Grassmann, F. Schneider und J. Trupke
　　(Inhaltsverzeichnis S. 489) 489
　　a) Aminosäuren 491
　　　　α) Einteilung und Aufzählung der Aminosäuren 491
　　　　β) Allgemeine Beschreibung der Aminosäuren 495
　　　　γ) Einzelbeschreibung der Aminosäuren 522
　　　　δ) Trennung der Aminosäuren 555
　　b) Peptide 568
　　　　α) Synthese von Peptiden 568
　　　　β) Konstitutionsermittlung von Peptiden 573
　　　　γ) Eigenschaften der Peptide 575
　　　　δ) Natürlich vorkommende Peptide 576
3. Eiweißstoffe 584
　　a) Allgemeiner Teil. Von W. Grassmann und J. Trupke (Inhaltsverzeichnis S. 584) 584
　　　　α) Chemie der Proteine 585
　　　　β) Physikalisch-chemische Eigenschaften der Proteine 614
　　b) Spezieller Teil. Von G. Blix, F. Felix, W. Grassmann, J. Trupke (Inhalts-
　　　　verzeichnis S. 683) 683
　　　　α) Albumine. Von W. Grassmann und J. Trupke 685
　　　　β) Globuline. Von W. Grassmann und J. Trupke 690
　　　　γ) Prolamine und Gluteline. Von W. Grassmann und J. Trupke 704
　　　　δ) Globine. Von W. Grassmann und J. Trupke 708
　　　　ε) Protamine und Histone. Von K. Felix 709
　　　　ζ) Skleroproteine. Von W. Grassmann und J. Trupke 719
　　　　η) Phosphoproteide. Von W. Grassmann und J. Trupke 737
　　　　ϑ) Chromoproteide. Von W. Grassmann und J. Trupke 741
　　　　ι) Metallproteide. Von W. Grassmann und J. Trupke 747
　　　　ϰ) Lipoproteide. Von W. Grassmann und J. Trupke 750
　　　　λ) Glykoproteide. Von G. Blix 751
　　　　μ) Nucleoproteide. Von W. Grassmann und J. Trupke 767
　　　　ν) Viren 771
4. Tierische Basen. Von D. Ackermann (Inhaltsverzeichnis S. 777) 777

Zusammenfassende Darstellungen über das Gesamtgebiet: 1—39. *Monographien.* [1] Schmidt, C. L. A.: The Chemistry of the Amino Acids and Proteins. 2. Aufl. Springfield and Baltimore 1944. — [2] Jordan Lloyd, D., and A. Shore: Chemistry of the Proteins. 3. Aufl. London 1948. — [3] Advances in Protein Chemistry. Hrsgb. von Anson, M. L., and J. T. Edsall, Bd. 1—5. New York 1944—1949. — [4] Sahyun, M.: Outline of Amino Acids and Proteins. New York 1944. Proteins and Amino Acids in Nutrition. New York 1948. — [5] Cohn, E. J., and J. T. Edsall: Proteins, Amino Acids and Peptides as Ions and Dipolar Ions. New York 1943. — [6] Edlbacher, S.: Die Strukturchemie der Aminosäuren und Eiweißkörper. Wien 1927. — [7] Waldschmidt-Leitz, E.: Proteine in Meyer-Jacobson, Bd. 2/5. Berlin 1929. Chemie der Eiweißkörper. Stuttgart 1950. — [8] Kestner, O.: Die Chemie der Eiweißkörper. 4. Aufl. Braunschweig 1925. — [9] Sidgwick, N. V.: The Organic Chemistry of Nitrogen. London 1937. New ed. by Taylor, T. W. J., and Wilson Baker. — [10] Svedberg, The: Les molécules proteiques. Paris 1939. — [11] Astbury, W. T.: Fundamentals of Fibre Structure. London 1933. — [12] Bennhold, H., E. Kylin u. St. Ruszniak: Die Eiweißkörper des Blutplasmas. Dresden 1938. — [13] Spiegel-Adolf, M.: Die Globuline. Handb. Kolloidwiss. (Wo. Ostwald) 4 (1930). — [14] Hirsch, P.: Die Einwirkung von Mikroorganismen auf die Eiweißkörper. Biochem. Einzeldarst. (Kanitz) 4 (1919). — [15] Altpeter, J.: Die Patentliteratur der Eiweißstoffe. Berlin 1932. — [16] Fischer, E.: Untersuchungen über Aminosäuren, Polypeptide und Proteine Bd. I u. II. Berlin 1906 u. 1923. — [17] Grassmann, W., u. J. Trupke: Chemie der Haut unter besonderer Berücksichtigung der Proteine. Handb. Gerbereichem. u. Lederfabrik. (Bergmann-Grassmann) Bd. I/1. Wien 1944.

1. Einleitung.

Von W. Grassmann.

Die große Gruppe stickstoffhaltiger Naturstoffe, der, ihrem Hauptbestandteil nach, das Weiße der Eier und andere wasserlösliche und gerinnbare „Albumine" des Tier- und Pflanzenreiches, die tierischen und pflanzlichen „Käsestoffe" (Casein, Klebereiweiß), das Blut, das Fleisch und die „leimgebenden Stoffe" der Haut und der Knorpel angehören, ist vor allem durch die Erkenntnisse von Lavoisier, Mulder, Berzelius, Liebig u. a. als eine auch chemisch zusammengehörende Gruppe von Verbindungen gekennzeichnet worden. Daß diesen Stoffen eine überragende Bedeutung für den Ablauf der Lebensvorgänge zukommen muß, dürfte, seitdem es eine irgendwie geartete physiologisch-chemische Forschung gibt, die Überzeugung aller gewesen sein. Freilich steht dieser mehr intuitiv gefaßten als scharf begründeten Meinung in einem denkbar scharfen Gegensatz die Dürftigkeit exakter wissenschaftlicher Erkenntnisse über Aufbau und Funktion der Eiweißstoffe durch etwa ein Jahrhundert der Forschung gegenüber.

Kürzere Zusammenfassungen: [18] Meyer, K. H.: Die hochpolymeren Verbindungen S. 397—528. Die Eiweißkörper. Leipzig 1940. — [19] Bergmann, M.: Proteinstruktur und biologische Probleme. Chem. Rev. **22**, 423 (1938). — [20] Felix, K.: Die Struktur des Eiweißes als Grundlage für sein physiologisches Verhalten. Angew. Chem. **51**, 540 (1938); **60**, 231 (1948). — [21] Bergmann, M., and C. Niemann: Neuere biologische Anschauungen in der Proteinchemie. Science, N. Y. **86**, 187 (1937). — [22] Chemie und Physiologie des Eiweißes. 3. Frankfurter Konferenz für med. naturwiss. Zusammenarbeit. Dresden u. Leipzig 1938. Hrsgb. von R. Otto, K. Felix u. F. Laibach. — [23] Signer, R., H. Theorell, I. Abelin u. E. Glanzmann: Zur Chemie, Physiologie u. Pathologie des Eiweißes. Mitt. naturf. Ges. Bern, N. F. 1 (1944). — [24] Un symposium sur les proteins, tenu dans le cadre du VII e Congr. de Chimie Biologique à Liège 1946. Publié sur la direction de M. Florkin (Liège). Paris 1947. — [25] Kühnau, J.: Biochemie des Nahrungseiweißes. Angew. Chem. **61**, 357 (1949). — Rudolph, W.: Zur Ernährungsphysiologie und Biochemie der Aminosäuren. Natur und Nahrung **4**, 1 (1950). — [26] Felix, K.: Chemie der Eiweißkörper. Handwörterb. Naturwiss. **3**, 99—142 (1933). — [27] Grassmann, W.: Stand der konstitutionschemischen Forschung auf dem Gebiet der Eiweißkörper. Angew. Chem. **50**, 65 (1937). — [28] Waldschmidt-Leitz, E.: Eiweißstoffe, Angew. Chem. **47**, 286 (1934). — [00] The chemistry of the amino acids and proteins in Ann. Rev.: Schmidt, C. L. A.: **1**, 151 (1932); **2**, 71 (1933). — Pauli, W.: **3**, 111 (1934). — Cohn, E. J.: **4**, 93 (1935). — Rimington, Cl.: **5**, 117 (1936). — Adair, G. S.: **6**, 163 (1937). — Bergmann, M., and C. Niemann: **7**, 99 (1938). — Tiselius, A.: **8**, 155 (1939). — Hitchcock, D. I.: **9**, 173 (1940). — Dunn, M. S.: **10**, 91 (1941). — Edsall, J. T.: **11**, 151 (1942). — Steinhardt, J.: **14**, 145 (1945). — McMeekin, Th. I.., and R. C. Warner: **15**, 119 (1946). — Brand, E., and J. T. Edsall: **16**, 223 (1947). — Pedersen, K. O.: **17**, 169 (1948). — Lundgren, H. P., and W. H. Ward: **18**, 115—54 (1949).

Handbücher: [30] Bergmann, M., u. L. Zervas: Eiweißstoffe. Handb. Pfl.-Analyse (Klein) 4/1, 299—362 (1933). — [31] Seka, R.: Alkaloide. Handb. Pfl.-Analyse (Klein) 4/1, 476—761 (1933). — [32] Winterstein, A.: Aminosäuren. Handb. Pfl.-Analyse (Klein) 4/1, 1—180 (1933). — [33] Tillmans, J., u. P. Hirsch: Proteine und sonstige Stickstoffverbindungen. Handb. Lebensm.-Chem. (Bömer u. a.) 1, 117—239 (1933). — Tierische Lebensmittel. Handb. Lebensm.-Chem. (Bömer u. a.) 3 (1936). — [34] Proteine, Polypeptide, Aminosäuren, N-haltige Abkömmlinge des Eiweißes und verwandte Verbindungen, Nucleoproteide und Abkömmlinge. Biochem. Handlex. 4 (1911). — Basen, Aminosäuren und Abbauprodukte. Biochem. Handlex. 12 (1930). — Kröner, W.: Proteine. Biochem. Handlex. 14, 1—339 (1933). — [35] Verbindungen mit offenem Stickstoff. Handb. Biochem. 1, 159—242 und Proteine 555—754 (1924). Verbindungen mit offenem Stickstoff. Handb. Biochem., Erg.-W. 1/A, 151—214 (1933). — [36] Feulgen, R.: Chemie der Eiweißkörper. Handb. Physiol. 3, 214—292 (1927).

Methodisches: [37] Handb. biol. Arb.-Meth. Eiweißabbauprodukte und verwandte Verbindungen. Abt. I, Teil 7 (1923); Eiweißstoffe, Proteide und Proteine. Abt. I, Teil 8 (1922); Alkaloide. Abt. I, Teil 9 (1920). — [38] H.-Th.: Aminosäuren. S. 218f., Eiweißstoffe S. 416f. — [39] Schäffner, A.: Proteine, Protamine, Abbauprodukte und Peptide. Bamann-Myrbäck 1, 349—383.

MULDER (1839) hat den Versuch unternommen, die Eiweißkörper der Radikaltheorie von LIEBIG und WÖHLER einzuordnen, indem er ein allen Eiweißstoffen gemeinsames stickstoffhaltiges Radikal „Protein“ annahm, das sich mit Schwefel und Phosphor in wechselndem Verhältnis verbinden sollte. Dieser Versuch, die Eiweißkörper in das im Entstehen begriffene Gebäude der organischen Chemie einzufügen, ist ebenso gescheitert wie zahlreiche Bemühungen der folgenden Jahrzehnte, ihrem chemischen Wesen mit den anderswo so bewährten Verfahren der damaligen organischen Chemie näherzukommen. Die führenden Köpfe der Chemie haben sich in der Folge fast ausschließlich den großen Aufgaben zugewandt, welche die rasche Entwicklung der „klassischen“ organischen Chemie in so reichem Maße bot; die Eiweißforschung sehen wir, etwa von der Mitte des vorigen Jahrhunderts an, mehr und mehr in den Bereich der chemischen Physiologie übergehen.

Der an sich richtige, großzügig in Angriff genommene, aber den damaligen methodischen Möglichkeiten weit vorauseilende Plan von KÜHNE, NEUMEISTER, SIEGFRIED, HOFMEISTER u. a., *Eiweißstoffe vorsichtig und planmäßig zu Bruchstücken mittlerer und schließlich geringerer Molekulargröße abzubauen* und so Einblick in ihre Konstitutionen zu gewinnen, ist weit vor dem Ziele stecken geblieben. Doch verdankt man gerade den umfangreichen und sorgfältigen Arbeiten dieser Epoche eine Reihe von wichtigen und für die spätere Eiweißforschung grundlegenden Einzelergebnissen, so die Darstellung, Beschreibung und Kennzeichnung der wichtigsten tierischen und pflanzlichen Eiweißstoffe, die in der *Gewinnung krystallisierter Eiweißkörper* durch HOFMEISTER[1] einen in seiner vollen Bedeutung freilich erst viel später erkennbar gewordenen Abschluß gefunden hat, die genauere Kenntnis oder die Neuauffindung zahlreicher *eiweißspaltender Enzyme* des Tier- und Pflanzenreiches und ihre Verwendung als *Hilfsmittel für den schonenden Abbau der Proteine* und nicht zuletzt die Auffindung der meisten und wichtigsten *Aminosäuren* (Tabelle 90, S. 492). Die Überzeugung, daß die Eiweißstoffe ausschließlich oder vorwiegend aus Aminosäuren aufgebaut sind, dürfte gegen Ende dieser Arbeiten Allgemeingut der Forschung gewesen sein, ja von HOFMEISTER[2] war unabhängig von E. FISCHER auf Grund überzeugender Schlußfolgerungen die *peptidartige Verknüpfung der Aminosäuren als wesentliches Strukturprinzip der Proteine* erkannt worden. Schließlich schlagen die Untersuchungen von A. KOSSEL und von TH. CURTIUS, die am Ende dieser Periode stehen, die unmittelbare Brücke zu den **Arbeiten E. FISCHERs über Aminosäuren und über Peptidsynthese**[3].

Mit E. FISCHER beginnt die inzwischen mächtig entwickelte organische Chemie wieder die führende Rolle im Bereiche der Eiweißforschung zu übernehmen. Der von ihm eingeschlagene Weg, die Eiweißstoffe durch *durchgreifende Hydrolyse* mittels Mineralsäuren, im wesentlichen unter Verzicht auf die Erfassung von Zwischenprodukten, zu ihren letzten Spaltstücken, den Aminosäuren, zu zertrümmern und die erhaltenen komplizierten Gemische durch ein bewundernswertes und neuartiges *Trennungsverfahren* aufzuarbeiten, führte endlich heraus aus dem verwirrenden Gestrüpp amorpher, uneinheitlicher und mehr oder weniger hochmolekularer Abbaugemische, in dem die Bearbeiter vorher sich verstrickt hatten; auf die erhaltenen *reinen und einheitlichen Abbauprodukte* waren die klassischen Verfahren der Konstitutionsermittlung und der Synthese voll anwendbar, und sie boten zum ersten Male eine sichere Grundlage für die Ermittlung der so verschiedenartigen Zusammensetzung der einzelnen

---

[1] HOFMEISTER, FR.: H. **14**, 165 (1890); **16**, 187 (1892). — [2] HOFMEISTER, FR.: Ergebn. Physiol. **1**, 759 (1902). — [3] FISCHER, E.: Untersuchungen über Aminosäuren, Polypeptide und Proteine, Bd. I. Berlin 1906. Bd. II. Berlin 1923.

Eiweißkörper, die noch Liebig auf Grund der Elementaranalyse als untereinander nahezu identisch angesehen hatte. Die bei vorsichtig geleitetem Abbau
mögliche *Isolierung einzelner Peptide* erbrachte zum ersten Male den unmittelbaren *Beweis für das peptidartige Aufbauprinzip der Proteine*, vor allem aber
führte der *synthetische Aufbau von Polypeptiden* verschiedenster Zusammensetzung und Kettenlänge durch E. Fischer zu Stoffen, die zwar den eigentlichen
Eiweißkörpern nur ziemlich entfernt ähnlich waren, aber doch in vielen Eigenschaften, vor allem in ihrem Verhalten gegenüber eiweißspaltenden Enzymen,
sehr weitgehende Analogien zu den Proteinen und besonders zu den durch Abbau
daraus gebildeten Peptonen und Albumosen zeigten und die in der praktisch
unbegrenzten Variationsmöglichkeit ihres Aufbaues die Ursache für die Mannigfaltigkeit und die spezifischen Funktionen der Eiweißkörper erahnen ließen.

Hier schlägt die Arbeit E. Fischers gedanklich die Brücke zur Frage der
physiologischen Funktion der Eiweißkörper, einem Problem, zu dem die Periode
vor ihm, vielleicht abgesehen von der Erkenntnis der grundsätzlichen Notwendigkeit des Eiweißes für jede Art organischen Lebens überhaupt, kaum
gesicherte Ergebnisse hatte beibringen können, dessen unmittelbare Bearbeitung
aber auch der auf die exakte und rein chemische Forschung gerichteten Ziel-
setzung E. Fischers fernlag. Die so naheliegende Meinung, daß das Eiweiß,
das doch den chemischen *Hauptbestandteil des Muskels* ausmacht, auch die
wesentliche Quelle der Muskelarbeit sein müßte — ein Gedanke, der insbesonders
Liebig[1] stark beherrscht hatte — war klar widerlegt worden durch das klassische
Experiment von A. Fick und J. Wislicenus[2], das in Übereinstimmung mit allen
späteren Untersuchungen des Ruhe- und Arbeitsstoffwechsels die Rolle des
Energiespenders eindeutig den Kohlenhydraten (und in untergeordnetem Maße
den Fetten) aber nicht den Eiweißkörpern zuweist. Auch die von E. Fischer[3]
selbst ausgesprochene Vermutung, daß die *Fermente und andere physiologisch
aktive „Wirkstoffe"* den Eiweißkörpern zugehörten, schien zunächst in umfangreichen Ergebnissen der Enzymchemie keine Stütze sondern eher eine Wider-
legung zu finden. Zwar waren aus den Ergebnissen der *Immunochemie* über-
raschende Beweise für die hochentwickelte Spezifität der Proteine und für die
mächtigen physiologischen und pathologischen Wirkungen kleinster Spuren
spezifischer Eiweißstoffe abzuleiten; aber der Versuch, diese Befunde von der
Seite der chemischen Konstitution her zu unterbauen, schien zunächst hoffnungslos. So ist es verständlich, wenn in den ersten Jahrzehnten dieses Jahrhunderts ein Teil der Chemiker in den Eiweißkörpern vorzugsweise *kolloidale
Trägerstoffe* zu erblicken versuchte, an deren chemisch mehr oder weniger
indifferenten Grenzflächen sich die chemischen Umsetzungen des Lebens abspielen sollten. Die zunächst vorzugsweise unter diesem Gesichtspunkt stehende
intensive Bearbeitung der Eiweißstoffe mit physikalischen, physikalisch-chemischen und kolloidchemischen Verfahren hat ihre eingehende Untersuchung
in bezug auf die Quellbarkeit, Viscosität, Ausfällbarkeit usw. gebracht; darüber
hinaus aber führt sie, gestützt auf die an einfachen Ionen und Aminosäuren
gewonnenen theoretischen und experimentellen Grundlagen (P. Debye, E.
Hückel, N. Bjerrum) zu einer weitgehend exakten Deutung des Verhaltens der
Eiweißkörper gegenüber Elektrolyten, Säuren und Alkalien (J. Loeb, O. Donnan,
E. J. Cohn), zur genauen Ermittlung der Molekulargewichte und der Molekulargestalt durch The Svedberg u. a. und schließlich in der Analyse strukturierter

---

[1] Vgl. z. B. Liebig, J. v.: Chemische Briefe. 4. Aufl., Bd. II, S. 68ff. Leipzig u. Heidelberg 1859. — [2] Fick, A., u. J. Wislicenus: Über die Entstehung der Muskelkraft. Vjschr·
naturforsch. Ges. Zürich **10**, 317 (1865). — [3] Fischer, E.: S.-B. preuß. Akad. Wiss·
1907, 35.

Proteine mittels röntgenographischer und elektronenoptischer Verfahren zu Ergebnissen, die für die letzte Entwicklung der Proteinforschung von grundsätzlicher Bedeutung sind.

Den entscheidenden Einbruch in das Problem der physiologischen Aufgaben der Eiweißstoffe bedeutet ohne Zweifel die *Darstellung zahlreicher hochmolekularer Wirkstoffe in reiner und krystallisierter Form*, nämlich von *Hormonen* wie Insulin (ABEL, 1925), Hypophysenhormonen, von zahlreichen *Fermenten* (SUMNER, 1926; NORTHROP, 1930; O. WARBURG, THEORELL, 1932/34) und von *Viruskörpern* (STANLEY, 1935) und die Erkenntnis, daß alle diese Stoffe Eiweißkörper von spezifischer Funktion und zweifelsohne spezifischem chemischem Aufbau sind oder doch Eiweiß als mengenmäßig überwiegenden und sehr entscheidenden Bestandteil ihres Moleküls enthalten. Die *Toxine und Antitoxine* der Immunochemie, die *Fermente*, viele *Hormone*, die *Viruskörper* und wahrscheinlich auch die *Gene und Erbfaktoren* erwiesen sich damit als eine zusammengehörende Gruppe hochspezifischer Stoffe, die in den Brennpunkten jeglichen physiologischen Geschehens stehen und fast stets in kleinsten Mengen entscheidende Wirkungen entfalten und deren Hauptbestandteil in allen Fällen Eiweißkörper von bestimmtem Bau sind. Der Gedanke drängt sich auf, daß in der Masse der Eiweißstoffe des Organismus noch eine Summe von Wirkstoffen vorerst nicht erkannter Funktion, zusammen mit ihren Vorstufen und Umwandlungsprodukten, verborgen ist. Die Konstitutionsermittlung, ja sogar die Synthese der Proteine erscheint als Fernziel einer künftigen Eiweißforschung.

Freilich hat erst die neue Proteinchemie klar erkennen lassen, wie weit der Weg ist, der von den bahnbrechenden Ergebnissen E. FISCHERs bis zur wirklichen Strukturaufklärung oder gar Synthese auch nur eines einzigen Eiweißkörpers zurückgelegt werden muß. Um diesen Weg überhaupt mit einiger Aussicht auf Erfolg beschreiten zu können, bedurfte es zunächst noch sehr wesentlicher Verbesserungen sowohl auf dem Gebiet der Peptidsynthese (M. BERGMANN) als auch hinsichtlich der Verfahren zur Trennung und zur quantitativen Bestimmung von Aminosäuren. Vor allem aber war hierzu das Problem zu lösen, den Abbau der Eiweißkörper planmäßig vom Riesenmolekül zu Stufen von mittlerer und schließlich geringerer Molekulargröße zu führen und so Einblick in die Anordnung und Reihenfolge der Aminosäurebausteine innerhalb der Molekülketten zu gewinnen. Dieses Problem, dessen vorläufige Hintansetzung E. FISCHER als notwendige Voraussetzung des von ihm eingeschlagenen Weges hatte hinnehmen müssen, ist durch die Anwendung spezifisch einheitlicher proteolytischer Enzyme zum stufenweisen Abbau der Eiweißkörper (E. WALDSCHMIDT-LEITZ, W. GRASSMANN) im Prinzip lösbar geworden und dürfte unter Heranziehung neuer methodischer Möglichkeiten zur Aufarbeitung der Spaltstücke (Adsorptions- und Verteilungschromatographie, Kataphorese) in absehbarer Zeit eine weitgehende Lösung finden.

Trotzdem würde die genaue Konstitutionsermittlung eines Eiweißstoffes, dessen Molekül selbst in den einfachsten Fällen über hundert Aminosäuren umfaßt, nach wie vor ziemlich hoffnungslos erscheinen, wenn das Problem nicht offenbar eine Vereinfachung fände durch *gewisse Gesetzmäßigkeiten, die den inneren Aufbau der Eiweißkörper beherrschen*, Gesetzmäßigkeiten, die in dieser Form keine Analogie im Bereiche anderer Naturstoffe zu finden scheinen. Auf vier voneinander unabhängigen Wegen, nämlich auf Grund der gefundenen ganzzahligen Molekularverhältnisse der Aminosäuren in vielen Eiweißkörpern, auf Grund der ganzzahligen Verhältnisse, die beim stufenweisen Abbau der Eiweißkörper mit spezifisch einheitlichen Enzymen angetroffen werden, auf Grund der Auffindung großer Netzebenenabstände bei der Röntgenstrukturanalyse von

Faserproteinen und schließlich auf Grund der ganzzahligen Verhältnisse, die zwischen den Molekulargewichten verschiedener Eiweißkörper gefunden wurden, wird man nämlich zu der Annahme geführt, daß der Innenaufbau der Eiweißkörper durch bestimmte Zahlenverhältnisse geregelt ist, wahrscheinlich in der Weise, daß *Perioden gleicher oder ähnlicher Aminosäuren regelmäßig in bestimmten, durch zahlenmäßige Gesetzmäßigkeiten bedingten Abständen durch das große Kettenmolekül hindurch ständig wiederkehren.* Es ist zu erwarten, daß solche durch eine periodisch gesetzmäßige Anordnung ihrer Bausteine gekennzeichnete Molekülketten sich auch in gesetzmäßiger Weise zu 2- und 3-dimensionalen Systemen zusammenfügen, sei es durch Parallel-Aneinanderlagerung im wesentlichen gestreckter Ketten, sei es durch irgendein Schema gesetzmäßiger Faltung. Dies läßt das Entstehen von Grenzflächen erwarten, über die — etwa an das kunstvolle Muster eines nach bestimmter Regel mechanisch gewebten Teppichs erinnernd — die Reaktionsgruppen der einzelnen Aminosäuren in einer gesetzmäßigen und periodisch wiederkehrenden Anordnung verteilt sind. *Die Vorstellung eines streng geregelten periodischen „Musters" der Eiweißgrenzflächen,* die das bekannte Bild E. FISCHERs[1] von „Schloß" und „Schlüssel" aufnimmt und weiterführt, läßt in der Tat das Bestehen beliebig feiner Spezifitätsbeziehungen zwischen Eiweißmolekülen und ihren eiweißartigen oder nichteiweißartigen Reaktionspartnern, wie wir sie beispielsweise im Bereiche der Fermentchemie und der Immunochemie antreffen, verständlich erscheinen.

Die Annahme eines mesomeren Zustandes der Proteine, die das Verständnis für ihre bisher völlig rätselhafte Rolle beim Aufbau hochspezifischer Katalysatoren anzubahnen scheint (WIRTZ; W. SCHMIDT; BÜCHER), die Vorstellungen, welche die gesetzmäßige Faltung der Eiweißkörper mit dem Problem der Immunspezifität verbinden (PAULING[2]), und schließlich die Gedanken über die „identische Reproduktion"[3] der Eiweißkörper, d.h. die Fähigkeit von Eiweißkörpern oder Eiweiß-Nucleinsäuresystemen, neuhinzutretenden Eiweißbausteinen den Bauplan eines einmal vorhandenen Eiweißmoleküls aufzuzwingen, und die Verknüpfung dieser Gedanken mit den Problemen der Genetik, kennzeichnen die letzte, durch eine enge Verbindung zu den physikalischen und biologischen Nachbardisziplinen bestimmte Entwicklung dieses Gebietes.

So gewagt manche der neueren Vorstellungen heute noch scheinen mögen, so schlagen sie doch eine tragfähige Brücke von den derzeitigen chemischen Befunden zu den unendlich mannigfaltigen, wichtigen und spezifischen physiologischen Funktionen der Eiweißkörper. Ihre weitere Ausgestaltung wird zeigen, daß die Bezeichnung „Proteine", welche G. T. MULDER[4] vor wenig mehr als 100 Jahren für die Gruppe der Eiweißstoffe vorschlug, sich mit Recht von „προτεύω", „ich nehme den ersten Platz ein" herleitet.

2. Aminosäuren und Peptide.

Von W. GRASSMANN, F. SCHNEIDER und J. TRUPKE.

Inhaltsverzeichnis.

Seite
a) Aminosäuren 491
   α) Einteilung und Aufzählung der Aminosäuren 491
   β) Allgemeine Beschreibung der Aminosäuren 495

---

[1] FISCHER, E.: B. **27**, 2986 (1894), und zwar S. 2992. — [2] PAULING, L.: Endeavour **7**, 43 (1948). Vgl. auch BREINL, F., u. F. HAUROWITZ: H. **192**, 45 (1930). — [3] FRIEDRICH-FREKSA, H.: Naturwiss. **28**, 376 (1940). — [4] MULDER, G. J.: J. prakt. Chem. **16**, 129, 138 (1839); Jber. Berzelius **19**, 642 (1840).

Seite

1. Physikalisch-chemische Eigenschaften der Aminosäuren 495
   Salzbildung S. 495. — Zwitterionen S. 495. — Betaine S. 495. — Ramanspektren S. 496. — Dipolmomente S. 498. — Dissoziation S. 499. — Löslichkeit S. 500. — Optische Aktivität S. 504.

2. Chemische Umsetzungen der Aminosäuren 506
   a) Veränderungen an der NH_2-Gruppe S. 506. — b) Veränderungen an der
   $COOH$-Gruppe S. 508.

3. Biochemische Umwandlungen der Aminosäuren 509

4. Nachweis und Bestimmung der Aminosäuren 515
   a) Abscheidung der Aminosäuren als Carbaminate S. 515. — b) Abscheidung
   der Aminosäuren mit Phosphorwolframsäure S. 515. — c) Abscheidung der
   Aminosäuren durch Überführung in andere schwerlösliche Verbindungen
   S. 515. — d) Farbreaktionen der Aminosäuren S. 516. — α) Ninhydrinreaktion
   und verwandte Reaktionen S. 516. — β) Reaktion mit Chinonen S. 518. —
   γ) Reaktion mit Diacetylbenzol S. 519. — δ) Reaktion von WASER S. 519. —
   ε) Biuretreaktion S. 519. — e) Bestimmung der freien Aminogruppen nach
   VAN SLYKE S. 519. — f) Titrimetrische Bestimmung der Aminosäuren S. 520. —
   Grundsätzliches S. 520. — Formoltitration nach SØRENSEN S. 520. — Bestimmung der Carboxylgruppen nach WILLSTÄTTER und WALDSCHMIDT-LEITZ
   S. 520. — Bestimmung der Aminogruppen nach LINDERSTRØM-LANG S. 521. —
   g) Jodometrische oder colorimetrische Bestimmung der Kupferkomplexe S. 521.

γ) Einzelbeschreibung der Aminosäuren 522
   1. Glykokoll 522
      Sarkosin S. 523. — Kreatin S. 523. — Kreatinin S. 524. — Betain des
      Glykokolls S. 524. — Hippursäure S. 524.
   2. Alanin 525
      β-Alanin S. 525. — Pantothensäure S. 526.
   3. Serin 527
   4. Aminobuttersäuren 527
   5. Threonin 528
   6. Valin 528
      δ-Amino-n-Valeriansäure S. 528.
   7. Leucin 529
      D-Leucin S. 529.
   8. Isoleucin 529
   9. Cystin 530
      Glutathion S. 530. — Cystein S. 532. — Isocystein S. 533. — Lanthionin
      S. 533. — Taurin S. 533.
   10. Methionin 533
       Äthionin S. 534.
   11. Phenylalanin 534
   12. Tyrosin 535
       Jodgorgosäure S. 536. — Bromgorgosäure S. 536. — Thyroxin S. 537. —
       Adrenalin S. 537. — Dioxyphenylalanin S. 537. — Weitere Abkömmlinge des
       Tyrosins S. 539. — Pflanzliche Alkaloide S. 539.
   13. Tryptophan 540
       Abkömmlinge des Tryptophans S. 542.
   14. Asparaginsäure 545
       Asparagin S. 546.
   15. Glutaminsäuren 546
       L(+)-Glutaminsäure S. 546. — L(+)-Glutamin S. 547. — D-Glutaminsäure
       S. 548. — Oxyglutaminsäure S. 548. — α, ε-Diaminopimelinsäure S. 548.
   16. Arginin 548
       Ornithin S. 550. — Octopin S. 550.
   17. Lysin 550
       Oxylysin S. 551. — α, γ-Diaminobuttersäure S. 551.
   18. Histidin 551
       Histamin S. 553. — Ergothionein S. 553.
   19. Prolin 553
   20. Oxyprolin 554

Seite
δ) Trennung der Aminosäuren 555
        a) Esterverfahren von FISCHER S. 556. — b) Butylalkoholverfahren nach
DAKIN S. 557. — c) Trennung nach JONES und FOREMAN S. 557. — d) Kupfer-
Verfahren nach BRAZIER S. 558. — e) Trennung der Hexonbasen S. 558. —
f) Chromatographische Adsorptionsanalyse S. 558. — g) Gegenstromverteilung
und Verteilungschromatographie S. 562. — h) Elektrophorese S. 567. —
i) Spezielle Verfahren S. 568.
b) Peptide 568
  α) Synthese von Peptiden 568
    1. Darstellung von Peptiden durch Bildung und hydrolytische Spaltung der Anhy-
       dride (Diketopiperazine) 569
    2. Peptidsynthese mit Hilfe der Halogenacylverbindungen. 569
    3. Peptidsynthese mit Hilfe der Säurechloride der Aminosäuren und Polypeptide 570
    4. Peptidsynthese mit dem Carbobenzoxyverfahren. 570
    5. Peptidsynthese nach dem Phthalylverfahren. 571
    6. Synthese höherer Peptide durch Kondensation der Methylester 571
    7. Kettenpolymerisation von N-Aminocarbonsäure-Anhydriden 572
    8. Enzymatische Synthese von Peptiden 573
    9. Peptidsynthesen unter Verwendung energiereicher Anhydride 573
  β) Konstitutionsermittlung von Peptiden 573
  γ) Eigenschaften der Peptide 575
  δ) Natürlich vorkommende Peptide 576
    Glutathion S. 576. — Carnosin S. 577. — Anserin S. 577. — Folinsäuregruppe
S. 578. — Polypeptidartige Antibiotica S. 578. — Alkaloide des Mutterkorns
S. 582. — Andere natürlich vorkommende Polypeptide S. 583. — Phalloidin,
Amanitin S. 584. — Albumosen und Peptone S. 584.

a) Aminosäuren.

α) Einteilung und Aufzählung der Aminosäuren.

Die Grundeinheiten der Eiweißmoleküle sind die Aminosäuren; ihre in den Einzelheiten der Anordnung unerhört variationsfähige peptidartige Verknüpfung führt zum Aufbau der Polypeptidketten der Proteine, durch deren gesetzmäßige, wenn auch im einzelnen nicht bekannte Zusammenlagerung die Riesenmoleküle der Eiweißstoffe aufgebaut werden. Die Aufspaltung der Eiweißkörper in Amino-säuren erfolgt im allgemeinen durch Hydrolyse mittels Säuren, Alkalien oder Fermenten. Verfahren zur Trennung der so erhaltenen Aminosäuregemische sind erstmalig durch A. KOSSEL und besonders durch E. FISCHER angegeben, in-zwischen aber weitgehend verbessert worden (vgl. S. 555ff.). Trotz weitgehender Kenntnis von Konstitution und Aufbau ist aber bis heute die Synthese von Eiweißkörpern aus Aminosäuren in vitro noch nicht gelungen.

Fast alle bisher als Bausteine der Eiweißkörper bekanntgewordenen Amino-säuren tragen den Stickstoff als primäre Aminogruppen am α-C-Atom (α-Amino-säuren), nur zwei enthalten ihn in cyclisch gebundenen sekundären Aminogruppen (Iminosäuren). Von den ungefähr 40 beschriebenen sogenannten natürlichen Amino-säuren sind nur 23 sicher als Eiweißbausteine nachgewiesen[1]. Außerdem kommen noch einige in tierischen und pflanzlichen Zellen vor, ohne in Eiweißkörper ein-gebaut zu sein. Für die übrigen Aminosäuren ist entweder der Konstitutions-nachweis noch nicht eindeutig erbracht oder ihr originelles Vorkommen nicht restlos gesichert. So berichtet WOOLLEY[2] über das Vorkommen von α-Oxyalanin in der phytopathogenen Substanz Lycomarasmin (S. 581), JONES[3] über das von DL-$\alpha\gamma$-Diaminobuttersäure in Aerosporin (S. 580), WORK über $\alpha\varepsilon$-Diamino-pimelinsäure in Bakterien[4] und MACHEBOEUF[5] über das Vorliegen von Amino-adipinsäure und Oxyaminoadipinsäure in Choleravibrionen.

[1] VICKERY, H. B., and C. L. A. SCHMIDT: Chem. Rev. **9**, 169 (1931). — Vgl. auch SCHULZE, E., u. A. LIKIERNIK: H. **17**, 513 (1893). — VICKERY, H. B.: Ann. New York Acad. Sci. **41**, 87 (1941). — BLOCK, R. J.: Adv. Protein Chem. **2**, 119 (1945). — Schmidt, Proteins. — [2] WOOLLEY, D. W.: J. biol. Ch. **176**, 1291 (1948). — [3] CATCH, J. R., and T. S. G. JONES: Biochem. J. **42**, LII (1948). — [4] WORK, E.: Nature **165**, 74 (1950). — [5] BLASS, J., et M. MACHEBOEUF: Helv. **29**, 1315 (1946).

Tabelle 90. Zur Geschichte der Aminosäuren[1].

Nr.	Aminosäure	Jahr	In Tier und Pflanze entdeckt	Jahr	Synthetisiert
1	Asparagin	1805	VAUQUELIN, L. N., et J. P. ROBIQUET: Ann. Chim. Physique **55**, 152; **56**, 88 (1806)	1871	SCHAAL, R.: A. **157**, 25
2	Cystin	1810	WOLLASTON, W. H.: Ann. Chim. Physique **76**, 22		
		(1899)	MÖRNER, K. A. H.: H. **28**, 595; **34**, 207	1904	ERLENMEYER, E. jr.: A. **337**, 241
3	Leucin	1818	PROUST, J. L.: Ann. Chim. Physique (2) **10**, 40	1855	LIMPRICHT, H.: A. **94**, 243
4	Glykokoll	1819	BRACONNOT, H.: Ann. Chim. Physique (2) **13**, 119	1858	PERKIN, W. H. sen., u. B. F. DUPPA: A. **108**, 112
5	Asparaginsäure	1827	PLISSON, A.: Ann. Chim. Physique **36**, 183	1850	DESSAIGNES, V.: Cr. **30**, 324; **31**, 432
6	Tyrosin	1846	LIEBIG, J. v.: A. **57**, 127	1883	ERLENMEYER, E. sen., u. P. LIPP: A. **219**, 161
7	Valin	1856	GORUP-BESANEZ, E. v.: A. **98**, 15	1866	FITTIG, R., u. J. CLARK: A. **139**, 200
8	Serin	1865	CRAMER, E.: J. prakt. Chem. **96**, 93	1902	FISCHER, E., u. H. LEUCHS: B. **35**, 3787
9	Glutaminsäure	1866	RITTHAUSEN, C. H. L.: J. prakt. Chem. **99**, 454	1890	WOLFF, L.: A. **260**, 79, 119
10	Glutamin	1877	SCHULZE, E., u. J. BARBIERI: B. **10**, 199	1933	BERGMANN, M., L. ZERVAS u. L. SALZMANN: B. **66**, 1288
11	Phenylalanin	1879	SCHULZE, E., u. J. BARBIERI: B. **12**, 1924	1882	ERLENMEYER, E., u. P. LIPP: B. **15**, 1544
12	Arginin	1886	SCHULZE, E., u. E. STEIGER: B. **19**, 1177; H. **11**, 43	1899	SCHULZE, E., u. E. WINTERSTEIN: B. **32**, 3191
13	Alanin	1888	WEYL, T.: B. **21**, 1529	1850	STRECKER, A.: A. **75**, 27
14	Lysin	1889	DRECHSEL, E.: J. prakt. Chem. (2) **39**, 425	1902	FISCHER, E., u. FR. WEIGERT: B. **35**, 3772
15	Tryptophan	1890	NEUMEISTER, R.: Z. Biol. **26**, 329	1907	ELLINGER, A., u. CL. FLAMAND: B. **40**, 3029. H. 55, 12
		1901	HOPKINS, F. G., and S. W. COLE: J. Physiol. **27**, 418		
16	Jodgorgosäure	1896	DRECHSEL, E.: Z. Biol. **33**, 85, 99. Jber. Tierchem. **1896**, 574	1905	WHEELER, H. L., and G. S. JAMIESON: Amer. chem. J. **33**, 365
17	Histidin	1896	KOSSEL, A.: H. **22**, 181. — HEDIN, S. G.: **22**, 195	1911	PYMAN, F. L.: Soc. **99**, 668, 1386
18	Prolin	1901	FISCHER, E.: H. **33**, 164	1900	WILLSTÄTTER, R.: B. **33**, 1164
19	Oxyprolin	1902	FISCHER, E.: B. **35**, 2660	1905	LEUCHS, H.: B. **38**, 1937
20	Isoleucin	1904	EHRLICH, F.: B. **37**, 1809	1905	BOUVEAULT, L., et R. LOCQUIN: Cr. **141**, 115
21	Norleucin	1913	ABDERHALDEN, E., u. A. WEIL: H. **81**, 214	1893	SCHULZE, E., u. A. LIKIERNIK: H. **17**, 528
		(1901)	THUDICHUM, J. L. W.: Die chemische Konstitution des Menschen und der Tiere. S. 257. Tübingen 1901		
22	Thyroxin	1915	KENDALL, E. C.: J. biol. Ch. **20**, 501	1926	HARINGTON, C. R., and G. BARGER: Biochem. J. **21**, 169 (1927).
23	Methionin	1922	MUELLER, J. H.: J. biol. Ch. **58**, 373 (1923)	1928	BARGER, G., and T. E. WEICHSELBAUM: Biochem. J. **25**, 997 (1931)
24	Threonin	1935	ROSE, W. C.: J. biol. Ch. **115**, 721	1937 / 1938	WEST, H. D., and H. E. CARTER: J. biol. Ch. **119**, 103 (1937); **122**, 605 (1938)
25	Oxylysin	1940	SLYKE, D. D. VAN, A. HILLER, D. A. McFADYEN, A. B. HASTINGS and F. W. KLEMPERER: J. biol. Ch. **133**, 287		

[1] Zusammengestellt von B. FLASCHENTRÄGER und R. ESCHER.

Für die Systematik der als Eiweißbausteine fungierenden Aminosäuren ist neben der Art der Kohlenstoffkette maßgebend das Fehlen oder die Anwesenheit polarer, insbesondere basischer oder saurer Gruppen. Die Eiweißbausteine verteilen sich über die aliphatischen, aromatischen und heterocyclischen Verbindungen und können auf Grund ihres chemischen Aufbaus folgendermaßen eingeordnet werden:

I. Neutrale Aminosäuren.
   1. Aliphatische Monoamino-monocarbonsäuren.
   2. Aromatische Monoamino-monocarbonsäuren.
   3. Heterocyclische Monoamino-monocarbonsäuren.
II. Saure Aminosäuren — Monoamino-dicarbonsäuren.
III. Basische Aminosäuren.
   1. Aliphatische Diamino-monocarbonsäuren.
   2. Heterocyclische Amino-monocarbonsäuren.
IV. Iminosäuren.

I. Neutrale Aminosäuren.

1. Neutrale aliphatische Aminosäuren.

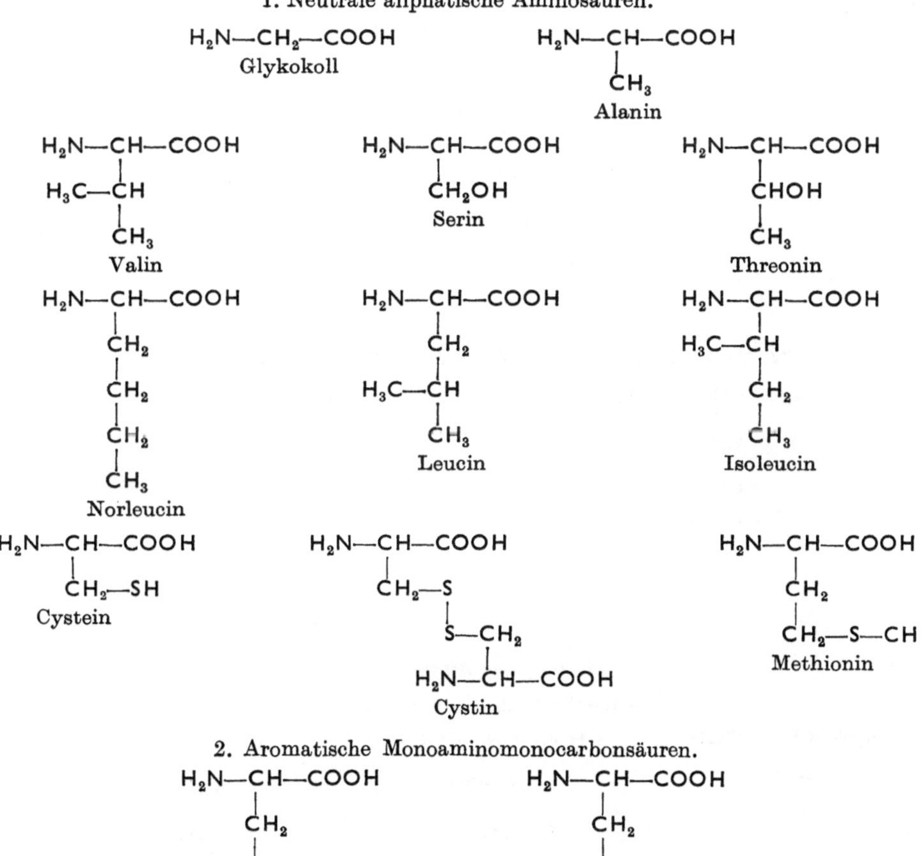

2. Aromatische Monoaminomonocarbonsäuren.

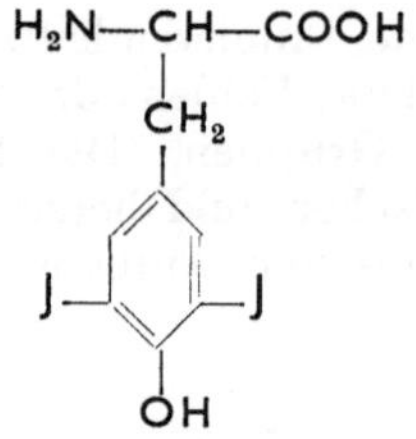

Jodgorgosäure

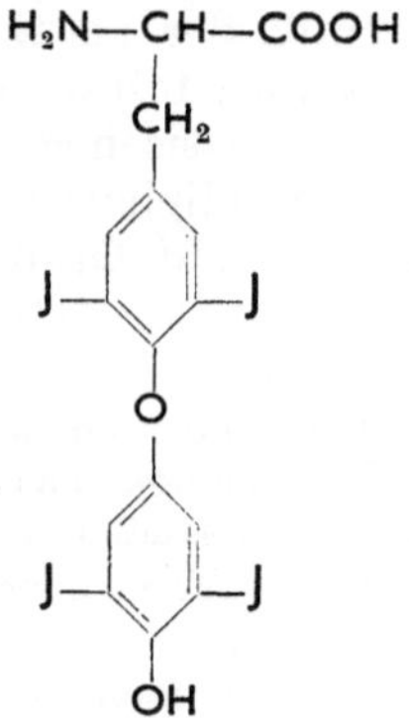

Thyroxin

3. Heterocyclische Monoamino-monocarbonsäure.

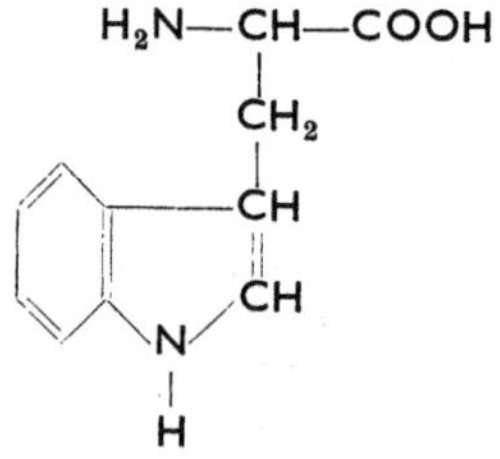

Tryptophan

II. *Saure Aminosäuren* — Monoamino-dicarbonsäuren.

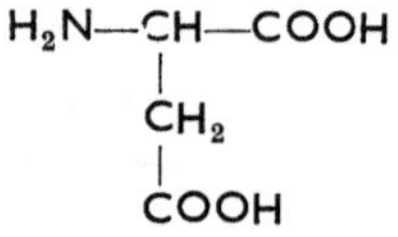

Asparaginsäure

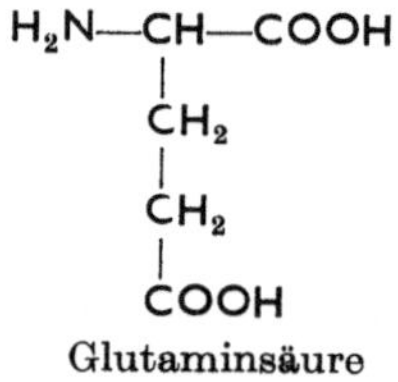

Glutaminsäure

III. *Basische Aminosäuren.*

1. Aliphatische Diamino-monocarbonsäuren.

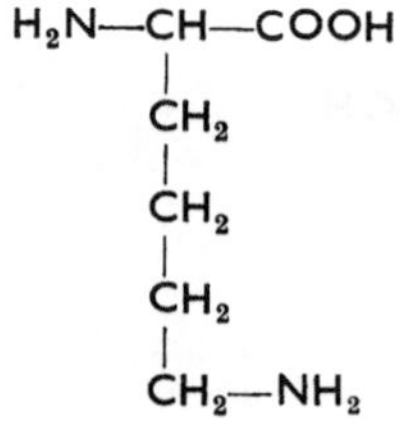

Lysin

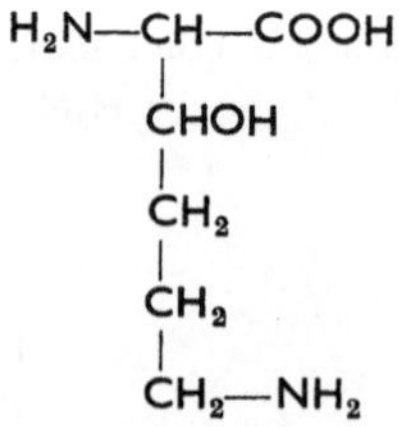

Oxylysin

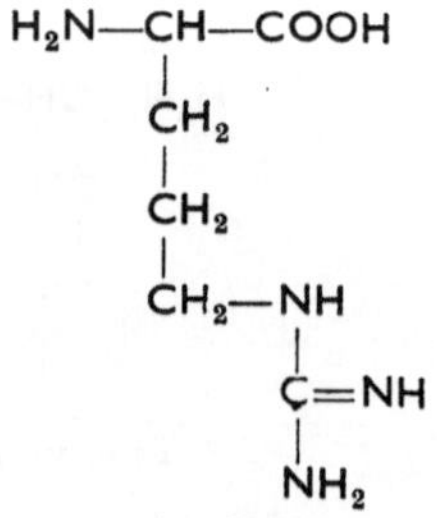

Arginin

2. Heterocyclische Amino-monocarbonsäure.

$$H_2N-CH-CCOH$$

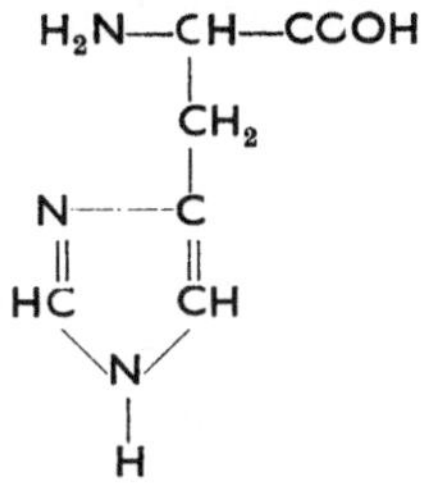

Histidin

IV. Iminosäuren.

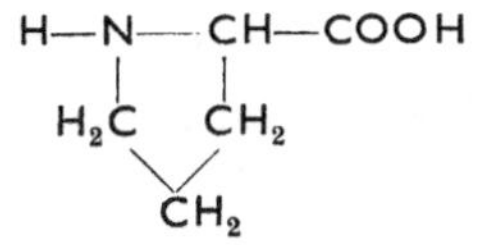

Prolin

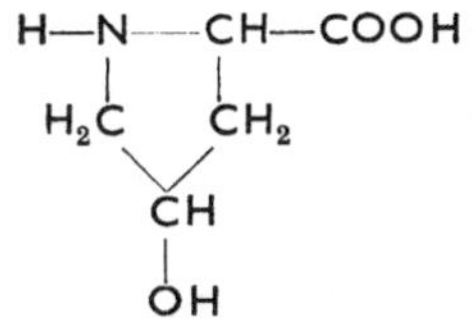

Oxyprolin.

β) Allgemeine Beschreibung der Aminosäuren.

1. Physikalisch-chemische Eigenschaften der Aminosäuren.

Salzbildung. Die Aminosäuren bilden mit starken Säuren sowie mit starken Basen Salze, die sauer bzw. basisch reagieren, sind also wie die Eiweißstoffe selbst *amphoter.* Sie bilden auch wie die Eiweißstoffe Molekülverbindungen, bei denen ein Metallsalz als ganzes angelagert wird (PFEIFFER)[1]. Die wäßrigen Lösungen der Monoamino-monocarbonsäuren reagieren neutral bis ganz schwach sauer. Die Gesamtheit der chemischen und physikalischen Eigenschaften der Aminosäuren kann nur verstanden werden auf Grund der durch Arbeiten von PFEIFFER[2] vorbereiteten, von BJERRUM[3] entwickelten und durch zahlreiche neuere Ergebnisse (KUHN[4]; Ramanspektren, Dipolmomente), endgültig bewiesenen Annahme, daß die natürlichen Aminosäuren in wäßriger Lösung nicht als Neutralmoleküle (1), sondern als innere Salze gemäß der Bezeichnung von BREDIG und KÜSTER[5], richtiger als **Zwitterionen** (2) vorliegen:

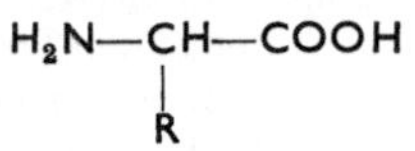

$$H_2N-CH-COOH \quad (1) \qquad H_3\overset{+}{N}-CH-COO^- \quad (2)$$

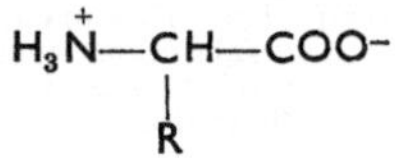

Die beiden Formen des Ampholyten befinden sich im Gleichgewicht, das allerdings fast vollständig nach der Seite der Zwitterionenform verschoben ist[6].

Das Verhalten gegen Lösungsmittel, Schmelzpunkt usw. ist daher ähnlich dem eines Ammonsalzes.

Formel (2) macht es verständlich, daß die Aminosäuren bei vollständiger Methylierung nicht zwei, sondern *drei* Methylgruppen aufnehmen. Auf diese Weise entstehen die **Betaine,** die im Pflanzenreich weit verbreitet sind, aber auch

---

[1] PFEIFFER, P.: Organische Molekülverbindungen. Stuttgart 1922. — [2] PFEIFFER, P.: B. **55**, 1762 (1922). — [3] BJERRUM, N.: Z. physik. Chem. **104**, 147 (1923). — [4] KUHN, R., u. W. BRYDÓWNA: B. **70**, 1333 (1937). — [5] BREDIG, G.: Z. physik. Chem. **13**, 323 (1894). Z. Elektrochem. **6**, 35 (1899). — KÜSTER, F. W.: Z. anorg. Chem. **13**, 136 (1897). — [6] Schmidt, Proteins. — COHN, E. J.: The chemistry of the proteins and amino acids. Ann. Rev. **4**, 93 (1935). Die physikalische Chemie der Eiweißkörper, 1. Teil. Ergebn. Physiol. **33**, 781 (1931).

im Tierreich angetroffen werden (vgl. ACKERMANN S. 783). Die Formel der Betaine als Zwitterion (3) ist der früher gebräuchlichen Formel (4) unbedingt vorzuziehen.

$$\begin{array}{cc} \begin{matrix} H_3C \\ H_3C \!-\!\! \overset{+}{N}\!-\!CH\!-\!COO^- \\ H_3C \end{matrix} \quad (3) & \begin{matrix} H_3C \\ H_3C \!-\! N\!-\!CH\!-\!COO \\ H_3C \end{matrix} \quad (4) \\ \qquad\quad | & \qquad\quad | \\ \qquad\quad R & \qquad\quad R \end{array}$$

Je nach der Reaktion der Lösung liegen die Aminosäuren in drei durch ihre elektrische Ladung unterschiedenen Formen vor, nämlich:

Im sauren Bereich als *Kation*	Im isoelektrischen Bereich als *Zwitterion*	Im alkalischen Bereich als *Anion*
$H_3\overset{+}{N} \cdot CHR \cdot COOH$	$H_3\overset{+}{N} \cdot CHR \cdot COO^-$	$H_2N \cdot CHR \cdot COO^-$
z. B. als Hydrochlorid (Säuresalz)		z. B. als Alkalisalz
$Cl'H_3\overset{+}{N}CHR \cdot COOH$		$H_2N \cdot CHR \cdot CO\overset{+}{O}Na$

Ein besonders eindeutiger und anschaulicher Beweis dafür, daß isoelektrische Aminosäuren und Peptide nicht neutrale Moleküle, sondern Zwitterionen sind, ergibt sich aus den Raman- und Infrarotspektren, die durch Schwingungen innerhalb des Moleküls verursacht sind[1]. Da die Wellenlänge dieser Schwingungen in einem engen Zusammenhang zur Struktur steht und Ausdruck der Festigkeit der Bindung der einzelnen Atomgruppierungen ist, lassen sich bestimmten Atomgruppierungen ganz bestimmte Wellenlängen im Infrarot- oder Ramanspektrum zuordnen.

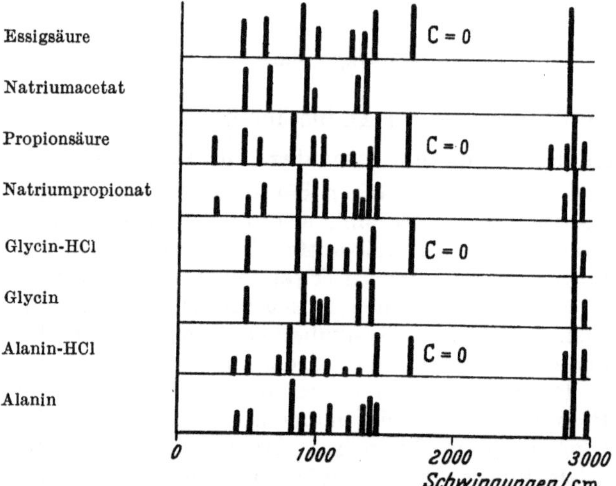

Abb. 37. Ramanfrequenzen von Fettsäuren und Aminosäuren. Die Ramanfrequenzen sind in reziproken Wellenlängen (cm⁻¹) wiedergegeben, die Höhe jeder Linie ist ungefähr proportional zu ihrer relativen Intensität [Nach EDSALL, J. T.: Cold Spring Harbor Symp. quant. Biol. 6, 40 (1938).]

Ramanspektren: Wenn eine durchsichtige Substanz mit Licht einer bestimmten Wellenlänge durchstrahlt wird, passiert der größte Teil des Lichtes das Medium unverändert, ein Teil wird jedoch durch Moleküle des Mediums gestreut. Im Streuungslicht findet man die Welle des eingestrahlten Lichtes in höchster Intensität, daneben aber finden sich andere Linien, deren Frequenz gegenüber dem eingestrahlten Licht um einen bestimmten Betrag erhöht oder erniedrigt ist. Diese Verschiebung rührt davon her, daß von den schwingenden Atomgruppierungen der belichteten Moleküle bestimmte und charakteristische Beträge der Strahlungsenergie aufgenommen bzw. abgegeben werden, entsprechend bestimmten und definierten Schwingungsfrequenzen der einzelnen Atomgruppen des Moleküls.

Für die **CO**-Gruppe, wie sie in undissoziierten Carboxylgruppen, aber auch in Estern, Aldehyden und Ketonen vorliegt, ist eine Schwingungszahl[2] von etwa 1700 cm⁻¹ charakteristisch, die nur wenig vom übrigen Molekül beeinflußt wird (s. Abb. 37). Dem Carboxylion

---

[1] Vgl. z. B. DARMON, S. E., and G. B. M. SUTHERLAND: Am. Soc. **69**, 2074 (1947). —
[2] Als Schwingungszahl bezeichnet man die reziproke Wellenlänge (in cm⁻¹). Die Frequenz (in sec⁻¹) wird erhalten durch Multiplikation der Schwingungszahl mit der Lichtgeschwindigkeit, deren Wert 2,997 · 10¹⁰ cm/sec beträgt.

fehlt die entsprechende Schwingungszahl; dafür findet man langwelligere Linien mit einer Schwingungszahl von etwa 1400. Die letztere Schwingungszahl fällt zufällig sehr nahe zusammen mit derjenigen der CH_2-Gruppe, die bei 1412 gelegen ist. Die Linie des Carboxylions und der CH_2-Gruppe können indessen leicht unterschieden werden, wenn man den Wasserstoff durch Deuterium ersetzt; dabei wird die Linie der CH_2-Gruppe nach größeren Wellenlängen verschoben, während diejenige des Carboxylions unverändert bleibt.

Tabelle 91. Dielektrische Inkremente und Dipolmomente von Aminosäuren, Peptiden und anderen dipolaren Ionen in Wasser bei 25°*.

Substanz	Dielektrisches Inkrement δ	Dipolmoment in DEBYE-Einheiten
Glycinanhydrid	—10,0	?
Dioxan	—8,3	0,00
Äther	—7,1	1,10
Phenol	—6,6	1,65
Äthanol	—2,6	1,70
Acetonitril	—1,7	3,30
Acetamid	—0,8	3,80
Harnstoff	2,7	8,60
Prolin	21,0	
Glykokoll	22,6	etwa 15,00
α-Alanin	23,6	
α-Amino-n-valeriansäure	22,6	etwa 15,00
L-Leucin	25,0	
D-Glutaminsäure	26,0	
β-Alanin	35,0	
γ-Aminobuttersäure	51,0	
Ornithin	51,0	
δ-Aminovaleriansäure	63,0	
ε-Aminocapronsäure	77,5	
ζ-Aminoheptylsäure	87,0	
Diglycin	71,0	
Alanylglycin	71,0	
Leucylglycin	68,4	
Triglycin	113,0	
Leucylglycylglycin	120,4	
Tetraglycin	159,0	
Pentaglycin	215,0	
Hexaglycin	234,0	
Heptaglycin	290,0**	
Cystinyl-di-diglycin	250,0	
Lysylglutaminsäure	345,0	

Undissoziierte primäre Amine zeigen zwei starke Frequenzen in der Gegend von $3300\ cm^{-1}$, sekundäre Amine nur eine Linie im gleichen Bereich. Diese Linien sind der NH-Bindung zuzuordnen. Bei Ionisation der Aminogruppe verschwinden die genannten Frequenzen und es erscheinen statt dessen schwächere zwischen 3700 und $3200\ cm^{-1}$. Auch hier gestattet die Einführung von Deuterium die Unterscheidung von Linien anderer Bindung gleicher Wellenlänge.

Aminosäuren zeigen in saurer Lösung erwartungsgemäß die Ramanlinien der undissoziierten Carboxylgruppe und der ionisierten Aminogruppe, in alkalischer diejenigen der ionisierten Carboxylgruppe und der undissoziierten Amino-

---

* Nach COHN, E. J., and J. T. EDSALL: Proteins, Amino Acids and Peptides as Ions and Dipolar Ions. New York 1943.
** In 5,14 Mol Harnstofflösung.

gruppe. Ihre Ramanspektren im isoelektrischen Bereich zeigen, daß sowohl die Carboxylgruppe wie die Aminogruppe in ionisiertem Zustand vorliegen.

Zum gleichen Ergebnis führt die Analyse der Infrarotspektren (S. 44) und die — im einzelnen etwas schwierigere und unsicherere — Deutung der Ultraviolettspektren.

Dipolmomente. Als Zwitterionen zeigen die Aminosäuren hohe Dipolmomente. Da wegen der fehlenden Löslichkeit die Messungen nicht in apolaren Lösungsmitteln ausgeführt werden können, kann nicht das Dipolmoment selbst

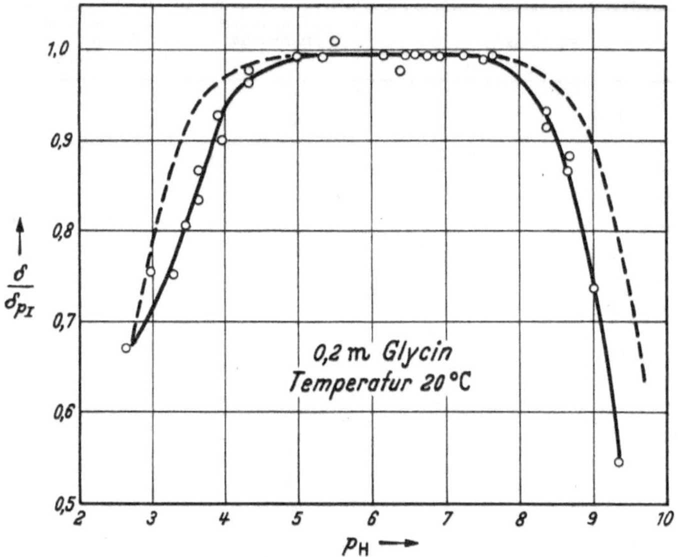

Abb. 38. Variation der Niederfrequenz-Dielektrizitätskonstanten von Glycin mit dem pH.
[Nach DUNNING W. J., and W. J. SHUTT: Trans. Faraday Soc. **34**, 479 (1938).]

bestimmt werden, sondern an seiner Stelle das sogenannte *dielektrische Inkrement* wäßriger Lösungen.

Die Dielektrizitätskonstante D der Lösung ist in verdünnten Lösungen eine lineare Funktion der Konzentration in Mol/l; es gilt

$$D = D_0 + \delta \cdot C; \quad \delta = \frac{dD}{dC},$$

worin D_0 die Dielektrizitätskonstante des reinen Lösungsmittels, C die Konzentration der Lösung in Mol/l und δ das dielektrische Inkrement ($\delta_{PI} = \delta$ im I. P.) bedeutet. δ ist in wäßriger Lösung für alle Aminosäuren positiv, für schwach oder nicht polare Substanzen aber negativ, da diese die Dielektrizitätskonstante des Wassers erniedrigen. Das Dipolmoment ist abhängig von der (positiven und negativen) elektrischen Ladung des Dipols und vom Abstand der Ladungsschwerpunkte. Es besitzt daher für alle α-Monoaminomonocarbonsäuren annähernd den gleichen Wert und steigt mit wachsendem Abstand zwischen der ionisierten Carboxyl- und Ammoniumgruppe stark an. In Tabelle 91 sind die dielektrischen Inkremente sowie — soweit bestimmbar — die Dipolmomente einiger Aminosäuren und Peptide zusammengestellt; die zum Vergleich beigefügten Dipolmomente einiger anderer Verbindungen zeigen, in welchem Maße die Dipolmomente der Aminosäuren und Peptide diejenigen *sämtlicher* anderen organischen Verbindungen übertreffen. Das hohe Dipolmoment ist als Eigenschaft des Zwitterions den Aminosäuren und Peptiden im isoelektrischen Zustand eigentümlich, in kationischem oder anionischem Zustand zeigen sie nur eringfügige Dipolmomente (vgl. Abb .38).

Dissoziation. Im sauren Bereich sind die Aminosäuren positiv geladen und wandern im elektrischen Feld zur Kathode, im alkalischen Bereich sind sie negativ geladen und wandern zur Anode. In dem dazwischenliegenden Gebiet wandern die Aminosäuren im elektrischen Feld nicht (isoelektrischer Bereich); ihr Verhalten entspricht dem eines nach außen hin ungeladen erscheinenden Dipols. Entsprechendes gilt für die Eiweißstoffe. Das bei jedem p_H-Wert bestehende Gleichgewicht zwischen den elektrischen Zustandsformen der Aminosäuren und damit die Lage des isoelektrischen Punktes sind bestimmt durch den Wert der basischen und der sauren Dissoziationskonstanten der Aminosäuren.

Tabelle 92. Dissoziationskonstanten und isoelektrische Punkte der Aminosäuren[1].

Aminosäuren	Negativer Logarithmus der Dissoziationskonstante (p_K) und die wahrscheinlich entsprechende Gruppe		Isoelektrischer Punkt PI
	saure	alkalische	
	Dissoziation		
Glykokoll	2,35 Carboxylgruppe	9,78 Aminogruppe	6,1
Alanin	2,34 ,,	9,87 ,,	6,1
Serin	2,21 ,,	9,15 ,,	5,7
Cystein	1,96 ,,	8,18 ,,	5,1
		10,28 Sulfhydrylgruppe	
Cystin	1,04 1. Carboxylgruppe*	7,48 1. Aminogruppe	5,6
	2,05 2. ,, *	9,02 2. ,,	
Methionin	2,28 Carboxylgruppe	9,21 Aminogruppe	5,8
Tyrosin	2,20 ,,	9,10 ,,	5,7
	1,83*	10,10 Hydroxylgruppe	
Phenylalanin . . .	2,58 ,,	9,24 Aminogruppe	5,9
Tryptophan . . .	2,38 ,,	9,39 ,,	5,9
Valin	2,30 ,,	9,62 ,,	6,0
Prolin	1,99* ,,	10,60 Iminogruppe	6,4
Oxyprolin	1,92 ,,	9,73 ,,	5,8
Leucin	2,36 ,,	9,60 Aminogruppe	6,0
Isoleucin	2,36 ,,	9,68 ,,	6,0
Norleucin	2,39 ,,	9,76 ,,	6,1
Arginin	2,02 ,,	12,48 Guanidingruppe	10,8
		9,18 Aminogruppe	
Histidin	1,77 ,,	6,10 Imidazolgruppe	7,6
		8,95 α-Aminogruppe	
Lysin	2,18 ,,	10,53 ε- ,,	9,7
		8,95 α- ,, *	
Asparaginsäure . .	2,09 1. ,,	9,85 Aminogruppe	3,0
		9,60 ,, *	
	3,87 2. ,,		
Glutaminsäure . .	2,19 1. ,,	9,66 ,,	3,2
	4,26 2. ,,		

Es ist wissenschaftlich ungenau, die Aminosäuren als *schwache* Säuren oder *schwache* Basen zu bezeichnen. Die Carboxylgruppe des Glykokolls z. B. ist sogar, wie theoretisch und experimentell leicht gezeigt werden kann, stärker sauer als die der Essigsäure; denn durch die Nachbarstellung der positiv geladenen

---

* Werte nach Cohn, E. J., and J. T. Edsall: Proteins, Amino Acids and Peptides as Ions and Dipolar Ions. New York 1943. S. 84 ff.

[1] Schmidt, Proteins.

Ammoniumgruppe wird die Dissoziation des H-Ions von der Carboxylgruppe begünstigt. Aus gleichen Gründen ist die Aminogruppe im Glykokoll stärker basisch als z. B. im Methylamin. Daß die Aminosäuren als schwache Säuren bzw. schwache Basen erscheinen, beruht darauf, daß in ihnen die sauren und die basischen Gruppen sich gegenseitig neutralisieren. Richtiger faßt man die Aminosäuren auf als innere Salze einer mittelstarken Säure mit einer mittelstarken Base, aus denen durch starkes Alkali die Base, durch Mineralsäure die Säure in Freiheit gesetzt werden kann.

Durch *Zugabe von Alkohol oder Aceton* zur wäßrigen Lösung der Aminosäuren wird die wechselseitige Beeinflussung der Amino- und der Carboxylgruppe bei der Titration stark vermindert. Dieser Umstand ermöglicht die alkalimetrische *Bestimmung der Carboxylgruppen* durch Titration in alkoholischer Lösung nach WILLSTÄTTER-WALDSCHMIDT-LEITZ[1] und die acidimetrische *Titration der Aminogruppen* in wäßrigem Aceton nach LINDERSTRØM-LANG[2] (siehe auch S. 520/521).

Auch *Peptide* können in wäßrig-alkoholischer bzw. wäßrig-acetonischer Lösung ähnlich titriert werden. Hierzu genügt eine geringere anteilige Konzentration des organischen Lösungsmittels als bei den Aminosäuren, da bei den Peptiden die wechselseitige Beeinflussung der Amino- und Carboxylgruppe wegen ihrer größeren Entfernung voneinander an sich geringer ist.

Löslichkeit. Die α-Aminosäuren sind farblose, im allgemeinen gut krystallisierende[3] Verbindungen. Sie sind nicht flüchtig und zeigen hohe und unscharfe Schmelzpunkte. In Wasser lösen sie sich leicht mit Ausnahme von L-Cystin, L-Tyrosin und L-Leucin, in organischen Lösungsmitteln sind sie unlöslich; nur in Alkohol, der immerhin schon als stark polares Lösungsmittel anzusprechen ist, löst sich eine einzige Aminosäure, nämlich das cyclisch gebaute Prolin.

Die genannten Eigenschaften der Aminosäuren (und Peptide) ergeben sich mit Notwendigkeit aus dem Zwitterionencharakter der Aminosäuren. Die Krystallgitter der Aminosäuren sind durch starke elektrostatische Kräfte zusammengehalten; die Gitterenergie ist wie bei allen Ionengittern extrem hoch, im übrigen aber von Substanz zu Substanz je nach den geometrischen und energetischen Verhältnissen des Krystallgitters verschieden. Substanzen mit so hoher Gitterenergie sind nicht flüchtig und nicht sublimierbar oder destillierbar und zeigen eine geringe Lösungstendenz in allen Lösungsmitteln, ausgenommen in solchen, die starke Affinitätskräfte zu den gelösten Molekülen bzw. Ionen haben. Dies trifft zu für ausgesprochen polare Lösungsmittel, wie Wasser oder — in wesentlich geringerem Maße — Alkohole, wie Glycerin, Glykol, Methyl- und Äthylalkohol.

Infolge der außerordentlich hohen elektrostatischen Anziehungskräfte, welche die Zwitterionen einer Aminosäure auf die umgebenden Wasserdipole ausüben, werden sie mit Wassermolekülen umhüllt, was zu einer äußerst starken Herabsetzung ihres Potentials führt. In indifferenten, d. h. nicht polar gebauten Lösungsmitteln kommt diese Herabsetzung des Potentials des gelösten Stoffes nicht zustande, sie zeigen daher kein Lösungsvermögen für Substanzen mit Dipolcharakter.

Innerhalb der homologen Reihen der α-Aminosäuren sollte mit steigender Kettenlänge infolge des relativen Zurücktretens der polaren Gruppen die Löslichkeit in Wasser abnehmen und die Löslichkeit in organischen Lösungen zunehmen, wie dies auch in den homologen Reihen der Alkohole, der Säuren oder der Amine der Fall ist. Die geringe Wasserlöslichkeit von höheren Aminosäuren wie Leucin, Cystin oder Tyrosin beruht aber sicher nur zum Teil auf dieser Ursache; ent-

---

[1] WILLSTÄTTER, R., u. E. WALDSCHMIDT-LEITZ: B. **54**, 2988 (1921). — [2] LINDERSTRØM-LANG, K.: H. **178**, 32 (1928). — [3] DUNN, M. S., and L. B. ROCKLAND: Adv. Protein Chem. **3**, 295 (1947).

scheidend dafür ist bei den genannten Aminosäuren eine besonders hohe Gitterenergie, die eine Frage des speziellen Baues des Krystallgitters ist.

In einem einfachen Zusammenhang mit der Kettenlänge steht indessen das Verhältnis der Löslichkeit in Wasser einerseits und in weniger stark polaren Lösungsmitteln wie Alkohol andererseits. Innerhalb der homologen Reihe der α-Aminosäuren gilt die Regel, daß mit dem Hinzutritt einer CH_2-Gruppe das Verhältnis

$$\text{Löslichkeit}_{\text{Wasser}} : \text{Löslichkeit}_{\text{Alkohol}}$$

jeweils auf ein Drittel abnimmt. So ist Glykokoll in Wasser 2500mal löslicher als in Alkohol, Alanin nur 750mal und α-Aminocapronsäure nur 25mal. Einen ähnlichen Effekt bewirkt die Phenylgruppe des Phenylalanins.

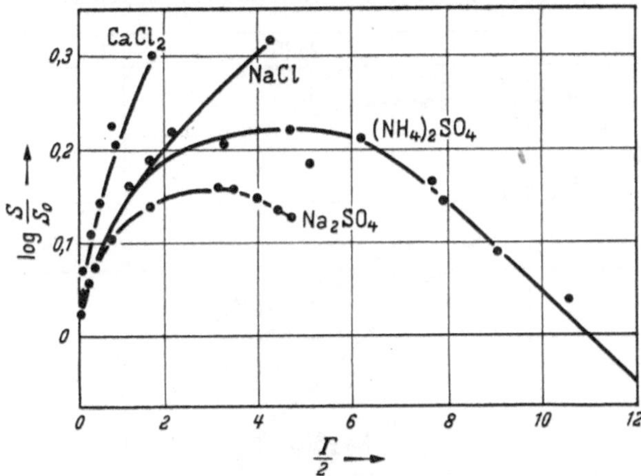

Abb. 39. Löslichkeit von Cystin in Salzlösungen von verschiedener Ionenstärke.
[Nach MCMEEKIN, T. L., E. J. COHN and M. H. BLANCHARD: Am. Soc. 59, 2717 (1937).]

Da der für das Löslichkeitsverhältnis bestimmende Einfluß der ionisierten Ammonium- und Carboxylgruppe vom Dipolmoment des Zwitterions abhängt, ist er um so größer, je weiter die beiden geladenen Gruppen voneinander entfernt sind. Demzufolge ist ε-Aminocapronsäure in Wasser ungefähr 1000mal so löslich wie in Alkohol, α-Aminocapronsäure aber, wie schon erwähnt, nur etwa 25mal. Die geschilderten Verhältnisse sind wichtig für die Verteilung von Aminosäuren zwischen Wasser und organischen Lösungsmitteln, die z.B. bei der Verteilungschromatographie (s. S. 562) eine Rolle spielt.

Löslichkeit in Gegenwart von Neutralsalzen. Die Löslichkeit von Aminosäuren in Wasser wird im allgemeinen durch die Gegenwart von Neutralsalzen erhöht. Bei einzelnen Aminosäuren, wie z.B. bei Cystin, und bei Anwendung von Salzen mehrwertiger Ionen, beispielsweise von Sulfaten, schlägt aber schon bei mäßigen Salzkonzentrationen der löslichkeitserhöhende Einfluß in das Gegenteil um. Trägt man den Logarithmus der Löslichkeit der Aminosäure gegen die Salzkonzentration bzw. die Ionenstärke* der Elektrolytlösung ($\Gamma/2$) auf, so erhält man Kurven der in Abb. 39 wiedergegebenen Art. Völlig analoge Kurven werden aber auch mit Eiweißkörpern erhalten (Abb. 40), wobei bei leicht aussalzbaren Eiweißkörpern, z. B. Globulinen, der abfallende Teil der Kurve schon bei relativ geringer Salzkonzentration erreicht wird.

---

* Als Ionenstärke bezeichnet man das Produkt aus Konzentration der Ionen und dem Quadrat ihrer Wertigkeit, summiert über sämtliche anwesende Ionenarten (vgl. W. KUHN, S. 108). Ionenstärke $= \sum c_i z_i^2$; $c =$ Konzentration der Ionen, $z =$ Wertigkeit der Ionen.

Die Löslichkeitsbeeinflussung beruht auf der Veränderung der Aktivität des Zwitterions durch die Ionen des Elektrolyten, die KIRKWOOD und Mitarbeiter[1] auf Grund der Theorie von DEBYE und HÜCKEL[2] rechnerisch behandelt haben. Die dabei erhaltene komplizierte Gleichung, auf deren vollständige Wiedergabe verzichtet werden muß (vgl. hierzu COHN und EDSALL[3]; EDSALL[4]), ist von der allgemeinen Form

$$\log \frac{S}{S_0} = \frac{K}{D \cdot T}\,(\varphi - \psi) \cdot \frac{\Gamma}{2},$$

worin K eine Konstante, S_0 die Löslichkeit in reinem Wasser, S die Löslichkeit in Elektrolytgegenwart, D die Dielektrizitätskonstante des Lösungsmittels, T die absolute Temperatur und $\Gamma/2$ die Ionenstärke bedeuten.

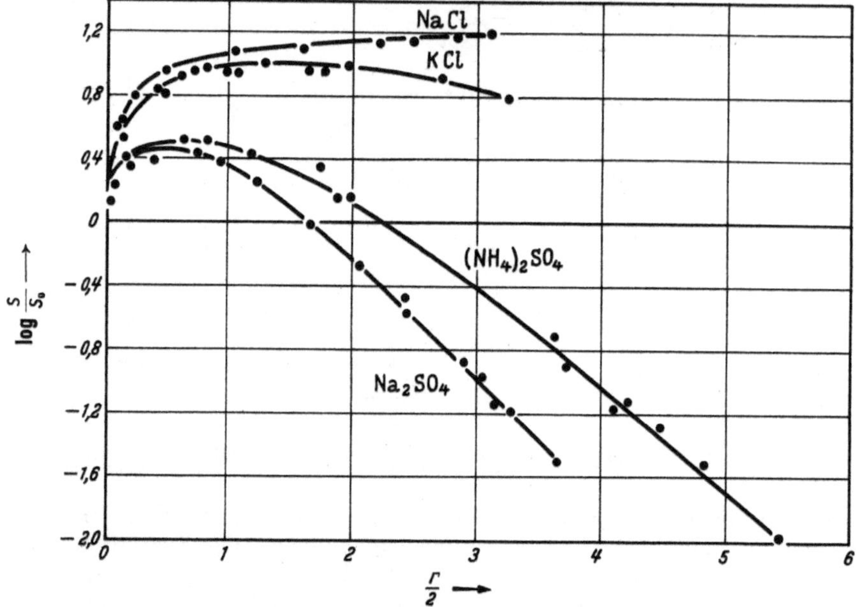

Abb. 40. Löslichkeit von Pferde-Kohlenoxydhämoglobin in Salzlösungen von verschiedener Ionenstärke. [Nach COHN, E. J.: Chem. Rev. 19, 241 (1936).]

Von den beiden hier nicht im einzelnen wiedergegebenen Funktionen in der Klammer bringt die erste (φ) den lösenden Effekt („salting in") zum Ausdruck, der auf elektrostatische Kräfte zurückzuführen ist, der zweite (ψ) ist ein Maß des Aussalzungseffektes („salting out") und wächst außerordentlich stark mit dem Volumen des Dipolmoleküls.

Die Regel, daß kleine Elektrolytzusätze die Löslichkeit von Zwitterionen erhöhen, große Zusätze, insbesondere mehrwertige Elektrolyte, aber sie herabsetzen, gilt grundsätzlich für Aminosäuren wie für Eiweißkörper (s. S. 631). Bei leicht löslichen Aminosäuren sowie Peptiden und in Gegenwart von Salzen einwertiger Ionen kommt im allgemeinen nur der aufsteigende Ast der Kurven,

[1] SCATCHARD, G., u. J. G. KIRKWOOD: Physik. Z. 33, 297 (1932). — KIRKWOOD, J. G.: J. chem. Physics 2, 351 (1934). — [2] DEBYE, P., u. E. HÜCKEL: Physik. Z. 24, 185 (1923). — DEBYE, P., u. J. McAULEY: Physik. Z. 26, 22 (1925). — DEBYE, P.: Z. physik. Chem. 130, 56 (1927). — [3] COHN, E. J., and J. T. EDSALL: Proteins, amino acids and peptides as ions and dipolar ions. New York 1943. — [4] EDSALL, J. T.: Adv. Protein Chem. 3, 384 (1947).

also die Erhöhung der Löslichkeit, zur Beobachtung (vgl. Abb. 41). Die Löslichkeitserhöhung wächst mit steigendem Dipolmoment der Aminosäuren.

Auf grundsätzlich gleichen Ursachen beruht die gegenseitige Beeinflussung der Löslichkeit, welche Aminosäuren, Peptide und Eiweißkörper in Gemischen aufeinander ausüben. So steigt die Löslichkeit von Cystin in Gegenwart von Glykokoll stark an; noch stärker löslichkeitserhöhend wirkt das Glycylglycin auf Grund seines höheren Dipolmoments. Diese Verhältnisse machen es oft schwierig, Aminosäuren auf Grund ihrer unterschiedlichen Löslichkeit vollständig aus Gemischen abzuscheiden.

Diese Erscheinungen beruhen auf der Wechselwirkung, die zwischen Ionen und Zwitterionen auf Grund allgemeiner 'physikalisch-chemischer Gesetzmäßigkeiten besteht. Oft bilden sich auch definierte Anlagerungs- und Komplexverbindungen von Aminosäuren mit Neutralsalzen, die besonders von Pfeiffer eingehend untersucht wurden. Von den Metallkomplexen haben die innermolekularen Kupfer(II)-komplexe besondere Bedeutung erlangt, die beim Kochen von Aminosäurelösungen mit frisch gefälltem Kupferhydroxyd[1], grünem

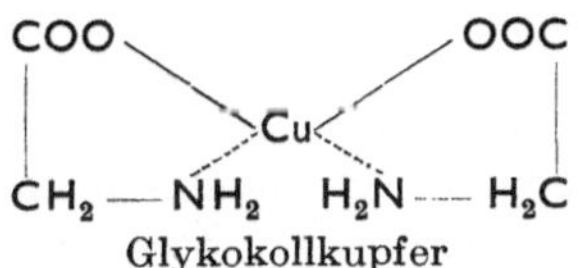

Glykokollkupfer

Kupfercarbonat oder Kupferphosphat[2] erhalten werden. Sie sind teils wasserlöslich und tiefblau gefärbt, teils auch wasserunlöslich. Verwendung zum Nachweis von Aminosäuren s. S. 516, zur quantitativen Bestimmung s. S. 521, zur Trennung s. S. 558 sowie zur Retentionsanalyse s. S. 566. Polarographische und potentiometrische Untersuchung von Aminosäure-Kupferkomplexen[3]. An der sehr stabilen Kupferkomplexbindung sind die Carboxyl- und die ihr benachbarte α-Aminogruppe beteiligt. Diese Gruppen können daher, z. B. in Diaminosäuren, durch Kupferkomplexbindung maskiert werden, wobei andere basische Gruppen, z. B. die ε-Aminogruppe des Lysins, für Umsetzungen (z B. mit Säurechloriden, Isocyanaten; Peptidsynthese) freibleiben[4]. Die Zusammen-

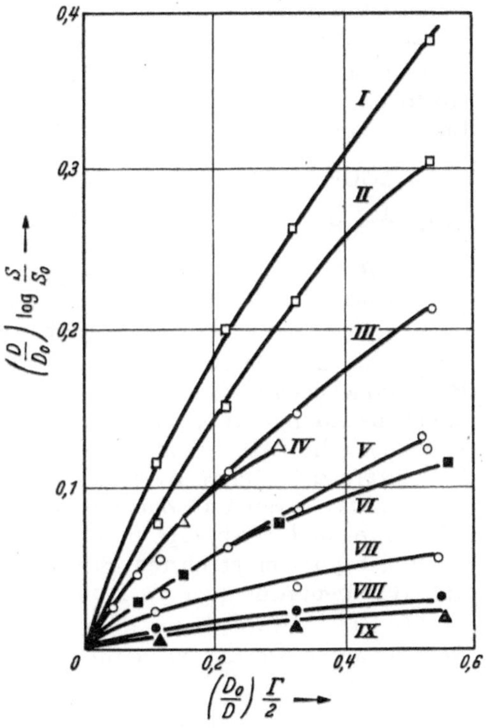
Abb. 41. Relative Löslichkeit von Aminosäuren und Peptiden in 80 % Äthanol mit NaCl-Zusatz. Kurven von oben nach unten:
I Lysylglutaminsäure;
II Triglycin;
III Diglycin;
IV ε-Aminocapronsäure;
V Glycin;
VI α-Aminocapronsäure;
VII Hydantoinsaures Diglycin;
VIII Hydantoinsäure;
IX hydantoinsaure α-Aminocapronsäure.
Die Messungen von α- und ε-Aminocapronsäure wurden in 95% Äthanol mit Lithiumchloridzusatz ausgeführt. [Nach Edsall, J. T.: Adv. Protein Chem. 3, 420 (1947).]

[1] Town, B. W.: Biochem. J. 30, 1837 (1936). — [2] Pope, C. G., and M. F. Stevens: Biochem. J. 33, 1070 (1939). — [3] Li, N. D., and E. Doody: Am. Soc. 72, 1891 (1950). — [4] Kurtz, A. C.: J. biol. Ch. 180, 1253 (1949).

setzung der Aminosäurekomplexe entspricht dem Verhältnis 2 Aminosäurereste auf 1 Atom Kupfer, die der Peptidkomplexe 1 Peptidrest auf 1 Atom Kupfer. Komplexsalze mit Lanthan[1], mit Silber und Quecksilber[2]. Viele Aminosäuren, besonders die basischen, geben auch mit einigen Säuren, wie Pikrinsäure, Flaviansäure[3] ($= 2{,}4$-Dinitronaphthol-7-sulfosäure), substituierten Benzol- und Naphthalinsulfosäuren (BERGMANN und Mitarbeiter[4], vgl. S. 532) usw. schwerlösliche Salze, die sich zur Trennung und Charakterisierung eignen.

Optische Aktivität[5]. Alle aus Eiweißstoffen gewonnenen Aminosäuren, außer Glykokoll, sind *optisch aktiv*, d. h. sie drehen die Ebene des polarisierten Lichtes nach rechts oder links. Diese Eigenschaft beruht auf der Anwesenheit eines asymmetrischen C-Atoms, d. h. eines C-Atoms, dessen 4 Substituenten untereinander verschieden sind (siehe nebenstehende Formel).

$$
\begin{array}{cc}
\text{COOH} & \text{COOH} \\
| & | \\
\text{H}_2\text{N--C*--H} & \text{H}_2\text{N--C--H} \\
| & | \\
\text{CH}_3 & \text{H} \\
\text{L}(+)\text{-Alanin} & \text{Glykokoll}
\end{array}
$$

Glykokoll kann nicht optisch aktiv sein, da es ja zwei gleiche Substituenten am α-C-Atom hat (siehe nebenstehende Formel).

Für die meisten Aminosäuren wurde, hauptsächlich durch die Arbeiten von P. KARRER[6] nachgewiesen, daß sie unabhängig von ihrem Drehungssinn dieselbe räumliche Konfiguration haben. Es gehören, von wenigen Ausnahmen (s. unten) abgesehen, die natürlichen Aminosäuren *einer* sterischen Reihe an (vgl. dazu F. SCHNEIDER[7]). Durch K. FREUDENBERG[8] wurde diese Reihe in Zusammenhang mit den Oxysäuren und Zuckern gebracht, und zwar vom Alanin aus über die Milchsäure und Weinsäure und von der Äpfelsäure über die Asparaginsäure[8]. Nach der dort eingeführten Bezeichnungsweise besitzen die Eiweißbausteine die L-Konfiguration (vgl. W. KUHN, S. 74 und 84, vgl. auch [9]).

Bis jetzt wurde in der deutschen Literatur im wesentlichen die folgende Bezeichnungsweise für die natürlichen Aminosäuren angewandt:

Beispiel:

l(+)-Alanin   l(—)-Serin,

wobei l die Zugehörigkeit zur sterischen Reihe, also die Konfiguration bedeutet, während + bzw. — die Drehung der Ebene des polarisierten Lichtes nach rechts bzw. nach links angibt. Da den verschiedenen elektrochemischen Zustandsformen (Zwitterion, Anion, Kation) verschiedene Drehungswerte zukommen, ist der Drehungssinn vom p_H-Wert abhängig.

Entsprechend dem 1947 getroffenen Übereinkommen englischer und amerikanischer Chemiker[10] wird man von nun an zweckmäßig folgende Bezeichnung wählen:

Beispiel:

L(+)-Alanin   L(—)-Serin.

<hr>

[1] VICKERY, R. C.: Soc. **1950**, 2058. — [2] VALLADAS-DUBOIS, S.: Ann. Chim. Physique [12] **4**, 548 (1949). — [3] Bestimmung der Flaviansäure vgl. Hinsberg-Lang S. 355. — [4] BERGMANN, M., and W. H. STEIN: J. biol. Ch. **129**, 609 (1939). — [5] Vgl. hier KUHN, W. S. 76. — [6] KARRER, P., W. JÄGGI u. T. TAKAHASHI: Helv. 8, 360 (1925). — KARRER, P.: Helv. **6**, 957 (1923). — [7] SCHNEIDER, F.: A. **529**, 1 (1937) (dort Literaturzusammenstellung). — [8] FREUDENBERG, K., u. F. RHINO: B. **57**, 1547 (1924). — FREUDENBERG, K., u. A. NOE: B. **58**, 2399 (1925). — FREUDENBERG, K., u. L. MARKERT: B. **60**, 2447 (1927). — FREUDENBERG, K., u. A. LUX: B. **61**, 1083 (1928). — FREUDENBERG, K., W. KUHN u. I. BUMANN: B. **63**, 2380 (1930). — [9] BREWSTER, PH., F. HIRON, ED. HUGHES, C. K. INGOLD and P. A. D. S. RAO: Nature **166**, 178 (1950). — [10] Biochem. Soc. and Chem. Soc.: Biochem. J. **42**, 1 (1947). — Amer. Soc. of Biol. Chemists: J. biol. Ch. **169**, 237 (1947). — Vgl. dazu WIELAND, TH.: Fortschr. chem. Forsch. **1**, 211 (1949/50).

Als Eiweißbestandteile treten normalerweise die Aminosäuren der L-Reihe auf, während das Vorkommen von D-Aminosäuren auf einige wenige Proteine und Peptide spezifischer Funktion beschränkt zu sein scheint (vgl. S. 84; 548; 578 ff.). D-Prolin wurde aus Ergotalkaloiden[1] und D-Glutaminsäure aus der Kapselsubstanz des Bac. anthracis und anderer Mikroorganismen der Subtilis-Mesentericus-Gruppe isoliert[2]. Im Anschluß an die Mitteilungen von F. KÖGL[3] über den Gehalt der Tumoren an D-Aminosäuren, insbesonders D-Glutaminsäure, entstand in neuerer Zeit eine allgemeine lebhafte Diskussion über das mögliche Vorkommen und die Rolle von D-Aminosäuren in Proteinen und im Stoffwechsel[4]. Die Befunde von KÖGL, wonach den Tumoren ein spezifisch hoher Gehalt an D-Glutaminsäure zukommen sollte, konnten allerdings von den meisten Forschern nicht bestätigt werden[5] und es wird heute mehr die Ansicht vertreten, wonach die isolierten Mengen von D-Aminosäuren während der Hydrolyse als Kunstprodukte durch Racemisierung entstanden seien[5]. Auch eine Synthese von D-Glutaminsäure in vivo konnte nicht eindeutig nachgewiesen werden[6].

In einer neueren Veröffentlichung erklärt KÖGL[7] den Widerspruch in den Befunden aus der Verschiedenheit der Arbeitsbedingungen, mit denen er einen höheren Hydrolysengrad erzielen konnte als die anderen Forscher. KÖGL führte ferner unter anderem — gestützt auf das Ergebnis von RATNER[8] über die Ausscheidung von D-Pyrrolidoncarbonsäure im Harn nach D-Glutaminsäuregaben — Harnuntersuchungen an Hunden nach Verfütterung von Tumoren durch und konnte auch D-Pyrrolidoncarbonsäure nachweisen. Nach Injektionen von C[14]-markiertem Na D-glutamat an normale und Tumorratten zeigte sich bei letzteren eine deutlich verringerte Radioaktivität der im Harn ausgeschiedenen D-Pyrrolidoncarbonsäure, was von KÖGL im Sinne einer Verdrängung von genuiner D-Glutaminsäure im Tumor durch die markierte Form interpretiert wird.

Bei der chemischen Synthese der Aminosäuren bekommt man, da keine Konfiguration bei Herausbildung des asymmetrischen C-Atoms bevorzugt wird, *racemische Gemische* (DL) der L- und D-Form. *Zur Darstellung der optisch aktiven Verbindungen* hieraus kann die *mechanische Trennung* der Krystalle angewandt werden (PASTEUR), während für mehrere Aminosäuren auch der *biologische Weg*, d. h. die Einwirkung von Pilzen, Bakterien oder Fermenten, die nur eine Form zerstören bzw. umsetzen, eingeschlagen werden kann. Große Bedeutung erhielt

---

[1] JACOBS, W. A., and L. C. CRAIG: J. biol. Ch. **110**, 521 (1935). — STOLL, A.: Med. Klinik **1948**, 654. — [2] IVANOVICS, G., u. V. BRUCKNER: Naturwiss. **25**, 250 (1937). Z. Immun.-Forsch. **90**, 304 (1937); **91**, 175 (1937); **93**, 119 (1938). — BRUCKNER, V., u. G. IVANOVICS: H. **247**, 281 (1937). — BRUCKNER, V., u. M. KOVACS OSKOLAS: Acta Univ. szeged. 1, 144 (1943). — [3] KÖGL, F., u. H. ERXLEBEN: H. **258**, 57 (1939); **261**, 154 (1939); **264**, 108, 198 (1940). Naturwiss. **27**, 486 (1939). — KÖGL, F., H. ERXLEBEN u. A. M. AKKERMAN: H. **261**, 141 (1939). — KÖGL, F., H. HERKEN u. H. ERXLEBEN: H. **264**, 220 (1940). — ERXLEBEN, H., u. H. HERKEN: H. **264**, 240 (1940). — KÖGL, F., H. ERXLEBEN u. H. HERKEN: H. **263**, 107 (1940). — HERKEN, H., u. H. ERXLEBEN: H. **264**, 251 (1940). — KÖGL, F.: Naturwiss. **30**, 46 (1942). — HERKEN, H., A. SCHMITZ u. R. MERTEN: Naturwiss. **29**, 670 (1941). — MERTEN, R., u. A. SCHMITZ: Naturwiss. **30**, 588 (1942). — KÖGL, F., H. ERXLEBEN u. G. J. VAN VEERSEN: H. **277**, 251 (1943). S. a. dieses Werk: KUHN, W. S. 84. — Vgl. dagegen: CHIBNALL, A. C., M. W. REES, G. R. TRISTRAM, E. F. WILLIAMS and E. BOYLAND: Nature **144**, 71 (1939). — [4] Zusammenfassende Darstellung: The relation of optical form to biological activity in the amino acid series. Biochem. Soc. Symp. 1 (1948). — [5] CHIBNALL, A. C., M. W. REES, E. F. WILLIAMS and E. BOYLAND: Biochem. J. **34**, 285 (1940). — WIELAND, TH.: B. **75**, 1001 (1942). Chemie **56**, 324 (1943). — WIELAND, TH., u. W. PAUL: B. **77**, 34 (1944). — KLINGMÜLLER, V.: H. **278**, 97 (1943) (dort auch Übersicht). — TRISTRAM, G. R.: The origin of D-amino acids with special reference to D-glutamic acid. Biochem. Soc. Symp. 1, 33 (1948). — MARTIN, A. J. P., and R. L. M. SYNGE: Adv. Protein Chem. 2, 1 (1945). — [6] Zum Beispiel SHEMIN, D., and D. RITTENBERG: J. biol. Ch. **151**, 507 (1943). — [7] KÖGL, F.: Exper. 5, 173 (1949). — [8] RATNER, S.: J. biol. Ch. **152**, 559 (1944).

die *Spaltung* der Aminosäuren mit optisch aktiven Basen, die E. Fischer anwandte. Er benutzte dazu den Kunstgriff, die Aminogruppe mit Acylresten, wie Benzoyl-, Formyl- usw. zu blockieren, um schwerlösliche Salze mit organischen Basen darstellen zu können[1] (s. auch W. Kuhn, S. 80).

Am besten gelingt die Aufspaltung racemischer Aminosäuren, indem man deren Acetyl- oder andere Acylverbindungen mittels Nierenextrakten aufspaltet. Dabei wird nur die L-Verbindung angegriffen, die von der ungespaltenen D-Acylaminosäure infolge ihrer Unlöslichkeit in Alkohol abgetrennt werden kann[2]. Umgekehrt lassen sich die optisch aktiven Aminosäuren leicht mit starken Alkalien racemisieren.

2. Chemische Umsetzungen der Aminosäuren.

Infolge ihres Zwittercharakters sind die Aminosäuren zu zahlreichen Umsetzungen befähigt; denn sowohl die Aminogruppe, wie die Carboxylgruppe der Aminosäure gehen die für diese Atomgruppierungen eigentümlichen Reaktionen ein.

$$R_1 - CH - COOH$$
$$| \quad NH$$
$$| \quad R_2 - CO \quad \text{Acylrest}$$

a) Veränderungen an der NH_2-Gruppe. Eine wichtige Reaktion ist die *Acylierung*, d. h. die Blockierung der Aminogruppen mit Säureresten (siehe nebenstehende Formel).

Die Acylierung kann nach dem Verfahren von Schotten-Baumann mit Säurechloriden in alkalischer Lösung erfolgen, wodurch die Acetyl-, Benzoyl-, Benzolsulfo-, Naphthalinsulfoverbindungen hergestellt werden; auch die Acetylierung mit Keten in wäßriger Lösung[3] hat sich gut bewährt. Vgl. auch [4].

Da in diesen Verbindungen die Aminogruppe ihrer basischen Eigenschaft beraubt ist, sind sie ausschließlich Säuren. Sie sind in Wasser schwer löslich und eignen sich daher oft zur Erkennung oder Identifizierung der Aminosäuren. Besondere Bedeutung hat die Einführung des Restes der *Benzylesterkohlensäure*, da dieser durch eine milde Reduktion mit katalytisch erregtem H_2 wieder entfernt werden kann (Bergmann und Zervas[5]), während zur Aufspaltung der anderen Acylaminosäuren die Einwirkung von starken Säuren oder

$$R - CH - COOH + CO_2 + H_3C -\langle \rangle$$
$$| \quad NH_2$$

Laugen erforderlich ist (s. S. 570). Für den gleichen Zweck können die *Phtalylverbindungen* Verwendung finden, die unter milden Bedingungen mit Hydrazin unter Abspaltung des Phtalsäurerestes wieder zerlegt werden können (s. S. 571).

Eine Art Acylierung ist auch die Umsetzung mit *Phenylisocyanat* in alkalischer

Lösung, die unter schonenden Bedingungen quantitativ zu Harnstoffabkömmlingen

---

[1] Zusammenstellung von Racematspaltungen bei Dunn, M. S., and L. B. Rockland: Adv. Protein Chem. **3**, 295 (1947). — [2] Fodor, P. J., V. E. Price and J. P. Greenstein: J. biol. Ch. **178**, 503 (1949). — Price, V. E., J. B. Gilbert and J. P. Greenstein: J. biol. Ch. **179**, 1169 (1949). — Greenstein, J. P., J. B. Gilbert and P. J. Fodor: J. biol. Ch. **182**, 451 (1950). — Fodor, P. J., V. E. Price and J. P. Greenstein: J. biol. Ch. **182**, 467 (1950). — [3] Bergmann, M., u. F. Stern: B. **63**, 437 (1930). — Neuberger, A.: Biochem. J. **32**, 1452 (1938). — [4] Carter, H. E., Ph. Handler and C. M. Stevens: J. biol. Ch. **138**, 619 (1941). — Saunders, B. C., G. J. Stacey and I. G. E. Wilding: Biochem. J. **36**, 368 (1942). — Albertson, N. F.: Am. Soc. **72**, 1396 (1950). — [5] Bergmann, M., u. L. Zervas: B. **65**, 1192 (1932).

führt. Bei Verwendung der Isocyanatverbindung des Azobenzols werden gefärbte Umsetzungsprodukte erhalten, die mit Vorteil zur chromatographischen Trennung Verwendung finden können[1]. Durch Wasserabspaltung, z. B. beim Erhitzen mit Säure, entstehen aus ihnen *Hydantoine:*

$$\begin{array}{ccc}
\text{R—CH—COOH} & & \text{R—CH——CO} \\
 | & & | \quad\quad \\
\text{NH} & \xrightarrow{-H_2O} & \text{NH} \quad \text{N—} \\
 | & & \diagdown\text{CO}\diagup \\
\text{CO—NH—} & &
\end{array}$$

Analog erfolgt die Umsetzung mit Senfölen, bei der Thioharnstoffderivate und weiterhin Thiohydantoine erhalten werden. Umsetzung von Aminosäureestern mit CS_2 vgl. KODOMA[2]. Isocyanate der Aminosäuren finden Verwendung zu Peptidsynthesen[3].

Neuerdings hat vor allem die Umsetzung mit Fluordinitrobenzol Bedeutung erlangt, die zu gefärbten Verbindungen der Formel

$$O_2N-\!\!\left\langle\ \right\rangle\!\!-\text{NH—CH—COOR}$$
$$\diagdown NO_2 \quad\quad R$$

führt. Der Dinitrophenylrest haftet so fest am N, daß er bei der Hydrolyse nicht abgespalten wird, was den Nachweis freier Aminogruppen und die Markierung endständiger Aminosäuren ermöglicht (SANGER)[4].

Die Aminosäuren reagieren in alkalischer Lösung leicht mit *Aldehyden* unter Bildung SCHIFF*scher Basen*, eine Reaktion, deren Bedeutung für die Isolierung von Aminosäuren später noch gewürdigt wird (vgl. S. 520).

$$\begin{array}{ccc}
\text{R—CH—COOH} & & \text{R—CH—COOH} \\
 | & \longrightarrow & | \\
\text{NH}_2 + \text{O=CH—R} & & \text{N=CH—R} + H_2O
\end{array}$$

Reduktive Überführung in alkylierte Aminosäuren[5].

Die Umsetzung mit Di- und Triketonen, wie z. B. Ninhydrin, Alloxan usw. (vgl. S. 516) ist im allgemeinen mit einer Dehydrierung und Decarboxylierung der Aminosäuren verbunden (vgl. SCHÖNBERG[6], MOUBASHER[7]). Zur Reaktion der Aminosäuren mit Pyridoxal s. WERLE[8], mit Vitamin K_1 vgl. [9].

Bezüglich der Reaktionen mit Chinonen, Bindon und Diacetylbenzol vgl. S. 518f.

Durch zahlreiche Oxydationsmittel, insbesondere auch durch Sauerstoff in Gegenwart von Katalysatoren, werden die Aminosäuren dehydriert zu den Iminosäuren, die leicht zu den entsprechenden α-Ketosäuren aufgespalten werden. Diese Reaktion ist auch für den biochemischen Abbau der Aminosäuren von Bedeutung. Desaminierung durch α-Strahlen[10]. Einwirkung von Bleitetraacetat[11].

Kennzeichnend für alle Aminosäuren ist die Umsetzung mit *salpetriger Säure*, wobei die Aminosäuren in Oxysäuren übergeführt werden und der Stickstoff als N_2 abgespalten wird. Auf dieser Reaktion beruht die quantitative Bestimmung nach VAN SLYKE[12]. (s. S. 519).

$$\begin{array}{ccc}
\text{R—CH—COOH} & & \text{R—CH—COOH} \\
 | & \longrightarrow & | \\
\text{NH}_2 + \text{HNO}_2 & & \text{OH} + N_2 + H_2O
\end{array}$$

[1] ZEILE, K.: Naturwiss. **33**, 252 (1946). — TURBA, F., u. E. v. SCHRADER-BEIELSTEIN: Naturwiss. **35**, 123 (1948). Vgl. dazu auch KARRER, P., R. KELLER u. G. SCÖNYI: Helv. **26**, 38 (1943). — [2] KODOMA, S.: Jap. J. Chem. **1**, 81 (1922) [C. **1923 III**, 205]. — [3] GOLDSCHMIDT, ST., u. M. WICK: Z. Naturforsch. **5** b, 170 (1950). — [4] SANGER, F.: Biochem. J. **39**, 507 (1945). — [5] LÖB, W.: B. Z. **51**, 116 (1913). — [6] SCHÖNBERG, A.: Soc. **1948**, 176. — [7] SCHÖNBERG, A., R. MOUBASHER and A. MOSTAFA: Soc. **1948**, 176. — MOUBASHER, R., and M. IBRAHIM: Soc. **1949**, 702. — [8] WERLE, E., u. W. KOCH: B. Z. **319**, 305 (1949). — [9] SCHÖNBERG, A., R. MOUBASHER and A. SAID: Nature **164**, 140 (1949). — [10] STEIN, G., and J. WEISS: Soc. **1949**, 3256. — [11] SÜS, D.: A. **564**, 137 (1949). — [12] Vgl. dazu AUSTIN, A. T.: Soc. **1950**, 149.

b) Veränderungen an der COOH-Gruppe. Eine der wichtigsten Umsetzungen der Aminosäuren ist die Überführung in ihre *Ester*, die nur als Basen reagieren, da die COOH-Gruppe ausgeschaltet ist. Die Veresterung wird meist nach dem Verfahren von E. FISCHER mit gasförmiger HCl in absolutem Alkohol vorgenommen, wobei die Chlorhydrate der Ester erhalten werden.

$$R-CH-COOH \xrightarrow[\text{HCl}]{\text{ROH}} R-CH-COO-R$$
$$\quad\ \ | \qquad\qquad\qquad\qquad\ \ |$$
$$\quad\ \ NH_2 \qquad\qquad\qquad\ \ NH_3^+Cl^-$$

Die Ester selbst können aus den salzsauren Salzen mit Alkali, Ammoniak oder Silberoxyd unter geeigneten Bedingungen in Freiheit gesetzt werden. Die freien Ester der aliphatischen Monoaminosäuren sind nach Basen riechende, mehr oder weniger leichtflüchtige farblose Flüssigkeiten. Durch starke Säuren oder Alkali werden sie hydrolysiert, durch Wasser bei schwach alkalischer oder neutraler Reaktion zu Dioxopiperazinen cyclisiert. Mit Ammoniak oder Hydrazin können die Amide bzw. Hydrazide erhalten werden.

Säurechloride. Die für die Peptidsynthese wichtige Verwandlung der Aminosäuren in ihre *Säurechloride* bereitet einige Schwierigkeiten, gelang aber E. FISCHER durch Chlorierung mit PCl_5 in Acetylchlorid, wobei weitgehende Racemisierung eintritt. Besser eignen sich die acylierten Aminosäuren. Die Säurechloride sind sehr reaktionsfähig und geben alle Umsetzungen eines normalen Säurechlorids, können also leicht in die Ester, Amide und Hydrazide[1] übergeführt werden. Hydrazide acylierter Aminosäuren lassen sich mit salpetriger Säure in die Azide verwandeln. Diese reagieren ähnlich wie die Säurechloride, sind aber etwas weniger reaktionsfähig und werden mitunter vorteilhaft an Stelle der Chloride zu Peptidsynthesen verwendet.

$$R-CO-NH-CH-CO-NH-NH_2 + ONOH \longrightarrow R-CO-NH-CH-CON_3$$
$$\qquad\qquad\qquad |\qquad\qquad\qquad\qquad\qquad\qquad\qquad\qquad\qquad\qquad\ \ |$$
$$\qquad\qquad\qquad R'\qquad\qquad\qquad\qquad\qquad\qquad\qquad\qquad\qquad\qquad\ \ R'$$

Aminocarbonsäureanhydride s. LEUCHS[2].

Decarboxylierung zu Aminen. Die COOH-Gruppe kann beispielsweise durch Erhitzen mit trockenem $Ba(OH)_2$ entfernt werden, wobei die entsprechenden Amine entstehen. (Über Bildung im Organismus vgl. proteinogene Amine S. 791 sowie Bd. 2, Eiweißstoffwechsel.) Über Decarboxylierung mit gleichzeitiger Dehydrierung s. oben sowie S. 509.

$$R-CH-COOH \longrightarrow R-CH_2 + CO_2$$
$$\quad\ \ |\qquad\qquad\qquad\qquad\quad |$$
$$\quad\ \ NH_2 \qquad\qquad\qquad\quad NH_2$$

Aminoalkohole. Durch Reduktion acetylierter Aminosäureester nach BOUVEAULT mit Na + Alkohol gelang KARRER[3] die Überführung in die entsprechenden Aminoalkohole.

$$R-CH-COOC_2H_5 \xrightarrow[\text{Alkohol}]{\text{Na}} R-CH-CH_2OH$$
$$\quad\ \ |\qquad\qquad\qquad\qquad\qquad\qquad\ \ |$$
$$\quad\ \ NH_2 \qquad\qquad\qquad\qquad\qquad\ NH_2$$

Glatter und mit sehr guter Ausbeute gelingt die Reduktion sowohl der Aminosäureester wie der Acetylverbindungen mit Lithiumaluminiumhydrid $LiAlH_4$ in Äther (KARRER[4]). Oxydation von Aminoalkoholen zu Aminosäuren[5].

[1] CURTIUS, TH.: J. prakt. Chem. [2] **70**, 89 (1904). — [2] LEUCHS, H.: B. **39**, 857 (1906).— LEUCHS, H., u. W. MANASSE: B. **40**, 3235 (1907). — LEUCHS, H., u. W. GEIGER: B. **41**, 1721 (1908). — [3] KARRER, P., W. KARRER, H. THOMANN, E. HORLACHER u. W. MÄDER: Helv. **4**, 76 (1921). — [4] KARRER, P., u. P. PORTMANN: Helv. **32**, 1034 (1949). — KARRER, P., P. PORTMANN u. M. SUTER: Helv. **32**, 1156 (1949). — KARRER, P., M. SUTER u. P. WASER: Helv. **32**, 1936 (1949). — [5] BILLMAN, J. H., and E. E. PARKER: Am. Soc. **66**, 538 (1944). — BILLMAN, J. H., E. E. PARKER and W. T. SMITH: J. biol. Ch. **180**, 29 (1949).

3. Biochemische Umwandlungen der Aminosäuren[1-4].

Die Aminosäuren und damit die Eiweißstoffe sind durch ihren biologischen Aufbau und Abbau in mannigfaltiger Weise mit anderen biologisch wichtigen Naturstoffen, insbesondere mit den Zwischenstufen des Kohlenhydratabbaues verknüpft. Im folgenden werden nur diejenigen biochemischen Umsetzungen der Aminosäuren behandelt, die von allgemeiner Bedeutung sind. Bezüglich der speziellen Wege des Ab- und Aufbaus wird auf die Einzelbesprechung der Aminosäuren verwiesen. S. a. Bd. 2, Eiweißstoffwechsel.

Es war lange bekannt, daß beim oxydativen Abbau der Aminosäuren deren Stickstoff als Ammoniak entfernt und die verbleibenden stickstofffreien Reste weiter oxydiert werden. Die zunächst naheliegende Annahme einer hydrolytischen Abspaltung von Ammoniak unter Bildung der entsprechenden Oxysäure

$$R\text{—}\underset{\underset{NH_2}{|}}{CH}\text{—}COOH \longrightarrow R\text{—}\underset{\underset{OH}{|}}{CH}\text{—}COOH + NH_3$$

ist außerordentlich unwahrscheinlich, vielmehr besteht der erste Schritt des Abbaues, wie NEUBAUER in Fütterungsversuchen[5], H. WIELAND in Modellversuchen[6] nachgewiesen haben, in einer Dehydrierung zur Iminosäure, die dann im Tierkörper unter Abspaltung von Ammoniak zur entsprechenden α-Ketosäure und zu dem durch Decarboxylierung daraus hervorgehenden, um ein C-Atom ärmeren Aldehyd, bzw. zur entsprechenden Fettsäure führt:

$$R\text{—}\underset{\underset{NH_2}{|}}{CH}\text{—}COOH \xrightarrow{-2H} R\text{—}\underset{\underset{NH}{||}}{C}\text{—}COOH \xrightarrow{+H_2O} R\text{—}\underset{\underset{O}{||}}{C}\text{—}COOH + NH_3 \rightarrow R\text{—}\underset{\underset{O}{||}}{C}\text{—}H + CO_2$$

Gleichartig verläuft der dehydrierende Abbau der Aminosäuren mit Di- und Triketonen (s. unten).

Der umgekehrte Weg, d. h. die *reduktive Synthese von Aminosäuren* aus Ketosäuren, ist von KNOOP im Fütterungsversuch[7], von EMBDEN im Durchblutungsexperiment[8] und schließlich von KNOOP und OESTERLIN im Modellversuch[9] gezeigt worden: Nach den letztgenannten Forschern können aus α-Ketosäuren und Ammoniak bei Einwirkung von Palladiumwasserstoff oder anderen Reduktionsmitteln die entsprechenden Aminosäuren in guter Ausbeute gewonnen werden. Aminosäuresynthese durch Leberextrakte vgl. WISS[10], durch Bakterien[11].

Die oxydative Desaminierung von Aminosäuren unter Bildung von Ammoniak und der entsprechenden Ketosäure erfolgt durch Fermente, die insbesondere in Niere und Leber vorhanden sind[12] und von KREBS[13, 14] und anderen[15] eingehend untersucht wurden. Nach KREBS enthalten die Gewebe zwei verschiedene Aminosäuredehydrasen, von denen die eine ausschließlich die nicht natürlichen D-Aminosäuren, die andere die natürlichen L-Aminosäuren dehydriert.

[1] Vgl. auch Bd. 2, Eiweißstoffwechsel. — [2] FELIX, K.: Angew. Chem. (A) **59**, 71 (1947). — [3] SNELL, E. E.: Adv. Protein Chem. **2**, 85 (1945). — [4] Peters-van Slyke Bd. 1, S. 631—987. — [5] NEUBAUER, O., u. K. FROMHERZ: H. **70**, 326 (1910/11). — FLATOW, L.: H. **64**, 367 (1910). — [6] WIELAND, H., u. F. BERGEL: A. **439**, 196 (1924). — [7] KNOOP, F.: H. **67**, 489 (1910). — [8] EMBDEN, G., u. E. SCHMITZ: B. Z. **29**, 423 (1910). — [9] KNOOP, F., u. H. OESTERLIN: H. **170**, 186 (1927). — [10] WISS, O.: Helv. **32**, 521 (1949). — [11] JAKOBSSON, L. M., A. SSKONIKOWA, M. G. KRITZMAN u. SS. SO. MELIK-SSARKISSJAN: Biochimia, Moskau **14**, 14 (1949) [C. **1950** I, 732]. — [12] GLOVER, E. C.: C. R. Soc. Biol. **107**, 1603 (1931). — KISCH, B.: B. Z. **237**, 226; **238**, 351 (1931). — [13] KREBS, H. A.: Kli. Wo. **1932** II, 1744. H. **217**, 191; **218**, 157 (1933). Biochem. J. **29**, 1620, 1951 (1935). — WEIL-MALHERBE, H., and H. A. KREBS: Biochem. J. **29**, 2077 (1935). — WEIL-MALHERBE, H.: Biochem. J. **30**, 665 (1936). — [14] KREBS, H. A.: The D- and L-amino-acid-oxidases. Biochem. Soc. Symp. **1**, 2 (1948). — [15] EDLBACHER, S., u. O. WISS: Helv. **27**, 1060 (1944).

Die Dehydrasen der D-Aminosäuren[1] sowie gelegentlich auch diejenigen der L-Aminosäuren[2] können für die quantitative Bestimmung der Aminosäuren Verwendung finden. Beide Enzyme sind nicht identische gelbe Fermente[3].

Nach BRAUNSTEINS Ergebnissen[4] scheint dagegen eine *indirekte* Desaminierung über eine Umaminierungsreaktion (vgl. S. 571) mit Ketoglutarsäure wahrscheinlicher, wobei nicht eine besondere L-Aminosäuredehydrase in Aktion tritt, sondern letzten Endes die Abspaltung von NH_3 aus vielen Aminosäuren über die Glutaminsäuredehydrase vor sich geht. Die Oxydase der D-Aminosäuren, die sich leicht von der Zelle abtrennen läßt, ist von WARBURG und CHRISTIAN dargestellt und ihre prosthetische Gruppe chemisch aufgeklärt worden[5] (vgl. auch THUNBERG, S. 1206).

Unter den Aminosäuren nimmt die *Glutaminsäure* insofern eine Sonderstellung ein, als sie erheblich leichter enzymatisch desaminiert wird als die übrigen Aminosäuren. Auch findet sich in vielen biologischen Stoffen, die gegenüber den übrigen Aminosäuren ohne Wirkung sind, ein Enzym, das spezifisch Glutaminsäure, und zwar die natürliche L-(+)-Glutaminsäure, desaminiert.

Nach den Ergebnissen von EULERS[6] überträgt die Glutaminsäuredehydrase den Wasserstoff von der Glutaminsäure auf die Co-Dehydrase (X), und zwar in einer umkehrbaren Reaktion:

$$\underset{\displaystyle NH_2}{HOOC-\overset{|}{C}H}-CH_2-CH_2-COOH+X \underset{\text{Apodehydrase}}{\rightleftarrows} \underset{\displaystyle NH}{HOOC-\overset{\|}{C}}-CH_2-CH_2-COOH+XH_2 \tag{1}$$

Die bei dieser Reaktion entstehende Iminoglutarsäure steht ihrerseits in einem Hydrolysengleichgewicht mit Ketoglutarsäure und freiem Ammoniak:

$$\underset{\displaystyle NH}{HOOC-\overset{\|}{C}}-CH_2-CH_2-COOH+H_2O \rightleftarrows \underset{\displaystyle O}{HOOC-\overset{\|}{C}}-CH_2-CH_2-COOH+NH_3 \tag{2}$$

Die Gesamtreaktion

$$Glutaminsäure \underset{+\,2\,H}{\overset{-\,2\,H}{\rightleftarrows}} Ketoglutarsäure + NH_3$$

wird also bevorzugt von links nach rechts verlaufen, wenn die in der Teilreaktion (1) gebildete Dihydro-Co-Dehydrase durch geeignete Wasserstoffacceptoren (Flavinferment, Cytochrom, Sauerstoff) in Co-Dehydrase zurückverwandelt wird; dagegen muß sie von rechts nach links verlaufen, wenn anwesende Wasserstoffdonatoren eine ständige Rückbildung der hydrierten Co-Dehydrase bewirken. Der letztere Vorgang ist auch in den stickstoffassimilierenden Bakterien anzunehmen.

Die Ketoglutarsäure ist als biologische Abbaustufe der Citronensäure über den Citronensäurecyclus (KREBS[7]) und den Bernsteinsäure-Fumarsäurecyclus (vgl. Bd. 2, Endoxydation) mit wichtigen Abbaustufen der Kohlenhydrate, wie Bernsteinsäure, Oxalessigsäure, Brenztraubensäure usw. durch biologische Übergänge verknüpft. Die umkehrbare Glutaminsäuredehydrasereaktion schlägt also ein wichtiges Bindeglied zwischen den Abbauwegen der Kohlenhydrate und der Aminosäuren. Die gleiche Reaktion führt sehr wahrscheinlich von der

[1] LIPMAN, F., O. K. BEHRENS, A. E. KABIT and D. BURK: Science, N. Y. **91**, 21 (1940). — LIPMAN, F., R. D. HOTCHKISS and R. J. DUBOS: J. biol. Ch. **141**, 163 (1941). — HERKEN, H., u. H. ERXLEBEN: H. **269**, 47 (1941). — JONES, T. S. G.: Biochem. J. **42**, LIX (1948). — [2] WIELAND, TH.: Fortschr. chem. Forsch. **1**, 211, und zwar S. 272 (1949). — [3] WIELAND, TH.: Angew. Chem. **61**, 491 (1949). — [4] BRAUNSTEIN, A. E., and S. M. BYCHKOW: Nature **144**, 751 (1939). — Vgl. BRAUNSTEIN, A. E.: Adv. Protein Chem. **3**, 24 (1947). — [5] WARBURG, O., u. W. CHRISTIAN: B. Z. **298**, 150 (1938). — NEGELEIN, E., u. H. BRÖMEL: B. Z. **300**, 225 (1938/39). — [6] EULER, H. v., F. ADLER u. T. STEENHOFF ERIKSEN: H. **248**, 227 (1937). — EULER, H. v., E. ADLER, G. GÜNTHER u. N. B. DAS: H. **254**, 61 (1938). — ADLER, E., V. HELLSTRÖM, G. GÜNTHER u. H. v. EULER: H. **255**, 14 (1938). — ADLER, E., G. GÜNTHER u. J. E. EVERETT: H. **255**, 27 (1938). — ADLER, E., N. B. DAS, H. v. EULER u. U. HEYMAN: C. R. Lab. Carlsberg (II) **22**, No. 15 (1938). — [7] KREBS, A. H., and W. A. JOHNSON: Enzymologia **4**, 148 (1937).

Oxalessigsäure zur Asparaginsäure[1]. Schließlich ist die Asparaginsäure durch die Aspartasereaktion (vgl. S. 546) auch mit der Fumarsäure verknüpft.

Das von WOOLF in Colibakterien aufgefundene Ferment Aspartase[2] lagert nämlich in einer gleichfalls umkehrbaren Reaktion Ammoniak an die Doppelbindung von Fumarsäure unter Bildung von Asparaginsäure an (vgl. Schema, S. 513). Nach den Untersuchungen von BORSOOK und DUBNOFF[3], RATNER[4], LEUTHARDT[5] steht die oxydative Desaminierung der Glutaminsäure und Asparaginsäure zur Harnstoffsynthese im Ornithin-Arginincyclus (s. unten) in Beziehung.

Glutaminsäure selbst kann durch eingehend studierte enzymatische Abbauvorgänge oxydativ sowohl aus Histidin wie aus Prolin erhalten werden (s. S. 547).

Der unmittelbare *Übergang von Brenztraubensäure zum Alanin*, der mit aktiviertem Wasserstoff in der KNOOPschen Reaktion (s. oben) durchführbar ist, geht biologisch wahrscheinlich nicht oder nicht in erheblichem Umfange vor sich; vgl. jedoch WISS[6].

Von BRAUNSTEIN und KRITZMANN[7-9] wurde gezeigt, daß der Weg von der Brenztraubensäure zum Alanin über Glutaminsäure oder Asparaginsäure führt. Diese Aminodicarbonsäuren sind befähigt, in umkehrbarer Reaktion ihren Stickstoff mit der Ketogruppe der Brenztraubensäure auszutauschen.

$$\text{Glutaminsäure} + \text{Brenztraubensäure} \rightleftharpoons \alpha\text{-Ketoglutarsäure} + \text{Alanin}$$

$$\text{Asparaginsäure} + \text{Brenztraubensäure} \rightleftharpoons \text{Oxalessigsäure} + \text{Alanin}$$

Diese Umaminierungsreaktionen werden durch Fermente bewirkt, die als Aminopherasen[10] bezeichnet werden (s. S. 1206). Nach KNOOP und MARTIUS[11] ist es wahrscheinlich, daß bei der Reaktion SCHIFFsche Basen auftreten.

$$
\begin{array}{ccccc}
\text{COOH} & & \text{COOH} & & \text{COOH}\quad\text{COOH}\\
| & & | & & |\qquad\quad\ |\\
\text{CO}   & + & \text{H}_2\text{N}\!-\!\text{CH} & \longrightarrow & \text{C}=\text{N}\!-\!\text{CH}\\
| & & | & & |\qquad\quad\ |\\
\text{R}_1 & & \text{R}_2 & & \text{R}_1\qquad\ \text{R}_2
\end{array}
$$

$$\updownarrow$$

$$
\begin{array}{ccccc}
\text{COOH} & & \text{COOH} & & \text{COOH}\quad\text{COOH}\\
| & & | & & |\qquad\quad\ |\\
\text{HCNH}_2 & + & \text{CO} & \longleftarrow & \text{HC}\!-\!\text{N}=\!\!=\text{CH}\\
| & & | & & |\qquad\quad\ |\\
\text{R}_1 & & \text{R}_2 & & \text{R}_1\qquad\ \text{R}_2
\end{array}
$$

Anfänglich schien dieser Weg ohne weiteres auch für die übrigen Aminosäuren zu gelten[12,13], so daß diese also auf einem mittelbaren Weg über Glutaminsäure und Asparaginsäure gebildet und abgebaut würden. *In vitro* hat sich diese Ansicht allerdings nicht verifizieren lassen, denn nur einige einfache Homologe des Alanins

[1] VIRTANEN, A. I., and T. LAINE: Nature 141, 748 (1938). — [2] WOOLF, B.: Biochem. J. 23, 472 (1929). — [3] BORSOOK, H., and J. W. DUBNOFF: J. biol. Ch. 141, 717 (1941). — [4] RATNER, S.: J. biol. Ch. 170, 761 (1947). — RATNER, S., and A. PAPPAS: J. biol. Ch. 179, 1183, 1199 (1949). — [5] FAHRLÄNDER, H., P. FAVARGER u. F. LEUTHARDT: Helv. 31, 942 (1948). — FAHRLÄNDER, H., H. NIELSEN u. F. LEUTHARDT: Helv. 31, 957 (1948). — LEUTHARDT, F., A. F. MÜLLER u. H. NIELSEN: Helv. 32, 744 (1949). — EDLBACHER, S., u. J. KRAUS: H. 191, 225 (1930); 195, 267 (1931). — TAGGART, J. V., and R. B. KRAKAUER: J. biol. Ch. 177, 641 (1949). — [6] WISS, O.: Helv. 31, 1189 (1948). — [7] BRAUNSTEIN, A. E., u. M. G. KRITZMANN: Biochimia, Moskau, 2, 242, 859 (1937). Enzymologia 2, 129 (1937). — [8] COHEN, P. P., and G. L. HEKHUIS: J. biol. Ch. 140, 711 (1941). — [9] HERBST, R. M.: Adv. Enzymol. 4, 75 (1944). — [10] BRAUNSTEIN, A. E.: Biochimia, Moskau 4, 667 (1939). Enzymologia 7, 25 (1939). — [11] KNOOP, F., u. C. MARTIUS: H. 254,I (1938). — [12] BRAUNSTEIN, A. E., u. M. G. KRITZMANN: Biochimia, Moskau 3, 390 (1938). Enzymologia 7, 25 (1939). — VIRTANEN, A. I., and T. LAINE: Nature 141, 748 (1938). — EULER, H. v., E. ADLER, G. GÜNTHER u. N. B. DAS: H. 254, 61 (1938). — [13] Siehe Fußnote 4 S. 512.

bzw. der Brenztraubensäure, Glutaminsäure und Asparaginsäure unter sich gingen die Umaminierungsreaktion ein[1]. Trotzdem spricht vieles dafür, daß *in vivo* andere Verhältnisse herrschen[1] und dort die Umaminierung über die Aminodicarbonsäuren eine wichtige Rolle für Auf- und Abbau der meisten Eiweißbausteine spielt. Die Schlüsselstellung der Aminodicarbonsäuren als Acceptoren und Überträger des Stickstoffs (übersichtlich dargestellt in Tabelle 93) wird besonders durch die Isotopenversuche von SCHÖNHEIMER mit N^{15} erhellt[2]. Auch lange bekannte biologische Erfahrungen bestätigen dies. Asparaginsäure und Glutaminsäure bzw. deren Halbamide Asparagin und Glutamin treten namentlich in Pflanzen während eines besonders lebhaften Eiweißabbaues oder -umbaues z. B. bei der Keimung in großen Mengen auf. Die für ihre Bildung aus Asparaginsäure bzw. Glutaminsäure notwendige Energie wird durch Abbau von Adenosintriphosphat geliefert (s. unten).

Auch bei der *Stickstoffassimilation* (s. Bd. 2, Biochemie der Mikroorganismen) durch Bact. acetobacter oder Bact. radicicola sind Asparaginsäure und Glutaminsäure als erste Assimilationsstufen nachgewiesen worden. In diesem Falle konnte indessen auch eine Vorstufe der Asparaginsäure erhalten werden; es ist das Oxim der Oxalessigsäure, das man sich aus der durch Kohlenhydratabbau gebildeten Oxalessigsäure und Hydroxylamin entstanden denken kann. *Hydroxylamin*, das als erste Hydrierungsstufe des atmosphärischen Stickstoffs entstehen könnte, ist als solches bis heute nicht nachgewiesen worden[3]. Auch bei der Assimilation von Nitraten oder Nitriten durch Azotobacter werden die gleichen Zwischenstufen durchlaufen. Nach VIRTANEN scheint folgender Weg des Stickstoffs zur Aminosäure vielleicht möglich[4]:

$$NO_3^- \;-\!-\!-\!\rightarrow\; NO_2^- \searrow$$
$$N_2 \nearrow \; (H_2NOH) \text{ hypothetisch}$$

$$\text{Abbau der Kohlenhydrate} \rightarrow
\begin{matrix} COOH \\ | \\ CO \\ | \\ CH_2 \\ | \\ COOH \end{matrix}
\longrightarrow
\begin{matrix} COOH \\ | \\ C\!=\!NOH \\ | \\ CH_2 \\ | \\ COOH \end{matrix}
\;\rightarrow\;
\begin{matrix} COOH \\ | \\ CHNH_2 \\ | \\ CH_2 \\ | \\ COOH \\[2pt] COOH \\ | \\ CO \\ | \\ R \end{matrix}
\left.\right\}
\rightleftarrows
\left\{\right.
\begin{matrix} COOH \\ | \\ CO \\ | \\ CH_2 \\ | \\ COOH \\[2pt] COOH \\ | \\ CHNH_2 \\ | \\ R \end{matrix}$$

Bildung von Aminen. Neben diesen Reaktionen, über die der weitaus größte Teil des Abbaues und Aufbaues der Aminosäuren verläuft, ist noch auf einige Abbauwege hinzuweisen, die zwar mengenmäßig zurücktreten, aber biologisch wichtig sind. Bakterien und andere Mikroorganismen, aber auch Tier[5] und Pflanze besitzen die Fähigkeit, Aminosäuren oder wenigstens einzelne von ihnen unter *Decarboxylierung in Amine* überzuführen. Diese Reaktion, auf der z. B. die Bildung der Fäulnisbasen Putrescin und

[1] BRAUNSTEIN, A. E.: Adv. Protein Chem. **3**, 1, besonders 31 (1947). — [2] SCHÖNHEIMER, R., and D. RITTENBERG: Physiol. Rev. **20**, 218 (1940). — SCHÖNHEIMER, R., and S. RATNER: Ann. Rev. **10**, 197 (1941). — [3] ENDRES, G.: A. **518**, 109 (1935). — ENDRES, G., u. L. KAUFMANN: A. **535**, 1 (1938). — VIRTANEN, A. I., u. T. LAINE: Suomen Kemist. **9**, B 12 (1936). — [4] VIRTANEN, A. I., and T. LAINE: Biochem. J. **33**, 412 (1939); vgl. dazu Diskussion von BRAUNSTEIN, A. E.: Adv. Protein Chem. **3**, 27 (1947). — [5] BLASCHKO, H.: The amino acid decarboxylases of mammalian tissue. Adv. Enzymol. **5**, 67 (1945).

Tabelle 93. Citronensäurecyclus und Aminosäuren.

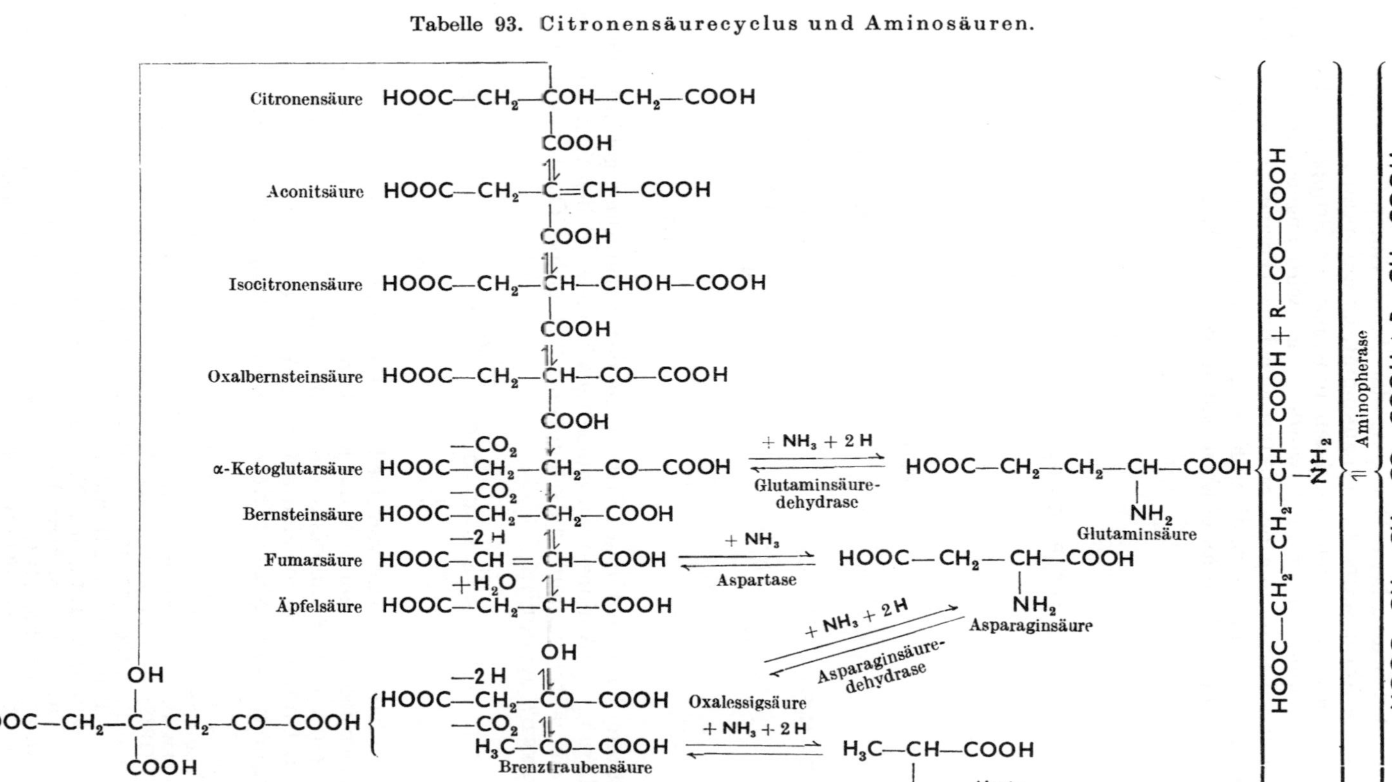

die des physiologisch und pharmakologisch so wichtigen Cadaverin[1], aber auch Histamins[2], des Tyramins[2], Tryptamins und des β-Alanins[1] beruht und der eine entscheidende Bedeutung beim Übergang der Aminosäuren in Alkaloide (vgl. S. 539, 543, sowie Ackermann, S. 778) zukommt, ist auf spezifische Aminosäuredecarboxylasen zurückzuführen, als deren prosthetische Gruppe die Pyridoxalphosphorsäure (Formel I) erkannt wurde[3]. Es wird angenommen, daß der Decarboxylierung die Bildung der Schiffschen Base (Formel II) aus Pyridoxal und Aminosäure zugrunde liegt, die in Form des tautomeren Iminosäurederivates (Formel III) leicht Kohlensäure abzuspalten vermag (Werle[4]).

$$\text{I}$$

$$\text{II} \qquad\qquad \text{III}$$

Schon ältere Untersuchungen hatten zu der Vermutung geführt, daß die Decarboxylierung der Aminosäuren mindestens in vielen Fällen über intermediär gebildete Iminosäuren verläuft, die schon von selbst leicht CO_2 abspalten (Grassmann[5], Franke[6], Knoop[7]):

$$\underset{\underset{NH_2}{|}}{R{-}CH}{-}COOH \xrightarrow{-2H} \underset{\underset{NH}{\|}}{R{-}C}{-}COOH \xrightarrow{-CO_2} \underset{\underset{NH}{\|}}{R{-}CH} \xrightarrow{+2H} \underset{\underset{NH_2}{|}}{R{-}CH_2}$$

Neuerdings hat Gale aus verschiedenen Bakterienstämmen ganz spezifische Decarboxylasen isolieren können, die jeweils nur eine bestimmte L-Aminosäure decarboxylieren[8]. Für 7 Aminosäuren (Arginin, Lysin, Ornithin, Histidin, Tyrosin, Phenylalanin, Glutaminsäure) sind auf diese Weise quantitative manometrische Bestimmungen in sehr geringer Konzentration ermöglicht worden.

[1] Virtanen, A. I., u. T. Laine: Enzymologia 3, 266 (1937). — [2] Hirai, K.: B. Z. 267, 1 (1933). — Eggerth, A. H.: J. Bacteriology 37, 205 (1939). — Heinsen, H. A.: H. 245, 1 (1937). — Werle, E., u. H. Herrmann: B. Z. 291, 105 (1937). — Werle, E., u. K. Krautzun: B. Z. 296, 315 (1938). — Werle, E., u. G. Mennicken: B. Z. 291, 325 (1937). — Holtz, P., u. R. Heise: A. e. P. P. 186, 377 (1937). — Holtz, P., R. Heise u. W. Spreyer: A. e. P. P. 188, 580 (1938). — Holtz, P.: H. 251, 226 (1938). — Holtz, P., u. R. Heise: A. e. P. P. 186, 269 (1937). — [3] Gunsalus, I. C., and W. D. Bellamy: J. biol. Ch. 155, 357 (1944). — [4] Werle, E.: Z. Vit.-, Horm.- u. Ferm.-Forsch. 1, 504 (1947/48). — [5] Grassmann, W., u. H. Bayerle: B. Z. 268, 220 (1934). — [6] Franke, W.: In Euler, Enzyme II/3, S. 533. 1934. — [7] Knoop, F.: Kli. Wo. 1938 II, 1309. — [8] Gale, E. F.: Biochem. J. 39, 46 (1945). Adv. Enzymol. 6, 1 (1946). Eiweißforsch. 1, 145 (1948).

Aminosäuredismutation und Hydrierung. Eine neue Art des Aminosäureabbaues haben STICKLAND[1] und WOODS[2] bei einzelnen Clostridien (Clostridium sporogenes und tetanomorphum) nachgewiesen (vgl. Bd. 2, Biochemie der Mikroorganismen). Der Aminosäureabbau, der diesen Anaerobiern als Energiequelle dient, läßt sich dadurch kennzeichnen, daß ein Teil der Aminosäure dehydriert, ein anderer unter Bildung von Fettsäure und Ammoniak hydriert wird; z. B. bewirkt Clostridium sporogenes in Gegenwart von Glykokoll und Alanin folgenden Umsatz:

$$CH_3\text{—}\underset{\underset{NH_2}{|}}{CH}\text{—}COOH + 2\,CH_2\text{—}COOH + 2\,H_2O \underset{\underset{NH_2}{|}}{\rightleftharpoons} 3\,CH_3\text{—}COOH + 3\,NH_3 + CO_2$$

4. Nachweis und Bestimmung der Aminosäuren[3, 4].

a) Abscheidung der Aminosäuren als Carbaminate. Die Erdalkalisalze der Aminosäuren gehen beim Einleiten von Kohlendioxyd in die Erdalkalisalze der Carbaminosäuren über[5], die in Alkohol/Wasser-Mischungen schwer löslich sind.

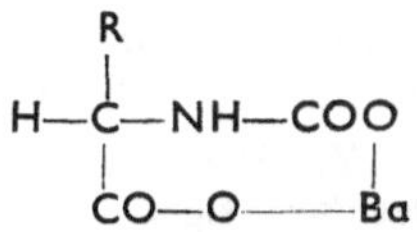

Durch Erhitzen in wäßriger Lösung können aus den Bariumcarbaminaten die freien Aminosäuren unter Abscheidung von Bariumcarbonat wieder erhalten werden. Auf Grund der verschiedenen Löslichkeit der Bariumcarbaminate in Alkohol/Wasser-Mischungen können in einigen Fällen auch Aminosäuren voneinander getrennt werden[6].

$$\begin{array}{c} R \\ | \\ H\text{—}C\text{—}NH\text{—}COO \\ | \qquad\qquad | \\ CO\text{—}O\text{———}Ba \end{array}$$

Von SIEGFRIED[5] wurde auch eine Bestimmung der primären Aminogruppen auf dieser Reaktion aufgebaut. Dabei werden die Carbaminate mit Säure zersetzt und die entwickelte Kohlensäure volumetrisch gemessen.

Eine vollständige Abscheidung aller Aminosäuren und zugleich ihre Abtrennung von Zuckern und anorganischen Salzen gelingt durch Überführung in die schwerlöslichen *Quecksilbersalze der Carbaminosäuren*[7]. Zu diesem Zwecke wird die sodaalkalische Lösung der Aminosäuren mit Quecksilberacetat versetzt und der abgeschiedene Niederschlag mit Schwefelwasserstoff unter Erwärmen zerlegt.

b) Abscheidung der Aminosäuren mit Phosphorwolframsäure. Die Fällung mit Phosphorwolframsäure dient zur Abscheidung der basischen Aminosäuren (Hexonbasen) und wird bei den Trennungsverfahren eingehend behandelt (vgl. S. 557/8).

c) Abscheidung der Aminosäuren durch Überführung in andere schwerlösliche Verbindungen. Aminosäureabkömmlinge, die vielfach schwer löslich sind und gut krystallisieren, daher für die Abscheidung und Erkennung bestimmter Aminosäuren geeignet erscheinen, sind unter anderen die Benzoylverbindungen, die Formylverbindungen, die β-Naphthalinsulfosäure- und p-Toluolsulfosäureverbindungen, die Phenylisocyanat- und Naphthylisocyanatverbindungen sowie die Hydantoine.

---

[1] STICKLAND, L. H.: Biochem. J. **28**, 1746 (1934); **29**, 288, 889 bes. 896 (1935). — [2] WOODS, D. D.: Biochem. J. **30**, 1934 (1936). — WOODS, D. D., and C. E. CLIFTON: Biochem. J. **31**, 1774 (1937); **32**, 345 (1938). Vgl. auch KOCHOLATY, W., and J. C. HOOGERHEIDE: Biochem. J. **32**, 437, 949 (1938). — [3] H.-Th. S. 218—225. — Handb. biol. Arb.-Meth., Abt. I, Teil 7, 1923. — [4] MARTIN, A. J. P., and R. L. M. SYNGE: Analytical chemistry of proteins. Adv. Protein Chem. **2**, 1 (1945). — [5] SIEGFRIED, M.: H. **44**, 85 (1905); **46**, 401 (1905). — SIEGFRIED, M., u. C. NEUMANN: H. **54**, 423 (1907/08). — SIEGFRIED, M., u. H. LIEBERMANN: H. **54**, 437 (1907/08). — SIEGFRIED, M.: Ergebn. Physiol. **9**, 334 (1910). — LIEBERMANN, H.: H. **58**, 84 (1908/09). — [6] KINGSTON, H. L., and S. B. SCHRYVER: Biochem. J. **18**, 1070 (1924). — [7] NEUBERG, C., u. J. KERB: B.Z. **40**, 498 (1912); **67**, 119 (1914).

Viele Aminosäuren, besonders die basischen, geben schwer lösliche Salze mit Nitrophenolen, z. B. mit Pikrinsäure, Pikrolonsäure[1], Nitranilsäure[2], Styphninsäure[3] und Flaviansäure[4].

Auch eine Reihe von Sulfosäuren des Benzols, Phenols, Naphthalins und des Anthrachinons sind für Abscheidung bestimmter Aminosäuren empfohlen worden[5].

Schwerlösliche Metallsalze haben zur Abscheidung einzelner Aminosäuren Bedeutung erlangt. So beruht die Aufteilung der Basen nach der von Kossel und Kutscher stammenden, von Vickery und Leavenworth sowie Block verbesserten Silber-Baryt-Methode auf der unterschiedlichen Löslichkeit der Silbersalze (vgl. S. 558). Histidin[6] sowie Tryptophan und Oxytryptophan[7] können als schwerlösliche Quecksilbersalze abgeschieden werden.

Die komplexen *Kupfersalze* der Aminosäuren sind im allgemeinen leichtlösliche, tiefblau gefärbte Verbindungen (s. oben S. 503); Kupfer(II)-salze einzelner Aminosäuren, insbesondere des Leucins, Isoleucins und Phenylalanins sowie des Cystins und der Asparaginsäure sind jedoch in Wasser schwer löslich und zur Abscheidung geeignet. Auf diesen Unterschieden der Löslichkeit beruht ein Trennungsverfahren der Aminosäuren nach Town und Brazier (s. S. 558). Als schwerlösliche Kupfer(I)-salze können Cystein und reduziertes Glutathion praktisch quantitativ abgeschieden werden[8].

Zur Abscheidung einzelner Aminosäuren haben schwerlösliche Salze mit komplexen Anionen des 3-wertigen Chroms Bedeutung erlangt. So dient Reinecke-Säure $[Cr(CNS)_4(NH_3)_2]$ zur Abscheidung von Prolin, Oxyprolin (s. unten) und Histidin; Rhodanilsäure (Tetrarhodanato-dianilido-chromisäure) $[Cr(CNS)_4(C_6H_5NH_2)_2]^-$ zur Abscheidung von L-Prolin (s. unten); Dioxalato-dipyridino-chromisäure $[Cr(C_2O_4)_2(C_5H_5N)_2]^-$ zur Abscheidung des Alanins[9]; Trioxalatochromiat $[Cr(C_2O_4)_3]^{--}$ zur Abscheidung des Glykokolls[10].

Derartige zur Abscheidung geeignete Niederschläge sind selbstverständlich im allgemeinen nur schwer löslich, aber keineswegs unlöslich. Eine genaue quantitative Ermittlung der vorhandenen Aminosäuremenge unter Berücksichtigung des in Lösung gebliebenen Anteils erstrebt die Löslichkeitsproduktsmethode nach Bergmann, Moore und Stein[11], deren theoretische Voraussetzungen allerdings in vielen Fällen nur annähernd erfüllt sein können.

d) Farbreaktionen der Aminosäuren.

α) Ninhydrinreaktion und verwandte Reaktionen.

Diese für alle Aminosäuren allgemein anwendbare und empfindliche Farbreaktion beruht auf einer Blaufärbung beim Kochen mit Ninhydrin (Triketohydrindenhydrat). Prolin und Oxyprolin reagieren in anderer Weise (s. nachstehend).

[1] Bergmann, M., and C. Niemann: J. biol. Ch. **118**, 781 (1937). — Vgl. auch Zimmermann, W., u. D. B. Cuthbertson: H. **205**, 38 (1932). — [2] Town, B. W.: Biochem. J. **30**, 1833 (1936). — Block, R. J.: J. biol. Ch. **133**, 67 (1940). — Müller, E.: H. **268**, 245 (1941). — [3] Schneider, F.: Collegium, Darmstadt **1940**, 97. — [4] Kossel, A., u. R. E. Gross: H. **135**, 167 (1924). — Vickery, H. B.: J. biol. Ch. **132**, 325 (1940). — Heathcote, J. G.: Biochem. J. **42**, XLIV (1948). — [5] Zimmermann, W.: H. **188**, 180; **189**, 155 (1930). — Vickery, H. B.: J. biol. Ch. **143**, 77 (1942); **144**, 719 (1942). — Bergmann, M., and S. W. Fox: J. biol. Ch. **129**, 609 (1939). — Doherty, D. G., W. H. Stein and M. Bergmann: J. biol. Ch. **135**, 487 (1940). — Stein, W. H., St. Moore, G. Stamm, Ch. Y. Chou and M. Bergmann: J. biol. Ch. **143**, 121 (1942). Vgl. auch Wieland, Th.: Fortschr. chem. Forsch. **1**, 211 (1949). — [6] Fraenkel, S.: Mh. Chem. **24**, 229 (1903). — Lang, K.: H. **222**, 3 (1933). — [7] Wieland, H., u. B. Witkop: A. **543**, 171 (1940). — [8] Hopkins, F. G.: Biochem. J. **15**, 286 (1921). — Lucas, C. C., and J. M. R. Beveridge: Biochem. J. **34**, 1356 (1940). — Bailey, K., A. C. Chibnall, M. W. Rees and E. F. Williams: Biochem. J. **37**, 360 (1943). — [9] Bergmann, M.: J. biol. Ch. **122**, 569 (1937/38). — [10] Bergmann, M., and S. W. Fox: J. biol. Ch. **109**, 317 (1935). — [11] Bergmann, M., and W. H. Stein: J. biol. Ch. **128**, 217 (1939). — Moore, S., and W. H. Stein: J. biol. Ch. **150**, 113 (1943).

Ausführung der Reaktion für qualitative Zwecke. Es ist zu beachten, daß die Reaktion bei $p_H = 7,0$ ausgeführt wird. Eine Probe (ammonsalzfrei!) wird genau neutralisiert, mit wenig Phosphatpuffer $p_H = 7,0$ versetzt und auf 10 cm³ mit 1 cm³ einer 1%igen Ninhydrinlösung 1 min gekocht. Nötigenfalls $^1/_2$ h stehenlassen. Sehr empfindlich. Bei Anwesenheit von Aldehyden oder Ketonen, die ebenfalls eine Färbung geben können, wird 3 min gekocht und danach mit wenig Amylalkohol ausgeschüttelt, wobei der Farbstoff mit violetter Farbe in Lösung geht. Die Färbung, die eventuell von aldehyd- oder ketonartigen Verbindungen herrührt, läßt sich auf diese Weise nicht ausschütteln.

Die Ninhydrinreaktion der α-Aminosäuren geht in ähnlicher Weise wie die Murexidreaktion vor sich. Das Triketohydrinden (I) dehydriert die Aminosäure zur Iminosäure (II) und geht dabei selbst in den entsprechenden sekundären Alkohol, Hydrindantin (III) über. Die Iminosäure zerfällt in den nächst niedrigeren Aldehyd, Kohlensäure und Ammoniak, der mit dem noch vorhandenen Ninhydrin unter Kondensation zum Farbstoff (IV) reagiert[1].

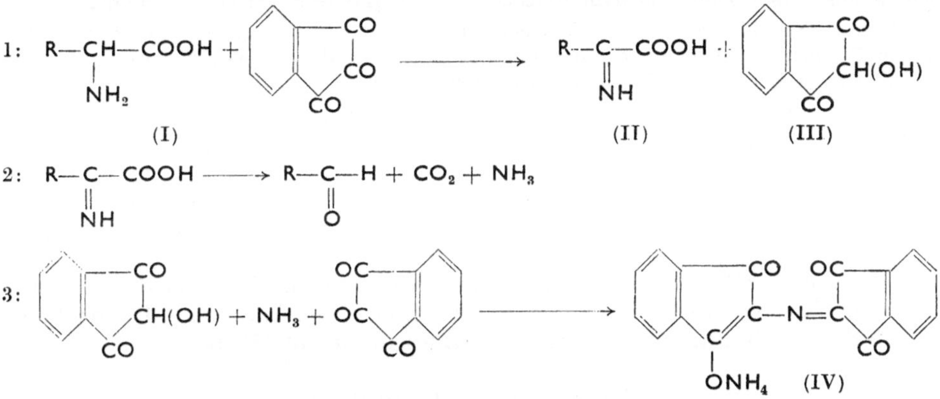

Unterhalb p_H 2,5 unterbleibt Reaktion 3; es bildet sich kein Farbstoff; die abgespaltene Aminogruppe tritt als Ammoniak auf, der nach Entfernung oder Zerstörung des überschüssigen Ninhydrins quantitativ bestimmt werden kann[2]. Diese Bestimmung ist aber weniger genau als die Bestimmung der nach Gleichung 2 abgespaltenen Kohlensäure oder die colorimetrische Bestimmung.

VAN SLYKE[3] verwendet statt Ninhydrin Chloramin T (V) oder Isatin in Eisessig. Für die Mikrobestimmung von Alanin, Valin, Leucin, Asparaginsäure und Phenylaminoessigsäure wurde an Stelle von Ninhydrin von MOUBASHER[4] peri-Naphthindan-2,3,4-trion-hydrat (VI) vorgeschlagen.

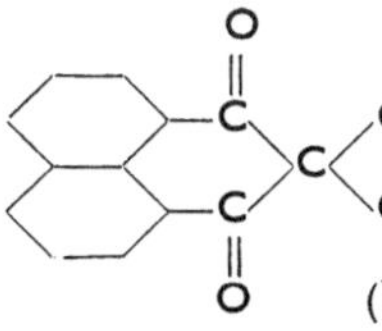

Bei der vor allem von VAN SLYKE ausgearbeiteten *Mikrobestimmung* wird die Umsetzung mit Ninhydrin bei mäßig saurem p_H vorgenommen und die entwickelte Kohlensäure manometrisch[5] oder titrimetrisch[6] bestimmt. Kohlensäureentwicklung findet nur statt, wenn Amino- und freie Carboxylgruppe am gleichen C-Atom gebunden sind. Dementsprechend geben α-Aminosäuren 1 Mol CO_2 ab (mit Ausnahme der Asparaginsäure,

[1] RUHEMANN, S.: Soc. **97**. 1438, 2025 (1910); **99**, 792, 1486 (1911). — [2] MACFADYEN, D. A.: J. biol. Ch. **159**, 507 (1944). — SOBEL, A. E., A. HIRSCHMANN and L. BESMAN: J. biol. Ch. **161**, 99 (1945). — [3] SLYKE, D. D. VAN, R. T. DILLON, D. A. MACFADYEN and P. HAMILTON: J. biol. Ch. **141**, 627 (1941). — [4] MOUBASHER, R.: J. biol. Ch. **175**, 187 (1948). — MOUBASHER, R., and W. I. AWAD: J. biol. Ch. **179**, 915 (1949). — MOUBASHER, R., and A. SINA: J. biol. Ch. **180**, 681 (1949). — MOUBASHER, R., A. SINA and W. I. AWAD: J. biol. Ch. **184**, 693 (1950). — MOUBASHER, R.: Am. Soc. **72**, 2666 (1950). — [5] SLYKE, D. D. VAN, and R. T. DILLON: Proc. Soc. exp. Biol. Med. **34**, 362 (1936). — MASON, M. F.: Biochem. J. **32**, 719 (1938). — SLYKE, D. D. VAN, R. T. DILLON, D. A. MACFADYEN and P. HAMILTON: J. biol. Ch. **141**, 627 (1941). — [6] SLYKE, D. D. VAN, D. A. MACFADYEN and P. HAMILTON: J. biol. Ch. **141**, 671 (1941). — CHRISTENSEN, B. E., E. S. WEST and K. P. DIMICK: J. biol. Ch. **137**, 735 (1941). — HAMILTON, P., and D. D. VAN SLYKE: J. biol. Ch. **164**, 249 (1946). — SCHOTT, H. F., L. B. ROCKELAND and M. S. DUNN: J. biol. Ch. **154**, 397 (1944).

die 2 Mol CO_2 liefert); Peptide reagieren wohl unter Farbstoffbildung, nicht aber unter Freisetzung von CO_2. Die quantitative colorimetrische Bestimmung der Aminosäuren mittels der Ninhydrinreaktion hat lange Schwierigkeiten bereitet, die auf Störungen durch den Luftsauerstoff beruhen. Nachdem Tetzner[1] festgestellt hatte, daß die Empfindlichkeit der Reaktion durch Zusatz von Ascorbinsäure erheblich erhöht werden kann, ist von Moore und Stein[2] eine quantitative Methode ausgearbeitet worden, bei der die Umsetzung in Gegenwart von Zinn(II)-chlorid (oder besser $Na_2S_2O_3$)[3] vorgenommen wird. Vgl. auch[4]. Verwendung in der Papierchromatographie vgl. S. 565.

Von Virtanen[5] ist eine Aminosäurebestimmung auf der Grundlage der Ninhydrinreaktion entwickelt worden, bei der die gebildete Aldehydmenge gemessen wird. Flüchtige Aldehyde entstehen nur aus Alanin, Valin, Leucin, Isoleucin, Phenylalanin und Methionin, nicht aus den übrigen natürlichen Aminosäuren. Mikrobestimmungen einzelner Aminosäuren s. bei Glykokoll, Alanin und Glutaminsäure. Die Aldehyde können auch fraktioniert destilliert oder in Form ihrer Dinitrophenylhydrazone chromatographisch getrennt werden[6].

Weitere Verbindungen, die in ähnlicher Weise unter CO_2-Abspaltung und Bildung der um ein C ärmeren Aldehyde reagieren, sind beispielsweise Glyoxal, Methylglyoxal, Diacetyl (I), Alloxan (II), Benzil (III), Diphenyltriketon (IV) u. a.

$$CH_3\!-\!CO\!-\!CO\!-\!CH_3 \qquad\qquad C_6H_5\!-\!CO\!-\!CO\!-\!C_6H_5$$
$$\text{I} \qquad\qquad\qquad\qquad\qquad \text{III}$$

$$C_6H_5\!-\!CO\!-\!CO\!-\!CO\!-\!C_6H_5$$
$$\text{IV}$$

$$\begin{array}{ccc} HN & - & CO \\ | & & | \\ OC & & CO \\ | & & | \\ HN & - & CO \end{array}$$
$$\text{II}$$

Alloxanprobe (Reaktion von Lieben und Edel[7]): beim Versetzen der lackmusneutralen Lösung mit Alloxan tritt meist schon in der Kälte eine Rosafärbung auf, die durch 10minütiges Erhitzen im Wärmeschrank auf 75° noch verstärkt wird.

β) Reaktion mit Chinonen.

Benzochinon reagiert mit Aminosäuren unter Rotfärbung, wobei die Aminosäure wahrscheinlich entsprechend der allgemeinen Formel (V) addiert wird[8].

Ähnlich verläuft die *Reaktion nach* Folin[9] *mit β-Naphthochinonsulfosäure*. Gibt man zu einer sodaalkalischen Aminosäurelösung in der Kälte β-Naphtho-

chinonsulfosäure (s. Formel VI), so entsteht eine rötliche Färbung; nachträglicher Zusatz von Essigsäureacetatgemisch und von Thiosulfat verstärkt die Farbe bzw. entfärbt den Reagensüberschuß. Quantitative Bestimmung der Aminosäuren mittels der Reaktion nach Folin vgl. Frame[10]. Die Reaktion ist

[1] Tetzner, E.: Mikrochem. **28**, 141 (1940). — [2] Moore, S., and W. H. Stein: J. biol. Ch. **176**, 367 (1948). Vgl. Wieland, Th.: Fortschr. chem. Forsch. 1, 211 (1949). — [3] Grassmann, W., u. K. Hannig: Unveröffentlicht. — [4] Schönberg, A., and R. Moubasher: Soc. **1949**, 212. — [5] Virtanen, A. I., and T. Laine: Nature **142**, 754 (1938). Skand. Arch. Physiol. **80**, 392 (1938). — Virtanen, A. I., T. Laine u. T. Toivonen: H. **266**, 193 (1940). — Virtanen, A. I., and N. Rautanen: Biochem. J. **41**, 104 (1947). — [6] Turba, F.: B. **74**, 1829 (1941). — White, J. W.: Analyt. Chem. **20**, 726 (1948). — [7] Lieben, F., u. E. Edel: B. Z. **244**, 403 (1932). — [8] Fischer, E., u. H. Schrader: B. **43**, 325 (1910). — [9] Folin, O.: J. biol. Ch. **51**, 377 (1922). — [10] Frame, E. G., J. A. Russell and A. E. Wilhelmi: J. biol. Ch. **149**, 255 (1943).

nicht spezifisch für α-Aminosäuren. Im Gegensatz zur Ninhydrinreaktion werden kräftige Färbungen z. B. auch mit aromatischen Aminen erhalten.

Entsprechendes gilt von der Reaktion mit *Bindon* (Anhydro-bis-indandion), die als Reaktion aromatischer Amine schon von Liebermann 1897 aufgefunden, von Wanag[1] neuerdings in ihrer Brauchbarkeit zum Nachweis von Aminosäuren überprüft worden ist.

γ) Reaktion mit Diacetylbenzol (Winkler[2]).

1,2-Diacetylbenzol gibt mit Aminosäuren, Peptiden und Proteinen noch in hoher Verdünnung eine tiefblaue Färbung; die aus verschiedenen Aminosäuren erhaltenen Farbstoffe scheinen, anders als bei der Ninhydrinreaktion, verschiedene Zusammensetzung zu haben.

δ) Reaktion von Waser[3].

Bei Zugabe von verdünnter Sodalösung bildet sich in der mit Pyridin und p-Nitrobenzoylchlorid versetzten und zum Sieden erhitzten Lösung eine dunkelweinrote bis violette Färbung. Die Reaktion soll streng spezifisch für α-Aminosäuren sein. In den gefärbten Produkten liegen nach Karrer und Keller[4] nitronsaure Salze von Oxazolonderivaten vor.

ε) Biuretreaktion[5]. Im Gegensatz zu Eiweißstoffen, Peptonen und höheren Polypeptiden geben die Aminosäuren keine Biuretreaktion; eine Ausnahme macht Histidin.

e) Bestimmung der freien Aminogruppen nach van Slyke[6].

Diese wichtige Bestimmung beruht auf der Reaktion der primären aliphatischen Aminogruppen mit salpetriger Säure. Die Menge des gebildeten

$$R \cdot NH_2 + O{:}N \cdot OH = R \cdot OH + N_2 + H_2O.$$

Stickstoffes wird volumetrisch gemessen, nachdem man gleichzeitig entstandene Stickoxyde mit alkalischer Permanganatlösung absorbiert hat.

Die α-Aminogruppen der Aminosäuren reagieren in essigsaurer Lösung schon innerhalb 5 bis 10 min quantitativ. Die Reaktion der ε-Aminogruppe des freien Lysins erfolgt langsamer und erfordert etwa 20 min. Amide, Harnstoff und die Guanidinogruppe des Arginins reagieren in essigsaurer Lösung unter den üblichen Bedingungen nicht in meßbarem Umfange, wohl aber z. T. in mineralsaurer Lösung. Mineralsaure Lösungen sind daher vor der Bestimmung abzustumpfen. Der Stickstoff der Peptidbindungen, ebenso der heterocyclisch gebundene Stickstoff des Prolins, Oxyprolins, Tryptophans und Histidins reagiert unter den Bedingungen der van Slyke-Bestimmung nicht. Zu hohe Werte erhält man mit Glykokoll und vor allem mit Glycinpeptiden (Fehler bis zu 20%), die bei der Reaktion immer auch etwas CO_2 und N_2O liefern[7]. Auch mit Cystin, Cystein, Tryptophan und Arginin[8] sowie in Gegenwart niederer Alkohole werden zu hohe Werte gefunden[9]. Auch durch Phenole und phenolische Substanzen werden, wohl durch Reduktion der salpetrigen Säure, zum Teil

[1] Wanag, G.: Z. analyt. Chem. **122**, 119 (1941). — [2] Winkler, W.: B. **81**, 256 (1948). — [3] Waser, E., u. E. Bräuchli: Helv. **7**, 757 (1924). — Waser, E.: Schweiz. med. Wschr. **59**, 602 (1929). — Edlbacher, S., u. Fr. Litvan: H. **265**, 241 (1940); **267**, 285 (1941). — [4] Karrer, P., u. R. Keller: Helv. **26**, 50 (1943). — [5] H.-Th. S. 268. — Kirk, P. L.: The chemical determination of proteins. Adv. Protein Chem. **3**, 149 (1947). — [6] Slyke, van, D. D.: B. **43**, 3170 (1910); **44**, 1684 (1911). — [7] Austin, A. T.: Soc. **1950**, 149. — [8] Schmidt, C. L. A.: J. biol. Ch. **82**, 587 (1929). — [9] Vgl. dazu die Verbesserungen der Methode von Kendrick, A. B., and M. E. Hanke: J. biol. Ch. **117**, 161 (1937).

erhebliche N-Mengen erhalten, insbesondere im Licht[1]. Auch manometrische[2] bzw. volumetrische[3] Mikrobestimmungen wurden ausgearbeitet.

Die Reaktion hat große Bedeutung für die Verfolgung des enzymatischen und nichtenzymatischen Eiweißabbaues (vgl. S. 612) sowie für die Analyse von Eiweißstoffen bzw. von Aminosäuregemischen (vgl. S. 613). Hinsichtlich der Ausführung sei auf die einschlägigen Handbücher verwiesen[4].

f) Titrimetrische Bestimmung der Aminosäuren.

Grundsätzliches.

Die alkalimetrische oder acidimetrische Bestimmung der Amino- und Carboxylgruppen in amphoteren Elektrolyten, also in Aminosäuren, Polypeptiden und Eiweißstoffen, stößt in wäßriger Lösung, wenigstens bei Verwendung der üblichen Indicatoren, auf erhebliche Schwierigkeiten, weil die Titration der Carboxylgruppe durch die gleichzeitig anwesende Aminogruppe gestört wird und umgekehrt.

Der störende Einfluß der Aminogruppe auf die Carboxyltitration kann durch die Gegenwart von Formaldehyd behoben werden (Formoltitration nach SØRENSEN); allgemein gelingt es, die gegenseitige Beeinflussung der sauren und basischen Gruppen weitgehend auszuschalten, wenn man die Titration in einem Lösungsmittel ausführt, dessen Dielektrizitätskonstante kleiner ist als diejenige des Wassers. Auf diesem Prinzip beruhen die Titration der Carboxyle in Aminosäuren und Peptiden in alkoholischer Lösung nach WILLSTÄTTER und WALDSCHMIDT-LEITZ, die Titration der Aminogruppen in wasserhaltigem Aceton nach LINDERSTRØM-LANG, sowie die Titration der Aminogruppen mit Perchlorsäure in Eisessig nach HARRIS (s. S. 521).

Formoltitration nach SØRENSEN[5]. Die alkalimetrische Bestimmung der COOH-Gruppen wird in wäßriger Lösung in Gegenwart von Formaldehyd mit Phenolphthalein als Indicator vorgenommen. Potentiometrische Ausführung unter Verwendung der Glaselektrode nach DUNN[6]. Das ursprüngliche Verfahren ist weitgehend durch das Verfahren nach WILLSTÄTTER und WALDSCHMIDT-LEITZ verdrängt, das bei größerer Titrationsgenauigkeit auch das Prolin erfaßt.

Bestimmung der Carboxylgruppen nach WILLSTÄTTER-WALDSCHMIDT-LEITZ[7]. Man titriert die (wäßrige) Probelösung mit 90%iger alkoholischer Kalilauge gegen Thymolphthalein bis zur Blaufärbung und fügt dann die 9fache Menge absoluten Alkohol zu, wodurch die Blaufärbung wieder verschwindet; darauf titriert man zu Ende. Der Alkaliverbrauch des Alkohols muß durch eine Blindprobe festgestellt werden.

Auf dem gleichen Grundsatz wurde von GRASSMANN und HEYDE[8] ein Mikroverfahren aufgebaut, das sich zur Bestimmung kleiner Mengen, aber nicht für extrem verdünnte Lösungen eignet.

[1] CARTER, H. E., and S. R. DICKMAN: J. biol. Ch. **149**, 571 (1943). — FRAENKEL-CONRAT, H.: J. biol. Ch. **148**, 453 (1943). — [2] WARBURG, O., W. CHRISTIAN u. A. GRIESE: B. Z. **282**, 157 (1935). — [3] SANDKUHLE, J., P. L. KIRK and B. CUNNINGHAM: J. biol. Ch. **146**, 427 (1942). — [4] Vgl. z. B. GRASSMANN, W., u. P. STADLER: Bamann-Myrbäck 1. Bestimmung der Carboxyl- und Aminogruppen der Aminosäuren und Peptide durch Titration, S. 1096—1106. Gasometrische Bestimmung der Aminosäuren, S. 1107—1123. — H.-Th. S. 585. — [5] SØRENSEN, S. P. L.: B. Z. **7**, 45 (1908). — H.-Th. S. 582. — HENRIQUES, V., u. S. P. L. SØRENSEN: H. **64**, 120 (1910). — Vgl. auch FRENCH, D., and J. T. EDSALL: Adv. Protein Chem. **2**, 277 (1945). — TREADWELL, W. D., u. J. BERGSLAND: Helv. **28**, 945 (1945). — Vgl. auch LÖNNING, TH. J. G., u. W. D. TREADWELL: Helv. **28**, 1057 (1945). — [6] DUNN, M. S., and A. LOSHAKOFF: J. biol. Ch. **113**, 359 (1936). — [7] WILLSTÄTTER, R., u. E. WALDSCHMIDT-LEITZ: B. **54**, 2988 (1921). — H.-Th. S. 582. — [8] GRASSMANN, W., u. W. HEYDE: H. **183**, 32 (1929).

Bestimmung der Aminogruppen nach LINDERSTRØM-LANG[1]. Die wäßrige Versuchsflüssigkeit wird mit alkoholischer Salzsäure bis zur Rotfärbung versetzt (Indicator:Naphthylrot), dann wird Aceton zugegossen, so daß die Lösung gerade noch klar bleibt, und wieder Salzsäure zugegeben, bis die Flüssigkeit etwas röter als eine unter Blindversuchsbedingungen angesetzte Vergleichslösung geworden ist. Darauf wird nochmals so viel Aceton zugefügt, daß eine Acetonkonzentration von mindestens 90% erreicht wird, und zur Farbe der Kontrolle titriert.

Sehr schöne Ergebnisse erzielte LINDERSTRØM-LANG mit einem auf der gleichen Grundlage aufgebauten Mikroverfahren[2] bei histochemischen Untersuchungen. Es war damit möglich, enzymatische Vorgänge in Schnitten, die nur wenige Zellen enthielten, zu verfolgen[3] (s. S. 985f.). Photoelektrische Bestimmung des Indicatorumschlags vgl. [4].

Titration nach HARRIS[5]. Die Titration erfolgt in Eisessiglösung mittels Perchlorsäure in Eisessig, wobei Brillantkresylblau oder Krystallviolett als Indicator dienen. Bei der Titration schwerlöslicher Aminosäuren kann Ameisensäure zugefügt werden[6].

g) Jodometrische oder colorimetrische Bestimmung der Kupferkomplexe.

Das beim Schütteln von Aminosäurelösungen mit frisch gefälltem Kupferhydroxyd komplex in Lösung gegangene Kupfer kann nach dem Vorgang von KOBER und SUGIURA bestimmt werden[7], beispielsweise jodometrisch. Bei allen Aminosäuren außer Histidin wird dabei $^1/_2$ Cu·· in Lösung gebracht; der Histidinkupferkomplex enthält 3 Mol Histidin auf 2 Mol Kupfer. Peptide lösen je Mol 1 Cu, während primäre Amine nicht reagieren. Das Verfahren wurde durch POPE und STEVENS unter Verwendung von Kupferphosphat an Stelle von Kupferhydroxyd verbessert[8].

Zur quantitativen Bestimmung sehr kleiner Mengen von Aminosäuren auf Filtrierpapier, wie sie bei der Papierchromatographie erhalten werden, schüttelt man die aminosäurehaltigen Teile des Papiers mit einer Kupferphosphat-Suspension und bestimmt die in Lösung gegangene Kupfermenge colorimetrisch mit Natriumdiäthyldithiocarbamat[9] oder polarographisch nach Sulfitzusatz[10].

Auch die von TH. WIELAND[11] ausgearbeitete sogenannte Retentionsanalyse zur quantitativen Bestimmung kleinster Aminosäuremengen auf Filtrierpapier macht von der komplexen Bindung des Kupfers durch Aminosäuren Gebrauch. Man läßt über den auf Filtrierpapier befindlichen Aminosäureflecken die Lösung des Kupfersalzes in einem Lösungsmittel, das weder die Aminosäuren noch deren Kupferkomplex merklich löst, aufsaugen. Die Front der Kupferionen wird an den Aminosäurestellen infolge Bildung der Kupferkomplexe zurückgehalten (retiniert), wodurch im Verlauf der Kupferfront Lücken entstehen, deren Größe den Aminosäurekonzentrationen proportional ist. Durch Aufsprühen der roten Lösung von Rubeanwasserstoff ($H_2N \cdot SC \cdot CS \cdot NH_2$) in Aceton läßt sich das Ergebnis nachträglich deutlich sichtbar machen (Abb. 48, S. 565).

---

[1] LINDERSTRØM-LANG, K.: H. **173**, 32 (1928). — [2] LINDERSTRØM-LANG, K., u. H. HOLTER: H. **201**, 9 (1931). — [3] LINDERSTRØM-LANG, K., u. H. HOLTER: H. **204**, 15 (1932). — [4] ZAMECNIK, P. C., G. J. LAVIN and M. BERGMANN: J. biol. Ch. **158**, 537 (1945). — [5] HARRIS, L. J.: J. biol. Ch. **84**, 296 (1929). Biochem. J. **29**, 2820 (1935). — NADEAU, G. F., and L. E. BRANCHEN: Am. Soc. **57**, 1363 (1935). — [6] TOENNIES, G., and TH. P. CALLAN: J. biol. Ch. **125**, 259 (1938). — [7] KOBER, P. A., and K. SUGIURA: J. biol. Ch. **13**, 1 (1912). — [8] POPE, C. G., and M. F. STEVENS: Biochem. J. **33**, 1070 (1939). Vgl. auch ALBANESE, A. A., and V. IRBY: J. biol. Ch. **153**, 583 (1944). — RAUEN, H. M., G. LEONHARDI u. M. BUCHKA: H. **284**, 178 (1949). — [9] WOIWOD, A. J.: Nature **161**, 169 (1948). Biochem. J. **45**, 412 (1949). — [10] MARTIN, A. J. P., and R. MITTELMANN: Biochem. J. **43**, 353 (1948). — [11] WIELAND, TH., u. ED. FISCHER: Naturwiss. **35**, 29 (1948). Angew. Chem. (A) **60**, 313 (1948).

Neben diesen allgemeinen Verfahren gibt es noch eine große Zahl von Fällungsmitteln, von colorimetrischen und neuerdings auch mikrobiologischen[1] Bestimmungen einzelner Aminosäuren, z. B. von Glykokoll, Phenylalanin, Tyrosin, Arginin, Histidin, Prolin, Oxyprolin, Tryptophan und Cystin. Diese Verfahren werden bei der Behandlung der einzelnen Aminosäuren beschrieben.

Zur Feststellung der absoluten Menge einer bestimmten Aminosäure im Hydrolysat hat man mit Erfolg versucht, die betreffende *deuterierte* Aminosäure (d. h. mit stabil eingebautem schwerem Wasserstoff) oder N^{15}-haltige Aminosäure zuzusetzen und den ursprünglichen Aminosäuregehalt aus der sich ergebenden Verdünnung des Isotops zu berechnen. Diese Isotopenverdünnungsmethode ist vor allen Dingen für Stoffwechselversuche von großer Bedeutung geworden[2].

Über chromatographische Bestimmung von Aminosäuren s. S. 588.

γ) Einzelbeschreibung der Aminosäuren[3].

1. Glykokoll.

Glykokoll[4], Aminoessigsäure $H_2N \cdot CH_2 \cdot COOH$, wurde von BRACONNOT 1819 aus dem Leim isoliert. Es ist eine der am längsten bekannten Aminosäuren. Außer im Kollagen und seinem Umwandlungsprodukt, dem Leim (Glykokoll = Leimsüß) ist Glykokoll noch in großer Menge (40 %) im Seidenfibroin vorhanden, in kleineren Mengen kommt es in fast allen Eiweißstoffen vor, ferner frei in Säugerorganen[5], Glykokoll findet sich außerdem an Benzoesäure gebunden als *Hippursäure*[6] (vgl. S. 524) sowie in Bindung an Gallensäure in der *Glykocholsäure* (vgl. S. 407). Es zählt wahrscheinlich nicht zu den lebensnotwendigen Aminosäuren. Durch Glycinoxydase aus Leber kann Glykokoll zu Methylamin abgebaut werden. Umgekehrt gelingt Kondensation mit Ameisensäure unter Kettenverlängerung zum Serin, das seinerseits in Brenztraubensäure bzw. Milchsäure überführbar ist. Diese Übergänge, die umkehrbar sind, stellen den Zusammenhang des Glykokolls mit den Abbau- und Aufbauwegen der Kohlenhydrate her[7]. Glycin als Vorläufer der Hefepurine[8] und des Protoporphyrins bzw. Häms[9]. Wirkung des Glykokolls bei Muskeldystrophikern[10].

Glykokoll ist leicht löslich in Wasser, optisch inaktiv, schmeckt süß. Kleine Mengen können mit der *Farbreaktion nach* ZIMMERMANN mit Phthaldialdehyd nachgewiesen werden[11].

Zu einer 1 %igen Lösung 10 Tropfen n-NaOH und 8 Tropfen wäßrigen o-Phthaldialdehyd geben, umschütteln und nach 10 sec 10 Tropfen konzentrierter HCl zugeben. Violette Färbung. Die Reaktion gelingt aber nur mit Lösungen, die mit Phosphorwolframsäure von den basischen Aminosäuren befreit sind.

Charakteristische Fällungen geben noch die Cr- bzw. Co- und Ni-Trioxalato-Komplexsalze (BERGMANN[12]). Nitranilsäure (1,4-Dioxy-2,5-dinitro-p-chinon) bildet mit Glykokoll

[1] STOKES, J. L., M. GUNNESS, I. M. DWYER and M. C. CAMIEN: J. biol. Ch. **160**, 35 (1945). — SNELL, E. E.: Adv. Protein Chem. **2**, 85 (1945). — SAHYUN, M.: Outline of the Amino Acids and Proteins. New York 1948, u. zw. S. 237—269. — [2] Vgl. SCHÖNHEIMER, R.: The Dynamic State of Body Constituents. Cambridge 1942. — [3] DUNN, M. S., and L. B. ROCKLAND: Adv. Protein Chem. **3**, 295 (1947). — [4] Beilstein 4, 333 (462) [771]; **6**, 1283; **10**, 1123. — Biochem. Handlex. 11, 60 (1924); **12**, 305 (1930). — H.-Th. S. 225. — Darstellung: Gattermann-Wieland S. 276 (1940). — Org. Syntheses Sammelbd. **1**, 292 (1932). — [5] KRUEGER, R.: Helv. **33**, 429 (1950). — KRUEGER, R., u. O. WISS: Helv. **32**, 1341 (1949). — [6] Beilstein 9,. 225 (107) [174]. — Biochem. Handlex. 11, 99 (1924); **12**, 370 (1930). — Darstellung: Org.- Syntheses Sammelbd. I, 40 (1932). — [7] WIELAND, TH.: Angew. Chem. **61**, 491 (1949). — Vgl. auch KRUEGER, R.: Helv. **33**, 233 (1950). — [8] ABRAMS, R., E. HAMMARSTEN and D. SHEMIN: J. biol. Ch. **173**, 429 (1948). — [9] SHEMIN, D., and D. RITTENBERG: J. biol. Ch. **166**, 621, 627 (1946). — SHEMIN, D., I. M. LONDON and D. RITTENBERG: J. biol. Ch. **173**, 799 (1948). — LONDON, I. M., D. SHEMIN and D. RITTENBERG: J. biol. Ch. **173**, 797 (1948). — GRINSTEIN, M., M. D. KAMEN and C. V. MOORE: J. biol. Ch. **174**, 767 (1948). — [10] Übersichtsreferat siehe: Mercks Jber. **55**, 23 (1943). — [11] ZIMMERMANN, W.: H. **189**, 4 (1930). — KLEIN, G., u. H. LINSER: H. **205**, 251 (1932) — [12] BERGMANN, M., and S. W. FOX: J. biol. Ch. **109**, 317 (1935).

ein Salz der Formel [$(C_2H_5O_2N)_2 \cdot C_6(OH)_2(NO_2)_2O_2$], das in Wasser schwer löslich ist. Andere Aminosäuren werden nicht mitgefällt. Über die genaue Ausführung vgl. Original[1]. Zur *Erkennung des Glykokolls* eignen sich die β-Naphthalinsulfoverbindung, das Phenylisocyanat und das α-Naphthylisocyanat sowie die Benzoylverbindung.

Benzoylglykokoll $C_9H_9O_3N$ (179,07). F. 187,5°. Ber. 60,31% C, 5,06% H, 7,82% N, 26,80% O. β-Naphthalinsulfoglykokoll $C_{12}H_{11}NO_4S$, F. 156°.

Eine spezifische Mikrobestimmung für Glykokoll kann auf die Umsetzung mit Ninhydrin gegründet werden; dabei entsteht Formaldehyd, der mit Chromotropsäure [= 1.8-Dioxynaphthalin-disulfosäure-(3.6)] colorimetrisch bestimmt werden kann[2]. Mikrobiologische Bestimmung[3].

Sarkosin[4], Methylaminoessigsäure, leitet sich vom Glykokoll durch Methylierung ab.

$$H_3C \cdot NH \cdot CH_2 \cdot COOH.$$

Es ist ein Bestandteil des Muskels und kommt auch in Organen von Echinodermen vor[5]; es entsteht bei langdauernder Fäulnis von Kreatinin sowie beim Erhitzen von Betain[6] (Zuckerrübenschnitzeltrocknung). Sarkosin entsteht ferner durch Alkalispaltung des Kreatins. Es schmeckt süßlich, ist sehr leicht löslich in Wasser, schwer löslich in Alkohol, seine Krystalle schmelzen bei 201 bis 202°, und zersetzen sich bei 210 bis 215°. Darstellung[7].

Zur Identifizierung des Sarkosins eignet sich nach SAUNDERS[8] die 3,5-Dinitrobenzoylverbindung $C_{10}H_9O_7N_3 \cdot H_2O$. Nadeln aus Wasser, F. 153,5° (wenn bei 100° sehr langsam erhitzt wird).

Kreatin[9], Methylguanidoessigsäure $C_4H_9O_2N_3$.

Kreatin   Kreatinphosphorsäure   Kreatinin

Kreatin und sein Phosphorsäureamid-derivat, die *Kreatinphosphorsäure*[10], spielen eine wesentliche Rolle bei der Arbeit des Wirbeltiermuskels (vgl. Bd. 2, Muskel).

Bei der Kontraktion des Muskels zerfällt Kreatinphosphorsäure in Kreatin und Phosphorsäure, während der folgenden Erholung wird es (vollständig oder teilweise) resynthetisiert. Der Muskel der Wirbellosen enthält statt der Kreatinphosphorsäure *Argininphosphorsäure*.

Kreatinphosphorsaures Ca: $C_4H_8O_5N_3PCa + 4 H_2O$ (M. G.: 321,24).

Das Kreatin ist ein regelmäßiger Bestandteil des Wirbeltiermuskels und gelangt normalerweise in der Hauptsache als Kreatinin, in pathologischen Fällen und bei Kindern aber auch unverändert im Harn zur Ausscheidung (Kreatinurie[11]). Es wurde bereits 1847 von LIEBIG aus Fleischextrakt in großen Mengen dargestellt, der auch seine Umwandlung in Kreatinin und Sarkosin entdeckte.

---

[1] TOWN, B. W.: Biochem. J. **30**, 1833 (1936). — [2] ALEXANDER, B., G. LANDWEHR and A. M. SELIGMANN: J. biol. Ch. **160**, 51 (1945). — MACFADYEN, D. A.: J. biol. Ch. **158**, 107 (1945). — KRUEGER, R.: Helv. **32**, 238 (1949). — [3] SHANKMAN, S., M. C. CAMIEN and M. S. DUNN: J. biol. Ch. **168**, 51 (1947). — [4] Beilstein 4, 345 (468) [784]. — Biochem. Handlex. 11, 80 (1924); 12, 367 (1930). — Darstellung: SCHÜTTE, E.: H. **279**, 61 (1943). — [5] KOSSEL, A., u. S. EDLBACHER: H. **94**, 275 (1915). — [6] STRAW, H. T., and H. T. CRANFIELD: J. Soc. chem. Industr. 55, 40 (1936). — [7] COCKER, W., and A. LAPWORTH: Soc. **1931**, 1894. — COCKER, W.: Soc. **1937**, 1693. — [8] SAUNDERS, B. C.: Soc. **1938**, 1397. — [9] Beilstein 4, 363 (478) [796]. — Biochem. Handlex. 11, 252 (1924); 12, 139, 143 (1930). — H.-Th. S. 158. — Org. Syntheses Sammelbd. I, 166 (1932). — [10] NACHMANSOHN, D.: Die Guanidinophosphorsäuren („Phosphagene") des Muskels. Handb. Biochem., Erg.-Bd. S. 162 (1930). — [11] BEARD, H. H.: Creatine and Creatinine Metabolism. London 1943.

Physiologisch dürfte es aus Arginin und Glykokoll über das Glykocyamin (Guanidoessigsäure) und dessen Methylierung durch Methionin entstehen[1].

Es ist ziemlich schwer löslich in Wasser und reagiert neutral. Seine quantitative Bestimmung im Muskel kann nach den Methoden von LANG[2] oder als Kreatinin nach LEHNARTZ[3]; JIPP u. MENNE[4] erfolgen, im Harn wird es am besten als Kreatinin nach HAHN und BARKAN[5] bestimmt.

Kreatinin[6], das Anhydrid des Kreatins, kann ebenso wie Kreatin krystallisiert erhalten werden.

Es ist ziemlich leicht löslich in Wasser, schmilzt bei 235° und reagiert basisch. Zum Nachweis eignen sich Pikrat und Chlorzinkdoppelsalz, Reaktionen, die jedoch ebensowenig wie die WEYLsche Farbreaktion[7] streng spezifisch sind. Quantitativ ist Kreatinin im Harn und Blut mittels Dinitrobenzoesäure nach LANGLEY und EVANS[8] bzw. RÖTTGER[9] colorimetrisch bestimmbar, ferner mit Pikrinsäure nach LIEB und ZACHERL[10].

Neuerdings ist eine gute Trennung und Bestimmung von Kreatinin und Kreatin mit der Filterstreifen-Chromatographie (s. S. 563) ermöglicht worden[11].

Das **Betain des Glykokolls** $(CH_3)_3 \overset{+}{\cdot} N \cdot CH_2 \cdot COO^-$ (siehe ACKERMANN, S. 783), kommt im Muskel der Wirbellosen und der Fische regelmäßig vor, ist aber bisher in den Muskeln der höheren Wirbeltiere nicht aufgefunden worden. Es ist im Pflanzenreich weit verbreitet und kann am leichtesten aus Melasse gewonnen werden.

Hippursäure[12]. Eine andere, mit dem Harn ausgeschiedene Glykokollverbindung, die Hippursäure, dient dem Abtransport der — nach Pflanzennahrung in erhöhtem Maße — physiologisch anfallenden Benzoesäure (vgl. Bd. 2, Entgiftung). Die Kupplung geht hauptsächlich in der Niere vor sich.

$$C_6H_5\text{-}COOH + NH_2\text{-}CH_2\text{-}COOH \longrightarrow C_6H_5\text{-}CO\text{-}NH\text{-}CH_2\text{-}COOH + H_2O$$

Benzoesäure   Glykokoll   Hippursäure

Auch außerhalb des Organismus bildet sich Hippursäure schon unter Bedingungen des physiologischen Milieus (p_H und Temperatur) sehr rasch aus Glykokoll und Benzoyldiphosphat[13]. Biologische Bildung aus Benzoesäure, Glycin und Adenosintriphosphat[14].

In vitro wird Hippursäure durch das in der Niere enthaltene Enzym Hippuricase in Glykokoll und Benzoesäure aufgespalten (vgl. S. 1112).

Die Bestimmung der Hippursäure im Harn erfolgt am besten nach der Methode von KANZAKI[15], welcher die Verbindung aus dem enteiweißten angesäuerten Harn mit Äther extrahiert, reinigt und ihre wäßrige Lösung mit n/10 NaOH gegen Phenolphthalein titriert.

[1] BORSOOK, H., and J. W. DUBNOFF: J. biol. Ch. **132**, 559 (1940). Vgl. weiter FOSTER, G. L., R. SCHÖNHEIMER and D. RITTENBERG: J. biol. Ch. **127**, 319 (1939). — BLOCH, K., and R. SCHÖNHEIMER: J. biol. Ch. **131**, 111 (1939); **133**, 633; **134**, 785 (1940). — BLOCH, K., R. SCHÖNHEIMER and D. RITTENBERG: J. biol. Ch. **138**, 155 (1941). — BLOCH, K., and R. SCHÖNHEIMER: J. biol. Ch. **138**, 167 (1941). — BLOCH, K.: J. biol. Ch. **165**, 477 (1946). — [2] LANG, K.: H. **208**, 273 (1932). — [3] LEHNARTZ, E.: H. **271**, 265 (1941). — [4] JIPP, M., u. F. MENNE: B. Z. **320**, 316 (1950). — [5] HAHN, A., u. G. BARKAN: Z. Biol. **72**, 305 (1920). — EGGLETON, P., S. R. ELSDEN and N. GOUGH: Biochem. J. **37**, 526 (1943). — [6] Beilstein **24**, 245 (288). — Biochem. Handlex. **11**, 261 (1924); **12**, 150, 139 (1930). — H.-Th. S. 160. — [7] WEYL, TH.: B. **11**, 2175 (1878). — [8] LANGLEY, W. D., and M. EVANS: J. biol. Ch. **115**, 333 (1936). — [9] RÖTTGER, H.: B. Z. **319**, 359 (1949). — [10] LIEB, H., u. M. K. ZACHERL: H. **223**, 169 (1934). — FOLIN, O.: H. **228**, 268 (1934). — [11] MAW, G. A.: Nature **160**, 261 (1947). — [12] Beilstein **9**, 225 (107) [174]. — Biochem. Handlex. **11**, 99; **12**, 370. — H.-Th. S. 288. — [13] CHANTRENNE, H.: Nature **160**, 603 (1947). — [14] Vgl. NIELSEN, H. u. F. LEUTHARDT: Helv. physiol. Acta **7**, C 53 (1949). — LEUTHARDT, F., u. A. F. MÜLLER: Exper. **4**, 478 (1948). — [15] KANZAKI, I.: J. Biochem. **16**, 105 (1932). — Hinsberg-Lang S. 336—339.

Die Hippursäure krystallisiert, schmilzt bei 187,5° und ist im Gegensatz zur Benzoesäure in Petroläther unlöslich, aber löslich in Essigester. Ihre Silber-, Kupfer- und Bleisalze sind in Wasser schwer löslich, das Eisen(III)-salz ist unlöslich. Elementaranalyse siehe S. 523.

2. Alanin.

L-**Alanin**[1], L(+)-α-Aminopropionsäure, $C_3H_7O_2N$, kommt in beinahe allen Eiweißstoffen in kleinerer Menge vor, in größerer nur im Seidenfibroin (etwa 20%) Es braucht nicht mit der Nahrung zugeführt zu werden.

Es ist leicht löslich in Wasser. $[\alpha]_D^{20} = + 10,3°$ für das Hydrochlorid. Darstellung von Alanin aus Seide[2]. Synthese von DL-Alanin[3].

Alanin geht durch Dehydrierung und Desaminierung in *Brenztraubensäure* über und kann umgekehrt aus dieser durch Aminierung und Reduktion erhalten werden (KNOOPsche Reaktion). Vgl. dazu S. 511, ferner Bd. 2 Eiweißstoffwechsel.

Quantitative Bestimmung: Nach Überführung in Milchsäure[4]; durch Verteilungschromatographie vgl. TRISTRAM[5]; mit Ninhydrin[6]. Zerlegung des Racemats[7]. Zum Nachweis können die Benzoylverbindungen und die p-Toluolsulfoverbindung* verwandt werden.

β-**Alanin**[8], β-Aminopropionsäure $C_3H_7O_2N = H_2N \cdot CH_2 \cdot CH_2 \cdot COOH$, die einzige natürlich vorkommende β-Aminosäure, ist als Eiweißbaustein nicht nachgewiesen[9], findet sich jedoch in Form der Dipeptide *Carnosin* und *Anserin* (siehe ACKERMANN, S. 788) in den Muskeln und in der Pantothensäure. Darstellung von β-Alanin[8]. Biologisch kann es durch Decarboxylierung von Asparaginsäure entstehen, z.B. durch Bakterien[10], wie die Knöllchenbakterien der Leguminosen[11].

F. 200°. In Wasser und Alkohol schwerlöslich. Kupfersalz $(C_3H_6O_2N)_2Cu + 6\,H_2O$. Hydrochlorid sehr leicht löslich. F. 122°. Chloroplatinat F. 210°. Chloraurat F. 144 bis 145°. Bestimmung kleiner Mengen von β-Alanin in tierischen und pflanzlichen Substanzen[12].

Freies β-Alanin zeigt in Anwesenheit von Asparagin oder Asparaginsäure Wuchsstoffwirkungen gegenüber Hefezellen[13]. Es ist wichtig als Bestandteil der Pantothensäure, die ebenfalls als Wuchsstoff wirksam und mit dem Hühnchen-Antidermatitisfaktor der Vitamin B-Gruppe identisch ist (vgl. Bd. 2, Vitamine). Das

---

* F. 134,5°; $C_{10}H_{13}NO_4S$ (243,17). Ber.: 49,35% C, 5,39% H, 5,76% N, 26,32% O, 13,18% S.

[1] Beilstein 4, 381 (489) dort noch d-Alanin genannt [809]. — Biochem. Handlex. 11, 107 (1924); 12, 387 (1930). — H.-Th. S. 229. — [2] FISCHER, E., u. A. SKITA: H. 33, 176 (1901). — BERGMANN, M., and C. NIEMANN: J. biol. Ch. 143, 121 (1942). — STEIN, W. H., S. MOORE, G. STAMM, C. Y. CHOU and M. BERGMANN: J. biol. Ch. 143, 121 (1942). — Biochem. Praep. 1, 9 (1949). — [3] Gattermann-Wieland S. 230 (1940). — Org. Syntheses Sammelbd. I, 20 (1932). — [4] FISCHER, E., u. A. SKITA: H. 33, 177 (1901). — FÜRTH, O., R. SCHOLL u. H. HERRMANN: B.Z. 251, 404 (1932). — AUBEL, E., et J. ASSELINEAU: Bull. Soc. Chim. France 1947, 114. — [5] TRISTRAM, C. R.: Biochem. J. 40, 721 (1946). — [6] ALEXANDER, B., and A. M. SELIGMANN: J. biol. Ch. 159, 9 (1945).—[7] DUNN, M. S., M. P. STODDARD, L. B. RUBIN and R. C. BOVIE: J. biol. Ch. 151, 241 (1943). Vgl. auch PRICE, V. E., J. B. GILBERT and J. P. GREENSTEIN: J. biol. Ch. 179, 1169 (1949). — [8] Beilstein 4, 401 (499) [827]. — Biochem. Handlex. 11, 320 (1924); 12, 750 (1930). — Org. Syntheses 16, 1 (1936). — RUGGLI, P.,u. A. BUSINGER: Helv. 25, 35 (1942). — Houben, Heilstoffchemie 1/2, 2. Abt., 1274 (1930). — FORD, J. H.: Am. Soc. 69, 844 (1947). — MOE, O. A., and D. T. WARNER: Am. Soc. 71, 1251 (1949). — [9] Vgl. z. B. POLLACK, M. A.: Am. Soc. 65, 484 (1943). — [10] ACKERMANN, D.: Z. Biol. 56, 87 (1911). — ABDERHALDEN, E., u. A. FODOR: H. 85, 112 (1913). — Vgl. dagegen SCHENCK, J. R.: J. biol. Ch. 149, 111 (1943). — [11] VIRTANEN, A. I., and T. LAINE: Enzymologia 3, 266 (1937). — [12] NIELSEN, N., u. V. HARTELIUS: C. R. Lab. Carlsberg (I) 23, 259 (1941). — [13] NIELSEN, N.: C. R. Lab. Carlsberg (I) 21, 395 (1936). — NIELSEN, N., u. V. HARTELIUS: B.Z. 295, 211 (1937); 296, 359 (1938). — WILLIAMS, R. J., and E. ROHRMAN: Am. Soc. 58, 695 (1936).

Verhältnis Atmung: Gärung wird bei Hefen durch β-Alanin um mehr als das Vierfache zugunsten der Atmung verschoben (HARTELIUS[1]). Durch β-Aminobuttersäure wird die Wirkung von β-Alanin aufgehoben, nicht aber die der Pantothensäure[2]. Auch Asparaginsäure, Glutaminsäure, Asparagin, Glutamin können als Antiwuchsstoffe bei β-Alanin wirken[3]. β-Alaninzusatz zur Nährlösung führt zur Herabsetzung des N-Gehaltes der Hefe[4].

Die **Pantothensäure,** auf deren Existenz schon 1931 WILLIAMS aufmerksam wurde[5], der ihr auch den Namen gab[6], ist mit dem zuerst von ELVEHJEM und KOEHN[7] aus einem Lactoflavin-Rohextrakt abgetrennten „Filtratfaktor" identisch, konnte in der letzten Zeit rein dargestellt[8], konstitutionell aufgeklärt und auch synthetisiert werden[9].

WILLIAMS und MAJOR[10] geben ihr die Formel

$$\begin{array}{c} OH \\ | \\ H_3C \\ \diagdown \\ \quad\quad C\!-\!CH\!-\!CO\!-\!NH\!-\!CH_2\!-\!CH_2\!-\!COOH \\ \diagup \\ H_3C \quad | \\ CH_2OH \end{array}$$

während R. KUHN und TH. WIELAND[11] die cyclische Anordnung

$$\begin{array}{c} CH_3 \\ | \\ CH_3\!-\!C\!-\!\!-\!\!-\!CH\!-\!OH \\ | \quad\quad | \diagup OH \\ H_2C \quad\quad C \\ \diagdown_O\diagup \diagdown NH\!-\!CH_2\!-\!CH_2\!-\!COOH \end{array}$$

in Betracht gezogen hatten.

Nach STILLER[12] und KUHN[13] zeigt von den optischen Antipoden nur die (+)-Pantothensäure Wirksamkeit im Streptobakterienwachstumstest.

Die Pantothensäure kommt in der Natur frei sowie acyliert vor, die freie Form ist in der Wärme gegen Alkali empfindlich; sie ist lichtbeständig, in Wasser, Alkohol, Aceton und Amylalkohol löslich. Das gleichfalls biologisch wirksame Calciumsalz konnte krystallisiert erhalten werden. Über Pantothensäure als Vitamin s. Bd. 2, Vitamine. Bestimmung[14], mikrobiologische Bestimmung[15].

[1] HARTELIUS, V.: Naturwiss. **30**, 660 (1942); **31**, 139 (1943). — [2] HARTELIUS, V.: Naturwiss. **31**, 440 (1943). — [3] HARTELIUS, V.: C. R. Lab. Carlsberg (I) **24**, 185 (1946). — [4] HARTELIUS, V.: Naturwiss. **30**, 660 (1942). — [5] WILLIAMS, R. J., and E. M. BRADWAY: Am. Soc. **53**, 783 (1931). — WILLIAMS, R. J., and J. H. TRUESDAIL: Am. Soc. **53**, 4171 (1931). — WILLIAMS, R. J., C. M. LYMAN, G. H. GOODYEAR and J. H. TRUESDAIL: Am. Soc. **54**, 3462 (1932). — [6] WILLIAMS, R. J., C. M. LYMAN, G. H. GOODYEAR, J. H. TRUESDAIL and D. HOLADAY: Am. Soc. **55**, 2912 (1933). — [7] ELVEHJEM, C. A., and C. J. KOEHN: J. biol. Ch. **108**, 709 (1935). — [8] WILLIAMS, R. J., J. H. TRUESDAIL, H. H. WEINSTOCK jr., E. ROHRMANN, C. M. LYMAN and CH. H. McBURNEY: Am. Soc. **60**, 2719 (1938). — WILLIAMS, R. J., C. M. LYMAN, G. H. GOODYEAR, J. H. TRUESDAIL and D. HOLADAY: Am. Soc. **55**, 2912 (1933). — WEINSTOCK, H. H. jr., H. K. MITCHELL, E. F. PRATT and R. J. WILLIAMS: Am. Soc. **61**, 1421 (1939). — SUBBAROW, Y., and G. H. HITCHINGS: Am. Soc. **61**, 1615 (1939). — [9] KUHN, R., u. TH. WIELAND: B. **75**, 121 (1942). — [10] WILLIAMS, R. J., and R. T. MAJOR: Science, N. Y. **91**, 246 (1940). — Zusammenfassendes siehe MITTERMAIR, J.: Angew. Chem. **54**, 51 (1941). — [11] KUHN, R., u. TH. WIELAND: B. **73**, 962 (1940). — [12] STILLER, E. T., ST. A. HARRIS, J. FINKELSTEIN, J. C. KERESZTESY and K. FOLKERS: Am. Soc. **62**, 1785 (1940). — [13] KUHN, R., u. TH. WIELAND: B. **73**, 971, 1134 (1940). Vgl. auch B. **74**, 218 (1941). — [14] CROKAERT, R.: Angew. Chem. **62**, 100 (1950). — [15] SKEGGS, H. R., and L. D. WRIGHT: J. biol. Ch. **156**, 21 (1944). — NIELSEN, N., V. HARTELIUS u. G. JOHANSEN: C. R. Lab. Carlsberg (I) **24**, 97 (1945).

3. Serin.

L-Serin[1], L(—)-α-Amino-β-oxypropionsäure, $C_3H_7O_3N$, ist in den meisten Eiweißstoffen, aber fast immer nur in kleiner Menge[1] vertreten und kein lebenswichtiger Nahrungsbestandteil. Diese Aminosäure ist wegen ihrer Empfindlichkeit schwer zu gewinnen und wird meistens nur als Racemat erhalten. Als Oxysäure mit einem 3-C-Skelet stellt sie ein formales Bindeglied zur Zuckerreihe dar und bildet ein Zwischenglied zur Verknüpfung der Konfiguration der natürlichen Zucker und der natürlichen Aminosäuren (vgl. dazu F. Schneider[2]). Möglicherweise ist das Serin als Muttersubstanz substituierter Alanine aufzufassen, z. B. des Tryptophans[3]

$$
\text{Indol-CH=CH-NH} + HO-CH_2-\underset{NH_2}{CH}-COOH \xrightarrow{-H_2O} \text{Indol-CH=CH}-CH_2-\underset{NH_2}{CH}-COOH
$$

Das Serin spielt physiologisch eine Rolle in Form der *Serinphosphorsäure*, da die Phosphorsäure im Eiweiß überwiegend an diese Aminosäure gebunden vorliegt. Über ihr Vorkommen im Casein siehe S. 739; in Rinderhirnphosphatiden[4].

Darstellung von L-Serin[5]. Synthese von DL-Serin[6].

Serin ist leicht löslich in Wasser, bei der Hydrolyse der Eiweißstoffe wird es größtenteils racemisiert. $[\alpha]_D^{20} = -6,83°$ in Wasser, $[\alpha]_D^{25} = + 14,45°$ in n-Salzsäure. Als Nachweis kann die Verwandlung in das DL-Serin bzw. dessen β-Naphthalinsulfo- oder Naphthylisocyanatverbindung erfolgen. Zur quantitativen Bestimmung eignet sich gut die Oxydation mit Perjodat[7].

Über das Vorkommen von D-*Serin* in Polymyxinen vgl. S. 580; hemmende Wirkung von D-Serin auf die Bildung von Tetanustoxin[8], auf E. coli[9].

4. Aminobuttersäuren[10,11].

Isolierung von L (+)-α-**Aminobuttersäure** aus Eiweißstoffen ist vereinzelt beschrieben worden[12]. Die mitgeteilten Ergebnisse erschienen aber nicht als ausreichend, um diese Aminosäure in die Liste der endgültig gesicherten Eiweißbausteine aufzunehmen[13]. Über ihr Vorkommen in Hefeextrakt berichtet neuerdings Reed[14].

γ-Aminobuttersäure[15] $C_4H_9O_2N = H_2N \cdot (CH_2)_3 \cdot COOH$. Entsteht bei Fäulnis von Glutaminsäure[16].

[1] Beilstein **4**, 505 (544) [919]. — Biochem. Handlex. **11**, 118; **12**, 421. — H.-Th. S. 231. — [2] Schneider, F.: A. **529**, 1, u. zwar S. 2 (1937). — [3] Beadle, G. W.: Sci. in Progr. 1949. — [4] Chargaff, E., and M. Ziff: J. biol. Ch. **140**, 927 (1941). — [5] Stein, W. H., S. Moore and M. Bergmann: J. biol. Ch. **139**, 481 (1941). — Stein, W. H., S. Moore, S. Stamm, G. Y. Chou and M. Bergmann: J. biol. Ch. **143**, 121 (1942). — Biochem. Praep. **1**, 9 (1949). — [6] Wood, J. L., and V. du Vigneaud: J. biol. Ch. **134**, 413 (1940). — Mattocks, A. M., and W. H. Hartung: J. biol. Ch. **165**, 501 (1946). — Redemann, C. E., and N. R. Icke: J. org. Chem. 8, 159 (1943). — Org. Syntheses **20**, 81 (1940). — [7] Nicolet, B. H., and L. A. Shinn: J. biol. Ch. **138**, 91; **139**, 687 (1941). — Rees, M. W.: Biochem. J. **40**, 632 (1946). — [8] Mueller, H. J., and P. A. Miller: Am. Soc. **71**, 1865 (1949). — [9] Davis, B. D., and W. K. Maas: Am. Soc. **71**, 1865 (1949). — [10] Beilstein **4**, 408 (501) [831]. — Biochem. Handlex. **9**, 162; **12**, 425. — H.-Th. S. 232. — [11] Schützenberger, P., et A. Bourgeois: Cr. **81**, 1191 (1875). — [12] Foreman, F. W.: B. Z. **56**, 1 (1913). — Meisenheimer, J.: H. **104**, 229 (1919). — Abderhalden, E., u. A. Weil: H. **81**, 207 (1912); **84**, 39 (1913). — [13] Schmidt, Proteins S. 103. — [14] Reed, L. J.: J. biol. Ch. **183**, 451 (1950). — [15] Beilstein **4**, 413 (506) [837]. — Biochem. Handlex. **9**, 161; **12**, 758. — [16] Ackermann, D.: H. **69**, 273 (1910). — Abderhalden, E., G. Fromme u. P. Hirsch: H. **85**, 131 (1913).

F. 202°. Fällt mit Phosphorwolframsäure und Quecksilberacetat. Hydrochlorid: F. 135 bis 136°. Chloraurat $C_4N_{10}O_2NAuCl_4$ (M.G. 443,11). Ber.: 10,83% C; 2,27% H; 7,22% O; 3,16% N; 44,50% Au; 32,01% Cl. F. 138°. Chloroplatinat F. 220°.

α-Aminoisobuttersäure. Synthese[1].

5. Threonin.

L-Threonin[2], L(—)-α-Amino-β-oxy-buttersäure, $C_4H_8O_3N$, wurde von ROSE[3] entdeckt. Es muß mit der Nahrung zugeführt werden und verdankt seinen Namen[4] dem Umstand, daß es konfigurativ dem Zucker D-Threose entspricht. Trotzdem gehört das Threonin zur L-Reihe der α-Aminosäuren wegen der Stellung seiner Gruppen am α-C-Atom. ROSE[3] gelang seine Reindarstellung aus Fibrin.

$$\begin{array}{c} COOH \\ | \\ H_2N-C-H \\ | \\ CHOH \\ | \\ CH_3 \end{array}$$

Threonin zeigt eine starke Ninhydrinreaktion; bei Erhitzen auf 210° beginnt es zu dunkeln, um etwa bei 255 bis 257° unter Zersetzung zu schmelzen. $[\alpha]_D^{25} = -27,8°$. Quantitative Bestimmung durch Perjodat-Oxydation[5]. Mikrobiologische Bestimmung[6]. Synthese[7]. Zur Identifizierung eignen sich nach Trennung von den anderen Aminosäuren das Kupfersalz und die Benzoylverbindung.

6. Valin.

L(+)-Valin[8], L(+)-α-Amino-isovaleriansäure, $C_5H_{11}O_2N$, ist in kleiner Menge in den meisten Eiweißstoffen vertreten, im Eiweiß der Leinsamen (12,7%) und der Hornmasse des Fischbeins (10%) in größerem Umfang. Das Valin gehört zu den Aminosäuren, welche im menschlichen Organismus nicht gebildet werden können.

$$\begin{array}{c} COOH \\ | \\ H_2N-C-H \\ | \\ H_3C-C-H \\ | \\ CH_3 \end{array}$$

Es ist leicht löslich in Wasser $[\alpha]_D^{20} = +28,8°$ in 20%iger HCl; zu seiner Erkennung eignet sich das Phenylhydantoin (F. 124,5°). $C_{12}H_{14}N_2O_2$ (218,13),. Ber.: 66,01% C; 6,47% H; 12,84% N, 14,66% O.

Quantitative Bestimmung durch Verteilungschromatographie[9], mikrobiologische Bestimmung[10]. Isolierung von L-Valin[11]. Synthese von DL-Valin[12].

δ-Amino-n-valeriansäure[13] $C_5H_{11}O_2N = H_2N \cdot (CH_2)_4 \cdot COOH$. Zuerst bei Eiweißfäulnis festgestellt[14]. Sie bildet sich aus Arginin und Prolin. Nach Verfütterung von methyliertem Casein wurde sie im Harn beobachtet.

F. 157 bis 158°, schwer löslich in Alkohol. Das Phosphorwolframat ist schwer löslich. Chloraurat $C_5H_{12}O_2NAuCl_4$ (M.G. 457, 13). Ber.: 13,13% C; 2,64% H; 7,00% O; 3,06% N; 43,14% Au; 31,02% Cl. F. 86 bis 87°. Fällt mit Quecksilberacetat. Wird im Tierkörper teilweise in 4-Aminobutanon-2 verwandelt.

---

[1] Org. Syntheses **14**, 4 (1931). — CHERONIS, N. B., and K. H. SPITZMÜLLER: J. org. Chem. **6**, 349 (1941). — [2] Darstellung von DL-Threonin: Org. Syntheses **20**, 101 (1940). — [3] WOMACK, M., and W. C. ROSE: J. biol. Ch. **112**, 275 (1935/36). — McCOY, R. H., C. E. MEYER and W. C. ROSE: J. biol. Ch. **112**, 283 (1935/36). — [4] Zur Nomenklatur s. S. 504, Fußnote [3] u. [7]. — [5] NICOLET, B. H., and L. A. SHINN: J. biol. Ch. **138**, 91 (1941); **139**, 687 (1941). — REES, M. W.: Biochem. J. **40**, 470 (1946). — [6] HORN, M. J.: J. biol. Ch. **169**, 730 (1947). — DUNN, M. S., S. SHANKMAN, M. N. CAMIEN, and H. BLOCK: J. biol. Ch. **163**, 589 (1946). — [7] WEST, H. D., and H. E. CARTER: J. biol. Ch. **119**, 103, 109 (1937). — Org. Syntheses **20**, 101 (1940). — BIRKOFER, L.: B. **80**, 83 (1947). — ELLIOTT, D. F.: Soc. **1950**, 62. — [8] Beilstein **4**, 427 (513), dort noch D-Valin genannt, [852]. — Biochem. Handlex. **11**, 119 (1924); **12**, 427 (1930). — H.-Th. S. 233. — [9] TRISTRAM, G. R.: Biochem. J. **40**, 721 (1946). — [10] HORN, H. J., D. B. JONES and A. E. BLUM: J. biol. Ch. **170**, 719 (1947). — [11] FISCHER, E., u. T. DORPINGHAUS: H. **36**, 462 (1902). — [12] Org. Syntheses **20**, 106 (1940). — REDEMANN, C. E., and M. S. DUNN: J. biol. Ch. **130**, 341 (1939). — HILLMANN, G., u. A. HILLMANN: H. **283**, 71 (1948). — ATKINSON, R. O., and P. A. A. SCOTT: Soc. **1949**, 1040. — [13] Beilstein **4**, 418 (510) [844]. — Biochem. Handlex. **9**, 161 (1915). — [14] SALKOWSKI, E., u. H. SALKOWSKI: B. **16** (1), 1191 (1883); **16** (2), 1798 (1883).

7. Leucin.

L-Leucin[1], L(—)-α-Amino-isobutylessigsäure, $C_6H_{13}O_2N$, wurde 1818 von PROUST entdeckt und ist eine der am längsten und besten bekannten Aminosäuren, die in meist beträchtlicher Menge (Zein 19%, Oxyhämoglobin 20%, Insulin 30%) vorkommt. Bei der Gärung geht Leucin in primären Isoamylalkohol über. Auch Leucin muß der Mensch mit der Nahrung aufnehmen.

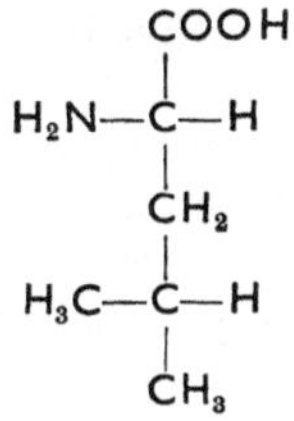

Es ist leicht löslich in heißem Wasser, etwas schwerer in kaltem (1 Teil Leucin in 45 Teilen Wasser), $[\alpha]_D^{20} = -10{,}4°$. Zum Nachweis eignen sich Phenylhydantoin- und Benzoylverbindung*, sowie das schwerlösliche Kupfersalz.

Mikrobiologische quantitative Bestimmung[2], chromatographische Bestimmung[3]. Bestimmung von Leucin und Isoleucin nebeneinander durch Infrarotanalyse[4]. Synthese von D,L-Leucin[5]. Leucinvorkommen in Eiweiß und Nahrungsstoffen[6]. Isolierung von L-Leucin[7].

D-Leucin, der optische Antipode, wurde in den Antibiotica Gramicidin und den Polymyxinen entdeckt[8]. Es wurde gefunden, daß D-Leucin das Wachstum von Bakterien hemmt, welche zur Entwicklung L-Leucin benötigen[9].

8. Isoleucin.

L-Iso-Leucin[10], L(+)-α-Amino-β-methyläthylpropionsäure, $C_6H_{13}O_2N$, ist ein regelmäßiger Begleiter des Leucins, mit dem es Mischkrystalle bilden kann. Zu bemerken ist, daß das Isoleucin zwei asymmetrische C-Atome enthält und daher in vier stereoisomeren Formen vorkommen kann. Genau so wie sein Isomeres gehört es zu den Aminosäuren, welche dem Organismus zugeführt werden müssen.

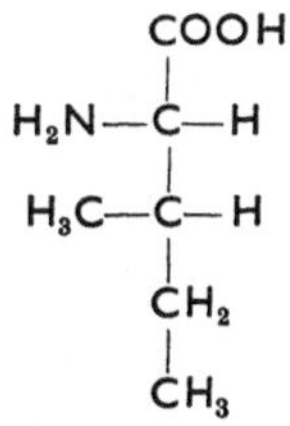

Es ist leichter löslich in Wasser als Leucin (in 26 Teilen Wasser), $[\alpha]_D^{20} = +12{,}77°$. Zur Identifizierung können die Phenylhydantoin**- und Naphthylisocyanatverbindung dienen.

Mikrobiologische quantitative Bestimmung[11], chromatographische Bestimmung[12]. Darstellung von D,L-Isoleucin[13]. Isolierung von L-Isoleucin[14].

Aus dem Isoleucin entsteht bei der Gärung der optisch aktive Gärungsamylalkohol.

Eine weitere isomere Verbindung, die α-Amino-n-capronsäure, das Normalleucin oder, wie die Verbindung fälschlicherweise oft bezeichnet wird, das *Norleucin*, wurde von THUDICHUM[15] aufgefunden. Sie ist sehr schwer löslich in Wasser und schmilzt nach vorangegangenem Sublimieren bei 301°. Die D-Säure schmeckt süßlich fade, die L-Form bitter. Zur Identifizierung eignet sich das Golddoppelsalz;

---

* $C_{13}H_{17}NO_3$ (235,15). Ber.: 66,34% C; 7,29% H; 5,96% N; 20,41% O.

** $C_{13}H_{16}N_2O_2$ (232,15). Ber.: 67,20% C; 6,95% H; 12,07% N; 13,78% O. (F. 78 bis 79° C.)

[1] Beilstein 4, 437 (518) [859]. — Biochem. Handlex. 11, 120 (1924); 12, 433 (1930). — H.-Th. S. 235. — [2] BRAND, E., L. J. SAIDEL, W. H. GOLDWATER, B. KASSEL and R. J. RYAN: Am. Soc. 67, 1524 (1945). — [3] TRISTRAM, G. R.: Biochem. J. 40, 470 (1946). — [4] DARMON, S. E., G. B. B. M. SUTHERLAND and G. R. TRISTRAM: Biochem. J. 42, 508 (1948). Vgl. dazu TRISTRAM, G. R.: Biochem. J. 40, 721 (1946). — [5] Org. Syntheses 21, 74 (1941). — [6] BRAND, E., F. J. RYAN and E. M. DISKANT: Am. Soc. 67, 1532 (1945). — [7] STEIN, W. H., S. MOORE, G. STAMM, CH. Y. CHOU and M. BERGMANN: J. biol. Ch. 143, 121 (1942). — [8] HOTCHKISS, R. D.: J. biol. Ch. 141, 171 (1941). — [9] FOX, S. W., M. FLING and G. N. BOLLENBACK: J. biol. Ch. 155, 465 (1944). — [10] Beilstein 4, 454 (525), dort noch D-Isoleucin genannt, [883]. — Biochem. Handlex. 11, 127 (1924); 12, 454 (1930). — H.-Th. S. 239. — [11] BRAND, E., L. J. SAIDEL, W. H. GOLDWATER, B. KASSEL and R. J. RYAN: Am. Soc. 67, 1524 (1945). — HORN, M., J. JONES, D. BREESE and A. E. BLUM: J. biol. Ch. 180, 695 (1949). — [12] TRISTRAM, G. R.: Biochem. J. 40, 470 (1946). — LÖHR, K.: B. Z. 320, 115 (1949/50). — [13] Org. Syntheses 21, 60 (1941). — HAMLIN, K. E., and W. H. HARTUNG: J. biol. Ch. 145, 349 (1942). — [14] EHRLICH, F.: B. 37, 1809 (1904). — [15] THUDICHUM, J. L. W.: Die chemische Konstitution des Gehirns der Menschen und der Tiere. S. 257. Tübingen 1901.

das fast unlösliche Kupfersalz gestattet einen guten Nachweis. Das Normal-Leucin ist als gesicherter Eiweißbaustein noch nicht anerkannt. Darstellung[1].

ε-Aminocapronsäure, biologisch nicht vorkommend, wichtig als Ausgangsmaterial für die Herstellung von Polyamiden. Darstellung[2]. Dipolmoment vgl. S. 497.

9. Cystin.

L-Cystin[3] L(—)-α-Diamino-β-dithiomilchsäure, $C_6H_{12}O_4N_2S_2$, ist eine der biologisch wichtigsten Aminosäuren, aber entgegen früheren Annahmen wahrscheinlich nicht lebensnotwendig; es kommt in vielen Eiweißstoffen, insbesondere in den Keratinen[4], vor. Vorkommen im Pflanzeneiweiß[5]. Es ist der Hauptvertreter der schwefelhaltigen Aminosäuren und kann im Tierkörper aus Methionin aufgebaut werden. Vgl. dazu DU VIGNEAUD[6]. Trotzdem scheint Cystin aber für

$$
\begin{array}{ccc}
\underset{\text{Cystin}}{
\begin{array}{c}
COOH \qquad\qquad COOH \\
| \qquad\qquad\qquad | \\
H_2N-C-H \quad H_2N-C-H \\
| \qquad\qquad\qquad | \\
CH_2-S-S-CH_2
\end{array}}
&
\begin{array}{c}
+2H \\
\rightleftarrows \\
-2H
\end{array}
&
\underset{\text{Cystein}}{
\begin{array}{c}
COOH \\
| \\
2\ H_2N-CH \\
| \\
CH_2-SH
\end{array}}
\end{array}
$$

den Organismus notwendig zu sein[7]. Beziehung zum Pyridoxinstoffwechsel[8]. Seine Bedeutung dürfte darauf beruhen, daß es reduktiv leicht zu Cystein aufgespalten wird (S. 532), mit dem zusammen es als Redoxsystem wirken kann[9].

$$
\underset{\text{Glutathion}}{
\begin{array}{c}
CH_2-SH \\
| \\
CO-HN-C-H \\
| \qquad\qquad | \\
CH_2 \qquad CO-NH \\
| \qquad\qquad | \\
CH_2 \qquad CH_2 \\
| \qquad\qquad | \\
H_2N-C-H \qquad COOH \\
| \\
COOH
\end{array}}
$$

Noch reaktionsfähiger ist das oben geschilderte Redoxsystem in einem biologisch wichtigen Tripeptid, dem **Glutathion**[10], das im Gewebe und im Blut vorkommt.

Seine Konstitution, γ-Glutaminyl-cysteinyl-glykokoll, wurde durch Synthese sichergestellt (HARINGTON[11]). (Näheres siehe S. 571 und 576.)

Eigenschaften von Cystin. Da das Cystin bei der Hydrolyse teilweise zersetzt wird, s. [12] und [13], ist es quantitativ schwer bestimmbar. Es ist in Wasser sehr schwer löslich (1:9000), löslich in Mineralsäuren und Laugen. $[\alpha]_D^{20} = -205,1°$ in n HCl. Mit Phosphorwolframsäure ist es teilweise fällbar. Thiohydantoine des Cystins und Cysteins[14]. Argentometrische Titration[15]. Mikrobiologische Bestimmung[16]. Ramanspektren[17].

$$
\begin{array}{ccc}
\begin{array}{c}
COOH \qquad\qquad COOH \\
| \qquad\qquad\qquad | \\
CH\cdot NH_2 \qquad CH\cdot NH_2 \\
| \qquad\qquad\qquad | \\
CH_2-S-S-CH_2
\end{array}
& \longrightarrow &
\begin{array}{c}
COOH \qquad\qquad COOH \\
| \qquad\qquad\qquad | \\
CH\cdot NH_2 + CH\cdot NH_2 \\
| \qquad\qquad\qquad | \\
CH_2\cdot SH \qquad CH_2\cdot SOH
\end{array}
& \qquad (I)
\end{array}
$$

[1] Org. Syntheses Sammelbd. 1, 40 (1932). — [2] Org. Syntheses 17, 7 (1937). — REPPE, W.: Neue Entwicklungen auf dem Gebiet der Chemie der Azetylens und Kohlenoxyds. Berlin, Göttingen, Heidelberg 1949. — [3] Beilstein 4, 507 (544) [925]. — Biochem. Handlex. 11, 155 (1924); 12, 570 (1930). — H.-Th. S. 252. — Org. Syntheses Sammelbd. 1, 188 (1932). Mercks Jber. 54, 41—46 (1940). — [4] Darstellung von L-Cystin aus Haaren. Org. Syntheses Sammelbd. 1, 188 (1932). — [5] SCHORMÜLLER, J.: Ernähr. u. Verpfl. 1, 93 (1949). — [6] VIGNEAUD, V. DU, G. W. KILMER, J. R. RACHELE and M. COHN: J. biol. Ch. 155, 645 (1944). — [7] HOOK, A., u. H. FINK: H. 278, 136; 279, 187 (1943). — RATSCHOW, M.: Dsch. Gesundh.-Wes. 2, 241 (1947). — [8] CERECEDO, L. R., J. R. FOY and E. C. DE RENZO: Arch. Biochem. 17, 397 (1948).— [9] VIGNEAUD, V. DU: J. biol. Ch. 155, 650 (1944). — STETTEN, D.: J. biol. Ch. 144, 501 (1944).— [10] Biochem. Handlex. 12, 887, 949 (1930). — H.-Th. S. 511. — [11] HARINGTON, C. R., and T. H. MEAD: Biochem. J. 29, 1602 (1935). — VIGNEAUD, V., DU, and G. L. MILLER: J. biol. Ch. 116, 469 (1936). — [12] OLCOTT, H. S., and H. FRAENKEL-CONRAT: J. biol. Ch. 171, 583 (1947). — [13] BECKE, C. H. VON DER: Semana Med. 1, 115 (1950). — [14] NICOLET, B. H.: J. biol. Ch. 88, 395 (1930). — [15] KOLTHOFF, I. M.: Am. Soc. 72, 1952 (1950). — [16] CAMIEN, M. N.: J. biol. Ch. 183, 561 (1950).—[17] EDSALL, J. T., and J. W. OTVOSJA: Am. Soc. 72, 474 (1950).

Nach SCHÖBERL [1] führt die *hydrolytische Aufspaltung der Disulfidbrücke* unter
Einwirkung von Alkali zunächst zu Cystein und einer Sulfensäure (I). Die letztere
zersetzt sich weiter, wobei unter anderem Brenztraubensäure, H_2S und NH_3
gebildet werden. Vgl. dazu auch BOWES [2]. Diese hydrolytische Aufspaltung der
Disulfidbrücke ist von wesentlicher Bedeutung für die Umwandlungen, welche
Keratine (Wolle, Horn) z. B. unter der Einwirkung von Feuchtigkeit und Hitze
erleiden (vgl. S. 733). Auf dieser Zersetzung beruht ferner die Schwefelbleireaktion
zum Nachweis des Cystins in Eiweißhydrolysaten. Beim Kochen mit Bleiacetat
in stark alkalischer Lösung wird schwarzes Bleisulfid abgeschieden.

Der hydrolytischen Aufspaltung der Disulfidbrücke bei der Einwirkung von Alkali
entspricht die Aufspaltung von Cystin bei *Einwirkung von Cyaniden* (II), *Sulfiten* (III)
und Sulfiden (IV) [3]:

$$\begin{array}{lll}
\text{COOH} \quad \text{COOH} & & \text{COOH} \quad \text{COOH} \\
\text{CH·NH}_2 \quad \text{CH·NH}_2 + \text{HCN} \longrightarrow & & \text{CH·NH}_2 + \text{CH·NH}_2 \qquad \text{(II)} \\
\text{CH}_2\text{—S—S—CH}_2 & & \text{CH}_2\text{—SH} \quad \text{CH}_2\text{—S—CN}
\end{array}$$

$$\begin{array}{lll}
\text{COOH} \quad \text{COOH} & & \text{COOH} \quad \text{COOH} \\
\text{CH·NH}_2 \quad \text{CH·NH}_2 + \text{H}_2\text{SO}_3 \longrightarrow & & \text{CH·NH}_2 + \text{CH·NH}_2 \qquad \text{(III)} \\
\text{CH}_2\text{—S—S—CH}_2 & & \text{CH}_2\text{·SH} \quad \text{CH}_2\text{—S—SO}_3\text{H}
\end{array}$$

$$\begin{array}{lll}
\text{COOH} \quad \text{COOH} & & \text{COOH} \quad \text{COOH} \\
\text{CH·NH}_2 \quad \text{CH·NH}_2 + \text{H}_2\text{S} \longrightarrow & & \text{CH·NH}_2 + \text{CH·NH}_2 \qquad \text{(IV)} \\
\text{CH}_2\text{—S—S—CH}_2 & & \text{CH}_2\text{—SH} \quad \text{CH}_2\text{—S—SH}
\end{array}$$

Oxydative Aufspaltung der Disulfidbrücke mittels Perameisensäure vgl. SANGER [4]; über
reduktive Spaltung mit Thioglykolsäure [5].

Reaktion II hat Bedeutung für die Blausäureaktivierung des Papains [6] und ähnlicher
Fermente erlangt. Außerdem findet Reaktion II bei der Cystinbestimmung nach SULLIVAN [7]
Reaktion III bei der nach FOLIN und MARENZI [8] Anwendung. Auf Reaktion IV beruht
die Lösung von Keratinen in Alkalisulfiden.

Als eine der besten *colorimetrischen Bestimmungen* des Cystins gilt die von SULLIVAN mit
1,2-Naphthochinon-4-sulfosäure. *Ausführung* [7]: Erforderliche Lösungen sind 1. 5%iges
NaCN (frisch!); 2. 0,5%iges 1,2-Naphthochinon-4-sulfosaures Natrium; 3. 10%iges Natriumsulfit in 0,5 n NaOH (frisch!); 4. 25%ige NaOH; 5. 2%iges Natriumdithionit ($Na_2S_2O_4$)
in 0,5 n NaOH (frisch!). Man kocht 0,5 g Eiweiß mit 10 cm³ 20%iger HCl 6 h am Rückfluß. Dann entfärbt man mit etwas Tierkohle, filtriert und wäscht den Rückstand mit
Wasser aus. Filtrat + Waschwasser werden mit 33%iger NaOH bis zum Umschlag von
Kongo versetzt, dann füllt man mit n/10 HCl auf 100 cm³ auf. 5 cm³ dieser Lösung läßt
man mit 2 cm³ NaCN 10 min stehen und versetzt dann mit 1 cm³ Naphthochinonreagens,
5 cm³ Natriumsulfit und läßt diese Mischung 25 min bei 35° stehen. Darauf gibt man 1 cm³
25%ige NaOH und 2 cm³ Hyposulfitlösung zu, schüttelt einmal kurz um, verkorkt und
photometriert sofort. Zeiss-Stupho-Filter S 50.

Nachweis von Cystin nach FLEMING [9]. Bei Erwärmen des Hydrochlorids mit
Dimethyl-p-phenylendiamin-hydrochlorid in Gegenwart einer geringen Menge
Eisen(III)-chlorid entsteht eine tiefblaue Färbung.

[1] SCHÖBERL, A., u. H. ECK: A. **522**, 97 (1936). — SCHÖBERL, A., u. P. RAMBACHER: B.Z.
306, 269 (1940). — SCHÖBERL, A., P. RAMBACHER u. A. WAGNER: B. Z. **317**, 171 (1944). —
SCHÖBERL, A.: Naturwiss. **36**, 149 (1949). — [2] BOWES, J. H.: J. Soc. Leather Trad. Chem.
33, 176 (1949). — [3] Vgl. z. B. SCHÖBERL, A.: Angew. Chem. **53**, 227 (1940). — [4] SANGER, F.:
Nature **160**, 295 (1947). — [5] GODDARD, D. R., and L. MICHAELIS: J. biol. Ch. **106**, 605 (1934);
112, 361 (1935). — [6] GRASSMANN, W.: Angew. Chem. **44**, 105 (1931). — HANSCHKE, E.: Diss.
phil. München 1932. — [7] FELIX, K., L. BAUMER u. E. SCHÖRNER: H. **243**, 53 (1936). —
SULLIVAN, M. X.: Publ. Health Rep. **44**, 1421 (1929). Vgl. LUGG, J. W. H.: Biochem. J. **27**, 668
(1933). — [8] FOLIN, O., and A. D. MARENZI: J. biol. Ch. **83**, 103 (1929). — HANSON, H.: B.Z.
318, 313 (1948) (lichtelektrische Bestimmung). — [9] FLEMING, R.: Biochem. J. **24**, 965 (1930).

Die quantitative Bestimmung des Cystins nach FOLIN *und* MARENZI [1] beruht auf der Blaufärbung, welche diese Aminosäure nach vorhergehender Reduktion durch Sulfit mit Phosphorwolframsäure ergibt.

Ausführung: 5 g Eiweiß werden in einem 300 cm³ Schliffkolben mit 20 cm³ 6 n H_2SO_4 und 2 cm³ Butylalkohol auf dem Sandbad 18 bis 20 h gekocht. Hierauf wird der Butylalkohol weggekocht, das Hydrolysat auf 100 cm³ aufgefüllt, mit 2 g Kaolin 5 min geschüttelt und durch ein Faltenfilter filtriert. Von dieser Lösung gibt man 1 bis 5 cm³ in einen 100 cm³-Meßkolben, dazu 2 cm³ 20%ige Natriumsulfitlösung und läßt 1 min stehen. Nach dieser Zeit werden 18 cm³ $+$ $x \cdot$ 0,5 cm³ (für jeden Kubikzentimeter Hydrolysat über 2 cm³ weitere 0,5 cm³) 20%iger Sodalösung, sowie 2 cm³ 20%iger Li_2SO_4-Lösung und schließlich 8 cm³ Harnsäurereagens [2] zugegeben. Es tritt sofort eine tiefe Blaufärbung ein. Man schüttelt die Lösung um, läßt 3 bis 5 min stehen und füllt mit 3%iger Natriumsulfitlösung auf 100 cm³ auf. Zur colorimetrischen Messung wird mit einer Standardlösung verglichen, die in 1 cm³ 1 mg Cystin in 1 n H_2SO_4 enthält und mit der in derselben Weise die Farbreaktion angestellt wird.

Cystin und Methionin können auch über S-Bestimmungen quantitativ erfaßt werden [3].

Ein einfacher qualitativer Nachweis von Cystin und Cystein gelingt mit Hilfe der Nitroprussidnatriumreaktion: Cystein reagiert mit Nitroprussidnatrium $[Na_2Fe(CN)_5 \cdot NO] \cdot 2 H_2O$ unter Blaurotfärbung, Cystin nur bei vorangehender Einwirkung von KCN, das eine Aufspaltung der S—S-Bindung unter Bildung von Cystein bewirkt. Isolierung von L-Cystin [4]. Synthese von D,L-Cystin [5].

L-Cystein [6] wurde zwar in geringen Mengen in Eiweißhydrolysaten (Edestin, Serumalbumin, Keratin) gefunden, ist jedoch im allgemeinen kein primäres Spaltungsprodukt der Proteine, sondern entsteht meist aus dem zuerst gebildeten L-Cystin. Bei der Hydrolyse von Eiweiß geht ein Teil des Cysteins verloren [7]. Es stellt ein in Wasser, auch in Essigsäure (Unterschied zum Cystin!) ziemlich leicht lösliches Krystallpulver dar. $[\alpha]_D$ der wäßrigen Lösung $= -9{,}0°$. In wäßriger Lösung tritt schon an der Luft Oxydation zu Cystin ein, dies ist auch der Grund dafür, daß die mit Eisenchlorid erhältliche Blaufärbung rasch verschwindet. Wegen dieser leichten Oxydierbarkeit empfiehlt auch ARNOLD [8] zum Hervorrufen einer charakteristischen Violettfärbung zuerst NH_3 und dann Eisen(III)-chloridlösung zuzufügen, da bei Zugabe in umgekehrter Reihenfolge das Cystein durch das Eisensalz in Cystin verwandelt würde.

Anders als bei Cystin bildet sich beim Kochen von Cystein in wäßriger Lösung Ammoniak und kein elementarer Schwefel [9]. Mit Nitranilsäure gibt Cystein keine Fällung [10], wohl aber ebenso wie Methionin und einige andere Aminosäuren mit Naphthalin-β-sulfonsäure ein kaum lösliches Salz („Nasylat"), das nach BERGMANN [11] zur Isolierung, Reinigung und Bestimmung des Cysteins geeignet erscheint. Colorimetrische Bestimmung von Cystein [12]. Die übrigen quantitativen Bestimmungsmethoden sind im wesentlichen dieselben wie beim Cystin angegeben. Umsetzung mit Aldehyden und Ketonen [13].

Zum Nachweis geben DUNN, INOUYE und KIRK [14] eine Unterscheidung der schwer löslichen Pikrolonate der Aminosäuren auf Grund der verschiedenen Brechungsindices der

[1] Siehe Fußnote [7], S. 531. — [2] Über Herstellung des Reagens aus Natriumwolframat siehe die Originalvorschrift; vgl. BERTHO, A., u. W. GRASSMANN: Biochemisches Praktikum. S. 53. Berlin u. Leipzig 1936. — [3] EVANS, R. J., Arch. Biochem. **7**, 439 (1945). — [4] MÖRNER, K. A. H.: H. **28**, 595 (1899); **34**, 207 (1901/02). Weitere Darstellung: Org. Syntheses **5**, 39 (1925). — [5] NEMOURS, E. I. DU PONT DE, and Co.: A. P. 2, 406, 362 (1944). [C. **1947** I, 657]. — SCHÖBERL, A., u. A. WAGNER: Naturwiss. **34**, 189 (1947). Angew. Chem. **60** (A), 308 (1948). — BEHRINGER, H.: B. **81**, 326 (1948). — [6] Beilstein 4, 506 (544) [920]. — Biochem. Handlex. **12**, 557 (1930). — H.-Th. S. 251. — [7] HALWER, M., and G. C. NUTTING: J. biol. Ch. **166**, 521 (1946). — [8] ARNOLD, V.: H. **70**, 314 (1910/11). — [9] ROUTH, J.I.: J. biol. Ch. **130**, 297 (1939). — [10] MÜLLER, E.: H. **268**, 245 (1941). — [11] BERGMANN, M., and W. H. STEIN: J. biol. Ch. **129**, 609 (1939). — [12] NAKAMURA, K., and F. BINKLEY: J. biol. Ch. **173**, 407 (1948). — BINKLEY, F.: J. biol. Ch. **173**, 403 (1948). — [13] ARMSTRONG, M. D., and V. DU VIGNEAUD: J. biol. Ch. **173**, 749 (1948). — [14] DUNN, R., K. INOUYE u. P. L. KIRK: Mikrochem. **27**, 154 (1939).

Krystalle an. Die Farbreaktion von Cystein mit Phosphorwolframsäure kann im PULFRICH-Photometer auch quantitativ mit großer Genauigkeit erfaßt werden[1].

Synthese von Cystein und Cystin[2].

Als Abkömmling des Cysteins kann die von VAN VEEN und HYMAN aufgefundene *Djengkolsäure*[3] aufgefaßt werden, die durch Kondensation von Cystein mit Formaldehyd entstanden sein könnte.

Isocystein = β - Amino-α-thio-propionsäure[4].

Mögliches Vorkommen von *Homocystein* in der Epidermis vgl. [5].

$$\begin{array}{ccc} \text{COOH} & & \text{COOH} \\ | & & | \\ H_2N\!-\!C\!-\!H & & H_2N\!-\!CH_2 \\ | & & \\ CH_2\!-\!S\!-\!CH_2\!-\!S\!-\!CH_2 & & \end{array}$$

Djengkolsäure

Lanthionin, β-Amino-β-carboxyäthylsulfid, $C_6H_{12}O_4N_2S$.

Aus Wolle, Menschenhaar, Hühnerfedern und Lactalbumin, die nach einer Vorbehandlung mit verdünntem Alkali, wie Soda oder Ammoniak, der Säurehydrolyse unterworfen wurden, wurde Lanthionin als eine vom Cystein sich herleitende Aminosäure erhalten[6,7]. Zum Mechanismus der Entstehung aus Cystin bzw. Cystein vgl. SCHÖBERL, S. 531[1] und DU VIGNEAUD[8]. Synthese von Lanthionin[9].

$$\begin{array}{ccc} \text{COOH} & & \text{COOH} \\ | & & | \\ CH\cdot NH_2 & & CH\cdot NH_2 \\ | & & | \\ CH_2\!-\!S\!-\!CH_2 & & \end{array}$$

Taurin[10], $C_2H_7O_3NS = H_2N\cdot CH_2\cdot CH_2\cdot SO_3H$. 2-Aminoäthansulfonsäure-(1) (M.G.125.11) 19,18% C; 5,64% H; 38,36% O; 11,19% N; 25,62% S. Zuerst als Spaltprodukt der Taurocholsäure aus Rindergalle gefunden[11].

In kleinen Mengen in Liebigs Fleischextrakt. Weit verbreitet bei den Fischen sowie in der niederen Tierwelt[12]. Es entsteht aus Cystein, wahrscheinlich indem sich dieses zuerst mit Cholsäure durch Säureamidbindung vereinigt, und dann durch Decarboxylierung und Oxydation die Sulfosäure gebildet wird.

Synthese[13] aus β-Bromäthylamin und Na-Sulfit mit 70% Ausbeute. Vgl. auch [14]. Glänzende Prismen, die sich beim Erhitzen nicht unter 240° zersetzen und in 15 bis 16 Teilen kaltem Wasser löslich sind. Reagiert neutral. Abscheidung durch Quecksilberchloridlösung unter vorsichtigem Zusatz von Barytwasser[15]. Natriumsalz des β-Naphthalinsulfotaurins, F. 244°. Die Phenylisocyanatverbindung gibt ein schwerlösliches Bariumsalz.

10. Methionin.

L-Methionin[16], γ-Methylthioäther der α-Aminobuttersäure, $C_5H_{11}O_2NS$, (s. umstehende Formel) ist 1922 von MUELLER[17] aufgefunden und als ein weitverbreiteter, wenn auch in den Eiweißstoffen meist nur in geringer Menge vorhandener Eiweißbaustein erkannt worden. Zwischen dem Umsatz von Methionin und Cystin besteht ein enger Zusammenhang. Methionin ist völlig unentbehrlich

---

[1] Vgl. z. B. KASSELL, B., and E. BRAND: J. biol. Ch. **125**, 115, 145 (1938). — BAERNSTEIN, H. D.: J. biol. Ch. **115**, 33 (1936). — BÁLINT, P.: B. Z. **299**, 133 (1938). — SCHÖBERL, A., u. P. RAMBACHER: Klepzigs Textil-Z. **42**, 369 (1939). — [2] SCHÖBERL, A., u. A. WAGNER: Naturwiss. **34**, 189 (1947). — TURNER, R. B., and D. M. VOITLE: Am. Soc. **72**, 628 (1950). — [3] VEEN, A. G. VAN, et A. J. HYMAN: Recu. Trav. chim. Pays-Bas **54**, 493 (1935). — [4] WINGO, W. J., and H. B. LEWIS: J. biol. Ch. **165**, 339 (1946). — [5] BUECHLER, P. R., and R. M. LOLLAR: J. amer. Leather Chemists Ass. **45**, 503 (1950). — [6] HORN, M. J., D. B. JONES and S. J. RINGEL: J. biol. Ch. **138**, 141 (1941). — HORN, M. J., and D. B. JONES: J. biol. Ch. **139**, 473 (1941). — [7] SCHÖBERL, A.: B. Z. **313**, 214 (1942/43). B. **76**, 970 (1943); **80**, 379 (1947). — [8] VIGNEAUD, V. DU, and G. B. BROWN: J. biol. Ch. **138**, 151 (1941). — [9] KUHN, R., u. G. QUADBECK: B. **76**, 527 (1943). — SCHÖBERL, A.: B. **80**, 379 (1947). — [10] Beilstein 4, 528 (554) [950]. — H.-Th. S. 249. — Houben, Heilstoffchemie 1/2, 2. Abt., 1034 (1930). — [11] TIEDEMANN, F., u. L. GMELIN: Ann. Physik **9**, 326 (1827). — REDTENBACHER, J.: A. **57**, 170 (1846). — [12] KURTZ, A. C., and J. M. LUCK: J. biol. Ch. **111**, 577 (1935). — [13] CORTESE, F.: Org. Syntheses 18, 77 (1938). — MARVEL, C. S., and C. F. BAILEY: Taurine. Org. Syntheses 10, 98 (1930); 18, 77 (1938). — GOLDBERG, A. A.: Soc. **1943**, 4. — [14] VAKILWALL, M. V., and D. M. TRIVEDI: Current Sci. 18, 406 (1949). — [15] KUTSCHER, FR.: H. **38**, 120 (1903). — [16] VEEN, A. G. VAN, u. A. J. HYMAN: Recu. Trav. chim. Pays-Bas **54**, 493 (1935). — [17] MUELLER, J. H.: J. biol. Ch. **58**, 373 (1923/24). Proc. Soc. exp. Biol. Med. 18, 14 (1920). — ODAKE, S.: B. Z. **161**, 446 (1925).

für Mensch und Tier und wird im Organismus leicht in Cystein/Cystin umgewandelt[1]. Es kann daher Cystin weitgehend ersetzen, während umgekehrt
Cystin nicht für Methionin einspringen kann. Außer dieser Umwandlung in
Cystin hat es weiterhin Bedeutung als Methyldonator[2] und Methylacceptor[3]
im Organismus[4].

Methionin ist löslich in Wasser, $[\alpha]_D^{20} = -7,2°$. Es kann krystallisiert dargestellt werden
und schmilzt bei 283° unter Zersetzung. Seine quantitative Bestimmung (nach BAERNSTEIN[5])
beruht darauf, daß sich die an den Schwefel gebundene Methylgruppe durch konzentrierte
Jodwasserstoffsäure quantitativ als Methyljodid abspalten läßt. Zum Nachweis eignen
sich Kupfersalz, Pikrolonat und Naphthylisocyanat. Spezifische Bestimmung für Konzentrationen von 0,0025 bis 0,1% Methionin[6]. Außerdem sind in jüngster Zeit eine Reihe
mikrobiologischer Bestimmungsmethoden ausgearbeitet worden[7].

Isolierung von L-Methionin[8]. Synthese von D,L-Methionin[9]. Aufspaltung des Racemats[10].
Peptide des Methionins[11].

$$
\begin{array}{ccc}
& \text{COOH} & \\
& | & \\
\text{H}_2\text{N}- & \text{C} & -\text{H} \\
& | & \\
& \text{CH}_2 & \\
& | & \\
& \text{CH}_2-\text{S}-\text{CH}_3 &
\end{array}
\qquad
\begin{array}{ccc}
& \text{COOH} & \\
& | & \\
\text{H}_2\text{N}- & \text{C} & -\text{H} \\
& | & \\
& \text{CH}_2 & \\
& | & \\
& \text{CH}_2-\text{S}-\text{CH}_2-\text{CH}_3 &
\end{array}
$$

Methionin   Äthionin

Äthionin, $C_6H_{13}O_2NS$, γ-Äthylthioäther der α-Aminobuttersäure, wurde durch Synthese
gewonnen[12].

11. Phenylalanin.

L-**Phenylalanin**[13], β-Phenyl-α-aminopropionsäure, α-Aminohydrozimtsäure,
$C_9H_{11}O_2N$, ist eine aromatische Aminosäure, die in sehr vielen Eiweißstoffen
in geringer Menge aufzufinden ist[14] und mit der Nahrung zugeführt werden muß[15].

[1] BRAND, E., G. F. CAHILL and R. J. BLOCK: J. biol. Ch. 110, 399 (1935). — VIGNEAUD,
V. DU: Nature 160, 247 (1947). Über Fettleberbildung bei Methioninmangel Vgl. z. B.
TREADWELL, C. R., H. C. TIDWELL and J. H. GAST: J. biol. Ch. 156, 237 (1944). —
[2] BARRENSCHEEN, H. K., u. J. PANY: H. 283, 78 (1948). — BARRENSCHEEN, H. K., u. T. v.
VALYI-NAGY: H. 283, 91 (1948). — BARRENSCHEEN, H. K., u. I. SKUDRZIK: H. 284, 228,
242 (1949). — BARRENSCHEEN, H. K., u. D. PAPADOPOULOU: H. 284, 236 (1949). —
BARRENSCHEEN, H. K., u. M. PANTLITSCHKO: H. 284, 250 (1949). Vgl. auch MACKENZIE,
C. G., J. P. CHANDLER, E. P. KELLER, J. R. RACHELE, N. CROSS and V. DU VIGNEAUD: J.
biol. Ch. 180, 99 (1949). — [3] SIMMONDS, S., M. COHN, J. P. CHANDLER and V. DU VIGNEAUD:
J. biol. Ch. 149, 519 (1943). — [4] Vgl. SCHÖNHEIMER, R., and S. RATNER: Ann. Rev. 10,
197 (1941). — STENSHOLT, GR.: Acta physiol. scand., 10, 333 (1945). — [5] BAERNSTEIN,
H. D.: J. biol. Ch. 97, 663 (1932); 106, 451 (1934). — [6] McCARTHY, T. E., and M. X.
SULLIVAN: J. biol. Ch. 141, 871 (1941). — [7] KUHN, R., u. G. QUADBECK: B. 76, 527
(1943). — CATCH, J. R., u. a.: Siehe [9]. — Zum Beispiel mit Leuconostoc mesenteroides
und S. faecalis durch LYMAN, C. M., O. MOSELEY, B. BUTLER, S. WOOD and F. HALE:
J. biol. Ch. 166, 161 (1946), weitere Methoden ref. bei BRAND, E., and J. T. EDSALL:
Ann. Rev. 16, 231 (1947). — [8] EHRLICH-GOMOLKA, H.: H. 282, 158 (1947). — [9] CATCH,
J. R., A. H. COOK, R. R. GRAHAM and I. HEILBRON: Nature 159, 578 (1947). Soc. 1947,
1609. — GOLDSMITH, D., and M. J. TISHLER: Am. Soc. 68, 144 (1946), weitere Methoden
ref. bei DUNN, M. S., and L. B. ROCKLAND: Adv. Protein Chem. 3, 318 (1947). —
[10] VOGLER, K., u. F. HUNZIKA: Helv. 30, 2013 (1947). — KOCHER, V., u. K. VOGLER:
Helv. 31, 352 (1948). — BRENNER, M., u. V. KOCHER: Helv. 32, 333 (1949). — DEKKER, C. A.,
and J. S. FRUTON: J. biol. Ch. 173, 471 (1948). — [11] DEKKER, C. A., ST. P. TAYLOR jr. and
J. S. FRUTON: J. biol. Ch. 180, 155 (1949). — [12] KUHN, R., u. J. QUADBECK: B. 76, 527
(1943). — CATCH, J. R., u. Mitarb.: Siehe Anm. [9]. — [13] Beilstein 14, 495 (604). — Biochem.
Handlex. 11, 160 (1924); 12, 602 (1930). — H.-Th. S. 292. — [14] Darstellung von DL-β-
Phenylalanin: Org. Syntheses 21, 99 (1941); 19, 67 (1939); 14, 80 (1934). — HAMLIN, K. E.,
and W. H. HARTUNG: J. biol. Ch. 145, 349 (1942). — WATERS, K. L., and W. H. HARTUNG:
J. org. Chem. 10, 524 (1945). — Phenylbrenztraubensäure: Org. Syntheses 19, 77 (1939).
Phenylglyoxal: Org. Synthese 15, 67 (1935). — [15] ROSE, W. C., and W. WOMACK: J. biol.
Ch. 166, 103 (1946), s. a. S. 535, Fußnote [16].

Sie ist löslich in Wasser. $[\alpha]_D^{20} = -35,1°$ in Wasser, und wird noch in verhältnismäßig verdünnten Lösungen durch Phosphorwolframsäure gefällt.

Ein zum qualitativen *Nachweis* und zur quantitativen colorimetrischen Bestimmung des Phenylalanins geeignetes Verfahren beruht darauf, daß diese Aminosäure bei Behandlung mit Nitriergemisch in *Dinitrobenzoesäure* übergeführt wird, deren ammoniakalische Lösung beim Zusatz von Hydroxylamin eine starke Blauviolettfärbung zeigt[1].

Phenylalanin kann qualitativ noch durch Überführung in den eigenartig riechenden *Phenylacetaldehyd* mit Kaliumbichromat und Schwefelsäure[2] sowie quantitativ durch oxydative Überführung in *Benzoesäure*[3] bestimmt werden. Zur *Erkennung* eignen sich außerdem Phenylisocyanat-, Naphthylisocyanat- und p-Toluolsulfoverbindung*. F. 164,5°.

Quantitative Bestimmung durch Verteilungschromatographie[4], mikrobiologische Bestimmung[5].

Die bakterielle Umwandlung (Bact. proteus, Morgagni-Stämme) in Phenylbrenztraubensäure ist zum raschen Nachweis von L-Phenylalanin geeignet[6]. Phenylbrenztraubensäure wird auch im menschlichen und tierischen Organismus als Abbauprodukt des Phenylalanins gebildet normalerweise jedoch weiter verarbeitet. Bei der Imbecillitas phenylpyruvica, einer erbbedingten und mit Schwachsinn verbundenen Stoffwechselanomalie, wird jedoch Phenylbrenztraubensäure angehäuft und im Harn ausgeschieden[7]. Isolierung von L-Phenylalanin[8]. Synthese von DL-Phenylalanin[9]. Trennung des Racemates durch unterschiedliche Löslichkeit seiner Salze mit 4 -Chlor-2-nitro-diphenylamin-4-sulfonsäure[9] (DL-Salz schwer, L-Salz leicht löslich).

12. Tyrosin.

L-Tyrosin[10], p-Oxy-β-phenyl-α-aminopropionsäure, $C_9H_{11}O_3N$, von LIEBIG[11] aus Käse ($= \tau\nu\rho\delta\varsigma$) erstmals isoliert, ist in den meisten Eiweißstoffen in stark wechselnder Menge enthalten, in größerer (etwa 10%) im Seidenfibroin.

Kennzeichnend ist seine Schwerlöslichkeit in Wasser (1:2500 bei 17° C), $[\alpha]_D^{20} = -8,64°$ in 21%iger HCl.

Tyrosin läßt sich leicht ohne Trennung von den anderen Aminosäuren mit der MILLONschen Reaktion (Erhitzen der Lösung mit einigen Tropfen MILLONS Reagens, wobei Rotfärbung auftritt) nachweisen.

MILLONS Reagens[12]: Hg in dem doppelten Gewicht Salpetersäure (spez. Gew. = 1,42) lösen, erst in der Kälte und dann unter Erwärmen; das doppelte Volumen Wasser zugeben, nach einigen Stunden die klare Flüssigkeit vom Niederschlag abgießen.

Auf einer quantitativen Auswertung der MILLONschen Reaktion beruht die Bestimmung nach FOLIN und MARENZI[13]. Quantitative Bestimmung von freiem Tyrosin und Tryptophan[14]. Bestimmung im Eiweiß[15], in Harn[6].

Farbreaktionen des Tyrosins sind ferner die *Xanthoproteinreaktion* (Gelbfärbung mit konzentrierter Salpetersäure infolge Entstehung des gelben Nitrotyrosins) und die PAULYsche *Diazoreaktion*, die auch vom Histidin gegeben und dort angeführt wird (vgl. S. 552 u. 602). Zum

---

*$C_{16}H_{17}NO_4S$ (319,20). Ber.: 60,15% C; 5,27% H, 4,39% N; 10,04% S, 20,05% O.
[1] KAPELLER-ADLER, R.: B. Z. **252**, 185 (1932). — [2] FISCHER, E.: H. **33**, 176 (1901). — [3] KOLLMANN, G.: B. Z. **194**, 1 (1928). — [4] TRISTRAM, G. R.: Biochem. J. **40**, 721 (1946). — [5] HEGSTED, D. M.: J. biol. Ch. **152**, 193 (1944). — [6] HENRIKSEN, S. D., u. K. CLOSS: Acta path. microbiol. scand. **15**, 101 (1938). — [7] FÖLLING, H.: H. **227**, 169 (1934). — ZELLER, E. A.: Helv. **26**, 1614 (1943). — Vgl. auch PRESCOTT, B. A., E. BOREK, A. BRECHER and H. WAELSCH: J. biol. Ch. **181**, 273 (1949). — [8] STEIN, W. H., S. MOORE, G. STAMM, CH. Y. CHOU and M. BERGMANN: J. biol. Ch. **143**, 121 (1942). — [9] S. 534[14] u. VOGLER, K., u. H. KOENIG: Helv. **31**, 183 (1948). — Anm. [14], S. 534. — [10] Beilstein **14**, 605 (662). — Biochem. Handlex. 11, 166 (1924); **12**, 618 (1930). — H.-Th. S. 296. — Darstellung von D-Tyrosin: SEALOCK, R. R.: J. biol. Ch. **166**, 1 (1946). — [11] LIEBIG, J. v.: A. **57**, 127 (1846). — [12] H.-Th. S. 945. — [13] FOLIN, O., and A. D. MARENZI: J. biol. Ch. **83**, 89 (1929). — [14] BRAND, E., and B. KASSELL: J. biol. Ch. **131**, 489 (1939). — [15] RAUTERBERG, E.: Chemie **56**, 91 (1943). — [16] ALBANESE, A. A., V. IRBY and M. LEIN: J. biol. Ch. **166**, 513 (1946). — LUGG, J. W. H.: Biochem. J. **31**, 1422 (1937).

Nachweis eignen sich das Phenylhydantoin, die Naphtylisocyanat- und die p-Toluolsulfo-verbindung*. F. 187 bis 188° C.

Quantitative Bestimmung durch spezifische Decarboxylase[1], durch Verteilungs-chromatographie[2]. Isolierung von L-Tyrosin[3]. Synthese von DL-Tyrosin[4], von D-Tyrosin[5].

Das Tyrosin kann vom Tierkörper aus Phenylalanin aufgebaut werden, es muß daher in der Nahrung nicht unbedingt als solches enthalten sein. Allerdings sind Eiweißstoffe wie z. B. Kollagen bzw. Gelatine nicht vollwertig, da in ihnen das Phenylalanin für die Bildung des im Körper unbedingt notwendigen Tyrosins nur in ganz geringer Menge vorhanden ist.

Die Bedeutung des Tyrosins wird klar, wenn man die nahe Beziehung dieser Aminosäure zu gewissen Hormonen betrachtet. Vom Tyrosin lassen sich leicht die beiden Aminosäuren Dioxyphenylalanin[6] und Jodgorgosäure ableiten.

<table>
<tr><td align="center">COOH
|
H_2N—C—H
|
CH_2
|
(Benzolring)
|
OH

Tyrosin</td><td align="center">COOH
|
H_2N—C—H
|
CH_2
|
(Benzolring)—OH
|
OH

Dioxyphenylalanin</td><td align="center">COOH
|
H_2N—C—H
|
CH_2
|
J—(Benzolring)—J
|
OH

Jodgorgosäure</td></tr>
</table>

Jodgorgosäure[7], $C_9H_9O_3NJ_2$, 3,5-Dijod-tyrosin (58,63% J), wurde in einzelnen Jodeiweißstoffen, so in dem Thyreoglobulin der Schilddrüse und dem Spongin von Schwämmen, nachgewiesen, aus dem es von WHEELER und MENDEL[8] sowie von OSWALD[9] durch Einwirkung siedenden Barytwassers erhalten wurde. Die Darstellung aus DL-Tyrosin gelang bereits 1907 HENZE[10], die Aufklärung seiner Konstitution und die Synthese verdanken wir WHEELER[11].

Seine Krystalle schmelzen wenig unterhalb 200° unscharf unter Zersetzung. Es ist schwer löslich in Wasser, zeigt die Xanthoproteinreaktion, jedoch nicht die MILLONsche. Aus Dijodtyrosin kann durch geeignete Bebrütung Thyroxin in kleiner Menge erhalten werden[12].

Monojodtyrosin wurde neben Dijodtyrosin und Thyroxin aus jodiertem Casein erhalten[13].

Aus Gorgonaceenskeletten gelang MÖRNER[14] die Abscheidung einer der Jodgorgosäure analog aufgebauten Bromverbindung, des 3,5-Dibromtyrosins **(Bromgorgosäure)**, die in Wasser wenig löslich ist, sich bei 245° zersetzt und weder die MILLONsche noch die PAULY-sche Reaktion zeigt.

---

* $C_{16}H_7NO_3S$ (335,30) Ber.: 57,28% C; 5,11% H; 4,18% N; 9,56% S; 23,87% O.
[1] GALE, E. F.: Biochem. J. **39**, 46 (1945). Eiweißforsch. **1**, 145 (1948). — [2] Siehe Fuß-note [4], S. 335. — [3] Org. Syntheses **10**, 100 (1930). — [4] LAMB, J., and W. ROBSON: Biochem. J. **25**, 1231 (1931). — HAMLIN, K. E., and W. H. HARTUNG: J. biol. Ch. **145**, 349 (1942). BILLIMORIA, J. D., and A. H. COOK: Soc. **1949**, 2323. — [5] Biochem. Prep. **1**, 71 (1949). — [6] Beilstein **14**, (681). — [7] Beilstein **14**, 622 (671). — Biochem. Handlex. **4**, 699 (1911); **12**, 660 (1930). — H.-Th. S. 301. — [8] WHEELER, H. L., and L. B. MENDEL: J. biol. Ch. **7**, 1 (1909/10). — [9] OSWALD, A.: H. **75**, 353 (1911). — [10] HENZE, M.: H. **38**, 60 (1903); **51**, 64 (1907). — [11] WHEELER, H. L., and G. S. JAMIESON: Amer. chem. J. **33**, 365 (1905). — WHEELER, H. L.: Amer. chem. J. **38**, 356 (1907). Vgl. BLOCK, P., and G. POWELL: Am. Soc. **65**, 1430 (1943). — [12] MUTZENBECHER, P. v.: H. **261**, 253 (1939). — HARINGTON, C. R., and R. V. P. RIVERS: Biochem. J. **39**, 157, 212 (1945). — SIMPSON, G. K., A. J. JOHNSTON and D. TRAILL: Biochem. J. **41**, 181 (1947). — [13] LUDWIG, W., u. P. v. MUTZENBECHER: H. **258**, 195 bes. S. 207 (1939). — SIMPSON, G. K., A. G. JOHNSTON and D. TRAILL: Biochem. J. **41**, 181 (1947). — REINEKE, E. P.: Vitamins & Hormones **4**, 207 (1946). — [14] MÖRNER, C. TH.: H. **88**, 138 (1913). — ACKERMANN, D., u. ERNST MÜLLER: H. **269**, 146 (1941). — Biochem. Handlex. **12**, 654 (1930).

Thyroxin, $C_{15}H_{11}O_4NJ_4$ (65,37% J). Jodgorgosäure steht in naher Beziehung zum Thyroxin[1], das im wesentlichen für die hormonalen Wirkungen der Schilddrüse verantwortlich ist. Das von KENDALL nach alkalischer Hydrolyse der Schilddrüse gewonnene Thyroxin wurde konstitutionell erforscht und synthetisch dargestellt von HARINGTON[2], vgl. auch[3]. Biologisch wirksam ist das L-Thyroxin (s. Bd. 2, Physiol. Chemie der inneren Sekrete). Zur Biosynthese vgl. [4].

Es ist schwer löslich in Wasser, sein Schmelzpunkt wird etwas unterschiedlich angegeben (HARINGTON[5] 231°; KENDALL[6] 250°). Die Thyroxinbestimmung in der Schilddrüse erfolgt nach alkalischer Hydrolyse derselben aus dem Jodgehalt des Butylalkoholextraktes, der durch Waschen mit Alkali von Jodgorgosäure befreit und dann eingedampft wurde (FOSTER, BLAU[7]). Colorimetrische Methode mit Diazobenzolsulfonsäure[8]. Polarographische Bestimmung[9]. Derivate[10].

Ein anderes Hormon, das **Adrenalin**[11] des Nebennierenmarks, $C_9H_{13}O_3N$, das sich vom *Dioxyphenylalanin*[12] ableiten läßt, wurde als erstes Hormon in krystallisierter Form von TAKAMINE[13] 1901 isoliert und wenige Jahre darauf synthetisch dargestellt[14]. Die Auftrennung des synthetischen Suprarenins in die D- und L-Komponente gelang durch die verschiedene Löslichkeit der Tartrate (FLÄCHER 1908[15]). Die D-Verbindung wirkt biologisch etwa 15mal schwächer als L-Adrenalin[16].

Darstellung: L-*Adrenalin* wird aus Nebennieren gewonnen, die nach ABDERHALDEN und BERGELL[17] mit essigsäurehaltigem Alkohol unter Wasserstoffeinleitung extrahiert werden, worauf nach Einengen im Vakuum mit Ammoniak gefällt und durch Lösen in Oxalsäure und nochmaliges Ausfällen gereinigt wird. An neueren Verfahren sei das von HESSEL und MAIER[18] genannt: dialysierter Nierenpreßsaft wird mit Kochsalz gesättigt, bei 37° einen Tag stehengelassen, abfiltriert, der Niederschlag in Wasser verteilt, einige Stunden dialysiert und das Filtrat nochmals ebenso behandelt. Die filtrierte Lösung wird mit Milchsäure (60 cm³ n Milchsäure/l) versetzt, die ausgeschiedenen Ballaststoffe abgetrennt, der Wirkstoff mit Kaolin adsorbiert und dann mit 1%iger Na_2HPO_4-Lösung eluiert. Nach Ultrafiltration wird im Vakuum über H_2SO_4 und KOH eingeengt und gepulvert.

[1] Beilstein 14, (671). — Biochem. Handlex. 12, 663 (1930). — KERMACK, W. O.: Sci. Progr. 34, 587 (1946). — [2] Zusammenfassende Literatur bei KENDALL, E. C.: Thyroxine. New York 1929. — [3] BORROWS, E. T., J. C. CLAYTON and B. A. HEMS: Soc. 1949, Suppl. Issue S. 185, 199. — BORROWS, E. T., J. C. CLAYTON, B. A. HEMS and A. G. LONG: Soc. 1949, Suppl. Issue S. 190. — CHALMERS, J. R., G. T. DICKSON, J. ELKES and B. A. HEMS: Soc. 1949, 3424. — [4] HARINGTON, C. R.: Nature 154, 122 (1944). — LOFTFIELD, R. B.: Am. Soc. 72, 2499 (1950). — [5] HARINGTON, C. R., and G. BARGER: Biochem. J. 21, 169 (1927). — [6] KENDALL, E. C., and A. E. OSTERBERG: J. biol. Ch. 40, 265 (1919). — [7] LELAND, J. P., and G. L. FOSTER: J. biol. Ch. 95, 165 (1932). — BLAU, N. F.: J. biol. Ch. 102, 269 (1933); 110, 351 (1935). — Mikrobestimmung: PALMER, W. W., J. P. LELAND and A. B. GUTMAN: J. biol. Ch. 125, 615 (1938). — [8] MOSER, H.: Exper. 3, 119 (1947). — [9] BORROWS, E. T., B. A. HEMS and J. E. PAGE: Soc. 1949, Suppl. Issue S. 204. — [10] CLAYTON, J. C., and B. A. HEMS: Soc. 1950, 840. — [11] Beilstein 13, 830 (340). — Biochem. Handlex. 5, 495, 454 (1911). — H.-Th. S. 207. — GUGGENHEIM, M.: Die biogenen Amine. 3. Aufl., S. 429. Basel u. New York 1940. — [12] Beilstein 14 (681). — Biochem. Handlex. 11, 179 (1924); 12, 685 (1930). — H.-Th. S. 305. — [13] TAKAMINE, J.: Amer. J. Pharmacy 73, 523 (1901). — [14] DRP. 157300. Kl. 12q. 25. 12. 1903. [C. 1905 I, 315]. — STOLZ, FR.: B. 37, 4149 (1905). — [15] FLÄCHER, F.: H. 58, 189 (1908). — [16] ABDERHALDEN, E., u. FRANZ MÜLLER: H. 58, 185 (1908/09). — [17] ABDERHALDEN, E., u. P. BERGELL: B. 37, 2022 (1904). — [18] HESSEL, G., u. H. MAIER: A. P. 2,100.593 v. 10. 8. 1935. [C. 1938 I, 1405.]

L. Adrenalin ist ein krystallines, in Wasser praktisch unlösliches, aber doch stark giftiges Pulver, das sich bei 216° zersetzt. Es ist außerordentlich leicht oxydierbar und zeigt einige charakteristische Farbreaktionen, so Blaugrünfärbungen mit Eisen(III)-chlorid, Dunkelbraunfärbung mit Kaliumbichromat (Chromatfärbung der chromaffinen Gewebe). Da die chemischen Bestimmungsmethoden des Adrenalins auf seiner Reaktion als Phenol beruhen (z. B. Persulfatverfahren von BARKER, EASTLAND und EVERS[1], Vulpianreaktion von EULER[2]), ist die Auswertung im Blutdruckversuch an Katzen, die noch 1 bis 2 γ Adrenalin erfasst, zumindest zusätzlich zu empfehlen. Bestimmung im Blut vgl. LEHMANN und MICHAELIS[3].

Der Übergang des Tyrosins in Adrenalin schließt die oxydative Einführung einer zweiten OH-Gruppe sowie die Decarboxylierung der Aminosäure ein. Die weiteren Schritte sind Oxydation der Seitenkette und Methylierung am Stickstoff, wobei je nach der Reihenfolge dieser beiden Vorgänge grundsätzlich sowohl das Epinin wie das Arterenol als Zwischenprodukt durchlaufen[4] werden können. Nach U. v. EULER ist Arterenol oder Noradrenalin der eigentlich wirksame Sympathicusstoff.

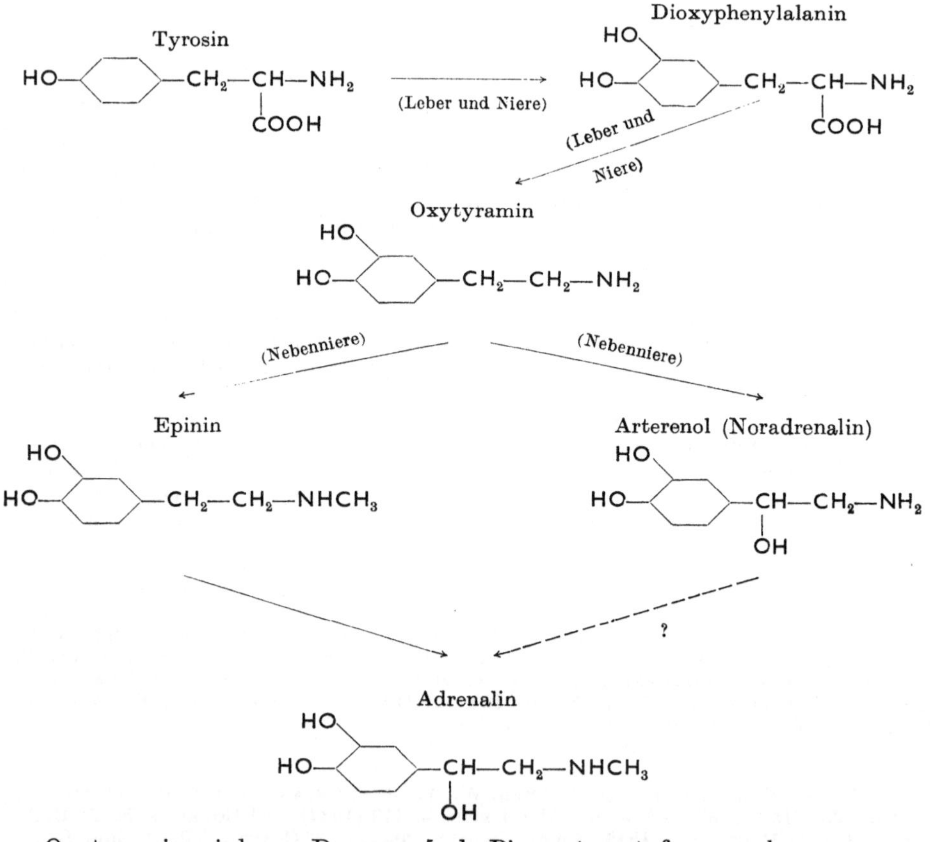

Oxytyramin wird von DANNEEL[5] als Pigmentvorstufe angesehen.

[1] BARKER, J. H., C. J. EASTLAND and N. EVERS: Biochem. J. **26**, 2129 (1932). — [2] EULER, U. S. v.: B. Z. **260**, 18 (1933). — [3] LEHMANN, G., u. H. F. MICHAELIS: Kli. Wo. **1941**, 949. — [4] HOLTZ, P., u. G. KRONEBERG: Kli. Wo. **1948**, 605. — SCHÜMANN, H. J.: Kli. Wo. **1948**, 604. — HOLTZ, P., u. H. J. SCHÜMANN: Naturwiss. **35**, 159, 191 (1948). — HOLTZ, P.: Kli. Wo. **1950**, 145. — Vgl. auch KRAUSE, D.: Mh. prakt. Tierheilkde [N. F.] **2**, 89 (1950). — [5] DANNEEL, R.: Z. Naturforsch. **1**, 87 (1946).

Adrenalin läßt sich leicht in das Oxydationsprodukt Adrenochrom (s. THUN-BERG, S. 1229), ein Oxindolchinon, überführen vgl. [1]. Dieser Substanz wird die Einwirkung des Adrenalins auf den Stoffwechsel zugeschrieben [2]

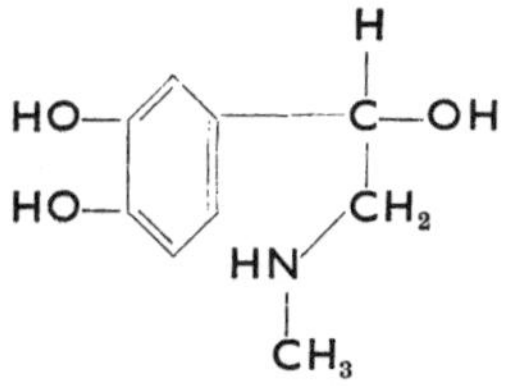

Adrenalin 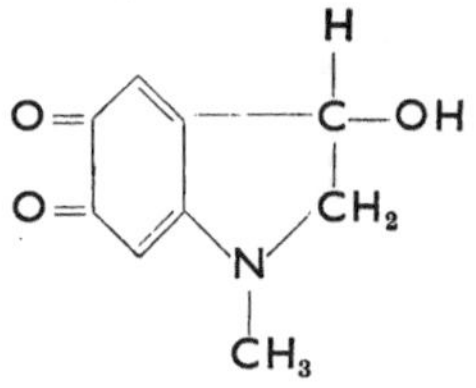   Adrenochrom

Unter der Einwirkung eines oxydierenden Enzyms, der *Tyrosinase*[3], aus Kartoffeln, Champignons, Gehirn, Mehlwürmern usw., geht das Tyrosin, gleichfalls über Dioxyphenylalanin (Dopa), in rote und weiterhin in dunkelgefärbte unlösliche Farbstoffe über. Diese Reaktion, die unter anderen für die *Bildung der Melanine*, der dunklen Pigmente der Haut, verantwortlich sein dürfte, ist von RAPER[4] aufgeklärt worden (Reaktionsmechanismen und Formeln vgl. THUN-BERG S. 1221). Vgl. MASON[5], BEER[6] und CLEMO[7]. Durch die Tyrosinasereaktion werden gleichzeitig biogenetische *Beziehungen zwischen Tyrosin und Tryptophan* bzw. anderen Verbindungen der Indolreihe wahrscheinlich gemacht (s. a. Bd. 2, Haut).

Ein anderes Produkt des oxydativen Abbaus des Tyrosins und des Phenylalanins ist die *Homogentisinsäure*[8], die bei Alkaptonurie im Harn auftritt und als Hydrochinonderivat leicht in das dazugehörige dunkelgefärbte Chinonderivat übergeht. Es kann weiter in ein schwarzes Melanin umgewandelt werden, das im Knorpel zur Ablagerung kommt (Ochronose). Auf welchem Wege die Homogentisinsäure aus dem Tyrosin gebildet wird, ist nicht genau bekannt; normalerweise wird Homogentisinsäure weiter zu CO_2 und NH_3 abgebaut[9].

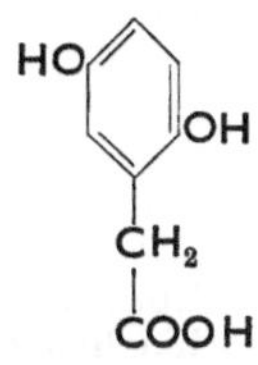

Weitere Abkömmlinge des Tyrosins:

Durch Decarboxylierung geht das Tyrosin in das Tyramin (siehe ACKER-MANN, S. 793) über, aus dem man sich durch Methylierung weiterhin das *Hordenin*[10] (Dimethyltyramin) und das *Candicin*[11] (Trimethyltyrammonium) entstanden denken kann.

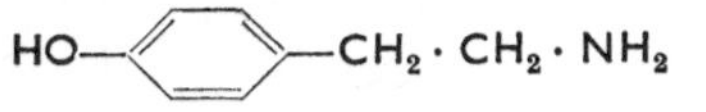

Tyramin 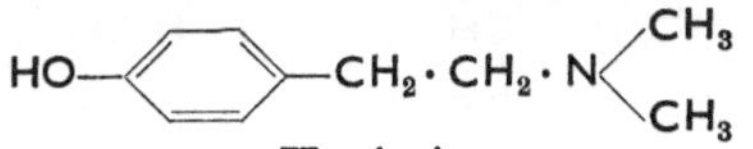   Hordenin

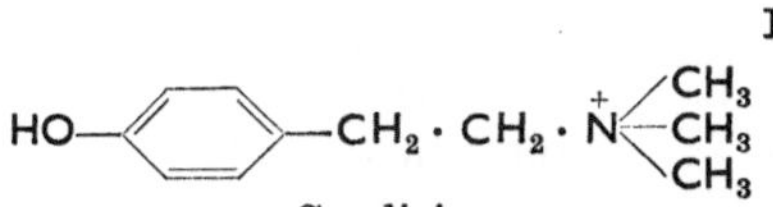

Candicin

Die genannten 3 Stoffe sind im Pflanzenreich aufgefunden worden und nehmen eine Zwischenstellung zwischen den biogenen Aminen (siehe diese) und den Alkaloiden ein.

Pflanzliche Alkaloide[12] (s. auch Bd. 2, Vergl. Physiol. Chem. Pflanzen). Aber auch komplizierter *zusammengesetzte Alkaloide* sind vom Tyrosin bzw. vom Dioxyphenylalanin

[1] HARLEY-MASON, J.: Soc. 1950, 1276. — CHAIX, P., C.-A. MORIN et J. JÉZÉQUEL: Cr. 230, 790 (1950). — BEAUDET, C.: Exper. 6, 186 (1950). — [2] MARQUARDT, P.: Enzymologia 12, 166 (1948). — [3] NELSON, J. M., and C. R. DAWSON: Adv. Enzymol. 4, 99 (1944). — [4] RAPER, H. S.: Soc. 1938, 125. — [5] MASON, H. S., and Ch. I. WRIGHT: J. biol. Ch. 180, 235 (1949). — [6] BEER, J. S., L. McGRATH, A. ROBERTSON and A. B. WOODIER: Soc. 1949, 2061. — [7] CLEMO, G. R., and F. K. DUXBURY: Soc. 1950, 1795. — [8] Beilstein 10, 407 (197) [267]. — [9] FELIX, K.: Angew. Chem. (A) 59, 71 (1947). — [10] Beilstein 13, 626 (236). — Biochem. Handlex. 12, 198 (1930). — [11] GUGGENHEIM, M.: Die biogenen Amine. 3. Aufl., S. 418, 513. Basel u. New-York 1940. — [12] HENRY, T. A.: The Plant Alkoloids. 4. ed. London 1949. — MANSKE, R. H. F., and H. L. HOLMES: The Alkaloids. 4 Bde. New-York. Bd. 1. 1950.

abzuleiten. So entstehen aus Dioxyphenylalanin durch Decarboxylierung das β-(3,4-Dioxyphenyl)-äthylamin (Oxytyramin) und durch dessen Kondensation mit entsprechenden, von der gleichen oder einer anderen Aminosäure abgeleiteten Aldehyden die Isochinolinalkaloide

Dioxy-phenylalanin + Aldehyd → Isochinolinalkaloid

von denen als Beispiel das *Hydrohydrastinin*[1], sowie das *Laudanosin*[2] und das *Papaverin*[3], letztere wichtige Opiumalkaloide, genannt seien.

Hydrohydrastinin   Laudanosin   Papaverin

Carnegin

Ebenso bestehen biogenetische Beziehungen zu dem Alkaloid *Mezcalin*[4], wie zu den Isochinolinalkaloiden des *Anhalamin*[5] und des *Pellotin*[6], die sich vom β-(3,4,5-Trioxyphenyl)-äthylamin offenbar in derselben Weise wie das Hydrohydrastinin und das *Carnegin*[7] vom β-(3,4-Dioxyphenyl)-äthylamin ableiten[7].

Mezcalin   Anhalamin   Pellotin

13. Tryptophan.

L-**Tryptophan**[8], β-Indol-α-aminopropionsäure, $C_{11}H_{12}O_2N_2$, ist biologisch besonders wichtig und muß dem Tierkörper zugeführt werden[9]. Eiweißstoffe mit hohem Tryptophangehalt (2 bis 5%), wie Casein[10] und Fibrin, gelten daher als hochwertig. D-Tryptophan wird dagegen nach ALBANESE[11] vom menschlichen

[1] Beilstein **27**, 464 (443). — [2] Beilstein **21**, 210 (252). — [3] Beilstein **21**, 220 (257). — [4] Beilstein **13**, (338). — [5] Beilstein **21**, 199. — [6] Beilstein **21**, 200 (249). — [7] SCHÖPF, C.: Die Synthese von Alkaloiden aus Aminosäuren in der Pflanze. In Chemie und Physiologie des Eiweißes. S. 114—126. Hrsgb. von OTTO, R., K. FELIX u. K. LAIBACH. Dresden u. Leipzig 1938. — [8] Beilstein **22**, 546 (677). — Biochem. Handlex. 11, 183 (1924); **12**, 693 (1930). — H.-Th. S. 312. — [9] Vgl. z. B. über Sterilität durch Tryptophanmangel KELLER, W. F.: Science, N. Y. **103**, 137 (1946). — [10] Org. Syntheses **10**, 100 (1930). — [11] ALBANESE, A. A., V. I. DAVIS and M. LEIN: J. biol. Ch. **172**, 39 (1948); **170**, 731 (1947).

Organismus nicht verwertet. Das **Tryptophan** ist eine sehr empfindliche Aminosäure, die bei der Säurehydrolyse fast vollständig zerstört wird unter Bildung der sog. Humine, dunkelgefärbter, schwerlöslicher Pigmente[1]. Die Darstellung von L-Tryptophan gelingt daher nur aus den durch enzymatischen Abbau erhaltenen Verdauungsgemischen oder nach alkalischer Hydrolyse mit Ba(OH)$_2$. Isolierung aus Casein[2]. Tryptophan, das erstmals von ELLINGER und FLAMAND[3] synthetisch nach dem Verfahren von ERLENMEYER jun. erhalten wurde, ist durch grundsätzlich wichtige neue Synthesen von SNYDER und SMITH[4], ALBERTSON[5], sowie von BUTENANDT und HELLMANN[6] leicht zugänglich geworden (siehe Schema). Vgl. auch PLIENINGER[7].

A) Tryptophansynthese nach SNYDER-SMITH-ALBERTSON.

1) (Indol) + H$_2$CO + HN(CH$_3$)$_2$ ⟶ Gramin

2) Gramin + Na—C(COOR)(NH—COCH$_3$)(COOR) ⟶ (Substitutionsprodukt) —CH$_2$—C(COOR)(NH—COCH$_3$)(COOR) →Hydrol.→ —CH$_2$—CH(NH$_2$)—COOH

B) Tryptophansynthese nach BUTENANDT-HELLMANN.

1) H$_2$C(CH$_2$—H$_2$C)$_2$NH + H$_2$CO + H—C(COOR)(NH—COCH$_3$)(COOR) ⟶ H$_2$C(CH$_2$—H$_2$C)$_2$N—CH$_2$—C(COOR)(NH—COCH$_3$)(COOR)

2) (Indol) + H$_2$C(CH$_2$—H$_2$C)$_2$N—CH$_2$—C(COOR)(NH—CHO)(COOR) ⟶ H$_2$C(CH$_2$—H$_2$C)$_2$NH + —CH$_2$—C(COOR)(NH—CHO)(COOR) ⟶ —CH$_2$—CH(NH$_2$)—COOH

[1] Fox, D. L.: Ann. Rev. **16**, 443, bes. 460 (1947). — [2] Siehe Fußnote [10], S. 540. — [3] ELLINGER, A., u. C. FLAMAND: B. **40**, 3029 (1907). H. **55**, 8 (1908). Vgl. ELLINGER, A.: B. **39**, 2515 (1906). — MAJIMA, R., u. Y. KOTAKE: B. **55**, 3859 (1922). — BAUGUESS, L. C., and C. P. BERG: J. biol. Ch. **104**, 675 (1934). — [4] SNYDER, H. R., and C. W. SMITH: Am. Soc. **66**, 350 (1944). — [5] ALBERTSON, N. F., S. ARCHER and C. M. SUTER: Am. Soc. **66**, 500 (1941); **67**, 36 (1945). — ALBERTSON, N. F., and B. F. TULLAR: Am. Soc. **67**, 502 (1945). — [6] HELLMANN, H.: Angew. Chem. **61**, 352 (1949). H. **284**, 163 (1949). — BUTENANDT, A., u. H. HELLMANN: H. **284**, 168 (1949). — BUTENANDT, A., H. HELLMANN u. E. RENZ: H. **284**, 175 (1949). — [7] PLIENINGER, H.: B. **83**, 268 (1950).

Tryptophan ist mäßig löslich in Wasser. $[\alpha]_D^{20} = -35°$ in wäßriger Lösung. Leicht racemisierbar. In Gegenwart von Eiweiß oder Kohlenhydraten tritt beim Erhitzen mit Säuren starke Huminbildung auf. Durch Quecksilber(II)sulfat wird es gefällt (auch Histidin!). Zur *Identifizierung* eignen sich Pikrat, Benzolsulfosäureverbindung und Naphthylisocyanatverbindung. Racematspaltung[1].

Für das Tryptophan gibt es zahlreiche Farbreaktionen:

Reaktion nach ADAMKIEWICZ-HOPKINS[2]. Unterschichtet man die Lösung in Eisessig mit konzentrierter H_2SO_4, so entsteht ein dunkelviolett gefärbter Ring. Die Reaktion beruht, wie HOPKINS gezeigt hat, auf der Anwesenheit von Glyoxylsäure im Eisessig und wird daher besser mit einer verdünnten wäßrigen Lösung von Glyoxylsäure an Stelle von Eisessig ausgeführt.

Reaktion nach VOISENET[3]. Blauviolette Farbe bei Zugabe von wenig Formaldehyd, starker Salzsäure und Oxydation mit verdünnter (0,05%iger) $NaNO_2$-Lösung. Diese Reaktion eignet sich auch zur quantitativen Bestimmung des Tryptophans im Eiweiß. *Ausführung*[4]: Falls das Eiweiß, dessen Tryptophangehalt bestimmt werden soll, wasserunlöslich ist, erhitzt man 2 g davon mit 20 cm³ 20%iger KOH so lange auf dem siedenden Wasserbad, bis es sich gelöst hat, filtriert ab und füllt auf 50 cm³ auf. 2 cm³ des klaren Filtrates werden in einem Reagensglas mit 1 Tropfen einer 2,5%igen Formaldehydlösung versetzt. Nach dem Umschütteln fügt man 15 cm³ reiner konzentrierter HCl (d = 1,175) zu und mischt. Nach 10 min werden unter Umschütteln 10 Tropfen einer 0,05%igen Natriumnitritlösung zugefügt und mit konzentrierter Salzsäure auf 20 cm³ aufgefüllt. Man überzeugt sich, ob ein weiterer Tropfen der Nitritlösung eine Verstärkung des blauvioletten Farbtones bewirkt. Die gegebenenfalls vom ausgeschiedenen KCl abgetrennten Proben können stufenphotometrisch oder colorimetrisch gemessen werden. Als Vergleich dient am besten eine 5%ige Natriumcaseinatlösung, die 0,085% Tryptophan enthält.

Reaktion nach EHRLICH[5]. Mit p-Dimethylaminobenzaldehyd und konzentrierter H_2SO_4 tritt Rotfärbung auf.

Reaktionen mit Chlor- oder Bromwasser. Läßt man zu einer neutralen Tryptophanlösung tropfenweise Brom- oder Chlorwasser zufließen, dann entsteht bei geringer Konzentration eine rotviolette Färbung, eventuell eine Fällung.

Die Reaktion wird von der im Eiweiß gebundenen Aminosäure nicht gegeben, sondern erst dann, wenn das Tryptophan, beispielsweise bei der tryptischen Verdauung, in Freiheit gesetzt wird. Diese zur Verfolgung der Verdauung geeignete qualitative Reaktion war als „*Tryptophanreaktion*" schon lange vor der Entdeckung der Aminosäure selbst bekannt und hat dieser ihren Namen gegeben ($\vartheta\varrho\acute{v}\pi\tau\varepsilon\iota\nu$ = zerbrechen, $\varphi\alpha\acute{\iota}\nu\varepsilon\iota\nu$ = erscheinen).

Ebenfalls ein empfindlicher Test für freies Tryptophan ist die Bildung des roten Pigmentes Tryptochrom[6] durch Oxydation des Tryptophans in 70—90° Essigsäure mit Jodat.

Mit MILLONS Reagens gibt Tryptophan einen gelbgefärbten Niederschlag, als Indolabkömmling die Fichtenspan-Reaktion des Pyrrols.

Mikrobiologische Bestimmung[7]. Weitere quantitative Bestimmungen [8].

Abkömmlinge des Tryptophans. Zusammen mit dem Tyrosin wird Tryptophan für die *Melaninbildung* verantwortlich gemacht (vgl. beim Tyrosin), die wohl auf der Reaktionsfähigkeit seines Indolkernes beruht. Durch Abbau entstehen aus dem Tryptophan das *Tryptamin* (vgl. ACKERMANN, S. 794) und *Skatol* und das *Indol* (vgl. ACKERMANN, S. 794/795).

Aus dem Tryptamin kann durch Kondensation mit Acetaldehyd das Alkaloid *Harman*[9], aus dem 6-Oxytryptamin in analoger Weise das *Harmalin* und das *Harmin* erhalten werden.

Diese Übergänge entsprechen vollkommen den S. 540 erwähnten Übergängen vom Tyramin und dessen Oxydationsstufen zu den Isochinolinalkaloiden.

[1] SHABICA, A. C., and M. TISHLER: Am. Soc. 71, 3251 (1949). — [2] ADAMKIEWICZ, A.: Pflügers Arch. 9, 156 (1874). — HOPKINS, F. G., and S. W. COLE: J. Physiol., London 27, 418 (1901/02); 29, 451 (1903). Proc. R. Soc. London (B) 68, 21 (1901). — [3] VOISENET, F.: Bull. Soc. chim. France (3) 33, 1198 (1905). — [4] Vgl. FÜRTH, O., u. Z. DISCHE: B. Z. 146, 275 (1924). — [5] TOMIYAMA, T., and S. SHIGEMATSU: Proc. Soc. exp. Biol. Med. 32, 446 (1934). — [6] FEARON, W. R., and W. A. BOGGUST: Biochem. J. 46, 62 (1950). — [7] GREENHUT, I. T., B. S. SCHWEIGERT and C. A. ELVEHJEM: J. biol. Ch. 165, 325 (1946). — ROCKLAND, L. B., and M. S. DUNN: Arch. Biochem. 11, 541 (1946). — [8] STEERS, E., and M. G. SEVAG: Analytic. Chem. 21, 641 (1949). — ZORN, H.: H. 285, 143 (1950). — [9] Beilstein, 23, 215 (55).

An weiteren Alkaloiden, die ähnliche genetische Beziehungen zum Tryptophan aufweisen, sind zu nennen das *Eserin*[1] (= Physostygmin), die *Lysergsäure* (vgl. S. 582), das

Harman   Harmalin   Harmin

Bufothionin[2], das *Veratrin*[3], *Solanidin*[4], ferner das *Yohimbin*[5], das schon vor 1900 aus Quebrachorinde isoliert worden ist[6]. Ebenfalls verwandt mit dem Tryptophan sind die *Strychnos-Alkaloide*, z. B. das Strychnin[7] und das Vomicin[8]. Zu erwähnen ist auch noch das *Calcycanthin*[9], dessen Formel jedoch noch nicht ganz geklärt ist (vgl. hierzu die Übersicht bei B. Witkop[10]).

Bemerkenswert ist auch die enge Beziehung zu dem als Zellstreckungshormon wirksamen *Heteroauxin* von Kögl[11] — der *β*-Indolylessigsäure[12] (vgl. hier Bd. 2 Phytohormone), s. a. Gordon u. Wildman[13].

$$\xrightarrow[\text{Desaminierung}]{\text{Oxydation}}$$

Typtophan   β-Indolylessigsäure

Diese kommt auch im Harn vor, in dem sie durch Versetzen mit Salpetersäure und wäßriger Alkalinitritlösung als Urorosein nachgewiesen werden kann. β-Indolylessigsäure ist in Wasser sehr schwer löslich, sie krystallisiert aus Benzol in Blättchen, die bei 164—165° schmelzen.

Eine andere Abbaureihe führt über das Indoxyl schließlich zur Ausscheidung im Harn als *Indican*.

Tryptophan   Indolyläthylamin   Indol

Indoxyl   Indoxylschwefelsäure   Indican

[1] Polonovski, M., et Ch. Nitzberg: Bull. Soc. Chim. France [4] 19, 33 (1916). — [2] Wieland, H., u. Th. Wieland: A. 528, 234 (1937). — [3] Craig, L. C., and W. A. Jacobs: J. biol. Ch. 141, 260 (1941). — [4] Prelog, V., u. S. Szpilfogel: Helv. 25, 1306 (1942). — [5] Winterstein, E., u. M. Walter: Helv. 10, 577 (1927). — Witkop, B.: A. 554, 83 (1943). — Mendlik, F., et I. P. Wibaut: Recu. Trav. chim. Pays-Bas 50, 91 (1931). — Scholz, C.: Helv. 18, 923 (1935). — Hahn, G., E. Kappes u. H. Ludewig: B. 67, 686 (1934). Pruckner, F., u. B. Witkop: A. 554, 127 (1943). — [6] Hesse, O.: A. 211, 249 (1882). — [7] Robinson, R.: Soc. 1939, 603. — [8] Wieland, H., u. R. Huisgen: Diss. phil. R. Huisgen, Univ. München 1943. — [9] Barger, G. J. Madinaveitia and P. Streuli: Soc. 1939, 510. — [10] Witkop, B.: Chemie 56, 265 (1943). — S. a. Fußnote [12] S. 539. — [11] Kögl, F., A. J. Haagen-Smit u. H. Erxleben: H. 228, 90 (1934). — [12] Biochem. Handlex. 11, 318 (1924); 12, 257, 259 (1930). — [13] Gordon, S. A., and S. G. Wildman: J. biol. Ch. 147, 389 (1943). — Kulescha, Z.: Cr. 228, 1304 (1949).

　　Durch Oxydation entsteht aus Indoxyl *Indigo*, eine Reaktion, auf der auch die gebräuchlichsten Verfahren zur Harnindicanbestimmung beruhen, so die von Jaffé[1] und Obermayer[2], die von Zacherl[3] zu einer genauen photometrischen Methode ausgebaut worden ist. An weiteren Bestimmungen für Harnindican sind noch die von Jolles[4] und von Böhm und Grüner[5] zu nennen.

　　Am bemerkenswertesten sind aber die *Zusammenhänge des Tryptophans mit dem Kynurenin*, das seinerseits als Pigmentvorstufe erkannt wurde, mit der Kynurensäure und dem Nicotinsäureamid, Zusammenhänge, die durch Untersuchungen von Kühn, Butenandt[6], Beadle, Heidelberger, Wiss[7] u. a. in chemischer und erbbiologischer Hinsicht weitgehend aufgeklärt worden sind (vgl. Formelschema).

Anmerkung. Mit Normaldruck ist das die Umwandlung bewirkende Enzym, mit Kursivdruck das zu dessen Bildung führende Gen bezeichnet.

[1] Jaffé, M.: Pflügers Arch. **3**, 448 (1870). — [2] Obermayer, F.: Wien. klin. Rdsch. **1898**, Nr. 34. H. **26**, 427 (1898/99). — [3] Zacherl, M. K.: H. **220**, 113 (1933). — [4] Jolles, A.: H. **94**, 79 (1915); **95**, 29 (1915). — [5] Böhm, F., u. G. Grüner: Kli. Wo. **1936 II**, 1279. — Böhm, F.: B. Z. **290**, 137 (1937). — [6] Butenandt, A.: Angew. Chem. **62**, 171 (1950). — [7] Wiss, O., u. F. Hatz: Helv. **32**, 532 (1949). — [8] Wiss, O.: Helv. **32**, 1694 (1949).

Als Abbauprodukte des Tryptophans sind schon seit längerer Zeit bekannt die Kynurensäure, eine Oxychinolincarbonsäure, die von Ellinger[1] im Hundeharn aufgefunden wurde, sowie das von Kotake[2] aus Kaninchenharn isolierte Kynurenin.

Als Vorstufe von Augenpigmenten der Insekten (Ommochrome), deren Bildung von der Anwesenheit bestimmter Gene abhängig ist [a^+-Stoff, der Mehlmotte (Ephestia kühniella) bzw. v^+-Stoff der Taufliege (Drosophila melanogaster; Kühn[3] und E. Becker[4])], hat Butenandt das Kynurenin erkannt[5]. Der erste Schritt auf dem Wege zum Kynurenin besteht in der Oxydation des Tryptophans zum Oxytryptophan durch die in Abhängigkeit von dem v^+-Gen gebildete „Tryptophanpyrrolase", die von einer Öffnung des Pyrrolringes unter Bildung von Kynurenin gefolgt ist.

Synthese des Kynurenins siehe Butenandt[5].

Eine weitere genabhängige Oxydase (cn^+-Ferment) führt vom Kynurenin zum 3-Oxykynurenin (Xanthurenin; „cn^+-Stoff"[6]), aus dem unter Mitbeteiligung weiterer Genfaktoren das Pigment gebildet wird. Der weitere Weg des hydrolytischen[7] bzw. desaminierenden und oxydativen Abbaus, der vom Kynurenin zur Kynurensäure und zur Anthranilsäure bzw. vom Oxykynurenin zur Oxykynurensäure und Oxyanthranilsäure führt, ergibt sich aus dem Formelschema. Oxyanthranilsäure ist, wie Beadle und Mitarbeiter[8] an dem Schimmelpilz Neurospora, Heidelberger und Mitarbeiter[9] für Säugetiere gezeigt haben, die biologische Vorstufe der Nicotinsäure.

Oxytryptophan hat man als eine neue Aminosäure aus dem Nebengift Phalloidin des Knollenblätterpilzes isoliert[10].

14. Asparaginsäure.

L-**Asparaginsäure**[11], L(+)-Aminobernsteinsäure $C_4H_7O_4N$. Im Gegensatz zu den bisher beschriebenen Aminosäuren, die alle ihren isoelektrischen Punkt zwischen $p_H = 5$ und 6 haben, liegt in dieser Dicarbonsäure eine stärkere Säure vor mit dem isoelektrischen Punkt $p_H = 2,8$. Sie ist kein lebensnotwendiger Nahrungsbestandteil.

Die Asparaginsäure ist ziemlich schwer löslich in Wasser (1:236 bei 17°C) und schmeckt ausgesprochen sauer (Unterschied von Glutaminsäure). $[\alpha]_D^{20} = + 25,7°$ in 40%iger Lösung + 2 Mol HCl. Sie läßt sich in Wasser wie eine einbasische Säure titrieren. Das Ca-Salz ist in wäßrig-alkoholischer Lösung im Gegensatz zu den Ca-Salzen der Monoaminosäuren schwer löslich.

Die Asparaginsäure bildet ein quantitativ bestimmbares Kupfersalz, zum Nachweis kann die Benzoylverbindung* (F. 180°) herangezogen werden.

---

* $C_{11}H_{11}NO_5$ (237,1). Ber.: 55,67% C; 4,68% H; 5,91% N; 33,74% O.

[1] Ellinger, H. A.: H. **43**, 325 (1904/05). Vgl. auch B. **37**, 1801 (1904). — [2] Kotake, Y., u. J. Iwao: H. **195**, 139 (1931). — Kotake, Y.: Ergebn. Physiol. **37**, 245 (1935). — [3] Kühn, A.: Nachr. ges. Wiss. Göttingen **2**, 239 (1936); 231 (1941). — [4] Becker, E., Naturwiss. **26**, 433 (1938). — [5] Butenandt, A., W. Weidel, R. Weichert u. W. v. Derjugin: H. **279**, 27 (1943). — Butenandt, A., W. Weidel u. I. Neckel: H. **281**, 120 (1944). — Butenandt, A., u. R. Weichert: H. **281**, 122 (1944). — [6] Butenandt, A., W. Weidel u. H. Schlossberger: Z. Naturforsch. **4 b**, 242 (1949). — [7] Wiss, O., u. F. Hatz: Helv. **32**, 532 (1949). — Wiss, O.: Helv. **32**, 1694 (1949). — Wiss, O., G. Viollier u. M. Müller: Helv. physiol. Acta **7**, C 64 (1949). Helv. **33**, 771 (1950). — Braunstein, A. Je., u. Je. W. Gorjatschenkowa: Biochimia, Moskau **14**, 163 (1949) [C. **1950 I**, 883]. — [8] Beadle, G. W., H. K. Mitchell and J. F. Nyc: Proc. Nat. Acad. Sci. USA **33**, 155 (1947). — Mitchell, H. K., and J. F. Nyc: Proc. Nat. Acad. Sci. USA **34**, 1 (1948). — [9] Heidelberger, Ch., E. P. Abraham and S. Lepkovsky: J. biol. Ch. **179**, 151 (1949). — Heidelberger, Ch., M. E. Gullberg and S. Lepkovsky: J. biol. Ch. **179**, 143 (1949). — Vgl. auch z. B. Kallio, R. E., and C. P. Berg: J. biol. Ch. **181**, 333 (1949). — [10] Wieland, H., u. B. Witkop: A. **543**, 171 (1940). — Witkop, B.: Forsch. u. Fortschr. **18**, 235 (1942). — [11] Beilstein **4**, 472 (531), dort noch Links-Asparaginsäure genannt, [892]. Biochem. Handlex. **11**, 128 (1924); **12**, 457 (1930). — H.-Th. S. 242.

Die quantitative Bestimmung ist schwierig. Chemische Methode[1]. Mikrobiologische Bestimmung[2]. Isotopenverdünnungsmethode[3].

Isolierung von L-Asparaginsäure[4]. Darstellung besser aus dem leichter zugänglichen L-Asparagin[5]. Synthese von D,L-Asparaginsäure[6].

Biologisch nahe steht der Asparaginsäure ihr Halbamid, das **L (—)-Asparagin**[7], gewöhnliches Asparagin (s. nachstehende Formel).

Durch Abbau mit asparaginasefreien proteolytischen Enzymen konnte aus asparaginsäurehaltigen Proteinen Asparagin isoliert werden. Daraus geht hervor, daß in den betreffenden Proteinen die Asparaginsäure in Form ihres Halbamids, des Asparagins, vorliegt[8]. Das gleiche ergibt sich für eine Zahl von Pflanzeneiweißkörpern, die reich an Dicarbonsäuren sind, aus der bei vielen Proteinen herrschenden Äquivalenz zwischen Dicarbonsäure und Amidstickstoff (OSBORNE[9]). Bei anderen Proteinen ist dies

$$
\begin{array}{cc}
\text{COOH} & \text{COOH} \\
| & | \\
\text{H}_2\text{N—C—H} & \text{H}_2\text{N—C—H} \\
| & | \\
\text{CH}_2 & \text{CH}_2 \\
| & | \\
\text{COOH} & \text{CO(NH}_2\text{)} \\
\text{L(+)-Asparaginsäure} & \text{L(—)-Asparagin}
\end{array}
$$

aber sicher nicht der Fall. Außerdem findet sich das Asparagin als wichtiger Speicherstoff weit verbreitet in der Pflanzenwelt, insbesondere in Keimlingen (vgl. S.512). Die Asparaginsäure fehlt beinahe in keinem Eiweiß, sie ist meist mit mehreren Prozenten vertreten und wird bei der Säurehydrolyse besonders leicht abgespalten[10].

Die *Spaltung des Asparagins* in freie Asparaginsäure und Ammoniak kann durch Säuren oder Alkalien sowie durch ein in der Natur weit verbreitetes Enzym, die *Asparaginase*, bewirkt werden (vgl. GRASSMANN-MÜLLER S. 1110).

$$\text{HOOC} \cdot \text{CHNH}_2 \cdot \text{CH}_2 \cdot \text{CONH}_2 + \text{H}_2\text{O} \rightleftarrows \text{HOOC} \cdot \text{CHNH}_2 \cdot \text{CH}_2 \cdot \text{COOH} + \text{NH}_3.$$

Aspartasewirkung. Physiologisch wichtig ist die Tatsache, daß die Asparaginsäure sich unter der Einwirkung eines unter anderen in Colibakterien aufgefundenen Enzyms, der *Aspartase*, unter Abspaltung eines weiteren Moleküls NH_3 in Fumarsäure überführen läßt (vgl. THUNBERG, S. 1201, GRASSMANN-MÜLLER S. 1112, Bd. 2, Eiweißstoffwechsel). Die Reaktion ist umkehrbar und führt zu einem Gleichgewicht, das auch ausgehend von Fumarsäure und Ammoniak erreicht werden kann.

$$\text{HOOC} \cdot \text{CHNH}_2 \cdot \text{CH}_2 \cdot \text{COOH} \rightleftarrows \text{HOOC} \cdot \text{CH:CH} \cdot \text{COOH} + \text{NH}_3.$$

Durch diese Reaktion ist die Asparaginsäure biogenetisch mit dem System Fumarsäure — Bernsteinsäure — Äpfelsäure und damit mit den Abbaustufen der Kohlenhydrate verknüpft (vgl. Tabelle 93, S. 513).

Bedeutung für die CO_2-Assimilation s. S. 512.

15. Glutaminsäuren.

L-Glutaminsäure[11], L(+)-Aminoglutarsäure, $\text{C}_5\text{H}_9\text{O}_4\text{N}$. Die Glutaminsäure kommt in allen Eiweißstoffen, außer in den Protaminen, in beträchtlicher Menge vor, scheint aber dem Organismus nicht zugeführt werden zu müssen; besonders reich ist sie im pflanzlichen Eiweiß vertreten (15 bis 35%, Weizengliadin[12] 46%). Sie wird in Form ihres Na-Salzes technisch in größerem Maßstab

[1] CHIBNALL, C. A., M. W. REES and E. F. WILLIAMS: Biochem. J. **37**, 372 (1943). — [2] HAC, R. L., and E. E. SNELL: J. biol. Ch. **159**, 291 (1945). — STOKES, J. L., and M. GUNNES: J. biol. Ch. **157**, 651 (1945). — [3] FOSTER, G. L.: J. biol. Ch. **159**, 431 (1945). — [4] FOREMAN, F. W.: Biochem. J. **8**, 463 (1914). — [5] SCHIFF, H.: B. **17**, 2929 (1884). — [6] DUNN, M. S., and S. W. Fox: J. biol. Ch. **101**, 493 (1933). — EDLBACHER, S., u. K. SCHMID: Helv. **28**, 1079 (1945). — [7] Beilstein **4**, 476 (532) [896]. — Biochem. Handlex. **11**, 133 (1924); **12**, 472 (1930). — [8] DAMODARAN, M.: Biochem. J. **26**, 235 (1932). — [9] OSBORNE, T. B.: The Vegetable Proteins. London 1924. — [10] PARTRIDGE, S. M., and H. F. DAVIS: Nature **165**, 62 (1950). — [11] Beilstein **4**, 488 (537); **22**, (755), dort noch d-Glutaminsäure genannt, **4** [902]. — Biochem. Handlex. **11**, 137 (1924); **12**, 486 (1930). — H.-Th. S. 244. — Org. Syntheses **12**, 281 (1932). — [12] Darstellung aus Weizengliadin, Org. Syntheses **12**, 281 (1932).

als Geschmacksstoff für Nahrungsmittel aus Weizengliadin und Zuckerrüben-melasse gewonnen[1]. Wie bei der Asparaginsäure dürfte auch hier die im Eiweiß vorkommende Form hauptsächlich das Halbamid, das L(+)-**Glutamin**[2], sein.

Glutaminsäure ist löslich in Wasser (1:100), $[\alpha]_D = + 12{,}6°$ in Wasser. Wie bei der Asparaginsäure ist das Ca-Salz in wäßrigem Alkohol schwer löslich; es kann zur Abtrennung dieser Dicarbonsäuren verwandt werden (siehe S. 545 und 557).

Kennzeichnend für die Glutaminsäure ist die Schwerlöslichkeit ihres Hydrochlorids in salzsaurer Lösung, die zur Abtrennung von den anderen Aminosäuren benutzt werden kann. Von der Asparaginsäure unter-scheidet sie sich außerdem noch durch die Schwerlöslichkeit ihres Zn-Salzes. Während Asparaginsäure stark sauren Geschmack besitzt[2], schmeckt Glutaminsäure schwach säuer-lich und hinterher fade[3] (vgl. auch S. 545). Auch die Überführung in Pyrrolidoncarbonsäure kann zum Nachweis dienen[4]. Zur *Analyse* sind Naphthylisocyanat und Pikrolonat geeignet.

Quantitative Bestimmung: Gravimetrisch[5], Bakteriendecarboxylase[6], mikrobiologisch[7], Isotopenverdünnung[8], mit Ninhydrin[9]. Isolierung von L-Glutaminsäure[10]. Synthese von D L-Glutaminsäure[11].

Die Glutaminsäure steht in einfacher Weise mit der cyclischen Iminosäure Prolin in Beziehung. Die Glutaminsäure geht nämlich schon beim Erhitzen auf 180—190° unter Wasserabspaltung in ihr Lactam, die α-Pyrrolidon-α-carbonsäure, über[12], aus der man sich durch Reduktion das Prolin entstanden denken kann[13]. Ein glatter Übergang von der Glut-aminsäure zum Prolin auf diesem Wege ist jedoch bisher weder chemisch noch enzymatisch durchgeführt. Umgekehrt wird jedoch Glutaminsäure aus Prolin unter der Einwirkung der sogenannten Cyclophorase im Tierkörper gebildet[14].

Glutaminsäure   Pyrrolidon-carbonsäure   Prolin

Die biologische Synthese des Glutamins aus Glutaminsäure und NH_3 bedarf der Zufuhr von Energie, die der Spaltung von Adenosintriphosphorsäure entstammt[15].

Bei der *Fäulnis* geht Glutaminsäure überwiegend in Buttersäure über.

$$HOOC \cdot CHNH_2 \cdot CH_2 \cdot CH_2 \cdot COOH \rightarrow CH_3 \cdot CH_2 \cdot CH_2 \cdot COOH$$

[1] Vgl. MANNING, P. D. V., W. SHAFOR and F. H. CATTERSON: Chem. Engng. Progr. **44**, 491 (1948). — MANNING, P. D. V., and B. F. BUCHANAN: Symposium on monosodiumgluta-mate **1**, 15 (1948). — [2] Beilstein **4**, 491 (539), dort noch Glutamin genannt, [907]. — Biochem. Handlex. **11**, 144 (1924); **12**, 508 (1930). — H.-Th. S. 248. — Darst. von L-Glutamin: Biochem. Prep. **1**, 44 (1949). — [3] FISCHER, E.: B. **35**, 2662, Anm. (1902). — [4] Vgl. auch HILLMANN, G., u. A. ELIES: H. **283**, 31 (1948). — [5] CHIBNALL, C. A., W. M. REES and E. F. WILLIAMS: Biochem. J. **37**, 372 (1943). — [6] GALE, E. F.: Biochem. J. **39**, 46 (1945). — BOULANGER, P., et R. OSTEUX: Cr. **229**, 311 (1949). — [7] HAC, L. R., E. E. SNELL and R. J. WILLIAMS: J. biol. Ch. **159**, 273 (1945). — [8] FOSTER, G. L.: J. biol. Ch. **159**, 431 (1945). — [9] PRESCOTT, B. A., and H. WAELSCH: J. biol. Ch. **164**, 331 (1946). — SPECK, J. F.: J. biol. Ch. **179**, 1387 (1949). — [10] Org. Syntheses Sammelbd. **1**, revised ed. 286 (1941). — [11] MAR-VEL, C. S., and M. P. STODDARD: J. org. Chem. **3**, 198 (1938). — [12] H.-Th. S. 246. — ABDER-HALDEN, E., u. K. KAUTZSCH: H. **68**, 487 (1910). — LICHTENSTEIN, N.: Am. Soc. **64**, 1021 (1942). — [13] FISCHER, E.: B. **34**, 454 (1901). — [14] WEIL-MALHERBE, H., and H. A. KREBS: Biochem. J. **29**, 2077 (1935). — NEBER, M.: H. **240**, 70 (1936). — BERNHEIM, F., and M. L. C. BERNHEIM: J. biol. Ch. **96**, 325 (1932); **106**, 79 (1934). — STETTEN, M. R., and R. SCHÖNHEIMER: J. biol. Ch. **153**, 113 (1944). — TAGGART, J. V., and R. B. KRAKAUER: J. biol. Ch. **177**, 641 (1949). — [15] ELLIOTT, W. H.: Nature **161**, 128 (1948). — SPECK, J. F.: J. biol. Ch. **179**, 1387, 1405 (1949).

Synthesen von Glutaminsäurepeptiden s. Angier und Mitarbeiter S. 578 Fußnote [1].

Über die Stellung von Glutaminsäure im Aminosäurestoffwechsel vgl. S. 510ff, sowie Bd. 2, Eiweißstoffwechsel. Bedeutung für die Harnstoffsynthese vgl. S. 550, sowie Bd. 2, Eiweißstoffwechsel.

d(—)-Glutaminsäure[1] $C_5H_9O_4N$, der Antipode der normalen l-Glutaminsäure ist als Hauptbestandteil der immunspezifischen Kapselmasse von Milzbrand-bacillen nachgewiesen[2]. Diese hochmolekulare polypeptidartige Verbindung ist als ein stark saures Eiweiß zu denken, das aus einer einzigen, und zwar körperfremden Aminosäure aufgebaut ist. Es scheint die Bakterien als „fermentresistenter Schild" gegen die proteolytischen Enzyme des Wirtsorganismus zu schützen.

Über das Vorkommen der d-Glutaminsäure in Pflanzen berichtet Town[3]. Kögl und Erxleben fanden anläßlich ihrer Arbeiten über den Gehalt von Tumorproteinen an d-Aminosäuren (vgl. S. 505), d-Glutaminsäure in Reishydrolysaten[4]; auch bei der Hydrolyse von Ergotinin[5], Gliadin, Edestin (Chibnall[6]) konnte die racemische Form nachgewiesen werden.

Der Nachweis von d-Glutaminsäure in Eiweißhydrolysaten ist zufolge der leichten Löslichkeit der racemischen Salze (z. B. dl-Calcium-glutaminat in Alkohol bei 22° 0,14 g je 100 g, l-Calcium-glutaminat 0,01 g/100 g)[7] mit gewissen Schwierigkeiten verbunden, da die Gefahr besteht, daß bei der Aufarbeitung die dl-Form „herausgereinigt" wird. $[\alpha]_D^{20} = -31{,}1°$ (in HCl-Lösung)[8].

β-Oxyglutaminsäure, $C_5H_9O_5N$. Diese Aminosäure war vermeintlich aus Casein isoliert worden[9]. Neuere Ergebnisse[10] zeigen, daß dieser Irrtum durch Verunreinigungen herbeigeführt wurde und daher Oxyglutaminsäure nicht mehr als Eiweißbaustein gesichert ist.

α,ε-Diaminopimelinsäure, $HOOC \cdot CH(NH_2) \cdot (CH_2)_3 \cdot CH(NH_2) \cdot COOH$, wurde in Diphtheriebacillen aufgefunden und dürfte in Bakterien weit verbreitet sein[11].

16. Arginin.

l-Arginin[12], δ-Guanido-α-aminovaleriansäure $C_6H_{14}O_2N_4$, ist die bekannteste und verbreitetste Aminosäure der drei „Hexonbasen", d. h. der je 6 C-Atome enthaltenden Aminosäuren Histidin, Lysin und Arginin, und dürfte im Organismus nicht gebildet werden können. Diese basischen Aminosäuren können auf Grund ihrer Fällbarkeit mit Phosphorwolframsäure leicht von den anderen Aminosäuren abgetrennt werden, so daß für sie als erste durch die vorbildlichen Arbeiten Kossels und seiner Schule brauchbare Darstellungs- und Trennungsverfahren bekannt wurden. Daher ist auch das Arginin eine der am meisten

[1] Beilstein 4, 493 (540) [910]. — Biochem. Handlex. 4, 615 (1911). — H.-Th. S. 244. — [2] Ivánovics, G., u. V. Bruckner: Naturwiss. 25, 250 (1937). Z. Immun.-Forsch. 90, 304 (1937); 93, 119 (1938). — Bruckner, V., u. G. Ivánovics: H. 247, 281 (1937). — Ivánovics, G.: Z. Immun.-Forsch. 96, 408 (1939). — Bruckner, G., G. Ivánovics u. M. Kovács Oskolás: Magyar Chem. Fol. 45, 131 (1939) [C. 1940 I, 3280]. Vgl. auch Hanby, W. E., and H. N. Rydon: Biochem. J. 40, 297 (1946). — Haurowitz, F., and F. Bursa: Biochem. J. 44, 509 (1949) sowie S. 583. — [3] Town, B. W.: Nature 145, 313 (1940). — [4] Kögl, F., u. H. Erxleben: H. 264, 108 (1940). — [5] Jacobs, W. A., and L. C. Craig: J. biol. Ch. 110, 521 (1935). — [6] Chibnall, A. C.. M. W. Rees, G. R. Tristram, E. F. Williams and E. Boyland: Nature 144, 71 (1939). Vgl. auch Kögl, F., u. H. Erxleben: H. 264, 198 (1940). — [7] Kögl, F., H. Erxleben u. A. M. Akkerman: H. 261, 141 (1939). — [8] Vgl. dazu Kögl, F.: Exper. 5, 173 (1949). — [9] Dakin, H. D.: Biochem. J. 13, 398 (1919). J. biol. Ch. 44, 527 (1920). — [10] Dakin, H. D.: J. biol. Ch. 140, 847 (1941). — Rimington, C.: Biochem. J. 35, 321 (1941). — Nicolet, B. H., and L. A. Shinn: J. biol. Ch. 142, 139 (1942). — [11] Work, E.: Bull. Soc. Chim. biol. 31, 138 (1949). Biochim. biophysica Acta 3, 400 (1949). Nature 165, 74 (1950). — [12] Beilstein 4, 420 (510), dort noch d-Arginin genannt, [845]. — Biochem. Handlex. 11, 146 (1924); 12, 511 (1930). — H.-Th. S. 259. — Org. Syntheses 12, 4 (1932). — Leuthardt, F.: Darstellung von Arginin. Bamann-Myrbäck 1, 393.

bcarboitoton Aminosäuren. Die basischen Eigenschaften werden dem Arginin durch die *Guanidogruppe* verliehen (isoelektrischer Punkt bei $p_H = 10{,}8$), die unter Einwirkung des Enzyms *Arginase* als Harnstoff unter gleichzeitiger Bildung von *Ornithin* abgespalten werden kann. Durch Abspaltung von Ammoniak kann das Arginin in *Citrullin* übergehen (s. unten u. ACKERMANN, S. 791).

Durch Decarboxylierung entsteht aus dem Arginin(I) das *Agmatin* (vgl. ACKERMANN, S. 790; s. Formel II).

Sehr wahrscheinlich ist das Arginin auch die Muttersubstanz des Kreatins (vgl. S. 524), das aus ihm durch oxydativen Abbau hervorgehen kann.

Arginin ist in allen bis jetzt untersuchten Eiweißstoffen vorhanden und besonders vorherrschend in den Protaminen (Clupein, Salmin), wo es gewichtsmäßig mehr als $^4/_5$ ausmacht (s. FELIX, S. 710). Histochemischer Nachweis[1]. In peptidartiger Bindung findet sich Arginin im Krötengift Bufotoxin[2].

Es ist leicht löslich in Wasser; $[\alpha]_D^{20} = + 10{,}7°$ für Argininhydrochlorid in Wasser. Freies Arginin reagiert stark alkalisch und läßt sich nach WILLSTÄTTER-WALDSCHMIDT-LEITZ nicht titrieren. Beim Erhitzen mit Alkalien geht es unter Abspaltung von Harnstoff in Ornithin über. Mit Phosphorwolframsäure gibt es einen schwer löslichen Niederschlag; mit $AgNO_3$ und Baryt wird es gefällt, während $AgNO_3 + NH_3$ keine Fällung geben. Ultrarotspektrum[3].

Die *quantitative Fällung* des Arginins gelingt nach KOSSEL und Mitarbeitern[4] mit Flaviansäure[5]. Da die meisten anderen Aminosäuren wesentlich leichter lösliche Flavianate geben, kann die Reaktion zur Darstellung des Arginins aus Eiweißhydrolysaten sowie zu seiner quantitativen Bestimmung verwendet werden.

Ausführung nach KOSSEL und GROSS[4]. Das schwachsaure, bariumfreie und von Mineralsalzen möglichst befreite Eiweißhydrolysat, das ungefähr 0,06 bis 0,05 g Arginin enthält, wird mit einer *starken wäßrigen* Lösung von Flaviansäure (1-Naphthol-2,4-dinitro-7-sulfosäure = Naphtholgelb S, s. nebenstehende Formel), 4 Teile Flaviansäure je 1 Teil Arginin, versetzt (das Volumen soll 50 cm³ betragen). Der schön krystallisierte, goldgelbe Niederschlag wird 3 Tage im Eisschrank stehengelassen, die überstehende Flüssigkeit dann durch einen gewogenen GOOCH-Tiegel gesaugt und mit wenig kaltem Wasser nachgewaschen. Der im Fällungskolben verbleibende Niederschlag wird mit der 2- bis 3-fachen Menge Wasser, dem man wenig Flaviansäure zugesetzt hat, 2 h auf dem Wasserbad erhitzt. Ein Teil des Argininsalzes geht zugleich mit beigemengten Salzen der Flaviansäure in Lösung und scheidet sich nach 2tägigem Stehen im Eisschrank wieder ab. Nun wird durch den GOOCH-Tiegel gesaugt, mit wenig kaltem, flaviansäurehaltigem Wasser nachgewaschen und bei 105° zur Gewichtskonstanz getrocknet.

Ein Gewichtsteil Flavianat entspricht 0,3566 g Arginin.

Zur präparativen Darstellung eignet sich außerdem besonders das Verfahren von BERGMANN und ZERVAS[6], das die Schwerlöslichkeit des Benzylidenarginins in Alkali sich zunutze macht.

---

[1] SERRA, J. A.: Naturwiss. **32**, 46 (1944). — [2] WIELAND, H., u. TH. WIELAND: A. **528**, 234 (1937). — BEHRINGER, H.: Chemie **56**, 83, 105 (1943). — [3] LARSSON, L.: Acta chem. scand. **4**, 27 (1950). — [4] KOSSEL, A., u. R. E. GROSS: H. **135**, 169 (1924). — KOSSEL, A., u. W. STAUDT: H. **156**, 270 (1926). — [5] Naphtholgelb S. Darstellung: Siehe Gattermann-Wieland, S. 198 (1940). — [6] BERGMANN, M., u. L. ZERVAS: H. **152**, 282 (1926). — SCHMIDUTZ, G.: H. **283**, 126 (1948). — Darst. aus Gelatine s. Gattermann-Wieland, S. 399 (1940). — Org. Syntheses **12**, 4 (1932). — LEUTHARDT, F.: Bamann-Myrbäck **1**, 393.

Quantitative Bestimmung[1]. Colorimetrische Bestimmung nach SAKAGUCHI[2] (Rotfärbung mit α-Naphthol oder besser β-Oxycholin[3] und Na-hypochlorit). Enzymatisch mit Arginase und Urease[4], außerdem durch Decarboxylase aus Bact. coli[5]. Mikrobiologische Bestimmung[6]. Isotopenverdünnungsmethode[7]. Als schwerlösliches krystallisiertes Hg-Cu-Doppelkomplexsalz[8].

Zur Erkennung eignet sich das schwer lösliche Nitrat, das Pikrolonat und die Dibenzoylverbindung[9] Synthese von D,L-Arginin aus Ornithin[10].

Ornithin[11], $C_5H_{12}O_2N_2$, CH_2NH_2—CH_2—CH_2—$CHNH_2$—COOH, ist sehr leicht löslich in Wasser, schmilzt bei 140°; $[\alpha]_D^{52} = + 11,5°$ (Wasser). Zur Identifizierung eignet sich nach vorangegangener Isolierung das Pikrat. Dibenzoylornithin (Ornithursäure) wurde von JAFFÉ[12] entdeckt, ist sehr schwer löslich in Wasser und schmilzt bei 184 bis 185°. Über seine Ausscheidung im Vogelharn vgl. weiter unten.

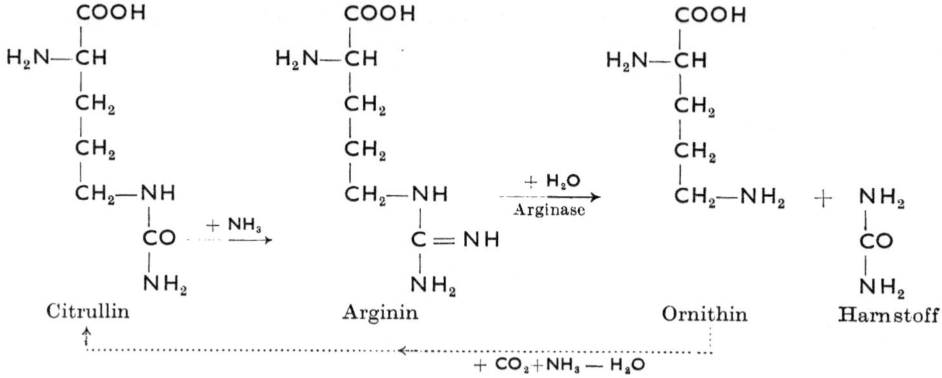

$$
\begin{array}{ccc}
\text{COOH} & \text{COOH} & \text{COOH} \\
| & | & | \\
H_2N\text{—CH} & H_2N\text{—CH} & H_2N\text{—CH} \\
| & | & | \\
CH_2 & CH_2 & CH_2 \\
| & | & | \\
CH_2 & CH_2 & CH_2 \\
| & | & | \\
CH_2\text{—NH} & CH_2\text{—NH} \xrightarrow[\text{Arginase}]{+\ H_2O} & CH_2\text{—NH}_2 \quad + \quad NH_2 \\
| \quad \xrightarrow{+\ NH_3} & | & | \\
CO & C = NH & CO \\
| & | & | \\
NH_2 & NH_2 & NH_2 \\
\text{Citrullin} & \text{Arginin} & \text{Ornithin} \qquad \text{Harnstoff}
\end{array}
$$

$$\longleftarrow \quad + CO_2 + NH_3 - H_2O$$

Biologisch spielen Ornithin, Citrullin und Arginin eine besonders wichtige Rolle als Zwischenstoffe bei der Bildung von Harnstoff aus NH_3 und CO_2 in der Leber. Die für die Synthese benötigte Energie entstammt dem oxydativen Abbau von Asparaginsäure und Glutaminsäure[13] (vgl. hierzu Bd. 2, Eiweißstoffwechsel). Das Ornithin dient außerdem bei den Vögeln zur Ausscheidung der Benzoesäure in Form von *Ornithursäure* (vgl. Bd. 2, Abwehrreaktionen). Über sein Vorkommen in Antibioticis s. S. 579.

Über das **Oktopin** $C_9H_{18}O_4N_4$, das ein Koppelungsprodukt des Arginins mit Alanin darstellt[14] siehe ACKERMANN S. 790.

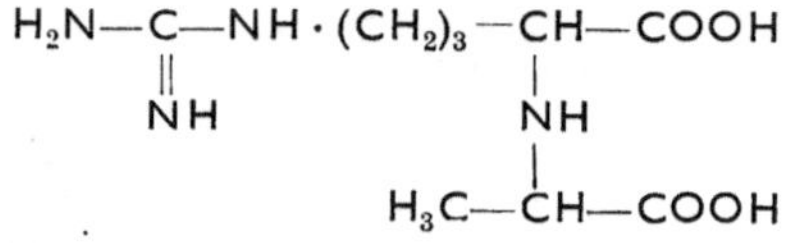

$$
\begin{array}{l}
H_2N\text{—C—NH} \cdot (CH_2)_3\text{—CH—COOH} \\
\qquad \| \qquad\qquad\qquad\qquad | \\
\qquad NH \qquad\qquad\qquad\qquad NH \\
\qquad\qquad\qquad\qquad\qquad\qquad\quad | \\
\qquad\qquad\qquad\qquad\quad H_3C\text{—CH—COOH}
\end{array}
$$

17. Lysin.

L-**Lysin**[15], L(+)-α-ε-Diaminocapronsäure $C_6H_{14}O_2N_2$, gehört zu den biologisch unentbehrlichen Aminosäuren, es kann vom Tierkörper nicht aufgebaut werden.

---

[1] Zusammenstellung bei CHIBNALL, A. C.: J. int. Soc. Leather Trades Chem. **30**, 1 (1946). — [2] SAKAGUCHI, S.: J. Biochem. **5**, 13, 133 (1925). — WEBER, C. J.: J. biol. Ch. **86**, 217 (1930); **88**, 353 (1930). — KLEIN, G., u. K. TAUBÖCK: B. Z. **251**, 14 (1932). — JORPES, E., and S. THORÉN: Biochem. J. **26**, 1504 (1932). — RAUTERBERG, E.: Chemie **56**, 91 (1943). — KRAUT, H., Angew. Chem. **61**, 329 (1949). — [3] SAKAGUCHI, S.: Jap. Med. J. **1**, 278 (1948) [J. amer. Leather Chem. Ass. **45**, 705 (1950)]. — [4] HUNTER, A., and J. A. DAUPHINEE: J. biol. Ch. **85**, 627 (1929/30). — [5] GALE, E. F.: Biochem. J. **39**, 46 (1945). Nature **157**, 265 (1946). — [6] McMAHAN, J. R., and E. E. SNELL: J. biol. Ch. **152**, 83 (1944). — HORN, M. J., D. B. JONES and A. E. BLUM: J. biol. Ch. **176**, 59 (1948). — [7] FOSTER, G. L.: J. biol. Ch. **159**, 431 (1945). — [8] TAURINS, A.: Can. J. Res. B, **28**, 762 (1950). — [9] H.-Th. S. 261. — [10] TURBA, F., u. K. H. SCHUSTER: Naturwiss. **33**, 370 (1946). H. **283**, 27 (1948). — [11] Beilstein 4, 419ff. (510ff.) [844ff.]. — Biochem. Handlex. **11**, 150 (1924); **12**, 538 (1930). — [12] JAFFÉ, M.: B. **10**, 1925 (1877); **11**, 406 (1878). — [13] RATNER, S., and A. PAPPAS: J. biol. Ch. **179**, 1183, 1199 (1949). — LEUTHARDT, F., A. F. MÜLLER u. H. NIELSEN: Helv. **32**, 744 (1949). — MÜLLER, A. F., u. F. LEUTHARDT: Helv. **32**, 2349 (1949). — [14] KNOOP, F., u. C. MARTIUS: H. **254**, I (1938). — [15] Beilstein 4, 435 (517), dort noch d-Lysin genannt, [857]. — Biochem. Handlex. **11**, 152 (1924); **12**, 543 (1930). — H.-Th. S. 262.

In den meisten Eiweißstoffen ist es in wechselnden Mengen vorhanden. Es fehlt, obwohl es eine basische Aminosäure ist, in den stark basischen Monoprotaminen (vgl. FELIX S. 710) und auch in einigen Pflanzeneiweißstoffen.

Durch Decarboxylierung geht das Lysin in *Cadaverin* über (vgl. ACKERMANN, S. 792). Für eine Reihe von Alkaloiden ist ein biogenetischer Zusammenhang mit Lysin und Ornithin wahrscheinlich gemacht[1].

Lysin ist löslich in Wasser und nur unter ganz besonderen Vorsichtsmaßregeln krystallin darstellbar[2]. $[\alpha]_D^{20} = +14{,}6°$ in wäßriger Lösung. Mit $AgNO_3$ und Barytwasser ist es zum Unterschied von Arginin und Histidin nicht fällbar, dagegen gemeinsam mit diesen durch Phosphorwolframsäure. Mit HNO_2 reagiert es nach VAN SLYKE bei gewöhnlicher Temperatur innerhalb der üblichen Versuchszeit von 3 bis 5 min nur mit der $\alpha\text{-}NH_2$-Gruppe, während die $\varepsilon\text{-}NH_2$-Gruppe entweder höherer Temperatur oder längerer Schütteldauer bedarf.

$$\begin{array}{c} COOH \\ | \\ H_2N-C-H \\ | \\ CH_2 \\ | \\ CH_2 \\ | \\ CH_2 \\ | \\ CH_2NH_2 \end{array}$$

Für die Isolierung des L-Lysins eignet sich die Pikratmethode[3] und besonders die schwerlöslichen ε-Benzoyl-[4] und ε-Benzyliden-[5] Lysin-Kupferkomplexe. Die α-Aminogruppe des Lysins wird nämlich durch Komplexbindung so stark blockiert, daß nur die ε-Aminogruppe reaktionsfähig bleibt und auf diese Weise die ε-Derivate leicht zugänglich sind. Synthese von DL-Lysin[2,6]. Quantitative Bestimmung: Gravimetrisch über Pikrat[3], ε-Benzyliden-Lysin-Kupfer[5], Kataphorese[7], Bakteriendecarboxylase[8], mikrobiologisch[9], Isotopenverdünnung[10].

Oxylysin $C_6H_{14}O_3N_2$ wurde aus Gelatine isoliert[11]. Sein Vorkommen scheint aber auf dieses Protein beschränkt zu sein, in anderen Eiweißstoffen ließ es sich noch nicht nachweisen[12]. Isolierung, Struktur und Synthese[13].

α,γ-**Diaminobuttersäure** wurde neuerdings in den antibiotischen Polymyxinen (Aerosporin) aufgefunden. Vgl. S. 580.

18. Histidin.

L-Histidin[14], β-Imidazol-α-aminopropionsäure, $C_6H_9O_2N_3$, nimmt eine Sonderstellung ein, da es den *Imidazolring* enthält, den wir auch als Bestandteil der *Purine*, zu denen wohl genetische Beziehungen bestehen, kennen. Dank der besonderen Reaktionsfähigkeit des Imidazolkerns ist es als Eiweißbaustein leicht nachzuweisen. Neben Tyrosin ist es der Träger der PAULYschen Diazoreaktion auf Eiweiß (vgl. auch S. 552) und ist im Gegensatz zu diesem in fast allen bisher untersuchten Eiweißstoffen außer in gewissen Protaminen aufgefunden worden, wenn auch vielfach in geringer Menge. Beim Aufbau des Hämoglobinmoleküls ist das Histidin an der Bindung des Eisens beteiligt (vgl. S. 742). Von den 6 koordinativen Bindungen des Eisenatoms im Hämoglobin

---

[1] SCHÖPF, C.: Die Synthese von Alkaloiden aus Aminosäuren in der Pflanze. In Chemie und Physiologie des Eiweißes. S. 114—126. Hrsgb. von OTTO, R., K. FELIX u. K. LAIBACH. Dresden u. Leipzig 1938. — SCHÖPF, C., u. F. BRAUN: Naturwiss. **36**, 377 (1949). — [2] Org. Syntheses **19**, 61 (1939). — ROGERS, A. D., R. D. EMMICK, L. W. TYRAN, L. B. PHILLIPS, A. A. LEVINE and N. S. SCOTT: Am. Soc. **71**, 1837 (1949). — [3] KOSSEL, A.: H. **26**, 586 (1898/99). Diskussion der verschiedenen Modifikationen bei BLOCK, R. J., and D. BOLLING: The Amino Acid Composition of Proteins and Foods. Springfield 1945. — [4] KURTZ, A. C.: J. biol. Ch. **140**, 705 (1941). — [5] TURBA, F., u. E. KOFRÁNYI: Naturwiss. **34**, 57 (1947). — TURBA, F.: H. **283**, 19 (1948). — [6] Darst. von L-Lysinmonohydrochlorid: Biochem. Prep. **1**, 63 (1949). — [7] ALBANESE, A. A.: J. biol. Ch. **134**, 467 (1940). — [8] Siehe Fußnote [5], S. 550. — [9] DUNN, M. S., N. M. CAMIEN, S. SHANKMANN, W. FRANKL and L. B. ROCKLAND: J. biol. Ch. **156**, 715 (1944). — [10] Siehe Fußnote [7], S. 550. — [11] SLYKE, D. D. VAN, A. HILLER, D. A. McFADYEN, A. B. HASTINGS and F. W. KLEMPERER: J. biol. Ch. **133**, 287 (1940). — HEATHCOTE, J. G.: Biochem. J. **42**, 305 (1948). — [12] REES, M. W.: Biochem. J. **40**, 632 (1946). — [13] SHEEHAN, J. C.: Am. Soc. **72**, 2466, 2469, 2472 (1950). — [14] Beilstein **25**, 513 (714). — Biochem. Handlex. **11**, 190 (1924); **12**, 717 (1930). — H.-Th. S. 264. — LEUTHARDT, F.: Bamann-Myrbäck **1**, 395 (1941).

werden zwei von den Imidazolgruppen des Histidins, die übrigen vier von den Pyrrolkernen des Prolins beansprucht. Ob es für den Menschen ein lebensnotwendiger Nahrungsbestandteil ist, kann noch nicht als gesichert gelten[1].

Histidin ist in Wasser mäßig löslich, $[\alpha]_D^{20} = -39,65°$ in Wasser. Mit Phosphorwolframsäuer ist es fällbar, löst sich aber im Überschuß wieder auf. Mit $AgNO_3 + NH_3$ gibt es einen Niederschlag, der bei $p_H = 7,0$ am schwersten löslich ist und sich im Überschuß von NH_3 wieder auflöst. Kennzeichnend ist seine Fällbarkeit mit $HgSO_4$ auch aus verdünnten Lösungen. Metallkomplexe[2]. Das Histidin kann leicht durch Farbreaktionen nachgewiesen werden.

PAULYsche *Diazoreaktion*. Mit diazotierter Sulfanilsäure gibt es in alkalischer Lösung eine Rotfärbung. Zur Unterscheidung vom Tyrosin, das diese Reaktion ebenfalls gibt, wurde ein Verfahren[3] ausgearbeitet, das statt Sulfanilsäure p-Nitranilin oder p-Toluidin anwendet, wobei sich verschieden gefärbte Butylalkoholauszüge ergeben.

KNOOP-HUNTERsche *Reaktion*. Man versetzt eine wäßrige Lösung mit Bromwasser (Abwesenheit von Alkali) bis zur bleibenden Gelbfärbung, schüttelt das überschüssige Brom mit Chloroform aus und erwärmt: dunkel weinrote Färbung. Diese Reaktion ist spezifisch und zur colorimetrischen Bestimmung geeignet[4].

Weitere quantitative Bestimmungsmethoden: Mit $HgCl_2$[5], mit Bakteriendecarboxylase[6], mikrobiologisch[7]. Quantitative Bestimmung im Harn[8]. Aus Tagesharn von Graviden wurden bis 0,45 g Histidinchlorhydrat isoliert.

Zur *Darstellung* eignen sich nach Abtrennung von den übrigen Aminosäuren das Pikrolonat, das Flavianat und auch das Reineckesalz[9, 10]. Isolierung aus Hämoglobin[11]. Synthese von DL-Histidin[12]. Reaktion mit Fluordinitrobenzol; Bindung in Eiweiß[13].

Im Hundeorganismus wird Histidin unter Abspaltung von Ammoniak in die ungesättigte *Urocaninsäure* (Formel s. S. 553) verwandelt, eine Reaktion, die formal dem Übergang der Asparaginsäure in Fumarsäure unter Einwirkung der Aspartase (vgl. S. 1112 u. 1201) analog ist. Synthese der Urocaninsäure[14]. Durch das Ferment Urocaninase aus Leber wird Urocaninsäure weiter zu Glutaminsäure (?) abgebaut[15]. Von größerer biologischer Bedeutung ist indessen die direkte Aufspaltung des Imidazolringes durch Histidase.

[1] ALBANESE, A. A.: Adv. Protein Chem. **3**, 227 (1947). — [2] MALEY, L. E.: Nature **165**, 453 (1950). — [3] GEBAUER-FÜLNEGG, E.: H. **191**, 222 (1930). — PAULY, H.: H. **94**, 284 (1915). — [4] KAPELLER-ADLER, R.: B. Z. **264**, 131 (1933); **271**, 200 (1934). — SCHMID, K.: Helv. **29**, 226 (1946). — [5] ALBANESE, A. A.: J. biol. Ch. **134**, 467 (1940). — [6] GALE, E. F.: Biochem. J. **39**, 46 (1945). Eiweißforsch. **1**, 145 (1948). — [7] HORN, M. J., D. B. JONES and A. E. BLUM: J. biol. Ch. **172**, 149 (1948). Vgl. auch J. biol. Ch. **166**, 321 (1946). — [8] NIENDORF, FR.: H. **259**, 194 (1939). — [9] EDLBACHER, S., u. H. v. BIDDER: Helv. **25**, 296 (1942). — [10] DUNN, M. S., E. H. FRIEDEN, M. P. STODDARD and H. V. BROWN: J. biol. Ch. **144**, 487 (1942). — [11] Org. Syntheses **18**, 43 (1938). — KAPFHAMMER, J., u. H. SPÖRER: H. **173**, 245 (1928). — VICKERY, H. B.: J. biol. Ch. **143**, 77 (1942). — [12] ALBERTSON, N. F., and S. ARCHER: Am. Soc. **67**, 308, 502 (1945). — DAVIS, A. C., and A. L. LEVY: Soc. **1949**, 2179. — [13] PORTER, R. R.: Biochem. J. **46**, 304 (1950). — [14] AKABORI, S., S. OSE and T. KANEKO: Proc. Imp. Acad., Tokyo **16**, 191 (1940) [C. **1942** I, 873]. — [15] EDLBACHER, S., u. FR. HEITZ: H. **279**, 63 (1943).

Histidasewirkung[1]. Durch Einwirkung des Enzyms *Histidase* (vgl. Amidasen S. 1106) tritt eine oxydative Aufsprengung des Imidazolringes unter Bildung von *Glutaminsäure*[2] ein.

Histamin[3]. Durch das unter anderem in Niere, Leber, Darmschleimhaut vorkommende Enzym *Histidin-decarboxylase*[4] wird Histidin decarboxyliert zu dem biologisch wichtigen Histamin, das unter anderem auch im Mutterkorn gefunden wird. Isolierung[5] (Biologische und pharmakologische Wirkungen; Antihistamine usw. s. ACKERMANN, S. 792).

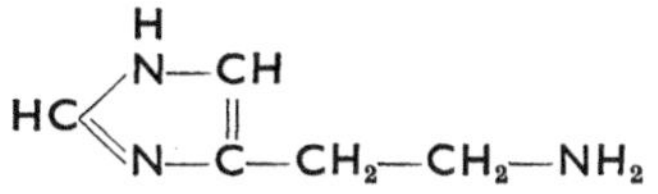

Ergothionein[6, 7]. Das Betain des Thiolhistidins ist das Ergothionein, das gleichfalls im Mutterkorn sowie in kleinen Mengen im Blut vorkommt. Näheres s. ACKERMANN, S. 788.

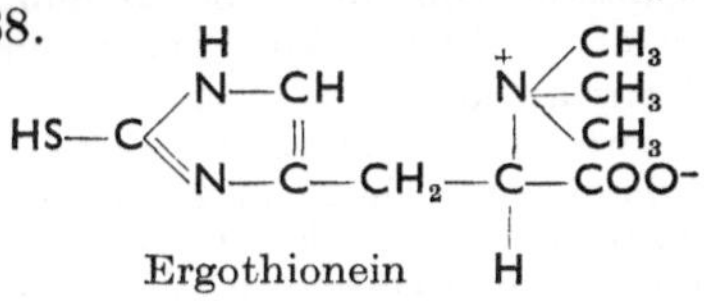

Histamin

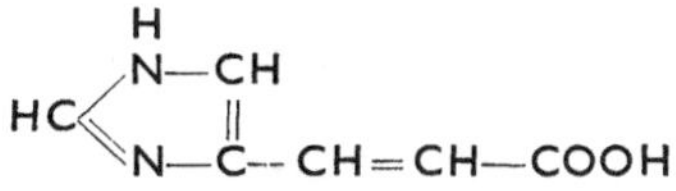

Urocaninsäure

Ergothionein 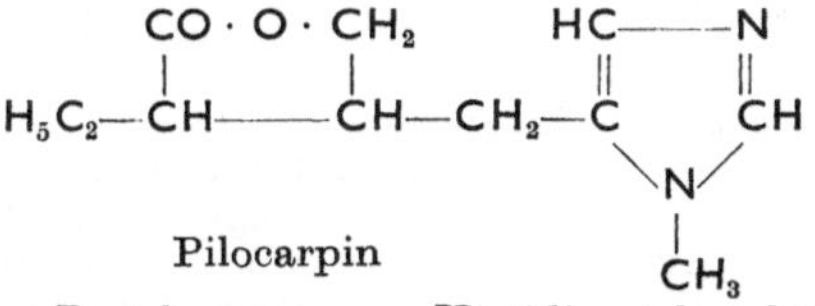 Pilocarpin

Ein weiteres Alkaloid, das in biogenetischen Beziehungen zum Histidin stehen könnte, ist das in der südamerikanischen Jaborandipflanze gebildete *Pilocarpin*[8]. Beziehung zu Spinacin[9].

19. Prolin.

L-**Prolin**[10], L(—)-Pyrrolidincarbonsäure $C_5H_9O_2N$. Prolin und Oxyprolin sind die einzigen Eiweißbausteine, die *keine primären Aminogruppen* haben, sondern nur über ihren sekundären Stickstoff verknüpft im Eiweiß vorliegen können. Prolin kommt in wechselnden Mengen in ziemlich allen Eiweißstoffen, besonders reichlich in den pflanzlichen Prolaminen vor. Es zeichnet sich vor allen anderen Aminosäuren durch seine Löslichkeit in Alkohol aus. Der Tierkörper kann diese Iminosäure selbst aufbauen, was im Hinblick auf ihre genetischen Beziehungen zur Glutaminsäure (vgl. oben) und zum Ornithin verständlich ist.

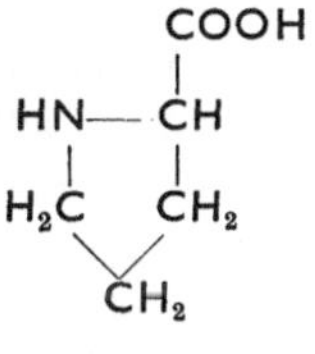

Bemerkenswert ist seine enge Beziehung zu den Alkaloiden mit Pyrrolidinkernen[8], (siehe ACKERMANN, S. 785), die alle leicht von ihm abgeleitet werden können, z. B.:

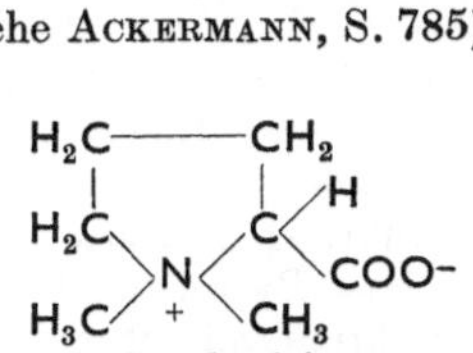

Stachydrin 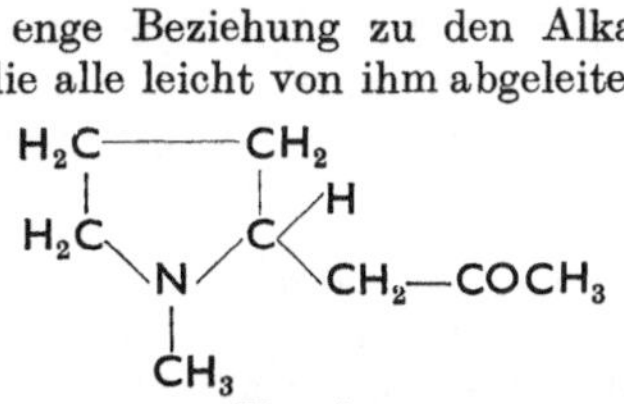 Hygrin 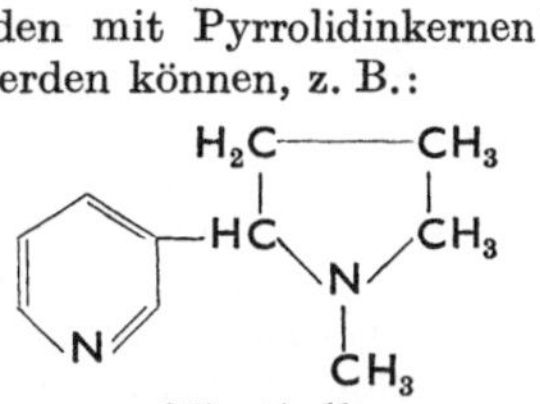 Nicotin[11]

[1] EDLBACHER, S.: Histidase und Urocaninase. Ergebn. Enzymforsch. **9**, 131—154 (1943). — [2] EDLBACHER, S., u. J. KRAUS: H. **191**, 225 (1930); **195**, 267 (1931). — [3] Beilstein **25**, 315 (629). — Darst. von Histamin: LEUTHARDT, F.: Bamann-Myrbäck **1**, 396. — [4] WERLE, E.: B. Z. **304**, 201 (1940). — [5] GALAT, A., and H. L. FRIEDMAN: Am. Soc. **71** 3976 (1949). — [6] Beilstein **25**, 521 (721). — Biochem. Handlex. **12**, 737 (1930). — [7] EDLBACHER, S.: H. **157**, 106 (1926). — [8] PINNER, A., u. R. SCHWARZ: B. **35**, 192, 2441 (1902). — TSCHITSCHIBABIN, A. E., u. N. A. PREOBRASHENSKI: B. **63**, 460 (1930). — AKABORI, SH., u. SH. NUMANO: B. **66**, 159 (1933). — PREOBRASHENSKI, N. A., A. F. WOMPE u. W. A. PREOBRASHENSKI: B. **66**, 1187, (1933). — PREOBRASHENSKI, N. A., A. F. WOMPE, W. A. PREOBRASHENSKI u. M. N. SCHTSCHUKINA: B. **66**, 1536 (1933). — [9] ACKERMANN D., u. S. SKRAUP: H. **284**, 129 (1949). — [10] Beilstein **22**, 2 (483). — Biochem. Handlex. **11**, 199 (1924); **12**, 739 (1930). — H.-Th. S. 277. — [11] Nicotin aus Tabakslauge. Gattermann-Wieland S. 401 (1940). — SPÄTH, E., u. E. KUFFNER: Tabakalkaloide. In Fortschr. Chem. org. Naturstoffe **2**, 248—300 (1939). — WENUSCH, A.: Chemie des Tabakblattes. Bremen 1940.

Prolin ist in Wasser und in absolutem Alkohol löslich und aus Propyl- oder Butylalkohol gut umkrystallisierbar. $[\alpha]_D^{20} = -84{,}9°$ in Wasser. Durch Phosphorwolframsäure ist es teilweise fällbar, muß also bei der Basenfällung (s. S. 558) beachtet werden. Es läßt sich mit $CdCl_2$ als Doppelsalz fällen; bekannter und gebräuchlicher ist die Fällung mit *Reineckesäure*[1] (= Ammonium-tetrarhodanato-diamminchromat $NH_4[Cr(SCN)_4(NH_3)_2]$. Diese wird von Histidin auch noch gegeben[2]. Darstellung von Reineckesalz[3].

Ein sehr gutes Fällungsmittel, das auch zur quantitativen Bestimmung dienen kann, ist nach M. Bergmann[4] die *Rhodanilsäure*, eine der Reineckesäure ähnliche Chromkomplexverbindung (= Ammonium-tetrarhodanato-dianilinchromat) $NH_4[Cr(SCN)_4(C_6H_5NH_2)_2]$.

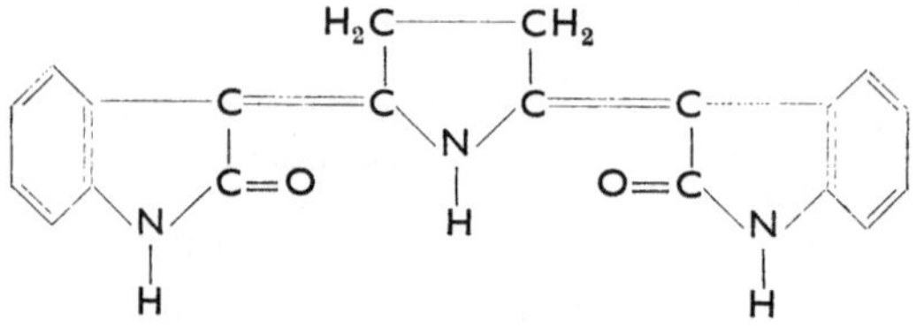

Synthese von D,L-Prolin[5].

Nachweis. Gut eignet sich eine Farbreaktion, die für das Prolin charakteristisch ist und als qualitativer Nachweis benützt werden kann[6]. Mit Isatin oder Ninhydrin reagiert es unter Abspaltung von CO_2 und Bildung von blauen Farbstoffen nebenstehender Konstitution.

Ausführung: Die zu prüfende Lösung wird neutralisiert, 1 cm³ davon mit etwas festem Phosphatpuffergemisch $p_H = 7{,}0$ versetzt, etwas verdünnt und einige Fäden Acetatseide eingebracht. Nach Hinzufügen einer kleinen Menge Isatin wird einige Minuten im Sieden erhalten, die Fäden herausgenommen und mit heißem Wasser gespült. Die Fäden sind bei Anwesenheit von Prolin rein blau gefärbt, was den Nachweis von etwa 1 γ Prolin im Kubikzentimeter erlaubt.

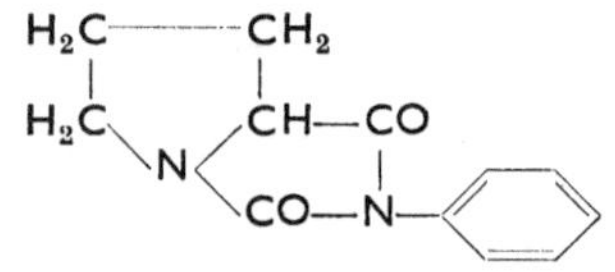

Quantitative Bestimmung[7]. Gewichtsanalytisch mit Rhodanilsäure[8]. Verteilungschromatographie[9].

Zur *Identifizierung* eignen sich das Phenylhydantoin des Prolins (siehe vorstehende Formel) und das Pikrat* F. 153°.

20. Oxyprolin.

L-Oxyprolin[10], γ-Oxypyrrolidin-α-carbonsäure, $C_5H_9O_3N$, ist nach den älteren Verfahren schwer zu erhalten; die Menge, in der es auftritt, ist aus diesem Grunde bei vielen Eiweißstoffen nicht sicher bekannt, doch ist es jedenfalls sehr weit verbreitet[11]. Mit Hilfe des Dakinschen Verfahrens gelingt es, gute Ausbeuten zu erzielen (z. B. aus Gelatine etwa 11%).

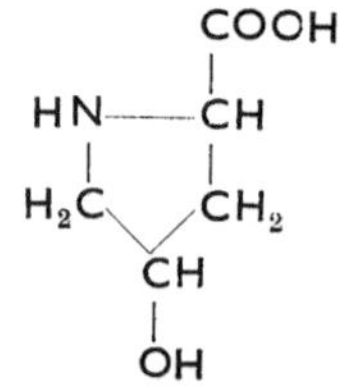

Darstellung aus Gelatinehydrolysat mit *Reineckesäure*[12].

Oxyprolin ist sehr leicht löslich in Wasser, schwer in Alkohol (im Gegensatz zu Prolin). Aus wäßriger Lösung läßt es sich durch Propylalkohol abscheiden. $[\alpha]_D^{20} = -80{,}6°$ in wäßriger Lösung. Durch Phosphorwolframsäure wird es wie Prolin teilweise gefällt.

Zur Bestimmung benutzt man meist die Überführung in Pyrrol, die mit Hypochlorit unter gleichzeitiger Decarboxylierung erfolgt. Das Pyrrol wird mit Wasserdampf übergetrieben und durch seine empfindliche Farbreaktion mit Dimethyl-

---

* $C_{11}H_{12}O_9N_4$ (344,13). Ber.: 38,37% C; 3,51% H; 16,28% N; 41,89% O.

[1] Kapfhammer, J., u. R. Eck: H. **170**, 294 (1927). — Kapfhammer, J., u. H. Spörer: H. **173**, 245 (1928). — Spörer, H., u. J. Kapfhammer: H. **187**, 84 (1930). — [2] Kapfhammer, J., u. H. Spörer: H. **173**, 245 (1928). — [3] Org. Syntheses **15**, 74 (1935). — Kapfhammer, J., u. R. Eck: H. **170**, 310 (1927). — [4] Bergmann, M.: J. biol. Ch. **110**, 471 (1935). — [5] Willstätter, R.: B. **33**, 1160 (1900). — Willstätter, R., u. F. Ettlinger: B. **35**, 620 (1902). A. **326**, 91 (1903). — Heymons, A.: B. **66**, 846 (1933). — Fischer, E., u. G. Zemplén: B. **42**, 1022, 2989 (1909). — Plieninger, H.: B. **83**, 271 (1950). — [6] Grassmann, W., u. K. v. Arnim: A. **509**, 288 (1934). — [7] Hamilton, P. B., and P. J. Ortiz: J. biol. Ch. **184**, 607 (1950). — [8] Bergmann, M.: J. biol. Ch. **110**, 471 (1935). — [9] Tristram, G. R.: Biochem. J. **40**, 721 (1946). — [10] Beilstein **22**, 191 (545). — Biochem. Handlex. **11**, 201 (1924); **12**, 747 (1930). — H.-Th. S. 279. — [11] Spörer, H., u. J. Kapfhammer: H. **187**, 84 (1930). — [12] Kapfhammer, J., u. R. Eck: H. **170**, 294 (1928). — Org. Syntheses **15**, 74 (1935).

aminobenzaldehyd oder Isalinschwefelsäure nachgewiesen bzw. bestimmt[1]. Weiterentwicklung dieses Verfahrens vgl. [2]. Eine mikrobiologische Bestimmung ist bisher nicht gelungen[3]. Zum *Nachweis* des Oxyprolins selbst eignet sich die β-Naphthalinsulfosäureverbindung, das Pikrat* und das Reineckesalz.

Synthese von D,L-Oxyprolin[4].

Oxyprolin enthält 2 asymmetrische C-Atome, was das Vorkommen verschiedener stereoisomerer Formen erwarten läßt. Das mit dem gewöhnlichen L-Oxyprolin (a) epimere L-Oxyprolin (b), das von LEUCHS[5] bereits synthetisch dargestellt wurde, konnte neuerdings von H. WIELAND[6] als Bestandteil des Giftstoffs „Phalloidin" des Knollenblätterpilzes (s. S. 583) nachgewiesen werden. Im Gegensatz zum gewöhnlichen L-Oxyprolin ist die Reaktion mit Eisessig und Isatin nach GRASSMANN und VON ARNIM[7] beim L-Oxyprolin (b) negativ.

δ) Trennung der Aminosäuren.

Für die Analyse der Eiweißstoffe, die bei der Hydrolyse ausnahmslos ein Gemisch von Aminosäuren liefern, wie auch für die präparative Darstellung der natürlichen Aminosäuren sind Trennungsverfahren nötig. Da für die neueren Theorien der Proteinstruktur das quantitative Verhältnis der Aminosäuren eine große Rolle spielt, werden an die vollständige Auftrennung und quantitative Abtrennung der einzelnen Aminosäuren heute sehr hohe Anforderungen gestellt[8].

Das erste brauchbare Darstellungs- und Trennungsverfahren fanden KOSSEL und KUTSCHER[9] für die basischen Aminosäuren Arginin, Lysin, Histidin. Einen großen Schritt vorwärts bedeutete aber erst das Esterverfahren von E. FISCHER[10], das auf der fraktionierten Destillation der Aminosäureester beruht und die erste generelle Aufarbeitung eines Aminosäurengemisches darstellt. Als sehr brauchbar erwies sich das Extraktionsverfahren von DAKIN (s. S. 557), das in einem Ausziehen der wäßrigen Lösung der Aminosäuren mit Butylalkohol besteht, wobei im wesentlichen nur die Monoaminosäuren in den Extrakt gehen; das Verfahren darf in gewissem Sinne als Vorläufer des Verfahrens der Verteilungschromatographie gelten. Das Verfahren nach JONES und FOREMAN (s. S. 557), das ebenso wie das DAKINsche Verfahren eine viel bessere Ausbeute an Aminosäuren gibt, stützt sich auf die Abscheidung der Dicarbonsäuren als in wäßrigem Alkohol schwer lösliche Ca- oder Ba-Salze und benützt einige neuere Angaben zur Trennung der einzelnen Aminosäuren. Als weiteres allgemeines Verfahren sei noch das von BRAZIER (s. S. 558) erwähnt, das sich auf die verschiedene Löslichkeit der Cu-Salze einerseits in Wasser und andererseits in Alkohol gründet. Die angeführten Methoden sind im Verein mit weiter ausgearbeiteten Modifikationen und insbesonders speziellen Verfahren zur Abtrennung und Isolierung einzelner Aminosäuren geeignet zur präparativen Darstellung und Gewinnung von natürlichen Aminosäuren. Für diesen Zweck sind sie auch heute noch unentbehrlich. Für die Ermittlung der quantitativen Aminosäurenzusammensetzung eines Eiweißkörpers sind sie allerdings nicht oder kaum mehr brauchbar. Abgesehen von den großen Fehlern, mit denen diese Methoden zur Auftrennung

---

* $C_{11}H_{12}O_{10}N_4$ (360,13). Ber.: 36,65% C; 3,36% H; 15,58% N; 44,43% O.

[1] LANG, K.: H. **219**, 148 (1933). — WALDSCHMIDT-LEITZ, E., u. S. AKABORI: H. **224**, 187 (1934). — [2] NEUMAN, R. E., and M. A. LOGAN: J. biol. Ch. **184**, 299 (1950). — WISS, O.: Helv. **32**, 149 (1949). — [3] CUTHBERTSON, W. F. J.: Anal. chim. Acta **2**, 761 (1948). — [4] LEUCHS, H.: B. **38**, 1937 (1905). — LEUCHS, H., u. K. BORMANN: B. **52**, 2086 (1919). — McILWAIN, H., and G. M. RICHARDSON: Biochem. J. **33**, 44 (1939). — [5] LEUCHS, H., u. K. BORMANN: B. **52**, 2086 (1919). — [6] WIELAND, H., u. B. WITKOP: A. **543**, 171 (1940). — [7] GRASSMANN, W., u. K. v. ARNIM: A. **509**, 288 (1934); **519**, 192 (1935). — [8] MARTIN, A. J. P., and R. L. M. SYNGE: Adv. Protein Chem. **2**, 1 (1945). — WIELAND, TH.: Fortschr. chem. Forsch. **1**, 211 (1949). — [9] KOSSEL, A., u. F. KUTSCHER: H. **31**, 165 (1900/01). — [10] FISCHER, E.: H. **33**, 151 (1901).

von Aminosäuregemischen behaftet sind, erfordern sie mindestens Mengen von 10 g, meist bedeutend mehr, und sind dann noch sehr zeitraubend. Für die analytische Trennung von Aminosäuregemischen stehen heute die modernen Verfahren der chromatographischen Adsorptionsanalyse, der Verteilungschromatographie und der Elektrophorese zur Verfügung, die mit nur geringen Fehlern (meist $\pm 2\%$) eine quantitative Auftrennung bzw. Bestimmung der Bausteine eines Eiweißhydrolysates mit Mengen auch unter 100 mg in kurzer Zeit erlauben. Einen Überblick über die Stickstoffverteilung nach verschiedenen Gruppen gibt ein älteres Verfahren von HAUSMANN, das aber heute nur noch wenig angewendet wird und eine Zerlegung in Amid-, Monoaminosäuren und Diaminosäuren-Stickstoff sowie weiter in 7 Untergruppen ermöglicht (s. S. 613).

a) Esterverfahren von E. FISCHER[1]. Die salzsauren Hydrolysate werden verdünnt und von den Huminstoffen durch Filtrieren getrennt. Das Filtrat wird dann im Vakuum konzen-

Tabelle 94. Trennung der Aminosäureester durch fraktionierte Destillation[2].

Fraktion	Badtemperatur	Druck in mm	Enthält die Ester von
I	bis 60°	12	Glykokoll, Alanin, nur wenig Valin, Leucin und Prolin
II	bis 100°	12	Leucin, Valin, Alanin, Glykokoll, Prolin
III	bis 100°	0,1—0,5	Reichlich Leucin, Isoleucin, daneben Alanin, Valin, Prolin
IV	bis 175°	0,1—0,5	Phenylalanin, Asparaginsäure, Glutaminsäure, Serin, Leucin
V	Rückstand		Hexonbasen, Anhydride, Phenylalanin usw.

triert und bei genügender Menge die Glutaminsäure als Hydrochlorid, das in konzentrierter HCl schwer löslich ist, zum größten Teil ausgeschieden. Das Filtrat vom Glutaminsäure-Hydrochlorid wird im Vakuum unter vermindertem Druck eingedampft, mit der dreifachen Menge absolutem Alkohol übergossen und mit trockenem HCl-Gas verestert, dann im Vakuum abgedampft und dieser Vorgang noch zweimal wiederholt. Bei Eiweißstoffen, die reich an Glykokoll sind, fällt der größte Teil des Glykokolls als Hydrochlorid beim Einengen aus und wird hier abgeschieden. Die Filtrate und Mutterlaugen werden dann zur Trockne verdampft.

Freisetzung der Ester aus den Hydrochloriden. Nach E. FISCHER werden die Ester mit NaOH und K_2CO_3 freigemacht und in Äther aufgenommen. Neuerdings wurden mehrere andere Verfahren vorgeschlagen. LEVENE[3] schüttelte die Esterhydrochloride in ätherischer Suspension mit Ba-Oxyd, JONES und FOREMAN, die eine andere Veresterungsmethode benützen, indem sie die Pb-Salze in Alkohol mit HCl-Gas umsetzen, gewinnen die freien Ester mit BaO und Chloroform, siehe unter c S. 557. ABDERHALDEN[4] setzt die Ester mit Na-Alkoholat in Alkohol in Freiheit. Das letztere Verfahren soll hier beschrieben werden.

Der Sirup des Hydrochlorids wird in Alkohol gelöst, eventuell filtriert und auf ein bestimmtes Volumen aufgefüllt. Der Chlorgehalt wird genau bestimmt, die zur Bindung des gesamten Chlors nötige Menge Na in Alkohol gelöst und unter guter Kühlung zur Lösung des Hydrochlorids tropfen gelassen, nachdem man etwas trockenen Äther zugegeben hat. Nach einigem Stehen in Eis — bis das NaCl körnig geworden ist — wird abfiltriert, mit etwas geglühtem Na_2SO_4 getrocknet und der Äther abdestilliert. Der Alkohol wird unter vermindertem Druck abgedampft (Badtemperatur 40°), wobei aber zu beachten ist, daß Glykokoll- und Alaninester in geringen Mengen mit übergehen können. Das zurückbleibende Estergemisch wird nun fraktioniert destilliert (Tabelle 94).

Die Ester in den einzelnen *Fraktionen* werden dann verseift, und zwar durch 6- bis 8-stündiges Kochen mit der 8- bis 10-fachen Menge Wasser unter Rückfluß bis zum Verschwinden der alkalischen Reaktion.

---

[1] Siehe Fußnote [10], S. 555. — [2] WINTERSTEIN, A.: Handb. Pfl.-Analyse (KLEIN) **4**/1, 117 (1933). — [3] LEVENE, P. A., and D. D. VAN SLYKE: J. biol. Ch. **6**, 419 (1909). — [4] ABDER-HALDEN, E.: H. **120**, 207 (1922).

Die Fraktionen I bis III werden vom Prolin durch Auskochen der zur Trockne eingedampften Aminosäuren mit absolutem Alkohol befreit und die restlichen Aminosäuren durch fraktionierte Krystallisation getrennt.

Für die Fraktion IV wird heute wohl nicht mehr die FISCHERsche Methode anzuwenden sein, sondern ein Spezialverfahren, z. B. Abtrennung der Dicarbonsäuren nach JONES und FOREMAN.

Im *Destillationsrückstand* befinden sich die Basen, die besser in einem aliquoten Teil des Hydrolysats nach den Spezialverfahren für Basen bestimmt und abgetrennt werden.

Das Verfahren von FISCHER hat unter anderem den *Nachteil,* daß bei der Destillation erhebliche Anhydridbildung (Diketopiperazinbildung) auftritt, welche die Aminosäuren der Bestimmung entzieht.

b) Butylalkoholverfahren nach DAKIN[1]. Das schwefelsaure Hydrolysat wird mit Wasser verdünnt und die Schwefelsäure mit Bariumhydroxyd entfernt, bis das Filtrat gerade noch lackmussauer ist, aber gegen Kongorot nicht mehr anspricht. Das Optimum der Extraktion für die Monoaminosäuren liegt nämlich bei deren isoelektrischem Punkt, also im schwach sauren Gebiet.

Die *Extraktion mit Butylalkohol* wird kontinuierlich im Vakuum vorgenommen, um die Temperatur (Badtemperatur etwa 40 bis 50°) nicht zu hoch steigen zu lassen und damit Anhydridbildung zu vermeiden. 100 g Material sollen ungefähr in 250 cm^3 gelöst und die darüber stehende Butylalkoholschicht möglichst klein sein. Die Dauer der Extraktion beläuft sich auf etwa 36 bis 40 h, falls viel Glykokoll vorhanden ist auch länger. Am Schluß wird meist noch mit Propylalkohol extrahiert, der etwa noch vorhandenes Oxyprolin gut aufnimmt.

Die aus der erhaltenen butylalkoholischen Lösung abgeschiedenen *Aminosäuren* werden abgenutscht. In dem Filtrat befindet sich das gesamte *Prolin,* das nach Abdampfen zur Trockne von den noch anhaftenden Aminosäuren durch Ausziehen mit absolutem Alkohol abgetrennt wird. Auf diese Weise ist es möglich, das Prolin in guten Ausbeuten zu erhalten.

Die auskrystallisierten Monoaminosäuren enthalten auch *Oxyprolin;* es wird auf Grund seiner Löslichkeit in 90%igem Methylalkohol von den übrigen Monoaminosäuren abgetrennt. *Die übrigen Monoaminosäuren* können verestert und nach FISCHER aufgearbeitet oder mit Hilfe spezieller Trennungsverfahren isoliert werden.

In der mit Butylalkohol extrahierten wäßrigen Lösung befinden sich die *Dicarbonsäuren* und die *basischen Aminosäuren,* die nach den speziellen, hierfür ausgearbeiteten Verfahren bestimmt werden.

Der *Vorteil der DAKINschen Methode* ist die ausgezeichnete Trennung der Monoaminosäuren von den basischen und sauren Aminosäuren und besonders wertvoll wird sie durch die guten Ausbeuten an Prolin und Oxyprolin.

c) Trennung nach JONES und FOREMAN[2]. Dieses Verfahren stützt sich im wesentlichen auf schon bekannte Methoden, die hier sinnvoll kombiniert werden. Besonders beruht es auf der *Abtrennung der Dicarbonsäuren* als Ba-bzw. Ca-Salze.

Die *Basen* werden mit Phosphorwolframsäure gefällt, die Phosphorwolframsäure aus dem Filtrat mit Amylalkohol, Äther 1:1 ausgeschüttelt und etwa vorhandene Spuren noch mit Ba(OH)$_2$ entfernt. Die Lösung wird zu einem Syrup eingedampft und dann mit Wasser eine etwa 15%ige Lösung hergestellt, die mit festem Ba(OH)$_2$ versetzt wird, bis die Lösung an Baryt gesättigt ist. Die Lösung der Ba-Salze, ungefähr auf das Doppelte verdünnt, wird hierauf in die 5fache Menge 95%igen Alkohols unter Rühren eingegossen. Nach 2 Tagen werden die Ba-Salze der Dicarbonsäuren abgenutscht, mit 95%igem Alkohol nachgewaschen, nochmals in Wasser aufgelöst und mit 95%igem Alkohol gefällt.

Die Ba-Salze der *Monoaminosäuren* im Filtrat werden zersetzt und die Monoaminosäuren vom Prolin durch Alkoholextraktion befreit. Die zurückbleibenden Aminosäuren können dann verestert und getrennt werden, wobei nach FOREMAN[2] die Pb-Salze mit alkoholischer HCl umgesetzt werden. Die Ester erhält man durch Freisetzen mit BaO in Chloroform.

[1] DAKIN, H. D.: Biochem. J. **12**, 290 (1918). J. biol. Ch. **44**, 499 (1920). H. **130**, 159 (1923). — [2] FOREMAN, F. W.: Biochem. J. **8**, 463 (1914); **13**, 378 (1919). — JONES, D. B., and C. O. JOHNS: J. biol. Ch. **48**, 347 (1921).

d) Kupferverfahren nach BRAZIER. Das Verfahren wurde von B. W. TOWN [1] zwecks Erfassung von Prolin entwickelt und von BRAZIER [2] ausgebaut, welche das Hydrolysegemisch in folgende Fraktionen aufteilt:

a) In Wasser unlösliche Cu-Salze: Leucine, Phenylalanin, Cystin, Asparaginsäure;

b) in Wasser lösliche Cu-Salze: 1. in Methylalkohol unlösliche Cu-Salze: Glykokoll, Alanin, Tyrosin, Glutaminsäure, Histidin, Arginin, Lysin; 2. in Methylalkohol lösliche Cu-Salze: Valin, Prolin.

e) Trennung der Hexonbasen. KOSSEL und Mitarbeiter benutzten die verschiedenen Löslichkeiten der Ag-Salze von *Arginin, Histidin, Lysin* in verschieden alkalischer Lösung. Später wurde diese Methode durch Einhaltung genauer p_H-Bedingungen von VICKERY und LEAVENWORTH [3] noch etwas modifiziert.

Am besten verwendet man ein schwefelsaures Hydrolysat, das durch $Ba(OH)_2$ von H_2SO_4 befreit wird, und zwar so weit, daß Kongo noch gebläut wird. Zu dieser Lösung, die je Liter etwa 50 g Aminosäuren enthalten soll, wird ein Überschuß einer Aufschlämmung von Ag_2O in wenig Wasser gegeben, wobei die Lösung durch Zusatz von wenig H_2SO_4 eben kongosauer gehalten wird. Dann wird mit gesättigter Barytlösung unter Rühren auf $p_H = 7,0$ gebracht, wobei sich das Ag-Salz des *Histidins* niederschlägt. Das Histidinsilber kann mit HCl zerlegt und das Histidin bestimmt werden. — Das Filtrat vom Histidinsilber wird mit H_2SO_4 schwach kongosauer gemacht und mit einem Überschuß von Ag_2O versetzt. Dann wird eine heiß gesättigte $Ba(OH)_2$-Lösung zugefügt, bis die Reaktion gegen Phenolphthalein gut alkalisch geworden ist. Im Niederschlag kann dann das *Arginin* z. B. als Flavianat bestimmt werden. — Das Filtrat vom Arginin-Ag-Niederschlag wird mit H_2S vom Ag befreit und nun das *Lysin* als Phosphorwolframat gefällt.

f) Chromatographische Adsorptionsanalyse [4]. Wie erstmals von TSWETT [5] beobachtet wurde, können Mischungen gelöster Stoffe beim Durchfiltrieren durch eine längere Schicht eines Adsorptionsmittels dadurch aufgetrennt werden, daß die stärker adsorbierbaren Bestandteile zuerst, die weniger adsorbierbaren in den tieferen Schichten des Adsorptionsmittels adsorbiert werden. Die einzelnen Komponenten eines Gemisches werden also entsprechend ihrer abnehmenden Adsorptionsaffinität in aufeinanderfolgenden, meist scharf getrennten Zonen vom Adsorptionsmittel festgehalten. Beim Durchströmen einer Lösung durch die adsorbierende Säule trifft demzufolge die Lösung zuerst auf das am stärksten beladene Adsorbens, während in den tieferen Teilen der adsorbierenden Säule der an adsorbierbaren Stoffen schon verarmten Lösung eine nur wenig oder nicht beladene Oberfläche des Adsorbens gegenübersteht (Gegenstromprinzip).

Durchströmt man anschließend die Säule mit reinem Lösungsmittel, so bedingt die Einstellung des Adsorptionsgleichgewichts, daß das in eine einzelne Adsorptionszone eintretende Lösungsmittel an deren Beginn adsorbierten Stoff aufnimmt, am Ende der Zone aber an das dort noch unbeladene Adsorbens wieder abgibt. Beim Durchströmen mit Lösungsmittel wird also jede einzelne Zone in der Richtung des Lösungsmittels wandern, und zwar mit um so geringerer Geschwindigkeit, je höher ihre Adsorptionsaffinität ist. Stoffe, die überhaupt nicht adsorbiert werden, wandern mit der Geschwindigkeit des Lösungsmittels. Es gelingt also, die einzelnen Zonen derart auseinander zu ziehen, daß sie durch Zonen unbeladenen Adsorptionsmittels voneinander getrennt sind (Entwickeln des Chromatogramms) und sie schließlich — je nach Wahl des Lösungsmittels bzw.

[1] TOWN, B. W.: Biochem. J. **22**, 1083 (1928). — [2] BRAZIER, M. A. B.: Biochem. J. **24**, 1188 (1930). — [3] VICKERY, H. B., and CH. S. LEAVENWORTH: J. biol. Ch. **72**, 403 (1927); **75**, 115 (1927); **79**, 377 (1928). — BLOCK, R. J.: J. biol. Ch. **106**, 457 (1934). — [4] Vgl. W. KUHN, S. 144, dort auch zusammenfassende Literatur; s. auch: Chromatographic Analysis Meeting: Discuss. Faraday Soc. 7 (1949). Nature **164**, 857 (1949). Kolloid-Z. **116**, 171 (1950).— ZECHMEISTER, L.: Progress in Chromatography 1938—1947. London 1950.— SSENJAWIN, M. M.: Fortschr. Chem. (russ.) **18**, 183 (1949). — FUKSS, N. A.: Fortschr. Chem. (russ.) **18**, 206 (1949) [C. **1950 I**, 1387]. — ROUDIER, A.: Chim. analyt. [4] **31**, 220, 247, 277 (1949). — HESSE, G.: Angew. Chem. (A) **59**, 280 (1947). — MARTIN, A. J. P.: Biochem. J. **36**, Proc. XX (1942). — [5] TSWETT, M.: Dtsch. bot. Ges. **24**, 384 (1906).

Elutionsmittels mehr oder weniger rasch — aus der adsorbierenden Säule herauszuwaschen. Als Maß der Adsorptionsaffinität kann das sogenannte „Retentionsvolumen" dienen, d. h. diejenige Flüssigkeitsmenge, welche über das zum Durchtransport eines nicht adsorbierbaren Stoffes durch die adsorbierende Säule nötige Volumen hinaus notwendig ist, um einen adsorbierbaren Stoff in das Filtrat überzuführen. Das „Retentionsvolumen" wird im allgemeinen auf die Gewichtseinheit des adsorbierenden Stoffes bezogen, es ist von der Oberflächenbeschaffenheit des Adsorptionsmittels, vom Lösungsmittel und sonstigen Versuchsbedingungen abhängig.

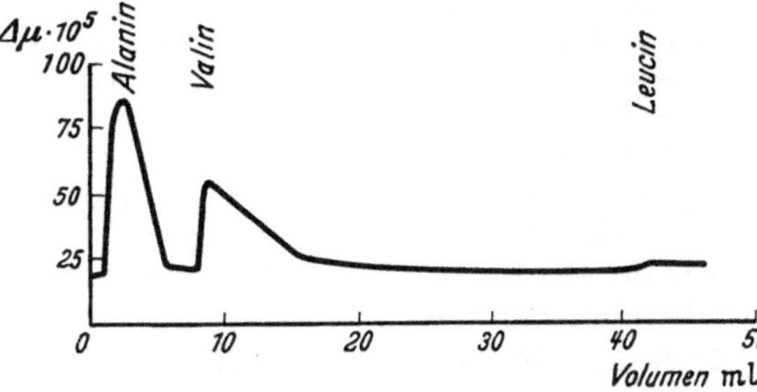

Abb. 42. Elutionsanalyse nach TISELIUS. A.: Adv. Protein Chem. 3, 67 (1947) u. zwar S. 77.

Vgl. auch Retentionsfaktor S. 564/65. Wenn die adsorbierbaren Stoffe gefärbt und das Adsorptionsmittel farblos oder annähernd farblos sind, kann das Wandern der Zonen unmittelbar verfolgt werden; bei farblosen Stoffen bzw. bei Verwendung dunkler Adsorptionsmittel (z.B. Tierkohle) ist es dagegen notwendig, das Auftreten jedes einzelnen Stoffes im Filtrat und dessen Konzentration durch ein geeignetes chemisches oder physikalisches Meßverfahren festzustellen. Zur Trennung der Aminosäuren findet das erstere Prinzip in

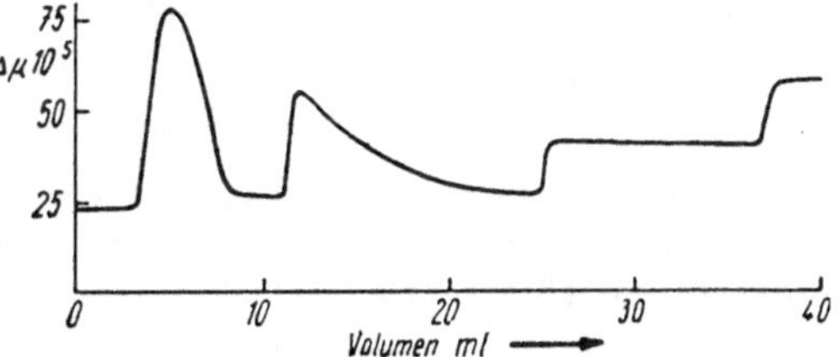

Abb. 43. Verdrängungsanalyse von Valin, Leucin, Methionin. Verdrängerlösung: 0,5% Äthylacetat nach TISELIUS: A.: Naturwiss. 37, 25 (1950).

einer Reihe von Arbeitsweisen Anwendung, bei denen die Aminosäuren in gefärbte Derivate übergeführt werden (s. unten S. 566); auf dem letzteren beruht das Verfahren von TISELIUS[1], wobei der Brechungsindex der aus der Adsorptionssäule (Tierkohle) austretenden Flüssigkeit interferometrisch bestimmt wird.

Die Analyse der aus der Adsorptionssäule austretenden Lösung läßt sich nach TISELIUS in 3 Ausführungsformen durchführen.

1. *Elutionsanalyse.* Dabei werden die von dem Lösungs- bzw. Elutionsmittel nacheinander in das Filtrat geführten Stoffe bestimmt (s. oben; Abb. 42).

2. *Verdrängungsanalyse.* Nachdem die Säule eine gewisse Menge des zu trennenden Gemisches aufgenommen hat, wird durch die Säule die Lösung eines Stoffes geschickt, dessen Adsorptionsaffinität wesentlich größer ist als die der zu trennenden Stoffe. Das Verdrängungsmittel schiebt dabei gewissermaßen die einzelnen Zonen vor sich her (Abb. 43).

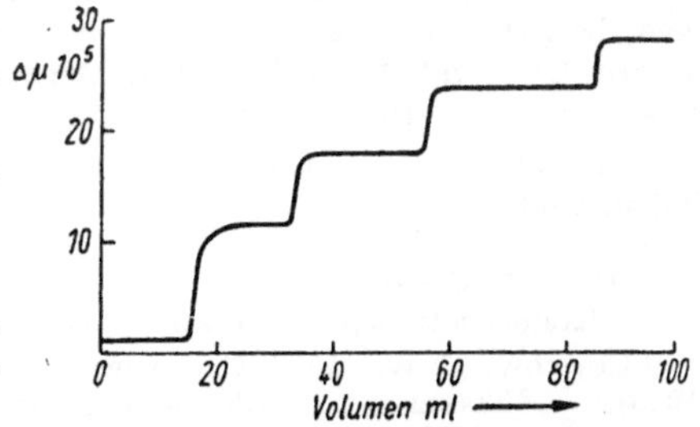

Abb. 44. Frontalanalyse von teilweise abgebautem Insulin nach TISELIUS, A.: Naturwiss. 37, 25 (1950).

---

[1] TISELIUS, A.: Ark. Kemi, Mineral. Geol. 14 B, Nr. 22 (1940); 15 B, Nr. 6 (1941); 26, Nr. 1 (1948). Adv. Colloid Sci. 1, 81 (1942). Adv. Protein Chem. 3, 67 (1947). — TISELIUS, A. and S. CLAESSON: Ark. Kemi, Mineral. Geol. 15 B, Nr. 18 (1942). — TISELIUS, A., u. L. HAHN: Kolloid-Z. 105, 101, 177 (1943). — CLAESSON, S.: Ark. Kemi, Mineral. Geol. 23 A, Nr. 1 (1946); 26, Nr. 24 (1949). Ann. N. Y. Acad. Sci. USA. 49, 183 (1948).

3. *Frontalanalyse*. Man läßt durch die Adsorptionssäule die zu trennende Lösung in so großer Menge durchfließen, daß schließlich das ganze Adsorptionsmittel abgesättigt ist. Bei dieser Arbeitsweise treten im Filtrat zunächst die am wenigsten adsorbierbaren Stoffe und dann nacheinander in mehr oder weniger scharfen Stufen *zusätzlich* die stärker adsorbierbaren Anteile auf, bis zum Schluß Zusammensetzung und Konzentration der austretenden mit der eintretenden Lösung übereinstimmt (Abb. 44). Zur fortlaufenden Analyse des Filtrats mittels chemischer, z. B. colorimetrischer Methoden bedient man sich zweckmäßig automatischer Vorrichtungen zum Auffangen der Fraktionen (Fraktionsschneider, vgl. z. B. S. 563[4] und CUCKOW[1]).

Aussalzchromatographie[2]. In Gegenwart von Salzen in mäßiger bis hoher Konzentration kommt erhöhte Adsorption zustande, weil sich der normalen Adsorption ein Aussalzeffekt überlagert. Dieses Prinzip liegt der sogenannten Aussalzchromatographie zugrunde.

Nach dem *Mechanismus der Adsorption* ist bei der Adsorption von Aminosäuren und verwandten Verbindungen zu unterscheiden zwischen der reinen, im wesentlichen durch VAN DER WAALSsche Kräfte bewirkten Adsorption, wie sie z. B. an Tierkohle stattfindet, und der Austauschadsorption an anionischen Adsorptionsmitteln (Basenaustauscher) bzw. kationischen Adsorptionsmitteln (Säurenaustauscher). Bei der Austauschadsorption stellt sich zwischen dem anionischen Adsorptionsmittel (Aust.$^-$), das mit Kationen (H$^+$ oder Me$^+$) beladen ist, und den Aminosäurekationen (AS$^+$) das nachstehende Gleichgewicht ein:

$$(\text{Me}^+\text{Aust.}^-) + \text{AS}^+ \;\rightleftharpoons\; (\text{AS}^+\text{Aust.}^-) + \text{Me}^+.$$

An kationischen Adsorptionsmitteln (Säureaustauschern) werden in entsprechender Weise Säureanionen (S$^-$) oder Hydroxylionen gegen anionische Aminosäuren (AS$^-$) ausgetauscht:

$$(\text{S}^-\text{Aust.}^+) + \text{AS}^- \;\rightleftharpoons\; (\text{AS}^-\text{Aust}^+) + \text{S}^-.$$

Im Hinblick auf den großen Überschuß des Adsorptionsmittels (Gegenstromprinzip) wird das Gleichgewicht dabei stets zugunsten der rechten Seite gelegen sein.

Als *anionische Adsorptionsmittel*, an denen vorzugsweise basische Aminosäuren festgehalten werden, kommen in Frage:

Permutit (synthetischer Zeolith)[3]; Bleicherde Filtrol-Neutrol, säureaktiviert[4]; Aluminiumoxyd, basisch[5]; Silicagel[6]; Wofatit K[7]; Wofatit KS[7]; Wofatit P[7] (vgl. Anmerkung *); Wofatit C[6, 8] (vgl. Anmerkung **); Amberlit I R$_1$[9]; Amberlit I R$_{100}$[9]; Zeo Karb 215[10]; PSX-Harz[11]; Ira-400[12]; Dowex-2[13].

Kationische Adsorptionsmittel, die zur Adsorption von Aminodicarbonsäuren Verwendung finden, sind:

---

* Diese Wofatite sind Kondensationsprodukte aus Phenolsulfsäuren und Formaldehyd.
** Kondensationsprodukt aus Phenolcarbonsäuren und Formaldehyd.

[1] CUCKOW, F. W., R. J. C. HARRIS and F. E. SPEED: J. Soc. chem. Industr. **68**, 208 (1949). — [2] TISELIUS, A.: Chemie **61**, 158 (1949). — [3] WHITEHORN, J. C.: J. biol. Ch. **56**, 751 (1923). — [4] WALDSCHMIDT-LEITZ, E., u. F. TURBA: J. prakt. Chem. (2) **156**, 55 (1940). — WALDSCHMIDT-LEITZ, E., J. RATZER u. F. TURBA: J. prakt. Chem. (2) **158**, 72 (1941). — TURBA, F.: B. **74**, 1829 (1941). — [5] WIELAND, TH.: H. **273**, 24 (1942). Naturwiss. **30**, 374 (1942). — [6] SCHRAMM, G., u. J. PRIMOSIGH: B. **77**, 417 (1944). — [7] FREUDENBERG, K., H. WALCH u. H. MOLTER: Naturwiss. **30**, 87 (1942). — TURBA, F.: Z. Vit.-, Horm.- u. Ferm.-Forsch. **2**, 49 (1948/49). — [8] WIELAND, TH.: B. **77**, 539 (1944). — TISELIUS, A., B. DRAKE and L. HAGDAHL: Exper. **3**, 651 (1947). — RAUEN, H. M., u. K. FELIX: H. **283**, 139 (1949). — TURBA, F.: Z. Vit.-, Horm.-, Ferm.-Forsch. **2**, 49 (1948/49). — [9] BLOCK, R. J.: Proc. Soc. exp. Biol. Med. **51**, 252 (1942). — CLEAVER, TH. C., R. HARDY and H. G. CASSIDY: Am. Soc. **67**, 1343 (1945). — [10] PARTRIDGE, S. M., and R. G. WESTALL: Biochem. J. **44**, 418 (1949). — [11] PARTRIDGE, S. M., and R. C. BRIMLEY: Biochem. J. **46**, 334 (1950). — [12] IDLER, D. R.: Am. Soc. **71**, 3854 (1949). — [13] DAVIES, C. W., R. B. HUGHES and S. M. PARTRIDGE: Soc. **1950**, 2285.

Aluminiumoxyd, mit verdünnter Salzsäure vorbehandelt[1] (dieses hat bei der Säurevorbehandlung unter Umladung des amphoteren Metalloxyds die Anionen der Mineralsäure aufgenommen); Wofatit M[2]; Amberlit I R$_4$[3]; Duolit A$_2$.

Mit Formaldehyd bilden die Aminosäuren Glykokoll, Serin, Threonin und Cystein besonders stabile anionische Kondensationsverbindungen, z. B. Formel I: während der elektrochemische Charakter der übrigen Aminosäuren weniger stark beeinflußt wird. Demnach können in Gegenwart von Formaldehyd die genannten Aminosäuren an Säureaustauscher, wie z. B. saures Aluminiumoxyd, adsorbiert werden[4].

Zur Theorie der chromatographischen Adsorption siehe[5]; zur Methodik vgl. ferner[6]. Herstellung und Eigenschaften von Adsorptionsmitteln[7] sowie Hesse[5] Verwendung fluorescierender Adsorptionsmittel[8].

In den meisten der angeführten Fälle sind die Unterschiede der Adsorptionsaffinität sowohl innerhalb der Gruppe der basischen wie innerhalb der sauren Aminosäuren so groß, daß bei geeigneter Wahl der Versuchsbedingungen (H-Ionenkonzentration und anderes) auch eine Trennung innerhalb der Aminosäuren der gleichen Gruppe durchgeführt werden kann (Trennung der 3 Hexonbasen[9]; Trennung der Dicarbonsäuren[10]).

Tierkohle adsorbiert vorzugsweise die aromatischen Aminosäuren Tryptophan, Phenylalanin und Tyrosin; auch Arginin wird beträchtlich adsorbiert. Die Adsorbierbarkeit der Monoaminosäuren nimmt mit fallender Kettenlänge ab; Alanin und Glykokoll werden praktisch nicht mehr adsorbiert. Auch bei Peptiden aus vergleichbaren Aminosäuren steigt die Adsorbierbarkeit beträchtlich mit der Kettenlänge an (Tab. 95).

Tabelle 95. Retentionsvolumen bei der Adsorption einiger Aminosäuren und Peptide an Aktivkohle (Aktivkohle Schering). 0,5 % wäßrige Lösungen[11].

Substanz	Retentionsvolumen (ml/g Kohle)
Alanin	0,3
Oxyprolin	2,0
Prolin	2,5
Valin	3,2
Leucin	7,7
Isoleucin	9,2
Methionin	12,4
Histidin	15,0
Arginin	40,4
Tryptophan	76,5
Phenylalanin	62,5
Glycyl-glycin	3,5
Leucyl-glycin	18,2
Leucyl-glycylglycin	29,8
Glycyl-alanin	4,0
Valyl-alanin	22,0
Alanyl-leucyl-glycin	34,4
Glycyl-leucyl-alanin	42,5
Glycyl-leucyl-glycin	38,0

---

[1] Schwab, G. M., u. G. Dattler: Angew. Chem. **50**, 691 (1937). — Wieland, Th.: H. **273**, 24 (1942). B. **75**, 1001 (1942). — Wieland, Th., u. L. Wirth: B. **76**, 823 (1943). — Turba, F., u. M. Richter: B. **75**, 340 (1942). — Schramm, G., u. J. Primosigh: B. **77/79**, 417 (1944/46). — Diemair, W., u. H. Neu: Z. analyt. Chem. **128**, 566 (1948). — Rauen, H. M., u. L. Wolf: H. **283**, 233 (1948). — [2] Freudenberg, K., H. Walch u. H. Molter: Naturwiss. **30**, 87 (1942). — [3] Cannan, R. R.: J. biol. Ch. **152**, 401 (1944). — Cleaver, Ch. S., R. A. Hardy jr. and H. G. Lassidy: Am. Soc. **67**, 1343 (1945). — Tiselius, A., B. Drake and L. Hagdahl: Exper. **3**, 21 (1947). — Consden, R., A. H. Gordon and A. J. P. Martin: Biochem. J. **42**, XI (1948). — [4] Schramm, G., u. J. Primosigh: B. **76**, 373 (1943); **77/79**, 417 (1944/46). — [5] Wilson, J. N.: Am. Soc. **62**, 1583 (1940). — Glueckauf, E.: Soc. **1949**, 3280. — Hesse, G.: Angew. Chem. **62**, 385 (1950). — [6] Partridge, S. M., and R. G. Westall: Biochem. J. **44**, 418 (1949). — Booth, V. H.: Analyst **75**, 109 (1950). — [7] Kaplan, Ss., u. F. Meller: J. allg. Chem. (russ.) **19**, (81) 2038 (1949), [C. **1950 II**, 1213]. — Raduschkewitsch, L. W., u. W. M. Lukjanowitsch: J. physik. Chem. (russ.) **24**, 21 (1950) [C. **1950 II**, 1440]. — [8] Brockmann, H., u. F. Volpers: Naturwiss. **33**, 58 (1946). B. **82**, 95 (1949). — Brockmann, H.: Angew. Chem. **59**, 30, 199 (1947); **62**, 385 (1950). — [9] Turba, F.: B. **74**, 1829 (1941). — Partridge, S. M., and R. C. Brimley: Biochem. J. **46**, 334 (1950). — [10] Wieland, Th., u. L. Wirth: B. **76**, 823 (1946). — Consden, R., A. H. Gordon and A. J. P. Martin: Biochem. J. **42**, XI, 443 (1948). — [11] Tiselius, A.: Adv. Protein Chem. **3**, 67 (1947).

Durch eine Kombination der genannten Adsorptionsmittel kann eine Zerlegung von Aminosäuregemischen in 4 Hauptgruppen, nämlich in aromatische, basische, saure und neutrale Aminosäuren vorgenommen werden. Unter Verwendung von Formaldehyd können Glykokoll, Serin, Methionin und Cystein von den übrigen Monoaminsäuren abgetrennt werden. Diese Gruppentrennung erfordert nicht mehr als 10—50 mg.

Nach TISELIUS und Mitarbeitern[1] z. B. wird das in verdünnter Essigsäure gelöste Gemisch der Aminosäuren durch 3 nacheinander geschaltete Filter geschickt, von denen das erste Tierkohle (zur Adsorption der aromatischen Aminosäuren), das zweite Wofatit C (zur Adsorption der basischen Aminosäuren) und das dritte Wofatit KS enthält. Im 3. Filter können bei geeigneter Arbeitsweise die sauren und basischen Aminosäuren zusammen zurückgehalten und anschließend mit n HCl eluiert werden. Sie werden nach Eindampfen und Entfernen der Salzsäure getrennt in einem 4. Filter, das mit Amberlit I R_4 beschickt ist und die sauren Aminosäuren zurückhält.

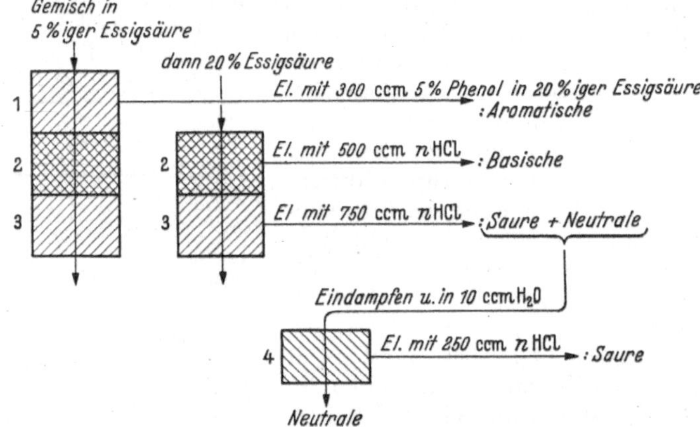

Abb. 45. Schema zur Trennung eines Aminosäuregemisches in 4 Gruppen nach TISELIUS, A., B. DRAKE and L. HAGDAHL: Exper. 3, 21 (1947).

g) Gegenstromverteilung und Verteilungschromatographie[2]. Während den vorhergehend beschriebenen Trennungsmethoden für Aminosäuren oder Peptide Unterschiede der Adsorptionsaffinität zugrunde liegen, nützt eine zweite Gruppe neuerer Trennungsverfahren, deren Bedeutung gleichfalls weit über das Gebiet der Eiweißchemie hinausreicht, Unterschiede des Verteilungskoeffizienten aus, mit dem sich eine bestimmte Substanz zwischen zwei miteinander nicht mischbaren Lösungsmitteln — im allgemeinen Wasser und ein damit nicht oder beschränkt mischbares Lösungsmittel — verteilt (MARTIN und SYNGE, 1941)[3]. Von CRAIG[4] ist gezeigt worden, daß auf dieser Grundlage durch eine systematische Aufeinanderfolge sehr zahlreicher Ausschüttelungsoperationen zwischen zwei nach dem Gegenstromprinzip aneinander vorbeiwandernden Phasen (*Gegenstromverteilung*) eine quantitative Trennung auch solcher Stoffe herbeigeführt werden kann, deren Verteilungskoeffizienten nur wenig unterschieden sind. Die zu trennenden Stoffe wandern dabei durch die Ausschüttelungsgefäße

[1] TISELIUS, A., B. DRAKE u. L. HAGDAHL: Exper. 3, 21 (1947). — [2] WILLIAMS, R. T., and R. L. M. SYNGE: Partition Chromatography. Biochem. Soc. Symp. Nr. 3 (1949). — WILLIAMS, R. T.: Partition Chromatography. London 1949. — [3] MARTIN, A. J. P., and R. L. M. SYNGE: Biochem. J. 35, 91, 1358 (1941); 37, 79 (1943). — TRISTRAM, G. R.: Biochem. J. 40, 721 (1946). — [4] CRAIG, L. C.: Fortschr. chem. Forsch. 1, 292, 301, 312 (1949/50). — CRAIG, L. C., J. D. GREGORY and G. T. BARRY: Cold Spring Habor Symp. quant. Biol. 14, 24 (1949).

der Verteilungsapparatur mit einer Geschwindigkeit, die von dem jeweiligen Verteilungskoeffizienten des betreffenden Stoffes zwischen den beiden Phasen abhängt. Neben dem zuerst von CRAIG angegebenen Apparat[1] sind eine Reihe vorzugsweise für präparative Zwecke geeigneter Anordnungen beschrieben worden[1,2]. Abb. 46 zeigt das Verteilungsdiagramm eines Partialhydrolysats von Gramicidin (s. S. 578), in dem 6 Komponenten zu unterscheiden sind.

Die sogenannte *Verteilungschromatographie*, die auf dem oben erwähnten Prinzip beruht, wurde von MARTIN und SYNGE[3] zur Zerlegung von Aminosäuregemischen entwickelt. Nach dem Verfahren der genannten Autoren wird das Gemisch in einem mit Wasser nicht oder beschränkt mischbaren Lösungsmittel, z. B. Butylalkohol, gelöst und durch eine Säule mit wasserhaltigem Silicagel hindurchfiltriert. MOORE und STEIN[4], die sich um den Ausbau des Verfahrens sehr verdient gemacht haben, verwenden statt Silicagel wasserhaltige Stärke. Chromatographie an gepulverter Cellulose[5]. Von den beiden Phasen ist also das Wasser an Silicagel bzw. Stärke festgelegt, während das organische Lösungsmittel im Gegenstrom an demselben vorbeiströmt, und zwar unter Verteilungsbedingungen, die eine sehr rasche Einstellung des Verteilungsgleichgewichts zwischen den beiden Phasen gewährleisten. Bei dieser Anordnung ergeben sich Verhältnisse, die — obwohl auf anderen Ursachen beruhend — denen der chromatographischen Adsorptionsanalyse sehr ähnlich sind. Stoffe, die nur in Butylalkohol, nicht aber in Wasser löslich sind, werden die Säule mit der gleichen Geschwindigkeit durchwandern wie der Butylalkohol

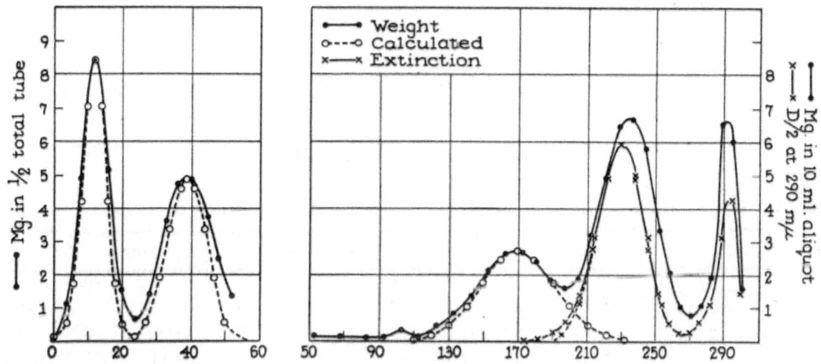

Abb. 46. Gegenstromverteilung von Gramicidin Hydrolysat nach CRAIG. L. C.: Fortschr. chem. Forsch. 1, 312 (1949).

selbst. Stoffe, die sich zwischen Butylalkohol und Wasser verteilen, werden um so langsamer wandern, je höher ihre „Affinität" zur feststehenden wäßrigen Phase ist, d. h. je mehr ihr Verteilungskoeffizient zugunsten des Wassers liegt. Die Wanderungsgeschwindigkeit der einzelnen Aminosäuren durch die Säule und damit die Reihenfolge ihres Eintreffens im Filtrat wird also bestimmt sein durch den mehr oder weniger hydrophilen Charakter der Aminosäure (s. Tabelle 96, S. 564). Die aufeinanderfolgenden Fraktionen des Filtrats werden mit geeigneten chemischen oder physikalisch-chemischen Verfahren analysiert. Die

---

[1] Siehe Fußnote [4], S. 562. — [2] GRUBHOFER, N.: Chem.-Ing.-Techn. **22**, 209 (1950). — WEYGAND, F.: Chem.-Ing.-Techn. **22**, 213 (1950). — TSCHESCHE, R., u. H. B. KÖNIG: Chem.-Ing.-Techn. **22**, 214 (1950). — RAUEN, H. M., u. W. STAMM: Chem.-Ing.-Techn. **21**, 259 (1949). — [3] Siehe Fußnote [3], S. 562. — [4] STEIN, W. H., and ST. MOORE: J. biol. Ch. **176**, 337 (1948); **178**, 79 (1949). — MOORE, ST., and W. H. STEIN: J. biol. Ch. **176**, 367 (1948); **178**, 53 (1949). — Vgl. auch EDMANN, P.: Acta chem. scand. **1948**, 592. — [5] PETERSEN, D. H., and L. M. REINEKE: J. biol. Ch. **181**, 95 (1949). — JONES, J. I. M.: Nature **165**, 685 (1950).

Methode erlaubt eine quantitative Auftrennung fast aller Aminosäuren, besonders auch der Monoaminosäuren. Eine Verteilungschromatographie der Kupfersalze zwischen wasserhaltigem Phenol und phenolgesättigtem Wasser an Silicagel ist nach Th. Wieland durchführbar[1].

Als besonders einfach und leistungsfähig für die Auftrennung kleinster Aminosäuremengen erweist sich die Verteilungschromatographie in der Form der

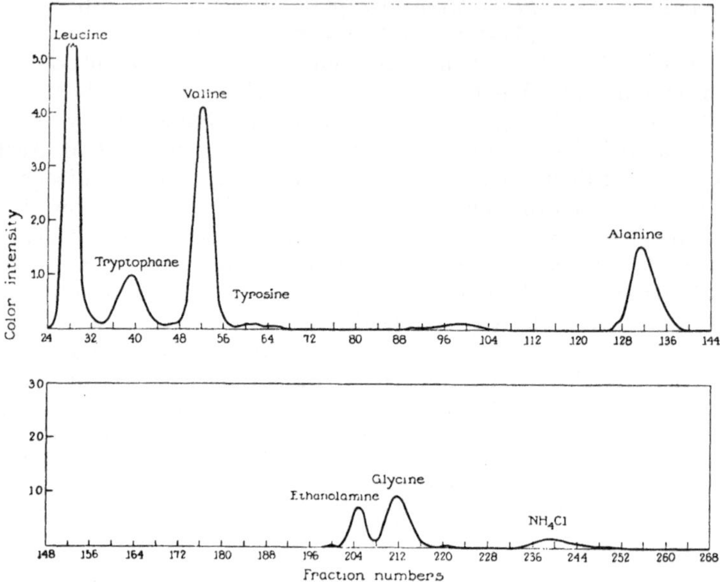

Abb. 47. Stärkechromatogramm von Gramicidin A Hydrolysat: Elutionskurve nach Craig, L. C.: Fortschr. chem. Forsch. 1, 312 (1949).

Tabelle 96. RF-Werte von Aminosäuren in verschiedenen Lösungsmitteln*.

Lösungsmittel	Phenol	Collidin	n-Butanol	Benzylalkohol	Isobuttersäure
Glycin	0,40	0,25	0,05	0,02	0,36
Alanin	0,55	0,32	0,08	0,03	0,44
Valin	0,78	0,45	0,20	0,11	0,65
Leucin	0,84	0,58	0,38	0,21	0,78
Isoleucin	0,82	0,54	0,37	0,18	0,76
Phenylalanin . . .	0,86	0,59	0,43	0,36	0,80
Tyrosin	0,59	0,64	0,28	0,14	0,58
Serin	0,33	0,28	0,05	0,01	0,34
Threonin	0,50	0,32	0,07	0,02	0,43
Oxyprolin	0,66	0,34	0,07	0,04	0,42
Prolin	0,87	0,35	0,12	0,12	0,57
Tryptophan . . .	0,76	0,62	0,35		
Histidin	0,72	0,28	0,06	0,02	0,45
Arginin	0,67	0,16	0,03	0,01	0,40
Ornithin	0,40	0,13	0,01	0,00	0,24
Lysin	0,50	0,14	0,01	0,00	0,27
Asparaginsäure . .	0,14	0,22	0,01	0,00	0,31
Glutaminsäure . .	0,24	0,25	0,01	0,00	0,38
Methionin . . .	0,82	0,57	0,26	0,17	0,69

* Nach Wieland, Th.: Fortschr. chem. Forsch. 1, 211 (1949).
[1] Wieland, Th., u. H. Fremerey: B. 77/79, 236 (1944/46).

sogenannten *Papierchromatographie*[1]. Als feststehende Phase dient dabei Filtrierpapier, das in feuchter Atmosphäre etwa 20% Feuchtigkeit aufnehmen kann. Man läßt einen Tropfen eines wäßrigen Aminosäuregemisches am oberen Ende eines Streifens Chromatographiepapier eintrocknen. Anschließend läßt man durch den hängenden Streifen eine organische, mit Wasser nicht völlig mischbare Flüssigkeit in einem wasser- und lösungsmittelgesättigten Raum nach unten sickern. Nach einigen Stunden können die Komponenten des Gemisches durch

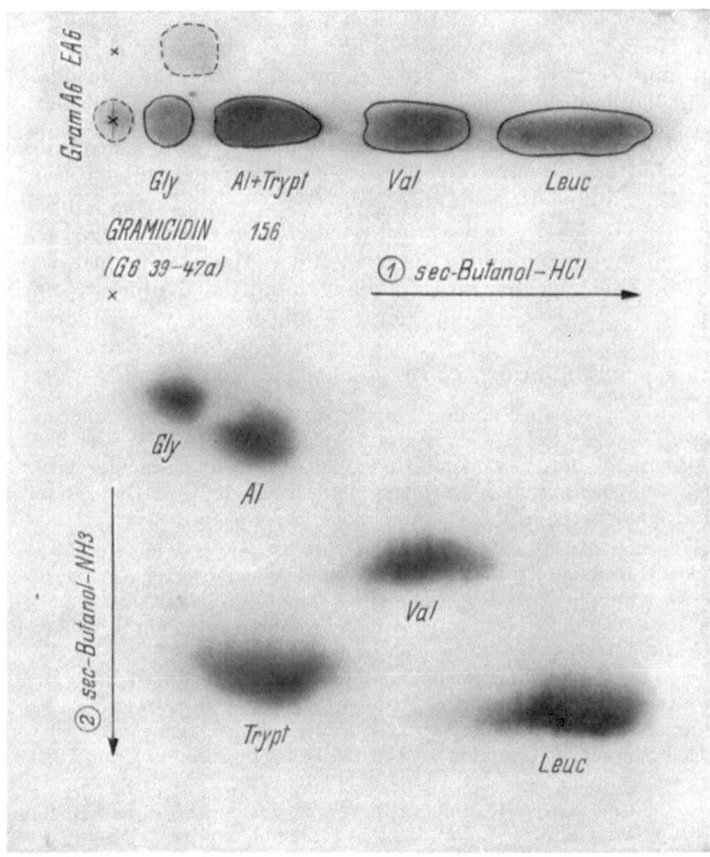

Abb. 48. Papierchromatogramm von Gramicidin B Hydrolysat. CRAIG, L. C.: Fortschr. chem. Forsch. 1, 312 (1949).

Behandeln des Streifens mit Ninhydrin[2] oder, nach Überführung in das Kupfersalz, mit Rubeanwasserstoff[3] (Dithiooxamid) als verschieden weit nach unten gewanderte Flecken sichtbar gemacht werden. Als organische Lösungsmittel[4] hat man neuerdings auch mit Wasser mischbare verwendbar gefunden[5].

Die Wanderungsgeschwindigkeit der Aminosäuren wird durch die sogenannten RF-Werte gekennzeichnet, d. h. diejenige Strecke, welche die Aminosäuren in einer bestimmten Zeit im Vergleich zur Lösungsmittelfront zurückgelegt hat

[1] CONSDEN, R., A. H. GORDON and A. J. P. MARTIN: Biochem. J. 38, 224 (1944). — GORDON, A. H.: Angew. Chem. 61, 252, 367 (1949). — HERMANN, H., H. BICKEL u. G. FRANCOUX: Helv. paediatr. Acta 4, 397 (1949). — [2] NAFTALIN, L.: Nature 161, 763 (1948); vgl. S. 566. — [3] WIELAND, TH., u. E. FISCHER: Naturwiss. 35, 29 (1948). — [4] BOISSONNAS, R. A.: Helv. 33, 1966 (1950). — [5] BENTLEY, H. R., and J. K. WHITEHEAD: Nature 164, 182 (1949). Biochem. J. 46, 341 (1950). — DECKER, P., u. W. RIFFART: Chem. Ztg. 74, 273 (1950).

(s. Tabelle 96). In einer umfangreichen Arbeit von DENT[1] sind die RF-Werte für eine Reihe von Aminosäuren mit Phenol/Collidin festgestellt.

Da die Wanderungsgeschwindigkeit einzelner Aminosäuren bei Anwendung verschiedener Lösungsmittel sehr unterschiedlich ist, wird die Trennung und Kennzeichnung der Aminosäuren zweckmäßigerweise durch Verwendung zweier Lösungsmittel vervollständigt. Dies geschieht in der Weise, daß man einen Tropfen des zu trennenden Gemisches in eine Ecke des rechteckigen Papierblattes bringt und zunächst mit einem organischen Lösungsmittel entlang einem Rande entwickelt. Hierauf wird getrocknet und mit einem anderen Lösungsmittel die Chromatographie senkrecht zur ursprünglichen Richtung wiederholt (zweidimensionale Papierchromatographie); vgl. dazu WILLIAMS und KIRBY[2].

Die Menge der durch Papierchromatographie aufgetrennten Aminosäuren kann nach der Farbintensität und Größe der Flecken geschätzt werden[3]. Genauer ist die colorimetrische Bestimmung auf Grund der Ninhydrinreaktion[4], die mittels eines photoelektrischen Densimeters für durchfallendes Licht auch auf dem Papier selbst vorgenommen werden kann[5]. Weitere quantitative Methoden beruhen auf der Bestimmung des komplexgebundenen Kupfers (colorimetrisch[6]; polarographisch[7]; Unterscheidung der α-Aminosäuren von anderen Aminoverbindungen[8]. Strahlungsmessung[9] bei Verwendung des radioaktiven Cu^{64}. Chromatographie nach Einführung von radioaktivem Jod[10].

Die *Retentionsanalyse* von WIELAND[11] beruht darauf, daß die Front einer in Filtrierpapier hochsteigenden Lösung, welche Acetylaceton/Kupfer in einem mit Wasser nicht mischbaren Lösungsmittel enthält, durch auf dem Papier eingetrocknete Aminosäureflecken unter Verbrauch des Kupfers zurückgehalten (retiniert) wird, wobei die Größe der „Retentionslücken" ein annähernd quantitatives Maß der vorhandenen Aminosäuren ist.

Zur Überführung der Aminosäuren in gefärbte Derivate, deren Verhalten bei der Absorptions- oder Verteilungschromatographie besonders einfach verfolgt werden kann, sind verschiedene Verfahren in Vorschlag gebracht worden (vgl. dazu KARRER[12]). Am besten bewährt hat sich bisher die Überführung der Aminosäuren und Peptide in ihre p-Azobenzol-harnstoffderivate mittels p-(Benzolazo)-phenylisocyanat (ZEILE[13]). Auch die Überführung in die gelbgefärbten N-2,4-Dinitrophenylaminosäuren durch Umsetzung mit Dinitrofluorbenzol nach SANGER[14] kann Verwendung finden. Bei der Chromatographie von Acylaminosäuren an Silicagel können die einzelnen Zonen durch Zusatz kleiner Mengen von Indicatorfarbstoffen sichtbar gemacht werden[15]. Ein anderer Weg besteht darin, die Aminosäuren

---

[1] DENT, C. E.: Biochem. J. **43**, 169 (1948). — [2] WILLIAMS, R. J., and H. KIRBY: Science, N. Y. **107**, 481 (1948). — [3] FISHER, R. B., D. S. PARSONS and G. A. MORRISON: Nature **161**, 764 (1948). — POLSON, A., V. M. MOSLEY and R. W. G. WYCKOFF: Science N. Y. **105**, 603 (1947). — [4] NAFTALIN, L.: Nature **161**, 763 (1948). — BOISSONNAS, R. A.: Helv. **33**, 1975 (1950). — NICHOLSON, D. E.: Nature **163**, 954 (1949). — [5] BLOCK, R. J., and D. BOLLING: Science, N. Y. **108**, 608 (1948). — BULL, H. B., J. W. HAHN, and V. H. BAPTIST: Am. Soc. **71**, 550 (1949). — ROCKLAND, L. B., and M. S. DUNN: Am. Soc. **71**, 4121 (1949). — FOSDICK, L. S., and R. Q. BLACKWELL: Science, N. Y. **109**, 314 (1949). — [6] WOIWOD, A. J.: Nature **161**, 169 (1948). Biochem. J. **42**, XXVIII (1948); **45**, 412 (1949). — [7] MARTIN, A. J. P., and R. MITTELMANN: Biochem. J. **43**, 353 (1948). — JONES, T. S. G.: Biochem. J. **42**, LIX (1948). — [8] CRUMPLER, H. R., and C. E. DENT: Nature **164**, 441 (1949). — [9] WIELAND, TH., K. SCHMEISER, E. FISCHER u. H. MAIER-LEIBNIZ: Naturwiss. **36**, 280 (1949). — [10] KESTON, A. S., S. UDENFRIEND and M. LEVY: Am. Soc. **69**, 3151 (1947). — KESTON, A. S., and S. UDENFRIEND: Am. Soc. **72**, 748 (1950). — [11] WIELAND, TH., u. E. FISCHER: Naturwiss. **35**, 29 (1948). — [12] KARRER, P., R. KELLER u. G. SCÖNYI: Helv. **26**, 38 (1943). — [13] ZEILE, K.: Naturwiss. **33**, 252 (1946). — ZEILE, K., u. M. OETZEL: H. **284**, 1 (1949). — KRUCKENBERG, W.: H. **284**, 19, 40 (1949). — TURBA, F., u. E. v. SCHRADER-BEIELSTEIN: Naturwiss. **35**, 123 (1948). — [14] SANGER, F.: Biochem. J. **39**, 507 (1945). — PORTER, R. R., and F. SANGER: Biochem. **42**, 287 (1948). — BLACKBURN, S., and A. G. LOWTHER: Biochem. J. **46**, XXVII (1950). — [15] MARTIN, A. J. P., and R. L. M. SYNGE: Biochem. J. **35**, 1358 (1941); **37**, 79 (1943).

mittels Ninhydrin zu Aldehyden abzubauen und diese in die 2,4-Dinitrophenylhydrazone zu verwandeln [1]. Spezifische Sichtbarmachung einzelner Aminosäuren vgl. [2].

Die Auftrennung etwas größerer Substanzmengen gelingt in Säulen aus übereinandergeschichteten Filtrierpapierscheiben (Chromatopile-Verfahren) [3].

h) Elektrophorese. Die Trennung eines Aminosäuregemisches in saure, neutrale und basische Aminosäuren läßt sich auf einfache Weise in einer 3-Zellen-Apparatur durch Anlegung einer Spannung erreichen. Dieses Verfahren [4] eignet sich sowohl für präparative wie für analytische Zwecke und ist vielfach mit Erfolg angewandt worden [5]. Wesentlich weiter gehende Auftrennungen können erreicht werden in der Apparatur nach THEORELL [6] oder Mehrzellenapparaturen, z. B. nach WILLIAMS und WATERMAN [7]. Einen Apparat zur elektrophoretischen Trennung von Aminosäuren, Peptiden und Proteinen entwickelte BUTLER [8]. Während diese Methoden nur Unterschiede der Wanderungs*richtung* ausnützen, verwerten die meisten neueren Anordnungen, die vorwiegend zur Zerlegung von Proteingemischen dienen (s. S. 629) Unterschiede der Wanderungs*geschwindigkeit.* Ionengeschwindigkeit einiger Aminosäuren und Peptide vgl. [9]. Zur Trennung von Aminosäuren haben sich vor allem solche Verfahren bewährt, bei denen die Elektrophorese innerhalb eines Gels, z.B. Silicagel [10] oder einer porösen Trägersubstanz, wie Filtrierpapier (s. Fußnote [11], S. 566), Glaspulver usw. vorgenommen wird. Eine auf diesem

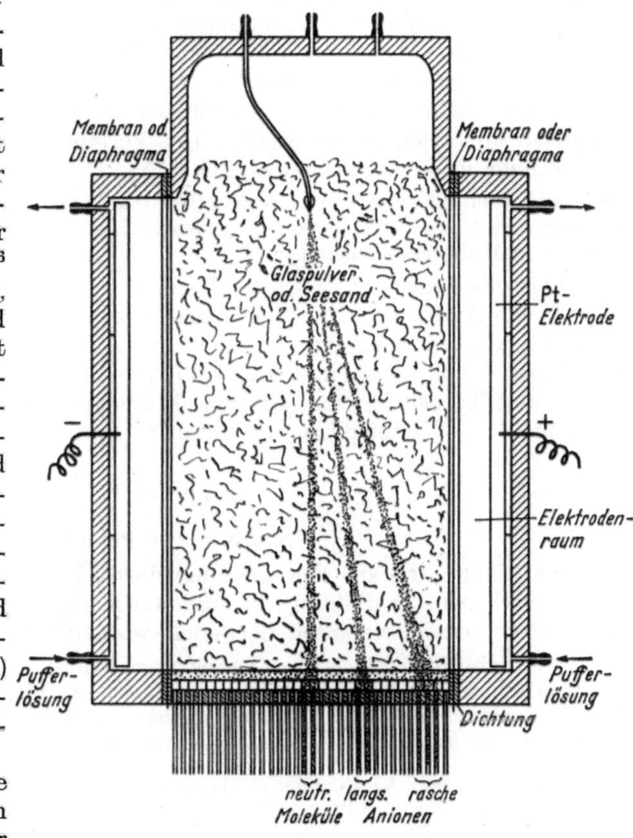

Abb. 49. Apparat zur kataphoretischen Trennung nach W. GRASSMANN u. K. HANNIG.

---

[1] TURBA, F., u. E. v. SCHRADER-BEIELSTEIN: Naturwiss. **34**, 57 (1947). — LÖHR, K.: B. Z. **320**, 115 (1950). — [2] PATTON, A. R., and E. M. FOREMAN: Science, N. Y. **109**, 339 (1949). — [3] MITCHELL, H. K., and F. A. HASKINS: Science, N. Y. **110**, 278 (1949), vgl. auch MITCHELL, H. K., M. GORDON and F. A. HASKINS: J. biol. Ch. **180**, 1071 (1949). — [4] IKEDA, K., and S. SUZUKI: Brit. P. 9440/09 (1909). A. P. 1,015,891 (1912). — FOSTER, G. L., and C. L. A. SCHMIDT: J. biol. Ch. **56**, 545 (1923). — [5] KUHN, R., u. P. DESNUELLE: B. **70**, 1907 (1937). — SCHNEIDER, F.: Collegium, Darmstadt **1940**, 97. — SVENSSON, H.: Adv. Protein Chem. **4**, 251 (1948). — CHIBNALL, A. C.: J. int. Soc. Leather Trades Chem. **30**, 1 (1946). — [6] THEORELL, H.: B. Z. **275**, 1 (1935); **278**, 291 (1935). — [7] WILLIAMS, R. R., and R. E. WATERMAN: Proc. Soc. exp. Biol. Med. **27**, 56 (1929/30). — [8] BUTLER, J. A. V., and J. M. L. STEPHEN: Biochem. J. **42**, X (1948). — [9] SVENSSON, H., A. BENJAMINSSON u. I. BRATTSTEN: Acta chem. scand. **3**, 307 (1949). — [10] CONSDEN, R., A. H. GORDON and A. J. P. MARTIN: Biochem. J. **40**, 33 (1946).

Gebiet leistungsfähige Weiterentwicklung stellt eine Arbeitsweise dar, die von GRASSMANN[1] und wenig später von SVENSSON[2] angegeben wurde. Man führt dabei das Gemisch der Aminosäuren in eine Flüssigkeitsschicht ein, die sich senkrecht zu den Kraftlinien eines elektrischen Feldes durch ein poröses Medium, wie Glaspulver, Seesand, Filtrierpapier[3] u. ä., bewegt. Ungeladene Teilchen wandern hierbei in der Richtung der strömenden Transportflüssigkeit, geladene weichen von der Strömungsflüssigkeit um einen Winkel ab, der sich aus dem Verhältnis zwischen der Strömungsgeschwindigkeit des Trägermediums und der kataphoretischen Wanderungsgeschwindigkeit der Teilchen ergibt. Läßt man also das zu trennende Gemisch der strömenden Transportflüssigkeit an einer bestimmten Stelle zufließen, so verlassen die aufgetrennten Komponenten die Apparatur an verschiedenen Stellen. Das Verfahren ermöglicht eine Auftrennung in kontinuierlicher Arbeitsweise (Abb. 49).

Kombination von Elektrophorese und Papierchromatographie zur Trennung und Identifizierung von Aminosäuren[4], von Peptiden[5]. Aminosäuretrennung durch fraktionierte Diffusion in Dialysierkolonnen siehe [6].

i) Spezielle Verfahren. Ergänzend sei auf eine Reihe von Trennungsverfahren für einzelne Aminosäuren, hingewiesen so z. B. von Valin und Norvalin[7], von Glykokoll, Glutaminsäure und Leucin[8], von Valin und Alanin[9], von Glykokoll und Alanin[10], von Leucin und Glykokoll[10], von Leucin, Isoleucin und Valin[11], von Leucin und Tyrosin[12], von Glutaminsäure und Asparaginsäure[13], Prolin und Oxyprolin[14], und schließlich von Arginin[15] und anderen Aminosäuren[16].

b) Peptide[17].

α) Synthese von Peptiden[18].

Der Gedanke, die aus Eiweißstoffen durch Hydrolyse entstandenen Aminosäuren durch Anhydridbildung zu größeren Komplexen zu vereinigen, ist schon vor E. FISCHER experimentell behandelt worden[19, 20].

Man ist dabei im allgemeinen so vorgegangen, daß Aminosäuren oder deren Ester gegebenenfalls in Gegenwart wasserentziehender Mittel *auf höhere Temperatur erhitzt* wurden, wobei hornartige hochmolekulare und nicht krystallisierende Massen erhalten werden können. Dieser Weg, der im allgemeinen zu Stoffen von undefiniertem Molekulargewicht und nicht

[1] GRASSMANN, W.: Vortr. Physiol. Tagung Göttingen 31. 8. 1949. [Angew. Chem. **62**, 170 (1950). Ber. Physiol. **139**, 220 (1950)]. — [2] SVENSSON, H., and I. BRATTSTEN: Ark. Kemi **1**, Nr. 47 (1949). — TISELIUS, A.: Naturwiss. **37**, 25 (1950). — [3] GRASSMANN, W., u. K. HANNIG: Naturwiss. **37**, 397 (1950). — [4] HAUGAARD, G., and TH. D. KRONER: Am. Soc. **70**, 2135 (1948). — [5] CONSDEN, R., A. H. GORDON and A. J. P. MARTIN: Biochem. J. **41**, 590 (1947). — [6] SIGNER, R.: Angew. Chem. **62**, 365 (1950). — [7] ABDERHALDEN, E., u. K. HEYNS: H. **206**, 142 (1932). — [8] SIEGFRIED, M., u. H. SCHMITZ: H. **65**, 315 (1910). — [9] LEVENE, P. A., and D. D. VAN SLYKE: J. biol. Ch. **16**, 103 (1913). — [10] PFEIFFER, P., u. F. WITTKA: B. **48**, 1041 (1915). — [11] LEVENE, P. A., and D. D. VAN SLYKE: J. biol. Ch. **18**, 381 (1920). — [12] HABERMANN, J., u. R. EHRENFELD: H. **37**, 18 (1902). — [13] KUTSCHER, F.: H. **38**, 114 (1903). — [14] KAPFHAMMER, J., u. R. ECK: H. **170**, 294 (1927). — [15] KOSSEL, A., u. R. E. GROSS: H. **135**, 169 (1924). — [16] BERGMANN, M., u. L. ZERVAS: H. **152**, 282 (1926). — SCHARF, E., u. O. REINHARD: B. **76**, 1171 (1944). — WIELAND, TH., u. H. FREMEREY: B. **77**, 234 (1944). — WIELAND, TH., u. W. PAUL: B. **77**, 41 (1944).

Zusammenfassende Darstellungen: 17—18. [17] FISCHER, EMIL: Untersuchungen über Aminosäuren, Polypeptide und Proteine. Bd. I u. II. Berlin 1906 u. 1923. — ROSSNER, E.: Polypeptide. Biochem. Handlex. **12**, 807—993 (1930). — [18] ABDERHALDEN, E.: Synthetische Polypeptide für enzymchemische Untersuchungen. Bamann-Myrbäck **1**, 384—392 (1941). — FRUTON, J. S.: The synthesis of peptides. Adv. Protein Chem. **5**, 1 (1949).

[19] SCHAAL, E.: A. **157**, 24 (1871). — GRIMAUX, ED.: Bull. Soc. chim. France (2) **38**, 61 (1882). — SCHIFF, H.: A. **303**, 183, bes. 198 (1898); **307**, 231 (1899). — SCHÜTZENBERGER, P.: Cr. **106**, 1407 (1888); **112**, 198 (1891). — LILIENFELD, L.: Arch. Anat. Physiol. (B) **18**, 383, 555 (1894). — BALBIANO, L., u. D. TRASCIATTI: B. **33**, 2323 (1900). — BALBIANO, L.: B. **34**, 1510 (1901). — [20] FISCHER, E., u. E. FOURNEAU: B. **34**, 2868 (1901).

genau aufgeklärtem chemischem Aufbau führt, ist neuerdings grundsätzlich für den Aufbau eiweißähnlicher Faserstoffe (Polyamidfaser, Nylonfaser) technisch bedeutsam geworden[1].

Den ersten brauchbaren Weg zur Synthese substituierter Peptide hat CURTIUS[2] geschaffen.

CURTIUS ging von den Benzoylabkömmlingen der Aminosäuren aus, stellte daraus über den Ester (I) das Hydrazid (II) und dann mit salpetriger Säure das Azid (III) dar, das nun mit der freien Aminosäure oder deren Ester eine peptidartige Bindung (IV) eingeht. Dieses Verfahren führte aber nur zu *Acylpeptiden,* da die verwandten Acylreste nicht ohne gleichzeitige Aufspaltung der Peptidbindung abgetrennt werden konnten.

$$R \cdot CH \cdot (NH \cdot CO \cdot C_6H_5) \cdot COOC_2H_5 \rightarrow \tag{I}$$
$$R \cdot CH \cdot (NH \cdot CO \cdot C_6H_5) \cdot CONH \cdot NH_2 \rightarrow \tag{II}$$
$$R \cdot CH \cdot (NH \cdot CO \cdot C_6H_5) \cdot CO \cdot N_3 + H_2N \cdot CHR \cdot COOH \rightarrow \tag{III}$$
$$R \cdot CH \cdot (NH \cdot CO \cdot C_6H_5) \cdot CO \cdot NH \cdot CHR \cdot COOH + HN_3 \tag{IV}$$

E. FISCHER hat hauptsächlich drei Wege zur Synthese von Dipeptiden verwandt:

1. Darstellung von Peptiden durch Bildung und Hydrolyse der Anhydride (Diketopiperazine)[3].

Die freien Ester (I) der Aminosäuren gehen sehr leicht durch Behandeln mit Wasser oder auch einfaches Stehenlassen in ihre cyclischen Anhydride, die Diketopiperazine (II) über:

$$H_2N\text{—}CHR\text{—}CO\text{—}OCH_3$$
$$H_3CO\text{—}CO\text{—}CH(R)\text{—}NH_2$$
$$(I)$$

$$\begin{array}{c} NH\text{—}CH(R)\text{—}CO \\ |\qquad\qquad | \\ CO\text{—}CH(R)\text{—}NH \end{array} + 2\,CH_3OH$$
$$(II)$$

Durch Behandeln mit Säuren oder der berechneten Menge Alkali können diese Anhydride zu den entsprechenden Dipeptiden aufgespalten werden. Die Methode ist in ihrem Anwendungsbereich beschränkt, da sie nur Dipeptide liefert und die Darstellung gemischter Anhydride aus zwei verschiedenen Aminosäuren meist nicht glatt vonstatten geht.

2. Peptidsynthese mit Hilfe der Halogenacylverbindungen[4].

Diese Methode gestattet die Verlängerung der Aminosäurekette nach dem *Aminoende* hin. In Form ihrer Säurechloride oder -bromide lassen sich α-Halogenfettsäuren leicht in die Aminogruppen der Aminosäuren einführen. Durch Umsatz mit NH_3 entstehen dann die entsprechenden Peptide, z. B.:

$$\begin{array}{c} CH_3 \\ \diagdown \\ \diagup \\ CH_3 \end{array} CH\text{—}CH_2\text{—}\overset{*}{C}H\text{—}CO\,|\,Br + H\,|\,HN\text{—}CH_2\text{—}COOH \longrightarrow$$
$$\underset{|}{}$$
$$Br$$

Bromisocapronylbromid ⠀⠀⠀⠀⠀ Glykokoll

$$\longrightarrow \begin{array}{c} CH_3 \\ \diagdown \\ \diagup \\ CH_3 \end{array} CH\text{—}CH_2\text{—}\overset{*}{C}H\text{—}CO\text{—}NH\text{—}CH_2\text{—}COOH \longrightarrow$$
$$\underset{|}{}\qquad\qquad\qquad\qquad + NH_3$$
$$Br$$

Bromisocapronylglycin

$$\longrightarrow \begin{array}{c} CH_3 \\ \diagdown \\ \diagup \\ CH_3 \end{array} CH\text{—}CH_2\text{—}\overset{*}{C}H\text{—}CO\text{—}NH\text{—}CH_2\text{—}COOH$$
$$\underset{|}{}$$
$$NH_2$$

Leucylglycin

Dieses Peptid kann dann von neuem mit Halogenacyl gekuppelt werden, und so ist es möglich, längere Peptidketten durch Verlängerung über die Aminogruppe zu synthetisieren. Die Gewinnung optisch aktiver Peptide auf diese Weise ist nicht ganz einfach, da die optisch

---

[1] KOLLEK, L.: In HOUWINK, R.: Chemie und Technologie der Kunststoffe. Bd. 2. Leipzig 1942. — [2] CURTIUS, T.: J. prakt. Chem. **132**, 239 (1881); **134**, 145, 170, 197 (1882); **178**, 57 (1904). B. **16**, 756 (1883); **35**, 3226 (1902). — [3] ROSSNER, E.: Diketopiperazine. Biochem. Handlex. **12**, 994—1052 (1930). — FISCHER, E., u. E. FOURNEAU: B. **34**, 2868 (1901). — [4] FISCHER, E., u. E. OTTO: B. **36**, 2106 (1903). — FISCHER, E.: B. **36**, 2982 (1903).

aktiven Halogenfettsäuren nicht leicht zugänglich sind* und beim Umsetzen mit NH_3 teilweise Racemisierung auftreten kann.

3. Peptidsynthese mit Hilfe der Säurechloride der Aminosäuren und Polypeptide.

Im Gegensatz zu den vorhergehenden Verfahren erfolgt die Verlängerung der Peptidkette am *Carboxylende* des Moleküls. Aminosäuren (A) oder deren Halogenacylderivate (B) können durch Einwirken von Phosphorpentachlorid in Acetylchlorid als Lösungsmittel in ihre Säurechloride übergeführt werden, die dann mit Aminosäuren oder Peptiden zu Polypeptiden (A) bzw. deren Halogenacylderivaten (B) verknüpft werden können. Im Falle B müssen die Halogenabkömmlinge durch flüssiges Ammoniak in Peptide übergeführt werden. Auf diese Weise wurden Peptide mit 18 und 19 Gliedern dargestellt (FISCHER[1] und ABDERHALDEN[2]).

$$
\begin{array}{l}
\underset{\underset{NH_2}{|}}{R-CH-COOH} \quad \xrightarrow[CH_3 \cdot COCl]{PCl_5} \quad \underset{\underset{NH_2}{|}}{R-CH-COCl} \\[2em]
\underset{\underset{NH_2}{|}}{R-CH-COCl} + NH_2-CH_2-CO-NH-CH_2-COOH \quad \longrightarrow \\[2em]
\underset{\underset{NH_2}{|}}{R-CH-CO-NH-CH_2-CO-NH-CH_2-COOH}
\end{array} \qquad (A)
$$

$$
\begin{array}{l}
\underset{\underset{R}{|}}{Br-CH-CO-NH-}\underset{\underset{R'}{|}}{CH-COOH} \quad \xrightarrow[CH_3 \cdot COCl]{PCl_5} \quad \underset{\underset{R}{|}}{Br \cdot CH-CO-NH-}\underset{\underset{R'}{|}}{CH-COCl} \\[2em]
\underset{\underset{R}{|}}{Br-CH-CO-NH-}\underset{\underset{R'}{|}}{CH-COCl} + H_2N-\underset{\underset{R''}{|}}{CH-COOH} \quad \longrightarrow \\[2em]
\underset{\underset{R}{|}}{Br-CH-CO-NH-}\underset{\underset{R'}{|}}{CH-CO-NH-}\underset{\underset{R''}{|}}{CH-COOH} + NH_3 \quad \longrightarrow \\[2em]
H_2N-\underset{\underset{R}{|}}{CH-CO-NH-}\underset{\underset{R'}{|}}{CH-CO-NH-}\underset{\underset{R''}{|}}{CH-COOH}
\end{array} \qquad (B)
$$

Die Methode hat die gleichen Nachteile wie die unter 2. beschriebene. Außerdem tritt bei der Chlorierung mit PCl_5 meist mehr oder minder Racemisierung ein.

4. Peptidsynthese mit dem Carbobenzoxyverfahren.

Die Peptidsynthese hat einen entscheidenden Auftrieb bekommen durch die Einführung des *Carbobenzoxyverfahrens* von BERGMANN und ZERVAS[3]. Hier

$$
\underset{\underset{COOH}{|}}{H-\overset{\overset{R}{|}}{C}-NH-CO-O-CH_2-}\langle\!\!\!\bigcirc\!\!\!\rangle \;\longrightarrow\; \underset{\underset{CO-NH-\underset{\underset{R}{|}}{CH}-COOH}{|}}{H-\overset{\overset{R}{|}}{C}-NH-CO-O\overset{\overset{H\,H}{\vdots}}{\cdots}CH_2-}\langle\!\!\!\bigcirc\!\!\!\rangle \;\longrightarrow
$$

$$
\text{(I)} \qquad\qquad\qquad\qquad\qquad\qquad\qquad \text{(II)}
$$

$$
\underset{\underset{CO-NH-\underset{\underset{R}{|}}{CH}-COOH}{|}}{H-\overset{\overset{R}{|}}{C}-NH_2} \qquad + H_3C-\langle\!\!\!\bigcirc\!\!\!\rangle \; + \; CO_2
$$

$$
\qquad\qquad\qquad\qquad \text{(III)}
$$

---

    * Die Überführung natürlicher L-Aminosäuren in die entsprechenden Bromfettsäuren mittels Nitrosylbromid und der nachfolgende Austausch des Halogens gegen die Aminogruppe ist mit WALDENscher Umkehrung verbunden!

[1] FISCHER, E.: B. **40**, 1754 (1907). — [2] ABDERHALDEN, E., u. A. FODOR: B. **49**, 561 (1916). — [3] BERGMANN, M., u. L. ZERVAS: B. **65**, 1192 (1932).

wird die natürliche Aminosäure mit dem Chlorid der Benzylesterkohlensäure acyliert zur Carbobenzoxy-aminosäure (I). Diese läßt sich leicht in das Chlorid oder nach CURTIUS in das Azid überführen und kann dann mit einer zweiten natürlichen Aminosäure gekuppelt werden (II). Die entstandenen Carbobenzoxypeptide werden hierauf durch katalytische Hydrierung glatt in die freien Peptide übergeführt, da der Benzylesterkohlensäurerest unter diesen Bedingungen als Toluol und Kohlensäure abgespalten wird (III).

Der Fortschritt, der dieses Verfahren weit über die vorhergehenden hinaushebt, hat hauptsächlich zwei Gründe. Einmal läßt sich die *Carbobenzoxygruppe* überaus *leicht* in die Aminosäuren *einführen und* unter mildesten Bedingungen wieder *abspalten*. Dadurch können die optisch aktiven, natürlichen Aminosäuren zur Peptidsynthese verwandt werden. Zum anderen tritt bei der Überführung in das Säurechlorid und in das Azid *keine Racemisierung* ein und die entsprechenden Chloride und Azide lassen sich leicht mit weiteren Aminosäuren verknüpfen. Man hat die Möglichkeit beliebige Aminosäuren, auch die heterocyclischen, die Diamino- und die Dicarbonsäuren, aneinanderzureihen und kommt, ausgehend von optisch aktiven Verbindungen, immer zu optisch reinen Polypeptiden, da eine Veränderung am asymmetrischen Kohlenstoff nie vorgenommen wird.

Mit diesem Verfahren ist in den letzten Jahren eine große Anzahl von Peptiden synthetisiert worden, unter anderen auch das Glutathion durch HARINGTON[1] (S. 530 u. 576).

Die *Azidomethode* von FREUDENBERG[2] und BERTHO[3], die auf der Verwendung von α-Azidocarbonsäurechloriden und der Abspaltung der Azidogruppen durch katalytische Hydrierung beruht, hat ähnliche Nachteile wie die FISCHERsche Methode und keine ausgedehntere Anwendung erfahren.

5. Peptidsynthese nach dem Phthalylverfahren (s. S. 572).

Die Methode, die von mehreren Seiten[4] unabhängig aufgefunden wurde, beruht auf der Beobachtung von RADENHAUSEN[5], wonach N-Phthalylverbindungen[6] mittels Hydrazinhydrat bei Zimmertemperatur glatt unter Bildung von Phthalylhydrazid aufgespalten werden. Man verwandelt die Phthalylaminosäure mittels Thionylchlorid in ihr Säurechlorid, kuppelt dieses mit einem zweiten Molekül Aminosäure und spaltet schließlich den Phthalylrest mittels Hydrazin ab.

Die Methode scheint gegenüber dem Carbobenzoxy-Verfahren den Vorzug größerer Einfachheit zu haben, unter anderem deshalb, weil die Phthalylverbindungen besonders bequem zugänglich sind und die Notwendigkeit einer Hydrierung zur Abspaltung des schützenden Restes entfällt.

6. Synthese höherer Peptide durch Kondensation der Methylester[7].

Von EMIL FISCHER wurde beobachtet, daß beim Erwärmen der Methylester der Aminosäuren unter Abspaltung von Methylalkohol Dipeptidester entstehen. Diese reagieren sofort weiter zu Diketopiperazinen (s. oben). Eine Bildung höherer Peptidester unter ähnlichen Bedingungen hat bereits CURTIUS beobachtet. Tetrapeptidester reagieren unter diesen Bedingungen überhaupt nicht miteinander. Hingegen bilden sich aus den Methylestern von Tripeptiden höhere Peptide. Die

---

[1] HARINGTON, C. R., and T. H. MEAD: Biochem. J. **29**, 1602 (1935). — [2] FREUDENBERG, K., H. EICHEL u. F. LEUTERT: B. **65**, 1183 (1932). — [3] BERTHO, A., u. J. MAIER: A. **498**, 50 (1932). — [4] KIDD, D. A. A., and F. E. KING: Nature **162**, 776 (1948). — KING, F. E., and D. A. A. KIDD: Soc. **1949**, 3315. — SHEEHAN, J. C., and V. S. FRANK: Am. Soc. **71**, 1856 (1949). — FEHL, K., E. E. SCHULTE-UEBBING u. F. TURBA, vgl. GRASSMANN, W., u. E. E. SCHULTE-UEBBING: B. **83**, 244 (1950). — [5] RADENHAUSEN, R.: J. prakt. Chem. (2) **52**, 446 (1895). Vgl. auch ING, H. R., and R. H. MANSKE: Soc. **1926**, 2348. — [6] BILLMANN, J. H., and W. F. HARTING: Am. Soc. **70**, 1473 (1948). — [7] WILSON, J., and E. PACSU: J. org. Chem., **7**, 117, 126 (1942).

Peptidsynthese nach der Phthalylmethode.

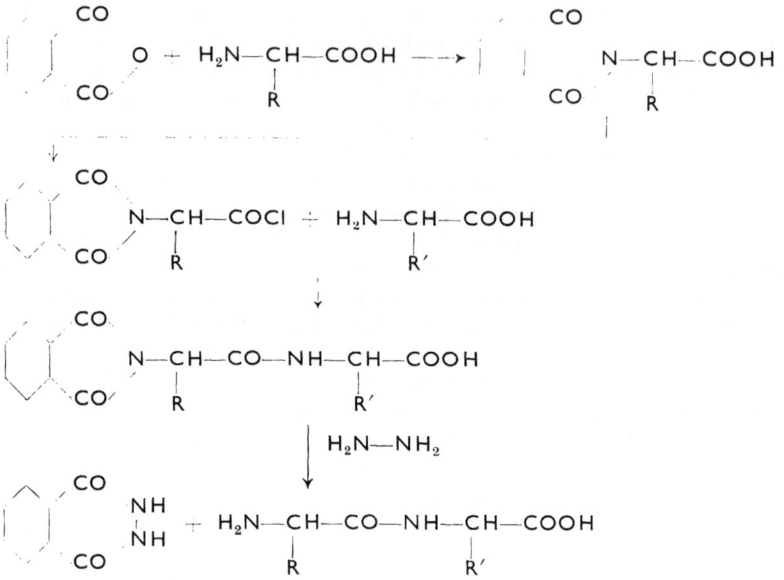

$$
\begin{array}{c}
\text{CO} \\ | \\ \text{CO}
\end{array}\!\!> \text{O} + \text{H}_2\text{N—CH—COOH} \longrightarrow \quad
\begin{array}{c}
\text{CO} \\ | \\ \text{CO}
\end{array}\!\!> \text{N—CH—COOH}
$$

(mit R am CH)

$$
\begin{array}{c}
\text{CO} \\ | \\ \text{CO}
\end{array}\!\!> \text{N—CH—COCl} + \text{H}_2\text{N—CH—COOH}
$$

(R; R′)

$$
\begin{array}{c}
\text{CO} \\ | \\ \text{CO}
\end{array}\!\!> \text{N—CH—CO—NH—CH—COOH}
$$

(R; R′)

$$\downarrow\ \text{H}_2\text{N—NH}_2$$

$$
\begin{array}{c}
\text{CO} \\ | \\ \text{CO}
\end{array}\!\!>
\begin{array}{c}
\text{NH} \\ | \\ \text{NH}
\end{array}
+ \text{H}_2\text{N—CH—CO—NH—CH—COOH}
$$

(R; R′)

Reaktion wurde von Wilson und Pacsu näher untersucht. Sie fanden, daß hierbei die Reaktion in ganz bestimmten Stufen verläuft, so daß nur 6-, 12-, 24-, 48-, 96-Peptide entstehen, jedoch kein 9-Peptid oder eine der vielen anderen möglichen Zwischenstufen. Es gelang ihnen so, auf einfachem Wege höhere Peptide definierter Zusammensetzung mit bestimmtem Molekulargewicht zu erhalten.

7. Kettenpolymerisation von N-Aminocarbonsäure-Anhydriden.

Wie Woodward und Schramm [1] unter Verwertung älterer Beobachtungen [2] feststellen, können die Anhydride von N-Carboxy-α-aminosäuren in organischen Lösungsmitteln in Gegenwart kleiner Mengen von Wasser oder anderen Verbindungen mit beweglichem Wasserstoff unter Kohlensäureabspaltung zu Kettenmolekülen kondensiert werden. Die Reaktion erfolgt in der Weise, daß eine kleine Menge des N-Carboxyaminosäureanhydrids durch Wasser zur N-Carboxy-α-aminosäure aufgespalten wird; diese spaltet spontan CO_2 ab und die gebildete Aminosäure reagiert mit einem weiteren Mol des Anhydrids unter Anlagerung, worauf die entsprechende Reaktion sich wiederholt.

$$\text{H}_2\text{O} + \overline{\text{COCH(R)NHCOO}}\ (\text{II}) \longrightarrow \text{HOOCCH(R)NHCOOH} \xrightarrow{-CO_2}$$

$$\text{HOOCCH(R)NH}_2 \xrightarrow{+\,(\text{II})} \text{HOOCCH(R)NHCOCH(R)NHCOOH} \xrightarrow{-CO_2}$$

$$\text{HOOCCH(R)NHCOCH(R)NH}_2 \xrightarrow{+\,(\text{II})} \text{etc.}$$

Die Autoren haben auf diese Weise hochmolekulare filmbildende Kondensationsprodukte erhalten, deren Molekulargewicht auf 1—15 Millionen geschätzt wird. Bedingungen und Mechanismus der Reaktion vgl. auch [3].

Durch Polymerisation von N-Aminocarbonsäureanhydriden stellte Hanby [4] eine Polyglutaminsäure mit einem Molgewicht von etwa 21000 her.

[1] Woodward, R. B., and C. H. Schramm: Am. Soc. **69**, 1551 (1947). — Koningsberger, C.: Chem. Weekbl. **45**, 155 (1949). — [2] Leuchs, H., u. W. Geiger: B. **41**, 1721 (1908). — Curtius, Th., u. W. Sieber: B. **55**, 1543 (1922). — Wessely, F., u. M. John: H. **170**. 38 (1927). — [3] Breitenbach, J. W., u. F. Richter: Makromol. Chem. **4**, 262 (1949/50). — Waley, G., and J. Watson: Ref. Int. Coll. Macromolecules, Amsterdam. Angew. Chem. **62**. 271 (1950). — Brockmann, H.: Angew. Chem. **62**, 195 (1950). — [4] Hanby, W. E., S. G. Waley and J. Watson: Nature **161**, 132 (1948).

Die Synthese niedermolekularer Peptide gelingt in ähnlicher Art nach einer Arbeitsweise von BAILEY[1], wobei die Anhydride von N-Carboxy-α-aminosäuren in wasserfreien Lösungsmitteln mit Aminosäureestern zur Umsetzung gebracht werden. Polymerisation von Triglycylacid[2].

8. Enzymatische Synthese von Peptiden (vgl. a. S. 1127).

Während zahlreiche Beobachtungen, die auf eine enzymatische Eiweißsynthese in vitro (Plasteinbildung)[3] sowie auf deren Koppelung mit der Oxydation von Sulfhydrylverbindungen[4] hinzuweisen scheinen, entweder ungeklärt sind oder anders gedeutet werden müssen[5], gelingt eine Synthese von Peptidderivaten, insbesondere von Aniliden oder Phenylhydraziden unter dem Einfluß von Papain, Kathepsin oder Chymotrypsin nach BERGMANN und Mitarbeitern[6] dann, wenn das gebildete Produkt der Synthese sich unlöslich abscheidet und dadurch dem Gleichgewicht entzogen wird (vgl. S. 992). Zum Beispiel vereinigen sich Benzoyl-L-leucin und L-Leucylanilid in Gegenwart von Papain zu Benzoyl-L-leucyl-L-leucyl-anilin; vgl. auch[7].

Für die biologische Eiweißsynthese dürfte dieser Weg in solchen Fällen von Bedeutung sein, wo die gebildeten Syntheseprodukte durch Angliederung an vorhandene Eiweißstrukturen dem Gleichgewicht entzogen werden.

Für die Peptidsynthese im homogenen Medium ist zu berücksichtigen, daß die Synthese von Peptiden aus Aminosäuren — mindestens diejenige aus niedrigen Peptiden — einer Zufuhr von Energie bedarf[8], die wahrscheinlich auch in diesem Falle durch energiereiche Phosphorsäureverbindungen zur Verfügung gestellt wird. So ist eine Synthese von Glutamin aus Glutaminsäure und Ammoniak[9] sowie von p-Aminohippursäure aus p-Aminobenzoesäure und Glykokoll[10], ferner die Synthese eines komplizierten Peptids aus Alanin, Asparaginsäure, Glutaminsäure, Cystein, Methionin, Phenylalanin und Prolin[11] in Gegenwart von Adenosintriphosphorsäure beschrieben. Auch für die Eiweißsynthese selbst scheint die Mitwirkung von Adenosintriphosphatase wesentlich zu sein[12].

9. Peptidsynthesen unter Verwendung energiereicher Anhydride.

Siehe CHANTRENNE[13]; SHEEHAN und FRANK (phosphorylierte Aminosäuren)[14]; WIELAND (gemischte Aminosäure-Carbonsäure-Anhydride)[15]. Weitere Synthesen[16]. Synthesen von Glutaminsäurepeptiden vgl. Fußnote[3], S. 578.

β) Konstitutionsermittlung von Peptiden.

Zur Konstitutionsermittlung von Peptiden stehen einige Verfahren zur Verfügung, die aber nur bei relativ einfachen Peptiden benutzt werden können.

---

[1] BAILEY, J. L.: Nature **164**, 889 (1949). — [2] MAGEE, M. Z., and K. HOFMANN: Am. Soc. **71**, 1515 (1949). — [3] Vgl. dazu z. B. HENRIQUES, V., u. F. K. GJALDBÆK: H. **71**, 485 (1911); **81**, 439 (1912); **83**, 83 (1913). — ABDERHALDEN, E.: Fermentforsch. **1**, 47 (1914). — [4] MAVER, M. E., u. C. VOEGTLIN: Enzymologia **6**, 219 (1939). — [5] LINDERSTRØM-LANG, K., u. G. JOHANSEN: Enzymologia **7**, 239 (1939). — STRAIN, H. H.: Enzymologia **7**, 133 (1939). — VIRTANEN, A. I., and H. K. KERKKONEN: Nature **161**, 888 (1948). — [6] BERGMANN, M., and H. FRAENKEL-CONRAT: J. biol. Ch. **119**, 707 (1937). — Zusammenfassung: FRUTON, J. S.: Green's Currents biochem. Res. S. 123. 1946. — WOODWARD, R. B.: Science, N. Y. **106**, 510 (1947). — MAVER, M. E., u. C. VOEGTLIN: Enzymologia **6**, 219 (1939). BERGMANN, M., and O. K. BEHRENS: J. biol. Ch. **124**, 7 (1938); **129**, 587 (1939). — [7] WALDSCHMIDT-LEITZ, E.: Angew. Chem. **61**, 437 (1949). — [8] BORSOOK, H., and J. W. DUBNOFF: J. biol. Ch. **132**, 307 (1940). — [9] SPECK, J. F.: J. biol. Ch. **168**, 403 (1947). — ELLIOTT, W. H.: Nature **161**, 128 (1948). — SPECK, J. F.: J. biol. Ch. **179**, 1387, 1405 (1949). — ELLIOTT, W. H., and E. F. GALE: Nature **161**, 129 (1948). — [10] COHEN, P. P., and R. W. McGILVERY: J. biol. Ch. **171**, 89 (1947). — [11] Vgl. dazu WIELAND, TH.: Angew. Chem. **61**, 491 (1949). — [12] BLOCH, K.: J. biol. Ch. **179**, 1245 (1949). — FRANTZ, I. D. jr., P. C. ZAMECNIK, J. W. REESE and M. L. STEPHENSON: J. biol. Ch. **174**, 773 (1948). — [13] CHANTRENNE, H.: Biochem. biophysica Acta, N. Y. **4**, 484 (1950). — [14] SHEEHAN, J. C., and V. S. FRANK: Am. Soc. **72**, 1312 (1950). — [15] WIELAND, TH.: Vortragsref. Angew. Chem. **62**, 344 (1950). — [16] GOLDSCHMIDT, ST., u. M. WICK: Z. Naturforsch. **5** b, 170 (1950).

Einen allgemein anwendbaren Abbau, der es gestattet, eine Aminosäure nach der anderen herauszulösen, gibt es noch nicht.

Das Abbauverfahren von BERGMANN *und* ZERVAS[1] ist ein erster Ansatz hierzu. Es wurde mit Erfolg an dem Tetrapeptid Glycyl-L-alanyl-L-leucyl-glutaminsäure durchgeführt. Grundsätzlich besteht das Verfahren in einer Überführung der freien Carboxylgruppe am Carboxylende benzoylierter Peptide in das Azid (I) nach CURTIUS, das in das entsprechende Benzylurethan (II) verwandelt wird. Dieses Benzylurethan geht durch katalytische Hydrierung unter Abspaltung von Toluol und CO_2 in den Körper (III) über, der zwei Amino-

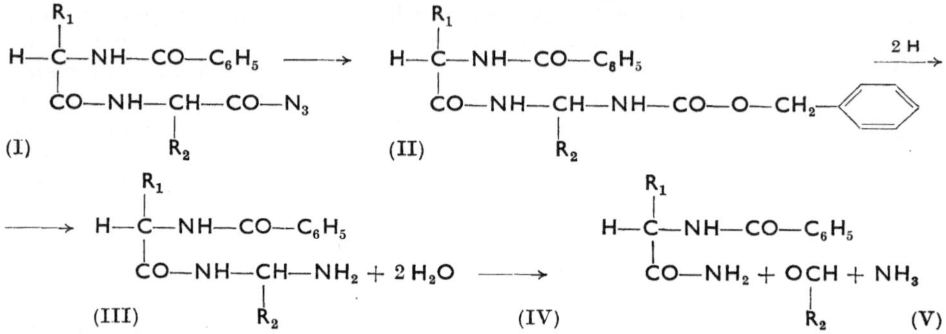

$$
\begin{array}{ccc}
\overset{\displaystyle R_1}{\underset{\displaystyle |}{H-C-NH-CO-C_6H_5}} & & \overset{\displaystyle R_1}{\underset{\displaystyle |}{H-C-NH-CO-C_8H_5}} \\
| & \longrightarrow & | \\
CO-NH-\underset{\displaystyle R_2}{CH}-CO-N_3 & & CO-NH-\underset{\displaystyle R_2}{CH}-NH-CO-O-CH_2\text{—}\bigcirc \\
\text{(I)} & & \text{(II)} \qquad\qquad \xrightarrow{\;2\,H\;}
\end{array}
$$

$$
\begin{array}{ccc}
 & \overset{\displaystyle R_1}{\underset{\displaystyle |}{H-C-NH-CO-C_6H_5}} & \overset{\displaystyle R_1}{\underset{\displaystyle |}{H-C-NH-CO-C_6H_5}} \\
\longrightarrow & | & | \\
 & CO-NH-\underset{\displaystyle R_2}{CH}-NH_2 + 2\,H_2O \longrightarrow & CO-NH_2 + O\underset{\displaystyle R_2}{CH} + NH_3 \\
 & \text{(III)} & \text{(IV)} \qquad\qquad\qquad \text{(V)}
\end{array}
$$

gruppen am gleichen C-Atom enthält und somit als Diaminoderivat eines Aldehyds aufgefaßt werden kann. Durch einfaches Erwärmen mit Wasser wird der entsprechende Aldehyd (IV) abgespalten, der ein C-Atom weniger enthält als die entsprechende Aminosäure, aus der er gebildet worden ist. Als Rest bleibt das Amid (V) des um eine Aminosäure ärmer gewordenen Peptids übrig, das nun wieder in das Hydrazid und Azid übergeführt werden kann und daher weiterem Abbau zugänglich ist. Nachteilig ist, daß verhältnismäßig viele Zwischenstufen durchlaufen werden müssen, die natürlich die Ausbeuten stark herabsetzen und einen Abbau von längeren Ketten sehr problematisch werden lassen.

Die älteren Verfahren gestatteten nur eine Konstitutionsermittlung von Dipeptiden bzw. eine Feststellung der Aminosäure am Amino- oder Carboxylende der Peptide. E. FISCHER[2] und E. ABDERHALDEN[3] führten dazu den β-Naphthalinsulfosäurerest in die freie Aminogruppe der Peptide ein, während M. BERGMANN[4] hierzu Phenylisocyanat benützte. Nach Hydrolyse konnte dann die mit β-Naphthalinsulfosäure bzw. Phenylisocyanat blockierte Aminosäure (letztere als Phenylhydantoin) isoliert werden. Neuerdings wird für diesen Zweck vor allem die Einführung des 2,4-Dinitrophenylrestes mit 2,4-Dinitrofluorbenzol nach SANGER[5] empfohlen.

Die Abbauverfahren von ST. GOLDSCHMIDT[6] und von E. ABDERHALDEN[7], sowie von SCHLACK und KUMPF[8] (Überführung der carboxylendständigen Aminosäure in das Thiohydantoin durch Umsetzung des benzoylierten Peptids mit Ammoniumrhodanid), die einen stufenweisen Abbau ermöglichen sollten, fanden keinen weiteren Anwendungsbereich infolge der Schwierigkeit ihrer Handhabung. Entfernung und Identifizierung der endständigen Gruppen von Peptiden über Bildung cyclischer Verbindungen mit Schwefelkohlenstoff[9].

In sehr vielen Fällen gelingt eine Konstitutionsermittlung von Peptiden durch stufenweise Hydrolyse mittels spezifischer Peptidasen (vgl. Amidasen); als Beispiel sei das Glutathion genannt[10].

[1] BERGMANN, M., and L. ZERVAS (unter Mitarbeit von F. SCHNEIDER): J. biol. Ch. **113**, 341 (1936). Vgl. auch SCHNEIDER, F.: Diss. phil. München 1935. — [2] FISCHER, E., u. P. BERGELL: B. **36**, 2592 (1903). — [3] ABDERHALDEN, E., u. C. FUNK: H. **64**, 436 (1910). — [4] BERGMANN, M., E. KANN u. A. MIEKELEY: A. **458**, 56 (1927). — [5] SANGER, F.: Biochem. J. **39**, 507 (1945). — [6] GOLDSCHMIDT, ST., E. WIBERG, F. NAGEL u. K. MARTIN: A. **456**, 1 (1927). — [7] ABDERHALDEN, E., u. H. BROCKMANN: B. Z. **225**, 386 (1930). — [8] SCHLACK, P., u. W. KUMPF: H. **154**, 125 (1926). — [9] LEVY, A. L.: Soc. **1950**, 404. — COOK, A. H., I. HEILBRON and A. L. LEVY: Soc. **1948**, 201. — BILLIMORIA, J. D., and A. H. COOK: Soc. **1949**, 2323. — Vgl. auch EDMAN, P.: Arch. Biochem. **22**, 475 (1949). — [10] GRASSMANN, W., H. DYCKERHOFF u. H. EIBELER: H. **189**, 112 (1930).

γ) Eigenschaften der Peptide.

Die durch Synthese oder Abbau gewonnenen Polypeptide sind im allgemeinen in Wasser mehr oder weniger leicht lösliche, in organischen Lösungsmitteln unlösliche Substanzen. Schwerer löslich in Wasser sind unter anderem gewisse Peptide des Leucins und des Phenylalanins sowie die höheren Polypeptide des Glykokolls.

Die aus Monoamino-monocarbonsäuren aufgebauten Peptide enthalten unabhängig von der Zahl ihrer Bausteine am einen Ende des Moleküls eine Amino-, am anderen Ende eine freie Carboxylgruppe, während die übrigen Amino- und Carboxylgruppen peptidartig verknüpft sind. Bei Peptiden, an deren Aufbau Amino-dicarbonsäuren oder Diaminosäuren beteiligt sind, treten hierzu noch weitere freie saure bzw. basische Gruppen. Die Polypeptide sind demnach ebenso wie die Aminosäuren und wie die Eiweißstoffe *amphotere Elektrolyte* und können ähnlich wie die Aminosäuren durch *alkalimetrische oder acidimetrische Titration* (vgl. S. 520) quantitativ bestimmt werden, wobei sich jedoch wegen der quantitativen Unterschiede in den sauren und basischen Dissoziationskonstanten etwas veränderte Verhältnisse ergeben. So können z. B. viele Polypeptide alkalimetrisch mit Phenolphthalein oder Thymolphthalein als Indicator schon in wäßriger Lösung weitgehend, in 50% alkoholischer Lösung vollständig erfaßt werden, während die Titration der entsprechenden Aminosäuren erst bei einer Alkoholkonzentration von 90% und mehr möglich ist (vgl. S. 521). Dipolmomente von Peptiden vgl. S. 497/98.

Das *Krystallisationsvermögen* der Polypeptide ist sehr unterschiedlich, doch scheint die Krystallisationsfähigkeit mit der Molekülgröße abzunehmen und im übrigen stark von den am Aufbau beteiligten Aminosäuren abzuhängen.

Unter den Untersuchungen von Peptiden mittels der *Röntgenstrukturanalyse*[1] hat bisher nur die Arbeit von HUGHES und MOORE[2] an Glycylglycin zu abschließenden Ergebnissen geführt. Röntgenstrukturanalyse synthetischer hochmolekularer und niedermolekularer Peptide siehe [3] sowie S. 650.

Durch *Substitution* an der *Carboxylgruppe* der Peptide lassen sich genau wie bei den Aminosäuren Ester, Amide, Chloride, durch Substitution an der *Aminogruppe* Benzoyl-, Acetylderivate usw. erhalten. Die freien Aminogruppen können wie in den Aminosäuren durch Umsetzung mit salpetriger Säure nach VAN SLYKE bestimmt werden. Die Bestimmung der freien und der peptidartig gebundenen, d. h. erst nach Säurehydrolyse mit salpetriger Säure reagierenden Aminogruppen erlaubt eine einfache Orientierung über die Kettenlänge.

Farbreaktionen. Die Peptide geben wie die freien Aminosäuren die *Ninhydrin* Reaktion, jedoch ohne Bildung von CO_2 (vgl. S. 517). Tri- und Tetra- sowie höhere Peptide zeigen auch die für Eiweiß charakteristische *Biuret*-Reaktion. Eiweißreaktionen, die an die Anwesenheit bestimmter Aminosäurebausteine geknüpft sind, wie z. B. die MILLONsche Reaktion, fallen selbstverständlich nur positiv aus, wenn die betreffende Aminosäure am Aufbau des Polypeptides beteiligt ist.

Peptidasewirkung[4]. Für die enge Beziehung, die zwischen den Eiweißstoffen und den synthetischen Polypeptiden besteht, ist vor allem die Tatsache wichtig, daß die Polypeptide von bestimmten proteolytischen Enzymen, den Peptidasen, zu Aminosäuren aufgespalten werden (vgl. S. 1132).

---

[1] MEYER, K. H., u. Y. GO: Helv. **17**, 1488 (1934). — BERNAL, J. D.: Z. Kristallogr. **78**, 363 (1931). — LENEL, F. V.: Z. Kristallogr. **81**, 224 (1932). — [2] HUGHES, E. W., and W. J. MOORE: Am. Soc. **64**, 2236 (1942). Vgl. COREY, R. B.: Adv. Protein. Chem. **4**, 385 (1948). — [3] ASTBURY, W. T.: Nature **163**, 722 (1949); **164**, 439 (1949). — HUGHES, W. E., and W. J. MOORE: Am. Soc. **71**, 2618 (1949). — ASTBURY, W. T., and J. DALGLIESH: Nature **162**, 596 (1948). — BROWN, C. J., D. COLEMAN and A. C. FARTHING: Nature **163**, 834 (1949). — [4] Vgl. GRASSMANN, W., u. O. MAYR: Tab. biol. period. **9**, 296 (1933).

Synthetische Polypeptide von erheblicher Kettenlänge zeigen in ihren Lösungen einige Eigentümlichkeiten, die an das *Verhalten hochmolekularer Stoffe* erinnern. Höhere Polypeptide sind zum Teil aussalzbar und durch Phosphorwolframsäure fällbar; doch besteht zwischen der Kettenlänge und der Aussalzbarkeit kein eindeutiger Zusammenhang, vielmehr hängt diese auch stark von den am Aufbau beteiligten Aminosäuren ab (vgl. S. 502/03).

Allgemein kann gesagt werden, daß die Polypeptide, und zwar auch die höheren Glieder unter ihnen, in ihren Eigenschaften mehr den *Peptonen* als den eigentlichen Eiweißstoffen entsprechen. Die für die nativen Eiweißstoffe charakteristische Eigenschaft der *Hitzekoagulierung* (Denaturierung) *fehlt* bei den bisher aufgebauten Peptiden ausnahmslos.

δ) Natürlich vorkommende Peptide.

Da beim biologischen Aufbau und Abbau von Eiweißstoffen die Peptidstufe immer durchlaufen wird, werden peptidartige Verbindungen bei der Aufarbeitung von Naturstoffen wohl immer angetroffen werden. Ebenso sind zahlreiche Peptide als Zwischenprodukte bei der unvollständigen Eiweißhydrolyse, sei es mit Säuren oder Fermenten, isoliert worden (s. S. 612). Daneben gibt es aber Peptide von bekannter Struktur, denen man auf Grund ihres Vorkommens und ihrer besonderen Konstitution sehr wichtige biologische Funktionen zuschreiben muß.

Unter den natürlich vorkommenden Polypeptiden haben neuerdings die *Antibiotica* von peptidartigem Charakter besondere wissenschaftliche und praktische Bedeutung erlangt. Die meisten von ihnen enthalten einzelne Aminosäuren, die sterisch oder konstitutionell von den normalerweise vorkommenden Aminosäuren verschieden sind.

Unter den natürlichen Polypeptiden ist lange bekannt und ausführlich untersucht das **Glutathion**, ein aus Glutaminsäure, Cystein und Glykokoll aufgebautes Tripeptid, das 1921 von HOPKINS[1] aus Hefe dargestellt und in der Zwischenzeit in sehr vielen tierischen und pflanzlichen Geweben nachgewiesen worden ist (Formel vgl. S. 530). Die durch Abbau[2] und Synthese[3] gesicherte Konstitution des Glutathions ist dadurch ausgezeichnet, daß die Glutaminsäure entgegen der bei Eiweißstoffen üblichen Art ihrer Verknüpfung nicht mit der α-Carboxylgruppe, sondern mit der γ-Carboxylgruppe peptidartig mit dem Cystein verbunden ist. Für die biologische Bedeutung des Glutathions ist ohne Zweifel in erster Linie der Cysteinrest von Wichtigkeit. Das Glutathion (G·SH) geht nämlich durch Oxydation oder richtiger durch Dehydrierung über in die dem Cystin entsprechende Disulfidverbindung, die ihrerseits durch H-Aufnahme wieder in das SH-Glutathion zurückverwandelt werden kann. Es handelt sich also um ein mit dem Redoxpotential verknüpftes Gleichgewicht der reduzierten und der oxydierten Form.

$$2\ \text{G·SH} \ \underset{\text{Reduktion}}{\overset{\text{Oxydation}}{\rightleftharpoons}} \ \text{G·S—S·G} + 2\ \text{H.}$$

Dem Glutathion kommt daher wahrscheinlich eine Bedeutung für die Atmungsvorgänge in den Geweben sowie für die Aufrechterhaltung ihres Redoxpotentials und bei Entgiftungsvorgängen (vgl. Bd. 2, Entgiftung) zu. Ferner hat sich gezeigt, daß das reduzierte Glutathion als Aktivator für eine Reihe von Fermentreaktionen dient (vgl. Kathepsin, S. 1161) und möglicherweise derartige fermen-

---

[1] HOPKINS, F. G.: Biochem. J. **15**, 286 (1921). — [2] GRASSMANN, W., H. DYCKERHOFF u. H. EIBELER: H. **189**, 112 (1930). — [3] HARINGTON, C. R., and T. H. MEAD: Biochem. J. **29**, 1602 (1935). — HEGEDUS, B.: Helv. **31**, 737 (1948). — HOFFMANN-LA ROCHE, F., u. Co., Basel: Schwz. P. 259.118 v. 25. 11. 47.

tative Abbauvorgänge in Abhängigkeit vom Redoxpotential reguliert. Mögliche Mitwirkung des Glutathions bei der biologischen Eiweißsynthese („Transpeptidation"[1]); vgl. auch Amidasen. Biologische Synthese von Glutathion[2].

Glutathion ist leicht löslich in Wasser, es krystallisiert und schmilzt bei 203° (GRASSMANN[3]).

Die meisten *Bestimmungsverfahren für Glutathion* beruhen auf dessen Reduktionsvermögen, also einer unspezifischen Eigenschaft, so daß stets eine vollständige Trennung von den übrigen reduzierenden Substanzen (Cystein, Ascorbinsäure) durchgeführt werden muß, bevor an die Ausführung der Bestimmung selbst geschritten werden kann, bzw. daß die Anwesenheit derselben bei der Bestimmung berücksichtigt werden muß. Außer der colorimetrisch erfaßbaren Farbreaktion mit Nitroprussidnatrium[4], die auch zum Nachweis des Glutathions herangezogen werden kann, sind zur quantitativen Bestimmung noch zu erwähnen die Methode von HARTNER und SCHLEISS[5] sowie verschiedene jodometrische Verfahren[6].

Als Bestandteile der Muskeln sind bei Säugetieren das **Carnosin** (GULEWITSCH[7]) (s. S. 788), bei Vögeln das **Anserin** (ACKERMANN[8]; s. S. 788) aufgefunden. Beide Peptide enthalten den Histidinrest neben β-Alanin.

Im Hinblick auf die biologische Wichtigkeit von β-Alanin und Pantothensäure (vgl. S. 525/26) wird man daher berechtigt sein, auch dem Carnosin und dem Anserin bestimmte spezifische Funktionen zuzuschreiben. Über eine mögliche Co-Enzymfunktion des Carnosins vgl. [9] Vorkommen in Fischmuskeln[10].

Glutathion, Carnosin und Anserin haben gemeinsam, daß die in ihnen vorliegende Peptidverknüpfung von der bei normalen Eiweißstoffen üblichen abweicht. Diese Eigentümlichkeit dürfte für die Sonderstellung dieser Peptide und wohl auch der Antibiotica (s. unten) wichtig sein und ihre Zerstörung durch die normalen peptidspaltenden Fermente verhindern oder erschweren. Vgl. dazu auch die Milzbrandkapselsubstanz (s. S. 583).

[1] HANES, C. S., F. J. R. HIRD and F. A. ISHERWOOD: Nature **166**, 288 (1950). — [2] BLOCK, K.: J. biol. Ch. **179**, 1245 (1949). — [3] GRASSMANN, W., O. v. SCHOENEBECK u. H. EIBELER: H. **194**, 124 (1931). — [4] FUJITA, A., u. D. IWATAKE: B. Z. **277**, 284 (1935). — FUJITA, A., u. I. NUMATA: B. Z. **300**, 246, 257 (1939). — NUMATA, I.: B. Z. **304**, 404 (1940). — [5] HARTNER, F., u. E. SCHLEISS: Mikrochemie, N. F. **14**, 163 (1936). — [6] BINET, L., et G. WELLER: Bull. Soc. Chim. biol. **16**, 1284 (1934). — FUJITA, A., u. I. NUMATA: B. Z. **299**, 249, 262 (1938). — [7] GULEWITSCH, W., u. S. AMIRADŽIBI: B. **33**, 1902 (1900). — [8] ACKERMANN, D., O. TIMPE u. K. POLLER: H. **183**, 1 (1929). — [9] SCHISCHOWA, O. A.: Biochimia Moskau **12**, 201 (1947) [C. **1948 II**, 503]. — [10] JUDAJEW, N. A.: C. R. Acad. Sci. USRR. [N. S.] **70**, 279 (1950) [C. **1950 I**, 1747].

Folinsäuregruppe. Unter den Wuchsstoffen der Folinsäuregruppe[1] (s. S. 822 u. Bd. 2, Vitamine) ist die Folinsäure selbst oder der „Lactobacillus casei factor" der Leber die Pteroylglutaminsäure, während die Pteroyltriglutaminsäure unter der Bezeichnung „fermentation lactobacillus casei factor" isoliert worden ist, an 6 Glutaminsäurereste gebunden findet sich Pteroylsäure in der Hefe. Synthese vgl. ANGIER[1, 2].

$$\mathrm{H_2N \cdot \underset{\underset{N-C-N=CH}{\|\ \ \|\ \ \ |}}{\overset{\overset{N=C\cdot OH}{|\ \ \ \ |}}{C\ \ \ C}}-N=C-CH_2-NH-\langle\!\!\bigcirc\!\!\rangle-CO\cdot NH\cdot \underset{\underset{}{|}}{\overset{\overset{COOH}{|}}{CH}}-CH_2-CH_2-COOH}$$

Folinsäure.

$(C_{19}H_{21}O_6N_7)$

In naher Beziehung zu dem Folinsäurefaktor der Hefe dürfte ein aus Hefe isoliertes Polypeptid[3] sein, das aus 10—12 Glutaminsäureresten besteht, die mit dem Carboxyl eines Mols p-Aminobenzoesäure verknüpft sind.

Polypeptidartige Antibiotica[4]:

In den letzten Jahren hat eine weitere Gruppe natürlicher Polypeptide eine große Bedeutung gewonnen. Es hat sich herausgestellt, daß eine Reihe von Mikroorganismen produzierter Antibiotica Polypeptide bzw. Abkömmlinge von Polypeptiden sind, die praktisch immer eine unnatürliche Aminosäure enthalten[5].

Penicillin. Das von FLEMING[6] entdeckte Penicillin (s. Bd. 2) wird großtechnisch aus Kulturen von Penicillium notatum gewonnen. Seine Struktur wurde durch gemeinsame Arbeit englischer und amerikanischer Forschergruppen aufgeklärt[7]. Die durchgeführte Synthese[8] ist mit der Formel I sowie mit der gleichfalls in Betracht gezogenen Formel II vereinbar. Penicillin (Formel I) kann theoretisch aufgefaßt werden als Derivat eines acylierten Dipeptids, gebildet aus den zwei Aminosäuren α-Amino-β-aldehyd-propionsäure und

---

[1] MITCHELL, H. K., E. E. SNELL and J. R. WILLIAMS: Am. Soc. **63**, 2284 (1941). — BINKLEY, S. B. u. Mitarb.: Science, N. Y. **97**, 404 (1943). — ANGIER, R. B. u. Mitarb.: Science N. Y. **102**, 227 (1945); **103**, 667 (1946). — JOHNSON, B. C.: J. biol. Ch. **163**, 255 (1946). — FRAENKEL, G., and M. BLEWETT: Nature **157**, 697 (1946). Biochem. J. **41**, XVIII (1947). — FRAENKEL, G.: Biochem. J. **42**, XVI (1948). — WELCH, A. D., R. W. HEINLE, E. M. NELSON and H. V. NELSON: J. biol. Ch. **164**, 787 (1946). — HALL, D. A.: Biochem. J. **41**, 287, 294, 299 (1947); **42**, IX (1948). — SCHULZE, E.: Dtsch. Gesundh.-Wes. **2**, 277 (1947). — CLASS, K.: T. Kjemi, Bergves. Metallurgi 8, 30 (1948). — TSCHESCHE, H.: Angew. Chem. (A) **59**, 65 (1947). — CARRARA, G.: Chim. Industr. **31**, 3 (1949). — [2] ANGIER, R. B., u. Mitarb.: Am. Soc. **70**, 1096, 1099 (1948); **71**, 2304, 2308, 2310 (1949); **72**, 74 (1950). — VISCONTINI, M., et J. MEIER: Helv. **32**, 877 (1949). — WEYGAND, F., A. WACKER u. V. SCHMIED-KOWARZIK: Exper. **4**, 427 (1928). B. **82**, 25 (1949). — WEYGAND, F., u. V. SCHMIED-KOWARZIK: B. **82**, 333 (1949). Amer. Cyanamid Co.: F. P. 955.905 v. 21. 11. 47; F. P. 955.983 v. 25. 11. 47; F. P. 956.652 v. 4. 7. 47. — [3] RATNER, S., M. BLANCHARD, A. F. COBURN and D. E. GREEN: J. biol. Ch. **155**, 689 (1944). — [4] WAKSMAN, S. A.: Les Antibiotiques. Paris 1949. — IRVING, G. W., and H. T. HERRICK: Antibiotics. Brooklyn 1949. — FLOREY, H., E. CHAIN, N. G. HEATLY, M. A. JENNINGS, A. G. SAUNDERS, E. P. ABRAHAM and Lady FLOREY: Antibiotics. Vol. I. and II. London, New York, Toronto 1949. — LEVADITI, C., A. VAISMAN, J. HENRY-EVONE et J. VEILETT: Antibiotiques d'origine fongique, bactérienne ou végétale autres que la pénicilline etc. Paris 1950. — BERENDS, W.: Chem. Wkbl. **45**, 61 (1949). — Vgl. auch ERDMANN, W. F.: Med. Klin. **1949**, 1097; **1950**, 145. — [5] WORK, T. S.: D- and L-amino acids in antibiotics. Biochem. Soc. Symp. 1, 61 (1948). — [6] FLEMING, A.: Brit. J. exp. Path. **10**, 226 (1929). — [7] Medical Research Council, London, and Comm. of Med. Research O.S.R.D. Washington. Nature **156**, 766 (1945). Science, N. Y. **102**, 672 (1945). — Übersicht über Chemie des Penicillins vgl. z. B. HEUSNER, A.: Z. Naturforsch. **1**, 171 (1946). — The Chemistry of Penicillin. Hrsgb. CLARKE, H. T., J. R. JOHNSON and R. ROBINSON. Princeton u. London 1949. — WAKSMAN, S. A.: The Chemistry of Penicillin. Princeton, N. J., 1949. — HERRELL, W. E., u. E. SCHULZE: Penicillin und andere Antibiotica. Stuttgart 1949. — COOK, A. H.: Quart. Rev. chem. Soc. **2**, 203 (1948). — [8] VIGNEAUD, V., DU, F. H. CARPENTER, R. W. HOLLEY, A. H. LIVERMORE and J. R. RACHELE: Science, N. Y. **104**, 431 (1946).

β,β'-Dimethylcystein (Formel III). Den N-haltigen 4-Ring und den S-haltigen 5-Ring (Thiazolidinring) kann man durch Kondensation unter Wasseraustritt aus dieser Formel ableiten. Wesentlich einfacher und anschaulicher ist ein dehydrierender Ringschluß[1], aus (Formel IV) welchem sich die Verwandtschaft zum Glutathion erkennen läßt.

$$
\begin{array}{ll}
\text{OC---N---CH---COOH} & \text{O---CO HN---CH---COOH} \\
\qquad\quad\quad\text{CH}_3 & \qquad\qquad\qquad\text{CH}_3 \\
\text{CO---HN---HC---HC}\quad\text{C}\!\!<\!\!\text{CH}_3 & \text{C}\!\!=\!\!\text{N---CH---HC}\quad\text{C}\!\!<\!\!\text{CH}_3 \\
\qquad\qquad\qquad\quad\text{S} & \qquad\qquad\qquad\text{S} \\
\text{R}\qquad\text{I} & \text{R}\qquad\text{II} \\[1em]
\text{OC---N---CH---COOH} & \text{CO---N---CH---COOH} \\
\qquad\quad\text{H} & \qquad\quad\text{H} \\
\qquad\qquad\qquad\text{CH}_3 & \qquad\quad\text{H} \\
\text{CO---NH---HC---C}\!\!=\!\!\text{O}\quad\text{C}\!\!<\!\!\text{CH}_3 & \text{CO---NH---CH---HC}\quad\text{H C}\!\!<\!\!\overset{\text{CH}_3}{\text{CH}_3} \\
\qquad\qquad\quad\text{H}\quad\text{H S} & \qquad\qquad\qquad\text{S H} \\
\text{R}\quad\text{III} & \text{R}\qquad\text{IV}
\end{array}
$$

Durch das Enzym Penicillinase wird die Amidbindung im Vierring hydrolytisch gespalten.

Bis jetzt wurden 4 natürliche Penicilline isoliert und aufgeklärt; sie unterscheiden sich lediglich durch Variierung der Seitenkette R des Acylrestes.

Penicillin I   oder F $R = -CH_2-CH = CH-CH_2-CH_3$ -pentenyl

Penicillin II   oder G $R = -CH_2-\bigcirc$ -benzyl

Penicillin III   oder X $R = -CH_2-\bigcirc-OH$ -p-oxybenzyl

Penicillin IV   oder K $R = -CH_2-(CH_2)_5-CH_3$ -heptyl

Die bakteriostatische Wirkung des p-Oxybenzyl-penicillins (X) ist am größten.

Tyrothricin, Gramicidin, Tyrocidin. Aus Kulturen von Bac. brevis ist von DUBOS 1939 eine antibiotische Substanz unter dem Namen *Tyrothricin* isoliert worden[2]. Ob es eine einheitliche Substanz[3] ist oder ein Gemisch, steht nicht fest. Behandelt man es mit Aceton und Äther, so wird es in das lösliche Gramicidin und das unlösliche Tyrocidin zerlegt. Nach den Ergebnissen von CRAIG[4] ist Gramicidin nicht einheitlich, sondern besteht aus mindestens 4 Komponenten, von denen 3 krystallisiert erhalten und als Gramicidin A, B und C bezeichnet wurden. Gramicidin A enthält Tryptophan, Leucin, Valin, Alanin und Glycin. Gramicidin B enthält die gleichen Aminosäuren, jedoch zusätzlich Phenylalanin; Gramicidin C statt dessen zusätzlich Tyrosin. Die quantitative Zusammensetzung von Gramicidin A ist von MOORE und STEIN[5] angegeben zu Tryptophan 20, Leucin 20, Valin 17, Alanin 9, Glycin 5, Äthanolamin 4, diejenige des Gramicidin B zu Tryptophan 18, Phenylalanin 5, Leucin 21, Valin 17, Alanin 10, Glycin 5, Äthanolamin 4. Unter der Voraussetzung der Einheitlichkeit der Komponenten und der Genauigkeit der Analyse würde sich daraus ein Mindestmolekulargewicht von etwa 8700 errechnen. Das Leucin und ein Teil des Valins liegen in der D-Konfiguration vor. Durch partielle Hydrolyse wurde D-Valyl-D-valin, L-Valyl-L-valin und L-Valyl-glycin isoliert. Bei der Aufarbeitung von Valylvalin aus Gramicidinhydrolysaten wurde DL-Valin erhalten[6].

Gramicidin ist wasserunlöslich und wird von Enzymen nicht angegriffen. Durch Substitution mit Formaldehyd wird die hämolytische Wirkung ohne Aktivitätsverlust herabgesetzt[7].

[1] Hinweis von HERBERT MÜLLER, Regensburg. — [2] HOTCHKISS, R. D.: Adv. Enzym. **4**, 153 (1944). — [3] REILLY, J.: Presse méd. **56**, 107 (1948). — [4] GREGORY, J. D., and L. C. CRAIG: J. biol. Ch. **172**, 839 (1948). — [5] Vgl. CRAIG, L. C.: Fortschr. chem. Forsch. **1**, 312 (1949/50). — [6] CHRISTENSEN, H. N.: J. biol. Ch. **151**, 319 (1943). — [7] FRAENKEL-CONRAT, H., J. C. LEWIS, K. P. DIMICK, B. EDWARDS, H. C. REITZ, R. E. FERREL, G. A. BRANDON and H. S. OLCOTT: Proc. Soc. exp. Biol. Med. **63**, 302 (1946).

Auch das *Tyrocidin* ist als Mischung erkannt worden. Darüber hinaus scheinen eine größere Zahl weiterer antibiotischer Polypeptide im Tyrothricin enthalten zu sein. Im Gegensatz zu Gramicidin, in dem sich keine basischen Bestandteile finden, enthält Tyrocidin wesentliche Mengen an Ornithin, denen es seinen ausgesprochen basischen Charakter verdankt. An Aminosäuren sind festgestellt: L-Ornithin, L-Prolin, L-Valin, L-Leucin, L-Tryptophan, L-Tyrosin, L-Asparaginsäure, L-Glutaminsäure, D-Phenylalanin[1].

Mit den Tyrocidinen verwandt, aber nicht identisch, ist das in Rußland in klinischem Gebrauch befindliche Antibioticum *Gramicidin S*. Es enthält L-Ornithin, L-Prolin, L-Valin, L-Leucin und D-Phenylalanin[2], scheint aber nach dem Ergebnis der Gegenstromverteilung gleichfalls nicht ganz einheitlich zu sein. CONSDEN, GORDON, MARTIN und SYNGE[3] haben durch partielle Säurehydrolyse von Gramidicin S eine Anzahl von Peptiden isoliert, die inzwischen auch synthetisch dargestellt wurden[4], wie z. B. L-Valyl-ornithin, Ornithyl-leucin, Leucylphenyl-alanin und Phenyl-alanyl-prolin. Wahrscheinlich sind auch die Tripeptide α-Prolyl-valyl-ornithin, α-Valyl-ornithyl-leucin und Phenyl-alanyl-prolyl-valin anwesend. Die genannten Peptide entstehen offenbar beim Abbau einer Aminosäuregruppierung der Anordnung (α-L-Valyl)-L-ornithyl-L-leucyl-D-phenylalanyl-L-prolyl-); wahrscheinlich liegt im Gramicidin S ein Cyclopentapeptid oder Cyclodekapeptid dieser Gruppierung vor. Nach Versuchen an synthetischen Modellen dürfte der cyclische Aufbau für die Wirkung wesentlicher sein, als die Anwesenheit unnatürlicher Aminosäuren[5].

Polymyxine, Aerosporin. Aus Bac. polymyxa sind nahe verwandte Antibiotica erhalten worden, die als *Polymyxine* A, B, C, D, E unterschieden werden[6]. Polymyxin A ist identisch mit dem von AINSWORTH[7] aus Bac. aerosporus Greer isoliertem *Aerosporin*. Die Polymyxine bzw. das Aerosporin sind basische Polypeptide, die spezifisch gegen gramnegative Bakterien wirksam sind. Sie enthalten erhebliche Mengen α,γ-Diaminobuttersäure, deren Vorkommen in der Natur hier zum erstenmal festgestellt wurde[8], Threonin, sowie eine Fettsäure mit 9 C-Atomen und verzweigter Kette, die D-5-Methyl-heptan-L-carbonsäure[9].

$$H_3C{-}CH_2{-}CH{-}CH_2{-}CH_2{-}CH_2{-}CH_2COOH$$
$$| \atop CH_3$$

Außerdem ist in allen Polymyxinen mindestens eine weitere Aminosäure (unnatürlicher Konfiguration) enthalten, und zwar in Polymyxin A D-Leucin, in Polymyxin C Phenylalanin, in Polymyxin B Leucin + Phenylalanin und in Polymyxin D D-Leucin und D-Serin. Polymyxin E steht dem Polymyxin A sehr nahe.

---

[1] GORDON, A. H. A. J. P. MARTIN and R. L. M. SYNGE: Biochem. J. **37**, 313 (1943). — Zu Gramicidin und Tyrocidin vgl. ferner HOTCHKISS, R. D.: J. biol. Ch. **141**, 171 (1941). — S. a. S. 579[2]. — LIPMANN, F., R. D. HOTCHKISS and R. J. DUBOS: J. biol. Ch. **141**, 163 (1941). — HOTCHKISS, R. D., and R. J. DUBOS: J. biol. Ch. **141**, 155 (1941). — CHRISTENSEN, H. N., R. R. EDWARDS and H. D. PIERSMA: J. biol. Ch. **141**, 187 (1941). — BRIAN, P. W.: Nature **160**, 554 (1947). — WAGNER-JAUREGG, Th.: Pharmazie **2**, 481 (1947). — WORK, T. S.: Biochem. Soc. Symp. **1**, 61 (1948). — [2] CRAIG, L. C.: Fortschr. chem. Forsch. **1**, 312 (1949). — GREGORY, J. D., and L. C. CRAIG: J. biol. Ch. **172**, 839 (1948). — MARTIN, A. J. P., and R. MITTELMANN: Biochem. J. **43**, 353 (1948). — [3] CONSDEN, R., A. H. GORDON, A. J. P. MARTIN and R. L. M. SYNGE: Biochem. J. **41**, 596 (1947). — [4] SYNGE, R. L. M.: Biochem. J. **42**, 99 (1947). — [5] HARRIS, J. I., and T. S. WORK: Biochem. J. **46**, 196, 582 (1950). — LINNELL, W. H., and M. J. H. SMITH: J. Pharmacy Pharmacol. **1**, 28 (1949). — [6] STANSLY, P. G., R. G. SHEPHARD and H. J. WHITE: Bull. Johns Hopkins Hosp. **81**, 43 (1947). — STANSLY, P. G., and M. E. SCHLOSSER: J. Bacteriology **54**, 549 (1947). — CATCH, J. R., T. S. G. JONES and S. WILKINSON: Biochem. J. **43**, XXVII (1948). — JONES, T. S. G.: Biochem. J. **43**, XXVI (1948). — STANSLY, P. G., and G. BROWNLEE: Nature **163**, 611 (1949). — [7] AINSWORTH, G. C., A. M. BROWN and G. BROWNLEE: Nature **160**, 263 (1947). — JONES, T. S. G.: Biochem. J. **42**, XXXV, LIX (1948). — CATCH, J. R., and R. FRIEDMAN: Biochem. J. **42**, LII (1948). — [8] CATCH, J. R., and T. S. G. JONES: Biochem. J. **42**, LII (1948). — [9] WILKINSON, S.: Nature **164**, 622 (1949).

Aerosporin ist toxisch und wirkt stark nierenschädigend, während seine Aminosäurekomponenten nicht nephrotoxisch sind[1]. Einige Befunde sprechen dafür, daß die nephrotoxische Wirkung auf eventuell als Verunreinigung anwesendes D-Serin oder eine ähnliche Substanz zurückzuführen sei[1, 2, 3].

Das aus Bac. circulans erhaltene *Circulin*[4] steht in Eigenschaften und Aminosäurezusammensetzung dem Polymyxin A und E weitgehend nahe. Es enthält wie diese rund 60% α,γ-Diaminobuttersäure neben D-Leucin, Threonin und einer Isopelargonsäure. Von krystallisiertem Trypsin wird es ebensowenig angegriffen wie die Polymyxine, dagegen kann es im Gegensatz zu Polymyxin A und D und in Übereinstimmung mit Polymyxin B durch ein anderes Enzym des Pankreas, wahrscheinlich Lipase, unter Verlust der antibiotischen Wirkung abgebaut werden.

Bacitracin, Subtilin. Das von JOHNSON[5] aus einem Stamm von Bac. subtilis isolierte *Bacitracin* ist bisher nicht krystallisiert erhalten, aber nach dem Ergebnis der Gegenstromverteilung als weitgehend einheitlich zu bezeichnen[6]. Es handelt sich um ein recht kompliziertes Polypeptid, bei dessen saurer Hydrolyse Phenylalanin, Leucin, Isoleucin, Valin, Histidin, Lysin, Cystin, Glutaminsäure, Asparaginsäure, Ornithin und einige Aminosäuren oder Peptide erhalten wurden. Ayfivin (Bacitracin A, B, C) vgl.[7].

Das aus einem anderen Stamm von Bac. subtilis isolierte *Subtilin*[8] enthält Asparaginsäure und Glutaminsäure, Lysin, Phenylalanin, Leucin, Alanin, Glycin, Valin und nicht identifizierte Aminosäuren; es scheint dem Bacitracin verwandt zu sein. Subtilin wird durch proteolytische Fermente verdaut. Veresterung[9], Erzeugung[10]. Vgl. auch[11].

Actinomycin. Das aus Actinomyces antibioticus isolierte Actinomycin[12] ist eine hellrote krystalline Substanz von der Formel $C_{41}H_{56}O_{11}N_8$. Es enthält ein Polypeptid in Kombination mit einem Chinonsystem[13, 14]. Bei milder Hydrolyse wird eine Guanidingruppe in Freiheit gesetzt. Nach vollständiger Säurespaltung werden Threonin, L-Prolin, D-Valin, N-Methylvalin sowie eine weitere, nicht identifizierte Substanz erhalten. Actinomycin ist stark bakteriostatisch gegen grampositive Bakterien, wirkt aber gegen höhere Tiere sehr giftig. Auch Actinomycin ist offenbar nicht einheitlich. Von den Actinomycinen A[14] und B[15] wird unterschieden ein Actinomycin C[16] von der Formel $C_{40}H_{57}O_{11}N_7$, das L-Threonin, L-Prolin, D-Isoleucin, N-Methylvalin sowie eine noch unbekannte N-Methylaminosäure enthält.

Mit dem Actinomycin scheinen die gelben Xanthomycine[17] chemisch verwandt zu sein.

---

[1] BROWNLEE, G., and E. I. SHORT: Biochem. J. **42**, LIII (1948). — [2] ARTOM, C., W. H. FISHMAN and R. P. MOREHEAD: Proc. Soc. exp. Biol. **60**, 284 (1945). — DAVIS, B. D., and W. K. MAAS: Am. Soc. **71**, 1865 (1949). — [3] MUELLER, H. J., and P. A. MILLER: Am. Soc. **71**, 1865 (1949). — [4] PETERSON, D. H., and L. M. REINEKE: J. biol. Ch. **181**, 95 (1949).— [5] ANKER, H. S., B. A. JOHNSON, J. GOLDBERG and F. L. MELENEY: J. Bacteriology **55**, 249 (1948). — [6] CRAIG, L. C.: Fortschr. chem. Forsch. **1**, 312 (1949). — [7] NEWTON, G. G. F., and E. P. ABRAHAM: Biochem. J. **46**, XXXII (1950). — [8] JANSEN, E. F., and D. J. HIRSCHMANN: Arch. Biochem. **4**, 297 (1944). — DIMICK, K. P.: Fed. Proc. **6**, 247 (1947). — DIMICK, K. P., C. ALDERTON, J. C. LEWIS, H. D. LIGHTBODY and H. L. FEVOLD: Arch. Biochem. **15**, 1 (1947). — LINEWEAVER, H., A. A. KLOSE and G. ALDERTON: Arch. Biochem. **16**, 311 (1948). — FEVOLD, H. L., K. P. DIMICK and A. A. KLOSE: Arch. Biochem. **18**, 27 (1948). — [9] CARSON, J. F., E. F. JANSEN and J. C. LEWIS: Am. Soc. **71**, 2318 (1949). — [10] GARIBALDI, J. A., and R. E. FEENEY: Industr. engng. Chem. **41**, 432 (1949). — [11] RAUBITSCHEK, F., u. A. DOSTROVSKY: Derm., Basel **100**, 45 (1950). — [12] WAKSMAN, S. A., and H. B. WOODRUFF: Proc. Soc. exp. Biol. Med. **45**, 609 (1940). J. Bacteriology **42**, 231 (1941). — [13] DALGLIESH, C. E., and A. R. TODD: Nature **164**, 830 (1949). — [14] WAKSMAN, S. A., and M. J. TISHLER: J. biol. Ch. **142**, 519 (1942). — [15] DALGLIESH, C. E., and A. R. TODD: Int. Congr. Biochem. **1**, Cambridge 1949, S. 246. — [16] BROCKMANN, H., u. N. GRUBHOFER: Naturwiss. **36**, 376 (1949).— [17] THORNE, C. B., and W. H. PETERSON: J. biol. Ch. **176**, 413 (1948).

Lateritiin, Enniatin. N-Methylvalin ist ferner enthalten in dem aus Fusarium lateritium isolierten Antibioticum Lateritiin, und zwar gebunden an α-Oxyisovaleriansäure (vgl. Formel).

$$\begin{array}{l}\mathrm{H_3C}\\ \ \ \ \rangle \mathrm{CH-CHOH-CO-N-CH-COOCH_3}\\ \mathrm{H_3C}\ \ \ \ \ \ \ \ \ \ \ \ \ \ \ \ \ \ |\ \ \ \ |\\ \mathrm{H_3C}\ \ \mathrm{CH-CH_3}\\ |\\ \mathrm{CH_3}\end{array}$$

Lateritiin ist identisch mit dem von PLATTNER entdeckten Enniatin[1]. Nach COOK[2] hat man ein Lateritiin I und II zu unterscheiden. Den Lateritiinen sehr ähnlich, aber nicht mit ihnen identisch sind die aus anderen Fusarienarten gewonnenen Antibiotica Avenacein, Fructigenin, Sambucinin[2].

Ein weiteres polypeptidartiges Antibioticum ist die von dem phytopathogenen Fusarium lycopersi gebildete Substanz *Lycomarasmin*, ein Welkstoff der Tomaten. Das von PLATTNER[3] isolierte Lycomarasmin $C_9H_{15}O_7N_3$ liefert bei der Hydrolyse Glykokoll und Asparaginsäure, während die 3 weiteren C-Atome nach WOOLLEY[4] einen α-Oxy-α-aminopropionsäurerest, wie er sich auch in den Ergotaminalkaloiden findet, zugehören. Von WOOLLEY wird dem Lycomarasmin demzufolge die nebenstehende Formel zugeschrieben. Vgl. dagegen PLATTNER[5].

$$\begin{array}{l}\mathrm{H_2NOC-CH_2}\ \mathrm{CH_3}\\ |\ |\\ \mathrm{HOOC-CH-NH-CO-CH_2-NH-C-OH}\\ |\\ \mathrm{COOH}\end{array}$$

Weitere Antibiotica. Polypeptidartige Antibiotica von zur Zeit noch sehr unvollständig bekannter Zusammensetzung sind das *Nisin* aus Streptococcus lactis; zu seiner Aminosäurezusammensetzung vgl. BERRIDGE[6]. Ferner z. B. die Colicine[7], das Diplococcin[8] u. a.

Alkaloide des Mutterkorns[9]. Interessante Beziehungen zu den Polypeptiden haben sich in neuerer Zeit bei den Alkaloiden des Mutterkorns ergeben. Sie alle enthalten als gemeinsamen Baustein die Lysergsäure[10, 11] oder die ihr stereoisomere Isolysergsäure, die in einer entfernten biogenetischen Beziehung zum Tryptophan stehen[12]. In dem einfachsten der hierher gehörenden Alkaloide, dem Ergobasin $C_{19}H_{23}O_2N_3$, ist die Lysergsäure amidartig mit D-2-Aminopropanol verknüpft. Die übrigen hierher gehörigen Alkaloide liefern bei ihrer Spaltung neben Lysergsäure als weitere gemeinsame Bausteine D-Prolin und Ammoniak, ferner Brenztraubensäure (Ergotamingruppe) bzw. Dimethylbrenztraubensäure (Ergotoxingruppe) sowie eine weitere Aminosäure, die entweder L-Phenylalanin, L-Leucin oder L-Valin sein kann[13].

Lysergsäure

[1] GÄUMANN, E., S. ROTH, L. ETTLINGER, A. PL. PLATTNER u. U. NAGER: Exper. **3**, 202 (1947). — PLATTNER, A. PL., u. U. NAGER: Exper. **3**, 325 (1947). — PLATTNER, A. PL., U. NAGER u. A. BOLLER: Helv. **31**, 594, 665 (1948). — [2] COOK, A. H., S. F. COX, T. H. FARMER and M. S. LACEY: Nature **160**, 31 (1947). — COOK, A. H., S. F. COX and T. H. FARMER: Soc. **1949**, 1022. — [3] PLATTNER, PL. A., u. N. CLAUSON-KAAS: Helv. **28**, 188 (1944). — GÄUMANN, E., ST. NAEF-ROTH u. G. MIESCHER: Phytopath. Z. **16**, 257 (1950). — [4] WOOLLEY, D. W.: J. biol. Ch. **176**, 1291, 1299 (1948). — [5] PLATTNER, PL. A., u. N. CLAUSON-KAAS: Exper. **1**, 195 (1945). — [6] BERRIDGE, N. J.: Biochem. J. **45**, 486 (1949). Vgl. auch MATTICK, A. T. R., and A. HIRSCH: Lancet **1947**, 5. — [7] BRIAN, P. W.: Nature **160**, 554 (1947). — [8] OXFORD, A. E.: Biochem. J. **38**, 178 (1944). — [9] ROTHLIN, E.: Dtsch. Arch. klin. Med. **195**, 139 (1949). — STOLL, A.: Med. Klinik **1948**, 654. — [10] JAKOBS, W. A., and R. G. GOULD: J. biol. Ch. **130**, 399 (1939). — [11] STOLL, A., A. HOFMANN u. F. TROXLER: Helv. **32**, 516 (1949). — STOLL, A., u. J. RUTSCHMANN: Helv. **33**, 67 (1950). — STOLL, A., A. HOFMANN, E. JUCKER, TH. PETRZILKA, J. RUTSCHMANN u. F. TROXLER: Helv. **33**, 108 (1950). — STOLL, A., J. RUTSCHMANN u. W. SCHLIENTZ: Helv. **33**, 375 (1950). — [12] STOLL, A.: Helv. **28**, 1283 (1945). Exper. **1**, 250 (1945). — DAVID, N. A., u. A. C. KIRCHHOF: Schweiz. med. Wschr. **1947**, 13. — [13] STOLL, A.: Helv. **28**, 1283 (1945). — ROTHLIN, E.: Schweiz. med. Wschr. **1946**, 1254. — JACOBS, W. A., and L. C. CRAIG: J. biol. Ch. **110**, 521 (1935). J. org. Chem. **1**, 245 (1937).

Tabelle 97. Mutterkornalkaloide.

Substanz	Bausteine				
A) Ergotamingruppe					
Ergotamin $C_{33}H_{35}O_5N_5$	Lysergsäure	NH_3	D-Prolin	Brenz-traubensäure	L-Phenylalanin
Ergosin $C_{30}H_{37}O_5N_5$	Lysergsäure	NH_3	D-Prolin	Brenz-traubensäure	L-Leucin
B) Ergotoxingruppe					
Ergocristin $C_{35}H_{39}O_5N_5$	Lysergsäure	NH_3	D-Prolin	Dimethylbrenz-traubensäure	L-Phenylalanin
Ergokryptin $C_{32}H_{41}O_5N_5$	Lysergsäure	NH_3	D-Prolin	Dimethylbrenz-traubensäure	L-Leucin
Ergocornin $C_{31}H_{39}O_5N_5$	Lysergsäure	NH_3	D-Prolin	Dimethylbrenz-traubensäure	L-Valin

In den Alkaloiden Ergotaminin, Ergokristinin, *Ergosinin* usw. ist an Stelle der Lysergsäure die Isolysergsäure enthalten. Die bei der Spaltung auftretenden Ketosäuren Brenztraubensäure bzw. Dimethylbrenztraubensäure entstammen der labilen Anordnung der entsprechenden α-Amino-α-oxysäure, über deren Stickstoffatom der Lysergsäurerest amidartig gebunden ist (vgl. Lycomarasmin). Bei Hydrolyse der Mutterkornalkaloide mit Hydrazin[1] oder mit Alkali[2] wird die säureamidartige Verknüpfung zwischen Lysergsäureteil und Peptidrest aufgespalten, während die säureamidartigen Bindungen innerhalb des Peptidrestes zum Teil unversehrt bleiben. Bei Hydrazinspaltung wird gleichzeitig die α-Oxy-α-aminosäure durch Hydrazin zur Fettsäure (Propion- bzw. Isovaleriansäure) reduziert und man erhält:

Aus Dihydro-ergotamin: Propionyl-L-phenylalanyl-L-prolin
Aus Dihydro-ergocristin: Isovaleryl-L-phenylalanyl-L-prolin
Aus Dihydro-ergokryptin: Isovaleryl-L-leucin-L-prolin
Aus Ergocornin: Isovaleryl-L-valyl-L-prolin

Mit Alkali werden die entsprechenden α-Ketosäurepeptite erhalten; vgl. Anm. [4] S. 573.

Diese Befunde legen die Reihenfolge der Aminosäuren fest und machen die Formel

$$\begin{array}{ccccccc}
H_3C \quad CH_3 & & C_6H_5 & & & H_2 & \\
\diagdown CH \diagup & & | & & & C & \\
| & & CH_2 & & H_2C \diagup \diagdown CH_2 & \\
| & & | & & | \qquad\qquad | & \\
R{-}CO{-}HN{-}C{-}CO{-}HN{-}CH{-}CO{-}N{-}\!\!-\!\!-\!\!-CH & \\
| & & & & | & \\
O\rule{3cm}{0.4pt} & & & & CO &
\end{array}$$

Ergocristin

sehr wahrscheinlich, in der R den Rest der Lysergsäure bedeutet. Merkwürdigerweise wird bei der Partialhydrolyse mittels Hydrazin oder Alkali im Gegensatz zur Säurespaltung das Prolin in der L-Form erhalten, ein Befund, dessen Erklärung gegenwärtig noch aussteht.

Andere natürlich vorkommende Polypeptide. Des weiteren wurden verschiedene Peptide, zum Teil unnatürlicher Konfiguration, aus niederen und höheren Pflanzen sowie Tieren isoliert. So erwies sich die immunspezifische Kapselsubstanz der Milzbrandbacillen als ein aus mindestens 50 D-Glutaminsäureresten aufgebautes

<hr>

[1] STOLL, A., TH. PETRZILKA u. B. BECKER: Helv. **33**, 57 (1950). — [2] STOLL, A., u. A. HOFMANN: Helv. **33**, 1705 (1950).

Polypeptid[1]. Aus Braunalgen wurde ein Peptid isoliert, das L-Pyrrolidinoyl-α-L-glutaminyl-L-glutamin sein dürfte[2]. Ein hauptsächlich in der Leber aufgefundenes „Peptid A" erwies sich ohne Rücksicht auf die Herkunft (Fisch, Meerschweinchen, Lamm, Schwein, Pferd, Rind) von fast gleicher Aminosäurezusammensetzung[3] (Alanin, Arginin, Asparaginsäure, Glutaminsäure, Glycin, Histidin, Isoleucin, Leucin, Lysin, Methionin, Prolin, Serin, Threonin, Tryptophan und Tyrosin). Über *Sekretin* s. S. 1156.

Phalloidin. Möglicherweise ist mit den cyclischen antibiotischen Polypeptiden vom Typus des Gramidicins verwandt das von LYNEN und U. WIELAND[4] aus dem Knollenblätterpilz isolierte *Phalloidin*, das sich als eine Verbindung von hexapeptidartigem Charakter erwies, die aus je 1 Molekül α-Oxytryptophan und Cystein und je 2 Molekülen allo-Oxyprolin und Alanin[5] sowie Threonin[6] aufgebaut zu sein scheint. Die SH-Gruppe des Cysteins ist maskiert, vielleicht an den Indolkern gebunden, und wird erst nach Hydrolyse frei.

Rund 10mal giftiger als Phalloidin ist das *Amanitin*, das in 2 Komponenten, das neutrale α-Amanitin und das saure β-Amanitin, aufgetrennt wurde[6]. Beide enthalten in stöchiometrischen Verhältnissen je 1 Mol Asparaginsäure, Cystein, Glycin, allo-Oxyprolin und zwei noch unbekannte Aminosäuren, von denen eine einen Indolring enthält. α-Amanitin enthält außerdem Ammoniak und ist wahrscheinlich das Amid des β-Amanitins. Die gewöhnlichen Verdauungsenzyme greifen Phalloidin und die Amanitine, die cyclisch gebaut sind, nicht an.

Im Gegensatz zu diesen wohldefinierten Verbindungen stellen die sog. „**Albumosen**" und „**Peptone**" nicht genau abgrenzbare, amorphe und uneinheitliche Körper dar, die als Zwischenstufen bei partieller Hydrolyse anfallen. Sie nehmen eine Mittelstellung zwischen einfachen Peptiden und den Eiweißstoffen ein, von denen sie sich z. B. dadurch unterscheiden, daß sie nicht koagulierbar sind. W. KÜHNE versuchte diese beiden Stoffklassen auf Grund ihrer Aussalzbarkeit zu unterscheiden (Albumosen leicht aussalzbar, Peptone nicht aussalzbar), eine Einteilung, die man bis heute beibehalten hat, obwohl sie auf einem durchaus anfechtbaren Prinzip beruht, da die Aussalzbarkeit kein Kriterium für eine bestimmte Molekülgröße darstellt.

3. Eiweißstoffe.

a) Allgemeiner Teil
von
W. GRASSMANN und **J. TRUPKE.**

Inhaltsverzeichnis:

Seite
α) Chemie der Proteine 585
   1. Chemische Grundlagen der Proteinstruktur 585
      a) Chemische Bausteine S. 585. — b) Peptidverknüpfung S. 586. — c) Periodischer Aufbau S. 591.
   2. Darstellung, Analyse und chemische Eigenschaften der Proteine 597
      a) Darstellung S. 597. — b) Nachweisreaktionen S. 600. — c) Quantitative Bestimmung S. 603. — d) Oxydation und Reduktion S. 604. — e) Substitution S. 605.

---

[1] BRUCKNER, V., u. M. KOVÁCS OSKOLÁS: Acta Univ. Szeged. Acta chem. physic. **1**, 144 (1943). — HANBY, W. E., and N. H. RYDON: Biochem. J. **40**, 297 (1946). Vgl. auch HANBY, W. E., S. G. WALEY and J. WATSON: Nature **161**, 132 (1948). — [2] DEKKER, C. A., D. STONE and J. S. FRUTON: J. biol. Ch. **181**, 719 (1949). — Vgl. auch HAAS, P.: Biochem. J. **46**, 503 (1950). — [3] BORSOOK, H., C. L. DEASY, A. J. HAAGEN-SMIT, G. KEIGHLY and P. H. LOWY: J. biol. Ch. **179**, 705 (1949). — [4] LYNEN, F., u. U. WIELAND: A. **533**, 93 (1937). — [5] WIELAND, H., u. B. WITKOP: A. **543**, 171 (1940). — [6] WIELAND, TH.: Angew. Chem. **61**, 452 (1949).

Seite

3. Hydrolyse 610
β) Physikalisch-chemische Eigenschaften der Proteine 614
  1. Proteine als polare Kolloide; Löslichkeit 614
  2. Proteine als Ampholyte 619
  3. Verhalten der Proteine im elektrischen Feld 629
  4. Proteine und Neutralsalze. 631
  5. Viscosität, Hydratation und Quellung 634
  6. Optisches Verhalten 636
  7. Molekulargewicht und Gestalt. 638

a) Bestimmung des Molekulargewichtes auf osmotischem Wege. S. 639. — b) Bestimmung von Molekulargewicht und Gestalt durch Diffusionsmessungen. S. 641. — c) Bestimmung von Molekulargewicht und Gestalt in der Ultrazentrifuge. S. 644. Methodik und Theorie. S. 644. Ergebnisse. S. 646. — d) Bestimmung der Molekülgestalt durch Messung der Viscosität, Strömungsdoppelbrechung und dielektrischen Dispersion. S. 647. — α) Viscositätsmessungen S. 647. — β) Strömungsdoppelbrechung S. 649. — γ) Dielektrische Dispersion S. 649. — e) Ergebnisse über Molekülgestalt und Molekulargewicht S. 650. — f) Ergebnisse der Röntgenstrukturanalyse S. 650. — α) Aminosäuren, Peptide und Diketopiperazine S. 650. — β) Sphäroproteine S. 652. — γ) Virusproteine S. 654. — δ) Faserproteine S. 654. — g) Elektronenmikroskopische Ergebnisse. S. 659. — α) Faserproteine S. 659. — β) Virusproteine S. 661. — h) Reversible Dissoziation. S. 662. — i) Monomolekulare Eiweißfilme. S. 664.

  8. Denaturierung. 665
  9. Bau und Funktion der Proteine 669

α) Chemie der Proteine.

1. Chemische Grundlagen der Proteinstruktur.

a) Chemische Bausteine. Die *Elementarzusammensetzung der verschiedenen Eiweißkörper* ist, wenn man von ihrem kleinen und wechselnden Gehalt an Schwefel sowie gegebenenfalls Phosphor und Metallen absieht, einander außerordentlich ähnlich. Dies ist grundsätzlich schon von MULDER erkannt worden, dessen Elementaranalysen[1] (auf die heute gültigen Atomgewichte umgerechnet)[2] in Tabelle 98 neben einigen aus neuerer Zeit stammenden Werten[3] angeführt sind.

Tabelle 98. Elementarzusammensetzung verschiedener Eiweißkörper.

Protein	C	H	N	O	S	Fe	P
Fibrin	52,68	6,83	16,91	22,48	1,100		
Fibrin (nach MULDER)	54,56	6,90	15,72	22,13	0,360		0,33
Eieralbumin	52,75	7,10	15,51	23,02	1,616		
Eieralbumin (nach MULDER) .	54,48	7,01	15,70	22,00	0,380		0,43
Serumalbumin (Pferd)	52,99	7,01	15,93	22,14	1,930		
Serumalbumin (nach MULDER)	54,84	7,09	15,82	21,23	0,680		0,33
Lactalbumin	52,20	7,20	15,80		1,700		
Casein	53,13	7,06	15,78	22,37	0,800		0,86
Hämoglobin (Pferd)	54,64	7,09	17,38	20,16	0,390	0,335	
Hämoglobin (Hund)	54,57	7,11	16,38	21,03	0,568	0,336	
Legumelin	53,30	6,90	16,20		1,100		
Leukosin	53,00	6,80	16,80		1,300		
Ricin	52,00	7,00	16,50		1,300		
Edestin	51,50	7,02	18,69	21,91	0,880		
Gliadin	52,72	6,86	17,66	21,73	1,027		
Zein	55,23	7,26	16,13	20,78	0,600		

---

[1] MULDER, G. J.: A. **28**, 73 (1838). — [2] Vgl. LASKOWSKY: A. **58**, 129 (1846). — [3] OSBORNE, T. B.: Am. Soc. **24**, 140 (1902). The Vegetable Proteins. 2. Aufl. London 1924.

Bei der Hydrolyse, sei es mit Säuren, Alkalien oder Fermenten (s. S. 610), liefern alle Eiweißkörper große Mengen an *Aminosäuren*, die demnach als ihre Hauptbausteine zu betrachten sind. Ein großer Teil der Eiweißkörper ist ausschließlich aus Aminosäuren aufgebaut, dazu treten bei vielen Proteinen kleine Mengen anderer Stoffe als prosthetische Gruppen. Diese werden als *Proteide*, die einfachen Eiweißstoffe als *Proteine* bezeichnet. Als prosthetische Gruppen sind bekannt:

N-freie oder N-haltige Kohlenhydrate, z. B. in den Glykoproteiden und in den Albuminen[1];

Phosphorsäure (in esterartiger Bindung) im Casein[2];

Kupfer in den Hämocyaninen[3] und den Phenoloxydasen[4];

Eisen im Ferritin[5];

Eisenporphyrinkomplexe in den Häminfarbstoffen, wie Hämoglobin, den Cytochromen und der Katalase[6];

Lipoide, wie z. B. Fette, Phospholipoide, Carotinoide (z. B. im Sehpurpur[7]). Andere Farbstoffe (gelbes Ferment[8]);

Nucleinsäuren in den Nucleoproteiden und Viren usw.

Die Aminosäuren der Eiweißkörper sind α-Aminosäuren, mit Ausnahme von Prolin und Oxyprolin, bei denen es sich um α-Iminosäuren handelt. Sie gehören, von vereinzelten Sonderfällen abgesehen (vgl. oben), der L-Reihe an.

b) Peptidverknüpfung. Nach E. FISCHER[9], dem wir die ersten planmäßigen Versuche verdanken, sind die Aminosäuren im Eiweißmolekül säureamidartig (peptidartig) zu langen Ketten vereinigt. Damit erscheint das allgemeine Strukturbild der Eiweißstoffe gekennzeichnet durch die Peptidkettenformel

$$H_2N-CH-CO-NH-CH-CO-NH-CH-CO\cdots\cdots\cdots NH-CH-COOH$$
$$R_1 R_2 R_3 R_x$$

wobei die variablen Reste (R) der einzelnen Aminosäuren nach Art von Seitenketten herausragen. Die freien Endgruppen der langen Kette, die α-Amino- und die Carboxylgruppen, verschwinden fast im Verbande des großen Eiweißmoleküls.

Folgende Tatsachen lassen sich unter anderem als Stützen der Peptidtheorie anführen:

Im Gegensatz zu den Aminosäuren, die bei der Hydrolyse der Proteine entstehen, enthalten die Eiweißkörper selbst nur wenige freie Amino- und Carboxylgruppen. Es ist also sicher, daß bei der Verknüpfung der Aminosäuren zum Eiweißmolekül die Amino- und Carboxylgruppen in Anspruch genommen werden.

Die Hydrolysierbarkeit der Eiweißstoffe zu Aminosäuren ist nur bei amidartiger Bindung zu erklären, da andere Bindungsarten, z. B. $-CH_2-NH-CH_2-$ unter den Hydrolysebedingungen beständig wären.

Es ist gelungen, *unter den Spaltstücken* der unvollständigen Hydrolyse von Eiweißstoffen *Peptide* aufzufinden und in reiner Form zu gewinnen (s. S. 612).

[1] SØRENSEN, M., u. G. HAUGAARD: B. Z. **260**, 247 (1933). — NEUBERGER, A.: Biochem. J. **32**, 1435 (1938). — [2] RIMINGTON, C.: Biochem. J. **21**, 1179, 1187 (1927). — [3] CONANT, J. B., F. DERSCH and W. E. MYDANS: J. biol. Ch. **107**, 755 (1934). — REDFIELD, A. C: Biol. Rev. **9**, 175 (1934). — [4] KUBOWITZ, F.: B. Z. **292**, 221 (1937); **299**, 32 (1938). — Übersicht: WARBURG, O.: Schwermetalle als Wirkungsgruppen von Fermenten. Berlin 1946. — [5] LAUFBERGER, V.: Bull. Soc. Chim. biol. **19**, 1575 (1937). — KUHN, R., N. A. SÖRENSEN u. L. BIRKOFER: B. **73**, 823 (1940). — [6] EULER, H. v., u. K. JOSEPHSON: A. **452**, 158 (1927); **455**, 1 (1927). — SUMNER, J. B., and A. L. DOUNCE: Science, N. Y. **85**, 366 (1937). J. biol. Ch. **121**, 417 (1937). — [7] WALD, B.: J. gen. Physiol. **19**, 351 (1935/36). — [8] WARBURG, O.: B. Z. **152**, 479 (1924); **189**, 354 (1927). — WARBURG, O., u. W. CHRISTIAN: Naturwiss. **20**, 688, 988 (1932). B. Z. **254**, 438 (1932); **257**, 492 (1933); **298**, 368 (1938). — [9] FISCHER, E.: B. **35**, 1095 (1902); **39**, 530 (1906).

Dem ersten, von FISCHER und ABDERHALDEN[1] bei der partiellen Säurehydrolyse von Seidenfibroin abgefangenen Dipeptid, dem Glycyl-L-alanin, folgten später viele andere, wie auch Tri- und Tetrapeptide. Auch unter den Spaltstücken des enzymatischen Eiweißabbaues, also unter Bedingungen, unter welchen Umlagerungen so gut wie ausgeschlossen sind, hat man eine Anzahl von Peptiden aufgefunden (S. 612).

Unter Verwendung der von ihm aufgefundenen Methoden hat E. FISCHER eine große Anzahl von Peptiden synthetisch bereitet, bei deren Aufbau allerdings vorwiegend die einfachen Monoaminomonocarbonsäuren verwendet wurden (vgl. Aminosäuren, S. 568ff.). Unter diesen Peptiden befanden sich auch solche, die bei der partiellen Hydrolyse von Eiweißstoffen gewonnen waren. Wie die Eiweißstoffe, so wurden auch alle diese einfachen, synthetisch bereiteten Peptide durch Säuren, Alkalien und, was noch wichtiger ist, von proteolytischen Enzymen in ihre Bausteine gespalten. Hochgliedrige Polypeptide, wie das von FISCHER synthetisierte Oktadeka-peptid, bestehend aus Glycin- und Leucinresten, zeigen in bezug auf Löslichkeit und Aussalzbarkeit eine Ähnlichkeit zu einigen noch hochmolekularen Abbaustufen der Eiweißstoffe, nämlich zu den Peptonen.

Durch die neuere Entwicklung unserer Kenntnisse über die eiweiß- und peptidspaltenden Enzyme hat die Peptidtheorie eine umfangreiche Bestätigung gefunden[2]. Dabei hat sich folgendes ergeben:

Bei der enzymatischen Hydrolyse von Eiweißkörpern entstehen basische und saure Gruppen im Verhältnis 1:1, wie dies bei der Spaltung von Amidbindungen zu erwarten ist. Im allgemeinen findet man Äquivalenz zwischen Amino- und Carboxylgruppen; eine Ausnahme bilden Proteine, die Prolin oder Oxyprolin in Peptidverknüpfung enthalten, bei deren Hydrolyse Imino- an Stelle von Aminogruppen in Freiheit gesetzt werden[3].

Alle Arten von Peptiden, die aus den verschiedensten α-Aminosäuren aufgebaut waren, erwiesen sich als durch Peptidasen spaltbar.

Neuerdings sind durch BERGMANN auch synthetische Peptide aufgebaut worden, die durch die eigentlichen Proteinasen gespalten werden. Gegenwärtig sind synthetische Substrate für 6 Proteinasen bekannt, nämlich für Trypsin, Chymotrypsin, Pepsin, Kathepsin, Papain und Bromelin (vgl. das Kapitel Amidasen).

Die Anwesenheit von Aminodicarbonsäuren und von Diaminocarbonsäuren läßt das Vorkommen von verzweigten unregelmäßigen Ketten als möglich erscheinen (vgl. Formel I u. II).

Tatsächlich sind in natürlich vorkommenden Peptiden, z.B. im Glutathion, derartige Bindungen, an denen insbesondere die γ-Carboxylgruppe der Glutaminsäure beteiligt ist, verwirklicht. Alle bisherigen chemischen Untersuchungen sprechen aber dafür, daß *in den Eiweißkörpern die Peptidverknüpfung mindestens der Hauptsache nach durch die am α-C-Atom befindlichen Amino- und Carboxylgruppen vermittelt wird* und daß die in den Seitenketten der Aminosäuren enthaltenen Amino-, Carboxyl- und Oxygruppen nicht an der hauptvalenzchemischen Verknüpfung der Aminosäuren beteiligt sind[4]. Die angeführten natürlichen Peptide würden demnach eine Sonderstellung einnehmen, die mit ihrer biologischen Funktion in Einklang gebracht werden kann (vgl. S. 576ff.).

[1] Vgl. FISCHER, E., u. E. ABDERHALDEN: B. **39**, 752, 2315 (1906); **40**, 3544 (1907). — [2] Zum Beispiel WALDSCHMIDT-LEITZ, E., A. SCHÄFFNER u. W. GRASSMANN: H. **156**, 68 (1926). — WALDSCHMIDT-LEITZ, E.: Angew. Chem. **40**, 576, 1246 (1927). — GRASSMANN, W., u. F. SCHNEIDER: Ergebn. Enzymforsch. **5**, 79 (1936). — NORTHROP, J. H., and M. KUNITZ: J. gen. Physiol. **12**, 379 (1929). — BERGMANN, M., and L. ZERVAS: J. biol. Ch. **114**, 711 (1936). — HAUROWITZ, F.: Exper. **5**, 347 (1949). — Vgl. hierzu auch GRASSMANN, W., u. J. TRUPKE: Handb. Gerbereichem. u. Lederfabrik. (BERGMANN-GRASSMANN) 1/1, 373 (1944). — [3] BERGMANN, M., L. ZERVAS, H. SCHLEICH u. F. LEINERT: H. **212**, 72 (1932). — BERGMANN, M., L. ZERVAS u. H. SCHLEICH: B. **65**, 1747 (1932). — [4] HAUROWITZ, F.: Exper. **5**, 347 (1949).

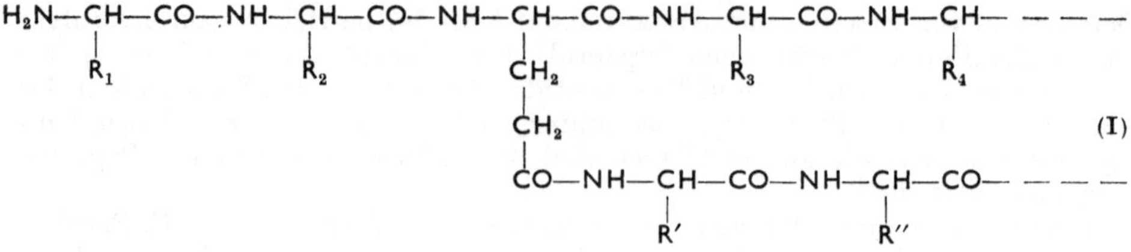

$$H_2N—CH—CO—NH—CH—CO—NH—CH—CO—NH—CH—CO—NH—CH— — — —$$

with side chains R_1, R_2, CH_2, R_3, R_4; the CH_2 branch continues CH_2 then $CO—NH—CH—CO—NH—CH—CO— — — —$ with side chains R', R''.   (I)

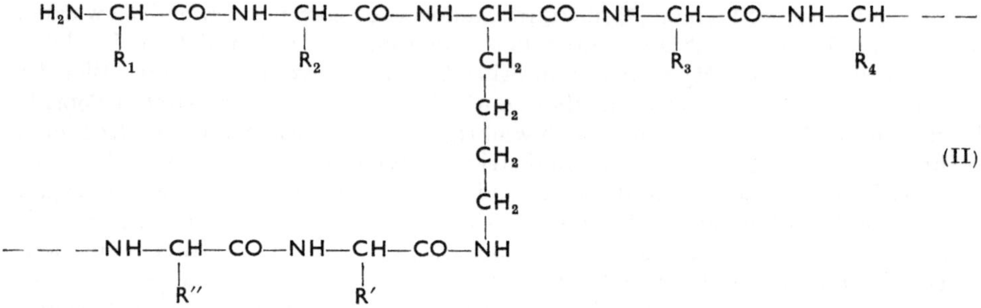

$$H_2N—CH—CO—NH—CH—CO—NH—CH—CO—NH—CH—CO—NH—CH— — —$$

with side chains R_1, R_2, CH_2, R_3, R_4; the CH_2 branch continues CH_2, CH_2, CH_2, then $— — —NH—CH—CO—NH—CH—CO—NH$ with side chains R'', R'.   (II)

Daß die ε-Aminogruppe des *Lysins* in Eiweißstoffen ungebunden vorliegt, geht aus folgendem hervor: die Menge des nach VAN SLYKE bestimmbaren Aminostickstoffs der Eiweißstoffe entspricht im allgemeinen der Hälfte des Lysinstickstoffs[1]. Soweit höhere Werte gefunden wurden[2], dürfte dies mit den Mängeln der VAN SLYKE-Bestimmung zusammenhängen[3]. Mit salpetriger Säure behandeltes Eiweiß liefert bei der Hydrolyse kein Lysin mehr[4]. Hydrolysiert man ferner ein mit Phenylisocyanat, Benzolsulfochlorid oder Fluordinitrobenzol (vgl. S. 608) behandeltes, lysinhaltiges Eiweiß, so erhält man die entsprechend substituierten Aminosäuren, z. B.

$$C_6H_5—NH—CO—NH—(CH_2)_4—CH(NH_2)COOH \quad \text{bzw.}$$
ε-Phenyluramino-lysin

$$C_6H_5—SO_2—NH—(CH_2)_4—CH(NH_2)COOH$$
ε-Benzolsulfo-lysin [5]

Daß die Guanidogruppe des *Arginins* frei vorliegt, zeigt schon der positive Ausfall der SAKAGUCHI-Reaktion (S. 550, 602) bei unveränderten Eiweißstoffen, ferner das Verhalten der Eiweißstoffe bei der Nitrierung, wobei nach der Hydrolyse Nitroarginin entsteht[6]:

$$O_2N—NH—C(=NH)—NH—(CH_2)_3—CH(NH_2)—COOH$$

Neuere Ergebnisse weisen allerdings darauf hin, daß in Virusproteinen ein Teil der Guanidogruppen an die Nucleinsäure gebunden und nach SAKAGUCHI nicht mehr nachweisbar ist[7]. Auch soll nach ROCHE[8] in anderen Eiweißkörpern ein Teil des Arginins nicht nitrierbar sein.

[1] SLYKE, D. D. VAN, and F. J. BIRCHARD: J. biol. Ch. **16**, 539 (1913/14). — [2] BRAND, E., L. G. SAIDEL, W. C. GOLDWATER, B. KASSELL and F. J. RYAN: Am. Soc. **67**, 1524 (1945).— CHIBNALL, A.: Proc. R. Soc. London (B) **131**, 136 (1941). — EDSALL J,.: Ann. N. Y. Acad. Sci. **47**, 229 (1946). — THEORELL, H., and Å. ÅKESON: Am. Soc. **63**, 1804 (1941). — [3] VISCONTINI, M.: Helv. **29**, 1491 (1946). — CARTER, H. E., and S. R. DICKMANN: J. biol. Ch. **149**, 571 (1943). — CHIBNALL, A., and R. WESTALL: Biochem. J. **26**, 122 (1938). — LAINE, T.: Ann. Acad. Sci. fenn. A II no. 11 (1944). — HAUROWITZ, F.: Exper. **5**, 347 (1949). — [4] SKRAUP, Z. H., u. K. KAAS: A. **351**, 379 (1907). — KOSSEL, A., u. F. WEISS: H. **78**, 402 (1912). — [5] KAPFHAMMER, J.: H. **191**, 112 (1930). — HOPKINS, S. J., and A. WORMALL: Biochem. J. **27**, 740, 1706 (1933); **28**, 228 (1934). — GURIN, S., and H. T. CLARKE: J. biol. Ch. **107**, 395 (1934). — [6] KOSSEL, A., u. F. WEISS: H. **78**, 402 (1912); **84**, 1 (1913). — [7] HAHN, F., u. G. A. KAUSCHE: B. Z. **319**, 155 (1949). — [8] ROCHE, J., et M. MOURGUE: Cr. **226**, 1848 (1948).

In Clupein kann nach VAN SLYKE nur eine freie Aminogruppe auf 4000 g Clupein nachgewiesen werden, während sein gesamtes Säurebindungsvermögen 20mal so groß ist, als nach dem Gehalt an freien Aminogruppen zu erwarten wäre. Die übrigen säurebindenden Gruppen müssen demnach den freien Guanido-gruppen angehören[1]. Ganz allgemein entspricht das Säurebindungsvermögen der Eiweißstoffe ungefähr der Summe ihres Gehalts an Histidin, Lysin und Arginin (vgl. S. 624, Tabelle 106).

Wie aus dem positiven Ausfall der PAULYschen Reaktion hervorgeht (S. 552, 602), liegt der Imidazolring des *Histidins* in den Eiweißstoffen frei vor; mit Benzolsulfochlorid behandelte Eiweißstoffe geben diese Reaktion nicht[2]. Mit Fluordinitrobenzol reagiert der Imidazolrest in denaturierten Proteinen vollstän-dig, in nativen oft nur teilweise[3].

Sowohl *phenolisches Hydroxyl* wie auch *alkoholische Hydroxylgruppen*, die in der Seitenkette vieler Aminosäuren (Tyrosin, Serin, Threonin usw.) enthalten sind, liegen in Eiweißstoffen ebenfalls, mindestens zum großen Teil, frei vor, wie aus Acylierungsversuchen zu ersehen ist (S. 605). In wenigen Eiweißstoffen sind alkoholische Hydroxyle mit Phosphorsäure verestert[4].

Auch das bei der enzymatischen Hydrolyse beobachtete Auftreten äquivalenter Mengen von Carboxyl- und Aminogruppen weist darauf hin, daß die Guanidino-gruppen des Arginins und der Imidazolring des Histidins und die aliphatischen oder aromatischen Hydroxylgruppen nicht an der Verknüpfung der Aminosäuren beteiligt sind.

Daß die β- bzw. γ-Carboxyle der *Asparagin-* und *Glutaminsäure* an der Ver-knüpfung der Aminosäuren untereinander kaum beteiligt sein können, geht aus fermentchemischen Erwägungen hervor[5]. Peptidbindungen, an denen die β- bzw. γ-Carboxylgruppe der Asparaginsäure und Glutaminsäure[6] oder die zweite Amino-gruppe von Diaminosäuren[7] beteiligt sind, erweisen sich nämlich als fermentativ unspaltbar, zum mindesten für die gewöhnlichen Peptidasen.

Zu dem gleichen Ergebnis führt die Umsetzung von Proteinen mit Ammonium-thiocyanat in Gegenwart von Essigsäureanhydrid, wobei nur die α-Carboxyle zur Bildung von Thiohydantoinen Anlaß geben. Die geringen Mengen von Thiohydantoin bzw. von Thioharnstoff, die bei dieser Reaktion aus Casein, Ovalbumin, Zein, Serumalbumin und Globin erhalten werden, entsprechen etwa der Annahme einer endständigen freien α-Carboxylgruppe pro Proteinmolekül[8]. In dem aus Glutaminsäureresten aufgebauten spezifischen Kapselsubstanz-protein des Milzbrandbacillus ist dagegen eine erhebliche Anzahl von γ-Glut-aminylbindungen nachgewiesen[9].

Auf Grund der weitgehenden Übereinstimmungen, die bei vielen Eiweiß-stoffen zwischen dem Amidstickstoff (S. 613) und dem Gehalt an Aminodicarbon-säuren bestehen, hat OSBORNE[10] geschlossen, daß die fraglichen Aminosäuren in diesen Eiweißkörpern in Form ihrer β- bzw. γ-Amide enthalten sind, was später

[1] RASMUSSEN, K. E., u. K. LINDERSTRØM-LANG: C. R. Lab. Carlsberg **20**, Nr. 10 (1935). H. **227**, 181 (1934). — [2] HIRAYAMA, K.: H. **59**, 285 (1909). — KOSSEL, A., u. S. EDLBACHER: H. **93**, 396 (1914/15). — [3] PORTER, R. R.: Biochem. J. **46**, 304 (1950). — [4] RIMINGTON, C.: Biochem. J. **21**, 1179, 1187 (1927). — LINDERSTRØM-LANG, K.: Ergebn. Physiol. **35**, 415, 462 (1933). — LIPMANN, F.: Naturwiss. **21**, 236 (1933). — [5] GRASSMANN, W., u. H. BAYERLE: B. Z. **268**, 214 (1934). — GRASSMANN, W., u. F. SCHNEIDER: B. Z. **273**, 452 (1934). — [6] GRASSMANN, W., u. F. SCHNEIDER: B. Z. **273**, 452 (1934). — [7] SCHNEIDER, F.: B. Z. **291**, 328 (1937). — [8] HAUROWITZ, F.: 17. Int. Congr. Physiol. S. 79 (1947). — HAUROWITZ, F.: Exper. **5**, 347 (1949). — [9] HAUROWITZ, F., and F. BURSA: Biochem. J. **44**, 509 (1949). — IVANOVICS, G., u. V. BRUCKNER: Naturwiss. **25**, 250 (1937). — HANBY, W. E., and H. N. RYDON: Biochem. J. **40**, 297 (1946). — [10] OSBORNE, T. B., C. S. LEAVENWORTH and C. A. BRAUTLECHT: Amer. J. Physiol. **23**, 180 (1908/09).

durch Isolierung von Glutamin und Asparagin aus enzymatisch gewonnenen Hydrolysaten bestätigt wurde [1] (vgl. S. 546).

Soweit die zweiten Carboxylgruppen der Dicarbonsäuren nicht amidartig an NH_3 gebunden wird, dürften sie als freie, ionisierbare Gruppen vorhanden sein.

Dagegen sind Peptidbindungen, an denen das *Prolin* und das *Oxyprolin*, sei es mit ihrer Imino- oder Carboxylgruppe, beteiligt sind, enzymatisch spaltbar, und zwar durch spezifische Peptidasen [2] (vgl. Enzymteil). Diese Bindungen dürften also auch im Eiweiß vorliegen.

Auch die Ergebnisse der Röntgenstrukturanalyse sind — zum mindesten für die Faserproteine — kaum anders zu deuten als durch die Annahme einer regelmäßigen Aufeinanderfolge von Peptidbindungen zwischen α-Amino- und Carboxylgruppen.

Eine enzymatische Angreifbarkeit *cyclischer* Strukturen, insbesondere von Dioxopiperazinen, konnte bisher nicht sicher erwiesen werden. Die Behauptung [3], daß gewisse Dioxopiperazine mit sauren oder basischen Seitenketten, z. B. Glutaminyl-glycinanhydrid und Histidyl-histidinanhydrid, dank ihrer polaren Struktur von Enzymen angegriffen werden, ist inzwischen von mehreren Seiten [4] widerlegt worden. Auch gegen die Annahme höhergliedriger Ringe, wie sie von WRINCH [5] sowie von JORDAN [6] als normale Strukturelemente der Eiweißkörper zur Diskussion gestellt werden, lassen sich schwerwiegende experimentelle Einwände erheben [7]. In einigen Antibioticis sowie in Phalloidin dürfte indessen die Anwesenheit vielgliedriger Ringe anzunehmen sein. Diese Substanzen werden, soweit bekannt, von Enzymen nicht angegriffen.

Alle diese Befunde machen es in hohem Grade wahrscheinlich, daß die amidartige Verknüpfung zwischen den am α-C-Atom befindlichen Amino- und Carboxylgruppen gemäß der Formel I

$$H_2N-\underset{\underset{R_1}{|}}{C}H-CO-NH-\underset{\underset{R_2}{|}}{C}H-CO-NH-\underset{\underset{R_3}{|}}{C}H-CO-\cdots\cdots-NH-\underset{\underset{R_n}{|}}{C}H-COOH \tag{I}$$

das wesentliche Verknüpfungsprinzip der Aminosäurebausteine darstellt. Es darf angenommen werden, daß die Polypeptidkette auch in einer tautomeren Enolstruktur

$$H_2N-\underset{\underset{R_1}{|}}{C}H-\underset{\underset{OH}{|}}{C}=N-\underset{\underset{R_2}{|}}{C}H-\underset{\underset{OH}{|}}{C}=N-\underset{\underset{R_3}{|}}{C}H-\underset{\underset{OH}{|}}{C}=\cdots\cdots-N-\underset{\underset{R_n}{|}}{C}H-COOH \tag{II}$$

vorliegen kann. Für diese durch mancherlei ältere Beobachtungen und Betrachtungen nahegelegte Vorstellung sind neuerdings durch optische Messung der Ultraviolettabsorption überzeugende experimentelle Stützen beigebracht worden [8] (vgl. S. 637). Die verschiedene Natur der am Aufbau der Molekülketten beteiligten Aminosäuren wirkt sich bei ausschließlicher α-Verknüpfung lediglich als Variation der Seitenketten, das ist der Reste R_1, R_2, $R_3 \ldots R_n$, aus. Die Natur dieser Seitenketten, ihre Raumbeanspruchung, ihr hydrophiler oder hydrophober Charakter, die in ihnen enthaltenen ionisierbaren sauren oder

[1] DAMODARAN, M.: Biochem. J. **26**, 235 (1932). — DAMODARAN, M., G. JAABACH and A. C. CHIBNALL: Biochem. J. **26**, 1704 (1932). — SYNGE, R. L. M.: Biochem. J. **33**, 671 (1939). — [2] BERGMANN, M., L. ZERVAS, u. H. SCHLEICH: B. **65**, 1747 (1932). — GRASSMANN, W., u. O. LANG: B. Z. **269**, 211 (1934). — GRASSMANN, W., u. K. RIEDERLE: B. Z. **284**, 177 (1936). — [3] ISHIYAMA, T.: J. Biochem. **17**, 285 (1933). — SHIBATA, K.: Acta phytochim., Tokyo, **8**, 173 (1934). — [4] WALDSCHMIDT-LEITZ, E., u. M. GÄRTNER: H. **244**, 221 (1936). — GREENSTEIN, J. P.: J. biol. Ch. **112**, 517 (1935/36). — [5] WRINCH, D.: Proc. R. Soc. London (A) **160**, 59 (1937). Nature **145**, 669 (1940). — [6] JORDAN, P.: Eiweißmoleküle. Karlsruhe 1947. — [7] HAUROWITZ, F.: H. **256**, 28 (1938). — MEARS, W., and H. SOBOTKA: Am. Soc. **61**, 880 (1939). — [8] KLOTZ, I. M., P. GRISWOLD and D. M. GRUEN: Am. Soc. **71**, 1615 (1949).

basischen Gruppen sind für die individuellen Eigenschaften der einzelnen Proteine entscheidend. Sie vermitteln durch elektrostatische Anziehung oder durch Brückenbindungen anderer Art den Zusammentritt der Polypeptidketten zum dreidimensionalen Gitterverband der Eiweißmoleküle (s. S. 654) und sie sind maßgebend für die Salzbildung, die Löslichkeit, die sonstigen physikalischen und chemischen Eigenschaften und sicher auch für die biologischen Funktionen der verschiedenen Eiweißkörper.

c) Periodischer Aufbau. Durch die Variationsfähigkeit der einzelnen Grundbausteine unterscheiden sich die Eiweißkörper grundsätzlich von anderen natürlichen hochmolekularen Naturstoffen, wie z.B. Stärke, Cellulose oder Kautschuk, deren Kettenmoleküle durch oftmalige Wiederholung *desselben* Bausteins (Glucose- bzw. Isoprenrest) gebildet werden. Schon EMIL FISCHER hat auf die unerhörte Variationsmöglichkeit im Aufbau der Eiweißkörper hingewiesen, die sich aus diesem Sachverhalt ergibt, und sie mit den biologischen Funktionen der Eiweißkörper in Verbindung gebracht. Rechnet man, der Einfachheit halber, nur mit 20 Aminosäuren als Bausteine der Eiweißmoleküle, so ergeben sich schon für ein Dipeptid 20^2, für ein Tripeptid 20^3, für ein Peptid aus n Aminosäuren also 20^n mögliche Kombinationen. Da die niederstmolekularen Eiweißkörper aus erheblich über 100 Einzelbausteinen aufgebaut sind, kann man sich leicht ausrechnen, welche unvorstellbare Zahl verschiedenartiger Eiweißkörper aus den bekannten natürlichen Aminosäuren aufgebaut werden könnten. Die Strukturermittlung eines bestimmten Eiweißkörpers, d. h. die Feststellung von Zahl, Reihenfolge und räumlicher Anordnung der am Aufbau einer Polypeptidkette beteiligten Aminosäure-Bausteine, hat deshalb lange Zeit als eine unlösbare Aufgabe gegolten.

In den letzten Jahrzehnten sind nun eine Reihe von Tatsachen gefunden worden, die in ihrer Gesamtheit zeigen, daß die Aminosäuren in den Polypeptidketten der Eiweißkörper keineswegs wahl- und regellos unter Ausnutzung aller variationsstatistisch denkbaren Möglichkeiten angeordnet sind, sondern daß der Bau der Eiweißkörper durch bestimmte Regelmäßigkeiten, wahrscheinlich durch eine periodische Wiederkehr von Anordnungen gleicher oder ähnlicher Aminosäuren gekennzeichnet ist, was übrigens im Prinzip schon von KOSSEL[1] vermutet wurde.

Dies ist eigentlich nur eine notwendige Folge der schon sehr lange bekannten, aber erst in den beiden letzten Jahrzehnten in ihrer Bedeutung erkannten *Krystallisationsfähigkeit* der Proteine. Denn nur periodisch geordnete Polypeptidketten können zu geordneten Krystallgittern zusammentreten.

Auch die *chemischen* und *enzymchemischen Analysen* der Eiweißkörper legen die gleiche Vorstellung nahe.

Als erstes Beispiel dafür gilt die Struktur eines natürlichen, wenn auch nicht ausgesprochen hochmolekularen Eiweißstoffes, des *Clupeins*, das auf 2 Argininreste genau eine Monoaminosäure enthält. Das fermentative Verhalten des Clupeins gegenüber einheitlichen Enzymen verschiedener Spezifität sowie die Ergebnisse der partiellen Hydrolyse sind am besten mit Anordnung 1 (WALDSCHMIDT-LEITZ[2]) oder mit Anordnung 2 (FELIX[3]) in Einklang zu bringen (vgl. S. 715):

1. M—A A—M—A A—M—A A—P—A A—M—A A
2. P—AA—AA—M—M—AA—AA—M—M—AA—AA—M—M— AA—AA—M—M—AA

       (AA = Arginyl-arginin; P = Proline; M = Monoaminosäure)

Auf einen geregelten und periodischen Bau der Polypeptidketten weisen auch die beim fraktionierten *enzymatischen* Abbau von Eiweißkörpern gewonnenen Ergebnisse hin.

[1] KOSSEL, A., u. E. G. SCHENCK: H. **173**, 278 (1928). — [2] WALDSCHMIDT-LEITZ, E., u. E. KOFRANYI: H. **236**, 181 (1935). — [3] FELIX, K., u. A. MAGER: H. **249**, 111 (1937).

Läßt man auf Eiweißkörper einheitliche proteolytische Enzyme einwirken, so wird in keinem Fall vollkommene proteolytische Hydrolyse erreicht, vielmehr vermag jedes einzelne Enzym jeweils nur bestimmte Bindungen, entsprechend seiner Spezifität, anzugreifen, nach deren Auflösung seine Wirkung zum Stillstand kommt. Läßt man auf die gebildeten Abbauprodukte ein anderes proteolytisches Enzym einwirken, so geht der Abbau weiter, indem (entsprechend der Spezifität des neuen Enzyms) weitere Bindungen gelöst werden. Durch aufeinanderfolgende Wirkung mehrerer proteolytischer Enzyme kann schließlich vollständige Aufspaltung zu Aminosäuren erreicht werden. Von WALDSCHMIDT-LEITZ, SCHÄFFNER und GRASSMANN[1] ist gefunden und in der Folge vielfach bestätigt worden, daß bei einem derartigen stufenweisen Abbau durch mehrere Enzyme die Abbauleistungen der einzelnen Enzyme, d. h. die Zahl der von ihnen gelösten Peptidbindungen in einem einfachen ganzzahligen Verhältnis untereinander und zur Gesamtzahl der vorhandenen Peptidbindungen stehen. Bei der großen Zahl von Peptidbindungen, die in einem Eiweißmolekül vorhanden sind, kann dieser Befund nur dahingehend gedeutet werden, daß jeweils ein bestimmter einfacher und

Tabelle 99. Hydrolyse von Eieralbumin durch proteolytische Fermente
nach CALVERY[2].

Die Ergebnisse jedes Versuches beziehen sich auf 200 mg krystallisierten Eieralbumins. Der Zuwachs an Carboxylgruppen wurde durch Titration, derjenige von Aminogruppen nach VAN SLYKE ermittelt. Die erhaltenen Werte sind in cm³ 0,2 n-Säure umgerechnet.
(Trypsin = tryptische Proteinase.)

Versuch Nr.	Reihenfolge von Enzymen	Zuwachs cm³ 0,2 n		% NH$_2$-N vom Gesamt-N	Hydrolysierte Peptidbindungen (cm³ 0,2 n Säure)	Spaltungsgrad in %
		COOH	NH$_2$			
1	Pepsin	2,70	2,81	25	90	24
	Trypsin	0	0	0		
2	Pepsin	2,70	2,81	25	90	24
	Papain-HCN		1,86	20	72	20
	Summe		*4,67*	*45*	*162*	*44*
3	Pepsin	2,70	2,81	25	90	24
	Protaminase	0,88	0,89	7	25	7
	Aminopolypeptidase	2,12	2,00	18	65	17
	Summe	*5,70*	*5,70*	*50*	*180*	*48*
4	Pepsin	2,90	2,84	25	90	24
	Protaminase + Carboxypolypeptidase	2,67	2,70	25	90	24
	Summe	*5,57*	*5,54*	*50*	*180*	*48*
5	Pepsin	2,70	2,81	25	90	24
	Aminopolypeptidase	2,73	2,81	25	90	24
	Summe	*5,43*	*5,62*	*50*	*180*	*48*
6	Pepsin	2,70	2,81	25	90	24
	Protaminase	0,88	0,89	7	25	7
	Erepsin	4,18	4,13	38	155	41
	Summe	*7,76*	*7,83*	*70*	*270*	*72*
7	Pepsin	2,70	2,81	25	90	24
	Erepsin	4,99	5,10	45	180	48
	Summe	*7,69*	*7,91*	*70*	*270*	*72*
8	Säurehydrolyse			73	270	72

[1] WALDSCHMIDT-LEITZ, E., A. SCHÄFFNER u. W. GRASSMANN: H. **156**, 68 (1926). —
[2] CALVERY, O. H.: J. biol. Ch. **94**, 613 (1931/32).

ganzzahliger Bruchteil der gesamten Peptidbindungen sich in Bezug auf seine enzymatische Angreifbarkeit gleichartig verhält, was am einfachsten durch die Annahme erklärt wird, daß Bindungen zwischen gleichen oder ähnlichen Aminosäuren sich gesetzmäßig über die gesamte Peptidkette wiederholen. In Tabelle 99 sind Ergebnisse eines derartigen, von CALVERY[1] an krystallisiertem Eieralbumin durchgeführten Versuches wiedergegeben; sie zeigen, daß in diesem Falle die in verschiedener Kombination und Reihenfolge verwendeten Einzelenzyme jeweils Bruchteile von Dritteln der insgesamt lösbaren Bindungen aufspalten.

Ergebnisse dieser Art führen dazu, nach einem gesetzmäßigen Aufbauplan der Eiweißmoleküle zu suchen. Dieser Versuch findet eine weitere Stütze einerseits in den weiter unten (S. 594) noch ausführlicher zu diskutierenden Befunden, wonach die *Molekulargewichte* der meisten Eiweißkörper sich als annähernd ganzzahlige Vielfache einer Grundeinheit von 17600 erweisen sollen, andererseits in der Feststellung *stöchiometrischer ganzzahliger Verhältnisse*, die man häufig zwischen den einzelnen Aminosäurebausteinen der Eiweißkörper angetroffen hat.

Es ist bereits darauf hingewiesen worden, daß von den Aminosäuren der Protamine genau $^2/_3$ auf basische Aminosäuren (im allgemeinen Arginin), $^1/_3$ auf die übrigen Aminosäuren entfällt. Diese Feststellung ist keineswegs vereinzelt. So ist es seit längerer Zeit bekannt, daß das Glykokoll von den gesamten Aminosäuren des Seidenfibroins genau die Hälfte, von denen des Kollagens genau $^1/_3$, oder daß das Prolin von den Aminosäuren des Kollagens recht genau $^1/_6$ ausmacht[2], vgl. S. 724.

Tabelle 100. Verteilung von Aminosäuren im Eieralbumin nach BERGMANN und NIEMANN[3].

Aminosäure	Gefundener %-Gehalt	Molekular-gewicht	Grammoleküle in 100 g Protein		Verhältnis	„Frequenz"**
			gefunden	berechnet*		
	(1)	(2)	(3)	(4)	(5)	(6)
Glutaminsäure . . .	14,0	147	0,095	0,101	36	$8 = 2^3$
Asparaginsäure . . .	6,1	133	0,046	0,045	16	$18 = 2 \cdot 3^2$
Methionin	5,2	149	0,035	0,034	12	$24 = 2^3 \cdot 3$
Lysin	5,0	146	0,034	0,034	12	$24 = 2^3 \cdot 3$
Arginin	5,6	174	0,032	0,034	12	$24 = 2^3 \cdot 3$
Tyrosin	4,2	181	0,023	0,022	8	$36 = 2^2 \cdot 3^2$
Histidin	1,5	155	0,009	0,011	4	$72 = 2^3 \cdot 3^2$
Cystein	1,3	121	0,011	0,011	4	$72 = 2^3 \cdot 3^2$

Die weitere Feststellung von zum Teil experimentell gesicherten, oder doch wenigstens wahrscheinlichen, zum Teil aber auch durchaus fragwürdigen stöchiometrischen Mengenverhältnissen zwischen den Aminosäuren hat schließlich zu einer von BERGMANN und NIEMANN entwickelten[3] Hypothese über den Aufbau der Polypeptidketten der Eiweißkörper geführt. Nach dieser Hypothese soll die Gesamtzahl der Aminosäuren in einem Eiweißmolekül durch die Formel $2^m \cdot 3^n$

---

* Berechnet auf der Basis 0,0338 = Mittelwert aus g/mol von Methionin, Lysin und Arginin.

** Die Frequenz F_x einer Aminosäure x ist definiert als reziproker Wert ihres mengenmäßigen Anteils an der Gesamtzahl der Aminosäuren des Moleküls. Es ist also

$$F_x = \frac{N_s}{N_x},$$ wobei N_s die Anzahl der gesamten Aminosäurebausteine des Eiweißmoleküls, N_x die Anzahl der im Eiweißmolekül vorhandenen Reste der Aminosäure x ist.

[1] Siehe Fußnote [2], S. 592. — [2] BOWES, J. H., and R. H. KENTEN: Biochem. J. **43**, 358 (1948). — [3] BERGMANN, M., and C. NIEMANN: Ann. Rev. **7**, 110 (1938). J. biol. Ch. **118**, 301 (1937). Science, N. Y. **86**, 187 (1937).

ausdrückbar sein, wobei n und m kleine ganze Zahlen sind; die Anzahl der Reste einer bestimmten Aminosäure im Eiweißmolekül soll immer $2^{m'} \cdot 3^{n'}$ betragen, wobei m' eine kleine ganze Zahl oder auch 0 sein kann. BERGMANN und NIEMANN machen die weitere Annahme, daß jede einzelne Aminosäure entsprechend ihrem mengenmäßigen Anteil an den gesamten Aminosäuren des Eiweißmoleküls in *gleichmäßigen Abständen*, oder, nach der Bezeichnung der Autoren, mit einer gleichmäßigen „Frequenz"[1] wiederkehren soll.

Aus der obigen Tabelle, nach BERGMANN, geht hervor, daß im Eieralbumin das Mengenverhältnis der angeführten 8 Aminosäuren, und zwar derjenigen, die damals mit einer ziemlich hohen Genauigkeit bekannt waren (vgl. dazu auch Tab. 121 S. 685), 36:16:12:12 :12:8:4:4 beträgt. Das mittlere Molekulargewicht der bei der Hydrolyse erhaltenen Aminosäuren ist 142, das mittlere Gewicht jedes H_2O-ärmeren Aminosäurerestes beträgt infolgedessen 124. Daraus folgt, daß 100 g Eieralbumin bei der Hydrolyse 0,806 g Mol dieser hypothetischen, „durchschnittlichen" Aminosäure liefern würden. Mit Hilfe dieser Feststellung sind die Zahlen der Spalte 6 berechnet, die folgendes besagen sollen: Glutaminsäure, Asparaginsäure, Methionin, Lysin, Arginin, Tyrosin, Histidin und Cystein machen jeweils $1/_8$, $1/_{18}$, $1/_{24}$, $1/_{24}$, $1/_{24}$, $1/_{36}$, $1/_{72}$ und $1/_{72}$ aller anwesenden Aminosäuren im Eieralbumin aus. In der Polypeptidkette des Eieralbumins soll nun nach der Vorstellung von BERGMANN und NIEMANN jeder Rest der Glutaminsäure durch 7, der Asparaginsäure durch 17, des Arginin durch 23, des Tyrosin durch 35, des Histidins durch 71 andere Aminosäurereste getrennt sein. Aus den Zahlen der Spalten 5 und 6 geht ferner hervor, daß die Gesamtzahl der Aminosäurebausteine im Eieralbumin das kleinste gemeinsame Vielfache der Frequenzzahlen, d. i. $288 = 2^5 \cdot 3^2$ oder ein Vielfaches sein muß. Multipliziert man aber die Zahl 288 mit 124, d. h. mit dem oben angegebenen mittleren Gewicht der „durchschnittlichen Aminosäure", so erhält man eine Zahl, die in guter Annäherung das Molekulargewicht von Eieralbumin angibt, nämlich 35700. Auf Grund ähnlicher Überlegung finden BERGMANN und NIEMANN, daß Hämoglobin 576 Aminosäurereste (Peptidbindungen) enthält, eine Zahl, die mit 115,5, dem errechneten mittleren Gewicht seiner Bausteine, multipliziert, die Größe des Molekulargewichts des Hämoglobins in guter Annäherung ergibt, nämlich 66500. Die Eiweißstoffe sollen im allgemeinen Vielfache von $144 = 12 \cdot 12 = 2^4 \cdot 3^2$ Aminosäurereste enthalten, entsprechend einem Molekulargewicht von 17600. Die Molekulargewichtseinheit 17600 (SVEDBERG, vgl. unten) wird in diesem Fall durch eine Einheit ersetzt, die 144 Aminosäurereste ausdrückt. Die Allgemeingültigkeit der „Svedberg-Einheit" von 17600 ist allerdings durch neuere Messungen fragwürdig geworden. Insbesondere ist das Molekulargewicht des Eieralbumins in allen späteren Bestimmungen nicht zu 35000, sondern zu 44000 gefunden worden, womit eine der wesentlichen Grundlagen der BERGMANNschen Hypothese hinfällig wird.

In Tabelle 101 sind einige weitere Beispiele von Aminosäureanalysen zusammengestellt, wie sie als Stütze für die Annahme derartiger stöchiometrischer Beziehungen zwischen den Aminosäurebausteinen angeführt wurden bzw. angeführt werden können. Bei den in Tabelle 101 aufgenommenen Eiweißkörpern handelt es sich durchwegs um solche, deren Bausteinanalyse z. Z. ihrer Aufstellung noch unvollständig war (vgl. spezieller Teil) und die daher im besten Fall nur unvollkommene Einblicke in den Bau des Moleküls erwarten läßt.

Gegen die Hypothese von BERGMANN und NIEMANN sind berechtigte Einwendungen erhoben worden. Sie richten sich in erster Linie gegen die oft willkürliche Errechnung ganzzahliger stöchiometrischer Verhältnisse, namentlich bei solchen Aminosäuren, die in den Eiweißkörpern nur in geringen Mengen vorliegen und deren Bestimmung ungenau ist.

Ferner ist darauf hinzuweisen, daß die Hypothese von BERGMANN und NIEMANN, soweit sie eine Wiederkehr bestimmter Aminosäuren in *gleichen* Abständen durch das ganze Eiweißmolekül postuliert, zu einem sehr komplizierten Aufbauschema

---

[1] Zur Kritik dieser Bezeichnung vgl. KRATKY, O., u. A. SEKORA: J. makromol. Chem. **1**, 113 (1943).

Tabelle 101. Ganzzahlige Aminosäureverhältnisse bei Proteinen mit unvollkommener Bausteinanalyse.

	Mol.-Gew.	Elastin[1]		Fibrin[2]		Hämoglobin[3]		Ferritin[4]		Hypophysen-vorderlappen Wachstumshormon[5]		Sekretin[6]	
		g-Mol je 100 g*	Ver-hältnis	g-Mol je 100 g	Ver-hältnis	g-Mol je 100 g	Ver-hältnis	g-Mol je 100 g	Ver-hältnis	g-Mol je 100 g	Ver-hältnis	g-Mol je 100 g	Ver-hältnis
Glykokoll	75	0,392	192					0,014	18	0,051	1		
Alanin	89												
Valin	117									0,033			
Leucin	131									0,092	3		
Isoleucin . . .	131									0,035			
Serin	105												
Threonin	119												
Asparaginsäure . .	133			0,044	32	0,043	32			0,067		0,021	1
Glutaminsäure . .	147			0,095	72	0,023	16			0,088	3	0,020	1
Oxyglutaminsäure	163												
Lysin	146			0,069	48	0,054	36	0,017	24	0,048	1	0,062	3
Arginin	174	0,005	3	0,044	32	0,017	12	0,057	72	0,052	1	0,039	2
Histidin	155			0,016	12	0,047	32	0,0016	2	0,017		0,026	1
Prolin	113	0,132	64	0,044	32	0,018	12					0,042	2
Oxyprolin	129												
Phenylalanin . . .	165							0,005	6	0,005			
Tyrosin	181					0,018	12	0,035	48	0,028			
Methionin	149	0,002	1	0,017	12			0,010	12	0,049		0,021	1
Cystin/2	120	0,001	1	0,012	9	0,005	3	0,009	12				
Tryptophan . . .	205			0,024	18			0,004	6				

* g-Mol je 100 g = Gew.-%: Mol.-Gew.

[1] STEIN, W. H., and E. G. MILLER jr.: J. biol. Ch. 125, 599 (1938). — [2] BERGMANN, M., and C. NIEMANN: J. biol. Ch. 115, 77 (1936). — [3] BERGMANN, M., and C. NIEMANN: J. biol. Ch. 118, 301 (1937). — [4] KUHN, R., N. A. SÖRENSEN u. L. BIRKOFER: B. 73, 823 (1940). — [5] FRANKLIN, A. L., CHOH HAO LI and M. S. DUNN: J. biol. Ch. 169, 515 (1947). — [6] NIEMANN, C.: Proc. nat. Acad. Sci. USA. 25, 267 (1939). Vgl. dazu ÅGREN, G.: J. Physiol., London 94, 553 (1939).

38*

und in vielen Fällen sogar zu unmöglichen Konsequenzen führt. Wenn mehrere Aminosäuren unabhängig voneinander mit verschiedenen „Frequenzen" innerhalb des Eiweißmoleküls wiederkehren, dann wird, wie dies auch von BERGMANN und NIEMANN hervorgehoben wird, kein Teil der Molekülkette dem

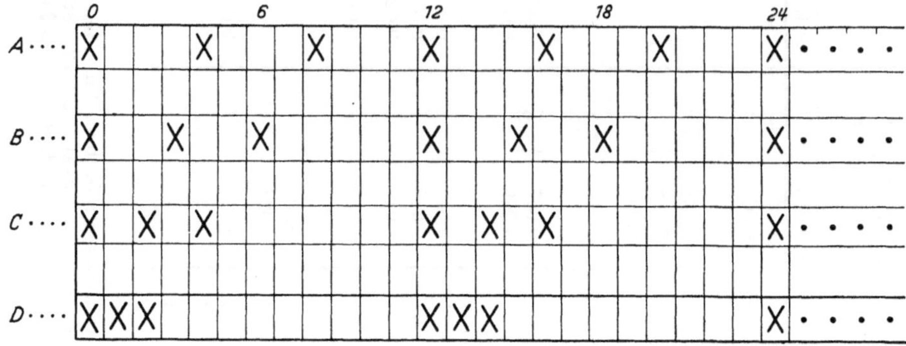

Abb. 50. Wiederkehr einer Aminosäure mit der „Frequenz" 4 innerhalb einer 12 zähligen Periode. (Nach GRASSMANN, W.: Vortrag Eiweißtagung Plassenburg, 1944.)

anderen ähnlich sein. Ja es muß sogar mit Notwendigkeit der Fall eintreten, daß zwei oder mehr Aminosäuren auf denselben Platz treffen[1]. Tatsächlich ist aber diese Annahme weder wahrscheinlich, noch notwendig. Wenn, wie im Beispiel der Tabelle 100, eine Aminosäure mit der „Frequenz" 18, eine zweite mit der „Frequenz" 24 und eine dritte mit der „Frequenz" 36 vorkommt, dann bedeutet dies lediglich, daß die erste Aminosäure unter 72 Aminosäuren

Tabelle 102. Ganzzahlige Aminosäure-Verhältnisse bei gut untersuchten Proteinen.

Aminosäure	Gewicht % [2]	g-Mol/100 g	Verhältnis [3]	
			gefunden	berechnet
Seidenfibroin				
Glykokoll	43,8	0,58	8,1	8
Alanin	26,4	0,29	4,1	4
Serin	13,54	0,12	1,8	2
Threonin	1,36	0,01	0,17	
Tyrosin	13,20	0,07	1,00	1
Übrige Aminosäuren	8,67	etwa 0,06	0,83	1
	103,42	1,52	16,00	16
Insulin				
Leucin	30,00	0,229	6,5	6
Isoleucin				
Tyrosin	12,50	0,069	2,0	2
Cystin/2	12,50	0,140	4,0	4
Histidin	10,70	0,069	2,0	2
Glutaminsäure	30,00	0,204	5,9	6
Serin	3,57	0,034	1,0	1
Arginin	3,05	0,017	0,5	0,5
Übrige Aminosäuren	8,0	0,070	2,0	2,5
	110,32	0,832	23,9	24,0

[1] OGSTON, A. G.: Trans. Faraday Soc. **39**, 151 (1943). — [2] Nach COHN, E. J., and J. T. EDSALL: Proteins, Amino Acids and Peptides as Ions and Dipolar Ions. New York 1943. — Vgl. dazu auch spez. Teil Tab. 133, S. 720. — [3] GRASSMANN, W.: Unveröffentlicht.

Tabelle 102 (Fortsetzung).

Aminosäure	% des Gesamt-N[1]	Verhältnis	
		gefunden	berechnet
Kollagen			
Glykokoll	26,8	8,0	8
Übrige Monoaminosäuren . . .	26,2	7,9	8
Prolin	13,1	3,9	4
Oxyprolin	6,4	1,9	2
Arginin	14,6	1,1	1
Lysin	5,3	0,8	1
NH_3	4,7	—	—
	96,6	23,6	24

4mal, die zweite in der gleichen Zahl 3mal und die dritte 2mal enthalten
ist. Es gibt aber eine große Zahl periodischer Anordnungen, welche dieser
Forderung genügen. Abb. 50 zeigt an einem einfacheren Schema (Wiederkehr
einer Aminosäure mit der „Frequenz" 4 innerhalb einer 12zähligen Periode)
einige Beispiele *periodischer* Anordnungen, die mit dem gleichen stöchiometrischen Verhältnis vereinbar sind; unter ihnen entspricht nur die Anordnung A
der Hypothese von BERGMANN und NIEMANN, nach der jede Aminosäure in
immer *gleichem* Abstand durch die ganze Peptidkette wiederkehren soll.

Trotz der berechtigten Einwände, die gegen die Hypothese von BERGMANN
und NIEMANN zu erheben sind, ist kaum zu bezweifeln, daß ihr ein für die innere
Struktur der Eiweißkörper wesentliches Prinzip zugrunde liegt. Dies zeigen
die in Tabelle 102 zusammengestellten Ergebnisse an einigen weiteren Proteinen,
deren Bausteine nahezu vollständig und größtenteils mit erheblicher Genauigkeit
bekannt sind.

Es ergeben sich auch hier wieder bemerkenswerte ganzzahlige Verhältnisse,
die am besten interpretiert werden, wenn man annimmt, daß die Polypeptidketten
dieser Eiweißkörper aus Perioden gebildet sind, die beim Seidenfibroin 16, beim
Kollagen und Insulin 24 Aminosäuren umfassen.

2. Darstellung, Analyse und chemische Eigenschaften der Proteine.

a) Darstellung[2]. Die Eiweißstoffe lassen sich im allgemeinen nur schwer
in reiner und einheitlicher Form gewinnen. Ihr natürliches Vorkommen in Form
von Gemischen, die Schwierigkeiten, die mit einer Trennung solcher Gemische
verbunden sind, ihre große Neigung, sich mit den verschiedensten Stoffen zu
verbinden, sowie ihre starke Fähigkeit zur Denaturierung machen es verständlich,
daß die chemische Zusammensetzung und die physiologische Wirkung eines
Eiweißstoffes, solange er noch nicht in vollkommener Reinheit vorliegt, vielfach von den Darstellungsbedingungen abhängt.

Das Herauslösen von Eiweißstoffen aus Zellen kann mit sehr wechselnden
Schwierigkeiten verbunden sein. Man kann die Organe wiederholt mit physiologischer Kochsalzlösung extrahieren, wobei im allgemeinen nur ein geringer Teil
der in ihnen enthaltenen Eiweißstoffe in Lösung geht. Bessere Ausbeuten lassen
sich häufig erzielen, wenn die Extraktion mit Pufferlösungen von verschiedenem
p_H vorgenommen wird. Da die intakte Zelle das hochmolekulare Eiweiß nicht
oder kaum nach außen abgibt, muß im allgemeinen die Zelle abgetötet und die
Zellstruktur weitgehend zerstört werden, wenn das Eiweiß in Lösung gebracht

---

[1] SCHNEIDER, F.: Collegium, Darmstadt **1940**, 97. — Vgl. dazu auch BOWES, J. A., and
R. H. KENTEN: Biochem. J. **43**, 358 (1948) sowie Tab. 134, S. 724. — [2] Vgl. dazu SCHRAMM,
G.: Angew. Chem. **54**, 7 (1941).

werden soll. Beispielsweise kann man die Zellen vor der Extraktion pulverisieren, entweder nach Behandeln mit Kohlensäureschnee oder einfacher nach Entwässerung mittels Aceton-Äther. Manche Organe, z. B. Pankreas, geben bei ihrer Autolyse Lösungen, die erhebliche Mengen von Eiweißstoffen enthalten. Die Extraktion von Pflanzensamen mittels Salzlösungen verschiedener Konzentration gelingt im allgemeinen sehr leicht. Die durch Ausziehen von Organen, Samen usw. erhaltenen Eiweißlösungen werden auf Eiweißstoffe verarbeitet. Bei allen diesen Operationen ist zu berücksichtigen, daß die Eiweißstoffe nach

Tabelle 103. **Ammonsulfatmengen zur Erzielung bestimmter höherer Konzentrationen.**

Ursprüng-liche Sättigung	Erstrebte Verdünnung									
	$^1/_{10}$	$^2/_{10}$	$^3/_{10}$	$^4/_{10}$	$^5/_{10}$	$^6/_{10}$	$^7/_{10}$	$^8/_{10}$	$^9/_{10}$	$^{10}/_{10}$
	Zuzusetzende g $(NH_4)_2SO_4$ je 1000 cm³ Lösung									
0,0	76,0	152,0	228,0	304,0	380,0	456,0	532,0	608,0	684,0	760,0
0,1	—	73,5	146,9	220,4	293,8	367,3	440,8	514,2	587,7	661,1
0,2	—	—	70,4	140,7	211,1	281,5	351,9	422,2	492,6	563,0
0,3	—	—	—	67,9	135,7	203,6	271,4	339,3	407,1	475,0
0,4	—	—	—	—	65,5	131,0	196,5	262,0	327,5	393,0
0,5	—	—	—	—	—	63,3	126,7	189,0	253,3	316,7
0,6	—	—	—	—	—	—	61,3	122,6	183,9	245,2
0,7	—	—	—	—	—	—	—	59,4	118,0	178,1
0,8	—	—	—	—	—	—	—	—	57,6	115,2
0,9	—	—	—	—	—	—	—	—	—	55,9

Abtötung der Zellen raschen Veränderungen durch Autolyse unterliegen. Man wird daher bei tiefen Temperaturen und so rasch wie möglich zu arbeiten haben und trotzdem in vielen Fällen mit der Möglichkeit rechnen müssen, daß das gewonnene Eiweiß in vielen Eigenschaften, z. B. in bezug auf Löslichkeit und Molekulargröße, nicht mehr dem in der Zelle vorhandenen Zustand entspricht.

Die Abscheidung von Eiweißstoffen aus ihren Lösungen kann durch Ausfrieren ihrer konzentrierten Lösungen, mitunter durch Einstellung des isoelektrischen Zustandes, ferner durch Fällung mit der etwa 10fachen Menge Alkohol oder Aceton bzw. mit Mischungen von Alkohol und Äther durchgeführt werden. Bei tiefer Temperatur und wenn die Behandlung mit Alkohol oder Aceton nicht allzu lange dauert (etwa nicht mehr als 30 min), ist die Denaturierungsgefahr im allgemeinen nicht groß[1]. Durch Ändern der Alkohol- bzw. Acetonmengen kann man oft Proteine fraktioniert fällen[2]. Das am häufigsten angewandte Verfahren ist jedoch *die Aussalzung* mittels Ammoniumsulfat, Magnesiumsulfat oder anderen Neutralsalzen. Die Konzentrationsgrenzen der Aussalzbarkeit, z. B. durch das viel angewandte Ammoniumsulfat, sind für die einzelnen Eiweißstoffe ebenso charakteristisch wie etwa der Löslichkeitsgrad für einen krystallisierten Stoff[3]. Infolge der großen Unterschiede in der Aussalzbarkeit hat dieses Verfahren in Verbindung mit zweckentsprechender Variation der p_H-Bedingungen auch für die fraktionierte Fällung und Trennung von einheitlichen Eiweißstoffen aus ihren natürlichen Gemischen große Dienste geleistet, zumal hierbei die sonst so häufige Erscheinung der Denaturierung entweder ganz ausbleibt oder nur in kleinem Maße eintritt.

Um die Erzeugung einer *Lösung von gegebener Ammonsulfatkonzentration* aus einem gegebenen Volumen von bekannter niedriger Konzentration zu erleichtern, ist oben die

[1] McFarlane, A. S.: Biochem. J. **29**, 660 (1935). — [2] Sumner, J. B.: Ergebn. Enzymforsch. 1, 295 (1932). — Merrill, M. H., and M. S. Fleisher: J. gen. Physiol. **16**, 243 (1932) vgl. auch S. 694. — [3] Hofmeister, F.: H. 14, 165 (1890).

von Osborne[1] angegebene Tabelle 103 angeführt. Sie gibt die Menge Ammonsulfat in Gramm an, die zu jedem Liter einer Lösung von der angegebenen Konzentration zugefügt werden muß, um eine Lösung von bestimmter, höherer Konzentration zu erzielen.

Beim Gebrauch dieser Tabelle ist es notwendig, den durch das gelöste Eiweiß ausgeübten Einfluß auf das Volumen der Lösung zu vernachlässigen. Er kommt nur für konzentrierte Lösungen in Betracht.

Gewöhnlich beziehen sich die Angaben über die Aussalzbarkeit auf Eiweiß im isoelektrischen Bereich. Die Salze der Proteine mit Säuren und Basen sind schwerer aussalzbar als die freien Eiweißstoffe[2] (s. S. 622).

Eiweißstoffe können ferner durch *Adsorption* (vgl. S. 142 ff.), *Elektrophorese* (vgl. S. 129, 629), *Ultrazentrifugieren* (vgl. S. 167, 643) und in manchen Fällen auch durch *Ultrafiltration* voneinander getrennt und in reiner Form gewonnen werden. Trennungen von Eiweißstoffen, die durch fraktionierte Krystallisation mißlingen, konnten oft durch Elektrophorese erfolgreich durchgeführt werden[3]. Besonders hochmolekulare Eiweißstoffe wie Viren u. a. lassen sich am besten durch Ultrazentrifugieren in reinem Zustand gewinnen[4].

Durch *Krystallisation* können entsprechend vorgereinigte Proteine in vielen Fällen aus ihren Lösungen in reiner Form abgeschieden werden; gelegentlich gelingt aber auch die Krystallisation und Reindarstellung unter geeigneten Bedingungen unmittelbar aus Rohlösungen bzw. Organextrakten (Eieralbumin; Urease). Für die Krystallisation ist im allgemeinen Einstellung eines bestimmten, meist dem isoelektrischen Punkt naheliegenden p_H-Bereiches und einer bestimmten Salzkonzentration wesentlich. Nicht selten kann die Krystallisation durch Zusatz von Alkohol oder Aceton erleichtert werden (Urease; Hämoglobine). Die Krystallisationsfähigkeit näher verwandter Proteine kann unter Umständen sehr verschieden sein. Hämoglobin vom Pferd und Hund krystallisiert sehr leicht, vom Rind dagegen schwer. Voraussetzung für gute Krystallisation ist außerdem weitgehende Vermeidung autolytischer Abbauprozesse während des Darstellungsganges.

Nachdem Hofmeister im Jahre 1892 das Hämoglobin krystallisiert erhalten hatte, ist die Krystallisationsfähigkeit der Eiweißkörper lange Zeit wenig beachtet geblieben. Dies änderte sich mit der Darstellung des krystallisierten Insulins durch Abel (1925) und der krystallisierten Urease durch Sumner (1926), denen sich inzwischen zahllose Reindarstellungen von Proteinfermenten, Proteinhormonen, Toxinen und Viren angeschlossen haben. Heute ist die Krystallisation die Grundlage für die Reindarstellung und für die Aufklärung von Molekulargewicht, Molekulargestalt und Konstitution aller Arten von Proteinen. Allerdings darf auch die Krystallisation nicht als unbedingt sicheres Zeichen für chemische Einheitlichkeit gewertet werden, da mit der Möglichkeit der Bildung von Assoziationsverbindungen oder Mischkrystallen gerechnet werden muß.

Abtrennung von Elektrolyten. Für verschiedene physikochemische und andere Zwecke ist es oft notwendig, daß der Asche- bzw. Elektrolytgehalt der Eiweißstoffe auf ein Mindestmaß reduziert wird. Isoelektrische Eiweißstoffe, soweit sie in diesem Zustand unlöslich sind, können zu diesem Zweck einfach mit destilliertem Wasser wiederholt gewaschen werden. Eine weitere Reinigung kann durch *Dialyse* oder besser durch *Elektrodialyse* vorgenommen werden. Eine Dialyse ist auch in den Fällen angebracht, in welchen die Eiweißstoffe mittels Salzlösungen extrahiert oder ausgesalzen worden sind. Die Hauptmenge der Salze wird erst gegen gewöhnliches, später auch gegen destilliertes Wasser wegdialysiert. In vielen Fällen ist es vorteilhafter, vor der Dialyse gegen destilliertes Wasser eine Dialyse gegen eine

---

[1] Osborne, T. B., u. E. Strauss: Einfache Eiweißstoffe, Proteine, Darstellung der Proteine der Pflanzenwelt. Handb. biol. Arb.-Meth. Abt. I, Teil 8, S. 383—454 (1922). — [2] Vgl. z. B. Green, A. A.: J. biol. Ch. 93, 517 (1931). — [3] Tiselius, A.: Ann. Rev. 8, 155 (1939). — [4] Wyckoff, R. W. G., and R. B. Corey: Science, N. Y. 84, 513 (1936). — Beard, J. W., and R. W. G. Wyckoff: Science, N. Y. 85, 201 (1937). — Svedberg, The, u. K. O. Pedersen: Die Ultrazentrifuge, Theorie, Konstruktion und Ergebnisse. Handb. Kolloidwiss. (Wo. Ostwald). 7 (1940).

Pufferlösung vorzunehmen, deren p_H dem isoelektrischen Punkt des betreffenden Eiweißes entspricht. Vergl. auch Entsalzungsapparate[1].

Die Isolierung der Proteine nach einem der obigen Verfahren gibt noch keine unbedingte Gewähr für die Einheitlichkeit und sie beweist auch nicht, ob das betreffende Protein auch in dieser Form in dem Ausgangsmaterial enthalten war. Das gilt insbesondere für die Serumeiweißstoffe, von denen man seit langem weiß, daß sie ein labiles System darstellen. So ist nach SÖRENSEN[2] und anderen auch das krystallisierte Serumalbumin ein Gemisch oder eine unbeständige Verbindung, die sich durch fraktionierte Fällung oder durch Elektrophorese· in Komponenten zerlegen läßt (vgl. S. 688). Entsprechendes gilt von einer Reihe anderer Eiweißstoffe, z. B. vom Casein.

Daraus ergibt sich die Notwendigkeit, jedes Eiweiß auf seine Einheitlichkeit zu prüfen. Dieses geschieht am einfachsten durch die Bestimmung seiner Löslichkeit (vgl. S. 618 ff.), die bei einheitlichen Eiweißstoffen unabhängig von der jeweiligen Menge des festen Bodensatzes sein muß (S. 618). Die mit der Ultrazentrifuge (vgl. S. 643) und bei der Elektrophorese erhaltenen Diagramme (vgl. S. 629 und 694) geben ebenfalls Auskunft darüber, ob eine Lösung ein oder mehrere Eiweißstoffe enthält[3].

Durch Ermittlung seiner physikalischen Konstanten (Löslichkeits- und Aussalzungseigenschaften, Koagulationstemperatur, isoelektrischer Punkt) kann ein Eiweißstoff soweit gekennzeichnet werden, daß er unschwer einer der bekannten Eiweißgruppen zugeteilt werden kann. Viel schwieriger ist dagegen die *Identifizierung eines Eiweißstoffes*, d. h. die Entscheidung, ob ein Eiweiß mit einem anderen aus derselben Gruppe *identisch* ist, ob z. B. ein Albumin aus dem Urin eines Tieres mit dem Albumin aus dem Serum desselben Tieres gleich ist, ob schließlich Eiweißstoffe aus den gleichen Organen verschiedener Tiere miteinander *übereinstimmen* oder nur ähnlich sind. Nach den Erfahrungen, die unter anderem bei den antibiotischen Polypeptiden (s. S. 578) sowie an den Mutanten von Virusproteinen (s. S. 774) gewonnen wurden, wird man damit rechnen dürfen, daß man es in solchen Fällen häufig mit Proteinen zu tun hat, die bei weitgehender Übereinstimmung der Aminosäurezusammensetzung, des Aufbauplanes und der äußeren Eigenschaften sich in bezug auf Zahl oder Art einiger weniger Aminosäurebausteine unterscheiden. Für eine grobe Unterscheidung von Eiweißkörpern kommt die Ermittlung der Krystallform[4], der spezifischen Drehung, der Aminosäurezusammensetzung oder wenigstens der Stickstoffverteilung (S. 585), des Absorptionsspektrums im Ultraviolett u. a. in Frage. Manche besondere Eiweißstoffe, wie die Chromoproteide Hämoglobin, Hämocyanin u. dgl., können weiterhin auf Grund ihres O- und CO-Bindungsvermögens oder ihrer charakteristischen Absorptionsbanden im sichtbaren Teil des Spektrums erkannt werden. Schließlich ist die serologische Spezifität[5] (Anaphylaxie, Präcipitinreaktion) zu erwähnen, die in vielen Fällen das sicherste Verfahren zur Erkennung eines Eiweißstoffes darstellt.

b) Nachweisreaktionen. Die Eiweißstoffe haben eine Reihe von Nachweisreaktionen gemeinsam, die jede für sich zwar nicht für Eiweiß streng spezifisch sind, deren gemeinsamer positiver Ausfall aber doch für das Vorliegen eines Eiweißstoffes beweisend ist. Man unterscheidet Fällungs- und Farbreaktionen.

[1] CONSDEN, R., A. H. GORDON and A. J. P. MARTIN: Biochem. J. 39, XLVI (1945); 41, 590 (1947). — DECKER, P.: Chem. Ztg. 74, 268 (1950). — [2] SØRENSEN, S. P. L.: C. R. Lab. Carlsberg 18, Nr. 5 (1930). — RIMINGTON, C.: Biochem. J. 23, 430 (1929); 25, 1062 (1931). Ann. Rev. 5, 140 (1936). — KEKWICK, R. A.: Biochem. J. 32, 552 (1938). — SHARP, D. G.: J. biol. Ch. 144, 139 (1942). — [3] McFARLANE, A. S.: Biochem. J. 29, 660 (1935). — [4] BOOR, A. K.: J. gen. Physiol. 13, 307 (1930). — [5] LANDSTEINER, K.: The Specificity of Serological Reactions. London 1936.

α) Fällungsreaktionen. Im allgemeinen sind die Eiweißstoffe nur in Wasser löslich. Durch *Alkohol* und andere mit Wasser mischbare Lösungsmittel werden sie daher aus ihren Lösungen gefällt. Ferner bewirken die *Salze fast aller Schwermetalle* in Eiweißlösungen starke Fällungen, die· vielfach im Überschuß sowohl des Metallsalzes wie des Eiweißes löslich sind. Häufigere Anwendung finden Eisen-, Kupfer-, Quecksilber-, Zink-, Uran- und Bleisalze, meist in Form von Acetaten, von denen das Bleiacetat (basisches und neutrales) schon von HOFMEISTER als sehr vollständig wirkendes Fällungsmittel empfohlen wurde. Komplexsalze der Proteine mit Silber[1], mit Kobalt[2]; vgl. auch[3].

Eine viel angewandte Fällungsreaktion auf Eiweißstoffe ist die Reaktion mit den sog. „*Alkaloidreagentien*". Dies sind gewisse organische oder komplexe anorganische Säuren, welche mit kationischen Eiweißstoffen schwerlösliche Salze bilden. Die Niederschläge mit den Alkaloidreagentien bilden sich demnach nur bei einem Überschuß von Säuren; bei alkalischer Reaktion lösen sie sich wieder auf. Nur bei den stark basischen Protaminen und Histonen tritt die Fällung auch bei neutraler, ja sogar bei schwach alkalischer Reaktion ein (vgl. S. 628). Viele dieser Reaktionen sind für die sog. „Enteiweißung" vor allem bei klinisch-diagnostischen Untersuchungen von Wichtigkeit.

Die wichtigsten eiweißfällenden Säuren sind Phosphorwolframsäure, Phosphormolybdänsäure, Hexacyanoferrat(II)-säure (Ferrocyanwasserstoffsäure), Quecksilberjodid-Jodwasserstoffsäure, Wismutjodid-Jodwasserstoffsäure, Platinchlorid-Chlorwasserstoffsäure, ferner Trichloressigsäure, Pikrinsäure, Sulfosalicylsäure, Metaphosphorsäure sowie Tannin (Gerbsäure).

Von den angeführten Säuren werden für den qualitativen Nachweis am meisten die Sulfosalicylsäure, Trichloressigsäure, Ferrocyanwasserstoffsäure und das Tannin angewandt.

Zur Fällung mit Ferrocyanwasserstoffsäure wird die mit Essigsäure oder Salzsäure stark angesäuerte Eiweißlösung mit einigen Tropfen einer 15%igen K.-Hexacyanofferatlösung versetzt; es entsteht eine Trübung, die bei manchen Eiweißstoffen im Überschuß des Fällungsmittels wieder verschwindet.

Die *Tanninlösung* wird entweder nach HEDIN (70 g Tannin, 100 g Kochsalz, 50 cm³ Eisessig in Wasser gelöst, mit Wasser bis zum Liter aufgefüllt) oder als ALMÉNsche Lösung (4 g Tannin in 8 cm³ 25%iger Essigsäure + 190 cm³ 40 bis 50%igem Alkohol) bereitet.

Durch starke Mineralsäuren, wie Salzsäure, Salpetersäure, auch Phosphorsäure, werden viele Eiweißstoffe gefällt. Nur die Fällung mit Salpetersäure ist wichtig; sie wird oft als klinische Eiweißprobe (HELLERsche Ringprobe) angewandt. Aussalzung der Eiweißstoffe s. S. 631; Koagulation der Eiweißstoffe s. S. 665. *Koagulationsprobe:* Durch Erhitzen ihrer Lösungen auf Temperaturen von 50—70° C werden viele Eiweißkörper, vor allem Albumine und Globuline, denaturiert und ausgeflockt. Da im denaturierten Zustand im allgemeinen nur die isoelektrischen Proteine unlöslich sind, nicht aber deren Alkali- oder Säuresalze, ist die Koagulation im Bereich des isoelektrischen Punktes durchzuführen; praktisch genügt dafür meist schwaches Ansäuern mit Essigsäure.

β) Farbreaktionen. Von den Farbreaktionen der Eiweißkörper ist nur die *Biuretreaktion* dem Eiweiß als solchem eigentümlich, sie wird durch die in allen Eiweißstoffen enthaltenen Strukturelemente bedingt. Die übrigen Farbreaktionen beziehen sich auf gewisse im Eiweißmolekül enthaltene Aminosäuren.

Biuretreaktion[4]. Versetzt man eine natronalkalische Eiweißlösung in der Kälte mit einigen Tropfen einer stark verdünnten Kupfersulfatlösung, so entsteht eine

---

[1] WORMSER, I.: J. Chim. physique Physico-Chim. biol. **46**, 658 (1949). — [2] LALAND, P., and K. CLOSS: Nature **163**, 565 (1949). — [3] KIRITSCHURSKI, B. R., u. B. A. ROITRUB: Betriebs-Lab. (russ.) **15**, 1329 (1949). — [4] BERTHO, A., u. W. GRASSMANN: Biochemisches Praktikum. Berlin u. Leipzig 1936.

blau- bis rotviolette Färbung[1]. Ein Überschuß an Kupfersulfat ist zu vermeiden, da sonst infolge der entstehenden Blaufärbung die eigentliche Farbreaktion verdeckt wird. Da die Reaktion von allen Eiweißstoffen sowie von höheren Peptiden gegeben wird, kann sie auch zur Kontrolle des enzymatischen Eiweißabbaues Verwendung finden. Allerdings ist das Ergebnis nicht eindeutig, da unter den Aminosäuren auch das Histidin die Reaktion gibt (vgl. S. 519). Strukturelle Voraussetzung [2].

Ninhydrinreaktion. Wie die Aminosäuren, so geben auch die Eiweißstoffe die Ninhydrinreaktion (vgl. S. 516). Wenn sie auch nicht spezifisch ist, wird sie doch wegen ihrer großen Empfindlichkeit häufig benutzt.

Xanthoproteinreaktion. Bei der Einwirkung von starker Salpetersäure auf Eiweiß entsteht, oft schon in der Kälte, eine dunkelgelbe Farbe, die auf Zusatz von Ammoniak nach Orange umschlägt. Die Reaktion wird auf die Bildung farbiger Nitroderivate des in den Eiweißstoffen enthaltenen Tyrosins und Tryptophans zurückgeführt.

MILLONsche *Reaktion.* Beim Kochen eiweißhaltiger Lösungen mit dem sog. MILLONschen Reagens — einer angesäuerten nitrithaltigen Lösung von Quecksilbernitrat in Wasser — färbt sich der entstandene Niederschlag und oft auch die Flüssigkeit rosa bis dunkelrot. Diese Farbreaktion beruht auf der Oxydation des Tyrosins. Sie tritt nur bei tyrosinhaltigen Eiweißstoffen ein. Bei tyrosinfreien Eiweißstoffen, die Tryptophan enthalten, entsteht eine dunkelrote Färbung. Anwendung für Nachweis und Bestimmung des Tyrosins s. S. 535.

Diazoreaktion von PAULY [3]. Gibt man zu einer sodaalkalischen Eiweißlösung diazotierte Sulfanilsäure, so tritt eine kirschrote Färbung ein. Die Reaktion wird von den Eiweißbausteinen Tyrosin und Histidin gegeben und kommt, da beide sehr verbreitet sind, den meisten Eiweißstoffen zu (s. S. 535 u. 552).

Tryptophanreaktionen. In Gegenwart von Säuren geben viele Aldehyde mit Eiweißstoffen eine Reihe von Farbreaktionen, die auf das Vorhandensein von Tryptophan im Eiweißmolekül zurückzuführen sind. Löst man z. B. trockenes, möglichst entfettetes Eiweiß in käuflichem, in der Regel glyoxylsäurehaltigem Eisessig und unterschichtet mit konzentrierter Schwefelsäure, so bilden sich an der Berührungsstelle violette Ringe (Reaktion von ADAMKIEWICZ-HOPKINS). Auch mit anderen Aldehyden, wie p-Dimethyl-amino-benzaldehyd, entstehen charakteristische Färbungen. Unter diesen ist besonders wichtig die Reaktion von E. VOISENET, die auch zu einer quantitativen Bestimmung des Tryptophangehaltes eines Eiweißstoffes benutzt werden kann (vgl. S. 542).

Schwefelbleireaktion. Beim Kochen vieler Eiweißstoffe mit Alkalilauge und einem Bleisalz entsteht eine Braun- bis Schwarzfärbung bzw. ein Niederschlag mit demselben Farbton. Die Reaktion beruht auf der Abspaltung von Schwefelwasserstoff aus dem Cystein und der Bildung von Bleisulfid (s. S. 531).

SAKAGUCHI-*Reaktion* (vgl. auch S. 550). Zusatz von α-Naphthol und Natriumhypochlorit (besser Natriumhypobromit) zu Argininlösung erzeugt rote Färbung. Da diese Aminosäure in allen Eiweißstoffen enthalten ist, wird diese Reaktion von allen Eiweißstoffen gegeben. Guanidin selbst, wie auch Kreatin, Kreatinin und Glykocyamidin (Guanidoessigsäureanhydrid) geben die Reaktion nicht, wohl aber Glykocyamin (= Guanidoessigsäure), Methylguanidin und Argininsäure.

Die *Reaktion von* MOLISCH ist eine sehr empfindliche Reaktion auf Kohlenhydrate. Da sie auch mit gebundenen Kohlenhydraten positiv ausfällt und in vielen Eiweißkörpern Kohlenhydrate vorhanden sind, wird bei zahlreichen

---

[1] Vgl. KÜNTZEL, A., u. TH. DRÖSCHER: B. Z. **306**, 177 (1940). — [2] SCHIFF, H.: B. **29**, 298 (1896). A. **319**, 287 (1901). — PFEIFFER, P., u. S. SAURE: J. prakt. Chem. (N. F.) **157**, 97 (1941). [3] PAULY, H.: H. **42**, 508 (1904); **94**, 284 (1915).

Proteinen eine positive MOLISCH-Reaktion angetroffen. Man versetzt die Eiweißlösung mit 1 Tropfen einer alkoholischen α-Naphthollösung und unterschichtet
mit Schwefelsäure, worauf bei Anwesenheit von Kohlenhydraten eine violette
Färbung eintritt.

c. Quantitative Bestimmung[1]. Zur Bestimmung von Eiweiß sind die gebräuchlichsten Verfahren die gravimetrische Methode, die Bestimmung des Stickstoff-
gehaltes nach KJELDAHL, die in zahlreichen Modifikationen angewandt wird,
und das refraktometrische bzw. interferometrische Verfahren.

Bei der *gravimetrischen Eiweißbestimmung* wird das Eiweiß in gepufferter
Lösung ungefähr im isoelektrischen Punkt zur Koagulation gebracht, ausgewaschen
und nach Trocknen bei 105° gewogen. Enteiweißung mit Enteiweißungsmitteln[2].

Der *Stickstoffgehalt im Eiweiß* wird nach Ausfällung des Eiweißes mit Trichloressigsäure nach KJELDAHL bestimmt[3] und die Eiweißmenge durch Multiplikation des N-Wertes mit 6,25 errechnet. Der Einheitsfaktor macht das Ergebnis in manchen Fällen etwas ungenau; auch auf die Ausschaltung verschiedener
anderer Fehlerquellen muß geachtet werden (vgl. dazu KIRK[1]; HILLER[4]).

Cystinhaltige Proteine können nach der polarographischen Methode bestimmt
werden[5], die sehr empfindlich ist.

Auch auf der Biuretreaktion ist ein quantitatives Verfahren aufgebaut worden,
bei dem die entstehende Färbung entweder colorimetrisch[6], spektrophoto-
metrisch[7] oder stufenphotometrisch[8] ausgewertet wird[9]. Über Eiweißbestimmung mit der Biuret-Reaktion im Harn vgl. HILLER[10].

Titrimetrische Eiweißbestimmung mit Invertseifen[11].

Zur Bestimmung von Eiweiß auf physikalischer Basis kann u. a. dienen die
Messung von spezifischem Gewicht, Brechungsindex, Viscosität, Oberflächenspannung, Lichtabsorption und optischer Drehung. Praktisch kommen diese
Methoden nur dann in Frage, wenn der Einfluß nicht eiweißartiger Begleitstoffe
auf das Meßergebnis vernachlässigt werden darf.

Mikromethoden zur Bestimmung des Eiweißgehaltes von Serum und
Plasma auf Grund des spezifischen Gewichts sind von BARBOUR und HAMIL-
TON[12] sowie von MORTENSEN[13] u. a. ausgearbeitet worden. Ferner sind zu
nennen refraktometrische und interferometrische Verfahren[14], nephelometrische[15]

---

[1] Hinsberg-Lang S. 75—118. — Bennhold-Kylin-Ruszniak S. 399—403. — HINSBERG, K.:
Med.-chem. Bestimmungsmethoden, Teil 2. Berlin 1936. — Peters - van Slyke, Bd. 2. —
KIRK, P. L.: Adv. Protein Chem. **3**, 139 (1947). — [2] HILLER, A., and D. D. VAN SLYKE: J.
biol. Ch. **53**, 253 (1922). — [3] KJELDAHL, J.: Z. analyt. Chem. **22**, 366 (1883). C. R. Lab.
Carlsberg **2**, 1 (1883). — BRUED, D., H. HOLTER, K. LINDERSTRØM-LANG and K. ROZITS: C.R.
Lab. Carlsberg (I) **25**, 289 (1946). — [4] HILLER, A., J. PLAZIN and D. D. VAN SLYKE: J. biol.
Ch. **176**, 1401 (1948). — [5] BRDIČKA, R.: Bamann-Myrbäck **1**, 579. — HEYROWSKÝ, J.: Polarographie. Wien 1941. — Siehe auch S. 105, Zitate [19—22]. — [6] RIEGLER, E.: Z. analyt. Chem. **53**,
242 (1914). — KINGSLEY, G. R.: J. biol. Ch. **131**, 197 (1939). J. Lab. clin. Med. **27**, 840
(1942); **29**, 436 (1944). — FINE, J.: Biochem. J. **29**, 799 (1935). — SIZER, J. W.: Proc. Soc.
exp. Biol. Med. **37**, 107 (1938). — [7] ROBINSON, H. W., and C. G. HOGDEN: J. biol. Ch. **135**,
707, 727 (1940). — MEHL, J. W.: J. biol. Ch. **157**, 173 (1945). — [8] PEREIRA, R. S.: Rev.
Fac. med. veterin. Univ. São Paulo **2**, 257 (1944). — GORNALL, A. G., C. J. BARDAWILL and
M. M. DAVID: J. biol. Ch. **177**, 751 (1949). — [9] Vgl. auch HERRIOTT, R. M.: Proc. Soc.
exp. Biol. Med. **46**, 642 (1941). — [10] HILLER, A., R. L. GREIF and W. W. BECKMANN: J.
biol. Ch. **176**, 1421 (1948). Vgl. auch HILLER, A.: Proc. Soc. exp. Biol. Med. **24**, 385 (1927). —
HILLER, A., J. F. MCINTOSH and D. D. VAN SLYKE: J. clin. Invest. **4**, 235 (1927). —
[11] ABELIN, I., u. H. PFISTER: Helv. physiol. Acta **7**, C 35 (1949). — [12] BARBOUR, H. G.,
and W. F. HAMILTON: J. biol. Ch. **69**, 625 (1926). Vgl. dazu auch: BARBOUR, H. G. jr.:
Yale J. Biol. Med. **14**, 107 (1941). — BALZE, F. A. DE LA: Medicina, Buenos Aires **2**, 449
(1942). — [13] MORTENSEN, R. A.: J. Lab. clin. Med. **27**, 693 (1942); **28**, 1649 (1943). — [14] Vgl.
z. B. REISS, E.: Hofmeisters Beitr. **4**, 150 (1904). A. e. P. P. **51**, 18 (1904). — ROBERTSON,
T. B.: J. biol. Ch. **22**, 233 (1915). — STARLINGER, W., u. K. HARTL: B. Z. **157**, 283; **160**, 113
(1925). — GRASSMANN, W.: Kolloid-Z. **77**, 205 (1936). — [15] LOONEY, J. M., and A. J. WALSH:
J. biol. Ch. **127**, 117; **130**, 635 (1930).

und colorimetrische[1] Methoden, sowie Bestimmung durch Infrarotspektroskopie[2].

d) Oxydation und Reduktion[2]. Bei der *Oxydation* des Eiweißes, z. B. des Hühnereiweißes mit *Permanganat*[3] in alkalischer Lösung, findet eine energische Reaktion statt, wobei neben Ammoniak und anderen Basen, auch Essigsäure und ihre Homologen sowie viel Oxalsäure entstehen. Das Auftreten von Zwischenstufen bei der Oxydation, der sog. „Oxyprotsäure", dürfte wohl auf die schwere Angreifbarkeit eines Teiles der Eiweißstoffe zurückzuführen sein.

Bei der Oxydation der Eiweißstoffe mit *Wasserstoffsuperoxyd*[4] entstehen durch Veränderung der Bausteine Aldehyde, Ketone sowie Säuren. Bei vorsichtiger Einwirkung von Wasserstoffsuperoxyd oder von *Brom* (in Eisessig) werden Keratine[5] in kleinere Bruchstücke gespalten, welche sich als enzymatisch spaltbar erwiesen haben. Wirkt Brom in alkalischer Lösung auf Eiweiß[6] ein, so wird dieses tiefgehend gespalten und besonders das Cystin zerstört. Unter den Oxydationsprodukten sind Fettsäuren, Nitrile u. a. aufgefunden worden. Über Einwirkung von Brom in neutraler Lösung[7]. Durch kurzdauernde Einwirkung von Hypobromit auf Seidenfibroin konnten GOLDSCHMIDT und Mitarbeiter[8] den amorphen Bestandteil abtrennen und Krystalle isolieren. Einwirkung von Hypochlorit auf Albumin[9].

Von den Aminosäuregruppen der Eiweißkörper sind am leichtesten oxydierbar die schwefelhaltigen Gruppen (s. dazu auch[10]), insbesondere die SH-Gruppen[11], aber auch Tyrosin und Tryptophan sind unschwer durch Oxydationsmittel angreifbar. Die quantitative Bestimmung der SH-Gruppen hat erhebliche Bedeutung erlangt, sowohl in bezug auf die Denaturierung (vgl. S. 699) als auch im Hinblick auf die Untersuchung von Proteinhormonen, wie z. B. Insulin, sowie von Fermentproteinen. Die Oxydation der SH-Gruppen kann auch durch oxydiertes Glutathion oder Cystin erfolgen, auf Grund des auch biologisch bedeutsamen Gleichgewichts[12]:

$$2 \text{ Protein}\text{—}\mathsf{SH} + \mathsf{R}\text{—}\mathsf{S}\text{—}\mathsf{S}\text{—}\mathsf{R} \rightleftharpoons \text{Protein}\text{—}\mathsf{S}\text{—}\mathsf{S}\text{—}\text{Protein} + 2 \text{ } \mathsf{R}\text{—}\mathsf{SH}$$

Über das Verhalten der SH-Gruppen gegenüber anderen Oxydationsmitteln vgl. oben. Es ist zu beachten, daß viele der zur Titration von SH-Gruppen üblichen Oxydationsmittel — Jod, Kaliumhexacyanoferrat (Kaliumferricyanid), Porphyrindin[13] — in mehr oder weniger großem Umfang auch andere Gruppen der Proteine, insbesondere die Reste des Tyrosins, Tryptophans und Histidins angreifen. Nach Angaben von SIZER soll eine Oxydation des Tyrosinrestes in Eiweißkörpern durch Tyrosinase ohne vorherige hydrolytische Aufspaltung möglich sein[14].

Reduktion. Durch Einwirkung von Natrium in Amylalkohol auf acetylierte Eiweißstoffe hat TROENSEGAARD eine Reihe vorwiegend basischer Stoffe erhalten. Unter ihnen

[1] WESTPHAL U., P. GEDIGK u. F. MEYER: H. **285**, 36 (1950). — GRASSMANN, W., K. HANNIG u. M. KNEDEL: Med. Wschr. (im Druck). — PLÖTNER, K.: B. Z. **286**, 128 (1936). — MAWSON, C. A.: Biochem. J. **36**, 273 (1942). — [2] BUSWELL, A. M., and R. C. GORE: J. physic. Chem. **46**, 575 (1942). — Vgl. HERRIOTT, R. M.: Adv. Protein Chem. **3**, 169 (1947). — [3] FÜRTH, O. v.: Hofmeisters Beitr. **6**, 296 (1905). — MALY, R.: Mh. Chem. **6**, 107 (1885); **9**, 255 (1888); **10**, 26 (1889). — [4] SCHULZ, F. N.: H. **29**, 86 (1900). — [5] STARY, Z.: H. **136**, 160 (1924); **144**, 157 (1925). — [6] GOLDSCHMIDT, ST.: H. **165**, 149 (1927). — GOLDSCHMIDT, ST., E. WIBERG, F. NAGEL u. K. MARTIN: A. **456**, 1 (1927). — GOLDSCHMIDT, ST., u. CH. STEIGERWALDT: B. **58**, 1346 (1925). — [7] HLASIWETZ, H., u. J. HABERMANN: A. **159**, 304 (1871). — [8] GOLDSCHMIDT, ST., u. K. STRAUSS: A. **480**, 263 (1930). — [9] HERKEN, H., u. J. SCHUNK: Z. Naturforsch **4** b, 19 (1949). — [10] ALEXANDER, P., R. F. HUDSON and M. FOX: Biochem. J. **46**, 27 (1950). — [11] KUHN, R., u. P. DESNUELLE: H. **251**, 14 (1938). — ANSON, M. L.: J. gen. Physiol. **23**, 321 (1939/40). — [12] HOPKINS, F. G.: Biochem. J. **19**, 787 (1925). — MIRSKY, A. E., and M. L. ANSON: J. gen. Physiol. **18**, 307 (1934/35). Proc. Soc. exp. Biol. Med. **28**, 170 (1930). J. gen. Physiol. **19**, 439 (1935). — [13] KUHN, R., u. P. DESNUELLE: H. **251**, 14 (1938). — [14] SIZER, J. W.: J. biol. Ch. **163**, 145 (1946). — KERTÉSZ, D.: Tunisie méd. **37**, 749 (1949).

sollen sich hydrierte Pyrrolabkömmlinge finden. Solche heterocyclischen Verbindungen bilden sich sicherlich während der Acetylierung der Eiweißstoffe nach dem von TROENSE-GAARD[1] angewandten Verfahren (langes Erhitzen der Eiweißstoffe mit Acetylchlorid und Essigsäureanhydrid).

Die reduktive Aufspaltung (Hydrierung) von —S—S-Bindungen in cystinhaltigen Eiweißstoffen kann durch Einbeziehung der letzteren in geeignete Redoxsysteme leicht durchgeführt werden. So haben GODDARD und MICHAELIS[2]. Keratine mit Thioglykolsäure bei p_H 10 hydriert, wobei —SH-Gruppen gebildet worden sind. Das entstandene Eiweiß wird im Gegensatz zu dem Ausgangsstoff sehr leicht von Fermenten hydrolysiert. Auf dem gleichen Prinzip beruht die Verdauung von Keratinsubstanzen durch die Larven der Kleidermotte[3]. Auf ähnliche Weise ist die reduktive Spaltung des Insulins durchgeführt worden[4]. Reduktive Aufspaltung der Disulfidbindung mit nascierendem oder katalytisch aktiviertem Wasserstoff[5]. Aufspaltung durch Cyanide[6].

Mittels Wasserstoff und Palladium konnten HARINGTON und NEUBERGER[7] aus jodiertem Insulin den größten Teil des Jods unter Wiederherstellung der Aktivität abspalten.

e) Substitution. Desaminierung[8]. Durch Behandeln der Eiweißstoffe mit salpetriger Säure entstehen die sog. „Desaminoproteine". Die Menge des abgespaltenen Stickstoffs gibt ein Maß für die freien Aminogruppen in den Eiweißstoffen. Diese gehören wahrscheinlich dem Lysin an, dessen ε-Aminogruppe in den Eiweißstoffen im freien Zustand vorliegt[9]. Vgl. dazu auch S. 588.

Unter sehr vorsichtigen Bedingungen, bei p_H 4 und 0°, ist die Desaminierung von PHILPOT und SMALL[10] studiert worden. Krystallisiertes Pepsin wird in einer halben Stunde desaminiert. Unter den Bedingungen von PHILPOT und SMALL scheinen Tyrosin und Tryptophan in Diazoverbindungen überführt zu werden (vgl. dazu auch WASER[11]). Weitere ähnliche Verfahren der schonenden Desaminierung sind von SIZER u. a. beschrieben[12]. Als Desaminierungsmittel ist auch Isoamylnitrit zu nennen[13]. Umsetzung mit Stickstofftrichlorid[14].

Acylierung. Bei *Benzoylierung*[15] von Eiweißstoffen entstehen sowohl O-Benzoyl- wie N-Benzoyl-Abkömmlinge, d. h. es werden vorhandene freie Hydroxyl-, Amino- und Guanidogruppen acyliert. Von diesen Stoffen sind die O-Abkömmlinge naturgemäß leicht zu verseifen. Bei benzoylierter Wolle geht

[1] TROENSEGAARD, N.: H. **112**, 86 (1921); **127**, 137 (1923); **134**, 100 (1924). Angew. Chem. **38**, 623 (1925). — TROENSEGAARD, N., u. J. SCHMIDT: H. **133**, 116 (1924). — TROENSEGAARD, N., u. E. FISCHER: H. **142**, 35 (1925). — TROENSEGAARD, N., u. B. KOUDAHL: H. **153**, 93 (1926). — [2] GODDARD, D. R., and L. MICHAELIS: J. biol. Ch. **106**, 605 (1934); **112**, 361 (1935/36). — [3] LINDERSTRØM-LANG, K., and F. DUSPIVA: Nature **135**, 1039 (1935). H. **237**, 131 (1935). Vgl. S. 735. — [4] SCHOCK, E. D., H. JENSEN and L. HELLERMAN: J. biol. Ch. **111**, 553 (1935). — JENSEN, H., and E. A. EVANS jr.: Physiol. Rev. **14**, 188 (1934). — FREUDENBERG, K., W. DIRSCHERL u. H. EYER: H. **187**, 89 (1930); **202**, 128 (1931). — [5] ALLEN, R. S., and I. R. MURLIN: Proc. Soc. exp. Biol. Med. **22**, 492 (1925). — BERGMANN, M., u. G. MICHALIS: B. **63**, 987 (1930). — [6] WALKER, E.: Biochem. J. **19**, 1082 (1925). — [7] HARINGTON, C. R., and A. NEUBERGER: Biochem. J. **30**, 809 (1936). — [8] Vgl. SKRAUP, Z. H.: Mh. Chem. **27**, 653 (1906); **28**, 447 (1907). — PETERSON, R. F., and R. L. McDOWELL: Textile Res. J. **20**, 95 (1950). — [9] KOSSEL, A., u. F. WEISS: H. **78**, 402 (1912). — SALO, T. P.: Arch. Biochem. **24**, 25 (1949). — KOSSEL, A., u. N. GAWRILOW: H. **81**, 274 (1912). — KAPFHAMMER, J.: H. **191**, 112 (1930). — [10] PHILPOT, J. ST. L., and P. A. SMALL: Biochem. J. **32**, 542 (1938). — [11] WASER, E., u. M. LEWANDOWSKI: Helv. **4**, 657 (1921). — [12] SIZER, I. W.: J. biol. Ch. **160**, 547 (1945). — BARRON, E. S. G.: Bol. Soc. quim. Peru **6**, 7 (1940). — BLATHERWICK, N. R., F. BISCHOFF, L. C. MAXWELL, J. BERGER and M. SAHYUN: J. biol. Ch. **72**, 57 (1927). — LITTLE, J. E., and M. L. CALDWELL: J. biol. Ch. **147**, 229 (1943). — [13] JENSEN, H., E. A. EVANS jr., W. D. PENNINGTON and E. D. SCHOCK: J. biol. Ch. **114**, 199 (1936). — [14] BENTLEY, H. R., R. G. BOOTH, E. N. GREER, J. G. HEATHCOTE, J. B. HUTCHINSON and T. MORAN: Nature **161**, 126 (1948). — [15] GOLDSCHMIDT, ST., u. W. SCHÖN: H. **165**, 279 (1927). — ABDERHALDEN, E., u. H. BROCKMANN: B. Z. **211**, 395 (1929); **226**, 209 (1930). — FELIX, K.: Ber. Physiol. **61**, 349 (1931). — DIRR, K., u. K. FELIX: H. **205**, 83 (1932).

die Fähigkeit zur Aufnahme saurer oder basischer Farbstoffe verloren. GOLD-SCHMIDT und KINSKY[1] haben ε-Benzoyllysin aus benzoyliertem Eieralbumin erhalten. Auch Tabakmosaikvirus[2] und Antigene[3] sind benzoyliert worden. Die *Acetylierung* von Insulin und eiweißspaltenden Fermenten verläuft grundsätzlich ähnlich wie die Benzoylierung; dabei geht die physiologische bzw. katalytische Wirkung dieser Stoffe verloren[4]. Acetylierung mittels Keten hat z. B. bei krystallisiertem Pepsin[5] und Tabakmosaikvirus[6] zu interessanten Ergebnissen geführt[7]; als weitere Acylierungsmittel seien noch Carbobenzoxychlorid[8] und Kohlensuboxyd[9] genannt. Über die Acetylierung von Bakterientoxinen vgl. z. B. PAPPENHEIMER[10], BOOR und MILLER[11]. *Benzolsulfochlorid* und *Toluolsulfochlorid* reagieren ebenfalls leicht mit den Eiweißstoffen. Die benzolsulfonierte Gelatine wird im Gegensatz zur Gelatine selbst von Pepsin nicht angegriffen[12].

Phosphorylierung. Die Veresterung mit Phosphorsäure gelingt mit $POCl_3$ bei p_H 8 bis 9 und $0°$ (NEUBERG[13]; RIMINGTON[14]; HEIDELBERGER[15]) oder[16] mit Phosphorsäure + P_2O_5.

Phenylisocyanatverbindungen. Die Umsetzung von Proteinen mit Phenylisocyanaten ist unter anderem von LETTRÉ[17] und HOPKINS[18] studiert worden. In Reaktion treten dabei nicht nur die freien Aminogruppen, sondern unter anderem auch Sulfhydryl- und phenolische Hydroxylgruppen[19]. Umsetzung von Insulin vgl. SANGER[20], von Tabakmosaikvirus vgl. SCHRAMM[21].

Alkylierung. Einführung von Methylgruppen in vitro kann mit Dimethylsulfat, Methyljodid, Methylbromid in schwach alkalischem Medium (p_H 6 bis 9) oder durch Diazomethan erfolgen. Im allgemeinen reagieren dabei die Carboxyl- und Aminogruppen sowie die OH-Gruppen des Tyrosins, gelegentlich auch andere Gruppen, wie der Imidazolring des Histidins (Ausbleiben der PAULYschen Reaktion) und das freie Hydroxyl der Oxyaminosäuren (EDLBACHER[22]). Die Methylierung der Carboxylgruppen kann mit Diazomethan in saurem Medium oder durch Einwirkung von Chlorwasserstoff in wasserfreiem Methanol[23]

[1] GOLDSCHMIDT, ST., u. A. KINSKY: H. **183**, 244 (1929). — [2] MILLER, G. L., and W. M. STANLEY: J. biol. Ch. **146**, 231 (1942). — AGATOV, P.: Biochimia, Moskau **6**, 269 (1941). — [3] LETTRÉ, H., H. BARNBECK u. W. LEGE: B. **69**, 1152 (1936). — LETTRÉ, H., H. BARNBECK, W. FUHST u. F. HARDT: **70**, 1410 (1937). — [4] FREUDENBERG, K., u. W. DIRSCHERL: H. **175**, 1 (1928). Naturwiss. **15**, 832 (1927). — FREUDENBERG, K., W. DIRSCHERL u. H. EYER: H. **187**, 89 (1930); **202**, 128 (1931). — [5] HERRIOT, R. M.: J. gen. Physiol. **19**, 283 (1935). — HOLLANDER, V.: Proc. Soc. exp. Biol. Med. **53**, 179 (1943). — [6] SCHRAMM, G., u. HANS MÜLLER: H. **266**, 43 (1940); **274**, 267 (1942). — [7] HERRIOT, R. M., and J. H. NORTHROP: J. gen. Physiol. **18**, 35 (1934). — [8] GAUNT, W., G. HIGGINS and A. WORMALL: Nature **136**, 438 (1935). — BERGMANN, M., u. L. ZERVAS: B. **65**, 1192 (1932). — GAUNT, W. E., and A. WORMALL: Biochem. J. **33**, 908 (1939). — MILLER, G. L., and W. M. STANLEY: J. biol. Ch. **146**, 331 (1942). — [9] RYERSON, L. H., and K. KOBE: Chem. Rev. **7**, 479 (1930). — ONCLEY, J. L., W. F. Ross and A. TRACY: J. biol. Ch. **141**, 797 (1941). — Ross, W. F., and H. N. CHRISTENSEN: J. biol. Ch. **137**, 89 (1941). — CHRISTENSEN, H. N., and W. F. Ross: J. biol. Chr. **137**, 105 (1941); **146**, 63 (1942). — [10] PAPPENHEIMER, A. M. jr.: J. biol. Ch. **125**, 201 (1938). — [11] BOOR, A. K., and C. P. MILLER: Proc. Soc. exp. Biol. Med. **40**, 512 (1939). — [12] GURIN, S., and H. T. CLARKE: J. biol. Ch. **107**, 395 (1934). — [13] NEUBERG, C., u. H. POLLAK: B. Z. **26**, 529 (1910). — NEUBERG, C., u. W. OERTEL: B. Z. **60**, 491 (1914). — [14] RIMINGTON, C.: Biochem. J. **21**, 272 (1927). — [15] HEIDELBERGER, M., B. DAVIS and H. P. TREFFERS: Am. Soc. **63**, 498 (1941). — MAYER, M., and M. HEIDELBERGER: Am. Soc. **68**, 18 (1946). — Vgl. auch FOLLENBY, E. M., and S. B. HOOKER: J. Immunol. **31**, 141 (1936). — [16] FERREL, R. E., H. S. OLCOTT and H. FRAENKEL-CONRAT: Am. Soc. **70**, 2101 (1948). — [17] LETTRÉ, H., u. R. HAAS: H. **266**, 31 (1940). — [18] HOPKINS, S. J., and A. WORMALL: Biochem. J. **27**, 740 (1933); **28**, 228, 2125 (1934). — [19] MILLER, G. L., and W. M. STANLEY: J. biol. Ch. **141**, 905 (1941). — [20] SANGER, F.: Biochem. J. **39**, 507 (1946). — MILLS, G. L.: Nature **165**, 403 (1950) — [21] SCHRAMM, G., u. H. MÜLLER: H. **266**, 43 (1940). — [22] EDLBACHER, S.: H. **107**, 52 (1919); **108**, 287 (1919/20); **110**, 153 (1920); **112**, 80 (1921). — HERZIG, J.: H. **110**, 158 (1920); **111**, 223 (1920). — HERZIG, J., u. H. LIEB: H. **117**, 1 (1921). — HERZIG, J., u. K. LANDSTEINER: B. Z. **61**, 458 (1914). — [23] FELIX, K., u. H. RAUCH: H. **200**, 27 (1931). — FELIX, K., u. H. REINDL: H. **205**, 11 (1932). — KIESEL, A., u. M. ZNAMENSKAJA: H. **213**, 89 (1932). — FRAENKEL-CONRAT, H. L., and OLCOTT, H. S.: J. biol. Ch. **161**, 259 (1945).

bewirkt werden. Für analytische Zwecke ist die unterschiedliche Abspaltbarkeit der eingeführten Methylgruppen wichtig. Sie erfolgt bei der alkylierten Carboxylgruppe schon durch sehr schwaches Alkali ($p_H = 11$ bis 12), beim phenolischen Hydroxyl mittels starker Säuren bei hohen Temperaturen; noch schwerer abspaltbar sind die N-Methylgruppen. Die einzige in den Proteinen vorgebildete Methylgruppe ist die des Methionins. Dagegen findet sich N-Methylvalin in den antibiotischen Polypeptiden Actinomycin und Lateritiin (Enniatin), vgl. S. 581. Die Methylgruppe des Methionins kann mit Jodwasserstoff abgespalten werden[1]. Methylierte Eiweißstoffe werden durch Fermente nicht gespalten[2]. Über Methylierung des Insulins vgl. CHARLES[3] und JENSEN[4], über die des Pepsins RUTHERFORD[5].

Reaktion mit Halogenfettsäuren.

Die SH-Gruppen der Proteine reagieren in neutraler oder schwach alkalischer Lösung glatt mit α-Halogenfettsäuren[6] unter Bildung von Carboxalkylderivaten

$$\text{Protein—SH} + \text{J—}\overset{\overset{\text{H}}{|}}{\underset{\underset{\text{R}}{|}}{\text{C}}}\text{—COO}^- \xrightarrow{p_H\ 7—8} \text{Protein—S—}\overset{\overset{\text{H}}{|}}{\underset{\underset{\text{R}}{|}}{\text{C}}}\text{—COO}^- + \text{HJ}$$

In ähnlicher Weise reagieren Jodacetamid oder Jodäthylalkohol sowie Benzylhalogenide. Diese Reaktion liegt u. a. der Vergiftung gewisser Enzyme mit Jod- oder Bromessigsäure zugrunde (vgl. S. 1006). Auch Tabakmosaikvirus[7] und andere Viren[8] werden durch Umsetzung mit Jodacetat inaktiviert.

Der Umsetzung der Eiweißkörper mit Halogenfettsäuren verwandt ist die mit Senfgas oder Senfgas-sulfon

S<CH₂—CH₂—Cl / CH₂—CH₂—Cl   Senfgas   O₂S<CH₂—CH₂—Cl / CH₂—CH₂—Cl   Senfgas-sulfon

die in Verbindung mit der Giftwirkung des Senfgases ausführlich untersucht wurde. Entgegen anderen Befunden[9], die eine Reaktion mit den Aminogruppen zugrunde legen, ist von HERRIOTT, ANSON und NORTHROP[10] festgestellt worden, daß bei der Reaktion in erster Linie die Carboxylgruppen verestert werden; daneben wird der Imidazolkern substituiert. Vgl. dagegen DU VIGNEAUD[11]. Durch Umsetzung mit Senfgas können Enzyme, wie z. B. Pepsin, Chymotrypsin, Hexokinase[10] oder auch Viren[12] inaktiviert werden. Möglicherweise stehen mit dieser Umsetzung auch die Mutationen in Zusammenhang, die durch die Einwirkung von Lost und Stickstofflost auf Drosophila[13] und Neurospora[14] bewirkt werden.

Zu Reaktion von Proteinen mit Äthylenoxyden vgl. FRAENKEL-CONRAT[15].

---

[1] BAERNSTEIN, H. D.: J. biol. Ch. **106**, 451 (1934). — [2] H.-Th. S. 516. — [3] CHARLES, A. F., and D. A. SCOTT: Trans. R. Soc. Canada (V) [3] **26**, 335 (1932). — [4] JENSEN, H., E. A. EVANS jr., W. D. PENNINGTON and E. D. SCHOCK: J. biol. Ch. **114**, 199 (1936). — [5] RUTHERFORD, H. A., W. I. PATTERSON and M. HARRIS: J. Res. nat. Bur. Stand. **25**, 451 (1940). — [6] RAPKINE, L.: C. R. Soc. Biol. **112**, 790, 1294 (1933). — DICKENS, F.: Biochem. J. **27**, 1141 (1933). — [7] ANSON, M. L., and W. M. STANLEY: J. gen. Physiol. **24**, 679 (1941). — [8] JANSSEN, L. W.: Arch. Virusforsch. **3**, 85 (1943). — [9] CASHMORE, A. E., and H. McCOMBIE: Soc. **1923**, 2884. — LAWSON, W. E., and E. E. REID: Am. Soc. **47**, 2821 (1925). — [10] HERRIOTT, R. M., M. L. ANSON and J. H. NORTHROP: J. gen. Physiol. **30**, 185 (1946). — [11] WOOD, J. L., J. R. RACHELE, C. M. STEVENS, F. H. CARPENTER and V. DU VIGNEAUD: Am. Soc. **70**, 2547 (1948). — STEVENS, C. M., H. McKENNIS jr. and V. DU VIGNEAUD: Am. Soc. **70**, 2556 (1948). — [12] TEN BROECK, C., and R. M. HERRIOTT: Proc. Soc. exp. Biol. Med. **62**, 271 (1946). — [13] AUERBACH, C., and J. M. ROBSON: Nature **154**, 81 (1944). — [14] HOROWITZ, N. H., M. B. HOULAHAN, M. G. HUNGATE and B. WRIGHT: Science, N. Y. **104**, 233 (1946). — [15] FRAENKEL-CONRAT, H. L.: J. biol. Ch. **154**, 227 (1944).

Bei der Umsetzung mit 2,4-Dinitrofluorbenzol[1] werden die freien Amino-, Phenol-, SH- und Imidazolgruppen[2] durch den Dinitrophenylrest substituiert. Der Dinitrophenylrest wird bei der Hydrolyse nicht abgespalten und erleichtert durch seine intensive Färbung die chromatographische Aufarbeitung der Spaltstücke; beispielsweise konnten die endständigen Aminogruppen in Hämoglobinen und im Myosin auf diese Weise gekennzeichnet werden[3]. Bei der Einwirkung auf Insulin werden die Aminogruppen des Glykokolls, des Phenylalanins und des Lysins substituiert.

Veresterung. Eine Veresterung der Carboxylgruppen gelingt leicht mit Methylalkohol und Salzsäure, schwerer mit anderen Alkoholen; andere Gruppen des Eiweißmoleküls scheinen dabei nicht in Reaktion zu treten[4].

Nitrierung. Durch starke Salpetersäure in Gegenwart von Harnstoff (zur Ausschaltung der salpetrigen Säure) werden die Eiweißstoffe nitriert und oxydiert. Der Eintritt der Nitrogruppe erfolgt vor allem in den Kern von Tyrosin und Tryptophan (v. FÜRTH[5]). Die Nitroabkömmlinge haben saure Eigenschaften und zeichnen sich durch ihre gelbe bis rotbraune Farbe aus (Xanthoproteinreaktion). Durch Einwirkung von rauchender Salpeter-Schwefelsäure auf argininreiche Eiweißstoffe haben KOSSEL und KENNAWAY auch die Nitrierung der Guanidogruppen des Arginins erreicht[6], weshalb Arginin nach stattgehabter Hydrolyse als Mononitroarginin isoliert werden kann. Eine schonende Nitrierung mit Tetranitromethan ist von WORMALL[7] beschrieben worden.

Azoproteine[8]. Bei Kupplung von Diazoniumsalzen mit verschiedenen Eiweißstoffen in schwach alkalischem Medium entstehen Azoproteine, die bei der Untersuchung der serologischen Proteinspezifität wertvolle Dienste geleistet haben. Die Diazogruppe tritt in den Kern des Tyrosins und Histidins[9] ein. Bei längerer Einwirkung von überschüssigem Diazoniumsalz reagieren auch die Aminogruppen sowie die NH-Gruppe des Tryptophans, Prolins und Oxyprolins[10]. Die Kupplung kann dazu verwendet werden, die verschiedenartigsten aliphatischen oder aromatischen Reste, wie z. B. Zucker, Sterine, Adrenalin, Alkaloide usw. mit Proteinen zu verbinden. Kupplung mit Oxazolinen[11].

Halogenierung. *Halogenhaltige Eiweißstoffe* finden sich in der Natur vor, z. B. die jodhaltigen Eiweißstoffe Spongin[12] (in der Gerüstsubstanz von Schwämmen), Gorgonin[13] der Korallen und Thyreoglobulin[14] (in der Schilddrüse der Wirbeltiere), aber auch vereinzelt chlor- und bromhaltige Eiweißstoffe[15].

[1] SANGER, F.: Biochem. J. **39**, 507 (1946). — [2] PORTER, R. R.: Biochem. J. **46**, 304 (1950). — [3] PORTER, R. R., and F. SANGER: Biochem. J. **42**, 287 (1947/48). — [4] FELIX, K., u. H. RAUCH: H. **200**, 27 (1931). — FELIX, K., u. H. REINDL: H. **205**, 11 (1932). — FRAENKEL-CONRAT, H., and H. S. OLCOTT: J. biol. Ch. **161**, 259 (1945). — [5] FÜRTH, O. v.: Einwirkung von Salpetersäure auf Eiweißstoffe. Habilitationsschrift, Straßburg 1899. — [6] KOSSEL, A., u. E. L. KENNAWAY: H. **72**, 486 (1911). — [7] WORMALL, A.: J. exp. Med. **51**, 295 (1930). — [8] BOYD, W. C.: Fundamentals of Immunology. New York 1943. — LANDSTEINER, K.: The Specifity of Serological Reactions. London 1945. — Siehe auch Bd. 2, Immunochemie. — [9] PAULY, H.: H. **42**, 508 (1904); **94**, 284 (1915). — INOUYE, K.: H. **83**, 79 (1913). — [10] BOYD, W. C., and S. B. HOOKER: J. biol. Ch. **104**, 329 (1934). — BOYD, W. C., and P. MOVER: J. biol. Ch. **110**, 457 (1935). — EAGLE, H., and P. VICKERS: J. biol. Ch. **114**, 193 (1936). — [11] LETTRÉ, H., u. R. HAAS: H. **266**, 31 (1940). — GLEISS, J., u. K. HINSBERG: Z. ges. inn. Med. **4**, 679 (1949). — [12] HARNACK, E.: H. **24**, 412 (1898). — OSWALD, A.: H. **70**, 310 (1910/11); **72**, 374 (1911); **75**, 353 (1911). — Vgl. auch BLOCK, R . J., and D. BOLLING: J. biol. Ch. **127**, 685 (1939). — [13] DRECHSEL, E.: Z. Biol. **33**, 85 (1896). — [14] BAUMANN, E.: H. **21**, 319, 481 (1895/96); **22**, 1 (1896/97). — Ferner z. B. HARINGTON, C. R.: Biochem. J. **20**, 300 (1926). — [15] MÖRNER, C. TH.: H. **51**, 33 (1907); **55**, 77 (1908). — ACKERMANN, D., u. E. MÜLLER: H. **269**, 146 (1941). — ACKERMANN, D., u. CH. BURCHARD: H. **271**, 183 (1941). — BAUER, H., u. E. STRAUSS: B. **68**, 1108 (1935). — STEVENS, C. M., J. L. WOOD, J. R. RACHELE and V. DU VIGNEAUD: Am. Soc. **70**, 2554 (1948). — CARPENTER, F. H., J. L. WOOD, C. M. STEVENS and V. DU VIGNEAUD: Am. Soc. **70**, 2551 (1948). — BÄRENBLUM, I., and A. WORMALL: Biochem. J. **33**, 75 (1939). — WORMALL, A.: J. exp. Med. **51**, 295 (1930).

Halogenproteine können ferner künstlich durch Einführung von Halogenen unter schonenden Bedingungen dargestellt werden. Dabei tritt im wesentlichen eine Substitution der aromatischen Kerne der Eiweißstoffe ein. Die künstliche Substitution mit Halogenen hat einige bemerkenswerte Ergebnisse auch für die Konstitutionsforschung der Eiweißkörper gezeigt[1]. Am wichtigsten und weitaus am meisten untersucht ist die Einwirkung von Jod, das einerseits oxydierend auf SH-Gruppen (s. oben), andererseits substituierend auf die Phenolgruppe des Tyrosins und den Imidazolrest des Histidins, sicher aber auch auf andere Gruppen, einwirkt. Jodierte Eiweißkörper sind schon 1910 von OSWALD[2] dargestellt und später ausführlich von STRAUSS[3] studiert worden. Jodierung von Insulin[4], von krystallisiertem Pepsin[5], von gonadotropem Hormon[6], von Tabakmosaikvirus[7], von Scharlachtoxin[8]. Biologische Wirkung[9].

Durch Hydrolyse von jodiertem Casein haben LUDWIG und MUTZENBECHER[10] nicht nur Jodtyrosin, sondern auch Thyroxin isolieren können, ein eigenartiger Befund, der von verschiedenen Seiten bestätigt wurde.

Durch die Jodierung wird die Dissoziationskonstante der phenolischen OH-Gruppe des Tyrosins um rund 2 p_K-Einheiten erhöht[11]. Die *Jodierung* erfolgt am besten unter Kühlung und unter Anwendung von Jodjodkali in Gegenwart von schwachen Basen, um die gebildete Jodwasserstoffsäure zu binden.

Aldehydverbindungen[12]. Sie entstehen bei der Einwirkung von verschiedenen Aldehyden auf Eiweißstoffe. Wahrscheinlich handelt es sich hierbei um ähnliche Vorgänge, wie sie sich bei der Formoltitration von Aminosäuren und Peptiden abspielen (vgl. S. 520). Außer den basischen Gruppen dürften dabei, z. B. bei der Einwirkung von Formaldehyd, auch die Peptidbindungen in den Proteinen in Reaktion treten, vielleicht entsprechend den Modellversuchen an Diketopiperazinen, unter Bildung von Methylolgruppen:

$$R\!-\!CO\!-\!\underset{\underset{H}{|}}{N}\!-\!R' \;+\; \underset{\underset{OH}{|}}{CH_2OH} \longrightarrow R\!-\!CO\!-\!\underset{\underset{CH_2OH}{|}}{N}\!-\!R'$$

Außer den α-Aminogruppen reagieren mit Formaldehyd auch ε-Aminogruppen des Lysins[13], die SH-Gruppen, die Imidazolgruppe des Histidins[14], die NH-Gruppe des Tryptophans[15] und die Guanidinogruppe des Arginins[16], sowie wahrscheinlich die Amidgruppe der Asparaginreste[17]. Formaldehyd bildet dabei Methylenbrückenbindungen, beispielsweise von den Amino- oder Guani-

[1] BAUER, H., u. E. STRAUSS: B. Z. **284**, 197 (1936). — [2] OSWALD, A.: H. **58**, 290 (1908/09); **59**, 320 (1909); **70**, 310 (1910/11); **71**, 200; **73**, 128; **74**, 290 (1911). — [3] BLUM, F., u. E. STRAUSS: H. **112**, 111, 164 (1921). — BAUER, H., u. E. STRAUSS: B. Z. **211**, 163 (1929); **284**, 197 (1936). — [4] JENSEN, H., E. SCHOCK and E. SOLLERS: J. biol. Ch. **98**, 93 (1932). — HARINGTON, C. R., and A. NEUBERGER: Biochem. J. **30**, 809 (1936). — [5] HERRIOTT, R. M.: J. gen. Physiol. **20**, 335 (1937); **25**, 185 (1941). — [6] WILEY, F. H., and H. B. LEWIS: J. biol. Ch. **86**, 511 (1930). — [7] ANSON, M. L., and W. M. STANLEY: J. gen. Physiol. **24**, 679 (1941). — STANLEY, W. M.: Science, N. Y. **83**, 626 (1936). — [8] BARRON, E. S. G., G. F. DICK and C. M. LYMAN: J. biol. Ch. **137**, 267 (1941). — [9] ROCHE, J., G.-H. DELTOUR, R. MICHEL u. S. MAYER: Biochim. Eiophysica Acta, N. Y. **3**, 658 (1949). — [10] LUDWIG, W., u. P. MUTZENBECHER: H. **258**, 195 (1939). — [11] NEUBERGER, A.: Biochem. J. **28**, 1982 (1934). — HERRIOTT, R. M.: J. gen. Physiol. **20**, 335 (1937). — HARINGTON, C. R., and A. NEUBERGER: Biochem. J. **30**, 809 (1936). — [12] FRENCH, D., and J. T. EDSALL: The reactions of formaldehyde with amino acids and proteins. Adv. Protein Chem. **2**, 277 (1945). — GUSTAVSON, K. H.: Adv. Protein Chem. **5**, 353 (1949), u. zw. S. 405 ff. — [13] GUSTAVSON, K. H.: J. biol. Ch. **169**, 531 (1947). — [14] THEIS, E. R.: J. biol. Ch. **157**, 7 (1945); vgl. dagegen GUSTAVSON l. c. [13]. — [15] FRAENKEL-CONRAT, H., M. COOPER and H. S. OLCOTT: Am. Soc. **67**, 950 (1945). — [16] FRAENKEL-CONRAT, H., and H. S. OLCOTT: Am. Soc. **68**, 34 (1946). — GUSTAVSON, H.: l. c.[13]; vgl. dagegen THEIS, E. R.: l. c.[14]. — [17] FRAENKEL-CONRAT, H.: l. c.[15]. — WORMELL, R. L., and M. A. G. KAYE: Nature **153**, 525 (1944). J. Soc. chem. Ind. **64**, 75 (1945). — MIDDLEBROOK, W. R.: Biochem. J. **44**, 17 (1949). — HAWORTH, R. D., R. MacGILLIVRAY and D. H. PEACOCK: Soc. **1950**, 1493.

dinogruppen zu den Aminogruppen der Peptidbindungen[1], den aktiven Wasserstoffen von Phenylresten usw.[2]. Umsetzung mit dem Disulfidschwefel der Wolle[3]. Reaktion in Gegenwart von Harnstoff[4]. Durch Vernetzung mehrerer Moleküle unter Bildung von Methylenbrücken tritt bei Einwirkung von Formaldehyd eine erhebliche Erhöhung des Molekulargewichtes ein[2]. Nach SCHWARZ[5] sind die Formaldehydverbindungen der Proteine in der Hitze nicht koagulierbar und besitzen eine größere Löslichkeit in Alkohol als die unveränderten Proteine. Die Ausdrückmethode[6], die zur Feststellung des gebundenen Formaldehyds im Kollagen angewendet wird[7], gibt stark irreführende Werte[8], da Reste der Behandlungsflüssigkeit miterfaßt werden. Die Umsetzung mit Formaldehyd hat vielfach Verwendung zur Inaktivierung von Enzymen, Hormonen und Toxinen gefunden, sie ist von praktischer Bedeutung für die Herstellung von Vaccinen, zur Härtung von Gelatine sowie von Geweben in der histologischen Technik und für die Gerbung[9]. Formaldehydverbindungen der Proteine, besonders des Caseins, finden als Kunstmassen und Kunstfasern[10] vielfache Anwendung.

Über *Guanidierung* von Eiweißstoffen siehe SCHÜTTE[11]. Bildung von Kohlenhydratverbindungen der Proteine[12].

3. Hydrolyse[13].

Von allen Versuchen zum Abbau der Eiweißstoffe hat bis jetzt nur die Hydrolyse sichere und wichtige Ergebnisse gebracht. Sie wird durch *Säuren, Alkalien und Fermente* bewirkt und führt über eine Reihe von Zwischengliedern zu α-Aminosäuren, von denen bis jetzt unter den Spaltstücken der Eiweißstoffe etwa 20 in reiner Form dargestellt und in ihrem Aufbau aufgeklärt worden sind (S. 493 f.). Unter den Spaltstücken befinden sich ferner kleine Mengen von Ammoniak, sowie die prosthetische Gruppe, falls eine solche in dem betreffenden Eiweiß enthalten ist.

Bei vollständiger Isolierung der Spaltstücke müssen Ausbeuten von etwa 115% erhalten werden, da während der Hydrolyse Wasser aufgenommen wird. Diese Ausbeuten sind bei gut untersuchten Eiweißkörpern heute annähernd erreicht. Allerdings können bei den meist angewandten Hydrolyseverfahren des Abbaues mit siedenden Säuren oder Alkalien manche der freigelegten Aminosäuren Veränderungen erleiden[14]. Es ist bekannt, daß bei der Säurehydrolyse wechselnde Mengen dunkel gefärbter Anteile, die sog. „Humine" oder Melanoidine entstehen, deren Bildung auf einer sekundären Umwandlung einzelner Aminosäuren (Tryptophan, Tyrosin, Cystin und Lysin) oder der in den Eiweißstoffen häufig vorhandenen Kohlenhydrate zurückgeführt wird. Für die Ausführung der *Säurehydrolyse* kommen praktisch nur Salzsäure und Schwefelsäure in Betracht.

[1] NITSCHMANN, H., u. H. HADORN: Helv. **27**, 299 (1944). — [2] FRAENKEL-CONRAT, H., and H. S. OLCOTT: J. biol. Ch. **174**, 827 (1948). — FRAENKEL-CONRAT, H., and D. K. MECHAM: J. biol. Ch. **177**, 477 (1949). — [3] MIDDLEBROOK, W. R., and H. PHILLIPS: Biochem. J. **36**, 294 (1942); **41**, 218 (1947). — [4] GUSTAVSON, K. H.: J. amer. Leather Chem. Ass. **45**, 87 (1950). — [5] SCHWARZ, L.: H. **31**, 460 (1900/01). — [6] McLAUGHLIN, G. D., and R. S. ADAMS: J. amer. Leather Chem. Ass. **35**, 44 (1940). — McLAUGHLIN, G. D., D. H. CAMERON and R. S. ADAMS: J. amer. Leather Chem. Ass. **32**, 98 (1937). — [7] THEIS, E. R.: J. biol. Ch. **154**, 87 (1944); **155**, 7, 15 (1945). — THEIS, E. R., and T. F. JACOBY: J. biol. Ch. **146**, 163 (1942); **148**, 105 (1943). — THEIS, E. R., and M. M. LAMS: J. biol. Ch. **154**, 99 (1944). — [8] GUSTAVSON, K. H.: l. c.[13], S. 609; vgl. auch HIGHBERGER, J. H., and C. E. RETZSCH: J. amer. Leather Chem. Ass. **34**, 131 (1939). — HIGHBERGER, J. H., and I. S. SALCEDO: J. amer. Leather Chem. Ass. **35**, 11 (1940). — BOWES, J. H., and W. B. PLEASS,: J. int. Soc. Leather Trades Chem. **23**, 365, 451, 499 (1939). — GUSTAVSON, K. H.: Svensk. kem. T. **52**, 261 (1940). J. int. Soc. Leather Trades Chem. **24**, 377 (1940). Kolloid-Z. **103**, 43 (1943). J. amer. Leather Chem. Ass. **43**, 741 (1948). — [9] Vgl. z. B. GUSTAVSON, K. H.: J. amer. Leather Chem. Ass. **43**, 741 (1948). — [10] TRAILL, D.: Chem. & Industr. **1950**, 23. — [11] SCHÜTTE, E.: H. **279**, 59 (1943). — [12] MICHEEL, F.: Angew. Chem. **59**, 212 (1947). — MICHEEL, F., u. B. HEROLD: Naturwiss. **36**, 157 (1949). — [13] Vgl. a. Aminosäureteil S. 555 ff. — [14] MARTIN, A. J. P., and R. L. M. SYNGE: Adv. Protein Chem. **2**, 10 (1945). — SCHRAMM, G.: Angew. Chem. **62**, 168 (1950).

Letztere hätte den Vorzug, daß sie nach beendeter Hydrolyse durch Bariumhydroxyd vollständig entfernt werden kann. Da aber dieses Vorgehen ziemlich unbequem ist, so wird man Schwefelsäure nur da anwenden, wo einzelne Aminosäuren, wie das Tyrosin, durch unmittelbare Krystallisation aus wäßriger Lösung gewonnen werden sollen. In diesen Fällen hydrolysiert man das Eiweiß durch 12—15stündiges (selten auch längeres) Kochen am Rückflußkühler mit der 5—6fachen Menge 25%iger Schwefelsäure.

Viel bequemer ist die Anwendung von Salzsäure. Bei Verwendung der 3fachen Menge rauchender Salzsäure (spezifisches Gewicht 1,15) genügt 8—15stündiges Kochen am Rückflußkühler. Durch Zusatz von Zinn(II)-chlorid (2 g auf 10 g Protein) kann die Hydrolysendauer beträchtlich herabgesetzt (2—3stündiges Kochen mit 20% HCl) und die Huminbildung vermindert werden[1]. Ähnlich wirkt auch Titan(III)-chlorid[2]. Bei Anwendung konzentrierter Mineralsäuren im Überschuß ist die Hydrolysengeschwindigkeit vom Säureanion unabhängig. Bei Benutzung verdünnter Säuren und niederer Temperatur wird sie jedoch von der Affinität des Säureanions zum Protein bestimmt[3]. Vgl. S. 628. Dementsprechend findet man die Hydrolyse mit verdünnten Mineralsäuren in Gegenwart von netzenden Sulfosäuren, wie Dodecyl- oder Cetylsulfat, wegen der viel größeren Affinität der Säureanionen zum Protein stark beschleunigt[4]. Verfahren bei Anwesenheit großer Kohlenhydratmengen[5].

Viel eingreifender ist die Behandlung der Eiweißstoffe mit *Alkalien*. Sie bewirkt eine Racemisierung der optisch aktiven Bausteine und führt vor allem bei höherer Temperatur zur Zerstörung des Cystins, zur Abspaltung beträchtlicher Mengen von Ammoniak aus den Aminosäuren selbst und zerlegt besonders das Arginin in Harnstoff und Ornithin.

Der meist unvollständige Verlauf der *enzymatischen Hydrolyse* ist zum Teil auf die meist hemmende Wirkung von Spaltstücken, in der Hauptsache aber darauf zurückzuführen, daß in den natürlichen Proteasen Gemische vorliegen, deren einzelne Komponenten auf Grund ihrer Spezifität jeweils nur einen Teil der im Eiweiß insgesamt vorhandenen Peptidbindungen anzugreifen vermögen (vgl. S. 592), sowie S. 1120ff). Voraussetzung für die Erzielung eines vollständigen Abbaus ist daher das Zusammenwirken einer großen Zahl proteolytischer Enzyme, deren Spezifität sich gegenseitig ergänzt. Diese Voraussetzung ist nur annähernd beim Zusammenwirken der proteolytischen Fermente des Verdauungstraktes erfüllt. Besonders leicht gelingt die vollständige Aufspaltung zu Aminosäuren mit den Enzymgemischen der Schimmelpilze, — allein oder in Kombination mit tierischen Verdauungsenzymen[6].

Es ist gelungen, die natürlichen Gemische proteolytischer Fermente in zahlreiche Einzelenzyme von jeweils spezifischen Eigenschaften und spezifischer Wirkungsweise zu zerlegen, die an anderer Stelle ausführlich besprochen sind (vgl. Amidasen).

Im Gegensatz zu Säuren und Alkalien bewirken die proteolytischen Fermente einen besonders schonenden Abbau unter physiologischen Bedingungen. Trotzdem sind auch bei der fermentativen Spaltung sekundäre Veränderungen nicht mit Sicherheit auszuschließen[7].

[1] HLASIWETZ, H., u. J. HABERMANN: A. **169**, 150 (1873). — KOFRÁNYI, E.: H. **283**, 14 (1948). — [2] SULLIVAN, M. X., and W. C. HESS: J. biol. Ch. **117**, 423 (1937). — [3] STEINHARDT, J., and C. H. FUGITT: J. Res. nat. Bur. Stand. **29**, 315 (1942). — [4] STEINHARDT, J.: J. biol. Ch. **141**, 995 (1941). — SCHRAMM, G., u. J. PRIMOSIGH: H. **283**, 34 (1948). — [5] KOFRÁNYI, E.: Naturwiss. **37**, 91 (1950). — [6] WALLENFELS, K.: Vortrag Tag. der Ges. Dtsch. Chem. München Sept. 1949 [Angew. Chem. **61**, 436 (1949)]. — GRASSMANN, W., K. MAYER u. E. WALDSCHMIDT-LEITZ: Ärztl. Forsch. **4**, 3 (1950). — [7] BERGMANN, M., and H. FRAENKEL-CONRAT: J. biol. Ch. **124**, 1 (1938). — BEHRENS, O. K., and M. BERGMANN: J. biol. Ch. **129**, 587 (1939).

Als besonders wertvolle Hilfsmittel erweisen sich die proteolytischen Fermente — und zwar die einheitlichen Komponenten der natürlichen Fermentgemische — für die *partielle enzymatische Hydrolyse* der Eiweißkörper, d. h. für den planmäßigen Abbau unter Festhaltung bestimmter Zwischenstufen. Denn im Gegensatz zu Säuren und Alkalien, deren Angriff im wesentlichen *alle* Peptidbindungen der Proteine nach rein statistischen Gesichtspunkten betrifft, sind die einheitlichen proteolytischen Enzyme spezifisch auf ganz bestimmte Bindungen der Eiweißmoleküle eingestellt. Ihre Verwendung zur Strukturermittlung von Proteinen steht allerdings noch im Anfang und hat bisher nur im Falle der Protamine (vgl. S. 591) zu einigermaßen abschließenden Ergebnissen geführt.

Die *partielle Hydrolyse mit Säuren* hat nur in einzelnen Fällen zur Isolierung definierter Zwischenstufen geführt. Im allgemeinen erhält man dabei uneinheitliche und chemisch wenig definierte Gemische von Zwischenstufen des proteolytischen Abbaus, die als Albumosen und Peptone bezeichnet werden[1]; vgl. S. 584. Die Trennung der Albumosen von den Peptonen auf Grund ihrer Aussalzbarkeit ist bedenklich, denn zwischen Molekulargröße und Aussalzbarkeit besteht, wie schon FISCHER[2] gezeigt hat, kein eindeutiger Zusammenhang, ja es sind sogar einzelne Aminosäuren, wie z. B. Leucin, aussalzbar. SIEGFRIED[3] erhielt durch Einwirkung von 12—20%iger Salzsäure auf Eiweißstoffe bei Brutschranktemperatur die sog. „*Kyrine*". Sie wurden durch Fällen des Hydrolysates mit Phosphorwolframsäure, Zerlegen des Niederschlags mit Baryt und Überführung in ihre schwefelsauren Salze, zunächst in Form von Öl erhalten, welches beim Verreiben mit viel Alkohol feinkörnig wurde. Bei der totalen Hydrolyse erhält man erhebliche Mengen Arginin und Lysin, ferner Glutaminsäure u. a. Aus einem solchen Kyrin, dem Glutokyrin, hat GRASSMANN[4] in guter Ausbeute ein Tripeptid, das Lysyl-prolyl-glycin in reiner Form isoliert.

Peptide. Durch vorsichtige Hydrolyse mit Säure — 70% H_2SO_4 bei Zimmertemperatur — sind von FISCHER und ABDERHALDEN[5] eine Anzahl einfacher Peptide erhalten worden, wie z. B. Glycyl-L-alanin aus Seidenfibroin, aus Fibroin Glycyl-L-tyrosin, aus Elastin Alanyl-leucin, aus Gliadin unter anderen ein krystallisiertes Tetrapeptid, das aus Glykokoll, Alanin und Tyrosin bestand. Die Zahl der aus den Eiweißstoffen durch partiellen Abbau gewonnenen Peptide, meist Dipeptide, ist später stark vermehrt worden[6].

Während man nach den heutigen Auffassungen über die Struktur der Eiweißstoffe glaubt, daß die auf diese Weise erhaltenen Peptide innerhalb des großen Moleküls vorgebildet sind, führt man die Bildung der aus Eiweißstoffen im Autoklaven durch Hydrolyse mittels verdünnter Salzsäure[7] oder durch Alkoholyse[8] oder durch gewöhnliche Säurehydrolyse[9],

[1] KÜHNE, W.: Virchows Arch. **39**, 130 (1867). Vgl. auch KÜHNE, W., u. R. H. CHITTENDEN: Z. Biol. **20**, 11 (1884). — [2] FISCHER, E., u. E. ABDERHALDEN: B. **39**, 752 (1906); **40**, 3704 (1907). — FISCHER, E., u. O. GERNGROSS: B. **42**, 1485 (1909). — [3] SIEGFRIED, M.: H. **43**, 44 (1904/05); **48**, 54 (1906); **50**, 163 (1906/07). — SIEGFRIED, M. u. O. PILZ: H. **58**, 214 (1908/09). — SIEGFRIED, M.: Über partielle Eiweißhydrolyse. Biochem. Einzeldarst. **3** (1916). — [4] GRASSMANN, W., u. O. LANG: B. Z. **269**, 211 (1934). — GRASSMANN, W., u. K. RIEDERLE: B. Z. **284**, 177 (1936). — [5] FISCHER, E., u. E. ABDERHALDEN: B. **39**, 752, 2315 (1906); **40**, 3544 (1907). — [6] ABDERHALDEN, E.: H. **58**, 373 (1908/09); **65**, 417 (1910); **129**, 106 (1923). — ABDERHALDEN, E., K. KAUTZSCH u. F. MÜLLER: H. **62**, 404 (1909). — ABDERHALDEN, E., u. C. FUNK: H. **64**, 436 (1910). — ABDERHALDEN, E., u. A. SUWA: H. **66**, 13 (1910). — OSBORNE, T. B., and S. H. CLAPP: Amer. J. Physiol. **18**, 123 (1907). — [7] SSADIKOW, W. S., u. N. D. ZELINSKY: B. Z. **136**, 241 (1923). — SSADIKOW, W. S.: B. Z. **179**, 326 (1926). — SSADIKOW, W. S., W. A. WADOWA u. R. G. KRISTALLINSKAYA: B. Z. **276**, 168 (1935). — SSADIKOW, W. S., E. V. LINDQUIST-RYSSAKOWA, R. G. KRISTALINSKAYA, V. N. MENSCHIKOWA, L. N. RUBEL, E. G. CHALEZKAYA u. A. G. PESSINA: B. Z. **278**, 60 (1935). — GRANT, R. L., and H. B. LEWIS: J. biol. Ch. **108**, 667 (1935). — [8] CHRISTOMANOS, A. A.: B. Z. **277**, 394 (1935). — [9] ABDERHALDEN, E.: H. **128**, 119 (1923); **265**, 23 (1940). — ABDERHALDEN, E., u. H. SUZUKI: H. **127**, 281 (1923). — ABDERHALDEN, E., u. E. KLARMANN: H. **129**, 320 (1923). — ABDERHALDEN, E., u. W. STIX: H. **129**, 143 (1923); **132**, 238 (1924).

erhaltenen kleinen Mengen von Peptidanhydriden (Diketopiperazinen) auf sekundären Ringschluß während des Abbaues zurück.

Verfahren zur Verfolgung der Hydrolyse. Nach dem heutigen Stand der Eiweißchemie besteht der gesamte Vorgang der hydrolytischen Aufspaltung der Eiweißstoffe, sei es auf enzymatischem, sei es auf nichtenzymatischem Wege in der Lösung von Peptidbindungen, wobei Aminogruppen (im Falle von prolinhaltigen Eiweißstoffen auch Iminogruppen) und Carboxylgruppen freigelegt werden. Die Bestimmung des Carboxylzuwachses bzw. des Zuwachses an Aminogruppen gibt ein richtiges Maß für den Grad der Spaltung und erlaubt uns infolgedessen dieselbe messend zu verfolgen. Das ist wichtig, besonders bei der Verfolgung des enzymatischen Abbaues von Eiweißstoffen, wobei erst durch die Anwendung verschiedener Meßverfahren ein klares Bild von der chemischen Leistung der einzelnen am Eiweißabbau beteiligten Enzyme vermittelt wurde.

Von den Verfahren, die zur Verfolgung der Proteolyse angewandt werden, seien die *Formoltitration* von SÖRENSEN[1] sowie die gasometrische *Bestimmung des Aminostickstoffes* nach VAN SLYKE[2] erwähnt. Bei der letzteren ist zu beachten, daß sie freigelegte Iminogruppen des Eiweißes nicht erfaßt. Das alkalimetrische Verfahren von WILLSTÄTTER und WALDSCHMIDT-LEITZ, das von GRASSMANN[3] weiter verfeinert worden ist, wird hauptsächlich bei enzymatischen Hydrolysen angewandt, wo es wegen seiner leichten Ausführbarkeit und Genauigkeit gute Dienste leistet (vgl. S. 520). Weitere Verfahren vgl. S. 521. Messung der Hydrolyse mit Ninhydrin[4].

Außer den bis jetzt besprochenen rein chemischen sind auch *physikalische Verfahren* zur Verfolgung der Proteolyse bekannt und angewandt worden (z. B. viscosimetrische, interferometrische[5] und andere Verfahren). Es sei ferner auf ein nephelometrisches Verfahren (RONA, KLEINMANN[6]) hingewiesen. Vgl. S. 603.

Die Trennung der bei der Hydrolyse gebildeten Aminosäuren ist S. 555 ff. ausführlich behandelt worden. Für eine erste, allerdings nicht sehr genaue Orientierung über die Aminosäurezusammensetzung von Eiweißkörpern genügt in vielen Fällen die Bestimmung der Stickstoffverteilung auf die verschiedenen Gruppen der in den Eiweißstoffen enthaltenen Aminosäuren.

Bestimmung der Stickstoffverteilung nach HAUSMANN[7] und VAN SLYKE.

In den Eiweißhydrolysaten wird das Ammoniak nach Übersättigung der Lösung mit Magnesiumoxyd überdestilliert und titrimetrisch bestimmt (Amidstickstoff), im Destillationsrückstand danach nach dem Verfahren von KJELDAHL der Stickstoffanteil der mit Phosphorwolframsäure fällbaren Aminosäuren (Diaminosäurestickstoff) und der nicht fällbaren Aminosäuren (Monoaminosäurestickstoff) ermittelt. Der Cystin, Arginin, Lysin und Histidin enthaltende PWS-Niederschlag wird zersetzt und die Menge der darin enthaltenen Aminosäuren folgendermaßen bestimmt: Man ermittelt Cystin durch Schwefelbestimmung, Arginin entweder durch Fällung mit Flaviansäure oder durch Kochen mit Alkali, wobei es die Hälfte seines Gesamtstickstoffes in Form von Ammoniak abgibt. Bei Behandeln mit salpetriger Säure nach VAN SLYKE während 30 min gibt Lysin seinen Gesamtstickstoff, Histidin ein Drittel und Arginin ein Viertel seines Stickstoffes als Aminostickstoff ab. Aus dem Unterschied zwischen Gesamtstickstoff und Aminostickstoff ergibt sich der Nichtaminostickstoff dieser

[1] SØRENSEN, S. P. L.: B. Z. **7**, 45 (1907/08). C. R. Lab. Carlsberg **7**, 1 (1907). — HARRIS, L. J.: Proc. R. Soc. London (B) **95**, 440, 500 (1923/24). — [2] SLYKE, D. D. VAN: J. biol. Ch. **9**, 185 (1911); **12**, 275 (1912); **23**, 407 (1915). — SLYKE, D. D. VAN, and R. T. DILLON: Proc. Soc. exp. Biol. Med. **34**, 362 (1936). — [3] GRASSMANN, W., u. W. HEYDE: H. **183**, 32 (1929). — [4] SCHWARTZ, T. B., F. L. ENGEL and L. FRANK: J. biol. Ch. **184**, 197 (1950). — [5] GRASSMANN, W.: Kolloid-Z. **77**, 205 (1936). — [6] RONA, P.: Praktikum der physiologischen Chemie, Teil 3, Fermentmethoden. Berlin 1926. — [7] HAUSMANN, W.: H. **27**, 95 (1899); **29**, 136 (1900).

Aminosäuren. Da das Arginin gesondert bestimmt ist, läßt sich errechnen, wieviel vom Nichtaminostickstoff der Basen auf das Histidin entfällt:

$$\text{Nichtamino-N} = {}^3/_4 \text{ Arginin-N} + {}^2/_3 \text{ Histidin-N}.$$

Hieraus errechnet sich der Histidingehalt

$$
\begin{aligned}
{}^2/_3 \text{ Histidin-N} &= (\text{Nichtamino-N}) - ({}^3/_4 \text{ Arginin-N})\\
\text{Histidin-N} &= {}^3/_2 \,(\text{Nichtamino-N}) - ({}^9/_8 \text{ Arginin-N})\\
\text{Histidin-N} &= 1{,}5 \,(\text{Nichtamino-N}) - (1{,}125 \text{ Arginin-N}).
\end{aligned}
$$

Der Lysinstickstoff errechnet sich damit zu

$$\text{Lysin-N} = (\text{Gesamt-N}) - (\text{Arginin-N} + \text{Cystin-N} + \text{Histidin-N})$$

Das *Filtrat der Phosphorwolframsäurefällung* enthält die Monoaminosäuren. Sie werden in 2 Untergruppen geteilt: erstens in die Säuren, welche nur primären, mit der Methode von VAN SLYKE nachweisbaren *Aminostickstoff* enthalten, und zweitens diejenigen Säuren, die sekundären, nach VAN SLYKE nicht bestimmbaren Stickstoff besitzen, wie er im Pyrrolidinring (Prolin, Oxyprolin) oder im Indolkern (Tryptophan) vorkommt. Zur Bestimmung des ersteren wird der Aminostickstoff im Filtrat der Phosphorwolframsäurefällung nach dem Verfahren von VAN SLYKE ermittelt. Der Gehalt an Monoaminosäuren, welche keine primäre Aminogruppe besitzen *(Prolin, Oxyprolin, ${}^1/_2$ Tryptophan)*, ergibt sich durch Subtraktion des Monoaminostickstoffs des Filtrats von dem mittels einer KJELDAHL-Bestimmung zu ermittelnden Gesamtstickstoff im Filtrate der Phosphorwolframsäurefällung.

Es gelingt also nach VAN SLYKE unter Anwendung verhältnismäßig geringer Eiweißmengen (1 bis 6 g) den Stickstoffgehalt eines Hydrolysates auf folgende Gruppen zu verteilen:

1. Ammoniak,	5. Histidin,
2. Arginin,	6. Iminosäuren ($+ {}^1/_2$ Tryptophan)
3. Cystin,	7. Monoaminosäuren und ${}^1/_2$ Tryptophan.
4. Lysin,	

Einzelheiten der Arbeitsweise sind in Spezialbüchern aufzufinden [1]. Das zu analysierende Eiweiß muß frei von stickstoffhaltigen Beimengungen, wie Purinbasen oder Ammoniak sein. VAN SLYKE selbst, der dieses Verfahren einführte, hat auf manche seiner systematischen Fehler aufmerksam gemacht. Es ist oft schwer, gut übereinstimmende Ergebnisse zu erzielen. Manche Abweichungen hängen mit einer unvollständigen Fällung der Hexonbasen mit Phosphorwolframsäure zusammen, manche Unterschiede ergeben sich ferner bei den Bestimmungen des Amino-N, wobei oft etwas zu hohe Werte beobachtet wurden. Trotz dieser Fehler ist das Verfahren einigermaßen ausreichend zur vorläufigen Ermittlung der Zusammensetzung eines Eiweißstoffes.

β) Physikalisch-chemische Eigenschaften der Proteine.

1. Proteine als polare Kolloide; Löslichkeit.

Die physikalischen und chemischen Eigenschaften der Proteine sind bestimmt einerseits durch ihren polaren Charakter, den sie mit den Aminosäuren und Peptiden gemeinsam haben, andererseits durch ihre hochmolekulare Natur, durch die sie sich von den Aminosäuren und Peptiden unterscheiden.

Der polare Charakter ist zurückzuführen auf die gleichzeitige Anwesenheit saurer und basischer, also zu positiver oder negativer Aufladung befähigter Gruppen im Molekül, aber auch auf die Amidgruppen der Peptidbindung sowie andere polare Gruppen (OH-, SH-Gruppen usw.). Er bedingt die fehlende Flüchtigkeit, die Unlöslichkeit in nichtpolaren Lösungsmitteln, das Auftreten als Kationen in sauren, als Anionen in alkalischen und als Zwitterionen in mittleren p_H-Bereichen (vgl. S. 495, Aminosäuren). Zwischenmolekulare Kräfte, die von den polaren Atomgruppierungen ausgehen, bewirken den Zusammenhalt der Polypeptidketten zu geordneten dreidimensionalen Systemen, wie sie sowohl in den Faserproteinen als auch in krystallisationsfähigen nativen Eiweißkörpern vorliegen; sie sind verantwortlich für das Verhalten gegenüber anderen Ionen, Zwitter-

---

[1] BERTHO, A., u. W. GRASSMANN: Biochemisches Praktikum. S. 55. Berlin u. Leipzig 1936. — Handb. biol. Arb.-Meth. Abt. I, Teil 7, Eiweißabbauprodukte, bes. S. 264 (1923); Teil 8, Eiweißstoffe (1922). — H.-Th. S. 587.

ionen und polaren Lösungsmitteln. In der Tat sind es Art und Verteilung der polaren Gruppen, ihr mehr oder weniger großer Einfluß gegenüber den apolaren, lipophilen Resten der Aminosäuren, die über den räumlichen Aufbau der Proteine wie über ihre Löslichkeit und ihre gesamten physikalisch-chemischen Eigenschaften, sowohl im gelösten wie im unlöslichen Zustand, entscheiden.

In gelöstem Zustand zeigen die Eiweißkörper geringe Diffusionsgeschwindigkeit und geringen osmotischen Druck und diffundieren im allgemeinen nicht durch tierische Membranen, sie gehören also nach der Definition von GRAHAM[1] zu den Kolloiden. Die Fähigkeit zu krystallisieren widerspricht dem nicht, im Gegensatz zu der ursprünglichen Auffassung GRAHAMs, der eine scharfe Scheidung zwischen „Krystalloiden" und „Kolloiden" postuliert hatte. Allerdings ist es möglich, Collodiummembranen und Ultrafilter geeigneter Permeabilität herzustellen, welche den Durchgang mancher Eiweißstoffe, z. B. von Albuminen, gestatten. Nach allen neueren Ergebnissen ist anzunehmen, daß die Eiweißkörper in ihren Lösungen im allgemeinen monodispers vorliegen. Der kolloidale Charakter ist also durch ihr hohes Molekulargewicht bestimmt.

Ein großer Teil der Eigenschaften gelöster Eiweißkörper, z. B. ihre Ausflockbarkeit und Aussalzbarkeit, können als Eigenschaften von Kolloiden verstanden werden. Dank der Anwesenheit hydrophiler Gruppen sind die Eiweißstoffe im allgemeinen den lyophilen Kolloiden zuzurechnen[2]. Sie sind in hohem Maße befähigt, Suspensionen von lyophoben Kolloiden gegen die fällende Wirkung von Elektrolyten zu schützen[3]. Diese schützende Wirkung der Eiweißstoffe beruht darauf, daß sich hydrophile Adsorptionsschichten, nach LOEB[4] feste Eiweißhäutchen, an der Oberfläche der zu schützenden Kolloidteilchen bilden.

Im vorhergehenden Abschnitt sind eine Reihe chemischer und enzymchemischer Befunde besprochen worden, die in ihrer Gesamtheit zu der Vorstellung führen, daß der Anordnung und Reihenfolge der Aminosäuren in den Polypeptidketten ein gesetzmäßiger und periodischer Bauplan zugrunde liegt. Die Gesamtheit der physikalischen und biologischen Eigenschaften der Proteine kann aber nur verstanden werden, wenn man darüber hinaus die Annahme macht, daß die einzelnen in sich geordneten Polypeptidketten in einer gesetzmäßigen Weise zu geregelten dreidimensionalen Systemen zusammentreten.

Der Zusammenhalt zwischen den Polypeptidketten[5], der für die Ausbildung relativ stabiler dreidimensionaler Systeme verantwortlich ist, scheint in der Hauptsache durch folgende Bindungstypen bewirkt zu werden (vgl. auch Schemata 1—4, S. 616).

1. Die Wasserstoffbrücke, die zwischen den $CONH$-Gruppen benachbarter Polypeptidketten dadurch zustande kommt, daß der Peptidwasserstoff in Wechselwirkung tritt mit einem einsamen Elektronenpaar am Sauerstoff einer benachbarten Peptidbindung (Schema 1a). Eine analoge Form ist von der enolisierten Peptidbindung ableitbar (Schema 1b).

2. Die elektrostatische Anziehung zwischen den negativ ionisierten Carboxylgruppen und den positiven Ammoniumgruppen benachbarter Ketten (Salzbindungen)[6].

3. Durch die Disulfidbrücken der Cystinreste, die unter anderem insbesondere für die Unlöslichkeit und hohe Resistenz der Keratinsubstanzen verantwortlich sind (vgl. S. 530 u. 732).

[1] GRAHAM, TH.: Philos. Trans. R. Soc. London 151, 183 (1861). — [2] PAULI, W., u. E. VALKÓ: Kolloidchemie der Eiweißkörper. 2. Aufl. Dresden 1933. — [3] ZSIGMONDY, R.: Kolloidchemie. 5. Aufl., Allgemeiner Teil I, 1925; Spezieller Teil II, 1927. Leipzig. — [4] LOEB, J.: Die Eiweißkörper und die Theorie der kolloidalen Erscheinungen. Berlin 1924, u. zw. S. 276. — [5] Vgl. z. B. MIRSKY, A. E., and L. PAULING: Proc. nat. Acad. Sci. USA. 22, 439 (1936). — JORDAN LLOYD, D., and A. SHORE: The Chemistry of the Proteins. 2. Aufl. London 1938. — [6] Vgl. auch JACOBSEN, C. F., and K. LINDERSTRØM-LANG: Nature 164, 411 (1949).

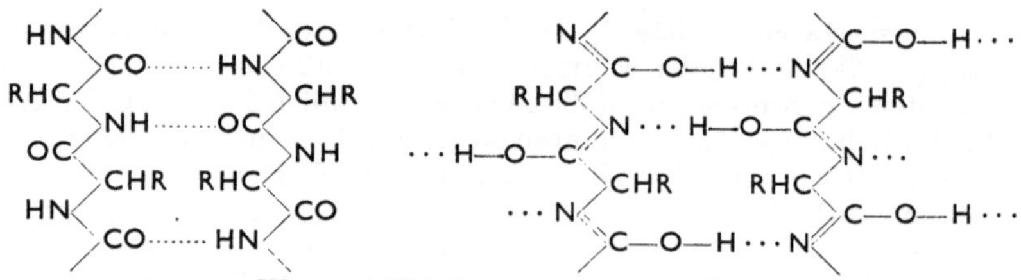

Wasserstoffbindung
(zu 1a)

1b

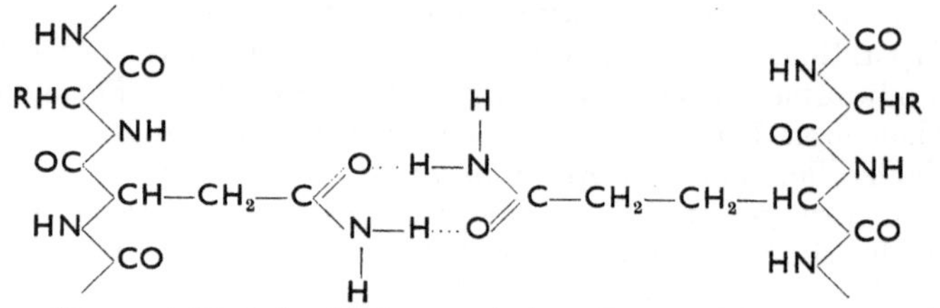

Wasserstoffbrückenbindung zwischen Säureamiden (zu 4)

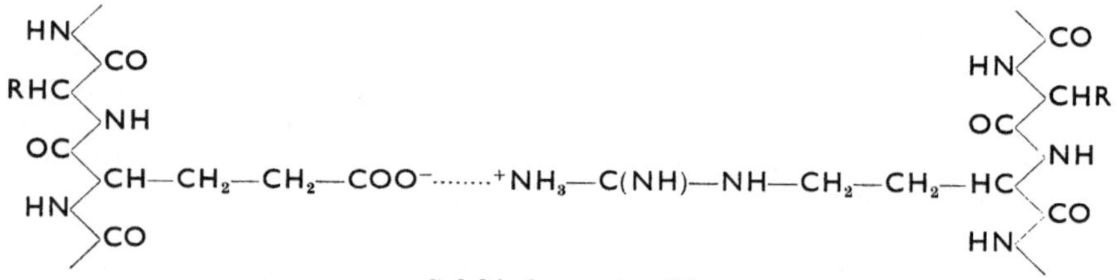

Salzbindung (zu 2)

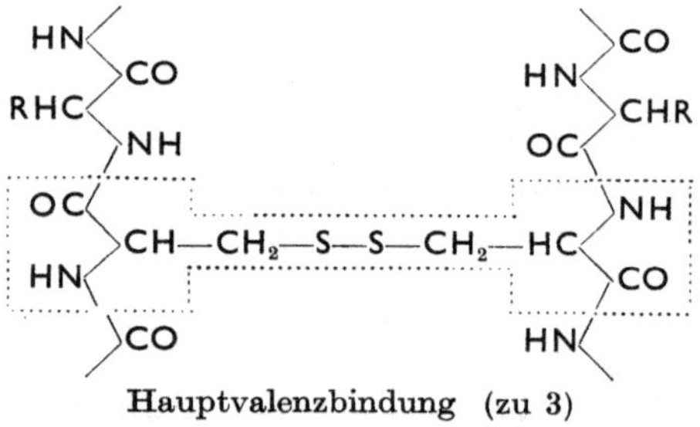

Hauptvalenzbindung (zu 3)

4. Sehr wahrscheinlich durch Wasserstoffbrückenbindungen zwischen den in Säureamidform vorliegenden Carboxylen der Glutaminsäure- und Asparaginsäurereste. Dieser Bindungstypus dürfte vor allem für die pflanzlichen Prolamine wesentlich sein.

Für die Löslichkeit der Eiweißkörper entscheidend ist einerseits die Stärke der Gitterkräfte im festen Zustand, andererseits der Kräfte zwischen den gelösten Molekülen und den Molekülen des Lösungsmittels. Eiweißkörper, die im festen Zustand durch starke Gitterkräfte zusammengehalten werden, erfordern starke Affinität zum Lösungsmittel, um gelöst werden zu können.

Deshalb lösen sich Eiweißkörper grundsätzlich nur in polaren Lösungsmitteln, vor allem also in Wasser, ferner z. B. in Glycerin, Formamid, Dimethylformamid, wasserfreier Ameisensäure, nur sehr bedingt in einfachen Alkoholen und überhaupt nicht in wenig polaren Lösungsmitteln, wie Äther, Kohlenwasserstoffen u. ä.

Alle polaren Gruppierungen der Eiweißmoleküle haben die Fähigkeit, mit Lösungsmitteln von polarem Charakter, insbesondere also mit Wassermolekülen, in Wechselwirkung zu treten. Von den Bindungen, die oben als für den Zusammenhalt der Polypeptidketten verantwortlich besprochen wurden, ist lediglich die Disulfidbindung nicht befähigt, mit Wassermolekülen zu reagieren. Ihre Auflösung erfolgt durch chemische Aufspaltung, z. B. mittels reduzierender Agenzien, Alkali usw. Alle anderen können durch die Wechselwirkung mit Wassermolekülen gelöst oder mindestens gelockert werden. Es kommt zur Lösung, wenn die Wechselwirkung mit den Molekülen des Lösungsmittels zur völligen Trennung der Eiweißketten voneinander ausreicht. Genügt sie zur Überwindung der Gitterkräfte nicht, bleibt der Eiweißkörper ungelöst; aber sein Gitter wird unter Einlagerung von Wassermolekülen mehr oder weniger aufgeweitet: er quillt.

Einige Beispiele mögen das Gesagte veranschaulichen:

Die Polypeptidkette des *Seidenfibroins* ist fast ausschließlich aus Glykokoll- und Alaninresten (also zwei Aminosäuren, die keine oder nur eine kleine Seitenkette tragen) unter Mitbeteiligung einer kleinen Menge von Tyrosin, Threonin, sowie belanglosen Mengen einiger anderer Aminosäuren aufgebaut. Das Molekül bildet sehr geordnete und stabile Faserkrystallite; hydrophile Gruppen fehlen fast vollständig, Seidenfibroin ist daher unlöslich und kaum quellbar.

Die *Keratine* sind relativ reich an Aminosäuren mit polaren Resten. Aber das Krystallgitter der Keratinfaser ist durch die Wasser gegenüber stabilen Disulfidbrücken zusammengehalten. Das Protein ist daher gleichfalls unlöslich und wenig quellbar.

Für den Zusammenhalt der Krystallgitter der *Kollagen*fasern ist in wesentlichem Umfange die elektrostatische Anziehung zwischen den anionisch und kationisch aufgeladenen Carboxyl- bzw. Ammoniumgruppen der Dicarbonsäuren und der basischen Aminosäuren verantwortlich. Diese Gruppen haben in Gegenwart von Wasser die Tendenz, sich mit Hydrathüllen zu umgeben, Kollagen erfährt daher in Gegenwart von Wasser Quellung, bei höheren Temperaturen Schrumpfung und Auflösung.

Das eigentümliche Löslichkeitsverhalten der *Prolamine*, die sich nicht in Wasser, wohl aber in Alkohol-Wasser-Mischungen lösen, hat man mit ihrem Gehalt an nicht polaren aliphatischen Resten und Pyrrolidinringen in Zusammenhang gebracht. Möglicherweise ist dafür auch die Verknüpfung durch Wasserstoffbrücken der Amidgruppierung (s. oben) verantwortlich zu machen.

Viele in Wasser unlösliche Eiweißkörper, wie z. B. Casein, können durch verdünnte Säuren oder verdünnte Alkalien in Lösung gebracht werden; denn durch die gleichsinnige kationische oder anionische Aufladung der Moleküle wird eine Überwindung der zwischen den Eiweißmolekülen bestehenden Kräfte begünstigt.

Die Gruppe der *Globuline* ist nicht in Wasser, wohl aber in verdünnten Lösungen von Neutralsalzen oder anderen Zwitterionen löslich (vgl. HARDY, MELLANBY, OSBORNE[1]). Dieser sehr charakteristische Löslichkeitsunterschied ist die Grundlage für die Unterscheidung der Globuline von den Albuminen, aber auch für ihre Reinigung und Fraktionierung. Alle Globuline sind durch hohe Dipolmomente ausgezeichnet und unterscheiden sich dadurch von den *wasserlöslichen Albuminen*. Die geringe Löslichkeit der Globuline in Wasser kann wahrscheinlich auf die hohe Bindungsenergie der Krystallgitter zurückgeführt werden, die Löslichkeitserhöhung von Molekülen mit hohem Dipolmoment durch Neutralsalze kann auf Grund der DEBYE-HÜCKELschen Theorie gedeutet und rechnerisch behandelt werden (vgl. dazu SCATCHARD und KIRKWOOD[2]) (s. S. 502 u. S. 631).

---

[1] HARDY, W. B.: J. Physiol., London **33**, 251 (1905). — MELLANBY, J.: J. Physiol., London **33**, 338 (1905). — OSBORNE, T. B., and J. F. HARRIS: J. biol. Ch. **15**, 151 (1905). —
[2] SCATCHARD, G., and J. G. KIRKWOOD: Physik. Z. **33**, 297 (1932). — KIRKWOOD, J. G.: J. chem. Physics **2**, 351 (1934).

Durch Neutralsalze in hoher Konzentration können alle löslichen Eiweißkörper aus ihren Lösungen abgeschieden werden (Aussalzung)[1]. Deswegen ist auch die Theorie der Aussalzung sowohl an Eiweißkörpern wie auch an Aminosäuren eingehend bearbeitet worden. Die Aussalzbarkeit der Proteine ist sehr verschieden, ja nach der Art des Eiweißkörpers und dem angewandten Neutralsalz (HOFMEISTER[2]). Diese Tatsache ist für die Trennung, Reinigung und Isolierung von Eiweißkörpern von größter praktischer Bedeutung (vgl. z. B. CHICK, SØRENSEN, GREEN, MORGAN, FLORKIN[3]).

Die ursprüngliche Auffassung von HOFMEISTER, daß die Aussalzung auf einer Dehydratation der Proteine durch das zugefügte Salz beruhe, ist in DEBYES Theorie der Aussalzung[4] im wesentlichen beibehalten und quantitativ weiterentwickelt worden, derzufolge die Ionen des Salzes die polarisierbaren Moleküle des Lösungs-

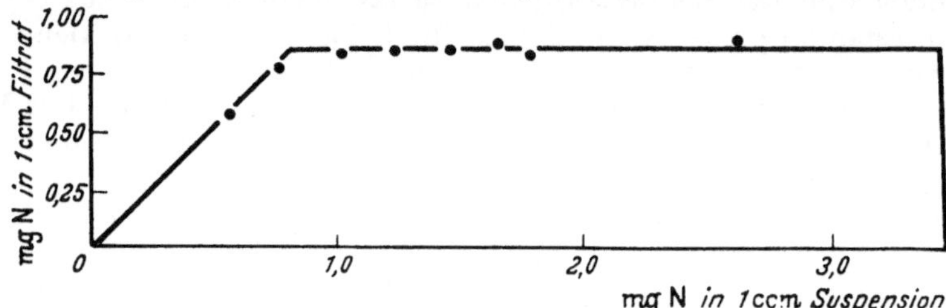

Abb. 51. Löslichkeit einer Chymotrypsinogenfraktion in 0,4 gesättigter MgSO$_4$-Lösung bei p$_H$ 4. [Nach BUTLER, J. A. V.: J. gen. Physiol. **24**, 189 (1940).]

mittels an sich ziehen und auf diese Weise das Eiweiß vom Lösungsmittel abdrängen sollen. Die Erscheinung der Aussalzbarkeit findet sich nicht nur bei kolloidalen Substanzen, wie Eiweißkörpern, sondern auch bei Aminosäuren (vgl. S. 502), gelösten Gasen usw., und ist wahrscheinlich ein Problem von ganz allgemeiner Bedeutung für die Theorie der Löslichkeit.

Den stärksten Aussalzungseffekt zeigen Salze mit mehrwertigen Anionen, wie Phosphate, Sulfate, Citrate usw.; unter ihnen nimmt das Ammoniumsulfat eine Sonderstellung ein, weil seine extrem hohe Löslichkeit die Herstellung hochkonzentrierter Lösungen erlaubt. Chloride bewirken Aussalzung nur bei leicht aussalzbaren Eiweißkörpern, z. B. Fibrinogen oder Myosin, und in hoher Konzentration. Die verschiedenen Eiweißkörper unterscheiden sich durch ihre Aussalzbarkeit außerordentlich stark. Globuline werden verhältnismäßig leicht ausgesalzen, nämlich schon bei Halbsättigung mit Ammoniumsulfat. Noch leichter aussalzbar sind gewisse langgestreckte Moleküle, wie Fibrinogen oder Myosin. Bedeutend schwerer aussalzbar sind Albumine; für ihre Abscheidung ist im allgemeinen Sättigung mit Ammoniumsulfat erforderlich. Noch schwerer aussalzbar ist das Myoglobin, vermutlich wegen seines relativ niedrigen Molekulargewichts. Innerhalb der Gruppen der Globuline und der Albumine sind weitgehende Fraktionierungen auf Grund der verschiedenen Aussalzungsgrenzen möglich (s. unten).

Die Ermittlung der Löslichkeit eines Eiweißkörpers hat sich als ein sehr empfindliches Kriterium zur Prüfung der Einheitlichkeit erwiesen. Bei einheitlichen Eiweißstoffen ist die Konzentration der überstehenden Lösung unabhängig von

[1] PANUM, P.: Virchows Arch. **4**, 419 (1852). — VIRCHOW, R.: Virchows Arch. **6**, 572 (1854). — BERNARD, CL.: In ROBIN, C., et F. VERDEIL: Traité de Chimie anatomique, Bd. 2/3, S. 299. Paris 1853. — [2] HOFMEISTER, F.: A. e. P. P. **24**, 247 (1887/88). — [3] CHICK, H., and C. J. MARTIN: Biochem. J. **7**, 380 (1913). — SØRENSEN, S. P. L., u. M. HOYRUP: C. R. Lab. Carlsberg **12**, 213 (1917). — GREEN, A. A.: J. biol. Ch. **93**, 517 (1931); **95**, 47 (1932). — MORGAN, V. E.: J. biol. Ch. **112**, 557 (1935/36). — FLORKIN, M.: J. biol. Ch. **87**, 629 (1930). — [4] DEBYE, P.: Z. physik. Chem. **130**, 56 (1927). — DEBYE, P., u. J. McAULAY: Physik. Z. **26**, 22 (1925).

der Menge des Bodenkörpers, während sie bei Mischungen mit der Menge des Bodenkörpers ansteigt. Abb. 51 zeigt das Löslichkeitsverhalten eines einheitlichen Eiweißkörpers, Abb. 52 dasjenige eines Proteingemisches.

2. Proteine als Ampholyte.

Das Verhalten der Aminosäuren gegenüber Säuren und Alkalien ist S. 495 ff. behandelt worden. Durch die Verknüpfung zu Peptidketten, wie sie im Eiweiß vorliegen, scheiden alle diejenigen Carboxyl- und Aminogruppen für die Salzbildung aus, die an der Peptidverknüpfung beteiligt sind. Als salzbildende Gruppen der Eiweißkörper sind demnach anzusprechen einerseits die endständigen

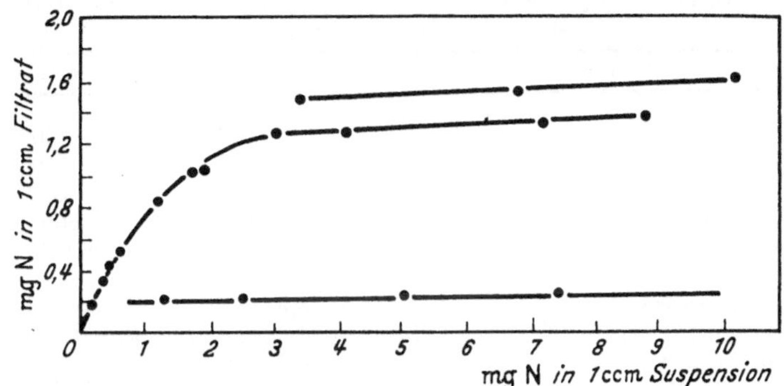

Abb. 52. Löslichkeit künstlicher Gemische von 40% α- und 60% γ-Chymotrypsin (krystallisiert) in 0,4 gesättigter (NH₄)₂SO₄-Lösung bei pH 4 und 10° C. [Nach KUNITZ, M.: J. gen. Physiol. 22, 207 (1938/39).]

Amino- und Carboxylgruppen der Polypeptidketten, deren Zahl bei größerer Kettenlänge naturgemäß klein ist, andererseits und hauptsächlich aber die an der Peptidverknüpfung nicht beteiligten (vgl. S. 588 ff.) freien Carboxylgruppen der Aminodicarbonsäuren, die phenolische OH-Gruppe des Tyrosins und die freien basischen Gruppen der Diaminosäuren, also die ε-Aminogruppe des Lysins, die Guanidinogruppe des Arginins und die Imidazolgruppe des Histidins.

Die Veränderungen, welche ein Eiweißkörper in Abhängigkeit von der Konzentration der H- bzw. OH-Ionen erfährt, bestehen in der Anlagerung bzw. Abgabe von H-Ionen (Protonen). In einem Medium genügend hoher H-Ionenkonzentration liegen die Carboxylgruppen als undissoziierte COOH-Gruppen vor (entsprechendes gilt von den phenolischen Hydroxylgruppen), die Aminogruppen als positiv geladene Ammoniumgruppen $[NH_3R]^+$. Das Gesamtmolekül trägt also positive Überschußladung. Bei absinkender H-Ionenkonzentration geben sowohl die COOH-Gruppen wie die Ammoniumgruppen H-Ionen ab, und zwar jede dieser Gruppen bei der durch ihre Dissoziationskonstanten bestimmten H-Ionenkonzentration. Bei hinlänglich geringer H-Ionenkonzentration des Mediums, d. h. bei alkalischer Reaktion, werden also schließlich die Carboxylgruppen als negativ geladene Anionen $RCOO^-$, die basischen Gruppen als ungeladene, freie Aminogruppen RNH_2 vorliegen. Das Molekül wird dann eine negative Überschußladung tragen.

Die Peptidbindung erfährt innerhalb der hier in Betracht kommenden p_H-Bereiche, also etwa zwischen p_H 1 und p_H 13, keine mit der Aufnahme oder Abgabe von H-Ionen verbundene Veränderung, sie beteiligt sich nicht an der Salzbildung. Auch eine irgendwie wesentliche Aufspaltung von Peptidbindungen kommt innerhalb des genannten Bereiches bei kurzer Versuchsdauer und niedriger Temperatur nicht in Betracht. Dagegen ist von etwa p_H 9 an mit der

Möglichkeit einer Enolisierung der Peptidbindungen zu rechnen, die durch UV-spektroskopische Messungen wahrscheinlich gemacht wird[1].

Die Dissoziationskonstanten der an der Aufnahme und Abgabe von H-Ionen beteiligten Gruppen des Eiweißmoleküls, die in Tabelle 104 zusammengestellt sind, besagen, daß bei fallender H-Ionenkonzentration zuerst die Carboxylgruppen ihr Proton abgeben und in die anionische Form übergehen und daß erst bei höheren p_H-Werten die Ammoniumgruppen entladen werden. Das bedeutet, daß bei mittleren p_H-Bereichen sowohl die sauren, wie die basischen Gruppen in negativ bzw. positiv geladener Form vorliegen; der Zustand des Eiweißmoleküls

Tabelle 104. Charakteristische Aciditätskonstanten (p_K-Werte) und Ionisierungswärmen (ΔH) von sauren und basischen Gruppen der Proteine[2].

Gruppe	p_K (25°)	ΔH (cal/Mol)
Carboxyl (α)	3,0—3,2	($\pm$ 1500)
Carboxyl (Asparagin-)	3,0—4,7	($\pm$ 1500)
Carboxyl (Glutamin-)	etwa 4,4	($\pm$ 1500)
Phenolisches Hydroxyl (Dijodtyrosin) . .	6,5	800
Phenolisches Hydroxyl (Tyrosin)	9,8—10,4	6000
Sulfhydryl	9,1—10,8	
Imidazol (Histidin)	5,6—7,0	6900—7500
Ammonium (α)	7,6—8,4	10000—13000
Ammonium (α, Cystin)	6,5—8,5	
Ammonium (ε, Lysin)	9,4—10,6	10000—12000
Guanido (Arginin)	11,6—12,6	12000—13000

in diesem mittleren, dem *isoelektrischen Bereich*, ist also nicht der eines Neutralmoleküls, sondern der eines Zwitterions.

Als *isoelektrischer Punkt* eines Eiweißkörpers wird diejenige H-Ionenkonzentration bezeichnet, bei welcher der betreffende Eiweißkörper gleich viel positive und negative Ladungen, also keine positive oder negative Überschußladung, trägt. Die Lage des isoelektrischen Punktes eines Eiweißkörpers wird durch die Anzahl der sauren und basischen Gruppen und deren Dissoziationskonstanten bestimmt und ist demzufolge für jeden Eiweißstoff verschieden und charakteristisch (vgl. auch S. 623, Tabelle 105).

Es empfiehlt sich zu unterscheiden zwischen der *Gesamtladung* eines Eiweißmoleküls („total charge"), d. h. der Summe seiner positiv und negativ geladenen Gruppen und der (positiven oder negativen) *„Überschußladung"* („net charge"), die für die Wanderung im elektrischen Feld maßgebend ist. Nach dem oben Gesagten ist am isoelektrischen Punkt die Gesamtladung maximal, die Überschußladung aber null, während im sauren bzw. im alkalischen Bereich die negative bzw. positive Überschußladung maximal, die Gesamtladung aber geringer als im isoelektrischen Punkt ist.

Die p_K-Werte der Tabelle 104 sind im allgemeinen durch Messungen an Peptiden bekannter Struktur — im Falle des Dijodtyrosins durch Messungen an der freien Aminosäure — ermittelt.

---

[1] FIXL, J. O., u. E. SCHAUENSTEIN: Mh. Chem. 80, 146 (1949). — Vgl. auch SCHAUENSTEIN, E., J. O. FIXL u. O. KRATKY: Mh. Chem. 80, 143 (1949). — BÜRGERMEISTER, E., u. E. SCHAUENSTEIN: Mh. Chem. 80, 310 (1949). — FIXL, J. O., O. KRATKY u. E. SCHAUENSTEIN: Mh. Chem. 80, 439 (1949). — SCHAUENSTEIN, E.: Mh. Chem. 80, 820, 843 (1949). — SCHAUENSTEIN, E., u. D. STANKE: Mh. Chem. 80, 870 (1949). — [2] COHN, E. J., and J. T. EDSALL: Proteins, Amino Acids and Peptides as Ions and Dipolar Ions. S. 445. New York 1943.

Die Verhältnisse lassen sich besonders einfach und anschaulich behandeln, wenn man eine Betrachtungsweise zugrunde legt, die von BRÖNSTED vorgeschlagen wurde[1].

BRÖNSTED bezeichnet als Säure jeden Stoff, der H-Ionen abzugeben, als Base jeden Stoff, der H-Ionen anzulagern vermag. In diesem Sinne ist die $COOH$-Gruppe als Säure, das Carboxyl-Anion als Base, das Ammonium-Kation als Säure und die ungeladene Aminogruppe als Base zu betrachten.

$$
\begin{array}{ll}
\text{Säure} & \text{Base} \\
A & B \\
R{-}COOH & R{-}COO^- \\
R{-}NH_3^+ & R{-}NH_2
\end{array}
$$

Die Dissoziation einer Säure (A) besteht also stets in ihrem Zerfall in Base (B) und Wasserstoffion, entsprechend den folgenden Gleichungen, welche die Vorteile dieser einheitlichen Betrachtungsweise deutlich machen.

$$
\begin{array}{lcl}
A & \rightleftharpoons & B + H^+ \\
R{-}COOH & \rightleftharpoons & R{-}COO^- + H^+ \\
R{-}NH_3^+ & \rightleftharpoons & R{-}NH_2 + H^+
\end{array}
$$

bzw.

$$
\begin{array}{lcl}
R{-}COOH + H_2O & \rightleftharpoons & R{-}COO^- + H_3O^+ \\
R{-}NH_3^+ + H_2O & \rightleftharpoons & R{-}NH_2 + H_3O^+
\end{array}
$$

Der Unterschied zwischen der Säure $R{-}COOH$ und dem Ammoniumkation $R{-}NH_3^+$ besteht im Sinne dieser Betrachtungsweise lediglich darin, daß die *ungeladene* Säure durch Abgabe eines Protons in das *negativ geladene* Säureanion, das *positiv geladene* Ammoniumkation aber durch Abgabe eines Protons in die *ungeladene* Aminoverbindung übergeht. Beide Vorgänge können als *Säure*-Dissoziation einheitlich experimentell und rechnerisch behandelt werden. Tatsächlich ist es beispielsweise bei der potentiometrischen Titration eines Eiweißkörpers nicht *ohne weiteres* möglich zu unterscheiden, ob z. B. die Abgabe von H-Ionen auf der Dissoziation von Carboxylgruppen oder auf der Entladung von Ammoniumionen beruht.

Die Grundlagen des Verhaltens der Eiweißkörper gegenüber Säuren und Alkalien sind im wesentlichen die gleichen, wie wir sie bei den Aminosäuren bereits kennengelernt haben. Folgende Unterschiede aber sind wesentlich:

1. Im Gegensatz zu den Aminosäuren handelt es sich bei den Eiweißkörpern um die gleichzeitige Aufnahme bzw. Abgabe von Protonen durch eine *große Zahl* von Gruppen des Moleküls. Die Eiweißkörper sind also im sauren Medium *polyvalente* Kationen, im alkalischen polyvalente Anionen, im isoelektrischen Bereich polyvalente Zwitterionen. Die rechnerische Behandlung der dadurch bedingten komplizierten Dissoziationsgleichungen ist von LINDERSTRØM-LANG[2], SIMMS[3], WEBER[4], MURALT[5], EDSALL[6] durchgeführt worden. Sie ergibt unter anderem das für viele theoretische und methodische Fragen sehr wichtige Resultat, daß auch am isoelektrischen Punkt eines Eiweißstoffes keineswegs das gesamte Protein isoelektrisch vorliegt, sondern daß es sich um einen Gleichgewichtszustand handelt, in dem anionisch und kationisch geladene Moleküle neben wirklich isoelektrischem Eiweiß existieren, dessen Anteil noch nicht einmal sehr hoch ist, im Falle des Hämoglobins beispielsweise zu weniger als einem Viertel errechnet wurde.

---

[1] BRÖNSTED, J. N.: Chem. Rev. 5, 231 (1928). Z. physik. Chem. (A) **169**, 52 (1934). Vgl. auch LEWIS, G. N.: J. Franklin Inst. **226**, 293 (1938). — [2] LINDERSTRØM-LANG, K.: C. R. Lab. Carlsberg 15, Nr. 7 (1924). — [3] SIMMS, H. S.: Am. Soc. 48, 1239 (1926). — [4] WEBER, H. H.: B. Z. 189, 381 (1927). — [5] MURALT, A. L. v.: Am. Soc. **52**, 3518 (1930). — [6] EDSALL, J. T.: In COHN, E. J., and J. T. EDSALL, Proteins, Amino Acids and Peptides as Ions and Dipolar Ions. New York 1943.

2. Der Grad der elektrischen Aufladung ist, anders als bei den Aminosäuren, in besonders charakteristischer Weise für die kolloidchemischen Eigenschaften verantwortlich. So unterscheiden sich kationisches, anionisches und isoelektrisches Eiweiß nicht nur durch Geschwindigkeit und Richtung der Wanderung im elektrischen Feld, sondern durch zahlreiche andere Eigenschaften, wie Löslichkeit, Quellbarkeit, Viscosität, Verhalten gegen Farbstoffe, Fällungsmittel usw.

Insbesondere erweist sich der *isoelektrische Punkt* als ausgezeichneter Punkt in bezug auf alle diese Eigenschaften. Man beobachtet bei ihm:

Minimum der Löslichkeit bzw. ein *Maximum der Aussalzbarkeit und der Fällbarkeit* durch Lösungsmittel;

Maximum der Krystallisationsfähigkeit;

Minimum der Viscosität (bei löslichen Eiweißkörpern) bzw. *der Gallertfestigkeit* (Gelatine);

Minimum der Quellbarkeit (bei unlöslichen Eiweißkörpern).

Für die Aufnahme von Farbstoffen gilt die Regel, daß saure (anionische) Farbstoffe vorzugsweise von kationischem Eiweiß, also auf der sauren Seite des isoelektrischen Punktes, kationische (basische) Farbstoffe dagegen von anionischem Eiweiß, also auf der alkalischen Seite des isoelektrischen Punktes

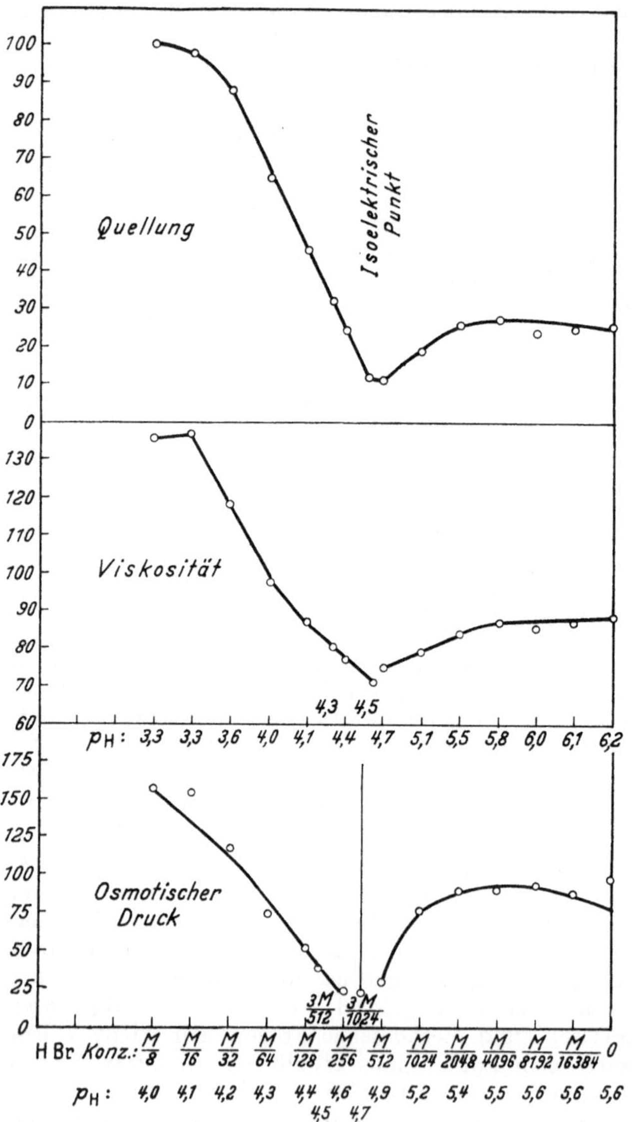

Abb. 53. Minimumeigenschaften von Gelatine im isoelektrischen Punkt. (Nach KÜNTZEL, A.: In Handb. Gerbereichem. Lederfabr. [BERGMANN-GRASSMANN] Bd. I/1, S. 539, Abb. 257. 1944.)

gebunden werden[1]. Entsprechendes gilt von der Fällbarkeit von Eiweißkörpern durch hochmolekulare bzw. kolloidale Fällungsmittel und dementsprechend auch für die wechselseitige Ausfällung kationischer und anionischer Proteine.

Zur Bestimmung des isoelektrischen Punktes können neben dem Verhalten im elektrischen Feld und der potentiometrischen Titration in vielen Fällen die

---

[1] LOEB, J.: Die Eiweißkörper und die Theorie der kolloidalen Erscheinungen. Berlin 1924, u. zw. S. 33 ff. — DICKINSON, H. O.: Nature **163**, 485 (1949).

genannten Eigenschaften herangezogen werden. Eine Zusammenstellung der isoelektrischen Punkte einiger Eiweißkörper findet sich in Tabelle 105.

Es ist jedoch hervorzuheben, daß der gefundene isoelektrische Punkt von anwesenden Fremdionen beeinflußt und daß seine Lage nach den verschiedenen Methoden häufig etwas uneinheitlich gefunden wird.

Der Versuch, auf Grund potentiometrischer Messungen das gesamte Säure- und Alkalibindungsvermögen von Eiweißkörpern bzw. die Anzahl der in ihnen vorhandenen sauren oder basischen Gruppen zu bestimmen, ist schon sehr früh-

Tabelle 105. Isoelektrischer Punkt einiger Eiweißkörper.

Protein	Ursprung	Isoelektrischer Punkt
Eieralbumin[1]	Hühnereier	4,70
Serumalbumin	Pferdeblut	4,90
Milchalbumin	Kuh	4,5—5,5
Edestin	Hanfsamen	5,5—6,0
Hämoglobin	Pferdeblut	6,80
Oxyhämoglobin	Pferdeblut	6,7
Hämocyanin[2]	Helix	5,05
Hämocyanin[2]	Octopus	4,70
Casein[3]	Kuhmilch	4,60
Protamine[4]	Fischsperma	9,7—12,4
Pepsin		2,75—3,00
Trypsin		5,00—8,00
Wollkeratin[5]	Wolle	3,4; 3,6
Wollkeratin[6]	Wolle	4,6; 4,9
Gelatine[7]	Haut, Knochen	4,6—5,0
Myosin	Rattenmuskel	6,2—6,6

zeitig von BUGARSZKY und LIEBERMANN[8] unternommen und in der Folge mit verbesserter Methodik weiterentwickelt worden (z. B. D'AGOSTINO und QUAGLIARELLO; LOEB; COHN; PAULI und VALKÓ; HITCHCOCK[9]). Auch mit anderen Methoden, z. B. auf Grund des Bindungsvermögens für Farbstoffe (SCHMIDT[10]) oder jodometrisch (THEIS und JACOBY[11]) hat man bisweilen die Säure- und Basenäquivalentgewichte von Eiweißkörpern ermittelt. Tabelle 106 gibt einige der nach den verschiedenen Methoden erhaltenen Ergebnisse wieder.

Aus den durch potentiometrische Titration erhaltenen Kurven, welche das Säure- bzw. Alkalibindungsvermögen der Eiweißkörper bei verschiedenen

---

[1] SMITH, C. R.: Am. Soc. 41, 135 (1915). — [2] DAWSON, C. R., and M. F. MALLETTE: Adv. Protein Chem. 2, 198, Tab. 3 (1945). — [3] MICHAELIS, L., u. H. PECHSTEIN: B. Z. 47, 260 (1912). — [4] MIYAKE, S.: H. 172, 225 (1927). — [5] MEUNIER, L., u. G. REY: C. R. Lab. Carlsberg 184, 144 (1921) (Quellung). — MARSTON, H. R.: Bull. Counc. sci. industr. Res. Australia 38 (1928) (Säurebindung). — HARRIS, M.: J. Res. nat. Bur. Stand. 8, 779 (1932) (Elektrophorese). — [6] ELÖD, E., u. CHR. VOGEL: Festschrift T. H. Karlsruhe 1925, S. 490. (Elektrometrisch.) — DUMANSKI, A., u. O. A. DUMANSKI: Kolloid-Z. 66, 24 (1934) (Kataphorese). — [7] CHIARI, R.: B. Z. 33, 175 (1911) (Quellung). — MICHAELIS, L., u. W. GRINEFF: B. Z. 41, 373 (1912) (Elektrophorese). — WILSON, J. A., and E. J. KERN: Am. Soc. 44, 2633 (1922) (Quellung). — [8] BUGARSZKY, S., u. L. LIEBERMANN: Pflügers Arch. 72, 51 (1898). — [9] AGOSTINO, E. D', u. G. QUAGLIARELLO: Nernst-Festschr. S. 27. Halle 1912. — LOEB, J.: Die Eiweißkörper und die Theorie der kolloidalen Erscheinungen. Berlin 1924. — COHN, E. J.: Physiol. Rev. 5, 349 (1925). — COHN, E. J., and R. E. L. BERGGREN: J. gen. Physiol. 7, 45 (1924). — PAULI, W., u. E. VALKÓ: Kolloidchemie der Eiweißkörper. 2. Aufl. Dresden, Leipzig. 1933. — HITCHCOCK, D. I.: J. gen. Physiol. 16, 357 (1932/33). Cold Spring Harbor Symp. quant. Biol. 6, 24 (1938). — [10] CHAPMAN, L. M. C., D. M. GREENBERG and L. A. C. SCHMIDT: J. biol. Ch. 72, 707 (1927). — RAWLINS, L. M. CH., and L. C. A. SCHMIDT: J. biol. Ch. 82, 709 (1929). — Vgl. a. MEYER, K. H.: Naturwiss. 15, 129 (1927). — [11] THEIS, E. R., and T. F. JACOBY: J. biol. Ch. 146, 163 (1942).

p_H-Werten wiedergeben (Abb. 54), können darüber hinaus durch eine sorgfältige Analyse, bei der unter anderem die Ionenstärke[1], d. h. der Einfluß anwesender

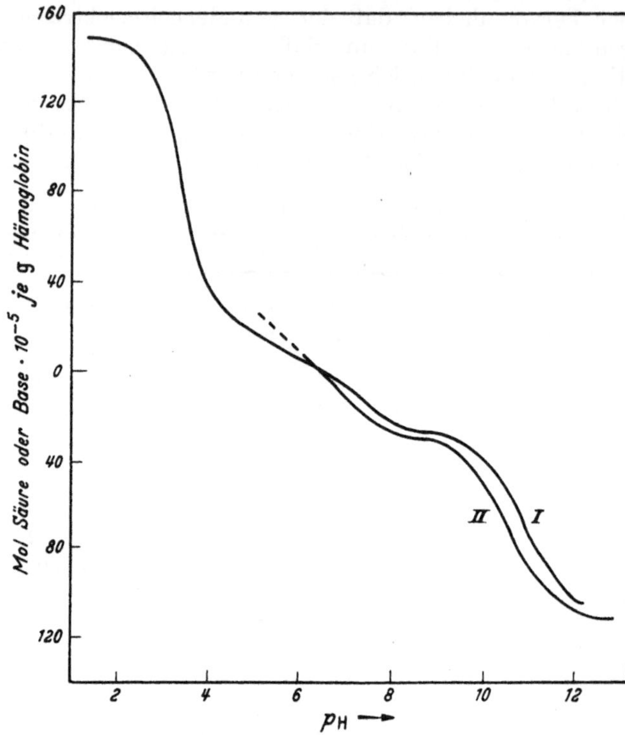

Abb. 54. Titrationskurven von Kohlenoxydhämoglobin (Pferd) ohne (*I*) und mit 1 m NaCl (*II*). [Nach COHN, E. J., A. A. GREEN and M. H. BLANCHARD: Am. Soc. **59**, 509 (1937).]

Tabelle 106. Säure- und Basenäquivalentgewichte einiger Eiweißkörper.

Protein	Maximale H'-Bindung	Maximale OH'-Bindung	Äquivalentgewicht errechnet aus		Iso-elektrischer Punkt
	Milliäquivalent je Gramm		Säure-bindung	Alkali-bindung	
Eieralbumin [2]	0,80	0,94	1240	1060	4,7
Eieralbumin [3]	0,86	1,05	1160	955	4,7
Casein	0,80[3]	1,80[2]	1240	555	4,6
Gelatine	0,96[3]	0,68[2]	1040	1480	4,6—5,0
Edestin [4]	1,34	—	745	—	5,5—6,0
Oxyhämoglobin [5] (Rind)	1,45	—	690	—	6,7
CO-Hämoglobin [6] (Pferd)	1,48	1,13	675	885	
Wollkeratin [7, 8]	0,82	0,78	1220	1280	

[1] CANNAN, R. K., A. KIBRICK and A. K. PALMER: Ann. N. Y. Acad. Sci. **41**, 243 (1941). J. biol. Ch. **142**, 803 (1942). — LINDERSTRØM-LANG, K.: C. R. Lab. Carlsberg **15**, Nr. 7 (1924). — [2] BUGARSZKY, S., u. L. LIEBERMANN: Pflügers Arch. **72**, 51 (1898). Vgl. dazu COHN, E. J.: Physiol. Rev. **5**, Tab. 4, 364 (1925). — [3] WEBER, H. H.: B. Z. **218**, 1 (1930). — Vgl. auch CHAPMAN, L. M. C., D. M. GREENBERG and C. L. A. SCHMIDT: J. biol. Ch. **72**, 707 (1927). — RAWLINS, L. M., CH., and C. L. A. SCHMIDT: J. biol. Ch. **82**, 709 (1929). — [4] HITCHCOCK, D. L.: J. gen. Physiol. **16**, 357 (1932/33); Cold Spring Harbor Symp. quant. Biol. **6**, Tab. 1, 28 (1938). — [5] LEWIS, P. S.: Biochem. J. **21**, 46 (1927). — [6] COHN, E. J., A. A. GREEN and M. H. BLANCHARD: Am. Soc. **59**, 509 (1937). — [7] STEIN-HARDT, J., and M. HARRIS: J. Res. nat. Bur. Stand. **24**, 335 (1940). — [8] MEYER, K. H.: Naturwiss. **15**, 129 (1927).

Ionen auf die Aktivitätskoeffizienten, zu beachten ist (s. unten S. 626), wertvolle Ergebnisse hinsichtlich der Art und Zahl der ionisierbaren, d. h. für die Salzbildung wesentlichen sauren und basischen Gruppen der Eiweißkörper gewonnen werden.

Voraussetzung dazu ist, daß es gelingt, das innerhalb bestimmter p_H-Bereiche gefundene Säurebindungsvermögen bestimmten ionisierten Gruppen zuzuordnen, was nicht immer eindeutig möglich ist. Außer den in Tabelle 104 zusammengestellten Dissoziationskonstanten und Dissoziationswärmen können dafür herangezogen werden:

Das Titrationsverhalten in Gegenwart von Formaldehyd (wobei nur die Amino- und Imidazolgruppen beeinflußt werden);

das Verhalten in Gegenwart von Alkohol (wobei die Dissoziationskonstanten der sauren und basischen Gruppen in charakteristischer Weise verschoben werden);

das Verhalten gegen salpetrige Säure (die nur mit freien Aminogruppen reagiert);

das Verhalten bei verschiedenen substituierenden Eingriffen, die bei entsprechend milden Bedingungen durchzuführen sind (Acetylierung mit Keten, Jodierung, Umsetzung mit O-Methylisoharnstoff usw.).

Siehe hierzu Abb. 55 u. 56 (vgl. die neueren Messungen von BOWES[1]).

In Tabelle 107 (vgl. dazu auch Tabelle 110 S. 639) sind die so gefundenen Werte den durch die chemische Bausteinanalyse ermittelten gegenübergestellt. Die Übereinstimmung ist im allgemeinen gut; erhebliche Abweichungen ergeben sich für Eieralbumin und Lactalbumin bei den freien Aminogruppen, die durch potentiometrische Titration, aber auch bei Einwirkung von salpetriger Säure auf den Eiweißkörper nach VAN SLYKE wesentlich höher gefunden werden, als ihrem in der Bausteinanalyse ermittelten Lysingehalt entspricht. Neue an Kollagen mit verbesserter Methodik durchgeführte Messungen[2] (vgl. Tabelle 108, S. 627 und Tabelle 134, S. 724 u. 725) zeigen im

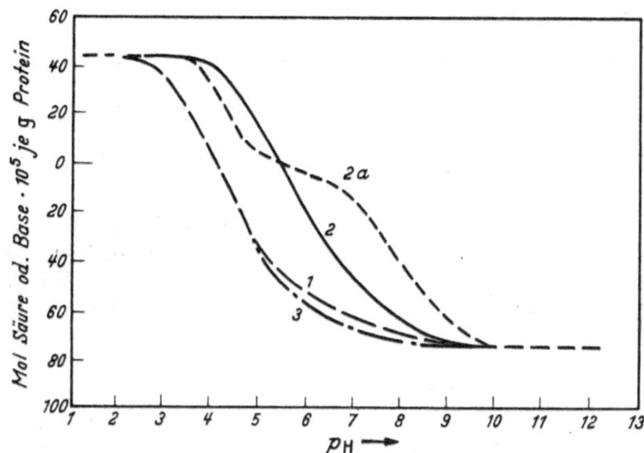

Abb. 55. Titrationskurve von desaminierter Gelatine in Wasser *(1)*; in 80% Äthanol/Wasser-Gemisch mit 0,02 m KCl *(2)*; dasselbe ohne KCl *(2a)*; in 1%iger Formaldehyd-Lösung *(3)*. [Nach LICHTENSTEIN, I.: B. Z. **303**, 22 (1940).]

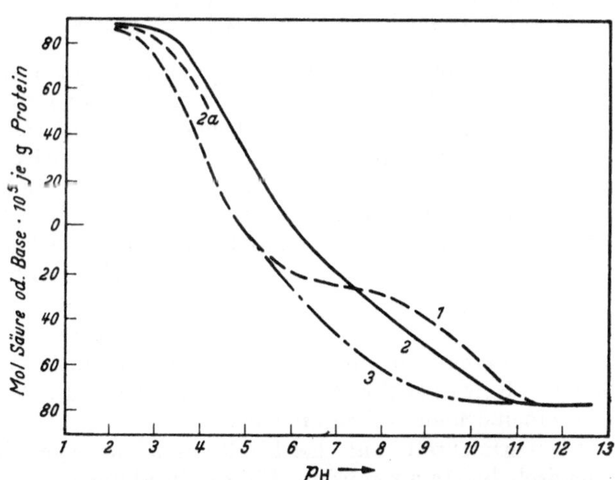

Abb. 56. Titrationskurve von Gelatine in Wasser *(1)*; in 80% Äthanol/ Wasser-Gemisch mit 0,02 m KCl *(2)*; dasselbe ohne KCl *(2a)*; in 1%iger Formaldehydlösung *(3)*. [Nach LICHTENSTEIN, I.: B. Z. **303**, 20 (1940).]

---

[1] BOWES, J. H., and R. H. KENTEN: Biochem. J. **43**, 358 (1948). — [2] BOWES, J. H., and R. H. KENTEN: Biochem. J. **43**, 358, 365 (1948).

Gegensatz zu älteren Ergebnissen[1] vollständige Übereinstimmung zwischen Bausteinanalyse und Titrationskurve.

Im vorhergehenden ist lediglich das Verhalten der Proteine zu H- (und OH-) Ionen betrachtet worden. Die Verhältnisse werden aber kompliziert dadurch,

Tabelle 107. Freie ionisierbare Gruppen einiger Eiweißkörper.

Aminosäure	Ionisierbare Gruppe	Anzahl je Mol	
		Chemische Bausteinanalyse	Potentiom. Titration
1. Eieralbumin[2]			
a) Lysin	Aminogruppe	15	22
b) Histidin	Imidazolgruppe	4	5
c) Arginin	Guanidingruppe	14	14
d) Asparaginsäure	$COOH$	28	—
e) Glutaminsäure	$COOH$	50	—
f) Ammoniak	—	32	—
g) Freie $COOH$-Gruppen $(d + c - f)$	$COOH$	46	—
h) Phosphorsäure	$H_2PO_3^-$	1	—
i) Gesamte saure Gruppen	$COOH + (H_2PO_3^-)$	47	51
2. β-Lactoglobulin[3]			
a) Lysin	Aminogruppe	27	34
b) Histidin	Imidazolgruppe	4	6
c) Arginin	Guanidingruppe	7	6
d) Asparaginsäure	$COOH$	30	—
e) Glutaminsäure	$COOH$	59	—
f) Ammoniak	—	30	—
g) Freie $COOH$-Gruppen $(d + c - f)$	$COOH$	59	58

daß die Eiweißkörper auch mit anderen Ionen in Beziehung treten; so findet man in Lösungen von Säuresalzen der Proteine, also von Proteinkationen, die Aktivität des vorhandenen Anions, beispielsweise des Cl-Ions, herabgesetzt.

Eine ausführliche Behandlung der wechselseitigen Beeinflussung von Eiweißkörpern und Ionen nach der Theorie von DEBYE und HÜCKEL[4] ist u. a. von COHN und Mitarbeitern[5] gegeben worden. In vereinfachter Form lassen sich die Verhältnisse durch die Annahme eines Dissoziationsgleichgewichts zwischen Proteinkation (R—NH$_3$⁺) und Säureanion (X⁻) darstellen, wobei die Dissoziationskonstante

$$K = \frac{[R{-}NH_3^+]\,[X^-]}{[R{-}NH_3X]}$$

unter anderem von der Art des Gegenions, insbesondere seiner Wertigkeit, abhängt. K ist bei 2-wertigen Anionen, also z. B. Proteinsulfaten, kleiner als bei Proteinchloriden, -nitraten usw.

Experimentell kann das Bindungsgleichgewicht in geeigneten Fällen elektrometrisch bestimmt werden, für die Bindung von Chlorionen beispielsweise mit Hilfe von Silber-Silberchlorid-Elektroden[6]. Bindung von Rhodanidionen[7].

[1] PAULI, W., u. E. VALKÓ: Kolloidchemie der Eiweißkörper. Dresden u. Leipzig 1933. — [2] Die Werte sind errechnet für ein Mol.-Gew. von 45000. [CANNAN, R. K., A. L. KIBRICK and A. T. PALMER: Ann. N. Y. Acad. Sci. **41**, 243 (1941).] — [3] Die Werte sind errechnet für ein Mol.-Gew. von 40000. [CANNAN, R. K., A. T. PALMER and A. L. KIBRICK: J. biol. Ch. **142**, 803 (1942).] — [4] DEBYE, P., u. E. HÜCKEL: Physik. Z. **24**, 185 (1923). — DEBYE, P., u. J. MACAULAY: Physik. Z. **26**, 22 (1925). — DEBYE, P.: Z. physik. Chem. **130**, 56 (1927). — [5] COHN, E. J.: Vgl. COHN, E. J., and J. T. EDSALL: Proteins, Amino Acids and Peptides as Ions and Dipolar Ions. S. 217 ff. New York 1943. — [6] HITCHCOCK, D. I.: J. gen. Physiol. **12**, 495 (1928/29). — SCATCHARD, G., and I. H. SCHEINBERG: Am. Soc. **72**, 535 (1950). — [7] FREDERICQ, E., and H. NEURATH: Am. Soc. **72**, 2684 (1950). — SCHWERT, M. H., and H. NEURATH: Am. Soc. **72**, 2784 (1950). — SCATCHARD, G., I. H. SCHEINBERG and S. H. ARMSTRONG: Am. Soc. **72**, 540 (1950).

Tabelle 108. Analyse der Titrationskurve von Kollagen[1].

Ionisierbare Gruppen	Berechnungsart	p_K aus der Kurve	Menge in mmol/g	
			aus der Kurve	aus der Analyse
a) Gesamte basische Gruppen	Titration von 1,5 bis isoelektr. Punkt	—	0,90	0,94
b) Imidazol-Gruppen Imino-Gruppen α-Amino-Gruppen	Titration von p_H 4,9—9,6	7,5	0,07	0,05 — —
c) ε-Amino-Gruppen *	Titration von p_H 9,6—12,5	11,0	0,34	0,39 $\left\{\begin{array}{c} 0,33 \\ \text{VAN} \\ \text{SLYKE} \end{array}\right.$
d) Freie Carboxyl-Gruppen	Titration von p_H 1,5—4,9	3,5	0,87	0,79
e) α-Amino-Gruppen * Imino-Gruppen	(b) — 0,05 mmol Imidazolgruppen	—	0,02	—
f) Guanidin-Gruppen	(a) — (b) — (c)	>14	0,49	0,51
g) Amid	Aus der Analyse	—	—	0,47
h) Dicarbonsäuren	(d) + (g) — (e)**	—	1,32	1,26

Durch die Bindung der Gegenionen wird die Überschußladung der Proteinionen herabgesetzt. Dieser Effekt wird besonders deutlich, wenn außer der Mineralsäure noch deren Salze gegenwärtig sind. Hierauf beruht die Ausfällung bzw. das Entquellen von Eiweiß durch Lösungen, welche neben Mineralsäure viel Kochsalz oder Natriumsulfat enthalten. Auch in diesem Falle wirken die mehrwertigen Anionen stärker entquellend bzw. aussalzend als die einwertigen.

Analoges gilt hinsichtlich der Bindung von Alkali- oder Erdalkalikationen durch die Proteinanionen in Proteinatlösungen. Die Erdalkaliproteinate sind ungleich weniger ionisiert und daher weniger löslich als die Alkaliproteinate[2].

Die Bindung von Fremdionen durch isoelektrisches Eiweiß, die u. a. durch Leitfähigkeitsmessung bestimmt werden kann[3], ist wesentlich geringer; z. B. kann für die Ionen Li·, K·, Na·, NO_3', SO_4'' eine Bindung an isoelektrische Gelatine außerhalb der Fehlergrenze überhaupt nicht nachgewiesen werden.

In p_H-Bereichen, bei denen isoelektrisches Eiweiß neben Proteinkationen vorliegt, wird daher die Bindung von Chlorid oder anderen Ionen mit steigender H-Ionenkonzentration ansteigen. Es besteht aber auch die umgekehrte Abhängigkeit: in Gegenwart von Chlorid — oder anderen Anionen, die mit dem Eiweiß in Reaktion treten — findet man die Affinität des Proteins zum H-Ion erhöht. Dieser Effekt wird um so größer gefunden, je höhere Affinität das betreffende Säureanion zum Protein aufweist. Die Titrationskurven von Proteinen mit starken Säuren werden daher um so mehr nach höheren p_H-Werten verschoben, je stärker das betreffende Säureanion von dem Eiweißkörper gebunden wird. Besonders groß ist dieser Effekt bei unlöslichen Eiweißkörpern, z. B. bei

---

* Einschließlich der Seitenketten-NH_2-Gruppe des Oxylysins. ** Unter der Annahme, das die endständigen Carboxylgruppen den α-Amino- + Iminogruppen äquivalent sind.

[1] BOWES, J. H., and R. H. KENTEN: Biochem. J. **43**, 358 (1948). — [2] GREENBERG, D. M., and C. L. A. SCHMIDT: J. gen. Physiol. 7, 303 (1924); 8, 271 (1926). — Vgl. KLEMENT, R.: Naturwiss. **37**, 211 (1950). — STEINHARDT, J., and E. M. ZAISER: J. biol. Ch. **183**, 789 (1950). — GREENBERG, D. M.: Adv. Protein Chem. 1, 121 (1944). — [3] Vgl. GOIGNER, E., u. W. PAULI: B. Z. **235**, 271 (1931). — KRUYT, H. R., u. A. BOELMAN: Kolloidchem. Beih. **35**, 165 (1932). — NORTHROP, H. J., and M. KUNITZ: J. gen. Physiol. 11, 481 (1928).

Wolle[1] (Abb. 57); die Affinität zum Anion, die sich in einer Verschiebung der Titrationskurven nach höheren p_H-Werten auswirkt, steigt in der Reihenfolge: HCl $<$ HBr $<$ HNO$_3$ $<$ Benzolsulfosäure $<$ Trichloressigsäure $<$ Naphthalinsulfosäure $<$ Pikrinsäure $<$ Flaviansäure. Entsprechende, aber geringere Unterschiede wurden bei Albuminen gefunden[2]. Der Bindung der genannten Anionen liegen spezifische chemische Affinitäten zugrunde, denen ganz allgemein für die Bindung von Wirkstoffen[3], Arzneistoffen[4], Farbstoffen[5] (z. B. Bilirubin[6], Hämin[7], Netzmitteln[8], Gerbstoffen[9], u. dgl. an Eiweißkörper große Bedeutung zukommt. Löslichen Eiweißkörpern gegenüber erweisen sich Säuren,

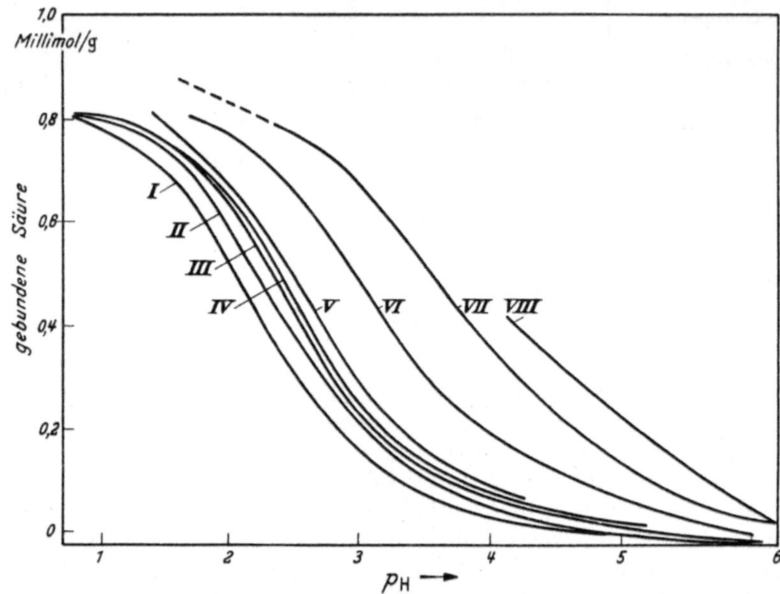

Abb. 57. Verbindung von Wollkeratin mit verschiedenen starken Säuren als Funktion des p_H-Wertes. [Nach STEINHARDT, J.: Ann. New York Acad. Sci. 41, 287 (1941).] Kurven: Salzsäure (*I*); Bromwasserstoff (*II*); Salpetersäure (*III*); Benzolsulfosäure (*IV*); Trichloressigsäure (*V*); Napthalin-p-sulfonsäure (*VI*); Pikrinsäure (*VII*); Flaviansäure [in Milliäquivalenten (*VIII*)].

deren Anionen hohe Affinität zum Eiweißkation zeigen häufig auf der sauren Seite des isoelektrischen Punktes als Fällungsmittel (vgl. S. 600ff). Die Bindung derartiger Anionen kann sehr spezifisch sein. So wird das Anion Methylorange von Serumalbumin und β-Lactoglobulin gebunden, nicht von Eieralbumin, Pepsin, Trypsin u. a.[10]; bei der Denaturierung der Proteine werden

[1] STEINHARDT, J.: Ann. N. Y. Acad. Sci. 41, 287 (1941). — ALEXANDER, P., and J. A. KITCHENER: Textile Res. J. 20, 203 (1950). — [2] Vgl. z. B. KARUSH, F.: Am. Soc. 72, 2714 (1950). — [3] Bennhold-Kylin-Rusznyak S. 470. — BENNHOLD, H.: D. m. W. 29/30, 401 (1947). — [4] SCHÖNHOLZER, G.: Kli. Wo. 1940, 790. — DAVIS, B. O.: J. clin. Invest. 22, 753 (1943). — CHOW, D. F., and C. M. McKEE: Science, N. Y. 101, 67 (1945). — KLOTZ, I. M., and F. M. WALKER: Am. Soc. 70, 943 (1948). — [5] MEYER, K. H., u. H. FIKENTSCHER: Melliand Textilber. 7, 605 (1926); 8, 781 (1927). — PETERSON, D. H., and L. M. REINEKE: J. biol. Ch. 181, 95 (1949), u. zwar S. 96. — [6] BENNHOLD, H.: Ergebn. inn. Med. 42, 273 (1932). — BENNHOLD, H., u. R. SCHUBERT: Z. ges. exp. Med. 113, 722 (1944). — BENNHOLD, H., H. OTT u. M. WIECH: D. m. W. 75, 11 (1950). — WESTPHAL, U., u. P. GEDIGK: H. 283, 161 (1948). — [7] KEILIN, J.: Nature 154, 120 (1944). — [8] PUTNAM, F. W., and H. NEURATH: Am. Soc. 66, 692 (1944). — PUTNAM, F. W.: Adv. Protein Chem. 4, 79 (1948). — KLOTZ, I. M., P. GRISWOLD and D. M. GRUEN: Am. Soc. 71, 1615 (1949). — PUTNAM, F. W., and H. NEURATH: J. biol. Ch. 150, 263 (1943). — BEAMAN, R. G.: Am. Soc. 70, 3115 (1948). — [9] KÜNTZEL, A.: Handb. Gerbereichem. u. Lederfabrik. (BERGMANN-GRASSMANN) 1/1, S. 511. — [10] KLOTZ, I. M., and J. M. URQUHART: Am. Soc. 71, 1597 (1949). — KLOTZ, I. M., H. TRIWUSH and F. M. WALKER: Am. Soc. 70, 2935 (1948). — Vgl. auch STRICKS, W., and I. M. KOLTHOFF: Am. Soc. 71, 1519 (1949).

charaktcristische Änderungen der Bindungsfähigkeit beobachtet[1]. Verwertung der Bindung von Farbstoffanionen in der Chromatographie und Kataphorese[2].

3. Verhalten der Proteine im elektrischen Feld.

Maßgebend für das Verhalten der Eiweißkörper im elektrischen Feld ist ihre elektrische Überschußladung. Im sauren Bereich wandert das Eiweiß zur Kathode, im alkalischen zur Anode, isoelektrisches Eiweiß wandert im elektrischen Feld nicht oder langsam in beiden Richtungen (vgl. S. 622). Im wesentlichen gilt für die elektrophoretische Wanderung der Eiweißkörper das für die Aminosäuren Gesagte.

Während in älteren Arbeiten[3] die Feststellung der *Wanderungsrichtung* vor allem als Hilfsmittel zur Bestimmung des Vorzeichens der Ladung bzw. des isoelektrischen Punktes im Vordergrund steht, dient in der neueren Methodik[4] der Kataphorese oder Elektrophorese die quantitative Ermittlung der *Wanderungsgeschwindigkeit* zur Trennung von Eiweißkörpern und zur Prüfung ihrer Einheitlichkeit. Die Wanderungsgeschwindigkeit hängt von Ladung, Größe und Gestalt des Eiweißmoleküls ab, wird aber auch durch anwesende Ionen beeinflußt (vgl. S. 626ff.). Bei einer bestimmten Feldstärke und sonst konstanten Bedingungen wandert jeder Eiweißkörper mit der für ihn charakteristischen Geschwindigkeit; Eiweißgemische können auf diese Weise analysiert oder getrennt werden. Soweit verschiedene Eiweißkörper in einem bestimmten p_H-Gebiet gleiche Wanderungsgeschwindigkeit aufweisen, gelingt ihre Unterscheidung häufig bei variiertem p_H-Wert. Proteine, die in der Ultrazentrifuge einheitlich erscheinen, können sich bei der Kataphorese als Gemische erweisen; denn für die Wanderungsgeschwindigkeit ist im einen Fall die Masse der Teilchen, im anderen ihre elektrische Ladung maßgebend. Zur Verfolgung der Wanderungsgeschwindigkeit kommen in Frage: Messungen der Lichtabsorption im UV, interferometrische Messung des Brechungsindex[5], vor allem aber die Anwendung der Schlieren-

---

[1] Vgl. Fußnote [10] S. 628. — [2] Vgl. Fußnote [1] S. 604, sowie FRANKLIN, A. E.: Angew. Chem. **62**, 148 (1950). — [3] PICTON, H., and S. E. LINDER: Soc. **1897**, 568. — HARDY, W,B,: J. Physiol, London **24**, 158, 288 (1899). — LOEB, J.: J. gen. Physiol. **5**, 395 (1923). Die Eiweißkörper und die Theorie der kolloidalen Erscheinungen. Berlin 1924. — MICHAELIS, L.: Die Wasserstoffionenkonzentration. Berlin 1. Aufl. 1914 u. 2. Aufl. 1922. — SMITH, E. R. B.: J. biol. Ch. **108**, 187 (1935); **113**, 473 (1936). — [4] KEMP, I., and E. K. RIDEAL: Proc. R. Soc. London (A) **147**, 11 (1934). — ABRAMSON, H. A.: Electrokinetic Phaenomena and their Application to Biology and Medicine. New York 1934. — ABRAMSON, H. A., M. H. GORIN and L. S. MOYER: Chem. Rev. **24**, 345 (1939). — ABRAMSON, H. A., L. S. MOYER and M. H. GORIN: Electrophoresis of Proteins and the Chemistry of Cell Surfaces. New York 1942. — THEORELL, H.: B. Z. **275**, 1 (1935). — TISELIUS, A.: Diss. Uppsala 1930. Nova Acta Reg. Soc. Sci. upsal. (IV) **7**, Nr. 4 (1930). Trans. Faraday Soc. **33**, 524 (1937). Biochem. J. **31**, 313 (1937). — Congress Lectures of XI. Int. Congress of pure and appl. Chem. (1947) [J. amer. Leather Chemists Ass. **44**, 96 (1949)]. — Naturwiss. **37**, 25 (1950). — TISELIUS, A., u. H. SVENSSON: Trans. Faraday Soc. **36**, 16 (1940). — SVENSSON, H.: Kolloid-Z. **87**, 180 (1940). — LONGSWORTH, L. G.: Am. Soc. **61**, 529 (1939). — LONGSWORTH, L. G., and D. A. MacINNES: Am. Soc. **62**, 705 (1940). — LONGSWORTH, L. G., and D. E. MacINNES: Chem. Rev. **24**, 271 (1939). — PHILPOT, J. ST. L.: Nature **141**, 283 (1938). — DAVIS, B. D., and E. J. COHN: Ann. N. Y. Acad. Sci. **39**, 209 (1939). Am. Soc. **61**, 2092 (1939). — ADAIR, D. S., and M. E. ADAIR: Trans. Faraday Soc. **36**, 23 (1940). — MACHEBOEUF, M., et A. M. MONNIER: Ann. Inst. Pasteur **68**, 488 (1942). — GUTFREUND, H.: Biochem. J. **37**, 186 (1943). — NIELSEN, L. E., and J. G. KIRKWOOD: Am. Soc. **68**, 181 (1946). — LONGSWORTH, L. G.: Chem. Rev. **30**, 323 (1942). — LONGSWORTH, L. G., and D. E. McINNES: Am. Soc. **62**, 705 (1940). — LONGSWORTH, L. G., T. SHEDLOVSKY and D. A McINNES: J. exp. Med. **70**, 399 (1939). — LONGSWORTH, L. G.: J. phys. Chem. **51**, 171 (1947). — MACHEBOEUF, M.: C. R. Soc. Biol. **135**, 1241 (1941). — ABRAMSON, H. A.: Trans. Faraday Soc. **36**, 5 (1940). — [5] LOTMAR, W.: Helv. **32**, 1847 (1949). [Angew. Chem. **62**, 24 (1950)]. — ANTWEILER, H. J.: Kolloid-Z. **115**, 130 (1949). — HARTMANN, F.: Angew. Chem. **62**, 170 (1950).

methode von TÖPLER[1], deren Auswertung in den Anordnungen nach LAMM[2] (Skalenmethode), LONGSWORTH[3] oder PHILPOT-SVENSSON[4] (Zylinder-Linsenmethode) eine quantitative Bestimmung der einzelnen Fraktionen von Gemischen erlaubt (TISELIUS)[5]. Um die methodische Durcharbeitung der letztgenannten Methode hat sich vor allem WIEDEMANN[6] Verdienste erworben. Über wechselseitige Beeinflussung der Wanderungsgeschwindigkeit in Gemischen, Puffereinflüsse und das Auftreten „falscher" Schlieren vgl. [6, 7, 8]. Methodische und theoretische Einzelheiten s. a. [9]. Zusammenfassung s. WUHRMANN-WUNDERLY[10]. Vereinfachte und Mikromethoden[11].

Präparative Trennung von Eiweißkörpern durch Elektrophoresekonvektion (Elektrodekantation)[12], vgl. auch [13, 14].

Zur Vermeidung der durch die Konvektionsströmungen bedingten Schwierigkeiten hat es sich vielfach bewährt, die Kataphorese in einem porösen Medium, wie Glaspulver, Seesand, Filtrierpapier oder in einem Gel vorzunehmen. Für analytische und präparative Zwecke geeignete Apparaturen sind unter anderem von GRASSMANN[15] (vgl. S. 567) und SVENSSON[16] entwickelt worden. Einfache Anordnungen unter Verwendung von Filtrierpapier beschreiben TH. WIELAND[17], TURBA[18], CREMER und TISELIUS[19], sowie GRASSMANN[20]. Vgl. auch KRESSMANN[21].

Die Methode der Kataphorese von Eiweißkörpern hat in neuerer Zeit ausgedehnte Verwendung gefunden zur Trennung sowie zur Prüfung der Einheitlichkeit von Proteinen, insbesondere von Plasmaproteinen[22] (vgl. S. 693 u. 694) sowie von Fermenten, Hormonen[23] und Virusproteinen[24].

[1] TOEPLER, A.: Beobachtungen nach einer neuen optischen Methode. Bonn 1864. Ann. Physik **127**, 556 (1866); **128**, 126 (1866); **131**, 33, 180 (1867); **134**, 194 (1868). — [2] LAMM, O.: Nova Acta Reg. Soc. Sci. upsal. (IV) **10**, Nr. 6 (1937). — Vgl. dazu KEKWICK, R. A.: Trans. Faraday Soc. **36**, 47 (1940). — [3] LONGSWORTH, L. G.: Ann. N. Y. Acad. Sci. **39**, 187 (1939). Industr. engng. Chem. (II) **18**, 219 (1946). J. physic. Colloid. Chem. **51**, 71 (1947). — [4] PHILPOT, J. ST. L.: Nature **141**, 283 (1938). — SVENSSON, H.: Kolloid-Z. **87**, 181 (1939); **90**, 141 (1940). — [5] Vgl. Fußnote [4] S. 629. — [6] WIEDEMANN, E.: Schweiz. med. Wschr. **74**, 566 (1944); **75**, 229 (1945); **76**, 241 (1946). Helv. **30**, 168, 639, 648, 892 (1947); **31**, 40, 2037 (1948). Exper. **3**, 341 (1947). Chimia, Aarau **2**, 25 (1948). Sci. pharmac. **17**, 45 (1949). — [7] SVENSSON, H.: Ark. Kemi, Mineral. Geol. **17** A, Nr. 14 (1943); **22** A, Nr. 10 (1946). — DOLE, V. P.: Am. Soc. **67**, 1119 (1945). — PERLMANN, G. E., and D. KAUFMAN: Am. Soc. **67**, 638 (1945). — ARMSTRONG, S. H. jr., M. J. E. BUDKA and K. M. MORRISON: Am. Soc. **69**, 416 (1947). — [8] ANTWEILER, H. J., u. H. ENGELHARD: Kolloid-Z. **117**, 110 (1950). — [9] MUELLER, H.: J. physic. Chem. **39**, 743 (1935). Cold Spring Harbor Symp. quant. Biol. **1**, 60 (1933). — LONGSWORTH, L. G.: Industr. engng. Chem. (II) **18**, 219 (1946). J. physic. Colloid Chem. **51**, 171 (1947). — CHARLWOOD, P. A.: Biochem. J. **46**, 312 (1950). — [10] WUHRMANN, F., u. CH. WUNDERLY: Die Blutweißkörper des Menschen. Basel 1947. — [11] Vgl. Fußnote [5] S. 629, ferner VIOLLIER, G.: Helv. physiol. Acta **7**, C 59 (1949). — BRESSLER, S. E., u. P. A. FINOGENOV: Biochimia, Moskau **15**, 145 (1950) [J. amer. Leather Chemists Ass. **45**, 708 (1950)]. — MEYER-ARENDT, J.: Naturwiss. **37**, 310 (1950). — LABHART, H., u. H. STAUB: Helv. **30**, 1954 (1947). — [12] PAULI, W., and P. STAMBERGER: A. P. 2,247,065. — GUTFREUND, H.: Biochem. J. **37**, 186 (1943). — NIELSEN, L. E., and J. G. KIRKWOOD: Am. Soc. **68**, 181 (1946). — KIRKWOOD, J. G.: J. chem. Physics **9**, 878 (1941). — CANN, J. R., and J. G. KIRKWOOD: Am. Soc. **71**, 1603 (1949). — HOLZMANN, G.: Am. Soc. **72**, 2044 (1950). — [13] SVENSSON, H.: Adv. Protein Chem. **4**, 251 (1949). — [14] PHILPOT, J. ST. L.: Trans. Faraday Soc. **36**, 38 (1940). — [15] GRASSMANN, W.: Vortrag auf der Tag. Ges. Dtsch. physiol. Chemiker, August 1949. [Angew. Chem. **62**, 170 (1950)]. — Ber. Physiol. **139**, 220 (1950). — GRASSMANN, W., u. K. HANNIG: Naturwiss. **37**, 397 (1950). Vortrag Chem. Tagung Frankfurt a. M. Juli 1950 [Angew. Chem. **62**, 445 (1950)]. — [16] SVENSSON, H., u. I. BRATTSTEN: Ark. Kemi **1**, Nr. 47 (1949). — [17] WIELAND, TH. u. ED. FISCHER: Naturwiss. **35**, 29 (1948). Angew. Chem. (A) **60**, 313 (1948). — [18] TURBA, F., u. H. J. ENNENKEL: Naturwiss. **37**, 93 (1950). — [19] CREMER, H. D., u. A. TISELIUS: B. Z. **320**, 273 (1950). — [20] GRASSMANN, W., u. K. HANNIG: Naturwiss. **37**, 397 (1950). — GRASSMANN, W.: Vortrag Chem. Tagung Frankfurt a. M. Juli 1950 [Angew. Chem. **62**, 445 (1950)]. — GRASSMANN, W., u. K. HANNIG: Naturwiss. **37**, 496 (1950). — GRASSMANN, W., K. HANNIG u. M. KNEDEL: D. m. W. (im Druck). — [21] KRESSMANN, T. R. E.: Nature **165**, 568 (1950). — [22] EDSALL, J. T.: Adv. Protein. Chem. **3**, 383 (1947). — [23] CHOW, B. F.: Adv. Protein Chem. **1**, 153 (1944). — [24] JANSSEN, L. W.: Proc. R. Acad. Amsterdam **52**, 1017 (1949).

4. Proteine und Neutralsalze.

Die wechselseitige Einwirkung von Eiweißstoffen und Neutralsalzen, auf die im vorigen Abschnitt bereits hingewiesen wurde, ist von grundsätzlich derselben Art wie bei den Aminosäuren (vgl. S. 495). Am augenscheinlichsten und am längsten bekannt ist der Einfluß der Neutralsalze auf die Löslichkeit der Eiweißstoffe (vgl. S. 501). DENIS[1] hat bereits 1859 entdeckt, daß gewisse Eiweißkörper des Blutes — nämlich die Globuline — in Neutralsalzlösungen, aber nicht in reinem Wasser, löslich sind. Ausführlich ist diese Erscheinung im Jahre 1905 in klassischen Arbeiten von HARDY[2], MELLANBY[3], OSBORNE und HARRIS[4] untersucht worden. MELLANBY gelangte zu der Schlußfolgerung, daß die Lösung von Globulinen durch Neutralsalze auf Kräfte zurückzuführen sei, die von den freien Ionen ausgehen; dabei sind positive und negative Ionen gleicher Valenz gleich wirksam, während die Wirksamkeit von Ionen verschiedener Valenz dem Quadrat ihrer Valenz proportional ist (MELLANBY[3]). Diese Feststellung steht in exakter Übereinstimmung mit den Forderungen der späteren Theorie von DEBYE[5], denn die Ionenstärke der anwesenden Fremdionen, der die Löslichkeitsbeeinflussung proportional ist, wird gegeben durch die Konzentration und das Quadrat der Valenz der anwesenden Ionen (vgl. S. 108; 501).

Die Wirkung der Neutralsalze auf die Löslichkeit der Eiweißkörper ist, wie bereits früher (vgl. S. 501 ff.) hervorgehoben wurde, eine zweifache. In kleinen Konzentrationen wirken sie löslichkeitserhöhend, in großen löslichkeitsvermindernd oder aussalzend (vgl. auch S. 502). Die löslichkeitserhöhende Wirkung kann nicht nur bei Globulinen, wo sie allgemein bekannt ist, festgestellt werden, sondern beispielsweise auch bei Albuminen in Wasser-Alkoholgemischen. Die Löslichkeitserhöhung ist nach der heute gültigen Auffassung zurückzuführen auf die Herabsetzung der Aktivität, welche die gelösten Proteinionen durch anwesende Fremdionen auf Grund allgemeiner Gesetze über die Beeinflussung von Ionen in Lösungen erfahren. Es ist nicht notwendig, aber es ist möglich, diese Erscheinung mit der Bildung chemischer Verbindungen zu erklären, nachdem PFEIFFER[6] gezeigt hat, daß Aminosäuren und Peptide mit verschiedenen Neutralsalzen gut krystallisierte *Molekülverbindungen* in ganzzahligem, aber wechselndem Verhältnis der Komponenten bilden können, wobei ihre Löslichkeit gesteigert wird. Allerdings sind Verbindungen der Eiweißstoffe mit Neutralsalzen noch nicht rein dargestellt, doch deutet der bei allen natürlichen Eiweißstoffen auftretende Aschengehalt auf die Möglichkeit solcher Verbindungen hin. Fällt man ferner Eiweißstoffe aus wäßriger Lösung mit Alkohol in Gegenwart alkohollöslicher Salze, wie $CaCl_2$, so werden die Salze mitgefällt und lassen sich durch wiederholtes Lösen und Fällen nur zum Teil entfernen[7].

Durch konzentrierte Salzlösungen werden die Eiweißstoffe aus ihren Lösungen ausgesalzen. Das anorganische Salz wirkt in diesem Fall nach HOFMEISTER[8] als wasserentziehendes Mittel. Diese Auffassung bildet die Grundlage der *Aussalzungstheorie* von DEBYE[9], nach welcher die Ionen des Neutralsalzes die mehr polarisierten Wassermoleküle um sich heranziehen, wodurch das Eiweiß aus der wäßrigen Phase herausgedrückt wird. Die Eiweißstoffe scheiden sich mit einer gewissen, für bestimmte Eiweißstoffe und Salze konstanten Menge von Wasser und Salz zusammen aus. Von den Neutralsalzen sind Ammoniumsulfat

[1] DENIS, P. S.: Mémoires sur le sang. Paris 1859. — [2] HARDY, W. B.: J. Physiol., London **33**, 251 (1905). — [3] MELLANBY, J.: J. Physiol., London **33**, 338 (1905). — [4] OSBORNE, T. B., and T. F. HARRIS: Amer. J. Physiol. **14**, 151 (1905). — [5] Vgl. LEWIS, G. N., and M. RANDALL: Am. Soc. **43**, 1112 (1921). — [6] PFEIFFER, P.: H. **133**, 22 (1924). — PFEIFFER, P., u. J. WÜRGLER: H. **97**, 128 (1916). — [7] GREENBERG, D. M.: In Schmidt, Proteins S. 552. Adv. Protein Chem. **1**, 121 (1944). Vgl. dagegen: KLEMENT, R.: Naturwiss. **37**, 211 (1950). — [8] HOFMEISTER, F.: A. e. P. P. **24**, 247 (1887/88). — [9] DEBYE, P., u. J. McAULAY: Physik. Z. **26**, 22 (1925). — DEBYE, P.: Z. physik. Chem. **130**, 56 (1927).

und Zinksulfat am wirksamsten, sie fällen auch höhere Hydrolysespaltstücke der Eiweißstoffe. In Tabelle 109 sind die Werte der Aussalzungskonstanten K_s für eine

Tabelle 109. Werte der Aussalzungskonstanten für einige Aminosäuren und Proteine.

Substanz	NaCl	MgSO₄	(NH₄)₂SO₄	Na₂SO₄	Phosphat
Cystin[1]			0,05		
L-Aminobuttersäure[2]	0,04				
Leucin[3]	0,09				
Tyrosin[4]	0,31				
Lactoglobulin[5]				0,63	
Hämoglobin (Pferd)[6]		0,33	0,71	0,76	1,00
Hämoglobin (Mensch)[7]					2,00
Myoglobin[8]			0,94		
Eieralbumin[9, 10]			1,22		
Fibrinogen[11, 12]	1,07		1,46		2,16

Reihe von Proteinen und Aminosäuren sowie für verschiedene Salze zusammengestellt. Abb. 58 gibt den Zusammenhang zwischen der Löslichkeit des Eiweißkörpers und der Ionenstärke der Elektrolyte für eine Reihe von Eiweißstoffen wieder.

Wie COHN[13] gezeigt hat, besteht *zwischen dem Logarithmus der Löslichkeit eines Eiweißes und der Salzkonzentration ein lineares Verhältnis.* Für genügend konzentrierte Lösungen gilt folgende Gleichung

$$\log S = \beta - K_s \frac{\Gamma}{2},$$

worin S die Löslichkeit des Eiweißes ist, β eine Konstante („intercept constant"), die den Schnittpunkt zwischen Kurve und Ordinate (gelöstes Protein) ausdrückt, K_s die Aussalzungskonstante, die durch die Neigung der Kurve gekennzeichnet wird, und $\Gamma/2$ die Ionenstärke (vgl. S. 501) bedeutet. Die Gültigkeit dieser Gleichung ist an mehreren Beispielen erprobt worden. Daraus geht hervor, daß die Aussalzungskonstante spezifisch ist für ein individuelles Eiweiß in einer gegebenen Salzlösung.

Außer der Löslichkeit werden auch *andere physikalisch-chemische Eigenschaften der Eiweißstoffe* (Viscosität, Quellung, osmotischer Druck usw.) durch die Gegenwart von Neutralsalzen stark verändert.

HOFMEISTERsche *Reihen.* Der Neutralsalzeffekt zeigt einige Regelmäßigkeiten, die schon lange bekannt sind. Verwendet man verschiedene Neutralsalze, die aber dasselbe Kation enthalten, so ordnen sich die Anionen, in bezug auf ihren relativen Einfluß auf das Aussalzen der Eiweißstoffe und die Depression ihres osmotischen Druckes, in folgender Reihenfolge:

$$SO_4 > \text{Citrat} > \text{Tartrat} > \text{Acetat} > Cl > NO_3 > Br > J > CNS$$

wobei das Sulfation die größte und das Rhodanidion die geringste Wirkung aufweist. Bei der Quellung, in gewisser Hinsicht auch bei der Viscosität, ist das

[1] McMEEKIN, T. L., E. J. COHN and M. H. BLANCHARD: Am. Soc. **59**, 2717 (1937). — [2] JOSEPH, N. R.: J. biol. Ch. **111**, 479, 489 (1935). — [3] PFEIFFER, P., u. J. WÜRGLER: H. **97**, 128 (1916). — [4] EULER, H. v., u. K. RUDBERG: H. **140**, 113 (1924). — [5] PALMER, A. H.: J. biol. Ch. **104**, 359 (1934). — PEDERSEN, K. O.: Biochem. J. **30**, 961 (1936). — [6] GREEN, A. A.: J. biol. Ch. **93**, 495 (1931). — [7] GREEN, A. A., E. J. COHN and M. H. BLANCHARD: J. biol. Ch. **109**, 631 (1935). — [8] MORGAN, V. E.: J. biol. Ch. **112**, 557 (1935/36). — [9] SØRENSEN, S. P. L., u. M. HØYRUP: C. R. Lab. Carlsberg **12**, 213 (1917). — [10] COHN, E. J.: Physiol. Rev. **5**, 349 (1925). — [11] FLORKIN, M.: J. biol. Ch. **87**, 629 (1930). — [12] COHN, E. J.: Ann. Rev. **4**, 93 (1935). — [13] COHN, E. J.: Physiol. Rev. **5**, 349 (1925). Naturwiss. **20**, 663 (1932). — COHN, E. J., and J. T. EDSALL: Proteins, Amino Acids and Peptides as Ions and Dipolar Ions. New York 1943.

Gegenteil der Fall; Rhodanidion übt den größten und Sulfation den geringsten Einfluß aus. Die relative Wirkung von Kationen verschiedener Neutralsalze, die dasselbe Anion enthalten, kann ebenfalls durch eine Reihe

$$K > Rb > Na > Cs > Li > NH_4$$

ausgedrückt werden. Alle diese spezifischen Wirkungen sind zuerst von HOFMEISTER[1] beobachtet worden, der auch diese sog. lyotropen Reihen aufgestellt hat.

Der *Grund für das Zustandekommen dieser Regelmäßigkeiten* ist wahrscheinlich in dem verschiedenen *Hydratationsgrad* der betreffenden Ionen zu suchen[2]. LOEB[3] verneint das Vorkommen der HOFMEISTERschen Reihen und vertritt die Ansicht,

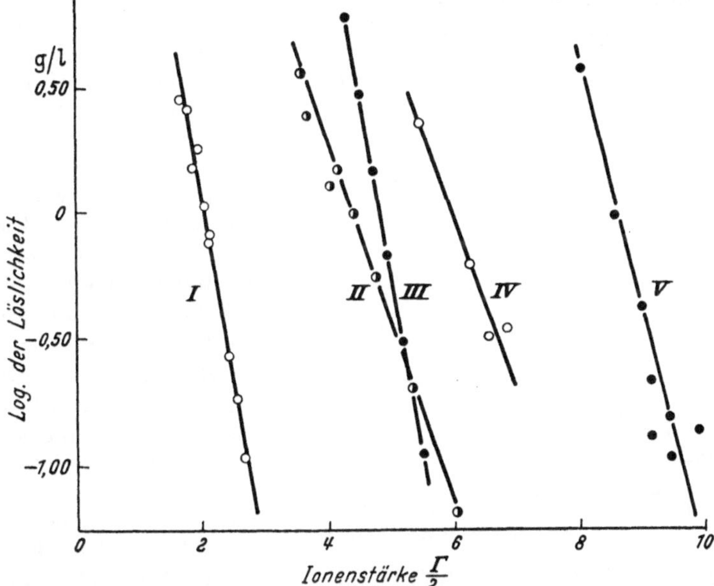

Abb. 58. Löslichkeit von Proteinen in Ammoniumsulfatlösungen [nach COHN, E. J.: Physiol. Rev. 5, 349 (1935)]. *I* Fibrinogen; *II* Hämoglobin; *III* Pseudoglobulin; *IV* Serumalbumin C; *V* Myoglobin.

daß ihre Aufstellung einem Fehler, nämlich der Unterlassung der p_H-Messung, zu verdanken ist. Nach LOEB hängt die verminderte Wirkung der Neutralsalze auf die Quellung (auch auf die Viscosität und auf den osmotischen Druck) nicht von der chemischen Natur, sondern von der *Wertigkeit des Ions* ab, und zwar desjenigen Ions, welches die entgegengesetzte Ladung trägt wie das Eiweißion. Neutralsalze mit 3-wertigem Ion wirken stärker als solche mit 1-wertigem. Auf der alkalischen Seite des isoelektrischen Punktes, wo die meisten Eiweißstoffe Anionen sind, kommt es bei den Neutralsalzen auf das Kation an, auf der sauren Seite dagegen auf das Anion. Andererseits haben spätere Versuche über die Löslichkeit vieler Eiweißstoffe zu dem Ergebnis geführt, daß eine p_H-Verschiebung allein nicht genügt, um die Differenzen in der ionischen Spezifität zu erklären[4]. Die durch die Neutralsalze hervorgerufenen Wirkungen scheinen somit von mehreren Ursachen abzuhängen, so daß ihre Deutung immer noch Schwierigkeiten bereitet.

[1] HOFMEISTER, F.: A. e. P. P. **24**, 247 (1887/88); **28**, 210 (1890/91). — PAULI, W., u. O. FALEK: B. Z. **47**, 269 (1912). — HOEBER, R.: Physikalische Chemie der Zelle und Gewebe. 2. Aufl. Leipzig u. Berlin 1922, u. zwar S. 267. — [2] FREUNDLICH, H.: Capillarchemie, Bd. II, 2.—4. Aufl. unter Mitwirkung von J. BIKERMAN. Leipzig 1932. — [3] LOEB, J.: Die Eiweißkörper und die Theorie der kolloidalen Erscheinungen. Berlin 1924 u. zwar S. 14 u. 107ff. — [4] GORTNER, R. A., W. F. HOFFMAN and W. B. SINCLAIR: Colloid Symp. Monogr. **5**, 179 (1927).

5. Viscosität, Hydratation und Quellung.

Viscosität (vgl. auch W. KUHN, S. 153 u. 163). Eiweißkörper haben im allgemeinen einen hohen Grad von *Viscosität*. Zur Messung derselben bestimmt man entweder 1. die Strömungsgeschwindigkeit in Capillaren (Viscosimeter nach OSTWALD) oder 2. die Fallgeschwindigkeit einer Kugel von bekanntem Radius und bekannter Dichte im viscosen Medium (Höpler-Viscosimeter) oder 3. die Reibungskräfte zwischen zwei konzentrischen, durch die zu messende Flüssigkeit voneinander getrennten Zylindern, von denen der eine rotiert, der andere sich in Ruhe befindet (COUETTE-Viscosimeter). Außer von Konzentration und Temperatur ist die Viscosität der Eiweißlösungen abhängig von der Größe, der Gestalt und der Hydratation der Eiweißmoleküle und wird in diesem Zusammenhang weiter unten eingehender besprochen. Alle Veränderungen dieser Größen wirken sich in entsprechenden Veränderungen der Viscosität aus. So ist die Viscosität von Eiweißlösungen stark vom p_H-Wert abhängig; im isoelektrischen Punkt weist sie ein Minimum auf, während Zusätze von kleinen Säure- oder Alkalimengen im allgemeinen die Viscosität erhöhen.

Hydratation. Entsprechend ihrem hohen Gehalt an polaren, insbesondere an ionisierten Gruppen, haben die Eiweißmoleküle das Bestreben, sich mit Hydrathüllen zu umgeben. Dies gilt sowohl für gelöste Eiweißkörper wie für feste krystallisierte und für unlösliche amorphe und strukturierte Proteine.

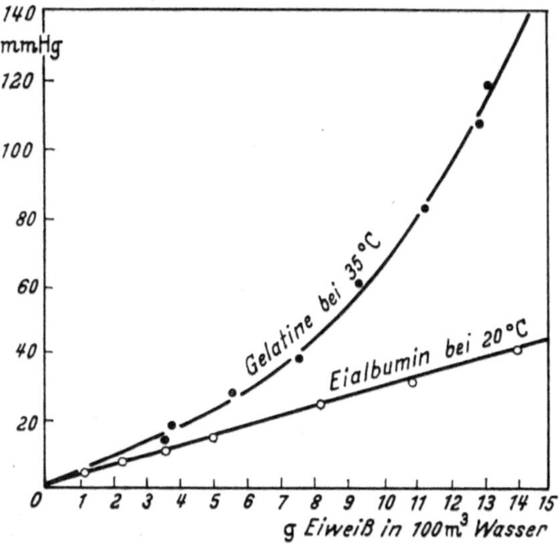

Abb. 59. Osmotischer Druck von Gelatine und Eialbumin. [Nach NORTHROP, J. H., and M. KUNITZ: J. physic. Chem. **35**, 162 (1931).]

Die Hydratation der gelösten Eiweißkörper bedingt unter anderem den überproportionalen Anstieg des osmotischen Druckes von Eiweißlösungen mit der Konzentration bei gewissen Proteinen, wie z. B. Gelatine (Abb. 59) oder Hämoglobin[1] und den analogen Verlauf der Viscositätskurven. Sie bewirkt eine Erhöhung der Viscosität (Abb. 60) bzw. des Reibungsquotienten f/f_0 (vgl. WYMAN[2], MEHL[3], ONCLEY[4], sowie S. 647ff.).

Schätzungen des Hydratationsgrades von Eiweißlösungen, die sich aus solchen und anderen physikalischen Messungen (z. B. auch aus den Dielektrizitätskonstanten und der Dichte) ableiten lassen, sind nicht sehr zuverlässig, weil neben dem Hydratationsgrad stets noch zwischenmolekulare Kräfte anderer Art oder strukturbestimmte Faktoren für die erhaltenen Werte mitbestimmend sind.

Bei krystallisierten Eiweißkörpern ist der Hydratationsgrad, d. i. die von 1 g wasserfreiem Protein gebundene Menge Wasser in Gramm, verschiedentlich

[1] ADAIR, G. S.: Proc. R. Soc. London (A) **120**, 595 (1928). Vgl. COHN, E. J., and J. T. EDSALL: Proteins, Amino Acids and Peptides as Ions and Dipolar Ions. Fig. 2. New York 1943. — [2] WYMAN, J. jr., and E. N. INGALLS: J. biol. Ch. **147**, 297 (1943). — [3] MEHL, J. W., J. L. ONCLEY and R. SIMHA: Science, N. Y. **92**, 132 (1940). — [4] ONCLEY, J. L.: Ann. N. Y. Acad. Sci. **41**, 121 (1941).

bestimmt worden. Von Sørensen[1] ist für krystallisiertes Eieralbumin in Ammonsulfatlösung ein Wert von 0,22 ermittelt worden, während Adair[2] in ähnlichen Messungen Werte zwischen 0,06 (Edestin in gesättigter Ammonsulfatlösung) und 0,34 (Hämoglobin und Globulin in Phosphatpuffer) finden. Direkte gravimetrische Bestimmungen an isolierten Krystallen sind unter anderem an β-Lactoglobulin[3] und Methämoglobin[4] ausgeführt worden; für β-Lactoglobulin wurde ein Hydratationsgrad von 0,8, für Hämoglobin von 0,3 ermittelt, während für das β-Lipoprotein des menschlichen Plasmas auf anderem Wege ein Hydratationsgrad von etwa 0,6 gefunden worden ist[5]. Vgl. auch Edsall[6].

Quellung. Das Gegenstück zur Hydratation bei gelösten Eiweißkörpern ist die Quellung unlöslicher, insbesondere auch strukturierter Eiweißkörper. Wenn die Hydratationstendenz der polaren Gruppen des Eiweißmoleküls nicht ausreicht, um die Gitterkräfte eines krystallisierten bzw. die zwischenmolekularen Kräfte in einem festen und unlöslichen Eiweißkörper zu überwinden, kommt es zur Einlagerung von Wasser in das Gefüge des festen Eiweißkörpers unter Volumenvermehrung und Veränderung von Form und physikalischen Eigenschaften. Alle ungelösten Eiweißkörper sind quellbar, doch ist das Ausmaß der Quellbarkeit sehr unterschiedlich und von der Stärke der Gitterkräfte einerseits,

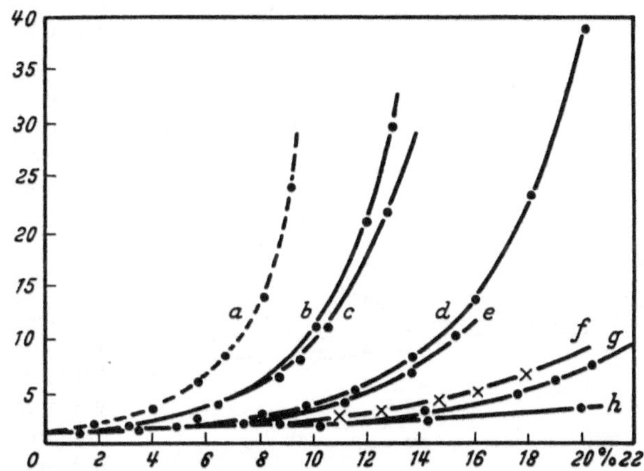

Abb. 60. Viscositäten von Eiweißlösungen. *a* Natriumcaseinat; *b* Euglobulin (salzhaltig); *c* Euglobulin (salzhaltig, mit Alkali), *d* Pseudoglobulin, *e* Pseudoglobulin salzhaltig; *f* Pferdeserum, *g* Serumalbumin, *h* Eialbumin. [Nach Chick, H., and G. Lubrzyska: Biochem. J. 8, 59 (1914).]

der Zahl und der Stärke der polaren Gruppen andererseits abhängig (vgl. oben, S. 617). Die Quellung ist von hoher Bedeutung für die Funktion aller biologischen Eiweißstrukturen. Durch besonders hohe Quellbarkeit sind gewisse Mucoproteine, wie sie z. B. im Glaskörper des Auges oder in den Knorpeln vorliegen, ausgezeichnet; sie enthalten Schwefelsäure in esterartiger Bindung (vgl. S. 752). Auch die Quellung der kollagenen und der Muskelfasern ist beträchtlich. Am geringsten ist diejenige der Keratine oder des Seidenfibroins.

Bei Faserproteinen äußert sich die Quellung röntgenoptisch in einer Aufweitung der Seitenkettenabstände (vgl. S. 656).

Die durch Quellung aufgenommenen Wassermengen können vielfach sehr beträchtlich sein und mitunter mehrere Hunderte Prozent des Eiweißgewichtes betragen. Bei allen Quellungsvorgängen dürfte die chemische Wasserbindung überlagert sein durch eine osmotisch bedingte und eine rein physikalische (capillare) Wasseraufnahme, wobei eine experimentelle Abgrenzung zwischen den

---

[1] Sørensen, S. P. L.: C. R. Lab. Carlsberg 12, 39 (1917). — [2] Adair, G. S., and M. E. Adair: Proc. R. Soc. London (B) 120, 422 (1936). — [3] McMeekin, T. L., and R. C. Warner: Am. Soc. 64, 2393 (1942). — Senti, F. R., and R. C. Warner: Am. Soc. 70, 3318 (1948). — [4] Boyes-Watson, J., E. Davidson and M. F. Perutz: Proc. R. Soc. London (A) 191, 83 (1947). — [5] Oncley, J. L., G. Scatchard and A. Brown: J. physic. Colloid Chem. 51, 184 (1947). — [6] Edsall, J. T.: Fortschr. chem. Forsch. 1, 119 (1949), u. zw. S. 124 ff.

verschiedenen Formen der Wasserbindung meist schwierig ist. Zur exakten Charakterisierung der Quellbarkeit eines unlöslichen Eiweißkörpers wird am besten die Wassermenge bestimmt, welche er in einer Atmosphäre von definierter relativer Feuchtigkeit nach Einstellung des Quellungsgleichgewichts aufgenommen hat.

Die Eiweißstoffe quellen in Wasser, wäßrigen Lösungen oder flüssigem Ammoniak, nicht in den gewöhnlichen organischen Lösungsmitteln wie Äther, Alkohol usw. Quellungs- und löslichkeitserhöhend wirken polar gebaute (hydrotrope) Stoffe, wie Harnstoff, Thioharnstoff, Guanidinhydrochlorid, Lithiumchlorid.

Bei allen Eiweißstoffen ist die Quellung im isoelektrischen Punkt am geringsten, während kationisches und anionisches Eiweiß weit stärker quellbar sind. Fügt man also beispielsweise Salzsäure zu isoelektrischem Kollagen, so erhält man eine mit steigender H-Ionenkonzentration stark ansteigende Quellung. Diese erreicht ein Maximum, wenn das Protein völlig mit Säure abgesättigt ist, und wird durch überschüssige Salzsäure wieder vermindert. Quellungsmindernd wirkt außer überschüssiger Salzsäure auch ein Zusatz von Alkalichlorid (vgl. Abb. 61). Die entquellende Wirkung der Anionen kann auf Entladung der Proteinkationen im Sinn der Ausführungen von S. 627 ff. zurückgeführt werden[1, 2]. Eine andere Deutung der in Gegenwart von Säure und Salzen erhaltenen Quellungskurven ist von PROCTER und WILSON auf Grund des DONNANschen Membrangleichgewichts gegeben worden[3] (vgl. KUHN, S. 137).

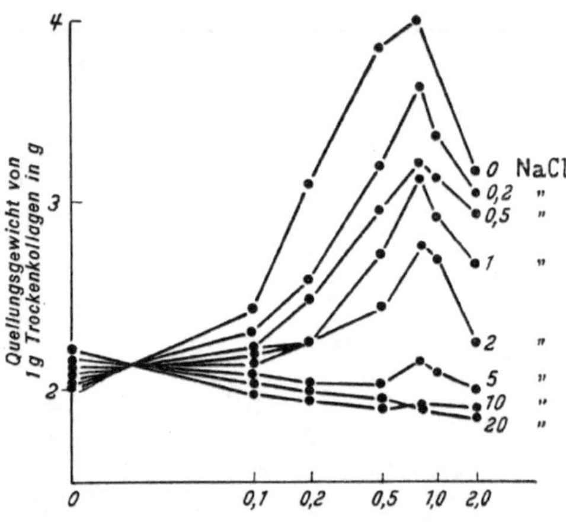

Abb. 61. Quellung von Kollagen in Salzsäure-Kochsalz-Gemischen verschiedener Konzentration. [Nach KÜNTZEL, A.: Kolloid-Z. 91, 152 (1940).]

6. Optisches Verhalten.

Refraktion. Die Eiweißstoffe besitzen einen hohen Brechungskoeffizienten[4], der, mit Refraktometer oder Interferometer gemessen, u. a. auch für quantitative Bestimmungen von Eiweißstoffen Verwendung findet. Das Brechungsinkrement je Gramm gelöstes Protein ist weitgehend konstant.

Bei strukturierten Eiweißkörpern, also bei Eiweißfasern, Membranen usw., bei denen submikroskopische Strukturelemente in bestimmter Richtung orientiert sind, beobachtet man das Auftreten der sog. „Formdoppelbrechung[5]". Diese Erscheinung wird immer dann beobachtet, wenn orientierte Teilchen von asymmetrischem Bau sich in ihrer Brechung vom umgebenden Medium unterscheiden. Die Theorie ist im wesentlichen schon von WIENER[5] entwickelt worden. Im Polarisationsmikroskop wird die Doppelbrechung durch Aufhellung des Gesichtsfeldes zwischen gekreuzten Nicols erkannt. Im Gegensatz zu der auf asymmetrischem Bau der Moleküle oder Krystalle beruhenden Doppelbrechung verschwindet die Formdoppelbrechung, wenn der Brechungsindex des umgebenden Mediums

[1] TOLMAN, R., and A. E. STEARN: Am. Soc. 40, 272 (1917). — [2] KÜNTZEL, A.: In Handb. Gerbereichem. u. Lederfabrik. (BERGMANN-GRASSMANN), 1/1, 511, und zwar S. 544ff. u. 601. — [3] PROCTER, H. R., and J. A. WILSON: Soc. 1916, 307. — [4] ROBERTSON, T. B.: J. biol. Ch. 11, 179 (1912). — ADAIR, G. S., and M. E. ROBINSON: Biochem. J. 24, 993 (1930). — [5] WIENER, O.: Abh. sächs. Akad. Wiss. 32, 507 (1912). Vgl. KÜNTZEL, A.: Handb. Gerbereichem. u. Lederfabrik. (BERGMANN-GRASSMANN) 1/1, S. 511. — HEGETSCHWEILER, R.: Makromol. Chem. 4, 156 (1949). — MEYER, K. H., u. H. MARK: Makromolekulare Chemie. 2. Aufl. Leipzig 1950, u. zwar S. 145.

dem der orientierten Teilchen gleich wird. Die auf anderen Ursachen beruhende Doppelbrechung bleibt dabei erhalten. (Vgl. W. Kuhn, S. 156.)

Lichtabsorption. Eiweißlösungen lassen im allgemeinen alle sichtbaren Strahlen des Spektrums durch und zeigen erst im Bereiche des Ultravioletts (etwa 3000 bis 2500 Å) charakteristische Absorptionsbanden[1]. Diese Absorption ist auf den Gehalt an ringförmigen Aminosäuren (Phenylalanin, Tyrosin, Tryptophan) zurückzuführen. Die Peptidbindung als solche zeigt, entgegen den Befunden von Anslow und Nassar[2] und von Mohler[3], auch im UV keine charakteristische Absorption[4]. Berücksichtigung der Tyndallstreuung[5]. Verwertung von UV-Messungen bei der Elektrophorese und Chromatographie[6]. Die UV-Spektren der Eiweißkörper können jedoch durch ihren Gehalt an aromatischen Aminosäuren nicht erschöpfend erklärt werden. Nach Alkalibehandlung, nach Dehnung von Faserproteinen sowie in einzelnen Fällen auch schon im ursprünglichen Zustand findet man zusätzliche Absorptionen, die wahrscheinlich auf enolisierte Peptidgruppen und die von ihnen ausgehenden Wasserstoffbrückenbindungen (vgl. die Formeln S. 616) zurückzuführen sind[7]. Messungen der UV-Absorption mit polarisiertem UV-Licht (vgl. dazu Scheibe[8]) gestatten beispielsweise bei Faserproteinen wesentliche Aussagen über die räumliche Lagerung der in Frage kommenden chromophoren Gruppen[4, 7]. Über Infrarotspektren von Proteinen und verwandten Stoffen vgl. Klotz[9]. Durch Absorptionsmessungen mit polarisiertem Infrarotlicht an hochmolekularen synthetischen Polypeptiden und an Faserproteinen sind wesentliche Aufschlüsse hinsichtlich der Kettenfaltung in den Proteinen von α-Keratintypus erhalten worden[10] (vgl. S. 673).

Selbstverständlich gibt es auch einige besondere Eiweißstoffe wie Hämoglobin, Hämocyanin, gelbes Ferment, die sichtbares Licht absorbieren. In diesen Fällen hängt die Farbe mit dem Vorhandensein farbiger prosthetischer Gruppen im Molekül zusammen.

Spezifische Drehung (vgl. W. Kuhn, S. 76). Sämtliche hochmolekularen Eiweißstoffe drehen in wäßriger Lösung die Ebene des polarisierten Lichtes nach links. Die Drehung ist wie bei den Aminosäuren (vgl. S. 504) von dem p_H der Lösung abhängig[11]. Die Änderung der spezifischen Drehung mit dem

[1] Kessler, H.: Handb. biol. Arb.-Meth., Abt. II, Teil 2/1, S. 817 bes. 858 (1928). — Reiss, E.: Handb. biol. Arb.-Meth., Abt. IV, Teil 4 S. 941 (1927). — Gould, B. S., and I. W. Sizer: Arch. Biochem. 22, 406 (1949). — [2] Anslow, G. A., and S. C. Nassar: J. opt. Soc. Amer. 3, 118 (1941). — [3] Mohler, H.: Das Absorptionsspektrum der chemischen Bindung. Jena 1943. — [4] Schauenstein, E., J. O. Fixl u. O. Kratky: Mh. Chem. 80, 143 (1949). — Bürgermeister, E., u. E. Schauenstein: Mh. Chem. 80, 310 (1949). — [5] Treiber, E., u. E. Schauenstein: Z. Naturforsch. 4b, 252 (1949). — [6] Löffler, W., Ch. Wunderly u. F. Wuhrmann: Schweiz. med. Wschr. 79, 595 (1949). — [7] Fixl, J. O., u. E. Schauenstein: Mh. Chem. 80, 146 (1949). — Fixl, J. O., O. Kratky u. E. Schauenstein: Mh. Chem. 80, 439 (1949). — Schauenstein, E.: Mh. Chem. 80, 820, 843 (1949). — Schauenstein, E., u. D. Stanke: Mh. Chem. 80, 870 (1949). — [8] Scheibe, G., St. Hartwig u. R. Müller: Z. Elektrochem. 49, 372 (1943). — [9] Klotz, I. M., P. Griswold and D. M. Gruen: Am. Soc. 71, 1615 (1949). S. a. Stair, R., and W. W. Coblentz: J. Res. nat. Bur. Stand. 15, 295 (1935). — Buswell, A. M., K. F. Krebs and W. H. Rodebush: J. physic. Chem. 44, 1126 (1940). — Bath, J. D., and J. W. Ellis: J. physic. Chem. 45, 204 (1941). — Buswell, A. M., and R. C. Gore: J. physic. Chem. 46, 575 (1942). — Lenormant, H.: Cr. 221, 58 (1945). — Darmon, S. E., and G. B. B. M. Sutherland: Am. Soc. 69, 2074 (1947). — Elliot, A., E. J. Ambrose and C. Robinson: Nature 166, 194 (1950). — [10] Ambrose, E. J., and W. E. Hanby: Nature 163, 483 (1949). — Ambrose, E. J., A. Elliott and R. B. Temple: Nature 163, 859 (1949). — Vgl. Darmon, S. E., and G. B. D. M. Sutherland: Nature 164. 440 (1949). — Klotz, I. H., and P. Griswold: Science 109, 309 (1949). — [11] Greenberg, D. M.: In Schmidt, Proteins S. 552. — Almquist, H. J., and D. M. Greenberg: J. biol. Ch. 93, 167 (1931); 105, 519 (1934). — Pauli, W., u. L. Hofmann: Kolloidchem. Beih. 42, 34 (1935). — Haugaard, G., u. A. H. Johnson: C. R. Lab. Carlsberg 18 Nr. 2 (1930). — Pauli, W., u. E. Valkó: Kolloidchemie der Eiweißkörper. 2. Aufl. Dresden u. Leipzig 1933.

p_H-Wert hat bei manchen Eiweißstoffen, wie aus Abb. 62 hervorgeht, einen ähnlichen Verlauf. Im isoelektrischen Bereich, und zwar in dem p_H-Bereich von 4,5 bis 10, bleibt die Drehung konstant. Sowohl auf der alkalischen wie auch auf der sauren Seite dieses Bereiches steigt die Drehung allmählich, bis sie einen Höchstwert erreicht hat. Denaturierung von Eiweißstoffen wird oft von einer Zunahme der spezifischen Drehung begleitet[1]. Gesättigte Lösungen von Natriumsalicylat oder Harnstoff haben einen ähnlichen Einfluß auf die Drehung[2]. In Gegenwart von stärkeren Alkalien nimmt die Drehung allmählich stark ab,

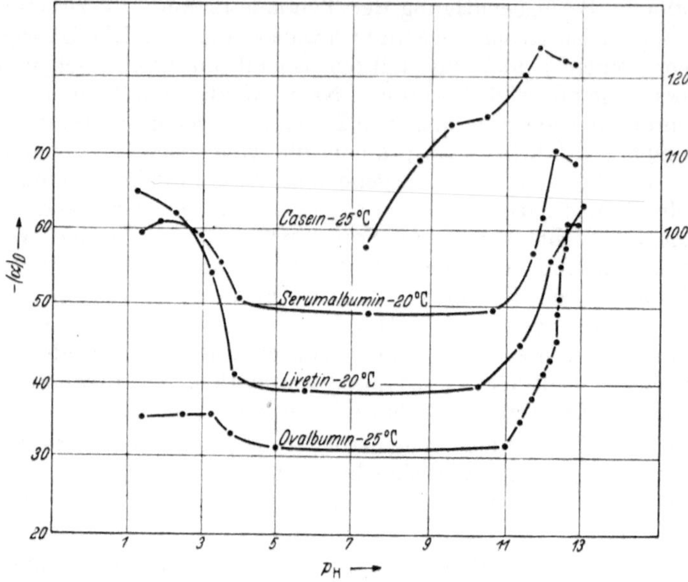

Abb. 62. Abhängigkeit der spezifischen Drehung der Proteine vom p_H. [Nach ALMQUIST, H. J., and D. M. GREENBERG[3]: J. biol. Ch. 105, 519 (1934).]

d. h. die Eiweißstoffe werden mehr oder weniger racemisiert[4], ein Vorgang, der nach DAKIN[5] durch eine Enolisierung der Peptidbindungen erklärt wird. Gelatine in Gelform weist eine wesentlich höhere Linksdrehung ($\alpha_D = -224°$) als gelöste Gelatine ($\alpha_D = -117°$)[6] auf.

7. Molekulargewicht und Gestalt[7].

Es waren zuerst rein physikalische Gründe, welche auf ein hohes Molekulargewicht der Eiweißstoffe schließen ließen. Durch Vergleich mit den Beobachtungen, welche man bei der Untersuchung von homologen Reihen in der

[1] BARKER, H. A.: J. biol. Ch. 103, 1 (1933). — Vgl. dagegen ATEN, A. H. W., C. J. DIPPEL, K. J. KEUNING u. J. v. DREVEN: Kolloid-Z. 113, 204 (1949). J. Colloid Sci. 3, 65 (1948). — [2] PAULI, W., u. R. WEISS: B. Z. 233, 381 (1931). — [3] Zit. nach ALMQUIST, H. J., and D. M. GREENBERG: J. biol. Ch. 105, 519 (1934). — Über Darstellung von Livetin aus Eigelb vgl. SHEPARD, CH. C., and G. A. HOTTLE: J. biol. Ch. 179, 349 (1949). — [4] KOSSEL, A., u. F. WEISS: H. 59, 492 (1909); 60, 311 (1909); 68, 165 (1910); 78, 402 (1912). — LEVENE, P. A., and R. E. STEIGER: J. biol. Ch. 76, 299 (1928); 86, 703 (1930). — [5] DAKIN, H. D.: Amer. chem. J. 44, 48 (1910). — [6] Vgl. dazu KATZ, J. R., u. J. F. WIENHOVEN: Collegium, Darmstadt 1933, 75, 287. — KÜNTZEL, A., u. H. BOENSEL: Collegium, Darmstadt 1936, 576. — CUSTERS, J. F. H., J. H. DE BOER u. C. J. DIPPEL: Recu. Trav. chim. Pays-Bas 52, 195 (1933). — STIASNY, E., S. R. DAS GUPTA u. P. TRESSER: Collegium, Darmstadt 1925, 23. — GERNGROSS, O., u. E. GOEBEL: Chemie und Technologie der Leim- und Gelatinefabrikation. Dresden u. Leipzig 1933. — SMITH, C. R.: Am. Soc. 41, 135 (1915). — [7] EDSALL, J. T.: Fortschr. chem. Forsch. 1, 119 (1949). — ONCLEY, J. L.: Ann. N. Y. Acad. Sci 41, 121 (1941). — MEYER, K. H., u. H. MARK: Makromolekulare Chemie. 2. Aufl. Leipzig 1950, u. zwar S. 99ff. u. 585ff.

organischen Chemie, z. B. der Paraffinreihe, oder bei der Synthese von hochmolekularen Stoffen gemacht hat, führte man die Schwerlöslichkeit vieler Eiweißstoffe, ihre Nichtflüchtigkeit, die geringe Diffusionsfähigkeit sowie ihre Fähigkeit, kolloidale Lösungen zu geben, auf ein hohes Molekulargewicht zurück. Auch das Säure- und Basenbindungsvermögen, wobei meist Äquivalentgewichte in der Größenordnung von 1000 gefunden werden (vgl. Tabellen 110 sowie 106, S. 624), macht von vorneherein ein relativ hohes Molekulargewicht wahrscheinlich, denn das Molekulargewicht kann keinesfalls kleiner, wohl aber ein Vielfaches des Äquivalentgewichtes sein. Zu dem grundsätzlich gleichen Ergebnis führt die

Tabelle 110. Gehalt an basischen Aminosäuren und Säurebindungsvermögen von Proteinen (Mol je Gramm Protein $\cdot 10^5$).

Protein	Gehalt an			Summe der basischen Aminosäuren	Säurebindungs-vermögen	Bindungsfähigkeit von Metaphosphat
	Histidin	Arginin	Lysin			
Eieralbumin. .	9,8	32,5	34,0	76,3	87	78
Insulin	69,0	17,5	8,6	95,1	101	103
Gliadin	21,6	18,0	4,7	44,3	34	—
Casein	16,1	21,4	42,8	80,3	76 (90)	—
Lactoglobulin .	9,9	16,6	66,7	93,2	115	—
Edestin. . . .	15,6	96,3	16,2	128,1	134	137
Gelatine . . .	18,9	47,9	40,5	107,3	89	—
Hämoglobin. .	49,9	23,6	65,4	138,9	148	149
Serumalbumin.	21,9	28,1	90,3	140,3	140	141

chemische Analyse. So errechnet sich für das Hämoglobin aus Rinderblut aus dem Gehalt an Eisen sowie dem Bindungsvermögen für Sauerstoff und Kohlenoxyd ein Mindestmolekulargewicht von etwa 16700 — das wirkliche Molekulargewicht ist das Vierfache davon, s. S. 646 u. 742 —, für das Eieralbumin aus dem Gehalt an Tryptophan etwa 35000, ferner für die Hämocyanine verschiedener Herkunft aus dem Kupfergehalt Minimalwerte von 19800 bis 36700.

In neuerer Zeit sind eine Reihe von leistungsfähigen Methoden zur Ermittlung der Molekulargewichte der Eiweißkörper entwickelt worden. Neben den älteren Methoden, unter denen die Bestimmung des osmotischen Druckes auch heute noch wichtig ist, haben Molekulargewichtsbestimmungen auf Grund der Diffusionsgeschwindigkeit, der Lichtstreuung[1] sowie vor allem die Messungen mittels der Ultrazentrifuge zunehmende Bedeutung erlangt. Dabei wurden so grundsätzliche Ergebnisse gewonnen, daß die Ermittlung des Molekulargewichtes heute zu den aktuellsten und wichtigsten Fragen der Proteinchemie zählt.

a) **Bestimmung des Molekulargewichtes auf osmotischem Wege.** Von den üblichen Methoden zur Bestimmung der Molekulargewichte scheiden die Ermittlung der Gefrierpunktserniedrigung und der Siedepunktserhöhung für Proteine aus, die letztere schon deswegen, weil fast alle Eiweißkörper beim Siedepunkt des Wassers oder anderer in Betracht kommender Lösungsmittel denaturiert werden. Die Methode der Gefrierpunktserniedrigung läßt bei Substanzen mit hohem Molekulargewicht nur sehr geringe Ausschläge erwarten, wobei die

---

[1] PUTZEYS, P., and J. BROSTEAUX: Trans. Faraday Soc. **31**, 1314 (1935). Meded. Kon. vlaamsche Acad. Wet. Belgie **3**, Nr. 1 (1941). — DEYBE, P.: J. applied Physics **15**, 341 (1944). J. physic. Colloid Chem. **51**, 18 (1947). — MARK, H.: Light Scattering in Polymer Solutions. Frontiers in Chem. Bd. 5. Chemical Architecture. S. 121. New York 1948. — MEYER, K. H., u. H. MARK: Makromolekulare Chemie. 2. Aufl. Leipzig 1950., u. zwar S. 111. — BÜCHER, TH.: Chemie **56**, 328 (1943). Biochim. biophysica Acta, N. Y. **1**, 467 (1947). — STEIN, R. S., and P. DOTY: Am. Soc. **68**, 159 (1946).

gefundenen Werte außerordentlich stark durch Verunreinigungen mit niedermolekularen Substanzen beeinflußt werden. Immerhin konnten COHN und CONANT[1] unter möglichstem Ausschluß aller Fehlerquellen die Molekulargewichte vieler Eiweißstoffe auf *kryoskopischem* Wege bestimmen, wobei Werte von 30000 bis 200000, für das Eieralbumin z. B. 34000, gefunden wurden.

Viel leistungsfähiger ist die *Bestimmung des osmotischen Druckes.* Dabei werden Membranen benötigt, die für das Lösungsmittel, nicht aber für den gelösten Stoff durchlässig sind. Diese Bedingung ist für niedermolekulare Stoffe schwer, für hochmolekulare dagegen leicht zu erfüllen. Man überzeugt sich leicht,

Tabelle 111. Auf osmotischem Wege bestimmte Molekulargewichte von Proteinen[2].

Protein	M in Wasser	M in Harnstofflösung
Eieralbumin	40000—46000	34000
Zein	39000	37000
Gliadin	41000	44200
Hämoglobin (Pferd)	67000	34300
Hämoglobin (Rind)	67000	37700
Hämoglobin (Schaf)	67000	65600
Hämocyanin (Octopus)	710000	—
Hämocyanin (Helix)	1800000	—
Serumalbumin	73000	73800
Serumglobulin	174000	173000
Amandin	206000	30000
Pepsin	36000	36000
Trypsin	36500	—
Chymotrypsin	41000	—

daß die osmotische Methode weit empfindlicher ist als etwa die der Gefrierpunktserniedrigung. Eine 1%ige Lösung von Eieralbumin (Mol.Gew. 44000) ergibt in Wasser eine Gefrierpunktserniedrigung von nur 0,0005° C, während ihr osmotischer Druck immer noch 3,9 mm Quecksilber- oder 50 mm Wassersäule entspricht. Ein sehr wesentlicher Nachteil der osmotischen Methode, die langsame Einstellung des Gleichgewichts, hat durch methodische Verbesserungen weitgehend behoben werden können. Die Dauer einer Bestimmung — früher einige Tage oder Wochen (SØRENSEN und ADAIR)[3] — beträgt nach neueren Versuchsanordnungen[4] nur noch wenige Stunden. Wenn die Messung nicht am isoelektrischen Punkt ausgeführt wird, überlagern sich dem osmotischen Druck DONNAN-Membran-Potentiale, wodurch die Werte zu hoch ausfallen. Dieser Einfluß kann durch Zusatz von Neutralsalzen vermindert werden. Im Gegensatz zur Molekulargewichtsbestimmung mit der Ultrazentrifuge ergibt die osmotische Messung bei nicht einheitlichen Eiweißkörpern lediglich den Mittelwert des Molekulargewichtes für alle diejenigen Moleküle, welche die Membran nicht zu passieren vermögen.

[1] COHN, E. J., u. J. B. CONANT: H. **159**, 93 (1926). — [2] Nach COHN, J., and J. EDSALL: Proteins, Amino Acids and Peptids as Ions and Bipolar Ions. New York 1943, u. zwar S. 390 u. 391. — [3] SØRENSEN, S. P. L.: C. R. Lab. Carlsberg **12**, 164 (1917). H. **106**, 1 (1919). — ADAIR, G. S.: Proc. R. Soc. London (A) **108**, 627; **109**, 292 (1925). Am. Soc. **51**, 696 (1929). Proc. R. Soc. London (A) **120**, 573 (1928); **126**, 16 (1929). Trans. Faraday Soc. **23**, 536 (1927); **31**, 98 (1935). — [4] OAKLEY, H. B.: Trans. Faraday Soc. **31**, 136 (1935). — CAMPEN, VAN P.: Recu. Trav. Chem. Pays-Bas **50**, 915 (1931). — BOISSONNAS, C. H. G., et K. H. MEYER: Helv. **20**, 783 (1937). — MEYER, K. H., u. H. MARK: s. Fußnote [1], S. 639, u. zwar S. 100. — BOURDILLON, J.: J. biol. Ch. **127**, 617 (1939). — BULL, H. B.: J. biol. Ch. **137**, 143 (1941). — SCATCHARD, G.: Am. Soc. **68**, 2315 (1946). — SCATCHARD, G., A. C. BATCHELDER and A. BROWN: Am. Soc. **68**, 2320 (1946).

Schon 1904 hatte Reid[1] das Molekulargewicht des Hämoglobins durch osmotische Messung annähernd richtig gefunden. In methodisch sehr sorgfältigen Bestimmungen ist dann das Molekulargewicht des krystallisierten Eieralbumins durch Sørensen[2] zu 35000, dasjenige des Hämoglobins durch Adair[3] zu 67000 bestimmt worden. Im allgemeinen wird der osmotische Druck abhängig von der Proteinkonzentration gefunden; die Werte müssen deshalb auf unendliche Verdünnung extrapoliert werden.

Wird an Stelle von Wasser konzentrierte Harnstofflösung als Lösungsmittel verwendet, so findet man bei vielen Eiweißkörpern die gleichen, bei anderen stark erniedrigte Werte, die auf einen reversiblen Zerfall des Moleküls in Bruchstücke zurückzuführen sind (vgl. Tabelle 111). Weitere osmotische Molekulargewichtsbestimmungen siehe Ambard[4] sowie Roche[5].

b) Bestimmung von Molekulargewicht und Gestalt durch Diffusionsmessungen. Die Diffusionsgeschwindigkeit ist für die Ermittlung der Molekulargewichte der Proteine praktisch von beschränkter, für die Bestimmung der Gestalt der Moleküle aber von sehr wesentlicher Bedeutung. Die theoretischen Grundlagen dafür sollen hier unter Hinweis auf das Kapitel Kuhn (S. 152) nur in kürzester Form angedeutet werden.

Nach dem ersten Gesetz von A. Fick[6] ist die Menge eines gelösten Stoffes dS, die in der Zeit dt durch einen bestimmten Querschnitt Q hindurchdiffundiert, gegeben durch

$$dS = -D \cdot Q \cdot \frac{dc}{dx} \cdot dt. \qquad (1)$$

Der Wert $\frac{dc}{dx}$ ist das Konzentrationsgefälle, D die Diffusionskonstante des betreffenden Stoffes. Das Minuszeichen bedeutet, daß die Diffusion in der Richtung fallender Konzentration stattfindet.

Für hinlänglich verdünnte Lösungen von Nichtelektrolyten ist nach Nernst[7] die Diffusionskonstante gegeben durch

$$D = \frac{RT}{F} = \frac{kT}{f}, \qquad (2)$$

wobei F diejenige Kraft ist, die auf 1 g-Mol, f diejenige, die auf 1 Molekül der gelösten Substanz von der Diffusionskonstanten D einwirken muß, um ihr die Geschwindigkeit von 1 cm je Sekunde zu erteilen.

Die Gesetze, welche die Diffusionsgeschwindigkeit mit der Größe und Gestalt der Moleküle verbinden, sind zuerst von Sutherland[8] und wesentlich umfassender von Einstein[9] und Smoluchowski[10] abgeleitet worden.

Für große und kugelförmige Moleküle gilt nach Sutherland (l. c.) die Gleichung

$$D = \frac{kT}{6\pi\eta r} = \frac{RT}{6\pi\eta r N}, \qquad (3)$$

wo η die Viscosität des Lösungsmittels, r der Radius des diffundierenden Moleküls und N die Loschmidtsche Zahl ist.

Die Diffusionskonstante ist also direkt proportional der mittleren kinetischen Energie des diffundierenden Moleküls und umgekehrt proportional dem Reibungswiderstand, welchen es bei seiner Bewegung erfährt; denn der Reibungswiderstand eines kugelförmigen Teilchens,

[1] Reid, E. W.: J. Physiol., London **31**, 438 (1904); **33**, 12 (1905). — [2] Sørensen, S. P. L.: C. R. Lab. Carlsberg **12**, 1 (1917). — [3] Adair, G. S.: Proc. R. Soc. London (A) **108**, 627 (1925); **109**, 292 (1925). Am. Soc. **51**, 696 (1929). Proc. R. Soc. London (A) **120**, 573 (1928); **126**, 16 (1929). — [4] Ambard, L., et S. Trautmann: Bull. Soc. Chim. biol. **27**, 249, 329 (1945). — [5] Roche, J., et Y. Derrien: Bull. Soc. Chim. biol. **22**, 395 (1940). — Roche, J., and A., G. S. and M. E. Adair: Biochem. J. **26**, 1811 (1932). — [6] Fick, A.: Ann. Physik **170**, 59 (1855). — [7] Nernst, W.: Z. physik. Chem. **2**, 613 (1888). — [8] Sutherland, W.: Philos. Mag. (6) **9**, 781 (1905). — [9] Einstein, A.: Ann. Physik (4) **17**, 549 (1905). — [10] Smoluchowski, M. v.: Ann. Physik (4) **21**, 756 (1906).

das sich mit der Geschwindigkeit v durch ein viscoses Medium bewegt, ist nach STOKES gegeben durch

$$\varphi = 6 \pi \eta \, r v. \tag{4}$$

Aus Gl. (2) und (3) ergibt sich für große und kugelförmige Moleküle der Reibungswiderstand für 1 g-Molekül zu

$$F = 6 \pi \eta \, r \, N \tag{5}$$

bzw. für 1 Mol. zu

$$f = 6 \pi \eta \, r. \tag{5a}$$

Für nicht sphärische Moleküle werden geringere Diffusionskonstanten gefunden, als sie sich gemäß Gl. (3) ergeben würden. Ist das Molekül ein Rotationsellipsoid mit dem Achsenverhältnis

$$\frac{a}{b} = \frac{1}{p},$$

dann gilt nach PERRIN[1] für langgestreckte Ellipsoide $(p < 1)$

$$\frac{D_0}{D} = \frac{f}{f_0} = \frac{(1 - p^2)^{\frac{1}{2}}}{p^{\frac{2}{3}} \ln \dfrac{1 + (1 - p^2)^{\frac{1}{2}}}{p}} \tag{6}$$

und für flache Ellipsoide $(p > 1)$

$$\frac{D_0}{D} = \frac{f}{f_0} = \frac{(p^2 - 1)^{\frac{1}{2}}}{p^{\frac{2}{3}} \operatorname{arctg} \cdot (p^2 - 1)^{\frac{1}{2}}} . \tag{6a}$$

In diesen Gleichungen bedeuten D bzw. f die gefundenen Werte der Diffusionskonstanten bzw. des Reibungswiderstandes, D_0 bzw. f_0 die entsprechenden Werte der Diffusionskonstanten bzw. des Reibungswiderstandes, die sich für eine Kugel von der gleichen Masse und dem gleichen Volumen wie das Ellipsoid errechnen würden. D_0 kann aus Gl. (3) berechnet werden, wenn das Molekulargewicht M, das spezifische Volumen des Proteins V und die Viscosität η des Lösungsmittels bekannt sind. Aus

$$V = \frac{4}{3} r^3 \pi \cdot \frac{N}{M}$$

folgt

$$r = \left(\frac{3 \, V M}{4 \pi N} \right)^{\frac{1}{3}}$$

dies eingesetzt in Gl. (3) ergibt

$$D_0 = \frac{k T}{f_0} = \frac{k T}{6 \pi \eta \left(\dfrac{3 \, V M}{4 \pi N} \right)^{\frac{1}{3}}} . \tag{7}$$

Der Quotient $D_0/D = f/f_0$ wird nach SVEDBERG und PEDERSEN[2] als Reibungsquotient bezeichnet. Sein Wert kann für Rotationsellipsoide nach Gl. (6) und (6a) errechnet werden und beträgt beispielsweise

Tabelle 112. Reibungsquotienten.

Molekülform	Achsenverhältnis $a:b = 1:p$	Reibungsquotient $f:f_0 = D_0:D$
Langgestreckte Ellipsoide	$\begin{cases} 100,00 \\ 10,00 \end{cases}$	4,07 1,54
Kugel	1,00	1,00
Flache Ellipsoide	$\begin{cases} 0,10 \\ 0,01 \end{cases}$	1,46 2,97

[1] PERRIN, F.: J. Physique et Radium (7) 7, 1 (1936). — Vgl. auch EDSALL, J. T.: Fortschr. chem. Forsch. 1, 119 (1949), u. zw. S. 139 ff. — [2] SVEDBERG, THE, u. K. O. PEDERSEN: Die Ultrazentrifuge; Theorie, Konstruktion und Ergebnisse. Handb. Kolloidwiss. (Wo. OSTWALD) 7 (1940). The Ultracentrifuge. Oxford 1940.

Man kann durch Diffusionsmessungen auf Grund der angegebenen Gleichungen, wenn das Molekül kugelförmig oder das Achsenverhältnis bekannt ist, das Molekulargewicht ermitteln; häufiger wird umgekehrt bei bekanntem Molekulargewicht das Achsenverhältnis bestimmt.

Es ist zu beachten, daß eine Erhöhung des Reibungsquotienten nicht nur durch Abweichung von der sphärischen Gestalt, sondern auch durch die Hydratation des Eiweißmoleküls (vgl. S. 634) zustande kommt. Denn die Diffusionsgeschwindigkeit eines hydratisierten Moleküls muß geringer sein als diejenige des gleichen Moleküls ohne Hydrathülle. Dieser Umstand bringt eine Unsicherheit in die Ergebnisse, die aus Diffusionsmessungen hinsichtlich der Größe und der Gestalt des Moleküls gewonnen werden. Nach Berechnungen von ONCLEY[1] ergeben sich z. B. für sphärische Moleküle bei einem Hydratationsgrad von 20% für den Reibungsquotienten Werte von etwa 1,08, bei 40% von 1,15, bei 70% von 1,25. Für nicht sphärische Moleküle ergeben sich Abweichungen ähnlicher Größenordnung.

Zur experimentellen Bestimmung der Diffusionsgeschwindigkeit kann entweder die freie Diffusion aus einer Proteinlösung in das reine Lösungsmittel oder aber die Diffusion durch poröse Platten aus gesintertem Glas[2] verwendet werden.

Tabelle 113. Diffusionskonstanten von Aminosäuren, Peptiden und Eiweißkörpern.

	Konzentration	$D_{20} \cdot 10^7$
Glykokoll[3]	∞ verdünnt	95,00
DL-Alanin[3]	∞ verdünnt	83,00
DL-Valin[3]	∞ verdünnt	73,00
DL-Leucin[3]	∞ verdünnt	63,00
Arginin[3]	∞ verdünnt	58,00
Asparagin[4]	∞ verdünnt	68,00
Leucylglycylglycin[5]	∞ verdünnt	46,00
Myoglobin[6]	0,4%	11,20
Cytochrom c[6]	0,5%	10,10
Pepsin[6]	1,0%	9,00
Eieralbumin[7]	0,5%	8,40
Kohlenoxydhämoglobin (Pferd)[8] .	1,0%	6,30
Serumalbumin (Pferd)[7]	0,5%	6,05
Serumglobulin (Pferd)[6]	—	4,05
Amandin[9]	—	3,60
Hämocyanin (Helix)[10]	0,8%	1,92
Hämocyanin (Octopus)[10]	0,8%	1,65
Tabakmosaikvirus[11]	0,2—0,5%	0,30

Erklärung: D_{20} = Diffusionskonstante bei 20° C, $cm^2 \cdot sec^{-1}$.

[1] ONCLEY, J. L.: Ann. N. Y. Acad. Sci. 41, 121 (1941). — [2] NORTHROP, J. H., and M. L. ANSON: J. gen. Physiol. 12, 543 (1929). — ANSON, M. L., and J. H. NORTHROP: J. gen. Physiol. 20, 575 (1937). — McBAIN, J. W., and T. H. LIU: Am. Soc. 53, 59 (1931). — MEHL, J. W., and C. L. A. SCHMIDT: Univ. Calif. Publ. Physiol. 8, Nr. 13 (1937). — JAMES, W. A., E. A. HOLLINGSHEAD and A. R. GORDON: J. chem. Physics 7, 89 (1939). — HARTLEY, G. S., and D. F. RUNNICLES: Proc. R. Soc. London (A) 168, 401 (1938). — [3] POLSON, A.: Biochem. J. 31, 1903 (1937). — [4] MEHL, J. W., and C. L. A. SCHMIDT: Univ. Calif. Publ. Physiol. 8, Nr. 13 (1937). — [5] ANNETTS, M.: Biochem. J. 30, 1807 (1936). — [6] POLSON, A.: Kolloid-Z. 87, 149 (1939). — [7] LAMM, O., and A. POLSON: Biochem. J. 30, 528 (1936). — [8] TISELIUS, A., u. D. GROSS: Kolloid-Z. 66, 11 (1934). — [9] POLSON, A.: Nature 137, 740 (1936). — [10] ERIKSSON-QUENSEL, J. B., and THE SVEDBERG: Biol. Bull. 71, 498 (1936). — [11] NEURATH, H., and A. M. SAUM: J. biol. Ch. 126, 435 (1938).

Bei den Methoden der ersteren Art dienen im allgemeinen optische Verfahren[1] (vgl. auch S. 629) zur Verfolgung des Fortgangs der Diffusion.

Bei Eiweißkörpern und Aminosäuren werden die gefundenen Diffusionskoeffizienten wesentlich durch Diffusionspotentiale beeinflußt. Am isoelektrischen Punkt ist dieser Einfluß am geringsten, verschwindet jedoch nicht vollständig, da auch am isoelektrischen Punkt beträchtliche Mengen geladener Eiweißmoleküle vorhanden sind (s. S. 620). Der störende Einfluß der Diffusionspotentiale kann durch Elektrolytzusatz herabgedrückt werden.

In Tabelle 113, S. 643, sind einige Diffusionskonstanten von Aminosäuren, Peptiden und Eiweißkörpern zusammengestellt. Die Werte fallen im allgemeinen mit steigendem Molekulargewicht; die bestehenden Abweichungen können auf Unterschiede in der Gestalt des Moleküls zurückgeführt werden.

c) Bestimmung von Molekulargewicht und Gestalt in der Ultrazentrifuge. Größte Bedeutung für die Ermittlung des Molekulargewichts bzw. der Teilchengröße von Eiweißstoffen hat die von SVEDBERG entwickelte Methode der Bestimmung mit der Ultrazentrifuge[2,3] gewonnen. Man ermittelt dabei einerseits die Geschwindigkeit der Sedimentation, andererseits das Sedimentationsgleichgewicht, das sich nach längerer Zeit in der rotierenden Zentrifuge einstellt.

α) **Methodik und Theorie.** (Vgl. auch W. KUHN, S. 167.) Für Bestimmungen des Sedimentationsgleichgewichts sind Ultrazentrifugen mit einer Zentrifugalbeschleunigung bis zum 18000fachen des Schwerefeldes der Erde im Gebrauch, für die Bestimmung der Sedimentationsgeschwindigkeit noch hochtourigere Zentrifugen mit Zentrifugalbeschleunigungen bis zum 500000fachen des Schwerefeldes der Erde. Bezüglich aller Einzelheiten, sowohl der Konstruktion der Zentrifuge[2,4] sowie der Messung von Sedimentationsgeschwindigkeit und Sedimentationsgleichgewicht, die auch hier mit optischen Methoden[2] erfolgt, muß auf die Originalliteratur verwiesen werden.

Die wesentlichen theoretischen Grundlagen des Verfahrens sind folgende:

Wenn auf die gelösten Moleküle eine äußere Kraft φ, z. B. das Schwerefeld der mit hoher Geschwindigkeit rotierenden Zentrifuge, einwirkt, überlagert sich der freien Diffusion die Wanderung in der Richtung der Kraft. Diese Wanderung führt nach kurzer Zeit zu einer konstanten Endgeschwindigkeit, bei welcher der Reibungswiderstand der äußeren Kraft die Waage hält. Bezeichnet man die Endgeschwindigkeit mit dx/dt, so ist der Reibungswiderstand $F \dfrac{dx}{dt}$, mithin

$$\varphi = F \frac{dx}{dt}$$

oder vgl. S. 641, Gl. (2)

$$\frac{dx}{dt} = \frac{\varphi}{F} = \frac{\varphi D}{R T}. \tag{8}$$

---

[1] Vgl. TISELIUS, A., u. D. GROSS: Kolloid-Z. **66**, 11 (1934). — LAMM, O.: Nova Acta R. Soc. Sci. upsal. (IV) **10**, Nr. 6 (1937). — LAMM, O., and A. POLSON: Biochem. J. **30**, 528 (1936). — [2] SVEDBERG, THE, u. K. O. PEDERSEN: Die Ultrazentrifuge; Theorie, Konstruktion und Ergebnisse. Handb. Kolloidwiss. (Wo. OSTWALD) **7** (1940). The Ultracentrifuge. Oxford 1940. — [3] SVEDBERG, THE: Les Molécules Protéiques. Paris 1939. Chem. Rev. **20**, 81 (1937). Kolloid-Z. **85**, 119 (1938). Naturwiss. **22**, 225 (1934). Nature **139**, 1051 (1937). — [4] BOESTAD, G., K. O. PEDERSEN and THE SVEDBERG: Rev. sci. Instr. **9**, 346 (1938). — TISELIUS, A., K. O. PEDERSEN and The SVEDBERG: Nature **140** 848, (1937). — BEAMS, J. W.: Science, N. Y. **88**, 243 (1938). — BEAMS, J. W., F. W. LINK and P. SOMMER: Rev. sci. Instr. **9**, 248 (1938). — BEAMS, J. W., and E. G. PICKELS: Rev. sci. Instr. **6**, 299 (1935). — BAUER, J. H., and E. G. PICKELS: J. exp. Med. **64**, 503 (1936). — HUGHES, T. P., E. G. PICKELS and F. L. HORSFALL jr.: J. exp. Med. **67**, 941 (1938). — PICKELS, E. G.: Rev. sci. Instr. **9**, 354 (1938). — WYCKOFF, R. W. G.: Cold Spring Harbor Symp. quant. Biol. **6**, 361 (1938). — WYCKOFF, R. W. G., and I. B. LAGSDEN: Rev. sci. Instr. **8**, 74 (1937). — McBAIN, J. W.: Science, N. Y. **87**, 93 (1938). — McBAIN, J. W., and C. ALVAREZ-TOSTADO: Am. Soc. **59**, 2489 (1937).

Die Menge des gelösten Stoffes, die in der Zeiteinheit durch einen Querschnitt Q am Ort der Konzentration c unter der Einwirkung der äußeren Kraft hindurchtritt, ist

$$\frac{dx}{dt} \cdot c \cdot Q.$$

Andererseits beträgt die Menge, die infolge freier Diffusion den Querschnitt passiert,

$$- D \cdot Q \cdot \frac{dc}{dx} \text{ (vgl. (1), S. 641).}$$

Daraus ergibt sich die insgesamt hindurchtretende Menge A zu

$$\frac{dA}{dt} = Q \cdot \left[c \cdot \frac{dx}{dt} - D \cdot \frac{dc}{dx} \right] = Q \cdot \left[\frac{\varphi c}{F} - D \cdot \frac{dc}{dx} \right] = D \cdot Q \cdot \left[\frac{\varphi c}{RT} - \frac{dc}{dx} \right]. \tag{9}$$

Sedimentationsgleichgewicht besteht dann, wenn die Kraftwirkungen auf das Molekül, hervorgerufen durch das Schwerefeld und das Konzentrationsgefälle, im Gleichgewicht stehen; das bedeutet: $dA/dt = 0$; daraus folgt

$$\frac{\varphi c}{RT} = \frac{dc}{dx}. \tag{10}$$

Die Zentrifugalkraft φ, die auf 1 g-Mol einwirkt, ist das Produkt aus der Zentrifugalbeschleunigung $\omega^2 x$ und dem Gewicht des gelösten Stoffes, vermindert um das Gewicht des von 1 Mol verdrängten Lösungsmittels. Also

$$\varphi = \omega^2 \cdot x \cdot M (1 - V), \tag{11}$$

wobei ω die Winkelgeschwindigkeit, x der Abstand von der Zentrifugenachse, M das Molekulargewicht des gelösten Stoffes und $V = V_\mathrm{m} \cdot \varrho$ ist; hierbei ist V_m das von 1 Mol des gelösten Stoffes verdrängte Volumen des Lösungsmittels und ϱ dessen Dichte.

Aus Gl. (10) und (11) folgt

$$\frac{dc}{dx} = \frac{c}{RT} \cdot \omega^2 x M (1 - V) \tag{12}$$

bzw.

$$\frac{dc}{c} = \frac{\omega^2 M (1 - V)}{RT} \cdot x\, dx. \tag{12}$$

Integration ergibt

$$M = \frac{2 RT \ln c_2/c_1}{\omega^2 (1 - V) (x_2^2 - x_1^2)},$$

worin c_1 und c_2 die Konzentrationen an 2 Punkten im Abstand x_1 und x_2 von der Zentrifugenachse bedeuten.

Es genügt also eine Bestimmung von c bei 2 Abständen x_1 und x_2 von der Rotationsachse, um M zu bestimmen. Wird c bei einer größeren Zahl von x-Werten bestimmt, so wird M konstant gefunden, wenn die Lösung einheitlich ist, während ein Gang in den M-Werten Uneinheitlichkeit anzeigt.

Die *Sedimentationsgeschwindigkeit* ergibt sich aus Gl. (8) und (11) zu

$$\frac{dx}{dt} = \frac{\varphi D}{RT} = \frac{\omega^2 x M (1 - V) D}{RT}. \tag{13}$$

Die Größe

$$\frac{\dfrac{dx}{dt}}{\omega^2 x} = S$$

wird als *Sedimentationskonstante* bezeichnet. Sie ist die Sedimentationsgeschwindigkeit für die Einheit der Zentrifugalbeschleunigung und hat die Dimension einer Zeit; ihre Größenordnung bewegt sich für Proteine zwischen $1 \cdot 10^{-13}$ und $200 \cdot 10^{-13}$ sec.

Eine Sedimentationskonstante von 10^{-13} wird als SVEDBERG-Einheit bezeichnet. Unter Einführung dieser Größe in (13) ergibt sich das Molekulargewicht zu

$$M = \frac{R\,T\,S}{D\,(1-V)}. \tag{14}$$

Die Bestimmung des Molekulargewichts aus der Sedimentationsgeschwindigkeit erfordert also, im Gegensatz zu der aus dem Sedimentationsgleichgewicht, die Kenntnis der Diffusionskonstanten im gleichen Lösungsmittel.

Bei den meisten Proteinen, namentlich bei solchen, deren Gestalt stark von der Kugelform abweicht, zeigen D und S einen starken Gang mit der Konzentration; es ist daher notwendig, beide Werte in einem größeren Konzentrationsbereich zu bestimmen und auf die Konzentration 0 zu extrapolieren.

β) **Ergebnisse.** Die mit der Ultrazentrifuge gewonnenen Ergebnisse zeigen zunächst eindeutig, vielleicht von einigen wenigen Ausnahmen abgesehen, daß

Tabelle 114. **Molekulargewichte einiger Proteine nach Bestimmungen mit der Ultrazentrifuge**[1].

Protein	S_{20}	D_{20}	M_S	M_G	$f:f_0$
Cytochrom c	1,90	10,10	15600	—	1,29
Myoglobin	2,04	11,30	16900	17500	1,11
Erythrocruorin (Lampreta)	1,87	10,70	17100	19000	1,16
Lactalbumin	1,90	10,60	17400	—	1,16
Gliadin	2,10	6,72	27500	27000	1,60
Hordein	2,00	6,50	27500	—	1,64
Zein	1,90	4,00	40000	—	2,40
Lactoglobulin	3,12	7,30	41500	38000	1,26
Pepsin	3,30	9,00	35500	39000	1,08
Insulin	3,50	8,20	41000	35000	1,13
Ovalbumin	3,55	7,80	44000	40500	1,16
Hämoglobin (Pferd)	4,41	6,30	68000	68000	1,24
Serumalbumin (Pferd)	4,46	6,10	70000	68000	1,27
Gelbes Ferment	5,76	6,30	82000	78000	1,17
Myogen A (Kaninchen)	7,86	4,78	150000	136000	1,26
Serumglobulin (Pferd)	7,10	4,05	167000	150000	1,44
Katalase	11,30	4,10	250000	—	1,25
Excelsin	13,30	4,26	295000	—	1,13
Edestin	12,80	3,93	310000	—	1,21
Amandin	12,50	3,62	330000	330000	1,28
Hämocyanin (Palinurus)	16,40	3,40	450000	450000	1,23
Urease	18,60	3,46	480000	—	1,19
Apoferritin	19,50	—	560000	—	1,14
Thyreoglobulin (Schwein)	19,20	2,65	630000	650000	1,43
Hämocyanin (Octopus)	49,30	1,65	2800000	—	1,38
Hämocyanin (Helix), Hauptkomponente	98,90	1,38	6600000	6700000	1,24
Tabakmosaikvirus			40700000		
Infektiöses Polyedervirus			10^9		

Erklärung: S_{20} = Sedimentationskonstante bei 20° C; D_{20} = Diffusionskonstante bei 20° C; M_S = Molekulargewicht aus Sedimentationsgeschwindigkeit; M_G = Molekulargewicht aus Sedimentationsgleichgewicht; $f:f_0$ = Reibungsquotient (vgl. S. 642).

[1] Nach SVEDBERG, THE, u. K. O. PEDERSEN: Die Ultrazentrifuge. Handb. Kolloidwiss. (Wo. OSTWALD) 7 (1940). — S. a. COHN, E. J., and J. T. EDSALL: Proteins, Amino Acids and Peptides as Ions and Dipolar Ions. New York 1943, u. zwar S. 428ff. — PEDERSEN, K.O. in MEYER, K. H., u. H. MARK: Makromolekulare Chemie. 2. Aufl. S. 584. Leipzig 1950.

alle rein isolierten Eiweißkörper ein scharf definiertes, einheitliches Teilchengewicht aufweisen, das demnach mit dem Molekulargewicht gleichgesetzt werden darf. Diese Homogenität beobachtet man auch bei Proteinen mit extrem hohem Teilchengewicht. Soweit unter bestimmten Bedingungen Dissoziation der Proteinmoleküle stattfindet (s. unten) führt diese wiederum zu Teilchen von scharf definierter Molekulargröße.

Eine Auswahl der in der Ultrazentrifuge bestimmten Werte ist in der vorstehenden Tabelle zusammengestellt. Die Werte stimmen im allgemeinen befriedigend mit den auf osmotischem Wege erhaltenen oder aus chemischen Befunden (vgl. S. 639) abgeleiteten überein, doch sind einige erhebliche Abweichungen unverkennbar (Gliadin, Amandin).

SVEDBERG hat aus seinen Ergebnissen den Schluß gezogen, daß die Mehrzahl der gefundenen Molekulargewichte ein ganzzahliges Vielfaches von 17600 sei[1], und BERGMANN und NIEMANN haben dies durch die Annahme zu begründen versucht, daß dieser Wert einem Proteinmolekül aus $144 = 12 \cdot 12$ Aminosäuren (unter Zugrundelegung eines mittleren Molekulargewichtes des Aminosäurerestes von 120) entspricht[2], vgl. S. 594. Mit der Annahme dieser Grundeinheit sind auch die chemischen und enzymchemischen Befunde gut vereinbar (vgl. oben S. 591ff.). Wie aus der Tabelle hervorgeht, liegt ein verhältnismäßig großer Teil der gefundenen Molekulargewichte in der Gegend von 17600, 35200 (2mal 17600) und 70400 (4mal 17600). Jedoch entspricht eine nicht unbeträchtliche Zahl experimentell gut gesicherter Molekulargewichte der SVEDBERGschen Regel nicht; diese kann deshalb nicht als sicher bewiesen betrachtet werden.

d) Bestimmung der Molekülgestalt[3] durch Messung der Viscosität, Strömungsdoppelbrechung und dielektrischen Dispersion. Aussagen über die Gestalt der Eiweißmoleküle können in erster Linie aus den Werten der Reibungsquotienten f/f_0 der Eiweißkörper abgeleitet werden, die durch Messungen der Diffusionsbzw. der Sedimentationsgeschwindigkeit erhalten werden (vgl. Tabelle 114, S. 646 u. Tabelle 116, S. 649). Unter Berücksichtigung der Hydratation darf angenommen werden, daß Moleküle mit Reibungsquotienten zwischen 1,0 und etwa 1,15 annähernd Kugelgestalt besitzen. Dies trifft zu für alle Albumine, für Myoglobin, Pepsin, Insulin usw. (sog. *Sphäroproteine*). Wesentlich höhere Werte des Reibungsquotienten, die auf eine starke Abweichung von der Kugelsymmetrie hinweisen, zeigen z. B. die Prolamine sowie die Globuline.

An weiteren Methoden, welche eine Bestimmung der Abmessungen der Eiweißmoleküle und zum Teil auch der Molekulargewichte erlauben, kommen in Frage: Messungen der Viscosität, der Strömungsdoppelbrechung, der Lichtstreuung und der Dielektrizitätskonstanten in Abhängigkeit von der Wellenlänge (dielektrische Dispersion); schließlich können Gestalt und Abmessung der Eiweißmoleküle in geeigneten Fällen durch Röntgenstrukturanalyse sowie direkt auf elektronenoptischem Wege ermittelt werden.

α) Viscositätsmessungen (s. a. S. 153 u. 163; vgl. [4]). Die *Viscosität* η einer Lösung aus großen kugelförmigen Molekülen in einem Lösungsmittel von der Viscosität η_0, errechnet sich nach der von EINSTEIN abgeleiteten Gleichung

$$\frac{\eta}{\eta_0} - 1 = 2,5 \cdot \psi,$$

[1] SVEDBERG, THE, u. K. O. PEDERSEN: Die Ultrazentrifuge; Theorie, Konstruktion und Ergebnisse. Handb. Kolloidwiss. (Wo. OSTWALD) 7 (1940). The Ultracentrifuge. Oxford 1940. — [2] BERGMANN, M.: J. biol. Ch. **110**, 471 (1935). — BERGMANN, M., and C. NIEMANN: J. biol. Ch. **115**, 77 (1936). Science, N. Y. **83**, 306 (1936). J. biol. Ch. **118**, 301 (1937). Ann. Rev. 7, 110 (1938). — [3] EDSALL, J. T.: Fortschr. chem. Forsch. **1**, 119 (1949). — ONCLEY, J. L.: Science, N. Y. **106**, 509 (1947). — [4] MEYER, K. H., u. H. MARK: Makromolekulare Chemie. 2. Aufl. Leipzig 1950, u. zwar S. 115 u. 129.

wobei ψ der Anteil des Gesamtvolumens ist, der von den gelösten Molekülen beansprucht wird.

Die Größe

$$\frac{1}{\psi}\left(\frac{\eta}{\eta_0} - 1\right) = v$$

wird als *Viscositätsinkrement* bezeichnet. Für kugelförmige Moleküle und niedrige Werte von ψ gilt $v = 2{,}5$.

Die Viscosität von Lösungen nicht sphärischer Moleküle ist immer größer als die, welche sich für sphärische Moleküle gleicher Masse errechnen würde. Für Kettenmoleküle von Polymeren gilt nach STAUDINGER die Gleichung

$$v = K_m \cdot n,$$

wobei K_m eine Konstante und n die Anzahl er monomeren Grundkörper des polymeren Moleküls ist.

Für Rotationsellipsoide sind die Werte von v theoretisch von JEFFERY[1] abgeleitet worden, wobei sich beispielsweise folgende Werte ergeben:

Tabelle 115. Viscositätsinkremente.

Molekülform	Achsenverhältnis $a:b = 1:p$	Viscositätsinkrement v
Langgestreckte Ellipsoide	$\begin{cases} 100{,}00 \\ 10{,}00 \end{cases}$	593,00 13,60
Kugel	1,00	2,50
Flache Ellipsoide	$\begin{cases} 0{,}10 \\ 0{,}01 \end{cases}$	8,04 68,60

So ist z. B. für Zein die Länge der langen Achse zu 322 Å, die der kurzen zu 16 Å errechnet worden[2]. SIGNER[3] hat bei Versuchen zur Feststellung der Länge der Peptidketten in der Seidenfibroinfaser die Länge der Rotationsellipsoidteilchen zu 460 Å, ihre Breite zu 6 Å ermittelt.

Nomogramme, welche die Zusammenhänge zwischen Molekulargewicht, Sedimentationskonstante, Diffusionskonstante, Hydratation, Gestalt, Relaxionszeit und Viscositätsinkrement darzustellen erlauben, wurden von WYMAN und INGALLS entwickelt[4].

In Tabelle 116 sind für einige Eiweißkörper die Werte des Achsenverhältnisses gegenübergestellt, die einerseits aus Diffusionsmessungen, d. h. aus dem Reibungsquotienten f/f_0, andererseits aus Viscositätsmessungen, d. h. aus dem Werte v abgeleitet wurden, und zwar jeweils sowohl unter der Annahme langgestreckter wie flacher Ellipsoide.

Die Hydratation, die bei Errechnung der Werte der obigen Tabelle nicht berücksichtigt ist, erklärt einen Teil der gefundenen Differenzen. (Vgl. hierzu MEHL, ONCLEY und SIMHA, l. c.) Auch ist beim Errechnen der Werte eine völlig regellose Lage der Teilchen vorausgesetzt, was nur für geringe Strömungsgeschwindigkeiten (Geschwindigkeitsgradienten) und bei nicht allzu langen Molekülen zutrifft.

[1] JEFFERY, G. B.: Proc. R. Soc. London (A) **102**, 161 (1922/23). — SIMHA, R.: J. physic. Chem. **44**, 25 (1940). — [2] POLSON, A.: Kolloid-Z. **88**, 51 (1939). — NEURATH, A.: Am. Soc. **61**, 1841 (1939). — [3] SIGNER, R., u. R. STRÄSSLE: Helv. **30**, 155 (1947). — [4] WYMAN, J. jr., and E. N. INGALLS: J. biol. Ch. **147**, 297 (1943).

Tabelle 116. Achsenverhältnis einiger Proteine aus Diffusions-
und Viscositätsmessungen[1].

| Protein | Reibungs-quotient $f{:}f_0$ | Viscositäts-inkrement ν^2 | Achsenverhältnis errechnet für | | | |
| | | | lange Ellipsoide | | flache Ellipsoide | |
			$a{:}b$ aus Diffusion	$a{:}b$ aus Viscosität	$b{:}a$ aus Diffusion	$b{:}a$ aus Viscosität
Pepsin	1,08	5,2	2,5	4,5	2,6	5,8
Hämoglobin	1,16	5,3	3,7	4,6	3,9	6,0
Eieralbumin	1,17	6,7	3,8	5,0	4,0	6,7
Lactoglobulin	1,26	6,0	5,2	5,1	5,7	6,9
Hämocyanin (Octopus)	1,38	9,0	7,2	7,3	8,2	11,4
Serumglobulin	1,41	9,0	7,6	7,3	8,9	11,4
Gliadin	1,60	14,6	10,9	10,5	13,6	21,0
Hämocyanin (Helix) p_H 8,6	1,89	18,0	16,6	12,0	23,9	26,0

Bei sehr langgestreckten Molekülen, z. B. Myosin, Kollagen, Tabakmosaikvirus usw. muß die Orientierung der Teilchen in der Strömung berücksichtigt werden (vgl. PETERLIN[3], EDSALL und MEHL[4]). Über denaturierende Einwirkungen auf die gefundenen Werte siehe unten S. 667.

β) **Strömungsdoppelbrechung.** Zur Theorie der Strömungsdoppelbrechung vgl. WIENER[5], BOEDER[6], PETERLIN[3, 7], EDSALL[8], SNELLMAN und BJORNSTÅHL[9], zur Methodik der Messungen an Proteinen z. B. EDSALL, v. MURALT und SADRON[10], TAYLOR[11], SIGNER[12], NITSCHMANN[13], ROSSET[14], SNELLMAN[9]. Aus Messungen der Strömungsdoppelbrechung ist für das Myosinmolekül eine Länge von 11 600 Å abgeleitet worden[15], für menschliches Fibrinogen von 700 Å, für Zein von 350 Å, für menschliches Serum-γ-globulin von 230 Å und für menschliches Serumalbumin von 190 Å[16], für das Tabakmosaikvirus eine Länge 5800 Å (MEHL[17]). Der letztere Wert ist höher als der mittels des Elektronenmikroskops und aus Röntgenstrukturmessungen für das Virus gewonnene. Im Gegensatz zu vielen Hochpolymeren[18], bei denen es sich um lange, biegsame Molekülketten handelt, sind die meisten Eiweißkörper als relativ starre Strukturen anzusprechen. (Vgl. dazu W. KUHN S. 160.)

γ) **Dielektrische Dispersion der Dielektrizitätskonstanten bei verschiedener Wellenlänge.** Vgl. dazu ONCLEY[19]. Lichtstreuung vgl. S. 639.

[1] Werte nach MEHL, J. W., J. L. ONCLEY and R. SIMHA: Science, N. Y. **92**, 132 (1940). — [2] Werte für ν nach POLSON, A.: Kolloid-Z. **88**, 51 (1939). — [3] PETERLIN, A.: Z. Physik **111**, 232 (1938). Kolloid-Z. **86**, 230 (1939). — [4] EDSALL, J. T., and J. W. MEHL: J. biol. Ch. **133**, 409 (1940). — [5] WIENER, O.: Abh. sächs. Akad. Wiss., math.-physik. Kl. **32**, 507 (1912). — [6] BOEDER, P.: Z. Physik **75**, 258 (1932). — [7] PETERLIN, A., u. H. A. STUART: Z. Physik **112**, 1, 129 (1939). — [8] EDSALL, J. T.: Adv. Colloid Sci. 1, 269 (1942). Fortschr. chem. Forsch. 1, 119 (1949), u. zw. S. 143 ff. — COHN, E. J., and J. T. EDSALL: Proteins, Amino Acids and Peptides as Ions and Dipolar Ions. New York 1943, u. zw. S. 506 ff. — [9] SNELLMAN, O., u. Y. BJORNSTÅHL: Kolloid-Beih. **52**, 403 (1941) — [10] EDSALL, J. T., A. v. MURALT et C. SADRON: J. Physique et Radium (7) **8**, 481 (1937); **9**, 381, 384 (1938). — MEHL, J. W., u. J. T. EDSALL: Vgl. J. T. EDSALL: Fortschr. chem. Forsch. 1, 119 (1949), u. zw. S. 150. — EDSALL, J. T.: Adv. Colloid Sci. 1, 269 (1942). — EDSALL, J. T., C. G. GORDON, J. W. MEHL, H. SCHEINBERG and D. W. MANN: Rev. sci. Instr. **15**, 243 (1944). — [11] TAYLOR, G. I.: Philos. Trans. R. Soc. (A) **223**, 289 (1923). Proc. R. Soc. London (A) **157**, 546, 565 (1936). — [12] SIGNER, R., u. H. GROSS: Z. physik. Chem. (A) **165**, 161 (1933). — [13] SADRON, C.: J. Physique et Radium (7) **7**, 263 (1936). Schweiz. Arch. angew. Wiss. Techn. **3**, 8 (1937). — NITSCHMANN, H., u. H. GUGGISBERG: Helv. **24**, 434, 574 (1941). — [14] ROSSET, A. J. DE: J. chem. Physics **9**, 766 (1941). — [15] MURALT, A., and J. T. EDSALL: J. biol. Ch. **89**, 315, 351 (1930). — [16] EDSALL, J. T.: Fortschr. chem. Forsch. 1, 119 (1949), u. zw. S. 153. — [17] MEHL, J. W.: Cold Spring Harbor Symp. quant. Biol. **6**, 218 (1938). — [18] KUHN, W.: Kolloid-Z. **76**, 258 (1936). — KUHN, W., u. H. KUHN: Helv. **26**, 1394 (1943); **29**, 609, 830 (1946). — [19] ONCLEY, J. L. in: COHN, E. J., and J. T. EDSALL: Proteins, Amino Acids and Peptides as Ions and Dipolar Ions. New York, 1943, u. zw. S. 543 ff. — EDSALL, J. T.: Fortschr. Chem. Forsch. 1, 119 (1949), u. zw. S. 143 ff, S. 155 ff.

e) Ergebnisse über Molekülgestalt und Molekulargewicht. Eine übersichtliche Zusammenfassung der wichtigsten bisher bekanntgewordenen Daten über die Molekülgestalt bei Eiweißkörpern ist in Abb. 63 wiedergegeben.

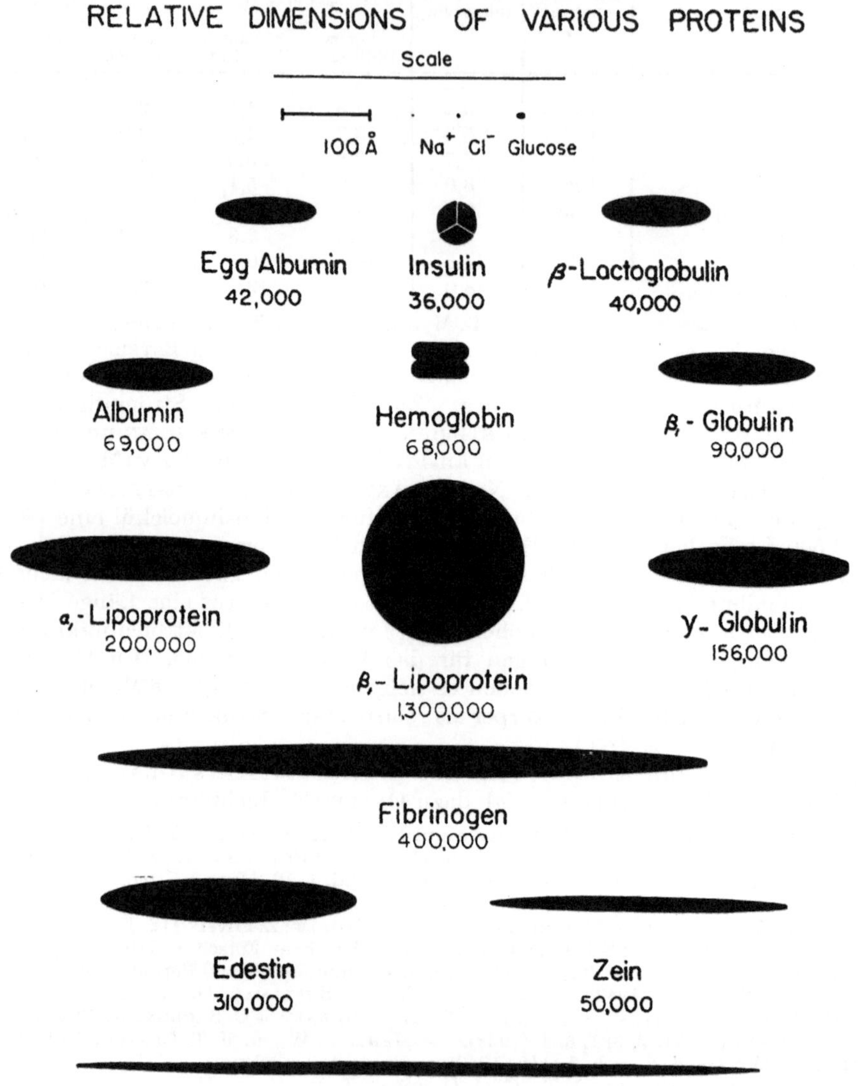

Abb. 63. Molekülgestalt von Proteinen [Nach EDSALL, J. T.: Fortschr. chem. Forsch. 1, 119 (1949), S. 167].

f) Ergebnisse der Röntgenstrukturanalyse[1]. α) Aminosäuren, Peptide und Diketopiperazine. Die Grundlagen für die Röntgenstrukturanalyse von Ei-

---

[1] MEYER, K. H., u. H. MARK: Makromolekulare Chemie. 2. Aufl. Leipzig 1950, u. zwar S. 134ff. — FREY-WYSSLING, A.: Submicroscopic Morphology of Protoplasm and its Derivatives. New York, Amsterdam, London, Brussels 1948. — Vgl. auch KUHN S. 168.

weißkörpern bilden Untersuchungen über das Krystallgitter von Diketopiperazin[1] und einigen einfachen Aminosäuren[2,3]. Nachdem Röntgenstrukturdiagramme an *Peptiden*, wie z. B. Di-, Tri-, Tetra-, Penta-, Hexa- und Heptaglycylglycin, ja sogar an Peptiden mit 18 Aminosäureresten, schon von Lenel[4], Meyer und Go[5] sowie von Bernal[6] erhalten worden waren, sind Hughes und Moore[7] an β-Glycylglycin auf Grund quantitativer Intensitätsmessungen zu gesicherten Aussagen über die Anordnung des Krystallgitters gelangt.

Diketopiperazin ist ein annähernd ebenes Sechseck, mit den in Abb. 64 angegebenen Abständen. Der Abstand zwischen C und O (1,25 Å) und zwischen CO und N (1,33 Å) liegt zwischen den für die Doppelbindung und einfache Bindung charakteristischen, auch der CH_2—N-Abstand (1,41 Å) und der C—C-Abstand (1,47 Å) sind geringer als für einfache Bindungen zu erwarten. Die Abweichungen beruhen auf dem Mesomerieverhältnis (Resonanz) zwischen den beiden Formeln

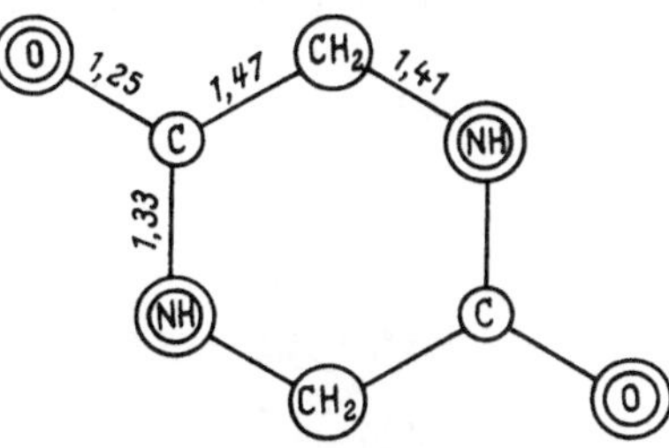

Abb. 64. Diagramm des Diketopiperazinmoleküls. Interatomare Distanzen in Å, Bindungswinkel 120°. [Nach Corey, R. B.: Chem. Rev. 26, 227, 230, Abb. 1 (1940).]

Die einzelnen Diketopiperazinmoleküle sind im Gitter durch Wasserstoffbrücken zwischen der CO-Gruppe des einen zur NH-Gruppe des anderen Ringes verknüpft, wobei der Abstand von N zu O 2,85 Å beträgt. Auch im Molekül von *Glykokoll* und *Alanin* ist der Abstand zwischen N- und α-C-Atom mit 1,39 Å geringer als der normale Abstand zwischen CH_2 und N.

Glycylglycin liegt im Krystallgitter in der gestreckten Anordnung des Zwitterions (vgl. S. 495) vor[7], die Anordnung ist im wesentlichen eben, abgesehen vom endständigen Stickstoffatom, das aus der Molekülebene herausragt. Sowohl der endständige Ammoniakstickstoff wie der Iminostickstoff sind durch Wasserstoffbrücken mit Sauerstoffen benachbarter Moleküle verbunden.

Nach den vorliegenden Messungen ist die in Abb. 65 wiedergegebene Anordnung für eine gestreckte Polypeptidkette die wahrscheinlichste. Die voll ausgestreckte Polypeptidkette ist eben, wobei die Sauerstoffe der CO-Gruppe und der Peptidwasserstoff in der Ebene der Kette gelegen sind. Der variable Rest (R-) der einzelnen Aminosäuren findet sich abwechslungsweise einmal auf der linken Seite und oberhalb der Ebene der Kette, das andere Mal auf der rechten Seite und unterhalb der Ebene der Kette. Bei dem vorgeschlagenen Modell wird ebenso wie im Falle des Diketopiperazins Mesomerie angenommen. Die Länge eines Aminosäurerestes ergibt sich aus dem Modell zu 3,67 Å

[1] Corey, R. B.: Am. Soc. 60, 1598 (1938). — [2] Albrecht, G., and R. B. Corey: Am. Soc. 61, 1087 (1939). — Levy, H. A., and R. B. Corey: Am. Soc. 63, 2095 (1941). — [3] Corey, R. B.: Adv. Protein Chem. 4, 385 (1948). — [4] Lenel, F. V.: Naturwiss. 19, 19 (1931). Z. Kristallogr. 81, 224 (1932). — [5] Meyer, K. H., u. Y. Go: Helv. 17, 1488 (1934). — [6] Bernal, J. D.: Z. Kristallogr. 78, 363 (1931). — [7] Hughes, E. W., and W. J. Moore: Am. Soc. 64, 2236 (1942).

(vgl. auch Abb. 67). Röntgenstrukturanalyse synthetischer hochpolymerer Peptide vgl. [1]; s. auch S. 673.

Die an Eiweißkörpern gewonnenen Daten der Röntgenstrukturanalyse zerfallen in 2 Gruppen, die einerseits die krystallisierten sog. Sphäroproteine, andererseits die Faserproteine umfassen.

β) Sphäroproteine[2]. Proteinkrystalle geben sehr reichhaltige und scharfe Röntgendiagramme, vorausgesetzt, daß bei der Präparations- und Aufnahmetechnik Denaturierungen vermieden werden; zur Technik vgl. BERNAL und CROWFOOT[3]. Für eine größere Zahl von krystallisierten Eiweißkörpern sind Krystallklasse und Form der Elementarzelle ermittelt worden[4]. Aus dem Volumen der Elementarzelle V (in Å^3 = 10^{-24} cm^3) und der Dichte d errechnet sich das Molekulargewicht zu

$$M = \frac{V \cdot d}{n} \cdot (6{,}022 \cdot 10^{23}) \cdot 10^{-24} = \frac{V \cdot d}{1{,}66\, n}.$$

Hierbei ist n eine kleine ganze Zahl, die angibt, wie viele Moleküle in der Elementarzelle enthalten sind. Der Wert von n kann leicht festgelegt werden, wenn die ungefähre Größe des Molekulargewichts aus anderen Daten bekannt ist (vgl. S. 640 u. 646). Man erhält nach diesem Verfahren das Molekulargewicht des hydratisierten Eiweißkörpers. In Tabelle 117 (nach FANKUCHEN[4] vgl. dazu auch die etwas abweichenden Werte bei PERUTZ[2]) sind einige Ergebnisse derartiger Messungen wiedergegeben. Sie zeigen im ganzen eine befriedigende Übereinstimmung mit den auf anderen Wegen gewonnenen Ergebnissen über Gestalt und Größe des Moleküls.

Auch gewisse kleine Abstände können mit großer Schärfe aus den Röntgenaufnahmen krystallisierter Proteine entnommen werden, was auf einen sehr strengen Ordnungsgrad bis herunter zu den kleinsten Einheiten hinweist. So findet man im Hämoglobin, Lactoglobulin, Chymotrypsin und Insulin Abstände von nur 2 Å. Bei Verwendung getrockneter Krystalle verschwinden diese Abstände[5].

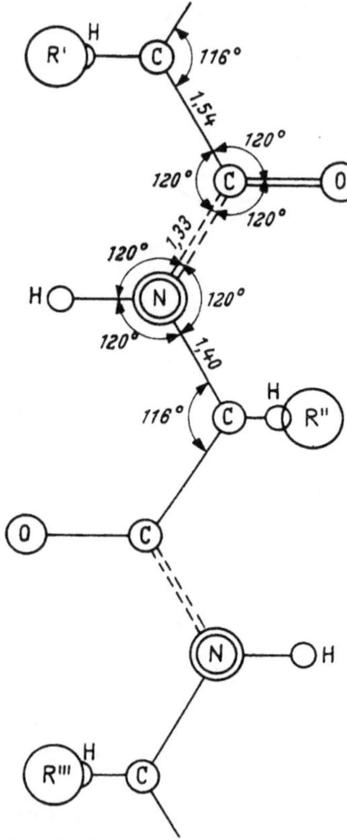

Abb. 65. Diagrammdarstellung einer vollständig gestreckten Polypeptidkette, fußend auf den interatomaren Distanzen und Bindungswinkeln, die in Diketopiperazin- und Glycinkrystallen gefunden wurden. Die gestrichelten Doppellinien stellen Resonanzbindungen zwischen dem Ketokohlenstoff- und Stickstoffatom dar. Maße in Å. [Nach COREY, R. B.: Chem. Rev. 26, 227, S. 233, Abb. 4 (1940).]

Durch Aufnahme von Interferenzen in charakteristischer Weise verändert werden. So hat PERUTZ (l. c.) beim Methämoglobin festgestellt, daß die a- und b-Achsen des monoklinen Raumgitters unverändert bleiben, während die c-Achse und der monokline Winkel β sich diskontinuierlich mit dem Hydratationsgrad verändern. Es wird

[1] AMBROSE, E. J., and W. E. HANBY: Nature 163, 483 (1949). — AMBROSE, E. J., A. ELLIOTT and R. B. TEMPLE: Nature 163, 859 (1949). — ELLIOTT, A., and E. J. AMBROSE: Nature 165, 921 (1950). — BAMFORD, C. H., W. E. HANBY and F. HAPPEY: Nature 164, 138 (1949). — ASTBURY, W. T.: Nature 164, 439 (1949). — [2] PERUTZ, M. F.: Research 2, 53 (1949). — MEYER, K. H., u. H. MARK: Makromolekulare Chemie. 2. Aufl. Leipzig 1950, u. zwar S. 711ff. — [3] BERNAL, I. D., and D. CROWFOOT: Nature 133, 794 (1934). — [4] FANKUCHEN, J.: Adv. Protein Chem. 2, 387 (1945). — NOWACKI, W.: Schweiz. Chem. Ztg. 27, 203 (1944). — CROWFOOT, D.: Chem. Rev. 28, 215 (1941). — [5] FANKUCHEN, I.: Adv. Protein Chem. 2, 387 (1946).

angenommen, daß zwischen die Eiweißschichten des Krystallgitters sich Lagen von Krystallwasser von unterschiedlicher, aber definierter Dicke einlagern. Ähnliche Erscheinungen kennt man bei gewissen Tonmineralien[1].

Nach KRATKY und SEKORA[2] kann die zur Erforschung der Faserproteine so wichtig gewordene Messung der Kleinwinkelinterferenzen im Bereich der Sphäroproteine zur Bestimmung von Form und Größe von Eiweißmolekülen benutzt werden. An Chymotrypsin durchgeführte Messungen des Moleküldurchmessers führten zu Ergebnissen, die mit den auf anderem Wege gewonnenen in guter Übereinstimmung stehen. Obwohl von verschiedenen Proteinen (z. B. β-Lactoglobulin, Insulin, Methämoglobin) gut gesicherte Pattersondiagramme vorliegen, kann doch höchstens beim Insulin und beim Hämoglobin die Struktur als einigermaßen gesichert gelten (vgl. S. 672ff). Die speziellen Vorstellungen von D. M. WRINCH[3], die 6gliedrige kondensierte Ringsysteme als wesentliches

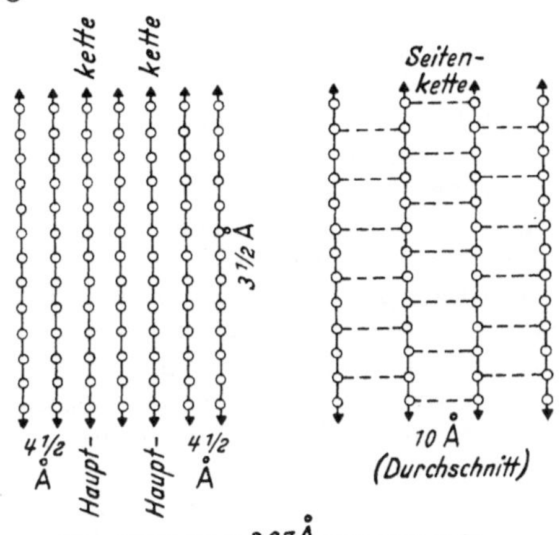

Abb. 66. Diagrammschema der Struktur von β-Keratin (gestreckte Wolle, Haar usw.). o = Aminosäurerest. a Aufsicht auf einen gestreckten Polypeptidkettenrost. b Sicht parallel zu den Seitenketten, die nebeneinander liegen und einen submikroskopischen Krystalliten bilden. Die β-Konfiguration kann durch Faltung der Hauptketten ungefähr senkrecht zur Papierebene entstanden gedacht werden. (Nach ASTBURY, W. T., and R. LOMAX: Soc. 1935, 847.)

Tabelle 117. Ergebnisse der Röntgenstrukturanalyse an Proteinen.

Protein	a Å	b Å	c Å	β	Volumen der Elementarzelle Å³	n	Volumen je Mol (V) Å³	Dichte d	Mol.-Gew. mit Kryst. Wasser	Korrigiertes Mol.-Gew. ohne Kryst. Wasser	Raumgruppe
Insulin*	130,0	74,8	30,9	90	298000	6	50000	1,32	39500	37400	R 3
Insulin	44,4	—	—	114	50000	1	50000	1,32	39700	37400	—
Ribonuclease	36,6	40,5	52,3	90	77300	4	19300	1,34	15700	13700	P 2₁
Lactoglobulin**	60,0	63,0	110,0	90	416000	8	52000	1,27	40000	35400*	P 2₁2₁2₁***
Chymotrypsin	49,6	67,8	66,5	102	219000	2	109000	1,28	42000	—	P 2₁
Methämoglobin (Pferd)****	102,0	51,0	47,0	130	188000	2	94000	1,27	72000	66700	C 2
Excelsin	149,0	86,0	208,0	90	2670000	6	454000	1,31	350000	305800	R 3

* Die Werte der ersten Zeile beziehen sich auf eine hexagonale, die der zweiten auf eine rhomboedrische Elementarzelle. Vgl. FANKUCHEN, Fußnote [5] S. 652 sowie PERUTZ, Fußnote [2] S. 652.

** Vgl. dazu auch SENTI, F. R., and R. C. WARNER: Am. Soc. 70, 3318 (1948).

*** Blättchenform.

**** BOYES-WATSON, J., E. DAVIDSON and M. F. PERUTZ: Proc. R. Soc. London A 191, 83 (1947). — PERUTZ, M. F.: Trans. Faraday Soc. (B) 42, 187 (1946).

[1] HOFMANN, U.: Angew. Chem. 55, 283 (1942). — HOFMANN, U., u. A. HAUSDORF: Kolloid-Z. 110, 1 (1945). — [2] KRATKY, O., u. A. SEKORA: Naturwiss. 31, 46 (1943). — Vgl. auch KRATKY, O.: Mh. Chem. 77, 224 (1947). J. polymer. Sci. 3, 195 (1948). — [3] WRINCH, D. M.: Nature 137, 411; 138, 241 (1936); 139, 972 (1937); 142, 955 (1939); 150, 270 (1942). Proc. R. Soc. London (A) 160, 59; 161, 505 (1937). Philos. Mag. (7) 24, 940 (1937); 31, 177 (1941). — WRINCH, D. M., and I. LANGMUIR: Am. Soc. 60, 2247 (1938). — BOOTH, A. D., and D. M. WRINCH: J. chem. Physics 14, 503 (1946); 15, 416 (1947). — WRINCH, D. M.: Science, N. Y. 106, 73 (1947); 107, 445 (1948). Am. Soc. 63, 330 (1941). Nature 157, 226 (1946). Philos. Mag. (7) 38, 373 (1947). — WRINCH, D. M., and D. JORDAN LLOYD: Nature 138, 758 (1936). — ASTBURY, W. T., and D. M. WRINCH: Nature 139, 798 (1937). — LANGMUIR, I., and D. M. WRINCH: Nature 142, 581 (1938). Acta crystallogr, Cambridge 3, 76 (1950).

Bauelement annimmt, haben bisher keine allgemeine Anerkennung gefunden[1]. Es bleibt abzuwarten, wieweit andere Vorschläge, so z. B. die von HUGGINS[2], JORDAN[3] und SCHEIBE[4], sich bewähren werden.

γ) Virusproteine. Nach Untersuchungen von BERNAL und FANKUCHEN[5] liegt im Tabakmosaikvirus eine rhomboedrische Elementarzelle mit einer Kantenlänge von 87 Å und einer Höhe von 68 Å vor, woraus sich für die Elementarzelle ein Molekulargewicht von 370000 berechnet. Drei solcher Elementarzellen sollen zu einem hexagonalen Scheibchen vereinigt sein, so daß sich ein Durchmesser des Virus von 150 Å ergibt. Durch Aufeinanderlegung einer größeren Anzahl von Elementarscheiben ergibt sich eine stäbchenförmige Gestalt des Virus, dessen Länge nach SCHRAMM[6] 2500 Å beträgt (s. S. 679 ff.).

δ) Faserproteine. Ebenso wie in der Cellulosefaser, liegen auch in den Eiweißfasern wie Seide, Wolle, Kollagen, Muskelfaser usw., regelmäßige Krystallite vor, deren Bau der Aufklärung durch die Röntgenstrukturanalyse zugänglich ist. Für die Bildung regelmäßiger Faserkrystallite ist Voraussetzung, daß die Anordnung der Aminosäuren in den Polypeptidketten eine periodisch geordnete ist. Die Polypeptidketten sind dabei wohl immer, sei es in gestrecktem Zustand, sei es gewinkelt oder verdreht, in der Faserachse orientiert. Der Zusammenhalt der parallel gelagerten Polypeptidketten wird zunächst durch die variablen Reste der Aminosäuren, das sind die Seitenketten der Polypeptidkette, vermittelt, wobei die Bindung einerseits durch elektrostatische Anziehung zwischen positiv und negativ ionisierten Gruppen der Diamino- bzw. Dicarbonsäuren, andererseits durch die Disulfidgruppe des Cystins und schließlich wahrscheinlich auch durch Wasserstoffbrücken über die Amidgruppen der Asparaginsäure und Glutaminsäure vermittelt werden kann (vgl. S. 615 ff.). Auf diese Weise kann man sich zunächst eine zweidimensionale Zusammenfügung von Polypeptidketten, die als „Gitterrost (greed)" bezeichnet wird, entstanden denken.

Die Gitterroste denkt man sich zum dreidimensionalen Gitter der Faserproteine zusammengehalten durch Wasserstoffbrücken zwischen den einzelnen CONH-Gruppen der einzelnen Polypeptidketten. Die durch diese Wasserstoffbrücken bestimmte Ebene des Krystallits, die zur Ebene der Gitterroste meist annähernd senkrecht liegt, wird als „Backbone"-(Rückgrat-)Ebene (Ebene AC in Abb. 67) bezeichnet (vgl. dazu auch [7]).

Bei den Faserproteinen unterscheidet ASTBURY 2 Gruppen mit verschiedenartigem Strukturtypus, die Keratin-Myosin-Gruppe und die Kollagengruppe Vgl. dagegen [8].

Von der Keratin-Myosin-Gruppe ist am längsten und ausführlich das *Seidenfibroin* untersucht[9]. Es zeigt in der Faserachse eine deutliche Interferenz entsprechend 7,0 Å, entsprechend einer Länge von 2 Aminosäuren (Abb. 65 u. 67).

[1] BRAGG, W. L.: Nature **143**, 73 (1939). — BERNAL, I. B.: Nature **143**, 74 (1939). — ROBERTSON, J. M.: Nature **143**, 75 (1939). — BERNAL, I. B., J. FANKUCHEN and D. RILEY: Nature **143**, 897 (1939). — PAULING, L., and C. NIEMANN: Am. Soc. **61**, 1860 (1939). Vgl. dagegen WRINCH, D. M.: Am. Soc. **63**, 330 (1941). NEURATH, H.: J. physic. Chem. **44**, 296 (1940). — [2] HUGGINS, M. L.: J. chem. Physics 8, 598 (1940). — Vgl. dazu die Übersichten ASTBURY, W. T.: Soc. **1942**, 337. — HUGGINS, M. L.: Ann. Rev. 11, 27 (1942). — JORDAN, P.: Eiweißmoleküle. Stuttgart 1947. — HUGGINS, M. L.: Nature **139**, 550 (1937). J. org. Chem. **1**, 407 (1936). — [3] JORDAN, P.: Eiweißmoleküle. Stuttgart 1947. — [4] SCHEIBE, G. in: Zwischenmolekulare Kräfte. Hrsg. FRIEDRICH-FREKSA, H., B. RAJEWSKY u. M. SCHÖN. Karlsruhe 1949, S. 116. — [5] BERNAL, J. D., and I. FANKUCHEN: J. gen. Physiol. **25**, 111, 147 (1941). — [6] SCHRAMM, G., u. G. BERGOLD: Z. Naturforsch. **2** b, 108 (1947). — [7] NOWOTNY, H., u. H. ZAHN: Z. physik. Chem. (B) **51**, 265 (1942). (A) **192**, 333 (1943). — [8] MEYER, K. H.: Nature **164**, 34 (1949). — [9] BRILL, R.: A. **434**, 204 (1923). Z. physik. Chem. (B) **53**, 61 (1942). — HERZOG, R. O., u. W. JANCKE: B. **53**, 2162 (1920). — MEYER, K. H., u. K. MARK: Der Aufbau der hochpolymeren Naturstoffe. Leipzig 1930. Makromolekulare Chemie. 2. Aufl. Leipzig 1950, u. zwar S. 601 ff. B. **61**, 1932 (1928). — TROGUS, C., u. K. HESS: B. Z. **260**, 376 (1933). — KRATKY, O., u. S. KURIYAMA: Z. physik. Chem. (B) 11, 363 (1930).

Die chemische Zusammensetzung des Seidenfibroins läßt eine Wiederkehr zweizähliger und vielleicht größerer Perioden von 16 Aminosäuren vermuten (vgl. S. 596). Senkrecht zur Faserachse findet man bei Seidenfibroin, wie bei allen Faserproteinen, einen besonders deutlichen Reflex, entsprechend einem Abstand von 4,3 bis 4,6 Å, der durch die Wasserstoffbrücken bedingt ist, welche die Polypeptidketten in der Backbone-Ebene untereinander zusammenhalten. Die hohe Stabilität der Wasserstoffbindung bei derartigen Proteinen dürfte auf Resonanz zwischen den beiden mesomeren Zustandsformen (vgl. Formel S. 616), zurück-

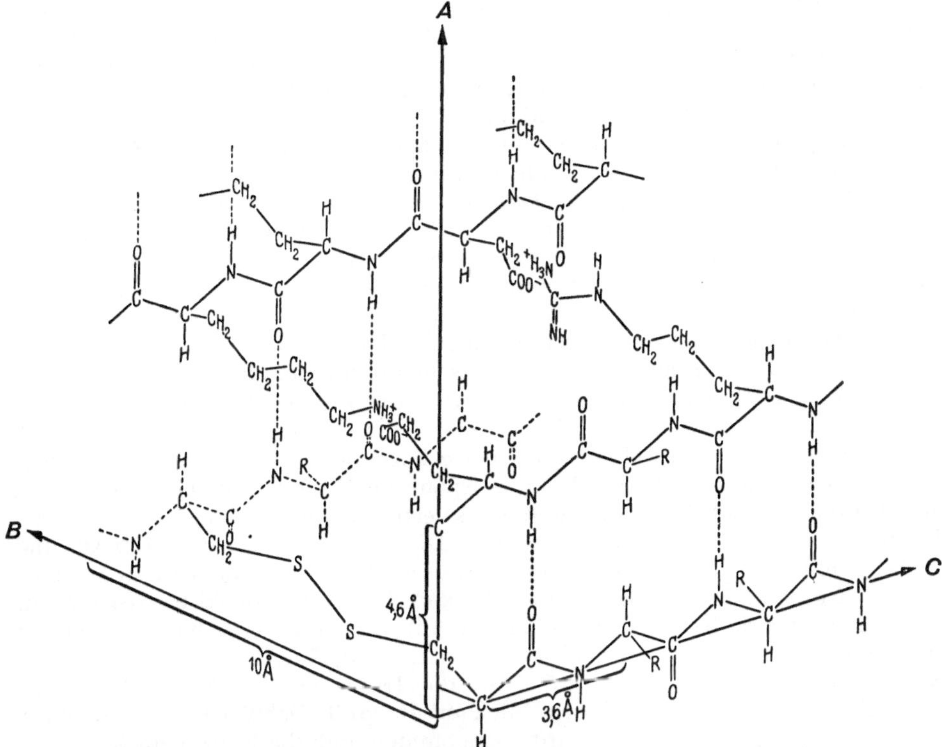

Abb. 67. Schema des dreidimensionalen Gitteraufbaues aus gestreckten Polypeptidketten.
Erläuterungen im Text.

zuführen sein[1] (vgl. auch S. 590 und 673ff.). Der Kettenabstand in der Ebene der Gitterroste ist beim Seidenfibroin mit 9,68 Å der gleiche wie bei anderen Proteinen. Nach MEYER und MARK[2] ist im Seidenfibroin eine monokline Elementarzelle mit folgenden Daten anzunehmen: $a = 9{,}68$ Å, $b = 7{,}0$ Å, $c = 8{,}8$ Å, $\alpha = 75°50'$. Das Auftreten von zwei weiteren Modifikationen beschreibt KRATKY[3].

*Keratin*fasern wie Haar, Horn und Wolle, zeigen Röntgendiagramme, die von denen der Seide wesentlich verschieden sind, mit einem Hauptreflex entsprechend 5,1 Å. Im Gegensatz zu Seide und zu Kollagen (s. unten) kann aber dieses sog. α-Keratin in der Hitze und in feuchtem Zustand auf etwa das Doppelte seiner Länge gedehnt werden, wobei das Röntgendiagramm einer völlig verschiedenen Keratinmodifikation (β-Keratin) erscheint[4]. β-Keratin zeigt in der Faserachse einen starken Reflex entsprechend 3,4 Å, welcher der Länge einer Aminosäure in

[1] HUGGINS, M. L.: Chem. Rev. **32**, 195 (1943). — [2] MEYER, K. H., u. K. MARK: B. **61**, 1932 (1928). Vgl. auch MEYER, K. H., M. FULD u. M. KLEMM: Helv. **23**, 1441 (1940). — [3] KRATKY, O., E. SCHAUENSTEIN u. A. SEKORA: Nature **165**, 319, 527 (1950). — [4] ASTBURY, W. T., and R. STREET: Philos. Trans. R. Soc. London (A) **230**, 75 (1931). — ASTBURX, W. T., and H. J. WOODS: Philos. Trans. R. Soc. London (A) **232**, 333 (1933/34).

der annähernd gestreckten Polypeptidkette entspricht. Senkrecht zur Faserachse und senkrecht zueinander finden sich im β-Keratin zwei weitere Abstände von 4,65 und von etwa 10 Å; der eine ist auf die Wasserstoffbrücken in der Backbone-Ebene, der andere auf den Seitenkettenabstand im Gitterrost[1] zu beziehen. Im Gegensatz zu den Abständen in der Faserachse und dem Backbone-Abstand von 4,6 Å wird der Seitenkettenabstand durch Quellung verändert, er beträgt etwa 9,6 Å im trockenen Protein und wird durch Quellung auf 10,8 Å und mehr vergrößert[2]. Im Keratin der Federn liegt die β-Modifikation schon im natürlichen Zustand vor[3].

Die α- und die β-Modifikation der Keratine können reversibel ineinander übergeführt werden. Die Polypeptidkette wird dabei offensichtlich nicht verändert, auch der Seitenkettenabstand bleibt erhalten. Es handelt sich um eine gesetzmäßige Faltung der Ketten und die dabei resultierenden Perioden von 5,1 Å, in der Hauptachse des α-Keratins, entsprechen der Länge von drei[4] bzw. von zwei[5] Aminosäureresten in gefaltetem Zustand. Vgl. hierzu S. 673 sowie Abb. 77. Bezüglich der Einzelheiten der Faltung sind von ASTBURY[6] und anderen Autoren[3, 5, 7] Vorstellungen entwickelt worden, von denen indessen noch keine als endgültig gesichert angesehen werden darf. Wenn Keratin in Dampf oder verdünntem Alkali gedehnt und sofort entspannt wird, zieht es sich häufig auf etwa $^2/_3$ der Länge im ungedehnten Zustand zusammen. Diese sog. *„Superkontraktion"* beruht auf einer noch weiter gehenden Faltung der Ketten, wahrscheinlich wegen der Lösung der Bindungen zwischen den Seitenketten[8].

Fasern von isoliertem *Myosin* geben Röntgendiagramme, die denen des Muskels außerordentlich ähnlich sind[9] und weitgehende Analogien zum Keratin zeigen[10]. Ähnlich wie Keratin kann Myosin in einer α-Form, einer β-Form und einer überkontraktierten erhalten werden[11]; im entspannten Muskel liegt die α-Form vor, im kontraktierten Muskel die superkontraktierte. Besonders scharf ausgebildete, allerdings nicht leicht reproduzierbare Diagramme sind von LOTMAR und PICKEN[12] mit dem Schließmuskel von Mytilus edulis bei besonderer Präparierung erhalten worden. Nach LOTMAR und PICKEN liegt ein monoklines Gitter mit zweizähliger Schraubenachse (Raumgitter C_2^2) vor; folgende Abmessungen der Elementarzelle werden angegeben: $a = 11{,}70$ Å, $b = 5{,}65$ Å, $c = 9{,}85$ Å, $\beta = 73°30'$. Der Backbone-Abstand beträgt 5,85 Å, die Länge einer Aminosäure in der Faserachsenrichtung 2,82 Å. Im Hinblick auf die große Dehnbarkeit des Muskels, die bis zu 100% betragen kann, wird angenommen, daß die Ketten stark gefaltet sind. Auch *Fibrin*, für das schon von KATZ und DE ROOY Querabstände von 4,5 und 11 Å ermittelt wurden, zeigt bei entsprechender Orientierung Röntgendiagramme vom Typus des α-Keratins[13].

---

[1] ASTBURY, W. T., and W. A. SISSON: Proc. R. Soc. London (A) **150**, 533 (1935). — [2] ASTBURY, W. T., and R. LOMAX: Soc. **1935**, 846. — [3] ASTBURY, W. T., and T. C. MARWIK: Nature **130**, 309 (1932). — [4] ASTBURY, W. T., and F. O. BELL: Nature **145**, 421 (1941). — ASTBURY, W. T.: Nature **164**, 439 (1949). — DARMON, S. E., and G. B. M. SUTHERLAND: Nature **164**, 440 (1949). — [5] LOTMAR, W., u. L. E. R. PICKEN: Helv. **25**, 538 (1942). — HUGGINS, M. L.: Ann. Rev. **11**, 27 (1942). Chem. Rev. **32**, 135 (1943). — ZAHN, H.: Z. Naturforsch. **2**b, 104, 286 (1947). — AMBROSE, E. J., u. Mitarb.: s. Fußnote[1] S. 652. — [6] ASTBURY, W. T.: Cold Spring Harbor Symp. quant. Biol. **2**, 15 (1934). Kolloid-Z. **69**, 340 (1934). Trans. Faraday Soc. **34**, 377 (1938). — Siehe dagegen NEURATH, H.: J. physic. Chem. **44**, 296 (1940). — ASTBURY, W. T., and F. O. BELL: Nature **147**, 696 (1941). — [7] BEAR, R. S.: Am. Soc. **66**, 2043 (1944). — BULL, H. B., and M. GUTMAN: Am. Soc. **66**, 1253 (1944). — ZAHN, H.: KOLLOID-Z. **111**, 96 (1948). — [8] ASTBURY, W. T., and H. J. WOODS: Philos. Trans. R. Soc. London (A) **232**, 333 (1933/34). — [9] BOEHM, G., u. H. H. WEBER: Kolloid-Z. **61**, 269 (1932). — [10] ASTBURY, W. T., and S. DICKINSON: Nature **135**, 95, 765 (1935); **137**, 909 (1936). Proc. R. Soc. London (B) **129**, 307 (1940). — ASTBURY, W. T.: Nature **147**, 696 (1941). — [11] BOEHM, G., u. K. F. SCHOTZKY: Naturwiss. **18**, 282 (1930). — [12] LOTMAR, W., u. L. E. R. PICKEN: Helv. **25**, 538 (1942). — [13] KATZ, J. R., u. A. DE ROOY: Naturwiss. **21**, 559 (1933). — BAILEY, K., W. T. ASTBURY and K. M. RUDALL: Nature **151**, 716 (1943).

Das Faserdiagramm von *Kollagen* zeigt einen sehr starken Meridionalreflex, entsprechend einer Periode von 2,86 Å in der Faserachse, sowie einen deutlichen Äquatorialreflex entsprechend etwa 11 Å und einen sehr diffusen Reflex entsprechend etwa 4,4 Å. Der Abstand von 2,86 Å in der Längsrichtung ist der Länge einer Aminosäure, der Abstand von 4,4 Å wiederum den Wasserstoffbrücken in der Backbone-Ebene zuzuschreiben. Der meridionale Abstand von etwa 11 Å entspricht, wie bei den anderen Faserproteinen, der Länge der Seitenketten im Gitterrost. Er ist, wie beim Keratin, vom Quellungsgrad abhängig und beträgt

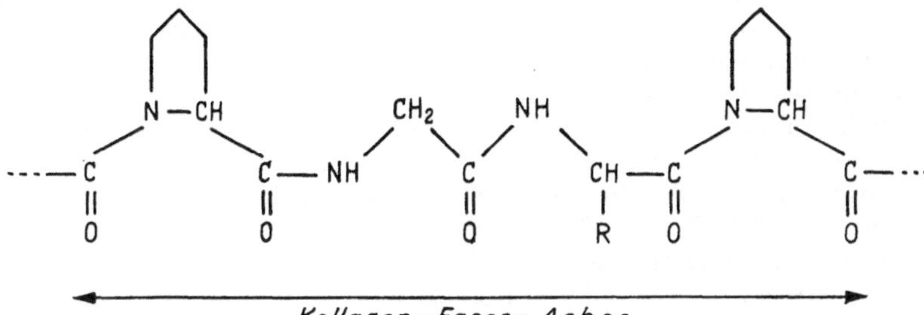

Abb. 68. Einbau des Prolinrestes in die Aminosäurekette des Kollagens. [Nach ASTBURY, W. T.: J. int. Soc. Leather Trades Chem. 24, 69 (1940).]

bei völlig trockenen Fasern 10,4 Å, bei stark gequollenen aber 15 bis 17 Å. Der Abstand von 2,86 Å liegt erheblich unter dem Wert für einen gestreckten Aminosäurerest (3,6 Å), was nicht unbedingt auf eine Faltung der Kette, sondern nach CLARK und SCHAAD[1], GRASSMANN[2] und ASTBURY[3] wohl eher darauf zurückzuführen ist, daß durch die Anwesenheit der Prolinringe die freie Dehnbarkeit

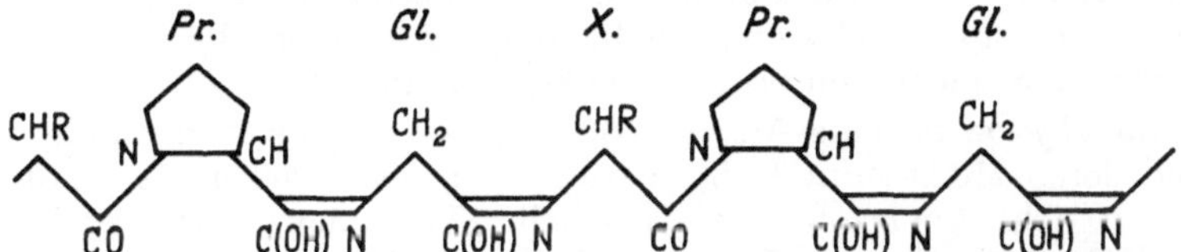

Abb. 69. Einbau des Prolinrestes in die Aminosäurekette des Kollagens (GRASSMANN, W., und S. GRÜNLER 1939). (Nach GRASSMANN, W., u. J. TRUPKE: In Handb. Gerbereichem. Lederfabrik. Bd. I/1, S. 438, Abb. 237. 1944.)

der Kette aufgehoben und eine cis-Anordnung erzwungen wird (Abb. 68, 69). Das von ASTBURY auf dieser Grundlage vorgeschlagene spezielle Anordnungsschema, bei dem Glykokoll, Prolin und Oxyprolin auf *einer* Seite der Hauptkette, alle übrigen Seitenketten auf der anderen gelegen sind, ist von HUGGINS[4] kritisiert worden, der statt dessen eine spiralig gewundene Kette annimmt.

Aus röntgenoptischen Daten der beschriebenen Art können meist nur allgemeine Aussagen über Form und gegenseitige räumliche Lage der Polypeptidketten in den Faserkrystalliten gewonnen werden. Wesentlich weiter gehende Aufschlüsse über den Bauplan der Proteinmoleküle lassen die erst in neuerer Zeit aufgefundenen und einwandfrei ermittelten sog. „großen Identitätsperioden" der Faserproteine erwarten. Ihre Bestimmung ist experimentell schwierig, weil die zu ihnen gehörenden Reflexe erster Ordnung nur einen sehr kleinen Winkel mit dem Primärstrahl bilden und in den Aufnahmen unmittelbar beim Primärstrahl

[1] CLARK, G. L., E. A. PARKER, J. A. SCHAAD and W. J. WARREN: Am. Soc. 57, 1509 (1935). — CLARK, G. L., and J. A. SCHAAD: Radiology 27, 339 (1936). — [2] GRASSMANN, W.: Vorbericht zum Internationalen Gerbereichem. Kongreß London, August 1939. — [3] ASTBURY, W. T.: J. int. Soc. Leather Trades Chem. 24, 69 (1940). — [4] HUGGINS, M. L.: Chem. Rev. 32, 195 (1943).

gelegen sind. Die großen Identitätsperioden dürften auf die periodische Wiederkehr bestimmter Aminosäureanordnungen in größeren Abständen innerhalb der Polypeptidkette zurückzuführen sein. Die größte experimentell gefundene Identitätsperiode wird im allgemeinen der Länge des Proteinmoleküls in der Faser gleichgesetzt.

Beim *Kollagen* sind lange Identitätsperioden beschrieben worden durch CLARK und Mitarbeiter[1], durch WYCKOFF, COREY und BISCOE[2], in der Folge ausführlicher durch ASTBURY[3], BEAR[4] und vor allem KRATKY und SEKORA[5]. Die Länge der Kollagenkette ist von ASTBURY zunächst mit 838 Å, entsprechend 288 Aminosäuren, angenommen worden; später haben BEAR und KRATKY mit Sicherheit einen Wert von 640 bzw. 642 Å ermittelt, der auch von ASTBURY anerkannt wurde; er entspricht der auch elektronenoptisch gefundenen Periode (s. u.). Grundsätzlich könnten die meisten der gefundenen Reflexe als Reflexe höherer Ordnungen des Abstandes von 640 Å aufgefaßt werden; dem widerspricht aber ihre Intensität. Man muß daher annehmen, daß die gefundenen starken Reflexe, beispielsweise bei 321, 214,5, 160,5, 128,3, 107,8 Å gewisse ausgezeichnete Abstände innerhalb der Kollagenkette wiedergeben. Möglicherweise ist die Gesamtlänge (642 Å) 216 = 24 · 3 · 3 Aminosäuren gleichzusetzen, wobei Unterteilungen dieser Hauptperiode nach Sechsteln, Achteln und Neunteln besonders deutlich hervortreten. Die aus der chemischen Analyse des Kollagens abgeleiteten Vorstellungen (s. S. 597 u. 724ff.; vgl. dazu GRASSMANN und TRUPKE[6], SCHNEIDER[7]) sowie die elektronenoptischen Befunde von SCHMITT und Mitarbeitern (s. unten) scheinen mit diesen Ergebnissen vereinbar zu sein. Der Befund von BEAR[8], wonach die langen, nicht aber die kurzen Perioden, durch chemische und physikalische Einwirkungen (Quellung, Gerbung, Kontraktion usw.) verändert werden, bringt jedoch erhebliche Unsicherheiten in diese Deutung und ist im Sinne der Korpuskulartheorie der Faserproteine (s. u.) verwertet worden.

Keratin von Stachelschweinstacheln zeigt eine lange Periode von 198 Å, Federkeratin eine solche von 95 Å (BEAR[9]); vgl. auch [10].

Auch im *Myosin* ist eine Anzahl von langen Perioden aufgefunden worden, auf Grund deren McARTHUR[10] eine Periode von 658 Å vermutete. Mit Muskelfibrillen des Schließmuskels von Muscheln (Veneriden, Myiden, Anodonten) erhielt BEAR[11] Reflexe einer Längenperiode von 720 Å, wobei die 5. Ordnung (144 Å) besonders scharf hervortritt. Die gemessene Identitätsperiode ist das Doppelte der elektronenmikroskopisch gefundenen Periode von 360 Å.

Auch quer zur Faserrichtung sind derartige lange Perioden gefunden worden: Federkeratin (115 Å)[12], Haarkeratin (80—90 Å)[13], bei der Muskelfaser (33, 42, 66 Å)[14], bei Seidenfibroin (45 Å)[13, 15], nicht dagegen beim Kollagen[16]. Die Annahme, daß derartige Identitätsperioden der Dicke der Fibrillen entsprechen, erscheint wahrscheinlich; möglich ist auch, daß sie auf die periodische Wiederkehr bestimmter Anordnungen quer zur Faserachse innerhalb der Krystallgitter zurückzuführen sind.

---

[1] CLARK, G. L., E. A. PARKER, J. A. SCHAAD and W. J. WARREN: Am. Soc. **57**, 1509 (1935). — [2] WYCKOFF, R. W. G., R. B. COREY and J. BISCOE: Science, N. Y. **82**, 175 (1935). — [3] ASTBURY, W. T.: J. int. Soc. Leather Trades Chem. **24**, 69 (1940). — [4] BEAR, R. S.: Am. Soc. **64**, 727 (1942). — [5] KRATKY, O., u. A. SEKORA: J. makromol. Chem. **1**, 113 (1943). — [6] GRASSMANN, W., u. J. TRUPKE: Handb. Gerbereichem. u. Lederfabrik. (BERGMANN-GRASSMANN) 1/1, 359 (1944). — [7] SCHNEIDER, F.: s. Angew. Chem. **61**, 259 (1949). — [8] BEAR, R. S.: Am. Soc. **66**, 1297 (1944). — WRIGHT, B. A.: Nature **162**, 23 (1948). — [9] BEAR, R. S.: Am. Soc. **65**, 1784 (1943). — [10] McARTHUR, I.: Nature **152**, 38 (1943). — [11] BEAR, R. S.: Adv. Protein Chem. **1**, 60 (1944). — [12] COREY, W. B., and R. W. G. WYCKOFF: J. biol. Ch. **114**, 407 (1936). — ASTBURY, W. T., and T. C. MARWIK: Nature **130**, 309 (1932). — [13] Vgl. z. B. ZAHN, H., u. K. KOHLER: Z. Naturforsch. **5b**, 137 (1950). — [14] KRATKY, O., A. SEKORA u. H. H. WEBER: Naturwiss. **31**, 91 (1943). — [15] KRATKY, O., E. SCHAUENSTEIN u. A. SEKORA: Nature **165**, 527 (1950). — [16] BOLDUAN, O. E. A., and R. S. BEAR: J. polymer. Sci. **5**, 159 (1950).

g) Elektronenmikroskopische Ergebnisse[1]. α) **Faserproteine.** Neue und sehr grundsätzliche Ergebnisse über den Aufbau von Eiweißfasern haben sich aus elektronenmikroskopischen Untersuchungen ergeben.

Unabhängig und ungefähr gleichzeitig ist in USA[2], und in Deutschland[3] eine rhythmische Querstreifung der Kollagenfibrillen gefunden worden, die durch eine regelmäßige Aufeinanderfolge elektronenoptisch dichterer und durchsich-

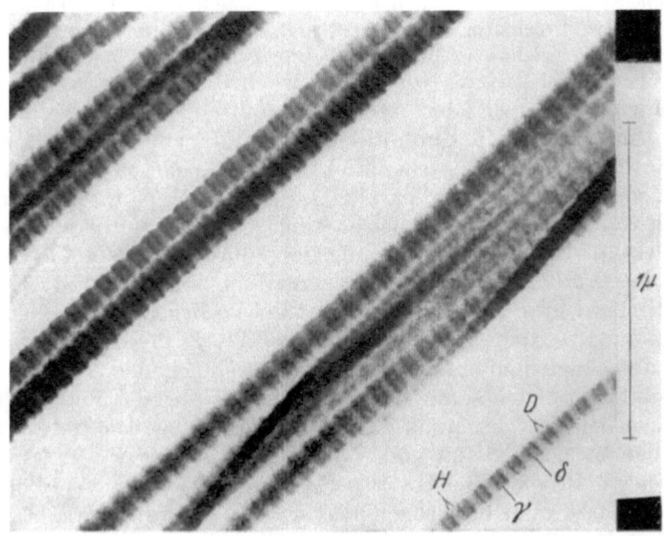

Abb. 70. Quergestreifte Kollagenfibrillen aus Rindersehne, osmiumbehandelt. Vergr. 50000mal. (WOLPERS, C., unveröffentlicht.)

tigerer Elemente zustande kommt (Abb. 70 und Abb. 71). Die dunkleren Teile haben Affinität zu Osmium- und Wolframsäure sowie zu Phosphorwolframsäure, was ihre Sichtbarmachung erleichtert; sie werden von WOLPERS als D-Teile, von SCHMITT als A-Teile, die helleren als H- bzw. als B-Teile bezeichnet.

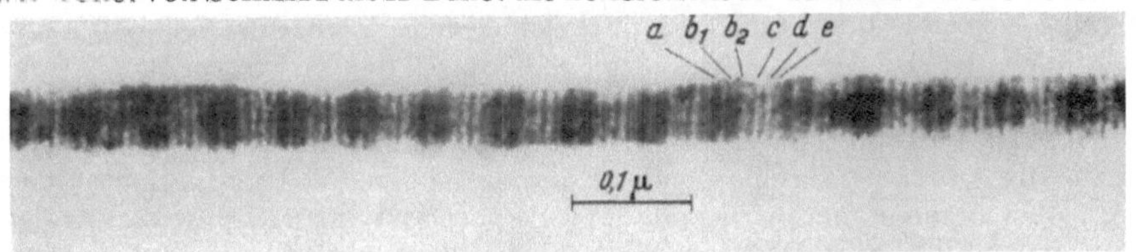

Abb. 71. Quergestreifte Coriumfibrille aus Menschenhaut, phosphorwolframsäurebehandelt. [Nach GROSS, J. and F. O. SCHMITT: J. exp. Med. 88, 555 (1948)].

Die Abmessungen der hellen und dunklen Teile sind streng gleichartig und wiederholen sich nach einer Periode, deren Länge je nach dem verwendeten Kollagenmaterial etwas streut, im Mittel aber bei 640 Å gelegen ist. Die dunklen Teile können nach WOLPERS in mehrere schattendichte δ-Scheiben bzw. δ-Lamellen

[1] BORRIES, B. v.: Die Übermikroskopie. Aulendorf 1949. — WYCKOFF, R. W. G.: Electron Microscopy. Technique and Applications. New York, London 1949. — WOLPERS, C.: Grenzgeb. Med. 2, 527 (1949). — KÖNIG, H.: Optik 5, 460 (1949). — [2] HALL, C. E., M. A. JAKUS and F. O. SCHMITT: Am. Soc. 64, 1234 (1942). — GROSS, J., and F. O. SCHMITT: J. exp. Med. 88, 555 (1948). — SCHMITT, F. O.: Harvey Lect. 40 (1944/45). — Vgl. dazu auch SAIDESS, A. L., u. Ss. L. PUPKO: C. R. Acad. Sci. USSR [N. S.] 65, 227 (1949). — [3] WOLPERS, C.: Kli. Wo. 1943, 624. Makromol. Chem. 2, 37 (1948). Virchows Arch. 312, 292 (1944). Ärztl. Wschr. 1948, 644. Leder 1, 3 (1950).

aufgelöst werden, die durch hellere Zwischenstücke voneinander getrennt erscheinen. Nach den zum Teil abweichenden Ergebnissen der amerikanischen Autoren gliedert sich die Hauptperiode von 640 Å in 6 Banden; diese Banden sind jedoch untereinander nicht gleichartig, sondern zwei von ihnen erscheinen breiter und wesentlich schattendichter als die übrigen.

Durch Dehnung der Kollagenfaser kann die Länge der elektronenoptisch sichtbaren Periode von rund 600 Å bis auf 1000, im Extremfall sogar auf 6000 Å, vergrößert werden. Dabei sind beide Strukturelemente an der Dehnung beteiligt, die H-Teile jedoch in weit stärkerem Maße. Längenverhältnis zwischen H- und D-Teilen in der ursprünglichen Fibrille etwa 2,2, in der extrem gedehnten 0,6. Bei völliger Schrumpfung schmelzen die δ-Scheiben, wobei das geordnete Molekulargefüge zu einem Filzwerk zusammenbricht[1].

Unter Einwirkung quellender Agentien erfahren die Kollagenfibrillen eine longitudinale Aufspaltung in Subfibrillen oder Filamente, deren Dicke an der Grenze des Auflösungsvermögens des Elektronenmikroskops liegt und nur noch einer verhältnismäßig kleinen Zahl parallel gelagerter Polypeptidketten entspricht.

Schließlich können Kollagenfibrillen zu einer klaren filtrierbaren Lösung gelöst werden, in der auf Grund der Strömungsdoppelbrechung, der Viscositätseigenschaften und des Verhaltens in der Ultrazentrifuge sehr langgestreckte, jedoch elektronenoptisch nicht mehr sichtbare Partikel vorliegen. Nach Neutralisation der sauren Lösung werden Fibrillen zurückgebildet[2], deren elektronenoptische Struktur der ursprünglichen entspricht[4]. Der entsprechende, für den Mechanismus der Faserbildung bedeutsame Vorgang kann auch bei der Bildung der Fibrinfasern[3] im Zuge der Blutgerinnung elektronenoptisch beobachtet werden. Diese Fasern, an denen erstmals Ruska und Wolpers[4] eine Querstreifung aufgefunden haben, zeigen nach Hawn[4] eine Hauptperiode von etwa 250 Å. Bei der Blutgerinnung beobachtet man elektronenoptisch, daß die dünnen Filamente sich zu den dickeren Fibrillen zusammenlagern, wobei die dunklen und hellen Teile der einzelnen Filamente in der gebildeten Fibrille einander koordiniert werden. Das Auftreten kurzer Ketten und perlschnurartiger Gebilde im Frühstadium des Gerinnungsvorganges[5], ebenso auch gewisse Beobachtungen bei der Entstehung von Keratin-[6] und Myosin[7]-Fasern hat man neuerdings durch die Annahme zu deuten versucht, daß die einzelnen Filamente durch eine lineare Aneinanderlagerung scheibchen- oder blöckchenförmiger Grundeinheiten entstehen, eine Vorstellung, mit der man auch das unterschiedliche Verhalten der Lang- und Kurzperioden der Röntgenstruktur (vgl. S. 658) zu deuten versucht (Korpuskulartheorie der Faserproteine[8]). Eine konsequente Durchführung dieses Strukturprinzips der Faserproteine stößt aber mindestens auf die gleichen Schwierigkeiten wie die Annahme durchlaufender Polypeptidketten in Richtung der Faserachsen, wobei angenommen wird, daß der periodische Aufbau, der in Elektronenaufnahmen der Fibrillen zutage tritt, nicht nur in den Subfibrillen, sondern schon in den Molekülketten vorgebildet ist.

An Fibrillen des Schließmuskels von Muscheln, die der *glatten* Muskulatur angehören, also im Lichtmikroskop keine Querstreifung zeigen, fanden Jakus, Hall und Schmitt[9]

---

[1] Wolpers, C.: B. Z. **318**, 373 (1948). — [2] Vgl. die Befunde von Nageotte, J.: C. R. Soc. Biol. **96**, 828 (1927); **97**, 559 (1928); **98**, 15 (1928); **104**, 156 (1930). — [3] Schmitt, F. O.: Harvey Lect. **40** (1944/45), u. zw. S. 264. — [4] Ruska, H., u. C. Wolpers: Kli. Wo. **1940**, 695. — Hawn, C. van Zandt, and K. R. Porter: J. exp. Med. **86**, 285 (1947). — [5] Porter, K. R., and Hawn, C. van Zandt: J. exp. Med. **90**, 225 (1939). — Vgl. auch Edsall, J. T., F. J. Foster and H. Scheinberg: Am Soc. **69**, 2731 (1947). — [6] Mercer, E. H.: J. Textile Inst. **40**, T 640 (1949). — [7] Szent-Györgyi, A.: Chemistry of Muscular Contraction. New York, London 1947. — [8] Vgl. auch Jakus, M. E., and C. E. Hall: J. biol. Ch. **167**, 705 (1947). — Astbury, W. T., S. V. Parry, R. Reed and L. C. Spark: Biochim. biophysica Acta, N. Y. **1**, 379 (1947). — Zahn, H. S.: Angew. Chem. **62** (1950). — [9] Jakus, M. A., C. E. Hall and F. O. Schmitt: Am. Soc. **66**, 313 (1944). — Ähnliche Befunde vgl. Richards, A. G., T. F. Anderson and R. T. Hance: Proc. Soc. exp. Biol. Med. **51**, 148 (1942). — Lavin, G. E., and C. L. Hogland: Proc. Soc. exp. Biol. Med. **52**, 80 (1943).

elektronenmikroskopisoh oine entsprechende Querstreifung mit einer Periode von 360 Å. Mit verfeinerter Technik konnten Scheibchen von 146 Å festgestellt werden, entsprechend der besonders hervortretenden 5. Ordnung im Röntgendiagramm (s. oben, S. 658).

Als gesichert darf gelten, daß die elektronenmikroskopisch gefundenen Perioden, z. B. die von 640 Å beim Kollagen, mit den gemessenen Identitätsabständen der Röntgenstrukturanalyse zu identifizieren sind. Die Zuordnung der röntgenoptisch gefundenen und auch chemisch wahrscheinlichen Unterperioden des „Moleküls" zu den Einzelheiten des elektronenoptischen Bildes ist jedoch noch offen. Auf jeden Fall müssen alle speziellen Vorstellungen über den periodischen Aufbau von Eiweißfasern, z.B. von Kollagen, die eine möglichst gleichmäßige periodische Verteilung der charakteristischen Bausteine über die gesamte Periode von 640 Å voraussetzen (vgl. GRASSMANN und TRUPKE[1]), revidiert und durch Strukturschemata ersetzt werden, für welche eine Häufung bestimmter Bausteine in einzelnen Teilen der periodischen Kette charakteristisch ist. Z.B. wird man in den dunklen Teilen eine Häufung polarer Aminosäuren, also von Diamino- *und* Dicarbonsäuren, annehmen können, da mit dieser Annahme die spezifische Bindung von Phosphorwolframsäure in don dunkeln Teilen und zugleich ein stabiler Zusammenhalt der Faser durch elektrostatische Anziehungskräfte erklärt werden kann.

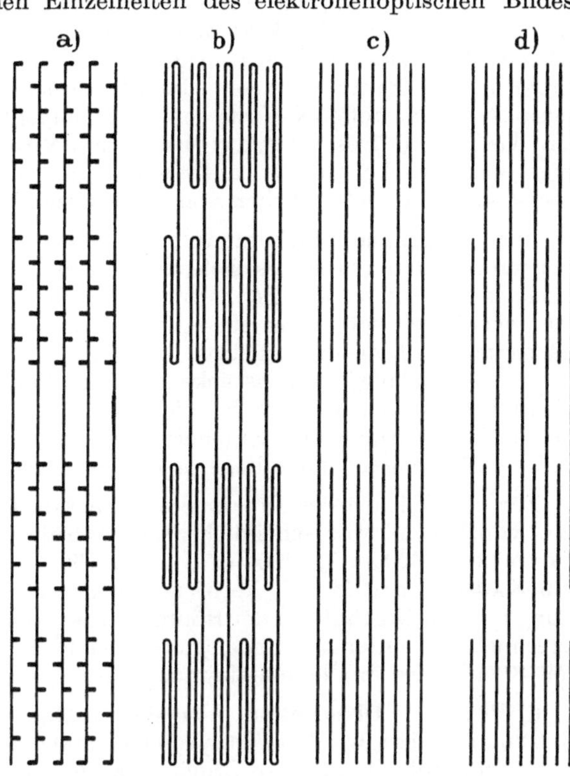

Abb. 72. Möglichkeiten für das Zustandekommen einer elektronenoptischen Querstreifung. Erläuterung im Text.

Neben der Korpuskularvorstellung oder der Annahme durchlaufender Polypeptidketten mit Häufung elektronenoptisch dichter bzw. durch Phosphorwolframsäure spezifisch anfärbbarer Aminosäuren in den dunklen Teilen (Abb. 72a), sind vielleicht noch folgende Möglichkeiten in Betracht zu ziehen:

1. Faltung der Ketten in Form von Längsschleifen im Bereich der dunklen Teile[2] (Abb. 72b).

2. Einlagerung zusätzlicher Polypeptidketten in den Dunkelteil (Abb. 72c u. d).

Die Vereinigung der chemischen, röntgenoptischen und elektronenmikroskopischen Befunde zu einem einheitlichen Strukturbild ist wohl die wichtigste, zur Zeit noch ungelöste Frage auf dem Gebiet der Faserproteine.

β) *Virusproteine* (vgl. auch S. 679f. u. 771ff.). Der Anwendung der Elektronenmikroskopie verdankt man viele und sehr wichtige Ergebnisse über Größe und

---

[1] GRASSMANN, W., u. J. TRUPKE: Handb. Gerbereichem. u. Lederfabrik. (BERGMANN-GRASSMANN) 1/1, 359 (1944). — [2] HALL, C. E., M. A. JAKUS, and F. O. SCHMITT: Am. Soc. **64**, 1234 (1942). J. cellul. comp. Physiol. **20**, 11 (1942). — HAWN, C., VAN ZANDT, and K. R. PORTER: J. exp. Med. **86**, 285 (1947), u. zw. S. 290.

Gestalt der verschiedenen Virusarten[1], die auch ihrer systematischen Einteilung zugrunde gelegt werden können[2]. In diesem Zusammenhang können jedoch die zahlreichen vorliegenden Ergebnisse nur insoweit erwähnt werden, als sie sich auf Virusarten beziehen, die ihrer Natur nach als Eiweiß*moleküle*, nicht dagegen als morphologisch schon weitergehend differenzierte Gebilde angesprochen werden können. Dies trifft zu für die kleinen Virusarten, insbesondere für die pflanzenpathogenen, wie z. B. das Tabakmosaikvirus oder das Kartoffel-X-Virus, wohl auch noch für das gleichfalls krystallisiert erhaltene[3] Poliomyelitisvirus, kaum aber für die Polyederviren der Insekten und auf keinen Fall für die großen und schon weitgehend differenzierten Virusarten (Maul- und Klauenseuche-, Pocken-, Psittacosisvirus) und die Bakteriophagen. Im Elektronenmikroskop erweisen sich Tabakmosaikvirus, Kartoffel-X-Virus sowie Poliomyelitisvirus als Stäbchen, während z. B. das Tabaknekrosevirus, das Bushy-stunt-Virus, die Polyederviren der Insekten kugelsymmetrische Gestalt aufweisen. In den großen Viren, wie z. B. im Pockenvirus, liegen Blöckchen von schon wesentlich differenzierterer Gestalt vor.

Für die genaue Bestimmung der Abmessungen der Viruspartikel im Elektronenmikroskop erweist es sich als störend, daß die Virusproteine beim Auftrocknen — wie es wenigstens für die älteren elektronenmikroskopischen Aufnahmeverfahren notwendig ist — Veränderungen der Teilchenlänge erfahren, die einerseits auf lineare Aggregation, andererseits auf ein Zerbrechen der Aggregate zu verschieden langen Bruchstücken zurückzuführen sind[4]. Die Abmessungen der Virusteilchen streuen daher bei elektronenmikroskopischen Aufnahmen stärker als dies auf Grund der Ergebnisse in der Ultrazentrifuge zu erwarten ist, und die Ergebnisse sind mit gewissen Unsicherheiten behaftet.

Für die Teilchen des Tabakmosaikvirus[5] dürfte eine Länge von etwa $220\,\mu m$[6] bzw. von $250\,\mu m$[7] wahrscheinlicher sein als früher gefundene größere oder kleinere Werte ($300—320\,\mu m$[8]; $290\,\mu m$[9]; $187\,\mu m$[10]). Die Dicke der Virusstäbchen ist von KAUSCHE und Mitarbeitern[7] zu $15\,\mu m$ festgestellt worden, in Übereinstimmung mit den Ergebnissen der Röntgenstrukturanalyse. Aus diesen Abmessungen errechnet sich unter Zugrundelegung einer Dichte von 1,37 ein Molekulargewicht von 40 Millionen in Übereinstimmung mit den Ergebnissen in der Ultrazentrifuge.

h) Reversible Dissoziation. Von einer Reihe von Proteinen mit extrem hohem Molekulargewicht, wie den Virusproteinen und den Hämocyaninen, ist festgestellt, daß sie reversibel in kleinere Bruchstücke zu zerfallen vermögen, wobei die Molekulargewichte der Bruchstücke z. B. $1/2$, $1/3$, $1/6$, $1/12$, $1/18$, $1/24$ oder z. B. $1/2$, $1/8$, $1/16$ des ursprünglichen betragen. Diese Dissoziation erfolgt vorzugsweise in sauren und alkalischen p_H-Gebieten, während die meisten Proteine in einer mehr oder weniger breiten Zone zu beiden Seiten des isoelektrischen Punktes stabil sind. Das Hämocyanin von Limulus polyphemus z. B. existiert in 4 definierten Komponenten mit Sedimentationskonstanten (vgl. S. 645) von 56,6 (D), 34,6 (F), 16,1 (H) und 5,87 (K), wobei die Beständigkeit der einzelnen Komponenten

[1] RUSKA, H.: Scientia, Milano **37**, 16 (1943). — BORRIES, B. v., u. E. RUSKA: Ergebn. exakt. Naturwiss. **19**, 237 (1940). — SCHRAMM, G.: Chemie **57**, 109 (1944). Fortschr. Chem. org. Naturstoffe 4, 87 (1945). — [2] RUSKA, H.: Arch. Virusforsch. 2, 480 (1943). — LÖWE, H.: Pharmazie 4, 537 (1949). — [3] BENDER, A., u. G. A. KAUSCHE: Kli. Wo. **1948**, 489. — [4] Vgl. dazu SCHRAMM, G.: Fortschr. Chem. org. Naturstoffe 4, 87 (1945), u. zw. S. 119. — [5] SCHRAMM, G., u. G. BERGOLD: Z. Naturforsch. 2 b, 108 (1947). — [6] FRIEDRICH-FREKSA, H., zit. nach SCHRAMM, G.: Chemie **57**, 109 (1944). — [7] KAUSCHE, G. A., E. PFANKUCH u. H. RUSKA: Naturwiss. **27**, 292 (1939). — KAUSCHE, G. A., u. H. RUSKA: B. Z. **303**, 221 (1939). — [8] PFANKUCH, E.: Chemie **56**, 77 (1943). — [9] STANLEY, W. M., and J. F. ANDERSON: J. biol. Ch. **139**, 325 (1941). — [10] MELCHERS, G., G. SCHRAMM. H. TRURNIT u. H. FRIEDRICH-FREKSA: Biol. Zbl. **60**, 524 (1940).

und ihre Umwandlungsfähigkeit ineinander von den p_H-Verhältnissen bestimmt werden (ERIKSSON-QUENSEL und SVEDBERG[1]).

Auch die an Blutserum bei Sedimentationsuntersuchungen in der Ultrazentrifuge gewonnenen Ergebnisse weisen auf die Existenz dissoziierbarer Komponenten im Blutserum hin[2].

Auch viele Proteine mit niedrigem Molekulargewicht zeigen die Erscheinung der reversiblen Dissoziation. Für die meisten Eiweißkörper läßt sich ein p_H-Bereich abgrenzen, innerhalb dessen ihre Teilchengröße in Wasser konstant bleibt. Vielfach erstreckt sich dieser Bereich auf einige p_H-Einheiten über und unter dem isoelektrischen Punkt. Außerhalb dieses p_H-Bereiches werden die Eiweißstoffe gewöhnlich desaggregiert, d. h. sie geben niedrigere Molekulargewichte, die auch in diesem Falle einfachen ganzzahligen Bruchstücken des ursprünglichen Moleküls entsprechen. Derartige Desaggregationen, die nicht nur durch Änderung des p_H-Wertes, sondern auch durch Zusatz von Harnstoff, Acetamid, Aminosäuren[4] herbeigeführt werden können, sind u. a. bei Serumalbumin[5], Pferdehämoglobin[6], Amandin[7], Edestin[6] und Excelsin[7] beobachtet worden. Beispiele hierfür sind in den Tabellen 118 und 111, S. 640 wiedergegeben.

Tabelle 118.
Desaggregation von Proteinen[3].

Protein	Molekulargewicht	
	normal	in Harnstoff
Edestin . . .	309 000	49 500
Casein	375 000	33 600
Hämoglobin .	68 000	34 300

Die angeführten Desaggregationen sind umkehrbar. Werden die desaggregierenden Substanzen wegdialysiert oder ihre Konzentration durch Verdünnung stark vermindert oder das p_H wieder auf den isoelektrischen Punkt eingestellt, so bilden sich Teilchen mit dem ursprünglichen Molekulargewicht zurück. Analoge Wiederherstellung der Molekulargröße — nicht jedoch der Vermehrungsfähigkeit — beobachtet man auch bei Tabakmosaikvirus (SCHRAMM[8]).

Schon frühere Ergebnisse von SØRENSEN haben es wahrscheinlich gemacht, daß manche anscheinend einheitliche Eiweißkörper als reversibel dissoziierende Systeme aus mehreren Komponenten aufzufassen sind. In Übereinstimmung mit älteren Beobachtungen von HARDY[9] und CHICK[10] hat SØRENSEN[11] festgestellt, daß die Löslichkeit vieler krystallisierter Proteine in verdünnten Salzlösungen nicht unabhängig von der Menge des ungelösten Bodenkörpers ist; es scheint, daß ein derartiges Protein ein System irgendwie aneinander gebundener, aber leicht und reversibel dissoziierender Anteile darstellt, das sich osmotisch wie eine einzige Substanz verhält.

Die gefundenen Molekulargewichte und die Erscheinung der reversiblen Dissoziation nach ganzzahligen Verhältnissen scheinen in ihrer Gesamtheit zu

---

[1] ERIKSSON-QUENSEL, I. B., and THE SVEDBERG: Biol. Bull. **71**, 498 (1936). — [2] MUTZENBECHER, P. v.: B. Z. **266**, 226, 250, 259 (1933). — McFARLANE, A. S.: Biochem. J. **29**, 407, 660 (1935). — PEDERSEN, K. O.: Ultracentrifugal Studies on Serum and Serum Fractions, S. 178ff. Uppsala 1945. — [3] OTTO, R., K. FELIX u. F. LAIBACH: Chemie und Physiologie des Eiweißes. S. 5. Dresden u. Leipzig 1938. — [4] McFARLANE, H. S.: Biochem. J. **29**, 660 (1935). — SVEDBERG, THE: Kolloid-Z. **85**, 119 (1938). — PEDERSEN, K. O.: Nature **138**, 363 (1936). Skand. Arch. Physiol. **77**, 67 (1937). C. R. Lab. Carlsberg **22**, 427 (1938). Proc. R. Soc. London (A) **170**, 59 (1939); (B) **127**, 20 (1939). — [5] NEURATH, H., and A. M. SAUM: J. biol. Ch. **128**, 347 (1939). — [6] BURK, N. F., and D. M. GREENBERG: J. biol. Ch. **87**, 197 (1930). — [7] BURK, N. F.: J. biol. Ch. **120**, 63 (1937). — [8] SCHRAMM, G.: Z. Naturforsch. **2b**, 112, 249 (1947/48). — [9] HARDY, W. B.: J. Physiol., London **33**, 251 (1905). — [10] CHICK, H: Biochem. J. **8**, 404 (1914). — [11] SØRENSEN, S. P. L.: C. R. Lab. Carlsberg 18, Nr. 5 (1930). Vgl. auch HAUGAARD, G., u. A. H. JOHNSON: C. R. Lab. Carlsberg 18, Nr. 2 (1930). — LINDERSTRØM-LANG, K.: C. R. Lab. Carlsberg **17**, Nr. 9 (1929).

zeigen, daß der streng gesetzmäßige Bauplan der Eiweißkörper sich von der periodischen Anordnung der einzelnen Polypeptidkette bis in den Bereich der hohen und höchsten Eiweißkörper fortsetzt.

i) Monomolekulare Eiweißfilme. Das Verfahren der *Spreitung zu monomolekularen Filmen* erlaubt in einigen Fällen eine von den bisherigen Methoden unabhängige Bestimmung des Molekulargewichts. Was die Gestalt der Moleküle anlangt, so haben sich aus der Anwendung dieses Verfahrens auf Proteine kaum neue Aufschlüsse, wohl aber eine Reihe zunächst ungelöster, für die künftige Entwicklung aber wohl wichtiger Fragen ergeben.

Bezüglich Technik und Theorie der Spreitung muß auf die einschlägige Literatur verwiesen werden[1]. Bei Spreitung auf eine sehr große Oberfläche verhält sich das Eiweiß in der Grenzfläche als „zweidimensionales Gas", auf das die ideale Gasgleichung in der Form

$$F \cdot A = nRT = \frac{W}{M} \cdot RT$$

angewandt werden kann, wobei F der Widerstand des Films gegen seitliches Zusammenpressen in Dyn/cm, A die Oberfläche des Films in Quadratzentimeter, W das Gewicht des Films in Gramm und M das Molekulargewicht ist. Abweichungen vom Verhalten des idealen Gases können ähnlich wie bei normalen Anwendungen der Gasgesetze durch Extrapolation der gefundenen Werte auf $A = \infty$ berücksichtigt werden.

Auf diese Weise sind plausible Werte für die Molekulargewichte einiger Eiweißkörper gefunden worden, vgl. Tabelle 119.

Tabelle 119. Einige Eigenschaften von „gasähnlichen" Proteinfilmen.

Protein	Mol.-Gew. im Film	Oberfläche in m²/mg	Substratlösung
Eieralbumin[2]	40000	—	0,01 n HCl
Eieralbumin[3]	44000	0,97	35% $(NH_4)_2SO_4$
Gliadin[2]	27000	—	0,01 n HCl
Hämoglobin[2]	12000	—	0,01 n HCl
β-Lactoglobulin[4].	17100	1,25	20% $(NH_4)_2SO_4$
β-Lactoglobulin[4].	34300	1,40	20% $(NH_4)_2SO_4$ + 2,4 · 10⁻⁴ m CuSO₄
Zein[4]	20100	0,83	2% $(NH_4)_2SO_4$

Die für Eieralbumin und Gliadin gefundenen Werte stimmen mit den auf anderen Wegen ermittelten gut überein; die von Hämoglobin, β-Lactoglobulin und Zein sind niedriger, was darauf hinweist, daß diese Eiweißkörper in der Oberfläche dissoziieren. Spreitung von Gelatine[5].

[1] Hughes, E. H., and E. K. Rideal: Proc. R. Soc. London (A) **137**, 62 (1932). — Hughes, A. H.: Trans. Faraday Soc. **29**, 211 (1933). — Fosbinder, R. J., and A. E. Lessig: J. Franklin Inst. **215**, 579 (1933). — Harkins, W. D., and R. J. Myers: J. chem. Physics **4**, 716 (1936). — Harkins, W. D., and T. F. Anderson: Am. Soc. **59**, 2189, 2193 (1937). — Langmuir, I.: Cold Spring Harbor Symp. quant. Biol. **6**, 171 (1938). J. chem. physics **6**, 171 (1938). — Langmuir, I., and V. J. Schaefer: Chem. Rev. **24**, 181 (1939). — Joly, M.: J. Chim. physique **36**, 285 (1939). — Guastalla, J.: Cr. **208**, 973 (1939). — Gorter, E.: Ann. Rev. **10**, 619 (1941). — Gorter, E., and W. A. Seeder: J. gen. Physiol. **18**, 427 (1935). — Ställberg-Stenhagen, S., and E. Stenhagen: J. biol. Ch. **148**, 685 (1943). — Bull, H. B.: Adv. Protein Chem. **3**, 95 (1947). — Neurath, H., and H. B. Bull: Chem. Rev. **23**, 391 (1938). — Adam, N. K.: Physics and Chemistry of Surfaces. Oxford 1941. — Höber, R.: Physikalische Chemie der Zellen und Gewebe. Deutsch von W. Willbrandt u. R. Stämpfli. Bern 1947. Physical Chemistry of Cells and Tissues. Philadelphia. Toronto, London 1945. — [2] Guastalla, J.: Cr. **208**, 1078 (1939). — [3] Bull, H. B.: Am. Soc. **67**, 4 (1945). — [4] Bull, H. B.: Am. Soc. **68**, 745 (1946). — [5] Ellis, S. C., and K. G. A. Pankhurst: Nature **163**, 600 (1949).

In Filmen der bisher besprochenen Art sind die Eiweißmoleküle frei gegeneinander beweglich. Ihr Widerstand gegen seitliches Zusammendrücken zeigt nun an dem Punkt einen scharfen Anstieg, an dem ein zusammenhängender monomolekularer Film entstanden ist. Die Flächenbeanspruchung im monomolekularen Film ist für alle untersuchten Proteine praktisch gleich, sie beträgt im Mittel 0,78 m²/mg, die Dicke des Filmes errechnet sich daraus zu etwa 10 Å oder weniger. Nimmt man das mittlere Molekulargewicht eines Aminosäurerestes zu 115 an, so ergibt sich daraus die von einem Aminosäurerest eingenommene Fläche zu

$$\frac{0,78 \cdot 115 \cdot 10^3}{6,02 \cdot 10^{23}}\, m^2 = \frac{0,78 \cdot 115 \cdot 10^3 \cdot 10^{20}}{6,02 \cdot 10^{23}}\, Å^2 = 15\,Å^2.$$

Dieser Wert ist zu erwarten, wenn für die Länge eines Aminosäurerestes 3,3 Å und für den Abstand der Aminosäureketten voneinander der aus Röntgenstrukturdaten bekannte Backbone-Abstand (s. S. 654). von 4,65 Å eingesetzt wird[1] In *gespreiteten Filmen liegt also das Protein in Form einer einfachen Lage von Gitterrosten vor*, deren Ketten durch die Wasserstoffbrücken zusammengehalten werden, während die Seitenketten senkrecht zur Oberfläche, wahrscheinlich zum Teil nach dem angrenzenden Medium (Luft) und zum Teil nach der Lösung orientiert sind. Dies gilt wenigstens für Filme bei einem gewissen Grade der Kompression. Bei vollexpandierten Filmen scheinen die Seitenketten flach in der Ebene der Grenzflächen zu liegen[2]. Ebenso findet man bei der Spaltung eines Tripeptids aus α-Aminocaprylsäure eine flache Lagerung der Seitenketten[3].

Mit der Spreitung ist im allgemeinen Denaturierung verbunden, die bei voll gespreiteten Filmen vollständig und irreversibel ist. Die Frage, auf welche Weise die dreidimensionalen Eiweißkörper bei der Spreitung in der Grenzfläche zu den nur eine Aminosäure dicken Gitterrosten „auseinandergefaltet" werden, ist noch ungelöst, ihre Beantwortung läßt wesentliche Aufschlüsse bezüglich des Baues der „Sphäroproteine" und des Mechanismus der Denaturierung (s. unten) erwarten. Besonders wichtige Aufschlüsse sind aus Spreitungsversuchen auch im Hinblick auf den Mechanismus der Antigen-Antikörperbindung erhalten worden. Viele Antigene scheinen in solchen Versuchen trotz vollkommener Spreitung ihre Fähigkeit zur spezifischen Bindung von Antikörpern zu behalten, während die Antikörper selbst im Spreitungsfilm im allgemeinen denaturiert werden[4].

8. Denaturierung.

Beim Erhitzen in der Nähe des isoelektrischen Punktes auf Temperaturen von rund 60° werden viele lösliche Eiweißkörper, insbesondere Albumine und Globuline, koaguliert. Gewisse unlösliche und strukturierte Eiweißkörper, wie etwa Kollagen, Myosin, erfahren bei ähnlichen Temperaturen andere charakteristische Veränderungen ihrer Eigenschaften. Hitzekoagulierte Proteine sind unlöslich in Wasser und verdünnten Salzlösungen, löslich dagegen in Säuren und

---

[1] Vgl. dagegen Neurath, H., and H. B. Bull: Chem. Rev. **23**, 391 (1938), sowie Trurnit, H. J.: Fortschr. Chem. org. Naturstoffe **4**, 347 (1945), u. zw. S. 459. — [2] Trurnit, H. J.: Fortschr. Chem. org. Naturstoffe **4**, 347 (1945), u. zw. S. 459. — [3] Gorter, E., Th. M. Meiyer and G. Th. Phillipi: Proc. R. Acad. Amsterdam **37**, 355 (1934). — [4] Rothen, A., and K. Landsteiner: Science, N.Y. **90**, 65 (1939). J. exp. Med. **76**, 437 (1942). — Danielli, J. F., and J. R. Marrack: Brit. J. exp. Path. **19**, 393 (1938). — Chambers, L. A.: J. Immunol. **36**, 543 (1939). — Chambers, L. A., J. B. Bateman and H. E. Calkins: J. Immunol. **40**, 483 (1941). — Bateman, J. B., L. A. Chambers and H. E. Calkins: J. Immunol. **39**, 511 (1947). — Bateman, J. B., H. E. Calkins and L. A. Chambers: J. Immunol. **41**, 321 (1941). — Trurnit, H. J.: Fortschr. Chem. org. Naturstoffe **4**, 347 (1945), u. zw. S. 456. —

Alkalien, aber auch in gewissen Lösungen hydrotroper Substanzen, wie Harnstoff, Thioharnstoff, Guanidinhydrochlorid[1], Lithiumjodid, Salicylaten und Netzmitteln.

Außer durch Erhitzen kann Denaturierung bewirkt werden durch Röntgenstrahlen, elektrische Kurzwellen[2], ultraviolettes[3], auch gewöhnliches Licht (im letzteren Fall aber in Gegenwart gewisser Sensibilisatoren), durch starke Drucke, Ultraschall[4], durch Ausbreitung an Grenzflächen, ferner durch organische Lösungsmittel, wie Aceton und Alkohol, durch gewisse Eiweißfällungsmittel, wie Sulfosalicylsäure und Phosphorwolframsäure und ganz allgemein durch solche Stoffe, die koagulierte Proteine zu lösen vermögen, wie Säuren, Alkalien, Harnstoffe usw. In Gegenwart der zuletztgenannten Stoffe kann die Denaturierung ausgeführt werden, ohne daß das denaturierte Eiweiß ausgefällt wird.

Die Hitzekoagulation von Eiweißlösungen erfolgt nur scheinbar momentan beim Erwärmen auf einen für den betreffenden Eiweißkörper charakteristischen Temperaturpunkt (Koagulierungstemperatur), dessen genaue Lage jedoch von dem p_H und dem Gehalt der Lösungen an Salzen und anderen Fremdstoffen abhängig ist. In Wahrheit erfolgt die Denaturierung bei jeder Temperatur, und zwar in Form einer monomolekularen Reaktion. Der Temperaturkoeffizient dieser Reaktion ist aber so hoch — etwa 600fache Geschwindigkeit bei 10° Temperaturerhöhung! —, daß der Anschein einer bestimmten kritischen Koagulationstemperatur entsteht[5]. Auf Grund des ungewöhnlich hohen Temperaturkoeffizienten, der von keiner anderen bekannten chemischen oder biochemischen Reaktion erreicht wird, läßt sich nach bekannten Grundsätzen der Thermodynamik ein sehr hoher Wert der Aktivierungswärme für die Denaturierungsreaktion errechnen (40000 cal/Mol für Trypsin, 130000 cal/Mol für Eieralbumin). Der hohen Aktivierungswärme steht eine sehr große Zunahme der Entropie gegenüber.

Abgesehen von der Löslichkeit werden eine Reihe anderer Eigenschaften der Proteine bei der Denaturierung verändert. Die Krystallisierbarkeit geht in allen Fällen verloren, serologische Spezifitäten werden weitgehend verwischt[6], Proteine mit Enzym- oder Hormonwirkung werden inaktiviert. Bei den Hämoglobinen erfolgen Änderungen der Farbe, wobei die Unterschiede in den Absorptionsspektren der Hämoglobine verschiedener Tierarten verschwinden; gleichzeitig geht die Fähigkeit der reversiblen Sauerstoffbindung verloren. Bei Hämoglobin, aber auch bei zusammengesetzten anderen Eiweißkörpern, wird die Bindung zwischen Protein und prosthetischer Gruppe entweder aufgehoben oder in ihrem Charakter wesentlich verändert. Proteine, die im nativen Zustand von Enzymen nicht angegriffen werden, sind nach der Denaturierung leicht verdaulich[7]. Mit der Denaturierung verschwindet in allen Fällen das Röntgenstrukturbild des nativen Proteins, doch zeigen die denaturierten Proteine in gedehntem Zustand Röntgeninterferenzen, die denen des β-Keratins weitgehend entsprechen[8] (d-Keratingitter)[9].

---

[1] Zur Denaturierung durch Guanidinhydrochlorid vgl. GREENSTEIN, J. P.: J. biol. Ch. **125**, 501 (1938); **128**, 233 (1939). — [2] LEPESCHKIN, W. W.: B. Z. **318**, 15 (1947). — [3] FIALA, S.: B. Z. **318**, 67 (1947). — ROBERTS, R.: J. Soc. Dyers Colourists **65**, 699 (1949). — [4] HARTMANN, F., u. H. THEISMANN: Naturwiss. **35**, 346 (1948). — [5] STEARN, A. E.: Ergebn. Enzymforsch. **7**, 1 (1938). — CHICK, H., and C. J. MARTIN: J. Physiol., London **40**, 404 (1910); **43**, 1 (1911); **45**, 61 (1912). — FAMULENER, L. W., u. T. MADSEN: B. Z. **11**, 186 (1908). — [6] LANDSTEINER, K.: The Specifity of Serological Reactions. Cambridge, Mass., 1945. — [7] WILLSTÄTTER, O., W. GRASSMANN u. O. AMBROS: H. **151**, 286 (1926). — [8] ASTBURY, W. T., S. DICKINSON and K. BAILEY: Biochem. J. **29**, 2351 (1935). — ASTBURY, W. T., and R. LOMAX: Soc. **1935**, 846. — SENTI, F. R., C. R. EDDY and G. C. NUTTING: Am. Soc. **65**, 2473 (1943). — [9] ELÖD. E.. H. NOWOTNY u. H. ZAHN: Kolloid-Z. **93**. 50 (1940).

Bei Denaturierung in Lösungen von Harnstoff oder Guanidinhydrochlorid beobachtet man Veränderungen der Viscosität [1, 2, 3] und Strömungsdoppelbrechung[3, 4, 5] der Diffusions-[2] und Sedimentations[6]-Konstanten. Der Sinn dieser Veränderungen ist nicht gleichartig. Bei den sog. „Sphäroproteinen", wie Serumalbumin, Eieralbumin, Hämoglobin und Edestin ist mit der Denaturierung eine Erhöhung der Viscosität und eine Herabsetzung der Sedimentations- und Diffusionskonstanten verbunden[7]. Die symmetrisch gebauten Moleküle dieser Eiweißkörper werden also zu langgestreckten Molekülen „auseinandergefaltet". Bei ausgesprochen langgestreckten Molekülen, wie Myosin[3] oder Tabakmosaikvirus[8], beobachtet man das Umgekehrte: starke Herabsetzung der Viscosität und Strömungsdoppelbrechung, Erhöhung der Diffusions- und Sedimentationskonstanten. Diese langgestreckten Moleküle werden also zu Bruchstücken von geringerer Asymmetrie aufgespalten, was auch durch Bestimmung des Molekulargewichts bestätigt wird. Die reversible Dissoziation als solche (s. S. 662) wird zweckmäßigerweise von der Denaturierung unterschieden, obwohl sie zum Teil durch ähnliche Mittel (Harnstoff, Guanidinhydrochlorid usw.) herbeigeführt werden kann.

Mit der Denaturierung sind weiterhin Änderungen der chemischen Eigenschaften verbunden, denen allen gemeinsam ist, daß gewisse Reaktionsgruppen der Proteine, die in nativem Zustand „maskiert" sind, reaktionsfähig werden und in Erscheinung treten. Am auffälligsten und am längsten bekannt ist das Auftreten von Sulfhydrylgruppen. So zeigt im Gegensatz zum nativen das denaturierte Eieralbumin positive Nitroprussidreaktion[9]. Das Auftreten der SH-Gruppen, das auch auf andere Weise nachgewiesen werden kann (z. B. durch seine reduzierende Wirkung auf Cystin[10], auf Jod[11, 12], Porphyrindin[13], Ferricyanid[14], FOLINs Harnsäurereagens[12], Jodosobenzoat[15] und Tetrathionat oder durch Umsetzung mit p-Chlormercuribenzoat[11]) ist inzwischen vielfach studiert worden und bietet eine einfache Möglichkeit, den Verlauf der Denaturierung mit chemischen Methoden quantitativ zu verfolgen. Am besten geschieht dies in Lösungen von Harnstoff[16], Guanidinhydrochlorid[16] oder Alkylsulfonaten[12], wobei eine Ausfällung des denaturierten Proteins vermieden wird.

Im einzelnen ist das Verhalten der Proteine in bezug auf die Bestimmbarkeit der SH-Gruppen in nativem und denaturiertem Zustand verschieden. In denaturiertem Eieralbumin werden nach den verschiedenen Methoden übereinstimmend 0,1 Millimol SH/g Albumin, entsprechend 1,2% Cystein oder rund $^2/_3$ des gesamten Cystingehaltes gefunden. Im Tabakmosaikvirus entspricht die bestimmbare Menge an SH-Gruppen dem Gesamtgehalt an Schwefel[17]. Im Myosin ist ein Teil

---

[1] Burk, N. F.: J. biol. Ch. **98**, 353 (1932). — Astbury, W. T., S. Dickinson and K. Bailey: Biochem. J. **29**, 2351 (1935). — [2] Neurath, H., and A. M. Saum: J. biol. Ch. **128**, 347 (1939). — [3] Edsall, J. T., and J. W. Mehl: J. biol. Ch. **133**, 409 (1940). — [4] Muralt, A. E. v., and J. T. Edsall: J. biol. Ch. **89**, 315, 351 (1930). — [5] Greenstein, J. P., and W. V. Jenrette: J. nat. Cancer Inst. 1, 77 (1940). Cold Spring Harbor Symp. quant. Biol. 9, 236 (1941). — [6] Rothen, A.: Ann. N.Y. Acad. Sci. **43**, 229 (1942). — [7] Anson, M. L., and A. E. Mirsky: J. gen. Physiol. **15**, 341 (1932). — Jirgensons, B.: Kolloid-Z. **114**, 67 (1949). — [8] Frampton, V. L., and A. M. Saum: Science, N. Y. **89**, 84 (1939). J. biol. Ch. **129**, 233 (1939). — Stanley, W. M., and M. A. Lauffer: Science, N. Y. **89**, 345 (1939). — Bawden, F. C., and N. W. Pirie: Biochem. J. **34**, 1258, 1278 (1940). — [9] Heffter, A.: Chem. Ztg. **11**, 822 (1907). — Arnold, V.: H. **70**, 300, 314 (1911). — [10] Mirsky, A. E., and M. L. Anson: J. gen. Physiol. **18**, 307 (1935). — [11] Anson, M. L.: J. gen. Physiol. **24**, 399 (1941). — [12] Anson, M. L.: J. gen. Physiol. **25**, 355 (1942). — [13] Kuhn, R., u. P. Desnuelle: H. **251**, 14 (1938). — [14] Anson, M. L.: Science, N. Y. **90**, 142 (1939). J. gen. Physiol. **23**, 247 (1940). — Mirsky, A. E.: J. gen. Physiol. **24**, 709 (1941). — [15] Hellermann, L. C., F. P. Chenard and P. A. Ramsdell: Am. Soc. **63**, 2551 (1941). — [16] Greenstein, J. P.: J. biol. Ch. **125**, 501 (1938). — Greenstein, J. P., and W. V. Jenrette: J. nat. Cancer Inst. 1, 91 (1940). — [17] Stanley, W. M., and M. A. Lauffer: Science, N. Y. **89**, 345 (1939). — Anson, M. L., and W. M. Stanley: J. gen. Physiol. **24**, 679 (1941).

der SH-Gruppen schon im nativen Protein, ein Teil erst nach Denaturierung bestimmbar[1]. Ähnlich verhalten sich andere Eiweißkörper. Bei manchen Enzymen, wie Urease, Papain, Adenosintriphosphatase, ergeben sich interessante Zusammenhänge zwischen den Veränderungen der SH-Gruppen und der enzymatischen Aktivität.

Auch andere Reaktionsgruppen der Eiweißkörper, z. B. die Disulfidgruppe des Cystins[2], die Imidazolgruppe des Histidins[3] oder die phenolische OH-Gruppe des Tyrosins[4], werden durch Denaturierung reaktionsfähiger und damit leichter nachweisbar.

Nach vorsichtiger Denaturierung kann man sowohl Hämoglobin wie Serumalbumin in Eiweißkörper zurückverwandeln, die in den meisten Eigenschaften den ursprünglichen Eiweißkörpern entsprechen. Das regenerierte Hämoglobin hat dieselbe Löslichkeit und dasselbe Absorptionsspektrum wie das native, es ist wie dieses krystallisierbar und enzymatisch schwer angreifbar und vereinigt sich ebenso mit Sauerstoff und Kohlendioxyd. Das regenerierte Serumalbumin ist wasserlöslich[5, 6], krystallisierbar[6] und stimmt in bezug auf Molekulargröße und -gestalt[7], serologische Spezifität[8], das Verhalten der Disulfidgruppen[6] usw. mit dem ursprünglichen Protein überein. Auch die Proteinasen Pepsin, Trypsin, Chymotrypsin sowie die Vorstufen Pepsinogen, Trypsinogen und Chymotrypsinogen können unter Wiederherstellung ihrer Aktivität in die nativen Enzyme bzw. Enzymvorstufen rückverwandelt werden[9]. In einzelnen Fällen, so bei der Denaturierung von Pepsin, Trypsin[10, 11] und Hämoglobin[11] besteht ein Gleichgewicht zwischen der nativen und der denaturierten Form; die Lage des Gleichgewichts ist beim Trypsin, nicht dagegen beim Hämoglobin, stark von der Temperatur abhängig. Sie ist nicht abhängig von der Proteinkonzentration, was darauf hinweist, daß mit der Denaturierung in diesen Fällen weder Dissoziation noch Aggregation verbunden ist.

Die Identität der regenerierten Proteine mit den ursprünglichen scheint indessen keine vollständige zu sein, vielmehr sind gewisse Unterschiede in bezug auf Löslichkeit, Bindungsfestigkeit der prosthetischen Gruppe, elektrophoretische Wanderungsgeschwindigkeit, enzymatische Angreifbarkeit usw. beobachtet worden[12]. Es ist möglich, daß die temperaturabhängige reversible Denaturierung für die reversible Inaktivierung gewisser Enzyme, z. B. der Luciferase, biologisch wichtig ist[13]. Soweit Denaturierung eintritt, scheint dabei stets das Eiweißmolekül *vollständig* in die denaturierte Form umgewandelt zu werden. Bei unvollständiger Denaturierung bestehen also natives und denaturiertes Protein nebeneinander, nicht aber irgendwelche Übergangsformen mit dazwischenliegenden Eigenschaften. Dementsprechend werden auch alle Eigenschaften, die bei der Denaturierung eine Veränderung erfahren, in gleichem Ausmaße betroffen[14].

[1] MIRSKY, A. E., and M. L. ANSON: J. gen. Physiol. 18, 307 (1935). — MIRSKY, A. E.: J. gen. Physiol. 19, 559 (1936). — GREENSTEIN, J. P., and J. T. EDSALL: J. biol. Ch. 133, 397 (1940). — [2] WALKER, E.: Biochem. J. 19, 1082 (1925). — MIRSKY, A. E., and M. L. ANSON: J. gen. Physiol. 18, 307 (1935). — [3] PORTER, R., R.: Biochem. J. 46, 304 (1950). — [4] HERRIOTT, R. M.: J. gen. Physiol. 19, 283 (1935); 21, 501 (1938). — CANNON, R. K., A. KIBRICK and A. H. PALMER: Ann. N. Y. Acad. Sci. 41, 243 (1941). — CRAMMER, J. L., and A. NEUBERGER: Biochem. J. 37, 302 (1943). — [5] SPIEGEL-ADOLF, M.: B. Z. 170, 126 (1926). — [6] ANSON, M. L., and A. E. MIRSKY: J. gen. Physiol. 14, 725 (1931). Vgl. auch STRATSCHITZKI, K. I., u. M. P. TSCHERNIKOW: Biochimia, Moskau 12, 277 (1947). [C. 1948 II, 404]. — [7] NEURATH, H., G. R. COOPER and J. O. ERICKSON: J. biol. Ch. 142, 249 (1942). — [8] MILLER, B. F.: J. exp. Med. 58, 625 (1933). — [9] NORTHROP, J. H.: Crystalline Enzymes. Columbia 1939. — [10] NORTHROP, J. H.: J. gen. Physiol. 16, 323 (1932). — [11] ANSON, M. L., and A. E. MIRSKY: J. gen. Physiol. 17, 393, 399 (1934). — [12] ROCHE, J., et R. COMBETTE: Bull. Soc. Chim. biol. 19, 627 (1937). — ROCHE, J., et M. CHOUAIECH: C. R. Soc. Biol. 133, 477 (1940). — NEURATH, H., J. P. GREENSTEIN, F. W. PUTNAM and J. E. ERICKSON: Chem. Rev. 34, 157 (1944). — [13] JOHNSON, F. H., D. BROWN and D. MARSLAND: Science, N. Y. 95, 200 (1942). J. cellul. comp. Physiol. 20, 247 (1942). J. gen. Physiol. 28, 463 (1945). — [14] Vgl. dazu ANSON, M. L.: Adv. Protein Chem. 2, 361 (1945), und zwar S. 382 ff.

Die Veränderung faserförmiger Eiweißkörper beim Erhitzen, wie sie besonders eindrucksvoll in der Schrumpfung der Kollagenfaser bei Temperaturen von etwa 62° beobachtet werden kann, entspricht in vielen Merkmalen der Denaturierung. Sie erfolgt nicht nur beim Erhitzen, sondern kann auch durch lyotrope Stoffe, wie Harnstoff, Lithiumjodid usw., ausgelöst werden und ist unter geeigneten Bedingungen umkehrbar. Native Faser zeigt ein Faserdiagramm, die geschrumpfte ein DEBYE-SCHERRER-Diagramm, das beim Strecken in das Faserdiagramm übergeht. Native Kollagenfasern sind für Trypsin und Papain unangreifbar, geschrumpfte werden spielend leicht verdaut. Unter vorsichtigen Bedingungen teilweise geschrumpfte Fasern verhalten sich wie eine Mischung aus einer enzymatisch angreifbaren und einer unangreifbaren Modifikation[1].

Welcher Art die Vorgänge sind, die bei der Denaturierung vor sich gehen, ist nicht vollständig bekannt. Sicher ist, daß das geordnete dreidimensionale Gitter, das für alle nativen Eiweißkörper charakteristisch und für die meisten ihrer Eigenschaften und Funktionen wesentlich ist, dabei zerstört wird. Sicher scheint weiterhin, daß eine Auflösung von Peptidbindungen und wohl auch von anderen normalen Hauptvalenzbindungen bei der Denaturierung nicht erfolgt. Die Bedingungen und die Mittel, mit denen die Denaturierung herbeigeführt wird, die reaktionskinetischen und energetischen Verhältnisse beim Denaturierungsvorgang sowie die physikalisch-chemischen Eigenschaften der denaturierten Proteine sind am besten vereinbar mit der Annahme, daß das Wesentliche des Denaturierungsvorganges in einer Auflösung der für den Zusammenhalt des geordneten dreidimensionalen Systems des nativen Proteins maßgebenden Querverbindungen zwischen den Polypeptidketten, in der Hauptsache wohl der Wasserstoffbrücken, besteht, wobei das hochgeordnete ursprüngliche System in ein weitgehend ungeordnetes übergeht.

Um die fehlende Reaktionsfähigkeit gewisser Gruppen in den nativen Proteinen, z. B. der SH-Gruppen, zu deuten, hat man angenommen, daß diese im nativen Protein durch besondere Bindungen festgelegt oder durch sterische Gründe an der Reaktion verhindert seien. Jede dieser Theorien stößt jedoch auf ernsthafte Schwierigkeiten. Es ist wahrscheinlicher, daß durch den hochmolekularen geordneten und durch Wasserstoffbrücken verknüpften Gitterverband der nativen Proteine die Reaktionsfähigkeit gewisser Gruppen modifiziert wird, ähnlich wie in zahlreichen anderen Beispielen die Reaktionsfähigkeit bestimmter chemischer Gruppen durch ihre molekulare Umgebung beeinflußt wird.

9. Bau und Funktion der Proteine.

Die neuere Forschung hat die Proteine als Systeme kennengelernt, die durch eine oft komplizierte, immer aber gesetzmäßige Ordnung ihres inneren Aufbaues gekennzeichnet sind. Diese strenge Ordnung beginnt offenbar schon bei der Polypeptidkette, die — wie immer man sich auch im einzelnen zu manchen älteren und neueren Auffassungen der Eiweißstruktur stellen mag — auf jeden Fall als das wesentlichste Strukturelement der Proteine zu gelten hat. Zahlreiche chemische und enzymchemische Erfahrungen, aber auch die Ergebnisse der Röntgenstrukturanalyse und der elektronenoptischen Untersuchungen, machen es wahrscheinlich, daß schon innerhalb der Polypeptidketten der Eiweißkörper gleiche oder ähnliche Anordnungen von Aminosäuren nach einer irgendwie periodischen Gesetzmäßigkeit wiederkehren.

---

[1] GRASSMANN, W.: Kolloid-Z. **77**, 205 (1936). — GRASSMANN, W., u. J. TRUPKE: Handb. Gerbereichem. u. Lederfabrik. (BERGMANN-GRASSMANN) 1/1, 359 (1944). — WEIR, C. E.: J. amer. Leather Chem. Ass. **44**, 108 (1949).

Die Polypeptidketten werden untereinander verbunden einerseits durch Wasserstoffbrücken, andererseits durch Querverbindungen, die von den Reaktionsgruppen der Seitenketten vermittelt werden; unter den letzteren sind die wichtigsten und am besten untersuchten die Disulfidbrücken der Cystinreste und die Ionenbindungen, die durch die elektrostatische Anziehung anionischer und kationischer Gruppen zustande kommen (vgl. S. 616). Dadurch entsteht, in Verbindung mit der gesetzmäßigen Anordnung der Aminosäuren in der Polypeptidkette selbst, das geordnete dreidimensionale Gitter, das allen Eiweißkörpern in ihrem nativen Zustand eigentümlich ist.

Am einfachsten gestaltet sich der dreidimensionale Aufbau, wenn es sich um die parallele oder allenfalls antiparallele Aneinanderlagerung praktisch gestreckter, zickzackförmiger Polypeptidketten handelt, wie dies für einen Teil der Faserproteine, nämlich das Seidenfibroin und die Fasern des β-Keratintypus, zutrifft. Es ist bereits darauf hingewiesen worden (S. 654), daß die hohe Stabilität derartiger Gitter auf der Ausbildung von Wasserstoffbindungen zwischen den Peptidketten beruht, bei denen zwei mesomere Zustandsformen — „Enol" und „Keto-"Form (Lactim- und Lactamform) — in Resonanz stehen.

Gestreckte Polypeptidketten sind indessen als Bauelemente der Proteine relativ selten; man findet sie bei den Faserproteiden des β-Keratintypus (vgl. S. 654) sowie bei einigen denaturierten Proteinen (vgl. S. 666). Schon bei einem großen Teil weiterer Faserproteine, nämlich den α-Keratinen und den Faserproteinen der Kollagengruppe, hat man eine geordnete *Faltung* der Polypeptidketten anzunehmen, deren Gesetzmäßigkeiten im einzelnen noch nicht mit Sicherheit bekannt, aber ohne Zweifel mit der Aminosäureanordnung innerhalb der Polypeptidketten ursächlich verknüpft sind. Auch bei diesen Faserproteinen bleibt aber doch wohl (vgl. dagegen Korpuskulartheorie S. 660) als wesentliches Aufbauprinzip gewahrt, daß lange Polypeptidketten parallel zueinander in der Richtung der Faserachse gelagert sind.

Funktionell ist allen *Faserproteinen* oder Skleroproteinen (auch Linearproteine genannt) gemeinsam, daß sie die makroskopisch und mikroskopisch sichtbaren festen Eiweißstrukturen des Organismus aufbauen, also nicht nur die eigentlichen, makroskopisch wahrnehmbaren Fasern, sondern auch Häute, Membranen, Markscheiden, Bindegewebe, die Grund- und Stützsubstanz der Knochen und Knorpel usw. Ihnen steht gegenüber eine fast unübersehbar große Zahl meist löslicher, funktionell äußerst wichtiger Proteine, deren Molekülgestalt keine oder doch keine so ausgesprochene Längserstreckung erkennen läßt und für welche die Annahme langer, vielleicht endloser und parallel orientierter

Polypeptidketten im allgemeinen sicher *nicht* zutrifft. Für einen Teil dieser Eiweißkörper hat sich auf Grund physikalischer Messungen eine annähernd kugelsymmetrische Gestalt errechnen lassen und es hat sich daher die schon 1935 von STAUDINGER[1] vorgeschlagene Bezeichnung „*Sphäroproteine*" mehr und mehr für diese Gruppe eingebürgert. Da indessen die Gestalt der Moleküle dieser Gruppe vielfach sehr weit von der Kugelsymmetrie abweicht und da sie auch, wie wir heute annehmen müssen, sicher nicht durch eine Knäuelung einer langen Polypeptidkette, sondern wohl eher durch Aufeinanderschichten kleinerer Grundeinheiten zustande kommen, dürfte die Bezeichnung „*Blockproteine*"[2] vorzuziehen sein.

Es ist die Ansicht vertreten worden[3,4], daß die Eiweißsynthese im Organismus ausschließlich in der Form von Blockproteinen vor sich gehe; diese seien demzufolge als die einzigen eigentlich nativen Proteine zu betrachten, aus denen durch eine nachträgliche Umwandlung, eine Art Denaturierung, die langen Polypeptidketten der Faserproteine entständen. Diese Ansicht kann bis zu einem gewissen Grade durch die Befunde bei der denaturierenden Spreitung an Oberflächen (s. oben) sowie durch röntgenographische Beobachtungen und durch Viscositäts- und Diffusionsmessungen gestützt werden, die darauf hinweisen, daß die Moleküle der denaturierten Proteine eine stark gestreckte Form aufweisen. Es ist jedoch zu bedenken, daß auch die Faserproteine nach den Ergebnissen der Röntgenstrukturanalyse und der elektronenoptischen Untersuchung im Gegensatz zu denaturierten Proteinen noch eine streng geordnete Struktur aufweisen und daß viele von ihnen, z. B. Kollagen und Myosin, unter Bedingungen, wie sie für die Denaturierung üblich sind, Umwandlungen erfahren, die in allen wesentlichen Eigentümlichkeiten der Denaturierung entsprechen und schließlich zu wirklich ungeordneten Systemen führen.

Sicher ist auf jeden Fall, daß die Gruppe der Sphäro- oder Blockproteine, der unter anderem die Albumine, Globuline, sämtliche Hormon- und Fermentproteine, der Blutfarbstoff usw. zugehören — neben den Nucleoproteiden, die als eine Gruppe für sich anzusprechen sind, — die Träger der wichtigsten und merkwürdigsten Lebensfunktionen repräsentiert. Diese Gruppe der Proteine ist es aber auch, über deren Aufbau zur Zeit noch die grundsätzlichsten Unklarheiten bestehen.

In neuerer Zeit sind für diese Proteine Aufbauschemen zur Diskussion gestellt worden, die sehr weit von den bisherigen Vorstellungen der Polypeptidstruktur der Proteine abweichen. So diskutiert SCHEIBE[5] einen Aufbau aus nicht peptidartig verknüpften, sondern lediglich durch Dipolanziehung zusammengehaltenen Aminosäureresten, der zu Ringsystemen mit 3zähliger Symmetrie führen soll, während JORDAN[6] ringförmig geschlossene Tripeptidanhydride, sog. Tripeptole, als Strukturelemente vorschlägt. Alle diese Betrachtungen sind, selbst wenn sie einen Teil der krystallographischen und röntgenographischen

---

[1] STAUDINGER, H.: Ber. **68**, 1682 (1935). — STAUDINGER, H., u. H. BECKER: B. **70**, 879 (1937). — [2] Vgl. dazu JORDAN, P.: Eiweißmoleküle. Stuttgart 1947, u. zw. S. 12, Anm. Zwischenmolekulare Kräfte. Karlsruhe 1949, u. zw. S. 72. — [3] JORDAN, P.: Zwischenmolekulare Kräfte. Karlsruhe 1949, S. 70. — SCHEIBE, G.: Zwischenmolekulare Kräfte. Karlsruhe 1949, S. 116 (s.[6]). — [4] WEIMARN, P. P. v.: Kolloid-Z. **44**, 163 (1928). — ASTBURY, W. T., S. DICKINSON and K. BAILEY: Biochem. J. **29**, 2351 (1935). — ASTBURY, W. T., F. D. BELL, E. GORTER and J. VAN ORMOND: Nature **142**, 33 (1938). — ASTBURY, W. T.: Kolloid-Z. **83**, 130 (1938). Ann. Rev. **8**, 113 (1939). — ASTBURY, W. T., and R. LOMAX: Soc. **1935**, 846. — MIRSKY, A. E., and L. PAULING: Proc. nat. Acad. Sci. USA. **22**, 439 (1936). — NEURATH, H., and A. M. SAUM: J. biol. Ch. **128**, 347 (1939.) — BULL, H. B.: J. biol. Ch. **133**, 39 (1940). — LUNDGREN, H. P.: Am. Soc. **63**, 2854 (1941). — PALMER, K. J., and J. A. GALVIN: Am. Soc. **65**, 2187 (1943). — [5] SCHEIBE, G.: Zwischenmolekulare Kräfte. Karlsruhe 1949, S. 116. — [6] JORDAN, P.: in Zwischenmolekulare Kräfte. Hrsg. FRIEDRICH-FRESKA, H., B. RAJEWSKY u. M. SCHÖN: Karlsruhe 1949. S. 70.

Befunde an krystallisierten Proteinen befriedigend zu deuten scheinen, ähnlichen Bedenken von chemischer und enzymchemischer Seite ausgesetzt wie eine Reihe früherer Vorschläge, die einen Aufbau der Proteine aus cyclischen Grundeinheiten geringer Molekulargröße zur Diskussion stellen[1]. So stützt JORDAN seine Auffassung unter anderem durch die Annahme, daß die Proteinasen Pepsin, Trypsin und Papain nur auf die angenommenen Tripeptidringe, nicht jedoch auf offene Polypeptidketten einwirken sollen. Demgegenüber sind indessen alle bisher aufgefundenen synthetischen Substrate dieser Enzyme gerade, *offene* Polypeptidketten, während man sowohl Diketopiperazine wie auch die wenigen höhergliedrigen Ringstrukturen, die bisher untersucht werden konnten (Phalloidin, Amanitin, Gramicidin; vgl. S. 579, 584) unspaltbar gefunden hat (vgl. S. 590).

So lange es nicht gelingt, für diese Vorschläge weitere experimentelle Stützen, insbesondere von der chemischen Seite, beizubringen, wird man auch für die Sphäroproteine Strukturvorstellungen vorziehen müssen, die der Peptidstruktur eine entscheidende Bedeutung am Aufbau dieser Proteine einräumen. Dabei muß man sich indessen darüber klar sein, daß die mit röntgenoptischen und anderen Methoden gefundenen Abmessungen der meisten und wichtigsten der Sphäroproteine unvereinbar sind mit der Annahme durchlaufender Polypeptidketten, deren Länge etwa der Größenordnung der gefundenen Molekulargewichte entsprechen würde. Der Durchmesser eines Insulinmoleküls z. B. entspricht höchstens der Länge eines Polypeptids aus 10—20 Aminosäuren in gestrecktem Zustand[2], und auch die größten Durchmesser der Albumine und des Hämoglobins gehen nur wenig über 100 Å hinaus (vgl. Abb. 63, S. 650). Man hat diesem Dilemma zu entgehen und zugleich die annähernde Kugelsymmetrie vieler Proteine zu erklären versucht durch die Vorstellung, daß die lange Polypeptidkette eines Eiweißmoleküls in den Sphäroproteinen „aufgeknäuelt" sei (PAULING). Diese Vorstellung, die bis zu einem gewissen Grade die Erscheinungen der Denaturierung, den angenommenen Übergang in Faserproteine und die Spreitung zu erklären schien und die Grundlage einer anschaulichen und interessanten Theorie der Antikörperbildung[3] lieferte, ist indessen mit den Befunden[2] über den hochgeordneten Bau und die Symmetrieeigenschaften röntgenographisch gut untersuchter Proteine, wie des Insulins oder des Hämoglobins, unvereinbar[4]; denn lange Ketten erlauben aus geometrischen Gründen keine Faltung zu so vollkommener Symmetrie.

Die Elementarzelle des *Insulins* ist nach CROWFOOT[2] rhomboedrisch und entspricht einem Molekulargewicht von etwa 36000 (bezogen auf wasserfreies Protein). Der Grundkörper besitzt eine dreizählige Symmetrieachse und muß demnach aus 3 identischen Untereinheiten vom Molekulargewicht 12000 bestehen. Die Existenz dieser Untermoleküle steht in guter Übereinstimmung mit den chemischen Befunden[5] und konnte auch in Lösung erwiesen werden[6]. Aus Untersuchungen von SANGER[7] geht nun weiter hervor, daß diese

[1] TROENSEGAARD, N.: H. **112**, 86 (1920/21); **127**, 137 (1922/23); **130**, 84 (1923); **134**, 100 (1923/24). — BERGMANN, M.: Naturwiss. **12**, 1158 (1924). Collegium, Darmstadt **1926**, 488. — ABDERHALDEN, E.: Naturwiss. **12**, 716 (1924). H. **128**, 119 (1923); **265**, 23 (1940). — FODOR, A.: Kolloid-Z. **74**, 66 (1936). — FODOR, A., u. N. LICHTENSTEIN: Enzymologia **4**, 36 (1937). — WRINCH, D. M.: Nature **137**, 411 (1936); **138**, 241 (1936); **150**, 270 (1942). Am. Soc. **63**, 330 (1941). — WRINCH, D. M., and D. JORDAN-LLOYD: Nature **138**, 758 (1936). — ASTBURY, W. T., and D. M. WRINCH: Nature **139**, 718 (1937). — [2] CROWFOOT, D. M.: Proc. R. Soc. London (A) **164**, 580 (1938). Chem. Rev. **28**, 215 (1941). — [3] PAULING, L.: Am. Soc. **62**, 2643 (1940). — [4] BERNAL, J. D.: Nature **143**, 663 (1939). — JORDAN, P.: Physik. Z. **39**, 711 (1938). Naturwiss. **29**, 89 (1941); **32**, 19 (1944). — Eiweißmoleküle. Stuttgart 1947, u. zw. S. 30. Zwischenmolekulare Kräfte. Karlsruhe 1949, u. zw. S. 72. — [5] CHIBNALL, A. C.: J. Soc. Leather Trades Chem. **30**, 1 (1946). — Vgl. dagegen BRAND, E.: Ann. New York Acad. Sci. **47**, 187 (1946). — [6] GUTFREUND H.: Biochem. J. **42**, 544 (1948). — ONCLEY, J. L., and E. ELLENBOGEN: Vgl. EDSALL, J. T.: Fortschr. chem. Forsch. **1**, 119 (1949), u. zw. S. 135. — [7] SANGER, F.: Biochem. J. **39**, 507 (1945). Nature **160**, 295 (1947).

Untereinheit nicht aus einer, sondern aus 4 Polypeptidketten aufgebaut ist, von denen zwei Glykokoll und die beiden anderen Phenylalanin am Aminoende enthalten, was durch Substitution mit Dinitrofluorbenzol (vgl. S. 607) sichergestellt werden konnte. Die Glycylpeptide enthalten erhebliche Mengen an Dicarbonsäuren, aber keine Basen, die ihrerseits den Phenylalaninpeptiden anzugehören scheinen. Das Molekulargewicht von etwa 3000, das man diesen Polypeptiden zuzuschreiben hat, entspricht größenordnungsmäßig einer Kettenlänge von 24 Aminosäuren, was in guter Übereinstimmung zu den übrigen chemischen Befunden steht (s. Tabelle 102, S. 596). Da aber in diesen Grundeinheiten schon im intakten Molekül nicht nur die ε-Aminogruppen des Lysins sondern auch die endständigen α-Aminogruppen des Glykokolls und Phenylalanins frei sind, können sie nicht als Ringe, sondern nur als offene Ketten vorliegen, denen man aber sicher eine bestimmte Faltung zuschreiben muß.

Für den Aufbau des *Hämoglobins* zieht PERUTZ[1] aus seinen Untersuchungen (s. auch S. 745) den allerdings vorerst nicht durch völlig strenge Ableitungen, sondern mehr durch eine Summe von Wahrscheinlichkeitsbeweisen gestützten (vgl. dazu EDSALL[2]) Schluß, daß das Molekül aus 4 übereinandergeschichteten Scheiben von 57 Å Durchmesser und 8,5 Å Dicke aufgebaut sei, die als gefaltete Polypeptidketten aufgefaßt werden.

Nach den Ergebnissen an diesen beiden, strukturell am eingehendsten untersuchten Sphäroproteinen darf die Annahme, daß die Sphäroproteine durch Übereinanderschichten regelmäßig gefalteter, in sich wahrscheinlich ebener und unter sich nicht notwendigerweise gleicher Polypeptide mittlerer Kettenlänge aufgebaut seien, als die derzeit wohl am besten fundierte Hypothese über den Aufbau dieser Proteinklasse gelten.

Das Problem der *Faltung der Polypeptidketten* ist bisher am ausführlichsten im Bereich der Faserproteine studiert worden, nachdem erstmals ASTBURY die Umwandlung der α-Keratine in β-Keratine als Übergang einer gefalteten Polypeptidanordnung in eine gestreckte gedeutet hatte. An Stelle der von ASTBURY[3] für das α-Keratin angegebenen Formeln sind später andere Vorschläge diskutiert worden, vgl. S. 656. Unter ihnen dürfte der schon von HUGGINS[4] wie auch von MIZUSHIMA[5] vorgeschlagenen, von AMBROSE[6] durch Absorptionsmessungen im polarisierten Infrarotlicht experimentell gestützten Formel II hohe Wahrscheinlichkeit zukommen. Diese Formel ist durch Wasserstoffbrücken *innerhalb* der Polypeptidkette gekennzeichnet und dürfte durch Resonanz zwischen den mesomeren Zuständen (Formel IIa bzw. IIb) energetisch ebenso begünstigt sein wie die mesomere Anordnung gestreckter Polypeptidketten mit Wasserstoffbrücken *zwischen* den Polypeptidketten (vgl. Formel S. 615).

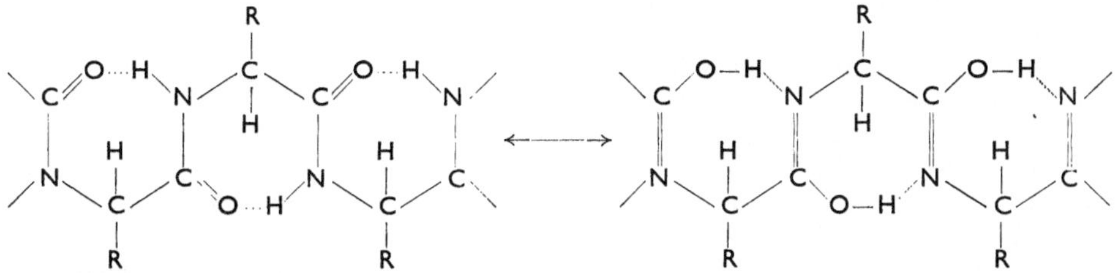

IIa   IIb

[1] PERUTZ, F.: Trans. Faraday Soc. **42** B, 187 (1946). — BOYES-WATSON, J., E. DAVIDSON and F. PERUTZ: Proc. R. Soc. London (A) **191**, 83 (1947); (A); **195**, 474 (1949). Research **2**, 53 (1949). — [2] EDSALL, J. T.: Fortschr. chem. Forsch. **1**, 119 (1949) u. zw. S. 136. — [3] ASTBURY, W. T., and A. STREET: Philos. Trans. R. Soc. London (A) **230**, 75 (1931). — ASTBURY, W. T.: Chem. & Industr. **60**, 491 (1941). Soc. **1942**, 337. — [4] HUGGINS, M. L.: Chem. Rev. **32**, 195 (1943). — [5] MIZUSHIMA, S., T. SIMANOUTI, M. TSUBOI, T. SUGITA and E. KATO: Nature **164**, 918 (1949). — [6] AMBROSE, E. J., and W. E. HANBY: Nature **163**, 483 (1949). — AMBROSE, E. J., A. ELLIOTT and R. B. TEMPLE: Nature **163**, 859 (1949).

Auf Grund von Studien über den Ramaneffekt und die Energie der intramolekularen Rotation waren SIMANOUTI und MIZUSHIMA[1] zu dem Ergebnis gelangt, daß die folgenden Anordnungen (Formel III S und III F) der Grundeinheit einer Polypeptidkette sowie deren Kombinationen stabil seien. Die gestreckte Form S entspricht der gestreckten Polypeptidkette des Seidenfibroins und der β-Keratine (vgl. Formel I), die gefaltete F der von AMBROSE (s. oben) für α-Keratin vorgeschlagenen (Formel II). Durch Kombination beider Anordnungen ergeben sich z. B. Formelbilder nach dem Schema SFFSFF (Formel IV) oder Ringstrukturen wie $(SSSF)_3$, $(SFFF)_3$, $(SSSFFF)_3$, von denen die 3 letzteren trigonale Symmetrie aufweisen.

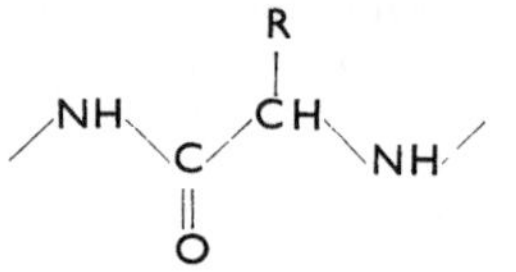

III S 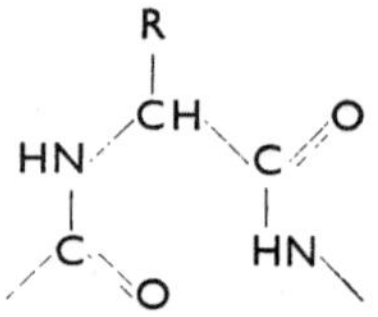   III F

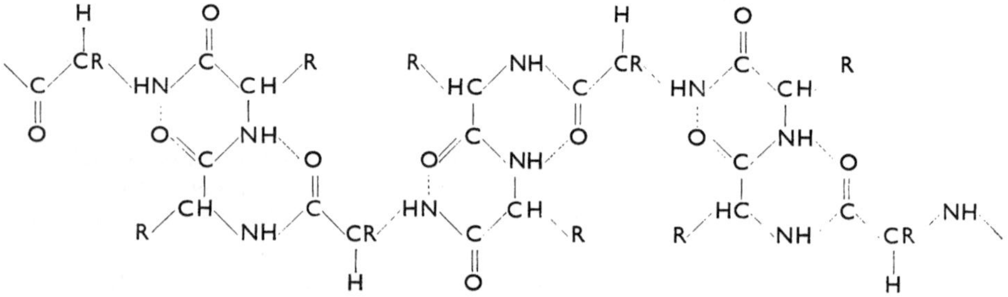

IV

Die japanischen Autoren[2] neigen zu der Auffassung, daß Formel IV, die der von ASTBURY 1941 vorgeschlagenen[3] ähnlich ist, den Eigenschaften des α-Keratins noch besser entspricht als die Formel nach AMBROSE (FFF; Formel II). Im Hinblick auf die Erörterungen über den periodischen Aufbau der Polypeptidketten in Proteinen sei darauf hingewiesen, daß bei der gestreckten Kettenformel SSS (Formel I) und bei der gefalteten Formel FFF (Formel II) identische Anordnungen nach einer Periode von 2 Aminosäuren, bei Formel SFFSFF (Formel IV) nach einer Periode von 6 Aminosäuren wiederkehren. Ohne Zweifel läßt sich aus den Betrachtungen der japanischen Autoren eine gewisse Systematik hinsichtlich der Kettenfaltungen, besonders auch bei Sphäroproteinen, ableiten, zwischen denen im einzelnen Falle an Hand krystallographischer, röntgenographischer und chemischer Daten eine experimentelle Entscheidung möglich sein sollte.

Kettenfaltung, Wasserstoffbindung, Tautomerie und Mesomerie haben in neueren Betrachtungen über die Eigenschaften und die Funktionen der Eiweißkörper eine erhebliche Rolle gespielt.

Bei gefalteten Polypeptidketten (vgl. Formel II und V[4]), aber auch bei nebeneinandergelagerten Peptidketten (vgl. Formel I) oder bei übereinandergeschichteten Polypeptidrosten können lückenlose Ketten von Säureamidgruppen entstehen, in denen das N-Atom einer Säureamidgruppe mit dem O-Atom der benachbarten Gruppe über eine Wasserstoffbrücke verknüpft ist; es entstehen „Systeme" von Wasserstoffbindungen, die durch Atome mit π-Elektronen

[1] SIMANOUTI, T., and S. MIZUSHIMA: Kagaku-Tisiki 17, 24, 52 (1947). Bull. Chem. Soc. Jap. 21, 1 (1948). — [2] MIZUSHIMA, S., T. SIMANOUTI, M. TSUBOI, T. SUGITA and E. KATO: Nature 164, 918 (1949). — [3] ASTBURY, W. T., and F. O. BELL: Nature 147, 696 (1941). — [4] WIRTZ, K.: Z. Naturforsch. 2b, 94 (1947).

(NCO) verbunden sind. Von WIRTZ[1] und SCHMITT[2] ist darauf hingewiesen worden, daß in derartigen Systemen eine Fortleitung von Energie möglich ist[3]. Vgl. auch S. 875. Eine solche Energiefortleitung durch Proteine muß aber auf Grund zahlreicher Erfahrungen gefordert werden. So führen die strahlengenetischen

A	B	C

Formel V (Ketoform) (Enolform) (Ketoform)

Untersuchungen von TIMOFÉEFF-RESOVSKY[4] zu dem Ergebnis, daß die Wirkung eines „Treffers" sich über einen relativ großen Bereich von Nucleoproteiden fortzupflanzen vermag. Ferner ist von BÜCHER und KASPERS[5] festgestellt worden, daß im Kohlenoxyd-Myoglobinkomplex jedes von einem Tyrosin- oder Tryptophanrest *im Eiweiß* absorbierte Lichtquant zu einer Abspaltung des Kohlenoxyds *aus der prostethischen Gruppe* führt, so daß also von diesen Aminosäuren eine Energieleitung zur Hämingruppe bestehen muß. Auch die Rolle der Proteine für die Funktion von Fermenten kann nur mit ähnlichen Annahmen verstanden werden (s. S. 1039f.). Im einzelnen gehen hinsichtlich des Mechanismus dieser Energieleitung die Auffassungen von SCHMITT und von WIRTZ zum Teil auseinander[6]. Das Wesentliche wird aber von beiden Autoren in einer wechselseitigen Umlagerung der Anordnungen VIa und VIb erblickt.

$$H{-}N{-}C{=}O \cdots H{-}N{-}C{=}O \cdots H{-}N{-}C{=}O \cdots \qquad \cdots H{-}N{-}C{=}O \qquad \text{VI a}$$
$$1 \qquad\qquad 2 \qquad\qquad 3 \qquad\qquad\qquad n$$

$$N{=}C{-}O{-}H \cdots N{=}C{-}O{-}H \cdots N{=}C{-}O{-}H \cdots \qquad \cdots N{=}C{-}O{-}H \qquad \text{VI b}$$
$$1 \qquad\qquad 2 \qquad\qquad 3 \qquad\qquad\qquad n$$

[1] Siehe Fußnote [4], S. 674. — [2] SCHMITT, W.: Z. Naturforsch. 2 b, 98 (1947). — Vgl. auch SCHMITT, W., u. R. PURRMANN: Z. Naturforsch. 3 b, 411 (1948). — SCHMIDT, O.: Naturwiss. 30, 644 (1942). — DENBIGH, K. G.: Nature 160, 41 (1944). — [3] S. a. BÜCHER, TH.: Angew. Chem. 62, 256 (1950). — [4] RIEHL, N., N. W. TIMOFÉEFF-RESOVSKY u. K. G. ZIMMER: Naturwiss. 29, 625 (1941). — RIEHL, N.: Naturwiss. 31, 590 (1943). — [5] BÜCHER, TH., u. J. KASPERS: Naturwiss. 33, 93 (1946). — BÜCHER, TH., u. E. NEGELEIN: B. Z. 311, 163 (1941/42). — WARBURG, O.: Schwermetalle als Wirkungsgruppen von Fermenten. Berlin 1946. — Vgl. dazu auch die Befunde an Urease von KUBOWITZ, F., u. E. HAAS: B. Z. 257, 337 (1933). — [6] WIRTZ, K.: Z. Naturforsch. 3 b, 131 (1948).

WIRTZ nimmt an, daß im ersten Molekül durch einen „Treffer" das Proton am Stickstoff des linken Endes der Kette abgespalten wird. Die entstehende negative Ladung soll mit Hilfe der nicht lokalisierten π-Elektronen über die Atome N, C, O ausgebreitet werden; dadurch verschwindet zwischen dem negativ geladenen 1. Molekül und dem 2. Molekül die Hemmung für den Protonenübergang und es wird schließlich das Proton zum 1. Molekül herübergezogen, was analoge Verschiebungen zwischen dem 2. und 3. Molekül usw. zur Folge hat. Es läuft also die im Molekül 1 erzeugte negative Ladung unter Energiegewinn in das System hinein und es wird durch den „Treffer" ein gewisser Teil des Systems oder vielleicht sogar das ganze ionisiert. Für die Energieübertragung ist es nicht notwendig, daß das Proton vom Stickstoff zum Sauerstoff herüberwandert; es genügt eine Verschiebung der Elektronensysteme und des Protons (SCHEIBE[1]). SCHMITT, der in seinen Betrachtungen die Rolle der Proteine im System der Oxydationskatalyse in den Vordergrund stellt, sieht den wesentlichen Primärvorgang in der Anlagerung eines Protons mit zwei Elektronen an die letzte (in der Formel rechts stehende) Aminosäure und deren Weiterleitung an einen Acceptor an der anderen Seite der Kette (vgl. Formel VII).

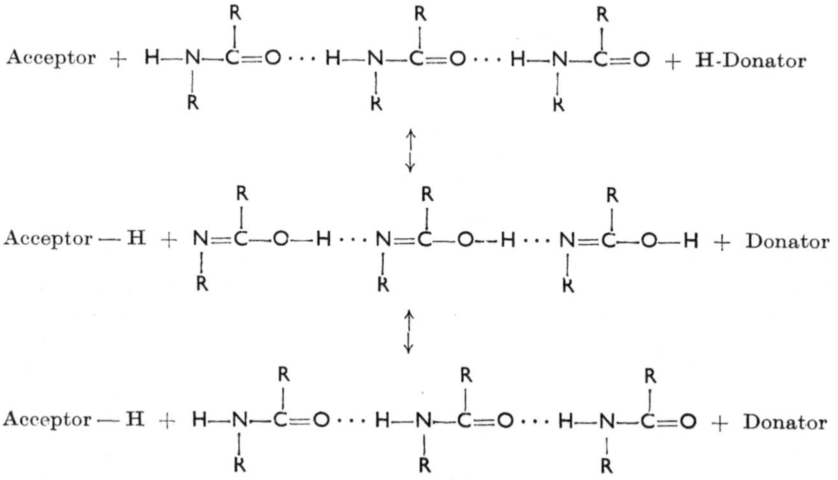

$$\text{Acceptor} + \underset{\overset{|}{R}}{\overset{\overset{R}{|}}{H-N-\overset{}{C}}}=O \cdots \underset{\overset{|}{R}}{\overset{\overset{R}{|}}{H-N-\overset{}{C}}}=O \cdots \underset{\overset{|}{R}}{\overset{\overset{R}{|}}{H-N-\overset{}{C}}}=O + \text{H-Donator} \qquad \text{VII a}$$

$$\text{Acceptor}-\text{H} + \underset{\overset{|}{R}}{\overset{\overset{R}{|}}{N=\overset{}{C}}}-O-H \cdots \underset{\overset{|}{R}}{\overset{\overset{R}{|}}{N=\overset{}{C}}}-O-H \cdots \underset{\overset{|}{R}}{\overset{\overset{R}{|}}{N=\overset{}{C}}}-O-H + \text{Donator} \qquad \text{VII b}$$

$$\text{Acceptor}-\text{H} + \underset{\overset{|}{R}}{\overset{\overset{R}{|}}{H-N-\overset{}{C}}}=O \cdots \underset{\overset{|}{R}}{\overset{\overset{R}{|}}{H-N-\overset{}{C}}}=O \cdots \underset{\overset{|}{R}}{\overset{\overset{R}{|}}{H-N-\overset{}{C}}}=O + \text{Donator} \qquad \text{VII c}$$

Zum Unterschied von WIRTZ nimmt also SCHMITT an, daß außer den Protonen auch Elektronen über die Wasserstoffbrücke wandern sollen, was WIRTZ als unwahrscheinlich ansieht[2]. Nun ist aber sehr wahrscheinlich nicht die Ionisierung (Abgabe von Protonen) sondern die Ausbreitung von Elektronenverschiebungen für die Erklärung der Rolle der Eiweißkörper in der Biokatalyse, insbesondere in der Oxydationskatalyse, wesentlich, denn die Aufnahme bzw. Abgabe von Elektronen — und zwar von einzelnen Elektronen, nicht von Elektronenpaaren — dürfte nach MICHAELIS (s. S. 998) derjenige Teilvorgang eines Oxydationsprozesses sein, der für die Aktivierungsenergie und damit für die Geschwindigkeit eines derartigen Vorganges entscheidend ist.

Eine unmittelbare Beteiligung der spezifischen Seitenketten der Aminosäuren, insbesondere der in ihnen enthaltenen aromatischen und heterocyclischen, also zur Mesomerie befähigten Reste, ist weder für die Auffassung von WIRTZ noch für die von SCHMITT entscheidend.

[1] SCHEIBE, G., in: Zwischenmolekulare Kräfte. Hrsg. FRIEDRICH-FREKSA, H., B. RAJEWSKY u. M. SCHÖN. Karlsruhe 1949, S. 116, u. zw. S. 136. — [2] WIRTZ, K.: Z. Naturforsch. 3 b, 131 (1948). Zwischenmolekulare Kräfte. Karlsruhe 1949.

Aber gerade diese Beteiligung der aromatischen Reste muß auf Grund vieler Erfahrungen[1] angenommen werden. SCHMITT, der diese Fragen im Hinblick auf die Bedeutung der Imidazolreste des Histidins beim Aufbau der Häminproteide[2] berührt, spricht zwar von einem Elektronenaustausch zwischen dem Imidazolkern und dem Ende einer Säureamidkette über eine Wasserstoffbrücke (Formel VIII; vgl. dazu auch S. 742f.)[3], nimmt aber im übrigen an, daß die Säureamidkette nur über aliphatische Kohlenstoffatome mit den variablen Resten der Aminosäuren, z. B. den aromatischen Gruppierungen, verknüpft und damit gegen Elektronenübergänge gut isoliert sei. SCHEIBE[4] hält demgegenüber eine Energiefortleitung über das α-C-Atom hinweg für möglich.

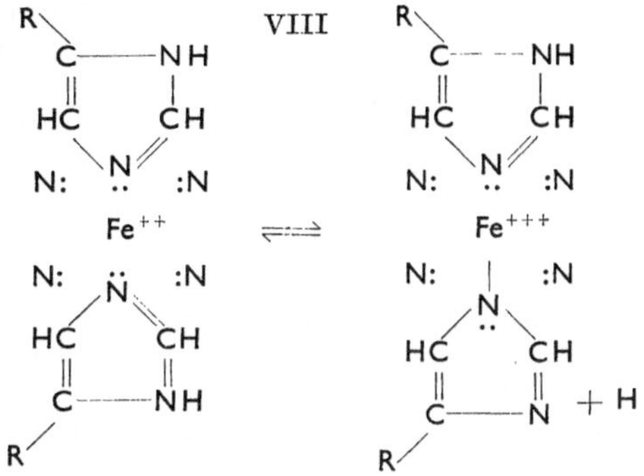

Es sei darauf hingewiesen, daß diese „Isolierung" an jeder erforderlichen Stelle unterbrochen werden kann durch den Einbau dehydrierter Aminosäuren in die Proteinkette, wodurch die aromatischen Reste der Seitenketten über ein geschlossenes System konjugierter Doppelbindungen mit der Säureamidkette verbunden werden (Formel IX)[5].

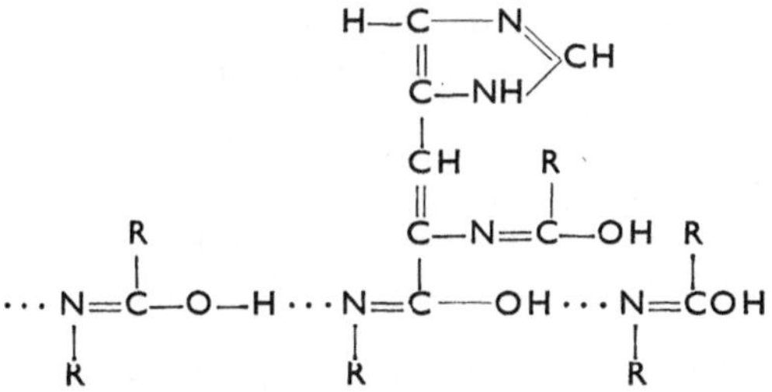

Andere Mechanismen der Energieleitung in Proteinen sind in Anlehnung an die Theorie der Energieleitung in Krystallphosphoren[6] vorgeschlagen[7] und zum Teil experimentell begründet[8-10] worden.

Betrachtungen dieser Art, deren Weiterentwicklung und Klärung abzuwarten sein wird, dürften von wesentlicher Bedeutung für das Verständnis der merkwürdigen Rolle der Proteine beim Aufbau der Biokatalysatoren sein. Man wird die Ursache für die eindrucksvolle Aktivierung, also die Erniedrigung der

<hr>

[1] BÜCHER, TH., u. J. KASPERS: Naturwiss. 33, 93 (1946). — Vgl. auch THEORELL, H.: Ergebn. Enzymforsch. 9, 231 (1943). — JORDAN, P.: Naturwiss. 26, 693 (1938). — [2] PAULING, L., and C. D. CORYEL: Proc. nat. Acad. Sci. USA 22, 159 (1936). — Vgl. auch S. 742/43. — [3] SCHMITT, W.: Z. Naturforsch. 2b, 98 (1947) u. zw. S. 103. — [4] SCHEIBE, G., in: Zwischenmolekulare Kräfte. Hrsg. FRIEDRICH-FRESKA, H., B. RAJEWSKY u. M. SCHÖN. Karlsruhe 1949, S. 116, u. zw. S. 136. — [5] GRASSMANN, W.: Unveröffentlicht. — [6] RIEHL, N.: Ann. Physik (5) 29, 640 (1937). Angew. Chem. 51, 301 (1938). — RIEHL, N., u. M. SCHÖN: Z. Physik 114, 682 (1939). — [7] MÖGLICH, F., u. M. SCHÖN: Naturwiss. 26, 199 (1938). — JORDAN, P.: Naturwiss. 26, 693 (1938). — RIEHL, N.: Naturwiss. 28, 601 (1940). — EVANS, M. G., and J. GERGELY: Biochim. biophys. Acta, N.Y. 3, 188 (1949). — [8] FRÖHLICH, P., u. H. MISCHUNG: Kolloid-Z. 108, 30 (1944). — SZENT-GYÖRGYI, A.: Chemistry of Muscular Contraction. New York 1947. — [9] SCHEIBE, G.: Angew. Chem. 50, 51, 212 (1937); 52, 631 (1939). Kolloid-Z. 82, 1 (1938). Z. Elektrochem. 47, 73 (1941); 49, 372, 383 (1943). — SCHEIBE, G., R. MÜLLER u. R. SCHIFFMANN: Z. physik. Chem. (B) 49, 324 (1941). — SCHEIBE, G., in: Zwischenmolekulare Kräfte. Hrsg. FRIEDRICH-FREKSA, H., B. RAJEWSKY u. M. SCHÖN. Karlsruhe 1949, S. 116, Untersuchungen mit D. BRUCK u. L. REISCHLE. — [10] FRANCK, J., and E. TELLER: J. chem. Physics 6, 158 (1938). — MÖGLICH, F., u. R. ROMPE: Z. Physik 120, 741 (1943). — FÖRSTER, TH.: Naturwiss. 33, 166 (1946).

Aktivierungsenergie und die Erhöhung der Reaktionsgeschwindigkeit[1] (vgl. dazu
S. 998), welche sich bei der Angliederung bekannter niedermolekularer Wirkungsgruppen an bestimmte und spezifische Eiweißkörper ergibt, also diejenigen Erscheinungen, die den wesentlichsten und bis heute noch nicht erschöpfend
erklärbaren Teil der Enzymwirkung ausmachen, dem Verständnis näherbringen,
wenn man davon ausgeht, daß die prosthetische Gruppe mit ihrer Bindung an
den Proteidteil einem geordneten System in sich verbundener mesomeriefähiger
Anordnungen angegliedert wird, die eine Weiterleitung von Energie durch Verschiebung von Elektronen und Protonen über weite Molekülbereiche mit sehr
geringem Energieaufwand ermöglichen.

Die Fähigkeit der *spezifischen Bindung* ist eine weitere wichtige Eigenschaft
der Eiweißkörper, deren Bedeutung sich über das Problem der Ferment- und
Immunspezifität hinaus ohne Zweifel noch auf andere Bereiche des biologischen
Geschehens (Chromosomenkonjugation, Hormone, Antibiotica, Chemotherapeutica usw.) erstreckt. Es ist bereits in der Einleitung zu diesem Kapitel darauf
hingewiesen worden, daß der geordnete dreidimensionale Bau der Eiweißkörper
zwangsläufig zur Ausbildung von Grenzflächen führen muß, über die bestimmte
Reaktionsgruppen nach einem oft komplizierten, immer aber gesetzmäßigen
Muster verteilt sind. Eine Bindung an andere Proteine, aber auch an geeignete
niedermolekulare Stoffe, wird also dann eintreten können, wenn die räumliche
Anordnung der Reaktionsgruppen des Partners eine solche ist, daß eine große
Zahl von ihnen, sei es durch elektrostatische Anziehung von Ionenladungen, sei
es durch VAN DER WAALSsche Kräfte sich aneinander binden können[2]. Es
leuchtet ein, daß eine derartige Bindung, für die SCHEIBE[2] die anschauliche
Bezeichnung „Matrizenvalenz" vorschlug, wegen der vielen bindenden Stellen
gleichzeitig fest und spezifisch sein muß, aber häufig schon durch p_H-Änderung
infolge Entladung der bindenden Gruppen gelöst werden kann, wie dies unter
anderem z. B. bei der „reversiblen Dissoziation" der Proteine beobachtet wird.

PAULING hat den Versuch gemacht, auf dieser Basis auch für die Entstehung
der Antikörper im Organismus ein anschauliches Bild zu entwerfen[3]. Er geht
dabei aus von Versuchen, welche die Bildung von Antikörpern in vitro aus Globulinen bei längerer Einwirkung des Antigens wahrscheinlich machen, und zwar
unter Bedingungen, die mit einer teilweisen Denaturierung des Globulins verbunden sind. Die Vorstellung, daß das „geknäuelte" Globulinmolekül sich bei
seiner Denaturierung entfalte und eine erneute Faltung unter entsprechender
Anpassung an die Reaktionsgruppen des Antigens erfahre, dürfte zwar in dieser
speziellen Form kaum haltbar sein; der allgemeine Gedanke aber, daß die Antikörperbildung auf einer räumlichen Umlagerung vorhandener Proteinstrukturen
bestimmter Globuline unter Anpassung an die Reaktionsgruppen des Antigens
beruhe, kann wohl als eine sehr plausible Erklärung der Antikörperbildung
gelten, und jedenfalls als die einzige bisher verfügbare. Ähnliche „Faltungsmechanismen" können auch für die Bildung antibiotischer Stoffe in Frage
kommen (vgl. dazu Penicillin, S. 578).

Während in den Betrachtungen von PAULING, FRIEDRICH-FREKSA, WIRTZ,
SCHEIBE u. a. zum Problem der spezifischen Affinität, etwa von Antigen und
Antikörper, VAN DER WAALSsche Kräfte sowie elektrostatische Anziehung
zwischen Ionen, oder allgemeiner zwischen polaren Gruppen von spezifischer

---

[1] Vgl. FRIEDRICH-FREKSA, H., in: Zwischenmolekulare Kräfte. Hrsg. FRIEDRICH-FREKSA,
H., B. RAJEWSKY u. M. SCHÖN. Karlsruhe 1949, S. 112. — s. a. BÜCHER, TH., u. J. KASPERS:
Naturwiss. **32**, 93 (1946). Biochim. biophysica Acta, N. Y. **1**, 21 (1947). — BUU-HOI: Bull. Soc.
chim. France, Mém. [5] **13**, 115 (1946). — [2] SCHEIBE, G.: Zwischenmolekulare Kräfte. Karlsruhe 1949, S. 116, u. zw. S. 139. — FRIEDRICH-FREKSA, H.: siehe [1]. — [3] PAULING, L.:
Am. Soc. **62**, 2643 (1940).

räumlicher Anordnung, im Vordergrund stehen, sucht Jordan[1] diese Phänomene auf sog. „quantenmechanische Resonanzanziehung" zurückzuführen, d. h. auf anziehende Kräfte, die — vorzugsweise bei komplizierten Molekülen — zwischen zwei bzw. drei gleich oder fast gleich strukturierten Molekülteilen dann auftreten können, wenn sie so gelagert werden, daß das Ganze Symmetrie in bezug auf eine zweizählige oder dreizählige Achse besitzt. Als experimentelle Stütze betrachtet Jordan unter anderem die aufsehenerregenden Versuche von Rothen[2], aus denen geschlossen wurde, daß die spezifische Anziehung zwischen Antigen und Antikörper, ja sogar die enzymatische Katalyse, noch durch eine Zwischenschicht neutralen Materials von zum Teil mehr als 200 Å Dicke hindurch zustande kommen kann. Man wird die endgültige Klärung sowohl der Versuche von Rothen sowie der Schlußfolgerungen von Jordan abwarten müssen. Es sei jedoch darauf hingewiesen, daß nach Überschlagsrechnungen, welche Friedrich-Freksa[3] im Hinblick auf die anzunehmenden Fernkräfte bei der Chromosomenkonjugation angestellt hat, auch rein elektrostatische Anziehungskräfte, welche von Dipolen in bestimmter struktureller Anordnung ausgehen, über einen Bereich von 500—1000 Å wirksam sein können.

Es dürfte kaum zweifelhaft sein, daß Spezifitätskräfte ähnlicher Art, wie sie für die Reaktionen etwa zwischen Antigenen und Antikörpern verantwortlich sind, auch den Zusammentritt mehrerer Proteingrundmoleküle zu meist reversibel dissoziierbaren *Systemen höherer Ordnung* bedingen. Die hierher gehörenden Erscheinungen sind bereits berührt worden, soweit sie sich auf das Auftreten von ganzzahligen Vielfachen, der sog. Svedberg-Einheit (Molekulargewicht 17 500) und auf die reversible Dissoziation der Eiweißkörper beziehen. Am ausführlichsten studiert sind sie indessen bei den pflanzlichen *Viren* und den *Hämocyaninen*, die man ihrer extrem hohen Molekulargewichte wegen als eine Sondergruppe der Proteine betrachten muß. Nach den vorliegenden Ergebnissen müssen auch diese Proteine, für die Molekulargewichte in der Größenordnung zwischen einer und 100 Millionen gefunden sind, als streng geordnete, nach einem bestimmten Bauplan aus kleineren Einheiten aufgebaute Systeme betrachtet werden.

Der Aufbau eines solchen Eiweißübermoleküls soll an dem besonders gut untersuchten Beispiel des Tabakmosaikvirus erläutert werden, dessen allgemeiner Aufbauplan durch das Zusammengreifen zahlreicher Untersuchungsmethoden weitgehend klargestellt werden konnte.

Das Molekulargewicht des von Stanley[4] in reiner krystallisierter Form isolierten Virus ist von Schramm und Bergold[5] aus Diffusions- und Sedimentationsmessungen in der Ultrazentrifuge endgültig zu 40,7 Millionen bestimmt worden. Im Elektronenmikroskop erweist sich das Virus als Stäbchen von etwa 2500 Å Länge und 150 Å Dicke (s. S. 662 und 773). Nach den Röntgenuntersuchungen von Bernal und Fankuchen[6] läßt sich in dem Virus eine rhomboedrische Elementarzelle von einer Kantenlänge von 87 Å und einer Höhe von 68 Å feststellen, entsprechend einem Molekulargewicht von 370 000. Drei solcher Elementarzellen sind zu einem hexagonalen Scheibchen vereinigt, dessen Durchmesser sich damit zu 150 Å ergibt (vgl. Abb. 73 b, S. 680). In alkalischer Lösung zerfällt das Tabakmosaikvirus in definierte Spaltstücke[7], die sich unter geeigneten Bedingungen wieder zu einem hochmolekularen

[1] Jordan, P.: Physik. Z. **39**, 711 (1938). Naturwiss. **29**, 89 (1941); **32**, 19 (1944). Z. Immun.-Forsch. **79**, 330 (1939). Z. Physik **113**, 431 (1939). Eiweißmoleküle. Stuttgart 1947. Zwischenmolekulare Kräfte. Hrsg. Friedrich-Freksa, H., B. Rajewski u. M. Schön. Karlsruhe 1949, S. 70. — [2] Rothen, A.: J. biol. Ch. **163**, 345 (1946); **167**, 299 (1947); **168**, 75 (1947). Adv. Protein Chem. **3**, 123 (1947). Rev. sci. Instr. **16**, 26 (1945). — [3] Friedrich-Freksa, H.: Naturwiss. **28**, 376 (1940). — [4] Stanley, W. M.: Science N. Y. **81**, 644 (1935). — [5] Schramm, G., u. G. Bergold: Z. Naturforsch. **2** b, 108 (1947). — [6] Bernal, J. D., and I. Fankuchen: J. gen. Physiol. **25**, 111, 147 (1941). — Vgl. auch Opatowski, I.: J. gen. Physiol. **33**, 171 (1949). — [7] Schramm, G.: Z. Naturforsch. **2** b, 112 (1947).

Protein vereinigen, das sehr ähnliche physikalisch-chemische Eigenschaften wie das ursprüngliche Protein, jedoch keine Vermehrungsfähigkeit aufweist[1].

Molekulargewichte und Formkonstanten der Spaltstücke konnten durch Diffusions- und Sedimentationsmessungen in der Ultrazentrifuge festgelegt werden[2]. Es ergibt sich, daß das langgestreckte Virusmolekül zunächst in Untereinheiten zerfällt, deren Molekulargewichte jeweils $^5/_6$, $^4/_6$, $^3/_6$, $^2/_6$ und $^1/_6$ des ursprünglichen Virus betragen. Diese Teilchen haben alle den gleichen Querdurchmesser wie das ursprüngliche Stäbchen und entstehen, indem dieses durch Querteilungen in Bruchstücke entsprechender Länge (vgl. Abb. 73 a) auseinanderfällt. Daneben entstehen zwei unter sich verschiedene Arten kleinerer Spaltstücke vom Molekulargewicht 360000, die ihrerseits wieder in drei Teilchen mit einem Molekulargewicht von 120000 zerfallen können. Das gefundene Molekulargewicht von 360000 entspricht der Annahme, daß das ursprüngliche Molekül in $108 = 6 \cdot 18$ Untereinheiten zerfallen ist. Die Spaltstücke vom Molekulargewicht 360000 scheinen Stäbchen von 42 Å Länge und 30 Å Durchmesser zu sein; sie dürften also aus dem Sechstel-Molekül durch eine Längsspaltung in $18 = 3 \cdot 6$ Untereinheiten entstanden sein. Mit der BERNALschen Elementarzelle stimmen diese Einheiten hinsichtlich des Molekulargewichtes überein, nicht aber hinsichtlich des Achsenverhältnisses. Die Autoren nehmen daher an, daß die Spaltstücke die 6fache Länge, aber nur $^1/_6$ der Grundfläche aufweisen wie die röntgenoptisch gefundene Elementarzelle. Abb. 73 zeigt schematisch die angenommene Aufspaltung des ursprünglichen Virusmoleküls in 6 Untereinheiten (a) sowie die weitere Aufspaltung des Sechstel-Moleküls in die Stäbchen vom Molekulargewicht 360000 (b). Die BERNALsche Elementarzelle ist durch stärkere Umrandung hervorgehoben. Bemerkenswerterweise unterscheiden sich die beiden in ihrem Molekulargewicht und ihren Formkonstanten übereinstimmenden stäbchenförmigen Spaltstücke vom Molekulargewicht 360000 dadurch, daß die einen von ihnen nucleinsäurehaltig und die anderen nucleinsäurefrei sind. Es wird angenommen, daß nur die an der Oberfläche der Virusstäbchen gelegenen Untereinheiten Nucleinsäure tragen, die inneren dagegen keine.

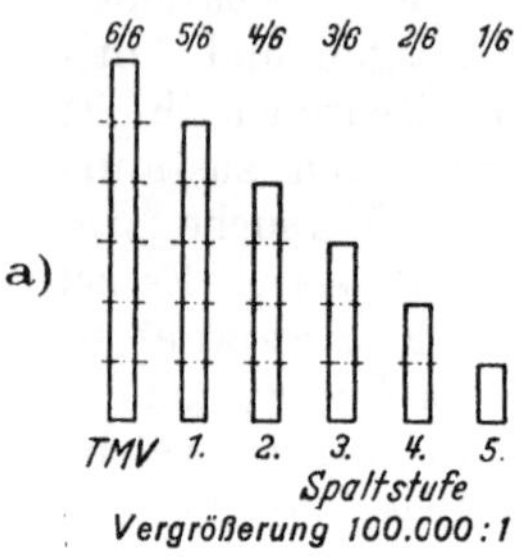

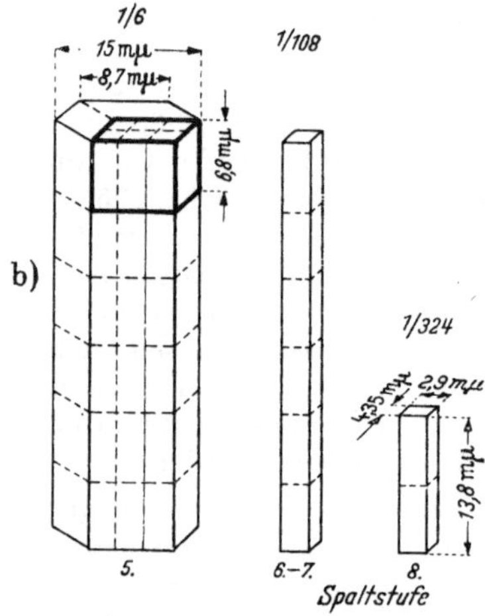

Abb. 73. Schema der Spaltung von Tabakmosaikvirus. [Nach SCHRAMM, G.: Z. Naturforsch. 2 b, 112 (1947).]

Beim Tabakmosaikvirus und anderen, ihm nahestehenden pflanzenpathogenen Virusarten (Tabaknekrosevirus, Bushy-stunt-Virus der Tomaten, Kartoffel-X-Virus usw.), deren Molekulargewichte im Bereich zwischen etwa 3 und 50 Millionen gefunden worden sind, handelt es sich um die niedrigstmolekularen Vertreter der Viren. Ihnen schließen sich in einer Reihe steigenden Teilchengewichts, steigender morphologischer und chemisch-physiologischer Differenzierung die Bakteriophagen[3] sowie die zahlreichen, für Mensch und Tier pathogenen Virusarten[4] an. Ihre Endglieder, die sog. großen Virusarten (Bronchopneumonie der Maus, Psittakose, Lymphogranuloma inguinale, Trachom), die nach einem Vorschlag von RUSKA[5] zu einer eigenen Organismengruppe, den „Cysticeten" zusammengefaßt werden können, bilden die Brücke zu den kleinsten Lebewesen von unbestreitbarer Zellstruktur, den Rickettsien. Schon die mittleren Glieder

---

[1] SCHRAMM, G.: Z. Naturforsch. 2 b, 249 (1947). — [2] Siehe Fußnote [7], S. 679. — [3] Vgl. z. B. DELBRÜCK, M.: Naturwiss. 34, 301 (1947). — [4] Vgl. z. B. RUSKA, H.: Scientia, Asso 37, 16 (1943). — SCHRAMM, G.: Fortschr. Chem. org. Naturstoffe 4, 87 (1945). — LÖWE, H.: Pharmazie 4, 537 (1949). — [5] RUSKA, H., u. K. POPPE: Z. Naturforsch. 2 b, 35 (1947).

dieser Reihe zeigen Teilchengewichte, die um 2—3 Zehnerpotenzen höher sind
als das Molekulargewicht des Tabakmosaikvirus (z. B. Virus der klassischen
Geflügelpest 400 Millionen[1], das der atypischen Geflügelpest 800 Millionen[1],
Polyedervirus der Insekten etwa 1000 Millionen[2]); das Molekulargewicht des
Tabakmosaikvirus aber verhält sich zu demjenigen eines Albumins etwa wie
das des Albumins zur Aminosäure. Nur die höher organisierten Virusarten
scheinen über Fermente[3] und damit über selbständige Stoffwechselfunktionen
zu verfügen, mit denen zugleich in vielen Fällen Empfindlichkeit gegen Chemotherapeutica auftritt. Eine relativ weitgehende morphologische Differenzierung
zeigt sich bei den Bakteriophagen, aber auch (z. B. in Form funktionell wenig
geklärter Granula usw.) bei den meisten höheren Virusarten. Im allgemeinen
wird das Auftreten von Zellkern und Membran als der entscheidende Schritt
des Überganges zur Zellstruktur angesehen. Man wird aber darauf hinweisen
müssen, daß nach den Befunden und Vorstellungen von SCHRAMM und Mitarbeitern schon beim Tabakmosaikvirus die an der Virusoberfläche befindlichen
Proteineinheiten sich durch ihren Gehalt an Nucleinsäure von den im Inneren
befindlichen unterscheiden[4], die Oberfläche des Virus also von einer „Haut"
aus Nucleinsäure überzogen sein soll.

Diese Gegenüberstellungen mögen zeigen, wie groß die Kluft zwischen den
„einfachen" Proteinen und den kleinsten und primitivsten lebenden Zellen ist,
zugleich aber auch, durch wieviele Zwischenglieder sie schon nach unseren heutigen
Kenntnissen überbrückt wird.

Die merkwürdigste Eigenschaft der Viren und zugleich diejenige, die ihrer
Pathogenität zugrunde liegt, ist die Fähigkeit, sich im Organismus der Wirtszelle zu *vermehren*, wobei deren eigenes Eiweiß in Viruseiweiß umgewandelt wird.
Bei den niederen Viren von der Art des Tabakmosaikvirus scheint die Vermehrungsfähigkeit die *einzige* Eigenschaft zu sein, welche sie mit lebenden Zellen
gemeinsam haben. Andererseits gilt es als abgrenzende Eigentümlichkeit der
Viren gegenüber höheren Lebewesen, daß diese Vermehrung nur innerhalb der
lebenden Zelle des Wirtsorganismus möglich sein soll. Indessen sollte man sich
darüber im klaren sein, wie rasch dieses unterscheidende Merkmal durch neue
experimentelle Fortschritte zu Fall gebracht werden kann.

In den einfacheren Virusarten erblicken wir also Eiweißkörper, welche die
Fähigkeit besitzen, sich zu vermehren, allerdings nur im Wirtsorganismus. Aber
diese Eigenschaft ist sicher nicht den Virusstoffen allein eigentümlich. Sie kommt
offenbar vielen Eiweißkörpern der Zelle zu, wahrscheinlich allen Nucleoproteiden,
und unter ihnen insbesondere den Genen. Die Fähigkeit bestimmter Eiweißarten,
neu hinzukommenden Bausteinen immer wieder den eigenen oder doch jedenfalls
einen genau determinierten Bauplan aufzuzwingen *(Prinzip der identischen
Reproduktion[5])*, ist unter allen Eiweißeigenschaften wohl diejenige, die am
tiefsten an die Geheimnisse der Lebensvorgänge heranführt.

Zur Erklärung dieses Sachverhaltes könnte man darauf hinweisen, daß ja
auch beim Wachstum einfacher Krystalle die einmal vorhandene Struktur des
Ionen- oder Molekülgitters neu hinzutretenden Bausteinen ihren Platz vorschreibt
und zwar aus energetischen und elektrostatischen Gründen, die in einfachen
Beispielen leicht überschaubar sind. So hängt es z. B. unter geeigneten Bedingungen von der Art des Impfkrystalls ab, ob aus einer an Calcium- und Carbona-
tionen übersättigten Lösung Kalkspat oder Aragonit auskrystallisiert.

---

[1] SCHÄFER, W., u. G. SCHRAMM: Z. Naturforsch. 5 b, 91 (1950). — [2] BERGOLD, G.: Z.
Naturforsch. 2 b, 122 (1947). — [3] Vgl. dazu BAUER, D. J.: Nature 164, 767 (1949). —
[4] SCHRAMM, G.: Z. Naturforsch. 2 b, 249 (1947). — [5] FRIEDRICH-FREKSA, H.: Naturwiss.
28, 376 (1940).

FRIEDRICH-FREKSA[1] hat für die Konjugation von Chromosomen und für die „Reproduktion“ von Proteinen an Nucleinsäuren eine Modellvorstellung entworfen, bei der die elektrostatische Anziehung zwischen anionischen und kationischen Gruppen eine ähnliche Rolle spielt, wie die Ionenanziehung beim Krystallwachstum. Er geht davon aus, daß in den Chromosomen Eiweiß der ganzen Länge nach durchgehend vorhanden ist, während sich die Nucleinsäure nur an bestimmten basischen Stellen, dem Aufbaumuster des Proteins entsprechend, salzartig anlagern soll. Dieser Aufbau bedingt, daß an solchen Stellen ein Dipolmoment *quer* zur Faserrichtung auftreten kann. Wenn diese Dipole parallel zueinander und senkrecht zur Längsachse gerichtet sind, können elektro-

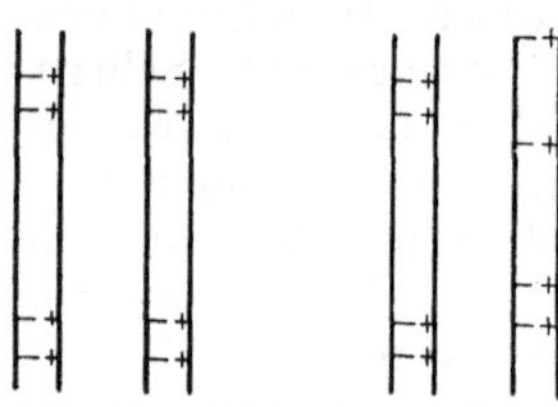

Abb. 74. Gleichartige und ungleichartige Anordnung von gleichsinnig quer zur Längsachse ausgerichteten Dipolen auf zwei parallelen Fäden. [Nach FRIEDRICH-FREKSA, H.: Naturwiss. 28, 376 (1940).]

statische Anziehungskräfte von erheblicher Reichweite auftreten, jedoch nur zwischen Chromosomen, die in bezug auf ihr Dipolmuster gleich sind und sich gleichgerichtet gegenüberliegen (Abb. 74)[2] (Konjugation).

Die „identische Reproduktion“ von Nucleoproteiden wird nun folgendermaßen gedeutet: Maßgebend für die spezifische Struktur des Eiweißmoleküls soll das Ladungsmuster der positiven Ladungen der Hexonbasen sein. Die Nucleinsäure lagert sich an diesen Stellen an und bildet das Ladungsmuster mit negativer Ladung ab. Diese negativen Stellen können nun ihrerseits wieder als Anlagerungsort für solche Eiweißbruchstücke dienen, die Teile des Ladungsmusters der positiven Ladungen enthalten. So soll sich auf den negativen Stellen erneut das Ladungsmuster der positiven Stellen in seiner spezifischen Anordnung abbilden.

Die Schwäche der Vorstellung von FREKSA liegt darin, daß dieser Mechanismus, ähnlich wie die Anlagerung von Anionen und Kationen an ein Krystallgitter, grundsätzlich beliebig oft wiederholt werden kann. Denn man darf über der gewiß vorhandenen Ähnlichkeit einen prinzipiellen Unterschied zwischen Krystallwachstum und Proteinvermehrung nicht übersehen; er besteht darin, daß den dreidimensional geordneten Proteinmolekülen neben dem gitterartigen Aufbau, den sie mit den Krystallen gemeinsam haben, eine bestimmte Größe und Form eigentümlich ist. Sie sind im geometrischen Sinne des Wortes Eiweiß*körper*[3] von definierter Ausdehnung und Begrenzung. Es bedarf also auf jeden Fall noch zusätzlicher Annahmen darüber, wie die einmal gebildete spezifische Polypeptidkette sich von der Nucleinsäure trennen soll (grundsätzlich könnte dazu schon eine p_H-Änderung genügen) und nach entsprechender Faltung zu Grundkörpern definierter Größe und Form zusammentritt, deren Aneinanderlagerung über spezifisch strukturierte Grenzflächen (s. S. 678) schließlich zum Aufbau vollständiger Proteinmoleküle führt. Die Bewährung der unter anderem von PAULING und JORDAN zu diesen Fragen entwickelten Vorstellungen[4] bleibt abzuwarten.

Wie auch im einzelnen die Dinge ihre Deutung finden werden, feststehen dürfte, daß die Neubildung von Eiweißstoffen bestimmter Struktur und Spezifität immer die Anwesenheit des gleichen Proteins oder bestimmter, spezifisch

---

[1] FRIEDRICH-FREKSA, H.: Naturwiss. 28, 376 (1940). — [2] Ein ähnlicher Mechanismus ist übrigens für die Zuordnung der „Filamente“ beim Faseraufbau anzunehmen (s. oben, S. 660). — [3] Diesem Sachverhalt entsprechend sollte man die Bezeichnung Eiweiß*körper* den räumlich geordneten Strukturen nativer Proteine vorbehalten, während als Eiweiß*stoffe* die gesamten Proteine, einschließlich der denaturierten und abgebauten, zu bezeichnen wären. — [4] Vgl. JORDAN, P.: Eiweißmoleküle. Stuttgart 1947.

gebauter Nucleoproteide zur Voraussetzung hat. Die alten vitalistischen Grundsätze „omne vivum ex vivo" und „omnis cellula ex cellula eiusdem generis" können daher heute durch den Satz „omne proteinum ex proteino" zusammengefaßt und unterbaut werden[1], mit dem im Grunde nur die alte Erfahrung der Biologen „omnis structura ex structura" nach dem Bereich der molekularen Strukturen hin erweitert wird.

b) Spezieller Teil[2].
Von G. BLIX, K. FELIX, W. GRASSMANN und J. TRUPKE.

Inhaltsverzeichnis.

Seite

Einteilung der Eiweißstoffe 684

α) Albumine. Von W. GRASSMANN und J. TRUPKE 685
   1. Albumine der Tierwelt 686
      a) Eieralbumin S. 686. — b) Serumalbumin S. 688. — c) Lactalbumin S. 688.
   2. Albumine der Pflanzenwelt 689
      a) Leukosin S. 689. — b) Legumelin S. 689. — c) Ricin S. 689.

β) Globuline. Von W. GRASSMANN und J. TRUPKE 690
   1. Globuline der Tierwelt 692
      a) β-Lactoglobulin S. 692. — b) Serumglobuline S. 693. — c) Fetuin S. 695. —
      d) BENCE-JONESsches Protein S. 695. — e) Hormon- und Fermentproteine S. 695.
   2. Globuline der Pflanzenwelt 701
      a) Globuline der Ölsamen. Edestin S. 702. — b) Globuline der Leguminosensamen.
      Glycinin S. 703. — c) Andere Pflanzenglobuline S. 704.

γ) Prolamine und Gluteline. Von W. GRASSMANN und J. TRUPKE 704
   1. Prolamine 706
      a) Gliadin S. 706. — b) Hordein S. 706. — c) Zein S. 707.
   2. Gluteline 707
      a) Glutenin S. 707. — b) Reiseiweiß S. 707. — c) Die Eiweißstoffe der grünen
      Blätter S. 707.

δ) Globine. Von W. GRASSMANN und J. TRUPKE 708

ε) Protamine und Histone. Von K. FELIX 709
   1. Protamine 709
      a) Vorkommen S. 709. — b) Geschichtliches S. 709. — c) Darstellung S. 709. —
      d) Eigenschaften der Protamine S. 710. — e) Zusammensetzung und Einteilung S. 710.
      f) Salze der Protamine S. 712. — g) Der Bau der Protamine S. 713. — h) Clupein
      S. 714. — i) Salmin, Truttin, Iridin S. 715. — k) Sturin S. 715. — l) Die Biologie
      der Protamine S. 716. — Bildung S. 716.
   2. Histone 717
      a) Vergleich von Histonen und Protaminen S. 717. — b) Vorkommen S. 718. —
      c) Darstellung S. 718. — d) Eigenschaften und Zusammensetzung S. 718. — e) Thymushiston S. 718.

ζ) Skleroproteine. Von W. GRASSMANN und J. TRUPKE 719
   1. Kollagen, Gelatine 721
   2. Elastin 726
   3. Fibrin und Fibrinogen 727
   4. Myosin, Actin und Actomyosin 729
   5. Keratine 733
   6. Seidenfibroin und Seidenleim (Sericin) 735
   7. Skelettine 737

---

[1] GRASSMANN, W.: Alte und neue Probleme in der Chemie der Lebensvorgänge (Vortrag). Wirtschaft und Wissenschaft. Regensburg 1949.

[2] An der Bearbeitung des 1944 vernichteten Erstdrucks war Prof. Dr. L. ZERVAS, Athen, beteiligt. Bei der Neuabfassung dieses Kapitels im Jahre 1949 sind kleine Teile seines Beitrags übernommen worden.

Seite
η) Phosphoproteide. Von W. GRASSMANN und J. TRUPKE 737
   1. Casein 738
   2. Vitellin 740
ϑ) Chromoproteide. Von W. GRASSMANN und J. TRUPKE 741
   1. Hämoglobin 741
   2. Myoglobin 746
ι) Metallproteide. Von W. GRASSMANN und J. TRUPKE 747
   1. Ferritin 747
   2. Hämocyanine 747
ϰ) Lipoproteide. Von W. GRASSMANN und J. TRUPKE 750
λ) Glykoproteide. Von G. BLIX 751
   1. Definition und allgemeine Kennzeichen 751
   2. Kohlenhydrate der Glykoproteide 752
      a) Saure Mucoploysaccharide S. 752. — b) Neutrale Polysaccharide S. 757.
   3. Einteilung der Glykoproteide 759
   4. Einzelne Glykoproteide 760
      a) Acido-Glykoproteide S. 760. — b) Neutro-Glykoproteide S. 763. — c) Glyko-
      proteide mit unbekannter Kohlenhydratgruppe S. 766.
   5. Biologie der Glykoproteide und Mucopolysaccharide. 766
μ) Nucleoproteide. Von W. GRASSMANN und J. TRUPKE 767
ν) Viren. Von W. GRASSMANN und J. TRUPKE 771

Einteilung der Eiweißstoffe.

Üblicherweise gliedert man nach einem Vorschlag von HOPPE-SEYLER[1] die Eiweißstoffe in die *einfachen Eiweißstoffe* oder *Proteine,* die ausschließlich aus Aminosäureresten aufgebaut sind, und in die *zusammengesetzten Eiweißstoffe* oder *Proteide,* die neben Aminosäuren noch eine mehr oder weniger große Menge anderer Bausteine als wesentlichen Bestandteil, meist sogar als funktionell wichtige „*prosthetische Gruppe*" des Moleküls enthalten. Dieses Einteilungsprinzip ist indessen einigermaßen fragwürdig geworden, seitdem festgestellt ist, daß auch typische Vertreter der „einfachen" Eiweißstoffe, wie z. B. Albumine und Globuline[2] sowie Kollagen[3] Kohlenhydrate in zwar vergleichsweise geringer Menge, aber doch als wesentlichen Bestandteil ihres Moleküls enthalten. Immerhin ist der Kohlenhydratanteil dieser Proteine wesentlich geringer als bei den Glykoproteiden im engeren Sinn. Im folgenden werden daher in Anlehnung an das bisherige Einteilungsprinzip diejenigen Eiweißstoffe, welche derartige Bestandteile nicht oder nicht als funktionell und mengenmäßig wesentliche Komponenten enthalten, vor den eigentlichen zusammengesetzten, den „Proteiden" behandelt.

Andererseits können von den *Faserproteinen (Skleroproteinen)* und anderen Eiweißkörpern, welche makroskopisch oder mikroskopisch sichtbare Strukturen aufbauen, die sog. *Sphäro-* oder *Blockproteine* (s. oben, S. 647 u. 671) unterschieden werden. Obwohl eine solche Unterscheidung für die typischen Repräsentanten auf sehr ausgesprochene Unterschiede der Funktion und des Aufbaus begründet werden kann, wird sie doch durchbrochen durch Übergangstypen (Fibrinogen, Myosinogen usw.) sowie durch die Möglichkeit der Umwandlung von Sphäroproteinen in Faserproteine (vgl. S. 666 u. 671).

Innerhalb der einzelnen Gruppen ergeben sich die üblichen Abgrenzungen im allgemeinen auf Grund von Unterschieden der Löslichkeit, des physikalischen Verhaltens oder der biologischen Funktion.

---

[1] HOPPE-SEYLER, F.: Handbuch der physiologischen und pathologisch-chemischen Analyse. 4. Aufl. 1875, S. 229. — [2] SØRENSEN, M., u. G. HAUGAARD: C. R. Lab. Carlsberg **19**, Nr. 12 (1933). — [3] GRASSMANN, W., u. H. SCHLEICH: B.Z. **277**, 320 (1935).

α) **Albumine.**

Die Albumine sind koagulierbare Eiweißstoffe, die sich — im Gegensatz zu den Globulinen — in reinem, elektrolytfreiem Wasser lösen. Auch von verdünnten Salzlösungen, Säuren und Alkalien werden sie leicht gelöst. Die Lösungen der Albumine gehen durch dünne Ultrafilter und manche Kollodiummembranen hindurch, eine Eigenschaft, die andere koagulierbare Eiweißstoffe nicht aufweisen; dies entspricht dem relativ geringen Molekulargewicht der Albumine (vgl. S. 646). Die leichte Löslichkeit der Albumine äußert sich ferner in ihrem

Tabelle 120. Elementare Zusammensetzung und physikalische Konstanten von Albuminen.

Eiweißstoffe	Gehalt in % an				$[\alpha]_D$	Koagulations-temperatur ° Celsius
	C	H	N	S		
Eieralbumin . . .	52,7	7,1	15,6	1,6	—30,7	56
Serumalbumin . .	53,0	6,9	15,1	1,8	—57—64	67
Lactalbumin . . .	52,2	7,2	15,8	1,7	—37	72
Leukosin	53,0	6,8	16,8	1,3	—	65
Legumelin	53,3	6,9	16,2	1,1	—	60
Ricin	52,0	7,0	16,5	1,3	—40	60—70

Tabelle 121. Bausteinanalyse von Albuminen[1] (g-%).

Aminosäure	Kryst. Eier-albumin[2]	Serum-albumin (Mensch)[3]	Milch-albumin (Kuh)	Leukosin (Weizen)	Legumelin (Erbse)	Ricin
Glycin	3,3	1,6	0,0	0,9	0,5	0
Alanin	7,4	—	2,4	4,4	0,9	1,0
Valin	6,8	7,7	6,4	0,2	0,7	2,0
Leucin und Isoleucin . .	10,7	12,7	14,0	11,3	9,6	16,0
Phenylalanin	5,6	7,8	5,4	3,8	4,8	0,4
Tyrosin	4,4	4,7	4,4	3,3	1,5	2,7
Tryptophan	1,3	0,2	2,5	1,2	+	0,4
Threonin		5,0	5,4			
Glutaminsäure	16,3	17,4	13,4	6,7	12,9	20,0
Oxyglutaminsäure . . .	1,4	—	—	—	—	—
Asparaginsäure	8,2	10,4	9,7	3,4	4,1	2,0
Prolin	4,3	5,1	3,8	3,2	3,9	4,6
Oxyprolin	—	—	—	—	—	—
Serin	7,6	3,7	4,9	—	—	—
Cystin	2,3	11,2	4,1	1,5	—	1,0
Methionin	5,0	1,3	3,1	—	—	—
Arginin	5,8	6,2	3,9	5,9	5,4	11,7
Histidin	2,4	3,5	2,1	2,8	2,3	0
Lysin	5,1	12,3	9,6	2,7	3,0	6,3
Ammoniak	1,4	—	1,3	1,4	1,3	2,8
Summe (g-%)	109,3	104,8	96,4	52,7	50,9	70,9

[1] CALVERY, H. O.: In Schmidt, Proteins S. 217, Tab. 4. — COHN, E. J.: Ergebn. Physiol. **33**, 781 (1931). — OSBORNE, T. B.: The Vegetable Proteins. 2. Aufl. London 1924. — CALVERY, H. O.: J. biol. Ch. **94**, 613 (1931/32). — VICKERY, H. B., and A. SHORE: Biochem. J. **26**, 1101 (1932). — BAERNSTEIN, H. D.: J. biol. Ch. **106**, 451 (1934). — BERGMANN, M., and C. NIEMANN: J. biol. Ch. **118**, 301 (1937). — S. a. TRISTRAM, G. R.: Adv. Protein Chem. **5**, 84 (1949). — [2] BLOCK, R. J.: Adv. Protein Chem. **2**, 123, Table 1, S. 123/4, 1945. — [3] EDSALL, J. T.: Adv. Protein Chem. **3**, 383 u. zw. S. 464 (1947).

Tabelle 122. Molekulargewicht und Formeigenschaften einiger tierischer Albumine.

Protein	Mol.-Gew.		f/f_0
	M_S	M_G	
Ovalbumin	44000	40500	1,16
Serumalbumin (Pferd) . .	70000	68000	1,27
Lactalbumin	17400	—	1,16

M_S = Molekulargewicht aus Sedimentationsgeschwindigkeit.
M_G = Molekulargewicht aus Sedimentationsgleichgewicht.
f/f_0 = Reibungsquotient (vgl. Allgemeinen Teil S. 642).

Verhalten beim Aussalzen. Sie beanspruchen für ihre Aussalzung sehr hohe Salzkonzentrationen, eine Tatsache, die für ihre Trennung von anderen Eiweißstoffen, insbesondere den Globulinen, von besonderer Wichtigkeit ist. Bei den Albuminen überwiegen die sauren Eigenschaften, ihr isoelektrischer Punkt liegt in schwach saurem Gebiet. Kennzeichnend ist schließlich für die Albumine der geringe Gehalt an Glykokoll unter ihren Spaltstücken. Die Albumine unterscheiden sich von den Globulinen durch die weitgehend symmetrische Form ihrer Moleküle und durch ein wesentlich geringeres Dipolmoment, vgl. S. 617 und W. Kuhn S. 65.

Vorkommen. Die Albumine kommen *in der Natur meist vergesellschaftet mit den sog. Globulinen* vor, die ganz andere Löslichkeitseigenschaften als die Albumine besitzen, weshalb sie sich aus den natürlichen Eiweißgemischen leicht entfernen lassen. Die bestuntersuchten, auch in krystallisierter Form erhaltenen Albumine der Tierwelt sind das *Albumin aus dem Hühnerei*, das *Serumalbumin* und das *Milchalbumin*. Auch in der Pflanzenwelt kommen Albumine vor. Fast alle Pflanzensamen enthalten 0,1—0,5% wasserlösliche, koagulierbare Eiweißstoffe, die die wesentlichen Eigenschaften der tierischen Albumine besitzen. Unter ihnen sind besonders das *Leukosin* des Weizens, das *Ricin* aus der Ricinusbohne und das *Legumelin* aus Erbse und dergleichen zu erwähnen.

In den Tabellen 120 bis 122 sind elementare Zusammensetzung, physikalische Konstanten und die Ergebnisse der Bausteinanalyse einiger Albumine angeführt.

1. Albumine der Tierwelt.

a) Eieralbumin. Das Eieralbumin bildet den Hauptbestandteil des weißen Teils des Hühnereies (Eierklar). Wegen seiner leichten Zugänglichkeit war das Eieralbumin der häufigst untersuchte Eiweißstoff, gab er doch der ganzen Klasse der Eiweißstoffe den Namen.

Zur *Gewinnung von reinem, krystallisiertem Eieralbumin* benutzt man das folgende, von Sörensen[1] ausgearbeitete Verfahren.

Das Eiklar von frisch gelegten Eiern wird mit dem gleichen Volumen gesättigter Ammonsulfatlösung versetzt, wobei die begleitenden Eiweißstoffe, insbesondere Globuline, niedergeschlagen werden. Zu dem klaren Filtrat gibt man weiter gesättigte Ammonsulfatlösung bis zur bleibenden Trübung, ferner unter Umrühren so lange 0,2 n Schwefelsäure, bis in der Lösung eine Wasserstoffionenkonzentration von p_H = 4,6 bis 4,7 erreicht wird. Nach einiger Zeit, besonders rasch nach Animpfen, beginnt die Krystallisation des Eieralbuminsulfates, die erst nach mehrtägigem Stehen bei Zimmertemperatur beendet ist. Die Krystalle werden zur Reinigung wiederholt in Wasser gelöst und durch Zusatz von Ammonsulfat

---

[1] Sörensen, S. P. L., u. M. Höyrup: C. R. Lab. Carlsberg **12**, 12 (1917). H. **103**, 15 (1918). — Vgl. dazu auch Kekwick, R. A., and R. K. Cannan: Biochem. J. **30**, 227 (1936). — Ferner Hopkins F. G. and S. M. Pinkus: J. Physiol., London **23**, 130 (1898). — Hopkins, F. G.: J. Physiol., London **25**, 306 (1900).

wieder abgeschieden. Die Grenze der Fällbarkeit des Eieralbumins durch Ammonsulfat liegt bei 62 bis 68% der Sättigung. Zum Schluß reinigt man das Eiweiß durch Dialyse, zuerst gegen eine Phosphatpufferlösung, später gegen destilliertes Wasser. Auch Natriumsulfat kann (bei 25°) zur Ausfällung des Eieralbumins verwendet werden.

Bei der Gewinnung von krystallisiertem Eieralbumin ist ganz allgemein die Gegenwart von mehrwertigen Anionen erforderlich. Am günstigsten ist die Krystallisation in der Nähe des isoelektrischen Punktes des Eiweißstoffes. Die auf diese Weise erhaltenen Krystalle sind nach SÖRENSEN eine Verbindung von 2 Mol Eieralbumin und 3 Mol Schwefelsäure. Darstellung von elektrolytfreiem Eieralbumin[1]. Aus den Befunden bei der Komplexbildung von Ovalbumin mit einem Netzmittel (Dodecylbenzylsulfonat) schließt PALMER[2], daß im nativen Ovalbumin die Peptidschichten drei Grenzflächen, nämlich zwei unpolare und eine polare, besitzen. Bei Denaturierung in heißem Wasser und Orientierung durch Streckung wurden β-keratin-ähnliche Diagramme erhalten[3].

Den in der Tabelle 120 angeführten Angaben über die Elementarzusammensetzung des salzfreien Eieralbumins ist hinzuzufügen, daß es einen *Phosphorgehalt* von 0,1 bis 0,12% aufweist. Nach SÖRENSEN[4] stammt der Phosphorgehalt nicht von einer Verunreinigung, sondern bildet einen wesentlichen Bestandteil des Albuminmoleküls. Dies gilt auch für seinen Kohlenhydratgehalt, der dem Albuminmolekül in chemischer Bindung zugehört und 1,7% beträgt. Als Komponenten scheinen Mannose[5] sowie ein acetylierter Aminozucker[6] im Verhältnis 2:1 vorhanden zu sein. Denaturiertes Eieralbumin enthält im Gegensatz zum genuinen Protein aktive -SH-Gruppen[7] (vgl. S. 667). Das Molekulargewicht ist in älteren Arbeiten wiederholt zu 35000, in neueren übereinstimmend höher gefunden worden (s. Tabelle 122). Krystallisiertes Eieralbumin enthält zwei Komponenten[8] (A_1 und A_2), die durch Krystallisation nicht zu trennen sind. Sie unterscheiden sich in der elektrophoretischen Beweglichkeit[9] und im Phosphorgehalt[10]. A_1 enthält zwei Atome, A_2 ein Atom Phosphor; durch Spaltung mit spezifischen Phosphatasen kann der Phosphor teilweise oder vollständig (unter Bildung eines Proteins A_3) entfernt werden[11]. Fraktionierung durch Alkohol[12], Aminosäurezusammensetzung vgl. Tabelle 121. Unter Zugrundelegung eines Molekulargewichts von 46000 hat man je Molekül einen Gehalt von 36 Mol Asparaginsäure, von 50 bzw. 52 Molekülen Glutaminsäure und von 30 Mol Amidstickstoff errechnet[13]. Freie endständige Aminogruppen konnten im Eieralbumin, im Gegensatz zu anderen Albuminen nach der Methode von SANGER (vgl. S. 607) nicht nachgewiesen werden.

Eieralbumin wird wie die anderen Albumine von Pepsin leicht, von Pankreastrypsin langsam und nur nach Aktivierung mit „Enterokinase" angegriffen. Papain wirkt erst nach seiner Aktivierung mit Blausäure[14].

Bacillus subtilis (Nordisk Insulin Laboratory) enthält ein Enzym, das Ovalbumin zu 90% in ein in Tafeln krystallisierendes Eiweiß („*plate albumin*")

[1] PAULI, W.: B.Z. **152**, 355 (1924). — PAULI, W., u. M. SCHÖN: B.Z. **153**, 253 (1924). — ADOLF, M., u. W. PAULI: B.Z. **152**, 360 (1924). — [2] PALMER, K. J.: J. physic. Chem. **48**, 12 (1944). — [3] SENTI, F. R., C. R. EDDY and G. C. NUTTING: Am. Soc. **65**, 2473 (1943). — [4] SÖRENSEN, S. P. L.: C. R. Lab. Carlsberg **16**, Nr. 8 (1926). — [5] RIMINGTON, C.: Ann. Rev. **5**, 138 (1936). Ergebn. Physiol. **35**, 712 (1933). — FRAENKEL, S., u. C. JELLINEK: B.Z. **185**, 392 (1927). — LEVENE, P. A., and T. MORI: J. biol. Ch. **84**, 49 (1929). — [6] NEUBERGER, A.: Biochem. J. **32**, 1435 (1938). — [7] MIRSKY, A. E., and M. L. ANSON: J. gen. Physiol. **18**, 307 (1935); **19**, 427 (1936). — TODRICK, A., and E. WALKER: Biochem. J. **31**, 292 (1937). — [8] LONGSWORTH, L. G., R. K. CANNAN and G. D. MacINNES: Am. Soc. **62**, 2580 (1940). — CHIBNALL, A., vgl. TRISTRAM, G. R.: Adv. Protein Chem. **5**, 83 (1949), u. zw. S. 138. — [9] FORSYTHE, R. H., and J. F. FOSTER: J. biol. Ch. **184**, 377 (1950). — [10] LINDERSTRØM-LANG, K.: C. R. Lab. Carlsberg **26**, 16 (1949). — [11] CANN, J. R.: Am. Soc. **71**, 907 (1949). — PERLMANN, G. E.: Int. Congr. Physiol. 18. [Angew. Chem. **63**, 76 (1951).] — [12] FORSYTHE, R. H., and J. F. FOSTER: J. biol. Ch. **184**, 385 (1950). — [13] PORTER, R. R.: Biochem. J. **46**, 304 (1950). — [14] WILLSTÄTTER, R., u. W. GRASSMANN: H. **138**, 184 (1924).

umwandelt. Dieses krystallisiert sehr leicht bei p_H 5 bis 5,6 aus 35 bis 40%iger Ammonsulfatlösung[1].

b) Serumalbumin[2]. Es kommt in wechselnden Mengen neben Globulin im Blutserum und in der Lymphe der Wirbeltiere vor. (siehe Bd. 2, Lymphe). Bildung und Umsatz in der Leber vgl.[3] Das Albumin kann aus dem Serum z. B. durch Fraktionierung mittels Ammonsulfat[4] oder durch Tieftemperaturfraktionierung[5] bei geringer Ionenstärke in Gegenwart mit Wasser mischbarer Lösungsmittel abgeschieden werden. Bei der Elektrophorese, beispielsweise in der Anordnung nach TISELIUS, wandert das Albumin anodisch ($p_H = 8$), und zwar rascher als die Globulinkomponenten, wodurch eine scharfe analytische Bestimmung der Albuminfraktion möglich wird. Unter pathologischen Bedingungen, z. B. bei Nephritis, kann die Menge des Albumins stark verringert sein. Die Gerinnungstemperatur des Albumins (vgl. Tabelle 120, S. 685) kann durch Salze höherer Fettsäuren hinaufgesetzt werden[6]. Additionsverbindungen[7]. Für seine *Darstellung* in krystallisierter Form, z.B. aus frischem Serum von Pferden oder Rindern[8] verfährt man ähnlich wie bei Eieralbumin. Über seine Gewinnung in salzfreiem Zustand vgl. PAULI[9]. Reinigung und Reinheitsprüfung[10]. Aus Menschenblutplasma wurde Albumin als Merkurisalz krystallisiert[11] (über Serumeiweiß vgl. auch Bd. 2, Blut).

Die *Elementarzusammensetzung*, die *physikalischen Konstanten* sowie *die Bausteinanalyse* dieses Eiweißstoffes sind in den Tabellen 120 bis 122 angegeben. Der Schwefelgehalt schwankt nach Herkunft des Albumins zwischen 1,7 und 2,3%. Bemerkenswert ist sein verhältnismäßig hoher Gehalt an Cystin sowie an Arginin und Lysin. Fraktionierung des krystallisierten Pferdealbumins liefert eine krystallisierte kohlenhydratfreie Albuminfraktion in kleiner Ausbeute neben kohlenhydratreichen Mutterlaugen[12] (vgl. S. 763). Auch die beiden Fraktionen, die als Serumalbumin A und B bezeichnet werden[13], sind elektrophoretisch nicht einheitlich[14]. Über Leberalbumin vgl. LUCK[15].

c) Lactalbumin. Dieses Albumin findet sich in kleinen Mengen (etwa $1/10$ des Gesamteiweißgehaltes) als regelmäßiger Bestandteil *in allen Milcharten* (s. Bd. 2, Milch). Bei gewissen Erkrankungen, wie z. B. bei Mastitis, ist der Albumingehalt

---

[1] LINDERSTRØM-LANG, K., and M. OTTENSEN: Nature **159**, 807 (1947). — PERLMANN, G. E.: Am. Soc. **71**, 1146 (1949). — [2] WUHRMANN-WUNDERLY. — SCHULTZE, H. E.: Angew. Chem. **62**, 395, 426 (1950). — EDSALL, J. T.: The plasma proteins and their fractionation. Adv. Protein Chem. **3**, 393—479 (1947). — [3] ROBERTS, S., and A. WHITE: J. biol. Ch. **180**, 505 (1949). — [4] Vgl. z. B. CHICK, H., and C. J. MARTIN: Biochem. J. **7**, 380 (1913). — [5] COHN, E. J., J. A. LUETSCHER jr., J. L. ONCLEY, S. H. ARMSTRONG jr. and B. D. DAVIS: Am. Soc. **62**, 3396 (1940). — COHN, E. J., L. E. STRONG, W. L. HUGHES jr., D. J. MULFORD, J. ASHWORTH, M. MELIN and H. L. TAYLOR: Am. Soc. **68**, 459 (1946). — Vgl. dagegen BOUTARIC, A., et S. FABRY: Cr. **224**, 1191 (1947). — [6] BOYER, P. D., F. G. LUM, G. A. BALOU, J. M. LUCK and R. G. RICE: J. biol. Ch. **162**, 181 (1946). — [7] PUTNAM, F. W., and H. NEURATH: J. biol. Ch. **150**, 263 (1943); **159**, 195 (1945). — [8] COHN, E. J., W. L. HUGHES jr. and J. H. WEARE: Am. Soc. **69**, 1753 (1947). — Vgl. auch GÜRBER, A.: Verh. physik.-med. Ges. Würzburg S. 143 (1894). — COHN, M.: H. **43**, 41 (1904/05). — SVEDBERG, TH., and B. SJÖGREN: Am. Soc. **50**, 3318 (1928); **52**, 2855 (1930). — [9] PAULI, W.: B. Z. **152**, 355 (1924). — PAULI, W., u. M. SCHÖN: B. Z. **153**, 253 (1924). — ADOLF, M., u. W. PAULI: B. Z. **152**, 360 (1924). — [10] s. SCHULTZE, H. E.: Fußnote[2]. — [11] HUGHES, W. L. jr.: Am. Soc. **69**, 1836 (1947). — [12] SÖRENSEN, M., u. G. HAUGAARD: C. R. Lab. Carlsberg **19**, Nr. 12 (1933). — HEWITT, L. F.: Biochem. J. **28**, 2080 (1934); **30**, 2229 (1936); **31**, 360, 1047, 1534 (1937); **33**, 1496 (1939). — MCMEEKIN, T. L.: Am. Soc. **61**, 2884 (1939); **62**, 3393 (1940). — SØRENSEN, S. P. L.: C. R. Lab. Carlsberg 18, Nr. 5 (1930). — SØRENSEN, S. P. L., u. G. HAUGAARD: C. R. Lab. Carlsberg 19, Nr. 12 (1933). — HEWITT, L. F.: Biochem. J. **28**, 2080 (1934); **30**, 2229 (1936); **31**, 360 (1937); **32**, 26, 1540, 1552 (1938); **33**, 1496 (1939). — MCMEEKIN, T. L.: Am. Soc. **61**, 2884 (1939); **62**, 3393 (1940). — [13] KEKWICK, R. A.: Biochem. J. **32**, 552 (1938). — [14] SHARP, D. G., G. R. COOPER, J. O. ERICKSON and H. NEURATH: J. biol. Ch. **144**, 139 (1942). — [15] LUCK, J. M., C. NIMMO and C. ALVAREZ-TOSTADO: Proc. Soc. exp. biol. Med. **46**, 151 (1941).

etwas höher gefunden worden[1]. Lactalbumin erhielt man auch in krystallisiertem Zustand[2]. *Elementare Zusammensetzung, physikalische Konstanten* sowie Anzahl und Menge der bei Hydrolyse des Milchalbumins sich bildenden *Aminosäuren* finden sich in den Tabellen 120 bis 122 (S. 685/86). Bemerkenswert ist der hohe, von keinem anderen Eiweiß übertroffene Gehalt des Milchalbumins an Tryptophan, der es, der physiologischen Aufgabe der Milch entsprechend, zu einem der biologisch höchstwertigen Eiweißstoffe macht. Auch die Mengen der Aminodicarbonsäuren, insbesondere der Gehalt an Oxyglutaminsäure, ist beträchtlich.

Das *Albumin aus Frauenmilch* enthält nach PLIMMER[3] u. a. auch 5% Arginin, 1,6% Histidin, 6,6% Lysin, 2,5% Tryptophan, 4,5% Tyrosin, 4,1% Cystin und 1,4% Methionin.

2. Albumine der Pflanzenwelt.

Hierzu gehört eine Reihe von Eiweißstoffen, die von OSBORNE[4] in den Samen vieler Pflanzen aufgefunden bzw. näher untersucht worden sind. Ihre Zugehörigkeit zu der Gruppe der Albumine ergibt sich aus ihren Eigenschaften, hauptsächlich aus ihrer Löslichkeit in neutralem, salzfreiem Wasser. Manche pflanzlichen Albumine unterscheiden sich von den tierischen durch ihren, wenn auch sehr geringen Gehalt an Glykokoll und durch Abwesenheit von Oxyprolin[5].

a) Leukosin. Dieses Albumin ist in den Gersten-, Roggen- und Weizensamen zu 0,4% enthalten. Da das Leukosin einen so geringen Teil der Samenkörner ausmacht, ist es empfehlenswert, zu seiner *Darstellung* von dem Embryo des Weizens auszugehen, der in ölfreiem Zustand ungefähr 10% Leukosin enthält. Das Embryomehl wird mit der 4fachen Menge Wasser verrieben und das Ganze einige Zeit stehengelassen, so daß sich das Unlösliche absetzen und zusammenballen kann. Aus dem filtrierten wäßrigen Ausguß wird das Leukosin durch Sättigung mit Ammoniumsulfat ausgefällt, wieder in Wasser gelöst und schließlich durch Erwärmen koaguliert. Die *Stickstoffverteilung* im Leukosin ist, wie folgt, gefunden worden: 1,16% Amidstickstoff, 3,5% basischer Diaminosäurenstickstoff und 11,83% Monoaminosäurenstickstoff. Die Ergebnisse der *Bausteinanalyse* des Leukosins sind in der Tabelle 121, S. 685 wiedergegeben.

b) Legumelin. Die Samen vieler Leguminosen, beispielsweise der Erbse, Linse, Saubohne, Sojabohne u. dgl. enthalten eine beträchtliche Menge Albumin, das sog. Legumelin. Bei Phaseolus und bei Lupinus sind keine Albumine gefunden worden.

Zur *Darstellung* von Legumelin wird das Mehl aus Leguminosen, beispielsweise aus Erbsen, mit Kochsalzlösung ausgezogen, im Extrakt durch Dialyse das Globulin zur Abscheidung gebracht und dann aus dem klaren Filtrat durch Erhitzen bei 80° das Legumelin koaguliert. Die *Stickstoffverteilung* ist wie folgt gefunden worden: 1,04% als Amidstickstoff, 3,45% als Diaminosäurenstickstoff, 11,3% als Monoaminosäurenstickstoff und 0,4% als Huminstickstoff. Die Ergebnisse seiner Bausteinanalyse sind in der Tabelle 121, S. 685 aufgeführt.

c) Ricin. Es war schon lange bekannt, daß die Samen der Ricinusölpflanze (Ricinus communis) einen sehr giftigen Stoff enthalten. Die toxischen Eigenschaften finden sich, wie OSBORNE[4] festgestellt hat, nur in dem Eiweiß der Ricinusbohne, dem Albumin Ricin.

---

[1] ROWLAND, S. J.: J. Dairy Res. **9**, 47 (1938). — [2] ROWLAND, S. J.: J. Dairy Res. **9**, 30 (1938). — Vgl. auch WICHMANN, H.: **27**, 575 (1899). — [3] PLIMMER, R. H. A., and J. LOWNDES: Biochem. J. **31**, 1751 (1937). — [4] OSBORNE, T. B.: The Vegetable Proteins. 2. Aufl. London 1924. — OSBORNE, T. B., u. E. STRAUSS: Handb. biol. Arb.-Meth. Abt. I, Teil 8, S. 383—454 (1922). — [5] SPÖRER, H., u. J. KAPFHAMMER: H. **187**, 84 (1930).

Zur *Darstellung* des Ricins wird 1 kg von zermahlenen, ölfreien Samen mit 4,6 Liter einer 10%igen Kochsalzlösung ausgezogen und der filtrierte Extrakt mehrere Tage lang in fließendem Wasser dialysiert, wobei der Hauptbegleiter des Albumins, das Globulin, abgeschieden wird. Aus dem Filtrat wird das Ricin durch Halbsättigung mit Ammoniumsulfat ausgesalzen, der Niederschlag nochmals in Wasser gelöst, die Lösung dialysiert und aus der durch Filtration von erneut abgeschiedenem Globulin erhaltenen klaren Lösung das Ricin durch Aussalzen mit Ammoniumsulfat bzw. durch Verdampfen in flachen Schalen bei 50° in einer Menge von ungefähr 30 g erhalten. Bei der Ermittlung der *Stickstoffverteilung* wurden 1,7% als Amidstickstoff, 10,4% als Monoaminosäurenstickstoff und 4,3% als basischer Diaminosäurenstickstoff gefunden. Für krystallisiertes Ricin[1] ist das Molekulargewicht zu 80000, der isoelektrische Punkt zu 5.4 gefunden worden.

Die *Giftigkeitsgrenze* für das reinste Ricin liegt bei 0,005—0,003 mg je Kilogramm Kaninchen[2]. Bei Behandeln mit Jod verliert Ricin seine giftigen Eigenschaften; durch Thiosulfat wird die entgiftende Wirkung des Jods aufgehoben[3], während auch länger andauernde Einwirkung von verdünntem Formaldehyd in der Wärme nur eine Verminderung der Giftigkeit mit sich bringt[4].

Versuche von KARRER[1] haben gezeigt, daß weder durch Adsorption noch durch Fermentwirkung der Giftstoff des Ricins vom Eiweiß getrennt werden kann. Es wurde im Gegenteil nachgewiesen, daß durch alle Adsorptionen und Umfällungen hindurch die Giftigkeit der besten Ricine gleichbleibt und daß sie bei Verdauung des Ricineiweißes genau im Verhältnis zum Fortschreiten der Verdauung abnimmt. Ist die Verdauung keine vollständige, so weisen die nicht tief, d. h. nicht bis zum dialysierbaren Zustand abgebauten Anteile trotz ihrer Verschiedenheit von dem Ausgangsstoff dieselbe Giftigkeit wie das ursprüngliche Ricin auf. Dies führte KARRER zu dem Schluß, daß der giftige Anteil des Ricins an den Bestand des Ricineiweißes geknüpft und für die giftigen Eigenschaften eine bestimmten Atomgruppierung innerhalb des Ricins verantwortlich zu machen sei.

Die Ergebnisse der Bausteinanalyse finden sich in Tabelle 121, S. 685. Bemerkenswert ist die Anwesenheit von ziemlich großen Mengen Glutaminsäure und das vollständige Fehlen von Histidin unter den Spaltstücken des Ricins.

Zusammenfassende Darstellungen über toxische Eiweißstoffe vgl. MICHEEL[5] und ROTHÉA[6].

Im Knollenblätterschwamm, aus dem WIELAND[7] den niedermolekularen Giftstoff Phalloidin (vgl. S. 583) isolierte, findet sich als weiteres Toxalbumin das hämolytische Phallin.

β) Globuline.

Die Globuline[8] sind koagulierbare Eiweißstoffe, die im Gegensatz zu den Albuminen in reinem Wasser unlöslich, in verdünnten Neutralsalzlösungen dagegen leicht löslich sind. Aus salzhaltiger Lösung werden die Globuline durch Verdünnen mit Wasser oder durch Dialysieren wieder ausgefällt.

Andererseits werden sie durch Neutralsalzlösungen genügend hoher Konzentration aus ihren Lösungen ausgesalzen. Die Globuline sind viel leichter *aussalzbar* als die Albumine, mit denen sie vielfach vergesellschaftet vorkommen. Es genügt z. B. eine Halbsättigung mit Ammoniumsulfat, um eine ziemlich vollständige Aussalzung des Globulins zu bewirken. Durch minder wirksame

---

[1] KABAT, E. A., M. HEIDELBERGER and A. E. BEZER: J. biol. Ch. **168**, 629 (1947). — [2] KARRER, P., A. P. SMIRNOFF, H. EHRENSPERGER, J. VAN SLOOTEN u. M. KELLER: H. **135**, 129 (1924). Vgl. dazu MICHEEL, F.: Naturwiss. **33**, 239 (1946). — [3] AVERY, R. C., and F. B. MORELAND: J. Tennessee Acad. Sci. **12**, 163 (1937). [C. **1937** II, 2866.] — [4] HEYMANS, M.: Arch. int. Pharmacodyn. Thérap. **32**, 101 (1926). — [5] MICHEEL, F.: Naturwiss. **33**, 239 (1946). — [6] ROTHÉA, F., et P. BRUÈRE: Ann. pharmceut. franç. **2**, 104 (1944). — [7] LYNEN, F., u. U. WIELAND: A. **533**, 93 (1938). — WIELAND, H., u. B. WITKOP: A. **543**, 171 (1940). — [8] SPIEGEL-ADOLF, M.: Die Globuline. Dresden u. Leipzig 1930.

Salze wie Magnesiumsulfat oder Natriumchlorid lassen sie sich dagegen erst bei vollständiger Sättigung aussalzen.

Als amphotere Elektrolyte sind die Globuline ferner in Säuren und Alkalien löslich. Ihr *isoelektrischer Punkt* liegt meist in schwach saurem Gebiet, daher wird die Fällung der Globuline durch die Anwesenheit von wenig Essigsäure oder von Kohlensäure stark begünstigt.

Tabelle 123. Bausteinanalyse von tierischen Globulinen (g-%)[1].

Aminosäuren und Amoniak	Serumglobulin[2]			β-Lacto-globulin[3]	Insulin[4]	Thyreo-globulin[5]	Wachs-tums-hormon[6]	BENCE-JONES-Protein[7]
	γ	β	α					
Glykokoll . . .	4,2	5,6	3,1	1,39	4,30	3,70	3,80	1,7
Alanin	—	—	—	7,09	4,50	7,40		4,5
Valin	9,7	7,0	5,2	5,62	7,75	1,45	3,90	5,6
Leucin	9,3	7,9	14,2	15,50	13,20	12,80	12,10	
Isoleucin	2,7	5,0	1,7	5,86	2,77		4,00	} 10,6
Phenylalanin . .	1,9	4,7	4,6	3,78	8,14	6,68	0,84	4,9
Tyrosin	6,8	6,0	4,5	3,64	13,03	3,12	5,20	6,8
(Thyroxin) . . .				—	—	0,21	—	
(Dijodtyrosin) .				—	—	0,54	—	
Tryptophan. . .	2,3	2,0	1,9	1,94	—	2,58		2,5
Threonin	8,4	6,1	4,9	4,92	2,08			
Glutaminsäure .	1,8	14,5	21,6	19,08	18,60		13,00	8,0
Asparaginsäure .	8,8	9,8	9,0	11,52	6,80		9,00	2,2
Prolin	8,1	7,1	4,7	5,14	2,53			2,7
Serin	11,4	7,1	5,0	3,96	5,23	10,80		—
Cystin	4,8	7,0	3,0	3,40	12,50+	3,60		3,0
Methionin . . .	1,1	1,7	1,4	3,22	—	1,30	2,90	—
Arginin	4,8	6,8	7,7	2,91	3,07	12,72	9,10	5,1
Histidin	2,5	2,8	2,8	1,63	4,91	2,23	2,65	1,1
Lysin	8,1	6,6	8,9	12,58	2,51	3,42	7,10	6,8
Ammoniak . .	—	—	—	1,13	1,69			5,6
Summe (g-%) .	108,3	104,2	102,77	114,49	113,61	72,55	73,59	71,1

+ = Cystin/2

Die Globuline weisen infolge ihres relativ hohen Molekulargewichts (vgl. S. 646), ihres asymmetrischen Baues und ihrer hohen Dipolmomente (vgl. S. 617) charakteristische Unterschiede gegenüber den Albuminen auf. Ferner haben sie eine *große Neigung zur Denaturierung*. So verlieren die Globuline bei ihrer Ausfällung, sogar schon bei ihrer Aufbewahrung in trockenem Zustand, ihre anfängliche Löslichkeit, eine Eigenschaft, die oft ihre sichere Beschreibung erschwert.

Wie aus den Ergebnissen der Bausteinanalysen der Globuline (Tabellen 123 und 124) hervorgeht, schwankt ihre Zusammensetzung in weiten Grenzen.

---

[1] CALVERY, H. O.: Schmidt, Proteins S. 217, Tab. 4. — COHN, E. J.: Ergebn. Physiol. **33**, 781 (1931). — CALVERY, H. O.: J. biol. Ch. **94**, 613 (1931/32). — VICKERY, H. B., and A. SHORE: Biochem. J. **26**, 1101 (1932). — BAERNSTEIN, H. D.: J. biol. Ch. **106**, 451 (1934). — BERGMANN, M., and C. NIEMANN: J. biol. Ch. **118**, 301 (1937). — JORDAN LLOYD, D., and A. SHORE: Chemistry of the Proteins. 2. Aufl. London 1938. — [2] Nach EDSALL, J. T.: Adv. Protein Chem. **3**, 383 (1947). — [3] Nach STEIN, W. H., and ST. MOORE: J. biol. Ch. **178**, 79 (1949). — [4] Nach TRISTRAM, G. R.: Adv. Protein Chem. **5**, 83 (1949). — Vgl. dazu auch Tabelle 102 S. 596. — [5] Nach DERRIEN, Y., R. MICHEL, K. O. PEDERSEN et J. ROCHE: C. R. Soc. Biol. **143**, 191 (1949). — [6] Nach FRANKLIN, A. L., CHOH HAO LI and M. S. DUNN: J. biol. Ch. **169**, 515 (1947). — [7] Nach CALVERY, H. O.: Schmidt, Proteins S. 217.

1. Globuline der Tierwelt.

Unter den Globulinen sind die tierischen am längsten bekannt. Sie bilden vielfach Bestandteile von Körperflüssigkeiten und Sekreten, sowie des Zellplasmas. Zu den Globulinen gehören ferner manche Organproteine, wie Thyreoglobulin, Insulin und die eiweißspaltenden Fermente (Pepsin, Trypsin, Carboxypolypeptidase), die alle im Tierkörper eine besondere physiologische Aufgabe erfüllen.

Tabelle 124. Bausteinanalyse von pflanzlichen Globulinen (g-%)[1].

Aminosäuren und Ammoniak	Edestin[2]	Amandin[3]	Glycinin[3]
Glykokoll . . .	—	0,5	1,5
Alanin	4,31	1,4	—
Valin	5,70	0,2	0,7
Leucin	4,70		
Isoleucin	7,50	4,5	8,5
Phenylalanin . .	5,45	2,5	3,9
Tyrosin	3,34	1,1	1,9
Tryptophan . .	1,48	—	1,7
Threonin	3,85		
Glutaminsäure .	20,70	23,1	19,5
Asparaginsäure .	12,00	5,5	9,4
Prolin	4,25	2,4	3,8
Serin	6,30	—	—
Cystin	0,93+	—	1,1
(Cystein)	0,50		
Methionin . . .	2,40	—	1,8
Arginin	16,70	12,2	5,1
Histidin	2,90	1,9	1,4
Lysin	2,40	0,7	2,7
Ammoniak . . .	2,15	3,7	2,6
Summe (g-%)	108,56	59,7	65,6

$^+$ = Cystin/2.

a) **β - Lactoglobulin**[4]. β-Lactoglobulin wurde von PALMER[5] aus Kuhmilch isoliert. Das Molekulargewicht wurde durch PEDERSEN[6] zu 40000, durch CECIL und OGSTON[7] neuerdings zu 35000 bestimmt. Der isoelektrische Punkt (Elektrophorese)[8] liegt bei 5,19, Alkali (p_H 12) verwandelt das Lactoglobulin in ein Produkt, das in verdünnten Salzlösungen im isoelektrischen Bereich unlöslich ist. Untersuchungen mit der Ultrazentrifuge[8] zeigen, daß das Proteinmolekül bei p_H 11 einen irreversiblen Zusammenbruch erleidet, und man erhält dann eine Titrationskurve, die sich von der des normalen Proteins[9] nicht unerheblich unterscheidet. Die Resultate aus den Titrationskurven des unveränderten Lactoglobulins stimmen mit dem von CHIBNALL[10] ermittelten Gehalt an Dicarbonsäuren gut überein. Die Lactoglobuline des Colostrums zeigen eine ähnliche Aminosäurezusammensetzung wie die Immunoproteine aus Plasma; auffallend ist der hohe Threoningehalt (7,4 bis 11,1%)[11]. Durch Harnstoff bei 0° läßt sich β-Lactoglobulin vollständig, aber reversibel denaturieren[12], ob das wiedererhaltene krystallisierbare Produkt mit dem Ausgangsmaterial völlig identisch ist, muß noch geklärt werden. (Vgl. ferner Bd. 2, Milch.) Das denaturierte Produkt ist tryptisch leichter verdaubar als das nicht denaturierte[13].

[1, 2, 3] siehe Fußnoten [1, 4, 7] Seite 691. — OSBORNE, T. B.: The Vegetable Proteins. London 1924. — [4] McMEEKIN, T. L., and B. D. POLLIS: Adv. Protein Chem. 5, 214 (1949). — [5] PALMER, A. H.: J. biol. Ch. 104, 359 (1934). — [6] PEDERSEN, K. O.: Biochem. J. 30, 961 (1936). — [7] CECIL, R., and A. G. OGSTON: Biochem. J. 44, 33 (1949). — [8] PEDERSEN, K. O.: Biochem. J. 30, 948, 961 (1936). — [9] CANNAN, R. K., A. H. PALMER, and A. C. KIBRICK: J. biol. Ch. 142, 803 (1942). — [10] CHIBNALL, A. C.: Proc. R. Soc. London (B) 131, 136 (1942). — CHIBNALL, A. C., M. W. REES, and E. F. WILLIAMS: Biochem. J. 37, 372 (1943). — [11] SMITH, E. L., and R. B. GREENE: J. biol. Ch. 171, 355 (1947). — [12] JACOBSEN, C. F., and L. K. CHRISTENSEN: Nature 161, 30 (1948). — [13] CHRISTENSEN, L. K.: Nature 163, 1003 (1949).

b) Serumglobuline[1]. Die Globuline lassen sich aus dem Serum durch Verdünnen und schwaches Ansäuern oder durch Halbsättigung mit Ammonsulfat ausfällen. Ihr Anteil am Blutserum ist bei verschiedenen Tierarten und bei einzelnen Tieren der gleichen Art ein verschiedener und unterliegt bei Erkrankungen vielfach charakteristischen Änderungen. Die Darstellung der rohen Serumglobuline aus dem Serum geschieht in der Weise, daß man zunächst durch etwa 30% der Sättigungskonzentration an Ammonsulfat das Fibrinogen ausfällt. Durch weitere Zugabe von Ammoniumsulfat bis zur Halbsättigung werden die Serumglobuline ausgesalzen, während das Serumalbumin in Lösung bleibt. Das so gewonnene Globulingemisch, das einen Gehalt von etwa 52,7% C, 7% H, 15,8% N und 1,1% S hat, stellt einen amorphen Stoff dar, der auch kleine Mengen eines Polysaccharids, bestehend aus Mannose und Galaktose[2], chemisch gebunden enthält. Es ist aber schon lange bekannt, daß der als „Globulin" bezeichnete Eiweißanteil des Serums nicht einheitlich ist. Dies ergibt sich auf Grund der Löslichkeit, der kataphoretischen Beweglichkeit und des Verhaltens in der Ultrazentrifuge sowie aus serologischen Versuchen[3].

Als *Euglobulin* wurde früher der Globulinanteil[4] bezeichnet, der bei Säurezusatz zum 20fach verdünnten Plasma bzw. durch 33%ige Sättigung mit Ammonsulfat abgeschieden wird, während unter *Pseudoglobulinen* Fraktionen verstanden werden, die bei höheren Ammonsulfatkonzentrationen, nämlich bei etwa 50% Sättigung ausgefällt werden[5]. Fraktionierung mit Natriumsulfat vgl. HOWE[6]. Ausführliche Fraktionierungsstudien[7] mit Ammonsulfat oder Phosphat[8] führten später zu drei, weitgehend charakterisierten Globulinfraktionen, die als α-, β- und γ-Globulin bezeichnet werden. Unter ihnen ist das γ-Globulin am leichtesten, nämlich bei etwa 33%, das β- bei 40%, das α- bei 50% Sättigung mit Ammonsulfat fällbar.

Auf elektrophoretischem Wege ist die Trennung der hauptsächlichen Globulinfraktionen von TISELIUS[9] durchgeführt und in der Folge von zahlreichen Bearbeitern weiter entwickelt worden[10] (vgl. 629 f.). Dabei wurden die genannten drei Hauptfraktionen in weitere Unterfraktionen aufgespalten. Gegenwärtig werden neben der Albuminfraktion und dem Fibrinogen mindestens drei α-Globuline, drei β-Globuline und zwei γ-Globuline unterschieden, deren Mengenverhältnis und Beweglichkeitsunterschiede aus Abb. 75 zu ersehen sind. Trennung durch Kataphorese-Konvektion[11].

---

[1] EDSALL, J. T.: Adv. Protein Chem. **3**, 383 (1947). Ergebn. Physiol. **46**, 308 (1950). — SCHULTZE, H. E.: Angew. Chem. **62**, 395, 426 (1950). — WUHRMANN, F., u. CH. WUNDERLY: Die Bluteiweißkörper des Menschen. Basel 1947. — VILLAR CASO, J.: Las Proteinas del Plasma. Barcelona 1950. — [2] RIMINGTON, C.: Ann. Rev. **5**, 138 (1936). — [3] DALE, H., and P. HARTLEY: Biochem. J. **10**, 408 (1916). — HARRIS, T., and H. EAGLE: J. gen. Physiol. **19**, 383 (1935/36). — KENDALL, F. E.: J. clin. Invest. **16**, 921 (1937). — [4] HARDY, W. B.: J. Physiol., London **33**, 251 (1905). — MELLANBY, J.: J. Physiol., London **33**, 338 (1905). — [5] CHICK, H., and C. J. MARTIN: Biochem. J. **7**, 380 (1913). — SØRENSEN, S. P. L.: Proteins. New York 1925. C. R. Lab. Carlsberg **18**, Nr. 5 (1930). — [6] HOWE, P. E.: J. biol. Ch. **49**, 93 (1921). — [7] COHN, E. J., T. L. McMEEKIN, J. L. ONCLEY, J. M. NEWELL and W. L. HUGHES jr.: Am. Soc. **62**, 3387 (1940). — FELTON, L. D.: Bull. Johns Hopkins Hosp. **38**, 33 (1926). J. infect. Dis. **42**, 248; **43**, 543 (1928). — GREEN, A. A.: Am. Soc. **60**, 1108 (1938). — COHN, E. J.: Am. Soc. **49**, 173 (1927). — [8] COHN, E. J.: Am. Soc. **49**, 173 (1927). — [9] TISELIUS, A.: Biochem. J. **31**, 313, 1464 (1937). — TISELIUS, A., and E. A. KABAT: Science, N. Y. **87**, 416 (1938). — [10] Vgl. auch ZÖLLNER, N., K. P. EYMER u. L. SCHEID: D. m. W. **74**, 486 (1949). — HOCH, H.: Biochem. J. **42**, 181 (1948). — [11] CANN, J. R., R. A. BROWN, and J. G. KIRKWOOD: Am. Soc. **71**, 1609 (1949). — Vgl. auch CANN, J. R., J. G. KIRKWOOD, R. A. BROWN, and O. J. PLESCIA: Am. Soc. **71**, 1603 (1949).

Eine andere Methode zur Darstellung der Serumproteine ist die bereits beim Albumin erwähnte Tieftemperaturfraktionierung[1], für die nachstehend eine kurze schematische Übersicht gegeben ist (s. a. Bd. 2, Blut).

Fraktion I: 8 bis 10% Alkohol, — 3° C, p_H 7,0 — Fibrinogen.

Fraktion II + III: 25% Alkohol, — 5° C, p_H 7 — β-Globulin + β_1-Lipoprotein = X-Protein; Prothrombin; Isoagglutinine.

Fraktion IV_1: 18% Alkohol, p_H 5,2 — Lipoprotein mit 35% Lipoiden; α-Globuline; blaugrünes Pigment.

Fraktion IV_4: 40% Alkohol, p_H 5,8 — α-Globuline; β-Globuline; Albumin.

Fraktion V: 40% Alkohol, p_H 4,8 — Albumin mit etwas α- und β-Globulin.

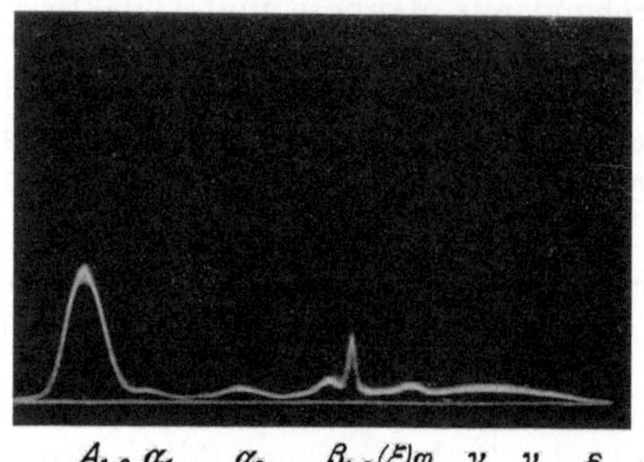
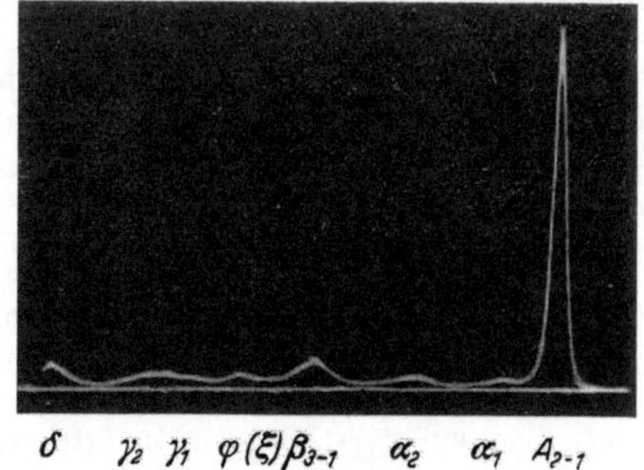

Abb. 75. Elektropherogramm von menschlichem Blutplasma (nach E. WIEDEMANN*, unveröffentlicht).

Tabelle 125. Menschliches Blutplasma (zu Abb. 75).

An Proteinen etwa 1,5%ige Lösung in mod. Michaelis-Puffer, $\mu = 0,1$; $p_H = 8,9$; $t = 2,0°$; 7740 sec bei 25 mA; $\varkappa = 0,00303$.

Auswertung (Mittel beider Teilbilder):

Komponente		relativ-%	$\mu \cdot 10^{-5}$
Albumine	$A_{1\,2}$	$53,99 \pm 0,39$	8,23
Globuline	α_1	$5,50 \pm 0,33$	7,26
,,	α_2	$6,44 \pm 0,43$	5,67
,,	β_{1-3}	$16,03 \pm 0,38$	4,05
Fibrinogen	φ	$4,58 \pm 0,37$	2,72
Globuline	γ_1	$5,39 \pm 0,44$	1,86
,,	γ_2	$6,77 \pm 0,46$	1,06

Das Verhältnis zwischen Albumin und Globulin sowie die mengenmäßige Verschiebung zwischen den einzelnen Globulinfraktionen ist im Zusammenhang mit klinischen und serologischen Fragen vielfach untersucht worden (vgl. Bd. 2, Blut). Eine Erhöhung der Globulinmenge, meist auf Kosten des Albumins, findet man bei akuten und chronischen entzündlichen Prozessen, bei Schädigungen der Leber, der Niere und des Lymphsystems, wobei die Erhöhung der Globuline vielfach ganz bestimmte Globulinfraktionen in charakteristischer Weise betrifft. So findet man z. B. bei nephrotischen Erkrankungen die α- und β-Globuline, nicht aber die γ-Globuline, bei γ-Plasmacytomen, Lymphogranuloma inguinale, Kala-azar usw. dagegen nur die γ-Globuline und endlich bei den β-Plasmacytomen, gewissen Fällen von myeloischer und lymphatischer Leukämie ausschließlich die β-Globu-

---

* Herrn Dr. E. WIEDEMANN, Basel sind wir für Überlassung der Kurven sehr verbunden.

[1] COHN, E. J., J. A. LUETSCHER jr., J. L. ONCLEY, S. H. ARMSTRONG jr. and B. D. DAVIS: Am. Soc. 62, 3396 (1940). — COHN, E. J., L. E. STRONG, W. L. HUGHES jr., D. J. MULFORD, J. N. ASHWORTH, M. MELIN and H. L. TAYLOR: Am. Soc. 68, 459 (1946).

line stark erhöht[1]. Die γ-Fraktion[2] ist unter anderem Träger der Antigenwirksamkeit gegen Diphtherie, Influenza, Keuchhusten, Scharlach[3]. Obwohl in der Ultrazentrifuge und durch Elektrophorese trennbar, reagieren die Unterfraktionen der γ-Globuline als Antigene gegen Kaninchensera homogen[4]. Die Aminosäurezusammensetzung der drei Globulinfraktionen ist fast vollständig klargestellt (vgl. Tabelle 123, S. 691).

Livetin. Den Plasmaproteinen scheint nahe zu stehen der als Livetin beschriebene Eiweißkörper des Eidotters, der durch Kataphorese in mehrere Unterfraktionen zerlegt werden kann[5].

c) Fetuin. Aus Kälberserum konnte ein Globulin isoliert werden, das bei älteren Tieren fehlt. Beim neugeborenen Kalb beträgt es 5% des Gesamtserumproteins, bei Kälberfeten 33%. Auch im Fetenserum des Schafes ist „Fetuin"[6] zu finden, es scheint also ein Bestandteil des fetalen Blutes zu sein. Es hat ein Molekulargewicht[7] von 50000, $f : f_0 = 1,6$ bis 1,8, ist also unsymmetrisch gebaut. Für ein Plasmaeiweiß ist es sehr sauer (isoelektrischer Punkt bei $p_H = 3,5$)[8].

d) Bence-Jonessches Protein. Dieses Globulin wird bei Myelomen oder Plasmacytomen in reichlichen Mengen im Harn abgeschieden, aus dem es nach leichter Ansäuerung bei etwa 47—52° ausgeflockt wird; erhitzt man weiter, so geht das Protein — zum mindesten in Gegenwart von Neutralsalz — wieder in Lösung. Beim Abkühlen werden die gleichen Erscheinungen in umgekehrter Reihenfolge beobachtet[9]. Das Protein, für das ein Molekulargewicht von 35000 bis 37000 ermittelt wurde[10] ist nicht einheitlich[11]. Im isoelektrischen Punkt ($p_H = 5,05$)[12] und in der kataphoretischen Beweglichkeit[13] steht es dem β-Globulin nahe. Bausteinanalyse s. Tabelle 123, S. 691.

e) Hormon- und Fermentproteine. Viele Hormone und sämtliche bisher bekannten Fermente haben Proteinnatur, wobei sich die Eiweißkomponenten in den meisten Fällen als Globuline, in einigen wenigen auch als Albumine erwiesen.

Die Enzyme werden ausführlich im Fermentkapitel besprochen, vgl. dazu auch Sumner und Somers[14]. Eine Übersicht über die Proteinhormone (Insulin, Thyreoglobulin, Sekretin, Hypophysenvorderlappen- und -hinterlappenhormone usw.) geben White[15] und Chow[16]; ausführliche Besprechung s. Bd. 2, Innere Sekretion; hier sollen nur einige der wichtigsten angeführt werden.

Insulin[17]. Wegen seiner hohen Bedeutung für den Kohlenhydratstoffwechsel ist das Insulin sehr eingehend untersucht worden (vgl. Bd. 2, Innere Sekretion).

---

[1] Wuhrmann, F., u. Ch. Wunderly: Die Bluteiweißkörper des Menschen. Basel 1947. — Gutman, A. B.: Adv. Protein Chem. **4**, 156 (1948). — Grassmann, W., K. Hannig u. M. Knedel: Dtsch. med. Wschr. **1951**, 333. — Grassmann, W.: Naturwiss. (im Druck). — [2] Deutsch, H. F., R. A. Alberty and L. J. Gosting: J. biol. Ch. **165**, 21 (1946). — Wuhrmann, F., Ch. Wunderly u. E. Wiedemann: Schweiz. med. Wschr. **78**, 180 (1948). — [3] Übersicht siehe Enders, J. F.: J. clin. Invest. **23**, 510 (1944). — [4] Jager, B. V., E. L. Smith, M. Nickerson and D. M. Brown: J. biol. Ch. **176**, 1177 (1948). — [5] Shepard, Ch. C., and G. A. Hottle: J. biol. Ch. **179**, 349 (1949). — [6] Pedersen, K. O.: Svedberg-Festschr. Uppsala (1944) 490. — [7] Pedersen, K. O.: Ultracentrifugal Studies on Sera and Sera Fractions. Uppsala 1945. — [8] Pedersen, K. O.: J. physic. Colloid Chem. **51**, 164 (1947). — [9] Magnus-Levy, A.: H. **243**, 173 (1936). — [10] Svedberg, The, u. K. O. Pedersen: Die Ultrazentrifuge. Theorie, Konstruktion und Ergebnisse. Handb. Kolloidwiss. (Wo. Ostwald) 7 (1940). — [11] de Wale et van de Velde: Bull. Soc. chim. biol. **28**, 100 (1946). — Malmros, u. A. Blix: Acta med. scand. Suppl. **170**, 284 (1946). — [12] Tiselius, A., u. E. A. Kabat: Nova Acta R. Soc. Sci. upsal. IV, **7**, 4 (1930). — [13] Malmros, u. A. Blix: l. c. — [14] Sumner, J. B., and G. F. Somers: Chemistry and Methods of Enzymes. 2. Aufl. New York 1947. — Sumner, J. B., and K. Myrbäck: The Enzymes: Chemistry and Mechanism of Action. Vol. I. New York (1950). — [15] White, A.: Cold Spring Harbor Symp. quant. Biol. **6**, 262 (1938). — [16] Chow, B. F.: Adv. Protein Chem. **1**, 153 (1944). — Vgl. auch Fraenkel-Conrat, H.: Ann. Rev. **12**, 273 (1943). — [17] Esveld, L. W. van, L. A. Hulst, G. W. Kastein u. E. H. Vogelenzang: Insuline. Hrsg. Rijksinstituut vor pharmaco-therapeut. Onderzoek. 's-Gravenhage 1942.

Schon MEHRING und MINKOWSKI hatten die Bedeutung der Pankreasdrüse für den Kohlenhydratabbau erkannt, doch ist es erst BANTING und BEST 1922 gelungen, hormonal wirksame Extrakte aus der Pankreasdrüse zu gewinnen, die das Hormon in den sog. LANGERHANSSchen Inseln enthält. Das Scheitern früherer Versuche beruht darauf, daß das Insulin als Eiweißkörper von den proteolytischen Enzymen der Drüse zerstört wird (s. S. 697). Dies kann vermieden werden durch Gewinnung des Hormons aus Knorpelfischen, bei denen der Inselapparat von der Verdauungsdrüse getrennt ist; einfacher und heute allein angewandt ist die Extraktion der Drüse durch Alkohol bei saurer Reaktion. In krystallisierter Form ist das Insulin erstmals von ABEL erhalten worden (1926)[1]. Die Gewinnung eines sehr wirksamen Insulins gelingt z. B. nach dem folgenden Verfahren[2].

3 kg frisches, von Fett befreites und zerkleinertes Schweine- oder Rinderpankreas wird erst mit 1,5 Liter Wasser, das 35 cm³ konzentrierte Schwefelsäure enthält, versetzt. Es wird 15 min lang gut durchgerührt, dann werden 7,5 Liter Alkohol hinzugefügt und das Ganze 1 Std lang durchgerührt. Die zentrifugierte Lösung, deren p_H 2,5 bis 3,0 betragen soll, wird durch Faltenfilter filtriert und mit konzentrierter Natronlauge vom spezifischen Gewicht 1,5 versetzt (1,1 cm³ Lauge auf je 1 Liter Filtrat). Die neutralisierte Lösung wird im Vakuum bei höchstens 40° auf etwa $^1/_{10}$ des ursprünglichen Volumens eingeengt. Etwa abgeschiedenes Fett wird durch Ausäthern entfernt und zu der entfetteten Lösung 22% Kochsalz gegeben. Der entstandene Niederschlag wird im ursprünglichen Volumen Wasser gelöst, wieder mit 22% Kochsalz gefällt und durch Zentrifugieren von der Mutterlauge befreit. Der noch feuchte Niederschlag wird in 95%igem Alkohol gelöst. Auf 1 Liter des ursprünglichen alkoholischen Auszugs werden 5,6 cm³ angewandt. Es wird filtriert oder besser zentrifugiert, dann mit dem doppelten Volumen Äther gefällt. Man läßt gut absitzen und zentrifugiert die überstehende Alkoholätherlösung ab. Der Niederschlag enthält neben dem Insulin noch allerlei Eiweißbeimengungen, die durch isoelektrische Umfällungen beseitigt werden. Insulin hat den isoelektrischen Punkt bei 5,5 bis 5,6. Man löst das Pulver in Wasser und nimmt dazu je Liter des ursprünglichen alkoholischen Auszuges 22 cm³. Nun fügt man tropfenweise unter Nachprüfung des p_H n-Natronlauge zu, bis zu höchstens $p_H = 5,5$. Es fällt dann ein weißlicher Niederschlag, den man absitzen läßt, zentrifugiert und mit absolutem Alkohol und Äther trocknet. Dieses Pulver ist ein verhältnismäßig sehr reines Insulin. Es enthält je Milligramm etwa 12 bis 15 Insulineinheiten.

Die besten Ausbeuten erhält man aus Pankreas von Säugetieren und Fischen; die Bauchspeicheldrüsen der letzteren sollen besonders insulinreich sein. Die Ausbeuten schwanken mit der Jahreszeit, sie sind im Winter größer als im Sommer. Bei Rindern ist das Pankreas um so insulinreicher, je jünger die Tiere sind[3]. Über Insulinpräparate mit protrahierter Wirkung[4]. Vgl. auch Bd. 2, Innere Sekretion.

Aus dem so gewonnenen Insulin läßt sich *krystallisiertes Insulin* bereiten, das eine noch höhere physiologische Wirksamkeit aufweist. Das von ABEL[5] dafür angegebenes Verfahren beruht darauf, daß man zunächst Insulin in Pufferlösungen aus Brucinacetat und Pyridin löst, von Verunreinigungen abfiltriert und dann im Filtrat das Insulin durch Einstellung des isoelektrischen Punktes mittels Ammoniak langsam in krystallisiertem Zustand ausfällt. Bessere Ergebnisse erzielt man bei Verwendung einer Pufferlösung von Ammoniumacetat, die etwas Saponin enthält. Das Saponin schlägt verschiedene Beimengungen nieder und

[1] ABEL, J. J.: Proc. nat. Acad. Sci. USA. **12**, 132 (1926). — [2] BLATHERWICK, N. R., F. BISCHOFF, L. C. MAXWELL, J. BERGER and M. SAHYUN: J. biol. Ch. **72**, 57 (1927). — BLATHERWICK, N. R., L. C. MAXWELL, J. BERGER and M. SAHYUN: J. biol. Ch. **67**, XXXIII (1926). — BERTHO, A., u. W. GRASSMANN: Biochemisches Praktikum. S. 75. Berlin u. Leipzig 1936. — [3] FISHER, A. M., and D. A. SCOTT: J. biol. Ch. **106**, 305 (1934). — [4] WENTZEL, G.: Ärztl. Forsch. **3**, 167 (1949). — [5] ABEL, J. J., E. M. K. GEILING, C. A. ROUILLER, F. K. BELL and O. WINTERSTEINER: J. Pharmacol. exp. Therap. **31**, 65 (1927).

erlaubt gleichzeitig die Bildung übersättigter Lösungen (HARINGTON und SCOTT)[1]. Wichtig ist in diesem Zusammenhang die Feststellung von SCOTT[2], daß bei der Krystallisation des Insulins die Anwesenheit gewisser Schwermetalle (Zn, Ni, Co, Cd) von großer Bedeutung ist; ihr Vorliegen in kleinen Mengen ist Voraussetzung für das Gelingen der Krystallisation. So enthält das nach dem obigen Verfahren hergestellte krystallisierte Insulin stets kleine Mengen von *Zink*, vielleicht in salzartiger Bindung. Durch Entfernung des Zinks (oder der anderen Metalle) aus der Insulinlösung wird das Hormon zwar in amorpher, aber physiologisch nicht minder wirksamer Form erhalten. Die *Zusammensetzung* des krystallisierten Insulins entspricht einem Gehalte von 49,9% C, 7,1% H, 14,4% N (nach CHIBNALL[3] 15,54% N) und 2,95% S. Ein Milligramm davon enthält etwa 22 bis 25 *Insulineinheiten*. Nach dem Ergebnis der Röntgenstrukturanalyse[4, 5] (vgl. S. 672) besteht das Molekül vom Molekulargewicht 35100 aus 3 identischen Untereinheiten vom Molekulargewicht 12000. Es enthält je Mol. etwa 43 säure- und 60 bis 70 basenbindende Gruppen, vgl. auch Tabelle 110, S. 639. Reaktion mit Thiocyanaten[6]. $[\alpha]_D = -29{,}9°$ in 0,1 n-Salzsäure $(c = 2{,}5\%)$[7]. Feinbau[8].

Mit 0,1 n-Salzsäure (1 h, 100°) entsteht ein unwirksamer Insulinniederschlag, der bei Behandeln mit verdünnten Alkalien seine ursprüngliche Wirkung vollkommen wiedergewinnt (DU VIGNEAUD[9]). Stärkere Säuren zerstören das Insulin. Besonders unbeständig ist Insulin gegenüber Alkalien. So wird es schon durch 0,03 n-Alkali während mehrerer Stunden fast ganz inaktiviert, wobei gleichzeitig Ammoniak und Schwefelwasserstoff abgespalten werden[10]. Bau des Insulins s.[11]. Oxydation mit Perameisensäure spaltet Insulin in Bruchstücke[12], die chromatographisch zu trennen sind[13, 14] (vgl. S. 672/73). Zwei von ihnen enthalten Glykokoll, die beiden anderen Phenylalanin am Aminoende (Substitution durch Dinitrofluorbenzol, s. oben), während die endständige Carboxylgruppe in beiden Fällen einem Alaninrest angehört[15].

Ältere Versuche über die enzymatische Spaltbarkeit des krystallisierten Insulins, die noch mit nicht einheitlichen Präparaten von Pepsin, Trypsin, Papain und Kathepsin ausgeführt wurden[16], sind neuerdings mit krystallisierten Enzympräparaten wiederholt und fortgeführt worden[17]. Danach wird Insulin nicht

[1] HARINGTON, C. R., D. A. SCOTT, K. CULHANE, H. P. MARKS and J. W. TREWAN: Biochem. J. **23**, 384 (1929). — [2] SCOTT, D. A.: Biochem. J. **28**, 1592 (1934). — [3] CHIBNALL, A. C., M. W. REES and E. F. WILLIAMS: Biochem. J. **37**, 354 (1943). — [4] CROWFOOT, D. M.: Proc. R. Soc. London (A) **164**, 580 (1938). Chem. Rev. **28**, 215 (1941). — [5] ASTBURY, W. T.: Adv. Enzymol. **3**, 96 (1943). — CROWFOOT, D. M.: Chem. Rev. **28**, 215 (1941). — ONCLEY, J. L.: Science, N. Y. **106**, 509 (1947). — [6] FREDERICQ, E.: Am. Soc. **72**, 2684 (1950). — [7] HARINGTON, C. R., and A. NEUBERGER: Biochem. J. **30**, 809 (1936). — [8] JENSEN, H., and E. A. EVANS jr.: Physiol. Rev. **14**, 188 (1934). — [9] VIGNEAUD, V. DU, E. M. K. GEILING and C. A. EDDY: J. Pharmacol. exp. Therap. **33**, 497 (1928). — [10] JENSEN, H., O. WINTERSTEINER and V. DU VIGNEAUD: J. Pharmacol. exp. Therap. **32**, 387, 397 (1928). — FREUDENBERG, K., W. DIRSCHERL u. H. EYER: H. **187**, 89 (1930); **202**, 128 (1931). — VIGNEAUD, V. DU, H. JENSEN and O. WINTERSTEINER: J. Pharmacol. exp. Therap. **32**, 367 (1928). — [11] LINDERSTRØM-LANG, K., and C. F. JACOBSEN: Enzymologia 8, 64 (1940). C. R. Lab. Carlsberg (II) **23**, 179 (1940). — [12] SANGER, F.: Nature **160**, 295 (1947). Biochem. J. **39**, 507 (1947). — [13] TISELIUS, A.: Adv. Protein Chem. **3**, 67 (1947). — [14] TISELIUS, A., and F. SANGER: Nature **160**, 434 (1947). — [15] LENS, J.: Chem. Wkbl. **45**, 374 (1949). — [16] FELIX, K., u. E. WALDSCHMIDT-LEITZ: B. **59**, 2367 (1926). — DIRSCHERL, W.: H. **180**, 217 (1929). — FISHER, A. M., and D. A. SCOTT: J. biol. Ch. **106**, 289 (1934). — FREUDENBERG, K., W. DIRSCHERL, H. EICHEL u. E. WEISS: H. **202**, 159 (1931). — FREUDENBERG, K., E. WEISS u. H. EICHEL: H. **213**, 248 (1932). — [17] BUTLER, J. A. V., E. C. DODDS, D. M. P. PHILLIPS and J. M. L. STEPHEN: Biochem. J. **42**, XXIII (1948). — PHILLIPS, D. M. P.: Biochim. biophysica Acta, N. Y. **3**, 341 (1949). — BUTLER, J. A. V., D. M. P. PHILLIPS and J. M. L. STEPHEN: Nature **162**, 418 (1948).

durch krystallisiertes Trypsin, wohl aber durch Pepsin und Chymotrypsin zerlegt. Mit Chymotrypsin wird ein Molekülrest vom ungefähren Molekulargewicht 5000 neben einer Anzahl niedrigerer Peptide erhalten, deren papierchromatographische Untersuchung nicht abgeschlossen ist. Nach MIRSKY[1] soll das insulinzerstörende Enzym (Insulinase) mit keiner der genannten Proteasen identisch sein.

Die Ergebnisse der *Bausteinanalyse* des Insulins sind in Tabelle 123, S. 691 wiedergegeben. Bemerkenswert ist sein hoher *Gehalt an Cystin*. SH-Gruppen sind im aktiven Insulin nicht nachweisbar, sie bilden sich erst bei Behandeln des Insulins mit reduzierenden Stoffen, wie Schwefelwasserstoff, Cystein, Thioglykolsäure usw.[2] (vgl. S. 604), wobei aber gleichzeitig das Insulin seine physiologische Wirksamkeit weitgehend verliert. Die Reoxydation des HS-Insulins zu -SS-Insulin mit Hilfe der üblichen Oxydationsmittel stellt die Wirkung nicht wieder her. FREUDENBERG und WEGMANN[3] formulieren diese Reaktion wie folgt:

$$\text{Insulin-SSR} + 2\,\text{H} \rightarrow \underset{\text{inaktiv}}{\text{Insulin-SH}} + \text{HSR} + \text{O}_2 \rightarrow \underset{\text{inaktiv}}{\text{Insulin-S-S-Insulin}}$$
$$\underset{\text{aktiv}}{\text{Insulin-SSR}}$$

und glauben, daß die Gruppe -SR ein verhältnismäßig kleines Molekülbruchstück ist, das durch andere HS-Stoffe, z. B. Cystein, ersetzt werden kann. Eine Stütze für diese Auffassung erblicken diese Forscher in der Tatsache, daß reduziertes, inaktives Insulin dann ein wirksames Insulin zurückliefert, wenn man es in Gegenwart eines Überschußes von Cystein oder Glutathion mit Luft oder H_2O_2 reoxydiert. Bei Verwendung von Thioglykolsäure an Stelle von Cystein erhält man dagegen ein inaktives Insulin:

$$\underset{\text{aktiv}}{\text{Insulin-SSR}} + \text{HS} \cdot \text{CH}_2 \cdot \text{CH(NH}_2) \cdot \text{COOH} \rightarrow \text{Insulin-SH} + \text{HSR} + \text{Cystin}$$

$$\underset{\text{inaktiv}}{\text{Insulin-SH}} + \text{HS} \cdot \text{CH}_2 \cdot \text{CH(NH}_2) \cdot \text{COOH} + \tfrac{1}{2}\text{O}_2 \rightarrow \underset{\text{aktiv}}{\text{Insulin-S-S-}\,\text{CH}_2 \cdot \text{CH(NH}_2) \cdot \text{COOH}} + \text{H}_2\text{O}$$

Versuche zur Isolierung der kurzen Kette HSR durch Ultrafiltration usw. haben zu keinem Ergebnis geführt. Es steht aber so viel fest, daß die Atomgruppierung —S—S— für die physiologische Wirksamkeit des Insulins von großer Bedeutung ist. Wie im Casein wurde auch in hochgereinigtem Insulin das Vorkommen des peptidähnlichen Wachstumfaktors Strepogenin nachgewiesen[4].

Secretin[5]. Ein weiteres Proteinhormon ist das von der Darmschleimhaut gebildete Secretin, das die BRUNNERschen Drüsen steuert[6], die Pankreassekretion beeinflußt[7] und nach TANTURY[8] als wahrer Gallenbildner anzusehen ist. Seine chemische Zusammensetzung (vgl. Tabelle 101, S. 595, allgem. Teil) konnte verhältnismäßig sehr weitgehend durch ÅGREN[9] geklärt werden, dessen Befunde durch NIEMANN[10] in etwas abweichender Weise diskutiert werden. Nach NIEMANN ist die Summenformel des Secretins $L_3Ar_2P_2H_1Gl_1A_1M_1X_{25}$ (L = Lysin, Ar = Arginin, P = Prolin, H = Histidin, Gl = Glutamin, A = Asparagin, M = Methionin und X = unbekannte Reste). Secretin konnte in krystallisierter Form gewonnen

[1] MIRSKY, A., and R.H. BROH-KAHN: Arch. Biochem. **20**, 1 (1949). — BROH-KAHN, R.H., and A. MIRSKY: Arch. Biochem. **20**, 10 (1949). — [2] JENSEN, H., and E. A. EVANS jr.: Physiol. Rev. **14**, 188 (1934). — NEUTELINGS, J., u. J. LENS: Chem. Wkbl. **45**, 373 (1949). — [3] FREUDENBERG, K., u. TH. WEGMANN: H. **233**, 159 (1935). — [4] SPRINCE, H., and D. W. WOOLLEY: Am. Soc. **67**, 1734 (1945). — WOOLLEY, D. W.: J. biol. Ch. **171**, 443 (1947). — [5] CELENTANO, V.: Riv. Fisica Mat. Sci. natur. (2) **12**, 256 (1938). — [6] FLOBEY, H. W., and H.E. HARDING: Quart. J. exp. Physiol. **25**, 329 (1935). — [7] GREENGARD, H., I. F. STEIN jr., and A. C. IVY: Amer. J. Physiol. **132**, 305 (1942). — [8] TANTURY, C. A., A. C. IVY and H. GREENGARD: Amer. J. Physiol. **120**, 336 (1937). — [9] ÅGREN, G.: J. Physiol., London **94**, 553 (1939). — [10] NIEMANN, C.: Proc. nat. Acad. Sci. USA. **25**, 267 (1939).

werden. Dem Secretin ähnlich, aber nicht mit demselben identisch, ist nach
Uvnäs[1] ein Stoff aus der Mucosa des Pylorus, der die Magensekretion erregt
(s. Bd. 2, Verdauung).

Hypophysenhormone[2]. In den letzten Jahren war es infolge der verfeinerten
Technik möglich, zahlreiche Hormone aus den Hypophysenvorder- und -hinter-
lappen verschiedener Tierarten zu isolieren und in ihrer Wirkung zu überprüfen.
Die folgenden Hypophysenhormone sind bisher als Eiweißkörper isoliert
worden, deren Einheitlichkeit auf Grund der Löslichkeit und des Verhaltens in
der Ultrazentrifuge und bei der Elektrophorese als mehr oder weniger gesichert
gelten darf.

Hormone des Hypophysenvorderlappens.

1. Follikelsteuerndes Hormon (follicle stimulating hormone, FSH) oder
Thylakentrin, im wesentlichen identisch mit Prolan A.

2. Luteinisierungshormon oder Metakentrin; im wesentlichen identisch mit
Prolan B.

3. Lactationshormon.

4. Corticotropes Hormon.

5. Wachstumshormon der Hypophyse.

Hormone des Hypophysenhinterlappens.

1. Oxytocin oder uteruserregendes Hormon.

2. Vasopressorisches Hormon.

3. Antidiuretisches Hormon.

Unter Hinweis auf die ausführliche Behandlung im Kapitel Hormone (Bd. 2)
seien nur die folgenden chemischen Daten über die wichtigsten der genannten
Hormonproteine wiedergegeben.

Thylakentrin[3] zeigt im wesentlichen die Löslichkeitsverhältnisse eines Albumins[4] und wird von Trypsin schwer angegriffen[5] (vgl. auch Blix, S. 765).

Metakentrin[3], das bisher am eingehendsten untersucht wurde, wird mit
abweichenden Eigenschaften aus der Hypophyse von Schweinen und Schafen
erhalten. Es zeigt die Löslichkeit eines Globulins[4] und wird von Trypsin rasch
zerstört[5]. Für das Hormon des Schweines ist das Molekulargewicht zu etwa
100000, der isoelektrische Punkt zu 7,45 bestimmt[6], während für das Metakentrin
des Schafes eine Sedimentationskonstante von $3,6 \cdot 10^{-13}$, daraus ein Molekulargewicht von 40000, und ein isoelektrischer Punkt von 4,6 ermittelt ist[7, 8]. Das
Hormon des Schafes enthält 4,5%, das des Schweines nur 2% Kohlenhydrat[9].
Die Kohlenhydratkomponente besteht wahrscheinlich aus Mannose und Hexosamin in äquimolekularem Verhältnis (vgl. auch Blix, S. 765).

Das *Lactationshormon* ist von White und Mitarbeitern[10] in krystallisierter
Form, von Li, Lyons und Evans[11] in nicht krystallisierter, aber offenbar

[1] Uvnäs, B.: Acta physiol. scand. **6**, 97, 117 (1943). — [2] Dyke, H. B. van: The Physiology
and Pharmacology of the Pituitary Body. Chicago Bd. 1, 1936; Bd. 2, 1939. The Physiology
of the Anterior Lobe of the Pituitary Body with Special Consideration of Gonadalpituitary
Interrelationships. 1940. — New York Academy of Science: Protein Hormones of the
Pituitary Body. 1943. — Herriot, R.: Chem. Rev. **30**, 413 (1942). — Abderhalden, R.:
D. m. W. **74**, 1429 (1930). — Vgl. a. Fußnote [13] S. 695. — [3] Coffin, H. C., and H. B. van Dyke:
Science, N. Y. **93**, 61 (1941). — [4] Fevold, H. L., F. L. Lee, F. L. Hisaw and E. J. Cohn:
Endocrinology **26**, 999 (1940). — [5] McShan, W. H., and R. K. Meyer: J. biol. Ch. **135**,
473 (1940). — [6] Chow, B. F., R. O. Greep and H. B. van Dyke: J. Endocrinol. **1**, 440
(1939). — Shedlovsky, T., A. Rothen, R. O. Greep, H. B. van Dyke and B. F. Chow:
Science N. Y. **92**, 178 (1940). — [7] Li, C. H., M. E. Simpson and H. M. Evans: Endocrinology **27**, 803 (1940). — [8] Li, C. H., M. E. Simpson and H. M. Evans: Am. Soc. **64**, 367
(1942). J. biol. Ch. **146**, 627 (1942). Science, N. Y. **96**, 450 (1942). — [9] Gurin, S.: Proc.
Soc. exp. Biol. Med. **49**, 48 (1942). — [10] White, A., H. R. Catchpole and C. N. H.
Long: Science, N. Y. **86**, 82 (1937). — [11] Li, C. H., W. R. Lyons and H. M. Evans: J.
biol. Ch. **136**, 709 (1940); **140**, 43 (1940).

gleichfalls weitgehend einheitlicher Form beschrieben. Das Molekulargewicht ist in der Ultrazentrifuge (Sedimentationskonstante $S_{20} = 2{,}65 \cdot 10^{-13}$) zu 32000, auf osmotischem Wege zu 26500, der isoelektrische Punkt mit 5.7 ermittelt worden[1]; die Hormone von Schafen und Rindern unterscheiden sich weder serologisch[2] noch bei der Elektrophorese, scheinen aber gewisse Unterschiede in der Aminosäurezusammensetzung aufzuweisen[3, 1].

Das durch LI, SIMPSON und EVANS[1, 5] aus Hypophyse von Schafen gewonnene *corticotrope Hormon* erweist sich nach Löslichkeit sowie auf Grund seines Verhaltens in der Ultrazentrifuge und Elektrophorese als einheitlich. Sedimentationskonstante $S_{20} = 2{,}1 \cdot 10^{-13}$, Molekulargewicht 20000, isoelektrischer Punkt 4,7 (nach anderen Angaben[6] 6.8). Das aus Schweinen isolierte Hormon zeigt weitgehend übereinstimmende Eigenschaften[7]. Das Hormon ist gegen verdünnte Säure selbst bei 100° sowie gegen Ammoniak weitgehend beständig[8].

Wachstumshormon. Das Hormon, für das eine größere Anzahl von Darstellungs- und Reinigungsmethoden beschrieben sind[9, 10, 6], läßt sich durch Behandlung mit Cystein, wobei die gonadotropen Hormone inaktiviert und das Lactationshormon unter bestimmten Bedingungen ausgefällt werden, von den Wirkungen der begleitenden Hormone befreien[10]. Elektrophoretisch und biologisch einheitliche Präparate sind von EVANS, LI und Mitarbeitern gewonnen und analysiert worden: isoelektrischer Punkt 6.85. Aminosäurezusammensetzung[11] vgl. Tabelle 123, S. 691.

Hypophysenhinterlappenhormone. Aus dem Hypophysenhinterlappen ist durch ABEL[12, 13] u. a.[14] ein anscheinend einheitliches Protein erhalten worden, das sowohl die uteruserregende wie die blutdrucksteigernde Wirkung zeigt. Es wird von krystallisiertem Trypsin und Chymostrypsin unter Verlust der biologischen Wirksamkeit angegriffen, während bei der Pepsinverdauung die Wirkung nicht zerstört wird. Das Molekulargewicht ist zu 20000 bis 30000 gefunden[8].

Andererseits gelingt es, sowohl das uteruserregende wie das blutdrucksteigernde Hormon jedes für sich allein in weitgehend gereinigten Präparaten zu erhalten, deren Wirkung diejenige des Proteins von ABEL erheblich übertrifft[15, 16, 17]. Sowohl die ziemlich eingreifenden Bedingungen, unter denen diese Präparate gewonnen werden, wie auch ihr relativ niedriges Molekulargewicht lassen es möglich erscheinen, daß es sich bei ihnen um Abbauprodukte des ursprünglichen Proteins handelt, in denen jeweils die für uteruserregende bzw. vasopressorische Wirkung verantwortliche spezifische Gruppierung enthalten ist.

Über biologische Eigenschaften der Hormone (Steuerung des Ovarialcyclus und der Spermogenese, Wachstumsförderung usw.) vgl. Bd. 2, Innere Sekretion.

[1] Siehe Fußnote [11] S. 699. — [2] BISCHOFF, H. W., and W. R. LYONS: Endocrinology **25**, 17 (1939). — [3] LI, C. H., W. R. LYONS and H. M. EVANS: J. biol. Ch. **139**, 43 (1941). J. gen. Physiol. **24**, 303 (1941). — [4] Siehe Fußnote [5] S. 699. — [5] LI, C. H., H. M. EVANS and M. E. SIMPSON: J. biol. Ch. **149**, 413 (1943). — [6] LI, C. H., and H. M. EVANS: Science N. Y. **99**, 183 (1944). — [7] SAYERS, G., A. WHITE and C. N. H. LONG: J. biol. Ch. **149**, 425 (1943). — [8] Vgl. CHOW, B. F.: Adv. Protein Chem. **1**, 153 (1944). — [9] FRAENKEL-CONRAT, H. L., D. L. MEAMBER, M. E. SIMPSON and H. M. EVANS: Endocrinology **27**, 605 (1940). — [10] MARX, W., M. E. SIMPSON and H. M. EVANS: Endocrinology **30**, 1 (1943). — [11] FRANKLIN, A. L., C. H. LI and M. S. DUNN: J. biol. Ch. **169**, 515 (1947). — [12] ABEL, J. J., C. A. ROUILLER and E. M. K. GEILING: J. Pharmacol. exp. Therap. **22**, 289 (1923). — [13] ABEL, J. J.: J. Pharmacol. exp. Therap. **40**, 139 (1930). — [14] MACARTHUR, C. G.: Science, N. Y. **73**, 448 (1931). — [15] POTTS, A. M., and T. F. GALLAGHER: J. biol. Ch. **143**, 561 (1942). — [16] KAMM, O., T. B. ALDRICH, I. W. GROTE, L. W. ROWE and E. P. BUGBEE: Am. Soc. **50**, 573 (1928). — [17] STEHLE, R. L.: J. biol. Ch. **102**, 573 (1933). — STEHLE, R. L., and A. M. FRASER: J. Pharmacol. exp. Therap. **55**, 136 (1935).

Thyreoglobulin. Dieses erstmals von Oswald[1] isolierte jodhaltige Globulin ist der wirksame Eiweißstoff der Schilddrüse, welcher Thyroxin und Dijodtyrosin in der Eiweißkette eingebaut enthält. Eine krankhaft gesteigerte oder eine verminderte innere Sekretion dieser Verbindungen macht sich in sehr klar ausgeprägten Krankheitsbildern — bei Menschen Morbus Basedow, Kretinismus und Myxödem — bemerkbar. Die Zusammensetzung des Thyreoglobulins ist herkunftsbedingten Schwankungen unterworfen; so ist das vom Schwein stammende Hormon ärmer an Tyrosin und Tryptophan als das vom Hund. Stark hypertrophierte Drüsen liefern ein jodärmeres und tyrosinreicheres Produkt als normale[2]. Als der eigentliche Träger der hormonalen Wirkung gilt seit der Isolierung durch Kendall das Thyroxin (s. oben, S. 537). Es kann auch in freier Form wirken (vgl. Bd. 2, Innere Sekretion); infolgedessen wird Thyreoglobulin im Gegensatz zu Insulin durch proteolytische Fermente zwar gespalten, bleibt aber biologisch aktiv. Neuerdings ist aus Schilddrüseneiweiß durch Verdauung mit Pepsin und Trypsin ein dijodtyrosinhaltiges und ein thyroxinhaltiges Dipeptid gewonnen worden. Beide Peptide wirken stärker als Dijodtyrosin bzw. Thyroxin allein. So wird die Kaulquappenmetamorphose durch das Dijodtyrosinpeptid 2300 bis 10000mal mehr beschleunigt als durch freies Dijodtyrosin[3]. Auch für therapeutische Zwecke benützt man im allgemeinen Präparate, die durch Alkalien oder Fermente mehr oder weniger abgebaut sind.

Die Darstellung des Thyreoglobulins in reiner Form ist nicht einfach. Man macht dabei von seiner Löslichkeit in Alkalien oder Salzlösungen Gebrauch. Das mit Essigsäure ausgefällte Eiweiß wird wieder gelöst und bei einer Sättigungskonzentration von 37 bis 52% an Ammonsulfat ausgesalzen[3, 4, 5]. Sein isoelektrischer Punkt liegt bei p_H 4, 5. Derrien und Mitarbeiter[6] fanden den Stickstoffgehalt zu 15,8%, die Sedimentationskonstante $S_{20}^0 = 19,45$, die Diffusionskonstante $= 2,60 \cdot 10^{-7}$ und das Molekulargewicht $= 650000$ (vgl. dazu Svedberg[7]). Aminosäurezusammensetzung[6] vgl. Tabelle 123, S. 691.

Die künstliche Jodierung des Eiweißes (Casein) führt zu verschiedenen Jodeiweißverbindungen, die aber nicht wie die natürlichen Thyreoproteine wirken[8, 9].

2. Globuline der Pflanzenwelt.

Unter den Pflanzeneiweißstoffen sind die Globuline und die im folgenden Abschnitt behandelten Prolamine und Gluteline die wichtigsten und am besten untersuchten. Seit den klassischen Arbeiten von Osborne[10] über Pflanzenproteine sind die Eiweißkörper der Pflanzen in zahlreichen Arbeiten im Hinblick auf ihre ernährungsphysiologische Bedeutung und im Zusammenhang mit pflanzenphysiologischen Fragestellungen untersucht worden[10, 11].

Die Pflanzenglobuline, eine weitverbreitete Gruppe von Eiweißstoffen, sind in den Samen der Pflanzen als Speicherstoffe für den wachsenden Embryo enthalten. Die entscheidenden Aufklärungen über die Pflanzenglobuline verdankt

[1] Oswald, A.: H. **27**, 14 (1899); **32**, 121 (1901). — [2] Roche, J., R. Michel u. M. Lafon: C. R. Soc. Biol. **141**, 301 (1947). — [3] Isliker, H., u. I. Abelin: Helv. **32**, 115 (1949). — [4] Smorodincev, J. A., and A. M. Feldt: C. R. Acad. Sci. URSS **15**, 491 (1937). — [5] Vincke, E.: Vitamine und Hormone und ihre technische Darstellung. Teil 3. Darstellung von Hormonpräparaten. 2. Aufl. Leipzig 1945. — [6] Derrien, Y., R. Michel, K. O. Pedersen et J. Roche: C. R. Soc. Biol. **143**, 191 (1949). — [7] Svedberg, The: Proc. R. Soc. London (B) **127**, 1 (1939). — Polson, A.: Nature **137**, 740 (1936). — [8] Abelin, I.: Helv. **25**, 1421 (1942). — [9] Reinicke, E. P.: Thyreoactive iodinated proteins. Vitamins & Hormones **4**, 207 (1946). — [10] Osborne, T. B.: The Vegetable Proteins. 2. Aufl. London 1924. — Bergmann, M., u. L. Zervas: Eiweißstoffe. Handb. Pfl.-Analyse (Klein) 4/1, 299—262 (1933). — [11] Vgl. z. B. Block, R. J.: Adv. Protein Chem. **2**, 119 (1945). — Lugg, J. W. H.: Adv. Protein Chem. **5**, 229 (1949). — Tristram, G. R.: Adv. Protein Chem. **5**, 83 (1949). — Bonner, J.: Fortschr. Chem. org. Naturstoffe **6**, 290 (1950).

man Osborne[1]. Bei seinen planmäßigen Arbeiten hat sich ergeben, daß die morphologischen Beziehungen der Pflanzen, auf denen ihre Einteilung beruht, in der Zusammensetzung und in den Eigenschaften ihres Speichereiweiß einen chemischen Ausdruck finden: im System nahestehende Pflanzen zeigen keine oder nur geringfügige Unterschiede in der Natur ihrer Samenproteine. Dagegen enthalten im System fernstehende Pflanzen immer verschiedene Eiweißstoffe. Osborne hat dieses Ergebnis dann auch mittels der Anaphylaxierreaktion erhärtet.

Die Pflanzenglobuline zeigen die für die ganze Gruppe der Globuline charakteristischen Löslichkeitseigenschaften. Während aber alle tierischen Globuline in noch recht verdünnten Salzlösungen gut löslich sind, fallen manche Pflanzenglobuline schon aus, wenn die Salzkonzentration auf 2 bis 3% zurückgeht. Auch sind manche Pflanzenglobuline in warmen Kochsalzlösungen (50 bis 60°) löslich, fallen aber beim Erkalten wieder aus. Während einige Pflanzenglobuline schon bei halber oder noch geringerer Sättigung mit Ammonsulfat ausgesalzen werden, fallen andere erst bei fast vollständiger Sättigung mit diesem Salz aus. Die Pflanzenglobuline lassen sich im allgemeinen schwer koagulieren. Beim Kochen ihrer neutralen Lösungen wird auch in Gegenwart von großen Salzmengen oft nur ein geringer Teil koaguliert. Anwesenheit von beträchtlichen Säuremengen begünstigt die Koagulation. Da aber solche Säuremengen schon für sich bei niederer Temperatur die Pflanzenglobuline zur Abscheidung bringen, ist die Ermittlung der Koagulationstemperatur oft unmöglich. Wie die tierischen Globuline werden auch die pflanzlichen sehr leicht denaturiert.

Bemerkenswert ist für viele Pflanzenglobuline ihre Neigung zur Krystallisation; sie können, wie niedermolekulare Verbindungen, aus ihrer warmen Salzlösung richtig umkrystallisiert werden. Die Gewinnung der Pflanzenglobuline aus den gemahlenen und entfetteten Samen geschieht durch Extraktion mit Neutralsalzlösungen, z. B. mit einer Kochsalzlösung genügender Konzentration. Als amphotere Stoffe sind die Pflanzenglobuline, wenn sie nicht aus neutralen Lösungen isoliert werden, je nach den Fällungsverhältnissen mit geringen Mengen von Säuren oder Basen verbunden.

Trotz ihrer guten Krystallisationsfähigkeit scheinen die verschiedenen Pflanzenglobuline — übrigens auch die Prolamine und Gluteline — keineswegs einheitlich zu sein. Dies ergibt sich für das Glycinin der Sojabohne aus den Extraktionsversuchen von Gortner[2] und aus einer Reihe ähnlicher Feststellungen anderer Autoren[3] sowie aus den Ergebnissen der Elektrophorese an den Globulinen der Erdnuß[4].

a) Globuline der Ölsamen. Edestin. Die Speicherstoffe dieser Samen bestehen hauptsächlich aus Globulinen und Fetten, neben kleinen Mengen von Kohlenhydraten. Der größte Teil der Ölsamenglobuline ist in krystallisierter Form erhalten worden. In der Paranuß (Bertholletia excelsa) ist das Globulin *Excelsin* schon in krystallisiertem Zustand abgelagert.

Das bestbekannte Pflanzenglobulin ist das *Edestin*, das in den Hanfsamen (Cannabis sativa) enthalten ist.

Zu seiner *Darstellung* wird entfettetes und gemahlenes Hanfsamenmehl mit im ganzen der dreifachen Menge 10%iger Kochsalzlösung schnell ausgezogen unter Zusatz von 50% der zur Neutralisation erforderlichen, in einem Vorversuch ermittelten Barytmenge. Die Auszüge werden durch große, mit 10% Kochsalzlösung befeuchtete Faltenfilter filtriert

---

[1] Siehe Fußnote [10] Seite 701. — [2] Gortner, R. A., W. F. Hoffman and W. B. Sinclair: Colloid Symp. Monogr. **5**, 179 (1927). — [3] Csonka, F. A., and D. B. Jones: J. agric. Res. **46**, 51 (1933). — Smith, A. K., and S. J. Circle: Industr. engng. Chem. **30**, 1414 (1938). — Vickery, H. B.: Physiol. Rev. **25**, 347 (1945). — [4] Irving, G. W., T. D. Fontaine and R. C. Warner: Arch. Biochem. **7**, 475 (1945). — Fontaine, T. D., G. W. Irving and R. C. Warner: Arch. Biochem. **8**, 239 (1945). — Vgl. auch Johns, C. O., and D. B. Jones: J. biol. Ch. **28**, 77 (1916).

und dann mehrere Tage gegen fließendes Wasser dialysiert, wobei sich das Edestin krystallinisch abscheidet. Statt durch Dialyse kann das Edestin aus den Auszügen auch auf die Weise gewonnen werden, daß der klar filtrierte Auszug mit so viel destilliertem, auf 70° erwärmtem Wasser verdünnt wird, bis die Kochsalzkonzentration 3% beträgt. Beim Abkühlen auf etwa 5° fällt das Edestin während einiger Stunden krystallinisch aus. Das durch dieses Verfahren dargestellte Produkt ist das Hydrochlorid des Edestins.

Freies Edestin wird durch Krystallisation aus einer Kochsalzlösung erhalten, die vorher mit so viel Alkali versetzt war, daß die Edestinlösung gegen Phenolphthalein neutral reagiert. Der isoelektrische Punkt des Edestins liegt bei p_H 5,5 bis 6,0. Die Fällung des Edestins mit Ammoniumsulfat beginnt bei 23% der Sättigung der Lösung mit diesem Salz; bei 35% ist sie beendet.

Auf ähnliche Weise lassen sich verschiedene *andere Pflanzenglobuline*, wie Excelsin aus Paranuß (Bertholletia excelsa), Globulin aus Kürbissamen (Cucurbita maxima), Globulin aus Baumwollsamen (Gossypium herbaceum), Amandin aus Mandeln (Prunus amygdalus), Juglansin aus Wallnuß (Juglans regia) usw. meistens in krystallisiertem Zustand gewinnen[1]. Bemerkenswert ist der verhältnismäßig hohe Stickstoffgehalt dieser Globuline (etwa 18,5 bis 19%), der durch einen bedeutenden Gehalt an Diaminosäuren, insbesondere an Arginin, bedingt wird (Tabelle 124, S. 692). Daß sie trotzdem keine ausgesprochen basischen Eigenschaften aufweisen, dürfte auf den ebenfalls hohen Gehalt an Glutaminsäure zurückzuführen sein. Das zweite Carboxyl der Glutaminsäure scheint, wie aus dem geringen Ammoniakgehalt der Hydrolysate hervorgeht, nicht amidiert zu sein, sondern in freiem Zustand vorzuliegen. Alle Ölsamen enthalten Tryptophan, und zwar mit Ausnahme des Amandins in beträchtlichen Mengen. Über den Cystingehalt vgl. [2]. Soweit untersucht, werden die Globuline aus Ölsamen durch Papain, Pepsin und Trypsin leicht gespalten. Nach neueren Versuchen besteht das Edestin, auch das Glycinin (s. unten), aus Gemischen von mehreren Eiweißstoffen[3].

b) Die Globuline der Leguminosensamen. Glycinin[4]. Der Eiweißgehalt der Leguminosensamen ist im allgemeinen geringer als der der Ölsamen. In der Regel enthalten diese Samen zwei Globuline; das eine, in überwiegender Menge vorkommende (Glycinin, Phaseolin usw.) entspricht im Löslichkeitsverhalten den Globulinen aus Ölsamen, es ist nur in konzentrierten Kochsalzlösungen löslich und kann durch Dialysieren der Salzlösung ausgefällt werden. Die Koagulation dieser Globuline ist ähnlich wie bei den Ölsamenglobulinen nur in Anwesenheit von Säuren vollständig. Die daneben in den Leguminosensamen in geringerer Menge vorkommenden anderen Globuline (z. B. Vicilin; Legumin[5]), gleichen insofern den tierischen Globulinen, als sie auch in verdünnter Kochsalzlösung (z.B. solcher unter 2%) gut löslich und durch Kochen in neutraler Lösung koagulierbar sind. Manche der Samen enthalten außerdem noch ein Eiweiß, welches auf Grund seiner Eigenschaften zu der Gruppe der Albumine gehört (S. 689).

Die Darstellung dieser Globuline, von denen besonders die der Sojabohne neuerdings eingehend untersucht worden sind[6], geschieht im allgemeinen auf dieselbe Weise wie die der Ölsamenglobuline. Die *Bausteinanalyse* des aus der Sojabohne (Glycine hispida) hergestellten Glycinins ist in Tabelle 124, S. 692

---

[1] OSBORNE, T. B., u. E. STRAUSS: Handb. biol. Arb.-Meth. Abt. I, Teil 8, S. 383—454 (1922). — [2] HESS, W. C., and M. X. SULLIVAN: J. biol. Ch. 151, 635 (1943). — [3] RYNDIN, T., A. MOROSOW u. A. SSALTSCHINKIN: Colloid J., Woronesh 2, 831 (1936). — [4] Über die Zusammensetzung von Sojabohnen-glycinin siehe: PAYNE, D. S., and L. S. STUART: Adv. Protein Chem. 1, 187 bes. 198 (1944). — TAYEAU, F.: Bull. Soc. Pharmacie Bordeaux 82, 10 (1944). — KÜHNAU, J.: Getreide, Mehl, Brot 3, 228 (1949). — [5] DANIELSSON, C. E.: Biochem. J. 44, 387 (1949). — [6] PAYNE, D. S., and L. S. STUART: Adv. Protein Chem. 1, 187 (1944). — BRIGGS, D. R., and R. L. MANN: Cereal Chem. 27, 243 (1950). — MANN, R. L., and D. R. BRIGGS: Cereal Chem. 27, 258 (1950).

angegeben. Auffallend ist auch in diesem Falle ein ziemlich hoher Gehalt an Glutaminsäure; der Arginingehalt ist kleiner als bei den Ölsamenglobulinen. Seine Stickstoffverteilung ist wie folgt: 2,1% Amid-N, 3,9% Diaminosäuren-N, 11,3% Monoaminosäuren-N, gefunden worden. Ähnliche Eigenschaften weisen die aus anderen Leguminosensamen hergestellten Globuline auf, wie Phaseolin aus Bohnen (Phaseolus vulgaris), Legumin aus Erbse (Pisum sativum) und die Globuline der Lupinensamen[1].

c) Andere Pflanzenglobuline. Globulinähnliche Eiweißstoffe finden sich nach Osborne[1] in vielen anderen Pflanzen, meist aber in sehr geringer Menge. So enthalten die *Samenkeime der Getreidearten* neben einem Albumin (S. 689) auch ein Globulin, während das Endosperm der Getreidesamen vorwiegend alkohol-lösliche Eiweißstoffe, Prolamine, ferner Glutenine, enthält. So kommen im Weizenkorn, Roggenmehl, Gerste 0,4 bis 1,7%, im Hafer sogar größere Mengen eines Globulins vor. Das aus Hafer auch in krystallisierter Form erhaltene Globulin ließ sich in zwei voneinander verschiedene Fraktionen aufteilen[2].

In der Kartoffel, und zwar hauptsächlich im Saft, ist das sog. *Tuberin*, ein Globulin von hohem biologischen Wert, enthalten[1, 3]. Zu seiner Gewinnung extrahiert man gewaschenes Kartoffelgewebe mit 10%iger Kochsalzlösung und fällt aus dem Auszug das Globulin durch Dialyse.

Die elementare *Zusammensetzung* des Tuberins[3] entspricht einem Gehalte von 53,6% C, 6,8% H, 15,9 bis 16,2% N und 1,25% S; es enthält unter anderem 5,0% Alanin, 3,9% Phenylalanin, 12,2% Leucin, 4,3% Tyrosin, 4,4% Cystin, 4,6% Glutaminsäure, 4,2% Arginin, 2,3% Histidin, 3,3% Lysin, 3,0% Prolin, 3,3% Tryptophan und 1,8% Ammoniak.

Zu den pflanzlichen Globulinen könnte ferner ein in dem Milchsaft der Antiaris toxicaria vorkommendes Eiweiß gehören, das einen sehr hohen Gehalt an Cystin, etwa 10,6%, aufweist, ferner das sog. *Ipomocin*, das Globulin der süßen Kartoffeln (Ipomoea batatas). Globulinähnliche Eiweißstoffe sind schließlich in den verschiedensten *Gemüsearten*, z. B. in den Tomaten, Spinat[4], ferner in höheren und niederen *Pilzen* (Steinpilz[5], Hefe[6]) enthalten, ihre nähere Untersuchung ist aber zum Teil nur mangelhaft durchgeführt worden.

Eiweißstoffe der Bakterien vgl. Lugg[7].

γ) Prolamine und Gluteline.

Die Prolamine und die Gluteline, die zusammen den *Hauptbestandteil der Eiweißstoffe des Getreidemehls*[8] bilden, kommen in dem Endosperm der Zerealiensamen neben viel Kohlenhydraten vor, während der Samenkeim, wie weiter oben

---

[1] Osborne, T. B.: The Vegetable Proteins. 2. Aufl. London 1924. — Bergmann, M., u. L. Zervas: Handb. Pfl.-Analyse (Klein), Bd. 4/1, 299—362 (1933). — [2] Lüers, H., u. M. Siegert: B. Z. **144**, 467 (1924). — [3] Sjollema, B., u. I. Rinkes: H. **76**, 369 (1911/12). Vgl. dazu auch Bickel, A., u. A. Parlow: B. Z. **304**, 105 (1940). — Kiesel, A., A. Belozersky, P. Agatov, N. Bivshich and M. Pavlova: H. **226**, 73 (1934). — Lintzel, W.: Forsch.-Dienst, Sonderheft **16**, 749. — Groot, E. H.: Arch. néerl. Physiol. **26**, 472 (1942). — Chick, H., and M. E. M. Cutting: Lancet **245**, 667 (1943). — Hutchinson, J. C. D., J. S. D. Bacon, T. F. Macrae and A. N. Worden: Biochem. J. **37**, 550 (1943). — Levitt, J.: Plant Physiol. **21**, 562 (1946). — Chick, H., and E. B. Slack: Biochem. J. **45**, 211 (1949). — [4] Wildman, S. G., and J. Bonner: Am. J. Bot. **33**, Suppl. 22a (1946). Arch. Biochem. **14**, 381 (1947). — [5] Vgl. z. B. Fournier, P.: Bull. Soc. sci. Hyg. aliment. **31**, 159 (1943). — [6] Vgl. z. B. Fink, H.: Chemie **58**, 34 (1945). — Fink, H., u. A. Hock: Z. Naturforsch. **2**b, 187 (1947). — Fink, H., u. F. Just: B. Z. **312**, 390 (1942). — Carter, H. E., and G. E. Phillips: Fed. Proc. **3**, 123 (1944). — Klose, A. A., and H. L. Fevold: Proc. Soc. exp. Biol. Med. **56**, 98 (1944). — Felix, K., u. I. Pendl: H. **283**, 128 (1949). — [7] Lugg, J. W. H.: Adv. Protein Chem. **5**, 230 u. zwar S. 251 (1949). — [8] Vgl. z. B. Saverborn, S., K. E. Danielsson u. The Svedberg: Svensk kem. T. **56**, 75 (1944). — Vgl. auch Block, R. J.: Adv. Protein Chem. **2**, 119 (1945). — Lang, K., u. H. D. Cremer: Getreide Mehl, Brot **3**, 59 (1949).

ausgeführt, außer Nucleinsäure und anderen Stoffen ein Albumin und ein Globulin enthält. Bezeichnend für die *Prolamine* ist ihre Löslichkeit in verdünntem, z. B. 50 bis 90%igem Alkohol, die sie von allen anderen Eiweißstoffen unterscheidet; auch in anderen Alkoholen, wie Methyl-, Propyl-, Benzylalkohol, ferner Glycerin und in Phenolen sind sie löslich, dagegen nicht in absolutem Alkohol. In reinem Wasser sind die Prolamine unlöslich, aber ihre Salze mit Säuren und Alkalien werden von Wasser leicht gelöst. Die andere Gruppe von Eiweißstoffen, die in vielen Getreidemehlen neben Prolaminen enthalten sind, die *Gluteline*, werden von Alkoholen sowie von reinem Wasser nicht gelöst, als Salze, vor allem als Alkalisalze, sind sie dagegen in Wasser leicht löslich. Die entscheidenden Aufklärungen über die Prolamine und Gluteline verdankt man hauptsächlich OSBORNE[1].

Der Gehalt der verschiedenen Getreidemehle an Prolaminen und Glutelinen ist verschieden. Das Eiweiß des Weizenmehles besteht zu ähnlichen Teilen aus einem alkohollöslichen Eiweiß, dem Gliadin, und dem Glutelin. Beide Eiweißstoffe bilden zusammen das sog. Klebereiweiß oder Gluten[2], das beim Behandeln mit Wasser eine teigige Masse von eigenartiger Beschaffenheit bildet. Auf den physikalischen Eigenschaften dieses Gemisches beruht die Möglichkeit, Mehl zu Brot zu backen. Roggen- und Gerstenmehl enthalten, ähnlich dem Weizenmehl, neben alkohollöslichen Eiweißstoffen auch Gluteline, die allerdings nicht leicht dargestellt werden können. Mais und Hafer enthalten dagegen überwiegend

Tabelle 126. Bausteinanalyse der Prolamine und Gluteline[3] (g-%).

Aminosäure	Gliadin[2,3] (Weizen)	Zein (Mais)	Hordein (Gerste)	Glutenin[2] (Weizen)	Gluten[2] (Weizen)
Glycin	1,0	0,0	0	1,0	—
Alanin	2,5	9,8	1,8	4,4	5,5
Valin	3,0	1,9	1,4	1,0	3,0
Leucin und Isoleucin	6,0	25,0	7,0	6,0	6,0
Phenylalanin	2,5	7,6	5,0	2,0	2,0
Tyrosin	3,1	5,9	1,7	5,1	4,2
Tryptophan	0,9	0,2	1,6	1,8	1,1
Threonin	3,0	+	—	—	2,5
Glutaminsäure	46,0	31,3	43,2	27,2	36,0
Oxyglutaminsäure	2,4	2,5	—	1,8	—
Asparaginsäure	1,4	1,8	1,3	2,1	—
Prolin	13,2	9,0	13,7	4,4	11,0
Oxyprolin	—		—	—	—
Serin	0,1	1,0	—	0,7	—
Oxyvalin	—	1,5	—	—	—
Cystin	2,3	0,8	2,5	1,7	1,9
Methionin	2,3	2,3	—	—	3,3
Arginin	3,2	1,8	0,9	4,7	4,3
Histidin	2,1	0,8	0,7	1,8	2,4
Lysin	0,6	0	0	1,9	2,1
Ammoniak	5,1	3,6	4,9	4,0	4,5
Summe (%)	100,7	106,8	85,7	71,6	89,8

[1] OSBORNE, T. B., u. E. STRAUSS: Handb. biol. Arb.-Meth. Abt. 1, Teil 8, S. 383—454 (1922). — OSBORNE, T. B.: Vegetable Proteins. 2. Aufl. London 1924. — [2] BLISH, M. J.: Adv. Protein Chem. 2, 337, bes. 351, Tab. IV (1945). — McCALLA, A. G., and N. GRALÉN: Canad. J. Res. (A) 20, 130 (1942). — [3] CALVERY, H. O.: In Schmidt, Proteins S. 217, Tab. 4 (1938). — JORDAN LLOYD, D., and A. SHORE: Chemistry of the Proteins, 2. Aufl. London 1938. — BERGMANN, M., u. L. ZERVAS: Handb. Pfl.-Analyse (KLEIN) 4/1, 299 (1933).

alkohollösliche Eiweißstoffe und wenig oder gar kein Glutenin, während Reismehl nur ein Glutelin enthält; daher sind diese Mehle zum Backen von Brot ungeeignet.

Bemerkenswert für die *Prolamine* ist ihr *hoher Gehalt an Aminodicarbonsäuren*, insbesondere an *Glutaminsäure*, während Diaminosäuren nur in sehr geringer Menge vorhanden sind (Tabelle 126). Die Tatsache, daß der Amidstickstoff der Prolamine ihrem Gehalt an Dicarbonsäuren äquivalent ist, hat schon OSBORNE[1] dahin gedeutet, daß Glutaminsäure und Asparaginsäure in diesen Eiweißstoffen in Form ihrer Halbamide peptidartig gebunden sind, was später durch Isolierung von Glutamin und Asparagin beim enzymatischen Abbau bestätigt wurde[2]. Schon früher war die Isolierung eines Tetrapeptides (bestehend aus 2 Mol Glutamin, 1 Mol Glutaminsäure und 1 Mol Tyrosin) aus dem Gemisch nach Hydrolyse des Gliadins[3] mit Pepsin beschrieben worden. Bemerkenswert ist ferner für die Prolamine ihr verhältnismäßig hoher Gehalt an *Prolin*, mit dem man ihre Löslichkeit in verdünntem Alkohol in Zusammenhang bringt (s. a. S. 616/17).

Die Prolamine weisen in bezug auf ihren Gehalt an Lysin und Tryptophan *untereinander* einige Unterschiede auf. Während Gliadin und Hordein beträchtliche Mengen Tryptophan und Lysin enthalten, fehlen beim Zein diese Aminosäuren fast vollständig. Die biologische Minderwertigkeit des Zeins dürfte durch die Abwesenheit von Lysin und Tryptophan, deren Gegenwart für das Wachstum junger Tiere unentbehrlich ist, bedingt sein.

Alle bis jetzt untersuchten Prolamine lassen sich durch Pepsin, Trypsinkinase sowie durch die tryptischen Pflanzenenzyme hydrolysieren.

1. Prolamine.

a) Gliadin, aus Weizen (Triticum vulgare) und Roggen (Secale cereale). Aus Gliadin besteht ungefähr die Hälfte der Eiweißstoffe des Weizensamens; mit einer ungefähr gleichen Menge Glutenin bildet es den größeren Teil des Glutens (Kleber). Weder Gliadin noch Glutenin dürften als einheitliche Proteine anzusprechen sein, wie aus zahlreichen neueren Arbeiten über die Fraktionierung der Klebereiweißstoffe hervorgeht[4].

Darstellung. Das mit Wasser zu einem Teig vermischte Mehl wird in einem langsamen Strom von Wasser so lange geknetet und gewaschen, bis die Stärke fast völlig entfernt ist. Das zurückbleibende Gluten wird mit 70%igem Alkohol ausgezogen und die filtrierten Auszüge im Vakuum bei 40 bis 50° stark konzentriert. Der erhaltene Syrup wird mit der 5fachen Menge einer 1%igen Kochsalz- oder Lithiumchloridlösung versetzt, wobei das Gliadin ausfällt. Es wird in 70%igem Alkohol gelöst, wieder ausgefällt und schließlich mit absolutem Alkohol behandelt[5].

Das *Prolamin des Roggens* ist dem des Weizens so ähnlich, daß bis jetzt keine genügenden Unterschiede entdeckt werden konnten, die eine Unterscheidung der beiden Eiweißstoffe rechtfertigen würden.

Eigenschaften. Gliadin ist nur in sehr geringem Maße wasserlöslich; in salzhaltigem Wasser ist es noch weniger löslich. In Wasser oder in sehr verdünntem Alkohol wird es erst bei Siedetemperatur koaguliert. Seine spezifische Drehung ist zu $[\alpha]_D = -90°$ (in 70%igem Alkohol) gefunden worden.

b) Hordein aus Gerste (Hordeum vulgare). Der Samen der *Gerste* enthält neben kleinen Mengen von Albumin und Globulin ein Prolamin, das sog. Hordein,

[1] OSBORNE, T. B., C. S. LEAVENWORTH and C. A. BRAUTLECHT: Amer. J. Physiol. **23**, 180 (1908/09). — [2] DAMODARAN, M.: Biochem. J. **26**, 235 (1932). — DAMODARAN, M., G. JAABACH and A. C. CHIBNALL: Biochem. J. **26**, 1704 (1932). — SYNGE, R. L. M.: Biochem. J. **33**, 671 (1939). — [3] NAKASHIMA, R. N.: J. Biochem. **6**, 55 (1926). — [4] SPENCER, E. Y., and A. G. McCALLA: Canad. J. Res. **16** C, 483 (1938). — KREJCI, L., and THE SVEDBERG: Am. Soc. **57**, 946 (1945). — BLISH, M. J.: Adv. Protein Chem. **2**, 337 (1945). — BARMORE, M. A.: Cereal Chem. **24**, 49 (1947). — [5] DILL, D. B., and C. L. ALSBERG: J. biol. Ch. **65**, 279 (1925). — NOLAN, L. S., and H. B. VICKERY: Proc. Soc. exp. Biol. Med. **35**, 449 (1936).

dessen Menge etwa 3 bis 4% des Mehles ausmacht. Die Gerste enthält weiterhin ein Glutenin, ferner ein zweites Prolamin, das *Bynin*[1]. Die Gewinnung des Hordeins erfolgt genau so wie die Darstellung des Gliadins aus Weizenmehl.

c) Zein aus Mais (Zea Mays). Zein ist das hauptsächliche Eiweiß der Maissamen, von denen es ungefähr 5% ausmacht. Es wird am besten aus dem fein gemahlenen weißen Mais oder aus dem stickstoffhaltigen Begleitstoff der Maisstärke, dem Gluten, durch Ausziehen mit 80- bis 90%igem Alkohol in der beim Gliadin beschriebenen Weise gewonnen[2]. Technische Gewinnung[3]. Zein kann in drei verschiedene Komponenten aufgeteilt werden, die sich in bezug auf Zusammensetzung, Molekulargewicht und Löslichkeit unterscheiden[4].

Bemerkenswert für dieses Prolamin ist seine Löslichkeit in sehr starkem Alkohol, z. B. solchem von 96%. Alkohol von weniger als 50% löst nur wenig Zein. In alkoholischer Lösung erleidet das Zein eine langsame Umwandlung, indem es eine durchsichtige, in Alkohol nicht lösliche Gallerte bildet. In 90%igem Alkohol beträgt $[\alpha]_D = -28°$. Wie aus der Tabelle 126, S. 705 ersichtlich, sind die Bausteine des Zeins nahezu vollständig bekannt. Über saure und basische Gruppen vgl. AGATOW[5].

2. Gluteline.

a) Glutenin aus Weizen (Triticum vulgare). Nach der Extraktion des Glutens mit Alkohol (vgl. S. 705) bis zur völligen Entfernung des Gliadins wird der ungelöste Rückstand getrocknet und dann mit so viel 0,2%iger Kalilauge behandelt, als zur Lösung nötig ist. Die filtrierte Lösung wird mit verdünnter Salzsäure neutralisiert, wobei das Glutenin ausfällt. Die während der Darstellung des Glutenins vorgenommene Behandlung mit Alkali bewirkt nach neueren Untersuchungen eine Veränderung des natürlichen Eiweißes. Zur Darstellung des Glutenins wird infolgedessen ein anderes Verfahren empfohlen[6].

b) Reiseiweiß. Im Reis kommt, wie es scheint, kein alkohollösliches Eiweiß vor; die Hauptmasse des Reiseiweißes besteht aus einem nur in Alkali löslichen Eiweißstoff *(Oryzenin)*, der als Glutenin anzusprechen ist. Daneben sind kleine Mengen von Albumin und Globulin vorhanden[7]. Infolge des Fehlens eines Prolamins kann man aus Reis wie auch aus Hafer[8] kein Brot backen.

Das Oryzenin enthält wenig Glutaminsäure, ferner alle 3 Hexonbasen (vom Gesamtstickstoff sind 17,7% als Arginin-N, 5,4% als Histidin-N, 4,9% als Lysin-N und 0,9% als Cystin-N vorhanden). Der Tryptophangehalt beträgt 2,8%.

c) Die Eiweißstoffe der grünen Blätter. Der größere Teil der Eiweißstoffe der grünen Blätter gehört einerseits dem Cytoplasma, andererseits den Chloroplasten an. Die Eiweißstoffe des *Cytoplasmas* der grünen Blätter sind den Glutelinen ähnlich (CHIBNALL[9]); sie sind fast unlöslich in Wasser (Minimumlöslichkeit erst bei p_H 4,0 bis 5,0), löslich in Säuren und Basen und lassen sich leicht koagulieren. Ihre besondere Eigenschaft ist ihre Empfindlichkeit, insbesondere in sauren Lösungen, gegenüber Neutralsalzen. So genügen z. B. 4 Tropfen einer gesättigten Ammonsulfatlösung, um aus 50 cm³ einer 4%igen Lösung das Eiweiß sofort und vollständig auszufällen. Der Cystingehalt dieser Eiweißstoffe schwankt zwischen 0,3 und 0,95%. Die Eiweißstoffe der *Chloroplasten,* bei denen es sich zum Teil um

[1] OSBORNE, T. B., u. E. STRAUSS: Handb. biol. Arb.-Meth. Abt. I, Teil 8, S. 383—454 (1922). — LÜERS, H.: B. Z. **96**, 117 (1919). — [2] NOLAN, L. S., and H. B. VICKERY: Proc. Soc. exp. Biol. Med. **35**, 449 (1936). — [3] SWALLEN, L. C.: Industr. engng. Chem. (I) **33**, 394 (1941). — [4] GORTNER, R. A., and R. T. MCDONALD: Cereal Chem. **21**, 324 (1944). — [5] AGATOW, P. A.: Biochimia, Moskau **14**, 70 (1949). — [6] BLISH, M. J., and R. M. SANDSTEDT: J. biol. Ch. **85**, 195 (1929/30). — NEGLIA, F. J., W. C. HESS and M. X. SULLIVAN: J. biol. Ch. **125**, 183 (1938). — [7] ROSENHEIM, O., and S. KAJIURA: J. Physiol., London **36**, LIV (1908). — [8] OSBORNE, T. B.: Ergebn. Physiol. **10**, 47 (1910). — ABDERHALDEN, E., u. Y. HÄMÄLÄINEN: H. **52**, 515 (1907). — [9] CHIBNALL, A. C.: J. biol. Ch. **61**, 303 (1924). — CHIBNALL, A. C., and L. S. NOLAN: J. biol. Ch. **62**, 173, 179 (1924/25). — CHIBNALL, A. C., E. J. MILLER, D. H. HALL and R. G. WESTALL: Biochem. J. **27**, 1879 (1933). — MILLER, E. J., and A. C. CHIBNALL: Biochem. J. **26**, 392 (1932).

Lipoproteine und vielleicht um Nucleoproteine handelt, dürften in enger Bindung an das Chlorophyll vorliegen und für dessen Funktion wesentlich sein[1].

δ) Globine.

Als Globine bezeichnet man die Eiweißbestandteile der Hämoglobine. Auf Grund ihrer basischen Eigenschaften könnte man die Globine den Histonen zuteilen; andererseits zeigen sie in bezug auf Löslichkeit und Aminosäurezusammensetzung (s. Tabelle 137, S. 740) eine gewisse Ähnlichkeit mit den Albuminen. Daher sind die Globine in einem besonderen Kapitel zusammengefaßt.

Globin.

Seine Darstellung erfolgt am besten durch Eingießen einer Kohlenoxyd- bzw. Oxy-hämoglobinlösung in die 10- bis 20fache Menge Aceton, das $1/_2\%$ HCl enthält[2]. Das Hämoglobin wird augenblicklich gespalten, wobei das Globin sich als Hydrochlorid absetzt, während das Hämin in Lösung bleibt. In diesem Zustand löst das Globin sich leicht in Wasser mit saurer Reaktion auf und kann daraus durch $1/_3$ Sättigung mittels Ammoniumsulfat oder vollständiger durch schnelle Neutralisation abgeschieden werden. Der Niederschlag besitzt die Eigenschaften eines denaturierten Eiweißstoffes. Er ist unlöslich in Wasser bei seinem isoelektrischen Punkt, der infolge seines hohen Gehaltes an Histidin und Lysin im alkalischen Bereich bei etwa p_H 8 liegt.

Wird die Lösung des Globin-hydrochlorids langsam und allmählich neutralisiert, so zeigt der größte Teil des ausfallenden Globins die Eigenschaften des natürlichen Eiweißstoffes. Es ist dann in destilliertem Wasser löslich, ist koagulierbar und gibt mit Hämin eine Verbindung, die das Spektrum des Methämoglobins besitzt und bei der Reduktion Hämoglobin liefert. Beim Schütteln mit Luft entsteht Oxyhämoglobin.

Die Hämoglobine bzw. Globine der einzelnen Säugetierarten unterscheiden sich charakteristisch in der Aminosäurezusammensetzung[3]. Die Differenzen betreffen dabei in erster Linie die schwefelhaltigen Aminosäuren[4], aber auch den Gehalt an Leucin, Isoleucin, Valin und Alanin. Bei Menschen (und auch bei Affen), unabhängig von Alter, Geschlecht, Krankheit oder Blutgruppenzugehörigkeit (siehe jedoch [5]) ist der Cystingehalt zu 1,2% und der Methioningehalt zu 1,45% (nach Brand[6] 1,32), gefunden worden; Rinderglobin enthält 0,55% Cystin und 1,8% Methionin, Pferdeglobin etwa 0,8% Cystin und 1% Methionin[7]. Nicht nur die Globine derselben Tierart, sondern auch die von Hund, Schakal und Fuchs, die derselben Familie angehören, scheinen in ihrem Cystin- und Methioningehalt (1,6 bzw. 0,6%) übereinzustimmen[7]. *Die anderen Aminosäuren,* z. B. Arginin, Histidin, Lysin, Tyrosin, Tryptophan, kommen in den Globinen

---

[1] Smith, E. L.: J. gen. Physiol. **24**, 565 (1941). — Smith, E. L., and E. G. Pickels: J. gen. Physiol. **24**, 753 (1941). — Smith, E. L.: Chron. bot., Waltham **7**, 148 (1942). — Noack, K.: B. Z. **183**, 135 (1927). — Noack, K., u. E. Timm: Naturwiss. **30**, 453 (1942). — Fishman, M. M., and L. S. Moyer: Science, N. Y. **95**, 128 (1942). — Moyer, L. S., and M. M. Fishman: Bot. Gaz. **104**, 449 (1943). — Vickery, H. B.: Physiol. Rev. **25**, 347 (1945). — [2] Anson, M. L., and A. E. Mirsky: J. gen. Physiol. **13**, 469 (1929/30). — Schenck, E. G.: A. e. P. P. **150**, 160 (1930). — Birkofer, L., u. A. Taurins: H. **265**, 94 (1940). — [3] Vickery, H. B.: Ann. N. Y. Acad. Sci. **41**, 87 (1941). J. biol. Ch. **144**, 712 (1942). — Roche, J., et Y. Derrien: Cr. **214**, 192 (1942). — Roche, J., et J. Ginette: Bull. Soc. Chim. France **16**, 768 (1934). — Roche, J., et M. Mourgue: Trav. Membres Soc. Chim. biol. **23**, 1329 (1941). — [4] Vickery, H. B., and A. White: Proc. Soc. exp. Biol. Med. **31**, 6 (1933). — Block, R. J.: Cold Spring Harbor Symp. quant. Biol. **6**, 79 (1938). — Valer, J.: B. Z. **190**, 444 (1927). — Timár, E.: B. Z. **202**, 365 (1928). — Kaiser, E.: B. Z. **192**, 58 (1928). — Balassa, G.: B. Z. **283**, 222 (1936). — [5] Balassa, G.: B. Z. **283**, 222 (1936). — [6] Brand, E., and J. Grantham: Am. Soc. **68**, 724 (1946). — [7] Birkofer, L., u. A. Taurinš: H. **265**, 94 (1940).

verschiedener Säugetiere in annähernd gleicher Menge vor. Die endständigen Aminogruppen gehören nach den Ergebnissen von SANGER[1] in den Hämoglobinen von Pferd und Esel ausschließlich Valinresten, in denen von Kuh, Schaf und Ziege je zur Hälfte dem Valin und Methionin an. Über Hämoglobine von Erwachsenen und Foeten vgl. S. 745. Bei elektrophoretischer Prüfung im Tiseliusapparat wanderten in Phosphat von p_H 5,5 die Globine von Mensch, Rind und Kaninchen mit gleicher Geschwindigkeit und homogen, während sich bei p_H 2,7 die Globine von Rind und Kaninchen (bei Menschen wenig ausgeprägt und in abweichender Art) in 2 Komponenten aufspalteten[2]. Auch in der Ultrazentrifuge erweist sich Globin nicht als monodispers, für die Hauptkomponente ist ein Molekulargewicht von 37000 errechnet[3]. Bei der Zerlegung zerfällt also das Protein wahrscheinlich in 2 Hälften. Bei Rekombination wird wieder Globin erhalten[4].

Über Hämoglobine vgl. GRASSMANN-TRUPKE, S. 741; ZEILE-SIEDEL, S. 853; Bd. 2, Blut. Über Muskelhämoglobine (Myoglobine) vgl. GRASSMANN-TRUPKE, S. 746; Bd. 2, Muskel.

ε) Protamine und Histone.

1. Protamine[5-11].

a) Vorkommen. Die Protamine bilden eine Gruppe von Eiweißstoffen, die sich sowohl chemisch als auch biologisch scharf abgrenzen läßt. Einwandfrei sind sie bis jetzt nur in den Kernen der Spermatozoen laichreifer Fische nachgewiesen worden. Sie fehlen vollkommen bei den Pflanzen. Auch bei den höheren Wirbeltieren hat man sie noch nicht aufgefunden, dagegen allerdings peptidartige Verbindungen, die ihnen in mancher Hinsicht ähnlich sind, aber ein niedrigeres Molekulargewicht haben.

b) Geschichtliches. Sie wurden von F. MIESCHER[5] im Jahre 1868 bei Untersuchungen über die chemische Natur des Zellkerns aufgefunden. In den Spermien des Lachses entdeckte er eine Base, die salzartig mit Nucleinsäure verbunden war, und die er „Protamin" nannte. Ihre Eiweißnatur wurde von A. KOSSEL[6] erkannt.

c) Darstellung. Zur Darstellung[7] der Protamine müssen die Köpfe der Spermatozoen erst isoliert werden. Dazu zerkleinert man die Testikel reifer Fische, suspendiert sie in viel Wasser, koliert von den Resten der Testikelhülle ab und säuert mit Essigsäure an. Dabei fallen die Köpfe der Spermatozoen, übrigens auch die Kerne aller anderen Zellen, aus. Sie werden abfiltriert, gewaschen und mit verdünnter Schwefelsäure oder Salzsäure zerlegt. Das Protamin und einige Purinbasen gehen in Lösung, während die Nucleinsäure im Niederschlag bleibt. Besonders schonend ist folgendes Verfahren: man plasmolysiert die Spermatozoen in Wasser, homogenisiert dann und zentrifugiert die nackten Kerne ab.

[1] SANGER, F.: Biochem. J. **39**, 507 (1945). — PORTER, R. R., and F. SANGER: Biochem. J. **42**, 287 (1948). — [2] MUNRO, P., and F. L. MUNRO: J. biol. Ch. **150**, 427 (1943). — [3] GRALÉN, N.: Biochem. J. **33**, 1907 (1939). — [4] ROCHE, J., et R. COMBETTE: Bull. Soc. Chim. biol. **19**, 627 (1937). — Vgl. dazu auch DAVIES, T. H.: Abstr. Amer. Chem. Soc. Report of the 102nd meeting, Sept. 1941. — THEORELL, H.: Ark. Kemi, Mineral. Geol. **16 A**, Nr. 14 (1943).

Zusammenfassende Darstellungen über Protamine und Histone: 5—11. [5] MIESCHER, F.: Hoppe-Seylers Medizinisch-chemische Untersuchungen. Heft 4, S. 441. Berlin 1871. — MIESCHER, F.: Histochemische und physiologische Arbeiten. Gesammelt u. hrsgb. von seinen Freunden. Bd. 2. Leipzig 1897. — [6] SUTER, F., F. VERZÁR u. S. EDLBACHER: Zum 100. Geburtstag von F. MIESCHER. Helv. physiol. Acta Suppl. II, 5 (1944). — [7] KOSSEL, A.: S.-B. preuß. Akad. Wiss. **18**, 403 (1896). H. **22**, 176 (1896). — [8] KOSSEL, A.: Protamine und Histone. Hrsgb. von S. EDLBACHER (Einzeldarstellungen aus dem Gesamtgebiet der Biochemie, B. 2). In der Folge als „Protamine und Histone" bezeichnet. Leipzig u. Wien 1929.

Handbücher: [9] STRAUSS, E., u. K. BURSCHKIES: Handb. Biochem. Erg.-W. 1/A, 357—359 (1933). — [10] KRÖNER, W.: Biochem. Handlex. **14**, 221—230 (1933). — ROLLET, A.: Biochem. Handlex. **4**, 157—168 (1911). — WEIL, A.: Biochem. Handlex. **9**, 26—28 (1915). — [11] FEULGEN, R.: Handb. Physiol. **3**, 275—280 (1927); vgl. auch FEULGEN, R.: Chemie und Physiologie der Nucleinstoffe. Berlin 1923.

Statt mit verdünnter Mineralsäure kann man das Protamin auch mit einer 10% Kupferchloridlösung im Thermostaten herauslösen.

Sind die Köpfe mit verdünnter Schwefelsäure zerlegt, so fällt man das *Protaminsulfat* durch überschüssigen Alkohol. Bei der Verwendung von Salzsäure erhält man das leichter lösliche *Protaminchlorid*, das durch eine Mischung von Alkohol und Äther oder von Aceton und Äther abzuscheiden ist. Die Niederschläge dieser Salze werden wieder in Wasser gelöst und mit einer konzentrierten Lösung von Natriumpikrat versetzt. Das schwerlösliche *Protaminpikrat* scheidet sich sofort in gut filtrierbarer Form ab. Den Kupferchloridextrakt behandelt man direkt mit Natriumpikrat. Das Pikrat ist häufig mit Purinbasen verunreinigt, die man durch Verreiben mit stark verdünnter Natronlauge entfernen kann. Danach wäscht man mit Wasser und mit verdünnter Salzsäure[1].

Das Pikrat zerlegt man mit Schwefelsäure oder Salzsäure und erhält eine Lösung des Protaminsulfates bzw. -chlorides, die durch Extraktion mit Äther von der Pikrinsäure befreit wird. Aus dieser wäßrigen Lösung fällt man das Sulfat durch das mehrfache Volumen Alkohol und das Chlorid durch Alkohol-Äther.

Rascher und schonender gelingt die Zerlegung des Pikrates mit methylalkoholischer Salzsäure in der Kälte und unter Ausschluß jeder Feuchtigkeit. Man bekommt dann das Methylesterhydrochlorid der Protamine[2].

d) Eigenschaften der Protamine. Die freien *Protamine* sind noch nicht dargestellt worden, Wegen ihres stark basischen Charakters ziehen sie sofort Kohlensäure aus der Luft an. Die nach einem der obigen Verfahren gewonnenen Protaminsalze sind meistens rein weiße und nichthygroskopische Pulver, die sich leicht in Wasser lösen. Ihre wäßrige Lösung dreht die Ebene des polarisierten Lichtes nach links. Es sind noch keine einheitlichen Verbindungen, sondern Gemische aus mehreren Anteilen von zwar ähnlicher prozentualer Zusammensetzung aber verschiedenem Molekulargewicht. Sie lassen sich als Sulfate durch ihre Löslichkeit in kaltem Alkohol oder als Esterhydrochloride durch ihre Löslichkeit in Methylalkohol und methylalkoholischer Salzsäure weiter fraktionieren[3, 4].

Ihr Molekulargewicht ist bedeutend kleiner als das der übrigen Proteine. Bei den einzelnen Protaminen, die man bei der Fraktionierung des Clupeins erhält, fand man Anteile mit einem Molekulargewicht von rund 800, 1600, 2000, 3000 und gegen 5000[1, 5, 6]. Wahrscheinlich bestehen alle aus einzelnen einfachen Peptidketten.

e) Zusammensetzung und Einteilung der Protamine. Bei der **Bausteinanalyse** hat man bis jetzt folgende Aminosäuren aufgefunden: Arginin, Alanin, Serin, Valin, Prolin, Threonin und Isoleucin[3, 6]. Diese Bausteine scheinen in allen Protaminen vorzukommen. Verschiedene enthalten außerdem Histidin oder Lysin bzw. beide und einige wenige noch Tyrosin, Tryptophan, Glykokoll, Oxyprolin, Glutaminsäure und Asparaginsäure[6]. Stets überwiegen die basischen Aminosäuren, deren zweite basische Gruppe, die Guanidingruppe des Arginins, der Imidazolkern des Histidins und die endständige Aminogruppe des Lysins frei sind und so dem ganzen Molekül einen stark basischen Charakter verleihen. Bei sehr vielen Protaminen verhalten sich die Hexonbasen (Arginin, Histidin, Lysin) zu den Monoaminosäureresten wie 2:1. Nach dem Gehalt an basischen Aminosäuren gliedert KOSSEL[3] die Protamine in drei Gruppen.

Einteilung. *1. Monoprotamine*, sie enthalten nur *eine* basische Aminosäure, das Arginin.

2. Diprotamine, sie enthalten außer Arginin noch Histidin oder Lysin.

3. Triprotamine, sie enthalten alle drei Hexonbasen.

[1] FELIX, K., u. A. MAGER: H. **249**, 111 (1937). — [2] FELIX, K., u. K. DIRR: H. **184**, 111 (1929). — [3] KOSSEL, A.: Protamine und Histone. Leipzig u. Wien 1929. — [4] KOSSEL, A., u. E. G. SCHENCK: H. **173**, 278 (1928). — WALDSCHMIDT-LEITZ, E., F. ZIEGLER, A. SCHÄFFNER u. L. WEIL: H. **197**, 219 (1931). — FELIX, K., u. K. DIRR: H. **184**, 111 (1929). — [5] WALDSCHMIDT-LEITZ, E.: Angew. Chem. **45**, 284 (1932). — RASMUSSEN, K. E.: H. **224**, 97 (1933). — RASMUSSEN, K. E., u. K. LINDERSTRÖM-LANG: H. **227**, 181 (1934). — [6] FELIX, K., K. INOUYE u. K. DIRR: H. **211**, 187 (1932). — BLOCK, R. J., and D. BOLLING: Arch. Biochem. **6**, 419 (1945). — FISCHER, H.: Ber. Physiol. **139**, 218 (1950).

Tabelle 127. Monoprotamine.

Protamin	Fischart	Aminosäure-N in % vom Gesamt-N*							
		Arginin	Alanin	Serin	Valin	Prolin	Glyko-koll	Threo-nin	Isoleu-cin
Salmin [1,2,3] (KOSSEL)	Rheinlachs	89,3 88,9		3,3 5,6	1,7 1,8	4,3 3,5			
Salmin [4,5] (TRISTRAM)	Columbia-River Salm	(85,2)	(1,1)	(9,1)	(3,1)	(5,8)	(2,9)		
Salmin [6,7] (BLOCK)	Columbia-River Salm	(88,4)	(1,5)	(7,0)	(4,1)	(7,9)	(3,3)		
Clupein [1,2,3] (KOSSEL)	Hering	88,5	2,1	4,3	2,2	2,2			
Clupein [8,9,10] (FELIX)	Hering	89,7	1,9	2,4	1,6	2,2		0,7	0,4
Clupein [6,7] (BLOCK)	Hering	(87,3)	(4,7)	(3,4)	(3,6)	(8,2)		(1,9)	(1,0)
Iridin [11]	Regenbogen-forelle	87	2,1	2,0	3,5				
Truttin [12]	Bachforelle	88,1; 91,1	—	—	—	—	—	—	—
Scombrin [13]	Makrele	88,8		6,8		3,8			
Esocin [14]	Hecht	86,3	—	—	—	—	—	—	—
Thynnin [15,16]	Thunfisch (Thynnus thynnus)	79,5	Monoaminosäuren 21,0 (darunter 0,6 Tyrosin)						
Alalongin [15,16]	Thynnus alalonga	89,3	—	—	—	—	—	—	—
Ancylodin [15,16]	Sagenichthys ancylodon	77,7	—	—	—	—	—	—	—
Cyclopterin [17]	Cyclopterus lumpus	67,7	Monoaminosäuren 29,9 (darunter 2,2 Tyrosin, Tryptophan +)						
Mugilin β [18]	Mugil japonicus	79,5 (73,98)	2,2 (4,3)		2,6 (6,5)	3,8 (9,5)			

* Bei den Protaminen und Histonen werden die Ergebnisse der Bausteinanalyse meistens in dem prozentualen Anteil des Stickstoffs der einzelnen Aminosäuren am Gesamtstickstoff ausgedrückt. In den Fällen, in denen daneben Zahlen in Gewichtsprozenten vorliegen, sind sie in Klammern gesetzt.

Das Karpfensperma enthält verschiedene Protamine von erheblich wechselnder Zusammensetzung und neben ihnen noch basische Peptone [12].

[1] KOSSEL, A., u. H. D. DAKIN: H. **41**, 407 (1904). — [2] KOSSEL, A., u. R. E. GROSS: H. **135**, 167 (1924). — [3] KOSSEL, A., u. W. STAUDT: H. **159**, 172 (1926). — [4] TRISTRAM, G. R.: Nature **160**, 637 (1947). — [5] HAMER, D., and D. L. WOODHOUSE: Nature **163**, 689 (1949). — [6] BLOCK, R. J., and D. BOLLING: Arch. Biochem. **6**, 419 (1945). — [7] BLOCK, R. J., D. BOLLING, H. GERSHON and H. A. SOBER: Proc. Soc. exp. Biol. Med. **70** 494 (1949). — [8] FELIX, K., u. A. MAGER: H. **249**, 111 (1937). — [9] WALDSCHMIDT-LEITZ, E., u. E. GÜNTHER: Makromol. Chem. **2**, 120 (1948). — [10] FELIX, K., H. FISCHER, A. KREKELS u. H. M. RAUEN: H. **286**, 67 (1950). — [11] FELIX, K., u. A. MAGER: H. **249**, 124 (1937). — [12] KOSSEL, A., u. E. G. SCHENCK: H. **173**, 278 (1928). — [13] KOSSEL, A., u. H. D. DAKIN: H. **44**, 342 (1905). — [14] KOSSEL, A.: H. **88**, 163 (1913). — [15] KOSSEL, A., u. S. EDLBACHER: H. **88**, 186 (1913). — [16] KOSSEL, A., u. W. STAUDT: H. **171**, 156 (1927). — [17] KOSSEL, A., u. F. KUTSCHER: H. **31**, 165 (1900). — [18] HIROHATA, R.: J. Biochem. **25**, 519 (1937).

Tabelle 128. Diprotamine.

Protamin	Fischart	Aminosäure-N in % vom Gesamt-N			
		Arginin	Histidin	Lysin	Monoaminosäuren
Percin[1, 2]	Perca flavescens	78,1	5,6	0	9,8
	Stizostedium vitreum	76,3	6,7	0	7,0
Crenilabrin[3]	Crenilabrus pavo	42,3	0	11,0	25,1
Cyprinin I[4, 5]	Karpfen	3,3	0	45,6	Alanin +
Cyprinin III		29,8	0	10,8	Prolin +
Barbin[4]	Barbe	11,5	0	38,8	Aminovaleriansäure + 7,7 Prolin-N

Tabelle 129. Triprotamine.

Protamin	Fischart	Aminosäure-N in % vom Gesamt-N			
		Arginin	Histidin	Lysin	Mono-aminosäuren
Sturin[6, 7, 8]	Acipenser sturio	67,4	10,1	7,5	—
		72,7	10,1	9,1	6,7
		78,6	11,2	7,2	—

f) Salze der Protamine. Wie bereits erwähnt, sind die *Protamine starke Basen*; ihr *isoelektrischer Punkt*[9] liegt meistens zwischen p_H 11 und 12. Die *Salze mit Mineralsäuren* sind in wäßriger Lösung nur wenig hydrolytisch gespalten. Sie reagieren schwächer sauer als eine äquivalente Lösung eines Salzes von Arginin mit der gleichen Säure. Es verschiebt sich daher die Wasserstoffionenkonzentration einer Lösung bei fermentativer Spaltung von Protaminsalz recht beträchtlich nach der sauren Seite[10].

Theorie über die Bildung der Magensalzsäure über Protaminhydrochlorid. Vielleicht kommt dieser Fähigkeit der Protamine, Mineralsäuren relativ fest zu binden, auch eine biologische Bedeutung zu, z. B. bei der Bildung der Salzsäure in der Magenschleimhaut[11]. Nach einer der Theorien soll sie aus Kochsalz durch die Massenwirkung von Kohlensäure frei werden. Der Vorgang würde wesentlich erleichtert, wenn die Salzsäure zunächst auf stark basisches Eiweiß oder basisches Pepton überginge und dann, vielleicht außerhalb der Zelle, durch fermentative Spaltung ganz frei gemacht würde. Ein basisches Pepton ist tatsächlich in der Magenschleimhaut aufgefunden worden[12].

Höhermolekulare Protaminsalze. Außer mit einfachen Säuren verbinden sich die Protamine auch noch mit anderen sauren Substanzen, wie Eosin oder Ascorbinsäure, ferner mit den sauren prosthetischen Gruppen der Proteide. So gibt z. B. Clupein Salze mit Adenylsäure, Hämin, Häm, Protoporphyrin, Lactoflavinphosphorsäure, mit Phosphatidsäuren wie Lysophosphatidphosphorsäure und Dichaulmoogroyl-β-glycerinphosphorsäure u. a. Die Vereinigung erfolgt in stöchiometrischem Verhältnis. Die Verbindungen mit Lactoflavinphosphorsäure und den eisenhaltigen Porphyrinen wirken ähnlich aber schwächer als das gelbe Ferment bzw. die Katalase. Die letzteren sind so fest, daß sie

[1] KOSSEL, A., u. S. EDLBACHER: H. 88, 186 (1913). — KOSSEL. A., u. W. STAUDT: H. 171, 156 (1927). — [2] KOSSEL, A.: H. 88, 163 (1913). — [3] KOSSEL, A.: H. 69, 138 (1910). — [4] KOSSEL, A., u. E. G. SCHENCK: H. 173, 278 (1928). — [5] KOSSEL, A., u. H. D. DAKIN: H. 40, 565 (1904). — [6] KOSSEL, A., u. F. WEISS: H. 78, 402 (1912). — [7] FELIX, K., u. A. LANG: H. 188, 96 (1930). — [8] LISSITZIN, M. A., u. N. S. ALEXANDROWSKAJA: H. 221, 156 (1933). — [9] MIYAKE, S.: H. 172, 225 (1927). — [10] FELIX, K., u. A. LANG: H. 193, 1 (1930). — [11] FELIX, K., K. DIRR u. A. LANG: S.-B. Ges. Morphol. Physiol. München 40, 24 (1932). — [12] FELIX, K.: H. 135, 175 (1924).

ohne Zersetzung nicht in ihre Anteile zerlegt werden können[1,2]. So kann Clupein auch als Reagens auf prosthetische Gruppen in Fermenten dienen; es gelang z. B. aus dem durch Trypsin verdauten Pepsin die wirksame Gruppe zu fällen. Der Niederschlag wirkte wie Pepsin[3].

Protamin-Eiweißverbindungen. Auch die für die Protamine charakteristische Ausfällung anderer Eiweißstoffe gehört hierher. Denn wahrscheinlich handelt es sich um nichts anderes als um eine Salzbildung zwischen der Base Protamin und den freien Carboxylen des anderen Eiweißes. Auch hier sind die beiden Teile sehr fest miteinander verbunden. Insulin, das ja ebenfalls ein Eiweiß ist, vereinigt sich mit Clupein und anderen Protaminen zu einer Verbindung, die aber zum Unterschied von jenen leichter löslich ist. Sie ist nur unlöslich zwischen p_H 4 und 8[1,4].

KOSSELS *Ansicht vom Protaminkern im Eiweiß.* Die Reaktion zwischen den Protaminen und dem hochmolekularen Eiweiß hat KOSSEL zu der Annahme geführt, daß im Eiweiß ein protaminähnlicher Kern vorkommt, eine Anschauung, auf die heute verschiedene Forscher wieder zurückgreifen, weil sie beobachtet haben, daß sich die Zusammensetzung des Eiweißes der Organe und der Körperflüssigkeiten, namentlich hinsichtlich einzelner Monoaminosäuren ändert, aber das Verhältnis der Hexonbasen untereinander und auch zu einigen Monoaminosäuren wie Cystin, Tryptophan u. a. konstant bleibt[5].

Jedenfalls ist damit zu rechnen, daß auch im zusammengesetzten Eiweiß solche salzartige Bindungen vorkommen. Wie die oben angeführten Beispiele zeigen, können sie von großer Festigkeit sein. Sie dissoziieren aber von selbst, wenn die Peptidbindungen der zugehörigen Teile gelöst werden. Untereinander können sich die Protamine wegen des ausgesprochen basischen Charakters nicht zu größeren Molekülen zusammenlagern. Auf sehr viele basische Gruppen, beim Clupein z. B. auf 22 Guanidingruppen, kommt erst eine Carboxylgruppe.

g) Der Bau der Protamine. Wegen ihrer einfachen Zusammensetzung und des niedrigen Molekulargewichtes eignen sich die Protamine besonders für die Erforschung der Konstitution der Eiweißkörper.

Ihr bei der Elementaranalyse ermittelter Gehalt an Kohlenstoff und an Stickstoff entspricht dem an Aminosäuren in allen Fällen, wo diese mit genügender Genauigkeit bestimmt worden sind. Dagegen ist der Gehalt an Sauerstoff höher, als nach den freien Carboxylgruppen, den Peptidbindungen und den bis jetzt isolierten Oxyaminosäuren zu erwarten ist. So bindet Clupein bei der Behandlung mit Benzoylchlorid mehr Benzoylreste an Sauerstoff, als dem Gehalt an Serin und Threonin äquivalent ist[6]. Die Clupeine besitzen keine freien Aminogruppen, wohl aber veresterbares Carboxyl[7].

An den Protaminen ist ferner die für die Proteinstruktur allgemein wichtige und weiter oben bereits erwähnte Tatsache ermittelt worden, daß von den im Eiweiß gebundenen basischen Aminosäuren die zweite basische Gruppe frei ist und als reaktionsfähige Seitenkette aus dem Eiweißmolekül herausragt, vom Arginin die Guanidingruppe, vom Histidin der Imidazolring und vom Lysin die endständige Aminogruppe. Auch das Serin und das Threonin sind so gebunden, daß ihre Hydroxylgruppen frei sind und mit Säuren Ester bilden können[7].

Spaltung der Protamine durch Fermente. Von Trypsin, Papain und Kathepsin werden die Protamine leicht und in charakteristischer Weise gespalten[8]. Die

[1] FELIX, K., u. A. MAGER: H. **249**, 126 (1937). — [2] WAGNER-JAUREGG, TH., u. H. ARNOLD: B. Z. **299**, 274 (1938). — WAGNER-JAUREGG, TH., u. E. HELMERT: B. Z. **315**, 53 (1943). — [3] FELIX, K., u. A. MAGER: H. **259**, 36 (1939). — [4] HAGEDORN, H. C., B. N. JENSEN, N. B. KRARUP and I. WODSTRUP: J. amer. med. Ass. **106**, 177 (1936). — [5] BLOCK, R. J., and H. B. VICKERY: J. biol. Ch. **93**, 113 (1931). — BLOCK, R. I., D. C. DARROW and M. K. CARY: J. biol. Ch. **104**, 347 (1934). — CAHN, TH.: Biochimie du jeûne. Paris 1935. — [6] DIRR, K., u. K. FELIX: H. **205**, 83 (1931). — [7] FELIX, K., u. K. DIRR: H. **184**, 111 (1929). — [8] WALDSCHMIDT-LEITZ, E., A. SCHÄFFNER u. W. GRASSMANN: H. **156**, 68 (1926).

Peptidasen greifen sie nicht an. Auch von Pepsinsalzsäure werden sie nicht gespalten, wahrscheinlich deswegen, weil das Pepsin sofort mit ihnen einen schwerlöslichen Niederschlag bildet. Der mit dem Clupein gebildete Niederschlag löst sich erst bei ziemlich stark alkalischer Reaktion, bei der aber das Pepsin nicht mehr wirken kann.

h) Clupein. Die meisten Strukturforschungen sind an dem leicht zugänglichen Clupein, dem Protamin des Heringsspermas ausgeführt worden. Das Fundament, auf dem sich alle weitere Forschung aufbaut, ist von A. KOSSEL und seinen Mitarbeitern gelegt worden. Aus ihren Analysen geht hervor, daß sich im Clupein das Arginin zu den Monoaminosäuren annähernd wie 2 zu 1 verhält und das Arginin ausschließlich als Arginyl-arginin vorkommt[1]. Letzterer Befund wurde dadurch bestätigt, daß Arginyl-arginin aus partiellen Hydrolysaten mit Säure und auch mit Fermenten als gut krystallisiertes Pikrat isoliert wurde[2]. Weiter gelang es KOSSEL, durch vorsichtige Einwirkung von Säuren das Clupein in Bruchstücke zu zerlegen, in denen ebenfalls auf 2 Moleküle Arginin eine Monoaminosäure kommt. Diese *Tripeptide* wurden von KOSSEL ,,*Protone*"[3] und im besonderen Fall des Clupeins ,,*Clupeone*" genannt. Sie sind die Struktureinheiten des Clupeinmoleküls[4]. Je nach dem Molekulargewicht baut es sich aus mehr oder weniger solcher Tripeptide auf. Es gibt so viele verschiedene Clupeone als Monoaminosäuren vorhanden sind. Bis jetzt sind 6 verschiedene Monoaminosäuren im Clupein nachgewiesen (siehe Tabelle 127, S. 711).

Hinsichtlich der *Stellung der Monoaminosäure zum Arginyl-arginin* in den Clupeonen bestehen 2 Möglichkeiten: M—A—A und A—A—M. Beide sind nach FELIX und Mitarbeitern[5] verwirklicht. Im ersten Fall liefert die Monoaminosäure die freie Aminogruppe und im zweiten die freie Carboxylgruppe des Tripeptids.

Im Clupein sind mehrere solcher Tripeptide miteinander zu einer größeren Kette vereinigt. Ihre Zahl hängt, wie bereits erwähnt, von der Größe des Molekulargewichts ab. Das Carboxyl am Ende der Kette gehört einem Argininrest an (A)[6,7]. Das Aminoende wird von Prolin (P) gestellt[6]. Die Iminogruppe reagiert bei der Formoltitration zu 80%. Das Clupein enthält tatsächlich eine kleine Menge, etwa 1% des Gesamt-N, an formoltitrierbarem, aber nicht mit salpetriger Säure reagierenden Stickstoff[8]. Beim Salmin steht am Aminoende ebenfalls Prolin.

FELIX und seine Mitarbeiter kommen auf Grund der Bruchstücke, die sie durch partielle Hydrolyse mit Säuren und Fermenten aus dem Clupein gewonnen haben, wie schon erwähnt, zu dem Schluß, daß es 2 Arten von Protonen enthält, weil sie aus dem Trypsinhydrolysat verschiedene Dipeptide von Arginin mit Monoaminosäuren isoliert haben: Argininalanin, Arginin-serin, Arginin-valin und Arginyl-oxyprolin, ferner Arginyl-arginin. Durch partielle Hydrolyse mit Säuren erhielten sie Arginyl-arginin, Triarginyl-arginin[5] und konnten qualitativ auch Monoaminosäuredipeptide nachweisen, was schon vorher anderen beim Salmin[9], und beim Clupein[10] gelungen war. Diese Befunde lassen sich zwanglos erklären, wenn man annimmt, daß die beiden Protone A—A—M und M—A—A abwechselnd über das

[1] KOSSEL, A.: Protamine und Histone. Leipzig u. Wien 1929. — KOSSEL, A., u. W. STAUDT: H. **170**, 91 (1927). — [2] EDLBACHER, S., u. H. BURCHARD: H. **194**, 69 (1931). — DIRR, K., u. K. FELIX: H. **209**, 5 (1932). — [3] Da inzwischen sich dieser Name für den Wasserstoffkern eingeführt hat, wird er zweckmäßig durch ,,Proteone" ersetzt [FELIX, K.: Angew. Chem. **60**, 231 (1948)]. — [4] KOSSEL, A.: H. **25**, 165 (1898). — GOTO, M.: H. **37**, 94 (1902/03).— KOSSEL, A., u. F. WEISS: H. **59**, 281 (1909). — [5] FELIX, K., K. INOUYE u. K. DIRR: H. **211**. 187 (1932). — FELIX, K., R. HIROHATA u. K. DIRR: H. **218**, 269 (1933). — [6] PORTER, R. R., and F. SANGER: Biochem. J. **42**, 287 (1948). — FELIX, K., H. FISCHER, A. KREKELS u. H. M. RAUEN: H. **286**, 67 (1950). — [7] DIRR, K., u. K. FELIX: H. **205**, 83 (1932). — FELIX, K., K. DIRR u. A. HOFF: H. **212**, 50 (1932). — [8] FELIX, K., u. A. MAGER: H. **249**, 111 (1937). — [9] NELSON-GERHARDT, M.: H. **105**, 265 (1919). — [10] GROSS, R. E.: H. **120**, 167 (1922).

Arginin- und das Monoaminosäureende miteinander verbunden sind. Im ersten Fall, M—A—A—A—A—M, entsteht an der Verknüpfungsstelle ein Tetrapeptid aus Arginin und im zweiten Fall, A—A—M—M—A—A, ein Dipeptid aus Monoaminosäuren. Die ersten Versuche wurden mit einem Clupeinpräparat, das ein Molekulargewicht von rund 1600 hatte, ausgeführt, die späteren mit einem besonders sorgfältig dargestellten Präparat von Clupeinmethylesterhydrochlorid. Nach dem Methoxylgehalt und der Formoltitration besitzt es ein Molekulargewicht von 5340, das sich für das freie Protamin auf 4470 erniedrigt.

Nach FELIX setzt sich das Clupein mit dem Molekulargewicht 4470 aus 22 Molekülen Arginin und 11 Molekülen Monoaminosäuren zusammen. Er nimmt vorläufig folgende Verknüpfung an (s. a. GRASSMANN-TRUPKE S. 591):

P—AA—AA—M—M—AA—AA—M—M—AA—AA—M—M—AA—AA—M—M—AA—AA—
M—M—AA

AA bedeutet Arginyl-arginin, P Prolin, M irgendeine Monoaminosäure.

Links ist das Amino- (bzw. Imino-) und rechts das Carboxylende.

Wahrscheinlich muß die Formulierung ergänzt werden; denn R. HIROHATA[1] hat aus dem Hydrolysat von Mugilin-β das Valyl-valinanhydrid isoliert. Unter Umständen stehen also immer zwei gleiche Monoaminosäuren nebeneinander.

WALDSCHMIDT-LEITZ[2] hat an einem Clupeinpräparat mit einem Molekulargewicht von 2021, das aus 10 Arginin- und 5 Monoaminosäureresten (2 Serin und je 1 Valin, Alanin, Prolin) bestehen soll, eine sog. enzymatische Analyse durchgeführt und schlägt auf Grund seiner Befunde folgende Formel vor, wobei er die Reihenfolge von Arginyl-arginin und Monoaminosäuren, wie sie KOSSEL angenommen hat, zugrunde legt:

M—A—A—M—A—A—M—A—A—P—A—A—M—A—A.

Ein wesentliches Glied in dieser enzymatischen Analyse bildet die Leistung des Trypsins. Dieses Ferment soll gerade die Bindungen zwischen 2 Argininresten zerlegen. So dürfte unter den Produkten der Trypsinverdauung des Clupeins kein Arginyl-arginin auftreten. Tatsächlich läßt es sich daraus relativ reichlich isolieren[3] (s. GRASSMANN-TRUPKE S. 591).

Nach diesen Befunden ist das Clupein ein Peptid. Dem entspricht auch die Volumenkontraktion bei der Spaltung durch Trypsin und Chymotrypsin, die gerade den für Peptide charakteristischen Wert, nämlich 15 cm^3 für jede gespaltene Bindung, besitzt[4].

Die optische Aktivität schwankt zwischen den einzelnen Fraktionen des Clupeins erheblich, bei 589,3 mμ zwischen — 92,9° und — 103,8°, bei 435,9 mμ zwischen — 199,4° und — 214,0°.

i) **Salmin.** Nach den Analysen von KOSSEL und DAKIN[5] treffen im Salmin auf 12 Moleküle Arginin, 6 Moleküle Monoaminosäuren. Neuere Analysen haben allerdings einen etwas höheren Arginingehalt ergeben (BLOCK[5]). WALDSCHMIDT-LEITZ[6] hat bei der Fraktionierung des Salmins ein Präparat erhalten mit einem Molekulargewicht von 2855, das aus 21 Aminosäureresten aufgebaut sein soll. Dem Salmin stehen die Protamine der Forellen nahe. Das **Truttin** aus der Bachforelle soll mit ihm sogar identisch sein[7]; das **Iridin** aus der Regenbogenforelle weicht etwas ab[8].

k) **Sturin.** Etwas näher untersucht ist wieder das Sturin. Ein von FELIX und A. LANG untersuchtes Präparat setzt sich aus 11 Arginin-, 2 Histidin-, 3 Lysin- und 4 Monoaminosäuren zusammen[9]. Ihre Reihenfolge in der Kette ist noch nicht bekannt. In einem anderen Sturinpräparat fand H. FISCHER

[1] HIROHATA, R.: J. Biochem. **25**, 519 (1937). — [2] WALDSCHMIDT-LEITZ, E., u. E. KOFRANYI: H. **236**, 181 (1935). — WALDSCHMIDT-LEITZ, E.: Angew. Chem. **45**, 284 (1932). — WALDSCHMIDT-LEITZ, E., u. E. GÜNTHER: Makromol. Chem. **2**, 120 (1946). — [3] FELIX, K., K. INOUYE u. K. DIRR: H. **211**, 187 (1932). — [4] LINDERSTRØM-LANG, K., u. C. F. JACOBSEN: Enzymologia **10**, 97 (1941). — [5] KOSSEL, A., u. H. D. DAKIN: H. **41**, 407 (1904). — BLOCK, R. J., D. BOLLING, H. GERSHON and H. SOBER: Proc. Soc. exp. Biol. Med. **70**, 494 (1949). — [6] WALDSCHMIDT-LEITZ, E., F. ZIEGLER, A. SCHÄFFNER u. L. WEIL: H. **197**, 219 (1931). — WALDSCHMIDT-LEITZ, E., u. E. GÜNTHER: Makromol. Chem. **2**, 120 (1946). — [7] KOSSEL, A., u. E. G. SCHENCK: H. **173**, 278 (1928). — [8] FELIX, K., u. A. MAGER: H. **249**, 124 (1937). — [9] FELIX, K., u. A. LANG: H. **188**, 96 (1930).

neben den 3 Hexonbasen folgende Aminosäuren: Glykokoll, Alanin, Serin, Threonin, Valin, Isoleucin, Asparaginsäure und Glutaminsäure; Prolin scheint zu fehlen[1]. Das Sturin eignet sich noch zur Klärung der Beziehung zwischen dem Gehalt an freien Aminogruppen und dem an Lysin.

Nach VAN SLYKE[2] soll der Lysinstickstoff gerade das Doppelte des freien Aminostickstoffes betragen. Hier machen aber die freien Aminogruppen 7,9% und der Lysinstickstoff 9,1% des Gesamtstickstoffes aus. Nach der Peptidtheorie ist ja auch zu erwarten, daß neben der endständigen Aminogruppe des Lysins noch andere frei sind, zum mindesten die am Aminoende der Kette.

In den Spermatozoen des Dorschs und Schwertfisches finden sich ebenfalls Triprotamine. Sie enthalten die gleichen Aminosäuren wie das Sturin, dazu aber noch Prolin[1].

1) Die Biologie der Protamine. Das Entstehen der Protamine gewährt uns einen interessanten Einblick in die Vorgänge, welche sich bei der Umformung von Eiweiß im inneren Kreislauf des Eiweißstoffwechsels abspielen.

Die *Bildung der Protamine* wurde von MIESCHER[3] und WEISS[4] *am Rheinlachs* untersucht. In den Zellen der unreifen Testikel sind noch keine Protamine enthalten. Sie entwickeln sich erst in der Laichzeit. Die gut ernährten Tiere ziehen aus dem Meere den Rhein hinauf und halten sich etwa 5—15 Monate im Süßwasser auf. Während dieser Zeit nehmen sie keine Nahrung zu sich und vollziehen in ihrem Stoffwechsel die Umformung für die Reifung der Gonaden. Anfangs beträgt das Gewicht der Testikel etwa 0,1 und nach der Reifung 5% des Körpergewichtes. Gleichzeitig schwindet die Muskelmasse recht beträchtlich und verliert nicht nur relativ, sondern auch absolut an Eiweiß. Zweifellos wird ein Teil der verschwundenen Substanz zum Aufbau der Protamine benutzt, ein anderer Teil, vorwiegend Monoaminosäuren, dient energetischen Zwecken und ein kleiner dritter Teil den stets ablaufenden Umsätzen, die im Eiweißminimum zusammengefaßt sind und größtenteils von den unentbehrlichen Aminosäuren bestritten werden.

Dieser letzte Teil des Eiweißstoffwechsels wurde von Frau A. ROCHE[5] *an Ratten* im Eiweißhunger studiert. Auch in diesen Versuchen wurde der Stoffwechsel von Muskeleiweiß bestritten. Vor allem waren es das Tryptophan, das Lysin und das Tyrosin, deren Gehalt in der Skeletmuskulatur abnahm.

Wahrscheinlich läuft der Eiweißstoffwechsel in den Fischen nach ähnlichen Gesetzen ab, und wir verstehen so, warum in den meisten Protaminen gerade lebenswichtige Aminosäuren fehlen.

In einem ist Tyrosin und in einem anderen sind Tyrosin und Tryptophan nachgewiesen worden. Wahrscheinlich handelt es sich hier um Präparate, die aus nicht ganz ausgereiften Testikeln dargestellt worden sind.

Die einzigen unentbehrlichen Aminosäuren, welche in Protaminen vorkommen, sind Lysin, Arginin, Histidin, Leucin, Isoleucin und Threonin. Somit erscheint das Protamin als ein Produkt weitgehender Vereinfachung komplizierten Eiweißes. *Für die Ernährung* sind also die Protamine ganz unzureichend, nicht jedoch die Spermatozoen. Sie besitzen noch andere Eiweißstoffe, in denen die fehlenden Aminosäuren enthalten sind[6].

Die *Vorgänge*, welche sich *in den Testikeln* selbst abspielen, sind von KOSSEL[7] und SCHENCK *am Karpfen* verfolgt worden. Im ruhenden Testikel liegt ein lysinreiches basisches Pepton vor, im ersten Reifestadium kommt ein argininhaltiges

[1] FISCHER, H.: Ber. Physiol. **139**, 218 (1950). — [2] SLYKE, D. D. VAN, and F. J. BIRCHARD: J. biol. Ch. **16**, 539 (1914). — [3] MIESCHER, F.: Die histochemischen und physiologischen Arbeiten. Leipzig 1897. Vgl. hier Bd. 2, Purinstoffwechsel. — [4] WEISS, F.: H. **52**, 107 (1907). — [5] ROCHE, A.: Inanition protéique, réserves azotées et constitution des protéines musculaires. Paris 1933. — [6] KOSSEL, A., u. W. STAUDT: H. **171**, 156 (1927). — [7] KOSSEL, A., u. E. G. SCHENCK: H. **173**, 278 (1928).

hinzu. Bei der weiteren Reifung vollziehen sich zwischen beiden gewisse Umformungen, wobei vielleicht als Zwischenprodukt ein Histon auftritt, welches das Histidin mitbringt, zuletzt nimmt der Gehalt an Lysin ab, der an Arginin relativ zu, und das Histidin verschwindet vollkommen. Die unreifen Produkte fallen nicht mit Sulfosalicylsäure, Ferrocyanwasserstoffsäure und höher molekularen Eiweißstoffen. Im Laufe der Reifung tritt noch ein Verlust an einzelnen Monoaminosäuren ein. Ähnlich scheint die Reifung bei den Heringsspermatozoen abzulaufen. Auch hier konnten in der Vorbereitungszeit einige basische Peptone nachgewiesen werden. Bei verschiedenen anderen Fischarten treten als Zwischenglieder Histone auf (Kabeljau, Quappe, Astropecten aurantiacus u. a.).

In den Spermien sind die Protamine salzartig mit den spezifischen Nucleinsäuren zum *Nucleoprotamin* vereinigt und diese Nucleoprotamine scheinen die einzigen Eiweißkörper der Spermienkerne zu sein. Somit dürften die Protamine mit den Nucleinsäuren zusammen die Chromosomen aufbauen und auch Träger der vererbbaren Eigenschaften sein. Darin liegt wohl ihre wesentliche Funktion.

Vielleicht haben die Protamine und verwandte Substanzen noch eine weitere Bedeutung für den Befruchtungsvorgang. HULTIN[1] hat nämlich aus den Spermien verschiedener Seeigelarten basische Eiweißkörper isoliert, die die Gallerthülle des Eies, ein saures Glycoproteid, fällen und gleichzeitig die Stoffwechselvorgänge im Ei in einer für die Befruchtung typischen Weise anregen. Nach HARTMANN[2] sind diese basischen Proteine den Androgamonen II zuzurechnen.

Tabelle 130. Basische Proteine aus Spermatozoen von Seeigeln.

Aminosäure	Verhältnis der Aminosäurereste		
	Patella vulgata	Patella coerulea	Arbacia lixula
Arginin	40	80	14
Lysin	32	14	30
Histidin. . . .	1	0	1
Alanin	20	9	30
Glycin	15	14	22
Isoleucin . . .	2	1	4
Leucin	6	6	5
Prolin	15	21	12
Serin	15	21	9
Threonin . . .	7	3	3
Valin	7	6	3

Über das *Schicksal des Protamins in der befruchteten Eizelle* liegen erst einige tastende Versuche *an Forelleneiern* vor. Bis zum 48. Tage nach der Befruchtung, also bis kurz vor dem Ausschlüpfen des jungen Fisches, lassen sich in dem Ei keine proteolytischen Fermente in aktiver oder aktivierbarer Form nachweisen. Der Arginingehalt bleibt während dieser Zeit konstant. Danach kann also das Protamin nicht sehr wesentlich umgewandelt werden[3].

2. Histone.

a) Vergleich von Histonen und Protaminen. Die Histone gleichen in mancher Hinsicht den Protaminen. Auch sie kommen nur in Zellkernen in *salzartiger Bindung an Nucleinsäuren vor*. Solche Zellkerne heißen nach KOSSEL[4] „dissoziierte Kerne" zum Unterschied von jenen, in denen Eiweiß und Nucleinsäure fest miteinander verbunden sind und durch Behandlung mit Säuren oder Alkalien nicht ohne weiteres getrennt werden können. Der *basische Charakter* der Histone ist nicht so stark ausgeprägt wie der der Protamine und beruht auf der Gegenwart von allen drei Hexonbasen. Der Hauptunterschied gegenüber den Protaminen liegt aber in der größeren *Zahl und Mannigfaltigkeit der Monoaminosäuren*. Die meisten bekannten Monoaminosäuren scheinen in ihnen vorzukommen; vor allem fehlen die unentbehrlichen nicht.

---

[1] HULTIN, T., u. R. HERNE: Ark. Kemi, Mineral. Geol. **26** A, Nr. 20 (1949). — [2] HARTMANN, M.: Die Sexualität. Jena 1943. — HARTMANN, M., F. MEDEM, R. KUHN u. H. J. BIELIG: Z. Naturforsch. **2** b, 330 (1947). — [3] FELIX, K., L. BAUMER u. E. SCHÖRNER: H. **243**, 43 (1936). — [4] KOSSEL, A.: Protamine und Histone. Leipzig u. Wien 1929.

b) Vorkommen. Das erste Histon wurde von KOSSEL[1] aus den Kernen der roten Vogelblutkörperchen isoliert. Besonders reich an Histon ist die Thymusdrüse junger Säugetiere, ferner ist es in den Lymphocyten und den übrigen Zellen des lymphatischen Apparates enthalten, fehlt dagegen in den Zellen der myeloischen Reihe. So enthält die Milz bei lymphatischer Leukämie viel und bei myeloischer nur ganz wenig Histon[2].

In den Chromosomen der Speicheldrüsen von Drosophila wechseln nach CASPERSSON[3] nucleinsäurereiche mit nucleinsäurearmen Scheiben ab; es soll in jenen ein Eiweiß vom Typus der Histone, in diesen eines von dem der Albumine oder Globuline vorkommen. Auch der Nucleolus soll reich an Histon sein.

Globin. Von einigen Autoren wird das Globin des Blutfarbstoffes und der verwandten Pigmente den Histonen zugerechnet. Es weicht aber in seiner Zusammensetzung, vor allem durch den hohen Gehalt an Histidin, sehr wesentlich von allen übrigen Histonen ab und ist deshalb S. 708 behandelt.

c) Darstellung. Die Histone werden nach demselben Verfahren erhalten wie die Protamine. Aus dem mit toluolhaltigem Wasser angerührten Gewebsbrei werden die Zellkerne mit Essigsäure gefällt und aus ihnen das Histon mit verdünnter Schwefelsäure ausgezogen. Aus dem Extrakt kann man es als Sulfat mit Alkohol fällen oder zur Vorreinigung erst in das Pikrat überführen und dieses dann mit Schwefelsäure, Salzsäure oder mit trockenem Äther, der mit Salzsäure gesättigt ist, zerlegen. Nachdem man die Pikrinsäure mit Äther ausgeschüttelt hat, fällt man das Sulfat mit Alkohol und das Chlorid mit Alkohol-Äther oder mit Aceton-Äther. Man erhält so weiße Pulver, die sich leicht in Wasser lösen[4].

d) Eigenschaften und Zusammensetzung. Die Histone fallen mit allen Alkaloidfällungsmitteln aus neutralen Lösungen. Als charakteristisch gilt vor allem die Fällbarkeit durch Ammoniak. Außerdem geben sie wie die Protamine mit anderen Eiweißkörpern schwerlösliche Niederschläge.

Tabelle 131. Zusammensetzung einiger Histone.

Histone nach Herkunft	Gesamt-N des Histons	N-Gehalt in % des Gesamt-N				Tyro-sin	Trypto-phan	Cystin
		Ammo-niak-N	Argi-nin-N	Histi-din-N	Lysin-N			
Thymushiston[5]	17,9	7,5	25,68	5,52	8,0	+	+	+
Gadus Morrhua-histon[6] . .	18,5	3,3	26,9	3,3	8,5	+	+	
Lota-histon[6]	16,5	3,3	23,4	4,1	3,7	+	+	
Centrophorus granulosus-histon[6]	—	1,7	25,4	4,5	7,1	+	+	
Astropecten aurantiacus-histon[6]	18,5	0,9	19,4	3,7	11,5	+	—	
Echinus esculentus-histon[6]	—	—	24,0	7,1	14,1	+	—	

e) Thymushiston. Das Histon der Thymusdrüse, welches wegen seiner leichten Zugänglichkeit am meisten untersucht worden ist, wird von allen Proteinasen gespalten. Bei der Einwirkung von Pepsinsalzsäure entsteht ein Gemisch von drei Peptonen, die noch einen hohen Gehalt an Hexonbasen aufweisen. Daneben wird Lysin frei und außerdem ein Gemisch von Dipeptiden aus Monoaminosäuren. Eines der Peptone, häufig als das „Histopepton" bezeichnet, läßt sich leicht aus dem Verdauungsgemisch durch Fällung mit Natriumpikrat isolieren und gilt geradezu als Kennzeichen für die Zuordnung eines Eiweißkörpers zu

---

[1] KOSSEL, A.: H. 8, 511 (1884). — [2] FELIX, K.: Schweiz. med. Wschr. 53, 558 (1923). — [3] CASPERSSON, T.: Skand. Arch. Physiol. 73, Suppl. Nr. 8 (1936). Chromosoma, Berlin 1, 562 (1940). — [4] FELIX, K.: H. 119, 66 (1922); 146, 103 (1925). — FELIX, K., u. A. HARTENECK: H. 157, 76 (1926). — FELIX, K., u. H. RAUCH: H. 200, 27 (1931). — [5] FELIX, K., u. H. RAUCH: H. 200, 27 (1931). — [6] KOSSEL, A.: Protamine und Histone. S. 76. Leipzig u. Wien 1929.

den Histonen. Daß Aminosäuren, hier Lysin, durch Einwirkung von Proteinasen aus Eiweißkörpern frei werden, ist inzwischen auch für eine Reihe anderer Proteine bewiesen worden. Die drei Peptone haben die in Tabelle 132 angegebene Zusammensetzung[1].

Wird der Verlauf der Pepsinsalzsäurewirkung quantitativ verfolgt, so findet man einen gleichen Zuwachs an basischen und an sauren Gruppen. Von den gesamten, durch elektrometrische Titration nachweisbaren basischen Gruppen ist nur ein Teil formoltitrierbar und reagiert mit salpetriger Säure[2].

Salzartige Bindung. Wahrscheinlich handelt es sich bei den übrigen Gruppen um die Guanidinreste des Arginins, die aber nicht peptidartig mit Carboxylgruppen, was zwar nach ihrer Reaktionsfähigkeit an sich möglich wäre, sondern salzartig verbunden gewesen sind. Wie bei den Protaminen gezeigt werden konnte, können die Guanidinreste

Tabelle 132.
Zusammensetzung von Thymuspeptonen.

Histo-pepton	Arginin-N	Histidin-N	Lysin-N	Mono-amino-säure-N
	% vom Gesamt-N			
I.	25,9	2,9	13,2	27
II.	25,5	10,7	5,4	38,6
III.	17	—	13	70

mit Säuren salzartige Bindungen eingehen, die nur wenig dissoziieren; es ist damit zu rechnen, daß auch bei den höhermolekularen Eiweißkörpern Guanidin und Carboxyl sich intramolekular absättigen. In dem Maße, wie ein „Eiweißkörper" abgebaut wird, dissoziieren auch solche „inneren" Guanidinsalze.

ζ) Skleroproteine (Faserproteine)[3].

Unter dem Namen Skleroproteine faßt man Eiweißstoffe zusammen, welche die Gerüstsubstanzen der Tiere bilden bzw. ihrem Schutz gegenüber äußeren Einflüssen dienen[4]. In der Pflanzenwelt sind sie nicht aufgefunden worden. Alle Skleroproteine haben Faserstruktur, doch bilden sie nicht nur die eigentlichen makroskopisch sichtbaren Fasern, sondern auch Häute, Membranen, Bindegewebe, Markscheiden usw.

Die auffälligste Eigenschaft der meisten Skleroproteine, die auch ihrer besonderen physiologischen Aufgabe entspricht, ist neben der Fähigkeit der Faserbildung ihre Unlöslichkeit, so in Wasser oder Salzlösungen, meist auch in verdünnten Säuren und Alkalien. Bemerkenswert ist ferner für viele Skleroproteine ihre Beständigkeit gegenüber proteolytischen Fermenten, eine Tatsache, die früher auf eine wesentliche Beteiligung von ringförmigen Bindungen, so Dioxopiperazinen, am Aufbau dieser Eiweißstoffe zurückgeführt wurde. Die neue Eiweißforschung hat aber gerade bei den faserigen Eiweißstoffen das Vorliegen von langen, offenen Polypeptidketten gefordert (S. 670). Die Schwer- bzw. Nichtangreifbarkeit der Skleroproteine durch proteolytische Fermente dürfte insofern auf ihre Struktur zurückzuführen sein, als sie aus krystallin geordneten Fasern bestehen, in welchen die Polypeptidketten durch Querverbindungen fest zusammengehalten werden (S. 615 u. 654).

Dieser geregelte Aufbau aus geordneten krystallisierten Strukturelementen und ihre Funktion als Träger der mikroskopisch und makroskopisch sichtbaren Strukturen des Organismus läßt es berechtigt erscheinen, sie als *strukturierte* Proteine der Vielzahl der anderen unstrukturierten Eiweißkörper

[1] FELIX, K.: H. **116**, 150 (1921); **120**, 94 (1922); **146**, 103 (1925). — [2] WALDSCHMIDT-LEITZ, E., u. G. KÜNSTNER: H. **171**, 70, 290 (1927). — [3] GRASSMANN, W., u. J. TRUPKE: Handb. Gerbereichem. u. Lederfabrik. (BERGMANN-GRASSMANN) 1/1, 359 (1944). — KÜNTZEL, A.: Handb. Gerbereichem. u. Lederfabrik. (BERGMANN-GRASSMANN) 1/1, 511 (1944). — SCHMITT, F. O.: Adv. Protein Chem. **1**, 26 (1944). — [4] Siehe auch Bd. 2, Haut. — TUSSTANOWSKI, A. A.: Biochimia, Moskau **12**, 285 (1947). [Ref. C. **1948 II**, 410.]

gegenüberzustellen[1]. Innerhalb der Gruppe selbst wird auf Grund der Ergebnisse der Röntgenstrukturanalyse vielfach zwischen Eiweißstoffen vom Kollagentyp und solchen vom Keratintyp unterschieden (ASTBURY).

Neue Wege und neue Aussichten für die Strukturaufklärung der Faserproteine wurden in den letzten Jahren durch die Röntgenanalyse und die Elektronenmikroskopie eröffnet, deren Ergebnisse im allgemeinen Teil ausführlich besprochen sind (vgl. S. 654f. u. 659f.).

Unter den Bausteinen herrschen vielfach die Monoaminosäuren stark vor, während aromatische Aminosäuren bei vielen Skleroproteinen, z. B. bei Kollagen, Elastin und Seidenfibroin, fehlen oder nur in geringer Menge vorhanden sind. Diese Tatsache im Verein mit der fehlenden oder geringen enzymatischen Angreifbarkeit erklärt die Geringwertigkeit der genuinen Skleroproteine als Nährstoffe, abgesehen von ihrer Unlöslichkeit. Dagegen haben sie eine große wirtschaftliche Bedeutung für die Leder-[1], Woll-, Seidenindustrie usw. (s. Bd. 2, Haut).

Wie aus der Tabelle 133 ersichtlich, weisen die verschiedenen Skleroproteine untereinander in bezug auf die mengenmäßige Beteiligung einzelner Monoaminosäuren an ihrem Aufbau große Unterschiede auf.

Tabelle 133. Bausteinanalyse der Skleroproteine[2] (g-%).

Aminosäure	Gelatine[3]†	Elastin[3]	Fibrin	Myosin (Rind)[3]	Myosin (Fisch)[3]	Keratin (Haar)	Keratin (Wolle)	Fibroin (Seide)***	Sericin (Seide)
Glycin . . .	23,6	27,5	3,0	5,0	—	4,7	0,6	43,8	1,2
Alanin . . .	9,2	0,0	3,6	4,0	—	1,5	4,4	26,4	9,2
Valin	2,1	1,0	1,0	5,8	5,8	1,0	3,4	—	—
Leucin und Isoleucin .	7,1	21,4	15,0	14,0	13,1	7,1	7,2	2,5	5,0
Serin	3,3	—	0,8	5,4	4,9	—	7,5	13,6* (12,6)	> 40,0††
Threonin . .	1,5	2,5	—	4,6	4,5	—	4,7	1,4* (1,5)	—
Phenylalanin .	2,1	3,1	2,5	4,9	4,5	1,9	1,9	1,5	0,6
Tyrosin . . .	0,3	1,5	7,0	3,4	4,4	4,8	4,8	13,2 (10,6)	2,3
Tryptophan .	0,1	0,0	5,0	1,3	1,3	1,8	1,8	—	—
Glutaminsäure	10,3	2,5	14,1	15,4	13,7	—	12,9	—	2,0
Asparaginsäure	5,9	0,0	5,9	6,0	8,0	—	2,3	—	2,5
Prolin . . .	15,3	14,2	5,1	6,0	3,2	3,4	4,9	1,0 (1,5)	2,5
Oxyprolin . .	13,0	1,9	—	—	—	—	—	—	—
Cystin . . .	0,2	0,2	1,5	1,3	1,2	18,9	13,1	—	—
Methionin . .	1,0	0,4	2,6	3,3	3,5	—	0,4	2,6**	—
Arginin . . .	8,8	0,9	7,7	7,7	7,4	8,0	7,8	1,0	—
Histidin . . .	1,0	0,0	2,5	2,9	2,4	0,5	0,7	0,1 (0,5)	—
Lysin	4,5	—	10,1	8,1	9,0	2,5	2,3	0,2	—
Ammoniak .	0,4	0,7	—	1,1	1,3	—	—	—	—
Summe (%)	109,7	77,8	87,4	100,2	88,2	56,1	80,7	107,3	65,3

* NICOLET, A., and L. J. SAIDEL: J. biol. Ch. **139**, 477 (1941). — NICOLET, A., and L. A. SHINN: J. biol. Ch. **140**, 685 (1941); **142**, 139 (1942)

** BAERNSTEIN, H. D.: J. biol. Ch. **106**, 451 (1934).

*** Werte in Klammern nach COLEMAN, D., and F. O. HOWITT: Proc. R. Soc. London (A) **190**, 145 (1947).

† Über Kollagen vgl. S. 724.

†† Wert für die Oxyaminosäuren nach LANG, O.: B. Z. **319**, 290 (1949).

[1] GRASSMANN, W., u. J. TRUPKE: Handb. Gerbereichem. u. Lederfabrik. (BERGMANN-GRASSMANN) 1/1, 359 (1944). — KÜNTZEL, A.: Handb. Gerbereichem. u. Lederfabrik. (BERGMANN-GRASSMANN) 1/1, 511 (1944). — [2] CALVERY, H. O. in Schmidt, Proteins S. 183. — HUGGINS, M. L.: Chem. Rev. **32**, 205 (1943). — JORDAN LLOYD, D., and A. SHORE: Chemistry of the Proteins. 2. Aufl. London 1938. — BERGMANN, M., u. L. ZERVAS: Handb. Pfl.-Analyse (KLEIN) 4/1, 299 (1933). — BERGMANN, M., and C. NIEMANN: J. biol. Ch. **122**, 577 (1937/38). — [3] BLOCK, R. J.: Adv. Protein Chem. **2**, 123, Tab. 1 (1945).

1. Kollagen[1], Gelatine.

Das Kollagen ist das Hauptprotein des Bindegewebes und der Haut und die Grundsubstanz der Knorpel und Knochen. Diese Funktion als Stütz- und Hüllsubstanz des Organismus läßt bereits seine überragende Bedeutung unter den übrigen Skleroproteinen erkennen. Außerdem scheinen viele Krankheiten und das *Altern* eng verknüpft mit kolloidalen Veränderungen der kollagenen Gewebe zu sein. Technisch stellt es das Ausgangsprodukt für Leim und Gelatine sowie (als Hautkollagen) für Leder dar. Prokollagen[2]; Zwischensubstanz des Bindegewebes[3].

Kollagenfasern lösen sich nicht in verdünnten Säuren und Alkalien, sondern sie quellen nur. Durch konzentrierte Säuren und Alkalien wird Kollagen leicht hydrolysiert. Natives, als Krystallit vorliegendes Kollagen, wie es sich in der Fibrille des Bindegewebes vorfindet, wird durch Trypsin nicht angegriffen[4], während geschrumpftes große Trypsinempfindlichkeit zeigt. Die Spaltung des Kollagens durch Pepsinsalzsäure wird erst durch Quellwirkung der Säure ermöglich[4]. Mechanismus des Quellungsvorganges[5, 6].

Im *polarisierten Licht* zeigt Kollagen positive Doppelbrechung und orientierte Fibrillen[7], was mit den elektronenmikroskopischen Befunden im Einklang steht. Die polarisationsoptische Methode leistet gute Dienste bei der Untersuchung der thermischen Verkürzung der Fasern, ihrer Quellung, der Gerbung[5] usw., die Aufklärung der Mikrostrukturen ist aber hauptsächlich nur von der Röntgenanalyse und Elektronenmikroskopie her möglich und zu erwarten. Ein großer Teil der hierher gehörenden Befunde ist schon im allgemeinen Teil behandelt worden. Das Röntgendiagramm zeigt in der Faserachse eine Hauptperiode von etwa 2,86 Å, die der Länge eines Aminosäurerestes entspricht, wenn man eine Verkürzung der Kette durch den Einbau des Prolinrestes in Rechnung stellt (vgl. S. 657). Weitergehende Schlüsse über den Bau des Kollagens kann man aus den in letzter Zeit aufgefundenen sog. großen Identitätsperioden ziehen[8] (vgl. S. 657). Der dabei erhaltene Wert von 640 bzw. 642 Å (BEAR[9] bzw. KRATKY[10]) stimmt gut mit den *elektronenmikroskopisch* festgestellten Strukturperioden von 640 Å überein, die sich aus der regelmäßigen Aufeinanderfolge von schattendichteren und helleren Elementen der kollagenen Fasern ergibt[11] (vgl. S. 659, Abb. 70, 71).

---

[1] BORASKY, R.: Guide to the Literature on Collagen. Philadelphia 1950. — [2] OREKHOVICH, V. N., A. A. TUSTANOVSKII, K. D. OREKHOVICH and N. E. PLOTINKOVA: Biochimia, Moskau **13**, 55 (1948) [J. amer. Leather Chem. Ass. **44**, 421 (1949)]. — [3] DEMPSEY, M., and B. M. HAINES: Nature **164**, 368 (1949). — [4] GRASSMANN, W.: Collegium, Darmstadt **1934**, 549. Kolloid-Z. **77**, 205 (1936). — SCHNEIDER. F.: Ergebn. Enzymforsch. **7**, 138 (1938). — SIZER, I. W.: Enzymologia **13**, 288 (1949). — [5] KÜNTZEL, A.: Handb. Gerbereichem. u. Lederfabrik. (BERGMANN-GRASSMANN) 1/1, 183, 511 (1944). — [6] BOWES, J. H., and R. H. KENTEN: Biochem. J. **46**, 1, 524, 530 (1950). — [7] SCHMIDT, W. J.: Die Doppelbrechung von Karyoplasma, Zytoplasma und Metaplasma. Berlin 1937. — PFEIFFER, H. H.: Arch. exp. Zellforsch. **25**, 92 (1943). — [8] CLARK, G. L., E. A. PARKER, J. A. SCHAAD and W. J. WARREN: Am. Soc. **57**, 1509 (1935). — CLARK, G. L., and J. A. SCHAAD: Radiology **27**, 339 (1936). — WYCKOFF, R. W. G., R. B. COREY and J. BISCOE: Science, N. Y. **82**, 175 (1935). — WYCKOFF, R. W. G., and R. B. COREY: Proc. Soc. exp. Biol. Med. **34**, 285 (1936). — COREY, R. B., and R. W. G. WYCKOFF: J. biol. Ch. **114**, 107 (1936). — [9] BEAR, R. S.: Am. Soc. **64**, 727 (1942). — [10] KRATKY, O., u. A. SEKORA: J. makromol. Chem. **1**, 113 (1943). Vgl. auch KRATKY, O., A. SEKORA u. H. H. WEBER: Naturwiss. **31**, 91 (1943). — [11] WOLPERS, C.: Kli. Wo. **1943**, 624. Virchows Arch. **312**, 292 (1944). Ärztl. Wschr. **3**, 644 (1948). Leder **1**, 3 (1950). — HALL, C. E., M. A. JAKUS and F. O. SCHMITT: Am. Soc. **64**, 1234 (1942). — SCHMITT, F. O., C. E. HALL and M. A. JAKUS: Biol. Symp. **10**. 261 (1943). — SCHMITT, F. O., and J. GROSS: J. amer. Leather Chem. Ass. **43**, 658 (1948). — GROSS, J., and F. O. SCHMITT: J. exp. Med. **88**, 555 (1948). — SCHMITT, F. O.: Harvey Lect. Series **40** (1944/45). — Vgl.. dazu auch SAIDESS, A. L., u. Ss. L. PUPKO: Bull. Acad. Sci. URSS [N. S.] **65**, 277 (1949). — PRATT, A. W., and R. W. G. WYCKOFF: Biochim. biophysica Acta **5**, 166 (1950)

Schrumpfung. Kollagenfasern schrumpfen beim Erwärmen mit Wasser auf 62 bis 65° C oder beim Einlegen in Rhodanidlösung auf etwa $1/3$ ihrer Länge zusammen. Die Schrumpfung, die irreversibel zu sein scheint (vgl. dagegen K. H. Meyer[1]), bildet den ersten Schritt zur löslichen Form, der Gelatine, die allerdings erst durch längeres Kochen erhalten werden kann. Die Schrumpfung, bei der die δ-Scheiben einschmelzen[2], führt zu einem Zusammenbruch des Molekulargefüges und zu einer im wesentlichen irreversiblen Veränderung der meisten Eigenschaften des Kollagens (z. B. enzymatische Angreifbarkeit, Aussehen usw.). Geschrumpfte Fasern sind im Gegensatz zu den nativen kautschukelastisch und ergeben nur mehr ein Debye-Scherrer-Diagramm; bei Wiederausdehnung kann das ursprüngliche Faserdiagramm wiederhergestellt werden, was darauf hinweist, daß gewisse Ordnungsbezirke innerhalb der Faserelemente erhalten geblieben sind[3]. Für die Wärmetönung und die Aktivierungsenergie des Schrumpfungsvorganges des Kollagens sind von Weir[4] ähnliche Werte erhalten worden wie bei der Denaturierung anderer Proteine. Nach Annahme von Küntzel[5] soll die native Kollagenfaser Hydratwasser als wesentlichen Bestandteil des Molekülgitters enthalten, das bei der Schrumpfung abgegeben werden oder in lockere Bindung übergehen soll[6]. Die Schrumpfungstemperatur ist im isoelektrischen Bereich am höchsten; sie wird stark herabgesetzt durch hydrotrope Elektrolyte (z. B. LiJ) oder durch Nicht-Elektrolyte (wie Harnstoff, Formamid), aber sie wird auch mehr oder weniger stark durch die verschiedensten Anionen und Kationen beeinflußt[7]. In besonderem Maße ist sie von der Spannung, unter der die Faser gehalten wird, abhängig. Bei starker Spannung kann die Faser in Wasser auf ungefähr 90° C erhitzt werden, ohne zu schrumpfen[3]. Trockene Fasern vertragen ohne zu schrumpfen eine Temperatur von 120° C. Gerbstoffe erhöhen die Schrumpfungstemperatur; formaldehydgegerbte[8], hitzegeschrumpfte Fasern zeigen die Ewaldsche Reaktion[9], d. h. sie dehnen sich beim Abkühlen aus und kontrahieren sich beim erneuten Erhitzen wieder. Die kollagenen Fasern der Säugetiere schrumpfen bei erheblich höheren Temperaturen als die der Fische[10], die sich auch leichter in Glutin (Leim) überführen lassen.

Durch die Schrumpfung erfahren auch die chemischen Eigenschaften des Kollagens einschneidende Veränderungen, was besonders auffällig im Verhalten gegen Enzyme hervortritt. Native Fasern werden von unspezifischen[11] Proteinasen praktisch nicht[12] oder nur unter verschärften Bedingungen[13] angegriffen, während geschrumpfte Fasern, ebenso wie Leim und Gelatine, unschwer abgebaut werden. Unvollständig geschrumpfte Fasern verhalten sich wie ein Gemisch aus einem leicht und einem sehr schwer hydrolysierbaren Anteil, sie werden nur teilweise

---

[1] Cherbuliez, E., J. Jeannerat u. K. H. Meyer: H. **255**, 241 (1938). — [2] Wolpers, C.: B. Z. **318**, 373 (1948). Makromol. Chem. **2**, 37 (1948). — [3] Grassmann, W.: Kolloid-Z. **77**, 205 (1936). — [4] Weir, C. E.: J. amer. Leather Chem. Ass. **44**, 79, 108 (1949). — [5] Küntzel. A.: Stiasny-Festschrift. Darmstadt 1937, S. 191. — [6] Vgl. dazu W. Grassmann. — [7] Lennox, F. G.: Biochim. biophysica Acta **3**, 170 (1949). — [8] Vgl. dazu z. B. Gustavson, K. H.: J. biol. Ch. **169**, 531 (1947). Handb. Gerbereichem. u. Lederfabrik. (Bergmann-Grassmann) 2/2 (1940). Adv. Protein Chem. **5**, 353 (1949), u. zw. S. 406 ff. — [9] Ewald, A.: H. **105**, 115, 135 (1919). — [10] Gustavson, K. H.: B. Z. **311**, 347 (1942). Svensk kem. T. **54**, 74 (1942). — Vgl. auch J. Soc. Leather Trade's Chem. **33**, 333 (1949). J. amer. Leather Chem. Ass. **45**, 789 (1950). — Grassmann, W.: Unveröffentlicht. — [11] Über spezifisch auf Kollagen bzw. Gelatine eingestellte Enzyme s. Maschmann, E.: B. Z. **297**, 284 (1938). — Hausam, W., E. Liebscher u. T. Schindler: Collegium, Darmstadt, **1939**, 529. — Hobson, R.P.: J. exp. Biol. **8**, 109 (1931). Biochem. J. **25**, 1458 (1931). — Bidwell, E.: Biochem. J. **44**, 28 (1949). Vgl. auch Fermentkapitel S. 1162 u. 1165. — [12] Grassmann, W., J. Janicki u. F. Schneider: Stiasny-Festschrift. Darmstadt 1937, S. 74. — Ssadikow, W.: Collegium, Darmstadt, **1926**, 512. B. Z. **181**, 267 (1927). Vgl. auch Kühne, W.: Unters. physiol. Inst. Heidelberg 1, 219 (1877). — [13] Küntzel, A., u. O. Dietsche: Collegium, Darmstadt, **1931**, 136, 146. — Merrill, H. B., and J. W. Fleming: J. amer. Leather Chem. Ass. **22**, 139, 274 (1927). — Stather, F., u. H. Machon: B. Z. **239**, 430 (1931). — Sizer, I. W.: Enzymologia **13**, 293 (1949).

verdaut[1]. Diese enzymatische Unangreifbarkeit des nativen Kollagens macht man sich bei seiner *Darstellung* zunutze (GRASSMANN und Mitarbeiter[2]). Vgl. auch[3].

Aus der Haut einer eben geschlachteten Kuh werden etwa 7 kg eines nativen Mittelspalts (Mittelteil der Haut nach Abspaltung der Oberhaut und des subkutanen Gewebes; Corium maior) gewonnen (KÜNTZEL)[4], der nach kurzem Aufbewahren in Eis zerschnitten und durch einen Fleischwolf gedreht wird. Dabei wird darauf geachtet, daß die Hautstücke nicht längere Zeit ohne Kühlung sind. Der Fleischwolf wird ebenfalls von Zeit zu Zeit mittels Durchgabe von Eis kühl gehalten. Dann wird in so viel Wasser aufgeschlämmt, daß die Masse im Holländer zirkulieren kann, und so lange behandelt, bis ein vollkommen homogener Faserbrei erhalten ist. Ein Teil dieses Faserbreis wird abzentrifugiert und so vom Wasser abgetrennt.

Auf 2,37 kg feuchten Faserkuchen, entsprechend 533 g Trockensubstanz, läßt man 4mal je 8 Liter einer 0,1%igen Trypsinlösung (Schering-Kahlbaum) bei p_H 7,8 bis 8,0 (eingestellt mit 0,5% Calciumcarbonat) bei 35° je 20 h lang einwirken. Die trypsinbehandelten Fasern werden dann 4mal hintereinander je 1 h lang mit $5^1/_2$ Liter kaltgesättigter Calciumhydroxyd-lösung geschüttelt und abzentrifugiert.

Das mit Kalkwasser behandelte Kollagen wird sodann in einer großen Menge Wasser suspendiert und am besten in mehreren Portionen durch Zugeben von Eisessig von anhaftendem Calciumcarbonat befreit, wobei so lange Eisessig zugegeben werden muß, bis keine Kohlensäureentwicklung mehr auftritt, was bei 2- bis 3maligem Behandeln erreicht werden kann. Dabei ist darauf zu achten, daß eine Quellung möglichst vermieden wird.

Das Kollagen wird dann 4mal mit destilliertem Wasser gut ausgewaschen, unter Kühlung mit Alkohol und 2mal mit Alkohol-Äther 1:1 behandelt und die abgenutschten Fasern an der Luft getrocknet. Man erhält ein weißes, leichtes und vollkommen faseriges Material.

Gelatine, Leim. Die Überführung des Kollagens aus Haut, Knochen oder Knorpeln in Glutin (Leim, Gelatine) wird in der Technik gewöhnlich nach einer längeren Kälkung (Behandlung mit Kalk) vorgenommen, wodurch das Verkochen zu Gelatine und die Entfernung von Verunreinigungen begünstigt werden[5]. Bei der Alkalibehandlung wird rund die Hälfte des (im Kollagen an sich nur in geringer Menge vorhandenen) Amidstickstoffs unter Bildung freier Carboxylgruppen abgespalten[6]. Für die zunächst entstehende Primärgelatine[7] ist durch Viscositätsmessungen ein Achsenverhältnis von 47,5 und daraus eine Molekül-länge von 800 Å erhalten worden[8].

Gelatine bildet in der Wärme hochviscose Lösungen, die bei etwa 28° zu einer festen Gallerte erstarren. Die genaue Lage des Erstarrungspunktes ist abhängig von der Konzentration der Gelatinelösung, von der Qualität der Gelatine, ihrer Verunreinigung mit Abbauprodukten, Elektrolyten usw. Bei der Erstarrung dürften die langgestreckten Fadenmoleküle, die auf Grund der hohen Viscosität und der Strömungsdoppelbrechung der Lösung anzunehmen sind, sich unter Ausbildung von Fibrillen[9] zu einem unbeweglichen Gitterwerk vereinigen. Die spezifische Drehung der Gelatine $[\alpha]_D$ ist bei $p_H = 4,7$, ihrem isoelektrischen Punkt, zu $-104°$ gefunden. Über Mutarotation der Gelatine vgl. KÜNTZEL[10]. Ihr Quellungsvermögen, die Viscosität ihrer Lösungen und die Abhängigkeit dieser Erscheinungen von Wasserstoffionenkonzentration und den verschiedenen Salzzusätzen sind eingehend von LOEB[11] studiert worden. Gelatine wird im

[1] GRASSMANN, W.: Kolloid-Z. **77**, 205 (1936). — [2] GRASSMANN, W., J. JANICKI u. F. SCHNEIDER: STIASNY-Festschrift. Darmstadt 1937, S. 74. — [3] CASSELL, J. M., and J. R. KANAGY: J. amer. Leather Chem. Ass. **44**, 424 (1949). — [4] KÜNTZEL, A., u. K. BUCHHEIMER: Collegium **1930**, 205. — [5] KÜNTZEL, A.: STIASNY-Festschrift. Darmstadt 1937, S. 191. Vgl. auch SWYNGEDAUW, J.: Chim. et Industr. **50**, 2 (1943). — [6] BOWES, J. A., and R. H. KENTEN: Biochem. J. **43**, 365 (1948). — [7] SCATCHARD, G., J. L. ONCLEY, J. W. WILLIAMS and A. BROWN: Am. Soc. **66**, 1980 (1944). — [8] SALO, T. P.: Am. Soc. **71**, 2276 (1949). — [9] JOLY, M.: Bull. Soc. chim. biol. **31**, 105 (1949). — [10] KÜNTZEL, A.: Handb. Gerbereichem. u. Lederfabrik. (BERGMANN-GRASSMANN) 1/1, 511 (1944). — KÜNTZEL, A., u. H. BOENSEL: Collegium, Darmstadt, **1936**, 576. — [11] LOEB, J.: Die Eiweißkörper und die Theorie der kolloidalen Erscheinungen. Berlin 1924.

Gegensatz zu Kollagen durch proteolytische Fermente besonders leicht angegriffen. Monomolekulare Spreitung[1].

Gelatine findet praktische Anwendung als Speisegelatine sowie in der pharmazeutischen und photographischen Industrie, Leim für Tischlerarbeiten, Farben, in der Buchbinderei usw. Chondrin oder Knorpelleim ist ein Gemenge von Glutin mit Anteilen aus Knorpel.

Chemische Zusammensetzung von Kollagen (und Gelatine). Die Aminosäurezusammensetzung von Reinkollagen wurde von SCHNEIDER[2] sowie später

Tabelle 134. Zusammensetzung des Kollagens.

Nr.	Aminosäuren	N in % des Gesamt-N gef.		Molekulares Verhältnis gef.		Molekulares Verhältnis	
						ber. auf 216 Aminosäuren	ber. auf 36 Aminosäuren
		a)	b)	a)	b)		
	I. Aminosäurezusammensetzung.						
1	Glykokoll	27,1	27,0	71,0	71,0	72	12
2	Alanin	9,0	8,0	23,5	21,0		
	Valin	1,7	2,2	4,4	5,8		
	Leucin/Isoleucin	4,2	3,2	11,0	8,3		
	Phenylalanin	1,0	1,9	2,6	4,9		
	Serin	0,4	2,5	1,0	6,0		
	Threonin	—	1,5	—	3,9		
	Methionin	—	0,4	—	1,0		
	Tyrosin	0,2	0,6	0,5	1,5		
	Σ 2	16,5	20,1	44,0	52,4	54	9
3	Asparaginsäure	2,0	3,6	5,2	9,4		
	Glutaminsäure	3,1	5,8	8,1	15,2		
	Σ 3	5,1	9,4	13,3	24,6	24* (18)**	4* (3)**
	1 + 2 + 3	48,7	56,5	128,3	148,0		
4	Monoamino-N nach v. SLYKE	55,2	—	146,0	—	144	24
	Arginin	14,9	15,3	9,7	10,0	10	
	Lysin	5,3	4,7	6,9	6,1	7	
	Oxylysin	—	1,3	—	1,7		
	Histidin	0,9	1,2	0,8	1,0	1	
	Σ 4	21,1	22,5	17,4	18,8	18	3
	Basen-N nach v. SLYKE	21,7					
5	Prolin	13,1	9,9	34,3	25,8		
	Oxyprolin	6,4	8,3	16,7	21,5		
	Σ 5	19,5	18,2	51,0	47,3		
	Imino-N	21,6		51,5		54	9
6	Amid-N	2,3	3,5	6,0	9,0	(6)	(1)

* Gesamte Dicarbonsäuren.
** Dicarbonsäuren mit freier Carboxylgruppe unter Berücksichtigung des Amid-N.

a) SCHNEIDER, F.: Collegium, Darmstadt **1940**, 97. Vortrag Frankfurt 1948 [Angew. Chem. **61**, 259 (1949)]. — GRASSMANN, W.: Vortrag Eiweißtagung Plassenburg 1944. — b) BOWES, J. H., and R. H. KENTEN: Biochem. J. **43**, 358 (1948). Die inzwischen mitgeteilten Ergebnisse von STUBBINGS[3] und NEUMAN[3] stehen gleichfalls in ausgezeichneter Übereinstimmung mit den berechneten Werten.

[1] ELLIS, S. C., and K. G. A. PANKHURST: Nature **163**, 600 (1949). — [2] SCHNEIDER, F.: Collegium, Darmstadt, **1940**, 97. — [3] Siehe Fußnote [4] S. 725.

a) Lichtenstein, I.: B.Z. **303**, 20 (1940). — b) Bowes, J. H., and R. H. Kenten: Biochem. J. **43**, 358 (1948).— c) Berechnet auf Grund der Aminosäurezusammensetzung nach dieser Tabelle, Teil I. — d) Berechnet auf Grund der Aminosäurezusammensetzung unter Berücksichtigung des Amid-N und unter der Annahme, daß auf 12 Moleküle Aminosäure 2 Mol gebundenes H_2O vorhanden sind.

von weiteren Autoren[4] bestimmt (Tabelle 134 und Tabelle 102, S. 597) und im wesentlichen in Übereinstimmung mit

Tabelle 134. Zusammensetzung des Kollagens. (Fortsetzung.)

Gruppen	gef.		ber.	
	a)	b)	c)	d)
II. Saure und basische Gruppen[1] (mmol/g).				
COOH	0,96	0,87	0,97[2]	0,94[2]
NH_3	0,43	0,39	0,41[3]	0,39[3]
Imidazol	(0,19)	0,05	0,05	0,05
Guanidin	(0,23)	0,49	0,51	0,49
die basischen Gruppen	0,86	0,94	0,97	0,93
III. Elementarzusammensetzung.				
C	50,2		52,2	50,1
H	6,7		6,7	6,8
N	18,2		18,3	18,0
O	24,3		22,3	24,6

zahlreichen älteren und neueren Ergebnissen gefunden, die bei der Hydrolyse von Gelatine erhalten waren. Schon Bergmann hat festgestellt, daß genau $^1/_3$ der Aminosäuren auf Glykokoll (G) entfällt, und unter der Annahme, daß das Prolin $^1/_6$ der Aminosäuren betrage, die folgenden periodischen Aminosäureanordnungen zur Diskussion gestellt:

oder
—G—P—X—G—X—X—G—P—X—G—X—X—G—P—X—G—X—X—
—G—X—P—G—X—X—G—X—P—G—X—X—G—X—P—G—X—X—

Die in guter Ausbeute erzielbare Isolierung von Lysylprolylglycin unter den Produkten der partiellen Hydrolyse von Gelatine[5] macht die letztere der beiden Formulierungen wahrscheinlicher. Nach den vorliegenden Analysen trifft weiterhin auf je 12 Aminosäuren je ein basischer Eiweißbaustein und je eine Dicarbonsäure mit freiem Carboxyl[6]. Diese Befunde machen die Annahme periodischer Anordnungen aus 12 Aminosäuren oder einem ganzzahligen Vielfachen davon für die Polypeptidkette des Kollagens wahrscheinlich (Grassmann und Trupke[6]), wobei die Ketten durch eine Salzbrücke zwischen je einer basischen und einer sauren Aminosäure zusammengehalten werden. Für die basischen Aminosäuren ist mit guter Genauigkeit das molare Verhältnis Histidin:Lysin:Arginin = 1:7:10 gefunden. Dies kann so gedeutet werden, daß das Kettenmolekül des Kollagens aus 12 · 18 = 216 Aminosäuren aufgebaut ist[7]. Tabelle 134 zeigt, daß sowohl die Aminosäurezusammensetzung wie die Menge der durch potentiometrische Messung ermittelten sauren und basischen Gruppen sowie die Elementarzusammensetzung dieser Annahme entsprechen, wobei die Übereinstimmung mit den inzwischen[4] ermittelten Werten besonders hervorzuheben ist. Auch die elektronenoptischen Befunde von Schmitt (vgl. S. 659) sowie von Nutting[8], die auf eine Unterteilung des Gesamtmoleküls nach Sechsteln

[1] Vgl. dazu Tabelle 108, S. 627. — [2] 18 Dicarbonsäuren + 1 endständiges COOH auf 216 Aminosäuren. — [3] 7 ε-Aminogruppen des Lysins + 1 endständige NH_2-Gruppe auf 216 Aminosäuren. — [4] Bowes, J.H., and R. H. Kenten: Biochem. J. **43**, 358, 365 (1948); **45**, 281 (1949). — Vgl. auch Stubbings, R. L., and E. R. Theis: J. amer. Leather Chem. Ass. **44**, 178 (1949). — Neuman, R. E.: Arch. Biochem. **24**, 289 (1949). — Graham, C. E., H. K. Waitkoff and St. W. Hier: J. biol. Ch. **177**, 529 (1949). — Salo, T. P.: Arch. Biochem. **24**, 25 (1949). J. amer. Leather Chem. Ass. **45**, 99 (1950). — [5] Grassmann, W., u. K. Riederle:: B. Z. **284**, 177 (1936). — [6] Grassmann, W., u. J. Trupke: in Handb. Gerbereichem. u. Lederfabrik. (Bergmann-Grassmann) 1/1, 359 (1944). — [7] Grassmann, W.: Vortrag Eiweißtagung Plassenburg 1944. — Schneider, F.: Vortrag Frankfurt 1948 [Angew. Chem. **61**, 259 (1949)]. — [8] Nutting, G. C., and R. Rorasky: J. amer. Leather Chem. Ass. **43**, 96 (1948).

hinweisen, scheinen mit dieser Vorstellung vereinbar, wenn man unterstellt, daß diese Sechstel unter sich ähnlich, aber nicht gleich sind.

Mit dem angenommenen Aufbau der Kette aus Perioden von 12 Aminosäuren oder einem Vielfachen davon kann auch ein großer Teil der von KRATKY und SEKORA[1] in der Faserachse gefundenen großen Identitätsperioden gedeutet werden, wenn man die Annahme macht, daß die Periode von 642 Å nicht, wie von KRATKY angenommen, 220, sondern 216 ($216 = 12 \cdot 18$) Aminosäureeinheiten entspricht (GRASSMANN S. 725). Vg. hierzu auch S. 658f.

Kollagen enthält rund 0,6% eines Kohlenhydrats (wahrscheinlich Glucose, Galaktose und Glucosamin), das dem Kollagenmolekül selbst anzugehören scheint[2]. Über den Unterschied von Kollagen männlicher und weiblicher Tiere vgl. TADOKORO[3], über Walhautgelatine[4].

Tabelle 135. Große Netzebenenabstände des Kollagens in der Faserachse.

0^+	$D_{\text{exp.}}$	Intensität	Versuchte Deutung (Anzahl der Aminosäuren)	$D_{\text{ber.}}$ (Nach Spalte 4)
1	642	sehr stark	$6 \cdot 36 = 216$	$216 \cdot 2,97 = 642$
2	321	sehr stark	$3 \cdot 36 = 108$	$108 \cdot 2,97 = 321$
3	214,5	sehr stark	$2 \cdot 36 = 72$	$72 \cdot 2,97 = 214$
	184/178	sehr schwach	$5 \cdot 12 = 60$	$60 \cdot 2,97 = 178$
	148/140	sehr schwach	$4 \cdot 12 = 48$	$48 \cdot 2,97 = 142,6$
6	107,8	sehr stark	36	$36 \cdot 2,97 = 106,9$

[+] Die Ziffern bezeichnen die Ordnungen nach KRATKY, O., u. A. SEKORA: J. makromol. Chem. 1, 113 (1943).

2. Elastin.

Das Elastin bildet den *Hauptbestandteil der elastischen Fasern*, wie sie in den Sehnen, Gefäßen und gewöhnlichen Bindegeweben sich finden. Zu seiner Gewinnung dient gewöhnlich Ligamentum nuchae (Nackenband)[5]. Aminosäurezusammensetzung s. Tabelle 133, S. 720, vgl. auch [5, 6]. Elastin quillt nicht in verdünnten Säuren und Alkalien, was vermutlich auf das Vorherrschen von Aminosäuren mit kurzen und nicht polaren Seitenketten im Krystalliten (ähnlich wie beim Seidenfibroin) zurückzuführen sein dürfte, wodurch ein innigeres Zusammentreten der Hauptketten und damit ein festerer Zusammenhalt ermöglicht wird. Gleich dem Kollagen ist es unlöslich in Wasser, verdünnten Säuren und Alkalien und in Salzlösungen. Durch starke Säuren und Alkalien wird es hydrolysiert unter Bildung großer Mengen von Monoaminosäuren, hauptsächlich Glycin und Leucin (vgl. Tabelle 133, S. 720). Von Kollagen unterscheidet es sich durch seine weitgehende Unangreifbarkeit gegenüber proteolytischen Fermenten, die durch Vorbehandlung mit heißem Wasser, Säuren, Laugen und Alkohol zwar herabgesetzt, aber nicht aufgehoben wird[7]. Nach BOWES und KENTEN[8] unterscheiden

[1] KRATKY, O., u. A. SEKORA: J. makromol. Chem. 1, 113 (1943). — BEAR, R. S.: Am. Soc. 66, 1297 (1944). — BOLDUAN, O. E. A., and R. S. BEAR: J. polym. Sci. 5, 159 (1950). — GROSS, J.: Ann. N. Y. Acad. Sci. 52, 964 (1950). — [2] SCHNEIDER, F.: Collegium, Darmstadt, 1937, 522. — GRASSMANN, W., J. JANICKI, L. KLENK u. F. SCHNEIDER: B. Z. 294, 95 (1937). — SCHNEIDER, F.: Collegium, Darmstadt, 1940, 97. — BEEK, J.: Am. Soc. 63, 1483 (1941). J. Res. nat. Bur. Stand. 27, 507 (1941). — SCHNEIDER, F.: Vortrag Frankfurt 1948 [Angew. Chem. 61, 259 (1949)]. — [3] TADOKORO, T.: J. Fac. Sci. Hokkaido III. 1, 1 (1930). Vgl. auch HARA, H.: Bull. agric. chem. Soc. Jap. 7, 22 (1935). — [4] KIKUCHI, S.: J. Soc. chem. Industr. Japan 45, 1213 (1942). — [5] STEIN, W. H., and E. G. MILLER: J. biol. Ch. 125, 599 (1938). — Vgl. auch RICHARDS, A. N., and W. J. GIES: Am. J. Physiol. 7, 93 (1902). — [6] GRAHAM, C. E., H. K. WAITKOFF and ST. W. HIER: J. biol. Ch. 17, 529 (1949). — NEUMAN, R. E.: Arch. Biochem. 24, 289 (1949). — [7] STRAUSS, E., u. W. A. COLLIER: Handb. Biochem. 2. Aufl., 1, 679 (1924). — ABDERHALDEN, E., u. F. W. STRAUCH: H. 71, 316 (1911). — ABDERHALDEN, E., u. F. WACHSMUTH: H. 71, 339 (1911). — [8] BOWES, J. H., and R. H. KENTEN: Biochem. J. 45, 281 (1949).

sich die elastischen Fasern der Haut und des Ligamentum nuchae sowohl durch ihre Aminosäurezusammensetzung wie durch ihre Heißwasserbeständigkeit.

Reticulin. Bei der Säurequellung kollagener Hautfasern beobachtet man ringförmige Einschnürungen aus nichtquellendem faserigem Gewebe, die man auf das Vorhandensein einer vom Kollagen selbst verschiedenen, schwerer quellbaren Hüllsubstanz zurückgeführt hat. Diese Hüllsubstanz ist von E. A. SCHAEFER[1] als Elastin, von SEYMOUR-JONES[2] als ein Mittelding zwischen Kollagen und Elastin beschrieben worden, während nach KAYE[3] das Hüllgewebe aus einer vom Kollagen und Elastin verschiedenen Substanz, dem Reticulin, bestehen soll. Während KÜNTZEL[4] im Gegensatz zu KAYE und LLOYD[5] die Gegenwart eines gesonderten Reticulins ablehnt, sind neuerdings von JUDITZKAJA[6] Ergebnisse veröffentlicht worden, nach denen das Reticulin, das in embryonaler Haut das einzige Faserprotein sein soll, sich in seiner Aminosäurezusammensetzung, besonders seinem hohen Cystingehalt, sowohl vom Kollagen wie vom Elastin unterscheiden soll.

Elastoidin ist ein in den Fischflossen vorkommendes Faserprotein, das mit dem Kollagen verwandt zu sein scheint. Seine Fäden weisen nämlich ein dem Kollagen sehr ähnliches Faserdiagramm auf[7] und schnurren beim Erhitzen wie Kollagen zusammen[8]. Durch Untersuchungen von ENGELAND[9] sind Glykokoll, Alanin, Serin, Oxyprolin und Dioxyaminovaleriansäure sowie eine Aminohexose als Bestandteile nachgewiesen worden.

Hautkollagen des Regenwurms vgl.[10].

3. Fibrin und Fibrinogen.

Das im Blutplasma vorliegende Fibrinogen steht in seinen Eigenschaften in gewissem Grade den Globulinen nahe, wird aber noch wesentlich leichter als diese, nämlich schon bei weniger als 30% Sättigung mit Ammonsulfat oder mit Kochsalz ausgesalzen.

Zur Darstellung[11] wird das durch Oxalat- oder Citratzusatz ungerinnbar gemachte Blut in der Zentrifuge von den Formelementen befreit und aus dem erhaltenen Plasma das Fibrinogen zusammen mit den Serumglobulinen durch Sättigung mit Kochsalz abgeschieden, worauf durch eine nochmalige fraktionierte Aussalzung mit Kochsalz das Fibrinogen als die am leichtesten aussalzbare Komponente gewonnen wird.

Die Messungen der Strömungsdoppelbrechung, der Viscosität, des Dipolmoments, des osmotischen Druckes und der Sedimentationsgeschwindigkeit in der Ultrazentrifuge weisen auf das Vorliegen sehr langer Moleküle mit einem Achsenverhältnis von ungefähr 700mal 35 Å und einem Molekulargewicht von rund 500000 hin[12].

Fibrin selbst kann einfacher als durch Gerinnung des gereinigten Fibrinogens in der Weise gewonnen werden, daß man Gesamtblut unter kräftigem Schlagen oder Rühren gerinnen läßt und das erhaltene Fibringerinnsel von anhaftenden Verunreinigungen durch Behandlung mit Kochsalzlösung und mit Wasser befreit. Fibrin ist enzymatisch wesentlich

[1] SCHAEFER, E. A.: Quains Elements of Anatomy zit. nach SEYMOUR-JONES, A., l. c.[2]. — [2] SEYMOUR-JONES, A.: J. int. Soc. Leather Trade's Chem. 1, 69, 96 136, 182 (1917); 2, 16, 34, 76, 122, 143, 161, 181, 203, 234, 280 (1918); 3, 85, 107 (1919). — [3] KAYE, M.: J. int. Soc. Leather Trade's Chem. 20, 223 (1936). — [4] KÜNTZEL, A.: Collegium, Darmstadt, 1934, 1. — KÜNTZEL, A., u. A. SEITZ: Collegium, Darmstadt, 1936, 567. — KÜNTZEL, A.: Handb. Gerbereichem. u. Lederfabrik. (BERGMANN-GRASSMANN) 1/1, 183 (1944). — [5] KAYE, M., and D. JORDAN LLOYD: Proc. R. Soc. London (B) 96, 293 (1924). — [6] JUDITZKAJA, A. I.: Biochimia, Moskau 14, 97 (1949) [C 1950, 1, 566]. — [7] CHAMPETIER, G., et E. FAURÉ-FREMIET: J. Chim. physique 34, 197 (1937). — [8] SCHMIDT, W. J.: Z. Biol. 81, 193 (1924). — FAURÉ-FREMIET, E.: Arch. Anat. microsc. 33, 81 (1937). — FAURÉ-FREMIET, E., et R. WOELFFLIN: J. Chim. physique 33, 801 (1936). — [9] ENGELAND, R., et A. BASTIEN: Cr. 207, 945 (1938). — [10] REED, R., and K. M. RUDALL: Biochim. biophysica Acta 2, 7 (1948). — [11] HAMMARSTEN, O.: H. 22, 333 (1896). — HEUBNER, W.: Virchows Arch. 49, 229 (1903). — NORDBÖ, R.: B. Z. 190, 150 (1927). — [12] SCHMITT, F. O.: Harvey Lect. Ser. 40, 249 (1944/45). — EDSALL, J. T., R. M. FERRY and S. H. ARMSTRONG jr.: J. clin. Invest. 23, 557 1944). — HAWN, C. VAN ZANDT, and K. R. PORTER: J. exp. Med. 86, 285 (1947). — NANNINGA, (L. B.: Arch. néerl. Physiol. 28, 241 (1946).

leichter angreifbar als Fibrinogen; es ist nicht nur in Neutralsalzlösungen, sondern auch in verdünnten Säuren und Laugen unlöslich.

Bei der Blutgerinnung, deren komplizierter Mechanismus an anderer Stelle Behandlung findet, wird unter der Einwirkung des Ferments Thrombin das Fibrin zunächst wahrscheinlich in das noch lösliche, aber noch höher molekulare Profibrin übergeführt, vermutlich durch eine Verknüpfung der Molekülenden[1]. Der elektronenoptisch[2], ultramikroskopisch[3] und schließlich makroskopisch sichtbare Teil der Blutgerinnung dürfte in einer geregelten seitlichen Zusammenlagerung korrespondierender Teile in den Molekülketten zu Krystalliten bestehen (vgl. auch allg. Teil, S. 660), die in Form von Fäserchen oder Nädelchen zur Abscheidung gelangen können[3] und ein dreidimensionales Flechtwerk ausbilden[1]. Sowohl die röntgenoptischen[4] wie die elektronenmikroskopischen

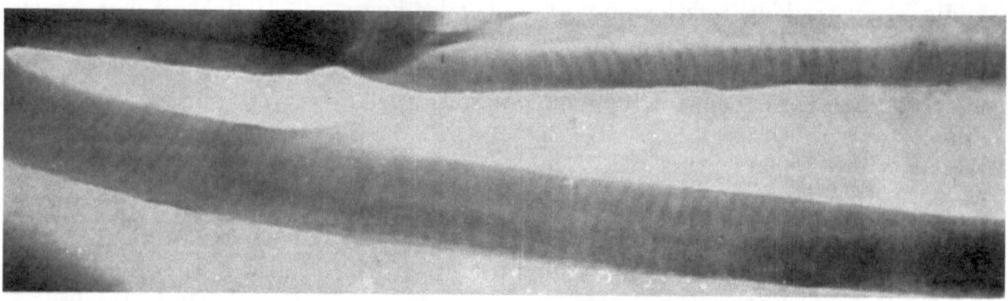

Abb. 76. Quergestreiftes Blutfibrin des Menschen. Osmiumbehandelt. Vergr. 80000mal. (Nach WOLPERS, C.: Kli. Wo. 1947, 425.)

Befunde, die voll ausgebildete Fibrillen mit Querstreifung erkennen lassen[5] (vgl. Abb. 76 sowie [2]) erweisen das Fibrin als Faserprotein von streng geregeltem Aufbau. Die recht konstante Faserperiode des Fibrins[2, 6] beträgt ungefähr 250 Å, ist also wesentlich kürzer als die Moleküllänge des Fibrinogens. Dies kann mit der Annahme gedeutet werden, daß bei der Gerinnung eine gesetzmäßige Faltung der Molekülfäden eintritt; dabei können möglicherweise die gefalteten Teile der Ketten den elektronenoptisch dunklen Teilen entsprechen[7] (vgl. auch S. 655, Schema Abb. 67).

Über die genauere Einreihung des Fibrins sind die Autoren nicht einig. Während die einen[4, 8] die Ansicht vertreten, daß es dem Keratin-Myosintyp zuzurechnen sei, wofür unter anderem die Ähnlichkeit der Aminosäurezusammensetzung[4, 9] wie die Röntgenanalyse[8], bei der ein β-Diagramm (bei Fibrinogen ein α-Diagramm) gefunden wurde, zu sprechen scheint, vertritt z. B. EBBECKE[3] die Meinung, daß es dem Kollagentyp zugerechnet werden müsse, wobei er auf das gleichartige Verhalten von Kollagen und Fibrin bei der Formaldehyd-

[1] FERRY, J. D., and P. R. MORRISON: Am. Soc. 69, 388 (1947). — HAWN, C. VAN ZANDT, and K. R. PORTER: J. exp. Med. 86, 285 (1947). — [2] HAWN, C. VAN ZANDT, and K. R. PORTER: J. exp. Med. 86, 285 (1947). — PORTER, K. R., and C. VAN ZANDT HAWN: J. exp. Med. 90, 225 (1949). — [3] EBBECKE, U.: Kolloid-Z. 91, 134 (1940). — [4] SCHMITT, F. O.: Adv. Protein Chem. 1. 25 (1944). — Vgl. auch Fußnoten [12] Seite 727 und [1, 2]. — [5] WOLPERS, C., u. H. RUSKA: Kli. Wo. 1939 II, 1077, 1111. — RUSKA, H., u. C. WOLPERS: Kli. Wo. 1940, 695. — WOLPERS, C.: Kli. Wo. 1946/47, 424; 1948, 724. — HAWN siehe Fußnote [2]. — SCHMITT, F. O.: Harvey Lect. Ser. 40, 249 (1944/45). — SCHMITT, F. O., and L. B. HOBSON: Adv. Protein Chem. 1, 26 (1944), u. zw. S. 62. — [6] WOLPERS, C.: Kli. Wo. 1947, 424. — Vgl. auch HALL, C. E.: Am. Soc. 71, 1138 (1949). — SCHMITT, F. O., and J. GROSS: J. amer. Leather Chem. Ass. 43, 658 (1948). — [7] SCHMITT, F. O., C. E. HALL and M. A. JAKUS: J. cellul. comp. Physiol. 20, 11 (1942). — HAWN siehe Fußnote [2]. — [8] BAILEY, K., W. T. ASTBURY and K. M. RUDALL: Nature 151, 716 (1943). — [9] BERGMANN, M., and C. NIEMANN: J. biol. Ch. 118, 301 (1937).

behandlung[1], auf die Ähnlichkeit der im Ultramikroskop sichtbaren Erscheinungen bei der Blutgerinnung[2] und bei der Wiederausfällung von gelöstem Kollagen[3] und schließlich auf ähnliche mechanische Eigenschaften und physiologische Funktionen hinweist.

Die Röntgenanalyse[4] läßt ausgezeichnete Reflexe bei 4,5 und 11 Å, aber keine langen Perioden erkennen, doch sind solche auf Grund der elektronenmikroskopischen Befunde[5, 6] wahrscheinlich. Die positive Form- und Krystalldoppelbrechung[7] des Fibrins steht mit allen obigen Befunden im Einklang.

4. Myosin, Actin und Actomyosin.

Das Myosin ist der wichtigste unter den Eiweißkörpern des Muskels[8] (s. Bd. 2, Muskel); seine Eigenschaft sich leicht aktiv zu kontrahieren und leicht wieder dehnen zu lassen, ist für den Arbeitsmechanismus des Muskels von besonderer Bedeutung.

Die quergestreifte Muskulatur zeigt im Lichtmikroskop eine regelmäßige Wiederkehr heller und dunkler, sog. I- und A-Scheiben. Die A-Scheiben sind die kontraktilen Elemente des Muskels, sie zeigen Stäbchendoppelbrechung[9]. Im Elektronenmikroskop ist darüber hinaus eine Längsstreifung erkennbar, die durch die parallel gebündelten, etwa 14 mμ dicken Myofibrillen (Myosinfäden) bedingt ist[10]. Sie durchlaufen die hellen und dunklen Teile ohne Unterbrechung. Zur elektronenoptischen Untersuchung des Muskelfeinbaus vgl. [11-14]. An der glatten Muskulatur konnte eine Querstreifung bisher nur elektronenoptisch festgestellt werden. Der Schließmuskel der Muschel Venus mercenaria zeigt eine feine Querstreifung[12, 15] mit einer Periode von 145 Å, die mit der am gleichen Material röntgenoptisch[16] ermittelten übereinstimmt.

Mit verdünnten Salzlösungen läßt sich bei schwach alkalischer Reaktion das Myosin zusammen mit anderen Eiweißkörpern des Muskels extrahieren. Durch Verdünnung, Dialyse oder Aussalzen kann das Myosin als die am leichtesten fällbare Komponente wieder ausgeschieden werden. Tetanus, Totenstarre, längeres Aufbewahren von Muskelbrei[17], Ermüdung[18] aber auch nicht ermüdende Tätigkeit[19] vermindern die Löslichkeit der Muskeleiweißkörper, die zudem charakteristische

[1] EWALD, A.: H. **105**, 115 (1919). — [2] ERBECKE, U., u. F. KNÜCHEL: Pflügers Arch. **243**, 65 (1939). — [3] NAGEOTTE, J.: C. R. Soc. Biol. **96**, 828 (1927); **97** 559 (1928); **98**, 15 (1928); **104**, 156 (1930). — [4] KATZ, J. R., u. A. DE ROY: Naturwiss. **21**, 559 (1933). — [5] WOLPERS, C., u. H. RUSKA: Kli. Wo. **1939** II, 1077, 1111. — WOLPERS, C.: Kli. Wo. **1947**, 424; **1948**, 725. — [6] RUSKA, H., u. C. WOLPERS: Kli. Wo. **1940**, 695. — [7] DUNGERN, M. v.: Z. Biol. **98**, 136 (1937). — [8] WEBER, H. H.: Ergebn. Physiol. **36**, 109 (1934). Naturwiss. **27**, 33 (1939). Biochim. biophysica Acta, N. Y. **4**, 12 (1950). — BAILEY, K.: Adv. Protein Chem. **1**, 289 (1944). Ann. Rep. Progr. Chem. **43**, 280 (1946/47). — SZENT-GYÖRGYI, A.: Chemistry of Muscular Contraction. New York, London 1947. — [9] KÖHLER, H.: Handb. biol. Arb.-Meth. Abt. II, Teil 2, S. 1096 (1928). — MURALT, A. L. v., and J. T. EDSALL: J. biol. Ch. **89**, 315, 351 (1930). Trans. Faraday Soc. **26**, 837 (1930). — SCHMIDT, W. J.: Die Doppelbrechung von Karyoplasma, Zytoplasma und Metaplasma. Berlin 1937. — SCHMITT, F. O.: Physiol. Rev. **19**, 270 (1939). — PICKEN, L. E. R.: Biol. Rev. **15**, 133 (1940). — [10] WOLPERS, C.: Virchows Arch. **312**, 292 (1944). D. m. W. **1944**, 435. — RICHARDS, A. G., T. F. ANDERSON and R. T. HANCE: Proc. Soc. exp. Biol. Med. **51**, 148 (1942). — SJÖRSTRAND, F.: Ark. Zool. **35** A, 1 (1944). — [11] SJÖRSTRAND, F.: Nature **151**, 725 (1943). — [12] HALL, C. E., M. A. JAKUS and F. O. SCHMITT: J. appl. Physics **16**, 459 (1945). — [13] HALL, C. E., M. A. JAKUS and F. O. SCHMITT: Biol. Bull. **90**, 32 (1946). — [14] REED, R., and K. M. RUDALL: Biochim. biophysica Acta, N. Y. **2**, 19 (1948). — RÓZSA, G., u. M. STAUDINGER: Makromol. Chem. **2**, 66 (1948). — MORGAN, C., G. RÓZSA, A. SZENT-GYÖRGYI and R. W. G. WYCKOFF: Science, N. Y. **111**, 201 (1950). — HOFFMANN-BERLING, H., u. G. A. KAUSCHE: Z. Naturforsch. **5** b, 139 (1950). — KRÜGER, P.: Z. Naturforsch, **5** b, 218 (1950). — [15] SCHMITT, F. O.: Harvey Lect. **40**, 249 (1944/45). — [16] BEAR, R. S.: Am. Soc. **66**, 2043 (1944). — [17] WEBER, H. H., u. K. MEYER: B. Z. **266**, 137 (1933). — [18] DEUTICKE, H. J.: Pflügers Arch. **224**, 44 (1930). — [19] DUBUISSON, M.: Biochim. biophysica Acta, N. Y. **4**, 25; **5**, 489 (1950). — CREPAX, P., J. JACOB et J. SELDESLACHTS: Biochim. biophysica Acta, N. Y. **4**, 410 (1950). — CREPAX, P., et A. HÉRION: Biochim. biophysica Acta, N. Y. **6**, 54 (1950).

Änderungen erfahren (Verminderung von L-Myosin. Auftreten eines neuen Eiweißkörpers — Contractin oder γ-Myosin[1]). Am lebenden Muskel verschwinden diese Veränderungen in der Erholungsphase wieder[2] (s. Bd. 2, Muskel).

Die Strömungsdoppelbrechung von Myosinlösungen geht bei der leicht eintretenden Denaturierung irreversibel verloren[3]. Koagulationstemperatur 56°. Myosin wird durch Säuren in geringer Konzentration ausgefällt, stärkere Säurekonzentrationen lösen es wieder auf. Das sog. „Syntonin", ein aus totenstarren Muskeln mit Säuren extrahiertes Eiweiß, ist denaturiertes Myosin. Durch Proteinasen ist Myosin leicht spaltbar. Über die Aminosäurezusammensetzung des Myosins s. Tabelle 133, S. 720.

Wenn man Myosinlösungen in destilliertes Wasser einspritzt, erstarrt das Myosin zu Fäden, die den Muskelfasern in vielen Eigenschaften gleichen[4] (s. u.). Die Fäden bestehen aus Fibrillen, die etwa 100 Å dick und mehrere mμ lang sind[5]. Von HALL, JAKUS und SCHMITT[6] wird die Dicke mit 120—160 Å, die Länge mit 3200—6800 Å angegeben.

Myosinlösungen erweisen sich in der Ultrazentrifuge als uneinheitlich[7]; sie enthalten das langsam sedimentierende *L-Myosin* (krystallisiertes Myosin oder A-Myosin nach SZENT-GYÖRGYI[8]; β-Myosin nach DUBUISSON[1]) und mehrere sehr hochmolekulare und dementsprechend rasch sedimentierende *S-Myosine*[7] (Actomyosine oder B-Myosine nach SZENT-GYÖRGYI[8]; α-Myosin nach DUBUISSON[1]).

Außer in der Ultrazentrifuge können die Komponenten getrennt werden durch Krystallisation des L-Myosins[3] oder am besten durch Aussalzen der S-Myosine[9] bei einer Ionenstärke von 0,28—0,30 μ. Bei kurzer Extraktionszeit (20—30 min) erhält man Lösungen, die vorwiegend aus L-Myosin bestehen (A-Extrakte nach SZENT-GYÖRGYI), während bei längerer Extraktionszeit (24 Std.; B-Extrakte nach SZENT-GYÖRGYI[8]) die Actomyosine in den Vordergrund treten. Aus Fischmuskeln hat ROTH[10] nur schweres Myosin isolieren können.

L-Myosin erscheint einheitlich und ist in der Ultrazentrifuge und bei der Elektrophorese[11] monodispers[12, 13]. Mittels der SVEDBERGschen Methodik (Sedimentationskonstante = 7,1: Diffusionskonstante = 0,84—0,90 10^{-7}) wurde Mol.-Gew. zu etwa 858000, osmotisch zu etwa 840000 ermittelt[14], vgl. dagegen[13]. Bei einem Achsenverhältnis von etwas über 100 ergibt sich die Länge der Myosinteilchen etwa zu 220—2400 Å, ihr Durchmesser zu 22—24 Å. Bei der Umfällung, mehr noch bei der Krystallisation nach SZENT-GYÖRGYI werden L-Myosin aber auch Actomyosin partiell denaturiert. Die Denaturierung geht in scharf getrennten Stufen vor sich unter Bildung definierter, rasch sedimentierender Umwandlungsprodukte[9, 11, 13]. Bei der Hitzedenaturierung, die gleichfalls in definierten Stufen verläuft, erscheinen —SH-Gruppen.

Von den *Actomyosinen*[9, 15] existiert eine größere Anzahl mit scharf unterschiedenen Sedimentationskonstanten, deren Werte zwischen 80 und 280, möglicherweise noch höher gelegen sind. Das Teilchengewicht der Actomyosine ist also ein hohes Vielfaches desjenigen des L-Myosins; möglicherweise sedimentieren manche von ihnen schon in rasch rotierenden Laboratoriumszentrifugen. Actomyosinlösungen unterscheiden sich von L-Myosinlösungen durch höhere Viscosität[16] und die Strömungsdoppelbrechung.

[1] Siehe Fußnote [19] S. 729. — [2] KAMP, F.: B. Z. 307, 226 (1941). — WEBER, H. H.: Naturwiss. 27, 33 (1939). — [3] EDSALL, J. T., and J. W. MEHL: J. biol. Ch. 133, 409 (1940). — [4] WEBER, H. H.: Pflügers Arch. 235, 205 (1934). — NOLL, D., u. H. H. WEBER: Pflügers Arch. 235, 234 (1934). — SZENT-GYÖRGYI, A.: Biochim. biophysica Acta, N. Y. 4, 38 (1950). — [5] ARDENNE, M. v., u. H. H. WEBER: Kolloid-Z. 97, 322 (1941). — [6] Siehe Fußnote [13] S. 729. — [7] SCHRAMM, G., u. H. H. WEBER: Kolloid-Z. 100, 242 (1942). — SNELLMANN, O., and M. TENOW: Biochim. biophysica Acta, N. Y. 2, 384 (1948). — [8] SZENT-GYÖRGYI, A.: Stud. Inst. med. Chem. Szeged 1 (1941/42); 2 (1942); 3 (1943). Chemistry of Muscular Contraction. New York, London 1947. — [9] PORTZEHL, H., G. SCHRAMM u. H. H. WEBER: Z. Naturforsch. 5b, 61 (1950). — [10] ROTH, E.: B. Z. 318, 74 (1947). — Vgl. auch GEIGER, E.: Fortschr. Chem. org. Naturstoffe 5, 267 (1948). — [11] SNELLMANN, O., and T. ERDÖS: Biochim. biophysica Acta, N. Y. 2, 642 (1948). — [12] WEBER, H. H.: Biochim. biophysica Acta 4, 12 (1950). — [13] SNELLMANN, O., and T. ERDÖS: Biochim. biophysica Acta, N. Y. 2, 650 (1948). — [14] PORTZEHL, H.: Z. Naturforsch. 5b, 75 (1950). — [15] SNELLMANN, O.: Biochim. biophysica Acta, N. Y. 5, 56 (1950). — [16] Vgl. auch MOMMAERTS, W. F.: Naturwiss. 32, 78 (1944).

Actomyosin ist nach den Befunden von SZENT-GYÖRGYI[1] *eine Verbindung aus L-Myosin und* dem 1942 isolierten[2] *Actin* (s. u.).

Nach ENGELHARDT und LJUBIMOWA sollten Myosin und Adenosintriphosphatase identisch sein[3-5] (vgl. dazu Bd. 2, Muskel).

In üblicher Weise dargestellten rohen Myosinpräparate zeigen hohe Adenosintriphosphatasewirkung, die bei zahlreichen präparativen Maßnahmen unverändert bleibt. Höchstwahrscheinlich ist aber die Adenosintriphosphatase nur an das Myosin gebunden[6] (vgl. dagegen [7]), wenn auch vielleicht in Form eines stöchiometrischen Komplexes[8]; denn es gelingt, Myosin weitgehend frei von Adenosintriphosphatase zu erhalten[9] und umgekehrt[6].

Actomyosinfäden schrumpfen auf Zusatz von Adenosintriphosphat (ATP) sehr stark zusammen (z.B. auf 5% ihrer ursprünglichen Länge[10]). Dieser Effekt, der nur mit ATP, nicht mit Adenylsäure oder anderen Ionen erhalten wird, tritt bei geringer Ionenstärke ein; bei hoher Ionenstärke wird das Umgekehrte beobachtet[1]. Diese Erscheinung kann auch an Fadenknäueln des Myosins[11] oder an Myosingelen[12, 13] studiert werden. Das kontraktile Element ist das Actomyosin; L-Myosin wird von ATP nicht oder nicht wesentlich beeinflußt. Bei Zugabe von ATP zu Actomyosinlösungen in Gegenwart von K-Ionen werden Strömungsdoppelbrechung und Viscosität sehr erheblich herabgesetzt[2, 14]; wahrscheinlich wird das langkettige Actomyosin unter Bildung des weniger hochmolekularen L-Myosins zerlegt[15, 16, 17]. Sobald das ATP gespalten ist, werden unter Rückbildung von Actomyosin Strömungsdoppelbrechung und Viscosität wieder hergestellt.

STRAUB[18] hält ATP für die prosthetische Gruppe des *Actins*. Actin existiert als relativ niedermolekulares, globuläres G-Actin (Mol.-Gew. 76000)[19] und als polymerisiertes, langkettiges F-Actin, dessen Lösungen bzw. Gele hohe Viscosität und Strömungsdoppelbrechung zeigen und im Elektronenmikroskop etwa 100 Å dicke, quergestreifte Fasern (Periode 300 Å) erkennen lassen[20-23].

Im Muskel ist das *Actin* in unlöslicher Form, wahrscheinlich als F-Actin, mit dem Myosin zu Actomyosin verbunden. Zu seiner Gewinnung wird zunächst der Hauptteil des Myosins durch eine Salzlösung extrahiert, der an das Actomyosin gebundene Rest durch Aceton

[1] Siehe Fußnote [8] S. 730. — [2] BANGA, I., u. A. SZENT-GYÖRGYI: Stud. Inst. med. Chem. Szeged **1**, 5 (1941/42). — STRAUB, F. B.: Stud. Inst. med. Chem. Szeged **2**, 3 (1942). — [3] ENGELHARDT, W. A., and M. M. LJUBIMOWA: Nature **144**, 668 (1939). — ENGELHARDT, W. A.: Adv. Enzymol. **6**, 147 (1946). Yale J. biol. Med. **15**, 21 (1942). — BAILEY, K.: Biochem. J. **36**, 121 (1942). — [4] NEEDHAM, J., S.-C. SHEN, D. M. NEEDHAM and A. S. C. LAWRENCE: Nature **147**, 766 (1941). — [5] NEEDHAM, J., and D. M. NEEDHAM: J. gen. Physiol. **27**, 355 (1943/44). — GREEN, A. A., and S. P. COLOWICK: Ann. Rev. **13**, 158 (1944). — ZIFF, M., and D. M. MOORE: J. biol. Ch. **153**, 653 (1944). — [6] PRICE, W. H., and C. F. CORI: J. biol. Ch. **162**, 393 (1946). — CORI, C. F.: J. biol. Ch. **165**, 395 (1946). — POLIS, D. B., and O. MEYERHOF: J. biol. Ch. **163**, 339 (1946); **169**, 389, 401 (1947). — [7] NEEDHAM, D. M.: Biochim. biophysica Acta, N. Y. **4**, 42 (1950). — [8] Siehe Fußnote [12] S. 730. — [9] SINGER, H. O., and A. MEISTER: J. biol. Ch. **159**, 491 (1945). — [10] SZENT-GYÖRGYI, A., u. Mitarb.: Stud. Inst. med. Chem. Szeged **1** (1941/42). — [11] BUCHTHAL, F., A. DEUTSCH, G. G. KNAPPEIS u. A. MUNCH-PETERSEN: Acta physiol. scand. **16**, 326 (1949). — [12] REED, R., W. T. ASTBURY and L. C. SPARK: Biochim. biophysica Acta, N. Y. **2**, 674 (1948). — [13] KUSCHINSKY, G., u. F. TURBA: Exper. **6**, 103 (1950). B. Z. **321**, 39 (1950). — TURBA, F.: Angew. Chem. **62**, 169 (1950). — [14] ASTBURY, W. T.: Nature **160**, 388 (1947). — SZENT-GYÖRGYI, A.: B. **75**, 1868 (1943). Acta physiol. scand. **9**, Suppl. XXV (1945). — [15] Siehe Fußnote [9] S. 730. — [16] Siehe Fußnote [15] S. 730. — [17] MOMMAERTS, W. F.: J. gen. Physiol. **31**, 361 (1948). — [18] STRAUB, F. B., and G. FEUER: Biochim. biophysica Acta, N. Y. **4**, 455 (1950). — [19] SZENT-GYÖRGYI, A., u. Mitarb.: Stud. Inst. med. Chem. Szeged **1** (1941/42); **2** (1942); **3** (1943). Hung. Acta physiol. **1** (1948). Nature of Life. New York 1948. — [20] JAKUS, M. A., and C. E. HALL: J. biol. Ch. **167**, 705 (1947). — [21] Vgl. auch. PERRY, S. V., and R. REED: Biochim. biophysica Acta, N. Y. **1**, 379 (1947). — [22] SNELLMANN, O., and T. ERDÖS: Biochim. biophysica Acta, N. Y. **2**, 660 (1948). — [23] RÓZSA, G., u. M. STAUDINGER: Makromol. Chem. **2**, 66 (1948). — RÓZSA, G., A. SZENT-GYÖRGYI and R. W. G. WYKOFF: Biochim. biophysica Acta, N. Y. **3**, 561 (1949).

denaturiert und das damit in Freiheit gesetzte Actin bei schwach alkalischer Reaktion depolymerisiert und als G-Actin in Lösung gebracht[1, 2].

G-Actin polymerisiert sich in Gegenwart von Salz unter Abspaltung von o-Phosphat zu F-Actin, das Adenosindiphosphorsäure (ADP) gebunden enthält[1]. G-Actin, dessen prosthetische Gruppe durch Dialyse oder enzymatisch entfernt wurde[3], ist nicht polymerisierbar[1]. Umgekehrt wird durch Dialyse in Gegenwart von ATP F-Actin zu G-Actin depolymerisiert, wahrscheinlich unter Verdrängung der ADP durch ATP. G-Actin ist also ATP-Actin. ADP-Actin polymerisiert sich bei seiner Entstehung zu F-Actin. Für die Bindung und Funktion der prosthetischen Gruppe sind —SH-Gruppen und die Anwesenheit von Ca-Ionen notwendig.

Die Bildung von F-Actin aus G-Actin und die Vereinigung von G-Actin und L-Myosin zu Actomyosin scheinen weitgehend analoge Vorgänge zu sein. Die Erscheinungen der Actomyosinbildung können möglicherweise dahingehend verstanden werden, daß Actin unter Beteiligung der prosthetischen Triphosphatgruppe und von —SH-Gruppen des Proteinteils (unter Abspaltung von Phosphat) mit sich selbst zu F-Actin, mit dem L-Myosin aber zu Actomyosin polymerisiert. Die Reaktion von Actin und Myosin führt zur Bildung eines Netzwerkes aus elektronenoptisch sichtbaren Fäden[4-6]. Auch für diesen Vorgang[7-9] sowie für die Schrumpfung[10] der Actomyosingele durch ATP (Synaerese)[4, 11] und für die ATP-Spaltung durch Myosin ist die Gegenwart von —SH-Gruppen wesentlich. Ihre Blockierung z. B. durch Oxydation[8], quecksilberorganische Verbindungen oder Alkylierung, hebt die Schrumpfungsfähigkeit auf. Auch Substitution der Aminogruppe des Actomyosins durch Benzaldehyd hemmt den Schrumpfungsvorgang reversibel[10]. Bei Einwirkung von ATP auf Actomyosin in Gegenwart von 0,5 m KCl fallen Viscosität und Strömungsdoppelbrechung scharf ab und das elektronenoptisch sichtbare Netzwerk verschwindet; vermutlich wird dabei das Actomyosin unter Verdrängung des Actins zerlegt[5, 12].

Aus Skelet- und Herzmuskel ist noch ein weiteres Faserprotein, das *Tropomyosin*, isoliert worden[13]. Die Aminosäurezusammensetzung des Proteins, das bei der Elektrophorese und in der Ultrazentrifuge sich einheitlich verhält, ist der des Myosins ähnlich[13, 14]. I. P. etwa $p_H 5$, Molekulargewicht 88000 (osmotisch) bzw. 92700 (Sedimentation und Diffusion)[14]. Tropomyosinfasern zeigen das α-Diagramm der Keratingruppe, das beim Erhitzen über 80° in das β-Diagramm übergeht; im Elektronenmikroskop sind die Fibrillen des Tropomyosins etwa 200—300 Å dick und möglicherweise quergestreift gefunden worden[15].

Mit dem Myosin verwandt sind einige weitere Proteine, die für die Bildung von Faserstrukturen verantwortlich zu sein scheinen, so das von BENSLEY[16] aus Leberzellen isolierte salzextrahierbare Nucleoprotein *Plasmosin* (Bildung von Faserstrukturen im Cytoplasma) und das *Renosin* oder *Strukturprotein I* von SZENT-GYÖRGYI[17], das Strukturen im Protoplasma bedingt. Das letztere Protein ist mit Harnstofflösungen extrahierbar und soll im Schweineherzmuskel das Myosin überwiegen. Aus dem Extraktionsrückstand von Renosin konnte noch ein zweiter, Strukturprotein II benannter, Eiweißkörper durch kurzes Ausziehen mit Harnstoff und Alkali gewonnen werden.

---

[1] Siehe Fußnote [18] S. 731. — [2] STRAUB, F. B.: Stud. Inst. med. Chem. Szeged **2**, 3 (1942). — FEUER, G., F. MOLNÁR, E. PETTKO and F. B. STRAUB: Hung. Acta physiol. **1**, 150 (1948). — DUBUISSON, M.: Biochim. biophysica Acta, N. Y. **5**, 426 (1950). — [3] LAKI, K., W. J. BOWEN and A. CLARK: J. gen. Physiol. **33**, 437 (1950). — [4] Siehe Fußnote [12] S. 731. — [5] Siehe Fußnote [21] S. 731. — [6] Siehe Fußnote [22] S. 731. — [7] SINGER, T. P., and E. S. G. BARRON: Proc. Soc. exp. Biol. Med. **56**, 120 (1944). — ASTBURY, W. T.: Nature **160**, 388 (1947). — [8] BAILEY, K., and S. V. PERRY: Biochim. biophysica Acta, N. Y. **1**, 506 (1947). — [9] FABRY-HAMOIR, C.: Biochim. biophysica Acta, N. Y. **4**, 445 (1950). — KUSCHINSKY, G., u. F. TURBA: Biochim. biophysica Acta, N. Y. **6**, 426 (1951). — [10] KUSCHINSKY, G., u. F. TURBA: Exper. **6**, 103 (1950). — [11] Siehe Fußnote [13] S. 731. — [12] SZENT-GYÖRGYI, A.: Science, N. Y. **110**, 411 (1949). — [13] BAILEY, K.: Biochem. J. **43**, 271 (1948). J. Soc. Leather Trade's Chem. **32**, 18 (1948). — [14] BAILEY, K., H. GUTFREUND and A. G. OGSTON: Biochem. J. **43**, 279 (1948). — [15] ASTBURY, W. T., R. REED and L. C. SPARK: Biochem. J. **43** 282 (1948). — [16] BENSLEY, R. R.: Anat. Rec. **72**, 351 (1938). — [17] SZENT-GYÖRGYI, A.: Enzymologia **9**, 98 (1940). — BANGA, I., u. A. SZENT-GYÖRGYI: Science, N. Y. **92**, 514 (1940). Enzymologia **9**, 111 (1940).

5. Keratine[1].

Als Keratine bezeichnet man beim Tier die Eiweißstoffe der verhornten oberen Schichten der Epidermis, die Haare, Wolle, Federn, Nägel, Hufe, Hörner, Schuppen (s. auch Bd. 2, Haut). Die Keratine sind von allen Eiweißstoffen die schwerstlöslichen. Sie sind in Wasser, verdünnten Säuren und Alkalien ganz unlöslich und werden durch Fermente, außer durch Papain in Gegenwart von Blausäure[2] und durch lange tryptische Einwirkung[3], überhaupt nicht angegriffen.

Auf diese Eigenschaften gründen sich die üblichen Methoden zur Darstellung von Keratinsubstanzen. Die zerkleinerte Haar- oder Hornsubstanz usw. wird durch Behandeln mit Aceton, Alkohol und Äther entfettet, gründlich mit Wasser gewaschen, durch längere Einwirkung von Pepsin und Trypsin von begleitendem Eiweiß befreit und nach nochmaligem Auswaschen mit Wasser mit Alkoholäther getrocknet[4].

Wegen des komplizierten histologischen Aufbaus[5] der Haare und der anderen Keratingebilde ist eine Einheitlichkeit der „Keratine" nicht zu erwarten. Bemerkenswert ist ihr Reichtum an Schwefel (2—5,7%), dem ein entsprechender Gehalt an Cystin gegenübersteht, der allerdings nicht charakteristisch ist, da er von 0—18% schwanken kann[6]. In den Hydrolysaten wurden reichlich Monoaminsäuren aufgefunden (vgl. Tabelle 133, S. 720), die mengenmäßig in weiten Grenzen schwanken. Vom Gesamt-N der Wolle[7] sind bisher etwa 90% erforscht.

Block und Vickery[8] haben daher eine andere Definition für die Keratine auf chemischer Grundlage zu geben versucht. Danach werden die Keratine dadurch charakterisiert, daß sie bei der sauren Hydrolyse Histidin, Lysin und Arginin im molekularen Verhältnis $1:4:12$ liefern sollen. Auf Grund dieser Definition wäre z. B. „Neurokeratin" (s. unten) kein wahres Keratin, da es Histidin, Lysin und Arginin in einem Verhältnis von $1:2:2$ enthält. Für die „Pseudokeratine", die sich vergesellschaftet mit echten Keratinen (Eukeratine) im Spongin, Gorgonin, Schildpatt usw. (s. unten) finden, ist das Verhältnis[9] Lysin : Arginin $= 4:6$. Alle Keratine der Hautadnexe enthalten die 3 Aminosäuren in dem für sie eigenartigen Verhältnis von $1:4:12$. Vgl. dazu[10]. Sowohl bei Säugetieren wie bei Vögeln scheint der Cystingehalt von Wolle bzw. Federn bei den Weibchen größer als bei den Männchen zu sein[11], ebenso enthalten auch die Haare älterer Individuen mehr Cystin als die von jungen[12]. Das in jungen epidermalen Geweben zur Ablagerung gelangende Präkeratin enthält im wesentlichen SH-Gruppen, die bei der Verhornung zu Cystingruppen unter Vernetzung der Polypeptidketten oxydiert werden; gleichzeitig beobachtet man Doppelbrechung und die Interferenzen des α-Keratins. Elektronenmikroskopische Untersuchungen an Epidermis, Haar und Wolle[13], an Federn[14].

---

[1] Glafey, H., D. Krüger u. G. Ulich: Technologie der Wolle. (Bd. 8, Teil 3B von Technologie der Textilfasern. Hrsgb. K. O. Herzog u. F. Oberlies.) Berlin 1938. — Fierz-David, H. E., u. E. Merian: Abriß der chemischen Technologie der Textilfasern. Basel 1948.— Zahn, H.: Leder 1, 222, 265 (1950); 2, 8 (1951). — [2] Schöberl, A., u. R. Hiewer: B. Z. 318, 331, 355 (1948). — [3] Elöd, E., u. H. Zahn: Melliand Textilber. 22, 305 (1941). — [4] Strauss, E.: Handb. Biol. Arb.-Meth. Abt. I, Teil 8, 575 (1922). — [5] Vgl. z. B. Reumuth, H.: Melliand Textilber. 23, 1, 53 (1942). — Küntzel, A.: Handb. Gerbereichem. u. Lederfabrik. (Bergmann-Grassmann) 1/1, 183 (1944). — Stoves, J. L.: J. Soc. Leather Trade's Chem. 32, 254 (1948). — [6] Vgl. z. B. Lindley, H.: Biochem. J. 42, 481 (1948). — [7] Martin, A. J. P., and R. L. M. Synge: Biochem. J. 35, 91 (1941). — Lindley, H.: Nature 160, 191 (1947). — [8] Block, R. J., and H. B. Vickery: J. biol. Ch. 93, 113 (1931). — Block, R. J.: In Schmidt, Proteins S. 279 (1938). — [9] Block, R. J., and D. Bolling: J. biol. Ch. 127, 685 (1939). — [10] Hess, W. C.: J. biol. Ch. 109, XLIII (1935). — [11] Tadokoro, T.: J. Fac. Sci. Hokkaido, III. 1, 185 (1930). — [12] Block, W. D., u. H. B. Lewis: J. biol. Ch. 125, 561 (1938). — [13] Vgl. z.B. Zahn, H.: Melliand Textilber. 22, 305 (1941); 23, 157 (1942); 24, 157 (1943). — Elöd, E., u. H. Zahn: Melliand Textilber. 24, 245 (1943).— Reumuth, H.: Melliand Textilber. 23, 1, 53 (1942). Klepzigs Textilztg. 45, 159, 288 (1942).— Barnes, R. B., Ch. J. Burton and R. Scott: J. apl. Physics 1945, 730. — Farrant, J. L., A. L. G. Rees and E. H. Mercer: Nature 159, 535 (1947). — Lindberg, J., B. Philip and N. Gralén: Nature 162, 458 (1948).—Kling, E., u. H. Mahl: Melliand Textilber. 31, 407 (1950).— [14] Philip, B., G. Lagermalm and N. Gralén: Biochim. biophysica Acta, N. Y. 6, 497 (1951).

Die Röntgenbefunde an Keratinen zeigen, daß sie in einer α- und einer β-Modifikation vorliegen können[1]; unter normalen Verhältnissen sind die Ketten zusammengefaltet (α-Keratin), während bei Dehnung in heißem Wasser oder Wasserdampf das Diagramm des β-Keratins auftritt (gestreckte Kette, Abb. 77). In den Federn liegt schon im natürlichen Zustand β-Keratin vor (vgl. S. 656f.).

Das Haar kann noch eine dritte „*superkontrahierte*" Form bilden. Im Dampfstrom ziehen sich Haar und Wolle auf zwei Drittel der ursprünglichen Länge zusammen, so daß die Polypeptidketten noch stärker gefaltet werden. ASTBURY[2] hat früher die drei Formen des Keratins in nebenstehender Weise schematisch dargestellt.

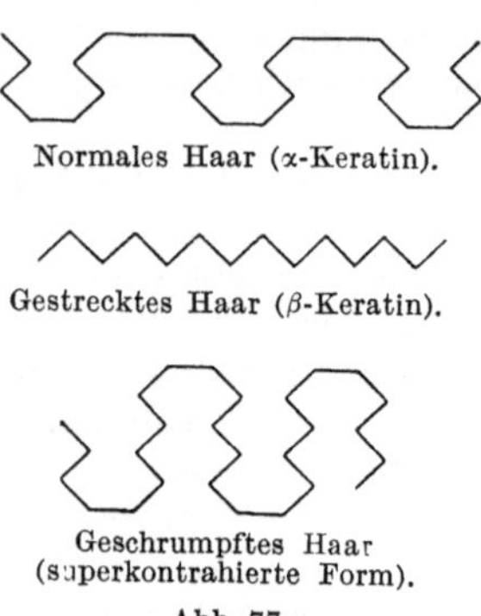

Normales Haar (α-Keratin).

Gestrecktes Haar (β-Keratin).

Geschrumpftes Haar
(superkontrahierte Form).

Abb. 77.

ASTBURY selbst hat jedoch diese Vorstellungen wieder zugunsten eines Modells verlassen, in dem die polar gebauten Seitenketten des Moleküls in Triaden (Dreiergruppen) zusammengeordnet auf der einen Seite, die nicht polaren auf der anderen Seite der Polypeptidkette gelegen sein sollen[3]. Eine Faltung der Peptidketten im α-Keratin unter spiraliger Verwindung nimmt HUGGINS[4] an, dabei sollen neben Bindungen mit benachbarten Peptidketten auch H-Brücken zwischen Gruppen derselben verwundenen Kette vorhanden sein. Weitere Vorschläge siehe [5]. Einwirkung von Wasser und hydrotropen Stoffen[6].

Der Zusammenhalt der Keratinmicellen und die schwere Angreifbarkeit der Keratine wird offenbar durch die S-S-Brücken des in allen Keratinen reichlich vorhandenen Cystins gebildet. Die von ELÖD[7] auf Grund der Einlagerung von Quecksilber und anderen Metallen gegen diese Auffassung vorgebrachten Einwände erscheinen nicht unbedingt zwingend[8]. Die Theorie der S-S-Brückenbindung wird durch verschiedenartige Reaktionsbefunde stark gestützt. Zu erwähnen wären z.B. das Verhalten der Keratine gegen Oxydationsmittel[9], wie z.B. H_2O_2[10], Cl_2[11] und Reduktionsmittel, wie Thioglykolsäure[12],

[1] Vgl. z.B. SPEAKMAN, J.B.: Proc. R. Soc. London (A) **132**, 167 (1931). — ASTBURY, W.T., and H.J.WOODS: Phil. Trans. R. Soc. London (A) **232**, 333 (1934). — MACARTHUR, I.: Nature **152**, 38 (1943). — ZAHN, H.: Z. Naturforsch. **2**b, 104 (1947). — SPEAKMAN, J.B.: Nature **159**, 338 (1947). — RUDALL, K.M.: Biochim. biophysica Acta, N.Y. **1**, 549 (1947). — [2] Vgl. Fußnote [1]. — ELÖD, E., u. H. ZAHN: Melliand Textilber. **30**, 17 (1949). — ZAHN, H.: Kolloid-Z. **117**, 102 (1950). — ASTBURY, W.T.: Fundamentals of Fiber Structure. London, 1933. Kolloid-Z. **83**, 130 (1938). C.R. Lab. Carlsberg (5) **22**, 45 (1938). — ASTBURY, W.T., and S. DICKINSON: Nature **135**, 95 765 (1935). — ASTBURY, W.T., and F.O.BELL: Nature **147**, 696 (1941). — ASTBURY, W.T.: Cold Spring Harbor Symp. quant. Biol. **2**, 15 (1934). — ASTBURY, W.T.: Ann. Rev. **8**, 113—132 (1939). — [3] ASTBURY, W.T.: Soc. 1942, 337, bes. S. 341, Abb. 3. — [4] HUGGINS, M.L.: Chem. Rev. **32**, 195 (1943). — [5] Vgl. z.B. ZAHN, H.: Z. Naturforsch. **2**b, 104 (1947). — MIZUSHIMA, S., T. SIMANOUTI, M. TSUBOI, T. SUGITA and E. KATO: Nature **164**, 918 (1949). — AMBROSE, E.J., and W. HANBY: Nature **163**, 483 (1949). — AMBROSE, E.J., A. ELLIOTT and R.B.TEMPLE: Nature **163**, 859 (1949). — CONSDEN, R.: J. Text. Inst. **40**, P. 814 (1949). Vgl. auch allg. Teil, S. 656. — [6] KÜNTZEL, A.: STIASNY-Festschrift. Darmstadt 1937. Handb. Gerbereichem. u. Lederfabrik. (BERGMANN-GRASSMANN) 1/1, 573 (1944). — KÜNTZEL A., u. M. SCHWANK: Collegium, Darmstadt, **1940**, 441, 455, 489, 500. — SCHÖBERL, A., u. P. RAMBACHER: B. Z. **306**, 269 (1940). — ELÖD, E., u. H. ZAHN: Naturwiss. **33**, 158 (1946). — ZAHN, H.: Leder **2**, 8 (1951). — ALEXANDER, P.: Melliand Textilber. **31**, 550 (1950). — [7] ELÖD, E., H. NOWOTNY u. H. ZAHN: Kolloid-Z. **93**, 50 (1940); **100**, 293 (1942). Melliand Textilber. **21**, 385, 617 (1940). B. **73**, 1759 (1940). — [8] Vgl. z.B. SCHÖBERL, A.: B. **74**, 1225 (1941). — [9] Vgl. z.B. STARY, Z.: H. **175**, 178 (1928). — WALDSCHMIDT-LEITZ, E., u. G. v. SCHUCKMANN: B. **62**, 1891 (1929). — [10] HARRIS, M., and A.L. SMITH: J. Res. nat. Bur. Stand. **16**, 301; **17**, 577 (1936): **18**, 623 (1937). — ELÖD, E., H. NOWOTNY u. H. ZAHN: Melliand Textilber. **23**, 313 (1942). — [11] STOVES, J.L.: Nature **151**, 304 (1943). — ALEXANDER, P., R.F. HUDSON and M. FOX: Biochem. J. **46**, 27 (1950). — [12] GODDARD, D.R., and L. MICHAELIS: J. biol. Ch. **106**, 605 (1934); **112**, 361 (1935). — MEYER, K.H., C. HASELBACH, H.J. WOODS and W.T. ASTBURY: Nature **164**, 33 (1949). — FARNWORTH, A.J., W.J.P. NEISH and J.B. SPEAKMAN: J. Soc. Dyers Col. **65**, 447 (1949).

$NaHSO_3$[1], Rongalit[2], Na_2S[3] usw.; durch Thioglykolsäure wird das im nativen Zustand nicht oder nur bei langer Einwirkung von Enzymen angreifbare Keratin in eine leicht verdauliche Form[4] übergeführt, ein Mechanismus der auch der Verdauung von Wolle durch die Kleidermotte zugrunde liegt[5]. Durch heißes Wasser oder schwaches Alkali wird die Disulfidbrücke hydrolytisch aufgespalten, wobei primär eine Sulfhydrylverbindung und eine Sulfensäure entstehen, die weiteren Veränderungen unter Abspaltung von Schwefel und Schwefelwasserstoff unterliegen[6] (S. 530), vgl. dagegen [4]. Auf der Tatsache, daß bei einer solchen Hydrolyse zuerst ein gewisser Prozentsatz Cystin aus dem Keratin verschwindet, während der Schwefelgehalt unverändert bleibt, hat SCHÖBERL[7] ein „Schwefelbilanzverfahren" zur Feststellung von Wollschädigungen aufgebaut. Die reduktive Aufspaltbarkeit der S-S-Bindung zu Cystein spielt im biologischen Geschehen in Form des Redoxsystems Cystin/Cystein eine Rolle (vgl. S. 530), die Aufspaltung durch Alkali und Alkalisulfid ist im Äscherprozeß bei der Lederherstellung von Wichtigkeit. Auch eine zur Auflösung nicht ausreichende Einwirkung von Säure[8], z. B. von gasförmiger HCl sowie Alkalieinwirkung[9] machen Keratin dem enzymatischen Angriff zugänglich. Bei der enzymatischen Verdauung von Wollfasern können die sog. Spindelzellen[10] isoliert und schließlich Mikrofibrillen erhalten werden, deren Dicke elektronenoptisch zu 200 Å ermittelt wurde[11].

Mit den Keratinen nicht identisch, aber doch in diese Gruppe zu zählen sind gewisse *Nervenproteine*[12].

Während die Markscheide, das sog. Neurokeratin EWALDS[13], Träger der Röntgeninterferenzen ist[14], scheint das Axon eher ein Nucleoprotein mit orientierten Anteilen zu sein, die aber zu dünn und zu stark hydratisiert sind, um brauchbare Röntgenreflexe zu geben[14, 15]. Nachdem schon Untersuchungen im polarisierten Licht[16] sowie elektronenoptische Befunde von RICHARDS[17] die Anwesenheit orientierter Fibrillen im Axon ergeben hatten, ist es neuerdings ROBERTIS und SCHMITT[18] gelungen, als wesentlichen Bestandteil des Axons elektronenmikroskopisch sichtbare Hohlfasern (Neurotubuli) nachzuweisen, deren Dicke in weiten Grenzen, beim Menschen z. B. zwischen etwa 400 und 100 Å streut. Die Tubuli zeigen eine durch 3 Banden charakterisierte Querstreifung, deren Periode von 400—800 Å schwankt.

6. Seidenfibroin[19] und Seidenleim (Sericin).

Die von der Seidenraupe gesponnenen Fäden bestehen aus *Fibroin*, das von einer leimartigen Masse, dem *Seidenleim oder Sericin*[20], umhüllt ist. Seidenfibroin ist in Wasser oder verdünnten Säuren und Alkalien sowie in Neutralsalzen unlöslich, Sericin läßt sich mit heißem Wasser in Lösung bringen,

[1] MIDDLEBROOK, W. R., and H. PHILLIPS: Biochem. J. 36, 428 (1942). — CARTER, E. G. H., W. R. MIDDLEBROOK and H. PHILLIPS: J. Soc. Dyers Col. 62, 303 (1946). — [2] ELÖD, E., u. H. ZAHN: Textilpraxis 1949, 27. — [3] MERCER, E. H.: Nature 163, 18 (1949). — WORMELL, R. L., and F. HAPPEY: Nature 163, 18 (1949). — [4] Vgl. z. B. CUTHBERTSON, W. R., and H. PHILLIPS: Biochem. J. 39, 7 (1945). — LINDLEY, H., and H. PHILLIPS: Biochem. J. 39, 17 (1945); 41, 34 (1947). — [5] LINDERSTRØM-LANG, K., and F. DUSPIVA: Nature 135, 1039 (1935). H. 237, 131 (1935). — Vgl. auch TITSCHAK, E., u. H. SCHMALFUSS: B. Z. 318, 393 (1948). — [6] SCHÖBERL, A.: Angew. Chem. 53, 227 (1940); 54, 313 (1941). B. Z. 313, 214 (1942). — [7] SCHÖBERL, A., u. P. RAMBACHER: B. Z. 306, 269 (1940). — [8] GRASSMANN, W.: DRP 673.203/12p vom 3. 1. 1933; DRP 682.257/12p vom 3. 1. 1933. — [9] HANSON, H.: B. Z. 318, 297 (1948). — [10] ELÖD, E., u. H. ZAHN: Melliand Textilber. 22, 305 (1941); 24, 157, 245 (1943). — [11] GORTER, CHR. J., u. A. L. HOUWINK: Proc. Kon. ned. Akad. Wet. 51, 262 (1948). — [12] SCHMITT, F. O.: Adv. Protein Chem. 1, 25 (1944). — [13] EWALD, E., u. W. KÜHNE: Verh. naturhist.-med. Ver. Heidelberg, N. F. 1, 457 (1877). — [14] SCHMITT, F. O., R. S. BEAR and G. L. CLARK: Radiology 25, 131 (1935). — [15] BOEHM, G.: Kolloid-Z. 62, 22 (1933). — [16] BEAR, R. S., F. O. SCHMITT and J. Z. YOUNG: Proc. R. Soc. London (B) 123, 505 (1937). — [17] RICHARDS, A. G., H. B. STEINBACH and T. F. ANDERSON: J. cellul. comp. Physiol. 21, 129 (1943). — [18] ROBERTIS, E. DE, and F. O. SCHMITT: J. cellul. comp. Physiol. 31, 1 (1948); vgl. auch 32, 45 (1948). — [19] MEYER, K. H., u. H. MARK: Makromolekulare Chemie. 2. Aufl. Leipzig 1950. — HOWITT, F. O.: J. Text. Inst. 40, P. 465 (1949). — TAYLOR, H. S.: Text. Manufact. 76, 76 (1950). — [20] Vgl. LANG, O.: B. Z. 319, 283 (1949).

verhält sich also wie Gelatine. Von proteolytischen Fermenten wird Fibroin im Gegensatz zum Sericin überhaupt nicht angegriffen. Konzentrierte Salzsäure löst in der Kälte, aus der Lösung kann das Fibroin durch Verdünnen wieder abgeschieden werden. Ebenso wird durch stark hydratisierte Alkalihalogenide, wie z. B. Lithiumrhodanid oder -jodid gelöstes Seidenfibroin durch Verdünnen wieder abgeschieden[1]. Viscosität und Strömungsdoppelbrechung solcher Lösungen sprechen für das Vorliegen langgestreckter Fadenmoleküle[2]. Sowohl das in Salzen gelöste[1] wie das wieder abgeschiedene[3] Fibroin sind enzymatisch spaltbar. Gleiches gilt für das aus Kupferoxydammoniak ausgefällte Fibroin[4].

An der Aminosäurezusammensetzung[5] (vgl. Tab. 102, S. 596 u. Tab. 133, S. 720) haben Glykokoll und Alanin, in zweiter Linie Tyrosin und Serin den stärksten Anteil. Das Mengenverhältnis stützt die Annahme, daß jede zweite Aminosäure Glykokoll, jede vierte Alanin und jede achte Serin ist[6]. Die allgemeine Struktur des Fibroins[4] ist S. 654/55 erörtert worden.

Das normale Fibroin ist eigentlich eine sekundär veränderte Form, während das native Protein, das „Fibroinogen"[7], gelöst in der Spinndrüse vorliegt. Die Bildung des ein scharfes Faserdiagramm und β-Struktur aufweisenden unlöslichen und schwer angreifbaren Fibroins aus dem wasserlöslichen, enzymatisch leicht angreifbaren Eiweiß der Spinndrüse von gleicher chemischer Zusammensetzung erfolgt sehr wahrscheinlich durch einen Krystallisationsvorgang bei der Streckung des Fibroinfadens[8]. Fest steht, daß diese Umwandlung weder durch Luft bzw. O_2 bewirkt wird noch fermentativer Natur ist[9]. Es ist anzunehmen, daß die gestreckten Polypeptidfasern im Fibroin durch sehr starke Wasserstoffbrücken zusammengehalten werden, welche die Auflösung in Säuren oder Alkalien sowie den enzymatischen Angriff verhindern. Auch die mechanische Auflösung des Seidenfibroins in Fibrillen wie sie für die elektronenoptische Untersuchung notwendig wäre, gelingt bei unverändertem Fibroin nur äußerst schwer[10], besser nach bakterieller Vorbehandlung[11]. Für einzelne Fibrillen in so gewonnenen Präparaten wird Perlschnurstruktur mit einer Periode von 240 Å angegeben[11].

Sericin enthält zum Unterschied von allen anderen Eiweißstoffen verhältnismäßig große Mengen von Serin. Sericin kann nach MOSHER[12] durch Fällung bei p_H 4,1 und Alkoholfällung aus seinen Lösungen abgeschieden und in 2 Fraktionen (Sericin A und Sericin B) gewonnen werden. Sericin A ist leicht löslich in Wasser und zeigt nur geringe Gallertbildung, während Sericin B nur schwer in der Hitze gelöst wird und starke Gallertbildung aufweist. Die Aminosäurezusammensetzung beider Fraktionen ist ähnlich, aber in Einzelheiten charakteristisch verschieden. Bemerkenswert ist der ungewöhnlich hohe Gehalt des Sericins an Oxyaminsäuren, insbesondere an Serin.

[1] WEIMARN, P. P. v.: Kolloid-Z. **40**, 120 (1926); **41**, 148 (1927). — ABDERHALDEN, E., u. H. MAHN: H. **178**, 253 (1928). — [2] SIGNER, R., u. R. STRÄSSLE: Helv. **30**, 155 (1947). — [3] WESSELY, F.: H. **135**, 117 (1924). — WALDSCHMIDT-LEITZ, E., u. G. v. SCHUCKMANN: B. **62**, 1891 (1929). — [4] BERGMANN, M., and C. NIEMANN: J. biol. Ch. **122**, 577 (1938). — [5] BERGMANN, M., u. C. NIEMANN: J. biol. Ch. **122**, 577 (1937). — MIZELL, L. R., and M. HARRIS: Silk & Rayon **15**, 232 (1941). — NICOLET, B. H., and L. J. SAIDEL: J. biol. Ch. **139**, 477 (1941) — STRÄSSLE, R.: Diss. Bern 1946. — POLSON, A., V. M. MOOSLEY and R. W. G. WYCKOFF: Science, N. Y. **105**, 603 (1947). — COLEMAN, D., and F. O. HOWITT: Proc. R. Soc. London (A) **190**, 145 (1947). — ROCKLAND, L. B., and M. S. DUNN: Am. Soc. **71**, 4121 (1949). — [6] BERGMANN, M., and C. NIEMANN: Science, N. Y. **86**, 187 (1937). — J. biol. Ch. **118**, 301 (1937). — [7] COLEMAN, D.. and F. O. HOWITT: Proc. R. Soc. London (A) **190**, 145 (1947). — [8] FOÀ, C.: Kolloid-Z. **10**, 7 (1912). — MEYER, K. H., et J. JEANNERAT: Helv. **22**, 22 (1939). — RAMSDEN, W.: Nature **142**, 1120 (1938). — [9] Vgl. z. B. BOTWINNIK, M. M., u. E. N. NERSESOWA: C. R. Acad. Sci. URSS [N. S.] **52**, 429 (1946) [C. **1948** I, 106]. — [10] HEGETSCHWEILER, R.: Makromol. Chem. **4**, 156 (1949). — [11] ZAHN, H.: Kolloid-Z. **112**, 91 (1949). — [12] MOSHER, H. H.: Canad. Text. J. **51**, 31 (1934) [C. **1934** II, 162].

7. Skelettine.

Die Skelettine sind **Halogenproteine** von faserigem Charakter, sie bilden die Gerüstsubstanzen gewisser Avertebraten und sind in dieser Funktion den Skleroproteinen der Vertebraten gleichzusetzen.

Der bekannteste Vertreter ist das *Spongin*[1] des Badeschwammes und verwandter Arten, es enthält etwa 2% Jod, das zur Hälfte an Tyrosin gebunden als Jodgorgosäure (Dijodtyrosin) vorliegt[2]. Auch Bromgorgosäure ist vorhanden[3].

Das **Gorgonin**[4] der Gorgonaceen (Hornkorallen), Pennatulaceen (Seefedern) und ähnlicher Arten enthält 0,05 bis 7% Jod, von dem etwa 80% fest gebunden ist; daneben finden sich Brom und Chlor.

Untersuchungen über die Aminosäurezusammensetzung von Spongin und Gorgonin haben BLOCK und BOLLING ausgeführt[5].

η) Phosphoproteide.

Als Phosphoproteide bezeichnet man eine Gruppe von Eiweißstoffen, die Phosphorsäure in esterartiger Bindung, aber keine Purin- oder Pyrimidinbasen, enthalten. Ihre wichtigsten Vertreter sind das *Casein der Milch* und die *phosphorhaltigen Eiweißstoffe des Eidotters*.

Der Phosphor läßt sich aus den Eiweißstoffen dieser Gruppe leicht, z. B. durch Behandeln mit 1%iger Natronlauge, in Form von freier Phosphorsäure abspalten. Nach Untersuchungen verschiedener Forscher ist die Phosphorsäure entgegen älteren Ansichten[6] nicht an Oxyglutaminsäure, sondern vorwiegend an Serin[7] verankert. Sie läßt sich auch durch esterspaltende Enzyme abspalten, während sie bei der tryptischen Verdauung von Casein in den entstehenden Serinpeptiden esterartig gebunden verbleibt[8] (s. unten). Die Abspaltung der Phosphorsäure durch Alkali erfolgt verhältnismäßig leicht im Gegensatz zum Verhalten der Serinphosphorsäure, die — wie die meisten Monoalkylester der Phosphorsäure — gegen verdünntes Alkali weitgehend beständig ist.

Die Phosphoproteide lösen sich leicht in Alkalien, und sie werden aus diesen Lösungen durch Säuren wieder ausgefällt. Als amphotere Stoffe sind sie, wenn auch viel schwerer, in stärkeren Säuren löslich, während sie in reinem Wasser unlöslich sind. Die Lösungen ihrer Salze sind nicht koagulierbar. Die Neigung der Phosphoproteide zur Denaturierung scheint gering zu sein.

Die Phosphoproteide kommen in der Kuhmilch oder im Eidotter in Form von Calciumsalzen vor. In Frauenmilch scheint Casein vorwiegend als Kaliumsalz vorzuliegen. Wie auch aus ihrem natürlichen Vorkommen hervorgeht, dienen die Phosphoproteide dem Embryo und den wachsenden jungen Tieren als hochwertiger Nährstoff. Diese ihre biologische Aufgabe spiegelt sich in ihrer Zusammensetzung wider, denn sie enthalten beträchtliche Mengen Tryptophan und basischer Aminosäuren (darunter vor allem das für den wachsenden Organismus unentbehrliche Lysin) (Tabelle 110, S. 639), ferner auch das zum Knochenbau wichtige Calcium und die Phosphorsäure.

---

[1] KOSSEL, A., u. F. KUTSCHER: H. **31**, 165 (1900/01). — ABDERHALDEN, E., u. E. STRAUSS: H. **48**, 49 (1906). — WHEELER, H. L., and L. B. MENDEL: J. biol. Ch. **7**, 1 (1909/10). — Vgl. auch POSSELT, L.: A. **45**, 192 (1843). — [2] OSWALD, A.: H. **70**, 310 (1910/11); **72**, 374 (1911); **75**, 353 (1911). — [3] ACKERMANN, D., u. E. MÜLLER: H. **269**, 146 (1941). — MÖRNER, C. T.: H. **88**, 138 (1913). — [4] DRECHSEL, E.: Z. Biol. **33**, 85 (1896). — HENZE, M.: H. **51**, 64, (1907). — [5] BLOCK, R. J., and D. BOLLING: J. biol. Ch. **127**, 685 (1939). — [6] RIMINGTON, C.: Biochem. J. **21**, 272, 1187 (1927). — LIPMANN, F. A., and P. A. LEVENE: J. biol. Ch. **98**, 109 (1932). — [7] LEVENE, P. A., and D. W. HILL: J. biol. Ch. **101**, 711 (1933). — LIPMANN, F. A.: B. Z. **262**, 9 (1933). — [8] POSTERNAK, S.: Cr. **184**, 306 (1927). — LIPMANN, F. A., and P. A. LEVENE: J. biol. Ch. **98**, 109 (1932). — LEVENE, P. A., and D. W. HILL: J. biol. Ch. **101**, 711 (1933). — LIPMANN, F. A.: B. Z. **262**, 9 (1933).

1. Casein[1].

Das Casein (nach englischer Nomenklatur Caseinogen) ist der hauptsächliche Eiweißstoff der Milch (vgl. auch Bd. 2, Milch), in welcher es als Kalksalz vorkommt. Neben seiner Verwertung als Nährstoff in Form von Milch oder Käse findet es auch, meist in Verbindung mit Formolhärtung bzw. -kondensation, ausgedehnte technische Anwendung, z. B. als Caseindeckfarben oder als wollähnliche Fasern (Lanital) oder als Kunstmasse (Galalith). (Zur Reaktion des Caseins mit Formaldehyd vgl. [2].)

Kuhmilch enthält etwa 3—3,5% Casein, menschliche Milch 0,3—0,6%. In bezug auf Löslichkeit, Gerinnbarkeit, Racemisierbarkeit[3] und kataphoretische Beweglichkeit[4] sind die Caseine der verschiedenen Tiere ziemlich verschieden, während sie in Zusammensetzung und biologischem Verhalten einander nahestehen. Isoelektrischer Punkt von Casein (Kuh) 4,6—4,7. Die in üblicher Weise (s. u.) gewonnenen Caseine sind nicht einheitlich, und ein Teil der beschriebenen Unterschiede der Caseine verschiedener Tierarten beruht sicher auf einem wechselnden Mengenverhältnis der Komponenten. Das am meisten untersuchte Casein aus Kuhmilch ist zuerst von LINDERSTRØM-LANG in Fraktionen von stark verschiedenem Phosphorgehalt und Löslichkeitsverhalten zerlegt worden[5] (s. dazu auch SVEDBERG[6]). Auf Grund elektrophoretischer Untersuchungen werden von MELLANDER[4] und von WARNER[7] (vgl. dazu auch [8]) 3 Fraktionen (α-, β- und γ-Casein), von CHERBULIEZ[9], der die α-Fraktion noch in 2 Unterfraktionen α_I und α_{II} auftrennte, noch eine weitere Fraktion (sog. δ-Fraktion) unterschieden. Von diesen Fraktionen, die sich auch in der Aminosäurezusammensetzung unterscheiden (Tabelle 136), zeigt die α-Fraktion die höchste Ionenbeweglichkeit (6,98 cm^2 volt^{-1} sec^{-1} · 10^{-5} bei p_H 7,78) und den höchsten Phosphorgehalt (0,99%), während die β-Fraktion geringere Ionenbeweglichkeit (3,27 cm^2 volt^{-1} sec^{-1} · 10^{-5}) aufweist und nur 0,6% Phosphor enthält. Wahrscheinlich sind also die verschiedenen Beweglichkeiten auf unterschiedliche Beladung mit Phosphorsäure zurückzuführen. Elektrophoretische Untersuchung von Gesamtmilch und Colostrum[10]. Die Angaben über das Molekulargewicht des Caseins schwanken wegen der heterogenen Zusammensetzung in weiten Grenzen, dem niedrigen Wert von BURK[11] (33000) stehen wesentlich höhere Werte von SVEDBERG und Mitarbeitern[12] (75000—100000) gegenüber. Nach den Messungen der Strömungsdoppelbrechung und der Viscosität[13] sind die Caseinteilchen stäbchenförmig mit einer ungefähren Länge von 290 Å und einem Achsenverhältnis a : b = 8,7. EDSALL[14] errechnete eine wesentlich größere Teilchenlänge (2200 Å). Ähnlich dem Oval-

[1] McMEEKIN, TH. L., and B. D. POLIS: Adv. Protein Chem. 5, 201 (1949). — [2] Z.B. KÜNTZEL, A.: Angew. Chem. 50, 308 (1937). — GUSTAVSON, K. H.: Svensk kem. T. 52, 10 (1940). — WALDSCHMIDT-LEITZ, E.: Beih. Z. Ver. dtsch. Chem. 1942, Nr. 45, S. 27. — NITSCHMANN, H., u. H. HADORN: Helv. 26, 1075, 1084 (1943); 27, 299 (1944). — NITSCHMANN, H., u. H. LAUENER: Helv. 29, 174, 180, 184 (1945/46). S. a. MIEKELEY, A., u. G. VOLMER-SCHUCK: Handb. Gerbereichem. u. Lederfabrik. (BERGMANN-GRASSMANN) 1/1, 951. Wien 1944. — [3] DUDLEY, H. W., and H. E. WOODMAN: Biochem. J. 9, 97 (1915). — [4] MELLANDER, O.: Upsala Läk.-Fören. Förh. 52, 108 (1947). — [5] LINDERSTRØM-LANG, K.: C. R. Lab. Carlsberg 16, 48 1925); 17, Nr. 9 (1928). H. 176, 76 (1928). — [6] SVEDBERG, TH.: Les molécules proteiques. Paris 1939. — SVEDBERG, TH., L. M. CARPENTER and D. C. CARPENTER: Am. Soc. 52, 241, 701 (1930). — [7] WARNER, R. C.: Am. Soc. 66, 1725 (1944). — [8] KREJCI, L. E.: J. Franklin Inst. 234, 197 (1942). Vgl. a. NITSCHMANN, Hs., u. W. LEHMANN: Exper. 4, 153 (1947). — NITSCHMANN, Hs., u. H. ZÜRCHER: Helv. 33, 1698 (1950). — CHERBULIEZ, E., et P. BAUDET: Helv. 33, 1673 (1950). — [9] CHERBULIEZ, E., et P. BAUDET: Helv. 33, 398 (1950). — [10] HEYNDRICKX, G. V., and A. DE VLEESCHAUWER: Biochim. biophysica Acta, N. Y. 6, 487 (1951). — [11] BURK, N. F., and D. M. GREENBERG: J. biol. Ch. 87, 197 (1930). — [12] SVEDBERG, TH., L. M. CARPENTER and D. C. CARPENTER: Am. Soc. 52, 241, 701 (1930). — [13] NITSCHMANN, H.: Helv. 21, 315 (1938). — NITSCHMANN, H., u. H. GUGGISBERG: Helv. 24, 434, 574 (1941). — [14] EDSALL, J. T.: Adv. Colloid Sci. 1, 269 (1942).

bumin kann auch natives Casein durch Streckung orientiert werden, wobei ein β-keratin-ähnliches Röntgendiagramm auftritt[1].

Die *Darstellung des Caseins*, beispielsweise aus Magermilch, geschieht auf die Weise, daß man das Eiweiß mittels 0,05 n Salzsäure unter starkem Rühren in der Nähe seines isoelektrischen Punktes, etwa bei p_H 4,6 bis 4,7 (HAMMARSTEN) ausfällt. Zur Reinigung wird es wiederholt unter Zusatz von 0,1 n Natronlauge und unter Vermeidung alkalischer Reaktion (p_H etwa 6,3) gelöst, filtriert und durch Säurezusatz wieder abgeschieden. Zur Trocknung und Entfernung des Fettes wird mit Alkoholäther behandelt. Die Elementarzusammensetzung des Caseins entspricht einem Gehalt von 53,0% C, 7,0% H, 15,7% N, 0,75% S und 0,85% P (siehe auch [2,3]).

Die Grenzen der Aussalzbarkeit des Caseins durch Ammoniumsulfat liegen zwischen 22 und 26% der Sättigungskonzentration. Spezifische Drehung $[\alpha]_D$ vgl. S. 638, Abb. 62. Casein geht in Lösung, wenn 1 g mit etwa $47 \cdot 10^{-5}$ Mol Natriumhydroxyd oder Chlorwasserstoff sich verbindet[4]. Acetylierung usw.[5]. Elektronenmikroskopische Größenbestimmung des Calciumcaseinats[6]. Wie es scheint, enthält Casein kleine Mengen (etwa 0,3%) eines *Kohlenhydrates*, bestehend aus Galaktose in chemisch gebundener Form[7]. Im Casein wurde auch der Wuchsstoff Strepogenin aufgefunden[8]. Unter den bekannteren Eiweißstoffen wird Casein verhältnismäßig am leichtesten und ziemlich weitgehend durch Pepsin sowie durch aktiviertes Pankreastrypsin hydrolysiert. Aus den Produkten der Verdauung durch Trypsin, das die Phosphorsäure nicht in wesentlichem Um-

Tabelle 136. Bausteinanalyse der Phosphoproteide (g-%).

Aminosäuren und Ammoniak	Gesamt-Casein[14]	α-Casein[14]	β-Casein[14]	Vitellin[14]
Glykokoll . . .	2,70	2,80	2,40	1,10
Alanin	3,00	3,70	1,70	0,20
Valin	7,20	6,30	10,20	2,40
Leucin . . .	9,20	7,90	11,60	} 11,00
Isoleucin . . .	6,10	6,40	5,50	
Phenylalanin .	5,00	4,60	5,80	2,80
Tyrosin . . .	6,30	8,10	3,20	5,00
Tryptophan . .	1,20	1,60	0,65	1,30
Threonin . . .	4,90	4,90	5,10	—
Glutaminsäure	22,40	22,50	23,20	12,20
Asparaginsäure	7,10	8,40	4,90	0,50
Prolin	11,30	8,20	16,00	4,00
Serin	6,30	6,30	6,80	—
Cystin	0,34	0,43	0,10	1,20
Methionin . .	2,80	2,50	3,40	—
Arginin	4,10	4,30	3,40	7,80
Histidin . . .	3,10	2,90	3,10	1,20
Lysin	8,20	8,90	6,50	5,40
Ammoniak . .	1,60	1,60	1,60	
Summe	112,84	112,33	115,15	56,10

fange abspaltet, können Abbauprodukte isoliert werden, die esterartig gebundene Phosphorsäure enthalten. So bekam POSTERNAK[9] ein Phosphorpepton mit 5,9% Phosphor; es enthielt Glutaminsäure, Asparaginsäure, Isoleucin und Serin, an dem die Phosphorsäure gebunden war. Von LIPMANN[10] ist Phosphoserin, von LEVIN und HILL[11] Phosphoserylglutaminsäure[12] isoliert worden. Ein von DAMODARAN[13] isoliertes Abbauprodukt mit 4,34%

[1] SENTI, F. R., C. R. EDDY and G. C. NUTTING: Am. Soc. **65**, 2473 (1943). — [2] Org. Syntheses **10**, 16 (1930). — [3] SUTERMEISTER, E., and F. L. BROWNE: Casein and its Industrial Applications. 2. Aufl. New York 1947. — [4] COHN, E. J.: Ergebn. Physiol. **33**, 781 (1931). Physiol. Rev. **5**, 349 (1925). — [5] BUIGNE, J. DE: Rev. Prod. chim. **51**, 21, 22 (1948). — [6] NITSCHMANN, H.: Helv. **32**, 1258 (1949). — [7] SØRENSEN, M., and G. HAUGAARD: C. R. Lab. Carlsberg **19**, 1 (1933). — [8] WOOLLEY, H. D.: Am. Soc. **67**, 1734 (1945). — [9] POSTERNAK, S.: Biochem. J. **21**, 289 (1927). — Vgl. auch RIMINGTON, C., and H. D. KAY: Biochem. J. **20**, 777 (1926). — [10] LIPMANN, F.: B. Z. **262**, 9 (1933). — [11] LEVENE, P. A., and D. W. HILL: J. biol. Ch. **101**, 711 (1933). — [12] NICOLET, B. H., and L. A. SHINN: Abstr. amer. Chem. Soc., 110. Meeting Chicago, S. 20 B. — [13] DAMODARAN, M., and B. V. RAMACHANDRAN: Biochem. J. **35**, 122 (1941). — MELLANDER, O.: Upsala Läk.-Fören. Förh. **52**, 108 (1947). — [14] GORDON, W. G., W. F. SEMMETT, R. S. CABLE and M. MORRIS: Am. Soc. **71**, 3293 (1949).

Phosphor soll Glutaminsäure, Isoleucin und Serin im Verhältnis 3:3:4 enthalten. Ähnliche Ergebnisse sind von NICOLET und SHINN[1] erhalten worden.

Mit 5%iger Natronlauge behandeltes Casein gibt 14,8% seines Gesamtstickstoffs in Form von Ammoniak ab, während gleichzeitig 1,8% Acetaldehyd gebildet wird[2]. Die Bildung des Acetaldehyds ist wohl auf eine Wasserabspaltung (auch Phosphorsäureabspaltung) aus dem Serin bzw. auf eine Schwefelwasserstoffabspaltung aus dem Cystin und auf die Spaltung der intermediär gebildeten Brenztraubensäure zurückzuführen.

Tabelle 137. Bausteinanalyse von Hämoglobin und Myoglobin (g-%)[11].

Aminosäure und Ammoniak	Hämoglobin (Pferd)	Myoglobin (Pferd)
Glykokoll . . .	5,60	5,85
Alanin	7,40	7,95
Valin.	9,10	4,09
Leucin	15,40	
Isoleucin . . .	—	16,80
Phenylalanin .	7,70	5,09
Tyrosin . . .	3,03	2,40
Tryptophan . .	1,70	2,34
Threonin . . .	4,36	4,56
Glutaminsäure	8,50	16,48
Asparaginsäure	10,60	8,20
Prolin	3,90	3,34
Serin	5,80	3,46
Cystin/2 . . .	0,45	—
Cystein	0,56	—
Methionin . .	1,00	1,71
Arginin	3,65	2,20
Histidin . . .	8,71	8,50
Lysin	8,51	15,50
Ammoniak . .	1,10	0,80
Summe	107,07	109,27

Die *Gerinnung der Milch* unter der Einwirkung des Extraktes aus tierischer Magenschleimhaut (Labung) ist auf die enzymatische Umwandlung des Caseins in das sog. Paracasein (nach englischer Bezeichnungsweise Casein) zurückzuführen, das als unlösliches Calciumsalz ausfällt (vgl. Bd. 2, Milch); die Labgerinnung ist deshalb nur in Gegenwart von löslichen Kalksalzen zu beobachten[3]. Die Entwicklung von Tumoren soll durch Caseingaben verzögert werden[4].

Im Schrifttum finden sich oft Angaben über sog. *Pflanzencaseine* aus verschiedenen Samen. Es handelt sich aber in diesen Fällen wahrscheinlich nicht um Phosphoproteide, sondern um Eiweißstoffe, die durch anorganische Phosphate oder Nucleinsäuren verunreinigt sind.

2. Vitellin.

Das Vitellin ist ein phosphorhaltiges Vorratseiweiß *im Dotter des Hühnereies*. Zu seiner Darstellung[5] wird Eigelb mit gleichen Teilen 8%iger Kochsalzlösung versetzt und die Lipoide mit Äther ausgezogen. Beim Versetzen mit Wasser fällt das Vitellin aus. Zur Reinigung wird es wiederholt in Kochsalzlösung gelöst und durch Zusatz von Wasser wieder abgeschieden. Insofern verhält es sich wie ein Globulin. Sein Phosphorgehalt beträgt etwa 1,0%; die Phosphorsäure ist wie im Casein an Serin gebunden[6]. Bausteinanalyse Tabelle 136. Durch Hitzekoagulation kann aus der Mutterlauge des Vitellins ein zweites Phosphorprotein, das *Livetin*[7] erhalten werden (s. auch S. 638). Aus Eidotter ist noch ein zweites, wesentlich P-reicheres Protein, das *Phosphovitin* (Molekulargewicht 21000; 10% P) isoliert worden[8].

Serumvitellin. Vitelline kommen ferner im Serum weiblicher Tiere vor der Eientwicklung vor, was mit der Bildung des Dotters in Zusammenhang steht[9]. Aus dem Serum legender Hennen wird das Vitellin durch Dialyse, Extraktion des Niederschlages mit 8%iger Kochsalzlösung und Ausfällung in Wasser gewonnen. Serumvitellin enthält etwa 1,1% Phosphor und unterscheidet sich in serologischer Hinsicht kaum von dem Vitellin des Eidotters[10].

[1] Siehe Fußnote [12] S. 739. — [2] CHRISTOMANOS, A.: Praktika Akad. Athenon 11, 211 (1936) [C. 1937 II, 1210]. — [3] GREENBERG, D. M.: Adv. Protein Chem. 1, 121 (1944). — [4] KONSULOFF, ST.: Z. Krebsforsch. 54, 375 (1944). — BAUER, K. H.: Kli. Wo. 1949, 118. — [5] CALVERY, H. O., and A. WHITE: J. biol. Ch. 94, 635 (1931). — [6] LEVENE, P. A., and A. SCHORMÜLLER: J. biol. Ch. 103, 537 (1933). — [7] KAY, H. P., and P. G. MARSHALL: Biochem. J. 22, 1264 (1930). — [8] MECHAN, D. A., and H. S. OLCOTT: Am. Soc. 71, 3670 (1949). — [9] LASKOWSKI, M.: B. Z. 284, 318 (1936). — [10] ROEPKE, R. R., and L. D. BUSHNELL: J. Immunol. 30, 109 (1936). — [11] Nach TRISTRAM, G. R.: Adv. Protein Chem. 5, 83 (1949).

Verwandt mit den Vitellinen sind die *Ichthuline*[1, 2], der Eier von Knochenfischen sowie das *Batrachiolin*[1] der Froscheier.

ϑ) Chromoproteide[3].

Chromoproteide sind, wie ihr Name besagt, Verbindungen aus Eiweißstoffen und einer Farbkomponente, die in einzelnen Fällen auch noch ein Metall enthalten kann (Häminproteide); unter diesen Begriff fallen also z. B. die Verbindungen aus Carotinoiden und Eiweiß (z. B. Sehpurpur) oder aus Flavinen und Eiweiß (gelbe Fermente), während Komplexe, welche nur Metalle, jedoch keine Farbstoffe enthalten, hier zu den *Metallproteiden* gezählt werden, auch wenn sie im Zusammenhang mit der komplexen Metallbindung gefärbt sind. Die wichtigsten Vertreter dieser letzteren Gruppe sind neben dem Ferritin die Hämocyanine[4], Blutfarbstoffe der Wirbellosen, während die wichtigsten Chromoproteide die Hämoglobine der Wirbeltiere sind.

1. Der Blutfarbstoff Hämoglobin[5].

Von den Chromoproteiden ist das *Hämoglobin* am besten bekannt. Es besteht aus einem Eiweißrest, dem Globin (S. 708), der mit dem eisenhaltigen Pyrrolabkömmling „Häm" chemisch verbunden ist. Es lagert mit besonderer Leichtigkeit Sauerstoff an und verwandelt sich in *Oxyhämoglobin* (O_2-Hb). Dies ist keine Oxydation im gewöhnlichen Sinne, da Oxyhämoglobin bei vermindertem Sauerstoffpartialdruck (vgl. S. 855), leicht auch durch Einwirkung von Hydrazinhydrat oder Ammoniumsulfid, den aufgenommenen Sauerstoff wieder abgibt und in Hämoglobin übergeht. Sowohl im Hämoglobin wie im Oxyhämoglobin ist das Eisen 2-wertig. Bei eigentlicher Oxydation, z. B. durch Ferricyankalium, Permanganat, Ozon, Wasserstoffperoxyd usw., entsteht das *Methämoglobin (Hämiglobin)*, bei welchem das Eisen 3-wertig vorliegt. Auch andere Gase werden von Hämoglobin leicht absorbiert, so z. B. Kohlenoxyd *(Kohlenoxyd-* oder *Carbonylhämoglobin* oder weniger gut *Carboxy-Hämoglobin: CO-Hb)*, Blausäure *(Cyan-hämoglobin)* usw.

Zur *Darstellung*[6] des *Blutfarbstoffes* wird das defibrinierte Blut abzentrifugiert, die untere Zellenschicht öfters mit physiologischer Kochsalzlösung gewaschen und anschließend durch Anrühren mit dem doppelten Volumen Wasser hämolysiert. Zu je 100 cm³ der scharf zentrifugierten Lösung gibt man 20 bis 25 cm³ Alkohol. Die bei 0° abgeschiedenen *Oxyhämoglobinkrystalle* werden mit ²/₃ des Volumens der Mutterlauge in reinem Wasser vermischt, der Kolben evakuiert (bei 30 bis 35°), wobei das Oxyhämoglobin in das leichter lösliche Hämoglobin übergeht. Nach Füllen des Kolbens mit Stickstoff wird die rotviolette Hämoglobinlösung in Zentrifugengläser gegossen, rasch mit Toluol überschichtet und zentrifugiert, um die letzten Zellreste zu entfernen. Nach der Entfernung des Toluols kann aus der Lösung *Hämoglobin* gewonnen werden, am besten in Form des haltbareren Oxyhämoglobins, indem man in die Lösung 30 min lang Sauerstoff einleitet. Die tiefrote Oxyhämoglobinlösung wird mit 20 bis 25% Alkohol versetzt und zur Krystallisation bei 0° aufbewahrt. Auf ähnliche Weise kann man **CO**-*Hämoglobin* bereiten[7], indem man die durch Hämolyse (vgl. oben) erhaltene Hämoglobinlösung mit **CO** sättigt und gegen bestimmte Phosphatpuffer dialysiert. Dabei scheidet sich **CO**-Hämoglobin krystallinisch aus.

---

[1] VALENCIENNES et FRÉMY: Cr. **38**, 471 (1854). — [2] POSTERNAK, S., et TH. POSTERNAK: Cr. **197**, 429 (1933). — [3] WYMAN, J. jr.: Adv. Protein Chem. **4**, 407 (1948). — s. a. ZEILE-SIEDEL S. 849, sowie Bd. 2, Blut. — [4] Vgl. hier Bd. 2, Blut sowie Vgl. physiol. Chem. d. Tiere. — THEORELL, H.: Adv. Enzymol. **7**, 265 (1947). — [5] HAUROWITZ, F.: Hemoglobin. New York 1949. — [6] KUHN, R., L. BIRKOFER u. F. W. QUACKENBUSH: B. **72**, 407 (1939). — ADAIR, G. S., and M. E. ADAIR: Biochem. J. **28**, 1230 (1934). — HEIDELBERGER, M.: J. biol. Ch. **53**, 31 (1922). — HAUROWITZ, F.: H. **136**, 147 (1924). — WELKER, W. H., and J. MARSHALL: Am. Soc. **35**, 820 (1913). — WELKER, W. H., and C. S. WILLIAMSON: J. biol. Ch. **13**, 455 (1913); **41**, 75 (1920). — [7] BIRKOFER, L., u. A. TAURINŠ: H. **265**, 94 (1940). — GREEN, A. A., E. J. COHN and M. H. BLANCHARD: J. biol. Ch. **109**, 631 (1935).

Kohlenoxyd-Hämoglobin widersteht im Gegensatz zum Oxy-hämoglobin reduzierenden Stoffen. Durch Vakuum oder durch Einleiten von Sauerstoff wird das Kohlenoxyd ausgetrieben und entweder Hämoglobin oder O_2-Hämoglobin gebildet. CO-Hämoglobin krystallisiert in rhombischen Prismen[1].

Die *Elementarzusammensetzung des Hämoglobins* entspricht einem Gehalte von etwa 53,7% C, 7,2% H, 17% N, 0,60% S, 0,34% Fe. Seine physikalischen Konstanten, wie isoelektrischer Punkt, Säuren- und Basenbindungsvermögen, Sauerstoff- und Kohlenoxydbindungsvermögen[2], ferner Molekulargewicht und Denaturierung sind an anderen Stellen dieses Buches angeführt (S. 639, 646, 663, 667; vgl. Bd. 2, die Kapitel: Blut und Atmungsfunktion des Blutes). Elektrophoretische Untersuchung[3]. Die *prosthetische Gruppe* beträgt etwa 4%

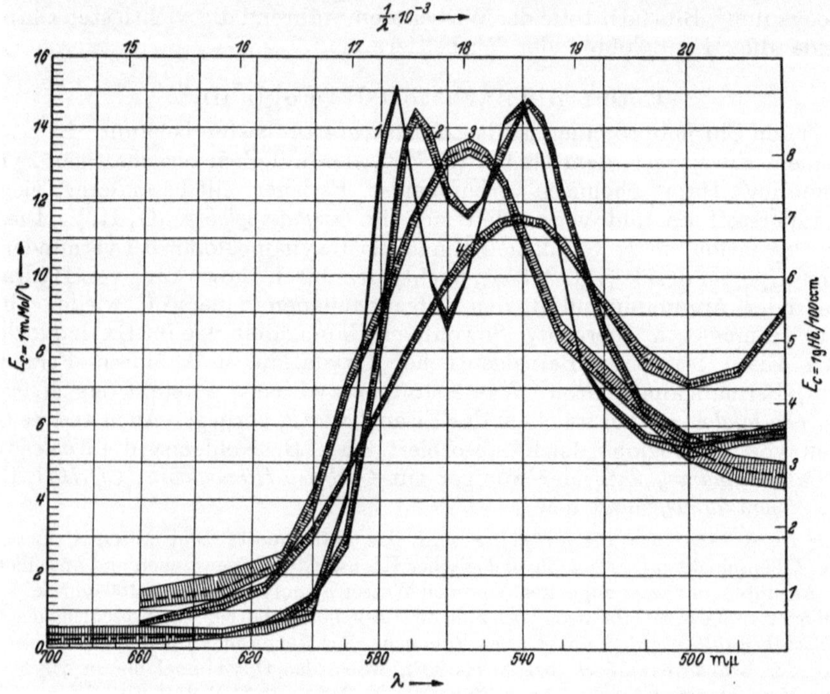

Abb. 78. Absorptionskurven von Hämoglobin, Oxy-, Kohlenoxyd- und Methämoglobin (Erklärung s. S. 743).

des gesamten Hämoglobins. Ein Mol Hämoglobin (Molekulargewicht 68000) enthält 4 Eisenatome bzw. 4 „Häm". Die Abspaltung der prosthetischen Gruppe erfolgt sehr leicht, so durch die Einwirkung verdünnter Säuren und Alkalien in der Kälte. Darstellung und Eigenschaften des Globins S. 708.

Die charakteristischen Eigenschaften und Funktionen des Hämoglobins beruhen im wesentlichen auf der Reaktion mit dem Eisenporphyrinkomplex. Im Hämoglobin ist das Eisen koordinativ 6-wertig, ähnlich wie etwa im Ferrocyanidion; es ist umgeben von den in einer Ebene gelegenen 4 Pyrrolstickstoffatomen des Hämins (N_1, N_2, N_3, N_4), während die beiden weiteren Koordinationsstellen durch N-haltige Gruppen des Globins, sehr wahrscheinlich Imidazolreste (lm_1, lm_2) besetzt sind. Im Oxyhämoglobin und im Kohlenoxydhämoglobin ist

[1] PERUTZ, M. F., and OLGA WEISZ: Nature 160, 786 (1947). — [2] WARBURG, O.: Photochemische Dissoziation des Kohlenoxyd-Hämoglobins. Fiat Rev., 39, Biochemie 1, 187—200 (1947). — [3] MUNRO, M. P., and F. L. MUNRO: J. biol. Ch. 150, 427 (1943). — REINER, L., D. H. MOORE, E. H. LANG and M. GREEN: J. biol. Ch. 146, 583 (1942).

einer der beiden stickstoffhaltigen Reste (lm_2) der Eiweißkomponente durch O_2 bzw. CO verdrängt[1]. Die Seitenketten des Häms sind an der Bindung des Proteins nicht beteiligt[2]. Magnetische Eigenschaften des Hämoglobins vgl. S. 855.

Mit dem Übergang in Oxyhämoglobin und in Kohlenoxydhämoglobin sind charakteristische Änderungen des Säure- und Basenbindungsvermögens ver-

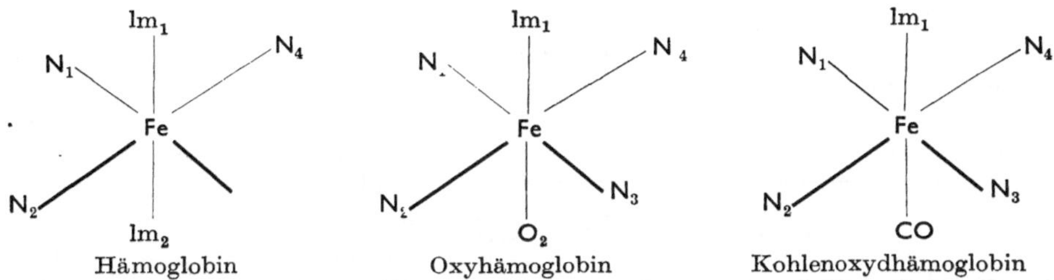

bunden, die sich in der Form der Titrationskurven äußern. Diese Veränderungen bedingen, daß das Basenbindungsvermögen des Oxyhämoglobins beim p_H-Wert des Blutes (7,4) erheblich größer ist[3] als dasjenige des Hämoglobins, ein Sachverhalt, der für die Aufrechterhaltung eines übereinstimmenden p_H-Wertes im arteriellen und venösen Blut wesentlich ist (s. auch Bd. 2, Kapitel Blut).

Die verschiedenen Formen von Hämoglobin zeigen unterschiedliche Absorptionsspektren. So weist *Oxyhämoglobin* zwei Absorptionsbanden auf, von denen die eine (α-Bande) im gelben und die andere (β-Bande) im grünen Bereich des sichtbaren Spektrums liegt. Wandelt man eine Oxyhämoglobinlösung in eine Hämoglobinlösung (vgl. oben) um, so weist das Spektrum nur eine breite Bande im gelbgrünen Bereich auf. Das Spektrum von *Kohlenoxyd-Hämoglobin* ist demjenigen des Oxy-hämoglobins ähnlich, jedoch sind die Absorptionsbanden gegen das Violettende des Spektrums verschoben. *Methämoglobin* zeigt eine Absorptionsbande im roten Bereich[4]. Die Absorptionskurven von Oxy-, Kohlenoxyd- und *Stickoxydhämoglobin* sind in ihrem Verlauf ähnlich; ein Hinweis, daß O_2, CO und NO analoge Verbindungen mit Hämoglobin geben. Eine p_H-Verschiebung der Lösung hat keinen nennenswerten Einfluß auf die Lichtabsorption. Jede Denaturierung des Hämoglobins hat eine Verschiebung der Absorptionsbanden des Hämoglobins gegen Rot zur Folge[5].

In der Abb. 78, S. 742, die den Arbeiten von DRABKIN und AUSTIN[6] entnommen wurde, ist der Extinktionskoeffizient E je Millimol/Liter und 1 g/100 cm-Lösung von Oxy-hämoglobin (1), Kohlenoxyd-hämoglobin (2), Hämoglobin (3) und Methämoglobin (4) gegen die Wellenlänge und die Wellenzahl aufgezeichnet. Für die Ermittlung der Absorptionskurve jeder Hämoglobinform dienten jedesmal 7 bis 8 Lösungen von verschiedener Konzentration und zwischen etwa 5,9 bis 9,2 wechselndem p_H.

[1] HAUROWITZ, F.: H. **162**, 41 (1926); **232**, 146 (1936). — LANGENBECK, W.: B. **65**, 842 (1932). — CONANT, J. B.: Harvey Lect. **28**, 159 (1932/33). — PAULING, L., and C. D. CORYEL: Proc. nat. Acad. Sci. USA. **22**, 159 (1936). — WYMAN, J. jr.: J. biol. Ch. **127**, 1, 581 (1939). Adv. Protein Chem. 4, 407 (1948), u. zw. S. 443 ff u. 505 ff. — [2] HAUROWITZ, F., u. H. WAELSCH: H. **182**, 82 (1929). — [3] HENDERSON, L. J.: Blood, a Study in General Physiology. Newhaven 1928. — GERMAN, B., and J. WYMAN jr.: J. biol. Ch. **117**, 533 (1937). — FERRY, R. M., and A. A. GREEN: J. biol. Ch. **81**, 175 (1929). — WYMAN, J. jr.: J. biol. Ch. **127**, 581 (1939). — TAYLOR, J. F., and A. B. HASTINGS: J. biol. Ch. **131**, 649 (1939). — CORYEL, C. D., and L. PAULING: J. biol. Ch. **132**, 769 (1940). — [4] GREENBERG, D. M.: In Schmidt, Proteins S. 552 (1938). — HAWK, P. B., B. L. OSLER and W. H. SUMMERSON: Practical Physiological Chemistry. S. 447. 12. Aufl. Philadelphia, Toronto 1947. — KEILIN, D., and E. F. HARTREE: Nature 148, 75 (1941). — [5] ANSON, M. L., and A. E. MIRSKY: J. Physiol., London **60**, 50, 161 (1925). — [6] DRABKIN, D. L., and J. H. AUSTIN: J. biol. Ch. **112**, 51, 67 (1935/36); **98**, 719 (1932).

Untersuchungen der letzten Jahrzehnte haben zu dem Ergebnis geführt, daß *artspezifische Hämoglobine* existieren. So unterscheiden sich Hämoglobine verschiedener Tierarten in mancher Hinsicht voneinander, z. B. durch Aminosäurezusammensetzung, Krystallform[1], Löslichkeit[2], serologisches Verhalten[3], Beständigkeit gegenüber Alkalien[4], verschiedene Affinität zu Sauerstoff[5] oder kleine Abweichung in der Lage der Absorptionsmaxima[6].

In der Tabelle 138 sind die Ergebnisse einiger genauer Messungen über die relative Lage der Maxima der α-Absorptionsbanden von Oxyhämoglobin und Kohlenoxyd-hämoglobin verschiedener Herkunft sowie die Verschiebung („Span") dieser Banden im Übergang von Oxy- in Kohlenoxyd-hämoglobin angeführt[7]. Neben anderen Eigenschaften ist das Ausmaß dieser Verschiebung ebenso kennzeichnend für jedes Hämoglobin (vgl. Bd. 2, Vergl. physiol. Chemie d. Tiere).

Tabelle 138. Lage der α-Banden in Å.

	Oxy-hämoglobin A	Kohlenoxyd-hämoglobin B	Verschiebung „Span" A—B
Mensch	5769	5709	60
Pferd	5769	5707	62
Taube	5767	5709	58
Schildkröte	5771	5716	55
Eidechse	5767	5714	53
Karpfen	5767	5715	52
Arenicola marina (Pierwurm) . . .	5751	5697	54
Lumbricus terrestris (Regenwurm) . .	5760	5719	41

Alle diese und andere Hämoglobine enthalten immer dasselbe „Häm", das überhaupt für ihre Affinität zum Sauerstoff oder Kohlenoxyd sowie für die Absorption im sichtbaren Teil des Spektrums verantwortlich ist. Aber die Größe dieser Affinität, ferner die genaue Lage der Absorptionsbanden im Spektrum, wie überhaupt die Spezifität der verschiedenen Hämoglobine wird von dem Globinanteil des Moleküls beherrscht. Einen erneuten Beweis in dieser Richtung bilden *Vergleichsversuche* von ROCHE[8] *an synthetischen Hämoglobinen*, die aus demselben „Häm", aber aus verschiedenen Globinen bereitet waren:

Tabelle 139. Vergleich verschiedener Hämoglobine.

	Verschiebung („Span") in Å (vgl. oben)
Natives Muskelhämoglobin	33
Synthetisches Hämoglobin aus Muskelhäm und Muskelglobin	32
Natives Bluthämoglobin	62
Synthetisches Hämoglobin aus Muskelhäm und Blutglobin	62

Der Unterschied der einzelnen Hämoglobine ist somit auf eine Verschiedenheit ihrer Globine zurückzuführen. So weisen die verschiedenen Globine Unterschiede

---

[1] REICHERT, E. T., and A. P. BROWN: The Crystallography of the Hemoglobins. Washington 1909. — FRIBOES, W.: Pflügers Arch. **98**, 434 (1903). — DRABKIN, D. L.: J. biol. Ch. **164**, 703 (1946). — [2] GREEN, A. A., E. J. COHN and M. H. BLANCHARD: J. biol. Ch. **109**, 631 (1935). — [3] HEIDELBERGER, M., and K. LANDSTEINER: J. exp. Med. **38**, 561 (1923). — [4] KRÜGER, F. v.: Z. vergl. Physiol. **2**, 254 (1925). — [5] BARCROFT, J.: Die Atmungsfunktion des Blutes. Teil 1. Berlin 1927. — [6] ANSON, M. L., J. BARCROFT, A. E. MIRSKY and S. OINUMA: Proc. R. Soc. London (B) **97**, 61 (1925). — [7] JORDAN LLOYD, D., and A. SHORE: Chemistry of the Proteins. 2. Aufl. S. 174. London 1938. — BARCROFT, J.: Die Atmungsfunktion des Blutes. Teil 2. Berlin 1929. — [8] ROCHE, J.: Essai sur la biochimie comparée générale des pigments réspiratoires. Paris 1936. Bull. Soc. Chim. biol. **15**, 110 (1933). — ROCHE, J., et P. DUBOULOZ: C. R. Soc. Biol. **113**, 317 (1933).

auf, z. B. in ihrem Gehalt an schwefelhaltigen (s. S. 708) und anderen [1] Aminosäuren.

Nach neuen Untersuchungen soll die Differenzierung der Hämoglobine so weit gehen, daß es *im Blut desselben Individuums mehrere Hämoglobine* gibt, die sich natürlich nur durch ihren Globinrest unterscheiden. So ist das Bluthämoglobin des Neugeborenen nicht einheitlich, sondern ein Gemisch aus dem mütterlichen und dem fetalen Hämoglobin (VON KRÜGER [2], HAUROWITZ [3]). Auf Grund von Messungen der O_2-Affinität der Hämoglobine schließt HAUROWITZ [3], daß Menschenblut außer dem normalen Hämoglobin des Erwachsenen auch ein besonderes Hämoglobin des Fetus enthält; daneben ist bei Erwachsenen ein weiteres Hämoglobin anzunehmen [4], das gegen Alkalien beständiger ist als normales Hämoglobin und mit dem fetalen Hämoglobin auf Grund seiner O_2-Affinität nicht übereinstimmt. Dagegen scheint das Vorkommen eines besonderen Hämoglobins bei perniziöser Anämie weniger sichergestellt. Das Blut von Neugeborenen enthält etwa zu 75% fetales und 15% Erwachsenen-Hämoglobin, von denen das erstere im Laufe der Zeit allmählich verschwindet. Hämoglobine von Neugeborenen und Erwachsenen haben verschiedene Sedimentationskonstanten [5] und Denaturierbarkeit [6], auch weisen sie spektroskopische [7] sowie Löslichkeits [8]-Unterschiede auf. Auch ihre Sauerstoffaffinität ist verschieden [9]. Menschliches Fetalblut (nicht das reine fetale Hämoglobin) hat eine höhere Affinität zum O_2, die bei chronisch schlechter Arterialisierung des mütterlichen Placentarblutes eine erhöhte biologische Bedeutung haben könnte. Das Fetalblut könnte bei solchen Zuständen dem mütterlichen Blut O_2 entziehen und das Leben der Frucht auch bei relativ geringem O_2-Druck gewährleisten. Ähnliche Verhältnisse hat BARCROFT [10] im Blut trächtiger Ziegen und ihrer Feten gefunden. Abweichend vom Menschen hat aber das Hämoglobin des Fetus der Ziege auch im gereinigten Zustand etwas höhere Affinität zu O_2 als das Hämoglobin des Muttertieres.

Der räumliche Bau der Hämoglobinmoleküle ist vor allem durch die röntgenoptischen Ergebnisse von PERUTZ weitgehend aufgeklärt [11]. Das Molekül des Hämoglobins vom Molekulargewicht 67 000 dissoziiert reversibel bei geringer Konzentration [12], in stärkeren Harnstofflösungen [13] oder in verdünnter HCl [14] in gleichartige Teilstücke vom Molekulargewicht 33 400. Vgl. S. 673.

[1] PORTER, R., and F. SANGER: Biochem. J. **42**, 287 (1948). — [2] KRÜGER, F. v.: Z. vergl. Physiol. **2**, 254 (1925). — [3] HAUROWITZ, F.: Handb. Biochem. Erg.-W. 1/A, 364—383 (1933). H. **232**, 125 (1935). — ROCHE, J.: Ann. Rev. **5**, 463 (1936). — DERRIEN, Y., and J. ROCHE: Int. Congr. Biochem. **1949**, S. 368. — [4] BRINKMANN, R., A. WILDSCHUT and A. WITTERMANS: J. Physiol., London 80, 377 (1934); ferner siehe Zitate [3]. — [5] ANDERSCH, M. A., D. A. WILSON and M. L. MENTEN: J. biol. Ch. **153**, 301 (1944). — Siehe auch: McCARTHY, E. F., and G. POPJÁK: Nature **159**, 198 (1947). — [6] KRÜGER, F. v., u. H. BISCHOFF: Ber. Physiol. **32**, 696 (1925). — BISCHOFF, H., u. H. SCHULTE: Jb. Kinderheilkde **112**, 3. F. **62**, 56 (1926). — KRÜGER, F. v.: Z. vergl. Physiol. **2**, 254 (1925). — BRINKMAN, R., A. WILDSCHUT and A. WITTERMANS: J. Physiol., London 80, 377 (1934). — HAUROWITZ, F.: H. **186**, 141 (1930); **254**, 266 (1938). — [7] JONGBLOED, J.: J. Physiol., London **92**, 229 (1938). — [8] WYMAN, J., J. A. RAFFERTY and E. N. INGALLS: J. biol. Ch. **153**, 275 (1944). — [9] BARCROFT, J., R. H. E. ELLIOTT, L. B. FLEXNER, F. G. HALL, W. HERKEL, E. F. McCARTHY, T. McCLURKIN and M. TALAAT: J. Physiol., London **83**, 192 (1934). — HALL, F. G.: J. Physiol., London **82**, 33 (1934). — HASELHORST, G., u. K. STROMBERGER: Z. Geburtsh. **100**, 48 (1931). — HAUROWITZ, F.: H. **232**, 125 (1935). — McCARTHY, E. F.: J. Physiol., London **80**, 206 (1933); **102**, 35 (1943). — McCARTHY, E. F., and G. POPJÁK: Biochem. J. **37**, XVIII (1943). — [10] BARCROFT, J.: Lancet **1933** II, 1021. — [11] PERUTZ, M. F.: Nature **143**, 731 (1939). — BOYES-WATSON, J., and M. F. PERUTZ: Nature **151**, 714 (1943). — BOYES-WATSON, J., E. DAVIDSON and M. F. PERUTZ: Proc. R. Soc. London (A) **191**, 83 (1947). — Vgl. auch BRAGG, L.: Nature **164**, 7 (1949). — [12] ROCHE, J., A. ROCHE, G. S. ADAIR and M. E. ADAIR: Biochem. J. **26**, 1811 (1932). — TISELIUS, A., u. D. GROSS: Kolloid.-Z. **66**, 11 (1934). — [13] BURK, N. F., and D. M. GREENBERG: J. biol. Ch. 87, 197 (1930). — STEINHARDT, J.: J. biol. Ch. **123**, 543 (1938). — [14] GRALÉN, N.: Biochem. J. **33**, 1907 (1939).

2. Der Muskelfarbstoff Muskelhämoglobin oder Myoglobin[1].

Myoglobin steht dem Blutfarbstoff nahe, ist aber von ihm verschieden, was erstmals von McMunn[2] und Mörner[3] erkannt worden ist. Die Gesamtmenge an Myoglobin wird mindestens als ebenso groß wie die des Hämoglobins geschätzt[4]. Krystallisation von Myoglobin[5,6], von Wal-Myoglobin[7]. Myoglobin enthält dasselbe Häm wie Hämoglobin[8] und hat ebenfalls einen Eisengehalt von 0,34%. Es ist bemerkenswert, daß in allen diesen Farbstoffen das Verhältnis Häm zu Globin stets gleichbleibt. Das Molekulargewicht von Myoglobin wurde entgegen früheren Angaben[5] zu 17000 bestimmt[9]. Dies bedeutet, daß das Myoglobin nur ein Eisenatom enthält. Endständige Aminosäure ist Glykokoll[10]. Die große Durchlässigkeit der Nieren für Myoglobin beruht wahrscheinlich auf seinem niedrigeren Molekulargewicht. Auch der p_H-Stabilitätsbereich des Myoglobins zwischen p_H 5,5 und 13 unterscheidet sich auffallend von dem des Hämoglobins. Sein isoelektrischer Punkt liegt bei p_H 7. Theorell hat die Lichtabsorption von Myoglobin untersucht. Die geringe Verschiebung der α-Bande („Span" 33 Å, vgl. oben) bei CO-Vergiftung deutet darauf hin, daß die Affinitätskonstante des CO für Myoglobin niedriger ist als die für Hämoglobin. Ultraviolettes Licht spaltet CO-Myoglobin[11].

Die hervorragendste Eigenschaft des Myoglobins ist seine *hohe Affinität zum Sauerstoff*[12], die etwa 6mal so groß ist wie die des Bluthämoglobins. Das Myoglobin wirkt als ein *Sauerstoffspeicher*, der sich im ruhenden Muskel vom Blut her mit Sauerstoff sättigt, um ihn im Falle größerer funktioneller Beanspruchung des Muskels wieder an das Gewebe abzugeben[13]. Diese Beobachtungen und Schlüsse gelten, wie Theorell gefunden hat, für Myoglobine verschiedener Herkunft, so für Menschen-Myoglobin, Pferde-Myoglobin usw.

Verschieden von den Hämoglobinen sind manche **anderen eisenhaltigen Blutfarbstoffe,** die im Blut Wirbelloser aufgefunden worden sind, so die *Erythrocruorine* (Lumbricus terrestris) oder die *Chlorocruorine* (z. B. von Spirographis spallanzanii, Molekulargewicht etwa 3 Millionen, mit ungefähr 190 „Häm-Einheiten"[9]). Die Erythrocruorine, soweit sie als intracellulare Farbstoffe vorhanden sind, kommen vor in Form von kleinen Molekülen (Molekulargewicht etwa 17000 bis 68000, z. B. 34000 bei Gastrophilus)[14]. Die im Plasma vorkommenden Erythrocruorine sowie die Chlorocruorine haben ein hohes Molekulargewicht etwa 300000 bis 500000. Ihre genaue chemische Untersuchung steht noch aus (vgl. Bd. 2, Vergl. physiol. Chemie der Tiere). Auch in den Wurzelknöllchen von grünen Pflanzen kommen in Zusammenhang mit der Tätigkeit der Stickstoffbakterien Erythrocruorine vor[15].

Über Katalase, Peroxydasen, Cytochrome siehe Zeile-Siedel sowie Fermentkapitel, über Chloroplastin vgl. Zeile-Siedel.

[1] Vgl. Bd. 2, Muskel. — [2] MacMunn, C. A.: Philos. Trans. R. Soc. London 177, 267 (1886). J. Physiol., London 8, 57 (1887). H. 13, 497 (1889). — [3] Mörner, K. A. H.: Nord. med. Ark. 1897 (Festband). — [4] Meldolesi, G., W. Siedel u. H. Möller: H. 259, 138 (1939). — [5] Theorell, A. H.: B. Z. 252, 1 (1932); 268, 46, 55, 64, 73 (1934). — Theorell, H., and C. de Duve: Arch. Biochem. 12, 113 (1947). — Rossi, A.: Science, N. Y. 108, 15 (1948). — [6] Drabkin, D. L.: Arch. Biochem. 21, 224 (1949). — [7] Schmid, K.: Helv. 32, 105, 1198 (1949). — [8] Schoenheimer, R.: H. 180, 144 (1929). — [9] Svedberg, Th, u. K. O. Pedersen: Die Ultrazentrifuge; Theorie, Konstruktion u. Ergebnisse. Handb. Kolloidwiss. (Wo. Ostwald) 7 (1940). The Ultracentrifuge. Oxford 1940. — Roche, J., et H. Vieil: Cr. 210, 314 (1940). — [10] Procter, R., and F. Sanger: Biochem. J. 42, 287 (1948). — [11] Buecher, Th., u. J. Kaspers: Naturwiss. 33, 93 (1946). — [12] Hill, R.: Nature 132, 897 (1933). — [13] Millikan, G. A.: Physiol. Rev. 19, 503 (1939). — [14] Keilin, D., and Y. L. Wang: Biochem. J. 40, 855 (1946). — [15] Kubo, H.: Acta phytochim., Tokyo 11, 195 (1939). — Burris, R. H., and E. Haas: J. biol. Ch. 155, 227 (1944). — Keilin, D., and Y. L. Wang: Nature 155, 277 (1945). — Keilin, D., and T. D. Smith: Nature 159, 692 (1947). — Virtanen, A. I., T. Jorma, H. Linkola u. A. Linnasalmi: Acta chem. scand. 1, 90 (1947).

Außerdem gibt es eine Reihe anderer wichtiger Chromoproteide, die aber an anderer Stelle ausführlich beschrieben werden, so z. B. die gelben Fermente (s. Fermentkapitel), die Carotinoidproteide Astaxanthin und Ovoverdin (s. GRUNDMANN S. 477), und Chlorophylleiweißverbindungen (s. ZEILE-SIEDEL, S. 946).

ι) Metallproteide.

1. Ferritin.

SCHMIEDEBERG[1] hat 1894 aus Leber eine wenig definierte porphyrinfreie Eiweißsubstanz mit einem Eisengehalt von etwa 7% isoliert und als „Ferratin" bezeichnet. LAUFBERGER[2] konnte 1937 aus Milz und Leber von Pferden einen krystallisierten Eiweißkörper mit rund 20% Eisen erhalten, den er „Ferritin" benannte. KUHN, SÖRENSEN und BIRKOFER[3] sowie GRANICK[4] erhielten den gleichen Eiweißkörper aus der Milz zahlreicher anderer Tiere (Hund, Katze, Schakal). Die von KUHN und Mitarbeitern gefundene Aminosäurenzusammensetzung des Ferritins ist in Tabelle 101, S. 595 wiedergegeben[5]. GRANICK und MICHAELIS[6] gelang es durch Reduktion mit Na-Dithionit in Gegenwart von α'-α'-Dipyridin das Eisen zusammen mit etwas Phosphor, der gleichfalls der prosthetischen Gruppe angehört[7], aus dem Ferritin abzutrennen und ein Fe- und P-freies Protein, Apoferritin, in krystallisierter Form zu gewinnen. Umgekehrt ist es bisher nicht gelungen, Apoferritin mit Eisen wieder zu Ferritin zu vereinigen (vgl. dazu jedoch GRANICK[8]). Möglicherweise ist hierzu die Mitwirkung eines spezifischen Enzyms erforderlich (GRANICK und HAHN[8]).

Ferritin ist braun gefärbt und paramagnetisch[9], Apoferritin farblos. Apoferritin ist ein einheitlicher Eiweißkörper mit einem Molekulargewicht[10] von 460000 (560000), in seinen Eigenschaften mehr globulin- als albuminähnlich. Der Eisengehalt des Ferritins schwankt zwischen 17 und 23%. Beide krystallisieren in Gegenwart von Cadmiumsulfat in Form von Oktaedern, die 1,6% Cadmium enthalten. Weder krystallographisch noch röntgenoptisch sind wesentliche krystallographische Unterschiede zwischen Ferritin und Apoferritin feststellbar[11].

Das Eisen scheint im Apoferritin in Lücken des Krystallgitters nach Art von Krystallwasser eingelagert zu sein. Serologisch sind Ferritin und Apoferritin nicht unterscheidbar[12].

Das Ferritin hat die physiologische Aufgabe, Eisen zu speichern[13]; intravenös zugeführtes Eisen wird nach kurzer Zeit als Ferritin abgelagert, und zwar ausschließlich in der Leber, während das durch Abbau des Blutfarbstoffes freiwerdende Eisen in Leber und Milz gespeichert wird. Bei Eisenmangel enthalten beide Organe weder Ferritin noch Apoferritin. Die Synthese des Apoferritins scheint durch eine Reizwirkung der Eisenionen ausgelöst zu werden.

2. Hämocyanine[14].

Diese kupferhaltigen Farbstoffe kommen im Blut vieler Wirbelloser vor, z. B. der Weinbergschnecke und zahlreicher anderer Gastropoden, Lammellibranchier

[1] SCHMIEDEBERG, O.: A. e. P. P. 33, 101 (1894). — [2] LAUFBERGER, V.: Bull. Soc. Chim. biol. 19, 1575 (1937). — [3] KUHN, R., N. A. SÖRENSEN u. L. BIRKOFER: B. 73, 823 (1940). — [4] GRANICK, S.: J. biol. Ch. 149, 157 (1943). — [5] Vgl. auch GABRIO, B. W., and C. H. TISHKOFF: Science, N. Y. 112, 358 (1950). — MAZUR, A., and E. SGORR: J. biol. Ch. 182, 607 (1950). — [6] GRANICK, S., and L. MICHAELIS: J. biol. Ch. 147, 91 (1943). — [7] GRANICK, S.: J. biol. Ch. 146, 451 (1942). — [8] GRANICK, S., and P. F. HAHN: J. biol. Ch. 155, 661 (1944). — [9] MICHAELIS, L., C. D. CORYEL and S. GRANICK: J. biol. Ch. 148, 463 (1943). — [10] ROTHEN, A.: J. biol. Ch. 152, 679 (1944). — [11] FANKUCHEN, I.: J. biol. Ch. 150, 57 (1943). — [12] GRANICK, S.: J. biol. Ch. 149, 157 (1943). — [13] HAHN, P. F., S. GRANICK, W. F. BALE and L. MICHAELIS: J. biol. Ch. 150, 407 (1943). — GRANICK, S.: Science, N. Y. 103, 107 (1946). — [14] REDFIELD, A. C.: Biol. Rev. 9, 175 (1934). — ROCHE, J.: Ann. Rev. 5, 463 (1936). — LINDROTH, A.: Ergebn. Biol. 19, 324 (1943). — DAWSON, C. R., and M. F. MALLETTE: Adv. Protein Chem. 2, 179 (1945). — GRIFFITHS, A.: Cr. 114, 496 (1892).

und Cephalopoden, Hummer, Krabben und Octopus usw., und bedingen in ihrer oxydierten Form die blaue Farbe des Blutes, während die „reduzierte" Stufe farblos oder schwach gelb ist. Sie dienen dem Transport des Sauerstoffs von den Atmungsorganen zu den Geweben. Anders als die zellgebundenen Hämoglobine kreisen die Hämocyanine frei in der Blutflüssigkeit. Das Kupfer dürfte in den Hämocyaninen in einwertiger Form enthalten sein, wahrscheinlich auch in den Oxyhämocyaninen, die ähnlich wie Oxyhämoglobin den Sauerstoff in Form einer Anlagerungsverbindung enthalten. Der Kupfergehalt beträgt bei den Hämocyaninen der Mollusken 0,24—0,25%, bei den Arthropoden 0,17—0,19%. Die Oxyhämocyanine enthalten auf 2 Atome Kupfer 1 Molekül O_2 (REDFIELD)[1]. Der aufgenommene Sauerstoff wird beim Hindurchleiten von indifferenten Gasen oder beim Evakuieren wieder abgegeben, wobei das farblose Hämocyanin zurückgebildet wird. Die Meinung vieler Autoren[2], daß auch Kohlenoxyd zu einer definierten Verbindung angelagert werde, ist umstritten[3]. Durch Cyanid wird Oxyhämocyanin entfärbt[4], wahrscheinlich unter Bildung eines teilweise dissoziierten[5] Cyan-Hämocyanids[6, 7], das sich nicht mehr mit Sauerstoff verbinden kann.

Zur *Darstellung des Hämocyanins* aus dem Blut von Wirbellosen, z. B. von Limulus[8] versetzt man das zentrifugierte und filtrierte Blut mit Ammoniumsulfat bis zur Halbsättigung und dialysiert die erhaltenen Krystalle des Oxyhämocyanins gegen Wasser. HENZE[9] hat 1901 erstmals krystallisiertes Hämocyanin aus Octopus durch Zusatz von Essigsäure zu starken Hämocyaninlösungen in Ammonsulfat erhalten (vgl. KUBOWITZ)[7]. Die Hämocyanine zählen zu den am besten krystallisierenden Proteinen.

Die Frage, ob das Kupfer unmittelbar an die Aminosäuren des Eiweißmoleküls oder an eine besondere prosthetische Gruppe gebunden ist, konnte bis heute nicht eindeutig entschieden werden. Die als Hämocuprine bezeichneten dunkelgrünen kupferhaltigen Abbauprodukte, die bei der Einwirkung von starkem Alkali auf Hämocyanine erhalten werden[10], sind sicher undefinierte sekundär gebildete Kunstprodukte[11]. Die Lösung des Mollusken-Oxyhämocyanins absorbiert stark das Gelb, mit einem Maximum bei 580 mμ, die Absorption ist geringer im Grün und erreicht ein Minimum bei etwa 470 mμ im Blau. Das Oxyhämocyanin der Crustaceen hat das Maximum der Absorption bei etwa 556 bis 560, das Minimum bei 490 bis 495 mμ[12]. Die Absorption der Hämocyaninlösungen im sichtbaren Teil des Spektrums ist im allgemeinen wenig charakteristisch, da auch Kupferverbindungen anderer Eiweißstoffe ähnliche Auslöschung zeigen. Absorptionsbanden im Ultraviolett[13].

[1] REDFIELD, A. C., T. COOLIDGE and H. MONTGOMERY: J. biol. Ch. **76**, 197 (1928). — GUILLEMET, R., et G. GOSSELIN: C. R. Soc. Biol. **111**, 733 (1932). — RAWLINSON, W. A.: Austral. J. exp. Biol. med. Sci. **19**, 137 (1941). — [2] CRAIFALEANU, A.: Boll. Soc. Natur. Napoli **32**, 141 (1919). — ROOT, R. W.: J. biol. Ch. **104**, 239 (1934). — ROCHE, J.: Ann. Rev. **5**, 463 (1936). — [3] DHÉRÉ, C., et A. SCHNEIDER: J. Physiol. Path. gén. **20**, 34 (1922). — ROCHE, J., et P. DUBOULOZ: Cr. **196**, 646 (1933). — RAWLINSON, W. A.: Austral. J. exp. Biol. med. Sci. **18**, 131 (1940). — [4] KOBERT, R.: Pflügers Arch. **98**, 411 (1903). — [5] PEARSON, O. H.: J. biol. Ch. **115**, 171 (1936). — [6] REDFIELD, A. C.: Biol. Rev. **9**, 175 (1934). — COOK, S. F.: J. gen. Physiol. **11**, 339 (1928). — CRAFALEANU, A.: Boll. Soc. Natur. Napoli **32**, 141 (1919). — [7] KUBOWITZ, F.: B. Z. **299**, 32 (1938). — [8] REDFIELD, A. C.. T. COOLIDGE and M. A. SHOTTS: J. biol. Ch. **76**, 185 (1928). — [9] HENZE, M.: H. **33**, 370 (1901). — [10] PHILIPPI, E.: H. **104**, 88 (1919). — FLORKIN, M., et C. TOUSSAINT: C. R. Soc. Biol. **132**, 45 (1939). — SCHMITZ, A.: Naturwiss. **18**, 798 (1930). H. **194**, 232; **196**, 71 (1931). — LAPORTA, M.: Boll. Soc. ital. Biol. sper. **7**, 630 (1932). — CONANT, J., and W. HUMPHREY: Proc. nat. Acad. Sci. USA **16**, 543 (1930). — CONANT, J. B., F. DERSCH and W. MYDANS: J. biol. Ch. **107**, 755 (1934). — [11] RAWLINSON, W. A.: Austral. J. exp. Biol. med. Sci. **18**, 131 (1940); **19**, 137 (1941). — [12] H.-Th. S. 531. — Vgl. dazu auch SVEDBERG, THE, and A. HEDENIUS: Nature **131**, 325 (1933). — RAWLINSON, W. A.: Austral. J. exp. Biol. med. Sci. **18**, 131 (1940). — [13] ROCHE, J., et P. DUBOULOZ: Cr. **196** 646 (1933). — RAWLINSON W. A.: Austral. J. exp. Biol. med. Sci. **18**, 131 (1940).

Genau wie die Hämoglobine weisen auch die Hämocyanine je nach ihrer Herkunft Unterschiede auf. So ist der isoelektrische Punkt des Hämocyanins von Limulus bei p_H 6,3, von Helix bei p_H 5,05, von Homarus bei p_H 4,95 gefunden worden[1,2]. Ferner unterscheiden sich die Hämocyanine verschiedener Herkunft durch den Verlauf ihrer Sauerstoff-Dissoziationskurven. Über Spezifität vgl. ROCHE[3].

Das Molekulargewicht der Hämocyanine, das sowohl in der Ultrazentrifuge[2,4] wie auf osmotischem[5] Wege und auf Grund der Lichtstreuung[6] bestimmt wurde, hat sich als ungeheuer groß erwiesen. Die kleinste Teilchengröße wurde bei den Hämocyaninen der Crustaceen gefunden, sie beträgt schon 360000 entsprechend einem Gehalt von 10 Atomen Kupfer. Andere Hämocyanine haben ein bedeutend größeres Molekulargewicht, wie z. B. das Hämocyanin aus Helix pomatia (s. S. 646) über 6000000. Teilchengestalt und Teilchenabmessungen auf Grund von Bestimmungen in der Ultrazentrifuge[4,7]. Elektronenoptische Aufnahmen zeigten bei Limulus polyphemus sphärische Moleküle mit einem Durchmesser von 20 mμ[8,9], bei Viviparus malleatus stark asymmetrische, wahrscheinlich blättchenförmige Teilchen mit einem Durchmesser[8] von 29 mμ. Das wesentlich kleinere Molekül von Loligo pealei (Molekulargewicht 216000) erscheint im Elektronenmikroskop sphärisch, mit einem Durchmesser[9] von etwa 8 mμ. Nach den elektronenoptischen Aufnahmen von POLSON und WYCKOFF[10] sind im Hämocyanin je 4 Stabeinheiten zu Untereinheiten von 400 Å Seitenlänge vereinigt. Röntgenoptische Messungen siehe [11]. Wie bereits im allgemeinen Teil (S. 662) besprochen, dissoziieren die Hämocyanine bei saurem oder alkalischem p_H reversibel in definierte Bruchstücke. Siehe dazu auch [12]. Elektrophoretische Untersuchung vgl. [13]. Dasselbe Pigment kann auch, wie ROCHE[14] gefunden hat, in Teilchen verschiedener Größe auftreten, entsprechend der jeweiligen Lebensbedingung des Tieres (vgl. Bd. 2, Vergl. physiol. Chemie der Tiere).

Auch aus Kuhmilch konnte ein kupferhaltiges Protein[15], aus Blut bzw. Leber Haemo[16]- und Hepatocuprein[16] isoliert werden.

[1] REDFIELD, A. C.: Biol. Rev. 9, 175 (1934). — [2] DAWSON, C. R., and M. F. MALLETTE: Adv. Protein Chem. 2, 179 (1945). — [3] ROCHE, J., et R. MICHEL: C. R. Soc. Biol. 141, 303 (1947). — [4] SVEDBERG, TH., and A. HEDENIUS: Biol. Bull. 66, 191 (1934). — SVEDBERG, TH., and I. ERIKSSON-QUENSEL: Biol. Bull. 71, 498 (1936). — SVEDBERG, TH.: Proc. R. Soc. London (B) 127, 1 (1939). Nature 139, 1051 (1937). — POLSON, A. G.: Nature 137, 740 (1936). — BROHULT, S.: Nova Acta R. Soc. Sci. upsal. (4) 12, Nr. 4, 7 (1940). — EKWALL, P.: Finska Kemist. Medd. 51, 67 (1942). — [5] ROCHE, A., et J. ROCHE: Cr. 201, 1522 (1935). — ROCHE, J.: Ann. Rev. 5, 463 (1936). — BURK, N. F.: J. biol. Ch. 133, 511 (1940). — [6] PUTZEYS, P., and J. BROSTEAUX: Meded. Kon. Vlaamsche Acad. Wet., Kl. Wet. 3, No 1 (1941). — [7] SVEDBERG, TH., and E. CHIRNOAGA: Am. Soc. 50, 1399 (1928). — [8] STANLEY, W., and T. ANDERSON: J. biol. Ch. 146, 25 (1942). — [9] CLARK, G., M. QUAIFE and M. BAYLOR: Biodynamica, Normandy 4, 153 (1943). — [10] POLSON, A., and R. W. G. WYCKOFF: Nature 160, 153 (1947). — WYCKOFF, R. W. G.: Proc. Soc. exp. Biol. Med. 66, 42 (1947). — [11] KRATKY, O., A. SEKORA u. H. FRIEDRICH-FREKSA: Anz. Akad. Wiss. Wien, Math.-naturwiss. Kl. 1946, 30, Nr. 5. — KRATKY, O.: J. polymer Sci. 3, 195 (1948). — [12] SVEDBERG, TH., and F. HEYROTH: Am. Soc. 51, 539, 550 (1929). — SVEDBERG, TH., and I. ERIKSSON: Am. Soc. 54, 4730 (1932). — SVEDBERG, TH.: Nature 139, 1051 (1937). — SVEDBERG, TH., and S. BROHULT: Nature 142, 830 (1938). — BROHULT, S.: Nature 140, 805 (1937). Nova Acta R. Soc. Sci. upsal. (4) 12, Nr. 4, 7 (1940). — BROHULT, S., and S. CLAESSON: Nature 144, 111 (1939). — TISELIUS, A., and F. HORSFALL: J. exp. Med. 69, 83 (1939). — BROSTEAUX, J.: Naturwiss. 25, 249 (1937). — EKWALL, P.: Finska Kemist. Medd. 51, 67 (1942). — [13] TISELIUS, A., and F. HORSFALL: J. exp. Med. 69, 83 (1939). Ark. Kemi, Mineral Geol. 13 A, Nr 18 (1939). — PUTZEYS, P., and P. van DE WALLE: Bull. Soc. Chim. biol. 21, 185 (1939). Trans. Faraday Soc. 36, 32 (1940). — [14] ROCHE, A., et J. ROCHE: Cr. 201, 1522 (1935). — [15] DILLS, W. L., and J. M. NELSON: Am. Soc. 64, 1616 (1942). Vgl. auch HART, E. B., H. STEENBOCK, J. WADDELL and C. A. ELVEHJEM: J. biol. Ch. 77, 797 (1928). — [16] MANN, T., and D. KEILIN: Proc. R. Soc. London (B) 126, 308 (1938).

Weitere Metallproteide sind z. B. die Polyphenoloxydase und Ascorbinsäureoxydase (Kupfer-Proteide), die Kohlensäureanhydrase (Zinkproteid), das Insulin (Zinkproteid; vgl. S. 697). Über die genannten Fermente vgl. Fermentkapitel.

ϰ) Lipoproteide[1].

Unter Lipoproteiden versteht man zusammengesetzte Eiweißstoffe, die Lipoide (Fettsäuren, Fette, Phosphatide, Sphingomyeline, Carotine, Sterine usw.) als prosthetische Gruppen enthalten. Für die Existenz eines solchen Typus von Proteiden spricht die schon lange bekannte Tatsache, daß die Extraktion von Zellen oder Geweben mit indifferenten organischen Lösungsmitteln nur einen Teil der vorhandenen Lipoide erfaßt. Dagegen wächst die Ausbeute an Lipoiden beträchtlich, wenn man die Gewebe mit starkem Alkohol behandelt. Obwohl gegenwärtig nur wenige einigermaßen definierte und einheitliche Lipoproteide isoliert sind, steht doch schon heute fest, daß den Lipoproteiden eine erhebliche biologische Bedeutung, insbesondere beim Aufbau der Zellmembranen, des Zellplasmas usw. zukommt. Die Art der Bindung zwischen Eiweiß und Lipoidkomponente ist nur in den seltensten Fällen bekannt. Kovalente Bindungen scheinen nicht häufig zu sein; im allgemeinen dürfte die Bindung salzartig, d. h. elektrostatischer Natur oder durch Nebenvalenzen (H-Brücken, VAN DER WAALSsche Kräfte usw.) vermittelt sein. In vielen Fällen ist die Bindung an das Bestehen des nativen Zustandes der Proteine gebunden. Die Aufhebung der Bindung durch Alkohol, die irreversibel ist, dürfte mit einer Denaturierung der Proteinkomponente zusammenhängen.

Die Bildung synthetischer Komplexe aus Lipoiden und Eiweißkörpern ist häufig festgestellt und studiert worden[2, 3], z. B. aus Kephalin und Histon oder aus Kephalin und Globin bzw. Hämoglobin[2]. Durch Kephalin kann das Oxyhämoglobin bzw. das Kohlenoxydhämoglobin im Sinne der Gleichung

$$\text{Oxyhämoglobin} + \text{Kephalin} \rightleftharpoons \text{Kephalin-Globin} + \text{Hämatin}$$

zerlegt werden.

Lipoproteide finden sich im Cytoplasma in zahlreichen geformten Elementen der Zellen, wie Mitochondrien, GOLGI-Apparat, Chloroplasten, Chromoplasten, Leukoplasten, jedoch anscheinend nicht im Zellkern. Reichlich finden sie sich z. B. im Eidotter[4], aus dem CHARGAFF[5] ein *Lipovitellin* mit einem Lipoidgehalt von 23% erhalten hat. Auch die Zellmembran, insbesondere auch die Membranen der roten Blutkörperchen, enthalten Lipoproteide, denen man erhebliche Bedeutung, z. B. für die Permeabilität, zuschreiben darf. Über Lipoproteide der Bakterien vgl. CHARGAFF u. a.[6], der Bakterienmembranen

---

[1] DEGKWITZ, R.: Lipoide und Ionen. Dresden u. Leipzig 1933. — SANDOR, G.: Le problème des protéides. Paris 1934. — MACHEBOEUF, M.: Etat des lipides dans la matière vivante. Paris 1937. — LEPESCHKIN, W. W.: Kolloidchemie des Protoplasmas. 2. Aufl. Dresden u. Leipzig 1938. — SPONSLER, O. L., and J. D. BATH: in SEIFRITZ, W.: The Structure of Protoplasm. S. 41. Ames, Yowa 1942. — LOVERN, J. A.: The Mode of Occurrence of Fatty Acid Derivates in Living Tissues. Dep. of. Sci. and industr. Res. Food Investigation Special Report No. 52. London 1942. — CHARGAFF, E.: Adv. Protein Chem. **1**, 1 (1944). — SCHELVEN, TH. VAN: Steroid Chains as Components of Protein and Carbohydrate Molecules. Amsterdam 1946. — EDSALL, J. T.: Adv. Protein Chem. **3**, 457 (1947). — [2] CHARGAFF, E., and M. ZIFF: J. biol. Ch. **131**, 25 (1939). — [3] THEORELL, H.: B. Z. **223**, 1 (1930). — WENT, S., u. F. FARAGÒ: B. Z. **230**, 238 (1931). — WENT, S., u. A. v. KUTHY: Z. Immun.-Forsch. **82**, 392 (1934). — PRZYŁĘCKI, S. J. v., u. E. HOFER: B. Z. **288**, 303 (1936). — CHARGAFF, E.: J. biol. Ch. **125**, 661 (1938). — [4] HOPPE-SEYLERs med.-chem. Untersuch. S. 215 (1867). — OSBORNE, T. B., and G. F. CAMPBELL: Am. Soc. **22**, 413 (1900). — [5] CHARGAFF, E.: J. biol. Ch. **142**, 491, 505 (1942). — [6] CHARGAFF, E.: H. **201**, 191 (1931). — CHARGAFF, E., M. C. PANGBORN and R. J. ANDERSON: J. biol. Ch. **90**, 45 (1931). — UYEI, N., and R. J. ANDERSON: J. biol. Ch. **94**, 653 (1931/32). — ANDERSON, R. J., R. E. REEVES and F. H. STODOLA: J. biol. Ch. **121**, 649 (1937).

Miller[1]. Aus Serum sind Lipoproteide teils durch Elektrophorese, teils durch fraktionierte Fällung gewonnen worden[2], unter denen das α_1-Lipoproteid (Mol.-Gew. 200000) und das β_1-Lipoproteid (X-Protein; Mol.-Gew. 1300000)[3], letzteres mit einem Gehalt von 75% Lipoiden, als verhältnismäßig gut definiert anzusehen sind. Vgl. auch Bd. 2. Auch krystallisiertes Serumalbumin enthält 2 bis 3% fest gebundene Fettsäuren[4]. Die thromboplastische Substanz der Gewebe (Thrombokinase) ist nach den vorliegenden ausführlichen Untersuchungen wohl mit Sicherheit als Liponucleoproteid anzusprechen[5]. Das thromboplastische Protein, das wohl am weitestgehenden angereichert ist, wurde von Chargaff[6] sowie Claude[7] durch Fraktionierung in der Ultrazentrifuge gewonnen und in bezug auf Teilchengröße und Teilchengestalt gekennzeichnet. Die Wirkung des Heparins beruht nach Chargaff[8] darauf, daß das Heparin sich mit der Proteinkomponente der Thrombokinase vereinigt und dabei die für die Aktivität wesentlichen Lipoide des wirksamen Komplexes vom Eiweiß verdrängt.

Das Chromoproteid der Hummerschalen (Crustacyanin)[9] und das Ovoverdin[10] der Eier enthalten als Farbstoffkomponenten die Carotinoide Astaxanthin[11] und Astacin (vgl. Grundmann, S. 477); über das Lipoproteid der Heuschrecken siehe[12]. Der Sehpurpur[13] (Rhodopsin) enthält als Farbstoffkomponente das Retinin$_1$, den Aldehyd des Vitamins A$_1$; im Porphyropsin[14] der Süßwasserfische ist Retinin$_2$, der Aldehyd von Vitamin A$_2$, enthalten.

λ) Glykoproteide[15-19].

1. Definition und allgemeine Kennzeichen.

Die Glykoproteide hat man früher als zusammengesetzte Eiweißstoffe definiert, die bei ihrer Aufspaltung als nicht eiweißartige Anteile Kohlenhydrate oder Derivate von solchen, aber keine Purinverbindungen liefern. Da in den letzten Jahren auch in einer Reihe der sog. einfachen Proteine Kohlenhydratgruppen nachgewiesen wurden (vgl. S. 684), befriedigt diese Kennzeichnung nicht mehr. Zwischen den einfachen Proteinen und den bisher als Glykoproteide bezeichneten Stoffen besteht indessen bezüglich der Kohlenhydratgruppe ein *quantitativer*

---

[1] Baker, Z., R. W. Harrison and B. F. Miller: J. exp. Med. 74, 621 (1941). — Miller, B. F., R. Abrams, A. Dorfman and M. Klein: Science, N. Y. 96, 428 (1942). — Woolley, D. W., and L. O. Krampitz: J. biol. Ch. 146, 273 (1942). Vgl. auch Dubos, R. J., and R. D. Hotchkiss: Trans. Coll. Physicians Philadelphia 10, 11 (1942). — [2] Bang, I.: B. Z. 90, 383 (1918). — Theorell, H.: B. Z. 223, 1 (1930). — Macheboeuf, M.: Bull. Soc. Chim. biol. 11, 268, 485 (1929). — Sørensen, S. P. L.: Kolloid-Z. 53, 102, 170, 306 (1930). — Blix, G., A. Tiselius and H. Svensson: J. biol. Ch. 137, 485 (1941). — [3] Oncley, J. L., G. Scatchard and A. Brown: J. physic. Chem. 51, 184 (1947). — [4] Kendall, F. E.: J. biol. Ch. 138, 97 (1941). — [5] Cohen, S. S., and E. Chargaff: J. biol. Ch. 136, 243 (1940). — Chargaff, E., D. H. Moore and A. Bendich: J. biol. Ch. 145, 593 (1942). — Chargaff, E., A. Bendich and S. S. Cohen: J. biol. Ch. 156, 161 (1944). — [6] Chargaff, E., D. H. Moore, and A. Bendich: J. biol. Ch. 145, 593 (1942). — [7] Claude, A.: Cold Spring Harbor Symp. quant. Biol. 9, 263 (1941). — [8] Chargaff, E.: J. biol. Chem. 142, 491 (1942). — Chargaff, E., M. Ziff, and S. S. Cohen: J. biol. Ch. 136, 257 (1940). — [9] Wald, G. et al.: Biol. Bull. 96, 249 (1948). Docum. ophthalm., Paris 3, 94 (1949). — [10] Stern, K. G., and K. Salomon: J. biol. Ch. 122, 461 (1938). — [11] Kuhn, R., u. N. A. Sörensen: B. 71, 1879 (1938). — [12] Junge, H.: H. 268, 179 (1941). — [13] Hecht, S.: Ann. Rev. 11, 465 (1942). — Wald, G.: J. gen. Physiol. 20, 45 (1936); 22, 775 (1938); 31, 489 (1948); 32, 367 (1948). Harvey Lect. 41, 117 (1945). Science, N. Y. 111, 179 (1950). — [14] Wald, G.: Harvey Lect. 41, 117 (1945). Science, N. Y. 111, 179 (1950).

Zusammenfassende Darstellungen über Glykoproteide und Mucopolysaccharide: 15—19. [15] Levene, P. A.: Hexosamines and Mucoproteins. London 1926. — [16] Kestner, O.: Chemie der Eiweißkörper (Kap. Glykoproteide). 4. Aufl. Braunschweig 1925. — [17] Meyer, K.: Cold Spring Harbor Symp. quant. Biol. 6, 91 (1938). — [18] Meyer, K.: Adv. Protein Chem. 2, 249 (1945). — [19] Stacey, M.: Adv. Carbohydrate Chem. 2, 161 (1946).

Unterschied, indem der Kohlenhydratanteil der ersteren höchstens etwa 4 bis 5%, während der der letzteren etwa 8 bis 20% oder mehr beträgt. Somit können wir die *Glykoproteide* einfach als *Eiweißkörper definieren, in denen die Kohlenhydratkomponente einen relativ beträchtlichen Anteil ausmacht.* Gegen die einfachen Proteine läßt sich aber natürlich keine scharfe Grenze ziehen. (Die Nucleoproteide werden, wie früher, nicht in die Gruppe der Glykoproteide einbezogen.) Im Vergleich zu den übrigen Eiweißstoffen haben die Glykoproteide wegen ihres relativ hohen Kohlenhydratgehaltes einen verhältnismäßig hohen Gehalt an Sauerstoff und einen niedrigen an Kohlenstoff sowie insbesondere an Stickstoff. Nach Erwärmen im Wasserbade mit verdünnter Salzsäure wirken ihre Lösungen alle stark reduzierend. Die Glykoproteide weichen auch in einer Reihe von anderen Eigenschaften mehr oder weniger von den übrigen Eiweißstoffen ab.

2. Kohlenhydrate der Glykoproteide.

Alle Kohlenhydrate der *tierischen Glykoproteide* sind *Polysaccharide*, einige sind *Säuren*, andere wiederum *neutrale Verbindungen*. Gemeinsam für alle ist, daß sie *Hexosamin* enthalten, und zwar entweder D-Glucosamin (2-Amino-D-Glucose oder Chitosamin) oder D-Galaktosamin (2-Amino-D-Galaktose oder Chondrosamin). Die hexosaminhaltigen Polysaccharide wurden in den letzten Jahren oft als *Mucopolysaccharide* bezeichnet.

Die Bakterienpolysaccharide (vgl. S. 355) sind im Nativzustand sicher oft, wenn nicht immer, loser oder fester mit Eiweiß verbunden und bilden somit Glykoproteide. Im allgemeinen wirken sie nur zusammen mit Eiweiß als Vollantigen. Einige dieser Polysaccharide stehen gewissen animalen Mucopolysacchariden sehr nahe. Die Polysaccharide und Glykoproteide der Bakterien können hier nicht weiter berücksichtigt werden.

a) Saure Mucopolysaccharide. Diese Substanzen enthalten alle eine organische Säure, meistens *Glucuronsäure*. In einigen derselben wird der saure Charakter noch durch Veresterung mit *Schwefelsäure* verstärkt.

α) *Chondroitinschwefelsäure.* Diese Säure wurde in reinem Zustande zuerst von C. Th. Mörner[1] 1889 aus Knorpel dargestellt und als Esterschwefelsäure erkannt. Außer in allen Arten von Knorpeln ist sie in Sehnen, Aortenwand, Sklera[2, 3], Hautgewebe[4], Nabelstrang[5] sowie in Knochengewebe[6] nachgewiesen worden. Wahrscheinlich findet sie sich in allen Bindegeweben.

Die oft zitierte Angabe von K. A. H. Mörner[7], daß normaler Harn kleine Mengen von Chondroitinschwefelsäure enthält, gründet sich auf Mörners Nachweis eines Harnbestandteils, der bei Hydrolyse Schwefelsäure und reduzierende Substanz gab und in bezug auf Elementaranalyse und Fällungsverhältnisse nahe mit der Chondroitinschwefelsäure übereinstimmt. Die Mucoitinschwefelsäure war derzeit nicht bekannt, und es kann sich ebensogut um diese Substanz gehandelt haben. Mit Hinsicht auf das, was wir jetzt von der Verbreitung dieser Substanzen wissen, ist die letztgenannte Möglichkeit die wahrscheinlichste. Mörner wies eine gleichartige Substanz auch in den Nieren nach.

Zuerst durch die Arbeiten von Schmiedeberg[8] und dann weiter durch die von Levene[9, 10] und seinen Mitarbeitern wurde die Konstitution der Säure weitgehend aufgeklärt.

Die Chondroitinschwefelsäure ist aus N-*acetyliertem* D-*Galaktosamin (Chondrosamin)*, D-*Glucuronsäure* und *Schwefelsäure* aufgebaut. Auf jede Disaccharid-

---

[1] Mörner, C. Th.: Skand. Arch. Physiol. **1**, 210 (1889). — [2] Levene, P. A., and F. B. La Forge: J. biol. Ch. **18**, 237 (1914). — [3] Levene, P. A., and J. López-Suárez: J. biol. Ch. **36**, 105 (1918). — [4] Meyer, K., and E. Chaffee: J. biol. Ch. **138**, 491 (1941). — [5] Meyer, K., and J. W. Palmer: J. biol. Ch. **114**, 689 (1936). — [6] Meyer, K.: Cold Spring Harbor Symp. quant. Biol. **6**, 91 (1938). — [7] Mörner, K. A. H.: Skand. Arch. Physiol. **6**, 332 (1895). — [8] Schmiedeberg, O.: A. e. P. P. **28**, 355 (1891). — [9] Levene, P. A., and F. B. La Forge: J. biol. Ch. **15**, 69, 115 (1913); **20**, 436 (1915). — [10] Levene, P. A.: J. biol. Ch. **140**, 267 (1941).

einheit entfallen zwei saure Gruppen, von denen die eine zur Schwefelsäure, die andere zur freien Carboxylgruppe der Glucuronsäure gehört. Die Chondroitinschwefelsäure ist demnach eine polybasische Säure.

Bei vorsichtiger Hydrolyse mit verdünnter Mineralsäure kann die Schwefelsäure der Chondroitinschwefelsäure abgespalten werden, ohne daß die Substanz sonst erheblich abgebaut wird. Das so erhaltene schwefelfreie Produkt wird nach SCHMIEDEBERG „Chondroitin" genannt. Diese Substanz reduziert ebenso wie die Chondroitinschwefelsäure sehr wenig und besitzt keine freie Aminogruppe. Das Chondroitin wird durch Behandlung mit stärkeren Säuren depolymerisiert und desacetyliert. Hierbei erhält man „Chondrosin", welches das Reduktionsvermögen eines reduzierenden Disaccharides besitzt und aus Glucuronsäure und Chondrosamin zusammengesetzt ist. Das „Chondrosin" ist nur in amorpher Form erhalten worden, kann aber in ein krystallines Anhydrid Chondridin übergeführt werden[1, 2]. Daß das Chondrosamin mit 2-Amino-D-Galaktose identisch ist, wurde kürzlich durch Synthese erwiesen[3]. STACEY und Mitarbeiter[4] zeigten, daß sowohl Glucuronsäure wie Galaktosamin im Polysaccharid in der Pyranoseform vorliegen.

Nach K. H. MEYER und Mitarbeitern[5] hat die Chondroitinschwefelsäure ein unverzweigtes Kettenmolekül, das aus Disaccharideinheiten aufgebaut ist:

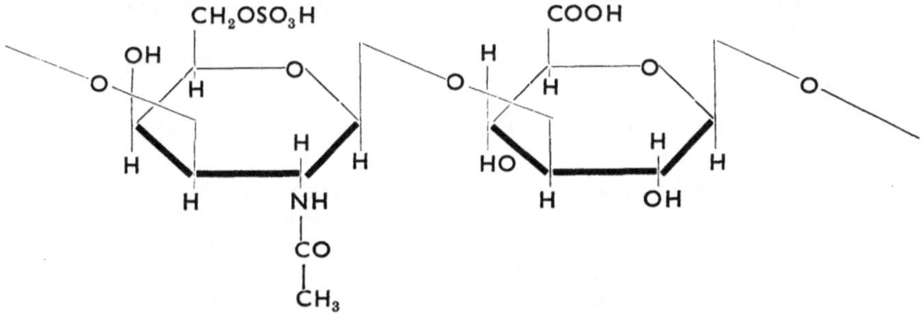

Disaccharideinheit der Chondroitinschwefelsäure.

Die von K. H. MEYER und Mitarbeitern[5] untersuchte Chondroitinschwefelsäure war durch Extraktion von Knorpel mit verdünntem Alkali erhalten worden. Die alkalibehandelte Chondroitinschwefelsäure gibt schwach viscose Lösungen und hat ein Molekülgewicht von etwa 30000 bis 40000[5, 6]. In schonender Weise ohne Alkali hergestellte Chondroitinschwefelsäure gibt dagegen stark viscöse Lösungen, die Strömungsdoppelbrechung zeigen[6]. Die quantitative Auswertung dieser Eigenschaft ergab eine Kettenlänge von etwa 4700 Å. Die native Chondroitinschwefelsäure ist somit ein hochpolymeres Kohlenhydrat von der Form eines Fadenmoleküls. Das Molekulargewicht liegt wahrscheinlich in der Größenordnung von 200000 bis 300000. Welche Bindungen die alkalilabile Überstruktur der nativen Chondroitinschwefelsäure bedingen, ist unbekannt.

Eigenschaften. Die Chondroitinschwefelsäure ist eine amorphe, farblose Substanz, die in organischen Lösungsmitteln (einschließlich Eisessig) unlöslich ist. Sie ist leicht löslich in Wasser. Die wäßrigen Lösungen sind linksdrehend ($[\alpha]_D$ des sauren Ca-Salzes — 16° bis — 18°, der neutralen Lösung — 27° bis — 32°[7, 8]).

[1] HERTING, J.: B. Z. **63**, 353 (1914). — [2] LEVENE, P. A., and J. LOPÉZ-SUÁREZ: J. biol. Ch. **45**, 467 (1921). — [3] JAMES, S. P., F. SMITH, M. STACEY and L. F. WIGGINS: Nature **156**, 308 (1945). — [4] BRAY, H. G., J. E. GREGORY and M. STACEY: Biochem. J. **38**, 142 (1944). — [5] MEYER, K. H., M. E. ODIER et A. E. SIEGRIST: Helv. **31**, 1400 (1948). — [6] BLIX, G., u. O. SNELLMAN: Ark. Kemi, Mineral. Geol. **19** A, No. 32 (1945). — [7] MEYER, K. H., M. E. ODIER u. A. E. SIEGRIST: Helv. **31**, 1400 (1948). — [8] MEYER, K., and E. M. SMYTH: J. biol. Ch. **119**, 507 (1937).

Fast sämtliche Salze sind in Wasser löslich. Die neutrale Lösung wird von basischem Bleiacetat sowie von Lanthansalzen gefällt. Alkohol fällt vollständig nur in Gegenwart von Neutralsalzen. Von Bleizucker, Quecksilberchlorid oder Silbernitrat wird die Substanz nicht gefällt. Unter geeigneten Bedingungen wirkt Chondroitinschwefelsäure eiweißfällend (s. Näheres hierüber S. 760). Schon bei schwach alkalischer Reaktion (0,01 n $NaOH$) wird die native Chondroitinschwefelsäure schnell bis zu einem gewissen Grade depolymerisiert[1], was sich unter anderem in einer starken Senkung der Viscosität und dem Verschwinden der Fällbarkeit mit Lanthansalzen kundgibt. Eine Depolymerisation wird leicht auch von Oxydationsmitteln herbeigeführt[2]. Chondroitinschwefelsäure sowie andere hochpolymere Schwefelsäureester zeigen gegen Toluidinblau und eine Reihe von anderen Farbstoffen eine starke metachromatische Wirkung[3-5]. Diese Wirkung ist oft für den histochemischen Nachweis der Chondroitinschwefelsäure und ihr nahestehende Stoffe ausgenutzt worden.

Für die *Darstellung der Chondroitinschwefelsäure* sind verschiedene Verfahren angegeben worden. Die Hauptschwierigkeit besteht darin, die Säure von Eiweißresten freizubekommen. Bezüglich der Einzelheiten muß auf die Originalarbeiten verwiesen werden[1, 6-9].

β) *Mucoitinschwefelsäure.* Mit diesem Namen bezeichnet man am besten Substanzen, die analog der Chondroitinschwefelsäure aus N-acetyliertem Hexosamin, Glucuronsäure und Schwefelsäure aufgebaut sind, aber an Stelle von D-Galaktosamin D-*Glucosamin* enthalten.

Mucoitinschwefelsäure wurde von LEVENE und Mitarbeitern[10] in Magenschleim, Hornhaut, Glaskörper, Nabelschnur und Blutserum gefunden. Nur für Magenschleim (Magenmucosa) und Hornhaut ist das Vorkommen von späteren Untersuchern bestätigt worden[11-13].

Bei Abspaltung der Schwefelsäure bildet sich nach LEVENE ein dem Chondroitin entsprechender Stoff, „*Mucoitin*", der durch weitere Hydrolyse unter Abspaltung von Essigsäure in „*Mucosin*" übergeht. Diese Produkte sind keine wohldefinierten Stoffe. Was LEVENE als Mucoitinschwefelsäure, bzw. Mucoitin und Mucosin bezeichnete, ist offenbar in mehreren Fällen eine Mischung von Chondroitinschwefelsäure mit der erst später entdeckten Hyaluronsäure (s. unten), bzw. unreiner Hyaluronsäure und Abbauprodukten derselben gewesen.

Die Eigenschaften der Mucoitinschwefelsäure sind wenig bekannt. Die von MEYER und CHAFFEE[13] aus *Cornea* isolierte Substanz gab viscöse Lösungen. Sie zeigte in neutraler Lösung eine spezifische Drehung von $[\alpha]_D - 51°$. Sie wurde von einem hyaluronsäurespaltenden Pneumokokkenenzym abgebaut und wurde daher und wegen ihrer verhältnismäßig starken Linksdrehung als *Hyaluronschwefelsäure* bezeichnet. — Aus kommerziellem Magenmucin hergestellte Mucoitinschwefelsäure war dagegen gegenüber dem Pneumokokkenenzym völlig resistent und zeigte ein niedrigeres Drehungsvermögen, $[\alpha]_D - 36°$ in neutraler Lösung[12]. Ihre Struktur ist daher wahrscheinlich von der des Corneapolysaccharides verschieden. Die Hexuronsäure der Magenmucosasubstanz wurde kürzlich als D-Glucuronsäure einwandfrei identifiziert[14].

[1] BLIX, G., u. O. SNELLMANN: Ark. Kemi, Mineral. Geol. **19** A, No. 32 (1945). — [2] SKANSE, B., u. L. SUNDBLAD: Acta physiol. scand. **6**, 37 (1943). — [3] LISON, L.: C. R. Soc. Biol. **118**, 821 (1935). — [4] LISON, L.: Arch. Biol., Paris **46**, 599 (1935). — [5] SYLVÉN, B.: Acta chir. scand. **86**, Suppl. 66 (1941). — [6] STRANDBERG, L.: Acta physiol. scand. **21**, 222 (1950). — [7] LEVENE, P. A., and F. B. LA FORGE: J. biol. Ch. **15**, 69, 155 (1913). — [8] MEYER, K.. and E. M. SMYTH: J. biol. Ch. **119**, 507 (1937). — [9] Siehe Fußnote [1] S. 752. — [10] LEVENE, P. A., and J. LOPÉZ-SUÁREZ: J. biol. Ch. **25**, 511 (1916); **26**, 373 (1916); **36**, 105 (1918). — [11] WEBSTER, D. R., and S. A. KOMAROV: J. biol. Ch. **96**, 133 (1932). — KOMAROV, S. A.: J. biol. Ch. **109**, 177 (1935). — [12] MEYER, K., E. M. SMYTH and J. W. PALMER: J. biol. Ch. **119**, 73 (1937). — [13] MEYER, K., and E. CHAFFEE: Amer. J. Ophthalm. **23**, 1320 (1940). — [14] WOLFROM, M. L., and P. A. H. RICE: Am. Soc. **69**, 1833 (1947).

γ) *Heparin.* An dieser Stelle soll auch — wegen der engen Beziehungen zu der Mucoitinschwefelsäure — das sog. *Heparin* besprochen werden.

Das Heparin ist eine die Blutgerinnung hemmende Substanz, die zuerst von HOWELL[1] aus Hundeleber dargestellt wurde. Schon dieser Forscher erkannte ihre Kohlenhydrateigenschaften[2]. Nachdem CHARLES und SCOTT[3] ein weitgehend verbessertes Darstellungsverfahren ausgearbeitet hatten, gelang es JORPES[4], den chemischen Aufbau der Verbindung im wesentlichen aufzuklären. JORPES zeigte, daß sie *Hexuronsäure* und *Hexosamin* in äquivalenten Mengen enthält und wies außerdem noch *Schwefelsäure* in ihr nach. Die ursprüngliche Ansicht, daß das Hexosamin acetyliert vorliegt, hat sich als irrig erwiesen[5, 6]. Die Aminogruppe ist aber nicht frei sondern sehr wahrscheinlich mit einem Schwefelsäurerest verbunden[6, 7]. Das Hexosamin ist als D-*Glucosamin*[8], die Hexuronsäure als D-*Glucuronsäure*[9] identifiziert worden. Alle Carboxylgruppen des Heparins sind frei. Die Substanz verhält sich wie eine starke polybasische Säure.

Durch Fraktionierung der Brucinsalze des Heparins konnten Stoffe erhalten werden, die sehr nahe 2 bzw. 3 Mol Schwefelsäure je Mol Glucuronsäure enthielten[10]. Das Heparin, wie es als ein in Wasser schwerlösliches Bariumsalz erhalten wird, scheint hauptsächlich eine Mischung von Di- und Trischwefelsäureestern zu sein. Möglicherweise enthält es dazu noch kleine Mengen von Mono- und Tetraschwefelsäureester[11]. Es ist auch denkbar, daß die verschiedenen Disaccharideinheiten desselben Molekülkomplexes in verschiedenem Grade mit Schwefelsäure verestert sind.

Aus einem Rohpräparat von Heparin konnten JORPES und GARDELL[11] ein Produkt isolieren, das aus dem gleichen disaccharidartigen Grundkörper aufgebaut ist wie Heparin, aber weniger Schwefelsäure enthält und nur schwach antikoagulierend wirkt. Dieser Körper dreht wie Heparin aber im Gegensatz zu Chondroitin- und Mucoitinschwefelsäure stark nach rechts.

In der Ultrazentrifuge zeigten Handelspräparate von Heparin eine gewisse Uneinheitlichkeit. Der Hauptanteil[12, 13] hatte ein Molekülgewicht von etwa 17000.

Das Heparin ist leicht löslich in Wasser und darin thermostabil. Beim Kochen mit verdünnten Mineralsäuren wird es nur sehr langsam hydrolysiert. Aus der wäßrigen Lösung läßt es sich mit basischem Bleiacetat, sowie mit Bariumhydroxyd oder mit überschüssigem Bariumchlorid ausfällen. Außer den Bariumsalzen sind auch die Brucinsalze verhältnismäßig schwer löslich in Wasser und eignen sich daher wie jene für die Reindarstellung der Substanz. Protamine fällen Heparin in neutraler Lösung. Es gibt eine sehr starke metachromatische Färbung, was für seinen histochemischen Nachweis bedeutungsvoll ist. Die gerinnungshemmende Wirkung des Heparins scheint teils von der Anzahl Schwefelsäuregruppen, teils von der Kolloidnatur abhängig zu sein. Bei wiederholter Umkrystallisation aus Essigsäure sinkt die gerinnungshemmende Aktivität.

[1] HOWELL, W. H., and E. HOLT: Amer. J. Physiol. **47**, 328 (1918/19). — [2] HOWELL, W. H.: Bull. Johns Hopkins Hosp. **42**, 199 (1928). — [3] CHARLES, A. F., and D. A. SCOTT: J. biol. Ch. **102**, 437 (1933). — [4] JORPES, E.: Biochem. J. **29**, 1817 (1935). — [5] WOLFROM, M. L., D. I. WEISBLAT, J. V. KARABINOS, W. H. McNEELY and J. McLEAN: Am. Soc. **65**, 2077 (1943). — [6] JORPES, J. E., H. BROSTRÖM and V. MUTT: J. biol. Ch. **183**, 607 (1950). — [7] MEYER, K. H., et D. E. SCHWARZ: Helv. **33**, 1651 (1950). — [8] JORPES, E., u. S. BERGSTRÖM: H. **244**, 253 (1936). — [9] WOLFROM, M. L., and F. A. H. RICE: Am. Soc. **68**, 532 (1946). — [10] JORPES, E.: H. **278**, 7 (1943). Biochem. J. **36**, 203 (1942). — JORPES, J. E., and S. BERGSTRÖM: J. biol. Ch. **118**, 447 (1937). — [11] JORPES, J. E., and S. GARDELL: J. biol. Ch. **176**, 267 (1948). — [12] GRÖNWALL, A., B. INGELMANN and H. MOSIMAN: Uppsala Läk.-Fören. Förh. **50**, 397 (1945). — [13] JENSEN, R., O. SNELLMAN and B. SYLVÉN: J. biol. Ch. **174**, 265 (1948).

Gleichzeitig damit werden Aminogruppen frei[1] und die Molekülform verändert, ohne daß eine Depolymerisation eintritt[2]. Die Aktivität scheint somit auch von den Bindungsverhältnissen der Aminogruppen abhängig zu sein.

Schon HOWELL hatte das Vorkommen von Heparin auch in anderen Organen als der Leber festgestellt, so z. B. in der Herzmuskulatur, und es wurde nachher als charakteristischer Bestandteil der in den Gefäßwänden und im Bindegewebe befindlichen EHRLICHschen Mastzellen erkannt[3-5].

Das Heparin wird am besten aus Leber oder Lunge gewonnen, in denen es am reichlichsten vorkommt. Inwieweit es in den lebenden Geweben in Verbindung mit Eiweiß vorkommt, ist unbekannt. Bezüglich Einzelheiten über das Heparin, insbesonders über seine physiologische und klinische Bedeutung, wird auf die Monographie von JORPES[6] hingewiesen (s. a. Bd. 2, Blutgerinnung).

δ) Hyaluronsäure. MEYER und PALMER[7] stellten 1934 aus Glaskörper eine Polysaccharidsäure dar, die sie Hyaluronsäure nannten. Sie zeigten, daß die Substanz aus N-*acetyliertem Glucosamin* und *Hexuronsäure* in äquimolekularen Mengen aufgebaut ist. Letztere wurde kürzlich als D-*Glucuronsäure* identifiziert[8].

Die Hyaluronsäure hat, wie später erkannt wurde, eine ziemlich weite Verbreitung. So hat man sie in Kammerwasser[9], Nabelschnur[10], Hautgewebe[11], Hahnenkamm[12], Synovia[13], in einem Exsudat bei malignem Pleuratumor[14], aus der mukösen Flüssigkeit eines virusbedingten Vogelsarkoms[15] sowie in hämolytischen Streptokokken Gruppe A[16] gefunden. (Siehe auch S. 766 unter Biologie der Glykoproteide und Mucopolysaccharide.)

Neutrale, salzfreie Lösungen von Hyaluronsäure sind hochviscös. Solche Lösungen zeigen starke Strömungsdoppelbrechung[17]. Die Hyaluronsäure scheint noch höher polymerisiert als die Chondroitinschwefelsäure in den Geweben aufzutreten. Die Kettenmoleküle einer aus Nabelstrang hergestellten Hyaluronsäure wiesen eine Länge von etwa 10000 Å auf, eine aus Glaskörper stammende eine Länge von etwa 5000 Å. Das Molekülgewicht der nativen Substanz liegt wahrscheinlich in der Größenordnung um 300000 bis 500000, in gewissen Fällen vielleicht noch höher. Wie die Chondroitinschwefelsäure wird auch die native Hyaluronsäure von Alkali sowie von Oxydationsmitteln leicht teilweise depolymerisiert. Auch diese Substanz besitzt somit eine alkalilabile Überstruktur.

Sowohl die freie Säure wie ihre Alkali- und Erdalkalisalze sind leicht löslich in Wasser. In organischen Lösungsmitteln ist die Hyaluronsäure unlöslich. Alkohol fällt vollständig nur bei Gegenwart von Neutralsalzen. Die Säure wirkt nur schwach metachromatisch. In neutraler Lösung zeigt sie eine spezifische Drehung von etwa $[\alpha]_D$ — 60 bis — 80°.

[1] WOLFROM, M. L., D. I. WEISBLAT, J. V. KARABINOS, W. H. McNEELY and J. McLEAN. Am. Soc. **65**, 2077 (1943). — [2] Siehe Fußnote [13] S. 755. — [3] JORPES, J. E., u. S. BERGSTRÖM H. **244**, 253 (1936). — [4] HOLMGREEN, H., u. O. WILANDER: Z. mikroskop.-anat. Forsch. **42**, 242 (1937). — [5] JORPES, J. E., H. HOLMBERG u. O. WILANDER: Z. mikroskop.-anat. Forsch. **42**, 279 (1937). — [6] JORPES, J. E.: Heparin. 2. Aufl. London 1946. — [7] MEYER, K., and J. W. PALMER: J. biol. Ch. **107**, 629 (1934). — [8] KAYE, M. A. G., and M. STACEY: Biochem. J. **46**, XIII (1950). — [9] MEYER, K., and J. W. PALMER: Amer. J. Ophthalm. **19**, 859 (1936). — [10] MEYER, K., and J. W. PALMER: J. biol. Ch. **114**, 689 (1936). — [11] MEYER, K., and E. CHAFFEE: J. biol. Ch. **138**, 491 (1941). — [12] BOAS, N. F.: J. biol. Ch. **181**, 573 (1949). — [13] MEYER, K., E. M. SMYTH and M. H. DAWSON: J. biol. Ch. **128**, 319 (1939). — [14] MEYER, K., and E. CHAFFEE: J. biol. Ch. **133**, 83 (1940). — [15] KABAT, E. A.: J. biol. Ch. **130**, 143 (1939). — [16] KENDALL, F. E., M. HEIDELBERGER and M. H. DAWSON: J. biol. Ch. **118**, 61 (1937). — MEYER, K., R. DUBOS, and E. M. SMYTH: J. biol. Ch. **118**, 71 (1937). — [17] BLIX, B., u. O. SNELLMAN: Ark. Kemi, Mineral. Geol. **19** A, No. 32 (1945).

Die Hyaluronsäure wird am leichtesten aus Nabelstrang und Glaskörper dargestellt. Wie bei der Chondroitinschwefelsäure liegt die Hauptschwierigkeit bei der Reindarstellung darin, Eiweißreste zu beseitigen[1-3].

CHAIN und DUTHIE[4] beobachteten als erste, daß die Viscosität der Synovia von einem im Hoden vorkommenden Ferment rasch erniedrigt wird. Dieses Enzym, das als *Mucinase* bezeichnet wurde, baut sowohl Hyaluronsäure als auch Chondroitinschwefelsäure ab. Ein als *Hyaluronidase* wirkendes Enzym wurde schon früher im Autolysat von Pneumokokken gefunden[5]. In der Folge ist Mucinase (Hyaluronidase) u. a. im Filtrat von verschiedenen Bakterien, sowie in Schlangengift und Blutegelextrakt nachgewiesen worden[6-8] (s. a. S. 1068). Die Mucinase erhöht bei intracutaner Injektion die Permeabilität der Hautgewebe für Farbstoffe, Bakterien u. a. Der enzymatische Abbau von Hyaluronsäure hat sich überhaupt von großer physiologischer wie pathologischer Bedeutung gezeigt. Übersichten über dieses Gebiet sind von WALLENFELS[9], DURAN-REYNALS[10], HAHN[11] und MEYER[12] veröffentlicht worden (s. a.[18]).

ε) *Die Polysaccharidsäure des Submaxillarismucins.* Eine der Hyaluronsäure wahrscheinlich nahestehende Säure stellte BLIX[13] aus Submaxillarismucin (Submandibularismucin) dar. Als Bestandteile derselben wurden *Hexosamin, Essigsäure* und eine weitere Säure nachgewiesen, die nach der qualitativen Prüfung jedoch keine Uronsäure war. Das Hexosamin wurde kürzlich als D-*Galaktosamin* identifiziert[14].

Die ziemlich unbeständige, verhältnismäßig starke Säure wurde in krystalliner Form erhalten. Eine Äquivalentgewichtbestimmung ergab den Wert 381. Schmelzpunkt 140 bis 150°. Die EHRLICHsche Mucinreaktion (S. 761) fällt auch ohne Vorbehandlung mit Alkali positiv aus. Bei der Reaktion nach BIAL wird eine Violettfärbung erhalten[15], mit $FeCl_3$ Gelbfärbung. MOLISCHs Reaktion (S. 278) fällt negativ aus. Beim Kochen mit Mineralsäure tritt sehr starke Huminbildung auf. Die Substanz wirkt reduzierend. Im nativen Submaxillarismucin kommt die Säure wohl sicher polymerisiert vor.

Dieselbe Säure findet sich wahrscheinlich auch in dem Sublingualismucin[16]. Eine rotviolette Färbung bei der BIALschen Reaktion geben u. a. auch der Glykoproteidkomplex gewisser *Ovarialcysten,* der *Magenschleim* und das *Blutserum,* weiter auch die *Ganglioside*[17] (S. 388). Dies kann auf eine weite Verbreitung der betreffenden Polysaccharidsäure im Körper hindeuten.

b) Neutrale Polysaccharide. Die neutralen Polysaccharide der Glykoproteide sind noch sehr unvollständig bekannt. Die Ergebnisse verschiedener Untersucher sind hier nicht selten widersprechend, was teilweise auf der Unzulänglichkeit einiger oft verwendeter, colorimetrischer Analysenverfahren beruht, teilweise mit der Schwierigkeit zusammenhängt, sicher native und einheitliche Substanzen zu erhalten. Diese Polysaccharide enthalten außer *Acetylhexosamin* immer *Hexose,* und zwar entweder *Mannose* oder *Galaktose* oder beide. Sie

---

[1] MEYER, K., and J. W. PALMER: J. biol. Ch. **107,** 629 (1934); **114,** 689 (1936). — [2] BLIX, G., u. O. SNELLMAN: Ark. Kemi, Mineral. Geol. **19 A,** Nr. 32 (1945). — [3] JEANLOG, R., and E. FORCHIELLI: J. biol. Ch. **186,** 495 (1950). — ROPES, M. W., W. ROBERTSON, E. ROSSMEISL, B. PEABODY and W. BAUER: Acta med. scand. Suppl. **196,** 700 (1947). — [4] CHAIN, E., and E. S. DUTHIE: Nature **144,** 977 (1939). — [5] MEYER, K., R. DUBOS and E. M. SMYTH: J. biol. Ch. **118,** 71 (1937). — [6] MEYER, K., G. L. HOBBY, E. CHAFFEE and M. H. DAWSON: J. exp. Med. **71,** 137 (1940). — [7] MEYER, K., G. L. HOBBY, E. CHAFFEE and M. H. DAWSON: J. exp. Med. **73,** 309 (1941). — [8] MADINAVEITIA, J., A. R. TODD, A. L. BACHARACH and M. R. A. CHANCE: Nature **146,** 197 (1940). — [9] WALLENFELS, G.: Angew. Chem. **54,** 234 (1941). — [10] DURAN-REYNALS, F.: Bacteriol. Rev. **6,** 197 (1942). — [11] HAHN, L.: Fermentforsch. **17,** 417 (1944). — [12] MEYER, K.: Physiol. Rev. **27,** 335 (1947). — [13] BLIX, G.: H. **240,** 43 (1936). — [14] BLIX, G., L. SVENNERHOLM and J. WERNER: Acta chem. scand. **4,** 717 (1950). — [15] BLIX, G.: Skand. Arch. Physiol. **80,** 46 (1938). — [16] TANABE, Y.: J. Biochem. **28,** 227 (1938). — [17] KLENK, E.: H. **268,** 50 (1941). — KLENK, E., u. H. LANGERBEINS: H. **270,** 185 (1941). — [18] DURAN-REYNALS, F., u. Mitarb.: Ann. N. Y. Acad. Sci. **52,** 943 (1950).

haben wahrscheinlich keine Kettenstruktur und sind anscheinend verhältnismäßig niedrigmolekular. Sie sind leicht löslich in Wasser und reduzieren nicht.

Es existieren wenigstens zwei oder drei verschiedene Typen solcher Polysaccharide.

Die blutgruppenspezifischen Substanzen[1] enthalten als Hauptbestandteil ein Polysaccharid, das aus N-*Acetyl*-D-*glucosamin*, N-*Acetyl*-D-*Galaktosamin*, D-*Galaktose* und L-*Fucose* aufgebaut ist. Die Fucose wurde hier zum ersten Male in tierischem Material nachgewiesen[2]. Das molekulare Verhältnis zwischen Hexosamin, Galaktose und Fucose scheint (wenigstens in der A-Substanz) 2:1:1 zu sein. Etwa die Hälfte des Hexosamins wird sehr leicht durch Alkali in dialysierbarer Form abgespalten, wobei die serologische Aktivität schnell vernichtet wird. Ein chemisch gleichartiges, an Protein gebundenes Polysaccharid scheint ganz allgemein im epithelialen Schleim vorzukommen. Die genauere Struktur dieser Substanzen ist noch nicht aufgeklärt.

Viele *Glykoproteide* scheinen einen Polysaccharidanteil zu enthalten, der aus *Hexosamin* und *Hexose* im molekularen Verhältnis 1:2 aufgebaut ist. Bisher wurde hier als Hexosamin nur D-*Glucosamin* nachgewiesen. Der Hexoseanteil dürfte wenigstens meistens aus *Mannose* und *Galaktose* in äquimolekularen Mengen zusammengesetzt sein.

Dieser Polysaccharidtypus kommt erstens in den kohlenhydratreichen Fraktionen der Blutserumproteine vor. Aus dem sog. *Seromucoid* wurde schon 1903 von ZANETTI[3] Glucosamin in Form des Tetrabenzoats isoliert. Die Anwesenheit von Galaktose und Mannose in Seromucoid wurde 1940 von RIMINGTON[4] mit colorimetrischen Methoden wahrscheinlich gemacht und ist neuerdings durch chromatographische Analysen bestätigt worden[5]. Mit dieser Methode sind dieselben Zucker auch in dem kohlenhydratreichen α_2-*Globulin* sowie in *Euglobulin* nachgewiesen worden[5]. (Glucosamin und Mannose wurden schon 1929 von RIMINGTON[6] in Serumalbumin bzw. Serumglobulin [Totalfraktionen] einwandfrei nachgewiesen.) Bei der Säurehydrolyse wird die Galaktose leichter als die beiden anderen Komponenten in Freiheit gesetzt[5]. Ob die drei Komponenten in einem einheitlichen Polysaccharid enthalten sind, ist allerdings nicht entschieden.

Das Polysaccharid des *Gonadotropins* aus dem Harn gravider Frauen sowie dem Serum gravider Stuten enthält gleichfalls Hexosamin und Hexose im Verhältnis 1:2. Galaktose wurde mehrmals darin nachgewiesen[7-10]. Es enthält möglicherweise auch Mannose[5].

Im Gegensatz hierzu soll in den Hypophysengonadotropinen das Verhältnis zwischen Hexosamin und Hexose 1:1 sein. Die letztere ist der colorimetrischen Analyse nach Mannose[10, 11].

In dem Hydrolysat des *Corneamucoids* wurden durch Verteilungschromatographie neben den Bestandteilen der Mucoitinschwefelsäure auch Galaktose und Mannose nachgewiesen[5], die wahrscheinlich aus einer neutralen Polysaccharid-

[1] MORGAN, W. T. J.: Exper. **3**, 257 (1947). — BRAY, H. G., and M. STACEY: Adv. Carbohydrate Chem. **4**, 37 (1949). — AMINOFF, D., W. T. J. MORGAN and W. M. WATKINS: Biochem. J. **46**, 426 (1950). — AMINOFF, D., and W. T. J. MORGAN: Biochem. J. **48**, 74 (1951). — [2] BRAY, H. G., H. HENRY and M. STACEY: Biochem. J. **40**, 124 (1946). — [3] ZANETTI, C. U.: Gazz. chim. ital. **33** I, 160 (1903). — [4] RIMINGTON, C.: Biochem. J. **34**, 931 (1940). — [5] WERNER, J., and L. ODIN: Uppsala Läk.-Fören. Förh. **54**, 69 (1949). — [6] RIMINGTON, C.: Biochem. J. **23**, 430 (1929). s. a.: DISCHE, Z.: B. Z. **201**, 74 (1928). — [7] GURIN, S., C. BACHMAN and D. W. WILSON: J. biol. Ch. **133**, 467 (1940). — [8] EVANS, H. M., M. E. SIMPSON and C. H. LI: Endocrinology **27**, 803 (1940). — [9] GURIN, S.: Proc. Soc. exp. Biol. Med. **49**, 48 (1942). — [10] EVANS, H. M., M. E. SIMPSON and C. H. LI: Endocrinology **27**, 803 (1940). — [11] GURIN, S.: Proc. Soc. exp. Biol. Med. **49**, 48 (1942).

gruppe der Substanz stammten. Das *Submaxillurismucin* enthält neben Polysaccharidsäure (und Blutgruppensubstanz) ein neutrales Polysaccharid vom Typus Dihexose-Hexosamin[1]. Die Kohlenhydratkomponente der einfachen Proteine dürfte von demselben Typus sein.

Aus *Ovomucoid* (sowie aus koaguliertem Eiweiß) stellten LEVENE und Mitarbeiter[2] ein neutrales Polysaccharid dar, das nach dem N-Gehalt und den übrigen Analysenzahlen ein polymerisiertes Dimannose-Glykosamin mit einem Molekulargewicht von etwa 2000 ist. Ein von STACEY und WOOLLEY[3] nach einem ähnlichen Verfahren aus Ovomucoid dargestelltes Polysaccharid enthält dagegen mehr Glykosamin als Hexose. Bei vollständiger Methylierung und gleichzeitiger Hydrolyse wurde aus letzterem N-Acetyl-3,4,6-trimethyl-D-glucosamin (7 Mol), D-Mannopyranose (2 Mole), 3,4,6-Trimethyl-D-mannopyranose (1 Mol) und Tetramethyl-D-galactopyranose (1 Mol) erhalten. Demnach sollten zwei der Mannosegruppen eine zentrale Stellung im Moleküle einnehmen. STACEY und WOOLLEY geben provisorisch den Aufbau der Substanz in der nachstehenden Weise an.

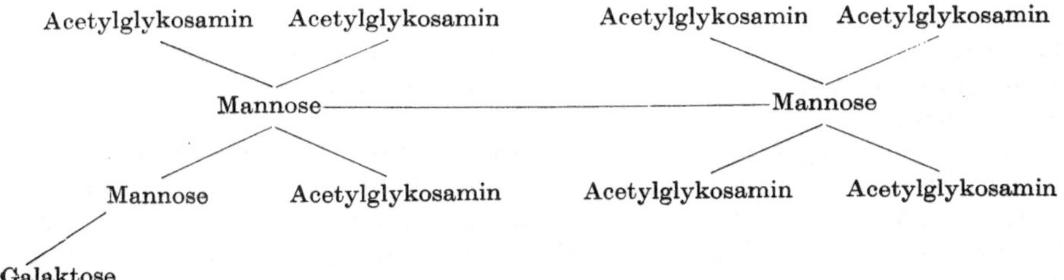

Es stellt also nach ihnen ein Hendekasaccharid dar. Die Richtigkeit dieser Auffassung der Struktur hängt unter anderem von der Einheitlichkeit der Substanz ab, die nicht als sichergestellt angesehen werden kann. — Die beiden Polysaccharide wurden unter Verwendung von warmer und ziemlich starker Lauge hergestellt, wobei außerdem ein teilweiser Abbau nicht ausgeschlossen ist. Das Polysaccharid von LEVENE und MORI war rechtsdrehend, dasjenige von STACEY und WOOLLEY inaktiv.

Nach einer viel schonenderen Methode als derjenigen, die oben zu Verwendung kam, isolierte NEUBERGER[4] aus krystallisiertem *Ovalbumin* eine Substanz, die zu 75% aus einem Kohlenhydrat bestand, das mit dem genannten, von LEVENE und MORI dargestellten, übereinstimmte. NEUBERGERs Substanz war rechtsdrehend und hatte ein Molekulargewicht von etwa 1100. Als Bestandteile wurden D-Glucosamin (1 Mol) und D-Mannose (2 Mol) nachgewiesen.

3. Einteilung der Glykoproteide.

Auf Grund der Art der Kohlenhydratgruppen können die Glykoproteide in 2 Hauptklassen eingeteilt werden:

a) Acido-Glykoproteide, die eine Polysaccharidsäure enthalten. Diese Proteide können außerdem noch eine neutrale Kohlenhydratgruppe besitzen.

b) Neutro-Glykoproteide, die ein neutrales Kohlenhydrat, aber keine Polysaccharidsäure als Bestandteil haben.

Man hat die Glykoproteide bisher meistens in zwei voneinander nicht scharf abgegrenzte Gruppen, die *Mucine* und die *Mucoide*, eingeteilt. Erstere wurde

[1] BLIX, G.: H. **240**, 43 (1936). — [2] LEVENE, P. A., and T. MORI: J. biol. Ch. **84**, 49 (1929). — LEVENE, P. A.: J. biol. Ch. **140**, 279 (1941). — [3] STACEY, M., and J. M. WOOLLEY: Soc. **1940**, 184. — [4] NEUBERGER, A.: Biochem. J. **32**, 1435 (1938).

besonders durch die fadenziehende Beschaffenheit ihrer Lösungen gekennzeichnet, während den letzteren diese Eigenschaft meistens fehlt. Diese Einteilung ist chemisch nicht gut begründet. Die genannten Namen sind indessen aus praktischen Gründen immer noch kaum zu entbehren; als *Mucin* bezeichnet man am besten ganz allgemein die aus Schleim, schleimigen Flüssigkeiten oder Schleimgewebe darstellbaren Glykoproteide, während *Mucoide* als gemeinsamer Name für die übrigen Glykoproteide verwendet werden kann.

4. Einzelne Glykoproteide.

a) Acido-Glykoproteide. Die Acido-Glykoproteide können in folgende Untergruppen eingeteilt werden:

1. *Chondroproteide*, die Chondroitinschwefelsäure enthalten.

2. *Hyaloproteide*, die Hyaluronsäure als Bestandteil haben.

3. *Sialoproteide*, deren prosthetische Gruppe die Polysaccharidsäure des Submaxillarismucins ist.

4. Der Name *Mucoproteide*, der bisweilen synonym mit Glykoproteide verwendet worden ist, soll Verbindungen zwischen Mucoitinschwefelsäure und Eiweiß vorbehalten werden.

Die natürlichen Acidoglykoproteide sind bisher nie in Form sicher einheitlicher Substanzen erhalten worden. Am besten charakterisiert ist das Submaxillarismucin.

α) Chondro- und Hyaloproteide. Aus Knorpel, Sehnen und anderen Geweben, in welchen Chondroitinschwefelsäure vorkommt, können Glykoproteide durch Extraktion mit Wasser oder schwachen Alkalilaugen und nachheriger Ausfällung durch Säurezusatz bis p_H 3 bis 4 (eventuell unter Erwärmung) dargestellt werden. Aus Glaskörperflüssigkeit oder Synovia können Hyaloproteide (am besten nach Dialyse oder Verdünnen mit Wasser) direkt mit Säure ausgefällt werden. Die so dargestellten Chondro- und Hyaloproteide sind wahrscheinlich immer Kunstprodukte.

Bei Elektrophorese von Synovia, Glaskörperflüssigkeit sowie von neutralem bei Raumtemperatur gewonnenem wäßrigem Extrakt von Nabelschnur oder Knorpel wandern die Polysaccharidsäuren als selbständige Komponenten[1]. Ein sehr mildes physikalisches Mittel reicht also hier aus, um die Polysaccharidsäuren vom Eiweiß zu trennen, was natürlich eine festere Bindung zwischen Kohlenhydrat und Protein in diesen Fällen ausschließt. Die Tatsache, daß man diese Polysaccharidsäuren auch in anderer Weise ohne Anwendung hydrolytischer Mittel eiweißfrei darstellen kann, schließt gleichfalls, wenigstens für die Hauptmenge der Substanzen, eine feste Bindung aus. Werden Chondroitinschwefelsäure oder Hyaluronsäure zusammen mit Eiweiß extrahiert, oder kommen sie, wie z. B. in Synovia, von vornherein in Lösung zusammen mit Eiweiß vor, so werden sie in der Regel als salzartige Verbindung mit Eiweiß ausgefällt, sobald die H-Ionenkonzentration bei Säurezusatz den isoelektrischen Punkt des Eiweißes überschreitet und dieses daher als Kation reagiert. Die aus verschiedenen Geweben in der eben angegebenen Weise dargestellten Glykoproteide wurden je nach dem Ursprunge als *Chondromucoid*[2] bzw. *Osseomucoid*[3], *Tendomucoid*[4], *Coriomucoid*[5], *Hyalomucoid*[6], *Synoviamucin, Funismucin* usw. bezeichnet. Durch Zusatz eines geeigneten Überschusses an Mineralsäure wird bei diesen Glykoproteiden die Polysaccharidsäure verdrängt, wobei Eiweiß und Kohlenhydrat

---

[1] BLIX, G.: Acta physiol. scand. **1**, 29 (1940). — [2] MÖRNER, C. TH.: Skand. Arch. Physiol. **1**, 210 (1889). — [3] HAWK, P. B., and W. J. GRIES: Amer. J. Physiol. **5**, 387 (1901). — [4] CUTTER, W. D., and W. J. GIES: Amer. J. Physiol. **6**, 155 (1901). — [5] LIER, E. H. B. VAN: H. **61**, 177 (1909). — [6] MÖRNER, C. TH.: H. **18**, 213 (1894).

wieder in Lösung gehen. Werden neutrale Lösungen von Chondroitinschwefelsäure oder Hyaluronsäure mit passenden Mengen neutraler Lösungen von Proteinen wie Leim, Edestin u. a. versetzt, so bilden sich nach Ansäuerung künstliche Glykoproteide, die den aus Geweben oder Körperflüssigkeiten dargestellten vollkommen gleichen [1, 2].

Mit *basischen* Proteinstoffen könnten die Chondroitinschwefelsäure und die Hyaluronsäure auch bei physiologischer H-Ionenkonzentration salzartige, in Wasser schwerlösliche Verbindungen geben [3]. Basische Proteine kommen aber im Körper, soweit bekannt ist, nicht zusammen mit diesen Säuren vor, und salzartige Verbindungen der genannten Art existieren daher im lebenden Gewebe wahrscheinlich nicht.

Die Tatsache, daß diese Polysaccharidsäuren unschwer von gleichzeitig in den Geweben anwesendem Eiweiß getrennt werden können, schließt natürlich nicht das Vorkommen von leicht dissoziierbaren Polysaccharidsäure-Eiweißverbindungen aus. Nach OGSTON und STANNIER [4] kommt die Hyaluronsäure in der Gelenkflüssigkeit präformiert in Verbindung mit Eiweiß vor.

Aus Knorpel kann man mit reinem Wasser nur wenig Chondroitinschwefelsäure extrahieren. Mit neutraler $CaCl_2$-Lösung gehen dagegen bei + 55° etwa $^2/_3$ der Säure zusammen mit einem Protein in Lösung, das wahrscheinlich ein durch die Behandlung etwas verändertes Kollagen darstellt. Elektrophoretische wie viscosimetrische Untersuchungen deuten darauf hin, daß hier in der Tat eine leicht dissoziierbare Verbindung der beiden Komponenten vorliegt [5]. Um die gesamte Chondroitinschwefelsäure herauszubekommen, ist jedoch Extraktion mit alkalischen Lösungen nötig. Man darf daher damit rechnen, daß die Chondroitinschwefelsäure im lebenden Gewebe nicht nur frei (als Alkalisalz) oder in loserer (polarer) Verbindung mit dem Eiweiß vorkommt sondern zum Teil auch mit Hauptvalenzen an ihm gebunden sein kann. Auch in den letzten Fällen könnten die sauren Gruppen wenigstens teilweise Alkali oder Erdalkali binden. — Löst man ein mit Säure ausgefälltes und gut ausgewaschenes Hyaloproteid mit Hilfe von Alkalilauge vorsichtig wieder auf, so erhält man eine fadenziehende Lösung. Hierbei steht es noch nicht fest, ob diese Beschaffenheit sich nur auf die Polysaccharidsäure bezieht oder auf einen Polysaccharid-Eiweiß-Komplex. Auch schonend dargestellte Hyaluronsäure gibt keine fadenziehende Lösung.

β) Sialoproteide. Aus *Submaxillarisdrüsen* von Rind kann Sialoglykoproteid unschwer nach einem von O. HAMMARSTEN [6] angegebenen Verfahren dargestellt werden; dieses gründet sich auf die Löslichkeit der Substanz in sehr verdünnter Salzsäure und ihre Fällbarkeit durch Verdünnung mit Wasser.

Bei Elektrophorese von Submaxillarmucin findet man keine selbständig wandernde Kohlenhydratkomponente. Das Mucin ist bisher elektrophoretisch nicht vollkommen einheitlich erhalten worden. Der Hauptanteil wandert mit einer Geschwindigkeit, die etwas größer als die des Serumalbumins ist, und enthält etwa 27% Kohlenhydrat. Ein kleiner, kohlenhydratarmer Teil wandert viel langsamer und ist wahrscheinlich als eine Verunreinigung zu betrachten. Auch in direkten wäßrigen Auszügen von Submaxillarisdrüsen kann kein freies Polysaccharid elektrophoretisch nachgewiesen werden. Das nach HAMMARSTEN dargestellte Submaxillarismucin enthält außer 20 bis 25% Polysaccharidsäure etwa 5% neutrales Polysaccharid.

Acetyliertes Hexosamin enthaltende Stoffe und somit alle tierischen Glykoproteide ergeben nach Vorbehandlung mit verdünntem Alkali und Zusatz von p-Dimethylaminobenzaldehyd in starker HCl besonders in der Wärme eine prachtvolle rotviolette Färbung (EHRLICHsche „Mucin"-Reaktion) [7]. Im Gegensatz zu den meisten anderen Glykoproteiden gibt das Submaxillarismucin diese

[1] MÖRNER, C. TH.: Skand. Arch. Physiol. **1**, 210 (1889). — [2] MEYER, K., J. W. PALMER and E. M. SMYTH: J. biol. Ch. **119**, 501 (1937). — [3] TAKAHATA, T.: H. **136**, 82 (1924). — [4] OGSTON, A. G., and J. E. STANNIER: Biochem. J. **46**, 364 (1950). — [5] PARTRIDGE, S. M.: Biochem. J. **43**, 387 (1948). — [6] HAMMARSTEN, O.: H. **12**, 163 (1888). — [7] Über die Grundlagen dieser Reaktion siehe WHITE, T.: Soc. **1940**, 428.

Reaktion auch ohne Vorbehandlung mit Alkali[1]. Die BIALsche Reaktion gibt Violettfärbung.

Eine neutrale Lösung von Submaxillarismucin ist stark fadenziehend, eine Eigenschaft, die schon von verdünnten Alkalien rasch vernichtet wird. Die neutrale, salzarme Lösung gibt mit Essigsäure in der Kälte einen in überschüssiger Säure unlöslichen oder schwer löslichen Niederschlag, der zähe, elastische, an dem Glas haftende Massen bildet. In überschüssiger Mineralsäure löst er sich leicht auf. Das Löslichkeitsminimum liegt bei p_H 2,5 bis 2,7[2, 3], der isoione Punkt bei p_H 3,40 bis 3,45[2].

Eine neutrale Mucinlösung gerinnt beim Sieden nicht. Bei ausreichendem Zusatz von Neutralsalz bleibt das Mucin auch im isoelektrischen Gebiet in Lösung. Eine neutrale Lösung des Mucins wird in Gegenwart von Neutralsalz durch Alkohol und durch Aceton gefällt, außerdem können mit mehreren Metallsalzen Niederschläge erzielt werden. Durch Sättigung mit Kochsalz oder Magnesiumsulfat wird das Mucin ausgesalzen. Pepsin und Trypsin bauen Submaxillarismucin ab. Von Testes-Mucinase wird es nicht angegriffen.

Ein dem Submaxillarismucin ähnliches Glykoproteid kann aus *Sublingualisdrüsen* gewonnen werden[4].

γ) Mucoproteide. Nach einer früher verbreiteten, hauptsächlich auf LEVENEs Untersuchungen gegründeten Ansicht stellte die Mucoitinschwefelsäure in den meisten chondroitinschwefelsäurefreien Glykoproteiden die prosthetische Gruppe dar. Schon aus dem oben über Hyalo- und Sialoproteide Gesagten geht hervor, daß diese Ansicht unrichtig ist. Nicht einmal aus den beiden Geweben, in denen Mucoitinschwefelsäure sicher nachgewiesen worden ist, nämlich *Cornea* und *Magenmucosa*, ist ein Mucoproteid tatsächlich isoliert worden. Die Mucoitinschwefelsäure wurde nämlich hier nicht aus einem in üblicher Weise dargestellten Glykoproteid, sondern direkt aus den Geweben isoliert.

Durch Fällung mit Aceton oder Essigsäure erhielt KOMAROW[5] aus *Magensaft* von Hunden ein Proteid, aus dem sie in etwa 4% eine Polysaccharidsäure darstellen konnte, die sehr wahrscheinlich Mucoitinschwefelsäure war. Dieses Proteid enthielt indessen viel mehr reduzierende Substanz als der Mucoitinschwefelsäure entsprach. Aus dem *schleimigen Sekret* der nüchternen Magenmucosa (Magenmucin) erhielten WEBSTER und KOMAROW[6] ein sehr kohlenhydratreiches Proteid, das die physikalischen Eigenschaften eines Mucins zeigte. Auch in diesem Proteid wurde organisch gebundene Schwefelsäure nachgewiesen. Die Einheitlichkeit dieser Produkte wurde nicht geprüft.

Ob die Mucoitinschwefelsäure in Magenmucosa und Magensekret das Eiweiß in freier Form begleitet oder mit ihm verbunden vorkommt, ist also noch unbekannt. Aus der Leichtigkeit, mit der die Polysaccharidsäure sich vom Eiweiß trennen läßt[7] darf man schließen, daß keine festere Bindung zwischen ihnen vorhanden sein kann. Quantitativ tritt die Mucoitinschwefelsäure im Verhältnis zu dem in den betreffenden Materialen anwesenden neutralen Polysaccharid zurück. Nach MEYER und Mitarbeitern[8] rührt die Viscosität des Magenschleims hauptsächlich von dem neutralen Polysaccharid her.

Etwa gleichartig liegen die Verhältnisse bei der *Cornea*. Auch hier wurde die Mucoitinschwefelsäure nicht aus einem isolierten Glykoproteid, sondern direkt aus Cornealgewebe dargestellt (LEVENE, MEYER). Im *Corneamucoid*, das durch

---

[1] BLIX, G.: H. **240**, 43 (1936). — [2] OLDFELD, C.-O.: H. **240**, 249 (1936). — [3] ROCHE, A.: C. R. Soc. Biol. **120**, 1229 (1935). — [4] TANABE, Y.: J. Biochem. **28**, 227 (1938); **29**, 377, 381 (1939). — [5] KOMAROW, S. A.: J. biol. Ch. **109**, 177 (1935). — [6] WEBSTER, D. R., and S. A. KOMAROW: J. biol. Ch. **96**, 133, 141 (1932). — [7] MEYER, K., E. M. SMYTH and J. W. PALMER: J. biol. Ch. **119**, 73 (1937). — [8] Siehe Fußnote [12] S. 754.

Extraktion von Hornhäuten mit Wasser und nachheriger Fällung mit Essigsäure erhalten wurde, fand MÖRNER[1], im Gegensatz zu späteren Untersuchern[2, 3],
keine Esterschwefelsäure. Offenbar enthält das so erhaltene Corneamucoid neben
neutralem Polysaccharid meistens auch Polysaccharidsäure (wahrscheinlich
Mucoitinschwefelsäure). Elektrophoretische Versuche am Corneamucoid deuten
darauf hin, daß die Polysaccharidsäure hier wenigstens zum Teil verhältnismäßig
fest an Eiweiß gebunden ist[4].

b) Neutro-Glykoproteide. Während es bei den Acido-Glykoproteiden meistens
ohne Anwendung hydrolytischer Mittel gelingt, das Polysaccharid vom Eiweiß
zu trennen, ist das Polysaccharid der tierischen Neutro-Glykoproteide bisher nur·
nach alkalischer Hydrolyse frei von Eiweiß oder Eiweißspaltprodukten erhalten
worden. Diese Tatsache spricht für eine feste Bindung zwischen Kohlenhydrat
und Eiweiß. Auch tritt in den bisher elektrophoretisch untersuchten Neutro-
Glykoproteiden das Polysaccharid nicht als selbständige Komponente auf.

Die Lösungen der Neutro-Glykoproteide sind bisweilen viscös, aber im
allgemeinen nicht fadenziehend. Die Neutro-Glykoproteide sind meistens leicht
löslich in Wasser, koagulieren in der Regel nicht in der Wärme, lassen sich *nicht*
mit Essigsäure fällen, sind durch Neutralsalze schwierig ausfällbar und werden
durch eine Reihe von allgemeinen Eiweißfällungsmitteln wie Pikrinsäure, Trichloressigsäure, Salpetersäure usw. meistens nicht gefällt. In Alkohol sind sie unlöslich.

α) *Ovomucoid.* Das am längsten bekannte Neutro-Glykoproteid ist das von
MÖRNER[5] aufgefundene *Ovomucoid*, das im Eiklar des Hühnereies sowie in dem
vieler anderer Vogelarten in einer Konzentration von etwa 1 bis 2% vorkommt.

Zur *Darstellung des Ovomucoids* entfernt man durch Kochen bei p_H 4,5 bis 5,0 die in der
Wärme koagulablen Proteine und fällt das mäßig konzentrierte Filtrat mit Alkohol. (Eine
andere Methode ist kürzlich von LINEWEAVER und MURRAY[6] angegeben worden.)

Die Substanz enthält 20 bis 25% Kohlenhydrat und ist linksdrehend, $[\alpha]_D$
— 55° bis — 70°. Bei Elektrophorese wandert sie mit einer einzigen Grenzfläche[7],
zeigt jedoch Zeichen elektrochemischer Uneinheitlichkeit[8, 9]. Der I.P. liegt
bei etwa p_H 4,3 bis 4,5, das Molekulargewicht bei 27000 bis 29000[6, 8]. Ohne
Kochen hergestelltes Ovomucoid zeigte ein einheitliches Molekulargewicht von
27000[8]. Der I. P. lag bei p_H 3,9[9]. Das Ovomucoid zeigt eine starke antitryp-
tische Wirkung, die bei Erhitzen verlorengeht[6].

β) *Glykoproteide des Blutserums.* Aus der Serumalbuminfraktion hat HEWITT[10]
zwei verschiedene Glykoproteide isoliert, die er als *Seroglykoid* bzw. *Globoglykoid*
bezeichnet. Ersteres, das beim Pferd etwa 10 bis 20% der Albuminfraktion ausmacht und den leichtlöslichsten Anteil derselben darstellt, enthielt 6 bis 10%
Polysaccharid. Es koaguliert nicht in der Hitze. Sein Drehungsvermögen
($[\alpha]_D = -50°$ bis $-55°$) ist niedriger als das des Crystalbumins ($[\alpha]_D = -78°$).
Das Seroglykoid steht dem Seromucoid (s. unten) nahe, ist von diesem jedoch
serologisch verschieden.

Das *Globoglykoid* macht den schwerstlöslichen Anteil der Albuminfraktion aus
und gehört zugleich dem am schwersten fällbaren Teil der Globulinfraktion an.
Zweifel an der Existenz des Globoglykoids[11] ist späteren Untersuchungen nach

---

[1] MÖRNER, C. TH.: H. **18**, 213 (1894). — [2] KARLBERG, O.: H. **240**, 55 (1936). — [3] SUZUKI,
M.: J. Biochem. **30**, 185 (1939). — [4] WERNER, I., u. L. ODIN: Uppsala Läk.-Fören. Förh.
54, 69 (1949). — [5] MÖRNER, C. TH.: H. **18**, 525 (1894); **80**, 430 (1912). — [6] LINEWEAVER, H.,
and C. W. MURRAY: J. biol. Ch. **171**, 565 (1947). — [7] HESSELVIK, L.: H. **254**, 144 (1938). —
[8] FREDERICQ, E., and H. F. DEUTSCH: J. biol. Ch. **181**, 499 (1949). — [9] LONGSWORTH,
L. G., R. K. CANNAN and D. A. MACINNES: Am. Soc. **62**, 2580 (1940). — [10] HEWITT, L. F.:
Biochem. J. **31**, 360, 1047, 1534 (1937); **33**, 1496 (1938). — [11] RIMINGTON, C., and M.
VAN DER ENDE: Biochem. J. **34**, 941 (1940).

unberechtigt[1, 2]. Nach SVENSSON[1] besteht das Globoglykoid zu etwa 85% aus α-Globulin, der Rest ist hauptsächlich β-Globulin. Die Uneinheitlichkeit des Seroglykoids sowie des Globoglykoids ist durch Salzfraktionierung erwiesen[2]. Pferdeserum enthält etwa 0,1% Globoglykoid mit einem Kohlenhydratgehalt von etwa 7,5%. Das Globoglykoid ist wärmekoagulabel.

Unter den elektrophoretisch charakterisierten Serumglobulinfraktionen zeichnen sich einige durch ihren hohen Kohlenhydratgehalt aus. So zeigte sowohl α- wie β-Globulin aus Menschenserum einen Hexosegehalt von etwa 6%[3] (einem Gesamtkohlenhydratgehalt von etwa 10% entsprechend). Von den Subfraktionen ist das sog. α_2-Globulin besonders kohlenhydratreich (etwa 15%)[4, 5]. Wahrscheinlich besteht zwischen α_2-Globulin und Globoglykoid eine nahe Beziehung.

Wenn normales Menschenserum bei p_H 4,5 elektrophoretisch untersucht wird, erscheinen zwei kleine, negativ geladene Komponenten, die nahe Beziehung zum α_1-, bzw. α_2-Globulin zu haben scheinen[6]. Ein mit der einen dieser Komponenten wahrscheinlich identisches Glykoproteid wurde kürzlich durch Salzfraktionierung als elektrophoretisch und in der Ultrazentrifuge einheitliche Substanz erhalten[7, 8] mit einem I. P. bei p_H 2 und einem Molekulargewicht von etwa 44000. Diese sauren Serumproteine finden sich auch im Filtrat des mit Sulfosalicylsäure oder Trichloressigsäure gefällten Blutserums und haben anscheinend eine nahe Beziehung auch zu dem sog. Seromucoid.

Als *Seromucoid* wurde die Eiweißfraktion bezeichnet, die nach Wärmekoagulierung des verdünnten Serums aus dem eingeengten Filtrat mit Alkohol ausgefällt werden kann. Das Seromucoid ist uneinheitlich und kein natives Protein. Nach HEWITT[9] ist es möglicherweise ein Umwandlungsprodukt des Seroglykoids. Es ist nicht unwahrscheinlich, daß es kohlenhydratreiche Anteile von verschiedenen nativen Eiweißfraktionen enthält. Bei etwas variiertem Darstellungsverfahren findet sich in dem Produkt 10 bis 25% Kohlenhydrat. Das Seromucoid wurde zuerst von ZANETTI[10] beschrieben und von BYWATERS[11], in der letzten Zeit von OZAKI[12] und besonders von RIMINGTON[13] untersucht. Aus dem Rohprodukt konnten STAUB und RIMINGTON[14] eine Hauptfraktion darstellen, die sowohl nach Fällungsversuchen wie elektrophoretisch einheitlich erschien. Was man früher als Serum-„Albumose" bezeichnet hat, sind wenigstens zum großen Teil sicher Glykoproteide des Seromucoidgemenges gewesen.

Die Glykoproteide des Blutserums erhalten ein besonderes Interesse durch die quantitativen Veränderungen, die sie unter pathologischen Zuständen erleiden[15-18].

γ) *Harnmucoid.* Im Harn finden sich kleine Mengen von Glykoproteiden, die zum Teil in der sog. Nubecula abgeschieden werden. Zuerst von K. A. H. MÖRNER[19] näher studiert, ist ihnen nachher wenig Aufmerksamkeit geschenkt worden. Nach KOBAYASI[20] enthält sowohl der abfiltrierbare Schleim des Harns wie der filtrierte Harn ein Glykoproteid, dessen

[1] SVENSSON, H.: J. biol. Ch. **139**, 805 (1941). — [2] ROCHE, J., V. DERRIEN et S. MANDEL: C. R. Soc. Biol. **138**, 515, 676 (1944). — [3] BLIX, G., A. TISELIUS and H. SVENSSON: J. biol. Ch. **137**, 485 (1941). — [4] SEIBERT, F. B., M. L. PFAFF and M. V. SEIBERT: Arch. Biochem. **18**, 279 (1948). — [5] WERNER, J., u. L. ODIN: Uppsala Läk.-Fören. Förh. **54**, 69 (1949). — [6] MEHL, J., and F. GOLDEN: J. clin. Invest. **29**, 1214 (1950). — [7] WEIMER, H. E., J. MEHL and R. J. WINZLER: J. biol. Ch. **185**, 561 (1950). — [8] SMITH, E., D. BROWN, H. WEIMER and R. WINZLER: J. biol. Ch. **185**, 569 (1950). — [9] HEWITT, L. F.: Biochem. J. **31**, 360 (1937). — [10] ZANETTI, C. U.: Jber. Fortschr. Tierchem. **27**, 31 (1897). — [11] BYWATERS, H. W.: B. Z. **15**, 322, 345 (1908). — [12] OZAKI, G.: J. Biochem. **24**, 73 (1936). — [13] RIMINGTON, C.: Biochem. J. **34**, 931; **34**, 941 (1940). — [14] STAUB, A. M., and C. RIMINGTON: Biochem. J. **42**, 5 (1948). — [15] WINZLER, R. J., A. W. DEVON, J. W. MEHL and I. M. SMYTHE: J. clin. Investig. **27**, 609, 617 (1948). — [16] MAYER, K.: H. **275**, 16 (1942). — [17] WERNER, J.: Acta physiol. scand. **19**, 27 (1949). — [18] SEIBERT, F. B., M. L. PFAFF and M. V. SEIBERT: Arch. Biochem. **18**, 279 (1948). — [19] MÖRNER, K. A. H.: Skand. Arch. Physiol. **6**, 332 (1895). — [20] KOBAYASI, T.: J. Biochem. **30**, 451 (1939).

Polysaccharidkomponente aus äquimolekularen Mengen von Acetylhexosamin und Galaktose besteht. Es ist somit von demselben Typus wie das Kohlenhydrat der Blutgruppensubstanzen (s. S. 758), die bekanntlich auch mit dem Harn ausgeschieden werden. Odin[1] konnte sowohl in der Nubeculasubstanz wie in dem gelösten Harnglykoproteid durch Verteilungschromatographie außer Hexosamin, Galaktose und der für die Blutgruppenantigene charakteristischen Fucose auch Mannose nachweisen. Der Harn enthält daher wahrscheinlich auch kleine Mengen Glykoproteid mit Kohlenhydrat vom Mannose-Galaktose-Hexosamintypus. (Über Polysaccharidsäure im Harn siehe S. 752.)

δ) *Gonadotropine*[2]. Die gonadotropen Hormone sind alle Glykoproteide. Obwohl der isoelektrische Punkt der Choriongonadotropine sehr weit nach der sauren Seite liegt, enthalten sie, soweit bisher bekannt ist, keine Polysaccharidsäure und sind somit ebenso wie die Hypophysengonadotropine den Neutroglykoproteiden zuzurechnen.

Von den *Gonadotropinen der Hypophyse* ist das luteinisierende Hormon (*Metakentrin*) am besten charakterisiert. Es ist in physikalisch-chemisch einheitlicher Form erhalten worden. Die vom Schaf bzw. Schwein isolierten Metakentrine unterscheiden sich hinsichtlich Molekulargewicht (40000 bzw. 100000), I. P. (4.6 bzw. 7,5) und Kohlenhydratgehalt (um 10% bzw. 5%). In dem schlechter definierten follikelstimulierenden Hormon (*Thelakentrin*) wurden 9% (beim Schwein) bzw. 18 bis 20% (beim Schaf) Polysaccharid gefunden. — Die aus Harn schwangerer Frauen und Harn gravider Stuten erhaltenen Gonadotropine (*Choriongonadotropine*) haben beide einen ausgesprochenen sauren Charakter (I. P. bei p_H 3,2 bzw. 2,6) und einen verhältnismäßig hohen Kohlenhydratgehalt (15 bis 18% bzw. etwa 25%)[3, 4, 5]. Das Molekulargewicht eines hochgereinigten Harngonadotropins wurde. zu etwa 100000 bestimmt[6]. Das Serumgonadotropin scheint chemisch den übrigen Serumglykoproteiden sehr nahezustehen[7].

ε) *Die blutgruppenspezifischen Substanzen*[8]. Blutgruppenantigene sind aus verschiedenen Materialien, wie Erythrocyten, Magen- und Darmmucosa, Speichel, Harn und pseudomucinösen Ovarialcysten dargestellt worden.

Die verschiedenen Blutgruppenantigene konnten bisher nicht chemisch oder physikalisch sondern nur serologisch sicher voneinander unterschieden werden. Sie bestehen zum größten Teil ($^2/_3$ bis $^4/_5$) aus Polysaccharid, an dem ein Eiweiß- oder Polypeptidrest fest gebunden ist. Diese Substanzen verdienten daher eigentlich eher die Bezeichnung „Proteopolysaccharide" als Glykoproteide.

Am eingehendsten ist die A-Substanz untersucht worden. Eine kürzlich von Morgan und Mitarbeitern[9] aus pseudomucinösen Ovarialcysteninhalt dargestellte A-Substanz trat chemisch wie physikalisch als ein einheitlicher Körper auf, zeigte ein mittleres Molekulargewicht von 260000 und eine stark asymmetrische Molekülform; $[\alpha]_{5461} = +15 \pm 5°$. Eine wäßrige Lösung der Substanz wurde durch Eiweißfällungsmittel wie Trichloressigsäure, Sulfosalicylsäure, Phosphorwolframsäure, Uranylacetat und Mercurisulfat in 5 n H_2SO_4 nicht gefällt.

In dem Eiweißteil der Substanz wurden 11 verschiedene Aminosäuren nachgewiesen, darunter Threonin in bemerkenswert hoher Menge.

Die Substanz ist sehr empfindlich sowohl gegen Alkali als Säure. Somit wird sie durch Erwärmen mit 0,05 n Soda oder 1 n Essigsäure teilweise abgebaut, wobei die serologische Aktivität verändert wird oder verloren geht.

---

[1] Odin, L.: Unveröffentlichte Untersuchungen. — [2] Literatur bei Li, C. H.: Vitamines & Hormones **7**, 224 (1949). — [3] Li, C. H., H. M. Evans and D. H. Wonder: J. gen. Physiol. **23**, 733 (1940). — [4] Gurin, S.: Proc. Soc. exp. Biol. Med. **49**, 48 (1942). — [5] Gurin, S., C. Bachman and D. W. Wilson: J. biol. Ch. **133**, 467, 477 (1940). — [6] Lundgren, H., S. Gurin, C. Bachman and D. W. Wilson: J. biol. Ch. **142**, 367 (1942). — [7] Rimington, C., and J. W. Rowlands: Biochem. J. **38**, 54 (1944). — [8] Literatur besonders bei: Fußnote [1] S. 758. — [9] Aminoff, D., W. T. J. Morgan and W. M. Watkins: Biochem. J. **46**, 426 (1950).

Glykoproteide, deren Kohlenhydratgruppe genau wie die der Blutgruppenantigene aus Fucose, Galaktose und Hexosamin aufgebaut ist, finden sich ganz
allgemein und zwar meistens als Hauptbestandteil im epithelialen Schleim[1]. Sie
wurden neuerlich als *„Fucomucine"* und ihre Kohlenhydratgruppe als *„Fuco-
mucan"* bezeichnet[2]. Solche Fucomucine sind außer in den Schleimarten, in
denen Blutgruppenantigene nachgewiesen worden sind (Magen-, Darm- und
Speichelschleim) auch in Nasen-, Trachea- und Gallenschleim sowie im Schleim
des Cervix uteri gefunden[1]. Fucomucin scheint auch ein Bestandteil der Hülle
des Froscheies zu sein[3].

c) Glykoproteide mit unbekannter Kohlenhydratgruppe. Die epithelialen
Schleime sind noch sehr unvollständig bekannt. Man hat damit zu rechnen, daß
sie außer Fucomucin und Substanz vom Typus des Submaxillarismucins noch
andere Glykoproteide enthalten.

Aus *menschlichem Samenplama* konnte mit Essigsäure ein Glykoproteid ausgefällt werden, das 2 bis 27% reduzierende Substanz und etwa 11% Hexosamin
enthielt[4]. Uronsäure konnte dagegen nicht nachgewiesen werden.

In den Ovarialcystomen[5, 6] kommen offenbar verschiedene Glykoproteide
vor, die jedoch, abgesehen von den Blutgruppenantigenen in den pseudomucinösen Cysten, in neuerer Zeit nicht näher untersucht worden sind.

5. Biologie der Glykoproteide und Mucopolysaccharide.

Die Chondroitinschwefelsäure und die Hyaluronsäure (einschließlich Hyaluronschwefelsäure) sind bedeutungsvolle Bauelemente der strukturlosen Kittsubstanz,
in der die Kollagenfasern der mesenchymalen Gewebe eingebettet sind. Es ist
anzunehmen, daß ihre stark hydratisierten Kettenmoleküle ein gelartiges, ultra-
strukturelles Netzwerk um die Kollagenfasern bilden, das die Diffusion von mole-
kular gelösten Stoffen sowie von Wasser zuläßt, aber einen freien Transport von
kolloidalen und größeren Partikelchen hindert. Teilweise scheinen sich diese
Substanzen dabei in Verbindung mit dem Protein vorzufinden. Die Bedeutung
des Mucopolysaccharidgels für die Undurchlässigkeit der mesenchymalen Gewebe
für kolloidale (und größere) Partikelchen kann in eindrucksvoller Weise demon-
striert werden, wenn man Hyaluronidase z. B. cutan injiziert. Gleichzeitig
zugeführte kolloidale Farbstoffe, Bakterien oder Viren breiten sich dann rasch
sehr viel weiter in der Umgebung der Injektionsstelle aus als ohne Enzym.
Auch molekulare Wasserlösungen werden unter Hyaluronidase viel schneller
als sonst wegtransportiert. Eine Quaddel von physiologischer Kochsalzlösung,
die ohne Hyaluronidase etwa 1 h bleibt, verschwindet in Anwesenheit derselben
in weniger als 1 min. Für die physiologischen Eigenschaften der mesenchymalen
Grundsubstanz sind diese Mucopolysaccharide und ihre Proteinverbindungen
somit von größter Bedeutung und bieten ein wachsendes Interesse nicht nur
für Physiologen und Histologen, sondern auch für Bakteriologen, Pathologen,
Pharmakologen und Kliniker. Die Hyaluronsäure scheint auch eine wichtige
Rolle als Kittsubstanz zwischen den Follikelzellen des in der Tube befindlichen
Eies zu spielen[7], während die Frage, ob sie auch als Dichtungsmittel in den
Blut- und Lymphcapillarwänden dient, noch unentschieden ist.

---

[1] WERNER, I.: Unveröffentlicht. — [2] BLIX, G.: Angew. Chem. **62**, 171 (1950). —
[3] FOLKES, B. F., R. A. GRANT and J. K. N. JONES: Soc. **1950**, 2136. — [4] BOSS, W., D.
H. MOOR and E. G. MILLEC: J. biol. Ch. **144**, 667 (1942). — [5] HAMMARSTEN, O.: H. **6**, 194
(1882). — [6] NEUBERG, C., u. F. HEYMANN: Hofmeisters Beitr. **2**, 201 (1902). — [7] McCLEAN, D.,
and I. W. ROWLANDS: Nature **150**, 627 (1942). — ROWLANDS, I. W.: Nature **154**, 332 (1944).
Siehe auch EICHENBERGER, E.: Z. Vit.-, Horm.-, Ferm.-Forsch. **2**, 126 (1948/49).

Die Beobachtung, daß schwefelsäurehaltige Mucopolysaccharide sich besonders dort reichlich vorfinden, wo Kollagenfasern neu gebildet werden[1-3], hat zu der Vermutung geführt, daß diese Substanzen etwas mit der Bildung der Kollagenfasern zu tun haben. Am naheliegendsten ist vielleicht die Annahme, daß sie bei der Orientierung der Moleküle eines Präkollagens in parallele Ketten mitwirken.

Als Gleitmittel dienen sowohl die Hyaluronsäure der Gelenkflüssigkeit wie die verschiedenen epithelialen Glykoproteide der Schleimhäute. Letztere bilden auf den verschiedenen Schleimhäuten eine fast ununterbrochene, zähflüssige, konvektionsfreie, sich stets erneuernde Schicht, die einen geeigneten Schutz der darunter befindlichen Schleimhautmembran gegen mechanische, thermische und chemische (einschließlich enzymchemische) Schädigungen darstellt. Auch gegen das Eindringen von Bakterien und Viren bieten sie wahrscheinlich einen Schutz[4]. — Die nahe chemische Verwandtschaft zwischen den Mucopolysacchariden im Säugetierkörper und denjenigen vieler pathogener Mikroorganismen schafft die Voraussetzungen für mannigfache immunologische Reaktionen.

μ) Nucleoproteide[5, 6].

Eine Verbindung aus Nucleinsäure und einem basischen Eiweißkörper (Protamin) ist erstmals 1869 von MIESCHER aus Heringssperma als „Nuclein" gewonnen worden. Es gelang MIESCHER, die Verbindung mittels Chlornatrium zu zerlegen, wobei Protaminchlorhydrat und das Natriumsalz der Nucleinsäure entstehen.

Nucleoproteide sind die chemisch wesentlichsten Bestandteile der Zellkerne, insbesondere auch der Chromosomen, sie finden sich aber darüber hinaus überall da angehäuft, wo eine intensive Vermehrung von Eiweiß stattfindet. Nach unserer heutigen Kenntnis sind Nucleoproteide wesentlich für jede Eiweißvermehrung, für die Zellteilung und als Träger von Erbanlagen; alle zur „identischen Reproduktion" (vgl. allg. Teil, S. 681) befähigten Einheiten der Zelle, gleichgültig, ob sie dem Zellkern oder, wie die neuerdings angenommenen Plasmagene (DARLINGTON, WRIGHT, MATHER, SPIEGELMAN)[7], dem Plasma angehören, dürfen als Nucleoproteide gelten. Auch die zur Vermehrung im Wirtsorganismus befähigten Viren haben sich bisher ausnahmslos als Nucleoproteide von definiertem chemischem Aufbau erwiesen. Dasselbe scheint für die Bakteriophagen zu gelten; allerdings sind von KALMANSON und BRONFENBRENNER hochgereinigte Phagenpräparate beschrieben[8], die nahezu phosphorfrei sind. Auch eine Reihe von Fermenten bestehen aus Eiweißstoffen und nucleinsäureähnlichen prosthetischen Gruppen.

Die früher häufig vertretene Meinung, daß die Nucleoproteide Kunstprodukte seien, mag für manche mehr oder weniger undefinierte Produkte, wie sie früher präparativ dargestellt und beschrieben worden waren, zutreffen; in ihrer Verallgemeinerung ist sie sicher unrichtig. Die Nucleoproteide gehören vielmehr zu den biologisch wichtigsten hochmolekularen Bestandteilen des Organismus und sind durch spezifischen chemischen Aufbau und spezifische Funktionen gekennzeichnet.

Die Nucleinsäuren, die an anderer Stelle (BREDERECK, S. 822ff.) beschrieben sind, bestehen aus Zucker, der entweder Ribose oder Desoxyribose sein kann,

[1] SYLVÉN, B.: Acta chirurg. scand. 86, Suppl. 66, 1 (1941). — [2] HOLMGREN, H.: Z. mikroskop.-anat. Forsch. 47, 489, 501 (1940). — [3] SYLVÉN, B.: Acta radiol., Stockholm Suppl. 59, 1 (1945). — [4] Siehe u. a.: BURNET, F. M.: Lancet 1948, 7. — [5] GREENSTEIN, J. P.: Adv. Protein Chem. 1, 209 (1944). — CASPERSSON, T.: Soc. exp. Biol., Nucleic Acids. S. 127. Cambridge 1947. — [6] BOUTARIC, A.: Rev. sci. 80, 441 (1942). — [7] Vgl. LANG, A.: Fortschr. Bot. 12, 340 (1949), u. zw. S. 359ff. — [8] KALMANSON, G., and J. BRONFENBRENNER: J. gen. Physiol. 23, 203 (1939).

Purin- und Pyrimidinbasen und Phosphorsäure. Durch Vereinigung einer Purin- oder Pyrimidinbase, eines Zucker- und eines Phosphorsäurerestes werden die sog. Nucleotide gebildet; die Vereinigung von 4 Nucleotiden mit 4 verschiedenen Basen, z. B. Adenin, Cytidin, Guanin und Uridin (in der Hefenucleinsäure) oder von Adenin, Cytidin, Guanin und Thymin (in der Thymonucleinsäure) führt zu den sog. Tetranucleotiden. Die Nucleinsäuren selbst sind hochmolekulare Verbindungen, die durch eine kettenförmige Aneinanderreihung einer großen Zahl von Tetranucleotiden aufgebaut sind. Das Molekulargewicht der Thymonucleinsäure[1] liegt in der Größenordnung von 500000 bis 1000000, das der Hefenucleinsäure[2] bei etwa 20000 und das der Nucleinsäure des Tabakmosaikvirus[3] bei etwa 300000. Hefenucleinsäure würde also etwa 15, Thymonucleinsäure etwa 500 bis 1000 Tetranucleotideinheiten enthalten. Die Kettenmoleküle der Nucleinsäuren (Aufbauschema s. BREDERECK, S. 839 u. 840) zeigen bei der Röntgenstrukturanalyse eine Periode von 3,3 Å, die der Länge einer Nucleotideinheit (aber auch eines Aminosäurerestes in der gestreckten Polypeptidkette!) entspricht. Die basischen Reste stehen dabei als Seitenketten senkrecht zur Hauptvalenzkette, ähnlich wie die Reste der Aminosäuren in den Polypeptidketten des Eiweißes[4]. Die eigentlichen Nucleoproteide bestehen aus einem, häufig basischen, Eiweißstoff und einer *hochmolekularen* Nucleinsäure. Verbindungen, die lediglich einfache Nucleotide in Bindung an Eiweiß enthalten, wie z. B. die nucleotidhaltigen Atmungsfermente, sind also von den eigentlichen Nucleoproteiden scharf zu unterscheiden.

Die Nucleinsäuren und die Nucleoproteide zerfallen in zwei chemisch und funktionell streng unterschiedene Gruppen, je nachdem, ob der in ihnen enthaltene Zucker D-*Ribose* oder D-*2-Desoxyribose* ist. Ribose enthalten z. B. die Hefenucleinsäure und die Nucleinsäuren aus dem Weizenkeimling, das sog. β-Nucleoprotein des Pankreas und des Hühnerembryos sowie das Tabakmosaikvirus. Desoxyribose findet sich unter anderem im Thymusnucleoprotein und in verwandten Nucleoproteiden aus Pankreas, Leber, Milz, im Paramecin[5] usw. Die Nucleinsäuren vom Typ der Thymonucleinsäure geben die charakteristischen Farbreaktionen nach FEULGEN[6] und DISCHE[7] auf Desoxyribose, während die ribosehaltigen Nucleoproteide nur die normalen Pentosereaktionen zeigen.

Die Desoxyribose enthaltenden Nucleoproteide sind die wesentlichen Bestandteile der Chromosomen der Zellkerne, während die ribosehaltigen Nucleoproteide sowohl dem Kern wie dem Cytoplasma angehören[8].

Nucleoproteide und Nucleinsäuren sind durch ein charakteristisches Absorptionsmaximum im Ultravioletten bei 2600 Å gekennzeichnet, das von der Purin- bzw. Pyrimidinkomponente herrührt[9]. Die Denaturierung von Nucleoproteiden durch ultraviolettes Licht und die Photoinaktivierung nucleoproteidartiger Wirkstoffe, von Tabakmosaikvirus[10], Bakteriophagen[11] zeigt ein Maximum bei dieser Wellenlänge. — Physikalische Eigenschaften, Kataphorese[12].

[1] SIGNER, R., T. CASPERSSON and E. HAMMARSTEN: Nature 141, 122 (1938). — TENNENT, W. G., and C. F. VILBRANDT: Am. Soc. 65, 424 (1943). — VILBRANDT, C. F., and W. G. TENNENT: Am. Soc. 65, 1806 (1943). — [2] LORING, H. S.: J. biol. Ch. 128, LXI (1939). — KUNITZ, M.: J. gen. Physiol. 24, 15 (1940). — [3] COHEN, S. S., and W. M. STANLEY: J. biol. Ch. 144, 589 (1942). — [4] ASTBURY, W. T., and F. O. BELL: Cold Spring Harbor Symp. quant. Biol. 6, 109 (1938). — [5] WAGTENDONK, W. J. VAN: J. biol. Ch. 173, 691 (1948). — [6] FEULGEN, R., u. K. IMHÄUSER: H. 148, 1 (1925). — [7] DISCHE, Z.: Mikrochemie 8, 4 (1930). — [8] CASPERSSON, T., and J. SCHULTZ: Nature 143, 602 (1939). — CASPERSSON, T., and K. BRANDT: Protoplasma, Wien 35, 507 (1941). — [9] HEYROTH, F. F., and J. R. LOOFBOUROW: Am. Soc. 53, 3441 (1931); 56, 1728 (1934). — CASPERSSON, T.: Skand. Arch. Physiol. 73, Suppl. 8 (1936). — KÖHLER, A.: Z. wiss. Mikroskop. 21, 129, 275 (1904). — [10] HOLLAENDER, A., and B. M. DUGGAR: Proc. nat. Acad. Sci. USA. 22, 19 (1936). — [11] NORTHROP, J. H.: J. gen. Physiol. 21, 335 (1938). — [12] FRICK, G.: Biochim. biophysica Acta, N. Y. 3, 103 (1949). — GAJDUSEK, D. C.: Biochim. biophysica Acta, N. Y. 5, 397 (1950).

Die Eiweißkomponenten sind bei einem Teil der Nucleoproteide ausgesprochen basische Eiweißkörper: im Fischsperma die extrem basischen, relativ einfach zusammengesetzten, niedermolekularen Protamine oder z. B. im Thymonucleoproteid und verwandten Nucleoproteiden[1] die schon weniger basischen, hochmolekularen Histone. Die Verbindung der beiden Komponenten scheint in diesem Falle salzartiger Natur zu sein; sie kann durch Behandlung mit Kochsalz (s. o.), Dialyse oder Denaturierung der Proteinkomponente[2] zerlegt werden. In anderen Fällen, so bei den Nucleoproteiden der Leber und bei den Viren ist die Eiweißkomponente nicht ausgesprochen basisch. Die Bindung von Eiweiß und Nucleinsäure scheint in diesem Falle bedingt durch spezifische Valenzkräfte und durch den nativen Zustand der Eiweißkomponente wesentlich fester zu sein.

Nicht selten sind an dem Aufbau noch Lipoidkomponenten beteiligt, so z. B. im Lebernucleoprotein[3, 4] und in einer Reihe von Virusarten[5]. Es handelt sich in diesen Fällen also um Nucleolipoproteide.

Die Nucleinsäuren aus Thymus und Tabakmosaikvirus weisen ausgesprochen langgestreckte Molekülgestalt auf (Länge bei Thymonucleinsäure etwa 4500 Å, bei Tabakmosaikvirus etwa 700 Å, Durchmesser in beiden Fällen 15 bis 20 Å)[6]. Der langgestreckten Molekülgestalt entspricht hohe Strömungsdoppelbrechung. Das Nucleoproteid selbst ist im Falle des Tabakmosaikvirus gleichfalls langgestreckt (Länge 6000 bis 7000 Å, Dicke 150 Å), beim Thymonucleoproteid aber ziemlich symmetrisch gebaut (keine wesentliche Strömungsdoppelbrechung). Es ist also nicht ohne weiteres klar, in welcher Weise das langgestreckte Molekül der Thymonucleinsäure aus dem Thymonucleoproteid hervorgeht, dessen Länge zu 1548 Å und dessen Dicke zu 43 Å errechnet wurde.

Bei Einwirkung gewisser Gewebsextrakte auf Thymonucleinsäure nehmen Viscosität und Strömungsdoppelbrechung[7] allmählich ab; dies ist auf die Einwirkung eines Enzyms, der sog. Ribonucleodepolymerase zurückzuführen (vgl. S. 841), die das langgestreckte Nucleinsäuremolekül zu kürzeren Einheiten aufspaltet. Ribonucleodepolymerase ist auch krystallisiert erhalten worden. Das Vorkommen des Enzyms in *Serum* ist auf die Nagetiere beschränkt.

Native Nucleinsäure reagiert mit nativem Protein; doch ist die Art der Vereinigung nicht endgültig bekannt. Daß zwischen Salzen der Nucleinsäure und nativen Proteinen, z. B. Serumproteinen, eine wenig dissoziierte Verbindung entsteht, ergibt sich aus der starken Verminderung von Viscosität und Strömungsdoppelbrechung, welche das Nucleinat in Gegenwart von Serumeiweiß erfährt[8], ferner aus Messungen des osmotischen Druckes[9] und Kataphoreseversuchen[10]. Denaturiertes Eiweiß reagiert mit Nucleinaten nicht[8]; beim Denaturieren des Komplexes aus Eiweiß und Nucleinsäure wird die letztere unter Wiederherstellung ihrer hohen Viscosität und Strömungsdoppelbrechung frei[3, 11].

[1] Vgl. dazu STEDMAN, E., and E. STEDMAN: Soc. exp. Biol., Nucleic Acids. S. 232, Cambridge 1949. — [2] SEVAG, M., D. B. LACKMAN and J. SMOLENS: J. biol. Ch. 124, 425 (1938). — SIGNER, R., u. H. SCHWANDER: Helv. 32, 855 (1949). — [3] GREENSTEIN, J. P., and V. W. JENRETTE: J. nat. Cancer Inst. 1, 91 (1940). — [4] GREENSTEIN, J. P., V. W. JENRETTE and J. WHITE: J. nat. Cancer Inst. 2, 305 (1941). — [5] CLAUDE, A.: Science, N. Y. 91, 77 (1940). — SMADEL, J. E., and C. L. HOAGLAND: Bact. Rev. 6, 79 (1942). — TAYLOR, A. R., D. G. SHARP, D. BEARD and J. W. BEARD: J. infect. Dis. 71, 110, 115 (1942). — POLLARD, A.: Brit. J. exp. Path. 20, 429 (1939). — SHEMIN, D., and E. E. SPROUL: Cancer Res. 2, 514 (1942). — [6] GULLAND, J. M.: Cold Spring Harbor Symp. quant. Biol. 12, 98 (1947). — KAHLER, H.: J. physic. Colloid Chem. 52, 207 (1948). — [7] GREENSTEIN, J. P.: J. nat. Cancer Inst. 1, 845 (1941); 2, 357 (1942). — [8] GREENSTEIN, J. P., and V. W. JENRETTE: Cold Spring Harbor Symp. quant. Biol. 9, 236 (1941). — [9] GREENSTEIN, J. P.: J. biol. Ch. 150, 107 (1943). — [10] STENHAGEN, E., and T. TEORELL: Trans. Faraday Soc. 35, 743 (1939). — [11] COHEN, S. S., and W. M. STANLEY: J. biol. Ch. 144, 589 (1942). — GREENSTEIN, J. P., and V. W. JENRETTE: Cold Spring Harbor Symp. quant. Biol. 9, 236 (1941). — LAUFFER, M. A., and W. M. STANLEY: Arch. Biochem. 2, 413 (1943). — BAWDEN, F. C., and N. W. PIRIE: Biochem. J. 34, 1258, 1278 (1940).

Alle Eiweißkörper, auch Eier- oder Serumalbumin, bilden unlösliche Salze mit Nucleinsäuren in p_H-Gebieten, in denen das Eiweiß als Kation und die Nucleinsäure als Anion vorliegt. Praktische Anwendung für die Isolierung des Gärungsenzyms durch Kubowitz[1].

Nucleoproteide, im wesentlichen die der Desoxypentosegruppe, sind der wesentliche Bestandteil des durch basische Farbstoffe spezifisch anfärbbaren Bestandteils der Zellkerne, der von Flemming als Chromatin bezeichnet wurde[2]. Daß dieser Bestandteil den Chromosomen angehört, ist in neuerer Zeit durch direkte Isolierung endgültig bewiesen worden[3]. Wahrscheinlich sind auch die Nucleinsäuren des Cytoplasmas nicht frei gelöst, sondern in irgendwie geformten Elementen gebunden[4].

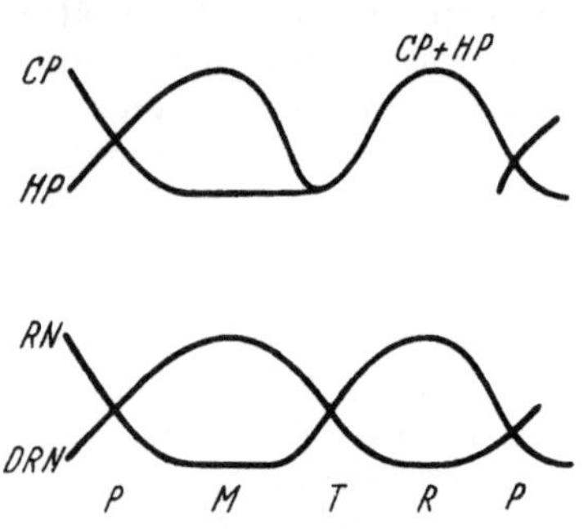

Abb. 79. Schema der Veränderungen während der mitotischen und interkinetischen Phasen der Kernelemente. *P* Prophase; *M* Metaphase; *T* Telophase; *R* Ruhephase; *HP* Protein vom Histontypus; *CP* Protein vom Komplextypus; *RN* Pentose-Nucleinsäure; *DRN* Desoxypentose-Nucleinsäure. [Nach Caspersson, T.: Chromosoma, Berlin 1, 562 (1940).]

Embryonale Zellen sind nach den Feststellungen von Caspersson besonders reich an den dem Cytoplasma angehörenden Pentosenucleinsäuren[5], die an einen Eiweißkörper von Histontypus gebunden sind. Entsprechendes gilt für Tumorzellen[6] sowie für rasch wachsende oder sekretionsaktive Zellen, z. B. in Pankreas, Magenschleimhaut und Speicheldrüsen[7]. Der Zellkern embryonaler oder rasch wachsender Zellen ist verhältnismäßig arm an Nucleinsäuren[8].

In den Zellen erwachsener Säugetiere dagegen ist der größte Teil der Nucleinsäuren im Kern enthalten. Der Nucleinsäuregehalt dieser Zellen geht parallel mit dem relativen Anteil des Zellkerns am Zellvolumen[9].

Die Nucleinsäuren des Zellkerns erfahren charakteristische Veränderungen während der Kernteilung. In der Prophase beginnt eine Anhäufung der Nucleinsäuren in den Chromosomen, die ein Maximum in der Metaphase erreicht und in der Telophase weitgehend verschwindet[10]. Die Nucleinsäure gehört dem Desoxyribosetypus an. Im ruhenden Zellkern fehlt Desoxypentosenucleinsäure, dagegen ist Ribosenucleinsäure in hoher Menge vorhanden[11]. Das Chromatin der Gene (Euchromatin) besteht lediglich aus Desoxypentose-Nucleoproteid, das sog. Heterochromatin des ruhenden Kerns aus Pentose-Nucleoproteid[12].

---

[1] Kubowitz, F., u. P. Ott: B. Z. **314**, 94 (1943). — [2] Flemming, W.: Zellsubstanz, Kern und Zellteilung. Leipzig 1882. — [3] Claude, A., and J. S. Potter: J. exp. Med. **77**, 345 (1943). — Dounce, A. L.: J. biol. Ch. **151**, 221, 235 (1943). — Feulgen, R., M. Behrens and S. Mahdihassan: H. **246**, 203 (1937). — [4] Claude, A.: Cold Spring Harbor Symp. quant. Biol. **9**, 263 (1941). — Menke, W.: Naturwiss. **28**, 158 (1940). — Caspersson, T., and K. Brandt: Protoplasma **35**, 507 (1941). — Du Buy, H. G., and M. W. Woods: Phytopathology **33**, 766 (1943). — [5] Caspersson, T., and B. Thorell: Chromosoma, Berlin **2**, 132 (1941). — Caspersson, T., and J. Schultz: Nature **143**, 602 (1939). — Caspersson, T.: Naturwiss. **24**, 108 (1936); **29**, 33 (1941). — [6] Greenstein, J. P., and J. W. Thompson: J. nat. Cancer Inst. **4**, 271 (1943). — [7] Kossel, A.: H. **7**, 7 (1882/83). — Javallier, M., et H. Allaire: Bull. Soc. Chim. biol. **9**, 772 (1927). — Javillier, M., A. Crémieu et H. Hinglais: Bull. Soc. Chim. biol. **10**, 327, 338 (1928). — Javillier, M., et A. Crémieu: Bull. Soc. Chim. biol. **11**, 644 (1929); **13**, 678 (1931). — [8] Caspersson, T., H. Landstrøm-Hyden and L. Aquilonius: Chromosoma, Berlin **2**, 111 (1941). — [9] Greenstein, J. P.: J. nat. Cancer Inst. **4**, 55 (1943). — [10] Caspersson, T.: Skand. Arch. Physiol. **73**, Suppl. 8 (1936). — [11] Caspersson, T., and J. Schultz: Proc. nat. Acad. Sci. USA. **26**, 507 (1940). — Painter, T. S., and A. N. Taylor: Proc. nat. Acad. Sci. USA. **28**, 311 (1942). — [12] Caspersson, T., and J. Schultz: Proc. nat. Acad. Sci. USA. **26**, 507 (1940). — Caspersson, T., J. Schultz and L. Aquilonius: Proc. nat. Acad. Sci. USA. **26**, 515 (1940). — Painter, T. S., and A. N. Taylor: Proc. nat. Acad. Sci. USA. **28**, 311 (1942). — Vgl. auch Mirsky, A. E.: Adv. Enzymol. **3**, 1 (1943).

Parallel mit den Nucleinsäuren verändern sich Eiweißkörper in einer Art, die an die Vorstellungen KOSSELs über den Umbau der Eiweißkörper während der Geschlechtsreife der Fische erinnert[1] (s. a. S. 716/17). In der Prophase beginnt eine Umwandlung des nichtbasischen Proteins in ein Protein vom Histontypus. Sie ist in der Metaphase vollzogen; in der Telophase verwandeln sich gleichzeitig mit dem Verschwinden des Euchromatins die Chromatine vom Histontyp in die vom zusammengesetzten Typ zurück. Die geformten Elemente, also das Heterochromatin und die Nucleoli, enthalten aber Protein vom Histontypus[2].

Träger der Erbanlagen scheinen die aus Desoxyribo-nucleinsäure und histonartigem Eiweiß aufgebauten Nucleinsäuren der Chromosomen zu sein. Für die Vermehrung von Eiweiß scheinen dagegen die aus Ribonucleinsäure und nicht basischen komplexen Eiweißstoffen aufgebauten Nucleoproteide des Plasmas und der Kerne verantwortlich zu sein[3].

γ) Viren [4, 7].

Die Sonderstellung, welche die als Viren bezeichneten Krankheitserreger im biologischen Geschehen einnehmen, ist von der grundsätzlichen Seite schon im allgemeinen Teil skizziert worden (s. S. 680). Von der Mehrzahl der typischen Eiweißkörper sind die Viren abgrenzbar durch ihre Fähigkeit, sich im Wirtsorganismus zu vermehren (ein Merkmal, das sie mit den Genen und anderen zur identischen Reduplikation befähigten Einheiten des Zellkerns und des Plasmas gemeinsam haben). Von den Bakterien werden sie abgegrenzt durch ihre Unfähigkeit, sich in künstlichen Nährböden zu vermehren und durch ihre geringe Größe, die sie instand setzt, feinporige bakteriendichte Filter zu durchdringen, sowie durch das Fehlen der Zellstruktur, insbesondere der für Pflanzenzellen charakteristischen, bei den als Übergangsglied zu den Bakterien betrachteten Rickettsien aber bereits vorhandenen[5] Zellmembran (vgl. jedoch S. 680). Das Passieren bakteriendichter Filter wurde bereits 1892 von IWANOWSKI nachgewiesen, der aber die verbliebene Infektiosität auf einen Giftstoff oder Materialfehler zurückführte, also das Virus als Agens nicht erkannte. Dieser Befund blieb LÖFFLER und FROSCH[6] wenige Jahre später bei dem Virus der Maul- und Klauenseuche vorbehalten.

Eine feste Systematik der Viren ist bis heute noch nicht aufgestellt. Man unterscheidet zwischen den Euviren (TROLL[7]) oder makromolekularen Viren (RUSKA[8, 9]), die in Krystallform erhältlich[10] und als Nucleoproteide von sehr hohem Molekulargewicht aufzufassen sind, und den großen oder organisierten Virusarten[8, 9] oder Pseudoviren[7], die den primitivsten bekannten Organismen nahestehen. Eine solche Einteilung rechtfertigen auch die äußere Form und die

[1] JAVALLIER, M., et A. CRÉMIEU: Bull. Soc. Chim. biol. 10, 338 (1928). — [2] CASPERSSON, T.: Chromosoma. Berlin 1, 562 (1940). — MIRSKY, A. E. and H. RIS: J. gen. Physiol. 31, 7 (1947). — [3] CLAUDE, A.: Trans. N. Y. Acad. Sci. 4, 79 (1942). — BRACHET, J.: Un Symposium sur les Proteines, S. 123. Lüttich 1946. Arch. Biol., Paris 53, 151, 167 (1940). — CASPERSSON, T.: Symp. Soc. exp. Biol. 1, 137 (1947). — SCHMIDT, G., L. HECHT and S. THANNHAUSER: J. gen. Physiol. 31, 203 (1948). — BOIVIN, A., R. VENDRELY et C. VENDRELY: Cr. 226, 1061 (1948). — JEENER, R.: Biochim. biophysica Acta, N. Y. 2, 439 (1948). — JEENER, R., and D. SZAFARZ: Arch. Biochem. 26, 54 (1950). — [4] Vgl. z. B. Handb. Virusforsch. (DOERR-HALLAUER) 1939, 1944, 1950. — SCHÄFFNER, A., u. H. J. JAKOWATZ: Handb. Katalyse (SCHWAB) 3, 506 (1941). — BIOVIN, A.: Bacteries et Virus. 2. Aufl. Paris 1947. — McLAREN, A. D.: Adv. Enzymol. 9, 75 (1949). — LAUFFER, M. A., W. C. PRICE and A. W. PETRE: Adv. Enzymol. 9, 171 (1949). — RUSKA, H.: Virus. Potsdam 1950. — [5] EYER, H., u. H. RUSKA: Z. Hyg. 1943. — [6] LÖFFLER, F., u. FROSCH: D. m. W. 1898, 90. — [7] TROLL, W.: Das Virusproblem in ontologischer Sicht. Wiesbaden 1951. — [8] RUSKA, H.: Arch. Virusforsch. 2, 480 (1943). Scientia, Milano 37, 16 (1943). — Vgl. auch BOIVIN, A., J. CALLOT, R. TULASNE et R. VENDRELY: Cr. 228, 1463 (1949). — [9] BORRIES, B. v.: Die Übermikroskopie. S. 331. Aulendorf 1949. — [10] STANLEY, W. M.: Science, N. Y. 81, 644 (1935).

morphologische Differenzierung (Abb. 80 und 81) sowie die Größe (Tabelle 140, S. 773). Vielfach gebräuchlich ist auch eine Unterscheidung in tier- und pflanzenpathogene Viren, von denen die letzteren ausnahmslos den Euviren zuzurechnen

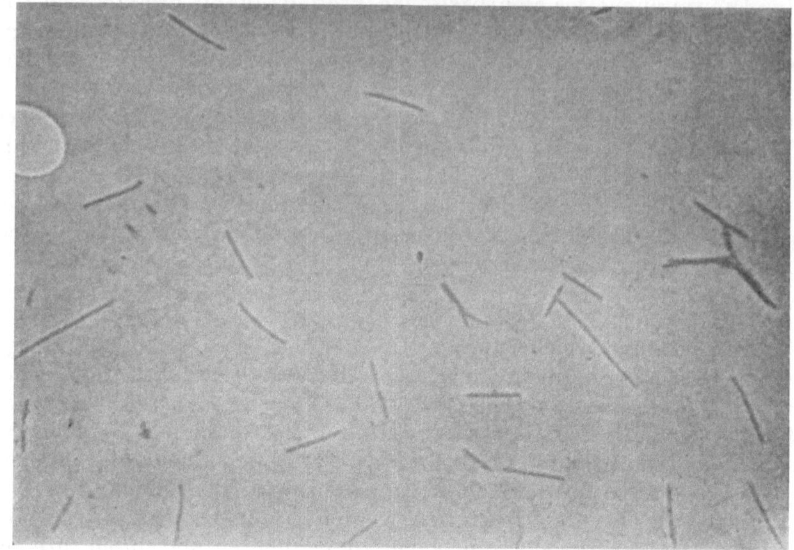

Abb. 80. Tabakmosaikvirusprotein, el. opt. 23000:1; Abb. 30000:1 (nach G. A. Kausche, E. Pfankuch und H. Ruska, 1941).

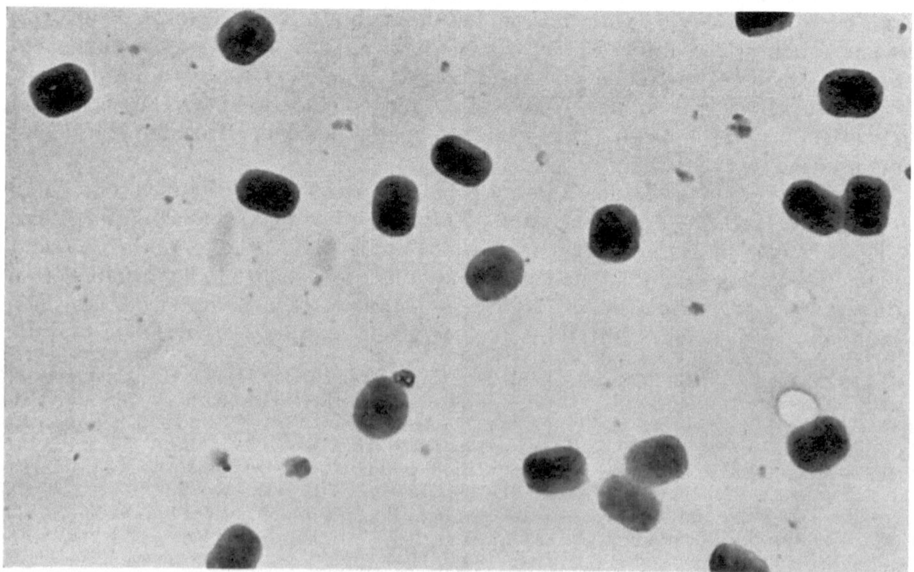

Abb. 81. Virus des Molluscum contagiosum, el. opt. 13000:1; Abb. 30000:1 (nach H. Ruska, 1941).

sind. Dazu kommen die Bakteriophagen, die eine Sonderklasse bilden. Die Nomenklatur hält sich im großen und ganzen an die bei Pflanzen bzw. Tieren hervorgerufenen Krankheiten[1] (z. B. Tabakmosaikvirus, Tabaknekrosevirus; Pockenvirus, Psittakosevirus usw.). Zur Erzeugung dieser Krankheiten genügen

---

[1] Handb. Virusforsch. s. Fußnote [4] S. 771.

oft unerhört kleine Mengen des Virus, so bei Shope-Papillom[1] des Kaninchens 10^{-8} g, bei Kaninchenmyxom[2] sogar $7 \cdot 10^{-16}$ g. Auch eine Spontanentstehung von Virusinfektionen ist beschrieben, so bei der Polyederkrankheit der Seidenspinnerraupen[3] oder bei der Erzeugung von zellfrei übertragbaren Sarkomen durch Teerpinselung bei Hühnern[4], ein Versuch der von großem Interesse für die Möglichkeit der Beteiligung von Viren an der Entstehung der Krebsgeschwülste an sich ist. Näheres über Viruskrankheiten, Biologie der Viren usw. siehe [5] und Bd. 2, Viren.

Die Anreicherung und Isolierung kann grundsätzlich nach den bei Proteinen allgemein üblichen Methoden geschehen, also durch Aussalzung mit Ammonsulfat (Tabakmosaikvirus[6]; Maul- und Klauenseuchevirus[7]; Bakteriophagen), durch Fällung mit Alkohol (Tabakmosaikvirus[8], Tabaknekrosevirus[9]) oder mit Aceton (Maul- und Klauenseuchevirus[10]), aber auch durch Bildung von Präcipitaten mit ihren Antikörpern, welch letztere dann durch proteolytische Fermente abgebaut werden können, wobei das fermentresistente Virus vollaktiv zurückbleibt (Tabakmosaikvirus[11]). Als besonders leistungsfähige physikalische Abtrennungsverfahren sind Ultrazentrifugieren und Elektrophorese zu nennen. Die durch hohes Molekulargewicht ausgezeichneten Viren sind durch Ultrazentrifugieren von den leichten Gewebeproteinen zu trennen, ein Verfahren, das besonders bei hochempfindlichen tierischen Viren, die zum Teil eine chemische Fällung nicht vertragen, zu empfehlen ist (Encephalomyelitisvirus der Maus[12] u. a.). Die so isolierten Euviren sind weitgehend homogene Proteine, wie die Schärfe ihrer Sedimentationsgrenzen beweist. So konnte aus dem Shope-Papillom des Kaninchens ein Protein gewonnen werden, dessen Einheitlichkeit auch durch Elektrophorese und Diffusion gesichert wurde[13]. Auch das aus den Aphthen maul- und klauenseuchekranker Rinder durch wiederholtes Ultrazentrifugieren dargestellte

Tabelle 140. Ungefähre Abmessungen einiger Viren[14].

Virus	Durchmesser in mμ
Maul- und Klauenseuchevirus	10
Polyedervirus der Insekten	10
Tabaknekrosevirus	16
Tabakringfleckenvirus	19
Louping Ill-Virus	19
Hühnerpestvirus	20
Gelbfiebervirus	22
Poliomyelitisvirus	25
Bushy-Stunt-Virus	26
Rifttalfiebervirus	30
Kaninchenpapillomvirus	44
T_3-Bakteriophage (coli)	45
Pferde-Encephalomyelitis-Virus	50
T-Bakteriophage (Staphylokokken)	100
Influenzavirus	115
Herpes simplex-Virus	160
Psittacosisvirus	450
Tabakmosaikvirus (Dicke bzw. Länge)	15, 280

[1] BEARD, J. W., and R. W. G. WYCKOFF: Science, N. Y. 85, 201 (1937). — [2] SCHRAMM, G.: Naturwiss. 28, 223 (1940). — [3] YAMAFUJI, K., K. SO u. T. KITANO: B. Z. 315, 411 (1943). — [4] MCINTOSH, J.: Brit. J. exp. Path. 14, 422 (1933). — [5] Handb. Virusforsch. (DOERR-HALLAUER) 1939. — Vgl. auch SCHRAMM, G.: Fortschr. Chem. org. Naturstoffe 4, 87 (1945). — ROLLE, M.: Mikrobiologie und allgemeine Seuchenlehre. Stuttgart 1949. — HOLMES, F. O.: The Filterable Viruses (Suppl. Nr. 2, BERGEY's Manual of Determinative Bacteriology). 6. Aufl. London 1948. — LOEWE, H.: Pharmazie 4, 537 (1949). — [6] MELCHERS, G., G. SCHRAMM, H. TRURNIT u. H. FRIEDRICH-FREKSA: Biol. Zbl. 60, 524 (1940). — STANLEY, W. M.: Ergebn. Physiol. 39, 294 (1937). — [7] JANSSEN, L. W.: Z. Hyg. 119, 558 (1937). — HOBOHM, K. O.: Zbl. Bakteriol. Orig. I, 146, 139 (1940). — [8] BAWDEN, F. C., and N. W. PIRIE: Proc. R. Soc. London (B) 123, 274 (1937). — [9] PIRIE, N. W., K. M. SMITH, E. T. C. SPOONER and W. D. MACCLEMENT: Parasitolgy 30, 543 (1938). — [10] HOBOHM, K. O.: l. c. [7]). — [11] BAWDEN, F. C., and N. W. PIRIE: Proc. R. Soc. London (B) 123, 274 (1937). Brit. J. exp. Path. 18, 275 (1937). — [12] GARD, S., and K. O. PEDERSEN: Science, N. Y. 94, 493 (1941). — [13] BEARD, J. W., and R. W. G. WYCKOFF: Science, N. Y. 85, 210 (1937). — [14] Nach STANLEY, W. M.: Chem. engng. News 25, 3786 (1947).

Maul- und Klauenseuchevirus ist einheitlich[1]. Besonders Untersuchungen an Tabakmosaikvirus und ihm nahestehenden ähnlichen phytopathogenen Viren zeigten deren Einheitlichkeit[2].

Wie bei den Eiweißstoffen (vgl. S. 644) dient die Ultrazentrifuge auch zur Ermittlung des Molekular- bzw. Teilchengewichts der Viren (s. Tabelle 141). Über Gestalt und Teilchengröße der Viren geben Ultrafiltration, Diffusions- und Röntgenmessungen sowie in erster Linie die Elektronenmikroskopie Aufschluß[3] (vgl. hierzu auch Allg. Teil, S. 661), und Bd. 2, Viren.

Besonders eingehend untersucht ist der strukturelle Feinbau des Tabakmosaikvirus, des ersten und klassischen Vertreters der Euviren, der von STANLEY[4] 1935 in krystallisierter Form isoliert und von KAUSCHE, PFANKUCH und RUSKA[5] als erstes definiertes Makromolekül im Elektronenmikroskop sichtbar gemacht und eingehend untersucht wurde. In der Folge haben die Röntgenbefunde von BERNAL und FANKUCHEN[6] und die Spaltungsversuche von SCHRAMM[7] weitgehende Klärung über den Aufbau gebracht (vgl. dazu S. 679f.).

Tabelle 141. Sedimentationskonstanten und Molekulargewichte einiger Viren[14].

Virus	S_{20}	Molekulargewicht
Polyederviren der Insekten	10	$3 \cdot 10^5$
Maul- und Klauenseuchevirus . . .	17	$4 \cdot 10^5$
Tabakringfleckenvirus	115	$3,4 \cdot 10^6$
Bushy-Stunt-Virus	—	$2,4 \cdot 10^7$
Tabakmosaikvirus[15]	175	$4,01 \cdot 10^7$
Kaninchenpapillomvirus	280	$4,7 \cdot 10^7$
Encephalomyelitisvirus der Maus .	160	$5,2 \cdot 10^7$
Bakteriophagen (unbezeichnet) . .	650	$3 \cdot 10^8$
Virus der klassischen Geflügelpest[16] .		$4 \cdot 10^8$
Virus der atypischen Geflügelpest[16] .		$8 \cdot 10^8$
Infektiöses Polyederprotein		etwa 10^9
Paschen-Körperchen (Kuhpocken) .	5000	$2,3 \cdot 10^9$

Mutanten des Kartoffel-X-Virus und des Tabakmosaikvirus konnten durch Erwärmen von virushaltigem Pflanzensaft erzielt werden[8, 9]. Ebenso konnten nach Röntgenbestrahlung von lebenden viruskranken Tabakpflanzen Varianten des Tabakmosaikvirus nachgewiesen werden[10]. Auch bei Bestrahlung gesunder Blätter und nachträglicher Infektion treten solche Mutanten auf[11]. Die Einwirkung von Strahlen, z. B. Ultraviolett-[12] oder Röntgenstrahlen[13] auf isolierte Viren scheint mit einer der Strahlendosis proportionalen Inaktivierung verbunden zu sein; Mutationen konnten dagegen bei Bestrahlung reiner Virusproteine außerhalb der Wirtszelle nicht beobachtet werden.

Eine gute Möglichkeit Mutanten von einander zu unterscheiden, ist die Prüfung ihrer elektrophoretischen Wanderungsgeschwindigkeit, die für jedes Virus

[1] JANSSEN, L. W.: Naturwiss. **29**, 102 (1941). — [2] STANLEY, W. M.: J. biol. Ch. **140**, 70 (1941). Ann. Rev. **9**, 545 (1940). — PIRIE, N. W.: Ann. Rev. **15**, 573 (1946). — [3] RUSKA, H.: Handb. Virusforsch. (DOERR-HALLAUER) 1950. — BORRIES, B. v.: Die Übermikroskopie. Aulendorf 1949. Dort weitere Literatur. — Vgl. auch SCHRAMM, G.: Fortschr. Chem. org. Naturstoffe **4**, 87 (1945). — [4] STANLEY, W. M.: Science, N. Y. **81**, 644 (1935). — [5] KAUSCHE, G. A., E. PFANKUCH u. H. RUSKA: Naturwiss. **27**, 292 (1939). — [6] BERNAL, J. D., and J. FANKUCHEN: J. gen. Physiol. **25**, 111, 147 (1941). — [7] SCHRAMM, G.: Chemie **56**, 11 (1943). Z. Naturforsch. **2**b, 112, 249 (1947). — [8] KÖHLER, E.: Arch. Virusforsch. **1**, 46 (1939). — [9] McKINNEY, H. H.: J. Heredity **28**, 51 (1937). — [10] PFANKUCH, E., G. A. KAUSCHE u. H. STUBBE: B. Z. **304**, 238 (1940). — [11] KAUSCHE, G. A., u. H. STUBBE: Naturwiss. **28**, 824 (1940). — [12] HOLLAENDER, A., and B. M. DUGGER: Proc. nat. Acad. Sci. USA. **22**, 19 (1936). — OSTER, G., and A. D. McLAREN: J. gen. Physiol. **33**, 215 (1950). — [13] Vgl. z. B. GOWEN, J. W., and W. C. PRICE: Science, N. Y. **84**, 536 (1936). — OPATOWSKI, I.: J. gen. Physiol. **33**, 171 (1949). — [14] Nach SCHRAMM, G.: Fortschr. Chem. org. Naturstoffe **4**, 87 (1945). — [15] SCHRAMM, G., u. G. BERGOLD: Z. Naturforsch. **2**b, 108 (1947). — [16] SCHÄFER, W., u. G. SCHRAMM: Z. Naturforsch. **5**b, 91 (1950).

charakteristisch ist. So konnten BERGOLD und SCHRAMM[1] die Polyederviren von Schwammspinner-, Nonnen- und Seidenspinnerraupen voneinander abgrenzen. Auch in der p_H-Abhängigkeit der elektrophoretischen Beweglichkeit zeigen sich kennzeichnende Unterschiede[2, 3] zwischen Tabakmosaikvirus und dessen Varianten. So weist z. B. eine Mutante (flavum) eine Beweglichkeitskurve auf, die gegenüber der des gewöhnlichen Tabakmosaikvirus (Marmor tabaci var. vulgare) ins alkalische Gebiet verschoben erscheint (isoelektrischer Punkt 3,7 gegen 3,5 bei Tabakmosaikvirus), woraus auf Zunahme basischer bzw. auf Abnahme saurer Gruppen gegenüber dem Ausgangsprotein geschlossen werden kann. Versuche dieser Art scheinen zu zeigen, daß verschiedene Teile des Moleküls unabhängig voneinander mutieren können. Dies steht in Übereinstimmung

Tabelle 142. Aminosäurezusammensetzung einiger
phytopathogenen Viren[4].

Aminosäure	Tabak-mosaik-virus	Gelbes Aucuba-virus	Grünes Aucuba-virus	Holmes Ribgrass-virus	Holmes masked-virus	J 14 D 1 Virus	Gurken-virus 3	Gurken-virus 4
Glykokoll. . . .	2,1	2,0	2,1	1,5	1,9	2,1	1,4	1,7
Alanin	4,8	4,8	4,8	6,1	4,9	4,5	—	5,8
Valin	6,6	6,6	6,3	4,5	6,5	6,4	6,3	6,4
Leucin	6,0	6,0	5,9	5,8	6,0	6,0	6,0	6,0
Isoleucin	4,2	3,7	3,7	3,8	4,3	4,2	3,5	3,0
Phenylalanin . .	4,3	4,3	4,2	2,8	4,3	4,3	5,1	5,0
Tyrosin	1,7	1,7	1,7	3,1	1,8	1,8	1,8	1,8
Tryptophan . .	1,7	1,7	1,7	1,2	1,8	1,8	0,4	0,4
Threonin	6,4	6,5	6,7	5,3	6,5	6,5	4,5	4,5
Glutaminsäure .	6,5	6,5	6,6	8,9	6,6	6,0	3,7	3,7
Asparaginsäure .	8,6	8,8	8,7	8,0	8,6	8,5	—	8,3
Prolin	4,3	4,2	4,3	4,0	4,3	4,0	—	4,2
Oxyprolin . . .	+	—	—	—	—	—	—	—
Serin	5,8	5,7	5,6	4,6	5,6	5,5	7,5	7,5
Cyst(e)in	0,5	0,4	0,4	0,5	0,5	0,4	0	0
Methionin . . .	0,0	0	0	1,2	0	0	0	0
Arginin	18,3	20,5	20,4	18,5	18,3	18,6	17,5	17,6
Histidin	0,0	0,0	0,0	1,2	0,0	0,0	0,0	0,0
Lysin	1,6	1,7	1,7	1,7	1,7	2,3	2,9	2,8
Ammoniak . . .	8,0	—	—	—	—	—	—	—
Summe	91,4	85,1	84,8	82,7	83,6	82,9	60,6	78,7

mit den serologisch erhaltenen Ergebnissen an Kartoffel-X-Virus, bei dem SALAMAN[5] 5 verschiedene Antigengruppen differenzieren konnte, die unabhängig voneinander zu den verschiedenen Stämmen kombinieren können.

Mit der Mutation sind experimentell gesicherte — meist geringe — Änderungen der Aminosäurezusammensetzung verbunden, die jeweils nur einen kleinen Teil der Aminosäuren betreffen. So zeichnen sich die in Tabelle 142 aufgeführten nahe verwandten Virusarten durch einen hohen Argininingehalt aus, während Methionin und Histidin bei allen, ausgenommen dem Ribgrassvirus, fehlen. Auch die Phosphormenge ist bei allen dieselbe (0,52—0,56%)[6], was darauf schließen läßt, daß bei den Mutationen weniger der Nucleinsäure- als der Proteinteil verändert wird.

[1] BERGOLD, G., u. G. SCHRAMM: Biol. Zbl. 62, 105 (1942). — [2] Siehe Fußnote[10] S. 774. — [3] SCHRAMM, G., u. L. REBENSBURG: Naturwiss. 30, 48 (1942). — [4] Nach LUGG, J. W. H.: Adv. Protein Chem. 5, 229 (1949). — [5] SALAMAN, M. H.: Proc. R. Soc. London (B) 229, 137 (1938). — [6] KNIGHT, C. A., and W. M. STANLEY: J. biol. Ch. 141, 39 (1941). — Vgl. auch KNIGHT, C. A.: J. biol. Ch. 171, 297 (1947).

Das Wesentliche des chemischen Aufbaus bleibt erhalten, ebenso — wie durch Röntgenuntersuchungen festgestellt wurde — die Struktur des Krystallgitters.

Während in den organisierten Virusarten Desoxyribonucleinsäuren angetroffen werden[1], enthalten die Euviren ausschließlich Ribonucleinsäure. Tabakmosaikvirus selbst enthält nach STANLEY[2] 5,8% Ribonucleinsäure, die am Aufbau des Virusmoleküls beteiligt ist[3] und die (im Gegensatz zu anderen Nucleoproteiden) fest gebunden zu sein scheint[4]. Da sie enzymatisch spaltbar ist, ohne daß das Proteinmolekül zerfällt, sitzt sie wahrscheinlich an der Oberfläche des Eiweißgerüstes[5], und zwar liegen, wie Untersuchungen mit polarisiertem ultraviolettem Licht zeigten[6], die Nucleinbausteine ebenso wie die aromatischen Aminosäuren quer zur Längsachse. Während SSUCHOW[7] die Ansicht vertritt, daß sich das Tabakmosaikvirus die Nucleinsäure aus den Nucleoproteiden des Protoplasmas der Wirtszelle holt, was zu pathologischen Gewebeveränderungen in dieser führt, schließt SCHRAMM[8] aus Versuchen mit Radiophosphor, daß sich das Tabakmosaikvirus wahrscheinlich nicht aus den Nucleoproteiden des Wirtes sondern unmittelbar aus einfachen Phosphorverbindungen aufbaut.

Der Mutation nahe verwandt scheint die Virulenzminderung bei wiederholter Passage über artfremde Wirte. Von ihr hat schon PASTEUR Gebrauch gemacht, dem es durch wiederholte Passagen über Kaninchengehirn gelang, das tödliche „Virus des rues" in das als Impfstoff gegen Tollwut geeignete „Virus fixe" umzuwandeln. Ebenso bilden offenbar Kuh- und Menschenpocken natürliche Mutanten; die Beobachtung, daß Melker, die sich mit Kuhpocken infiziert hatten, eine gewisse Immunität gegen die echten Pocken aufwiesen, war für JENNER der Ausgangspunkt für seine bahnbrechende Vaccinebehandlung.

Ein ausgesprochenes Vermehrungsstadium (wie den Teilungsvorgang bei Bakterien) hat man, im Gegensatz zu höheren Viren, bei denen Teilungsvorgänge beschrieben sind[9], einwandfrei noch bei keinem Viruskrystall beobachtet[10] und man versucht zur Erklärung der Virusvermehrung den Vorgang der identischen Reproduktionen heranzuziehen (vgl. Allg. Teil, S. 681, s. auch [11]). Die freien Aminogruppen scheinen an der Vermehrung nicht beteiligt zu sein, da SCHRAMM[12] diese mit Keten acetylieren konnte, ohne daß die Vermehrungsfähigkeit darunter gelitten hätte, während längere Einwirkung von Keten, bei der auch die phenolischen Hydroxylgruppen acetyliert werden, zu einem fast vollständigen Verlust der Wirksamkeit führt[13]. Von größerer praktischer Bedeutung ist die Umsetzung von Virusprotein mit Formaldehyd, die für die Vaccineherstellung wichtig ist. Vermutlich wird hier der Formaldehyd an die freien Aminogruppen und an den Indolring des Tryptophans angelagert[14]. Eine Rolle spielt natürlich, wie bei jeder Vermehrung[15], die in allen Virusproteinen vorhandene Nucleinsäure.

Als Sondergruppe der (phytopathogenen) Viren stellen sich die *Bakteriophagen*[16] dar, welche spezifisch bakterienauflösend wirken, also bakterienpathogene Viren

[1] Vgl. HAUROWITZ, F.: Chemistry and Biology of Proteins. New York 1950, u. zwar S. 338. — [2] STANLEY, W. M.: Virus Diseases. S. 35. Ithaca 1943. — [3] PFANKUCH, E.: B. Z. **306**, 125 (1940). — [4] BORN, H. J., A. LANG, G. SCHRAMM u. K. G. ZIMMER: Naturwiss. **29**, 222 (1941). — [5] SCHRAMM, G.: B. **74**, 532 (1941). — [6] BUTENANDT, A., H. FRIEDRICH-FREKSA, ST. HARTWIG u. G. SCHEIBE: H. **274**, 276 (1942). — [7] SSUCHOW, K. S.: Agrobiologie (russ.) **1948**, 158. (C. Westzone **1948 II**, 613.) — [8] BORN, H. J., A. LANG u. G. SCHRAMM: Arch. Virusforsch. **2**, 461 (1943). — [9] BARNARD, J. E.: J. R. microscop. Soc. **59**, 1 (1939). — Vgl. a. WYCKOFF, R. W. G.: Nature **162**, 649 (1948). — [10] Vgl. dagegen BARNARD, J. E.: J. R. microsccop. Soc. **59**, 1 (1939). — WYCKOFF, R. W. G.: Nature **162**, 649 (1948). — [11] TROLL, W.: Das Virusproblem in ontologischer Sicht. S. 93f. Wiesbaden 1951. — [12] SCHRAMM, G., u. H. MÜLLER: H. **266**, 43 (1940). — Vgl. auch MILLER, G. L., and W. M. STANLEY: Science, N. Y. **93**, 428 (1940). — [13] Vgl. dazu AGATOW, P.: Ber. Akad. Wiss. USSR. (N. S.) **58**, 429 (1947) [C. **1949 I**, 398]. — [14] ROSS, A. F., and W. M. STANLEY: J. gen. Physiol. **22**, 165 (1938). — SCHULTZ, E. W., and L. P. GEBHARDT: Proc. Soc. exp. Biol. Med. **32**, IV (1935). — [15] CASPERSSON, T.: Naturwiss. **29**, 33 (1941). — [16] DELBRÜCK, M.: Naturwiss. **34**, 301 (1947). Bacterial viruses (bacteriophages) Adv. Enzymol. **2**, 1 (1942).

sind, und in dieser Eigenschaft auch klinische Anwendung finden, z. B. in der Behandlung von Mikrokokkeninfektionen. Auf die Existenz der Phagen wies zuerst TWORT (1915) hin, D'HERELLE konnte sie in den Stuhlfiltraten von Ruhrkranken nachweisen. Auch in den Phagen liegen Nucleoproteide vor, doch enthalten diese im Gegensatz zu den anderen Viren mehr Phosphor als Nucleinsäure (4,8%). Die Phagen haben unterschiedliche Größe (0,01—0,2 μ) und Molekulargewicht (von etwa 400000 bis 300 Millionen[1]). Die kleinen rundlichen Bakteriophagen sind wahrscheinlich ungeschwänzt, die größeren weisen einen 90—110 mμ großen Kopfteil und einen bis zu 250 mμ langen Schwanz auf, mit dem sie in das Bacterium eindringen. Durch diese Beobachtung einer funktionellen Gliederung des Phagenkörpers konnte H. RUSKA[2] erstmals die Existenz subcellulärer organisierter Lebensformen beweisen.

Wenn auch die modernen Forschungsmethoden bereits einen weitgehenden Einblick in wesentliche Eigenschaften der Viren eröffnet haben, so führen diese doch ihren Namen immer noch zu Recht, der sich von dem lateinischen „Virus" ableitet und einen Giftstoff, ein geheimnisvolles krankheitserregendes Agens, bedeutet. Denn das Virusproblem führt in der Tat zu ebenso rätselhaften wie grundsätzlichen Fragen im Grenzbereich der belebten und unbelebten Materie. Ihre Lösung steht heute noch in den ersten Anfängen.

4. Tierische Basen[3—18].

Von D. ACKERMANN.

Inhaltsverzeichnis.

Seite

a) Allgemeines 778
    Vorkommen S. 778. — Methylierung und Betainisierung S. 779. — Vorkommen und Bildung der einzelnen Basen im Stoffwechsel S. 781. — Eigenschaften S. 783. — Isolierung tierischer Basen S. 783.

b) Spezielles 783
    α) Betaine 783
        Glykokollbetain S. 783. — γ-Butyrobetain S. 784. — Carnitin S. 784. — Crotonbetain S. 784. — Stachydrin S. 785. — Trigonellin S. 785. — Trigonellinamid S. 785. — Homarin S. 785.
    β) Methylierte Basen 786
        N-Methyl-pyridiniumhydroxyd S. 786. — N-Methylchinoliniumhydroxyd S. 786. α-Methylchinolin S. 786. — Methylamin S. 786. — Dimethylamin S. 786. — Trimethylamin S. 786. — Trimethylaminoxyd S. 787. — Tetramin (Tetramethylammoniumhydroxyd) S. 787. — Neurin S. 787. — Cholin, Colamin S. 787. — Cholinesterasen S. 787. — Acetylcholin S. 787. — Adrenalin S. 787.

---

[1] WYCKOFF, R. W. G.: J. gen. Physiol. **21**, 367 (1938). — [2] RUSKA, H.: Naturwiss. **29**, 367 (1941). Arch. Virusforsch. **2**, 345 (1942). Ergebn. Hyg. **25**, 437 (1943). Vgl. auch HOOK, A. E., D. BEARD, A. R. TAYLOR, D. G. SHARP and J. W. BEARD: J. biol. Ch. **165**, 241 (1946). **Zusammenfassende Darstellungen über tierische Basen: 3—18.** *Ältere Arbeiten:* [3] BRIEGER, L.: Ptomaine I, II, III. Berlin 1885—1886. I. Über Ptomaine. 1885. II. Weitere Untersuchungen über Ptomaine. 1885. III. Untersuchungen über Ptomaine, Teil 3. 1886. — [4] BARGER, G.: The Simpler Natural Bases. London 1914. — [5] DALMER, O.: Säureamide, Stickstoffbasen (tierische Alkaloide). Handb. Biochem. **1**, 186—197, 198—212 (1924). — [6] RONA, P., E. WINTERSTEIN u. G. TRIER, ferner G. ZEMPLÉN: Biochem. Handlex. **4**, 783—917 (1911). — ZEMPLÉN, G.: Stickstoffhaltige Abkömmlinge des Eiweißes unbekannter Konstitution. Harnstoff und Derivate. Guanidin, Kreatin, Kreatinin. Amine. 1. Aliphatische Amine. 2. Aromatische Amine. Cholin, Betain, Neurin, Muscarin usw. Indol und Indolabkömmlinge. Biochem. Handlex. **11**, 202—319 (1924). — TRENDELENBURG, P.: Ammoniak und Ammoniumsalze. Ammoniakderivate, aliphatische Amine und Amide, Aminosäuren. Quartäre Ammoniumverbindungen und Körper mit verwandter Wirkung. Handb. Heffter **1**, 470—639 (1923). — [7] TRIER, G.: Die Alkaloide. In WINTERSTEIN, L. E., u. G. TRIER: Eine Monographie der natürlichen Basen. 2. Aufl. Berlin 1931. — The alcaloids. In Ann. Rev.: ROBINSON, R.: **4**, 497 (1935). — SPÄTH, E.: **6**, 513 (1937). — SMALL, L. F.: **8**, S. 436 (1939). — CRAIG, L. C.: **11**, 59 (1942). — MANSKE, R. H. F.: **13**, 533 (1944). — DAWSON, R. F.: **17**, 541 (1948).

Seite

γ) Imidazolverbindungen 788
    Carnosin S. 788. — Anserin S. 788. — Ergothionein S. 788. — Spinacin S. 789.

δ) Guanidinverbindungen 789
    Guanidin S. 789. — Methylguanidin S. 789. — Dimethylguanidin S. 789. — Glykocyamin S. 790. — Agmatin S. 790. — Arcain S. 790. — Oktopin S. 790. — Asterubin S. 791. — Kreatin und Kreatinin S. 791.

ε) Carbaminoverbindungen 791
    N-Methylhydantoin S. 791. — Carbaminyl-agmatin S. 791. — Carbaminylputrescin S. 791. — Citrullin S. 791.

ζ) ω-Aminosäuren 791
  β-Alanin 791
  γ-Aminobuttersäure 791
  δ-Aminovaleriansäure 791

η) Proteinogene Amine 791
    Putrescin S. 791. — Cadaverin S. 792. — Histamin S. 792. — β-Phenyläthylamin S. 793. — Tyramin S. 793. — Hordenin S. 794. — Isoamylamin S. 794. —
Tryptamin S. 794. — Indol S. 794. — Skatol S. 795.

ϑ) Sperminbasen 795
    Spermin S. 795. — Spermidin S. 796.

a) Allgemeines.

Unter tierischen Basen sollen im folgenden *stickstoffhaltige Produkte des Tierkörpers kleineren Moleküls* verstanden werden. Sie sind jeweils mit verschiedenen Namen wie Extraktstoffe, Leichenalkaloide, Ptomaine[19], Aporrhegmen[20], simpler natural bases[21], tierische Basen[22], proteinogene oder biogene Amine[22], Stickstoffbasen[23, 24, 25, 26] bezeichnet worden.

Vorkommen. Sie kommen vor zum Teil in den wäßrigen Auszügen der Gewebe, insbesondere der Muskulatur, zum Teil im Harn; einige auch als Spaltstücke des bakteriellen Eiweißabbaues, wie z. B. im Kot.

Eine ganze Anzahl dieser Basen kommt auch in *höheren Pflanzen* sowie in Pilzen vor[27]. Sie zeigen Beziehungen zu der großen Zahl der eigentlichen *Pflanzenalkaloide*[24], mit denen sie den Stickstoffgehalt und in vielen Fällen mannigfache pharmakologische Wirkungen gemeinsam haben.

Allgemeine Herkunft. Auffallend ist, daß diese Körper in ihrer überwiegenden Zahl *kein asymmetrisches* C-*Atom* besitzen, eine Eigenschaft, die sie mit dem

---

Methodisches: [8] WREDE, F.: Tierische Basen. H.-Th. S. 187—218.

Neuere Zusammenfassungen [9] GUGGENHEIM, M.: Die biogenen Amine und ihre Bedeutung für die Physiologie und Pathologie des pflanzlichen und tierischen Stoffwechsels. 3. Aufl. Basel u. New York 1940. — [10] HOPPE-SEYLER, F. A.: Säureamide, Harnstoff, Guanidine. — Stickstoffbasen. — Pyrrole, Imidazole, Vitamin B. Handb. Biochem. Erg.-W. 1 A, 162, 174, 215 (1933). — [11] KUTSCHER, FR., and D. ACKERMANN: The comparative biochemistry of vertebrates and invertebrates. Ann. Rev. **2**, 355 (1933); **5**, 453 (1936). — [12] WINTERSTEIN, A.: Amine. Handb. Pfl.-Analyse (KLEIN) 4/I, 228—247 (1933). Betaine, Cholin. Muscarin. Handb. Pfl.-Analyse (KLEIN) 4/I, 253—291 (1933). — [13] PFANKUCH, E.: Amine. Houben, Heilstoffchemie 2. Abt. 1/2, 1042—1185 (1930). — [14] KAHANE, E., et J. LÉVY: Biochimie de la choline et de ses dérivés: I. Choline-neurine. II. Acétylcholine. III. Colamine, triméthylamine, bétaine, carnitine, muscarine, bétainaldehyde, sinapine. Paris 1938. — [15] WERLE, E.: Chemie **56**, 141 (1943). — [16] HOLTZ, P.: Fermentative Aminbildung aus Aminosäuren. Ergebn. Physiol. **44**, 230 (1941). — [17] ACKERMANN, D., u. FR. KUTSCHER: H. **69**, 265 (1910). — HARTUNG, W. H.: Inactivation and detoxication of pressoramines. Ann. Rev. **15**, 593 (1946). — [18] ACKERMANN, D.: Biogene Amine und verwandte Stoffe. Fiat Rev. **60**, Physiol. Chemie 69 (1948).

[19] Siehe Fußnote [3] Seite 777. — [20] ACKERMANN, D., u. FR. KUTSCHER: H. **69**, 265 (1910). — [21] Siehe Fußnote [4] Seite 777. — [22] Siehe Fußnote [5] Seite 777. — [23] Siehe Fußnote [5] Seite 777. — [24] Siehe Fußnote [6] Seite 777. — [25] Siehe Fußnote [7] Seite 777. — [26] Siehe Fußnote [8] Seite 777/78. — [27] Siehe Fußnote [10] Seite 777/78.

größten Teil der normalen stickstoffhaltigen Bestandteile des Harns gemeinsam haben. Es liegt daher die Vermutung nahe, daß auch diejenigen Vertreter dieser Gruppe, die nicht im Harn beobachtet wurden, in der Mehrzahl ebenfalls *Abbaustoffe* sind. — Als *Muttersubstanz* der tierischen Basen kommt fast immer das *Eiweiß* in Betracht. Die Mehrzahl dieser Körper weist in der Konstitution eine mehr oder weniger nahe Beziehung zu Aminosäuren des Eiweißmoleküls auf. Als schlüssig muß der Beweis eines solchen Zusammenhanges in solchen Fällen gelten, in denen es gelungen ist, Eiweiß bzw. eine bestimmte seiner Aminosäuren[1] auf biologischem Wege in eine der tierischen Basen umzuwandeln. Er wurde z. B. geführt, als man durch Fäulnis Arginin in Putrescin, δ-Aminovaleriansäure und Citrullin, Lysin in Cadaverin und Histidin in Histamin überführen konnte. In allen anderen Fällen beruhen die Vermutungen über die Herkunft tierischer Basen aus Eiweiß oder aus Aminosäuren auf mehr oder weniger weitgehenden Wahrscheinlichkeitsschlüssen (über die Bildung aus Aminosäuren siehe GRASSMANN-SCHNEIDER-TRUPKE, S. 514).

Methylierung und Betainisierung (s. Bd. 2, Eiweißstoffwechsel sowie Vergl. physiol. Chemie der Pflanzen). Besonders sinnfällig ist der Zusammenhang mit dem Eiweißmolekül bei den sog. *Betainen*, die ihrem Namen nach dem zuerst in der Zuckerrübe (Beta vulgaris) aufgefundenen *Trimethylglykokoll* erhielten. Dieses ist der am längsten bekannte Vertreter und Prototyp dieser Gruppe; es ist in der Reihe der wirbellosen Tiere und mancher poikilothermen Wirbeltiere weit verbreitet und kommt außerdem im Gegensatz zu den andern Betainen stellenweise in überraschend großen Mengen vor. Es kann durch Methylierung von Glykokoll erhalten werden.

Ebenfalls *synthetisch durch Methylierung* läßt sich *Stachydrin* (S. 785) aus Prolin, *γ-Butyrobetain* aus γ-Aminobuttersäure (einem Fäulnisprodukt der Glutaminsäure), *Trigonellin* aus Nicotinsäure und *Homarin* aus Picolinsäure gewinnen. Auf dieselbe Weise stellt man sich auch die Entstehung[2] der Betaine im Tierkörper vor, denn die *Fähigkeit der Zelle, Methylierungen am Stickstoff vorzunehmen, ist experimentell bewiesen.*

Gelang es doch schon seit langem nach *Verfütterung von Pyridin*[3] bzw. *Nicotinsäure*[4] an Hunde N-Methylpyridin bzw. Trigonellin im Harn nachzuweisen. Noch nicht geklärt ist damit allerdings der Zusammenhang mit dem Eiweiß für die beiden Betaine *Trigonellin* und *Homarin, da der Pyridinkern dem Eiweißmolekül fehlt,* doch könnte man ihn sich aus Lysin durch Ringschließung entstanden denken[5]. Hingegen läßt sich auch *Carnitin* aus einer Aminosäure, nämlich der Oxyglutaminsäure, durch Methylierung ableiten, wenn man eine vorhergehende Decarboxylierung annimmt.

Der *Chemismus der Methylierung des Stickstoffs*[6], die besonders bei Pflanzen, aber auch beim Tier, vor allem beim Kaltblüter, sehr verbreitet ist, kann neuerdings als aufgeklärt gelten. Die früheren Vorstellungen, daß die *Methylierung* durch Umsetzung mit Essigsäure oder Formaldehyd oder Glyoxylsäure (aus oxydativ desaminiertem Glykokoll oder aus dem Abbau der Harnsäure stammend) zustande käme, waren niemals bewiesen worden[6,7]. Wenn auch das Problem der Methylierung an anderer Stelle ausführlicher dargestellt wird (s. Bd. 2, Eiweißstoffwechsel), sollen hier doch einige der wesentlichsten Befunde angeführt werden.

---

[1] Erster Nachweis dieser Art siehe ELLINGER, A.: H. **29**, 334 (1900). — [2] ENGELAND, R.: B. **42**, 2968 (1909). — [3] HIS, W.: A. e. P. P. **22**, 253 (1887). — TOMITA, M.: B. Z. **116**, 48 (1921). — [4] ACKERMANN, D.: Z. Biol. **59**, 17 (1913). — KOMORI, Y., and Y. SENDJU: J. Biochem. **6**, 163 (1926). — [5] HOPPE-SEYLER, F. A.: H. **222**, 105 u. zwar 108 (1933). — [6] Zusammenfassende Darstellung über biologische Methylierungen: CHALLENGER, FR.: Sci. Progr. **35**, 396 (1947); **36**, 315 (1948). — [7] CHALLENGER, FR.: Chem. & Industr. (I) **61**, 327 (1942). J. Soc. chem. Industr. **55**, 900 (1936).

Als Methylgruppendonatoren erwiesen sich wirksam Methionin[1-4], Cholin[5] und Betain[6-8], wobei das Betain am wirksamsten zu sein scheint[7]. Die Transmethylierung ist bei Ratten[1,5,6,7], Kaninchen[9] und auch beim Menschen[3] nachgewiesen worden. Besonders über die Bildung von Kreatin im Tierkörper durch Methylierung der Guanidinessigsäure (Glykocyamin) liegen zahlreiche Arbeiten vor[1,2]. Die Methylgruppen für diese Reaktion liefert das Methionin. Methionin vermag auch bei Pflanzen (Weizenkeimlingen) die gleiche Synthese um das 6- bis 8fache zu steigern[9]. Ratten wandeln Dimethyl- und Monoäthyläthanol in Cholin um[5]. Sie demethylieren Betain zu Glycin[6]. Das Betain ist zwar ein sehr wirksamer Methylgruppendonator, kann aber selbst nicht in Cholin übergehen[7]. Wahrscheinlich überträgt es seine Methylgruppen zur Bildung von Cholin.

Cholin und Betain vermögen Homocystein zu Methionin zu methylieren, das dann im Tierkörper die weiteren Methylierungen durchführt. Durch Abgabe

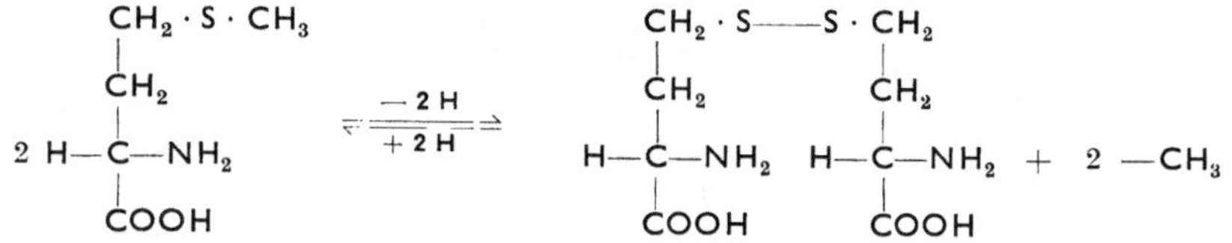

$$
\begin{array}{ccc}
\mathrm{CH_2\cdot S\cdot CH_3} & & \mathrm{CH_2\cdot S\!-\!\!-\!\!-S\cdot CH_2} \\
| & & | \qquad\qquad | \\
\mathrm{CH_2} & \xrightleftharpoons[+2\,\mathrm{H}]{-2\,\mathrm{H}} & \mathrm{CH_2} \qquad \mathrm{CH_2} \\
| & & | \qquad\qquad | \\
2\ \mathrm{H\!-\!C\!-\!NH_2} & & \mathrm{H\!-\!C\!-\!NH_2} \quad \mathrm{H\!-\!C\!-\!NH_2} \ +\ 2\ -\mathrm{CH_3} \\
| & & | \qquad\qquad | \\
\mathrm{COOH} & & \mathrm{COOH} \qquad \mathrm{COOH} \\
\text{Methionin} & & \text{Homocystein}
\end{array}
$$

der Methylgruppen geht es wieder in Homocystein über. Die Reaktion ist umkehrbar, so daß aus Homocystein durch Cholin oder Betain Methionin regeneriert[10] wird. Diese Regeneration erfolgt auch, wenn die Nahrung ausreichende Mengen an Methionin enthält. Außer Methionin und Cholin enthält die Nahrung wohl keine wesentlichen Methylgruppenlieferanten. Zur eigenen Bildung von Methylgruppen ist der Organismus nicht befähigt.

Fragt man sich nach dem biologischen Sinn der Methylierungen und damit nach der **Rolle der Betaine im Stoffwechsel,** so bleibt zur Zeit nur die Vorstellung[11], daß die betreffenden Muttersubstanzen in einem Überschuß im Stoffwechsel gebildet sind und durch Methylierung dem weiteren Abbau entzogen und in dieser Form in *Excretionsprodukte* verwandelt werden. Hierfür spricht auch die Widerstandsfähigkeit der Betaine gegen den biologischen Abbau, ganz besonders gegen Fäulnis sowie das gelegentliche Vorkommen[12] als Harnbestandteil[13]. Das vorwiegende Auftreten der Betaine bei den Avertebraten und kaltblütigen Vertebraten wäre dann aus dem im Vergleich zu den Warmblütern viel trägeren Stoffwechsel zu verstehen.

Untersuchungen mit Hilfe der modernen Methodik der Markierung des Betains durch Isotope haben uns neuerdings tiefere Aufschlüsse über seine Stellung im intermediären Stoffwechsel geliefert. Einige dieser Befunde sind bereits

[1] VIGNEAUD, V. DU, M. COHN, J. P. CHANDLER, J. R. SCHENK and S. SIMMONDS: J. biol. Ch. **140**, 625 (1941). — [2] BLOCH, K., and R. SCHÖNHEIMER: J. biol. Ch. **133**, 633 (1940); **138**, 167 (1941). — [3] SCHENCK, J. R., S. SIMMONDS, M. COHN, C. M. STEVENS and V. DU VIGNEAUD: J. biol. Ch. **149**, 519 (1943). — [4] HANDLER, P., and M. L. C. BERNHEIM: J. biol. Ch. **150**, 335 (1943). — [5] SIMMONDS, S., M. COHN, J. P. CHANDLER and V. DU VIGNEAUD: J. biol. Ch. **149**, 519 (1943). — [6] STETTEN, DE WITT jr.: J. biol. Ch. **140**, 143 (1941). — [7] VIGNEAUD, V. DU, S. SIMMONDS, J. P. CHANDLER and M. COHN: J. biol. Ch. **165**, 639 (1946). — [8] BEST, C. H., and M. E. HUNTSMAN: J. Physiol., London **75**, 405 (1939). — [9] BARRENSCHEEN, H. K., u. T. V. VÁLYI-NAGY: H. **277**, 97 (1943). — BARRENSCHEEN, H. K., u. J. PANY: H. **283**, 78 (1948). — BARRENSCHEEN, H. K., u. T. V. VÁLYI-NAGY: H. **283**, 91 (1948). — [10] Siehe Fußnote 5. — [11] ACKERMANN, D., u. FR. KUTSCHER: Z. Biol. **72**, 177 (1920). — [12] ACKERMANN, D., u. FR. KUTSCHER: Z. Biol. **72**, 177 bes. 185 (1920). — ACKERMANN, D.: Z. Biol. **64**, 44 (1914). — [13] HOPPE-SEYLER, F. A., u. W. LINNEWEH: H. **196**, 47 (1931).

oben bei der Besprechung des Chemismus der Methylierung des Stickstoffs angeführt worden, ferner wird auf die ausführlichere Darstellung in Bd. 2, Eiweißstoffwechsel, verwiesen. Versuche mit Betain, das Deuteromethylgruppen und ^{15}N enthielt, zeigten, daß die Methylgruppen im Cholin und Kreatin, der Stickstoff im Glykokoll der Gewebsproteine wieder gefunden werden kann; Stickstoff und Methylgruppen des Betains gehen also im Stoffwechsel verschiedene Wege.

Vorkommen und Bildung der einzelnen Basen im Stoffwechsel. Von den drei flüchtigen Basen Methyl-, Dimethyl- und Trimethylamin stehen das **Methyl- und Trimethylamin** in einer sicheren biologischen *Beziehung zum Lecithin*, denn es gelang ihre Gewinnung durch Bakterienwirkung auf Cholin[1]. Für das Trimethylamin ergab sich eine weitere Muttersubstanz im **Trimethylaminoxyd**, das durch bakteriellen Abbau leicht seinen Sauerstoff verliert und in Trimethylamin übergeht[2]. Diese Umwandlung spielt sich auch im Gewebe sehr bald nach dem Tode ab und da sich herausstellte, daß Trimethylaminoxyd bei Seefischen[3], aber nicht bei Flußfischen regelmäßig vorkommt, erklärt sich der für Seefische charakteristische Geruch nach Trimethylamin. Umgekehrt geht verfüttertes Trimethylamin weitgehend in Trimethylaminoxyd über[4]. Das Vorkommen von Trimethylaminoxyd im Körper der Seetiere erklärt sich am besten aus Gründen der *Osmoregulation*[5], welchem Zwecke vermutlich auch Harnstoff und Betaine dienen.

Erst einmal in der belebten Natur, und zwar in Actinia equina, ist das **Tetramethylammoniumhydroxyd**[6] beobachtet worden, das als quaternäre Base Curarewirkung entfaltet und als heftiges, tierisches Gift zu bezeichnen ist. Dieses sowie das Trimethylaminoxyd entstehen biologisch vermutlich durch *Methylierung von Ammoniak*.

Als **Dipeptide** sind zwei **Imidazolderivate** zu bezeichnen, die im Gegensatz zu den genannten noch Träger eines asymmetrischen C-Atoms sind. Sie wurden beide *bisher nur in der Wirbeltierreihe beobachtet:* das *Carnosin* (β-Alanyl-histidin) und das *Anserin* (β-Alanyl-methyl-histidin). Als ein weiteres Imidazolderivat ist noch das schwefelhaltige *Ergothioncin* (2 Thiol-histidin-methylbetain) zu nennen, das zuerst im Mutterkornextrakt, später auch in den Blutzellen verschiedener Tiere und im Harn aufgefunden wurde.

Unter den biologischen **Guanidinderivaten** am längsten bekannt sind *Kreatin* und *Kreatinin* (vgl. S. 791). Auffallend ist, daß ihr Vorkommen fast ganz auf die Vertebraten beschränkt ist, während wir bei den Avertebraten statt ihrer häufig freies *Arginin*[7] auftreten sehen. Kreatin und Arginin sind auch als Phosphorsäureverbindungen (Phosphagene) im Muskel bekannt, in welcher Form ihnen bei der Kontraktion eine wichtige Rolle zugewiesen wird (vgl. Kapitel Muskel, Bd. 2). Wenig verbreitet scheint *Guanidin* zu sein. *Methylguanidin*, das häufig gefunden wurde, kann auch im Laufe der Darstellung aus Kreatin und Kreatinin künstlich entstehen, wenn dabei Quecksilberoxyd, Silberoxyd und andere Oxydationsmittel zur Verwendung kommen. Zwei neuerdings in der niederen Tierwelt aufgefundene Guanidinderivate *Arcain* und *Asterubin* lassen sich nicht mehr durch einfachen Abbau einer Aminosäure mit oder ohne Methylierung entstanden denken, denn es gibt weder ein Eiweißspaltstück mit 2 Guanidinresten, wie es

[1] ACKERMANN, D., u. H. SCHÜTZE: Arch. Hygiene **78**, 145 (1911). — [2] SUWA, A.: Pflügers Arch. **128**, 421 (1909); **129**, 231 (1909). — [3] HOPPE-SEYLER, F. A., u. W. SCHMIDT: Z. Biol. **87**, 59 (1928). — [4] LINTZEL, W.: B. Z. **273**, 243 (1934). — [5] HOPPE-SEYLER, F. A.: Verh. physik.-med. Ges. Würzburg (N.F.) **54**, 160 (1930). — [6] ACKERMANN, D., FR. HOLTZ u. H. REINWEIN: Z. Biol. **79**, 113 (1923). — [7] KUTSCHER, FR., and D. ACKERMANN: Ann. Rev. **2**, 363 (1933).

das Arcain erfordern würde, noch ein solches, das außer dem Guanidinrest noch Schwefel enthält, wie das Asterubin. Es bleibt somit nur die Annahme übrig, daß der Tierkörper kleinere Moleküle nicht nur zu methylieren imstande ist, sondern, daß er in manchen Fällen auch Guanidogruppen an ihnen neu entstehen läßt. Dieser *Vorgang der „Guanylierung"*[1] würde vom Arginin über Agmatin zu Arcain führen und vom Cystin über Taurin zum Asterubin, wenn sich im letzten Falle noch 2fache Methylierung anschließt. Eine solche Guanylierung legt man neuerdings auch der *Entstehung des Kreatins und Kreatinins* zugrunde, nachdem alle Versuche, diese beiden Stoffe biologisch vom Arginin abzuleiten, fehlschlugen. Man nimmt an, daß sie im Muskel aus Glykokoll gebildet werden[2], wobei *Glykocyamin* (Guanidinessigsäure) als Zwischenprodukt auftreten würde. Dies ist auch bereits im normalen Hunde- und Menschenharn gefunden worden[3].

Auf bakteriellem Wege gelingt ein *Ersatz der Imidogruppe* durch Sauerstoff am Guanidinkern mancher Verbindungen, so daß die entsprechenden **Ureidoverbindungen** entstehen. Dabei geht Kreatinin in Methylhydantoin[4], Arcain in Carbaminylagmatin, Agmatin in Carbaminylputrescin[5] und Arginin in Citrullin[6] über. Guanidin und alkylierte Guanidine werden durch diese als Guanidodesimidasen[7] bezeichneten Fermente nicht angegriffen.

Wegen ihrer mehr basischen Eigenschaften gegenüber den α-Aminosäuren sind in diesem Zusammenhang auch die ω-Aminosäuren, δ-*Aminovaleriansäure*, γ-*Aminobuttersäure* und β-*Alanin* zu nennen, als deren Muttersubstanzen Arginin, Glutaminsäure und Asparaginsäure in Betracht kommen. Näheres siehe unter Aminosäuren, S. 525, 527, 528.

Als **proteinogene Amine im engeren Sinne** werden Basen verstanden, die durch **Decarboxylierung** verschiedener Aminosäuren entstehen, oder entstanden gedacht werden können. Vermutlich geht hier der Weg über Aldehyde, die nach dem Übergang der Aminosäuren in die α-Ketosäuren durch Decarboxylierung entstehen und nun eine reduktive Aminierung erfahren. Eine derartige CO_2-Abspaltung gelingt durch Fäulnis, wobei Lysin in *Cadaverin*, Arginin oder Ornithin in *Putrescin*, Histidin in *Histamin*, Phenylalanin in *Phenyläthylamin*, Tyrosin in *Tyramin*, Leucin in *Isoamylamin*, Tryptophan in *Indolyläthylamin* übergehen. *Daß diese proteinogenen Amine auch im Tierkörper gebildet werden, ist bisher nur für das Tyramin*[8] *und für das Histamin*[9] *bewiesen,* eine Tatsache, die angesichts der biologischen Aufgaben, die man diesen pharmakologisch stark wirksamen Stoffen im Organismus zuschreibt, von Bedeutung ist (siehe Bd. 2, Entgiftung). Zu den proteinogenen Aminen ist auch das *Agmatin* zu rechnen, wiewohl seine mutmaßliche Abstammung vom Arginin bisher nicht einmal auf bakteriellem Wege erwiesen werden konnte. Es liegt dies vermutlich an der gleichzeitigen Zerstörung des Guanidinrestes durch Arginase bzw. Guanidodesamidase.

Eine Sonderstellung nehmen **Spermin** und **Spermidin** ein, weil ihre Konstitution bisher einen ungezwungenen Zusammenhang mit dem Eiweißmolekül nicht erkennen läßt. In der Ausatmungsluft hat man *Pyridin* nachgewiesen[10].

[1] ACKERMANN, D.: H. **234**, 208 (1935). — [2] BRAND, E., M. M. HARRIS, M. SANDBERG and A. J. RINGER: Amer. J. Physiol. **90**, 296 (1929). — BRAND, E., M. M. HARRIS, M. SANDBERG and M. M. LASKER: J. biol. Ch. **87**, IX (1930). — BRAND, E., and M. M. HARRIS: J. biol. Ch. **92**, LIX (1931). — [3] WEBER, C. J.: Proc. Soc. exp. Biol. Med. **32**, 172 (1934). J. biol. Ch. **109**, XCVI (1935). — ACKERMANN, D.: H. **239**, 231 (1936). — [4] ACKERMANN, D.: Z. Biol. **62**, 208 (1913); **63**, 78 (1914). — LINNEWEH, F.: Z. Biol. **90**, 109 (1930). — [5] LINNEWEH, F.: H. **200**, 115 (1931); **202**, 1 (1931); **205**, 126 (1932). — [6] ACKERMANN, D.: H. **203**, 66 (1932). — HORN, F.: H. **216**, 244 (1933). — [7] LINNEWEH, FR.: H. **207**, 152 (1932). — [8] HEINSEN, H. A.: H. **245**, 1 (1937). — [9] BEST, C. H., H. H. DALE, H. W. DUDLEY and W. V. THORPE: J. Physiol., London **62**, 397 (1926/27). — ACKERMANN, D., u. M. MOHR: H. **255**, 75 (1938). — [10] KARCZAG, L., u. M. BEREND: Kli. Wo. **1943**, 150.

Eigenschaften. Die Substanzen gehen mit wenigen Ausnahmen schwerlösliche Verbindungen mit Phosphorwolframsäure ein. Auch geben sie jeweils mit anderen Alkaloidfällungsmitteln Fällungen (Pikrinsäure, Pikrolonsäure, Goldchloridchlorwasserstoffsäure, Platinchloridchlorwasserstoffsäure, Quecksilberchlorid usw.), von denen nur die wichtigsten und für die Isolierung und Identifizierung geeignetsten angeführt sind.

Die Isolierung tierischer Basen setzt eine Vorreinigung voraus, vor allem um Eiweißstoffe zu beseitigen. Hitzekoagulation genügt meist nicht; man verwendet Bleiacetat, auch Kupfersulfat und Baryt, am besten Gerbsäure, muß hier aber auf schwach saure Reaktion (Phosphorsäure) achten, da manche Basen bei alkalischer Reaktion von Tannin gefällt werden. Die überschüssige Gerbsäure wird mit Baryt zum großen Teil beseitigt, worauf man bei kongoschwefelsaurer Reaktion mit Bleioxyd versetzt, um noch Reste von Tannin zu entfernen. Da die tierischen Basen mit verschwindenden Ausnahmen mit Phosphorwolframsäure fallen, schlägt man sie jetzt hiermit nieder und schließt nun am besten eine Aufteilung mit dem KUTSCHER-KOSSELschen Silber-Baryt-Verfahren an (FR. KUTSCHER, W. GULEWITSCH und ihre Schüler). Zur weiteren Abtrennung sind die oben schon genannten Alkaloidfällungsmittel geeignet. Dabei bewährt sich in der Lysinfraktion die REINECKAT-Methode KAPFHAMMERs in der Anwendung von STRACK und SCHWANEBERG[1] bei alkalischer und saurer Reaktion. Die Basen lassen sich häufig in Form ihrer schön krystallisierenden Goldsalze identifizieren, doch besteht hier die Möglichkeit, daß Gemenge erscheinen, die trotz häufigen Umkrystallisierens nicht zu trennen sind und doch eine gewisse Konstanz der Analysenwerte zeigen. Das führte nicht selten zur falschen Annahme neuer Verbindungen. Man muß deshalb versuchen, die Formel noch durch Herstellung anderer Salze (Chloride, Pikrate, Nitranilate[2] usw.) zu stützen. Wenn irgend möglich, müssen sämtliche Einengungen von Anfang an im Vakuum durchgeführt werden. Bei jeder neuen Fraktion stelle man möglichst viele der in Betracht kommenden Farbenreaktionen an (JAFFÉ, WEYL, DIAZO, SAKAGUCHI usw.) und sehe auf Asche nach.

Die *folgende Schilderung* bringt nur die wichtigsten Angaben und neueren Literaturnachweise[3]. Dabei ist eine große Zahl von tierischen Basen nicht berücksichtigt, weil ihre Konstitution noch nicht bekannt ist[4]. Auch sind viele derselben erst einmal beschrieben worden.

b) Spezielles.

α) Betaine.

Glykokollbetain[5] $= C_5H_{11}O_2N + H_2O = (CH_3)_3 \overset{+}{N} \cdot CH_2 \cdot COO^-$ meist als Betain[6] oder neuerdings Betainium[7] bezeichnet. Weit verbreitet in der Pflanzenwelt. In der Tierwelt zuerst beobachtet in der Miesmuschel[8], später auch in der Rinderlunge[9]. Bei *Wirbellosen* und niederen Wirbeltieren sehr häufig und oft in großen Mengen vorkommend.

[1] STRACK, E., u. H. SCHWANEBERG: H. **245**, 11 (1937). — STRACK, E., H. SCHWANEBERG u. C. WANNSCHAFF: H. **247**, 52 (1937). — [2] MÜLLER, ERNST: H. **268**, 245 (1941). — [3] Näheres siehe die ausführlichen Darstellungen S. 778. — [4] Übersichten finden sich bei RONA, P.: Biochem. Handlex. **4**, 818—827 (1911). — SICKEL, H.: Biochem. Handlex. **12**, 210—213 (1930). — ZEMPLÉN, G.: Biochem. Handlex. **11**, 293—294 (1924). — ACKERMANN, D.: Handb. biochem. Arb.-Meth. (ABDERHALDEN) **2**/2, 1002 (1910). — KUTSCHER, FR.: Handb. biochem. Arb.-Meth. (ABDERHALDEN) **3**/2, 863 (1910). — HOPPE-SEYLER, F. A.: Handb. Biochem., Erg.-W. 1/A, 185 (1933). — GUGGENHEIM, M.: Die biogenen Amine. 3. Aufl. Basel u. New York 1940. — [5] Beilstein **4**, 346 (469) [785]. — Über Methylierung von Glykokoll vgl. CHALLENGER, F.: J. Soc. chem. Industr. (I) **55**, 900 (1936). — [6] PFANKUCH, E.: Houben, Heilstoffchemie, 2. Abt. 1/2, 1264 (1930). — [7] WELCH, A. DE M.: Science, N. Y. **88**, 333 (1938). — [8] BRIEGER, L.: Ptomaine III. S. 77. Berlin 1886. — [9] ACKERMANN, D., u. H. G. FUCHS: H. **257**, 153 (1939).

Gefunden bei Pecten irradians, in den Gonaden von Rhizostoma Cuvieri, bei Sycothypus canaliculatus, Mytilus edulis, Crango vulgaris, Astacus fluviatilis, Echinococcus multilocularis und unilocularis, Geodia gygas, Holothuria tubulosa, Lumbricus terrestris, Oktopus, Eledone moschata, Arca noae, Petromyzon marinus, Gadus morrhua, Pleuronectes cyano·glossus, Acanthias vulgaris.

Beim Säugetier nach Verfütterung in Harn und Milch beobachtet. Ferner in Rindernieren und menschlichem Fruchtwasser.

Wasserhelle Krystalle mit 1 H_2O. *Chlorhydrat* F. 227 bis 228°, in Äthanol im Gegensatz zu Cholinchlorid schwerlöslich, in Methanol leichter löslich, in wäßriger Lösung reagiert es wie auch die Chloride anderer Betaine kongosauer. *Chloraurat* $C_6H_{12}O_2N\,AuCl_4$ (M.G. 457.13) 13,13% C; 2,64% H; 3,06% N; 43,14% Au; 31,03% Cl; 7,00% O. F. 200 bis 209°; 245°. *Pikrat* etwa 180 bis 181°. *Platinat* unlöslich in Alkohol. *Quecksilberchlorid*-verbindung in Alkohol schwerlöslich. Die Betaine geben mit Ferro- und Ferricyanwasserstoff schwerlösliche Salze[1]. Ester des Glykokollbetains siehe Fußnote[2].

Cholin wird vom Hund zu Betain abgebaut[3]. Betain erhöht die Ausscheidung von Alkylaminen beim Menschen nicht[4]. Es wird vom Hund zu etwa 50% im Harn unverändert ausgeschieden[3]. Die lipotrope Wirkung des Betains auf Leberverfettung beträgt ein Drittel von der des Cholins[5], was auch an der Phosphatidbildung mit radioaktivem Phosphor als Indicator festgestellt wurde[6]. Betain fördert ähnlich wie Cholin, wenn auch schwächer, das Wachstum von Ratten bei einer Nahrung mit Homocystin[7] und auch Methionin[8] als jeweilige einzige S-haltige Aminosäure.

γ-Butyrobetain[9], $C_7H_{15}O_2N = (CH_3)_3 : N^+ \cdot CH_2 \cdot CH_2 \cdot CH_2 \cdot COO^-$. Zum ersten Male im faulen Pferdefleisch gefunden[10]. Ferner im Hundeharn nach Phosphorvergiftung. Im Menschenharn bei perniziöser Anämie und starker Körperarbeit. Im normalen Säuglingsstuhl[11]. Im Muskelextrakt von Actinia equina, Python, Anguilla vulgaris, Arca noae. Entsteht bei der Fäulnis von Carnitin und Crotonbetain.

Hydrochlorid F. 203 bis 205°, hygroskopisch, in Äthanol schwerl. Nadeln. *Chloraurat* $C_7H_{16}O_2NAuCl_4$ (M.G. 485.16) 17,31% C; 3,32% H; 2,89% N; 40,65% Au; 29,23% Cl; 6,59% O. F. 182 bis 184°, schwerlöslich. *Chloroplatinat* F. 224 bis 225°, in Alkohol schwerlöslich. Hg-Salz[12]. *Ester des γ-Butyrobetains* siehe Fußnote 2.

Carnitin[13] $= β$-Oxy-γ-butyrobetain, $C_7H_{15}O_3N = (CH_3)_3 : N^+ \cdot CH_2 \cdot CHOH \cdot CH_2 \cdot COO^-$. Zuerst im Rinderfleischextrakt aufgefunden[14]; auch aus frischem Fleisch. In kleinen Mengen im Harn nach parenteraler Verabreichung von γ-Butyrobetain. Ferner bei Oktopus oktopodia[15], Arca noae[16] und Sardine[17]. Darstellung von Estern des Carnitins und Crotonsäurebetains[18].

Hydrochlorid auch in Äthanol leicht löslich. $[α]_D^{20}$ (in verdünnter Salzsäure): — 20,98°. *Chloraurat* $C_7H_{16}O_3NAuCl_4$ (M.G. 501.16) 16,76% C; 3,22% H; 2,79% N; 39,35% Au; 28,30% Cl; 9,56% O. F. 155°. *Chloroplatinat* F. 220° (Zers.). *Quecksilber*verbindung in Alkohol und Wasser schwerlöslich[12]. Neues Darstellungsverfahren aus Fleischextrakt und biologische Wirksamkeit[19]. *Ester des Carnitins* siehe Fußnote 2.

Crotonbetain[20], $C_7H_{13}O_2N = (CH_3)_3 : N^+ \cdot CH_2 \cdot CH:CH \cdot COO^-$ aus Liebigs Fleischextrakt in kleiner Menge[21]. Biologische Wirkung seiner Ester[22].

Chloraurat $C_7H_{14}O_2NAuCl_4$ (M.G. 483.14) 17,39% C; 2,92% H; 2,90% N; 40,82% Au; 29,35% Cl; 6,62% O. F. 215 bis 217°. Hg-Salz[12]. Entfärbt Kaliumpermanganatlösung in der Kälte. *Ester des Crotonbetains* siehe Fußnote 2.

[1] ROEDER, G.: B. **46**, 3724 (1913). — [2] STRACK, E., u. K. FÖRSTERLING: B. **76** (A), 14 (1943). — [3] MÜLLER, H.: H. **263**, 243 (1940); **266**, 205 (1940). — [4] RECHENBERGER, J.: H. **265**, 275 (1940). — [5] PLATT, A. P.: Biochem. J. **33**, 505 (1939). — [6] PERLMAN, I., and I. L. CHAIKOFF: J. biol. Ch. **130**, 593 (1939). J. appl. Physics **12**, 319 (1941). — [7] VIGNEAUD. V. DU, J. P. CHANDLER, A. W. MOYER and D. M. KEPPEL: J. biol. Ch. **131**, 57 (1939). — [8] CHANDLER, J. P., and V. DU VIGNEAUD: J. biol. Ch. **135**, 223 (1940). — [9] Beilstein **4**, 414. (506) [838]. — [10] BRIEGER, L.: Ptomaine III. S. 27 Berlin 1886. — [11] BURCHARD, H.: B. Z. **272**, 74 (1934). — [12] KRIMBERG, R.: B. Z. **297**, 261 (1938). — [13] Beilstein **4**, 513 (548) [937]. — [14] GULEWITSCH, W., u. R. KRIMBERG: H. **45**, 326 (1905). — [15] MORIZAWA, K.: Acta Scholae med. Kioto **9**, 285 (1927). — [16] KUTSCHER, FR., u. D. ACKERMANN: H. **221**, 33 (1933). — [17] SASAKI, AYAKO: Tohoku J. exp. Med. **34**, 555 (1938). — [18] STRACK, E., u. K. FÖRSTERLING: B. **71**, 1143 (1938). — [19] STRACK, E., P. WÖRDEHOFF u. H. SCHWANEBERG: H. **238**, 183 (1936). — [20] Beilstein **4** [889]. — [21] LINNEWEH, W.: H. **175**, 91 (1928). — [22] STRACK, E., u. K. FÖRSTERLING: H. **257**, 1 (1939).

Stachydrin[1] = N-Methyl-D,L-prolin-methylbetain, $C_7H_{13}O_2N + H_2O$. In der Pflanzen-welt öfters aufgefunden; in der Tierwelt bisher nur bei Arca noae[2] (FLURY-GEMEIN-HARDT S. 1249, GRASSMANN-SCHNEIDER-TRUPKE S. 553).

Zerfließlich, neutral reagierend, F. 235°. Fichtenspanreaktion positiv. *Hydrochlorid* F. 222 bis 224°; 235 bis 238°, der Schmelzpunkt schwankt, wie der des Goldsalzes nach der Art des Erhitzens. *Chloraurat* $C_7H_{14}O_2NAuCl_4$ (M.G. 483.145) 17,38% C; 2,92% H; 6,62% O; 2,89% N; 40,81% Au; 29,35% Cl. F. 225°; 234 bis 238°. *Chloroplatinat* F. 210 bis 220° (Zers.). *Pikrat* F. 195 bis 196°.

Trigonellin[3] = Nicotinsäure-methylbetain, $C_7H_7O_2N + H_2O$. Durch Methylierung von Nicotinsäure (β-Pyridincarbonsäure) synthetisch zu gewinnen. In der Pflanzenwelt weit verbreitet. Trigonellin[4] ist neben Coffein das wichtigste Alkaloid des Kaffees. Aufgefunden im menschlichen Harn und hier zuerst als Gynesin[5] bezeichnet. Da es sich auch bei völliger Vermeidung von Kaffee, Tee und Nicotin im Menschenharn findet, wird es als *normaler Harn-bestandteil* angesehen[6]. Im Harn Krebskranker[7]. Im Hundeharn nach Verfütterung von Nicotinsäure[8]. Die tägliche Trigonellin-Ausscheidung beträgt im Harn des Menschen 9 bis 13 mg, des Hundes 1,5 bis 10 mg, Kaninchen 1 bis 4 mg. Nach Zufuhr von 200 mg Nicotinsäure scheidet der Mensch 25 bis 50 mg Trigonellin und 2 bis 40 mg Nicotinsäure mehr aus[9]. Nach Aufnahme von 500 mg Nicotinsäure scheiden Ge-sunde in 4 h 22% der zugeführten Menge aus, und zwar zu 51% als Trigonellin, zu 49% als Nicotinsäure, davon zum Teil als Amid[10]. Trigonellin kann von der Niere zum Teil zu Nicotinsäure entmethyliert werden[11]. Bestimmung im Harn und Nahrungsstoffen[12].

Hydrochlorid in Alkohol schwerlöslich. F. 257 bis 258°. *Chloraurat* $C_7H_7O_2N \cdot HAuCl_4$ (M. G. 477.10) 17,61% C; 1,69% H; 6,70% O; 2,94% N; 41,33% Au; 29,73% Cl. F. 198°, geht beim Umkrystalli-sieren aus Wasser oder verdünnter HCl in das irreguläre Salz $(C_7H_7O_2N)_4(HAuCl_4)_3$ über, F. 185 bis 186°. *Pikrat* F. 198 bis 200°, schwerlöslich in Äthanol, leichtlöslich in Wasser und Methanol. Nachweis[13].

Trigonellinamid wurde im Harn gefunden, es entsteht aus Nico-tinsäureamid. 10 bis 30% des aufgenommenen Nicotinsäureamids gingen in Trigonellinamid über. Daneben fand sich N^1-Methyl-6-pyridon-3-carboxamid[14] (s. vorstehende Formel).

Homarin, $C_7H_7O_2N$. Methylbetain der Picolinsäure (α-Pyridin-carbonsäure) und durch deren Methylierung synthetisch zu erhalten. Zuerst festgestellt im Hummermuskel[15]; findet sich auch in Arca noae und Arbatia pustulosa.

Hydrochlorid leichtlöslich in Wasser, schwerer in Methanol, noch schwerer in Äthanol. Zersetzt sich, trocken erhitzt, bei 170 bis 175° unter Bildung dunkelbrauner, harziger Zersetzungsprodukte, die beim Abkühlen oft eine merkwürdige blauviolette Farbe annehmen und nach Pyridin riechen. Im Gegensatz zum Trigonellinchlorhydrat ist die Fichtenspanreaktion positiv. *Chloraurat* $C_7H_8O_2NAuCl_4$ (M.G. 477.10). 17,66% C; 1,79% H; 2,94% N; 41,33% Au; 29,73% Cl; 6,70% O; F. 188 bis 190° und irreguläres Chloraurat F. 138 bis 141° wie beim Trigonellin zusammengesetzt. *Platinat* F. 197 bis 198° (Zers.). Pikrat F. 155 bis 160° (Zers.).

[1] Beilstein **22**, 6 (483, 484). — [2] KUTSCHER, FR., u. D. ACKERMANN: H. **221**, 33 (1933). — [3] Beilstein **22**, 42 (504). — [4] SLOTTA, K. H., u. K. NEISSER: B. **71**, 1987 (1938). — [5] KUTSCHER, FR., u. A. LOHMANN: H. **49**, 85 (1906). — [6] LINNEWEH, W., u. H. REINWEIN: H. **207**, 48 (1932); **209**, 110 (1932). — [7] WEBER, LUDW.: Z. Biol. **99**, 92 (1939). — [8] ACKERMANN, D.: Z. Biol. **59**, 17 (1912). — [9] PERLZWEIG, W. A., H. P. SARETT and J. W. HUFF: J. biol. Ch. **140**, C (1941). — [10] MELNICK, D., W. D. ROBINSON and H. FIELD jr.: J. biol. Ch. **136**, 145 (1940). — PERLZWEIG, W. A., E. D. LEVY and H. P. SARETT: J. biol. Ch. **136**, 729 (1940). — HUFF, J. W., and W. A. PERLZWEIG: J. biol. Ch. **142**, 401 (1942); **150**, 395 (1943). — [11] KÜHNAU, J.: Vitamine u. Hormone **3**, 74 (1942). — HUFF, J. W.: J. biol. Ch. **166**, 581 (1946). — [12] KODICEK, E., and Y. L. WANG: Nature **148**, 23 (1941). — [13] RAFFAELE, G.: Farmacista ital. **7**, Suppl. zu Nr. 4, S. 46 (1939) [C. **1939 II**, 4532]. — DUQUENOIS, P. u. FALLER: Bull. Soc. chim. France, Mém. [5] **6**, 998 (1939). — [14] KNOX, W. R., and W. I. GROSSMANN: J. biol. Ch. **166**, 391 (1946). — [15] HOPPE-SEYLER, F. A.: H. **222**, 105 (1933).

β) Methylierte Basen.

N-Methyl-pyridiniumhydroxyd[1], C_6H_7ON. Zuerst im normalen Harn[2] beobachtet und hier wahrscheinlich durch den Genuß von Kaffe und Tabak bedingt. Nach Eingabe von Pyridin im Harn verschiedener Tiere ausgeschieden[3]. Ferner bei Crango vulgaris, Mytilus edulis und Actinia equina.

Chloraurat $C_6H_{10}ONAuCl_4$ (M.G. 451.11) 15,96% C; 2,23% H; 3,55% O; 3,10% N; 43,71% Au; 31,44% Cl, Nadeln, F. 252 bis 253°, schwerlöslich. *Platinat.* Curareartige Wirkung.

N-Methyl-chinoliniumhydroxyd[4], $C_{10}H_{11}ON$. Nach Verfütterung von Chinolin im Harn[5]. *Hydrochlorid* $C_{10}H_{10}$ N Cl $+ H_2O$. F. 126°. *Chloroplatinat* $(C_{10}H_{10}N)_2$ $PtCl_4$ (M.G. 696.14). 34,48% C; 2,90% H; 4,02% N; 28,04% Pt; 30,56% Cl. F. 230° (Zers.).

α-Methyl-chinolin, Chinaldin $C_{10}H_9N$. Im Analdrüsensekret des amerikanischen Stinktieres[6].

Methylamin[7], CH_3NH_2. Im normalen Fleischfresserharn[8] (vermehrt nach Kreatinfütterung). Aus Cholin durch Bact. prodigiosum[9]. Im Fleisch des Wasserhuhns (Fulica atra). Der Mensch scheidet nach Aufnahme von Methylamin 1,7 bis 1,9% davon wieder im Harn aus. Der Harn des gesunden Menschen enthält kein Methylamin[10].

Hydrochlorid F. 227°, unlöslich in Chloroform. *Chloraurat* F. 205°. *Chloroplatinat* $C_2H_{12}N_2PtCl_6$. (M.G. 472,08) 5,08% C; 2,56% H; 5,93% N; 41,36% Pt; 45,06% Cl. F. 224°, in Alkohol unlöslich. *Pikrat* F. 207 bis 215°. *Pikrolonat* F. 244° (Zers.), sehr schwer löslich in Wasser.

Dimethylamin[11], $C_2H_7N = (CH_3)_2:NH$. Soll nach neueren Angaben neben großen Mengen Ammoniak den Hauptanteil der flüchtigen Basen im normalen Harn ausmachen, wohingegen Mono- und Trimethylamin zurücktreten[12]. Dimethylamin wird vom Menschen zu 91,5% unverändert in den Harn ausgeschieden[13]. Es ist nach Trimethylamingaben im Hundeharn etwas vermehrt[14].

Hydrochlorid ist löslich in Chloroform, nicht in Alkohol, F. 171°. *Chloraurat* $C_2H_8NAuCl_4$ (M.G. 385.09). 6,23% C; 2,09% H; 3,64% N; 51,21% Au; 36,83% Cl. F. 202°. *Chloroplatinat* F. 206°. *Pikrolonat* F. 250 bis 252°. o-*Nitrophenylsulfondimethylamid*[15].

Trimethylamin[16], $C_3H_9N = (CH_3)_3:N$. Entsteht bei der bakteriellen Zersetzung von Cholin und Lecithin[17]. Im Menstrualblut[18], im Fett von Rhizostoma Cuvieri. In geringen Mengen im frischen Muskel von Seefischen, nicht von Flußfischen[19]; dagegen im Muskel von Schlangen[20]. In sehr geringen Mengen im Blut und Harn von Selachiern. Cholin erhöht beim Hund den Trimethylamingehalt des Harns[13]. Trimethylamin und Trimethylaminoxyd im Stoffwechsel[21]. Trimethylamin wird vom Hund zu 50% unverändert bzw. als Oxyd im Harn ausgeschieden[22].

Hydrochlorid F. 271 bis 275°. *Chloraurat* $C_3H_{10}NAuCl_4$ (M.G. 399.11). 9,02 C; 2,52% H; 3,51% N; 49,41% Au; 35,54% Cl. F. 220°. *Chloroplatinat* F. 240 bis 245°. *Pikrat* F. 216°.

[1] Beilstein **20**, 213 (71). — [2] KUTSCHER, FR., u. A. LOHMANN: H. **49**, 84 (1906). — [3] HIS, W.: A. e. P. P. **22**, 253 (1887). — TOMITA, M.: B. Z. **116**, 48 (1921). — [4] Beilstein **20**, 351 (138). — [5] TAMURA, SHISUAKI: Acta Scholae med. Kioto **6**, 449 (1924) [C. **1926** I, 2598]. — [6] ALDRICH, T. B., and W. JONES: J. exp. Med. **2**, 439 (1897). — [7] Beilstein **4**, 32 (316) [546]. — PFANKUCH, E.: Houben, Heilstoffchemie, 2. Abt. 1/2, 1042 (1930). — [8] BAUMANN, E., u. J. v. MERING: B. **8**, 584 (1875). — [9] ACKERMANN, D., u. H. SCHÜTZE: Arch. Hygiene **73**, 145 (1911). — [10] RECHENBERG, J.: H. **265**, 275 (1940). — [11] Beilstein **4**, 39 (320) [550]. — PFANKUCH, E.: Houben, Heilstoffchemie, 2. Abt. 1/2, 1044 (1930). — [12] LÖFFLER, H.: H. **232**, 259 (1935). — [13] MÜLLER, H.: H. **263**, 243 (1940). — [14] MÜLLER, H.: H. **266**, 205 (1940). — [15] BILLMANN, J. H., and E. O'MAHONY: Am. Soc. **61**, 2340 (1939). — [16] Beilstein **4**, 43 (322) [553]. — PFANKUCH, E.: Houben, Heilstoffchemie, 2. Abt. 1/2, 1046 (1930). — [17] ACKERMANN, D., u. H. SCHÜTZE: Arch. Hygiene **73**, 145 (1911). — [18] ASHLEY-MONTAGU, M. F.: Nature **142**, 1121 (1938). — [19] BEATTY, S. A.: J. Fish. Res. Board Canada **4**, 229 (1939) [C. **1939** II, 1191]. — [20] IMAMURA, H.: J. Biochem. **30**, 479 (1939). — [21] MÜLLER, HANS, u. I. IMMENDÖRFER: H. **275**, 267 (1942). — [22] MÜLLER, HANS: H. **266**, 205 (1940).

Pikrolonat F. 250 bis 252° (Zers.) in Wasser fast unlöslich. *Kaliumquecksilberjodidverbindung* F. 136° und *Perjodid* F. 65° sind zum Nachweis besonders geeignet.

Trimethylaminoxyd[1], $C_3H_9ON = (CH_3)_3N : O$. Im Muskelextrakt von Acanthias vulgaris zuerst gefunden[2]. Ferner bei Cephalopoden, im Muskel und Harn von Seefischen, nicht oder nur wenig[3] von Flußfischen, in größeren Mengen auch im Blut von Selachiern. Trimethylaminoxyd kann von Bakterien zu Trimethylamin reduziert werden[4].

Synthetisch aus Trimethylamin und H_2O_2. *Hydrat* $C_3H_9ON + 2\,H_2O$. F. 96°. *Hydrochlorid* in Alkohol schwer löslich. F. 218 bis 220°. *Chloraurat* $C_3H_{10}ONAuCl_4$ (M.G. 415.11). 8,67% C; 2,43% H; 3,85% O; 3,37% N; 47,50% Au; 34,17% Cl. F: 257 bis 258°, schwerlöslich. *Pikrat* in Alkohol und in Wasser schwerlöslich, F: 198°. Quantitative Bestimmung durch Überführung in Trimethylamin mit Zinnchlorür oder DEWARDA-Legierung[5] und Salzsäure.

Tetramin, Tetramethylammoniumhydroxyd[6], $C_4H_{13}ON = (CH_3)_4 \cdot N \cdot OH$. Im Extrakt von Actinia equina aufgefunden[7]. Sehr starke, nicht flüchtige Base (siehe FLURY-GEMEINHARDT S. 1249).

Hydrochlorid F: über 360° (Zers.). *Chloraurat* $C_4H_{14}ONAuCl_4$ (M.G. 431.14) 11,13% C; 3,27% H; 3,71% O; 3,25% N; 45,74% Au; 32,89% Cl. F: 336° (Zers.), ganz außerordentlich schwer löslich. *Chloroplatinat* F: 278° (Zers.) in Wasser kaum löslich. *Pikrat* F: 312 bis 313° (Zers.). Durch erschöpfende Methylierung von Ammoniak mit Dimethylsulfat synthetisch darstellbar. Stark curareartige Wirkung.

Neurin[8] = Trimethyl-vinylammoniumhydroxyd, $C_5H_{13}ON = (CH_3)_3N(OH)CH:CH_2 \cdot$ Soll im Blut, Gehirn, Menschenharn, Harn von Hunden nach Parathyreoidektomie und in Nebennieren vorkommen. Wird durch Fäulnis nicht angegriffen[9]. Entfärbt wegen seiner aliphatischen Doppelbindung Permanganatlösung schon in der Kälte.

Chloraurat $C_5H_{14}ONAuCl_4$ (M.G. 443.14). 13,54% C; 3,18% H; 3,61% O; 3,16% N; 44,50% Au; 32,00 Cl. F. 228 bis 232°, 238 bis 239°. *Chloroplatinat* F. 213° in Wasser ungefähr 9mal schwerer löslich als Cholinchloroplatinat.

Cholin[10], **Colamin**[11]. Chemie siehe KLENK, S. 375. Über die Biologie siehe die Beiträge in Bd. 2, Innere Sekretion, Vitamine, Verdauung. Bester Nachweis: Dipikrylamin[14].

Acetylcholin[12] = $C_7H_{17}O_3N$ (M.G. 181.5). Mit biologischer Methodik in den meisten tierischen Organen und im Blut nachgewiesen. Die chemische Isolierung gelang bisher nur aus der Pferdemilz (Gehalt 5 bis 30 mg/kg)[13]. Trotzdem Acetylcholin mit biologischer Methode im Blut nachgewiesen wurde, ist seine Isolierung hieraus bisher nicht mit Sicherheit gelungen.

Die freie Base zerfällt in wäßrigen und alkoholischen Lösungen leicht in Cholin und Essigsäure. *Jodid* $C_7H_{16}O_2N \cdot J$. F. 160 bis 161°. *Chloroplatinat* $(C_7H_{16}O_2N \cdot Cl)_2PtCl_4$. Anisotrope Nädelchen aus 50%igem Alkohol. F. 223 bis 224°, 256 bis 257°, 242 bis 244° (Zers.). *Chloraurat* $C_7H_1{}_2O_2N \cdot Cl \cdot AuCl_3$. Nadeln oder Prismen. F. 154 bis 155°, 166 bis 168°. *Cholin-acetylcholin-dichloroplatinat* $C_{24}H_{60}O_6N_4Cl_{12}Pt_2$. Aus Wasser isotrope Oktaeder. F. 260 bis 261°. Geeignet zur Trennung des Acetylcholins von größeren Mengen Cholin. Zum Nachweis und zur Bestimmung besonders geeignet Dipikrylamin[14].

Cholinesterasen, siehe KRAUT S. 1081.

Adrenalin, siehe GRASSMANN-SCHNEIDER-TRUPKE S. 537.

[1] Beilstein 4, 49 (324) [556]. — PFANKUCH, E.: Houben, Heilstoffchemie, 2. Abt. 1/2, 1050 (1930). — [2] SUWA, A.: Pflügers Arch. **128**, 421 (1909); **129**, 231 (1909). — [3] LINTZEL, W., H. PFEIFFER u. I. ZIPPEL: B. Z. **301**, 29 (1939). — [4] TARR, H. L. A.: J. Fish. Res. Board Canada 4, 367 (1940) [C. **1940** I, 3338]. — [5] LINTZEL, W., u. E. HERRING: Vorratspfl. u. Lebensm.-Forsch. **2**, 263 (1939). — [6] Beilstein 4, 50 (325) [557]. — PFANKUCH, E.: Houben, Heilstoffchemie, 2. Abt., 1/2, 1050 (1930). — [7] ACKERMANN, D., FR. HOLTZ u. H. REINWEIN: Z. Biol. 80, 163 (1924). — [8] Beilstein 4, 203 (389) [661]. — PFANKUCH, E.: Houben, Heilstoffchemie, 2. Abt. 1/2, 1079 (1930). — [9] POLLER, K.: H. **217**, 79 (1933). — [10] Beilstein 4. 277 (425) [720]. — JUKES, T. H.: Ann. Rev. 16, 193 (1947). — [11] Beilstein 4, 274 (424) [717]. — [12] Beilstein 4 (428) [723]. — PFANKUCH, E.: Houben, Heilstoffchemie 2, Abt. 1/2, 1117 (1930). — [13] DALE, H. H., and K. W. DUDLEY: J. Physiol., London **68**, 97 (1929). — [14] ACKERMANN, D., u. H. MAURER: H. **279**, 114 (1943).

γ) Imidazolverbindungen.

Carnosin[1,2] $= \beta$-Alanyl-L-histidin, $C_9H_{14}O_3N_4$. Zuerst gefunden im Fleischextrakt[3]. Findet sich im Muskel der Vertebraten, nicht in Harn, Blut, Gehirn, Niere Milz, Lunge. Vielleicht in geringer Menge in der Leber. Auch bei Reptilien und Amphibien[4]. Die Menge im Muskel entspricht etwa der des Kreatins. Rinderherz enthält nur sehr wenig, im Gegensatz zu den Skeletmuskeln mit 1,2 bis 1,9% Carnosin[5]. Ratten scheiden von parenteral gegebenem Carnosin 30 bis 50% unverändert im Harn aus[6]. Fermentative Spaltung[7]. Bestimmung und weiteres Vorkommen[8].

Nadelförmige Krystalle, F. 246 bis 250°, PAULYs Probe[9] mit Diazobenzolsulfosäure und Soda positiv. *Kupfersalz* $C_{18}H_{26}O_6N_8Cu$ (M.G. 513.84). 42,04% C; 5,10% H; 18,68% O; 21,81% N; 12,37% Cu, tiefblau, schwerlöslich in Wasser. *Nitrat* F. 213°; $[\alpha]^{15,5}$: $+23,6°$ in 3,3%iger Lösung. Fällt mit Quecksilbersulfat in 5%iger Schwefelsäure, noch besser bei Zugabe von Alkohol.

Anserin[10] $= \beta$-Alanyl-methyl-histidin, $C_{10}H_{16}O_3N_4$. Zuerst aufgefunden im Gänsemuskel[11]. Ferner in den Muskelextrakten von anderen Vögeln, Reptilien, Selachiern, Teleostiern, Hunden, Katzen, Kaninchen, Ratten. Neuerdings im Muskel von Dromacus spurius (Emus) gefunden[12]. Chromatographische Trennung von Carnosin und Anserin und Kreatinin[13]. Bestimmung[14].

F. 238 bis 239°; $[\alpha]_D^{16°}$: $+11,26°$. Teilsynthese aus L-Methylhistidin[15]. Darstellung durch Fällung mit 10%iger Quecksilbersulfatlösung in 10%iger Schwefelsäure und dem 3fachen Volumen Methanol. PAULYsche Diazoprobe negativ. Besonders charakteristisch ist das tiefblaue *Kupfersalz* $C_{20}H_{30}O_6N_8Cu$ (M.G. 419.85). 28,58% C; 6,72% H; 22,86% O; 26,69% N; 15,14% Cu, das beim Trocknen bzw. Anspritzen mit Alkohol rotlila wird, F. 232° (Zers.); schwerlöslich. *Nitrat*, F. 220 bis 222° (Aufschäumen), schwerlöslich in Methanol.

Ergothionein[16] $= 2$-Thiol-histidin-methylbetain $C_9H_{15}O_2N_3S$ (M.G. 229.20). 47,12% C; 6,59% H; 18,33% N; 13,99% S; 13,96% O. Zuerst gefunden im Mutterkornextrakt[17]. Ferner in den Blutzellen mancher Säugetiere sowie im Harn[18] (siehe vorstehende Formel).

[1] Beilstein **25**, 516 (717). — SICKEL, H.: Biochem. Handlex. **12**, 211 (1930). — STAUB, H.: Houben, Heilstoffchemie, 2. Abt. **3**, 1252 (1939). — [2] VIGNEAUD, V. DU, and O. K. BEHRENS: Carnosine and Anserine. Ergebn. Physiol. **41**, 917—973 (1939). — VIGNEAUD, V. DU, and M. HUNT: J. biol. Ch. **125**, 269 (1938). — VIGNEAUD, V. DU, R. H. SIFFERD and G. W. IRVING: J. biol. Ch. **117**, 589 (1937). — McCLOSKY, W. T., L. C. MILLER, M. HUNT and V. DU VIGNEAUD: Proc. Soc. exp. Biol. Med. **37**, 60 (1937). — [3] GULEWITSCH, W., u. S. AMIRADZIBI: H. **30**, 565 (1900). — [4] WILSON, D. W., and W. A. WOLFF: J. biol. Ch. **124**, 103 (1938). — [5] MOGILEWSKI, M.: Bull. Biol. Méd. exp. URSS 4, 167 (1937) [C. **1939 II**, 1705]. — [6] MESCHKOWA, N. P.: Biochimia, Moskau **5**, 151 (1940) [C. **1941, I**, 3534]. — [7] PARSCHIN, A. N.: Bull. Biol. Méd. exp. URSS. **6**, 688 (1938) [C. **1939 II**, 4521]. — GARKAWI, P. G.: Biochimia, Moskau **5**, 671 (1940) [C. **1942 I**, 1144]. — [8] ZAPP, J. A. jr., and D. W. WILSON: J. biol. Chem. **126**, 9, 19 (1938). — SMITH, E. C. P.: Nature **144**, 1015 (1939). — PARCHIN, A. N.: Biochimia, Moskau **4**, 555 (1939) [C. **1941 I**, 920]. — [9] H.-Th. S. 268 u. 450. — [10] VIGNEAUD, V. DU, and O. BEHRENS: Ergebn. Physiol. **41**, 917 (1939). — VIGNEAUD, V. DU, and M. HUNT: J. biol. Ch. **125**, 269 (1938). — [11] ACKERMANN, D., O. TIMPE u. K. POLLER: H. **183**, 1 (1929). — LINNEWEH, W., A. W. KEIL u. F. A. HOPPE-SEYLER: H. **183**, 11 (1929). — HOPPE-SEYLER, F. A., W. LINNEWEH u. F. LINNEWEH: H. **184**, 276 (1929). — [12] TOLKATSCHEWSKAIA, M.: H. **223**, 57 (1934). — [13] BENDALL, J. R., S. M. PARTRIDGE and R. G. WESTALL: Nature **160**, 374 (1947). — [14] ZAPP, J. A. jr., and D. W. WILSON: J. biol. Ch. **126**, 9, 19 (1938). — SMITH, E. C. B.: Nature **144**, 1015 (1939). — PARSCHIN, A. N.: Biochimia, Moskau **4**, 555 (1939) [C. **1941 I**, 920]. — [15] BEHRENS, O. K., and V. DU VIGNEAUD: J. biol. Ch. **120**, 517 (1937). — [16] Beilstein **25**, 521 (721). — STAUB, H.: Houben, Heilstoffchemie, 2. Abt., **3**, 1202 (1939). — [17] TANRET, CH.: J. Pharmacie Chim. [6] **30**, 145 (1909). — BARGER, G., and A. J. EWINS: Soc. **1911**, 2336. — [18] SULLIVAN, M. X., and W. C. HESS: J. biol. Ch. **102**, 67 (1933).

Aus Wasser mit 2 Mol. Krystallwasser. F. 259 bis 282°, nach Beilstein 290°; $[\alpha]_D = +115$ bis 116°, nach Beilstein 110° (Wasser). Schwerlöslich in Alkohol. Paulysche Probe[1] nur gelb, erst mit Natronlauge rot.

Spinacin[2] $C_7H_9O_2N_3$ (M.G. 167.09). 50,27% C; 5,43% H; 25,15% N; 19,15% O. Aus der Leber des Haifisches Acanthias vulgaris. Bei Erhitzung mit Natronkalk im Wasserstoffstrom geht 4-(5-)Methylimidazol über. Die Konstitution (siehe nebenstehende Formel) wurde durch Synthese bewiesen.

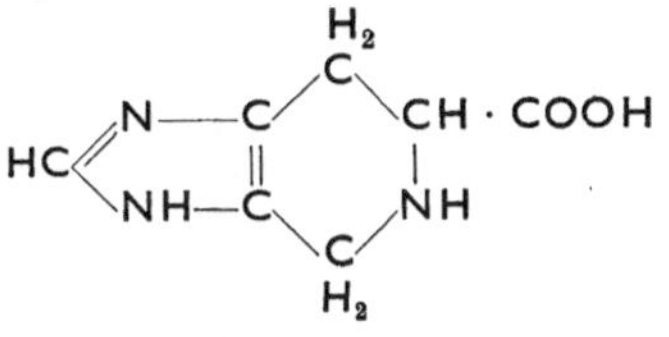

Aus Wasser glitzernde Nädelchen mit 2 Mol Krystallwasser, das erst bei 130° völlig verschwindet. F. 264° unter Bräunung. $(\alpha)_D^{19,5} = -169,9°$. Paulysche Diazoreaktion positiv. *Pikrat* $C_7H_9O_2N_3(C_3H_3O_7N_3)_2$ (M.G. 625.19). 36,47% C; 2,42% H; 20,17% N; 40,95% O; 73,30% Pikrinsäure. F. 161°. Zur Isolierung eignet sich besonders das unlösliche hellblaue *Kupfersalz* $(C_7H_8O_2N_3)_2Cu$ (M.G. 395.74). 42,45% C; 4,07% H; 21,24% N; 16,17% O; 16,06% Cu.

δ) Guanidinverbindungen[3].

Guanidin[4, 5], CH_5N_3. Zuerst in der Tierwelt unter den Produkten der Pankreasselbstverdauung gefunden[6]. Ferner bei Geodia gygas, Lumbricus terrestris und Oktopus oktop. Starke Base. *Chloraurat* $CH_6N_3AuCl_4$ (M.G. 399.10). 3,01% C; 1,51% H; 10,53% N; 49,41% Au; 35,54% Cl. F. 275 bis 278°, schwerlöslich. *Nitrat* F. 214°, ziemlich schwer löslich. *Pikrat* schwärzt sich bei 280° und schäumt bei 311 bis 315° auf, sehr schwer löslich. *Chloroplatinat* leicht löslich in Wasser, Guanidin und Methylguanidin werden als Reineckate vollständig gefällt[7]. *Pikrolonat* zersetzt sich unter Aufschäumen bei 272 bis 274°. Siehe ferner besondere Nachweismethoden[8]. Bei der Reaktion nach Sullivan auf Guanidin entsteht[9] 4-Guanidonaphthochinon-1,2.

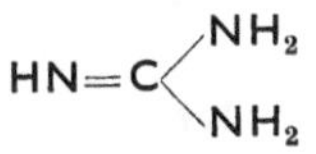

Guanidin hemmt noch in $^1/_{1000}$ m Lösung in der Rattenhirnrinde die Pasteursche Reaktion[10]. Der Guanidingehalt im Blut ist bei Epileptikern deutlich erhöht, besonders in der Aura und während der Krämpfe[11]. Guanidinurie mit 36 bis 571 mg Guanidin im Tagesharn wurde bei einem Kranken mit Myopathie beobachtet[12]. Kranke mit Myastenia gravis scheiden zugeführtes Guanidin zu 40 bis 60% unverändert im Harn aus[13].

Methylguanidin[14], $C_2H_7N_3$. Zuerst in faulem Fleisch gefunden[15]. Im Harn und frischen Muskeln von Vertebraten, auch bei Vermeidung oxydierender Mittel, also vorgebildet vorhanden[16]. *Nitrat* in Wasser schwerlöslich, F. 155°. *Pikrat* F. 200° und 201,5° C, schwerlöslich in Wasser. *Chloraurat* $C_2H_8N_3AuCl_4$ (M.G. 413.11). 5,81% C; 1,95% H; 10,17% N; 47,74% Au; 34,33% Cl. F. 198 bis 200°. *Chloroplatinat* F. 194 bis 195°. *Pikrolonat*, bei 225° Verfärbung bei etwa 291° Zersetzung, schwerlöslich.

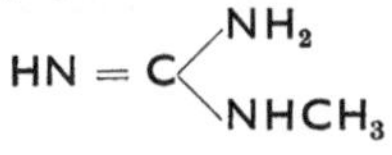

Dimethyl-guanidin[17], $C_3H_9N_3$. Aus Harn nach Verfütterung von Liebigs Fleischextrakt gewonnen[18]. *Chloraurat* $C_3H_{10}N_3AuCl_4$ (M.G. 427.13). 8,43% C; 2,36% H; 9,84% N; 46,17% Au; 33,20% Cl. F: 248°. *Chloroplatinat* F. 225°. *Pikrat* F. 230°, 224°. *Pikrolonat* F. 275 bis 278°, schwerlöslich.

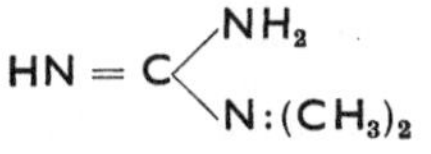

[1] H.-Th. S. 268 u. 450. — [2] Ackermann, D., u. M. Mohr: Z. Biol. **98**, 37 (1938). — Ackermann, D., u. E. Müller: H. **268**, 277 (1941). — Ackermann, D.: **276**, 268 (1942). — Ackermann, D., u. S. Skraup: H. **284**, 129 (1949). — [3] Führer, H.: Die Guanidingruppe. Handb. Heffter 1, 684—701 (1923). — [4] Schenk, H.: Pharmazie **3**, 5 (1948). — [5] Beilstein **3**, 82 (39) [69]. — Org. Synth. I, 295 (1932). — Pfankuch, E.: Houben, Heilstoffchemie 2. Abt. 1/2, 1233—1246 (1930). — [6] Kutscher, Fr., u. J. Otori: H. **43**, 93 (1904). — [7] Duquenois, P., et Faller: Bull. Soc. chim. France, Mém. (5) **6**, 998 (1939). — [8] Über den Nachweis von Guanidin und seinen Derivaten vgl. Fußnote [5] und Hoppe-Seyler, F. A.: In Handb. Biochem. Erg.-W. 1/A, 168 (1933). — [9] Sullivan, M. X., and W. C. Hess: Am. Soc. **58**, 47 (1939). — [10] Dickens, F.: Biochem. J. **33**, 2017 (1939). — [11] Murrey, M., and C. R. Hoffmann: J. Lab. clin. Med. **25**, 1072 (1940). — [12] Greenblatt, I. J.: J. biol. Ch. **137**, 791 (1941). — [13] Minot, A. S., and H. E. Frank: J. Pharmacol. exp. Therap. **71**, 130 (1941). — [14] Beilstein 4, 68 (332) [570]. — Pfankuch, E.: Houben, Heilstoffchemie, 2. Abt. 1/2, 1246 (1930). — [15] Brieger, L.: Ptomaine III. S. 34. Berlin 1886. — [16] Reinwein, H., u. F. Thielmann: A. e. P. P. **103**, 115 (1924). — Imamura, H.: J. Biochem. **30**, 479 (1939). — Komarow, S. A.: B. Z. **211**, 326 (1929). — [17] Beilstein 4, 69 (332) [571]. — Pfankuch, E.: Houben, Heilstoffchemie, 2. Abt., 1/2, 1249 (1930). — [18] Kutscher, Fr., u. A. Lohmann: H. **48**, 422 (1906).

Glykocyamin[1] = Guanidinessigsäure, $C_3H_7O_2N_3$. Im Harn von Muskeldystrophikern und auch im normalen Menschen- und Hundeharn gefunden[2]. Wahrscheinlich Muttersubstanz des Kreatins. Glykokoll wird im Tierkörper unter Einbau der Amidingruppe (^{15}N) des L-Arginin zu Glykocyamin und dann weiter zu Kreatin[3] aufgebaut[4].

Schwerlöslich in Wasser, fast unlöslich in Alkohol und Äther. *Hydrochlorid* F. 191°. *Pikrat* $C_9H_{10}O_9N_6$ (M.G. 346.13) 31,20% C; 2,91% H; 41,60% O; 24,28% N. F. 199 bis 200°; sehr schwer löslich. *Chloraurat* F. 173°. *Chloroplatinat* F. 198 bis 200°. *Kupfersalz* $(C_3H_7O_2N_3)_2Cu \cdot H_2O$, hellblauer schwerlöslicher Niederschlag.

Agmatin[5] = Guanido-butyl-amin-1,4, $C_5H_{14}N_4$. Zuerst aus Heringssperma durch Hydrolyse erhalten[6], ferner auch in reifen Heringstestikeln, Geodia gygas und im Mutterkornextrakt. D-Aminosäureoxydase (Schweinenierenauszug) baut Agmatin ab[7].

Das *Carbonat* scheidet sich aus konzentrierter wäßriger Lösung in kreidigen Massen ab. *Sulfat* F. 224 bis 225°, schwerlöslich in Alkohol. Abscheidung als Benzilidenagmatin und Gewinnung als Pikrat[8]. *Pikrat* $C_{11}H_{17}O_7N_7$ (M.G. 359.19). 36,75% C; 4,77% H; 31,18% O; 27,30% N. F. 230°, schwerlöslich. *Chloraurat* und *Chloroplatinat* leichtlöslich. Synthetisch aus Tetramethylendiamin und Cyanamid[9].

Arcain[10] = Diguanidylbutan-1,4, $C_6H_{16}N_6$. Im Extrakt von Arca noae[11].

Pikrat $C_{12}H_{19}O_7N_9$ (M.G. 401.22). 35,89% C; 4,77% H; 27,91% O; 31,42% N. F. 251 bis 254°, sehr schwer löslich. *Chloraurat* F. 170,5°, schwerlöslich. *Sulfat* F. 291° (Zers.) *Pikrolonat* F. 309° in Wasser noch schwerer löslich als das Pikrat. Ferner entstehen schwerlösliche Verbindungen mit Flaviansäure, Rufiansäure, Quecksilberchlorid und -nitrat. Synthetisch aus Tetramethylendiamin und Cyanamid[12]. Wirkt im Gegensatz zu den meisten blutdruckwirksamen Guanidinderivaten blutdrucksenkend. Senkt den Blutzuckergehalt. Wird durch Arginase nicht angegriffen[13].

Oktopin[14] = L-Arginin-N-(α-propionsäure) $C_9H_{18}O_4N_4$. In Oktopus oktopodia[15], Pekten yessonensis[16], Pekten magellanicus[17] und Eledone moschata[18] aufgefunden.

Synthese aus D-Arginin und Brenztraubensäure[19]. Oktopin wird nicht von D-, wohl aber von L-Aminosäuredehydrase aus Leber dehydriert[20].

$$\underset{\displaystyle HN=\overset{\textstyle NH_2}{\overset{|}{C}}-NH-CH_2-CH_2-CH_2-\overset{\textstyle NH-CH(CH_3)-COOH}{\overset{|}{C}H}-COOH}{}$$

Reagiert neutral, F. 281 bis 282°. $[\alpha]_D^{17}$: + 20,94°. *Pikrat* $C_{15}H_{21}O_{11}N_7$ (M.G. 475.22). 37,88% C; 4,45% H; 37,04% O; 20,63% N. F. 225° ist ebenso wie das Flavianat schwer löslich. Synthese aus D-Arginin und L-α-Brompropionsäure[21]; neuerdings auch aus Arginin und Brenztraubensäure bei Gegenwart von Wasserstoff[22]. Von Arginase schwer angreifbar[23]. Wirkt weder auf Blutdruck noch auf Blutzucker und Darmbewegung und wird im Harn nach subcutaner Einspritzung an Hunden und Mäusen zu etwa 18% ausgeschieden[24].

[1] Beilstein 4, 359 (477) [793]. — Pfankuch, E.: Houben, Heilstoffchemie, 2. Abt., 1/2, 1267 (1930). — [2] Ackermann, D.: H. 234, 208 (1935). — Weber, C. J.: Proc. Soc. exp. Biol. Med. 32, 172 (1934). J. biol. Ch. 109, XCVI (1935). — Ackermann, D.: H. 239, 231 (1936). — [3] Borsook, H., and J. W. Dubnoff: J. biol. Ch. 132, 559 (1940). Science, N. Y. 91, 551 (1940). — [4] Bloch, K., and R. Schönheimer: J. biol. Ch. 134, 785 (1940); 138, 167 (1941). — [5] Beilstein 4 (420) [703]. — Pfankuch, E.: Houben, Heilstoffchemie, 2. Abt., 1/2, 1255 (1930). — [6] Kossel, A.: H. 66, 257 (1910). — [7] Felix, K., u. K. Zorn: H. 258, 16 (1939). — [8] Irvin, J. L., and D. W. Wilson: J. biol. Ch. 127, 565 (1939). — [9] Kossel, A.: H. 68, 170 (1910). — [10] Beilstein 4, [703]. — [11] Kutscher, F., D. Ackermann u. O. Flössner: H. 199, 273 (1931). — [12] Kiesel, A.: H. 118, 277, 284 (1922). — Kutscher, Fr., D. Ackermann u. F. A. Hoppe-Seyler: H. 199, 277 (1931). — [13] Baldwin, E.: Biochem. J. 28, 1155 (1934). — [14] Beilstein 4, [848]. — [15] Morizawa, K.: Acta Schola med. Kioto 9, 285 (1927). — [16] Mayeda, H.: Acta Scholae med. Kioto 18, 218 (1936). — [17] Moore, E., and D. W. Wilson: J. biol. Ch. 119, 573 (1937). — [18] Ackermann, D., u. M. Mohr: H. 250, 249 (1937). — [19] Knoop, F., u. C. Martius: H. 258, 238 (1939). — [20] Karrer, P., H. König u. R. Legler: Helv. 24, 127 (1941). — [21] Akasi, S.: J. Biochem. 25, 261, 281 (1937). — Irvin, J. L., and D. W. Wilson: Proc. Soc. exp. Biol. Med. 36, 398 (1937). J. biol. Ch. 127, 555 (1939). — [22] Knoop, F., u. C. Martius: H. 254, I (1938). — [23] Akasi, S.: J. Biochem. 26, 129 (1937). — [24] Mohr, M.: H. 255, 190 (1938).

Asterubin, $C_5H_{13}O_3N_3S$ oder $HN=C{<}^{N(CH_3)_2}_{NH \cdot CH_2 \cdot CH_2 \cdot SO_3H}$. In Asterias rubens L.

und Asterias glacialis L. festgestellt[1]. Steigert den Blutzuckergehalt. Keine Wirkung auf den Blutdruck[2].

F. 272 bis 273° (Zers.). Leicht löslich in Wasser. Keine Fällung mit Basenfällungsmitteln. Reagiert neutral. Synthetisch auf 2 Wegen[3].

Kreatin und Kreatinin vgl. GRASSMANN-SCHNEIDER-TRUPKE S. 523f.

ε) Carbaminoverbindungen.

N-Methylhydantoin[4], $C_4H_8O_2N_2$ oder $\begin{matrix} OC{-}NH \\ | \quad\quad {>}CO \\ H_2C \cdot N(CH_3) \end{matrix}$. Durch bakteriellen Abbau von Kreatinin[5]. Ferner im Stierhoden.

F. 155 bis 156°. Leicht löslich in Wasser und Alkohol, löst sich auch in Äther und Chloroform. Gibt die WEYLsche und JAFFÉsche[6] Reaktion. Entsteht aus Kreatinin beim Erhitzen mit Baryt. *Phosphorwolframat* leichtlöslich.

Carbaminyl-agmatin, $C_6H_{15}ON_5$.

Gewonnen durch Fäulnis von Arcain neben Agmatin und Putrescin[7]. *Monopikrat* $C_{12}H_{18}O_8N$; (M.G. 402.20). 35,80% C; 4,51% H; 31,82% O_2; 27,86% N. F. 183 bis 185°. *Dinitrat* F. 155 bis 157° löslich in Wasser, unlöslich in Alkohol.

$$C{<}^{NH_2}_{NH}\quad NH \cdot CH_2 \cdot CH_2 \cdot CH_2 \cdot CH_2 \cdot NH \quad C{<}^{NH_2}_{O}$$

Carbaminylputrescin, $C_5H_{13}ON_3 = NH_2 \cdot CO \cdot NH \cdot CH_2 \cdot CH_2 \cdot CH_2 \cdot CH_2NH_2$. Bei Fäulnis von Agmatin[7].

Hydrochlorid F. 185°. In Alkohol schwerlöslich. *Dipikrat* $C_{17}H_{19}O_{15}N_9$ (M.G. 589.22). 34,62% C; 3,25% H; 40,73% O; 21,40% N. F. 164 bis 165°, in Alkohol schwerlöslich.

Citrullin $= \delta$-Carbaminyl-ornithin, $C_6H_{13}O_3N_3$ der $NH_2CO \cdot NH(CH_2)_3 \cdot CH(NH_2) \cdot COOH$. Entdeckt im Saft der Wassermelone[8]. Synthese aus Ornithin und Harnstoff[9]. Entsteht aus Arginin durch Einwirkung von Bakterien[10] aber nicht von den auf diesen Abbauvorgang untersuchten tierischen Organen[11]. Citrullin ersetzt beim Huhn in der Nahrung das Arginin[12].

Citrullin wurde auch aus Arginin gewonnen durch Desimidierung, Benzoylierung und darauffolgende Hydrolyse[13]. F. 202°, 220 bis 222°. Leicht löslich in Wasser, unlöslich in organischen Lösungsmitteln. Wäßrige Lösung neutral. *Phosphorwolframat* leichtlöslich. *Kupfersalz* $(C_6H_{12}O_3N)_2Cu$ (M.G. 355.77) 40,48% C; 6,80% H, 26,08% O; 7,87% N; 17,87% Cu. F. 257 bis 258°, sehr schwer löslich. Nachweis mit Diacetyl[14].

ζ) ω-Aminosäuren.

β-Alanin siehe GRASSMANN-SCHNEIDER-TRUPKE S. 525.

γ-Aminobuttersäure siehe GRASSMANN-SCHNEIDER-TRUPKE S. 527.

δ-Aminovaleriansäure siehe GRASSMANN-SCHNEIDER-TRUPKE S. 528.

η) Proteinogene Amine[15].

Putrescin[16], Tetramethylendiamin, $C_4H_{12}N_2$ oder $H_2N \cdot (CH_2)_4 \cdot NH_2$. Darstellung aus Butadien[17]. Zuerst isoliert aus Organfäulnisstoffen[18]. Entsteht beim bakteriellen Abbau

[1] ACKERMANN, D.: H. **232**, 206 (1935). — [2] ACKERMANN, D., u. H. A. HEINSEN: H. **235**, 115 (1935). — [3] ACKERMANN, D.: H. **234**, 208 (1935). — ACKERMANN, D., u. E. MÜLLER: H. **235**, 233 (1935). — [4] Beilstein **24**, 244 (288). — [5] ACKERMANN, D.: Z. Biol. **62**, 208 (1913); **63**, 78 (1914). — LINNEWEH, F.: Z. Biol. **90**, 109 (1930). — [6] H.-Th. S. 163. — [7] LINNEWEH, F.: H. **200**, 115 (1931); **202**, 1 (1931); **205**, 126 (1932). — [8] WADA, M.: B. Z. **224**, 420 (1930). — [9] GORNALL, A. G., and A. HUNTER: Biochem. J. **33**, 170 (1939). — [10] ACKERMANN, D.: H. **203**, 66 (1932). — HORN, F.: H. **216**, 244 (1933). — [11] ACKERMANN, D.: H. **209**, 12 (1932). — [12] KLOSE, A. A., and H. J. ALMQUIST: J. biol. Ch. **135**, 153 (1940). — [13] DIRR, K., u. H. SPÄTH: H. **237**, 121 (1935). — [14] FEARON, W. R.: Biochem. J. **33**, 902 (1939). — [15] WERLE, E.: Chemie **56**, 141 (1943). — [16] Beilstein **4**, 264 (420) [701]. — PFANKUCH, E.: Houben, Heilstoffchemie, 2. Abt., 1/2, 1090 (1930). — [17] LANGENBECK, W., W. WOLTERSDORF u. H. BLACHNITZKY: B. **72**, 671 (1939). — [18] BRIEGER, L.: Ptomaine II, S. 39. Berlin 1885.

von Arginin bzw. Ornithin, sowie von Agmatin und Arcain. Arginin wird durch Coli-stämme[1, 2] und Salmonella enteritidis Gärtneri[3] zu Putrescin gespalten. Manchmal bei Cystinurie im Harn und Faeces. Auch bei Diarrhoen in Faeces. Ferner im Extrakt von Melolontha vulgaris. Putrescin wird von Diaminoxydase oxydativ abgebaut[4].

Chloraurat hat 2 Mol. Krystallwasser, F. 230 bis 240°. In Äther schwerlöslich, besser in Chloroform; schwerer löslich als das Cadaveringoldsalz. *Pikrat* schwerlöslich, $C_{16}H_{18}O_{14}N_8$ (M.G. 546.20). 35,15% C; 3.32% H; 41,01% O; 20,52% N. F. 250 bis 260° (Zers.). *Pikro-lonat* F. 263° (Zers.). Dibenzoylverbindung F. 175 bis 176°, unlöslich in Wasser und Äther, löslich in Alkohol.

Cadaverin[5] = Pentamethylendiamin, $C_5H_{14}N_2$ oder $H_2N \cdot (CH_2)_5 \cdot NH_2$. Synthese aus Pentamethylenbromid[6]. Zuerst aus Organfäulnisprodukten isoliert[7]. Entsteht beim bakteriellen Abbau des Lysins[8]. Bact. cadaveris enthält eine spezifische L-Lysindecarb-oxylase, die aus L-Lysin unter CO_2-Abspaltung Cadaverin bildet[9]. Manchmal in Harn und Faeces bei Cystinurie. Neuerdings in der Winterkrötenleber[10] und zu 0,005% im Pan-kreas des Schweines[11] gefunden, sowie bei Fäulnis[2] und in Schlangenmuskelextrakten[12]. Diaminoxydase baut Cadaverin ab[13].

Hydrochlorid F. 255°. Unlöslich in absolutem Alkohol. *Chloraurat* F. 186 bis 188°. In Wasser ziemlich leicht löslich. *Chloroplatinat* Zersetzung bei 215 bis 275°. *Pikrat* $C_{17}H_{20}O_6N_8$ (M.G. 432.22). 47,20% C; 4,66% H; 22,21% O; 25,93% N. F. 221°. Sehr schwer löslich. *Pikrolonat* F. 250°, etwas löslicher als das Putrescinsalz. *Dibenzoylverbin-dung* F. 130°, 135°, fast unlöslich in Wasser, leichtlöslich in Alkohol. Cadaverin und p-Chinon ergeben ω-Aminoamylaminochinon[14]. Neues Isolierungsverfahren für Cadaverin[15]. Fällung[16] mit 2-Nitroindandion-(1,3). Quantitative Bestimmung mit Reineckesalz[17].

Histamin[18-23] = β-Aminoäthylimidazol, $C_5H_9N_3$. Beim bakteriellen Abbau des Histidins zuerst biologisch gewonnen[19]. Sein Vorkommen in tierischen Geweben ist jetzt auch durch Elementaranalyse bewiesen. Histaminbildung in Pflanzen[20].

Als Dipikrat und Chloraurat wurden aus Rinderleber[24] 66,6 mg, aus Schweineleber[25] 1,3 mg, aus Rinderlunge[25, 26] 10,6 mg Histamin/kg isoliert. Histidin wird in Lunge, Leber und Niere (dort 4- bis 5 mal besser als in der Leber) in Histamin umgewandelt[26]. Man hat Histamin auch im Dünndarm gefunden, nicht aber im Dickdarm und Rectum[27], im roten Knochenmark mehr als im Blut[23], im Harn sehr wenig (13 bis 130 γ/Liter[29]), im Stuhl 0 bis 5 γ/cm³[30]. Bei Rauchern ist Histamin in den

---

[1] AKASI, S.: Acta Scholae med. Kioto **22**, 433 (1939) [C. **1940** I, 573]. — [2] FUJIMI, T.: Arb. med. Fak. Okayama **5**, 305 (1938) [C. **1940** I, 593]. — [3] TOMOTA, S.: J. Biochem. **32**, 401 (1940). — [4] ZELLER, E. A.: Helv. **23**, 1502 (1940); **21**, 880 (1938). — FELIX, K., u. K. ZORN: H. **258**, 16 (1939). — [5] Beilstein **4**, 266 I(421) [708]. — PFANKUCH, E.: Houben, Heilstoffchemie, 2. Abt., 1/2, 1091 (1930). — [6] BROWN, R., and W. E. JONES: Soc. **1946**, 781. — [7] BRIEGER, L.: Ptomaine II, S. 39. Berlin 1885. — [8] VIRTANEN, A. I., u. T. LAINE: Enzymologia **3**, 266 (1937). — HIRAI, K.: J. Biochem. **29**, 435 (1939). — [9] GALE, E. F., and H. M. R. EPPS: Biochem. J. **38**, 232 (1944). — [10] MAKINO, H.: J. Biochem. **20**, 1 (1934). — [11] FUKUDA, S.: J. Biochem. **30**, 141 (1939). — [12] IMAMURA, H.: J. Biochem. **30**, 479 (1939).— [13] ZELLER, E. A., B. SCHÄR u. S. STAEHLIN: Helv. **22**, 837 (1939). — [14] KANAO, S., u. S. INAGAWA: J. pharmaceut. Soc. Jap. **58**, 71 (1938) [C. **1938** II, 4226]. — [15] SASAKI, S.: J. Dep. Agric. Kyushu Imp. Univ. **5**, 51 (1936) [C. **1938** I, 1600]. — [16] MÜLLER, ERNST: H. **269**, 31 (1941). — [17] DUQUENOIS, P., u. FALLER: Bull. Soc. Chim. France, Mém. [5] **6**, 998 (1939).— [18] Beilstein **25**, 315 (629). — SICKEL, H.: Biochem. Handlex. **12**, 199 (1930). — PFANKUCH, E.: Houben, Heilstoffchemie, 2. Abt. **3**, 493—558 (1939). Dort Literatur bis März 1932 berücksichtigt. — [19] ACKERMANN, D.: H. **65**, 504 (1910). Z. Biol. **91**, 73 (1931). — [20] WERLE, E., u. A. RAUB: B. Z. **318**, 538 (1948). — [21] WERLE, E., u. A. ZABEL: B. Z. **318**, 554 (1948).— [22] EHRISMANN, O., u. E. WERLE: B. Z. **318**, 560 (1948). — [23] HUTTRER, CH. P.: Enzymologia **12**, 277 (1948). Exper. **5**, 33 (1949). — [24] ACKERMANN, D., u. M. MOHR: H. **255**, 75 (1938).— [25] ACKERMANN, D., u. H. G. FUCHS: H. **257**, 151, 153 (1939). — [26] BLOCH, W., u. H. PINÖSCH: H. **239**, 236 (1936). — HOLTZ, P., u. R. HEISE: A. e. P. P. **186**, 377 (1937). — WERLE, E.: B. Z. **288**, 292 (1936). — WERLE, E., u. K. KRAUTZUN: B. Z. **296**, 315 (1938). — [27] HOLTZ, P., K. CREDNER u. A. REINHOLD: A. e. P. P. **193**, 688 (1939). — [28] CODE, C. F., and J. L. JENSEN: Amer. J. Physiol. **131**, 768 (1941). — ROSE, BRAM.: Proc. Soc. exp. Biol. Med. **39**, 306 (1938). — [29] ACKERMANN, D., u. H. G. FUCHS: H. **259**, 32 (1939). — ACKERMANN, D.: Kli. Wo. **1940**, 1023. — WERLE, E., u. G. EFFKEMANN: Zbl. Gynäkol. **64**, 722 (1940). — [30] MYHRMAN, G., u. J. TOMENIUS: A. e. P. P. **193**, 14 (1939).

Blutkörperchen um 100 bis 200% gesteigert[1], nicht aber im Plasma. Über die Histaminbestimmung im Blut siehe Fußnote[2].

Histamin soll auch im Speichel von Oktopus makropus vorkommen.

Die meisten Bakterienstämme brauchen Histidin zur Bildung von Histamin[3], der Histaminabbau erfolgt enzymatisch durch Histaminase[4].

Mannigfache pharmakologische Wirkung (Drüsen, glatte Muskulatur — am empfindlichsten ist Meerschweinchendarm[5] — Nebennieren, Kreislauf u. a.[6] Beziehung zur Anaphylaxie[7]. — *Histaminase* siehe THUNBERG S. 1209.

Histaminsalze färben sich mit Kobaltnitrat und Alkali violett. Chemismus der PAULY Diazoprobe[8]. *Dichlorhydrat* F. 240°, leichtlöslich. *Dipikrat* F. 220 bis 230°, 239° (Zers.). *Dipikrolonat* F. 262 bis 264°. *Chloraurat* $C_5H_{11}N_3Au_2Cl_8$ (M.G. 791.17). 7,58% C; 1,40% H; 5,31% N; 49,85% Au; 35,85% Cl. F. 200 bis 210°, schwerlöslich, wird beim Umkrystallisieren aus Wasser „irregulär", d. h. komplizierter zusammengesetzt. *Chloroplatinat* bei 200° Verfärbung ohne zu schmelzen.

β-**Phenyläthylamin**[9], $C_8H_{11}N$ oder ⬡—$CH_2 \cdot CH_2 \cdot NH_2$. Entsteht bei der Fäulnis von Leim[10], und zwar aus Phenylalanin.

Ist mit Wasserdämpfen flüchtig. *Hydrochlorid* F. 217°. In Wasser und absolutem Alkohol löslich. *Chloraurat* $C_8H_{12}NAuCl_4$ (M.G. 461.13). 20,82% C; 2,62% H; 3,04% N; 42,76% Au; 30,75% Cl. F. 98 bis 100°. *Chloroplatinat* F. bei 225° Schwärzung, bei 246 bis 248° Zersetzung; schwerlöslich in Wasser und Alkohol. *Pikrat* F. 171 bis 174°. *Benzoylverbindung* F. 114°, in Wasser unlöslich. Zur Trennung von Isoamylamin eignet sich das *saure Oxalat* F. 181°.

Tyramin[11] = p-Oxyphenyläthylamin, $C_8H_{11}ON$ oder HO—⬡—$CH_2 \cdot CH_2 \cdot NH_2$. Darstellung mit 85% Ausbeute durch Reduktion von 4-Oxy-ω-nitrostyrol[12]. Tyramin hat man im Käse aufgefunden[13]. Es entsteht durch Fäulnis von Tyrosin[14]. Strep. faecalis enthält eine spezifische Decarboxylase, die L-Tyrosin und L-3,4-Dioxyphenylalanin zu den entsprechenden Aminen abbaut[15], ebenso Cl. Welchii Typ A[16]. Tyramin im Blut[17], im Harn[18]. Findet sich im Speichelsekret von Oktopus und bei Melolontha vulgaris. Bact. mesentericus bildet aus Tyrosin hauptsächlich Tyramin neben etwas Tyrosol[19]. Bact. Coli zersetzt 3,5-Dijodtyrosin zu Tyramin[20]. Auch bei Autolyse von sterilem Pankreas verwandelt sich Tyrosin in Tyramin[21]. Schnitte von Nebennierenmark bilden Tyramin zum Teil in adrenalinähnliche Stoffe um[22]. Neben anderen pharmakologischen Wirkungen ruft Tyramin Blutdrucksteigerung hervor und galt früher, da es sich bei chronischer Nephritis und maligner

[1] WERLE, E., u. G. EFFKEMANN: Kli. Wo. **1940**, 1160. — [2] ANREP, G. V., G. S. BARSOUM, M. TALAAT and E. WIENINGER: J. Physiol., London **95**, 476 (1939). — LESURE, A.: J. Pharmacie Chém. [9] **1**, 55 (1940). — [3] EGGERTH, A. H.: J. Bacteriology **37**, 205 (1939). — [4] ZELLER, E. A.: Helv. **21**, 880 (1938). — SAVIANO, M.: Arch. Sci. biol., Napoli **22**, 205 (1936) [C. **1938 I**, 2735]. — [5] VOGT, WALTER: A. e. P. P. **206**, 1 (1949). — [6] FELDBERG, W., u. E. SCHILF: Histamin, seine Pharmakologie und Bedeutung für die Humoralphysiologie. Berlin 1930. — ZIPF, K.: Ergebn. Hyg. **20**, 349 (1937). — ACKERMANN, D., u. W. WASMUTH: H. **259**, 28 (1939). — [7] ACKERMANN, D., u. W. WASMUTH: H. **260**, 155 (1939). — ACKERMANN, D.: Naturwiss. **27**, 515 (1939). — UNGAR, G.: Les substances histaminiques et la transmission chimique de l'influx nerveux. Paris 1937. — HILL, HORACE: The Histamine and Insulin Treatment of Schizophrenia and other Mental Diseases. London 1940. — PARROT, J.: Les manifestations de l'anaphylaxie et les substances histaminiques. Etude clinique expérimentale et thérapeutique. Paris 1938. — [8] DIEMAIR, W., u. H. FOX: B. Z. **298**, 38 (1938). — [9] Beilstein **12**, 1096 (472). — PFANKUCH, E.: Houben, Heilstoffchemie, 2. Abt., **2**, 830 (1932). — [10] NENCKI, M.: J. prakt. Chem. (2) **26**, 47 (1882). — SPIRO, K.: Hofmeisters Beitr. **1**, 347 (1901). — [11] Beilstein **13**, 625 (235). — PFANKUCH, E.: Houben, Heilstoffchemie, 2. Abt., **2**, 867 bis 875 (1932). — [12] HAHN, GEORG, u. K. STIEHL: B. **71**, 2162 (1938). — Darstellung: LEUTHARDT, F.: Bamann-Myrbäck **1**, 396. — [13] SLYKE, L. L. VAN, and E. B. HART: Amer. chem. J. **30**, 8 (1903). — WINTERSTEIN, E., u. A. KÜNG: H. **59**, 138 (1909). — [14] HOLTZ, P.: Kli. Wo. **1937 II**, 1561. — [15] EPPS, H. M. R.: Biochem. J. **38**, 242 (1944). — [16] EPPS, H. M. R.: Biochem. J. **39**, 42 (1945). — [17] LOEPER, M., A. LESURE et A. NETTER: Ann. Méd. **44**, 85 (1938). — [18] ENGER, RUD., u. H. ARNOLD: Z. klin. Med. **132**, 271 (1937). — [19] GRIMMER, W., u. B. WAUSCHKUHN: Milchwirtsch. Forsch. **20**, 110 (1939) [C. **1939 II**, 4390]. — [20] HABILD, G.: Z. Biol. **99**, 421 (1939). — [21] HEINSEN, H. A.: H. **245**, 1 (1937). — [22] DEVINE, J.: Biochem. J. **34**, 21 (1940).

Sklerose im Blut findet, als wesentlich für das Zustandekommen des sog. blassen Hochdruckes[1]. Wirkung auf Chromatophoren s. Bd. 2, Innere Sekretion.

Weiße Nadeln oder Blättchen F. 160°. *Chlorhydrat* F. 268 bis 269°, leichtlöslich in Wasser und Alkohol. *Pikrat* $C_{14}H_{14}O_8N_4$ (M.G. 366.14) 45,88% C; 3,85% H; 34,96% O; 15,30% N. F. 200°. *Dibenzoat* F. 169°, unlöslich in Wasser, aus Alkohol umzukrystallisieren. *Chloroplatinat.* Es gibt die MILLONsche und PAULYsche Reaktion, sowie Rotfärbung mit 1,2-Nitrosonaphthol in Alkohol mit Salpetersäure in der Hitze[2]. Fällungen mit Nitrandion und Nitranilsäure[3]. Nachweis mit 1,2-Nitrosonaphthol[4]. Tyramin kann noch in einer Konzentration von 2,5 γ/cm³ bestimmt werden[5].

Hordenin = Dimethyltyramin bildet sich in der keimenden Gerste ausschließlich in den Wurzeln[6].

Isoamylamin[7], $C_5H_{13}N$ oder $(CH_3)_2 \cdot CH \cdot CH_2 \cdot CH_2 \cdot NH_2$. Darstellung aus α-Methylhydroxylamin und Isoamylmagnesiumchlorid, dabei 80% Ausbeute[8]. Aufgefunden als Fäulnisprodukt[9]. Entsteht durch bakteriellen Abbau des Leucins. Auch im Mutterkorn gefunden. Wirkt blutdrucksteigernd. Isoamylamin wird durch Leberextrakte zu 79% zu Isovaleraldehyd oxydiert[10].

Chloraurat $C_5H_{14}NAuCl_4$ (M.G. 427.14). 14,05% C; 3,30% H; 3,28% N; 46,17% Au; 33,20% Cl. F. 145°. *Chloroplatinat* F. 247°. *Reineckesalz*[11]. Identifizierung auch als 4,6-Dinitroalkyl-m-toluidin[12].

Tryptamin[13] = β-[Indolyl-(3)]-äthylamin, $C_{10}H_{12}N_2$. Entsteht beim bakteriellen Abbau von Tryptophan[14]. Auch im Harn Pellagrakranker. Colorimetrische Bestimmung im Blutserum. Im Serum fand man normalerweise 0,2 bis 0,6 mg-% Tyramin und 0 bis 0,2 mg-% Histamin; unsicher ist Vorkommen von Tryptamin[15]. Umsetzung von Tryptamin mit α-Ketosäuren[16]. Diaminoxydase oxydiert Tryptamin[17]. Verhalten gegen Tryptophanase[18]. Tryptamin wirkt im Avenatest als Wuchsstoff[19], am Tier unter anderem auch blutdrucksteigernd.

Hydrochlorid F. 246°. *Pikrat* $C_{16}H_{15}O_7N_5$ (M.G. 389.16). 49,34% C; 3,88% H; 28,78% O; 17,99% N, rote Krystalle. F. 242 bis 243° aus Aceton, in Wasser fast unlöslich, schwerlöslich in Alkohol. *Pikrolonat* F. 231°.

Indol[20], C_3H_7N (M.G. 117.06). 82,01% C; 6,03% H; 11,97% N. Indoldarstellung[21]. Aufgefunden bei der Eiweißfäulnis[22] im Kot; hierbei entsteht es aus Tryptophan. Entsteht auch bei Einwirkung gewaschener Suspensionen von B. coli auf Tryptophan unter Lüftung[23].

[1] HEINSEN, H. A., u. H. J. WOLF: Kli. Wo. **1934 II**, 1688. — HEINSEN, H. A., u. H. J. WOLF: Verh. dtsch. Ges. inn. Med. **47**, 316 (1935). Z. klin. Med. **128**, 213 (1935). — WOLF, H. J., u. H. A. HEINSEN: A. e. P. P. **179**, 15 (1935). — [2] GERNGROSS, O., K. VOSS u. H. HERFELD: B. **66**, 435 (1933). — [3] MÜLLER, ERNST: H. **268**, 245 (1941); **269**, 31 (1941). — [4] ENGER, RUD., u. H. ARNOLD: Z. klin. Med. **132**, 271 (1937). — [5] MACIAG, A., u. R. SCHOENTAL: Mikrochem. **24**, 250 (1938). — [6] RAOUL, Y.: Thèse Fac. Sci. Paris 1935. — [7] Beilstein **4**, 180 (380) [644]. — [8] SCHEWERDINA, N. I., u. K. A. KOTSCHESCHKOW: Chem. J. (A), (russ.) **8**, 1825 (1938) [C. **1940 I**, 360]. — [9] MÜLLER, A.: Jber. Berzelius **1857**, 403. — [10] PUGH, C. E. M., and J. H. QUASTEL: Biochem. J. **31**, 2306 (1937). — [11] CARLSOHN, H., u. F. RATHMANN: J. prakt. Chem. (N. F.) **147**, 29 (1936). — [12] BROWN, E. L., and N. CAMPBELL: Soc. **1937**, 1699. — [13] Beilstein **22** (636). — PFANKUCH, E.: Houben, Heilstoffchemie, 2. Abt., **3**, 286 (1939). — [14] LAIDLAW, P. P.: Biochem. J. **6**, 141 (1911). — [15] LESURE, A.: J. Pharmacie Chim. (9) 1 (132), 55 (1940) [C. **1941 I**, 1448]. — [16] HAHN, GEORG, u. A. HANSEL: B. **71**, 2163 (1938). — [17] BLASCHKO, H., D. RICHTER and H. SCHLOSSMANN: Biochem. J. **31**, 2187 (1937). — WERLE, E., u. G. MENNICKEN: B. Z. **296**, 99 (1938). — [18] BAKER, J. W., and F. CH. HAPPOLD: Biochem. J. **34**, 657 (1940). — [19] SKOOG, F.: J. gen. Physiol. **20**, 311 (1937). — [20] Beilstein **20**, 304 (121). — ORDER, R. B. VAN, u. H. G. LINDWALL: Chem. Rev. **30**, 69 (1942). — ZEMPLÉN, G.: Indol und Indolabkömmlinge. Biochem. Handlex. 4, 840—917 (1911); **11**, 312—319 (1924). — SICKEL, H.: Indol und Indolabkömmlinge. Biochem. Handlex. **12**, 234—266 (1930). — WITKOP, B.: Chemie **56**, 265 (1943). — Gattermann-Wieland, Synthese, 27. Aufl., 298 (1940). — PFANKUCH, E.: Houben, Heilstoffchemie, 2. Abt., **3**, 220 (1939). — [21] TYSON, F. T.: Am. Soc. **63**, 2024 (1941). — [22] NENCKI, M.: B. 8, 336 (1875). — [23] WOODS, D. D.: Biochem. J. **29**, 640 (1935). — KREBS, H. A., M. M. HAFEZ and L. V. EGGLESTON: Biochem. J. **36**, 306 (1942). — FILDES, P.: Biochem. J. **32**, 1600 (1938). — TOSATTI, E.: Biochim. Terap. sperim. **22**, 286 (1938).

Abgetötete Colibakterien enthalten Tryptophanase, die Tryptophan in Indol umwandelt. p_H-Optimum[1] 5,0 bis 10. Zusammenstellung der indolbildenden Bakterien[2].

Bei Gesunden ist kein freies Indol im Blut[3], wohl aber bei Krankheiten des Leberparenchyms und besonders beim Coma hepaticum und schwerer Niereninsuffizienz (Urämie), auch im Leichenblut.

Indolentgiftung[4]. Indol geht im Tierkörper in Indican über. Die Fähigkeit der Indicanbildung steigt bei Hunden mit dem Alter an[5]. Injiziertes Indol geht auch im eviscerierten Tier (Hund) in Indoxyl über. Die Leber ist dabei zu 75% beteiligt[6]. o-Nitrophenylglyoxylsäure und o-Nitromandelsäure gehen im Tierkörper in Indolderivate über, nicht aber die o-Nitrophenylbrenztraubensäure und o-Nitrobenzoylessigsäure; diese liefern nur ganz geringe Mengen Indoxyl bzw. Indican[7].

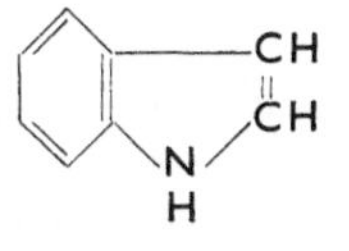

Glänzende Blättchen F. 172 bis 173°, flüchtig und mit Wasserdämpfen überzutreiben. In kaltem Wasser ziemlich schwer löslich. Leichtlöslich in Äther und Chloroform. *Pikrat* beim Versetzen von Indol in Ligroin mit Pikrinsäure, in Benzol rote Nadeln. *Reineckat*[8]. Nitroprussidnatrium und Natronlauge wandelt nach kurzer Zeit die Gelb- in eine Violettfärbung, die beim Ansäuern in Blau übergeht. Fichtenspanreaktion positiv. Außerdem noch zahlreiche andere Farbreaktionen.

Aus Bakterienkulturen kann Indol mit Isoamylalkohol ausgezogen und durch die Farbreaktion mit p-Dimethyl-aminobenzaldehyd quantitativ bestimmt werden[9]. 1 bis 10 γ Indol werden in 50 cm³ Chloroform im Scheidetrichter mit 5 cm³ einer Lösung von 0,2 g Dimethylaminobenzaldehyd in 100 cm³ 85%igen H_3PO_4 2 min geschüttelt und dann 25 cm³ Essigsäure zugegeben. Purpurrotfärbung 1 bis 2 Tage beständig und auch photometrierbar[10]. Photoelektrische Indolbestimmung mit Dimethylaminobenzaldehyd[11].

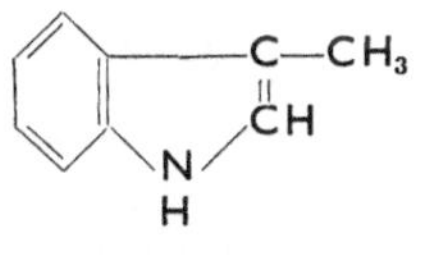

Skatol[12] = β-Methylindol, C_9H_9N. In menschlichen Faeces aufgefunden[13]. Bei der Eiweißfäulnis aus Tryptophan entstehend.

Glänzende Blättchen C_9H_9N (M.G. 131.08). 82,39% C; 6,92% H; 11,69% N. F. 95°, f.üchtig. In Wasser und Äther unlöslich. In Alkohol löslich. Mit Nitroprussidnatrium und Natronlauge Gelbfärbung. *Pikrat:* rote Nadeln.

ϑ) Sperminbasen.

Spermin[14], $C_{10}H_{26}N_4$ oder $H_2N \cdot (CH_2)_3 \cdot NH \cdot (CH_2)_4 \cdot NH \cdot (CH_2)_3 \cdot (NH_2)$. Zuerst als schwerlösliches Phosphat im Sperma beschrieben[15]. In zahlreichen tierischen Organen, z. B. im Pankreas[16], vom Schwein (2 mg-% Spermin, 14 mg-% Spermidin) und in Rinderlunge[17] und Rinderleber[18]; die größten Mengen sind in Sperma und Prostate. Spermin und Spermidin werden von Diaminoxydasen gespalten[19].

Zerfließende Krystalle F. 55 bis 60°. *Phosphat* in der Kälte sehr schwerlöslich. F. unscharf: Erweichen bei 227°, klar bei 230 bis 234°. *Chlorhydrat* F. 300 bis 302° (Verfärbung) 310° (Zers.). *Chloraurat* hat 4 Mol Krystallwasser. F. 216 bis 218°, 225° (Zers.) *Chloroplatinat* hat 4 Mol. Krystallwasser. F. 242 bis 245°. *Pikrat* $C_{22}H_{32}O_{14}N_{10}$ (M.G. 604.33). 43,68% C; 5,34% H; 27,80% O; 23,18% N. F. 240° (unscharfe Zersetzung) 248 bis 250° (Schwarzfärbung). Schwerlöslich in Wasser und Alkohol. *Spermindiflavianat* $C_{10}H_{26}N_4 \cdot (C_{10}H_6N_2SO_8)_2$ eignet sich wegen seiner Schwerlöslichkeit in Wasser (3 mg in 100 cm³ Wasser von 22,5°, zur Isolierung von Spermin aus Organen[18].

[1] HAPPOLD, F. CH., and L. HOYLE: Biochem. J. **29**, 1918 (1935). — [2] FILDES, P.: Biochem. J. **32**, 1600 (1938). — [3] BECHER, E., u. E. HERRMANN: Dtsch. Arch. klin. Med. **186**, 593 (1940). — [4] NICOLAI, H.: Kli. Wo. **1942** I, 538. — [5] SHOJI, T.: J. Biochem. **26**, 167 (1937). — [6] BARAC, G.: C. R. Soc. Biol. **132**, 41 (1939). — [7] BÖHM, F.: H. **265**, 210 (1940); **261**, 35 (1939). — [8] COUPECHOUX: J. Pharmacie, Chim [8] **30**, 118 (1939) [C. **1939** II, 4289]. — [9] STANLEY, A. R., and R. SP. SPRAY: J. Bacteriology **41**, 251 (1941). — TOSATTI, E.: Biochem. Terap. sperim. **22**, 286 [C. **1938** II, 2602]. — [10] CHERNOFF, L. H.: Industr. engng. Chem. (II) **12**, 273 (1940). — [11] ALLSOPP, C. B.: Biochem. J. **35**, 965 (1941). — [12] Beilstein **20**, 315 (127). — PFANKUCH, E.: Houben, Heilstoffchemie, 2. Abt., **3**, 220 (1939). — [13] BRIEGER, L.: B. **10**, 1027 (1877). — [14] Beilstein **4**, [704]. — [15] SCHREINER, PH.: A. **194**, 68 (1878). — ROSENHEIM, M. CHR.: J. Physiol., London **51**, VI (1917). — WREDE, F., u. E. BANIK: H. **131**, 38 (1923). — WREDE, F.: H. **153**, 291 (1926). — WREDE, F., H. FANSELOW u. H. STRACK: H. **163**, 219 (1927). — Sperminbestimmung: HARRISON, G. A.: Biochem. J. **27**, 1152 (1933). — [16] FUKUDA, S.: J. Biochem. **30**, 141 (1939). — [17] ACKERMANN, D., u. H. G. FUCHS: H. **257**, 153 (1939). — [18] FUCHS, HEINR.: H. **257**, 149 (1939). — [19] ZELLER, E. A.: Helv. **21**, 1645 (1938).

Spermidin[1], $C_7H_{19}N_3$ oder $H_2N \cdot CH_2 \cdot CH_2 \cdot CH_2 \cdot NH \cdot CH_2 \cdot CH_2 \cdot CH_2 \cdot CH_2 \cdot NH_2$. Synthese von Spermidin[2].

In geringen Mengen als Phosphat in den Mutterlaugen des Sperminphosphates[3]. *Phosphat* F. bei 150° Sintern, bei 207 bis 209° opake Flüssigkeit, bei 218 bis 220° Aufschäumen. *Chloraurat* F. 220 bis 222° (Zers.). *Pikrat* $C_{19}H_{25}O_{14}N_9$ (M.G. 603.27). 37,79% C; 4,18% H; 37,13% O; 20,90% N. F. 210 bis 212°.

VI. Purin- und Pyrimidinverbindungen.

Von H. BREDERECK.

Inhaltsverzeichnis.

Seite

1. Purine 797
  a) Allgemeines 797
    Zusammenfassende Beschreibung der Purine S. 798.
  b) Einzelne Purine 798
    α) Adenin S. 798. — β) Hypoxanthin S. 800. — γ) Guanin S. 801. — δ) Xanthin S. 803.
  c) Methylderivate des Xanthins 804
  d) Harnsäure 807
    Alloxan S. 809.
  e) Allantoin 812
    Allantoinsäure S. 813.
2. Pyrimidine 813
  a) Allgemeines 813
  b) Einzelne Pyrimidine 814
    α) Cytosin S. 814. — β) Methylcytosin S. 815. — γ) Uracil S. 815. — δ) Thymin S. 816. — ε) Orotsäure S. 817.
3. Vitamin B_1, Aneurin 817
    Thiochrom S. 818.
4. Pterine 819
    Leukopterin S. 821. — Xanthopterin S. 821. — Desoxyleukopterin S. 822. — Erythropterin S. 822. — Folsäure (Folinsäure) S. 822.
5. Nucleinsäuren 822
  a) Allgemeines 822
  b) Nucleoside 824
    α) Ribonucleoside 824
      1. Guanosin S. 825. — 2. Adenosin S. 826. — 3. Xanthosin S. 826. — 4. Inosin S. 826. — 5. Cytidin S. 827. — 6. Uridin S. 827.
    β) Desoxyribonucleoside 827
      7. Guanin-desoxyribosid S. 828. — 8. Adenin-desoxyribosid S. 828. — 9. Hypoxanthin-desoxyribosid S. 828. — 10. Cytosin-desoxyribosid S. 828. — 11. Thymin-desoxyribosid S. 828.
  c) Mononucleotide 828
    α) Ribo-nucleotide 828
      1. Guanylsäure 829
      2. Adenylsäuren. 829
        a) Hefeadenylsäure S. 829. — b) Muskeladenylsäure S. 830. — c) Adenosin-triphosphorsäure S. 830. — d) Adenosin-diphosphorsäure S. 831.
      3. Purin- bzw. Pyrimidin-Co-Fermente (Dinucleotide) 831
        a) Co-Dehydrase I (Co-Zymase) S. 831. — b) Co-Dehydrase II S. 833. — c) Alloxazin-adenin-dinucleotid S. 834. — d) Co-Carboxylase S. 834.
    4. Weitere Ribo-nucleotide 835
      a) Inosinsäure S. 835. — b) Xanthylsäure S. 835. — c) Cytidylsäure S. 836. — d) Uridylsäure S. 836.

---

[1] Beilstein **4** [704]. — [2] BRAUN, J. v., u. W. PINKERNELLE: B. **70**, 1230 (1937). — DUDLEY, H. W., O. ROSENHEIM and W. W. STARLING: Biochem. J. **21**, 97 (1927).

Seite
  β) Desoxyribo-nucleotide 836
       a) Desoxyribo-guanylsäure S. 837. — b) Desoxyribo-adenylsäure S. 837.
    c) Desoxyribo-cytidylsäure S. 837. — d) Desoxyribo-thymidylsäure S. 837.
  d) Oligonucleotide 837
  e) Polynucleotide 837
    α) Hefenucleinsäure 838
    β) Thymonucleinsäure 839
    γ) Pankreasnucleinsäure 840
6. Nucleinsäurespaltende Fermente (= Nucleasen) 840
  a) Polynucleotidasen 841
  b) Oligonucleotidasen 842
  c) Nucleotidasen 842
  d) Nucleosidasen 844
  e) Nucleotid-N-ribosidasen 845

1. Purine.

a) Allgemeines.

Die Verbindungen der Puringruppe[1-18] finden sich in der Natur, sowohl im Pflanzen- als auch im Tierreich, weit verbreitet. Purinverbindungen (Guanin, Adenin, Hypoxanthin) sind zum Teil Bestandteile der physiologisch wichtigen *Nucleinsäuren* und nehmen als solche am Nucleinsäurestoffwechsel teil (s. Bd. 2, Purinstoffwechsel). Als Endprodukte dieses Stoffwechsels sind die Harnsäure und das Allantoin anzusehen. Ebenfalls als Bestandteile von Nucleinsäuren spielen Purine eine Rolle als *Bestandteile der Co-Fermente* (s. S. 831); auch im Molekül des *Vitamins B_2* (s. Bd. 2, Vitamine) ist ein Purinkern enthalten. Schließlich hat man auch *tierische Farbstoffe* als Purinderivate ermittelt: das gelbe Pigment des Citronenfalters und weiße Pigment des Kohlweißlings sind Purinderivate (s. S. 819). Die Konstitution sämtlicher einfacher Purine und Pyrimidine ist durch Synthesen gesichert.

Alle Purine leiten sich von dem *Stammkörper*[19] $C_5H_4N_4$ ab, für den E. FISCHER[20] den Namen **Purin** (von purum und uricum) gewählt hat[20]. Purin enthält den

---

Zusammenfassende Darstellungen über Purine: 1—18.
Historisches: [1] FISCHER, E.: Untersuchungen in der Puringruppe (1882—1906). Braunschweig 1907.
Bücher: [2] FEULGEN, R.: Chemie und Physiologie der Nucleinstoffe nebst Einführung in die Chemie der Purinkörper. Berlin 1923. — [3] LEVENE, P. A., and L. W. BASS: Nucleic Acids. New York 1931.
Handbücher: [4] Beilstein 26, 354 (111). — BRAHM, C., u. J. SCHMID: Biochem. Handlex. 4, 1014—1174 (1911). — [5] FODOR, A.: Biochem. Handlex. 9, 262—330 (1915). — [6] THANNHAUSER, S. J.: Biochem. Handlex. 10, 113—142 (1923). — [7] BRAHM, C.: Handb. Biochem. 1, 275—323 (1924). — HOPPE-SEYLER, F. A.: Säureamide, Harnstoff, Guanidin. Handb. Biochem. Erg.-W. 1/A, 162—174 (1933). — [8] STEUDEL, H., u. O. FLÖSSNER: Pyrimidine, Purine und Nucleinsäuren. Handb. Biochem. Erg.-W. 1/A, 233—246 (1933). — [9] BARRENSCHEEN, H. K.: Purinkörper des Muskels. Handb. Biochem. Erg.-W. 2, 230—238 (1934). — [10] WINTERSTEIN, A., u. F. SOMLÓ: Handb. Pfl.-Analyse (KLEIN) 4/1 362—405 (1933). — [11] WINTERSTEIN, E.: Isolierung von Purinbasen oder Alloxurkörpern aus Pflanzen. Handb. biol. Arb.-Meth. Abt. I, Teil 8, 101—119 (1922). — [12] Purinstoffe in Pflanzen in CZAPEK, Biochem. Pflanzen 3, 191—204. — In Ann. Rev.: [13] Chemistry and metabolism of the nucleic acids, purines and pyrimidines. CERECEDO, L. R.: 2, 109 (1933). 4, 169—182 (1935). — CHROMETZKA, F.: 6, 211 (1937). — ALLEN, F. W.: 10, 221 (1941). — [14] LORING, H. S.: The biochemistry of nucleic acids, purines, and pyrimidines. 13, 295 (1944). — [15] CHARGAFF, E., and E. VISCHER: Nucleoproteins, nucleic acids and related substances. 17, 201 (1948). — DAVIDSON, J. N.: Nucleoproteins, nucleic acids and derived substances. 18, 155 (1949). — [16] BREDERECK, H.: Nucleinsäuren. Fortschr. Chem. org. Naturstoffe 1, 121—158 (1938). Angew. Chem. 47, 290 (1934). — [17] KLEIN, W.: Nucleinsäuren und ihre Spaltprodukte. Bamann-Myrbäck 1, 313—348. — [18] JORPES, J. E.: Bestimmung der Purinbasen. Bamann-Myrbäck 1, 1090—1095. — [19] Beilstein 26, 354 (111). — [20] FISCHER, E.: B. 30, 557 (1897); 32, 448 (1899).

Pyrimidin- und Imidazolring. Zur Vereinheitlichung der Nomenklatur schlug
E. Fischer die folgende Zählweise der Atome des Purins vor:

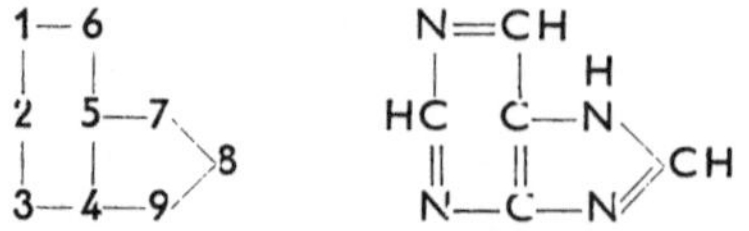

$$
\begin{array}{ccc}
1\text{---}6 & & \\
\mid \quad \mid & & \\
2 \quad 5\text{---}7 & & \\
\mid \quad \mid \quad \searrow 8 & & \\
3\text{---}4\text{---}9 & &
\end{array}
$$

     Purin 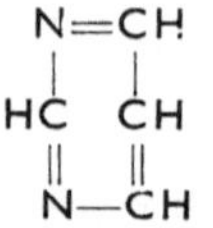   Pyrimidin 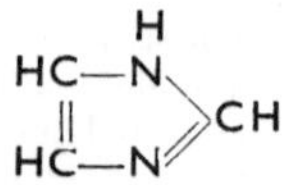   Imidazol (= Glyoxalin)

Zusammenfassende Beschreibung der Purine. Sämtliche Purine mit Ausnahme der Harnsäure sind *amphotere Substanzen*, die sowohl mit Säuren als auch
mit Basen Salze bilden. Dabei beschränkt sich der Säurecharakter keineswegs
auf die Oxypurine und die Basennatur auf die Aminopurine: das Purin selbst,
das weder Oxy- noch Aminogruppen enthält, ist gleichzeitig Säure und Base.
Die Baseneigenschaft beruht auf dem Vorhandensein von Iminogruppen, während
bei der Salzbildung mit Alkalien Iminowasserstoffatome durch Metall ersetzt
werden.

Tritt Sauerstoff in den Purinkern ein, so wird die Säurenatur verstärkt, wobei sich die Salze mit Alkalien von den entsprechenden *Enolformen (Lactim-
formen)* ableiten. Im Falle der Harnsäure mit 3 Sauerstoffatomen ist der Säurecharakter sehr stark ausgeprägt, während die Baseneigenschaft der NH-Gruppen
verlorengegangen ist: Harnsäure bildet mit Säuren keine Salze. Xanthin mit
2 Sauerstoffatomen zeigt schon Basencharakter, wenn auch die Säurenatur noch
überwiegt: Salze des Xanthins mit Mineralsäuren existieren zwar, zerfallen aber
in Wasser fast vollständig in freies Xanthin und Säure. Beim Hypoxanthin
mit nur einem Sauerstoff tritt der Säurecharakter weiter zurück, während die
Basenwirkung noch mehr in den Vordergrund tritt: Es löst sich nicht mehr
sehr leicht in schwachen Basen (Ammoniak), hingegen in Säuren schon leichter
als Xanthin.

Durch den Eintritt einer Aminogruppe wird die Basennatur verstärkt: Adenin
bildet mit Mineralsäuren gegen Wasser beständige Salze. Im Guanin ist durch
die gleichzeitige Anwesenheit eines Sauerstoffes die Base wieder etwas zurückgedrängt: Guanin bildet mit Säuren Salze, die mit Wasser hydrolysieren, wenn
auch nicht so vollständig wie die entsprechenden Xanthinsalze.

Die Purine lösen sich in Wasser, Alkohol und Äther entweder überhaupt
nicht oder nur sehr schwer. In verdünntem Alkali sind sie sämtlich leichtlöslich,
wobei Harnsäure und Guanin aus der verdünnten Lösung durch Essigsäure
gefällt werden, während die anderen Purinbasen in Lösung bleiben. Durch
ammoniakalische Silberlösung werden sie als Silbersalze, durch Kupfersulfat-
Bisulfit als Kupferoxydulsalze gefällt. Mit Phosphorwolframsäure, Sublimat
und anderen Fällungsmitteln für Basen entstehen Fällungen. Pikrinsäure gibt
mit Adenin, Guanin und Hypoxanthin krystalline Salze, mit Harnsäure entsteht
eine Fällung. Über die einzelnen Nachweisreaktionen siehe bei den einzelnen
Purinen.

b) Einzelne Purine.

α) Adenin.

Adenin[1], 6-Aminopurin, $C_5H_5N_5$ (siehe untenstehende Formel).

(Pikrat. $C_{11}H_8O_7N_8$ [364,13] 36,25% C; 2,21% H; 30,78% N; 30,76% O.)

---

[1] Beilstein **26**, 420 (126). — H.-Th. 180. — Zitate S. 797: [4] 1020, [5] 268, [6] 121, [7] 278 u. 289, [8] 234.

Adenin, das zuerst 1885 von KOSSEL[1] beim Kochen von Pankreasgewebe mit verdünnter Schwefelsäure erhalten wurde, gehört zu den verbreitetsten Purinbasen. Als Bestandteil der Nucleinsäuren findet es sich *in allen nucleinsäurehaltigen Stoffen*, besonders reichlich im Sperma von Karpfen und in der Thymusdrüse. Frei kommt es in zahlreichen Pflanzen, Tee, Zuckerrübe, Reisschalen, Hefe, Steinpilz usw.) und im Boden[2] vor. Auch in der Kuhmilch[3] (s. Bd. 2, Milch) in kleinen Mengen, im *Harn*[4] (s. Bd. 2, Niere und Harn) und in den *Faeces*[5] wurde es gefunden (s. auch Bd. 2, Purinstoffwechsel).

Die biologische Bedeutung des Adenins ist eng verknüpft mit seinem Vorkommen als Bestandteil von Nucleinsäuren und Co-Fermenten (S. 822).

Adenin oder Adenin mit NaH_2PO_4 ist in kleinen Mengen notwendig für normales Wachstum von Ratten, in größeren Mengen löst es bei Hunden, trotz normaler Versorgung mit Vitaminen, eine Avitaminose (canine black tongue) aus, Blutharnstoff steigt an, ebenso Nicht-Eiweiß-N und eine Leber- und Nierenschädigung, sowie mäßige Erhöhung des Blutdruckes treten auf. Es muß sich dabei um eine Störung des normalen Mengenverhältnisses von Substanzen handeln, die mit Adenin Co-Enzyme aufbauen[6].

Darstellung. Eine einfache Darstellungsmethode[7] des Adenins geht von *Hefenucleinsäure* aus: In eine Aufschlämmung von Hefenucleinsäure in 95%igem Methylalkohol wird Salzsäuregas eingeleitet. Die sich abscheidenden Chlorhydrate des Guanins und Adenins werden in Wasser gelöst und die Lösung mit Natronlauge kongoneutral gemacht. Dabei scheidet sich das Guanin ab. Aus dem Filtrat fällt man Adenin als Pikrat, das nach Umkrystallisieren zur Gewinnung der freien Base in der üblichen Weise zerlegt wird[8]. — Auch aus *Teelauge* und *Melasse* läßt sich Adenin in größerem Maßstab herstellen[9].

Physikalische Eigenschaften. Adenin krystallisiert aus verdünnter Lösung mit 3 Molekülen Krystallwasser in langen farblosen Nadeln, die bei 110° das Krystallwasser verlieren; aus konzentrierter Lösung scheiden sich vierseitige Pyramiden oder wetzsteinförmige Krystalle ohne Krystallwasser ab. Aus warmer oder unreiner Lösung fällt es amorph aus. Erwärmt man krystallines Adenin in wenig Wasser, so wird es bei 53° plötzlich trübe. Bei 220° und 760 mm Druck sublimiert Adenin unzersetzt zu einem weißen federähnlichen Aggregat feiner Nadeln. Ab 250° beginnt es langsam sich zu zersetzen; bei raschem Erhitzen schmilzt es plötzlich bei 360 bis 365°, nachdem vorher leichte Bräunung eingetreten ist. Adenin ist in kaltem Wasser sehr schwer löslich (bei 20° 1:1086), leichtlöslich in heißem Wasser. Es ist unlöslich in Äther und Chloroform, wenig löslich in heißem Alkohol, löslich in Eisessig.

Polarographisches Verhalten[10].

Adenin besitzt von den physiologisch wichtigen Purinen die stärkste Basennatur. Es bildet mit Mineralsäuren in Wasser beständige Salze (Sulfat, Chlorhydrat, Nitrat). Wegen seiner gleichzeitigen Säureeigenschaften löst es sich leicht in Alkalien und Ammoniak. In verdünntem Ammoniak löst es sich leichter als Guanin, aber schwerer als Hypoxanthin.

Salze. Adenin bildet mit Platin- und Goldchlorid charakteristische Doppelsalze. Als einzige unter den Purinbasen bildet Adenin eine krystalline Goldverbindung ($C_5H_5N_5HCl \cdot HAuCl_4$). Mit ammoniakalischer Silberlösung (1 Mol) entsteht Adeninsilber, bei einem

---

[1] KOSSEL, A.: H. **10**, 258 (1886). B. **18**, 79, 1928 (1885). — [2] BRUGSCH, TH., u. A. SCHITTENHELM: Z. exp. Path. Therap. **4**, 761 (1907). — [3] VOEGTLIN, C., and C. P. SHERWIN: J. biol. Ch. **33**, 145 (1918). — [4] STADTHAGEN, M.: Virchows Arch. **109**, 390 (1887). — [5] KRÜGER, M., u. G. SALOMON: H. **24**, 364 (1898). Vgl. Bd. 2, Physiol. Chemie der Verdauung. — [6] RASKA, S. B.: J. biol. Ch. **165**, 743 (1946). — [7] LEVENE, P. A.: J. biol. Ch. **53**, 441 (1922). — [8] BARNETT, G. DE F., and W. JONES: J. biol. Ch. **9**, 93 (1911). — [9] KOSSEL, A.: H. **12**, 241 (1888). — KRÜGER, M.: H. **21**, 274 (1895/96). — [10] HEATH, J. C.: Nature **158**, 23 (1946).

Silberüberschuß die Verbindung der Zusammensetzung $C_5H_5N_5 \cdot Ag_2O$. Aus der heißen Lösung von Adeninsilber in Salpetersäure krystallisiert beim Erkalten ein Gemenge von Adeninsilbernitrat-Verbindungen $C_5H_5N_5 \cdot AgNO_3$ bzw. $C_5H_5N_5 \cdot 2\,AgNO_3$ aus.

Adenin wird durch salpetrige Säure zu Hypoxanthin desaminiert[1].

Synthesen. a) Ausgehend von 2,6,8-Trichlorpurin, das aus Harnsäure und Phosphorchlorid erhalten wird[2]:

2,6,8-Trichlorpurin $\xrightarrow{\ NH_3\ }$ 6-Amino-2,8-dichlorpurin $\xrightarrow{\ HJ\ }$ Adenin.

b) Ausgehend von Thioharnstoff und Malonitril, das zu 4,6-Diamino-2-thiopyrimidin kondensiert wird[3]:

4,6-Diamino-2-thiopyrimidin $\xrightarrow{\ HNO_2\ }$ 4,6-Diamino-5-isonitroso 2-thiopyrimidin $\xrightarrow{\ 4\,H\ }$

4,5,6-Triamino-2-thiopyrimidin $\xrightarrow{\ HCOOH\ }$ 6-Amino-2-thiopurin $\xrightarrow{\ H_2O\ }$ Adenin.

Nachweis. KOSSELsche *Probe*[4]: Beim Erhitzen von *Adenin* mit Zink und Salzsäure tritt eine vorübergehende Purpurrotfärbung auf. Nach Verdünnen mit Wasser und Übersättigen mit Natronlauge tritt eine charakteristische, später in Braunrot übergehende Rotfärbung auf. *Hypoxanthin* gibt gleichfalls die Reaktion (nur mit schwächerer Farberscheinung), *Guanin* nicht.

Mit *Metaphosphorsäure* gibt Adenin einen im Überschuß des Reagenzes löslichen Niederschlag. Charakteristisch sind vor allem das sehr schwer lösliche *Pikrat* $C_5H_5N_5 \cdot C_6H_2(NO_2)_3OH$, das *Chloraurat* und das *Verhalten beim Erwärmen*. Die Schwerlöslichkeit des Pikrats kann zur *Trennung* und Unterscheidung *von Hypoxanthin* dienen, dessen Pikrat leichter löslich ist. Über Trennung *von Guanin* siehe unter Darstellung S. 799; zur Unterscheidung von Guanin kann die verschiedene Löslichkeit in Ammoniak (siehe oben) dienen.

Bestimmung[5]. Die Bestimmung von Adenin, Guanin und der sich davon ableitenden Oxypurine im Gewebe läßt sich wie folgt durchführen: Die Purine werden durch Säurehydrolyse in Freiheit gesetzt. Nach Beseitigung von Eiweißabbauprodukten mittels Wolframsäure werden die Aminopurine quantitativ durch ammoniakalische Silberlösung gefällt. Von der aus dem Niederschlag durch Digerieren mit Salzsäure erhaltenen Zersetzungsflüssigkeit werden durch Bestimmung des Aminostickstoffes mittels salpetriger Säure die *Aminopurine* ermittelt. Ein zweiter Teil der Zersetzungsflüssigkeit des Silberniederschlages dient zur fermentativen *Guaninbestimmung* mittels der Guanase (Bd. 2, Purinstoffwechsel). Die Differenz der Aminopurine und Guanin ergibt die Menge *Adenin*. Zur Bestimmung des Gesamtstickstoffes fällt man aus einem Teil des Wolframsäurefiltrates die Purine mit Kupfersulfat und Natriumbisulfat aus. Der Stickstoffgehalt des Niederschlages ergibt den *Gesamtpurinstickstoff*. Zieht man hiervon den Gesamtaminopurinstickstoff ab, so erhält man die Menge des im Gewebe enthaltenen *Oxypurinstickstoffes*.

β) Hypoxanthin.

Hypoxanthin[6], 6-Oxypurin, Sarkin $C_5H_4ON_4$.

(Pikrat. $C_{11}H_7O_8N_7$ [365,11] 36,15 % C; 1,93 % H; 26,85 % N; 35,06 % O.)

Hypoxanthin wurde 1850 von SCHERER[7] in der Milz und im Herzmuskel entdeckt. Als Bestandteil von Nucleinsäuren (Inosinsäure) findet es sich insbesondere im Muskelfleisch und Fleischextrakt. Auch im Blut und Harn (besonders von Leukämischen), in der Kuhmilch und verschiedenen Pilzen wurde es gefunden. Es wirkt als Zusatzwachstumfaktor bei Schimmelpilz Phycomyces *Blakesleeanus* und bei Mucodineen[8].

Die *Darstellung*[9] erfolgt am besten durch Desaminierung des Adenins mit salpetriger Säure. *Bestimmung*[10].

[1] KOSSEL, A.: H. **10**, 248 (1886). — KRÜGER, M.: H. **18**, 423 (1894). — [2] FISCHER, E.: B. **30**, 2226 (1897). — [3] TRAUBE, W.: A. **331**, 64 (1904). — [4] KOSSEL, A.: H. **10**, 248 (1886). — [5] SCHMIDT, GERHARD: H. **219**, 191 (1933). — GRAFF, S., and A. MACULLA: J. biol. Ch. **110**, 71 (1935). — [6] Beilstein **26**, 416 (126). — H.-Th. 178. — Zitate S. 797: [4] 1034, [5] 277, [6] 144, [7] 279, 293, [8] 235. — [7] SCHERER, J.: A. **73**, 328 (1850). — [8] HURNI, H.: Exper. **2**, 66 (1946). — [9] KOSSEL, A.: H. **10**, 248 (1886). — [10] HITCHINGS, G. H.: J. biol. Ch. **143**, 43 (1942).

Physikalische Eigenschaften. Hypoxanthin krystallisiert in Form mikroskopischer Nadeln, oft wird es auch nur amorph erhalten. Aus sehr verdünnten heißen Lösungen erhält man mit Natriumacetat Nadeln und kleine schiefwinkelige Prismen zu Gittern und unregelmäßigen Sternchen verwachsen. Es besitzt keinen Schmelzpunkt, sondern bildet ein Sublimat unter Entwicklung von Blausäure. Die Löslichkeit in Wasser beträgt bei 19° 1:1415, bei 23° 1:1370, in kochendem Wasser 1:69,5. Es ist in Alkohol nahezu unlöslich.

Hypoxanthin reagiert neutral. Es hat saure und basische Eigenschaften und löst sich dementsprechend in Säuren (konzentrierter und verdünnter Salzsäure, konzentrierter Schwefelsäure, konzentrierter Salpetersäure) und Alkalien. Aus alkalischen Lösungen wird es durch Essigsäure und Kohlensäure gefällt.

Salze. Hypoxanthin bildet Salze mit Säuren (Chlorhydrat, Nitrat, Sulfat), die sich beim Umkrystallisieren aus Wasser zersetzen. Mit ammoniakalischer Silberlösung geben Lösungen von Hypoxanthin die Verbindung $C_5H_2ON_4Ag_2 + H_2O$, die nach Trocknen bei 120° die konstante Zusammensetzung $2(C_5H_2ON_4Ag_2) + \frac{1}{2}H_2O$ hat. Nach Lösen der Silberverbindung in siedender Salpetersäure scheidet sich ein Gemenge von Silbernitratverbindungen ($C_5H_4ON_4 \cdot AgNO_3$ und $C_5H_4ON_4 \cdot 2\,AgNO_3$) aus, das mit Ammoniak die Verbindung $C_5H_2ON_4Ag_2 + 3\,H_2O$ ergibt. Letztere geht beim Trocknen wieder in die Verbindung $C_5H_2ON_4Ag_2 + \frac{1}{2}H_2O$ über. Die gleichen Silbernitratverbindungen entstehen auch beim Fällen wäßriger Hypoxanthinlösungen mit Silbernitrat allein. Das Platindoppelsalz entsteht beim Versetzen einer heißen Lösung von salzsaurem Hypoxanthin mit Platinchlorid.

Synthesen. a) Ausgehend von 2,6,8-Trichlorpurin[1]:

$$\text{2,6,8-Trichlorpurin} \xrightarrow{\text{KOH}} \text{6-Oxy-2,8-dichlorpurin} \xrightarrow{\text{HJ}} \text{Hypoxanthin.}$$

b) Ausgehend von Thioharnstoff und Cyanessigester, das zum 4-Amino-2-thiouracil kondensiert wird[2]:

$$\text{4-Amino-2-thiouracil} \xrightarrow{\text{HNO}_2} \text{4-Amino-5-isonitroso-2-thiouracil} \xrightarrow{4\,H} \text{4,5-Diamino-2-thio-}$$

$$\text{uracil} \xrightarrow{\text{HCOOH}} \text{6-Oxy-2-thiopurin} \xrightarrow{\text{HNO}_3} \text{Hypoxanthin.}$$

Nachweis. Hypoxanthin gibt die KOSSELsche Reaktion (siehe unter Adenin), nicht jedoch die Xanthinprobe (siehe unter Xanthin) und die WEIDELsche Reaktion (siehe unter Xanthin). Die Diazoreaktion (siehe unter Xanthin) fällt bei Vermeidung eines Alkaliüberschusses positiv aus. Die Fällung als Pikrat erfolgt nur aus konzentrierter Lösung. Mit basischem Bleiacetat, Phosphorwolframsäure und ammoniakalischem Silbernitrat wird es gefällt, nicht jedoch mit Metaphosphorsäure und neutralem Bleiacetat. Ein charakteristisches Salz ist das Hypoxanthinsilbernitrat (Löslichkeit in kalter Salpetersäure 1:4960) und das Nitrat.

Bestimmung. Siehe unter Adenin, S. 789. Mikrobestimmung von Hypoxanthin und Xanthin mit Xanthinoxydase als Harnsäure[3].

γ) Guanin.

Guanin[4], 2-Amino-6-oxypurin, $C_5H_5ON_5$.

(Hydrochlorid. $C_5H_6N_5OCl$ [M.G. 187,54] 31,99% C; 3,22% H; 37,34% N; 18,91% Cl; 8,53% O.)

Von UNGER[5] wurde 1845 aus dem Guano eine Substanz isoliert, die er nach ihrem Vorkommen als Guanin bezeichnete. Als Bestandteil der Nucleinsäuren findet sich Guanin in allen kernhaltigen und nucleinsäurehaltigen Geweben, *bei Pflanzen*, z. B. in der Hefe, im Steinpilz, im Saft des reifen Zuckerrohres. *Bei Tieren*[6] kommt es vor in den Muskeln (in sehr kleiner Menge), in Fischschuppen und in der Schwimmblase einiger

---

[1] FISCHER, E.: B. **30**, 2226 (1897). — [2] TRAUBE, W.: A. **331**, 64 (1904). — [3] KREBS, H. A., and Å. ÖRSTRÖM: Biochem. J. **33**, 984 (1939). — KLEIN, W.: Nucleindesaminasen. Bamann-Myrbäck **2**, 1955ff. — [4] Beilstein **26**, 449 (132). — H.-Th. 176. — Zitate S. 797: [4] 1027, [5] 276, [7] 281 u. 295, [8] 235. — [5] MAGNUS, G.: A. **51**, 395 (1844). — UNGER, B.: A. **58**, 18 (1846); **59**, 58 (1846). — [6] PESCHEN, K. E.: Zool. Jb. (I) **59**, 429 (1939).

Fische als irrisierende Krystalle von Guaninkalk[1,2], im Retinaepithel von Fischen als Guaninkalk, in den Ophthalmolithen[2,3] von Fischen, in der Haut von Reptilien und Amphibien. Als wesentlicher Bestandteil in den Exkrementen der Kreuzspinne, in den menschlichen Faeces[4], nicht mit Sicherheit im Menschenharn (Bd. 2, Niere und Harn). Nachgewiesen ist es in der Kuhmilch (s. Bd. 2, Milch). *Bei Krankheiten* fand man es im Leukämikerblut und bei der Guaningicht der Schweine in deren Muskeln, Gelenken und Leber (s. Bd. 2, Purinstoffwechsel).

Die *Darstellung* erfolgt bequem ausgehend von Hefenucleinsäure (Beschreibung siehe unter Adenin S. 798). Auch aus Peruguano läßt sich Guanin gewinnen[5]. Guano wird mit verdünnter Kalkmilch ausgekocht, solange die abfiltrierte Flüssigkeit noch gefärbt erscheint, darauf mit Sodalösung, solange diese etwas aufnimmt. Beim Übersättigen der filtrierten Flüssigkeit mit Essigsäure scheidet sich das Guanin mit etwas Harnsäure aus. Der Niederschlag wird mit verdünnter Salzsäure zum Kochen erhitzt, filtriert und im Filtrat das Guanin durch Zusatz von Ammoniak gefällt.

Physikalische Eigenschaften. Guanin erhält man gewöhnlich als farbloses amorphes Pulver. Beim Verdunsten aus ammoniakalischer Lösung läßt es sich in kleinen Nadeln und Tafeln erhalten, beim Ansäuern einer sehr verdünnten alkalischen Lösung, die mit $^1/_3$ Volumen Alkohol versetzt ist, mit Essigsäure in Form drusenförmiger Krystalle. Es ist unlöslich in Wasser (bei 40° 0,039 g in 1 Liter) ebenso in Alkohol und Äther. Von Alkalien und Mineralsäuren wird es leicht gelöst, ebenso von verdünntem Ammoniak, nicht hingegen von überschüssigem konzentriertem Ammoniak sowie organischen Säuren (Ameisensäure, Essigsäure, Milchsäure, Citronensäure).

Für die *Konstitutionserforschung* des Guanins war wesentlich die Oxydation mit Kaliumchlorat und Salzsäure zu Guanidin (I) und Parabansäure[6] (II):

$$\begin{array}{ccc} \text{HN—CO} & & \\ \text{H}_2\text{N·C} \quad \text{C—NH} & & \\ \text{N—C—N} \end{array} \text{CH} \longrightarrow \begin{array}{c} \text{NH}_2 \\ \text{HN=C} \\ \text{NH}_2 \end{array} + \begin{array}{c} \text{HN—CO} \\ \text{OC} \\ \text{HN—CO} \end{array} + \text{CO}_2$$

(I)   (II)

Salze. Guanin bildet mit Alkalien und Säuren Salze, die jedoch in Wasser leicht hydrolysieren. Das schwerlösliche Sulfat enthält 2 Mol Krystallwasser, die bei 120° vollständig entweichen. Im Gegensatz dazu enthält das Sulfat des 6-Amino-2-oxypurins[7], welches als Oxydationsprodukt des Adenins möglicherweise ein Stoffwechselprodukt darstellt, nur 1 Mol Krystallwasser, das bei 120° nicht entweicht. Guanin bildet ein Platindoppelsalz; mit Silbernitrat in salpetersaurer Lösung entsteht die Verbindung $C_5H_5ON_5 \cdot AgNO_3$ (unlöslich in kalter Salpetersäure), mit ammoniakalischer Silberlösung die Verbindung $C_5H_5ON_5 \cdot Ag_2O$.

Guanin wird durch salpetrige Säure, durch langes Kochen mit 25%iger Salzsäure sowie durch ein in verschiedenen Organen enthaltenes Ferment zu Xanthin desaminiert.

Synthesen. a) Ausgehend von 6-Oxy-2,8-dichlorpurin (siehe unter Hypoxanthin S. 800)[7]:

6-Oxy-2,8-dichlorpurin $\xrightarrow{\text{NH}_3}$ 2-Amino-6-oxy-8-chlorpurin $\xrightarrow{\text{HJ}}$ Guanin.

b) Ausgehend von Guanidin und Cyanessigester, das zu 4-Amino-2-imino-uracil kondensiert wird[8]:

4-Amino-2-imino-uracil $\xrightarrow{\text{HNO}_2}$ 2,4-Diamino-5-isonitroso-6-oxypyrimidin $\xrightarrow{\text{(NH}_4)\text{ S}}$ 2,4,5-Triamino-6-oxy-pyrimidin $\xrightarrow{\text{HCOOH}}$ Guanin.

[1] BETHE, A.: H. **20**, 472 (1895). — [2] KÜHNE, W.. u. H. SEWALL: Unters. physiol. Inst. Heidelberg **3**, 221 (1880). — VOIT, C.: Z. Zool. **15**, 515 (1865). — [3] WINTERSTEIN, A.. u. F. SOMLÓ: Handb. Pfl.-Analyse (KLEIN) **4**/1, 362—405 (1933). — [4] Vgl. Bd. 2, Physiol. Chemie der Verdauung. — [5] STRECKER, A.: A. **118**, 152 (1861). — WULFF, C.: H. **17**, 468 (1892). — [6] STRECKER, A.: A. **118**, 155 (1861). — [7] FISCHER, E.: B. **30**, 2226 (1897). — [8] TRAUBE, W.: B. **33**, 1371 (1901). — TRAUBE, W., u. H. W. DUDLEY: B. **46**, 3839 (1914).

Nachweis. Die Xanthinprobe und die Diazoreaktion (siehe unter Xanthin) verlaufen positiv. — Von Pikrinsäure und Metaphosphorsäure werden selbst verdünnte Guaninlösungen gefällt. Fügt man Pikrinsäure zu einer Lösung von Guaninchlorhydrat, so erfolgt die Ausscheidung des schwerlöslichen Pikrats. — Mit einer Lösung von Kaliumbichromat gibt eine salzsäurehaltige Guaninlösung eine krystalline orangerote, mit einer konzentrierten Lösung von Ferricyankalium eine gelbbraune krystalline Fällung, die von Xanthin und Hpyoxanthin nicht gegeben wird. — Charakteristisch ist die Krystallform des Chlorhydrats. Zur Unterscheidung von Adenin, Hypoxanthin und Xanthin dient die Unlöslichkeit des Guanins in konzentriertem Ammoniak.

7-Methylguanin[1] (= Epiguanin) $C_6H_7ON_5$, kommt in geringer Menge im Harn vor[2]. Die Verbindung wurde auch im Regenwurm aufgefunden[3]. Sie ist vielleicht mit Episarkin identisch[4].

Feine Nadeln aus Wasser, glänzende Prismen aus ammoniakhaltigem Wasser. In kaltem Wasser fast unlöslich, schwerlöslich in heißem Wasser; löslich in Laugen und Säuren. Charakteristisches Salz: Pikrat.

Die Xanthinprobe und die WEIDELsche Probe fallen positiv aus.

δ) Xanthin.

Xanthin[5], 2,6-Dioxypurin, $C_5H_4O_2N_4$.

(M.G. 152,06) 39,46% C; 2,65% H; 36,85% N; 21,04% O.

Xanthin wurde 1817 von MARCET[6] als Hauptbestandteil gewisser seltener Harnsteine gefunden und von ihm ,,xanthic oxide‘‘, Xanthoxyd, genannt. Der Name rührt daher, daß es beim Eindampfen mit Salpetersäure einen gelben Rückstand hinterläßt. Xanthin ist in kleinen Mengen im Pflanzenreich verbreitet, z. B. begleitet es das Coffein im Tee und ist unter anderem aus Malzkeimlingen und Ackererde gewonnen worden. Ebenfalls nur in kleinen Mengen findet es sich im Harn[7], Blut, Leber und in der Hefe. In größerer Menge kommt Xanthin in einigen Guanosorten (Jarvisguano) vor, in kleiner als Pigmentbestandteil der Flügel von Pieriden[8].

Die *Darstellung* erfolgt mit sehr guten Ausbeuten 1. durch Erhitzen von Harnsäure mit Formamid[9], 2. durch Desaminierung von Guanin[10] bzw. nach vorangegangener Hydrolyse von Hefenucleinsäure oder Guanosin[9] mit salpetriger Säure.

Physikalische Eigenschaften. Xanthin bildet ein farbloses Pulver; aus sehr verdünnter, schwach alkalischer Lösung scheidet es sich auf Zusatz von Ammoncarbonat in gelblich durchscheinenden Kügelchen und Scheibchen ab. Sie enthalten 1 Mol Krystallwasser, das erst bei 125 bis 130° entweicht. Xanthin ist in Wasser sehr schwer löslich: bei 16° 1:14151, bei 100° 1:1500. Es löst sich leicht in Alkali und Ammoniak, schwer in kalten verdünnten Säuren. In Alkohol und Äther ist es unlöslich.

Salze. Xanthin bildet Salze mit Basen und Mineralsäuren, jedoch nicht mit schwachen Säuren. Die Salze mit Säuren werden leicht hydrolysiert (Sulfat, Chlorhydrat, Nitrat). Durch Fällen einer ammoniakalischen Xanthinlösung mit ammoniakalischer Silberlösung entsteht ein unlöslicher gelatinöser Niederschlag von Xanthinsilber $(C_5H_2O_2N_4Ag_2 + H_2O)$. Xanthinsilber löst sich in heißer Salpetersäure und beim Erkalten scheidet sich das Xanthinsilbernitrat

[1] Beilstein **26**, 455 (133). — H.-Th. 184. — [2] KRÜGER, M.: Arch. Anat. Physiol. (B) **1894**, 553. — KRÜGER, M., u. G. SALOMON: H. **24**, 364 (1898); **26**, 389 (1898/99). — [3] MURAYAMA, Y., u. S. AOYAMA: J. pharmaceut. Soc. Jap. **1922**, 5 [C. **1922 III**, 928]. — [4] H.-Th. 185. — [5] Beilstein **26**, 447 (131). — H.-Th. 175. — Zitate S. 797: [4] 1040. [5] 278. [6] 114, 122. [7] 282. 299. [8] 235. — [6] MARCET: An Essay on the Chemical History and Medical Treatments of Calcul Disorders. London 1817. — [7] SALOMON, G.: H. **11**, 410 (1887). — KRÜGER, M., u. G. SALOMON: H. **26**, 350 (1898/99). — [8] PURRMANN, R.: H. **260**, 105 (1939). — [9] BREDERECK, H., H. v. SCHUH u. A. MARTINI: B. **83**, 201 (1950). — [10] FISCHER, E.: A. **215**, 309 (1882). B. **43**, 805 (1910).

$(C_5H_4O_2N_4 \cdot AgNO_3)$ in stark lichtbrechenden, kugeligen Aggregaten kleiner Nadeln aus, die in Salpetersäure schwer löslich sind. Wäßrige Xanthinlösung wird durch Cupriacetat beim Kochen, von Sublimat und ammoniakalischem Bleiacetat schon bei gewöhnlicher Temperatur gefällt. Selbst bei 30000facher Verdünnung entsteht mit Sublimat noch eine Trübung.

Aus Xanthin entsteht durch Methylierung Coffein bzw. Theobromin[1] (s. S. 806), aus dem Theobromin durch weitere Methylierung Coffein (s. S. 806).

Ein in verschiedenen Organen enthaltenes Ferment vermag Xanthin bei Gegenwart von Sauerstoff zu Harnsäure zu oxydieren (Bd. 2, Purinstoffwechsel).

Xanthin zerfällt beim Erhitzen mit starker Salzsäure im geschlossenen Rohr auf über 200° in Ammoniak, Kohlensäure, Kohlenoxyd, Wasser und Glykokoll.

Synthesen. a) Ausgehend von 2,6,8-Trichlorpurin[2]:

2,6,8-Trichlorpurin $\xrightarrow{C_2H_5ONa}$ 2,6-Diäthoxy-8-chlorpurin $\xrightarrow{HCl}$ Xanthin.

b) Ausgehend von 4,5-Diaminouracil (dessen Synthese siehe S. 810)[3]: 4,5-Diaminouracil $\xrightarrow{HCOOH}$ Xanthin

c) Aus Imidazol-4.5-dicarbonsäureamid und KOBr[4].

Nachweis. Xanthin gibt die Murexidreaktion (siehe S. 811). — *Diazoreaktion:* Eine Lösung von Xanthin in verdünnter Natronlauge färbt sich auf Zusatz von Diazobenzolsulfosäure rot. — WEIDELsche *Reaktion:* Kocht man Xanthin mit frischem Chlorwasser oder Salzsäure und Kaliumchlorat, verdunstet dann auf dem Wasserbad zur Trockne und bringt den weißen oder schwachgelben Rückstand unter einer Glasglocke mit Ammoniak in Berührung, so färbt er sich rot oder purpurviolett. — *Xanthinprobe:* Beim Abdampfen von Xanthin mit Salpetersäure in einer Porzellanschale entsteht ein gelber Rückstand, der bei Zusatz von Natronlauge rot und dann beim Erhitzen purpurrot gefärbt wird. — Versetzt man Natronlauge in einer Porzellanschale mit etwas Chlorkalk, rührt um und setzt eine Probe Xanthin zu, so bildet sich um die Xanthinkörnchen ein erst dunkelgrüner, bald sich braun färbender Hof, der rasch verschwindet (HOPPE-SEYLER). Mit Guanin bildet sich ein braungelber Hof.

Bestimmung siehe unter Hypoxanthin, S. 800.

c) Methylderivate des Xanthins.

Am Stickstoff methylierte Xanthine sind wichtige Naturprodukte, die zum Teil in pflanzlichen Materialien, zum Teil in geringer Menge im Harn gefunden werden. Soweit sie im Harn vorkommen, beruht ihre Herkunft auf dem Genuß bestimmter pflanzlicher Stoffe bzw. ihrer Extrakte, beim Menschen speziell Kaffee, Tee und Kakao. Die Verbindungen sind nach verschiedenen Verfahren synthetisch zugänglich geworden (Biologie s. Bd. 2, Purinstoffwechsel).

1-Methylxanthin[5], 1-Methyl-2,6-dioxypurin, $C_6H_6O_2N_4$.
(M.G. 166,08) 43,35% C; 3,64% H; 33,74% N; 19,27% O.

1-Methylxanthin kommt als normaler Bestandteil in sehr geringer Menge im Harn vor[6].

1-Methylxanthin scheidet sich aus Wasser als farbloses Krystallpulver (mikroskopische gleichförmige Rosetten) aus, aus essigsaurer Lösung in dünnen, sechsseitigen, seltener vierseitigen Blättchen. Es ist in Wasser schwer löslich (jedoch leichter als Xanthin), leicht in Säuren, Alkalien und Ammoniak. Die Salze werden in Wasser leicht hydrolytisch gespalten. Das salzsaure Salz krystallisiert in glasglänzenden, rhombischen

[1] Siehe Fußnote[9] S. 803. — [2] FISCHER, E.: B. **30**, 2232 (1897). — [3] TRAUBE, W.: B. **33**, 1371, 3035 (1900). — BREDERECK, H., H. v. SCHUH u. A. MARTINI: B. **83**, 201 (1950). — [4] BAXTER, R. A., and F. S. SPRING: Nature **154**, 462 (1944). Soc. **1945**, 232. — [5] Beilstein **26**, 453. — H.-Th. 183. — Zitate S. 797: [4] 1045. [7] 283 u. 302. [8] 235. — [6] KRÜGER, M., u. G. SALOMON: H. **24**, 364 (1898); **26**, 350 (1898/99).

Blättchen und Säulen. Es gibt ein gut krystallisierendes Chloroplatinat und Golddoppel-salz. Die Silbernitratverbindung scheidet sich wie die entsprechende des Xanthins aus Salpetersäure in zu Rosetten vereinigten Nädelchen aus und ist auch in Salpetersäure schwer löslich. Das Natriumsalz ist in Wasser leicht löslich (Unterscheidung von Para- und Heteroxanthin). Bei der Methylierung geht es in Theophyllin und Coffein über.

Die WEIDELsche Reaktion (S. 804) und die Xanthinprobe (S. 804) fallen positiv aus.

Heteroxanthin[1], 7-Methylxanthin, 7-Methyl-2,6-dioxypurin $C_6H_6O_2N_4$.

Heteroxanthin wurde zuerst aus Menschenharn, dann auch aus Hundeharn gewonnen [2].

Heteroxanthin krystallisiert in zu Rosetten vereinigten Nadeln. Es ist schwerlöslich in kaltem Wasser, leichter in heißem, leicht in Alkalien und Ammoniak. Löst man salz-saures Heteroxanthin in warmer verdünnter Natronlauge, so scheiden sich beim Erkalten glitzernde Krystalle (meist schiefwinklige Tafeln) von Heteroxanthinnatrium (mit 5 Mol Krystallwasser) aus, das auch in Wasser schwerlöslich ist. Das Chlor-hydrat und Nitrat sind gut krystallisierende, in Salzsäure bzw. Sal-petersäure schwerlösliche Verbindungen, die wie das Sulfat durch Wasser leicht gespalten werden. Die Silberverbindung löst sich leicht in warmer verdünnter Salpetersäure; aus der Flüssigkeit scheidet sich salpetersaures Heteroxanthinsilber in kleinen, rhombischen Blättchen oder Prismen ab, die in Salpetersäure schwerlöslich sind. Heteroxanthin wird gefällt durch Kupfersulfat und Natriumbisulfit, Kupferacetat, Quecksilberchlorid, Phosphorwolframsäure, Bleiacetat und Ammoniak, nicht von Pikrinsäure.

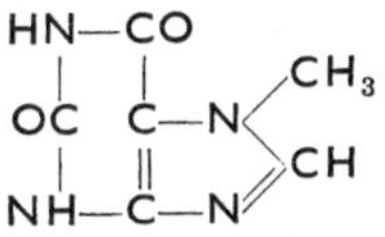

Heteroxanthin geht durch Methylierung in Coffein (s. S. 806) über. Heteroxanthin gibt die WEIDELsche Reaktion (S. 804), nicht aber die Xanthinprobe.

Paraxanthin[3], 1,7-Dimethylxanthin, 1,7-Dimethyl-2,6-dioxypurin, $C_7H_8O_2N_4$.

Paraxanthin kommt in sehr geringer Menge im Harn vor [4].

Paraxanthin krystallisiert in sechsseitigen Tafeln oder Nadeln. F. 295 bis 296°. Es ist in kaltem Wasser leichter löslich als Xanthin und seine Homologen, noch leichter in heißem Wasser (1:24), leicht in Ammoniak, Salzsäure und Salpetersäure. Mit Natronlauge fällt das Paraxanthinnatrium in rechtwinkligen Tafeln aus; es ist wie die Heteroxanthinverbindung in **33%iger** Lauge unlöslich. Das Chlorhydrat ist leichtlöslich und wird von Wasser nicht zersetzt. Die Silbernitratverbindung scheidet sich aus Salpetersäure beim Erkalten in Krystallbüscheln ab. Pikrin-säure fällt aus salzsaurer Lösung Paraxanthinpikrat aus, Platinchlorid gibt ein orangefar-benes Doppelsalz. Kupferacetat, Phosphorwolframsäure, basisches Bleiacetat und Ammoniak sowie Quecksilberchlorid im Überschuß geben Niederschläge.

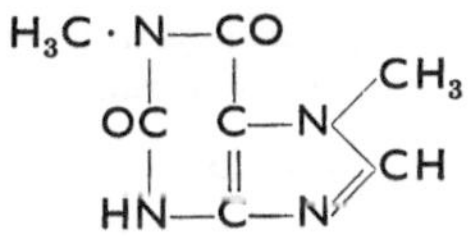

Durch Methylierung geht es in Coffein (s. S. 806) über. Paraxanthin gibt die WEIDELsche Reaktion (S. 804), nicht jedoch die Xanthinprobe.

Theophyllin[5], 1,3-Dimethylxanthin, 1,3-Dimethyl-2,6-dioxypurin. $C_7H_8O_2N_4$.

(M.G. 180,09) 46,64% C; 4,48% H; 31,11% N; 17,77% O.

Theophyllin findet sich in geringer Menge in den Teeblättern [6].

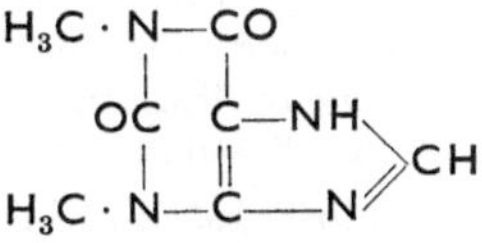

Theophyllin krystallisiert aus Wasser in Tafeln (mit 1 Mol Krystallwasser) oder in Nadeln. F. 264°. Es ist schwer löslich in kaltem Wasser (0,66:100), leichter in heißem Wasser, leicht in verdünntem Ammoniak. Das Chlorhydrat, ebenso das Natriumsalz sind in Wasser leicht lös-lich. Letzteres führt als Diureticum den Handelsnamen *Theocin*. Auch das Gold- und Platin-chlorid-Doppelsalz ist in Wasser leicht löslich, das Silbersalz in verdünnter Salpetersäure.

[1] Beilstein **26**, 454 (133). — H.-Th. 183. — Zitate S. 797: [4] 1048, [5] 279, [7] 285 u. 303, [8] 236. — [2] SALOMON, G.: B. **18**, 3407 (1885). H. **11**, 412 (1887). — [3] Beilstein **26**, 456 (135). — H.-Th. 184. — Zitate S. 797: [4] 1051, [7] 285 u. 305, [8] 236. — [4] THUDICHUM, L. J. W.: Ann. chem. Med., London **1879 I**, 160. — SALOMON, G.: B. **16**, 195 (1883); **18**, 3406 (1885). H. **11**, 410 (1887); **15**, 319 (1891). — [5] Beilstein **26**, 455 (134). — Zitate S. 797: [4] 1054, [5] 280, [6] 123. — [6] KOSSEL, A.: B. **21**, 2164 (1888).

Durch Methylierung geht es in Coffein über.

Theophyllin gibt die WEIDELsche Reaktion ebenfalls eine schwach positive Xanthinprobe (s. S. 804).

Theobromin[1], 3,7-Dimethylxanthin, 3,7-Dimethyl-2,6-dioxypurin, $C_7H_8O_2N_4$.

Theobromin findet sich in den Kakaobohnen (1 bis 2%) und Kakaoschalen
(0,6%[2]).

Theobromin bildet kleine farblose, rhombische Kryställchen, meist rechtwinklige, parallel-
streifige Täfelchen. Schnell abgeschieden bildet es rundliche Körner. F. 351° im geschlossenen
Capillarrohr. Sublimiert unter gewöhnlichem Druck bei 290 bis 295°. Es ist schwerlöslich
in kaltem (0,3047:1000 bei 18°), leichter in heißem Wasser (1:150); es löst sich in
Natriumsilicat- und Natriumboratlösungen. Mit Säuren (HCl, HNO_3) und Alkalien (Li,
Na) bildet es Salze, von denen letztere sich in Wasser unter Zersetzung lösen. Es bildet gut krystallisierende Gold- und Platin-
chlorid-Doppelsalze. Beim Kochen mit Silbernitrat in Ammoniak
bildet sich das Silbersalz $C_7H_7O_2N_4Ag + 1^1/_2 H_2O$, das sich zur
Identifizierung eignet.

Theobromin gibt die Murexidreaktion.

Als *Diureticum* hat Theobromin praktische Bedeutung (z. B. Diuretin = Theobromin-
natrium-Natriumsalicylat, Theolactin = Theobrominnatrium-Natriumlactat, Agurin =Theo-
brominnatrium-Natriumacetat), wird jedoch von Theophyllin übertroffen.

Coffein, Kaffein[3]. Thein, 1,3,7-Trimethylxanthin, 1,3,7-Trimethyl-2,6-dioxy-
purin, $C_8H_{10}O_2N_4$.

(M.G. 194,11) 49,46% C; 5,19% H; 28,86% N; 16,48% O.

Coffein findet sich in Kaffeebohnen[4] (roh: 1,05 bis 2,83%; geröstet: 1,09 bis
2,95%), in getrockneten Teeblättern[5] (1 bis 5%), Colanuß (2%) und in geringer
Menge in Kakaobohnen.

Coffein krystallisiert in weißen langen Nadeln mit 1 Mol Krystallwasser. Aus den
Lösungen in starken Säuren fällt Natriumacetat Nadeln und Prismen von Coffein. F. 234
bis 235°. Es sublimiert bei gewöhnlichem Druck langsam oberhalb
120°, schnell unter 1 mm Druck bei 160 bis 165°. In kaltem Wasser
ist es löslich (1:80), sehr leicht in heißem (1:2); gut löslich ist
es in Chloroform (13:100 bei 16°). Coffein löst sich in Salpetersäure, Kalilauge und Ammoniak. Mit Mineralsäuren bildet es
Salze (Chlorhydrat, Nitrat), die mit Wasser weitgehend hydroly-
tisch zerfallen. Die Verbindung $C_8H_{10}O_2N_4 + AgNO_3$ (krystallin) explodiert beim Erhitzen[6].

Nachweis und Bestimmung. Coffein gibt die WEIDEL*sche Reaktion*: Kocht man Coffein
mit Salzsäure und Bromwasser so lange, bis alles überschüssige Brom entwichen ist, so entsteht beim Versetzen mit Ferrosulfat und Ammoniak eine indigoblaue Färbung (die gleiche
Färbung gibt auch Theobromin); Coffein gibt mit Jod-Kaliumjodidlösung einen violetten
Niederschlag (Empfindlichkeitsgrenze in salzsaurer oder salpetersaurer Lösung 1:10000);
mit Silicowolframsäure entsteht ein unlösliches Salz (Empfindlichkeitsgrenze 1:50000).
Über die Bestimmung in Kaffee, Tee, Mate usw. siehe Fußnote [7].

Pharmakologische Wirkung. Coffein übt auf das Zentralnervensystem eine Reizwirkung
aus, so daß unter anderem die Herztätigkeit angeregt wird; hierauf beruht die anregende
Wirkung von Kaffee, Tee, Mate und anderen coffeinhaltigen Genußmitteln. (Näheres siehe
B. 2, Purinstoffwechsel.)

[1] Beilstein **26**, 457 (135). — Zitate S. 797. [4] 1060, [5] 280, [6] 124. — [2] FINCKE, H.: Handbuch
der Kakaoerzeugnisse. Berlin 1936. — [3] Beilstein **26**, 461 (136). — Zitate S. 797: [4] 1068.
[5] 281. — [4] Darstellung: Gattermann-Wieland, S. 397 (1936). — [5] Darstellung aus Tee:
Gattermann-Wieland, 27. Aufl., S. 400 (1940). — [6] Über weitere Salze und additionelle Verbindungen siehe Beilstein **26**, 466—467. — [7] Siehe SCHOWALTER, E.: Handb. biol. Arb.-Meth.
Abt. IV, Teil 8/II, 787, 830, 837 (1923).

d) Harnsäure.

Harnsäure[1], 2,6,8-Trioxypurin, $\overline{U}$, $C_5H_4O_3N_4$.

(M.G. 168,06) 35,70% C; 2,39% H; 33,34% N; 28,56% O.

Geschichtliches. Harnsäure wurde 1776 von SCHEELE im menschlichen Urin und in Blasensteinen und unabhängig davon im gleichen Jahr von TOBERN BERGMANN ebenfalls in den Blasensteinen entdeckt. 1798 fand sie PEARSON in den Gichtknoten, wenig später (1805) FOURCROY und VAUQUELIN in den Exkrementen der Vögel und in besonders großer Menge im Guano der Südseeinseln. 1815 machte PROUT die auffällige Beobachtung, daß die Exkremente der Boa constrictor zu 90% aus Harnsäure bestehen.

Allgemeine Bedeutung. Bei Menschen und Säugetieren entsteht die Harnsäure in erster Linie aus den Nucleinsubstanzen, und zwar sowohl aus den mit der Nahrung eingeführten als auch aus den beim Zerfall der Körperzellen entstehenden. Diese Entstehung der Harnsäure aus den Nuclein- bzw. Purinstoffen ist an eine Reihe enzymatischer Vorgänge geknüpft. Ein Teil der Harnsäure wird dabei von einer Reihe von Tieren durch ein in der Leber vorkommendes Ferment, die Uricase (Bd. 2, Purinstoffwechsel), in Allantoin umgewandelt. Bei den Vögeln liegen die Verhältnisse anders. Wenn auch bei ihnen ein Teil der Harnsäure aus Purinbasen entstehen kann, so wird doch die Hauptmenge durch Synthese — wahrscheinlich in der Leber und Niere — gebildet und ist eine Ausscheidungsform des beim Eiweißabbau entstandenen Ammoniaks (s. Bd. 2, Purinstoffwechsel).

Vorkommen. Harnsäure kommt am reichlichsten in den *Exkrementen* der Reptilien und Vögel vor, somit auch im Guano, woraus sie im großen dargestellt wird. Schlangen und andere Reptilien entledigen sich eines Teils der Harnsäure beim Abstreifen der Haut, in der stets Harnsäure abgelagert ist. Im *Harn* des Menschen kommt Harnsäure in kleiner, mit der Art der Nahrung schwankender Menge vor (s. Bd. 2, Niere und Harn). Im Harn der übrigen Säugetiere findet sich im allgemeinen Harnsäure nur in sehr geringer Menge. Spurenweise ist sie auch in mehreren *Organen*, Geweben und Flüssigkeiten, wie Milz, Lunge, Herz, Pankreas, Leber (besonders bei Vögeln), Gehirn und Milch gefunden worden. In geringer Menge kommt sie im *Blut* des Menschen (2 bis 4 mg-% $= 1:25000{-}50000$) vor, wenig mehr enthält das Blut der Vögel (4 bis 8 mg-%). *Unter pathologischen Umständen* (Pneumonie, Nephritis, Leukämie, Gicht) findet sie sich vermehrt im Blut des Menschen (bis über 15 mg-%). Ebenfalls unter pathologischen Verhältnissen kann es zu größeren Harnsäureablagerungen im Gewebe kommen, so bei der Gicht, die mit Abscheidung von Harnsäure als krystallisiertes Monouratmonohydrat[2] $Na(C_5H_3O_3N_4) \cdot H_2O$ in den Gelenken verbunden ist (Gichtknoten). Blasensteine und Nierensteine bestehen oft fast ganz aus Harnsäure bzw. harnsauren Salzen (Uraten).

In *Pflanzen* ist Harnsäure ebenfalls gefunden worden[3].

Darstellung. Zur Darstellung der Harnsäure geht man am besten von Schlangenexkrementen aus. Dieselben werden mit verdünnter Kalilauge (Soda) gekocht, bis kein Ammoniak mehr entweicht. In das Filtrat leitet man Kohlensäure ein, bis es kaum noch alkalisch reagiert, löst das abgeschiedene saure Kaliumurat nach dem Absaugen und Auswaschen wieder in Kalilauge und fällt die Harnsäure durch Eingießen in überschüssige Salzsäure.

[1] Beilstein **26**, 513 (151). — H.-Th. 169. — Zitate S. 797: [4] 1093, [5] 293, [6] 127. — WIENER, H.: Die Harnsäure. Ergebn. Physiol. 1/1, 555—650 (1902). Die Harnsäure in ihrer Bedeutung für die Pathologie 2/1, 377—432 (1903). — [2] BRANDENBERGER, E., F. DE QUERVAIN u. H. R. SCHINZ: Exper. **3**, 185 (1947). Schweiz. med. Wschr. **1947**, 642. — [3] FOSSE, R., P. DE GRAEVE u. P. E. THOMAS: Cr. **194**, 1408 (1932). — MICHLIN, D., u. N. IVANOW: Planta, Berlin **25**, 59 (1936).